汉威制造
HANWEI MANUFACTURING

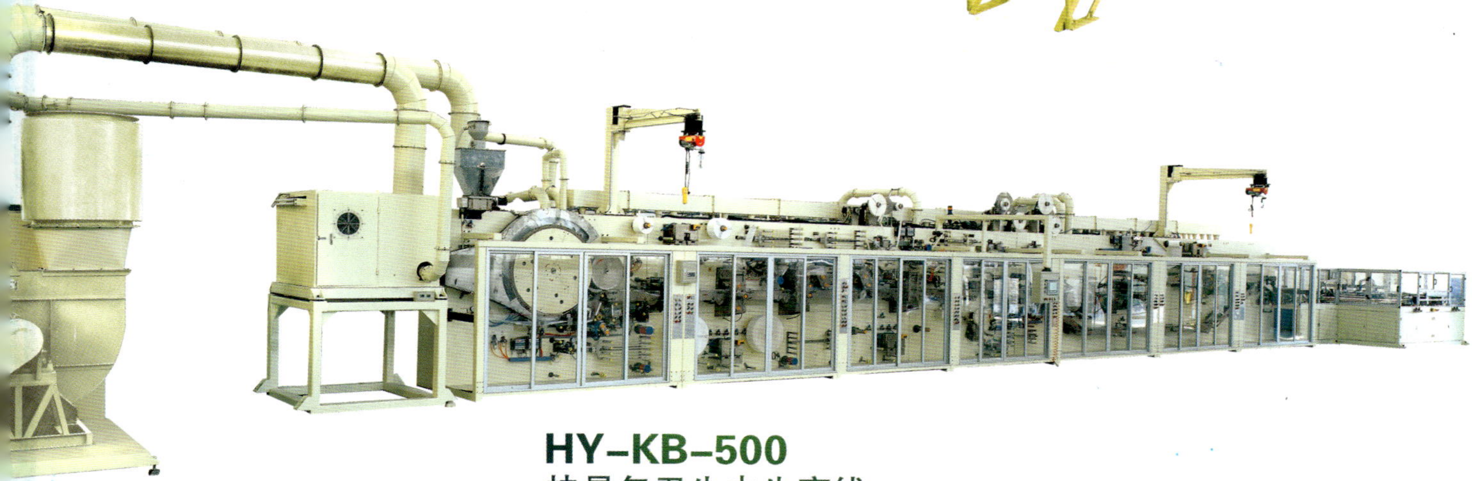

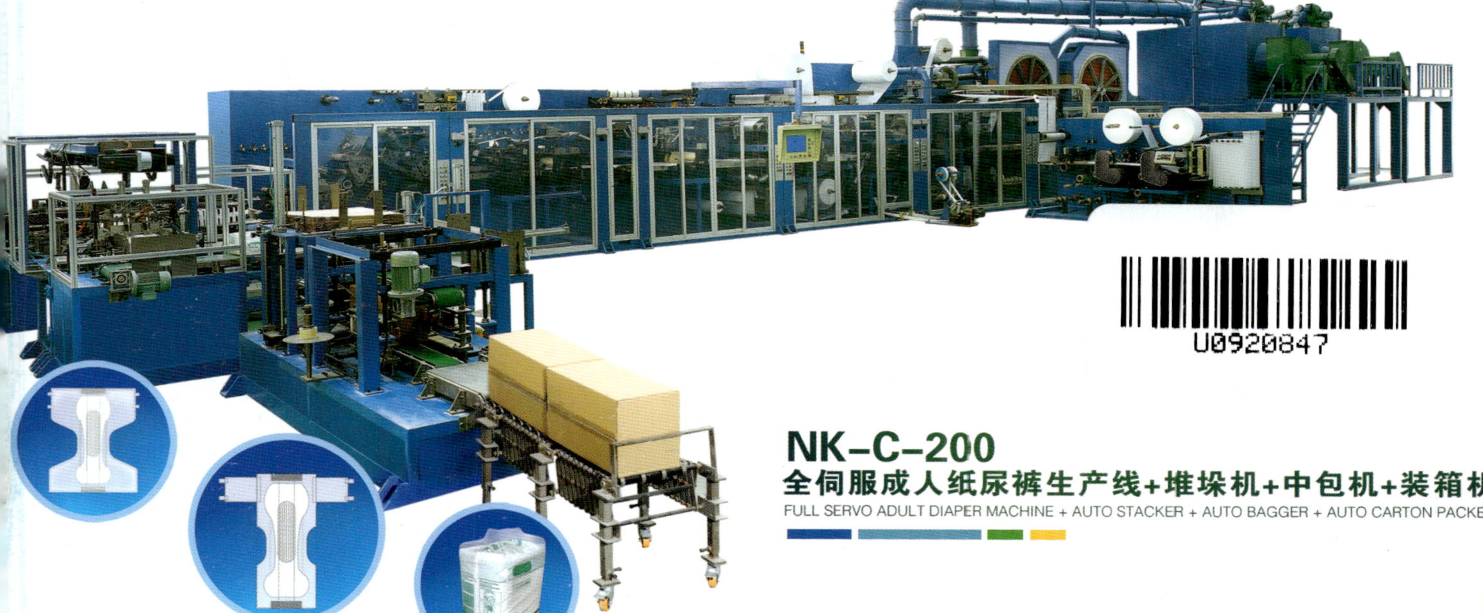

U0920847

GREEN ENVIRONMENTAL PROTECTION

绿色 环保

昌德卫生用品用热熔胶
昌德Hot Melt Adhesive for Hygiene Product

热熔胶粘剂以其无公害、适合自动化生产线、操作速度快、成本低等正逐步取代其他传统粘结方式或胶粘剂，得到广泛的应用。其中卫生用品用热熔胶所占份额更是逐年增加，主要适用于妇女卫生巾、护垫、婴儿纸尿片、纸尿裤、老人失禁垫、宠物垫等。

背胶 Positioning adhesive

具有适当的粘度，内聚力强，良好的粘结力，初粘性好，色浅。在衣料上粘取自如，不会留下任何痕迹，且不易脱落，适用于刮涂和喷涂方式的涂布。

结构胶 Structural adhesive

喷涂的胶丝连续性佳，对于PE膜、高吸收性树脂及非织造布有良好的接着性，抗湿性强，不会因高吸收性树脂膨胀而导致失粘。剥离强度和稳定性好，并且具有用胶温度低和用胶量少、不拉丝、渗透性良好等特点。适用于喷胶机喷涂。

橡筋胶 Elastic-attachment adhesive

主要针对于纸尿裤松紧带粘结而设计，对于PE膜、非织造布、弹性带的接着性佳，保持力优异，耐水性好，内聚强度高，操作性能良好，不会因腿部弹性带拉伸而发生脱胶的现象，有较高的剥离强度和稳定性，并且具有用胶温度较低和用胶量少、不拉丝、渗透性良好等特点。适合直接涂布。

销售热线：0595-22446889 22441889
传　　真：0595-22461889 22442889
公司总部地址：福建省泉州市浮桥高山工业区
Http://www.chang-de.com

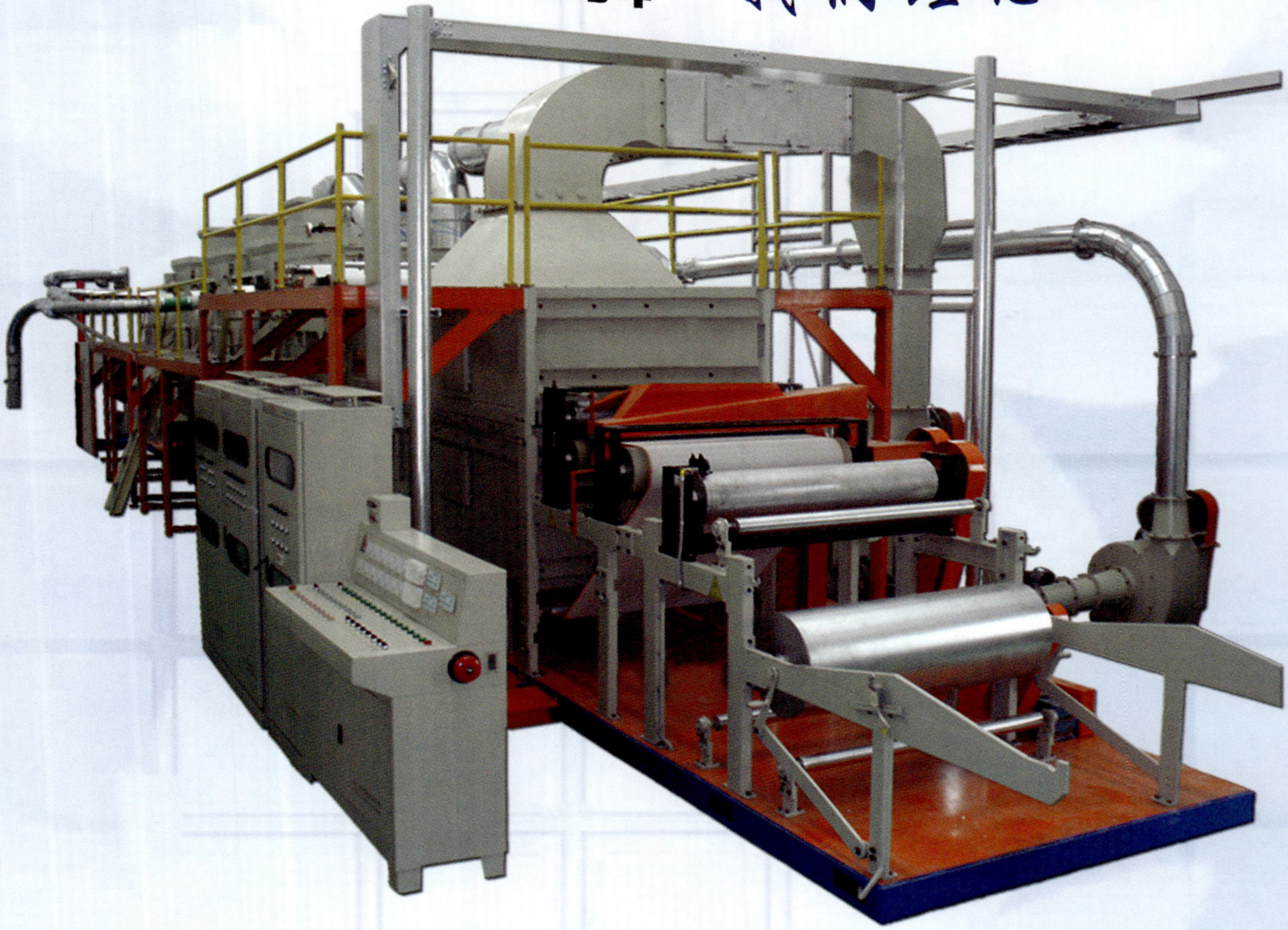

丹东市天和纸制品有限公司

DANDONG TIANHE PAPER PRODUCT LIMITED COMPANY

诚征各地经销商

用即弃型 厨房用纸 —“康老师”

厨卫新品

用即弃型厨房用纸也可叫做一次性洗碗纸，将打破传统的厨卫观念，代替由来已久的洗碗布，采用进口木浆为原料，添加可遇水释放的固体洗涤剂，经140度高温热压后复合制成，本品充分利用了木浆的超强吸水性，对油渍有较强的吸附功能。固体洗涤剂遇水释放，可清除餐具上的油渍、污渍。每片厨房用纸也可重复使用，直至固体洗涤剂不再释放。

活性炭纤维纸

本品是采用在卫生巾表层以下中心位置施加活性炭做衬垫，阻隔细菌的侵入，使其具有吸水和防止细菌通过的双重作用，同时活性炭有祛除异味的特殊功效，使其具有保健功能。

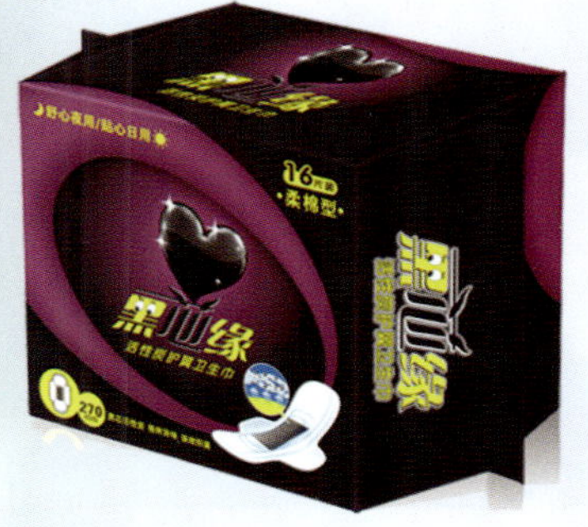

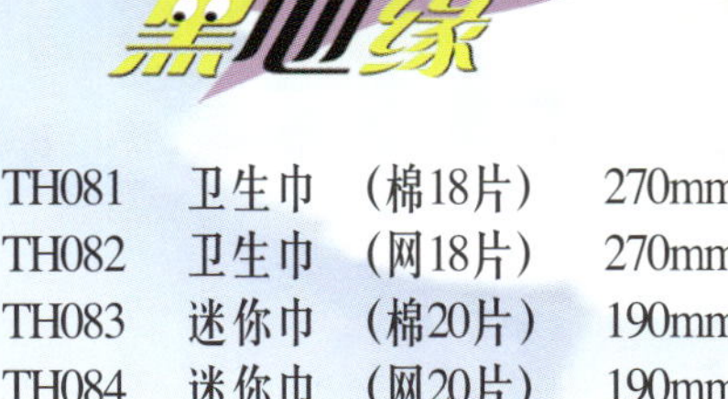

TH081 卫生巾 （棉18片） 270mm
TH082 卫生巾 （网18片） 270mm
TH083 迷你巾 （棉20片） 190mm
TH084 迷你巾 （网20片） 190mm
TH085 护 垫 （棉20片） 139mm
TH086 护 垫 （棉20片） 165mm
TH095 护 垫 （棉20片） 155mm
TH089 卫生巾 （棉4片） 300mm
TH090 卫生巾 （棉6片） 300mm
TH091 卫生巾 （丝薄10片） 280mm
TH092 卫生巾 （丝薄6片） 300mm
TH093 卫生巾 （丝薄8片） 300mm
TH096 卫生巾 （棉4片） 280mm
TH097 卫生巾 （棉8片） 280mm

TH075 45片装康师母厨房用纸
TH074 100片装康师母厨房用纸
TH071 10片装康老师洗碗纸巾
TH072 30片装康老师洗碗纸巾
TH076 60片装康老师洗碗纸巾

TH013 5对装便利型鞋垫
TH015 5对装便利型鞋垫
TH016 1对装保暖型鞋垫
TH017 2对装卫生型鞋垫
TH018 2对装保暖型鞋垫
TH019 5对装清香型鞋垫
TH038 1对装草本型鞋垫
TH039 3对装卫生型鞋垫
TH046 1对装乌拉草鞋垫
TH047 1对装乌拉草鞋垫

活性炭卫生用品

地址：辽宁省丹东市振兴区四道沟瓦房街
电话：0415-6152568 0415-6157666
网址：www.dd-fengyun.com
E-mail:dd-fengyun@dd-fengyun.com

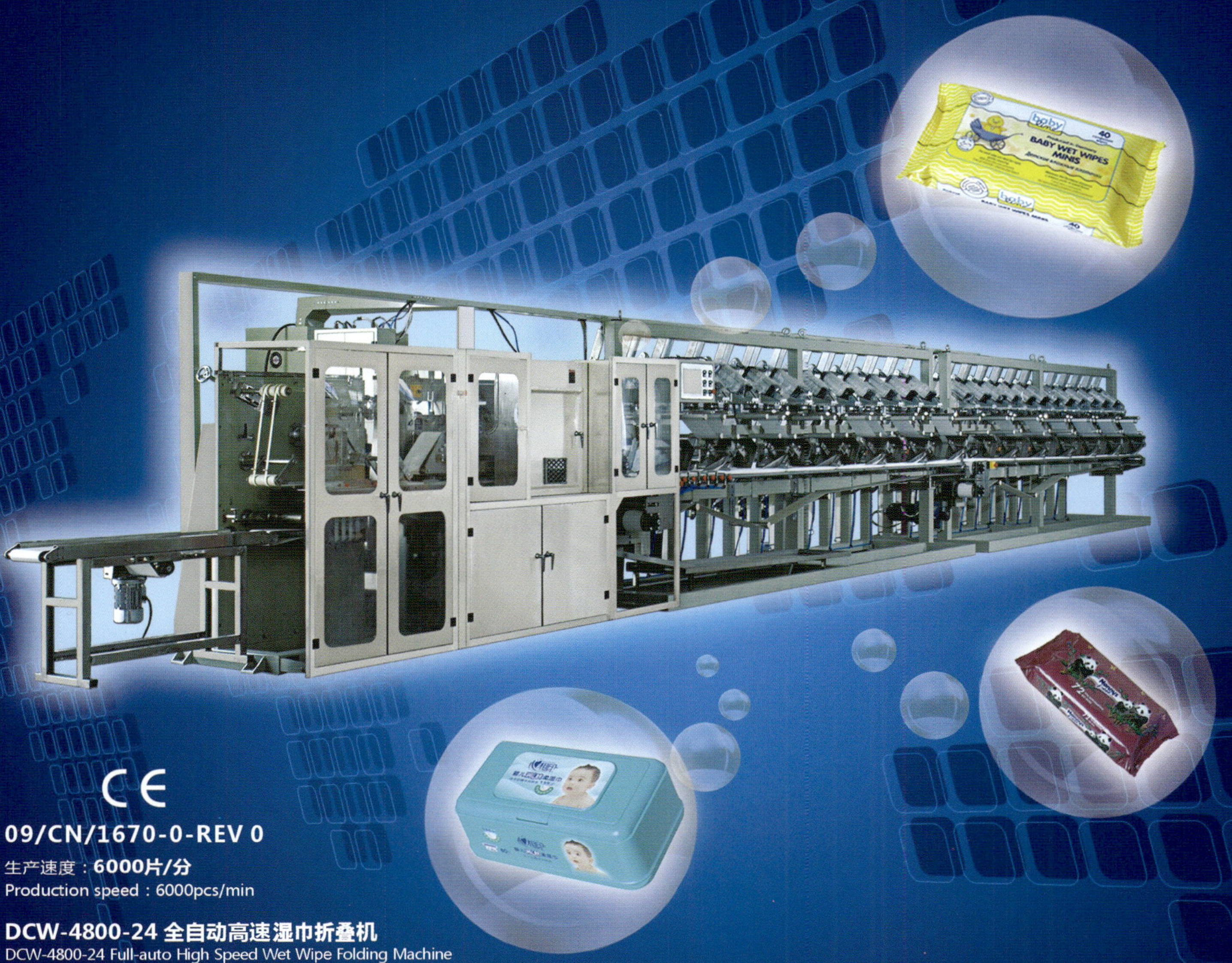

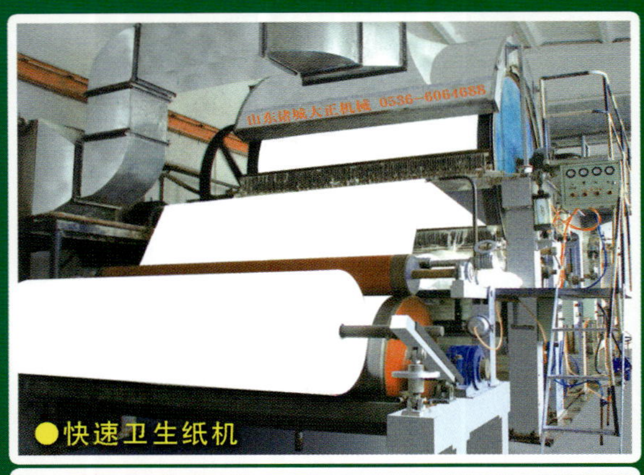

●快速卫生纸机

●超成形快速薄页纸机

●瓦楞纸机

●箱纸板机

品质成就未来

造纸设备

追求卓越的宗旨，诠释了大正人的精神。带着这份执着，求索于造纸机械的领域中。全方位的纸机生产线，以用户需求为中心，为客户提供优良的产品。

® PAPER MAKING MACHINE

大正机械

品质成就未来

中国山东·大正机械有限公司

董事长、总经理：董海军

手 机：13583695119　传 真：0536-6056488　邮 箱：donghaijun2006@163.com

电 话：0536-6054688　网 址：www.dzco.net.cn　地 址：山东省诸城市南外环路东段南侧

President & General manager: Dong Haijun

Mob: 13583695119　Fax: +86-536-6056488

Tel: +86-536-6054688　Http: //www.dzco.net

Email: donghaijun2006@163.com

Add: East Part of South Waihuan Road, Zhucheng, Shandong,China

全伺服控制高速卫生巾生产设备 ▲
Fully Servo Control Sanitary Napkin Machine
生产速度:1000片/分
Working Speed:1000 Pcs/min

◄ 全伺服控制垛码机(自动装袋机)
Fully Servo Control Stacker(Auto Bagging Machine)
生产速度：60推/分· 通道
Working Speed:60 Push/Min· channel

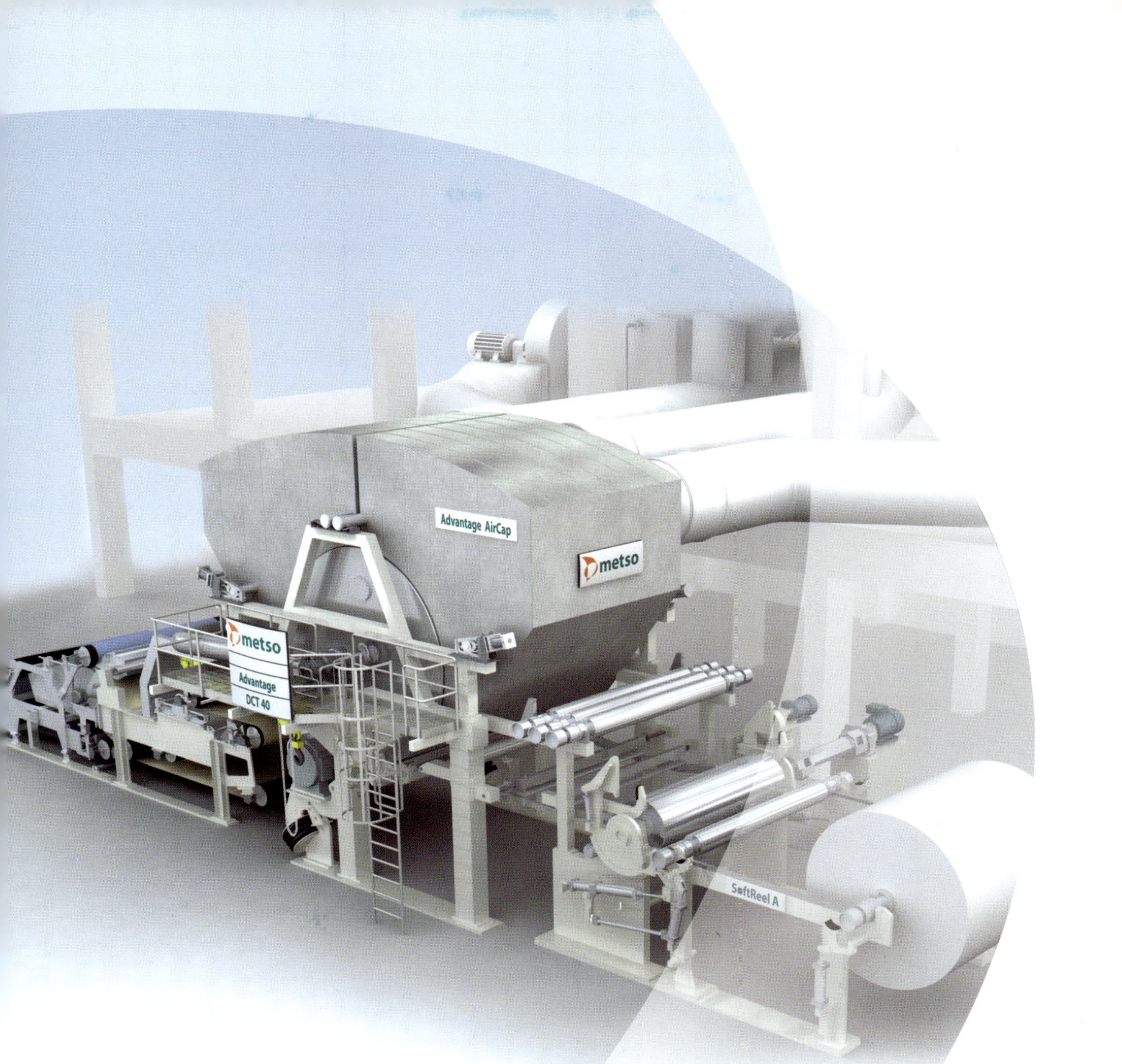

ZB-300

软抽式纸巾纸全自动三维包装机

1. 采用裹包、折边、封边的三维包装形式，结构紧凑、包装美观、封口牢固；
2. 采用变频无级调速控制系统，触摸屏及 PLC 控制系统。人机界面显示更清晰，维护更简便；
3. 采用自动理料输送尾架，方便与自动生产线连接，节约劳动力成本更明显；
4. 光电眼自动检测跟踪，空包不走纸功能，最大限度节约包装材料；
5. 自动化程度高、专业性强、生产效率高、故障率低；
6. 包装范围大，各种规格尺寸之间可实现快速转换；
7. 撕口机构分气动式和滚切式。控制系统分步进电机和伺服电机控制。可供用户选择。

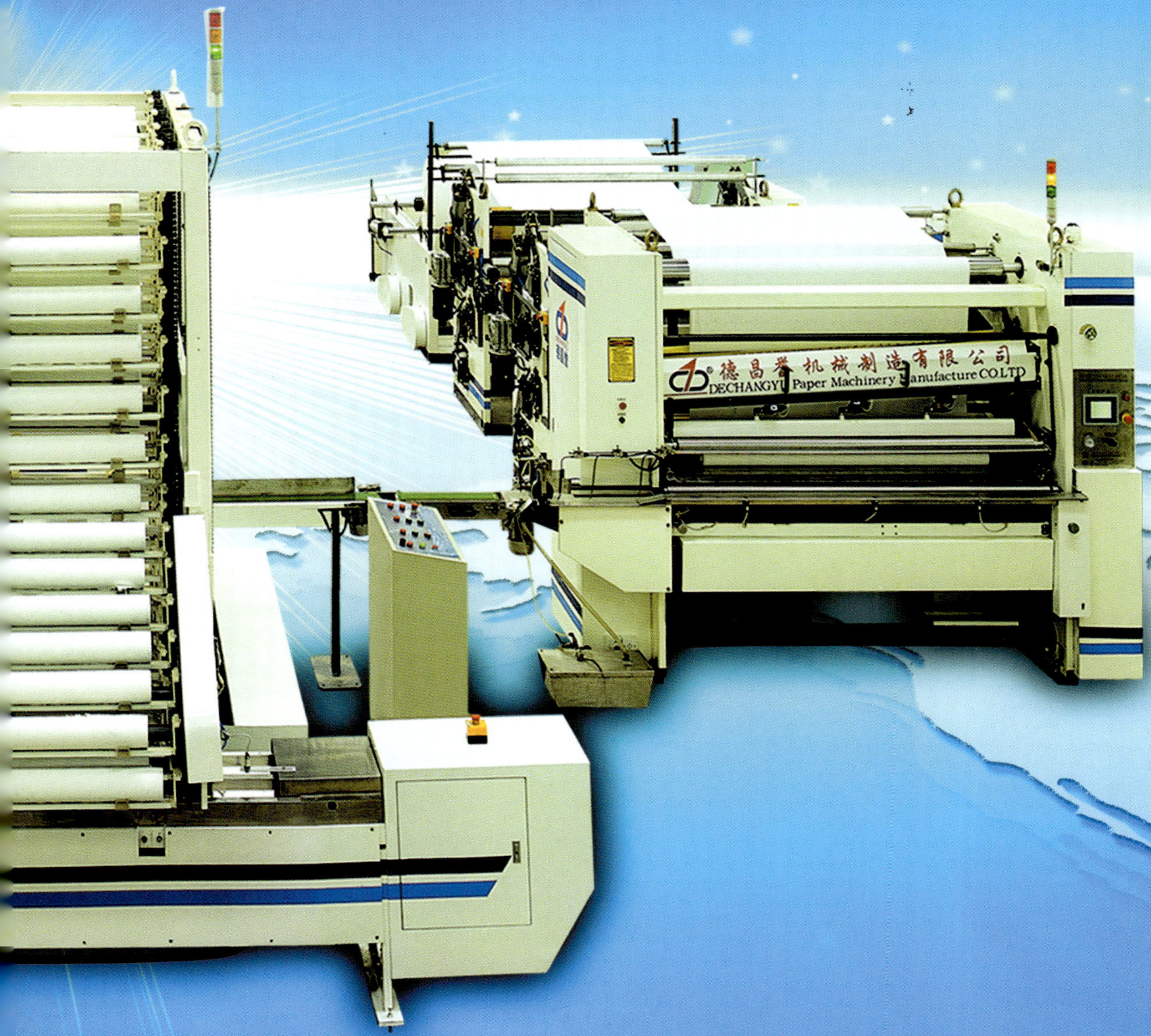

成功源于专注
合作创造共赢

555®
上海市著名商标
享受健康生活！
立体吸收
焕然新装，品质升级
上海申欧

爱思诺纸巾加工及包装机

- 爱思诺ZFV型折叠机可生产柔湿巾或干抹巾
- 可选择单排至10排的型号
- 生产速度每分钟250～6500片
- 自动筒式或抽取式软包装

- 爱思诺打孔复卷生产线可生产筒型中心抽取柔湿巾
- ENR系列全自动打孔复卷机配切刀
- 可调节纸张尺寸及张数
- 附纸管或无纸管生产

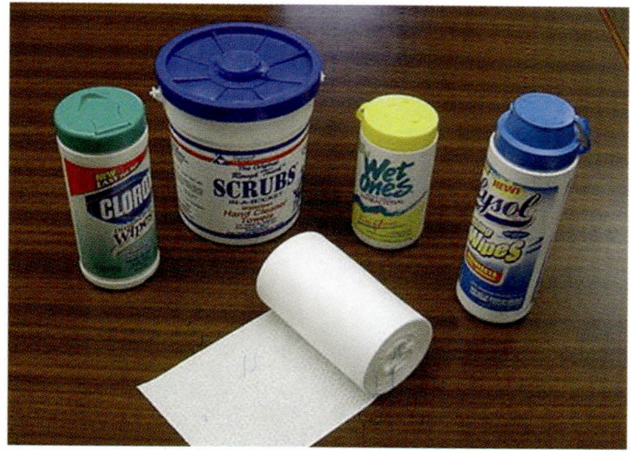

- 折叠类型为“Z”、“C”、“W”形折叠及自选折叠
- 折叠尺寸按打开尺寸由100mm×100mm到305mm×305mm
- 干湿抹巾用于医疗、家用、婴儿和自动清洁
- 适用清洁或织布柔顺用的干纸巾产品

- 多种物料可容易在爱思诺卷式生产线上生产多用途筒式柔湿巾或干抹巾

特艺佳国际有限公司
香港铜锣湾礼顿道101号善乐施大厦14楼
电话：852-2890 9218　传真：852-2890 9920
邮编：info@tech-vantage.net

特艺佳机械贸易（上海）有限公司
中国上海嘉定区申霞路314号厂房
电话：86-21-59900622　传真：86-21-59900639

ELSNER ENGINEERING WORKS, INC.
475 FAME AVENUE, PO BOX 66, HANOVER, PA 17331, USA
Phone: +1(717)637-5991　Fax: +1(717)633-7100　Website: www.elsnereng.com

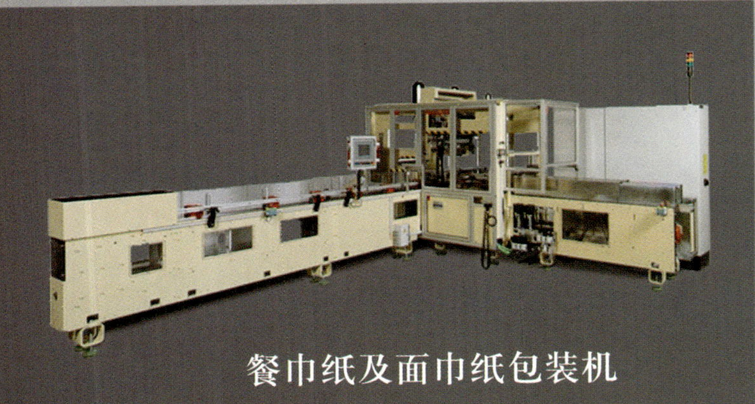

餐巾纸及面巾纸包装机

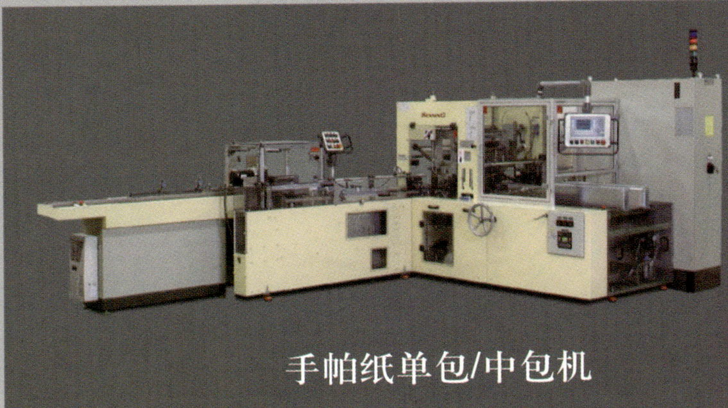

手帕纸单包/中包机

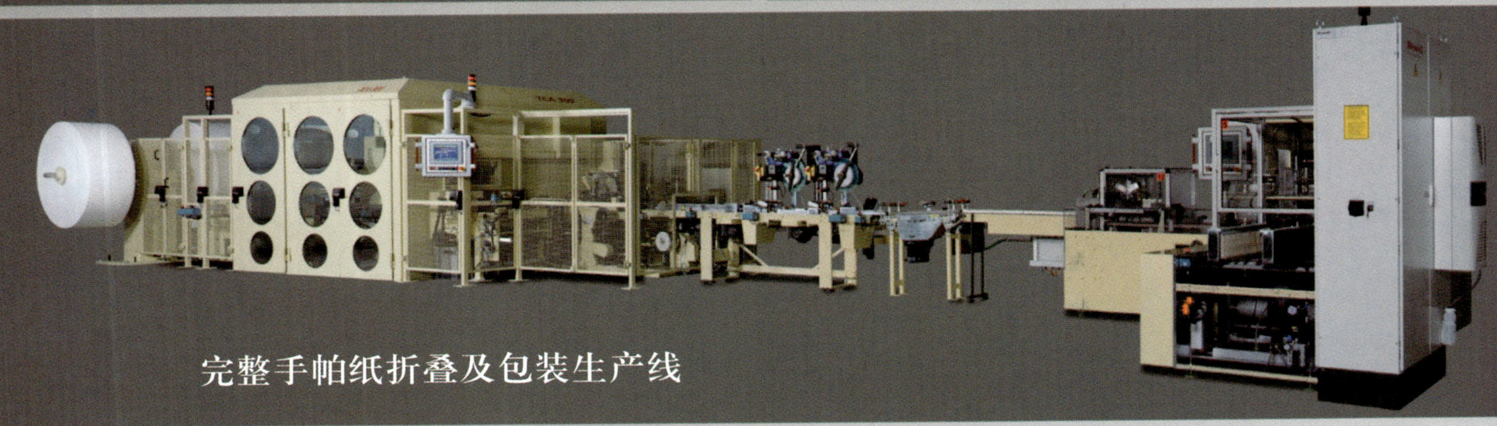

完整手帕纸折叠及包装生产线

Songlin International Scraping Knife Saw Manufacture Co., Ltd.
Liuzhou Machinery Scraping Knife Sale Co., Ltd.
Dongguan Machinery Scraping Knife Sale Co., Ltd.

生活用纸刀锯系列

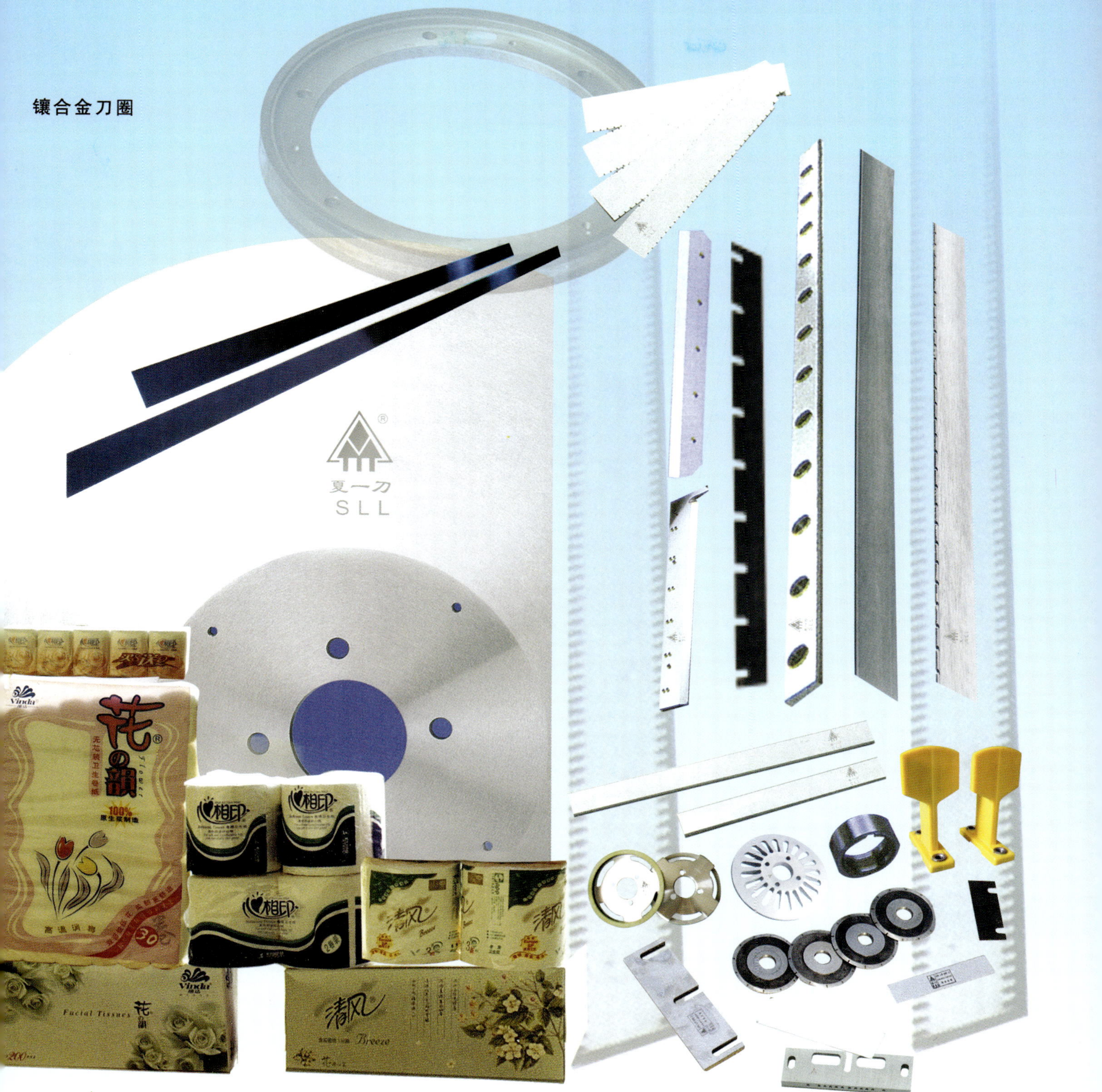

镶合金刀圈

松林国际刮刀锯制造有限公司
柳州机械刀片销售有限公司
东莞机械刀片销售有限公司

总部地址：江苏省南京市鼓楼区中山北路281号虹桥新城市广场01幢1815室　电话：86-25-58811772 83171310 83171372　传真：86-25-58812039　邮编：210003
柳州公司：广西柳州市西江路27号(民泰东园12栋9号)　电话/传真：86-772-3820477 13607724279　邮编：545005
东莞公司：广东省东莞市万江区牌楼基管理区(汽车总站旁)　电话/传真：86-769-22712710 13580901858　邮编：523068
Http://www.njsonglin.cn　E-mail:njsonglin@njsonglin.cn

佛山市南海区新力机械制造有限公司
FOSHAN NANHAI XINLI MACHINERY MANUFACTURE CO.,LTD.

公司简介 COMPANY INTRODUCTION

新力机械制造有限公司成立于20世纪80年代，是制造销售“优质生活用纸机械”的企业，二十多年来，一直致力于生活用纸机械的设计、研发，拥有雄厚的技术力量，产品以卫生卷纸、厨房用纸、盒装面巾纸、抽式卫生纸、擦手纸、餐巾纸和手帕纸制造机械为主，并生产盘纸分切复卷机、方包面巾纸机、包装机、卷管机和非织造布加工机等配套设备机型及相关设备。

新力机械秉承“诚信、创新、开拓、优质”的企业精神，不断完善管理，公司全面使用M3ERP管理系统，并在2000年成功获得ISO9001:2000国际质量体系认证，企业利用专有技术，融合国内外新工艺和优点，创新和设计新机型，不断推出技术先进、性能优越、高质量的产品。

企业遵循“恪守信用，以客为先”的经营理念服务市场，以“您的满意，是我们最大的荣幸”服务客户，新力机械不断努力，精益求精，以高起点，高标准，高品质，高服务来答谢新老客户的支持与信赖！

TISSUE PAPER MACHINE

优质 生活用纸机械

Box Interfold Facial Tissue Folding Machine(10Lines)

HMJ-10T/十排盒装面巾纸机

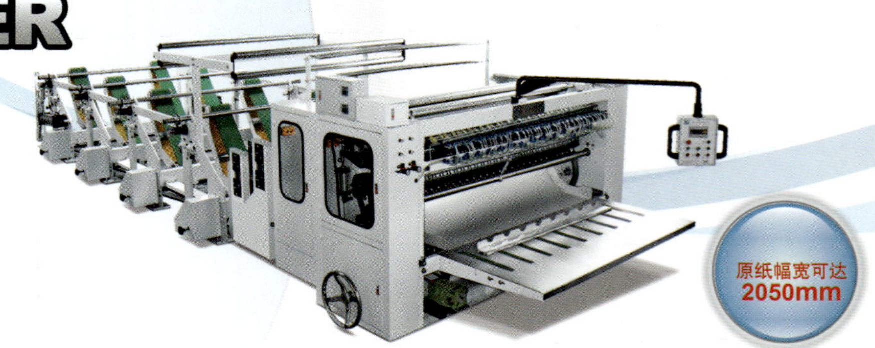

原纸幅宽可达 2050mm

地址：佛山市南海狮山科技工业园C区恒兴北路7号 邮编：528225 电话：86-757-86688182 86688183 86688184 86688185
邮箱：master@nhxinli.com 传真：86-757-86688186 网址：www.nhxinli.com(中文网址：新力机械)

纸巾设备

Tissue Paper Converting & Packing Machine

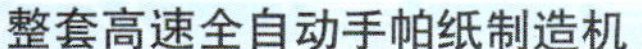

整套高速全自动手帕纸制造机

Automatic High-Speed Handkerchief Tissue Production Line

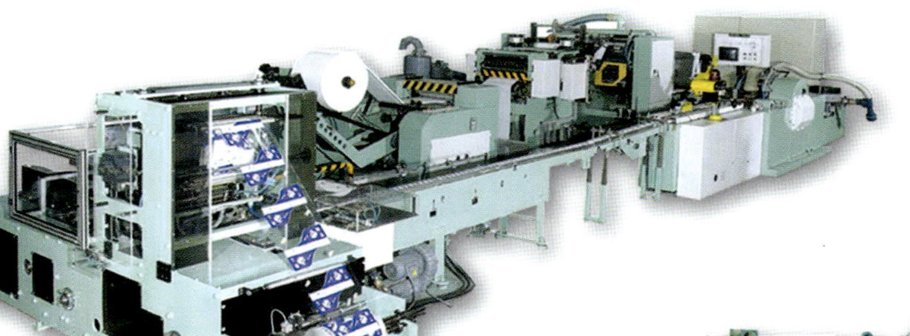

吸风式餐巾纸制造设备

Automatic Paper Napkin Converting Equipment(Vacuum Type)

全自动卫生卷纸/厨房用纸反卷打洞机

（纸管自动喂入系统）

High-Speed Fully Automatic Toilet-Paper-Roll/Kitchen-Towel Rewinding & Perforating Machine

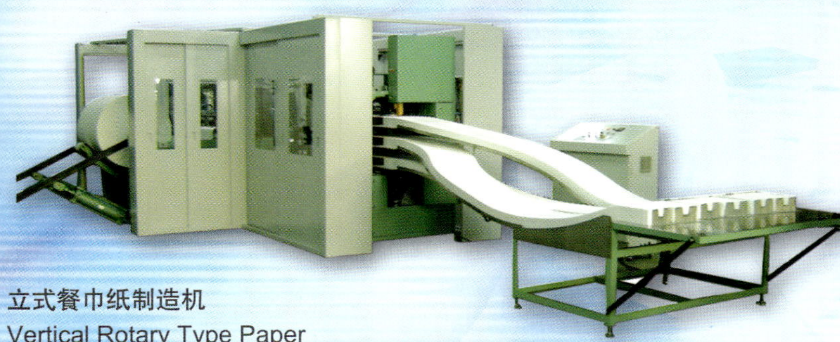

立式餐巾纸制造机

Vertical Rotary Type Paper Napkin Folding Machine(3 Decks Output)

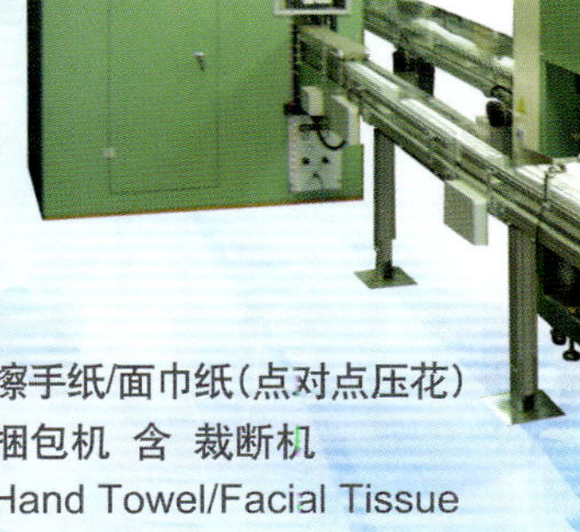

擦手纸/面巾纸（点对点压花）

捆包机 含 裁断机

Hand Towel/Facial Tissue

(Point To Point Embosser)

Bundel Machine with Cutting Machine

泰 舜 工 业 有 限 公 司

TAI SUN MACHINERY CO., LTD.

33, Wu Chuen 2nd Rd., Wu Ku Hsiang, Taipei Hsien, Taiwan 24890

Tel: 886-2-2299-3666/7 2299-2988/9 Fax: 886-2-2299-3668

E-mail: thai.shuenn@msa.hinet.net thaishuenn@thaishuenn.com.tw

Http: //www.thaishuenn.com.tw

BS 宝索机械
BAOSUO PAPER MACHINERY MANUFACTURE
YD-PL350全自动高速齐边断纸复卷生产线
YD-PL350 HIGH SPEED FULLY AUTOMATIC POSITIVE WEB-CUT OFF REWINDER

solutions for protective apparel
SAFE
solutions for healthcare
SMART
solutions for personal care
FITTING
Tredegar
FILM PRODUCTS
FRESH
solutions for food preservation
solutions for house wrap
DRY
SOFT
solutions for personal care

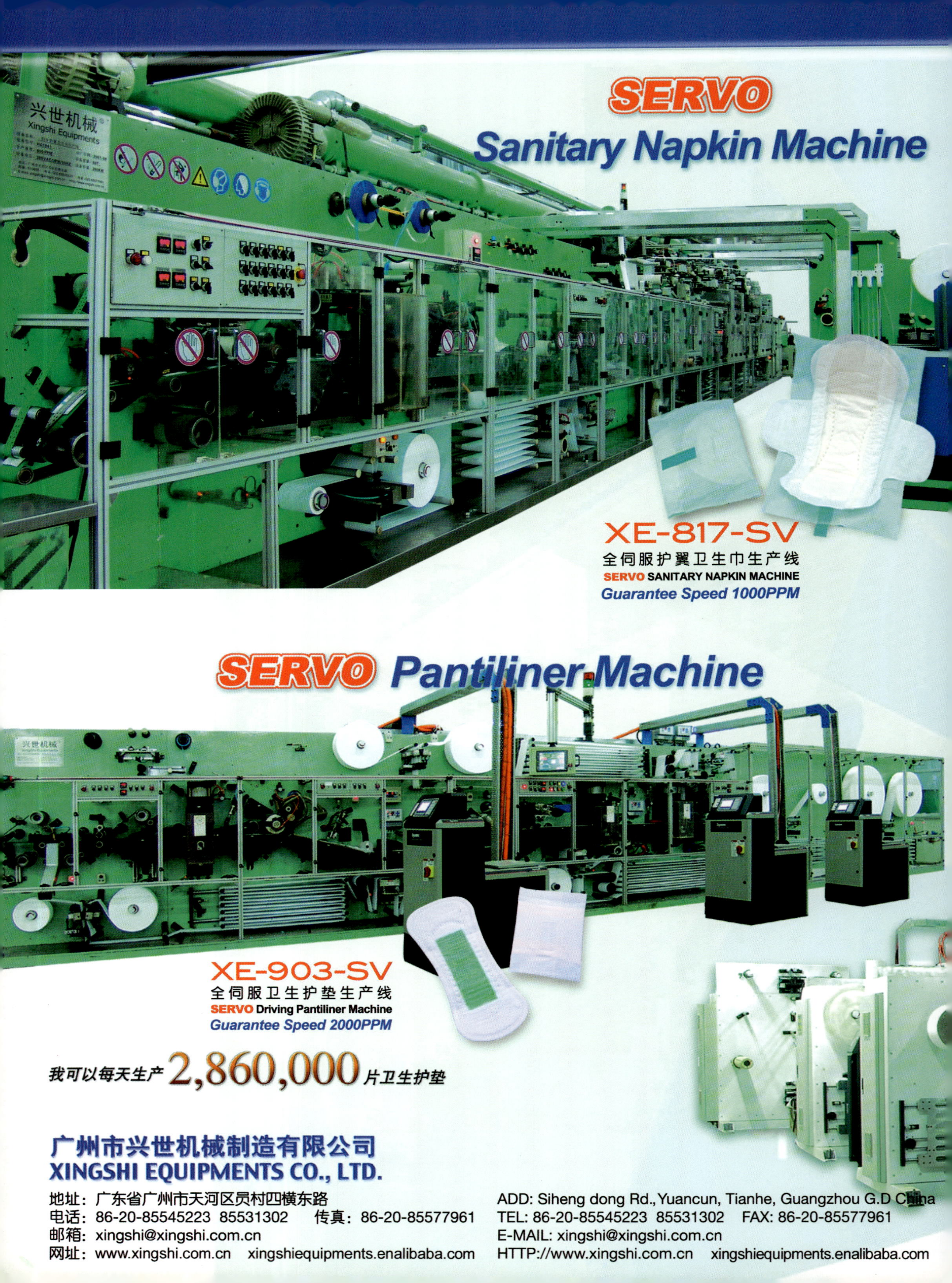

卫生纸机领先供应商

华林快速卫生纸机

品质领先 速度制胜

最高车速1200m/min

山东华林机械有限公司是山东昌华造纸机械公司的子公司，是研发和制造卫生纸机的专业厂家。因为拥有雄厚的科研储备，同时兼备精准到位的售后服务，使我们在卫生纸机制造领域游刃有余。服务行业数十年来，相继开发了净纸幅宽**1575～3400mm**、车速**200~1200m/min**的多种系列卫生纸机。其运行速度、浆耗、电耗、系统稳定性及成纸质量等指标在同行业中均居领先地位。

我们先后为以下客户提供各类卫生纸机百余台套——**宁夏紫荆花纸业、宁夏美洁纸业、宁夏宇华纸业、诸城市中顺工贸公司、河南通宇纸业、宁夏沙湖纸业、南宁天然纸业、西安汉兴实业公司、云南翠峰纸业、山东泉林纸业、福建恒丰纸业、贵州赤水天竹纸业、广西贵港华怡纸业、广西田阳华美纸业、山东泉洁纸业、恒安纸业集团、广东万安纸业、贵州遵华纸业、印尼PT.SOPANUSA公司等。**

HMC
Hualin Machinery

HMC

HMC 华林机械
Hualin Machinery

山东华林机械有限公司

地址：山东省聊城市凤凰工业园纬一路8号 电话：0635-2126008 传真：0635-2126001
Http: //www.cnchanghua.com E-mail: hmc6008@163.com 邮编：252000

以性能和舒适为核心

泉州东工机械成立于1985年，专业制造湿巾机械、包装机械以及生活用纸设备，目前主要产品有：全自动抽取式婴儿湿巾机、全自动湿巾包装机、全自动湿巾折叠机、全自动筒装湿巾机、卫生纸加工设备、纸巾纸机械等。其产品销往全国各地，并远销全球60多个国家与地区。

Quanzhou Donggong Machinery was founded in 1985, which is specialized in manufacturing wet wipe machine, packing machine and tissue paper converting machine. The main products include Full-auto extraction type baby wet wipe machine, Full-auto wet wipe packing machine, Full-auto wet wipe folding machine, Full-auto Tube type wet wipe machine, Toilet paper machine, Napkin machine, etc. Our products are sold well not only in domestic market, but also to over 60 other countries.

DH-5型全自动高速婴儿湿巾机
DH-5 Full-auto High-speed Baby Wet Wipe Machine

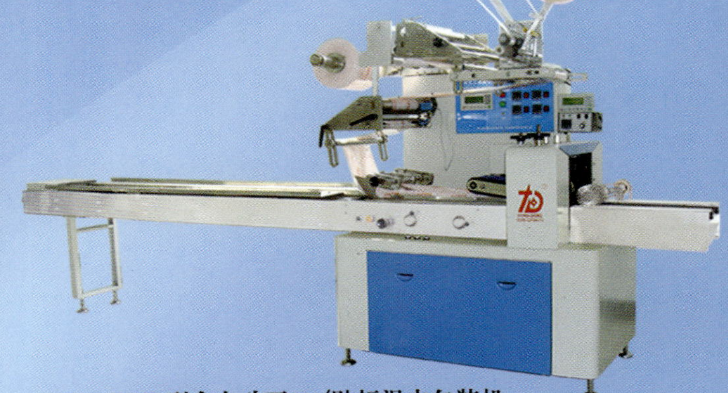

DH-DB500型全自动开口/贴标湿巾包装机
DH-DB500 Full-auto Perforating/Label Sticking Wet Wipe Packing Machine

DH-SMJ-D型全自动湿巾折叠机
DH-SMJ-D Full-auto Wet Wipe Folding Machine

DH-10F型全自动抽取式婴儿湿巾生产线
DH-10F Full-auto Drawing Type Baby Wet Wipe Production Line

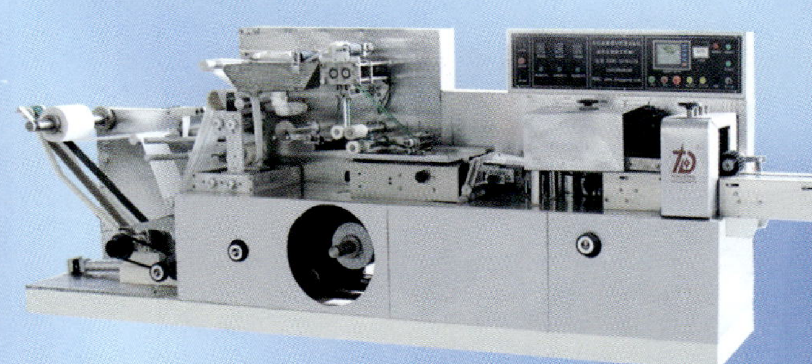

DH-300型全自动多功能湿巾包装机
DH-300 Full-auto Multi-function Wet Wipe Folding and Packing Machine

DH-300型全自动多功能湿巾包装机	DH-300 Full-auto Multi-function Wet Wipe Folding and Packing Machine
DH-10F型全自动抽取式婴儿湿巾生产线	DH-10F Full-auto Drawing Type Baby Wet Wipe Machine
DH-SM200型全自动婴儿湿巾生产线	DH-SM200 Full-auto Baby Wet Wipe Machine
DH-ZDJS型全自动抽取式湿巾折叠机	DH-ZDJS Full-auto Drawing Type Wet Wipe Folding Machine
DH-DB600型全自动开口/贴标湿巾包装机	DH-DB600 Full-auto Perforating/Label Sticking Wet Wipe Packing Machine
DH-DB500型全自动开口/贴标湿巾包装机	DH-DB500 Full-auto Perforating/Label Sticking Wet Wipe Packing Machine
DH-5型全自动高速婴儿湿巾机	DH-5 Full-auto High-speed Baby Wet Wipe Machine
DH-10型全自动高速抽取婴儿湿巾机	DH-10 Full-auto High-speed Drawing Type Baby Wet Wipe Machine
DH-FP筒装湿巾机	DH-FP Tube Type Wet Wipe Machine
DH-SMJ-D型全自动湿巾折叠机	DH-SMJ-D Full-auto Wet Wipe Folding Machine

地址：福建泉州市惠安涂寨灵山工业区 ADD: Lingshan Industrial Area Tuzai Huian Quanzhou Fujian China
电话(TEL)：0086-595-22784179 传真(FAX)：0086-595-22787311 邮编(P.C.)：362000
Http://www.donggong.com E-mail: machine@public.qz.fj.cn

GLORYGIRL
格蕾丝

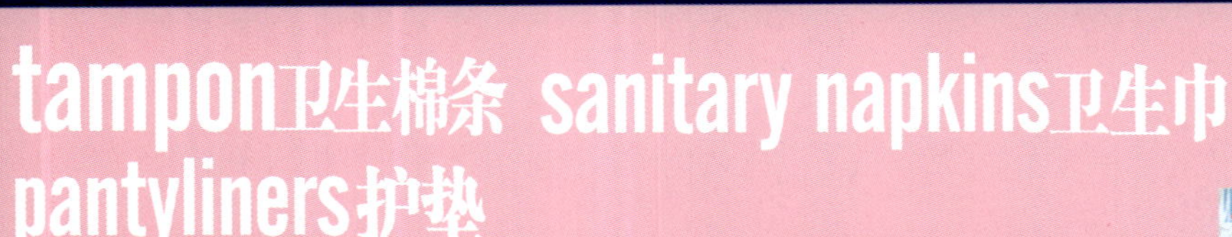
tampon卫生棉条 sanitary napkins卫生巾
pantyliners护垫

GLORYGIRL
格蕾丝
Glory Girl
格蕾丝
Glory Girl
格蕾丝

沛龍
PEILONG

张家港市兆丰清身宝卫生用品厂

本企业主要生产“清身宝”妇用卫生巾、护垫。最新推出

200mm 特长护垫

本企业为客户、同行可提供200mm特长护垫贴牌、加工。互惠互利，双方共赢。

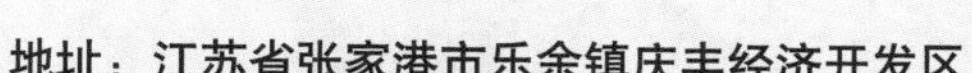

地址：江苏省张家港市乐余镇庆丰经济开发区
电话：86-512-58651530
传真：86-512-58529836

福建省南安市海明机械有限公司

海明机械有限公司是一家专业制造一次性卫生用品设备专用部件的企业，长期为国内外多家著名卫生用品生产企业和设备制造企业提供配套设计与加工制造。

经营业务范围

1. 生产高速未处理浆粉碎机，按不同粉碎量有多种机型可供选择

型号	粉碎能力	用途
HM503-JD 型	粉碎能力 450~600 kg/h	适用于成人纸尿裤、宠物垫生产线
HM503-D 型	粉碎能力 300~450 kg/h	适用于纸尿裤、纸尿片生产线
HM503-X 型	粉碎能力 100~300 kg/h	适用于卫生巾、卫生护垫生产线

另根据其实用性分为：合金齿辊型和双进料型

2. 设计、加工纸尿裤、纸尿片、卫生巾和卫生护垫设备配套用各种长度规格的刀架、刀具总成
3. 承接一次性卫生用品生产线部件的改造设计与制造。

地址：福建省南安市水头镇埕边工业区　联系人：张先生 13960321817
电话：0595-85756819　传真：0595-85755819
Http://www.haiming.wsypw.com　E-mail:haimingjixie@126.com

ShenXin
申新

ICFL系列优势 ICFL Series advantage

1. 机构紧凑，节省空间 Agencies compact,Save space

ICFL集成了纠偏任务所需的所有部件：智能控制器具备除尘装置的传感器•精密微调装置•高转矩低功耗推动器及色彩流线型导正机构。

Mission ICFL integrates all the necessary corrective components: intelligent controller with sensor dust removal devices, precision fine-tuning device, High torque and low-power engine is guided streamline the structure of color.

2. 接线简单，24V直流电压，安全可靠 Wiring simple, 24V DC voltage, Secure

着眼于计划，设计和安装的新前景：无需控制器的安装工程，极为紧凑的尺寸和仅有的24V直流电源连接，您就可以实现ICFL纠偏系统的运行。

Focus on planning, design and installation of new prospects: the installation works without the controller, a very compact size and only 24V DC power connector, you can achieve ICFL correcting systems.

3. 调试一键搞定，操作得心应手 Debugging easy to operate

专业纠偏设备ICFL是您紧凑型智能自动化控制的理想解决方案。ICFL具有紧凑•灵活的特点，并针对快速过程进行了优化，专门针对生产和过程控制而开发。

ICFL major corrective devices are compact smart you the good automation and control solutions.ICFL with a compact and flexible features, and quick process for optimized specifically for the production and process control and development.

集耐久、精密、创新于一体的
立克纠偏

Collection durable, precise, innovation in a body
LIKE web guiding control systems

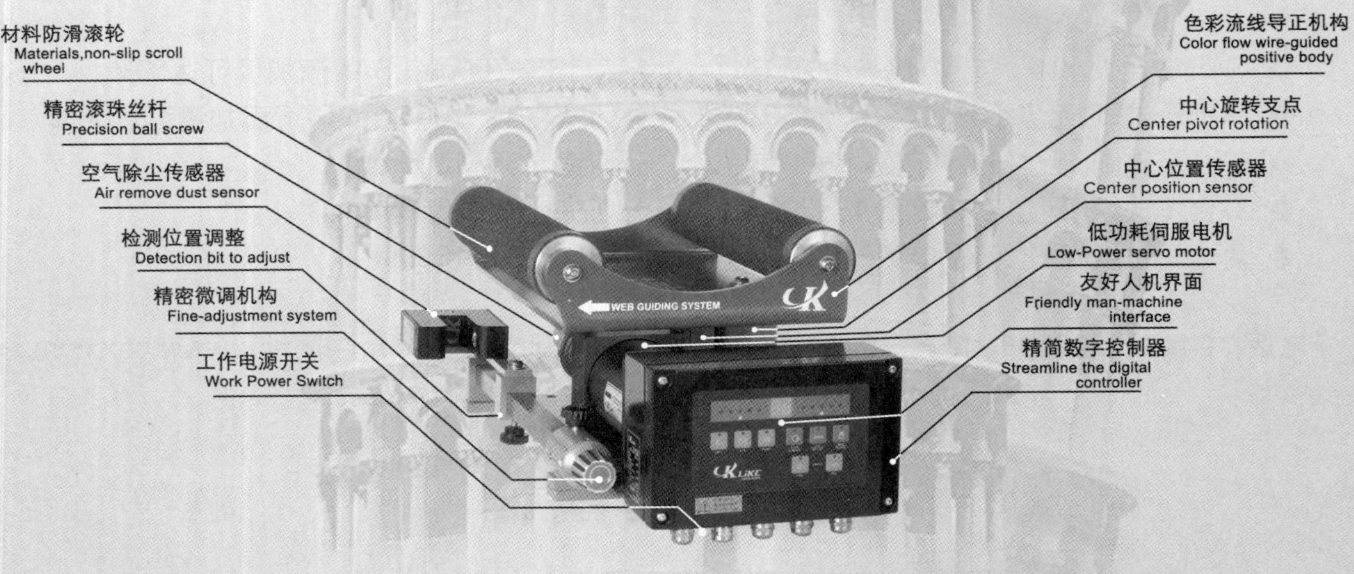

Directory of Tissue Paper & Disposable Products【China】

中国生活用纸年鉴 2010/2011

中国造纸协会生活用纸专业委员会 编

中国石化出版社

图书在版编目（CIP）数据

中国生活用纸年鉴．2010～2011／中国造纸协会生活用纸专业委员会编．—北京：中国石化出版社，2010.3
ISBN 978-7-5114-0344-5

Ⅰ．①中… Ⅱ．①中… Ⅲ．①生活用纸-中国-2010～2011-年鉴 Ⅳ．①TS761.6-54

中国版本图书馆 CIP 数据核字（2010）第 037231 号

责任编辑　张正威
责任校对　李　伟

中国石化出版社出版发行
地址：北京市东城区安定门外大街 58 号
邮编：100011　电话：(010)84271850
读者服务部电话：(010)84289974
http://www.sinopec-press.com
E-mail:press@sinopec.com.cn
北京科信印刷厂印刷
全国各地新华书店经销
*
889×1194 毫米 16 开本 60.5 印张 76 彩页 1782 千字
2010 年 4 月第 1 版　2010 年 4 月第 1 次印刷
定价：300.00 元

《中国生活用纸年鉴 2010/2011》编委会

对本书有关的各项业务与意见请与编委会直接联系。
地址：北京市朝阳区光华路 12 号
邮编：100020
电话：010 -65810824　65812003　65877077
传真：010 -65814944

Any business refers to this book, please contact the editorial board.
Address: No. 12, Guanghua Road, Beijing 100020, **P. R. China**
Tel: 010 -65810824　65812003　65877077
Fax: 010 -65814944
E-mail: 2004**ads@sina. com**
Http:// www. cnhpia. org

编写说明

由中国造纸协会生活用纸专业委员会编写的《中国生活用纸年鉴》从1994年以来已经出版发行了八卷。从第七卷开始，每两年一卷逢双年的第一季度发行。《中国生活用纸年鉴》是目前国内唯一反映生活用纸及相关行业全貌的资料和从业人员的工具书。为全面及时准确地反映我国生活用纸行业的发展和变化，提供相关资讯，引导资金投向，推动技术进步和促进经贸活动的发展，今年编写了第九卷即《中国生活用纸年鉴2010/2011》。

《中国生活用纸年鉴2010/2011》由中国石化出版社出版。2010/2011年版生活用纸年鉴扩大了信息量，生产和市场综述篇编入了行业的最新资料，并增加了改革开放30年中国生活用纸行业的变迁与进步的内容；对企业名录和采购指南部分进行了认真的核实和补充。为便于读者检索，精心编排了2001—2009年世界生活用纸和吸收性卫生用品市场情况及技术进展的论文索引。为便于检索，企业分别按产品类别和所在地区编排；对生活用纸和吸收性卫生用品的主要产区、主要生产企业和著名品牌有重点介绍和地理位置分布图示；新增了原辅材料和设备供应商一览表；为便于外国人阅读，目录和主要内容有中英文对照。

Foreword

Directory of Tissue Paper & Disposable Products (*China*), sponsored by the China National Household Paper Industry Association (CNHPIA), has been published for 8 volumes since 1994. From the 7th volume, it has been published in the first quarter of even year biennially. It is the one and only data reflecting the panorama of the tissue paper and disposable hygiene products industry in China and is the reference book for the employed persons. In order to give a comprehensive introduction of industry, supply information, guide investment in the area and enhance the development of technology and promote trade, *2010/2011 Directory of Tissue Paper & Disposable Products* (*China*) (the ninth volume) is published this year.

2010/2011 Directory of Tissue Paper & Disposable Products (*China*) is published by the China Petrochemical Press. It involves in expanded information: to introduce the latest data of the industry in the Chapter of "Production and Market", including Changes and Progress of the China Tissue and Disposable Hygiene Products Industry Since 30 years' Reform and Opening up; to seriously check up and supplement the list of the manufacturers and related suppliers; to painstakingly compile the Index of Papers on Market of the World Tissue and Disposable Hygiene Products and Technology Advances of the Industry in 2001—2009. For convenience of reference, the lists of manufacturers are sorted by product and region. The main production areas, main manufacturers and famous brands are introduced with emphasis, attached their location map. Lists of major raw materials and equipment suppliers are added. For convenience of foreign readers, the table of contents and main parts have the version in both Chinese and English.

目 录

TABLE OF CONTENTS

彩色页广告目录

No.	企 业 名 称	主要产品/业务	页 码
1	江苏金卫机械设备有限公司	一次性卫生用品设备,打孔膜生产线,多功能粉碎机	封面,彩 35
2	维达纸业(广东)有限公司	生活用纸	封二
3	泉州市汉威机械制造有限公司	一次性卫生用品设备	扉页
4	福建泉州明辉轻工机械有限公司	生活用纸加工设备,一次性卫生用品设备	彩 2
5	福建省昌德胶业科技有限公司	热熔胶	彩 3
6	丹东市丰蕴机械厂	干法纸机,粉碎机	彩 4
7	丹东市天和纸制品有限公司	干法纸,卫生用品	彩 5
8	美国纸产品加工机器公司(PCMC)	生活用纸复卷、折叠、包装机,湿巾折叠机、包装机	彩 6
9	杭州新余宏机械有限公司	一次性卫生用品设备,医用敷料机,复合材料机,包装机	彩 7
10	惠好(亚洲)有限公司(Weyerhaeuser)	绒毛浆	彩 8
11	三明市普诺维机械有限公司	各类旋切刀辊刀架,绒毛浆粉碎机	彩 9
12	泉州市创达机械制造有限公司	湿巾机	彩 10
13	潜利工业有限公司	生活用纸	彩 11
14	日本川之江造机株式会社(Kawanoe)	卫生纸机,分切复卷机	彩 12
15	泉州大昌纸品机械制造有限公司	湿巾机	彩 13
16	诸城市大正机械有限公司	卫生纸机	彩 14
17	诺信(中国)有限公司(Nordson)	热熔胶机	彩 15
18	安庆市恒昌机械制造有限责任公司	一次性卫生用品设备	彩 16 ~ 17
19	玳纳特(香港)有限公司(ITW Dynatec)	热熔胶机	彩 18
20	美卓造纸机械(中国)有限公司(Metso)	卫生纸机	彩 19
21	广西田阳华美纸业集团有限公司	生活用纸原纸及后加工产品	彩 20 ~ 21
22	上海松川远亿机械设备有限公司	生活用纸包装机	彩 22 ~ 23
23	佛山市南海区德昌誉机械制造有限公司	生活用纸加工设备	彩 24 ~ 25
24	揭阳市洁新纸业股份有限公司	干法纸机,干法纸	彩 26
25	北京桑普生物化学技术有限公司	湿巾防腐剂	彩 27
26	河北雄县鹏程彩印有限公司	包装及印刷材料	彩 28
27	特艺佳国际有限公司(Tech. Vantage)	代理经销进口纸加工及卫生用品设备	彩 30
28	奥普蒂玛包装机械(上海)有限公司(Optima)	卫生用品包装设备	彩 31
29	美国 Bretting 机械制造厂	卫生卷纸分切复卷机,面巾纸、擦手纸折叠机	彩 32
30	美国爱思诺(Elsner)公司	湿巾折叠、复卷、包装机	彩 33
31	德国 Senning 包装机械厂	餐巾纸、面巾纸、擦手纸自动包装机	彩 34
32	上海富永精质机械有限公司	妇女卫生巾、卫生护垫、纸尿裤自动封口机,卫生护垫自动理片数片机	彩 36
33	上海东冠纸业有限公司	生活用纸	彩 37
34	松林国际刮刀锯制造有限公司	生活用纸刮刀锯	彩 38 ~ 39
35	佛山市南海区新力机械制造有限公司	生活用纸加工设备	彩 40
36	东莞市佳鸣机械制造有限公司	卫生纸机,生活用纸加工设备	彩 41
37	泰舜工业有限公司(Tai Sun)	生活用纸加工设备	彩 42 ~ 43
38	佛山市宝索机械制造有限公司	生活用纸加工设备	彩 44 ~ 45
39	卓德嘉薄膜(上海)有限公司(Tredegar)	透气膜,弹性薄膜,薄膜/非织造布复合产品,PE 打孔膜	彩 46
40	诸城市金日东造纸机械有限公司	卫生纸机	彩 47
41	广州兴世机械制造有限公司	一次性卫生用品设备,包装机	彩 48 ~ 49
42	山东华林机械有限公司	卫生纸机	彩 50
43	Technical Absorbents Ltd.	超吸水纤维	彩 51
44	北京特日欣卫生用品有限公司	妇女卫生巾,卫生护垫,纸尿裤	彩 52

续表

内页广告目录

续表

No.	企 业 名 称	主要产品/业务	页 码
28	上海唯爱纸业有限公司	湿巾	内广 22
29	盐城纺织进出口有限公司	非织造布复合短纤维	内广 23
30	嘉兴市申新无纺布厂	非织造布	
31	福建省娭洁日用品有限公司	妇女卫生巾,卫生护垫,婴儿纸尿裤	内广 24
32	《生活用纸》杂志征订及广告征集		内广 25
33	深圳市金宝利实业有限公司	生活用纸	内广 26
34	厦门立克传动科技有限公司	纠偏控制系统	内广 28
35	安诺纸业(福建)有限公司	生活用纸	186
36	杭州品享科技有限公司	生活用纸及一次性卫生用品检测仪器	714

中国造纸协会生活用纸专业委员会

THE CHINA NATIONAL HOUSEHOLD PAPER INDUSTRY ASSOCIATION (CNHPIA)

[1]

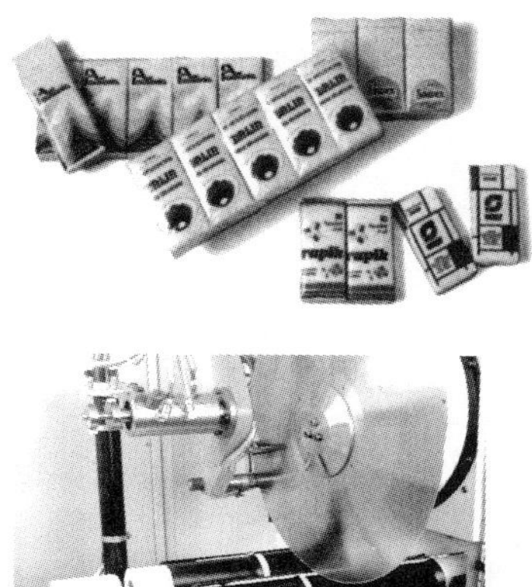

简　介

中国造纸协会生活用纸专业委员会是在中国造纸协会领导下的全国性专业组织。英文名称 China National Household Paper Industry Association(CNHPIA)。会址设在北京，挂靠单位为中国制浆造纸研究院。

生活用纸专业委员会于1993年6月8日正式成立。会员包括生活用纸、卫生用品生产企业，相关设备和原辅材料供应企业等，目前有国内会员单位约520个，海外会员单位27个。通过其成员的积极工作，已在该领域做出了显著成绩。

中国造纸协会生活用纸专业委员会是跨部门、跨地区和不分所有制形式的全国性组织，是由生活用纸有关企业自愿组成的社会团体。其宗旨是促进生活用纸行业的技术进步和经济发展，加快现代化步伐。

生活用纸专业委员会的主要任务是在企业与政府部门之间起桥梁和纽带作用，加强行业自律和反倾销等工作，为企业提供多种形式的服务：开展技术咨询，发展与海外同行业的联系，加强本行业的国内外信息交流，建立生活用纸行业数据库和信息网，开展国际间技术、经济方面的合作与交流，组织会员单位参加国内外有关展览与技术考察活动，定期出版《生活用纸》期刊、《中国生活用纸年鉴》以及《中国生活用纸行业年度报告》，提供国内外生活用纸发展的技术经济和市场信息，为国内外厂商进行技术合作和合资经营牵线搭桥。

生活用纸专业委员会的最高权力机构为会员代表大会、常委会。常委会下设秘书处、生活用纸组、卫生巾组、纸尿裤组、机械设备组和原辅材料组等分支机构。

随着工作的开展，根据行业的需要，中国造纸协会生活用纸专业委员会将坚持服务宗旨，维护行业合法权益，建立健全工作制度和行为准则，以便更好地协助政府部门完成行业管理、发展规划、组织协调和服务等各项工作。

* 委员会领导机构

主任委员：曹振雷
副主任委员：许连捷　李朝旺　杨传信　岳　勇　Takayuki Iwao　陈　莺　邵青锋　中野健之亮
秘书长：江曼霞
副秘书长：张玉兰　林　茹

* 会员单位

国内企业约520家
海外企业27家

* 出版物

《生活用纸》(半月刊，国内外公开发行)
《中国生活用纸年鉴》(每两年发行一卷)
《中国生活用纸行业年度报告》

* 联络方式

地　址：北京市朝阳区光华路12号　　邮　编：100020
电　话：010－65810824　65812003　65877077　65817695　　传　真：010－65814944
E-mail：2004ads@sina.com　　Http://www.cnhpia.org

Brief Introduction of CNHPIA

China National Household Paper Industry Association (CNHPIA) under China Paper Association is a nationwide organization in China. The site of the association is in Beijing, and the chairman member of the said association is China National Pulp & Paper Research Institute.

China National Household Paper Industry Association was established on June 8, 1993. Members include manufacturers of tissue paper and disposable hygiene products, suppliers of related equipments and raw materials, etc. Up till now, there are about 520 domestic members and 27 overseas members in the association. With the positive efforts of all the members, the association has achieved remarkable success in this field.

China National Household Paper Industry Association is a nationwide organization. Its members are from different departments, different regions, and of different ownerships, all the members are voluntary to join in the association. The aim of the association is to promote the technique improvement and economic development of the industry, and to quicken the modernization drive.

The main function of the association is to act as the bridge between the enterprises and the government, to strengthen industry self-discipline and deal with antidumping, it offers kinds of help for the industry.

To provide technical consulting service, to keep in touch with the overseas enterprises, to enhance the communication of information from home and abroad, to set up the database and information net of tissue paper and disposable hygiene products industry, to undertake the international cooperation on technology and economy, to organize the members to take part in the exhibitions and technique investigations, to publish *Tissue Paper and Disposable Products* magazine, *Directory of Tissue Paper & Disposable Products (China)* and *Annual Report on Chinese Tissue Paper & Disposable Products Industry* periodically, to provide the technical and market information of tissue paper and disposable hygiene products for overseas and domestic corporations and joint venture business of domestic and overseas manufacturers.

The highest organ of authority in the association is all member congress and standing council. There are secretariat, Tissue Paper Branch, Sanitary Napkins Branch, Diapers Branch, Equipment Branch, and Raw Material Branch under the Council. Along with the expanding of the work and the requirement of the industry, China National Household Paper Industry Association will aim at service, defend the industry legitimate right, construct and perfect work system and code of conduct, in order to fulfill the functions of industry management, development planning and service, etc.

* Leader of CNHPIA

Chairman: Cao Zhenlei
Vice Chairman: Xu Lianjie, Li Chaowang, Yang Chuanxin, Yue Yong, Takayuki Iwao, Chen Ying, Stephen Shao, Moriyama Shigeo
Secretary General: Jiang Manxia
Vice Secretary General: Zhang Yulan, Lin Ru

* Association Member

Domestic: about 520
Overseas: 27

* Publication

Tissue Paper & Disposable Products (semimonthly)
Directory of Tissue Paper & Disposable Products (China)
Annual Report on Chinese Tissue Paper & Disposable Products Industry

* Contact

Address: No. 12 Guanghua Road, Chaoyang District, Beijing, China
Postcode: 100020
Tel: 8610-65810824, 65812003, 65877077, 65817695
Fax: 8610-65814944
E-mail: 2004ads@sina.com
Http://www.cnhpia.org

领导机构及秘书处成员
(2009 年)

主任委员(1 人): 曹振雷(中国轻工集团公司)

副主任委员(8 人): 许连捷(恒安国际集团有限公司)
李朝旺(维达纸业(广东)有限公司)
杨传信(上海唯尔福(集团)有限公司)
岳　勇(中顺洁柔纸业股份有限公司)
Takayuki Iwao(宝洁(中国)有限公司)
陈　莺(湖北丝宝卫生用品有限公司)
邵青锋(金佰利(中国)有限公司)
中野健之亮(尤妮佳生活用品(中国)有限公司)

秘书长: 江曼霞(中国制浆造纸研究院)

副秘书长: 张玉兰(中国制浆造纸研究院)
林　茹(中国制浆造纸研究院)

常务委员(50 个单位):

常务委员为企业法定代理人或其委托的其他负责人。法定代理人变更时,企业应报告秘书处,由秘书处调整确定。

中国轻工集团公司	曹振雷
中国制浆造纸研究院	江曼霞
恒安国际集团有限公司	许连捷
维达纸业(广东)有限公司	李朝旺
上海唯尔福(集团)有限公司	杨传信
中顺洁柔纸业股份有限公司	岳　勇
宝洁(中国)有限公司	Takayuki Iwao
湖北丝宝卫生用品有限公司	陈　莺
金佰利(中国)有限公司	邵青锋
尤妮佳生活用品(中国)有限公司	中野健之亮
湖南恒安纸业有限公司	许文默
金红叶纸业(苏州工业园区)有限公司	徐锡土
广西贵糖(集团)股份有限公司	陈　健
福建恒利集团有限公司	吴家荣
东莞白天鹅纸业有限公司	卢锦洪
全日美实业(上海)有限公司	蔡坤芳
中山瑞德卫生纸品有限公司	关兆华
潍坊恒联美林生活用纸有限公司	张云胜
北京倍舒特妇幼用品有限公司	李秋红
天津市依依卫生用品有限公司	卢俊美
汕头市爱护洁护理用品厂有限公司	张朝侠
沈阳东联日用品有限公司	陈德斌
广西舒雅卫生制品有限公司	赖晓杨
宁夏美洁纸业股份有限公司	周兴起
胜达集团江苏双灯纸业有限公司	赵　林
北京特日欣卫生用品有限公司	冯　跃

漯河银鸽生活纸产有限公司	周国敏
广东省芬兰馨实业有限公司	杨耀文
西安市临潼区汉兴实业公司	郝九洲
惠州福和纸业有限公司	梁契权
东莞市佳鸣机械制造有限公司	万雪峰
安庆市恒昌机械制造有限责任公司	吕兆荣
杭州新余宏机械有限公司	孙小宏
维顺(中国)无纺制品有限公司	谢　峰
柯尔柏机械设备(上海)有限公司	邢小平
上海紫华企业有限公司	徐志强
北京爱华中兴纸业有限公司	谢大伟
山东益母妇女用品有限公司	赵玉山
宁夏紫荆花纸业有限公司	纳巨波
云南江川翠峰纸业有限公司	李吉华
佛山市南海区德昌誉机械制造有限公司	陆德昌
上海花王有限公司	施学礼
上海东冠华洁纸业有限公司	李慈雄
永丰余家品(昆山)有限公司	曾博湘
王子制纸妮飘(苏州)有限公司	中须贺朗
天津市日商卫生科技发展有限公司	杨印海
ITW 玳纳特公司	焦　勇
佛山市南海区新力机械制造有限公司	吴兆广
上海迁川制版模具有限公司	迁川豊
佛山新飞卫生材料有限公司	穆范飞

专业机构名单：

生活用纸组

组　长：维达纸业(广东)有限公司

副组长：中顺洁柔纸业股份有限公司

卫生巾组

组　长：恒安国际集团有限公司

副组长：上海唯尔福(集团)有限公司
宝洁(中国)有限公司

纸尿裤组

组　长：中山瑞德卫生纸品有限公司

副组长：金佰利(中国)有限公司

机械设备组

卫生用品机械组组长：
杭州新余宏机械有限公司
安庆市恒昌机械制造有限责任公司

卫生纸机械组组长：
东莞市佳鸣机械制造有限公司
佛山市南海区德昌誉机械制造有限公司

原辅材料组

组　长：维顺(中国)无纺制品有限公司

秘书处成员名单：

江曼霞　张玉兰　林　茹　孙　静　曹宝萍　张景雯
陈祥津　周　杨　钟　颖　温雪梅　胡琳琳　漆小华
罗　霞　王林红

The session board of directors and secretary of CNHPIA (2009)

Chairman of Association: 1 person

Cao Zhenlei — Sinolight Corporation

Vice Chairman of Association: 8 persons

Xu Lianjie — Hengan International Group Co., Ltd.
Li Chaowang — Vinda Paper (Guangdong) Co., Ltd.
Yang Chuanxin — Shanghai Welfare Group Co., Ltd.
Yue Yong — CNSN Paper Co., Ltd.
Takayuki Iwao — Procter & Gamble (China) Ltd.
Chen Ying — Hubei C - BONS Sanitary Products Co., Ltd.
Stephen Shao — Kimberly - Clark (China) Co., Ltd.
Moriyama Shigeo — Shanghai Uni - charm Co., Ltd.

Secretary General:

Jiang Manxia — China National Pulp & Paper Research Institute

Vice Secretary General:

Zhang Yulan — China National Pulp & Paper Research Institute
Lin Ru — China National Pulp & Paper Research Institute

Members of Standing Committee: 50 units

Sinolight Corporation	Cao Zhenlei
China National Pulp & Paper Research Institute	Jiang Manxia
Hengan International Group Co., Ltd.	Xu Lianjie
Vinda Paper (Guangdong) Co., Ltd.	Li Chaowang
Shanghai Welfare Group Co., Ltd.	Yang Chuanxin
CNSN Paper Co., Ltd.	Yue Yong
Procter & Gamble (China) Ltd.	Takayuki Iwao
Hubei C - BONS Sanitary Products Co., Ltd.	Chen Ying
Kimberly - Clark (China) Co., Ltd.	Stephen Shao
Shanghai Uni - charm Co., Ltd.	Moriyama Shigeo
Hunan Hengan Paper Co., Ltd.	Xu Wenmo
Gold Hongye Paper (Suzhou Industrial Park) Co., Ltd.	Xu Xitu
Guangxi Guitang (Group) Co., Ltd.	Chen Jian
Fujian Hengli Group Co., Ltd.	Wu Jiarong
Dongguan White Swan Paper Products Co., Ltd.	Lu Jinhong
Everbeauty Industry (Shanghai) Co., Ltd.	Cai Kunfang
Disposable Soft Goods (Zhongshan) Ltd.	Frankie Kwan
Weifang Lancel Hygiene Products Limited	Zhang Yunsheng
Beijing Beishute Maternity & Child Articles Co., Ltd.	Li Qiuhong
Tianjin Yiyi Hygiene Products Co., Ltd.	Lu Junmei
Eleaine Treatment Prod. FTY, Ltd.	Zhang Chaoxia
Shenyang Tonglian Daily - Use Goods Co., Ltd.	Chen Debin
Guangxi Shuya Health Care - Products Co., Ltd.	Lai Xiaoyang
Ningxia Meijie Paper Co., Ltd.	Zhou Xingqi
Shengda Group Jiangsu Sund Paper Co., Ltd.	Zhao Lin

Beijing Terixin Hygienic Products Co., Ltd.
Luohe Yinge Household Paper Co., Ltd.
Fenlanxin Industrial Co., Ltd. Guangdong Province
Hanxing Industry Company Xi'an Shaanxi
Huizhou Fook Woo Paper Co., Ltd.
Dongguan Jumping Machinery Manufacture Co., Ltd.
Anqing Hengchang Machinery Co., Ltd.
Hangzhou New Yuhong Machinery Co., Ltd.
Fibervisions (China) Textile Products Ltd.
Körber Engineering (Shanghai) Co., Ltd.
Shanghai Zihua Enterprise Co., Ltd.
Beijing Aihua Zhongxing Paper Co., Ltd.
Shandong Yimoo Woman's Products Co., Ltd.
Ningxia Zijinghua Paper Co., Ltd.
Yunnan Jiangchuan Cuifeng Paper Co., Ltd.
Nanhai Dechangyu Machinery Manufacture Co., Ltd.
Kao Corporation Shanghai Co., Ltd.
Shanghai Orient Champion Georgia Pacific Tissue Co., Ltd.
Yuen Foong Yu Family Care (Kunshan) Co., Ltd.
Oji Paper Nepia (Suzhou) Co., Ltd.
Tianjin Rishang Hygiene Sciene & Technology Development Co.,Ltd.
ITW Dynatec (H. K.) LTD.
Xinli Paper Machinery Manufacture Co., Ltd.
Shanghai Tsujikawa Engraving Co., Ltd.
Foshan Xinfei Sanitary Material Co., Ltd.

Feng Yue
Zhou Guomin
Yang Yaowen
Hao Jiuzhou
Liang Qiquan
Wan Xuefeng
Lü Zhaorong
Sun Xiaohong
Xie Feng
Xing Xiaoping
Xu Zhiqiang
Xie Dawei
Zhao Yushan
Na Jubo
Li Jihua
Lu Dechang
Shi Xueli
Li Cixiong
Zeng Boxiang
Nakasuka Akira
Yang Yinhai
Jiao Yong
Wu Zhaoguang
Tsujikawa Yukata
Mu Fanfei

List of Branches:

Tissue Paper Branch

Headman: Vinda Paper (Guangdong) Co., Ltd.
Vice Headman: CNSN Paper Co., Ltd.

Sanitary Napkins Branch

Headman: Hengan International Group Co., Ltd.
Vice Headman: Shanghai Welfare Group Co. Ltd.
Procter & Gamble (China) Ltd.

Diapers Branch

Headman: Disposable Soft Goods (Zhongshan) Ltd.
Vice Headman: Kimberly-Clark (China) Co., Ltd.

Machinery Branch

Disposable Products Machinery Group
Headman: Hangzhou New Yuhong Machinery Co., Ltd.
Anqing Hengchang Machinery Co., Ltd.
Tissue Machine/Converting Machinery Group
Headman: Dongguan Jumping Machinery Manufacture Co., Ltd.
Nanhai Dechangyu Machinery Manufacture Co., Ltd.

Raw Materials Branch

Headman: Fibervisions (China) Textile Products Ltd.

The members of CNHPIA secretariat:

Ms. Jiang Manxia	Ms. Zhang Yulan	Ms. Lin Ru	Ms. Sun Jing	Ms. Cao Baoping
Ms. Zhang Jingwen	Mr. Chen Xiangjin	Ms. Zhou Yang	Ms. Zhong Ying	Miss Wen Xuemei
Miss Hu Linlin	Miss Qi Xiaohua	Ms. Luo Xia	Ms. Wang Linhong	

工作条例

The rules of the CNHPIA

（1998 年修订稿）

第一章　总　则

第一条　中国造纸协会生活用纸专业委员会是在中国造纸协会领导下的全国性专业组织，是有关生活用纸方面的企业家和科技工作者的群众团体。是中国造纸协会的组成部分，受中国造纸协会理事会的直接领导。

第二条　生活用纸专业委员会（以下简称专委会）的宗旨是：促进生活用纸行业的技术进步和经济发展，加快生活用纸技术的现代化。

第二章　任　务

第三条　专委会完成下列任务

1. 在企业与政府部门之间起桥梁和纽带作用，为企业提供多种形式的服务。

2. 组织领导生活用纸方面的学术及技术交流，组织技术协作。

3. 邀请专家、学者和有经验的同志讲学，办培训班、组织国内外有关展览和技术考察活动。

4. 提出与生活用纸专业有关的技术经济政策和发展规划，搞好行业统计与市场调查。为企业正确决策提供依据，建立生活用纸行业信息网和数据库，定期出版生活用纸有关资料、刊物。

5. 开展信息反馈、技术咨询、企业诊断和技术改造等多种技术服务。

6. 参与制定、修订生活用纸行业各类标准的工作。

7. 为国内外厂商进行技术合作和合资经营牵线搭桥。

8. 根据需要，开展其他各项有利于提高生活用纸水平的活动。

第三章　会　员

第四条　凡是生活用纸生产企业同意专委会工作条例，向专委会提出申请，经专委会或常委会批准后即成为专委会会员单位，另外，根据发展情况和工作需要，与生活用纸有关的单位，亦可提出申请，其批准程序与上述相同。

第五条　会员单位的代表者，应为该单位的法人代表或法人代表委托的其他负责人，若人事更动，应及时将人员变更情况通知专委会。

第六条　对与本专业有关的专家、学者（包括已离退休者），经专委会同意可以作为本委员会特邀个人会员。

第七条　对与本专业有关的外国和港台地区厂家，经专委会同意可以作为专委会海外会员。

第四章　会员的权利与义务

第八条　权利

1. 有选举权和被选举权。

2. 对专委会有权提出意见和建议。

3. 有权参加专委会组织的学术交流和技术经贸活动及获得有关资料。

4. 有权要求专委会帮助组织技术协作。

第九条　义务

1. 遵守专委会条例。

2. 执行专委会的决议和委托的工作。

3. 受专委会的委托，派出人员参加有关单位的技术协作。

4. 按时交纳会费，会费在每年第三季度内（7 月—9 月）交清，无故拖欠者，经常委会通过取消会员资格。

第五章　机　构

第十条　专委会的组织原则实行民主集中制。

第十一条　专委会的最高权力机构为常务委员会议或会员大会。其主要职能是：

1. 讨论和修改专委会工作条例及有关文件。

2. 审议和批准专委会的工作报告及活动方案。

3. 按民主程序选举和产生专委会领导成员。

4. 审议批准专委会新成员。

5. 审议和决定其他重要事项。

第十二条　常务委员会设主任委员 1 人，副主任委员 2～8 人，常务委员若干人，常务委员会每年召开 1 次会议。主任委员、副主任委员由常务委员会协商推选产生。任期 4 年，可连选连任。设秘书长 1 人、副秘书长 2 人，负责日常工作并与各副主任委员及常务委员单位搞好联系工作。

第十三条　专委会的挂靠单位一般为当任的主任委员单位。秘书处设在挂靠单位。

第十四条 为了便于活动，专委会设1个办事机构(秘书处)和5个专业组：

1. 生活用纸组(包括厕纸、厨房纸、餐面巾纸、湿巾等)。

2. 卫生巾组。

3. 纸尿裤组。

4. 原辅材料组(包括绒毛浆、化学助剂等)。

5. 机械设备组(分卫生用品机械和卫生纸机械两个小组)。

第十五条 各专业组推选组长1名，副组长1~3名，负责本组的联络、协调工作，原则上每年活动1次，若会员单位有较大技术问题，提出申请后，由组长报秘书处组织协作。

第十六条 主任委员、副主任委员、秘书长、常务委员名单报中国造纸协会核准备案。

第六章 活动经费

第十七条 本专委会的活动经费有以下来源：

1. 会员单位交纳的会费。

2. 接收有关单位对部分专项活动的赞助费。

3. 挂靠单位对日常工作费用给予一定补贴。

4. 其他收入。

经费的收支情况定期向会员单位公布。

第七章 附 则

第十八条 本条例经常委扩大会讨论通过后执行，并报中国造纸协会备案，其解释权属于常务委员会。

第十九条 本条例如与上级规定有抵触时，按上级规定执行。

生活用纸企业家俱乐部章程

The regulations of the CNHPIA Business Executives Club

(2005年订立，2007年修订)

第一章 总 则

第一条 中国生活用纸企业家俱乐部是由中国境内的生活用纸和一次性卫生用品骨干企业自发成立的民间组织。

第二条 俱乐部是生活用纸骨干企业之间交流联谊的平台，通过俱乐部，成员企业的高层人士能及时沟通和得到各种行业共性化和针对本企业个性化的信息。

第二章 活动内容

第三条 俱乐部的活动内容包括：

1. 无主题轻松的交流和联谊。

2. 对行业发展和市场开拓方面出现的新情况进行研讨，启发思路和寻找解决方案。

3. 针对企业发展规划、经营管理、市场培育、融资渠道、人力资源、原料采购、清洁生产、节能节水、质量管理、产品安全、环境友好等共性问题进行交流和沟通。

4. 就行业共性的有关问题，与政府部门、有关机构、主流媒体进行对话沟通，积极宣传行业发展情况，加强消费者教育工作。

5. 共同探讨如何把市场的蛋糕做大，开展企业之间多种形式的合作。

6. 邀请有关外国公司列席参加会议，加强国际合作。

第三章 会 员

第四条 俱乐部采用会员制，遵循准入资格审查和企业自愿相结合的原则，控制会员数逐步增加并在一定的数量范围内。凡承认本俱乐部章程，愿意履行会员义务并符合准入资格的企业，均可提出加入俱乐部的申请。

第五条 会员准入资格：

1. 中国境内注册的生活用纸及一次性卫生用品企业。

2. 具有一定的高档产品生产规模，有较高的市场知名度和美誉度。

3. 入会申请经俱乐部会员大会审核，并得到三分之二以上会员通过。

第六条 会员权利和义务：

1. 由企业负责人参加会员活动，如负责人不能出席，可以派副总以上高层管理人员参加。

2. 遵守本俱乐部的章程，承担会员活动经费。

3. 对俱乐部的活动安排有参与和提出建议的权利和义务。

4. 俱乐部会员不得利用俱乐部进行价格协调等垄断、操纵市场的行为和活动。

第七条 退会

1. 入会企业可以申请自愿退会。

2. 连续三次不参加会员大会，需以书面报告形式，向秘书处说明情况，申请保留会籍，并经会员会议重新确认，否则视为自动退出。

3. 违反本章程第六条规定，不履行会员义务的，经三分之二以上会员通过，劝其退出。

4. 企业破产、被并购、出现重大经营或产品质量问题，经会员大会同意作为退会处理。

第四章 组织机构

第八条 俱乐部设会员大会，主席团和秘书处。

1. 会员大会为俱乐部最高权力机构，会员大会每半年举行一次。

2. 主席由各会员企业领导轮流担任，轮值主席人选在上一届会员大会上确定，主席负责俱乐部的领导和决策。

3. 主席团由轮值主席、候任主席和秘书长组成。

4. 秘书长由中国造纸协会生活用纸专业委员会秘书长担任。秘书长在主席领导下负责俱乐部的事务工作，贯彻落实会员大会的决议和决定。

5. 秘书处的日常事务工作(会议组织等)委托中国造纸协会生活用纸专业委员会秘书处代办。

第五章 经费来源及用途

第九条 俱乐部为非营利组织。俱乐部的会议或活动由会员企业轮流承办。

第十条 参加会议或活动的代表自付差旅费及住宿费，其他发生费用由承办企业负担。

承办企业可以委托秘书处代办会务和预付费用，并在会后按实际支出与秘书处结算和缴纳费用。

第十一条 本章程已于2005年2月25日获俱乐部成立大会通过。并于2007年11月修订。

生活用纸行业文明竞争公约

Fair competition pledge of the China tissue paper and disposable products industry

近年来，我国生活用纸行业发展迅速，市场竞争日趋激烈，市场竞争推动了生活用纸企业乃至整个生活用纸行业的迅速发展，随着中国生活用纸行业的发展壮大，规范竞争行为，共创公平竞争环境，成为每个企业的迫切要求，也是我国生活用纸行业健康发展的需要。

第一章 总 则

第一条 为树立良好的行业风气，建立和维护公平、依法、有序的生活用纸竞争环境，保护经营者和消费者的正当权益，依照国家有关法律、法规特制订此中国生活用纸行业文明竞争公约(以下简称公约)。

第二条 本公约是行业内各企业自律性公约，是企业文明竞争、自我约束的基准。

第三条 现代企业不仅是社会物质的生产者、社会的服务者，同时也应是社会进步的推动者、现代文明的建设者。建立良好的竞争环境，树立文明竞争新风尚是每个生活用纸企业应肩负起的社会职责。

第二章 文明竞争道德规范

第四条 文明竞争道德规范的基本点即诚实、公平、守信用，互相尊重、平等相待、文明经营、以义生利、以德兴业。

第五条 每个企业都要把文明竞争观念作为企业文化的重要组成部分，提高文明竞争意识，正确处理竞争与协作、自主与监督、经济效益与社会效益等关系。

第六条 企业要依靠科学技术进步和科学管理，不断提高生产经营水平，用优质产品、满意的服务质量和良好信誉树立自己的企业形象。

第七条 企业在市场交易中要遵循自愿、平等、诚信的原则，遵守公认的商业道德和市场准则，自觉维护消费者合法权益并尊重其他经营者的正当权益，自觉接受市场和广大消费者的评价和监督。

第八条 企业应加强对职工进行职业责任、职业道德、法律及职业纪律教育，促使职工用道德信念支配自己的行为，树立职业责任感和职业荣誉感，更好地完成本职工作。

第九条 企业要有文明竞争、共同发展的胸襟。

——提倡在平等协商、互惠互利、优势互补的前提下，广泛开展合作、协作、联合，优化本行业产业结构。

——倡导企业间以各种形式向消费者提供联合服务，提高行业为社会及消费者服务的整体水平。

——发扬大事共议，协调发展的风气，树立良好的行业形象。

第三章 文明竞争准则

第十条 企业应严格执行《中华人民共和国产品质量法》、《中华人民共和国消费者权益保护法》、《中华人民共和国广告法》、《中华人民共和国反不正当竞争法》、国家颁布的各类生活用纸的产品标准和卫生标准，让购买生活用纸产品的消费者能够满意、放心和安心。

第十一条 企业销售人员和其他业务人员在任何场合都应避免发生损害其他企业的行为。营销人员为消费者介绍产品，不应借向消费者介绍产品之机，做有损其他企业同类产品的不恰当宣传。

第十二条 宣传自己的企业及产品、服务，不夸大其辞。不得在文章、广告、各种宣传品中有影射、贬低其他企业及其技术、产品和服务。不侵犯其他企业的商业信誉，不损害其他企业知识产权，不损害其他企业的合法权益。切实履行自己的广告承诺与义务。

第十三条 严格执行《中华人民共和国统计法》，按照有关规定，认真负责、客观地向国家主管部门、行业协会提供真实的统计数据，不得虚报或故意错报、漏报各类数据。

——向有关主管部门和行业协会如实上报各项经济指标的统计数据，为国家和行业提供准确的信息。

——不断章取义地利用某些统计资料，做有损于其他企业的宣传。

——企业的统计工作接受统计管理部门、行业协会和社会公众的监督。

第四章 公约实施及违约责任

第十四条 本公约由中国造纸协会生活用纸专业委员会常委会提出，向全国所有生活用纸企业倡议共同遵守。

第十五条 凡生活用纸专业委员会的成员单位都必须承诺、自觉遵守和维护本公约并接受社会各界对遵守公约情况做公正的监督、评议。

第十六条 凡违反第三章文明竞争准则的各项条款，视为违约。

第十七条 企业如果发生违约行为，将承担违约责任。违约企业及当事人(或代表)有责任向受到损害的单位或其代表，在受到损害的范围内，通过一定的形式公开赔礼道歉，对违约行为造成的直接经济损失，依照有关法规给予经济赔偿。

第十八条 企业有责任向全体职工进行遵守和维护本公约的宣传和教育，当发现有违约行为时，要严肃处理。

第十九条 严重违约的企业，应在行业内(会议、会刊)公开检讨。

第二十条 在竞争行为是否违约难以界定时，当事双方(或多方)应本着自觉遵守公约的态度解决矛盾。

第二十一条 在需要第三方对竞争行为是否违约进行界定时，可由中国造纸协会生活用纸专业委员会邀请国家有关部门组成临时机构进行界定。

第二十二条 严重违约，但又不承担违约责任者，中国造纸协会生活用纸专业委员会提请国家反不正当竞争主管部门处理，并向社会舆论曝光和清除出协会。

生活用纸行业加强质量管理倡议书

Written proposal on strengthening quality management in the China tissue paper and disposable products industry

中国造纸协会生活用纸专业委员会各会员单位：

为进一步提高生活用纸行业的产品质量水平，迎接入世挑战，以求共同得到发展，并使消费者利益得到进一步的保障，我们在秘书处的协助下，向全体会员单位发出倡议：

1. 认真学习和贯彻即将在 2000 年 9 月 1 日正式实施的《产品质量法》修正案，进一步完善和加强企业的质量控制体系，确保企业产品质量达到国家标准。

2. 坚决与假冒、伪劣现象作斗争。积极采集假冒品牌、伪劣产品的各种证据，查找制假、造伪的源头，一旦发现假冒伪劣产品，应立即向当地工商行政管理机构举报，为防止地方保护主义的干扰，也可向行业协会反映、举证，由秘书处统一协调，向中央新闻机构和有关工商管理机构反映，以保护我们各企业的合法权益。

3. 积极主动配合，认真接受各级技术监督部门、卫生监督部门的年度抽检和市场查验。如有异议，应当及时申诉，以求公正。在积极维护监督部门的权威性的同时，维护本行业的良好形象。逐步使企业向国际化迈进。

4. 企业要在一个公平、合理的竞争环境中以质量求生存，以品种求发展，从而满足不同消费层次的需求，以合理的价格参与市场竞争。反对低价倾销，正确把握各自的市场定位。

5. 各专业组应经常组织成员单位协商、研讨市场变化及应对措施，共谋行业发展，共商企业进步，为创建行业的精神文明、物质文明而共同努力。

2000 年生活用纸企业高峰会议全体代表

二〇〇〇年八月十八日

2005—2009 年重要活动

Important activities of the CNHPIA (2005—2009)

2005 年 2 月　中国生活用纸企业家俱乐部成立会议在厦门举行
February 2005　Establishment Conference of the CNHPIA Business Executives Club Held in Xiamen

生活用纸企业家俱乐部成立会议于 2005 年 2 月 25 日在厦门悦华酒店举行。生活用纸企业家俱乐部成立时有会员企业 13 家(生产企业 12 家),其中 10 家会员企业的 15 名代表出席了会议(3 家企业因故请假)。中国造纸协会生活用纸专业委员会秘书处江曼霞、张玉兰列席会议。

2 月 24 日晚,生活用纸企业家俱乐部的 4 家发起单位(恒安集团、维达纸业、中顺纸业、中国制浆造纸研究院)召开了碰头会,确认了成立会议的议程。

2 月 25 日的正式会议之前,由曹振雷院长召集主持了全体代表参加的预备会议。曹院长对成立生活用纸企业家俱乐部的背景和必要性作了说明,他指出:

1. 生活用纸年会规模逐年扩大,是开展贸易和获得信息的最佳平台,但由于参会人数多、会期短,生活用纸大企业领导之间很难有时间沟通、坐下来研讨行业发展等共性问题,委员会秘书处为大企业的需求服务跟不上。

2. 生活用纸行业发展迅速,市场变化大,面临产品结构调整问题,生活用纸大企业代表中国生活用纸发展的方向,成立生活用纸企业家俱乐部有利于引导产品调整。

3. 生活用纸具有消费品的特征,与其他纸种相比,市场的导向性更加明显,俱乐部组织有利于共同开发市场,做好消费者的教育工作。

4. 竞争和合作并存,竞争是永远的,但是要避免恶性竞争,俱乐部组织有利于规范竞争规则,俱乐部的成员企业是竞争对手,也是朋友。

5. 俱乐部的形式便于市场主导企业高层领导之间的联谊和沟通信息,可以加强与政府有关部门的对话交流。

预备会议提名选举恒安集团总裁许连捷担任俱乐部首届轮值主席,选举维达纸业董事长李朝旺担任候任主席,选举江曼霞为俱乐部秘书长;通过了轮值主席产生的办法。

正式会议由江曼霞秘书长主持,首先由本届主席和候任主席致辞,接着开展了热烈的讨论,讨论内容主要包括对“生活用纸企业家俱乐部章程(讨论稿)”的修改意见、对企业家俱乐部活动内容的建议、2004 年各企业的生产和发展情况等。生活用纸专业委员会秘书处还通报了 2005 年生活用纸年会的筹备情况、申报将生活用纸列入中国名牌目录的工作进展情况等。

俱乐部成立会议参会人员如下:

恒安集团有限公司 许连捷

维达纸业(广东)有限公司　李朝旺,李佩兰

广东中顺纸业集团有限公司　梁胜威

金红叶纸业(苏州工业园区)有限公司　徐锡土

广西贵糖(集团)股份有限公司　农皓

王子制纸妮飘(苏州)有限公司　早水龙太,曹荣,莫建新

宁夏美洁纸业股份有限公司　周兴起,任举

东莞白天鹅纸业有限公司　卢宝祥,李刚

中山市三角纸品制造有限公司　杨法坤

中国制浆造纸研究院　曹振雷

中国造纸协会生活用纸专业委员会　江曼霞 张玉兰

2005 年 3 月　第十二届生活用纸国际科技展览及会议在南京召开
March 2005　The 12th China International Tissue/Disposable Hygiene Products Exhibition & Conference(CIHPEC'2005) Held in Nanjing

第十二届生活用纸国际科技展览及会议(CIHPEC'2005)于 2005 年 3 月 18—19 日在江苏省南京市国际展览中心举行。与往年相比,2005 年的展览规模和参会人员之多前所未有,又创历

史新高。由于展览场馆新、面积大，使年会的气势更加恢弘、热烈。个性化装饰布置的展位和智能化会议室让人耳目一新，在与国际性展览和会议接轨方面又迈出了坚实的一大步。

本届年会为避免在参展商布展期间就有客户进入现场而产生的预展情况，将原先提前一天举办的技术交流会改为与展览同期进行，使得布展工作有条不紊，现场安全有序。参加开幕仪式的领导有中国轻工集团公司总裁陈学忠先生，中国造纸协会副理事长、生活用纸专业委员会主任曹振雷先生，生活用纸专业委员会秘书长江曼霞女士，副秘书长张玉兰女士。协办单位上海尤妮佳有限公司、生活用纸专业委员会副主任委员单位、部分常委单位和会员单位的领导出席了开幕仪式，日本卫生材料工业联合会以及部分参展商和媒体的代表也参加了开幕仪式。

开幕仪式隆重而热烈，在介绍了到会的领导和嘉宾后，由生活用纸专业委员会曹振雷主任致开幕辞，上海尤妮佳有限公司高久坚二董事长总经理致欢迎辞，日本卫生材料工业联合会井尻时雄专务理事致贺辞。随后在欢快的乐曲声中进行授牌仪式，由中国轻工集团陈学忠总裁向协办单位上海尤妮佳公司授纪念牌，由中国造纸协会生活用纸专业委员会曹振雷主任向恒安集团、维达纸业、唯尔福集团、中顺纸业、宝洁公司、尤妮佳公司、丝宝公司授任职牌。由于本届年会没有安排常委会议，开幕仪式上由江曼霞秘书长就生活用纸专业委员会组织发展、2004 年行业总体情况、生活用纸企业家俱乐部成立情况以及 2006 年生活用纸年鉴企业资料征集、广告征订等事宜进行了通报。

为比较准确地统计参会代表和观众人数，组委会采取了凭名片或填写相关资料后换取参观证的方式获取观众资料。据初步统计本届会议参展商约 1000 多人，观众约 5000 多人，参观展览约 20000 人次。本届年会吸引了 187 家国内企业和来自 6 个国家和地区的 19 家海外企业参展和在技术交流会上讲课。除生活用纸和相关设备、辅材生产单位外，还有众多的生活用纸的生产商、经销商参会和参观展览。本届年会的国际研讨会举办了 13 场技术交流和研讨，有 325 个展位和 10 多条设备生产线现场展示，展览面积约 1 万米^2。成为名副其实的学习交流和贸易的最佳平台。

2005 年 4 月　曹振雷主任等参加在瑞士举办的 INDEX 05
April 2005　Mr. Cao Zhenlei and Its Colleague Visited INDEX05

应欧洲非织造布贸易协会 EDANA 的邀请，中国造纸协会生活用纸专业委员会曹振雷主任、张玉兰副秘书长及曹宝萍一行 3 人参观了于 2005 年 4 月 12—15 日在瑞士日内瓦举办的 INDEX05（2005 年欧洲非织造布展览会）。

INDEX 由 EDANA 主办，每 3 年一次在瑞士日内瓦举行，已经有 30 年的历史。本届展览有 450 多家企业参展，展览总面积达 2 万米^2，观众达 12000 人次；展览期间还举办了 12 场技术交流会。有 36 家中国大陆企业参加本届展览，从一个侧面反映了中国大陆非织造布工业和个人卫生用品工业的迅速发展。

曹振雷主任在会展期间，于 4 月 14 日会见了 EDANA 的秘书长 Pierre Wiertz 先生及一次性卫生用品分会秘书长 Gerd Ries 先生。曹主任一行还考察了瑞士的生活用纸市场。

2005 年 8 月　第三届生活用纸委员会领导机构增补成员(2005 年)
August 2005　The Supplementary Members of the Third Session Board of Directors(2005)

在 2004 年对第三届生活用纸委员会领导机构增补成员的基础上，根据一年来生活用纸行业和企业的发展变化情况和部分企业的申请，秘书处提出增补副主任委员和常委单位的建议并征得各常委单位的同意，再次增补第三届生活用纸委员会领导机构成员。

一、增补金佰利(中国)投资有限公司邵青锋总裁为副主任委员。

二、增补中山市三角纸品制造有限公司、天津日商卫生科技发展有限公司、ITW 玳纳特公司、佛山南海区新力机械制造有限公司、上海迁川制版模具有限公司、佛山新飞卫生材料有限公司等6个企业为常委单位，由其法人代表担任常委。

2005年11月　第二届生活用纸企业家俱乐部会议在广东新会召开
November 2005　The Second Meeting of the CNHPIA Business Executives Club Held in Xinhui

2005年11月21日第二届生活用纸企业家俱乐部会议在广东新会龙泉宾馆召开，俱乐部成员单位和秘书处人员共21人参加了会议。会议轮值主席是维达纸业国际控股公司李朝旺董事长，会议由李朝旺董事长和江曼霞秘书长主持。会议主要内容是：

1. 北京大学光华管理学院李其教授做宏观经济报告。

2. 曹振雷院长/主任做中国造纸工业发展概况报告。

3. 李朝旺董事长致辞并介绍维达概况和发展规划。

4. 确定第三届会议于2006年5月下旬在宁夏银川举行(宁夏美洁周兴起董事长为轮值主席)；第四届会议于2006年11月上旬在上海举行(上海东冠集团李慈雄总经理为轮值主席)。

5. 研讨和交流。

(1) 下届轮值主席宁夏美洁公司周兴起董事长致辞。

(2) 各参会企业轮流发言。对行业发展和市场开拓方面出现或预计将要出现的新情况进行研讨；针对企业发展规划、经营管理、市场开发、质量管理、产品结构调整等共性问题进行交流和沟通。

6. 李朝旺主席总结发言。

(1) 加强会员企业间的合作，共同创造和谐环境，开展良性竞争，促进行业和市场健康发展。如集中上的项目可通过协调，错开时间和地区；大企业之间和大中企业之间开展更深层次的合作，如原纸互换等，争取利润最大化和双赢的结果。扩大国内企业的整合，应对国际纸业巨头的进入，会员中的中型企业要做出自己的特点，准备融入大企业。

(2) 要从全局出发，注意生产基地的均衡布局。

(3) 积极开辟国际市场，分流一部分因产能增加而形成的峰值阶段的产量，尽量减少对国内市场的冲击，使企业平稳度过“严冬”。

(4) 大力开拓农村市场，大企业要做出榜样。

7. 参观维达纸业3号造纸机(纸机制造商为美国Beloit公司)

这次会议安排紧凑、讨论热烈，除会议发言外，许多代表在20日报到当天和21日茶歇时抓紧时间相互交流，增进了相互了解，加强了友谊和合作，会议取得了预期效果。

第二届俱乐部会议参会人员如下：

中国制浆造纸研究院　曹振雷
恒安集团有限公司　许连捷，许水深
维达纸业有限公司　李朝旺，张健
广东中顺纸业集团有限公司　邓颖忠，包茂林
金红叶纸业(苏州工业园区)有限公司　徐锡土
王子制纸妮飘(苏州)有限公司　莫建新
永丰余家纸(北京)有限公司　韩亚明
上海东冠集团　李慈雄，孙海瑜，路至伟
宁夏美洁纸业股份有限公司　周兴起，任举
东莞白天鹅纸业有限公司　卢锦洪，李刚
中山市三角纸品制造有限公司　牛连杰
中国造纸协会生活用纸专业委员会　江曼霞，张玉兰
北京大学光华管理学院　李其

2005年12月　《中国生活用纸年鉴2006/2007》出版
December 2005　The Publishing of [2006/2007 Directory of Tissue Paper & Disposable Products (China)]

《中国生活用纸年鉴2006/2007》由中国轻工集团生活用纸技术中心编写，中国石化出版社出

版，为大16开精装本。为便于及时发布国家和行业的统计数据，从2005年起，《中国生活用纸年鉴》改为逢单年的12月份出版，仍为每两年出版一卷。

《中国生活用纸年鉴2006/2007》编入了行业最新资料；对企业名录和采购指南部分进行了核实和补充；新增了年度企业和人物等章节内容；对生活用纸的主要产区、主要企业和著名品牌有重点介绍和地理位置分布图示；为便于外国人阅读，目录和主要内容有中英文对照。

2006年4月 第十三届生活用纸国际科技展览暨会议在昆明召开

April 2006 The 13th China International Tissue/Disposable Hygiene Products Exhibition & Conference Held in Kunming

第十三届生活用纸国际科技展览暨会议(CIHPEC'2006)于2006年4月20－21日在云南省昆明市国际会展中心举行。由于在昆明国际会展中心的新馆举办，开阔的场地和现代化无柱展厅布置使年会的气势更加恢弘、热烈。个性化装饰布置的展位和金佰利公司等产品类参展商的增加让人耳目一新，柯尔柏公司等参展商设备的现场展示吸引了大批观众驻足观看，内容丰富实用的技术交流会受到企业的欢迎，年会在与国际性展览和会议接轨方面又迈出了坚实的一大步。

参加开幕式的领导有中国轻工集团公司总裁陈学忠先生，中国轻工集团公司副总裁、中国造纸协会副理事长、生活用纸专业委员会主任曹振雷先生，生活用纸专业委员会秘书长江曼霞女士，副秘书长张玉兰女士。协办单位云南江川翠峰纸业有限公司和云南省造纸学会、协会以及生活用纸委员会副主任委员单位、部分常委单位的领导出席了开幕仪式。越南驻昆明总领事馆阮文同总领事、日本卫生材料工业联合会井尻时雄专务理事以及部分参展商和中国造纸杂志社、云南电视台、云南日报等媒体的代表也参加了开幕仪式。

开幕仪式隆重而热烈，在介绍了到会的领导和嘉宾后，由生活用纸委员会曹振雷主任致开幕辞，云南江川翠峰纸业有限公司李吉华总经理致欢迎辞，日本卫生材料工业联合会井尻时雄专务理事致贺辞，随后由陈学忠总裁向阮文同总领事赠送纪念品，由曹振雷主任向协办单位江川翠峰纸业授协办纪念牌。由于本届年会没有安排常委会议，开幕仪式上由江曼霞秘书长就生活用纸委员会组织发展、2005年行业总体情况、分品种产销量统计结果和企业排序情况等事宜进行了通报。

据统计本届会议参展商约1000多人，观众约5000多人，参观展览约20000人次。本届年会吸引了200多家国内企业和来自10个国家的23家海外企业参展和在技术交流会上讲课。除生活用纸和相关设备、辅材生产单位外，还有众多的生活用纸生产商、经销商参会和参观展览。本届年会的国际研讨会举办了11场技术交流和研讨，有约330个展位和10多条设备生产线现场展示，展览面积约1万米^2。4月19日组织了部分企业代表约30人参观本次年会的协办单位云南江川翠峰纸业有限公司。

2006年6月 第三届生活用纸企业家俱乐部会议在宁夏银川召开

June 2006 The Third Meeting of the CNHPIA Business Executives Club Held in Yinchuan

2006年6月10日，生活用纸企业家俱乐部第三次会议在宁夏银川西部花园宾馆召开，俱乐部成员单位和秘书处人员共23人参加了会议。会议轮值主席是宁夏美洁纸业股份有限公司董事长周兴起，会议由周兴起董事长和江曼霞秘书长主持。会议主要内容：

1. 曹振雷主任作世界经济形势分析和浆价预测报告。

2. 周兴起董事长致辞。

3. 确定第四次会议于2006年11月中旬在上海举行（上海东冠集团李慈雄董事长为轮值主席）；第五次会议于2007年3月在海南三亚举行（广东中顺纸业集团有限公司邓颖忠董事长为轮值主席）。

4. 研讨和交流：

（1）近期高档生活用纸新增生产能力情况和对市场的影响；

（2）商品纸浆涨价趋势和如何应对；

（3）日益严格的环境保护要求带来的挑战和机遇。

5. 曹振雷主任总结发言

（1）高档生活用纸新一轮产能的增加对行业的技术进步有推动作用。大企业的扩张有利于提高行业的集中度、提高行业装备水平、提高产品质量和档次、降低能耗和原材料消耗、减少污染，经济效益和社会效益好。

（2）大企业有义务开拓市场和维护市场，要加强企业间的合作，共同创造和谐环境，开展良性竞争，促进行业和市场健康发展。估计2008年前后会出现产能集中增加、纸浆和能源价格居高不下的剪刀差时期。企业现在就要考虑如何度过这个困难时期。但是应该看到总的来说，生活用纸市场仍会快速增长，出口量和高档纸比例在不断提高，环境压力也会迫使中小企业让出一部分市场，生活用纸行业有1999年的教训，相信企业间会加强沟通和协调，定价要反映成本，希望不会出现恶性竞争的局面。企业还要积极开拓农村市场和国际市场，分流一部分产能增加峰值阶段的产量，尽量减少对市场的冲击，使企业平稳度过“严冬”。

（3）因为不加填料，卫生纸是各纸种中单位耗浆量最高的。企业发展到一定规模要考虑有稳定的纸浆纤维原料来源，有自己的纸浆供应基地或渠道，以降低风险。除木浆外，以二次纤维或非木材纤维（如蔗渣、竹子、芦苇等）为原料，产能为10万~20万吨/年的浆厂经济效益不错。企业要从战略上考虑产业链的延伸，对纤维原料的供应形势和国际商品浆市场的情况要及时关注。APP已经先行一步，在海南建设了100万吨/年的金海纸浆厂，并计划在西南建设20万吨/年的竹浆厂。

6. 下届轮值主席单位东冠华洁纸业副总经理孙海瑜致辞。

7. 参观美洁纸业的进口纸机——纸机制造商为芬兰美卓（原维美德公司）和加工车间。

这次会议安排紧凑、讨论热烈，除会议发言外，许多代表在会下抓紧时间相互交流，增进了相互了解，加强了友谊和合作，会议取得了预期效果。

第三届俱乐部会议参会人员如下：

中国制浆造纸研究院　曹振雷

恒安国际集团有限公司　许文默，刘勇

广东中顺纸业集团有限公司　邓颖忠，陈建平

维达纸业集团有限公司　李佩兰

金红叶纸业（苏州工业园区）有限公司　徐锡土

金佰利（中国）有限公司　吴勇

上海东冠华洁纸业有限公司　孙海瑜，莫建新

王子制纸妮飘（苏州）有限公司　吴金龙，许春

永丰余家品（昆山）有限公司　谢英才，傅新龙

宁夏美洁纸业股份有限公司　周兴起，张冬青，任举

东莞白天鹅纸业有限公司　卢锦洪，李刚，周燕

广西贵糖（集团）股份有限公司　胡永进

中国造纸协会生活用纸专业委员会　江曼霞，张玉兰

2006年11月　2006年世界卫生纸亚洲展览会在上海举办
November 2006　Tissue World Asia 2006 Held in Shanghai

由亚洲博闻（CMP）有限公司和中国造纸协会生活用纸专业委员会联合主办的“2006年世界卫生纸亚洲展览会（Tissue World Asia 2006）”于11月15－17日在上海国际展览中心举办。这是世界卫生纸大会第二次在中国上海举行，并聚焦亚洲地区。

本届展览有来自17个国家和地区的58家海外公司和45家国内公司参展。由于专业性和国际性强，为期3天的展览吸引了约3500名国内外业内人士前往参观，场内观众络绎不绝，现场

贸易洽谈气氛热烈。国内松川、陆丰等公司设备的现场展示吸引了许多人驻足观看。柯尔柏和特艺佳等公司还在展览期间组织企业代表到上海基地参观设备现场演示，取得了满意的效果。

这次展会在展览面积和观众人数上都超过了2004年的第一届会议。有超过25%的观众来自海外，覆盖了68个国家和地区，观众人数较多的有印度、韩国、美国、日本、泰国等。展位布置和最新设备技术的展出都突显了展会的国际化和专业性，为企业代表结识众多同行、竞争对手及供应商和寻求更好的解决方案来发展业务及提升赢利能力搭建了最佳平台。

展会期间在上海扬子江万丽大酒店举办了为期1天半的技术研讨会。这是一次高水平的会议，有14篇论文在研讨会上宣讲，为中英文双语。其中包括中国造纸协会生活用纸专业委员会江曼霞秘书长所作的“中国生活用纸的概况和展望”，著名的咨询公司RISI的“商品浆市场形势分析和预测”，美卓公司的“成本效益投资理念”，安德里茨公司的“卫生纸干燥部节能的最佳技术”等内容丰富实用的讲座。为与会代表提供了一个了解卫生纸行业发展趋势、最新产品和解决方案的机会，旨在帮助亚洲卫生纸生产商赢得生产利润最大化。参加研讨会的国内外代表有200多人(国外代表80多人)。会议设定了提问环节，演讲者和听众的互动取得了很好的效果。

2006年11月　第四届生活用纸企业家俱乐部会议在上海召开

November 2006　The 4th Meeting of the CNHPIA Business Executives Club Held in Shanghai

2006年11月12日，第四届生活用纸企业家俱乐部会议在上海银河宾馆召开，俱乐部成员单位和秘书处人员共23人参加了会议。会议由轮值主席斯米克集团李慈雄董事长和江曼霞秘书长主持。

会议首先由斯米克集团李慈雄董事长致欢迎辞并介绍了东冠纸业的概况和发展规划。

中国制浆造纸研究院院长曹振雷博士在会上结合造纸产业安全、产业政策和“十一五”规划，重点阐述了4个方面的问题：

(1) 国家目前对造纸工业的定位

中国要为出口创汇的工业产品提供优质低价的包装纸和纸板，因此必须有自己的造纸工业，但中国不具备发展大规模造纸的比较优势。因此，国家对发展造纸工业的基本定位是满足内需，这是制定产业政策的出发点。

(2) 税收问题

国家限制原材料出口，严格限制稀缺原材料的出口。2005年就取消了纸浆、纸和纸板的出口退税，唯一保留的是以进口废纸为原料生产的纸和纸板的出口退税。这是因为政府已经注意到制浆造纸生产过程造成的环境污染，中国没有足够的水资源、能源支撑用于出口的造纸产品的生产。对于后加工产品目前仍保留了出口退税，包括生活用纸的成品、一次性卫生用品等。

(3) 关于产业安全和垄断问题

生活用纸也要注意这方面的问题，国家正在制定“反垄断法”。在消费品行业和原材料行业，国外反垄断指数是占有率百分点的平方和不能大于1600。并购案和新建项目在美国有案例，如果占有率达到40%，指数就达到1600，所以任何一家市场占有率在30%以上就有垄断的危险。我国引用这一指数的可能性比较大。我们要规范市场竞争，防止过度竞争给市场和企业带来的不利影响。

(4) 原材料问题

中国目前纸浆厂的建设在大干快上，但中国不可能有那么多的木材用于制浆。即使林纸一体化的项目全部完成，国产木材纸浆的年产量也不会大于800万吨，而2005年我国进口纸浆量就达到了759万吨。我国人口密度大，能长树的地方少，木材纤维原料匮乏。

废纸原料方面的潜力也不乐观，虽然公布的国内废纸回收率仅30%，但实际上已达到50%以上，这是因为我国年产的近6000万吨纸和纸板中大约有2000万吨随出口商品流入境外。

从以上分析中国进口造纸纤维原料是必须的，而国际纸浆市场存在风险。

生活用纸使用非木材原料如蔗渣、芦苇、竹子等是有潜力的。至于废纸原料可以用于厕用卫生纸，但对纸巾纸目前还不能放开允许使用废纸，至少最近5年内前景不乐观。

曹主任讲话后，会议主要就近期国内高档生活用纸新增生产能力情况和对市场的影响；如何应对商品纸浆和能源价格上涨趋势；日益严格的环境保护要求给行业带来的挑战和机遇；产品标准如何适应市场需求等问题进行了热烈的研讨和交流。

恒安集团许连捷总裁发言说恒安这几年的营业额以每年 30% ~40% 的速度增长。2006 年上半年比去年同期营业额增长 41.2%，利润增长 61.9%。他认为牺牲利润打价格战来获取市场份额是不可取的，要从产品结构和市场方面来考虑，关键是要选择自己的定位，做好自己的事情，用心去分析，改进自己的不足。企业都面临持续发展的压力，重要的是调整产品结构，提高产品质量。要加强企业间的交流和合作，共同促进行业的发展，通过培育市场使我国生活用纸的人均年消费量达到 4 ~10 千克。

金红叶纸业徐锡土总经理介绍了 APP 在林纸一体化和生活用纸分期发展的规划，强调企业要把眼光放长，把市场做大，不但要着眼高档市场而且要看到中档市场，要使老百姓买得起生活用纸产品。

维达纸业销售总监李佩兰发言说，维达在按计划稳步发展，维达的品牌靠质量去维系。在营销方面的原则是遵照成本，理性销售。根据成本的上升情况，维达在 2006 年 9 月底之前卫生纸产品全部提价 5%。企业发展不能拼成本，市场乱源于企业自己乱。五部委发布的“零售商供应商公平交易管理办法”是否能执行，需要企业规范经营。

与会代表发言热烈，短短半天的时间取得很好的交流沟通的效果。

下届轮值主席单位中顺纸业副总裁岳勇在会上也作了致辞。第五届会议将于 2007 年 3 月在海南海口举行（广东中顺纸业集团有限公司邓颖忠董事长为轮值主席）。通过商议，确定第六届生活用纸企业家俱乐部会议轮值主席单位为贵糖纸业股份有限公司。

11 月 12 日下午，部分代表参观了东冠纸业的 PM1 和 PM3 纸机（制造商为日本川之江公司）。

第四届俱乐部会议参会人员如下：

中国制浆造纸研究院　曹振雷

恒安国际集团有限公司　许连捷

维达纸业集团有限公司　李朝旺，李佩兰

广东中顺纸业集团有限公司　岳勇，梁锦辉

金红叶纸业（苏州工业园区）有限公司　徐锡土

上海东冠集团　李慈雄

上海东冠华洁纸业有限公司　孙海瑜，莫建新

金佰利（中国）有限公司　吴勇

王子制纸妮飘（苏州）有限公司　久司善之，许春

广西贵糖（集团）股份有限公司　农皓

宁夏美洁纸业股份有限公司　周兴起，张冬青

东莞白天鹅纸业有限公司　卢锦洪，李刚

中山市三角纸品制造有限公司　彭炳炎

福建恒利集团有限公司　吴家能

潜利工业有限公司　李志军

中国造纸协会生活用纸专业委员会　江曼霞，张玉兰

2007 年 3 月　曹振雷主任参加“2007 年世界卫生纸大会”
March 2007　Mr. Cao Zhenlei Attended “Tissue World 2007”

由亚洲博闻（CMP）有限公司主办的 2007 年世界卫生纸大会（Tissue World 2007）于 2007 年 3 月 27—29 日在法国尼斯的 Acropolis 展览中心举行，此展览在法国尼斯每两年举行一次。

为扩大中国生活用纸行业的国际影响，加强与国外企业的交流，学习国际先进技术，促进中国生活用纸行业的发展，应亚洲博闻有限公司的邀请，曹振雷主任参加了会议，并于 3 月 26 日在技术研讨会上作了有关中国生活用纸发展概况的报告发言。

2007 年 3 月　中国生活用纸信息网第二次改版
March 2007　“www. cnhpia. org” Upgraded for the Second Time

由中国造纸协会生活用纸专业委员会主办的中国生活用纸信息网(www. cnhpia. org)于 2007 年 3 月完成第二次改版。中国生活用纸信息网开办于 1998 年，并于 2003 年初进行过一次全面改版。网站对加强生活用纸专业委员会与企业的联系、及时发布行业信息、为企业服务等方面起到了有力的支持作用，并为企业发布、查询相关信息提供了专业性窗口。

生活用纸专业委员会影响的扩大，参与企业对网络的利用率日益增加，是增强中国生活用纸信息网功用的动力来源。为适应企业信息化发展的新形势，生活用纸委员会委托专业网站制作公司，对网站进行了第二次全面改版。

新版网站继续全面支持协会及出版物的工作，为行业及时提供更多的政策法规、经济形势、商业贸易、技术进展等各方面的相关信息，突出行业动态更新更及时、有效，各种信息查询检索更方便的特点，同时将扩大企业交流的广告窗口。

新版网站设置了全站检索及栏目检索，以方便浏览，并在出版物、企业之窗等栏目中设置相关的提交功能，增强了实用性。

2007 年 4 月　第五届生活用纸企业家俱乐部会议在海口召开
April 2007　The 5th Meeting of the CNHPIA Business Executives Club Held in Haikou

2007 年 4 月 1 日，第五届生活用纸企业家俱乐部会议在海南省海口市喜来登饭店召开，俱乐部成员单位和秘书处人员共 22 人参加了会议。会议由轮值主席中顺纸业集团邓颖忠董事长和江曼霞秘书长主持。美国锐思林纸产品咨询公司(RISI)何益路先生应邀列席会议。

会议首先由中顺纸业集团邓颖忠董事长致欢迎辞并介绍企业概况和发展规划。

中国制浆造纸研究院院长曹振雷博士在会上介绍了参加 2007 年 3 月 26 日尼斯 Tissue World 会议的情况和造纸产业政策方面的问题。

关于尼斯会议，曹院长介绍说，欧洲卫生纸行业的集中度低于北美，过去意大利的卫生纸厂较多，目前德国又有新厂建成，跨国公司在欧洲所占份额没有在美国那么大。美国的卫生纸年增长率约为 2%，西欧卫生纸的年人均消费量低于美国，卫生纸的市场渗透率还有增长的余地，但发展很困难。他结合尼斯会议情况，谈了以下几点意见：

(1) 关于零售商品牌

区别于北美市场，在欧洲，零售商品牌占 40% 的市场，严重损害了自有品牌生产商的利益。中国在市场成长期要注意这个问题。

(2) 产品的性价比要适应市场需求

近年来，欧洲的卫生纸生产技术一味追求高科技，使成本不断升高，产品的价格也越来越高，偏离了市场需求，消费者难以接受，因此，产品的创新应根据市场的需求来确定。

(3) 关于 TAD

由于能源紧缺而 TAD 耗能较大，因此美卓公司和福伊特公司等都推出了改良型 TAD 以适应市场的需要。中国要引以为戒，在推出新产品时，要特别考虑是否符合节能降耗的原则。在引导市场消费方面也要注意，比如产品不是层数越多越好，要综合考虑产品性能和能源的消耗。

(4) 维护好品牌和市场环境

中国高档产品的市场在扩大，但近期释放的产能集中，要相互协调，主动积极地维护好自有品牌形象和市场环境，不要搞价格的恶性竞争。

曹院长说造纸产业政策的正式文件近期将会出台。产业政策将明确鼓励中国造纸工业发展，以满足内需和产品出口包装物的需求；在反垄断条款方面，可能会规定单一企业的单一纸种所占市场份额不能大于 35%。

曹院长讲话后，江曼霞秘书长简要总结了 2006 年生活用纸市场的发展情况，RISI 公司何先生介绍了全球商品浆市场的供应形势和走向。

专题发言之后，会议主要就产能增加和市场

情况分析，如何规避风险；商品浆价格上涨的应对措施，产品价格如何反映成本；日益严格的环保和节能要求给行业带来的挑战和机遇；如何通过内部管理来提高市场竞争力等问题进行了热烈的研讨和交流。

恒安集团许连捷总裁发言说，每年两次的俱乐部会议，我都积极参加，作为同行，信息交流和维护市场秩序对大家都有好处。提高市场竞争力关键在内部管理，不能用非理性的手段去占领市场。打价格战可能暂时扩大销售量，但要恢复品牌价位就会很困难，变相降价、亏本倾销去占市场，最后吃亏的是自己。中国的市场很大，国外的市场也很大，我们选对了行业，要心平气和的竞争，共同搞好市场环境。

维达纸业集团李朝旺董事长说，俱乐部会议是一个很好的沟通平台，我同意许总的意见，在竞争中要争取双赢。关于木浆高价位如何消化的问题，维达已经有20多年的从业经验，经历过300～1000美元/吨的浆价波动，我认为目前的浆价调整还是比较理性和平稳的，对市场也不要太悲观，卫生纸短纤浆用量大，可以根据商品浆市场情况进行及时调整。另外市场对生活用纸产品的价格敏感度不是很高，维达去年为反映成本，将产品价格调高了5%。我对成本的压力比较乐观。关于产能增加，维达采取分步释放的方式，2007年拟分4次，每次增加2万吨/年产能，预计8月份产能达到24万吨/年；2008年同样拟分4次，共增加8万吨/年产能，使总产能达到32万吨/年。维达一直有产品出口，在香港和澳大利亚等地有较好的市场基础，我们在扩展国内市场的同时，也加大了产品出口。另外，维达也在研究和寻求整合、联合等企业间的合作方式，我认为这是行业发展的必然趋势。

金红叶纸业徐锡土总经理说，金红叶纸业的原纸和成品都有外销，主要出口到日本、加拿大和美国。我们强调维护中国市场，以外销为缓冲。2006年金红叶纸业业绩突出，内销增长了67%，平均价格提高了14%。他介绍金光集团APP的生活用纸扩建计划是在2010年前达到72万吨/年产能。

其他企业领导的发言也表达了合作共赢的愿望，会议对零售商霸王条款的应对、国产设备的技术进展情况、生活用纸产品标准、非木材纤维和废纸再生利用等问题也给予关注。

下届轮值主席单位广西贵糖(集团)股份有限公司的农皓总工程师在会上也作了致辞。第六届会议拟于12月中旬在广西南宁举行。通过商议，确定第七届生活用纸企业家俱乐部会议轮值主席单位为金红叶纸业(苏州工业园区)有限公司。

4月1日下午代表参观了金光集团APP位于海南洋浦开发区的海南金海浆纸业有限公司。

各企业领导认为，俱乐部会议越办越好，为企业提供了很好的交流和相互学习的平台，对促进行业健康发展有积极地推动作用。

鉴于企业对生活用纸企业家俱乐部会议形式反映良好，秘书处决定将在企业自愿的基础上，陆续发展排位前列的一次性卫生用品企业成为俱乐部会员，以扩大行业覆盖面，更好地为企业服务。

第五届俱乐部会议参会人员如下：

中国制浆造纸研究院　曹振雷

恒安国际集团有限公司　许连捷

维达纸业集团有限公司　李朝旺

广东中顺纸业集团有限公司　邓颖忠　岳勇，梁锦辉

金红叶纸业(苏州工业园区)有限公司　徐锡土，戴振吉

永丰余家品(昆山)有限公司　韩亚明

上海东冠华洁纸业有限公司　孙海瑜，莫建新

王子制纸妮飘(苏州)有限公司　久司善之，许春

广西贵糖(集团)股份有限公司　农皓

宁夏美洁纸业股份有限公司　周兴起

东莞白天鹅纸业有限公司　卢锦洪，李刚

中山市三角纸品制造有限公司　彭炳炎

福建恒利集团有限公司　吴家能

潜利工业有限公司　李志军

中国造纸协会生活用纸专业委员会　江曼霞，张玉兰

美国锐思林纸产品咨询公司(RISI)　何益路

2007 年 5 月 May 2007 第十四届生活用纸国际科技展览暨会议在青岛召开 The 14th China International Tissue/Disposable Hygiene Products Exhibition & Conference Held in Qingdao

第十四届生活用纸国际科技展览及会议(2007 生活用纸年会)于 2007 年 5 月 13—14 日在青岛国际会展中心举行。2007 年的展览规模比 2006 年增加了 56%，本次展览中，个性化装饰布置的特装展位、种类繁多的产品展示和动态设备生产线演示让人耳目一新。

世界 500 强企业之一的金佰利公司近两年在中国的业务发展迅速，金佰利(中国)公司今年再次参展高调亮相，展出的世界知名品牌好奇纸尿裤、高洁丝卫生巾和舒洁纸巾等产品琳琅满目，表明中国高端市场的需求也日益旺盛。美卓公司、特艺佳公司(代理 TMC 等欧美著名设备制造商)、柯尔柏公司、发明家公司、诺信公司、玳纳特公司、亚赛利公司、三大雅公司、川之江公司、卓德嘉公司等国外企业和安庆恒昌公司、常德烟草机械公司、德昌誉公司、松川公司、陆丰公司、瑞丰公司等国内企业的展台或现场设备展示吸引了大批观众驻足观看。生活用纸各类中小型企业如雨后春笋般涌现，形成一道道亮丽的风景线，也给大会增添了热闹的气氛。

为更好地进行技术交流，帮助企业了解市场动态，掌握企业发展和技术提高所必需的技术信息，本届年会的技术研讨会比展览提前一天举办，并特邀了宝洁、恒安、维达、欧睿、锐思等著名公司的专家就生活用纸和一次性卫生用品两个专题进行了 19 场演讲。组委会专门为研讨会印制了《技术研讨会论文集》和由江曼霞秘书长执笔的最新资料《2006 生活用纸行业年度报告》，受到企业代表的欢迎。由于组委会的前期筹备工作充分，宣传到位，企业参与的积极性非常高，听课代表人数远远超过预期。两个会场座无虚席，从始至终秩序良好。特邀专家、讲课公司和听众都非常满意，认为是历年来效果最好的一次，使年会成为名副其实的学习、交流和贸易的最佳平台。

曹振雷主任在开幕式上致欢迎辞，他说："一年一度的生活用纸行业年会提供了一个展示的舞台，是中外企业集中展示实力、沟通信息、拓展贸易资源、建立联系协作网络的最佳平台。在企业的大力支持下，经过十多年的发展，生活用纸年会的覆盖面和影响力不断扩大。"他深有感触地说："我在 3 月底参加了在尼斯举办的世界卫生纸大会，亲身感受到外界对中国市场和行业发展的关注。中国是世界上经济发展最快的国家之一，2006 年我国 GDP 的增长高达 10.7%。凭借持续强劲的经济增长和 13 亿的巨大人口，中国是各类消费品的越来越有吸引力的市场。2006 年我国生活用纸同比增长约 8%，纸尿裤同比增长 30% 左右，令世界瞩目。中国已成为世界生活用纸和个人卫生用品的主要市场之一，更是世界上最大的与之相关的原辅材料及设备的潜在市场和生产基地。他指出，在生活用纸和一次性卫生用品行业总体发展形势非常乐观的情况下，要特别注意提高行业的技术装备水平，生产性价比适合市场需求的产品，提倡企业间的整合兼并和各种形式的合作，维护良好的市场环境，通过内部管理降低原料成本上涨的影响，注意生态环境保护与节水节能降耗，提高市场竞争力"。

随后曹主任向恒安集团纸业总监许文默颁发协办纪念牌，感谢恒安集团对生活用纸委员会工作的大力支持。

5 月 13 日下午，生活用纸委员会还组织了常委单位和重点企业的 50 多名代表参观了山东恒安纸业的造纸车间和在建的二期工程。

据统计，本届会议参展商约 1700 多人，观众约 7000 多人，参观展览有 25000 ~ 30000 人次，展览现场包括 520 个展位和 14 家公司现场设备展示，展览面积约 1.3 万米^2。在参展企业组成上，特别突出的是产品类企业大大增加，达到 130 家，占参展企业数的 40%。此外，观众中经销商、中外采购商的人数大大增加，为参展企业带来更多的商机。产业链上下游企业的广泛参与也显示了行业的蓬勃发展。

2007 年 12 月　第六届生活用纸企业家俱乐部会议在南宁召开
December 2007　The 6th Meeting of the CNHPIA Business Executives Club Held in Nanning

2007 年 12 月 5 日，第六届生活用纸企业家俱乐部会议在广西自治区南宁市沃顿国际大酒店召开，俱乐部成员单位和特邀单位的领导及秘书处人员共 32 人参加了会议。会议由轮值主席单位广西贵糖(集团)股份有限公司黄振标董事长和江曼霞秘书长主持。

会议的主要内容包括：

(1) 广西贵糖(集团)股份有限公司黄振标董事长致欢迎辞并介绍企业概况和发展规划。

(2) 中国制浆造纸研究院曹振雷院长介绍造纸工业宏观形势和相关问题。

(3) 企业生产经营和发展情况交流。

(4) 行业热点问题研讨：

● 造纸产业政策发布和国家实施节能减排措施对行业的影响，如何因势利导。

● 产能增长和市场需求情况的分析，如何规避风险。

● 原料成本上涨的影响和应对措施，产品价格如何反映成本。

● 生态环境友好——白度指标规定上限值和非木纤维及二次纤维原料的利用问题。

● 生活用纸产品结构情况的分析，居家外产品的发展趋势。

会议首先由广西贵糖(集团)股份有限公司黄振标董事长致欢迎辞并介绍企业概况和发展规划。

中国制浆造纸研究院院长曹振雷博士在会上重点讲了 3 个方面的问题：

(1) 造纸工业的简要回顾

2006 年全国造纸产量约 6500 万吨，净进口量约 100 万吨，2007 年估计产量 7500 万吨，产销大致平衡，可能有净出口。

我国纤维原料严重短缺，估计 2007 年进口纸浆约 1000 万吨，废纸 2000 万吨，这意味着纸浆和废纸国际贸易量的 1/3 出口到中国。中国的造纸产量和消费量还将继续增加，由于土地资源的限制，即使计划中的林纸一体化项目全部顺利完成，仍有 1000 多万吨的纸浆缺口。解决纤维原料问题的途径一是走出去找木材、买浆厂，二是合理利用非木材纤维原料和废纸原料。在生活用纸使用废纸原料方面，3 ~ 5 年内，随着企业结构的变化和先进技术装备的使用，协会将协助企业向政府有关部门反映，消除政策方面的障碍。

造纸工业已定位为基础原材料工业，发展的必要性和范围是支撑经济的发展，满足国内需要，国家不鼓励大量出口。生活用纸是不加填料的纸种，不具备出口的比较优势。

(2) 国家最近发布的新政策

国家发展和改革委员会 10 月 15 日发布了《造纸产业发展政策》，10 月 31 日发布了《外商投资产业指导目录(2007 年修订)》。曹院长主要对行业准入政策：起始规模和防止单一企业(集团)垄断市场以及投资鼓励类项目等方面进行了解读。

(3) 即将实施的《制浆造纸工业水污染物排放标准》和《纸张白度上限值标准》对行业的影响。

曹院长讲话之后，会议主要就企业经营理念和社会责任，产能增加和市场情况分析，如何进行良性竞争；商品浆价格上涨的应对措施，产品价格如何反映成本；日益严格的环保和节能要求给行业带来的挑战和机遇；如何通过内部管理来提高市场竞争力等问题进行了热烈的研讨和交流。

恒安许连捷总裁、维达李朝旺董事长、金红叶徐锡土总经理、中顺岳勇副总裁、美洁周兴起董事长、潜利李志军总经理等的发言都给大家很大的启发。大家认为俱乐部会议是一个很好的沟通平台，每年两次的俱乐部会议对企业高层交流信息和维护市场秩序有很好的作用；中国的市场很大，提高市场竞争力的关键在内部管理，同行要在竞争中做到合作共赢，促进行业健康发展。

经过近几年的扩产，生活用纸排行前 4 位的恒安、维达、金红叶、中顺的产能都达到 30 万吨/年左右，金红叶更有再增加到 110 万吨/年产能的规划，这将对生活用纸行业的整体结构和未来市场产生重大影响。

本届会议特邀了宝洁、尤妮佳、瑞德、丝宝 4 家卫生用品企业参加，12 月 4 日晚这 4 家企业及俱乐部成员单位恒安、金佰利、金红叶、东冠、白天鹅、恒利等企业的领导参加了卫生用品企业专题会议。会议的主要议题是：

● 纸尿裤市场的发展情况，需要关注的问题。

● 纸尿裤的可持续生产和可持续消费问题。

大家在发言中也认为卫生用品主要企业的高层以俱乐部的形式定期会晤，商讨行业发展大计很有必要。对于企业在市场上遇到的一些共性问题希望协会牵头共同应对；在纸尿裤的可持续生产和可持续消费方面，大家同意学习发达国家的经验，在市场迅速增长的阶段，一方面要研究改进材料，另一方面要先期做好与政府、媒体的沟通和消费者的教育工作，在明年择期召开"纸尿裤与环境"的专题论坛。宝洁和金佰利的代表都承诺大力支持这项工作和提供更多的有关资料。

12 月 5 日下午代表参观了广西贵糖（集团）股份有限公司，主要参观了制糖车间、综合废水处理站和生活用纸厂，贵糖的循环经济模式给大家留下深刻印象。

会议还确定了由金红叶担任轮值主席的第七届会议将于明年 5 月份在苏州举办，第八届会议的轮值主席单位为东莞白天鹅公司。

第六届俱乐部会议参会人员如下：

中国制浆造纸研究院　曹振雷

恒安集团有限公司　许连捷

维达纸业集团有限公司　李朝旺，董义平

广东中顺纸业集团有限公司　岳勇，梁锦辉

金红叶纸业（苏州工业园区）有限公司　徐锡土

金佰利（中国）有限公司　吴勇，吴乃方

广西贵糖（集团）股份有限公司　黄振标，农皓，汤海棠，胡永进，原军

永丰余家品（昆山）有限公司　韩亚明

上海东冠纸业有限公司　孙海瑜，莫建新

王子制纸妮飘（苏州）有限公司　久司善之，吴金龙

宁夏美洁纸业股份有限公司　周兴起

东莞市白天鹅纸业有限公司　李刚

福建恒利集团有限公司　吴家能

潜利工业有限公司　李志军

中山市三角纸品制造有限公司　梁贤武

宝洁（中国）有限公司　胡馨如

湖北丝宝卫生用品有限公司　陈莺

上海尤妮佳有限公司　袁春雷

中山瑞德卫生纸品有限公司　关兆华，陈赐豪，林志明

中国造纸协会生活用纸专业委员会　江曼霞，张玉兰

2008 年 2 月　《中国生活用纸年鉴 2008/2009》出版
February 2008　The Publishing of [2008/2009 Directory of Tissue Paper & Disposable Products (China)]

每 2 年一卷的《中国生活用纸年鉴》由中国造纸协会生活用纸专业委员会秘书处编写，2008/2009 年版于 2008 年 2 月中国石化出版社出版，大 16K 精装本。

新版年鉴在原年鉴的基础上，扩大了信息量，对企业名录和采购指南部分进行了认真的核实和补充，并按产品类别和所在地区编排，采购指南部分重新进行了更细、更科学的分类，使查询检索更方便、更快捷；对生活用纸的主要产区、主要生产企业和著名品牌有重点介绍和地理位置分布图示，目录和主要内容仍为中英文对照。除此之外，生产和市场综述篇编入了行业的最新资料，并按产品类别详细论述；精心编排了世界生活用纸和一次性卫生用品市场的概况和展望（论文集）、技术进展（论文索引）。成为海内外从事生活用纸及相关行业人员的必备手册和工具书。

2008 年 2 月　江曼霞秘书长参加 cinte 欧洲推介会
February 2008　Secretary General Jiang Manxia Attended cinte European Promotion Conference

由中国国际贸易促进会纺织分会、中国产业用纺织品行业协会和法兰克福展览（香港）有限公

司共同举办的中国国际产业用纺织品及非织造布展览会（cinte）于2008年10月20—22日在上海新国际博览中心举办。2006年该展会的海外参展商比例达54%，海外观众比例17%。

2月下旬，展会主办方组团在瑞士的苏黎士和比利时的布鲁塞尔分别召开了推介会，向当地的有关企业介绍中国产业用纺织品工业的发展情况和展会的有关情况，并进行交流互动，取得了良好的效果。

中国造纸协会生活用纸专业委员会江曼霞秘书长应邀参加了此次活动，并作关于中国用即弃卫生用品的市场概况和展望的报告。

2008年4月 第十五届生活用纸国际科技展览暨会议在厦门召开

April 2008 The 15th China International Tissue/Disposable Hygiene Products Exhibition & Conference (CIHPEC'2008) Held in Xiamen

第十五届生活用纸国际科技展览及会议（2008生活用纸年会）于2008年4月24日在厦门国际会展中心胜利落幕，展览和会议取得圆满成功。

本届年会的展览规模比去年增加了24%，占地毛面积达1.8万米^2。在参展的391家企业中，60%以上的参展商的展台面积在18米^{2}以上，尤其是特装展位数量也较往年大幅提高，各具特色的展台布置在提升企业形象的同时，也使生活用纸年会的国际化、专业化水平进一步提高。成为中国最权威、最专业的生活用纸行业盛会。

参展的生活用纸和一次性卫生用品企业进一步增加，占总参展商数量的50%，其中既有世界500强企业之一的金佰利公司，也有国内旗舰企业恒安集团，以及上海东冠集团、福建雀氏、天津小护士、上海唯尔福、上海护理佳、漯河银鸽、南宁凤凰、安徽洁雅等在地区性市场上战绩不俗的中型企业，还包括福建安诺纸业等崭露头角的新企业。生产企业中来自福建、广东、四川等省市的参展商较多。其中，四川省生活用纸展团形成了一道靓丽的风景线，他们利用本地竹浆资源优势，走出四川，面向全国，依托年会开拓福建及周边市场，取得了良好的效果。众多的生产企业展商带动了大量生活用纸经销商参加年会，也为参展企业带来更多的商机。

本着讲求实效、不图虚名、不讲排场的务实工作作风，年会取消了开幕式程序，留给企业和观众更多的时间进行交流和联谊。恒安集团对协办本次年会非常重视，许连捷总裁在4月22日晚就赶到厦门。4月23日展览开幕时，由江曼霞秘书长陪同许总参观，许总感慨地说，展会反映了生活用纸行业的飞速发展和巨大变化，与十多年前的情况形成鲜明对照。

为更好地进行研讨交流，本届年会的国际研讨会沿袭2007年模式，在展览前一天举办，邀请了美卓、PMP、川之江、柯尔柏、特艺佳、诺信、玳纳特、栎克力士、巴斯夫、尼尔森、欧睿等著名公司的专家就生活用纸和一次性卫生用品两个专题进行了19场演讲，研讨会现场座无虚席，秩序井然，尤其是尼尔森、欧睿、新生代3家市场调查公司的报告得到国内外听众的一致好评。组委会专门为研讨会印制的《技术研讨会论文集》，以及刚刚出版的《中国生活用纸年鉴2008/2009》都备受企业代表和参观观众的欢迎。

为进一步提高年会组织水平，本届年会在展商和观众服务方面采取了一系列新举措：

展前：向展商和观众发送有关展会最新信息的短信和电子邮件；为参展商提供重要客户"VIP参观证"；实行"观众预登记"制度；会刊单独编印，并增加"参展商名片录"的新形式广告，有助于观众更方便快捷地联系到目标参展商。

展中：为应对参展观众逐年增多的情况，组委会聘请了专业报到公司负责观众登记、信息资料采集、门禁管理服务，更迅速准确地统计参会代表和观众人数，更规范了报到程序。

展后：除向参展商提供观众详细信息外，《生活用纸》杂志第11期推出了《厦门生活用纸年会盛况经典回顾专刊》，对年会盛况做更全面、深入的报道，并刊登针对采访企业特点以问答形式采写的专访，给参展商提供了更多的会后宣传服务。

据专业统计，本届会议参展商约2000多人，观众约8000多人，其中海外观众192人，参观展览有25000～30000人次。展览现场包括729个展位和16家公司现场设备展示。

4月24日，生活用纸委员会还组织了常委单位和重点企业的80余名代表参观了福建恒安集团和恒利集团。

2008年5月 生活用纸专业委员会组团参加INDEX08展览会
May 2008 CNHPIA Organized Groups to Attend INDEX08

为适应生活用纸及相关企业向海外市场发展的需要，生活用纸专业委员会联合中国国际贸易促进委员会纺织分会组团参加了2008年4月15—18日在瑞士日内瓦举行的INDEX2008国际无纺布展览会。INDEX展是世界范围内规模大、水平高的三大非织造布专业展览会之一，展览会主办单位是欧洲吸收性卫生用品与非织造布协会(EDANA)。每三年一届在日内瓦举办。展出范围：一次性卫生用品、擦拭布类用品、过滤材料、家居等用品、农业、防护等以及相关的设备、原辅材料等。

本届展会吸引了全球400多家企业参展，展出面积达到5万米^2，中国有安庆恒昌、福建培新、上海智联、广州兴世等共计59家企业参展，成为展会的新亮点，备受关注。

2008年5月 第七届生活用纸企业家俱乐部会议在苏州召开
May 2008 The 7th Meeting of the CNHPIA Business Executives Club Held in Suzhou

第七届生活用纸企业家俱乐部会议于5月25日在苏州太湖高尔夫酒店召开，俱乐部成员单位和特邀单位的领导及秘书处人员共30人参加了会议。会议由轮值主席单位金红叶纸业(苏州工业园区)有限公司徐锡土总经理和江曼霞秘书长主持。

会议的主要内容包括：

(1)金红叶纸业(苏州工业园区)有限公司徐锡土总经理致欢迎辞并介绍企业概况和发展规划。

(2)下届轮值主席单位东莞白天鹅纸业有限公司李刚总经理致辞。

(3)中国制浆造纸研究院曹振雷院长介绍2007年造纸工业发展情况和政府新出台的有关政策法规。

(4)江曼霞秘书长简要介绍2007年生活用纸行业发展情况和突出问题。

(5)企业生产经营和发展情况交流和行业热点问题研讨：

● 造纸产业政策发布和国家实施节能减排措施对行业的影响已经显现，如何因势利导，促使行业健康发展。

● 原材料供求情况的分析。

● 如何看待今年以来的产品涨价问题，下半年市场和产品价格的趋势。

(6)卫生用品企业专题会议

● 纸尿裤市场的发展情况，需要关注的问题。

● 纸尿裤的环境和可持续性问题。

(7)尼尔森公司关于“中国零售市场环境和亚太地区纸品行业发展概况”的报告。

会议首先由金红叶纸业(苏州工业园区)有限公司徐锡土总经理致欢迎辞并介绍企业概况和发展规划。他说，感谢生活用纸委员会秘书处提供机会承办第七届俱乐部会议，并非常欢迎大家来金红叶参观指导。2007年虽然各种原辅材料涨价，但各生活用纸企业都有较好的发展和业绩，希望今后通过协会组织协调的行业活动，能使生活用纸行业继续得到更好的发展，徐总还介绍了到2011年企业的发展规划。

随后，下届轮值主席单位东莞白天鹅纸业有限公司李刚总经理致辞，欢迎大家在今年11月底或12月初到东莞开会和指导工作。

中国制浆造纸研究院院长曹振雷博士在会上做了“中国造纸工业现状与展望”的报告，重点讲了3个方面的问题：

(1)2007年我国造纸工业产销两旺，2007年纸和纸板生产量已达到7350万吨，消费量达到7290万吨，分别比上年增加13.08%和10.45%；2007年首次由产品净进口国发展为净出口国；各种纸品产销基本平衡。

(2)2007年纸浆消费量达到6769万吨，比上年增长近13%；其中进口木浆达到845万吨，比上年增长12%；进口废纸浆达到1805万吨，比上年增长14.97%；非木浆为1309万吨，仅比上年增长0.93%，非木浆占纸浆消费量比例呈逐年下降趋势，但原生浆中，非木浆的比率仍保持在45%左右；造纸工业对进口浆(包括废纸浆)的依赖度仍在40%左右。2007年进口纸浆、废纸、纸及纸板的价格都比2006年有较大幅度的增长，分别达到28%、18.7%和10.28%。

(3)产业政策的调整、节能减排任务紧迫繁重，国际金融、贸易等不确定因素的增加，原料对外依存度大，生产经营及发展成本持续增加，仍将是我国造纸工业今后面临的主要问题。

江曼霞秘书长就2007年生活用纸和一次性卫生用品行业的年度报告简要介绍了行业发展的情况和突出的问题。

曹院长和江秘书长讲话之后，会议主要就企业生产经营和发展情况以及行业热点问题进行了热烈的研讨和交流。

恒安许连捷总裁、维达李朝旺董事长、金红叶徐锡土总经理、美洁周兴起董事长、金佰利纸品运作总监吴勇、中顺集团销售总裁刘欲武等的发言都给大家很大的启发。大家认为俱乐部会议是一个很好的沟通平台，每年两次的俱乐部会议对企业高层交流信息和维护市场秩序有很好的作用；中国的市场很大，提高市场竞争力的关键在内部管理，同行要在竞争中做到合作共赢，促进行业健康发展。大家共同关注的是，2007年以来，国家实施节能减排措施以及加大了环保力度，加上各种原辅材料价格不断上涨，关停了许多规模小、污染严重的生活用纸企业，使得大企业得到了很好的发展空间和机会，各企业的生产和销售形势良好。即使如此，也同样面临着利润越来越低的局面。生活用纸不同于文化用纸、箱纸板等其他纸产品，其生产、加工、批发、零售等环节多，销售费用高，利润率本身就低，为了生活用纸行业得到又好又快地发展，各企业在确定产品价格时，应合理反映产品成本的增加；同时企业产能的增加和市场消费的增长要达到科学的平衡，保证企业得到合理的利润和健康、持续发展。同时大家一致认为，今年下半年，随着各种能源价格的提高，将带动各种原辅材料价格上涨，会迫使各生活用纸企业重新核算成本，调整价格。

经过近几年的扩产，2007年生活用纸排行前4位的恒安、维达、金红叶、中顺的产能都达到24万吨/年左右，恒安2008年底产能将达到36万吨/年，维达2008年产能将达到30万吨/年，金红叶更有到2012年增加到160万吨/年产能的规划。金红叶表示将积极地在日本等主要出口国设立加工厂，加大产品出口量。各大企业的迅速扩产，特别是金红叶的发展规划引起大家的关注，这将对生活用纸行业的整体结构和未来市场产生重大影响。

以陕西、宁夏、甘肃为代表的西北地区生活用纸企业，主要以麦草为纤维原料，在各地严格执行国家节能减排政策的重压下，到2008年底，将仅存留7家企业。现在各企业都在积极地增加碱回收及污水处理设施，力争符合国家各项排放标准要求，在环保达标的前提下进行整合和扩产，充分发挥麦草纤维原料的优势，实现可持续发展。

本次会议特邀尼尔森公司中国区专项研究执行董事李光明在会上作了“中国零售市场环境和亚太地区纸品行业发展概况”的报告。主要讨论了两个专题：1)中国零售行业目前正在经历一个快速发展变化的时期，不同的品牌在不同的区域、城市级别表现出完全不同的发展态势。关于中国零售环境和消费者行为的变化趋势；2)生活用纸品类(包括妇女卫生巾、儿童纸尿裤、面巾纸、厕纸)在亚太地区的发展态势，以及对于生产厂家的启示。

根据会议日程安排，5月24日晚恒安、金佰利、尤妮佳、金红叶、白天鹅、恒利等企业的领导参加了卫生用品企业专题会议。会议的主要议题是：

● 纸尿裤市场的发展情况，需要关注的问题。

● 纸尿裤的可持续生产和可持续消费问题。

会议首先由江秘书长介绍了2007年婴儿纸尿裤和湿巾市场的迅速增长的情况，通报了为适应市场发展情况，今年10月份将在上海举办主题为“中国纸尿裤与可持续发展”的论坛，希望企业积极参与。

大家在发言中也认为卫生用品主要企业的高层以俱乐部的形式定期会晤，商讨行业发展大计很有必要。对于企业在市场上遇到的一些共性问题希望协会牵头共同应对；在纸尿裤的可持续生产和可持续消费方面，大家同意学习发达国家的经验，在市场迅速增长的阶段，一方面要研究改进原辅材料，另一方面要先期做好与政府、媒体的沟通和消费者的教育工作，在宝洁公司的积极支持下，生活用纸委员会准备印制 3000 本宣传册，目前前期资料的收集、翻译和编辑工作正在紧张进行，可以在 9 月份出版。今年 10 月还将由生活用纸委员会和宝洁、金佰利公司牵头召开“中国纸尿裤与可持续发展”的专题论坛。与会代表都承诺大力支持这项工作和提供更多的有关资料。

5 月 25 日下午部分代表参观了 APP 在苏州的工厂，主要参观了金红叶纸业的卫生纸机车间、卫生纸加工车间、金华盛纸业的复印纸和无碳复写纸车间以及两厂共用的综合废水处理场站，花园式的工厂环境、良好的内部管理、先进的废水处理设施给大家留下深刻印象。

会议还确定了由东莞白天鹅纸业担任轮值主席的第八届会议将于今年 11 月或 12 月在东莞举办，并商定第九届会议的轮值主席单位为金佰利公司。

第七届俱乐部会议参会人员如下：

中国制浆造纸研究院　曹振雷

恒安集团有限公司　许连捷

维达纸业集团有限公司　李朝旺，董义平

金红叶纸业（苏州工业园区）有限公司　徐锡土，陈惠和，戴振吉

广东中顺纸业集团有限公司　刘欲武，黄长恒

金佰利（中国）有限公司　吴勇，吴乃方

上海尤妮佳有限公司　张心颖，袁春雷

永丰余家品（昆山）有限公司　韩亚明，陈中男，陈瑞芬

上海东冠华洁纸业有限公司　孙海瑜，莫建新

王子制纸妮飘纸业（苏州）有限公司　中须贺朗，吴金龙

宁夏美洁纸业股份有限公司　周兴起

东莞市白天鹅纸业有限公司　卢锦洪，李刚

潜利工业有限公司　刘晓萱

福建恒利集团有限公司　吴家能

广西贵糖（集团）股份有限公司　汤海棠，胡永进

中山市三角纸品制造有限公司　梁贤武

中国造纸协会生活用纸专业委员会　江曼霞，张玉兰

尼尔森公司　李光明

2008 年 10 月　编写《纸尿裤、环境和可持续发展》报告
October 2008　Publishing the Diapers, Environment and Sustainability Report

中国第一份作为行业在可持续发展方面的指导性资料——《纸尿裤、环境和可持续发展》报告于 2008 年 10 月编印完成。这份报告由中国造纸协会生活用纸专业委员会组织编写，宝洁、金佰利、恒安、尤妮佳等企业参与了编写工作。

《纸尿裤、环境与可持续发展》报告包括两篇资料。第一篇是由欧洲吸收性卫生用品与非织造布协会（EDANA）发布的欧盟国家纸尿裤的可持续发展报告，第二篇汇集了中国在纸尿裤与婴儿健康和社会进步及其环境影响方面的研究成果。

纸尿裤从 20 世纪 40 年代问世以来，已经在欧洲和其他发达国家使用了数十年，EDANA 的可持续发展报告通过详尽的数据分析，回顾了婴儿纸尿裤和成人失禁用品的发展历程，总结了欧洲纸尿裤行业多年来通过创新对公众健康、社会进步和经济发展产生的积极作用和影响，以及在降低环境影响方面取得的显著成果，强调了行业应承担的社会义务和环境责任。在中国，纸尿裤是近年来由跨国公司带来的“舶来品”，虽然发展历史较短，但跨越了纸尿裤发展的前期阶段，技术起点较高，在原材料节约和减少环境影响等方面基本上与国际水平同步。报告的国内资料部分结合中国的具体情况，概括地介绍了我国在纸尿裤与婴儿健康、废弃纸尿裤对环境的影响及其处理途径等方面的研究成果。

当前，提高可持续发展水平是一个全球性的话题，能源紧缺和全球变暖日益威胁着人类的生活。毫无疑问，纸尿裤帮助和促进了婴幼儿健康

成长，为成人失禁者带来了自立和尊严；纸尿裤只产生少量的生活垃圾，而且能够被有效地处置，但随着中国纸尿裤市场的迅速发展，协会组织和行业的领先者也意识到应该在纸尿裤的可持续生产和可持续消费方面做一些前瞻性的工作，即在市场迅速增长的阶段，就要倡导生产企业增强社会责任感和环境意识，不断改进技术和产品，更高效地节约利用自然资源，努力降低环境影响，促进行业的健康和可持续发展。

我们希望政府有关主管部门、媒体及公众全面了解纸尿裤的可持续发展，对纸尿裤等产品的环境影响及在可持续发展各方面取得的成绩有客观的认识，并介绍行业在可持续发展方面所做的各项努力及所取得的革新和进步，以及行业在社会进步和经济发展方面的贡献和今后持续努力的方向。

《纸尿裤、环境与可持续发展》报告正是基于以上目标而编写的。可持续发展是一个长期的任务，我们将继续关注这一话题，并对资料进行适时的补充和修正。

2008 年 10 月　“纸尿裤、环境与可持续发展论坛”在上海举行
October 2008　The Forum of Diapers, Environment and Sustainability Held in Shanghai

2008 年 10 月 20 日由中国造纸协会生活用纸专业委员会主办的“和谐环境·关爱生活——纸尿裤、环境与可持续发展论坛”在上海花园饭店举行。中国造纸协会副理事长、中国制浆造纸研究院院长曹振雷，中国轻工业联合会综合业务部节能环保处于学军处长等领导出席论坛，来自生活用纸行业内的主要纸尿裤生产商、设备供应商及原辅材料供应商共 63 人参加了论坛，另有约 20 家媒体的记者参会并作报道。

本次论坛旨在通过介绍纸尿裤的国内外可持续发展历程，展示纸尿裤等产品在环境及可持续发展各方面取得的成绩，并希望以此来继续推动中国纸尿裤行业的可持续发展战略。宝洁、金佰利、恒安、尤妮佳等国际国内知名生产企业均表示将积极响应这一“绿色战略”，树立全方位可持续发展的新时代行业准则。

会上，中国造纸协会生活用纸专业委员会发布了中国第一份《纸尿裤、环境与可持续发展》报告。该报告通过总结国内外纸尿裤产业的可持续发展，倡导生产企业增强社会责任感和环境意识，通过不断改进技术和产品，更高效地节约利用自然资源，这对推动和提高我国的可持续发展水平具有重大意义。

中国造纸协会副理事长兼生活用纸专业委员会主任，中国制浆造纸研究院院长曹振雷博士在会上致欢迎辞，他说，虽然纸尿裤在我国发展年限尚短，但技术起点较高，在原材料节约和减少环境影响等方面基本与国际保持同步水平，而且纸尿裤废弃物在我国城市固体废弃物中所占的比例很低，产品本身的特性也使其能与当前处理废弃物采用的填埋和焚烧方式兼容，产品和生产过程使用的原材料是采用有效和节约利用自然资源的方式生产的。即便如此，纸尿裤行业也将持续不断地努力，通过研发、生产、管理等各方面持续提高和促进可持续发展水平。

欧洲吸收性卫生用品及非织造布协会(EDANA)可持续发展及环境工作组主席，宝洁欧洲公司约安尼斯(Ioannis Hatzopoulos)博士介绍了欧洲行业可持续发展策略及未来的发展方向。即通过致力于经济发展，社会责任及环境管理三方面，全方位提升行业的可持续发展水平。

金佰利北美和欧洲个人护理用品可持续发展总监吉姆·巴斯(Jim Bath)先生表示，行业应当将可持续发展思路引入创新决策过程，用更宽广的视野去看待吸收性纸产品，并致力于开发对环境友好的可持续性产品，不断提高人们的健康、卫生和幸福，同时积极承担高标准的环境和社会责任。

日本卫生材料联合会的宫泽清博士在会上作了题为“纸尿裤、高附加值与环境因素”的报告。

近几年，在我国已有越来越多的父母为孩子选择纸尿裤来替代原有的布尿片，而随着中国逐渐步入老龄化社会，成人失禁用品也正逐步显示出它的市场潜力，这些对于中国纸尿裤行业而言，既是机遇，也是挑战。论坛上，由 12 家纸尿裤主要企业的领导共同进行了“托起爱心，点亮绿色希望”的环境友好仪式活动，表达吸收性卫生用品行业对可持续发展的郑重承诺。

2008 年 11 月　2008 年世界卫生纸亚洲展览会在上海举办
November 2008　Tissue World Asia 2008 Held in Shanghai

由亚洲博闻(CMP)公司和中国造纸协会生活用纸专业委员会联合主办的“2008 年世界卫生纸亚洲展览会(Tissue World Asia 2008)”于 2008 年 11 月 19—21 日在上海国际展览中心成功举行。

世界卫生纸展览会(Tissue World)是卫生纸行业的品牌展览会，主办单位是亚洲博闻公司，每 2 年举办 3 次，其中单年在法国尼斯举行，双年分上半年和下半年分别在美国迈阿密和中国上海举行。

亚洲与世界各国的卫生纸生产商、设备和原材料供应商、产品经销商之间有着扩大贸易及合作的巨大发展空间，本届展览会和研讨会的胜利召开，架起了一座相互交流和合作的桥梁。

本届展会共有来自 20 个国家和地区的 96 家海外公司(包括代理公司)和 55 家国内公司参展，展览面积 6000 米^2。据统计，共有约 3600 人，7000 多人次的专业观众参会，其中国外观众约占 1/3。展会为中国卫生纸及相关企业全面把握和了解卫生纸行业发展动态，世界卫生纸领域最前沿的技术设备、新产品情况提供最佳的平台，创造了经贸合作的机会。

由于国际参展商多、观众的专业性强、潜在买主多，在为期 3 天的展期内，参观人流持续均匀，贸易双方有机会坐下来深入交谈，参展商和观众对本届展览的组织工作和展会效果十分满意。

展会同期举办了为期 1 天半的高水平技术研讨会，共有 20 篇论文在研讨会上宣讲，为中英文双语。参加研讨会的海内外听众达 130 人。与会代表对金融危机对中国卫生纸市场的影响非常关注，会议设定了提问环节，演讲者和听众的互动取得了很好的效果。

2008 年 11 月　第八届生活用纸企业家俱乐部会议在东莞召开
November 2008　The 8th Meeting of the CNHPIA Business Executives Club Held in Dongguan

第八届生活用纸企业家俱乐部会议于 2008 年 11 月 22 日在广东东莞御景湾酒店召开。俱乐部成员单位及秘书处人员共计 21 人参加了会议，本届会议的轮值主席单位为东莞市白天鹅纸业公司。

会议由江曼霞秘书长主持，她介绍了到会的企业领导并通报了俱乐部会议的相关事项：(1)确定第九届会议的轮值主席单位为金佰利(中国)有限公司，第十届会议的轮值主席单位为福建恒利集团有限公司，明年上半年和下半年将分别在上海和厦门召开会议。(2)中山市三角纸品制造有限公司由于债务原因，已于今年 9 月份破产，会议决定取消该公司的生活用纸俱乐部会员单位资格。

会议首先由东莞市白天鹅纸业公司卢锦洪董事长致欢迎辞，并由李刚总经理介绍了白天鹅纸业有限公司的有关情况。

随后，由下届轮值主席单位金佰利(中国)投资有限公司纸品运作总监吴勇致辞，他代表邵青锋总裁欢迎各位企业家明年到上海来，并会尽全力把下届俱乐部平台搭建好，把上海金佰利纸业公司的最有特色的内容展示给大家。

生活用纸委员会和企业家俱乐部江曼霞秘书长向大家通报了与行业有关的信息：

（1）国家正在对有关出口产品退税率等方面的政策进行调整。发改委在近期征求意见时，生活用纸委员会秘书处已提供材料，通过中国造纸协会反映相关的情况和要求。

（2）目前中国从安德里茨和美卓等公司进口的新月型卫生纸机已有 30 多台；日本川之江公司卖到中国的 BF 型卫生纸机已达 49 台。国内有关研究单位和机械制造企业也在加紧高速卫生纸机的研发工作，并取得了一些研发成果。

（3）2008 年世界卫生纸亚洲展览会于 11 月 19—21 日在上海召开，列举了在会上推出的许多值得关注的新技术。

生活用纸委员会主任、中国制浆造纸研究院院长曹振雷博士在会上做了“有关当前中国经济形势”的报告，着重讲了 3 个方面的内容：

（1）金融危机对中国经济的影响：美国次贷

危机引发的金融危机对全球经济产生巨大的负面影响，对拉动中国经济的三驾马车——出口、投资、内需都有影响。

中国生产了全世界60%的消费品，今年上半年各种原辅材料、能源价格的上涨以及人民币升值，加上金融危机的影响使产品出口严重受阻；产品出口的减少直接影响到珠三角、长三角地区的包装纸和纸板企业。

（2）金融危机后我国政府出台的调整政策对生活用纸行业的影响。诸多的政策会通过很长的产业链和很长的一段时间影响到我们行业，所以企业必须要有积极自救的思想。

（3）对生活用纸行业的关注的问题：在目前金融危机严峻的非常时期，企业更应加强自律，更好地维护合理的市场秩序；局部大面积的失业，地方政府迫于就业压力，会放松节能减排工作，落后的产能有可能会在此阶段死灰复燃；从“三鹿”奶粉事件中，要积极吸取教训，企业要从维护自身品牌和企业、行业形象以及从道德和社会责任出发，维护市场的正常秩序，促进行业的持续发展。

曹院长讲话之后，参会企业的各位代表都针对各企业的生产和经营情况以及目前严峻的金融危机企业面临的问题等内容进行了交流和沟通。大家一致认为：

（1）每半年一次举办的企业俱乐部会议，是生活用纸企业家之间交流沟通的很好平台，大家能够在平和、融洽的气氛中，真诚坦言行业问题，对行业的健康发展有着重要意义。

（2）虽然造纸企业在金融风暴冲击下面临着“寒冷冬天”，但得益于生活用纸是生活必需的快消品的硬需求，以及出口只占行业总产量的不到10%，生活用纸行业感觉这个冬天还比较温暖。主要企业大多继续实施扩展计划，但有些项目已经考虑推迟。由于高档卫生纸新增产能集中释放，高于需求的增长，加上部分落后产能可能重新开工，未来两年市场将经历比较困难的时期。

（3）行业整体水平的提高，要依靠各企业不断创新技术，提高产品品质，注重品牌的建立和培育。

（4）目前纸浆的低价位只是短期现象，从长期的需求关系来看，纸浆价格还会攀高。各企业要加强自律，遵守市场规则，要维护行业的市场秩序和合理的价格，低价竞争只能破坏市场，特别是如果扰乱了出口产品价格，将对整个行业产品出口产生巨大的负面影响。

（5）建议今后的俱乐部会议请各企业的营销和市场主管负责人参加会议，共同探讨营销中的具体问题。

第八届俱乐部会议参会人员如下：

中国制浆造纸研究院　曹振雷

恒安集团有限公司　许连捷

维达纸业集团有限公司　李朝旺

金红叶纸业（苏州工业园区）有限公司　徐锡土，戴振吉

广东中顺纸业集团有限公司　岳勇

金佰利（中国）有限公司　吴勇，吴乃方

永丰余家品（昆山）有限公司　曾博湘

上海东冠华洁纸业有限公司　孙海瑜，莫建新

王子制纸妮飘纸业（苏州）有限公司　久司善之，刘晓敏

宁夏美洁纸业股份有限公司　周兴起

东莞市白天鹅纸业有限公司　卢锦洪，李刚

潜利工业有限公司　刘晓萱

福建恒利集团有限公司　吴家荣，吴家能

广西贵糖（集团）股份有限公司　汤海棠

中国造纸协会生活用纸专业委员会　江曼霞，张玉兰

2009年4月　第十六届生活用纸国际科技展览暨会议在苏州召开

April 2009　The 16th China International Tissue/Disposable Hygiene Products Exhibition & Conference (CIHPEC'2009) Held in Suzhou

第十六届生活用纸国际科技展览及会议（2009生活用纸年会）于2009年4月23—24日在苏州国际博览中心召开。

在全球金融危机继续蔓延的背景下，苏州年会展览的净面积比去年的厦门年会增长了40%，参观人数同比增长约52.7%，国际研讨会现场秩

序井然，座无虚席。年会现场盛况空前的情景使人眼前一亮，生活用纸这个生机无限的朝阳行业带给业内人士的是信心和鼓舞，是在危机中抓住发展机遇的决心。

本届年会的展览占用了苏州国际会展中心的3A、4A和5A三个展馆，毛面积达2.3万米^2，展览规模又创历史新高。展馆外，大幅宣传广告、巨型视频屏幕、双面拱门、灯杆彩旗在道路两侧延伸，营造出节日般的气氛，迎接远道而来的海内外观众。

年会组委会本着讲求实效、不讲排场的务实作风，今年的年会未设开幕式程序。4月23日上午8点，在观众入场之前，中国造纸协会生活用纸专业委员会主任曹振雷、协办单位——金红叶纸业总经理徐锡土、中国制浆造纸研究院副院长卢宝荣、生活用纸委员会秘书长江曼霞、副秘书长张玉兰等参观了展览。

本届年会按产品和业务划分成海外展区、卫生用品展区、生活用纸展区、设备展区、原辅材料展区和设备现场展示区，观众注册后，根据会刊的索引，很容易找到目标展位。今年各展区的参展商都比往年增多，特装展台异彩纷呈，使人目不暇接。国内公司各具特色的展台布置一扫过去灰姑娘的模样，如果没有醒目的公司LOGO，你已经很难分清国际参展商和本土参展商。

生活用纸和卫生用品两个产品区的面积大大增加，从一个侧面反映了市场的活跃和中国消费层次的多元化。这里既有在世界生活用纸行业中分别居首位和第五位的金佰利和APP（金红叶），也有在中国市场迅速崛起的上海东冠、福建雀氏、天津小护士、新感觉、上海唯尔福、上海护理佳、南宁凤凰、广西洁宝、江苏双灯、漯河银鸽、山东泉林、杭州侨资、赣州港都、广西田阳华美等企业，甚至有来自西藏的拉萨恋恋四季湿巾厂。众多的生产企业展商带动了大量生活用纸经销商参加年会，也为参展企业带来更多的商机。

据生活用纸专业委员会（CNHPIA）统计，中国已签约引进的新月型成形器卫生纸机累计36台（生产能力合计约120万吨），真空圆网BF型卫生纸机累计49台（生产能力合计约68万吨）。其他设备、器材和原料的需求量也很大，中国这个新兴市场正在吸引全球的供应商。本届年会的海外展区汇聚了国际知名的设备制造商和原辅材料供应商，他们带来了世界最新的技术和产品，对中国市场寄予厚望。

国内设备展区集中了国内领先的机械制造商，他们制造的设备不但在中国畅销，而且在世界各地安家落户。安庆恒昌就是其中的佼佼者，2008年安庆恒昌被美国宝洁公司评为最佳合作伙伴，其产品质量和服务得到宝洁等跨国公司的认可，为这些公司提供了多台卫生巾和纸尿裤设备。

5A馆的设备展示区汇集了多条国内外先进的生活用纸加工设备，德昌誉、新力、佳鸣、宝索、松川、大昌、陆丰、常德烟机、置恩、精柔、西安黑牛等展示和现场运行的设备吸引了大批观众驻足观看。常德烟机还与漯河银鸽在现场举行了手帕纸包装机（200包/分）的订购签约仪式。

为更好地进行研讨交流，本届年会的国际研讨会沿袭前两年模式，在展览前一天举办。研讨会期间秘书处江曼霞秘书长对2008年生活用纸市场和卫生用品市场概况进行了介绍，并特别邀请了欧睿信息咨询公司、新生代市场监测机构、上海尼尔森市场研究有限公司等公司的市场分析专家，分析生活用纸市场的发展轨迹和规律，亚洲一次性卫生用品市场发展前景，以及在全球经济不景气环境下，快速消费品市场依然健康发展等内容。此外，美卓、PMP、川之江、柯尔柏、特艺佳、巴克曼、GP、德固赛等著名公司的专家就生活用纸和卫生用品两个专题进行了20场演讲，研讨会现场鸦雀无声，秩序井然，代表们反映研讨会内容丰富，针对性强，收获很大。组委会专门为研讨会印制的《国际研讨会论文集》和生活用纸委员会发布的《2008生活用纸行业年度报告》都备受企业代表的欢迎。共有300多名代表参加了研讨会。

《生活用纸》杂志的编辑利用年会的难得机会分头采访了江苏双灯、杭州侨资、杭州大路、华林机械等近20家参展商。

为进一步提高年会组织水平，秘书处在展商和观众服务方面做了更细致的工作，包括展前在生活用纸杂志上连续四期的展前预览系列报道，发布研讨会日程和内容提要，向展商和观众发送有关展会最新信息的短信和电子邮件，开通网上

"参展商预登记"和"观众预登记"服务平台；为规范观众注册程序，更迅速准确地统计观众人数、观众构成及展期各时段人数的变化情况，展览期间聘请了专业公司负责观众登记、信息资料采集、门禁管理服务，以便在展后向参展商提供观众详细信息。

本届年会共有来自20个国家和地区的近500家企业参展，20家公司进行了现场设备展示，据专业统计，展览会的观众约1万人，其中海外观众约140多人，参观展览有3万人次。

为加强企业间的交流和学习，考察先进的卫生纸生产设备、技术、生产管理和清洁生产等，生活用纸委员会特利用此次年会的机会，组织了生活用纸常委单位及部分重点企业的主要领导共计60人，于4月24日参观考察了此次年会的协办单位金红叶纸业（苏州工业园区）有限公司。

2009年5月　第九届生活用纸企业家俱乐部会议在上海召开
May 2009　The 9th Meeting of the CNHPIA Business Executives Club Held in Shanghai

第九届生活用纸企业家俱乐部会议于2009年5月23日在上海佘山艾美酒店召开，本届会议的轮值主席单位是金佰利（中国）有限公司。来自13家俱乐部成员、特邀单位代表、秘书处人员及邀请的专家学者共计33人参加了会议。会议由江曼霞秘书长主持。

会议首先由金佰利（中国）有限公司邵青锋总裁致欢迎辞。他说，金佰利公司很高兴有此次机会协办俱乐部会议，并与生活用纸的企业家相聚在上海。希望通过这次会议与大家共同探讨在2009年特殊的经济时期，如何开拓好业务，特别是如何承担好企业和企业家的责任，如何更好地维护好生活用纸行业的信誉，促进中国生活用纸行业的健康持续发展。

随后，下届轮值主席单位福建恒利集团有限公司吴家能总经理致辞，他欢迎各位企业家11月份到厦门聚会，恒利公司将尽全力做好第十届会议的承办工作，并希望大家届时到恒利参观指导。

生活用纸委员会和企业家俱乐部秘书长江曼霞简要介绍了2008年生活用纸行业的概况和展望，并通报了行业的有关事宜。包括生活用纸年会、《生活用纸》杂志以及中国生活用纸信息网的工作，国家轻工振兴规划和造纸产业发展政策中淘汰落后造纸产能的计划，截至2008年底国内进口卫生纸机情况，以及国产卫生纸机研发情况。

针对目前企业关注的环境保护、社会责任及可持续发展等问题，本次会议通过金佰利公司特别邀请了世界自然基金会北京代表处的丁鶓战略副总监就"纸业的可持续发展和社会责任"，中国国际关系学院郭惠民副院长就"危机管理与社会责任"等进行了讲座。

生活用纸企业家俱乐部已成立了4年，每半年召开一次会议，使企业高层领导定期会晤，对企业和行业的发展问题进行坦诚的沟通和交流。俱乐部已成为生活用纸行业健康、和谐的沟通平台，对行业的持续发展起到了至关重要的作用。这已得到了各成员的认同。每次会议积极热烈的讨论都使相互之间得到很大的启发。

金佰利（中国）有限公司邵青锋总裁发言说，金佰利非常关注并积极参与生活用纸企业家俱乐部会议及生活用纸委员会秘书处组织的行业年会，认为参与这些活动不仅对企业自身有利，也有利于行业的健康发展。

金佰利目前在中国有生活用纸、妇女卫生用品、婴儿卫生月品三大业务。中国巨大的消费群体和生活水平的提高使金佰利对中国市场充满信心，并把中国排在金佰利全球未来发展的第一位。金佰利未来的发展战略重点将是更专注于产品的创新、给消费者带来附加价值的产品，更加关注生产中的节能减排和可持续发展。

恒安集团许连捷总裁发言说，恒安从1996年进入生活用纸行业，开始只有3万吨/年的产能，当时主要是从市场需求和发展空间大以及国家出台了淘汰5000吨/年以下规模造纸厂两方面因素来考虑的。从恒安纸业的发展历程和生活用纸整个行业看，觉得当时的选择是正确的。生活用纸行业能够健康发展，各企业能够很好地维护好市场秩序，得益于各企业间能够通过企业家俱乐部平台，平和地沟通和交流，共同探讨如何把行业和企业做的更好。

他说，我历来认为同行不是敌人，真正的敌人是自己，只有做好自己的事情，企业才能发展。目前最大的危机不是金融危机，而是企业的信用危机，诚信做人、实在做生意是恒安发展到今天的重要准则。

金融危机给生活用纸行业带来的更多的是机遇，恒安在2010年达到60万吨产能的发展规划将提前一年完成。虽然目前的浆价很低，但各企业依然要维护好市场价格体系，只有这样企业才能更好地发展，更好地承担社会责任。

恒安集团在福建晋江的生活用纸厂的水循环利用运用先进的技术，做到了零排放。并把晋江厂作为中小学环保教育基地，相信这样的活动对企业和行业的发展是有正面作用的。

维达纸业集团李朝旺董事长说，维达纸业历经20多年的发展，2008年总产能已达到32万吨，2007年在香港联交所上市后，发生了很大变化，激发了企业的创新和发展。虽然目前的金融危机是生活用纸企业发展的良机，但由于资本市场的原因，维达公司2009年没有增加新产能的计划。维达公司正在积极探讨如何提高企业的竞争力，寻求企业可持续发展之路。2007年，维达选择了SCA作为第二大股东，SCA公司在可持续发展方面在欧洲卫生纸行业排名第一，选择SCA就是希望欧洲的消费理念、品牌管理、社会责任等先进理念能注入到维达公司的发展中。

2008年第4季度以来，木浆价格持续走低，各企业都有较好的利润，但是周期性的浆价变动使浆价不会一直维持在目前这样低的水平，生活用纸行业仍然面临着新增产能的释放、小规模工厂的死灰复燃以及零售业的激烈竞争等方面的压力，所以也希望各企业能够有序竞争，维护好市场。

金红叶纸业徐锡土总经理说，APP集团的发展一直以来是围绕着林浆纸一体化思路进行的。2008年APP在中国的卫生纸产能已经达到50万吨/年，这其中包括中国的苏州厂和海南厂。后续的发展仍然是坚持林浆纸一体化的道路，包括在中国四川和沈阳将要投产的卫生纸机，并更加注重环保工作。到2010年，APP的卫生纸产能将达到80万吨/年。希望并愿意与同行一起，通过良性互动，共同维护好市场竞争秩序，获取合理的利润，扩大后续的发展空间。

中顺洁柔岳勇营运总裁说，2008年中顺洁柔公司剥离了山东工厂、淘汰了部分落后设备，也投产了新设备增加了总产能。2009年7月份，在中顺浙江公司还将投产一台新的进口纸机。

他说，从去年下半年开始，由于进口木浆价格的持续下跌，以及西部地区的竹子资源优势，一些无环保措施、经营不规范的小厂又大量出现，这些厂的产品大部分是销往二、三线城市，这将对大型企业产品进入二、三线城市产生巨大的影响。

他认为进口木浆价格这么低不正常，不会持续很久，希望大家共同维护好市场秩序，更好发展。

其他企业领导的发言也表达了共同维护好市场秩序、承担社会责任的愿望。大家一致认为，企业要发展好，首先是练好内功，抓好内部管理。

对于西北地区的麦草、稻草等非木纤维原料生产的优势，宁夏美洁的周兴起总经理也做了阐述，他建议国内有能力有资金的大企业能够对非木纤维的生产技术和设备进行深入研究和开发。对于国产卫生纸机的生产情况，东莞白天鹅李刚总经理也做了介绍。

会议最后由生活用纸委员会曹振雷主任做了总结发言：(1)他首先代表参会的所有成员感谢金佰利公司承办此次会议，并感谢金佰利公司邀请了两位专家做了很好的讲座，每位代表都收获很大。(2)此次会议更多关注了行业的持续和健康发展问题，大家对环境保护、节能减排、开拓和维护市场等问题进行了深入的讨论。对如何做好技术开发，通过提高技术水平来提高竞争力，曹主任通报了科技部在十二五期间的科技攻关的新举措，将以行业提出共性技术问题，以技术联盟的方式进行，钢铁行业的经验值得借鉴。生活用纸不同于其他纸行业，要提高社会责任意识、树立企业形象来提高企业的品牌和信誉。(3)对于行业发展速度问题，只有产能产量的增长快于消费量的增长，才能实现产品结构的调整，淘汰落后的产品，提高行业的整体水平。经济形势的波动推动行业进行调整，也给大企业带来了调整的机会。(4)关于纸巾纸标准中的“不得使用任何回收纸、纸张印刷品、纸制品及其他回收纤维状物质作原料”的规定，从目前中国回收废纸无法溯源的状况看，标准规定是正确的，因为纸巾纸是与食品直接接触的，关系到民生健康安全。(5)业内龙头企业应以和谐、积极合作的精神，开拓和维护好市场，度过目前的危机。企业要加强自身建设，提高技术水平，才能提高核心竞争力，才能做得更大、更好、更强。

第九届俱乐部会议参会人员如下：

中国制浆造纸研究院　曹振雷

恒安集团有限公司　许连捷

维达纸业集团有限公司　李朝旺

金佰利(中国)有限公司　邵青锋，佟梅，张顺元，吴勇，程姬丝

金红叶纸业(苏州工业园区)有限公司　徐锡土，洪灯辉

中顺洁柔纸业股份有限公司　岳勇，梁锦辉

上海东冠纸业有限公司　孙海瑜，莫建新，黄前侃，吴赛飞

永丰余家品(昆山)有限公司　罗平定，徐国宝

王子制纸妮飘纸业(苏州)有限公司　久司善之，王巍

宁夏美洁纸业股份有限公司　周兴起

东莞市白天鹅纸业有限公司　李刚

上海潜利工业有限公司　赵瑾华，王冰

福建恒利集团有限公司　吴家荣，吴家能

广西纯点纸业有限公司　原军

上海唯尔福(集团)有限公司　何幼成

中国造纸协会生活用纸专业委员会　江曼霞，张玉兰，曹宝萍

世界自然基金会北京代表处　丁鹡

复旦大学国际关系学院　郭惠民

2009年10月　组团参加“2009阿拉伯造纸、卫生纸及加工工业国际展览会”
October 2009　CNHPIA Organized Group to Attend Paper Arabia 2009

为扩大中国生活用纸行业的国际影响，加强国际交流，为我国生活用纸企业开拓新兴国家市场创建平台，应主办方 Al Fajer 公司的邀请，由中国造纸协会生活用纸专业委员会组织的中国展团参加了于10月27—29日在迪拜举办的第二届阿拉伯造纸、卫生纸及加工工业国际展览会(Paper Arabia 2009)，中国展团一行共41人，由中国轻工集团副总经理、生活用纸委员会主任委员曹振雷同志为团长，江曼霞秘书长、张玉兰副秘书长和秘书处的两位工作人员随团前往。

中东及周边地区是造纸工业比较落后而市场潜力巨大的地区。2007年举办的首届“阿拉伯造纸、卫生纸及加工工业国际展览会(Paper Arabia 2007)”是在中东地区召开的规模最大、专业性最强的造纸行业盛会，吸引了全球70多个国家的3423名专业观众参观，展会成交额达数百万美元。为满足我国生活用纸相关企业向海外市场发展的需要，生活用纸委员会组织上海松川、佛山宝索、恒联美林等15家相关企业参加本届展会，参展面积达144米^2。这是造纸行业第一次组团参加阿拉伯纸展，除组团参展的企业外，中国还有9家大陆公司、4家台湾公司和1家香港公司参展。展会期间，中国参展公司的展台吸引了许多观众驻足观看和联系洽谈。上海松川公司在现场展示了一台软抽面巾纸包装机，来洽谈业务的客商络绎不绝，最后以较好的价格成交留购。恒联美林、重庆丝爽、宝索等企业纷纷与客户达成购买意向，所有参展企业都反映效果比预想的要好。

此次组团参展为企业提供了一个拓展中东、北非市场的最佳贸易平台。据主办方统计，本届展会共有来自20个国家和地区的近150家企业参展，专业观众超过上届，达到约4200人。

10月26日，展览主办方邀请中国组团单位、法国组团公司和APP公司参加了本届展览的新闻发布会。当地媒体对中国的生活用纸行业及出口贸易情况非常感兴趣，江曼霞秘书长参加了会议并回答了记者的提问。10月28日，曹振雷副总经理会见了主办方 Al Fajer 公司总经理 Satish Khanna 先生，Satish Khanna 对中方组团参展表示感谢，双方并就今后的合作进行了友好交谈。

2009年11月　第十届生活用纸企业家俱乐部会议在厦门召开
November 2009　The 10th Meeting of CNHPIA Business Executives Club Held in Xiamen

第十届中国生活用纸企业家俱乐部会议于2009年11月21日在厦门召开。14家俱乐部成员和5家特邀企业，共计32人参加了会议。本届会议由轮值主席单位福建恒利集团有限公司承办，会议由江曼霞秘书长主持。

会议首先由福建恒利集团有限公司副总裁吴家荣致欢迎辞。他说，恒利公司很高兴协办此次俱乐部会议，与各位企业家在厦门欢聚一堂，共同探讨生活用纸行业的健康持续发展。恒利集团进入生活用纸行业较晚，2006年投资建成年产3万吨的生活用纸项目，经过3年的努力，目前已经达到满负荷生产。公司的二期项目已经启动，在南安经济技术开发区征地700亩，计划用3～5年的时间，将生活用纸的规模扩大到年产10万吨。

随后，下届轮值主席单位永丰余投资有限公司曾博湘总经理致辞，她代表永丰余公司欢迎各位企业家明年5月份到台湾聚会，并将尽全力做好第十一届会议的承办工作。

在全球经济危机的大环境下，造纸行业度过了不平凡的2009年。曹振雷主任对2009的造纸行业形势作了简单介绍。

第一，2009年商品浆价格经历了较大的波动，目前处于上升阶段。美国政府对浆厂200美元/吨浆的黑液补贴费用的优惠政策按计划到今年年底结束，是否延期还不确定。此项补贴一旦取消，将会导致美国大部分浆厂无法运行而停产，从而使针叶木浆价进一步上涨。另外，今年第2季度，美元对巴西货币雷亚尔的汇率贬值了8%，也变相使巴西生产的阔叶木浆价格上涨了8%。如果美元继续贬值，将会对浆价产生较大的影响。

第二，经济危机情况下中国造纸工业的投资强度超过了危机之前。投资加大的主要有3个纸种，包括涂布纸、非涂布的印刷书写纸和生活用纸。其中生活用纸将在两三年时间内增加120万吨/年以上的产能，而且除了现有的卫生纸大企业投资扩建外，也有更多的生产其他纸种的企业进入到生活用纸领域。

以上投资状况充分表明：①中国造纸业的集中度进一步加大；②目前大企业的经济状况有了明显的改善，由过去的单一银行贷款投资，转变为在政策允许下的各种资本进入到造纸行业中。

第三，生活用纸行业由此被带入结构调整期。新增产能量将超过消费量的增长，这会使强者更强，弱者更弱并将逐渐被淘汰。希望行业大企业通过此次行业的结构调整，使行业的集中度进一步提高，这样才有利于生活用纸行业健康稳定的发展，有利于提高行业整体水平和节能减排；不断加强品牌建设，提高自身的竞争力；产品不仅满足消费基本需求，更要提高公民的素质，使品牌更具价值，这也是企业的社会责任。

对于中国生活用纸未来的发展，分析认为仍有巨大的潜力。主要基于以下几点：①中国目前的人均消费量比起美国、日本、西欧等发达国家和地区来说还很低，只有不到3千克；但从人均GDP来看，中国的经济承受能力有限，要达到发达国家的消费水平依然有很长的路要走，所以企业在设计产品时要更多地考虑中国国情。②生活用纸的2/3产能都是幅宽2米以下的国产纸机生产的，未来5～10年行业需要不断调整，以提高效率、降低消耗及减少污染。③中国的地域广、收入水平差异很大，所以全国性品牌和区域品牌会长期共存。

尽管经济危机给全球造纸行业带来了重创，但生活用纸行业却保持了持续的增长，吸引了更多的投资。对此，生活用纸委员会和企业家俱乐部秘书长江曼霞从全球生活用纸主要的需求增长将在哪些地区；新投资的前景和中期地区性供/需如何平衡；经济的持续衰退会对全球生活用纸行业造成怎样的影响等方面做了全球生活用纸市场展望介绍。并详细介绍了2009年中国新投产的卫生纸项目和新宣布的卫生纸投资项目，以便大家对行业发展情况有前瞻性的认识，防止盲目投资和投资过热。

在各企业家俱乐部成员的讨论发言中，大家通报了各自企业的生产、市场营销情况，并倡导企业间的公平竞争和相互协作，维护好市场秩序。企业家之间的相互交流和积极热烈的讨论都使相互之间得到很大的启发。

各企业通报情况如下：

APP：APP在印尼、美洲、大洋洲、亚洲、中国等地建立卫生纸生产基地，根据市场情况在不断推进，最终目标是成为全球最大的卫生纸供应商，产能达到500万吨/年；在中国除现有的江苏苏州和海南原纸生产基地外，还将在湖北孝感和四川雅安建设卫生纸生产基地，到2013年在中国的产能达到110万吨/年，到2020年达到250万~300万吨/年；在美国投建TAD纸机。

为了未来的生产，APP正积极加速造林布局，做到林浆纸一体化，解决浆料供应问题，并更加注重环保和节能减排。

恒安：2009年是恒安历史上最好的一年，从人均贡献、毛利、净利等各项指标也充分证明了这点，特别是下半年的运行情况比上半年还要好，增长势头比原计划要好很多。尽管行业竞争压力很大，但恒安原纸的产能仍然不足，所以，原计划2010年第一季度在湖南恒安投产的PM4卫生纸机将提前到今年12月18日投产。

恒安的发展策略历来是投资回报和利润的最大化，不会以牺牲利润来获取市场份额和增长速度，不会盲目地加入到市场价格战中。

恒安在常德、晋江、潍坊3个生产基地的计划是：每个基地的产能达到20万吨/年。

由于全球经济的回暖，各种原料的涨价，今年的纸机价格要比2008年增长20%~30%，加之明后年国内新增产能的释放，恒安将会延缓在重庆巴南、安徽芜湖、东北的原纸生产基地的建设。

维达：2009年，经济危机并没有给生活用纸行业带来严重的影响，维达的整体运营情况较好。为满足东北市场的供应，明年将在东北鞍山新投产2台BF卫生纸机，进一步做好东北市场。

中顺：最近的浆价上涨，一些小的生产企业停产，这对大企业来说，应该是更好的发展机会。中顺购买的第1台特斯克制造的卫生纸机，将安装在江门的生产基地，以缓解原纸供应不足的情况。新纸机将配套不锈钢烘缸和单台产量最大的复卷机。作为中顺北方基地的唐山新厂，将先上后加工设备，卫生纸机正在预定中。

金佰利等其他企业也介绍了2009年企业的经营情况和发展规划。

会议最后由生活用纸委员会曹振雷主任做了总结发言，他强调：(1)企业应做好准备，积极应对明年产能的快速增长以及原材料成本的上涨。(2)继续做好品牌的维护工作，保障企业的持续发展。(3)企业要做好“过冬”的准备，迎接生活用纸行业的结构性调整。

下午部分参会代表参观了福建恒利集团有限公司的卫生纸机及加工车间，卫生巾生产车间。

第十届企业家俱乐部会议参会人员如下：

中国轻工集团公司　曹振雷

恒安集团有限公司　许连捷，刘勇

金红叶纸业(苏州工业园区)有限公司　徐锡土

维达国际控股有限公司　李佩兰，吴宝英

中顺洁柔纸业股份有限公司　岳勇，林天德

福建恒利集团有限公司　吴家荣，吴家能

金佰利(中国)有限公司　吴勇

上海东冠纸业有限公司　孙海瑜，莫建新

永丰余家品(昆山)有限公司　曾博湘，谢英才，曾世阳

王子制纸妮飘纸业(苏州)有限公司　久司善之，吴金龙

宁夏美洁纸业股份有限公司　张冬青

东莞市白天鹅纸业有限公司　卢锦洪，李刚

上海潜利工业有限公司　刘晓萱

广西贵糖(集团)股份有限公司/广西纯点纸业有限公司　原军

惠州福和纸业有限公司　梁契权，卓永新

潍坊恒联美林生活用纸有限公司　李瑞丰

漯河银鸽生活纸产有限公司　周国敏

上海唯尔福(集团)有限公司　何幼成，董国昌

广西华美纸业集团有限公司　林瑞财

中国造纸协会生活用纸专业委员会　江曼霞，张玉兰

会员单位名单(2009 年)
List of the CNHPIA members (2009)

国内会员单位

	会 员 名 称
北京	金佰利(中国)有限公司
	中国制浆造纸研究院
	国民淀粉化学(广东)有限公司 北京办事处
	北京倍舒特妇幼用品有限公司
	北京特日欣卫生用品有限公司
	北京爱华中兴纸业有限公司
	中国国旅贸易有限公司
	北京市琉璃河兴河纸业有限公司
	北京吉力妇幼卫生用品有限公司
	北京东方化工厂
	北京京凯非织造布有限公司
	北京松竹梅兰纸业有限公司
	北京伟伯康科技发展有限公司
	北京和润贸易有限公司
	北京桑普生物化学技术有限公司
	北京爱佳卫生保健品厂
天津	天津市三维纸业有限公司
	天津市依依卫生用品有限公司
	天津百惠纸品有限公司
	禾丰(天津)卫生用品有限公司
	博爱(中国)膨化芯材有限公司
	天津德安纸业有限公司
	天津市日商卫生科技发展有限公司
	利发卫生用品(天津)有限公司
	天津市英赛特商贸有限公司
	天津市豪特纸业有限公司
	天津市双马香精香料新技术有限公司
	天津骏发森达卫生用品有限公司
	天津市艳胜工贸有限公司
	天津天辉机械有限公司
河北	唐山博亚树脂有限公司
	保定市晨光纸业有限公司(晨光造纸机械有限公司)
	河北亚光纸业有限公司
	保定市义厚成纸业有限公司
	保定市华光机械有限公司
	东纶科技实业有限公司
	河北雄县鹏程彩印有限公司
	保定市新市区阳光纸品机械厂
	石家庄市乔多造纸化工助剂有限公司
	石家庄华纳塑料包装有限公司
	保定市港兴纸业有限公司

续表

	会 员 名 称
河北	河北迁安博达纸业有限公司
	河北省邯郸市泰和纸业有限公司
	新乐华宝塑料薄膜有限公司
	河北雪松纸业有限公司
	满城县中信纸业有限公司
	河北氏氏美卫生用品有限责任公司
山西	山西晋芳纸业有限公司
	山西临汾晋天然卫生用品有限公司
	夏县旭森纸制品有限公司
辽宁	沈阳东联日用品有限公司
	丹东市丰蕴机械厂(丹东市天和纸制品有限公司)
	丹东北方机械有限公司
	抚顺三环机械总厂
	锦州金日纸业有限责任公司
	大连大诺印刷包装有限公司
	锦州女儿河纸业有限责任公司
	锦州东方卫生用品有限公司
	辽宁尚阳纸业有限公司
吉林	长春市大地精细化工有限责任公司
	镇赉新盛纸业有限公司
	吉林延边石岘白麓纸业股份有限公司
	吉林白城福佳机械制造有限公司
黑龙江	黑龙江凯丰纸业有限公司
	哈药集团制药总厂制剂厂
	佳木斯金瑞制网有限公司(原佳木斯造纸网有限公司)
	黑龙江省康嘉纸业有限公司
上海	上海唯尔福(集团)有限公司
	尤妮佳生活用品(中国)有限公司
	上海沛龙特种胶粘材料有限公司
	上海橡胶制品研究所特种胶带厂
	上海马可胶粘制品有限公司
	上海日昕工贸有限公司
	上海松川远亿机械设备有限公司
	3M 中国有限公司
	上海正扬实业有限公司
	上海紫泉包装有限公司
	上海联宾塑胶工业有限公司
	上海市爱妮梦纸业有限公司
	上海紫华企业有限公司
	上海联胜化工有限公司
	上海东冠集团

续表

	会 员 名 称
上海	上海市月月舒妇女用品有限公司
	全日美实业（上海）有限公司
	上海美芬娜卫生用品有限公司
	康那香企业（上海）有限公司
	上海护理佳实业有限公司
	上海美坚无纺布有限公司
	上海花王有限公司
	意大利亚赛利有限公司上海代表处
	上海森绒纸业有限公司
	上海协润贸易有限公司
	上海申欧卫生用品有限公司
	巴斯夫（中国）有限公司
	上海白玉兰卫生洁品有限公司
	美国包装机械制造协会中国办事处
	上海堪孚尔不织布有限公司
	上海凯琳进出口有限公司
	亿利德纸业（上海）有限公司
	上海奇华顿有限公司
	上海迁川制版模具有限公司
	上海汉高向华粘合剂有限公司
	上海唯爱纸业有限公司
	上海嘉翰实业有限公司
	霓达传动带（上海）有限公司
	上海通贝吸水材料有限公司
	德固赛（中国）投资有限公司上海分公司
	强生（中国）有限公司
	潜利工业有限公司
	上海智联精工机械有限公司
	上海明佳卫生用品有限公司
	上海高聚实业有限公司
	上海若云纸业有限公司
	上海冬慧辊筒机械有限公司
	上海亿维实业有限公司
	上海恒晟卫生用品有限公司
	上海福助工业有限公司
	上海德山塑料有限公司
	上海正应纸业有限公司
	上海丰格无纺布有限公司
	上海御流包装机械有限公司
	德旁亭（上海）贸易有限公司
	乐嘉文高合金钢技术（上海）有限公司
	上海荷风环保科技有限公司
	汉高股份有限公司 市场部
	荷银证券亚洲有限公司上海代表处
	上海美馨卫生用品有限公司

续表

	会 员 名 称
江苏	江苏陶氏纸业有限公司
	南京舒雅乐纸制品有限公司
	南京陶雨工贸实业有限公司
	江苏金卫机械设备有限公司
	江苏金莲纸业有限公司
	金湖县宏大卫生巾设备有限公司
	扬中九妹日用品有限公司
	常州市东风卫生机械设备制造厂
	无锡汇业印刷机械有限公司
	松林国际刮刀锯有限公司
	南京华松纸业有限公司
	扬州达润纸制品有限公司
	维顺（中国）无纺制品有限公司
	王子制纸妮飘（苏州）有限公司
	姐妹卫生制品（苏州）有限公司
	金红叶纸业（苏州工业园区）有限公司
	永丰余家品（昆山）有限公司
	好孩子百瑞康卫生用品有限公司
	徐州工业月呢厂
	江苏省连云港市新浦区港城餐巾纸深加工设备厂
	胜达集团江苏双灯纸业有限公司
	泰州远东纸业有限公司
	顺昶塑胶（昆山）有限公司
	江苏金呢集团（海门县造纸毛毯厂）
	常州市太阳花科技有限公司
	新沂市欣欣五洲卫生纸厂
	苏州新进卫生用品有限公司
	南京朝晖纸业有限公司
	江苏连云港市向阳机械厂
	苏州市半边天创美纸业有限责任公司
	江苏吴江金正膜业有限公司
	常州达力塑料机械有限公司
	南京东正化轻有限公司
	连云港金镶玉纸业有限公司
	张家港骏马无纺布有限公司
	南京雨倩卫生用品有限公司
	南京顺天纸业有限公司
	南京安琪尔卫生用品有限公司
	南京扬子伊士曼化工有限公司
	常州康贝护理卫生用品有限公司
	江苏三笑集团有限公司
	金王（苏州工业园区）卫生用品有限公司
	艾利（昆山）有限公司
	苏州天秀纸业有限公司
	南通雅诗兰纸品有限公司

续表

	会 员 名 称
江苏	东丽高新聚化（南通）有限公司
	日触化工（张家港）有限公司
	扬州市月思恋妇幼保健卫生用品有限公司
	南京三木国际贸易有限公司
	苏州京佰利无纺材料有限公司
	江阴市联盛卫生材料有限公司
	徐州玉洁纸业有限公司
	苏州美秀纸业有限公司
浙江	杭州希安达抗菌用品有限公司
	杭州市化工研究院有限公司
	浙江精华科技有限公司
	杭州新余宏机械有限公司
	杭州可悦卫生用品有限公司
	浙江诸暨造纸厂
	嘉兴市申新无纺布厂
	嘉兴市富星无纺布厂
	嘉善永泉纸业有限公司
	浙江省宁波市北郊机械变速器厂
	宁波市奇兴无纺布有限公司
	浙江春光胶带有限公司
	衢州双熊猫纸业有限公司
	温州市毅力包装有限公司
	瑞安市瑞乐卫生巾设备有限公司
	杭州腾野生物科技有限公司
	杭州小姐妹卫生用品有限公司
	嘉兴市中超无纺布有限公司
	杭州原创广告设计有限公司
	杭州珂瑞特机械制造有限公司
	临安市雄鹰妇幼卫生用品有限公司
	浙江省华夏包装有限公司
	温州市三八卫生用品厂
	义乌市安柔卫生用品有限公司
	义乌市鼎新彩印厂
	杭州川田卫生用品有限公司
	嘉兴市富瑞森水刺无纺布有限公司
	浙江科得邦非织造布有限公司（金三发新纺织集团有限公司）
	杭州珍琦卫生用品有限公司
	浙江亨泰纺织科技有限公司
	浙江省瑞安市联大热熔胶厂
	浙江省温州市宝蝶妇幼用品有限公司
	浙江义乌市长弓无纺布有限公司
	浙江金通纸业有限公司
	浙江越韩科技透气材料有限公司
	浙江龙游南洋纸业有限公司
	杭州骏龙塑料包装有限公司
	嘉兴市民和工贸有限公司

续表

	会 员 名 称
浙江	瑞安市海创机械有限公司
	瑞安市微软机械有限公司
	温州市信鸽印业有限公司
	杭州唯可卫生材料有限公司
	台塑吸水树脂（宁波）有限公司
	富阳顶点纸业有限公司
	瑞安市三鑫包装机械有限公司
	温州市瓯海昌隆化纤制品厂
	瑞安市三环机械有限公司
	浙江省瑞安市瑞丰机械制造有限公司
	杭州品亨科技有限公司
	杭州富阳黎明实业有限公司
	温州市鼎业包装机械制造有限公司
	泉州市鲤城区嘉福机械装配厂
	杭州圣瑞斯塑胶有限公司
安徽	安庆市恒昌机械制造有限责任公司
	安徽美妮纸业有限公司
	安徽省宁国市兆丰纸业有限公司
	安徽井中集团梦幻樱花卫生用品有限公司
	安徽华晶新材料有限公司
	安徽海德机械制造有限公司
	安徽省铜陵市洁雅生物科技股份有限公司
	安徽汇诚妇幼用品有限公司
	合肥嘉东生活用纸有限公司
	马鞍山市飞华机械模具刀片有限公司
福建	福建恒安集团有限公司
	福建恒利集团有限公司
	福建福清恒耀卫生用品有限公司
	福建莆田佳通纸制品有限公司
	厦门延江工贸有限公司
	建亚保达（厦门）卫生器材有限公司
	福建培新机械制造实业有限公司
	泉州市汉威机械制造有限公司
	泉州市丰泽区东湖轻工机械厂
	泉州大昌纸品机械制造有限公司
	福建好得妇幼用品有限公司
	龙海市妙雅卫生用品有限公司
	福建诚信纸品有限公司
	泉州新日成热熔胶喷涂设备有限公司
	福建省天和妇幼日用品有限公司
	晋江市东南机械制造有限公司
	漳州市芗城新木木卫生材料有限公司
	泉州东正喷涂系统制造工业有限公司
	晋江市华亿妇幼用品有限公司
	泉州市远东环保设备有限公司
	福建泉州明辉轻工机械有限公司

续表

	会 员 名 称
福建	泉州邦丽达科技实业有限公司
	三明市梅列多维机械工具厂（三明市普诺维机械有限公司）
	泉州市金泉油墨有限责任公司
	福建南安鑫隆妇幼用品有限公司
	厦门安诺佳工贸有限公司
	晋江市恒发妇幼用品有限公司
	南安长利塑胶有限公司
	福建省泉州市东方机械有限公司
	泉州市鲤城耳东纸制品厂
	福鼎市南阳纸业有限公司
	泉州市贝特机械制造有限公司
	福建泉州市鲤城华信机械有限公司
	福建省泉州市丰泽区裕丰机械有限公司
	厦门金泰香化科技有限公司
	泉州市精泰机械科技有限公司
	福建省南安市远大卫生用品厂
	福建中天妇幼用品有限公司
	泉州市现代卫生用品有限公司
	福建龙海市明发塑料制品有限公司
	漳州市芗城晓莉卫生用品有限公司
	南安市满山红纸塑彩印有限公司
	福建省南安市南洋纸塑彩印有限公司
	泉州美丽岛生活用品有限公司
	雀氏（福建）实业发展有限公司
	厦门市立克传动科技有限公司
	南安市洁婷卫生用品有限公司
	福建南安市乔东复合制品厂
	泉州来亚丝卫生用品有限公司
	南安市满山红塑料有限公司
	泉州市爱丽诗卫生用品有限公司
	漳州鑫炎环保产业有限公司
	晋江汇森工贸有限公司
	晋江百合堂生活用品有限公司
	厦门恒达佳工贸有限公司
	晋江市怡佳卫生用品有限公司
	南安市欢益塑胶制品厂
	漳州市联安纸业有限公司
	美佳爽（福建）卫生用品有限公司
	南安市恒源妇幼用品有限公司
	漳州市智光纸业有限公司
	泉州市创达机械制造有限公司
	晋江市荣安生活用品有限公司
	泉州嘉华卫生用品有限公司
	厦门安德立科技有限公司

续表

	会 员 名 称
福建	福建省莆田市荔城纸业有限公司
	安诺纸业（福建）有限公司
	福建亿发纸业有限公司
	福建天昱新型材料有限公司
	泉州市丰泽区盛鸿达卫生用品有限公司
	福州真柔纸业有限公司
	泉州市丰泽区创佳妇幼纸品厂
	厦门源福祥卫生用品有限公司
	福建省泉州市露泉卫生用品有限公司
	三明市福工机械有限公司（原福建工模具厂）
	福建省南安市天天纸业有限公司
	泉州昌德化工有限公司
	厦门富力行工贸有限公司
	龙岩市铭丰纸业有限公司
	福州天使日用品有限公司
	德诺纸业（福建）有限公司
	晋江市新合发塑胶印刷有限公司
	泉州天娇妇幼卫生用品有限公司
江西	江西广丰县月兔卫生用品有限公司
	江西帮洁卫生用品有限公司
	九江市新欣日用纸品有限公司
	南昌爱宝多实业有限公司
	赣州港都卫生制品有限公司
山东	山东济南月舒宝纸业有限责任公司
	山东益母妇女用品有限公司
	潍坊恒联美林生活用纸有限公司
	山东省诸城市金日东造纸机械有限公司
	诸城市中顺工贸有限公司
	菏泽威高卫生材料制品有限公司
	日照三银纺织有限公司无纺布厂
	山东信成纸业有限公司
	山东省临邑县三维纸业有限公司
	山东临朐祥飞纸厂
	山东兴创纸业集团七仙子纸制品公司
	鲁南康之恋妇幼用品有限公司
	东明县康迪妇幼用品有限公司
	山东省诸城市大正机械有限公司
	山东佳亿鑫卫生用品有限公司
	山东东岳能源有限责任公司依可馨纸业分公司
	山东鑫盟纸品有限公司
	东营市胜安卫生用品有限公司
	山东沂春机械股份有限公司
	山东诸城市汉通奥特造纸设备有限公司
	山东康洁非织造布有限公司
	沂源县蒲公英妇幼用品有限公司
	淄博全通机械有限公司
	潍坊含羞草卫生用品有限公司

续表

	会 员 名 称
山东	聊城华林机械有限公司
	诸城市金隆机械制造有限责任公司
	山东泉林纸业有限责任公司
河南	漯河银鸽生活纸产有限公司
	河南省奥博纸业有限公司
	平顶山市大宏纤维制品有限公司
	河南太康县恒宝卫生用品厂
	漯河市鸿翔卫生用品有限公司
	陆丰机械（郑州）有限公司
	卫辉市苏菲卫生用品厂
	禹州盛轩纸业有限公司
	郑州启功花辊机械制造有限公司
	河南华丰纸业有限公司
湖北	丝宝集团卫生用品有限公司
	松滋市特丽丝纸业有限公司
	湖北舒云纸业有限公司
	武汉市天天纸业有限公司
	武汉五岳科技发展有限公司
	武汉市江岸区百康纸业加工厂
	武汉嘉宝恒工贸有限公司
	襄樊市盈乐卫生用品有限公司
湖南	湖南恒安纸业有限公司
	湖南省造纸研究所有限公司
	湖南省涟源市皇家纸业有限公司
	湖南三友纸业有限公司
	岳阳市岳阳楼区金鹰纸品厂
广东	宝洁（中国）有限公司
	维达纸业（广东）有限公司
	广东省芬兰馨实业有限公司
	广州卓德嘉薄膜有限公司
	广州精细化学工业公司
	广东省造纸研究所
	广州亿信达工业配件有限公司
	广州市兴世机械制造有限公司
	广州市宏杰纸业有限公司
	汕头市爱护洁护理用品厂有限公司
	惠州宝柏印刷有限公司
	惠州福和纸业有限公司
	深圳信威纸品有限公司
	鸿源实业（深圳）有限公司
	万益纸巾（深圳）有限公司
	东莞市粤星纸业助染有限公司
	东莞市白天鹅纸业有限公司
	东莞市宝建纸业有限公司
	美亚无纺布纺织产业用布科技（东莞）有限公司
	东莞市佳鸣机械制造有限公司
	东莞佳鸣造纸机械研究所

续表

	会 员 名 称
广东	广东省东莞市萨浦刀锯有限公司
	佛塑集团华韩卫生材料有限公司
	佛山市万嘉塑胶有限公司
	佛山市美适卫生用品有限公司
	南海南新无纺布有限公司
	南海市桂城景兴商务拓展有限公司
	佛山市南海区新力机械制造有限公司
	佛山佩安婷卫生用品实业有限公司
	宝索机械制造有限公司
	广东顺德市乐从镇新感觉卫生用品有限公司
	中山瑞德卫生纸品有限公司
	中顺洁柔纸业股份有限公司
	中山市佳健生活用品有限公司
	中山市川田生活用品有限公司
	高明市日畅纸业有限公司
	广东开平新宝卫生用品有限公司
	德昌誉机械制造有限公司
	中山市宝丽纸业有限公司
	深圳市腾科系统技术有限公司
	英威达纤维有限公司广州分公司
	佛山市南海置恩机械制造有限公司
	江门市新会区睦洲机械有限公司
	汕头市万安纸业有限公司
	东莞市万江恩兴纸业有限公司
	东莞市同舟化工有限公司
	中山市宜姿卫生制品有限公司
	广东省中山市雅洁莉纸业有限公司
	中山市龙发卫生用品有限公司
	国桥实业深圳有限公司
	中山诚泰化工科技有限公司
	广东省汕头市龙湖区骏宝有限公司
	广州开瑞化工有限公司
	广东顺德美洁卫生用品有限公司
	南海市稳德福无纺布有限公司
	深圳市皇尚实业有限公司
	顺德市圣兰纸制品有限公司
	深圳市三泰机电设备有限公司
	湛江雅泰造纸有限公司
	广东省东莞市明月纸业有限公司
	东莞市盈泰纸品厂（广州市士美日用品有限公司）
	南海市平洲新奇丽日用品有限公司
	广东百顺纸品有限公司
	金旭环保制品（深圳）有限公司
	佛山市新飞卫生材料有限公司
	广东佛山创力塑料有限公司
	佛山市南海昌伟非织造材料有限公司

续表

	会 员 名 称
广东	深圳市伊诺威机械设备有限公司
	深圳市嘉景裕贸易有限公司
	深圳市正丰源卫生材料有限公司
	中山市新洁日用品有限公司
	揭阳市洁新纸业股份有限公司
	顺德市康怡卫生用品厂
	皇尚科技开发（深圳）有限公司
	佛山市科利达化工有限公司
	耐恒（广州）纸品有限公司
	江门日佳纸业有限公司
	佛山市南海区平洲鑫星机械厂
	东莞市宝盈妇幼用品有限公司
	广东妇健企业有限公司
	深圳市科朗科技有限公司
	江门市创源水处理科技有限公司
	东莞利良纸巾制品有限公司
	深圳市嘉美斯机电科技有限公司
	深圳市龙岗区坑梓新雅兰纸巾厂
	东莞新辉纸业有限公司
	广东鹤山市花坪薄膜有限公司
	东莞市常兴纸业有限公司
	东莞市华兴纸业实业有限公司
	广州荣隆纸业有限公司
	深圳市冠臣机电有限公司
	东莞嘉米敦婴儿护理用品有限公司
	江门市新龙纸业有限公司
	深圳市康雅实业有限公司
	佛山市南海科友机械有限公司
	深圳市宜丽环保科技有限公司
	西朗纸业（深圳）有限公司
	广州贝晓德传动配套有限公司
	惠州市汇德宝护理用品有限公司
	东莞市达林纸业有限公司
	广州市一洲无纺布有限公司
	深圳市金凯迪进出口有限公司
	东莞瑞麒婴儿用品有限公司
广西	广西舒雅护理用品有限公司
	广西洁宝纸业有限公司
	柳州两面针企业集团柳州惠好卫生用品有限公司
	柳州市精柔印刷包装机械有限公司
	南宁侨虹新材料有限责任公司
	南宁天然纸业有限公司
	广西贵糖（集团）股份有限公司
	广西华美纸业集团有限公司
重庆	重庆市飞龙纸业有限公司
	重庆怡洁实业发展有限公司
	重庆星月纸业有限公司
	重庆市铜梁县盛丰纸制品厂
	重庆丝爽卫生用品有限公司
	重庆东实纸业有限责任公司

续表

	会 员 名 称
四川	成都鑫正商贸有限责任公司
	四川吉庆卫生制品有限公司
	四川省三台三角生活用纸制造有限公司
	广安市安琪日用品有限公司
	四川友邦企业有限公司
	成都市豪盛华达纸业有限公司
	四川省新特模具机械有限责任公司
	四川省绵阳超兰卫生用品有限公司
	成都金香城纸业有限公司
	成都精华纸业有限公司
	成都市家家洁纸业公司
	成都市砂之船纸业有限公司
	成都彼特福纸品工艺有限公司
	成都市康乐纸业有限公司
	成都百信纸业有限公司
	成都市丰裕纸业制造有限公司
	成都景山纸业有限责任公司
	四川兴睿龙实业有限公司
	成都凯茜生物制品有限责任公司
	四川省丹妮纸业有限公司
	合江德亿纸业有限公司
贵州	贵阳鑫恒丰纸业有限公司
	遵义市新祥泰贸易有限责任公司
	贵州恒瑞辰机械制造有限公司
云南	云南江川翠峰纸业有限公司
	昆明嘉信和纸业有限公司
	云南通海县联鑫纸业有限公司
	云南省昆明华安美洁卫生用品有限公司
	云南汉光纸业有限公司
	昆明万达纸业有限公司
陕西	西安可心日用制品有限公司
	西安市临潼区汉兴实业有限公司
	西安奥辉纸业有限责任公司
	西安兄弟纸业有限责任公司
	西安鹏翔复合材料有限公司
	陕西魔妮卫生用品有限责任公司
	陕西兴包企业集团有限责任公司
甘肃	兰州洁宝卫生用品有限责任公司
宁夏	宁夏紫荆花纸业有限公司
	宁夏美洁纸业股份有限公司
新疆	新疆南湖纸业有限公司
	乌鲁木齐鑫瑞英科技发展有限公司

海外会员单位

	会 员 名 称
日本	日本卫生材料工业连合会（JHPIA）
	日本池上交易株式会社（IKEGAMI KOEKI）
	日本秋子公司（AKIKO）
	日本株式会社瑞光（ZUIKO）
美国	美国瑞安（中国）有限公司（RAYONIER）
	美国诺信（中国）有限公司（NORDSON）
	GP 纤维亚洲香港有限公司（GP Cellulose）
	美国惠好（亚洲）有限公司（WEYERHAEUSER）
	美国纸产品加工机器公司（PCMC）
	玳纳特（香港）有限公司（ITW DYNATEC）
	钛玛科（北京）工业科技有限公司（TECHMACH）
意大利	意大利发明家设备公司（FAMECCANICA）
	意大利柯尔柏机械贸易（上海）有限公司（KÖRBER）
	奥普蒂玛包装机械（上海）有限公司（OPTIMA）
	意大利特斯克公司（Toscotec）
芬兰	芬兰美卓造纸机械公司（METSO）
	联合造纸包装材料（香港）有限公司（UPM）
香港	特艺佳国际有限公司（TECH VANTAGE）
	埃克森美孚香港有限公司（ExxonMobil）
瑞士	瑞士乐百得（中国）有限公司（ROBATECH）
法国	波士胶芬得利（中国）粘合剂有限公司（Bostik Findley）
波兰	PMPoland S. A. 造纸设备有限公司（PMP）
瑞典	SCA Hygiene Products Asia
	西尔伍德机械贸易（上海）有限公司（Cellwood）
新加坡	福力士（新加坡）公司（FULFLEX）
台湾	台湾泰舜工业有限公司（THAI SHUN）

生活用纸企业家俱乐部会员单位名单（2009年）
List of the CNHPIA Business Executives Club members（2009）

会 员 名 称	会 员 人 选
中国轻工集团公司	曹振雷
恒安国际集团有限公司	许连捷
维达纸业集团有限公司	李朝旺
中顺洁柔纸业股份有限公司	岳勇
金红叶纸业（苏州工业园区）有限公司	徐锡土
金佰利（中国）有限公司	邵青锋
广西贵糖（集团）股份有限公司	陈健
永丰余家品（昆山）有限公司	曾博湘
上海东冠华洁纸业有限公司	李慈雄
王子制纸妮飘纸业（苏州）有限公司	中须贺朗（吴金龙）
宁夏美洁纸业股份有限公司	周兴起
东莞白天鹅纸业有限公司	卢锦洪
福建恒利集团有限公司	吴家荣
潜利工业有限公司	刘晓萱
惠州福和纸业有限公司	梁契权
潍坊恒联美林生活用纸有限公司	张云胜
漯河银鸽生活纸产有限公司	周国敏
上海唯尔福（集团）有限公司	何幼成
胜达集团双苏双灯纸业有限公司	赵林

生产和市场
PRODUCTION AND MARKET

[2]

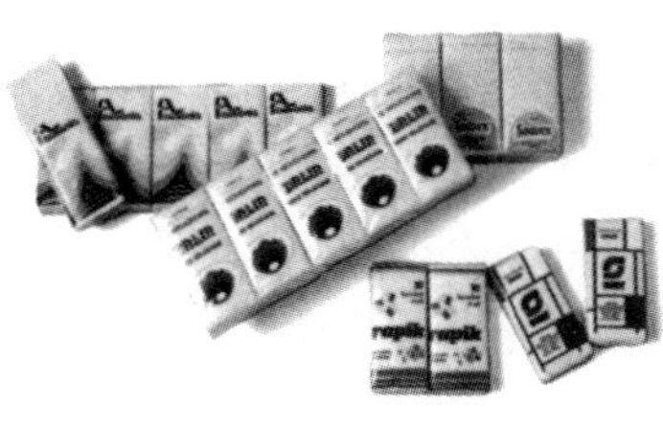

2008 年生活用纸行业的概况和展望

江曼霞　周杨　中国造纸协会生活用纸专业委员会

中国经济持续高速增长，2003—2007 年期间，国内生产总值(GDP)的年增长率连续 5 年超过 10%，受特大自然灾害和国际金融危机的不利影响，2008 年的经济增长速度稍有放缓，但仍保持较快发展。2008 年 GDP 总量达到 30.07 万亿元，比上年增长 9.0%。城镇居民人均可支配收入和农村居民人均纯收入分别比上年实际增长 8.4% 和 8.0%。社会消费品零售总额达到 108488 亿元，比上年增长 21.6%。

生活用纸产品主要包括(厕用)卫生纸、面巾纸、手帕纸、厨房用纸、擦手纸等。2008 年受经济大环境影响，珠江三角洲、长江三角洲等农民工集中的沿海地区，因其他行业的企业用工减少，农民工返乡，导致这些地区中低档生活用纸的消费量有所减少。此外，国际金融危机对某些出口卫生纸原纸和加工产品企业的外贸业务也有一定影响，表现在产品出口增速放缓。但由于生活用纸属于快速消费品，其中(厕用)卫生纸更是生活必需品，因此行业整体受经济环境的影响较小。本年度对行业影响较大的因素是持续至第三季度的原材料等生产成本的上涨和后期的回落。总体来看，在经济增长和人民生活水平提高的情况下，2008 年生活用纸市场继续保持增长势头，消费量同比增长 9.5%，市场规模(市场总销售额)达到约 408.9 亿元，比 2007 年增长 20.3%，人均年消费量 2.95 千克。

1　市场规模

根据中国造纸协会生活用纸委员会的统计，2008 年生活用纸行业的设备利用率 85%；总产量约 443.7 万吨，比上年增长 8.2%；销售量约 430.4 万吨，比上年增长 9.3%；总销售额约 374.4 亿元(按平均出厂价 8700 元/吨计，含出口)，比上年增长 22.0%；消费量约 391.3 万吨，比上年增长 9.5%，人均年消费量约 2.95 千克。国内市场规模约 408.9 亿元(按平均零售价 10450 元/吨计算)，比上年增长 20.3%。销售额增长远高于销售量的增长说明产品平均价格提高以及高档产品的市场份额扩大。

表 1　2008 年中国生活用纸的产量和消费量

	2007 年	2008 年	同比增长/%
产量/万吨	410.0	443.7	8.2
销售量/万吨	393.8	430.4	9.3
进口量/万吨	2.3	2.2	-4.3
出口量/万吨	38.9	41.2	5.9
净出口量/万吨	36.6	39.1	6.8
消费量/万吨	357.2	391.3	9.5
年人均消费量/千克	2.70	2.95	9.3
出厂均价/(元/吨)	7800	8700	11.5
销售额/亿元	307	374.4	22.0
市场均价/(元/吨)	9500	10450	10.0
国内市场规模/亿元	340	408.9	20.3

注：根据国家统计局资料，2007 年年底总人口 132129 万人，2008 年年底总人口 132802 万人。

2　主要制造商和品牌

中国目前的生活用纸市场仍是由多个制造商组成。由中国造纸协会生活用纸委员会统计在册的生产商有 1066 家，其中有原纸生产环节的综合性企业约 380 家，主要分布在河北、广东、陕西、山东、四川、广西等省份。全国性的主要品牌有：心相印、维达、清风、舒洁、五月花、洁柔、洁云等。

2008 年行业集中度明显提高，排名前 15 位的制造商的产量占总产量的 35.7%，销售额合计约占总销售额的 44.8%，比 2007 年提高 5.8 个百分点。

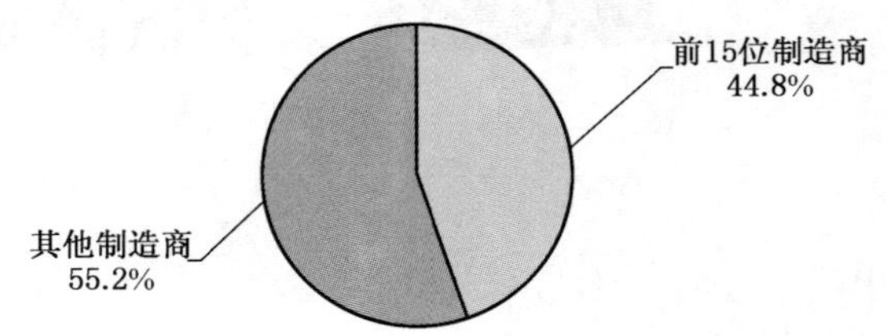

图 1　前 15 位制造商占总销售额的百分比

2008 年最大的 4 家生活用纸企业是恒安、APP(金红叶)、维达、中顺，每家企业的生产能力都在 20 万吨/年以上(其中中顺 2008 年新增

3.6万吨产能，但由于成立中顺洁柔纸业股份有限公司后剥离了山东中顺等几个分厂，所以产能比2007年降低)。这4家企业卫生纸原纸的生产能力合计达到约116.4万吨，产量合计约96万吨，产能和产量分别比上年增长约16.4%和9.1%。产量约占行业总产量的21.6%。销售额合计约109.4亿元，比上年增长约43.9%，约占行业总销售额的3成(29.2%)。

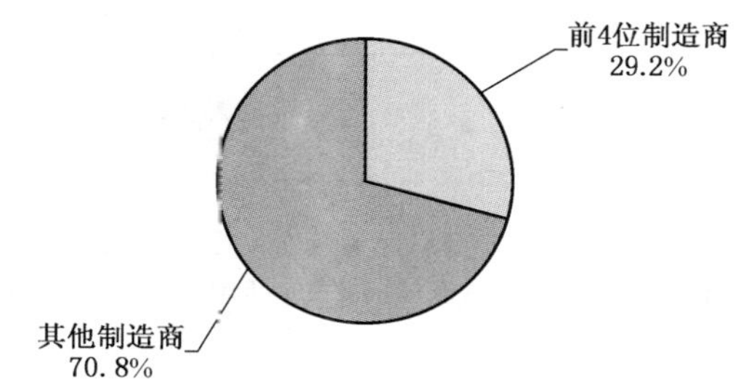

图2　前4位制造商占总销售额的百分比

表2　2008年综合排序前15位的生活用纸制造商

序号	公司名称	品　牌	生产能力/(万吨/年)	产量/万吨
1	恒安纸业有限公司	心相印，柔影	30.2	29
2	维达纸业国际有限公司	维达 Vinda，花之韵	30	25
3	金红叶纸业(苏州工业园区)有限公司	唯洁雅，清风，真真	35.2	26
4	中顺洁柔纸业股份有限公司	洁柔，C&S，太阳	21	16
5	上海东冠集团	洁云，丝柔	7.5	7.23
6	上海金佰利纸业有限公司	舒洁，Kleenex	7.25(含加工能力)	2.35(含外加工)
7	永丰余家品(昆山)有限公司	五月花	6	3.45
8	东莞白天鹅纸业有限公司	贝柔	4	4
9	宁夏美洁纸业股份有限公司	美洁，滩羊，双喜	8(含草浆纸)	7.46
10	广西贵糖(集团)[包括广西贵糖(集团)股份有限公司和广西洁宝纸业投资股份有限公司]	纯点，碧绿湾，蝶恋花，洁宝	4+6(含蔗渣浆纸)	4.22+5.8
11	宁夏紫荆花纸业有限公司	紫金花，吉丽，吉利来	10(草浆纸)	7.8
12	西安市临潼区汉兴实业有限公司	汉兴，云宝	7(草浆纸)	7
13	王子制纸妮飘(苏州)有限公司	妮飘，得宝	1.8	1.65
14	惠州福和纸业有限公司	福和，Conner，Kami，绿仙子	5(含再生纸)	3.5
15	胜达集团江苏双灯纸业有限公司	双灯，蓝雅，欧风，老好	8(含草浆、再生纸)	7.8

根据新生代市场监测机构的调查，过去5年中，各主要生活用纸品牌渗透率都出现一定程度的增长，尤其是五月花和维达，增长很快。心相印和清风作为市场领导品牌，正在逐渐拉开与市场跟随品牌之间的差距。根据尼尔森公司的调查，舒洁、洁云、妮飘在北京和上海也是排名前列的品牌。

目前，生活用纸市场以国内企业为主。主要的外资企业有金红叶、金佰利、王子妮飘、上海潜利等，台资企业有永丰余、东冠等。恒安和维达是在香港上市的公司。2007年3月SCA收购维达20%股份，因同年7月维达在香港上市，SCA股份摊薄至14%，2008年2月SCA增持维达国际股份至19%，是维达国际的第二大股东。

3　出口贸易增速放缓

2008年生活用纸的出口贸易持续增长。2008年出口量为41.2万吨，比上年增长5.9%；出口金额为51163万美元，比上年增长20.4%。净出口量39.1万吨，比上年增长6.8%；净出口额为47707万美元，比上年增长21.8%。

2008年的出口生活用纸中，加工产品量占出口总量的74.7%，金额占出口总金额的78.3%；进口生活用纸中原纸占78.6%，金额占进口总金额的59.5%。以上数据说明出口产品中主要是生活用纸成品而进口产品中主要是原纸。另外，在出口的各类生活用纸成品中，厕用卫生纸仍然是主要产品，占成品出口量的68.8%；纸手帕和面巾纸占23.4%；纸台布和纸餐巾占7.8%。

表 3　2007—2008 年各类生活用纸进出口情况

商品编号	商品名称	数量/吨		金额/美元	
		2008 年	2007 年	2008 年	2007 年
进　口		21700.530	22554.388	34567167	33268575
48030000	成卷成张的家庭或卫生用纸、面巾纸、餐巾纸	17049.329	18376.228	20574761	21492416
48181000	厕用卫生纸	2618.673	1636.981	6613922	3944363
48182000	纸手帕及面巾纸	1621.153	1929.108	6117927	6584522
48183000	纸台布及纸餐巾	411.375	612.071	1260557	1247274
出　口		412337.478	388626.906	511632405	425014677
48030000	成卷成张的家庭或卫生用纸、面巾纸、餐巾纸	104224.863	67250.371	111255797	64205198
48181000	厕用卫生纸	211848.371	231359.234	242884564	227699365
48182000	纸手帕及面巾纸	72245.260	69657.843	112918627	100047534
48183000	纸台布及纸餐巾	24018.984	20359.458	44573417	33062580

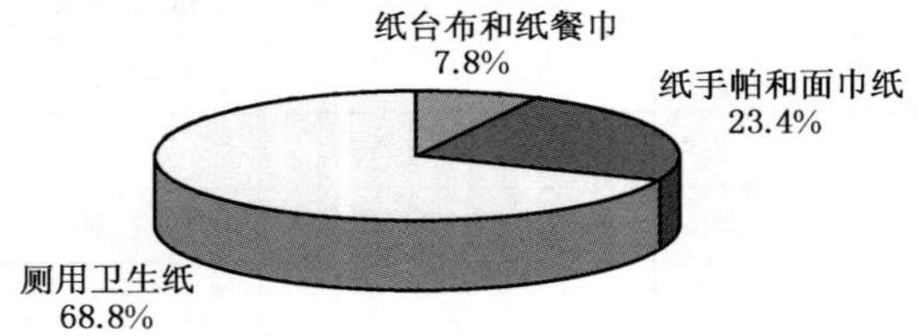

图 3　2008 年出口的生活用纸成品中各类产品的比率(按销售量计)

2008 年涉及生活用纸行业的国家税收政策没有变化，全部采用进口商品浆生产的卫生纸原纸出口退税率仍为零，卫生纸成品的出口退税率为 5%。

虽然 2008 年生活用纸的出口贸易仍在持续增长，但与 2007 年相比，增速已经明显放缓。从表 4 可以看出，出口量的同比增长率从 2007 年的 26.0% 下降到 2008 年的 5.9%；出口额的同比增长率从 2007 年的 33.0% 下降到 2008 年的 20.4%。在分类产品中，除卫生纸原纸的同比增长率上升外，3 类生活用纸成品的同比增长率均呈下降趋势，特别是厕用卫生纸的出口量出现了负增长，说明全球经济不景气已经影响到生活用纸行业的出口贸易。

根据海关的统计数据，2008 年按出口量排序，前 20 位的出口目的地国家和地区依次是：美国、香港、澳大利亚、日本、中国台湾省、中国澳门、新加坡、牙买加、英国、菲律宾、加纳、马来西亚、新西兰、伊朗、多米尼加共和国、俄罗斯联邦、墨西哥、加拿大、哥斯达黎加、阿拉伯联合酋长国。

表 5 是 2008 年生活用纸出口量排名前 20 位的企业(出口量在 1500 吨以上)，这 20 家公司的出口量合计约 20 万吨，约占出口总量的一半(48.5%)；排名前 6 位企业的出口量都在 1 万吨以上，约占出口总量的 1/3。

表 4　2008 年与 2007 年生活用纸出口增长情况对比

商品编号	商品名称	出口量同比增长率/%		出口额同比增长率/%	
		2008 年	2007 年	2008 年	2007 年
生活用纸合计		5.9	26.0	20.4	33.0
48030000	成卷成张的家庭或卫生用纸、面巾纸、餐巾纸	55.0	42.9	73.3	48.6
48181000	厕用卫生纸	-8.4	18.9	6.7	24.9
48182000	纸手帕及面巾纸	3.7	32.6	12.9	37.3
48183000	纸台布及纸餐巾	18.0	44.4	34.8	55.3

表5　2008 年出口量排名前20 位的企业

排　名	公　司　名　称	排　名	公　司　名　称
1	金红叶纸业(苏州工业园区)有限公司	11	潍坊恒联美林生活用纸有限公司
2	维达纸业有限公司	12	王子制纸妮飘(苏州)有限公司
3	惠州福和纸业有限公司	13	中山市三角纸品制造有限公司
4	潜利工业有限公司	14	广州市洁莲纸品有限公司
5	江门日佳纸业有限公司	15	东莞彩虹纸业制品有限公司
6	上海东冠纸业有限公司	16	广东约瑟纸塑有限公司
7	金钰(清远)卫生纸有限公司	17	广西沙龙纸业有限公司
8	中山市中顺纸业制造有限公司	18	永丰余家品(昆山)有限公司
9	恒安集团	19	福建恒利纸业有限公司
10	佛山市高明日畅纸业有限公司	20	广州龙派纸业有限公司

2008 年3 月26 日，澳大利亚政府正式立案对原产于或出口自中国的卫生纸进行反倾销反补贴合并调查。这是澳大利亚对中国产品发起的首起反补贴调查。商务部新闻发言人表示，在申请书缺乏足够的法律和事实证据支持、没有满足WTO 规则和澳国内法规定的立案条件的情况下，澳方仍坚持立案调查，中国政府对此表示遗憾。7 月28 日，澳大利亚海关在苏州对中国输澳卫生纸案件进行反补贴政府调查实地复核。10 月24 日，澳大利亚海关发布公告终止对原产于中国的卫生纸反补贴调查。12 月31 日，澳大利亚海关发布公告，对原产于中国的卫生纸作出反倾销终裁。终裁结果显示，最高倾销幅度达25%。其中，中国金红叶纸业(苏州工业园区)有限公司倾销幅度为5% ~10%，惠州福和纸业有限公司倾销幅度为2% ~5%，广东省东莞市智达纸业制品有限公司、江门日佳纸业有限公司、东莞市利信德纸品有限公司、上海可林纸业有限公司、汕头市大方纸业有限公司倾销幅度为5% ~10%，除广东江门维达纸业有限公司(已成功上诉，澳大利亚海关在2008 年12 月10 日终止对维达的反倾销调查)之外的其他中国企业倾销幅度为20% ~25%。针对澳大利亚海关总署对华卫生纸作出的反倾销终裁，相关厂商已提起上诉，并称如果上诉失败，将使案件提交联邦法院受理。

据PPI 公布的资料，2007 年全球生活用纸市场仍在继续发展，产量达到2768 万吨，同比增长4.53%，占纸和纸板产量的7.02%。主要的消费市场集中在美国、欧洲、日本、东南亚等地。从供需结构来看，美国、日本、大洋洲和其他亚洲地区又是主要的净进口区域，供求缺口较大。由于中国出口的生活用纸占当地市场份额十分有限，因此海外市场具有发展潜力。虽然2008 年在澳大利亚发生了反倾销案，但整体来看，只要出口产品的价格合理，生活用纸出口发生贸易摩擦的可能性相对较小。

4　成本上升导致产品涨价

2008 年我国纸浆进口总量约952.1 万吨，同比增长12.4%。进口金额为67.1 亿美元，同比增长20.9%。我国生活用纸特别是高档生活用纸对进口纸浆的依存度大，产品成本受国际纸浆市场价格波动的影响大。纸浆价格在2006—2008 年上半年期间屡创新高，根据海关统计数据，2008 年我国进口纸浆平均价格高达705 美元/吨，比2007 年上涨7.6%。2008 年我国进口纸浆的月平均价格呈现前高后低格局，由于上半年国际市场纸浆价格持续上涨，出于对未来价格继续上涨的担忧，我国多数造纸企业开始囤积纸浆，加上北京奥运会的因素，纸浆库存储备进一步上升，也推动了纸浆进口的增加。奥运会结束后，纸浆进口量价均呈现走低势头。商品浆价格波动，对生产企业，尤其是中小企业的影响大。此外，根据国家统计局数据，2008 年原材料、燃料、动力购进价格比2007 年上涨10.5%，再加上劳动力成本的提高，前三季度，造纸企业的成本上涨超过15%。为反映成本，2008 年上半年生活用纸产品的市场价格普遍上调8% ~10%，同时，企业通过采取加强管理、降低消耗和销售费用、产品创新等措施进行自身消化。此外，由于人民币汇率上升，对于以进口浆为主要原料的企业，也部分弥补了纸浆价格上扬对成本的影响。成本上升对企业全年毛利率的实际影响约为5 ~8 个百分点。

2009 年前两个月商品浆价格继续下跌，进一步缓解了成本压力。

5 主要新增产能项目

由于市场容量的持续增加，2008年前后，在关闭小厂的同时，国内高中档产品的新增产能集中。大企业的扩张有利于提高行业的集中度、提高行业装备水平、提高产品质量和档次、降低能耗和原材料消耗、减少污染。

5.1 进口纸机项目

● **恒安纸业** 2008年生产能力增加到30.2万吨/年。包括湖南恒安纸业2台新月型纸机(PM1和PM2)共6.2万吨/年产能；山东恒安纸业2台新月型纸机(PM3和PM5)共12万吨/年产能；恒安(中国)纸业2台新月型纸机(PM4和PM6)共12万吨/年产能。其中PM6是在2008年4月投产的。湖南恒安三期工程产能为6万吨/年的PM7项目已于2009年1月投产，恒安纸业的总生产能力增至36.2万吨/年。2008年恒安又签定了3台6万吨/年的新月型卫生纸机，将在2009—2010年期间投产，其中2台美卓的纸机将分别安装在湖南恒安和山东恒安，1台亚赛利的纸机将安装在恒安中纸。计划到2010年，总产能达到60万吨/年。

● **维达纸业** 2008年生产能力增加到30万吨/年。包括广东新会的2台BF型纸机和1台新月型纸机共6万吨/年产能；四川德阳的2台BF型纸机共2万吨/年产能；湖北孝感的5台BF型纸机共5万吨/年产能；北京的3台BF型纸机共3万吨/年产能；广东江门的5台BF型纸机共10万吨/年产能；浙江龙游的2台BF型纸机共4万吨/年产能。其中江门的第5台BF－12纸机于2008年11月投产；浙江龙游一期项目的2台BF－12卫生纸机分别于2008年10月和11月投产。2009年2月在江门又投产了1台BF－12卫生纸机，产能为2万吨/年，使总产能达到32万吨/年。维达还计划于2009年4月动工建设在辽宁省鞍山市的总产能6万吨/年的原纸生产基地，首期产能2万吨/年，预计可在2009年底投产。

● **金红叶纸业** 2008年产能增加到35.2万吨。包括苏州的2台新月型纸机和6台国产短长网纸机共18.4万吨/年产能；海南的6台新月型纸机共16.8万吨/年。其中苏州的2台国产纸机和海南的2台新月型纸机是在2008年投产的。金红叶纸业计划在2010年前，产能达到50万吨/年，2013年产能达到110万吨/年。

● **中顺洁柔纸业** 2008年剥离了山东中顺等分厂的资产，淘汰了部分国产小纸机，产能调整为21万吨/年。包括分布在广东中山、广东江门、湖北孝感、四川成都和浙江嘉兴5个生产基地的10台BF纸机、1台新月型纸机和65台国产小纸机。其中2008年新增产能3.6万吨/年，包括江门的2台BF－10α型纸机和孝感1台BF-10EX型纸机。2009年7月将在浙江投产1台BF－10EX型纸机，位于河北唐山的第6个生产基地也在筹建中。

● **东冠纸业** 2008年产能5万吨/年。包括4台BF－10纸机和1台国产纸机。2009年2月又投产了1台BF－12型纸机，使上海厂产能增至7万吨/年。上海厂计划在2010年底前再增加产能4万吨/年；2008年11月武汉东冠华洁纸业公司在湖北武汉江夏奠基，一期工程包括卫生纸机和后加工设备，其中后加工设备计划于2009年投产，纸机计划于2010年投产。湖北厂长期规划总产能达到15万吨/年。

● **永丰余纸业** 2008年产能增至6万吨/年。包括江苏昆山厂的2台新月型纸机共4万吨/年产能和北京的1台2万吨/年产能的新月型纸机。其中北京的1台纸机是在2008年11月投产的。

● **凤凰纸业** 2008年产能增至4.2万吨/年。包括2台BF型纸机和11台国产纸机。其中1台产能为2万吨/年的BF－12纸机是在2008年4月投产的。产能3万吨/年的新月型卫生纸机新项目正在建设中。

● **江门仁科绿洲纸业** 2008年产能2万吨/年。有1台BF－12纸机，是在2008年3月投产的。另外还签约了1台BF－12纸机，投产时间未定。

● **惠州福和** 2008年产能增至5万吨/年，全部为国产小纸机。2007年签约的2台新月型纸机产能共4万吨/年，将分别于2009年4月和11月投产。

● **山东中顺** 2008年从中顺洁柔剥离出来，有2台BF型纸机，产能共2.2万吨/年。其中1台BF－10α纸机是在2008年投产的。2008年又签约进口2台BF－12EX纸机，规划在3年内全部投产。

5.2 国产纸机项目

● **紫荆花纸业** 2008年产能增至10万吨/

年。2007 年产能 7.2 万吨/年，2008 年新增 10 台国产纸机。2009 年签约 1 台由华林机械与韩国合作制造的新月型纸机，产能 4 万吨/年，计划将于 2010 年投产。

● **双灯纸业** 2008 年产能增加至 8 万吨/年，全部为国产纸机。2009 年 2 月投产 1 台国产真空圆网型卫生纸机，产能 0.8 万吨/年。

● **泉林纸业** 2008 年卫生纸产能增加至 7.5 万吨/年，有 20 台国产纸机，原料为麦草浆。计划将扩大到 20 万吨/年产能。

● **漯河银鸽** 2008 年产能 3 万吨/年。有 2 台新月型纸机和数台国产纸机。2008 年 4 月投产了 1 台由上海轻良与韩国三养公司合作制造的新月型卫生纸机，产能 1.5 万吨/年。

● **东莞白天鹅纸业** 2008 年产能 4 万吨/年，全部为国产纸机。2009 年将投产 1 台真空圆网型国产卫生纸机，使总产能达到 5 万吨/年。

● **宁夏美洁纸业** 2008 年产能 8 万吨/年。包括 1 台进口的新月型纸机和数台国产纸机。2009 年将安装 1 台由佛山宝拓与日本左左木公司合作制造的真空圆网型卫生纸机，产能 1.2 万吨/年。

● **南宁天然纸业** 2008 年产能增至 4 万吨/年。原有 28 台国产纸机，产能 3 万吨/年，2008 年新增 3 台国产擦手纸机，产能 1 万吨/年。

● **安诺纸业** 2008 年，一期工程 6 台国产纸机已全部投产，产能 2.5 万吨/年。二期项目规划建设 10 万吨/年废纸脱墨生产线，计划实现产能 12 万吨/年。

表 6 2008 年中国新投产卫生纸机项目一览表

公司名称	投产时间	纸机生产能力/(万吨/年)	净纸幅宽/毫米	设计车速/(米/分)	纸机供应商	成形器	纸机型号	数量/台	新增产能/(万吨/年)	备注
恒安(中国)纸业有限公司	2008 年 4 月	6	5600	2000	芬兰美卓公司	新月型	DCT200	1	6	进口
维达纸业(浙江)有限公司	2008 年 10 月、11 月	2	3400	1100	日本川之江造机株式会社	BF 型	BF－12	2	4	进口
维达纸业(江门)有限公司	2008 年 11 月	2	3400	1100	日本川之江造机株式会社	BF 型	BF－12	1	2	进口
海南金红叶公司	2008 年中期	2.8	2800	1800	意大利亚赛利公司	新月型		2	5.6	进口
江门中顺纸业有限公司	2008 年 5 月	1.2	2730	700	日本川之江造机株式会社	BF 型	BF－10α	2	2.4	进口
湖北中顺鸿昌纸业有限公司	2008 年 11 月	1.25	2660	770	日本川之江造机株式会社	BF 型	BF－10EX	1	1.25	进口
广西南宁凤凰纸业有限公司	2008 年 4 月	2	3400	1000	日本川之江造机株式会社	BF 型	BF－12	1	2	进口
江门仁科绿洲纸业有限公司	2008 年 3 月	2	3400	1000	日本川之江造机株式会社	BF 型	BF－12	1	2	进口
山东中顺纸业有限公司	2008 年 9 月	1.2	2660	700	日本川之江造机株式会社	BF 型	BF－10α	1	1.2	进口

续表

公司名称	投产时间	纸机生产能力/(万吨/年)	净纸幅宽/毫米	设计车速/(米/分)	纸机供应商	成形器	纸机型号	数量/台	新增产能/(万吨/年)	备注
永丰余家纸(北京)有限公司	2008年11月	2	2400	1500	波兰 PMP 公司	新月型	Intelli-Tissue™ 1500	1	2	进口
漯河银鸽生活纸产有限公司	2008年4月	1.5	2850	1100	上海轻良机械公司与韩国三养公司合作生产	新月型		1	1.5	中外合作
金红叶纸业(苏州工业园区)有限公司	2008年3月、5月	1.2			江苏华东造纸机械有限公司(原昆山中联第一造纸机械厂)	短长网型		2	2.4	国产
南宁天然纸业有限公司	2008年	0.35	2400		丹东振安机械厂	短长网型(双缸擦手纸机)		3	1	国产
总计								19	33.35	

表7 2009—2010年中国计划投产的卫生纸机项目一览表

公司名称	投产时间	纸机生产能力/(万吨/年)	净纸幅宽/毫米	设计车速/(米/分)	纸机供应商	成形器	纸机型号	数量/台	新增产能/(万吨/年)	备注
湖南恒安纸业有限公司	2009年1月	6	5550	2000	奥地利安德里茨公司	新月型		1	6	进口
湖南恒安纸业有限公司	2009年12月	6	5600	2000	芬兰美卓公司	新月型	DCT200	1	6	进口
维达纸业(江门)有限公司	2009年2月	2	3400	1100	日本川之江造机株式会社	BF型	BF-12	1	2	进口
维达(鞍山)公司	2009年底	2	3400	1100	日本川之江造机株式会社	BF型	BF-12	1	2	进口
上海东冠纸业有限公司	2009年2月	2	3400	1000	日本川之江造机株式会社	BF型	BF-12	1	2	进口
安徽比伦生活用纸有限公司	2009年5月	1.8	2820	1150	波兰 PMP 公司	新月型	Intelli-Tissue™ 900	1	1.8	进口
惠州福和纸业有限公司	2009年4月、11月	2	2850	1300	芬兰美卓公司	新月型	DCT60	2	4	进口
浙江中顺纸业有限公司	2009年7月	1.25	2660	770	日本川之江造机株式会社	BF型	BF-10EX	1	1.25	进口

续表

公司名称	投产时间	纸机生产能力/(万吨/年)	净纸幅宽/毫米	设计车速/(米/分)	纸机供应商	成形器	纸机型号	数量/台	新增产能/(万吨/年)	备注
宁夏美洁纸业股份有限公司	2009年5月	1.2	2660	800	佛山宝拓公司与日本左左木公司合作开发	真空圆网型		1	1.2	中外合作
胜达集团江苏双灯纸业有限公司	2009年2月	0.8	2700	600	杭州大路实业有限公司	真空圆网型		1	0.8	国产
东莞市白天鹅纸业有限公司	2009年	1	2800	600	白天鹅公司与杭州轻工机械研究所合作开发	真空圆网型		1	1	国产
恒安(中国)纸业有限公司	2010年6月	6	5600	2000	意大利亚赛利公司	新月型		1	6	进口
山东恒安纸业有限公司	2010年底	6	5600	2000	芬兰美卓公司	新月型	DCT200	1	6	进口
金红叶纸业	2009—2010年	1.8~2.0				新月型		7~8	14.8	国产
宁夏紫荆花纸业有限公司	2010年	4	2700	1200	山东华林机械有限公司与韩国合作开发	新月型		1	4	中外合作
总计								22~23	58.85	

6 产品结构

根据中国造纸协会生活用纸委员会2008年的调查，国内消费的生活用纸产品中，厕用卫生纸占主导地位，约占79%的市场份额，其他品类依次是面巾纸(9.6%)、手帕纸(5.8%)、擦手纸(1.9%)、餐巾纸(1.7%)、厨房用纸(1.0%)等。

表8 2008年生活用纸的产品结构

产品	消费量/万吨	市场份额/%
厕用卫生纸	309.1	79.0
面巾纸	37.6	9.6
手帕纸	22.7	5.8
擦手纸	7.4	1.9
餐巾纸	6.7	1.7
厨房用纸	3.9	1.0
其他*	3.9	1.0
生活用纸合计	391.3	100

注：*“其他”中包括供吸收性卫生产品用衬纸。

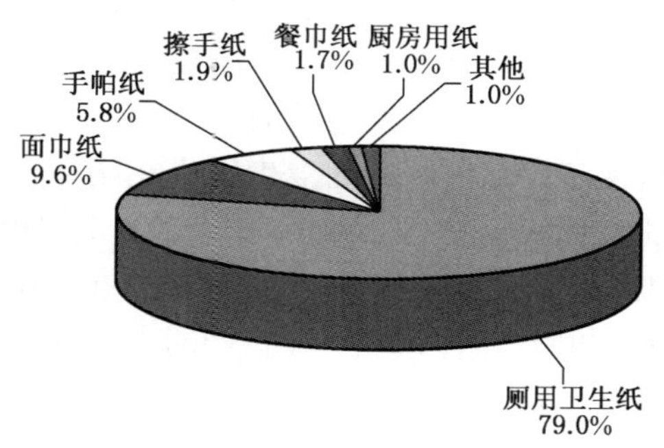

图4 2008年生活用纸的产品结构图示

在西欧、北美和日本等发达国家，厕用卫生纸在生活用纸产品中的比重大约在55%左右，而中国目前大大高于这一数据。说明其他品类产品的市场渗透率还有待提高。从生产商的产品结构来看，一般大企业的产品结构中，厕用卫生纸的比重要低于平均水平，如恒安纸业为30%~45%，金红叶、维达为60%~65%，金佰利和王子妮飘大部分甚至全部产品为面巾纸和手帕纸；而小企业，或使用草浆、废纸原料的企业，厕用卫生纸的比重则高于平均水平，达到90%以上。

从消费习惯来说，中国和日本等亚太区国家相似，手帕纸的市场份额比世界其他国家市场相对较高。厨房用纸目前仅限于在大城市的富裕阶层、外国人和归侨中使用，市场份额很小，是需要进行消费引导的产品。擦手纸主要是在AFH市场，使用量逐年增加，出口也比较多。此外，有些不太富裕的家庭经常习惯用厕用卫生纸来代替面巾纸和擦拭纸，有些企业迎合市场需求，将厕用卫生纸原纸加工成方包纸，作为多用途产品来销售；很多集体食堂和中小型餐馆所用的餐巾纸也是由厕用卫生纸原纸加工成的，这些不正确的使用习惯影响了价值较高品类产品的市场份额。

7 技术进展

7.1 技术装备和设备制造业

随着生活用纸新项目的设备引进和投产，中国生活用纸的技术装备水平大大提高。新建大项目引进高速宽幅卫生纸机生产线和后加工设备，技术起点与世界先进水平同步，生产出高质量的产品。

生产高档卫生纸的纸机主要从国外引进，主要有新月型和BF型两种类型。目前引进的新月型成形器卫生纸机约30多台，BF型卫生纸机约有47台。单机最大产能达到200吨/日，最大车速达到2200米/分。采用的最新技术包括双层流浆箱、靴式压榨、新型起皱刮刀等。

近两年，国内制造的卫生纸机在幅宽、车速和性能方面有所进步，数台设计车速为250米/分的纸机已经投产，运行车速可稳定在200米/分以上。2006年在东冠纸业投产的1台国产斜网纸机最高设计车速为500米/分，实际运行速度可达300米/分以上；2006—2008年在金红叶纸业投产的6台国产小长网纸机，最高设计车速600米/分，经过改造和调试，目前实际车速可达550米/分，但与进口纸机的技术差距仍相当大。

此外，近期国内有关研究单位和机械制造企业也在加紧高速卫生纸机的研发工作，包括：①上海轻良机械公司与韩国三养公司合作生产的新月型卫生纸机，已在河南漯河银鸽生活纸产有限公司投产，设计车速1100～1300米/分，年产1.5万吨，运行效果较好；②杭州轻工机械研究所与贵阳某机械厂开发的负压式圆网卫生纸机，设计车速600米/分，将于2009年安装在东莞白天鹅纸业公司；③佛山宝拓公司与日本左左木公司合作开发设计车速800米/分，产能1.2万吨/年的卫生纸机，将于2009年安装在宁夏美洁纸业有限公司；④杭州大路公司开发的幅宽2700毫米、车速为600米/分的圆网卫生纸机已于2009年2月在江苏胜达集团双灯纸业有限公司投产，产能0.8万吨/年。⑤山东华林机械有限公司与韩国技术人员合作开发的新月型卫生纸机将提供给宁夏紫荆花纸业有限公司，产能4万吨/年，幅宽2.7米，设计车速1200米/分，计划将于2010年投产。

APP旗下的金顺造纸机械公司也计划在引进关键部件的基础上，集团自己制造高速新月型成形器卫生纸机。另外，为降低成本和应对国家2008年1月1日起对幅宽小于3米的造纸机取消进口免税的政策，美卓和安德里茨都拟在国内生产除关键部件外的纸机构件。PMP集团已于2008年在江苏常州建厂，为集团配套制造新月型卫生纸机(关键部件从PMP集团进口)。川之江也已在浙江选址建厂。

中国在生活用纸产品加工设备方面进步较快，不但满足了国内中小纸厂的需求，而且出口量不断增长，但与进口设备相比，在效率、加工精度、稳定性、自动化程度等方面还有一定的差距。技术差距较大的加工设备主要是卷纸复卷机，卷纸、面巾纸和手帕纸的全自动包装机等。

7.2 产品创新

中国市场上生活用纸的品种和形式日益增多，包括：卫生卷纸、抽取式卫生纸、平装或折叠装卫生纸，面巾纸、手帕纸、餐巾纸、厨房用纸、擦手纸等。个人消费用或称居家用生活用纸(AH)市场占90%，商用或称居家外用(AFH)市场占10%，AFH产品的市场呈增长趋势。

质量方面的趋势主要表现在两个方面：一是通过浆料配比的调整和添加化学品和酶制剂改善产品的柔软性、韧性和吸水性，主要生产商都推出了3层甚至4层的卫生纸产品；二是通过推出差异化产品寻求高利润的利基市场，如添加香精和乳霜、芦荟、维生素等表面处理剂，使产品气味清香或具有更好的皮肤呵护性能。或推出染色/印花的彩色产品。此外，针对学生和年轻白领人群推出包装上有时尚风格的手帕纸产品也被证明是成功的策略。如2008年恒安推出的高端产品“品诺”系列、“中国风”系列面巾纸/手帕纸，维达推出的“运动”系列面巾纸/手帕纸产品，中顺推出的“面子”系列面巾纸/手帕纸等，都在市场销售方面取得了很好的效果。此外，东冠推出新颖时尚的洁云“亮彩”系列彩色手帕纸、面巾纸、餐巾纸、厕用卫生纸产品，正处于市场拓展中。

由美国巴克曼公司推出的纤维改性酶技术目前在国内的卫生纸企业中已经开始试用，对节能和提高卫生纸品质有良好的效果。

但总的来说，与北美和西欧发达国家不同，中国消费者对产品柔软度不太苛求，而且国内产品标准中抗张强度指标的要求也是开发高柔软度卫生纸的障碍，因此，即便是大生产商在短期内，也不大可能采用设备投资和能耗较高的热风穿透干燥技术(TAD)生产超柔的卫生纸产品。但在TAD基础上，经过改进和具有降低投资、节省能源效果的技术有可能被采用。钢制烘缸技术也有可能被采用。

在卫生卷纸包装方面，目前单卷包装占据整个国内市场50%以上的份额。我国的卷纸包装主要为人工操作。随着国内人均收入持续快速增长，消费者购买能力增强，国内消费者将更多地选择多卷包装。劳动力成本和卫生纸消费的持续增长将带动包装自动化的发展，这将有助于包装质量的提高和卷纸单位价格的降低。

8 消费市场的地域差距和城乡差别

我国各地区的经济发展不平衡，东西部差距大。东部沿海地区，特别是长三角、珠三角地区发展较快，而西部内陆地区的经济发展水平相对落后。地区经济发展的不平衡导致了生活用纸消费水平的地域差距，但由于城市化进程的加快和消费观念的转变，生活用纸特别是厕用卫生纸的市场持续扩大。

上海、北京是全国生活用纸消费量最高的城市。京沪两地生活用纸年人均消费量为9千克左右，正在逐渐接近世界发达国家的水平，而且增长速度高于全国平均增速，特别是面巾纸和手帕纸。2008年奥运会在北京召开，北京市奥运期间在一级保障区域内的城市公共厕所和二级保障区域内二类及二类以上的公共厕所配备厕用卫生纸和坐便器坐垫纸；2010年世博会将在上海召开，上海市也已经在调研公共厕所配备卫生纸事宜。特大城市公厕配备卫生纸和擦手纸是一种趋势，将促使消费量的进一步提高。此外，在大城市高档产品的份额在不断扩大，擦手纸和厨房用纸的市场也在逐渐扩大，这些都将使销售额继续增长。

广东省是生活用纸的主要产区和消费市场，除厕用卫生纸外，纸巾纸的使用非常普遍，生活用纸的年人均消费量超过6千克。根据各地区人均GDP和居民消费水平推断，东南沿海地带大约占全国生活用纸消费总量的60%以上。据欧睿的调查数据我国北部和东北部地区人均消费量为4.4千克，而西北部地区的年人均消费量仅为1.4千克，但在这些地区价格相对便宜的麦草浆、蔗渣浆、竹浆和再生浆厕用卫生纸的使用量也在逐步增加。

2008年我国城乡居民的生活水平继续提高，但城乡消费差别仍然很大。根据国家统计局数据，2008年我国农村居民人均纯收入为4761元，扣除物价上涨因素，比上年实际增长8.0%，恩格尔系数为43.7%；城镇居民人均可支配收入为15781元，比上年实际增长8.4%，恩格尔系数为37.9%。我国城镇人口占总人口比重为45.68%，而生活用纸的消费比重估计占80%以上，中高档生活用纸的消费主要在城镇，农村人口主要消费中低档的厕用卫生纸，2008年我国农村贫困人口4007万人(人均纯收入低于1196元)。在经济落后地区的农村，仍有50%左右的人没有条件使用卫生纸。

9 产品标准和质量

产品标准 GB20810—2006《卫生纸(含卫生纸原纸)》和GB/T20808—2006《纸巾纸(含湿巾)》两项新国家标准于2006年12月1日发布，2007年6月1日实施。

卫生标准 纸巾纸执行国家标准：GB15979—2002《一次性使用卫生用品卫生标准》。

质量抽查 2008年各级质监部门和卫生监督部门对卫生纸和纸巾纸的质量抽查结果表明质量较好产品在市场占主导地位，但批发市场出售的产品质量较差。存在的质量问题是微生物指标不合格、抗张强度等性能指标不合格、柔软度不合格、标识标注不符合规定要求等。

免检废止 行业中原有10家企业的25个品牌的生活用纸产品获得国家免检产品资格，由于国内乳制品行业的三聚氰胺事件，2008年9月18日，国家质检总局公布第109号总局令，决定自公布之日起，对《产品免于质量监督检查管理办法》(国家质量监督检验检疫总局令第9号)予以废止。

名牌产品 由国家质检总局公告列入中国名牌产品的生活用纸产品有恒安的“心相印”品牌，维达的“维达 Vinda”品牌以及中顺的“洁柔”品牌，2008年未进行复评，有效期延至2010年。另外地方性名牌产品称号和由国家工商总局商标局颁发的驰名商标称号继续有效。

10 市场展望

2008年，由于受到特大自然灾害和金融危机的影响，国民经济增速放缓，但是我国经济社会发展的基本面和长期向好的趋势没有改变，2009年政府工作报告确定GDP的增长率力争达到8%，并陆续出台了一系列鼓励企业发展的政策。纸浆价格的回落也是利好的因素。生活用纸产品属于快速消费品，受经济环境影响较小，但不论是国内市场还是出口市场竞争将更加激烈，价格战很可能蔓延；由于对高档产品的需求减少，所以将影响销售额的增长。由于基数较高，随着人民生活水平的提高，城市化进程的加快，生活用纸市场在今后十几年内将以略低于GDP增长率的速度发展，但年增长率仍高于世界平均水平，总量稳步增长，并逐渐呈现小康型消费特征。消费层次出现多样化且向中高档过渡，消费领域不断扩展，国内市场竞争更加激烈。

纸浆成本压力缓解 我国木材资源匮乏，在国际贸易中是商品木浆的主要进口国。高档生活用纸的纸浆原料基本是进口商品木浆，除金红叶纸业、凤凰纸业外，其他生产高中档生活用纸的企业都需外购木浆。由于对进口纸浆的依存度大，因此原料来源和成本受国际商品浆市场的影响很大，这是制约行业发展的主要因素。但目前有利的因素是持续两年多走高的国际浆价于2008年下半年起出现反转局势，国际纸浆价格连续下跌，2009年2月的纸浆价格已经跌至2006年中期的水平。纸浆成本的降低对我国高档生活用纸生产企业提升利润空间有较大的帮助。

轻工振兴规划 2009年2月19日国务院原则通过了轻工产业振兴规划，其中涉及到造纸行业的主要有：加快技术进步，重点推进装备自主化和关键技术产业化，加快造纸、家电等行业的技术改造，建立产业退出机制，推进节能减排和环境保护。淘汰落后产能、推进节能减排也是2007年10月发布的《造纸产业政策》在“十一五”期间的重要举措之一。轻工产业振兴规划中还提到要加强自主品牌建设，支持优势品牌企业跨地区兼并重组，提高产业集中度。落后产能的淘汰对现代化大企业来说是个极好机会，为大企业带来更多的发展空间，可借此扩大市场占有率，迅速填补市场缺口。

市场潜力巨大 一般认为人均GDP达到5000美元时，人均用纸量会有突破性的提高，目前我国除上海、北京和广州外绝大多数地区尚未达到这一水平。此外，人均国民总收入也未达到世界中等收入国家的水平。2008年中国生活用纸人均消费量为2.95千克，已经接近世界平均水平(3.4千克)，但与发达国家水平仍相距甚远(北美为22~24千克，西欧、日本为12~15千克)，因此，随着经济继续发展和人民收入水平提高以及城市化进程，人民健康卫生意识提高，消费市场将继续稳步增长。

今后我国生活用纸市场的发展仍将与国家GDP的增长、人口的增长、城市化进程、人民生活质量的提高等因素密切相关。消费需求呈现多元化并向中高档产品过渡。

预期生活用纸市场的发展会出现以下情况：

● 跨国公司及中国本土主要的生活用纸制造商通过增加投资和合作、并购等方式扩大生产规模，降低成本，提高产品品质。2005—2010年高档生活用纸新一轮产能的增加对行业的技术进步有推动作用，但2010年前后可能会出现产能集中增加而市场需求跟不上的剪刀差时期，行业将遭遇市场困难周期。

● 厕用卫生纸仍是主导产品，但所占比重继续下降，面巾纸、餐巾纸、手帕纸所占比重继续提高，厨房用纸、擦手纸、工业擦拭纸等消费量明显上升；居家用生活用纸的市场扩大。

● 在继续使用进口商品木浆的同时，为更好、更容易地控制原料成本，增加产品竞争力，生活用纸的纤维原料将就地取材，在解决制浆污染问题的前提下更多地使用国产木浆、竹浆、蔗渣浆、麦草浆等非木材纤维原料，废纸再生浆的用量也会增加。

● 农村市场消费量上升，出口量继续增加。

预计到2010年期间，中国GDP的年增长率将保持在6%～8%。由于消费量的基数增加和我国GDP在一定程度上受投资和出口拉动的因素综合考虑，生活用纸消费的年增长率将与国家GDP的增长同步或稍低(系数为0.8～1.0)。预计在2010年我国的人均生活用纸消费量达到世界平均水平，2020年达到5千克。

预计2008—2010年期间，将新增约60～70万吨的产能，产量和消费量的平均年复合增长率分别约为7%和6.5%；2010—2020年期间，将新增300～350万吨产能，产量和消费量的平均年复合增长率分别约为5%和4.8%。

表9 生活用纸的市场预测

年 份	生产量/万吨	消费量/万吨	人口/万人	人均消费量/[千克/(人·年)]
2007	410.0	357.2	132129	2.70
2008	443.7	391.3	132802	2.95
2010	510	445	134500	3.3
2020	830	710	141500	5.0

Overview and Prospect of the Tissue Paper Industry in 2008

Ms. Jiang Manxia, Ms. Zhou Yang, CNHPIA

Translated by Ms. Cao Baoping

China's economy keeps rapid growth. In 2003—2007, the annual GDP growth rate exceeded 10% in the past successive five years. In 2008, because of the influence by natural disasters and global financial crisis, the economic growth rate was slightly down, but it still maintained to grow rapidly. In 2008, the GDP reached 30070 billion yuan, up 9.0% than 2007. The per capita annual discretionary income of urban households and rural households increased by 8.4% and 8.0% respectively. The retailing sales of consumer products reached 10848.8 billion yuan, up 21.6% over previous year.

Tissue paper mainly includes toilet tissue, facial tissue, handkerchief tissue, kitchen towel, hand towel, etc. In 2008, influenced by the global economic conditions, lots of migrant workers employed in other industries in the coastal areas of Zhujiang Delta and Yangtze Delta had come back home town, which had contributed to the consumption deduction of middle- and low-grade tissue products in those areas. In addition, the financial crisis also influenced the tissue paper manufacturers whose part factor was exports of tissue parent rolls and converting products. The growth rate of exports slowed down. However, the tissue paper industry was little influenced by the economic conditions, because it belonged to the FMCG (fast moving consumer goods), esp., toilet tissue was one of the daily necessities. In 2008, the main influencing factors to the industry were the cost rise of raw materials by the end of the third quarter and the cost downturn later. On the whole, in 2008, China's tissue paper market maintained growing at a high speed, based on the economic growth and the rise of the living standard. The consumption volume increased by 9.5% than 2007. The market size (total sales revenue) reached about 40.89 billion yuan, up 20.3% than 2007. The annual per capita consumption was 2.95kg.

1 Market Size

According to the statistics by the CNHPIA, in 2008, the utilization ratio of equipments was 85%. The output of tissue paper was about 4.437 million tons, up 8.2% than 2007. The sales volume was about 4.304 million tons, up 9.3% than 2007. The aggregate sales revenue reached about 37.44 billion yuan (calculated on average producer price 8700 yuan/ton, including the exports), up 22.0% than 2007. The consumption was about 3.913 million tons, up 9.5% than 2007. The annual per capita consumption is 2.95kg. The domestic market size was about 40.89 billion yuan (calculated on average retailing price 10450 yuan/ton), up 20.3% than 2007. The growth of sales revenue is far higher than that of sales volume. It shows that the average price of tissue paper has increased and the market share of high-grade products has expanded.

Table 1 Output and Consumption of Tissue Paper in China in 2008

	In 2007	In 2008	Growth rate/%
Output/1000t	4100	4437	8.2
Sales volume/1000t	3938	4304	9.3
Import/1000t	23	22	-4.3
Export/1000t	389	412	5.9
Net export/1000t	366	391	6.8
Consumption/1000t	3572	3913	9.5
Annual per capita consumption/kg	2.70	2.95	9.3
Average producer price/(yuan/t)	7800	8700	11.5
Sales revenue/100 million yuan	307	374.4	22.0
Average market price/(yuan/t)	9500	10450	10.0
Domestic market size/100 million yuan	340	408.9	20.3

Notes: According to the date by the National Bureau of Statistics (NBS), the total population by the end of 2007 had reached 1321.29 million and the total population by the end of 2008 had reached 1328.02 million.

2 Major Manufacturers and Brands

Nowadays, the tissue paper market in China is still composed of a number of manufacturers. There are 1066 tissue mills registered by the CNHPIA, among which there are about 380 tissue parent roll manufacturers. They are mainly located in Hebei, Guangdong, Shaanxi, Shandong, Sichuan, Guangxi, etc. The main national brands include Mind Act Upon Mind, Vinda, Clear Wind, Scott, May Flower, Jierou, Hygienix, etc.

In 2008, the tissue paper industry intensity increased obviously. The output of top 15 tissue paper manufacturers accounted for 35.7% among the total. The sales revenue accounted for about 44.8%, up 5.8% than 2007.

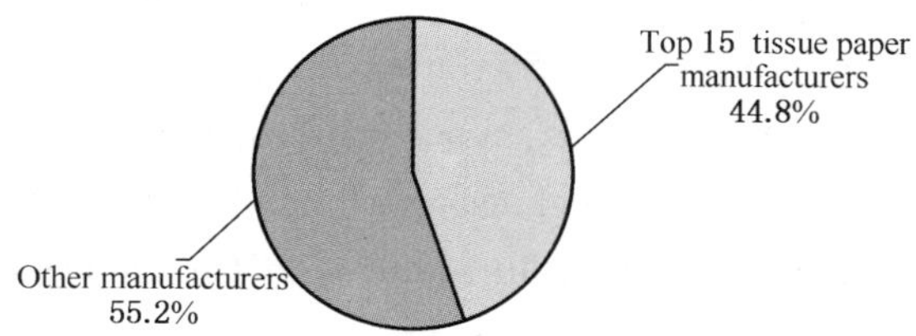

Fig. 1 Market Share by Top 15 Tissue Paper Manufacturers (on Sales Revenue)

In 2008, the top 4 tissue paper manufacturers included Hengan Paper, APP (Gold Hongye Paper), Vinda Paper and Zhongshun Paper. Each of them had the production capacity at over 200000tpy (In 2008, Zhongshun Paper had increased its capacity at 36000tpy. But because the name of Zhongshun Paper had been changed into Zhongshun Jierou Paper Co., Ltd., some branch mills had separated from it, its capacity in 2008 was lower than 2007.). The total parent roll capacity of the above 4 manufacturers could reach 1.164 million tpy. The output of them was about 960000tpy. The capacity and output had greatly increased about 16.4% and 9.1% than 2007 respectively. The output accounted for 21.6% among the total. The aggregate sales revenue reached about 10.94 billion yuan, up 43.9% than 2007. It accounted to 29.2% among the total sales revenue.

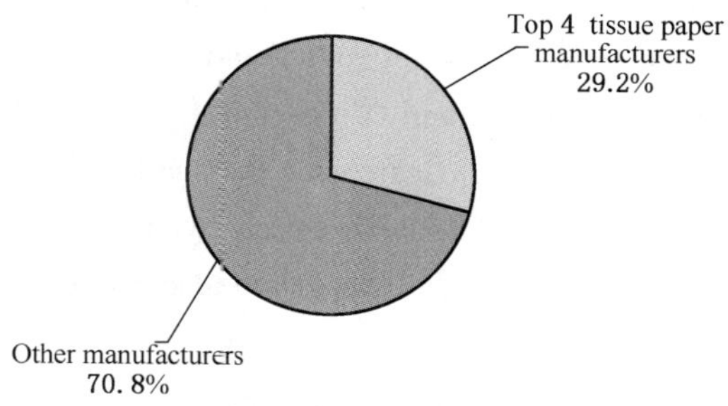

Fig. 2 Market Share by Top 4 Tissue Paper Manufacturers (on Sales Revenue)

Table 2 Top 15 Tissue Paper Manufacturers in 2008

Num.	Company Name	Brand	Capacity /1000tpy	Output /1000tons
1	Hengan Paper Co., Ltd.	Mind Act Upon Mind, Rouying	302	290
2	Vinda Paper International Co., Ltd.	Vinda, Huazhiyun	300	250
3	Gold Hongye Paper (Suzhou Industrial Park) Co., Ltd.	Virjoy, Clear Wind, Zhenzhen	352	26
4	CNSN Paper Co., Ltd.	Jierou, C&S, Taiyang	210	160
5	Shanghai Orient Champion Group	Hygienix, Sirou	75	72.3
6	Shanghai Kimberly-Clark Paper Co., Ltd.	Scott, Kleenex	72.5 (including converting capacity)	23.5 (including OEM)
7	Yuen Foong Yu Family Care (Kunshan) Co., Ltd.	Mayflower	60	34.5
8	Dongguan White Swan Paper Co., Ltd.	Beirou	40	40
9	Ningxia Meijie Paper Co., Ltd.	Meijie, Tanyang, Shuangxi	80 (including straw pulp paper)	74.6
10	Guangxi Guitang Group [including Guangxi Guitang (Group) Co., Ltd. and Guangxi Jeanper Paper Industry Co., Ltd.]	Naturll, Bilüwan, Dielianhua, Jeanper	40 + 60 (including bagasse pulp paper)	42.2 + 58
11	Ningxia Zijinghua Paper Industry Co., Ltd.	Zijinhua, Jili, Jililai	100 (straw pulp paper)	78

Num.	Company Name	Brand	Capacity /1000tpy	Output /1000tons
12	Xi'an Lintong Hanxing Industrial Co., Ltd.	Hanxing, Yunbao	70(straw pulp paper)	70
13	Oji Paper Nepia (Suzhou) Co., Ltd.	Nepia, Tempo	18	16.5
14	Huizhou Fook Woo Paper Industry Co., Ltd.	Fook, Conner, Kami, Lüxianzi	50(including recovery paper)	35
15	Shengda Group Jiangsu Sund Paper Industry Co., Ltd.	Sund, Lanya, Ofeng, Laohao	80(including straw pulp paper, recovery paper)	78

According to the research by the Sinomonitor International, in the past 5 years, the market penetration rate of major brands had increased to some extent, esp. May Flower and Vinda. Top leading brands Mind Act Upon Mind and Clear Wind are gradually opening the gap with the market following brands. According to the research by the AC Nielsen, Scott, Hygienix and Nepia are also ranked to the top brands in Beijing and Shanghai.

Nowadays, the tissue paper market is mainly occupied by domestic companies. Main foreign enterprises are Gold Hongye Paper, Kimberly-Clark, Oji Paper Nepia, Shanghai Potential, etc. Taiwan-invested companies are Yuen Foong Yu Paper and Orient Champion Paper. Hengan Group and Vinda are the listed companies in Hong Kong. On March 2007, SCA declared to purchase 20% share stock of Vinda Paper. The stock occupied by SCA had changed into 14%, because Vinda Paper become listed company in Hong Kong in July at the same year. On February 2008, SCA increased to share 19% stock and became the second shareholder of Vinda International.

3 Slowdown in Growth Rate of Tissue Exports

In 2008, the exports of tissue paper kept growing. In 2008, tissue paper export volume reached 412000 tons, up 5.9% than 2007. The exports revenue was 511.63 million US dollars, up 20.4% than 2007. The net export volume was 391000 tons, up 6.8% than 2007. The net exports revenue was 477.07 million US dollars, up 21.8% than 2007.

In 2008, tissue converting products accounted for 74.7% among the total tissue paper exports volume and the exports revenue of them accounted for 78.3% among the total. Among the imports of tissue paper, parent roll occupied 78.6% and the imports revenue occupied 59.5% among the total. It shows that among the exports, tissue converting products are dominant products and among the imports, parent roll is dominant products. In addition, among the exports of various tissue paper products, toilet tissue is still the dominant products. It accounts for 68.8% among the exports of tissue converting products. Handkerchief tissue and facial tissue account for 23.4%. Table tissue and paper napkin account for 7.8%.

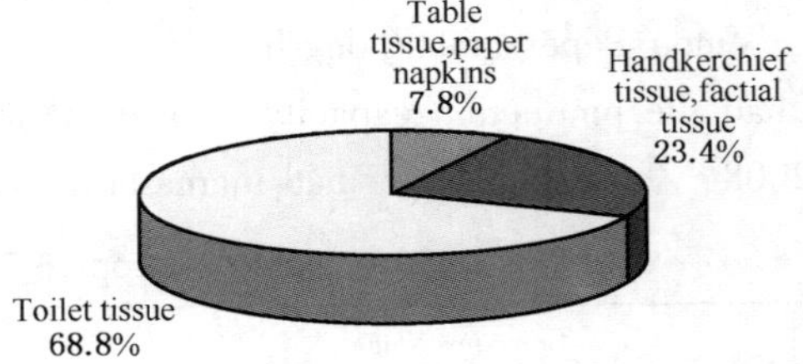

Fig. 3 Ratio of Various Exported Tissue Products in 2008 (on Sales Volume)

In 2008, there were no changes on the state tax policy related to the tissue paper industry. The tax rebate for tissue parent rolls made from 100% imported market pulp is still zero. The tax rebate for tissue products is 5%.

Although in 2008 the tissue exports trading still continued to grow, compared with 2007, the growth rate had been slowed down. Table 4 shows that the growth rate of exports volume has decreased from 26.0% in 2007 to 5.9% in 2008. The exports revenue has decreased from 33.0% in 2007 to 20.4% in 2008. Among the export products, the growth rate of other three converting products tends to decrease, except tissue parent rolls. Especially the exports volume of toilet tissue has negative growth. It shows that the global economic downturn has influenced the tissue exports trading.

According to the Customs, in 2008, based on the exports volume, the top 20 export destinations in turn were as follows: the United States, China Hong Kong, Australia, Japan, Taiwan Province of China, China Macau, Singapore, Jamaica, the United Kingdom, Philippines, Ghana, Malaysia, New Zealand, Iran, Dominican Republic, the Russian Federation, Mexico, Canada, Costa Rica, United Arab Emirates.

The table 5 shows the top 20 tissue manufacturers ranked on exports volume (above 1400 tons) in 2008. The total exports volume of the top 20 companies was about 200000tons, which accounted for 48.5% among the total. The exports volume of top 6 companies was all above 10000tons, which accounted for one third among the total.

Table 3 Imports and Exports of Various Tissue Paper in 2007—2008

Commodity number	Commodity name	Volume/tons		Value/US $	
		In 2008	In 2007	In 2008	In 2007
Import		21700. 530	22554. 388	34567167	33268575
48030000	Tissue roll (including toilet roll, facial tissue, paper napkins)	17049. 329	18376. 228	20574761	21492416
48181000	Toilet tissue	2618. 673	1636. 981	6613922	3944363
48182000	Handkerchief tissue, facial tissue	1621. 153	1929. 108	6117927	6584522
48183000	Table tissue, paper napkins	411. 375	612. 071	1260557	1247274
Export		412337. 478	388626. 906	511632405	425014677
48030000	Tissue roll (including toilet roll, facial tissue, paper napkins)	104224. 863	67250. 371	111255797	64205198
48181000	Toilet tissue	211848. 371	231359. 234	242884564	227699365
48182000	Handkerchief tissue, facial tissue	72245. 260	69657. 843	112918627	100047534
48183000	Table tissue, paper napkins	24018. 984	20359. 458	44573417	33062580

Table 4 Comparison of Tissue Export Growth Between 2008 and 2007

Commodity number	Commodity name	Growth rate of export volume/%		Growth rate of export revenue/%	
		2008	2007	2008	2007
Tissue products (total)		5. 9	26. 0	20. 4	33. 0
48030000	Tissue roll (including toilet roll, facial tissue, paper napkins)	55. 0	42. 9	73. 3	48. 6
48181000	Toilet tissue	-8. 4	18. 9	6. 7	24. 9
48182000	Handkerchief tissue, facial tissue	3. 7	32. 6	12. 9	37. 3
48183000	Table tissue, paper napkins	18. 0	44. 4	34. 8	55. 3

Table 5 Top 20 Tissue Manufacturers Ranked on Exports Volume in 2008

Num.	Company	Num.	Company
1	Gold Hongye Paper (Suzhou Industrial Park) Co., Ltd.	11	Weifang Lancel Hygiene Products Co., Ltd.
2	Vinda Paper Co., Ltd.	12	Oji Paper Nepia (Suzhou) Co., Ltd.
3	Huizhou Fook Woo Paper Co., Ltd.	13	Zhongshan Sanjiao Paper Manufacture Co., Ltd.
4	Shanghai Potential Paper Co., Ltd.	14	Guangzhou Jielian Paper Co., Ltd.
5	Jiangmen Rijia Paper Co., Ltd.	15	Dongguan Caihong Paper Products Co., Ltd.
6	Shanghai Orient Champion Paper Co., Ltd.	16	Guangdong Yuese Paper Plastic Co., Ltd.
7	Jinyu Qingyuan Tissue Paper Industry Co., Ltd.	17	Guangxi Shalong Paper Co., Ltd.
8	Zhongshan Zhongshun Paper Making Co., Ltd.	18	Yuen Foong Yu Family Care (Kunshan) Co., Ltd.
9	Hengan Group	19	Fujian Hengli Paper Co., Ltd.
10	Foshan Gaoming Super Trans Paper Co., Ltd.	20	Guangzhou Longpai Paper Co., Ltd.

On March 26, 2008, the Australian government commenced an investigation into alleged antidumping and countervailing on certain toilet paper manufactured or exported from China. It was the first time that the Australian government initiated an investigation into the products exported from China. News speaker of the Ministry of Commerce of China said that although application lacked enough lawful and truth proof, unfulfilled

WTO rules and related Australian policies, the Australian part still adhered to the initiation of the investigation. Chinese government shows regret on it. On 28 July 2008, the Australia Customs had reinvestigated the case in Suzhou on countervailing on certain toilet paper manufactured or exported from China to Australia. On 24 October 2008, the Australia Customs declared to stop the investigation on antidumping of part toilet paper from China. On 31 December 2008, the Australia Customs declared the final award made on China tissue antidumping case. The final result was that the highest dumping extent reached 25%. Among them, Gold Hongye Paper (Suzhou Industrial Park) Co., Ltd. had the dumping extent at 5% - 10%, Huizhou Fook Woo Paper Co., Ltd., dumping extent at 2% - 5%, Dongguan Zhida Paper Products Co., Ltd., Jiangmen Rijia Paper Co., Ltd., Dongguan Lixinde Paper Co., Ltd., Shanghai Clean Paper Co., Ltd., Shantou Dafang Paper Co., Ltd., dumping extent at 5% - 10%. Except Guangdong Vinda (Jiangmen) Paper Co., Ltd. (its appeal was successful. On 10 December 2008, the Australia Customs had stopped the antidumping investigation on the company), the dumping extent of other companies reached 20% - 25%. As far as the final award on China tissue antidumping case by the Austria Customs, the related companies had applied for an appeal and said that if they lost the appeal, they would refer the case to the Federal Court.

According to the release by PPI, in 2007, the global tissue paper market continued to develop. The output reached 27.68 million tons, up 4.53%. It accounted to 7.02% among the output of paper and paper board. The main consumption market was America, Europe, Japan, Southeast Asia, etc. On the aspect of relations between supply and demands, the dominant net importing areas were America, Japan, Oceania and other Asia areas, where there was big gap between supply and demands. Because the exported tissue paper only occupied very little market share in the imported countries and areas, there was a big development potential in overseas market. Although in 2008, the tissue paper antidumping case happened in Australia, on the whole, there would be little possibilities of trade frictions on tissue exports, if the price of exported products is reasonable.

4 Price Rising Due to Cost Rise

In 2008, the import volume of pulp in China was about 9.521 million tons, up 12.4%. The import revenue was 6.71 billion US dollars, up 20.9% than 2007. China's tissue paper, esp. high-grade tissue greatly relies on imported pulp and the cost was substantially influenced by the wave of international market pulp price. Between 2006 and the first half year of 2008, the pulp price got new record. According to the data by the Customs, in 2008, the average price of imported pulp reached 705 $ per ton, up 7.6% than 2007. In 2008, the average monthly price of imported pulp tended to be high in the first half of year and to be low in the second half of year. Because the pulp price kept increasing in the first half of 2008, as well as worrying about the continuously soared price, many companies begun to stock up paper pulp. In addition, in 2008 when the Olympic Games held, the pulp stocks continued to increase, which also promoted the growth of pulp imports. After the Olympic Games, the pulp imports volume tended to decrease. The price fluctuation of market pulp greatly influenced the manufacturers, esp. middle-and small-size paper mills. In addition, according to the data by the National Bureau of Statistics, in 2008, the price of raw material, fuel and power increased by 10.5% than 2007. As well as the cost of work force had also increased, in the first three quarter, the cost of paper mills had an up over 15%. Therefore, in the first half year of 2008, the average market price increased 8% - 10%. Manufacturers also adopted some measures such as strengthening management, reducing energy consumption and marketing expenditure, innovating products, etc. In addition, the rise of exchange rate of RMB also partly compensated the influences to the cost by soared price of imported raw materials such as pulp. The cost rise influenced the whole year's gross profits of paper mills by about 5% - 8%.

In the first two months of 2009, the price of market pulp continued to slow down, which further relieved the cost pressure.

5 Main New Production Capacity Expansion Projects

Because the market demands kept growing, as well as some small mills had been closed, production capacity expansion of middle and high-grade tissue paper was intensive. The expansion of large-size manufacturers will increase the industry intensity, raise the equipment level, improve products quality and grade, reduce energy and raw material consumption and decrease pollution.

5.1 Imported Machines Projects

● **Hengan Paper** In 2008, its production capacity increased to 302000tpy. It included 2 new crescent tissue machines (PM1 and PM2) with the total capacity at 62000tpy located in Hunan Hengan Paper, 2 new crescent tissue machines (PM3 and PM5) with total capacity at 120000tpy located in Shandong Hengan Paper, 2 new crescent tissue machines (PM4 and PM6) with the total capacity at 120000tpy located in Hengan (China) Paper, among which the PM6 had been on stream in April, 2008. In the third period of project in Hunan Hengan Paper, the PM7 with the capacity at 60000tpy had been on stream in January 2009. Until now the total production capacity of Hengan Paper has reached 362000 tpy. In 2008, Hengan Paper had also signed the contracts of ordering 3 new crescent tissue machines with the capacity at 60000tpy respectively, which will be put into production in 2009 – 2010. Among them, two new machines supplied by Metso will be installed in Hunan Hengan and Shandong Hengan respectively. Another one new machine supplied by A Celli. will be installed in Hengan (China) Paper. In 2010, the company plans to increase the capacity to 600000tpy.

● **Vinda Paper** In 2008, its production capacity increased to 300000tpy. It included 2 BF tissue machines and one new crescent machines with the total capacity at 60000tpy located in Xinhui Guangdong, 2 BF tissue machines with the capacity at 20000tpy located in Deyang Sichuan, 5 BF tissue machines with the total capacity at 50000tpy located in Xiaogan Hubei, 3 BF tissue machines with the total capacity at 30000tpy located in Beijing, 5 BF tissue machines with the total capacity at 100000tpy located in Jiangmen Guangdong, 2 BF tissue machines with the total capacity at 40000tpy in Longyou Zhejiang. Among them, the fifth BF-12 tissue machine had been come to stream in November 2008. In the first period of project in Longyou, the two BF-12 tissue machines had been put into production on October and November 2008 respectively. In February 2009, another one BF-12 tissue machine had been put into production with the capacity at 20000tpy, located in Jiangmen Guangdong. Thus the total capacity has reached 320000tpy. Vinda Paper also plans to establish a parent roll production base with the production capacity at 60000tpy in Anshan Liaoning in April 2009. The initial capacity is 20000tpy which will be put into production by the end of 2009.

● **Gold Hongye Paper** In 2008, its production capacity increased to 352000tpy. It included 2 new crescent tissue machines and 6 home-made fourdrinier machines with the total capacity at 184000tpy located in Suzhou, 6 new crescent tissue machines with the capacity at 168000tpy located in Hainan. Among them, two home-made machines in Suzhou and two new crescent tissue machines in Hainan had been put into production in 2008. Gold Hongye Paper plans to reach the capacity at 500000tpy in 2010.

● **Zhongshun Jierou Paper** In 2008, it withdrawn the capitals of some branch plants such as Shandong Zhongshun and eliminated some old home-made machines. The capacity has been adjusted to 210000tpy. It included 10 BF tissue machines, one new crescent tissue machine and 65 home-made tissue machines located in 5 production bases such as Zhongshan and Jiangmen Guangdong, Xiaogan Hubei, Chengdu Sichuan, Jiaxing Zhejiang. In 2008, it had increased the capacity of 36000tpy, including two BF-10α tissue machines in Jiangmen and one BF-10EX tissue machine in Xiaogan. In July 2009, it plans to launch one BF-10EX tissue machine located in Jiaxing Zhejiang. The sixth production base located in Tangshan Hebei is also under the construction.

● **Orient Champion Paper** In 2008, its production capacity reached 50000tpy. It included 4 BF-10 tissue machines and one home-made tissue machine. In February 2009, another one BF-12 tissue machine had been put into production. Thus the capacity in the Shanghai plant had increased into 70000tpy. Its Shanghai plant plans to add additional capacity at 40000tpy by the end of 2010. In November 2008, Wuhan Orient Champion Paper Co. had laid a foundation in Jiangxia Wuhan. The first period of project include the installations of tissue machines and converting machines, among which the converting machines will be put into products in 2009. The tissue machines will be launched in 2010. For the Hubei plant, the total capacity in the long-term projection will reach 150000tpy.

● **Yuen Foong Yu Paper** In 2008, the production capacity increased to 60000tpy. It included 2 new crescent tissue machines with the capacity at 40000tpy located in Kunshan Jiangsu and one new crescent tissue machine with the capacity at 20000tpy located in Beijing. Among them, the machine in Beijing had been put into production in November 2008.

● **Phoenix Paper** In 2008, the production capacity increased to 42000tpy. It included 2 BF tissue machines and 11 home-made tissue machines. Among them, the BF-12 machine with the capacity at 20000tpy had been put into production in April 2008. The new project of new crescent tissue machine with the capacity of 30000 tpy is under the process.

● **Jiangmen Renke Lüzhou Paper** In 2008, the production capacity reached 20000tpy. It included one BF-12 tissue machine which had been put into production in March 2008. In addition, it had signed to order another one BF-12 tissue machine, whose launching time was not decided.

● **Huizhou Fook Woo** In 2008, the production capacity increased into 50000tpy. The machines were all home-made. In 2007, it had signed to order 2 new crescent tissue machines with the total capacity at 40000tpy, which will be put into production in April and November 2009.

● **Shandong Zhongshun** In 2008, it was separated from the Zhongshun Jierou Paper. It had 2 BF tissue machines with the total capacity at 22000tpy. Among them, one BF-10α tissue machine had been put into production in 2008. In 2008, it also signed to import two BF-12EX tissue machines which will be put into production within 3 years.

5.2 Homemade Machines Projects

● **Zijinghua Paper** In 2008, the production capacity increased into 100000tpy. In 2007, the capacity was 72000tpy. In 2008, it added 10 home-made tissue machines. In 2009, it ordered one new crescent tissue machine supplied by Liaocheng Hualin Machinery Co., Ltd. which cooperated with Korea, with the capacity at 40000tpy. It will be put into production in 2010.

● **Sund Paper** In 2008, the production capacity increased into 80000tpy. The machines were all home-made. In February 2009, one home-made vacuum cylinder tissue machine had been put into production, with the capacity at 8000tpy.

● **Tralin Paper** In 2008, the production capacity increased into 75000tpy. It had 20 home-made tissue machines which used straw pulp as materials. It plans to expand its capacity to 200000tpy.

● **Luohe Yinge** In 2008, the capacity reached 30000tpy. It had 2 new crescent tissue machines and many home-made tissue machines. In April 2008, it started one new crescent tissue machine with the capacity at 15000tpy supplied by Shanghai Qingliang Industry Co., Ltd. and Korea Samyang Heavy Machinery Co., Ltd.

● **Dongguan White Swan Paper** In 2008, the capacity reached 40000tpy. The machines were all home-made. In 2009, it plans to start one home-made vacuum cylinder tissue machine. The total capacity will reach 50000tpy.

● **Ningxia Meijie Paper** In 2008, the capacity reached 80000tpy. It included one imported new crescent tissue machine and many home-made tissue machines. In 2009, it will install one vacuum cylinder tissue machine with the capacity at 12000tpy supplied by Baotuo Paper Machinery Engineering Co., Ltd. and Japan Sasaki Engineering Co., Ltd.

● **Nanning Tianran Paper** In 2008, the capacity increased into 40000tpy. There were existing 28 home-made tissue machines with the capacity at 30000tpy. In 2008, it added 3 home-made hand towel machines with the capacity at 10000tpy.

● **Annuo Paper** In 2008, the 6 home-made tissue machines with the capacity at 25000tpy had been all put into production in the first period of project. In the second period of project, it plans to start a deinked pulp production line with the capacity at 100000tpy. The planed capacity will reach 120000tpy.

Table 6 Newly Started Tissue Machines Projects in China in 2008

Company name	Production time	PM Capacity/ 1000tpy	Trimmed width/ mm	Design speed/ (m/min)	PM supplier	Former	PM type	Quantity	New capacity/ 1000tpy	Remark
Hengan (China) Paper Co., Ltd.	April 2008	60	5600	2000	Metso	New Crescent	DCT 200	1	60	Import
Vinda Paper (Zhejiang) Co., Ltd.	Oct., Nov. 2008	20	3400	1100	Kawanoe Zoki Co., Ltd.	BF	BF-12	2	40	Import
Vinda Paper (Jiangmen) Co., Ltd.	Nov. 2008	20	3400	1100	Kawanoe Zoki Co., Ltd.	BF	BF-12	1	20	Import
Gold Hongye Hainan Plant	Middle of 2008	28	2800	1800	A. Celli Paper SpA	New Crescent		2	56	Import
Jiangmen Zhongshun Paper Making Co., Ltd.	May 2008	12	2730	700	Kawanoe Zoki Co.	BF	BF-10α	2	24	Import
Hubei Zhongshun Hongchang Paper Co.	Nov. 2008	12.5	2660	770	Kawanoe Zoki Co.	BF	BF-10EX	1	12.5	Import
Guangxi Nanning Phoenix Pulp & Paper Co., Ltd.	April 2008	20	3400	1000	Kawanoe Zoki Co.	BF	BF-12	1	20	Import
Jiangmen Renke Lüzhou Paper Industry Co., Ltd.	March 2008	20	3400	1000	Kawanoe Zoki Co.	BF	BF-12	1	20	Import
Shandong Zhongshun Paper Co., Ltd.	Sept. 2008	12	2660	700	Kawanoe Zoki Co.	BF	BF-10α	1	12	Import
Yuen Foong Yu (Beijing) Co., Ltd.	Nov. 2008	20	2400	1500	PMP Group	New Crescent	Intelli-Tissue™ 1500	1	20	Import
Luohe Yinge Tissue Paper Industry Co., Ltd.	April 2008	15	2850	1100	Shanghai Qingliang Industry Co., Ltd. and Korea Samyang Heavy Machinery Co., Ltd.	New Crescent		1	15	Cooperation home and abroad
Gold Hongye Paper (Suzhou Industrial Park) Co., Ltd.	March, May 2008	12			Jiangsu Huadong Paper Machinery Co., Ltd.	fourdrinier		2	24	Homemade
Nanning Tianran Paper Co., Ltd.	2008	3.5	2400		Dandong Zhenan Machinery Plant	fourdrinier (two cylinder hand towel machine)		3	10	Homemade
Total								19	333.5	

Table 7 New Tissue Machines Projects in the Starting Plans in China in 2009 – 2010

Company name	Production time	PM Capacity/ 1000tpy	Trimmed width/mm	Design speed/ (m/min)	PM supplier	Former	PM type	Quantity	New capacity/ 1000tpy	Remark
Hunan Hengan Paper Co., Ltd.	Jan. 2009	60	5550	2000	Andritz AG	New Crescent		1	60	Import
Hunan Hengan Paper Co., Ltd.	Dec. 2009	60	5600	2000	Metso	New Crescent	DCT200	1	60	Import
Vinda Paper (Jiangmen) Co., Ltd.	Feb. 2009	20	3400	1100	Kawanoe Zoki Co.	BF	BF-12	1	20	Import
Vinda Paper (Anshan) Co., Ltd.	The end of 2009	20	3400	1100	Kawanoe Zoki Co.	BF	BF-12	1	20	Import
Shanghai Orient Champion Paper Co., Ltd.	Feb. 2009	20	3400	1000	Kawanoe Zoki Co.	BF	BF-12	1	20	Import
Anhui Bilun Tissue Co., Ltd.	May 2009	18	2820	1150	PMP Group	New Crescent	Intelli-Tissue™ 900	1	18	Import
Huizhou Fook Woo Paper Co., Ltd.	April, Nov. 2009	20	2850	1300	Metso Group	New Crescent	DCT60	2	40	Import
Zhejiang Zhongshun Paper Co., Ltd.	July 2009	12.5	2660	770	Kawanoe Zoki Co.	BF	BF-10EX	1	12.5	Import
Ningxia Meijie Paper Industry Co., Ltd.	May 2009	12	2660	800	Cooperation between Baotuo Paper Machinery Engineering Co., Ltd. and Japan Sasaki Engineering Co., Ltd.	Vacuum cylinder		1	12	Chinese-foreign Cooperation
Shengda Group Jiangsu Sund Paper Industry Co., Ltd.	Feb. 2009	8	2700	600	Hangzhou Dalu Industry Co., Ltd.	Vacuum cylinder		1	8	Homemade
Dongguan White Swan Paper Products Co., Ltd.	2009	10	2800	600	Cooperation between Dongguan White Swan Paper and Hangzhou Light Industry Machinery Research Institute	Vacuum cylinder		1	10	Homemade
Hengan (China) Paper Co., Ltd.	June 2010	60	5600	2000	A. Celli Paper SpA	New Crescent		1	60	Import
Shandong Hengan Paper Co., Ltd.	2010	60	5600	2000	Metso	New Crescent	DCT200	1	60	Import
Gold Hongye Paper Co., Ltd.	2009-2010	18 – 20				New Crescent		7 – 8	148	Homemade
Ningxia Zijinghua Paper Industry Co., Ltd.	2010	40	2700	1200	Cooperation between Liaocheng Hualin Machinery Co., Ltd. and Korea	New Crescent		1	40	Cooperation home and abroad
Total								22 – 23	588.5	

6 Product Structure

According to the research by the CNHPIA, in 2008, in the tissue paper products, toilet tissue occupied the dominant role and had 79% market share. The next was facial tissue (9.6%), handkerchief tissue (5.8%), hand towel (1.9%), paper napkins (1.7%) and kitchen towel (1.0%), etc.

Table 8 Tissue Paper Products Structure in 2008

Product	Consumption/1000tons	Market share/%
Toilet tissue	3091	79.0
Facial tissue	376	9.6
Handkerchief tissue	227	5.8
Hand towel	74	1.9
Paper napkin	67	1.7
Kitchen towel	39	1.0
Other*	39	1.0
Total	3913	100

Notes: * the "Other" includes tissue used in disposable hygiene products.

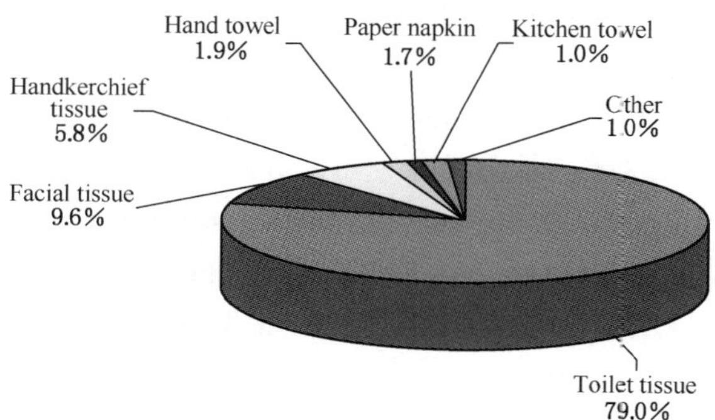

Fig. 4 Tissue Paper Products Structure in 2008

In the developed countries such as Western Europe, North America and Japan, toilet tissue accounts for about 55% among the tissue products. But in China, it is greatly higher than the proportion. It shows that the market penetration rate of other kind of tissue products remains to rise. As far as the product structure of tissue mills, the toilet tissue proportion is lower than the average level in large mills. For instance, it is 30%-45% for Hengan Paper. It is 60%-65% for Gold Hongye Paper and Vinda Paper. Even all products of Kimberly-Clark and Oji Paper Nepia (Suzhou) Co., Ltd. are facial tissue and handkerchief tissue. However, the toilet tissue proportion is over 90%, which is higher than the average level, in small mills or the mills using straw pulp and waste paper as raw materials.

As far as the consumption habit is concerned, China is similar to Japan and other countries of Asia-Pacific area. The market share of handkerchief tissue is relatively higher than other countries of the world. Kitchen towel are only used by well-off persons in big cities, foreigners and returned overseas Chinese. The market share of kitchen towel is very small. It needed consumption guidance. Hand towel is mainly used in AFH market. The usage is increasing year by year. It is also exported greatly. Some less well-off families often use toilet tissue to take place of facial tissue and paper towels. Some companies have converted toilet tissue parent rolls into square tissue which could be sold as multipurpose tissue, in order to catering for the market requirements. Many middle-and small-size restaurants also use this kind of paper napkins converted from toilet tissue parent rolls. The incorrect consumption habit also influences the market share of high-grade categories.

7 Technology Advances

7.1 Equipment Level and Equipment Industry

With the importing of new tissue machines and the launching, tissue equipments level in China has been promoted greatly. In large projects, high speed tissue machines with big width and converting machines have been imported. They keep simultaneous with the world advanced technologies and could manufacture premium products.

Tissue machines which could produce high-grade tissue are mainly imported from abroad. The imported machines are mainly divided into two types, one is new crescent tissue machine and the other one is BF tissue machine. China now has imported more than 30 new crescent tissue machines and 47 BF tissue machines in total. The maximum production capacity of one machine could reach 200tons/day, with the highest speed at 2200m/min. The introduced new technologies include two-layer flow box, shoe press and creping doctor, etc.

In recent years, some progress has been made in the aspect of width, speed and performance of homemade tissue machines. Many tissue machines with the designing speed at 250m/min have been put into production. The operating speed could reach over 200m/min. In 2006, Orient Champion Paper launched one homemade inclined wire tissue machine with the maximum designing speed at 500m/min. The real operating speed could reach more than 300m/min. In 2006-2008, Gold Hongye Paper installed 6 homemade fourdrinier tissue machines, with the maximum designing speed at 600m/min. After the innovation and operation, the real operating speed could reach 550m/min. It has still a big gap in comparison with imported tissue machines.

In recent years, some research institute and machinery suppliers speed up the R&D of high speed tissue machines. They are as follows: ①Shanghai Qingliang Industry Co., Ltd. which cooperated with Korea Samyang Heavy Machinery Co., Ltd. developed one new crescent tissue machine. The machine had been put into production in Luohe Yinge Tissue Paper Industry Co., Ltd. It had the designing speed at 1100-1300m/min and the production capacity at 15000tpy. The operation is very steady. ②Hangzhou Light Industry Machinery research institute which cooperated with some machinery company. in Guiyang developed vacuum cylinder tissue machine. The designing speed was 600m/min. It will be installed in Dongguan White Swan Paper Products Co., Ltd. ③Baotuo Paper Machinery Engineering Co., Ltd. which cooperated with Japan Sasaki Engineering Co., Ltd. developed the tissue machine with the designing speed at 800m/min and with the capacity at 12000tpy. It will be installed in Ningxia Meijie Paper Industry Co., Ltd. ④Hangzhou Dalu Industry Co., Ltd. developed the cylinder tissue machine with the width at 2700mm and the designing speed at 600m/min. It had been put into production in Shengda Group Jiangsu Sund Paper Industry Co., Ltd. in February 2009. The capacity was 8000tpy. ⑤Liaocheng Hualin Machinery Co., Ltd. which cooperated with the technicians from Korea developed one new crescent tissue machine with the capacity at 40000tpy, the width at 2.7m and the designing speed at 1200m/min. It had been ordered by Ningxia Zijinghua Paper Industry Co., Ltd. It will be put into production in 2010.

APP-owned Gold Shun Paper Machinery Co. also plans to manufacture high-speed new crescent former tissue machines, through introducing technologies of key parts. In addition, the Chinese government released to cancel the imports tax-free policy concerned with the paper machines within the width of 3 meters. Metso and Andritz both plans to manufacture machine components except key parts. PMP established a plant in Changzhou Jiangsu in 2008, which could supply some accessories for the Group (some key parts are imported from PMP Group). Kawanoe Zoki Co., Ltd. has also decided to establish a plant in Zhejiang.

The converting machines have made great progress in China. Not only the needs of domestic medium- and small-size tissue mills have been satisfied, but also the exports volume keeps growing. But by comparing with imported equipment, they still have some gap in efficiency, converting precision, stability, automation, etc. The converting machines having larger gap with imported machine include tissue roll winders, fully-automatic packing machines for tissue roll, facial tissue, handkerchief tissue, etc.

7.2 Product Innovation

There are growing varieties of tissue paper in China, including toilet roll, draw-out tissue, square or folded tissue, facial tissue, handkerchief tissue, paper napkins, kitchen towel, hand towel, etc. AH tissue accounts for 90% of market share and AFH tissue accounts for 10% of it. The AFH market tends to grow.

The trends of tissue quality are as the following two aspects: one is the improvement of the softness, strength and absorbency through the adjustment of pulp ratio and addition of chemicals and enzyme. Major tissue manufacturers all launch 3-ply or even 4-ply tissue products. The other is to exploit niche markets by launching differential products, such as the tissue products added with balm, lotions, aloe, vitamin, etc. Those products have faint scents or have better body care function. The printed or embossed products are also launched. In addition, the introduction of fashionable handkerchief tissue targeted at students and young white-collar crowd have been proved to a successful strategy. For instance, in 2008, Hengan Paper launched Mind Act Upon Mind Pino and China Fashion series high-grade facial tissue/handkerchief tissue. Vinda paper launched "Sports" series facial tissue/handkerchief tissue. Zhongshun launched "Face" series facial tissue/handkerchief tissue. They all got good marketing achievements. Meanwhile, Orient Champion launched novel and fashionable Hygienix Colorful series colored handkerchief tissue, facial tissue, paper napkins and toilet tissue, which were now in the stage of market exploitation.

The refining enzyme technology developed by America Buckman Laboratories Chemicals Co., Ltd. has been tried to use by some domestic tissue mills. It could promote the energy saving and the tissue quality improvement.

On the whole, in the comparison with North American and European countries, the consumers in China do not have strict requirements for tissue softness. In addition, the tensile indicator required by the product standard in China is an obstacle in developing super soft tissue. Therefore, even large tissue manufacturers would not adopt TAD technology with high investments in equipment and high energy consumption to produce extra-soft tissues in the short time. But based on TAD, the improved technologies with reduced investment and energy savings will be adopted, as well as steel dryer technology.

On the aspect of toilet tissue package, single packs now occupies more than 50% market share of the domestic market. In China, toilet tissue rolls are mainly packed manually. With the sustainable rapid growth of per capita income, strengthened purchasing power of consumers, domestic consumers will more likely choose multi-pack toilet tissue. The continuous growth of workforce cost and tissue consumption will enhance the development of automatic packaging. It will promote the improvement of packaging quality and the price deduction of per tissue roll.

8 Consumption Market Difference Between Regions and Between Town and Country

China has an uneven economic development in different areas. There exists a big difference between the eastern and western areas. The eastern coastal areas, esp. the Yangtze River delta and Zhujiang Delta develop more quickly, while the western areas comparatively lag behind. The uneven economic development causes the difference of consumption level in regions. As the quickened urbanization and the change of consumption concept, the market of tissue paper, eps. toilet tissue, keep expanding.

Shanghai and Beijing have the highest consumption of tissue paper in China. It is estimated that the annual per capita consumption of tissue paper products in Shanghai and Beijing is about 9kg, which is gradually closing to that of developed countries. The growth speed in the two cities is higher than the average growth speed in China, esp. facial tissue and handkerchief tissue. In 2008, Olympic Games was host in Beijing. During the Olympic Games, Beijing allocated toilet tissue and seat tissue in the city public toilets of the first-class safeguarding area and the second-class or above public toilets of the second-class safeguarding area. In 2010, Expo will be host in Shanghai where the research on public toilets being equipped with toilet tissue are on the way. It is a trend that public toilets in super cities are equipped with toilet tissue and hand towel. It will further promote the consumption rise. In addition, the market share of high-grade products in big cities is expanding. The market of hand towel and kitchen towel is also gradually expanding. It will contribute the sales growth.

Guangdong Province is the key tissue paper

manufacturing area and consumption market. Facial tissue/handkerchief tissue and paper napkin are very popular besides toilet tissue. The annual per capita consumption has exceeded 6kg. According to per capita GDP and consumption standard in different areas, it is estimated that the eastern and southern coastal area account for over 60% of the national total consumption of tissue paper. According to the statistics by Euromonitor International, the annual per capita consumption in Northern and Northeastern areas is 4.4kg, but it is 1.4kg in the Northwestern areas. However, the consumption of toilet tissue which uses straw pulp, bagasse pulp, bamboo pulp and waste paper as raw material with relatively low price are gradually increasing.

In 2008, the living standard of urban households and rural households continued to increase. But there was still a big consumption difference between town and country. According to the data by the National Bureau of Statistics, in 2008, the average per capita net income of rural households was 4761 yuan. It increased by 8.0% than 2007 without consideration of price rise. The Engle Coefficient was 43.7%. The average per capita net discretionary income of urban households was 15781 yuan. It had an up at 8.4% than 2007. The Engle Coefficient was 37.9%. The population in urban areas accounted for 45.68% among the total, while it had the proportion of tissue consumption at about over 80%. The consumption of middle and high-grade tissue is concentrated on cities and towns, while the consumption of middle and low-grade toilet tissue is concentrated on country. In 2008, the population of poor people in rural areas was 40.07 million (with the average per capita net income below 1196 yuan). In the underdeveloped rural areas, about 50% of people are too poor to use tissue.

9 Product Criteria and Quality

Product Criteria GB20810-2006 (Tissue (Including Tissue Base Paper)) and GB/T20808-2006 (Towel (Including Wet Wipes)) have been released on Dec. 1, 2006 and will be implemented on June 1, 2007.

Sanitary Standard Facial tissue and paper napkins apply for the national standard, that is, GB15979-2002 (Disposable Hygiene Products Sanitation Standard).

Spot Check of Tissue Paper In 2008, the spot check results for toilet tissue, facial tissue and paper napkins by regional Quality Supervision and Inspection Administration and Sanitation Supervision Administration showed that qualified products occupied the dominant role in the market. But the product sold in the wholesale market had an inferior quality. The quality problems were as follows: the microorganism indicator exceeded the standard index, the tensile strength indicator exceeded the standard index, the softness indicator exceeded the standard index, package label and mark did not conform for the standard.

National Products Quality Inspection Free Canceled Before, there were 25 brands of sanitary napkins (including pantiliners) from 10 companies who had got the inspection free qualification. On September 18, 2008, the State Quality Supervision and Inspection Administration had released the No. 109 Administration Order which prescribed to cancel the No.9 Administration Order on the National Products Quality Inspection Free, caused by the "Melamine Accident".

Famous Brand For the tissue category, the China Famous Brand evaluated by the State Quality Supervision and Inspection Administration includes Mind Act Upon Mind of Hengan Paper, Vinda of Vinda Paper, Jierou of Zhongshun Paper. In 2008, they were not reappraised. The period of validity had been extended to the year of 2010. In addition, the regional Famous Brands and the Well-Known Marks awarded by the Trademark Office of State Administration for Industry and Commerce remain in force.

10 Market Prospect

In 2008, the economic growth rate slowed down, influenced by the big natural disaster and financial crisis. However, there is no change for China's economic and social development to be better in a long term. In the report on the work of the Chinese government, the growth rate of GDP will strive to reach 8% in 2009. The Chinese government also continues to introduce a series of strategies encouraging the development of companies. The pulp price downturn is also a positive factor. Tissue paper belongs to the FMCG, which have been little influenced by the economic conditions. The competition will be fiercer in both domestic markets and the export market. The price war may be spread. The reduced demands of high-grade products will influence the growth of sales revenue. With the improvement of living standard and the enhancement of urbanization, as well as the big base, the tissue paper industry will grow at the slightly lower speed than the GDP. But the annual growth rate is still higher than the global average level. The output will increase steadily and the industry gradually tends to have the consumption characteristics of relatively comfortable standard. The hierarchy of consumption will be diversified and tends to be middle- and high-grade level. The consumption area continues to expand. The domestic market competition tends to be fiercer.

Pulp Cost Pressure Ease China's wood resources are deficient. In the international trading, China is the main importing country of market wood pulp. The pulp material of high-grade tissue is mostly imported market pulp. Except Gold Hongye and Phoenix Paper, other high-grade tissue mills all need to import wood pulp. The raw materials sources and cost has been greatly influenced by the international pulp market, because it greatly relies on imported pulp. It is the main restricting factor to the industry. But now the positive factors are that the international pulp price decrease continuously in the second half of 2008 after more than two years' soaring up of price. In February 2009, the pulp price deceased into the same level as in the middle of 2006. The deduction of pulp cost could greatly help high-grade tissue manufacturers enhance profits.

Invigoration Plans on the Light Industry On February 19, 2009, the State Council approved the Invigoration Plans on the Light Industry in principle. The Plans concerned to the paper industry are as follows: to speed up the technology advances, to emphasize on promoting the home-made equipment and industrialization of key technologies, to accelerate the technology innovation of the paper and household electric appliance industry, to establish the industry withdrawal mechanism, to advance energy saving and discharge deduction, and environmental protection. As far as to eliminate laggard productivity and to enhance energy saving and discharge deduction, they are also one of the most important measures during the "11th Five-Year Plan Period" released in the Development policy of the paper industry in October 2007. In the Invigoration Plans on the Light Industry, it also refers to strengthen the independent brands and support the companies with superior brands to be annexation and reorganization across areas, in order to promote the industry intensity. Eliminating laggard productivity has brought very good opportunities and broader develop space for modern and large companies. Herewith they could enlarge their market share and fill in a gap in the market rapidly.

Large Market Potential It is often believed that the consumption of tissue paper will have a breakthrough growth if the per capita GDP reaches 5000 US dollars. Nowadays, the GDP for most of cities in China could not amount to this level except Shanghai, Beijing and Guangzhou. In addition, the per capita national total income also does not reach the level of middle developed countries. In 2008, the per capita consumption of tissue paper in China was 2.95kg, which closed to the average level of developed countries (3.4kg). But it still has a big difference with the developed countries (it is 22-24kg in North America and 12-15kg in Western Europe and Japan). Hence the market will continue to grow steadily, with the economic development, the improvement of living standard, urbanization, health and hygiene knowledge.

In future, the development of China tissue paper market will still have a close relationship with some factors such as the GDP growth, the increased population, urbanization, the promoted living standard, etc. The consumption will be diversified and transit to middle- and high-grade.

It is forecasted that the following cases will occur for the development of tissue paper in China:

• Multinationals and local major tissue paper manufacturers will expand production scale, reduce cost and promote products quality by increasing investment, co-operating, acquisition and merger etc. From 2005 to 2010, the capacity expansion high-grade tissue paper will promote the technology development. But, before and after 2010, it may appear that tissue paper capacity expansion is concentrated, but there is not enough market demand.

• Toilet tissue is still the dominant products, but the proportion will keep declining. The proportion of facial tissue, paper napkins and handkerchief tissue will continue to increase. The consumption of kitchen towel, hand towel and industrial towel will rise distinctly. The AF tissue market is enlarging.

• If the problem of pulping pollution could be solved, more homemade wood pulp, non-wood fiber such as bamboo pulp, bagasse pulp, wheat (rice) straw pulp, etc. and waste paper deinked pulp will be used as raw material to produce tissue paper, while imported market wood pulp are still to be used at the same time, in order to control the cost of raw material more easily and enhance the competitiveness of products.

• The consumption in rural markets will rise. Exports will keep increasing.

It is forecasted that in 2010 the GDP growth rate in China will maintain 6%-8%. The annual growth rate of tissue consumption will be at the same or slightly lower speed with the GDP (the coefficient is 0.8-1.0), because of the enlarged consumption base, as well as the GDP will be driven by investments and exports to some extent. It is estimated that the annual per capita consumption of tissue paper in China will reach the average level of the world in 2010 and will reach 5kg in 2020.

In 2008-2010, it will increase 600000-700000tpy and the CAGR of output and consumption will be 7% and 6.5%. In 2010-2020, it will increase 3million-3.5million tpy and the CAGR of output and consumption will be 5% and 4.8%.

Table 9 Forecast on Tissue Paper Market

Year	Output/1000tons	Consumption/1000tons	Population/10^4 person	Per capita consumption/[kg/(person · year)]
2007	4100	3572	132129	2.70
2008	4437	3913	132802	2.95
2010	5100	4450	134500	3.3
2020	8300	7100	141500	5.0

2008年吸收性卫生用品行业的概况和展望

江曼霞　孙静　中国造纸协会生活用纸专业委员会

中国经济持续高速增长，2003—2007年期间，国内生产总值(GDP)的年增长率连续5年超过10%，受特大自然灾害和国际金融危机的不利影响，2008年经济增长速度稍有放缓，但仍保持较快发展。2008年我国GDP总量达到30.07万亿元，比上年增长9.0%。城镇居民人均可支配收入和农村居民人均纯收入分别比上年实际增长8.4%和8%。社会消费品零售总额达到108488亿元，比上年增长21.6%。

受经济大环境影响，珠江三角洲、长江三角洲等农民工集中的沿海地区，因其他行业的企业用工减少，农民工返乡，导致中低档吸收性卫生用品在这些地区的消费量有所减少。此外，国际金融危机对以外贸加工为主要业务的吸收性卫生用品企业也有一定影响，表现在产品出口增速放缓。但由于吸收性卫生用品属于快速消费品，行业整体受经济环境的影响较小。本年度对行业影响较大的因素是持续至第三季度的原材料等生产成本的上涨和后期的回落。总体来看，在经济增长和人民生活水平提高的情况下，2008年吸收性卫生用品市场继续保持增长势头。各类产品的消费量都比上年有较大的增长，特别是婴儿纸尿布和湿巾的增长分别达到20%和30%以上。2008年吸收性卫生用品的市场规模(市场总销售额)达到约488亿元，比2007年增长22%，其中卫生巾/卫生护垫占72.0%，婴儿纸尿布占24.1%，成人失禁用品占1.2%，湿巾占2.7%。

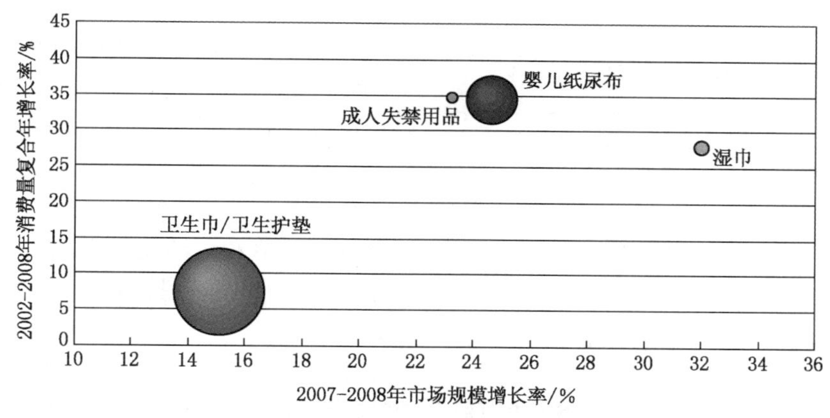

图1　2008年中国吸收性卫生用品的市场规模和增长率

1　卫生巾/卫生护垫

1.1　市场规模

2008年中国卫生巾/卫生护垫的市场继续保持较快增长。根据中国造纸协会生活用纸专业委员会的统计，卫生巾和卫生护垫设备的平均利用率约为60%~64%；卫生巾的产量约577亿片，销售量514亿片，工厂销售额约141.4亿元(按平均出厂价0.275元/片计算)；消费量480亿片，比上年增长8.4%，市场渗透率72.7%。卫生护垫产量278亿片，销售量258亿片，工厂销售额约23.7亿元(按平均出厂价0.092元计)；消费量约241亿片。2008年卫生巾和卫生护垫合计的工厂销售额约165.1亿元；市场规模约351亿元(按卫生巾平均零售价0.65元，卫生护垫平均零售价0.16元计算)。2008年卫生巾市场销售额的增长远高于销售量增长的主要原因是高附加值创新产品的推出、高档产品市场份额的扩大、夜用型/超薄型产品的发展以及上半年产品的提价。

内置式女性经期卫生用品在欧美等国家占女性经期卫生用品市场约30%的份额，但中国的情况有很大的不同。由于消费习惯、卫生条件和对因不洁而造成细菌感染的畏惧，止血塞(卫生棉条)在中国的使用量仍然很少，仅有很少的消费者和一些特定职业的女性，如运动员等在特定情况下使用。市场上目前只有强生公司的ob产品，虽然该公司一直在进行市场开拓和消费者引导工作，但目前市场占有率仍非常低，几乎可以忽略不计。另一种新型内置式的女性经期卫生用品——月经罩杯(INSTEAD Softcup)于2008年底开始进入中国市场，并被冠以中文名称“小姨妈”，香港弘上国际集团在国内进行该产品的推广，并在广东中山市投资建厂，消费者的接受程度尚待观察。

表1　2008年中国卫生巾/卫生护垫的产量和消费量

	2007年	2008年	同比增长/%
卫生巾			
产量/亿片	532	577	8.5
工厂销售量/亿片	470	514	9.4
工厂销售额/亿元	119.9	141.4	17.9
消费量/亿片	443	480	8.4
市场渗透率/%	67.5	72.7	7.7
卫生护垫			
产量/亿片	245	278	13.5
工厂销售量/亿片	230	258	12.2
工厂销售额/亿元	19.5	23.7	21.5
消费量/亿片	219	241	10.0
市场渗透率/%	7.5	8.2	9.3
卫生巾和卫生护垫合计			
产量/亿片	777	855	10.0
工厂销售量/亿片	700	772	10.3
工厂销售额/亿元	139.4	165.1	18.4
消费量/亿片	662	721	8.9
市场规模/亿元	305	351	15.1

注：1. 市场渗透率的计算基础：为便于与往年数据比较，2008年仍按中国大陆适龄女性(15—49岁)实际人均需用卫生巾180片/年计算；由于生活水平提高和卫生意识加强，人均实际使用量可能已经达到200~240片/年，适龄女性年龄段应扩大到12—50岁较符合目前情况，也可按此计算渗透率。卫生护垫的人均实际使用量按800片/人计算。

2. 根据国家统计局资料，2008年年底总人口132802万人，估计15—49岁女性人数约3.666亿人。

1.2　主要生产商和品牌

中国目前的卫生巾/卫生护垫市场仍由多个生产商组成。中国造纸协会生活用纸专业委员会2008年底统计在册的企业有702家，主要分布在福建、广东、山东、河北、浙江、江苏、天津等地，但全国性品牌的生产商并不多，高端市场的品牌集中度很高。

2008年全国综合排名前15位的卫生巾/卫生护垫生产商的销售额合计约占全国卫生巾/卫生护垫总销售额的60.6%；全国性品牌主要有：安尔乐、护舒宝、苏菲、舒而美、高洁丝、娇爽、乐而雅、好舒爽、ABC等。

恒安集团是目前中国最大的女性卫生用品生产商，2008年其卫生巾(含卫生护垫)的市场份额(按工厂销售额计)约为11.2%，宝洁公司约为6.7%，尤妮佳公司约为6.1%。前3家合计约占24%的市场份额。

恒安集团作为国内领先的大型个人卫生用品生产商，2008年的卫生巾业务继续获得理想增长，卫生巾(含卫生护垫)的销售额增长超过20%，远高于市场平均增长。2008年集团仍以生产中高档次产品为主，如“安尔乐”及“七度空间”，其中“七度空间”产品约占集团卫生巾(含卫生护垫)销售额的一半，虽然前三季度主要原材料绒毛浆和石油化工产品价格大幅上升，但由于高档产品比例提高和产品提价，毛利率接近60%。

表2　2008年主要按销售额指标综合排序前15位的卫生巾/卫生护垫生产商

序　号	公　司　名　称	品　　牌	产量(卫生巾+卫生护垫)/(亿片/年)
1	福建恒安集团有限公司	安尔乐，安乐	37.4+28.5
2	宝洁(中国)有限公司	护舒宝	11(未包括进口部分)
3	尤妮佳生活用品(中国)有限公司	苏菲，佳慕	12.97+11.94
4	江苏三笑集团有限公司	笑爽	18+8.5
5	天津小护士实业发展有限公司	小护士	38.31+12.81
6	福建恒利集团有限公司	好舒爽，舒爽	35.86+9.8
7	强生(中国)有限公司	娇爽	9+10
8	金佰利(中国)有限公司	舒而美，高洁丝	8.72+20.6(含轻度失禁用品)
9	上海花王有限公司	乐而雅	5.4
10	佛山市南海区桂城景兴商务拓展有限公司	ABC，小妹，EC	20+18
11	益母妇女用品有限公司	益母	13.36+13.78
12	重庆丝爽卫生用品有限公司	丝爽	11.6+2.82
13	康那香企业(上海)有限公司	康乃馨，OEM品牌(占70%)	10.45+15.44
14	湖北丝宝卫生用品有限公司	洁婷，洁婷蓓柔	4.6+3.8
15	佛山市顺德区新感觉卫生用品有限公司	新感觉	7.39+1.37

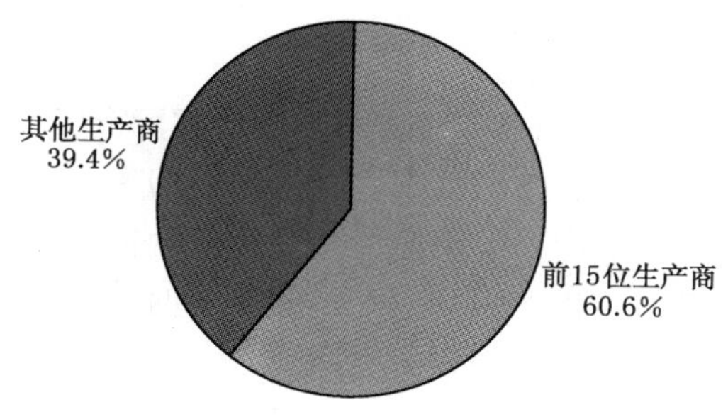

图 2　卫生巾/卫生护垫前 15 位生产商所占市场份额(销售额)

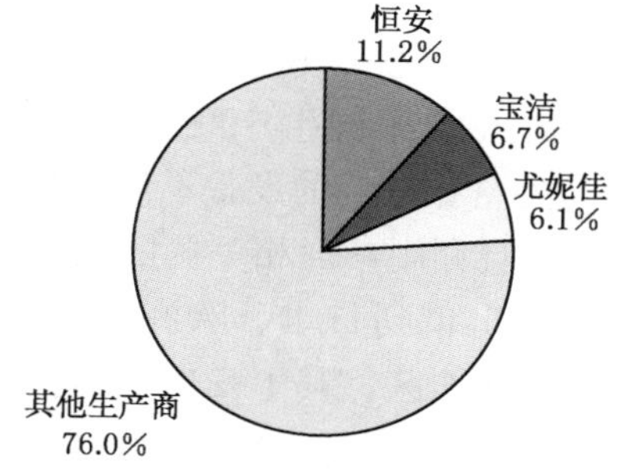

图 3　卫生巾/卫生护垫前 3 位制造商所占市场份额(销售额)

2008 年卫生巾/卫生护垫销售额增长显著的其他企业主要有：金佰利增长 109%，景兴增长 57.9%，丝宝增长 47.9%，三笑增长 46.1%，强生增长 43.8%，小护士增长 33.9%，恒利、康那香、丝爽等增长在 10% 以上。

1.3　跨国公司的品牌在高端市场继续占主导地位

卫生巾/卫生护垫的高端市场主要由跨国公司的品牌组成。包括宝洁公司的“护舒宝”、尤妮佳公司的“苏菲”、强生公司的“娇爽”、花王公司的“乐而雅”、金佰利公司的“舒而美”和“高洁丝”等。跨国公司凭借其强大的广告投放实力和研发优势，占据高档产品市场大部分的市场份额。市场美誉度最好的妇女卫生巾和卫生护垫品牌分别是尤妮佳生活用品(中国)有限公司的“苏菲”和强生(中国)有限公司的“娇爽”。据新生代市场监测机构调查的结果(对零售终端)，2008 年在使用过的卫生巾和卫生护垫品牌方面，按消费者人数计，排在前两位的分别是宝洁的“护舒宝”和强生的“娇爽”。但恒安近年来在新品研发和市场推广方面都取得很好的业绩，“安尔乐”和“七度空间”等一线品牌，扩大了在高端市场中的份额；特别是其强大的销售网络和销售团队，渠道渗透至各级市场，使销售额不断提高。另外港资桂城景兴的 ABC 品牌在各大市场调查公司对零售终端的调查中，也表现出非常好的成长性。

2008 年没有新的外资企业进入中国市场。最近几年进入的外资企业中，安泰士卫生用品(扬州)有限公司仍主要为国外做贴牌产品；美佳爽(福建)卫生用品有限公司的产品仍全部在境外销售，销售额比 2007 年增长 6 倍多；金王(苏州工业园区)卫生用品有限公司凭借金红叶纸业的真真品牌，市场开拓取得进展，2008 年销售额比 2007 年增长 40.4%。

1.4　市场销售额继续增长

销售额继续增长　卫生巾市场自 1985 年以来，经过 20 多年的发展，市场进入成熟期，新进入该领域的有实力的大企业很少，市场供给量的增加主要是各大企业的扩产。与全球的平均增长水平(2% ~3%)相比，中国仍然是增长较快的市场。这一方面是因为中国已经进入小康社会，市场不断向三、四级城市和乡镇渗透，另一方面是因为上海、北京等大城市已经达到中等发达国家的水平，由于女性生理期更换卫生巾更加频繁，消费者的人均使用量有所增长，同时对优质高端产品和差异化产品的需求也在增加。2008 年卫生巾/卫生护垫市场销售额的增长率达到 15.1%，除销售量增加、高附加值产品份额提高以外，产品涨价也是重要因素。2008 年为了缓解成本压力，大部分企业在 3 - 7 月期间都调高了产品价格，平均提价率约 5% ~15%，7 月份之后，产品价格稳中有降。

优胜劣汰，行业整合　2008 年，因国内消费者收入和生活水平继续提高，市场对优质知名品牌的卫生巾和卫生护垫的需求增加，加上上半年原材料(绒毛浆和石油化工产品)价格仍不断攀升处于高位，在激烈的市场竞争中，大企业的竞争优势明显，市场份额扩大，而有些过去业绩不错的中型企业产销量锐减，经营困难。虽然仍有一些小企业不断进入卫生巾领域，但同时也有许多竞争力差的小企业关闭停产，特别是在淡季。中型企业中也有专注于发展区域性品牌或拓展海外市场，经营状况良好、销售额稳步上升的公司，如倍舒特增长 34.7%，洁伶增长 18.6%，可悦增长 18.5%，特日欣增长 20.7%，妙雅增长 10%，清逸堂增长 42.9%，港都增长 17.9%，华亿增长

28%，乐从康怡增长34.5%，芬兰馨增长40.5%等。

产品细分和高档化 由于消费水平的提高和职业女性的需求，护翼型卫生巾几乎已经全部取代了直条型卫生巾，少量的直条型产品主要销往农村和西部不发达地区。据生活用纸委员会调查，在卫生巾产品中，相比标准型卫生巾，超薄型卫生巾比例增加，约占50%；在城市和沿海地区，超薄型卫生巾占比例更大。为了改变产品同质化，赋予产品差异化特征和附加值，企业对产品进一步细分。市场上卫生巾种类很多，如日用、夜用、"一夜一片"超长型、棉柔表面、干爽网面、立体护围、弹力贴身、ADL导流层速渗、抗菌除味等。2008年唯尔福公司推出Ag+银嘉银离子功能性卫生巾；金佰利开发出一种用于经期前后或轻度失禁的护垫产品；尤妮佳推出加长加宽的护垫，用于经期前后和分泌物多的时候；花王推出了超薄透气卫生护垫；还有公司推出了介于卫生巾和护垫之间的迷你巾产品。除了按产品用途、功能细分以外，还对消费者进行细分，如细分出"少女装"产品市场，在产品设计上融入时尚元素。卫生护垫的品种主要有加香、无香、抗菌、祛味和药物型等。此外许多企业在产品包装设计方面迎合时尚青年女性的需求，取得很好的效果，如纸盒包装、束口袋包装和水晶荷包等，将日用、夜用产品和护垫组合包装也是一种不错的选择。

1.5 成本的变化

由于国际市场石油、纸浆价格上扬，近两年卫生巾的各类原材料如绒毛浆、高吸收性树脂、非织造布、PE膜等的价格和能源成本持续上涨，其中绒毛浆的价格上涨了近50%。根据国家统计局数据，2008年原材料、燃料、动力购进价格比2007年上涨10.5%，由于绒毛浆和石油化工产品价格的上涨幅度远高于10.5%的平均值，再加上劳动力成本的提高，造纸企业的成本上涨超过15%。生产企业在产品不能同步提价的情况下，利润空间进一步被压缩。为反映成本，2008年卫生巾/卫生护垫产品的出厂价格普遍有较大的提高。同时，通过采取加强管理、降低消耗和销售费用、产品创新等措施进行自身消化。此外，由于人民币汇率上升，也部分弥补了绒毛浆等进口原材料价格上扬对成本的影响。直到2008年第三季度国际市场石油和纸浆价格才开始回落，生产企业的成本压力得到缓解。

1.6 国产设备水平迅速提高走向国际市场

近年来，中国吸收性卫生用品的生产设备制造业迅速崛起，采用模块化设计，全伺服电动控制，开发一机多用的生产设备，同时在车速、稳定性、噪音控制等方面不断改进。国内具有先进技术的设备供应商已经可以制造包括训练裤、成人纸尿裤生产线在内的各种设备。全伺服卫生巾生产线的生产速度可达600片/分，横刀卫生护垫生产线的速度可达1200～1500片/分，全伺服婴儿纸尿裤生产线生产速度可达400～450片/分，全伺服成人纸尿裤生产线的生产速度可达200片/分。性价比较好的设备不但满足了国内市场的需要，而且利用参加相关国际展览等方式走向国际市场，出口到日本、欧洲、美国、中东、东南亚等国家和地区，其中安庆恒昌等生产的设备和售后服务还得到跨国公司的认可和好评。在国际金融危机的形势下，设备制造商化危为机，高性价比的国产设备也在竞争中占有优势。

1.7 消费的城乡和地域差异

2008年我国城乡居民的生活水平继续提高，但城乡消费差别仍然很大。根据国家统计局数据，2008年我国农村居民人均纯收入为4761元，扣除物价上涨因素，比上年实际增长8.0%，恩格尔系数为43.7%；城镇居民人均可支配收入为15781元，比上年实际增长8.4%，恩格尔系数为37.9%。我国城镇人口占总人口比重为45.7%，而卫生巾(含卫生护垫)的消费比重估计占70%～80%，中高档产品的消费主要在城镇，农村人口主要消费中低档的产品。2008年我国贫困人口4007万人(按人均纯收入低于1196元测算)，在经济落后地区的农村，仍普遍使用厕用卫生纸甚至用旧布等代替卫生巾。

我国东部沿海地区和内陆地区的经济发展水平和收入差异较大，地理、气候、卫生意识和消费习惯也各不相同，因此卫生用品的消费存在着明显的城乡和地域差异。市场渗透率及消费者对产品种类的选择视市场的地点有所不同。市场渗透率在城市较农村地区为高，在东部沿海地区较西部内陆地区为高。

在大中城市和经济发达地区卫生巾的消费呈小康特征，市场渗透率基本上接近100%。城市消费者在选购卫生巾时，最注重的因素依次是价格适中、使用经验、产品功能和有名的品牌。消费者已经开始由只认价格的消费，转向重品牌、重性价比的理性消费。

1.8 销售渠道的变化

吸收性卫生用品的物流成本较高、流动资金占用较大。中小型生产规模的制造商一般在当地附近地区销售产品，全国性的品牌为数不多。制造商一般通过多种渠道销售产品，包括批发商、分销商、超市、大卖场、传统零售店铺及便利店。

由于近几年中国加入 WTO 后大卖场和连锁超市在城乡的迅速普及，终端销售的重要性日益突出，所占比例扩大，销售渠道有很大的变化。零售商定牌加工的情况逐渐增多。根据生活用纸委员会的调查，2008 年估计在特大城市和省会城市卫生巾/卫生护垫在现代零售渠道即大卖场、超级市场、小型超市、便利店等的销售份额在 70% 以上。在二、三级城市以下的市场，销售渠道则仍以传统的批发分销通路为主，但现代渠道份额的逐年增长非常明显。

产品进入大卖场可以提高品牌的知名度，扩大销售量，减少中间环节，及时反馈信息，但在大卖场和制造商之间，"进场费"一直是碰撞最为激烈的话题，大卖场门槛的提高对跨国公司及大企业有利，很多中小企业因不能承受高额费用无利可图而选择退出。大卖场、超市因经营不善倒闭，使供货商财物两空的情况也时有发生。即便是大企业也往往不能接受某些大型零售商的霸王条款，通过抵制、退出等方式进行斗争以获得合理利润。

1.9 产品标准和质量

卫生巾/卫生护垫有统一的国家产品标准和卫生标准，国家质检总局和卫生部每年都进行产品抽查。

产品标准 根据国家标准化管理委员会发布的 2008 年第 1 号(总第 114 号)国家标准批准发布公告，GB/T 8939—2008《卫生巾(含卫生护垫)》国家标准于 2008 年 1 月 4 日发布，并于 2008 年 9 月 1 日起开始实施。新标准由强制性国家标准改为推荐性国家标准，卫生标准引用强制性国家标准 GB 15979—2002《一次性使用卫生用品卫生标准》，部分指标、试验方法和包装等内容也作了相应调整。

质量抽查 2008 年第一季度，国家质检总局组织对卫生巾(含卫生护垫)产品质量进行了国家监督抽查。共抽查了北京、天津、上海、江苏、安徽、广东、浙江、福建、江西、湖北等 10 个省、直辖市 108 家企业生产的 120 种产品(不涉及出口产品)，产品实物质量抽样合格率为 97.9%。此次抽查的涉及人身健康的卫生指标大肠菌群、绿脓杆菌、金黄色葡萄球菌、溶血性链球菌和物理性能指标条质量偏差、吸水倍率、正面横向渗扩宽度等项目单项符合率达到 100%。市场占有率较高的大型企业产品质量较好，所检产品全部达到国家标准规定的要求。2008 年委托国家纸张质量监督检验中心定期检验产品质量的大中型企业的产品检验结果全部合格。

免检废止 行业中原有 14 家企业的 17 个品牌的卫生巾(含卫生护垫)获得国家免检产品资格，由于国内乳制品行业的三聚氰胺事件，2008 年 9 月 18 日，国家质检总局公布第 109 号总局令，决定自公布之日起，对《产品免于质量监督检查管理办法》(国家质量监督检验检疫总局令第 9 号)予以废止。由国家工商总局商标局颁发的驰名商标称号继续有效。

1.10 市场展望

2008 年，由于受到特大自然灾害和金融危机的影响，国民经济增速放缓，但是我国经济社会发展的基本面和长期向好的趋势没有改变，2009 年政府工作报告确定 GDP 的增长率力争达到 8%，并陆续出台了一系列鼓励企业发展的政策，预计国民经济将继续保持平稳较快增长。卫生巾/卫生护垫产品属于快速消费品，受经济环境影响较小，但不论是国内市场还是出口市场竞争将更加激烈，价格战很可能蔓延；因为对高档产品的需求减少，所以将影响销售额的增长。由于基数较高，随着人民生活水平的提高，城市化进程的加快，卫生巾市场在今后十几年内将以略低于 GDP 增长率的速度发展(卫生护垫的增长率与 GDP 同步或略高)，但年增长率仍高于世界平均水平，总量稳步增长，并逐渐呈现小康型消费特征。消费层次出现多样化且向中高档过渡，消费领域不断扩展。从整体上看，今后十几年城镇市场和农村市场将日趋融合，但仍然存在着明显差距。预期会出现以下情况：

• 2009年经济环境对行业和市场的不利影响将比2008年明显，特别是外向型企业。

• 市场进入成熟期，城镇市场基本饱和，消费量增长放慢，到2020年达到全面普及(见表3)。

• 由于消费档次提高，产品细分，出现更多的高质量和功能性产品，产品包装更加美观和方便携带，市场销售额增长高于消费量的增长。

• 随着国家减免农业税等三农政策的贯彻和农民可支配收入的增加以及“万村千乡”市场工程的建设，连锁经营将向农村延伸，农村卫生巾市场渗透率将较快提高。

• 企业在原材料等方面的成本压力将有所缓解，如绒毛浆的价格从2008年第三季度起已经下降，而且幅度较大；随着石油价格降低，以石油为基础原料的非织造布、薄膜和化工产品等原辅材料成本将从高位回落，估计在一段时间内将保持较低或正常价位。

• 行业进一步整合，龙头企业的发展速度高于行业平均发展速度；在国家扶持中小企业的政策支持下，一些基础较好、经营有方的中小企业将抓住机遇，脱颖而出。

• 由于市场竞争和优胜劣汰的结果，女性卫生用品的制造商和品牌数目将从逐年增加到逐渐减少，集中度提高。国家实施增值税转型改革将减轻企业税负，有利于企业设备的升级换代，有实力的制造商追求规模效益，扩大生产规模或择厂定牌加工。卫生巾产品品质提高，由20~30个品牌占领绝大部分市场。

表3 卫生巾/卫生护垫的市场预测

年份	15—49岁女性人数/百万人	卫生巾			卫生巾/卫生护垫		
		消费量/亿片	年平均增长率/%	市场渗透率/%	消费量/亿片	市场规模/亿元	市场规模增长率/%
2007	364.8	443	6.8	67.5	662	305	17.1
2008	366.6	480	8.4	72.7	721	351	15.1
2010	371.4	534	5.5	79.8	815	412	8.0
2020	398.3	720	3.0	100	1175	611	4.0

注：为便于与往年的数据比较，市场渗透率仍按15-49岁妇女每人每年用180片计。由于现定的适龄女性年龄范围偏窄(随着营养水平提高，女性生理期年龄段应扩大为12—50岁比较符合实际情况)，女性每次生理期的平均用量偏低(现按180片/年计算，与日本等发达国家的水平相差较大，实际应调整为200~240片/年比较符合实际情况)，因此可能偏高。

2 婴儿纸尿布

2.1 市场规模

2008年中国婴儿纸尿布的市场继续保持高速增长。根据生活用纸委员会的统计，婴儿纸尿裤的设备平均利用率约68%；总产量为104.9亿片，其中婴儿纸尿裤为72.8亿片，婴儿纸尿片/垫为32.1亿片；总销售量(含出口)为102.8亿片，其中婴儿纸尿裤72.4亿片，婴儿纸尿片/垫30.4亿片；总消费量约95.7亿片，其中婴儿纸尿裤约65.9亿片，婴儿纸尿片/垫约29.8亿片。婴儿纸尿布的工厂销售额合计约77.0亿元(婴儿纸尿裤按出厂价0.87元/片计，婴儿纸尿片/垫按0.46元/片计)；市场规模达到117.8亿元(按平均零售价：婴儿纸尿裤1.44元/片，婴儿纸尿片/垫0.77元/片计算)。

婴儿纸尿布的消费量比2007年增长23.5%，其中婴儿纸尿裤增长26.2%，婴儿纸尿片/垫增长17.8%。市场渗透率由2007年的17.3%上升到21.1%。

表4 2008年婴儿纸尿布的产量和消费量

	2007年	2008年	同比增长/%
婴儿纸尿裤			
产量/亿片	58.0	72.8	25.5
工厂销售量/亿片	57.7	72.4	25.5
消费量/亿片	52.2	65.9	26.2
婴儿纸尿片/垫			
产量/亿片	25.9	32.1	23.9
工厂销售量/亿片	25.4	30.4	19.7
消费量/亿片	25.3	29.8	17.8
婴儿纸尿布合计			
产量/亿片	83.9	104.9	25.0
工厂销售量/亿片	83.1	102.8	23.7
工厂销售额/亿元	60.7	77.0	26.8
消费量/亿片	77.5	95.7	23.5
市场渗透率/%	17.3	21.1	21.9
市场销售额/亿元	94.6	117.8	24.6

注：1. 根据国家统计局资料，2008年年底总人口132802万人，按估计0—2岁婴儿人数为4125万人计算；
2. 市场渗透率按0—2岁婴儿人均需用纸尿布3片/天计。

2.2 主要生产商和品牌

中国的纸尿布市场由多个生产商组成。中国

造纸协会生活用纸专业委员会2008年底统计在册的婴儿纸尿布的生产企业345家。但全国性品牌数量不多，品牌集中度高。知名品牌有帮宝适、妈咪宝贝、安儿乐、嘘嘘乐、菲比等。据新生代市场监测机构调查的结果(对零售终端)，2008年在使用过的婴儿纸尿裤品牌方面，按消费者人数计算，排在前三位的分别为帮宝适、安儿乐和妈咪宝贝。根据生活用纸委员会的统计调查，排序前10位生产企业的婴儿纸尿裤(不含纸尿片/垫)销售量合计约占所有企业婴儿纸尿裤总销售量的73.5%，其纸尿布的销售额合计约占所有企业总销售额的87.0%。

表5　2008年主要按销售额综合排序前10位的婴儿纸尿布生产商

序号	公司名称	品牌	产量(纸尿裤+纸尿片/垫)/(亿片/年)
1	福建恒安集团有限公司	安儿乐	10.74+9.08
2	宝洁(中国)有限公司	帮宝适	12
3	尤妮佳生活用品(中国)有限公司	妈咪宝贝	7.97
4	金佰利(中国)有限公司	好奇	2.90(韩国产)+0.16
5	东莞市白天鹅纸业有限公司	贝柔	4.0+4.85
6	全日美实业(上海)有限公司	嘘嘘乐，小淘气	6.05+1.10
7	雀氏(福建)实业发展有限公司	雀氏	3.12+1.95
8	中山瑞德卫生纸品有限公司	菲比，爱婴	2.14+0.02
9	福建恒利集团有限公司	爽儿宝	3.27+1.56
10	广东百顺纸品有限公司	茵茵YINYIN	2.24+1.08

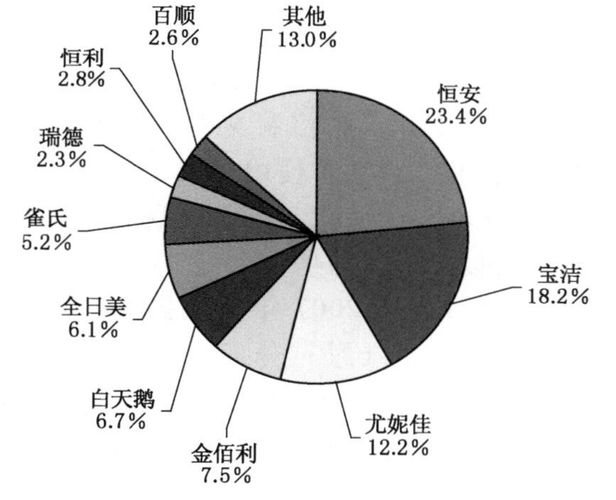

图4　排序前10位的婴儿纸尿布生产商的市场份额(销售额)

宝洁和恒安是目前中国最大的婴儿纸尿裤制造商。金佰利的好奇、宝洁的帮宝适和尤妮佳的妈咪宝贝是市场美誉度最好的婴儿纸尿裤。最近的一次调查显示，消费者过去一年曾购买帮宝适的比例高达65.2%，市场占有率位居首位，其他品牌依次是妈咪宝贝(43.5%)、好奇(32.1%)、安儿乐(26.8%)、嘘嘘乐(12.2%)和菲比(11.8%)。

2008年恒安集团婴儿纸尿布销售额增长在40%以上。2008年销售额有明显增长的其他企业有：金佰利增长108.5%(在中国销售的好奇纸尿裤原产地韩国)；白天鹅增长131.2%；尤妮佳增长124.2%；全日美增长40.9%；好孩子百瑞康增长16.3%；恒利增长12.6%；雀氏增长29.0%；三笑增长18.5%；唯尔福增长31.3%；天和增长120.9%；丝爽增长24.0%；乐从康怡增长81.2%；倍舒特增长4倍(为外包加工)；美佳爽增长53.8%。

2.3　市场处于快速成长期

2008年婴儿纸尿布市场特别是高档产品市场继续呈现快速增长的主要原因是国内经济持续快速增长，老百姓的物质生活水平进一步改善，出生率提高，人们对纸尿布方便快捷以及呵护宝宝作用的普遍认可。

随着经济收入的增加和前些年对婴儿纸尿布市场的培育推动而造成新一代年轻父母消费观念的改变，加上20世纪80年代我国生育高峰期出生的人已进入结婚生子年龄，婴儿纸尿布的国内消费需求明显增加，市场进入快速成长期，2008年婴儿纸尿布的市场渗透率达到21.1%。根据有关调查数据，北京和上海有80%以上的婴儿使用纸尿布，成都、重庆、南京、武汉等大城市市场覆盖率也在40%～50%之间，同时由于帮宝适、妈咪宝贝、安儿乐等品牌巨大的广告投入，使婴儿纸尿布在二、三级市场也迅速渗透，在县和乡镇市场国内品牌的优势比较明显。

金佰利的好奇和尤妮佳的妈咪宝贝等纸尿裤增长强劲，主要受益于其高端客户群的大量增加，有关市场调查显示，这两个品牌在北京、上海占明显优势，并积极向二、三线城市扩张。

一般来说，婴儿纸尿布的毛利率低于卫生巾，年产量达到4000万～5000万片规模以上的生产商才有利润，所以相对于卫生巾来说，行业集中度更大，婴儿纸尿布市场的增长主要是大企业的扩张。

由于2007年至2008年上半年，国际市场石油和纸浆价格持续上涨，2008年婴儿纸尿布的零售价格普遍上调，也促使了销售额的提高。

2.4 出口量增速放缓

由于跨国公司进入中国建厂，除金佰利的"好奇"牌婴儿纸尿裤外，在中国销售的国际品牌婴儿纸尿裤基本上都是在中国境内生产的。宝洁、尤妮佳等为调剂境内外销售品种，也有少量进出口。据海关统计数据，"商品编号48184000（卫生巾及止血塞、婴儿纸尿布、尿布衬里等）"一项2007年出口量比2006年增长28.7%，而2008年比2007年增长20.4%，显示这一商品编号下产品（包括卫生巾、婴儿纸尿布、成人纸尿布、护理垫、宠物垫、干法纸等）的总出口量增速放缓，其中护理垫为负增长。主要原因是受国际金融危机影响，有些企业出口量减少，有些企业甚至全部转为国内销售，但是也有些企业的婴儿纸尿裤出口量增加较快。出口量较大的企业有：东莞瑞麒、江苏宝姿（原江苏艾蝶）、杭州侨资、好孩子百瑞康、福建美佳爽、福建天和、福建天使、义乌安柔等。

海关数据显示，在商品编号48184000下的出口产品按出口量排序，2008年前20位的出口国家和地区依次为：美国、日本、香港、中国台湾省、菲律宾、韩国、印度、印度尼西亚、南非、加纳、马来西亚、土耳其、埃及、澳大利亚、泰国、巴基斯坦、新加坡、智利、尼日利亚、英国。

根据财政部、国家税务总局2009年3月发布的《关于提高轻纺、电子信息等商品出口退税率的通知》，自2009年4月1日起，在商品编号48184000下的出口产品的出口退税率从5%调整为13%。

2.5 消费特点

相对于卫生巾而言，婴儿纸尿布市场的发展对居民可支配收入的要求高得多，但目前婴儿纸尿布市场与以前相比已经有很大的变化，在大城市90%左右的婴儿父母使用过纸尿布，婴儿在医院出生时就开始用纸尿布，回家后，大部分父母会选择继续使用纸尿布或与可洗尿布并用，纸尿布逐渐成为普通的婴儿日用品。在中小城镇，甚至相对富裕的农村地区，价格低廉的纸尿片的市场也在悄然扩大。

在婴儿纸尿布的消费方面，中国具有不同于发达国家的特点，即在使用纸尿布的婴儿中人均使用量低（我们按每天平均使用3片计算，根据有关资料日本平均使用量为4.9片，欧美发达国家平均使用量为5.6片），如许多家庭将纸尿布与布质尿布混用、仅在夜晚用或仅在外出时用以及婴儿稍大后不再使用尿布等。这与中国人节俭的传统和很多老人愿意帮助照料第三代的伦理文化有关。根据婴儿纸尿布使用情况的一次网络调查的结果，使用婴儿纸尿布的家庭约占53%，而只使用布质尿布的仅不到5%，纸尿布和布质尿布混用的约占42%。在每月使用纸尿布的费用支出上，大部分家庭控制在50～80元。为控制支出，约58%的家庭选择仅在婴儿睡觉时使用纸尿布。但目前这种情况也正在发生变化，有些家庭的用量也达到6片/日以上，特别是新生儿阶段。

根据欧睿公司2007年的数据，如果按照婴儿体重把婴儿纸尿布分成三类，即新生儿Newborn适用（2～5千克）、婴儿适用Standard（6～10千克）和儿童适用Junior（11千克以上），这三类产品分别占中国婴儿纸尿布市场的35%、52%和13%。

2.6 相关原材料的供应情况

2008年上半年国际市场石油和纸浆价格继续上扬，直到第三季度才开始回落。上半年不但绒毛浆涨价，婴儿纸尿布使用的其他各类原材料如高吸收性树脂、非织造布、PE膜、胶带、弹性材料、包材等价格也持续上涨，企业的利润空间被压缩，直到第三季度以后成本压力才得以缓解。

绒毛浆 有关资料显示全球绒毛浆的产量约400万吨，其中46%用于婴儿纸尿布，23%用于女性卫生用品，22%用于成人失禁用品，9%用于干法纸产品。

2008年生活用纸委员会对行业使用绒毛浆的情况从供应商和生产商两方面进行了比较详细的调查统计，调查分析结果显示：2008年中国吸收性卫生用品（含卫生巾、卫生护垫、婴儿纸尿布、成人失禁用品、宠物垫/宠物尿裤、干湿擦拭巾等）的绒毛浆用量约为43.5万吨，比2007年增长约10%。其中56.7%用于卫生巾/卫生护垫（其中使用的干法纸已经折算成绒毛浆）；26.4%用于婴儿纸尿布；13.3%用于成人失禁用品；1.0%用于宠物垫/宠物尿裤；2.6%用于以干法纸为基材的干湿擦拭巾等。对比全球产品结构的数据，也可以看出目前中国的婴儿纸尿布和成人失禁用品的消费水平差距比较大。

我国吸收性卫生用品行业所使用的绒毛浆由进口正品浆、打包绒毛浆和国产绒毛浆三类产品组成。主要是进口正品浆产品，占90%以上。进口正品绒毛浆的生产商及品牌，按在中国市场的销售量排序如表6。

表6 2008年进口正品绒毛浆的主要生产企业及品牌

序号	企业名称	品牌
1	美国惠好公司(Weyerhaeuser)	惠好(Weyerhaeuser)
2	美国GP纤维公司(GP Cellulose)	金岛(Golden Isles)
3	美国国际纸业公司(IP，International Paper)	超柔(Supersoft)
4	美国瑞安公司(Rayonier)	白玉(Rayfloc)
5	芬兰斯道拉恩索公司(Stora Enso)	女神(Stora Prime)
6	美国宝爱公司(Buckeye)	宝爱(Buckeye)
7	美国东塔公司(Domtar)	东塔(Domtar)
8	美国石头公司(Stone)	石头(Stone)
9	美国宝水公司(Bowater)	宝水(Bowater)
合计进口量37.3万吨		

2008年国产绒毛浆的数量很少，主要制造商有：福建腾荣达纸业（BCTMP杉木绒毛浆生产能力4万吨/年），南宁武鸣奥诺纸业和广西贺达纸业等。后两家企业主要生产马尾松硫酸盐法绒毛浆，2008年因故都没有生产，其中南宁武鸣奥诺纸业计划在2009年恢复供应绒毛浆。

由于2008年绒毛浆价格上涨幅度高于造纸浆，使其间的价差拉大，部分中小型企业，特别是生产卫生巾、护理垫、宠物垫的企业使用了部分造纸浆（板浆）。

干法纸 由于超薄型卫生巾和护垫产量的增长，2008年干法纸的用量也有较大的增长。根据中国造纸协会生活用纸专业委员会统计，2008年干法纸的总生产能力约为13万吨，产量约8.5万吨，出口量约2万吨，绒毛浆用量约6万多吨。

高吸收性树脂 2008年高吸收性树脂（SAP）用量估计约为10万吨，大部分为进口产品，约占90%以上，主要供应商有住友（SumitomoSeika）、三大雅（San-Dia）、触媒（NipponShokubai）、巴斯夫（BASF）、台塑等公司，其中日本的三大雅、触媒和中国台湾的台塑都在国内建设了生产厂。国内企业生产的SAP的市场占有率仍然很小，主要有泉州邦丽达和济南昊月等公司的产品。

根据中国造纸协会生活用纸专业委员会调查，2008年中国大陆包括外商独资企业在内的高吸收性树脂生产能力约为17万吨/年，与中国造纸协会生活用纸专业委员会2005年调查时的10万吨/年相比，增长了70%。新增生产能力主要有三大雅新增的3万吨/年产能和台塑于2008年在宁波投产的3万吨/年产能等。

表7 2008年主要的干法纸生产企业

企业名称	生产能力/（万吨/年）	备注
博爱（中国）膨化芯材有限公司	1.7	进口设备和上海嘉翰设备
南宁侨虹新材料有限责任公司	1.0	进口设备
亿利德纸业（上海）有限公司	0.7	进口二手设备
福建晋江市安海博源膨化芯材有限公司	1.5	国产设备
山东信成纸业有限公司	0.45	
宁波奇兴无纺布有限公司	1.2	
揭东县新亨洁新纸业制品厂	1.8	
南京陶雨工贸实业有限公司	0.4	
嘉兴申新无纺布厂	0.3	
上海森绒纸业有限公司	0.2	

表8 2008年主要的高吸收性树脂生产企业

序号	企业名称	生产能力/（万吨/年）
1	三大雅精细化学品（南通）有限公司	5.5
2	日触化工（张家港）有限公司	3
3	台塑吸水树脂（宁波）有限公司	3
4	泉州邦丽达科技实业有限公司	2
5	济南昊月吸水材料有限公司	1
6	安徽华晶新材料有限公司	1
7	唐山博亚树脂有限公司	0.7
8	衢州威龙高分子材料有限责任公司	0.3
9	晋江汇森工贸有限公司	0.3
10	泰安市众乐高分子材料有限责任公司	0.2
11	福建天昱新型材料有限公司	0.1
合计		17.1

2008年高吸收性树脂的总产量约为12万吨，生产的SAP主要满足国内市场，出口占比例较小。另外，住友和巴斯夫销售的SAP是进口产品。

2008年SAP的价格也呈现前高后低的情况，基本上在2万元以下，相比2005年有所下降。

2.7 产品标准和质量

纸尿裤(含纸尿片/垫)有统一的产品标准和卫生标准，国家质检总局和卫生部每年都对婴儿纸尿裤产品进行抽查，产品质量逐年提高。

产品标准 纸尿裤(含纸尿片/垫)执行行业标准QB/T 2493—2000。

卫生标准 纸尿裤(含纸尿片/垫)执行国家标准《一次性使用卫生用品卫生标准GB 15979—2002》。

2008年国家质检总局没有组织纸尿裤专项抽检。北京市质量技术监督局和北京市卫生监督所分别对北京市场的婴儿纸尿裤(含纸尿片/垫)进行了抽检，抽检结果全部合格。

产品细分适应不同消费层次 婴儿纸尿裤产品型号一般按婴儿体重分小号(S)、中号(M)、大号(L)、特大号(XL)4种，但也有新生儿用(NB)和超特大号(XXL)的产品。2008年为了适应普通家庭的消费水平，扩大市场份额，各制造商推出各种经济型纸尿裤，简易包装和大包装，大型零售商如家乐福也推出了零售商品牌纸尿裤产品。同时，随着中高收入人群的增加，生产商更加注意提高产品的吸收性和舒适合身性，超薄柔软、超薄干爽、采用ADL导流层、弹性腰围等弹性材料、添加芦荟护肤成分、增加抑菌层等的高档产品也受到欢迎。一些大的纸尿裤制造商都紧跟国际流行趋势采用透气膜做纸尿裤底膜，以减少尿布疹的发生。另外，婴儿纸尿裤产品市场还细分为男婴用和女婴用市场，除妈咪宝贝最早推出男婴、女婴用产品外，金佰利的训练裤(好奇成长纸尿裤)也分为男、女婴用，宝洁的帮宝适好动宝宝纸尿裤和学步宝宝拉拉裤也分为男、女婴用。

在设计方面追求时尚和采取网络营销的趋势在2008年也有所体现，如金佰利公司推出了牛仔裤型婴儿纸尿裤，宝洁在网上试销可更换吸收垫的PampersChange‘NGo纸尿裤。

国际品牌推出的训练裤等高附加值的产品主要是开拓高端市场，目前市场份额不大。2008年前后由于新生儿数量增加(每年出生1800万~2000万人)，新生装和标准型的产品增长更快。

2.8 关注环境友好和可持续发展

纸尿布使用后的废弃物如果没有经过合理的处置会对环境造成影响。为倡导生产企业增强社会责任感和环境意识，2008年10月20日中国造纸协会生活用纸专业委员会在宝洁、金佰利、恒安、尤妮佳等行业领先企业的支持下，举办了“和谐环境·关爱生活——纸尿裤、环境与可持续发展论坛，发布了中国第一份《纸尿裤、环境与可持续发展》报告。报告通过总结国内外纸尿裤产业的可持续发展，引导企业通过不断改进技术和产品，更高效地节约利用自然资源，继续推动中国纸尿裤行业的可持续发展战略。与会的十多家知名企业均表示将积极响应这一“绿色战略”，树立全方位可持续发展的新时代行业准则。

全球纸尿裤行业在过去的20多年间，由于生产商不断地研发高新技术，纸尿裤产品的平均条质量下降近40%，包装材料的用量减少了41%，大大减少了废弃物的产生量，同时产品废弃后的处置完全符合生活垃圾环境管理的要求。多个研究机构通过环境生命周期的评价表明：纸尿裤和布尿片在对环境的影响方面并没有谁更有优势，而且纸尿裤产品持续不断的革新使其性能远远超出了布尿片，纸尿裤产品全方位的技术更新必将贯穿整个行业的发展。

论坛发布的报告认为虽然纸尿裤在我国发展年限尚短，但技术起点较高，在原材料节约和减少环境影响等方面基本与国际保持同步水平，而且纸尿裤废弃物在我国城市固体废弃物中所占的比例很低，产品本身的特性也使其能与当前处理废弃物采用的填埋和焚烧方式兼容，产品和生产过程使用的原材料是采用有效和节约利用自然资源的方式生产的。即便如此，报告指出，纸尿裤行业还应持续不断地努力，通过研发、生产、管理等各方面的持续提高来促进行业的可持续发展水平。

在使用可降解材料的“绿色”产品方面，由于发达国家正处于研发阶段，并存在很多争议，国内目前尚无这类产品。

2.9 市场展望

第四次生育高峰 根据国家人口计生委资

料，由于上世纪80年代中国第三次生育高峰出生的独生子女已步入婚育阶段，我国正处于第四次生育高峰。据专家预测，2010－2015年间我国20－29岁的育龄妇女的人数将保持在约1.1亿人的峰值，而按照国家计划生育政策，这些独生子女是可以生二胎的，这也会加剧这个生育高峰。同时按照我国计划生育政策，独生子女虽然可以生育两胎，但生育第二胎要与第一胎间隔至少4年以上，或者女方需在28周岁以上，所以，这个高峰也有可能会持续更多年。2008年是北京举办奥运会的一年，诞生了许多“奥运宝宝”，2009年将会出现一大批“金宝宝(金融危机宝宝)”，从种种情况分析，这个高峰将会持续一段时间。

市场发展潜力大 婴儿出生数量是婴儿纸尿裤销售的必要条件，但并非充分条件，因为最主要的影响因素是购买力，而购买力又取决于年人均GNIPPP值(与国民总收入有关的购买力平价值)。有国外资料按每片纸尿裤零售价21美分计算，发达国家婴儿人年均消耗费用为475美元，占其人均GNIPPP的2%，在美国这一比例更低。我国目前人均GNIPPP(与国民总收入有关的购买力平价值)大约是发达国家的1/5。虽然中国近几年婴儿纸尿布的生产和市场有很大的发展，但与发达国家相比仍有很大的发展空间，非常具有市场发展潜力。

金融危机的影响 在由金融危机引发的全球性经济衰退形势下，中国也不能独善其身，但对婴儿纸尿布销售量增长的影响较小，由于消费者可能更倾向于选用性价比较好的经济型产品，所以对销售额的增长可能有一些影响。但由于中国高收入人群的不断扩大和对品牌忠诚度的提高，高端产品的市场也会稳中有升。

一方面是婴儿潮的出现，另一方面是中国经济持续快速发展，中产阶层和富裕人群的数量迅速增加，婴儿纸尿布的价格也已经达到城镇较高收入人群可以接受的程度，因此虽然有世界经济形势的不利影响，但今后几年内预计还会有较高的增长率。预计将出现以下情况：

- 2009年经济环境对行业和市场的影响将比2008年明显，特别是外向型企业。
- 由于基数仍比较低，婴儿纸尿布市场继续以高于GDP增长率的速度迅速发展。大城市和沿海地区中小城市市场渗透率进一步提高，随着中国政府开发西部和东北地区经济方针的推进，这些地区的经济会有较大程度的发展，婴儿纸尿布在这些地区的渗透率也会相应增加。
- 由于中国是一个发展中国家，大多数人民的生活还不富裕，婴儿纸尿布的市场达到成熟期还需假以时日，预计到2020年市场渗透率达到约60%。
- 虽然婴儿纸尿布市场发展较快，但随着原有企业的扩大再生产以及新的制造商的加入，新上生产线较多，在部分地区出现供大于求的局面，市场竞争激烈。另外，零售商品牌纸尿布的推出也会加剧中低档市场的竞争。
- 行业进一步整合，领先企业的市场份额扩大。
- 产品细分，高端产品进一步发展；销售包装从小型向中型(每包30～80片)发展。

表9 婴儿纸尿布市场预测

年份	2岁以下婴儿人数/万人	消费量/亿片	年平均增长率/%	市场渗透率/%
2007	4100	77.5	44.6	17.6
2008	4125	95.7	23.5	21.1
2010	4250	137.8	20	29.6
2020	4520	297.5	8	60.1

注：按0－2岁婴儿人均需用纸尿裤3片/天计算。

3 成人失禁用品

3.1 市场规模

成人失禁用品主要包括成人纸尿布(成人纸尿裤/纸尿片)和护理垫。由于成人失禁用品的出口和外贸加工比例很大，2008年因国际经济不景气导致外销市场萎缩，出口贸易量增速明显减缓，但国内消费市场继续保持10%以上的较快增长，成人失禁用品的市场渗透率达到约2%。根据生活用纸委员会的统计，2008年成人纸尿布设备的平均利用率约50%；产量约3.82亿片，其中裤型产品约2.54亿片；销售量3.56亿片，其中裤型产品约2.51亿片，工厂销售额约6.0亿元(成人纸尿裤按1.99元/片计，纸尿片按0.96元/片计)；成人纸尿布的出口量约1.71亿片，消费量约1.85亿片。护理垫的产量约3.78亿片，销售量约2.84亿片，工厂销售额约2.53亿元(按0.89元/片计)；出口量约0.62亿片，消费量约2.22亿片。成人失禁用品合计的工厂销售额约8.53亿元，市场规模约5.9亿元(按平均零售价：成人纸尿裤/纸尿片2.0元/片，护理垫

0.99 元/片计算)。

表 10 2008 年成人失禁用品的产量和消费量

	2007 年	2008 年	同比增长/%
成人纸尿裤			
产量/亿片	2.35	2.54	8.1
工厂销售量/亿片	2.32	2.51	8.2
工厂销售额/亿元	4.62	4.99	8.2
成人纸尿片			
产量/亿片	0.88	1.28	45.5
工厂销售量/亿片	0.86	1.05	22.1
工厂销售额/亿元	0.81	1.01	24.7
成人纸尿布合计			
产量/亿片	3.23	3.82	18.3
工厂销售量/亿片	3.18	3.56	11.9
工厂销售额/亿元	5.43	6.00	10.6
出口量/亿片	1.67	1.71	2.3
消费量/亿片	1.51	1.85	22.6
护理垫			
产量/亿片	3.98	3.78	-5.0
工厂销售量/亿片	3.08	2.84	-7.8
工厂销售额/亿元	2.49	2.53	1.6
出口量/亿片	1.11	0.62	-43.7
消费量/亿片	1.97	2.22	12.4
失禁用品总计			
产量/亿片	7.21	7.6	5.4
工厂销售量/亿片	6.26	6.4	2.2
工厂销售额/亿元	7.92	8.53	7.7
消费量/亿片	3.48	4.07	17.0
市场规模/亿元	4.79	5.9	23.2

注：2007 年的报告将轻度失禁用品计入成人纸尿片和护理垫中，为便于比较，本报告对 2007 年的数据进行了调整，减去了轻度失禁用品部分。

2008 年中国成人失禁用品的消费量比上年增长 17.0%，其中成人纸尿布消费量增长 22.6%，护理垫消费量增长 12.4%。但是受金融危机影响，2008 年外销市场萎缩，成人纸尿布出口量只比 2007 年略有增长，而护理垫的出口量同比下降 43.7%。2007 年成人纸尿布约有 65% 是 OEM 加工出口，护理垫约有 78% 是 OEM 加工出口，而 2008 年成人纸尿布出口量只占销售量的 48%，护理垫出口量只占销售量的 22%。国内成人失禁用品的市场规模比 2007 年增长 23.2%，除消费量增长外，产品价格提高也使市场销售额增加。

3.2 主要生产商和品牌

中国造纸协会生活用纸专业委员会 2008 年年底统计在册的成人失禁用品生产商约 180 家。目前国内主要的一次性卫生用品设备制造商都能够生产成人失禁用品设备，包括纸尿裤机、纸尿片机和护理垫机。很多原来生产妇女卫生用品和婴儿卫生用品的厂家都开始生产成人纸尿裤/片和护理垫。2008 年成人失禁用品销售额增长较多的企业有：倍舒特增长 3 倍多，稳德福增长 1 倍多，全日美增长 35.3%，特日欣增长 37.2%，新感觉增长 8.7%。

表 11 2008 年成人失禁用品的主要生产企业

公司名称	品牌	产品范围
福建恒安集团有限公司	安而康	成人纸尿裤、纸尿片、护理垫
天津杏林白十字医疗卫生材料用品有限公司	洒露把	成人纸尿裤、纸尿片、护理垫
佛山市顺德区新感觉卫生用品有限公司	新感觉	成人纸尿裤(OEM)、纸尿片、护理垫(OEM)
佛山市南海稳德福无纺布有限公司	稳德福，老夫子	成人纸尿裤、纸尿片、护理垫
全日美实业(上海)有限公司	包大人	成人纸尿裤、纸尿片、护理垫
金佰利(中国)有限公司	得伴，舒而美	成人纸尿裤、纸尿片、护理垫(全部 OEM)
浙江省义乌市安柔卫生用品有限公司	奥利康，子女心	成人纸尿裤、护理垫
广东百顺纸品有限公司	茵茵 YINYIN	成人纸尿裤、纸尿片
天津小护士实业发展有限公司	小护士	护理垫
天津依依卫生用品有限公司	依依	护理垫(OEM 占 90% 以上)
北京倍舒特妇幼用品有限公司	倍舒特	护理垫
泰州远东纸业有限公司	安洁尔	护理垫
上海唯尔福(集团)有限公司	唯尔福	成人纸尿片、护理垫
金卫集团江苏宝姿实业有限公司(原江苏艾蝶)		成人纸尿裤
广西梧州市宝莱卫生用品实业有限公司	莱护士	成人纸尿裤
上海必有福生活用品有限公司	必有福	成人纸尿裤、纸尿片、护理垫
杭州侨资纸业有限公司	可靠	成人纸尿裤、纸尿片、护理垫
东莞市常兴纸业有限公司	雅康健，护理爽	成人纸尿裤、纸尿片
常熟市爱舍伦医疗用品有限公司		护理垫

2008年成人失禁用品生产企业数量增多，再加上许多出口型企业由于外贸订单减少转而开拓国内市场，促进了成人失禁用品市场的发展。主要生产商推出不同类型的产品以满足不同的市场需求，成人纸尿裤不仅有大(L)、中(M)、小(S)号，还分为基本型、经济型、豪华型，护理垫主要用于医院和家庭对失禁和不能行动病人的护理，也分为加长型、加宽型等。恒安集团还推出了安而康直条型成人纸尿片，并附赠非织造布尿片套。金佰利公司推出了“得伴(Depend)”品牌的成人纸尿裤和轻度失禁的尿巾。

3.3 市场展望

成人失禁用品市场在中国处于发展初期，随着中国经济的发展、社会进入老龄化以及老年消费者可支配收入的提高、观念的转变，这一市场具有很大的发展潜力。

成人失禁用品可以让子女或护理人员从繁重的护理工作中解脱出来，使周围环境和护理工作更卫生、更方便，大大减轻居家养老的护理负担，更为重要的是，为失禁患者带来自立和尊严，进一步提高中老年人的生活质量，改善生存环境，从而满足老人的生活照料需求。

根据国家统计局数据，2008年全国60岁以上人口达到1.599亿人，占总人口的12.0%；65岁以上的老年人口达到1.096亿人，占总人口的8.3%。参考日本有关资料，65岁以上老人需要护理的占12%，则我国在2008年需要护理的老人达1300万人，另外全国65岁以下的瘫痪和半瘫痪病人估计约100万人，再加上65岁以下失禁病人和因患病或手术卧床的约100万人，总计约1500万人。2008年成人失禁用品的国内市场消费量为4.07亿片，如果按人日均用量为3片计算，则市场渗透率仅为2%，可见成人失禁用品的市场需求潜力很大。从日本成人纸尿布的发展情况来看，日本卫生材料联合会在1997年调查老人之家时，成人纸尿裤/纸尿片的使用不超过13%，而在2004年调查中有39%的单位只使用用即弃成人失禁用品，加上纸尿裤/纸尿片和布尿布并用的单位，成人纸尿布的使用率达到99%，基本上所有的老人之家都在使用成人纸尿布。

美国是失禁用品零售额最高的市场，2007年其零售额超过11亿美元。日本是失禁用品人均消费量最高的国家，2007年其人均消费额达到6.21美元。中国目前和今后步入老年的城市人口都有退休金社会保障，家庭经济条件越来越好，可以预见我国成人失禁用品的市场将会有大的发展。

不仅是老年人或病人会失禁，很多年轻女性，特别是生育过的妇女都患有压迫性失禁，针对这些特定消费者的轻度失禁用品市场也是值得关注的。

4 宠物卫生用品

2008年中国宠物卫生用品(包括宠物纸尿裤和宠物垫)产量8亿多片，工厂销售额近5亿元，90%以上为外贸加工出口，其中宠物垫占绝大部分。在海关分类中，宠物卫生用品的商品编号也是48184000。宠物垫产品一般为多层结构，由表面材料、吸收体和底层材料组成。表面材料多使用PP非织造布，底层材料使用PE膜，中间吸收体由卫生纸包裹绒毛浆和高吸收性树脂制成，各层之间用热熔胶粘合。宠物垫一般分为大号(0.6米×0.6米)、中号(0.45米×0.6米)和小号(0.3米×0.45米)三种规格。

我国的宠物垫加工出口贸易从2001年开始，主要出口到日本和欧美等国，出口量逐年上升。从事宠物尿垫加工贸易的企业有几十家，主要分布在福建、浙江、江苏、山东、辽宁、北京、天津等省市。

表12 2008年宠物卫生用品的主要生产企业(排名不分先后)

企业名称	生产能力/(亿片/年)
大连爱丽思生活用品有限公司	约2
江苏中恒宠物用品有限公司	2
天津市依依卫生用品有限公司	1.4
杭州侨资纸业有限公司	1.9
芜湖悠派生活用品有限公司	1.4
北京倍舒特妇幼用品有限公司	0.5
金卫集团江苏宝姿实业有限公司	0.37
泰州远东纸业有限公司	0.38
上海唯尔福(集团)有限公司	0.8
好孩子百瑞康卫生用品有限公司	0.02

由于宠物卫生用品主要是外贸加工出口，所以也在一定程度上受到国际经济环境的影响，但据有关企业反映，由于具有性价比方面的优势，加上企业采取了各种应对措施，因此影响不是很大，2009年4月1日起，宠物卫生用品出口退税率提高对这些企业无疑是利好的消息。

5 湿巾

5.1 市场规模

湿巾是从2003年SARS以后开始流行的一种卫生用品，生产和市场发展十分迅速，品种和用途日趋多样化，可以用于居家和居家外的多种场合，各种高附加值的功能性湿巾产品也越来越多。

根据中国造纸协会生活用纸专业委员会的统计，2008年中国湿巾的产量约145亿片，销售量约139亿片。出口量约45亿片，是2007年的3倍，占销售量的32%，显示湿巾的出口贸易受国际金融危机的影响较小。消费量约94亿片，比2007年增长30.6%。工厂销售额约12.5亿元(按0.09元/片计)，市场规模(市场销售额)约13.2亿元(按0.14元/片计算)，比2007年增长32%。

表13　2008年湿巾的产量和消费量

	2007年	2008年	增长率/%
产量/亿片	98	145	48.0
销售量/亿片	87	139	59.8
出口量/亿片	15	45	200.0
消费量/亿片	72	94	30.6
工厂销售额/亿元	8.7	12.5	43.7
市场规模/亿元	10	13.2	32.0

5.2　主要生产商和品牌

中国造纸协会生活用纸专业委员会2008年年底统计在册的湿巾生产企业有324家，但全国性品牌不多，市场集中度相对较高。有很多企业是给其他国内企业或零售商做贴牌或给国外生产OEM产品，海关将湿巾产品归在商品编号34011990和34013000下。根据财政部、国家税务总局2009年3月发布的《关于提高轻纺、电子信息等商品出口退税率的通知》，自2009年4月1日起，湿巾的出口退税率从5%调整为13%，对出口湿巾的企业是利好的消息。

生产湿巾的基材主要是水刺法非织造布，用干法纸的较少，低档产品也有采用热轧法非织造布的。2008年销售额增长较多的湿巾企业有：金佰利增长120%(全部OEM)，上海东冠增长108%，义乌安柔增长66%，铜陵洁雅增长28%，扬州倍加洁增长24%，上海唯爱增长23%，康那香增长19%，江苏通江增长15%。

表14　2008年主要的湿巾生产企业(排名不分先后)

企业名称	品牌	生产能力/(亿片/年)
福建恒安集团有限公司	心相印	33
铜陵市洁雅生物科技股份有限公司	艾妮，喜擦擦，哈哈	27.8
康那香企业(上海)有限公司	康乃馨	21.76
江苏通江科技股份有限公司	纤手	23
广西舒雅护理用品有限公司	舒雅	11.5
上海美馨卫生用品有限公司	Cuddsies，凯德馨	16
深圳市康雅实业有限公司	Wetclean，Softclean	约10
金旭环保制品(深圳)有限公司	同高	2.1
扬州倍加洁日化有限公司	倍加	3.75
佛山市南海区桂城景兴商务拓展有限公司	ABC，易洁，EC	3
沈阳纳尔实业有限责任公司	丝柏	43
哈尔滨康夷宝卫生保健用品有限公司	康夷宝，冠洁，洁茵宝	
天津市艳胜工贸有限公司	科灵，倍舒乐	35
奈森克林(苏州)日用品有限公司	奈森克林	4
江西生成卫生用品有限公司	生成，乐知知，SC	10
北京一帆清洁用品有限公司	一帆	5.2
天津爱龙洁肤品有限公司	柔普馨	6.48
上海唯爱纸业有限公司	爱唯	1.3
济南卡尼尔科技有限公司	卡尼尔	36
上海东冠集团	洁云	0.84
北京爱华中兴纸业有限公司	一片云	0.45
晋江百合堂生活用品有限公司	菲柔	5
义乌市安柔卫生用品有限公司	安柔	11.3
诗乐氏实业(深圳)有限公司	诗乐氏	
大连大鑫卫生护理用品有限公司	娇点	5
大连欧派科技有限公司	欧派	1.5
哈尔滨金宵医疗卫生用品厂	双骄，冰哥，冰哥雪妹	
丹东康齿灵保洁用品有限公司	康恋	

续表

企业名称	品牌	生产能力/(亿片/年)
深圳市维尼健康用品有限公司	维尼	
大连雄伟保健品有限公司	雄伟	
大连维多利尔科技有限公司	禾采	
成都凯茜生物制品有限公司	凯斯	
大连阳光良品制药有限公司	阳光	
厦门可护工贸有限公司	可护	
青岛克大克生化科技有限公司	醉花阴，含露蜜	
河北氏氏美卫生用品有限责任公司	清巾	
大连桑拓生物新技术有限公司	妮爽，小大夫，沐琪尔	

5.3 产品情况

2008年中国造纸协会生活用纸专业委员会统计的湿巾品种主要有普通型、婴儿专用、女性专用、卸妆用及湿擦拭巾5种。其中普通型湿巾约占销售量的32.5%，婴儿专用湿巾约占44.2%，女性专用湿巾约占7.9%，卸妆用湿巾约占4.4%，湿擦拭巾约占11.0%。目前市场上的湿巾包装形式主要有单片装(独立装)、多片装、筒装3种。湿巾产品的功能性不断增强，添加了各种护肤成分，如芦荟、绿茶、薰衣草、薄荷等。有些企业还根据用途对湿擦拭巾进一步细分成各种功能性的专用产品，在国内市场推出后，销售反馈情况很好。

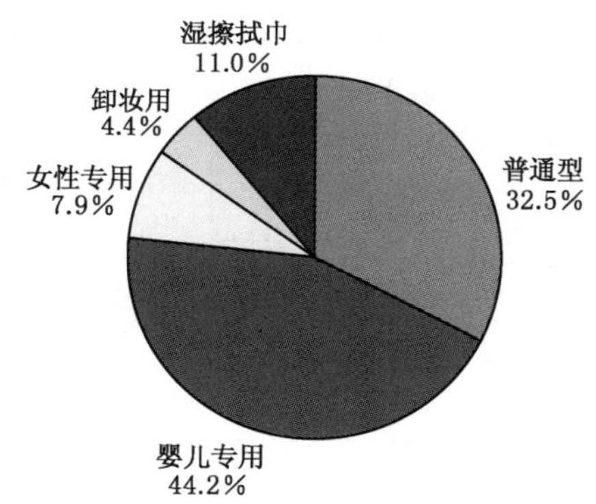

图5 2008年各品种湿巾所占销售量的比例

5.4 市场快速发展

中国湿巾行业处于起步阶段，近3年每年均以不低于40%的增长速度迅猛发展，2008年湿巾工厂销售额增长43.7%。但是目前的发展还存在许多问题，如产品质低价廉、品类少、技术含量不高、缺乏品牌效应等等。国内市场小企业众多，产品质量参差不齐，品类单一，企业往往靠走低端路线打价格战生存。

我国尚未制定出湿巾系列产品的国家标准。

目前，湿巾设备基本国产化，国内主要湿巾设备供应商有陆丰、大昌、松川、创达等。

5.5 市场展望

从国际上看，婴儿专用湿巾是最早推出的一种湿巾，也是应用最普遍的湿巾产品。湿巾是21世纪才进入中国的舶来品，目前中国湿巾市场中婴儿专用湿巾的市场份额也最大。随着今后几年婴儿潮的延续，婴儿专用湿巾将会继续发展，而且近两年婴儿纸尿裤生产企业有将婴儿专用湿巾与婴儿纸尿裤一起销售的趋势，如金佰利和宝洁，2008年6月尤妮佳也推出了妈咪宝贝温和爽洁柔湿巾，雀氏湿巾也于2008年4月上市。普通型湿巾市场份额居第二位，随着人们生活水平的提高和旅游餐饮业的发展，将会进一步发展。湿擦拭巾是指除个人清洁用以外的用于家庭清洁的擦拭巾，如清洁电脑、皮鞋、汽车、地面、家俱表面等，这类湿巾在发达国家已经过多年的发展，但在中国市场，这类产品还处于起步阶段，随着居民可支配收入的提高和对高品质生活的追求，家庭清洁用擦拭巾市场将得到发展。

前些年在发达国家的吸收性卫生用品中，湿巾(包括干擦拭巾)是发展最快、成长性最好的产品。目前市场已进入成熟期，市场年平均增长率维持在5%～7%，而中国正在经历快速发展的时期，他们的发展经验值得我们借鉴。发达国家湿巾行业集中度高、产品种类繁多，高附加值的功能性湿巾产品已经非常成熟和普及，产品包装以多片包装为主，与单片包装产品相比，多片包装更经济实用、也更环保。

国内湿巾生产企业应不断提高产品质量，发展高附加值产品，不断缩短与国外的差距，努力推进行业的快速健康发展。

Overview and Prospect of the Disposable Hygiene Products Industry in 2008

Ms. Jiang Manxia, Ms. Sun Jing, CNHPIA

Translated by Ms. Cao Baoping

China's economy keeps rapid growth. In 2003 – 2007, the annual GDP growth rate was exceeded 10% in the past successive five years. In 2008, because of the influence by natural disasters and global financial crisis, the economic growth rate was slightly down, but it had still maintained to grow rapidly. In 2008, the GDP reached 30070 billion yuan, up 9.0% than 2007. The discretionary income of urban households and the per capita net income of rural households increased by 8.4% and 8% respectively than 2007. The total retailing sales revenue of consumer products reached 10848.8 billion yuan, up 21.6% over the previous year.

Influenced by the global economic conditions, lots of migrant workers employed in other industries in the coastal areas of Zhujiang Delta and Yangtze Delta had come back home town, which contributed to the consumption deduction of middle-and low-grade disposable hygiene products in those areas. In addition, the financial crisis also influenced the disposable hygiene products OEM. The growth rate of exports slowed down. However, the disposable hygiene products industry was little influenced by the economic conditions, because it belonged to the FMCG (fast moving consumer goods). In 2008, the main influencing factors to the industry were the cost rise of raw materials by the end of the third quarter and the cost downturn later. On the whole, in 2008, China's disposable hygiene products market maintained growing at a high speed, based on the economic growth and the rise of the living standard. The consumption of various hygiene products greatly increased over 2007, esp. baby diapers and wet wipes which had an up at 20% and 30% respectively. In 2008, the market size (total market sales revenue) was about 48.8 billion yuan, up 23% than 2007. Among them, sanitary napkins/pantiliners accounted for 72%, baby diapers accounted for 24.1%, adult incontinences accounted for 1.2%, wet wipes accounted for 2.7% and pet pads/pet diapers accounted for 0.2%.

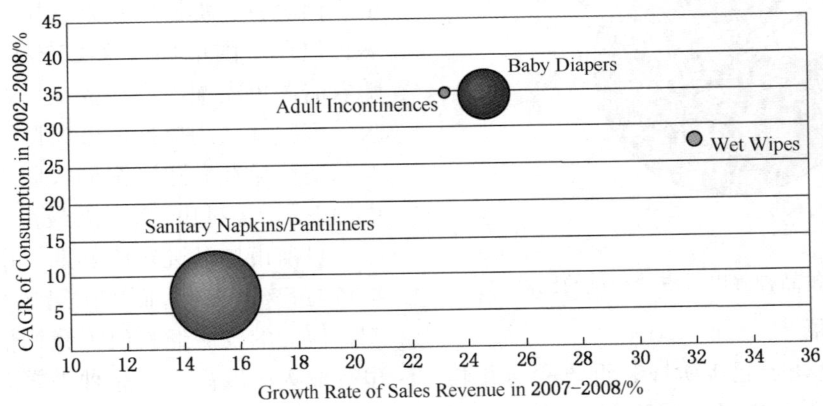

Fig. 1 Market Size and Growth Rate of China Disposable Hygiene Products Industry in 2008

1 Sanitary Napkins/Pantiliners

1.1 Market Size

In 2008, the sanitary napkins/pantiliners market continued to grow rapidly. According to the statistics by the China National Household Paper Industry Association (CNHPIA), the average usage ratio of machinery for sanitary napkins and pantiliners was about 60% – 64%. The output of sanitary napkins was about 57.7 billion pieces and the sales volume was 51.4 billion pieces. The producers' sales revenue were about 14. 14 billion yuan (calculated in accordance with average producer price, that is, 0. 275 yuan/pcs). The consumption volume was 48 billion pieces, up 8. 4% than 2007. The market penetration rate was 72. 7%. The output of pantiliners was 27. 8 billion pieces and the sales volume was 25. 8 billion pieces. The producers' sales revenue were about 2. 37 billion yuan (calculated in accordance with average producer price, that is, 0. 092 yuan/pcs). The consumption volume was about 24. 1 billion pieces. In 2008, the total producers' sales revenue of sanitary napkins/pantiliners was about 16. 51 billion yuan. The market size was about 35. 1 billion yuan (calculated in accordance with average retailing price, that is, 0. 65 yuan/pcs for sanitary napkins and 0. 16 yuan/pcs for pantiliners). In 2008, the growth of sanitary napkins sales revenue was far higher than that of sales volume, because new high value-added products had been launched, high-grade product market was expanded, night-use and ultra-thin products had been innovated, as well as the products price increased in the first half of the year.

Table 1 Output and Consumption of Sanitary Napkins/Pantiliners in China in 2008

	In 2007	In 2008	Growth rate/%
Sanitary napkins			
Output/100 million pcs	532	577	8. 5
Producers' sales volume/100 million pcs	470	514	9. 4
Producers' sales revenue/100 million yuan	119. 9	141. 4	17. 9
Consumption/100 million pcs	443	480	8. 4
Market penetration rate/%	67. 5	72. 7	7. 7
Pantiliners			
Output/100 million pcs	245	278	13. 5
Producers' sales volume/100 million pcs	230	258	12. 2
Producers' sales revenue/100 million yuan	19. 5	23. 7	21. 5
Consumption/100 million pcs	219	241	10. 0
Market penetration rate/%	7. 5	8. 2	9. 3
Sanitary napkins/ Pantiliners (total)			
Output/100 million pcs	777	855	10. 0
Producers' sales volume/100 million pcs	700	772	10. 3
Producers' sales revenue/100 million yuan	139. 4	165. 1	18. 4
Consumption/100 million pcs	662	721	8. 9
Market size/100 million yuan	305	351	15. 1

Notes: 1. For the market penetration rate, it is still calculated in accordance with 180pcs of sanitary napkins each year used by real average per capita women at the age of 15 – 49. It is easier for the comparison with past years. With the improvement of living standard and the enhancement of sanitary knowledge, the real average usage may reach 200 – 240pcs per year. Actually the women age range of physiological period should be adjusted into the age of 12 – 50. The market penetration rate could also be calculated based on this. It is calculated in accordance with 800pcs of pantiliners used by real average per capita women.

2. According to the data by the National Bureau of Statistics, by the end of 2008, the total population was 1. 32802 billion. It is estimated that the female population at the age of 15 – 49 is about 366. 6 million.

Tampons occupies 30% market share among the total in Europe and America. But it is very different in China. The consumption of tampons is still very low in China, because of the consumption habit, hygiene conditions and worrying about bacteria infection caused by unsanitary. Only few consumers and women who have specific occupations, such as sportswomen, use tampons in certain circumstances. Now only the "ob" of Johnson & Johnson Co. are sold in the China market. Although the company keeps exploiting the market and guides customers, the market penetration rate of tampons is still very low which could be negligible. Another new inserted feminine menstrual products is INSTEAD Softcup, which was launched into China market by the end of 2008. It got a Chinese name – "Xiao Yima". Health

Science Group is now doing the market promotion in domestic market and has invested in establishing a mill in Zhongshan, Guangdong. It remains to be seen that whether consumers would accept the product.

1.2 Major Manufacturers and Brands

The sanitary napkin/pantiliner market in China is still composed of many manufacturers. According to the statistics by the CNHPIA, by the end of 2008, there are 702 manufacturers in registration, which are mainly located in Fujian, Guangdong, Shandong, Hebei, Zhejiang, Jiangsu, Tianjin, etc. There are few national brands. The brand intensity in the high-grade market is very high.

In 2008, the sales revenue of top 15 sanitary napkin/pantiliner manufacturers occupied about 60.6% among the total in China. The national brands include An Erle, Whisper, Sofy, Comfort & Beauty, Kotex, Stayfree, Laurier, Haoshushuang, ABC, etc.

Table 2 Top 15 Sanitary Napkin/Pantiliner Manufacturers in 2008 (on Sales Revenue)

Num	Company	Brand	Output (sanitary napkins + pantiliners)/(100 million pcs/year)
1	Fujian Hengan Group Co., Ltd.	An Erle, Anle	37.4 + 28.5
2	Procter & Gamble (China) Co., Ltd.	Whisper	11 (excluding imports)
3	Uni - Charm Consumer Products (China) Co., Ltd.	Sofy, Charm	12.97 + 11.94
4	Jiangsu Sanxiao Group Co., Ltd.	Xiaoshuang	18 + 8.5
5	Tianjin Little Nurse Industry & Commerce Development Co., Ltd.	Little Nurse	38.31 + 12.81
6	Fujian Hengli Group Co., Ltd.	Hao Shushuang, Shushuang	35.86 + 9.8
7	Johnson & Johnson (China) Ltd.	Stayfree	9 + 10
8	Kimberly - Clark (China) Co., Ltd.	Comfort & Beauty, Kotex	8.72 + 20.6 (including light incontineces)
9	Kao Corporation Shanghai Co., Ltd.	Laurier	5.4
10	Kingdom Marketing Service Co., Ltd.	ABC, Xiaomei, EC	20 + 18
11	Yimoo Woman Products Co., Ltd.	Yimoo	13.36 + 13.78
12	Chongqing Sishuang Sanitary Products Co., Ltd.	Sishuang	11.6 + 2.82
13	Kang Na Hsiung Enterprise (Shanghai) Co., Ltd.	Carnation, OEM brand (account for 70%)	10.45 + 15.44
14	Hubei C - BONS Hygiene Products Co., Ltd.	Jieting, Jietingbeirou	4.6 + 3.8
15	Foshan Shunde New Sensation Hygiene Products Co., Ltd.	New Sensation	7.39 + 1.37

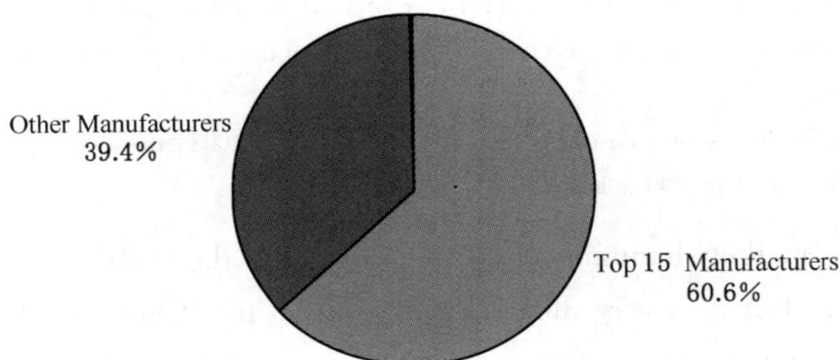

Fig. 2 Market Share of Top 15 Sanitary Napkin/Pantiliner Manufacturers (on Sales Revenue)

Hengan Group is now the largest manufacturer of women hygiene products in China. In 2008, the market share of sanitary napkins (including pantiliners) (calculated in accordance with producers' sales revenue) occupied 11.2% among the total in China. Procter & Gamble accounted for about 6.7%. Unicharm accounted for about 6.1%. The total of the above three companies occupied about 24% market share.

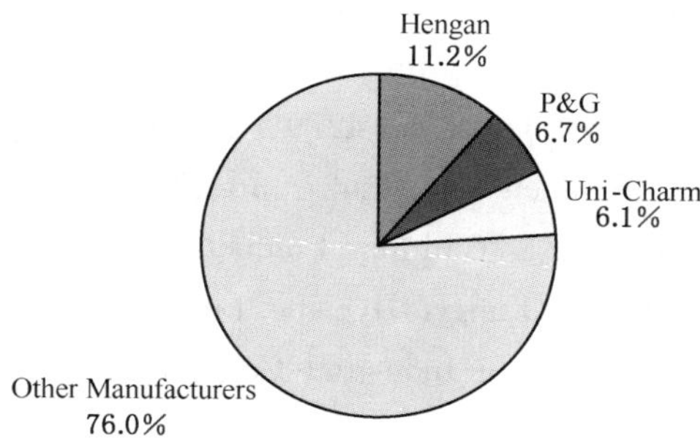

Fig. 3 Market Share of Top 3 Sanitary Napkin/ Pantiliner Manufacturers (on Sales Revenue)

Hengan Group is the large leading manufacturer of personal hygiene products in China. In 2008, its sanitary napkin business continued to grow rapidly. The sales revenue of sanitary napkins (including pantiliners) had increased by over 20%, far higher than the average growth rate of the market. In 2008, Hengan Group still mainly manufactured middle-and high-grade hygiene products, such as An Erle and Space Seven. The sales revenue of Space Seven accounted for about 50% among the total sales of sanitary napkins (including pantiliners). Its gross profits almost closed to 60% due to the increasing of high-grade products proportion and products price, although the prices of main raw materials (fluff pulp and petrochemicals) soared high in the first three quarters.

In 2008, other companies with great sales revenue growth were as follows: Kimberly-Clark had an up at 109%, Kingdom had an up at 57.9%, C-BONS had an up at 47.9%, Sanxiao had an up at 46.1%, Johnson & Johnson had an up at 43.8%, Little Nurse had an up at 33.9%. Hengli, Kang Na Hsiung, Sishuang, etc. all had an up at over 10%.

1.3 Multinationals' Brands Still Play Dominant Role in the High-grade Market

High-grade sanitary napkin and pantiliner market is mainly occupied by multinationals' brands. They include Whisper of Procter & Gamble, Sofy of Uni-Charm, Stayfree of Johnson & Jonhson, Laurier of Kao Corporation, Comfort & Beauty and Kotex of Kimberly-Clark, etc. Multinationals occupy most of the high-grade product market share, relying on strong investment in advertisement and R&D advantages. The sanitary napkin and pantiliner brands with best market popularity are Sofy produced by Uni-Charm Consumer Products (China) Co., Ltd. and Stayfree produced by Johnson & Johnson (China) Ltd. respectively. According to the retail terminal research by the Sinomonitor International, in 2008, on the aspect of sanitary napkin and pantiliner brands, based on the population of consumers, the top two brands were Whisper from Procter & Gamble and Stayfree from Johnson & Johnson. However in recent years, Hengan Group has gained good achievements in new products innovation and market exploitation. Its An Erle and Space Seven brands have expanded their market share among the high-grade market. Especially, Hengan Group has a strong distribution network and marketing team. Its distributions channels had spread into all levels of markets. It contributed the continuous growth of sales revenue. Meanwhile, through the research on retailing terminals in various big markets, the ABC brand of Hong Kong-invested Kingdom Marketing Service Co., Ltd. also had very good growth.

In 2008, no new foreign-owned enterprises entered into the China disposable hygiene products market. In recent years, among the new foreign-owned enterprises, Ontex Hygienic Disposables (Yangzhou) Co., Ltd. still mainly does the OEM for overseas market. The products of Mega Soft (Fujian) Hygiene Products Co., Ltd. are all sold out to overseas market. Mega Soft's sales revenue had increased as much as 6 times in 2007. Gold Daio (SID) Hygiene Products Co., Ltd. has made great progress in the market exploitation by using the Zhenzhen brand of Gold Hongye Paper. In 2008, the sales revenue increased by 40.4% than 2007.

1.4 Market Sales Revenue Keeps Growing

Sales Revenue Keeps Growing Since 1985, sanitary napkin industry has experienced more than 20 years' development. The market has entered into mature period. Few new large powerful players enter the industry. The market supply had increased greatly caused by the capacity expansion of large manufacturers. Compared with the global average growth rate (2% -3%), China is still the rapidly growing market. One reason is that China has entered into a moderately prosperous society. The market has expanded into the third and fourth cities and the countries and towns. Another reason is that large cities such as Shanghai and Beijing have reached the middle developed countries level. The average per capita usage of sanitary napkins has increased, because women change sanitary napkins more frequently in the menstrual period. Meanwhile the demand of premium high-grade and diversified products had also increased. In 2008, the growth rate of sanitary napkins/pantiliners sales revenue had reached 15.1%. Besides the increasing of sales volume and proportion of high value-added products, the product price rising is also an important factor. In 2008, most manufacturers increased the price of their products from March to July. The average growth rate of price was about 5% - 15%. After the July, the product price decreased steadily.

"Survival in the fitness" and industry reintegration In 2008, as the income and living standard of domestic consumers continued to grow, there were increasing demands for premium branded sanitary napkins and pantiliners. In the fierce market competition, large companies had obvious competitive strength and occupied more market share, though raw materials (fluff pulp and petrochemicals) were still in the high price in the first half of 2008. Some middle-size companies, which ever had good achievements in the past, had been sharp down in output and sales volume and fell into difficulty in management. Although some new small players entered the industry continuously, many small mills with bad competitive forces had been closed, especially in off season. Some middle-size companies had good operation and enjoyed steady growth of sales revenue, because they focused on developing regional brands or exploiting the overseas market. For instance, Beijing Beishute Maternity & Child Articles Co., Ltd., up 34.7%, Guilin Jieling Industrial Co., Ltd., up 18.6%, Hangzhou Credible Sanitary Products Co., Ltd., up 18.5%, Beijing Terixin Hygiene Products Co., Ltd., up 20.7%, Longhai Miaoya Sanitary Products Co., Ltd., up 10%, Yunnan Qingyitang Industrial Co., Ltd., up 42.9%, Ganzhou Gangdu Hygienic Products Co., Ltd., up 17.9%, Jinjiang Huayi Women & Children Products Co., Ltd., up 28%, Shunde Kangyi Hygiene Products Plant, up 34.5%, Fenlanxin Industrial Co., Ltd. Guangdong Province, up 40.5%, etc.

Product Subdivision and High-grade Because of the consumption level improvement and office ladies' need, wing sanitary napkins have almost replaced straight ones. Only few amounts of straight sanitary napkins are mainly sold out to countryside and western undeveloped areas. According to the research by the CNHPIA, in the sanitary napkin classification, the proportion of ultrathin ones is increasing, compared with standard ones. It is estimated that ultrathin and standard sanitary napkins occupy 50% market share respectively. In cities and coastal areas, ultrathin sanitary napkins account for more market share. Through further subdivision, sanitary napkins are endowed differential characters and added value, in order to change product competition climax. There are many classifications such as Daily Use, Night Use, Super-long One Piece One Night, Nonwoven Surface Layer, PE Film Surface Layer, solid cuff, elastic waist, ADL diffuse layer with quick infiltration, Antibacterial and Deodor, etc. In 2008, Welfare Group launched Ag + functional sanitary napkins. Kimberly-Clark developed the pantiliners which could be used before and after the menstrual period, or used as light incontinences. Uni-charm launched the pantiliners with larger width and length, which could be used before and after menstrual period, or in the period of having much secretion. Kao developed ultra-thin breathable pantiliners. Some companies also launched mini-pantiliners whose size was between sanitary napkins and pantiliners. Besides the products subdivision on the aspect of applications and functions, the consumers are also further subdivided. For instance, the specific products for "young girls" are launched into the market, which have fashionable designing factors. Pantiliners are subdivided into be with Faint-added type, No Faint type, Anti-bacteria type, De-odor type, Medicine-added type, etc. Many companies launched products with attractive package catering to fashionable young ladies and got good achievements, such as paper box packs, beam-style packs, crystal purse packs, etc. The compound package of daily-use and night-use sanitary napkins and pantiliners was also a good choice.

1.5 Cost Change

Because the price of international petroleum and pulp soared, various raw material prices of sanitary napkins kept rising continuously, including fluff pulp, SAP, nonwovens, PE film, etc. Among them, the price of fluff pulp increased nearly 50%. According to the data by the National Bureau of Statistics, in 2008, the purchasing price of raw material, fuel and power had an up by 10.5% over that in 2007. Because the price of fluff pulp and petrochemical products had increased higher than the average level of 10.5%, as well as the workforce cost had been promoted, the paper mills cost increased over 15%. Because manufacturers could not increase their price simultaneously, the profits had been further reduced. In 2008, the producer price of sanitary napkins/pantiliners increased substantially. Manufacturers also adopted some measures such as strengthening management, reducing energy consumption and marketing expenditure, innovating products, etc. In addition, the rise of exchange rate of RMB also partly compensated the influences to the cost caused by soared price of imported raw materials such as fluff pulp. By the end of the third quarter of 2008, the price of international petroleum and pulp begun to slower down. It relieved manufacturers from cost pressure.

1.6 Homemade Equipment Improve Quickly and Enter into International Market

In recent years, the disposable hygiene products machinery industry has developed very quickly in China. Machinery manufacturers have applied the design of modularity, full servo electronic control and have developed one machine with multiple applications. At the same time, continuous improvements have been made in the working speed, stability, noises control, etc. In China, the machinery suppliers with sophisticated technology could manufacture various machines including training pants and adult diaper machines. The production speed of full-servo sanitary napkins machines could reach 600pcs/min. The production speed of pantiliners machines (cross direction) could reach 1200-1500pcs/min. The production speed of full-servo baby diapers machine could reach 400-450pcs/min. The production speed of full-servo adult diapers machines could reach 200pcs/min. The machinery with both good price and competence not only has satisfied the domestic demand, but also has been exported to the international market through international exhibitions. They are sold out to Japan, Europe, America, Middle East, Southeast Asia, etc. The machinery and after-sales services by some machinery suppliers such as Anqing Hengchang have got the recognition and enjoyed good population from multinationals. Under the background of global financial crisis, machinery suppliers haveturned crises into opportunities. The domestic equipment with both good price and competence also could have certain advantages in the competition.

1.7 Consumption Difference Between Town and County and Between Regions

In 2008, the living standard of the households in county and town was improved continuously. But there was still a big consumption difference between town and county. According to the data by the National Bureau of Statistics, in 2008, the average per capita net income of rural households was 4761 yuan, which had an up at 8.0% than 2007 deducting the factors of consumer products price rise. The Engle coefficient was 43.7%. The average per capita net income of urban households was 15781 yuan, which had an up at 8.4% than 2007. The Engle coefficient was 37.9%. The population of urban households occupied 45.7% among the total. However, the sanitary napkins (including pantiliners) consumption of urban households amounted to about 70%–80%. The consumption of middle-and high-grade products was focused on towns. Middle-and low-grade products were mainly consumed by rural households. In 2008, the population of poor people was 40.07 million (with the average per capita income at below 1196 yuan). In underdeveloped country, toilet tissue or even old cloths are used as substitute for sanitary napkins.

There is an obvious difference for the consumption of women hygiene products between town and county and between regions, because of the difference in economic development level and income between town and county and between eastern coastal and middle/western regions, as well as the difference in geography, climate, sanitary consciousness and consumption habit. The market penetration rate and product categories choices by consumers depend on different places. The market penetration rate in cities is higher than that in rural areas. It is higher in eastern coastal areas than that in western areas.

The consumption of sanitary napkins in large and medium cities and developed areas features comparatively well-off. The market penetration rate of sanitary napkins almost closes to 100%. When consumers in cities buy sanitary napkins, the key considering factors are moderate price, usage experience, functionality and famous brands in turn. Consumers have begun to change from only focusing on price to pay more attention to brands and the ratio between performance and price.

1.8 Changes of sales channels

Disposable hygiene products have high logistics cost and circulating capitals. Generally speaking, medium and small-sized manufacturers sell products in the nearby areas. There are few national brands. Manufacturers often distribute their products through various channels such as wholesalers, distributors, supermarkets, malls and traditional retailing shops and convenience stores.

With China's entrance to WTO, malls and chained supermarkets become prevalent rapidly. Terminals marketing is becoming more important, whose proportion among the total sales increases. And there are great changes in the distributing channels. More and more retailers now begin to do private label products. According to the statistics by the CNHPIA, in 2008, it was estimated that the modern marketing channels in super cities and provincial capitals, including malls, supermarkets, small shops and convenience stores for sanitary napkins/pantiliners, accounted for over 70% market share on sales. In the market of second-class and third-class cities, traditional wholesale channels still occupied the dominant roll. But the market share of modern channels is gradually increasing obviously.

After products' entering supermarkets, brand awareness could be promoted, sales volume could be increased, middle marketing channels could be reduced and prompt information feedbacks could be available. But the entrance fee of supermarkets is still the hottest problem between supermarkets and manufacturers. For the rises of entrance fee, it is good to multinationals and large companies. Many medium-and small-size companies could not afford the high entrance fee and have to choose other channel. It often happens that some suppliers could lose both products and revenue because malls and supermarkets have to be closed due to bad management. Even large companies often could not shoulder the arbitrary unreasonable articles of some large retailers. They are striving for reasonable profits from those supermarkets through resisting and retreating.

1.9 Product Standard and Quality Spot Check by State Quality Supervision and Inspection Administration

There are national product standard and sanitation standard for sanitary napkins/pantiliners. The State Quality Supervision and Inspection Administration and the Ministry of Health of the People's Republic of China will spot check every year.

Product Standard According to the announcement of No. 1 Document, in 2008 (No. 114 in total) by the Standardization Administration of the People's Republic of China, GB/T 8939—2008 Sanitary Napkins (Including Pantiliners) was released on January 4, 2008 and was implemented on September 1, 2008. It changed from arbitrary standard to recommended standard. The sanitation requirements should apply for the arbitrary GB 15979—2002 Hygienic Standard for Disposable Sanitary Products. Part indicators, test manners, packages, etc. was also adjusted.

Quality Spot Check In the first quarter of 2008, the State Quality Supervision and Inspection Administration arranged to spot check the sanitary napkins and pantiliners around China. There were spot checked 120 products (excluding the exports) manufactured by 108 companies located in 10 provinces and municipalities, including Beijing, Tianjin, Shanghai, Jiangsu, Anhui, Guangdong, Zhejiang, Fujian, Jiangxi, Hubei, etc. The acceptability rate was 97.9%. The spot checked sanitation indicators related to the health of people included coliform, bacillus aeruginosus, staphylococcus aureus, hemolytic streptococcus, and the physical indicators included "quality deviation of each piece", water absorption ratio, the width of the positive horizontal permeability, etc. All those indicators were up to standard. It was found that the quality of products manufactured by large companies which occupied high market share was good. All spot checked products of these companies were up to standard. In 2008, the products manufactured by middle-and large-companies spot checked by the China Paper Supervision and Inspection Center were all up to standard.

National Products Quality Inspection Free Canceled Before, there were 17 brands of sanitary napkins (including pantiliners) from 14 companies who got the inspection free qualification. On September 18, 2008, the State Quality Supervision and Inspection Administration released the No. 109 Administration Order which prescribed to cancel the No. 9 Administration Order on the National Products Quality Inspection Free, caused by the "Melamine Accident". The Well-Known Marks awarded by the Trademark Office of State Administration for Industry and Commerce remain in force.

1.10 Market Prospects

In 2008, the economic growth rate was slowed down, influenced by the natural disaster and financial crisis. However, there is no change for China's economic and social development to be better in a long term. In the report on the work of the Chinese government, the growth rate of GDP will strive to reach 8%. The Chinese government also continues to introduce a series of strategies encouraging the development of companies. It is estimated that the national economy will keep growing with steady and rapid steps. Sanitary napkins and pantiliners belong to the FMCG, which have been little influenced by the economic conditions. The competition will be fiercer in both domestic markets and the export market. The price war may be spread. The reduced demands of high-grade products will influence the growth of sales revenue. With the improvement of living standard and the enhancement of urbanization, as well as the big base, the sanitary napkins industry will grow at the slightly lower speed than the GDP (the pantiliners industry will grow at the same speed or slightly higher speed than the GDP). But the annual growth rate is still higher than the global average level. The output will increase steadily and the industry gradually tends to have the consumption characteristics of relatively comfortable standard. The hierarchy of consumption will be diversified and tends to be middle-and high-grade level. The consumption area continues to expand. On the whole, in the next decades, the town market and the country market tend to merge gradually, but there are still obvious gap. It is estimated as the follows:

- In 2009, the negative factors of economic conditions will more obviously influence the industry and the market than 2008, esp. for the export-oriented companies.
- The market enters into maturity period. Towns almost gain market saturation, with low

growth of consumption. Until 2020, the industry will be popularized (see Table 3).

• As the consumption level are promoted, the products are subdivided, there will be more functional products with high quality, beautiful package and easy to carry about. The growth of sales revenue is higher than that of consumption.

• With the implementation of agricultural tax reduction policy by the Chinese government and the increases in the discretionary income of farmers, market exploitation of thousands of villages, chains marketing will spread into the countryside, where the market penetration rate could be promoted very quickly.

• Companies will relieve from the cost pressure of raw materials etc. For instance, price of fluff pulp had been decreased substantially in the third quarter of 2008. With the price downturn of petroleum, the cost of nonwovens, films and petrochemicals which use petroleum as raw materials will soften very substantially from the peak. It is estimated that the price will remain the low or soft level.

• The industry will further to merge. The growth rate of leading companies will be higher than the average rate. Under the state policy which supports middle-and small-size companies, some small mills with good development and management will stand out through mastering market opportunities.

• Resulting from market competition, survival of the fittest and under the cost pressure of raw material and logistics, there are some changes in the industry. The number of women hygiene products manufacturers and brands will change from increasing year by year to gradually declining. The value-added tax reform implemented by the Chinese government will reduce the corporate tax burden and is conducive to the upgrading of business equipment. Powerful manufacturers may seek economy of scale and expand their capacity or choose other plants to do the OEM for them. The quality of sanitary napkins will be better improved. About 20 – 30 brands will occupy the most of the market.

Table 3 Forecast on Sanitary Napkin and Pantiliner Market

Year	Women at the age of 15 – 49/million persons	Sanitary Napkins			Sanitary Napkins /Pantiliners		
		Consumption/100 million pcs	Annual average growth rate/%	Market penetration rate/%	Consumption/100 million pcs	Market size/100 million yuan	Growth rate of market size/%
2007	364. 8	443	6. 8	67. 5	662	305	17. 1
2008	366. 6	480	8. 4	72. 7	721	351	15. 1
2010	371. 4	534	5. 5	79. 8	815	412	8. 0
2020	398. 3	720	3. 0	100	1175	611	4. 0

Notes: In order to compare with past data more easily, the penetration rate in the Table 3 is still calculated based on per capita 180 pieces each year by the women at the age of 15 – 49. The current age range is slightly narrow (Actually, the women age range of physiological period should be adjusted into the age of 12 – 50, due to the improved nutritional level.). The annual average usage is slightly low (in the current calculation manner, the average usage is 180pcs/year. Compared with developed countries, there is a big gap. It should be adjusted into 200 – 240pcs of sanitary napkins each year, which could be suited to reality.). Therefore the data may be a little high.

2 Baby Diapers

2.1 Market Size

In 2008, the market of baby diapers continued to grow with rapid speed. According to the statistics of the CNHPIA, the average usage of equipment was about 68%. The total output reached 10. 49 billion pieces, among which the output of baby diapers was 7. 28 billion pieces and the output of baby diaper pads was 3. 21 billion pieces. The total sales volume (including exports) was 10. 28 billion pieces, among which the sales volume of baby diapers was 7. 24 billion pieces and the sales volume of baby diaper pads was 3. 04 billion pieces. The total consumption was 9. 57 billion pieces, among which the consumption of baby diapers was 6. 59 billion pieces and the consumption of baby diaper pads was 2. 98 billion pieces. The total producers' sales revenue was about 7. 7 billion pieces (calculated on producer price: 0.87 yuan/pcs for baby diaper and 0.46 yuan/pcs for baby diaper pad). The market size reached 11.78 billion yuan (calculated on average retailing price: 1.44 yuan/pcs for baby diaper and 0.77 yuan/pcs for baby diaper pad).

The consumption of baby diapers increased 23.5% over the year of 2007. Baby diapers had an up by 26.2% and baby diaper pads had an up by 17.8%. The market penetration rate increased from 17.3% in 2007 to 21.1% in 2008.

Table 4 Output and Consumption of Baby Diapers in 2008

	In 2007	In 2008	Growth rate/%
Baby diapers			
Output/100 million pcs	58.0	72.8	25.5
Producers' sales volume/100 million pcs	57.7	72.4	25.5
Consumption/100 million pcs	52.2	65.9	26.2
Baby diaper pads			
Output/100 million pcs	25.9	32.1	23.9
Producers' sales volume/100 million pcs	25.4	30.4	19.7
Consumption/100 million pcs	25.3	29.8	17.8
Baby diapers/Baby diaper pads (in total)			
Output/100 million pcs	83.9	104.9	25.0
Producers' sales volume/100 million pcs	83.1	102.8	23.7
Producers' sales revenue/100 million yuan	60.7	77.0	26.8
Consumption/100 million pcs	77.5	95.7	23.5
Market penetration rate/%	17.3	21.1	21.9
Market sales revenue/100 million yuan	94.6	117.8	24.6

Notes: 1. According to the data by the National Bureau of Statistics, by the end of 2008, the total population was 1.32802 billion and the population of babies at the age of 0 – 2 was 41.25 million;

2. It is calculated in accordance with 3 pcs/day by per capita baby at the age of 0 – 2 in the mainland of China.

2.2 Major Manufacturers and Brands

The baby diaper market in China is occupied by many manufacturers. According to the statistics by the CNHPIA, by the end of 2008, there were registered 345 baby diaper manufacturers. But there were few national brands and the brand intensity was high. The famous brands include Pampers, Mami Poko, An Erle, Sealer, FITTI, etc. According to the research on the end retailing market by the Sinomonitor International, on the aspect of brands usage of baby diapers, the top three brands are Pampers, An Erle and Mami Poko, based on the consumer numbers. According to the research by the CNHPIA, the total sales volume of top 10 baby diaper (excluding baby diaper pads) manufacturers occupied about 73.5% among the aggregate producers' sales volume. The total sales revenue of top 10 baby diaper (excluding baby diaper pads) manufacturers occupied about 87.0% among the aggregate producers' sales revenue.

Table 5 Top 10 Baby Diaper Manufacturers in 2008 (on Sales Revenue)

Num.	Company	Brands	Output (baby diapers + baby diaper pads)/(100 million pcs/year)
1	Fujian Hengan Group Co., Ltd.	An Erle	10.74 + 9.08
2	Procter & Gamble (China) Ltd.	Pampers	12
3	Unicharm Consumer Products (China) Co., Ltd.	Mami Poko	7.97

Num.	Company	Brands	Output (baby diapers + baby diaper pads)/(100 million pcs/year)
4	Kimberly-Clark (China) Co., Ltd.	Huggies	2. 90(made in Korea) +0. 16
5	Dongguan White Swan Paper Products Co., Ltd.	Beirou	4. 0 +4. 85
6	Everbeauty Industrial (Shanghai) Co., Ltd.	Sealer, Xiaotaoqi	6. 05 +1. 10
7	Chiaus (Fujian) Industrial Development Co., Ltd.	Chiaus	3. 12 +1. 95
8	Disposable Soft Goods (Zhongshan) Ltd.	FITTI, Babylove	2. 14 +0. 02
9	Fujian Hengli Group Co., Ltd.	Shuangerbao	3. 27 +1. 56
10	Dongguan Baishun Paper Products Co., Ltd.	YINYIN	2. 24 +1. 08

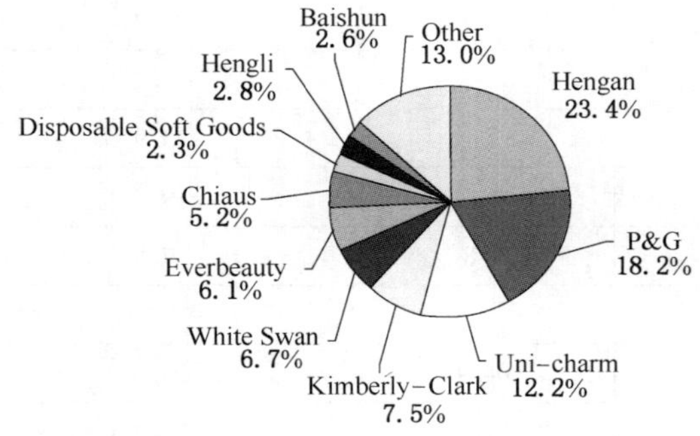

Fig. 4 Market Share by Top 10 Baby Diaper Manufacturers (on Sales Revenue)

Procter & Gamble Co. and Hengan Group are now the largest baby diaper manufacturers in China. Kimberly-Clark's Huggies, Procter & Gambel's Pampers and Uni-charm's Mami Poko enjoy the best market popularity. According to the current research, the proportion of Pampers purchased by consumers in the past one year was 65. 2%, enjoying the highest market share. The next brands in turn are Mami Poko (43. 5%), Huggies (32. 1%), An Erle (26. 8%), Sealer(12. 2%) and FITTI(11. 8%).

In 2008, the baby diapers sales revenue of Hengan Group increased over 40%. Other companies with obvious sales growth were as follows in 2008: Kimberly-Clark, up at 108. 5% (the Huggies diaper sold in China are manufactured in Korea); White Swan Co., up 131. 2%; Uni-charm, up at 124. 2%; Everbeauty, up at 40. 9%; Goodbaby Bairuikang, up at 16. 3%; Hengli, up at 12. 6%; Chiaus, up at 29. 0%; Sanxiao, up at 18. 5%; Welfare, up 31. 3%; Tianhe, up 120. 9%; Sishuang, 24. 0%; Lecong Kangyi, 81. 2%; Beishute, up as much as 4 times (doing OEM); Mega Soft, up 53. 8%.

2. 3 Market Enters into Rapid Growing-up Period

In 2008, the rapid growth of baby diapers esp. the high-grade diapers mainly contributed to the sustainable and rapid growth of the China's economy, the further improved living standard of people, birth rate growth and the popular acceptance of diaper featured by its convenience for babies.

The new generations of young parents have changed their consumption concept, with the national income growth and the fostering of baby diaper market for the past years. Furthermore, in the 1980s, the babies who were born in the third baby boom had entered the age of marriage. The domestic consumption demands for diapers obviously increase and baby diaper market enters into the rapid growing-up period. In recent years, baby diaper market keeps a high growth rate at 30% - 45%. In 2008, the market penetration rate of baby diaper reached 21. 1%. According to the release data, more than 80% of babies use baby diapers in Beijing and Shanghai. The market penetration rate is 40% - 50% in big cities such as Chengdu, Chongqing, Nanjing, Wuhan, etc. In addition, the great advertisement investment on Pampers, Mami Poko, An Erle, etc. enhanced the rapid penetration of diapers in the second-class and third-class market. In the county and towns, domestic diaper brands had obvious advantages.

The consumption of Huggies of Kimberly-Clark and Mami Poko of Uni-charm grows strongly, mainly contributed to the increasing of high-end customers.

According to some market research, the two brands enjoy obvious advantages in Beijing and Shanghai and now expand actively to the second and third cities.

Generally speaking, the gross profits of baby diapers are lower than that of sanitary napkins. Manufacturers could get profits only if their output will reach above 40million-50million pieces. Compared with sanitary napkins industry, the baby diaper industry intensity is higher. The growth of baby diapers industry is mainly due to the expansion of large companies.

In 2007 and the first half of 2008, the oil and paper pulp price in international markets continued to increase. In 2008, the retailing price of baby diapers had been marked up, which also enhanced the growth of sales revenue.

2.4 Growing Speed of Export Volume Slowdown

Because multinationals have built plants in China, most of the international branded baby diapers are manufactured in China, except for Kimberly-Clark's Huggies. There are few import and export, because Procter & Gamble, Unicharm, etc. would adjust product classifications in their domestic and overseas market. According to the data from the Customs, in the commodity number of 48184000 Sanitary Napkins, Tampons, Baby Diapers, Adult Incontinences, Pet Pads, Airlaids, etc., the exports volume increased by 28.7% in 2007 than in 2006. It had an up at 20.4% in 2008 than in 2007. It showed that the total exports growing speed of the products under the commodity number (including sanitary napkins, baby diapers, adult incontinences, under pads, pet pads, airlaids, etc.) slowed down. Among them, under pads had the negative growth rate. The main reason was that the exports volume of some companies decreased, influenced by the financial crisis. Some companies had converted into the domestic market. But the baby diaper exports volume of some companies increased. The companies with large exports volume were as follows: Dongguan AALL & ZYLEMAN Baby Goods Ltd., Jiangsu Baozi (its old name was Jiangsu Aidie Hygiene Products Co., Ltd.), Hangzhou Qiaozi Paper Industry Co., Ltd., Goodbaby Bairuikang Hygienic Products Co., Ltd., Mega Soft (Fujian) Hygiene Products Co., Ltd., Fujian Tianhe Women & Children Goods for Daily Use Co., Ltd., Fuzhou Angel Commodity Co., Ltd., Yiwu Anrou Hygiene Products Co., Ltd., etc.

According to the data from the Customs, based on the exports volume of the products under the Commodity Number 48184000, the top 20 export destinations in turn in 2008 were as follows: America, Japan, China Hong Kong, Taiwan Province of China, Philippines, Korea, India, Indonesia, South Africa, Ghana, Malaysia, Turkey, Egypt, Australia, Thailand, Pakistan, Singapore, Chili, Nigeria, and England.

The Ministry of Finance and State Taxation Administration released the Notice on Exports Tax Rebate of Commodities in Light and Textile, Telegraphic Message Industry in March 2009. From 1 April 2009, the exports tax rebate of the products under the commodity number 48184000 has been adjusted from 5% to 13%.

2.5 Consumption Features

By the contrast with sanitary napkins, baby diapers market has more requirements for the discretionary income of people. Great changes have been taken place in baby diaper market by the contrast with before. In large cities, about 90% babies ever used diapers. Babies will begin to use diapers when they are born in hospitals. Most of parents will continue to use diapers or use both diapers and washable diaper clothes after being home. Diapers have gradually become the daily care products for babies. In medium/small towns, even in comparatively well-off countryside, the market of diapers with low price is also being expanded.

On the aspect of baby diapers consumption, China has different characteristics from developed countries. The average per capita usage of baby diapers is low (it is calculated in accordance with 3pcs/day by per capita baby. Some data shows that the average usage is 4.9pcs/day in Japan and 5.6pcs/day in the developed countries of Europe and America.). For instance, many families use both baby diapers and cloth diapers, or use baby diapers only at night or outside. They will not use baby diapers when their babies grow up. It is due to the traditional thrifty habit of the Chinese people and many elders are willing to care about their third generation based on ethical culture. According to a network research of baby diaper usage, 53% households use baby diapers, less than 5% households only use cloth diapers, and 42% households use both of them. On the respect of baby diaper expenditure, most of people expend 50 – 80RMB per month. In order to control the expenditure, about 58% households only use baby diapers for their babies at night. Nowadays, it is now changing. Some families will use over 6pcs/day, esp., during the period of newborn infants.

According to the data in 2007 by the Euromonitor International, baby diapers could be divided into three kinds based on baby's weight, that is, Newborn diaper (2 – 5kg), Standard diaper (6 – 10kg) and Junior diaper (above 11kg). The three kinds of diapers will occupy 35%, 52% and 13% among the China baby diaper market.

2.6 Raw Material Supply

In the first half of 2008, the oil and paper pulp price in the international market kept soaring up. By the third quarter of the 2008, the price begun to decrease. In the first half of 2008, not only the price of fluff pulp increased, but also the price of other raw materials such as SAP, nonwovens, PE film, adhesive tapes, elastic materials, packaging materials, etc. continued to increase. The profits of companies had been further reduced. By the third quarter of 2008, the cost pressure was relieved.

Fluff pulp Some data showed that the global output of fluff pulp was about 4 million tons, among which 46% were used in baby diapers, 23% were used in women hygiene products, 22% were used in adult incontinent products, 9% were used in airlaids.

In 2008, the CNHPIA arranged a detailed market research on the fluff pulp from the two aspects of suppliers and manufacturers. The result was as follows: in 2008, the usage of fluff pulp in the disposable hygiene products (including sanitary napkins, pantiliners, baby diaper, adult incontinences, pet pads/pet diapers, dry and wet wipes) was about 435000 tons, up about 10% than 2007. Among them, 56.7% were used in sanitary napkins/pantiliners(the volume of airlaids used in sanitary napkins/pantiliners had been calculated into the fluff pulp usage), 26.4% were used in baby diapers, 13.3% were used in adult incontinences, 1.0% were used in pet pads/pet diapers, 2.6% were used in dry/wet wipes using the airlaids as materials. Compared with the data of global products structure, it could see that the consumption level of baby diapers and adult incontinences in China has a big gap with other countries.

The fluff pulp used in the disposable hygiene products industry are composed with imported genuine fluff pulp, inferior fluff pulp, and home-made fluff pulp. The imported genuine fluff pulp remained the dominant role and occupied over 90% market share. Based on the market share in China, the manufacturers and brands of imported genuine fluff pulp are in turn as table 6.

Table 6 Major Manufacturers and Brands of Imported Genuine Fluff Pulp in 2008

Num.	Company	Brands
1	Weyerhaeuser Co.,	Weyerhaeuser
2	GP Cellulose Co.,	Golden Isles
3	IP, International Paper Co.,	Supersoft
4	Rayonier Inc.,	Rayfloc
5	Stora Enso Co.,	Stora Prime
6	Buckeye Co.,	Buckeye
7	Domtar Co.,	Domtar
8	Stone Co.,	Stone
9	Bowater Co.,	Bowater
Total 373 thousand tons		

There were very little amount of fluff pulp made in China in 2008. Major fluff pulp manufacturers include Fujian Tengrongda Pulp Co., Ltd. (with the BCTMP fir fluff pulp capacity at 40000 tpy), Nanning Wuming Aonuo Paper Industry Co., Ltd. and Guangxi Heda Paper Co., Ltd., etc. The latter two companies mainly manufacture rolled fluff pulp made from masson pine. In 2008, those two companies had stopped production due to some reasons. In 2009, Nanning Wuming Aonuo Paper Industry Co., Ltd. plans to renew its fluff pulp production.

In 2008, the growing speed of fluff pulp price was higher than that of paper pulp. Some middle- and small-size companies, esp. sanitary napkins, underpads and pet pads manufacturers had used partial paper pulp, because of the big difference of price.

Airlaids In 2008, the usage of airlaids greatly increased due to the output growth of ultra-thin sanitary napkins and pantiliners. According to the statistics by the CNHPIA, in 2008, the total production capacity of airlaids was about 130000tons and the output was about 85000. The exports volume was about 20000tons. The usage of fluff pulp was more than 60000tpy.

Table 7 Major Airlaids Manufacturers in 2008

Company	Capacity/ (1000tons/year)	Remarks
Fiberweb (China) Airlaid Company Ltd.	17	imported equipment and supplied by Shanghai Expansion Light Industry Machinery Co., Ltd.
Nanning Qiaohong New Materials Co., Ltd.	10	imported equipment
Elite Paper (Shanghai) Co., Ltd.	7.0	imported second-hand equipment
Jinjiang Anhai Boyuan Airlaid Co., Ltd.	15	Home-made equipment
Shandong Xincheng Paper Co., Ltd.	4.5	
Ningbo Qixing Nonwovens Co., Ltd.	12	
Jiedong Xinheng Jiexin Paper Products Plant	18	
Nanjing Taoyu Trading Co., Ltd.	4	
Jiaxing Shenxin Non-woven Fabric Factory	3	
Shanghai Senrong Paper Co., Ltd.	2	

SAP In 2008, the usage of SAP was about 100000 tons. Most of them are imported, occupying over 90% among the total. The main SAP suppliers are Sumitomo Seika, San-Dia, Nippon Shokubai, BASF, FPC Super Absorbent Polymer, etc. Among them, San-Dia, Nippon Shokubai and BASF had established plants in China. Home-made SAP manufacturers occupy very little market shares. Major suppliers are Jinan Haoyue Absorbent Co., Ltd., Quanzhou Banglida Science & Technology Industrial Co., Ltd., etc.

According to the statistics by the CNHPIA, in 2008, the production capacity was about 170000tons/year in the mainland of China including foreign-owned companies. Compared with the data in 2005 which was 100000tons/year, the growth rate was 70%. The expanded capacity mainly included the new 30000tpy by San-Dia Polymers and the new 30000tpy, which had been put into production in 2008, by FPC Super Absorbent Polymer (Ningbo) Co., Ltd.

Table 8 Major SAP Manufacturers in 2008

Num.	Company	Capacity/(1000tons/year)
1	San-Dia Polymers (Nantong) Co., Ltd.	55
2	Nisshoku Chemical Industry (Zhangjiagang) Co., Ltd.	30
3	FPC Super Absorbent Polymer (Ningbo) Co., Ltd.	30
4	Quanzhou Banglida Science & Technology Industrial Co., Ltd.	20

Num.	Company	Capacity/(1000tons/year)
5	Jinan Haoyue Absorbent Co., Ltd.	10
6	Anhui Huajing New Material Co., Ltd.	10
7	Tangshan Boya Resin Co., Ltd.	7
8	Quzhou Weilong Polymer Material Co., Ltd.	3
9	Jinjiang Huisen Trading Co., Ltd.	3
10	Taian Zhongle Super Absorbent Co., Ltd.	2
11	Fujian Tianyu Newfashioned Material Co., Ltd.	1
Total		171

In 2008, the total output of SAP was 120000tons. They mainly satisfy the domestic market. The proportion of exports was small. In addition, the SAP sold by Sumitomo Seika and BASF were imported.

In 2008, the SAP price was higher in the first half of the year and was lower in the second half of the year. It was almost below 20000yuan. Compared with 2005, it had slightly decreased.

2.7 Product Standard and Quality

There are Product and Sanitation Standard for diaper (including diaper pads). The State Quality Supervision and Inspection Administration and the Ministry of Health of the People's Republic of China will make spot check for baby diapers every year. The quality has gradually increased.

Product Standard QB/T 2493—2000 Diaper(Including Diaper Pads)

Sanitation Standard GB 15979—2002 (Disposable Hygiene Products Sanitation Standard)

In 2008, the State Quality Supervision and Inspection Administration did not arrange any specific spot check for diapers. Beijing Quality and Technical Supervision Bureau and Beijing Health Inspection Office had spot checked baby diapers (including diaper pads) in Beijing market. The result was that the spot checked products were all up to standard.

Products Subdivision Catering for Different Consumption Level Based on baby's weight, baby diapers are generally classified into four sizes including small (S), medium (M), large (L), extra large (XL). But there are also Newborn (NB) and super-extra large (XXL) products. In 2008, in order to adapt to the average family consumption level and expand market share, manufacturers have launched various economic diapers with simple and big package. Large retailers such as Carrefour also launched private label diapers. At the same time, with the growth of middle and high-income people, manufacturers more focus on improving the absorbency, comfortable and fit. High-grade diapers which are ultrathin and soft, ultrathin and clean, having ADL acquisition layer and elastic waist, skincare ingredients added such as aloe, anti-bacteria sheet added, etc. are also very favored. Following closely the international trend, some large diaper manufacturers have all adopted breathable film as the backsheet of diapers, in order to avoid diaper rash. In addition, baby diapers are subdivided into female baby use and male baby use products. Mami Poko is the earliest diapers which are divided into female-use and male-use. Later, Kimberly-Clark has launched Huggies gender-specific growing-up diapers. Procter & Gamble has also introduced gender specific Pampers Active Fit baby diapers and pull-up diapers for toddlers.

In 2008, the designs tended to be more fashionable and network marketing were also adopted. For instance, Kimberly-Clark had launched Jeans baby diapers. Procter & Gamble was doing some trials to sell Pampers Change 'N Go changeable absorbent pads in network.

The international branded high value-added training pants are launched to exploit high-grade market and now enjoy small market share. Before and after 2008, sales of Newborn and Standard diapers grew more quickly because of the increasing of new babies (newly born babies were 18 million-20 million per year).

2.8 Pay Attention to Environmental-friendly and Sustainability

If the used-diapers is not treated properly, the waste will influence the environment. In order to advocate the strengthened social responsibility and environmental recognition of manufacturers, the China National Household Paper Industry Association had organized the forum named Harmonious Environment Care for Life——Diapers, Environment and Sustainability, sponsored by the industry leading companies such as Procter & Gamble, Kimberly-Clark, Hengan, Uni-charm, etc. The CNHPIA had published the first report on Diapers, Environment and Sustainability. The report has summarized the diaper sustainability home and abroad, and guides diaper manufacturers to use natural resources more efficiently through continuous technology innovations and products improvement. It targets to promote the sustainability strategy of the China diaper industry. On the forum, more than 10 famous company attendees all expressed that they actively supported the "Green Strategy" and establish all-directional sustainability criteria of new era.

In the past over 20 years, the manufacturers of the global diaper industry had continuously developed new technologies. The average weight of diapers had been decreased by nearly 40% and the usage of package materials had been decreased by 41%, which greatly reduced the waste volume. At the same time, the waste treatment completely applies to requirements of the Solid Waste Environmental Management. Many research institutes express, through the LCA, that it is hard to judge whether diapers or cloth diapers would cause less influence to the environment. In addition, the property of diapers with continuous innovation has surpassed that of cloth diapers. The all-directional technology innovation of diapers will keep going in the industry development.

The report released in the forum shows that although the diapers industry has only developed for a short time in China, it has a high initial technology step. It almost remains the same with the international level on the aspect of raw material savings and deduction of the influence on environment. Meanwhile, in China, diapers waste occupies a very low proportion among the solid waste of cities. Diapers waste could also be treated through both current-used landfill and incineration because of its own characteristics. In the diaper production, the natural resources have been efficiently used as raw materials. Even though, the report points out that the diapers industry still need continuous efforts to promote the sustainability on the aspect of R&D, production and management, etc.

As far as the degradable materials, it is now in the R&D stage in developed countries and there are many disputes. Nowadays there is no this kind of products in China.

2.9 Market Prospect

The Fourth Baby Boom According to the National Population and Family Planning Commission, China is facing the fourth baby boom. Because in the third Baby Boom in the 1980s, the children born in one-child families at that time have entered the period of marriage and child-bearing age. According to expert forecasts, in 2010-2015, the population of women at the child-bearing age of 20-29 years old will remain at the summit of about 110 million in China. And according to the national family planning policy, the only child couple could have the second child, which would also aggravate the baby boom, although the policy also specifies that the interval of the first to second baby are at least four years or more, or the woman should be above 28 years old. So the baby boom may keep for many years. In the year of 2008 when the Beijing Olympic Games successfully held, many "Olympic" babies had been born. In 2009, there will be more "Golden" new born babies (new babies born in the financial crisis). Through the analysis of above all, the Baby Boom will keep for some time.

Great Potential for Market Development The population of new born babies is the essential condition but not complete condition for the marketing of baby diapers. The key influential factor is purchasing power, which is determined by annual per capita GNIPPP (Gross National Income Purchasing Power Parity). According to some foreign references, if the retail price of diaper is based on US $0.21/pcs, the annual average expenditure of one baby in developed countries is 475 US dollars, accounting to 2% of per capita GNIPPP. In America, the proportion is lower. In China, the per capita GNIPPP is now about 1/5 of that of developed countries. But China still has a large developing space in the comparison with developed countries. There is great development potential.

Influence by Financial Crisis In the conditions of global economic downturn influenced by financial crisis, China's economy has also been influenced. However, the influence to baby diapers sales volume is very small. Because consumers more likely choose economic products with good cost competence, it may promote the growth of sales revenue. But high-grade market will increase with steady steps, contributed to the increasing of population with high-income and the enhancement of brands loyalty.

On one hand, there is the emergence of baby boomers. On the other hand, China has a sustainable rapid economic growth. The number of middle-class and rich people increases greatly. The retail price of baby diapers has been accepted by the town households with high income. In the next several years, it is forecasted that it will develop with higher growth rate, although influenced by the unfavorable economic conditions. It is expected to be as follows:

• The economic conditions will have more obvious influence to the industry and the market in 2009 than in 2008, esp., for export-oriented companies.

• Because the development base is still very low, baby diapers market will continue to develop at the higher growth rate than that of GDP. The penetration rate in large cities and medium/small cities located in coastal areas will be further promoted. With the further implementation of economic goals set by the Chinese government on exploiting the western area and the northeastern area of China, the economy of those areas will be greatly enhanced. The penetration rate of baby diapers will also increase correspondingly.

• It takes a long time for baby diapers market to enter into maturity period, because China is now a developing country and most of people are not very rich. It is estimated that the market penetration rate will reach 60% in 2020.

• Although the baby diapers market develop very quickly, in some areas, the supply has exceeded the demands and the competition is very fierce, because existing enterprises expand production and new manufacturers enter into the industry. Meanwhile, the introduction of private label diapers has also exacerbated the middle- and low-grade market competition.

• The industry will further integrate. Leading companies continue to expand market share.

• Diapers will be subdivided. High-grade products will further develop. The product packages will develop from small one to middle ones (30 – 80pcs/pac).

Table 9 Forecasts on Baby Diaper Market

Year	Babies at the age of below 2/10000 persons	Consumption/100 million pcs	Annual per capita growth rate/%	Market penetration rate/%
2007	4100	77.5	44.6	17.6
2008	4125	95.7	23.5	21.1
2010	4250	137.8	20	29.6
2020	4520	297.5	8	60.1

Notes: It is calculated in accordance with 3 pcs/day by average per capita baby at the age of 0 – 2 in the mainland of China.

3 Adult Incontinences

3.1 Market Size

Adult incontinences mainly include adult diapers (adult diapers/diaper pads), and under pads. Because of the very large portion of exports and foreign trade processing of adult incontinences, as well as the international economic downturn in 2008, the exports trading growth rate obviously decreased. However, the domestic consumer market continued to maintain over 10% of rapid growth, and the market penetration rate of adult incontinences reached about 2%. According to the statistics by the CNHPIA, in 2008, the average usage ratio of adult diaper equipment was about 50%. The output was about 0.382 billion pieces, among which the output of diapers was 0.254 billion pieces. The sales volume was 0.356 billion pieces, among which the sales volume of diapers was about 0.251 billion pieces. The producers' sales revenue was 0.6 billion yuan (calculated on 1.99 yuan/pcs for adult diapers and 0.96 yuan/pcs for diaper pads). The exports volume of adult diapers was about 0.171 billion pieces and the consumption was about 0.185 billion pieces. The output of under pads was about 0.378 billion pieces and the sales volume was about 0.284 billion pieces. The producers' sales revenue was about 0.253 billion yuan (calculated on 0.89 yuan/pcs). The exports volume of under pads was about 62 million pieces and the consumption was about 0.222 billion pieces. The aggregate producers' sales revenue of adult incontinences was about 0.853 billion yuan. The market size was about 0.59 billion yuan (calculated on average retailing price: 2 yuan/pcs for adult diapers/diaper pads; 0.99 yuan/pcs for under pads).

Table10 Output and Consumption of Adult Incontinences in 2008

	In 2007	In 2008	Growth rate/%
Adult Diapers			
Output/100 million pcs	2.35	2.54	8.1
Producers' sales volume/100 million pcs	2.32	2.51	8.2
Producers' sales revenue/100 million yuan	4.62	4.99	8.2
Adult Diaper Pads			
Output/100 million pcs	0.88	1.28	45.5
Producers' sales volume/100 million pcs	0.86	1.05	22.1
Producers' sales revenue/100 million yuan	0.81	1.01	24.7
Adult Diapers/Adult Diaper Pads (total)			
Output/100 million pcs	3.23	3.82	18.3
Producers' sales volume/100 million pcs	3.18	3.56	11.9
Producers' sales revenue/100 million yuan	5.43	6.00	10.6
Exports volume/100 million pcs	1.67	1.71	2.3
Consumption/100 million pcs	1.51	1.85	22.6
Under Pads			
Output/100 million pcs	3.98	3.78	-5.0
Producers' sales volume/100 million pcs	3.08	2.84	-7.8
Producers' sales revenue/100 million yuan	2.49	2.53	1.6
Exports volume/100 million pcs	1.11	0.62	-43.7
Consumption/100 million pcs	1.97	2.22	12.4
Incontinences (total)			
Output/100 million pcs	7.21	7.6	5.4
Producers' sales volume/100 million pcs	6.26	6.4	2.2
Producers' sales revenue/100 million yuan	7.92	8.53	7.7
Consumption/100 million pcs	3.48	4.07	17.0
Market Size/100 million yuan	4.79	5.9	23.2

Notes: In the annual report of 2007, light incontinences were included in adult diaper pads and under pads. In order to compare with the data in 2008, the report has adjusted the data for the year of 2007, through deducting the data of the light incontinences.

In 2008, the consumption of adult incontinences had increased by 17% than 2007, among which adult diapers had an up at 22.6% and under pads had an up at 12.4%. But the exports market had been shrinking, the adult incontinences exports volume had only slightly increased than 2007, and the under pads exports volume had slowed down by 43.7% than 2007, because of the influence from financial crisis. In 2007, about 65% adult diapers and 78% under pads were exported as OEM products respectively. But in 2008, the exports volume of adult diapers only occupied 48% among the total sales and the exports volume of under pads only accounted for 22% among the total. The domestic adult incontinences market size had increased by 23.2% than 2007. In addition to consumption growth, enhanced product prices also promoted the increasing of the sales revenue.

3.2 Major Manufacturers and Brands

According to the statistics by the CNHPIA, there were registered about 180 adult incontinences manufacturers by the end of 2008. Nowadays, the leading machinery manufacturers for disposable hygiene products could all supply the machinery for adult incontinences, including diapers machines, diaper pads machine and under pads machine. Many existing women hygiene products and baby hygiene products manufacturers begun to produce adult diapers/pads and under pads. In 2008, the manufacturers with great sales revenue growth were as follows:

Beijing Beishute Maternity & Child Articles Co., Ltd., up as much as three times, Foshan Nanhai Wonderful Nonwoven Co., Ltd., up as much as over one time, Everbeauty Industry (Shanghai) Co., Ltd., up 35.3%, Beijing Terixin Hygiene Products Co., Ltd., up 37.2%, New Sensation Sanitary Products Co., Ltd., up 8.7%.

Table 11 Major Adult Incontinences Manufacturers in 2008

Company	Brand	Category
Fujian Hengan Holding Co., Ltd.	An Erkang	adult diaper, diaper pads, underpads
Tianjin Hakujuji Medical Health Material and Necessities Co., Ltd.	Saluba	adult diaper, diaper pads, underpads
Foshan Shunde New Sensation Sanitary Products Co., Ltd	New Sensation	adult diaper(OEM), diaper pads, underpads(OEM)
Foshan Nanhai Wonderful Nonwoven Co., Ltd.	Wonderful, Laofuzi	adult diaper, diaper pads, underpads
Everbeauty Industry (Shanghai) Co., Ltd.	Baodaren	adult diaper, diaper pads, underpads
Kimberly-Clark (China) Co., Ltd.	Depend, Comfort & Beauty	Adult diaper, diaper pads, underpads(all are OEM)
Zhejiang Yiwu Anrou Hygiene Products Co., Ltd.	Ao Likang, Zinüxin	adult diaper, underpads
Dongguan Baishun Paper Co., Ltd.	Yinyin	adult diaper, diaper pads
Tianjin Little Nurse Industrial Development Co., Ltd.	Little Nurse	underpads
Tianjin Yiyi Hygiene Products Co., Ltd.	Yiyi	underpads(over 90% are OEM)
Beijing Best Maternity & Child Articles Co., Ltd.	Best	underpads
Far East Paper (Taizhou) Co., Ltd.	Anjieer	underpads
Shanghai Welfare (Group) Co., Ltd.	Welfare	adult diaper pads, underpads
JWC Jiangsu Baozi Industrial Co., Ltd. (its old name is Jiangsu Aidie)		adult diaper
Guangxi Wuzhou Baolai Health Industry Co., Ltd.	Laihushi	adult diaper
Shanghai Biyoufu Commodity Co., Ltd.	Biyoufu	adult diaper, diaper pads, under pads
Hangzhou Qiaozi Paper Industry Co., Ltd.	Koko	adult diaper, diaper pads, under pads
Dongguan Changxing Paper Co., Ltd.	Yakangjian, Hulishuang	adult diaper, diaper pads
Changshu Excellent Medicine Articles Co., Ltd.		under pads

In 2008, the number of adult incontinences manufacturers increased. In addition, the foreign trade orders of many export-oriented companies decreased, which led them to exploit the domestic market. It promoted the development of adult incontinences market. Major manufacturers had launched various kinds of products to meet different market requirements. Adult diapers not only are divided into Large, Middle and Small size, but also they have common-style, economical-style and luxury-style. Under pads are mainly used in hospitals and by families in which there are incontinent patients and patients who can not move. Under pads are divided into longer-size, wider-size, etc. Hengan Group also launched An Erkang bar-type adult diaper pads, attached free nonwovens pads sets. Kimberly-Clark launched Depend adult diapers and light incontinent diaper pads.

3.3 Market Prospect

In China, adult incontinent products market is at the early stage of development. It has great development potential with the China's economic development, the coming of old-aging society, improved discretionary income of old consumers and the concept change.

Adult incontinences could help children or nursing persons relieve from the heavy caring work, so that the surrounding environment and the nursing work become more sanitary and convenient. It could greatly reduce the burden of caring for the elders. More importantly, it could bring incontinent patients with self-reliance and dignity, to further promote the quality of life of middle-aged and elderly, to improve the living environment, and to meet the needs of the elderly care.

According to the National Bureau of Statistics, in 2008, the population of old people at the age of above 60 reached 159.9 million, accounting for 12% of the total. The old people at the age of above 65 reached 109.6 million, accounting for 8.3% of the total. According to some references in Japan, the old people above 65 who need to be cared about occupied 12% of the total. But, in China, there were 13 million old people who need to be cared about in 2008. In addition, there were about 1 million patients with paralysis and semi-paralysis at the age of below 65 and there were also about 1 million incontinent patients and patients who can not move. The total number could reach about 15 million. In 2008, the consumption of adult incontinences in China was about 0.407 billion pieces. The market penetration rate was only 2%, if calculated in accordance with per capita 3pcs per day. It could see that the market demands potential of adult incontinence products is very large. As far as the development of adult diapers in Japan is concerned, in 1997, Japan Hygiene Products Industry Association had done a research on nursing home for old people. Less than 13% of the old people used adult diapers. In 2004, the association had done another research. In their research, 39% of people only used adult incontinent products. The usage rate of adult diapers may reach 99%, if the people who use both adult diapers and cloth diapers could be considered. Adult diapers were used in almost all the nursing homes for old people.

America has the incontinence market with the highest retailing sales revenue. In 2007, the sales revenue in America was more than 1.1 billion US dollar. Japan has the highest average per capita consumption of incontinences. In 2007, the per capita sales revenue in Japan reached 6.21 US dollar. Nowadays and in future, in China, the old people in cities all have pension. The family economic conditions will be better and better. It is predicted that the adult incontinences market will develop greatly in China.

Not only the elders or patients may be incontinent, but also a lot of young women, especially women who have children would suffer from the incontinence. As far as the light incontinent market which targets those specific consumers, it should also be paid attention.

4 Hygiene Products for Pets

In 2008, the output of the hygiene products for pets (including pet diapers and pet pads) was over 0.8 billion pieces. The producers' sales revenue was close to 0.5 billion yuan. More than 90% of the hygiene products for pets are trade processing for exports, most of which are pet pads. In the classification of the Customs, the Commodity Number for them is also 48184000. Pet pads are composed of three-ply material, that is, surface material, absorbent core and back material. The surface material mainly adopts PP nonwovens. The back material uses PE film. The absorbent core is made from fluff pulp and SAP covered by tissue. The three-ply material is bonded through hot melt adhesives. Pet pads generally has three sizes, that is, Large (0.6m × 0.6m), Middle(0.45m ×0.6m) and Small(0.3m ×0.45m).

The trade processing of pet pads for exports had begun in 2001. They were mainly exported to Japan, Europe, America, etc. The exports volume kept increasing year by year. There are decades of pet pads manufacturers for exports, which are located in Fujian, Zhejiang, Jiangsu, Shandong, Liaoning, Beijing, Tianjin, etc.

Table 12 Major Manufacturers of the Hygiene Products for Pets in 2008 (no Ranks)

Company	Capacity/(100 million pcs/year)
Dalian Iris Commodity Co., Ltd.	About 2
Jiangsu Zhongheng Pets Articles Co., Ltd.	2
Tianjin Yiyi Hygiene Products Co., Ltd.	1.4
Hangzhou Qiaozi Paper Industry Co., Ltd.	1.9
Wuhu Youpai Household Articles Co., Ltd.	1.4
Beijing Beishute Maternity & Child Articles Co., Ltd.	0.5
JWC Group Jiangsu Baozi Industrial Co., Ltd.	0.37
Taizhou Far East Paper Co., Ltd.	0.38
Shanghai Welfare Group Co., Ltd.	0.8
Goodbaby Bairuikang Hygienic Products Co., Ltd.	0.02

Because the hygiene products for pets are mainly OEM, they are also influenced by the global economic conditions to some extent. It is learned from some companies that the influence is not great, because the manufacturers have adopted various measures and they have advantages on the aspect of cost performance. From 1 April 2009, the exports tax rebate for the pet hygiene products had been raised, which was good news to the industry.

5 Wet Wipes

5.1 Market Size

In China, wet wipes began to be one of the popular hygiene products after the SARS in 2003. The market has developed very quickly. The variety and application tend to be diversified. Wet wipes could be used in AH and AFH market. And there are more and more functional wet wipes with high added-value.

According to the statistics by the CNHPIA, in 2008, the output of wet wipes was about 14.5 billion pieces and the sales volume was about 13.9 billion pieces. The export volume was 4.5 billion pieces or so, which was as much as three times in 2007 and accounted for 32% among the sales volume. It showed that the wet wipes exports trading were less influenced by the global financial crisis. The consumption was about 9.4 billion pieces, up 30.6% than 2007. The producers' sales revenue was about 1.25 billion yuan (calculated on 0.09yuan/pcs). The market size (market sales revenue) was about 1.32 billion yuan(calculated on 0.14yuan/pcs), up 32% than 2007.

Table 13 The Output and Consumption of Wet Wipes in 2008

	In 2007	In 2008	Growth rate/%
Output/100 million pcs	98	145	48.0
Sales Volume/100 million pcs	87	139	59.8
Exports Volume/100 million pcs	15	45	200.0
Consumption/100 million pcs	72	94	30.6
Producers' Sales Revenue/100 million yuan	8.7	12.5	43.7
Market Size/100 million yuan	10	13.2	32.0

5.2 Major Manufacturers

According to the CNHPIA, by the end of 2008, there were registered 324 wet wipes manufacturers. But there are few national brands. The market intensity is relatively high. Many companies do the OEM for other domestic companies, retailers or foreign companies. In the classification of the Customs, the Commodity Number of wet wipes is 34011990 and 34013000. The Ministry of Finance and State Taxation Administration had released the Notice on Exports Tax Rebate of Commodities in Light and Textile, Telegraphic Message Industry in March 2009. From 1 April 2009, the wet wipes exports tax rebate of the products has been adjusted from 5% to 13%, which is good news to the export companies.

Wet wipes mostly use spunlaced nonwovens and partly use airlaids as raw material. Low-grade wet wipes also use hot-calendering nonwovens. In 2008, the wet wipes manufacturers with great sales revenue growth were as follows: Kimberly-Clark, up 120% (all are OEM), Orient Champion, up 108%, Yiwu Anrou Hygiene Products Co., Ltd., up 66%, Tongling Jyair Aviation Necessities Co., Ltd., up 28%, Yangzhou Perfect Daily Chemicals Co., Ltd., up 24%, Shanghai Weiai Paper Co., Ltd., up 23%, Kang Na Hsiung Enterprise (Shanghai) Co., Ltd., up 19%, Jiangsu Tongjiang Science & Technology Co., Ltd., up 15%.

Table 14 Major Wet Wipes Manufacturers in 2008 (no Ranks)

Company	Brands	Capacity/(100 million pcs/year)
Fujian Hengan Holding Co., Ltd.	Mind Act Upon Mind	33
Tongling Jyair Bio-Tech Co., Ltd.	Aini, Xicaca, Haha	27.8
Kang Na Hsiung Enterprise (Shanghai) Co., Ltd.	Carnation	21.76
Jiangsu Tongjiang Science & Technology Co., Ltd.	Xianshou	23
Guangxi Shuya Health Care-Products Co., Ltd.	Shuya	11.5
Shanghai American Hygienics Co., Ltd.	Cuddsies, Kaidexin	16
Shenzhen Kangya Industrial Co., Ltd.	Wetclean, Softclean	about 10
Golden Starry Environmental Products Co., Ltd.	Tonggao	2.1
Yangzhou Perfect Daily Chemicals Co., Ltd.	Beijia	3.75
Kingdom Marketing Service Co., Ltd.	ABC, Yijie, EC	3
Shenyang Naer Industry Co., Ltd.	Sibai	43
Harbin Kangyibao Health-Protecting Articles Co., Ltd.	Kangyibao, Guanjie, Jieyinbao	
Tianjin Yansheng Industry & Trade Co., Ltd.	Keling, Beishule	35
Naisenkelin Daily-Use Articles (Suzhou) Co., Ltd.	Naisenkelin	4
Jiangxi Shengcheng Hygiene Products Co., Ltd.	Shengcheng, Lezhizhi, SC	10
Beijing Marvel Cleansing Supplies Co., Ltd.	Marvel	5.2
Tianjin Ailong Cleaning Products Co., Ltd.	Rou Puxin	6.48
Shanghai Weiai Paper Co., Ltd.	Aiwei	1.3
Jinan Kanier Science & Technology Co., Ltd.	Kanier	36
Shanghai Orient Champion Group	Hygienix	0.84
Beijing Aihua Zhongxing Paper Co., Ltd.	Soft Cloud	0.45
Jinjiang Baihetang Household Products Co., Ltd.	Feirou	5
Yiwu Anrou Hygiene Products Co., Ltd.	Anrou	11.3
Swashes (Shenzhen) Co., Ltd.	Shileshi	
Dalian Daxin Health Nursing Products Co., Ltd.	Jiaodian	5

Company	Brands	Capacity/(100 million pcs/year)
Dalian Oupai Technological Co., Ltd.	Oupai	1.5
Harbin Jinxiao Medicine Sanitary Products Factory	Shuangjiao, Bingge, Binggexuemei	
Dandong Kangchiling Hygiene Products Co., Ltd.	Kanglian	
Shenzhen Vinner Health Products Co., Ltd.	Weini	
Dalian Xiongwei Health Care Products Co., Ltd.	Xiongwei	
Dalian Weiduolier Science & Technology Co., Ltd.	Hecai	
Chengdu Kisi Biological Products Co., Ltd.	Kisi	
Dalian Yangguang Liangpin Medicine Co., Ltd.	Yangguang	
Xiamen Kerhu Industry & Trading Co., Ltd.	Kerhu	
Qingdao Kedake Biochemical Technology Co., Ltd.	Zuihuayin, Hanlumi	
Hebei Cicim Hygiene Products Co., Ltd.	Qingjin	
Dalian Sangtuo Biology New Technology Co., Ltd.	Nishuang, Xiaodaifu, Muqier	

5.3 Products Category

According to the statistics by the CNHPIA, in 2008, wet wipes were mainly divided into 5 categories, that is, common use, baby use, women use, make-up removing use and wet cleaning wipes. Based on the sales volume, common use wet wipes occupied 32.5%, baby wipes occupied about 44.2%, women wipes occupied about 7.9%, make-up removing wipes accounted for about 4.4%, wet cleaning wipes accounted for about 11.0%. Nowadays, the wet wipes packages mainly include single-ply pack, multi-ply pack, and container-pack. Wet wipes have been endowed with more functions, through being added various skincare ingredients, such as aloe, green tea, lavender, peppermint, etc. Some companies also subdivide wet wipes into various functional specific-use products according to applications. Those products have got very good marketing feedback after being launched into the market.

5.4 Rapid Growing of the Market

China's wet wipes industry is still at an elementary stage. In the past 3 years, the industry had been advancing rapidly with the annual average growth rate at no less than 40%. In 2008, the producers' sales revenue had increased by 43.7%. However, there are still some problems in the development, such as inferior quality and low price, few kinds of commodity, the products with lower technology, less brands efficiency, etc. In China, there are many small-size wet wipes manufacturers. Those products have uneven quality and the categories are single. Some companies often compete with price reduction in order to survive.

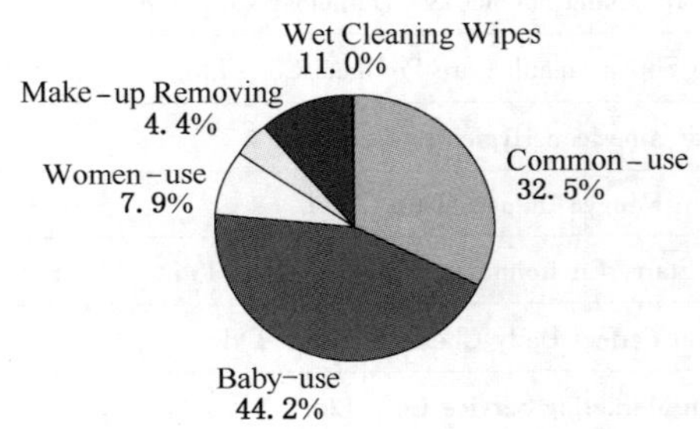

Fig. 5 Comparison of Various Wet Wipes on Sales Volume in 2008

In China, there is still no related National Standard for series wet wipes.

Nowadays, wet wipes machines are mainly home-made. Major domestic wet wipes machine suppliers are Ru Fong Machinery (Zhengzhou) Co., Ltd., Dachang Paper Machine Manufacture Co., Ltd., Shanghai Soontrue Machinery Equipment Co., Ltd., Quanzhou Chuangda Machinery Co., Ltd., etc.

5.5 Market Prospect

In the world, baby wet wipes is the first kind of wet wipes launched into the market and is also the most popularized products. Wet wipes has been introduced into China since the 21st century. Nowadays, the baby wet wipes occupy the biggest market share in the China's wet wipes industry. In the next several year, with the continuous baby boom, baby wet wipes will keep developing. In addition, in recent two years, baby diaper manufacturers had sold their baby diapers bundled with baby wet wipes, such as Kimberly-Clark and P&G. In June 2008, Uni-charm had launched Mami Poko soft and clean wet wipes. In April 2008, Chiaus (Fujian) Industrial Development Co., Ltd. had launched Chiaus wet wipes. Commmon-use wet wipes ranked the second based on the market share. With the improvement of people's living standard and the development of travel and catering industry, the wet wipes industry will further to advance. Wet cleaning wipes refer to the household cleaning wipes, instead of the personal-use cleaning. For instance, it could be used to clean computer, shoe leather, cars, floor, furniture, etc. This kind of wipes has been used in developed countries for many years, but in China, it is still in an elementary stage of development. With the increasing of discretionary income of households and expect for higher-quality life, family-use cleaning wet wipes will continue to develop.

In the past several years, among the disposable hygiene products of developed countries, wet wipes (including dry wipes) were the best growing-up products. Nowadays, the industry has entered into maturity period and has the annual average growth rate at 5% -7%. But in China, it is in the period of fast growing. We should learn their development experiences. In developed countries, the wet wipes industry intensity is high and there are various kinds of wipes. The functional wet wipes with high value-added have been very popular. The wipes package is mainly the multi-ply packs. Compared with single-ply packs, multi-ply packs are more economical and environment-friendly.

Domestic wet wipes manufacturers should continue to promote product quality and develop high value-added wipes. They should strive for shortening the gap with overseas companies and enhancing the rapid and healthy development of the industry.

新中国生活用纸的变迁与进步

Changes and progress of the China tissue industry since 1949

江曼霞　张玉兰　周　杨　中国造纸协会生活用纸专业委员会

1　概述

在造纸工业中，生活用纸具有不同于其他纸种的特殊性，所有其他品类的纸张和纸板均需要加工成其他产品(如报纸、书籍、簿本、纸包装物等)才能到消费者手里，而生活用纸是唯一直接供消费者使用的一个纸种。

生活用纸普遍被认为是日常必需的快速消费品(FMCG，Fast Moving Consumer Goods)，其消费量基本上不太受经济不景气的影响。经济强势时，消费量增长较快；但经济弱势时，已经养成使用习惯的人大多也不会选择不用。虽然可能有些人会转而购买经济型的产品，对市场销售额产生一些影响，但对消费量的影响仅限于居家外用(AFH)或称商用的产品。生活用纸的消费水平是衡量一个国家现代化水平和文明程度的标志。

建国后的前30年，生活用纸作为我国造纸工业中不受重视的分支，发展速度缓慢。那时没有上规模的专业生活用纸厂家，生活用纸还只是单一的厕用卫生纸，而且大多是以稻麦草和竹子等为原料生产的平板手工卫生纸，或是由废纸、草浆和纸厂尾浆生产的机制皱纹卫生纸。即便是在北京、上海这样的大城市，也只能使用纸质非常粗糙、定量高而柔软度很差的卫生纸，许多家庭甚至用旧书报纸等废纸作为入厕用纸。20世纪80年代，开始有厂家引进比较先进的卫生纸机，市场上出现了含有棉浆的优质卫生卷纸和纸巾纸，并出口到香港等地。

20世纪90年代初，生活用纸在我国形成产业规模。随着经济的高速增长、人民生活水平的提高和消费习惯的变化，市场需求不断增长，生活用纸行业异军突起迅速发展。由于专业生产商的崛起和技术装备水平的提高，市场上高质量的产品已经能与国外的优质产品媲美，各类生活用纸的市场持续扩大。

1.1　产品分类

生活用纸类产品(Tissue Paper)主要包括厕用卫生纸(Toilet Paper)、面巾纸(Facial Tissue)、手帕纸(Handkerchiefs)、餐巾纸(Paper Napkins)、厨房用纸(Kitchen Towel)、擦手纸(Hand Towel)等。现在，超市里的生活用纸商品琳琅满目、品种齐全，占有相当大的货架空间。生活用纸的不断发展使人们的日常生活更加方便、卫生和快捷。如今，厕用卫生纸是所有人必需的用品；在城市生活中，面巾纸是居室和汽车内必备的用品；手帕纸具有良好的柔软性和吸水性，且卫生、方便携带，基本上已经替代了过去的布手帕；厨房用纸具有极佳的吸油和吸水性，不会像棉质抹布那样容易滋长细菌、藏污纳垢，也正在城市比较富裕的家庭取代传统抹布的地位；公共机构的卫生间内配备擦手纸也已经非常普遍，与反复使用的棉质毛巾和电动干手机相比，使用擦手纸更加方便、卫生和快捷。

1.2　行业概况

20世纪90年代以来，我国生活用纸产业在低产能、低水平的基础上进入快速成长期。生活用纸的产量从1990年的67.9万吨增加到2008年的443.7万吨，2008年是1990年的6.5倍。消费量约391.3万吨。在世界上是仅次于美国的第二大生产国，其产品不但满足了国内日益增长的需求，而且出口到世界其他国家和地区。国内的市场规模(零售额)已经超过400亿元。

与国外发达国家生活用纸产业高度集中化和现代化的情况不同，我国生活用纸行业由多个制造商组成，行业集中度比较低，企业的技术装备水平和产品质量参差不齐。近年来，由于国家对产品质量和环境保护的要求越来越高，淘汰了许多规模小、产品质量差、污染严重的企业和落后产能，行业领先企业则通过技术设备更新升级，迅速扩大产能，提高规模效益，占领更多的市场份额。行业的整合和优胜劣汰使生活用纸行业的集中度和现代化程度不断提高。

2　生产和市场

2.1　产量和消费量

图1是1990—2008年生活用纸产量和消费量的增长情况。由于生活用纸的库存量低而稳定，因此销售量与产量基本相当，销售量减去净出口量即为国内市场的消费量。

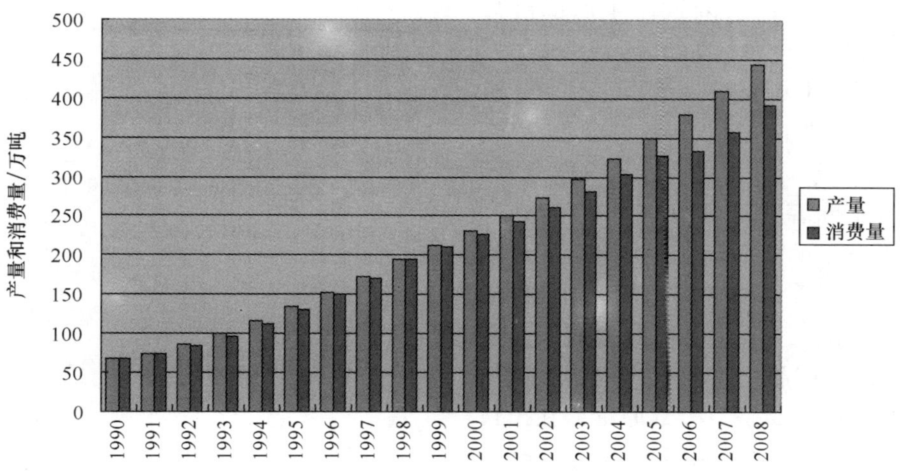

图 1　1990—2008 年生活用纸产量和消费量的增长情况

表 1　中国生活用纸历年产量和消费量(1990—2008 年)

年　度	产量/万 t	同比增长/%	进口量/万吨	出口量/万吨	消费量/万吨	人口总数/万人	人均消费量/[千克/(人・年)]
1990	67.9		未统计	未统计	67.9	114333	0.59
1991	75.0	10.4	未统计	未统计	75.0	115823	0.65
1992	86.7	15.6	0.65	3.84	83.5	117171	0.71
1993	99.9	15.2	0.99	4.24	96.7	118517	0.82
1994	115.9	16.0	1.17	3.87	113.2	119850	0.94
1995	133.8	15.5	1.66	4.62	130.8	121121	1.08
1996	153.2	14.5	2.06	4.85	150.4	122389	1.23
1997	172.8	12.8	1.55	3.19	171.2	123626	1.38
1998	195.3	13.0	2.79	3.57	194.5	124761	1.56
1999	213.3	9.2	2.76	4.86	211.2	125786	1.68
2000	231.7	8.7	2.61	6.72	227.6	126743	1.80
2001	251.4	8.5	2.19	11.09	242.5	127627	1.90
2002	273.0	8.6	2.25	13.90	261.4	128453	2.03
2003	296.8	8.7	2.56	19.18	280.2	129227	2.17
2004	322.3	8.6	3.58	22.79	303.1	129988	2.33
2005	350.2	8.7	3.26	25.98	327.5	130756	2.50
2006	379.3	8.3	2.88	30.83	332.9	131448	2.53
2007	410.0	8.1	2.26	38.86	357.2	132129	2.70
2008	443.7	8.2	2.20	41.20	391.3	132802	2.95

注：表中 1990—2005 年计算消费量时，将产量视同销售量，2006 年起，按实际统计的销售量计算消费量。

从图 1 和表 1 可以看出，自 1990 年以来，生活用纸的产量以 8% 以上的年增长率持续增长，国内市场的消费量也相应增长。20 世纪 90 年代的年增长率高于 2000 年以后的年增长率的原因是当时处于快速发展的初期，产量的基数较低。

2.2　出口量增长

我国在 20 世纪 80 年代就有少量卫生卷纸出口到香港及东南亚地区，有些是用棉浆纤维生产的，柔软度好，如江苏连云港纸厂生产的红灯牌，其他出口的品牌有金鱼、如意等。1999年以前，我国的生活用纸市场属于自给型，有少量进出口，出口量大于进口量，净出口量保持在2.5万~3.5万吨之间。如表1所示，1999年后，生活用纸出口量不断攀升，到2008年已经达到41.2万吨，约占产量的9.3%，成为生活用纸的主要出口国之一。但受全球经济不景气的影响，2008年与2007年相比，增速已经明显放缓。从产品类别来看，出口产品中主要是高档的生活用纸成品而进口产品中主要是卫生纸原纸。在出口的各类生活用纸成品中，厕用卫生纸是主要产品。图2显示了2008年出口的生活用纸成品中各类产品的占比。

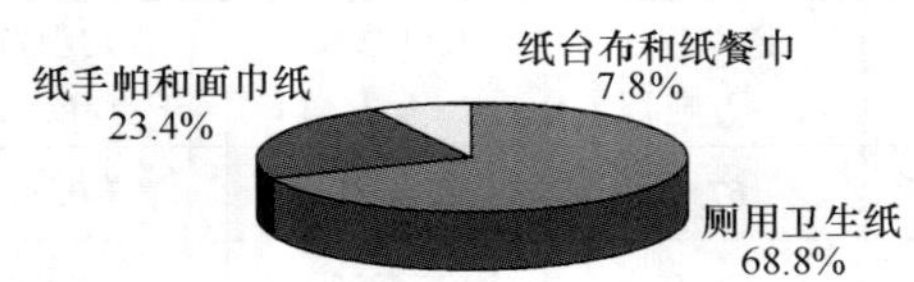

图2 2008年出口的生活用纸成品中各类产品的占比(按销售量计)

根据海关的统计数据，2008年按出口量排序，前20位的出口目的地国家和地区依次是：美国、香港、澳大利亚、日本、台湾省、澳门、新加坡、牙买加、英国、菲律宾、加纳、马来西亚、新西兰、伊朗、多米尼加共和国、俄罗斯联邦、墨西哥、加拿大、哥斯达黎加、阿拉伯联合酋长国。

表2是2008年生活用纸出口量排名前20位的企业(出口量在1500吨以上)，这20家公司的出口量合计约20万吨，约占出口总量的一半(48.5%)；排名前6位企业的出口量都在1万吨以上，约占出口总量的1/3。

表2 2008年出口量排名前20位的企业

排 名	公 司 名 称
1	金红叶纸业(苏州工业园区)有限公司
2	维达纸业有限公司
3	惠州福和纸业有限公司
4	潜利工业有限公司
5	江门日佳纸业有限公司
6	上海东冠纸业有限公司
7	金钰(清远)卫生纸有限公司
8	中山市中顺纸业制造有限公司
9	恒安集团
10	佛山市高明日畅纸业有限公司
11	潍坊恒联美林生活用纸有限公司
12	王子制纸妮飘(苏州)有限公司
13	中山市三角纸品制造有限公司
14	广州市洁莲纸品有限公司
15	东莞彩虹纸业制品有限公司
16	广东约瑟纸塑有限公司
17	广西沙龙纸业有限公司
18	永丰余家品(昆山)有限公司
19	福建恒利纸业有限公司
20	广州龙派纸业有限公司

3 主要制造商和品牌

我国真正意义上的生活用纸的专业制造商是在20世纪80年代末到90年代初出现的，维达纸业是其中的领先者。随着市场需求的增长，我国的生活用纸专业制造商队伍不断扩大。大型生产商引领行业的局面逐步形成。2008年由中国造纸协会生活用纸委员会统计在册的生产商有1066家，其中有原纸生产环节的综合性企业约380家，主要分布在河北、广东、陕西、山东、四川、广西等省份。全国性的主要品牌有：心相印、维达、清风、舒洁、五月花、洁柔、洁云等。

3.1 行业集中度提高

近几年来，由于行业领先企业的迅速扩产和落后产能的淘汰，生活用纸行业的集中度明显提高，2008年排名前15位的制造商的产量占总产量的35.7%，销售额约占总销售额的44.8%，比2007年提高5.8个百分点。

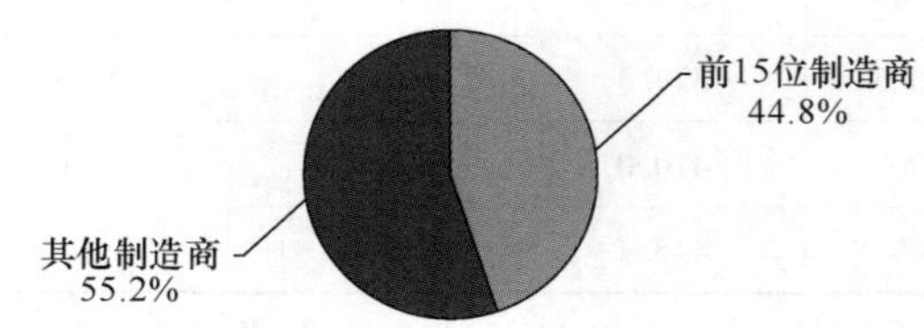

图3 2008年前15位制造商占总销售额的百分比

3.2 前4家企业遥遥领先

我国最大的4家生活用纸企业是恒安、APP(金红叶)、维达、中顺，每家企业的年生产能力都在20万吨以上。2008年这4家企业卫生纸原纸的年生产能力合计达到约116.4万吨，产量合计约96万吨，约占行业总产量的21.6%。销售额合计约109.4亿元，约占行业总销售额的3成(29.2%)。

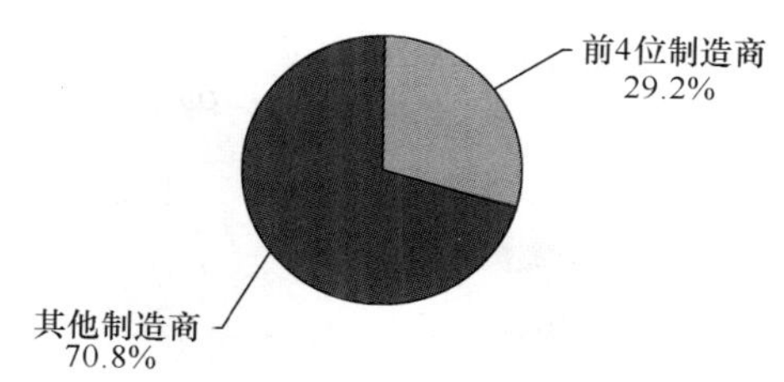

图4 2008年前4位制造商占总销售额的百分比

3.3 综合排序前15位的制造商

2008年综合排序位列前15位的生活用纸制造商及品牌如表3所示。

表3 综合排序前15位的生活用纸制造商

序号	公司名称	品牌	生产能力/(万吨/年)
1	恒安纸业有限公司	心相印，柔影	36(2009年)
2	维达纸业国际有限公司	维达Vinda，花之韵	32(2009年)
3	金红叶纸业(苏州工业园区)有限公司	唯洁雅，清风，真真	35.2
4	中顺洁柔纸业股份有限公司	洁柔，C&S，太阳	21
5	上海东冠集团	洁云，丝柔	7.5
6	上海金佰利纸业有限公司	舒洁，Kleenex	7.25(含加工能力)
7	永丰余家品(昆山)有限公司	五月花	6
8	东莞白天鹅纸业有限公司	贝柔	4
9	宁夏美洁纸业股份有限公司	美洁，滩羊，双喜	8(含草浆纸)
10	广西贵糖(集团)[包括广西贵糖(集团)股份有限公司和广西洁宝纸业投资股份有限公司]	纯点，碧绿湾，蝶恋花，洁宝	10(含蔗渣浆纸)
11	宁夏紫荆花纸业有限公司	紫金花，吉丽，吉利来	10(草浆纸)
12	西安市临潼区汉兴实业有限公司	汉兴，云宝	7(草浆纸)
13	王子制纸妮飘(苏州)有限公司	妮飘，得宝	1.8
14	惠州福和纸业有限公司	福和，Conner，Kami，绿仙子	5(含再生纸)
15	胜达集团江苏双灯纸业有限公司	双灯，蓝雅，欧风，老好	8(含草浆、再生纸)

根据国家质检局的评定，恒安的"心相印"、维达的"维达Vinda"和中顺的"洁柔"纸巾纸和卫生纸产品在2005年获中国名牌产品称号。

根据新生代市场监测机构的调查，过去5年中，各主要生活用纸品牌渗透率都出现一定程度的增长，尤其是五月花和维达，增长很快。心相印和清风作为市场领导品牌，正在逐渐拉开与市场跟随品牌之间的差距。根据尼尔森公司的调查，舒洁、洁云、妮飘在北京和上海也是排名前列的品牌。

3.4 外资进入情况

目前，生活用纸市场以国内企业为主。主要的外资企业有金红叶、金佰利、王子妮飘、上海潜利等；台资企业有永丰余、东冠等。恒安和维达是在香港上市的股份制公司，分别于1998年和2007年上市。在国际上排名第三的生活用纸制造商SCA公司是维达国际的第二大股东，持有维达国际19%的股份。

4 产品情况

改革开放以来，生活用纸从单一的厕用卫生纸逐步发展到目前拥有六大类多个不同品种的产品。

4.1 产品结构

表4 2008年生活用纸的产品结构

产品	消费量/万吨	市场份额/%
厕用卫生纸	309.1	79.0
面巾纸	37.6	9.6
手帕纸	22.7	5.8
擦手纸	7.4	1.9
餐巾纸	6.7	1.7
厨房用纸	3.9	1.0
其他*	3.9	1.0
生活用纸合计	391.3	100

注：*"其他"中包括供吸收性卫生产品用衬纸。

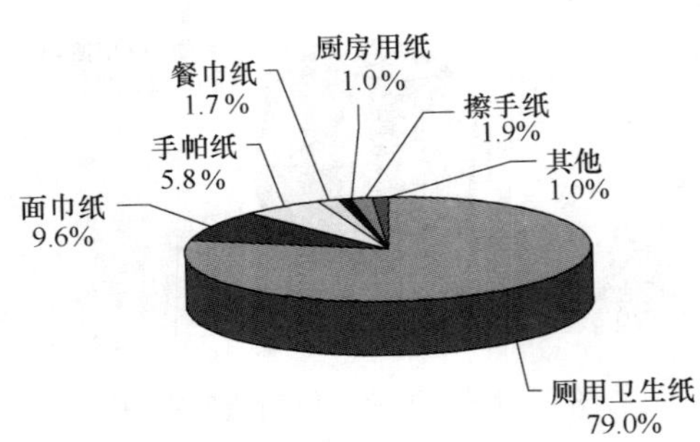

图5 2008 年生活用纸的产品结构图示

根据中国造纸协会生活用纸委员会 2008 年的调查，如表 4，国内消费的生活用纸产品中，厕用卫生纸占主导地位，约占 79% 的市场份额，其他品类依次是面巾纸（9.6%）、手帕纸（5.8%）、擦手纸（1.9%）、餐巾纸（1.7%）、厨房用纸（1.0%）等。

4.2 消费习惯

在西欧、北美和日本等发达国家，厕用卫生纸在生活用纸产品中的比重大约在 55% 左右，而中国目前大大高于这一数据。说明其他品类产品的市场渗透还有待提高。从生产商的产品结构来看，一般大企业的产品结构中，厕用卫生纸的比重要低于平均水平，如恒安纸业为 30% ~45%，金红叶、维达为 60% ~65%，金佰利和王子妮飘大部分甚至全部产品为面巾纸和手帕纸；而小企业，或使用草浆、废纸原料的企业，厕用卫生纸的比重则高于平均水平，达到 90% 以上。

从消费习惯来说，中国和日本等亚太区国家相似，手帕纸的市场份额比世界其他国家市场相对较高。厨房用纸目前仅限于在大城市的富裕阶层、外国人和归侨中使用，市场份额很小，是需要进行消费引导的产品。擦手纸主要是在 AFH 市场，使用量逐年增加，出口也比较多。此外，有些不太富裕的家庭经常习惯用厕用卫生纸来代替面巾纸和擦拭纸，有些企业迎合市场需求，将厕用卫生纸原纸加工成方包纸，作为多用途产品来销售；很多集体食堂和中小型餐馆所用的餐巾纸也是由厕用卫生纸原纸加工成的，这些不正确的使用习惯影响了价值较高品类产品的市场份额。

在卫生卷纸包装方面，目前单卷包装占据整个国内市场 50% 以上的份额。我国的卷纸包装主要为人工操作。随着国内人均收入持续快速增长，消费者购买能力增强，国内消费者将更多地选择多卷包装。劳动力成本和卫生纸消费的持续增长将带动包装自动化的发展，这将有助于包装质量的提高和卷纸单位价格的降低。

用塑料膜包装的抽取式卫生纸和面巾纸日益流行，所占市场份额扩大；在手帕纸的包装方面，相比标准型较大的折叠尺寸，迷你型产品更加流行。

4.3 纤维原料和产品档次

我国生活用纸的纤维原料结构和产品档次的变化情况如表 5：

表 5 生活用纸的纤维原料结构和产品档次

纤维原料	产品档次	所占产量比例/%					
		2003 年	2004 年	2005 年	2006 年	2007 年	2008 年
（进口纸机）100% 木浆	高档	15	18	21	23	26	30
（国产纸机）100% 木浆或木浆和蔗渣浆、竹浆、芦苇浆、麦草浆等的混合浆，白纸边浆、100% 蔗渣浆、竹浆、芦苇浆。	中档	40	40	39	38	37	35
混合废纸、稻麦草浆、纸厂尾浆	低档	45	42	40	39	37	35

从表 5 可以看出，随着我国生活用纸产品质量档次的提高，使用的木浆量不断增加。由于我国木材资源匮乏，在国际贸易中是商品木浆的主要进口国。高档生活用纸的纸浆原料基本是进口商品木浆，国产木浆的供应量很少。除 APP 金红叶纸业、凤凰纸业有较大比例的自供木浆外，其他生产高中档生活用纸的企业都需全部或部分外购木浆。由于对进口纸浆的依存度大，因此原料来源和成本受国际商品浆市场的影响很大。

我国有丰富的非木材纤维原料资源，而且供应量比较稳定，价格低于木浆。中档生活用纸产品主要使用适当配比的商品木浆和蔗渣浆、竹浆、芦苇浆、麦草浆以及白纸边浆、100%蔗渣浆、竹浆等。最近几年，非木材制浆的碱回收工艺和氧脱木素、全无氯漂白工艺都有了很大的进展，大大降低了吨浆用水量和污染物排放，一批年产5万吨以上的草浆厂陆续投资建设了碱回收车间和废水厂外处理措施，达到了环保的要求。竹子、蔗渣和芦苇的纤维性能优于稻麦草，碱回收的效率也比较高，是生产生活用纸的较好原料。这两年以竹子和蔗渣为原料的卫生纸产能增加，竹浆卫生纸主要集中在四川等地，但许多竹浆卫生纸企业规模太小，自产竹浆的企业没有配套碱回收和污水处理系统，对环境造成污染，受到社会的关注，这些企业需要整合后投资进行污染处理，才能继续生存。蔗渣浆卫生纸主要集中在广西，产能有进一步发展的趋势。贵糖是我国循环利用资源的示范单位，该公司利用甘蔗榨取糖液后的废弃物蔗渣制备蔗渣浆，与木浆混合后，可以在新月型成形器卫生纸机上抄造卫生纸，在成本上具有优势，而且纸的质量也比较好。

此外，利用废纸再生浆是对资源的循环利用，有利于生态环境，在中国利用废纸原料来生产生活用纸也势在必行。2006—2007年期间，在一些小草浆纸厂关闭的同时，有些纸厂转向使用废纸原料。但在中国目前小企业众多的情况下，由于牵涉到环境和产品安全性方面的问题，废纸浆用作面巾纸、手帕纸等品类的原料还比较困难。在纸巾纸（含湿巾）（GB/T 20808—2006）国家标准中规定原料按《一次性生活用纸加工企业监督整治规定》（国质检执［2003］289号）监督执行。该文件的附件1中规定，生产纸巾纸只可以使用木材、草类、竹子等原生纤维作原料，不得使用任何回收纸、回收湿巾及其他回收纤维状物质作原料。这是基于目前中国的废纸回收分类水平、企业对回收纸的处理技术和设备水平以及生产环境情况，为确保纸巾纸达到卫生标准不危害消费者健康而制定的。在美国、日本等发达国家，废纸回收利用的技术和工艺成熟，可以用回收纤维生产高质量的卫生纸、纸巾纸。在我国，经过一定的发展阶段，在规模性脱墨浆生产，解决环境污染和产品卫生安全性的前提下，废纸将成为生活用纸企业可选择利用的好原料。今后生活用纸使用废纸原料的比例有可能增加，如惠州福和纸业等企业的扩产以及上海潜利纸业的2期项目，还有双灯、安诺等企业也已经建成或在考虑建设大型脱墨纸浆生产线。

以上情况说明为满足我国多层次的消费需求和尽量减少对进口商品木浆的依赖，在使用商品木浆生产高档生活用纸的同时，适当发展非木材纤维原料的生活用纸以及废纸浆的生活用纸都是必须和可行的，但前提是要解决环境污染和产品安全性问题，而只有上规模的企业才有能力去解决这些难题。

4.4 产品创新

中国市场上生活用纸的品种和形式日益增多，包括：卫生卷纸、抽取式卫生纸、平装或折叠装卫生纸，面巾纸、手帕纸、餐巾纸、厨房用纸、擦手纸等。个人消费用或称居家用生活用纸（AH）市场占90%，商用或称居家外用（AFH）市场占10%，AFH产品的市场呈增长趋势。

质量方面的趋势主要表现在两个方面：一是通过浆料配比的调整和添加化学品改善产品的柔软性、韧性和吸水性；二是通过推出差异化产品寻求高利润的利基市场。

如今，无论是大厂还是小厂，造纸化学品在卫生纸生产中的应用已经非常普遍。根据不同的品种，所使用的化学助剂包括助留剂、干强剂、湿强剂、分散剂、柔软剂、烘缸剥离剂和粘缸剂等。

由美国巴克曼公司推出的纤维改性酶技术近来在国内的卫生纸企业中已经开始试用，对节能和提高卫生纸品质有良好的效果。

主要制造商都推出了3层甚至4层的超柔产品；有的则通过添加香精和乳霜、芦荟、维生素等表面处理剂，使产品气味清香或具有更好的皮肤呵护性能，或推出染色/印花的彩色产品。此外，针对学生和年轻白领人群推出包装上有时尚风格的手帕纸产品也被证明是成功的策略。如2008年恒安推出的高端产品“品诺”系列、“中国风”系列面巾纸/手帕纸，维达推出的“运动”系列面巾纸/手帕纸产品，中顺推出的“面子”系列面巾纸/手帕纸等，都在市场销售方面取得了很好的效果。此外，东冠推出新颖时尚的洁云“亮彩”系列彩色手帕纸、面巾纸、餐巾纸、厕用卫生纸产品，正处于市场拓展中。

但总的来说，与北美和西欧发达国家不同，

中国消费者对产品柔软度不太苛求，而且国内产品标准中抗张强度指标的要求也是开发高柔软度卫生纸的障碍，因此，即便是大生产商在短期内，也不大可能采用设备投资和能耗较高的热风穿透技术（TAD）生产超柔的卫生纸产品。但在TAD基础上，经过改进和具有降低投资、节省能源效果的技术（如美卓的NTT和福伊特的Atmos）有可能被采用。

5　技术装备水平提高

生活用纸的生产过程主要分为原纸生产和产品后加工两个主要部分，从国际上来说，目前这两部分的技术都是成熟和稳定的，现在的技术开发和进展主要是使单台设备的产能更大（车速更快、幅宽更大）、产品质量更好、节能降耗、提高自动控制、在线监测及调整的水平。近20年来，通过引进国外先进的技术和设备，中国生活用纸行业工艺技术的发展与世界先进水平同步，实现了跨越性的提高。国产设备的工艺技术水平也在逐步提高。

5.1　引进纸机

近20年来，随着国民生活水平的快速提高，我国开始大量进口卫生纸机。从上世纪80年代末至1997年期间，我国相继引进了7台套卫生纸机，其中真空圆网型3台、斜网型2台，夹网型1台，新月型1台，现仍在运行的有5台，成形部多为真空圆网成形器或斜网成形器，属国外80年代初技术水平。

受国内市场需求驱动和国际上卫生纸集约化生产大趋势的影响，1997年以后，生活用纸行业开始大量引进真空圆网型（Best Former）卫生纸机和新月型成形器（Crescent former）卫生纸机。

截至2009年底，包括1997年之前引进并仍在运行的5台纸机在内，已经签约引进的卫生纸机共104台，生产能力总和为228万吨/年，约占我国2008年生活用纸总产能的43.7%。其中，新月型43台（其中2台为二手机），总生产能力144万吨/年；真空圆网型62台，总生产能力83万吨/年；斜网型1台，生产能力1万吨/年。见附表1、附表2、附表3。

世界上两家最大的新月型成形器卫生纸机的供应商是奥地利的安德里茨公司（Andritz AG）和芬兰的美卓公司（Metso Paper），也是中国新月型纸机的主要供应商。中国从这两家公司分别各引进9台卫生纸机（不含二手机）。真空圆网型卫生纸机则全部是由日本川之江公司（Kawanoe Zoki）引进的BF型卫生纸机。

5.2　新月型成形器

卫生纸机成形器的发展经历了长网、短网、斜网、压力成形器、抽吸胸辊成形器等，但这些成形器都有一定的缺陷，很难同时实现高品质和高产能。20世纪60年代末，美国金佰利（K－C）公司发明了新月型成形器并申请了专利，此项发明使卫生纸的品质和纸机速度达到了良好的结合。1989年，K－C公司专利失效后，新月型成形器在全球被普遍采用。

新月型成形器是由大直径成形辊、毛毯、成形网组成的辊式成形器。毛毯和成形网以近180度角包覆着成形辊，纸页的成形和脱水同时在毛毯和成形网之间进行，整个成形区是弧形，如月牙，故称“新月”型。由于纸幅直接在毛毯上成形，使纸机结构变得非常简单紧凑，而车速可高达2000米/分。

新月型成形器经过30多年的实践利用和发展，当代新月型成形器卫生纸机在全球是高速卫生纸机的主导机型，也被认为是最佳机型。它具有很多优点：

1）车速高，产能大。通常车速为1000～2200米/分，产能60～220吨/日。恒安、金红叶和维达的数台纸机的最高车速达到2000～2200米/分。

2）能自动改变成形区的长度，脱水快速、均匀；

3）纤维留着率高，成纸品质好；

4）网、毯的寿命长；

5）结构简单，操作方便。

新月型纸机供应商针对中国市场推出了较低速度（1100～1600米/分）、较低产能（40～60吨/日）和比较节能的机型。

5.3　真空圆网成形器

日本川之江公司制造的BF型系列卫生纸机的车速也比较高，采用的是真空圆网成形器。

BF纸机采用的真空网笼可进行快速脱水操作，为使网笼内部处于负压状态。利用白水槽落差的水涨落装置和罗茨真空泵并用，所以能充分适应网笼内的离心力，大幅度地提高车速。BF－

10 和 BF－12 的车速为 600～1000 米/分，BF 型纸机在日本还有 BF－15 和 BF－20 的机型，车速可达到1100～1400 米/分。BF 型卫生纸机在全球共销售了 160 多台，日本的卫生纸机 60% 是 BF 型的。中国用户中，维达和中顺的卫生纸机主导机型都是 BF 型，目前维达有 20 台，中顺有 11 台。

BF 型纸机的优点是：

1）成形部设计合理，结构紧凑，上浆浓度可以达到 0.2%；采用高开孔率的网笼壳体，可以在驱动力较小的情况下，实现高速抄造。同时，装备有先进的分离装置，确保了真空系统的高效率，因此传动系统的电耗低。

2）BF 型纸机在保持纤维高留着率的同时，可抄造 10～45 克/米^2 较宽定量范围的产品。

3）由于采用了高质量的扬克烘缸，热传导效率高，蒸汽用量少。即使在 1100 米/分的高车速下，采用的热风罩也不需要使用燃油或燃气，能量消耗少，成本低。

4）可以使用非木材纤维原料。使用 100% 竹浆已经在中顺四川试验成功，使用木浆和蔗渣浆等的混合浆也已经在维达等企业取得满意的效果。

日本川之江造机株式会社制造的 BF 系列真空圆网卫生纸机，自从 20 世纪 80 年代进入中国市场后，维达、中顺等企业的技术人员在生产实践中对纸机提出许多工艺方面的改进意见，促进制造商不断地研发。2009 年川之江在浙江嘉兴建厂，以更好地为中国市场提供服务。目前，中国已签约引进的 BF 型卫生纸机有 52 台，包括 BF－10、BF－10α、BF－10EX、BF－12、BF－12EX 等多种机型，纸机的车速不断提高，功能得到改进，节能效果更加显著。例如 BF－EX 系列卫生纸机在 BF 机型的基础上，加强了机械强度、辊轴动平衡及传动能力，采用了新设计的烘缸气罩，达到了强化干燥能力，大幅提高车速和产能的目的，而且进一步降低了纸机能耗和清水用量。特别是这两年在某些新投产的纸机上采用了 CBC 起皱刮刀系统和单双托辊两用装置，大大改善了纸页的松厚度，可以生产手感更好的产品。

一般认为纸机车速在 1000 米/分以上时，选择新月型成形器卫生纸机比较合适，而车速在 1000 米/分以下时，选择 BF 型纸机较好。工厂从使用国产圆网纸机开始进行设备改造升级时，BF 纸机应该是比较好的选择。

5.4 其他技术

引进卫生纸机的其他先进技术包括：

（1）多层流浆箱

现代新月型卫生纸机流浆箱多为层式结构，按单层、双层和三层设计。多层流浆箱可以充分发挥短纤维使表面平滑柔软，而长纤维可提高强度的特性。赋予纸页更好的成形、柔软度、吸水性和强度，使纸张生产更加经济。

美卓等纸机供应商采用新的流浆箱设计提高了成形匀度，使上浆系统流量减少 20%，冲浆泵能耗减少 40～60kWh/t。

（2）压榨技术

随着生活用纸品种的增加和性能要求的提高，卫生纸机的压榨技术不断革新。传统的单压区压榨是由一个真空托辊将纸页压向扬克烘缸。双压区压榨则是由第一真空托辊和在第二位置上的吸压辊组成。

2000 年，TissueFlex 靴式压榨技术开始成功应用到卫生纸机上。紧贴在扬克烘缸的靴式压榨装置可最大限度地减少传统的线性负荷处的峰值压力，提高成纸松厚度和柔软度。

由于靴型压榨压区终端压力的快速释放和纸毯的快速分离，避免了回湿现象的发生。靴形压榨对比传统的单区真空辊压榨提高压榨的干度，可节省能源。

美卓公司提供给恒安中纸的第二台 DCT200 纸机上安装了 ViscoNip™ Press 新型分区液垫式靴压装置。这种靴压装置的操作线压力范围为 70～160kN/m，160kN/m 线压力对应的湿纸页干度为 46%～47%，比单区真空辊压榨的干度提高 7 个百分点，干燥负荷降低 25%，相应节约能源（蒸汽/燃气）综合能耗 450kWh/t。

（3）热风罩

高速卫生纸机纸页的干燥主要靠热风罩来完成。气罩的热源可以采用高压蒸汽、液化石油气、液化天然气等。热源的采用主要根据当地实际情况而定，一般生产能力相对较低的纸机采用蒸汽气罩，生产能力较大的采用燃气气罩。

目前热风罩热风温度高达 510℃ 以上，从而给纸页形成了一个瞬间干燥区。热风罩干燥能力的提高能相应大幅度提高卫生纸机的产量。在高速卫生纸机系统中产生的大量纸尘同时进入空气系统被燃烧并消失，避免了纸尘堵塞热风罩导致干燥能力下降，频繁停车清理气罩和热交换器的弊病，并且更加安全。

(4) 热风穿透干燥技术(TAD)

为了使原纸具有更高的柔软度、松厚度和吸水性能，纸机供应商推出了TAD(热风穿透干燥)技术，采用这种技术的TAD纸机在北美应用较多，主要用于厕用卫生纸和擦拭纸。TAD纸机流程中取消了压榨部，纸页不经过湿压榨，在真空脱水段之后，进入表面开孔的TAD烘缸，以热风被强制穿透纸页为主要手段，来除去纸页水分，然后再进入扬克洪缸。TAD纸机的投资比一般的干起皱纸机要高得多，而且运行的能耗比较高，因此在北美以外的地区应用较少。为了使卫生纸具有超柔的特点而又兼顾到节能，最近纸机供应商推出了一些改良的TAD技术，如美卓的塑纹卫生纸技术(NTT)和福伊特公司的Atmos技术等。目前中国尚无TAD类型的卫生纸机。

6 设备制造业的技术进展

6.1 国产卫生纸机

由于卫生纸机的配置相对简单，产值较低，不被国内主流造纸机械企业重视，使得国产卫生纸机的开发进展缓慢。多年来，国产卫生纸机一直沿用单网单缸结构，这是一种最简单的圆网纸机，由浆料流送、网部、压榨部、干燥部和完成整理部等5部分组成。烘缸上安装的起皱刮刀，将干纸在烘缸上起皱后，再送到卷纸缸上卷纸。20世纪90年代，技术上的改进主要局限于上浆系统和网槽的改造，使用高精度网笼、具中高伏辊，生产工艺上控制纤维配比、打浆度、上网浓度、网速与浆速比、真空度、起皱效果，以及使用分散剂、柔软剂等化学品等，纸机车速一般多在150米/分以下，幅宽大多为787毫米、1092毫米、1575毫米等。

2000年以来，随着卫生纸厂对高产、高效卫生纸机需求的增加，国内某些纸机制造商通过对关键部件、纸机细节方面的改进设计来提高纸机车速和效率，开发出了设计车速200米/分左右，纸机幅宽1700~3000毫米的单网单缸卫生纸机，适应于麦草浆和废纸浆卫生纸的生产。

此外，对卫生纸机的改进还包括发展了长圆网组合、斜网等结构的成形器，采用真空吸移式引纸、大直径烘缸、新型汽罩等。这些改进使设计车速提高至250~500米/分，并改善了成纸质量。国内自主研制的第一台真空圆网型卫生纸机以及与国外合作研制的第一台新月型成形器卫生纸机也已经在2008年成功投产，设计车速分别达到600米/分和1200米/分。

2006年在东冠纸业投产的1台国产斜网纸机(由上海爱建提供)最高设计车速为500米/分，用于生产擦手纸原纸，实际运行速度可达300米/分以上；2006—2008年在金红叶纸业投产的6台国产小长网纸机(4台由河南崇义提供，2台由华东造纸机械提供)，最高设计车速600米/分，经过改造和调试，目前实际车速可达550米/分。

近期国内有关研究单位和机械制造企业也在加紧设计车速600米/分以上卫生纸机的仿制和研发工作，包括：

• 上海轻良机械公司与韩国三养公司合作生产的新月型卫生纸机，2008年6月在河南漯河银鸽生活纸产有限公司投产，幅宽2700毫米，设计车速1100~1300米/分，年产1.5万吨，目前实际运行车速为1050米/分。

• 杭州大路公司开发的幅宽2660毫米、设计车速为600米/分的真空圆网卫生纸机已于2008年12月在江苏胜达集团双灯纸业有限公司投产，以60%稻草浆和40%废纸脱墨浆为原料生产26克/米^{2}卫生纸，运行车速达到500米/分。

• 杭州轻工机械研究所与贵阳某机械厂开发的负压式圆网卫生纸机，设计车速600米/分，2009年将在东莞白天鹅纸业公司进行安装。

• 佛山宝拓公司与日本左左木公司合作开发设计车速600米/分的真空圆网卫生纸机，于2009年在宁夏美洁纸业有限公司投产。

• 山东华林机械有限公司与韩国技术人员合作开发的新月型卫生纸机2010年将提供给宁夏紫荆花纸业有限公司，幅宽2700毫米，设计车速1200米/分。

• 天津造纸机械厂2009年向巴西提供了一台车速600米/分，年产能力1万吨的圆网卫生纸机。

不过国产高速卫生纸机与世界先进水平相

比，在车速、幅宽、运行可靠性、性能优化等方面，仍有很大差距，有些核心技术仍未能取得突破，如流浆箱、新月型成形器、扬克烘缸、靴式压榨、纸页高速运行稳定技术及引纸技术等。

在相同生产能力情况下，多台国产小圆网卫生纸机的价格大致是1台进口纸机的1/10。而且上马快，所以采用"小土群"方式发展仍然是一些中小企业的首选，使得行业整体的技术装备水平仍然比较落后。

6.2 后加工设备

30年前，卫生纸生产企业的后加工设备以前十分简陋，卷筒卫生纸大多使用半自动锯分切和手工包装，劳动强度大，安全和卫生条件差。80年代开始从台湾省、香港引进了自动化程度较高的各类分条复卷机、折叠机、包装机，90年代之后，一些大企业陆续从意大利百利怡（Fabio Perini）、卡马迪（Casmatic）、美国PCMC、德国W + D、Senning等公司引进具有世界先进水平的各类后加工设备，使后加工产品的品质大大提高。在吸收消化的基础上，国产设备的水平也在提高，中小企业几乎全部采用国产设备，但在车速、稳定性、自动化程度等方面与进口设备还存在较大差距。

目前，生活用纸的后加工是指将卫生纸原纸加工成各类生活用纸的成品，主要包括加工和自动包装两大部分，在国际上，都是比较成熟的技术。目前的技术趋势也是向高车速、高产能、高度自动化以及加工和包装一体化方向发展。另外通过在加工阶段添加乳霜等表面处理剂以及香精等，生产出差异化产品。

根据生活用纸产品品类的不同，有不同的加工设备。生产卷纸类产品的加工设备主要是分切复卷打孔机、压花和印花设备以及包装机械；生产折叠类产品的设备主要是分切折叠机、压花和印花设备以及包装机械。

国内生活用纸企业由于资金不足和就业方面的考虑，在后加工阶段，很多也采取机器和人工相结合的半自动化方式。

中国在生活用纸产品加工设备制造技术方面进步较快，所生产的设备不但满足了国内中小纸厂的需求，而且出口量不断增长，但与进口设备相比，在材料、生产效率、加工精度、稳定性、自动化程度等方面还有一定的差距。技术差距较大的加工设备主要是卷纸复卷机、卷纸和手帕纸包装机等。目前我国生活用纸行业生产高档产品的加工设备，特别是包装设备仍主要从国外或中国台湾引进。

7 市场前景

新中国成立以来，特别是改革开放30年来，中国经济飞速发展，人民生活水平大幅度提高，中国的生活用纸行业也从无到有，不断壮大和发展。

虽然中国目前的生活用纸消费量仅次于北美和西欧地区，位居世界第三位，但由于人口众多，2008年的我国生活用纸的人均消费水平仅为2.95千克，尚未达到世界平均水平（4.1千克），与发达国家的水平（美国24千克，西欧、日本15千克）差距则更大。随着我国经济的发展和城市化、国际化进程的加快，市场需求潜力将不断释放，为生活用纸这一朝阳行业带来巨大的发展空间。

附录

附表1 中国引进的新月型成形器卫生纸机

公司名称	引进时间	纸机生产能力/（万吨/年）	净纸幅宽/毫米	设计车速/（米/分）	纸机供应商	纸机类型	数量/台	产能/（万吨/年）
上海金佰利纸业有限公司	1994年	1.5	2400	1100	芬兰美卓（原VALMET）	新月型	1	1.5
王子制纸妮飘（苏州）有限公司	1997年	1.7	2660	1400	意大利RECARD	新月型	1	1.7
永丰余家品（昆山）有限公司	1998年	1.6	2180	1400	意大利亚赛利	新月型	1	1.6
金红叶纸业（苏州工业园区）有限公司	1997年	6	5600	2200	奥地利安德里茨	新月型	2	12

续表

公司名称	引进时间	纸机生产能力/（万吨/年）	净纸幅宽/毫米	设计车速/（米/分）	纸机供应商	纸机类型	数量/台	产能/（万吨/年）
湖南恒安纸业有限公司(PM1)	1997 年	3	3650	1600	奥地利安德里茨	新月型	1	3
宁夏美洁纸业股份有限公司	1998 年	1.5	2400	1100	芬兰美卓（原 VALMET）	新月型	1	1.5
维达纸业（广东）有限公司	1998 年	3	3650	2200	美国比洛伊特	新月型	1	3
湖南恒安纸业有限公司(PM2)	2001 年	3	3650	1800	奥地利安德里茨	新月型	1	3
广西贵糖集团股份有限公司	2002 年	2.5	2700	1500	奥地利安德里茨	新月型	1	2.5
广西贵糖集团股份有限公司	2003 年 8 月投产	2.5	2700	1500	奥地利安德里茨	新月型	1	2.5
山东恒安纸业有限公司(PM3)	2005 年 8 月投产	6	5600	1800	奥地利安德里茨	新月型	1	6
山东潍坊恒联美林生活用纸有限公司	2003 年	3(合计)	2100 和 3340	800 和 900	芬兰美卓（原 VALMET）	从 SCA 购进的新月型二手纸机	2	3
上海潜利纸业有限公司	2006 年 8 月投产	3	2810	2000	意大利亚赛利	新月型	1	3
永丰余家品（昆山）有限公司	2005 年 9 月投产	2.4	2800	1600	意大利 RECARD	新月型	1	2.4
广东中顺纸业有限公司	2005	1.5	2400	1300	韩国京龙	新月型	1	1.5
恒安（中国）纸业有限公司(PM4)	2006 年 7 月投产	6	5600	2000	芬兰美卓	新月型 DCT200	1	6
山东恒安纸业有限公司(PM5)	2007 年 7 月投产	6	5600	1800	奥地利安德里茨	新月型	1	6
恒安（中国）纸业有限公司(PM6)	2008 年 4 月投产	6	5600	2000	芬兰美卓	新月型 DCT200	1	6
海南金红叶公司	2006 年至 2008 年期间投产	2.8	2800	1800	意大利亚赛利	新月型	6	16.8
福建恒利集团	2006 年 7 月投产	2.5	2800	1600	芬兰美卓	新月型 DCT100	1	2.5
漯河银鸽生活纸产有限公司	2008 年 4 月投产	1.5	2850	1100	上海轻良机械与韩国三养合作生产	新月型	1	1.5
永丰余家纸（北京）有限公司	2008 年 12 月	2	2400	1500	波兰 PMP	新月型 Intelli－Tissue 1500	1	2
湖南恒安纸业有限公司(PM7)	2009 年 1 月投产	6	5550	2000	奥地利安德里茨	新月型	1	6
湖南恒安纸业有限公司(PM8)	2009 年 12 月投产	6	5600	2000	芬兰美卓	新月型 DCT200	1	6
安徽比伦生活用纸有限公司	2009 年 5 月投产	1.5	2820	1150	波兰 PMP		1	1.5
惠州福和纸业有限公司	分别于 2009 年 5 月和 12 月投产	2.25	2850	1300	芬兰美卓	新月型 DCT60	2	4.5

续表

公司名称	引进时间	纸机生产能力/(万吨/年)	净纸幅宽/毫米	设计车速/(米/分)	纸机供应商	纸机类型	数量/台	产能/(万吨/年)
恒安(中国)纸业有限公司	预计2010年6月投产	6	5600	2000	意大利亚赛利	新月型 DCT200	1	6
山东恒安纸业有限公司	预计2010年底投产	6	5600	2000	芬兰美卓	新月型	1	6
中顺洁柔纸业股份有限公司(江门)	预计2010年投产	2.5	3450	1500	意大利特斯克	新月型 AHEAD1.5	1	2.5
中顺洁柔纸业股份有限公司(华北)	预计2011年投产	2.5	3450	1500	意大利特斯克	新月型 AHEAD1.5	1	2.5
晨鸣纸业集团	预计2011年投产	6	5600	2000	美卓或安德里茨	新月型	1	6
金红叶纸业(湖北)有限公司	预计2010年投产	12	5600	2000	不详	新月型	2	12
紫荆花纸业有限公司	预计2010年投产	2	2700	1200	山东华林与韩国合作	新月型	1	2
总计							43	144

附表2　中国引进的真空圆网型(BF系列)卫生纸机

公司名称	引进时间	纸机生产能力/(万吨/年)	净纸幅宽/毫米	设计车速/(米/分)	纸机型号	数量/台	产能/(万吨/年)
山东潍坊恒联美林生活用纸有限公司(原潍坊造纸厂)	1988年7月	1	2380	500	BF-10	1	1
维达纸业(广东)有限公司(原新会县日用品工业厂)	1992年7月	1	2380	500	BF-10	1	1
维达纸业(广东)有限公司	1994年7月	2	2660	900	BF-12	1	2
维达纸业(湖北)有限公司	2003年1月	1	2660	600	BF-10	1	1
维达纸业(北京)有限公司	2003年5月	1	2660	600	BF-10	1	1
中顺洁柔纸业股份有限公司(原中山市中顺纸业制造有限公司)	2004年9月	1	2660	600	BF-10	1	1
维达纸业(湖北)有限公司	2004年11月	1	2660	600	BF-10	1	1
维达纸业(江门)有限公司	2005年5月	2	3400	1000	BF-12	1	2
中顺纸业(湖北)有限公司(湖北中顺鸿昌纸业有限公司)	2005年5月	1	2660	600	BF-10	1	1
维达纸业(湖北)有限公司	2005年5月	1	2660	600	BF-10	1	1
维达纸业(四川)有限公司	2005年7月	1	2660	600	BF-10	1	1
山东中顺纸业有限公司(原山东省东平中顺明兴纸业有限公司)	2005年9月	1	2660	600	BF-10	1	1
中顺纸业(四川)有限公司(成都天天纸业有限公司)	2005年12月	1	2660	602	BF-10	1	1
维达纸业(江门)有限公司	2006年2月	2	3400	1000	BF-12	1	2
维达纸业(湖北)有限公司	2006年8月	1	2660	600	BF-10	1	1
上海东冠纸业有限公司	2006年2月	1	2660	600	BF-10	2	2

续表

公 司 名 称	引 进 时 间	纸机生产能力/(万吨/年)	净纸幅宽/毫米	设计车速/(米/分)	纸机型号	数量/台	产能/(万吨/年)
中顺纸业(江门)有限公司	2006 年 3 月	1	2660	600	BF－10	1	1
上海东冠纸业有限公司	2006 年 9 月	1	2660	600	BF－10	1	1
维达纸业(湖北)有限公司	2006 年 10 月	1	2660	600	BF－10	1	1
中顺纸业(四川)有限公司(成都天天纸业有限公司)	2006 年 10 月	1	2660	600	BF－10	1	1
维达纸业(北京)有限公司	2006 年 10 月	1	2660	600	BF－10	1	1
中顺纸业(四川)有限公司(成都天天纸业有限公司)	2006 年 11 月	2	2660	1000	BF－12	1	2
广西南宁凤凰纸业有限公司	2006 年 11 月	1.2	2660	660	BF－10α	1	1.2
中顺纸业(浙江)有限公司	2007 年 1 月	1	2660	600	BF－10	1	1
维达纸业(北京)有限公司	2007 年 2 月	1	2660	600	BF－10	1	1
维达纸业(江门)有限公司	2007 年 3 月	2	3400	1000	BF－12	1	2
上海东冠纸业有限公司	2007 年 4 月	1	2660	600	BF－10	1	1
维达纸业(四川)有限公司	2007 年 6 月	1	2660	600	BF－10	1	1
维达纸业(江门)有限公司	2007 年 6 月	2	3400	1000	BF－12	1	2
江门仁科绿洲纸业有限公司	2007 年 9 月	2	3400	1000	BF－12	1	2
山东中顺纸业有限公司(原山东省东平中顺明兴纸业有限公司)	2008 年 6 月	1.2	2660	660	BF－10α	1	1.2
广西南宁凤凰纸业有限公司	2008 年 7 月	2	3400	1000	BF－12	1	2
中顺纸业(江门)有限公司	2008 年 7 月	1.2	2730	700	BF－10α	2	2.4
维达纸业(浙江)有限公司	2008 年 8 月	2	3400	1000	BF－12	1	2
维达纸业(江门)有限公司	2008 年 9 月	2	3400	1000	BF－12	1	2
维达纸业(浙江)有限公司	2008 年 9 月	2	3400	1000	BF－12	1	2
维达纸业(江门)有限公司	2008 年 10 月	2	3400	1000	BF－12	1	2
上海东冠纸业有限公司	2008 年 11 月	2	3400	1000	BF－12EX	1	2
中顺纸业(湖北)有限公司(湖北中顺鸿昌纸业有限公司)	2008 年 11 月	1.2	2760	770	BF－10EX	1	1.2
东莞永昶纸业有限公司	2009 年 2 月	2	3400	1000	BF－12	1	2
中顺纸业(浙江)有限公司	2009 年 7 月	1.2	2760	770	BF－10EX	1	1.2
非公开	2009 年 5 月	1.2	2760	770	BF－10EX	1	1.2
非公开	2009 年 7 月	1.2	2660	770	BF－10EX	1	1.2
非公开	2010 年 3 月	1.2	2760	770	BF－10EX	1	1.2
非公开	2010 年 3 月	1.2	2660	770	BF－10EX	1	1.2
非公开	2010 年 5 月	1.2	2660	770	BF－10EX	1	1.2
非公开	2010 年 5 月	1.2	2660	770	BF－10EX	1	1.2
山东中顺纸业有限公司(原山东省东平中顺明兴纸业有限公司)	2009 年 11 月	1.25	2660	770	BF－10	2	2.5
湖北荆州市知音纸业	预计 2011 年 1 季度投产	1.2	2660	770	BF－10EX	1	1.2

续表

公司名称	引进时间	纸机生产能力/(万吨/年)	净纸幅宽/毫米	设计车速/(米/分)	纸机型号	数量/台	产能/(万吨/年)
上海唯尔福集团	预计分别于2010年8月和年底投产	1.25	2660	770	BF-10	2	2.5
维达纸业(辽宁)	预计2010年投产	1.25	2660	770	BF-10	4	5
重庆维尔美纸业(江苏华机集团投资)	预计2010年投产	2	3400	1000	BF-12	2	4
重庆龙璟纸业(重庆轻纺控股集团投资)	预计2010年下半年投产	1.2	2660	770	BF-10EX	2	2.4
总计						62	83

附表3　中国引进的其他类型卫生纸机

公司名称	引进时间	净纸幅宽/毫米	设计车速/(米/分)	纸机供应商	纸机型号	数量/台	生产能力/(万吨/年)
江苏连云港造纸厂	1989	1800	600	意大利OVER	夹网	1	停机
维达纸业(湖北)有限公司	1990	1850	500	意大利TOSCHI	斜网	1	停机
漯河银鸽生活纸产有限公司(原漯河银河纸业)	1993	2660	500	意大利OVER	斜网	1	1
总计						3	1

改革开放30年我国吸收性卫生用品市场变化

Changes of the China disposable hygiene products industry since 30 years reform opening up

江曼霞　张玉兰　孙　静　中国造纸协会生活用纸专业委员会

一次性卫生用品也称吸收性用即弃产品，英文名"absorbent disposable products"。包括妇女卫生巾/卫生护垫(Sanitary Napkins/Pantiliners)、婴儿纸尿布(Baby diapers)、成人失禁用品(Adult Incontinences)、湿巾(Wet Wipes)等。在中国，一次性卫生用品是改革开放后的舶来品，各类产品从无到有，生产和消费持续增长，市场规模不断扩大。

2008年吸收性卫生用品的市场规模(市场总销售额)达到约488亿元，其中卫生巾/卫生护垫占72.0%，婴儿纸尿布占24.1%，成人失禁用品占1.2%，湿巾占2.7%。

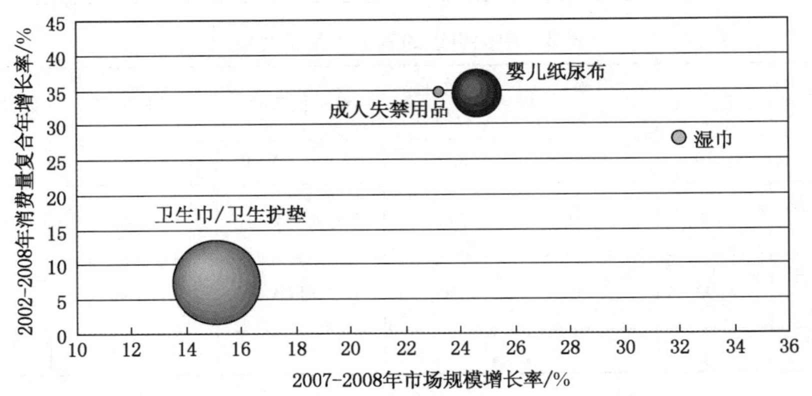

图1　一次性卫生用品的市场规模和增长率

1　卫生巾/卫生护垫

1.1　发展历史

卫生巾具有吸收量大、不渗漏、柔软舒适、使用简单、携带方便等优点，是妇女经期使用的卫生必备品。卫生巾是在我国实行改革开放的初期出现的产品。随着人民生活水平不断提高，生活节奏的加快和卫生意识的提高，卫生巾已逐渐取代传统的经期用皱纹卫生纸而成为深受广大妇女欢迎的生理卫生用品。卫生护垫是用于吸收妇女日常和分泌物的产品，也可以用于经期前后。卫生护垫在中国自1992年开始生产，消费者主要是家庭收入较高及个人卫生意识较强的城镇年轻女性。1998年以后，市场需求量迅速增长。

1982年北京造纸十一厂率先从日本引进瑞光株式会社R-600型卫生巾生产线，广东佛山威利卫生用品有限公司引进台湾省钢大公司NT-900型卫生巾生产线。20世纪90年代之前，中国虽有近1000余条卫生巾生产线，但技术装备的总体水平低，主要是台湾产或仿制台湾产品的大陆产设备，型号较旧，单机生产能力低，性能较差，产品为中低档直条卫生巾。1991年，宝洁(中国)公司(P&G)率先在中国生产护翼型卫生巾。1993年原邯郸舒而美集团公司、威海信威卫生材料有限公司、福建恒安集团、广东维达纸业股份有限公司等分别从意大利CCE、日本纸工机、日本东亚机工等公司引进护翼型卫生巾机生产护翼型卫生巾。护翼型卫生巾在1995年后市场发展迅速。1995—1998年间各企业从意大利Fameccanica、日本瑞光、德国W+D、美国PC-MC等公司引进数十条先进的生产线，大大提升了技术装备的总体水平。在吸收消化国外设备先进技术的基础上，1997年后国产设备水平迅速提高，1998年后，卫生巾设备已基本国产化，大部分老设备也经过了技术改造和更新换代。

1998年以来，中国卫生巾/卫生护垫的生产设备制造业迅速崛。领先企业采用模块化设计，全伺服电动控制，开发一机多用的生产设备，同时在车速、稳定性、噪音控制等方面不断改进。全伺服卫生巾生产线的生产速度可达1000片/分，横刀卫生护垫生产线的速度可达1200~1500片/分，性价比较好的设备不但满足了国内市场的需要，而且利用参加相关国际展览等方式走向国际市场，出口到日本、欧洲、美国、中东、东南亚等国家和地区，其中安庆恒昌等生产的设备和售后服务还得到跨国公司的认可和好评。在国际金融危机的形势下，设备制造商化危为机，高性价比的国产设备也在竞争中占有优势。

1.2 市场规模

表1和图2显示了历年来卫生巾的消费量和市场渗透率情况。在1990—2008年期间，我国卫生巾的消费量从28亿片增加到480亿片，2008年是1990年的17倍。市场渗透率从5%提高到72.7%，在城镇已经基本普及，是一个相对成熟的市场。2008年卫生巾（含卫生护垫）的市场规模为351亿元。

表1 中国市场妇女卫生巾/卫生护垫的消费量和市场渗透率

年　份	1990	1995	2000	2001	2002	2003	2004	2005	2006	2007	2008
适龄妇女（15～49岁）人数/百万人	311.1	330.0	350.0	352.7	355.0	357.0	358.8	360.7	362.2	364.8	366.6
卫生巾消费量/亿片	28	186	315	334	351	368	384	399	415	443	480
卫生巾市场渗透率/%	5	31.3	50.0	52.6	54.9	57.3	59.5	61.4	63.7	67.5	72.7
卫生护垫消费量/亿片			65.0	95.0	120	144	165	178	190	219	241
卫生护垫市场渗透率/%			1.86	3.37	4.23	5	5.75	6.17	6.56	7.5	8.2

注：按适龄妇女（按15～49岁）实际人均需用妇女卫生巾180片/年，卫生护垫800片/年计算。

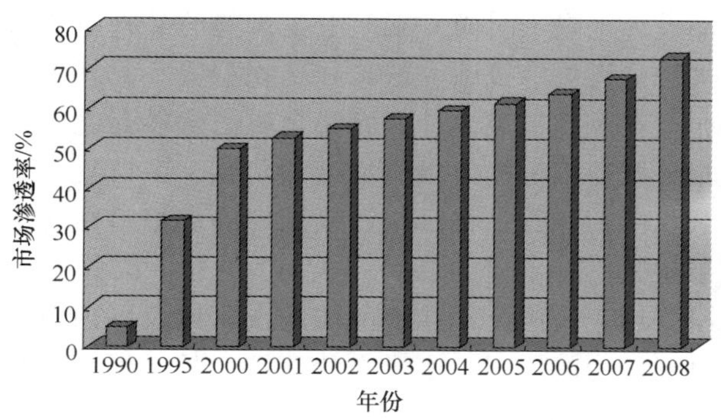

图2 中国历年卫生巾的市场渗透率

卫生巾市场自1985年以来，经过20多年的发展，市场进入成熟期，新进入该领域的有实力的大企业很少，市场供给量的增加主要是各大企业的扩产。与全球的平均增长水平（2%～3%）相比，中国仍然是增长较快的市场。这一方面是因为中国已经进入小康社会，市场不断向三、四级城市和乡镇渗透，另一方面是因为上海、北京等大城市已经达到中等发达国家的水平，由于女性生理期更换卫生巾更加频繁，消费者的人均使用量有所增长，同时对优质高端产品和差异化产品的需求也在增加。2008年卫生巾/卫生护垫市场销售额的增长率达到15.1%，除销售量增加、高附加值产品份额提高以外，产品涨价也是重要因素。2008年为了缓解绒毛浆、石油化工原料成本的压力，大部分企业在3～7月期间都调高了产品价格，平均提价率约5%～15%，7月份之后，产品价格稳中有降。

1.3 主要制造商和品牌

中国目前的卫生巾/卫生护垫市场仍由多个生产商组成。中国造纸协会生活用纸专业委员会2008年底统计在册的企业有702家，主要分布在福建、广东、山东、河北、浙江、江苏、天津等地，但全国性品牌的生产商并不多，高端市场的品牌集中度很高。

2008年全国综合排名前15位的卫生巾/卫生护垫生产商的销售额合计约占全国卫生巾/卫生护垫总销售额的60.6%；全国性品牌主要有：安尔乐、护舒宝、苏菲、舒而美、高洁丝、娇爽、乐而雅、好舒爽、ABC等。

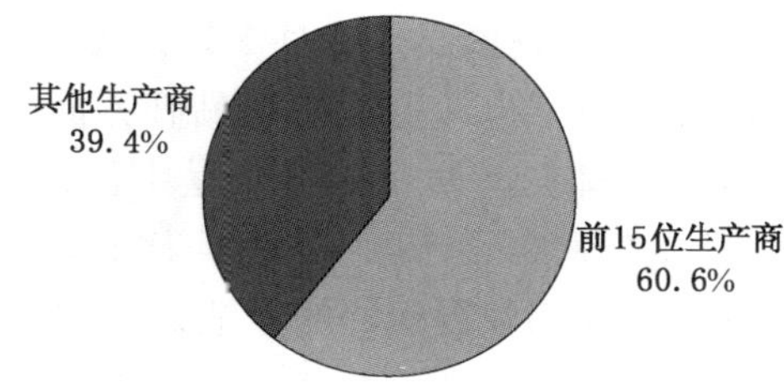

图3 卫生巾/卫生护垫前15位生产商所占市场份额（销售额）

恒安集团是目前中国最大的女性卫生用品生产商，2008年其卫生巾（含卫生护垫）的市场份额（按工厂销售额计）约为11.2%，宝洁公司约为6.7%，尤妮佳公司约为6.1%。前3家合计约占24%的市场份额。

近年来，因国内消费者收入和生活水平继续提高，市场对优质知名品牌的卫生巾和卫生护垫

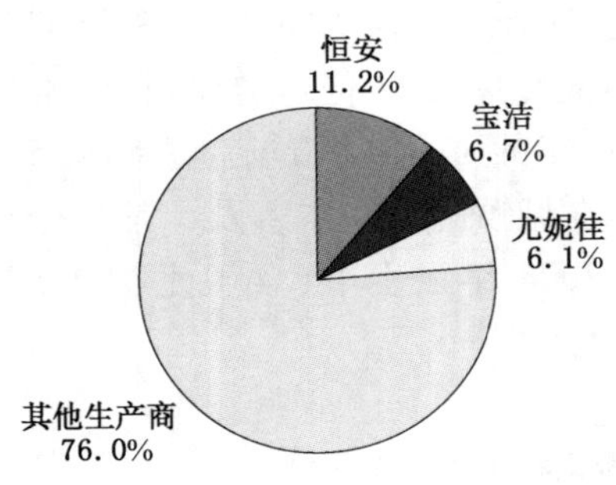

图4 卫生巾/卫生护垫前3位制造商所占市场份额(销售额)

的需求增加，加上原材料价格不断攀升处于高位，在激烈的市场竞争中，大企业的竞争优势明显，市场份额扩大，而有些过去业绩不错的中型企业产销量锐减，经营困难。虽然仍有一些小企业不断进入卫生巾领域，但同时也有许多竞争力差的小企业关闭停产，特别是在淡季。中型企业中也有专注于发展区域性品牌或拓展海外市场，经营状况良好、销售额稳步上升的公司。

1.4 跨国公司的品牌在高端市场占主导地位

卫生巾/卫生护垫的高端市场主要由跨国公司的品牌组成。包括宝洁公司的“护舒宝”、尤妮佳公司的“苏菲”、强生公司的“娇爽”、花王公司的“乐而雅”、金佰利公司的“舒而美”和“高洁丝”等。跨国公司凭借其强大的广告投放实力和研发优势，占据高档产品市场大部分的市场份额。市场美誉度最好的妇女卫生巾和卫生护垫品牌分别是尤妮佳生活用品(中国)有限公司的“苏菲”和强生(中国)有限公司的“娇爽”。据新生代市场监测机构调查的结果(对零售终端)，2008年在使用过的卫生巾和卫生护垫品牌方面，按消费者人数计，排在前两位的分别是宝洁的“护舒宝”和强生的“娇爽”。但恒安近年来在新品研发和市场推广方面都取得很好的业绩，“安尔乐”和“七度空间”等一线品牌，扩大了在高端市场中的份额；特别是其强大的销售网络和销售团队，渠道渗透至各级市场，使销售额不断提高。另外港资桂城景兴的ABC品牌在各大市场调查公司对零售终端的调查中，也表现出非常好的成长性。

1.5 产品细分和高档化

由于消费水平的提高和职业女性的需求，护翼型卫生巾几乎已经全部取代了直条型卫生巾，少量的直条型产品主要销往农村和西部不发达地区。据生活用纸委员会调查，在卫生巾产品中，相比标准型卫生巾，超薄型卫生巾比例增加，约占50%；在城市和沿海地区，超薄型卫生巾占比例更大。

为了改变产品同质化，赋予产品差异化特征和附加值，企业对产品进一步细分。市场上卫生巾种类很多，如日用、夜用、“一夜一片”超长型、棉柔表面、干爽网面、立体护围、弹力贴身、ADL导流层速渗、抗菌除味等。

2008年唯尔福公司推出 Ag^+ 银嘉银离子功能性卫生巾；金佰利开发出一种用于经期前后或轻度失禁的护垫产品；尤妮佳推出加长加宽的护垫，用于经期前后和分泌物多的时候；花王推出了超薄透气卫生护垫；还有公司推出了介于卫生巾和护垫之间的迷你巾产品。

除了按产品用途、功能细分以外，还对消费者进行细分，如细分出“少女装”产品市场，在产品设计上融入时尚元素。卫生护垫的品种主要有加香、无香、抗菌、祛味和药物型等。此外许多企业在产品包装设计方面迎合时尚青年女性的需求，取得很好的效果，如纸盒包装、束口袋包装和水晶荷包等，将日用、夜用产品和护垫组合包装也是一种不错的选择。

由于跨国公司在中国境内设厂以及国内企业创新能力的增强，市场上的高端产品已经可以与发达市场的优质产品媲美，在品种花色方面，甚至超过欧美国家，与日本的情况类似。

1.6 消费的城乡和地域差异

改革开放以来，我国城乡居民的生活水平继续提高，但城乡消费差别仍然很大。2008年我国城镇人口占总人口比重为45.7%，而卫生巾(含卫生护垫)的消费比重估计占70%～80%。中高档产品的消费主要在城镇，农村妇女主要消费中低档的产品。在经济落后地区的农村，仍普遍使用厕用卫生纸甚至用旧布等代替卫生巾。

我国东部沿海地区和内陆地区的经济发展水平和收入差异较大，地理、气候、卫生意识和消费习惯也各不相同，因此卫生用品的消费存在着明显的城乡和地域差异。市场渗透率及消费者对产品种类的选择视市场的地点有所不同。市场渗透率在城市较农村地区为高，在东部沿海地区较西部内陆地区为高。

在大中城市和经济发达地区卫生巾的消费呈小康特征，市场渗透率基本上接近100%。城市消费者在选购卫生巾时，最注重的因素依次是价格适中、使用经验、产品功能和有名的品牌。消费者已经开始由只认价格的消费，转向重品牌、重性价比的理性消费。

1.7 销售渠道的变化

吸收性卫生用品的物流成本较高、流动资金占用较大。中小型生产规模的制造商一般在当地附近地区销售产品，全国性的品牌为数不多。制造商一般通过多种渠道销售产品，包括批发商、分销商、超市、大卖场、传统零售店铺及便利店。

由于大卖场和连锁超市在城乡的迅速普及，终端销售的重要性日益突出，所占比例扩大，销售渠道有很大的变化。零售商定牌加工的情况逐渐增多。根据生活用纸委员会的调查，2008 年估计在特大城市和省会城市卫生巾/卫生护垫在现代零售渠道即大卖场、超级市场、小型超市、便利店等的销售份额在 70% 以上。在二、三级城市以下的市场，销售渠道则仍以传统的批发分销通路为主，但现代渠道份额的逐年增长非常明显。

1.8 市场展望

卫生巾/卫生护垫产品属于快速消费品，受经济不景气影响较小，由于中国卫生巾市场已经是一个成熟的市场，基数较高，随着人民生活水平的提高，城市化进程的加快，卫生巾市场在今后十几年内将以略低于 GDP 增长率的速度发展（卫生护垫的增长率与 GDP 同步或略高），但年增长率仍高于世界平均水平，总量稳步增长，预计到 2020 年达到全面普及并逐渐呈现小康型消费特征。消费层次出现多样化且向中高档过渡，消费领域不断扩展。从整体上看，今后十几年城镇市场和农村市场将日趋融合，但仍然存在着明显差距。

2 婴儿纸尿布

2.1 发展历史

中国婴儿纸尿裤生产起始于 90 年代初，1992 年香港瑞麒制品厂有限公司率先引进纸尿裤机在广东建厂，生产的纸尿裤大部分销往境外。此后在广东省珠江三角洲一带相继建立了数家婴儿尿裤生产企业，逐渐扩展到华东沿海地区和内地。主要制造商有东莞中南、福建恒安、中山瑞德（DSG，港资）、全日美（台资）、威海信威等。2000 年前后陆续在国内投资建厂的跨国公司有金佰利（1997 年投产）、美国 Paragon（1998 年建厂，后合资成立好孩子百瑞康），宝洁（1999 年 4 季度投产）以及日本尤妮佳（2001 年投产）。2001 年开始有国产线投产，到 2001 年底，全国有 23 家制造商，35 条生产线，总生产能力超过 20 亿片。2003 年以后，婴儿纸尿布市场进入快速发展期，消费量和市场渗透率大幅度增长。

2001 年以来，国内纸尿裤设备制造业的迅速发展保证了婴儿纸尿布的市场供应量。国内具有先进技术的设备供应商已经可以制造包括训练裤、成人纸尿裤生产线在内的各种设备。全伺服婴儿纸尿裤生产线生产速度可达 500 片/分，全伺服成人纸尿裤生产线的生产速度可达 200 片/分。性价比较好的设备不但满足了国内市场的需要，而且出口到海外。

2.2 市场规模

表 2 和图 5 显示了历年来婴儿纸尿布的消费量和市场渗透率情况。在 1993—2008 年期间，我国婴儿纸尿布的消费量从 0.4 亿片增加到 95.7 亿片，2008 年是 1990 年的 239 倍。市场渗透率从 0.07% 提高到 21.1%，市场目前仍处于快速发展期。2008 年婴儿纸尿布的市场规模为 117.8 亿元。

随着经济收入的增加和前些年对婴儿纸尿布市场的培育推动而造成新一代年轻父母消费观念的改变，加上 20 世纪 80 年代我国生育高峰期出生的人已进入结婚生子年龄，婴儿纸尿布的国内消费需求明显增加，市场进入快速成长期。根据有关调查数据，北京和上海有 80% 以上的婴儿使

表 2 婴儿纸尿布的消费量和市场渗透率

年　份	1993	1995	2000	2001	2002	2003	2004	2005	2006	2007	2008
0~2 岁婴儿/百万人	47.50	48.80	42.4	42.05	41.00	40.5	40.2	40.4	40.8	41.00	41.25
婴儿纸尿布总消费量/亿片	0.4	1.5	9.5	15	16.3	19.5	29.5	41.7	53.6	77.5	95.7
其中婴儿纸尿裤消费量/亿片	0.4	1.5	9.5	11	11.5	14.0	23.5	34.0	43.5	52.2	65.9
婴儿纸尿布市场渗透率/%	0.07	0.28	2.05	3.26	3.63	5.5	6.70	9.43	12.0	17.3	21.1

注：按中国大陆 0~2 岁婴儿人均需用纸尿布 3 片/天计。

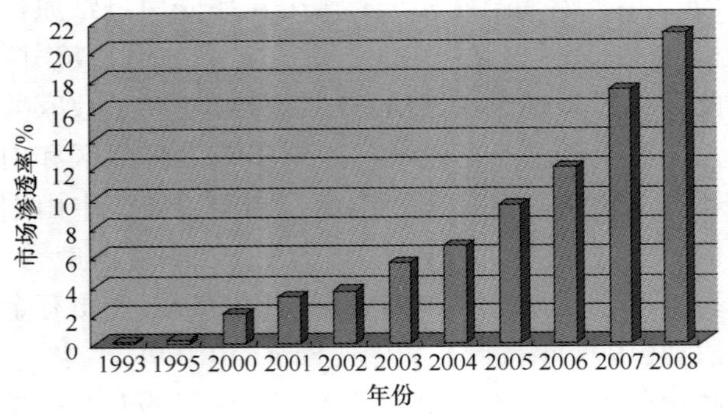

图5 中国历年婴儿纸尿布的市场渗透率

用纸尿布，成都、重庆、南京、武汉等大城市市场覆盖率也在40%～50%之间，同时由于帮宝适、妈咪宝贝、安儿乐等品牌巨大的广告投入，使婴儿纸尿布在二、三级市场也迅速渗透，在县和乡镇市场国内品牌的优势比较明显。

相对于卫生巾而言，婴儿纸尿布市场的发展对居民可支配收入的要求高得多，但目前婴儿纸尿布市场与以前相比已经有很大的变化，在大城市90%左右的婴儿父母使用过纸尿布，婴儿在医院出生时就开始用纸尿布，回家后，大部分父母会选择继续使用纸尿布或与可洗尿布并用，纸尿布逐渐成为普通的婴儿日用品。在中小城镇，甚至相对富裕的农村地区，价格低廉的纸尿片的市场也在悄然扩大。

在婴儿纸尿布的消费方面，中国具有不同于发达国家的特点，即在使用纸尿布的婴儿中人均使用量低(我们按每天平均使用3片计算，根据有关资料日本平均使用量为4.9片，欧美发达国家平均使用量为5.6片)，如许多家庭将纸尿布与布质尿布混用、仅在夜晚用或仅在外出时用以及婴儿稍大后不再使用尿布等。这与中国人节俭的传统和很多老人愿意帮助照料第三代的伦理文化有关。根据婴儿纸尿布使用情况的一次网络调查的结果，使用婴儿纸尿布的家庭约占53%，而只使用布质尿布的仅不到5%，纸尿布和布质尿布混用的约占42%。在每月使用纸尿布的费用支出上，大部分家庭控制在50～80元。为控制支出，约58%的家庭选择仅在婴儿睡觉时使用纸尿布。但目前这种情况也正在发生变化，有些家庭的用量也达到6片/日以上，特别是新生儿阶段。

根据欧睿公司2007年的数据，如果按照婴儿体重把婴儿纸尿布分成三类，即新生儿 New-born 适用(2～5千克)、婴儿适用 Standard(6～10千克)和儿童适用 Junior(11千克以上)，这三类产品分别占中国婴儿纸尿布市场的35%、52%和13%。

2.3 主要制造商和品牌

中国的纸尿布市场由多个生产商组成。中国造纸协会生活用纸专业委员会2008年底统计在册的婴儿纸尿布的生产企业345家。但全国性品牌数量不多，品牌集中度高。知名品牌有帮宝适、妈咪宝贝、安儿乐、嘘嘘乐、菲比等。

一般来说，婴儿纸尿布的毛利率低于卫生巾，年产量达到4000万～5000万片规模以上的生产商才有利润，所以相对于卫生巾来说，行业集中度更大，婴儿纸尿布市场的增长主要是大企业的扩张。

根据生活用纸委员会的统计调查，排序前10位生产企业的婴儿纸尿裤(不含纸尿片/垫)销售量合计约占所有企业婴儿纸尿裤总销售量的73.5%，其纸尿布的销售额合计约占所有企业总销售额的87.0%。

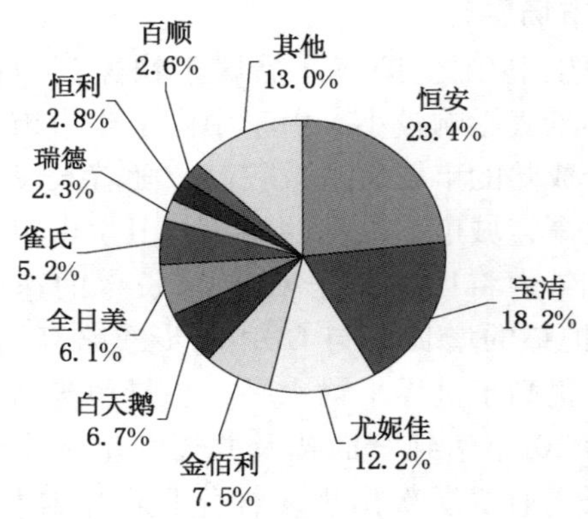

图6 排序前10位的婴儿纸尿布生产商的市场份额(销售额)

宝洁和恒安是目前中国最大的婴儿纸尿裤制造商。金佰利的好奇、宝洁的帮宝适和尤妮佳的妈咪宝贝是市场美誉度最好的婴儿纸尿裤。最近的一次调查显示，消费者过去一年曾购买帮宝适的比例高达65.2%，市场占有率位居首位，其他品牌依次是妈咪宝贝(43.5%)、好奇(32.1%)、安儿乐(26.8%)、嘘嘘乐(12.2%)和菲比(11.8%)。

金佰利的好奇和尤妮佳的妈咪宝贝等纸尿裤增长强劲，主要受益于其高端客户群的大量增加，有关市场调查显示，这两个品牌在北京、上海占明显优势，并积极向二、三线城市扩张。

另据新生代市场监测机构调查的结果（对零售终端），2008 年在使用过的婴儿纸尿裤品牌方面，按消费者人数计算，排在前三位的分别为帮宝适、安儿乐和妈咪宝贝。

2.4 产品细分适应不同消费层次

婴儿纸尿裤产品型号一般按婴儿体重分小号（S）、中号（M）、大号（L）、特大号（XL）4 种，但也有新生儿用（NB）和超特大号（XXL）的产品。近年来，为了适应普通家庭的消费水平，扩大市场份额，各制造商推出各种经济型纸尿裤，简易包装和大包装，大型零售商如家乐福也推出了零售商品牌纸尿裤产品。同时，随着中高收入人群的增加，生产商更加注意提高产品的吸收性和舒适合身性，超薄柔软、超薄干爽、采用 ADL 导流层、弹性腰围等弹性材料、添加芦荟护肤成分、增加抑菌层等的高档产品也受到欢迎。一些大的纸尿裤制造商都紧跟国际流行趋势采用透气膜做纸尿裤底膜，以减少尿布疹的发生。另外，婴儿纸尿裤产品市场还细分为男婴用和女婴用市场，除妈咪宝贝最早推出男婴、女婴用产品外，金佰利的训练裤（好奇成长纸尿裤）也分为男、女婴用，宝洁的帮宝适好动宝宝纸尿裤和学步宝宝拉拉裤也分为男、女婴用。国际品牌推出的训练裤等高附加值的产品主要是开拓高端市场，目前市场份额不大。

在设计方面追求时尚和采取网络营销的趋势在 2008 年也有所体现，如金佰利公司推出了牛仔裤型婴儿纸尿裤，宝洁推出网络专买店以及在网上试销可更换吸收垫的 PampersChange‘NGo 纸尿裤等。

根据欧睿公司 2007 年的数据，如果按照婴儿体重把婴儿纸尿布分成三类，即新生儿 Newborn 适用（2～5 千克）、婴儿适用 Standard（6～10 千克）和儿童适用 Junior（11 千克以上），这三类产品分别占中国婴儿纸尿布市场的 35%、52% 和 13%。2008 年前后由于我国新生儿数量增加（每年出生 1800 万～2000 万人），新生装和标准型的产品增长更快。

2.5 市场展望

第四次生育高峰 根据国家人口计生委资料，由于上世纪 80 年代中国第三次生育高峰出生的独生子女已步入婚育阶段，我国正处于第四次生育高峰。据专家预测，2010—2015 年间我国 20－29 岁的育龄妇女的人数将保持在约 1.1 亿人的峰值，而按照国家计划生育政策，这些独生子女是可以生二胎的，这也会加剧这个生育高峰。同时按照我国计划生育政策，独生子女虽然可以生育两胎，但生育第二胎要与第一胎间隔至少 4 年以上，或者女方需在 28 周岁以上，所以，这个高峰也有可能会持续更多年。2008 年是北京举办奥运会的一年，诞生了许多“奥运宝宝”，2009 年将会出现一大批“金宝宝（金融危机宝宝）”，从种种情况分析，这个高峰将会持续一段时间。

市场发展潜力大 婴儿出生数量是婴儿纸尿裤销售的必要条件，但并非充分条件，因为最主要的影响因素是购买力，而购买力又取决于年人均 GNIPPP 值（与国民总收入有关的购买力平价值）。有国外资料按每片纸尿裤零售价 21 美分计算，发达国家婴儿人年均消耗费用为 475 美元，占其人均 GNIPPP 的 2%，在美国这一比例更低。我国目前人均 GNIPPP（与国民总收入有关的购买力平价值）大约是发达国家的 1/5。虽然中国近几年婴儿纸尿布的生产和市场有很大的发展，但与发达国家相比仍有很大的发展空间，非常具有市场发展潜力。

金融危机的影响 在由金融危机引发的全球性经济衰退形势下，中国也不能独善其身，但对婴儿纸尿布销售量增长的影响较小，由于消费者可能更倾向于选用性价比较好的经济型产品，所以对销售额的增长可能有一些影响。但由于中国高收入人群的不断扩大和对品牌忠诚度的提高，高端产品的市场也会稳中有升。

一方面是婴儿潮的出现，另一方面是中国经济持续快速发展，中产阶层和富裕人群的数量迅速增加，婴儿纸尿布的价格也已经达到城镇较高收入人群可以接受的程度，因此虽然有世界经济形势的不利影响，但今后几年内预计还会有较高的增长率。

3 成人失禁用品

3.1 发展历史

成人失禁用品包括成人纸尿裤、成人纸尿片和护理垫等，在中国从 20 世纪 90 年代初开始生产。1992 年荷泽威高公司（原威海洁瑞）引进意大利 CCE 的医用护理垫机，1995 年日本白十字公司在天津建厂，使用日本瑞光的成人纸尿裤二手机，开始进行成人纸尿裤/纸尿片的生产。2000年恒安集团引进意大利GDM公司的成人纸尿裤生产线。其他陆续引进成人纸尿裤生产线的企业包括：2002年稳得福引进日本纸工机二手机，全日美(上海)引进意大利Fameccanica的设备，新感觉引进意大利CCE的设备等。安庆恒昌等国内设备供应商能够制造提供成人失禁用品设备后，更多的企业开始生产成人失禁用品。

3.2 市场规模

表3显示了历年来成人纸尿裤/纸尿片和护理垫的消费量情况。

表3 成人失禁用品的消费量

年份	65岁以上人口/万人	成人纸尿布/亿片	护理垫/亿片
1999	8687	0.40	0.50
2000	8811	0.48	0.55
2001	9062	0.58	0.61
2002	9377	0.68	0.67
2003	9692	0.74	0.72
2004	9879	1.00	1.10
2005	10055	1.18	1.21
2006	10400	1.52	1.34
2007	10640	1.55	1.97
2008	10960	1.85	2.22

成人失禁用品的出口和外贸加工比例很大，约为50%左右。近几年国内消费市场保持10%以上的较快增长，2008年的市场规模达到5.9亿元，但市场仍处于发展的初期，2008年的市场渗透率仅为2%。

3.3 主要制造商和品牌

中国造纸协会生活用纸专业委员会2008年年底统计在册的成人失禁用品生产商约180家。目前国内主要的一次性卫生用品设备制造商都能够生产成人失禁用品设备，包括纸尿裤机、纸尿片机和护理垫机。很多原来生产妇女卫生用品和婴儿卫生用品的厂家都开始生产成人纸尿裤/片和护理垫。

2008年成人失禁用品生产企业数量增多，再加上许多出口型企业由于外贸订单减少转而开拓国内市场，促进了成人失禁用品市场的发展。成人失禁用品的主要制造商有恒安集团、天津杏林白十字、顺德新感觉、南海稳得福、全日美等，前15位制造商几乎占100%的市场份额。

主要生产商推出不同类型的产品以满足不同的市场需求，成人纸尿裤不仅有大(L)、中(M)、小(S)号，还分为基本型、经济型、豪华型，护理垫主要用于医院和家庭对失禁和不能行动病人的护理，也分为加长型、加宽型等。恒安集团还推出了安而康直条型成人纸尿片，并附赠非织造布尿片套。金佰利公司推出了“得伴(Depend)”品牌的成人纸尿裤和轻度失禁的尿巾。

3.4 市场展望

成人失禁用品市场在中国处于发展初期，随着中国经济的发展、社会进入老龄化以及老年消费者可支配收入的提高、观念的转变，这一市场具有很大的发展潜力。

成人失禁用品可以让子女或护理人员从繁重的护理工作中解脱出来，使周围环境更卫生，护理工作更方便，大大减轻居家养老的护理负担。更为重要的是，为失禁患者带来自立和尊严，提高了中老年人的生活质量，满足了老人的生活照料需求。

根据国家统计局数据，2008年全国60岁以上人口达到1.599亿人，占总人口的12.0%；65岁以上的老年人口达到1.096亿人，占总人口的8.3%。参考日本有关资料，65岁以上老人需要护理的占12%，则我国在2008年需要护理的老人达1300万人，另外全国65岁以下的瘫痪和半瘫痪病人估计约100万人，再加上65岁以下失禁病人和因患病或手术卧床的约100万人，总计约1500万人。2008年成人失禁用品的国内市场消费量为4.07亿片，如果按人日均用量为3片计算，则市场渗透率仅为2%，可见成人失禁用品的市场需求潜力很大。

从日本成人纸尿布的发展情况来看，日本卫生材料联合会在1997年调查老人之家时，成人纸尿裤/纸尿片的使用不超过13%，而在2004年调查中有39%的单位已经不使用布尿布而只使用用即弃成人失禁用品，加上纸尿裤/纸尿片和布尿布并用的单位，成人纸尿布的使用率达到99%，基本上所有的老人之家都在使用成人纸尿布。

美国是失禁用品零售额最高的市场，2007年其市场规模(零售额)超过11亿美元。发达国家成人失禁用品的市场渗透率一般为60%~80%。

中国目前的市场渗透率非常低，具有很大的发展潜力。中国目前和今后步入老年的城市人口都有退休金社会保障，家庭经济条件越来越好，养老院和老人公寓等公益性机构也逐步增多，可以预见我国成人失禁用品的市场将会有大的发展。

此外，不仅是老年人或病人会失禁，很多年轻女性，特别是生育过的妇女都患有压迫性失禁，针对这些特定消费者的轻度失禁用品市场也是相当大的。

4 湿巾

4.1 发展历史

我国在20世纪80年代末期开始有少数企业生产湿巾，如上海日立行卫生用品有限公司(前身为上海纸盒七厂)就是最早生产湿巾的企业之一。20世纪90年代，一些企业从台湾省及日本等地引进生产线，湿巾生产开始发展，但发展缓慢。2003年春突如其来的SARS疫情，使卫生湿巾成为市场上的强手货，由于用量骤然增加，在北京等城市甚至出现断货现象，一些企业从美国PCMC等公司引进了先进的湿巾折叠和包装设备。随着人们卫生习惯的养成和旅游业的发展，湿巾市场开始加快发展。目前，湿巾设备基本国产化，国内主要湿巾设备供应商有陆丰、大昌、松川、创达等。

生产湿巾的基材主要是水刺法非织造布，其次是干法纸，低档产品也有采用热轧法非织造布的。湿巾的品种和用途日趋多样化，可以用于居家和居家外的多种场合，各种高附加值的功能性湿巾产品也越来越多。中高档产品出口较多，国内外用户在企业定牌加工的数量也在不断增长。

中国湿巾行业处于起步阶段，近三年每年均以不低于40%的增长速度迅速发展，但是目前的发展还存在许多问题，如产品质低价廉、品类少、技术含量不高、缺乏品牌效应等等。国内市场小企业众多，产品质量参差不齐，品类单一，企业往往靠走低端路线打价格战生存。湿巾系列产品的国家标准也尚未出台。

4.2 市场规模

根据中国造纸协会生活用纸专业委员会的不完全统计，2008年中国湿巾的产量约145亿片，销售量约139亿片。出口量约45亿片，占销售量的32%。国内消费量约94亿片，市场规模约13.2亿元。

4.3 主要生产商和品牌

中国造纸协会生活用纸专业委员会2008年年底统计在册的湿巾生产企业有324家，但全国性品牌不多，市场集中度相对较高。有很多企业是给其他国内外企业或零售商做贴牌。

主要生产商有恒安集团(心相印)、铜陵洁雅(艾妮，喜擦擦)、康那香(上海)公司(康乃馨)、江苏通江(纤手)、广西舒雅(舒雅)、上海美馨(凯德馨)等。

4.4 产品情况

我国市场目前的湿巾品种主要有普通型、婴儿专用、女性专用、卸妆用及湿擦拭巾5种。其中普通型湿巾约占销售量的32.5%，婴儿专用湿巾约占44.2%，女性专用湿巾约占7.9%，卸妆用湿巾约占4.4%，湿擦拭巾约占11.0%。湿巾的包装形式主要有单片装(独立装)、多片装、筒装3种。湿巾产品的功能性不断增强，添加了各种护肤成分，如芦荟、绿茶、薰衣草、薄荷等。有些企业还根据用途对湿擦拭巾进一步细分成各种功能性的专用产品，在国内市场推出后，销售反馈情况很好。

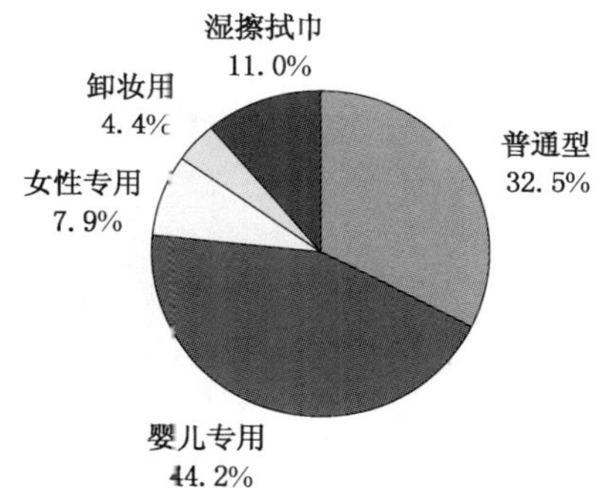

图7 2008年各品种湿巾所占销售量的比例

4.5 市场展望

从国际上看，婴儿专用湿巾是最早推出的一种湿巾，也是应用最普遍的湿巾产品。目前中国湿巾市场中婴儿专用湿巾的市场份额也最大。随着今后几年婴儿潮的延续，婴儿专用湿巾将会继续发展，而且近两年婴儿纸尿裤生产企业有将婴儿专用湿巾与婴儿纸尿裤一起销售的趋势，如金佰利和宝洁，2008年6月尤妮佳也推出了妈咪宝贝温和爽洁柔湿巾，雀氏公司的湿巾产品也于2008年4月上市。普通型湿巾市场份额居第二位，随着人们生活水平的提高和旅游餐饮业的发展，将会进一步发展。湿擦拭巾是指除个人清洁用以外的用于家庭清洁的擦拭巾，如清洁电脑、皮鞋、汽车、地面、家俱表面等，这类湿巾在发达国家已经过多年的发展，但在中国市场还处于起步阶段，随着居民可支配收入的提高和对高品质生活的追求，家庭清洁用擦拭巾市场将得到发展。

前些年在发达国家的吸收性卫生用品中，擦拭巾(包括湿巾和干擦拭巾)是发展最快、成长性最好的产品。目前市场已进入成熟期，市场年平均增长率维持在5%～7%。中国的擦拭巾市场正在经历井喷前的铺垫期，他们的发展经验值得我们借鉴。发达国家湿巾行业集中度高，产品种类繁多，高附加值的功能性湿巾产品已经非常成熟和普及，产品包装以多片包装为主，与单片包装产品相比，多片包装更经济实用、也更环保。国内湿巾生产企业将不断提高产品质量，发展高附加值产品，不断缩短与国外的差距，努力推进行业的快速健康发展。

主要生产企业
MAJOR MANUFACTURERS OF TISSUE PAPER & DISPOSABLE PRODUCTS

[3]

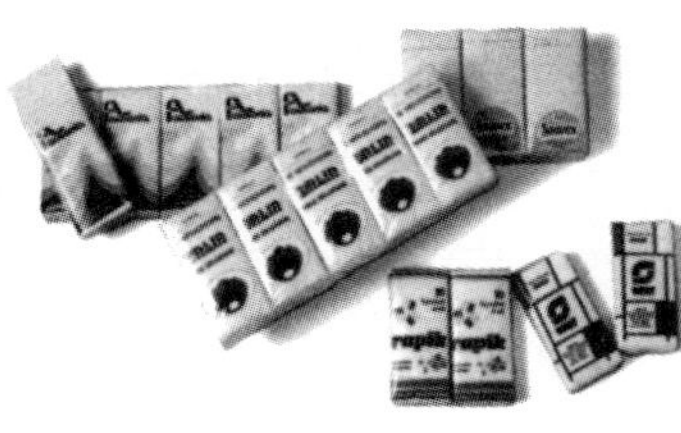

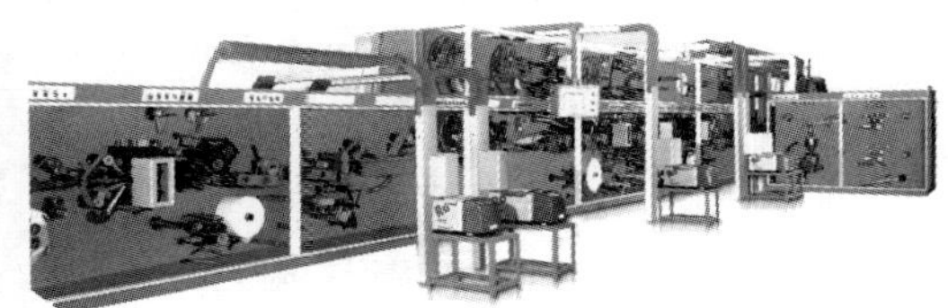

主要生产企业和知名品牌一览表
List of manufacturers and well-known brands in China

生活用纸 Tissue paper and converting products

序号	生产企业	品牌
1	恒安纸业有限公司 Hengan Paper Co., Ltd.	心相印，品诺
2	维达纸业集团有限公司 Vinda Paper Group Co., Ltd.	维达 Vinda，花之韵
3	金红叶纸业（中国）有限公司 Gold Hong Ye Paper (China) Co., Ltd.	唯洁雅，清风，真真
4	中顺纸业集团 Zhongshun Paper Group	洁柔，C&S，太阳
5	上海东冠集团 Shanghai Orient Champion Group	洁云，丝柔
6	永丰余家品（昆山）有限公司 Yuen Foong Yu Family Care (Kunshan) Co., Ltd.	五月花
7	金佰利（中国）有限公司 Kimberly – Clark (China) Co., Ltd.	舒洁 Kleenex
8	广西贵糖集团 Guangxi Guitang Group	纯点，碧绿湾，蝶恋花，洁宝，榴花
9	福建恒利纸业有限公司 Fujian Hengli Paper Industry Co., Ltd.	好吉利
10	惠州福和纸业有限公司 Huizhou Fook Woo Paper Co., Ltd.	福和，Conner，月亮（图案），绿仙子
11	广西南宁凤凰纸业有限公司 Guangxi Nanning Phoenix Pulp & Paper Co., Ltd.	玉凤，欧拉
12	潜利工业有限公司 Shanghai Potential Paper Co., Ltd.	
13	东莞市白天鹅纸业有限公司 Dongguan White Swan Paper Products Co., Ltd.	贝柔
14	宁夏美洁纸业股份有限公司 Ningxia Meijie Paper Industry Co., Ltd.	美洁，滩羊
15	潍坊恒联美林生活用纸有限公司 Weifang Lancel Hygiene Products Co., Ltd.	玉，风筝，格外丽
16	宁夏紫荆花纸业有限公司 Ningxia Zijinghua Paper Industry Co., Ltd.	紫金花，吉丽，吉利来
17	胜达集团江苏双灯纸业有限公司 Shengda Group Jiangsu Sund Paper Industry Co., Ltd.	双灯，蓝雅，蓝欣，老好
18	西安市临潼区汉兴实业有限公司 Xi'an Hanxing Industry Co., Ltd.	汉兴，云宝
19	西安奥辉纸业有限责任公司 Xi'an Aohui Paper Industry Co., Ltd.	奥辉

续表

序号	生产企业	品牌
20	漯河银鸽生活纸产有限公司 Luohe Yinge Tissue Paper Industry Co., Ltd.	银鸽，舒蕾
21	广州市士美日用品有限公司 Guangzhou Smile Daily Necessities Co., Ltd.	好家风
22	江门仁科绿洲纸业有限公司 Jiangmen Renke Lüzhou Paper Industry Co., Ltd.	银洲湖
23	山东泉林纸业有限责任公司 Shandong Tralin Paper Co., Ltd.	缘洁，百草舒，天行健
24	王子制纸妮飘（苏州）有限公司 Oji Paper Nepia (Suzhou) Co., Ltd.	妮飘
25	佛山市高明日畅纸业有限公司 Foshan Gaoming Super Trans Paper Co., Ltd.	惠洁
26	云南江川翠峰纸业有限公司 Yunnan Jiangchuan Cuifeng Paper Industry Co., Ltd.	翠峰，品美
27	中山市宝丽纸业有限公司 Zhongshan Polly Paper Manufacturing Co., Ltd.	宝丽，澳纽
28	南宁天然纸业有限公司 Nanning Tianran Paper Co., Ltd.	
29	安诺纸业（福建）有限公司 Annuo Paper (Fujian) Co., Ltd.	春之晨，双福
30	保定市港兴纸业有限公司 Baoding Gangxing Paper Co., Ltd.	丽邦，港兴
31	保定市东升卫生用品有限公司 Baoding Dongsheng Hygiene Products Co., Ltd.	小宝贝，洁婷
32	河北雪松纸业有限公司 Hebei Xuesong Paper Co., Ltd.	雪松，佳贝，好人家，真情
33	河北中信纸业有限公司 Hebei Zhongxin Paper Co., Ltd.	望舒，凯依，悠雅
34	广西田阳华美纸业有限公司 Guangxi Tianyang Huamei Paper Co., Ltd.	芳心
35	陕西兴包企业集团有限责任公司 Shaanxi Xingbao Group Co., Ltd.	欣雅，欣家，欣而雅
36	山东中顺集团有限公司 Shandong Zhongshun Group Co., Ltd.	顺清柔，奥佳月，洁昕
37	彭州市大良造纸厂 Pengzhou Daliang Paper Mill	维邦、义点坊、顶彩

妇女卫生巾和卫生护垫 Sanitary napkins and pantiliners

序号	生产企业	品牌
1	福建恒安集团有限公司 Fujian Hengan Holding Co., Ltd.	安尔乐，安乐
2	宝洁（中国）有限公司 Procter & Gamble (China) Ltd.	护舒宝
3	尤妮佳生活用品（中国）有限公司 Uni-Charm Consumer Products (China) Co., Ltd.	苏菲，佳慕
4	强生（中国）有限公司 Johnson & Johnson (China) Ltd.	娇爽
5	金佰利（中国）有限公司 Kimberly-Clark (China) Co., Ltd.	高洁丝 Kotex，舒而美 C&B
6	佛山市南海区桂城景兴商务拓展有限公司 Kingdom Marketing Service Co., Ltd.	ABC，Free，快乐小妹
7	上海花王有限公司 Kao Corporation Shanghai Co., Ltd.	乐而雅
8	福建恒利集团有限公司 Fujian Hengli Group Co., Ltd.	好舒爽，舒爽
9	江苏三笑集团有限公司 Jiangsu Sanxiao Group Co., Ltd.	笑爽
10	天津小护士实业发展股份有限公司 Tianjin Little Nurse Industry & Commerce Development Co., Ltd.	小护士
11	桂林洁伶工业有限公司 Guilin Jieling Industrial Co., Ltd.	洁伶
12	益母妇女用品有限公司 Yimoo Women Necessities Co., Ltd.	益母
13	重庆丝爽卫生用品有限公司 Chongqing Sishuang Sanitary Products Co., Ltd.	妮爽，自由点
14	康那香企业（上海）有限公司 Kang Na Hsiung Enterprise (Shanghai) Co., Ltd.	康乃馨
15	湖北丝宝股份有限公司 Hubei C-BONS Co., Ltd.	洁婷，洁婷蓓柔
16	新感觉卫生用品有限公司 New Sensation Sanitary Products Co., Ltd.	新感觉
17	龙海市妙雅卫生用品有限公司 Longhai Miaoya Sanitary Products Co., Ltd.	妙雅，思无邪
18	广西舒雅护理用品有限公司 Guangxi Shuya Health Care Products Co., Ltd.	舒雅
19	北京倍舒特妇幼用品有限公司 Beijing Beishute Maternity & Child Articles Co., Ltd.	倍舒特

续表

序　号	生　产　企　业	品　　牌
20	中山佳健生活用品有限公司 Zhongshan Jiajian Consumer Goods Co., Ltd.	佳期
21	杭州可悦卫生用品有限公司 Hangzhou Credible Sanitary Products Co., Ltd.	可月，月满好，雅妮娜
22	临安市雄鹰妇幼卫生用品有限公司 Linan Eagle Women & Children Health Care Products Co., Ltd.	永芳
23	上海护理佳实业有限公司 Shanghai Foliage Industry Co., Ltd.	护理佳
24	沈阳东联日用品有限公司 Shenyang Tonglian Daily-Use Goods Co., Ltd.	柔柔
25	云南清逸堂实业有限公司 Yunnan Qingyitang Industrial Co., Ltd.	日子
26	上海唯尔福（集团）有限公司 Shanghai Welfare Group Co., Ltd.	唯尔福，美丽约会
27	上海申欧企业发展有限公司 Shanghai Sun'o Enterprise Development Co., Ltd.	555，悠u，瑞丽心情
28	赣州港都卫生制品有限公司 Ganzhou Gangdu Hygienic Products Co., Ltd.	爽期，好爽期，一片乐

婴儿纸尿布 Baby diapers

序　号	生　产　企　业	品　　牌
1	宝洁（中国）有限公司 Procter & Gamble (China) Ltd.	帮宝适
2	尤妮佳生活用品（中国）有限公司 Uni-Charm Consumer Products (China) Co., Ltd.	妈咪宝贝
3	福建恒安集团有限公司 Fujian Hengan Holding Co., Ltd.	安儿乐
4	金佰利（中国）有限公司 Kimberly-Clark (China) Co., Ltd.	好奇 Euggies（韩国进口）
5	全日美实业（上海）有限公司 Everbeauty Industry (Shanghai) Co., Ltd.	嘘嘘乐，小淘气
6	雀氏（中国）日用品有限公司 Chiaus (China) Daily Necessities Co., Ltd.	雀氏
7	中山瑞德卫生纸品有限公司 Disposable Soft Goods (Zhongshan) Ltd.	菲比 Fitti，宝宝 Petpet，爱婴 Babylove
8	广东百顺纸品有限公司 Guangdong Baishun Paper Products Co., Ltd.	茵茵 YIN YIN

续表

序号	生产企业	品牌
9	福建恒利集团有限公司 Fujian Hengli Group Co., Ltd.	爽儿宝
10	东莞市白天鹅纸业有限公司 Dongguan White Swan Paper Products Co., Ltd.	贝柔
11	东莞市常兴纸业有限公司 Dongguan Changxing Paper Co., Ltd.	一片爽，片片爽，公子帮
12	新感觉卫生用品有限公司 New Sensation Sanitary Products Co., Ltd.	新感觉，没烦恼
13	福州天使日用品有限公司 Fuzhou Angel Commodity Co., Ltd.	爹地宝贝 Daddy baby
14	东莞市瑞麒婴儿用品有限公司 Dongguan AALL & ZYLEMAN Baby Goods Ltd.	哈啰宝贝，哈啰天使，BB 熊，心儿
15	广西舒雅护理用品有限公司 Guangxi Shuya Health Care Products Co., Ltd.	舒雅宝宝，舒儿乐
16	上海唯尔福（集团）有限公司 Shanghai Welfare (Group) Co., Ltd.	唯儿福
17	好孩子百瑞康卫生用品有限公司 Goodbaby Bairuikang Hygienic Products Co., Ltd.	好孩子，奇妙鸭
18	汕头市集诚妇幼用品厂有限公司 Shantou Jicheng Women & Children Articles Co., Ltd.	爱护

成人失禁用品 Adult incontinent products

序号	生产企业	品牌
1	福建恒安集团有限公司 Fujian Hengan Holding Co., Ltd.	安而康
2	天津杏林白十字医疗卫生材料用品有限公司 Tianjin Hakujuji Medical Health Material and Necessities Co., Ltd.	洒露把
3	新感觉卫生用品有限公司 New Sensation Sanitary Products Co., Ltd.	新感觉
4	佛山市南海稳德福无纺布有限公司 Foshan Nanhai Wonderful Nonwoven Co., Ltd.	稳德福，老夫子
5	全日美实业（上海）有限公司 Everbeauty Industry (Shanghai) Co., Ltd.	包大人
6	金佰利（中国）有限公司 Kimberly-Clark (China) Co., Ltd.	得伴 Depend
7	义乌市安柔卫生用品有限公司 Yiwu Anrou Hygiene Products Co., Ltd.	奥利康，子女心
8	广东百顺纸品有限公司 Guangdong Baishun Paper Products Co., Ltd.	茵茵 YINYIN

续表

序　号	生　产　企　业	品　　　牌
9	天津小护士实业发展有限公司 Tianjin Little Nurse Industry & Commerce Development Co., Ltd.	小护士
10	天津市依依卫生用品有限公司 Tianjin Yiyi Hygiene Products Co., Ltd.	依依
11	北京倍舒特妇幼用品有限公司 Beijing Beishute Maternity & Child Articles Co., Ltd.	倍舒特
12	泰州远东纸业有限公司 Taizhou Far East Paper Co., Ltd.	安洁康
13	上海唯尔福（集团）有限公司 Shanghai Welfare (Group) Co., Ltd.	唯尔福
14	广西梧州市宝莱卫生用品实业有限公司 Guangxi Wuzhou Baolai Health Industry Co., Ltd.	莱护士
15	上海必有福生活用品有限公司 Shanghai Biyoufu Commodity Co., Ltd.	必有福，孝心
16	杭州侨资纸业有限公司 Hangzhou Qiaozi Paper Industry Co., Ltd.	可靠
17	东莞市常兴纸业有限公司 Dongguan Changxing Paper Co., Ltd.	雅康健，护理爽

湿巾　Wet wipes

序　号	生　产　企　业	品　　　牌
1	福建恒安集团有限公司 Fujian Hengan Holding Co., Ltd.	心相印
2	铜陵洁雅生物科技股份有限公司 Jyair Bio-Tech Co., Ltd.	艾妮，喜擦擦，哈哈
3	康那香企业（上海）有限公司 Kang Na Hsiung Enterprise (Shanghai) Co., Ltd.	康乃馨
4	深圳市康雅实业有限公司 Shenzhen Kangya Industrial Co., Ltd.	Wetclean，Softclean
5	江苏通江科技股份有限公司 Jiangsu Tongjiang Science & Technology Co., Ltd.	纤手
6	上海美馨卫生用品有限公司 Shanghai American Hygienics Co., Ltd.	凯德馨
7	沈阳纳尔实业有限责任公司 Shenyang Naer Industry Co., Ltd.	丝柏
8	天津艳胜工贸有限公司 Tianjin Yansheng Industry & Trade Co., Ltd.	科灵，倍舒乐

续表

序号	生产企业	品牌
9	哈尔滨康夷宝卫生保健用品有限公司 Harbin Kangyibao Health-Protecting Articles Co., Ltd.	康夷宝，冠洁，洁荫宝
10	济南卡尼尔科技有限公司 Jinan Kanier Science & Technology Co., Ltd.	卡尼尔，子诺
11	义乌市安柔卫生用品有限公司 Yiwu Anrou Hygiene Products Co., Ltd.	安柔
12	天津爱龙洁肤品有限公司 Tianjin Ailong Cleaning Products Co., Ltd.	柔普馨
13	汕头市龙湖区骏宝有限公司 Shantou Junbao Co., Ltd.	花节，优之元素
14	江西生成卫生用品有限公司 Jiangxi Shengcheng Hygiene Products Co., Ltd.	生成，乐知知，SC
15	晋江百合堂生活用品有限公司 Jinjiang Baihetang Household Products Co., Ltd.	菲柔
16	大连大鑫卫生护理用品有限公司 Dalian Daxin Health Nursing Products Co., Ltd.	娇点，阿积士，冰爽
17	扬州倍加洁日化有限公司 Yangzhou Perfect Daily Chemicals Co., Ltd.	倍加洁
18	佛山市南海区桂城景兴商务拓展有限公司 Kingdom Marketing Service Co., Ltd.	ABC，易洁，EC
19	金旭环保制品（深圳）有限公司 Golden Starry Environmental Products Co., Ltd.	同高
20	北京一帆清洁用品有限公司 Beijing Marvel Cleansing Supplies Co., Ltd.	一帆，贝丽姿
21	奈森克林（苏州）日用品有限公司 Naisenkelin Daily-Use Articles (Suzhou) Co., Ltd.	奈森克林

主要生产企业介绍
Introduction of major manufacturers in China

生活用纸
Tissue paper and converting products

恒安纸业有限公司
Hengan Paper Co., Ltd.

原纸生产基地：

恒安（中国）纸业有限公司

湖南恒安纸业有限公司

山东恒安纸业有限公司

地址：福建省晋江市安东工业区

Add：Andong Industry Zone, Jinjiang, Fujian

邮编（P. C.）：362261

法人代表（Chairman）：许连捷（Xu Lianjie）

总经理（General Manager）：张群富（Zhang Qunfu）

电话（Tel）：0595－85729667

传真（Fax）：0595－85729962

E-mail：zhangqf@ hengan. com

Http://www. hengan. com

主要产品及品牌（Products and brand）：

原纸，卫生纸，手帕纸，面巾纸，餐巾纸，擦手纸，厨房用纸	心相印，品诺

主要设备及产地（制造商）（Machinery）：

年产3万吨新月型卫生纸机2台，幅宽3650mm，设计车速分别为1600m/min和1800m/min；年产6万吨新月型卫生纸机3台，其中1台幅宽5550mm，设计车速2000m/min，另2台幅宽5600mm，设计车速1800m/min	奥地利 Andritz
年产6万吨新月型DCT200卫生纸机3台，幅宽5600mm，设计车速2000m/min	芬兰美卓 Metso

生产能力（Capacity）：

生活用纸	42万吨/年

维达纸业集团有限公司
Vinda Paper Group Co., Ltd.

原纸生产基地：

维达纸业（广东）有限公司

维达纸业（江门）有限公司

维达纸业（湖北）有限公司

维达北方纸业（北京）有限公司

维达纸业（四川）有限公司

维达纸业（浙江）有限公司

维达纸业（辽宁）有限公司

地址：广东省江门市新会区东侯工业开发区

Add：Donghou Industrial Development District, Xinhui, Jiangmen, Guangdong

邮编（P. C.）：529100

法人代表（Chairman）：李朝旺（Li Chaowang）

总经理（General Manager）：张健（Zhang Jian）

电话（Tel）：0750－6168333

传真（Fax）：0750－6120239

E-mail：guangdong@ vinda. com

Http://www. vindapaper. com

主要产品及品牌（Products and brand）：

原纸，卫生纸，手帕纸，餐巾纸，面巾纸，擦手纸，厨房用纸，湿巾	维达 Vinda，花之韵

主要设备及产地（制造商）（Machinery）：

年产3万吨新月型卫生纸机1台，幅宽3650mm，设计车速2200m/min	美国 Beloit
BF－10卫生纸机1台，幅宽2380mm，设计车速500m/min；BF－10卫生纸机10台，幅宽2660mm，设计车速600m/min；BF－12卫生纸机1台，幅宽2660mm，设计车速900m/min；BF－12卫生纸机8台，幅宽3400mm，设计车速1000m/min	日本川之江
湿巾机3台	日本2台，中国台湾1台

生产能力（Capacity）：

生活用纸	32万吨/年

金红叶纸业（中国）有限公司
Gold Hong Ye Paper (China) Co., Ltd.

（印尼金光集团独资企业）

原纸生产基地：

金红叶纸业（苏州工业园区）有限公司

海南金海浆纸业有限公司

地址：江苏省苏州市工业园区胜浦分区金胜路1号

Add：No. 1 Jinsheng Rd., Shengpu, Suzhou Industrial Park, Suzhou, Jiangsu

邮编（P. C.）：215126

法人代表（Chairman）：黄志源（Huang Zhiyuan）
总经理（General Manager）：徐锡土（Xu Xitu）
电话（Tel）：0512－62810228
传真（Fax）：0512－62828276
E-mail：xiesuli@ ghy. com. cn
Http://www. ghy. com. cn

主要产品及品牌（Products and brand）：

原纸，卫生纸，面巾纸，手帕纸，餐巾纸，厨房用纸，擦手纸	唯洁雅，清风，真真
湿巾	唯洁雅
妇女卫生巾	真真

主要设备及产地（制造商）（Machinery）：

年产6万吨新月型卫生纸机2台，幅宽5600mm，车速2200m/min	奥地利 Andritz
年产2.8万吨新月型卫生纸机6台，幅宽2800mm，设计车速1800m/min	意大利亚赛利
长网卫生纸机6台	国产
新月型卫生纸机6台	国产

生产能力（Capacity）：

生活用纸	36万吨/年

中顺纸业集团
Zhongshun Paper Group

原纸生产基地：
中顺洁柔纸业股份有限公司
湖北中顺鸿昌纸业有限公司
成都天天纸业有限公司
浙江中顺纸业有限公司
江门中顺洁柔纸业有限公司
中顺洁柔纸业股份有限公司唐山分公司
地址：广东省中山市西区沙朗彩虹大道136号
Add：No. 136 Caihong Rd., Shalang, Zhongshan, Guangdong
邮编（P. C.）：528411
法人代表（Chairman）：邓颖忠（Deng Yingzhong）
总经理（General Manager）：邓冠彪（Deng Guanbiao）
电话（Tel）：0760－88553333
传真（Fax）：0760－88553006
E-mail：sales@ zhongshungroup. com
Http://www. zhongshungroup. com

主要产品及品牌（Products and brand）：

原纸，卫生纸，餐巾纸，面巾纸，手帕纸	洁柔，C&S，太阳

主要设备及产地（制造商）（Machinery）：

BF－10卫生纸机6台，幅宽2660mm，设计车速600m/min；BF－10α卫生纸机2台，幅宽2730mm，设计车速700m/min；BF－10EX 2台，幅宽2760mm，设计车速770m/min；BF－12卫生纸机1台，幅宽2660mm，设计车速1000m/min	日本川之江
年产1.5万吨新月型卫生纸机1台，幅宽2400mm，设计车速1300m/min	韩国京龙机械
卫生纸机65台	国产

生产能力（Capacity）：

生活用纸	25.5万吨/年

上海东冠集团
Shanghai Orient Champion Group

包括：上海东冠纸业有限公司
上海东冠华洁纸业有限公司
地址：上海市金山区亭林镇林慧路1000号
Add：No. 1000 Linhui Rd., Tinglin, Jinshan, Shanghai
邮编（P. C.）：201505
法人代表（Chairman）：李慈雄（Li Cixiong）
总经理（General Manager）：孙海瑜（Sun Haiyu）
电话（Tel）：021－57276565
传真（Fax）：021－57277171
E-mail：zhangbo@ socp. com. cn
Http://www. jieyun. cn

主要产品及品牌（Products and brand）：

原纸，卫生纸，面巾纸，餐巾纸，手帕纸，擦手纸，厨房用纸	洁云，丝柔
婴儿纸尿裤	贝贝爽
湿巾	洁云

主要设备及产地（制造商）（Machinery）：

BF－10卫生纸机4台，幅宽2660mm，设计车速600m/min；BF－12EX卫生纸机1台，幅宽3400mm，设计车速1000m/min	日本川之江
斜网卫生纸机1台	国产

生产能力（Capacity）：

生活用纸	7.5 万吨/年

永丰余家品（昆山）有限公司

Yuen Foong Yu Family Care (Kunshan) Co., Ltd.

（中国台湾永丰余公司独资企业）

包括：永丰余家纸（北京）有限公司

地址：江苏省昆山市玉山镇永丰余路 999 号

Add：No. 999 Yuen Foong Yu Rd., Yushan, Kunshan, Jiangsu

邮编（P. C.）：215316

法人代表（Chairman）：何奕达（He Yida）

总经理（General Manager）：曾博湘（Zeng Boxiang）

电话（Tel）：0512 - 57792888

传真（Fax）：0512 - 57792168

E-mail：wjj@ bceba. yfy. com

Http://www. yfy. com. cn

主要产品及品牌（Products and brand）：

原纸，卫生纸，餐巾纸，面巾纸，手帕纸，厨房用纸，擦手纸，湿巾	五月花

主要设备及产地（制造商）（Machinery）：

年产 1.6 万吨新月型卫生纸机 1 台，幅宽 2180mm，设计车速 1400m/min	意大利 A. Celli
年产 2.4 万吨新月型卫生纸机 1 台，幅宽 2800mm，设计车速 1600m/min	意大利 Recard
年产 2 万吨新月型卫生纸机 1 台，幅宽 2400mm，设计车速 1500m/min	波兰 PMP 公司

生产能力（Capacity）：

生活用纸	6 万吨/年

金佰利（中国）有限公司

Kimberly-Clark (China) Co., Ltd.

（美国 Kimberly-Clark 独资企业）

原纸生产基地：

上海金佰利纸业有限公司

地址：上海市松江区金沙滩 139 号

Add：No. 139 Jinshatan, Songjiang, Shanghai

邮编（P. C.）：201600

法人代表（Chairman）：邵青锋（Stephen Shao）

总经理（General Manager）：吴乃方（Wu Naifang）

电话（Tel）：021 - 57822671

传真（Fax）：021 - 57820386

E-mail：wesen. zha@ kcc. com

Http://www. kimberly-clark. com. cn

主要产品及品牌（Products and brand）：

原纸，卫生纸，面巾纸，餐巾纸，手帕纸，厨房用纸，擦手纸	舒洁 Kleenex

主要设备及产地（制造商）（Machinery）：

年产 1.5 万吨新月型卫生纸机 1 台，幅宽 2400mm，设计车速 1100m/min	芬兰 Valmet

生产能力（Capacity）：

生活用纸	7.25 万吨/年（含加工）

广西贵糖集团

Guangxi Guitang Group

原纸生产基地：

广西贵糖（集团）股份有限公司

广西洁宝纸业投资股份有限公司

地址：广西贵港市幸福路 100 号

Add：No. 100 Xingfu Rd., Guigang, Guangxi

邮编（P. C.）：537102

法人代表（Chairman）：黄振标（Huang Zhenbiao）

总经理（General Manager）：陈健（Chen Jian）

电话（Tel）：0775 - 4262888

传真（Fax）：0775 - 4260088

E-mail：biluwan@ guitang. com

Http://www. guitang. com

主要产品及品牌（Products and brand）：

原纸，卫生纸，面巾纸，手帕纸，餐巾纸，擦手纸	纯点，碧绿湾，蝶恋花，洁宝，榴花

主要设备及产地（制造商）（Machinery）：

年产 2.5 万吨新月型卫生纸机 2 台，幅宽 2700mm，设计车速 1500m/min	奥地利 Andritz
1575mm 卫生纸机 14 台	国产

生产能力（Capacity）：

生活用纸	10 万吨/年（含蔗渣浆纸）

福建恒利纸业有限公司

Fujian Hengli Paper Co., Ltd.

地址：福建省南安市省新镇恒利工业区

Add：Hengli Industry Area, Shengxin, Nanan, Fujian

邮编（P. C.）：362300

法人代表（Chairman）：吴家荣（Wu Jiarong）
总经理（General Manager）：吴家荣（Wu Jiarong）
电话（Tel）：0595－86252666
传真（Fax）：0595－86252099
E-mail：qingbo57@pub1.qz.fj.cn
Http://www.fjhl.com.cn

主要产品及品牌（Products and brand）：

原纸，卫生纸，面巾纸，手帕纸	好吉利

主要设备及产地（制造商）（Machinery）：

年产3万吨新月型卫生纸机1台，幅宽2800mm，设计车速1600m/min	芬兰美卓 Metso

生产能力（Capacity）：

生活用纸	3万吨/年

惠州福和纸业有限公司
Huizhou Fook Woo Paper Co., Ltd.

地址：广东省博罗县园洲镇
Add：Yuanzhou，Boluo，Guangdong
邮编（P.C.）：516123
法人代表（Chairman）：梁惠珍（Liang Huizhen）
总经理（General Manager）：梁契权（Liang Qiquan）
电话（Tel）：0752－6812888
传真（Fax）：0752－6812628
E-mail：zhuoxn777@sina.com
Http://www.fookwoo.com

主要产品及品牌（Products and brand）：

原纸，卫生纸，面巾纸，手帕纸，餐巾纸，擦手纸	福和，Conner，月亮（图案），绿仙子

主要设备及产地（制造商）（Machinery）：

年产2万吨新月型卫生纸机2台，幅宽2850mm，设计车速1300m/min	芬兰美卓 Metso
1575mm卫生纸机13台，2800mm卫生纸机3台	国产
2800mm擦手纸机3台	

生产能力（Capacity）：

生活用纸	8万吨/年（含再生纸）

广西南宁凤凰纸业有限公司
Guangxi Nanning Phoenix Pulp & Paper Co., Ltd.

地址：广西南宁市星光大道158号
Add：No. 158 Xingguang Rd.，Nanning，Guangxi
邮编（P.C.）：530031
法人代表（Chairman）：段小敏（Duan Xiaomin）
总经理（General Manager）：黄德珊（Huang Deshan）
电话（Tel）：0771－4590183
传真（Fax）：0771－4590182
E-mail：ys@nppc.cn
Http://www.nppc.cn

主要产品及品牌（Products and brand）：

原纸，卫生纸，面巾纸，餐巾纸，手帕纸，擦手纸	玉凤，欧拉

主要设备及产地（制造商）（Machinery）：

BF－10α卫生纸机1台，幅宽2660mm，设计车速660m/min；BF－12卫生纸机1台，幅宽3400mm，设计车速1000m/min	日本川之江
卫生纸机11台	国产

生产能力（Capacity）：

生活用纸	4万吨/年

潜利工业有限公司
Shanghai Potential Paper Co., Ltd.

地址：上海市宝山区月浦镇知仁路99号
Add：No. 99 Zhiren Rd.，Yuepu，Baoshan，Shanghai
邮编（P.C.）：200942
法人代表（Chairman）：范正显（Fan Zhengxian）
总经理（General Manager）：刘晓萱（Liu Xiaoxuan）
电话（Tel）：021－66031116
传真（Fax）：021－56154976
E-mail：jhzhao@potentialpaper.com
Http://www.potentialpaper.com

主要产品及品牌（Products and brand）：

卫生纸原纸	

主要设备及产地（制造商）（Machinery）：

年产3万吨新月型卫生纸机1台，幅宽2810mm，设计车速2000m/min	意大利 A. Celli

生产能力（Capacity）：

生活用纸	3万吨/年

东莞市白天鹅纸业有限公司
Dongguan White Swan Paper Products Co., Ltd.

地址：广东省东莞市万江区谷涌工业区
Add: Guyong Industry Area, Wanjiang, Dongguan, Guangdong
邮编（P. C.）：523047
法人代表（Chairman）：卢锦洪（Lu Jinhong）
总经理（General Manager）：李刚（Li Gang）
电话（Tel）：0769－22172118
传真（Fax）：0769－22181226
E-mail：dgbte@163. com
Http://www. whiteswanpaper. com

主要产品及品牌（Products and brand）：

原纸，卫生纸，面巾纸，手帕纸，餐巾纸，擦手纸	贝柔
婴儿纸尿裤/片	

主要设备及产地（制造商）（Machinery）：

单缸单网卫生纸机 37 台	国产
2800mm 卫生纸机 2 台	
婴儿纸尿裤机 1 台	
婴儿纸尿片机 2 台	

生产能力（Capacity）：

生活用纸	4万吨/年
婴儿纸尿裤/片	1.6亿片/年

宁夏美洁纸业股份有限公司
Ningxia Meijie Paper Industry Co., Ltd.

地址：宁夏银川市贺兰县银河东路 90 号
Add: No. 90 Yinhedong Rd., Helan, Yinchuan, Ningxia
邮编（P. C.）：750200
法人代表（Chairman）：周兴起（Zhou Xingqi）
总经理（General Manager）：周兴起（Zhou Xingqi）
电话（Tel）：0951－8061243
传真（Fax）：0951－8061553
E-mail：dongqing1963@sina. com
Http://www. chinameijie. cn

主要产品及品牌（Products and brand）：

原纸，卫生纸，面巾纸，餐巾纸，手帕纸，擦手纸	美洁，滩羊

主要设备及产地（制造商）（Machinery）：

年产 1.5 万吨新月型卫生纸机 1 台，幅宽 2400mm，设计车速 1100m/min	芬兰 Valmet（国内配套）
1575mm 卫生纸机 30 台，真空圆网卫生纸机 1 台，幅宽 2660mm，设计车速 800m/min	国产

生产能力（Capacity）：

生活用纸	8万吨/年（含草浆纸）

潍坊恒联美林生活用纸有限公司
Weifang Lancel Hygiene Products Co., Ltd.

地址：山东省潍坊市寒亭区海龙路 609 号
Add: No. 609 Hailong Rd., Hanting District, Weifang, Shandong
邮编（P. C.）：261100
法人代表（Chairman）：李瑞丰（Li Ruifeng）
总经理（General Manager）：张云胜（Zhang Yunsheng）
电话（Tel）：0536－7283229
传真（Fax）：0536－7283228
E-mail：lsl115848@126. com
Http://www. lancelhp. com

主要产品及品牌（Products and brand）：

原纸，卫生纸，餐巾纸，面巾纸，手帕纸，擦手纸，厨房用纸	玉，风筝，格外丽

主要设备及产地（制造商）（Machinery）：

BF－10 卫生纸机 1 台，幅宽 2380mm，设计车速 500m/min	日本川之江
年产 1.5 万吨新月型卫生纸机 2 台，分别为幅宽 2100mm，设计车速 800m/min；和幅宽 3340mm，设计车速 900m/min	Valmet 二手机
1575mm 卫生纸机 4 台	国产

生产能力（Capacity）：

生活用纸	5.5万吨/年

宁夏紫荆花纸业有限公司
Ningxia Zijinghua Paper Industry Co., Ltd.

地址：宁夏永宁县城红星桥南侧
Add: South of Hongxingqiao, Yongning, Ningxia
邮编（P. C.）：750100
法人代表（Chairman）：纳洪福（Na Hongfu）

总经理（General Manager）：纳巨波（Na Jubo）
电话（Tel）：0951－8011421
传真（Fax）：0951－8013808
E-mail：zyxsb@ zijinhua. com. cn
Http://www. zijinhua. com. cn
主要产品及品牌（Products and brand）：

原纸，卫生纸，面巾纸，餐巾纸，手帕纸	紫金花，吉丽，吉利来

主要设备及产地（制造商）（Machinery）：

1575mm 卫生纸机 13 台，1760mm 卫生纸机 7 台，2700mm 卫生纸机 28 台	国产

生产能力（Capacity）：

生活用纸	10 万吨/年（草浆纸）

胜达集团江苏双灯纸业有限公司
Shengda Group Jiangsu Sund Paper Industry Co., Ltd.
地址：江苏省盐城市射阳县黄沙港镇双灯工业园
Add：Sund Industry Zone，Huangshagang，Sheyang，Yancheng，Jiangsu
邮编（P. C.）：224341
法人代表（Chairman）：方林（Fang Lin）
总经理（General Manager）：赵林（Zhao Lin）
电话（Tel）：0515－82263555
传真（Fax）：0515－82263333
E-mail：sund@ chinasund. com
Http://www. chinasund. com
主要产品及品牌（Products and brand）：

原纸，卫生纸，面巾纸，手帕纸，餐巾纸，擦手纸	双灯，蓝雅，蓝欣，老好

主要设备及产地（制造商）（Machinery）：

1575mm 卫生纸机 10 台，1760mm 卫生纸机 10 台，1880mm 卫生纸机 20 台，真空圆网卫生纸机 2 台	国产

生产能力（Capacity）：

生活用纸	8 万吨/年（含草浆、再生纸）

西安市临潼区汉兴实业有限公司
Xi'an Hanxing Industry Co., Ltd.
地址：陕西省西安市临潼区新市工业园区
Add：Xinshi Industry Park，Lintong，Xi'an，Shaanxi
邮编（P. C.）：710605
法人代表（Chairman）：郝九洲（Hao Jiuzhou）
总经理（General Manager）：郝九洲（Hao Jiuzhou）
电话（Tel）：029－83846574
传真（Fax）：029－83846575
主要产品及品牌（Products and brand）：

原纸，卫生纸	汉兴，云宝

主要设备及产地（制造商）（Machinery）：

1880mm 卫生纸机 27 台，2400mm 卫生纸机 13 台，2900mm 卫生纸机 8 台	国产

生产能力（Capacity）：

生活用纸	7 万吨/年（草浆纸）

西安奥辉纸业有限责任公司
Xi'an Aohui Paper Industry Co., Ltd.
地址：陕西省西安市长安区王寺工业园区
Add：Wangsi Industry Zone，Changan，Xi'an，Shaanxi
邮编（P. C.）：710116
法人代表（Chairman）：张孝普（Zhang Xiaopu）
总经理（General Manager）：马龙（Ma Long）
电话（Tel）：029－85805800
传真（Fax）：029－85806328
E-mail：ypzh@ xaaohui. com
Http://www. xaaohui. com
主要产品及品牌（Products and brand）：

原纸，卫生纸，餐巾纸	奥辉

主要设备及产地（制造商）（Machinery）：

1880mm 卫生纸机 55 台	国产

生产能力（Capacity）：

生活用纸	5.1 万吨/年

漯河银鸽生活纸产有限公司
Luohe Yinge Tissue Paper Industry Co., Ltd.
地址：河南省漯河市湘江路东段 2 号
Add：No. 2 Xiangjiang Rd.，Luohe，Henan
邮编（P. C.）：462000
法人代表（Chairman）：董晖（Dong Hui）
总经理（General Manager）：周国敏（Zhou Guomin）

电话（Tel）：0395－2635531
传真（Fax）：0395－3388532
E-mail：ye6666@126.com
Http://www.yingepaper.com.cn

主要产品及品牌（Products and brand）：

原纸，卫生纸，餐巾纸，面巾纸，手帕纸，厨房用纸，擦手纸，妇女卫生巾衬纸，纸尿裤衬纸	银鸽，舒蕾

主要设备及产地（制造商）（Machinery）：

斜网单缸卫生纸机 1 台	意大利 OVER
年产 1.5 万吨新月型卫生纸机 1 台，幅宽 2850mm，设计车速 1100mm	上海轻良与韩国三养合作
1575mm 卫生纸机 9 台	国产

生产能力（Capacity）：

生活用纸	3 万吨/年

广州市士美日用品有限公司
Guangzhou Smile Daily Necessities Co., Ltd.

包括：东莞市盈泰纸品厂
安徽比伦生活用纸有限公司
地址：广东省广州市天河区广园东路 2191 号时代新世界中心（南塔）2303 号
Add：Room 2303, Shidai New World Center, No. 2191 East Guangyuan Rd Co., Tianhe, Guangzhou, Guangdong
邮编（P.C.）：510500
法人代表（Chairman）：许小尖（Xu Xiaojian）
总经理（General Manager）：许小尖（Xu Xiaojian）
电话（Tel）：020－22822130
传真（Fax）：020－22822198
Http://www.smile-gz.com

主要产品及品牌（Products and brand）：

原纸，卫生纸，面巾纸，手帕纸	好家风

主要设备及产地（制造商）（Machinery）：

年产 1.8 万吨新月型卫生纸机 1 台，幅宽 2820mm，设计车速 1150m/min	波兰 PMP
卫生纸机 18 台	国产

生产能力（Capacity）：

生活用纸	3 万吨/年

江门仁科绿洲纸业有限公司
Jiangmen Renke Lüzhou Paper Industry Co., Ltd.

地址：广东省江门市新会区双水镇银洲湖纸业基地内
Add：Yinzhouhu Paper Industry Base, Shuangshui, Xinhui, Jiangmen, Guangdong
邮编（P.C.）：529153
法人代表（Chairman）：许洪彦（Xu Hongyan）
总经理（General Manager）：许洪彦（Xu Hongyan）
电话（Tel）：0750－6419188
传真（Fax）：0750－6416666
E-mail：rklz8833@126.com
Http://www.sivlake.com

主要产品及品牌（Products and brand）：

原纸，卫生纸，面巾纸，手帕纸	银洲湖

主要设备及产地（制造商）（Machinery）：

BF－12 卫生纸机 1 台，幅宽 3400mm，设计车速 1000m/min	日本川之江

生产能力（Capacity）：

生活用纸	2 万吨/年

山东泉林纸业有限责任公司
Shandong Tralin Paper Co., Ltd.

地址：山东省聊城市高唐县光明东路 15 号
Add：No. 15 Guangmingdong Rd., Gaotang, Liaocheng, Shandong
邮编（P.C.）：252800
法人代表（Chairman）：李洪法（Li Hongfa）
总经理（General Manager）：李洪法（Li Hongfa）
电话（Tel）：0635－3961106
传真（Fax）：0635－3961597
E-mail：3961790shyz@163.com
Http://www.tralin.com

主要产品及品牌（Products and brand）：

原纸，卫生纸，厨房用纸，擦手纸，餐巾纸	缘洁，百草舒，天行健

主要设备及产地（制造商）（Machinery）：

2900mm 卫生纸机 20 台	国产

生产能力（Capacity）：

生活用纸	7.5 万吨/年

王子制纸妮飘（苏州）有限公司
Oji Paper Nepia (Suzhou) Co., Ltd.
（日本王子制纸株式会社独资企业）
地址：江苏省苏州市新区金山路98号
Add: No. 98 Jinshan Rd., New District of Suzhou, Jiangsu
邮编（P. C.）：215129
法人代表（Chairman）：杉本哲郎（Sugimoto Tetsuro）
总经理（General Manager）：中须贺朗（Nakasuka Akira）
电话（Tel）：0512－68258526
传真（Fax）：0512－68258516
E-mail：wenjuan@nepia.com.cn
Http://www.nepia.com.cn
主要产品及品牌（Products and brand）：

原纸，卫生纸，面巾纸，手帕纸，湿巾	妮飘

主要设备及产地（制造商）（Machinery）：

年产1.7万吨新月型卫生纸机1台，幅宽2660mm，设计车速1400m/min	意大利 Recard

生产能力（Capacity）：

生活用纸	1.8万吨/年

佛山市高明日畅纸业有限公司
Foshan Gaoming Super Trans Paper Co., Ltd.
地址：广东省佛山市高明区荷城沿江路127号
Add: No. 127 Yanjiang Rd., Hecheng, Gaoming, Foshan, Guangdong
邮编（P. C.）：528500
法人代表（Chairman）：伍锦明（Wu Jinming）
总经理（General Manager）：伍锦明（Wu Jinming）
电话（Tel）：0757－88638783
传真（Fax）：0757－88881723
主要产品及品牌（Products and brand）：

原纸，卫生纸，餐巾纸，面巾纸，手帕纸，擦手纸	惠洁

主要设备及产地（制造商）（Machinery）：

BF－12卫生纸机2台	日本川之江（二手机）
1760mm卫生纸机2台，2560mm卫生纸机3台	国产

生产能力（Capacity）：

生活用纸	2.5万吨/年

云南江川翠峰纸业有限公司
Yunnan Jiangchuan Cuifeng Paper Industry Co., Ltd.
地址：云南省玉溪市江川县江城镇翠峰工业园区
Add: Cuifeng Industry Zone, Jiangcheng, Jiangchuan, Yuxi, Yunnan
邮编（P. C.）：652601
法人代表（Chairman）：李吉华（Li Jihua）
总经理（General Manager）：李吉华（Li Jihua）
电话（Tel）：0877－8095268
传真（Fax）：0877－8095268
E-mail：jccfzy@126.com
Http://www.jccfzy.com
主要产品及品牌（Products and brand）：

原纸，卫生纸，手帕纸，面巾纸，餐巾纸	翠峰，品美

主要设备及产地（制造商）（Machinery）：

1575mm卫生纸机14台，1880mm卫生纸机21台	国产

生产能力（Capacity）：

生产能力	5万吨/年

中山市宝丽纸业有限公司
Zhongshan Polly Paper Manufacturing Co., Ltd.
地址：广东省中山市古镇镇海洲昆山大道38号
Add: No. 38 Kunshan Rd., Haizhou, Guzhen, Zhongshan, Guangdong
邮编（P. C.）：528422
法人代表（Chairman）：黄兆源（Huang Zhaoyuan）
总经理（General Manager）：黄兆源（Huang Zhaoyuan）
电话（Tel）：0760－22360828
传真（Fax）：0760－22360663
E-mail：pollyq@126.com
Http://www.zspolly.com
主要产品及品牌（Products and brand）：

原纸，卫生纸，盘纸，手帕纸，面巾纸，餐巾纸，擦手纸，厨房用纸	宝丽，澳纽

主要设备及产地（制造商）（Machinery）：

1575mm 卫生纸机，1760mm 卫生纸机共 15 台	国产

生产能力（Capacity）：

生活用纸	2.6 万吨/年

南宁天然纸业有限公司

Nanning Tianran Paper Co., Ltd.

地址：广西南宁市华侨投资区工业路 129 号

Add: No. 129 Gongye Rd., Overseas Chinese Investment Zone, Nanning, Guangxi

邮编（P. C.）：530105

法人代表(Chairman)：蒙广全(Meng Guangquan)

总经理（General Manager）：潘汉（Pan Han）

电话（Tel）：0771-6301420

传真（Fax）：0771-6301423

主要产品及品牌（Products and brand）：

原纸，卫生纸，擦手纸	

主要设备及产地（制造商）（Machinery）：

1575mm 卫生纸机 20 台，1880mm 卫生纸机 8 台	国产
2400mm 擦手纸机 3 台	

生产能力（Capacity）：

生活用纸	4 万吨/年

安诺纸业（福建）有限公司

Annuo Paper (Fujian) Co., Ltd.

地址：福建省福鼎市秦屿镇冷城安诺工业园

Add: Lengcheng Annuo Industry Zone, Qinyu, Fuding, Fujian

邮编（P. C.）：355209

法人代表（Chairman）：谢忠行（Xie Zhongxing）

总经理（General Manager）：谢斌（Xie Bin）

电话（Tel）：0593-7203333

传真（Fax）：0593-7290333

E-mail: linyb@anjt.com.cn

Http://www.anjt.com.cn

主要产品及品牌（Products and brand）：

原纸，卫生纸，餐巾纸，面巾纸，手帕纸，厨房用纸	春之晨，双福

主要设备及产地（制造商）（Machinery）：

2800mm 卫生纸机 6 台	国产

生产能力（Capacity）：

生活用纸	2 万吨/年

保定市港兴纸业有限公司

Baoding Gangxing Paper Co., Ltd.

地址：河北省保定市满城县大册营造纸工业区

Add: Daceying Paper Industry Zone, Mancheng, Baoding, Hebei

邮编（P. C.）：072150

法人代表（Chairman）：张二牛（Zhang Erniu）

总经理（General Manager）：张二牛（Zhang Erniu）

电话（Tel）：0312-7021908

传真（Fax）：0312-7021728

E-mail: bdlibang@163.com

Http://www.libangnet.cn

主要产品及品牌（Products and brand）：

原纸，卫生纸，手帕纸，餐巾纸，面巾纸，擦手纸	丽邦，港兴
妇女卫生巾，卫生护垫	丽邦

主要设备及产地（制造商）（Machinery）：

1575mm，2700mm 卫生纸机 19 台	国产

生产能力（Capacity）：

生活用纸	5.2 万吨/年

保定市东升卫生用品有限公司

Baoding Dongsheng Hygiene Products Co., Ltd.

地址：河北省保定市满城县造纸工业园区

Add: Paper Industry Zone, Mancheng, Baoding, Hebei

邮编（P. C.）：072150

法人代表（Chairman）：张志武（Zhang Zhiwu）

总经理（General Manager）：张杰（Zhang Jie）

电话（Tel）：0312-5578887

传真（Fax）：0312-5572790

E-mail: mail@dshpaper.com.cn

Http://www.dshpaper.com.cn

主要产品及品牌（Products and brand）：

原纸，卫生纸，餐巾纸，面巾纸	小宝贝，洁婷
湿巾	小宝贝，可佳

主要设备及产地（制造商）（Machinery）：

1575mm，2680mm 卫生纸机 30 台	国产

生产能力（Capacity）：

生活用纸	4 万吨/年

河北雪松纸业有限公司
Hebei Xuesong Paper Co., Ltd.
地址：河北省保定市满城县大册营造纸工业园区
Add: Daceying Paper Industry Zone, Mancheng, Baoding, Hebei
邮编（P. C.）：072150
法人代表（Chairman）：赵宝水（Zhao Baoshui）
总经理（General Manager）：赵宝江（Zhao Baojiang）
电话（Tel）：0312－7021606
传真（Fax）：0312－7020869
E-mail：xuesonghb@126.com
Http://www.hbxuesong.cn
主要产品及品牌（Products and brand）：

原纸，卫生纸，面巾纸，手帕纸，餐巾纸	雪松，佳贝，好人家，真情

主要设备及产地（制造商）（Machinery）：

1575mm 卫生纸机 21 台	国产

生产能力（Capacity）：

生活用纸	3 万吨/年

河北中信纸业有限公司
Hebei Zhongxin Paper Co., Ltd.
地址：河北省保定市满城县大册营工业区
Add: Daceying Paper Industry Zone, Mancheng, Baoding, Hebei
邮编（P. C.）：072150
法人代表（Chairman）：赵建忠（Zhao Jianzhong）
总经理(General Manager)：赵建忠(Zhao Jianzhong)
电话（Tel）：0312－7021807
传真（Fax）：0312－7022988
E-mail：zx@zhongxinpaper.com
Http://www.zhongxinpaper.com
主要产品及品牌（Products and brand）：

原纸，卫生纸，手帕纸，面巾纸，餐巾纸，盘纸，湿巾	望舒，凯依，悠雅

主要设备及产地（制造商）（Machinery）：

卫生纸机 15 台	国产

生产能力（Capacity）：

生活用纸	2.5 万吨/年

广西田阳华美纸业有限公司
Guangxi Tianyang Huamei Paper Industry Co., Ltd.
地址：广西田阳县红岭坡糖纸工业园区
Add: Tangzhi Industry Zone, Honglingpo, Tianyang, Guangxi
邮编（P. C.）：533600
法人代表（Chairman）：陈爱明（Chen Aiming）
总经理（General Manager）：林瑞财（Lin Ruicai）
电话（Tel）：0776－3236838
传真（Fax）：0776－3236333
E-mail：linruicai@163.com
主要产品及品牌（Products and brand）：

原纸，卫生纸	芳心

主要设备及产地（制造商）（Machinery）：

卫生纸机 64 台	国产

生产能力（Capacity）：

生活用纸	10 万吨/年

陕西兴包企业集团有限责任公司
Shaanxi Xingbao Group Co., Ltd.
地址：陕西省兴平市丰仪工业区
Add: Fengyi Industry Zone, Xingping, Shaanxi
邮编（P. C.）：713100
法人代表（Chairman）：彭晓宏（Peng Xiaohong）
总经理（General Manager）：彭喜宏（Peng Xihong）
电话（Tel）：029－38266620
传真（Fax）：029－38266064
E-mail：xcw8888@hotmail.com
Http://www.sxxingbao.com
主要产品及品牌（Products and brand）：

原纸，卫生纸，面巾纸，手帕纸	欣雅，欣家，欣而雅

主要设备及产地（制造商）（Machinery）：

1760mm 卫生纸机 14 台；2400 mm 卫生纸机 24 台	国产

生产能力（Capacity）：

生活用纸	6 万吨/年

山东中顺集团有限公司
Shandong Zhongshun Group Co., Ltd.

地址：山东省泰安市东平县东平工业园
Add：Dongping Industry Zone, Dongping, Taian, Shandong
邮编（P. C.）：271500
法人代表（Chairman）：陈树明（Chen Shuming）
总经理（General Manager）：陈立栋（Chen Lidong）
电话（Tel）：0538 - 2820378
传真（Fax）：0538 - 2820378
E-mail：sdzspaper@126. com
Http://www. sdzhongshun. com

主要产品及品牌（Products and brand）：

原纸，卫生纸，面巾纸，餐巾纸	顺清柔，奥佳月，洁昕

主要设备及产地（制造商）（Machinery）：

BF - 10 卫生纸机 1 台，幅宽 2660mm，设计车速 600m/min；BF - 10α 卫生纸机 1 台，幅宽 2660mm，设计车速 660m/min；BF - 10EX 卫生纸机 1 台，幅宽 2760mm，设计车速 770m/min	日本川之江

生产能力（Capacity）：

生活用纸	3.45 万吨/年

彭州市大良造纸厂
Pengzhou Daliang Paper Mill

地址：四川省彭州市丽春镇白果村
Add：Baiguocun, Lichun, Pengzhou, Sichuan
邮编（P. C.）：611937
法人代表（Chairman）：李旭强（Li Xuqiang）
总经理（General Manager）：杜思洪（Du Sihong）
电话（Tel）：028 - 83778269
传真（Fax）：028 - 83778111
Http://www. weibangpaper. com

主要产品及品牌（Products and brand）：

原纸，卫生纸，餐巾纸，面巾纸，手帕纸	维邦、义点坊、顶彩

主要设备及产地（制造商）（Machinery）：

1575mm，1760mm，1880mm 卫生纸机共 30 台	国产

生产能力（Capacity）：

生活用纸	5 万吨/年

妇女卫生巾和卫生护垫
Sanitary napkins and pantiliners

福建恒安集团有限公司
Fujian Hengan Holding Co., Ltd.

地址：福建省晋江市安海恒安工业城
Add：Hengan Industry City, Anhai, Jinjiang, Fujian
邮编（P. C.）：362261
法人代表（Chairman）：施文博（Shi Wenbo）
总经理（General Manager）：许连捷（Xu Lianjie）
电话（Tel）：0595 - 85708888
传真（Fax）：0595 - 85708666
E-mail：hengan@hengan. com
Http：//www. hengan. com. cn

主要产品及品牌（Products and brand）：

妇女卫生巾	安尔乐，安乐
卫生护垫	安尔乐
婴儿纸尿裤	安儿乐
成人纸尿裤	安而康
湿巾	心相印

主要设备及产地（制造商）（Machinery）：

妇女卫生巾机 61 台	日本纸工机，意大利发明家，国产
卫生护垫机 17 台	意大利发明家，国产
婴儿纸尿裤机 15 台	意大利发明家，日本纸工机，国产
婴儿纸尿片机 12 台	国产
成人护理用品设备 3 台	意大利 GDM，国产
湿巾机 35 台	日本秋子，美国 PCMC

生产能力（Capacity）：

妇女卫生巾	94 亿片/年
卫生护垫	37 亿片/年
婴儿纸尿裤	16 亿片/年
婴儿纸尿片	14 亿片/年
成人纸尿裤	0.78 亿片/年
成人纸尿片	0.94 亿片/年
护理垫	0.82 亿片/年
湿巾	33 亿片/年

宝洁（中国）有限公司
Procter & Gamble（China）Ltd.
（美国 Proctor & Gamble 独资企业）
包括：广州宝洁有限公司
天津宝洁工业有限公司
地址：广东省广州市天河区林和西路 161 号中泰国际广场 30 楼
Add：Fl. 30 Zhongtai International Plaza，No. 161 Linhexi Rd.，Tianhe District，Guangzhou，Guangdong
邮编（P. C. ）：510620
法人代表（Chairman）：李佳怡（Li Jiayi）
总经理（General Manager）：李佳怡（Li Jiayi）
电话（Tel）：020 – 85186688
传真（Fax）：020 – 85186131
E-mail：wan. an@ pg. com
Http：//www. pg. com. cn
主要产品及品牌（Products and brand）：

妇女卫生巾，卫生护垫	护舒宝
婴儿纸尿裤	帮宝适
湿巾	

主要设备及产地（制造商）（Machinery）：

妇女卫生巾机 3 台	日本，国产
婴儿纸尿裤机 3 台	德国，英国

生产能力（Capacity）：

妇女卫生巾/卫生护垫	12 亿片/年
婴儿纸尿裤	12 亿片/年

尤妮佳生活用品（中国）有限公司
Uni-Charm Consumer Products（China）Co.，Ltd.
（日本尤妮佳（株）独资企业）
地址：上海市延安东路 618 号东海商业中心 22 楼
Add：22F，Donghai Emporia，No. 618 Yanandonglu，Shanghai
邮编（P. C. ）：200001
法人代表（Chairman）：中野健之亮（Nakano Kennosuke）
总经理（General Manager）：中野健之亮（Nakano Kennosuke）
电话（Tel）：021 – 53854166
传真（Fax）：021 – 53854799
E-mail：chunlei-yuan@ unicharm. com
Http：//www. unicharm-china. com
主要产品及品牌（Products and brand）：

妇女卫生巾，卫生护垫	苏菲，佳慕
婴儿纸尿裤	妈咪宝贝

主要设备及产地（制造商）（Machinery）：

妇女卫生巾机 10 台	日本瑞光
卫生护垫机 5 台	日本奥利安，国产
婴儿纸尿裤机 5 台	日本瑞光

生产能力（Capacity）：

妇女卫生巾	14 亿片/年
卫生护垫	16 亿片/年
婴儿纸尿裤	8 亿片/年

强生（中国）有限公司
Johnson & Johnson（China）Ltd.
（美国 Johnson & Johnson 公司独资企业）
地址：上海市闵行区东川路 3285 号
Add：No. 3285 Dongchuan Rd.，Minhang，Shanghai
邮编（P. C. ）：200245
法人代表（Chairman）：王梅影（Wang Meiying）
总经理（General Manager）：王梅影（Wang Meiying）
电话（Tel）：021 – 64302010
传真（Fax）：021 – 64302645
E-mail：yhu10@ jnj. com
Http：//www. jnj. com. cn
主要产品及品牌（Products and brand）：

妇女卫生巾，卫生护垫	娇爽
湿巾	强生
卫生棉条	Ob

主要设备及产地（制造商）（Machinery）：

妇女卫生巾机 4 台	德国，国产
卫生护垫机 4 台	德国，国产
卫生棉条制造机 4 台	德国

生产能力（Capacity）：

妇女卫生巾	10. 9 亿片/年
卫生护垫	16. 5 亿片/年
卫生棉条	1. 2 亿个/年

金佰利（中国）有限公司

Kimberly-Clark (China) Co., Ltd.

(美国 Kimberly-Clark 独资企业)

包括：北京金佰利个人卫生用品有限公司
　　　金佰利（南京）个人卫生用品有限公司

地址：北京市经济技术开发区建安街2号

Add: No. 2 Jianan St., Economy & Technology Development Zone, Beijing

邮编（P. C.）：100176

法人代表（Chairman）：Errol William Plowman

总经理(General Manager)：邵青锋(Stephen Shao)

电话（Tel）：010-67881358-1111

传真（Fax）：010-67856096

E-mail：jinmei. shi@ kcc. com

Http：//www. kimberly-clark. com. cn

主要产品及品牌（Products and brand）：

妇女卫生巾，卫生护垫	高洁丝 Kotex，舒而美 C&B
婴儿纸尿裤	好奇 Huggies
成人失禁用品	得伴 Depend

主要设备及产地（制造商）（Machinery）：

妇女卫生巾机7台	CCE，国产
卫生护垫机5台	CCE

生产能力（Capacity）：

妇女卫生巾	16.7 亿片/年
卫生护垫	34.2 亿片/年

佛山市南海区桂城景兴商务拓展有限公司

Kingdom Marketing Service Co., Ltd.

地址：广东省佛山市南海区桂城南海大道北50号联达金融大厦8楼

Add: 8F, Lianda Finance Bld., No. 50 North Nanhai Rd., Guicheng, Nanhai, Foshan, Guangdong

邮编（P. C.）：528200

法人代表（Chairman）：邓锦明（Deng Jinming）

总经理（General Manager）：邓锦明（Deng Jinming）

电话（Tel）：0757-86238822

传真（Fax）：0757-86238670

E-mail：kingdom@ abckms. com

Http：//www. abckms. com

主要产品及品牌（Products and brand）：

妇女卫生巾，卫生护垫	ABC，Free，快乐小妹
湿巾	EC，ABC，易洁，Free

主要设备及产地（制造商）（Machinery）：

妇女卫生巾机16台	国产
卫生护垫机5台	
湿巾机19台	

生产能力（Capacity）：

妇女卫生巾	25 亿片/年
卫生护垫	20 亿片/年
湿巾	3 亿片/年

上海花王有限公司

Kao Corporation Shanghai Co., Ltd.

(日本花王株式会社独资企业)

地址：上海市闵行区花王路333号

Add: No. 333, Kao Rd., Minhang, Shanghai

邮编（P. C.）：201111

法人代表（Chairman）：平峰伸一郎（Hiramine Shinichiro）

总经理（General Manager）：平峰伸一郎（Hiramine Shinichiro）

电话（Tel）：021-64091210

传真（Fax）：021-64094937

E-mail：shi. xueli@ kao. sh. cn

Http：//www. kao. com. cn

主要产品及品牌（Products and brand）：

妇女卫生巾	乐而雅

主要设备及产地（制造商）（Machinery）：

妇女卫生巾机9台	日本，国产

生产能力（Capacity）：

妇女卫生巾	13 亿片/年

福建恒利集团有限公司

Fujian Hengli Group Co., Ltd.

地址：福建省南安市省新镇恒利工业区

Add: Hengli Industry Area, Shengxin, Nanan, Fujian

邮编（P. C.）：362300

法人代表（Chairman）：吴家荣（Wu Jiarong）

总经理(General Manager)：吴家荣(Wu Jiarong)

电话（Tel）：0595－86252666
传真（Fax）：0595－86252099
E-mail：qingbo57@pub1. qz. fj. cn
Http：//www. fjhl. com. cn
主要产品及品牌（Products and brand）：

妇女卫生巾，卫生护垫	好舒爽，舒爽
婴儿纸尿裤	爽儿宝
婴儿纸尿片	舒爽

主要设备及产地（制造商）（Machinery）：

妇女卫生巾机 46 台	进口及组装，国产
卫生护垫机 12 台	国产
婴儿纸尿裤机 2 台	意大利发明家
婴儿纸尿片机 3 台	进口及组装

生产能力（Capacity）：

妇女卫生巾	69. 8 亿片/年
卫生护垫	12. 96 亿片/年
婴儿纸尿裤	3. 6 亿片/年
婴儿纸尿片	1. 95 亿片/年

江苏三笑集团有限公司
Jiangsu Sanxiao Group Co., Ltd.
地址：江苏省扬州市邗江区杭集镇三笑大道 1 号
Add：No. 1 Sanxiao Rd., Hangji, Hanjiang, Yangzhou, Jiangsu
邮编（P. C.）：225111
法人代表（Chairman）：韩国平（Han Guoping）
总经理（General Manager）：韩国发（Han Guofa）
电话（Tel）：0514－87278498
传真（Fax）：0514－87271389
E-mail：yzwbq@pub. yz. jsinfo. net
Http：//www. sanxiaogroup. com. cn
主要产品及品牌（Products and brand）：

妇女卫生巾，卫生护垫	笑爽
婴儿纸尿裤/片	笑得爽

主要设备及产地（制造商）（Machinery）：

妇女卫生巾机 24 台	国产
卫生护垫机 5 台	
婴儿纸尿裤/片机 2 台	

生产能力（Capacity）：

妇女卫生巾	35 亿片/年
卫生护垫	12. 5 亿片/年
婴儿纸尿裤	1 亿片/年
婴儿纸尿片	1 亿片/年

天津小护士实业发展股份有限公司
Tianjin Little Nurse Industry & Commerce Development Co., Ltd.
地址：天津市北辰高科技产业园区辰星工业园淮河道 6 号
Add：No. 6 Huaihe Rd., Chenxing Industry Zone, Beichen High Tech Industry Zone, Tianjin
邮编（P. C.）：300410
法人代表（Chairman）：杨印海（Yang Yinhai）
总经理（General Manager）：杨印海（Yang Yinhai）
电话（Tel）：022－26309200
传真（Fax）：022－26301235
E-mail：fengying－702@126. com
Http：//www. chinanapkin. com. cn
主要产品及品牌（Products and brand）：

妇女卫生巾，卫生护垫，婴儿纸尿裤，成人纸尿裤，护理垫，卫生卷纸，面巾纸，手帕纸	小护士

主要设备及产地（制造商）（Machinery）：

妇女卫生巾机 23 台	意大利 2 条，其余国产
卫生护垫机 11 台	国产
婴儿纸尿裤机 1 台	
护理垫机 1 台	

生产能力（Capacity）：

妇女卫生巾	40. 6 亿片/年
卫生护垫	16 亿片/年
婴儿纸尿裤	1. 2 亿片/年
护理垫	2. 7 亿片/年

桂林洁伶工业有限公司
Guilin Jieling Industrial Co., Ltd.
地址：广西桂林市高新技术开发区 7 号小区毛塘西路 3 号
Add：No. 3 Maotangxi Rd., No. 7 District, High & New Tech Zone, Guilin, Guangxi
邮编（P. C.）：541004

法人代表（Chairman）：陈百城（Chen Baicheng）
总经理(General Manager)：陈百城(Chen Baicheng)
电话（Tel）：0773－5826396
传真（Fax）：0773－5855580
E-mail：jielinggongsi@vip.sina.com
Http：//www.jieling.net

主要产品及品牌（Products and brand）：

妇女卫生巾，卫生护垫，婴儿纸尿裤，卫生卷纸	洁伶

主要设备及产地（制造商）（Machinery）：

妇女卫生巾机9台	国产
卫生护垫机2台	
婴儿纸尿裤机1台	
卫生卷纸机3台	

生产能力（Capacity）：

妇女卫生巾	20亿片/年
卫生护垫	2.5亿片/年
婴儿纸尿裤	2亿片/年

益母妇女用品有限公司

Yimoo Women Necessities Co., Ltd.

包括：山东益母妇女用品有限公司
　　　上海益母妇女用品有限公司
地址：山东省淄博市沂源县城沂蒙路9号
Add：No. 9 Yimeng Rd., Yiyuan, Shandong
邮编（P. C.）：256100
法人代表（Chairman）：赵玉山（Zhao Yushan）
总经理（General Manager）：徐德文（Xu Dewen）
电话（Tel）：0533－3241148
传真（Fax）：0533－3241148
E-mail：yimoo@yimoo.cn
Http：//www.yimoo.cn

主要产品及品牌（Products and brand）：

妇女卫生巾，卫生护垫，湿巾	益母
婴儿纸尿裤	益贝

主要设备及产地（制造商）（Machinery）：

妇女卫生巾机9台	意大利2台，其余国产
卫生护垫机7台	国产，进口
婴儿纸尿裤机1台	国产

生产能力（Capacity）：

妇女卫生巾	25亿片/年
卫生护垫	28亿片/年
婴儿纸尿裤	2.1亿片/年

重庆丝爽卫生用品有限公司

Chongqing Sishuang Sanitary Products Co., Ltd.

地址：重庆市高新区科园四路149号3－3号
Add：No. 3－3, No. 149 Keyuansi Rd., High & New Technology Development Zone, Chongqing
邮编（P. C.）：400041
法人代表（Chairman）：冯永林（Feng Yonglin）
总经理（General Manager）：冯永林（Feng Yonglin）
电话（Tel）：023－86125700
传真（Fax）：023－89088905
E-mail：market@sishuang.com
Http：//www.sishuang.com

主要产品及品牌（Products and brand）：

妇女卫生巾，卫生护垫	妮爽，自由点
婴儿纸尿裤/片	妮贝贝，好之
湿巾	丹宁

主要设备及产地（制造商）（Machinery）：

妇女卫生巾机11台	国产
卫生护垫机3台	
婴儿纸尿裤机1台	
婴儿纸尿片机1台	
湿巾机1台	

生产能力（Capacity）：

妇女卫生巾	20亿片/年
卫生护垫	4亿片/年
婴儿纸尿裤	0.86亿片/年
婴儿纸尿片	0.85亿片/年
湿巾	0.5亿片/年

康那香企业（上海）有限公司

Kang Na Hsiung Enterprise (Shanghai) Co., Ltd.

（台湾康那香企业独资企业）
地址：上海市青浦区外青松公路5619号
Add：No. 5619 Waiqingsong Rd., Qingpu, Shanghai
邮编（P. C.）：201707
法人代表（Chairman）：戴华钟（Dai Huazhong）
总经理（General Manager）：何国祯（He Guozhen）

电话（Tel）：021－69211200
传真（Fax）：021－69211362
E-mail：webmaster@ knh. com. cn
Http：//www. knh. com. cn
主要产品及品牌（Products and brand）：

妇女卫生巾，卫生护垫	康乃馨
湿巾，纸毛巾	

主要设备及产地（制造商）（Machinery）：

妇女卫生巾机 9 台	中国台湾
卫生护垫机 7 台	
湿巾机 4 台	

生产能力（Capacity）：

妇女卫生巾	13 亿片/年
卫生护垫	26.7 亿片/年
湿巾	21 亿片/年

湖北丝宝股份有限公司
Hubei C-BONS Co., Ltd.
地址：湖北省武汉市黄浦大街 260 号丝宝国际大厦
Add：C-BONS International Building, No. 260 Huangpu St., Wuhan, Hubei
邮编（P. C.）：430019
法人代表（Chairman）：梁亮胜（Liang Liangsheng）
总经理（General Manager）：陈莺（Chen Ying）
电话（Tel）：027－82920888
传真（Fax）：027－82922001
E-mail：ladycare@ c-bons. com. cn
Http：//www. ladycare. com. cn
主要产品及品牌（Products and brand）：

妇女卫生巾，卫生护垫，湿巾	洁婷，洁婷蓓柔

主要设备及产地（制造商）（Machinery）：

妇女卫生巾机 9 台	意大利发明家，国产
卫生护垫机 5 台	国产

生产能力（Capacity）：

妇女卫生巾	7.24 亿片/年
卫生护垫	6.32 亿片/年

新感觉卫生用品有限公司
New Sensation Sanitary Products Co., Ltd.
地址：广东省佛山市顺德区乐从镇细海工业区
Add：Xihai Industrial Zone, Lecong, Shunde, Foshan, Guangdong
邮编（P. C.）：528315
法人代表（Chairman）：黎汉中（Li Hanzhong）
总经理（General Manager）：黎汉凡（Li Hanfan）
电话（Tel）：0757－28332551
传真（Fax）：0757－28332561
E-mail：contact@ nssp. biz
Http：//www. nssp. biz
主要产品及品牌（Products and brand）：

妇女卫生巾，卫生护垫	新感觉
婴儿纸尿裤/片，成人纸尿片	新感觉，没烦恼

主要设备及产地（制造商）（Machinery）：

妇女卫生巾机 15 台	国产，中国台湾
卫生护垫机 3 台	国产
婴儿纸尿裤机 2 台	意大利 CCE
婴儿纸尿片机 4 台	国产
成人纸尿片机 1 台	意大利 CCE

生产能力（Capacity）：

妇女卫生巾	8 亿片/年
卫生护垫	4 亿片/年
婴儿纸尿裤	3.6 亿片/年
婴儿纸尿片	1.5 亿片/年
成人纸尿片	0.6 亿片/年

龙海市妙雅卫生用品有限公司
Longhai Miaoya Sanitary Products Co., Ltd.
地址：福建省龙海市榜山镇北溪头工业区
Add：Xitou Industry Zone, Bangshan, Longhai, Fujian
邮编（P. C.）：363100
法人代表(Chairman)：黄展顺(Huang Zhanshun)
总经理(General Manager)：黄展顺(Huang Zhanshun)
电话(Tel)：0596－6598705
传真(Fax)：0596－6596798
E-mail：miaoya@ miaoya. com
Http：//www. china-miaoya. com

主要产品及品牌(Products and brand):

妇女卫生巾，卫生护垫	妙雅，思无邪
婴儿纸尿裤/片	娃儿乐
湿巾	长相依

主要设备及产地(制造商)(Machinery):

妇女卫生巾机 8 台	国产
卫生护垫机 2 台	
婴儿纸尿裤机 1 台	

生产能力(Capacity):

妇女卫生巾	13.2 亿片/年
卫生护垫	2.2 亿片/年
婴儿纸尿裤	1.2 亿片/年

广西舒雅护理用品有限公司
Guangxi Shuya Health Care Products Co., Ltd.

地址：广西南宁市华侨投资区侨凤路 3 号
Add: No. 3 Qiaofeng Rd., Overseas Chinese Investment Zone, Nanning, Guangxi
邮编(P. C.): 530105
法人代表(Chairman): 肖凌(Xiao Ling)
总经理(General Manager): 周新华(Zhou Xinhua)
电话(Tel): 0771 -6301370
传真(Fax): 0771 -6301309
E-mail: shuya@ shuya-china. com
Http: //www. shuya-china. com

主要产品及品牌(Products and brand):

妇女卫生巾，卫生护垫	舒雅
婴儿纸尿裤	舒雅宝宝
婴儿纸尿片	舒儿乐

主要设备及产地(制造商)(Machinery):

妇女卫生巾机 11 台	国产
卫生护垫机 2 台	
婴儿纸尿裤机 1 台	意大利 Diatec

生产能力(Capacity):

妇女卫生巾	8 亿片/年
卫生护垫	2 亿片/年
婴儿纸尿裤	1.44 亿片/年

北京倍舒特妇幼用品有限公司
Beijing Beishute Maternity & Child Articles Co., Ltd.

地址：北京市密云县工业开发区远光街 1 号
Add: No. 1 Yuanguang Street, Miyun Industrial Development Area, Beijing
邮编 (P. C.): 101500
法人代表 (Chairman): 李秋红 (Li Qiuhong)
总经理(General Manager):李秋红(Li Qiuhong)
电话 (Tel): 010 -69061748
传真 (Fax): 010 -69061747
E-mail: bjbest@ public. bta. net. cn
Http: //www. bjbest. com. cn

主要产品及品牌 (Products and brand):

妇女卫生巾，卫生护垫	倍舒特
婴儿纸尿片	健康宝宝
护理垫	倍舒特
湿巾	倍舒特

主要设备及产地 (制造商) (Machinery):

妇女卫生巾机 2 台	国产
妇女卫生巾/卫生护垫机 11 台	国产，自制
婴儿纸尿片机 2 台	自制
护理垫机 2 台	国产
宠物垫机 2 台	

生产能力 (Capacity):

妇女卫生巾	14 亿片/年
卫生护垫	8 亿片/年
宠物垫	0.5 亿片/年
护理垫	0.5 亿片/年

中山佳健生活用品有限公司
Zhongshan Jiajian Consumer Goods Co., Ltd.

地址：广东省中山市火炬开发区 (健康基地产业基地内) 沿江东二路 10 号
Add: No. 10, Yanjiangdongerlu Rd., Huoju Development Zone, Zhongshan, Guangdong
邮编 (P. C.): 528437
法人代表 (Chairman): 李广英 (Li Guangying)
总经理 (General Manager): 缪国兴 (Miao Guoxing)
电话 (Tel): 0760 -85333798

传真（Fax）：0760－85339696
E-mail：550780888 @ qq. com
Http：//www. goodcare. com. cn
主要产品及品牌（Products and brand）：

妇女卫生巾，卫生护垫	佳期

主要设备及产地（制造商）（Machinery）：

妇女卫生巾机 6 台	国产
卫生护垫机 4 台	

生产能力（Capacity）：

妇女卫生巾	9 亿片/年
卫生护垫	4. 5 亿片/年

杭州可悦卫生用品有限公司
Hangzhou Credible Sanitary Products Co., Ltd.
地址：浙江省萧山经济技术开发区杭州江东工业园区江东三路
Add：Jiangdongsanlu Rd., Hangzhou Jiangdong Industry Zone, Xiaoshan Economic Technology Development Zone, Zhejiang
邮编（P. C.)：311222
法人代表(Chairman)：黄国权(Huang Guoquan)
总经理（General Manager)：黄国权（Huang Guoquan）
电话（Tel)：0571－82985566
传真（Fax)：0571－82985599
E-mail：qjl. 2007@ yahoo. com. cn
Http：//www. hzcredible. com
主要产品及品牌（Products and brand）：

妇女卫生巾，卫生护垫	可月，月满好，雅妮娜
婴儿纸尿裤/片	宝宝好梦，婴倍适

主要设备及产地（制造商）（Machinery）：

妇女卫生巾机 12 台	国产
卫生护垫机 1 台	
婴儿纸尿裤机 1 台	
婴儿纸尿片机 1 台	

生产能力（Capacity）：

妇女卫生巾	10 亿片/年
卫生护垫	8 亿片/年
婴儿纸尿裤	0. 3 亿片/年
婴儿纸尿片	0. 2 亿片/年

临安市雄鹰妇幼卫生用品有限公司
Linan Eagle Women & Children Sanitary Articles Co., Ltd.
地址：浙江省临安市於潜镇方元工业区
Add：Fangyuan Industry Zone, Yuqian, Linan, Zhejiang
邮编（P. C.)：311311
法人代表(Chairman)：周雄鹰(Zhou Xiongying)
总经理(General Manager)：项宗信(Xiang Zongxin)
电话（Tel)：0571－63872758
传真（Fax)：0571－63872735
E-mail：xy-zjm@ 126. com
Http：//www. hz-yf. com. cn
主要产品及品牌（Products and brand）：

妇女卫生巾，卫生护垫，湿巾	永芳
婴儿纸尿裤	酷儿

主要设备及产地（制造商）（Machinery）：

妇女卫生巾机 13 台	国产
卫生护垫机 5 台	
婴儿纸尿裤机 1 台	

生产能力（Capacity）：

妇女卫生巾	14 亿片/年
卫生护垫	4. 6 亿片/年
婴儿纸尿裤	0. 48 亿片/年

上海护理佳实业有限公司
Shanghai Foliage Industry Co., Ltd.
包括：河南护理佳实业有限公司
地址：上海市青浦区白鹤镇白石公路 2288 号
Add：No. 2288, Baishi Rd., Baihe, Qingpu, Shanghai
邮编（P. C.)：201711
法人代表（Chairman)：夏双印（Xia Shuangyin）
总经理(General Manager)：夏双印(Xia Shuangyin)
电话（Tel)：021－ 59213666
传真（Fax)：021－ 59213316
E-mail：xgj8981@ 126. com
Http：//www. hulijia. com
主要产品及品牌（Products and brand）：

妇女卫生巾，卫生护垫	护理佳
婴儿纸尿裤/片	妙仔，PP 爽
成人纸尿裤	贴身福

主要设备及产地（制造商）（Machinery）：

妇女卫生巾机 12 台	国产
卫生护垫机 6 台	

生产能力（Capacity）：

妇女卫生巾	8 亿片/年
卫生护垫	4 亿片/年

沈阳东联日用品有限公司

Shenyang Tonglian Daily-Use Goods Co., Ltd.

（台湾娇联独资企业）

地址：辽宁省沈阳市经济技术开发区青山湖街 11 号

Add: No. 11 Qingshanhu Rd., Economic And Technological Development Zone, Shenyang, Liaoning

邮编（P. C.）：110141

法人代表（Chairman）：洪振辉（Hong Zhenhui）

总经理（General Manager）：洪振辉（Hong Zhenhui）

电话（Tel）：024－25360296

传真（Fax）：024－25819114

主要产品及品牌（Products and brand）：

妇女卫生巾，卫生护垫	柔柔

主要设备及产地（制造商）（Machinery）：

妇女卫生巾机 8 台	日本，国产
卫生护垫机 2 台	日本

生产能力（Capacity）：

妇女卫生巾	4 亿片/年
卫生护垫	8.5 亿片/年

云南清逸堂实业有限公司

Yunnan Qingyitang Industrial Co., Ltd.

地址：云南省大理市省级高新技术开发区生物制药园区 14 号

Add: No. 14, Biomedical Park, High & New Tech Zone, Dali, Yunnan

邮编（P. C.）：671000

法人代表（Chairman）：张枝荣（Zhang Zhirong）

总经理（General Manager）：张枝荣（Zhang Zhirong）

电话（Tel）：0872－3100316

传真（Fax）：0872－3100303

E-mail: haimande@sina.com

Http: //www.qingyitang.com

主要产品及品牌（Products and brand）：

妇女卫生巾，卫生护垫	日子

主要设备及产地（制造商）（Machinery）：

妇女卫生巾机 6 台	国产
卫生护垫机 2 台	

生产能力（Capacity）：

妇女卫生巾	5 亿片/年
卫生护垫	3 亿片/年

上海唯尔福（集团）有限公司

Shanghai Welfare Group Co., Ltd.

包括：浙江绍兴唯尔福妇幼用品有限公司
　　　浙江唯尔福纸业有限公司

地址：上海市青浦区华新镇徐华公路 3029 弄 88 号

Add: No. 88, Lane 3029, Xuhua Highway, Huaxin, Qingpu, Shanghai

邮编（P. C.）：201705

法人代表（Chairman）：李胜章（Li Shengzhang）

总经理（General Manager）：何幼成（He Youcheng）

电话（Tel）：021－39873177

传真（Fax）：021－39873188

E-mail: wef2008@163.com

Http: //www.wef2008.com

主要产品及品牌（Products and brand）：

妇女卫生巾，卫生护垫	唯尔福，美丽约会
婴儿纸尿裤/片	唯儿福
成人纸尿片，护理垫	唯尔福
宠物垫	
湿巾	
原纸，卫生纸，面巾纸，手帕纸，餐巾纸，厨房用纸，擦手纸	纸音

主要设备及产地（制造商）（Machinery）：

妇女卫生巾机 10 台	意大利 1 台，其余国产
卫生护垫机 5 台	国产
婴儿纸尿裤机 3 台	
护理垫机 1 台	
成人纸尿裤机 1 台	美国 PCMC 二手机
1575mm 卫生纸机 6 台	国产
卫生纸加工设备 28 台	
湿巾机 3 台	

生产能力（Capacity）：

妇女卫生巾	5 亿片/年
卫生护垫	2.5 亿片/年
婴儿纸尿裤	0.6 亿片/年
婴儿纸尿片	1.2 亿片/年
成人纸尿片	0.2 亿片/年
宠物垫	0.8 亿片/年
生活用纸	5 万吨/年

上海申欧企业发展有限公司

Shanghai Sun'o Enterprise Development Co., Ltd.

地址：上海市嘉定区嘉行公路 1358 号

Add: No. 1358 Jiaxing Highway, Jiading, Shanghai

邮编（P. C.）：201808

法人代表（Chairman）：姜祁云（Jiang Qiyun）

总经理(General Manager)：姜祁云(Jiang Qiyun)

电话（Tel）：021 -39198555

传真（Fax）：021 -39198899

E-mail：suno@ shen-ou. com

Http：//www. shen-ou. com

主要产品及品牌（Products and brand）：

产品	品牌
妇女卫生巾，卫生护垫	555，悠 U，瑞丽心情

主要设备及产地（制造商）（Machinery）：

妇女卫生巾机 7 台	日本瑞光，国产
卫生护垫机 4 台	国产

生产能力（Capacity）：

妇女卫生巾	9.3 亿片/年
卫生护垫	6.7 亿片/年

赣州港都卫生制品有限公司

Ganzhou Gangdu Hygienic Products Co., Ltd.

地址：江西省于都县楂林工业园

Add: Zhalin Industry Zone, Yudu, Jiangxi

邮编（P. C.）：342300

法人代表（Chairman）：丁金连（Ding Jinlian）

总经理（General Manager）：丁金连（Ding Jinlian）

电话（Tel）：0797 -6329889

传真（Fax）：0797 -6329618

E-mail：gangdu1997@ 163. com

Http：//www. gzgangdu. com

主要产品及品牌（Products and brand）：

产品	品牌
妇女卫生巾，卫生护垫	爽期，好爽期，一片乐
婴儿纸尿裤/片	爽期宝宝

主要设备及产地（制造商）（Machinery）：

妇女卫生巾机 7 台	国产
卫生护垫机 1 台	
婴儿纸尿片机 2 台	

生产能力（Capacity）：

妇女卫生巾	5.5 亿片/年
卫生护垫	1.5 亿片/年
婴儿纸尿片	2.8 亿片/年

婴儿纸尿裤/片 Baby diapers

宝洁（中国）有限公司

Procter & Gamble (China) Ltd.

（详见妇女卫生巾和卫生护垫主要生产企业介绍）

尤妮佳生活用品（中国）有限公司

Uni-Charm Consumer Products (China) Co., Ltd.

（日本尤妮佳（株）独资企业）

（详见妇女卫生巾和卫生护垫主要生产企业介绍）

福建恒安集团有限公司

Fujian Hengan Holding Co., Ltd.

（详见妇女卫生巾和卫生护垫主要生产企业介绍）

金佰利（中国）有限公司

Kimberly-Clark (China) Co., Ltd.

（详见妇女卫生巾和卫生护垫主要生产企业介绍）

全日美实业（上海）有限公司
Everbeauty Industry (Shanghai) Co., Ltd.
地址：上海市松江区新桥镇工业区民益路5号
Add: No. 5 Minyi Rd., Xinqiao Industry Park, Songjiang, Shanghai
邮编（P. C.）：201612
法人代表（Chairman）：邱顶阳（Qiu Dingyang）
总经理（General Manager）：蔡坤芳（Cai Kunfang）
电话（Tel）：021－57686968
传真（Fax）：021－57686967
Http://www.evb.com.cn
主要产品及品牌（Products and brand）：

婴儿纸尿裤/片	嘘嘘乐，小淘气
成人纸尿裤/片	包大人
湿巾	小淘气

主要设备及产地（制造商）（Machinery）：

婴儿纸尿裤机6台	日本，意大利发明家
婴儿纸尿裤/片机1台	
成人纸尿裤/片机1台	

生产能力（Capacity）：

婴儿纸尿裤	8.8亿片/年
婴儿纸尿片	1.3亿片/年
成人纸尿裤/片	0.35亿片/年

雀氏（中国）日用品有限公司
Chiaus (China) Daily Necessities Co., Ltd.
地址：福建省泉州市惠安县惠东工业区通港路6号
Add: No. 6 Tonggang Rd., Huidong Industry Zone, Huian, Quanzhou, Fujian
邮编（P. C.）：362133
法人代表（Chairman）：陈建义（Chen Jianyi）
总经理（General Manager）：陈建义（Chen Jianyi）
电话（Tel）：0595－87201083
传真（Fax）：0595－87201080
E-mail: chiausqihua@163.com
Http://www.chiaus.cn
主要产品及品牌（Products and brand）：

婴儿纸尿裤/片，湿巾	雀氏

主要设备及产地（制造商）（Machinery）：

婴儿纸尿裤机3台	国产
婴儿纸尿裤机4台	
湿巾机2台	

生产能力（Capacity）：

婴儿纸尿裤	3.5亿片/年
婴儿纸尿片	4.5亿片/年

中山瑞德卫生纸品有限公司
Disposable Soft Goods (Zhongshan) Ltd.
（香港D.S.G独资企业）
地址：广东省中山市西区沙朗第三工业区金昌工业路
Add: Jinchang Industrial Rd., 3rd Industry Zone, Shalang, Xiqu District, Zhongshan, Guangdong
邮编（P. C.）：528411
法人代表（Chairman）：崔守礼（Cui Shouli）
总经理（General Manager）：关兆华（Frankie Kwan）
电话（Tel）：0760－88559866
传真（Fax）：0760－88558794
E-mail: dsgadmin@pub.zhongshan.gd
Http://www.fitti.com
主要产品及品牌（Products and brand）：

婴儿纸尿裤/片	菲比 Fitti，宝宝 Petpet，爱婴 Babylove

主要设备及产地（制造商）（Machinery）：

婴儿纸尿裤机3台	法国，美国

生产能力（Capacity）：

婴儿纸尿裤	3亿片/年

广东百顺纸品有限公司
Guangdong Baishun Paper Products Co., Ltd.
地址：广东省东莞市茶山镇南社工业区
Add: Nanshe Industry Zone, Chashan, Dongguan, Guangdong
邮编（P. C.）：523391
法人代表（Chairman）：谢锡佳（Xie Xijia）
总经理（General Manager）：谢锡佳（Xie Xijia）
电话（Tel）：0769－81833801
传真（Fax）：0769－81833806
E-mail: bs-yinyin@163.net

Http：//www. dgbaishun. com

主要产品及品牌（Products and brand）：

婴儿纸尿裤/片，成人纸尿裤/片	茵茵 YINYIN

主要设备及产地（制造商）（Machinery）：

婴儿纸尿裤机 5 台	国产
婴儿纸尿片机 3 台	
成人纸尿裤机 1 台	

生产能力（Capacity）：

婴儿纸尿裤	2.25 亿片/年
婴儿纸尿片	1 亿片/年
成人纸尿裤/片	0.6 亿片/年

福建恒利集团有限公司
Fujian Hengli Group Co.，Ltd.
（详见妇女卫生巾和卫生护垫主要生产企业介绍）

东莞市白天鹅纸业有限公司
Dongguan White Swan Paper Products Co.，Ltd.
（详见生活用纸主要生产企业介绍）

东莞市常兴纸业有限公司
Dongguan Changxing Paper Co.，Ltd.

地址：广东省东莞市石排镇横山村委会钟屋工业区
Add：Zhongwu Industry Zone，Hengshan，Shipai，Dongguan，Guangdong
邮编（P.C.）：523330
法人代表（Chairman）：王树杨（Wang Shuyang）
总经理（General Manager）：王树杨（Wang Shuyang）
电话（Tel）：0769－86559888
传真（Fax）：0769－86559933
E-mail：changxingpaper@163. com
Http：//www. changxingdg. com

主要产品及品牌（Products and brand）：

婴儿纸尿裤/片	一片爽，片片爽，公子帮
成人纸尿裤/片	雅康健，护理爽

主要设备及产地（制造商）（Machinery）：

婴儿纸尿裤机 4 台	国产
婴儿纸尿片机 2 台	
成人纸尿裤/片机 1 台	

生产能力（Capacity）：

婴儿纸尿裤	4 亿片/年
婴儿纸尿片	2.5 亿片/年
成人纸尿裤/片	0.16 亿片/年

新感觉卫生用品有限公司
New Sensation Sanitary Products Co.，Ltd.
（详见妇女卫生巾和卫生护垫主要生产企业介绍）

福州天使日用品有限公司
Fuzhou Angel Commodity Co.，Ltd.

地址：福建省福清市融侨经济开发区金印
Add：Jinyin，Rongqiao Economic Development District，Fuqing，Fujian
邮编（P.C.）：350301
法人代表（Chairman）：林斌（Lin Bin）
总经理（General Manager）：林勇（Lin Yong）
电话（Tel）：0591－85368198
传真（Fax）：0591－85368158
E-mail：daddybaby@fz-angels. com
Http：//www. fzangels. com

主要产品及品牌（Products and brand）：

妇女卫生巾	比雅蒂
婴儿纸尿裤/片	爹地宝贝 Daddy baby
湿巾	比雅蒂

主要设备及产地（制造商）（Machinery）：

妇女卫生巾机 1 台	国产
婴儿纸尿裤机 3 台	
婴儿纸尿片机 2 台	
湿巾机 1 台	

生产能力（Capacity）：

妇女卫生巾	0.72 亿片/年
婴儿纸尿裤	1.44 亿片/年
婴儿纸尿片	2.16 亿片/年

东莞市瑞麒婴儿用品有限公司
Dongguan AALL & ZYLEMAN Baby Goods Ltd.

地址：广东省东莞市石龙镇西湖管理区 2 路 2 号
Add：No.2 Er Rd.，Xihu District，Shilong，Dongguan，Guangdong
邮编（P.C.）：523325
法人代表（Chairman）：叶建源（Ye Jianyuan）

总经理（General Manager）：叶建源（Ye Jianyuan）
电话（Tel）：0769－86113293
传真（Fax）：0769－86112740
E-mail：sales@ ihellobaby. com
Http：//www. ihellobaby. com
主要产品及品牌（Products and brand）：

婴儿纸尿裤，护理垫	哈啰宝贝，哈啰天使，BB熊，心儿
成人纸尿裤/片	瑞麒，Rely On

主要设备及产地（制造商）（Machinery）：

婴儿纸尿裤机3台	意大利 GDM，Nova Red，国产
成人纸尿裤机1台	国产
纸尿片机1台	科盛

生产能力（Capacity）：

婴儿纸尿裤	2.1亿片/年
婴儿纸尿片	3.5亿片/年
成人纸尿裤	0.62亿片/年

广西舒雅护理用品有限公司
Guangxi Shuya Health Care Products Co., Ltd.
（详见妇女卫生巾和卫生护垫主要生产企业介绍）

上海唯尔福（集团）有限公司
Shanghai Welfare Group Co., Ltd.
（详见妇女卫生巾和卫生护垫主要生产企业介绍）

好孩子百瑞康卫生用品有限公司
Goodbaby Bairuikang Hygienic Products Co., Ltd.
地址：江苏省昆山市陆家镇富荣路1号
Add：No. 1 Furong Rd.，Lujia，Kunshan，Jiangsu
邮编（P. C.）：215331
法人代表（Chairman）：宋郑还（Song Zhenghuan）
总经理（General Manager）：辛树林（Xin Shulin）
电话（Tel）：0512－57871399
传真（Fax）：0512－57679343
E-mail：pqshen@ goodbabygroup. com
Http：//www. goodbaby. com
主要产品及品牌（Products and brand）：

婴儿纸尿裤	好孩子，奇妙鸭

主要设备及产地（制造商）（Machinery）：

婴儿纸尿裤机2台	美国 PCMC 二手机

生产能力（Capacity）：

婴儿纸尿裤	1.2亿片/年

汕头市集诚妇幼用品厂有限公司
Shantou Jicheng Women & Children Articles Co., Ltd.
地址：广东省汕头市潮汕路金园工业区第十片区
Add：No. 10 District Jinyuan Industry Zone，Chaoshan Rd.，Shantou，Guangdong
邮编（P. C.）：515041
法人代表（Chairman）：张朝侠（Zhang Chaoxia）
总经理（General Manager）：张少莹（Zhang Shaoying）
电话（Tel）：0754－88119188
传真（Fax）：0754－88105531
E-mail：sales@ eleaine. com. cn
Http：//www. eleaine. com. cn
主要产品及品牌（Products and brand）：

婴儿纸尿裤/片	爱护

主要设备及产地（制造商）（Machinery）：

婴儿纸尿裤机2台	意大利 GDM

生产能力（Capacity）：

婴儿纸尿裤	1.8亿片/年

成人失禁用品
Adult incontinent products

福建恒安集团有限公司
Fujian Hengan Holding Co., Ltd.
（详见妇女卫生巾和卫生护垫主要生产企业介绍）

天津杏林白十字医疗卫生材料用品有限公司
Tianjin Hakujuji Medical Health Material and Necessities Co., Ltd.
地址：天津市西青区经济开发区业盛道3号
Add：No. 3 Yesheng Rd.，Xiqing Economic Development Zone，Tianjin
邮编（P. C.）：300385
法人代表（Chairman）：石学敏（Shi Xuemin）
总经理（General Manager）：王良（Wang Liang）

电话（Tel）：022－23972036
传真（Fax）：022－23972012
E-mail：jiarui@ hakujuji. com. cn
Http：//www. hakujuji. com. cn

主要产品及品牌（Products and brand）：

成人纸尿裤/片，护理垫	洒露把

主要设备及产地（制造商）（Machinery）：

成人纸尿裤机 2 台	日本，国产

生产能力（Capacity）：

成人纸尿裤/片，护理垫	0.3 亿片/年

新感觉卫生用品有限公司
New Sensation Sanitary Products Co., Ltd.
（详见妇女卫生巾和卫生护垫主要生产企业介绍）

佛山市南海稳德福无纺布有限公司
Foshan Nanhai Wonderful Nonwoven Co., Ltd.
地址：广东省佛山市南海区九江沙头镇石江工业区
Add：Shijiang Industry Park, Shatou, Jiujiang, Nanhai, Foshan, Guangdong
邮编（P. C.）：528208
法人代表（Chairman）：黄业滔（Huang Yetao）
总经理（General Manager）：邓伟添（Deng Weitian）
电话（Tel）：0757－86910199
传真（Fax）：0757－86916230
E-mail：deng@ chinawoven. com
Http：//www. chinawoven. com

主要产品及品牌（Products and brand）：

成人纸尿裤/片，护理垫	稳德福，老夫子

主要设备及产地（制造商）（Machinery）：

成人纸尿裤机 1 台	日本二手机

生产能力（Capacity）：

成人纸尿裤	0.24 亿片/年
成人纸尿片	0.12 亿片/年
护理垫	0.12 亿片/年

全日美实业（上海）有限公司
Everbeauty Industry (Shanghai) Co., Ltd.
（详见婴儿纸尿裤/片主要生产企业介绍）

金佰利（中国）有限公司
Kimberly-Clark (China) Co., Ltd.
（详见妇女卫生巾和卫生护垫主要生产企业介绍）

义乌市安柔卫生用品有限公司
Yiwu Anrou Hygiene Products Co., Ltd.
地址：浙江省义乌市义亭工业区稠义路 1 号
Add：No. 1 Chouyi Rd., Yiting Industry Zone, Yiwu, Zhejiang
邮编（P. C.）：322005
法人代表（Chairman）：李光军（Li Guangjun）
总经理(General Manager)：李光军(Li Guangjun)
电话（Tel）：0579－85818068
传真（Fax）：0579－85817688
E-mail：master@ anrou. net
Http：//www. anrou. cn

主要产品及品牌（Products and brand）：

妇女卫生巾，卫生护垫	安柔
婴儿纸尿裤/片	奥贝思
成人纸尿裤	奥利康，子女心
护理垫	澳利康
湿巾	安柔

主要设备及产地（制造商）（Machinery）：

妇女卫生巾机 6 台	国产
卫生护垫机 2 台	
婴儿纸尿裤机 1 台	
婴儿纸尿片机 1 台	
成人纸尿裤机 1 台	
护理垫机 1 台	
湿巾机 3 台	

生产能力（Capacity）：

妇女卫生巾	4.05 亿片/年
卫生护垫	1.05 亿片/年
婴儿纸尿裤	0.52 亿片/年
婴儿纸尿片	0.5 亿片/年
成人纸尿裤	0.25 亿片/年
护理垫	0.2 亿片/年
湿巾	11 亿片/年

广东百顺纸品有限公司
Guangdong Baishun Paper Products Co., Ltd.
（详见婴儿纸尿裤/片主要生产企业介绍）

天津小护士实业发展股份有限公司
Tianjin Little Nurse Industry & Commerce Development Co., Ltd.
（详见妇女卫生巾和卫生护垫主要生产企业介绍）

天津市依依卫生用品有限公司
Tianjin Yiyi Hygiene Products Co., Ltd.
地址：天津市西青区张家窝工业园
Add：Zhangjiawo Industry Park, Xiqing, Tianjin
邮编（P. C.）：300380
法人代表（Chairman）：卢俊美（Lu Junmei）
总经理（General Manager）：卢俊美（Lu Junmei）
电话（Tel）：022－87988888
传真（Fax）：022－87987888
E-mail：gaobin7705@163.com
主要产品及品牌（Products and brand）：

妇女卫生巾，卫生护垫，婴儿纸尿片，护理垫，宠物垫，卫生卷纸，纸巾纸，湿巾	依依

主要设备及产地（制造商）（Machinery）：

妇女卫生巾机 7 台	国产
卫生护垫机 2 台	
婴儿纸尿片机 1 台	
宠物垫机 3 台	

生产能力（Capacity）：

妇女卫生巾	7.5 亿片/年
卫生护垫	4 亿片/年
宠物垫	1.4 亿片/年

北京倍舒特妇幼用品有限公司
Beijing Beishute Maternity & Child Articles Co., Ltd.
（详见妇女卫生巾和卫生护垫主要生产企业介绍）

泰州远东纸业有限公司
Taizhou Far East Paper Co., Ltd.
地址：江苏省兴化市戴窑工业区
Add：Daiyao Industrial Zone, Xinghua, Jiangsu
邮编（P. C.）：225741
法人代表（Chairman）：冯元松（Feng Yuansong）
总经理（General Manager）：冯元松（Feng Yuansong）
电话（Tel）：0523－83848888
传真（Fax）：0523－83841888
E-mail：anjieer@anjieer.com
Http：//www.anjieer.com
主要产品及品牌（Products and brand）：

妇女卫生巾，卫生护垫	安洁尔
婴儿纸尿裤/片	安洁儿
护理垫，宠物垫	安洁康

主要设备及产地（制造商）（Machinery）：

妇女卫生巾机 12 台	国产
卫生护垫机 2 台	
护理垫/宠物垫机 2 台	

生产能力（Capacity）：

妇女卫生巾	5 亿片/年
卫生护垫	1.1 亿片/年
宠物垫	0.38 亿片/年

上海唯尔福（集团）有限公司
Shanghai Welfare Group Co., Ltd.
（详见妇女卫生巾和卫生护垫主要生产企业介绍）

广西梧州市宝莱卫生用品实业有限公司
Guangxi Wuzhou Baolai Health Industry Co., Ltd.
地址：广西梧州市塘源路 36 号
Add：No. 36 Tangyuan Rd., Wuzhou, Guangxi
邮编（P. C.）：543000
法人代表（Chairman）：张穗生（Zhang Suisheng）
总经理（General Manager）：张穗生（Zhang Suisheng）
电话（Tel）：0774－2062222
传真（Fax）：0774－2062228
E-mail：baolai06@163.com
Http：//www.gxbaolai.cn
主要产品及品牌（Products and brand）：

成人纸尿裤/片，护理垫	莱护士

主要设备及产地（制造商）（Machinery）：

成人纸尿裤机 6 台	国产

生产能力（Capacity）：

成人纸尿裤/片，护理垫	约 4 亿片/年

上海必有福生活用品有限公司
Shanghai Biyoufu Commodity Co., Ltd.

地址：上海市浦东新区南六公路民义村 888 号 B6
Add：B6, No. 888 Minyi, Nanliu Rd., Pudong New District, Shanghai
邮编（P. C.）：201322
法人代表（Chairman）：侯荣灿（Hou Rongcan）
总经理（General Manager）：侯荣灿（Hou Rongcan）
电话（Tel）：021－50654397
传真（Fax）：021－50654367
E-mail：biyoufu@126. com

主要产品及品牌（Products and brand）：

成人纸尿裤/片，护理垫	必有福，孝心

主要设备及产地（制造商）（Machinery）：

纸尿片（床垫）机 1 台	国产
纸尿垫（护理垫）机 1 台	

生产能力（Capacity）：

成人纸尿裤	0.12 亿片/年
成人纸尿片	0.1 亿片/年
护理垫	0.12 亿片/年

杭州侨资纸业有限公司
Hangzhou Qiaozi Paper Industry Co., Ltd.

地址：浙江省杭州市临安市横溪开发区
Add：Hengxi Development Zone, Linan, Hangzhou, Zhejiang
邮编（P. C.）：311300
法人代表（Chairman）：金利伟（Jin Liwei）
总经理（General Manager）：金利伟（Jin Liwei）
电话（Tel）：0571－63701827
传真（Fax）：0571－63702588
E-mail：qzzy@qiaozi. com
Http：//www. qiaozi. com

主要产品及品牌（Products and brand）：

婴儿纸尿裤/片	酷特适
成人纸尿裤/片，护理垫	可靠
宠物纸尿裤，宠物垫	QQ 乐

主要设备及产地（制造商）（Machinery）：

婴儿纸尿裤机 3 台	国产
成人纸尿裤机 2 台	
护理垫机 4 台	
宠物纸尿裤机 1 台	

生产能力（Capacity）：

婴儿纸尿裤	1.2 亿片/年
婴儿纸尿片	0.42 亿片/年
成人纸尿裤	0.3 亿片/年
成人纸尿片	0.3 亿片/年
宠物纸尿裤	0.1 亿片/年
宠物垫	1.8 亿片/年

东莞市常兴纸业有限公司
Dongguan Changxing Paper Co., Ltd.
（详见婴儿纸尿裤/片主要生产企业介绍）

湿巾
Wet wipes

福建恒安集团有限公司
Fujian Hengan Holding Co., Ltd.
（详见妇女卫生巾和卫生护垫主要生产企业介绍）

铜陵洁雅生物科技股份有限公司
Jyair Bio-Tech Co., Ltd.

地址：安徽省铜陵市铜都大道北段 296 号
Add：No. 296 Tongdu Rd., Tongling, Anhui
邮编（P. C.）：244000
电话（Tel）：0562－6820555
传真（Fax）：0562－6820777
法人代表（Chairman）：蔡英传（Cai Yingchuan）
总经理（General Manager）：蔡曙光（Cai Shuguang）
E-mail：sales@babywipes. com. cn
Http：//www. babywipes. com. cn

主要产品及品牌（Products and brand）：

湿巾	艾妮，喜擦擦，哈哈

主要设备及产地（制造商）（Machinery）：

湿巾生产线 13 条	中国台湾，国产

生产能力（Capacity）：

湿巾	27.8 亿片/年

康那香企业（上海）有限公司
Kang Na Hsiung Enterprise (Shanghai) Co., Ltd.
（详见妇女卫生巾和卫生护垫主要生产企业介绍）

深圳市康雅实业有限公司
Shenzhen Kangya Industrial Co., Ltd.
地址：广东省深圳市宝安区沙井镇沙一长兴工业园19栋
Add: No. 19 Shayi Changxing Industry Park, Shajing, Baoan, Shenzhen, Guangdong
邮编（P. C.）：518104
法人代表（Chairman）：郑伟群（Zheng Weiqun）
总经理（General Manager）：郑伟群（Zheng Weiqun）
电话（Tel）：0755－81773760
传真（Fax）：0755－81773763
E-mail：topone@ szonline. net
Http：//www. toponeonline. com. cn
主要产品及品牌（Products and brand）：

湿巾	Wetclean，Softclean

主要设备及产地（制造商）（Machinery）：

湿巾机9台	国产

生产能力（Capacity）：

湿巾	约20亿片/年

江苏通江科技股份有限公司
Jiangsu Tongjiang Science & Technology Co., Ltd.
地址：江苏省南通市如皋皋南工业园8号
Add: No. 8 Gaonan Industry Park, Rugao, Nantong, Jiangsu
邮编（P. C.）：226553
法人代表（Chairman）：沈季疆（Shen Jijiang）
总经理（General Manager）：沈季疆（Shen Jijiang）
电话（Tel）：0513－87779666
传真（Fax）：0513－87772599
E-mail：tj@ tjtex. com
Http：//www. tjtex. com
主要产品及品牌（Products and brand）：

湿巾	纤手

主要设备及产地（制造商）（Machinery）：

湿巾机19台	国产

生产能力（Capacity）：

湿巾	20亿片/年

上海美馨卫生用品有限公司
Shanghai American Hygienics Co., Ltd.
地址：上海市松江区佘山镇沈砖公路3129弄5－6号楼
Add: No. 5－6 Bld., 3129 lane, Shenzhuan Rd., Sheshan, Songjiang, Shanghai
邮编（P. C.）：201602
法人代表（Chairman）：余有志（Yu Youzhi）
总经理（General Manager）：余有志（Yu Youzhi）
电话（Tel）：021－57669436
传真（Fax）：021－59763989
E-mail：salescn@ amhygienics. com
Http：//www. amhygienics. com
主要产品及品牌（Products and brand）：

湿巾，妇女卫生巾，婴儿纸尿裤	凯德馨

主要设备及产地（制造商）（Machinery）：

湿巾机23台	美国，德国，意大利，国产

生产能力（Capacity）：

湿巾	20亿片/年

沈阳纳尔实业有限责任公司
Shenyang Naer Industry Co., Ltd.
地址：辽宁省沈阳市高新区辉山大街123－21号国际科技合作产业园
Add: International Science & Technology Zone, No. 123－21, Huishan Street, Gaoxin District, Shenyang, Liaoning
邮编（P. C.）：110164
法人代表（Chairman）：侯梅丽（Hou Meili）
总经理（General Manager）：侯梅丽（Hou Meili）
电话（Tel）：024－88616128
传真（Fax）：024－88081269
E-mail：naer@ vip. 163. com
Http：//www. synaer. com
主要产品及品牌（Products and brand）：

湿巾	丝柏

主要设备及产地（制造商）（Machinery）：

湿巾生产线 10 条	德国，国产

生产能力（Capacity）：

湿巾	43 亿片/年

天津艳胜工贸有限公司
Tianjin Yansheng Industry & Trade Co., Ltd.
地址：天津市河北区成群产城市花园 C1202
Add：C1202, City Garden, Hebei District, Tianjin
邮编（P. C. ）：300150
法人代表（Chairman）：张雪艳
总经理（General Manager）：段家广
电话（Tel）：022 – 86321216
传真（Fax）：022 – 26433255
E-mail：tj-ys@ 163. com
Http：//www. tjwipes. com
主要产品及品牌（Products and brand）：

湿巾	科灵

主要设备及产地（制造商）（Machinery）：

湿巾机 13 台	国产

生产能力（Capacity）：

湿巾	30 亿片/年

哈尔滨康夷宝卫生保健用品有限公司
Harbin Kangyibao Health-Protecting Articles Co., Ltd.
地址：黑龙江省哈尔滨市道里区爱建新城上海街 8 号 428 室
Add：Room 428, No. 8 Shanghai St., Aijianxincheng, Daoli, Harbin, Heilongjiang
邮编（P. C. ）：150010
法人代表（Chairman）：陆家源（Lu Jiayuan）
总经理（General Manager）：陆家源（Lu Jiayuan）
电话（Tel）：0451 – 86046690
传真（Fax）：0451 – 86046691
E-mail：ljy@ kangyibao. com
Http：//www. kangyibao. com
主要产品及品牌（Products and brand）：

湿巾	康夷宝，冠洁，洁荫宝

主要设备及产地（制造商）（Machinery）：

湿巾机 30 台	中国台湾，国产

生产能力（Capacity）：

湿巾	20 亿片/年

济南卡尼尔科技有限公司
Jinan Kanier Science & Technology Co., Ltd.
地址：山东省济南市槐荫工业园区新沙北路 9 号办公楼一层 101 室
Add：Rm101, Office Bilding, No. 9 Xinshabei Rd., Huaiyin Industry Zone, Jinan, Shandong
邮编（P. C. ）：250023
法人代表（Chairman）：胡菁芳（Hu Jingfang）
总经理（General Manager）：胡清刚（Hu Qinggang）
电话（Tel）：0531 – 85982788
传真（Fax）：0531 – 85982273
E-mail：kanier@ 163. com
Http：//www. kanier. net. cn
主要产品及品牌（Products and brand）：

湿巾	卡尼尔，子诺

主要设备及产地（制造商）（Machinery）：

湿巾机 11 台	国产

生产能力（Capacity）：

湿巾	20 亿片/年

义乌市安柔卫生用品有限公司
Yiwu Anrou Hygiene Products Co., Ltd.
（详见成人失禁用品主要生产企业介绍）

天津爱龙洁肤品有限公司
Tianjin Ailong Cleaning Products Co., Ltd.
地址：天津市西青开发区兴华三支路赛达工业园 12 栋 A 座
Add：A, No. 12 Saida Industry Zone, Xinghuasanzhi Rd., Xiqing Development Zone, Tianjin
邮编（P. C. ）：300385
法人代表（Chairman）：吴瑞曼苏
总经理（General Manager）：陈伟昌
电话（Tel）：022 – 83983877
传真（Fax）：022 – 83983887

E-mail: ailongtj@ public. tpt. tj. cn
Http: //www. chinawipes. com
主要产品及品牌（Products and brand）:

湿巾	柔普馨

主要设备及产地（制造商）（Machinery）:

湿巾机 17 台	进口，国产

生产能力（Capacity）:

湿巾	6.5 亿片/年

汕头市龙湖区骏宝有限公司
Shantou Junbao Co., Ltd.
地址：广东省汕头市龙湖工业区 14A 街区龙新西二街 6 号
Add: No. 6 Longxinxier Street, 14A Longhu Industry Zone, Shantou, Guangdong
邮编（P. C.）: 515041
法人代表（Chairman）: 陈英武（Chen Yingwu）
总经理（General Manager）: 陈大弟（Chen Dadi）
电话（Tel）: 0754 – 88812452
传真（Fax）: 0754 – 88812450
E-mail: junbao@ jun-bao. com
Http: //www. jun-bao. com
主要产品及品牌（Products and brand）:

湿巾	花节，优之元素

主要设备及产地（制造商）（Machinery）:

湿巾机 6 台	国产

生产能力（Capacity）:

湿巾	3 亿片/年

江西生成卫生用品有限公司
Jiangxi Shengcheng Hygiene Products Co., Ltd.
地址：江西省武宁县万福经济技术开发区
Add: Wanfu Economy & Technology Development Zone, Wuning, Jiangxi
邮编（P. C.）: 332300
法人代表（Chairman）: 余陈（Yu Chen）
总经理（General Manager）: 余陈（Yu Chen）
电话（Tel）: 0792 – 2837461
传真（Fax）: 0792 – 2839355
E-mail: jxsc@ public1. jj. jx. cn
Http: //www. cnshengcheng. com
主要产品及品牌（Products and brand）:

湿巾	生成，乐知知，SC

主要设备及产地（制造商）（Machinery）:

湿巾机 50 台	国产

生产能力（Capacity）:

湿巾	5.7 亿片/年

晋江百合堂生活用品有限公司
Jinjiang Baihetang Household Products Co., Ltd.
地址：福建省晋江市安海镇梧埭工业区
Add: Wudi Industry Zone, Anhai, Jinjiang, Fujian
邮编（P. C.）: 362261
法人代表（Chairman）: 吴安全（Wu Anquan）
总经理（General Manager）: 吴安全（Wu Anquan）
电话（Tel）: 0595 – 85750000
传真（Fax）: 0595 – 85710000
E-mail: marketing@ baihetang. com
Http: //www. baihetang. com
主要产品及品牌（Products and brand）:

湿巾	菲柔

主要设备及产地（制造商）（Machinery）:

湿巾机 11 台	国产

生产能力（Capacity）:

湿巾	5 亿片/年

大连大鑫卫生护理用品有限公司
Dalian Daxin Health Nursing Products Co., Ltd.
地址：辽宁省大连市开发区董家沟街道英歌石工业园区 116 号
Add: No. 116, Yinggeshi Industry Zone, Dongjiagou, Dalian Development Zone, Liaoning
邮编（P. C.）: 116107
法人代表（Chairman）: 郭鑫（Guo Xin）
总经理（General Manager）: 郭鑫（Guo Xin）
电话（Tel）: 0411 – 87348881
传真（Fax）: 0411 – 87348882
E-mail: guoxin820@ 163. com
Http: //www. dl-dx. com
主要产品及品牌（Products and brand）:

湿巾	娇点，阿积士，冰爽

主要设备及产地（制造商）（Machinery）：

湿巾机 6 台	国产

生产能力（Capacity）：

湿巾	5 亿片/年

扬州倍加洁日化有限公司
Yangzhou Perfect Daily Chemicals Co., Ltd.
地址：江苏省扬州市杭集工业园
Add：Hangji Industry Zone, Yangzhou, Jiangsu
邮编（P. C.）：225111
法人代表（Chairman）：孔宪波（Kong Xianbo）
总经理(General Manager)：张文生(Zhang Wensheng)
电话（Tel）：0514 – 87491888
传真（Fax）：0514 – 87276903
E-mail：sales@wettissue. com. cn
Http：//www. wettissue. com. cn
主要产品及品牌（Products and brand）：

湿巾	倍加洁

主要设备及产地（制造商）（Machinery）：

湿巾机 7 台	国产

生产能力（Capacity）：

湿巾	3.75 亿片/年

佛山市南海区桂城景兴商务拓展有限公司
Kingdom Marketing Service Co., Ltd.
（详见妇女卫生巾和卫生护垫主要生产企业介绍）

金旭环保制品（深圳）有限公司
Golden Starry Environmental Products Co., Ltd.
地址：广东省深圳市宝安区石岩镇龙马科技工业区
Add：Longma Science & Technology Zone, Shiyan, Baoan, Shenzhen, Guangdong
邮编（P. C.）：518108
法人代表（Chairman）：余毅（Yu Yi）
总经理（General Manager）：洪波（Hong Bo）
电话（Tel）：0755 – 29826228
传真（Fax）：0755 – 27629067
E-mail：equal@public. szptt. net. cn
Http：//www. gordian. com. hk
主要产品及品牌（Products and brand）：

湿巾	同高

主要设备及产地（制造商）（Machinery）：

湿巾机 5 台	中国台湾

生产能力（Capacity）：

湿巾	2.9 亿片/年

北京一帆清洁用品有限公司
Beijing Marvel Cleansing Supplies Co., Ltd.
地址：北京市怀柔区雁栖工业开发区永乐大街
Add：Yongle St., Yanqi Industry Development Zone, Huairou, Beijing
邮编（P. C.）：101407
法人代表（Chairman）：杨杰（Yang Jie）
总经理(General Manager)：廖永亮(Liao Yongliang)
电话（Tel）：010 – 61665356
传真（Fax）：010 – 61665656
E-mail：lyl18888@yahoo. com. cn
Http：//www. usmarvel. com
主要产品及品牌（Products and brand）：

湿巾	一帆，贝丽姿

主要设备及产地（制造商）（Machinery）：

湿巾机	以色列，意大利，国产

生产能力（Capacity）：

湿巾	2.95 亿片/年

奈森克林（苏州）日用品有限公司
Naisenkelin Daily-Use Articles (Suzhou) Co., Ltd.
（台湾琴观股份有限公司独资企业）
地址：江苏省太仓市陆渡镇康福路 551 号
Add：No. 551 Kangfu Rd., Ludu, Taicang, Jiangsu
邮编（P. C.）：215412
法人代表（Chairman）：曾大池（Zeng Dachi）
总经理（General Manager）：曾大池（Zeng Dachi）
电话（Tel）：0512 – 53451991

传真（Fax）：0512－53451990
E-mail：naisenkelinsj@263. net. cn
Http：//www. wettissue. cn

主要产品及品牌（Products and brand）：

湿巾	奈森克林

主要设备及产地（制造商）（Machinery）：

湿巾机21台	中国台湾，国产

生产能力（Capacity）：

湿巾	2.6亿片/年

全国生活用纸主要生产企业

Major tissue paper and converting products manufacturers in China

1. 保定市港兴纸业有限公司
Baoding Gangxing Paper Co., Ltd.
2. 保定市东升卫生用品有限公司
Baoding Dongsheng Hygiene Products Co., Ltd.
3. 河北雪松纸业有限公司
Hebei Xuesong Paper Co., Ltd.
4. 河北中信纸业有限公司
Hebei Zhongxin Paper Co., Ltd.
5. 金佰利（中国）有限公司(上海金佰利纸业有限公司)
Kimberly-Clark (China) Co., Ltd.
6. 上海东冠集团
Shanghai Orient Champion Group
7. 潜利工业有限公司
Shanghai Potential Paper Co., Ltd.
8. 金红叶纸业（中国）有限公司（含苏州、海南）
Gold Hong Ye Paper(China) Co., Ltd.
9. 永丰余家品(昆山)有限公司（含昆山、北京）
Yuen Foong Yu Family Care (Kunshan) Co., Ltd.
10. 王子制纸妮飘(苏州)有限公司
Oji Paper Nepia (Suzhou) Co., Ltd.
11. 胜达集团江苏双灯纸业有限公司
Shengda Group Jiangsu Sund Paper Industry Co., Ltd.
12. 恒安纸业有限公司（含晋江、湖南、山东）
Hengan Paper Co., Ltd.
13. 福建恒利纸业有限公司
Fujian Hengli Paper Industry Co., Ltd.
14. 安诺纸业(福建)有限公司
Annuo Paper (Fujian) Co., Ltd.
15. 潍坊恒联美林生活用纸有限公司
Weifang Lancel Hygiene Products Co., Ltd.
16. 山东泉林纸业有限责任公司
Shandong Tralin Paper Co., Ltd.
17. 山东中顺集团有限公司
Shandong Zhongshun Group Co., Ltd.
18. 漯河银鸽生活纸产有限公司
Luohe Yinge Tissue Paper Industry Co., Ltd.
19. 维达纸业集团有限公司（含新会、江门、湖北、北京、四川、浙江）
Vinda Paper Group Co., Ltd.
20. 中顺纸业集团（含中山、江门、湖北、四川、浙江、唐山）
Zhongshun Paper Group
21. 东莞市白天鹅纸业有限公司
Dongguan White Swan Paper Products Co., Ltd.
22. 惠州福和纸业有限公司
Huizhou Fook Woo Paper Co., Ltd.
23. 广州市士美日用品有限公司（含东莞、安徽）
Guangzhou Smile Daily Necessities Co., Ltd.
24. 江门仁科绿洲纸业有限公司
Jiangmen Renke Lüzhou Paper Industry Co., Ltd.
25. 佛山市高明日畅纸业有限公司
Foshan Gaoming Super Trans Paper Co., Ltd.
26. 中山市宝丽纸业有限公司
Zhongshan Polly Paper Manufacturing Co., Ltd.
27. 广西贵糖集团
Guangxi Guitang Group
28. 广西南宁凤凰纸业有限公司
Guangxi Nanning Phoenix Pulp &Paper Co.,Ltd.
29. 南宁天然纸业有限公司
Nanning Tianran Paper Co., Ltd.
30. 广西田阳华美纸业有限公司
Guangxi Tianyang Huamei Paper Co., Ltd.
31. 彭州市大良造纸厂
Pengzhou Daliang Paper Mill
32. 云南江川翠峰纸业有限公司
Yunnan Jiangchuan Cuifeng Paper Industry Co., Ltd.
33. 西安市临潼区汉兴实业有限公司
Xi'an Hanxing Industry Co.,Ltd.
34. 西安奥辉纸业有限责任公司
Xi'an Aohui Paper Industry Co., Ltd.
35. 陕西兴包企业集团有限责任公司
Shaanxi Xingbao Group Co., Ltd.
36. 宁夏美洁纸业股份有限公司
Ningxia Meijie Paper Industry Co., Ltd.
37. 宁夏紫荆花纸业有限公司
Ningxia Zijinghua Paper Industry Co., Ltd.

全国妇女卫生巾和卫生护垫主要生产企业
Major sanitary napkins and pantiliners manufacturers in China

1. 金佰利（中国）有限公司
Kimberly-Clark (China) Co., Ltd.
2. 北京倍舒特妇幼用品有限公司
Beijing Beishute Maternity & Child Articles Co., Ltd.
3. 天津小护士实业发展股份有限公司
Tianjin Little Nurse Industry & Commerce Development Co., Ltd.
4. 沈阳东联日用品有限公司
Shenyang Tonglian Daily-Use Goods Co., Ltd.
5. 尤妮佳生活用品（中国）有限公司
Uni-Charm Consumer Products (China) Co., Ltd.
6. 强生（中国）有限公司
Johnson & Johnson (China) Ltd.
7. 上海花王有限公司
Kao Corporation Shanghai Co., Ltd.
8. 康那香企业(上海)有限公司
Kang Na Hsiung Enterprise (Shanghai) Co., Ltd.
9. 上海护理佳实业有限公司
Shanghai Foliage Industry Co., Ltd.
10. 上海唯尔福（集团）有限公司
Shanghai Welfare Group Co., Ltd.
11. 上海申欧企业发展有限公司
Shanghai Sun'o Enterprise Development Co., Ltd.
12. 江苏三笑集团有限公司
Jiangsu Sanxiao Group Co., Ltd.
13. 杭州可悦卫生用品有限公司
Hangzhou Credible Sanitary Products Co., Ltd.
14. 临安市雄鹰妇幼卫生用品有限公司
Linan Eagle Women & Children Health Care Products Co., Ltd.
15. 福建恒安集团有限公司
Fujian Hengan Holding Co., Ltd.
16. 福建恒利集团有限公司
Fujian Hengli Group Co., Ltd.
17. 龙海市妙雅卫生用品有限公司
Longhai Miaoya Sanitary Products Co., Ltd.
18. 赣州港都卫生制品有限公司
Ganzhou Gangdu Hygienic Products Co., Ltd.
19. 益母妇女用品有限公司
Yimoo Women Necessities Co., Ltd.
20. 湖北丝宝股份有限公司
Hubei C-BONS Co., Ltd.
21. 宝洁（中国）有限公司
Procter & Gamble (China) Ltd.
22. 佛山市南海区桂城景兴商务拓展有限公司
Kingdom Marketing Service Co., Ltd.
23. 新感觉卫生用品有限公司
New Sensation Sanitary Products Co., Ltd.
24. 中山佳健生活用品有限公司
Zhongshan Jiajian Consumer Goods Co., Ltd.
25. 广西舒雅护理用品有限公司
Guangxi Shuya Health Care Products Co., Ltd.
26. 桂林洁伶工业有限公司
Guilin Jieling Industrial Co., Ltd.
27. 重庆丝爽卫生用品有限公司
Chongqing Sishuang Sanitary Products Co., Ltd.
28. 云南清逸堂实业有限公司
Yunnan Qingyitang Industrial Co., Ltd.

全国婴儿纸尿裤/片主要生产企业

Major baby diapers manufacturers in China

1. 尤妮佳生活用品（中国）有限公司
Uni-Charm Consumer Products (China) Co., Ltd.
2. 全日美实业（上海）有限公司
Everbeauty Industry (Shanghai) Co., Ltd.
3. 上海唯尔福（集团）有限公司
Shanghai Welfare (Group) Co., Ltd.
4. 好孩子百瑞康卫生用品有限公司
Goodbaby Bairuikang Hygienic Products Co., Ltd.
5. 福建恒安集团有限公司
Fujian Hengan Holding Co., Ltd.
6. 雀氏(中国)日用品有限公司
Chiaus (China) Daily Necessities Co., Ltd.
7. 福建恒利集团有限公司
Fujian Hengli Group Co., Ltd.
8. 福州天使日用品有限公司
Fuzhou Angel Commodity Co., Ltd.
9. 宝洁（中国）有限公司
Procter & Gamble (China) Ltd.
10. 东莞市白天鹅纸业有限公司
Dongguan White Swan Paper Products Co., Ltd.
11. 中山瑞德卫生纸品有限公司
Disposable Soft Goods (Zhongshan) Ltd.
12. 广东百顺纸品有限公司
Guangdong Baishun Paper Products Co., Ltd.
13. 东莞市常兴纸业有限公司
Dongguan Changxing Paper Co., Ltd.
14. 新感觉卫生用品有限公司
New Sensation Sanitary Products Co., Ltd.
15. 东莞市瑞麒婴儿用品有限公司
Dongguan AALL & ZYLEMAN Baby Goods Ltd.
16. 汕头市集诚妇幼用品厂有限公司
Shantou Jicheng Women & Children Articles Co., Ltd.
17. 广西舒雅护理用品有限公司
Guangxi Shuya Health Care Products Co., Ltd.

全国成人失禁用品主要生产企业
Major adult incontinent products manufacturers in China

1. 金佰利（中国）有限公司
Kimberly-Clark (China) Co., Ltd.
2. 北京倍舒特妇幼用品有限公司
Beijing Beishute Maternity & Child Articles Co., Ltd.
3. 天津杏林白十字医疗卫生材料用品有限公司
Tianjin Hakujuji Medical Health Material and Necessities Co., Ltd.
4. 天津小护士实业发展股份有限公司
Tianjin Little Nurse Industry & Commerce Development Co., Ltd.
5. 天津市依依卫生用品有限公司
Tianjin Yiyi Hygiene Products Co., Ltd.
6. 全日美实业（上海）有限公司
Everbeauty Industry (Shanghai) Co., Ltd.
7. 上海唯尔福（集团）有限公司
Shanghai Welfare (Group) Co., Ltd.
8. 上海必有福生活用品有限公司
Shanghai Biyoufu Commodity Co., Ltd.
9. 泰州远东纸业有限公司
Taizhou Far East Paper Co., Ltd.
10. 义乌市安柔卫生用品有限公司
Yiwu Anrou Hygiene Products Co., Ltd.
11. 杭州侨资纸业有限公司
Hangzhou Qiaozi Paper Industry Co., Ltd.
12. 福建恒安集团有限公司
Fujian Hengan Holding Co., Ltd.
13. 新感觉卫生用品有限公司
New Sensation Sanitary Products Co., Ltd.
14. 佛山市南海稳德福无纺布有限公司
Foshan Nanhai Wonderful Nonwoven Co., Ltd.
15. 广东百顺纸品有限公司
Guangdong Baishun Paper Products Co., Ltd.
16. 东莞市常兴纸业有限公司
Dongguan Changxing Paper Co., Ltd.
17. 广西梧州市宝莱卫生用品实业有限公司
Guangxi Wuzhou Baolai Health Industry Co., Ltd.

全国湿巾主要生产企业
Major wet wipes manufacturers in China

1. 北京一帆清洁用品有限公司
   Beijing Marvel Cleansing Supplies Co., Ltd.
2. 天津艳胜工贸有限公司
   Tianjin Yansheng Industry & Trade Co., Ltd.
3. 天津爱龙洁肤品有限公司
   Tianjin Ailong Cleaning Products Co., Ltd.
4. 沈阳纳尔实业有限责任公司
   Shenyang Naer Industry Co., Ltd.
5. 大连大鑫卫生护理用品有限公司
   Dalian Daxin Health Nursing Products Co., Ltd.
6. 哈尔滨康夷宝卫生保健用品有限公司
   Harbin Kangyibao Health-Protecting Articles Co., Ltd.
7. 康那香企业(上海)有限公司
   Kang Na Hsiung Enterprise (Shanghai) Co., Ltd.
8. 上海美馨卫生用品有限公司
   Shanghai American Hygienics Co., Ltd.
9. 江苏通江科技股份有限公司
   Jiangsu Tongjiang Science & Technology Co., Ltd.
10. 扬州倍加洁日化有限公司
    Yangzhou Perfect Daily Chemicals Co., Ltd.
11. 奈森克林(苏州)日用品有限公司
    Naisenkelin Daily-Use Articles (Suzhou) Co., Ltd.
12. 义乌市安柔卫生用品有限公司
    Yiwu Anrou Hygiene Products Co., Ltd.
13. 铜陵洁雅生物科技股份有限公司
    Jyair Bio-Tech Co., Ltd.
14. 福建恒安集团有限公司
    Fujian Hengan Holding Co., Ltd.
15. 晋江百合堂生活用品有限公司
    Jinjiang Baihetang Household Products Co., Ltd.
16. 江西生成卫生用品有限公司
    Jiangxi Shengcheng Hygiene Products Co., Ltd.
17. 济南卡尼尔科技有限公司
    Jinan Kanier Science & Technology Co., Ltd.
18. 深圳市康雅实业有限公司
    Shenzhen Kangya Industrial Co., Ltd.
19. 汕头市龙湖区骏宝有限公司
    Shantou Junbao Co., Ltd.
20. 佛山市南海区桂城景兴商务拓展有限公司
    Kingdom Marketing Service Co., Ltd.
21. 金旭环保制品（深圳）有限公司
    Golden Starry Environmental Products Co., Ltd.

珠三角和福建省主要生产企业
Major manufacturers in Zhujiang delta and Fujian province

广东省 Guangdong

No.	企业 Company	
1.	维达纸业集团有限公司（含新会、江门） Vinda Paper Group Co., Ltd.	△
2.	中顺纸业集团（含中山、江门） Zhongshun Paper Group	△
3.	东莞市白天鹅纸业有限公司 Dongguan White Swan Paper Products Co., Ltd.	△★
4.	惠州福和纸业有限公司 Huizhou Fook Woo Paper Co., Ltd.	△
5.	广州市士美日用品有限公司 Guangzhou Smile Daily Necessities Co., Ltd.	△
6.	江门仁科绿洲纸业有限公司 Jiangmen Renke Lüzhou Paper Industry Co., Ltd.	△
7.	佛山市高明日畅纸业有限公司 Foshan Gaoming Super Trans Paper Co., Ltd.	△
8.	中山市宝丽纸业有限公司 Zhongshan Polly Paper Manufacturing Co., Ltd.	△
9.	宝洁（中国）有限公司 Procter & Gamble (China) Ltd.	▲★
10.	佛山市南海区桂城景兴商务拓展有限公司 Kingdom Marketing Service Co., Ltd.	▲○
11.	新感觉卫生用品有限公司 New Sensation Sanitary Products Co., Ltd.	▲★☆
12.	中山佳健生活用品有限公司 Zhongshan Jiajian Consumer Goods Co., Ltd.	▲
13.	中山瑞德卫生纸品有限公司 Disposable Soft Goods (Zhongshan) Ltd.	★
14.	广东百顺纸品有限公司 Guangdong Baishun Paper Products Co., Ltd.	★☆
15.	东莞市常兴纸业有限公司 Dongguan Changxing Paper Co., Ltd.	★☆
16.	东莞市瑞麒婴儿用品有限公司 Dongguan AALL & ZYLEMAN Baby Goods Ltd.	★
17.	汕头市集诚妇幼用品厂有限公司 Shantou Jicheng Women & Children Articles Co., Ltd.	★
18.	佛山市南海稳德福无纺布有限公司 Foshan Nanhai Wonderful Nonwoven Co., Ltd.	☆
19.	深圳市康雅实业有限公司 Shenzhen Kangya Industrial Co., Ltd.	○
20.	汕头市龙湖区骏宝有限公司 Shantou Junbao Co., Ltd.	○
21.	金旭环保制品（深圳）有限公司 Golden Starry Environmental Products Co., Ltd.	○

福建省 Fujian

No.	企业 Company	
1.	恒安纸业有限公司 Hengan Paper Co., Ltd.	△
2.	福建恒利集团有限公司 Fujian Hengli Group Co., Ltd.	△▲★
3.	安诺纸业(福建)有限公司 Annuo Paper (Fujian) Co., Ltd.	△
4.	福建恒安集团有限公司 Fujian Hengan Holding Co., Ltd.	▲★☆○
5.	龙海市妙雅卫生用品有限公司 Longhai Miaoya Sanitary Products Co., Ltd.	▲
6.	雀氏(中国)日用品有限公司 Chiaus (China) Daily Necessities Co., Ltd.	★
7.	福州天使日用品有限公司 Fuzhou Angel Commodity Co., Ltd.	★
8.	晋江百合堂生活用品有限公司 Jinjiang Baihetang Household Products Co., Ltd.	○

福州
福建
厦门
广州
广东

△生活用纸制造商
Tissue paper and converting products manufactures
▲妇女卫生巾和卫生护垫制造商
Sanitary napkins and pantiliners manufactures
★婴儿纸尿裤/片制造商
Baby diapers manufactures
☆成人失禁用品制造商
Adult incontinent products manufactures
○ 湿巾制造商
Wet wipes manufactures

长三角及周边地区主要生产企业

Major manufacturers in Yangtse delta and surrounding areas

上海市 Shanghai

1. 金佰利（中国）有限公司(上海金佰利纸业有限公司) △
   Kimberly-Clark (China) Co., Ltd.
2. 上海东冠集团 △
   Shanghai Orient Champion Group
3. 潜利工业有限公司 △
   Shanghai Potential Paper Co., Ltd.
4. 尤妮佳生活用品（中国）有限公司 ▲★
   Uni-Charm Consumer Products (China) Co., Ltd.
5. 强生（中国）有限公司 ▲
   Johnson & Johnson (China) Ltd.
6. 上海花王有限公司 ▲
   Kao Corporation Shanghai Co., Ltd.
7. 康那香企业(上海)有限公司 ▲○
   Kang Na Hsiung Enterprise (Shanghai) Co., Ltd.
8. 上海护理佳实业有限公司 ▲
   Shanghai Foliage Industry Co., Ltd.
9. 上海唯尔福（集团）有限公司 ▲★☆
   Shanghai Welfare Group Co., Ltd.
10. 上海申欧企业发展有限公司 ▲
    Shanghai Sun'o Enterprise Development Co., Ltd.
11. 全日美实业（上海）有限公司 ★☆
    Everbeauty Industry (Shanghai) Co., Ltd.
12. 上海必有福生活用品有限公司 ☆
    Shanghai Biyoufu Commodity Co., Ltd.
13. 上海美馨卫生用品有限公司 ○
    Shanghai American Hygienics Co., Ltd.

江苏省 Jiangsu

1. 金红叶纸业（苏州工业园区）有限公司 △
   Gold Hong Ye Paper(Suzhou Industrial Park)Co., Ltd.
2. 永丰余家品(昆山)有限公司 △
   Yuen Foong Yu Family Care (Kunshan) Co., Ltd.
3. 王子制纸妮飘(苏州)有限公司 △
   Oji Paper Nepia (Suzhou) Co., Ltd.
4. 胜达集团江苏双灯纸业有限公司 △
   Shengda Group Jiangsu Sund Paper Industry Co., Ltd.
5. 金佰利（南京）个人卫生用品有限公司 ▲
   Kimberly-Clark(Nanjing)Hygienic Products Co., Ltd.
6. 江苏三笑集团有限公司 ▲
   Jiangsu Sanxiao Group Co., Ltd.
7. 好孩子百瑞康卫生用品有限公司 ★
   Goodbaby Bairuikang Hygienic Products Co., Ltd.
8. 泰州远东纸业有限公司 ☆
   Taizhou Far East Paper Co., Ltd.
9. 江苏通江科技股份有限公司 ○
   Jiangsu Tongjiang Science & Technology Co., Ltd.
10. 扬州倍加洁日化有限公司 ○
    Yangzhou Perfect Daily Chemicals Co., Ltd.
11. 奈森克林(苏州)日用品有限公司 ○
    Naisenkelin Daily-Use Articles (Suzhou) Co., Ltd.

浙江省 Zhejiang

1. 临安市雄鹰妇幼卫生用品有限公司 ▲
   Linan Eagle Women & Children Health Care Products Co., Ltd.
2. 杭州可悦卫生用品有限公司 ▲
   Hangzhou Credible Sanitary Products Co., Ltd.
3. 上海唯尔福(集团)有限公司(浙江绍兴唯尔福妇幼用品有限公司) ▲
   Zhejiang Shaoxing Welfare Articles for Women & Children Co., Ltd.
4. 义乌市安柔卫生用品有限公司 ☆○
   Yiwu Anrou Hygiene Products Co., Ltd.
5. 杭州侨资纸业有限公司 ☆
   Hangzhou Qiaozi Paper Industry Co., Ltd.

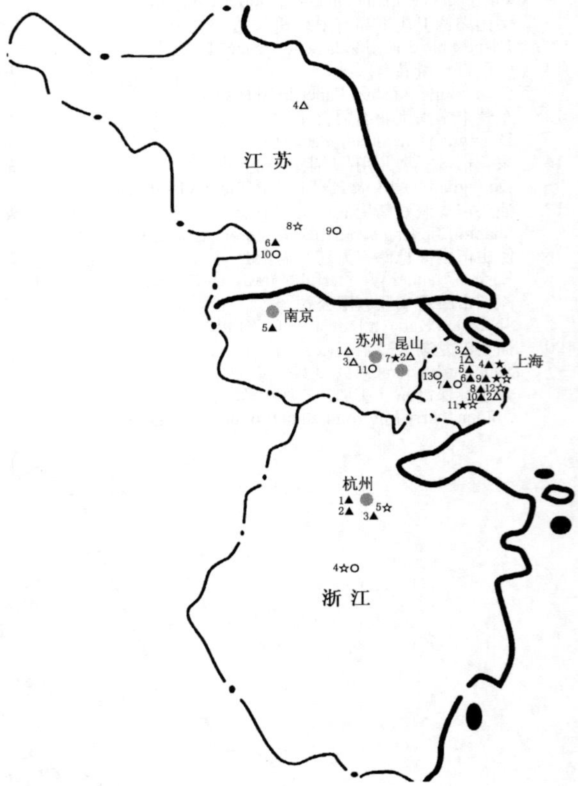

△生活用纸制造商
Tissue paper and converting products manufactures
▲妇女卫生巾和卫生护垫制造商
Sanitary napkins and pantiliners manufactures
★婴儿纸尿裤/片制造商
Baby diapers manufactures
☆成人失禁用品制造商
Adult incontinent products manufactures
○ 湿巾制造商
Wet wipes manufactures

京津冀地区主要生产企业

Major manufacturers in Beijing-Tianjin-Hebei area

△生活用纸制造商
Tissue paper and converting products manufactures
▲妇女卫生巾和卫生护垫制造商
Sanitary napkins and pantiliners manufactures
★婴儿纸尿裤/片制造商
Baby diapers manufactures
☆成人失禁用品制造商
Adult incontinent products manufactures
○ 湿巾制造商
Wet wipes manufactures

北京市 Beijing

1.	金佰利（中国）有限公司 Kimberly-Clark (China) Co., Ltd.	△▲☆
2.	维达北方纸业（北京）有限公司 Vinda Northern Paper (Beijing) Co., Ltd.	△
3.	北京倍舒特妇幼用品有限公司 Beijing Beishute Maternity & Child Articles Co., Ltd.	▲☆
4.	北京一帆清洁用品有限公司 Beijing Marvel Cleansing Supplies Co., Ltd.	○

天津市 Tianjin

1.	天津小护士实业发展股份有限公司 Tianjin Little Nurse Industry & Commerce Development Co., Ltd.	▲☆
2.	天津杏林白十字医疗卫生材料用品有限公司 Tianjin Hakujuji Medical Health Material and Necessities Co., Ltd.	☆
3.	天津市依依卫生用品有限公司 Tianjin Yiyi Hygiene Products Co., Ltd.	☆
4.	天津艳胜工贸有限公司 Tianjin Yansheng Industry & Trade Co., Ltd.	○
5.	天津爱龙洁肤品有限公司 Tianjin Ailong Cleaning Products Co., Ltd.	○

河北省 Hebei

1.	保定市港兴纸业有限公司 Baoding Gangxing Paper Co., Ltd.	△
2.	保定市东升卫生用品有限公司 Baoding Dongsheng Hygiene Products Co., Ltd.	△
3.	河北雪松纸业有限公司 Hebei Xuesong Paper Co., Ltd.	△
4.	河北中信纸业有限公司 Hebei Zhongxin Paper Co., Ltd.	△

生产企业名录(按产品和地区分列)

DIRECTORY OF TISSUE PAPER & DISPOSABLE PRODUCTS MANUFACTURERS IN CHINA (sorted by product and region)

[4]

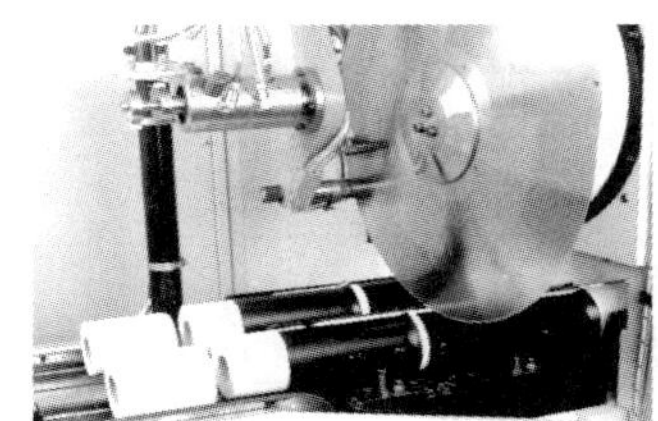

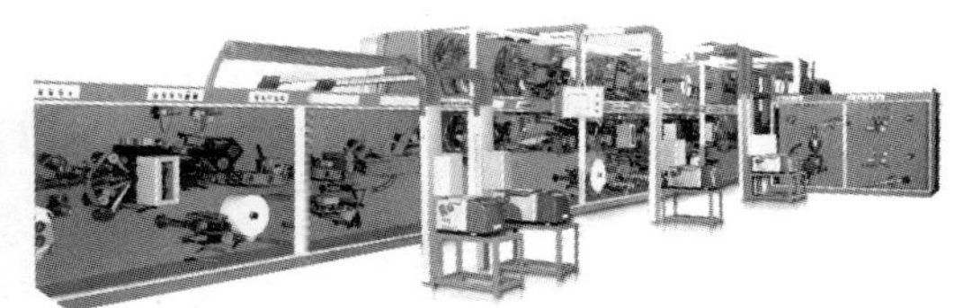

生活用纸生产企业
按产品和地区细分统计
（2009 年，统计总数 1140 家）

序号	行政区 Region	企业数	起始页	序号	行政区 Region	企业数	起始页
1	北京 Beijing	23	189	16	河南 Henan	44	252
2	天津 Tianjin	21	191	17	湖北 Hubei	27	256
3	河北 Hebei	120	193	18	湖南 Hunan	22	259
4	山西 Shanxi	10	204	19	广东 Guangdong	113	261
5	内蒙古 Inner Mongolia	4	204	20	广西 Guangxi	45	272
6	辽宁 Liaoning	38	205	21	海南 Hainan	1	276
7	吉林 Jilin	11	208	22	重庆 Chongqing	22	276
8	黑龙江 Heilongjiang	10	209	23	四川 Sichuan	93	278
9	上海 Shanghai	39	210	24	贵州 Guizhou	9	286
10	江苏 Jiangsu	94	214	25	云南 Yunnan	30	287
11	浙江 Zhejiang	67	223	27	陕西 Shaanxi	22	290
12	安徽 Anhui	35	229	28	甘肃 Gansu	4	292
13	福建 Fujian	67	232	30	宁夏 Ningxia	9	292
14	江西 Jiangxi	32	239	31	新疆 Xinjiang	7	293
15	山东 Shandong	121	242				

注：26 西藏、29 青海为缺项。

生 活 用 纸

Tissue paper and converting products

（注：标“*”表示该企业生产原纸）

主要生产企业

Major manufacturers

恒安纸业有限公司	Hengan Paper Co., Ltd.
维达纸业集团有限公司	Vinda Paper Group Co., Ltd.
金红叶纸业(中国)有限公司	Gold Hong Ye Paper (China) Co., Ltd.
中顺纸业集团	Zhongshun Paper Group
上海东冠集团	Shanghai Orient Champion Group
永丰余家品(昆山)有限公司	Yuen Foong Yu Family Care (Kunshan) Co., Ltd.
金佰利(中国)有限公司	Kimberly-Clark (China) Co., Ltd.
广西贵糖集团	Guangxi Guitang Group
福建恒利纸业有限公司	Fujian Hengli Paper Industry Co., Ltd.
惠州福和纸业有限公司	Huizhou Fook Woo Paper Co., Ltd.
广西南宁凤凰纸业有限公司	Guangxi Nanning Phoenix Pulp & Paper Co., Ltd.
潜利工业有限公司	Shanghai Potential Paper Co., Ltd.
东莞市白天鹅纸业有限公司	Dongguan White Swan Paper Products Co., Ltd.
宁夏美洁纸业股份有限公司	Ningxia Meijie Paper Industry Co., Ltd.
潍坊恒联美林生活用纸有限公司	Weifang Lancel Hygiene Products Co., Ltd.
宁夏紫荆花纸业有限公司	Ningxia Zijinghua Paper Industry Co., Ltd.
胜达集团江苏双灯纸业有限公司	Shengda Group Jiangsu Sund Paper Industry Co., Ltd.
西安市临潼区汉兴实业有限公司	Xi'an Hanxing Industry Co., Ltd.
西安奥辉纸业有限责任公司	Xi'an Aohui Paper Industry Co., Ltd.
漯河银鸽生活纸产有限公司	Luohe Yinge Tissue Paper Industry Co., Ltd.
广州市士美日用品有限公司	Guangzhou Smile Daily Necessities Co., Ltd.
江门仁科绿洲纸业有限公司	Jiangmen Renke Lüzhou Paper Industry Co., Ltd.
山东泉林纸业有限责任公司	Shandong Tralin Paper Co., Ltd.
王子制纸妮飘(苏州)有限公司	Oji Paper Nepia (Suzhou) Co., Ltd.
佛山市高明日畅纸业有限公司	Foshan Gaoming Super Trans Paper Co., Ltd.
云南江川翠峰纸业有限公司	Yunnan Jiangchuan Cuifeng Paper Industry Co., Ltd.
中山市宝丽纸业有限公司	Zhongshan Polly Paper Manufacturing Co., Ltd.
南宁天然纸业有限公司	Nanning Tianran Paper Co., Ltd.
安诺纸业(福建)有限公司	Annuo Paper (Fujian) Co., Ltd.
保定市港兴纸业有限公司	Baoding Gangxing Paper Co., Ltd.
保定市东升卫生用品有限公司	Baoding Dongsheng Hygiene Products Co., Ltd.
河北雪松纸业有限公司	Hebei Xuesong Paper Co., Ltd.
河北中信纸业有限公司	Hebei Zhongxin Paper Co., Ltd.
广西田阳华美纸业有限公司	Guangxi Tianyang Huamei Paper Co., Ltd.
陕西兴包企业集团有限责任公司	Shaanxi Xingbao Group Co., Ltd.
山东中顺集团有限公司	Shandong Zhongshun Group Co., Ltd.
彭州市大良造纸厂	Pengzhou Daliang Paper Mill

■ 北京 Beijing

北京派尼尔纸业有限公司
Beijing Pioneer Paper Co., Ltd.
地址(Add):北京市昌平区回龙观镇回龙观村北
邮编(P. C.):102208
电话(Tel):010-80793832
传真(Fax):010-80793862
Http://www.bjpioneer.com.cn
法人代表(Chairman):王长江
总经理(General Manager):赵玉红
联系人(Contact Person):段永忠
产品(Products):餐巾纸,面巾纸,卫生卷纸,擦手纸,湿巾
品牌(Brand):派尼尔

北京松竹梅兰纸业有限公司
Beijing Pinaster Bamboo Plum Orchid Paper Co., Ltd.
地址(Add):北京市昌平区马池口镇亭自庄村
邮编(P. C.):102202
电话(Tel):010-60757179
传真(Fax):010-60758686
E-mail:pbpo8@126.com
总经理(General Manager):段连军
联系人(Contact Person):陈洵
产品(Products):卫生纸,面巾纸,手帕纸,餐巾纸,擦手纸,厨房用纸
品牌(Brand):松竹梅兰

北京洁洁香纸制品有限公司
Beijing Jiejiexiang Paper Products Co., Ltd.
地址(Add):北京市昌平区沙河镇白各庄工业区100号
邮编(P. C.):102206
电话(Tel):010-80729255
传真(Fax):010-80729515
E-mail:bj-jjx@126.com
Http://www.bj-jjx.com
联系人(Contact Person):贺铁宏
产品(Products):湿巾,纸巾纸

北京市北郊小沙河造纸厂
Beijing Beijiao Xiaoshahe Paper Mill
地址(Add):北京市昌平区沙河镇小沙河村
邮编(P. C.):102206
电话(Tel):010-69732384
传真(Fax):010-80714813
联系人(Contact Person):贾润生
产品(Products):卫生纸

统汇纸品(北京)有限公司
Tonghui Paper Co., Ltd.
地址(Add):北京市朝阳区广渠东路1号
邮编(P. C.):100022
电话(Tel):010-52055050
传真(Fax):010-52055015
E-mail:office@toeholdpaper.com
Http://www.toeholdpaper.com
总经理(General Manager):吴新建
联系人(Contact Person):崔巍
产品(Products):擦手纸,餐巾纸,卫生纸,面巾纸
品牌(Brand):派洁士,统汇

北京光德正鑫工贸有限公司
Beijing Guangde Zhengxin Industry & Trading Co., Ltd.
地址(Add):北京市朝阳区十里河村
邮编(P. C.):100021
电话(Tel):010-87366872
传真(Fax):010-87366872
法人代表(Chairman):门艳斌
总经理(General Manager):门艳斌
产品(Products):擦手纸,卫生纸,餐巾纸,面巾纸,湿巾
品牌(Brand):绿风铃

北京北方开来纸品有限公司
Beifang Kailai Paper Products Co., Ltd.
地址(Add):北京市朝阳区西大望路甲12号东三楼219室
邮编(P. C.):100025
电话(Tel):010-65046568
传真(Fax):010-87705729
E-mail:bfkl@163.com
Http://www.bj-bfkl.com
法人代表(Chairman):程宪辉
总经理(General Manager):程宪辉
产品(Products):餐巾纸,面巾纸,卫生纸,湿巾,纸杯
品牌(Brand):开来

北京清源无纺布制品厂
Beijing Qingyuan Nonwoven Products Co., Ltd.
地址(Add):北京市大兴区黄村镇西芦物流工业园
邮编(P. C.):110115
电话(Tel):010-61233987
传真(Fax):010-61233987
E-mail:bangerwufang@126.com
Http://www.bjqywfb.cn.alibaba.com
联系人(Contact Person):王法春
产品(Products):湿巾,纸巾纸,无纺布制品

北京蓝天碧水纸制品有限责任公司
Beijing Blue Sky & Green Water Paper Products Co., Ltd.
地址(Add):北京市大兴区西红门镇大白楼工业区金安路乙25号
邮编(P. C.):100040
电话(Tel):010-61282805
传真(Fax):010-61282415
E-mail:ltbs2000@126.com
Http://www.ltbspaperproducts.com
法人代表(Chairman):李晓敏
总经理(General Manager):李晓敏
联系人(Contact Person):冯锐
产品(Products):湿巾,面巾纸,餐巾纸
品牌(Brand):濠牌

北京九兴工贸有限公司
Beijing Everprosper Industry Co., Ltd.
地址(Add):北京市大兴区瀛海路南三条5号
邮编(P. C.):100076
电话(Tel):010-69279282
传真(Fax):010-69279585

E-mail：jiuxing@ vip. sina. com
Http://www. jiu-xing. com. cn
法人代表(Chairman)：溪东来
总经理(General Manager)：赵振国
产品(Products)：湿巾，护理垫，卫生卷纸，成人纸尿裤/片
品牌(Brand)：九佳兴

北京市琉璃河兴河纸业有限公司＊
Beijing Liulihe Xinghe Paper Co., Ltd.
地址(Add)：北京市房山区琉璃河南大街
邮编(P. C.)：102403
电话(Tel)：010－89381498
传真(Fax)：010－89382753
总经理(General Manager)：唐金振
产品(Products)：卫生纸，原纸
品牌(Brand)：金宇，兴河

北京宝润通科技开发有限责任公司
Beijing Baoruntong Science & Technology Development Co., Ltd.
地址(Add)：北京市丰台区菜户营58号财富西环大厦514室
邮编(P. C.)：100075
电话(Tel)：010－63385105
传真(Fax)：010－63385105
E-mail：ys51668@ 163. com
Http://www. bjbrt. com
法人代表(Chairman)：张晶
总经理(General Manager)：张晶
联系人(Contact Person)：常岩松
产品(Products)：湿巾，餐巾纸，面巾纸
品牌(Brand)：三仕达

北京特日欣卫生用品有限公司
Beijing Terixin Hygiene Products Co., Ltd.
地址(Add)：北京市丰台区花乡新房子57号(花乡育苗场院内)
邮编(P. C.)：100071
电话(Tel)：010－83609569
传真(Fax)：010－83609589
E-mail：master@ terixin. com
Http://www. terixin. com
法人代表(Chairman)：冯跃
总经理(General Manager)：冯跃
联系人(Contact Person)：高金龙
产品(Products)：妇女卫生巾，卫生护垫，婴儿纸尿裤/片，成人纸尿裤/片，湿巾，卫生纸
品牌(Brand)：特日欣

北京爱佳卫生保健品厂
Beijing Aijia Hygiene & Health Care Products Factory
地址(Add)：北京市丰台区南四环星河苑1号院12号1－101室
邮编(P. C.)：100068
电话(Tel)：010－67537477
传真(Fax)：010－67589972
E-mail：wgc@ bj－aijia. com
Http://www. bj-aijia. com
总经理(General Manager)：吴国财
产品(Products)：餐巾纸，面巾纸，手帕纸，擦手纸，卫生纸，湿巾，马桶垫，纸杯，纸碗，妇女卫生巾，卫生护垫，婴儿纸尿裤，护理垫
品牌(Brand)：爱佳

北京木源纸业
Beijing Muyuan Paper Co.
地址(Add)：北京市海淀区上庄镇东小营村
邮编(P. C.)：100094
电话(Tel)：010－82470710
传真(Fax)：010－82470710
联系人(Contact Person)：汪宏勇
产品(Products)：卫生纸，面巾纸，餐巾纸

北京爱华中兴纸业有限公司
Beijing Aihua Zhongxing Paper Co., Ltd.
地址(Add)：北京市海淀区西三旗建材城东路8号西侧
邮编(P. C.)：100096
电话(Tel)：010－82912386
传真(Fax)：010－82927452
E-mail：sale@ yipianyun. com
Http://www. yipianyun. com
法人代表(Chairman)：王家华
总经理(General Manager)：谢大伟
联系人(Contact Person)：何平妹
产品(Products)：餐巾纸，面巾纸，卫生卷纸，厨房用纸，手帕纸，擦手纸，妇女卫生巾，卫生护垫，湿巾，纸杯
品牌(Brand)：一片云，逸云，小点点

维达北方纸业(北京)有限公司＊
Vinda Northern Paper (Beijing) Co., Ltd.
地址(Add)：北京市平谷区滨河工业开发区航宇街16号
邮编(P. C.)：101200
电话(Tel)：010－69934888
传真(Fax)：010－69935995
法人代表(Chairman)：李朝旺
总经理(General Manager)：屈江芳
联系人(Contact Person)：姜冬艳
产品(Products)：卫生纸，原纸，面巾纸，厨房用纸
品牌(Brand)：维达

永丰余家纸(北京)有限公司＊
Yuen Foong Yu (Beijing) Co., Ltd.
地址(Add)：北京市平谷区马坊工业区东区1号
邮编(P. C.)：101204
电话(Tel)：010－60999688
传真(Fax)：010－60999616
Http://www. yfy. com. cn
联系人(Contact Person)：陈俊光
产品(Products)：卫生纸，原纸

北京鼎鑫航空用品有限公司
Beijing Dingxin Aviation Articles Co. Ltd.
地址(Add)：北京市顺义区高丽营镇顺沙路37号
邮编(P. C.)：100303
电话(Tel)：010－69457873
传真(Fax)：010－69457598
E-mail：dingxin1995@ 163. com
Http://www. bjdingxin. com. cn
总经理(General Manager)：赵连忠
联系人(Contact Person)：赵连忠

产品(Products)：湿巾，面巾纸，餐巾纸，卫生卷纸
品牌(Brand)：鼎鑫

北京诺达绿康工贸有限公司
Beijing Nuoda Lükang Industry & Trading Co., Ltd.
地址(Add)：北京市通州区张家湾镇垡头村815号
邮编(P. C.)：101113
电话(Tel)：010－69586135
传真(Fax)：010－69586136
联系人(Contact Person)：于红革
产品(Products)：餐巾纸，手帕纸，面巾纸，擦手纸，厨房用纸，纸尿裤/片

北京家家乐纸业有限公司
Beijing Jiajiale Paper Co., Ltd.
地址(Add)：北京市通州区张家湾镇齐善庄
邮编(P. C.)：101100
电话(Tel)：010－61505466
传真(Fax)：010－61505466
总经理(General Manager)：谷群
产品(Products)：卫生纸，餐巾纸

北京新风汇鑫工贸有限公司
Beijing Xinfeng Huixin Industry & Trade Co., Ltd.
地址(Add)：北京市延庆县八达岭工业开发区康西路192号
邮编(P. C.)：102101
电话(Tel)：010－61164716
产品(Products)：卫生纸，餐巾纸

飞扬丽德(北京)科技发展有限公司
Feiyanglide (Beijing) Science & Technology Development Co., Ltd.
地址(Add)：北京市中关村南大街56号
邮编(P. C.)：100044
电话(Tel)：010－88026226
传真(Fax)：010－88850339
E-mail：huohanbing-8888@163.com
联系人(Contact Person)：李保来
产品(Products)：成人护理用品，卫生纸

■天津 Tianjin

天津宝龙发卫生制品有限公司
Tianjin Baolongfa Hygiene Products Co., Ltd.
地址(Add)：天津市宝坻区高家镇后西苑
邮编(P. C.)：301800
电话(Tel)：022－22528188
传真(Fax)：022－22528288
总经理(General Manager)：席成森
产品(Products)：妇女卫生巾，卫生卷纸
品牌(Brand)：月康欣

天津小护士实业发展股份有限公司
Tianjin Little Nurse Industry & Commerce Development Co., Ltd.
地址(Add)：天津市北辰高科技产业园区辰星工业园淮河道6号
邮编(P. C.)：300410
电话(Tel)：022－26309200
传真(Fax)：022－26301235
E-mail：fengying_702@126.com
Http://www.chinanapkin.com.cn
法人代表(Chairman)：杨印海
总经理(General Manager)：杨印海
联系人(Contact Person)：冯颖
产品(Products)：妇女卫生巾，卫生护垫，婴儿纸尿裤，成人纸尿裤，护理垫，卫生卷纸，面巾纸，手帕纸
品牌(Brand)：小护士

天津万家卫生用品有限公司
Tianjin Wanjia Hygiene Products Co., Ltd.
地址(Add)：天津市河北区北站外水产前街2号
邮编(P. C.)：300241
电话(Tel)：022－26415678
传真(Fax)：022－26415666
法人代表(Chairman)：于家起
总经理(General Manager)：刘忠浩
产品(Products)：卫生纸，妇女卫生巾
品牌(Brand)：青竹，仕美

天津市河北区天福纸制品厂
Tianjin Hebei Tianfu Paper Products Factory
地址(Add)：天津市河北区红星路30号
邮编(P. C.)：300240
电话(Tel)：022－26789998
传真(Fax)：022－26321763
联系人(Contact Person)：王玉福
产品(Products)：卫生纸
品牌(Brand)：福满家

天津麦吉克工贸有限公司
Tianjin Magic Industry & Trade Co., Ltd.
地址(Add)：天津市河西区新兴大厦508室
邮编(P. C.)：300202
电话(Tel)：022－23249714
传真(Fax)：022－23264128
法人代表(Chairman)：李柏增
产品(Products)：卫生纸，面巾纸，餐巾纸，擦手纸
品牌(Brand)：麦吉克

天津朗源纸业有限公司
Tianjin Langyuan Paper Co., Ltd.
地址(Add)：天津市津南双港工业园区达港南路10号
邮编(P. C.)：300350
电话(Tel)：022－28592877
传真(Fax)：022－28592875
Http://www.tjlyzy.cn
法人代表(Chairman)：林明宪
联系人(Contact Person)：陈泰伦
产品(Products)：湿巾，面巾纸
品牌(Brand)：朗源

天津安洁纸业有限公司
Tianjin Anjie Paper Co., Ltd.
地址(Add)：天津市津西王庆坨镇南门工业区
邮编(P. C.)：301713
电话(Tel)：022－29518941
传真(Fax)：022－29511078
总经理(General Manager)：曹精利
产品(Products)：卫生纸，餐巾纸，面巾纸，手帕纸

天津市玖仟纸业有限公司 *
Tianjin Jiuqian Paper Co., Ltd.
地址(Add)：天津市南开区长江道179号轻工设计院内
邮编(P. C.)：300193
电话(Tel)：022-27371630-802
传真(Fax)：022-27371631
联系人(Contact Person)：兰涛
产品(Products)：卫生纸，原纸

天津市豪特纸业有限公司
Tianjin Haote Paper Co., Ltd.
地址(Add)：天津市南开区咸阳路旧津保路24号
邮编(P. C.)：300111
电话(Tel)：022-27635672
传真(Fax)：022-27691778
E-mail：htzy@tj-htzy.com
Http://www.tj-htzy.com
总经理(General Manager)：申德树
联系人(Contact Person)：闫春山
产品(Products)：卫生纸，餐巾纸，擦手纸，手帕纸
品牌(Brand)：伊薇，伊缘

天津市天洁纸业有限公司
Tianjin Tianjie Paper Co., Ltd.
地址(Add)：天津市塘沽区胡家园海龙储运中心(津塘路5035号)
邮编(P. C.)：300454
电话(Tel)：022-25352718
传真(Fax)：022-25354488
总经理(General Manager)：王天轩
联系人(Contact Person)：王天峰
产品(Products)：卫生纸，面巾纸，手帕纸，擦手纸，厨房用纸，湿巾

天津市武清区花蕊纸制品厂
Tianjin Wuqing Huarui Paper Products Factory
地址(Add)：天津市武清区石各庄镇敖西村
邮编(P. C.)：301718
电话(Tel)：022-22159413
传真(Fax)：022-22159413
联系人(Contact Person)：刘会平
产品(Products)：卫生纸，餐巾纸，面巾纸

天津市金驼(集团)公司 *
Tianjin Jintuo (Group) Co.
地址(Add)：天津市武清区王庆坨镇
邮编(P. C.)：301713
电话(Tel)：022-29518545
传真(Fax)：022-29518320
Http://www.jintuo-paper.com
法人代表(Chairman)：胡林全
产品(Products)：卫生纸，餐巾纸，原纸
品牌(Brand)：金驼

天津津西洁康餐巾纸厂
Tianjin Jinxi Jiekang Napkin Factory
地址(Add)：天津市武清区王庆坨镇北环路西口
邮编(P. C.)：301713
电话(Tel)：022-29518770
总经理(General Manager)：罗永利
产品(Products)：餐巾纸，卫生纸

天津市麒麟造纸有限公司 *
Tianjin Qilin Paper Making Co., Ltd.
地址(Add)：天津市武清区下伍旗镇八间房
邮编(P. C.)：301705
电话(Tel)：022-29561843
传真(Fax)：022-22282999
法人代表(Chairman)：黄兆群
产品(Products)：卫生纸，手帕纸，原纸

恒安(天津)纸业有限公司
Hengan (Tianjin) Paper Co., Ltd.
地址(Add)：天津市西青经济开发区兴华一支路
邮编(P. C.)：300381
电话(Tel)：022-23973688
传真(Fax)：022-23973688
E-mail：gaos@mail.hengan.com.cn
法人代表(Chairman)：许连捷
联系人(Contact Person)：高珊
产品(Products)：生活用纸，妇女卫生巾
品牌(Brand)：心相印，安乐，安尔乐

天津中钞纸业有限公司
Tianjin Zhongchao Paper Co., Ltd.
地址(Add)：天津市西青开发区兴华道38号
邮编(P. C.)：300381
电话(Tel)：022-23960572
传真(Fax)：022-23961457
E-mail：zhongchaoliushulin@163.com
Http://www.tjzczy.com.cn
联系人(Contact Person)：刘树林
产品(Products)：卫生纸，餐巾纸，面巾纸

天津市地文高科技发展有限公司
Tianjin Divine Science & Technology Development Co., Ltd.
地址(Add)：天津市西青区西营门街道玉门路理工学校内
邮编(P. C.)：300112
电话(Tel)：022-27681877
传真(Fax)：022-27365981
E-mail：zhzdivine@163.com
Http://www.zhzdivine.com.cn
法人代表(Chairman)：张连珍
总经理(General Manager)：朱禾中
联系人(Contact Person)：朱禾中
产品(Products)：卫生卷纸，纸巾纸，湿巾
品牌(Brand)：猫王，百适，一净

天津市桂云纸制品厂
Tianjin Guiyun Paper Products Factory
地址(Add)：天津市西青区杨柳青青沙路14街津青工业公司院内
邮编(P. C.)：300380
电话(Tel)：022-27924730
传真(Fax)：022-27392859
联系人(Contact Person)：徐恩华
产品(Products)：卫生纸

天津市依依卫生用品有限公司
Tianjin Yiyi Hygiene Products Co., Ltd.
地址(Add)：天津市西青区张家窝工业园
邮编(P. C.)：300380

电话(Tel)：022－87988888
传真(Fax)：022－87987888
E-mail：gaobin7705@163.com
法人代表(Chairman)：卢俊美
总经理(General Manager)：卢俊美
联系人(Contact Person)：张健
产品(Products)：妇女卫生巾，卫生护垫，婴儿纸尿片，护理垫，宠物垫，卫生卷纸，纸巾纸，湿巾
品牌(Brand)：依依

天津市三维纸业有限公司
Tianjin Sanwei Paper Products Co., Ltd.
地址(Add)：天津市西青区张家窝镇高家村
邮编(P.C.)：300381
电话(Tel)：022－87988458
传真(Fax)：022－87988458
法人代表(Chairman)：杨建国
总经理(General Manager)：杨建国
联系人(Contact Person)：韩秀林
产品(Products)：妇女卫生巾，卫生护垫，婴儿纸尿裤，湿巾，卫生卷纸，手帕纸，面巾纸
品牌(Brand)：三维，金美雅

天津市兰景工贸有限公司
Tianjin Lanjing Industry & Trade Co., Ltd.
地址(Add)：天津市西青区中北镇汪庄南铁道旁3号
邮编(P.C.)：300112
电话(Tel)：022－27390537
传真(Fax)：022－27390532
法人代表(Chairman)：吕小带
总经理(General Manager)：樊永行
产品(Products)：妇女卫生巾，卫生护垫，纸尿裤，手帕纸，面巾纸，擦手纸，卫生卷纸，湿巾
品牌(Brand)：茹梦

■河北 Hebei

保定市晨光纸业有限公司＊
Baoding Chenguang Paper Product Co., Ltd.
地址(Add)：河北省保定市北二环(保满路)169号
邮编(P.C.)：071051
电话(Tel)：0312－3173685
传真(Fax)：0312－3172452
Http://www.chgjx.com.cn
法人代表(Chairman)：侯金明
总经理(General Manager)：侯鹏
产品(Products)：卫生纸，餐巾纸，面巾纸，手帕纸，擦手纸，方巾纸，小盘纸，原纸
品牌(Brand)：飞天，小飞人，进宝，金鸣达

保定林海纸业有限公司＊
Baoding Linhai Paper Co., Ltd.
地址(Add)：河北省保定市北外环路中段
邮编(P.C.)：072150
电话(Tel)：0312－7012999
传真(Fax)：0312－7012666
总经理(General Manager)：董国利
产品(Products)：卫生纸，擦手纸，面巾纸，原纸
品牌(Brand)：林海

保定市金能卫生用品有限公司＊
Baoding Jinneng Hygiene Products Co., Ltd.
地址(Add)：河北省保定市朝阳南大街北沟头工业区
邮编(P.C.)：071000
电话(Tel)：0312－2151998
传真(Fax)：0312－2152998
E-mail：sales@bdking.cn
Http://www.bdking.cn
总经理(General Manager)：石大虎
联系人(Contact Person)：池中
产品(Products)：手帕纸，面巾纸，擦手纸，餐巾纸，原纸，妇女卫生巾，纸尿裤
品牌(Brand)：雅尚，虎宝宝，翔云，么么熊，金雅尚

河北省保定市满城永昌造纸厂＊
Hebei Baoding Mancheng Yongchang Paper Mill
地址(Add)：河北省保定市大册营造纸工业区
邮编(P.C.)：072150
电话(Tel)：0312－5578916
传真(Fax)：0312－5578926
总经理(General Manager)：杨国瑞
产品(Products)：卫生纸，手帕纸，原纸
品牌(Brand)：梦曼，格兰，依洁，百邦

保定市满城永发造纸厂＊
Baoding Mancheng Yongfa Paper Mill
地址(Add)：河北省保定市大册营造纸工业区
邮编(P.C.)：072150
电话(Tel)：0312－7021333
传真(Fax)：0312－7025777
联系人(Contact Person)：苟连军
产品(Products)：卫生纸，擦手纸，纸巾纸，厨房用纸，原纸
品牌(Brand)：白仙，日月情

保定市第五造纸厂＊
Baoding No.5 Paper Mill
地址(Add)：河北省保定市富昌路110号
邮编(P.C.)：071051
电话(Tel)：0312－3232205
传真(Fax)：0312－3223687
Http://www.bdzaozhi.b2b.cn
法人代表(Chairman)：李忠喜
联系人(Contact Person)：李占超
产品(Products)：卫生纸，面巾纸，手帕纸，原纸
品牌(Brand)：蓝天

保定市金利源纸业有限公司＊
Baoding Jinliyuan Paper Co., Ltd.
地址(Add)：河北省保定市富昌西路
邮编(P.C.)：071000
电话(Tel)：0312－3257011
E-mail：yjzfa888@126.com
法人代表(Chairman)：姚建忠
总经理(General Manager)：宋月恒
产品(Products)：卫生纸，手帕纸，面巾纸，餐巾纸，原纸
品牌(Brand)：华爽，菲悦

保定市雅姿纸业有限公司＊
Baoding Yazi Paper Co., Ltd.
地址(Add)：河北省保定市恒祥北大街卢庄

邮编(P. C.)：071051
电话(Tel)：0312－3184992
传真(Fax)：0312－3184991
联系人(Contact Person)：崔成民
产品(Products)：卫生纸，原纸
品牌(Brand)：雅峰

河北新华实业公司＊
Hebei Xinhua Industrial Co., Ltd.
地址(Add)：河北省保定市红旗苗圃(保定市植物园)东侧
邮编(P. C.)：071051
电话(Tel)：0312－5951626
传真(Fax)：0312－5951628
Http://www.xhzp.com
联系人(Contact Person)：杨欣
产品(Products)：卫生纸，餐巾纸，擦手纸，原纸
品牌(Brand)：只有你，泽兰，新华

河北小人国纸业有限公司＊
Hebei Xiaorenguo Paper Co., Ltd.
地址(Add)：河北省保定市建国路地道桥西968号
邮编(P. C.)：071000
电话(Tel)：0312－2177998
传真(Fax)：0312－2173636
法人代表(Chairman)：邵国义
产品(Products)：卫生纸，原纸，湿巾
品牌(Brand)：小人国

保定市日新工贸有限公司＊
Baoding Rixin Industry & Trade Co., Ltd.
地址(Add)：河北省保定市建国路泽园工业区1－2号
邮编(P. C.)：071051
电话(Tel)：0312－7528833
传真(Fax)：0312－2176811
Http://www.rixingm.com
联系人(Contact Person)：杨永胜
产品(Products)：餐巾纸，卫生纸，面巾纸，手帕纸，擦手纸，原纸
品牌(Brand)：佳荣

保定市诚真纸业有限公司
Baoding Chengzhen Paper Co., Ltd.
地址(Add)：河北省保定市建国西路小汲工业区
邮编(P. C.)：071000
电话(Tel)：0312－3256561
传真(Fax)：0312－3256561
E-mail：wujianxin938@yahoo.com.cn
联系人(Contact Person)：吴建新
产品(Products)：卫生纸，餐巾纸，面巾纸

满城宏兴纸业有限公司
Mancheng Hongxing Paper Co., Ltd.
地址(Add)：河北省保定市满城县北2公里
邮编(P. C.)：072150
电话(Tel)：0312－7063287
传真(Fax)：0312－7010988
总经理(General Manager)：赵占军
产品(Products)：卫生纸
品牌(Brand)：洁派

保定市满城县鑫润纸业有限公司＊
Baoding Mancheng Xinrun Paper Co., Ltd.
地址(Add)：河北省保定市满城县北外环
邮编(P. C.)：072150
电话(Tel)：0312－7060166
传真(Fax)：0312－7160618
E-mail：gaohongzhi511@sina.com.cn
Http://www.xinrunzy.com
法人代表(Chairman)：高顺山
联系人(Contact Person)：高亚彬
产品(Products)：卫生纸，手帕纸，餐巾纸，面巾纸，盘纸，原纸
品牌(Brand)：逸风，旭虹，妙茹，肤得乐

河北保定满城县诚信纸业有限公司＊
Baoding Chengxin Paper Co., Ltd.
地址(Add)：河北省保定市满城县大册营方上造纸工业区
邮编(P. C.)：072150
电话(Tel)：0312－7026699
传真(Fax)：0312－7020123
总经理(General Manager)：韩宝江
产品(Products)：卫生纸，餐巾纸，面巾纸，原纸
品牌(Brand)：雪亮

和信纸品有限公司
Hexin Paper Products Co., Ltd.
地址(Add)：河北省保定市满城县大册营工业区
邮编(P. C.)：072150
电话(Tel)：0312－7026198
传真(Fax)：0312－7026896
E-mail：thb@hisunpaper.com
Http://www.hisunpaper.com
总经理(General Manager)：韩三旺
联系人(Contact Person)：谭浩波
产品(Products)：妇女卫生巾，纸尿裤，面巾纸，卫生卷纸，手帕纸
品牌(Brand)：美之莲，真好，妙恋，乐朵

河北中信纸业有限公司＊
Hebei Zhongxin Paper Co., Ltd.
地址(Add)：河北省保定市满城县大册营工业区
邮编(P. C.)：072150
电话(Tel)：0312－7021807
传真(Fax)：0312－7022988
E-mail：zx@zhongxinpaper.com
Http://www.zhongxinpaper.com
法人代表(Chairman)：赵建忠
总经理(General Manager)：赵建忠
联系人(Contact Person)：范宏亮
产品(Products)：原纸，卫生纸，手帕纸，面巾纸，餐巾纸，盘纸，湿巾
品牌(Brand)：望舒，凯依，悠雅

保定市雨楠纸业
Baoding Yunan Paper Co.
地址(Add)：河北省保定市满城县大册营工业区
邮编(P. C.)：072150
电话(Tel)：0312－3979522
传真(Fax)：0312－4084448
联系人(Contact Person)：姚树凯
产品(Products)：卫生纸

满城县芳柔纸制品厂＊
Mancheng Fangrou Paper Products Factory
地址(Add)：河北省保定市满城县大册营工业区
邮编(P. C.)：072150
电话(Tel)：0312－7020885
传真(Fax)：0312－7020885
E-mail：fangrouzhiye@163.com
Http://www.fangrouzhiye.cn
总经理(General Manager)：贾占军
产品(Products)：卫生纸，原纸
品牌(Brand)：安琪儿，依生依世

满城县盎然纸制品厂
Mancheng Angran Paper Products Factory
地址(Add)：河北省保定市满城县大册营工业区
邮编(P. C.)：072150
电话(Tel)：0312－7025021
联系人(Contact Person)：要卫锋
产品(Products)：手帕纸，卫生卷纸，面巾纸
品牌(Brand)：小木人

顺心造纸有限公司
Shunxin Paper Co., Ltd.
地址(Add)：河北省保定市满城县大册营工业区
邮编(P. C.)：072150
电话(Tel)：0312－7027695
传真(Fax)：0312－7027695
总经理(General Manager)：孟占良
产品(Products)：卫生纸，手帕纸，小盘纸，面巾纸，擦手纸
品牌(Brand)：特尔佳，金菲

河北铭阳纸业有限公司
Hebei Mingyang Paper Co., Ltd.
地址(Add)：河北省保定市满城县大册营工业区
邮编(P. C.)：072150
电话(Tel)：0312－8724018
联系人(Contact Person)：宋东
产品(Products)：手帕纸，面巾纸，妇女卫生巾
品牌(Brand)：雨彤，小懒猫

保定市满城金升纸业有限公司
Baoding Mancheng Jinsheng Paper Co., Ltd.
地址(Add)：河北省保定市满城县大册营工业区
邮编(P. C.)：072150
电话(Tel)：0312－7025055
联系人(Contact Person)：陈志愿
产品(Products)：手帕纸，卫生卷纸，面巾纸
品牌(Brand)：优乐美，优惠美

保定市恒泰造纸有限公司＊
Baoding Hengtai Paper Co., Ltd.
地址(Add)：河北省保定市满城县大册营工业区
邮编(P. C.)：072150
电话(Tel)：0312－7023888
传真(Fax)：0312－7023888
Http://www.bdhtzy.cn
法人代表(Chairman)：王月
产品(Products)：卫生纸，面巾纸，餐巾纸，手帕纸，原纸
品牌(Brand)：豆豆，优佳

满城县立发纸业有限公司＊
Mancheng Lifa Paper Co., Ltd.
地址(Add)：河北省保定市满城县大册营工业区
邮编(P. C.)：072150
电话(Tel)：0312－5573848
传真(Fax)：0312－5578056
Http://www.bdlifazhiye.cn
法人代表(Chairman)：贾顺福
产品(Products)：卫生纸，原纸
品牌(Brand)：佳派，圣奥

保定市满城豪峰造纸厂＊
Baoding Mancheng Haofeng Paper Mill
地址(Add)：河北省保定市满城县大册营工业区
邮编(P. C.)：072150
电话(Tel)：0312－7021038
传真(Fax)：0312－7021038
法人代表(Chairman)：张如义
产品(Products)：卫生纸，原纸
品牌(Brand)：富尔雅

保定市满城益康造纸厂＊
Baoding Mancheng Yikang Paper Mill
地址(Add)：河北省保定市满城县大册营工业区
邮编(P. C.)：072150
电话(Tel)：0312－7021050
传真(Fax)：0312－7026801
Http://www.yikangzy.cn
法人代表(Chairman)：张大牛
产品(Products)：卫生纸，原纸
品牌(Brand)：露露

满城县益源造纸厂＊
Mancheng Yiyuan Paper Mill
地址(Add)：河北省保定市满城县大册营工业区
邮编(P. C.)：072150
电话(Tel)：0312－7027693
传真(Fax)：0312－7026285
总经理(General Manager)：张玉柱
联系人(Contact Person)：刘玉海
产品(Products)：卫生纸，面巾纸，餐巾纸，擦手纸，厨房用纸，原纸
品牌(Brand)：舒肤特，佳洁尚

保定市港兴纸业有限公司＊
Baoding Gangxing Paper Co., Ltd.
地址(Add)：河北省保定市满城县大册营造纸工业区
邮编(P. C.)：072150
电话(Tel)：0312－7021908
传真(Fax)：0312－7021728
E-mail：bdlibang@163.com
Http://www.libangnet.cn
法人代表(Chairman)：张二牛
总经理(General Manager)：张二牛
联系人(Contact Person)：胡占清
产品(Products)：原纸，卫生纸，手帕纸，餐巾纸，面巾纸，擦手纸，妇女卫生巾，卫生护垫
品牌(Brand)：丽邦，港兴

保定爱森纸业有限公司＊
Baoding Aiseng Paper Co., Ltd.
地址(Add)：河北省保定市满城县大册营造纸工业区

邮编(P. C.)：072150
电话(Tel)：0312－7024952
传真(Fax)：0312－7024951
总经理(General Manager)：段占军
产品(Products)：卫生纸，原纸
品牌(Brand)：爱丽尔，爱森

满城县聚森源纸制品厂
Mancheng Jusenyuan Paper Products Factory
地址(Add)：河北省保定市满城县大册营造纸工业区
邮编(P. C.)：072150
电话(Tel)：0312－5570957
传真(Fax)：0312－5572055
联系人(Contact Person)：赵志明
产品(Products)：手帕纸，面巾纸，餐巾纸，卫生卷纸
品牌(Brand)：金玉缘

满城县豪标纸厂
Mancheng Haobiao Paper Mill
地址(Add)：河北省保定市满城县大册营造纸工业区
邮编(P. C.)：072150
电话(Tel)：0312－5572855
传真(Fax)：0312－7021003
联系人(Contact Person)：韩光
产品(Products)：卫生纸，手帕纸，面巾纸，小盘纸，擦手纸

保定雨森卫生用品有限公司*
Baoding Yusen Hygiene Products Co., Ltd.
地址(Add)：河北省保定市满城县大册营造纸工业区
邮编(P. C.)：072150
电话(Tel)：0312－5578100
传真(Fax)：0312－5572100
Http://www. yusenpaper. com
法人代表(Chairman)：苏马力
总经理(General Manager)：苏马力
联系人(Contact Person)：吴长念
产品(Products)：卫生纸，手帕纸，面巾纸，原纸，妇女卫生巾，卫生护垫，婴儿纸尿裤，成人纸尿裤，湿巾
品牌(Brand)：雨森，康柔，百丽

河北姬发造纸有限公司*
Hebei Jifa Paper Co., Ltd.
地址(Add)：河北省保定市满城县大册营造纸工业区
邮编(P. C.)：072150
电话(Tel)：0312－7022912
传真(Fax)：0312－7026887
法人代表(Chairman)：崔志海
总经理(General Manager)：包喜林
产品(Products)：卫生纸，原纸
品牌(Brand)：万佳，惠而特

河北保定满城万顺造纸厂*
Hebei Baoding Mancheng Wanshun Paper Mill
地址(Add)：河北省保定市满城县大册营造纸工业区
邮编(P. C.)：072150
电话(Tel)：0312－7020555
传真(Fax)：0312－7021701
法人代表(Chairman)：何占良
总经理(General Manager)：何占良
产品(Products)：卫生纸，原纸
品牌(Brand)：金手指

河北亚光纸业有限公司*
Hebei Yaguang Paper Co., Ltd.
地址(Add)：河北省保定市满城县大册营造纸工业区
邮编(P. C.)：072150
电话(Tel)：0312－7021008
传真(Fax)：0312－7026609
E-mail：yg@ yaguangpaper. com
Http://www. yaguangpaper. com
法人代表(Chairman)：张占国
总经理(General Manager)：张备战
联系人(Contact Person)：张立君
产品(Products)：卫生纸，餐巾纸，面巾纸，手帕纸，原纸
品牌(Brand)：火炬，洁立达，笑脸，伊歌

保定满城永兴纸业有限公司*
Baoding Mancheng Yongxing Paper Co., Ltd.
地址(Add)：河北省保定市满城县大册营造纸工业区
邮编(P. C.)：072150
电话(Tel)：0312－7021019
传真(Fax)：0312－7022288
法人代表(Chairman)：何喜春
产品(Products)：卫生纸，原纸
品牌(Brand)：碧莲

保定市满城跃兴造纸厂*
Baoding Mancheng Yuexing Paper Mill
地址(Add)：河北省保定市满城县大册营造纸工业区
邮编(P. C.)：072150
电话(Tel)：0312－7021898
传真(Fax)：0312－7023687
法人代表(Chairman)：贾连生
产品(Products)：卫生纸，原纸
品牌(Brand)：白荷花

保定市前进造纸有限公司*
Baoding Qianjin Paper Co., Ltd.
地址(Add)：河北省保定市满城县大册营造纸工业区
邮编(P. C.)：072150
电话(Tel)：0312－7021904
传真(Fax)：0312－7020499
Http://www. qjzz. com
联系人(Contact Person)：杨俊英
产品(Products)：卫生纸，餐巾纸，原纸
品牌(Brand)：多福多

保定市满城红升纸业有限责任公司*
Baoding Mancheng Hongsheng Paper Co., Ltd.
地址(Add)：河北省保定市满城县大册营造纸工业区
邮编(P. C.)：072150
电话(Tel)：0312－7021889
传真(Fax)：0312－7026900
联系人(Contact Person)：刘海亮
产品(Products)：卫生纸，手帕纸，原纸
品牌(Brand)：花虎队，娇悦

保定市满城汇源纸制品厂*
Baoding Mancheng Huiyuan Paper Products Factory
地址(Add)：河北省保定市满城县大册营造纸工业区

邮编(P. C.)：072150
电话(Tel)：0312－7062267
传真(Fax)：0312－7195255
总经理(General Manager)：冉双文
产品(Products)：卫生纸，盘纸，原纸

保定市满城永利造纸厂＊
Baoding Mancheng Yongli Paper Mill
地址(Add)：河北省保定市满城县大册营造纸工业区
邮编(P. C.)：072150
电话(Tel)：0312－7021027
传真(Fax)：0312－5572258
法人代表(Chairman)：赵彦
总经理(General Manager)：赵建维
产品(Products)：卫生纸，面巾纸，餐巾纸，原纸
品牌(Brand)：永凯

嘉禾卫生用品厂
Jiahe Hygiene Products Factory
地址(Add)：河北省保定市满城县大册营造纸工业区
邮编(P. C.)：072150
电话(Tel)：0312－7026815
传真(Fax)：0312－7026667
总经理(General Manager)：赵长海
产品(Products)：面巾纸，餐巾纸，擦手纸
品牌(Brand)：贝尔乐，心唯美，唯美之恋

满城县安安卫生用品有限公司
Mancheng Anan Hygiene Products Co., Ltd.
地址(Add)：河北省保定市满城县大册营造纸工业区
邮编(P. C.)：072150
电话(Tel)：0312－7020200
总经理(General Manager)：张佳良
联系人(Contact Person)：孟明
产品(Products)：手帕纸，卫生卷纸，湿巾

保定市满城赵立新纸厂＊
Baoding Mancheng Zhaolixin Paper Mill
地址(Add)：河北省保定市满城县大册营造纸工业区
邮编(P. C.)：072150
电话(Tel)：0312－7021548
传真(Fax)：0312－7021548
法人代表(Chairman)：赵立新
产品(Products)：卫生纸，原纸
品牌(Brand)：美雪

保定市满城新宇纸业有限公司＊
Baoding Mancheng Xinyu Paper Co., Ltd.
地址(Add)：河北省保定市满城县大册营造纸工业区
邮编(P. C.)：072150
电话(Tel)：0312－7021901
传真(Fax)：0312－7025965
法人代表(Chairman)：张顺来
联系人(Contact Person)：张顺恒
产品(Products)：卫生纸，擦手纸，纸巾纸，厨房用纸，原纸
品牌(Brand)：新宇，佳音

满城县金伯利卫生用品有限公司
Mancheng Jinboli Hygiene Products Co., Ltd.
地址(Add)：河北省保定市满城县大册营造纸工业区
邮编(P. C.)：072150
电话(Tel)：0312－7027728
传真(Fax)：0312－5578110
E-mail：zhua139@yahoo.com.cn
Http://www.jblzy.com.cn
联系人(Contact Person)：张华
产品(Products)：卫生纸，纸巾纸
品牌(Brand)：红林鸟，舒语，艾柔，惜柔

满城县金博士纸制品有限公司＊
Mancheng Jinboshi Paper Products Co., Ltd.
地址(Add)：河北省保定市满城县大册营造纸工业区
邮编(P. C.)：072150
电话(Tel)：0312－7021036
传真(Fax)：0312－5578388
Http://www.jbspaper.com
总经理(General Manager)：张俊清
联系人(Contact Person)：张涛
产品(Products)：卫生纸，面巾纸，餐巾纸，手帕纸，擦手纸，厨房用纸，原纸
品牌(Brand)：金博仕

河北雪松纸业有限公司＊
Hebei Xuesong Paper Co., Ltd.
地址(Add)：河北省保定市满城县大册营造纸工业园区
邮编(P. C.)：072150
电话(Tel)：0312－7021606
传真(Fax)：0312－7020869
E-mail：xuesonghb@126.com
Http://www.hbxuesong.cn
法人代表(Chairman)：赵宝江
总经理(General Manager)：赵宝水
联系人(Contact Person)：赵宝水
产品(Products)：原纸，卫生纸，面巾纸，手帕纸，餐巾纸
品牌(Brand)：雪松，好人家，佳贝，真情

保定市安信纸业有限公司＊
Baoding Anxin Paper Co., Ltd.
地址(Add)：河北省保定市满城县大册营造纸工业园区
邮编(P. C.)：072150
电话(Tel)：0312－7026716
传真(Fax)：0312－7027889
E-mail：869325658@qq.com
法人代表(Chairman)：张永安
联系人(Contact Person)：李会占
产品(Products)：卫生纸，纸巾纸，原纸
品牌(Brand)：维柔，月亮公主

保定市满城县宝洁造纸厂＊
Baoding Mancheng Baojie Paper Mill
地址(Add)：河北省保定市满城县大册营镇大册工业园区
邮编(P. C.)：072150
电话(Tel)：0312－7021508
传真(Fax)：0312－7021228
法人代表(Chairman)：刘战国
联系人(Contact Person)：乔伟峰
产品(Products)：卫生纸，原纸
品牌(Brand)：华阳，森柔

保定市满城育红纸业有限公司＊
Baoding Yuhong Paper Co., Ltd.
地址(Add)：河北省保定市满城县大册营镇大册营工业区
邮编(P. C.)：072150
电话(Tel)：0312－7021806
传真(Fax)：0312－7021806
法人代表(Chairman)：张保利
产品(Products)：卫生纸，餐巾纸，面巾纸，原纸
品牌(Brand)：献礼

保定市满城昌盛造纸厂＊
Baoding Mancheng Changsheng Paper Mill
地址(Add)：河北省保定市满城县大册营镇方上村
邮编(P. C.)：072150
电话(Tel)：0312－7021288
传真(Fax)：0312－7023969
法人代表(Chairman)：王国泉
产品(Products)：卫生纸，原纸
品牌(Brand)：护依康

保定市满城金光纸业有限公司＊
Baoding Mancheng Jinguang Paper Co., Ltd.
地址(Add)：河北省保定市满城县大册营镇方上村
邮编(P. C.)：072150
电话(Tel)：0312－7021707
传真(Fax)：0312－7021899
Http://www.maowangpaper.cn
法人代表(Chairman)：韩宝全
产品(Products)：卫生纸，面巾纸，手帕纸，小盘纸，擦手纸，原纸
品牌(Brand)：猫王

保定市满城成功造纸厂＊
Baoding Mancheng Chenggong Paper Mill
地址(Add)：河北省保定市满城县大册营镇方上工业区
邮编(P. C.)：072150
电话(Tel)：0312－7021302
传真(Fax)：0312－7023518
E-mail：mccgzc@126.com
Http://www.bdcgzy.com
法人代表(Chairman)：李胜利
联系人(Contact Person)：高翔
产品(Products)：卫生卷纸，擦手纸，纸巾纸，厨房用纸，原纸
品牌(Brand)：小金屋，小金人，快乐屋，大头娃娃

满城豪通纸制品厂
Mancheng Haotong Paper Products Factory
地址(Add)：河北省保定市满城县大册营镇岗头村
邮编(P. C.)：072150
电话(Tel)：0312－7023939
联系人(Contact Person)：聂国庆
产品(Products)：卫生纸
品牌(Brand)：新缘，情语

满城亿利纸业有限公司
Mancheng Yili Paper Co., Ltd.
地址(Add)：河北省保定市满城县大册营镇岗头工业区
邮编(P. C.)：072150
电话(Tel)：0312－5573199
传真(Fax)：0312－7025518
联系人(Contact Person)：吕延军
产品(Products)：卫生纸
品牌(Brand)：纯中纯，舒彤，娇云

保定市满城长发纸厂＊
Baoding Mancheng Changfa Paper Mill
地址(Add)：河北省保定市满城县大册营镇工业区
邮编(P. C.)：072150
电话(Tel)：0312－7021716
法人代表(Chairman)：张连营
产品(Products)：卫生纸，原纸

河北省保定市满城如意卫生纸复卷厂＊
Baoding Mancheng Ruyi Paper Mill
地址(Add)：河北省保定市满城县大册营镇工业区
邮编(P. C.)：072150
电话(Tel)：0312－7027208
传真(Fax)：0312－7027208
法人代表(Chairman)：崔志生
联系人(Contact Person)：赵新
产品(Products)：卫生纸，餐巾纸，面巾纸，盘纸，原纸
品牌(Brand)：福娃娃，松丽，真雅

满城县立新造纸厂＊
Mancheng Lixin Paper Mill
地址(Add)：河北省保定市满城县大册营镇造纸工业园区
邮编(P. C.)：072150
电话(Tel)：0312－5572333
传真(Fax)：0312－5572333
联系人(Contact Person)：薛海涛
产品(Products)：卫生纸，手帕纸，面巾纸，小盘纸，原纸
品牌(Brand)：红豆，玉蜻蜓，玉奴尔

保定市满城县爽悦卫生用品有限公司＊
Baoding Mancheng Shuangyue Hygiene Products Co., Ltd.
地址(Add)：河北省保定市满城县方上村
邮编(P. C.)：072150
电话(Tel)：0312－7026878
传真(Fax)：0312－7022907
联系人(Contact Person)：刘红星
产品(Products)：卫生纸，原纸
品牌(Brand)：爽悦，金百灵，羽亮

满城县富民纸业有限公司＊
Mancheng Fumin Paper Co., Ltd.
地址(Add)：河北省保定市满城县满城镇谒山造纸工业区
邮编(P. C.)：072150
电话(Tel)：0312－7195288
传真(Fax)：0312－7191288
联系人(Contact Person)：刘贺祥
产品(Products)：卫生纸，原纸，盘纸，擦手纸，手帕纸

河北宏大纸业有限公司＊
Hebei Hongda Paper Co., Ltd.
地址(Add)：河北省保定市满城县神星造纸工业区
邮编(P. C.)：072150
电话(Tel)：0312－7056268
传真(Fax)：0312－7056668
联系人(Contact Person)：李秋来

产品(Products)：卫生纸，原纸
品牌(Brand)：梦洁，峰王，相知

保定市满城虹安纸品加工厂 *
Baoding Mancheng Hongan Paper Products Factory
地址(Add)：河北省保定市满城县神星镇石头村村西
邮编(P. C.)：072150
电话(Tel)：0312 - 7010666
传真(Fax)：0312 - 7010668
E-mail：office@ hazhiye. com
总经理(General Manager)：齐国安
产品(Products)：卫生纸，原纸
品牌(Brand)：小蘑菇

保定市满城县慧力达纸品有限公司 *
Baoding Mancheng Huilida Paper Products Co., Ltd.
地址(Add)：河北省保定市满城县神星镇镇北工业区
邮编(P. C.)：072152
电话(Tel)：0312 - 7056295
传真(Fax)：0312 - 7056999
E-mail：huilidazhipings@ 163. com
法人代表(Chairman)：李秋慧
总经理(General Manager)：李秋慧
联系人(Contact Person)：李喜敬
产品(Products)：卫生纸，餐巾纸，手帕纸，面巾纸，原纸
品牌(Brand)：奥柔，妙柔

保定市满城富康纸业有限责任公司 *
Baoding Mancheng Fukang Paper Co., Ltd.
地址(Add)：河北省保定市满城县小北庄
邮编(P. C.)：072150
电话(Tel)：0312 - 7019229
传真(Fax)：0312 - 7018111
法人代表(Chairman)：李长海
联系人(Contact Person)：李长河
产品(Products)：卫生纸，原纸

河北省满城县顺通纸制品厂 *
Hebei Mancheng Shuntong Paper Products Factory
地址(Add)：河北省保定市满城县要庄乡大庄村
邮编(P. C.)：072150
电话(Tel)：0312 - 7018440
传真(Fax)：0312 - 7017996
总经理(General Manager)：赵红奎
产品(Products)：卫生纸，盘纸，原纸
品牌(Brand)：红菲，斯曼

满城金三利纸业
Mancheng Jinsanli Paper Co.
地址(Add)：河北省保定市满城县要庄镇工业区
邮编(P. C.)：072150
电话(Tel)：0312 - 7068583
传真(Fax)：0312 - 7067725
Http://www. bdjsl. com
联系人(Contact Person)：李成
产品(Products)：手帕纸，面巾纸，卫生卷纸
品牌(Brand)：芯梦郎，小洋人，舒心草，露莎

河北满城长河纸业有限公司 *
Hebei Mancheng Changhe Paper Co., Ltd.
地址(Add)：河北省保定市满城县造纸工业区
邮编(P. C.)：072150
电话(Tel)：0312 - 7021706
传真(Fax)：0312 - 7021989
总经理(General Manager)：张长河
产品(Products)：卫生纸，面巾纸，纸巾纸，原纸
品牌(Brand)：球咪，日相伴，家洁

保定市碧柔卫生用品有限公司 *
Baoding Birou Hygiene Products Co., Ltd.
地址(Add)：河北省保定市满城县造纸工业园
邮编(P. C.)：072150
电话(Tel)：0312 - 2068811
传真(Fax)：0312 - 7062880
Http://www. bdfenghua. com. cn
总经理(General Manager)：葛静思
联系人(Contact Person)：连凯
产品(Products)：卫生纸，手帕纸，原纸
品牌(Brand)：碧柔

保定市东升卫生用品有限公司 *
Baoding Dongsheng Hygiene Products Co., Ltd.
地址(Add)：河北省保定市满城县造纸工业园区
邮编(P. C.)：072150
电话(Tel)：0312 - 5578887
传真(Fax)：0312 - 5572790
E-mail：mail@ dshpaper. com. cn
Http://www. dshpaper. com. cn
法人代表(Chairman)：张志武
总经理(General Manager)：张杰
联系人(Contact Person)：李娜
产品(Products)：原纸，卫生纸，餐巾纸，面巾纸，湿巾
品牌(Brand)：小宝贝，可佳，洁婷

保定市南市区精洁纸制品厂
Baoding Nanshiqu Jingjie Paper Products Plant
地址(Add)：河北省保定市南大园乡中马池村
邮编(P. C.)：071000
电话(Tel)：0312 - 2121960
法人代表(Chairman)：沈贵福
产品(Products)：餐巾纸
品牌(Brand)：洁娜

保定市东奥纸业有限公司
Baoding Dongao Paper Co., Ltd.
地址(Add)：河北省保定市南二环 1068 号
邮编(P. C.)：071000
电话(Tel)：0312 - 2173311
传真(Fax)：0312 - 2173311
E-mail：bddongaozhiye@ 163. com
总经理(General Manager)：袁旭东
产品(Products)：卫生纸，面巾纸，手帕纸，餐巾纸，盘纸

保定市雪罗兰纸业
Baoding Xueluolan Paper Co., Ltd.
地址(Add)：河北省保定市南市区赵庄
邮编(P. C.)：071000
电话(Tel)：0312 - 8925798
传真(Fax)：0312 - 7417077
总经理(General Manager)：褚红伟
产品(Products)：卫生纸，手帕纸

保定达亿纸业有限公司＊
Baoding Dayi Paper Co., Ltd.
地址(Add)：河北省保定市顺平县
邮编(P. C.)：072250
电话(Tel)：0312－7656888
传真(Fax)：0312－7656788
E-mail：dayizhiye@163. com
Http://www. bddyzy. com
联系人(Contact Person)：胡国良
产品(Products)：纸巾纸，原纸
品牌(Brand)：百慧，达意

保定市鑫百合纸业有限公司
Baoding Xinbaihe Paper Co., Ltd.
地址(Add)：河北省保定市五四东路(河北大学东行 100 米路北)合作洗衣店
邮编(P. C.)：071000
电话(Tel)：0312－5099949
传真(Fax)：0312－5099949
E-mail：liushikun100@hotmail. com
Http://www. xinbaihezhiye. com. cn
联系人(Contact Person)：王红
产品(Products)：卫生纸
品牌(Brand)：123，意贝子，布丁布点

保定市家悦纸制品厂＊
Baoding Jiayue Paper Products Factory
地址(Add)：河北省保定市向阳北大街
邮编(P. C.)：072350
电话(Tel)：0312－5909605
传真(Fax)：0312－5909605
E-mail：bdjiayue@126. com
Http://www. bdjiayue. cn
联系人(Contact Person)：范海彬
产品(Products)：卫生纸，原纸
品牌(Brand)：伊美佳，韵之雅

保定市新华造纸厂＊
Baoding Xinhua Paper Mill
地址(Add)：河北省保定市小汲店工业区
邮编(P. C.)：071000
电话(Tel)：0312－3227708
传真(Fax)：0312－3227708
总经理(General Manager)：尹金生
联系人(Contact Person)：李宏伟
产品(Products)：卫生纸，面巾纸，原纸
品牌(Brand)：唯适

保定市新市区第六造纸厂附属餐巾纸厂
Baoding Xinshi No. 6 Paper Mill Napkin Branch
地址(Add)：河北省保定市新市区隆兴西路北章工业区 2705 号
邮编(P. C.)：071000
电话(Tel)：0312－3177166
传真(Fax)：0312－3177100
Http://www. bdkangjie. cn
总经理(General Manager)：郭金柱
产品(Products)：面巾纸，餐巾纸，卫生纸，盘纸
品牌(Brand)：康洁

保定市西而曼能威纸业有限公司＊
Baoding Xierman Nengwei Paper Co., Ltd.
地址(Add)：河北省保定市新市区南奇乡北章村南工业小区
邮编(P. C.)：071051
电话(Tel)：0312－3177389
传真(Fax)：0312－3177665
法人代表(Chairman)：宋福录
总经理(General Manager)：宋涛
联系人(Contact Person)：姚念学
产品(Products)：卫生纸，原纸，餐巾纸，面巾纸
品牌(Brand)：西而曼

保定市梦晨卫生用品有限公司
Baoding Mengchen Hygiene Products Co., Ltd.
地址(Add)：河北省保定市新市区小汲店工业区 1 号
邮编(P. C.)：071051
电话(Tel)：0312－3261989
传真(Fax)：0312－3222330
E-mail：mczy2008@sina. com
Http://www. bdmengchen. com. cn
总经理(General Manager)：王增强
联系人(Contact Person)：朱明辉
产品(Products)：卫生纸，纸巾纸，厨房用纸，擦手纸
品牌(Brand)：菲扬

保定洁宝卫生纸品厂
Baoding Jiebao Tissue Products Factory
地址(Add)：河北省保定市阳光北大街 1573 号
邮编(P. C.)：071051
电话(Tel)：0312－3110601
传真(Fax)：0312－3110372
Http://www. jb-paper. com
联系人(Contact Person)：高金安
产品(Products)：卫生纸，婴儿卫生用品，成人卫生用品
品牌(Brand)：好帅儿

保定市满城聚润纸业有限公司＊
Baoding Mancheng Jurun Paper Co., Ltd.
地址(Add)：河北省保定市谒山造纸工业园区
邮编(P. C.)：072150
电话(Tel)：0312－7065498
传真(Fax)：0312－7075876
法人代表(Chairman)：崔文志
联系人(Contact Person)：崔红亮
产品(Products)：卫生纸，面巾纸，手帕纸，原纸
品牌(Brand)：丽姿

邯郸市泰和纸业有限公司
Handan Taihe Paper Co., Ltd.
地址(Add)：河北省邯郸市高新技术开发区华荣街 6 号
邮编(P. C.)：056004
电话(Tel)：0310－5508999
传真(Fax)：0310－7053222
法人代表(Chairman)：叶聪明
总经理(General Manager)：曹同海
联系人(Contact Person)：张诗杰
产品(Products)：妇女卫生巾，卫生护垫，婴儿纸尿裤/片，成人纸尿裤/片，面巾纸，餐巾纸，卫生纸
品牌(Brand)：月来香，珍妃，泰和康

河间市超奇卫生用品公司
Hejian Chaoqi Hygiene Products Co.
地址(Add)：河北省河间市兴村镇郭庄
邮编(P. C.)：062450
电话(Tel)：0317－3688228
联系人(Contact Person)：张国林
产品(Products)：卫生纸

廊坊市碧柔卫生用品有限公司
Langfang Birou Hygiene Products Co., Ltd.
地址(Add)：河北省廊坊市广阳道162号
邮编(P. C.)：065000
电话(Tel)：0312－7166099
传真(Fax)：0312－7062880
联系人(Contact Person)：刘君
产品(Products)：手帕纸，面巾纸，卫生卷纸
品牌(Brand)：碧柔，百家欢

廊坊市宝胜妇幼用品有限公司
Langfang Baosheng Women & Children Articles Co., Ltd.
地址(Add)：河北省廊坊市广阳区宏泰花园4B－1单元401
邮编(P. C.)：065000
电话(Tel)：0316－6860170
传真(Fax)：0316－2182117
E-mail：pretty0521@sina. com. cn
法人代表(Chairman)：王宝胜
总经理(General Manager)：王宝胜
联系人(Contact Person)：郝晨熙
产品(Products)：妇女卫生巾，卫生护垫，卫生卷纸，婴儿纸尿裤
品牌(Brand)：水晶之恋，雪竹，紫竹

河北省蠡县康洁卫生用品有限责任公司
Hebei Kangjie Hygiene Products Co., Ltd.
地址(Add)：河北省蠡县古灵山工业区
邮编(P. C.)：071400
电话(Tel)：0312－8055800
Http://www. kangjiezhiye. cn
联系人(Contact Person)：刘志杰
产品(Products)：妇女卫生巾，卫生护垫，卫生卷纸
品牌(Brand)：诗婷

河北黛玉纸业发展有限公司
Hebei Daiyu Paper Industry Development Co., Ltd.
地址(Add)：河北省隆尧县东方食品城
邮编(P. C.)：055350
电话(Tel)：0319－6592098
传真(Fax)：0319－6599616
总经理(General Manager)：范录洲
产品(Products)：妇女卫生巾，卫生护垫，婴儿纸尿裤，隔尿垫巾，面巾纸，卫生纸
品牌(Brand)：黛玉，护佳，梦爱

满城县泰利达卫生用品有限公司
Mancheng Tailida Hygiene Products Co., Ltd.
地址(Add)：河北省满城县大册营造纸工业区
邮编(P. C.)：072150
电话(Tel)：0312－7025177
传真(Fax)：0312－7025177
E-mail：1084050123@qq. com
法人代表(Chairman)：张辉
总经理(General Manager)：张辉
联系人(Contact Person)：翟畅
产品(Products)：卫生卷纸，手帕纸，面巾纸，擦手纸
品牌(Brand)：接吻鱼，畅畅爽

满城汇丰纸业有限公司＊
Mancheng Huifeng Paper Co., Ltd.
地址(Add)：河北省满城县大册营镇造纸工业区
邮编(P. C.)：072150
电话(Tel)：0312－7021568
传真(Fax)：0312－7026339
联系人(Contact Person)：边文录
产品(Products)：卫生纸，原纸
品牌(Brand)：娃娃鱼，绿竹，金娃娃

河北迁安博达纸业有限公司＊
Hebei Qianan Boda Paper Co., Ltd.
地址(Add)：河北省迁安市迁安镇毛洼村西平青大路工业园区
邮编(P. C.)：064400
电话(Tel)：0315－5966936
传真(Fax)：0315－5966936
E-mail：bodazhiye@126. com
Http://www. bodapaper. com
法人代表(Chairman)：王志勇
联系人(Contact Person)：郝文英
产品(Products)：卫生卷纸，面巾纸，餐巾纸，手帕纸，厨房用纸，擦手纸，盘纸，原纸
品牌(Brand)：燕兴，祥云，贝朗，千安，丝萱

秦皇岛丰满纸业有限公司＊
Qinhuangdao Fengman Paper Co., Ltd.
地址(Add)：河北省秦皇岛抚宁县留守营镇南街
邮编(P. C.)：066301
电话(Tel)：0335－6046075
传真(Fax)：0335－6046706
E-mail：fmqhtqhd@sina. com
Http://www. fengmanqhd. com
法人代表(Chairman)：郭志满
总经理(General Manager)：郭玉昌
联系人(Contact Person)：郭玉昌
产品(Products)：卫生纸，手帕纸，原纸
品牌(Brand)：丰满，福思特，云芳

河北大发纸品厂有限公司＊
Hebei Dafa Paper Products Factory Co., Ltd.
地址(Add)：河北省容城县东牛村
邮编(P. C.)：071700
电话(Tel)：0312－5692188
传真(Fax)：0312－5692838
总经理(General Manager)：郑睿斌
产品(Products)：卫生纸，面巾纸，餐巾纸，原纸
品牌(Brand)：大发

三河市灵山玉洁造纸厂＊
Sanhe Lingshan Yujie Paper Mill
地址(Add)：河北省三河市黄土庄镇唐回店
邮编(P. C.)：065200
电话(Tel)：0316－3170504

法人代表(Chairman)：张凤田
联系人(Contact Person)：张凤田
产品(Products)：卫生纸，原纸

**三河市兴旺造纸有限公司*
Sanhe Xingwang Paper Co., Ltd.**
地址(Add)：河北省三河市泃阳镇赵屠庄
邮编(P. C.)：065200
电话(Tel)：0316-3161069
法人代表(Chairman)：柴自亮
联系人(Contact Person)：柴自亮
产品(Products)：卫生纸，原纸

**三河市燕灵造纸厂*
Sanhe Yanling Paper Mill**
地址(Add)：河北省三河市泃阳镇赵屠庄
邮编(P. C.)：065200
电话(Tel)：0316-3161021
法人代表(Chairman)：田广会
联系人(Contact Person)：田广会
产品(Products)：卫生纸，原纸

**三河市赵屠庄爱民造纸厂*
Sanhe Zhaotu Aimin Paper Mill**
地址(Add)：河北省三河市泃阳镇赵屠庄村
邮编(P. C.)：065200
电话(Tel)：0316-3161020
法人代表(Chairman)：田爱民
联系人(Contact Person)：田爱民
产品(Products)：卫生纸，原纸

**三河市泃阳华荣造纸厂*
Sanhe Juyang Huarong Paper Mill**
地址(Add)：河北省三河市泃阳镇赵屠庄村南
邮编(P. C.)：065200
电话(Tel)：0316-3160050
法人代表(Chairman)：田广华
联系人(Contact Person)：田广华
产品(Products)：卫生纸，原纸

**三河市齐心庄兴盛造纸厂*
Sanhe Qixin Xingsheng Paper Mill**
地址(Add)：河北省三河市齐心庄小邢庄
邮编(P. C.)：065200
电话(Tel)：0316-3161016
法人代表(Chairman)：卢玉朋
联系人(Contact Person)：卢玉朋
产品(Products)：卫生纸，原纸

**河北宇峰伟业纸品有限公司
Hebei Yufeng Weiye Paper Products Co., Ltd.**
地址(Add)：河北省石家庄市北二环西路3号
邮编(P. C.)：050000
电话(Tel)：0311-83624976
传真(Fax)：0311-83602359
E-mail：hbyfwy@126.com
总经理(General Manager)：冯增军
产品(Products)：卫生纸

**石家庄市惠普卫生用品有限公司
Shijiazhuang Huipu Hygiene Products Co., Ltd.**
地址(Add)：河北省石家庄市大郭村西工业园
邮编(P. C.)：050000
电话(Tel)：0311-89182530
传真(Fax)：0311-87838318
法人代表(Chairman)：孟繁祥
产品(Products)：卫生纸，餐巾纸
品牌(Brand)：惠普

**石家庄美商卫生用品有限公司
Shijiazhuang Meishang Hygiene Products Co., Ltd.**
地址(Add)：河北省石家庄市光华路151号欧华园
邮编(P. C.)：050011
电话(Tel)：0311-87610328
传真(Fax)：0311-87612113
总经理(General Manager)：梁吉平
产品(Products)：卫生卷纸，面巾纸
品牌(Brand)：雨新

**石家庄夏兰纸业有限公司
Shijiazhuang Xialan Paper Co., Ltd.**
地址(Add)：河北省石家庄市晋州市通达路安家庄开发区
邮编(P. C.)：052260
电话(Tel)：0311-84396888
传真(Fax)：0311-84396966
E-mail：xialan@163.com
Http://www.huanafa.com
总经理(General Manager)：吕建辉
产品(Products)：妇女卫生巾，卫生护垫，卫生纸
品牌(Brand)：夏兰，瞬爽

**石家庄令喜商贸有限公司
Shijiazhuang Lingxi Trading Co., Ltd.**
地址(Add)：河北省石家庄市裕华区南焦村4巷18号
邮编(P. C.)：050020
电话(Tel)：0311-85888300
传真(Fax)：0311-85888700
联系人(Contact Person)：孟令雨
产品(Products)：卫生纸

**河北正定光大卫生用品厂
Hebei Zhengding Guangda Hygiene Products Factory**
地址(Add)：河北省石家庄市正定县诸福屯镇诸福屯村
邮编(P. C.)：050800
电话(Tel)：0311-88220986
传真(Fax)：0311-88220986
E-mail：zdguangda@yahoo.com.cn
联系人(Contact Person)：康伟
产品(Products)：卫生纸，妇女卫生巾
品牌(Brand)：圣淘沙，满堂红，雪力，静莲，依洋，永兰

**唐山玉泉纸业有限公司
Tangshan Yuquan Paper Co., Ltd.**
地址(Add)：河北省唐山市京沈高速唐山段鸦鸿桥出口北4公里
邮编(P. C.)：064102
电话(Tel)：0315-6466667
传真(Fax)：0315-6469999
总经理(General Manager)：齐玉权
产品(Products)：餐巾纸，面巾纸，手帕纸，卫生纸
品牌(Brand)：斯达

唐山泽林植物纤维有限公司
Tangshan Zelin Plant Fibre Co., Ltd.
地址(Add):河北省唐山市开平区洼里镇
邮编(P. C.):063021
电话(Tel):0315-3370016
传真(Fax):0315-3370016
E-mail:289632323@qq.com
联系人(Contact Person):王秋来
产品(Products):卫生纸,面巾纸,手帕纸,餐巾纸,擦手纸
品牌(Brand):妞蔓妮,芳溢

唐山市金秋纸业有限公司
Tangshan Jinqiu Paper Co., Ltd.
地址(Add):河北省唐山市龙泽南路48号
邮编(P. C.):063021
电话(Tel):0315-2842907
传真(Fax):0315-2825681
总经理(General Manager):金松
联系人(Contact Person):张长学
产品(Products):卫生纸

唐山市妇康卫生用品有限公司
Tangshan Fukang Hygiene Products Co., Ltd.
地址(Add):河北省唐山市路北区果园西郭
邮编(P. C.):063000
电话(Tel):0315-2343776
传真(Fax):0315-2253887
Http://www.fkwsyp.cn
总经理(General Manager):刘福东
联系人(Contact Person):刘福庄
产品(Products):妇女卫生巾,卫生护垫,卫生纸
品牌(Brand):惠芳

河北省唐山市冀滦纸业有限公司*
Hebei Tangshan Jiluan Paper Co., Ltd.
地址(Add):河北省唐山市滦县响堂镇张疃村东
邮编(P. C.):063701
电话(Tel):0315-7477118
总经理(General Manager):陈喜龙
产品(Products):卫生纸,餐巾纸,原纸

中顺洁柔纸业股份有限公司唐山分公司*
C&S Paper Co., Ltd. Tangshan Branch
地址(Add):河北省唐山市玉田县散水头镇造纸工业小区
邮编(P. C.):100044
电话(Tel):010-88355560
传真(Fax):010-88355560
Http://www.zhongshungroup.com
法人代表(Chairman):杨裕钊
总经理(General Manager):杨裕钊
联系人(Contact Person):杨裕钊
产品(Products):卫生纸,面巾纸,餐巾纸,原纸
品牌(Brand):C&S,洁柔,太阳

河北中明纸业有限公司*
Hebei Zhongming Paper Co., Ltd.
地址(Add):河北省邢台市南和县
邮编(P. C.):054065
电话(Tel):0319-4488001
法人代表(Chairman):梁中秀
总经理(General Manager):梁中秀
产品(Products):卫生纸,原纸

邢台聚源纸业
Xingtai Juyuan Paper Co.
地址(Add):河北省邢台市邢临路口
邮编(P. C.):054000
电话(Tel):0319-3056163
联系人(Contact Person):李军
产品(Products):卫生卷纸

河北省徐水县红星纸业有限公司*
Hebei Xushui Hongxing Paper Co., Ltd.
地址(Add):河北省徐水县商平庄工业区21号信箱
邮编(P. C.):072550
电话(Tel):0312-8792137
传真(Fax):0312-8781137
E-mail:hongxing@hx-paper.com
Http://www.hx-paper.com
法人代表(Chairman):刘国战
联系人(Contact Person):刘学刚
产品(Products):卫生纸,餐巾纸,面巾纸,原纸
品牌(Brand):紫雅,紫维

徐水县龙源纸业有限公司*
Xushui Longyuan Paper Co., Ltd.
地址(Add):河北省徐水县遂城镇大庞村
邮编(P. C.):072557
电话(Tel):0312-8968999
传真(Fax):0312-8968989
法人代表(Chairman):赵振海
总经理(General Manager):赵岩
产品(Products):卫生纸,原纸
品牌(Brand):御猫,小叶,龙源,双洁,双柔,孙悟空

徐水县前进纸业有限公司*
Xushui Qianjin Paper Co., Ltd.
地址(Add):河北省徐水县遂城镇栗元庄
邮编(P. C.):072557
电话(Tel):0312-8903975
传真(Fax):0312-8903975
法人代表(Chairman):刘建军
总经理(General Manager):刘建军
产品(Products):卫生纸原纸
品牌(Brand):棉竹,奇特

徐水县顺发卫生用品有限公司
Xushui Shunfa Hygiene Products Co., Ltd.
地址(Add):河北省徐水县谢坊村南
邮编(P. C.):072550
电话(Tel):0312-8903608
法人代表(Chairman):祁连顺
联系人(Contact Person):祁连顺
产品(Products):卫生纸,餐巾纸,卫生护垫

金雷卫生用品厂
Jinlei Hygiene Products Factory
地址(Add):河北省正定县文昌街副42号(太平街)
邮编(P. C.):050800
电话(Tel):0311-88019705
传真(Fax):0311-88019705

E-mail：88019705@163.com
Http://88019705.blog.163.com
总经理(General Manager)：李春雷
联系人(Contact Person)：李春雷
产品(Products)：妇女卫生巾，成人纸尿裤，护理垫，隔尿巾，卫生纸，宠物垫
品牌(Brand)：康必备

■山西 Shanxi

山西碧玉纸业有限公司
Shanxi Biyu Paper Co., Ltd.
地址(Add)：山西省洪洞县城南坂街01
邮编(P.C.)：030013
电话(Tel)：0357-6211666
法人代表(Chairman)：郭星
总经理(General Manager)：郭星
联系人(Contact Person)：郭宏伟
产品(Products)：卫生纸
品牌(Brand)：晋芳，碧玉，芳雪，小白杨

山西晋芳纸业有限公司*
Shanxi Jinfang Paper Co., Ltd.
地址(Add)：山西省洪洞县城南坂街01号
邮编(P.C.)：041600
电话(Tel)：0357-6210888
传真(Fax)：0357-6212333
法人代表(Chairman)：武洪胜
总经理(General Manager)：武洪胜
联系人(Contact Person)：吴明元
产品(Products)：卫生纸，原纸
品牌(Brand)：晋芳

山西省洪洞晋洁纸业有限公司*
Shanxi Hongdong Jinjie Paper Co., Ltd.
地址(Add)：山西省洪洞县南坂街01号
邮编(P.C.)：041600
电话(Tel)：0357-6212966
传真(Fax)：0357-6212966
E-mail：jinjie@public.yc.sx.cn
法人代表(Chairman)：徐惠
产品(Products)：卫生纸，原纸
品牌(Brand)：晋洁

山西鸿昌农工贸科技有限公司
Shanxi Hongchang Agriculture & Industry Trade Co., Ltd.
地址(Add)：山西省稷山县南关108国道南
邮编(P.C.)：043200
电话(Tel)：0359-5528018
传真(Fax)：0359-5523783
总经理(General Manager)：黄俊发
联系人(Contact Person)：黄玉青
产品(Products)：卫生纸，餐巾纸

山西省晋城市华瑞昌纸业有限公司*
Shanxi Jincheng Huaruichang Paper Co., Ltd.
地址(Add)：山西省晋城市大车渠工业区
邮编(P.C.)：048007
电话(Tel)：0356-2109663
E-mail：gxftw@foxmail.com
法人代表(Chairman)：牛文瑞
总经理(General Manager)：王卫伟
联系人(Contact Person)：王卫伟
产品(Products)：卫生纸，餐巾纸，面巾纸，原纸，湿巾
品牌(Brand)：芳芳，晋雪，好宝贝

山西省临猗县力达纸业有限责任公司*
Shanxi Linyi Lida Paper Co., Ltd.
地址(Add)：山西省临猗县北环路
邮编(P.C.)：044100
电话(Tel)：0359-4068499
传真(Fax)：0359-4068499
法人代表(Chairman)：冯聪荣
总经理(General Manager)：杜四九
联系人(Contact Person)：杜磊
产品(Products)：卫生纸，原纸
品牌(Brand)：益宝，丑小鸭

山西五羊生活用纸厂
Shanxi Wuyang Household Paper Factory
地址(Add)：山西省太原市农科北路64号
邮编(P.C.)：030031
电话(Tel)：0351-7132843
传真(Fax)：0351-7240189
联系人(Contact Person)：付冬梅
产品(Products)：餐巾纸，面巾纸

忻州市瑞隆纸业有限公司*
Xinzhou Ruilong Paper Co., Ltd.
地址(Add)：山西省忻州市董村镇工业区
邮编(P.C.)：034017
电话(Tel)：0350-2660130
联系人(Contact Person)：张建国
产品(Products)：卫生纸原纸

惠安纸业*
Huian Paper Co.
地址(Add)：山西省新绛县横桥乡中村南
邮编(P.C.)：043100
电话(Tel)：0359-7623666
传真(Fax)：0359-7623666
联系人(Contact Person)：刘建兵
产品(Products)：卫生纸，原纸
品牌(Brand)：惠尔洁

夏县旭森纸制品有限公司*
Xiaxian Xusen Paper Products Co., Ltd.
地址(Add)：山西省运城市夏县李庄
邮编(P.C.)：044400
电话(Tel)：0359-8582333
传真(Fax)：0359-8582555
E-mail：xiaxianxusen@sina.com
法人代表(Chairman)：秦运杰
总经理(General Manager)：秦运杰
联系人(Contact Person)：秦娇丽
产品(Products)：原纸，卫生纸，面巾纸，手帕纸，餐巾纸
品牌(Brand)：沁心缘，虹光

■内蒙古 Inner Mongolia

呼和浩特市南郊造纸厂
Huhehaote Nanjiao Paper Mill
地址(Add)：内蒙古呼和浩特市锡林南路南端

邮编(P. C.)：010020
电话(Tel)：0471－5972065
传真(Fax)：0471－5972065
法人代表(Chairman)：颜斌
产品(Products)：卫生纸
品牌(Brand)：688

呼和浩特市三鑫纸品厂
Huhehaote Sanxin Paper Products Factory
地址(Add)：内蒙古呼和浩特市玉泉区辛辛板
邮编(P. C.)：010030
电话(Tel)：0471－5901087
E-mail：hhhtsanxingzy5888@126. com
Http://www. nmsx. cn
联系人(Contact Person)：刘宇
产品(Products)：手帕纸，餐巾纸，湿巾

利顺纸巾厂
Lishun Napkin Factory
地址(Add)：内蒙古呼市新城区代洲营
邮编(P. C.)：010051
电话(Tel)：0471－6868767
传真(Fax)：0471－3304122
联系人(Contact Person)：马云龙
产品(Products)：餐巾纸，湿巾
品牌(Brand)：利顺

内蒙古金星浆纸业有限公司
Inner Mongolia Jinxing Pulp & Paper Co., Ltd.
地址(Add)：内蒙古乌拉特前旗西山咀镇
邮编(P. C.)：014400
电话(Tel)：0478－3211917
传真(Fax)：0478－3215178
法人代表(Chairman)：黄志源
总经理(General Manager)：黄亦方
产品(Products)：卫生纸
品牌(Brand)：塞外星，舒圆

■辽宁 Liaoning

鞍山德洁卫生用品有限公司
Anshan Dejie Hygiene Products Co., Ltd.
地址(Add)：辽宁省鞍山市千山区经济技术开发区永宁街112号
邮编(P. C.)：114014
电话(Tel)：0412－8210133
传真(Fax)：0412－8228520
联系人(Contact Person)：杨丽君
产品(Products)：面巾纸，手帕纸，餐巾纸

鞍山市千山区兴和纸品加工厂
Anshan Xinghe Paper Products Factory
地址(Add)：辽宁省鞍山市千山区四方台路8号
邮编(P. C.)：114018
电话(Tel)：0412－8228320
传真(Fax)：0412－8228339
总经理(General Manager)：穆霜
产品(Products)：卫生纸
品牌(Brand)：丫丫，就喜欢

北镇市国辉包装印务有限公司
Beizhen Guohui Packaging & Printing Co., Ltd.
地址(Add)：辽宁省北镇市罗罗堡镇本街
邮编(P. C.)：121315
电话(Tel)：0416－6231891
传真(Fax)：0416－6231329
Http://www. ghbzx. com
总经理(General Manager)：赵国辉
产品(Products)：面巾纸，手帕纸
品牌(Brand)：佳舒

朝阳市旭日纸制品厂
Chaoyang Xuri Paper Products Factory
地址(Add)：辽宁省朝阳市经济技术开发区
邮编(P. C.)：122000
电话(Tel)：0421－3823999
传真(Fax)：0421－3860666
联系人(Contact Person)：贾宝友
产品(Products)：手帕纸，面巾纸

朝阳市阳光纸业有限公司＊
Chaoyang Sunlight Paper Co., Ltd.
地址(Add)：辽宁省朝阳市龙城区长江路五段82号
邮编(P. C.)：122000
电话(Tel)：0421－3816868
传真(Fax)：0421－3819555
法人代表(Chairman)：曹子胜
总经理(General Manager)：曹子胜
联系人(Contact Person)：曹子胜
产品(Products)：卫生纸，餐巾纸，面巾纸，手帕纸，原纸
品牌(Brand)：可馨，兰叶，快乐鱼，百芳

大连展春工贸有限公司
Dalian Zhanchun Industry Trading Co., Ltd.
地址(Add)：辽宁省大连市甘井子区华北路194号
邮编(P. C.)：116033
电话(Tel)：0411－86558565
传真(Fax)：0411－86559798
E-mail：dlzhanchun_0521@sina. com
Http://www. zhanchun521. com
法人代表(Chairman)：戴华山
联系人(Contact Person)：戴红梅
产品(Products)：面巾纸，擦手纸，手帕纸，卫生纸
品牌(Brand)：521

大连圣泰纸业有限公司
Dalian Shengtai Paper Co., Ltd.
地址(Add)：辽宁省大连市沙河口区黄河路410号－2－3－5
邮编(P. C.)：116011
电话(Tel)：0411－82664819
传真(Fax)：0411－86715280
总经理(General Manager)：徐国良
产品(Products)：卫生纸

大连金合欢生活用品有限公司
Dalian Jinhehuan Household Articles Co., Ltd.
地址(Add)：辽宁省大连市西岗区纪念街38号
邮编(P. C.)：116021
电话(Tel)：0411－83642472
传真(Fax)：0411－83642152

联系人(Contact Person)：李毅
产品(Products)：卫生卷纸
品牌(Brand)：芷瑶

大连新诚工贸有限公司
Dalian Xincheng Industry & Trading Co., Ltd.
地址(Add)：辽宁省大连市中山区友好路101号迈哈顿大厦B座2102
邮编(P. C.)：116001
电话(Tel)：0411-82537528
传真(Fax)：0411-82537538
E-mail：xincheng911@sina.cn
总经理(General Manager)：许滨
产品(Products)：卫生纸

丹东澄丰纸业有限公司
Dandong Chengfeng Paper Co., Ltd.
地址(Add)：辽宁省丹东市凤城绸厂二区198号
邮编(P. C.)：118100
电话(Tel)：0431-86290099
传真(Fax)：0431-85649501
E-mail：65551888@163.com
总经理(General Manager)：石峰
产品(Products)：擦手纸，马桶垫纸

凤城东风纸业有限公司＊
Fengcheng Dongfeng Paper Co., Ltd.
地址(Add)：辽宁省凤城市振兴街5-8号
邮编(P. C.)：118100
电话(Tel)：0415-8125977
传真(Fax)：0415-8660099
法人代表(Chairman)：王东风
产品(Products)：卫生纸原纸

恒安(抚顺)生活用品有限公司
Hengan (Fushun) Household Products Co., Ltd.
地址(Add)：辽宁省抚顺经济开发区科技城
邮编(P. C.)：113122
电话(Tel)：0413-3856666
传真(Fax)：0413-3856668
E-mail：yudl@mail.hengan.com.cn
联系人(Contact Person)：余大论
产品(Products)：妇女卫生巾，卫生护垫，婴儿纸尿裤，成人纸尿裤，卫生纸
品牌(Brand)：安乐，安尔乐，安儿乐，安而康，心相印

抚顺恒安纸业有限公司
Fushun Hengan Paper Co., Ltd.
地址(Add)：辽宁省抚顺经济开发区顺远街13号
邮编(P. C.)：113122
电话(Tel)：0413-3856666
传真(Fax)：0413-3856668
E-mail：yudl@mail.hengan.com.cn
法人代表(Chairman)：许连捷
总经理(General Manager)：余大论
产品(Products)：面巾纸，手帕纸，卫生纸
品牌(Brand)：心相印

抚顺恒安心相印纸制品有限公司
Fushun Hengan Xinxiangyin Paper Products Co., Ltd.
地址(Add)：辽宁省抚顺经济开发区顺远街13号
邮编(P. C.)：113122
电话(Tel)：0413-3856666
传真(Fax)：0413-3856668
E-mail：yudl@mail.hengan.com.cn
法人代表(Chairman)：许连捷
总经理(General Manager)：余大论
产品(Products)：面巾纸，手帕纸，卫生纸
品牌(Brand)：心相印

辽宁省抚顺市东洲圣佳民用纸厂＊
Liaoning Fushun Shengjia Minyong Paper Mill
地址(Add)：辽宁省抚顺市东洲区石富村
邮编(P. C.)：113004
电话(Tel)：0413-4113388
传真(Fax)：0413-4113377
法人代表(Chairman)：刘国强
产品(Products)：卫生纸，原纸
品牌(Brand)：圣佳，思梦奇，芳奇

辽宁省抚顺市海鹰卫生用品有限公司
Fushun Haiying Hygiene Products Co., Ltd.
地址(Add)：辽宁省抚顺市新民街
邮编(P. C.)：113000
电话(Tel)：0413-6455118
传真(Fax)：0413-6418432
E-mail：99hihi2@163.com
Http://seaeagles.home.72ec.com
法人代表(Chairman)：王海英
联系人(Contact Person)：王海英
产品(Products)：湿巾，面巾纸
品牌(Brand)：聚进

阜新市小保姆卫生用品有限责任公司＊
Fuxin Xiaobaomu Hygiene Products Co., Ltd.
地址(Add)：辽宁省阜新市经济开发区四合镇碱巴拉荒村
邮编(P. C.)：123000
电话(Tel)：0418-6610448
传真(Fax)：0418-2983878
E-mail：zhangjia1026@hotmail.com
法人代表(Chairman)：张甲
联系人(Contact Person)：张甲
产品(Products)：妇女卫生巾，卫生纸，原纸
品牌(Brand)：小保姆，六福人家

辽宁省海城市腾达造纸厂＊
Liaoning Haicheng Tengda Paper Mill
地址(Add)：辽宁省海城市新立大桥南张家居委会对过
邮编(P. C.)：114200
电话(Tel)：0412-3216111
传真(Fax)：0412-3218833
总经理(General Manager)：高本众
联系人(Contact Person)：单素芬
产品(Products)：卫生纸，原纸

锦州女儿河纸业有限责任公司＊
Jinzhou Nüerhe Paper Co., Ltd.
地址(Add)：辽宁省锦州市太和区新兴里69号
邮编(P. C.)：121005
电话(Tel)：0416-5139211
传真(Fax)：0416-2660620
E-mail：neh@nehzy.com

Http://www. nehzy. com
法人代表(Chairman)：刘延华
总经理(General Manager)：刘延民
联系人(Contact Person)：陈建林
产品(Products)：卫生纸，原纸
品牌(Brand)：女儿河，梦思妮

锦州市万洁卫生巾厂
Jinzhou Wanjie Sanitary Napkins Factory
地址(Add)：辽宁省锦州市太和区新兴里69号
邮编(P. C.)：121005
电话(Tel)：0416 – 5131281
传真(Fax)：0416 – 5138544
Http://www. jzwanjie. cn. china. cn
法人代表(Chairman)：董春
总经理(General Manager)：董春
产品(Products)：妇女卫生巾，手帕纸
品牌(Brand)：兰蓓儿，清逸，百芬昵，力洁

锦州市凯利生活用纸厂
Jinzhou kaili Household Paper Mill
地址(Add)：辽宁省锦州市太和区新兴里69号
邮编(P. C.)：121005
电话(Tel)：0416 – 8889555
传真(Fax)：0416 – 5132889
法人代表(Chairman)：赵广君
产品(Products)：卫生纸，手帕纸，面巾纸
品牌(Brand)：爱你，倾心之恋，小白象

辽宁森林木纸业有限公司 *
Liaoning Forest Wood Paper Co., Ltd.
地址(Add)：辽宁省锦州市太和区新兴里69号
邮编(P. C.)：121005
电话(Tel)：0416 – 5132222
传真(Fax)：0416 – 5138979
Http://www. jznz. com
总经理(General Manager)：张立平
产品(Products)：卫生纸，原纸，卫生巾衬纸

开原弘祥纸业有限公司 *
Kaiyuan Hongxiang Paper Co., Ltd.
地址(Add)：辽宁省开原市义和路47号
邮编(P. C.)：112300
电话(Tel)：0410 – 3713476
传真(Fax)：0410 – 3710203
E-mail：plj@ kyhxpaper. com
Http://www. kyhxpaper. com
法人代表(Chairman)：王伟
联系人(Contact Person)：潘立剑
产品(Products)：卫生纸，餐巾纸，擦手纸，原纸
品牌(Brand)：雪圣，雪天

辽阳兴启纸业有限公司 *
Liaoyang Xingqi Paper Co., Ltd.
地址(Add)：辽宁省辽阳市太子河区望水台道西庄
邮编(P. C.)：111000
电话(Tel)：0419 – 3306357
传真(Fax)：0419 – 3301108
E-mail：xqzy@ xqzy. com
Http://www. xqzy. com
法人代表(Chairman)：张桂荣
总经理(General Manager)：李晓文
产品(Products)：卫生纸，手帕纸，面巾纸，原纸
品牌(Brand)：兴启，思雪

锦州金日纸业有限责任公司 *
Jinzhou Jinri Paper Co., Ltd.
地址(Add)：辽宁省凌海市金城街
邮编(P. C.)：121203
电话(Tel)：0416 – 8351066
传真(Fax)：0416 – 8351000
Http://www. jzjrzy. com
法人代表(Chairman)：高成军
总经理(General Manager)：高成军
联系人(Contact Person)：姜铁军
产品(Products)：卫生纸，面巾纸，擦手纸，手帕纸，餐巾纸，原纸
品牌(Brand)：金月亮，银月亮，柔爽

凌海市金城秋实纸业有限公司 *
Linghai Jincheng Qiushi Paper Co., Ltd.
地址(Add)：辽宁省凌海市金城街
邮编(P. C.)：121203
电话(Tel)：0416 – 2738777
传真(Fax)：0416 – 2737288
E-mail：qiushipaper@ 163. com
联系人(Contact Person)：王景明
产品(Products)：生活用纸，原纸
品牌(Brand)：净一

沈阳美商卫生保健用品有限公司
Shenyang Meishang Hygiene & Healthcare Articles Co., Ltd.
地址(Add)：辽宁省沈阳市东陵区满融经济开发区
邮编(P. C.)：110177
电话(Tel)：024 – 23730888
传真(Fax)：024 – 23731313
E-mail：meishang9898@ tom. com
Http://www. symeishang. com
总经理(General Manager)：吕威章
联系人(Contact Person)：吕金强
产品(Products)：妇女卫生巾，卫生护垫，手帕纸，卫生卷纸
品牌(Brand)：雨柔

沈阳利达造纸有限公司 *
Shenyang Lida Paper Co., Ltd.
地址(Add)：辽宁省沈阳市和平区汇宝国际B座2 – 12
邮编(P. C.)：110000
电话(Tel)：024 – 23781291
传真(Fax)：024 – 82722008
总经理(General Manager)：于忠
产品(Products)：卫生纸，原纸

沈阳宝洁纸业有限责任公司
Shenyang Baojie Paper Co., Ltd.
地址(Add)：辽宁省沈阳市和平区南六马路85号1 – 22
邮编(P. C.)：110001
电话(Tel)：024 – 23738811
传真(Fax)：024 – 23738811
联系人(Contact Person)：盛桂琴
产品(Products)：手帕纸，面巾纸，餐巾纸，卫生纸

沈阳市奇美卫生用品有限公司
Shenyang Qimei Hygiene Products Co., Ltd.
地址(Add)：辽宁省沈阳市辽中中心街1-9信箱
邮编(P. C.)：110200
电话(Tel)：024-62302158
传真(Fax)：024-87825959
E-mail：qimei9988@163. com
Http://www. qimeisy. com
法人代表(Chairman)：武爽
总经理(General Manager)：裴多恰
联系人(Contact Person)：裴多恰
产品(Products)：婴儿纸尿裤，隔尿巾，护理垫，湿巾，手帕纸
品牌(Brand)：俏儿乐，乐点，清氧，Vinca

沈阳和润轻工实业有限公司
Shenyang Herun Light Industry Co., Ltd.
地址(Add)：辽宁省沈阳市农业高新区辉山街126号
邮编(P. C.)：110164
电话(Tel)：024-88081086
传真(Fax)：024-88081088
E-mail：heruncn@163. com
Http://www. he-run. com
联系人(Contact Person)：郑瑜
产品(Products)：湿巾，面巾纸，手帕纸
品牌(Brand)：卫而健

沈阳女儿河纸业有限公司
Shenyang Nüerhe Paper Co., Ltd.
地址(Add)：辽宁省沈阳市于洪区鸭绿江北街金山北路42号
邮编(P. C.)：110033
电话(Tel)：024-86600850
传真(Fax)：024-86610557
总经理(General Manager)：齐福春
产品(Products)：卫生纸，手帕纸，餐巾纸

铁岭龙泉山庄纸业有限责任公司*
Tieling Longquanshanzhuang Paper Co., Ltd.
地址(Add)：辽宁省铁岭市清河工业园区
邮编(P. C.)：112003
电话(Tel)：0410-2130599
传真(Fax)：0410-2130600
总经理(General Manager)：由殿君
产品(Products)：餐巾纸，面巾纸，卫生纸，手帕纸，原纸

铁岭市清河区港兴纸业有限公司*
Tieling Qinghe Gangxing Paper Co., Ltd.
地址(Add)：辽宁省铁岭市清河区工业园
邮编(P. C.)：112003
电话(Tel)：0410-2184600
传真(Fax)：0410-2181300
法人代表(Chairman)：武景燕
联系人(Contact Person)：任柏吉
产品(Products)：手帕纸，面巾纸，卫生纸，餐巾纸，原纸，湿巾
品牌(Brand)：安妮宝贝，小可爱

辽宁尚阳纸业有限公司*
Liaoning Shangyang Paper Co., Ltd.
地址(Add)：辽宁省铁岭市清河区工业园区
邮编(P. C.)：112003
电话(Tel)：0410-2132211
传真(Fax)：0410-2132288
法人代表(Chairman)：李淑萍
总经理(General Manager)：陈国强
产品(Products)：面巾纸，餐巾纸，手帕纸，卫生纸，盘纸，原纸
品牌(Brand)：尚阳风，金达莱

辽宁省铁岭市清河区福兴纸业有限公司*
Liaoning Tieling Qinghe Fuxing Paper Co., Ltd.
地址(Add)：辽宁省铁岭市清河区向阳街
邮编(P. C.)：112003
电话(Tel)：0410-2177577
传真(Fax)：0410-2185088
总经理(General Manager)：李洋
产品(Products)：卫生纸，原纸

营口芦雁纸品实业公司*
Yingkou Luyan Paper Products Co., Ltd.
地址(Add)：辽宁省营口市站前区河湾北街1号
邮编(P. C.)：115001
电话(Tel)：0417-2139555
传真(Fax)：0417-2135552
总经理(General Manager)：高春才
产品(Products)：卫生纸，原纸

营口洁海资源有限责任公司*
Yingkou Jiehai Resources Co., Ltd.
地址(Add)：辽宁省营口市站前区河湾北街1号
邮编(P. C.)：115001
电话(Tel)：0417-2135860
传真(Fax)：0417-3631195
法人代表(Chairman)：赵国庆
总经理(General Manager)：赵国庆
联系人(Contact Person)：王庆
产品(Products)：卫生纸，原纸
品牌(Brand)：芦雁

■吉林 Jilin

长春市靓逸纸业有限公司
Changchun Liangyi Paper Co., Ltd.
地址(Add)：吉林省长春市高新开发区
邮编(P. C.)：130012
电话(Tel)：0431-85517891
传真(Fax)：0431-85516448
法人代表(Chairman)：张淑丽
总经理(General Manager)：高源
产品(Products)：餐巾纸，面巾纸，纸杯
品牌(Brand)：靓逸

长春万隆纸业有限公司*
Changchun Wanlong Paper Co., Ltd.
地址(Add)：吉林省长春市吉林大路民丰街亚泰桃花苑门市房
邮编(P. C.)：130031
电话(Tel)：0431-4858320
联系人(Contact Person)：苏平
产品(Products)：卫生纸，原纸
品牌(Brand)：小贝贝，红棉，世纪星

长春市巨昌纸业有限公司
Changchun Juchang Paper Co., Ltd.
地址(Add): 吉林省长春市宽城区凯旋路22-1号
邮编(P. C.): 130051
电话(Tel): 0431-88601958
传真(Fax): 0431-88601958
E-mail: zhuhongbo-01@163.com
总经理(General Manager): 朱洪波
产品(Products): 卫生卷纸, 手帕纸, 面巾纸
品牌(Brand): 每家适

长春市天丽洁一次性卫生用品有限公司
Changchun Tianlijie Hygiene Products Co., Ltd.
地址(Add): 吉林省长春市绿园区青龙路
邮编(P. C.): 130062
电话(Tel): 0431-88841972
传真(Fax): 0431-87875332
法人代表(Chairman): 富丽萍
产品(Products): 纸巾纸, 湿巾

永和纸业有限公司 *
Yonghe Paper Co., Ltd.
地址(Add): 吉林省珲春市文化路1836号
邮编(P. C.): 133300
电话(Tel): 0433-7806222
传真(Fax): 0433-7807999
E-mail: hc_zyf@sina.com
Http://www.yh-paper.cn
总经理(General Manager): 赵云峰
联系人(Contact Person): 刘焕忠
产品(Products): 卫生纸, 餐巾纸, 厨房用纸, 盘纸, 原纸
品牌(Brand): 北春

吉林省爱尔康达卫生用品有限公司
Jilin Aierkangda Hygiene Products Co., Ltd.
地址(Add): 吉林省吉林市船营区西安路337号
邮编(P. C.): 132000
电话(Tel): 0432-67838678
传真(Fax): 0432-64881768
法人代表(Chairman): 郭群
总经理(General Manager): 郭群
联系人(Contact Person): 李美玲
产品(Products): 湿巾, 成人纸尿裤/片, 护理垫, 卫生纸, 手帕纸
品牌(Brand): 爱尔, 小俏孩, 小妇人, 双双

吉林千纸鹤纸业有限公司 *
Jilin Qianzhihe Paper Co., Ltd.
地址(Add): 吉林省辽源市东辽工业集中区
邮编(P. C.): 136600
电话(Tel): 0437-5557799
联系人(Contact Person): 马凤强
产品(Products): 卫生纸, 餐巾纸, 原纸

吉林延边石岘白麓纸业股份有限公司卫生纸分厂 *
Jilin Yanbian Shixian Bailu Paper Co., Ltd. Tissue Paper Branch
地址(Add): 吉林省图们市石岘镇
邮编(P. C.): 133101
电话(Tel): 0433-3869494
传真(Fax): 0433-3869494
E-mail: shixian@shixianpaper.com
Http://www.shixianpaper.com
法人代表(Chairman): 郑艳民
总经理(General Manager): 郑艳民
联系人(Contact Person): 郎青山
产品(Products): 卫生纸, 原纸
品牌(Brand): 双麓

延边韩吉制纸有限公司 *
Yanbian Hanji Paper Making Co., Ltd.
地址(Add): 吉林省图们市图珲路224号
邮编(P. C.): 133100
电话(Tel): 0433-3525427
传真(Fax): 0433-3625427
总经理(General Manager): 尹重烈
产品(Products): 卫生纸, 面巾纸, 餐巾纸, 原纸
品牌(Brand): 参花

延吉市华泰造纸厂 *
Yanji Huatai Paper Mill
地址(Add): 吉林省延吉市河南街818号
邮编(P. C.): 133001
电话(Tel): 0433-2821907
传真(Fax): 0433-2821907
法人代表(Chairman): 鲍延军
产品(Products): 卫生纸, 原纸
品牌(Brand): 华泰

镇赉新盛纸业有限公司 *
Zhenlai Xinsheng Paper Co., Ltd.
地址(Add): 吉林省镇赉县镇赉镇新兴北街
邮编(P. C.): 137300
电话(Tel): 0436-7222218
传真(Fax): 0436-7252488
法人代表(Chairman): 邵茂德
总经理(General Manager): 邵茂德
联系人(Contact Person): 邵大斌
产品(Products): 卫生纸, 原纸
品牌(Brand): 白牡丹

■黑龙江 Heilongjiang

黑龙江新华卫生专用造纸有限公司 *
Heilongjiang Xinhua Hygiene & Specialty Paper Co., Ltd.
地址(Add): 黑龙江省阿城市新华二路
邮编(P. C.): 150300
电话(Tel): 0451-53761432
传真(Fax): 0451-53722503
法人代表(Chairman): 鲁文志
联系人(Contact Person): 鲁凤英
产品(Products): 卫生纸, 面巾纸, 原纸
品牌(Brand): 瑞洁

大庆市新庆馨纸业有限公司
Daqing Xinqingxin Paper Co., Ltd.
地址(Add): 黑龙江省大庆市龙凤向阳工业园内
邮编(P. C.): 163711
电话(Tel): 0459-4316933
传真(Fax): 0459-4316099
E-mail: qingxinlbc@163.com
法人代表(Chairman): 毛清林

联系人(Contact Person)：刘宝臣
产品(Products)：卫生纸

哈尔滨鑫禾纸业有限责任公司
Harbin Xinhe Paper Co., Ltd.
地址(Add)：黑龙江省哈尔滨市阿城区西城工业区
邮编(P. C.)：150300
电话(Tel)：0451－53776587
传真(Fax)：0451－53776587
总经理(General Manager)：刘永政
产品(Products)：卫生纸，湿巾
品牌(Brand)：鑫禾

哈尔滨金北方旅游用品有限公司
Harbin Jinbeifang Tourism Articles Co., Ltd.
地址(Add)：黑龙江省哈尔滨市道里区群力工业园区
邮编(P. C.)：150000
电话(Tel)：0451－87610488
传真(Fax)：0451－87610488
总经理(General Manager)：刘平
产品(Products)：面巾纸，卫生纸，擦手纸，湿巾

哈尔滨市康安纸业有限公司
Harbin Kangan Paper Co., Ltd.
地址(Add)：黑龙江省哈尔滨市哈同公路66公里处
邮编(P. C.)：150400
电话(Tel)：0451－57988724
传真(Fax)：0451－88317199
E-mail：kanganzhijin@126.com
法人代表(Chairman)：王成
联系人(Contact Person)：王成
产品(Products)：湿巾，婴儿纸尿片，卫生护垫，卫生卷纸，面巾纸，手帕纸
品牌(Brand)：绿珠，旭竹，欧逸

牡丹江市三都特种纸业有限公司＊
Mudanjiang Sandu Special Paper Co., Ltd.
地址(Add)：黑龙江省牡丹江市爱民区大庆街19号
邮编(P. C.)：157009
电话(Tel)：0453－6899237
传真(Fax)：0453－6899217
E-mail：5921bb@vip.sina.com
法人代表(Chairman)：刘勇
总经理(General Manager)：张军
联系人(Contact Person)：刘国
产品(Products)：原纸，卫生纸，面巾纸，手帕纸，餐巾纸，厨房用纸，擦手纸
品牌(Brand)：一株雪，一溪月，一色秋，乌衣巷，白鹭洲，予心乐

七台河市康辉纸业有限责任公司
Qitaihe Kanghui Paper Co., Ltd.
地址(Add)：黑龙江省七台河市新兴区越秀路100号
邮编(P. C.)：154603
电话(Tel)：0464－8333336
传真(Fax)：0464－8344975
总经理(General Manager)：于雅芝
产品(Products)：卫生纸
品牌(Brand)：康辉

齐齐哈尔市岩云纸品商店
Qiqihar Yanyun Paper Store
地址(Add)：黑龙江省齐齐哈尔市建设路建东小区7号楼(203医院斜对面)
邮编(P. C.)：161000
电话(Tel)：0452－8548236
传真(Fax)：0452－8095866
联系人(Contact Person)：王岩
产品(Products)：卫生纸，妇女卫生巾
品牌(Brand)：惠而特

黑龙江省康嘉纸业有限公司
Heilongjiang Kangjia Paper Co., Ltd.
地址(Add)：黑龙江省肇东市安阳路79号
邮编(P. C.)：151100
电话(Tel)：0455－7997877
传真(Fax)：0455－5937890
法人代表(Chairman)：杨春艳
总经理(General Manager)：许伟
联系人(Contact Person)：许伟
产品(Products)：面巾纸，湿巾，妇女卫生巾
品牌(Brand)：相思雨

黑龙江凯丰纸业有限公司＊
Heilongjiang Kaifeng Paper Co., Ltd.
地址(Add)：黑龙江省肇州县团结街亚麻工业园
邮编(P. C.)：166400
电话(Tel)：0459－8516707
传真(Fax)：0459－8516710
E-mail：kaifeng@kfzy.cn
Http://www.kfzy.cn
法人代表(Chairman)：王卫丰
总经理(General Manager)：王尊宇
联系人(Contact Person)：薄志武
产品(Products)：卫生纸，手帕纸，餐巾纸，面巾纸，原纸
品牌(Brand)：离不开她，迷你鹿

■上海 Shanghai

上海百信卫生用品有限公司
Shanghai Baixin Sanitary Articles Co., Ltd.
地址(Add)：上海市宝山区定安公路333号
邮编(P. C.)：201906
电话(Tel)：021－36041888
传真(Fax)：021－36040088
E-mail：zha12008@126.com
Http://www.baixinsh.com.cn
联系人(Contact Person)：张磊
产品(Products)：妇女卫生巾，卫生护垫，乳垫，面巾纸
品牌(Brand)：百氏

上海柔虹纸业有限公司
Shanghai Rouhong Paper Co., Ltd.
地址(Add)：上海市宝山区祁连山路1621弄98号
邮编(P. C.)：200436
电话(Tel)：021－62509279
传真(Fax)：021－62841902
Http://www.shrouhong.com
总经理(General Manager)：苏尔概
联系人(Contact Person)：胡思做
产品(Products)：面巾纸

潜利工业有限公司*
Shanghai Potential Paper Co., Ltd.
地址(Add)：上海市宝山区月浦镇知仁路99号
邮编(P. C.)：200942
电话(Tel)：021－66031116
传真(Fax)：021－56154976
E-mail：jhzhao@ potentialpaper. com
Http://www. potentialpaper. com
法人代表(Chairman)：范正显
总经理(General Manager)：刘晓萱
联系人(Contact Person)：赵瑾华
产品(Products)：卫生纸原纸

上海申玉实业有限公司
Shanghai Shenyu Industry Co., Ltd.
地址(Add)：上海市春申路3758弄2号楼506室
邮编(P. C.)：201100
电话(Tel)：021－54157163
传真(Fax)：021－54157163
法人代表(Chairman)：卫星
总经理(General Manager)：卫星
联系人(Contact Person)：卫星
产品(Products)：妇女卫生巾，餐巾纸
品牌(Brand)：申玉

上海可林纸业有限公司
Shanghai Clean Paper Co., Ltd.
地址(Add)：上海市奉贤区金汇镇西街118号
邮编(P. C.)：201404
电话(Tel)：021－57483010
传真(Fax)：021－57482331
总经理(General Manager)：张金金
产品(Products)：擦手纸，餐巾纸

金佰利(中国)有限公司
Kimberly－Clark (China) Co., Ltd.
地址(Add)：上海市福州路666号金陵海欣大厦10楼
邮编(P. C.)：200001
电话(Tel)：010－87110016
传真(Fax)：010－67856096
E-mail：jessica. cai@ kcc. com
Http://www. kimberly-clark. com. cn
法人代表(Chairman)：Errol William Plowman
总经理(General Manager)：邵青锋
联系人(Contact Person)：蔡敏
产品(Products)：妇女卫生巾，卫生护垫，婴儿纸尿裤/片，成人纸尿裤/片，护理垫，湿巾，纸巾纸，卫生卷纸
品牌(Brand)：高洁丝 Kotex，舒而美 C&B，好奇 Huggies，舒洁 Kleenex，得伴 Depend

上海绿鸥日用品有限公司
Shanghai Leo Commodities Co., Ltd.
地址(Add)：上海市虹梅南路1528弄68号
邮编(P. C.)：200237
电话(Tel)：021－54286055
传真(Fax)：021－52293119
E-mail：lane@ shanghaileo. com
Http://www. shanghaileo. com
法人代表(Chairman)：俞平
总经理(General Manager)：陈毓萍
联系人(Contact Person)：俞平
产品(Products)：卫生纸，面巾纸，手帕纸，餐巾纸，厨房用纸，擦手纸
品牌(Brand)：自然柔，绿鸥

美国爱克欣医疗工业公司上海代表处
Medical Action Industries Inc. Shanghai Office
地址(Add)：上海市虹桥开发区兴义路8号万都中心1905室
邮编(P. C.)：200336
电话(Tel)：021－52082618－208
传真(Fax)：021－52082628
E-mail：ivys@ medical-action. com
总经理(General Manager)：唐玥
联系人(Contact Person)：孙晓妍
产品(Products)：宠物垫，擦手纸

上海来福保健卫生制品有限公司
Shanghai Laifu Hygiene Products Co., Ltd.
地址(Add)：上海市沪青平公路卫家角诸光路1号
邮编(P. C.)：201702
电话(Tel)：021－64029111
总经理(General Manager)：王国强
产品(Products)：卫生卷纸，餐巾纸，面巾纸
品牌(Brand)：贵妃

上海东冠集团*
Shanghai Orient Champion Group
地址(Add)：上海市金山区亭林镇林慧路1000号
邮编(P. C.)：201505
电话(Tel)：021－57276565
传真(Fax)：021－57277171
E-mail：zhangbo@ socp. com. cn
Http://www. jieyun. cn
法人代表(Chairman)：李慈雄
总经理(General Manager)：孙海瑜
联系人(Contact Person)：章波
产品(Products)：原纸，卫生纸，面巾纸，餐巾纸，手帕纸，擦手纸，厨房用纸，婴儿纸尿裤，湿巾
品牌(Brand)：洁云，丝柔，贝贝爽

上海东冠纸业有限公司*
Shanghai Orient Champion Paper Co., Ltd.
地址(Add)：上海市金山区亭林镇林慧路1000号
邮编(P. C.)：201505
电话(Tel)：021－57276565
传真(Fax)：021－57277171
E-mail：zhangbo@ socp. com. cn
Http://www. jieyun. cn
法人代表(Chairman)：李慈雄
总经理(General Manager)：孙海瑜
联系人(Contact Person)：章波
产品(Products)：卫生纸，原纸
品牌(Brand)：洁云，丝柔，洁伴

上海乐采卫生用品有限公司
Shanghai Lecai Hygiene Products Co., Ltd.
地址(Add)：上海市卢湾区达浦路1号金玉兰广场西楼1509室
邮编(P. C.)：200023
电话(Tel)：021－53960291

传真(Fax)：021－53960230
联系人(Contact Person)：徐克佳
产品(Products)：卫生纸，擦手纸

上海爱妮梦纸业有限公司
Shanghai Anemone Tissue Co., Ltd.
地址(Add)：上海市闵行区沪闵路 3158 号(瓶北路 130 号)
邮编(P. C.)：201109
电话(Tel)：021－64909090
传真(Fax)：021－54570005
E-mail：shhcfd@ hotmail. com
法人代表(Chairman)：胡宣化
总经理(General Manager)：胡朝福
联系人(Contact Person)：胡朝福
产品(Products)：面巾纸，餐巾纸，卫生纸，湿巾，马桶座垫
品牌(Brand)：爱妮梦，舒芙，白霞

上海舒恩纸塑卫生用品厂
Shanghai Shuen Paper & Plastics Hygiene Products Factory
地址(Add)：上海市闵行区华漕陈家角陆家桥 88 号
邮编(P. C.)：201100
电话(Tel)：021－62218052
传真(Fax)：021－62214945
法人代表(Chairman)：沈传豪
产品(Products)：餐巾纸，面巾纸，手帕纸，卫生卷纸
品牌(Brand)：祥莱缘

爱生雅商务咨询(上海)有限公司
SCA Asia Pacific
地址(Add)：上海市闵行区浦东陈行路 1958 号
邮编(P. C.)：201114
电话(Tel)：021－54335200
传真(Fax)：021－54333727
Http://www. sca. com/asia
法人代表(Chairman)：麦焘
总经理(General Manager)：麦焘
联系人(Contact Person)：仇斌
产品(Products)：卫生纸
品牌(Brand)：多康 Tork，Tena

上海三合纸业有限公司
Shanghai Sanhe Paper Co., Ltd.
地址(Add)：上海市南汇区东海农场南首三公里塘下公路边
邮编(P. C.)：201300
电话(Tel)：021－58292700
传真(Fax)：021－58295100
联系人(Contact Person)：刘文锋
产品(Products)：餐巾纸

上海唯爱纸业有限公司
Shanghai Weiai Paper Co., Ltd.
地址(Add)：上海市南汇区宣桥镇三灶工业园宣秋路 446 号 A 楼
邮编(P. C.)：201300
电话(Tel)：021－51961298
传真(Fax)：021－51961278
E-mail：weiaiaiwei@ sina. com
Http://www. shevery. com
法人代表(Chairman)：程学保
总经理(General Manager)：程学保
联系人(Contact Person)：沈治文
产品(Products)：湿巾，餐巾纸，面巾纸，厨房用纸，擦手纸，婴儿纸尿裤/片
品牌(Brand)：爱唯，康乐

上海乐抽纸制品有限公司
Shanghai Lechou Paper Products Co., Ltd.
地址(Add)：上海市浦东区龙阳路 1880 弄万邦都市花园 53 号 802 室
邮编(P. C.)：201204
电话(Tel)：021－50610505
传真(Fax)：021－68940309
E-mail：shanghailechou@ qq. com
Http://www. shanghailechou. com
总经理(General Manager)：罗源
产品(Products)：面巾纸，湿巾，厨用抹布
品牌(Brand)：乐抽

上海汉生豪斯实业有限公司
Shanghai Handsome Horse Co., Ltd.
地址(Add)：上海市浦东新区北蔡镇杨桥村西计家宅 106 号
邮编(P. C.)：201204
电话(Tel)：021－68942694
传真(Fax)：021－68926595
E-mail：zlj@ hs-hs. cn
Http://www. hs-hs. cn
联系人(Contact Person)：郑利军
产品(Products)：抽取式卫生纸

上海若云纸业有限公司
Shanghai Ruoyun Paper Co., Ltd.
地址(Add)：上海市浦东新区东川路星升路 189 号
邮编(P. C.)：201201
电话(Tel)：021－68900545
传真(Fax)：021－68907191
E-mail：dingdemei-ry@ yahoo. com. cn
法人代表(Chairman)：杨建南
总经理(General Manager)：丁德妹
产品(Products)：卫生纸，餐巾纸，面巾纸，湿巾
品牌(Brand)：若云，爱迪梦

上海玉洁纸业有限公司＊
Shanghai Yujie Paper Co., Ltd.
地址(Add)：上海市浦东新区东方路 1800 弄 48 号 202 室
邮编(P. C.)：200127
电话(Tel)：021－68737491
传真(Fax)：021－68737449
Http://www. shyjpaper. cn
法人代表(Chairman)：贾玉秋
总经理(General Manager)：季冰
产品(Products)：卫生纸，面巾纸，擦手纸，餐巾纸，原纸
品牌(Brand)：冰清，玉洁

上海正应纸业有限公司
Shanghai Zhengying Paper Co., Ltd.
地址(Add)：上海市浦东新区顾全路 245 弄 68 号

邮编(P. C.): 200125
电话(Tel): 021 - 68746334
传真(Fax): 021 - 68745002
法人代表(Chairman): 程正应
总经理(General Manager): 程正应
联系人(Contact Person): 程正应
产品(Products): 卫生卷纸, 擦手纸, 餐巾纸, 面巾纸
品牌(Brand): 正应, 怡飘

上海宝盈纸制品有限公司
Shanghai Baoying Paper Products Co., Ltd.
地址(Add): 上海市浦东新区机场镇森林村5组金家宅14号
邮编(P. C.): 201202
电话(Tel): 021 - 58933103
传真(Fax): 021 - 58933103
总经理(General Manager): 金根法
产品(Products): 餐巾纸, 面巾纸, 擦手纸

上海雅臣纸业有限公司
Shanghai Yachen Paper Co., Ltd.
地址(Add): 上海市浦东新区三林路235号
邮编(P. C.): 200124
电话(Tel): 021 - 68308606
传真(Fax): 021 - 68308607
E-mail: yachen3120@yahoo.com.cn
Http://ycpaper.b2b.hc360.com
总经理(General Manager): 孙根成
联系人(Contact Person): 孙根成
产品(Products): 湿巾, 面巾纸
品牌(Brand): 雅臣

上海明佳卫生用品有限公司
Shanghai Mingjia Hygiene Articles Co., Ltd.
地址(Add): 上海市浦东新区唐镇机口村河西南宅305号(顾唐路与南曹路交叉口)
邮编(P. C.): 210201
电话(Tel): 021 - 58967779
传真(Fax): 021 - 58966320
E-mail: brightshanghai@yahoo.com.cn
Http://www.brightshanghai.cn.alibaba.com
法人代表(Chairman): 沈志林
总经理(General Manager): 郑立国
联系人(Contact Person): 许燕燕
产品(Products): 卫生纸, 餐巾纸, 面巾纸, 手帕纸, 擦手纸, 盘纸
品牌(Brand): 明佳

上海明阳佳木国际贸易有限公司
Tricell (Canada) Forest Products Co., Ltd. Shanghai Office
地址(Add): 上海市浦东新区新金桥路255号501室
邮编(P. C.): 200129
电话(Tel): 021 - 51352575
传真(Fax): 021 - 50455907
E-mail: liduying@yahoo.com.cn
Http://www.shmyjm.com.cn
总经理(General Manager): 李笃莹
联系人(Contact Person): 杨东威
产品(Products): 擦手纸

联兴卫生用品有限公司
Lianxing Hygiene Products Co., Ltd.
地址(Add): 上海市浦东新区秀沿路867弄30号1201室
邮编(P. C.): 201315
电话(Tel): 021 - 59398412
传真(Fax): 021 - 59398413
法人代表(Chairman): 陆素俊
总经理(General Manager): 陆素俊
联系人(Contact Person): 杨志平
产品(Products): 妇女卫生巾, 卫生护垫, 纸尿片, 拖把, 擦拭巾, 卫生卷纸, 餐巾纸
品牌(Brand): 紫菱, 佳蕙

芬雅纸品(上海)发展有限公司
Fenya Paper Products (Shanghai) Development Co., Ltd.
地址(Add): 上海市浦东新区张杨路1254号307室
邮编(P. C.): 200122
电话(Tel): 021 - 58205346
传真(Fax): 021 - 58207649
法人代表(Chairman): 陈秋玲
产品(Products): 面巾纸, 纸巾纸, 餐巾纸, 卫生纸, 纸杯, 湿巾
品牌(Brand): 芬雅

上海唯尔福(集团)有限公司★
Shanghai Welfare Group Co., Ltd.
地址(Add): 上海市青浦区华新镇徐华公路3029弄88号
邮编(P. C.): 201705
电话(Tel): 021 - 39873177
传真(Fax): 021 - 39873188
E-mail: wef2008@163.com
Http://www.wef2008.com
法人代表(Chairman): 李胜章
总经理(General Manager): 何幼成
联系人(Contact Person): 张迎春
产品(Products): 妇女卫生巾, 卫生护垫, 婴儿纸尿裤/片, 成人纸尿片, 宠物垫, 护理垫, 原纸, 卫生纸, 面巾纸, 手帕纸, 餐巾纸, 厨房用纸, 擦手纸, 湿巾
品牌(Brand): 唯尔福, 美丽约会, 唯儿福, 纸音

上海誉森纸制品有限公司
Shanghai Yusen Paper Products Co., Ltd.
地址(Add): 上海市松江工业区梅家浜路209号
邮编(P. C.): 201613
电话(Tel): 021 - 37790165
E-mail: zhangxiaolin021@126.com
联系人(Contact Person): 张小林
产品(Products): 面巾纸, 餐巾纸

上海曜颖餐饮用品有限公司
Shanghai International Fresh Mate Co., Ltd.
地址(Add): 上海市松江区车敦镇香亭路459号
邮编(P. C.): 201611
电话(Tel): 021 - 57774301
传真(Fax): 021 - 57774739
E-mail: caipingc@hotmail.com
法人代表(Chairman): 石川忠彦
总经理(General Manager): 王升曜
联系人(Contact Person): 孙彩萍
产品(Products): 湿巾, 餐巾纸, 厨房用纸

品牌(Brand)：飞舒美德

上海恒晟卫生用品有限公司
Shanghai Hengsheng Hygiene Products Co., Ltd.
地址(Add)：上海市松江区高科技园昆港路999号
邮编(P. C.)：201614
电话(Tel)：021-57855018
传真(Fax)：021-57855266
E-mail：sales@sh-hs.cn
Http://www.sh-hs.cn
法人代表(Chairman)：许文嵘
总经理(General Manager)：许文评
联系人(Contact Person)：许文评
产品(Products)：婴儿纸尿裤/片，成人纸尿片，妇婴两用垫，湿巾，卫生纸
品牌(Brand)：舒贝，舒尔乐

上海金佰利纸业有限公司 *
Kimberly-Clark Paper (Shanghai) Co., Ltd.
地址(Add)：上海市松江区金沙滩139号
邮编(P. C.)：201600
电话(Tel)：021-57822671-3500
传真(Fax)：021-57820386
E-mail：wesen.zha@kcc.com
Http://www.kimberly-clark.com.cn
法人代表(Chairman)：邵青锋
总经理(General Manager)：吴乃方
联系人(Contact Person)：查炜琛
产品(Products)：卫生纸，面巾纸，餐巾纸，手帕纸，原纸
品牌(Brand)：舒洁 Kleenex

上海市梦远无纺布有限公司
Shanghai Mengyuan Nonwoven Co., Ltd.
地址(Add)：上海市松江区九亭镇涞亭南路888弄307号102室
邮编(P. C.)：201615
电话(Tel)：021-33731470
传真(Fax)：021-33731470
联系人(Contact Person)：袁明贵
产品(Products)：擦拭巾，湿巾，擦手纸

上海佳利佳日用品有限公司
Shanghai Jialijia Commodity Co., Ltd.
地址(Add)：上海市松江区佘山镇细林路南首
邮编(P. C.)：201602
电话(Tel)：021-57659761
传真(Fax)：021-57659763
E-mail：w13801967282@126.com
总经理(General Manager)：赖壮梅
产品(Products)：卫生纸，面巾纸
品牌(Brand)：佳利佳

上海荷风环保科技有限公司
Shanghai Lotusmia Environmental Technology Co., Ltd.
地址(Add)：上海市徐汇区东安路50弄3号楼2705室
邮编(P. C.)：200032
电话(Tel)：021-64047079
传真(Fax)：021-64047079
E-mail：yang_qh@msn.com
Http://www.chinaafh.com
法人代表(Chairman)：杨庆华
总经理(General Manager)：杨庆华
联系人(Contact Person)：杨庆华
产品(Products)：擦手纸，卫生纸，面巾纸，厨房用纸，餐巾纸，湿巾，工业擦拭纸
品牌(Brand)：荷韵

上海豪发纸业有限公司
Shanghai Haofa Paper Co., Ltd.
地址(Add)：上海市杨高南路红同路506号甲(近外环线)
邮编(P. C.)：200123
电话(Tel)：021-50858090
传真(Fax)：021-50785175
Http://www.haoshifa.com
总经理(General Manager)：曹豪雄
产品(Products)：卫生卷纸，擦手纸，餐巾纸
品牌(Brand)：豪仕发

上海裕鹏纸业有限公司
Shanghai Yupeng Paper Co., Ltd.
地址(Add)：上海市逸仙路1808号-68
邮编(P. C.)：200439
电话(Tel)：021-56143506
总经理(General Manager)：刘恩明
联系人(Contact Person)：刘裕
产品(Products)：卫生卷纸，餐巾纸
品牌(Brand)：裕鹏，白羽

上海东冠华洁纸业有限公司
Shanghai Orient Champion Paper Co., Ltd.
地址(Add)：上海市中山南一路893号斯米克广场西楼二楼
邮编(P. C.)：200023
电话(Tel)：021-53026727
传真(Fax)：021-53019590
E-mail：xuexm@socp.com.cn
Http://www.jieyun.cn
法人代表(Chairman)：李慈雄
总经理(General Manager)：孙海瑜
联系人(Contact Person)：薛小敏
产品(Products)：卫生卷纸，面巾纸，餐巾纸，手帕纸，擦手纸，厨房用纸，婴儿纸尿裤，湿巾
品牌(Brand)：洁云，丝柔，洁伴，贝贝爽

■江苏 Jiangsu

江苏滨海蓝星纸品有限公司
Jiangsu Binhai Lanxing Paper Products Co., Ltd.
地址(Add)：江苏省滨海县阜东北路(坎北工业园)
邮编(P. C.)：224500
电话(Tel)：0515-4973978
联系人(Contact Person)：王家科
产品(Products)：卫生纸

盐城市俏安卫生保健用品有限公司
Yancheng Qiaoan Hygiene Health Care Products Co., Ltd.
地址(Add)：江苏省滨海县经济技术开发区港区支路
邮编(P. C.)：224500
电话(Tel)：0515-84193188
传真(Fax)：0515-84101865

E-mail：knb7008@sina.com
Http：//www.qiaoan.cn
法人代表(Chairman)：蒯本立
总经理(General Manager)：蒯乃彬
联系人(Contact Person)：蒯乃彬
产品(Products)：妇女卫生巾，卫生护垫，卫生纸，纸尿裤/片，湿巾
品牌(Brand)：俏安

苏州市半边天创美纸业有限公司
Suzhou Banbiantian Chuangmei Paper Co., Ltd.
地址(Add)：江苏省常熟市工业园区
邮编(P.C.)：215531
电话(Tel)：0512-52554909
传真(Fax)：0512-52554909
法人代表(Chairman)：李素芳
总经理(General Manager)：李素芳
联系人(Contact Person)：蔡红英
产品(Products)：妇女卫生巾，卫生卷纸，手帕纸
品牌(Brand)：可芳，舒周

常州泉港纸业制品厂
Changzhou Quangang Paper Products Factory
地址(Add)：江苏省常州市常焦路亚新五里头88号长江轴承厂内
邮编(P.C.)：213021
电话(Tel)：0519-85552526
传真(Fax)：0519-85076688
E-mail：office@czqgzy.cn
Http：//www.czqgzy.cn
联系人(Contact Person)：连培清
产品(Products)：湿巾，卫生卷纸，面巾纸，擦手纸，手帕纸
品牌(Brand)：清露

常州市中亚卫生用品厂
Changzhou Zhongya Hygiene Products Factory
地址(Add)：江苏省常州市礼嘉镇
邮编(P.C.)：213176
电话(Tel)：0519-86236811
传真(Fax)：0519-86236811
E-mail：zy@czzhongya.cn
联系人(Contact Person)：郑亚文
产品(Products)：卫生纸，餐巾纸，手帕纸，面巾纸，妇女卫生巾
品牌(Brand)：甜雨

常州雨迪纸业有限公司
Changzhou Yudi Paper Co., Ltd.
地址(Add)：江苏省常州市武进礼嘉镇贝庄村
邮编(P.C.)：213176
电话(Tel)：0519-86234195
传真(Fax)：0519-86231065
法人代表(Chairman)：陆建忠
产品(Products)：卫生纸，面巾纸，手帕纸，餐巾纸
品牌(Brand)：欢灼，雨迪

常州市武进亚星卫生用品有限公司
Changzhou Wujin Yaxing Hygiene Products Co., Ltd.
地址(Add)：江苏省常州市武进区礼嘉镇王言桥
邮编(P.C.)：213176
电话(Tel)：0519-86232358
传真(Fax)：0519-86235865
E-mail：yxgs_358@vip.163.com
法人代表(Chairman)：陈锡和
总经理(General Manager)：陈丽松
联系人(Contact Person)：陈丽松
产品(Products)：妇女卫生巾，卫生护垫，婴儿纸尿裤，成人纸尿裤，卫生纸，宠物垫，失禁垫
品牌(Brand)：女士欢

常州好蝶妇幼卫生用品有限公司
Changzhou Haodie Woman & Child Hygiene Products Co., Ltd.
地址(Add)：江苏省常州市武进区遥观镇勤新村工业园
邮编(P.C.)：213011
电话(Tel)：0519-88360709
传真(Fax)：0519-88356906
E-mail：info@cnhaodie.com
Http：//www.cnhaodie.com
联系人(Contact Person)：石彬
产品(Products)：妇女卫生巾，面巾纸，卫生纸
品牌(Brand)：好蝶

常州市华帅旅游用品有限公司
Changzhou Huashuai Tourism Articles Co., Ltd.
地址(Add)：江苏省常州市新闸新冶路17号
邮编(P.C.)：213012
电话(Tel)：0519-83268909
传真(Fax)：0519-83260223
Http：//www.czhuashuai.com
法人代表(Chairman)：孟春华
产品(Products)：餐巾纸，面巾纸，手帕纸，擦手纸，卫生纸
品牌(Brand)：华帅

常州华纳非织造布有限公司
Changzhou Warner Nonwovens Co., Ltd.
地址(Add)：江苏省常州市遥观镇西街8号
邮编(P.C.)：213102
电话(Tel)：0519-88710361
传真(Fax)：0519-88710362
E-mail：c2126126@126.com
Http：//www.alibabatool.cn
法人代表(Chairman)：庄海洋
总经理(General Manager)：王红华
联系人(Contact Person)：庄海洋
产品(Products)：卫生卷纸，面巾纸，手帕纸，餐巾纸，厨房用纸，擦手纸，婴儿纸尿裤/片，成人纸尿裤/片，湿巾
品牌(Brand)：水润活，菲秀儿

常州市华奥纸品厂
Changzhou Huaao Paper Products Factory
地址(Add)：江苏省常州市钟楼开发区新闸新昌路
邮编(P.C.)：213012
电话(Tel)：0519-83256058
传真(Fax)：0519-83252539
Http：//www.czhuaao.com
联系人(Contact Person)：胡燕
产品(Products)：面巾纸，餐巾纸，盘纸，擦手纸，手帕纸

常州市凯豪纸品厂
Changzhou Kaihao Paper Products Factory
地址(Add)：江苏省常州市钟楼区西林街道马家村小凌组29号
邮编(P. C.)：213012
电话(Tel)：0519－83260223
传真(Fax)：0519－83260223
Http://www. czhuashuai. com
联系人(Contact Person)：潘小虎
产品(Products)：餐巾纸，面巾纸
品牌(Brand)：华帅

连云港市苏云纸业有限公司
Lianyungang Suyun Paper Co., Ltd.
地址(Add)：江苏省赣榆县石桥镇工业园区
邮编(P. C.)：222100
电话(Tel)：0518－86819699
传真(Fax)：0518－86822899
E-mail：17275415@ qq. com
联系人(Contact Person)：姜崇明
产品(Products)：擦手纸，面巾纸，餐巾纸，手帕纸

扬州环宇妇幼保健卫生用品有限公司
Yangzhou Huanyu Women & Children Health Care Products Co., Ltd.
地址(Add)：江苏省高邮市界首产业园
邮编(P. C.)：225611
电话(Tel)：0514－84380899
传真(Fax)：0514－84376187
E-mail：sunjiesong5050@ 163. com
总经理(General Manager)：孙杰松
产品(Products)：妇女卫生巾，卫生护垫，成人纸尿裤，纸巾纸

洪泽县达仁纸业
Hongze Daren Paper Co.
地址(Add)：江苏省洪泽县工业园区
邮编(P. C.)：223100
电话(Tel)：0517－87203969
传真(Fax)：0517－87224316
总经理(General Manager)：王宏伟
联系人(Contact Person)：曹传林
产品(Products)：卫生纸

淮安市紫燕纸品厂
Huaian Ziyan Paper Products Factory
地址(Add)：江苏省淮安市爱民路食品城6号蓝宁纸业
邮编(P. C.)：223001
电话(Tel)：0517－83926336
总经理(General Manager)：吴珍
产品(Products)：餐巾纸，卫生纸

扬州博友高档纸品有限公司
Yangzhou Boyou Paper Products Co., Ltd.
地址(Add)：江苏省江都市武坚工业园区
邮编(P. C.)：225253
电话(Tel)：0514－86600788
传真(Fax)：0514－86605836
总经理(General Manager)：姜明友
产品(Products)：卫生纸，面巾纸，餐巾纸

江阴市凯特隆纸业有限公司
Jiangyin Kaitelong Paper Co., Ltd.
地址(Add)：江苏省江阴市华士镇陆北村
邮编(P. C.)：214425
电话(Tel)：0510－86790801
法人代表(Chairman)：朱敏
联系人(Contact Person)：宋丽娜
产品(Products)：餐巾纸，面巾纸，卫生纸，手帕纸
品牌(Brand)：凯隆

江阴市金亚纸业有限公司
Jiangyin Jinya Paper Co., Ltd.
地址(Add)：江苏省江阴市璜土镇迎宾西路56号
邮编(P. C.)：214445
电话(Tel)：0510－86053079
传真(Fax)：0510－86656089
联系人(Contact Person)：张胜强
产品(Products)：卫生纸，手帕纸

江阴市永贞纸品有限公司
Jiangyin Yongzhen Paper Products Co., Ltd.
地址(Add)：江苏省江阴市璜土镇镇澄路3416号
邮编(P. C.)：214445
电话(Tel)：0510－89383511
联系人(Contact Person)：张荣仙
产品(Products)：纸巾纸，擦手纸，盘纸
品牌(Brand)：永贞

江苏金莲纸业有限公司＊
Jiangsu Jinlian Paper Co., Ltd.
地址(Add)：江苏省金湖县建设东路89号
邮编(P. C.)：211600
电话(Tel)：0517－86882961
传真(Fax)：0517－86882875
Http://www. jlian. com
法人代表(Chairman)：俞素丽
总经理(General Manager)：俞素丽
产品(Products)：卫生卷纸，原纸
品牌(Brand)：金莲

永丰余家品(昆山)有限公司＊
Yuen Foong Yu Family Care (Kunshan) Co., Ltd.
地址(Add)：江苏省昆山市玉山镇永丰余路999号
邮编(P. C.)：215316
电话(Tel)：0512－57792888
传真(Fax)：0512－57792168
E-mail：wjj@ bceba. yfy. com
Http://www. yfy. com. cn
法人代表(Chairman)：何奕达
总经理(General Manager)：曾博湘
联系人(Contact Person)：王建军
产品(Products)：原纸，卫生纸，餐巾纸，面巾纸，手帕纸，厨房用纸，擦手纸，湿巾
品牌(Brand)：五月花

连云港市金工纸业有限公司
Lianyungang Jingong Paper Co., Ltd.
地址(Add)：江苏省连云港市经济开发区纬三东路21号
邮编(P. C.)：222000
电话(Tel)：0518－88992289
传真(Fax)：0518－88812116

E-mail：jgzy200607@163. com
联系人(Contact Person)：李会东
产品(Products)：卫生纸，餐巾纸

连云港市红苹果纸品加工厂
Lianyungang Hongpingguo Paper Products Factory
地址(Add)：江苏省连云港市南城新大街29号
邮编(P. C.)：222062
电话(Tel)：0518－85471600
总经理(General Manager)：顾素娟
产品(Products)：餐巾纸，卫生卷纸
品牌(Brand)：红苹果

江苏连云港市面对面纸制品厂
Jiangsu Lianyungang Mianduimian Paper Products Factory
地址(Add)：江苏省连云港市宁海开发区
邮编(P. C.)：222243
电话(Tel)：0518－88401445
传真(Fax)：0518－85958168
总经理(General Manager)：葛秀才
产品(Products)：餐巾纸，卫生纸，面巾纸

连云港市东浦纸业有限公司＊
Lianyungang Dongpu Paper Co., Ltd.
地址(Add)：江苏省连云港市新浦区丁字路临洪闸西
邮编(P. C.)：222002
电话(Tel)：0518－5150092
传真(Fax)：0518－5150765
总经理(General Manager)：颜成贵
产品(Products)：卫生纸，原纸
品牌(Brand)：圣洁安

连云港市德路工贸有限公司＊
Lianyungang Delu Industry & Trade Co., Ltd.
地址(Add)：江苏省连云港市新浦区南镇太平工业园
邮编(P. C.)：222023
电话(Tel)：0518－87458918
传真(Fax)：0518－87458918
联系人(Contact Person)：钟志霞
产品(Products)：卫生纸，擦手纸，纸巾纸，原纸
品牌(Brand)：湘畔，深港，湖畔

连云港金镶玉纸业有限公司＊
Lianyungang Jinxiangyu Paper Co., Ltd.
地址(Add)：江苏省连云港市新浦区新火车站西路2号
邮编(P. C.)：222003
电话(Tel)：0518－85451779
传真(Fax)：0518－85457688
E-mail：jxy@lygjm. com
Http://www. lygjxy. com
法人代表(Chairman)：陈启喜
联系人(Contact Person)：张义祥
产品(Products)：卫生纸，餐巾纸，原纸
品牌(Brand)：金镶玉，天鹅

南京霞飞纸品有限公司
Nanjing Xiafei Paper Products Co., Ltd.
地址(Add)：江苏省南京市安德门大街39号
邮编(P. C.)：210012
电话(Tel)：025－52895971
传真(Fax)：025－52895497
法人代表(Chairman)：周玉霞
总经理(General Manager)：孙沉
产品(Products)：餐巾纸，卫生纸

南京美人日用品有限公司
Nanjing Beauty Commodities Co., Ltd.
地址(Add)：江苏省南京市溧水石湫开发区
邮编(P. C.)：211222
电话(Tel)：025－57272502
传真(Fax)：025－57273737
E-mail：yjf-188@163. com
Http://www. china018. com
法人代表(Chairman)：严家富
总经理(General Manager)：严家富
联系人(Contact Person)：严家富
产品(Products)：妇女卫生巾，手帕纸，面巾纸
品牌(Brand)：假日美人，84，清秀绿茶，清秀茉莉，好又多

南京秦淮纸业有限公司＊
Nanjing Qinhuai Paper Co., Ltd.
地址(Add)：江苏省南京市溧水县柘塘镇
邮编(P. C.)：211215
电话(Tel)：025－57240089
传真(Fax)：025－57240168
法人代表(Chairman)：周贵生
总经理(General Manager)：周贵生
联系人(Contact Person)：谢以静
产品(Products)：卫生纸，原纸
品牌(Brand)：秦淮

南京洁友纸业有限公司
Nanjing Jieyou Paper Co., Ltd.
地址(Add)：江苏省南京市秦淮区雨花路97号
邮编(P. C.)：210001
电话(Tel)：025－86648777
传真(Fax)：025－84505809
联系人(Contact Person)：张书斌
产品(Products)：卫生纸
品牌(Brand)：玉兰

南京宁洁生活用纸厂
Nanjing Ningjie Household Paper Mill
地址(Add)：江苏省南京市沿江开发区毕洼路166号
邮编(P. C.)：210048
电话(Tel)：025－57028170
传真(Fax)：025－57028170
总经理(General Manager)：杨基友
联系人(Contact Person)：杨基国
产品(Products)：卫生纸，餐巾纸，盘纸
品牌(Brand)：宁洁

南京康洁纸业有限公司
Nanjing Kangjie Paper Co., Ltd.
地址(Add)：江苏省南京市雨花台区西善桥盛家岗66号
邮编(P. C.)：210041
电话(Tel)：025－52808707
传真(Fax)：025－52804663
法人代表(Chairman)：刘振忠
产品(Products)：餐巾纸，卫生纸

南通天鑫纸业有限公司
Nantong Tianxin Paper Co., Ltd.
地址(Add)：江苏省南通市八里庙工业园区108号
邮编(P. C.)：226000
电话(Tel)：0513－85665298
传真(Fax)：0513－68686268
E-mail：nantongtianxin@live.cn
联系人(Contact Person)：马跃进
产品(Products)：卫生纸
品牌(Brand)：三叶草

南通市一龙纸业加工厂
Nantong Yilong Paper Products Converting Plant
地址(Add)：江苏省南通市港闸工业园区(外环北路石花桥西向南100米)
邮编(P. C.)：226007
电话(Tel)：0513－85544077
传真(Fax)：0513－85548858
联系人(Contact Person)：薛春林
产品(Products)：卫生纸，面巾纸，餐巾纸

南通洁友纸业有限公司
Nantong Jieyou Paper Industry Co., Ltd.
地址(Add)：江苏省南通市港闸区闸东乡高店村八组
邮编(P. C.)：226007
电话(Tel)：0513－85541186
传真(Fax)：0513－85402086
联系人(Contact Person)：姜金海
产品(Products)：卫生纸
品牌(Brand)：海平

南通正时纸业有限公司
Nantong Zhengshi Paper Co., Ltd.
地址(Add)：江苏省南通市海安嘉麟花园C幢110室
邮编(P. C.)：226007
电话(Tel)：0513－88698988
E-mail：zssxj@126.com
联系人(Contact Person)：时小进
产品(Products)：卫生纸

南通雅诗兰纸品有限公司
Nantong Aishilan Women & Children Atricles Co., Ltd.
地址(Add)：江苏省南通市海安县胡集镇通扬河南路
邮编(P. C.)：226671
电话(Tel)：0513－88719088
传真(Fax)：0513－88716966
E-mail：xhzy888@126.com
Http://www.ntysl.com
法人代表(Chairman)：曹永山
总经理(General Manager)：范永鑫
联系人(Contact Person)：范永鑫
产品(Products)：卫生卷纸，面巾纸，手帕纸，餐巾纸，擦手纸
品牌(Brand)：帆月，青墩，雅诗兰

南通唐人纸业有限公司
Nantong Toji Tissue Co., Ltd.
地址(Add)：江苏省南通市金龙花苑1－105
邮编(P. C.)：226007
电话(Tel)：0513－85212231
传真(Fax)：0513－85662231
E-mail：info@tojin.com.cn
Http://www.tojin.com.cn
总经理(General Manager)：陆永东
产品(Products)：擦手纸，卫生卷纸，面巾纸，餐巾纸，盘纸

南通炎华经贸有限公司
Nantong Yanhua Trade Co., Ltd.
地址(Add)：江苏省南通市锦都花苑5幢401
邮编(P. C.)：226001
电话(Tel)：0513－85802250
传真(Fax)：0513－85669416
E-mail：wfqjxh100205@126.com
法人代表(Chairman)：钱玮
总经理(General Manager)：钱宏炎
联系人(Contact Person)：钱宏炎
产品(Products)：卫生纸，面巾纸，手帕纸
品牌(Brand)：丝娜格

南通正昌经济发展有限责任公司
Nantong Zhengchang Economy Development Co., Ltd.
地址(Add)：江苏省南通市青年东路明星工业园
邮编(P. C.)：226001
电话(Tel)：0513－80108309
传真(Fax)：0513－85159592
E-mail：ntqhc@163.com
Http://www.jxbird.com
总经理(General Manager)：钱洪昌
产品(Products)：卫生纸，面巾纸，餐巾纸，手帕纸
品牌(Brand)：吉祥鸟，洁云

南通市万利纸业有限公司
Nantong Wanli Paper Industry Co., Ltd.
地址(Add)：江苏省南通市外环北路108－18号
邮编(P. C.)：226011
电话(Tel)：0513－85668688
传真(Fax)：0513－85676768
E-mail：wlzp@ntwlzpc.cn
Http://www.ntwlzpc.cn
联系人(Contact Person)：郑国太
产品(Products)：面巾纸，手帕纸，餐巾纸，卫生纸，湿巾
品牌(Brand)：祝福，益众

南通市小海女爱纸业用品厂
Nantong Xiaohai Nüai Paper Products Factory
地址(Add)：江苏省南通市小海镇
邮编(P. C.)：226010
电话(Tel)：0513－85909557
联系人(Contact Person)：陶春华
产品(Products)：妇女卫生巾，成人纸尿裤，卫生纸
品牌(Brand)：女爱

南通洁顺工贸有限公司
Nantong Jieshun Industry & Trading Co., Ltd.
地址(Add)：江苏省南通市钟秀乡百花工业园区内
邮编(P. C.)：226000
电话(Tel)：0513－85792698
传真(Fax)：0513－85792058
联系人(Contact Person)：郑国彬
产品(Products)：面巾纸，卫生卷纸，手帕纸，擦手纸

品牌(Brand)：洁通

徐州玉洁纸业有限公司＊
Xuzhou Yujie Paper Co., Ltd.
地址(Add)：江苏省邳州市陈楼镇工业园区
邮编(P. C.)：221365
电话(Tel)：0516－86919118
传真(Fax)：0516－86919358
E-mail：xiyajun728@sina.com
Http://www.shyjpaper.cn
法人代表(Chairman)：贾玉秋
总经理(General Manager)：贾玉春
联系人(Contact Person)：席亚军
产品(Products)：卫生卷纸，面巾纸，餐巾纸，擦手纸，原纸
品牌(Brand)：冰清

邳州洁妮纸制品有限公司
Pizhou Jieni Paper Products Co., Ltd.
地址(Add)：江苏省邳州市城东开发区
邮编(P. C.)：221300
电话(Tel)：0516－86607766
传真(Fax)：0516－86607766
E-mail：jienzy@126.com
总经理(General Manager)：于月梅
联系人(Contact Person)：安庆刚
产品(Products)：餐巾纸，卫生卷纸，面巾纸

徐州雪花纸品有限公司
Xuzhou Xuehua Paper Products Co., Ltd.
地址(Add)：江苏省邳州市炮车镇后沙沟村
邮编(P. C.)：221300
电话(Tel)：0516－86617039
联系人(Contact Person)：姜修宇
产品(Products)：卫生卷纸

启东市宏伟纸品厂
Qidong Hongwei Paper Products Factory
地址(Add)：江苏省启东市城西工业园区
邮编(P. C.)：226200
电话(Tel)：0513－83843668
传真(Fax)：0513－83841704
联系人(Contact Person)：徐伟
产品(Products)：卫生纸
品牌(Brand)：如意

启东市天意纸业有限公司
Qidong Tianyi Paper Co., Ltd.
地址(Add)：江苏省启东市海复镇兴海路18号
邮编(P. C.)：226200
电话(Tel)：0513－83639158
传真(Fax)：0513－83633118
E-mail：tenniepaper@163.com
总经理(General Manager)：蔡斌
产品(Products)：卫生纸
品牌(Brand)：幸运果，瑞飘，阿呜

南通盛海卫生用品有限公司
Nantong Shenghai Hygiene Products Co., Ltd.
地址(Add)：江苏省如皋市经济开发区东风村七组
邮编(P. C.)：226500
电话(Tel)：0513－87626488
联系人(Contact Person)：秦圣海
产品(Products)：妇女卫生巾，卫生护垫，卫生纸
品牌(Brand)：丽彤

如皋市三洁纸业包装厂
Rugao Sanjie Paper Packaging Factory
地址(Add)：江苏省如皋市吴窑镇
邮编(P. C.)：226533
电话(Tel)：0513－87752185
E-mail：sajieho@sina.com
联系人(Contact Person)：马斌
产品(Products)：卫生纸，妇女卫生巾

盐城蓝沁纸业有限公司＊
Yancheng Lanqin Paper Co., Ltd.
地址(Add)：江苏省射阳县阜余镇沙东村1组
邮编(P. C.)：215500
电话(Tel)：0515－85023999
传真(Fax)：0515－85023999
总经理(General Manager)：张必州
产品(Products)：餐巾纸，面巾纸，原纸

沭阳林丰纸业有限公司＊
Shuyang Linfeng Paper Co., Ltd.
地址(Add)：江苏省沭阳市扎下化工园区(沂河桥北头东边)
邮编(P. C.)：223615
电话(Tel)：0527－83311618
传真(Fax)：0527－83311938
联系人(Contact Person)：徐汉明
产品(Products)：卫生纸，餐巾纸，原纸

沭阳县苏星纸业有限公司
Shuyang Suxing Paper Co., Ltd.
地址(Add)：江苏省沭阳县塘沟西工业区
邮编(P. C.)：223615
电话(Tel)：0527－83880226
总经理(General Manager)：杨兴发
产品(Products)：卫生纸

福寿纸业有限公司＊
Fushou Paper Co., Ltd.
地址(Add)：江苏省泗洪县石集工业园区
邮编(P. C.)：223900
电话(Tel)：0527－86691788
传真(Fax)：0527－86691788
E-mail：xqc0188@sohu.com
Http://www.shfszy.cn
法人代表(Chairman)：向全闯
总经理(General Manager)：向全闯
联系人(Contact Person)：陈强栋
产品(Products)：餐巾纸，手帕纸，卫生卷纸，原纸
品牌(Brand)：誉之洁，寒香草

泗洪县康洁卫生用品有限公司
Sihong Kangjie Hygiene Products Co., Ltd.
地址(Add)：江苏省泗洪县双沟集团工业园区3号厂房
邮编(P. C.)：223911
电话(Tel)：0527－86717995
传真(Fax)：0527－86717808

Http://kjsanitary. b2b. hc360. com
法人代表(Chairman)：郑步军
总经理(General Manager)：徐飞
产品(Products)：湿巾，面巾纸
品牌(Brand)：康洁，双沟

宿迁市天德纸品有限公司
Suqian Tiande Paper Products Co., Ltd.
地址(Add)：江苏省泗阳县西工业园区昆山路 8 号
邮编(P. C.)：223700
电话(Tel)：0527 - 85297828
传真(Fax)：0527 - 88509588
联系人(Contact Person)：赵丛
产品(Products)：妇女卫生巾，卫生护垫，纸尿裤/片，湿巾，手帕纸，面巾纸

江苏省宿迁市天奕纸品有限公司
Jiangsu Suqian Tianyi Paper Products Co., Ltd.
地址(Add)：江苏省泗阳县西工业园区昆山路 8 号
邮编(P. C.)：223700
电话(Tel)：0527 - 85298885
传真(Fax)：0527 - 85298885
总经理(General Manager)：赵丛
联系人(Contact Person)：赵丛
产品(Products)：妇女卫生巾，卫生护垫，卫生纸
品牌(Brand)：洁康

苏州金天宇卫生用品有限公司
Suzhou Golden - Sky Health Commodities Co., Ltd.
地址(Add)：江苏省苏州工业园区津梁街 133 号
邮编(P. C.)：215123
电话(Tel)：0512 - 69177680
传真(Fax)：0512 - 62960786
E-mail：fhm1008@ 126. com
总经理(General Manager)：傅红明
产品(Products)：卫生纸，手帕纸，擦手纸，纸尿裤/片
品牌(Brand)：金天宇

雨润发纸业
Yurunfa Paper Co.
地址(Add)：江苏省苏州市东桥镇长旺路 88 号
邮编(P. C.)：215125
电话(Tel)：0512 - 65085467
传真(Fax)：0512 - 65085487
E-mail：xu_qing668@ 163. com
Http://www. szyrf. com
联系人(Contact Person)：许强
产品(Products)：卫生纸
品牌(Brand)：滨洁

苏州美秀纸业有限公司
Suzhou Meixiu Paper Co., Ltd.
地址(Add)：江苏省苏州市工业园区东兴路 5 号
邮编(P. C.)：221500
电话(Tel)：0512 - 62882169
传真(Fax)：0512 - 65715250
E-mail：wanmei1118@ sina. com
Http://www. wanmeitissue. com. cn
法人代表(Chairman)：李文动
总经理(General Manager)：沈宁
联系人(Contact Person)：沈宁
产品(Products)：卫生卷纸，面巾纸，餐巾纸，擦手纸
品牌(Brand)：丸美

金红叶纸业(苏州工业园区)有限公司 *
Gold Hong Ye Paper (Suzhou Industrial Park) Co., Ltd.
地址(Add)：江苏省苏州市工业园区胜浦分区金胜路 1 号
邮编(P. C.)：215126
电话(Tel)：0512 - 62810228
传真(Fax)：0512 - 62818276
E-mail：xiesuli@ ghy. com. cn
Http://www. ghy. com. cn
法人代表(Chairman)：黄志源
总经理(General Manager)：徐锡土
联系人(Contact Person)：谢苏莉
产品(Products)：卫生纸，原纸，面巾纸，手帕纸，餐巾纸，厨房用纸，擦手纸，湿巾，妇女卫生巾
品牌(Brand)：唯洁雅，清风，真真

爱维诺纸业
Aiweinuo Paper Co.
地址(Add)：江苏省苏州市木渎镇金山村金桥北区 58 幢
邮编(P. C.)：215000
电话(Tel)：0512 - 68667271
传真(Fax)：0512 - 68667271 - 602
E-mail：lvvnuo@ 163. com
Http://www. lvvnuo. com. cn
总经理(General Manager)：徐大伟
产品(Products)：卫生卷纸，擦手纸，餐巾纸，手帕纸

苏州天秀纸业有限公司
Suzhou Tianxiu Paper Co., Ltd.
地址(Add)：江苏省苏州市太仓市璜泾镇
邮编(P. C.)：215400
电话(Tel)：0512 - 53817766
传真(Fax)：0512 - 53817768
法人代表(Chairman)：褚刚
产品(Products)：卫生卷纸，面巾纸，餐巾纸，擦手纸，手帕纸
品牌(Brand)：珍宝，清羽

苏州市吉利雅纸业有限公司
Suzhou Jiliya Paper Co., Ltd.
地址(Add)：江苏省苏州市吴中区南湖路 99 号
邮编(P. C.)：215007
电话(Tel)：0512 - 66875898
传真(Fax)：0512 - 67089130
联系人(Contact Person)：何忠根
产品(Products)：餐巾纸，面巾纸，擦手纸，手帕纸，卫生纸，盘纸
品牌(Brand)：吉利雅

王子制纸妮飘(苏州)有限公司 *
Oji Paper Nepia (Suzhou) Co., Ltd.
地址(Add)：江苏省苏州市新区金山路 98 号
邮编(P. C.)：215129
电话(Tel)：0512 - 68258526
传真(Fax)：0512 - 68258516
E-mail：wenjuan@ nepia. com. cn
Http://www. nepia. com. cn
法人代表(Chairman)：杉本哲郎
总经理(General Manager)：中须贺朗

联系人(Contact Person)：吴茵子
产品(Products)：原纸，卫生纸，面巾纸，手帕纸，湿巾
品牌(Brand)：妮飘

宿迁市洋河纸业有限公司＊
Suqian Yanghe Paper Co., Ltd.
地址(Add)：江苏省宿迁市洋河镇工业路1号
邮编(P. C.)：223800
电话(Tel)：0527－88030313
传真(Fax)：0527－84936277
E-mail：yangheziye@126.com
联系人(Contact Person)：陈进
产品(Products)：原纸，盘纸

太仓佩博实业有限公司＊
Taicang Paper Industrial Co., Ltd.
地址(Add)：江苏省太仓市璜泾镇永乐村
邮编(P. C.)：215427
电话(Tel)：0512－53817188
传真(Fax)：0512－53817805
法人代表(Chairman)：徐惠明
总经理(General Manager)：邹浩明
联系人(Contact Person)：邹浩明
产品(Products)：卫生纸，餐巾纸，面巾纸，原纸

太仓长顺纸业有限公司＊
Taicang Changshun Paper Co., Ltd.
地址(Add)：江苏省太仓市浏河镇浏南村
邮编(P. C.)：215431
电话(Tel)：0512－53600393
传真(Fax)：0512－53611742
E-mail：changfazhiye@hotmail.com
Http://www.tccszy.cn
总经理(General Manager)：白希国
产品(Products)：卫生纸，原纸

通州市金博造纸厂＊
Tongzhou Jinbo Paper Mill
地址(Add)：江苏省通州市五接镇复成圩村
邮编(P. C.)：226300
电话(Tel)：0513－86050862
传真(Fax)：0513－86574005
E-mail：jra888@163.com
总经理(General Manager)：姜荣安
产品(Products)：卫生卷纸，擦手纸，手帕纸，厨房用纸，原纸

好想纸业有限公司
Howant Paper Co., Ltd.
地址(Add)：江苏省无锡市江海东路1899号南站经济园A区31号
邮编(P. C.)：214064
电话(Tel)：0510－82100568
传真(Fax)：0510－82122568
E-mail：peterqu0104@126.com
Http://www.howant.net.cn
总经理(General Manager)：石曙群
联系人(Contact Person)：瞿威
产品(Products)：卫生纸，面巾纸，手帕纸
品牌(Brand)：好想

响水百姓纸业有限公司
Xiangshui Baixing Paper Co., Ltd.
地址(Add)：江苏省响水县陈家港镇
邮编(P. C.)：224631
电话(Tel)：0515－86710088
总经理(General Manager)：沈加林
产品(Products)：卫生纸
品牌(Brand)：春满园

盐城市心连心纸业有限公司
Yancheng Xinlianxin Paper Co., Ltd.
地址(Add)：江苏省响水县城204国道南首
邮编(P. C.)：224631
电话(Tel)：0515－86866278
法人代表(Chairman)：张文宝
产品(Products)：餐巾纸

江苏华懋纸业有限公司＊
Jiangsu Huamao Paper Company Ltd.
地址(Add)：江苏省响水县运河镇
邮编(P. C.)：224600
电话(Tel)：0515－86522908
法人代表(Chairman)：张松海
总经理(General Manager)：张松海
产品(Products)：卫生纸，餐巾纸，原纸

东方纸业有限公司
Dongfang Paper Co., Ltd.
地址(Add)：江苏省新沂市经济技术开发区
邮编(P. C.)：221400
电话(Tel)：0516－88614518
传真(Fax)：0516－88926648
联系人(Contact Person)：王玲
产品(Products)：卫生纸，面巾纸
品牌(Brand)：好纯

新沂市新春晓卫生纸品有限公司
Xinyi Xinchunxiao Household Paper Products Co., Ltd.
地址(Add)：江苏省新沂市经济开发区
邮编(P. C.)：221400
电话(Tel)：0516－88687888
传真(Fax)：0516－88687388
E-mail：xinchunxiao888@126.com
Http://www.xinchunxiao.com.cn
总经理(General Manager)：孙晓玲
联系人(Contact Person)：苏伟
产品(Products)：手帕纸，餐巾纸，面巾纸
品牌(Brand)：春晓

新沂市欣欣五洲生活用纸有限公司＊
Xinyi Xinxin Wuzhou Household Paper Co., Ltd.
地址(Add)：江苏省新沂市经济开发区上海路1号
邮编(P. C.)：221400
电话(Tel)：0516－88616372
传真(Fax)：0516－88982858
Http://www.xindapaper.com
法人代表(Chairman)：张绍平
总经理(General Manager)：张绍平
联系人(Contact Person)：王盼盼
产品(Products)：卫生纸，面巾纸，厨房用纸，擦手纸，原纸

品牌(Brand)：五洲，欣欣五洲

新沂市春冠卫生用品有限公司
Xinyi Chunguan Sanitation Supplies Co., Ltd.
地址(Add)：江苏省新沂市经济开发区天津路
邮编(P. C.)：221400
电话(Tel)：0516－88610028
传真(Fax)：0516－88985778
Http://www.jschunguan.com
总经理(General Manager)：蒋其龙
产品(Products)：妇女卫生巾，卫生护垫，婴儿纸尿裤/片，卫生纸
品牌(Brand)：春冠

徐州水星纸业有限公司 *
Xuzhou Shuixing Paper Co., Ltd.
地址(Add)：江苏省新沂市无锡工业园区(黄墩河大桥向东100米)
邮编(P. C.)：214000
电话(Tel)：0516－66612999
传真(Fax)：0516－66612666
Http://www.shuixingzy.com
法人代表(Chairman)：李裕建
总经理(General Manager)：李裕建
联系人(Contact Person)：杨光甫
产品(Products)：原纸，卫生纸，面巾纸

新沂市佳乐佳纸制品加工厂 *
Xinyi Jialejia Paper Products Factory
地址(Add)：江苏省新沂市新安镇新北村平墩东路南1号
邮编(P. C.)：221400
电话(Tel)：0516－88983396
传真(Fax)：0516－88983396
E-mail：zhouhong820@163.com
法人代表(Chairman)：周宏
总经理(General Manager)：周宏
联系人(Contact Person)：夏同军
产品(Products)：面巾纸，手帕纸，卫生纸，原纸
品牌(Brand)：金银花

江苏徐州三美卫生用品有限公司
Jiangsu Xuzhou Sanmei Hygiene Products Co., Ltd.
地址(Add)：江苏省徐州市丰县经济开发区
邮编(P. C.)：221700
电话(Tel)：0516－89253668
传真(Fax)：0516－89225302
总经理(General Manager)：李秀文
产品(Products)：妇女卫生巾，卫生纸
品牌(Brand)：俊美

徐州护尔爽卫生用品有限公司
Xuzhou Huershuang Hygiene Products Co., Ltd.
地址(Add)：江苏省徐州市华山经济开发区
邮编(P. C.)：221744
电话(Tel)：0516－89398688
总经理(General Manager)：胡世峰
产品(Products)：妇女卫生巾，卫生护垫，纸尿裤/片，卫生纸
品牌(Brand)：美尔惠

徐州开元纸业有限公司
Xuzhou Kaiyuan Paper Co., Ltd.
地址(Add)：江苏省徐州市环城路宏宇新天地603室
邮编(P. C.)：212000
电话(Tel)：0516－87767735
传真(Fax)：0516－87767320
总经理(General Manager)：范晓旋
产品(Products)：卫生纸
品牌(Brand)：纸缘今生

徐州玉兰纸业责任有限公司
Xuzhou Yulan Paper Co., Ltd.
地址(Add)：江苏省徐州市殷庄路中段西侧
邮编(P. C.)：221000
电话(Tel)：0516－82387769
传真(Fax)：0516－87330365
法人代表(Chairman)：田济荣
总经理(General Manager)：赵德祥
产品(Products)：卫生纸
品牌(Brand)：兰牌，双兔

徐州市天旭纸业有限公司
Xuzhou Tianxu Paper Co., Ltd.
地址(Add)：江苏省徐州市淮海食品城同发市场3区15号
邮编(P. C.)：221000
电话(Tel)：0516－83201981
传真(Fax)：0516－83875275
联系人(Contact Person)：丁磊
产品(Products)：卫生卷纸，方巾纸
品牌(Brand)：冰姿

胜达集团江苏双灯纸业有限公司 *
Shengda Group Jiangsu Sund Paper Industry Co., Ltd.
地址(Add)：江苏省盐城市射阳县黄沙港镇双灯工业园
邮编(P. C.)：224341
电话(Tel)：0515－82263555
传真(Fax)：0515－82263333
E-mail：sund@chinasund.com
Http://www.chinasund.com
法人代表(Chairman)：方林
总经理(General Manager)：赵林
联系人(Contact Person)：杨艳
产品(Products)：原纸，卫生纸，面巾纸，手帕纸，餐巾纸，擦手纸
品牌(Brand)：双灯，蓝雅

扬州市邗江区海星生活用品厂
Yangzhou Hanjiang Haixing Household Products Factory
地址(Add)：江苏省扬州市邗江区杭集工业园区衣庙建新44号
邮编(P. C.)：225111
电话(Tel)：0514－87279599
传真(Fax)：0514－87270790
Http://www.sycaba.cn
总经理(General Manager)：束欲祥
联系人(Contact Person)：束迎春
产品(Products)：面巾纸，餐巾纸，手帕纸

扬州市金成纸业有限公司
Yangzhou Jincheng Paper Co., Ltd.
地址(Add)：江苏省扬州市邗江区槐泗镇酒甸吉兴东路40号

邮编(P. C.): 225116
电话(Tel): 0514 - 87657448
传真(Fax): 0514 - 87657657
总经理(General Manager): 葛金成
联系人(Contact Person): 汪骏
产品(Products): 餐巾纸, 卫生卷纸, 擦手纸, 盘纸

康盛纸业
Zhangjiagang Kangsheng Paper Trade Co., Ltd.
地址(Add): 江苏省张家港市金港镇南沙
邮编(P. C.): 215632
电话(Tel): 0512 - 56939336
联系人(Contact Person): 张军
产品(Products): 餐巾纸, 擦手纸

张家港市金港镇康盛纸品厂 *
Zhangjiagang Jingang Kangsheng Paper Products Plant
地址(Add): 江苏省张家港市金港镇南沙占文团结场
邮编(P. C.): 215632
电话(Tel): 0512 - 58836677
传真(Fax): 0512 - 56939336
联系人(Contact Person): 张军
产品(Products): 卫生纸, 餐巾纸, 面巾纸, 原纸
品牌(Brand): 康盛

镇江康乐纸品厂
Zhenjiang Kangle Paper Products Factory
地址(Add): 江苏省镇江市丁卯开发区镇大公路
邮编(P. C.): 212009
电话(Tel): 0511 - 88887556
传真(Fax): 0511 - 88887556
总经理(General Manager): 翟健
产品(Products): 餐巾纸, 手帕纸, 面巾纸

镇江闽镇纸业有限公司
Zhenjiang Minzhen Paper Industry Co., Ltd.
地址(Add): 江苏省镇江市东吴路 123 号
邮编(P. C.): 212003
电话(Tel): 0511 - 88806433
传真(Fax): 0511 - 88811064
E-mail: zgmzzy8811064@yahoo.com.cn
总经理(General Manager): 高可兴
产品(Products): 卫生卷纸, 面巾纸
品牌(Brand): 饮思洁

镇江市兴飞叶纸制品厂
Zhenjiang Xingfeiye Paper Products Factory
地址(Add): 江苏省镇江市梦溪路 54 号
邮编(P. C.): 212000
电话(Tel): 0511 - 85380306
传真(Fax): 0511 - 88823610
E-mail: yehongqi0930@yahoo.com
Http://www.gold-paper.com
总经理(General Manager): 叶红旗
联系人(Contact Person): 叶飞
产品(Products): 卫生纸, 面巾纸, 餐巾纸
品牌(Brand): 飞叶, 兴飞叶

■浙江 Zhejiang

安吉华盈泰实业有限公司 *
Anji Huayingtai Industry Co., Ltd.
地址(Add): 浙江省安吉县递铺镇鞍山
邮编(P. C.): 313300
电话(Tel): 0572 - 5218696
传真(Fax): 0572 - 5218728
总经理(General Manager): 包刚成
产品(Products): 卫生纸, 原纸

安吉恒威日用品实业有限公司 *
Anji Hengwei Commodity Industrial Co., Ltd.
地址(Add): 浙江省安吉县递铺镇鞍山萧山万商汇综合楼六楼 25 号
邮编(P. C.): 311200
电话(Tel): 0571 - 82730486
传真(Fax): 0571 - 82730486
Http://www.zjsanhui.com.cn
总经理(General Manager): 包刚成
产品(Products): 手帕纸, 面巾纸, 餐巾纸, 卫生纸, 原纸
品牌(Brand): 管家婆

苍南县多福纸品厂
Cangnan Duofu Paper Products Factory
地址(Add): 浙江省苍南县城南鹤一街 33 号
邮编(P. C.): 325806
电话(Tel): 0577 - 68700722
传真(Fax): 0577 - 68700711
联系人(Contact Person): 林元松
产品(Products): 面巾纸, 餐巾纸, 卫生卷纸
品牌(Brand): 贝卡尼, 多尔福

昌达卫生用品厂
Changda Hygiene Products Factory
地址(Add): 浙江省德清县武康镇开发区回山路
邮编(P. C.): 313200
电话(Tel): 0572 - 8286118
传真(Fax): 0572 - 8320831
总经理(General Manager): 郎鑫棠
产品(Products): 餐巾纸, 卫生纸

富阳顶点纸业有限公司 *
Fuyang Toppot Paper Co., Ltd.
地址(Add): 浙江省富阳市春江工业功能区临江村
邮编(P. C.): 311421
电话(Tel): 0571 - 23287338
传真(Fax): 0571 - 63584333
E-mail: toppot2007@126.com
法人代表(Chairman): 刘金明
总经理(General Manager): 刘金明
联系人(Contact Person): 孙晓娟
产品(Products): 卫生纸, 餐巾纸, 原纸

富阳市金枫纸业有限公司 *
Fuyang Jinfeng Paper Co., Ltd.
地址(Add): 浙江省富阳市春江街道富源村
邮编(P. C.): 311421
电话(Tel): 0571 - 23214888
传真(Fax): 0571 - 63586184
法人代表(Chairman): 周仁良
产品(Products): 卫生纸, 餐巾纸, 原纸
品牌(Brand): 天鹏

富阳好月亮纸业有限公司*
Fuyang Haoyueliang Paper Co., Ltd.
地址(Add)：浙江省富阳市春江街道俞家埠
邮编(P. C.)：311421
电话(Tel)：0571-63588966
传真(Fax)：0571-63588966
法人代表(Chairman)：俞志龙
总经理(General Manager)：陈玉平
产品(Products)：面巾纸，餐巾纸，卫生纸，原纸
品牌(Brand)：好月亮

杭州快乐女孩卫生用品有限公司
Hangzhou Kuailenühai Hygiene Products Co., Ltd.
地址(Add)：浙江省富阳市大源镇亭山东路
邮编(P. C.)：311413
电话(Tel)：0571-63591888
传真(Fax)：0571-63592777
E-mail：huaweida1122@163.com
总经理(General Manager)：华伟达
联系人(Contact Person)：蒋爱文
产品(Products)：卫生纸，妇女卫生巾，卫生护垫
品牌(Brand)：雪达，快乐女孩，奥菲斯

富阳市华威纸业有限公司*
Fuyang Huawei Paper Co., Ltd.
地址(Add)：浙江省富阳市大源镇亭山东路
邮编(P. C.)：311413
电话(Tel)：0571-63593108
传真(Fax)：0571-63553555
联系人(Contact Person)：华定明
产品(Products)：卫生纸，原纸

杭州鼎辰纸业有限公司
Hangzhou Dingchen Paper Co., Ltd.
地址(Add)：浙江省富阳市富春街道桂花路33号百合大厦六楼
邮编(P. C.)：311400
电话(Tel)：0571-63100608
传真(Fax)：0571-63129129
联系人(Contact Person)：倪志田
产品(Products)：卫生纸

富阳恒利造纸厂*
Fuyang Hengli Paper Mill
地址(Add)：浙江省富阳市富阳镇春联工业区7号
邮编(P. C.)：311421
电话(Tel)：0571-63583252
传真(Fax)：0571-63587066
法人代表(Chairman)：羊潮鑫
产品(Products)：卫生纸，原纸
品牌(Brand)：恒乐

杭州富阳大华造纸有限公司*
Hangzhou Fuyang Dahua Paper Co., Ltd.
地址(Add)：浙江省富阳市灵桥镇江丰村
邮编(P. C.)：311418
电话(Tel)：0571-63555098
传真(Fax)：0571-63555098
法人代表(Chairman)：张金荣
联系人(Contact Person)：张文胜
产品(Products)：卫生纸，原纸

富阳市庐山造纸厂*
Fuyang Lushan Paper Mill
地址(Add)：浙江省富阳市灵桥镇灵桥村
邮编(P. C.)：311418
电话(Tel)：0571-63551077
传真(Fax)：0571-63551077
法人代表(Chairman)：朱浩然
产品(Products)：擦手纸，卫生纸，原纸

浙江富阳市大发造纸厂
Zhejiang Fuyang Dafa Paper Mill
地址(Add)：浙江省富阳市灵桥镇外沙村
邮编(P. C.)：311418
电话(Tel)：0571-63552667
联系人(Contact Person)：姜法潮
产品(Products)：妇女卫生巾，卫生纸

杭州豪仕发纸业有限公司*
Hangzhou Haoshifa Paper Co., Ltd.
地址(Add)：浙江省富阳市新澄镇湘主村
邮编(P. C.)：311404
电话(Tel)：0571-63245938
传真(Fax)：0571-63245119
法人代表(Chairman)：俞金平
联系人(Contact Person)：方卫平
产品(Products)：卫生纸，餐巾纸，面巾纸，原纸

富阳市新登大贝造纸厂
Fuyang Xindeng Dabei Paper Mill
地址(Add)：浙江省富阳市新登镇大贝村
邮编(P. C.)：311404
电话(Tel)：0571-63207528
传真(Fax)：0571-63206708
总经理(General Manager)：骆启林
产品(Products)：餐巾纸，卫生纸

富阳月和造纸厂*
Fuyang Yuehe Paper Mill
地址(Add)：浙江省富阳市永昌镇永桥村
邮编(P. C.)：311404
电话(Tel)：0571-63201012
法人代表(Chairman)：吴关荣
产品(Products)：卫生纸，原纸

海宁邦达纸业有限责任公司*
Haining Bangda Paper Co., Ltd.
地址(Add)：浙江省海宁市周王庙镇荆山村
邮编(P. C.)：314408
电话(Tel)：0573-87933158
传真(Fax)：0573-87628181
Http://www.bangda.com.cn
法人代表(Chairman)：沈小初
总经理(General Manager)：沈小初
产品(Products)：纸巾纸，餐巾纸，手帕纸，卫生纸，原纸
品牌(Brand)：邦达

浙江海盐安舒康卫生用品厂
Zhejiang Haiyan Anshukang Hygiene Products Factory
地址(Add)：浙江省海盐县百步镇横港集镇
邮编(P. C.)：314313

电话(Tel)：0573－86786819
传真(Fax)：0573－86781077
总经理(General Manager)：费孙林
产品(Products)：妇女卫生巾，卫生纸，面巾纸
品牌(Brand)：康娜

杭州富阳黎明实业有限公司
Hangzhou Fuyang Liming Industrial Co., Ltd.
地址(Add)：浙江省杭州富阳市东洲工业功能区2号路
邮编(P. C.)：311401
电话(Tel)：0571－63469666
传真(Fax)：0571－63408688
E-mail：yuanjibing@sina.com
Http://fylmsy.cn.alibaba.com
法人代表(Chairman)：忻黎明
总经理(General Manager)：忻黎明
联系人(Contact Person)：袁纪兵
产品(Products)：餐巾纸，卫生卷纸

杭州朗悦实业有限公司
Hangzhou Langyue Industry Co., Ltd.
地址(Add)：浙江省杭州市滨江区滨文路95号活水工业园8幢3楼
邮编(P. C.)：311100
电话(Tel)：0571－86674878
传真(Fax)：0571－86674078
E-mail：china@runjoy.net
Http://www.runjoy.net
联系人(Contact Person)：李永昌
产品(Products)：彩色餐巾纸

杭州江干区乐宏纸业
Hangzhou Jianggan Lehong Paper Co.
地址(Add)：浙江省杭州市江干区兴隆二区62号
邮编(P. C.)：310021
电话(Tel)：0571－86492383
传真(Fax)：0571－86017596
法人代表(Chairman)：林圣义
联系人(Contact Person)：阮先灵
产品(Products)：手帕纸，卫生纸，面巾纸

杭州中申卫生用品有限公司
Hangzhou Zhongshen Hygiene Products Co., Ltd.
地址(Add)：浙江省杭州市千岛湖鼓山工业区涌金路
邮编(P. C.)：311700
电话(Tel)：0571－64886628
传真(Fax)：0571－64888300
法人代表(Chairman)：陈志明
总经理(General Manager)：严智萍
联系人(Contact Person)：严丽琴
产品(Products)：妇女卫生巾，卫生护垫，面巾纸
品牌(Brand)：雅点，青春花园

杭州雅洁旅游卫生用品厂
Hangzhou Yajie Tourism Hygiene Products Factory
地址(Add)：浙江省杭州市千岛湖镇新安西路9号
邮编(P. C.)：311700
电话(Tel)：0571－64838048
传真(Fax)：0571－64838048
总经理(General Manager)：徐干华
产品(Products)：湿巾，面巾纸，卫生卷纸

杭州相宜纸业有限公司
Hangzhou Xiangyi Paper Co., Ltd.
地址(Add)：浙江省杭州市西湖区龙坞镇许家埭工业区4号
邮编(P. C.)：310024
电话(Tel)：0571－87420331
传真(Fax)：0571－87420343
联系人(Contact Person)：张军
产品(Products)：卫生卷纸，餐巾纸，面巾纸，擦手纸

杭州萧山千叶红纸品厂
Hangzhou Xiaoshan Qianyehong Paper Products Factory
地址(Add)：浙江省杭州市萧山戴村工业区
邮编(P. C.)：311200
电话(Tel)：0571－82705600
传真(Fax)：0571－82684000
联系人(Contact Person)：丁国泉
产品(Products)：纸巾纸

安吉富元纸业有限公司*
Anji Fuyuan Paper Co., Ltd.
地址(Add)：浙江省湖州市安吉县孝丰镇
邮编(P. C.)：313301
电话(Tel)：0572－5620836
传真(Fax)：0572－5620188
E-mail：nbtm_5858@163.com
总经理(General Manager)：崔锡良
产品(Products)：卫生纸，原纸

湖州康尔达卫生用品有限公司
Huzhou Kangerda Sanitary Products Co., Ltd.
地址(Add)：浙江省湖州市含山中兴路1号
邮编(P. C.)：313014
电话(Tel)：0572－3670845
传真(Fax)：0572－3670135
E-mail：kangerda@163.com
Http://www.kangerda.cn
法人代表(Chairman)：史瑞林
总经理(General Manager)：史瑞林
联系人(Contact Person)：方忠让
产品(Products)：妇女卫生巾，婴儿纸尿裤，餐巾纸
品牌(Brand)：蚕花

浙江森林纸业有限公司*
Zhejiang Senlin Paper Co., Ltd.
地址(Add)：浙江省嘉善县丁栅工业区东方路629号
邮编(P. C.)：314103
电话(Tel)：0573－84814608
传真(Fax)：0573－84814608
总经理(General Manager)：徐林法
产品(Products)：卫生纸，原纸

嘉善永泉纸业有限公司*
Jiashan Yongquan Paper Co., Ltd.
地址(Add)：浙江省嘉善县魏塘镇南暑
邮编(P. C.)：314100
电话(Tel)：0573－84161843
传真(Fax)：0573－84161522
E-mail：jsyq315@yahoo.com.cn
法人代表(Chairman)：洪清泉
总经理(General Manager)：季世杰

联系人(Contact Person)：洪清泉
产品(Products)：卫生纸，原纸，餐巾纸，衬纸，湿强纸
品牌(Brand)：永泉

浙江中顺纸业有限公司 ⋆
C&S Paper Zhejiang Co., Ltd.
地址(Add)：浙江省嘉兴港区乍浦经济开发区纬三路222号
邮编(P. C.)：314201
电话(Tel)：0573-85583798
传真(Fax)：0573-85582499
Http://www.zhongshungroup.com
法人代表(Chairman)：刘欲武
总经理(General Manager)：梁锦辉
联系人(Contact Person)：梁锦辉
产品(Products)：卫生纸，面巾纸，餐巾纸，原纸
品牌(Brand)：C&S，洁柔，太阳

浙江嘉兴富丽纸业有限公司 ⋆
Zhejiang Jiaxing Fuli Paper Co., Ltd.
地址(Add)：浙江省嘉兴市南湖区工业园
邮编(P. C.)：314006
电话(Tel)：0573-83636777
传真(Fax)：0573-83636778
总经理(General Manager)：洪汝水
产品(Products)：卫生纸，手帕纸，餐巾纸，面巾纸，原纸

浙江金通纸业有限公司 ⋆
Zhejiang Jintong Paper Co., Ltd.
地址(Add)：浙江省金华市罗埠镇后张金通工业小区
邮编(P. C.)：321081
电话(Tel)：0579-82610639
传真(Fax)：0579-82610539
E-mail：xt838@sina.com
法人代表(Chairman)：叶志春
联系人(Contact Person)：程怡群
产品(Products)：卫生纸，面巾纸，餐巾纸，原纸

乐清市北白象现代新新塑料薄膜厂
Leqing Beibaixiang Xiandai Xinxin Plastic Film Factory
地址(Add)：浙江省乐清市北白象镇莲池北路50号
邮编(P. C.)：325603
电话(Tel)：0577-62968686
传真(Fax)：0577-62963876
联系人(Contact Person)：陈迈建
产品(Products)：餐巾纸，纸巾纸

乐清市创新卫生制品厂
Leqing Chuangxin Hygiene Products Co., Ltd.
地址(Add)：浙江省乐清市黄华镇上岩村(沿河东路14号)
邮编(P. C.)：325605
电话(Tel)：0577-62655384
传真(Fax)：0577-62679715
联系人(Contact Person)：郑文殊
产品(Products)：面巾纸
品牌(Brand)：创新

临安龙潭卫生纸品厂
Linan Longtan Tissue Products Factory
地址(Add)：浙江省临安市於潜镇龙潭
邮编(P. C.)：311311
电话(Tel)：0571-63883260
联系人(Contact Person)：谢柏青
产品(Products)：纸巾纸

浙江龙游南洋纸业有限公司
Zhejiang Longyou Nanyang Paper Co., Ltd.
地址(Add)：浙江省龙游县东华街道城南工业园区3号路
邮编(P. C.)：324400
电话(Tel)：0570-7211880
传真(Fax)：0570-7221182
Http://www.nanyangzhiye.cn
法人代表(Chairman)：胡红
联系人(Contact Person)：胡红
产品(Products)：妇女卫生巾，卫生护垫，面巾纸，卫生卷纸，餐巾纸，手帕纸
品牌(Brand)：南洋，金轮

浙江广博集团股份有限公司
Zhejiang Guangbo Group Co., Ltd.
地址(Add)：浙江省宁波市鄞州区车何广博工业园
邮编(P. C.)：315153
电话(Tel)：0574-88266500
传真(Fax)：0574-88265363
E-mail：jp@guangbo.net
Http://www.guangbo.net
总经理(General Manager)：王君平
产品(Products)：餐巾纸

宁波市佰福纸业有限公司
Ningbo Baifu Paper Co., Ltd.
地址(Add)：浙江省宁波市鄞州区古林蜃蛟
邮编(P. C.)：315000
电话(Tel)：0574-88297999
传真(Fax)：0574-88265389
联系人(Contact Person)：白炳邦
产品(Products)：卫生纸，面巾纸，手帕纸

宁波市鄞州五乡光华卫生材料厂
Ningbo Guanghua Sanitary Materials Factory
地址(Add)：浙江省宁波市鄞州区五乡镇李家洋
邮编(P. C.)：315111
电话(Tel)：0574-88332008
传真(Fax)：0574-88485989
法人代表(Chairman)：徐建云
总经理(General Manager)：徐建云
产品(Products)：湿巾，餐巾纸
品牌(Brand)：雪莲

衢州恒业卫生用品有限公司
Quzhou Hengye Hygiene Products Co., Ltd.
地址(Add)：浙江省衢州市常山新都工业区
邮编(P. C.)：324200
电话(Tel)：0570-5110566
传真(Fax)：0570-5110111
E-mail：quzhouhengye8899@126.com
Http://www.zj-hengye.com
总经理(General Manager)：徐东风
联系人(Contact Person)：徐东风
产品(Products)：妇女卫生巾，卫生护垫，婴儿纸尿裤/片，成人纸尿裤/片，卫生纸

品牌(Brand)：动感女孩

衢州双熊猫纸业有限公司 *
Quzhou Double Panda Paper Co., Ltd.
地址(Add)：浙江省衢州市黄坛口
邮编(P.C.)：324005
电话(Tel)：0570－3621998
传真(Fax)：0570－3621938
法人代表(Chairman)：项月雄
总经理(General Manager)：项月雄
联系人(Contact Person)：田金山
产品(Products)：卫生纸，面巾纸，餐巾纸，原纸
品牌(Brand)：双熊猫

维达纸业(浙江)有限公司 *
Vinda Paper(Zhejiang) Co., Ltd.
地址(Add)：浙江省衢州市龙游县工业园区凤坤路9号
邮编(P.C.)：324400
电话(Tel)：0570－7788888
传真(Fax)：0570－7788899
法人代表(Chairman)：李朝旺
总经理(General Manager)：李荣根
联系人(Contact Person)：崔佳
产品(Products)：卫生纸，原纸，手帕纸，面巾纸，厨房用纸
品牌(Brand)：维达

衢州凯悦生活用纸厂
Quzhou Kaiyue Household Paper Mill
地址(Add)：浙江省衢州市西区慈姑垅
邮编(P.C.)：324000
电话(Tel)：0570－3072688
传真(Fax)：0570－3072688
E-mail：498849888@qq.com
Http://www.3072688.cn
联系人(Contact Person)：饶向华
产品(Products)：卫生纸

瑞安市宏心妇幼用品有限公司
Ruian Hongxin Women & Children Articles Co., Ltd.
地址(Add)：浙江省瑞安市碧山镇渡头路56号
邮编(P.C.)：325215
电话(Tel)：0577－65427687
传真(Fax)：0577－65420399
Http://www.cn-hongxin.com
总经理(General Manager)：卢克孟
产品(Products)：妇女卫生巾，卫生护垫，婴儿纸尿裤/片，纸巾纸
品牌(Brand)：俏姐，保健草，宏心，伴宝氏，直柔

瑞安玉海造纸厂 *
Ruian Yuhai Paper Mill
地址(Add)：浙江省瑞安汀田镇工业园区
邮编(P.C.)：325206
电话(Tel)：0577－65103868
传真(Fax)：0577－65103878
总经理(General Manager)：李国仁
产品(Products)：擦手纸原纸

绍兴柔洁生活用品有限公司 *
Shaoxing Rejoy Product Co., Ltd.
地址(Add)：浙江省绍兴市袍江工业区启圣路
邮编(P.C.)：312000
电话(Tel)：0575－85122801
传真(Fax)：0575－85200737
E-mail：zhangjl_oem@yahoo.com.cn
Http://www.happykitten.cn
总经理(General Manager)：徐卫良
联系人(Contact Person)：张建林
产品(Products)：卫生卷纸，面巾纸，餐巾纸，原纸
品牌(Brand)：柔洁

浙江唯尔福纸业有限公司 *
Zhejiang Welfare Paper Co., Ltd.
地址(Add)：浙江省绍兴市袍江工业区洋江东路17号
邮编(P.C.)：312001
电话(Tel)：0575－88207373
传真(Fax)：0575－88207375
法人代表(Chairman)：何幼成
总经理(General Manager)：何幼成
产品(Products)：卫生纸，手帕纸，面巾纸，餐巾纸，衬纸，原纸
品牌(Brand)：纸音，苗苗

恒安浙江纸业有限公司
Zhejiang Hengan Paper Co., Ltd.
地址(Add)：浙江省绍兴市上虞市经济开发区
邮编(P.C.)：312300
电话(Tel)：0575－82133598
传真(Fax)：0575－82023554
E-mail：wuwq@mail.hengan.com.cn
法人代表(Chairman)：许连捷
总经理(General Manager)：吴文权
联系人(Contact Person)：吴文权
产品(Products)：生活用纸
品牌(Brand)：心相印

绍兴市双荣妇幼保健用品厂
Shaoxing Shuangrong Women & Children Healthcare Articles Factory
地址(Add)：浙江省绍兴市胜利西路云栖工业区
邮编(P.C.)：312000
电话(Tel)：0575－85172435
传真(Fax)：0575－85179746
E-mail：web@sx-kerong.com
Http://www.sx-kerong.com
法人代表(Chairman)：徐国荣
总经理(General Manager)：徐国荣
产品(Products)：妇女卫生巾，卫生护垫，卫生纸
品牌(Brand)：珂蓉，越城之花

浙江新昌舒洁美卫生用品有限公司
Zhejiang Shujiemei Hygiene Products Co., Ltd.
地址(Add)：浙江省绍兴市新昌县高新技术产业园区(金星村)
邮编(P.C.)：312500
电话(Tel)：0575－86296998
传真(Fax)：0575－86297758
法人代表(Chairman)：戴中标
联系人(Contact Person)：杨美蓉
产品(Products)：妇女卫生巾，卫生护垫，餐巾纸，面巾纸
品牌(Brand)：嫦爽，舒佳怡，遇见

嵊州市江南卫生用品有限公司
Shengzhou Jiangnan Hygiene Products Co., Ltd.
地址(Add)：浙江省嵊州市剡湖街道里坂工业区
邮编(P. C.)：312400
电话(Tel)：0575－83129777
传真(Fax)：0575－83129778
法人代表(Chairman)：蒋能洋
总经理(General Manager)：蒋能洋
产品(Products)：面巾纸，手帕纸，餐巾纸，擦手纸
品牌(Brand)：家家伴

台州市鑫之歌生活用品有限公司
Taizhou Signal Daily Necessities Co., Ltd.
地址(Add)：浙江省台州市黄岩区横街东路 80－82 号 2 楼
邮编(P. C.)：318020
电话(Tel)：0576－84299618
传真(Fax)：0576－84299619
联系人(Contact Person)：杨敏
产品(Products)：彩色餐巾纸

玉环县日发纸品厂
Yuhuan Rifa Paper Products Factory
地址(Add)：浙江省台州市玉环县楚门科技工业园区
邮编(P. C.)：317600
电话(Tel)：0576－87414735
传真(Fax)：0576－87414039
Http://www.yhrifa.com
总经理(General Manager)：蔡学正
产品(Products)：卫生纸

温岭市舒达纸业有限公司
Wenling Shuda Paper Co., Ltd.
地址(Add)：浙江省温岭市泽国镇上浮岭村
邮编(P. C.)：317523
电话(Tel)：0576－6423222
传真(Fax)：0576－6423336
E-mail：market@cnshudapaper.com
Http://www.cnshudapaper.com
法人代表(Chairman)：李正林
总经理(General Manager)：李正林
产品(Products)：卫生纸，餐巾纸，面巾纸
品牌(Brand)：舒达

温州市鹿城区洪殿富宝纸业制品厂
Wenzhou Lucheng Hongdian Fubao Paper Products Factory
地址(Add)：浙江省温州市高田路 122 号
邮编(P. C.)：325000
电话(Tel)：0577－88335743
传真(Fax)：0577－88335743
E-mail：myzxf@hotmail.com
法人代表(Chairman)：何军
联系人(Contact Person)：何军
产品(Products)：餐巾纸，面巾纸，卫生纸，手帕纸

温州市香约纸业有限公司
Wenzhou Xiangyue Paper Co., Ltd.
地址(Add)：浙江省温州市瓯海区娄桥娄东大街 28 号
邮编(P. C.)：325000
电话(Tel)：0577－86288123
传真(Fax)：0577－86288231
总经理(General Manager)：白福助
产品(Products)：卫生纸，面巾纸
品牌(Brand)：楠叶

温州宝洁纸业有限公司
Wenzhou Baojie Paper Industry Co., Ltd.
地址(Add)：浙江省温州市平阳县昆阳工业区环城西路 38 号
邮编(P. C.)：325400
电话(Tel)：0577－63750858
传真(Fax)：0577－63751449
E-mail：baojiezy@163.com
Http://www.baojiezy.cn
总经理(General Manager)：付刚平
联系人(Contact Person)：颜枭翔
产品(Products)：面巾纸，卫生卷纸

温州市宝蝶妇幼用品有限公司
Wenzhou Baodie Women & Children Articles Co., Ltd.
地址(Add)：浙江省温州市三垟黄屿工业区黄屿路 110 号东首第四幢
邮编(P. C.)：325014
电话(Tel)：0577－86775311
传真(Fax)：0577－86770085
E-mail：wzbd1@163.com
Http://www.baodie.com
法人代表(Chairman)：程成桂
总经理(General Manager)：郑国生
联系人(Contact Person)：张敏
产品(Products)：妇女卫生巾，卫生护垫，婴儿纸尿裤/片，护理垫，卫生纸
品牌(Brand)：宝蝶，尤宝，优妮，宝蝶贝贝，佳佳洁

森源纸品厂
Senyuan Paper Products Factory
地址(Add)：浙江省武义县大坤头工业区
邮编(P. C.)：321200
电话(Tel)：0579－87686218
传真(Fax)：0579－87686081
Http://www.wysyzpc.cn.alibaba.com
联系人(Contact Person)：王来军
产品(Products)：卫生纸，面巾纸，手帕纸

义乌市天帛纸业有限公司
Yiwu Tianbo Paper Co., Ltd.
地址(Add)：浙江省义乌市车站路 1 号
邮编(P. C.)：322000
电话(Tel)：0579－85585288
传真(Fax)：0579－85549842
E-mail：sales@tianbopaper.com
Http://tianbopaper.com
总经理(General Manager)：余建东
产品(Products)：纸巾纸，面巾纸，餐巾纸，湿巾

义乌市佳良日用品厂
Yiwu Jialiang Commodity Factory
地址(Add)：浙江省义乌市城西工业区夏演工业园隆泰食品厂内
邮编(P. C.)：322000
电话(Tel)：0579－85870456

传真(Fax)：0579－85873330
E-mail：ywloubl@ yahoo. com. cn
Http://www. ywzhenya. com
联系人(Contact Person)：楼兵良
产品(Products)：彩色餐巾纸

义乌市奥顿纸业有限公司
Yiwu Arton Paper Co., Ltd.
地址(Add)：浙江省义乌市义亭镇工业园区
邮编(P. C.)：322005
电话(Tel)：0579－85819888
传真(Fax)：0579－85813668
E-mail：cnaodun@ 126. com
Http://www. ywaodun. com
法人代表(Chairman)：鲍志坚
总经理(General Manager)：鲍志坚
产品(Products)：妇女卫生巾，婴儿纸尿裤/片，餐巾纸，面巾纸，卫生卷纸
品牌(Brand)：诗雨，迷奇儿鸥娜诗

永嘉县黄田佳美纸品厂
Yongjia Jiamei Paper Products Factory
地址(Add)：浙江省永嘉县瓯北镇黄田东占岙南浦路90号
邮编(P. C.)：325101
电话(Tel)：0577－67281568
传真(Fax)：0577－67281568
总经理(General Manager)：黄银云
产品(Products)：面巾纸
品牌(Brand)：佳美，绿之思

玉环新华纸业制品厂
Yuhuan Xinhua Paper Products Factory
地址(Add)：浙江省玉环县沙门镇泗边工业区
邮编(P. C.)：317607
电话(Tel)：0576－87136848
传真(Fax)：0576－87163885
联系人(Contact Person)：张义峰
产品(Products)：面巾纸，餐巾纸，卫生卷纸

玉环婕尔柔卫生用品有限公司
Yuhuan Jieerrou Hygiene Articles Co., Ltd.
地址(Add)：浙江省玉环县珠港镇岭脚村工业区
邮编(P. C.)：325401
电话(Tel)：0577－63635360
传真(Fax)：0577－63626920
Http://www. jieerrou. com
法人代表(Chairman)：范敏洁
产品(Products)：手帕纸，卫生纸，擦手纸，餐巾纸，湿巾
品牌(Brand)：婕尔柔

浙江省诸暨造纸厂＊
Zhejiang Zhuji Paper Mill
地址(Add)：浙江省诸暨市暨阳工业园区(江龙)
邮编(P. C.)：311800
电话(Tel)：0575－87320088
传真(Fax)：0575－87320068
E-mail：hejihua105@ 163. net
法人代表(Chairman)：何吉华
总经理(General Manager)：何吉华
联系人(Contact Person)：何吉华
产品(Products)：湿强原纸，卫生纸原纸，湿巾，干擦拭巾
品牌(Brand)：爱护

■安徽 Anhui

安庆市新宜造纸厂
Anqing Xinyi Paper Mill
地址(Add)：安徽省安庆市人民路130号
邮编(P. C.)：246003
电话(Tel)：0556－8729098
传真(Fax)：0556－5513008
总经理(General Manager)：王国平
产品(Products)：卫生纸

安庆市白云纸业有限公司＊
Anqing Baiyun Paper Co., Ltd.
地址(Add)：安徽省安庆市宿松县工业园区
邮编(P. C.)：246500
电话(Tel)：0556－7848969
传真(Fax)：0556－7848969
Http://www. by-paper. cn
总经理(General Manager)：何春华
产品(Products)：卫生纸，面巾纸，盘纸，原纸

安徽省蚌埠市安爽纸业有限公司
Anhui Bengbu Anshuang Paper Co., Ltd.
地址(Add)：安徽省蚌埠市凤阳东路169号
邮编(P. C.)：233005
电话(Tel)：0552－7126580
传真(Fax)：0552－3039876
联系人(Contact Person)：徐建军
产品(Products)：妇女卫生巾，卫生纸
品牌(Brand)：梦娟

众一纸业有限公司＊
Zhongyi Paper Co, Ltd.
地址(Add)：安徽省亳州市谯城区亳魏路工业开发区3号
邮编(P. C.)：236800
电话(Tel)：0558－5275999
传真(Fax)：0558－5856333
联系人(Contact Person)：张天华
产品(Products)：餐巾纸，面巾纸，手帕纸，原纸
品牌(Brand)：芍花，清香

安徽金林工贸有限公司
Anhui Jinlin Industry & Trading Co., Ltd.
地址(Add)：安徽省巢湖市东方景苑菜场
邮编(P. C.)：238000
电话(Tel)：0565－2627575
传真(Fax)：0565－2819562
E-mail：webmaster@ ahjlgm. cn
Http://www. ahjlgm. cn
总经理(General Manager)：戴文忠
联系人(Contact Person)：徐金华
产品(Products)：妇女卫生巾，卫生护垫，婴儿/成人纸尿裤，面巾纸
品牌(Brand)：金伶爽

安徽合顺纸业有限公司
Anhui Heshun Paper Co., Ltd.
地址(Add)：安徽省池州市青阳经济开发区
邮编(P. C.)：242800
电话(Tel)：0566－5115899
传真(Fax)：0566－5115499
E-mail：64040208@qq.com
Http://www.ahhszy.com
联系人(Contact Person)：张世华
产品(Products)：面巾纸，餐巾纸，手帕纸，卫生纸，厨房用纸
品牌(Brand)：花样生活，皖柔，心情驿站

滁州市众洁餐巾纸厂
Chuzhou Zhongjie Napkin Factory
地址(Add)：安徽省滁州市东后街1号
邮编(P. C.)：239000
电话(Tel)：0550－2110866
联系人(Contact Person)：孙休兵
产品(Products)：餐巾纸

东至县东尧纸品有限公司
Dongzhi Dongyao Paper Products Co., Ltd.
地址(Add)：安徽省东至县建设南路职教中心前150米左转
邮编(P. C.)：247271
电话(Tel)：0566－7020698
总经理(General Manager)：傅相松
产品(Products)：卫生卷纸，手帕纸，面巾纸

合肥迈高纸制品厂
Hefei Maigao Paper Products Plant
地址(Add)：安徽省合肥市安徽大市场日用名品城E99号
邮编(P. C.)：230001
电话(Tel)：0551－5220955
传真(Fax)：0551－5220925
Http://www.ahmaigao.com
联系人(Contact Person)：张晟
产品(Products)：卫生纸，面巾纸，餐巾纸，手帕纸

合肥紫凤纸品有限公司
Hefei Zifeng Paper Co., Ltd.
地址(Add)：安徽省合肥市大兴漕冲糖酒城10幢8号
邮编(P. C.)：230011
电话(Tel)：0551－4328044
传真(Fax)：0551－4328044
联系人(Contact Person)：赵德应
产品(Products)：卫生纸
品牌(Brand)：紫凤

安徽省合肥战联卫生用品有限公司
Anhui Hefei Zhanlian Hygiene Products Co., Ltd.
地址(Add)：安徽省合肥市东郊新城工业区燎原大道
邮编(P. C.)：231600
电话(Tel)：0551－7707666
传真(Fax)：0551－7705868
E-mail：zhanlian8888@yahoo.com.cn
Http://www.zhlian8888.cn
总经理(General Manager)：李建军
产品(Products)：湿巾，手帕纸，面巾纸，卫生卷纸，无纺布制品
品牌(Brand)：洁帕

合肥特丽洁卫生材料有限公司
Hefei Telijie Hygiene Material Co., Ltd.
地址(Add)：安徽省合肥市肥东合浦路特丽洁工业园
邮编(P. C.)：231600
电话(Tel)：0551－7662999
传真(Fax)：0551－7662978
E-mail：telijie@telijie.com
Http://www.telijie.com
法人代表(Chairman)：王国琴
总经理(General Manager)：张光明
产品(Products)：湿巾，美容巾，仪器擦拭巾，医用擦手纸，医用围兜，餐巾纸
品牌(Brand)：特丽洁

合肥市红枫造纸有限责任公司＊
Hefei Hongfeng Paper Co., Ltd.
地址(Add)：安徽省合肥市肥西县206国道董岗段1078公里碑
邮编(P. C.)：231200
电话(Tel)：0551－8444608
联系人(Contact Person)：管贤满
产品(Products)：卫生纸，原纸
品牌(Brand)：四季红

安徽汇诚妇幼用品有限公司
Anhui Huicheng Women & Children Articles Co., Ltd.
地址(Add)：安徽省合肥市龙岗开发区牡丹路与站前路交叉口
邮编(P. C.)：231633
电话(Tel)：0551－4327333
传真(Fax)：0551－4328222
E-mail：ahhcjt@ahhcjt.com
Http://www.ahhcjt.com
法人代表(Chairman)：蔡世忠
总经理(General Manager)：蔡世忠
联系人(Contact Person)：蔡培春
产品(Products)：妇女卫生巾，卫生护垫，婴儿纸尿裤，成人纸尿裤/片，面巾纸，手帕纸，餐巾纸，擦手纸
品牌(Brand)：洁柔，水晶花

合肥市康乐纸品厂
Hefei Kangle Paper Products Plant
地址(Add)：安徽省合肥市庐阳产业园天水路11号
邮编(P. C.)：230031
电话(Tel)：0551－5712435
传真(Fax)：0551－5201589
联系人(Contact Person)：齐小龙
产品(Products)：餐巾纸，手帕纸，卫生纸，盘纸
品牌(Brand)：欧蕾

合肥锦杰纸业有限公司
Hefei Splendid Preeminence Bimfindustry Co., Ltd.
地址(Add)：安徽省合肥市杏花村镇汲桥工业区
邮编(P. C.)：230041
电话(Tel)：0551－5552786
传真(Fax)：0551－5552786
总经理(General Manager)：管怀宽
联系人(Contact Person)：管恒文
产品(Products)：卫生纸，面巾纸

恒安(合肥)生活用品有限公司
Hengan (Hefei) Daily Products Co., Ltd.
地址(Add):安徽省合肥市瑶海工业园区郎溪路与纬B路交叉口
邮编(P.C.):230011
电话(Tel):0551－2113889
E-mail:wujb@mail.hengan.com.cn
法人代表(Chairman):施文博
总经理(General Manager):吴金铵
联系人(Contact Person):吴金铵
产品(Products):妇女卫生巾,卫生护垫,婴儿纸尿裤,卫生纸
品牌(Brand):安乐,安尔乐,安儿乐,心相印

合肥嘉东生活用纸有限公司*
Hefei Jiadong Household Paper Co., Ltd.
地址(Add):安徽省合肥市瑶海区庙岗路2号
邮编(P.C.):230011
电话(Tel):0551－4533152
传真(Fax):0551－4526915
法人代表(Chairman):陈大广
总经理(General Manager):费广才
联系人(Contact Person):王西魁
产品(Products):卫生纸,原纸
品牌(Brand):天女花,玉柔

黄山市彬彬卫生日用品有限公司
Huangshan Binbin Hygiene Products Co., Ltd.
地址(Add):安徽省黄山市屯溪区阳湖帅鑫工业园
邮编(P.C.):245000
电话(Tel):0559－2336486
传真(Fax):0559－2336504
Http://www.hsbbry.com
法人代表(Chairman):熊洪法
总经理(General Manager):熊洪法
产品(Products):卫生纸,餐巾纸,面巾纸
品牌(Brand):黄山,雪风

黄山市南糖日用品有限公司
Huangshan Nantang Commodity Co., Ltd.
地址(Add):安徽省黄山市歙县经济开发区滨江路
邮编(P.C.):245011
电话(Tel):0559－3336888
E-mail:wangtianjun_hsnfs@163.com
联系人(Contact Person):王天俊
产品(Products):卫生纸

界首市宝洁纸业有限公司*
Jieshou Baojie Paper Co., Ltd.
地址(Add):安徽省界首市界陶路东侧
邮编(P.C.):236501
电话(Tel):0558－4866329
传真(Fax):0558－4815062
联系人(Contact Person):代志强
产品(Products):卫生卷纸,餐巾纸,盘纸,原纸

临泉县盛源纸业有限公司
Linquan Shengyuan Paper Co., Ltd.
地址(Add):安徽省临泉县光明北路北大桥向东500米
邮编(P.C.):236400
电话(Tel):0558－6482866
传真(Fax):0558－6481667
联系人(Contact Person):于磊
产品(Products):卫生纸

灵璧县楚汉风纸业有限公司
Lingbi Chuhanfeng Paper Co., Ltd.
地址(Add):安徽省灵璧县城东关宿泗路58号
邮编(P.C.):234271
电话(Tel):0557－6028886
总经理(General Manager):张彬
产品(Products):卫生纸

六安市自豪纸业有限公司*
Luan Zihao Paper Co., Ltd.
地址(Add):安徽省六安市独山镇龙井工业区
邮编(P.C.):237131
电话(Tel):0564－2910107
传真(Fax):0564－2920636
总经理(General Manager):涂恩国
产品(Products):卫生纸,原纸
品牌(Brand):天菊

安徽霍山龙平纸业有限公司
Anhui Huoshan Longping Paper Co., Ltd.
地址(Add):安徽省六安市霍山县与儿街工业园
邮编(P.C.):237200
电话(Tel):0564－5461567
传真(Fax):0564－5461086
Http://www.ahlpzy.com
总经理(General Manager):龚宗平
产品(Products):餐巾纸,面巾纸,手帕纸

安徽省宁国市兆丰纸业有限公司*
Anhui Ningguo Zhaofeng Paper Co., Ltd.
地址(Add):安徽省宁国市汪溪工业园区
邮编(P.C.):242300
电话(Tel):0563－4441788
传真(Fax):0563－4441589
E-mail:zf@chinazf.com.cn
Http://www.chinazf.com.cn
法人代表(Chairman):刘肇坤
总经理(General Manager):刘肇坤
联系人(Contact Person):陈靖培
产品(Products):卫生纸,面巾纸,餐巾纸,手帕纸,擦手纸,原纸
品牌(Brand):竹风,洁洁,舒庭

青阳县华兴纸业有限公司
Qingyang Huaxing Paper Co., Ltd.
地址(Add):安徽省青阳县丁桥工业园区
邮编(P.C.):242807
电话(Tel):0566－5666688
传真(Fax):0566－5667298
联系人(Contact Person):苏莉
产品(Products):卫生纸

安徽龙舒妇幼卫生用品厂
Anhui Longshu Women & Children Products Factory
地址(Add):安徽省舒城县经济开发区供销社物流中心卫生巾厂
邮编(P.C.):231300

电话(Tel)：0564－8678975
传真(Fax)：0564－8678975
总经理(General Manager)：桂先定
联系人(Contact Person)：陈永生
产品(Products)：妇女卫生巾，卫生护垫，卫生纸
品牌(Brand)：兰语

安徽宿州旭东纸业有限公司*
Anhui Suzhou Xudong Paper Co., Ltd.
地址(Add)：安徽省宿州市埇桥经济开发区
邮编(P. C.)：234000
电话(Tel)：0557－4313166
联系人(Contact Person)：徐玲
产品(Products)：卫生纸，原纸

安徽悦美卫生用品有限公司*
Anhui Yuemei Hygiene Products Co., Ltd.
地址(Add)：安徽省桐城经济开发区
邮编(P. C.)：231400
电话(Tel)：0556－6567998
传真(Fax)：0556－6568666
E-mail：ygm98@sohu.com
Http://www.ahxdgroup.com
法人代表(Chairman)：殷根茂
总经理(General Manager)：姜长国
联系人(Contact Person)：姜长国
产品(Products)：原纸，卫生纸，面巾纸，手帕纸，餐巾纸，厨房用纸，擦手纸，妇女卫生巾，卫生护垫
品牌(Brand)：阳光薇枫，月尔美

天天餐巾纸厂
Tiantian Napkin Factory
地址(Add)：安徽省铜陵市西湖开发区
邮编(P. C.)：244000
电话(Tel)：0562－5125595
总经理(General Manager)：王卫平
产品(Products)：餐巾纸，面巾纸
品牌(Brand)：天天，缘爱

芜湖市科达纸业有限责任公司*
Wuhu Keda Paper Co., Ltd.
地址(Add)：安徽省芜湖市长江路北褐山路101号
邮编(P. C.)：241000
电话(Tel)：0553－7518827
传真(Fax)：0553－7519616
联系人(Contact Person)：杨大平
产品(Products)：卫生纸，原纸
品牌(Brand)：美美

芜湖市东发纸巾有限公司
Wuhu Dongfa Paper Products Co., Ltd.
地址(Add)：安徽省芜湖市高新技术开发区滨江南路14号
邮编(P. C.)：241000
电话(Tel)：0553－3023377
E-mail：whdfzj@126.com
Http://www.whdfzj.com.cn
总经理(General Manager)：章晓东
产品(Products)：湿巾，餐巾纸，擦手纸，盘纸

安徽省芜湖市旺达纸业
Anhui Wuhu Wangda Paper Co.
地址(Add)：安徽省芜湖市沿河路防洪墙240号
邮编(P. C.)：241000
电话(Tel)：0553－3855270
联系人(Contact Person)：耿震铭
产品(Products)：卫生纸，餐巾纸，手帕纸，盘纸

安徽中石纸业有限公司*
Anhui Zhongshi Paper Co., Ltd.
地址(Add)：福建省滁州市定远县工业园
邮编(P. C.)：233200
电话(Tel)：0550－4451888
传真(Fax)：0550－4296119
法人代表(Chairman)：李振忠
产品(Products)：原纸，卫生纸
品牌(Brand)：玉蝉

■福建 Fujian

福建省大田县兴洲纸业有限公司*
Fujian Datian Xingzhou Paper Co., Ltd.
地址(Add)：福建省大田县华兴工业区
邮编(P. C.)：366100
电话(Tel)：0598－7247098
传真(Fax)：0598－7247099
联系人(Contact Person)：郑光通
产品(Products)：卫生纸，原纸

福建省大田县华闽纸业有限公司*
Fujian Datian Huamin Paper Co., Ltd.
地址(Add)：福建省大田县均溪镇福塘工业区
邮编(P. C.)：366100
电话(Tel)：0598－7260618
传真(Fax)：0598－7222143
E-mail：hmzy2000@163.com
Http://www.fjhmzy.com
法人代表(Chairman)：郭友实
总经理(General Manager)：郭友实
联系人(Contact Person)：郭友强
产品(Products)：卫生纸，面巾纸，手帕纸，原纸
品牌(Brand)：好的，开心一百

福鼎市南阳纸业有限公司*
Fuding Nanyang Paper Co., Ltd.
地址(Add)：福建省福鼎市管阳镇章边村
邮编(P. C.)：355215
电话(Tel)：0593－7637988
传真(Fax)：0593－7637288
法人代表(Chairman)：陈立元
联系人(Contact Person)：陈立平
产品(Products)：面巾纸，餐巾纸，卫生纸，卫生巾衬纸，原纸
品牌(Brand)：南阳之星，金鼎福

德诺纸业(福建)有限公司*
Denuo Paper (Fujian) Company Ltd.
地址(Add)：福建省福鼎市海口路69号
邮编(P. C.)：355200
电话(Tel)：15859321789
传真(Fax)：0591－7971333

E-mail：hero. cui@ 163. com
Http://www. anjt. com. cn
法人代表(Chairman)：谢忠行
总经理(General Manager)：谢斌
联系人(Contact Person)：崔勇
产品(Products)：卫生纸，原纸
品牌(Brand)：春之晨，双福

安诺纸业(福建)有限公司 *
Annuo Paper (Fujian) Co., Ltd.
地址(Add)：福建省福鼎市秦屿镇冷城安诺工业园
邮编(P. C.)：355209
电话(Tel)：0593 -7203333
传真(Fax)：0593 -7290333
E-mail：linyb@ anjt. com. cn
Http://www. anjt. com. cn
法人代表(Chairman)：谢忠行
总经理(General Manager)：谢斌
联系人(Contact Person)：周世德
产品(Products)：原纸，卫生纸，面巾纸，餐巾纸，手帕纸，厨房用纸
品牌(Brand)：春之晨，双福

福州仓山先锋纸品厂
Fuzhou Cangshan Xianfeng Paper Products Factory
地址(Add)：福建省福州市仓山区仓山镇先锋村展进巷38号
邮编(P. C.)：350007
电话(Tel)：0591 -83488288
传真(Fax)：0591 -83302435
法人代表(Chairman)：林成福
产品(Products)：卫生纸

福建省先锋集团纸巾厂 *
Fujian Xianfeng Group Napkin Factory
地址(Add)：福建省福州市仓山区盖山镇高埔工业区21号
邮编(P. C.)：350026
电话(Tel)：0591 -22022686
传真(Fax)：0591 -22022689
E-mail：xianfeng-paper@ yahoo. com. cn
法人代表(Chairman)：郭丽星
总经理(General Manager)：刘昌盛
联系人(Contact Person)：刘昌盛
产品(Products)：卫生纸，面巾纸，餐巾纸，手帕纸，擦手纸，厨房用纸，原纸
品牌(Brand)：先锋

福州市佳洁纸制品有限公司
Fuzhou Jiajie Paper Products Co., Ltd.
地址(Add)：福建省福州市仓山区建新镇霞境5号
邮编(P. C.)：350008
电话(Tel)：0591 -83516435
联系人(Contact Person)：罗道强
产品(Products)：餐巾纸，面巾纸，卫生纸

福州融达纸业有限公司
Fuzhou Rongda Paper Co., Ltd.
地址(Add)：福建省福州市仓山区江边村工业区
邮编(P. C.)：350007
电话(Tel)：0591 -83197878
传真(Fax)：0591 -83535976
联系人(Contact Person)：余忠梁
产品(Products)：卫生纸，餐巾纸，面巾纸，擦手纸
品牌(Brand)：清欣

福州真柔纸业有限公司
Fuzhou Zhenrou Paper Co., Ltd.
地址(Add)：福建省福州市仓山区江边工业区
邮编(P. C.)：350000
电话(Tel)：0591 -83429402
传真(Fax)：0591 -83444621
E-mail：zhenrou@ zhenrou. cn
Http://www. zhenrou. cn
法人代表(Chairman)：陈巧玉
总经理(General Manager)：陈巧玉
产品(Products)：卫生卷纸，手帕纸，面巾纸，餐巾纸
品牌(Brand)：真柔. 格尔美，惠民

福州市仓山区顺丰纸品厂
Fuzhou Cangshan Shunfeng Paper Products Factory
地址(Add)：福建省福州市仓山区施埔路125号
邮编(P. C.)：354007
电话(Tel)：0591 -83456695
传真(Fax)：0591 -83456695
联系人(Contact Person)：林瑞锦
产品(Products)：卫生卷纸

福州榕丰纸品厂
Fuzhou Rongfeng Paper Products Factory
地址(Add)：福建省福州市盖山义序工业区中亭街桥仔兜41号
邮编(P. C.)：350026
电话(Tel)：0591 -83566222
传真(Fax)：0591 -83566222
总经理(General Manager)：黄炎平
产品(Products)：面巾纸，卫生卷纸，餐巾纸

福州晋安金鸽卫生用品厂
Fuzhou Jinan Jinge Hygiene Products Factory
地址(Add)：福建省福州市火车站后山门前新村12栋53号
邮编(P. C.)：350013
电话(Tel)：0591 -87902548
传真(Fax)：0591 -87902548
联系人(Contact Person)：徐明学
产品(Products)：湿巾，餐巾纸
品牌(Brand)：吉鸽

福州市晋安区天羽纸品厂
Fuzhou Jinan Tianyu Paper Products Factory
地址(Add)：福建省福州市晋安区福兴投资区埠兴路1号
邮编(P. C.)：350014
电话(Tel)：0591 -83966029
传真(Fax)：0591 -83966029
联系人(Contact Person)：李园玉
产品(Products)：卫生纸

喜运来(福州)纸制礼品有限公司
Max Fortune (Fuzhou) Paper Products Co., Ltd.
地址(Add)：福建省福州市开发区快安宏洋工业区A幢
邮编(P. C.)：350000

电话(Tel)：0591－83976236
传真(Fax)：0591－83975810
E-mail：maxfortune_ray@126.com
联系人(Contact Person)：叶质
产品(Products)：餐巾纸

福州美榕纸巾厂＊
Fuzhou Meirong Napkin Factory
地址(Add)：福建省福州市闽侯县上街镇马保1－2号
邮编(P.C.)：350108
电话(Tel)：0591－22882775
传真(Fax)：0591－22896920
E-mail：mr980105@public.fz.fj.cn
Http://www.china－tissue.com
总经理(General Manager)：吴晓辉
联系人(Contact Person)：谢美榕
产品(Products)：卫生纸，餐巾纸，面巾纸，原纸
品牌(Brand)：鑫美榕

舒尔洁(福州)纸业有限公司
Shuerjie (Fuzhou) Paper Co., Ltd.
地址(Add)：福建省福州市前屿路179号
邮编(P.C.)：350000
电话(Tel)：0591－87625139
传真(Fax)：0591－87621179
E-mail：fjshuerjie@163.com
联系人(Contact Person)：杨长建
产品(Products)：妇女卫生巾，卫生护垫，纸尿裤/片，卫生卷纸，手帕纸，面巾纸
品牌(Brand)：乐宝氏

福州采尔纸业有限公司
Fuzhou Caier Paper Co., Ltd.
地址(Add)：福建省福州市五一中路88号平安大厦7楼
邮编(P.C.)：350001
电话(Tel)：0591－88306555
传真(Fax)：0591－28353528
E-mail：tryor@126.com
Http://www.tryor.cn
法人代表(Chairman)：吴炳煌
总经理(General Manager)：吴炳煌
联系人(Contact Person)：童桢
产品(Products)：卫生纸，面巾纸，手帕纸，餐巾纸，厨房用纸，擦手纸，卫生巾，卫生护垫
品牌(Brand)：采尔，随手，清巧，愉＋

建瓯市恒丰纸业有限公司＊
Jianou Hengfeng Paper Co., Ltd.
地址(Add)：福建省建瓯市东峰镇莲花坪工业园
邮编(P.C.)：353100
电话(Tel)：0599－3591933
传真(Fax)：0599－3591933
E-mail：fjqzwjb@163.com
联系人(Contact Person)：付国义
产品(Products)：卫生纸，原纸

恒安(中国)纸业有限公司＊
Hengan (China) Paper Co., Ltd.
地址(Add)：福建省晋江市安东工业区
邮编(P.C.)：362261
电话(Tel)：0595－85729667
传真(Fax)：0595－85729962
E-mail：zhangqf@hengan.com
法人代表(Chairman)：许连捷
总经理(General Manager)：张群富
产品(Products)：生活用纸，原纸
品牌(Brand)：心相印

福建省晋江市安海镇新安纸巾厂
Fujian Jinjiang Anhai Xinan Paper Towel Plant
地址(Add)：福建省晋江市安海镇后林村
邮编(P.C.)：362261
电话(Tel)：0595－85700711
传真(Fax)：0595－85700711
总经理(General Manager)：吴谋出
产品(Products)：卫生纸，面巾纸
品牌(Brand)：新安

晋江恒安心相印纸制品有限公司
Jinjiang Hengan Xinxiangyin Paper Products Co., Ltd.
地址(Add)：福建省晋江市安海镇灵安工贸区
邮编(P.C.)：362261
电话(Tel)：0595－85729667
传真(Fax)：0595－85729962
E-mail：zhangqf@hengan.com
法人代表(Chairman)：许连捷
总经理(General Manager)：张群富
产品(Products)：生活用纸
品牌(Brand)：心相印

晋江市恒质纸品有限公司
Jinjiang Hengzhi Paper Products Co., Ltd.
地址(Add)：福建省晋江市安海镇庄头恒质纸品工业大厦
邮编(P.C.)：362261
电话(Tel)：0595－85709988
传真(Fax)：0595－85768887
E-mail：hengzhi510@163.com
Http://www.cnhengzhi.com
法人代表(Chairman)：陈文质
产品(Products)：妇女卫生巾，卫生护垫，婴儿纸尿裤/片，成人纸尿裤，湿巾，纸巾纸
品牌(Brand)：嫚妮斯，健尔

福建省晋江市舒乐妇幼用品有限公司
Fujian Jinjiang Shule Women & Children Articles Co., Ltd.
地址(Add)：福建省晋江市陈埭镇鹏头工业区(鹏青大道)
邮编(P.C.)：362211
电话(Tel)：0595－85189888
传真(Fax)：0595－85189777
E-mail：shuleco@pub2.qz.fj.cn
Http://www.baihushi.com
法人代表(Chairman)：丁朝阳
产品(Products)：妇女卫生巾，婴儿纸尿裤，生活用纸
品牌(Brand)：白护士

晋江市益源卫生用品有限公司
Jinjiang Yiyuan Hygiene Products Co., Ltd.
地址(Add)：福建省晋江市磁灶镇洋美工业区
邮编(P.C.)：362000
电话(Tel)：0595－85835236

传真(Fax)：0595－85889236
E-mail：yiyuan@fjyiyuan.com
Http://www.fjyiyuan.com
联系人(Contact Person)：谢家源
产品(Products)：妇女卫生巾，卫生护垫，婴儿纸尿裤/片，成人纸尿片，面巾纸
品牌(Brand)：好浪漫

晋江市绿之乡纸业有限公司
Jinjiang Lüzhixiang Paper Co., Ltd.
地址(Add)：福建省晋江市东石金瓯工业南区
邮编(P.C.)：362271
电话(Tel)：0595－85976866
传真(Fax)：0595－85594866
Http://www.lzxzy.com.cn
法人代表(Chairman)：王连升
总经理(General Manager)：王专专
联系人(Contact Person)：王专专
产品(Products)：卫生纸，面巾纸，餐巾纸，手帕纸，湿巾
品牌(Brand)：金鹰卡通，绿之乡

晋江创新日用纸品有限公司
Jinjiang Chuangxin Paper Products Co., Ltd.
地址(Add)：福建省晋江市东石镇大房蓬山工业区
邮编(P.C.)：362272
电话(Tel)：0595－85525783
传真(Fax)：0595－85586946
E-mail：jjyizhirou@126.com
联系人(Contact Person)：许根荣
产品(Products)：卫生卷纸，手帕纸，面巾纸，餐巾纸

福建晋江白绵纸品厂
Fujian Jinjiang Baimian Paper Products Factory
地址(Add)：福建省晋江市内坑镇吕厝蓬莱工业区
邮编(P.C.)：362268
电话(Tel)：0595－86882025
传真(Fax)：0595－88326629
Http://www.baimian.net
总经理(General Manager)：洪阿小
产品(Products)：妇女卫生巾，婴儿纸尿片，卫生纸，餐巾纸，面巾纸，
品牌(Brand)：优贝佳，好亲密，橄榄树

艾派集团(中国)有限公司
AP Group (China) Co., Ltd.
地址(Add)：福建省晋江市缺塘艾派产业园
邮编(P.C.)：362200
电话(Tel)：0595－88187000
传真(Fax)：0595－88192777
Http://www.hengdachina.com
法人代表(Chairman)：柯遵昶
总经理(General Manager)：柯国斌
产品(Products)：彩色餐巾纸

恒安(中国)卫生用品有限公司
Hengan (China) Hygiene Products Co., Ltd.
地址(Add)：福建省晋江市五里工业园区
邮编(P.C.)：362261
电话(Tel)：0595－85708312
传真(Fax)：0595－85708666
E-mail：linys@mail.hengan.com.cn
联系人(Contact Person)：林一速
产品(Products)：婴儿纸尿裤，成人纸尿裤，卫生纸
品牌(Brand)：安儿乐，安而康，心相印

福建晋江凤竹纸品实业有限公司
Fujian Jinjiang Fengzhu Paper Products Industry Co., Ltd.
地址(Add)：福建省晋江市五里科技工业园区
邮编(P.C.)：362200
电话(Tel)：0595－85758888
传真(Fax)：0595－85752222
E-mail：fengzhu5678890@163.com
Http://www.fjfzzy.com
总经理(General Manager)：李栋梁
联系人(Contact Person)：麦义坤
产品(Products)：餐巾纸，面巾纸，手帕纸，卫生纸，妇女卫生巾，卫生护垫，婴儿纸尿裤
品牌(Brand)：洁菲，凤竹，洁儿菲

晋江恒乐妇幼用品有限公司
Jinjiang Hengle Women and Children Articles Co., Ltd.
地址(Add)：福建省晋江市西园街道仕头工业区
邮编(P.C.)：362200
电话(Tel)：0595－85611402
传真(Fax)：0595－85696402
联系人(Contact Person)：赖素英
产品(Products)：妇女卫生巾，卫生护垫，婴儿纸尿裤，面巾纸

福建省晋江市吸引力妇幼纸品有限公司
Fujian Jinjiang Xiyinli Women & Children Paper Products Co., Ltd.
地址(Add)：福建省晋江市西园赖厝工业园区
邮编(P.C.)：362600
电话(Tel)：0595－85656333
传真(Fax)：0595－82855444
E-mail：xyl－yueding@163.com
Http://www.yueding.cc
法人代表(Chairman)：赖志群
总经理(General Manager)：赖志群
联系人(Contact Person)：赖志群
产品(Products)：卫生纸，妇女卫生巾，卫生护垫，婴儿纸尿裤/片
品牌(Brand)：约定，心约定，爱约定

福建省龙岩市祥泰造纸包装有限公司
Fujian Longyan Xiangtai Paper & Package Co., Ltd.
地址(Add)：福建省龙岩市铁山开发区
邮编(P.C.)：364001
电话(Tel)：0597－2348234
传真(Fax)：0597－2348432
总经理(General Manager)：张万祥
产品(Products)：卫生纸，婴儿纸尿裤
品牌(Brand)：好心人

福州聚丰纸业有限公司＊
Fuzhou Jufeng Paper Co., Ltd.
地址(Add)：福建省闽清县梅城镇西大路519号
邮编(P.C.)：350800
电话(Tel)：0591－22333385

传真(Fax): 0591 - 22310928
联系人(Contact Person): 陈更新
产品(Products): 卫生纸，原纸

福建省南安市天天纸业有限公司
Fujian Nanan Tiantian Paper Industry Co., Ltd.
地址(Add): 福建省南安市洪濑镇三梅工业区
邮编(P. C.): 362330
电话(Tel): 0595 - 86600555
传真(Fax): 0595 - 86687222
E-mail: fcy3555@163. com
总经理(General Manager): 范重阳
联系人(Contact Person): 范重阳
产品(Products): 妇女卫生巾，卫生护垫，婴儿纸尿裤/片，生活用纸
品牌(Brand): 无菌康，T&T，妙洁

福建恒利集团有限公司
Fujian Hengli Group Co., Ltd.
地址(Add): 福建省南安市省新镇恒利工业区
邮编(P. C.): 362300
电话(Tel): 0595 - 86252666
传真(Fax): 0595 - 86252099
E-mail: qingbo57@pub1. qz. fj. cn
Http://www. fjhl. com. cn
法人代表(Chairman): 吴家荣
总经理(General Manager): 吴家荣
联系人(Contact Person): 刘芳美
产品(Products): 妇女卫生巾，卫生护垫，婴儿纸尿裤/片，生活用纸
品牌(Brand): 好舒爽，舒爽，爽儿宝，好吉利

泉州市娇娇乐卫生用品有限公司
Quanzhou Jojo Sanitary Products Co., Ltd.
地址(Add): 福建省南安市院下工业区
邮编(P. C.): 362343
电话(Tel): 0595 - 86091998
传真(Fax): 0595 - 86090998
E-mail: jojole@126. com
Http://www. oudi-paper. com
法人代表(Chairman): 李秀娇
总经理(General Manager): 李秀娇
联系人(Contact Person): 曾秋波
产品(Products): 妇女卫生巾，卫生护垫，婴儿纸尿裤/片，卫生纸，成人纸尿裤
品牌(Brand): 恋之娇，女生有缘，娇媚，娇媚宝贝，Saude，Comfort

宁德市洁盛纸业有限公司
Ningde Jiesheng Paper Co., Ltd.
地址(Add): 福建省宁德市霍童镇溪南村
邮编(P. C.): 352112
电话(Tel): 0593 - 2701136
传真(Fax): 0593 - 2706733
法人代表(Chairman): 吴贵钗
产品(Products): 卫生纸，面巾纸，餐巾纸
品牌(Brand): 洁盛

福建省莆田市荔城纸业有限公司
Fujian Putian Licheng Paper Co., Ltd.
地址(Add): 福建省莆田市城厢区华亭镇郊溪工业区
邮编(P. C.): 351139
电话(Tel): 0594 - 2029839
传真(Fax): 0594 - 2029539
E-mail: lichengzhiye@126. com
Http://www. fjlicheng. com
法人代表(Chairman): 黄丽梅
总经理(General Manager): 林元剑
联系人(Contact Person): 林元剑
产品(Products): 妇女卫生巾，卫生护垫，婴儿纸尿裤/片，成人纸尿裤/片，护理垫，餐巾纸，面巾纸，卫生卷纸
品牌(Brand): 佳爽，佳婷，荔城，丝月，BB宝，新宠儿

亿发纸业(福建)有限公司 *
Yifa Paper (Fujian) Co., Ltd.
地址(Add): 福建省莆田市涵江区苍林工业区
邮编(P. C.): 351111
电话(Tel): 0594 - 3569098
传真(Fax): 0594 - 3566998
E-mail: xiuwang918@yahoo. com. cn
Http://www. yifagroup. com
法人代表(Chairman): 杨黎敏
总经理(General Manager): 梅中
联系人(Contact Person): 陈秀王
产品(Products): 婴儿纸尿裤，妇女卫生巾，卫生护垫，卫生卷纸，面巾纸，餐巾纸，擦手纸，厨房用纸，原纸
品牌(Brand): 美弗儿，亲尔，手心缘

莆田市丰悦纸业有限公司
Putian Fengyue Paper Co., Ltd.
地址(Add): 福建省莆田市涵江区梧塘镇后东工业区
邮编(P. C.): 351119
电话(Tel): 0594 - 3991152
传真(Fax): 0594 - 3991462
总经理(General Manager): 陈广悦
产品(Products): 妇女卫生巾，卫生纸，婴儿纸尿片
品牌(Brand): 丰悦，雅朵儿

莆田市荔城区南丰福利纸品厂 *
Putian Licheng Nanfeng Welfare Paper Products Factory
地址(Add): 福建省莆田市荔城区拱辰街道陡门村
邮编(P. C.): 351100
电话(Tel): 0594 - 2757888
传真(Fax): 0594 - 2793275
联系人(Contact Person): 李志锋
产品(Products): 餐巾纸原纸

莆田凤翔纸品精制有限公司
Putian Fengxiang Paper Products Co., Ltd.
地址(Add): 福建省莆田市荔城区镇海办阔口居委会
邮编(P. C.): 351100
电话(Tel): 0594 - 6993088
法人代表(Chairman): 俞如亭
联系人(Contact Person): 俞如亭
产品(Products): 餐巾纸

莆田市鸿业纸品有限公司
Putian Hongye Paper Products Co., Ltd.
地址(Add): 福建省莆田市莆糖路97号
邮编(P. C.): 351100

电话(Tel)：0594－2680398
联系人(Contact Person)：陈琼花
产品(Products)：卫生纸

泉州喜乐乐婴幼用品有限公司
Quanzhou Xilele Baby Articles Co., Ltd.
地址(Add)：福建省泉州市丰泽区宝洲路宝洲花园B区79号
邮编(P. C.)：362000
电话(Tel)：0595－22270719
传真(Fax)：0595－22270719
Http://www.xilele.com.cn
联系人(Contact Person)：陈惠周
产品(Products)：婴儿纸尿裤，湿巾，成人纸尿裤/片，卫生纸
品牌(Brand)：呵护宝，花节

泉州顺顺纸巾厂
Quanzhou Shunshun Paper Factory
地址(Add)：福建省泉州市丰泽区津淮街三水湾1202室
邮编(P. C.)：362000
电话(Tel)：0595－22194488
传真(Fax)：0595－28063899
法人代表(Chairman)：陈旭明
总经理(General Manager)：陈旭明
联系人(Contact Person)：陈荣民
产品(Products)：湿巾，面巾纸
品牌(Brand)：火星部落

泉州市利洁妇幼用品有限公司
Quanzhou Lijie Woman & Child Articles Co., Ltd.
地址(Add)：福建省泉州市丰泽区拒洪工业区1号
邮编(P. C.)：362000
电话(Tel)：0595－22778828
传真(Fax)：0595－22899928
Http://www.ljfy.cn
法人代表(Chairman)：董莉莉
总经理(General Manager)：董莉莉
联系人(Contact Person)：董小玲
产品(Products)：妇女卫生巾，卫生护垫，婴儿纸尿裤/片，面巾纸，成人纸尿裤，护理垫，妇婴两用巾
品牌(Brand)：贵族女人，骄傲女人，香尔洁，佐丹奴，贵族宝宝

福建惠安县和成日用品有限公司
Fujian Huian Hecheng Household Products Co., Ltd.
地址(Add)：福建省泉州市惠安东园新沙工业区
邮编(P. C.)：362122
电话(Tel)：0595－87586756
传真(Fax)：0595－87586758
E-mail：xt658@163.com
Http://www.hengcan-cn.com
法人代表(Chairman)：黄晏来
总经理(General Manager)：王业运
联系人(Contact Person)：黄灿彬
产品(Products)：妇女卫生巾，卫生护垫，婴儿纸尿裤/片，成人纸尿裤/片，护理垫，面巾纸
品牌(Brand)：相约，皇氏，绿尔爽

泉州市恒源生活纸品有限公司
Quanzhou Hengyuan Household Paper Co., Ltd.
地址(Add)：福建省泉州市洛江科技园区一号路东南工艺园区(华芳公司旁)
邮编(P. C.)：362011
电话(Tel)：0595－22637936
传真(Fax)：0595－22637926
联系人(Contact Person)：黄耀才
产品(Products)：面巾纸，卫生卷纸，手帕纸
品牌(Brand)：清巧，随手，宾悦

泉州市华龙纸业有限公司
Hualong Paper Co., Ltd.
地址(Add)：福建省泉州市新华南路荀港大厦
邮编(P. C.)：362000
电话(Tel)：0595－28129669
传真(Fax)：0595－22553827
E-mail：qzhlzp@yahoo.com.cn
Http://www.qzhlzp.cn
总经理(General Manager)：洪东红
联系人(Contact Person)：王培成
产品(Products)：方巾纸，面巾纸，卫生卷纸
品牌(Brand)：清沐纯子，柔曼诗，馨诺

泉州来亚丝卫生用品有限公司
Quanzhou Laiyasi Hygiene Products Co., Ltd.
地址(Add)：福建省泉州市永春县横口双恒工业园
邮编(P. C.)：362619
电话(Tel)：0595－23971288
传真(Fax)：0595－23971918
E-mail：sh@vip.winmail.cn
Http://www.laiyasi.cn
法人代表(Chairman)：张栋梁
联系人(Contact Person)：余金枝
产品(Products)：妇女卫生巾，卫生护垫，婴儿纸尿裤/片，面巾纸，卫生卷纸
品牌(Brand)：来亚丝，奥莉丝，天嬉娃娃

三明市康尔佳卫生用品有限公司
Sanming Kangerjia Sanitary Products Co., Ltd.
地址(Add)：福建省三明市高新技术产业开发区金沙园六三路
邮编(P. C.)：365500
电话(Tel)：0598－5057798
传真(Fax)：0598－5057796
E-mail：web@sx6h.com
Http://www.kangerjia.com
法人代表(Chairman)：陈夏清
总经理(General Manager)：连辉俱
联系人(Contact Person)：连辉俱
产品(Products)：妇女卫生巾，卫生护垫，婴儿纸尿裤/片，面巾纸
品牌(Brand)：蓓乐爽

福建三明明友卫生用品有限公司
Fujian Sanming Mingyou Hygiene Products Co., Ltd.
地址(Add)：福建省三明市绿岩新村198幢
邮编(P. C.)：365000
电话(Tel)：0598－8273536
传真(Fax)：0598－8273536
E-mail：elva-huangyuxin@163.com
联系人(Contact Person)：王富兴
产品(Products)：妇女卫生巾，卫生护垫，婴儿纸尿裤/片，餐巾纸，卫生卷纸，面巾纸

品牌(Brand)：丝蒂尔，片片心，笑宝宝

福建省三明市宏源卫生用品有限公司
Fujian Sanming Hongyuan Hygiene Products Co., Ltd.
地址(Add)：福建省三明市三元区荆东开发区
邮编(P. C.)：365001
电话(Tel)：0598－8399998
传真(Fax)：0598－8399966
E-mail：zx19720527@126.com
Http://www.hywsyp.cn
法人代表(Chairman)：叶秋水
总经理(General Manager)：叶秋水
联系人(Contact Person)：叶强水
产品(Products)：妇女卫生巾，卫生护垫，卫生卷纸，餐巾纸，手帕纸，面巾纸，婴儿纸尿裤/片
品牌(Brand)：女友，女尔友，小神童宝宝

三明市鑫峰纸业有限公司＊
Sanming Xinfeng Paper Co., Ltd.
地址(Add)：福建省三明市三元区莘口镇黄砂村东平
邮编(P. C.)：365002
电话(Tel)：0598－8372069
传真(Fax)：0598－8372069
法人代表(Chairman)：林金生
产品(Products)：面巾纸，餐巾纸，擦手纸，卫生纸，原纸

福建伊风纸业有限公司
Fujian Yifeng Paper Co., Ltd.
地址(Add)：福建省石狮市石蚶路113号
邮编(P. C.)：362700
电话(Tel)：0595－88813182
传真(Fax)：0595－88155182
联系人(Contact Person)：黄清波
产品(Products)：卫生卷纸，擦手纸，面巾纸，餐巾纸，湿巾
品牌(Brand)：伊风

厦门新阳纸业有限公司＊
Xiamen Xinyang Paper Co., Ltd.
地址(Add)：福建省厦门市海沧区阳光西路288号
邮编(P. C.)：361022
电话(Tel)：0592－6197666
传真(Fax)：0592－6197676
联系人(Contact Person)：苏惠萍
产品(Products)：卫生纸，原纸

厦门耀健纸品有限公司
Xiamen Yaojian Paper Industry Co., Ltd.
地址(Add)：福建省厦门市集美后溪工业区金辉路28号
邮编(P. C.)：361004
电话(Tel)：0592－5822863
传真(Fax)：0592－5823863
Http://www.yaojianpaper.com
法人代表(Chairman)：石耀健
总经理(General Manager)：石耀健
联系人(Contact Person)：石耀健
产品(Products)：卫生纸，餐巾纸，面巾纸，擦手纸
品牌(Brand)：多吉美

莎琪(厦门)科技有限公司
Saqi (Xiamen) Technology Co., Ltd.
地址(Add)：福建省厦门市翔安产业区翔岳路23号北栋2层
邮编(P. C.)：361100
电话(Tel)：0592－7828588
传真(Fax)：0592－7802638
E-mail：xmsq_2006@163.com
Http://www.xmsq2006.wtianx.com
法人代表(Chairman)：施秀端
总经理(General Manager)：施秀端
联系人(Contact Person)：李小明
产品(Products)：妇女卫生巾，婴儿纸尿裤，面巾纸
品牌(Brand)：莎琪

厦门源福祥卫生用品有限公司
Xiamen Yuanfuxiang Hygiene Products Co., Ltd.
地址(Add)：福建省厦门市翔安舫阳开发区B、C幢
邮编(P. C.)：361101
电话(Tel)：0592－7069567
传真(Fax)：0592－7161789
E-mail：xmyfxzp@163.com
Http://www.yfxzp.com
法人代表(Chairman)：陈锦延
总经理(General Manager)：陈锦延
联系人(Contact Person)：汪玉芳
产品(Products)：妇女卫生巾，卫生护垫，卫生纸，面巾纸，手帕纸，餐巾纸，婴儿纸尿裤/片，成人纸尿裤，护理垫，湿巾
品牌(Brand)：丹诗奴，好舒适，花之秀，淘乐氏，羽飘，康护理

香港雅芬集团国际投资有限公司厦门雅芬品牌推广中心
Xiamen Yafen Brand Promotion Center
地址(Add)：福建省厦门市象屿保税区银盛大厦15F
邮编(P. C.)：361006
电话(Tel)：0592－3108966
传真(Fax)：0592－3108955
E-mail：cjhfj1979@163.com
联系人(Contact Person)：陈锦辉
产品(Products)：妇女卫生巾，卫生护垫，婴儿纸尿裤/片，成人纸尿裤/片，湿巾，卫生纸
品牌(Brand)：雅芬，雅芬爱儿

尤溪县龙山纸业有限公司＊
Youxi Longshan Paper Co., Ltd.
地址(Add)：福建省尤溪县管前镇葛竹洋工业区
邮编(P. C.)：365100
电话(Tel)：0598－6487188
法人代表(Chairman)：肖昌平
总经理(General Manager)：肖世智
产品(Products)：卫生纸，原纸

福建省漳州市智光纸业有限公司
Fujian Zhangzhou Zhiguang Paper Co., Ltd.
地址(Add)：福建省漳州市蓝田工业区横二路西段
邮编(P. C.)：363005
电话(Tel)：0596－2103599
传真(Fax)：0596－2109196
E-mail：zhiguang.paper@winmail.cn
Http://www.fjzgzy.cn.alibaba.com

法人代表(Chairman)：邓湘闽
总经理(General Manager)：陈智镛
联系人(Contact Person)：黄志杰
产品(Products)：妇女卫生巾，卫生护垫，成人纸尿裤/片，婴儿纸尿裤/片，护理垫，卫生卷纸，面巾纸
品牌(Brand)：好爽月，智光，笑嘻嘻，花香世界

福建省漳州市信义纸业有限公司
Fujian Zhangzhou Xinyi Paper Co., Ltd.
地址(Add)：福建省漳州市龙文区经济开发区
邮编(P. C.)：363005
电话(Tel)：0596－2171536
传真(Fax)：0596－2171538
总经理(General Manager)：郑小岸
产品(Products)：妇女卫生巾，卫生卷纸，面巾纸，餐巾纸
品牌(Brand)：动之傲，信义，梦得娇，美纤奇

漳州鑫炎环保产业有限公司＊
Zhangzhou Xinyan Environmental Protection Products Co., Ltd.
地址(Add)：福建省漳州市芗城区古塘路55号(糖厂内)
邮编(P. C.)：363000
电话(Tel)：0596－2993667
传真(Fax)：0596－2993077
E-mail：xinyan@xinyan.net
Http://www.xinyan.net
法人代表(Chairman)：吴今焕
总经理(General Manager)：吴得意
联系人(Contact Person)：吴燕雳
产品(Products)：卫生纸，面巾纸，餐巾纸，手帕纸，原纸
品牌(Brand)：妙意

漳州市联安纸业有限公司＊
Zhangzhou Lianan Paper Co., Ltd.
地址(Add)：福建省漳州市芗城区新浦路13－5达华企业大厦
邮编(P. C.)：363000
电话(Tel)：0596－6308999
传真(Fax)：0596－6308833
法人代表(Chairman)：张力强
总经理(General Manager)：张力强
联系人(Contact Person)：梅中
产品(Products)：卫生纸，面巾纸，手帕纸，原纸
品牌(Brand)：如歌，旺家猫，倾城之恋，联安

■江西 Jiangxi

江西开成纸业有限公司
Jiangxi Kaicheng Paper－making Co., Ltd.
地址(Add)：江西省德安县老山湾
邮编(P. C.)：330408
电话(Tel)：0792－4551111
传真(Fax)：0792－4550069
法人代表(Chairman)：祝孝鹏
联系人(Contact Person)：祝孝鹏
产品(Products)：卫生纸，面巾纸，手帕纸
品牌(Brand)：绮玉

新亚纸业有限公司＊
Xinya Paper Co., Ltd.
地址(Add)：江西省德安县聂桥镇工业区
邮编(P. C.)：330403
电话(Tel)：0792－4681301
传真(Fax)：0792－4681301
法人代表(Chairman)：葛怀友
产品(Products)：卫生纸，原纸
品牌(Brand)：庐山

恒安(江西)家庭用品有限公司
Hengan (Jiangxi) Household Products Co., Ltd.
地址(Add)：江西省东乡县圩上桥镇
邮编(P. C.)：331801
电话(Tel)：0794－4381172
传真(Fax)：0794－4382392
E-mail：chentz@mail.hengan.com.cn
联系人(Contact Person)：陈铁照
产品(Products)：妇女卫生巾，婴儿纸尿裤，成人纸尿裤，卫生纸
品牌(Brand)：安乐，安尔乐，安儿乐，安而康，心相印，柔影

赣州市崇星实业有限公司
Ganzhou Chongxing Industry Co., Ltd.
地址(Add)：江西省赣州市章贡区沙石镇龙石头
邮编(P. C.)：341000
电话(Tel)：0797－8185588
传真(Fax)：0797－8185599
法人代表(Chairman)：吴礼如
总经理(General Manager)：吴志农
联系人(Contact Person)：吴志农
产品(Products)：餐巾纸，面巾纸，卫生纸，手帕纸
品牌(Brand)：花之约

江西瑞港发展有限公司
Jiangxi Ruigang Development Co., Ltd.
地址(Add)：江西省高安县中山路50号
邮编(P. C.)：330300
电话(Tel)：0795－5212364
传真(Fax)：0795－5212364
法人代表(Chairman)：刘能补
产品(Products)：餐巾纸
品牌(Brand)：心香清

月兔卫生用品有限公司
Yuetu Hygiene Products Co., Ltd.
地址(Add)：江西省广丰县芦林工业区
邮编(P. C.)：334600
电话(Tel)：0793－2625515
传真(Fax)：0793－2651900
E-mail：sales@yuetu.com
Http://www.yuetu.org
法人代表(Chairman)：蒋国山
联系人(Contact Person)：蒋雄山
产品(Products)：妇女卫生巾，面巾纸，餐巾纸，卫生卷纸，尿不湿
品牌(Brand)：月兔，黛安娜

广丰县元泉纸业有限公司＊
Guangfeng Yuaquan Paper Co., Ltd.
地址(Add)：江西省广丰县芦林工业区内

邮编(P. C.)：334600
电话(Tel)：0793－2678618
传真(Fax)：0793－2678626
总经理(General Manager)：吴香菊
联系人(Contact Person)：刘兴国
产品(Products)：面巾纸，餐巾纸，原纸

江西云龙纸业有限公司
Jiangxi Yunlong Paper Co., Ltd.
地址(Add)：江西省贵溪市工业园开发区
邮编(P. C.)：335400
电话(Tel)：0701－3779711
传真(Fax)：0701－6466859
联系人(Contact Person)：苏建龙
产品(Products)：餐巾纸，面巾纸，卫生卷纸，盘纸

九江金源化纤股份有限公司＊
Jiujiang Jinyuan Chemical Fibre Co., Ltd.
地址(Add)：江西省九江市庐山蛤蟆石
邮编(P. C.)：332017
电话(Tel)：0792－8315127
传真(Fax)：0792－8315209
总经理(General Manager)：郑军平
联系人(Contact Person)：周义虎
产品(Products)：卫生纸，原纸
品牌(Brand)：庐山鹿，金球

乐平市菊香纸品批发部
Leping Juxiang Paper Wholesale Store
地址(Add)：江西省乐平市赣东北大市场老区 467 号
邮编(P. C.)：333300
电话(Tel)：0798－6825190
E-mail：zhurxi@ sina. com
总经理(General Manager)：程菊香
联系人(Contact Person)：朱瑞锡
产品(Products)：卫生纸
品牌(Brand)：阳光宝贝

南昌市德福纸品厂
Nanchang Defu Paper Products Factory
地址(Add)：江西省南昌市长堎工业园
邮编(P. C.)：330100
电话(Tel)：0791－3700248
传真(Fax)：0791－3700248
总经理(General Manager)：罗槐根
产品(Products)：卫生纸
品牌(Brand)：德福缘

南昌市欣荣纸品厂
Nanchang Xinrong Paper Products Factory
地址(Add)：江西省南昌市抚生路
邮编(P. C.)：330009
电话(Tel)：0791－6574305
传真(Fax)：0791－6574305
联系人(Contact Person)：刘期
产品(Products)：餐巾纸，卫生卷纸，面巾纸

南昌市鑫隆达卫生纸品有限公司
Nanchang Xinlongda Hygiene Paper Products Co., Ltd.
地址(Add)：江西省南昌市高新开发区
邮编(P. C.)：330039
电话(Tel)：0791－8383218
传真(Fax)：0791－8383308
E-mail：nanchangxinlongda@ 163. com
法人代表(Chairman)：胡明亮
产品(Products)：面巾纸，餐巾纸，湿巾

江西昌东纸业有限公司＊
Jiangxi Changdong Paper Co., Ltd.
地址(Add)：江西省南昌市高新开发区昌东镇前岗村
邮编(P. C.)：330200
电话(Tel)：0791－8251868
联系人(Contact Person)：肖海军
产品(Products)：卫生纸，原纸

江西南昌市友爱纸品厂
Jiangxi Nanchang Youai Paper Products Factory
地址(Add)：江西省南昌市高新开发区民营科技园民营大道
邮编(P. C.)：330006
电话(Tel)：0791－8383363
E-mail：jingda5188@ 163. com
联系人(Contact Person)：游爱英
产品(Products)：餐巾纸，盘纸

南昌市皓洁纸品厂
Nanchang Haojie Paper Products Factory
地址(Add)：江西省南昌市龙韵花园 B 栋 1808 室(洪城大市场旁)
邮编(P. C.)：330200
电话(Tel)：0791－6508600
联系人(Contact Person)：吕全国
产品(Products)：卫生纸
品牌(Brand)：皓洁，红指印

南昌市金鑫纸业
Nanchang Jinxin Paper Co.
地址(Add)：江西省南昌市青山湖区工业区 78 号
邮编(P. C.)：330096
电话(Tel)：0791－6975698
Http://www. ncjxzp. cn
联系人(Contact Person)：罗文兵
产品(Products)：卫生卷纸
品牌(Brand)：梦彩，玫瑰之约，俏佳人

南昌市华鑫纸品厂
Nanchang Huaxin Paper Products Factory
地址(Add)：江西省南昌市青山湖区江氨工业区
邮编(P. C.)：330012
电话(Tel)：0791－8372529
总经理(General Manager)：徐永标
产品(Products)：卫生纸，餐巾纸

南昌市恒丽卫生用品厂
Nanchang Hengli Hygiene Products Factory
地址(Add)：江西省南昌市桃花工业区抚生路良种场内
邮编(P. C.)：330009
电话(Tel)：0791－6575239
传真(Fax)：0791－6575170
总经理(General Manager)：周海泉
联系人(Contact Person)：徐细员
产品(Products)：妇女卫生巾，卫生纸品

南昌万家洁卫生制品有限公司
Nanchang Wanjiajie Hygiene Products Co., Ltd.
地址(Add)：江西省南昌市小兰工业园区(墨山立交桥旁)
邮编(P. C.)：330006
电话(Tel)：0791－8789619
传真(Fax)：0791－5818261
联系人(Contact Person)：林德志
产品(Products)：面巾纸，餐巾纸，擦手纸，厨房用纸，湿巾

南昌美佳纸业有限公司
Nanchang Meijia Paper Co., Ltd.
地址(Add)：江西省南昌市小兰经济开发区工业一路南段
邮编(P. C.)：330200
电话(Tel)：0791－5761266
传真(Fax)：0791－5761266
E-mail：hxzy5761266@yahoo.com.cn
Http://www.0791zy.com.cn
联系人(Contact Person)：胡国忠
产品(Products)：面巾纸，餐巾纸，卫生卷纸，湿巾
品牌(Brand)：美加惠

南昌市誉龙纸业有限公司
Nanchang Yulong Paper Co., Ltd.
地址(Add)：江西省南昌市新建长征西路238号
邮编(P. C.)：330100
电话(Tel)：0791－3756123
传真(Fax)：0791－3756123
联系人(Contact Person)：邓兴伟
产品(Products)：餐巾纸，手帕纸，卫生卷纸，面巾纸，湿巾
品牌(Brand)：誉龙，多好，金兔，超越梦想

江西康奥金桥实业有限公司圆点纸业
Jiangxi Kangao Jinqiao Industry Co., Ltd. Yuandian Paper Co.
地址(Add)：江西省南昌市新建外商投资开发区
邮编(P. C.)：330100
电话(Tel)：0791－7070887
传真(Fax)：0791－7070885
E-mail：yuandianpaper@163.com
总经理(General Manager)：鄢文彬
产品(Products)：餐巾纸，卫生卷纸，擦手纸，盘纸

江西省康美洁卫生用品有限公司
Jiangxi Kangmeijie Sanitary Products Co., Ltd.
地址(Add)：江西省南昌市新建县经济开发区
邮编(P. C.)：330100
电话(Tel)：0791－3681666
传真(Fax)：0791－3681666
E-mail：kangmeijie@hotsales.net
Http://www.kangmeijie.cn.alibaba.com
总经理(General Manager)：胡国林
联系人(Contact Person)：胡国林
产品(Products)：湿巾，美容巾，一次性毛巾，餐巾纸，面巾纸，卫生卷纸，擦手纸
品牌(Brand)：康美洁

江西展翅实业有限公司
Jiangxi Zhanchi Industry Co., Ltd.
地址(Add)：江西省南昌县昌武阳工业园
邮编(P. C.)：330219
电话(Tel)：0791－8172860
法人代表(Chairman)：罗荣华
联系人(Contact Person)：夏成文
产品(Products)：卫生纸

南昌县川丰纸品厂
Nanchang Chuanfeng Paper Products Factory
地址(Add)：江西省南昌县小兰国税对面
邮编(P. C.)：330200
电话(Tel)：0791－5727839
传真(Fax)：0791－5727839
总经理(General Manager)：朱国平
产品(Products)：卫生卷纸，餐巾纸
品牌(Brand)：川丰，追求

鄱阳湖纸业公司
Poyanghu Paper Co., Ltd.
地址(Add)：江西省鄱阳县城麻厂路(原县玩具厂内)
邮编(P. C.)：333100
电话(Tel)：0793－6261322
联系人(Contact Person)：胡贵和
产品(Products)：卫生卷纸，餐巾纸，手帕纸，湿巾

上饶市玉丰纸业有限公司
Shangrao Yufeng Paper Co., Ltd.
地址(Add)：江西省上饶市陵园路3号
邮编(P. C.)：334000
电话(Tel)：0793－8157032
传真(Fax)：0793－8157032
总经理(General Manager)：陈思宏
产品(Products)：卫生纸，面巾纸，餐巾纸，湿巾

江西峡江大华纸业有限公司＊
Jiangxi Xiajing Dahua Paper Co., Ltd.
地址(Add)：江西省峡江县造纸工业园区
邮编(P. C.)：331400
电话(Tel)：0796－3683688
传真(Fax)：0796－3683186
总经理(General Manager)：张文胜
产品(Products)：卫生纸，原纸

分宜县苑坑卫生纸厂
Fenyi Yuankeng Tissue Paper Mill
地址(Add)：江西省新余市分宜县钤山镇苑坑
邮编(P. C.)：336604
电话(Tel)：0790－5733029
传真(Fax)：0790－5733029
法人代表(Chairman)：朱雄文
产品(Products)：卫生纸

富贵纸品加工厂
Fugui Paper Products Factory
地址(Add)：江西省鹰潭市工业园区
邮编(P. C.)：335000
电话(Tel)：0701－6312458
总经理(General Manager)：杨贵福
产品(Products)：面巾纸，餐巾纸

江西省樟树市古城纸业
Jiangxi Zhangshu Gucheng Paper Co.
地址(Add)：江西省樟树市临江工业园
邮编(P. C.)：331200
电话(Tel)：0795－7812860
法人代表(Chairman)：刘耐生
产品(Products)：卫生纸，餐巾纸，面巾纸

■山东 Shandong

安丘临浯造纸厂*
Anqiu Linwu Paper Mill
地址(Add)：山东省安丘市临浯镇芝泮村
邮编(P. C.)：262116
电话(Tel)：0536－4772158
传真(Fax)：0536－4771999
Http://www.anqiuzhiye.com
总经理(General Manager)：赵连泉
产品(Products)：卫生纸，原纸
品牌(Brand)：绢花

滨州市滨城区春颖纸业
Binzhou Bincheng Chunying Paper Co.
地址(Add)：山东省滨州市滨城区黄河一路与渤海十二路交汇处北30米路西
邮编(P. C.)：256600
电话(Tel)：0543－3262611
传真(Fax)：0543－3262658
联系人(Contact Person)：王宏
产品(Products)：卫生纸
品牌(Brand)：春颖

滨州康洁纸业有限公司
Binzhou Kangjie Paper Co., Ltd.
地址(Add)：山东省滨州市黄河一路
邮编(P. C.)：256600
电话(Tel)：0543－3272777
联系人(Contact Person)：姜涛
产品(Products)：餐巾纸，面巾纸，手帕纸，湿巾

昌乐县成龙纸品厂
Changle Chenglong Paper Products Factory
地址(Add)：山东省昌乐县城北私营经济小区鸿雁街16号
邮编(P. C.)：262400
电话(Tel)：0536－6283890
传真(Fax)：0536－6288657
总经理(General Manager)：赵成吉
产品(Products)：餐巾纸，卫生纸

山东昌乐县新竹纸塑制品厂
Shandong Changle Xinzhu Paper & Plastic Products Plant
地址(Add)：山东省昌乐县城方山路13号
邮编(P. C.)：262400
电话(Tel)：0536－6280177
联系人(Contact Person)：张怀瑞
产品(Products)：卫生纸

德州常兴胜利纸业有限公司*
Dezhou Changxing Shengli Paper Co., Ltd.
地址(Add)：山东省德州市经济开发区晶华路257号
邮编(P. C.)：253000
电话(Tel)：0534－2566188
传真(Fax)：0534－2561816
Http://www.cxjt-china.net
联系人(Contact Person)：胡胜凯
产品(Products)：卫生纸，原纸

山东凯达纸制品厂*
Shandong Kaida Paper Products Factory
地址(Add)：山东省德州市宁津县银河经济开发区周庄
邮编(P. C.)：253000
电话(Tel)：0534－5223370
传真(Fax)：0534－7073988
联系人(Contact Person)：闫炳友
产品(Products)：卫生纸，盘纸，原纸

山东东明康迪妇幼用品有限公司
Dongming Kangdi Women & Children Articles Co., Ltd.
地址(Add)：山东省东明县工业园黄河路南段
邮编(P. C.)：274500
电话(Tel)：0530－7295058
传真(Fax)：0530－7295182
法人代表(Chairman)：袁洪伟
总经理(General Manager)：袁洪伟
联系人(Contact Person)：王防臣
产品(Products)：妇女卫生巾，卫生护垫，婴儿纸尿裤/片，成人纸尿裤/片，卫生卷纸
品牌(Brand)：康迪，舒丽雅，卡芬，卡芬宝贝

山东东平奥洁纸业有限公司*
Shandong Dongping Aojie Paper Co., Ltd.
地址(Add)：山东省东平石龙口工业园
邮编(P. C.)：271500
电话(Tel)：0538－6356606
传真(Fax)：0538－6351606
法人代表(Chairman)：陈树元
产品(Products)：卫生纸，原纸
品牌(Brand)：奥佳月，明兴

山东九鑫纸业有限公司
Shandong Jiuxin Paper Co., Ltd.
地址(Add)：山东省东平县县城汇河街中段
邮编(P. C.)：271500
电话(Tel)：0538－2858060
总经理(General Manager)：张守芳
产品(Products)：卫生纸，餐巾纸，面巾纸
品牌(Brand)：情绵绵

天信纸业有限公司*
Tianxin Paper Co., Ltd.
地址(Add)：山东省东平县新湖工业园
邮编(P. C.)：271507
电话(Tel)：0538－2855679
传真(Fax)：0538－2445999
总经理(General Manager)：侯庆旭
产品(Products)：卫生纸，原纸

东平县兴州纸业有限责任公司*
Dongping Xingzhou Paper Co., Ltd.
地址(Add)：山东省东平县州城镇纸坊村南
邮编(P. C.)：271506

电话(Tel)：0538－2455418
传真(Fax)：0538－2455056
联系人(Contact Person)：李福来
产品(Products)：卫生纸，原纸

山东华泰纸业集团股份有限公司＊
Shandong Huatai Paper Group Co., Ltd.
地址(Add)：山东省东营市广饶县华泰工业园
邮编(P. C.)：257335
电话(Tel)：0546－6888716
传真(Fax)：0546－6888018
法人代表(Chairman)：李建华
总经理(General Manager)：李刚
联系人(Contact Person)：王国文
产品(Products)：卫生纸，餐巾纸，原纸
品牌(Brand)：亚森，华泰，爽意

东营市天龙卫生用品有限公司
Dongying Tianlong Hygiene Products Co., Ltd.
地址(Add)：山东省东营市淄博路西首
邮编(P. C.)：257000
电话(Tel)：0546－8986597
E-mail：meihaibin1976@126.com
联系人(Contact Person)：梅海彬
产品(Products)：卫生卷纸
品牌(Brand)：玉佰丽，开运竹

肥城恒森纸业有限公司＊
Feicheng Hengsen Paper Co., Ltd.
地址(Add)：山东省肥城市高新技术开发区
邮编(P. C.)：271200
电话(Tel)：0538－3162517
传真(Fax)：0538－3162517
联系人(Contact Person)：秦庆荣
产品(Products)：卫生纸，原纸

肥城市兴隆纸业有限公司＊
Feicheng Xinglong Paper Co., Ltd.
地址(Add)：山东省肥城市湖屯镇后兴隆村北
邮编(P. C.)：271613
电话(Tel)：0538－3629189
传真(Fax)：0538－3629108
Http://www.fcxlpaper.cn
总经理(General Manager)：郭泗生
产品(Products)：卫生纸，盘纸，原纸
品牌(Brand)：鲁洁

山东肥城市振华纸业有限公司＊
Shandong Feicheng Zhenhua Paper Co., Ltd.
地址(Add)：山东省肥城市开发区工业园星火街8号
邮编(P. C.)：271600
电话(Tel)：0538－6332128
传真(Fax)：0538－3308158
联系人(Contact Person)：王振安
产品(Products)：卫生纸，餐巾纸，原纸

肥城新鑫纸业有限公司
Feicheng Xinxin Paper Co., Ltd.
地址(Add)：山东省肥城市孙庄开发区
邮编(P. C.)：271600
电话(Tel)：0538－3271888
传真(Fax)：0538－3271888
联系人(Contact Person)：田爱国
产品(Products)：卫生纸，餐巾纸
品牌(Brand)：喜尔雅

山东银光机械制造有限公司
Shandong Yinguang Machinery Co., Ltd.
地址(Add)：山东省费县城胜利街28号
邮编(P. C.)：273400
电话(Tel)：0539－5221136
传真(Fax)：0539－5020063
E-mail：wangbin-700@163.com
Http://www.yichunstock.com
法人代表(Chairman)：孙伯文
总经理(General Manager)：郭朝贵
联系人(Contact Person)：陈贞奇
产品(Products)：卫生纸

山东高密银鹰化纤有限公司＊
Shandong Gaomi Yinying Chemical Fibre Co., Ltd.
地址(Add)：山东省高密市人民大街101号
邮编(P. C.)：261500
电话(Tel)：0536－2323121
传真(Fax)：0536－2336418
法人代表(Chairman)：李勇
联系人(Contact Person)：李刚
产品(Products)：卫生纸，原纸

鑫盛雪洋纸业有限公司
Xinsheng Xueyang Paper Co., Ltd.
地址(Add)：山东省高唐县东环路105国道前景苑1号
邮编(P. C.)：252800
电话(Tel)：0635－3672799
传真(Fax)：0635－3672799
总经理(General Manager)：方长民
产品(Products)：卫生纸，面巾纸
品牌(Brand)：梦美达，风之恋

高唐县嘉美纸业有限公司
Gaotang Jiamei Paper Co., Ltd.
地址(Add)：山东省高唐县林寨工业园
邮编(P. C.)：252800
电话(Tel)：0635－3889858
传真(Fax)：0635－3671444
总经理(General Manager)：蔡志国
产品(Products)：卫生纸，面巾纸

高唐家园天地纸业有限公司
Gaotang Jiayuan Tiandi Paper Co., Ltd.
地址(Add)：山东省高唐县生活用纸工业园
邮编(P. C.)：252800
电话(Tel)：0635－3957131
传真(Fax)：0635－3957131
联系人(Contact Person)：吕本忠
产品(Products)：卫生纸
品牌(Brand)：竹之韵，三佳

山东省高唐县泉洁纸业有限公司＊
Shandong Gaotang Quanjie Paper Co., Ltd.
地址(Add)：山东省高唐县省道316以南国道105以西
邮编(P. C.)：252800

电话(Tel)：0635－3708777
传真(Fax)：0635－3708999
Http://www.qjzy.com.cn
法人代表(Chairman)：华兴和
产品(Products)：卫生纸，面巾纸，餐巾纸，手帕纸，原纸

山东高唐鸿运纸制品厂
Shandong Gaotang Hongyun Paper Products Factory
地址(Add)：山东省高唐县鱼邱湖开发区308国道南
邮编(P.C.)：252800
电话(Tel)：0635－3673558
传真(Fax)：0635－3673558
联系人(Contact Person)：刘洪生
产品(Products)：卫生纸，面巾纸，盘纸

冠县宏达纸业公司
Guanxian Hongda Paper Co., Ltd.
地址(Add)：山东省冠县东古城
邮编(P.C.)：252525
电话(Tel)：0635－5681531
总经理(General Manager)：郭兰强
产品(Products)：卫生纸

烟台锦宏纸业有限公司＊
Yantai Jinhong Paper Co., Ltd.
地址(Add)：山东省海阳市经济技术开发区东风路105号
邮编(P.C.)：265100
电话(Tel)：0535－3205307
传真(Fax)：0535－3202656
法人代表(Chairman)：李寿平
联系人(Contact Person)：李华
产品(Products)：卫生纸，原纸
品牌(Brand)：白莲

菏泽市广汇纸业有限公司＊
Heze Guanghui Paper Co., Ltd.
地址(Add)：山东省菏泽市开发区淮河西路钢材市场对面
邮编(P.C.)：274000
电话(Tel)：0530－5153000
传真(Fax)：0530－5150288
联系人(Contact Person)：王景刚
产品(Products)：卫生纸，餐巾纸，面巾纸，原纸
品牌(Brand)：钢成，奇雪，爱可思

菏泽市喜群纸业有限公司＊
Heze Xiqun Paper Co., Ltd.
地址(Add)：山东省菏泽市牡丹办事处东2公里处
邮编(P.C.)：274000
电话(Tel)：0530－5280116
E-mail：shenghexingpaper.com
总经理(General Manager)：郭如祥
产品(Products)：卫生纸，原纸

菏泽鲁晨实业有限公司卫生纸厂＊
Heze Luchen Industry Co., Ltd. Tissue Paper Mill
地址(Add)：山东省菏泽市牡丹路南端
邮编(P.C.)：274000
电话(Tel)：0530－53188787
传真(Fax)：0530－53188787
联系人(Contact Person)：姚冬慧
产品(Products)：卫生纸，原纸

菏泽牡丹纸业有限公司＊
Heze Mudan Paper Co., Ltd.
地址(Add)：山东省菏泽市牡丹区黄堽工业区
邮编(P.C.)：274011
电话(Tel)：0530－5660775
传真(Fax)：0530－5663618
法人代表(Chairman)：庞洪昌
总经理(General Manager)：庞洪昌
联系人(Contact Person)：吴凤玲
产品(Products)：卫生纸，原纸
品牌(Brand)：圣花，百荷星

淄博瑞福源纸制品厂
Zibo Ruifuyuan Paper Products Factory
地址(Add)：山东省桓台县新城镇
邮编(P.C.)：254603
电话(Tel)：0533－8886505
Http://www.ruifuyuan.com
联系人(Contact Person)：见光辉
产品(Products)：卫生纸，餐巾纸

淄博益家福纸业有限公司
Zibo Yijiafu Paper Co., Ltd.
地址(Add)：山东省桓台县新城镇益家福工业园
邮编(P.C.)：256403
电话(Tel)：0533－8888505
联系人(Contact Person)：冯进
产品(Products)：卫生纸，餐巾纸
品牌(Brand)：益家福

山东省济南君悦纸业有限公司＊
Shandong Jinan Junyue Paper Co., Ltd.
地址(Add)：山东省济南市济北经济开发区企业园
邮编(P.C.)：251400
电话(Tel)：0531－83141611
传真(Fax)：0531－83142611
Http://www.junyuezhiye.com.cn
总经理(General Manager)：刘谦辉
产品(Products)：卫生纸，餐巾纸，面巾纸，擦手纸，原纸
品牌(Brand)：锦竹

济南晨光纸业有限公司＊
Jinan Chenguang Paper Co., Ltd.
地址(Add)：山东省济南市济洛路158号
邮编(P.C.)：250031
电话(Tel)：0531－88321841
传真(Fax)：0531－85955613
法人代表(Chairman)：张增福
联系人(Contact Person)：张宏
产品(Products)：卫生纸，原纸
品牌(Brand)：喜尔舒

济南萍顺生活用品有限责任公司
Jinan Pingshun Household Products Co., Ltd.
地址(Add)：山东省济南市历下区义和庄刘智远路3号
邮编(P.C.)：250014
电话(Tel)：0531－86690089
传真(Fax)：0531－88800089

Http://www. pingshun. hi2000. com
联系人(Contact Person)：吴启元
产品(Products)：卫生卷纸，餐巾纸，面巾纸，手帕纸

济南一贝纸业有限公司
Jinan Yibei Paper Industry Co., Ltd.
地址(Add)：山东省济南市平阴区栾湾经济开发区
邮编(P. C.)：250408
电话(Tel)：0531 - 87701777
总经理(General Manager)：张进
联系人(Contact Person)：刘建国
产品(Products)：妇女卫生巾，卫生纸
品牌(Brand)：朵贝尔，零感觉

济南盛达百合纸业有限公司 *
Jinan Shengda Baihe Paper Co., Ltd.
地址(Add)：山东省济南市商河县贾庄镇工业园
邮编(P. C.)：251619
电话(Tel)：0531 - 84817178
法人代表(Chairman)：贾立国
产品(Products)：卫生纸，原纸
品牌(Brand)：盛达百合，百合

济南洁之梦纸业有限公司 *
Jinan Jiezhimeng Paper Co., Ltd.
地址(Add)：山东省济南市天桥区堤口路 22 号
邮编(P. C.)：250031
电话(Tel)：0531 - 85066329
传真(Fax)：0531 - 85066293
E-mail：jnjzm@ 163. com
Http://www. jzmzy. cn. alibaba. com
法人代表(Chairman)：左涛
总经理(General Manager)：左涛
联系人(Contact Person)：杨宝莲
产品(Products)：卫生纸，面巾纸，手帕纸，餐巾纸，擦手纸，原纸
品牌(Brand)：鑫洁雅

济南恒安纸业有限公司
Jinan Hengan Paper Co., Ltd.
地址(Add)：山东省济南市英雄山路 232 号
邮编(P. C.)：250002
电话(Tel)：0531 - 82979616
传真(Fax)：0531 - 82979616
总经理(General Manager)：黄霞
产品(Products)：卫生纸，餐巾纸，面巾纸

山东汶上三洁纸业有限公司
Shandong Wenshang Sanjie Paper Co., Ltd.
地址(Add)：山东省济宁市汶上县经济开发区
邮编(P. C.)：272501
电话(Tel)：0537 - 7238809
总经理(General Manager)：马湛
产品(Products)：餐巾纸，卫生纸
品牌(Brand)：玉荷

金乡县和睦情纸品厂
Jinxiang Hemuqing Paper Products Factory
地址(Add)：山东省金乡县肖云镇肖云村和睦情路 1 号
邮编(P. C.)：272200
电话(Tel)：0537 - 8762162
传真(Fax)：0537 - 8762162
联系人(Contact Person)：刘小波
产品(Products)：卫生纸

莒南县联强纸业有限公司
Junan Lianqiang Paper Co., Ltd.
地址(Add)：山东省莒南县板泉庞疃工业区
邮编(P. C.)：276636
电话(Tel)：0539 - 7688268
传真(Fax)：0539 - 7688278
联系人(Contact Person)：纪昭来
产品(Products)：卫生纸

莒南县雅云卫生用品有限公司
Junan Yayun Hygiene Products Co., Ltd.
地址(Add)：山东省莒南县相邸工业园
邮编(P. C.)：276626
电话(Tel)：0539 - 7519999
传真(Fax)：0539 - 7519339
E-mail：yayun@ sdyayun. com
Http://www. sdyayun. com
联系人(Contact Person)：薄怀举
产品(Products)：湿巾，纸巾纸，餐巾纸
品牌(Brand)：雅润

山东莱芜市永胜随心印纸业有限公司
Shandong Laiwu Yongsheng Suixinyin Paper Co., Ltd.
地址(Add)：山东省莱芜市经济开发区东风街 108 号
邮编(P. C.)：271100
电话(Tel)：0634 - 6180888
传真(Fax)：0634 - 6180135
E-mail：yongshengsuixinyin@ 126. com
Http://www. suixinyin. com
联系人(Contact Person)：何允生
产品(Products)：卫生纸，湿巾

莱芜市恒利纸业有限公司 *
Laiwu Hengli Paper Co., Ltd.
地址(Add)：山东省莱芜市杨庄
邮编(P. C.)：271100
电话(Tel)：0634 - 6632079
传真(Fax)：0634 - 6632321
Http://www. henglipaper. cn
总经理(General Manager)：杨自明
产品(Products)：卫生纸，手帕纸，餐巾纸，擦手纸，原纸
品牌(Brand)：小芳

烟台市恒达纸业有限公司 *
Yantai Hengda Paper Co., Ltd.
地址(Add)：山东省莱州市虎头崖工业园区
邮编(P. C.)：261400
电话(Tel)：0535 - 2526111
传真(Fax)：0535 - 2526222
E-mail：vip@ sdhdzy. com
Http://www. sdhdzy. com
总经理(General Manager)：毛铃新
联系人(Contact Person)：毛海永
产品(Products)：手帕纸，面巾纸，擦手纸，餐巾纸，卫生卷纸，原纸
品牌(Brand)：丹微，幽幽草

山东聊城永康纸业制品厂
Shandong Liaocheng Yongkang Paper Products Factory
地址(Add)：山东省聊城市高唐泉林纸品产业园
邮编(P. C.)：252023
电话(Tel)：0635－8556566
联系人(Contact Person)：杨振勇
产品(Products)：卫生纸
品牌(Brand)：天宁，永康

山东泉林纸业有限责任公司＊
Shandong Tralin Paper Co., Ltd.
地址(Add)：山东省聊城市高唐县光明东路15号
邮编(P. C.)：252800
电话(Tel)：0635－3961106
传真(Fax)：0635－3961597
E-mail：3961790shyz@163. com
Http://www. tralin. com
法人代表(Chairman)：李洪法
总经理(General Manager)：李洪法
联系人(Contact Person)：李文玲
产品(Products)：原纸，卫生纸，厨房用纸，擦手纸，餐巾纸
品牌(Brand)：缘洁，百草舒

恒发卫生用品有限公司
Hengfa Hygiene Products Co., Ltd.
地址(Add)：山东省临清市金贺庄乡卫生巾厂
邮编(P. C.)：252600
电话(Tel)：0635－2772132
总经理(General Manager)：刘现运
产品(Products)：妇女卫生巾，卫生护垫，婴儿隔尿垫巾，婴儿纸尿裤/片，成人纸尿裤/片，卫生卷纸，护理垫
品牌(Brand)：安可新

山东万豪集团临朐恒兴纸制品厂
Shandong Wanhao Group Linqu hengxing Paper Products Factory
地址(Add)：山东省临朐县工业街32号
邮编(P. C.)：262600
电话(Tel)：0536－3167153
传真(Fax)：0536－3167153
E-mail：wanhao@china. com
Http://www. wanhao. com
法人代表(Chairman)：尹培农
联系人(Contact Person)：窦峰杰
产品(Products)：卫生纸，餐巾纸

临朐县云豪纸制品有限公司
Linqu Yunhao Paper Products Co., Ltd.
地址(Add)：山东省临朐县朐山路西首(转盘向西1公里路南)
邮编(P. C.)：276000
电话(Tel)：0536－3458882
传真(Fax)：0536－3187962
总经理(General Manager)：张金富
产品(Products)：手帕纸，面巾纸，擦手纸，餐巾纸，湿巾
品牌(Brand)：云豪，柔柔佳人

山东临朐祥飞纸厂
Shandong Linqu Xiangfei Paper Mill
地址(Add)：山东省临朐县冶源镇驻地
邮编(P. C.)：262605
电话(Tel)：0536－3333888
传真(Fax)：0536－3333777
法人代表(Chairman)：连恩平
产品(Products)：卫生纸
品牌(Brand)：祥飞

贝贝纸业有限公司＊
Beibei Paper Co., Ltd.
地址(Add)：山东省临沂市白沙埠镇船流工业园
邮编(P. C.)：276035
电话(Tel)：0539－8665098
传真(Fax)：0539－8665228
总经理(General Manager)：刘占利
产品(Products)：卫生纸，原纸

临沂市亿豪造纸厂＊
Linyi Yihao Paper Mill
地址(Add)：山东省临沂市河东区经济技术开发区
邮编(P. C.)：276042
电话(Tel)：0539－8836088
总经理(General Manager)：刘玉豪
产品(Products)：卫生纸，原纸

环星纸品厂＊
Huanxing Paper Product Factory
地址(Add)：山东省临沂市河东区太平工业园大刘镇村
邮编(P. C.)：276029
电话(Tel)：0539－8758058
联系人(Contact Person)：刘俐杉
产品(Products)：卫生纸，盘纸，原纸
品牌(Brand)：环星

临沂市河东区白雪纸品厂
Linyi Baixue Paper Products Plant
地址(Add)：山东省临沂市河东区相公街道办事处
邮编(P. C.)：276025
电话(Tel)：0539－8839027
联系人(Contact Person)：马腾
产品(Products)：卫生纸，餐巾纸
品牌(Brand)：鲁星，白雪公主

临沂市三环贸易有限公司
Linyi Sanhuan Trade Co., Ltd.
地址(Add)：山东省临沂市兰山区沂蒙路北段里庄工业园
邮编(P. C.)：276001
电话(Tel)：0539－2159669
联系人(Contact Person)：赵焕龙
产品(Products)：卫生纸

山东罗庄阳光卫生纸厂
Shandong Luozhuang Yangguang Paper Mill
地址(Add)：山东省临沂市罗庄区罗六路南段
邮编(P. C.)：276017
电话(Tel)：0539－7085002
联系人(Contact Person)：董科江
产品(Products)：卫生纸

山东精骅花仙子卫生用品有限公司
Shandong Jinghua Huaxianzi Hygiene Products Co., Ltd.
地址(Add)：山东省临沂市马头金马工业园
邮编(P. C.)：278126
电话(Tel)：0539－6772376
联系人(Contact Person)：王宝山
产品(Products)：卫生纸

山东临沂新旺卫生用品有限公司
Shandong Linyi Xinwang Hygiene Products Co., Ltd.
地址(Add)：山东省临沂市郯城高册工业区
邮编(P. C.)：276125
电话(Tel)：0539－6591817
传真(Fax)：0539－6591817
E-mail：liyuchen3@126. com
总经理(General Manager)：李禹辰
联系人(Contact Person)：李禹辰
产品(Products)：妇女卫生巾，卫生护垫，婴儿纸尿裤，手帕纸，面巾纸
品牌(Brand)：含芳

山东林菲卫生用品有限公司
Shandong Linfei Hygiene Products Co., Ltd.
地址(Add)：山东省临沂市郯城经济开发区
邮编(P. C.)：276126
电话(Tel)：0539－6896629
传真(Fax)：0539－6896629
联系人(Contact Person)：刘凯
产品(Products)：卫生纸，卫生护垫，婴儿纸尿裤

山东临邑三维纸业有限公司
Shandong Linyi Sanwei Paper Co., Ltd.
地址(Add)：山东省临邑县恒源工业园C区10号
邮编(P. C.)：251500
电话(Tel)：0534－4237918
传真(Fax)：0534－4238078
E-mail：swdyzy@163. com
Http://www. duoya. com. cn
法人代表(Chairman)：张师春
总经理(General Manager)：许杰
联系人(Contact Person)：赵建国
产品(Products)：妇女卫生巾，卫生护垫，纸尿裤，餐巾纸，面巾纸，手帕纸，卫生纸
品牌(Brand)：朵雅

龙口市芦头造纸厂*
Longkou Lutou Paper Mill
地址(Add)：山东省龙口市芦头镇驻地
邮编(P. C.)：265704
电话(Tel)：0535－8641777
传真(Fax)：0535－8649999
联系人(Contact Person)：王青友
产品(Products)：卫生纸，原纸

蓬莱国第造纸厂*
Penglai Guodi Paper Mill
地址(Add)：山东省蓬莱市南王镇北王村
邮编(P. C.)：265607
电话(Tel)：0535－5981130
传真(Fax)：0535－5981130
总经理(General Manager)：门曰国
产品(Products)：卫生纸，原纸
品牌(Brand)：国第

山东省正大纸业有限公司
Shandong Zhengda Paper Co., Ltd.
地址(Add)：山东省平原县王杲铺镇正大工业园区
邮编(P. C.)：253105
电话(Tel)：0534－4562766
传真(Fax)：0534－4562044
法人代表(Chairman)：王连水
总经理(General Manager)：王连水
产品(Products)：卫生纸
品牌(Brand)：丽洁

青岛洁尔康卫生用品厂
Qingdao Jieerkang Hygiene Products Factory
地址(Add)：山东省青岛市308国道235号
邮编(P. C.)：266000
电话(Tel)：0532－88721715
传真(Fax)：0532－88721015
E-mail：qdkangjie@qdkangjie. com
Http://www. qdkangjie. com
联系人(Contact Person)：范玉梅
产品(Products)：湿巾，面巾纸，手帕纸
品牌(Brand)：康日洁

青岛舒洁纸制品有限公司
Qingdao Shujie Paper Products Co., Ltd.
地址(Add)：山东省青岛市城阳丹山工业园
邮编(P. C.)：266107
电话(Tel)：0532－86089907
传真(Fax)：0532－86089900
联系人(Contact Person)：姜月娟
产品(Products)：餐巾纸，面巾纸，卫生纸，厨房用纸
品牌(Brand)：港妹，雪贵

青岛柳燕环保科技有限公司*
Qingdao Liuyan Environmental Protection Technology Co., Ltd.
地址(Add)：山东省青岛市城阳区惜福镇
邮编(P. C.)：266106
电话(Tel)：0532－87881254
传真(Fax)：0532－87881026
E-mail：info@qdwd. com
Http://www. qdwd. com
法人代表(Chairman)：黄克炬
总经理(General Manager)：黄克炬
联系人(Contact Person)：黄克炬
产品(Products)：餐巾纸，卫生纸，面巾纸，原纸
品牌(Brand)：柳燕

金红叶纸业(青岛)有限公司
Gold Hong Ye Paper (Qingdao) Co., Ltd.
地址(Add)：山东省青岛市胶州市胶西镇石家花园村
邮编(P. C.)：266329
电话(Tel)：0532－85213739
传真(Fax)：0532－85213737
法人代表(Chairman)：黄杰胜
总经理(General Manager)：许明洲

产品(Products)：卫生卷纸，盒装面巾纸，抽取式卫生纸，餐巾纸，手帕纸
品牌(Brand)：唯洁雅，清风，真真

青岛北瑞纸制品有限公司
Megall Paper (Qingdao) Co., Ltd.
地址(Add)：山东省青岛市胶州市泉州北路45号
邮编(P. C.)：266300
电话(Tel)：0532-82263200
传真(Fax)：0532-82263700
E-mail：wnw@megall.com.cn
Http://www.megallpaper.com
法人代表(Chairman)：马艳东
总经理(General Manager)：王乃文
联系人(Contact Person)：王乃文
产品(Products)：卫生纸，面巾纸，手帕纸，餐巾纸，厨房用纸，擦手纸
品牌(Brand)：洁特

青岛洁仙纸制品厂
Qingdao Jiexian Paper Products Factory
地址(Add)：山东省青岛市经济技术开发区官厅小区10号楼
邮编(P. C.)：266555
电话(Tel)：0532-86059983
总经理(General Manager)：李光先
产品(Products)：餐巾纸，卫生纸，面巾纸
品牌(Brand)：洁仙

青岛美西南科技发展有限公司
Qingdao Meixinan Technology Development Co., Ltd.
地址(Add)：山东省青岛市临港开发区上海路北端
邮编(P. C.)：266400
电话(Tel)：0532-89925969
传真(Fax)：0532-85135322
E-mail：qdmxn2007@163.com
Http://www.qdmxn.cn
联系人(Contact Person)：徐芳
产品(Products)：湿巾，面巾纸，妇女卫生巾，婴儿纸尿片，护理垫
品牌(Brand)：喜佳福

中岳工贸有限公司
Zhongyue Industry & Trade Co., Ltd.
地址(Add)：山东省青岛市市北区孟庄路4号
邮编(P. C.)：266012
电话(Tel)：0532-83822811
传真(Fax)：0532-83822889
总经理(General Manager)：胡鉴忠
产品(Products)：餐巾纸，面巾纸，卫生纸
品牌(Brand)：恒威，海梦儿

青岛益青印刷包装厂益发纸品分厂
Qingdao Yiqing Printing & Packing Factory Yifa Paper Products Branch
地址(Add)：山东省青岛市四方区长沙路101号
邮编(P. C.)：266002
电话(Tel)：0532-84852807
传真(Fax)：0532-84855219
总经理(General Manager)：闫志伟
产品(Products)：餐巾纸，面巾纸，擦手纸

青岛正利纸业有限公司
Qingdao Zhengli Paper Co., Ltd.
地址(Add)：山东省青岛市仙山路中段
邮编(P. C.)：266108
电话(Tel)：0532-84939951
传真(Fax)：0532-84935645
E-mail：grpldz@public.qd.sd.cn
Http://www.zhenglizhiye.com
总经理(General Manager)：卢正利
产品(Products)：面巾纸，擦手纸，厨房用纸，卫生纸
品牌(Brand)：正利

青州市东阳纸业有限公司＊
Qingzhou Dongyang Paper Co., Ltd.
地址(Add)：山东省青州市黄楼镇东阳河工业区
邮编(P. C.)：262517
电话(Tel)：0536-3538128
传真(Fax)：0536-3538990
法人代表(Chairman)：孙怀中
总经理(General Manager)：孙新伟
产品(Products)：卫生纸，餐巾纸，面巾纸，原纸
品牌(Brand)：靓宝，真洁

莒县洁奥纸品厂
Juxian Jieao Paper Products Factory
地址(Add)：山东省日照市莒县陵阳镇驻地
邮编(P. C.)：276800
电话(Tel)：0633-6791317
联系人(Contact Person)：张同国
产品(Products)：卫生纸
品牌(Brand)：洁奥

日照三奇医疗卫生用品有限公司
Rizhao Sanqi Medical & Health Articles Co., Ltd.
地址(Add)：山东省日照市昭阳路15-3号
邮编(P. C.)：276800
电话(Tel)：0633-8541508
传真(Fax)：0633-8541214
E-mail：wcs6928@163.com
总经理(General Manager)：毕坤传
联系人(Contact Person)：王常申
产品(Products)：医疗用品，护理垫，纸巾纸，湿巾

潍坊寿光瑞祥纸业有限公司
Weifang Shouguang Ruixiang Paper Co., Ltd.
地址(Add)：山东省寿光市侯镇草碾工业园
邮编(P. C.)：262724
电话(Tel)：0536-5386688
传真(Fax)：0536-5381969
总经理(General Manager)：何海林
产品(Products)：卫生纸

寿光水立方生物科技有限公司＊
Shouguang Shuilifang Bio-Tech Co., Ltd.
地址(Add)：山东省寿光市洛城工业园区文园路1号
邮编(P. C.)：262700
电话(Tel)：0536-5678890
总经理(General Manager)：王士红
产品(Products)：卫生纸，纸巾纸，原纸

寿光市宁安纸制品有限公司＊
Shouguang Ningan Paper Products Co., Ltd.
地址(Add)：山东省寿光市上口镇工业园区
邮编(P. C.)：262732
电话(Tel)：0536－5875998
传真(Fax)：0536－5875758
总经理(General Manager)：齐景浩
产品(Products)：盘纸，卫生纸，面巾纸，餐巾纸，原纸

山东晨鸣纸业集团股份有限公司寿光美伦纸业有限责任公司＊
Shouguang Meilun Paper Co., Ltd.
地址(Add)：山东省寿光市圣城街晨鸣工业园西首
邮编(P. C.)：262700
电话(Tel)：0536－2156252
传真(Fax)：0536－2156349
Http://www.chenmingpaper.com
联系人(Contact Person)：崔新法
产品(Products)：卫生纸，原纸

山东省寿光市圣洁纸业有限公司＊
Shandong Shouguang Shengjie Paper Co., Ltd.
地址(Add)：山东省寿光市田柳镇工业园
邮编(P. C.)：262713
电话(Tel)：0536－5422668
总经理(General Manager)：王士红
产品(Products)：卫生纸，原纸

寿光惟施卫生用品厂
Shouguang Weishi Hygiene Products Factory
地址(Add)：山东省寿光市银海路中国银行东侧
邮编(P. C.)：262700
电话(Tel)：0536－5251066
传真(Fax)：0536－5251066
Http://www.sdzhijin.com
总经理(General Manager)：王建卫
产品(Products)：餐巾纸，面巾纸，手帕纸，卫生纸，湿巾

山东中顺集团有限公司＊
Shandong Zhongshun Group Co., Ltd.
地址(Add)：山东省泰安市东平县东平工业园
邮编(P. C.)：271500
电话(Tel)：0538－2820378
传真(Fax)：0538－2820378
E-mail：sdzspaper@126.com
Http://www.sdzhongshun.com
法人代表(Chairman)：陈树明
总经理(General Manager)：陈立栋
联系人(Contact Person)：陈树明
产品(Products)：原纸，卫生纸，面巾纸，餐巾纸
品牌(Brand)：顺清柔，奥佳月，洁昕

碧霞工贸有限责任公司＊
Bixia Industry & Trade Co. , Ltd.
地址(Add)：山东省泰安市肥城石横镇工业园左丘明路
邮编(P. C.)：271612
电话(Tel)：0538－3663888
传真(Fax)：0538－3664255
Http://www.boyuanpaper.com
联系人(Contact Person)：张霞
产品(Products)：卫生纸，面巾纸，手帕纸，餐巾纸，擦手纸，原纸
品牌(Brand)：碧霞

山东泰安鲁泰纸业
Shandong Taian Lutai Paper Co.
地址(Add)：山东省泰安市泰良路北段赵庄路口
邮编(P. C.)：271000
电话(Tel)：0538－8922566
传真(Fax)：0538－8922599
联系人(Contact Person)：张大海
产品(Products)：卫生纸，餐巾纸，手帕纸

临沂春茂纸品有限公司
Linyi Chunmao Paper Products Co., Ltd.
地址(Add)：山东省郯城县马头金马商业街
邮编(P. C.)：276126
电话(Tel)：0539－6772809
传真(Fax)：0539－6777958
E-mail：chenpeng5566@126.com
联系人(Contact Person)：陈景泉
产品(Products)：卫生卷纸
品牌(Brand)：春茂

郯城恒康卫生用品厂
Tancheng Hengkang Hygiene Products Factory
地址(Add)：山东省郯城县马头开发区(派出所东邻)
邮编(P. C.)：276126
电话(Tel)：0539－6776810
联系人(Contact Person)：刘德祥
产品(Products)：妇女卫生巾，卫生护垫，成人纸尿裤，婴儿纸尿裤/片，卫生纸
品牌(Brand)：妙恋佳人

山东郯城华强卫生用品厂
Shandong Huaqiang Hygiene Products Factory
地址(Add)：山东省郯城县马头镇工业园
邮编(P. C.)：276125
电话(Tel)：0539－6773666
联系人(Contact Person)：徐会军
产品(Products)：卫生纸
品牌(Brand)：小天鹅，暖贝儿，伯利恒

郯城县庆源卫生用品厂
Tancheng Qingyuan Hygiene Products Factory
地址(Add)：山东省郯城县马头镇金马商业街
邮编(P. C.)：276126
电话(Tel)：0539－6772369
联系人(Contact Person)：田兆庆
产品(Products)：妇女卫生巾，卫生护垫，卫生纸，纸尿片

山东乐陈纸业有限公司
Shandong Lechen Paper Co., Ltd.
地址(Add)：山东省郯城县马头镇经济开发区
邮编(P. C.)：276126
电话(Tel)：0539－6772866
总经理(General Manager)：陈景刚
产品(Products)：卫生纸
品牌(Brand)：众爱

临沂利华纸业有限公司 *
Linyi Lihua Paper Co., Ltd.
地址(Add)：山东省郯城县胜利乡驻地
邮编(P. C.)：276013
电话(Tel)：0539－6731688
总经理(General Manager)：徐立华
产品(Products)：卫生纸，原纸，盘纸，手帕纸，餐巾纸，湿巾
品牌(Brand)：森派

山东羽希卫生用品有限公司
Shandong Yuxi Hygiene Products Co., Ltd.
地址(Add)：山东省郯城县西关三街
邮编(P. C.)：276100
电话(Tel)：0539－6135081
传真(Fax)：0539－6135081
总经理(General Manager)：徐勤武
联系人(Contact Person)：周文
产品(Products)：妇女卫生巾，卫生护垫，婴儿纸尿裤，卫生纸，湿巾
品牌(Brand)：羽希

潍坊利达纸业有限公司
Weifang Lida Paper Co., Ltd.
地址(Add)：山东省潍坊市北海路中段
邮编(P. C.)：261041
电话(Tel)：0536－8792682
传真(Fax)：0536－8792687
Http://www.wflida.com
联系人(Contact Person)：杨玉波
产品(Products)：面巾纸，餐巾纸，卫生纸
品牌(Brand)：利达

山东恒安纸业有限公司 *
Shandong Hengan Paper Co., Ltd.
地址(Add)：山东省潍坊市坊子区北海路
邮编(P. C.)：261206
电话(Tel)：0536－7657666
传真(Fax)：0536－7515600
E-mail：wuyong@hengan.com
法人代表(Chairman)：许连捷
总经理(General Manager)：许文耽
联系人(Contact Person)：吴勇
产品(Products)：卫生纸原纸
品牌(Brand)：心相印

山东恒安心相印纸制品有限公司
Shandong Hengan Xinxiangyin Paper Products Co., Ltd.
地址(Add)：山东省潍坊市坊子区北海路
邮编(P. C.)：261206
电话(Tel)：0536－7657666
传真(Fax)：0536－7515600
E-mail：wuyong@hengan.com
法人代表(Chairman)：许连捷
总经理(General Manager)：许文耽
联系人(Contact Person)：吴勇
产品(Products)：生活用纸
品牌(Brand)：心相印

潍坊福山纸业有限公司
Weifang Fushan Paper Products Co., Ltd.
地址(Add)：山东省潍坊市坊子区东王工业区
邮编(P. C.)：261200
电话(Tel)：0536－7637289
传真(Fax)：0536－7637288
法人代表(Chairman)：蔡金针
总经理(General Manager)：蔡标芳
联系人(Contact Person)：许永源
产品(Products)：卫生纸，面巾纸，餐巾纸，手帕纸，湿巾，婴儿纸尿片，手术衣帽
品牌(Brand)：喜相随，好儿女，左右手，随康

潍坊恒联美林生活用纸有限公司 *
Weifang Lancel Hygiene Products Co., Ltd.
地址(Add)：山东省潍坊市寒亭区海龙路609号
邮编(P. C.)：261100
电话(Tel)：0536－7283229
传真(Fax)：0536－7283228
E-mail：lsl115848@126.com
Http://www.lancelhp.com
法人代表(Chairman)：李瑞丰
总经理(General Manager)：张云胜
联系人(Contact Person)：刘世龙
产品(Products)：原纸，卫生纸，餐巾纸，面巾纸，手帕纸，擦手纸，吸水纸，厨房用纸，湿巾
品牌(Brand)：玉，风筝，格外丽

潍坊天成纸业有限公司
Weifang Tiancheng Paper Co., Ltd.
地址(Add)：山东省潍坊市经济开发区东贾工业园
邮编(P. C.)：261057
电话(Tel)：0536－7365811
总经理(General Manager)：田兆波
产品(Products)：卫生纸

潍坊马利尔清洁用品有限公司
Weifang Malier Cleaning Products Co., Ltd.
地址(Add)：山东省潍坊市奎文区宏伟南路13号
邮编(P. C.)：261051
电话(Tel)：0536－8807826
传真(Fax)：0536－8806253
E-mail：keli@keli-chem.com
Http://www.keli-chem.com
法人代表(Chairman)：马吉义
总经理(General Manager)：马吉义
联系人(Contact Person)：贾佃涛
产品(Products)：卫生纸，餐巾纸，擦手纸，小盘纸，面巾纸，手帕纸，湿巾
品牌(Brand)：雅蝶

潍坊九洲卫生用品有限公司 *
Weifang Jiuzhou Hygiene Products Co., Ltd.
地址(Add)：山东省潍坊市奎文区虞河路南首樱南工业园
邮编(P. C.)：261041
电话(Tel)：0536－8806852
传真(Fax)：0536－8806852
E-mail：jz8806852@163.com
Http://www.wfjz.cn
总经理(General Manager)：曹新义

产品(Products)：卫生卷纸，餐巾纸，擦手纸，原纸，盘纸
品牌(Brand)：欣意，娇兰

山东含羞草卫生科技股份有限公司
Shandong Mimosa Health Technology Co., Ltd.
地址(Add)：山东省潍坊市潍城区胜利西街1509号
邮编(P. C.)：261061
电话(Tel)：0536－6280017
传真(Fax)：0536－6286187
E-mail：ling0620@163.com
Http://www.wfhxc.com
法人代表(Chairman)：冯希波
总经理(General Manager)：冯希波
联系人(Contact Person)：刘爱玲
产品(Products)：妇女卫生巾，卫生护垫，婴儿纸尿裤/片，成人纸尿裤/片，护理垫，手帕纸
品牌(Brand)：含羞草，娇感，清尔新

汶上县欣洁纸制品厂
Wenshang Xinjie Paper Products Factory
地址(Add)：山东省汶上县南站工业国
邮编(P. C.)：272508
电话(Tel)：0537－7251666
Http://www.sdxinjie.cn
联系人(Contact Person)：姬广金
产品(Products)：餐巾纸，手帕纸，面巾纸，擦手纸，盘纸

沂南三元纸业有限公司＊
Yinan Sanyuan Paper Co., Ltd.
地址(Add)：山东省沂南县界湖镇夏庄村
邮编(P. C.)：276300
电话(Tel)：0539－3279668
总经理(General Manager)：许彦海
产品(Products)：卫生纸，原纸
品牌(Brand)：三元

山东郓城康洁纸业＊
Shandong Yuncheng Kangjie Paper Co.
地址(Add)：山东省郓城县郓城镇工业园南段
邮编(P. C.)：274700
电话(Tel)：0530－6898902
传真(Fax)：0530－6899995
联系人(Contact Person)：赵效民
产品(Products)：卫生纸，原纸

枣庄市时佩特造纸有限公司＊
Zaozhuang Shipeite Paper Co., Ltd.
地址(Add)：山东省枣庄市台儿庄区万通路1号
邮编(P. C.)：277000
电话(Tel)：0632－6682199
传真(Fax)：0632－6682567
E-mail：wentao612345@163.com
联系人(Contact Person)：文涛
产品(Products)：卫生纸，原纸

诸城市日东造纸机械实验厂＊
Zhucheng Ridong Paper Machinery Experiment Factory
地址(Add)：山东省诸城市北五里堡
邮编(P. C.)：262200
电话(Tel)：0536－6051066
传真(Fax)：0536－6051066
法人代表(Chairman)：郭倍春
产品(Products)：卫生纸，餐巾纸，面巾纸，原纸
品牌(Brand)：绿叶

诸城市森科纸业有限公司＊
Zhucheng Senke Paper Co., Ltd.
地址(Add)：山东省诸城市相州镇曹家泊
邮编(P. C.)：262200
电话(Tel)：0536－6572818
传真(Fax)：0536－6572816
总经理(General Manager)：王勇
产品(Products)：擦手纸，面巾纸，卫生纸，餐巾纸，原纸
品牌(Brand)：森科

诸城市中顺工贸有限公司＊
Zhucheng Zhongshun Industry & Trading Co., Ltd.
地址(Add)：山东省诸城市相州镇曹家泊
邮编(P. C.)：262212
电话(Tel)：0536－6492988
传真(Fax)：0536－6498657
E-mail：lumengly@163.com
Http://www.zhongshuntissuepaper.com
法人代表(Chairman)：常忠平
总经理(General Manager)：卢蒙
联系人(Contact Person)：卢蒙
产品(Products)：卫生纸，面巾纸，餐巾纸，原纸
品牌(Brand)：流芳，新流芳

山东诸城市七仙子纸制品有限公司
Shandong Zhucheng Qixianzi Paper Products Co., Ltd.
地址(Add)：山东省诸城市兴创产业园兴中路38号
邮编(P. C.)：262218
电话(Tel)：0536－6500888
传真(Fax)：0536－6500888
Http://www.xingchuang.com
法人代表(Chairman)：王义泉
总经理(General Manager)：孙允健
产品(Products)：卫生纸，餐巾纸，面巾纸，手帕纸
品牌(Brand)：七仙子

淄博市博山福达实业总公司纸品厂
Zibo Boshan Fuda Industrial Head Co. Paper Products Plant
地址(Add)：山东省淄博市博山区八陡镇福山村下河街19号
邮编(P. C.)：255210
电话(Tel)：0533－4468486
传真(Fax)：0533－4468066
法人代表(Chairman)：苏同杰
产品(Products)：卫生纸，餐巾纸，面巾纸
品牌(Brand)：福华

淄博晨晓纸业有限公司＊
Zibo Chenxiao Paper Co., Ltd.
地址(Add)：山东省淄博市高青晨晓工业区
邮编(P. C.)：256302
电话(Tel)：0533－6358148
联系人(Contact Person)：曹宁

产品(Products)：卫生纸，原纸
品牌(Brand)：小草屋，秀家

山东淄博亿佳缘纸业有限公司
Shandong Zibo Yijiayuan Paper Co., Ltd.
地址(Add)：山东省淄博市桓台县新城罗苏民营园
邮编(P. C.)：256403
电话(Tel)：0533－8885656
传真(Fax)：0533－8885656
E-mail：zbyijiayuan0533@126.com
联系人(Contact Person)：江瑞青
产品(Products)：卫生纸

淄博星峰纸业有限公司
Zibo Xingfeng Paper Co., Ltd.
地址(Add)：山东省淄博市张店区朝阳路8号
邮编(P. C.)：255000
电话(Tel)：0533－2990271
传真(Fax)：0533－2993305
总经理(General Manager)：韩昆
联系人(Contact Person)：张健
产品(Products)：卫生纸，面巾纸，餐巾纸
品牌(Brand)：馨逸，丽美双

淄博旭日纸业有限公司
Zibo Xuri Paper Co., Ltd.
地址(Add)：山东省淄博市周村区北郊镇班里村
邮编(P. C.)：255314
电话(Tel)：0533－6582989
联系人(Contact Person)：郑青
产品(Products)：餐巾纸，手帕纸，湿巾
品牌(Brand)：景雅

山东宏伟纸业公司＊
Shandong Hongwei Paper Co.
地址(Add)：山东省邹平县高新办事处
邮编(P. C.)：256200
电话(Tel)：0543－4810302
传真(Fax)：0543－4810302
联系人(Contact Person)：王超
产品(Products)：卫生纸，原纸
品牌(Brand)：福太太

碧龙纸品邹平全德公司＊
Bilong Paper Products Zouping Quande Co.
地址(Add)：山东省邹平县高新街道办事处
邮编(P. C.)：256200
电话(Tel)：0543－4810868
传真(Fax)：0543－4811450
总经理(General Manager)：郭金会
产品(Products)：卫生纸，面巾纸，手帕纸，餐巾纸，擦手纸，原纸，分切盘纸

山东邹平华宝纸业有限公司＊
Shandong Zouping Huabao Paper Co., Ltd.
地址(Add)：山东省邹平县韩店镇工业开发区
邮编(P. C.)：256209
电话(Tel)：0543－4610250
传真(Fax)：0543－4617688
E-mail：huabao83388@163.com
总经理(General Manager)：颜廷卫
产品(Products)：卫生纸，原纸

山东天地缘纸业有限公司＊
Shandong Tiandiyuan Paper Co., Ltd.
地址(Add)：山东省邹平县魏桥工业园区
邮编(P. C.)：256212
电话(Tel)：0543－4737999
传真(Fax)：0543－4732777
Http://www.tdyjt.com
法人代表(Chairman)：张宏伟
总经理(General Manager)：赵怀礼
联系人(Contact Person)：解清田
产品(Products)：卫生纸，原纸
品牌(Brand)：天地缘

■河南 Henan

安阳市汇丰卫生用品有限责任公司
Anyang Huifeng Hygiene Products Co., Ltd.
地址(Add)：河南省安阳市高新开发区平原路南段路东
邮编(P. C.)：462000
电话(Tel)：0372－3686986
传真(Fax)：0372－2526558
Http://www.ayhfzj.com
法人代表(Chairman)：郭小平
总经理(General Manager)：袁玉清
联系人(Contact Person)：袁廷顺
产品(Products)：妇女卫生巾，卫生护垫，婴儿纸尿裤，成人纸尿裤，卫生纸，护理垫
品牌(Brand)：梦娜，梦儿宝，老来乐

安阳丽华卫生用品厂
Anyang Lihua Hygiene Products Factory
地址(Add)：河南省安阳县白壁镇北丽华工业园
邮编(P. C.)：455112
电话(Tel)：0372－2628781
法人代表(Chairman)：段芳林
联系人(Contact Person)：段国泰
产品(Products)：妇女卫生巾，卫生纸
品牌(Brand)：丽华

安阳县兴隆纸业有限责任公司＊
Anyang Xinglong Paper Co., Ltd.
地址(Add)：河南省安阳县水冶镇南段村
邮编(P. C.)：455100
电话(Tel)：0372－5856498
传真(Fax)：0372－5856277
联系人(Contact Person)：王新国
产品(Products)：面巾纸，卫生卷纸，擦手纸，原纸

河南华森纸业有限公司
Henan Huasen Paper Co., Ltd.
地址(Add)：河南省滑县道口镇文明大道南段
邮编(P. C.)：456400
电话(Tel)：13949528172
法人代表(Chairman)：刘洁
总经理(General Manager)：李铭
产品(Products)：卫生纸

安阳市森源纸业有限责任公司 *
Anyang Senyuan Paper Co., Ltd.
地址(Add): 河南省滑县新区大三路西段路北大宫桥东岸
邮编(P. C.): 456473
电话(Tel): 0372-8622222
E-mail: senyuanzhiye666@126.com
法人代表(Chairman): 董贺祥
联系人(Contact Person): 董继勇
产品(Products): 餐巾纸, 卫生纸, 手帕纸, 原纸

河南省淮阳县卫生纸厂
Henan Huaiyang Tissue Paper Mill
地址(Add): 河南省淮阳县南环路中段
邮编(P. C.): 466700
电话(Tel): 0394-2663152
联系人(Contact Person): 计红军
产品(Products): 卫生纸

河南省辉县市蓝天造纸厂 *
Henan Huixian Lantian Paper Mill
地址(Add): 河南省辉县市赵固乡小罗召
邮编(P. C.): 453600
电话(Tel): 0373-6955185
传真(Fax): 0373-6955685
法人代表(Chairman): 王福五
联系人(Contact Person): 王天清
产品(Products): 卫生纸, 原纸
品牌(Brand): 天宇

河南辉县市赵固乡小罗召村君子兰纸厂 *
Henan Huixian Zhaogu Xiaoluozhao Junzilan Paper Mill
地址(Add): 河南省辉县市赵固乡小罗召村
邮编(P. C.): 453600
电话(Tel): 0373-6956999
传真(Fax): 0373-6956999
联系人(Contact Person): 王新民
产品(Products): 卫生纸, 原纸

河南省奥博纸业有限公司 *
Henan Aobo Paper Co., Ltd.
地址(Add): 河南省辉县市赵固小岗
邮编(P. C.): 453633
电话(Tel): 0373-6955976
传真(Fax): 0373-6955561
E-mail: hnabo@126.com
Http://www.hnabo.com
法人代表(Chairman): 郭志新
总经理(General Manager): 郭志新
联系人(Contact Person): 郭军
产品(Products): 卫生卷纸, 餐巾纸, 面巾纸, 手帕纸, 擦手纸, 原纸
品牌(Brand): 奥博

河南省济源市五龙纸业有限公司 *
Henan Jiyuan Wulong Paper Co., Ltd.
地址(Add): 河南省济源市五龙口镇裴村工业区
邮编(P. C.): 454662
电话(Tel): 0391-6754321
总经理(General Manager): 李中鸣
产品(Products): 卫生纸, 原纸
品牌(Brand): 公美

焦作市潇康卫生用品有限公司
Jiaozuo Xiaokang Hygiene Products Co., Ltd.
地址(Add): 河南省焦作市丰收中路党校东里
邮编(P. C.): 454002
电话(Tel): 0391-5890888
传真(Fax): 0391-3596669
法人代表(Chairman): 原小新
总经理(General Manager): 原小新
联系人(Contact Person): 原小新
产品(Products): 妇女卫生巾, 纸尿裤, 卫生卷纸
品牌(Brand): 香馨依人, 潇康

开封市通富纸业有限公司 *
Kaifeng Tongfu Paper Co., Ltd.
地址(Add): 河南省开封市通许东工业园区通富路88号
邮编(P. C.): 475000
电话(Tel): 0378-4988888
传真(Fax): 0378-4988777
总经理(General Manager): 张时庆
产品(Products): 卫生纸, 原纸

河南飞越纸业有限公司 *
Henan Feiyue Paper Industry Co., Ltd.
地址(Add): 河南省灵宝市予灵镇工业区
邮编(P. C.): 472500
电话(Tel): 0398-6888222
传真(Fax): 0398-6888709
Http://www.hnfeiyue.com
法人代表(Chairman): 王西孟
联系人(Contact Person): 乔治军
产品(Products): 卫生纸, 手帕纸, 面巾纸, 盘纸, 原纸
品牌(Brand): 飞越

洛阳市洛南昌祥纸制品厂
Luoyang Luonan Changxiang Paper Products Factory
地址(Add): 河南省洛阳市洛龙区李楼工业园
邮编(P. C.): 471000
电话(Tel): 0379-64813879
传真(Fax): 0379-64813879
联系人(Contact Person): 王晓亮
产品(Products): 卫生卷纸, 餐巾纸
品牌(Brand): 昌祥

河南漯河临颍恒祥卫生用品有限公司
Henan Linying Hengxiang Hygiene Products Co., Ltd.
地址(Add): 河南省漯河市临颍黄龙工业区一环路东段
邮编(P. C.): 462600
电话(Tel): 0395-8662227
传真(Fax): 0395-8662227
法人代表(Chairman): 仝志辉
总经理(General Manager): 仝志辉
产品(Products): 妇女卫生巾, 卫生护垫, 婴儿纸尿裤/片, 卫生纸
品牌(Brand): 云妹, 葆健, 妙姿葆

聚源纸业有限公司 *
Juyuan Paper Co., Ltd.
地址(Add): 河南省漯河市孟南开发区何庄纸厂
邮编(P. C.): 462000
电话(Tel): 0395-5932900
传真(Fax): 0395-6935899

法人代表(Chairman)：靳香林
联系人(Contact Person)：何新明
产品(Products)：卫生纸，手帕纸，原纸
品牌(Brand)：聚源

漯河银鸽生活纸产有限公司 *
Luohe Yinge Tissue Paper Industry Co., Ltd.
地址(Add)：河南省漯河市湘江路东段2号
邮编(P.C.)：462000
电话(Tel)：0395－2635531
传真(Fax)：0395－3388532
E-mail：yg6666@126.com
Http://www.tissueyinge.com.cn
法人代表(Chairman)：董晖
总经理(General Manager)：周国敏
联系人(Contact Person)：赵姝斌
产品(Products)：原纸，卫生纸，餐巾纸，面巾纸，手帕纸，厨房用纸，擦手纸，妇女卫生巾衬纸，纸尿裤衬纸
品牌(Brand)：银鸽，舒蕾

濮阳益民纸业有限公司
Puyang Yimin Paper Co., Ltd.
地址(Add)：河南省濮阳市北环路中段
邮编(P.C.)：457006
电话(Tel)：0393－8800268
联系人(Contact Person)：陈光民
产品(Products)：卫生纸

濮阳市通宇纸业有限公司 *
Puyang Tongyu Paper Co., Ltd.
地址(Add)：河南省濮阳市王楼工贸示范区
邮编(P.C.)：457500
电话(Tel)：0393－5972068
传真(Fax)：0393－5972078
E-mail：pytyzy@163.com
Http://www.pytyzy.com
联系人(Contact Person)：张洪彬
产品(Products)：餐巾纸，面巾纸，手帕纸，卫生纸，厨房用纸，原纸
品牌(Brand)：汀兰，龙乡缘，龙乡情

濮阳市团洁卫生用品有限公司
Puyang Tuanjie Hygiene Products Co., Ltd.
地址(Add)：河南省濮阳县海通团罡工业园区
邮编(P.C.)：457000
电话(Tel)：0393－3502666
传真(Fax)：0393－4818854
E-mail：lbs.71@163.com
联系人(Contact Person)：李保顺
产品(Products)：妇女卫生巾，卫生护垫，卫生纸，产妇垫，纸尿裤
品牌(Brand)：顺芳

河南博民纸业有限公司 *
Henan Bomin Paper Co., Ltd.
地址(Add)：河南省淇县铁西工业区中华路中段北侧
邮编(P.C.)：456750
电话(Tel)：0392－7223378
传真(Fax)：0392－7275888
总经理(General Manager)：王文林
联系人(Contact Person)：王伟
产品(Products)：卫生纸，餐巾纸，面巾纸，手帕纸，原纸
品牌(Brand)：荟柔

三门峡雅洁卫生制品厂
Sanmenxia Yajie Hygiene Products Factory
地址(Add)：河南省三门峡市大岭路北49号
邮编(P.C.)：472000
电话(Tel)：0398－2898352
传真(Fax)：0398－2898352
法人代表(Chairman)：乔亚娟
产品(Products)：餐巾纸，湿巾

河南省太康康宝卫生巾厂
Henan Taikang Kangbao Sanitary Napkins Factory
地址(Add)：河南省太康县城南经济开发区
邮编(P.C.)：464000
电话(Tel)：0394－6910318
传真(Fax)：0394－6910318
总经理(General Manager)：郭洪超
产品(Products)：妇女卫生巾，卫生护垫，纸尿裤，卫生纸
品牌(Brand)：情花一族

河南华丰纸业有限公司 *
Henan Huafeng Paper Co., Ltd.
地址(Add)：河南省武陟县西滑封工业区
邮编(P.C.)：454981
电话(Tel)：0391－7565111
传真(Fax)：0391－7566548
E-mail：huafengzhiye@126.com
Http://www.huafengpaper.cc
法人代表(Chairman)：王晓国
总经理(General Manager)：张明远
联系人(Contact Person)：曹化鸣
产品(Products)：卫生纸，原纸
品牌(Brand)：花渡，心韵

河南珠峰纸业有限公司
Henan Zhufeng Paper Co., Ltd.
地址(Add)：河南省武陟县小董乡工业村
邮编(P.C.)：454991
电话(Tel)：0391－7443411
传真(Fax)：0391－7441206
法人代表(Chairman)：孙兴卫
联系人(Contact Person)：孙友政
产品(Products)：卫生纸
品牌(Brand)：珠峰

舞阳林达纸业有限责任公司 *
Wuyang Linda Paper Co., Ltd.
地址(Add)：河南省舞阳县太尉镇西3公里处蔡营村
邮编(P.C.)：462400
电话(Tel)：0395－7822055
传真(Fax)：0395－7822055
联系人(Contact Person)：于军英
产品(Products)：卫生纸，原纸

西平县兴银纸品厂
Xiping Xingyin Paper Products Factory
地址(Add)：河南省西平县老王坡农场工业区

邮编(P. C.): 463923
电话(Tel): 0396-6190545
联系人(Contact Person): 陈金平
产品(Products): 卫生纸，餐巾纸
品牌(Brand): 银洁，迎春花

河南省西平县超群纸业有限公司*
Henan Xiping Chaoqun Paper Co., Ltd.
地址(Add): 河南省西平县铁东工业区
邮编(P. C.): 463900
电话(Tel): 0396-6235646
传真(Fax): 0396-6234877
法人代表(Chairman): 张秋香
总经理(General Manager): 张秋香
联系人(Contact Person): 张倩
产品(Products): 卫生纸，面巾纸，原纸
品牌(Brand): 超群

西平县经纬纸品厂
Xiping Jingwei Paper Products Factory
地址(Add): 河南省西平县迎宾大道中段城南工业区
邮编(P. C.): 463923
电话(Tel): 0396-6228470
总经理(General Manager): 叶卫红
产品(Products): 卫生纸，餐巾纸
品牌(Brand): 兰芽

新亚纸业集团*
Xinya Paper Group
地址(Add): 河南省新乡县纸制品工业园区(107 国道 680 公里处)
邮编(P. C.): 453731
电话(Tel): 0373-5699888
传真(Fax): 0373-5699888
Http://www. xinyapaper. cn
法人代表(Chairman): 宋敬志
联系人(Contact Person): 王庆杰
产品(Products): 卫生纸原纸

河南新野方正纸业有限公司*
Henan Xinye Fangzheng Paper Co., Ltd.
地址(Add): 河南省新野县工业园
邮编(P. C.): 473500
电话(Tel): 0377-66381097
传真(Fax): 0377-66381098
联系人(Contact Person): 郭晓峰
产品(Products): 卫生纸，餐巾纸，手帕纸，盘纸，原纸

许昌洁达纸品有限公司*
Xuchang Jieda Paper Products Co., Ltd.
地址(Add): 河南省许昌市东城区工业开发区
邮编(P. C.): 461000
电话(Tel): 0374-4363888
传真(Fax): 0374-4397688
Http://www. jiedazp. com
总经理(General Manager): 章高招
联系人(Contact Person): 吴秋霞
产品(Products): 婴儿纸尿裤/片，手帕纸，面巾纸，卫生卷纸，原纸，湿巾
品牌(Brand): 丽妃，章程，绿之舟，梦妃

许昌县利顺达纸业分厂*
Xuchang Lishunda Paper Branch Mill
地址(Add): 河南省许昌县河街乡大罗庄桥西向北 100 米
邮编(P. C.): 461142
电话(Tel): 0374-5663029
联系人(Contact Person): 罗付周
产品(Products): 卫生纸，原纸

河南省许昌县蒋马纸业有限公司
Henan Xuchang Jiangma Paper Co., Ltd.
地址(Add): 河南省许昌县尚集镇蒋马村南一公里高速桥下向东 1 公里
邮编(P. C.): 461111
电话(Tel): 0374-5658880
联系人(Contact Person): 安明华
产品(Products): 卫生纸

偃师博毅纸业有限公司*
Yanshi Boyi Paper Co., Ltd.
地址(Add): 河南省偃师市槐新路 59 号
邮编(P. C.): 471900
电话(Tel): 0379-65108568
传真(Fax): 0379-67732032
法人代表(Chairman): 侯天保
总经理(General Manager): 侯瑾珂
产品(Products): 卫生纸，原纸

河南省偃师市洁达纸业有限公司*
Henan Yanshi Jieda Paper Co., Ltd.
地址(Add): 河南省偃师市首阳山镇
邮编(P. C.): 471943
电话(Tel): 0379-67558819
传真(Fax): 0379-67568819
E-mail: ysjieda@126. com
Http://www. ysjieda. com
法人代表(Chairman): 陈领军
总经理(General Manager): 陈领军
产品(Products): 卫生纸，原纸
品牌(Brand): 琪琳，惠枫

禹州盛轩纸业有限公司*
Yuzhou Shengxuan Paper Co., Ltd.
地址(Add): 河南省禹州市经济开发区盛轩路 1 号
邮编(P. C.): 461670
电话(Tel): 0374-8885999
传真(Fax): 0374-8885666
E-mail: papercto@163. com
Http://www. papercto. com
法人代表(Chairman): 王建奇
总经理(General Manager): 王正强
联系人(Contact Person): 周盼盼
产品(Products): 卫生卷纸，手帕纸，擦手纸，原纸
品牌(Brand): 紫轩，雅婷

郑州好又爽卫生用品有限公司
Zhengzhou Haoyoushuang Hygiene Products Co., Ltd.
地址(Add): 河南省郑州经济技术开发区
邮编(P. C.): 450004
电话(Tel): 0371-66928201
传真(Fax): 0371-66928202
E-mail: hnxh19760718@163. com

总经理(General Manager)：王建刚
联系人(Contact Person)：张永生
产品(Products)：卫生纸，妇女卫生巾，卫生护垫，妇幼两用巾
品牌(Brand)：好又爽

河南新华纸业有限公司 *
Henan Xinhua Paper Co., Ltd.
地址(Add)：河南省郑州市经五路12号附10号
邮编(P.C.)：450000
电话(Tel)：0371－65981201
传真(Fax)：0371－65942998
联系人(Contact Person)：李会强
产品(Products)：盘纸，卫生卷纸，手帕纸，面巾纸，原纸
品牌(Brand)：茉莉花

莱湾洁品(郑州)有限公司
LW Clean (Zhengzhou) Co., Ltd.
地址(Add)：河南省郑州市新郑双湖开发区中山路中段
邮编(P.C.)：451191
电话(Tel)：0371－62563866
传真(Fax)：0371－62563798
E-mail：a700513@163.com
Http://www.lai-wan.cn
联系人(Contact Person)：陈美凤
产品(Products)：面巾纸，手帕纸，卫生纸
品牌(Brand)：莱湾

郑州东盛纸业有限公司 *
Zhengzhou Dongsheng Paper Industry Co., Ltd.
地址(Add)：河南省郑州市中牟县青年路东段
邮编(P.C.)：451450
电话(Tel)：0371－62117026
传真(Fax)：0371－62193066
法人代表(Chairman)：朱运来
总经理(General Manager)：吴向东
联系人(Contact Person)：闫淑兰
产品(Products)：卫生纸，原纸

郑州万戈免洗用品工贸有限公司
Zhengzhou Wange Wash－Free Articles Industry & Trade Co., Ltd.
地址(Add)：河南省郑州市紫荆山路60号金成国贸大厦2614室
邮编(P.C.)：450000
电话(Tel)：0371－66616160
传真(Fax)：0371－65338249
E-mail：zzwange@163.com
Http://www.zzwange.com
法人代表(Chairman)：常明
总经理(General Manager)：常利成
产品(Products)：擦手纸，面巾纸，餐巾纸，卫生卷纸，湿巾
品牌(Brand)：万戈

驻马店市双龙纸业有限公司 *
Zhumadian Shuanglong Paper Co., Ltd.
地址(Add)：河南省驻马店市水屯镇
邮编(P.C.)：463000
电话(Tel)：0396－3122226
E-mail：hnslzy@sina.com
Http://www.双龙纸业.com
联系人(Contact Person)：张东升
产品(Products)：卫生纸，原纸
品牌(Brand)：香水百合，驿美，谢谢您

驻马店鑫鑫纸业
Zhumadian Xinxin Paper Co.
地址(Add)：河南省驻马店市西平县王店工业园区
邮编(P.C.)：463000
电话(Tel)：0396－6206228
传真(Fax)：0396－6206228
联系人(Contact Person)：裴铁汉
产品(Products)：卫生纸

■湖北 Hubei

恩施锦华纸业有限责任公司
Enshi Jinhua Paper Co., Ltd.
地址(Add)：湖北省恩施市城乡路30号
邮编(P.C.)：445000
电话(Tel)：0718－8200569
传真(Fax)：0718－8200924
联系人(Contact Person)：赵明荣
产品(Products)：卫生纸

荆州市知音纸业有限公司
Jingzhou Zhiyin Paper Co., Ltd.
地址(Add)：湖北省公安县城关长江路77号
邮编(P.C.)：434300
电话(Tel)：0716－5151199
传真(Fax)：0716－5150138
总经理(General Manager)：张祥龙
产品(Products)：卫生纸，餐巾纸，面巾纸，手帕纸
品牌(Brand)：知音

公安县诚信造纸有限公司
Gongan Chengxin Paper Co., Ltd.
地址(Add)：湖北省公安县南平镇湘鄂路38号
邮编(P.C.)：434318
电话(Tel)：0716－5818498
总经理(General Manager)：曹礼雄
产品(Products)：卫生纸

湖北省公安县真诚造纸有限公司 *
Hubei Gongan Zhencheng Paper Co., Ltd.
地址(Add)：湖北省公安县闸口镇斗藕路1号
邮编(P.C.)：434309
电话(Tel)：0716－5704143
传真(Fax)：0716－5704338
法人代表(Chairman)：王臻
总经理(General Manager)：王臻
联系人(Contact Person)：汪鹏
产品(Products)：卫生纸，原纸
品牌(Brand)：健乐

湖北丽明纸业有限公司 *
Hubei Liming Paper Co., Ltd.
地址(Add)：湖北省广水市广水办事处马鞍街特1号
邮编(P.C.)：432700
电话(Tel)：0722－6496666

传真(Fax)：0722－6494868
法人代表(Chairman)：杨小平
总经理(General Manager)：杨小平
联系人(Contact Person)：刘兴华
产品(Products)：卫生纸，面巾纸，手帕纸，原纸

松滋市特丽丝纸业有限公司
Hubei Torex Paper Co., Ltd.
地址(Add)：湖北省松滋市民主大道4号
邮编(P. C.)：434200
电话(Tel)：0716－6217549
传真(Fax)：0716－6225549
法人代表(Chairman)：张远来
总经理(General Manager)：陈云
产品(Products)：卫生卷纸，面巾纸，餐巾纸
品牌(Brand)：特丽丝，BBB

武汉瑾泉纸业有限公司
Wuhan Jinquan Paper Co., Ltd.
地址(Add)：湖北省武汉市汉口民权路1号长江大厦12楼
邮编(P. C.)：430000
电话(Tel)：027－85770462
传真(Fax)：027－85363577
法人代表(Chairman)：李慧娟
总经理(General Manager)：宋杰
联系人(Contact Person)：宋杰
产品(Products)：餐巾纸

尚美一次性生活用品厂
Shangmei Articles for Daily Use Factory
地址(Add)：湖北省武汉市汉阳区倒口南村238号
邮编(P. C.)：430050
电话(Tel)：027－82319651
传真(Fax)：027－82319651
总经理(General Manager)：杨继国
产品(Products)：湿巾，餐巾纸
品牌(Brand)：尚美

武汉金盟纸业发展有限公司
Wuhan Jinmeng Paper Co., Ltd.
地址(Add)：湖北省武汉市汉阳区杨家大湾337号
邮编(P. C.)：430050
电话(Tel)：027－84878515
传真(Fax)：027－84610176
联系人(Contact Person)：董文祥
产品(Products)：面巾纸，纸巾纸，餐巾纸
品牌(Brand)：阳光金盟

武汉市天天纸业有限公司
Wuhan Tiantian Paper Co., Ltd.
地址(Add)：湖北省武汉市汉阳区鹦鹉小道202号
邮编(P. C.)：430052
电话(Tel)：027－84523819
传真(Fax)：027－84518558
法人代表(Chairman)：谌玉书
联系人(Contact Person)：谌玉书
产品(Products)：卫生纸，面巾纸
品牌(Brand)：太太，惠邦

春晖生活用纸厂
Chunhui Household Paper Mill
地址(Add)：湖北省武汉市江岸区后湖乡塔子湖村余家墩57号
邮编(P. C.)：430023
电话(Tel)：027－85628425
传真(Fax)：027－85628425
总经理(General Manager)：蒋楠
产品(Products)：卫生纸
品牌(Brand)：春晖

武汉市百康纸业加工厂
Wuhan Baikang Paper Products Factory
地址(Add)：湖北省武汉市江岸区经济开发区石桥一路西一栋
邮编(P. C.)：430000
电话(Tel)：027－65654510
传真(Fax)：027－65654510
法人代表(Chairman)：张汉生
总经理(General Manager)：张汉生
联系人(Contact Person)：马自来
产品(Products)：餐巾纸，面巾纸，湿巾
品牌(Brand)：百康

武汉市清晨纸业有限公司＊
Wuhan Qingchen Paper Co., Ltd.
地址(Add)：湖北省武汉市江岸区余华岭特1号宏游工业园
邮编(P. C.)：430071
电话(Tel)：027－65609009
传真(Fax)：027－59507911
E-mail：bohai98@126.com
Http://www.whbohai.com
总经理(General Manager)：罗德波
联系人(Contact Person)：刘涛
产品(Products)：手帕纸，面巾纸，卫生纸，擦手纸，原纸，湿巾
品牌(Brand)：博海

武汉市康发生活用品厂
Wuhan Kangfa Household Articles Factory
地址(Add)：湖北省武汉市江汉区黄家下湾150号
邮编(P. C.)：430023
电话(Tel)：027－85604460
传真(Fax)：027－85604460
总经理(General Manager)：杨翠凤
联系人(Contact Person)：李智敏
产品(Products)：餐巾纸，手帕纸，盘纸
品牌(Brand)：康友

武汉黎世免洗用品有限责任公司
Lishi Washfree Products Co., Ltd.
地址(Add)：湖北省武汉市江汉区天门墩25号
邮编(P. C.)：430015
电话(Tel)：027－85801337
传真(Fax)：027－85801377
E-mail：lishizy@126.com
Http://www.lishi.com.cn
总经理(General Manager)：吴世龙
产品(Products)：卫生纸，餐巾纸，面巾纸，湿巾
品牌(Brand)：黎世，月季园

武汉市神龙造纸厂 *
Wuhan Shenlong Paper Mill
地址(Add)：湖北省武汉市经济开发区沌口四五路23号
邮编(P.C.)：430056
电话(Tel)：027-84234319
传真(Fax)：027-84233351
法人代表(Chairman)：李贻宁
产品(Products)：卫生纸，原纸
品牌(Brand)：神龙

武汉市金菊纸业制造有限公司 *
Wuhan Jinju Paper Making Co., Ltd.
地址(Add)：湖北省武汉市硚口区长堤街345-1号
邮编(P.C.)：430033
电话(Tel)：027-59315898
传真(Fax)：027-59315898
法人代表(Chairman)：李津胜
产品(Products)：卫生纸，餐巾纸，原纸
品牌(Brand)：金菊

武汉市硚口区布莱特纸品厂
Wuhan Qiaokou Bright Paper Factory
地址(Add)：湖北省武汉市硚口区汉西路150号
邮编(P.C.)：430034
电话(Tel)：027-83647306
传真(Fax)：027-59314787
E-mail：bright_mail@263.net
联系人(Contact Person)：阮祥华
产品(Products)：餐巾纸，面巾纸，湿巾

疏朗朗卫生用品有限公司
Shulanglang Hygiene Products Co., Ltd.
地址(Add)：湖北省武穴市精华公寓4栋2楼
邮编(P.C.)：435400
电话(Tel)：0713-62627428
传真(Fax)：0713-62627428
法人代表(Chairman)：吴迎胜
总经理(General Manager)：吴迎胜
联系人(Contact Person)：吴迎胜
产品(Products)：妇女卫生巾，卫生护垫，婴儿纸尿裤/片，卫生纸
品牌(Brand)：疏朗朗

湖北中顺鸿昌纸业有限公司 *
C&S Paper Hubei Co., Ltd.
地址(Add)：湖北省孝感市107国道八一桥旁
邮编(P.C.)：432112
电话(Tel)：0712-2515566
传真(Fax)：0712-2515508
Http://www.zhongshungroup.com
法人代表(Chairman)：邓冠能
总经理(General Manager)：李斌贤
联系人(Contact Person)：李斌贤
产品(Products)：卫生纸，面巾纸，餐巾纸，原纸
品牌(Brand)：C&S，洁柔，太阳

恒安(湖北)心相印纸制品有限公司
Hengan (Hubei) Xinxiangyin Paper Products Co., Ltd.
地址(Add)：湖北省孝感市南大经济开发区316复线
邮编(P.C.)：432100
电话(Tel)：0712-2516319
传真(Fax)：0712-2516299
E-mail：hupq@mail.hengan.com.cn
法人代表(Chairman)：许连捷
总经理(General Manager)：聂连清
联系人(Contact Person)：胡平清
产品(Products)：生活用纸
品牌(Brand)：心相印

金红叶纸业(湖北)有限公司 *
Gold Hong Ye Paper (Hubei) Co., Ltd.
地址(Add)：湖北省孝感市孝南经济开发区孝武大道468号
邮编(P.C.)：432100
电话(Tel)：0712-2570792
传真(Fax)：0712-2570961
法人代表(Chairman)：黄杰胜
总经理(General Manager)：李肇锦
产品(Products)：卫生卷纸，盒装面巾纸，抽取式卫生纸，餐巾纸，手帕纸，原纸
品牌(Brand)：唯洁雅，清风，真真

维达纸业(湖北)有限公司 *
Vinda Paper (Hubei) Co., Ltd.
地址(Add)：湖北省孝感市孝南区南大工业开发区
邮编(P.C.)：432100
电话(Tel)：0712-2519099
传真(Fax)：0712-2335428
法人代表(Chairman)：李朝旺
总经理(General Manager)：肖贝
联系人(Contact Person)：管仲
产品(Products)：卫生纸，原纸，手帕纸，面巾纸，厨房用纸
品牌(Brand)：维达

宜昌舒云卫生用品有限公司
Yichang Shuyun Hygiene Products Co., Ltd.
地址(Add)：湖北省宜昌三峡民营科技园(伍家岗区前坪街29号)
邮编(P.C.)：443007
电话(Tel)：0717-6552516
传真(Fax)：0717-6552658
Http://www.shuyun.com
总经理(General Manager)：汪寒涛
产品(Products)：纸巾纸，卫生纸，妇女卫生巾，卫生护垫，婴儿纸尿裤/片
品牌(Brand)：舒云，娇娇宝贝

湖北舒云纸业有限公司 *
Hubei Shuyun Paper Industry Co., Ltd.
地址(Add)：湖北省宜昌市猇亭区猇亭大道438号
邮编(P.C.)：443007
电话(Tel)：0717-6536099
传真(Fax)：0717-6536099
Http://www.shuyunpaper.cn
法人代表(Chairman)：刘学忠
总经理(General Manager)：徐建国
联系人(Contact Person)：冯万祥
产品(Products)：卫生纸，纸巾纸，原纸
品牌(Brand)：舒云，舒馨

宜城市雪涛纸业有限公司＊
Yicheng Xuetao Paper Co., Ltd.
地址(Add)：湖北省宜城市雷河发展区工业园区
邮编(P. C.)：441405
电话(Tel)：0710－4363356
传真(Fax)：0710－4363356
法人代表(Chairman)：石雪涛
联系人(Contact Person)：石夏曦
产品(Products)：面巾纸，卫生纸，原纸
品牌(Brand)：舒雅洁

湖北宜城市长风纸业有限公司＊
Hubei Yicheng Changfeng Paper Co., Ltd.
地址(Add)：湖北省宜城市上大雁工业园区
邮编(P. C.)：441409
电话(Tel)：0710－4393537
传真(Fax)：0710－4393836
法人代表(Chairman)：吴训正
产品(Products)：卫生纸，原纸
品牌(Brand)：羽风

■湖南 Hunan

长沙舒尔利卫生用品有限公司
Changsha Shuerli Hygiene Products Co., Ltd.
地址(Add)：湖南省长沙市高桥大市场纸品城16幢38号
邮编(P. C.)：410014
电话(Tel)：0731－85515615
传真(Fax)：0731－85515615
E-mail：cnxql@gaoqiao.com
法人代表(Chairman)：谢启良
总经理(General Manager)：谢启良
联系人(Contact Person)：谢启良
产品(Products)：纸尿裤/片，妇婴两用巾，垫巾，三角尿巾，隔尿巾，卫生纸
品牌(Brand)：舒尔利，威威

长沙波仕特卫生用品有限公司
Changsha Boshite Hygiene Products Co., Ltd.
地址(Add)：湖南省长沙市树木岭工业园8组1号
邮编(P. C.)：410000
电话(Tel)：0731－84614000
传真(Fax)：0731－85061270
总经理(General Manager)：谭国强
联系人(Contact Person)：张莉
产品(Products)：一次性马桶卫生座垫
品牌(Brand)：卫康

长沙市雨花区高锋纸业公司
Changsha Yuhua Gaofeng Paper Co.
地址(Add)：湖南省长沙市雨花区黎托乡川河工业园
邮编(P. C.)：410041
电话(Tel)：0731－88908355
传真(Fax)：0731－88908355
联系人(Contact Person)：李斌
产品(Products)：卫生纸，餐巾纸
品牌(Brand)：惠群

湖南三友纸业有限公司
Hunan Sanyou Paper Industry Co., Ltd.
地址(Add)：湖南省长沙市雨花区黎托乡花桥工业园
邮编(P. C.)：410129
电话(Tel)：0731－85951508
传真(Fax)：0731－85952308
E-mail：953894676@qq.com
法人代表(Chairman)：贺顺新
总经理(General Manager)：贺顺新
联系人(Contact Person)：贺顺新
产品(Products)：妇女卫生巾，卫生护垫，婴儿纸尿裤/片，卫生纸，面巾纸，手帕纸
品牌(Brand)：天美，花妍

湖南恒安生活用纸有限公司＊
Hunan Hengan Household Paper Co., Ltd.
地址(Add)：湖南省常德市德山开发区
邮编(P. C.)：415000
电话(Tel)：0736－7300008
传真(Fax)：0736－7300322
E-mail：yangxiaoying@mail.hengan.com.cn
法人代表(Chairman)：许连捷
总经理(General Manager)：李新久
联系人(Contact Person)：杨晓英
产品(Products)：卫生纸原纸
品牌(Brand)：心相印

恒安(湖南)心相印纸业有限公司
Hengan (Hunan) Xinxiangyin Paper Co., Ltd.
地址(Add)：湖南省常德市德山开发区
邮编(P. C.)：415000
电话(Tel)：0736－7300008
传真(Fax)：0736－7300322
E-mail：yangxiaoying@mail.hengan.com.cn
法人代表(Chairman)：许连捷
总经理(General Manager)：李新久
联系人(Contact Person)：杨晓英
产品(Products)：生活用纸
品牌(Brand)：心相印

湖南恒安纸业有限公司＊
Hunan Hengan Paper Co., Ltd.
地址(Add)：湖南省常德市德山开发区桃林路
邮编(P. C.)：415001
电话(Tel)：0736－7300008
传真(Fax)：0736－7300332
Http://www.hengan.com
法人代表(Chairman)：许连捷
总经理(General Manager)：李新久
联系人(Contact Person)：吴祥华
产品(Products)：卫生纸，原纸，手帕纸，面巾纸，餐巾纸，湿巾
品牌(Brand)：心相印，柔影

常德金利纸品实业有限公司
Changde Jinli Paper Industrial Co., Ltd.
地址(Add)：湖南省常德市鼎城区阳明路93号
邮编(P. C.)：415101
电话(Tel)：0736－7392638
传真(Fax)：0736－6573839

法人代表(Chairman)：柳真
总经理(General Manager)：柳真
联系人(Contact Person)：李会均
产品(Products)：妇女卫生巾，卫生纸，面巾纸
品牌(Brand)：安雅康

郴州市鼎兴造纸有限责任公司 *
Chenzhou Dingxing Paper Co., Ltd.
地址(Add)：湖南省郴州市临武县原氮肥厂
邮编(P.C.)：424302
电话(Tel)：0735－6113469
总经理(General Manager)：孙名名
联系人(Contact Person)：孙邦国
产品(Products)：手帕纸，面巾纸，餐巾纸，原纸

大祥纸业公司
Daxiang Paper Co.
地址(Add)：湖南省洞口县城雪峰东路
邮编(P.C.)：422300
电话(Tel)：0739－7150288
传真(Fax)：0739－7150288
总经理(General Manager)：李大祥
产品(Products)：餐巾纸，湿巾

衡阳市亚明纸业有限公司
Hengyang Yaming Paper Co., Ltd.
地址(Add)：湖南省衡阳市石鼓区房沙湾 43 号
邮编(P.C.)：421005
电话(Tel)：0734－8523158
传真(Fax)：0734－8525858
联系人(Contact Person)：吴集顺
产品(Products)：卫生纸
品牌(Brand)：亚明

雁南纸制品厂
Yannan Paper Products Factory
地址(Add)：湖南省衡阳市石鼓区进步村沈家湾 42 号
邮编(P.C.)：421001
电话(Tel)：0734－8586590
传真(Fax)：0734－8587269
总经理(General Manager)：李华卫
产品(Products)：餐巾纸，面巾纸，卫生纸
品牌(Brand)：绿彩

湖南花香实业有限公司
Hunan Huaxiang Industry Co., Ltd.
地址(Add)：湖南省衡阳市蒸湘区呆英岭蒸阳大道 168 号
邮编(P.C.)：421001
电话(Tel)：0734－8573990
传真(Fax)：0734－8573879
联系人(Contact Person)：罗吉玉
产品(Products)：妇女卫生巾，餐巾纸，面巾纸

怀化金凤凰纸品厂
Huaihua Golden Phoenix Paper Products Factory
地址(Add)：湖南省怀化市辰溪县红敏
邮编(P.C.)：419519
电话(Tel)：0745－5629032
传真(Fax)：0745－5629032
E-mail：gaianzu@hotmail.com
法人代表(Chairman)：郑自和
总经理(General Manager)：郑自和
联系人(Contact Person)：郑湘华
产品(Products)：手帕纸，面巾纸，餐巾纸，卫生卷纸
品牌(Brand)：龙凤呈祥

金湘纸品厂
Jinxiang Paper Products Factory
地址(Add)：湖南省怀化市湖天开发区老湖天桥旁
邮编(P.C.)：418000
电话(Tel)：0745－2560868
传真(Fax)：0745－2560869
总经理(General Manager)：杨理刚
产品(Products)：卫生纸
品牌(Brand)：金湘

湖南省涟源市皇家纸业有限公司
Hunan Lianyuan Huangjia Paper Co., Ltd.
地址(Add)：湖南省涟源市人民路 2 号
邮编(P.C.)：417100
电话(Tel)：0738－4423298
传真(Fax)：0738－4423298
法人代表(Chairman)：刘新才
总经理(General Manager)：刘新才
产品(Products)：卫生纸，纸巾纸
品牌(Brand)：皇后

湖南雪松纸制品有限公司
Hunan Xuesong Paper Co., Ltd.
地址(Add)：湖南省湘潭市建设中路 7 号
邮编(P.C.)：411104
电话(Tel)：0731－58523244
传真(Fax)：0731－58594563
总经理(General Manager)：董乐传
产品(Products)：卫生纸，纸杯
品牌(Brand)：绿松

益阳市朝阳绿丹蓝纸业用品有限公司
Yiyang Chaoyang Lüdanlan Paper Products Factory
地址(Add)：湖南省益阳市赫山区罗溪北路
邮编(P.C.)：413000
电话(Tel)：0737－4443558
传真(Fax)：0737－2621658
E-mail：biyunfeng-paper@163.com
Http://www.ldlzy.com
总经理(General Manager)：王志强
产品(Products)：手帕纸，餐巾纸，湿巾

湖南省益阳市恒运纸制品厂
Hunan Yiyang Hengyun Paper Products Factory
地址(Add)：湖南省益阳市岳家桥镇
邮编(P.C.)：413061
电话(Tel)：0737－4650198
传真(Fax)：0737－4650179
法人代表(Chairman)：彭楚新
产品(Products)：卫生纸，面巾纸

湖南五强溪镇特种造纸厂 *
Hunan Wuqiangxi Special Paper Mill
地址(Add)：湖南省沅陵县五强溪镇
邮编(P.C.)：419635
电话(Tel)：0745－4734158
传真(Fax)：0745－4732188

总经理(General Manager)：唐春凡
产品(Products)：卫生纸，面巾纸，餐巾纸，原纸
品牌(Brand)：五强

岳阳市岳阳楼区金鹰纸品厂
Yueyang Yueyanglou Jinying Paper Products Factory
地址(Add)：湖南省岳阳市岳阳楼区奇家岭奇家路168号
邮编(P. C.)：414000
电话(Tel)：0730－8285325
传真(Fax)：0730－8645000
E-mail：672500819@qq. com
Http://www. yyjyzy. com
法人代表(Chairman)：袁善军
总经理(General Manager)：袁明
联系人(Contact Person)：袁明
产品(Products)：餐巾纸，面巾纸，卫生卷纸

岳阳丰利纸业有限公司*
Yueyang Fengli Paper Co., Ltd.
地址(Add)：湖南省岳阳县鹿角镇
邮编(P. C.)：414107
电话(Tel)：0730－7862018
传真(Fax)：0730－7860343
联系人(Contact Person)：刘晓军
产品(Products)：卫生纸原纸

■广东 Guangdong

钟氏联发纸厂*
Zhongshi Lianfa Paper Mill
地址(Add)：广东省博罗县龙溪镇球岗移民新村
邮编(P. C.)：516121
电话(Tel)：0752－6678689
传真(Fax)：0752－6672833
法人代表(Chairman)：钟国良
总经理(General Manager)：钟国良
联系人(Contact Person)：郑振文
产品(Products)：卫生纸，原纸

惠州福和纸业有限公司*
Huizhou Fook Woo Paper Co., Ltd.
地址(Add)：广东省博罗县园洲镇
邮编(P. C.)：516123
电话(Tel)：0752－6812888
传真(Fax)：0752－6812628
E-mail：zhuoxn777@sina. com
Http://www. fookwoo. com
法人代表(Chairman)：梁惠珍
总经理(General Manager)：梁契权
联系人(Contact Person)：卓永新
产品(Products)：原纸，卫生纸，面巾纸，手帕纸，餐巾纸，擦手纸
品牌(Brand)：福和，Conner，月亮(图案)，绿仙子

广东省潮州市开发区东升纸品厂
Guangdong Chaozhou Dongsheng Paper Products Factory
地址(Add)：广东省潮州市潮州大道东埔九江工业区
邮编(P. C.)：521000
电话(Tel)：0768－2853448
传真(Fax)：0768－2208333
总经理(General Manager)：卢岳标
产品(Products)：面巾纸，卫生纸
品牌(Brand)：一顺，皇马

广州荣隆纸业有限公司
Guangzhou Ronglong Paper Co., Ltd.
地址(Add)：广东省从化市江埔下罗村
邮编(P. C.)：510925
电话(Tel)：020－87992130
传真(Fax)：020－87992886
E-mail：ronglongpaper@yahoo. cn
法人代表(Chairman)：巫应光
总经理(General Manager)：巫应光
联系人(Contact Person)：巫应光
产品(Products)：卫生卷纸，面巾纸，餐巾纸，擦手纸
品牌(Brand)：洁皇

东莞利良纸巾制品有限公司
Dongguan Nice Bonus Tissue Products Co., Ltd.
地址(Add)：广东省东莞市常平镇沙湖口管理区
邮编(P. C.)：523326
电话(Tel)：0769－85027388
传真(Fax)：0769－86027998
E-mail：hxr1975@163. com
法人代表(Chairman)：蔡醒媚
总经理(General Manager)：方建沂
产品(Products)：卫生卷纸，面巾纸，手帕纸，厨房用纸，擦手纸
品牌(Brand)：SINGERE，LOVELY

东莞市东昌纸品厂
Dongguan Dongchang Paper Products Factory
地址(Add)：广东省东莞市大朗镇圣堂村东苑208号
邮编(P. C.)：523000
电话(Tel)：0769－83198622
传真(Fax)：0769－83130870
E-mail：dgdongchang@dgdongchang. com
Http://www. dgdongchang. com
联系人(Contact Person)：廖作灵
产品(Products)：面巾纸，餐巾纸，擦手纸，湿巾
品牌(Brand)：鸿昌

东莞市博大纸业制品厂*
Dongguan Boda Paper Products Factory
地址(Add)：广东省东莞市大岭山镇杨屋第四工业区
邮编(P. C.)：523820
电话(Tel)：0769－83351993
传真(Fax)：0769－85659638
法人代表(Chairman)：何黎广
产品(Products)：餐巾纸，面巾纸，卫生纸，原纸
品牌(Brand)：三五

东莞市宝荣纸业有限公司*
Dongguan Baorong Paper Co., Ltd.
地址(Add)：广东省东莞市道滘镇小河工业区
邮编(P. C.)：523181
电话(Tel)：0769－88381178
传真(Fax)：0769－88381378
E-mail：baorongpaper@163. com
Http://www. baorong. com. cn

联系人(Contact Person)：梁淦田
产品(Products)：卫生纸，原纸，盘纸，纸巾纸，面巾纸，餐巾纸

东莞市耀豪纸业有限公司
Dongguan Yaohao Paper Co., Ltd.
地址(Add)：广东省东莞市东城中路达鑫创富中心870室
邮编(P. C.)：523399
电话(Tel)：0769-27281738
传真(Fax)：0769-86868087
联系人(Contact Person)：林小强
产品(Products)：卫生纸，手帕纸，擦手纸

东莞市骋德纸业有限公司
Dongguan Chengde Paper Co., Ltd.
地址(Add)：广东省东莞市凤岗镇金凤凰工业区
邮编(P. C.)：523688
电话(Tel)：0769-87757681
传真(Fax)：0769-87500782
E-mail：cdpaper@163.com
Http://www.napkin.cn
总经理(General Manager)：黄德琼
产品(Products)：卫生卷纸，面巾纸，餐巾纸，手帕纸，擦手纸

东莞东慧纸巾有限公司
Dongguan Donghui Paper Napkin Co., Ltd.
地址(Add)：广东省东莞市凤岗镇金凤凰工业区
邮编(P. C.)：523688
电话(Tel)：0769-87756844
传真(Fax)：0769-87557731
E-mail：dxzj2004@163.com
Http://www.donghuipaper.com
法人代表(Chairman)：张日辉
联系人(Contact Person)：张日辉
产品(Products)：餐巾纸，面巾纸，擦手纸，盘纸
品牌(Brand)：汇丰

东莞市华宝纸品厂
Dongguan Huabao Paper Products Factory
地址(Add)：广东省东莞市厚街镇厚街村鳌台
邮编(P. C.)：523963
电话(Tel)：0769-85813728
传真(Fax)：0769-85030083
总经理(General Manager)：王岳铭
产品(Products)：面巾纸，纸巾纸，卫生纸，手帕纸，擦手纸，餐巾纸
品牌(Brand)：柔力，华宝

东莞市舒洁(鑫源)纸制品公司
Dongguan Shujie (Xinyuan) Paper Products Co., Ltd.
地址(Add)：广东省东莞市厚街镇厚街村兴元路
邮编(P. C.)：523963
电话(Tel)：0769-85992469
传真(Fax)：0769-85834058
联系人(Contact Person)：李嘉新
产品(Products)：卫生卷纸，面巾纸，擦手纸，手帕纸，湿巾

东莞市彩虹纸业制品有限公司*
Dongguan Caihong Paper Products Co., Ltd.
地址(Add)：广东省东莞市虎门镇路东管理区长岛集团大厦内
邮编(P. C.)：523935
电话(Tel)：0769-86096888
传真(Fax)：0769-85567142
联系人(Contact Person)：程先容
产品(Products)：卫生纸，原纸

东莞市智达纸业制品有限公司*
Dongguan Zhida Paper Products Co., Ltd.
地址(Add)：广东省东莞市沙田镇民田工业区
邮编(P. C.)：523991
电话(Tel)：0769-88862222
传真(Fax)：0769-88866662
E-mail：webmaster@zhidapaper.cn
Http://www.zhidapaper.cn
总经理(General Manager)：黄智勇
联系人(Contact Person)：黄智勇
产品(Products)：卫生纸，方巾纸，面巾纸，手帕纸，餐巾纸，厨房用纸，小盘纸，擦手纸，原纸
品牌(Brand)：智达，娇梦，飞富

东莞市明月纸业有限公司*
Dongguan Mingyue Paper Co., Ltd.
地址(Add)：广东省东莞市塘厦镇振兴围工业区
邮编(P. C.)：523726
电话(Tel)：0769-87722956
传真(Fax)：0769-87919822
E-mail：mingyue-0769@263.net
法人代表(Chairman)：许泽培
联系人(Contact Person)：许壁钊
产品(Products)：卫生纸，面巾纸，原纸
品牌(Brand)：保洁莉，名臣

东莞市天勤纸品厂
Dongguan Tianqin Paper Products Factory
地址(Add)：广东省东莞市万江简沙洲工业区
邮编(P. C.)：523062
电话(Tel)：0769-22186643
传真(Fax)：0769-22708782
联系人(Contact Person)：刘贵平
产品(Products)：卫生纸，餐巾纸，面巾纸
品牌(Brand)：维家

东莞市民和纸巾厂
Dongguan Minhe Paper Products Factory
地址(Add)：广东省东莞市万江区拔蛟窝河西路九巷18号
邮编(P. C.)：523000
电话(Tel)：0769-22182637
总经理(General Manager)：彭传学
产品(Products)：餐巾纸，手帕纸

东莞市万江芬洁纸品厂*
Dongguan Wanjiang Fenjie Paper Co., Ltd.
地址(Add)：广东省东莞市万江区大汾工业区新沿河路
邮编(P. C.)：523000
电话(Tel)：0769-88116851

传真(Fax)：0769－88416299
E-mail：dgfenjie@yahoo.com.cn
Http://www.fenjie.com
法人代表(Chairman)：谢玉珍
总经理(General Manager)：谢玉珍
产品(Products)：卫生纸，面巾纸，餐巾纸，手帕纸，厨房用纸，原纸
品牌(Brand)：芬洁，芬洁超市，芬之洁，芬尔洁

东莞市白天鹅纸业有限公司＊
Dongguan White Swan Paper Products Co., Ltd.
地址(Add)：广东省东莞市万江区谷涌工业区
邮编(P.C.)：523047
电话(Tel)：0769－22172118
传真(Fax)：0769－22181226
E-mail：dgbte@163.com
Http://www.whiteswanpaper.com
法人代表(Chairman)：卢锦洪
总经理(General Manager)：李刚
联系人(Contact Person)：李刚
产品(Products)：原纸，卫生纸，面巾纸，手帕纸，餐巾纸，擦手纸，婴儿纸尿裤/片
品牌(Brand)：贝柔

东莞市宝建纸业有限公司＊
Dongguan Baojian Paper Trade Co., Ltd.
地址(Add)：广东省东莞市万江区简沙洲
邮编(P.C.)：523062
电话(Tel)：0769－22270703
传真(Fax)：0769－22177628
法人代表(Chairman)：胡宝明
总经理(General Manager)：何文彪
联系人(Contact Person)：何文彪
产品(Products)：卫生纸，原纸，面巾纸，餐巾纸，纸巾纸
品牌(Brand)：宝明，三鱼，娇子

东莞永昶纸业有限公司＊
Dongguan Yongchang Paper Co., Ltd.
地址(Add)：广东省东莞市万江区简沙洲
邮编(P.C.)：523062
电话(Tel)：0769－22270703
传真(Fax)：0769－22177628
联系人(Contact Person)：何文彪
产品(Products)：卫生纸原纸

东莞市博都纸业有限公司
Dongguan Bodu Paper Co., Ltd.
地址(Add)：广东省东莞市万江区简沙洲大道8号
邮编(P.C.)：523062
电话(Tel)：0769－89027978
传真(Fax)：0769－89027808
联系人(Contact Person)：陈美冰
产品(Products)：卫生卷纸，面巾纸，餐巾纸，擦手纸，小盘纸

东莞市万江万宝纸品厂
Dongguan Wanjiang Wanbao Paper Products Factory
地址(Add)：广东省东莞市万江区简沙洲工业区大道
邮编(P.C.)：523062
电话(Tel)：0769－22187138
传真(Fax)：0769－22276166
法人代表(Chairman)：胡宝枝
产品(Products)：卫生纸，餐巾纸，面巾纸，手帕纸
品牌(Brand)：王子

东莞市华兴纸业实业有限公司＊
Dongguan Huaxing Paper Industrial Co., Ltd.
地址(Add)：广东省东莞市万江区滘联工业区
邮编(P.C.)：523046
电话(Tel)：0769－22279169
传真(Fax)：0769－22275919
E-mail：hxzy@huaxing-dg.com
Http://www.huaxing-dg.com
法人代表(Chairman)：欧锦庆
产品(Products)：面巾纸，手帕纸，卫生纸，原纸，婴儿纸尿裤
品牌(Brand)：花心，益达，伊健，爱心宝贝

东莞市韦宏纸品厂
Dongguan Weihong Paper Products Factory
地址(Add)：广东省东莞市万江区新村社区村头
邮编(P.C.)：523000
电话(Tel)：0769－22771863
传真(Fax)：0769－22771849
总经理(General Manager)：韦宏生
产品(Products)：卫生纸，面巾纸

东莞市新龙纸业有限公司
Dongguan Xinlong Paper Co., Ltd.
地址(Add)：广东省东莞市万江新村工业区
邮编(P.C.)：523053
电话(Tel)：0769－22282171
传真(Fax)：0769－22187978
总经理(General Manager)：古春满
产品(Products)：卫生纸，餐巾纸，面巾纸，手帕纸，擦手纸
品牌(Brand)：柔一

东莞市新华纸品厂
Dongguan Xinhua Paper Products Factory
地址(Add)：广东省东莞市万江新村卢屋工业区
邮编(P.C.)：523380
电话(Tel)：0769－22272473
传真(Fax)：0769－22186773
Http://www.gd-xh.cn
总经理(General Manager)：陈炳南
产品(Products)：面巾纸，卫生纸，手帕纸，擦手纸
品牌(Brand)：金月湾，洁之健，新花

东莞市恩兴纸业有限公司＊
Dongguan Enxing Paper Co., Ltd.
地址(Add)：广东省东莞市万江油九工业区
邮编(P.C.)：523032
电话(Tel)：0769－22288043
传真(Fax)：0769－22781108
法人代表(Chairman)：卢宜兴
总经理(General Manager)：卢宜兴
产品(Products)：卫生纸，餐巾纸，面巾纸，原纸
品牌(Brand)：真惠，洁100

东莞市伟虹纸业有限公司 *
Dongguan Weihong Paper Industry Co., Ltd.
地址(Add)：广东省东莞市望牛墩镇杜屋村工业区
邮编(P. C.)：523200
电话(Tel)：0769 - 88558198
传真(Fax)：0769 - 88558298
E-mail：jacky283@ sina. com
法人代表(Chairman)：冯克伟
总经理(General Manager)：冯吉琦
联系人(Contact Person)：冯吉琦
产品(Products)：面巾纸，擦手纸，餐巾纸，卫生纸，原纸

东莞市望牛墩虎业纸品厂 *
Dongguan Wangniudun Huye Paper Products Factory
地址(Add)：广东省东莞市望牛墩镇五福路
邮编(P. C.)：523200
电话(Tel)：0769 - 88550460
传真(Fax)：0769 - 88512908
Http://dgzhongsheng. wnet. com. cn
联系人(Contact Person)：马小兵
产品(Products)：卫生纸，原纸

东莞市万江卫平纸厂 *
Dongguan Wanjiang Weiping Paper Mill
地址(Add)：广东省东莞市新村村尾
邮编(P. C.)：523053
电话(Tel)：0769 - 22275588
法人代表(Chairman)：陈惠平
产品(Products)：卫生纸，原纸

东莞市中桥纸业有限公司 *
Dongguan Zhongqiao Paper Co., Ltd.
地址(Add)：广东省东莞市中堂镇北潢路三涌段(Bp 加油站侧)
邮编(P. C.)：523221
电话(Tel)：0769 - 88127866
传真(Fax)：0769 - 88127966
Http://www. zhongqiaopaper. cn
联系人(Contact Person)：刘权茂
产品(Products)：原纸，卫生卷纸，餐巾纸，手帕纸，小盘纸
品牌(Brand)：莲花

东莞市达林纸业有限公司 *
Dongguan Dalin Paper Co., Ltd.
地址(Add)：广东省东莞市中堂镇槎滘村
邮编(P. C.)：523231
电话(Tel)：0769 - 88887388
传真(Fax)：0769 - 88121882
E-mail：dalinpaper@ gmail. com
法人代表(Chairman)：黎庆彭
总经理(General Manager)：黎景均
联系人(Contact Person)：李功伟
产品(Products)：擦手纸，原纸
品牌(Brand)：达林

东莞市中堂三文纸巾厂
Dongguan Zhongtang Sanwen Napkin Factory
地址(Add)：广东省东莞市中堂镇潢新围北路袁家涌西亭坊路口
邮编(P. C.)：511700
电话(Tel)：0769 - 88883078
传真(Fax)：0769 - 88897557
联系人(Contact Person)：袁伟权
产品(Products)：面巾纸，卫生纸

东莞新星纸巾厂
Dongguan Xinxing Paper Products Factory
地址(Add)：广东省东莞市中堂镇袁家涌西亭坊
邮编(P. C.)：523223
电话(Tel)：0769 - 88897328
传真(Fax)：0769 - 88119873
联系人(Contact Person)：花青秀
产品(Products)：卫生卷纸，餐巾纸，面巾纸，擦手纸，小盘纸
品牌(Brand)：益彩

佛山市禅城区宝龙纸品厂
Foshan Baolong Paper Products Factory
地址(Add)：广东省佛山市禅城区张槎工业区
邮编(P. C.)：528051
电话(Tel)：0757 - 82892975
传真(Fax)：0757 - 82892975
E-mail：tian_bao_good@ 126. com
联系人(Contact Person)：吕金
产品(Products)：卫生纸，餐巾纸，面巾纸

佛山市高明日畅纸业有限公司 *
Foshan Gaoming Super Trans Paper Co., Ltd.
地址(Add)：广东省佛山市高明区荷城沿江路 127 号
邮编(P. C.)：528500
电话(Tel)：0757 - 88638783
传真(Fax)：0757 - 88881723
法人代表(Chairman)：伍锦明
总经理(General Manager)：伍锦明
联系人(Contact Person)：杜国勇
产品(Products)：原纸，卫生纸，餐巾纸，面巾纸，手帕纸，擦手纸
品牌(Brand)：惠洁

广东省南海康洁香巾厂
Guangdong Nanhai Kangjie Towel Factory
地址(Add)：广东省佛山市季华七路大弯南工业区 B 座 3 楼
邮编(P. C.)：528000
电话(Tel)：0757 - 86360727
传真(Fax)：0757 - 86361584
E-mail：master@ kangjie-wettowel. com
Http://www. kangjie-wettowel. com
总经理(General Manager)：周柱兴
产品(Products)：湿巾，婴儿隔尿垫巾，手帕纸
品牌(Brand)：康洁，舒爽

佛山市兴肤洁卫生用品厂
Foshan Xingfujie Hygiene Products Factory
地址(Add)：广东省佛山市南海区金沙上安中坊开发区李祥开木楼 2 层
邮编(P. C.)：528223
电话(Tel)：0757 - 86433038
传真(Fax)：0757 - 86433786
E-mail：kdx@ 126. com

Http://www.kdx8848.com
法人代表(Chairman):杨福祥
联系人(Contact Person):杨福祥
产品(Products):湿巾,餐巾纸
品牌(Brand):康德信

佛山市御晟纸业有限公司
Foshan Yusheng Paper Co., Ltd.
地址(Add):广东省佛山市南海区罗村街道上联工业区
邮编(P.C.):528200
电话(Tel):0757-81803133
传真(Fax):0757-81803132
E-mail:627664908@qq.com
联系人(Contact Person):吕均祥
产品(Products):卫生纸
品牌(Brand):柔阳

佛山市南海区平洲夏东伟业纸品厂
Foshan Weiye Paper Products Factory
地址(Add):广东省佛山市南海区平洲夏东村五房沙
邮编(P.C.):528251
电话(Tel):0757-86799467
传真(Fax):0757-86799467
法人代表(Chairman):叶健松
产品(Products):湿巾,纸巾纸
品牌(Brand):馨业

南海平洲新奇丽日用品有限公司
Nanhai Xinqili Daily-Use Goods Co., Ltd.
地址(Add):广东省佛山市南海区平洲夏南一工业北区
邮编(P.C.):528251
电话(Tel):0757-86762588
传真(Fax):0757-86762599
法人代表(Chairman):彭锦潮
产品(Products):卫生纸,面巾纸
品牌(Brand):新奇丽,千の花

佛山市南海区平洲夏西雅佳酒店用品厂
Foshan Yajia Hotel Articles Factory
地址(Add):广东省佛山市南海区平洲夏西良溪工业区
邮编(P.C.):528251
电话(Tel):0757-86774070
传真(Fax):0757-86284555
E-mail:v6774070@21cn.com
Http://www.yajia123.com
法人代表(Chairman):李尤燐
产品(Products):湿巾,纸巾纸
品牌(Brand):雅派一族

佛山市三邦纸制品有限公司
Foshan Sanbang Paper Products Co., Ltd.
地址(Add):广东省佛山市顺德区北滘镇莘村西工业区
邮编(P.C.):528315
电话(Tel):0757-28850857
传真(Fax):0757-28853613
法人代表(Chairman):范成庆
总经理(General Manager):范成庆
产品(Products):卫生纸

新感觉卫生用品有限公司
New Sensation Sanitary Products Co., Ltd.
地址(Add):广东省佛山市顺德区乐从镇细海工业区
邮编(P.C.):528315
电话(Tel):0757-28332551
传真(Fax):0757-28332561
E-mail:contact@nssp.biz
Http://www.nssp.biz
法人代表(Chairman):黎汉中
总经理(General Manager):黎汉凡
联系人(Contact Person):黎汉石
产品(Products):妇女卫生巾,卫生护垫,婴儿纸尿裤/片,成人纸尿片,面巾纸,手帕纸,卫生卷纸
品牌(Brand):新感觉,没烦恼,飘,动感元素

佛山市维森纸业有限公司*
Foshan Weisen Paper Co., Ltd.
地址(Add):广东省佛山市顺德区伦教三洲工业区建设南路2号
邮编(P.C.):528322
电话(Tel):0757-26152527
传真(Fax):0757-27836660
E-mail:weison_paper@163.com
Http://fsjszy.cn.alibaba.com
联系人(Contact Person):蒋国旺
产品(Products):卫生卷纸,原纸,擦手纸

广州市宏杰纸业有限公司*
Guangzhou Hongjie Paper Co., Ltd.
地址(Add):广东省广州市番禺区灵山镇墩塘村三沙街127号
邮编(P.C.):511473
电话(Tel):020-84928128
传真(Fax):020-84927398
法人代表(Chairman):冯文杰
产品(Products):卫生纸,手帕纸,面巾纸,原纸

广州市洁莲纸品有限公司
Guangzhou Jielian Paper Products Co., Ltd.
地址(Add):广东省广州市番禺区石楼镇莲花东路80号
邮编(P.C.):511440
电话(Tel):020-84868866
传真(Fax):020-84860099
E-mail:jielianpaper@gmail.com
联系人(Contact Person):蔡仲凯
产品(Products):卫生纸
品牌(Brand):港莲

广州市番禺莲花山造纸有限公司*
Guangzhou Panyu Lianhuashan Paper Co., Ltd.
地址(Add):广东省广州市番禺区石楼镇莲花东路80号
邮编(P.C.):511440
电话(Tel):020-84861348
传真(Fax):020-84860433
Http://www.lhspaper.com
法人代表(Chairman):谢伟垣
总经理(General Manager):何伟平
联系人(Contact Person):甘辉
产品(Products):卫生纸,擦手纸,原纸
品牌(Brand):莲花,幻蝶

广州市洁雅纸制品有限公司*
Guangzhou Jieya Paper Products Co., Ltd.
地址(Add):广东省广州市番禺区石楼镇莲花东路80号

邮编(P. C.): 511440
电话(Tel): 020-84848898
传真(Fax): 020-84862822
联系人(Contact Person): 黄祖清
产品(Products): 卫生纸，擦手纸，原纸

广州市天河龙洞纵横纸业制品厂 *
Guangzhou Tianhe Longdong Zongheng Paper Products Factory
地址(Add): 广东省广州市芳村龙溪蟠龙工业区A区2栋
邮编(P. C.): 510655
电话(Tel): 020-62751321
传真(Fax): 020-62751320
E-mail: lhy@zhzhiye. com
Http://www. zhzhiye. com
联系人(Contact Person): 廖伙荣
产品(Products): 卫生卷纸，擦手纸，纸巾纸，原纸

广州华越塔吉美纸业有限公司
Touchme
地址(Add): 广东省广州市广园西路121号美博城负一层40B
邮编(P. C.): 510176
电话(Tel): 020-61149312
传真(Fax): 020-61149849
E-mail: hytouchme@126. com
联系人(Contact Person): 张远华
产品(Products): 卫生纸
品牌(Brand): 塔吉美

广州市海珠区花洁旅游日用品厂
Guangzhou Haizhu Huajie Tourism Articles Co., Ltd.
地址(Add): 广东省广州市海珠区琶州仁瑞大街27号
邮编(P. C.): 510310
电话(Tel): 020-34767965
传真(Fax): 020-34311736
E-mail: huajiezhiye@163. com
法人代表(Chairman): 杨铁雷
总经理(General Manager): 杨铁雷
联系人(Contact Person): 郭樱
产品(Products): 湿巾，面巾纸，擦手纸，厨房用纸
品牌(Brand): 名扬，花洁

广州市启鸣纸业有限公司 *
Guangzhou Qiming Paper Co., Ltd.
地址(Add): 广东省广州市南沙区珠门管理区珠糖三路2号
邮编(P. C.): 511462
电话(Tel): 020-84943674
传真(Fax): 020-84943674
联系人(Contact Person): 胡启华
产品(Products): 卫生纸，餐巾纸，擦手纸，原纸
品牌(Brand): 华歌

广州市士美日用品有限公司 *
Guangzhou Smile Daily Necessities Co., Ltd.
地址(Add): 广东省广州市天河区广园东路2191号时代新世界中心(南塔)2303号
邮编(P. C.): 510500
电话(Tel): 020-22822130
传真(Fax): 020-22822198
Http://www. smile-gz. com
法人代表(Chairman): 许小尖
总经理(General Manager): 许小尖
联系人(Contact Person): 卢远歌
产品(Products): 原纸，卫生纸，面巾纸，手帕纸，婴儿纸尿裤
品牌(Brand): 好家风，贝之选

博罗县凤达纸业有限公司 *
Boluo Fengda Paper Co., Ltd.
地址(Add): 广东省惠州市博罗县龙溪镇龙桥大道旁
邮编(P. C.): 516100
电话(Tel): 0752-6677830
传真(Fax): 0752-6678330
法人代表(Chairman): 黄汉洲
联系人(Contact Person): 黄群娣
产品(Products): 卫生卷纸，方巾纸，面巾纸，原纸
品牌(Brand): 飘之韵

广东省惠阳市浩德实业有限公司华光纸品厂
Guangdong Huiyang Haode Industry Co., Ltd. Huaguang Paper Products Factory
地址(Add): 广东省惠州市惠阳区淡水镇排坊工业区翠竹路5号
邮编(P. C.): 516211
电话(Tel): 0752-3340318
传真(Fax): 0752-3340683
法人代表(Chairman): 吴益昌
总经理(General Manager): 吴益昌
产品(Products): 卫生纸，面巾纸，婴儿纸尿片
品牌(Brand): 三和

广东省惠州市恒大纸品厂 *
Guangdong Huizhou Hengda Paper Products Factory
地址(Add): 广东省惠州市惠阳区秋长镇利成路
邮编(P. C.): 516221
电话(Tel): 0752-3721936
传真(Fax): 0752-3721936
法人代表(Chairman): 罗薛为
联系人(Contact Person): 罗薛为
产品(Products): 卫生卷纸，面巾纸，餐巾纸，手帕纸，原纸

广东省惠州市惠阳区秋长金鑫纸巾厂
Guangdong Huizhou Huiyang Qiuchang Jinxin Paper Napkins Factory
地址(Add): 广东省惠州市惠阳区秋长镇岭湖工业区亚来路
邮编(P. C.): 516221
电话(Tel): 0752-3552562
传真(Fax): 0752-3562828
总经理(General Manager): 黄石良
产品(Products): 卫生卷纸，面巾纸，餐巾纸，手帕纸

江门市晨采纸业有限公司
Jiangmen Chencai Paper Co., Ltd.
地址(Add): 广东省江门市发展大道29号白石工业区K座
邮编(P. C.): 529000
电话(Tel): 0750-3390201
传真(Fax): 0750-3396031

E-mail：gm@ sanchoicepaper. com
Http://www. sanchoicepaper. com
法人代表(Chairman)：吕维康
总经理(General Manager)：黄文彪
产品(Products)：面巾纸，卫生纸，擦手纸，厨房用纸，餐巾纸，湿巾
品牌(Brand)：晨彩

江门日佳纸业有限公司＊
Jiangmen Rijia Paper Co., Ltd.
地址(Add)：广东省江门市蓬江区潮连招商工业园1号
邮编(P. C.)：529090
电话(Tel)：0750－3726388
传真(Fax)：0750－3726328
E-mail：rjtrade2005@ 163. com
法人代表(Chairman)：伍锦明
联系人(Contact Person)：赵海波
产品(Products)：卫生纸，原纸
品牌(Brand)：亲柔

江门市新会区宝达造纸实业有限公司＊
Jiangmen Xinhui Baoda Paper Industrial Co., Ltd.
地址(Add)：广东省江门市新会区大泽镇新园工业开发区
邮编(P. C.)：528162
电话(Tel)：0750－6899428
传真(Fax)：0750－6899252
E-mail：baod@ 163. com
Http://www. baodapaper. com
法人代表(Chairman)：余卫平
联系人(Contact Person)：容惠练
产品(Products)：卫生纸,面巾纸,擦手纸,厨房用纸，原纸
品牌(Brand)：生活天

维达纸业(广东)有限公司＊
Vinda Paper (Guangdong) Co., Ltd.
地址(Add)：广东省江门市新会区东侯工业开发区
邮编(P. C.)：529100
电话(Tel)：0750－6168333
传真(Fax)：0750－6120239
E-mail：guangdong@ vinda. com
Http://www. vindapaper. com
法人代表(Chairman)：李朝旺
总经理(General Manager)：余劲松
联系人(Contact Person)：赵小燕
产品(Products)：卫生纸，原纸，手帕纸，餐巾纸，面巾纸，厨房用纸，擦手纸，湿巾
品牌(Brand)：维达 Vinda，花之韵

江门市新会区会城雅枫纸业有限公司
Jiangmen Xinhui Huicheng Yafeng Paper Co., Ltd.
地址(Add)：广东省江门市新会区会城镇大滘管理区工业开发区
邮编(P. C.)：529100
电话(Tel)：0750－6168488
传真(Fax)：0750－6168588
E-mail：ynf@ ynf－paper. com
Http://www. ynf-paper. com
法人代表(Chairman)：余国荣
联系人(Contact Person)：张卫强
产品(Products)：卫生纸，面巾纸
品牌(Brand)：雅枫

江门新卫氏纸业制品有限公司
Jiangmen Xinweishi Paper Products Co., Ltd.
地址(Add)：广东省江门市新会区会城镇梅江工业区28号
邮编(P. C.)：529100
电话(Tel)：0750－6452038
传真(Fax)：0750－6675928
联系人(Contact Person)：张荣立
产品(Products)：卫生纸，面巾纸，擦手纸，纸巾纸，餐巾纸

江门市鸿祥纸业有限公司＊
Jiangmen Hongxiang Paper Co., Ltd.
地址(Add)：广东省江门市新会区会城镇紫云路8号
邮编(P. C.)：529100
电话(Tel)：0750－6680726
传真(Fax)：0750－6680716
总经理(General Manager)：蒋敏汉
产品(Products)：卫生纸，面巾纸，原纸

江门市新龙纸业有限公司＊
Jiangmen Xinlong Paper Co., Ltd.
地址(Add)：广东省江门市新会区三江镇白庙工业区
邮编(P. C.)：529142
电话(Tel)：0750－6208689
传真(Fax)：0750－6208689
E-mail：gmo@ youranpaper. com
Http://www. youranpaper. com
法人代表(Chairman)：梁桂标
总经理(General Manager)：梁华标
联系人(Contact Person)：汤艳红
产品(Products)：卫生纸，原纸
品牌(Brand)：悠然，洁蕴

坡利造纸(江门)有限公司＊
Poli Paper(Jiangmen) Co., Ltd.
地址(Add)：广东省江门市新会区双水镇街前村能源综合利用开发区
邮编(P. C.)：529153
电话(Tel)：0750－6408003
传真(Fax)：0750－6408128
联系人(Contact Person)：陈国平
产品(Products)：卫生纸原纸

江门中顺洁柔纸业有限公司＊
C&S Paper Jiangmen Co., Ltd.
地址(Add)：广东省江门市新会区双水镇衙前村勒冲围、大冲口围(3#深加工车间)
邮编(P. C.)：529153
电话(Tel)：0750－6408888
传真(Fax)：0750－6408888
Http://www. zhongshungroup. com
法人代表(Chairman)：邓冠杰
总经理(General Manager)：邓冠彪
联系人(Contact Person)：黄伊娜
产品(Products)：卫生纸，面巾纸，餐巾纸，原纸
品牌(Brand)：C&S，洁柔，太阳

江门仁科绿洲纸业有限公司＊
Jiangmen Renke Lüzhou Paper Industry Co., Ltd.
地址(Add)：广东省江门市新会区双水镇银洲湖纸业基

地内
邮编(P. C.)：529153
电话(Tel)：0750－6419188
传真(Fax)：0750－6416666
E-mail：rklz8833@126.com
Http://www.sivlake.com
法人代表(Chairman)：许洪彦
总经理(General Manager)：许洪彦
联系人(Contact Person)：杨发军
产品(Products)：原纸，卫生纸，面巾纸，手帕纸
品牌(Brand)：银洲湖

维达纸业(江门)有限公司＊
Vinda Paper (Jiangmen) Co., Ltd.
地址(Add)：广东省江门市新会区双水镇迎宾大道
邮编(P. C.)：529153
电话(Tel)：0750－6413111
传真(Fax)：0750－6413068
法人代表(Chairman)：李朝旺
总经理(General Manager)：廖畅
联系人(Contact Person)：李健彬
产品(Products)：卫生纸，原纸，手帕纸，餐巾纸，面巾纸，厨房用纸
品牌(Brand)：维达

江门市新会区兴和纸业有限公司＊
Jiangmen Xinhui Xinghe Paper Co., Ltd.
地址(Add)：广东省江门市新会三江镇工业开发区虎坑大桥旁
邮编(P. C.)：529142
电话(Tel)：0750－6200880
传真(Fax)：0750－6216202
联系人(Contact Person)：赵汝明
产品(Products)：卫生纸，原纸
品牌(Brand)：葵树，大兴和，金羚，东方彩

揭东县白塔镇造纸厂＊
Jiedong Baita Paper Mill
地址(Add)：广东省揭东县白塔镇
邮编(P. C.)：515526
电话(Tel)：0663－3590483
法人代表(Chairman)：洪烈林
产品(Products)：卫生纸，原纸

揭东县兴业造纸厂
Jiedong Xingye Paper Mill
地址(Add)：广东省揭东县炮台镇三涵斗边原水运公司
邮编(P. C.)：515559
电话(Tel)：0663－3353573
传真(Fax)：0663－3353573
法人代表(Chairman)：吴静填
产品(Products)：卫生纸

揭阳市区信达纸业有限公司
Jieyang Xinda Paper Co., Ltd.
地址(Add)：广东省揭阳经济开发试验区渔湖阳美村
邮编(P. C.)：522021
电话(Tel)：0663－8771738
传真(Fax)：0663－8772738
E-mail：xinda@xinda-paper.com
Http://www.xinda-paper.com
联系人(Contact Person)：黄建辉
产品(Products)：面巾纸，餐巾纸，手帕纸
品牌(Brand)：蓓尔丽，熊宝贝

茂名市家和纸业有限公司
Maoming Jiahe Paper Co., Ltd.
地址(Add)：广东省茂名市金塘镇
邮编(P. C.)：525025
电话(Tel)：0668－2361388
传真(Fax)：0668－2361388
总经理(General Manager)：梁文君
产品(Products)：卫生纸
品牌(Brand)：家和

金钰(清远)卫生纸有限公司
Jinyu Qingyuan Tissue Paper Industry Co., Ltd.
地址(Add)：广东省清远市经济开发区D15区
邮编(P. C.)：511517
电话(Tel)：0763－3483520
传真(Fax)：0763－3483777
E-mail：sales@jti.com.cn
Http://www.jti.com.cn
法人代表(Chairman)：黄志源
总经理(General Manager)：许明洲
产品(Products)：卫生卷纸，盒装面巾纸，抽取式卫生纸，餐巾纸，手帕纸
品牌(Brand)：唯洁雅，清风，真真，婷萱，金选，诗婷

中洁纸业有限公司
Zhongjie Paper Co., Ltd.
地址(Add)：广东省汕头市长平路尾溢兴工业城斜对面(即商业学校旁)
邮编(P. C.)：515041
电话(Tel)：0754－86331999
传真(Fax)：0754－86331998
联系人(Contact Person)：林伟南
产品(Products)：卫生纸

汕头市澄海区佳楠纸类制品厂
Shantou Chenghai Jianan Paper Products Factory
地址(Add)：广东省汕头市澄海东里镇观一工业区
邮编(P. C.)：515829
电话(Tel)：0754－85752824
传真(Fax)：0754－85315824
法人代表(Chairman)：林碧云
总经理(General Manager)：郑文佳
联系人(Contact Person)：郑文佳
产品(Products)：卫生纸，面巾纸，手帕纸，餐巾纸，厨房用纸，擦手纸
品牌(Brand)：佳楠

汕头市万安纸业有限公司＊
Shantou Wanan Paper Co., Ltd.
地址(Add)：广东省汕头市大学路升平工业区沿河路北段
邮编(P. C.)：515000
电话(Tel)：0754－82511886
传真(Fax)：0754－82511877
E-mail：sammy810101@126.com
Http://www.wananpaper.com
法人代表(Chairman)：郑康桔
总经理(General Manager)：郑康荣

联系人(Contact Person)：林为家
产品(Products)：面巾纸，餐巾纸，手帕纸，卫生纸，原纸
品牌(Brand)：花姿，雅丽诗，星宝

汕头市致远日用品有限公司 *
Shantou Zhiyuan Commodity Co., Ltd.
地址(Add)：广东省汕头市衡山路中段抽纱仓库内30号
邮编(P. C.)：515041
电话(Tel)：0754－86302973
传真(Fax)：0754－88867680
Http://www. stzhiyuan. cn
总经理(General Manager)：李文斌
产品(Products)：卫生纸，面巾纸，餐巾纸，原纸

汕头市大方纸业有限公司
Shantou B&S Paper Co., Ltd.
地址(Add)：广东省汕头市龙湖区浦江路12号金源大厦首层
邮编(P. C.)：515022
电话(Tel)：0754－8881931
传真(Fax)：0754－8882836
E-mail：bspaper@163. com
联系人(Contact Person)：张楚莉
产品(Products)：卫生卷纸
品牌(Brand)：柏柔，柏顺

汕头市飘合纸业有限公司 *
Shantou Piaohe Paper Co., Ltd.
地址(Add)：广东省汕头市驼浦镇驼中路中段
邮编(P. C.)：515061
电话(Tel)：0754－82530777
传真(Fax)：0754－82543324
法人代表(Chairman)：肖树鑫
总经理(General Manager)：肖树鑫
产品(Products)：面巾纸，餐巾纸，厨房用纸，卫生卷纸，盘纸，原纸
品牌(Brand)：波斯猫

汕尾市城区捷胜迎春纸厂 *
Shanwei Jiesheng Yingchun Paper Mill
地址(Add)：广东省汕尾市城区捷胜镇联安管理区
邮编(P. C.)：516624
电话(Tel)：0660－3461430
传真(Fax)：0660－3466999
法人代表(Chairman)：翁芳
产品(Products)：卫生纸，原纸

韶关市联进纸业有限公司 *
Shaoguan Lianjin Paper Co., Ltd.
地址(Add)：广东省韶关市乳源瑶族自治县桂头镇仙湖工业区
邮编(P. C.)：512000
电话(Tel)：0751－5395168
传真(Fax)：0751－5395123
E-mail：qpy168@21cn. com
Http://www. bodusz. com
联系人(Contact Person)：钱培勇
产品(Products)：原纸，盘纸，卫生纸，面巾纸

深圳市花好月圆卫生用品有限公司
Shenzhen Huahaoyueyuan Hygiene Products Co., Ltd.
地址(Add)：广东省深圳市宝安区25区华丰商务大厦B座630室
邮编(P. C.)：518101
电话(Tel)：0755－27821671
传真(Fax)：0755－27821670
E-mail：szhhyy@126. com
Http://www. szhhyy. com
联系人(Contact Person)：潘国兵
产品(Products)：妇女卫生巾，卫生护垫，湿巾，婴儿纸尿裤/片，手帕纸，面巾纸
品牌(Brand)：花好月圆，康雅舒

深圳市金宝利实业有限公司
Shenzhen Jinbaoli Industry Co., Ltd.
地址(Add)：广东省深圳市宝安区石岩街道浪心第一工业区A5栋
邮编(P. C.)：518108
电话(Tel)：0755－28093180
传真(Fax)：0755－28093733
E-mail：jbl28093180@126. com
法人代表(Chairman)：钟志通
联系人(Contact Person)：钟志通
产品(Products)：卫生卷纸，面巾纸，手帕纸，餐巾纸，擦手纸，厨房用纸
品牌(Brand)：深洁丽

深圳市博奥实业发展有限公司
Shenzhen Boao Industry Development Co., Ltd.
地址(Add)：广东省深圳市东晓路布心村111号布心大厦8楼A室
邮编(P. C.)：518019
电话(Tel)：0755－25770101
传真(Fax)：0755－25810201
E-mail：boao166@163. com
Http://www. chinaboao. net
联系人(Contact Person)：陈俊林
产品(Products)：卫生纸，擦手纸，餐巾纸

深圳市安美瑞纸业有限公司
Shenzhen Anmeirui Paper Co., Ltd.
地址(Add)：广东省深圳市光明新区圳美公常路北侧雅盛科技工业园B1栋1楼
邮编(P. C.)：518107
电话(Tel)：0755－88868486
传真(Fax)：0755－88868690
联系人(Contact Person)：宋大秀
产品(Products)：卫生纸，擦手纸，盘纸
品牌(Brand)：安美瑞

深圳市安健达实业发展有限公司 *
Shenzhen Paper ajita Enterprise Development Co., Ltd.
地址(Add)：广东省深圳市龙岗区布吉镇岗头风门坳亚洲工业园9栋三楼
邮编(P. C.)：518112
电话(Tel)：0755－89746117
传真(Fax)：0755－89748831
E-mail：ajita@paperajita. com
Http://www. paperajita. com
联系人(Contact Person)：陈晓阳

产品(Products)：卫生卷纸，面巾纸，餐巾纸，手帕纸，擦手纸，原纸
品牌(Brand)：安健达，安怡达，安洁达

深圳市龙岗区坑梓新雅兰纸巾厂＊
Shenzhen Longgang Kengzi Xinyalan Paper Napkin Factory
地址(Add)：广东省深圳市龙岗区坑梓镇龙田同富裕工业区
邮编(P. C.)：518122
电话(Tel)：0755－84112368
传真(Fax)：0755－84116328
E-mail：xylpaper@163. com
Http://www. xylpaper. com
法人代表(Chairman)：张声坚
总经理(General Manager)：梁伟轩
产品(Products)：卫生卷纸，面巾纸，原纸
品牌(Brand)：贝雅，九九香

深圳市龙新纸品厂
Shenzhen Longxin Paper Products Factory
地址(Add)：广东省深圳市龙岗区龙岗镇龙西对面岭南路6号
邮编(P. C.)：518116
电话(Tel)：0755－84855889
传真(Fax)：0755－84854166
总经理(General Manager)：赖庆委
产品(Products)：卫生卷纸，纸巾纸

西朗纸业(深圳)有限公司
Cellynne Paper Converter (Shenzhen) Co., Ltd.
地址(Add)：广东省深圳市龙岗区龙岗镇龙西五联路宝鹰工业园C区
邮编(P. C.)：518116
电话(Tel)：0755－33608990
传真(Fax)：0755－33608895
E-mail：service@cellynne. com. cn
Http://www. cellynne. com. cn
法人代表(Chairman)：丁素娆
总经理(General Manager)：吕铁男
联系人(Contact Person)：青淑娟
产品(Products)：擦手纸，面巾纸，餐巾纸

深圳龙岗心丽纸品厂
Shenzhen Longgang Xinli Paper Products Factory
地址(Add)：广东省深圳市龙岗区龙岗镇新生村低山南路2－3号
邮编(P. C.)：518116
电话(Tel)：0755－84888373
传真(Fax)：0755－84888375
总经理(General Manager)：何征兵
产品(Products)：卫生纸，面巾纸，手帕纸，餐巾纸

心丽卫生用品(深圳)有限公司
Sunlight Hygiene Products (Shenzhen) Co., Ltd.
地址(Add)：广东省深圳市龙岗区坪地六联鹤鸣西路7－1号心丽工业园
邮编(P. C.)：518116
电话(Tel)：0755－84888373
传真(Fax)：0755－84888375
E-mail：info@sunlightpaper. com. cn
法人代表(Chairman)：朱新田
总经理(General Manager)：林庆年
联系人(Contact Person)：林梅光
产品(Products)：卫生纸，面巾纸，手帕纸，餐巾纸，厨房用纸，擦手纸，成人纸尿裤/片，护理垫，手术衣帽，医用检查垫，医用敷料，擦拭巾，湿巾
品牌(Brand)：Sunlight，心丽

万益纸巾(深圳)有限公司
Useful Tissue (Shenzhen) Co., Ltd.
地址(Add)：广东省深圳市龙岗区坪地镇六联新围村求水岭工业区2号
邮编(P. C.)：518116
电话(Tel)：0755－84071909
传真(Fax)：0755－89625283
法人代表(Chairman)：庄灿煜
联系人(Contact Person)：庄国强
产品(Products)：面巾纸，卫生纸，湿巾
品牌(Brand)：万益

深圳申佰鑫医疗卫生用品有限公司
Shenzhen Shenbaixin Health Protecting Articles Co., Ltd.
地址(Add)：广东省深圳市龙岗区同乐吓坑第二工业区C1栋5楼
邮编(P. C.)：518116
电话(Tel)：0755－89640789
传真(Fax)：0755－89640789
联系人(Contact Person)：黄钢
产品(Products)：婴儿用卫生纸，湿巾

深圳市御品坊日用品有限公司
Shenzhen Yupinfang Commodities Co., Ltd.
地址(Add)：广东省深圳市龙华上横朗白云山新村
邮编(P. C.)：518109
电话(Tel)：0755－81781552
传真(Fax)：0755－81781551
E-mail：yupinfang@yupinfang. com
Http://www. yupinfang. net. com
总经理(General Manager)：许锐坤
联系人(Contact Person)：郑燕纯
产品(Products)：湿巾，卫生卷纸，餐巾纸
品牌(Brand)：御品坊

深圳丰华卫生纸厂
Shenzhen Fenghua Tissue Paper Mill
地址(Add)：广东省深圳市龙华镇三联河背工业区
邮编(P. C.)：518110
电话(Tel)：0755－28130829
传真(Fax)：0755－28130342
法人代表(Chairman)：王久任
联系人(Contact Person)：刘桂华
产品(Products)：卫生纸

信宜市百威纸品有限公司
Xinyi Baiwei Paper Products Co., Ltd.
地址(Add)：广东省信宜市贵子镇中和
邮编(P. C.)：525359
电话(Tel)：0668－8798337
传真(Fax)：0668－8798390
法人代表(Chairman)：曹兴平

产品(Products)：卫生纸，擦手纸
品牌(Brand)：洁花

辉达纸品厂
Huida Paper Products Factory
地址(Add)：广东省兴宁市坭陂镇万缘街2号
邮编(P. C.)：514581
电话(Tel)：0753－6165872
总经理(General Manager)：黄祖辉
产品(Products)：卫生卷纸，餐巾纸，面巾纸
品牌(Brand)：笑春风

广州天兴行生活用纸有限公司＊
Guangzhou Tianxinghang Householed Paper Co., Ltd.
地址(Add)：广东省增城市三江镇龙地村沿江路88号
邮编(P. C.)：511328
电话(Tel)：020－32802222
传真(Fax)：020－32802199
Http://www.tsh-paper.com
法人代表(Chairman)：谢渠任
总经理(General Manager)：谢渠任
联系人(Contact Person)：谢浩辉
产品(Products)：卫生纸，擦手纸，原纸

广州永泰保健品有限公司
Guangzhou Yongtai Health Care Products Co., Ltd.
地址(Add)：广东省增城市新塘镇夏埔开发区
邮编(P. C.)：511348
电话(Tel)：020－82703308
传真(Fax)：020－82703308
E-mail：jinwei@jinweigz.com
Http://www.jinweigz.com
总经理(General Manager)：陈惠良
产品(Products)：卫生纸，手帕纸，面巾纸，婴儿纸尿裤
品牌(Brand)：金威

中顺洁柔纸业股份有限公司＊
C&S Paper Co., Ltd.
地址(Add)：广东省中山市东升镇坦背胜龙村
邮编(P. C.)：528412
电话(Tel)：0760－88553388
传真(Fax)：0760－88553033
E-mail：cnsnpaper@126.com
Http://www.zhongshungroup.com
法人代表(Chairman)：邓颖忠
总经理(General Manager)：邓冠彪
联系人(Contact Person)：黄伊娜
产品(Products)：卫生纸，面巾纸，餐巾纸，原纸
品牌(Brand)：C&S，洁柔，太阳

中山市雅洁莉纸业有限公司＊
Zhongshan Yajieli Paper Industry Co., Ltd.
地址(Add)：广东省中山市港口镇群富工业区
邮编(P. C.)：528447
电话(Tel)：0760－88402668
传真(Fax)：0760－88412688
E-mail：yarjely@vip.163.com
法人代表(Chairman)：张接连
总经理(General Manager)：陈红强
联系人(Contact Person)：黄东方
产品(Products)：卫生纸，纸巾纸，擦手纸，原纸
品牌(Brand)：雅洁莉

中山市宝丽纸业有限公司＊
Zhongshan Polly Paper Manufacturing Co., Ltd.
地址(Add)：广东省中山市古镇镇海洲昆山大道38号
邮编(P. C.)：528422
电话(Tel)：0760－22360828
传真(Fax)：0760－22360663
E-mail：pollyq@126.com
Http://www.zspolly.com
法人代表(Chairman)：黄兆源
总经理(General Manager)：黄兆源
产品(Products)：原纸，卫生纸，盘纸，手帕纸，面巾纸，餐巾纸，擦手纸，厨房用纸
品牌(Brand)：宝丽，澳纽，柔美

中山市粤海三达纸品厂
Zhongshan Yuehai Sanda Paper Products Factory
地址(Add)：广东省中山市三角镇爱国工业区
邮编(P. C.)：528445
电话(Tel)：0760－85400820
传真(Fax)：0760－85400380
总经理(General Manager)：李炎
联系人(Contact Person)：吴瑞海
产品(Products)：餐巾纸，擦手纸

中山市森宝纸业有限公司＊
Zhongshan Senbao Paper Co., Ltd.
地址(Add)：广东省中山市三角镇光明村东平工业区
邮编(P. C.)：528400
电话(Tel)：0760－23389383
传真(Fax)：0760－23389937
Http://www.zssenbao.com
联系人(Contact Person)：吴九辉
产品(Products)：卫生纸，擦手纸，面巾纸，原纸
品牌(Brand)：森宝，纯真

中山市彩洁纸业
Zhongshan Caijie Paper Co.
地址(Add)：广东省中山市沙溪镇圣狮象龙之路花园大街41号
邮编(P. C.)：528471
电话(Tel)：0760－7339337
传真(Fax)：0760－7317200
联系人(Contact Person)：阮进华
产品(Products)：卫生卷纸，面巾纸
品牌(Brand)：彩洁

中山市中顺商贸有限公司＊
Zhongshan Zhongshun Trade Co., Ltd.
地址(Add)：广东省中山市西区彩虹大道136号
邮编(P. C.)：528411
电话(Tel)：0760－8553333
传真(Fax)：0760－8553006
法人代表(Chairman)：邓颖忠
总经理(General Manager)：梁锦辉
联系人(Contact Person)：梁锦辉
产品(Products)：卫生纸，面巾纸，原纸
品牌(Brand)：C&S，洁柔，太阳

**广东省中山市小榄西区造纸厂*
Guangdong Zhongshan Xiaolan Xiqu Paper Mill**
地址(Add)：广东省中山市小榄镇西区太乐路18号
邮编(P. C.)：528415
电话(Tel)：0760-22236918
传真(Fax)：0760-22236923
E-mail：xs-xiqu@yahoo.com.cn
法人代表(Chairman)：梁流坤
总经理(General Manager)：梁流坤
产品(Products)：卫生纸，面巾纸，原纸
品牌(Brand)：香榄，清木，简洁，雅鸽

**中山市森河日用品有限公司*
Zhongshan Senhe Products for Daily Use Co., Ltd.**
地址(Add)：广东省中山市中山高技术产业火炬大厦408室
邮编(P. C.)：528437
电话(Tel)：0760-88281801
传真(Fax)：0760-88281803
法人代表(Chairman)：杨建飞
产品(Products)：卫生纸，面巾纸，手帕纸，原纸

■ 广西 Guangxi

**百色市合众纸业有限公司*
Baise Hezhong Paper Co., Ltd.**
地址(Add)：广西百色市右江区龙景街道办事处江凤村
邮编(P. C.)：533000
电话(Tel)：0776-2786199
传真(Fax)：0776-2786268
联系人(Contact Person)：梁秉新
产品(Products)：卫生纸，原纸

**宾阳永华纸业有限公司*
Binyang Yonghua Paper Co., Ltd.**
地址(Add)：广西宾阳县新宾宾柳路口
邮编(P. C.)：530400
电话(Tel)：0771-8284939
法人代表(Chairman)：吴铭华
产品(Products)：卫生纸，原纸

**广西南宁市莲利纸业有限公司*
Guangxi Nanning Lianli Paper Co., Ltd.**
地址(Add)：广西宾阳县新桥镇东海岭
邮编(P. C.)：530400
电话(Tel)：0771-8458888
传真(Fax)：0771-8481008
联系人(Contact Person)：韩达勤
产品(Products)：卫生纸，擦手纸，厨房用纸，原纸

**宾南纸业有限公司*
Binnan Paper Co., Ltd.**
地址(Add)：广西宾阳县新桥镇工业西区
邮编(P. C.)：530401
电话(Tel)：0771-8481638
E-mail：bnzycyh@yahoo.cn
联系人(Contact Person)：陈义辉
产品(Products)：卫生纸，原纸

**广西华怡纸业有限公司*
Guangxi Huayi Paper Co., Ltd.**
地址(Add)：广西贵港市江南工业园内(原水泥厂江南分厂)
邮编(P. C.)：537100
电话(Tel)：0775-4592299
传真(Fax)：0775-4592299
联系人(Contact Person)：杨丹
产品(Products)：卫生纸，手帕纸，面巾纸，原纸

**广西贵港市恒生福利造纸厂*
Guangxi Guigang Hengsheng Welfare Paper Mill**
地址(Add)：广西贵港市仙依路1013号
邮编(P. C.)：537100
电话(Tel)：0775-4569362
传真(Fax)：0775-4555652
总经理(General Manager)：李锦尼
联系人(Contact Person)：李安平
产品(Products)：卫生纸，原纸，餐巾纸，面巾纸

**广西贵糖(集团)股份有限公司生活用纸厂*
Guangxi Guitang Group Household Paper Mill**
地址(Add)：广西贵港市幸福路100号
邮编(P. C.)：537102
电话(Tel)：0775-4201333
传真(Fax)：0775-4261328
Http://www.guitang.com
总经理(General Manager)：陈健
联系人(Contact Person)：潘军
产品(Products)：卫生纸，原纸，面巾纸，手帕纸，餐巾纸
品牌(Brand)：纯点，碧绿湾，洁宝

**广西洁宝纸业有限公司*
Guangxi Jeanper Paper Industry Co., Ltd.**
地址(Add)：广西贵港市幸福路100号
邮编(P. C.)：537102
电话(Tel)：0775-4262863
传真(Fax)：0775-4262182
E-mail：quan.china@163.com
Http://www.jeanper.com
法人代表(Chairman)：李朝晖
总经理(General Manager)：符祝
联系人(Contact Person)：伍顺忠
产品(Products)：卫生纸，面巾纸，手帕纸，餐巾纸，原纸
品牌(Brand)：洁宝，榴花，纯点

**桂林洁伶工业有限公司
Guilin Jieling Industrial Co., Ltd.**
地址(Add)：广西桂林市高新技术开发区7号小区毛塘西路3号
邮编(P. C.)：541004
电话(Tel)：0773-5826396
传真(Fax)：0773-5855580
E-mail：jielinggongsi@vip.sina.com
Http://www.jieling.net
法人代表(Chairman)：陈百城
总经理(General Manager)：陈百城
联系人(Contact Person)：郑江春
产品(Products)：妇女卫生巾，卫生护垫，婴儿纸尿裤，卫生卷纸
品牌(Brand)：洁伶

桂林市南林纸业有限责任公司
Guilin Nanlin Paper Co., Ltd.
地址(Add)：广西桂林市六和路 125 号
邮编(P. C.)：541004
电话(Tel)：0773 – 5822559
传真(Fax)：0773 – 5600256
总经理(General Manager)：周中文
产品(Products)：卫生纸，餐巾纸，面巾纸
品牌(Brand)：南林

桂林奇峰纸业有限公司＊
Guilin Qifeng Paper Co., Ltd.
地址(Add)：广西桂林市奇峰路 9 号
邮编(P. C.)：541003
电话(Tel)：0773 – 3603693
传真(Fax)：0773 – 3605388
法人代表(Chairman)：彭喆
产品(Products)：卫生纸，餐巾纸，原纸
品牌(Brand)：银桂

荣光卫生纸厂＊
Rongguang Tissue Paper Mill
地址(Add)：广西桂林市秀峰区甲山官桥村委
邮编(P. C.)：541000
电话(Tel)：0773 – 3555563
联系人(Contact Person)：凌海添
产品(Products)：原纸

广西来宾东糖纸业有限责任公司
Guangxi Laibin Dongtang Paper Co., Ltd.
地址(Add)：广西来宾市工业区河西工业园
邮编(P. C.)：546100
电话(Tel)：0772 – 4066888
传真(Fax)：0772 – 4066889
Http://www.dongtanggroup.com
产品(Products)：卫生纸
品牌(Brand)：红河

柳州市桂中纸业有限公司＊
Liuzhou Guizhong Paper Co., Ltd.
地址(Add)：广西柳江县河表工业园
邮编(P. C.)：545100
电话(Tel)：0772 – 8296816
传真(Fax)：0772 – 8296815
联系人(Contact Person)：何德平
产品(Products)：卫生纸，原纸

柳州惠好卫生用品有限公司
Liuzhou Huihao Hygiene Products Co., Ltd.
地址(Add)：广西柳州市东环路 282 号
邮编(P. C.)：545006
电话(Tel)：0772 – 2068186
传真(Fax)：0772 – 2068182
E-mail：liangxiaoyi2003@163.com
Http://www.lmz.com.cn
法人代表(Chairman)：马朝梅
总经理(General Manager)：黄荣斌
联系人(Contact Person)：梁孝易
产品(Products)：妇女卫生巾，卫生护垫，婴儿纸尿裤，卫生卷纸，餐巾纸，面巾纸，手帕纸
品牌(Brand)：惠好，惠妙，酷宝

柳州市恒升纸制品厂
Liuzhou Hengsheng Paper Products Factory
地址(Add)：广西柳州市九头山路
邮编(P. C.)：545005
电话(Tel)：0772 – 3117232
传真(Fax)：0772 – 3117232
法人代表(Chairman)：黎健
产品(Products)：卫生卷纸，餐巾纸
品牌(Brand)：恒升

柳州市郑发纸业有限责任公司
Liuzhou Zhengfa Paper Co., Ltd.
地址(Add)：广西柳州市柳江第一工业开发区利国路 42 号
邮编(P. C.)：545100
电话(Tel)：0772 – 7265889
传真(Fax)：0772 – 7265889
Http://www.zoom-f.cn
总经理(General Manager)：郑宏明
产品(Products)：卫生纸
品牌(Brand)：用得乐

柳州市三佳生活用纸品厂＊
Liuzhou Sanjia Household Paper Products Plant
地址(Add)：广西柳州市柳江基隆开发区兴国大道北三街 9 号
邮编(P. C.)：545100
电话(Tel)：0772 – 3250137
传真(Fax)：0772 – 3250137
Http://www.sjjp.com.cn
总经理(General Manager)：李洪昌
产品(Products)：餐巾纸，手帕纸，卫生纸，原纸
品牌(Brand)：三佳

柳州中迪纸业有限公司＊
Liuzhou Zhongdi Paper Co., Ltd.
地址(Add)：广西柳州市鹿寨县雒容镇工业园西区
邮编(P. C.)：545616
电话(Tel)：0772 – 6510368
传真(Fax)：0772 – 6510013
Http://www.zhongdizy.com
联系人(Contact Person)：张庆州
产品(Products)：卫生纸，纸巾纸，原纸
品牌(Brand)：伊蕾洁

柳州市柳林纸业有限公司＊
Liuzhou Liulin Paper Co., Ltd.
地址(Add)：广西柳州市鹿寨县中心工业园区
邮编(P. C.)：545600
电话(Tel)：0772 – 6821398
传真(Fax)：0772 – 6860899
法人代表(Chairman)：黄其林
总经理(General Manager)：黄其林
联系人(Contact Person)：黄昌文
产品(Products)：卫生纸原纸

柳州两面针纸业有限公司＊
Liuzhou Liangmianzhen Paper Co., Ltd.
地址(Add)：广西柳州市洛埠镇
邮编(P. C.)：545011
电话(Tel)：0772 – 2750107
传真(Fax)：0772 – 2750784

E-mail：liujiang@ yin-ou. com
产品(Products)：卫生纸，原纸

柳州市精柔印刷包装机械有限公司
Liuzhou Jingrou Printing & Packing Machinery Co., Ltd.
地址(Add)：广西柳州市西江路27号民泰东园12栋9号
邮编(P. C.)：545005
电话(Tel)：0772－3820477
传真(Fax)：0772－3161019
E-mail：jrnapkin@ vip. 163. com
Http://www. jrnapkin. en. alibaba. com
法人代表(Chairman)：曹杨
总经理(General Manager)：曹杨
联系人(Contact Person)：曹杨
产品(Products)：彩色餐巾纸
品牌(Brand)：维特，精柔

鹿寨佳利造纸厂＊
Luzhai Jiali Paper Mill
地址(Add)：广西鹿寨县鹿寨镇俄洲村普口路口
邮编(P. C.)：545600
电话(Tel)：0772－3117232
传真(Fax)：0772－3800330
联系人(Contact Person)：刘柳华
产品(Products)：卫生纸，原纸

南宁市佳达纸品厂＊
Nanning Jiada Paper Products Factory
地址(Add)：广西南宁市宾阳县芦圩镇新宾仁爱街公园路
邮编(P. C.)：530401
电话(Tel)：0771－8285688
传真(Fax)：0771－8283288
Http://www. gxnnzy. cn
总经理(General Manager)：谭识远
产品(Products)：卫生纸，面巾纸，餐巾纸，擦手纸，盘纸，原纸
品牌(Brand)：卡西雅

南宁鑫利纸业有限公司＊
Nanning Xinli Paper Co., Ltd.
地址(Add)：广西南宁市宾阳县新桥镇工业开发区
邮编(P. C.)：530401
电话(Tel)：0771－8482137
传真(Fax)：0771－8482137
Http://www. gxxlzy. com. cn
总经理(General Manager)：黄晓
产品(Products)：餐巾纸，卫生纸，盘纸，原纸
品牌(Brand)：百娇

宾阳县江南纸业有限公司＊
Binyang Jiangnan Paper Co., Ltd.
地址(Add)：广西南宁市宾阳县新桥镇工业开发区
邮编(P. C.)：530401
电话(Tel)：0771－8481038
传真(Fax)：0771－8482070
E-mail：jn－lwj@ 263. net
Http://www. gxjnzy. com
总经理(General Manager)：雷文军
产品(Products)：擦手纸原纸

宾阳县金百利纸业用品厂
Binyang Jinbaili Paper Products Factory
地址(Add)：广西南宁市宾阳县新桥镇新市场
邮编(P. C.)：530401
电话(Tel)：0771－8486289
传真(Fax)：0771－8481789
总经理(General Manager)：张贵禧
产品(Products)：卫生卷纸

南宁市乖仔工贸有限责任公司＊
Nanning Guaizai Industry & Trade Co., Ltd.
地址(Add)：广西南宁市福建路15－1号
邮编(P. C.)：530031
电话(Tel)：0771－4885918
传真(Fax)：0771－4885968
法人代表(Chairman)：莫崇文
总经理(General Manager)：莫崇文
联系人(Contact Person)：黄应革
产品(Products)：手帕纸，餐巾纸，面巾纸，卫生卷纸，擦手纸，原纸，湿巾
品牌(Brand)：乖仔

南宁桂攀纸业有限公司
Nanning Guipan Paper Co., Ltd.
地址(Add)：广西南宁市横县六景工业园区
邮编(P. C.)：530300
电话(Tel)：0771－7372075
传真(Fax)：0771－7372075
E-mail：aw2095@ 163. com
联系人(Contact Person)：梁桂寅
产品(Products)：卫生纸

南宁天然纸业有限公司＊
Nanning Tianran Paper Co., Ltd.
地址(Add)：广西南宁市华侨投资区工业路129号
邮编(P. C.)：530105
电话(Tel)：0771－6301420
传真(Fax)：0771－6301423
法人代表(Chairman)：蒙广全
总经理(General Manager)：潘汉
联系人(Contact Person)：何维新
产品(Products)：原纸，卫生纸，擦手纸

广西南宁恒业纸业有限公司＊
Guangxi Nanning Hengye Paper Co., Ltd.
地址(Add)：广西南宁市江南区定津路杜屋26号
邮编(P. C.)：530031
电话(Tel)：0771－4862003
传真(Fax)：0771－4862006
法人代表(Chairman)：利章图
产品(Products)：卫生纸，面巾纸，餐巾纸，原纸
品牌(Brand)：恒业，壮乡

南宁市蒲糖纸业有限公司＊
Nanning Putang Paper Co., Ltd.
地址(Add)：广西南宁市江南区亭洪路10＋1商业大道22栋1、2号
邮编(P. C.)：530031
电话(Tel)：0771－4810598
传真(Fax)：0771－4810568
E-mail：nnskh318@ 163. com

联系人(Contact Person)：梁彩玲
产品(Products)：卫生纸，擦手纸，原纸
品牌(Brand)：箭竹

广西南宁糖业股份有限公司制糖造纸厂＊
Guangxi Nanning Tangye Co., Ltd. Sugar & Paper Mill
地址(Add)：广西南宁市江南区亭洪路48号
邮编(P. C.)：530031
电话(Tel)：0771－4912292
传真(Fax)：0771－4918861
法人代表(Chairman)：李俊贵
总经理(General Manager)：梁贷锦
联系人(Contact Person)：余其东
产品(Products)：卫生纸，原纸
品牌(Brand)：美鸥

南宁市荣葆林纸业有限公司＊
Nanning Rongbao Forest & Paper Co., Ltd.
地址(Add)：广西南宁市江南区亭洪路48号
邮编(P. C.)：530000
电话(Tel)：0771－4916958
传真(Fax)：0771－4917898
E-mail：jiaxun2002@126.com
Http://www.rblpaper.cn
总经理(General Manager)：贾位忠
产品(Products)：餐巾纸，擦手纸，卫生纸，原纸

南宁香兰纸业有限责任公司
Nanning Xianglan Paper Co., Ltd.
地址(Add)：广西南宁市六景工业园区纬七路
邮编(P. C.)：530000
电话(Tel)：0771－7265669
传真(Fax)：0771－7265779
联系人(Contact Person)：高显德
产品(Products)：卫生纸

广西南宁市玉云纸制品有限公司
Guangxi Nanning Yuyun Paper Products Co., Ltd.
地址(Add)：广西南宁市鲁班路1号
邮编(P. C.)：530003
电话(Tel)：0771－3820988
传真(Fax)：0771－3836404
E-mail：yuyunshuangfei@263.net
Http://www.lvch.com.cn
法人代表(Chairman)：江中云
联系人(Contact Person)：江中舟
产品(Products)：卫生纸，餐巾纸，手帕纸，面巾纸，妇女卫生巾，卫生护垫，婴儿纸尿裤/片，湿巾
品牌(Brand)：爽妃

广西华劲集团股份有限公司＊
Guangxi Hwagain Group Co., Ltd.
地址(Add)：广西南宁市民族大道131号航洋国际城1号楼22层
邮编(P. C.)：530028
电话(Tel)：0771－5568819－5369
传真(Fax)：0771－5537709
E-mail：hwagain@hwagain.com
Http://www.hwagain.com
法人代表(Chairman)：宁俊
总经理(General Manager)：韦志军
联系人(Contact Person)：王化桥
产品(Products)：卫生纸，原纸
品牌(Brand)：娇手

南宁市沙龙纸业有限责任公司＊
Nanning Shalong Paper Co., Ltd.
地址(Add)：广西南宁市民族大道38－2号泰安大厦2706室
邮编(P. C.)：530022
电话(Tel)：0771－5863596
传真(Fax)：0771－5867936
法人代表(Chairman)：赵荣标
联系人(Contact Person)：陈远乡
产品(Products)：擦手纸，卫生纸，手帕纸，餐巾纸，面巾纸，原纸，盘纸
品牌(Brand)：沙龙，Angel

广西新佳士卫生用品有限公司
Guangxi Xinjiashi Hygiene Products Co., Ltd.
地址(Add)：广西南宁市五一西路(沙井南乡大院内)
邮编(P. C.)：530031
电话(Tel)：0771－4869216
传真(Fax)：0771－4866686
Http://www.gxxjs.com
总经理(General Manager)：江日晶
联系人(Contact Person)：江日伟
产品(Products)：妇女卫生巾，卫生卷纸
品牌(Brand)：新佳士

广西南宁凤凰纸业有限公司＊
Guangxi Nanning Phoenix Pulp & Paper Co., Ltd.
地址(Add)：广西南宁市星光大道158号
邮编(P. C.)：530031
电话(Tel)：0771－4590183
传真(Fax)：0771－4590182
E-mail：ys@nppc.cn
Http://www.nppc.cn
法人代表(Chairman)：段小敏
总经理(General Manager)：黄德珊
联系人(Contact Person)：文克非
产品(Products)：原纸，卫生纸，餐巾纸，面巾纸，手帕纸，擦手纸
品牌(Brand)：玉凤，欧拉

广西田林荔森纸业有限责任公司＊
Guangxi Tianlin Lisen Paper Co., Ltd.
地址(Add)：广西田林县环城路188号
邮编(P. C.)：533300
电话(Tel)：0776－7215996
传真(Fax)：0776－7215126
总经理(General Manager)：覃福廷
联系人(Contact Person)：覃福喜
产品(Products)：卫生纸，餐巾纸，手帕纸，原纸

广西田阳华美纸业有限公司＊
Guangxi Tianyang Huamei Paper Industry Co., Ltd.
地址(Add)：广西田阳县红岭坡糖纸工业园区
邮编(P. C.)：533600
电话(Tel)：0776－3236838
传真(Fax)：0776－3236333
E-mail：linruicai@163.com

法人代表(Chairman)：陈爱明
总经理(General Manager)：林瑞财
联系人(Contact Person)：陈爱明
产品(Products)：原纸，卫生纸
品牌(Brand)：芳心

田阳华谊纸业有限公司＊
Tianyang Huayi Paper Co., Ltd.
地址(Add)：广西田阳县红岭坡糖纸工业园区
邮编(P. C.)：533600
电话(Tel)：0776－3236680
传真(Fax)：0776－3229333
Http://www.huayipaper.com
联系人(Contact Person)：洪奕元
产品(Products)：卫生卷纸，面巾纸，手帕纸，餐巾纸，原纸
品牌(Brand)：美惠子，吉宝

广西象州莲桂纸业有限公司＊
Guangxi Xiangzhou Liangui Paper Co., Ltd.
地址(Add)：广西象州县石龙镇石象路88号
邮编(P. C.)：545801
电话(Tel)：0772－4394988
传真(Fax)：0772－4394989
Http://www.lgpi.com.cn
法人代表(Chairman)：冼志强
联系人(Contact Person)：陈志聪
产品(Products)：卫生纸，原纸
品牌(Brand)：雪柔

邕宁县邕江造纸厂＊
Yongning Yongjiang Paper Mill
地址(Add)：广西邕宁县伶俐镇
邮编(P. C.)：530211
电话(Tel)：0771－4266259
传真(Fax)：0771－4266318
法人代表(Chairman)：袁水明
产品(Products)：卫生纸，原纸
品牌(Brand)：邕江

■ 海南 Hainan

海南金海浆纸业有限公司＊
APP Jinhai Pulp & Paper Co., Ltd.
地址(Add)：海南省洋浦经济开发区D12区
邮编(P. C.)：578101
电话(Tel)：0898－28822288
传真(Fax)：0898－28821260
Http://www.appjh.com.cn
产品(Products)：卫生纸，原纸

■ 重庆 Chongqing

恒安(重庆)纸制品有限公司
Hengan (Chongqing) Paper Products Co., Ltd.
地址(Add)：重庆市巴南区红光大道8号
邮编(P. C.)：400054
电话(Tel)：023－62595888
传真(Fax)：023－62591061
E-mail：weib@mail.hengan.com.cn
法人代表(Chairman)：许连捷
总经理(General Manager)：魏兵
联系人(Contact Person)：魏兵
产品(Products)：生活用纸
品牌(Brand)：心相印

重庆恒安心相印纸制品有限公司
Chongqing Hengan Xinxiangyin Paper Products Co., Ltd.
地址(Add)：重庆市巴南区花溪镇岔路口村4社
邮编(P. C.)：400054
电话(Tel)：023－62595777
传真(Fax)：023－62591061
E-mail：yuanzh@mail.hengan.com.cn
法人代表(Chairman)：许连捷
总经理(General Manager)：魏兵
联系人(Contact Person)：苑振海
产品(Products)：生活用纸
品牌(Brand)：心相印

重庆金喜莱贸易有限公司
Chongqing Jinxilai Trading Co., Ltd.
地址(Add)：重庆市大渡口区钢铁村大坪山
邮编(P. C.)：400080
电话(Tel)：023－68434396
传真(Fax)：023－68434396
总经理(General Manager)：郑纪平
联系人(Contact Person)：郑纪平
产品(Products)：卫生卷纸，手帕纸，面巾纸，擦手纸
品牌(Brand)：金喜莱，飞林，齐齐开心

重庆市光承纸业公司＊
Chongqing Guangcheng Paper Co., Ltd.
地址(Add)：重庆市大渡口区建胜镇四民工业园区
邮编(P. C.)：400082
电话(Tel)：023－68541939
传真(Fax)：023－68541939
总经理(General Manager)：刘承勇
产品(Products)：卫生纸，餐巾纸，面巾纸，手帕纸，原纸

重庆特丽洁生活用纸有限责任公司
Chongqing Telijie Household Paper Co., Ltd.
地址(Add)：重庆市大渡口区新华村
邮编(P. C.)：400080
电话(Tel)：023－66511118
法人代表(Chairman)：曹七
联系人(Contact Person)：刘道寿
产品(Products)：卫生纸

重庆龙璟纸业有限公司＊
Chongqing Longjing Paper Co., Ltd.
地址(Add)：重庆市丰都县三合镇平都大道皇都大酒店4楼
邮编(P. C.)：408200
电话(Tel)：023－70756588
传真(Fax)：023－85606088
E-mail：longjinglmy@126.com
联系人(Contact Person)：雷明勇
产品(Products)：卫生纸，原纸

重庆博蔚纸业有限公司
Chongqing Bowei Paper Co., Ltd.
地址(Add)：重庆市涪陵蔺枝坝工业园区

邮编(P. C.)：408000
电话(Tel)：023－72383117
传真(Fax)：023－72876659
联系人(Contact Person)：程程
产品(Products)：卫生卷纸，面巾纸，餐巾纸

重庆市富达纸业有限公司
Chongqing Fuda Paper Co., Ltd.
地址(Add)：重庆市涪陵乌江路9号(原涪陵地区卫校斜对面)
邮编(P. C.)：408000
电话(Tel)：023－72267308
法人代表(Chairman)：蒋光华
产品(Products)：卫生纸，餐巾纸，面巾纸，手帕纸

重庆平雅纸业有限公司
Chongqing Pingya Paper Co., Ltd.
地址(Add)：重庆市江北区港城工业园港城中路38号
邮编(P. C.)：400023
电话(Tel)：023－86856861
传真(Fax)：023－67566113
总经理(General Manager)：夏强
产品(Products)：面巾纸

重庆康丽馨纸制用品厂
Chongqing Kanglixin Paper Products Factory
地址(Add)：重庆市江北区南桥寺石子山
邮编(P. C.)：400020
电话(Tel)：023－67682356
传真(Fax)：023－66665773
联系人(Contact Person)：刘丽娟
产品(Products)：餐巾纸，面巾纸

重庆宏达纸制品厂＊
Chongqing Hongda Paper Products Factory
地址(Add)：重庆市江北区石马河高速路口旁
邮编(P. C.)：400020
电话(Tel)：023－67667379
传真(Fax)：023－67661774
总经理(General Manager)：彭栋全
产品(Products)：餐巾纸，卫生卷纸，盘纸，原纸

重庆广泰纸制品厂
Chongqing Guangtai Paper Products Factory
地址(Add)：重庆市九龙坡区中梁山田坝
邮编(P. C.)：400050
电话(Tel)：023－65256245
传真(Fax)：023－65261776
总经理(General Manager)：郎广平
产品(Products)：面巾纸，擦手纸，餐巾纸，卫生纸

重庆市海洁消毒卫生用品有限责任公司
Chongqing Haijie Sanitation Products Co., Ltd.
地址(Add)：重庆市南岸区南坪南城大道25号
邮编(P. C.)：400060
电话(Tel)：023－62812128
传真(Fax)：023－62822129
E-mail：cqyarun@163.com
Http://www.cqyarun.com
法人代表(Chairman)：鲁海涛
总经理(General Manager)：鲁海涛
联系人(Contact Person)：程旭
产品(Products)：湿巾，卫生卷纸，餐巾纸
品牌(Brand)：雨香，紫香，红袖添香，雅沁，雅润

重庆颐安纸业有限责任公司
Chongqing Yian Paper Co., Ltd.
地址(Add)：重庆市南川市白腊口
邮编(P. C.)：408400
电话(Tel)：023－71611111
传真(Fax)：023－71612365
E-mail：ncliujun@163.com
总经理(General Manager)：刘洋
产品(Products)：卫生卷纸，面巾纸，餐巾纸

重庆天赐生活用纸制品厂
Chongqing Tianci Household Paper Products Factory
地址(Add)：重庆市沙坪坝区梨树湾芭蕉沟
邮编(P. C.)：400030
电话(Tel)：023－65370897
总经理(General Manager)：程松
产品(Products)：卫生纸

重庆星月纸业有限公司
Chongqing Xingyue Paper Co., Ltd.
地址(Add)：重庆市沙坪坝区天星桥市场
邮编(P. C.)：400030
电话(Tel)：023－66677179
传真(Fax)：023－65420821
法人代表(Chairman)：夏伟
联系人(Contact Person)：夏伟
产品(Products)：卫生纸
品牌(Brand)：知心，星月，星韵

重庆市铜梁县盛丰纸制品厂
Chongqing Tongliang Shengfeng Paper Products Factory
地址(Add)：重庆市铜梁县安居工业园区
邮编(P. C.)：402564
电话(Tel)：023－45859168
传真(Fax)：023－45859168
法人代表(Chairman)：刘伯刚
总经理(General Manager)：刘伯刚
产品(Products)：卫生纸，餐巾纸
品牌(Brand)：嘉芙莱，盛贸

重庆洁宝酒店用品总汇
Chongqing Jiebao
地址(Add)：重庆市铜梁县巴川镇中兴路362号
邮编(P. C.)：402560
电话(Tel)：023－45642915
传真(Fax)：023－45688048
总经理(General Manager)：段晓余
联系人(Contact Person)：段晓余
产品(Products)：餐巾纸

重庆市飞龙纸业有限公司＊
Chongqing Feilong Paper Co., Ltd.
地址(Add)：重庆市铜梁县蒲吕镇穆莲街7号
邮编(P. C.)：402566
电话(Tel)：023－45488342
传真(Fax)：023－45488342
法人代表(Chairman)：刘朝文

总经理(General Manager)：刘朝文
联系人(Contact Person)：曾凡忠
产品(Products)：卫生纸，面巾纸，手帕纸，原纸
品牌(Brand)：渝江

重庆维尔美纸业有限公司 *
Chongqing Weiermei Paper Co., Ltd.
地址(Add)：重庆市潼南工业园
邮编(P. C.)：400012
电话(Tel)：023 – 86718186
法人代表(Chairman)：沈滨
产品(Products)：卫生卷纸，面巾纸，手帕纸，餐巾纸，擦手纸，原纸

重庆东实纸业有限责任公司
Chongqing Tongshi Paper Co., Ltd.
地址(Add)：重庆市渝北区紫园路 399 号(红旗空压厂 4 楼)
邮编(P. C.)：401147
电话(Tel)：023 – 67081597
传真(Fax)：023 – 67085482
法人代表(Chairman)：李勐
总经理(General Manager)：王勇
联系人(Contact Person)：王勇
产品(Products)：卫生纸，餐巾纸，面巾纸，擦手纸，厨房用纸，湿巾
品牌(Brand)：百宜安，蔚蓝云腾，蓝锐

重庆玉红纸制品有限公司
Chongqing Yuhong Paper Products Co., Ltd.
地址(Add)：重庆市渝中区李子坝正街 61 号
邮编(P. C.)：400015
电话(Tel)：023 – 63600712
传真(Fax)：023 – 63870762
联系人(Contact Person)：喻光平
产品(Products)：卫生纸，手帕纸，湿巾

■ 四川 Sichuan

成都洁馨纸业有限公司
Chengdu Jiexin Paper Industry Co., Ltd.
地址(Add)：四川省成都市成都现代工业港港北二路 101 号
邮编(P. C.)：611743
电话(Tel)：028 – 66118731
传真(Fax)：028 – 87893207
Http://www.cdjiexin.cn
法人代表(Chairman)：叶大富
联系人(Contact Person)：叶银科
产品(Products)：卫生纸，纸巾纸
品牌(Brand)：雅雅，竹柳青，百叶度

成都市鑫天美纸制品厂
Chengdu Xintianmei Paper Products Plant
地址(Add)：四川省成都市崇州公议乡场镇
邮编(P. C.)：611230
电话(Tel)：028 – 82269009
传真(Fax)：028 – 82266127
联系人(Contact Person)：唐建
产品(Products)：卫生卷纸，面巾纸，手帕纸，珍宝纸，擦手纸
品牌(Brand)：春之森，纤美，好宜洁，竹叶清

成都市苏氏兄弟纸业有限公司 *
Chengdu Sushi Xiongdi Paper Co., Ltd.
地址(Add)：四川省成都市大邑工业开发区南区
邮编(P. C.)：611330
电话(Tel)：028 – 87805220
传真(Fax)：028 – 87805188 – 6
法人代表(Chairman)：苏友福
总经理(General Manager)：苏友福
产品(Products)：原纸，卫生纸，面巾纸，手帕纸，餐巾纸，厨房用纸，擦手纸
品牌(Brand)：大东汉，洁伴同行

大邑县丽达造纸厂 *
Dayi Lida Paper Mill
地址(Add)：四川省成都市大邑县韩场镇
邮编(P. C.)：611330
电话(Tel)：028 – 88258637
传真(Fax)：028 – 88336227
E-mail：ldzzc@163.com
Http://www.ldzzc.com
总经理(General Manager)：高启鸿
产品(Products)：卫生卷纸，餐巾纸，面巾纸，擦手纸，手帕纸，原纸

成都市国敏纸品厂
Chengdu Guomin Paper Products Factory
地址(Add)：四川省成都市大邑县晋原镇锦屏村
邮编(P. C.)：611330
电话(Tel)：028 – 88221640
传真(Fax)：028 – 88221640
联系人(Contact Person)：杨建国
产品(Products)：卫生纸

四川百乐生活用品有限公司
Sichuan Baile Household Paper Products Co., Ltd.
地址(Add)：四川省成都市都江堰驾虹工业区
邮编(P. C.)：610031
电话(Tel)：028 – 87522213
传真(Fax)：028 – 87527267
联系人(Contact Person)：姚远琨
产品(Products)：卫生卷纸，面巾纸
品牌(Brand)：百乐

恒安(四川)生活用品有限公司
Hengan (Sichuan) Articles for Daily Use Co., Ltd.
地址(Add)：四川省成都市高新区新加坡工业园新园大道 11 号
邮编(P. C.)：610041
电话(Tel)：028 – 82991081
传真(Fax)：028 – 82991089
E-mail：wangyi@mail.hengan.com.cn
法人代表(Chairman)：施文博
总经理(General Manager)：许有康
联系人(Contact Person)：王毅
产品(Products)：生活用纸
品牌(Brand)：心相印

成都市砂之船纸业有限公司
Chengdu Shazhichuan Paper Co., Ltd.
地址(Add)：四川省成都市航空工业区(成雅高速路口)
邮编(P. C.)：610213

电话(Tel)：028－85860898
传真(Fax)：028－85870908
Http://www.scszc.cn
法人代表(Chairman)：李明清
联系人(Contact Person)：李明清
产品(Products)：卫生纸，餐巾纸，手帕纸，面巾纸，擦手纸
品牌(Brand)：翠竹，纯雅，苹果香，砂之船

成都市奇德卫生用品有限责任公司＊
Chengdu Qide Hygiene Products Co., Ltd.
地址(Add)：四川省成都市华丰市场9幢3号
邮编(P.C.)：610041
电话(Tel)：028－85216130
传真(Fax)：028－85238133
联系人(Contact Person)：胡兵
产品(Products)：纸巾纸，原纸

成都雅诗纸业有限公司＊
Chengdu Yashi Paper Co., Ltd.
地址(Add)：四川省成都市蛟龙工业港双流园区李渡路6座
邮编(P.C.)：610200
电话(Tel)：028－85738089
传真(Fax)：028－85738089
E-mail：jiabeiyashi@126.com
Http://www.yszy.net
总经理(General Manager)：吴旭兰
联系人(Contact Person)：周长清
产品(Products)：卫生纸，餐巾纸，手帕纸，原纸
品牌(Brand)：嘉贝雅诗

成都市汇君旅业制品开发有限责任公司
Chengdu Huijun Tourism Articles Development Co., Ltd.
地址(Add)：四川省成都市晋阳路中央花园西苑13－1－1B
邮编(P.C.)：610045
电话(Tel)：028－87432123
传真(Fax)：028－87430203
法人代表(Chairman)：赵丕君
产品(Products)：马桶垫纸

成都百信纸业有限公司＊
Chengdu Baixin Paper Co., Ltd.
地址(Add)：四川省成都市龙泉驿区平安镇青年路66号
邮编(P.C.)：610100
电话(Tel)：028－84827288
传真(Fax)：028－84827088
E-mail：baixinpaper@sina.com
Http://www.baixinpaper.com
法人代表(Chairman)：何飞
总经理(General Manager)：何鹏
联系人(Contact Person)：何峰
产品(Products)：卫生卷纸，面巾纸，餐巾纸，厨房用纸，擦手纸，手帕纸，原纸
品牌(Brand)：舒颜，竹福，兰贵坊

成都市万里卫生用品有限公司
Chengdu Wanli Hygiene Products Co., Ltd.
地址(Add)：四川省成都市龙泉驿区十陵镇大梁村平桥
邮编(P.C.)：610000
电话(Tel)：028－84687072
传真(Fax)：028－84687033
联系人(Contact Person)：刘尊明
产品(Products)：卫生纸，手帕纸，餐巾纸

成都华艺纸业
Chengdu Huayi Paper Co.
地址(Add)：四川省成都市龙泉驿区银都工业区
邮编(P.C.)：610110
电话(Tel)：028－84637362
传真(Fax)：028－84637361
联系人(Contact Person)：邓芝华
产品(Products)：卫生卷纸，面巾纸，餐巾纸
品牌(Brand)：青柠檬、柔丽家

成都洁仕生活用品有限公司
Chengdu Jieshi Commodity Co., Ltd.
地址(Add)：四川省成都市彭州市军乐镇
邮编(P.C.)：611931
电话(Tel)：028－83868578
传真(Fax)：028－83868818
E-mail：hom@263.net
Http://www.cdjspaper.com
总经理(General Manager)：何眸
联系人(Contact Person)：刘洋伶
产品(Products)：餐巾纸，面巾纸，手帕纸，卫生纸
品牌(Brand)：柔贝佳，千黛

成都市玲华依洁日用卫生品厂
Chengdu Linghua Yijie Commodity Hygiene Products Factory
地址(Add)：四川省成都市郫县安靖开发区
邮编(P.C.)：611731
电话(Tel)：028－87813291
传真(Fax)：028－87813291
联系人(Contact Person)：胡建华
产品(Products)：卫生卷纸，餐巾纸
品牌(Brand)：依洁

成都望风纸业有限公司
Chengdu Wangfeng Paper Co., Ltd.
地址(Add)：四川省成都市郫县德源镇寿增村二社
邮编(P.C.)：611730
电话(Tel)：13981830608
传真(Fax)：028－87973350
法人代表(Chairman)：明峰
总经理(General Manager)：明峰
联系人(Contact Person)：明峰
产品(Products)：卫生纸
品牌(Brand)：我的青苹果

郫县江安纸业
Pixian Jiangan Paper Co.
地址(Add)：四川省成都市郫县花园镇
邮编(P.C.)：611736
电话(Tel)：028－87965300
传真(Fax)：028－87965300
联系人(Contact Person)：杜祥福
产品(Products)：卫生卷纸，面巾纸
品牌(Brand)：花雨时节，枫影，俏咪

宁康纸业有限责任公司＊
Ningkang Paper Industry Co., Ltd.
地址(Add)：四川省成都市郫县唐昌镇外北街84号
邮编(P. C.)：611733
电话(Tel)：028－87869263
传真(Fax)：028－87869151
总经理(General Manager)：李传亮
联系人(Contact Person)：李福春
产品(Products)：卫生纸，原纸
品牌(Brand)：宁康，银杏

成都市康乐纸业有限公司
Chengdu Kangle Paper Co., Ltd.
地址(Add)：四川省成都市郫县唐元
邮编(P. C.)：610091
电话(Tel)：028－87990898
传真(Fax)：028－87990115
法人代表(Chairman)：方仁裕
联系人(Contact Person)：方仁裕
产品(Products)：卫生纸，餐巾纸，手帕纸
品牌(Brand)：方圆

成都市天垚纸业有限公司
Chengdu Tianyao Paper Co., Ltd.
地址(Add)：四川省成都市郫县唐元镇临石村五组
邮编(P. C.)：611730
电话(Tel)：028－87976368
传真(Fax)：028－87976348
总经理(General Manager)：黄扬碧
联系人(Contact Person)：周毅
产品(Products)：卫生卷纸，餐巾纸，面巾纸
品牌(Brand)：天垚

成都精华纸业有限公司＊
Chengdu Jinghua Paper Co., Ltd.
地址(Add)：四川省成都市郫县唐元镇千夫村
邮编(P. C.)：611732
电话(Tel)：028－87990998
传真(Fax)：028－87990998
Http://www.cd-jinghua.com
法人代表(Chairman)：王三平
总经理(General Manager)：王三平
产品(Products)：卫生纸，原纸
品牌(Brand)：竹叶青，莱芙

成都成良纸业有限责任公司
Chengdu Chengliang Paper Co., Ltd.
地址(Add)：四川省成都市郫县团结长河六大队
邮编(P. C.)：610000
电话(Tel)：028－87896555
传真(Fax)：028－87896360
Http://www.clzy.net
总经理(General Manager)：王贵良
产品(Products)：卫生卷纸，餐巾纸，面巾纸，手帕纸
品牌(Brand)：我的金蹄莲，成良之星，百丽挑一，维也纳

成都市瑞洁金雁纸制品厂＊
Chengdu Ruijie Jinyan Paper Products Factory
地址(Add)：四川省成都市郫县团结镇
邮编(P. C.)：611730
电话(Tel)：028－83779083
传真(Fax)：028－87952473
总经理(General Manager)：孟友明
产品(Products)：卫生纸，原纸
品牌(Brand)：馨香，梦婷，沐秀

成都纤姿纸业有限公司
Chengdu Xianzi Paper Co., Ltd.
地址(Add)：四川省成都市郫县团结镇长河村6组
邮编(P. C.)：611745
电话(Tel)：028－87896011
传真(Fax)：028－87896041
Http://www.cdxianzi.cn
总经理(General Manager)：王贵前
产品(Products)：卫生纸，餐巾纸，手帕纸，面巾纸，厨房用纸
品牌(Brand)：纤姿

成都来一卷纸业有限公司
Chengdu Laiyijuan Paper Co., Ltd.
地址(Add)：四川省成都市郫县团结镇长河村方社
邮编(P. C.)：611745
电话(Tel)：028－87896600
传真(Fax)：028－87896618
Http://www.laiyijuan.cn
总经理(General Manager)：王贵成
产品(Products)：卫生卷纸，餐巾纸，面巾纸
品牌(Brand)：来一卷

成都市豪盛华达纸业有限公司
Chengdu Haoshenghuada Paper Co., Ltd.
地址(Add)：四川省成都市郫县现代工业港南区通港路108号
邮编(P. C.)：611730
电话(Tel)：028－87804139
传真(Fax)：028－87804059
E-mail：info@hshda.com
Http://www.hshda.com
法人代表(Chairman)：苏德生
总经理(General Manager)：苏德生
联系人(Contact Person)：苏友福
产品(Products)：湿巾，卫生卷纸，手帕纸，餐巾纸，面巾纸，擦手纸，厨房用纸
品牌(Brand)：家必备，美娜兰，娇洁

成都市仲君纸业＊
Chengdu Zhongjun Paper Co.
地址(Add)：四川省成都市蒲江元觉经济开发区
邮编(P. C.)：610000
电话(Tel)：028－88941057
传真(Fax)：028－88621057
E-mail：zj@cdzhongjun.cn
Http://www.cdzhongjun.cn
总经理(General Manager)：董绍根
产品(Products)：卫生卷纸，面巾纸，原纸

成都市芳菲纸制品厂
Chengdu Fangfei Paper Products Factory
地址(Add)：四川省成都市青羊区文家乡蔡桥村
邮编(P. C.)：610091
电话(Tel)：028－87074876

E-mail：cdfangfei. cn
总经理(General Manager)：杜弟科
产品(Products)：卫生卷纸，面巾纸
品牌(Brand)：芳菲乐

四川省西龙纸业有限公司＊
Sichuan Xilong Paper Co., Ltd.
地址(Add)：四川省成都市清江东路312号蓝谷商务楼6楼
邮编(P. C.)：610072
电话(Tel)：028 -87339169
传真(Fax)：028 -87339169
法人代表(Chairman)：沈根莲
产品(Products)：卫生纸，原纸

成都顺久柯帮纸业有限公司
Chengdu Shunjiu Kebang Paper Co., Ltd.
地址(Add)：四川省成都市沙西线团结永定顺久创业园
邮编(P. C.)：610000
电话(Tel)：028 -87907599
传真(Fax)：028 -87907599
总经理(General Manager)：黄煌
产品(Products)：卫生纸，餐巾纸，面巾纸
品牌(Brand)：柯帮，真鲜果

成都兴盛维雅纸业有限公司
Chengdu Xingsheng Weiya Paper Co., Ltd.
地址(Add)：四川省成都市双流县蛟龙工业港
邮编(P. C.)：610200
电话(Tel)：028 -85845032
传真(Fax)：028 -85845032
Http://www. xswyzy. cn. alibaba. com
联系人(Contact Person)：鲁永强
产品(Products)：面巾纸，手帕纸
品牌(Brand)：佳恋

四川康利斯纸业有限公司＊
Sichuan Kanglisi Paper Co., Ltd.
地址(Add)：四川省成都市双流县彭镇金湾工业园区
邮编(P. C.)：610200
电话(Tel)：028 -85849666
传真(Fax)：028 -85849885
联系人(Contact Person)：张杰
产品(Products)：卫生纸，手帕纸，面巾纸，原纸
品牌(Brand)：康利斯

成都双流白家洁爱卫生用品有限公司＊
Chengdu Shuangliu Baijia Jieai Hygiene Products Co., Ltd.
地址(Add)：四川省成都市双流县西航港街道办临江工业园
邮编(P. C.)：610775
电话(Tel)：028 -85868280
传真(Fax)：028 -85868281
总经理(General Manager)：尹建忠
联系人(Contact Person)：尹建忠
产品(Products)：卫生纸，餐巾纸，手帕纸，原纸
品牌(Brand)：洁爱，宜家备，清雅

四川迪邦卫生用品有限公司＊
Sichuan Dibang Hygiene Products Co., Ltd.
地址(Add)：四川省成都市双流县新兴镇开发区
邮编(P. C.)：610000
电话(Tel)：028 -85609498
传真(Fax)：028 -85609458
E-mail：251870442@ qq. com
法人代表(Chairman)：张斌
总经理(General Manager)：张斌
联系人(Contact Person)：冉碧玉
产品(Products)：卫生纸，面巾纸，手帕纸，餐巾纸，原纸，妇女卫生巾，卫生护垫
品牌(Brand)：一名典金，竹婷，贝丽菲丝

成都安洁儿商贸有限责任公司
Chengdu Angel Paper Co., Ltd.
地址(Add)：四川省成都市双流县新兴镇庙山经济开发区
邮编(P. C.)：610066
电话(Tel)：028 -84368294
传真(Fax)：028 -85606080
E-mail：angl@ angl. cn
Http://www. angl. cn
总经理(General Manager)：黄俐娟
联系人(Contact Person)：黄伟
产品(Products)：卫生纸，餐巾纸
品牌(Brand)：私语，生活元素

成都香亿纸业有限公司＊
Chengdu Xiangyi Paper Co., Ltd.
地址(Add)：四川省成都市双流新兴小桥开发区
邮编(P. C.)：610200
电话(Tel)：028 -85606375
传真(Fax)：028 -85600132
法人代表(Chairman)：徐仁树
总经理(General Manager)：徐平哲
产品(Products)：手帕纸，面巾纸，卫生纸，原纸

成都发利纸业有限公司
Chengdu Fali Paper Industry Co., Ltd.
地址(Add)：四川省成都市双流新兴镇庙山开发区
邮编(P. C.)：610023
电话(Tel)：028 -85606168
传真(Fax)：028 -85606199
E-mail：office@ fali-paper. com
Http://www. fali-paper. com
法人代表(Chairman)：张代发
总经理(General Manager)：张代发
产品(Products)：卫生纸，餐巾纸，面巾纸
品牌(Brand)：发利，张张爽，绿云

成都市丰裕纸业制造有限公司
Chengdu Fengyu Paper Making Co., Ltd.
地址(Add)：四川省成都市温江区公平香店子开发区
邮编(P. C.)：611134
电话(Tel)：028 -82652788
传真(Fax)：028 -85798255
Http://www. shpaper. com
总经理(General Manager)：傅金沙
产品(Products)：卫生纸，手帕纸，面巾纸
品牌(Brand)：瑞丽人生

成都鼎洁纸业公司
Chengdu Dingjie Paper Co.
地址(Add)：四川省成都市文家乡蔡桥村十组

邮编(P. C.)：610091
电话(Tel)：028－87074116
传真(Fax)：028－87074116
总经理(General Manager)：陈铭镇
产品(Products)：卫生纸
品牌(Brand)：小青蛙，好多利

成都市海峰生活纸制品厂
Chengdu Haifeng Household Paper Products Factory
地址(Add)：四川省成都市武侯科技园潮音工业区(机投镇)
邮编(P. C.)：610000
电话(Tel)：028－88849115
传真(Fax)：028－87483876
Http://www. schfzy. cn
总经理(General Manager)：李洪
产品(Products)：卫生卷纸，餐巾纸，面巾纸

成都康洁酒店用品厂
Chengdu Kangjie Hotel Commodities Factory
地址(Add)：四川省成都市武侯区簇桥文昌中路55号
邮编(P. C.)：610043
电话(Tel)：028－85016688
传真(Fax)：028－85016688
总经理(General Manager)：邓勇
产品(Products)：卫生纸，餐巾纸

成都金香城纸业有限公司 *
Chengdu Jinxiangcheng Paper Co., Ltd.
地址(Add)：四川省成都市新都区斑竹园镇
邮编(P. C.)：610506
电话(Tel)：028－83989138
传真(Fax)：028－83989068
E-mail：cdjxczy@263. net
Http://www. jxczy. com
法人代表(Chairman)：曾德建
总经理(General Manager)：刘传玉
产品(Products)：卫生纸，面巾纸，餐巾纸，手帕纸，原纸，湿巾
品牌(Brand)：唯思

成都安舒实业有限公司
Chengdu Anshu Industrial Co., Ltd.
地址(Add)：四川省成都市新都区斑竹园镇福田寺
邮编(P. C.)：610506
电话(Tel)：028－85152843
传真(Fax)：028－85153061
E-mail：sales@cdanshu. com
Http://www. cdanshu. com
法人代表(Chairman)：肖文祥
总经理(General Manager)：肖文祥
联系人(Contact Person)：许小华
产品(Products)：妇女卫生巾，卫生护垫，婴儿纸尿裤/片，卫生卷纸，手帕纸
品牌(Brand)：安舒曼，平安儿，规律，天然

春毅鸿福商贸有限责任公司
Chunyi Hongfu Trade Co., Ltd.
地址(Add)：四川省成都市新都区大丰花都大道
邮编(P. C.)：610504
电话(Tel)：028－89979798
传真(Fax)：028－83914189
Http://www. sccyhf. com
联系人(Contact Person)：谢春堂
产品(Products)：卫生卷纸，面巾纸，手帕纸
品牌(Brand)：春毅鸿福，竹运，顶级面子

成都彼特福纸品工艺有限公司
Chengdu Beautiful Paper Craft Co., Ltd.
地址(Add)：四川省成都市新都区石板滩镇石木公路1号桥
邮编(P. C.)：610511
电话(Tel)：028－83045678
传真(Fax)：028－83049025
E-mail：zengds@scbtf. com
Http://www. scbtf. com
总经理(General Manager)：曾德松
联系人(Contact Person)：曾德松
产品(Products)：卫生卷纸，面巾纸，手帕纸，餐巾纸，湿巾
品牌(Brand)：彼特福，顶洁，怡飘

四川兴睿龙实业有限公司 *
Sichuan Xingruilong Industry Co., Ltd.
地址(Add)：四川省成都市新都区新繁工业园
邮编(P. C.)：610501
电话(Tel)：028－83087776
传真(Fax)：028－83084998
E-mail：425108295@qq. com
Http://www. scrl. cn
法人代表(Chairman)：王响雍
联系人(Contact Person)：李俊
产品(Products)：卫生纸，面巾纸，手帕纸，原纸
品牌(Brand)：U&U，多柔多，千唯

成都鑫宏纸品厂 *
Chengdu Xinhong Paper Products Factory
地址(Add)：四川省崇州市公议工业开发区
邮编(P. C.)：611230
电话(Tel)：028－82269469
传真(Fax)：028－82269469
联系人(Contact Person)：王旭
产品(Products)：卫生纸，原纸

成都绿洲纸业有限责任公司 *
Chengdu Lüzhou Paper Co., Ltd.
地址(Add)：四川省崇州市街子镇双河社区七社
邮编(P. C.)：611230
电话(Tel)：028－82299988
传真(Fax)：028－82299858
总经理(General Manager)：邓永前
产品(Products)：卫生纸，原纸

成都市家家洁纸业有限公司
Chengdu Jiajiajie Paper Co., Ltd.
地址(Add)：四川省崇州市隆兴镇
邮编(P. C.)：611230
电话(Tel)：028－82223618
传真(Fax)：028－82221391
Http://www. cdjjj. com
法人代表(Chairman)：张维材
联系人(Contact Person)：张维材

产品(Products)：面巾纸，餐巾纸，卫生纸
品牌(Brand)：竹丰，创意，羽裳，绿家，耶贝尔纯点

成都居家生活造纸有限责任公司*
Chengdu Jujia Tissue Making Co., Ltd.
地址(Add)：四川省崇州市隆兴镇兴隆街45号
邮编(P. C.)：611230
电话(Tel)：028－82221258
传真(Fax)：028－82222258
法人代表(Chairman)：谢明春
联系人(Contact Person)：谢明春
产品(Products)：卫生纸，面巾纸，原纸
品牌(Brand)：居佳，庭馨，庭康

成都倪氏纸业有限公司*
Chengdu Nishi Paper Co., Ltd.
地址(Add)：四川省崇州市元通工业开发区
邮编(P. C.)：611230
电话(Tel)：028－82265222
传真(Fax)：028－82265895
总经理(General Manager)：倪学文
联系人(Contact Person)：倪学文
产品(Products)：卫生纸，面巾纸，餐巾纸，手帕纸，擦手纸，原纸
品牌(Brand)：亲纯，妮斯雅

超越纸品厂
Chaoyue Paper Products Factory
地址(Add)：四川省达州市魏兴镇街道
邮编(P. C.)：635000
电话(Tel)：0818－3922579
联系人(Contact Person)：袁烈巨
产品(Products)：卫生纸，面巾纸，餐巾纸
品牌(Brand)：超越

德阳市金兔纸业有限公司*
Deyang Jintu Paper Co., Ltd.
地址(Add)：四川省德阳市八角井镇大汉村一组
邮编(P. C.)：618000
电话(Tel)：0838－2600922
传真(Fax)：0838－2603728
总经理(General Manager)：刘玉泉
产品(Products)：卫生纸，原纸

德阳忠财纸业*
Deyang Zhongcai Paper Co
地址(Add)：四川省德阳市旌阳区天元镇天虹路118号
邮编(P. C.)：618000
电话(Tel)：0838－2800588
E-mail：xh363@163. net
联系人(Contact Person)：肖辉
产品(Products)：卫生卷纸，面巾纸，原纸

维达纸业(四川)有限公司*
Vinda Paper (Sichuan) Co., Ltd.
地址(Add)：四川省德阳市龙泉山南路3段19号
邮编(P. C.)：618000
电话(Tel)：0838－2902313
传真(Fax)：0838－2900293
Http://www. vindapaper. com
法人代表(Chairman)：李朝旺
总经理(General Manager)：叶龙方
联系人(Contact Person)：程凤琴
产品(Products)：卫生纸，原纸，手帕纸，面巾纸，厨房用纸
品牌(Brand)：维达

四川省德阳市金玉龙纸业有限公司
Sichuan Deyang Jinyulong Paper Co., Ltd.
地址(Add)：四川省德阳市青衣江路立交桥右侧
邮编(P. C.)：618000
电话(Tel)：0838－2403169
传真(Fax)：0838－2403169
总经理(General Manager)：肖儒清
产品(Products)：卫生纸，餐巾纸，面巾纸
品牌(Brand)：金玉龙

都江堰市龙氏纸制品厂*
Dujiangyan Long's Paper Products Plant
地址(Add)：四川省都江堰市胥家镇
邮编(P. C.)：611830
电话(Tel)：028－87259799
传真(Fax)：028－87107808
E-mail：lpp@longspaper. com. cn
Http://www. longspaper. com. cn
总经理(General Manager)：龙玉凤
联系人(Contact Person)：龙飞
产品(Products)：卫生纸，面巾纸，擦手纸，厨房用纸，原纸
品牌(Brand)：龙氏箐山，龙氏竹纯，龙氏怡柔，龙氏纤纤，龙氏

广安市安琪日用品有限公司*
Guangan Anqi Daily－Use Goods Co., Ltd.
地址(Add)：四川省广安市观塘镇梨子滩
邮编(P. C.)：638000
电话(Tel)：0826－2731093
传真(Fax)：0826－2731093
法人代表(Chairman)：庹小世
总经理(General Manager)：庹小世
产品(Products)：餐巾纸，原纸
品牌(Brand)：安琪

四川省留利纸业有限公司*
Sichuan Liuli Paper Co., Ltd.
地址(Add)：四川省广汉市经济开发区三亚路
邮编(P. C.)：618303
电话(Tel)：0838－5802766
传真(Fax)：0838－5800796
Http://www. 1188. cn
法人代表(Chairman)：刘大刚
总经理(General Manager)：刘理
产品(Products)：面巾纸，卫生纸，原纸
品牌(Brand)：倍倍尔，馨泉

四川友邦纸业有限公司
Sichuan Eupon Paper Co., Ltd.
地址(Add)：四川省广汉市向阳镇张华村
邮编(P. C.)：618300
电话(Tel)：0838－5400686－802
传真(Fax)：0838－5400158
E-mail：sale@eupon. com

Http://www. eupon. com
法人代表(Chairman)：高尚荣
总经理(General Manager)：高尚荣
联系人(Contact Person)：高尚朴
产品(Products)：面巾纸，手帕纸，卫生纸，成人护理垫，手术衣帽，湿巾
品牌(Brand)：蓓安适，顶好面子，友邦，可洁可

**洪雅县星星造纸二厂 *
Hongya Xingxing No. 2 Paper Mill**
地址(Add)：四川省洪雅县城东工业园区
邮编(P. C.)：620360
电话(Tel)：0833 - 7569221
传真(Fax)：0833 - 7569221
总经理(General Manager)：董削均
产品(Products)：卫生纸，原纸

**洪雅县雅乐造纸厂 *
Hongya Yale Paper Mill**
地址(Add)：四川省洪雅县城东开发区
邮编(P. C.)：620360
电话(Tel)：0833 - 7490176
传真(Fax)：0833 - 7491036
E-mail：wan139640820@ yahoo. cn
总经理(General Manager)：高俐
产品(Products)：卫生纸，纸巾纸，原纸
品牌(Brand)：森缘，芬姿，雅蕾

**万安纸业有限责任公司 *
Wanan Paper Co., Ltd.**
地址(Add)：四川省夹江县甘江镇新民工业区
邮编(P. C.)：614102
电话(Tel)：0833 - 5772466
传真(Fax)：0833 - 5772466
法人代表(Chairman)：郑康桔
产品(Products)：卫生纸，原纸，面巾纸，餐巾纸
品牌(Brand)：花姿

**夹江步达纸厂
Jiajiang Buda Paper Mill**
地址(Add)：四川省夹江县高新技术开发区
邮编(P. C.)：614100
电话(Tel)：0833 - 5657965
总经理(General Manager)：李洪元
产品(Products)：妇女卫生巾，餐巾纸

**四川省夹江县雅洁纸厂 *
Sichuan Jiajiang Yajie Paper Mill**
地址(Add)：四川省夹江县界牌镇
邮编(P. C.)：614100
电话(Tel)：0833 - 5828352
法人代表(Chairman)：张永贵
产品(Products)：卫生纸，盘纸，餐巾纸，面巾纸，手帕纸，原纸

**四川省犍为凤生纸业有限责任公司 *
Sichuan Jianwei Fengsheng Paper Co., Ltd.**
地址(Add)：四川省犍为县城凤石街北段
邮编(P. C.)：614400
电话(Tel)：0833 - 4251716
传真(Fax)：0833 - 4251716
联系人(Contact Person)：王晓蓉
产品(Products)：卫生纸，原纸

**夹江华润纸厂 *
Jiajiang Huarun Paper Mill**
地址(Add)：四川省乐山市夹江县新华大道华兴巷 7 号
邮编(P. C.)：614100
电话(Tel)：0833 - 5601366
联系人(Contact Person)：石天俊
产品(Products)：原纸，卫生卷纸

**沐川禾丰纸业有限责任公司 *
Muchuan Hefeng Paper Co., Ltd.**
地址(Add)：四川省乐山市沐川县沐溪镇沐源路 1981 号
邮编(P. C.)：614500
电话(Tel)：0833 - 4612292
传真(Fax)：0833 - 4612291
Http://www. 禾丰纸业 . cn
法人代表(Chairman)：吴学才
总经理(General Manager)：吴学才
联系人(Contact Person)：吴学才
产品(Products)：卫生卷纸，餐巾纸，面巾纸，原纸
品牌(Brand)：禾风，卉洁

**乐山新达佳纸业有限公司 *
Leshan Xindajia Paper Co., Ltd.**
地址(Add)：四川省乐山市苏稽工业开发区
邮编(P. C.)：614013
电话(Tel)：0833 - 2562882
传真(Fax)：0833 - 2560189
法人代表(Chairman)：汤金珉
产品(Products)：卫生纸，餐巾纸，面巾纸，原纸
品牌(Brand)：世纪风

**合江德亿纸业有限公司 *
Hejiang Deyi Paper Co., Ltd.**
地址(Add)：四川省泸州市合江县九支镇徐家祠村一社
邮编(P. C.)：646205
电话(Tel)：0830 - 5901557
传真(Fax)：0830 - 5901557
E-mail：deyizhiye@ vip. 163. com
法人代表(Chairman)：方健
总经理(General Manager)：方健
联系人(Contact Person)：彭伟
产品(Products)：原纸，纸球，餐巾纸

**泸州市圣峰纸业有限公司 *
Luzhou Shengfeng Paper Co., Ltd.**
地址(Add)：四川省泸州市纳溪区护国镇大雄村二社
邮编(P. C.)：646329
电话(Tel)：0830 - 4892580
联系人(Contact Person)：周兴胜
产品(Products)：卫生纸，餐巾纸，原纸

**眉山县自豪人纸业有限公司
Meishan Zihaoren Paper Co., Ltd.**
地址(Add)：四川省眉山市东坡镇一环路南段
邮编(P. C.)：620010
电话(Tel)：0833 - 8297909
联系人(Contact Person)：黄忠利
产品(Products)：面巾纸

洪雅县金釜雅纸厂＊
Hongya Jinfuya Paper Mill
地址(Add)：四川省眉山市洪雅县天池坝
邮编(P. C.)：620361
电话(Tel)：0833－7574377
总经理(General Manager)：宋利容
产品(Products)：卫生纸，原纸
品牌(Brand)：川雅

四川省眉山市鸿源纸业有限公司
Sichuan Meishan Hongyuan Paper Co., Ltd.
地址(Add)：四川省眉山市南门眉糖路
邮编(P. C.)：612160
电话(Tel)：0833－8223496
传真(Fax)：0833－8221298
总经理(General Manager)：蹇满容
产品(Products)：卫生纸

四川省丹妮纸业有限公司＊
Sichuan Danni Paper Co., Ltd.
地址(Add)：四川省眉山市青神县城西工业园
邮编(P. C.)：620460
电话(Tel)：0833－8811999
传真(Fax)：0833－8811999
E-mail：dn@vanov. cn
Http://www. dnpaper. cn
法人代表(Chairman)：周骏
总经理(General Manager)：彭炳炎
联系人(Contact Person)：彭炳炎
产品(Products)：餐巾纸，面巾纸，手帕纸，卫生纸，原纸
品牌(Brand)：花间集，丹妮，妮尔，星晴

眉山先锋纸品厂
Meishan Xianfeng Paper Products Factory
地址(Add)：四川省眉山市新乐路南段223号
邮编(P. C.)：620020
电话(Tel)：0833－8292664
总经理(General Manager)：黄勇
产品(Products)：卫生纸

眉山贝艾佳纸业有限责任公司＊
Meishan Beiaijia Paper Co., Ltd.
地址(Add)：四川省眉水市洪雅县洪川镇
邮编(P. C.)：610000
电话(Tel)：0833－7490990
传真(Fax)：0833－7490991
法人代表(Chairman)：董学珍
总经理(General Manager)：张润民
产品(Products)：卫生纸，面巾纸，原纸，湿巾
品牌(Brand)：贝艾佳，比爽，星星小淘气，简爱

四川省安县秀水桥楼造纸厂＊
Sichuan Anxian Xiushui Qiaolou Paper Mill
地址(Add)：四川省绵阳市安县秀水桥楼村
邮编(P. C.)：622655
电话(Tel)：0816－4661501
传真(Fax)：0816－4661501
联系人(Contact Person)：黄妮
产品(Products)：卫生纸，原纸

四川省绵阳市超兰卫生用品有限公司＊
Sichuan Mianyang Chaolan Hygiene Articles Co., Ltd.
地址(Add)：四川省绵阳市梓潼县经济技术产业园
邮编(P. C.)：622150
电话(Tel)：0816－8323333
传真(Fax)：0816－8323792
Http://www. chaolan. cn
法人代表(Chairman)：谭应超
总经理(General Manager)：李冬
联系人(Contact Person)：魏勇军
产品(Products)：卫生纸，面巾纸，餐巾纸，原纸
品牌(Brand)：超兰，缘点

四川省龙野日用品有限公司
Sichuan Longye Commodity Co., Ltd.
地址(Add)：四川省彭山县蔡山村彭祖大道北段彭谢路口4号
邮编(P. C.)：620860
电话(Tel)：0833－7627573
传真(Fax)：0833－7627572
法人代表(Chairman)：陈永康
总经理(General Manager)：陈永康
产品(Products)：卫生纸，面巾纸，餐巾纸，妇女卫生巾，卫生护垫
品牌(Brand)：天洁玉

成都顺元实业有限公司＊
Chengdu Shunyuan Industrial Co., Ltd.
地址(Add)：四川省彭州市北君平镇
邮编(P. C.)：611937
电话(Tel)：028－83779003
传真(Fax)：028－83779003
总经理(General Manager)：雷勇
产品(Products)：卫生纸，原纸
品牌(Brand)：景山

成都景山纸业有限责任公司＊
Chengdu Jingshan Paper Co. Ltd.
地址(Add)：四川省彭州市工业开发区
邮编(P. C.)：611930
电话(Tel)：028－83752258
传真(Fax)：028－83752198
E-mail：jingshanpaper@126. com
法人代表(Chairman)：胡晓兰
总经理(General Manager)：张林
产品(Products)：手帕纸，面巾纸，卫生纸，原纸
品牌(Brand)：景山，景竹，柏果，天祥星

成都天天纸业有限公司＊
C&S Paper Chengdu Co., Ltd.
地址(Add)：四川省彭州市工业开发区
邮编(P. C.)：611930
电话(Tel)：028－83806688
传真(Fax)：028－83806666
Http://www. zhongshungroup. com
法人代表(Chairman)：岳勇
总经理(General Manager)：姜直成
联系人(Contact Person)：姜直成
产品(Products)：卫生纸，面巾纸，餐巾纸，原纸
品牌(Brand)：C&S，洁柔，太阳

四川森之佳纸业有限公司
Sichuan Senzhijia Paper Co., Ltd.
地址(Add)：四川省彭州市工业开发区大龙潭东1号
邮编(P. C.)：611930
电话(Tel)：028-83716184
传真(Fax)：028-83702758
Http://www.scszj.com
联系人(Contact Person)：阳建蓉
产品(Products)：卫生纸，面巾纸，手帕纸
品牌(Brand)：森之佳

彭州市大良造纸厂 *
Pengzhou Daliang Paper Mill
地址(Add)：四川省彭州市丽春镇白果村
邮编(P. C.)：611937
电话(Tel)：028-83778269
传真(Fax)：028-83778111
Http://www.weibangpaper.com
法人代表(Chairman)：李旭强
总经理(General Manager)：杜思宏
联系人(Contact Person)：杜思宏
产品(Products)：原纸，卫生纸，餐巾纸，面巾纸，手帕纸
品牌(Brand)：维邦，义点坊，顶彩

成都市阿尔纸业有限责任公司
Chengdu R Paper Co., Ltd.
地址(Add)：四川省彭州市丽春镇北君平社区
邮编(P. C.)：611930
电话(Tel)：028-83779118
传真(Fax)：028-83779358
E-mail：rpaper198@163.com
Http://www.rpaper.net
法人代表(Chairman)：张明书
总经理(General Manager)：张桃
产品(Products)：卫生卷纸，面巾纸，手帕纸
品牌(Brand)：钟情

彭州百顺纸业有限公司
Pengzhou Baishun Paper Co., Ltd.
地址(Add)：四川省彭州市天彭镇繁江南路社区2组
邮编(P. C.)：611939
电话(Tel)：028-67408555
传真(Fax)：028-83703456
Http://www.cdbaishun.com
总经理(General Manager)：李先泽
产品(Products)：卫生纸，面巾纸，手帕纸
品牌(Brand)：百顺

四川省彭州市向前纸业
Sichuan Pengzhou Xiangqian Paper Co.
地址(Add)：四川省彭州市致和镇京果村三组
邮编(P. C.)：611930
电话(Tel)：028-83761447
传真(Fax)：028-82761447
总经理(General Manager)：袁年均
产品(Products)：卫生纸，面巾纸，手帕纸，餐巾纸
品牌(Brand)：冰洁蕾

四川佳益卫生用品有限公司 *
Sichuan Jiayi Hygiene Products Co., Ltd.
地址(Add)：四川省仁寿县视高工业园
邮编(P. C.)：620564
电话(Tel)：0833-6051080
传真(Fax)：0833-6051078
Http://www.scjyzy.com
法人代表(Chairman)：张代梅
总经理(General Manager)：王强
联系人(Contact Person)：王强
产品(Products)：卫生卷纸，面巾纸，手帕纸，擦手纸，原纸
品牌(Brand)：佳益，新蓝风，丝竹，可彩，蜀竹，幸福花儿

四川三台三角生活用纸制造有限公司 *
Sichuan Santai Sanjiao Household Paper Co., Ltd.
地址(Add)：四川省三台县潼川镇南河路48号
邮编(P. C.)：621100
电话(Tel)：0816-5229928
传真(Fax)：0816-5221277
法人代表(Chairman)：许宋洪
总经理(General Manager)：许宋洪
联系人(Contact Person)：唐莉蓉
产品(Products)：卫生纸，面巾纸，餐巾纸，原纸
品牌(Brand)：三角，娇肤，活力，婷飘

四川省资中县白云纸品厂 *
Sichuan Zizhong Baiyun Paper Products Factory
地址(Add)：四川省资中县成渝上街356号
邮编(P. C.)：641200
电话(Tel)：0832-5602591
传真(Fax)：0832-5602591
法人代表(Chairman)：刘建华
总经理(General Manager)：詹光荣
联系人(Contact Person)：詹光荣
产品(Products)：卫生纸，餐巾纸，原纸
品牌(Brand)：竹之乡，白云

自贡市荣县洁美康纸制品厂
Zigong Rongxian Jiemeikang Paper Products Factory
地址(Add)：四川省自贡市荣县双溪湖开发区
邮编(P. C.)：643100
电话(Tel)：0813-6280783
总经理(General Manager)：欧阳雪梅
产品(Products)：卫生卷纸，面巾纸

■ 贵州 Guizhou

赤水市百冠纸品有限责任公司
Chishui Baiguan Paper Products Co., Ltd.
地址(Add)：贵州省赤水市金华工业园区
邮编(P. C.)：564700
电话(Tel)：0852-2883311
传真(Fax)：0852-2827733
E-mail：aiguanpaper@163.com
Http://www.gztzzy.com
法人代表(Chairman)：周小惠
总经理(General Manager)：周小惠
联系人(Contact Person)：朱仕春
产品(Products)：卫生纸，擦手纸，手帕纸，面巾纸，盘纸
品牌(Brand)：百冠

赤水市天竹纸业有限公司 *
Chishui Tianzhu Paper Co., Ltd.
地址(Add)：贵州省赤水市金华工业园区
邮编(P. C.)：564707
电话(Tel)：0852 - 2829933
传真(Fax)：0852 - 2829933
E-mail：gzt@gztzzy.com
Http://www.gztzzy.com
法人代表(Chairman)：张洪
产品(Products)：卫生纸，原纸

贵州师大经济开发有限责任公司
Guizhou Shida Economy Development Co., Ltd.
地址(Add)：贵州省贵阳市宝山北路 180 号
邮编(P. C.)：550001
电话(Tel)：0851 - 6777459
传真(Fax)：0851 - 6777459
联系人(Contact Person)：吴莎
产品(Products)：卫生纸
品牌(Brand)：正通

贵阳鑫恒丰纸业有限公司
Guiyang Xinhengfeng Paper Industry Co., Ltd.
地址(Add)：贵州省贵阳市车水路 157 号
邮编(P. C.)：550003
电话(Tel)：0851 - 5100886
传真(Fax)：0851 - 5110389
E-mail：wangshiyong888@vip.163.com
Http://www.xhfzy.com.cn
法人代表(Chairman)：王仕勇
总经理(General Manager)：王仕勇
产品(Products)：婴儿纸尿片，卫生卷纸
品牌(Brand)：贵子，贵宝

贵阳阳光生活用纸厂
Guiyang Sunshine Household Paper Mill
地址(Add)：贵州省贵阳市车水路 168 号
邮编(P. C.)：550001
电话(Tel)：0851 - 5106447
传真(Fax)：0851 - 5106355
法人代表(Chairman)：徐艾晓曈
产品(Products)：卫生卷纸，餐巾纸，湿巾
品牌(Brand)：雪里红，雪狐，万紫千红

贵州正通实业有限公司
Guizhou Zhengtong Industry Co., Ltd.
地址(Add)：贵州省贵阳市花溪大道中段 92 号
邮编(P. C.)：550008
电话(Tel)：0851 - 3715016
传真(Fax)：0851 - 3715016
联系人(Contact Person)：周先宝
产品(Products)：卫生纸，餐巾纸

贵阳花溪青竹纸业有限公司
Guiyang Huaxi Qingzhu Paper Co., Ltd.
地址(Add)：贵州省贵阳市花溪孟关付官村
邮编(P. C.)：550025
电话(Tel)：0851 - 3960402
传真(Fax)：0851 - 3960402
总经理(General Manager)：杨富林
产品(Products)：卫生纸，餐巾纸，面巾纸
品牌(Brand)：青竹

贵阳永固机电物资公司纸品经营部
Guiyang Yonggu Equipment Co. Paper Products Agency
地址(Add)：贵州省贵阳市青年路 127 号琪宝苑 4 - 4 - 2 - 4
邮编(P. C.)：550005
电话(Tel)：0851 - 5589492
传真(Fax)：0851 - 5589492
联系人(Contact Person)：李自琳
产品(Products)：面巾纸，卫生卷纸
品牌(Brand)：榴花，唯思，邕江

遵义市新祥泰贸易有限责任公司
Zunyi Xinxiangtai Trade Co., Ltd.
地址(Add)：贵州省遵义市汇川区檬梓桥
邮编(P. C.)：563000
电话(Tel)：0852 - 8926898
传真(Fax)：0852 - 8933718
法人代表(Chairman)：方永祥
总经理(General Manager)：方莹
联系人(Contact Person)：方莹
产品(Products)：卫生纸，盘纸
品牌(Brand)：雅洁尔，丽人

■ 云南 Yunnan

云南大理汉仙纸业公司
Yunnan Dali Hanxian Paper Co.
地址(Add)：云南省大理市粮食局内
邮编(P. C.)：678000
电话(Tel)：0872 - 2191337
联系人(Contact Person)：贺锋
产品(Products)：卫生卷纸，餐巾纸
品牌(Brand)：汉仙

开远市泸江纸业有限责任公司 *
Kaiyuan Lujiang Paper Co., Ltd.
地址(Add)：云南省开远市建设东路 31 号
邮编(P. C.)：661600
电话(Tel)：0873 - 7223348
传真(Fax)：0873 - 7223348
E-mail：kyljzy349@sina.com
法人代表(Chairman)：马天文
总经理(General Manager)：卫红星
联系人(Contact Person)：王发安
产品(Products)：卫生纸，面巾纸，手帕纸，餐巾纸，擦手纸，厨房用纸，原纸
品牌(Brand)：泸江

昆明市港舒卫生用品厂
Kunming Gangshu Hygiene Products Factory
地址(Add)：云南省昆明市滇池路中段陆家营
邮编(P. C.)：650228
电话(Tel)：0871 - 4575888
传真(Fax)：0871 - 4585988
E-mail：business@gangshu.net
法人代表(Chairman)：蔡燕珠
总经理(General Manager)：杨剑锋
联系人(Contact Person)：蔡青山
产品(Products)：妇女卫生巾，卫生护垫，面巾纸，卫生

卷纸，纸尿裤/片
品牌(Brand)：诗尔爽，诗爽，诗柏

昆明爱华卫生制品有限责任公司
Kunming Aihua Hygiene Products Co., Ltd.
地址(Add)：云南省昆明市二环西路449号
邮编(P.C.)：650101
电话(Tel)：0871-8310051
传真(Fax)：0871-8320196
联系人(Contact Person)：何浩然
产品(Products)：卫生卷纸，面巾纸，餐巾纸
品牌(Brand)：溶艳，爱华

昆明嘉信和纸业有限公司
Kunming Jiaxinhe Paper Products Co., Ltd.
地址(Add)：云南省昆明市福海乡陆家营295号
邮编(P.C.)：650228
电话(Tel)：0871-4604560
传真(Fax)：0871-4580990
E-mail：aqqw555@126.com
法人代表(Chairman)：徐志强
总经理(General Manager)：徐志强
产品(Products)：卫生纸，餐巾纸，面巾纸，擦手纸
品牌(Brand)：真龙，板扎，惠当家

昆明市胜达生活用纸厂
Kunming Shengda Household Paper Mill
地址(Add)：云南省昆明市官渡区官渡古镇
邮编(P.C.)：650000
电话(Tel)：0871-4571055
传真(Fax)：0871-4571055
总经理(General Manager)：刘钟全
产品(Products)：卫生卷纸，餐巾纸

云南省昆明华安美洁卫生用品有限公司
Yunnan Kunming Huaan Meijie Hygiene Articles Co., Ltd.
地址(Add)：云南省昆明市官渡区官南大道(叶家村段)
邮编(P.C.)：650051
电话(Tel)：0871-7321357
传真(Fax)：0871-7321355
Http://www.kmhamj.com
法人代表(Chairman)：李珊
联系人(Contact Person)：陈正东
产品(Products)：卫生纸，手帕纸，妇女卫生巾，婴儿纸尿片，成人纸尿片
品牌(Brand)：美洁贝贝

昆明市好心情纸业制品厂
Kunming Haoxinqing Paper Products Factory
地址(Add)：云南省昆明市官渡区六甲街道办事处六甲一组
邮编(P.C.)：650228
电话(Tel)：0871-4591317
传真(Fax)：0871-4591379
联系人(Contact Person)：陈相芝
产品(Products)：卫生纸，面巾纸，手帕纸
品牌(Brand)：好心情

昆明市绿基纸业有限公司
Kunming Lüji Paper Co., Ltd.
地址(Add)：云南省昆明市官渡区六甲乡六甲村委会5组
邮编(P.C.)：650000
电话(Tel)：0871-7326668
传真(Fax)：0871-7326298
总经理(General Manager)：周彬
产品(Products)：餐巾纸，卫生卷纸
品牌(Brand)：佳欣

昆明市新达纸品厂
Kunming Xinda Paper Products Factory
地址(Add)：云南省昆明市官渡区南疆副食批发市场22栋54号
邮编(P.C.)：650000
电话(Tel)：0871-4577691
联系人(Contact Person)：方继平
产品(Products)：餐巾纸，卫生纸

昆明万达纸业有限公司
Kunming Wanda Paper Co., Ltd.
地址(Add)：云南省昆明市官渡区小板桥镇中闸村七甲工业区
邮编(P.C.)：650228
电话(Tel)：0871-7322638
传真(Fax)：0871-7322838
Http://www.kmwdzy.cn
法人代表(Chairman)：彭志光
总经理(General Manager)：彭志光
产品(Products)：卫生纸
品牌(Brand)：笨精灵，云之娇

丽姿雅纸业公司
Liziya Paper Co.
地址(Add)：云南省昆明市官渡区严家村253号
邮编(P.C.)：650000
电话(Tel)：0871-7324172
传真(Fax)：0871-7324172
联系人(Contact Person)：夏亮
产品(Products)：卫生纸
品牌(Brand)：丽姿雅

昆明市云馨纸业有限公司
Kunming Yunxin Paper Co., Ltd.
地址(Add)：云南省昆明市广福路8公里处
邮编(P.C.)：650000
电话(Tel)：0871-7182173
总经理(General Manager)：杨应昆
产品(Products)：卫生卷纸，餐巾纸，纸杯

昆明市阳光生活用纸厂
Kunming Yangguang Household Paper Mill
地址(Add)：云南省昆明市广福路向化2队
邮编(P.C.)：650000
电话(Tel)：0871-6087236
传真(Fax)：0871-6087236
总经理(General Manager)：汪彦鸣
产品(Products)：卫生纸

宏祥纸业公司
Hongxiang Paper Co.
地址(Add)：云南省昆明市龙泉路上庄烟厂旁
邮编(P.C.)：650000
电话(Tel)：0871-5812090

传真(Fax)：0871－5828898
法人代表(Chairman)：唐祥
产品(Products)：餐巾纸，面巾纸，卫生卷纸

昆明和盛卫生纸巾厂
Kunming Hesheng Hygiene Paper Products Factory
地址(Add)：云南省昆明市南郊六甲叶家村工业区
邮编(P. C.)：650228
电话(Tel)：0871－7323752
传真(Fax)：0871－7323752
联系人(Contact Person)：刘木土
产品(Products)：餐巾纸，卫生卷纸

昆明龙标工贸有限责任公司
Kunming Longbiao Industry & Trade Co., Ltd.
地址(Add)：云南省昆明市万德村 300 号龙标纸业园
邮编(P. C.)：650228
电话(Tel)：0871－7183847
传真(Fax)：0871－7183555
联系人(Contact Person)：张逢春
产品(Products)：卫生纸
品牌(Brand)：龙标

昆明兴亮工贸有限公司
Kunming Xingliang Industry & Trade Co., Ltd.
地址(Add)：云南省昆明市五华区海源寺 140 号
邮编(P. C.)：650000
电话(Tel)：0871－8100008
传真(Fax)：0871－8306566
E-mail：xlsu@ kmxl. com. cn
Http://www. kmxlgm. com
总经理(General Manager)：苏星亮
产品(Products)：餐巾纸，面巾纸，卫生卷纸，湿巾

昆明市威宝纸制品厂＊
Kunming Weibao Paper Products Factory
地址(Add)：云南省昆明市西丽园小区 15 栋 1 单元 102 号
邮编(P. C.)：650031
电话(Tel)：0871－8217831
传真(Fax)：0871－8103986
Http://www. kmwbzy. cn
联系人(Contact Person)：莫伟
产品(Products)：卫生卷纸，手帕纸，餐巾纸，原纸，湿巾
品牌(Brand)：雅蓓洁

昆明方四纸巾厂
Kunming Fangsi Paper Napkin Factory
地址(Add)：云南省昆明市西山区福海乡
邮编(P. C.)：650011
电话(Tel)：0871－6911350
总经理(General Manager)：郑国钢
联系人(Contact Person)：朱炜
产品(Products)：擦拭巾，厨房用纸

昆明市南兴纸业
Kunming Nanxing Paper Co.
地址(Add)：云南省昆明市西山区福海乡陆家营村 328 号(和风园小区后面)
邮编(P. C.)：650000
电话(Tel)：0871－4613555
传真(Fax)：0871－4613777
联系人(Contact Person)：戴清爽
产品(Products)：卫生卷纸，餐巾纸，面巾纸

昆明市大手纸厂
Kunming Dashou Paper Mill
地址(Add)：云南省昆明市西山区马街镇海源庄四社
邮编(P. C.)：650034
电话(Tel)：0871－7333623
传真(Fax)：0871－7352801
联系人(Contact Person)：田堇瑾
产品(Products)：卫生纸，妇女卫生巾，纸尿片
品牌(Brand)：滇之美，洁期，小宝当佳

昆明市真龙造纸厂＊
Kunming Zhenlong Paper Mill
地址(Add)：云南省昆明市宜良县狗街工业园
邮编(P. C.)：652100
电话(Tel)：0871－7612268
传真(Fax)：0871－7612268
联系人(Contact Person)：吴东荣
产品(Products)：卫生纸，原纸

云南汉光纸业有限公司＊
Yunnan Hanguang Paper Co., Ltd.
地址(Add)：云南省通海县四街镇高大工业区
邮编(P. C.)：652706
电话(Tel)：0877－3031737
传真(Fax)：0877－3031739
E-mail：hglh123@ 126 com
法人代表(Chairman)：龚汉光
联系人(Contact Person)：葛道生
产品(Products)：卫生纸，面巾纸，手帕纸，原纸

文山云荷纸业有限责任公司＊
Wenshan Yunhe Paper Co., Ltd.
地址(Add)：云南省文山县城开化北路
邮编(P. C.)：663000
电话(Tel)：0876－2623803
传真(Fax)：0876－2623688
Http://www. wsyhzy. com
法人代表(Chairman)：郑云川
总经理(General Manager)：郑云川
联系人(Contact Person)：宋奎君
产品(Products)：卫生纸，原纸
品牌(Brand)：南荷．云荷

宣威市康乐纸业制品厂
Xuanwei Kangle Paper Products Factory
地址(Add)：云南省宣威市环城东路中段(龙堡东路旁)
邮编(P. C.)：655400
电话(Tel)：0874－7169089
总经理(General Manager)：徐安孔
产品(Products)：卫生卷纸，餐巾纸

云南省宣威市金龙纸品厂
Xuanwei Jinlong Paper Products Factory
地址(Add)：云南省宣威市环东路(乐维加油站斜对面)
邮编(P. C.)：655400
电话(Tel)：0874－7146086

联系人(Contact Person)：魏军
产品(Products)：卫生纸
品牌(Brand)：金龙福

玉溪鑫云达纸品厂
Yuxi Xinyunda Paper Products Factory
地址(Add)：云南省玉溪市高新技术开发区民智街103号
邮编(P. C.)：653100
电话(Tel)：0877－2065743
联系人(Contact Person)：徐瑞
产品(Products)：卫生卷纸，餐巾纸，面巾纸

云南江川翠峰纸业有限公司＊
Yunnan Jiangchuan Cuifeng Paper Industry Co., Ltd.
地址(Add)：云南省玉溪市江川县江城镇翠峰工业园区
邮编(P. C.)：652601
电话(Tel)：0877－8095268
传真(Fax)：0877－8095268
E-mail：jccfzy@126. com
Http://www. jccfzy. com
法人代表(Chairman)：李吉华
总经理(General Manager)：李吉华
联系人(Contact Person)：李云春
产品(Products)：原纸，卫生纸，手帕纸，面巾纸，餐巾纸
品牌(Brand)：翠峰，品美

云南省昭通新世纪纸巾厂
Yunnan Zhaotong Xinshiji Napkin Factory
地址(Add)：云南省昭通市龙泉新街62号副10号
邮编(P. C.)：657000
电话(Tel)：0870－2165773
总经理(General Manager)：何文德
产品(Products)：餐巾纸，卫生纸

■ 陕西 Shannxi

宝鸡市宝凤纸业
Baoji Baofeng Paper Co.
地址(Add)：陕西省宝鸡市陈仓区宝丰工业园
邮编(P. C.)：721300
电话(Tel)：0917－6669328
E-mail：kkokfly@163. com
Http://www. tuaoo. com
联系人(Contact Person)：解鹏飞
产品(Products)：手帕纸，面巾纸

宝鸡市新雅贸易有限公司
Baoji Xinya Trade Co., Ltd.
地址(Add)：陕西省宝鸡市中山东路38号
邮编(P. C.)：721001
电话(Tel)：0917－3516937
传真(Fax)：0917－3207472
总经理(General Manager)：姬春涛
产品(Products)：妇女卫生巾，卫生纸
品牌(Brand)：舒莱，好又爽，心随我动，阳光物语

大荔县丽棉纸业有限责任公司＊
Dali Limian Pulp Paper Co., Ltd.
地址(Add)：陕西省大荔县城关镇下庙村
邮编(P. C.)：715100
电话(Tel)：0913－3212355
传真(Fax)：0913－3212355
法人代表(Chairman)：杨金良
产品(Products)：卫生纸，原纸
品牌(Brand)：丽绵

陕西法门寺纸业有限责任公司＊
Shaanxi Famensi Paper Co., Ltd.
地址(Add)：陕西省扶风县城东坡路003号
邮编(P. C.)：722200
电话(Tel)：0917－5211148
传真(Fax)：0917－5211131
法人代表(Chairman)：王周权
联系人(Contact Person)：王周权
产品(Products)：卫生纸，餐巾纸，原纸
品牌(Brand)：法门寺

眉县恒发纸业有限责任公司
Meixian Hengfa Paper Co., Ltd.
地址(Add)：陕西省眉县火车站道南6号
邮编(P. C.)：722300
电话(Tel)：0917－5666338
传真(Fax)：0917－5666368
联系人(Contact Person)：王宗智
产品(Products)：卫生纸

西安华源纸业卫生保健用品有限公司
Xian Huayuan Paper Hygiene Healthcare Co., Ltd.
地址(Add)：陕西省西安市灞桥区新兴工业园8号
邮编(P. C.)：710025
电话(Tel)：029－83351611
传真(Fax)：029－83351600
E-mail：xahyzy2009@163. com
Http://www. xahyzy. com. cn
总经理(General Manager)：寇权铭
产品(Products)：餐巾纸，擦手纸，面纸巾纸，手帕纸，湿巾

西安市秦悦实业有限责任公司＊
Xian Qinyue Industrial Co., Ltd.
地址(Add)：陕西省西安市长安区镐京造纸工业园区
邮编(P. C.)：710116
电话(Tel)：029－85900789
传真(Fax)：029－85800110
总经理(General Manager)：任文花
联系人(Contact Person)：刘杰
产品(Products)：卫生纸，面巾纸，手帕纸，原纸
品牌(Brand)：秦悦，秦阿房宫，秦怡

西安奥辉纸业有限责任公司＊
Xian Aohui Paper Industry Co., Ltd.
地址(Add)：陕西省西安市长安区王寺工业园区
邮编(P. C.)：710116
电话(Tel)：029－85805800
传真(Fax)：029－85806328
E-mail：ypzh@xaaohui. com
Http://www. xaaohui. com
法人代表(Chairman)：张孝普
总经理(General Manager)：马龙
联系人(Contact Person)：李元涛
产品(Products)：原纸，卫生纸，餐巾纸

品牌(Brand)：奥辉

西安可心日用制品有限公司
Xian Kexin Articles for Daily Use Co., Ltd.
地址(Add)：陕西省西安市高陵县城东方红路157号
邮编(P. C.)：710200
电话(Tel)：029-86910911
传真(Fax)：029-86913541
E-mail：office@xakexin.com
Http://www.xakexin.com
法人代表(Chairman)：陈敬仁
总经理(General Manager)：陈敬仁
联系人(Contact Person)：王平
产品(Products)：妇女卫生巾，卫生护垫，婴儿纸尿裤/片，餐巾纸
品牌(Brand)：可心，新可心，可心宝儿

邦希化工有限公司纸品部
Bangxi Chemicals Co., Ltd. Paper Products Dept.
地址(Add)：陕西省西安市高新一路5号正信大厦B座1001室
邮编(P. C.)：710075
电话(Tel)：029-83151626
传真(Fax)：029-83151676
联系人(Contact Person)：张永欣
产品(Products)：卫生纸
品牌(Brand)：江竹源，江禾源，小龙人

陕西爱洁日用品有限公司
Shaanxi Aijie Commodity Co., Ltd.
地址(Add)：陕西省西安市金花南路1号
邮编(P. C.)：710048
电话(Tel)：029-82611079
传真(Fax)：029-82611079
E-mail：aijiezhiye@163.com
联系人(Contact Person)：杨晓峰
产品(Products)：餐巾纸，面巾纸，湿巾，擦手纸

西安市临潼区汉兴实业有限公司＊
Xian Hanxing Industry Co., Ltd.
地址(Add)：陕西省西安市临潼区新市工业园区
邮编(P. C.)：710605
电话(Tel)：029-83846574
传真(Fax)：029-83846575
法人代表(Chairman)：郝九洲
总经理(General Manager)：郝九洲
联系人(Contact Person)：裴伟
产品(Products)：原纸，卫生纸
品牌(Brand)：汉兴，云宝

西安秦兴纸业有限责任公司＊
Xian Qinxing Paper Co., Ltd.
地址(Add)：陕西省西安市临潼相桥镇湾刘纸业基地
邮编(P. C.)：710600
电话(Tel)：029-83968046
传真(Fax)：029-83968758
联系人(Contact Person)：齐英俊
产品(Products)：卫生纸，面巾纸，手帕纸，原纸，湿巾

西安市西耀纸业商贸有限公司
Xian Xiyao Paper Trade Co., Ltd.
地址(Add)：陕西省西安市三桥阿房一路中段168号
邮编(P. C.)：710086
电话(Tel)：029-84510829
传真(Fax)：029-84520261
E-mail：xi_an_xiyao@vip.163.com
Http://xaxyznk.cn.alibaba.com
联系人(Contact Person)：李西耀
产品(Products)：成人纸尿裤/片，床垫，面巾纸
品牌(Brand)：莫菲儿，阿房情，泰迪

西安都邦纸业有限公司＊
Xian Dubang Paper Co., Ltd.
地址(Add)：陕西省西安市未央路12号世纪金园A座1704室
邮编(P. C.)：710015
电话(Tel)：029-86252755
传真(Fax)：029-86251476
联系人(Contact Person)：淡晓宇
产品(Products)：卫生纸原纸

西安市丰悦纸品厂
Xian Fengyue Paper Products Factory
地址(Add)：陕西省西安市未央区汉城吴高墙村南
邮编(P. C.)：710086
电话(Tel)：029-86508175
传真(Fax)：029-86393098
联系人(Contact Person)：翁立婷
产品(Products)：餐巾纸，手帕纸，面巾纸

西安福瑞德纸业有限责任公司
Xian Furuide Paper Co., Ltd.
地址(Add)：陕西省西安市未央区汉城乡丰产路席王工业园1号
邮编(P. C.)：710000
电话(Tel)：029-86609556
传真(Fax)：029-86609556
E-mail：furuide@126.com
法人代表(Chairman)：姜晓燕
总经理(General Manager)：许先军
产品(Products)：餐巾纸，湿巾
品牌(Brand)：福瑞德

西安盛博雅纸业有限责任公司
Xian Shengboya Paper Co., Ltd.
地址(Add)：陕西省西安市未央区和平工业园区南路8号
邮编(P. C.)：710086
电话(Tel)：029-84367870
传真(Fax)：029-84368235
法人代表(Chairman)：李长喜
总经理(General Manager)：李长喜
产品(Products)：卫生纸，面巾纸，纸杯
品牌(Brand)：盛博雅，金博雅，雅隽

西安市蔡伦造纸厂＊
Xian Cailun Paper Mill
地址(Add)：陕西省西安市未央区三桥西西宝高速公路起点
邮编(P. C.)：710086
电话(Tel)：029-84513338
传真(Fax)：029-84517485
法人代表(Chairman)：娄荃玲
联系人(Contact Person)：孙红

产品(Products)：卫生纸，原纸
品牌(Brand)：超伦

西安兄弟纸业有限责任公司＊
Xian Xiongdi Paper Co., Ltd.
地址(Add)：陕西省西安市西郊王寺镇西户路
邮编(P. C.)：710116
电话(Tel)：029－85902333
传真(Fax)：029－85902333
法人代表(Chairman)：鲁风
联系人(Contact Person)：李新平
产品(Products)：卫生纸，原纸
品牌(Brand)：周陵，菁纯，亿百芬

恒安(陕西)纸业有限公司
Hengan (Shaanxi) Paper Co., Ltd.
地址(Add)：陕西省咸阳市三原县清河食品工业园龙桥大街
邮编(P. C.)：710300
电话(Tel)：029－84859091
传真(Fax)：029－84859813
E-mail：lvry@shanxi.hengan.com
法人代表(Chairman)：许连捷
总经理(General Manager)：许春满
联系人(Contact Person)：吕荣英
产品(Products)：生活用纸
品牌(Brand)：心相印

陕西兴包企业集团有限责任公司＊
Shaanxi Xingbao Group Co., Ltd.
地址(Add)：陕西省兴平市丰仪工业区
邮编(P. C.)：713100
电话(Tel)：029－38266620
传真(Fax)：029－38266064
E-mail：xcw8888@hotmail.com
Http://www.sxxingbao.com
法人代表(Chairman)：彭晓宏
总经理(General Manager)：彭喜宏
联系人(Contact Person)：薛成武
产品(Products)：原纸，卫生纸，面巾纸，手帕纸
品牌(Brand)：欣雅，欣家，欣而雅

■ 甘肃 Gansu

甘肃古浪华丰工贸有限公司＊
Gansu Gulang Huafeng Industry & Trade Co., Ltd.
地址(Add)：甘肃省古浪县泗水镇北街1号
邮编(P. C.)：733161
电话(Tel)：0935－5167329
传真(Fax)：0935－5167302
法人代表(Chairman)：杨发春
联系人(Contact Person)：杨发茂
产品(Products)：卫生纸，原纸
品牌(Brand)：惠思洁

兰州市添添纸制品厂
Lanzhou Tiantian Paper Products Factory
地址(Add)：甘肃省兰州市七里河区崔家崖48号
邮编(P. C.)：730050
电话(Tel)：0931－2567380
总经理(General Manager)：王斌
产品(Products)：卫生卷纸，餐巾纸

平凉市宝马纸业有限责任公司＊
Pingliang Baoma Paper Co., Ltd.
地址(Add)：甘肃省平凉市四十里铺
邮编(P. C.)：744024
电话(Tel)：0933－8410535
传真(Fax)：0933－8410562
法人代表(Chairman)：王转运
联系人(Contact Person)：任世义
产品(Products)：卫生纸，原纸
品牌(Brand)：雪竹

平凉市峡门造纸厂＊
Pingliang Xiamen Paper Mill
地址(Add)：甘肃省平凉市峡门乡白坡村
邮编(P. C.)：744000
电话(Tel)：0933－8570035
法人代表(Chairman)：苏振东
总经理(General Manager)：苏振东
产品(Products)：卫生纸原纸
品牌(Brand)：明洁，明霞

■ 宁夏 Ningxia

中冶纸业集团有限公司＊
Zhongye Paper Group Co., Ltd.
地址(Add)：宁夏回族自治区中卫市城区柔远镇
邮编(P. C.)：755000
电话(Tel)：0955－7679339
传真(Fax)：0955－7679216
法人代表(Chairman)：徐向春
总经理(General Manager)：徐向春
产品(Products)：卫生纸，原纸

宁夏科进峡光纸业有限公司＊
Ningxia Kejin Xiaguang Paper Co., Ltd.
地址(Add)：宁夏青铜峡市青铜峡镇
邮编(P. C.)：751601
电话(Tel)：0953－3012007
传真(Fax)：0953－3015288
联系人(Contact Person)：沈雪琴
产品(Products)：卫生纸，面巾纸，餐巾纸，原纸
品牌(Brand)：峡光，会宝

宁夏青铜峡市月蓉生活用纸厂
Ningxia Qingtongxia Yuerong Household Paper Mill
地址(Add)：宁夏青铜峡市小坝镇
邮编(P. C.)：751600
电话(Tel)：0953－3052912
联系人(Contact Person)：李孟忠
产品(Products)：卫生纸

宁夏宇华纸业有限公司＊
Ningxia Yuhua Paper Co., Ltd.
地址(Add)：宁夏吴忠市金积工业园区
邮编(P. C.)：751100
电话(Tel)：0953－3925111
传真(Fax)：0953－2691124
联系人(Contact Person)：沈玉玲
产品(Products)：卫生纸，面巾纸，餐巾纸，原纸

品牌(Brand)：沙漠王子，玉花

吴忠市星月纸业有限公司 *
Wuzhong Xingyue Paper Co., Ltd.
地址(Add)：宁夏吴忠市利通区板桥乡蔡桥村一队
邮编(P. C.)：751100
电话(Tel)：0953－2231376
传真(Fax)：0953－2231976
总经理(General Manager)：马明选
联系人(Contact Person)：马明选
产品(Products)：面巾纸，餐巾纸，卫生纸，原纸

吴忠新源纸业有限公司 *
Xinyuan Paper Co., Ltd.
地址(Add)：宁夏吴忠市友谊东路 29 号
邮编(P. C.)：751100
电话(Tel)：0953－2012926
传真(Fax)：0953－2012134
Http://www. nxxyzy. com
法人代表(Chairman)：申均
总经理(General Manager)：申均
联系人(Contact Person)：吴正平
产品(Products)：卫生纸，面巾纸，餐巾纸，原纸
品牌(Brand)：三圈

宁夏美洁纸业股份有限公司 *
Ningxia Meijie Paper Industry Co., Ltd.
地址(Add)：宁夏银川市贺兰县银河东路 90 号
邮编(P. C.)：750200
电话(Tel)：0951－8061243
传真(Fax)：0951－8061553
E-mail：dongqing1963@ sina. com
Http://www. chinameijie. cn
法人代表(Chairman)：周兴起
总经理(General Manager)：周兴起
联系人(Contact Person)：张冬青
产品(Products)：原纸，卫生纸，面巾纸，餐巾纸，手帕纸，擦手纸
品牌(Brand)：美洁，滩羊

宁夏紫荆花纸业有限公司 *
Ningxia Zijinghua Paper Industry Co., Ltd.
地址(Add)：宁夏永宁县城红星桥南侧
邮编(P. C.)：750100
电话(Tel)：0951－8011421
传真(Fax)：0951－8013808
E-mail：zyxsb@ zijinhua. com. cn
Http://www. zijinhua. com. cn
法人代表(Chairman)：纳洪福
总经理(General Manager)：纳巨波
联系人(Contact Person)：樊建勇
产品(Products)：原纸，卫生纸，面巾纸，餐巾纸，手帕纸
品牌(Brand)：紫金花，吉丽，吉利来

中卫市文乾工贸有限责任公司
Zhongwei Wenqian Industry & Trade Co., Ltd.
地址(Add)：宁夏中卫市城区镇罗工业园
邮编(P. C.)：755000
电话(Tel)：0955－7610188
总经理(General Manager)：潘占乾
产品(Products)：卫生纸

■ 新疆 Xinjiang

新疆博湖苇业股份有限公司 *
Xinjiang Bohu Reed Co., Ltd.
地址(Add)：新疆库尔勒市新城区楼兰路
邮编(P. C.)：841001
电话(Tel)：0996－2160000
传真(Fax)：0996－2152533
E-mail：bohureed@ 163. com
Http://www. bohureed. com
法人代表(Chairman)：雷洪
总经理(General Manager)：宋建新
联系人(Contact Person)：牧秀英
产品(Products)：卫生纸，餐巾纸，原纸
品牌(Brand)：博浪，樱花

石河子鑫天宏工贸有限公司 *
Shihezi Xintianhong Industry & Trade Co., Ltd.
地址(Add)：新疆石河子市西三路天宏纸业生活用纸分厂
邮编(P. C.)：832009
电话(Tel)：0993－7526050
传真(Fax)：0993－7526050
联系人(Contact Person)：王巧玲
产品(Products)：卫生纸，原纸

欣悦日用品有限公司
Xinyue Daily Necessities Co., Ltd.
地址(Add)：新疆乌鲁木齐市长江路 92 号东方花园 3 号楼 D－207
邮编(P. C.)：830000
电话(Tel)：0991－6138365
传真(Fax)：0991－5585602
总经理(General Manager)：卓良发
联系人(Contact Person)：赵珊
产品(Products)：妇女卫生巾，婴儿纸尿裤，卫生纸
品牌(Brand)：欣悦

乌鲁木齐市环峰纸业
Wulumuqi Huanfeng Paper Co.
地址(Add)：新疆乌鲁木齐市大湾北路欧景名苑 26 号楼 2 单元 1101 号
邮编(P. C.)：830002
电话(Tel)：0991－2562353
传真(Fax)：0991－2509008
联系人(Contact Person)：曹会霞
产品(Products)：餐巾纸，卫生卷纸，湿巾
品牌(Brand)：洁净空间

新疆南湖纸业有限公司 *
Xinjiang Nanhu Paper Co., Ltd.
地址(Add)：新疆乌鲁木齐市七道湾南路 1247 号
邮编(P. C.)：830028
电话(Tel)：0991－4632378
传真(Fax)：0991－4641372
法人代表(Chairman)：冶占彬
联系人(Contact Person)：王旭
产品(Products)：卫生纸，原纸
品牌(Brand)：美伦

乌鲁木齐市宝康纸品厂
Wulumuqi Baokang Paper Products Factory
地址(Add):新疆乌鲁木齐市新市区宣仁墩一队
邮编(P. C.):830000
电话(Tel):0991 - 7765648
联系人(Contact Person):王群法
产品(Products):卫生纸
品牌(Brand):宝康,好生活

舒洁餐巾纸厂
Shujie Paper Products Factory
地址(Add):新疆乌鲁木齐市中湾街南16巷45号
邮编(P. C.):830002
电话(Tel):0991 - 2558209
传真(Fax):0991 - 2558209
总经理(General Manager):芦海燕
产品(Products):餐巾纸

妇女卫生巾和卫生护垫生产企业按产品和地区细分统计

（2009年，统计总数690家）

序号	行政区 Region	企业数	起始页	序号	行政区 Region	企业数	起始页
1	北京 Beijing	11	296	16	河南 Henan	32	348
2	天津 Tianjin	44	298	17	湖北 Hubei	13	351
3	河北 Hebei	52	302	18	湖南 Hunan	15	353
6	辽宁 Liaoning	21	307	19	广东 Guangdong	89	354
8	黑龙江 Heilongjiang	7	309	20	广西 Guangxi	10	364
9	上海 Shanghai	27	310	22	重庆 Chongqing	2	365
10	江苏 Jiangsu	58	313	23	四川 Sichuan	11	365
11	浙江 Zhejiang	55	319	24	贵州 Guizhou	1	366
12	安徽 Anhui	14	325	25	云南 Yunnan	6	366
13	福建 Fujian	149	326	27	陕西 Shaanxi	6	367
14	江西 Jiangxi	8	342	30	宁夏 Ningxia	1	368
15	山东 Shandong	55	343	31	新疆 Xinjiang	3	368

注：4 山西、5 内蒙古、7 吉林、21 海南、26 西藏、28 甘肃和 29 青海为缺项。

妇女卫生巾和卫生护垫
Sanitary napkins and pantiliners

主要生产企业
Major manufacturers

福建恒安集团有限公司	Fujian Hengan Holding Co., Ltd.
宝洁(中国)有限公司	Procter & Gamble (China) Ltd.
尤妮佳生活用品(中国)有限公司	Uni – Charm Consumer Products (China) Co., Ltd.
强生(中国)有限公司	Johnson & Johnson (China) Ltd.
金佰利(中国)有限公司	Kimberly – Clark (China) Co., Ltd.
佛山市南海区桂城景兴商务拓展有限公司	Kingdom Marketing Service Co., Ltd.
上海花王有限公司	Kao Corporation Shanghai Co., Ltd.
福建恒利集团有限公司	Fujian Hengli Group Co., Ltd.
江苏三笑集团有限公司	Jiangsu Sanxiao Group Co., Ltd.
天津小护士实业发展股份有限公司	Tianjin Little Nurse Industry & Commerce Development Co., Ltd.
桂林洁伶工业有限公司	Guilin Jieling Industrial Co., Ltd.
益母妇女用品有限公司	Yimoo Women Necessities Co., Ltd.
重庆丝爽卫生用品有限公司	Chongqing Sishuang Sanitary Products Co., Ltd.
康那香企业(上海)有限公司	Kang Na Hsiung Enterprise (Shanghai) Co., Ltd.
湖北丝宝股份有限公司	Hubei C – BONS Co., Ltd.
新感觉卫生用品有限公司	New Sensation Sanitary Products Co., Ltd.
龙海市妙雅卫生用品有限公司	Longhai Miaoya Sanitary Products Co., Ltd.
广西舒雅护理用品有限公司	Guangxi Shuya Health Care Products Co., Ltd.
北京倍舒特妇幼用品有限公司	Beijing Beishute Maternity & Child Articles Co., Ltd.
中山佳健生活用品有限公司	Zhongshan Jiajian Consumer Goods Co., Ltd.
杭州可悦卫生用品有限公司	Hangzhou Credible Sanitary Products Co., Ltd.
临安市雄鹰妇幼卫生用品有限公司	Linan Eagle Women & Children Health Care Products Co., Ltd.
上海护理佳实业有限公司	Shanghai Foliage Industry Co., Ltd.
沈阳东联日用品有限公司	Shenyang Tonglian Daily – Use Goods Co., Ltd.
云南清逸堂实业有限公司	Yunnan Qingyitang Industrial Co., Ltd.
上海唯尔福(集团)有限公司	Shanghai Welfare Group Co., Ltd.
上海申欧企业发展有限公司	Shanghai Sun'o Enterprise Development Co., Ltd.
赣州港都卫生制品有限公司	Ganzhou Gangdu Hygienic Products Co., Ltd.

■ 北京 Beijing

北京萱郦盛生物科技有限公司
Beijing Xuanlisheng Biotechnology Co., Ltd.
地址(Add)：北京市朝阳区东三环南路25号北京汽车大厦702/703B室
邮编(P. C.)：100021
电话(Tel)：010 – 87665709
传真(Fax)：010 – 87665709 – 8002
E-mail：pll288144@sina.com

Http://www. uuu32. com
联系人(Contact Person)：潘伶俐
产品(Products)：妇女卫生巾
品牌(Brand)：非尔

金河泰科(北京)科技有限公司
Jinhe Taike (Beijing) Science & Technology Co., Ltd.
地址(Add)：北京市朝阳区建外大街16号东方瑞景A座1201
邮编(P. C.)：100022
电话(Tel)：010－65691281
传真(Fax)：010－65691911
E-mail：tsb@ tiansibao. com
Http://www. tiansibao. com
法人代表(Chairman)：陈晓光
总经理(General Manager)：陈春萍
联系人(Contact Person)：陈海潮
产品(Products)：妇女卫生巾，卫生护垫
品牌(Brand)：天丝保

北京艾雪伟业科技有限公司
Beijing Aixueweiye Science & Technology Co., Ltd.
地址(Add)：北京市朝阳区平房乡石各庄村34号
邮编(P. C.)：100024
电话(Tel)：010－86955619
传真(Fax)：010－85510906
E-mail：ls009@ msn. com
总经理(General Manager)：牛国滨
联系人(Contact Person)：李丽
产品(Products)：产妇卫生巾，婴儿纸尿片，护理垫
品牌(Brand)：爱雪，艾雪

北京特日欣卫生用品有限公司
Beijing Terixin Hygiene Products Co., Ltd.
地址(Add)：北京市丰台区花乡新房子57号(花乡育苗场院内)
邮编(P. C.)：100071
电话(Tel)：010－83609569
传真(Fax)：010－83609589
E-mail：master@ terixin. com
Http://www. terixin. com
法人代表(Chairman)：冯跃
总经理(General Manager)：冯跃
联系人(Contact Person)：高金龙
产品(Products)：妇女卫生巾，卫生护垫，婴儿纸尿裤/片，成人纸尿裤/片，湿巾，卫生纸
品牌(Brand)：特日欣

北京爱佳卫生保健品厂
Beijing Aijia Hygiene & Health Care Products Factory
地址(Add)：北京市丰台区南四环星河苑1号院12号1－101室
邮编(P. C.)：100068
电话(Tel)：010－67537477
传真(Fax)：010－67589972
E-mail：wgc@ bj－aijia. com
Http://www. bj-aijia. com
总经理(General Manager)：吴国财
产品(Products)：餐巾纸，面巾纸，手帕纸，擦手纸，卫生纸，湿巾，马桶垫，纸杯，纸碗，妇女卫生巾，卫生护垫，婴儿纸尿裤，护理垫
品牌(Brand)：爱佳

圣路律通(北京)科技有限公司
Saintom (Beijing) Science & Technology Co., Ltd.
地址(Add)：北京市丰台区西四环南路46号国润商务大厦1508室
邮编(P. C.)：100073
电话(Tel)：010－83650237
传真(Fax)：010－83650239
E-mail：bjluisliu@ yahoo. com. cn
联系人(Contact Person)：刘理
产品(Products)：妇女卫生巾，护理垫

北京爱华中兴纸业有限公司
Beijing Aihua Zhongxing Paper Co., Ltd.
地址(Add)：北京市海淀区西三旗建材城东路8号西侧
邮编(P. C.)：100096
电话(Tel)：010－82912386
传真(Fax)：010－82927452
E-mail：sale@ yipianyun. com
Http://www. yipianyun. com
法人代表(Chairman)：王家华
总经理(General Manager)：谢大伟
联系人(Contact Person)：何平妹
产品(Products)：餐巾纸，面巾纸，卫生卷纸，厨房用纸，手帕纸，擦手纸，妇女卫生巾，卫生护垫，湿巾，纸杯
品牌(Brand)：一片云，逸云，小点点

北京金佰利个人卫生用品有限公司
Kimberly－Clark Beijing Plant
地址(Add)：北京市经济技术开发区建安街2号
邮编(P. C.)：100176
电话(Tel)：010－67881358－1111
传真(Fax)：010－67856059
E-mail：jinmei. shi@ kcc. com
Http://www. kimberly-clark. com. cn
法人代表(Chairman)：邵青锋
总经理(General Manager)：刘从晖
联系人(Contact Person)：史金梅
产品(Products)：妇女卫生巾，卫生护垫，成人失禁用品
品牌(Brand)：高洁丝 Kotex，得伴 Depend

北京倍舒特妇幼用品有限公司
Beijing Beishute Maternity & Child Articles Co., Ltd.
地址(Add)：北京市密云县工业开发区远光街1号
邮编(P. C.)：101500
电话(Tel)：010－69061748
传真(Fax)：010－69061747
E-mail：bjbest@ public. bta. net. cn
Http://www. bjbest. com. cn
法人代表(Chairman)：李秋红
总经理(General Manager)：李秋红
联系人(Contact Person)：刘红艳
产品(Products)：妇女卫生巾，卫生护垫，婴儿纸尿片，护理垫，湿巾
品牌(Brand)：倍舒特，健康宝宝

北京吉力妇幼卫生用品有限公司
Beijing Jili MCH Co., Ltd.
地址(Add)：北京市通州区漷县工业开发区漷兴四街16号

邮编(P. C.)：101109
电话(Tel)：010－80587777
传真(Fax)：010－80585555
法人代表(Chairman)：李贵珍
总经理(General Manager)：李贵珍
联系人(Contact Person)：王江涛
产品(Products)：妇女卫生巾，卫生护垫，婴儿纸尿裤，护理垫
品牌(Brand)：假日情

北京众生平安科技发展有限公司
Beijing All－Life Healthy Tech Co., Ltd.
地址(Add)：北京市西直门北大街联会路99号海云轩D022
邮编(P. C.)：100082
电话(Tel)：010－62278487
传真(Fax)：010－62244029
E-mail：dawsonlee@zspa. com. cn
Http://www. zspa. com. cn
法人代表(Chairman)：陆允娟
总经理(General Manager)：陆允娟
联系人(Contact Person)：李德志
产品(Products)：卫生护垫
品牌(Brand)：雪莲女人

■ 天津 Tianjin

天津市娇柔卫生制品有限公司
Tianjin Jiaorou Hygiene Products Co., Ltd.
地址(Add)：天津市宝坻区北三路高家庄信用社西
邮编(P. C.)：301800
电话(Tel)：022－22537978
传真(Fax)：022－22537976
E-mail：jrtj@ eyou. com
法人代表(Chairman)：李凤山
总经理(General Manager)：李凤山
联系人(Contact Person)：李凤山
产品(Products)：妇女卫生巾，卫生护垫，婴儿纸尿裤
品牌(Brand)：茹云，真芳

天津市瑞达卫生用品厂
Tianjin Ruida Hygiene Products Factory
地址(Add)：天津市宝坻区大口屯镇
邮编(P. C.)：301801
电话(Tel)：022－29689038
传真(Fax)：022－29685728
总经理(General Manager)：张志发
联系人(Contact Person)：张秀芳
产品(Products)：妇女卫生巾
品牌(Brand)：东方之娇

天津市宏宇卫生制品有限公司
Tianjin Hongyu Hygiene Products Co., Ltd.
地址(Add)：天津市宝坻区大钟庄镇袁罗工业小区
邮编(P. C.)：301804
电话(Tel)：022－82433268
传真(Fax)：022－82433368
E-mail：wxj@ mainone. cn
法人代表(Chairman)：张春环
总经理(General Manager)：张宇臣
联系人(Contact Person)：张宇臣
产品(Products)：妇女卫生巾，卫生护垫
品牌(Brand)：心蕊，浪漫天使，惠洁

天津宝龙发卫生制品有限公司
Tianjin Baolongfa Hygiene Products Co., Ltd.
地址(Add)：天津市宝坻区高家镇后西苑
邮编(P. C.)：301800
电话(Tel)：022－22528188
传真(Fax)：022－22528288
总经理(General Manager)：席成森
产品(Products)：妇女卫生巾，卫生卷纸
品牌(Brand)：月康欣

天津市安琪尔纸业有限公司
Tianjin Anqier Paper Co., Ltd.
地址(Add)：天津市宝坻区霍各庄园区
邮编(P. C.)：301819
电话(Tel)：022－22513000
联系人(Contact Person)：郭义民
产品(Products)：妇女卫生巾，卫生护垫，婴儿纸尿裤

天津宝坻县大雅卫生制品厂
Tianjin Baodi Daya Hygiene Products Plant
地址(Add)：天津市宝坻区霍各庄镇东开发区陈家口村
邮编(P. C.)：301800
电话(Tel)：022－22518029
传真(Fax)：022－22517595
法人代表(Chairman)：李振国
总经理(General Manager)：李振国
联系人(Contact Person)：李振军
产品(Products)：妇女卫生巾
品牌(Brand)：惠子

天津市舒爽卫生用品有限公司
Tianjin Shushuang Hygiene Products Co., Ltd.
地址(Add)：天津市宝坻区技术监督局南侧
邮编(P. C.)：301800
电话(Tel)：022－82665009
传真(Fax)：022－82665009
法人代表(Chairman)：杨少东
产品(Products)：妇女卫生巾
品牌(Brand)：雅惠

天津骏发森达卫生用品有限公司
Tianjin Junfasenda Hygiene Products Co., Ltd.
地址(Add)：天津市宝坻区经济开发区宝旺路
邮编(P. C.)：301800
电话(Tel)：022－82626888
传真(Fax)：022－82666999
E-mail：yagewangxiaojun@ sina. com
Http://www. tjyage. com
法人代表(Chairman)：王贵森
总经理(General Manager)：王晓俊
联系人(Contact Person)：王晓俊
产品(Products)：妇女卫生巾，卫生护垫，湿巾，护理垫，婴儿纸尿裤/片，医用检查垫
品牌(Brand)：雅格

天津市恒洁卫生用品有限公司
Tianjin Hengjie Hygiene Products Co., Ltd.
地址(Add)：天津市宝坻区九园公路13公里

邮编(P. C.): 301805
电话(Tel): 022-82590555
传真(Fax): 022-82591555
E-mail: xls@xilishuang.com
Http://www.xilishuang.com
法人代表(Chairman): 宁学杰
总经理(General Manager): 宁学杰
联系人(Contact Person): 康永萍
产品(Products): 妇女卫生巾, 卫生护垫, 婴儿纸尿裤/片, 成人纸尿裤/片, 护理垫
品牌(Brand): 茜丽爽, 护理康, 幸福宝贝, 贝贝爽

天津市洁维卫生制品有限公司
Tianjin Jiewei Hygiene Products Co., Ltd.
地址(Add): 天津市宝坻区马家店工业园区管委会路
邮编(P. C.): 301801
电话(Tel): 022-59219980
传真(Fax): 022-59219980
法人代表(Chairman): 李德芳
产品(Products): 妇女卫生巾, 卫生护垫
品牌(Brand): 惠柔

天津洁雅妇女卫生保健制品有限公司
Tianjin Jieya Women Health Care Products Co., Ltd.
地址(Add): 天津市宝坻区天宝工业园
邮编(P. C.): 301800
电话(Tel): 022-82660162
传真(Fax): 022-82659578
E-mail: info@tjjieya.com
Http://www.tjjieya.com
法人代表(Chairman): 徐文河
总经理(General Manager): 徐文河
联系人(Contact Person): 刘永国
产品(Products): 妇女卫生巾, 卫生护垫, 婴儿纸尿裤, 护理垫
品牌(Brand): 芬柔, 芳柔, 雨夜晴爽

天津市宝坻区美洁卫生制品有限公司
Tianjin Baodi Meijie Hygiene Products Co., Ltd.
地址(Add): 天津市宝坻区新开口开发区
邮编(P. C.): 301815
电话(Tel): 022-29610788
传真(Fax): 022-29610766
E-mail: meijie0788@126.com
Http://www.meijie0788.com.cn
法人代表(Chairman): 段景香
总经理(General Manager): 石磊
联系人(Contact Person): 宋宝新
产品(Products): 妇女卫生巾, 卫生护垫
品牌(Brand): 蓓婷

天津市海林卫生用品有限公司
Tianjin Hailin Hygiene Products Co., Ltd.
地址(Add): 天津市宝坻区新开口镇何各庄村南
邮编(P. C.): 301815
电话(Tel): 022-29610188
传真(Fax): 022-29610188
法人代表(Chairman): 张海林
总经理(General Manager): 张海林
联系人(Contact Person): 翟士军
产品(Products): 妇女卫生巾
品牌(Brand): 海之蓝

利发卫生用品(天津)有限公司
Lifa Hygiene Products (Tianjin) Co., Ltd.
地址(Add): 天津市宝坻县马家店镇工业园区
邮编(P. C.): 301800
电话(Tel): 022-82686801
传真(Fax): 022-82651555
E-mail: lifa@tjlifa.com
Http://www.tjlifa.com
法人代表(Chairman): 高绍茹
总经理(General Manager): 康永得
联系人(Contact Person): 邓得峰
产品(Products): 妇女卫生巾, 卫生护垫
品牌(Brand): 妹妹, 温馨

天津小护士实业发展股份有限公司
Tianjin Little Nurse Industry & Commerce Development Co., Ltd.
地址(Add): 天津市北辰高科技产业园区辰星工业园淮河道6号
邮编(P. C.): 300410
电话(Tel): 022-26309200
传真(Fax): 022-26301235
E-mail: fengying_702@126.com
Http://www.chinanapkin.com.cn
法人代表(Chairman): 杨印海
总经理(General Manager): 杨印海
联系人(Contact Person): 冯颖
产品(Products): 妇女卫生巾, 卫生护垫, 婴儿纸尿裤, 成人纸尿裤, 护理垫, 卫生卷纸, 面巾纸, 手帕纸
品牌(Brand): 小护士

天津市亿利来科技卫生用品有限公司
Tianjin Yililai Science & Technology Hygiene Products Co., Ltd.
地址(Add): 天津市北辰区经济开发区双街镇张湾村
邮编(P. C.): 300400
电话(Tel): 022-26981586
法人代表(Chairman): 乔景宏
总经理(General Manager): 乔景宏
联系人(Contact Person): 乔景宏
产品(Products): 妇女卫生巾
品牌(Brand): 菲思妮, 津宝

天津市韩东纸业有限公司
Tianjin Handong Paper Products Co., Ltd.
地址(Add): 天津市北辰区铁东路勤俭工业区
邮编(P. C.): 300402
电话(Tel): 022-26735867
传真(Fax): 022-26735940
E-mail: zhaoaisen@yahoo.com.cn
法人代表(Chairman): 刘嘉
总经理(General Manager): 赵亚东
产品(Products): 妇女卫生巾, 卫生护垫, 婴儿纸尿片, 成人纸尿裤, 护理垫
品牌(Brand): 美千草, 挚爱, 挚爱宝贝

天津市小燕子卫生用品有限公司
Tianjin Xiaoyanzi Hygiene Products Co., Ltd.
地址(Add): 天津市北辰区新宜白大道普发里万达新城4

号楼2门201
邮编(P. C.)：300402
电话(Tel)：022－26998316
传真(Fax)：022－26910678
E-mail：bubulu@yahoo.cn
总经理(General Manager)：华鼎升
联系人(Contact Person)：华鼎升
产品(Products)：妇女卫生巾，卫生护垫，婴儿纸尿裤，成人纸尿裤，护理垫
品牌(Brand)：小燕子，曲美

天津百惠纸品有限公司
Tianjin Baihui Paper Products Co., Ltd.
地址(Add)：天津市北辰区延吉道东头
邮编(P. C.)：300400
电话(Tel)：022－26391539
传真(Fax)：022－26391523
法人代表(Chairman)：李忠
总经理(General Manager)：李忠
联系人(Contact Person)：赵秀琴
产品(Products)：妇女卫生巾，卫生护垫
品牌(Brand)：百惠

天津市蔓莉卫生用品有限公司
Tianjin Manli Sanitary Products Co., Ltd.
地址(Add)：天津市大港区石化产业园区
邮编(P. C.)：300270
电话(Tel)：022－63221661
传真(Fax)：022－63220580
E-mail：manlichina@sohu.com
法人代表(Chairman)：朱明华
总经理(General Manager)：朱明华
联系人(Contact Person)：张梅
产品(Products)：妇女卫生巾，卫生护垫
品牌(Brand)：蔓莉，初恋情人

天津市英华妇幼用品有限公司
Tianjin Yinghua Women & Children Products Co., Ltd.
地址(Add)：天津市东丽区金钟公路大毕庄镇南孙庄
邮编(P. C.)：300240
电话(Tel)：022－26791415
传真(Fax)：022－26795158
E-mail：sfj@yinghuatj.com
Http://www.yinghuatj.com
法人代表(Chairman)：孙富举
总经理(General Manager)：孙富举
联系人(Contact Person)：孙永跃
产品(Products)：妇女卫生巾，卫生护垫，婴儿纸尿裤/片，护理垫，宠物垫
品牌(Brand)：心宝，心思，假日之恋，厚生堂

天津亨达工贸有限公司
Tianjin Hengda Industry & Trade Co., Ltd.
地址(Add)：天津市东丽区金钟路东安驾校开发区
邮编(P. C.)：300240
电话(Tel)：022－26795557
传真(Fax)：022－26795556
E-mail：info@tj-hengda.com
Http://www.tj-hengda.com.cn
总经理(General Manager)：孙宗安
联系人(Contact Person)：秦士润
产品(Products)：妇女卫生巾，卫生护垫
品牌(Brand)：柔纯，清逸女孩

天津市美商卫生用品厂
Tianjin Meishang Hygiene Products Factory
地址(Add)：天津市东丽区新立镇新兴工业区
邮编(P. C.)：300300
电话(Tel)：022－24998376
传真(Fax)：022－24982381
Http://www.tjyuqing.cn
总经理(General Manager)：王德军
联系人(Contact Person)：李文娟
产品(Products)：妇女卫生巾，卫生护垫，婴儿纸尿片，成人纸尿片，护理垫
品牌(Brand)：雨晴

天津格格卫生用品有限公司
Tianjin Gege Hygiene Products Co., Ltd.
地址(Add)：天津市汉沽区火车站西200米
邮编(P. C.)：300480
电话(Tel)：022－60650656
传真(Fax)：022－25663585
总经理(General Manager)：刘松林
联系人(Contact Person)：王昭武
产品(Products)：妇女卫生巾，卫生护垫
品牌(Brand)：格格

天津万家卫生用品有限公司
Tianjin Wanjia Hygiene Products Co., Ltd.
地址(Add)：天津市河北区北站外水产前街2号
邮编(P. C.)：300241
电话(Tel)：022－26415678
传真(Fax)：022－26415666
法人代表(Chairman)：于家起
总经理(General Manager)：刘忠浩
产品(Products)：卫生纸，妇女卫生巾
品牌(Brand)：青竹，仕美

天津市娇雅卫生用品厂
Tianjin Jiaoya Hygiene Products Factory
地址(Add)：天津市蓟县渔阳南路71号(县农行大厦对面)
邮编(P. C.)：301900
电话(Tel)：022－29145101
传真(Fax)：022－29145101
E-mail：tianjinjiaoya@163.com
总经理(General Manager)：王海生
产品(Products)：妇女卫生巾
品牌(Brand)：心菲，娇雅

天津市恒新纸业有限公司
Tianjin Permanent New Paper Co., Ltd.
地址(Add)：天津市津南经济技术开发区(双港)上海街10号
邮编(P. C.)：300350
电话(Tel)：022－28571061
传真(Fax)：022－88828679
E-mail：hengxin-zhiye@sohu.com
法人代表(Chairman)：李宝金
总经理(General Manager)：李宝金
联系人(Contact Person)：宁书金

产品(Products)：妇女卫生巾，卫生护垫，婴儿纸尿片，成人纸尿片，护理垫，纸鞋垫
品牌(Brand)：假日欣，好丽友，炫彩，邦宜生，包护理，好护理

天津洁维斯纸制用品厂
Tianjin Jieweisi Paper Articles Factory
地址(Add)：天津市静海独流镇医院西行200米
邮编(P. C.)：301602
电话(Tel)：022－68815771
传真(Fax)：022－68818294
总经理(General Manager)：周延信
联系人(Contact Person)：张荣琴
产品(Products)：妇女卫生巾，卫生护垫
品牌(Brand)：洁维斯，依恋

天津馨雅妇女卫生用品有限公司
Tianjin Xinya Women Hygiene Products Co., Ltd.
地址(Add)：天津市宁河县大北镇李庄子村南
邮编(P. C.)：301504
电话(Tel)：022－69593649
法人代表(Chairman)：牟秀晶
产品(Products)：妇女卫生巾

天津市康宝卫生制品有限公司
Tianjin Kangbao Health Care Products Co., Ltd.
地址(Add)：天津市宁河县经济技术开发区华翠路68号
邮编(P. C.)：301500
电话(Tel)：022－69597862
传真(Fax)：022－69570833
E-mail：kangbao@vip. sina. com
法人代表(Chairman)：贾德茂
总经理(General Manager)：贾沛元
联系人(Contact Person)：杨长龙
产品(Products)：妇女卫生巾，卫生护垫
品牌(Brand)：惠之花

天津海华卫生制品有限公司
Tianjin Haihua Hygiene Products Co., Ltd.
地址(Add)：天津市宁河县芦台镇沿河路8号(联星机械厂院内)
邮编(P. C.)：301500
电话(Tel)：022－69585660
传真(Fax)：022－69570059
E-mail：tjhaihua@163. com
Http://www. tjhengda. cn. alibaba. com
法人代表(Chairman)：王树海
总经理(General Manager)：王建华
联系人(Contact Person)：王建华
产品(Products)：妇女卫生巾，卫生护垫，婴儿纸尿裤/片，母婴两用巾，护理垫，宠物垫
品牌(Brand)：舒妮，小豆丁，金童玉女，华逸爽

天津市妮娅卫生用品有限公司
Tianjin Niya Hygiene Products Co., Ltd.
地址(Add)：天津市宁河县造甲城工业园区
邮编(P. C.)：301510
电话(Tel)：022－69518989
传真(Fax)：022－69518988
Http://www. tjtianning. com
法人代表(Chairman)：郭宝忠
联系人(Contact Person)：孙志宏
产品(Products)：妇女卫生巾
品牌(Brand)：天宁

天津舒尔卫生用品有限公司
Tianjin Sure Health Products Co., Ltd.
地址(Add)：天津市武清区汉沽港经济园
邮编(P. C.)：301721
电话(Tel)：022－29494873
传真(Fax)：022－29497397
E-mail：sewsyp@126. com
法人代表(Chairman)：黄楚璧
总经理(General Manager)：蔡澄
联系人(Contact Person)：张玉玲
产品(Products)：妇女卫生巾，卫生护垫，护理垫
品牌(Brand)：舒而怡

天津武清区东生卫生制品有限公司
Tianjin Dongsheng Hygiene Products Co., Ltd.
地址(Add)：天津市武清区南蔡村镇马庄村3区5号
邮编(P. C.)：301709
电话(Tel)：022－29414519
法人代表(Chairman)：张玉生
总经理(General Manager)：张玉生
产品(Products)：妇女卫生巾
品牌(Brand)：欣El情，馨婷

天津市虹怡纸业有限公司
Tianjin Hongyi Paper Industry Co., Ltd.
地址(Add)：天津市武清区石各庄镇梁各庄村
邮编(P. C.)：301718
电话(Tel)：022－22156866
法人代表(Chairman)：刘景杰
产品(Products)：妇女卫生巾，卫生护垫，护理垫
品牌(Brand)：汲爽

天津爱家卫生用品有限公司
Tianjin Aijia Sanitary Products Co., Ltd.
地址(Add)：天津市西青经济开发区辛口工业园
邮编(P. C.)：300380
电话(Tel)：022－87993955
传真(Fax)：022－87993955
联系人(Contact Person)：刘玉福
产品(Products)：妇女卫生巾，卫生护垫
品牌(Brand)：名秀，雪洁

天津宝洁工业有限公司
P&G Manufacturing (Tianjin) Co., Ltd.
地址(Add)：天津市西青经济开发区兴华七支路12号
邮编(P. C.)：300385
电话(Tel)：022－23978828
传真(Fax)：022－23975154
E-mail：fang. pa@pg. com
联系人(Contact Person)：方和平
产品(Products)：妇女卫生巾，卫生护垫，婴儿纸尿裤
品牌(Brand)：护舒宝，帮宝适

恒安(天津)纸业有限公司
Hengan (Tianjin) Paper Co., Ltd.
地址(Add)：天津市西青经济开发区兴华一支路
邮编(P. C.)：300381

电话(Tel)：022－23973688
传真(Fax)：022－23973688
E-mail：gaos@mail.hengan.com.cn
法人代表(Chairman)：许连捷
联系人(Contact Person)：高珊
产品(Products)：生活用纸，妇女卫生巾
品牌(Brand)：心相印，安乐，安尔乐

恒安(天津)卫生用品有限公司
Hengan (Tianjin) Hygiene Products Co., Ltd.
地址(Add)：天津市西青经济开发区兴华一支路6号
邮编(P.C.)：300381
电话(Tel)：022－23973688
传真(Fax)：022－23973688
法人代表(Chairman)：施文博
联系人(Contact Person)：高珊
产品(Products)：妇女卫生巾，纸尿裤
品牌(Brand)：安乐，安尔乐，安儿乐，安而康

天津市依依卫生用品有限公司
Tianjin Yiyi Hygiene Products Co., Ltd.
地址(Add)：天津市西青区张家窝工业园
邮编(P.C.)：300380
电话(Tel)：022－87988888
传真(Fax)：022－87987888
E-mail：gaobin7705@163.com
法人代表(Chairman)：卢俊美
总经理(General Manager)：卢俊美
联系人(Contact Person)：张健
产品(Products)：妇女卫生巾，卫生护垫，婴儿纸尿片，护理垫，宠物垫，卫生卷纸，纸巾纸，湿巾
品牌(Brand)：依依

天津市三维纸业有限公司
Tianjin Sanwei Paper Products Co., Ltd.
地址(Add)：天津市西青区张家窝镇高家村
邮编(P.C.)：300381
电话(Tel)：022－87988458
传真(Fax)：022－87988458
法人代表(Chairman)：杨建国
总经理(General Manager)：杨建国
联系人(Contact Person)：韩秀林
产品(Products)：妇女卫生巾，卫生护垫，婴儿纸尿裤，湿巾，卫生卷纸，手帕纸，面巾纸
品牌(Brand)：三维，金美雅

天津市兰景工贸有限公司
Tianjin Lanjing Industry & Trade Co., Ltd.
地址(Add)：天津市西青区中北镇汪庄南铁道旁3号
邮编(P.C.)：300112
电话(Tel)：022－27390537
传真(Fax)：022－27390532
法人代表(Chairman)：吕小带
总经理(General Manager)：樊永行
产品(Products)：妇女卫生巾，卫生护垫，纸尿裤，手帕纸，面巾纸，擦手纸，卫生卷纸，湿巾
品牌(Brand)：茹梦

禾丰(天津)卫生用品有限公司
Harvest (Tianjin) Sanitary Products Co., Ltd.
地址(Add)：天津市新技术产业园区武清开发区泉旺路南财源道5号
邮编(P.C.)：301726
电话(Tel)：022－82122296－98
传真(Fax)：022－82122289
E-mail：hefeng@vip.sina.com
Http://www.hefeng1998.cn
总经理(General Manager)：王立民
联系人(Contact Person)：贾克光
产品(Products)：妇女卫生巾，卫生护垫，成人纸尿裤，婴儿尿不湿及伴侣
品牌(Brand)：青春旗，伊娇儿

天津市洁尔卫生用品有限公司
Tianjin Jieer Hygiene Products Co., Ltd.
地址(Add)：天津市中北工业园阜盛道曦霞路26号
邮编(P.C.)：300112
电话(Tel)：022－27948772
传真(Fax)：022－27980168
法人代表(Chairman)：张志宏
总经理(General Manager)：胡秀荣
联系人(Contact Person)：胡秀荣
产品(Products)：妇女卫生巾，卫生护垫，婴儿纸尿裤/片，成人纸尿裤，护理垫，湿巾
品牌(Brand)：尚好佳，冬虫草

■ 河北 Hebei

霸州市校办康乐卫生巾厂
Kangle Sanitary Napkins Factory
地址(Add)：河北省霸州市经济技术开发区兴港园区
邮编(P.C.)：065700
电话(Tel)：0316－7554029
传真(Fax)：0316－7552798
E-mail：hfxhhz@163.com
法人代表(Chairman)：何敏悦
总经理(General Manager)：何敏悦
联系人(Contact Person)：何福祥
产品(Products)：妇女卫生巾，卫生护垫，婴儿纸尿片，护理垫
品牌(Brand)：佩曼

保定苑氏卫生用品有限公司
Baoding Yuanshi Hygiene Products Co., Ltd.
地址(Add)：河北省保定市北四环漕河河西工业园1号
邮编(P.C.)：072556
电话(Tel)：0312－8502288
传真(Fax)：0312－8500366
法人代表(Chairman)：苑耀文
总经理(General Manager)：苑耀文
联系人(Contact Person)：苑耀文
产品(Products)：妇女卫生巾，卫生护垫
品牌(Brand)：扬兰

保定市金能卫生用品有限公司＊
Baoding Jinneng Hygiene Products Co., Ltd.
地址(Add)：河北省保定市朝阳南大街北沟头工业区
邮编(P.C.)：071000
电话(Tel)：0312－2151998
传真(Fax)：0312－2152998
E-mail：sales@bdking.cn
Http://www.bdking.cn

总经理(General Manager)：石大虎
联系人(Contact Person)：池中
产品(Products)：手帕纸，面巾纸，擦手纸，餐巾纸，原纸，妇女卫生巾，纸尿裤
品牌(Brand)：雅尚，虎宝宝，翔云，么么熊，金雅尚

河北省保定清舒卫生用品有限公司
Hebei Baoding Qingshu Hygiene Products Co., Ltd.
地址(Add)：河北省保定市大庄镇石屯村
邮编(P. C.)：072150
电话(Tel)：0312－8051342
传真(Fax)：0312－8051342
总经理(General Manager)：莫顺国
联系人(Contact Person)：莫顺国
产品(Products)：妇女卫生巾，卫生护垫
品牌(Brand)：清舒

保定市义厚成纸业有限公司
Baoding Yihoucheng Paper Co., Ltd.
地址(Add)：河北省保定市国家高新技术产业开发区云杉路131号
邮编(P. C.)：071051
电话(Tel)：0312－7921333
传真(Fax)：0312－3327610
E-mail：yhc@ladystar.com.cn
Http://www.ladystar.com.cn
法人代表(Chairman)：白红敏
总经理(General Manager)：田立炜
联系人(Contact Person)：王岩
产品(Products)：妇女卫生巾，卫生护垫，湿巾，护理垫，隔尿垫巾
品牌(Brand)：女主角，喜儿，妮好，喜尔健

洁美卫生用品有限公司
Jiemei Hygiene Products Co., Ltd.
地址(Add)：河北省保定市蠡县古灵山工业区
邮编(P. C.)：071400
电话(Tel)：0312－6503663
传真(Fax)：0312－6503173
总经理(General Manager)：石彦君
联系人(Contact Person)：石彦君
产品(Products)：妇女卫生巾，卫生护垫
品牌(Brand)：洁清，千佰莉

保定爱洁卫生用品有限公司
Baoding Aijie Hygiene Products Co., Ltd.
地址(Add)：河北省保定市蠡县杨北工业区
邮编(P. C.)：071400
电话(Tel)：0312－6511769
总经理(General Manager)：王伟光
产品(Products)：妇女卫生巾，卫生护垫
品牌(Brand)：爱洁

和信纸品有限公司
Hexin Paper Products Co., Ltd.
地址(Add)：河北省保定市满城县大册营工业区
邮编(P. C.)：072150
电话(Tel)：0312－7026198
传真(Fax)：0312－7026896
E-mail：thb@hisunpaper.com
Http://www.hisunpaper.com
总经理(General Manager)：韩三旺
联系人(Contact Person)：谭浩波
产品(Products)：妇女卫生巾，纸尿裤，面巾纸，卫生卷纸，手帕纸
品牌(Brand)：美之莲，真好，妙恋，乐朵

河北铭阳纸业有限公司
Hebei Mingyang Paper Co., Ltd.
地址(Add)：河北省保定市满城县大册营工业区
邮编(P. C.)：072150
电话(Tel)：0312－8724018
联系人(Contact Person)：宋东
产品(Products)：手帕纸，面巾纸，妇女卫生巾
品牌(Brand)：雨彤，小懒猫

保定市港兴纸业有限公司＊
Baoding Gangxing Paper Co., Ltd.
地址(Add)：河北省保定市满城县大册营造纸工业区
邮编(P. C.)：072150
电话(Tel)：0312－7021908
传真(Fax)：0312－7021728
E-mail：bdlibang@163.com
Http://www.libangnet.cn
法人代表(Chairman)：张二牛
总经理(General Manager)：张二牛
联系人(Contact Person)：胡占清
产品(Products)：原纸，卫生纸，手帕纸，餐巾纸，面巾纸，擦手纸，妇女卫生巾，卫生护垫
品牌(Brand)：丽邦，港兴

保定雨森卫生用品有限公司＊
Baoding Yusen Hygiene Products Co., Ltd.
地址(Add)：河北省保定市满城县大册营造纸工业区
邮编(P. C.)：072150
电话(Tel)：0312－5578100
传真(Fax)：0312－5572100
Http://www.yusenpaper.com
法人代表(Chairman)：苏马力
总经理(General Manager)：苏马力
联系人(Contact Person)：吴长念
产品(Products)：卫生纸，手帕纸，面巾纸，原纸，妇女卫生巾，卫生护垫，婴儿纸尿裤，成人纸尿裤，湿巾
品牌(Brand)：雨森，康柔，百丽

河北洁源环保设备制造有限公司
Hebei Jieyuan Environmental Protection Machinery Co., Ltd.
地址(Add)：河北省保定市满城县大册营镇方上造纸工业园区
邮编(P. C.)：072150
电话(Tel)：0312－7027999
传真(Fax)：0312－7020123
Http://www.chengxinpaper.com
联系人(Contact Person)：李军
产品(Products)：卫生纸
品牌(Brand)：雪亮，雪驰

保定冀新纸业有限公司
Baoding Jixin Paper Co., Ltd.
地址(Add)：河北省保定市清苑石屯经济开发区
邮编(P. C.)：071103

电话(Tel)：0312－8051188
传真(Fax)：0312－8052288
法人代表(Chairman)：石继欣
产品(Products)：妇女卫生巾，卫生护垫
品牌(Brand)：特维

保定市清苑县三逸卫生用品有限公司
Baoding Sanyi Hygiene Products Co., Ltd.
地址(Add)：河北省保定市清苑县大庄镇石屯村
邮编(P. C.)：071100
电话(Tel)：0312－8051166
法人代表(Chairman)：石德奇
总经理(General Manager)：石德奇
产品(Products)：妇女卫生巾，卫生护垫

保定市康泰卫生用品有限公司
Baoding Kangtai Hygiene Products Co., Ltd.
地址(Add)：河北省保定市清苑县石屯工业园区
邮编(P. C.)：071100
电话(Tel)：0312－8051868
总经理(General Manager)：郝国辉
联系人(Contact Person)：郝国辉
产品(Products)：妇女卫生巾，卫生护垫
品牌(Brand)：时尚女孩

徐水县龙帅卫生巾厂
Xushui Longshuai Sanitary Napkins Factory
地址(Add)：河北省保定市徐水县遂城工业园区
邮编(P. C.)：072557
电话(Tel)：0312－8968656
传真(Fax)：0312－8968896
总经理(General Manager)：赵勇刚
联系人(Contact Person)：赵勇刚
产品(Products)：妇女卫生巾
品牌(Brand)：愉畅

徐水县名人卫生巾厂
Xushui Mingren Sanitary Napkins Factory
地址(Add)：河北省保定市徐水县遂城开发区
邮编(P. C.)：072550
电话(Tel)：0312－8968379
传真(Fax)：0312－8968379
总经理(General Manager)：赵长福
联系人(Contact Person)：赵长福
产品(Products)：妇女卫生巾，卫生护垫，婴儿纸尿裤
品牌(Brand)：健康人生，名人

泊头市洁媛卫生用品厂
Botou Jieyuan Hygiene Products Factory
地址(Add)：河北省泊头市104国道交警队对面
邮编(P. C.)：062150
电话(Tel)：0317－8311312
传真(Fax)：0317－8092188
总经理(General Manager)：徐贵兴
联系人(Contact Person)：徐贵兴
产品(Products)：妇女卫生巾
品牌(Brand)：洁媛，羞月，俏女孩，酷妞

邯郸市月亮湾保健品有限公司
Handan Yueliangwan Healthcare Products Co., Ltd.
地址(Add)：河北省磁县磁州园中园高新技术开发区
邮编(P. C.)：056500
电话(Tel)：0310－2388228
传真(Fax)：0310－2388239
E-mail：kefu@chinabis.net
法人代表(Chairman)：谢志卿
联系人(Contact Person)：赵宝新
产品(Products)：妇女卫生巾，卫生护垫
品牌(Brand)：黛芙妮，黛婷

石家庄宝洁卫生用品有限公司
Shijiazhuang Baojie Hygiene Products Co., Ltd.
地址(Add)：河北省藁城市梨元庄工贸小区
邮编(P. C.)：052160
电话(Tel)：0311－88156418
传真(Fax)：0311－88121570
法人代表(Chairman)：刘会杰
总经理(General Manager)：刘会杰
联系人(Contact Person)：刘会杰
产品(Products)：妇女卫生巾，婴儿纸尿片
品牌(Brand)：夏维怡，浪漫青春，宝适洁

邯郸市雨洁卫生用品有限公司
Handan Yujie Sanitary Products Co., Ltd.
地址(Add)：河北省邯郸市磁县铁西恒泰路6号
邮编(P. C.)：056500
电话(Tel)：0310－2339988
传真(Fax)：0310－2331066
法人代表(Chairman)：任万成
总经理(General Manager)：王清松
联系人(Contact Person)：王庆国
产品(Products)：妇女卫生巾，卫生护垫，纸尿裤
品牌(Brand)：雨萌

邯郸市泰和纸业有限公司
Handan Taihe Paper Co., Ltd.
地址(Add)：河北省邯郸市高新技术开发区华荣街6号
邮编(P. C.)：056004
电话(Tel)：0310－5508999
传真(Fax)：0310－7053222
法人代表(Chairman)：叶聪明
总经理(General Manager)：曹同海
联系人(Contact Person)：张诗杰
产品(Products)：妇女卫生巾，卫生护垫，婴儿纸尿裤/片，成人纸尿裤/片，面巾纸，餐巾纸，卫生纸
品牌(Brand)：月来香，珍妃，泰和康

河北邯郸天宇卫生用品厂
Hebei Handan Tianyu Hygiene Products Factory
地址(Add)：河北省邯郸市中华北大街中段北仓库路甲2号
邮编(P. C.)：056004
电话(Tel)：0310－7025542
传真(Fax)：0310－7026141
法人代表(Chairman)：金保军
总经理(General Manager)：王存瑞
联系人(Contact Person)：郭继森
产品(Products)：妇女卫生巾，卫生护垫，婴儿纸尿裤/片，成人纸尿片
品牌(Brand)：爱蕊尔

石家庄市宏大卫生用品厂
Shijiazhuang Hongda Hygiene Products Factory
地址(Add)：河北省晋州市东宿开发区晋深路石黄高速出口东行两公里
邮编(P.C.)：052260
电话(Tel)：0311－84330297
传真(Fax)：0311－84330937
总经理(General Manager)：宿振宗
联系人(Contact Person)：魏成栓
产品(Products)：妇女卫生巾，卫生护垫，隔尿垫巾，护理垫
品牌(Brand)：邦尔舒

石家庄市嘉赐福卫生用品有限公司
Shijiazhuang Jiacifu Hygiene Products Co., Ltd.
地址(Add)：河北省晋州市晋深路东宿开发区
邮编(P.C.)：052260
电话(Tel)：0311－84331118
传真(Fax)：0311－84331198
法人代表(Chairman)：宿振宗
产品(Products)：妇女卫生巾，卫生护垫，护理垫
品牌(Brand)：魅力瑜珈，瑜珈护理

廊坊市宝胜妇幼用品有限公司
Langfang Baosheng Women & Children Articles Co., Ltd.
地址(Add)：河北省廊坊市广阳区宏泰花园4B－1单元401
邮编(P.C.)：065000
电话(Tel)：0316－6860170
传真(Fax)：0316－2182117
E-mail：pretty0521@sina.com.cn
法人代表(Chairman)：王宝胜
总经理(General Manager)：王宝胜
联系人(Contact Person)：郝晨熙
产品(Products)：妇女卫生巾，卫生护垫，卫生卷纸，婴儿纸尿裤
品牌(Brand)：水晶之恋，雪竹，紫竹

保定市卫生用品厂
Baoding Hygiene Products Factory
地址(Add)：河北省蠡县城隍庙街45号
邮编(P.C.)：071400
电话(Tel)：0312－6211969
传真(Fax)：0312－6211969
法人代表(Chairman)：张小铁
总经理(General Manager)：张小铁
联系人(Contact Person)：张新会
产品(Products)：妇女卫生巾
品牌(Brand)：舒乐，洁友，富美

河北省蠡县康洁卫生用品有限责任公司
Hebei Kangjie Hygiene Products Co., Ltd.
地址(Add)：河北省蠡县古灵山工业区
邮编(P.C.)：071400
电话(Tel)：0312－8055800
Http://www.kangjiezhiye.cn
联系人(Contact Person)：刘志杰
产品(Products)：妇女卫生巾，卫生护垫，卫生卷纸
品牌(Brand)：诗婷

河北黛玉纸业发展有限公司
Hebei Daiyu Paper Industry Development Co., Ltd.
地址(Add)：河北省隆尧县东方食品城
邮编(P.C.)：055350
电话(Tel)：0319－6592098
传真(Fax)：0319－6599616
总经理(General Manager)：范录洲
产品(Products)：妇女卫生巾，卫生护垫，婴儿纸尿裤，隔尿垫巾，面巾纸，卫生纸
品牌(Brand)：黛玉，护佳，梦爱

内邱舒美乐卫生用品有限责任公司
Neiqiu Shumeile Hygiene Products Co., Ltd.
地址(Add)：河北省内邱县内隆路98号
邮编(P.C.)：054200
电话(Tel)：0319－6888666
传真(Fax)：0319－6880999
总经理(General Manager)：郝统群
联系人(Contact Person)：郝统群
产品(Products)：妇女卫生巾
品牌(Brand)：蓝梦

清苑县洁康卫生用品厂
Qingyuan Jiekang Hygiene Products Factory
地址(Add)：河北省清苑县大庄镇蒲洼村
邮编(P.C.)：071100
电话(Tel)：0312－8055431
法人代表(Chairman)：张小启
联系人(Contact Person)：张小启
产品(Products)：妇女卫生巾，卫生护垫，护理垫
品牌(Brand)：妇炎洁，大保健，威而美

石家庄美洁卫生用品有限公司
Shijiazhuang Meijie Hygiene Products Co., Ltd.
地址(Add)：河北省石家庄市藁城市系井工业区
邮编(P.C.)：052160
电话(Tel)：0311－86590271
传真(Fax)：0311－86590271
E-mail：sjzmj8@126.com
Http://www.sjzmj8.com
总经理(General Manager)：田俊卿
联系人(Contact Person)：刘皂拴
产品(Products)：妇女卫生巾，卫生护垫，护理垫
品牌(Brand)：好青青

石家庄三合利卫生用品有限公司
Shijiazhuang Sanheli Hygiene Products Co., Ltd.
地址(Add)：河北省石家庄市晋东工业区
邮编(P.C.)：052260
电话(Tel)：0311－84367168
传真(Fax)：0311－84367168
联系人(Contact Person)：尹良友
产品(Products)：妇女卫生巾，卫生护垫，婴儿隔尿垫巾
品牌(Brand)：雪芙爽，伊尔爽

鑫达卫生巾有限公司
Xinda Sanitary Napkins Co., Ltd.
地址(Add)：河北省石家庄市晋州东开发区
邮编(P.C.)：052260
电话(Tel)：0311－84377699

传真(Fax)：0311-84377699
总经理(General Manager)：王广宇
产品(Products)：妇女卫生巾
品牌(Brand)：含羞草，馨欣，名人，家和

石家庄夏兰纸业有限公司
Shijiazhuang Xialan Paper Co., Ltd.
地址(Add)：河北省石家庄市晋州市通达路安家庄开发区
邮编(P.C.)：052260
电话(Tel)：0311-84396888
传真(Fax)：0311-84396966
E-mail：xialan@163.com
Http://www.huanafa.com
总经理(General Manager)：吕建辉
产品(Products)：妇女卫生巾，卫生护垫，卫生纸
品牌(Brand)：夏兰，瞬爽

石家庄市圣雪兰卫生用品厂
Shijiazhuang Shengxuelan Hygiene Products Factory
地址(Add)：河北省石家庄市正定县牛家庄村
邮编(P.C.)：050800
电话(Tel)：0311-88275698
传真(Fax)：0311-88275698
总经理(General Manager)：曹国英
联系人(Contact Person)：曹国英
产品(Products)：妇女卫生巾
品牌(Brand)：圣雪兰

河北正定光大卫生用品厂
Hebei Zhengding Guangda Hygiene Products Factory
地址(Add)：河北省石家庄市正定县诸福屯镇诸福屯村
邮编(P.C.)：050800
电话(Tel)：0311-88220986
传真(Fax)：0311-88220986
E-mail：zdguangda@yahoo.com.cn
联系人(Contact Person)：康伟
产品(Products)：卫生纸，妇女卫生巾
品牌(Brand)：圣淘沙，满堂红，雪力，静莲，依洋，永兰

石家庄市顺美卫生用品厂
Shijiazhuang Shunmei Hygiene Products Factory
地址(Add)：河北省石家庄市中山西路世纪工业园158号
邮编(P.C.)：050200
电话(Tel)：0311-82221017
传真(Fax)：0311-82221858
E-mail：sm@smsjz.com
Http://www.smsjz.com
法人代表(Chairman)：戎文华
总经理(General Manager)：赵桅
联系人(Contact Person)：赵桅
产品(Products)：妇女卫生巾，卫生护垫
品牌(Brand)：伊而舒，佳宝仕

石家庄百氏洁纸制品有限公司
Shijiazhuang Baishijie Paper Products Co., Ltd.
地址(Add)：河北省石家庄元氏经济开发区蟠龙路201号
邮编(P.C.)：051130
电话(Tel)：0311-84637168
传真(Fax)：0311-84637168
总经理(General Manager)：常迎新
联系人(Contact Person)：吴会杰
产品(Products)：妇女卫生巾，卫生护垫
品牌(Brand)：安适洁

唐山市丰南区西泊卫生用品有限公司
Tangshan Fengnan Xipo Hygiene Products Co., Ltd.
地址(Add)：河北省唐山市丰南黄各庄西杨家泊村
邮编(P.C.)：063300
电话(Tel)：0315-8528039
传真(Fax)：0315-8528839
E-mail：liulei7702@sohu.com
法人代表(Chairman)：刘宝平
总经理(General Manager)：刘宝平
产品(Products)：妇女卫生巾，卫生护垫，婴儿纸尿裤，隔尿巾
品牌(Brand)：舒女，负氧离子

河北省唐山市丰南区玲达卫生用品厂
Hebei Tangshan Fengnan Lingda Hygiene Products Factory
地址(Add)：河北省唐山市丰南区惠达陶瓷城南
邮编(P.C.)：063307
电话(Tel)：0315-8528608
传真(Fax)：0315-8528608
法人代表(Chairman)：李绍玲
总经理(General Manager)：李绍玲
产品(Products)：妇女卫生巾
品牌(Brand)：玲达

唐山市妇康卫生用品有限公司
Tangshan Fukang Hygiene Products Co., Ltd.
地址(Add)：河北省唐山市路北区果园西郭
邮编(P.C.)：063000
电话(Tel)：0315-2343776
传真(Fax)：0315-2253887
Http://www.fkwsyp.cn
总经理(General Manager)：刘福东
联系人(Contact Person)：刘福庄
产品(Products)：妇女卫生巾，卫生护垫，卫生纸
品牌(Brand)：惠芳

河北沧州卫生巾厂
Cangzhou Sanitary Napkins Factory
地址(Add)：河北省献县高官卫生院
邮编(P.C.)：062250
电话(Tel)：0317-4420539
总经理(General Manager)：崔培领
产品(Products)：妇女卫生巾
品牌(Brand)：巧蝶

河北绿洁纸业有限公司
Hebei Lüjie Paper Industry Co., Ltd.
地址(Add)：河北省邢台市柏乡县石家庄工业区
邮编(P.C.)：055450
电话(Tel)：0319-7763698
传真(Fax)：0319-7763699
总经理(General Manager)：郭振宇
联系人(Contact Person)：李亚涛
产品(Products)：妇女卫生巾，卫生护垫，湿巾
品牌(Brand)：绿洁

邢台市好美时卫生用品有限公司
Xingtai Haomeishi Sanitary Products Co., Ltd.
地址(Add)：河北省邢台市内邱县内隆路88号(原法医医院院内)
邮编(P. C.)：054200
电话(Tel)：0319-6889689
传真(Fax)：0319-6889689
总经理(General Manager)：郝向民
联系人(Contact Person)：邢彦辉
产品(Products)：妇女卫生巾，卫生护垫
品牌(Brand)：好美时，缤婷，天妮

河北省徐水县世纪缘卫生巾厂
Xushui Shijiyuan Sanitary Napkins Factory
地址(Add)：河北省徐水县安来镇王马村
邮编(P. C.)：072550
电话(Tel)：0312-8610767
传真(Fax)：0312-8616767
E-mail：sl18@shuleiwsj.com
Http://www.shuleiwsj.com
法人代表(Chairman)：刘超
总经理(General Manager)：刘超
产品(Products)：妇女卫生巾，卫生护垫
品牌(Brand)：柏兰

河北徐水康宝卫生用品有限公司
Hebei Xushui Kangbao Hygiene Products Co., Ltd.
地址(Add)：河北省徐水县农丰路2号
邮编(P. C.)：072550
电话(Tel)：0312-8690798
传真(Fax)：0312-8690798
总经理(General Manager)：时建刚
产品(Products)：妇女卫生巾
品牌(Brand)：雅仙

世纪龙卫生用品有限公司
Shijilong Hygiene Products Co., Ltd.
地址(Add)：河北省徐水县遂城开发区
邮编(P. C.)：072557
电话(Tel)：0312-8968888
传真(Fax)：0312-8968777
法人代表(Chairman)：赵淑玲
联系人(Contact Person)：赵海波
产品(Products)：妇女卫生巾，卫生护垫，隔尿巾
品牌(Brand)：绮日爽

徐水县顺发卫生用品有限公司
Xushui Shunfa Hygiene Products Co., Ltd.
地址(Add)：河北省徐水县谢坊村南
邮编(P. C.)：072550
电话(Tel)：0312-8903608
法人代表(Chairman)：祁连顺
联系人(Contact Person)：祁连顺
产品(Products)：卫生纸，餐巾纸，卫生护垫

玉田县中圆卫生制品厂
Yutian Zhongyuan Hygiene Products Factory
地址(Add)：河北省玉田县窝洛沽政府大街西头
邮编(P. C.)：064103
电话(Tel)：0315-6425988
E-mail：kf@ebtow.com
法人代表(Chairman)：孟昭瑞
联系人(Contact Person)：孟昭瑞
产品(Products)：妇女卫生巾

玉田县康源卫生用品厂
Yutian Kangyuan Hygiene Products Factory
地址(Add)：河北省玉田县鸦鸿桥镇大冯庄村
邮编(P. C.)：064102
电话(Tel)：0315-6556926
传真(Fax)：0315-6556926
法人代表(Chairman)：张久旭
联系人(Contact Person)：张久旭
产品(Products)：妇女卫生巾，卫生护垫
品牌(Brand)：舒逸

金雷卫生用品厂
Jinlei Hygiene Products Factory
地址(Add)：河北省正定县文昌街副42号(太平街)
邮编(P. C.)：050800
电话(Tel)：0311-88019705
传真(Fax)：0311-88019705
E-mail：88019705@163.com
Http://88019705.blog.163.com
总经理(General Manager)：李春雷
联系人(Contact Person)：李春雷
产品(Products)：妇女卫生巾，成人纸尿裤，护理垫，隔尿巾，卫生纸，宠物垫
品牌(Brand)：康必备

■ 辽宁 Liaoning

鞍山市佳乐卫生保健品有限公司
Anshan Jiale Hygiene & Health Care Products Co., Ltd.
地址(Add)：辽宁省鞍山市铁西区体育街83号
邮编(P. C.)：114013
电话(Tel)：0412-8213658
传真(Fax)：0412-8251485
法人代表(Chairman)：林乐坤
总经理(General Manager)：林乐坤
联系人(Contact Person)：李君军
产品(Products)：妇女卫生巾，卫生护垫
品牌(Brand)：佳乐

大连欧派科技有限公司
Dalian Oupai Technological Co., Ltd.
地址(Add)：辽宁省大连市金州区站前街道龙泉路21号
邮编(P. C.)：116100
电话(Tel)：0411-39317855
传真(Fax)：0411-39317886
E-mail：dalianoupai@126.com
Http://www.dloupai.cn
法人代表(Chairman)：王信东
总经理(General Manager)：王信东
联系人(Contact Person)：贾辉
产品(Products)：湿巾，妇女卫生巾，卫生棉条
品牌(Brand)：欧派

丹东北方卫生用品有限公司
Dandong Beifang Hygiene Products Co., Ltd.
地址(Add)：辽宁省丹东市振兴区胜利街793号
邮编(P. C.)：118008

电话(Tel)：0415－6222346
传真(Fax)：0415－6224025
E-mail：bfjx@ bfjx. com
Http://www. bfjx. com
法人代表(Chairman)：曹贵杰
联系人(Contact Person)：沈冬梅
产品(Products)：妇女卫生巾，卫生护垫，护理垫，纸鞋垫
品牌(Brand)：花心芳菲

恒安(抚顺)生活用品有限公司
Hengan (Fushun) Household Products Co., Ltd.
地址(Add)：辽宁省抚顺经济开发区科技城
邮编(P. C.)：113122
电话(Tel)：0413－3856666
传真(Fax)：0413－3856668
E-mail：yudl@ mail. hengan. com. cn
联系人(Contact Person)：余大论
产品(Products)：妇女卫生巾，卫生护垫，婴儿纸尿裤，成人纸尿裤，卫生纸
品牌(Brand)：安乐，安尔乐，安儿乐，安而康，心相印

抚顺市东洲菲爽卫生用品厂
Fushun Dongzhou Feishuang Hygiene Products Factory
地址(Add)：辽宁省抚顺市东洲区平山四街23号
邮编(P. C.)：113015
电话(Tel)：0413－8273687
总经理(General Manager)：赵艳玲
产品(Products)：手术包，产包，妇女卫生巾，妇幼两用巾，成人纸尿裤/片，护理垫

恒安(抚顺)卫生用品有限公司
Hengan (Fushun) Hygiene Products Co., Ltd.
地址(Add)：辽宁省抚顺市顺城区新城路东段
邮编(P. C.)：113006
电话(Tel)：0413－3856866
传真(Fax)：0413－3856866
法人代表(Chairman)：施文博
联系人(Contact Person)：张相丽
产品(Products)：妇女卫生巾
品牌(Brand)：安乐，安尔乐

辽宁抚顺赛福特卫生用品有限公司
Liaoning Fushun Saifute Hygiene Products Co., Ltd.
地址(Add)：辽宁省抚顺市新抚区粮栈路2号
邮编(P. C.)：113008
电话(Tel)：0413－2629136
传真(Fax)：0413－2673386
法人代表(Chairman)：杨荣
总经理(General Manager)：杨霄
联系人(Contact Person)：杨霄
产品(Products)：妇女卫生巾，护理垫，宠物垫
品牌(Brand)：曼丝丽

阜新市小保姆卫生用品有限责任公司＊
Fuxin Xiaobaomu Hygiene Products Co., Ltd.
地址(Add)：辽宁省阜新市经济开发区四合镇碱巴拉荒村
邮编(P. C.)：123000
电话(Tel)：0418－6610448
传真(Fax)：0418－2983878
E-mail：zhangjia1026@ hotmail. com
法人代表(Chairman)：张甲
联系人(Contact Person)：张甲
产品(Products)：妇女卫生巾，卫生纸，原纸
品牌(Brand)：小保姆，六福人家

葫芦岛茹达卫生制品有限公司
Huludao Ruda Sanitary Products Co., Ltd.
地址(Add)：辽宁省葫芦岛市连山区虹螺岘工业区
邮编(P. C.)：125017
电话(Tel)：0429－4205277
传真(Fax)：0429－4205277
E-mail：ruda88@ 126. com
Http://www. lnruda. com
法人代表(Chairman)：宋春茹
总经理(General Manager)：宋子学
联系人(Contact Person)：宋子学
产品(Products)：妇女卫生巾，卫生护垫，湿巾
品牌(Brand)：洁斯爽，芭娜娜，恋雨

辽宁省葫芦岛市渤海卫生制品厂
Huludao Bohai Hygiene Products Factory
地址(Add)：辽宁省葫芦岛市连山区虹螺岘虹螺工业区
邮编(P. C.)：125017
电话(Tel)：0429－4208159
传真(Fax)：0429－4208159
法人代表(Chairman)：谭柏祥
总经理(General Manager)：王冰
产品(Products)：妇女卫生巾，卫生护垫，婴儿纸尿片，成人纸尿片
品牌(Brand)：柏丽雅

锦州澳美卫生用品有限公司
Jinzhou Aomei Hygiene Products Co., Ltd.
地址(Add)：辽宁省锦州市三屯开发园区8号
邮编(P. C.)：121000
电话(Tel)：0416－4116699
传真(Fax)：0416－4116699
总经理(General Manager)：王聿伏
联系人(Contact Person)：高力军
产品(Products)：妇女卫生巾
品牌(Brand)：澳丝美

锦州市维珍护理用品有限公司
Jinzhou Weizhen Health Care Products Co., Ltd.
地址(Add)：辽宁省锦州市太和区锦朝街42－6号
邮编(P. C.)：121015
电话(Tel)：0416－4567526
传真(Fax)：0416－4565488
Http://www. jzlgr. cn
联系人(Contact Person)：刘光然
产品(Products)：妇女卫生巾，卫生护垫，护理垫，婴儿纸尿片，宠物垫
品牌(Brand)：维真，宝莉丝

锦州东方卫生用品有限公司
Jinzhou Dongfang Sanitary Products Co., Ltd.
地址(Add)：辽宁省锦州市太和区汤北里98号
邮编(P. C.)：121005
电话(Tel)：0416－5139999
传真(Fax)：0416－5139888
E-mail：jzdf@ lnjzdf. com

Http://www.lnjzdf.com
法人代表(Chairman)：左文挺
总经理(General Manager)：左文挺
产品(Products)：妇女卫生巾，卫生护垫，湿巾
品牌(Brand)：羽丝，一滴不漏

锦州市万洁卫生巾厂
Jinzhou Wanjie Sanitary Napkins Factory
地址(Add)：辽宁省锦州市太和区新兴里69号
邮编(P.C.)：121005
电话(Tel)：0416-5131281
传真(Fax)：0416-5138544
Http://www.jzwanjie.cn.china.cn
法人代表(Chairman)：董春
总经理(General Manager)：董春
产品(Products)：妇女卫生巾，手帕纸
品牌(Brand)：兰蓓儿，清逸，百芬昵，力洁

上海利迪实业有限公司北方公司
Shanghai Lidi Industry Co., Ltd. Beifang Branch
地址(Add)：辽宁省沈阳市大东区小什字街33-1号2-3-1
邮编(P.C.)：110042
电话(Tel)：024-31406710
传真(Fax)：024-31406210
E-mail：lidisiye@163.com
总经理(General Manager)：王春兰
联系人(Contact Person)：王春兰
产品(Products)：妇女卫生巾
品牌(Brand)：燕尾蝶

沈阳美商卫生保健用品有限公司
Shenyang Meishang Hygiene & Healthcare Articles Co., Ltd.
地址(Add)：辽宁省沈阳市东陵区满融经济开发区
邮编(P.C.)：110177
电话(Tel)：024-23730888
传真(Fax)：024-23731313
E-mail：meishang9898@tom.com
Http://www.symeishang.com
总经理(General Manager)：吕威章
联系人(Contact Person)：吕金强
产品(Products)：妇女卫生巾，卫生护垫，手帕纸，卫生卷纸
品牌(Brand)：雨柔

沈阳鑫美月卫生用品有限公司
Shenyang Xinmeiyue Hygiene Products Co., Ltd.
地址(Add)：辽宁省沈阳市东陵区深井子镇李枫村
邮编(P.C.)：110171
电话(Tel)：024-24775688
传真(Fax)：024-24775699
法人代表(Chairman)：孙启刚
联系人(Contact Person)：孙启刚
产品(Products)：妇女卫生巾，成人纸尿裤/片
品牌(Brand)：欣月，美月

沈阳华荣护理用品有限公司
Shenyang Huarong Healthcare Products Co., Ltd.
地址(Add)：辽宁省沈阳市东陵区文萃路214-12-6-1
邮编(P.C.)：110015
电话(Tel)：024-24775688
传真(Fax)：024-24775699
E-mail：sy1692@163.com
总经理(General Manager)：孙启刚
产品(Products)：妇女卫生巾，卫生护垫
品牌(Brand)：欣美月

沈阳东联日用品有限公司
Shenyang Tonglian Daily-Use Goods Co., Ltd.
地址(Add)：辽宁省沈阳市经济技术开发区青山湖街11号
邮编(P.C.)：110141
电话(Tel)：024-25360296
传真(Fax)：024-25819114
法人代表(Chairman)：洪振辉
总经理(General Manager)：洪振辉
联系人(Contact Person)：冯艳红
产品(Products)：妇女卫生巾，卫生护垫
品牌(Brand)：柔柔

绥中县宏发卫生用品厂
Suizhong Hongfa Hygiene Products Factory
地址(Add)：辽宁省绥中县三台子102国道365公里处
邮编(P.C.)：125200
电话(Tel)：0429-6215868
传真(Fax)：0429-6562111
法人代表(Chairman)：王红
总经理(General Manager)：王红
产品(Products)：妇女卫生巾，纸尿片
品牌(Brand)：手拉手，红发

铁岭小秘密卫生用品有限公司
Tieling Xiaomimi Hygiene Products Co., Ltd.
地址(Add)：辽宁省铁岭新台子经济开发区中央街
邮编(P.C.)：112611
电话(Tel)：0410-8862266
传真(Fax)：0410-8866606
法人代表(Chairman)：党宏峰
总经理(General Manager)：党宏峰
产品(Products)：妇女卫生巾，卫生护垫
品牌(Brand)：小秘密

■ 黑龙江 Heilongjiang

哈尔滨芳雅卫生用品厂
Harbin Fangya Hygiene Products Factoy
地址(Add)：黑龙江省哈尔滨市道里区安松街64号202室
邮编(P.C.)：150016
电话(Tel)：0451-87630966
传真(Fax)：0451-88113933
联系人(Contact Person)：李智全
产品(Products)：妇女卫生巾，卫生护垫

哈尔滨市康安纸业有限公司
Harbin Kangan Paper Co., Ltd.
地址(Add)：黑龙江省哈尔滨市哈同公路66公里处
邮编(P.C.)：150400
电话(Tel)：0451-57988724
传真(Fax)：0451-88317199

E-mail：kanganzhijin@126.com
法人代表(Chairman)：王成
联系人(Contact Person)：王成
产品(Products)：湿巾，婴儿纸尿片，卫生护垫，卫生卷纸，面巾纸，手帕纸
品牌(Brand)：绿珠，旭竹，欧逸

哈尔滨医丰卫生用品技术开发有限公司
Harbin Yifeng Hygiene Articles Technology Development Co., Ltd.
地址(Add)：黑龙江省哈尔滨市经济技术开发区衡山路18号
邮编(P.C.)：150090
电话(Tel)：0451-86146033
传真(Fax)：0451-86146022
Http://www.yfwsyp.com
法人代表(Chairman)：王燕
产品(Products)：妇女卫生巾，卫生护垫
品牌(Brand)：小姿

哈尔滨市欧蒂丝卫生用品厂
Harbin Oudis Hygiene Products Factory
地址(Add)：黑龙江省哈尔滨市南岗开发区黄河路信恒现代城馨园A9
邮编(P.C.)：150056
电话(Tel)：0451-82426677
传真(Fax)：0451-82425577
法人代表(Chairman)：李光辉
联系人(Contact Person)：李光耀
产品(Products)：妇女卫生巾，卫生护垫
品牌(Brand)：欧蒂丝

哈药集团制药总厂制剂厂
Harbin Pharmaceutical Group Pharmacy Main Workshop Preparation Factory
地址(Add)：黑龙江省哈尔滨市南岗区保健路226号
邮编(P.C.)：150086
电话(Tel)：0451-86648056
传真(Fax)：0451-86699233
Http://www.hayaozhiji.com
法人代表(Chairman)：高德喜
总经理(General Manager)：赵日红
联系人(Contact Person)：季茂星
产品(Products)：湿巾，纸尿裤，卫生护垫
品牌(Brand)：哈药

齐齐哈尔市岩云纸品商店
Qiqihar Yanyun Paper Store
地址(Add)：黑龙江省齐齐哈尔市建设路建东小区7号楼(203医院斜对面)
邮编(P.C.)：161000
电话(Tel)：0452-8548236
传真(Fax)：0452-8095866
联系人(Contact Person)：王岩
产品(Products)：卫生纸，妇女卫生巾
品牌(Brand)：惠而特

黑龙江省康嘉纸业有限公司
Heilongjiang Kangjia Paper Co., Ltd.
地址(Add)：黑龙江省肇东市安阳路79号
邮编(P.C.)：151100
电话(Tel)：0455-7997877
传真(Fax)：0455-5937890
法人代表(Chairman)：杨春艳
总经理(General Manager)：许伟
联系人(Contact Person)：许伟
产品(Products)：面巾纸，湿巾，妇女卫生巾
品牌(Brand)：相思雨

■ 上海 Shanghai

上海百信卫生用品有限公司
Shanghai Baixin Sanitary Articles Co., Ltd.
地址(Add)：上海市宝山区定安公路333号
邮编(P.C.)：201906
电话(Tel)：021-36041888
传真(Fax)：021-36040088
E-mail：zha12008@126.com
Http://www.baixinsh.com.cn
联系人(Contact Person)：张磊
产品(Products)：妇女卫生巾，卫生护垫，乳垫，面巾纸
品牌(Brand)：百氏

上海申玉实业有限公司
Shanghai Shenyu Industry Co., Ltd.
地址(Add)：上海市春申路3758弄2号楼506室
邮编(P.C.)：201100
电话(Tel)：021-54157163
传真(Fax)：021-54157163
法人代表(Chairman)：卫星
总经理(General Manager)：卫星
联系人(Contact Person)：卫星
产品(Products)：妇女卫生巾，餐巾纸
品牌(Brand)：申玉

上海奉影医用卫生用品厂
Shanghai Fengying Medical Hygiene Products Co., Ltd.
地址(Add)：上海市奉贤区奉城镇经济开发区奉国路165号
邮编(P.C.)：201411
电话(Tel)：021-57522608
传真(Fax)：021-57511810
E-mail：fyyp-ni@21cn.com
Http://www.shfyyp.com
总经理(General Manager)：廖玉仙
产品(Products)：妇女卫生巾，卫生护垫，成人纸尿裤，帽子，口罩，手术衣

金佰利(中国)有限公司
Kimberly-Clark (China) Co., Ltd.
地址(Add)：上海市福州路666号金陵海欣大厦10楼
邮编(P.C.)：200001
电话(Tel)：010-87110016
传真(Fax)：010-67856096
E-mail：jessica.cai@kcc.com
Http://www.kimberly-clark.com.cn
法人代表(Chairman)：Errol William Plowman
总经理(General Manager)：邵青锋
联系人(Contact Person)：蔡敏
产品(Products)：妇女卫生巾，卫生护垫，婴儿纸尿裤/片，成人纸尿裤/片，护理垫，湿巾，纸巾纸，卫生卷纸

品牌(Brand)：高洁丝 Kotex，舒而美 C&B，好奇 Huggies，舒洁 Kleenex，得伴 Depend

上海虹祺卫生用品有限公司
Shanghai Hongqi Hygiene Products Co., Ltd.
地址(Add)：上海市共康路 721 号
邮编(P. C.)：200436
电话(Tel)：021－66244627
传真(Fax)：021－56401567
E-mail：hqzcc@ sohu. com
法人代表(Chairman)：陈悬弦
联系人(Contact Person)：熊鹰
产品(Products)：妇女卫生巾，卫生护垫
品牌(Brand)：巧当家

上海申欧企业发展有限公司
Shanghai Sun'o Enterprise Development Co., Ltd.
地址(Add)：上海市嘉定区嘉行公路 1358 号
邮编(P. C.)：201808
电话(Tel)：021－39198555
传真(Fax)：021－39198899
E-mail：suno@ shen-ou. com
Http://www. shen-ou. com
法人代表(Chairman)：姜祁云
总经理(General Manager)：姜祁云
联系人(Contact Person)：周红萍
产品(Products)：妇女卫生巾，卫生护垫
品牌(Brand)：555，悠 U，瑞丽心情

上海欣然妇幼用品有限公司
Shanghai Xinran Women & Children Products Co., Ltd.
地址(Add)：上海市嘉定区徐行工业区永新路 1108 号
邮编(P. C.)：201808
电话(Tel)：021－59555151
传真(Fax)：021－59557171
E-mail：weidejixie@ sohu. com
法人代表(Chairman)：胡忠义
联系人(Contact Person)：郜太兴
产品(Products)：妇女卫生巾，卫生护垫，婴儿纸尿裤
品牌(Brand)：丹蒂，欧米月，安宝适

强生(中国)有限公司
Johnson & Johnson (China) Ltd.
地址(Add)：上海市闵行区东川路 3285 号
邮编(P. C.)：200245
电话(Tel)：021－64302010
传真(Fax)：021－64302645
E-mail：yhu10@ jnj. com
Http://www. jnj. com. cn
法人代表(Chairman)：王梅影
总经理(General Manager)：王梅影
联系人(Contact Person)：胡崖音
产品(Products)：妇女卫生巾，卫生护垫，卫生棉条，湿巾
品牌(Brand)：娇爽，强生，ob

上海花王有限公司
Kao Corporation Shanghai Co., Ltd.
地址(Add)：上海市闵行区花王路 333 号
邮编(P. C.)：201111
电话(Tel)：021－64091210
传真(Fax)：021－64094937
E-mail：shi. xueli@ kao. sh. cn
Http://www. kao. com. cn
法人代表(Chairman)：平峰伸一郎
总经理(General Manager)：平峰伸一郎
联系人(Contact Person)：施学礼
产品(Products)：妇女卫生巾
品牌(Brand)：乐而雅

上海歌宏工贸发展有限公司
Shanghai Gehong Industry & Trade Development Co., Ltd.
地址(Add)：上海市浦东新区汇南镇黄富新村 15 号
邮编(P. C.)：201300
电话(Tel)：021－58016070
传真(Fax)：021－58016070
Http://www. shgehong. cn. alibaba. com
法人代表(Chairman)：倪俊
总经理(General Manager)：倪俊
产品(Products)：妇女卫生巾
品牌(Brand)：柔菲，依好

上海嘉赐福卫生用品有限公司
Shanghai Jiacifu Hygiene Products Co., Ltd.
地址(Add)：上海市浦东新区军民路 1213 号
邮编(P. C.)：201210
电话(Tel)：021－58576632
传真(Fax)：021－58576825
E-mail：jiacifu@ sina. com
法人代表(Chairman)：邹刚
总经理(General Manager)：邹刚
联系人(Contact Person)：邹刚
产品(Products)：妇女卫生巾，卫生护垫
品牌(Brand)：巧护理

联兴卫生用品有限公司
Lianxing Hygiene Products Co., Ltd.
地址(Add)：上海市浦东新区秀沿路 867 弄 30 号 1201 室
邮编(P. C.)：201315
电话(Tel)：021－59398412
传真(Fax)：021－59398413
法人代表(Chairman)：陆素俊
总经理(General Manager)：陆素俊
联系人(Contact Person)：杨志平
产品(Products)：妇女卫生巾，卫生护垫，纸尿片，拖把，擦拭巾，卫生卷纸，餐巾纸
品牌(Brand)：紫菱，佳蕙

上海护理佳实业有限公司
Shanghai Foliage Industry Co., Ltd.
地址(Add)：上海市青浦区白鹤镇白石公路 2288 号
邮编(P. C.)：201711
电话(Tel)：021－59213666
传真(Fax)：021－59213316
E-mail：xgj8981@ 126. com
Http://www. hulijia. com
法人代表(Chairman)：夏双印
总经理(General Manager)：夏双印
联系人(Contact Person)：许国军
产品(Products)：妇女卫生巾，卫生护垫，婴儿纸尿裤/片，成人纸尿裤，乳垫

品牌(Brand)：护理佳，妙仔，PP 爽，贴身福

上海百依卫生用品有限公司
Shanghai Baiyi Hygiene Products Co., Ltd.
地址(Add)：上海市青浦区富甲开发区
邮编(P. C.)：201716
电话(Tel)：021－29568090
传真(Fax)：021－29568090
总经理(General Manager)：张仕民
联系人(Contact Person)：周爱华
产品(Products)：妇女卫生巾，婴儿纸尿裤/片
品牌(Brand)：千倍爽，妈咪福娃

上海微丝尔卫生用品有限公司
Shanghai Weisier Hygiene Products Co., Ltd.
地址(Add)：上海市青浦区沪清平公路 2999 号
邮编(P. C.)：201703
电话(Tel)：021－69755360
传真(Fax)：021－69755858
Http://www. sh-weisier. com
总经理(General Manager)：何伟志
联系人(Contact Person)：黄艳
产品(Products)：妇女卫生巾
品牌(Brand)：心心洁

上海唯尔福(集团)有限公司＊
Shanghai Welfare Group Co., Ltd.
地址(Add)：上海市青浦区华新镇徐华公路 3029 弄 88 号
邮编(P. C.)：201705
电话(Tel)：021－39873177
传真(Fax)：021－39873188
E-mail：wef2008@163. com
Http://www. wef2008. com
法人代表(Chairman)：李胜章
总经理(General Manager)：何幼成
联系人(Contact Person)：张迎春
产品(Products)：妇女卫生巾，卫生护垫，婴儿纸尿裤/片，成人纸尿片，宠物垫，护理垫，原纸，卫生纸，面巾纸，手帕纸，餐巾纸，厨房用纸，擦手纸，湿巾
品牌(Brand)：唯尔福，美丽约会，唯儿福，纸音

上海仕妮工贸有限公司
Shanghai Shini Industry & Trade Co., Ltd.
地址(Add)：上海市青浦区练塘蒸淀富民开发区 51 号
邮编(P. C.)：201700
电话(Tel)：021－59822177
传真(Fax)：021－59822176
E-mail：hid1520@yahoo. com. cn
联系人(Contact Person)：丁志荣
产品(Products)：妇女卫生巾
品牌(Brand)：百依

上海亚日工贸有限公司
Shanghai Yari Industry & Trading Co., Ltd.
地址(Add)：上海市青浦区青东农场果园路 588 号
邮编(P. C.)：201701
电话(Tel)：021－69219588
传真(Fax)：021－69219058
法人代表(Chairman)：骆定龙
总经理(General Manager)：骆定龙
联系人(Contact Person)：杨继武
产品(Products)：妇女卫生巾，卫生护垫，婴儿纸尿裤/片，湿巾
品牌(Brand)：顺妮，亚妮，宝宝舒

康那香企业(上海)有限公司
Kang Na Hsiung Enterprise (Shanghai) Co., Ltd.
地址(Add)：上海市青浦区外青松公路 5619 号
邮编(P. C.)：201707
电话(Tel)：021－69211200
传真(Fax)：021－69211362
E-mail：webmaster@knh. com. cn
Http://www. knh. com. cn
法人代表(Chairman)：戴华钟
总经理(General Manager)：何国祯
联系人(Contact Person)：黄响坛
产品(Products)：妇女卫生巾，卫生护垫，湿巾，纸毛巾
品牌(Brand)：康乃馨

上海益母妇女用品有限公司
Shanghai Yimoo Women Necessities Co., Ltd.
地址(Add)：上海市松江工业区佘山分区陶干路 745 号
邮编(P. C.)：201602
电话(Tel)：021－57792226
传真(Fax)：021－57796070
E-mail：yimoo@yimoo. cn
Http://www. yimoo. com
法人代表(Chairman)：赵玉山
联系人(Contact Person)：胡世福
产品(Products)：妇女卫生巾，卫生护垫，婴儿纸尿裤
品牌(Brand)：益母草，益母，益贝

上海浦东恒耀纸品有限公司
Shanghai Pudong Hengyao Paper Products Co., Ltd.
地址(Add)：上海市松江区沪松公路 3768 号
邮编(P. C.)：201619
电话(Tel)：021－57690388
传真(Fax)：021－57690389
E-mail：hengyaogongsi@yahoo. com. cn
总经理(General Manager)：蔡光耀
联系人(Contact Person)：黄雄
产品(Products)：妇女卫生巾，卫生护垫
品牌(Brand)：依依

上海舒晓实业有限公司
Shanghai Shuxiao Industry Co., Ltd.
地址(Add)：上海市松江区泖港黄桥工业园 9 栋(叶新公路 5066 号)
邮编(P. C.)：201607
电话(Tel)：021－57866368
传真(Fax)：021－57866368
E-mail：zhangxiaorong1016@163. com
联系人(Contact Person)：张晓荣
产品(Products)：妇女卫生巾，婴儿纸尿裤

上海亿维实业有限公司
Shanghai Yiwei Industry Co., Ltd.
地址(Add)：上海市松江区佘山天马经济开发区新宅路 658 号
邮编(P. C.)：201603
电话(Tel)：021－57665218
传真(Fax)：021－57663218

E-mail：021cx@163. com
Http://www. cnyiwei. com
法人代表(Chairman)：祁超训
联系人(Contact Person)：祁超训
产品(Products)：妇女卫生巾，卫生护垫，婴儿纸尿裤
品牌(Brand)：护蕾，888

上海月月舒妇女用品有限公司
Shanghai Yueyueshu Women Products Co., Ltd.
地址(Add)：上海市松江区佘山镇北部工业区佘北公路1815号
邮编(P. C.)：201602
电话(Tel)：021 -57792865
传真(Fax)：021 -57792606
E-mail：yys@yueyueshu. com
Http://www. yueyueshu. com
法人代表(Chairman)：孙耀志
总经理(General Manager)：孙杰
联系人(Contact Person)：周荣超
产品(Products)：妇女卫生巾，卫生护垫，湿巾
品牌(Brand)：月月舒，花帜

上海美馨卫生用品有限公司
Shanghai American Hygienics Co., Ltd.
地址(Add)：上海市松江区佘山镇沈砖公路3129弄5 -6号楼
邮编(P. C.)：201602
电话(Tel)：021 -57669436
传真(Fax)：021 -59763989
E-mail：salescn@amhygienics. com
Http://www. amhygienics. com
法人代表(Chairman)：余有志
总经理(General Manager)：余有志
联系人(Contact Person)：吴亮
产品(Products)：湿巾，婴儿纸尿裤，妇女卫生巾
品牌(Brand)：凯德馨

上海白玉兰卫生洁品有限公司
Shanghai Whiteyulan Clean Things Co., Ltd.
地址(Add)：上海市松江区欣玉路188号
邮编(P. C.)：201600
电话(Tel)：021 -57736805
传真(Fax)：021 -57736968
E-mail：shbaiyulan@126. com
总经理(General Manager)：南莉莉
联系人(Contact Person)：曹玉洁
产品(Products)：妇女卫生巾，卫生护垫，婴儿纸尿裤/片
品牌(Brand)：白玉兰，逗逗仔

尤妮佳生活用品(中国)有限公司
Uni -Charm Consumer Products (China) Co., Ltd.
地址(Add)：上海市延安东路618号东海商业中心22楼
邮编(P. C.)：200001
电话(Tel)：021 -53854166
传真(Fax)：021 -53854799
E-mail：chunlei -yuan@unicharm. com
Http://www. unicharm-china. com
法人代表(Chairman)：中野健之亮
总经理(General Manager)：中野健之亮
联系人(Contact Person)：袁春雷
产品(Products)：妇女卫生巾，卫生护垫，婴儿纸尿裤
品牌(Brand)：苏菲，佳慕，妈咪宝贝

■ 江苏 Jiangsu

盐城市俏安卫生保健用品有限公司
Yancheng Qiaoan Hygiene Health Care Products Co., Ltd.
地址(Add)：江苏省滨海县经济技术开发区港区支路
邮编(P. C.)：224500
电话(Tel)：0515 -84193188
传真(Fax)：0515 -84101865
E-mail：knb7008@sina. com
Http://www. qiaoan. cn
法人代表(Chairman)：蒯本立
总经理(General Manager)：蒯乃彬
联系人(Contact Person)：蒯乃彬
产品(Products)：妇女卫生巾，卫生护垫，卫生纸，纸尿裤/片，湿巾
品牌(Brand)：俏安

滨海县婷美卫生用品有限公司
Binhai Tingmei Hygiene Products Co., Ltd.
地址(Add)：江苏省滨海县人民北路仁和工业园区0038
邮编(P. C.)：224500
电话(Tel)：0515 -84136568
传真(Fax)：0515 -82059399
总经理(General Manager)：钱士红
联系人(Contact Person)：钱士红
产品(Products)：妇女卫生巾

苏州市半边天创美纸业有限公司
Suzhou Banbiantian Chuangmei Paper Co., Ltd.
地址(Add)：江苏省常熟市工业园区
邮编(P. C.)：215531
电话(Tel)：0512 -52554909
传真(Fax)：0512 -52554909
法人代表(Chairman)：李素芳
总经理(General Manager)：李素芳
联系人(Contact Person)：蔡红英
产品(Products)：妇女卫生巾，卫生卷纸，手帕纸
品牌(Brand)：可芳，舒周

常州市云云卫生用品厂
Changzhou Yunyun Hygiene Products Factory
地址(Add)：江苏省常州市礼嘉工业园南区
邮编(P. C.)：213176
电话(Tel)：0519 -8233818
传真(Fax)：0519 -8233828
联系人(Contact Person)：孙春兴
产品(Products)：妇女卫生巾，卫生护垫
品牌(Brand)：羞婷

常州市中亚卫生用品厂
Changzhou Zhongya Hygiene Products Factory
地址(Add)：江苏省常州市礼嘉镇
邮编(P. C.)：213176
电话(Tel)：0519 -86236811
传真(Fax)：0519 -86236811
E-mail：zy@czzhongya. cn
联系人(Contact Person)：郑亚文

产品(Products)：卫生纸，餐巾纸，手帕纸，面巾纸，妇女卫生巾
品牌(Brand)：甜雨

常州市武进伊恋卫生用品厂
Changzhou Wujin Yilian Hygiene Products Factory
地址(Add)：江苏省常州市武进区湖塘镇鸣凤工业集中区
邮编(P. C.)：213100
电话(Tel)：0519－86537081
传真(Fax)：0519－86521226
联系人(Contact Person)：何国伟
产品(Products)：妇女卫生巾，卫生护垫
品牌(Brand)：伊恋

常州柯恒卫生用品有限公司
Changzhou Keheng Sanitary Product Co., Ltd.
地址(Add)：江苏省常州市武进区礼嘉工业园区
邮编(P. C.)：213176
电话(Tel)：0519－88312118
传真(Fax)：0519－86230525
E-mail：ke. heng@ yahoo. com. cn
联系人(Contact Person)：李新民
产品(Products)：妇女卫生巾，卫生护垫，成人纸尿裤/片，护理垫，手术垫

常州市梦爽卫生用品有限公司
Changzhou Mengshuang Hygiene Products Co., Ltd.
地址(Add)：江苏省常州市武进区礼嘉镇
邮编(P. C.)：213176
电话(Tel)：0519－86232951
传真(Fax)：0519－86238008
Http://www. czmengshuang. cn
总经理(General Manager)：陆元清
联系人(Contact Person)：陆元清
产品(Products)：妇女卫生巾，卫生护垫，婴儿纸尿裤，成人纸尿裤，护理垫，宠物垫，乳垫
品牌(Brand)：靓爽

常州市武进亚星卫生用品有限公司
Changzhou Wujin Yaxing Hygiene Products Co., Ltd.
地址(Add)：江苏省常州市武进区礼嘉镇王言桥
邮编(P. C.)：213176
电话(Tel)：0519－86232358
传真(Fax)：0519－86235865
E-mail：yxgs_ 358@ vip. 163. com
法人代表(Chairman)：陈锡和
总经理(General Manager)：陈丽松
联系人(Contact Person)：陈丽松
产品(Products)：妇女卫生巾，卫生护垫，婴儿纸尿裤，成人纸尿裤，卫生纸，宠物垫，失禁垫
品牌(Brand)：女士欢

常州好蝶妇幼卫生用品有限公司
Changzhou Haodie Woman & Child Hygiene Products Co., Ltd.
地址(Add)：江苏省常州市武进区遥观镇勤新村工业园
邮编(P. C.)：213011
电话(Tel)：0519－88360709
传真(Fax)：0519－88356906
E-mail：info@ cnhaodie. com
Http://www. cnhaodie. com
联系人(Contact Person)：石彬
产品(Products)：妇女卫生巾，面巾纸，卫生纸
品牌(Brand)：好蝶

丹阳市金晶卫生用品有限公司
Danyang Jinjing Hygiene Products Co., Ltd.
地址(Add)：江苏省丹阳市开发区新世纪工业园
邮编(P. C.)：212300
电话(Tel)：0511－86962396
传真(Fax)：0511－86962869
总经理(General Manager)：张燕
产品(Products)：妇女卫生巾
品牌(Brand)：玉娇

徐州安舒宝卫生用品有限公司
Xuzhou Anshubao Hygiene Products Co., Ltd.
地址(Add)：江苏省丰县师寨镇工业区
邮编(P. C.)：221714
电话(Tel)：0516－89503088
传真(Fax)：0516－89503969
法人代表(Chairman)：邵长军
总经理(General Manager)：邵长军
联系人(Contact Person)：郭修锋
产品(Products)：妇女卫生巾
品牌(Brand)：舒太尔

盐城市喜洋洋卫生用品有限公司
Yancheng Xiyangyang Hygiene Products Co., Ltd.
地址(Add)：江苏省阜宁经济开发区板湖园区 8 号
邮编(P. C.)：224412
电话(Tel)：0515－87591778
传真(Fax)：0515－87591555
E-mail：ycxyy@ 163. com
Http://www. ycxyy. com
法人代表(Chairman)：戚应彪
总经理(General Manager)：戚应彪
联系人(Contact Person)：左佳萍
产品(Products)：妇女卫生巾，卫生护垫，婴儿纸尿裤/片，成人纸尿裤/片
品牌(Brand)：喜妞

扬州环宇妇幼保健卫生用品有限公司
Yangzhou Huanyu Women & Children Health Care Products Co., Ltd.
地址(Add)：江苏省高邮市界首产业园
邮编(P. C.)：225611
电话(Tel)：0514－84380899
传真(Fax)：0514－84376187
E-mail：sunjiesong5050@ 163. com
总经理(General Manager)：孙杰松
产品(Products)：妇女卫生巾，卫生护垫，成人纸尿裤，纸巾纸

扬州市月思恋妇幼保健卫生用品有限公司
Yangzhou Yuesilian Women & Children Hygiene Products Co., Ltd.
地址(Add)：江苏省高邮市省级经济开发区屏淮北路
邮编(P. C.)：225600
电话(Tel)：0514－84436118
传真(Fax)：0514－84436506
E-mail：guxuane@ 163. com

Http://www.lingli2003.cn.alibaba.com
法人代表(Chairman)：魏玲丽
总经理(General Manager)：魏尔刚
联系人(Contact Person)：魏玲丽
产品(Products)：妇女卫生巾，卫生护垫，婴儿纸尿裤/片
品牌(Brand)：月思恋，超女之恋，妈妈抱抱

淮安市楚州区舒雅纸制品厂
Huaian Chuzhou Shuya Paper Products Factory
地址(Add)：江苏省淮安市楚州区复兴西首开发区
邮编(P.C.)：223224
电话(Tel)：0517-85342178
传真(Fax)：0517-85342178
总经理(General Manager)：王正开
联系人(Contact Person)：程海莲
产品(Products)：妇女卫生巾，卫生护垫
品牌(Brand)：香香女

江阴市北澜恒泰卫生用品厂
Hengtai Hygiene Products Factory
地址(Add)：江苏省江阴市北澜镇澜新路1号
邮编(P.C.)：214414
电话(Tel)：0510-86357509
传真(Fax)：0510-86357509
总经理(General Manager)：王中标
产品(Products)：妇女卫生巾

淮安金华卫生用品有限公司
Huaian Jinhua Hygiene Products Co., Ltd.
地址(Add)：江苏省金湖县船塘路288号
邮编(P.C.)：211600
电话(Tel)：0517-86991621
传真(Fax)：0517-86881621
E-mail：leilei4451@sina.com
总经理(General Manager)：雷磊
联系人(Contact Person)：雷浩
产品(Products)：妇女卫生巾，卫生护垫，婴儿纸尿裤/片，成人纸尿片，产妇垫
品牌(Brand)：金雪莲，小龙女

江苏宝姿实业有限公司
Jiangsu Baozi Industry Co., Ltd.
地址(Add)：江苏省金湖县金湖西路131号
邮编(P.C.)：211600
电话(Tel)：0517-86899999
传真(Fax)：0517-86980777
E-mail：jwc3188@hotmail.com
Http://www.sinojwc.com
法人代表(Chairman)：陈斌
总经理(General Manager)：陈斌
产品(Products)：妇女卫生巾，卫生护垫，婴儿纸尿裤/片，成人纸尿裤/片，护理垫，产妇垫，宠物垫，口罩，乳垫，抹地巾
品牌(Brand)：金卫灿

连云港市东海云林卫生用品厂
Lianyungang Donghai Yunlin Hygiene Products Factory
地址(Add)：江苏省连云港市东海万花山经济开发区西侧
邮编(P.C.)：222300
电话(Tel)：0518-87289600
传真(Fax)：0518-87289600
联系人(Contact Person)：戴永林
产品(Products)：妇女卫生巾
品牌(Brand)：云林

南京尚美日用品有限公司
Nanjing Shangmei Daily Necessities Co., Ltd.
地址(Add)：江苏省南京市白下区西止马营48号4幢B座403室
邮编(P.C.)：210029
电话(Tel)：025-52337018
传真(Fax)：025-52337018
E-mail：njnmzyyxgs@163.com
法人代表(Chairman)：倪明
总经理(General Manager)：倪明
产品(Products)：妇女卫生巾
品牌(Brand)：甜心

金佰利(南京)个人卫生用品有限公司
Kimberly-Clark (Nanjing) Hygienic Products Co., Ltd.
地址(Add)：江苏省南京市江宁经济技术开发区吉印大道3199号
邮编(P.C.)：211100
电话(Tel)：025-52722999-2601
传真(Fax)：025-52721122
E-mail：shuang.wang@kcc.com
Http://www.kimberly-clark.com.cn
法人代表(Chairman)：邵青锋
总经理(General Manager)：肖世平
联系人(Contact Person)：王双
产品(Products)：妇女卫生巾，卫生护垫
品牌(Brand)：舒而美，高洁丝

南京安琪尔卫生用品有限公司
Nanjing Anqier Hygiene Products Co., Ltd.
地址(Add)：江苏省南京市江宁区丹阳北街168号
邮编(P.C.)：211157
电话(Tel)：025-86150518
传真(Fax)：025-86153880
E-mail：taoyun@fenting.com
Http://www.fenting.com
总经理(General Manager)：陶云
联系人(Contact Person)：王功林
产品(Products)：妇女卫生巾，卫生护垫
品牌(Brand)：芬婷，柔然

南京越兴卫生用品厂
Nanjing Yuexing Hygiene Products Plant
地址(Add)：江苏省南京市江宁区陶吴工业园区
邮编(P.C.)：211151
电话(Tel)：025-52739899
传真(Fax)：025-52739898
E-mail：yxgsyx-88@163.com
Http://www.njyxzy.cn
法人代表(Chairman)：陶孝虎
总经理(General Manager)：陶孝虎
产品(Products)：妇女卫生巾，卫生护垫
品牌(Brand)：越新

南京美人日用品有限公司
Nanjing Beauty Commodities Co., Ltd.
地址(Add)：江苏省南京市溧水石湫开发区

邮编(P. C.): 211222
电话(Tel): 025 - 57272502
传真(Fax): 025 - 57273737
E-mail: yjf-188@163. com
Http://www. china018. com
法人代表(Chairman): 严家富
总经理(General Manager): 严家富
联系人(Contact Person): 严家富
产品(Products): 妇女卫生巾，手帕纸，面巾纸
品牌(Brand): 假日美人，84，清秀绿茶，清秀茉莉，好又多

安特丽(南京)卫生用品有限公司
Anteli (Nanjing) Hygiene Products Co., Ltd.
地址(Add): 江苏省南京市栖霞区疏港大道红梅工业园
邮编(P. C.): 210033
电话(Tel): 025 - 85712106
传真(Fax): 025 - 85712379
Http://anteli. b2b. hc360. com
总经理(General Manager): 胡德彪
产品(Products): 妇女卫生巾，卫生护垫
品牌(Brand): 舒婷，丽雪芳，唯诺迪亚

南通市中德卫生用品有限公司
Nantong Zhongde Hygiene Products Co., Ltd.
地址(Add): 江苏省南通市开发区小海镇
邮编(P. C.): 226015
电话(Tel): 0513 - 85905250
传真(Fax): 0513 - 85905250
Http://www. ntzhongde. com. alibaba. cn
总经理(General Manager): 周忠新
产品(Products): 妇女卫生巾，卫生护垫，纸尿裤
品牌(Brand): 诗影

南通市月佳卫生用品有限公司
Nantong Yuejia Hygiene Products Co., Ltd.
地址(Add): 江苏省南通市开发区小海镇工业区
邮编(P. C.): 226015
电话(Tel): 0513 - 85905101
传真(Fax): 0513 - 85905101
总经理(General Manager): 樊冲明
联系人(Contact Person): 吴建忠
产品(Products): 妇女卫生巾，纸尿裤/片，护理垫
品牌(Brand): 可云

南通市小海女爱纸业用品厂
Nantong Xiaohai Nüai Paper Products Factory
地址(Add): 江苏省南通市小海镇
邮编(P. C.): 226010
电话(Tel): 0513 - 85909557
联系人(Contact Person): 陶春华
产品(Products): 妇女卫生巾，成人纸尿裤，卫生纸
品牌(Brand): 女爱

徐州洁爽妇幼用品有限公司徐州卫生巾厂
Xuzhou Jieshuang Women & Children Articles Co., Ltd. Xuzhou Sanitary Napkins Factory
地址(Add): 江苏省沛县龙固工业区
邮编(P. C.): 221613
电话(Tel): 0516 - 89929771
传真(Fax): 0516 - 89923601
E-mail: xuzhoumiaoshuang@126. com
总经理(General Manager): 张涛
联系人(Contact Person): 刘士彬
产品(Products): 妇女卫生巾，卫生护垫，纸尿裤
品牌(Brand): 妙爽，护莉雅

江苏省启东市梦特舒卫生用品有限公司
Jiangsu Qidong Mengteshu Hygiene Products Co., Ltd.
地址(Add): 江苏省启东市城东工业园区
邮编(P. C.): 226200
电话(Tel): 0513 - 83664111
传真(Fax): 0513 - 83664111
法人代表(Chairman): 朱联新
总经理(General Manager): 朱联新
联系人(Contact Person): 朱联新
产品(Products): 妇女卫生巾，卫生护垫，成人纸尿裤
品牌(Brand): 梦特舒

启东市花仙子卫生用品有限公司
Qidong Flower Faery Hygiene Products Co., Ltd.
地址(Add): 江苏省启东市南阳工业园区三分社
邮编(P. C.): 226200
电话(Tel): 0513 - 83336318
传真(Fax): 0513 - 83330222
E-mail: zhoukailu@163. com
总经理(General Manager): 赵惕成
产品(Products): 妇女卫生巾，卫生护垫，成人纸尿裤
品牌(Brand): 花仙子，舒爽伊人

江苏启东市亮丽洁业有限公司
Jiangsu Qidong Liangli Sanitary Products Co., Ltd.
地址(Add): 江苏省启东市人民西路开发区内
邮编(P. C.): 226200
电话(Tel): 0513 - 83315263
传真(Fax): 0513 - 83353168
Http://www. qdliangli. com
法人代表(Chairman): 陆晓红
总经理(General Manager): 陆晓红
产品(Products): 妇女卫生巾
品牌(Brand): 舒服来，亮丽

启东市天成日用品有限公司
Qidong Tiancheng Daily Necessities Co., Ltd.
地址(Add): 江苏省启东市圩角工业开发区
邮编(P. C.): 226200
电话(Tel): 0513 - 83841168
传真(Fax): 0513 - 83847988
Http://www. niaoku. com
总经理(General Manager): 赵汉新
联系人(Contact Person): 张卫忠
产品(Products): 成人纸尿裤，妇女卫生巾
品牌(Brand): 常青树，康福寿

南通盛海卫生用品有限公司
Nantong Shenghai Hygiene Products Co., Ltd.
地址(Add): 江苏省如皋市经济开发区东风村七组
邮编(P. C.): 226500
电话(Tel): 0513 - 87626488
联系人(Contact Person): 秦圣海
产品(Products): 妇女卫生巾，卫生护垫，卫生纸
品牌(Brand): 丽彤

如皋市三洁纸业包装厂
Rugao Sanjie Paper Packaging Factory
地址(Add)：江苏省如皋市吴窑镇
邮编(P. C.)：226533
电话(Tel)：0513－87752185
E-mail：sajieho@ sina. com
联系人(Contact Person)：马斌
产品(Products)：卫生纸，妇女卫生巾

宿迁市天德纸品有限公司
Suqian Tiande Paper Products Co., Ltd.
地址(Add)：江苏省泗阳县西工业园区昆山路8号
邮编(P. C.)：223700
电话(Tel)：0527－85297828
传真(Fax)：0527－88509588
联系人(Contact Person)：赵丛
产品(Products)：妇女卫生巾，卫生护垫，纸尿裤/片，湿巾，手帕纸，面巾纸

江苏省宿迁市天奕纸品有限公司
Jiangsu Suqian Tianyi Paper Products Co., Ltd.
地址(Add)：江苏省泗阳县西工业园区昆山路8号
邮编(P. C.)：223700
电话(Tel)：0527－85298885
传真(Fax)：0527－85298885
总经理(General Manager)：赵丛
联系人(Contact Person)：赵丛
产品(Products)：妇女卫生巾，卫生护垫，卫生纸
品牌(Brand)：洁康

金王(苏州工业园区)卫生用品有限公司
Gold Daio (SID) Hygiene Products Co., Ltd.
地址(Add)：江苏省苏州工业园区胜浦分区金胜路1号
邮编(P. C.)：215126
电话(Tel)：0512－62835866
传真(Fax)：0512－62835874
E-mail：yangjinxiang@ app. com. cn
Http://www. elischina. com
法人代表(Chairman)：Jackson Wijaya Limantara
总经理(General Manager)：郑克勋
联系人(Contact Person)：杨锦祥
产品(Products)：妇女卫生巾，卫生护垫
品牌(Brand)：怡丽

苏州工业园区佳美纸业有限公司
Suzhou Jiamei Paper Industry Co., Ltd.
地址(Add)：江苏省苏州市郭巷镇尹丰路108号
邮编(P. C.)：215124
电话(Tel)：0512－65972188
传真(Fax)：0512－65972558
总经理(General Manager)：寿文讯
产品(Products)：妇女卫生巾
品牌(Brand)：依美尔

苏州苏活纸制品有限公司
Suzhou Suhuo Paper Products Co., Ltd.
地址(Add)：江苏省苏州市吴中区东山镇工业科技园
邮编(P. C.)：215107
电话(Tel)：0512－66280008
传真(Fax)：0512－66288868
E-mail：ge@ borage. com. cn
Http://www. borage. com. cn
法人代表(Chairman)：葛宏伟
产品(Products)：妇女卫生巾
品牌(Brand)：苏活

苏州宝丽洁日化有限公司
Suzhou Baolijie Daily Chemicals Co., Ltd.
地址(Add)：江苏省苏州市吴中区东山镇科技工业园39号
邮编(P. C.)：215107
电话(Tel)：0512－66280008
传真(Fax)：0512－66288868
E-mail：zhai@ borage. com. cn
Http://www. borage. com. cn
法人代表(Chairman)：邱华
总经理(General Manager)：翟勤勇
联系人(Contact Person)：武宗矗
产品(Products)：妇女卫生巾，卫生护垫，湿巾

无锡市佳月卫生用品有限公司
Wuxi Jiayue Hygiene Thing Co., Ltd.
地址(Add)：江苏省无锡市东亭镇云林西区43号201室
邮编(P. C.)：214101
电话(Tel)：0510－88206181
传真(Fax)：0510－88206181
联系人(Contact Person)：张小兵
产品(Products)：妇女卫生巾，婴儿纸尿裤
品牌(Brand)：佳月

托普日用化学品(中国)有限公司
Tuopu Chemical Products for Daily Use (China) Co., Ltd.
地址(Add)：江苏省无锡市梅村镇锡甘路北217号
邮编(P. C.)：214112
电话(Tel)：0510－88150370
传真(Fax)：0510－88150897
法人代表(Chairman)：叶佳彬
联系人(Contact Person)：陈峰武
产品(Products)：妇女卫生巾
品牌(Brand)：柔柔

新沂市春冠卫生用品有限公司
Xinyi Chunguan Sanitation Supplies Co., Ltd.
地址(Add)：江苏省新沂市经济开发区天津路
邮编(P. C.)：221400
电话(Tel)：0516－88610028
传真(Fax)：0516－88985778
Http://www. jschunguan. com
总经理(General Manager)：蒋其龙
产品(Products)：妇女卫生巾，卫生护垫，婴儿纸尿裤/片，卫生纸
品牌(Brand)：春冠

泰州远东纸业有限公司
Taizhou Far East Paper Co., Ltd.
地址(Add)：江苏省兴化市戴窑工业区
邮编(P. C.)：225741
电话(Tel)：0523－83848888
传真(Fax)：0523－83841888
E-mail：anjieer@ anjieer. com
Http://www. anjieer. com

法人代表(Chairman)：冯元松
总经理(General Manager)：冯元松
联系人(Contact Person)：王广春
产品(Products)：妇女卫生巾，卫生护垫，婴儿纸尿裤/片，护理垫，宠物垫
品牌(Brand)：安洁尔，安洁儿，安洁康

兴化市舒洁卫生用品厂
Xinghua Shujie Hygiene Products Factory
地址(Add)：江苏省兴化市东郊林湖开发区
邮编(P. C.)：225751
电话(Tel)：0523－83872888
传真(Fax)：0523－83872888
法人代表(Chairman)：朱宝杰
联系人(Contact Person)：陈月萍
产品(Products)：妇女卫生巾，卫生护垫
品牌(Brand)：苏兴

紫云卫生用品厂
Ziyun Hygiene Products Factory
地址(Add)：江苏省兴化市林湖乡铁陆村二组
邮编(P. C.)：225751
总经理(General Manager)：陈德富
产品(Products)：妇女卫生巾，卫生护垫
品牌(Brand)：紫云婷

江苏徐州三美卫生用品有限公司
Jiangsu Xuzhou Sanmei Hygiene Products Co., Ltd.
地址(Add)：江苏省徐州市丰县经济开发区
邮编(P. C.)：221700
电话(Tel)：0516－89253668
传真(Fax)：0516－89225302
总经理(General Manager)：李秀文
产品(Products)：妇女卫生巾，卫生纸
品牌(Brand)：俊美

徐州护尔爽卫生用品有限公司
Xuzhou Huershuang Hygiene Products Co., Ltd.
地址(Add)：江苏省徐州市华山经济开发区
邮编(P. C.)：221744
电话(Tel)：0516－89398688
总经理(General Manager)：胡世峰
产品(Products)：妇女卫生巾，卫生护垫，纸尿裤/片，卫生纸
品牌(Brand)：美尔惠

盐城市恒利卫生用品有限公司
Yancheng Hengli Hygiene Products Co., Ltd.
地址(Add)：江苏省盐城市经济技术开发区聚亨路9号
邮编(P. C.)：224007
电话(Tel)：0515－88281988
传真(Fax)：0515－88117919
E-mail：sun008009@126. com
法人代表(Chairman)：凌景斌
总经理(General Manager)：吴晓兵
联系人(Contact Person)：孙琪亚
产品(Products)：妇女卫生巾，卫生护垫，成人纸尿裤/片，妈咪两用巾
品牌(Brand)：好洁

扬中九妹日用品有限公司
Yangzhong Jiumei Products for Daily Use Co., Ltd.
地址(Add)：江苏省扬中市区花园路149号
邮编(P. C.)：212200
电话(Tel)：0511－88324279
传真(Fax)：0511－85151169
E-mail：huangbub@yahoo. com. cn
法人代表(Chairman)：范进
总经理(General Manager)：范进
联系人(Contact Person)：范开阳
产品(Products)：妇女卫生巾，卫生护垫，成人纸尿裤/片，护理垫
品牌(Brand)：九妹，伊舒莱，华达老人，健康百岁

江苏三笑集团有限公司
Jiangsu Sanxiao Group Co., Ltd.
地址(Add)：江苏省扬州市邗江区杭集镇三笑大道1号
邮编(P. C.)：225111
电话(Tel)：0514－87278498
传真(Fax)：0514－87271389
E-mail：yzwbq@pub. yz. jsinfo. net
Http://www. sanxiaogroup. com. cn
法人代表(Chairman)：韩国平
总经理(General Manager)：韩国发
联系人(Contact Person)：王永明
产品(Products)：妇女卫生巾，卫生护垫，婴儿纸尿裤/片
品牌(Brand)：笑爽，笑得爽

安泰士卫生用品(扬州)有限公司
Ontex Hygienic Disposables (Yangzhou) Co., Ltd.
地址(Add)：江苏省扬州市杭集工业园翟庄路1号
邮编(P. C.)：225111
电话(Tel)：0514－87497428
传真(Fax)：0514－87497648
E-mail：raynor. qiu@ontexglobal. com
Http://www. ontexglobal. com
总经理(General Manager)：邱可嘉
联系人(Contact Person)：曾华祖
产品(Products)：妇女卫生巾，卫生护垫

仪征市舒爽卫生用品厂
Yizheng Shushuang Hygiene Products Factory
地址(Add)：江苏省仪征市大仪镇香沟新区75号
邮编(P. C.)：225000
电话(Tel)：0550－7831947
传真(Fax)：0550－7831947
联系人(Contact Person)：张阿娟
产品(Products)：妇女卫生巾

张家港市兆丰清身宝卫生用品厂
Zhangjiagang Zhaofeng Qingshenbao Hygiene Products Factory
地址(Add)：江苏省张家港市乐余镇庆丰经济开发区
邮编(P. C.)：215600
电话(Tel)：0512－58651530
传真(Fax)：0512－58529836
联系人(Contact Person)：李彩彬
产品(Products)：妇女卫生巾
品牌(Brand)：清身宝

张家港市宏亿纸业有限公司
Zhangjiagang Hongyi Paper Co., Ltd.
地址(Add)：江苏省张家港市三兴西界港(204国道861公里处)
邮编(P.C.)：215624
电话(Tel)：0512-58531528
传真(Fax)：0512-58531568
E-mail：service@jshyzy.com
Http://www.jshyzy.com
总经理(General Manager)：黄松祥
产品(Products)：妇女卫生巾，卫生护垫，婴儿纸尿裤，成人纸尿片

张家港市宝乐卫生用品厂
Zhangjiagang Baole Hygiene Products Factory
地址(Add)：江苏省张家港市三兴沿江开发区
邮编(P.C.)：215600
电话(Tel)：0512-58533839
传真(Fax)：0512-58533839
总经理(General Manager)：朱雪平
联系人(Contact Person)：朱小磊
产品(Products)：妇女卫生巾，卫生护垫，婴儿纸尿裤，成人纸尿裤
品牌(Brand)：安娜

■ 浙江 Zhejiang

杭州珍琦卫生用品有限公司
Hangzhou Zhenqi Sanitary Products Co., Ltd.
地址(Add)：浙江省富阳市大源工业园区
邮编(P.C.)：311413
电话(Tel)：0571-63590518
传真(Fax)：0571-63590528
E-mail：tina@hzzhenqi.com
Http://www.hzzhenqi.com
法人代表(Chairman)：俞钟平
总经理(General Manager)：俞飞英
联系人(Contact Person)：何晓刚
产品(Products)：妇女卫生巾，成人纸尿裤/片，护理垫，婴儿纸尿裤，湿巾，宠物纸尿裤，宠物垫
品牌(Brand)：珍琦

杭州快乐女孩卫生用品有限公司
Hangzhou Kuailenühai Hygiene Products Co., Ltd.
地址(Add)：浙江省富阳市大源镇亭山东路
邮编(P.C.)：311413
电话(Tel)：0571-63591888
传真(Fax)：0571-63592777
E-mail：huaweida1122@163.com
总经理(General Manager)：华伟达
联系人(Contact Person)：蒋爱文
产品(Products)：卫生纸，妇女卫生巾，卫生护垫
品牌(Brand)：雪达，快乐女孩，奥菲斯

浙江富阳市大发造纸厂
Zhejiang Fuyang Dafa Paper Mill
地址(Add)：浙江省富阳市灵桥镇外沙村
邮编(P.C.)：311418
电话(Tel)：0571-63552667
联系人(Contact Person)：姜法潮
产品(Products)：妇女卫生巾，卫生纸

浙江海盐安舒康卫生用品厂
Zhejiang Haiyan Anshukang Hygiene Products Factory
地址(Add)：浙江省海盐县百步镇横港集镇
邮编(P.C.)：314313
电话(Tel)：0573-86786819
传真(Fax)：0573-86781077
总经理(General Manager)：费孙林
产品(Products)：妇女卫生巾，卫生纸，面巾纸
品牌(Brand)：康娜

杭州富阳市伦乐卫生用品厂
Fuyang Lunle Hygiene Products Plant
地址(Add)：浙江省杭州市富阳新登登云路67号
邮编(P.C.)：311400
电话(Tel)：0571-63257988
传真(Fax)：0571-63256233
法人代表(Chairman)：金菊香
产品(Products)：妇女卫生巾，卫生护垫
品牌(Brand)：伦乐

杭州茜尔兰卫生用品有限公司
Hangzhou Xierlan Hygiene Products Co., Ltd.
地址(Add)：浙江省杭州市解放路40号
邮编(P.C.)：310001
电话(Tel)：0571-86490166
传真(Fax)：0571-86490166
E-mail：xierlan@163.com
法人代表(Chairman)：黄茴茴
总经理(General Manager)：曾秀林
联系人(Contact Person)：曾秀林
产品(Products)：妇女卫生巾，卫生护垫
品牌(Brand)：茜尔兰

杭州余宏卫生用品有限公司
Hangzhou Yuhong Sanitary Products Co., Ltd.
地址(Add)：浙江省杭州市瓶窑
邮编(P.C.)：311115
电话(Tel)：0571-88546818
传真(Fax)：0571-88543233
E-mail：yuhongsales@163.com
Http://www.anqisp.com
法人代表(Chairman)：李新华
总经理(General Manager)：李新华
联系人(Contact Person)：李丹
产品(Products)：妇女卫生巾，卫生护垫，成人纸尿裤，护理垫
品牌(Brand)：安琦，大孝子

杭州豪悦实业有限公司
Hangzhou Haoyue Industrial Co., Ltd.
地址(Add)：浙江省杭州市瓶窑镇凤都工业区凤凰大道(羊城大道交叉口)
邮编(P.C.)：311115
电话(Tel)：0571-26291808
传真(Fax)：0571-26291802
E-mail：wxg591030@yahoo.cn
Http://www.hz-haoyue.com
联系人(Contact Person)：王新国
产品(Products)：妇女卫生巾，成人纸尿裤，婴儿纸尿裤，湿巾
品牌(Brand)：诗蕙，Comfrey，Hope，SunnyGirl

杭州中申卫生用品有限公司
Hangzhou Zhongshen Hygiene Products Co., Ltd.
地址(Add)：浙江省杭州市千岛湖鼓山工业区涌金路
邮编(P. C.)：311700
电话(Tel)：0571－64886628
传真(Fax)：0571－64888300
法人代表(Chairman)：陈志明
总经理(General Manager)：严智萍
联系人(Contact Person)：严丽琴
产品(Products)：妇女卫生巾，卫生护垫，面巾纸
品牌(Brand)：雅点，青春花园

杭州桐庐舒洁雅卫生用品厂
Hangzhou Tonglu Shujieya Hygiene Products Factory
地址(Add)：浙江省杭州市桐庐江南经济开发区
邮编(P. C.)：311501
电话(Tel)：0571－64211963
传真(Fax)：0571－64211963
总经理(General Manager)：谢勤创
联系人(Contact Person)：谢勤创
产品(Products)：妇女卫生巾
品牌(Brand)：花为媒

杭州钧儒卫生用品有限公司
Hangzhou Junru Hygiene Products Co., Ltd.
地址(Add)：浙江省杭州市五里塘苑 11－1－401
邮编(P. C.)：316021
电话(Tel)：0571－81352458
传真(Fax)：0571－85087867
联系人(Contact Person)：陆小兵
产品(Products)：妇女卫生巾，卫生护垫，纸尿裤
品牌(Brand)：洁安康

杭州诗蝶卫生用品有限公司
Hangzhou Shidie Hygiene Products Co., Ltd.
地址(Add)：浙江省杭州市萧山区临浦镇浦二村
邮编(P. C.)：311251
电话(Tel)：0571－82468222
传真(Fax)：0571－82468118
E-mail：shidie@ shidie. com
Http://www. shidie. com
法人代表(Chairman)：朱金才
总经理(General Manager)：朱金才
联系人(Contact Person)：王高明
产品(Products)：妇女卫生巾，卫生护垫
品牌(Brand)：诗蝶

杭州小姐妹卫生用品有限公司
Hangzhou Xiaojiemei Health－Care Products Co., Ltd.
地址(Add)：浙江省杭州市萧山区蜀山街道工业园区
邮编(P. C.)：311203
电话(Tel)：0571－82369688
传真(Fax)：0571－82369788
E-mail：service@ chinasister. com
Http://www. chinasister. com. cn
法人代表(Chairman)：章忠法
总经理(General Manager)：章忠法
联系人(Contact Person)：黄秀娟
产品(Products)：妇女卫生巾，卫生护垫
品牌(Brand)：非常小姐妹，佳人有约，香吻

杭州乐贝特实业有限公司
Hangzhou Lebeite Industry Co., Ltd.
地址(Add)：浙江省杭州市萧山区新塘工业区
邮编(P. C.)：311201
电话(Tel)：0571－82779018
传真(Fax)：0571－82779028
法人代表(Chairman)：项建明
总经理(General Manager)：项建明
产品(Products)：妇女卫生巾，卫生护垫，婴儿纸尿片
品牌(Brand)：乐贝特，乐舒特

杭州川田卫生用品有限公司
Hangzhou Kawada Sanitary Products Co., Ltd.
地址(Add)：浙江省杭州市余杭经济开发区北沙东路 5 号
邮编(P. C.)：311102
电话(Tel)：0571－86210827
传真(Fax)：0571－86210826
E-mail：hzkawada@ sina. com
法人代表(Chairman)：周平
总经理(General Manager)：周平
联系人(Contact Person)：张宇华
产品(Products)：妇女卫生巾，卫生护垫
品牌(Brand)：嘉の柔

杭州新翔工贸有限公司
Hangzhou Xinxiang Industry & Trading Co., Ltd.
地址(Add)：浙江省杭州市余杭区南苑街道高地工业园区
邮编(P. C.)：311400
电话(Tel)：0571－86151718
传真(Fax)：0571－86157188
E-mail：cyz@ hzxxgm. com
Http://www. hzxxgm. com
总经理(General Manager)：陈月忠
联系人(Contact Person)：金海燕
产品(Products)：妇女卫生巾，卫生护垫，婴儿纸尿裤，宠物垫，乳垫
品牌(Brand)：希尔美，贴心宝贝

杭州真爱卫生用品有限公司
Hangzhou Zhenai Hygiene Products Co., Ltd.
地址(Add)：浙江省杭州市余杭区瓶窑泮板镇茶场路 4 号
邮编(P. C.)：311115
电话(Tel)：0571－88743080
传真(Fax)：0571－88743083
E-mail：hzzheai@ mail. hz. zj. cn
法人代表(Chairman)：周国方
联系人(Contact Person)：余海涛
产品(Products)：妇女卫生巾
品牌(Brand)：真爱

杭州亿姿堂卫生用品有限公司
Hangzhou Easycare Sanitary Products Co., Ltd.
地址(Add)：浙江省杭州市余杭区瓶窑镇长命
邮编(P. C.)：311115
电话(Tel)：0571－88549989
传真(Fax)：0571－88549979
E-mail：hzeasycare@ gmail. com
Http://www. easycare. net. cn
法人代表(Chairman)：黄伟
总经理(General Manager)：黄伟
产品(Products)：妇女卫生巾，卫生护垫，婴儿纸尿裤，

成人纸尿裤，护理垫，宠物垫

杭州瑞丰纸业有限公司
Hangzhou Ruifeng Paper Co., Ltd.
地址(Add)：浙江省杭州市余杭区仁和镇三白潭村村委旁
邮编(P. C.)：311107
电话(Tel)：0571 – 86925128
传真(Fax)：0571 – 86925208
E-mail：web@ hzruifeng. com
Http://www. hzruifeng. com
法人代表(Chairman)：丁桂兴
总经理(General Manager)：丁桂兴
联系人(Contact Person)：唐水忠
产品(Products)：妇女卫生巾，卫生护垫
品牌(Brand)：淑洁

杭州滕野生物科技有限公司
Hangzhou Tengye Biology Science & Technology Co., Ltd.
地址(Add)：浙江省杭州市余杭区余杭镇禹航路640号宝塔工业区
邮编(P. C.)：311121
电话(Tel)：0571 – 89051699
传真(Fax)：0571 – 88662603
Http://www. hz-xt. com
法人代表(Chairman)：程志新
总经理(General Manager)：程志新
产品(Products)：妇女卫生巾，卫生护垫，婴儿纸尿片
品牌(Brand)：如意，如意宝宝

湖州德盛卫生用品有限公司
Huzhou Desheng Hygiene Products Co., Ltd.
地址(Add)：浙江省湖州市德清县高桥开发区
邮编(P. C.)：313200
电话(Tel)：0572 – 8471048
传真(Fax)：0572 – 8471079
法人代表(Chairman)：罗荣高
联系人(Contact Person)：陈见松
产品(Products)：妇女卫生巾，卫生护垫
品牌(Brand)：如缘

湖州康尔达卫生用品有限公司
Huzhou Kangerda Sanitary Products Co., Ltd.
地址(Add)：浙江省湖州市含山中兴路1号
邮编(P. C.)：313014
电话(Tel)：0572 – 3670845
传真(Fax)：0572 – 3670135
E-mail：kangerda@ 163. com
Http://www. kangerda. cn
法人代表(Chairman)：史瑞林
总经理(General Manager)：史瑞林
联系人(Contact Person)：方忠让
产品(Products)：妇女卫生巾，婴儿纸尿裤，餐巾纸
品牌(Brand)：蚕花

临安市雄鹰妇幼卫生用品有限公司
Linan Eagle Women & Children Sanitary Articles Co., Ltd.
地址(Add)：浙江省临安市於潜镇方元工业区
邮编(P. C.)：311311
电话(Tel)：0571 – 63872758
传真(Fax)：0571 – 63872735
E-mail：xy – zjm@ 126. com
Http://www. hz-yf. com. cn
法人代表(Chairman)：周雄鹰
总经理(General Manager)：项宗信
联系人(Contact Person)：赵建梅
产品(Products)：妇女卫生巾，卫生护垫，婴儿纸尿裤，湿巾
品牌(Brand)：永芳，酷儿

临海市朝阳卫生用品厂
Linhai Chaoyang Hygiene Products Plant
地址(Add)：浙江省临海市市场中心街横岐路
邮编(P. C.)：317015
电话(Tel)：0576 – 85720088
传真(Fax)：0576 – 85722898
法人代表(Chairman)：陈朝阳
总经理(General Manager)：陈朝阳
联系人(Contact Person)：宋春芽
产品(Products)：妇女卫生巾，卫生护垫
品牌(Brand)：爽尔净

浙江临海市满爽卫生用品有限公司
Zhejiang Linhai Manshuang Hygiene Products Co., Ltd.
地址(Add)：浙江省临海市张洋路60号
邮编(P. C.)：317000
电话(Tel)：0576 – 85122468
传真(Fax)：0576 – 85122458
E-mail：123@ manshuang. com
Http://www. manshuang. com
联系人(Contact Person)：陈兆虎
产品(Products)：妇女卫生巾，卫生护垫
品牌(Brand)：满爽，碧玉佳人

浙江龙游南洋纸业有限公司
Zhejiang Longyou Nanyang Paper Co., Ltd.
地址(Add)：浙江省龙游县东华街道城南工业园区3号路
邮编(P. C.)：324400
电话(Tel)：0570 – 7211880
传真(Fax)：0570 – 7221182
Http://www. nanyangzhiye. cn
法人代表(Chairman)：胡红
联系人(Contact Person)：胡红
产品(Products)：妇女卫生巾，卫生护垫，面巾纸，卫生卷纸，餐口纸，手帕纸
品牌(Brand)：南洋，金轮

浙江省浦江县仙华卫生用品厂
Zhejiang Pujiang Xianhua Hygiene Products Plant
地址(Add)：浙江省浦江县大畈乡
邮编(P. C.)：322200
电话(Tel)：0579 – 84360777
传真(Fax)：0579 – 84360999
E-mail：shuixianhua-bp. com. cn
总经理(General Manager)：陈金田
联系人(Contact Person)：陈鑫华
产品(Products)：妇女卫生巾，卫生护垫
品牌(Brand)：水仙花

衢州恒业卫生用品有限公司
Quzhou Hengye Hygiene Products Co., Ltd.
地址(Add)：浙江省衢州市常山新都工业区

邮编(P. C.)：324200
电话(Tel)：0570 – 5110566
传真(Fax)：0570 – 5110111
E-mail：quzhouhengye8899@126. com
Http://www. zj-hengye. com
总经理(General Manager)：徐东风
联系人(Contact Person)：徐东风
产品(Products)：妇女卫生巾，卫生护垫，婴儿纸尿裤/片，成人纸尿裤/片，卫生纸
品牌(Brand)：动感女孩

衢州市舒雅卫生用品有限公司
Quzhou Shuya Hygiene Products Co., Ltd.
地址(Add)：浙江省衢州市衢江区高家镇大桥南路9号(工业园区)
邮编(P. C.)：324024
电话(Tel)：0570 – 2630168
传真(Fax)：0570 – 2935185
联系人(Contact Person)：孙金云
产品(Products)：妇女卫生巾，卫生护垫
品牌(Brand)：月满意，相约女孩

瑞安市宏心妇幼用品有限公司
Ruian Hongxin Women & Children Articles Co., Ltd.
地址(Add)：浙江省瑞安市碧山镇渡头路56号
邮编(P. C.)：325215
电话(Tel)：0577 – 65427687
传真(Fax)：0577 – 65420399
Http://www. cn-hongxin. com
总经理(General Manager)：卢克孟
产品(Products)：妇女卫生巾，卫生护垫，婴儿纸尿裤/片，纸巾纸
品牌(Brand)：俏姐，保健草，宏心，伴宝氏，直柔

浙江康芙娅妇幼用品有限公司
Zhejiang Kangfuya Women & Children Products Co., Ltd.
地址(Add)：浙江省瑞安市经济开发区南滨东路285号
邮编(P. C.)：325200
电话(Tel)：0577 – 65138006
传真(Fax)：0577 – 65138003
E-mail：kangfuya@126. com
Http://www. kangfuya. com
总经理(General Manager)：张永顺
联系人(Contact Person)：张永顺
产品(Products)：妇女卫生巾，卫生护垫
品牌(Brand)：康芙娅

瑞安川洋妇婴用品有限公司
Ruian Chuanyang Women & Children Articles Co., Ltd.
地址(Add)：浙江省瑞安市塘下镇鲍田前桥西大街239 – 41号
邮编(P. C.)：325204
电话(Tel)：0577 – 65207309
传真(Fax)：0577 – 65207356
Http://www. zjchuanyang. cn
联系人(Contact Person)：池星红
产品(Products)：妇女卫生巾，卫生护垫，护理垫
品牌(Brand)：贝莱康

恒安(上虞)卫生用品公司
Hengan (Shangyu) Hygiene Products Co., Ltd.
地址(Add)：浙江省上虞市开发区聚英路289号
邮编(P. C.)：312300
电话(Tel)：0575 – 82133598
传真(Fax)：0575 – 82023554
法人代表(Chairman)：施文博
联系人(Contact Person)：吴文权
产品(Products)：妇女卫生巾
品牌(Brand)：安乐，安尔乐

浙江绍兴唯尔福妇幼用品有限公司
Shaoxing Welfare Articles for Women & Children Co., Ltd.
地址(Add)：浙江省绍兴市袍江工业区南区D21号
邮编(P. C.)：312001
电话(Tel)：0575 – 88241205
传真(Fax)：0575 – 88242915
E-mail：wef2008@163. com
Http://www. wef2008. com
法人代表(Chairman)：李胜章
总经理(General Manager)：何幼成
产品(Products)：妇女卫生巾，卫生护垫，婴儿纸尿裤/片
品牌(Brand)：唯尔福

绍兴市双荣妇幼保健用品厂
Shaoxing Shuangrong Women & Children Healthcare Articles Factory
地址(Add)：浙江省绍兴市胜利西路云栖工业区
邮编(P. C.)：312000
电话(Tel)：0575 – 85172435
传真(Fax)：0575 – 85179746
E-mail：web@sx-kerong. com
Http://www. sx-kerong. com
法人代表(Chairman)：徐国荣
总经理(General Manager)：徐国荣
产品(Products)：妇女卫生巾，卫生护垫，卫生纸
品牌(Brand)：珂蓉，越城之花

浙江新昌舒洁美卫生用品有限公司
Zhejiang Shujiemei Hygiene Products Co., Ltd.
地址(Add)：浙江省绍兴市新昌县高新技术产业园区(金星村)
邮编(P. C.)：312500
电话(Tel)：0575 – 86296998
传真(Fax)：0575 – 86297758
法人代表(Chairman)：戴中标
联系人(Contact Person)：杨美蓉
产品(Products)：妇女卫生巾，卫生护垫，餐巾纸，面巾纸
品牌(Brand)：嫦爽，舒佳怡，遇见

台州市满洁卫生用品有限公司
Taizhou Manjie Hygiene Products Co., Ltd.
地址(Add)：浙江省台州市路桥区西路桥大道918号
邮编(P. C.)：318000
电话(Tel)：0576 – 82580083
传真(Fax)：0576 – 82580083
联系人(Contact Person)：李星星
产品(Products)：妇女卫生巾，卫生护垫

品牌(Brand)：满洁

台州市娅洁舒卫生用品有限公司
Taizhou Yajieshu Hygiene Products Co., Ltd.
地址(Add)：浙江省台州市温岭新河镇向西莫工业区6号
邮编(P. C.)：317502
电话(Tel)：0576－86576169
传真(Fax)：0576－86576030
E-mail：sales@yajieshu.com
Http://www.yajieshu.com
法人代表(Chairman)：莫海滨
总经理(General Manager)：莫海滨
联系人(Contact Person)：沈华东
产品(Products)：妇女卫生巾，卫生护垫，婴儿纸尿片
品牌(Brand)：娅洁舒，倍佳，蝶爽，小贝乐

伊利安卫生用品有限公司
Yilian Sanitary Products Co., Ltd.
地址(Add)：浙江省温岭市箬横镇乐邦工业园区382号
邮编(P. C.)：317507
电话(Tel)：0576－86826182
传真(Fax)：0576－86826183
E-mail：sales@cnyilian.com
Http://www.cnyilian.com
法人代表(Chairman)：陈世荣
总经理(General Manager)：陈世荣
产品(Products)：妇女卫生巾
品牌(Brand)：伊利安

温州市芳柔卫生用品有限公司
Wenzhou Fangrou Hygiene Articles Co., Ltd.
地址(Add)：浙江省温州市瞿溪后屿街857号
邮编(P. C.)：325035
电话(Tel)：0577－86686665
传真(Fax)：0577－86686669
E-mail：fangrou@fangrou.com
Http://www.fangrou.com
法人代表(Chairman)：张武
总经理(General Manager)：张武
产品(Products)：妇女卫生巾，卫生护垫，婴儿纸尿片
品牌(Brand)：汝爽，汝儿爽

温州市宝蝶妇幼用品有限公司
Wenzhou Baodie Women & Children Articles Co., Ltd.
地址(Add)：浙江省温州市三垟黄屿工业区黄屿路110号东首第四幢
邮编(P. C.)：325014
电话(Tel)：0577－86775311
传真(Fax)：0577－86770085
E-mail：wzbd1@163.com
Http://www.baodie.com
法人代表(Chairman)：程成桂
总经理(General Manager)：郑国生
联系人(Contact Person)：张敏
产品(Products)：妇女卫生巾，卫生护垫，婴儿纸尿裤/片，护理垫，卫生纸
品牌(Brand)：宝蝶，尤宝，优妮，宝蝶贝贝，佳佳洁

温州市鹿城天使卫生用品有限公司
Wenzhou Lucheng Tianshi Health Appliance Co., Ltd.
地址(Add)：浙江省温州市温巨东路729号
邮编(P. C.)：325000
电话(Tel)：0577－86678700
传真(Fax)：0577－86678701
联系人(Contact Person)：陈肇汝
产品(Products)：妇女卫生巾，卫生护垫，婴儿纸尿片
品牌(Brand)：百美

杭州可悦卫生用品有限公司
Hangzhou Credible Sanitary Products Co., Ltd.
地址(Add)：浙江省萧山经济技术开发区杭州江东工业园区江东三路
邮编(P. C.)：311222
电话(Tel)：0571－82985566
传真(Fax)：0571－82985599
E-mail：qjl.2007@yahoo.com.cn
Http://www.hzcredible.com
法人代表(Chairman)：黄国权
总经理(General Manager)：黄国权
联系人(Contact Person)：裘军利
产品(Products)：妇女卫生巾，卫生护垫，婴儿纸尿裤/片
品牌(Brand)：可月，月满好，雅妮娜，宝宝好梦，婴倍适

义乌市佳丽卫生用品厂
Yiwu Jiali Hygiene Products Factory
地址(Add)：浙江省义乌市佛堂义南工业区葛仙路99号
邮编(P. C.)：322002
电话(Tel)：0579－85785585
传真(Fax)：0579－85785585
E-mail：webmaster@chinahuile.com
Http://www.chinahuile.com
总经理(General Manager)：余植军
产品(Products)：妇女卫生巾，卫生护垫，纸尿片，纸鞋垫
品牌(Brand)：惠乐，七彩空间，惠乐宝

仟羽卫生用品有限公司
Qianyu Hygiene Products Co., Ltd.
地址(Add)：浙江省义乌市佛堂镇江滨工业区
邮编(P. C.)：322002
电话(Tel)：0579－85726168
传真(Fax)：0579－85716638
E-mail：info@cheeriness.com
Http://www.cheeriness.com
总经理(General Manager)：盛英良
联系人(Contact Person)：何芳
产品(Products)：妇女卫生巾，卫生护垫
品牌(Brand)：安香，舒颖

雅舒曼卫生用品有限公司
Yashuman Hygiene Products Co., Ltd.
地址(Add)：浙江省义乌市佛堂镇江滨工业区
邮编(P. C.)：322002
电话(Tel)：0579－85715932
传真(Fax)：0579－85728270
E-mail：aqjianke@vip.163.com
Http://www.huaji520.com
总经理(General Manager)：王光海
联系人(Contact Person)：朱晓丽
产品(Products)：妇女卫生巾，卫生护垫，婴儿纸尿裤，

湿巾
品牌(Brand)：花季，安然

玉洁卫生用品有限公司
Yujie Hygiene Products Co., Ltd.
地址(Add)：浙江省义乌市国际商贸城三期四区13街36315店面(南大门)
邮编(P. C.)：322000
电话(Tel)：0579－85376349
E-mail：yujieshijin@ yahoo. cn
总经理(General Manager)：杨永明
产品(Products)：妇女卫生巾，卫生护垫，婴儿纸尿裤，训练裤，宠物裤，成人纸尿裤，湿巾

华美卫生用品有限公司
Huamei Sanitary Products Co., Ltd.
地址(Add)：浙江省义乌市荷叶塘镇经济开发区华美路2号
邮编(P. C.)：322009
电话(Tel)：0579－85953513
传真(Fax)：0579－85951577
E-mail：huamei5598@ yahoo. com. cn
法人代表(Chairman)：方浩勤
总经理(General Manager)：方浩勤
联系人(Contact Person)：方磊
产品(Products)：妇女卫生巾，纸尿裤/片
品牌(Brand)：华美

可儿卫生用品有限公司
Keer Sanitary Products Co., Ltd.
地址(Add)：浙江省义乌市后宅工业区遗安北路
邮编(P. C.)：322008
电话(Tel)：0579－85689611
传真(Fax)：0579－85689611
E-mail：fwjt333@ 163. com
法人代表(Chairman)：王超
总经理(General Manager)：王超
联系人(Contact Person)：王超
产品(Products)：婴儿纸尿裤/片，成人纸尿裤，卫生护垫，宠物垫
品牌(Brand)：可儿

义乌市嘉华日化有限公司
Yiwu Jiahua Chemicals for Daily Use Co., Ltd.
地址(Add)：浙江省义乌市经发大道236号
邮编(P. C.)：322000
电话(Tel)：0579－85320691
传真(Fax)：0579－85314341
E-mail：sale1@ ywjiahua. com
Http://www. ywjiahua. com
法人代表(Chairman)：李志彪
联系人(Contact Person)：虞进洪
产品(Products)：妇女卫生巾，卫生护垫，婴儿纸尿裤/片，成人纸尿裤，失禁护理垫，宠物垫
品牌(Brand)：诗蕙，汇泉，阳光小子

义乌市安娜卫生用品有限公司
Yiwu Anna Hygiene Products Co., Ltd.
地址(Add)：浙江省义乌市义福田三期二楼九街35864店面
邮编(P. C.)：322000
电话(Tel)：0579－85373880
传真(Fax)：0579－83898725
总经理(General Manager)：冯刚
联系人(Contact Person)：熊淑娟
产品(Products)：妇女卫生巾，卫生护垫，婴儿纸尿裤
品牌(Brand)：芬莉，阳光宝宝

义乌市比爱卫生用品有限公司
Yiwu Biai Health Products Co., Ltd.
地址(Add)：浙江省义乌市义亭工业区
邮编(P. C.)：322005
电话(Tel)：0579－85558500
传真(Fax)：0579－85542638
E-mail：sales@ biaichina. com
Http://www. biaichina. com
法人代表(Chairman)：王爱加
总经理(General Manager)：周喜飞
联系人(Contact Person)：傅淑芬
产品(Products)：妇女卫生巾，卫生护垫，婴儿纸尿裤，湿巾宠物垫，宠物纸尿裤
品牌(Brand)：比爱

义乌市安柔卫生用品有限公司
Yiwu Anrou Hygiene Products Co., Ltd.
地址(Add)：浙江省义乌市义亭工业区稠义路1号
邮编(P. C.)：322005
电话(Tel)：0579－85818068
传真(Fax)：0579－85817688
E-mail：master@ anrou. net
Http://www. anrou. cn
法人代表(Chairman)：李光军
总经理(General Manager)：李光军
产品(Products)：妇女卫生巾，卫生护垫，婴儿纸尿裤/片，成人纸尿裤，护理垫，湿巾
品牌(Brand)：安柔，奥贝思，澳利康，子女心，奥利康

义乌市奥顿纸业有限公司
Yiwu Arton Paper Co., Ltd.
地址(Add)：浙江省义乌市义亭镇工业园区
邮编(P. C.)：322005
电话(Tel)：0579－85819888
传真(Fax)：0579－85813668
E-mail：cnaodun@ 126. com
Http://www. ywaodun. com
法人代表(Chairman)：鲍志坚
总经理(General Manager)：鲍志坚
产品(Products)：妇女卫生巾，婴儿纸尿裤/片，餐巾纸，面巾纸，卫生卷纸
品牌(Brand)：诗雨，迷奇儿，鸥娜诗

日商卫生保健用品有限公司
Rishang Health Care Products Co., Ltd.
地址(Add)：浙江省永康市中国科技五金城象珠工业园区
邮编(P. C.)：321313
电话(Tel)：0579－87566002
传真(Fax)：0579－87566522
E-mail：ykrishang@ yahoo. com. cn
Http://www. risnapkin. com
法人代表(Chairman)：胡明星
联系人(Contact Person)：胡逸
产品(Products)：妇女卫生巾，卫生护垫
品牌(Brand)：月月爽

■ 安徽 Anhui

安徽省蚌埠市安爽纸业有限公司
Anhui Bengbu Anshuang Paper Co., Ltd.
地址(Add)：安徽省蚌埠市凤阳东路 169 号
邮编(P. C.)：233005
电话(Tel)：0552－7126580
传真(Fax)：0552－3039876
联系人(Contact Person)：徐建军
产品(Products)：妇女卫生巾，卫生纸
品牌(Brand)：梦娟

安徽井中集团梦幻樱花卫生用品有限公司
Anhui Jingzhong Group Menghuan Yinghua Hygiene Products Co., Ltd.
地址(Add)：安徽省亳州市古井经济技术开发区
邮编(P. C.)：236826
电话(Tel)：0558－5711878
传真(Fax)：0558－5711878
E-mail：bzxiaobaomu@163. com
法人代表(Chairman)：李宏亮
总经理(General Manager)：李宏亮
联系人(Contact Person)：柳影
产品(Products)：妇女卫生巾，卫生护垫
品牌(Brand)：梦幻樱花，柔情岁月

安徽金林工贸有限公司
Anhui Jinlin Industry & Trading Co., Ltd.
地址(Add)：安徽省巢湖市东方景苑菜场
邮编(P. C.)：238000
电话(Tel)：0565－2627575
传真(Fax)：0565－2819562
E-mail：webmaster@ahjlgm. cn
Http://www. ahjlgm. cn
总经理(General Manager)：戴文忠
联系人(Contact Person)：徐金华
产品(Products)：妇女卫生巾，卫生护垫，婴儿/成人纸尿裤，面巾纸
品牌(Brand)：金伶爽

滁州俣之昊工贸有限公司
Chuzhou Yuzhihao Industry & Trade Co., Ltd.
地址(Add)：安徽省滁州市滁全路 180 号
邮编(P. C.)：239000
电话(Tel)：0550－3219258
传真(Fax)：0550－3219138
E-mail：yuzhihao3219258@yahoo. com. cn
Http://www. lnsap. cn. alibaba. com
总经理(General Manager)：吴仁强
产品(Products)：卫生护垫，纸尿片，宠物垫
品牌(Brand)：滁卫

合肥新时尚卫生用品有限公司
Hefei Xinshishang Hygiene Products Co., Ltd.
地址(Add)：安徽省肥西县严店
邮编(P. C.)：231221
电话(Tel)：0551－8712366
传真(Fax)：0551－8712377
总经理(General Manager)：秦立满
产品(Products)：妇女卫生巾
品牌(Brand)：润蕊，皖宝

安徽依依妇幼用品有限公司
Anhui Nongnong Women & Children Articles Co., Ltd.
地址(Add)：安徽省合肥市龙岗工业区牡丹路与站前路交叉口
邮编(P. C.)：231633
电话(Tel)：0551－4327323
传真(Fax)：0551－4327699
E-mail：wpm168@163. com
Http://www. ahhcjt. com
联系人(Contact Person)：王培明
产品(Products)：妇女卫生巾，卫生护垫，婴儿纸尿裤
品牌(Brand)：水晶花，丝云

安徽汇诚妇幼用品有限公司
Anhui Huicheng Women & Children Articles Co., Ltd.
地址(Add)：安徽省合肥市龙岗开发区牡丹路与站前路交叉口
邮编(P. C.)：231633
电话(Tel)：0551－4327333
传真(Fax)：0551－4328222
E-mail：ahhcjt@ahhcjt. com
Http://www. ahhcjt. com
法人代表(Chairman)：蔡世忠
总经理(General Manager)：蔡世忠
联系人(Contact Person)：蔡培春
产品(Products)：妇女卫生巾，卫生护垫，婴儿纸尿裤，成人纸尿裤/片，面巾纸，手帕纸，餐巾纸，擦手纸
品牌(Brand)：洁柔，水晶花

恒安(合肥)生活用品有限公司
Hengan (Hefei) Daily Products Co., Ltd.
地址(Add)：安徽省合肥市瑶海工业园区郎溪路与纬 B 路交叉口
邮编(P. C.)：230011
电话(Tel)：0551－2113889
E-mail：wujb@mail. hengan. com. cn
法人代表(Chairman)：施文博
总经理(General Manager)：吴金钹
联系人(Contact Person)：吴金钹
产品(Products)：妇女卫生巾，卫生护垫，婴儿纸尿裤，卫生纸
品牌(Brand)：安乐，安尔乐，安儿乐，心相印

安徽省淮南市大通博文卫生用品厂
Anhui Bowen Hygiene Products Factory
地址(Add)：安徽省淮南市大通区水泥厂路
邮编(P. C.)：232033
电话(Tel)：0554－2511182
传真(Fax)：0554－2517858
法人代表(Chairman)：刘常军
联系人(Contact Person)：赵伦新
产品(Products)：妇女卫生巾
品牌(Brand)：博文

安徽美妮纸业有限公司
Anhui Meini Paper Co., Ltd.
地址(Add)：安徽省潜山县皖潜大道
邮编(P. C.)：246300
电话(Tel)：0556－8978688

传真(Fax)：0556－8920701
E-mail：mx78688@163. com
Http://www. ahmeini. com
法人代表(Chairman)：钟潜学
联系人(Contact Person)：郑雄
产品(Products)：妇女卫生巾，卫生护垫
品牌(Brand)：依依佳

安徽龙舒妇幼卫生用品厂
Anhui Longshu Women & Children Products Factory
地址(Add)：安徽省舒城县经济开发区供销社物流中心卫生巾厂
邮编(P. C.)：231300
电话(Tel)：0564－8678975
传真(Fax)：0564－8678975
总经理(General Manager)：桂先定
联系人(Contact Person)：陈永生
产品(Products)：妇女卫生巾，卫生护垫，卫生纸
品牌(Brand)：兰语

安徽省太和县东姿卫生用品有限公司
Anhui Taihe Dongzi Hygiene Products Co., Ltd.
地址(Add)：安徽省太和县洪山开发区
邮编(P. C.)：236640
电话(Tel)：0558－8406818
传真(Fax)：0558－8407999
E-mail：thdongzi@126. com
Http://www. thdongzi. cn
法人代表(Chairman)：何龙
总经理(General Manager)：何龙
联系人(Contact Person)：杨秀勤
产品(Products)：妇女卫生巾，卫生护垫
品牌(Brand)：月轻松东姿

安徽悦美卫生用品有限公司＊
Anhui Yuemei Hygiene Products Co., Ltd.
地址(Add)：安徽省桐城经济开发区
邮编(P. C.)：231400
电话(Tel)：0556－6567998
传真(Fax)：0556－6568666
E-mail：ygm98@sohu. com
Http://www. ahxdgroup. com
法人代表(Chairman)：殷根茂
总经理(General Manager)：姜长国
联系人(Contact Person)：姜长国
产品(Products)：原纸，卫生纸，面巾纸，手帕纸，餐巾纸，厨房用纸，擦手纸，妇女卫生巾，卫生护垫
品牌(Brand)：阳光薇枫，月尔美

桐城市妇幼用品有限责任公司
Tongcheng Woman & Child Articles Co., Ltd.
地址(Add)：安徽省桐城市挂车河镇
邮编(P. C.)：231400
电话(Tel)：0556－6040398
传真(Fax)：0556－6040488
法人代表(Chairman)：宋传庆
总经理(General Manager)：宋传庆
联系人(Contact Person)：宋传庆
产品(Products)：妇女卫生巾，卫生护垫，婴儿纸尿裤/片
品牌(Brand)：月尔美

■ 福建 Fujian

泉州市三商卫生用品有限公司
Quanzhou Sanshang Hygiene Products Co., Ltd.
地址(Add)：福建省安溪县蓬莱镇联中工业区
邮编(P. C.)：362402
电话(Tel)：0595－23358333
传真(Fax)：0595－23358222
E-mail：sanshang@fjfair. com
Http://www. sanshang168. com. cn
法人代表(Chairman)：林清艺
总经理(General Manager)：林清艺
联系人(Contact Person)：饶仁平
产品(Products)：妇女卫生巾，卫生护垫，婴儿纸尿裤/片，湿巾
品牌(Brand)：娇点，蕾洁，护悠

天乐卫生用品有限公司
Tianle Hygiene Products Co., Ltd.
地址(Add)：福建省长汀县腾飞工业开发区
邮编(P. C.)：366300
电话(Tel)：0597－6800888
传真(Fax)：0597－6823888
E-mail：tianle－fj@163. com
Http://www. tianle888. com
总经理(General Manager)：林建明
联系人(Contact Person)：林建亮
产品(Products)：妇女卫生巾，婴儿纸尿裤/片，成人纸尿裤
品牌(Brand)：天乐，实爽

福清市益兴堂卫生制品有限公司
Fuqing Yixingtang Hygiene Products Co., Ltd.
地址(Add)：福建省福清市江阴工业区B5厂房
邮编(P. C.)：350309
电话(Tel)：0591－85966766
传真(Fax)：0591－85966789
E-mail：lindaoxing@263. net
Http://www. yixingtang. cn
法人代表(Chairman)：林道兴
总经理(General Manager)：林道兴
联系人(Contact Person)：黄福兴
产品(Products)：妇女卫生巾，婴儿纸尿裤/片
品牌(Brand)：亲情树，酷爽，亲情宝宝

福清恩达卫生用品有限公司
Fuqing Enda Hygiene Products Co., Ltd.
地址(Add)：福建省福清市融侨经济开发区
邮编(P. C.)：350301
电话(Tel)：0591－85389898
传真(Fax)：0591－85366988
法人代表(Chairman)：王菊英
总经理(General Manager)：王菊英
联系人(Contact Person)：陈松
产品(Products)：妇女卫生巾，婴儿纸尿裤/片
品牌(Brand)：天姿娇，天使恋情，美赞臣，君乐宝

福州天使日用品有限公司
Fuzhou Angel Commodity Co., Ltd.
地址(Add)：福建省福清市融侨经济开发区金印

邮编(P. C.): 350301
电话(Tel): 0591-85368198
传真(Fax): 0591-85368158
E-mail: daddybaby@fz-angels. com
Http://www. fzangels. com
法人代表(Chairman): 林斌
总经理(General Manager): 林勇
联系人(Contact Person): 张金亮
产品(Products): 婴儿纸尿裤/片, 妇女卫生巾, 湿巾
品牌(Brand): 爹地宝贝 Daddybaby, 比雅蒂

舒尔洁(福州)纸业有限公司
Shuerjie (Fuzhou) Paper Co., Ltd.
地址(Add): 福建省福州市前屿路179号
邮编(P. C.): 350000
电话(Tel): 0591-87625139
传真(Fax): 0591-87621179
E-mail: fjshuerjie@163. com
联系人(Contact Person): 杨长建
产品(Products): 妇女卫生巾, 卫生护垫, 纸尿裤/片, 卫生卷纸, 手帕纸, 面巾纸
品牌(Brand): 乐宝氏

福州采尔纸业有限公司
Fuzhou Caier Paper Co., Ltd.
地址(Add): 福建省福州市五一中路88号平安大厦7楼
邮编(P. C.): 350001
电话(Tel): 0591-88306555
传真(Fax): 0591-28353528
E-mail: tryor@126. com
Http://www. tryor. cn
法人代表(Chairman): 吴炳煌
总经理(General Manager): 吴炳煌
联系人(Contact Person): 童桢
产品(Products): 卫生纸, 面巾纸, 手帕纸, 餐巾纸, 厨房用纸, 擦手纸, 卫生巾, 卫生护垫
品牌(Brand): 采尔, 随手, 清巧, 愉+

恒安(福建)妇幼用品有限公司
Hengan (Fujian) Women & Children's Articles Co., Ltd.
地址(Add): 福建省晋江市安海恒安工业城
邮编(P. C.): 362261
电话(Tel): 0595-85708888
传真(Fax): 0595-85708666
法人代表(Chairman): 施文博
联系人(Contact Person): 张时跑
产品(Products): 妇女卫生巾, 卫生护垫
品牌(Brand): 安尔乐

恒安集团(晋江)妇女用品有限公司
Hengan Group (Jinjiang) Women Products Co., Ltd.
地址(Add): 福建省晋江市安海恒安工业城
邮编(P. C.): 362261
电话(Tel): 0595-85708888
传真(Fax): 0595-85708666
法人代表(Chairman): 施文博
联系人(Contact Person): 程勇
产品(Products): 妇女卫生巾, 卫生护垫
品牌(Brand): 安尔乐

福建恒安集团有限公司
Fujian Hengan Holding Co., Ltd.
地址(Add): 福建省晋江市安海恒安工业城
邮编(P. C.): 362261
电话(Tel): 0595-85708888
传真(Fax): 0595-85708666
E-mail: hengan@hengan. com
Http://www. hengan. com. cn
法人代表(Chairman): 施文博
总经理(General Manager): 许连捷
联系人(Contact Person): 陈涛
产品(Products): 妇女卫生巾, 卫生护垫, 婴儿纸尿裤, 成人纸尿裤, 湿巾
品牌(Brand): 安尔乐, 安乐, 安儿乐, 安而康, 心相印

晋江恒基妇幼卫生用品有限公司
Jinjiang Hengji Women and Children Hygiene Products Co., Ltd.
地址(Add): 福建省晋江市安海梧埭工业区
邮编(P. C.): 362261
电话(Tel): 0595-85728383
传真(Fax): 0595-85726767
E-mail: jjhengji@yahoo. cn
Http://www. wsjw. net
总经理(General Manager): 吴青山
产品(Products): 妇女卫生巾, 卫生护垫
品牌(Brand): 诗蕾

晋江市协兴卫生用品有限公司
Jinjiang Xiexing Hygiene Products Co., Ltd.
地址(Add): 福建省晋江市安海镇后林工业区
邮编(P. C.): 362261
电话(Tel): 0595-85765288
传真(Fax): 0595-85763599
E-mail: wangxj512@163. com
总经理(General Manager): 王新建
联系人(Contact Person): 许有苗
产品(Products): 妇女卫生巾
品牌(Brand): 清一色, 好体会

晋江市安信妇幼用品有限公司
Jinjiang Anxin Women & Children Articles Co., Ltd.
地址(Add): 福建省晋江市安海镇后林工业区
邮编(P. C.): 362261
电话(Tel): 0595-85784911
传真(Fax): 0595-85724183
总经理(General Manager): 颜子崖
联系人(Contact Person): 颜子崖
产品(Products): 妇女卫生巾, 卫生护垫, 婴儿纸尿裤
品牌(Brand): 优贝佳, 温情港湾, 名舒

泉州顺安妇幼用品有限公司
Quanzhou Shunan Women & Children Articles Co., Ltd.
地址(Add): 福建省晋江市安海镇瑶前工业区
邮编(P. C.): 362261
电话(Tel): 0595-85538997
传真(Fax): 0595-85538997
E-mail: 1030865554@qq. com
Http://www. fjshunan. com
联系人(Contact Person): 姚文展
产品(Products): 妇女卫生巾, 卫生护垫, 纸尿裤

品牌(Brand)：茉莉花香

晋江市恒质纸品有限公司
Jinjiang Hengzhi Paper Products Co., Ltd.
地址(Add)：福建省晋江市安海镇庄头恒质纸品工业大厦
邮编(P. C.)：362261
电话(Tel)：0595－85709988
传真(Fax)：0595－85768887
E-mail：hengzhi510@163.com
Http://www.cnhengzhi.com
法人代表(Chairman)：陈文质
产品(Products)：妇女卫生巾，卫生护垫，婴儿纸尿裤/片，成人纸尿裤，湿巾，纸巾纸
品牌(Brand)：嫚妮斯，健尔

晋江市雅诗兰妇幼用品有限公司
Jinjiang Aishilan Women & Children Articles Co., Ltd.
地址(Add)：福建省晋江市陈埭岸刀南工业区
邮编(P. C.)：362211
电话(Tel)：0595－85170266
传真(Fax)：0595－85170366
法人代表(Chairman)：丁煌灿
总经理(General Manager)：丁煌灿
联系人(Contact Person)：丁煌灿
产品(Products)：妇女卫生巾，卫生护垫，婴儿纸尿片
品牌(Brand)：星期六

福建省晋江市舒乐妇幼用品有限公司
Fujian Jinjiang Shule Women & Children Articles Co., Ltd.
地址(Add)：福建省晋江市陈埭镇鹏头工业区(鹏青大道)
邮编(P. C.)：362211
电话(Tel)：0595－85189888
传真(Fax)：0595－85189777
E-mail：shuleco@pub2.qz.fj.cn
Http://www.baihushi.com
法人代表(Chairman)：丁朝阳
产品(Products)：妇女卫生巾，婴儿纸尿裤，生活用纸
品牌(Brand)：白护士

晋江市爱尔雅妇幼用品有限公司
Jinjiang Aierya Women & Children Products Co., Ltd.
地址(Add)：福建省晋江市陈埭镇坪头工业区汾江西路248号
邮编(P. C.)：362211
电话(Tel)：0595－85180433
传真(Fax)：0595－85185433
E-mail：chinaaey86@163.com
法人代表(Chairman)：傅秀环
总经理(General Manager)：傅秀环
联系人(Contact Person)：傅秀环
产品(Products)：妇女卫生巾，卫生护垫
品牌(Brand)：爱尔雅，蝶衣，依期假日

晋江市丽特卫生用品有限公司
Jinjiang Lite Hygiene Products Co., Ltd.
地址(Add)：福建省晋江市陈埭镇洋埭下沟工业区
邮编(P. C.)：362218
电话(Tel)：0595－85089786
传真(Fax)：0595－85162786
总经理(General Manager)：林明海
联系人(Contact Person)：吕锦珠
产品(Products)：妇女卫生巾，卫生护垫
品牌(Brand)：雅妃，舒而莉，青春日记，蝴蝶仙子

晋江舒月妇幼卫生用品有限公司
Jinjiang Shuyue Women & Children Products Co., Ltd.
地址(Add)：福建省晋江市池店镇屿崆工业区
邮编(P. C.)：362212
电话(Tel)：0595－85995958
传真(Fax)：0595－85995659
E-mail：info@fjsure.com
Http://www.fjsure.com
法人代表(Chairman)：谢丽楚
联系人(Contact Person)：谢国联
产品(Products)：妇女卫生巾，卫生护垫，婴儿纸尿裤/片
品牌(Brand)：青春少女，优秀女生，九九空间，心梦宝贝

福建省晋江市恒意卫生用品有限公司
Fujian Jinjiang Hengyi Hygiene Products Co., Ltd.
地址(Add)：福建省晋江市池店镇屿崆工业区(靠福厦路紫帽镇)
邮编(P. C.)：362200
电话(Tel)：0595－85988898
传真(Fax)：0595－85988818
总经理(General Manager)：谢宝水
联系人(Contact Person)：谢美丽
产品(Products)：妇女卫生巾，卫生护垫，婴儿纸尿裤/片
品牌(Brand)：情深深，美丽宝贝

晋江荣安生活用品有限公司
Jinjiang Rongan Household Articles Co., Ltd.
地址(Add)：福建省晋江市池店镇屿崆工业区荣安楼
邮编(P. C.)：362200
电话(Tel)：0595－85985892
传真(Fax)：0595－85993892
E-mail：penny88928@hotmail.com
Http://www.rachina.com
法人代表(Chairman)：倪清荣
总经理(General Manager)：倪辉煌
联系人(Contact Person)：倪辉煌
产品(Products)：妇女卫生巾，卫生护垫，婴儿纸尿裤/片，成人纸尿裤/片
品牌(Brand)：惜香婷，薰衣草，季洁，孩子气，洁护师，芭芭布，夕阳参

福建恒益妇幼用品有限公司
Fujian Hengyi Women & Children Articles Co., Ltd.
地址(Add)：福建省晋江市磁灶溪头工业区
邮编(P. C.)：362214
电话(Tel)：0595－85883211
传真(Fax)：0595－85883144
法人代表(Chairman)：周金九
总经理(General Manager)：周金九
产品(Products)：妇女卫生巾，卫生护垫，婴儿纸尿片
品牌(Brand)：好情意，娅思婷，护柔，舒儿宝

泉州市金源妇幼用品有限公司
Quanzhou Jinyuan Woman & Child Articles Co., Ltd.
地址(Add)：福建省晋江市磁灶镇坝头工业区
邮编(P. C.)：362200
电话(Tel)：0595－85896558
传真(Fax)：0595－85896557
法人代表(Chairman)：曾金福
总经理(General Manager)：曾水源
产品(Products)：妇女卫生巾，卫生护垫，婴儿纸尿裤/片
品牌(Brand)：缘定一生，小朵

晋江市磁灶镇舒安卫生巾厂
Jinjiang Cizao Shuan Sanitary Napkins Factory
地址(Add)：福建省晋江市磁灶镇坝头工业区舒安工业楼
邮编(P. C.)：362214
电话(Tel)：0595－85881629
传真(Fax)：0595－85893629
E-mail：1091509937@qq.com
法人代表(Chairman)：曾建发
总经理(General Manager)：曾建清
联系人(Contact Person)：曾建发
产品(Products)：妇女卫生巾，卫生护垫
品牌(Brand)：安玉，新安玉，好忧莱

晋江市女友卫生用品有限公司
Jinjiang Nüyou Hygiene Products Co., Ltd.
地址(Add)：福建省晋江市磁灶镇大公山工业区
邮编(P. C.)：362214
电话(Tel)：0595－85882992
传真(Fax)：0595－85898992
E-mail：jjnvyou@yahoo.com.cn
Http://www.nvyou.hk
总经理(General Manager)：吴海丰
联系人(Contact Person)：张珂
产品(Products)：妇女卫生巾，卫生护垫，婴儿纸尿裤/片
品牌(Brand)：芳欣，辣妹子，唯好

晋江市万成达妇幼卫生用品有限公司
Jinjiang Wanchengda Hygiene Products Co., Ltd.
地址(Add)：福建省晋江市磁灶镇锦美下五龙工业区
邮编(P. C.)：362241
电话(Tel)：0595－85856093
传真(Fax)：0595－85886093
总经理(General Manager)：赖文服
产品(Products)：妇女卫生巾

晋江市恒发妇幼用品有限公司
Jinjiang Hengfa Women & Children Products Co., Ltd.
地址(Add)：福建省晋江市磁灶镇溪头工业区13号
邮编(P. C.)：362214
电话(Tel)：0595－85889729
传真(Fax)：0595－85899829
法人代表(Chairman)：周培坤
总经理(General Manager)：周培坤
产品(Products)：妇女卫生巾，卫生护垫
品牌(Brand)：顺安，采诺，美少女

晋江市益源卫生用品有限公司
Jinjiang Yiyuan Hygiene Products Co., Ltd.
地址(Add)：福建省晋江市磁灶镇洋美工业区
邮编(P. C.)：362000
电话(Tel)：0595－85835236
传真(Fax)：0595－85889236
E-mail：yiyuan@fjyiyuan.com
Http://www.fjyiyuan.com
联系人(Contact Person)：谢家源
产品(Products)：妇女卫生巾，卫生护垫，婴儿纸尿裤/片，成人纸尿片，面巾纸
品牌(Brand)：好浪漫

福建省晋江市圣洁卫生用品有限公司
Fujian Jinjiang Shengjie Hygiene Products Co., Ltd.
地址(Add)：福建省晋江市磁灶镇张林儒东工业区
邮编(P. C.)：362214
电话(Tel)：0595－85835188
传真(Fax)：0595－85835199
总经理(General Manager)：张友谊
联系人(Contact Person)：张祝恩
产品(Products)：妇女卫生巾，卫生护垫，婴儿纸尿裤/片

晋江思梦发卫生制品有限公司
Jinjiang Simengfa Hygiene Products Co., Ltd.
地址(Add)：福建省晋江市东石镇梅塘工业区
邮编(P. C.)：362271
电话(Tel)：0595－85527777
传真(Fax)：0595－85535588
E-mail：fjdhzy@fjdhzy.com
Http://www.fjdhzy.com
联系人(Contact Person)：许爱镖
产品(Products)：妇女卫生巾
品牌(Brand)：香水女人，安而洁，月度空间，清爽如约

晋江沧源纸品厂
Jinjiang Cangyuan Paper Products Factory
地址(Add)：福建省晋江市东石镇张厝工业区
邮编(P. C.)：362272
电话(Tel)：0595－5585357
联系人(Contact Person)：王明确
产品(Products)：妇女卫生巾，婴儿纸尿裤，隔尿巾

姗拉娜卫生用品有限公司
Shanlana Hygiene Products Co., Ltd.
地址(Add)：福建省晋江市高科技开发区银水商厦
邮编(P. C.)：362200
电话(Tel)：0595－85661312
传真(Fax)：0595－85622980
法人代表(Chairman)：许火车
总经理(General Manager)：庄景生
产品(Products)：妇女卫生巾，婴儿纸尿片
品牌(Brand)：梦姗娜，梦幻天使，倍自在

晋江市清利卫生用品有限公司
Jinjiang Qingli Hygiene Products Co., Ltd.
地址(Add)：福建省晋江市赖厝清利工业园
邮编(P. C.)：362200
电话(Tel)：0595－85675668
传真(Fax)：0595－85654611
法人代表(Chairman)：赖清江
总经理(General Manager)：赖清江
产品(Products)：妇女卫生巾，卫生护垫

品牌(Brand)：浪漫心语，太阳女孩

晋江市怡佳卫生用品有限公司
Jinjiang Yijia Sanitary Appliances Co., Ltd.
地址(Add)：福建省晋江市罗山街道办事处社店工业区
邮编(P. C.)：362216
电话(Tel)：0595－88172976
传真(Fax)：0595－88173976
E-mail：fjyijiaqy@163. com
Http://www. fjyijiaqy. com
法人代表(Chairman)：陈德安
总经理(General Manager)：陈德安
联系人(Contact Person)：顾建英
产品(Products)：妇女卫生巾，卫生护垫，婴儿纸尿裤/片，成人纸尿裤/片
品牌(Brand)：樱柔，婴柔，英柔

晋江市荣鑫妇幼用品有限公司
Jinjiang Rongxin Women & Children Products Co., Ltd.
地址(Add)：福建省晋江市梅岭街道许厝工业区
邮编(P. C.)：362200
电话(Tel)：0595－85667558
传真(Fax)：0595－85673558
E-mail：rongxin@rongxin. com
Http://www. rongxin. com
总经理(General Manager)：许荣华
联系人(Contact Person)：许振锟
产品(Products)：妇女卫生巾，卫生护垫，婴儿纸尿裤/片
品牌(Brand)：婷而好，羽茜，雪妮，波波乐

晋江市金安纸业用品有限公司
Jinjiang Jinan Paper Products Co., Ltd.
地址(Add)：福建省晋江市梅岭双沟下坂工业区北路7号
邮编(P. C.)：362211
电话(Tel)：0595－85653158
传真(Fax)：0595－85610078
E-mail：bookboy@booksir. com
Http://www. jjyiheng. com
联系人(Contact Person)：林金典
产品(Products)：妇女卫生巾，卫生护垫，婴儿纸尿裤
品牌(Brand)：心爽，心爽宝贝

晋江市宝时洁妇幼用品有限公司
Jinjiang Baoshijie Women & Children Hygiene Products Co., Ltd.
地址(Add)：福建省晋江市内坑潭头开发区
邮编(P. C.)：362200
电话(Tel)：0595－88320555
传真(Fax)：0595－88320568
总经理(General Manager)：王明春
产品(Products)：妇女卫生巾
品牌(Brand)：宝时洁

福建晋江白绵纸品厂
Fujian Jinjiang Baimian Paper Products Factory
地址(Add)：福建省晋江市内坑镇吕厝蓬莱工业区
邮编(P. C.)：362268
电话(Tel)：0595－86882025
传真(Fax)：0595－88326629
Http://www. baimian. net
总经理(General Manager)：洪阿小
产品(Products)：妇女卫生巾，婴儿纸尿片，卫生纸，餐巾纸，面巾纸，
品牌(Brand)：优贝佳，好亲密，橄榄树

晋江市华亿妇幼用品有限公司
Jinjiang Huayi Women & Children Products Co., Ltd.
地址(Add)：福建省晋江市青阳高霞工业区
邮编(P. C.)：362200
电话(Tel)：0595－82008699
传真(Fax)：0595－82008700
E-mail：hy－company@163. com
Http://www. fjhy. com
法人代表(Chairman)：庄建设
总经理(General Manager)：庄少聪
联系人(Contact Person)：姜亚林
产品(Products)：妇女卫生巾，卫生护垫，婴儿纸尿裤/片，成人纸尿片
品牌(Brand)：黛菲，花之雨，金博士，香奈儿

晋江市万家乐妇幼用品有限公司
Jinjiang Wanjiale Women & Children Hygiene Products Co., Ltd.
地址(Add)：福建省晋江市青阳镇双内公路后间段
邮编(P. C.)：362200
电话(Tel)：0595－85657599
传真(Fax)：0595－85679188
联系人(Contact Person)：赖文河
产品(Products)：妇女卫生巾，卫生护垫

福建晋江凤竹纸品实业有限公司
Fujian Jinjiang Fengzhu Paper Products Industry Co., Ltd.
地址(Add)：福建省晋江市五里科技工业园区
邮编(P. C.)：362200
电话(Tel)：0595－85758888
传真(Fax)：0595－85752222
E-mail：fengzhu5678890@163. com
Http://www. fjfzzy. com
总经理(General Manager)：李栋梁
联系人(Contact Person)：麦义坤
产品(Products)：餐巾纸，面巾纸，手帕纸，卫生纸，妇女卫生巾，卫生护垫，婴儿纸尿裤
品牌(Brand)：洁菲，凤竹，洁儿菲

福建省晋江市盛华纸品有限公司
Fujian Jinjiang Shenghua Paper Products Co., Ltd.
地址(Add)：福建省晋江市五里科技工业园区(鸿达物流旁)
邮编(P. C.)：362200
电话(Tel)：0595－85687706
传真(Fax)：0595－85665706
E-mail：shpaper@vip. 163. com
Http://www. shpaper. cn
法人代表(Chairman)：庄振辉
总经理(General Manager)：吴美玲
联系人(Contact Person)：林志伟
产品(Products)：妇女卫生巾，卫生护垫
品牌(Brand)：雅佳宜

泉州市白天鹅卫生用品有限公司
Quanzhou White Swan Sanitary Appliances Co., Ltd.
地址(Add)：福建省晋江市西园官前工业区

邮编(P. C.)：362200
电话(Tel)：0595－85858528
传真(Fax)：0595－85858628
E-mail：whiteswan@qzwhiteswan.com
Http://www.qzwhiteswan.com
总经理(General Manager)：张清辉
产品(Products)：妇女卫生巾，婴儿纸尿裤
品牌(Brand)：纯雅，舒利婷，婴儿爽，快乐叮当

晋江市西园佳月卫生用品有限公司
Jinjiang Xiyuan Jiayue Hygiene Products Co., Ltd.
地址(Add)：福建省晋江市西园街道办事处车厝村
邮编(P. C.)：362200
电话(Tel)：0595－85898933
传真(Fax)：0595－85898932
Http://www.jtinggirl.com
法人代表(Chairman)：王进清
总经理(General Manager)：王进清
联系人(Contact Person)：王进清
产品(Products)：妇女卫生巾，卫生护垫
品牌(Brand)：妙雪，洁婷女孩

晋江市西园保达妇幼用品有限公司
Jinjiang Xiyuan Baoda Women & Children Articles Co., Ltd.
地址(Add)：福建省晋江市西园街道办事处赖厝村
邮编(P. C.)：362200
电话(Tel)：0595－85673878
传真(Fax)：0595－85672878
法人代表(Chairman)：赖志远
联系人(Contact Person)：赖志远
产品(Products)：妇女卫生巾，卫生护垫
品牌(Brand)：媛儿爽，舒而欣，白士洁，莎拉娜

晋江市凤源卫生用品有限公司
Jinjiang Fengyuan Hygiene Products Co., Ltd
地址(Add)：福建省晋江市西园街道办事处赖厝工业区
邮编(P. C.)：362200
电话(Tel)：0595－85658669
传真(Fax)：0595－85658662
联系人(Contact Person)：赖建国
产品(Products)：妇女卫生巾

福建省晋江市佳利卫生用品有限公司
Fujian Jinjiang Jiali Sanitary Products Co., Ltd.
地址(Add)：福建省晋江市西园街道赖厝工业区
邮编(P. C.)：362000
电话(Tel)：0595－85608655
传真(Fax)：0595－85675172
法人代表(Chairman)：赖钦墩
联系人(Contact Person)：赖钦墩
产品(Products)：妇女卫生巾
品牌(Brand)：佳利

晋江市清安卫生用品有限公司
Jinjiang Qingan Hygiene Products Co., Ltd.
地址(Add)：福建省晋江市西园街道汽车制造基地旁
邮编(P. C.)：362000
电话(Tel)：0595－85890185
总经理(General Manager)：陈玉聪
产品(Products)：妇女卫生巾，卫生护垫，婴儿纸尿片
品牌(Brand)：佳芳，水晶花园，富贝乐

晋江市金晖卫生用品有限公司
Jinjiang Jinhui Sanitary Products Co., Ltd.
地址(Add)：福建省晋江市西园街道仕头工业区
邮编(P. C.)：362200
电话(Tel)：0595－85654888
传真(Fax)：0595－85658959
E-mail：jh1924@sina.com
法人代表(Chairman)：洪耿谋
联系人(Contact Person)：洪小兵
产品(Products)：妇女卫生巾，卫生护垫，婴儿纸尿裤/片
品牌(Brand)：快乐时光，月期，十足女人，蝶妮，舒蜜空间，快乐宝宝，小晶豆，助儿爽

圣安娜妇幼用品有限公司
Shenganna Women & Children Articals Co., Ltd.
地址(Add)：福建省晋江市西园街道仕头工业区
邮编(P. C.)：362200
电话(Tel)：0595－85078350
传真(Fax)：0595－85659756
总经理(General Manager)：洪文振
联系人(Contact Person)：洪炳辉
产品(Products)：婴儿纸尿裤/片，妇女卫生巾，卫生护垫
品牌(Brand)：漂亮宝宝

晋江恒乐妇幼用品有限公司
Jinjiang Hengle Women and Children Articles Co., Ltd.
地址(Add)：福建省晋江市西园街道仕头工业区
邮编(P. C.)：362200
电话(Tel)：0595－85611402
传真(Fax)：0595－85696402
联系人(Contact Person)：赖素英
产品(Products)：妇女卫生巾，卫生护垫，婴儿纸尿裤，面巾纸

金旭卫生用品有限公司
Jinxu Hygiene Products Co., Ltd.
地址(Add)：福建省晋江市西园街道仕头工业区
邮编(P. C.)：362200
电话(Tel)：0595－85617070
传真(Fax)：0595－85617171
法人代表(Chairman)：洪景跃
总经理(General Manager)：洪景跃
联系人(Contact Person)：洪景跃
产品(Products)：妇女卫生巾，卫生护垫
品牌(Brand)：初婷

美特妇幼用品有限公司
Meite Women & Children Products Co., Ltd.
地址(Add)：福建省晋江市西园街道王厝工业区
邮编(P. C.)：362200
电话(Tel)：0595－85656826
传真(Fax)：0595－85658402
E-mail：meite@meitecn.com
Http://www.meitecn.com
法人代表(Chairman)：洪景芳
联系人(Contact Person)：洪诗滢
产品(Products)：妇女卫生巾，卫生护垫，婴儿纸尿裤，

成人纸尿裤
品牌(Brand)：雅梦思，婷诗莉，米奇宝贝，完美宝贝，帮宝舒，小甜甜，美特

福建晋江安婷妇幼用品有限公司
Fujian Jinjiang Anting Women & Children Products Co., Ltd.
地址(Add)：福建省晋江市西园赖厝工业东区7号
邮编(P. C.)：362200
电话(Tel)：0595 - 85653868
传真(Fax)：0595 - 85652868
E-mail：anting@ public. qz. fj. cn
Http://www. an-ting. com
法人代表(Chairman)：赖永星
总经理(General Manager)：赖永星
联系人(Contact Person)：赖永清
产品(Products)：妇女卫生巾，卫生护垫，婴儿纸尿裤/片，湿巾
品牌(Brand)：阳光天使，安婷，舒美婷，快乐公主，舒儿婷

晋江保利达妇幼用品有限公司
Jinjiang Baolida Women and Children Articles Co., Ltd.
地址(Add)：福建省晋江市西园赖厝工业区
邮编(P. C.)：362200
电话(Tel)：0595 - 85673878
传真(Fax)：0595 - 85672878
总经理(General Manager)：赖志远
联系人(Contact Person)：黄东霞
产品(Products)：妇女卫生巾，卫生护垫

福建省晋江市吸引力妇幼纸品有限公司
Fujian Jinjiang Xiyinli Women & Children Paper Products Co., Ltd.
地址(Add)：福建省晋江市西园赖厝工业园区
邮编(P. C.)：362600
电话(Tel)：0595 - 85656333
传真(Fax)：0595 - 82855444
E-mail：xyl-yueding@ 163. com
Http://www. yueding. cc
法人代表(Chairman)：赖志群
总经理(General Manager)：赖志群
联系人(Contact Person)：赖志群
产品(Products)：卫生纸，妇女卫生巾，卫生护垫，婴儿纸尿裤/片
品牌(Brand)：约定，心约定，爱约定

晋江市清丽卫生用品有限公司
Jinjiang Qingli Hygiene Products Co., Ltd.
地址(Add)：福建省晋江市西园霞梧工业区
邮编(P. C.)：362200
电话(Tel)：0595 - 85687149
传真(Fax)：0595 - 85678149
E-mail：qingli-149@ hotmail. com
Http://www. qingli888. com
法人代表(Chairman)：吴万里
总经理(General Manager)：吴万里
联系人(Contact Person)：吴万里
产品(Products)：妇女卫生巾，婴儿纸尿裤/片
品牌(Brand)：流星雨，舒尔选，舒选，舒儿选

晋江市源泰鑫卫生用品有限公司
Jinjiang Yuantaixin Hygiene Products Co., Ltd.
地址(Add)：福建省晋江市西园霞梧经济开发区
邮编(P. C.)：362200
电话(Tel)：0595 - 85659899
传真(Fax)：0595 - 85676512
E-mail：ytx@ yuantaixin. com
Http://www. yuantaixin. com
联系人(Contact Person)：吴呵木
产品(Products)：妇女卫生巾，卫生护垫，婴儿纸尿裤/片
品牌(Brand)：雅特诗蕾，唯妮，新思缘，冰纯，帮宝乐，鸿馨儿，小调皮

晋江宝洁卫生用品有限公司
Jinjiang Baojie Hygiene Products Co., Ltd.
地址(Add)：福建省晋江市紫帽塘头开发区(福厦路202公里处)
邮编(P. C.)：362213
电话(Tel)：0595 - 85953966
传真(Fax)：0595 - 85954966
E-mail：baojie@ bao - jie. com
法人代表(Chairman)：陈海澄
总经理(General Manager)：陈万里
产品(Products)：妇女卫生巾
品牌(Brand)：靓洁，雪婷

晋江市安雅卫生用品有限公司
Jinjiang Anya Hygiene Products Co., Ltd.
地址(Add)：福建省晋江市紫帽镇洋店工业区
邮编(P. C.)：362200
电话(Tel)：0595 - 85952958
传真(Fax)：0595 - 85953958
总经理(General Manager)：卓东来
产品(Products)：妇女卫生巾，卫生护垫，纸尿裤/片
品牌(Brand)：星期六，安雅

龙海市妙雅卫生用品有限公司
Longhai Miaoya Sanitary Products Co., Ltd.
地址(Add)：福建省龙海市榜山镇北溪头工业区
邮编(P. C.)：363100
电话(Tel)：0596 - 6598705
传真(Fax)：0596 - 6596798
E-mail：miaoya@ miaoya. com
Http://www. china-miaoya. com
法人代表(Chairman)：黄展顺
总经理(General Manager)：黄展顺
联系人(Contact Person)：黄艳娟
产品(Products)：妇女卫生巾，卫生护垫，婴儿纸尿裤/片，湿巾
品牌(Brand)：妙雅，思无邪，娃儿乐，长相依

龙岩市铭丰纸业有限公司
Longyan Mingfeng Paper Co., Ltd.
地址(Add)：福建省龙岩市经济技术开发区
邮编(P. C.)：364012
电话(Tel)：0597 - 2790869
传真(Fax)：0597 - 2790869
法人代表(Chairman)：连国强
总经理(General Manager)：蔡锦发
联系人(Contact Person)：陈丽清

产品(Products)：妇女卫生巾，卫生护垫，婴儿纸尿裤/片
品牌(Brand)：优婷，优爽，优儿爽，优爽宝宝

福建恒辉卫生用品有限公司
Fujian Henghui Hygiene Products Co., Ltd.
地址(Add)：福建省龙岩市龙州工业园
邮编(P. C.)：364300
电话(Tel)：0597 – 2267558
传真(Fax)：0597 – 2267559
Http://www. fjhenghui. cn
联系人(Contact Person)：钟杰
产品(Products)：妇女卫生巾，卫生护垫
品牌(Brand)：舒丽诗，ADC

福建省南安市明大卫生用品厂
Fujian Nanan Mingda Hygiene Products Factory
地址(Add)：福建省南安市抚茂岭开发区
邮编(P. C.)：362308
电话(Tel)：0595 – 86233777
传真(Fax)：0595 – 86255999
E-mail：md@ mingda – cn. com
Http://www. fjmingda. com
法人代表(Chairman)：尤建扬
总经理(General Manager)：尤建扬
联系人(Contact Person)：蔡如后
产品(Products)：妇女卫生巾，卫生护垫，婴儿纸尿裤/片，成人纸尿裤/片，护理垫，湿巾
品牌(Brand)：清芬，倍儿舒，净呼吸，护大人

南安市恒源妇幼用品有限公司
Nanan Hengyuan Women & Children Articles Co., Ltd.
地址(Add)：福建省南安市洪濑西林工业区
邮编(P. C.)：362331
电话(Tel)：0595 – 86682876
传真(Fax)：0595 – 86688433
E-mail：tiexin@ pub2. qz. fj. cn
Http://www. fjhyfy. com
法人代表(Chairman)：黄源水
总经理(General Manager)：黄源水
联系人(Contact Person)：黄文锋
产品(Products)：妇女卫生巾，卫生护垫，婴儿纸尿裤/片，成人纸尿裤
品牌(Brand)：贴欣，贴欣宝宝

福建南安鑫隆妇幼用品有限公司
Fujian Nanan Xinlong Women & Children Articles Co., Ltd.
地址(Add)：福建省南安市洪濑镇东大路
邮编(P. C.)：362331
电话(Tel)：0595 – 86673118
传真(Fax)：0595 – 86673118
E-mail：hlxinlong@ vip. sina. com
法人代表(Chairman)：林志煌
总经理(General Manager)：林志煌
产品(Products)：妇女卫生巾，卫生护垫，婴儿纸尿裤
品牌(Brand)：美丽祝福，生活空间，丹菲诗，舒尔宝

福建中天妇幼用品有限公司
Fujian AAB Hygiene Products Co., Ltd.
地址(Add)：福建省南安市洪濑镇东溪工业区
邮编(P. C.)：362331
电话(Tel)：0595 – 86693688
传真(Fax)：0595 – 86693488
E-mail：buy@ aabchina. com
Http://www. aabchina. com
法人代表(Chairman)：黄家齐
总经理(General Manager)：代国元
联系人(Contact Person)：庄碧原
产品(Products)：妇女卫生巾，卫生护垫，婴儿纸尿裤
品牌(Brand)：丝婷，舒丝婷，青春女孩，可爱宝贝

福建省南安市天和妇幼日用品有限公司
Fujian Tianhe Women & Children Goods for Daily Use Co., Ltd.
地址(Add)：福建省南安市洪濑镇东溪开发区天和工业大厦
邮编(P. C.)：362331
电话(Tel)：0595 – 86689278
传真(Fax)：0595 – 85689607
E-mail：fjtianhe@ fjtianhe. com
Http://www. fjtianhe. com
法人代表(Chairman)：黄志民
总经理(General Manager)：黄志民
联系人(Contact Person)：叶茂松
产品(Products)：妇女卫生巾，卫生护垫，婴儿纸尿裤/片，湿巾
品牌(Brand)：新欣，阳光之秀，怡儿爽，手中宝

福建省南安市天天纸业有限公司
Fujian Nanan Tiantian Paper Industry Co., Ltd.
地址(Add)：福建省南安市洪濑镇三梅工业区
邮编(P. C.)：362330
电话(Tel)：0595 – 36600555
传真(Fax)：0595 – 86687222
E-mail：fcy3555@ 163. com
总经理(General Manager)：范重阳
联系人(Contact Person)：范重阳
产品(Products)：妇女卫生巾，卫生护垫，婴儿纸尿裤/片，生活用纸
品牌(Brand)：无菌康，T&T，妙洁

福建南安市建利日化有限公司
Fujian Nanan Jianli Daily Chemicals Co., Ltd.
地址(Add)：福建省南安市梅山镇后洲工业区
邮编(P. C.)：362321
电话(Tel)：0595 – 86580268
传真(Fax)：0595 – 86582268
E-mail：jl683@ sina. com
Http://www. fj-jianli. com
法人代表(Chairman)：戴建良
总经理(General Manager)：戴建良
联系人(Contact Person)：李锦林
产品(Products)：妇女卫生巾，卫生护垫
品牌(Brand)：舒娅，万舒芳

泉州市现代卫生用品有限公司
Quanzhou Xiandai Sanitary Products Co., Ltd.
地址(Add)：福建省南安市梅亭开发区
邮编(P. C.)：362300
电话(Tel)：0595 – 86279886
传真(Fax)：0595 – 86279881

E-mail：wuruinong2005@21cn. com
Http://www. qzxiandai. com
法人代表(Chairman)：黄仕洲
总经理(General Manager)：黄仕东
联系人(Contact Person)：邬瑞农
产品(Products)：妇女卫生巾，卫生护垫，婴儿纸尿裤/片
品牌(Brand)：薇薇佳，少女时代，水晶梦，婴护，适儿爽

福建省南安市恒利达妇幼用品有限公司
Fujian Nanan Henglida Women & Children Articles Co., Ltd.
地址(Add)：福建省南安市美林街道办梅亭工业区
邮编(P. C.)：362300
电话(Tel)：0595－86276388
传真(Fax)：0595－86288137
联系人(Contact Person)：尤飞猛
产品(Products)：妇女卫生巾
品牌(Brand)：怡恒，心爽

南安市德盛纸品有限公司
Nanan Desheng Paper Products Co., Ltd.
地址(Add)：福建省南安市美林玉叶工业区
邮编(P. C.)：362300
电话(Tel)：0595－86295568
传真(Fax)：0595－86295569
E-mail：kangdequan888@163. com
联系人(Contact Person)：康德全
产品(Products)：妇女卫生巾，婴儿纸尿裤
品牌(Brand)：心彩研，泡泡贝比

泉州市爱乐卫生用品有限公司
Quanzhou Aile Hygiene Products Co., Ltd.
地址(Add)：福建省南安市美林镇梅亭工业区
邮编(P. C.)：362300
电话(Tel)：0595－86276298
传真(Fax)：0595－86278298
E-mail：aile@qzaile. com
Http://www. qzaile. com
联系人(Contact Person)：吴朝明
产品(Products)：妇女卫生巾，卫生护垫，婴儿纸尿裤/片
品牌(Brand)：芳佳宜，爱乐，亮爽，爱乐·爱儿乐，爱乐·嘀哒嘀，爱乐·金博士

福建恒利集团有限公司
Fujian Hengli Group Co., Ltd.
地址(Add)：福建省南安市省新镇恒利工业区
邮编(P. C.)：362300
电话(Tel)：0595－86252666
传真(Fax)：0595－86252099
E-mail：qingbo57@pub1. qz. fj. cn
Http://www. fjhl. com. cn
法人代表(Chairman)：吴家荣
总经理(General Manager)：吴家荣
联系人(Contact Person)：刘芳美
产品(Products)：妇女卫生巾，卫生护垫，婴儿纸尿裤/片，生活用纸
品牌(Brand)：好舒爽，舒爽，爽儿宝，好吉利

南安市洁婷卫生用品有限公司
Nanan Jieting Hygiene Products Co., Ltd.
地址(Add)：福建省南安市水头镇蟠龙开发区香港花园1515号
邮编(P. C.)：362342
电话(Tel)：0595－86909358
传真(Fax)：0595－86909238
E-mail：info@jieting. net
Http://www. jieting. net
总经理(General Manager)：吕连虎
联系人(Contact Person)：吕小红
产品(Products)：妇女卫生巾，卫生护垫，婴儿纸尿裤/片
品牌(Brand)：清柔，柔菲，乐期，舒心妈咪

福建省南安恒昌纸品有限公司
Fujian Nanan Hengchang Paper Products Co., Ltd.
地址(Add)：福建省南安市溪美镇山工业区
邮编(P. C.)：362300
电话(Tel)：0595－26561888
传真(Fax)：0595－26561999
E-mail：hcgs688@163. com
Http://www. fjhc688. com
法人代表(Chairman)：吴家灿
总经理(General Manager)：张长福
联系人(Contact Person)：张长福
产品(Products)：妇女卫生巾，卫生护垫，婴儿纸尿裤/片
品牌(Brand)：欣舒宝，护儿宝

泉州市娇娇乐卫生用品有限公司
Quanzhou Jojo Sanitary Products Co., Ltd.
地址(Add)：福建省南安市院下工业区
邮编(P. C.)：362343
电话(Tel)：0595－86091998
传真(Fax)：0595－86090998
E-mail：jojole@126. com
Http://www. oudi-paper. com
法人代表(Chairman)：李秀娇
总经理(General Manager)：李秀娇
联系人(Contact Person)：曾秋波
产品(Products)：妇女卫生巾，卫生护垫，婴儿纸尿裤/片，卫生纸，成人纸尿裤
品牌(Brand)：恋之娇，女生有缘，娇媚，娇媚宝贝，Saude，Comfort

南平方圆卫生用品有限公司
Nanping Fangyuan Hygiene Products Co., Ltd.
地址(Add)：福建省南平市延平区炉下工业园区
邮编(P. C.)：353000
电话(Tel)：0599－8457766
传真(Fax)：0599－8455566
E-mail：fangyuan. 869@163. com
法人代表(Chairman)：方雅芬
总经理(General Manager)：魏其长
产品(Products)：妇女卫生巾，卫生护垫，婴儿纸尿裤/片，成人纸尿裤/片
品牌(Brand)：雅芬

福建省莆田市荔城纸业有限公司
Fujian Putian Licheng Paper Co., Ltd.
地址(Add)：福建省莆田市城厢区华亭镇郊溪工业区

邮编(P. C.): 351139
电话(Tel): 0594-2029839
传真(Fax): 0594-2029539
E-mail: lichengzhiye@126. com
Http://www. fjlicheng. com
法人代表(Chairman): 黄丽梅
总经理(General Manager): 林元剑
联系人(Contact Person): 林元剑
产品(Products): 妇女卫生巾，卫生护垫，婴儿纸尿裤/片，成人纸尿裤/片，护理垫，餐巾纸，面巾纸，卫生卷纸
品牌(Brand): 佳爽，佳婷，荔城，丝月，BB宝，新宠儿

亿发纸业(福建)有限公司 ⋆
Yifa Paper (Fujian) Co., Ltd.
地址(Add): 福建省莆田市涵江区苍林工业区
邮编(P. C.): 351111
电话(Tel): 0594-3569098
传真(Fax): 0594-3566998
E-mail: xiuwang918@yahoo. com. cn
Http://www. yifagroup. com
法人代表(Chairman): 杨黎敏
总经理(General Manager): 梅中
联系人(Contact Person): 陈秀王
产品(Products): 婴儿纸尿裤，妇女卫生巾，卫生护垫，卫生卷纸，面巾纸，餐巾纸，擦手纸，厨房用纸，原纸
品牌(Brand): 美弗儿，亲尔，手心缘

福建省莆田市恒盛卫生用品有限公司
Putian Hengsheng Hygiene Products Co., Ltd.
地址(Add): 福建省莆田市涵江区三江民营企业城
邮编(P. C.): 351111
电话(Tel): 0594-3584777
传真(Fax): 0594-3366863
E-mail: fmd@zghengsheng. com
Http://www. zghengsheng. com
法人代表(Chairman): 方明栋
产品(Products): 妇女卫生巾，卫生护垫，纸尿裤
品牌(Brand): 小佳人，雅丝莉，睡得香，佳人，舒逸情，小行家

莆田市丰悦纸业有限公司
Putian Fengyue Paper Co., Ltd.
地址(Add): 福建省莆田市涵江区梧塘镇后东工业区
邮编(P. C.): 351119
电话(Tel): 0594-3991152
传真(Fax): 0594-3991462
总经理(General Manager): 陈广悦
产品(Products): 妇女卫生巾，卫生纸，婴儿纸尿片
品牌(Brand): 丰悦，雅朵儿

福建莆田佳通纸制品有限公司
G. T. Paper (Fujian Putian) Co., Ltd.
地址(Add): 福建省莆田市江口镇海星街
邮编(P. C.): 351115
电话(Tel): 0594-3697690
传真(Fax): 0594-3697692
Http://www. gtpaper. com
法人代表(Chairman): 林美凤
总经理(General Manager): 李玉坤
联系人(Contact Person): 许文
产品(Products): 妇女卫生巾，卫生护垫，婴儿纸尿裤，湿巾
品牌(Brand): 柔爱，雪薇，佳馨

泉州市辉祥科技开发有限公司
Quanzhou Huixiang Science & Technology Development Co., Ltd.
地址(Add): 福建省泉州市(清濛)经济技术开发区高科技孵化基地创业楼
邮编(P. C.): 362000
电话(Tel): 0595-22496229
传真(Fax): 0595-22495339
总经理(General Manager): 林建辉
产品(Products): 卫生护垫

泉州市恒亿卫生用品有限公司
Quanzhou Hengyi Hygiene Products Co., Ltd.
地址(Add): 福建省泉州市北峰普贤路群山工业区
邮编(P. C.): 362015
电话(Tel): 0595-22769288
传真(Fax): 0595-22769388
法人代表(Chairman): 赖三宝
总经理(General Manager): 赖三宝
产品(Products): 妇女卫生巾
品牌(Brand): 好有缘，倩影

泉州雅洁妇幼卫生用品有限公司
Quanzhou Yajie Hygiene Products Co., Ltd.
地址(Add): 福建省泉州市北峰普贤路群石工业区
邮编(P. C.): 362000
电话(Tel): 0595-27306266
传真(Fax): 0595-22763984
总经理(General Manager): 柳哲霖
产品(Products): 妇女卫生巾

泉州汇泽妇幼卫生用品有限公司
Quanzhou Huize Woman & Child Hygiene Products Co., Ltd.
地址(Add): 福建省泉州市北峰镇普贤路肖厝路口
邮编(P. C.): 362000
电话(Tel): 0595-22761803
传真(Fax): 0595-22761802
法人代表(Chairman): 黄木水
总经理(General Manager): 黄木水
联系人(Contact Person): 赖晓强
产品(Products): 妇女卫生巾，卫生护垫
品牌(Brand): 妮采诗，丽人之爱

福建泉州露芳妇幼纸品有限公司
Fujian Quanzhou Lufang Women & Children Paper Products Co., Ltd.
地址(Add): 福建省泉州市东海滨城工业区
邮编(P. C.): 362000
电话(Tel): 0595-22589491
传真(Fax): 0595-22586978
E-mail: qzlufang@sina. com
法人代表(Chairman): 吴琼
总经理(General Manager): 伍国跃
产品(Products): 妇女卫生巾，卫生护垫，婴儿纸尿裤
品牌(Brand): 露芳，迷爽，婴洁

泉州市菲莉纸业用品有限公司
Quanzhou Feili Paper Products Co., Ltd.
地址(Add)：福建省泉州市东海滨城工业区东滨路
邮编(P.C.)：362000
电话(Tel)：0595－22907299
传真(Fax)：0595－22907399
E-mail：feilizhiye@alibaba.com.cn
Http://www.felipaper.com
总经理(General Manager)：黄瑞莲
联系人(Contact Person)：黄瑞莲
产品(Products)：妇女卫生巾，卫生护垫，婴儿纸尿裤，成人纸尿裤
品牌(Brand)：QQ女孩，Oral，乐百惠

泉州市玖安卫生用品有限公司
Quanzhou Jiuan Hygiene Products Co., Ltd.
地址(Add)：福建省泉州市东海滨城工业区东滨路新兴工业楼
邮编(P.C.)：362000
电话(Tel)：0595－22915829
传真(Fax)：0595－22915993
总经理(General Manager)：赖宗伟
联系人(Contact Person)：赖宗伟
产品(Products)：妇女卫生巾，卫生护垫，婴儿纸尿裤
品牌(Brand)：护伊宝，自然舒，新姿，帮妮安

泉州简洁纸业有限公司
Quanzhou Jianjie Paper Industry Co., Ltd.
地址(Add)：福建省泉州市东海东滨路工业区
邮编(P.C.)：362001
电话(Tel)：0595－22912789
传真(Fax)：0595－22913789
Http://www.qzjianjie.com.cn
联系人(Contact Person)：黄来成
产品(Products)：妇女卫生巾
品牌(Brand)：简洁

泉州市新丰纸业用品有限公司
Quanzhou Xinfeng Paper Products Co., Ltd.
地址(Add)：福建省泉州市丰泽区北峰普贤路井山电站门口
邮编(P.C.)：362000
电话(Tel)：0595－22163268
传真(Fax)：0595－22173368
E-mail：a810319@126.com
总经理(General Manager)：黄复德
联系人(Contact Person)：黄复德
产品(Products)：妇女卫生巾，卫生护垫
品牌(Brand)：芯蕾

泉州市新世纪卫生用品有限公司
Quanzhou Xinshiji Hygiene Products Co., Ltd.
地址(Add)：福建省泉州市丰泽区北峰普贤路群峰工业区
邮编(P.C.)：362000
电话(Tel)：0595－22761386
传真(Fax)：0595－22761396
Http://www.qzxsj.com
联系人(Contact Person)：黄金水
产品(Products)：妇女卫生巾，卫生护垫，婴儿纸尿裤/片
品牌(Brand)：时尚少女

泉州市天成妇幼用品有限公司
Quanzhou Tiancheng Women & Children Articles Co., Ltd.
地址(Add)：福建省泉州市丰泽区北峰群山工业区
邮编(P.C.)：362000
电话(Tel)：0595－22761809
传真(Fax)：0595－28233135
总经理(General Manager)：邓天成
联系人(Contact Person)：赖建全
产品(Products)：妇女卫生巾，卫生护垫，婴儿纸尿裤/片
品牌(Brand)：期待，妇幼情，妙婷

泉州蓝蜻蜓卫生用品有限公司
Quanzhou Blue Dragonfly Hygiene Products Co., Ltd.
地址(Add)：福建省泉州市丰泽区北峰霞美工业园蓝蜻蜓大厦
邮编(P.C.)：362000
电话(Tel)：0595－22116266
传真(Fax)：0595－22116466
E-mail：qtmmm@163.com
Http://www.66me.com
法人代表(Chairman)：朱慧瑜
总经理(General Manager)：薛明和
联系人(Contact Person)：范秀丽
产品(Products)：妇女卫生巾，卫生护垫，婴儿纸尿裤，宠物纸尿裤
品牌(Brand)：蓝蜻蜓，安妮芙，爱心QQ，心相思，SHE，婴皇，海绵宝宝，福建贝贝，梦之羽，月韵

泉州市丰华卫生用品有限公司
Quanzhou Fenghua Sanitary Products Co., Ltd.
地址(Add)：福建省泉州市丰泽区东海滨城工业区东滨路永成厂区
邮编(P.C.)：362000
电话(Tel)：0595－28017777
传真(Fax)：0595－28063777
E-mail：mianxianhu@hotmail.com
Http://www.fjfh.com.cn
法人代表(Chairman)：赖晓彬
总经理(General Manager)：赖晓彬
联系人(Contact Person)：赖晓彬
产品(Products)：妇女卫生巾，卫生护垫
品牌(Brand)：采姿，菁纯

泉州市利洁妇幼用品有限公司
Quanzhou Lijie Woman & Child Articles Co., Ltd.
地址(Add)：福建省泉州市丰泽区拒洪工业区1号
邮编(P.C.)：362000
电话(Tel)：0595－22778828
传真(Fax)：0595－22899928
Http://www.ljfy.cn
法人代表(Chairman)：董莉莉
总经理(General Manager)：董莉莉
联系人(Contact Person)：董小玲
产品(Products)：妇女卫生巾，卫生护垫，婴儿纸尿裤/片，面巾纸，成人纸尿裤，护理垫，妇婴两用巾
品牌(Brand)：贵族女人，骄傲女人，香尔洁，佐丹奴，贵族宝宝

汇丰妇幼用品有限公司
Huifeng Women & Children Articles Co., Ltd.
地址(Add)：福建省泉州市丰泽区普贤路口
邮编(P. C.)：362000
电话(Tel)：0595－22773855
传真(Fax)：0595－22773955
Http://www. huifeng-cn. com
总经理(General Manager)：赖南生
产品(Products)：妇女卫生巾，卫生护垫，婴儿纸尿裤/片
品牌(Brand)：妙缘，雅逸

福建好得妇幼用品有限公司
Fujian Haode Women & Children Products Co., Ltd.
地址(Add)：福建省泉州市丰泽区普贤路群石工业区
邮编(P. C.)：362000
电话(Tel)：0595－28233137
传真(Fax)：0595－28233135
E-mail：hmst@ pub2. qz. fj. cn
法人代表(Chairman)：黄谋水
总经理(General Manager)：邓天成
联系人(Contact Person)：邓天成
产品(Products)：妇女卫生巾，卫生护垫
品牌(Brand)：期待，妇幼情，妙婷

泉州金多利卫生用品有限公司
Quanzhou Jinduoli Hygiene Products Co., Ltd.
地址(Add)：福建省泉州市丰泽区普贤路群石工业区
邮编(P. C.)：362000
电话(Tel)：0595－22778298
传真(Fax)：0595－22778398
Http://www. fjjdl. com
法人代表(Chairman)：黄保泉
联系人(Contact Person)：黄月芳
产品(Products)：妇女卫生巾，卫生护垫
品牌(Brand)：金多利，植物物语，贴身零感，优雅天使，完美感觉

泉州市好德妇幼用品有限公司
Quanzhou Haode Women & Children Articles Co., Ltd.
地址(Add)：福建省泉州市丰泽区普贤路群石工业区
邮编(P. C.)：362000
电话(Tel)：0595－28131195
传真(Fax)：0595－22768139
Http://www. hesheng. com
联系人(Contact Person)：郑政维
产品(Products)：妇女卫生巾，卫生护垫
品牌(Brand)：倍馨安，巧姐，莹莉，千纤玉，春月，惜春

泉州市康洁纸业用品有限公司
Quanzhou Kangjie Paper Products Co., Ltd.
地址(Add)：福建省泉州市丰泽区普贤路群石工业区
邮编(P. C.)：362000
电话(Tel)：0595－22751888
传真(Fax)：0595－22751889
E-mail：h-ho22751888@ sohu. com
总经理(General Manager)：黄火
产品(Products)：妇女卫生巾，卫生护垫
品牌(Brand)：快洁，贤惠女孩

泉州市丰泽区南方卫生用品有限公司
Quanzhou Nanfang Hygiene Products Co., Ltd.
地址(Add)：福建省泉州市丰泽区普贤路田边工业区
邮编(P. C.)：362000
电话(Tel)：0595－22798849
传真(Fax)：0595－22797849
Http://www. cnnanfang. com
总经理(General Manager)：赖汉水
产品(Products)：妇女卫生巾，卫生护垫
品牌(Brand)：丹琪，兰芳，花姿娇，心适，小薇，逗你玩

盛鸿达卫生用品有限公司
Shenghongda Hygiene Products Co., Ltd.
地址(Add)：福建省泉州市丰泽区普贤路田边路口
邮编(P. C.)：362000
电话(Tel)：0595－22757198
传真(Fax)：0595－22767298
E-mail：shd0595@ 163. com
Http://www. cn-shd. com
法人代表(Chairman)：赖建国
总经理(General Manager)：黄福来
联系人(Contact Person)：黄福来
产品(Products)：妇女卫生巾，卫生护垫，婴儿纸尿裤/片
品牌(Brand)：妍韵，倍儿健

福建五星(泉州)卫生用品有限公司
Fujian Wuxing (Quanzhou) Hygiene Products Co., Ltd.
地址(Add)：福建省泉州市丰州桃源工业区
邮编(P. C.)：362333
电话(Tel)：0595－86787555
传真(Fax)：0595－86788333
法人代表(Chairman)：傅炳煌
总经理(General Manager)：许焕洲
产品(Products)：妇女卫生巾，婴儿纸尿裤/片，成人纸尿片
品牌(Brand)：梦婷，惠诺

泉州贝佳妇幼卫生用品有限公司
Quanzhou Beijia Women & Children Articles Co., Ltd.
地址(Add)：福建省泉州市浮桥镇黄石工业区
邮编(P. C.)：362000
电话(Tel)：0595－22748886
传真(Fax)：0595－22747886
E-mail：zdr12315@ sina. com
Http://www. qzbeijia. com
法人代表(Chairman)：张登荣
总经理(General Manager)：张登荣
产品(Products)：妇女卫生巾，卫生护垫
品牌(Brand)：欣贝佳，相思草

福建惠安县和成日用品有限公司
Fujian Huian Hecheng Household Products Co., Ltd.
地址(Add)：福建省泉州市惠安东园新沙工业区
邮编(P. C.)：362122
电话(Tel)：0595－87586756
传真(Fax)：0595－87586758
E-mail：xt658@ 163. com
Http://www. hengcan-cn. com
法人代表(Chairman)：黄晏来

总经理(General Manager)：王业运
联系人(Contact Person)：黄灿彬
产品(Products)：妇女卫生巾，卫生护垫，婴儿纸尿裤/片，成人纸尿裤/片，护理垫，面巾纸
品牌(Brand)：相约，皇氏，绿尔爽

泉州市创利卫生用品有限公司
Quanzhou Chuangli Hygiene Thing Co., Ltd.
地址(Add)：福建省泉州市惠安县东园镇锦厝工业区
邮编(P. C.)：362100
电话(Tel)：0595－87590123
传真(Fax)：0595－87599123
E-mail：qzchuangli@sina.com
Http://www.qzchuangli.com
总经理(General Manager)：郭秋玲
联系人(Contact Person)：郭秋玲
产品(Products)：妇女卫生巾，卫生护垫，婴儿纸尿裤/片
品牌(Brand)：美丽人生，才女，ASE，嘘嘘宝贝，贝佳

福建泉州环宇妇幼用品有限公司
Fujian Quanzhou Huanyu Women & Children Articles Co., Ltd.
地址(Add)：福建省泉州市经济技术开发区紫帽园坂
邮编(P. C.)：362005
电话(Tel)：0595－85955433
传真(Fax)：0595－85957433
法人代表(Chairman)：郑景生
总经理(General Manager)：郑景生
联系人(Contact Person)：王永良
产品(Products)：妇女卫生巾，卫生护垫，纸尿裤/片
品牌(Brand)：邻家女孩，妙恋，舒适空间，金孩儿

泉州市怡洁纸业有限公司
Quanzhou Yijie Paper Co., Ltd.
地址(Add)：福建省泉州市鲤城火炬工业区常兴路建兴大厦2楼
邮编(P. C.)：362005
电话(Tel)：0595－22497777
传真(Fax)：0595－22499989
法人代表(Chairman)：谢长炎
总经理(General Manager)：谢长远
联系人(Contact Person)：谢家声
产品(Products)：妇女卫生巾，卫生护垫，婴儿纸尿裤/片，护理垫
品牌(Brand)：洁尔丝，洁儿需，宜而乐，宜而雅

泉州市梦工场卫生用品有限公司
Quanzhou Menggongchang Hygiene Products Co., Ltd.
地址(Add)：福建省泉州市鲤城区浮桥黄石工业园区
邮编(P. C.)：362000
电话(Tel)：0595－22446886
传真(Fax)：0595－22441886
E-mail：cjbox@163.com
Http://www.mgcpaper.cn
联系人(Contact Person)：常军
产品(Products)：卫生护垫

泉州市华芳卫生用品有限公司
Quanzhou Huafang Hygiene Appliance Co., Ltd.
地址(Add)：福建省泉州市洛江科技园2号路
邮编(P. C.)：362011
电话(Tel)：0595－22657599
传真(Fax)：0595－22659978
Http://www.qzhuafang.com
总经理(General Manager)：黄源成
联系人(Contact Person)：黄源成
产品(Products)：妇女卫生巾，卫生护垫，婴儿纸尿裤
品牌(Brand)：华芳

泉州市洛江区小丫卫生用品厂
Quanzhou Xiaoya Hygiene Products Factory
地址(Add)：福建省泉州市洛江罗溪工业区
邮编(P. C.)：362000
电话(Tel)：0595－22055888
传真(Fax)：0595－22055999
法人代表(Chairman)：黄加生
联系人(Contact Person)：林小祥
产品(Products)：妇女卫生巾，卫生护垫
品牌(Brand)：星梦女孩，少女风采，校花，小巧玲珑

泉州市新联卫生用品有限公司
Quanzhou Xinlian Hygiene Products Co., Ltd.
地址(Add)：福建省泉州市洛江区河市炉田工业区
邮编(P. C.)：362013
电话(Tel)：0595－22030019
传真(Fax)：0595－22030019
联系人(Contact Person)：黄加走
产品(Products)：妇女卫生巾

泉州市嘉华卫生用品有限公司
Quanzhou Jiahua Sanitary Articles Co., Ltd.
地址(Add)：福建省泉州市洛江区河市镇浮桥村河市工业区
邮编(P. C.)：362013
电话(Tel)：0595－28022988
传真(Fax)：0595－28022998
E-mail：jiahua@qzde.com
Http://www.qzde.com
法人代表(Chairman)：尤华山
总经理(General Manager)：尤华山
联系人(Contact Person)：尤华山
产品(Products)：妇女卫生巾，婴儿纸尿裤
品牌(Brand)：安妮娜，宜婴

泉州市恒雪卫生用品有限公司
Quanzhou Hengxue Hygiene Products Co., Ltd.
地址(Add)：福建省泉州市洛江区河市镇河市工业区
邮编(P. C.)：362000
电话(Tel)：0595－22037210
传真(Fax)：0595－22036095
总经理(General Manager)：陈国辉
联系人(Contact Person)：黄雪珍
产品(Products)：妇女卫生巾，纸尿片
品牌(Brand)：背影女孩

泉州市娅菲卫生用品厂
Quanzhou Yafei Hygiene Products Factory
地址(Add)：福建省泉州市洛江区河市镇钟洋开发区
邮编(P. C.)：362200
电话(Tel)：0595－22031580
传真(Fax)：0595－22031581

联系人(Contact Person)：黄秀凤
产品(Products)：妇女卫生巾
品牌(Brand)：娅菲，娅妃

泉州康丽卫生用品有限公司
Quanzhou Kangli hygiene Products Co., Ltd.
地址(Add)：福建省泉州市洛江区罗溪环镇路
邮编(P. C.)：362015
电话(Tel)：0595－22059288
传真(Fax)：0595－22059299
联系人(Contact Person)：赖连昌
产品(Products)：妇女卫生巾，卫生护垫
品牌(Brand)：佳倍舒，康妇洁，娇点时尚

泉州市泰昌妇幼用品有限公司
Quanzhou Taichang Women & Children Articles Co., Ltd.
地址(Add)：福建省泉州市洛江区罗溪镇三合村委工业楼
邮编(P. C.)：362015
电话(Tel)：0595－22052999
传真(Fax)：0595－22051911
联系人(Contact Person)：黄昌裕
产品(Products)：妇女卫生巾

泉州洛江新华卫生用品有限公司
Quanzhou Luojiang Xinhua Hygiene Products Co., Ltd.
地址(Add)：福建省泉州市洛江区马甲镇杏川工业区
邮编(P. C.)：362014
电话(Tel)：0595－22097693
传真(Fax)：0595－22097692
E-mail：rqqc@qzbuy. com
Http://www. rqqc. com
法人代表(Chairman)：杜龙泉
联系人(Contact Person)：谢呈祥
产品(Products)：妇女卫生巾，卫生护垫，婴儿纸尿片
品牌(Brand)：楚楚佳人，QQ宝贝，丽梦佳

泉州市洛江新时代妇幼卫生用品有限公司
Quanzhou Luojiang Newera Women & Children Products Co., Ltd.
地址(Add)：福建省泉州市洛江区南山工业区
邮编(P. C.)：362012
电话(Tel)：0595－22068000
传真(Fax)：0595－22067266
Http://www. qzxsd. com
联系人(Contact Person)：王孙根
产品(Products)：妇女卫生巾，卫生护垫，婴儿纸尿裤/片
品牌(Brand)：贤惠女孩，舒佳美，玲珑宝贝，曼妙，开心女孩，婴适宝

泉州市天娇妇幼卫生用品有限公司
Quanzhou Tianjiao Women & Babies Sanitary Supplies Co., Ltd.
地址(Add)：福建省泉州市洛江区双阳华侨工业区
邮编(P. C.)：362000
电话(Tel)：0595－22779509
传真(Fax)：0595－22787703
E-mail：tianjiao988@yahoo. com
Http://qztianjiao. cn. gongchang. com/
总经理(General Manager)：俞晓强
联系人(Contact Person)：朱局东
产品(Products)：婴儿纸尿裤/片，妇女卫生巾
品牌(Brand)：利娃，时时护，清悦香氛

泉州市恒毅卫生用品有限公司
Quanzhou Hengyi Hygiene Products Co., Ltd.
地址(Add)：福建省泉州市洛江区双阳镇南山居委会阳江路边
邮编(P. C.)：362000
电话(Tel)：0595－22067788
传真(Fax)：0595－22067799
Http://www. chinahengyi. com
法人代表(Chairman)：黄小宏
总经理(General Manager)：黄晓云
产品(Products)：妇女卫生巾，婴儿纸尿裤
品牌(Brand)：恒毅，好搭档

兴利卫生用品有限公司
Xingli Hygiene Appliance Co., Ltd.
地址(Add)：福建省泉州市洛江区双阳镇双阳工业区阳朋路
邮编(P. C.)：362012
电话(Tel)：0595－22030918
传真(Fax)：0595－22030916
总经理(General Manager)：黄自成
联系人(Contact Person)：赖永超
产品(Products)：妇女卫生巾
品牌(Brand)：佳约，空间感觉

福建泉州创佳妇幼纸品有限公司
Quanzhou Chuangjia Women & Children Articles Co., Ltd.
地址(Add)：福建省泉州市洛江区塘西工业园二期
邮编(P. C.)：362000
电话(Tel)：0595－22792262
传真(Fax)：0595－22792263
总经理(General Manager)：蓝桂芳
联系人(Contact Person)：蓝桂芳
产品(Products)：妇女卫生巾，卫生护垫，婴儿纸尿裤
品牌(Brand)：乐爽新空间，五月花

福建省泉州恒康妇幼卫生用品有限公司
Fujian Quanzhou Hengkang Women & Children Article Co., Ltd.
地址(Add)：福建省泉州市洛江区万安科技园1号路
邮编(P. C.)：362012
电话(Tel)：0595－22658266
传真(Fax)：0595－22658366
法人代表(Chairman)：杜成剑
联系人(Contact Person)：杜成艺
产品(Products)：妇女卫生巾，卫生护垫，纸尿裤/片
品牌(Brand)：梦18，欧梦洁，雪贝儿，梦蕾

泉州市爱丽诗卫生用品有限公司
Quanzhou Ailishi Hygiene Products Co., Ltd.
地址(Add)：福建省泉州市洛江万安科技园区1号路
邮编(P. C.)：362000
电话(Tel)：0595－22655788
传真(Fax)：0595－22655799
Http://www. qzailishi. com
法人代表(Chairman)：黄诗贤

总经理(General Manager)：黄宝腾
联系人(Contact Person)：黄宝腾
产品(Products)：妇女卫生巾，卫生护垫，婴儿纸尿片
品牌(Brand)：美期

福建省南安市远大生活用品厂
Fujian Nanan Yuanda Hygiene Products Factory
地址(Add)：福建省泉州市南安梅山新兰工业区
邮编(P. C.)：362321
电话(Tel)：0595－86579668
传真(Fax)：0595－86579678
E-mail：info@ chinayuanda. com. cn
Http://www. chinayuanda. com. cn
法人代表(Chairman)：陈燕治
总经理(General Manager)：郑友奎
联系人(Contact Person)：郑友奎
产品(Products)：妇女卫生巾，卫生护垫，婴儿纸尿裤/片，成人纸尿裤/片，护理垫
品牌(Brand)：丰采，康乐星，瑞亨，好省新

泉州恒菲卫生用品有限公司
Quanzhou Hengfei Hygiene Products Co., Ltd.
地址(Add)：福建省泉州市普贤路群石工业区
邮编(P. C.)：362000
电话(Tel)：0595－22768526
传真(Fax)：0595－22768529
E-mail：hf@ hengfei－cn. com
法人代表(Chairman)：黄世甫
联系人(Contact Person)：黄源兴
产品(Products)：妇女卫生巾，卫生护垫，婴儿纸尿片
品牌(Brand)：欣菲，花季少女，娇安娜，雅芙妮，溢尔爽，月舒情，溢儿爽

泉州市佳洁妇幼用品有限公司
Quanzhou Jiajie Women & Children Products Co., Ltd.
地址(Add)：福建省泉州市万安工业区杏宅工业楼 A 幢
邮编(P. C.)：362012
电话(Tel)：0595－22657788
传真(Fax)：0595－22657799
E-mail：qzjjabc@ 126. com
Http://www. qzjiajie. com
总经理(General Manager)：黄培生
产品(Products)：妇女卫生巾，卫生护垫，婴儿纸尿裤/片，纸鞋垫
品牌(Brand)：一代佳人，舒心，小丫，舒心宝贝，洁丫

泉州来亚丝卫生用品有限公司
Quanzhou Laiyasi Hygiene Products Co., Ltd.
地址(Add)：福建省泉州市永春县横口双恒工业园
邮编(P. C.)：362619
电话(Tel)：0595－23971288
传真(Fax)：0595－23971918
E-mail：sh@ vip. winmail. cn
Http://www. laiyasi. cn
法人代表(Chairman)：张栋梁
联系人(Contact Person)：余金枝
产品(Products)：妇女卫生巾，卫生护垫，婴儿纸尿裤/片，面巾纸，卫生卷纸
品牌(Brand)：来亚丝，奥莉丝，天嬉娃娃

三明市康尔佳卫生用品有限公司
Sanming Kangerjia Sanitary Products Co., Ltd.
地址(Add)：福建省三明市高新技术产业开发区金沙园六三路
邮编(P. C.)：365500
电话(Tel)：0598－5057798
传真(Fax)：0598－5057796
E-mail：web@ sx6h. com
Http://www. kangerjia. com
法人代表(Chairman)：陈夏清
总经理(General Manager)：连辉俱
联系人(Contact Person)：连辉俱
产品(Products)：妇女卫生巾，卫生护垫，婴儿纸尿裤/片，面巾纸
品牌(Brand)：蓓乐爽

福建三明明友卫生用品有限公司
Fujian Sanming Mingyou Hygiene Products Co., Ltd.
地址(Add)：福建省三明市绿岩新村 198 幢
邮编(P. C.)：365000
电话(Tel)：0598－8273536
传真(Fax)：0598－8273536
E-mail：elva-huangyuxin@ 163. com
联系人(Contact Person)：王富兴
产品(Products)：妇女卫生巾，卫生护垫，婴儿纸尿裤/片，餐巾纸，卫生卷纸，面巾纸
品牌(Brand)：丝蒂尔，片片心，笑宝宝

福建省三明市宏源卫生用品有限公司
Fujian Sanming Hongyuan Hygiene Products Co., Ltd.
地址(Add)：福建省三明市三元区荆东开发区
邮编(P. C.)：365001
电话(Tel)：0598－8399998
传真(Fax)：0598－8399966
E-mail：zx19720527@ 126. com
Http://www. hywsyp. cn
法人代表(Chairman)：叶秋水
总经理(General Manager)：叶秋水
联系人(Contact Person)：叶强水
产品(Products)：妇女卫生巾，卫生护垫，卫生卷纸，餐巾纸，手帕纸，面巾纸，婴儿纸尿裤/片
品牌(Brand)：女友，女尔友，小神童宝宝

美佳爽(福建)卫生用品有限公司
Mega Soft (Fujian) Hygiene Products Co., Ltd.
地址(Add)：福建省石狮市南环城路钞坑风炉山怡和工业大厦
邮编(P. C.)：362700
电话(Tel)：0595－83002722
传真(Fax)：0595－83002922
E-mail：sales@ cnmegasoft. com
Http://www. cnmegasoft. com
法人代表(Chairman)：陈汉河
总经理(General Manager)：陈汉河
联系人(Contact Person)：高山
产品(Products)：妇女卫生巾，卫生护垫，婴儿纸尿裤/片
品牌(Brand)：先施，邦特莉，美帮儿

石狮市绿色空间卫生用品有限公司
Shishi Green Space Hygiene Utensil Co., Ltd.
地址(Add)：福建省石狮市石湖工业园区滨海一路
邮编(P. C.)：362700
电话(Tel)：0595－88682088
传真(Fax)：0595－88682099
E-mail：lskj@ mail. booksir. com
Http://www. lskj. cn
总经理(General Manager)：郑荣钦
产品(Products)：妇女卫生巾，卫生护垫，婴儿纸尿裤，湿巾
品牌(Brand)：绿色空间，超级贝贝

福建省媖洁日用品有限公司
Fujian Yingjie Commodity Co., Ltd.
地址(Add)：福建省武平县青云山工业园区6号
邮编(P. C.)：364300
电话(Tel)：0597－4866888
传真(Fax)：0597－4866333
E-mail：yingjie_ wuping@ 163. com
Http://www. yingjie. com. cn
法人代表(Chairman)：邹家兴
总经理(General Manager)：邹家兴
联系人(Contact Person)：王冠玉
产品(Products)：妇女卫生巾，卫生护垫，婴儿纸尿裤
品牌(Brand)：媖洁，健怡宝贝

厦门亚隆日用品有限公司
Xiamen Yalong Commodity Co., Ltd.
地址(Add)：福建省厦门市思明区嘉禾路嘉莲大厦A2704室
邮编(P. C.)：361104
电话(Tel)：0592－5832198
传真(Fax)：0592－5832199
E-mail：tangfengtai@ 163. com
Http://www. kft. cc
总经理(General Manager)：唐锋太
产品(Products)：妇女卫生巾，卫生护垫
品牌(Brand)：康护体

利安娜(厦门)日用品有限公司
Reliance (Xiamen) Commodity Co., Ltd.
地址(Add)：福建省厦门市同安区莲花镇莲美三路99号
邮编(P. C.)：361100
电话(Tel)：0592－7106969
传真(Fax)：0592－7109955
E-mail：xmliance@ 163. com
Http://www. liannai888. com
联系人(Contact Person)：林丽英
产品(Products)：妇女卫生巾，婴儿纸尿裤/片，成人纸尿裤/片
品牌(Brand)：柔贝爽

莎琪(厦门)科技有限公司
Saqi (Xiamen) Technology Co., Ltd.
地址(Add)：福建省厦门市翔安产业区翔岳路23号北栋2层
邮编(P. C.)：361100
电话(Tel)：0592－7828588
传真(Fax)：0592－7802638
E-mail：xmsq_ 2006@ 163. com
Http://www. xmsq2006. wzianx. com
法人代表(Chairman)：施秀端
总经理(General Manager)：施秀端
联系人(Contact Person)：李小明
产品(Products)：妇女卫生巾，婴儿纸尿裤，面巾纸
品牌(Brand)：莎琪

厦门源福祥卫生用品有限公司
Xiamen Yuanfuxiang Hygiene Products Co., Ltd.
地址(Add)：福建省厦门市翔安舫阳开发区B、C幢
邮编(P. C.)：361101
电话(Tel)：0592－7069567
传真(Fax)：0592－7161789
E-mail：xmyfxzp@ 163. com
Http://www. yfxzp. com
法人代表(Chairman)：陈锦延
总经理(General Manager)：陈锦延
联系人(Contact Person)：汪玉芳
产品(Products)：妇女卫生巾，卫生护垫，卫生纸，面巾纸，手帕纸，餐巾纸，婴儿纸尿裤/片，成人纸尿裤，护理垫，湿巾
品牌(Brand)：丹诗奴，好舒适，花之秀，淘乐氏，羽飘，康护理

香港雅芬集团国际投资有限公司厦门雅芬品牌推广中心
Xiamen Yafen Brand Promotion Center
地址(Add)：福建省厦门市象屿保税区银盛大厦15F
邮编(P. C.)：361006
电话(Tel)：0592－3108966
传真(Fax)：0592－3108955
E-mail：cjhfj1979@ 163. com
联系人(Contact Person)：陈锦辉
产品(Products)：妇女卫生巾，卫生护垫，婴儿纸尿裤/片，成人纸尿裤/片，湿巾，卫生纸
品牌(Brand)：雅芬，雅芬爱儿

福建诚信纸品有限公司
Fujian Chengxin Paper Products Co., Ltd.
地址(Add)：福建省漳州市长泰兴泰工业区
邮编(P. C.)：363900
电话(Tel)：0596－8330888
传真(Fax)：0596－8330999
E-mail：cxgs567@ 163. com
Http://www. fjcxgs. com
法人代表(Chairman)：蔡金花
总经理(General Manager)：林敦旭
联系人(Contact Person)：林敦利
产品(Products)：妇女卫生巾，卫生护垫，婴儿纸尿裤，湿巾
品牌(Brand)：蕾迪丝，精奇，日清

福建省漳州市智光纸业有限公司
Fujian Zhangzhou Zhiguang Paper Co., Ltd.
地址(Add)：福建省漳州市蓝田工业区横二路西段
邮编(P. C.)：363005
电话(Tel)：0596－2103599
传真(Fax)：0596－2109196
E-mail：zhiguang. paper@ winmail. cn
Http://www. fjzgzy. cn. alibaba. com
法人代表(Chairman)：邓湘闽
总经理(General Manager)：陈智镛

联系人(Contact Person)：黄志杰
产品(Products)：妇女卫生巾，卫生护垫，成人纸尿裤/片，婴儿纸尿裤/片，护理垫，卫生卷纸，面巾纸
品牌(Brand)：好爽月，智光，笑嘻嘻，花香世界

漳州市富强卫生用品有限公司
Zhangzhou Fuqiang Hygiene Products Co., Ltd.
地址(Add)：福建省漳州市龙海市颜厝镇巧山村
邮编(P. C.)：363000
电话(Tel)：0596－6663299
传真(Fax)：0596－6663838
Http://www. banyue. com
总经理(General Manager)：迟学儿
联系人(Contact Person)：迟学儿
产品(Products)：妇女卫生巾，卫生护垫
品牌(Brand)：伴月

福建省漳州市信义纸业有限公司
Fujian Zhangzhou Xinyi Paper Co., Ltd.
地址(Add)：福建省漳州市龙文区经济开发区
邮编(P. C.)：363005
电话(Tel)：0596－2171536
传真(Fax)：0596－2171538
总经理(General Manager)：郑小岸
产品(Products)：妇女卫生巾，卫生卷纸，面巾纸，餐巾纸
品牌(Brand)：动之傲，信义，梦得娇，美纤奇

漳州市芗城晓莉卫生用品有限公司
Zhangzhou Xiangcheng Xiaoli Hygiene Products Co. Ltd.
地址(Add)：福建省漳洲市芗城区石亭镇丰乐工业区
邮编(P. C.)：363000
电话(Tel)：0596－2552936
传真(Fax)：0596－2552205
E-mail：anyue@ an-yue. com. cn
Http://www. an-yue. com. cn
法人代表(Chairman)：林莉
总经理(General Manager)：林莉
联系人(Contact Person)：林晓渝
产品(Products)：妇女卫生巾，卫生护垫，婴儿纸尿裤/片
品牌(Brand)：安月

■ 江西 Jiangxi

恒安(江西)卫生用品有限公司
Hengan (Jiangxi) Hygiene Products Co., Ltd.
地址(Add)：江西省东乡县圩上桥镇
邮编(P. C.)：331801
电话(Tel)：0794－4382346
传真(Fax)：0794－4382392
法人代表(Chairman)：施文博
联系人(Contact Person)：张当威
产品(Products)：妇女卫生巾
品牌(Brand)：安乐，安尔乐

恒安(江西)家庭用品有限公司
Hengan (Jiangxi) Household Products Co., Ltd.
地址(Add)：江西省东乡县圩上桥镇
邮编(P. C.)：331801
电话(Tel)：0794－4381172
传真(Fax)：0794－4382392
E-mail：chentz@ mail. hengan. com. cn
联系人(Contact Person)：陈铁照
产品(Products)：妇女卫生巾，婴儿纸尿裤，成人纸尿裤，卫生纸
品牌(Brand)：安乐，安尔乐，安儿乐，安而康，心相印，柔影

赣州华龙实业有限公司
Ganzhou Hualong Industrial Co., Ltd.
地址(Add)：江西省赣州市经济技术开发区金坪工业大道9号
邮编(P. C.)：341000
电话(Tel)：0797－8370881
传真(Fax)：0797－8370811
法人代表(Chairman)：林国忠
总经理(General Manager)：林国忠
产品(Products)：妇女卫生巾，卫生护垫，婴儿纸尿片
品牌(Brand)：天爽，安心

月兔卫生用品有限公司
Yuetu Hygiene Products Co., Ltd.
地址(Add)：江西省广丰县芦林工业区
邮编(P. C.)：334600
电话(Tel)：0793－2625515
传真(Fax)：0793－2651900
E-mail：sales@ yuetu. com
Http://www. yuetu. org
法人代表(Chairman)：蒋国山
联系人(Contact Person)：蒋雄山
产品(Products)：妇女卫生巾，面巾纸，餐巾纸，卫生卷纸，尿不湿
品牌(Brand)：月兔，黛安娜

南昌康妮保健品厂
Nanchang Kangni Health Care Products Plant
地址(Add)：江西省南昌市进贤工业开发区
邮编(P. C.)：331700
电话(Tel)：0791－5690315
传真(Fax)：0791－5690315
法人代表(Chairman)：谭映辉
总经理(General Manager)：谭映辉
联系人(Contact Person)：章玉华
产品(Products)：卫生护垫
品牌(Brand)：檀丝

南昌市恒丽卫生用品厂
Nanchang Hengli Hygiene Products Factory
地址(Add)：江西省南昌市桃花工业区抚生路良种场内
邮编(P. C.)：330009
电话(Tel)：0791－6575239
传真(Fax)：0791－6575170
总经理(General Manager)：周海泉
联系人(Contact Person)：徐细员
产品(Products)：妇女卫生巾，卫生纸品

江西帮洁卫生用品有限公司
Jiangxi Bangjie Sanitary Products Co., Ltd.
地址(Add)：江西省万载县工业园区 B1 区
邮编(P. C.)：336100
电话(Tel)：0795－8913666

传真(Fax)：0795－8913777
总经理(General Manager)：张才达
产品(Products)：妇女卫生巾，卫生护垫，婴儿纸尿片
品牌(Brand)：帮柔，娇惠，贝舒乐

赣州港都卫生制品有限公司
Ganzhou Gangdu Hygienic Products Co., Ltd.
地址(Add)：江西省于都县楂林工业园
邮编(P. C.)：342300
电话(Tel)：0797－6329889
传真(Fax)：0797－6329618
E-mail：gangdu1997@163.com
Http://www.gzgangdu.com
法人代表(Chairman)：丁金连
总经理(General Manager)：丁金连
联系人(Contact Person)：谢来福
产品(Products)：妇女卫生巾，卫生护垫，婴儿纸尿裤/片
品牌(Brand)：爽期，好爽期，一片乐，爽期宝宝

■ 山东 Shandong

正业纸品商务拓展有限公司
Zhengye Paper Business Development Co., Ltd.
地址(Add)：山东省成武县西城区工业园
邮编(P. C.)：274200
电话(Tel)：0530－8972333
传真(Fax)：0530－8972333
总经理(General Manager)：贾国民
联系人(Contact Person)：贾国民
产品(Products)：妇女卫生巾，卫生护垫
品牌(Brand)：业凡

山东东明康迪妇幼用品有限公司
Dongming Kangdi Women & Children Articles Co., Ltd.
地址(Add)：山东省东明县工业园黄河路南段
邮编(P. C.)：274500
电话(Tel)：0530－7295058
传真(Fax)：0530－7295182
法人代表(Chairman)：袁洪伟
总经理(General Manager)：袁洪伟
联系人(Contact Person)：王防臣
产品(Products)：妇女卫生巾，卫生护垫，婴儿纸尿裤/片，成人纸尿裤/片，卫生卷纸
品牌(Brand)：康迪，舒丽雅，卡芬，卡芬宝贝

东营市胜安卫生用品有限公司
Dongying Shengan Hygiene Products Co., Ltd.
地址(Add)：山东省东营市东营区西四路515号胜利工业园(钻井投递)
邮编(P. C.)：257000
电话(Tel)：0546－8162789
传真(Fax)：0546－8162177
E-mail：shengan2004@126.com
法人代表(Chairman)：魏瑶生
总经理(General Manager)：魏瑶生
联系人(Contact Person)：魏瑶生
产品(Products)：妇女卫生巾，卫生护垫
品牌(Brand)：娇影

凯宏妇幼用品有限公司
Kaihong Women & Children Articles Co., Ltd.
地址(Add)：山东省肥城市安庄镇陈家埠工业园
邮编(P. C.)：271604
电话(Tel)：0538－3831789
E-mail：sdkh197688@163.com
Http://www.sdkaihong.com
联系人(Contact Person)：王范
产品(Products)：妇女卫生巾
品牌(Brand)：馨洁爽

济南一贝纸业有限公司
Jinan Yibei Paper Industry Co., Ltd.
地址(Add)：山东省济南市平阴区栾湾经济开发区
邮编(P. C.)：250408
电话(Tel)：0531－87701777
总经理(General Manager)：张进
联系人(Contact Person)：刘建国
产品(Products)：妇女卫生巾，卫生纸
品牌(Brand)：朵贝尔，零感觉

济南馨淑宝卫生用品有限公司
Jinan Xinshubao Hygiene Products Co., Ltd.
地址(Add)：山东省济南市商河商展路16号
邮编(P. C.)：251600
电话(Tel)：0531－84846777
传真(Fax)：0531－84845596
总经理(General Manager)：郭泽峰
产品(Products)：妇女卫生巾
品牌(Brand)：馨淑宝，彩月

济南亿肤佳卫生用品有限公司
Jinan Yifujia Hygiene Products Co., Ltd.
地址(Add)：山东省济南市商河县济盐路16号(宏业集团北墙对门第二安装公司院内)
邮编(P. C.)：250000
电话(Tel)：0531－82326303
传真(Fax)：0531－82336303
E-mail：lizhaosen1@163.com
联系人(Contact Person)：李召森
产品(Products)：妇女卫生巾，卫生护垫，成人纸尿裤/片，护理垫
品牌(Brand)：亿福佳，梦之恋

济南月舒宝纸业有限责任公司
Jinan Yueshubao Paper Making Co., Ltd.
地址(Add)：山东省济南市市中区王冠东工业园1号院
邮编(P. C.)：250022
电话(Tel)：0531－87964438
传真(Fax)：0531－87964437
E-mail：sdjn-ysb@163.com
法人代表(Chairman)：姚永伟
总经理(General Manager)：张振成
联系人(Contact Person)：刘小平
产品(Products)：妇女卫生巾，婴儿纸尿片
品牌(Brand)：泉城新舒宝

山东梁山佳洁宝纸业有限公司
Liangshan Jiajiebao Paper Industry Co., Ltd.
地址(Add)：山东省梁山工业园区

邮编(P. C.)：272600
电话(Tel)：0537－7736598
传真(Fax)：0537－7732866
总经理(General Manager)：杨传友
联系人(Contact Person)：杨善财
产品(Products)：妇女卫生巾
品牌(Brand)：雅丝净

恒发卫生用品有限公司
Hengfa Hygiene Products Co., Ltd.
地址(Add)：山东省临清市金贺庄乡卫生巾厂
邮编(P. C.)：252600
电话(Tel)：0635－2772132
总经理(General Manager)：刘现运
产品(Products)：妇女卫生巾，卫生护垫，婴儿隔尿垫巾，婴儿纸尿裤/片，成人纸尿裤/片，卫生卷纸，护理垫
品牌(Brand)：安可新

临沂子禾卫生用品有限公司
Linyi Zihe Hygiene Products Co., Ltd.
地址(Add)：山东省临沂市费县塔城路8号
邮编(P. C.)：273421
电话(Tel)：0539－5838616
传真(Fax)：0539－5838616
E-mail：jipengfei@163. com
总经理(General Manager)：季富增
联系人(Contact Person)：季鹏飞
产品(Products)：妇女卫生巾
品牌(Brand)：子禾

临沂天润妇女用品有限公司
Linyi Tianrun Women & Children Articles Co., Ltd.
地址(Add)：山东省临沂市经济开发区新临东路北段东侧
邮编(P. C.)：276023
电话(Tel)：0539－6013116
传真(Fax)：0539－6013106
E-mail：sdtr168@126. com
Http://www. tianrun168. com
法人代表(Chairman)：赵九胜
总经理(General Manager)：赵九胜
联系人(Contact Person)：韩庆美
产品(Products)：妇女卫生巾，卫生护垫
品牌(Brand)：源深，天润益身草，金银花季

山东欣洁月舒宝纸品有限公司
Shandong Xinjieyueshubao Paper Products Co., Ltd.
地址(Add)：山东省临沂市马头经济开发区金马街8号
邮编(P. C.)：276126
电话(Tel)：0539－7151977
传真(Fax)：0539－6897777
E-mail：ftljk@126. com
Http://www. xjysb. com
联系人(Contact Person)：陈景岩
产品(Products)：妇女卫生巾，卫生护垫，纸尿裤/片
品牌(Brand)：欣洁，月舒宝仔仔宝贝

山东百福爱佳卫生用品有限公司
Shandong Baifuaijia Hygiene Products Co., Ltd.
地址(Add)：山东省临沂市胜利工业园区
邮编(P. C.)：276000
电话(Tel)：0539－6731189
传真(Fax)：0539－6221812
E-mail：sdbfaj@126. com
联系人(Contact Person)：颜景波
产品(Products)：妇女卫生巾，卫生护垫，婴儿纸尿裤
品牌(Brand)：羽菲，千倍爽

山东临沂新旺卫生用品有限公司
Shandong Linyi Xinwang Hygiene Products Co., Ltd.
地址(Add)：山东省临沂市郯城高册工业区
邮编(P. C.)：276125
电话(Tel)：0539－6591817
传真(Fax)：0539－6591817
E-mail：liyuchen3@126. com
总经理(General Manager)：李禹辰
联系人(Contact Person)：李禹辰
产品(Products)：妇女卫生巾，卫生护垫，婴儿纸尿裤，手帕纸，面巾纸
品牌(Brand)：含芳

山东林菲卫生用品有限公司
Shandong Linfei Hygiene Products Co., Ltd.
地址(Add)：山东省临沂市郯城经济开发区
邮编(P. C.)：276126
电话(Tel)：0539－6896629
传真(Fax)：0539－6896629
联系人(Contact Person)：刘凯
产品(Products)：卫生纸，卫生护垫，婴儿纸尿裤

临沂市亿源卫生用品有限公司
Linyi Yiyuan Hygiene Products Co., Ltd.
地址(Add)：山东省临沂市郯城县马头经济开发区糖果工业园
邮编(P. C.)：276126
电话(Tel)：0539－6779766
Http://www. yiyuanguoji. com. cn
联系人(Contact Person)：徐希道
产品(Products)：妇女卫生巾，卫生护垫
品牌(Brand)：梅婷

山东郯城玉洁卫生用品有限公司
Shandong Tancheng Yujie Hygiene Products Co., Ltd.
地址(Add)：山东省临沂市郯马经济开发区
邮编(P. C.)：276126
电话(Tel)：0539－6773688
传真(Fax)：0539－6771488
Http://www. yiwsyp. com
联系人(Contact Person)：夏玉明
产品(Products)：妇女卫生巾，卫生护垫
品牌(Brand)：劲爽，什尔

临沂安洁卫生用品有限公司
Linyi Anjie Hygiene Products Co., Ltd.
地址(Add)：山东省临沂市郯马经济开发区南新庄街68号

邮编(P. C.)：276126
电话(Tel)：0539－2109600
传真(Fax)：0539－2109600
联系人(Contact Person)：徐西德
产品(Products)：妇女卫生巾
品牌(Brand)：金日友约

山东临邑梦莎卫生用品有限公司
Shandong Linyi Mengsha Hygiene Products Co., Ltd.
地址(Add)：山东省临邑恒源路北首路东
邮编(P. C.)：251500
电话(Tel)：0534－4869999
传真(Fax)：0534－4869999
法人代表(Chairman)：马泽荣
总经理(General Manager)：邢照峰
产品(Products)：妇女卫生巾
品牌(Brand)：梦莎

山东临邑三维纸业有限公司
Shandong Linyi Sanwei Paper Co., Ltd.
地址(Add)：山东省临邑县恒源工业园C区10号
邮编(P. C.)：251500
电话(Tel)：0534－4237918
传真(Fax)：0534－4238078
E-mail：swdyzy@163.com
Http://www.duoya.com.cn
法人代表(Chairman)：张师春
总经理(General Manager)：许杰
联系人(Contact Person)：赵建国
产品(Products)：妇女卫生巾，卫生护垫，纸尿裤，餐巾纸，面巾纸，手帕纸，卫生纸
品牌(Brand)：朵雅

蓬莱市梦雅卫生用品厂
Penglai Mengya Hygiene Products Factory
地址(Add)：山东省蓬莱市徐家集兴隆庄
邮编(P. C.)：265602
电话(Tel)：0535－5939698
传真(Fax)：0535－5931888
总经理(General Manager)：郑春
产品(Products)：妇女卫生巾
品牌(Brand)：梦友

青岛新生活生物科技有限公司卫生用品事业部
Qingdao Xinshenghuo Biotech Co., Ltd.
地址(Add)：山东省青岛市崂山区王哥庄街道王沙路6号
邮编(P. C.)：266105
电话(Tel)：0532－87975920
传真(Fax)：0532－87985026
E-mail：dada-0412@163.com
总经理(General Manager)：宋容绫
联系人(Contact Person)：陈頔
产品(Products)：妇女卫生巾

青岛美西南科技发展有限公司
Qingdao Meixinan Technology Development Co., Ltd.
地址(Add)：山东省青岛市临港开发区上海路北端
邮编(P. C.)：266400
电话(Tel)：0532－89925969
传真(Fax)：0532－85135322
E-mail：qdmxn2007@163.com
Http://www.qdmxn.cn
联系人(Contact Person)：徐芳
产品(Products)：湿巾，面巾纸，妇女卫生巾，婴儿纸尿片，护理垫
品牌(Brand)：喜佳福

鲁南天源卫生用品厂
Lunan Tianyuan Hygiene Products Factory
地址(Add)：山东省郯城马头经济开发区(原高册乡政府院内)
邮编(P. C.)：276125
电话(Tel)：0539－6591333
联系人(Contact Person)：李夫桥
产品(Products)：妇女卫生巾
品牌(Brand)：舒鑫，佳丽人，动感佳人

山东兴博卫生用品有限公司
Shandong Xingbo Hygiene Products Co., Ltd.
地址(Add)：山东省郯城郯马经济开发区金马工业园20号
邮编(P. C.)：276126
电话(Tel)：0539－6771322
传真(Fax)：0539－6777322
E-mail：aibeier2008@yahoo.com.cn
总经理(General Manager)：徐敏强
联系人(Contact Person)：徐祇浩
产品(Products)：妇女卫生巾，卫生护垫，婴儿纸尿裤/片
品牌(Brand)：诗梦，爱贝儿

郯城县金得利卫生用品有限公司
Tancheng Jindeli Hygiene Products Co., Ltd.
地址(Add)：山东省郯城县高册工业园
邮编(P. C.)：276100
电话(Tel)：0539－6591688
传真(Fax)：0539－6593888
法人代表(Chairman)：胡征文
总经理(General Manager)：胡征文
联系人(Contact Person)：胡文龙
产品(Products)：妇女卫生巾，卫生护垫，婴儿纸尿裤/片，成人纸尿裤/片，护理垫，干擦拭巾
品牌(Brand)：丽源，新帮宝

郯城县永利卫生用品厂
Tancheng Yongli Hygiene Products Factory
地址(Add)：山东省郯城县花园经济开发区
邮编(P. C.)：276126
电话(Tel)：0539－6613888
传真(Fax)：0539－6613888
总经理(General Manager)：胡征光
产品(Products)：妇女卫生巾，卫生护垫，成人纸尿裤/片，护理垫，婴儿隔尿巾
品牌(Brand)：金惠，相伴

山东佳亿鑫卫生用品有限公司
Shandong Jiayixin Hygiene Products Co., Ltd.
地址(Add)：山东省郯城县经济开发区安泰路9号

邮编(P. C.)：276188
电话(Tel)：0539－6776199
传真(Fax)：0539－6777199
E-mail：weba@jiayixin.com
Http://www.jiayixin.net.cn
法人代表(Chairman)：禚保军
联系人(Contact Person)：吕帅佐
产品(Products)：妇女卫生巾，卫生护垫，成人纸尿裤/片，婴儿纸尿裤/片
品牌(Brand)：名兰，巧护理，华人，健牌

临沂香艾心卫生用品有限公司
Linyi Xiangaixin Hygiene Products Co., Ltd.
地址(Add)：山东省郯城县经济开发区何圩子村88号
邮编(P. C.)：276100
电话(Tel)：0539－6895818
传真(Fax)：0539－2027625
联系人(Contact Person)：牛琳
产品(Products)：妇女卫生巾，卫生护垫
品牌(Brand)：香艾

山东临沂娇雅卫生用品有限公司
Shandong Linyi Jiaoya Hygiene Products Co., Ltd.
地址(Add)：山东省郯城县马头开发区
邮编(P. C.)：276126
电话(Tel)：0539－6778838
法人代表(Chairman)：倪勇
总经理(General Manager)：倪勇
联系人(Contact Person)：倪勇
产品(Products)：妇女卫生巾
品牌(Brand)：娇雅

山东鑫盟纸品有限公司
Shandong Xinmeng Paper Products Co., Ltd.
地址(Add)：山东省郯城县马头开发区
邮编(P. C.)：276126
电话(Tel)：0539－6777888
传真(Fax)：0539－6773531
Http://www.shandongxinmeng.com
总经理(General Manager)：唐学平
联系人(Contact Person)：于淑伟
产品(Products)：妇女卫生巾，卫生护垫
品牌(Brand)：女宝，暖贝儿

郯城恒康卫生用品厂
Tancheng Hengkang Hygiene Products Factory
地址(Add)：山东省郯城县马头开发区(派出所东邻)
邮编(P. C.)：276126
电话(Tel)：0539－6776810
联系人(Contact Person)：刘德祥
产品(Products)：妇女卫生巾，卫生护垫，成人纸尿裤，婴儿纸尿裤/片，卫生纸
品牌(Brand)：妙恋佳人

郯城恒顺卫生用品厂
Tancheng Hengshun Hygiene Products Factory
地址(Add)：山东省郯城县马头镇
邮编(P. C.)：276126
电话(Tel)：0539－6771506
联系人(Contact Person)：冯兰芬
产品(Products)：妇女卫生巾
品牌(Brand)：呵芳

郯城县庆源卫生用品厂
Tancheng Qingyuan Hygiene Products Factory
地址(Add)：山东省郯城县马头镇金马商业街
邮编(P. C.)：276126
电话(Tel)：0539－6772369
联系人(Contact Person)：田兆庆
产品(Products)：妇女卫生巾，卫生护垫，卫生纸，纸尿片

山东顺霸化妆品有限公司
Shandong Shunba Cosmatic Co., Ltd.
地址(Add)：山东省郯城县马头镇南新庄
邮编(P. C.)：276126
电话(Tel)：0539－6770777
传真(Fax)：0539－6777077
Http://www.sdshunba.cn
总经理(General Manager)：徐西连
联系人(Contact Person)：张涛
产品(Products)：妇女卫生巾，卫生护垫，婴儿纸尿裤
品牌(Brand)：新婷，月约相伴，兰贝儿，顺霸，梅莉丝

鲁南康之恋妇幼用品有限公司
Lunan Kangzhilian Women & Children Products Co., Ltd.
地址(Add)：山东省郯城县马头镇批发市场内
邮编(P. C.)：276126
电话(Tel)：0539－6772458
传真(Fax)：0539－6772458
E-mail：lnkzhl@163.com
Http://www.lnkzhl.com
法人代表(Chairman)：郭德才
联系人(Contact Person)：房万云
产品(Products)：妇女卫生巾，婴儿纸尿裤
品牌(Brand)：康之恋

郯城县恒丰卫生用品厂
Tancheng Hengfeng Hygiene Products Factory
地址(Add)：山东省郯城县郯马经济开发区
邮编(P. C.)：276126
电话(Tel)：0539－2109356
联系人(Contact Person)：马永文
产品(Products)：妇女卫生巾，卫生护垫
品牌(Brand)：恒丰，积雪草

郯城康乐纸品有限公司
Tancheng Kangle Paper Products Co., Ltd.
地址(Add)：山东省郯城县郯马经济开发区
邮编(P. C.)：276126
电话(Tel)：0539－6776870
传真(Fax)：0539－6770069
总经理(General Manager)：赵兴法
联系人(Contact Person)：赵宝坤
产品(Products)：妇女卫生巾，卫生护垫，纸尿片
品牌(Brand)：益佳

郯城妇尔乐卫生用品厂
Tancheng Fuerle Hygiene Products Factory
地址(Add)：山东省郯城县郯马经济开发区

邮编(P. C.)：276126
电话(Tel)：0539－2055633
联系人(Contact Person)：朱俊岭
产品(Products)：妇女卫生巾，卫生护垫

山东省郯城瑞恒卫生用品厂
Shandong Tancheng Ruiheng Hygiene Products Factory
地址(Add)：山东省郯城县郯马经济开发区
邮编(P. C.)：276126
电话(Tel)：0539－6773868
总经理(General Manager)：刘胜波
联系人(Contact Person)：刘胜波
产品(Products)：妇女卫生巾

山东舒洁卫生用品有限公司
Shandong Shujie Hygiene Products Co., Ltd.
地址(Add)：山东省郯城县郯马经济开发区(京沪高速郯马出品200米)
邮编(P. C.)：276126
电话(Tel)：0539－2055613
联系人(Contact Person)：刘维华
产品(Products)：妇女卫生巾
品牌(Brand)：妇月情

山东省郯城县爱洁卫生用品厂
Shandong Tancheng Aijie Hygiene Products Factory
地址(Add)：山东省郯城县郯马经济开发区南元街506号
邮编(P. C.)：276126
电话(Tel)：0539－6771223
联系人(Contact Person)：郭德友
产品(Products)：妇女卫生巾，卫生护垫
品牌(Brand)：蒙山情

山东羽希卫生用品有限公司
Shandong Yuxi Hygiene Products Co., Ltd.
地址(Add)：山东省郯城县西关三街
邮编(P. C.)：276100
电话(Tel)：0539－6135081
传真(Fax)：0539－6135081
总经理(General Manager)：徐勤武
联系人(Contact Person)：周文
产品(Products)：妇女卫生巾，卫生护垫，婴儿纸尿裤，卫生纸，湿巾
品牌(Brand)：羽希

山东省滕州市华宝卫生制品有限公司
Shandong Tengzhou Huabao Hygiene Products Co., Ltd.
地址(Add)：山东省滕州市经济园区腾飞路809号
邮编(P. C.)：277500
电话(Tel)：0632－5667466
传真(Fax)：0632－5667456
E-mail：tzhuabao@163.com
Http://www.tzhuabao.com.cn
法人代表(Chairman)：孙士华
联系人(Contact Person)：王念伟
产品(Products)：妇女卫生巾，卫生护垫，婴儿纸尿裤
品牌(Brand)：全周宝，易菲

滕州市妇舒佳纸业有限公司
Tengzhou Fushujia Paper Industry Co., Ltd.
地址(Add)：山东省滕州市振兴北路2号
邮编(P. C.)：277500
电话(Tel)：0632－5682208
传真(Fax)：0632－5682208
总经理(General Manager)：孙彦友
联系人(Contact Person)：孙彦友
产品(Products)：妇女卫生巾，卫生护垫
品牌(Brand)：妇舒佳

山东婷好卫生制品有限公司
Shandong Tinghao Hygiene Products Co., Ltd.
地址(Add)：山东省微山县西平工业园1号
邮编(P. C.)：277609
电话(Tel)：0537－8341666
传真(Fax)：0537－8341106
E-mail：tinghao2004@163.com
总经理(General Manager)：牟恒花
联系人(Contact Person)：李可坤
产品(Products)：妇女卫生巾
品牌(Brand)：婷好

恒安(潍坊)卫生用品有限公司
Hengan (Weifang) Hygiene Products Co., Ltd.
地址(Add)：山东省潍坊市坊子区恒安大街79号
邮编(P. C.)：261200
电话(Tel)：0536－7661889
传真(Fax)：0536－7661889
Http://www.hengan.com.cn
法人代表(Chairman)：施文博
联系人(Contact Person)：刘玉春
产品(Products)：妇女卫生巾，卫生护垫
品牌(Brand)：安尔乐，安乐

恒安(潍坊)家庭生活用品有限公司
Hengan (Weifang) Household Products Co., Ltd.
地址(Add)：山东省潍坊市坊子区恒安大街79号
邮编(P. C.)：261200
电话(Tel)：0536－7661889
传真(Fax)：0536－7661889
E-mail：liuyc@mail.hengan.com.cn
法人代表(Chairman)：施文博
总经理(General Manager)：王清生
联系人(Contact Person)：刘玉春
产品(Products)：妇女卫生巾，卫生护垫
品牌(Brand)：安乐，安尔乐

山东含羞草卫生科技股份有限公司
Shandong Mimosa Health Technology Co., Ltd.
地址(Add)：山东省潍坊市潍城区胜利西街1509号
邮编(P. C.)：261061
电话(Tel)：0536－6280017
传真(Fax)：0536－6286187
E-mail：ling0620@163.com
Http://www.wfhxc.com
法人代表(Chairman)：冯希波
总经理(General Manager)：冯希波
联系人(Contact Person)：刘爱玲
产品(Products)：妇女卫生巾，卫生护垫，婴儿纸尿裤/片，成人纸尿裤/片，护理垫，手帕纸
品牌(Brand)：含羞草，娇感，清尔新

烟台金蕊女性用品有限公司
Yantai Jinrui Women Products Co., Ltd.
地址(Add)：山东省烟台市福山高新技术产业区鑫海街116号
邮编(P. C.)：265500
电话(Tel)：0535－6300838
传真(Fax)：0535－6300860
E-mail：info@jinrui.cn
Http://www.jinrui.cn
总经理(General Manager)：祖明艳
联系人(Contact Person)：田蜜湘
产品(Products)：妇女卫生巾，卫生护垫
品牌(Brand)：福帖

淄博美尔娜卫生用品有限公司
Zibo Meierna Sanitary Products Co., Ltd.
地址(Add)：山东省淄博市高新区卫固付山工业园
邮编(P. C.)：255084
电话(Tel)：0533－3783783
传真(Fax)：0533－3785650
E-mail：meierna123@163.com
Http://www.meierna.com
法人代表(Chairman)：张涛
总经理(General Manager)：张涛
产品(Products)：妇女卫生巾，卫生护垫，婴儿纸尿片
品牌(Brand)：美尔娜

山东益母妇女用品有限公司
Shandong Yimoo Women Necessities Co., Ltd.
地址(Add)：山东省淄博市沂源县城沂蒙路9号
邮编(P. C.)：256100
电话(Tel)：0533－3241148
传真(Fax)：0533－3241148
E-mail：yimoo@yimoo.cn
Http://www.yimoo.cn
法人代表(Chairman)：赵玉山
总经理(General Manager)：徐德文
联系人(Contact Person)：郑霞
产品(Products)：妇女卫生巾，卫生护垫，婴儿纸尿裤，湿巾
品牌(Brand)：益母，益母草，益贝，调皮蛋

蒲公英妇幼用品有限公司
Pugongying Woman & Child Articles Co., Ltd.
地址(Add)：山东省淄博市沂源县东苑经济工业园
邮编(P. C.)：256102
电话(Tel)：0533－3428228
传真(Fax)：0533－3427978
E-mail：wangchenglan123@yahoo.com.cn
Http://www.cnpugongying.com
法人代表(Chairman)：王成兰
总经理(General Manager)：王成兰
联系人(Contact Person)：耿巍
产品(Products)：妇女卫生巾，卫生护垫
品牌(Brand)：蒲公英，月季花开

艾丝妮乐卫生用品有限公司
Aisinile Hygiene Products Co., Ltd.
地址(Add)：山东省邹平县西工业园区
邮编(P. C.)：256217
电话(Tel)：0543－2107666
传真(Fax)：0543－2108722
Http://www.aisinile.com
法人代表(Chairman)：刘学良
联系人(Contact Person)：刘学良
产品(Products)：妇女卫生巾，卫生护垫，纸尿裤
品牌(Brand)：艾丝妮乐

■ 河南 Henan

安阳市汇丰卫生用品有限责任公司
Anyang Huifeng Hygiene Products Co., Ltd.
地址(Add)：河南省安阳市高新开发区平原路南段路东
邮编(P. C.)：462000
电话(Tel)：0372－3686986
传真(Fax)：0372－2526558
Http://www.ayhfzj.com
法人代表(Chairman)：郭小平
总经理(General Manager)：袁玉清
联系人(Contact Person)：袁廷顺
产品(Products)：妇女卫生巾，卫生护垫，婴儿纸尿裤，成人纸尿裤，卫生纸，护理垫
品牌(Brand)：梦娜，梦儿宝，老来乐

安阳丽华卫生用品厂
Anyang Lihua Hygiene Products Factory
地址(Add)：河南省安阳县白璧镇北丽华工业园
邮编(P. C.)：455112
电话(Tel)：0372－2628781
法人代表(Chairman)：段芳林
联系人(Contact Person)：段国泰
产品(Products)：妇女卫生巾，卫生纸
品牌(Brand)：丽华

长葛市维斯康卫生用品厂
Changge Weisikang Hygiene Products Factory
地址(Add)：河南省长葛市人民路北段(G107增福庙立交桥西侧)
邮编(P. C.)：461500
电话(Tel)：0374－6653081
传真(Fax)：0374－6652816
E-mail：weiscorn@126.com
Http://www.hnwsk.cn
联系人(Contact Person)：施红杰
产品(Products)：妇女卫生巾，卫生护垫
品牌(Brand)：佳好美

滑县安尔洁卫生用品厂
Huaxian Anerjie Hygiene Products Factory
地址(Add)：河南省滑县留固镇西王庄经济开发区
邮编(P. C.)：456464
电话(Tel)：0372－8676388
传真(Fax)：0372－8676388
E-mail：hnhxaej@126.com
Http://www.hnhxaej.cn
联系人(Contact Person)：向斌
产品(Products)：妇女卫生巾，卫生护垫，婴儿纸尿裤/片，成人产品
品牌(Brand)：春意

安阳市安爽卫材有限责任公司
Anyang Anshuang Medicals Materials Co., Ltd.
地址(Add)：河南省滑县桑村工业园
邮编(P. C.)：456475
电话(Tel)：0372－8519588
传真(Fax)：0372－8511006
联系人(Contact Person)：朱国录
产品(Products)：妇女卫生巾
品牌(Brand)：采奕，纤舒

新乡市好洁卫生用品有限公司
Xinxiang Haojie Hygiene Products Co., Ltd.
地址(Add)：河南省辉县市孟庄镇梁村
邮编(P. C.)：453621
电话(Tel)：0373－6078772
传真(Fax)：0373－6079260
E-mail：haojie4437@sina.com
法人代表(Chairman)：冯新亮
总经理(General Manager)：冯新亮
联系人(Contact Person)：冯新亮
产品(Products)：妇女卫生巾，卫生护垫
品牌(Brand)：伊美安

焦作市潇康卫生用品有限公司
Jiaozuo Xiaokang Hygiene Products Co., Ltd.
地址(Add)：河南省焦作市丰收中路党校东里
邮编(P. C.)：454002
电话(Tel)：0391－5890888
传真(Fax)：0391－3596669
法人代表(Chairman)：原小新
总经理(General Manager)：原小新
联系人(Contact Person)：原小新
产品(Products)：妇女卫生巾，纸尿裤，卫生卷纸
品牌(Brand)：香馨依人，潇康

焦作市银河纸业卫生用品有限公司
Jiaozuo Yinhe Paper & Hygiene Products Co., Ltd.
地址(Add)：河南省焦作市西陶镇东白水工业区
邮编(P. C.)：454981
电话(Tel)：0391－7561173
传真(Fax)：0391－7561173
联系人(Contact Person)：侯河西
产品(Products)：妇女卫生巾
品牌(Brand)：苏妃

开封瑞帮卫生材料有限公司
Kaifeng Ruibang Hygiene Materials Co., Ltd.
地址(Add)：河南省开封市兰考县红庙工业园8－88
邮编(P. C.)：475314
电话(Tel)：0378－6112688
传真(Fax)：0378－6110688
E-mail：ruibang88@yahoo.com
Http://www.wipeschina.com
总经理(General Manager)：毛吉会
联系人(Contact Person)：何启兴
产品(Products)：妇女卫生巾，卫生护垫，婴儿纸尿裤/片，成人纸尿裤/片，湿巾，护理垫
品牌(Brand)：舒馨，茵子

河南漯河临颍恒祥卫生用品有限公司
Henan Linying Hengxiang Hygiene Products Co., Ltd.
地址(Add)：河南省漯河市临颍黄龙工业区一环路东段
邮编(P. C.)：462600
电话(Tel)：0395－8662227
传真(Fax)：0395－8662227
法人代表(Chairman)：仝志辉
总经理(General Manager)：仝志辉
产品(Products)：妇女卫生巾，卫生护垫，婴儿纸尿裤/片，卫生纸
品牌(Brand)：云妹，葆健，妙姿葆

鸿翔卫生用品有限公司
Hongxiang Hygiene Proudcts Co., Ltd.
地址(Add)：河南省漯河市郾城县孟南工业区中原路86号
邮编(P. C.)：462300
电话(Tel)：0395－6926666
传真(Fax)：0395－6935096
Http://www.zghxzy.com
法人代表(Chairman)：王晓东
总经理(General Manager)：王晓东
产品(Products)：妇女卫生巾，卫生护垫，婴儿纸尿裤/片
品牌(Brand)：四季舒，凤求凰，一代天骄

河南省孟州市洁美卫生用品厂
Henan Mengzhou Jiemei Hygiene Products Plant
地址(Add)：河南省孟州市商贸城南京路69号西1号
邮编(P. C.)：454750
电话(Tel)：0391－3861188
传真(Fax)：0391－8194384
总经理(General Manager)：尚彩云
联系人(Contact Person)：尚彩云
产品(Products)：妇女卫生巾，卫生护垫
品牌(Brand)：洁美，欣美

濮阳市团洁卫生用品有限公司
Puyang Tuanjie Hygiene Products Co., Ltd.
地址(Add)：河南省濮阳县海通团罡工业园区
邮编(P. C.)：457000
电话(Tel)：0393－3502666
传真(Fax)：0393－4818854
E-mail：lbs.71@163.com
联系人(Contact Person)：李保顺
产品(Products)：妇女卫生巾，卫生护垫，卫生纸，产妇垫，纸尿裤
品牌(Brand)：顺芳

三门峡市蓝雪卫生用品有限公司
Sanmenxia Lanxue Hygiene Products Co., Ltd.
地址(Add)：河南省三门峡市经三路50号
邮编(P. C.)：472001
电话(Tel)：0398－2862485
传真(Fax)：0398－2866552
法人代表(Chairman)：张春让
总经理(General Manager)：张春让
联系人(Contact Person)：任春安
产品(Products)：妇女卫生巾，卫生护垫
品牌(Brand)：康妇特

河南省太康康宝卫生巾厂
Henan Taikang Kangbao Sanitary Napkins Factory
地址(Add)：河南省太康县城南经济开发区
邮编(P. C.)：464000
电话(Tel)：0394－6910318
传真(Fax)：0394－6910318
总经理(General Manager)：郭洪超
产品(Products)：妇女卫生巾，卫生护垫，纸尿裤，卫生纸
品牌(Brand)：情花一族

河南省太康县恒宝卫生用品厂
Henan Taikang Hengbao Hygiene Products Factory
地址(Add)：河南省太康县交通路369号
邮编(P. C.)：461400
电话(Tel)：0394－6927888
传真(Fax)：0394－6824588
法人代表(Chairman)：程丽君
总经理(General Manager)：岳恒伟
产品(Products)：妇女卫生巾，卫生护垫
品牌(Brand)：乐宝情

新乡市科诺卫生用品厂
Xinxiang Kenuo Hygiene Products Factory
地址(Add)：河南省卫辉市李元屯镇经济开发区
邮编(P. C.)：453100
电话(Tel)：0373－4100052
传真(Fax)：0373－4411082
联系人(Contact Person)：侯少华
产品(Products)：妇女卫生巾，卫生护垫
品牌(Brand)：卫洁

河南卫辉苏菲卫生用品厂
Henan Weihui Sufei Hygiene Products Factory
地址(Add)：河南省卫辉市太公泉工业园
邮编(P. C.)：453100
电话(Tel)：0373－4168666
传真(Fax)：0373－4169888
E-mail：hndsnr@163. com
法人代表(Chairman)：王新江
总经理(General Manager)：王新江
联系人(Contact Person)：王新江
产品(Products)：妇女卫生巾，纸尿裤，湿巾
品牌(Brand)：绝妙，绝妙宝贝

新乡市洁莱卫生用品有限公司
Xinxiang Jielai Hygiene Products Co., Ltd.
地址(Add)：河南省新乡市凤泉区大块镇
邮编(P. C.)：453700
电话(Tel)：0373－5428898
传真(Fax)：0373－5420538
联系人(Contact Person)：李桥岭
产品(Products)：妇女卫生巾，卫生护垫
品牌(Brand)：莱丝曼，卫舒宜，流星雨

新郑市恒鑫卫生用品厂
Xinzheng Hengxin Hygiene Products Factory
地址(Add)：河南省新郑市新建路工业园区
邮编(P. C.)：451150
电话(Tel)：0371－62698898
传真(Fax)：0371－62688690
E-mail：wjg19760718@sina. com
总经理(General Manager)：付金玲
联系人(Contact Person)：占新建
产品(Products)：妇女卫生巾
品牌(Brand)：快乐天使

许昌市雨洁卫生用品有限公司
Xuchang Yujie Hygiene Products Co., Ltd.
地址(Add)：河南省许昌市高新技术开发区昌盛路
邮编(P. C.)：461111
电话(Tel)：0374－5652588
传真(Fax)：0374－5652686
E-mail：yufei6616@163. com
Http://www. hnyufei. com
法人代表(Chairman)：张同昌
总经理(General Manager)：张同昌
联系人(Contact Person)：李浩
产品(Products)：妇女卫生巾，卫生护垫
品牌(Brand)：雨菲

河南舒莱卫生用品有限公司
Henan Shulai Hygiene Products Co., Ltd.
地址(Add)：河南省许昌市襄城县紫云大道中段
邮编(P. C.)：461700
电话(Tel)：0374－8398999
传真(Fax)：0374－8398880
法人代表(Chairman)：侯建正
总经理(General Manager)：侯建正
联系人(Contact Person)：侯建正
产品(Products)：妇女卫生巾，卫生护垫
品牌(Brand)：舒莱

河南省永城市好理想卫生用品有限公司
Yongcheng Haolixiang Hygiene Products Co., Ltd.
地址(Add)：河南省永城市欧亚路西段北
邮编(P. C.)：476600
电话(Tel)：0370－5152222
传真(Fax)：0370－5131795
Http://www. sqhaolixiang. cn
法人代表(Chairman)：王桂华
总经理(General Manager)：张玉英
产品(Products)：妇女卫生巾，婴儿纸尿片，成人纸尿裤，护理垫，宠物垫
品牌(Brand)：好理想

河南省百蓓佳卫生用品有限公司
Henan Baibeijia Hygiene Products Co., Ltd.
地址(Add)：河南省正阳县正明路
邮编(P. C.)：463600
电话(Tel)：0396－8926989
传真(Fax)：0396－8926236
E-mail：shbbjwjh@sohu. com
总经理(General Manager)：王军华
联系人(Contact Person)：王玉金
产品(Products)：妇女卫生巾，婴儿纸尿裤
品牌(Brand)：百蓓佳

郑州好又爽卫生用品有限公司
Zhengzhou Haoyoushuang Hygiene Products Co., Ltd.
地址(Add)：河南省郑州经济技术开发区
邮编(P. C.)：450004

电话(Tel)：0371－66928201
传真(Fax)：0371－66928202
E-mail：hnxh19760718@163.com
总经理(General Manager)：王建刚
联系人(Contact Person)：张永生
产品(Products)：卫生纸，妇女卫生巾，卫生护垫，妇幼两用巾
品牌(Brand)：好又爽

千倍爽卫生用品有限公司
Qianbeishuang Hygiene Products Co., Ltd.
地址(Add)：河南省郑州市官渡经济技术开发区
邮编(P.C.)：451462
电话(Tel)：0371－62235555
传真(Fax)：0371－62233666
E-mail：916198862@qq.com
总经理(General Manager)：岳魁
产品(Products)：妇女卫生巾，卫生护垫，婴儿纸尿裤/片

河南养生时代健康产业有限公司
Henan Yangsheng Shidai Healthcare Products Co., Ltd.
地址(Add)：河南省郑州市黄河路129号天一大厦A座2011室
邮编(P.C.)：450012
电话(Tel)：0371－69172568
传真(Fax)：0371－69172052
Http://www.51yssd.com
联系人(Contact Person)：陶琳
产品(Products)：妇女卫生巾，卫生护垫，纸尿裤

郑州金辉卫生用品有限公司
Zhengzhou Jinhui Hygiene Products Co., Ltd.
地址(Add)：河南省郑州市经济技术开发区第11大街6号
邮编(P.C.)：450000
电话(Tel)：0371－60835678
传真(Fax)：0371－67396692
E-mail：jinhuizhiye@sina.com
联系人(Contact Person)：李珂洋
产品(Products)：妇女卫生巾，卫生护垫
品牌(Brand)：美芝

郑州市二七永洁卫生用品厂
Zhengzhou Erqi Yongjie Hygiene Products Factory
地址(Add)：河南省郑州市南三环中段(郑飞公司西)
邮编(P.C.)：450005
电话(Tel)：0371－68785723
传真(Fax)：0371－68785733
Http://www.hnyongjie.com
联系人(Contact Person)：宋杰
产品(Products)：妇女卫生巾
品牌(Brand)：金逸

郑州鼎峰卫生用品有限公司
Zhengzhou Dingfeng Hygiene Products Co., Ltd.
地址(Add)：河南省郑州市南四环荆胡工业园88号
邮编(P.C.)：450000
电话(Tel)：0371－67016381
联系人(Contact Person)：何首霖
产品(Products)：护理垫，成人纸尿裤，妇女卫生巾
品牌(Brand)：艾德丽，月月爽

郑州巨洋妇幼用品有限公司
Zhengzhou Juyang Women & Children Articles Co., Ltd.
地址(Add)：河南省郑州市万客来南院西楼17号(新兴源)
邮编(P.C.)：450016
电话(Tel)：0371－65807289
传真(Fax)：0371－61280388
法人代表(Chairman)：许善清
总经理(General Manager)：许善清
联系人(Contact Person)：许善清
产品(Products)：妇女卫生巾
品牌(Brand)：巨洋

周口市胜美利卫生巾厂
Zhoukou Shengmeili Sanitary Napkins Factory
地址(Add)：河南省周口市太康县交通路西段91号
邮编(P.C.)：465400
电话(Tel)：0394－6822892
传真(Fax)：0394－6822892
法人代表(Chairman)：李东峰
总经理(General Manager)：李东峰
联系人(Contact Person)：李东峰
产品(Products)：妇女卫生巾，卫生护垫，护理垫
品牌(Brand)：胜美利

■ 湖北 Hubei

湖北娇丽实业有限公司
Hubei Beauty Industrial Co., Ltd.
地址(Add)：湖北省汉川市城东开发区
邮编(P.C.)：431600
电话(Tel)：0712－8383866
传真(Fax)：0712－8383796
E-mail：hbjiaoli@jiaoli.com
Http://www.jiaoli.com
法人代表(Chairman)：张海瑞
联系人(Contact Person)：张晋菘
产品(Products)：妇女卫生巾
品牌(Brand)：娇丽，新娇丽，清风迷情

荆州市平云卫生用品有限公司
Jingzhou Pingyun Hygiene Products Co., Ltd.
地址(Add)：湖北省荆州市监利容城江城路88号
邮编(P.C.)：433300
电话(Tel)：0716－3320885
传真(Fax)：0716－3322780
E-mail：pingyun885@163.com
Http://www.hbjzpy.com
法人代表(Chairman)：廖平
总经理(General Manager)：廖平
联系人(Contact Person)：何修凤
产品(Products)：妇女卫生巾
品牌(Brand)：桑娜，护卫佳人，康护宝

武汉圣洁卫生用品有限公司
Wuhan Shengjie Hygiene Products Co., Ltd.
地址(Add)：湖北省武汉市东西湖区吴家山台商投资区花园路8号
邮编(P.C.)：430040

电话(Tel)：027－83259683
传真(Fax)：027－83262047
联系人(Contact Person)：陈甜
产品(Products)：妇女卫生巾，卫生护垫
品牌(Brand)：雅之卉，丽都丝雅

湖北丝宝股份有限公司
Hubei C－BONS Co., Ltd.
地址(Add)：湖北省武汉市黄浦大街260号丝宝国际大厦
邮编(P. C.)：430019
电话(Tel)：027－82920888
传真(Fax)：027－82922001
E-mail：ladycare@c－bons. com. cn
Http://www. ladycare. com. cn
法人代表(Chairman)：梁亮胜
总经理(General Manager)：陈莺
联系人(Contact Person)：马海燕
产品(Products)：妇女卫生巾，卫生护垫，湿巾
品牌(Brand)：洁婷，洁婷蓓柔

武汉金姿卫生用品有限公司
Wuhan Jinzi Hygiene Products Co., Ltd.
地址(Add)：湖北省武汉市盘龙开发区佳海工业园J区2号
邮编(P. C.)：430036
电话(Tel)：027－61895469
传真(Fax)：027－61895469
法人代表(Chairman)：蔡建国
总经理(General Manager)：蔡建国
联系人(Contact Person)：蔡建国
产品(Products)：妇女卫生巾
品牌(Brand)：金姿

武汉兴同兴卫生用品有限公司
Wuhan Xingtongxing Hygiene Products Co., Ltd.
地址(Add)：湖北省武汉市吴家山台商投资区金山大道
邮编(P. C.)：430040
电话(Tel)：027－84452183
传真(Fax)：027－84452190
总经理(General Manager)：曾凡勇
联系人(Contact Person)：曾凡勇
产品(Products)：妇女卫生巾
品牌(Brand)：泰然爽

疏朗朗卫生用品有限公司
Shulanglang Hygiene Products Co., Ltd.
地址(Add)：湖北省武穴市精华公寓4栋2楼
邮编(P. C.)：435400
电话(Tel)：0713－62627428
传真(Fax)：0713－62627428
法人代表(Chairman)：吴迎胜
总经理(General Manager)：吴迎胜
联系人(Contact Person)：吴迎胜
产品(Products)：妇女卫生巾，卫生护垫，婴儿纸尿裤/片，卫生纸
品牌(Brand)：疏朗朗

湖北省武穴市恒美实业有限公司
Hubei Wuxue Hengmei Industry Co., Ltd.
地址(Add)：湖北省武穴市余川经济开发区
邮编(P. C.)：435416
电话(Tel)：0713－6883688
传真(Fax)：0713－6887339
E-mail：mlfmaster@ sina. com
Http://www. hbhmpaper. com
总经理(General Manager)：张劲松
联系人(Contact Person)：张劲松
产品(Products)：妇女卫生巾，卫生护垫，婴儿纸尿裤/片，成人纸尿裤/片
品牌(Brand)：康依

襄樊市盈乐卫生用品有限公司
Xiangfan Yingle Hygiene Products Co., Ltd.
地址(Add)：湖北省襄樊市襄阳区卧龙东路1号
邮编(P. C.)：441104
电话(Tel)：0710－2817333
传真(Fax)：0710－2817000
E-mail：yingle－hb@163. com
Http://www. xfyingle. cn
法人代表(Chairman)：林云光
总经理(General Manager)：林建秋
联系人(Contact Person)：林建秋
产品(Products)：妇女卫生巾，卫生护垫，婴儿纸尿裤/片，成人纸尿裤/片
品牌(Brand)：难忘，好难忘，难忘宝宝

恒安(孝感)卫生用品有限公司
Hengan (Xiaogan) Hygiene Products Co., Ltd.
地址(Add)：湖北省孝感市南区南大经济开发区
邮编(P. C.)：432100
电话(Tel)：0712－2516319
传真(Fax)：0712－2516299
法人代表(Chairman)：施文博
联系人(Contact Person)：胡平清
产品(Products)：妇女卫生巾
品牌(Brand)：安乐，安尔乐

恒安(孝感)家庭用品有限公司
Hengan (Xiaogan) Household Products Co., Ltd.
地址(Add)：湖北省孝感市孝南区南大经济开发区316复线立交桥南侧
邮编(P. C.)：432100
电话(Tel)：0712－2516319
传真(Fax)：0712－2516299
E-mail：hupq@ mail. hengan. com. cn
法人代表(Chairman)：施文博
总经理(General Manager)：聂连清
联系人(Contact Person)：胡平清
产品(Products)：妇女卫生巾，卫生护垫，婴儿纸尿裤
品牌(Brand)：安乐，安尔乐，安儿乐

宜昌舒云卫生用品有限公司
Yichang Shuyun Hygiene Products Co., Ltd.
地址(Add)：湖北省宜昌三峡民营科技园(伍家岗区前坪街29号)
邮编(P. C.)：443007
电话(Tel)：0717－6552516
传真(Fax)：0717－6552658
Http://www. shuyun. com
总经理(General Manager)：汪寒涛
产品(Products)：纸巾纸，卫生纸，妇女卫生巾，卫生护垫，婴儿纸尿裤/片

品牌(Brand)：舒云，娇娇宝贝

宜昌伊兰佳卫生用品有限公司
Yichang Yilanjia Hygiene Products Co., Ltd.
地址(Add)：湖北省宜昌市湖光路16号
邮编(P.C.)：443100
电话(Tel)：0717-7852888
传真(Fax)：0717-7853398
Http://www.ycylj.com
法人代表(Chairman)：莫海峰
总经理(General Manager)：莫海峰
联系人(Contact Person)：莫海峰
产品(Products)：妇女卫生巾
品牌(Brand)：伊兰佳，婷娴

■ 湖南 Hunan

恒安集团(安乡)卫生用品有限公司
Hengan (Anxiang) Hygiene Products Co., Ltd.
地址(Add)：湖南省安乡县城关镇文艺南路
邮编(P.C.)：415600
电话(Tel)：0736-4312875
传真(Fax)：0736-4319113
法人代表(Chairman)：施文博
联系人(Contact Person)：许天培
产品(Products)：妇女卫生巾
品牌(Brand)：安乐，安尔乐

长沙舒尔利卫生用品有限公司
Changsha Shuerli Hygiene Products Co., Ltd.
地址(Add)：湖南省长沙市高桥大市场纸品城16幢38号
邮编(P.C.)：410014
电话(Tel)：0731-85515615
传真(Fax)：0731-85515615
E-mail：cnxql@gaoqiao.com
法人代表(Chairman)：谢启良
总经理(General Manager)：谢启良
联系人(Contact Person)：谢启良
产品(Products)：纸尿裤/片，妇婴两用巾，垫巾，三角尿巾，隔尿巾，卫生纸
品牌(Brand)：舒尔利，威威

湖南宁乡长乐卫生用品厂
Hunan Ningxiang Changle Hygiene Products Plant
地址(Add)：湖南省长沙市河西回龙铺工业园
邮编(P.C.)：410600
电话(Tel)：0731-87827944
传真(Fax)：0731-87827944
E-mail：wangzhiliang@tom.com
法人代表(Chairman)：王跃星
总经理(General Manager)：王志良
联系人(Contact Person)：曾秀春
产品(Products)：妇女卫生巾
品牌(Brand)：依云

湖南省倍康卫生用品有限公司
Hunan Beikang Hygiene Products Co., Ltd.
地址(Add)：湖南省长沙市旅游区华泰工业园
邮编(P.C.)：410003
电话(Tel)：0731-5686888
传真(Fax)：0731-5682888
E-mail：baken@21cn.com
Http://www.baken.cn
总经理(General Manager)：覃叙钧
产品(Products)：婴儿纸尿裤/片，妇婴两用巾，湿巾
品牌(Brand)：倍康

长沙恒健卫生用品有限公司
Changsha Hengjian Hygiene Products Co., Ltd.
地址(Add)：湖南省长沙市宁乡夏驿铺工业园
邮编(P.C.)：410604
电话(Tel)：0731-87952653
传真(Fax)：0731-87952653
E-mail：songzhimin2004@yahoo.com.cn
总经理(General Manager)：宋志敏
产品(Products)：妇女卫生巾，纸尿片
品牌(Brand)：忘不了，放得心

湖南三友纸业有限公司
Hunan Sanyou Paper Industry Co., Ltd.
地址(Add)：湖南省长沙市雨花区黎托乡花桥工业园
邮编(P.C.)：410129
电话(Tel)：0731-85951508
传真(Fax)：0731-85952308
E-mail：953894676@qq.com
法人代表(Chairman)：贺顺新
总经理(General Manager)：贺顺新
联系人(Contact Person)：贺顺新
产品(Products)：妇女卫生巾，卫生护垫，婴儿纸尿裤/片，卫生纸，面巾纸，手帕纸
品牌(Brand)：天美，花妍

常德金利纸品实业有限公司
Changde Jinli Paper Industrial Co., Ltd.
地址(Add)：湖南省常德市鼎城区阳明路93号
邮编(P.C.)：415101
电话(Tel)：0736-7392638
传真(Fax)：0736-6573839
法人代表(Chairman)：柳真
总经理(General Manager)：柳真
联系人(Contact Person)：李会均
产品(Products)：妇女卫生巾，卫生纸，面巾纸
品牌(Brand)：安雅康

湖南省安仁县卫生用品二厂
Hunan Anren Hygiene Products No. 2 Factory
地址(Add)：湖南省郴州市安仁县株泉北路84号
邮编(P.C.)：423600
电话(Tel)：0735-5223446
传真(Fax)：0735-5222259
总经理(General Manager)：刘小平
联系人(Contact Person)：刘小平
产品(Products)：妇女卫生巾，婴儿纸尿裤/片
品牌(Brand)：安意，好安意

郴州市北湖区佳美卫生用品厂
Chenzhou Beihu Jiamei Hygiene Products Factory
地址(Add)：湖南省郴州市北湖区石盖塘工业区
邮编(P.C.)：423000
电话(Tel)：0735-2791058
联系人(Contact Person)：黄利人
产品(Products)：妇女卫生巾，纸尿裤

湖南花香实业有限公司
Hunan Huaxiang Industry Co., Ltd.
地址(Add)：湖南省衡阳市蒸湘区呆英岭蒸阳大道168号
邮编(P. C.)：421001
电话(Tel)：0734－8573990
传真(Fax)：0734－8573879
联系人(Contact Person)：罗吉玉
产品(Products)：妇女卫生巾，餐巾纸，面巾纸

浏阳市洁洁卫生纸用品厂
Liuyang Jiejie Tissue Paper Products Factory
地址(Add)：湖南省浏阳市荷花经济开发区
邮编(P. C.)：410300
电话(Tel)：0731－83672181
传真(Fax)：0731－83672181
E-mail：sales@vipceo.com
总经理(General Manager)：易甫成
联系人(Contact Person)：易甫成
产品(Products)：妇女卫生巾，卫生护垫
品牌(Brand)：洁丽婷音

湖南省浏阳市爱妻卫生纸用品厂
Hunan Liuyang Aiqi Hygiene Products Factory
地址(Add)：湖南省浏阳市荷花经济开发区
邮编(P. C.)：410300
电话(Tel)：0731－83670662
传真(Fax)：0731－83670662
总经理(General Manager)：黄隆标
产品(Products)：妇女卫生巾，卫生护垫，婴儿纸尿裤/片，两用巾
品牌(Brand)：爱儿宝

湖南一朵生活用品有限公司
Hunan Yido Necessaries of Life Co., Ltd.
地址(Add)：湖南省浏阳市荷花浏大公路东侧188号
邮编(P. C.)：410300
电话(Tel)：0731－3603548
传真(Fax)：0731－3372666
E-mail：594291236@qq.com
Http://www.yidojt.com.cn
联系人(Contact Person)：孙博
产品(Products)：妇女卫生巾，卫生护垫，婴儿纸尿裤/片

湖南省恒昌卫生用品有限公司
Hunan Hengchang Hygiene Products Co., Ltd.
地址(Add)：湖南省邵阳市宝庆东路1476号
邮编(P. C.)：422001
电话(Tel)：0739－5250218
传真(Fax)：0739－5250218
法人代表(Chairman)：李学军
总经理(General Manager)：李学华
联系人(Contact Person)：李学华
产品(Products)：妇女卫生巾，卫生护垫，纸尿裤/片
品牌(Brand)：花月仙，舒洁妹，纤巧百合，贝蒂

湖南省康乐纸业有限公司
Hunan Kangle Paper Co., Ltd.
地址(Add)：湖南省石门县东城区
邮编(P. C.)：415304
电话(Tel)：0736－5012000
传真(Fax)：0736－5012345
E-mail：dyj.001@msn.com
Http://www.klzydyj.cn
法人代表(Chairman)：丁原钧
总经理(General Manager)：丁原钧
产品(Products)：妇女卫生巾，婴儿纸尿片
品牌(Brand)：赛洁思

■ 广东 Guangdong

广东省潮州市格丽雅卫生用品有限公司
Guangdong Chaozhou Geliya Hygiene Products Co., Ltd.
地址(Add)：广东省潮州市枫溪开发区古板头
邮编(P. C.)：521000
电话(Tel)：0768－2989078
传真(Fax)：0768－2981151
E-mail：yj@gdyajie.com
Http://www.gdyajie.com
总经理(General Manager)：孙振辉
产品(Products)：妇女卫生巾，卫生护垫，婴儿纸尿裤
品牌(Brand)：格丽雅，莎丽雅

东莞市舒华生活用品有限公司
Dongguan Shuhua Daily Necessities Co., Ltd.
地址(Add)：广东省东莞市大朗镇黄草朗村西胜路
邮编(P. C.)：523700
电话(Tel)：0769－86263917
传真(Fax)：0769－86263927
联系人(Contact Person)：赖华山
产品(Products)：妇女卫生巾
品牌(Brand)：兰芳

金保利卫生用品有限公司
Jinbaoli Sanitary Articles Co., Ltd.
地址(Add)：广东省东莞市大朗镇黄草朗美东路66号
邮编(P. C.)：511700
电话(Tel)：0769－83187663
传真(Fax)：0769－83133302
Http://www.fjjdl.com
联系人(Contact Person)：黄诗华
产品(Products)：妇女卫生巾
品牌(Brand)：植物物语

广东省东莞市宝丰卫生纸品有限公司
Guangdong Dongguan Baofeng Tissue Paper Products Co., Ltd.
地址(Add)：广东省东莞市东城区汶塘管理区
邮编(P. C.)：523121
电话(Tel)：0769－22660017
传真(Fax)：0769－22208692
法人代表(Chairman)：傅植成
总经理(General Manager)：钟婉芳
产品(Products)：妇女卫生巾
品牌(Brand)：梦丽莎

东莞东美纸业有限公司
Dongguan Dongmei Paper Co., Ltd.
地址(Add)：广东省东莞市寮步镇新旧围工业区大塘路39号
邮编(P. C.)：523410
电话(Tel)：0769－83228282

传真(Fax)：0769－83228198
E-mail：dmpaper@vip.163.com
Http://www.dmpaper.com
法人代表(Chairman)：林壁境
总经理(General Manager)：林壁境
联系人(Contact Person)：管建军
产品(Products)：妇女卫生巾
品牌(Brand)：依媚

东莞市麻涌新辉纸品厂
Dongguan Mayong Xinhui Paper Products Plant
地址(Add)：广东省东莞市麻涌镇南洲工业区
邮编(P.C.)：523136
电话(Tel)：0769－88223990
传真(Fax)：0769－88228219
Http://www.xinhuizy.home.72ec.com
法人代表(Chairman)：吴柱威
总经理(General Manager)：吴柱威
产品(Products)：妇女卫生巾，卫生护垫，婴儿纸尿裤/片
品牌(Brand)：雪怡，祺安

宝盈妇幼用品有限公司
Baoying Women & Children Articles Co., Ltd.
地址(Add)：广东省东莞市清溪九乡金竹工业区
邮编(P.C.)：523646
电话(Tel)：0769－87292586
传真(Fax)：0769－87382867
E-mail：dgbaoying@163.com
Http://www.dgbaoying.com
法人代表(Chairman)：赖新财
联系人(Contact Person)：赖新财
产品(Products)：妇女卫生巾，卫生护垫，纸尿裤/片
品牌(Brand)：我心安，龙妹，伊妮思，圣女思，清爽女孩

广东省东莞市惠康纸业有限公司
Dongguan Huikang Paper Industry Co., Ltd.
地址(Add)：广东省东莞市胜利管理区
邮编(P.C.)：523000
电话(Tel)：0769－22178188
传真(Fax)：0769－22178188
法人代表(Chairman)：詹沛林
联系人(Contact Person)：詹沛林
产品(Products)：妇女卫生巾

东莞市新兴卫生巾厂
Dongguan Xinxing Sanitary Napkins Factory
地址(Add)：广东省东莞市石碣镇鹤田厦工业区(东田水泥厂对面)
邮编(P.C.)：523209
电话(Tel)：0769－86317328
传真(Fax)：0769－86363930
法人代表(Chairman)：陈兆驹
总经理(General Manager)：陈兆驹
产品(Products)：妇女卫生巾
品牌(Brand)：天地情

舒而安纸制品(中国)有限公司
Suean Paper Products (China) Co., Ltd.
地址(Add)：广东省东莞市石碣镇加怡村二巷14号
邮编(P.C.)：523323
电话(Tel)：0769－86377586
传真(Fax)：0769－86013110
联系人(Contact Person)：汤荣武
产品(Products)：妇女卫生巾
品牌(Brand)：舒而安，蝴蝶花，柔情，翠儿，柠檬树，LemonTree

东莞利安日用制品厂
Dongguan Lian Commodity Factory
地址(Add)：广东省东莞市万江区简沙洲工业开发区
邮编(P.C.)：523062
电话(Tel)：0769－22788848
传真(Fax)：0769－23175355
E-mail：laryzp@163.com
总经理(General Manager)：宋飞
联系人(Contact Person)：温绍锋
产品(Products)：妇女卫生巾，纸尿片/垫
品牌(Brand)：安宜，慧儿爽

东莞市惠康纸业有限公司
Dongguan Huikang Paper Co., Ltd.
地址(Add)：广东省东莞市万江区胜利管理区
邮编(P.C.)：523063
电话(Tel)：0769－22178188
传真(Fax)：0769－22179883
法人代表(Chairman)：詹沛林
总经理(General Manager)：赖沃均
联系人(Contact Person)：赖沃标
产品(Products)：妇女卫生巾，卫生护垫
品牌(Brand)：护丽康，安婷宝

佛山市倍安爽卫生用品有限公司
Foshan Beianshuang Hygiene Products Co., Ltd.
地址(Add)：广东省佛山市禅城区江湾一路10号鸥宝大厦801室
邮编(P.C.)：528000
电话(Tel)：0757－82278093
传真(Fax)：0757－82278093
Http://www.bas8.com
法人代表(Chairman)：周文良
总经理(General Manager)：周文良
联系人(Contact Person)：朱志斌
产品(Products)：妇女卫生巾，卫生护垫，纸尿片
品牌(Brand)：水中花，雪中花

佛山市美适卫生用品有限公司
Foshan Meishi Sanitary Products Co., Ltd.
地址(Add)：广东省佛山市佛山大道北143号
邮编(P.C.)：528000
电话(Tel)：0757－82211518
传真(Fax)：0757－82206622
法人代表(Chairman)：关锦添
总经理(General Manager)：关锦添
联系人(Contact Person)：叶锦棠
产品(Products)：妇女卫生巾，卫生护垫，婴儿纸尿裤/片
品牌(Brand)：诗丹莉，小妮，美适

佛山市南海区百诺卫生用品有限公司
Foshan Nanhai Bainuo Hygiene Products Co., Ltd.
地址(Add)：广东省佛山市南海区丹灶镇金沙罗行杜家高田开发区

邮编(P. C.)：528216
电话(Tel)：0757－85419985
传真(Fax)：0757－85419981
E-mail：bainuo2007@126. com
Http://www. bainuo2009. com
法人代表(Chairman)：李俊
总经理(General Manager)：李俊
联系人(Contact Person)：王勇平
产品(Products)：妇女卫生巾，卫生护垫，婴儿纸尿裤/片

佛山市南海区桂城景兴商务拓展有限公司
Kingdom Marketing Service Co., Ltd.
地址(Add)：广东省佛山市南海区桂城南海大道北50号联达金融大厦8楼
邮编(P. C.)：528200
电话(Tel)：0757－86238822
传真(Fax)：0757－86238670
E-mail：kingdom@abckms. com
Http://www. abckms. com
法人代表(Chairman)：邓锦明
总经理(General Manager)：邓锦明
联系人(Contact Person)：邓锦明
产品(Products)：妇女卫生巾，卫生护垫，湿巾
品牌(Brand)：ABC，Free，EC，快乐小妹，易洁

佛山市南海百洁卫生用品有限公司
Foshan Nanhai Baijie Hygiene Products Co., Ltd.
地址(Add)：广东省佛山市南海区桂丹路小塘路段新境开发区
邮编(P. C.)：528222
电话(Tel)：0757－86636868
传真(Fax)：0757－86639638
E-mail：baijie13@126. com
联系人(Contact Person)：曾展平
产品(Products)：妇女卫生巾，卫生护垫，婴儿纸尿裤/片，两用巾，成人纸尿片
品牌(Brand)：兜兜爽，绿美施

佛山市佩安婷卫生用品实业有限公司
Foshan Peianting Sanitary Products Industrial Co., Ltd.
地址(Add)：广东省佛山市南海区海三路豪贤花园1座2楼
邮编(P. C.)：528000
电话(Tel)：0757－82800208
传真(Fax)：0757－82800202
E-mail：master@peianting. com
Http://www. peianting. com
法人代表(Chairman)：陈惠华
总经理(General Manager)：方润华
联系人(Contact Person)：梁修辉
产品(Products)：妇女卫生巾，卫生护垫，婴儿纸尿裤/片，成人纸尿片
品牌(Brand)：佩安婷，佩菲菲，佩贝贝

佛山市南海康索卫生用品有限公司
Foshan Nanhai Kimsof Sanitary Products Co., Ltd.
地址(Add)：广东省佛山市南海区罗村罗北新涌尾
邮编(P. C.)：528226
电话(Tel)：0757－86412262
传真(Fax)：0757－86412261
E-mail：service@kimsof. com
Http://www. kimsof. com
法人代表(Chairman)：何炯明
总经理(General Manager)：朱金炎
联系人(Contact Person)：邓慧
产品(Products)：妇女卫生巾，婴儿纸尿裤/片，成人纸尿片
品牌(Brand)：康索，金锁

佛山市南海区倩而宝卫生用品有限公司
Foshan Nanhai Qianerbao Sanitary Products Co., Ltd.
地址(Add)：广东省佛山市南海区罗村镇上柏工业区
邮编(P. C.)：528226
电话(Tel)：0757－86433838
传真(Fax)：0757－86410838
E-mail：qianerbao@163. com
Http://www. cnqeb. com. cn
法人代表(Chairman)：卢焕娣
联系人(Contact Person)：吕均祥
产品(Products)：妇女卫生巾，卫生护垫，纸尿裤/片，妇婴两用巾
品牌(Brand)：倩而宝，金倩宝，愉快假期，自然乐

广东妇健企业有限公司
Guangdong Fujian Enterprise Co., Ltd.
地址(Add)：广东省佛山市南海区平洲夏南一工业区
邮编(P. C.)：528251
电话(Tel)：0757－86774737
传真(Fax)：0757－86771573
E-mail：fujian@gd－fujian. com
Http://www. gd-fujian. com
法人代表(Chairman)：彭乃强
总经理(General Manager)：苏铭贤
产品(Products)：妇女卫生巾，卫生护垫，婴儿纸尿裤/片，湿巾
品牌(Brand)：妇健，护儿健

佛山市金妇康卫生用品有限公司
Foshan Jinfukang Hygiene Products Co., Ltd.
地址(Add)：广东省佛山市顺德区大良凤翔工业区昌宏路11号
邮编(P. C.)：528300
电话(Tel)：0757－22383032
传真(Fax)：0757－22383034
E-mail：china－fukang@126. com
Http://www. china-fukang. com
法人代表(Chairman)：关锡
总经理(General Manager)：关锡
联系人(Contact Person)：冯达翔
产品(Products)：妇女卫生巾，卫生护垫
品牌(Brand)：妇康，紫茵

佛山市顺德区乐从护康卫生用品厂
Foshan Shunde Lecong Hukang Hygiene Products Factory
地址(Add)：广东省佛山市顺德区乐从劳村工业区
邮编(P. C.)：528315
电话(Tel)：0757－28836785
传真(Fax)：0757－28859236
联系人(Contact Person)：徐华
产品(Products)：婴儿纸尿裤/片，成人纸尿裤/片，妇女

卫生巾，卫生护垫
品牌(Brand)：澳德保，娇怡，梦依丽，舒贝爽，非凡感受

广东省佛山市顺德区爽乐卫生巾厂
Guangdong Foshan Shunde Shuangle Sanitary Napkins Plant
地址(Add)：广东省佛山市顺德区乐从镇大墩工业区
邮编(P. C.)：528315
电话(Tel)：0757－28853778
传真(Fax)：0757－28837358
法人代表(Chairman)：劳培其
总经理(General Manager)：余路明
产品(Products)：妇女卫生巾，婴儿纸尿裤
品牌(Brand)：爽乐

佛山市顺德区美洁卫生用品有限公司
Foshan Shunde Meijie Hygiene Products Co., Ltd.
地址(Add)：广东省佛山市顺德区乐从镇道教工业区中路西6号
邮编(P. C.)：528315
电话(Tel)：0757－28331325
传真(Fax)：0757－28331312
E-mail：gdmeijie@163.com
Http://www.gdmeijie.com
法人代表(Chairman)：黎力冲
联系人(Contact Person)：林平
产品(Products)：妇女卫生巾，卫生护垫，婴儿纸尿裤/片，成人纸尿裤/片
品牌(Brand)：美洁，美洁宝宝，美宜洁

顺德市康怡卫生用品厂
Shunde Kangyi Hygiene Products Plant
地址(Add)：广东省佛山市顺德区乐从镇劳村工业区
邮编(P. C.)：528315
电话(Tel)：0757－28869292
传真(Fax)：0757－28831789
E-mail：kyhonour88@yahoo.com.cn
Http://www.kangyiqiye.com
法人代表(Chairman)：劳光发
总经理(General Manager)：劳旗
联系人(Contact Person)：刘思伟
产品(Products)：妇女卫生巾，卫生护垫，婴儿纸尿裤，成人纸尿裤/片，妇婴两用巾，护理垫
品牌(Brand)：康怡，康怡乐，康怡宝宝，康怡安

佛山市顺德佳洁实业有限公司
Foshan Shunde Cooljie Industrial Co., Ltd.
地址(Add)：广东省佛山市顺德区乐从镇良教工业区
邮编(P. C.)：528315
电话(Tel)：0757－28830234
传真(Fax)：0757－28833777
E-mail：cooljie99@21cn.com
Http://www.cooljie.com
法人代表(Chairman)：劳柱能
总经理(General Manager)：劳柱能
联系人(Contact Person)：左家祥
产品(Products)：妇女卫生巾，卫生护垫，婴儿纸尿裤/片
品牌(Brand)：蝴蝶结，风之语，佳洁宝宝

广东省佛山市顺德区乐从镇其乐卫生用品有限公司
Foshan Qile Hygiene Products Co., Ltd.
地址(Add)：广东省佛山市顺德区乐从镇三乐路劳村工业开发区
邮编(P. C.)：528315
电话(Tel)：0757－28854680
传真(Fax)：0757－28830867
法人代表(Chairman)：黎力干
总经理(General Manager)：劳翠欢
联系人(Contact Person)：黎力干
产品(Products)：妇女卫生巾，卫生护垫，婴儿纸尿裤/片
品牌(Brand)：思乐

新感觉卫生用品有限公司
New Sensation Sanitary Products Co., Ltd.
地址(Add)：广东省佛山市顺德区乐从镇细海工业区
邮编(P. C.)：528315
电话(Tel)：0757－28332551
传真(Fax)：0757－28332561
E-mail：contact@nssp.biz
Http://www.nssp.biz
法人代表(Chairman)：黎汉中
总经理(General Manager)：黎汉凡
联系人(Contact Person)：黎汉石
产品(Products)：妇女卫生巾，卫生护垫，婴儿纸尿裤/片，成人纸尿片，面巾纸，手帕纸，卫生卷纸
品牌(Brand)：新感觉，没烦恼，飘，动感元素

佛山市顺德区舒乐卫生用品有限公司
Foshan Shule Sanitary Products Co., Ltd.
地址(Add)：广东省佛山市顺德区勒流镇扶闾工业区
邮编(P. C.)：528322
电话(Tel)：0757－25332618
传真(Fax)：0757－25564179
E-mail：shule@shu－le.com
Http://www.shu-le.com
法人代表(Chairman)：廖顺明
联系人(Contact Person)：廖志雄
产品(Products)：妇女卫生巾，婴儿纸尿裤
品牌(Brand)：女儿宝，健儿宝，俏精灵

汉方生技卫生用品有限公司
Hanfang Sanitary Accessores Co., Ltd.
地址(Add)：广东省佛山市顺德区伦教镇泰安路北73号
邮编(P. C.)：528315
电话(Tel)：0757－27889755
传真(Fax)：0757－27889311
Http://www.hanfangsj.com
法人代表(Chairman)：黄蔡淑珍
联系人(Contact Person)：黄邓豪
产品(Products)：妇女卫生巾

柔妮佳卫生用品有限公司
Rounijia Hygiene Products Co., Ltd.
地址(Add)：广东省广州市白云区金钟路白兰花园18号
邮编(P. C.)：510430
电话(Tel)：020－86380342
传真(Fax)：020－86584071
总经理(General Manager)：林育江
联系人(Contact Person)：林育江

产品(Products)：妇女卫生巾
品牌(Brand)：彩菲

广州粤丰飞跃实业有限公司
Guangzhou Yuefeng Feiyue Industrial Co., Ltd.
地址(Add)：广东省广州市白云区太和镇第一工业区兴和二路1号
邮编(P. C.)：510540
电话(Tel)：020－87424308
传真(Fax)：020－62674088
Http://www. gzfeiyue. home. 72ec. com
法人代表(Chairman)：黄景城
总经理(General Manager)：黄景城
产品(Products)：妇女卫生巾，卫生护垫，纸尿片
品牌(Brand)：护尔爽

广州欣飞日用品有限公司
Guangzhou Xinfei Commodity Co., Ltd.
地址(Add)：广东省广州市白云区新市齐富路君富商务中心528室
邮编(P. C.)：510410
电话(Tel)：020－66633833
传真(Fax)：020－36321866
E-mail：zht83061@163. com
Http://www. xinfei100. com
联系人(Contact Person)：周洲
产品(Products)：妇女卫生巾，卫生护垫
品牌(Brand)：女人蜜语，舒卫，雅致，娇莲

广州市欧朵日用品有限公司
Guangzhou Ouduo Commodity Co., Ltd.
地址(Add)：广东省广州市广州大道北梅滨北路205号1101室
邮编(P. C.)：510510
电话(Tel)：020－31565088
传真(Fax)：020－87742602
Http://www. gzouduo. cn
联系人(Contact Person)：陈长青
产品(Products)：妇女卫生巾，卫生护垫
品牌(Brand)：欧朵

广州艾俪诗日用品有限公司
Guangzhou Ailishi Daily Necessities Co., Ltd.
地址(Add)：广东省广州市海珠区广州大道南448号财智大厦2210号
邮编(P. C.)：510300
电话(Tel)：020－89885053
传真(Fax)：020－84269919
E-mail：vickyliang_ al@yahoo. com
Http://www. alicelee-international. com
联系人(Contact Person)：梁美荣
产品(Products)：婴儿纸尿裤，湿巾，妇女卫生巾，护理垫，成人纸尿裤
品牌(Brand)：CHERISH

广州市非一般日用品有限公司
Guangzhou Unusual Commodity Co., Ltd.
地址(Add)：广东省广州市经济技术开发区创业路10－16号2层
邮编(P. C.)：510730
电话(Tel)：020－82069155
传真(Fax)：020－82069399
E-mail：mavis27. chen@hotmail. com
Http://www. uft. cn
法人代表(Chairman)：周莎莉
总经理(General Manager)：廖永涛
联系人(Contact Person)：朱慰
产品(Products)：妇女卫生巾，卫生护垫
品牌(Brand)：UFT，优护体

佳莱(香港)国际科技发展有限公司
Canai (Hong Kong) International Technology Development Co., Ltd.
地址(Add)：广东省广州市天河北路183号大都会48层(顶层)
邮编(P. C.)：510075
电话(Tel)：020－38488085
传真(Fax)：020－38488119
E-mail：abcd@hotmail. com
Http://www. 3f113. com
总经理(General Manager)：熊峰
产品(Products)：妇女卫生巾
品牌(Brand)：爽护士

广东省芬兰馨实业有限公司
Fenlanxin Industrial Co., Ltd. Guangdong Province
地址(Add)：广东省广州市天河路9号润粤大厦11楼A座
邮编(P. C.)：510075
电话(Tel)：020－37600019
传真(Fax)：020－37600020
E-mail：flx@fenlanxin. com
Http://www. fenlanxin. com
法人代表(Chairman)：杨耀文
总经理(General Manager)：杨耀文
联系人(Contact Person)：陈绍辉
产品(Products)：妇女卫生巾，卫生护垫
品牌(Brand)：芬兰馨

宝洁(中国)有限公司
Procter & Gamble (China) Ltd.
地址(Add)：广东省广州市天河区林和西路161号中泰国际广场30楼
邮编(P. C.)：510620
电话(Tel)：020－85186688
传真(Fax)：020－85186131
E-mail：wan. an@pg. com
Http://www. pg. com. cn
法人代表(Chairman)：李佳怡
总经理(General Manager)：李佳怡
联系人(Contact Person)：万向红
产品(Products)：妇女卫生巾，卫生护垫，婴儿纸尿裤，湿巾
品牌(Brand)：护舒宝，帮宝适

广州东方康林商务有限公司
Guangzhou Dongfang Kanglin Business Co., Ltd.
地址(Add)：广东省广州市天河区林和西路1号广州国际贸易中心6楼
邮编(P. C.)：510040
电话(Tel)：020－38283492
传真(Fax)：020－38283355

E-mail：voila@163. com
联系人(Contact Person)：侯丽明
产品(Products)：妇女卫生巾
品牌(Brand)：赫拉珂儿，茱诺珂儿，菲昂，东方康林

广东惠生科技有限公司
Guangdong Huisheng Science & Technology Co., Ltd.
地址(Add)：广东省广州市天河区中山大道趁圩路棠下第十四社工业1号楼7楼
邮编(P. C.)：510050
电话(Tel)：020－85666977
传真(Fax)：020－85660176
E-mail：hs20050601@21cn. com
Http://www. jiaoxue168. com
联系人(Contact Person)：张学文
产品(Products)：卫生护垫，妇婴垫巾
品牌(Brand)：娇雪

深圳市月朗科技有限公司
Shenzhen Yuelang Science & Technology Co., Ltd.
地址(Add)：广东省广州市沿江东路463号珠岛宾馆商务楼1641房
邮编(P. C.)：510100
电话(Tel)：020－87750079
传真(Fax)：020－87766965
联系人(Contact Person)：赵璐璐
产品(Products)：妇女卫生巾，婴儿纸尿裤
品牌(Brand)：月月爱，月朗宝宝

惠东县长荣实业有限公司
Huidong Changrong Industry Co., Ltd.
地址(Add)：广东省惠东县白花镇白花工业区
邮编(P. C.)：516300
电话(Tel)：0752－8868208
传真(Fax)：0752－8861661
法人代表(Chairman)：吴扬勇
总经理(General Manager)：林太平
产品(Products)：妇女卫生巾，卫生护垫，成人纸尿片，宠物垫，妇婴两用巾，产妇巾，护理垫
品牌(Brand)：护理伴，惠见康

惠州市宝尔洁卫生用品有限公司
Huizhou Baoerjie Hygiene Products Co., Ltd.
地址(Add)：广东省惠州市博罗县城博义路2号工业区
邮编(P. C.)：516121
电话(Tel)：0752－6626286
传真(Fax)：0752－6634454
Http://www. baoerjie. com
总经理(General Manager)：黄振辉
产品(Products)：婴儿纸尿裤/片，成人纸尿裤/片，妇女卫生巾，妇婴两用巾，护理垫
品牌(Brand)：宝尔洁

惠东县新丽实业有限公司
Huidong Xinli Industrial Co., Ltd.
地址(Add)：广东省惠州市惠东县太阳坳工业区
邮编(P. C.)：516300
电话(Tel)：0752－8872327
传真(Fax)：0752－8895381
E-mail：xlsy@abao8. com
Http://www. abao8. com
法人代表(Chairman)：黄剑锋
总经理(General Manager)：黄剑锋
联系人(Contact Person)：张小立
产品(Products)：妇女卫生巾，卫生护垫
品牌(Brand)：A宝

惠州市汇德宝护理用品有限公司
Huizhou Huidebao Health Care Products Co., Ltd.
地址(Add)：广东省惠州市惠阳区淡水河背鸭仔滩46号
邮编(P. C.)：516211
电话(Tel)：0752－3341288
传真(Fax)：0752－3351258
E-mail：gdwsyp@126. com
法人代表(Chairman)：吴权昌
产品(Products)：妇女卫生巾，卫生护垫，纸尿片
品牌(Brand)：清爽，乐乎乐

江门市逸安洁卫生用品有限公司
Jiangmen Yianjie Hygiene Products Co., Ltd.
地址(Add)：广东省江门市高沙三街22号之三
邮编(P. C.)：529000
电话(Tel)：0750－3101926
传真(Fax)：0750－3102792
E-mail：sales@yianjie. com
Http://www. yianjie. com
法人代表(Chairman)：刘婉姗
总经理(General Manager)：刘婉姗
联系人(Contact Person)：文俊杰
产品(Products)：妇女卫生巾，卫生护垫
品牌(Brand)：逸安洁

江门市江海区天之娇纸品有限公司
Jiangmen Angie Paper Products Co., Ltd.
地址(Add)：广东省江门市江海区江海三路永安围
邮编(P. C.)：529040
电话(Tel)：0750－3861301
传真(Fax)：0750－3893038
E-mail：gdangie@21cn. com
Http://www. angie. e8d. net
法人代表(Chairman)：龙海涛
总经理(General Manager)：龙海涛
联系人(Contact Person)：龙华章
产品(Products)：妇女卫生巾，卫生护垫，婴儿纸尿裤/片
品牌(Brand)：天之娇，海灵草，丝娇，天之娇宝宝

江门市江海区信盈纸业保洁用品厂
Jiangmen Xinying Paper Products Factory
地址(Add)：广东省江门市江海区礼东向民工业区1号
邮编(P. C.)：529060
电话(Tel)：0750－3832008
传真(Fax)：0750－3893008
Http://www. xinyingzy. cn
联系人(Contact Person)：区耀明
产品(Products)：妇女卫生巾，婴儿纸尿裤/片
品牌(Brand)：花开时节，娇婷健，自柔易，盈彩，俏蜜儿，舒心BB

江门市互信纸业有限公司
Jiangmen Huxin Paper Co., Ltd.
地址(Add)：广东省江门市蓬江区杜阮镇龙榜工业区环镇

路10－11号
邮编(P.C.)：529075
电话(Tel)：0750－3816183
传真(Fax)：0750－3816138
E-mail：huxinpaper@hotmail.com
Http://www.huxinpaper.com.cn
法人代表(Chairman)：冯强初
总经理(General Manager)：冯强初
联系人(Contact Person)：泺雪风
产品(Products)：妇女卫生巾，卫生护垫，婴儿纸尿裤/片
品牌(Brand)：多依期，伊莱雅，小猫咪

江门市江海区雅洁纸品厂
Jiangmen Jianghai Yajie Paper Products Factory
地址(Add)：广东省江门市外海镇前进路51号
邮编(P.C.)：529080
电话(Tel)：0750－3785235
传真(Fax)：0750－3793188
总经理(General Manager)：方民威
产品(Products)：妇女卫生巾，卫生护垫，纸尿裤/片，妈咪两用巾
品牌(Brand)：江南丽人，仟依梦，雅维洁，妇丽佳，新一代薰衣草

江门新会加美卫生用品厂
Jiangmen Xinhui Jiamei Hygiene Products Factory
地址(Add)：广东省江门市新会区北坑工业区
邮编(P.C.)：529100
电话(Tel)：0750－6176218
传真(Fax)：0750－6160352
E-mail：catking－love@21cn.com
Http://www.jiameist.com
联系人(Contact Person)：谭凤爱
产品(Products)：妇女卫生巾，卫生护垫，纸尿裤
品牌(Brand)：加美

江门市新会区凯乐纸品有限公司
Jiangmen Xinhui Kaile Paper Products Co., Ltd.
地址(Add)：广东省江门市新会区睦洲新沙工业园
邮编(P.C.)：529152
电话(Tel)：0750－6228980
传真(Fax)：0750－6228330
总经理(General Manager)：容健荣
联系人(Contact Person)：容健荣
产品(Products)：妇女卫生巾，卫生护垫，婴儿纸尿裤
品牌(Brand)：凯乐

娇美保洁卫生用品厂
Jiaomei Sanitary Products Factory
地址(Add)：广东省江门市新会区睦洲影剧院侧
邮编(P.C.)：529143
电话(Tel)：0750－6228828
传真(Fax)：0750－6228818
E-mail：jiaomei666@126.com
Http://www.jiao_mei.com.cn
法人代表(Chairman)：谭桂雄
总经理(General Manager)：谭桂雄
联系人(Contact Person)：梁添和
产品(Products)：妇女卫生巾，卫生护垫，婴儿纸尿裤/片
品牌(Brand)：美宜乐，乐怡美，QQ一族

广东爱尔保洁用品有限公司
Jiangmen Xinhui Aier Sanitary Products Co., Ltd.
地址(Add)：广东省江门市新会区睦洲镇河滨中路6号
邮编(P.C.)：529143
电话(Tel)：0750－6222813
传真(Fax)：0750－6226801
E-mail：limaoquan12345@163.com
Http://www.gdaier.com
法人代表(Chairman)：林德
总经理(General Manager)：林德
联系人(Contact Person)：李茂权
产品(Products)：妇女卫生巾，卫生护垫，妇婴巾，婴儿纸尿裤/片
品牌(Brand)：爱尔，蝴蝶缘

江门市新会区信发卫生用品厂
Jiangmen Xinhui Xinfa Hygiene Products Factory
地址(Add)：广东省江门市新会区睦洲镇江睦公路38号
邮编(P.C.)：529143
电话(Tel)：0750－6227998
传真(Fax)：0750－6227938
E-mail：info@jmxinfa.com
Http://www.jmxinfa.com
总经理(General Manager)：周健良
联系人(Contact Person)：周健良
产品(Products)：妇女卫生巾，卫生护垫，婴儿纸尿裤/片，妈咪两用巾
品牌(Brand)：心中情，淑雅丝，爱莉，春柔，绿韵柔情

江门市新会区睦洲锦业纸类制品厂
Xinhui Muzhou Jinye Paper Products Factory
地址(Add)：广东省江门市新会区睦洲镇新丰村工业区
邮编(P.C.)：529143
电话(Tel)：0750－6530812
传真(Fax)：0750－6530812
总经理(General Manager)：霍连彩
产品(Products)：妇女卫生巾
品牌(Brand)：维他，舒安娜，月之选

燕婷(新会)保洁用品厂
Yanting (Xinhui) Cleaning Articles Factory
地址(Add)：广东省江门市新会区睦洲镇新沙工业区
邮编(P.C.)：529143
电话(Tel)：0750－6536333
传真(Fax)：0750－6535999
E-mail：yanting@yanting.com.cn
Http://www.yanting.com.cn
总经理(General Manager)：冯华仔
联系人(Contact Person)：郑振胜
产品(Products)：妇女卫生巾，卫生护垫
品牌(Brand)：洁柔，天雨，佳洁丝

江门市新会区完美生活用品有限公司
Jiangmen Perfect CommoditiesCo., Ltd.
地址(Add)：广东省江门市新会区睦洲镇新沙工业区
邮编(P.C.)：529143
电话(Tel)：0750－6221525
传真(Fax)：0750－6535825
E-mail：jmperfect@126.com
Http://jmperfect.cn.alibaba.com
总经理(General Manager)：吴锡荣

联系人(Contact Person)：吴锡荣
产品(Products)：妇女卫生巾，卫生护垫，妇婴两用巾，纸尿片
品牌(Brand)：完美

江门新会群达纸业有限公司
Jiangmen Xinhui Qunda Paper Industry Co., Ltd.
地址(Add)：广东省江门市新会区三江镇洋美工业区
邮编(P. C.)：529142
电话(Tel)：0750 - 6203595
传真(Fax)：0750 - 6202821
法人代表(Chairman)：林耀辉
联系人(Contact Person)：郑成江
产品(Products)：妇女卫生巾，婴儿纸尿裤/片
品牌(Brand)：丹韵

开平新宝卫生用品有限公司
Kaiping Sunbo Sanitary Products Co., Ltd.
地址(Add)：广东省开平市沙冈新美工业城美华路15号B-9幢
邮编(P. C.)：529300
电话(Tel)：0750 - 2200102
传真(Fax)：0750 - 2200103
E-mail：sunbokp@ sunbokp. com
Http://www. sunbokp. com
法人代表(Chairman)：谢强
总经理(General Manager)：方荣舜
联系人(Contact Person)：马瑞珍
产品(Products)：妇女卫生巾，卫生护垫，婴儿纸尿片，成人纸尿片
品牌(Brand)：芳婷，贝思乐，康护

佛山市志达实业有限公司
Foshan Zhida Industry Co., Ltd.
地址(Add)：广东省三水市大塘工业园三角洲路18-3号
邮编(P. C.)：528000
电话(Tel)：0757 - 87278103
传真(Fax)：0757 - 82128444
总经理(General Manager)：李少开
联系人(Contact Person)：梁碧莹
产品(Products)：妇女卫生巾，纸尿裤
品牌(Brand)：乐の惠

汕头市通达保健用品厂
Shantou Tongda Health Care Products Plant
地址(Add)：广东省汕头市潮南区司马浦东晖东路北四巷6号
邮编(P. C.)：515149
电话(Tel)：0754 - 87739626
传真(Fax)：0754 - 87723626
E-mail：113160620@ qq. com
法人代表(Chairman)：吴赛慈
总经理(General Manager)：廖帝雄
联系人(Contact Person)：廖帝雄
产品(Products)：妇女卫生巾，卫生护垫，婴儿纸尿片
品牌(Brand)：健雅，非一般，健雅宝

汕头市佳润日用品有限公司
Shantou Jiarun Commodity Co., Ltd.
地址(Add)：广东省汕头市潮阳区和平镇下厝佳润工业区
邮编(P. C.)：515154
电话(Tel)：0754 - 82603308
传真(Fax)：0754 - 82603306
法人代表(Chairman)：吴镇晓
总经理(General Manager)：吴镇晓
联系人(Contact Person)：吴镇晓
产品(Products)：妇女卫生巾，婴儿纸尿裤

汕头市嘉龙卫生日用品有限公司
Shantou Jialong Hygiene Products Co., Ltd.
地址(Add)：广东省汕头市升平工业区升业大厦
邮编(P. C.)：515021
电话(Tel)：0754 - 2511394
联系人(Contact Person)：蔡楚鸿
产品(Products)：妇女卫生巾，婴儿纸尿裤
品牌(Brand)：贝尔

汕尾市娜菲纸业有限公司
Shanwei Nafei Paper Incustry Co., Ltd.
地址(Add)：广东省汕尾市海丰老区工业园内
邮编(P. C.)：516400
电话(Tel)：0660 - 6410038
传真(Fax)：0660 - 6413928
E-mail：zhoucanjie444@ 126. com
Http://www. gdnafei. cn
联系人(Contact Person)：周灿杰
产品(Products)：妇女卫生巾，婴儿纸尿裤/片，两用巾
品牌(Brand)：舒动感，娜菲，倩心，流星假期，乐肤爽

深圳市花好月圆卫生用品有限公司
Shenzhen Huahaoyueyuan Hygiene Products Co., Ltd.
地址(Add)：广东省深圳市宝安区25区华丰商务大厦B座630室
邮编(P. C.)：518101
电话(Tel)：0755 - 27821571
传真(Fax)：0755 - 27821670
E-mail：szhhyy@ 126. com
Http://www. szhhyy. com
联系人(Contact Person)：潘国兵
产品(Products)：妇女卫生巾，卫生护垫，湿巾，婴儿纸尿裤/片，手帕纸，面巾纸
品牌(Brand)：花好月圆，康雅舒

深圳市瑞康宝卫生用品有限公司
Shenzhen Ruikangbao Sanitary Products Co., Ltd.
地址(Add)：广东省深圳市宝安区公明镇甲子塘第二工业区第5栋
邮编(P. C.)：518106
电话(Tel)：0755 - 27173981
传真(Fax)：0755 - 27173982
Http://www. ruikangbao. com. cn
总经理(General Manager)：罗美武
联系人(Contact Person)：黄启慧
产品(Products)：妇女卫生巾，卫生护垫，婴儿纸尿裤
品牌(Brand)：瑞康宝，RCB，绿色菁凉，锦迪宝宝

深圳市科朗科技有限公司
Shenzhen Kelang Science Co., Ltd.
地址(Add)：广东省深圳市宝安区龙华镇大浪石凹工业区
邮编(P. C.)：518110
电话(Tel)：0755 - 28076028
传真(Fax)：0755 - 28076188

法人代表(Chairman)：范培忠
总经理(General Manager)：黄子俊
联系人(Contact Person)：黄子俊
产品(Products)：妇女卫生巾，卫生护垫
品牌(Brand)：女乐宝

鸿源实业(深圳)有限公司
Hongyuan Industrial (Shenzhen) Co., Ltd.
地址(Add)：广东省深圳市布吉镇上水径恒通工业城6栋
邮编(P. C.)：518112
电话(Tel)：0755－28522648
传真(Fax)：0755－28522748
E-mail：hongyuan@hongyuanpaper. com
Http://www. hongyuanpaper. com
法人代表(Chairman)：魏楚芳
总经理(General Manager)：朱坤雄
联系人(Contact Person)：郑杰锋
产品(Products)：妇女卫生巾，卫生护垫，湿巾
品牌(Brand)：馨丽，富贵猫，声艺

深圳市金凯迪进出口有限公司
Shenzhen Jinkaidi I&E Co., Ltd.
地址(Add)：广东省深圳市福田区滨河大道湖北大厦南区1001室
邮编(P. C.)：518048
电话(Tel)：0755－83566458
传真(Fax)：0755－83466178
E-mail：info@ladynapkins. com
Http://www. ladynapkins. com. cn
法人代表(Chairman)：陈尊峰
总经理(General Manager)：王道廉
联系人(Contact Person)：李梅林
产品(Products)：妇女卫生巾，卫生护垫，卫生棉条
品牌(Brand)：格蕾丝

深圳市蝶蕊科技有限公司
Shenzhen Dierui Science & Technology Co., Ltd.
地址(Add)：广东省深圳市福田区红岭南路红岭大厦1栋5D
邮编(P. C.)：518031
电话(Tel)：0755－22195717
传真(Fax)：0755－22195717
E-mail：drtech7@hotmail. com
联系人(Contact Person)：张春慧
产品(Products)：妇女卫生巾，卫生护垫
品牌(Brand)：蝶蕊

深圳市金顺来实业有限公司
Shenzhen Jinshunlai Industry Co., Ltd.
地址(Add)：广东省深圳市龙岗区坪地镇坪西村顺景路10号
邮编(P. C.)：518111
电话(Tel)：0755－61227772
传真(Fax)：0755－61227628
E-mail：jieshunyeh@yahoo. com. cn
Http://www. jsl-china. com
总经理(General Manager)：蔡明莎
联系人(Contact Person)：叶先生
产品(Products)：妇女卫生巾，卫生护垫，婴儿纸尿裤/片
品牌(Brand)：蝶儿美

深圳市全立好实业有限公司
Shenzhen Quanlihao Industrial Co., Ltd.
地址(Add)：广东省深圳市罗湖区宝岗路5号402号南二层
邮编(P. C.)：518023
电话(Tel)：0755－82261426
传真(Fax)：0755－82441567
Http://www. qlh369. cn
总经理(General Manager)：方方
产品(Products)：妇女卫生巾，成人纸尿片，护理垫
品牌(Brand)：诺美，完美，立好

深圳市旗科实业有限公司
Shenzhen Qike Industry Co., Ltd.
地址(Add)：广东省深圳市罗湖区翠山路4号大院B栋
邮编(P. C.)：518019
电话(Tel)：0755－25675572
传真(Fax)：0755－25675571
E-mail：szjoyland@szjoyland. com
Http://www. szjoyland. com
总经理(General Manager)：师旗
产品(Products)：妇女卫生巾，卫生护垫
品牌(Brand)：姣兰

诗乐氏实业(深圳)有限公司
Swashes (Shenzhen) Co., Ltd.
地址(Add)：广东省深圳市罗湖区南湖路国贸商业大厦13楼A－D室
邮编(P. C.)：518014
电话(Tel)：0755－25194070
传真(Fax)：0755－25194162
E-mail：shenzhen@swashes. com. cn
Http://www. swashes. com. cn
法人代表(Chairman)：李自强
联系人(Contact Person)：李伟
产品(Products)：湿巾，厕用湿巾，抗菌纸内裤，卫生护垫，马桶座垫巾，压缩毛巾
品牌(Brand)：诗乐氏

深圳信威纸品有限公司
Shenzhen Xinwei Paper Products Co., Ltd.
地址(Add)：广东省深圳市南山区华侨城东北A工业区第二栋一层
邮编(P. C.)：518053
电话(Tel)：0755－26602711
传真(Fax)：0755－26901710
E-mail：shenzhenxinwei@yahoo. com. cn
法人代表(Chairman)：林冬铭
总经理(General Manager)：谭志强
联系人(Contact Person)：谭纪嫦
产品(Products)：妇女卫生巾，卫生护垫
品牌(Brand)：雅洁，舒适宝，koko

盛华卫生用品有限公司
Shenghua Hygiene Products Co., Ltd.
地址(Add)：广东省中山市东升镇观栏开发区
邮编(P. C.)：528412
电话(Tel)：0760－88506799
传真(Fax)：0760－88505080
法人代表(Chairman)：彭远红

总经理(General Manager)：李文灿
产品(Products)：妇女卫生巾
品牌(Brand)：倍呵护，康婷

中山佳健生活用品有限公司
Zhongshan Jiajian Consumer Goods Co., Ltd.
地址(Add)：广东省中山市火炬开发区(健康基地产业基地内)沿江东二路10号
邮编(P. C.)：528437
电话(Tel)：0760－85333798
传真(Fax)：0760－85339696
E-mail：550780888@qq.com
Http://www.goodcare.com.cn
法人代表(Chairman)：李广英
总经理(General Manager)：缪国兴
联系人(Contact Person)：赵骏
产品(Products)：妇女卫生巾，卫生护垫
品牌(Brand)：佳期

中山市川田卫生用品有限公司
Kawada (Zhongshan) Sanitary Products Co., Ltd.
地址(Add)：广东省中山市火炬开发区陵岗(嘉明电厂宿舍对面)
邮编(P. C.)：528437
电话(Tel)：0760－88203336
传真(Fax)：0760－88203276
E-mail：kawada@163.com
Http://www.kawada.com.cn
法人代表(Chairman)：孙潞德
总经理(General Manager)：李忠勉
产品(Products)：妇女卫生巾，卫生护垫，婴儿纸尿裤/片，宠物纸尿裤，宠物垫
品牌(Brand)：非凡魅力，拍拍爽

中山市宜姿卫生制品有限公司
Zhongshan Yizi Hygiene Products Co., Ltd.
地址(Add)：广东省中山市南朗镇第六工业园(即大车工业园)
邮编(P. C.)：528451
电话(Tel)：0760－85219362
传真(Fax)：0760－85219296
E-mail：yiziyibao@163.com
Http://www.zsyizi.com.cn
法人代表(Chairman)：黄杰培
总经理(General Manager)：董炳怀
产品(Products)：妇女卫生巾，卫生护垫，婴儿纸尿裤，成人纸尿裤，护理垫，宠物垫，两用巾
品牌(Brand)：宜姿，全日护，索菲尔，宜老，E－索

中山市星华纸业发展有限公司
Zhongshan Xinghua Paper Industry Development Co., Ltd.
地址(Add)：广东省中山市三乡白石第二工业区文华东路10号
邮编(P. C.)：528463
电话(Tel)：0760－86321599
传真(Fax)：0760－86332992
E-mail：long7610565@163.com
Http://www.zsxinghua.b2b.cn.com
法人代表(Chairman)：王民星
总经理(General Manager)：王民星
联系人(Contact Person)：汤波
产品(Products)：妇女卫生巾，卫生护垫，婴儿纸尿片
品牌(Brand)：康护舒，舒丽丝，伊丽雅，8度灵感，安芯天使

中山康怡然卫生用品有限公司
Zhongshan Kangyiran Sanitary Products Co., Ltd.
地址(Add)：广东省中山市三乡镇前陇工业区
邮编(P. C.)：528463
电话(Tel)：0760－86568132
传真(Fax)：0760－86336167
E-mail：china－jianni@163.com
Http://www.china-jianni.com
法人代表(Chairman)：吴金水
总经理(General Manager)：李进来
联系人(Contact Person)：潘荣忠
产品(Products)：妇女卫生巾，卫生护垫，婴儿纸尿裤，成人纸尿裤/片，宠物纸尿裤，宠物垫
品牌(Brand)：健妮，健朗，可采宝贝，健妮娃

中山市龙发卫生用品有限公司
Zhongshan Longfa Sanitary Products Co., Ltd.
地址(Add)：广东省中山市坦洲镇第三工业区前进二路10号
邮编(P. C.)：528467
电话(Tel)：0760－86653689
传真(Fax)：0760－86212618
法人代表(Chairman)：温德泉
联系人(Contact Person)：温锦安
产品(Products)：妇女卫生巾，卫生护垫，婴儿纸尿裤/片
品牌(Brand)：蝶羽丝

中山市升辉保健制品有限公司
Zhongshan Shenghui Health Care Products Co., Ltd.
地址(Add)：广东省中山市五贵山镇长命水大街18号
邮编(P. C.)：528458
电话(Tel)：0760－88201282
传真(Fax)：0760－88203081
法人代表(Chairman)：原风群
总经理(General Manager)：邱润芳
产品(Products)：妇女卫生巾
品牌(Brand)：诗丽雅

珠海市健朗生活用品有限公司
Zhuhai Jianlang Consumer Products Co., Ltd.
地址(Add)：广东省珠海市金湾区上冲西街
邮编(P. C.)：519000
电话(Tel)：0756－3803888
传真(Fax)：0756－3801888
Http://www.cn-jianlang.com.cn
法人代表(Chairman)：李焕南
总经理(General Manager)：李焕南
联系人(Contact Person)：云麟
产品(Products)：妇女卫生巾，婴儿纸尿裤，成人纸尿裤/片
品牌(Brand)：樱子，可采，健妮，健妮娃

珠海市金能纸品有限公司
Zhuhai Jinneng Paper Co., Ltd.
地址(Add)：广东省珠海市梅华西路香洲科技工业园L8栋
邮编(P. C.)：519070

电话(Tel)：0756－8503838
传真(Fax)：0756－8503388
法人代表(Chairman)：许龙
总经理(General Manager)：许龙
联系人(Contact Person)：邓小焕
产品(Products)：妇女卫生巾，卫生护垫，婴儿纸尿裤/片
品牌(Brand)：秋花，惠爱，QH，快乐假期

珠海市千惠纸业有限公司
Zhuhai Qianhui Paper Industry Co., Ltd.
地址(Add)：广东省珠海市前山梅溪工业区B栋4楼
邮编(P. C.)：519000
电话(Tel)：0756－2527825
传真(Fax)：0756－2527873
法人代表(Chairman)：吴燕茹
产品(Products)：妇女卫生巾
品牌(Brand)：千惠，千之惠

■ 广西 Guangxi

恒安(宾阳)卫生用品有限公司
Hengan (Binyang) Hygiene Products Co., Ltd.
地址(Add)：广西宾阳县中华镇中华街
邮编(P. C.)：530421
电话(Tel)：0771－8302253
传真(Fax)：0771－8300519
法人代表(Chairman)：施文博
联系人(Contact Person)：吴鸿强
产品(Products)：妇女卫生巾
品牌(Brand)：安乐，安尔乐

桂林市独秀纸品有限公司
Guilin Duxiu Paper Products Co., Ltd.
地址(Add)：广西桂林市芳华路12号
邮编(P. C.)：541001
电话(Tel)：0773－2609552
传真(Fax)：0773－2602471
E-mail：snhai0814@163.com
Http://www.snpaper.com
法人代表(Chairman)：潘锦至
总经理(General Manager)：潘海龙
联系人(Contact Person)：周小连
产品(Products)：妇女卫生巾，卫生护垫，婴儿纸尿裤/片
品牌(Brand)：淑女，安睡宝宝

桂林洁伶工业有限公司
Guilin Jieling Industrial Co., Ltd.
地址(Add)：广西桂林市高新技术开发区7号小区毛塘西路3号
邮编(P. C.)：541004
电话(Tel)：0773－5826396
传真(Fax)：0773－5855580
E-mail：jielinggongsi@vip.sina.com
Http://www.jieling.net
法人代表(Chairman)：陈百城
总经理(General Manager)：陈百城
联系人(Contact Person)：郑江春
产品(Products)：妇女卫生巾，卫生护垫，婴儿纸尿裤，卫生卷纸
品牌(Brand)：洁伶

柳州惠好卫生用品有限公司
Liuzhou Huihao Hygiene Products Co., Ltd.
地址(Add)：广西柳州市东环路282号
邮编(P. C.)：545006
电话(Tel)：0772－2068186
传真(Fax)：0772－2068182
E-mail：liangxiaoyi2003@163.com
Http://www.lmz.com.cn
法人代表(Chairman)：马朝梅
总经理(General Manager)：黄荣斌
联系人(Contact Person)：梁孝易
产品(Products)：妇女卫生巾，卫生护垫，婴儿纸尿裤，卫生卷纸，餐巾纸，面巾纸，手帕纸
品牌(Brand)：惠好，惠妙，酷宝

南宁市爱新卫生用品厂
Nanning Aixin Hygiene Products Plant
地址(Add)：广西南宁市大学西路161－6号
邮编(P. C.)：530007
电话(Tel)：0771－3250291
传真(Fax)：0771－3250727
E-mail：kangbeier888@yahoo.com.cn
法人代表(Chairman)：刘爱新
总经理(General Manager)：刘广恩
联系人(Contact Person)：刘碧翠
产品(Products)：妇女卫生巾，卫生护垫，婴儿纸尿裤/片
品牌(Brand)：芳怡，康贝尔

广西舒雅护理用品有限公司
Guangxi Shuya Health Care Products Co., Ltd.
地址(Add)：广西南宁市华侨投资区侨凤路3号
邮编(P. C.)：530105
电话(Tel)：0771－6301370
传真(Fax)：0771－6301309
E-mail：shuya@shuya－china.com
Http://www.shuya-china.com
法人代表(Chairman)：肖凌
总经理(General Manager)：周新华
联系人(Contact Person)：曾昫
产品(Products)：妇女卫生巾，卫生护垫，婴儿纸尿裤/片
品牌(Brand)：舒雅，舒儿乐，舒雅宝宝

广西源安堂医疗器械有限公司
Guangxi Yuanantang Medical Apparatus Co., Ltd.
地址(Add)：广西南宁市金湖南路26－1号东方国际商务港B座8楼806
邮编(P. C.)：530022
电话(Tel)：0771－5333401
传真(Fax)：0771－5735526
Http://www.gxyat.com
联系人(Contact Person)：莫燕菁
产品(Products)：妇女卫生巾，婴儿纸尿裤
品牌(Brand)：月亮船，好心情，动力宝贝

广西南宁市玉云纸制品有限公司
Guangxi Nanning Yuyun Paper Products Co., Ltd.
地址(Add)：广西南宁市鲁班路1号

邮编(P. C.)：530003
电话(Tel)：0771－3820988
传真(Fax)：0771－3836404
E-mail：yuyunshuangfei@263.net
Http://www.lvch.com.cn
法人代表(Chairman)：江中云
联系人(Contact Person)：江中舟
产品(Products)：卫生纸，餐巾纸，手帕纸，面巾纸，妇女卫生巾，卫生护垫，婴儿纸尿裤/片，湿巾
品牌(Brand)：爽妃

广西新佳士卫生用品有限公司
Guangxi Xinjiashi Hygiene Products Co., Ltd.
地址(Add)：广西南宁市五一西路(沙井南乡大院内)
邮编(P. C.)：530031
电话(Tel)：0771－4869216
传真(Fax)：0771－4866686
Http://www.gxxjs.com
总经理(General Manager)：江日晶
联系人(Contact Person)：江日伟
产品(Products)：妇女卫生巾，卫生卷纸
品牌(Brand)：新佳士

南宁洁伶卫生用品有限公司
Nanning Jieling Hygiene Products Co., Ltd.
地址(Add)：广西南宁市友谊路21－7号
邮编(P. C.)：530031
电话(Tel)：0771－6703330
传真(Fax)：0771－6703316
法人代表(Chairman)：陈宝城
总经理(General Manager)：陈宝城
联系人(Contact Person)：陈良锋
产品(Products)：妇女卫生巾，卫生护垫，婴儿纸尿片
品牌(Brand)：蝶菲，香屁屁

■ 重庆 Chongqing

重庆丝爽卫生用品有限公司
Chongqing Sishuang Sanitary Products Co., Ltd.
地址(Add)：重庆市高新区科园四路149号3－3号
邮编(P. C.)：400041
电话(Tel)：023－86125700
传真(Fax)：023－89088905
E-mail：market@sishuang.com
Http://www.sishuang.com
法人代表(Chairman)：冯永林
总经理(General Manager)：冯永林
联系人(Contact Person)：陈颖波
产品(Products)：妇女卫生巾，卫生护垫，湿巾，婴儿纸尿裤/片
品牌(Brand)：妮爽，自由点，丹宁，妮贝贝，好之

重庆草清坊日用品有限责任公司
Chongqing Caoqingfang Daily Supplies Co., Ltd.
地址(Add)：重庆市渝北区金岛花园E－House27楼18号
邮编(P. C.)：401147
电话(Tel)：023－67902297
传真(Fax)：023－67902297
法人代表(Chairman)：江武
总经理(General Manager)：江武
联系人(Contact Person)：陶己年
产品(Products)：妇女卫生巾，卫生护垫，婴儿纸尿片
品牌(Brand)：伊佳洁，草清，小兔乖乖

■ 四川 Sichuan

恒安(四川)卫生用品有限公司
Hengan (Sichuan) Hygiene Products Co., Ltd.
地址(Add)：四川省成都市高新区新加坡工业园新园大道11号
邮编(P. C.)：610041
电话(Tel)：028－82991031
传真(Fax)：028－82991089
E-mail：wangyi@mail.hengan.com.cn
法人代表(Chairman)：施文博
总经理(General Manager)：王清生
联系人(Contact Person)：王毅
产品(Products)：妇女卫生巾，卫生护垫，婴儿纸尿裤
品牌(Brand)：安乐，安尔乐，安儿乐

恒安(四川)家庭用品有限公司
Hengan (Sichuan) Household Goods Co., Ltd.
地址(Add)：四川省成都市高新区新加坡工业园新园大道11号
邮编(P. C.)：610041
电话(Tel)：028－82991081
传真(Fax)：028－82991089
E-mail：wangyi@mail.hengan.com.cn
法人代表(Chairman)：施文博
总经理(General Manager)：王清生
联系人(Contact Person)：王毅
产品(Products)：婴儿纸尿裤，成人纸尿裤，妇女卫生巾
品牌(Brand)：安儿乐，安而康，安尔乐

四川迪邦卫生用品有限公司 *
Sichuan Dibang Hygiene Products Co., Ltd.
地址(Add)：四川省成都市双流县新兴镇开发区
邮编(P. C.)：610000
电话(Tel)：028－85609498
传真(Fax)：028－85609458
E-mail：251870442@qq.com
法人代表(Chairman)：张斌
总经理(General Manager)：张斌
联系人(Contact Person)：冉碧玉
产品(Products)：卫生纸，面巾纸，手帕纸，餐巾纸，原纸，妇女卫生巾，卫生护垫
品牌(Brand)：一名典金，竹婷，贝丽菲丝

成都市芳舒乐卫生纸品有限公司
Chengdu Fangshule Tissue Paper Products Co., Ltd.
地址(Add)：四川省成都市武侯区簇桥乡沈家桥村三组
邮编(P. C.)：610043
电话(Tel)：028－85034488
传真(Fax)：028－85034816
E-mail：commonsava@hotmail.com
产品(Products)：妇女卫生巾，婴儿纸尿裤
品牌(Brand)：芳舒乐

成都安舒实业有限公司
Chengdu Anshu Industrial Co., Ltd.
地址(Add)：四川省成都市新都区斑竹园镇福田寺
邮编(P. C.)：610506

电话(Tel)：028－85152843
传真(Fax)：028－85153061
E-mail：sales@ cdanshu. com
Http://www. cdanshu. com
法人代表(Chairman)：肖文祥
总经理(General Manager)：肖文祥
联系人(Contact Person)：许小华
产品(Products)：妇女卫生巾，卫生护垫，婴儿纸尿裤/片，卫生卷纸，手帕纸
品牌(Brand)：安舒曼，平安儿，规律，天然

成都市红娇妇幼卫生用品有限公司
Chengdu Hongjiao Women & Children Hygiene Products Co., Ltd.
地址(Add)：四川省成都市新都区大丰镇太平村三村
邮编(P. C.)：610504
电话(Tel)：028－83918168
传真(Fax)：028－83918168
法人代表(Chairman)：樊文明
总经理(General Manager)：樊文明
联系人(Contact Person)：樊文明
产品(Products)：妇女卫生巾，卫生护垫，纸尿裤
品牌(Brand)：红娇，百纷

四川德阳蓝海妇幼用品有限公司
Sichuan Deyang Bluesea Women & Children Products Co., Ltd.
地址(Add)：四川省德阳市八角工业园区
邮编(P. C.)：618003
电话(Tel)：0838－2601234
传真(Fax)：0838－2601333
E-mail：scdylhgs@ 163. com
Http://www. bluesealanhai. com
总经理(General Manager)：王世全
联系人(Contact Person)：何西萍
产品(Products)：妇女卫生巾，卫生护垫，婴儿纸尿裤
品牌(Brand)：婷婷丽丝 Nivex，婷婷丽丝 Nivex－小乖乖

四川吉庆卫生制品有限公司
Sichuan Jiqing Hygiene Products Co., Ltd.
地址(Add)：四川省德阳市中江县辑庆工业园区 83 号
邮编(P. C.)：618112
电话(Tel)：0838－7900197
传真(Fax)：0838－7900367
E-mail：19621107a@ sina. com
法人代表(Chairman)：张大文
总经理(General Manager)：张大文
产品(Products)：妇女卫生巾，卫生护垫
品牌(Brand)：洁而舒，佳洁惠

峨眉山市妍馨卫生用品有限公司
Emeishan Yanxin Hygiene Products Factory
地址(Add)：四川省峨眉山市符溪工业集中区
邮编(P. C.)：614216
电话(Tel)：0833－5381161
传真(Fax)：0833－5380132
E-mail：xiasibi@ 163. com
法人代表(Chairman)：黄永才
总经理(General Manager)：夏仕碧
产品(Products)：妇女卫生巾，卫生护垫，婴儿纸尿裤/片
品牌(Brand)：妍馨，虞美人，藏红花

四川省龙野日用品有限公司
Sichuan Longye Commodity Co., Ltd.
地址(Add)：四川省彭山县蔡山村彭祖大道北段彭谢路口 4 号
邮编(P. C.)：620860
电话(Tel)：0833－7627573
传真(Fax)：0833－7627572
法人代表(Chairman)：陈永康
总经理(General Manager)：陈永康
产品(Products)：卫生纸，面巾纸，餐巾纸，妇女卫生巾，卫生护垫
品牌(Brand)：天洁玉

资阳利佳金卫生用品有限公司
Ziyang Lijiajin Hygiene Products Co., Ltd.
地址(Add)：四川省资阳市雁江区侯家坪工业园
邮编(P. C.)：641300
电话(Tel)：0832－6390566
传真(Fax)：0832－6390566
联系人(Contact Person)：王德友
产品(Products)：妇女卫生巾
品牌(Brand)：三叶

■ 贵州 Guizhou

贵州益佰舒婷卫生护理用品有限责任公司
Guizhou Yibaishuting Sanitary Products Co., Ltd.
地址(Add)：贵州省贵阳市云岩区宝山北路 213 号久联华厦 13 层
邮编(P. C.)：550001
电话(Tel)：0851－8505957
传真(Fax)：0851－8138106
E-mail：hekate－550815@ yahoo. com. cn
法人代表(Chairman)：罗凯
总经理(General Manager)：王成勇
联系人(Contact Person)：梁冰
产品(Products)：妇女卫生巾
品牌(Brand)：舒婷新生代，舒婷印象，怜香惜玉

■ 云南 Yunnan

云南清逸堂实业有限公司
Yunnan Qingyitang Industrial Co., Ltd.
地址(Add)：云南省大理市省级高新技术开发区生物制药园区 14 号
邮编(P. C.)：671000
电话(Tel)：0872－3100316
传真(Fax)：0872－3100303
E-mail：haimande@ sina. com
Http://www. qingyitang. com
法人代表(Chairman)：张枝荣
总经理(General Manager)：张枝荣
联系人(Contact Person)：张枝丽
产品(Products)：妇女卫生巾，卫生护垫
品牌(Brand)：日子

昆明美宝嘉纸业有限公司
Kunming Meibaojia Paper Co., Ltd.
地址(Add)：云南省昆明市呈贡洛羊镇王家营火车站植

木厂
邮编(P. C.): 650501
电话(Tel): 0871-4581759
传真(Fax): 0871-4581759
法人代表(Chairman): 胡小阳
总经理(General Manager): 胡小阳
联系人(Contact Person): 王锋
产品(Products): 妇女卫生巾
品牌(Brand): 琪琪格, 雅沁, 妮婷

昆明市港舒卫生用品厂
Kunming Gangshu Hygiene Products Factory
地址(Add): 云南省昆明市滇池路中段陆家营
邮编(P. C.): 650228
电话(Tel): 0871-4575888
传真(Fax): 0871-4585988
E-mail: business@gangshu.net
法人代表(Chairman): 蔡燕珠
总经理(General Manager): 杨剑锋
联系人(Contact Person): 蔡青山
产品(Products): 妇女卫生巾, 卫生护垫, 面巾纸, 卫生卷纸, 纸尿裤/片
品牌(Brand): 诗尔爽, 诗爽, 诗柏

昆明美丽好妇幼卫生用品有限公司
Kunming Meilihao Women & Children Hygiene Products Co., Ltd.
地址(Add): 云南省昆明市官渡区滇池路
邮编(P. C.): 650028
电话(Tel): 0871-4617349
传真(Fax): 0871-4577619
总经理(General Manager): 林天勇
产品(Products): 妇女卫生巾
品牌(Brand): 美丽好, 伊尔雅

昆明爱得卫生用品有限公司
Kunming Aide Hygiene Products Co., Ltd.
地址(Add): 云南省昆明市官渡区滇池路中级人民法院旁边
邮编(P. C.): 650011
电话(Tel): 0871-4611345
传真(Fax): 0871-4617620
E-mail: ade@ynaide.com
法人代表(Chairman): 林大伟
总经理(General Manager): 林大伟
产品(Products): 妇女卫生巾, 卫生护垫
品牌(Brand): 爱得

云南省昆明华安美洁卫生用品有限公司
Yunnan Kunming Huaan Meijie Hygiene Articles Co., Ltd.
地址(Add): 云南省昆明市官渡区官南大道(叶家村段)
邮编(P. C.): 650051
电话(Tel): 0871-7321357
传真(Fax): 0871-7321355
Http://www.kmhamj.com
法人代表(Chairman): 李珊
联系人(Contact Person): 陈正东
产品(Products): 卫生纸, 手帕纸, 妇女卫生巾, 婴儿纸尿片, 成人纸尿片
品牌(Brand): 美洁贝贝

■ 陕西 Shaanxi

宝鸡市新雅贸易有限公司
Baoji Xinya Trade Co., Ltd.
地址(Add): 陕西省宝鸡市中山东路 38 号
邮编(P. C.): 721001
电话(Tel): 0917-3516937
传真(Fax): 0917-3207472
总经理(General Manager): 姬春涛
产品(Products): 妇女卫生巾, 卫生纸
品牌(Brand): 舒莱, 好又爽, 心随我动, 阳光物语

西安可心日用制品有限公司
Xian Kexin Articles for Daily Use Co., Ltd.
地址(Add): 陕西省西安市高陵县城东方红路 157 号
邮编(P. C.): 710200
电话(Tel): 029-86910911
传真(Fax): 029-86913541
E-mail: office@xakexin.com
Http://www.xakexin.com
法人代表(Chairman): 陈敬仁
总经理(General Manager): 陈敬仁
联系人(Contact Person): 王平
产品(Products): 妇女卫生巾, 卫生护垫, 婴儿纸尿裤/片, 餐巾纸
品牌(Brand): 可心, 新可心, 可心宝儿

恒安(陕西)卫生用品有限公司
Hengan (Shaanxi) Hygiene Products Co., Ltd.
地址(Add): 陕西省西安市户县北郊 4 号路
邮编(P. C.): 710300
电话(Tel): 029-84859091
传真(Fax): 029-84859813
法人代表(Chairman): 施文博
联系人(Contact Person): 吕荣英
产品(Products): 妇女卫生巾
品牌(Brand): 安乐, 安尔乐

西安亨泰中药保健品有限公司
Xian Hengtai Healthcare Products Co., Ltd.
地址(Add): 陕西省西安市华清东路 160 号
邮编(P. C.): 710032
电话(Tel): 029-82510270-827
传真(Fax): 029-82510270-827
E-mail: freethinkman@126.com
联系人(Contact Person): 陈宏刚
产品(Products): 妇女卫生巾

陕西魔妮卫生用品有限责任公司
Shaanxi Moni Sanitary Products Co., Ltd.
地址(Add): 陕西省西安市雁塔区鱼化工业园(雁环北路西段)
邮编(P. C.): 710077
电话(Tel): 029-84365652
传真(Fax): 029-84365657
E-mail: shanximoni@163.com
Http://www.sxmoni.com
法人代表(Chairman): 张均安
总经理(General Manager): 姚教育
联系人(Contact Person): 崔梦瑶

产品(Products)：妇女卫生巾，卫生护垫，婴儿纸尿裤/片
品牌(Brand)：魔妮

陕西美洁卫生用品有限责任公司
Shaanxi Meijie Hygiene Products Co., Ltd.
地址(Add)：陕西省西安市雁塔区渔化寨北巨桥工业园区1号
邮编(P. C.)：710086
电话(Tel)：029－88513666
传真(Fax)：029－88512666
总经理(General Manager)：赵燕妮
联系人(Contact Person)：陈素红
产品(Products)：妇女卫生巾

■ 宁夏 Ningxia

永宁欣宇卫生用品厂
Yongning Xinyu Hygiene Products Factory
地址(Add)：宁夏永宁县宁朔南街交警大队向北100米
邮编(P. C.)：750100
电话(Tel)：0951－8018843
传真(Fax)：0951－8018843
总经理(General Manager)：刘兵
产品(Products)：妇女卫生巾，卫生护垫
品牌(Brand)：欣宇

■ 新疆 Xinjiang

乌鲁木齐市闽新纸业卫生用品厂
Wulumuqi Minxin Paper Hygiene Products Factory
地址(Add)：新疆乌鲁木齐市仓房沟村委会三队
邮编(P. C.)：830006
电话(Tel)：0991－5618953
传真(Fax)：0991－5863830
总经理(General Manager)：王俊峰
产品(Products)：妇女卫生巾
品牌(Brand)：伊帕尔，香妃

欣悦日用品有限公司
Xinyue Daily Necessities Co., Ltd.
地址(Add)：新疆乌鲁木齐市长江路92号东方花园3号楼D－207
邮编(P. C.)：830000
电话(Tel)：0991－6138365
传真(Fax)：0991－5585602
总经理(General Manager)：卓良发
联系人(Contact Person)：赵珊
产品(Products)：妇女卫生巾，婴儿纸尿裤，卫生纸
品牌(Brand)：欣悦

鑫瑞英科技发展有限公司
Xinruiying Science & Technology Development Co., Ltd.
地址(Add)：新疆乌鲁木齐市头屯河工业区金石路19号
邮编(P. C.)：830032
电话(Tel)：0991－3969919
传真(Fax)：0991－3960305
E-mail：crz@xjxry.com
法人代表(Chairman)：车瑞安
总经理(General Manager)：车瑞安
产品(Products)：妇女卫生巾
品牌(Brand)：吾尔舒

婴儿纸尿裤/片生产企业
按产品和地区细分统计
（2009 年，统计总数 415 家）

序号	行政区 Region	企业数	起始页	序号	行政区 Region	企业数	起始页
1	北京 Beijing	8	370	16	河南 Henan	14	402
2	天津 Tianjin	21	371	17	湖北 Hubei	5	403
3	河北 Hebei	17	373	18	湖南 Hunan	11	404
6	辽宁 Liaoning	6	375	19	广东 Guangdong	72	405
8	黑龙江 Heilongjiang	4	376	20	广西 Guangxi	8	413
9	上海 Shanghai	25	376	22	重庆 Chongqing	2	414
10	江苏 Jiangsu	24	379	23	四川 Sichuan	7	414
11	浙江 Zhejiang	31	382	24	贵州 Guizhou	1	415
12	安徽 Anhui	7	385	25	云南 Yunnan	3	415
13	福建 Fujian	112	386	27	陕西 Shaanxi	2	415
14	江西 Jiangxi	6	398	31	新疆 Xinjiang	1	416
15	山东 Shandong	28	399				

注：4 山西、5 内蒙古、7 吉林、21 海南、26 西藏、28 甘肃、29 青海和 30 宁夏为缺项。

婴儿纸尿裤/片
Baby diapers

主要生产企业
Major manufacturers

宝洁(中国)有限公司	Procter & Gamble (China) Ltd.
尤妮佳生活用品(中国)有限公司	Uni – Charm Consumer Products (China) Co., Ltd.
福建恒安集团有限公司	Fujian Hengan Holding Co., Ltd.
金佰利(中国)有限公司	Kimberly – Clark (China) Co., Ltd.
全日美实业(上海)有限公司	Everbeauty Industry (Shanghai) Co., Ltd.
雀氏(中国)日用品有限公司	Chiaus (China) Daily Necessities Co., Ltd.
中山瑞德卫生纸品有限公司	Disposable Soft Goods (Zhongshan) Ltd.
广东百顺纸品有限公司	Guangdong Baishun Paper Products Co., Ltd.
福建恒利集团有限公司	Fujian Hengli Group Co., Ltd.
东莞市白天鹅纸业有限公司	Dongguan White Swan Paper Products Co., Ltd.
东莞市常兴纸业有限公司	Dongguan Changxing Paper Co., Ltd.
新感觉卫生用品有限公司	New Sensation Sanitary Products Co., Ltd.
福州天使日用品有限公司	Fuzhou Angel Commodity Co., Ltd.
东莞市瑞麒婴儿用品有限公司	Dongguan AALL & ZYLEMAN Baby Goods Ltd.
广西舒雅护理用品有限公司	Guangxi Shuya Health Care Products Co., Ltd.
上海唯尔福(集团)有限公司	Shanghai Welfare (Group) Co., Ltd.
好孩子百瑞康卫生用品有限公司	Goodbaby Bairuikang Hygienic Products Co., Ltd.
汕头市集诚妇幼用品厂有限公司	Shantou Jicheng Women & Children Articles Co., Ltd.

■ 北京 Beijing

北京艾雪伟业科技有限公司
Beijing Aixueweiye Science & Technology Co., Ltd.
地址(Add): 北京市朝阳区平房乡石各庄村 34 号
邮编(P. C.): 100024
电话(Tel): 010 – 86955619
传真(Fax): 010 – 85510906
E-mail: ls009@ msn. com
总经理(General Manager): 牛国滨
联系人(Contact Person): 李丽
产品(Products): 产妇卫生巾, 婴儿纸尿片, 护理垫
品牌(Brand): 爱雪, 艾雪

北京特日欣卫生用品有限公司
Beijing Terixin Hygiene Products Co., Ltd.
地址(Add): 北京市丰台区花乡新房子 57 号(花乡育苗场院内)
邮编(P. C.): 100071
电话(Tel): 010 – 83609569
传真(Fax): 010 – 83609589
E-mail: master@ terixin. com
Http://www. terixin. com
法人代表(Chairman): 冯跃
总经理(General Manager): 冯跃
联系人(Contact Person): 高金龙
产品(Products): 妇女卫生巾, 卫生护垫, 婴儿纸尿裤/片, 成人纸尿裤/片, 湿巾, 卫生纸
品牌(Brand): 特日欣

北京爱佳卫生保健品厂
Beijing Aijia Hygiene & Health Care Products Factory
地址(Add): 北京市丰台区南四环星河苑 1 号院 12 号 1 – 101 室
邮编(P. C.): 100068
电话(Tel): 010 – 67537477
传真(Fax): 010 – 67589972
E-mail: wgc@ bj – aijia. com
Http://www. bj-aijia. com
总经理(General Manager): 吴国财
产品(Products): 餐巾纸, 面巾纸, 手帕纸, 擦手纸, 卫生纸, 湿巾, 马桶垫, 纸杯, 纸碗, 妇女卫生巾, 卫生护垫, 婴儿纸尿裤, 护理垫
品牌(Brand): 爱佳

北京安宜卫生用品有限公司
Beijing Anyi Life Co., Ltd.
地址(Add)：北京市海淀区知春路太月园小区8号楼C102室
邮编(P.C.)：100088
电话(Tel)：010-82058131
传真(Fax)：010-82057367
E-mail：anyi@anyilife.comj
Http://www.anyilife.com
法人代表(Chairman)：王敏
总经理(General Manager)：王敏
产品(Products)：护理垫，马桶垫，乳垫，产后巾，婴儿纸尿片

北京倍舒特妇幼用品有限公司
Beijing Beishute Maternity & Child Articles Co., Ltd.
地址(Add)：北京市密云县工业开发区远光街1号
邮编(P.C.)：101500
电话(Tel)：010-69061748
传真(Fax)：010-69061747
E-mail：bjbest@public.bta.net.cn
Http://www.bjbest.com.cn
法人代表(Chairman)：李秋红
总经理(General Manager)：李秋红
联系人(Contact Person)：刘红艳
产品(Products)：妇女卫生巾，卫生护垫，婴儿纸尿片，护理垫，湿巾
品牌(Brand)：倍舒特，健康宝宝

北京市兴博发卫生材料厂
Beijing Xingbofa Hygiene Material Plant
地址(Add)：北京市顺义区大营村四街二巷5号
邮编(P.C.)：101300
电话(Tel)：010-69405050
传真(Fax)：010-69405050
法人代表(Chairman)：张文博
总经理(General Manager)：张文博
联系人(Contact Person)：张文博
产品(Products)：婴儿纸尿片
品牌(Brand)：大营

北京吉力妇幼卫生用品有限公司
Beijing Jili MCH Co., Ltd.
地址(Add)：北京市通州区漷县工业开发区漷兴四街16号
邮编(P.C.)：101109
电话(Tel)：010-80587777
传真(Fax)：010-80585555
法人代表(Chairman)：李贵珍
总经理(General Manager)：李贵珍
联系人(Contact Person)：王江涛
产品(Products)：妇女卫生巾，卫生护垫，婴儿纸尿裤，护理垫
品牌(Brand)：假日情

北京诺达绿康工贸有限公司
Beijing Nuoda Lükang Industry & Trading Co., Ltd.
地址(Add)：北京市通州区张家湾镇垡头村815号
邮编(P.C.)：101113
电话(Tel)：010-69586135
传真(Fax)：010-69586136
联系人(Contact Person)：于红革
产品(Products)：餐巾纸，手帕纸，面巾纸，擦手纸，厨房用纸，纸尿裤/片

■ 天津 Tianjin

天津市娇柔卫生制品有限公司
Tianjin Jiaorou Hygiene Products Co., Ltd.
地址(Add)：天津市宝坻区北三路高家庄信用社西
邮编(P.C.)：301800
电话(Tel)：022-22537978
传真(Fax)：022-22537976
E-mail：jrtj@eyou.com
法人代表(Chairman)：李凤山
总经理(General Manager)：李凤山
联系人(Contact Person)：李凤山
产品(Products)：妇女卫生巾，卫生护垫，婴儿纸尿裤
品牌(Brand)：茹云，真芳

天津市安琪尔纸业有限公司
Tianjin Anqier Paper Co., Ltd.
地址(Add)：天津市宝坻区霍各庄园区
邮编(P.C.)：301819
电话(Tel)：022-22513000
联系人(Contact Person)：郭义民
产品(Products)：妇女卫生巾，卫生护垫，婴儿纸尿裤

天津骏发森达卫生用品有限公司
Tianjin Junfasenda Hygiene Products Co., Ltd.
地址(Add)：天津市宝坻区经济开发区宝旺路
邮编(P.C.)：301800
电话(Tel)：022-82626888
传真(Fax)：022-82666999
E-mail：yagewangxiaojun@sina.com
Http://www.tjyage.com
法人代表(Chairman)：王贵森
总经理(General Manager)：王晓俊
联系人(Contact Person)：王晓俊
产品(Products)：妇女卫生巾，卫生护垫，湿巾，护理垫，婴儿纸尿裤/片，医用检查垫
品牌(Brand)：雅格

天津市恒洁卫生用品有限公司
Tianjin Hengjie Hygiene Products Co., Ltd.
地址(Add)：天津市宝坻区九园公路13公里
邮编(P.C.)：301805
电话(Tel)：022-82590555
传真(Fax)：022-82591555
E-mail：xls@xilishuang.com
Http://www.xilishuang.com
法人代表(Chairman)：宁学杰
总经理(General Manager)：宁学杰
联系人(Contact Person)：康永萍
产品(Products)：妇女卫生巾，卫生护垫，婴儿纸尿裤/片，成人纸尿裤/片，护理垫
品牌(Brand)：茜丽爽，护理康，幸福宝贝，贝贝爽

天津洁雅妇女卫生保健制品有限公司
Tianjin Jieya Women Health Care Products Co., Ltd.
地址(Add)：天津市宝坻区天宝工业园
邮编(P.C.)：301800

电话(Tel)：022－82660162
传真(Fax)：022－82659578
E-mail：info@tjjieya.com
Http://www.tjjieya.com
法人代表(Chairman)：徐文河
总经理(General Manager)：徐文河
联系人(Contact Person)：刘永国
产品(Products)：妇女卫生巾，卫生护垫，婴儿纸尿裤，护理垫
品牌(Brand)：芬柔，芳柔，雨夜晴爽

天津小护士实业发展股份有限公司
Tianjin Little Nurse Industry & Commerce Development Co., Ltd.
地址(Add)：天津市北辰高科技产业园区辰星工业园淮河道6号
邮编(P.C.)：300410
电话(Tel)：022－26309200
传真(Fax)：022－26301235
E-mail：fengying_702@126.com
Http://www.chinanapkin.com.cn
法人代表(Chairman)：杨印海
总经理(General Manager)：杨印海
联系人(Contact Person)：冯颖
产品(Products)：妇女卫生巾，卫生护垫，婴儿纸尿裤，成人纸尿裤，护理垫，卫生卷纸，面巾纸，手帕纸
品牌(Brand)：小护士

天津市韩东纸业有限公司
Tianjin Handong Paper Products Co., Ltd.
地址(Add)：天津市北辰区铁东路勤俭工业区
邮编(P.C.)：300402
电话(Tel)：022－26735867
传真(Fax)：022－26735940
E-mail：zhaoaisen@yahoo.com.cn
法人代表(Chairman)：刘嘉
总经理(General Manager)：赵亚东
产品(Products)：妇女卫生巾，卫生护垫，婴儿纸尿片，成人纸尿裤，护理垫
品牌(Brand)：美千草，挚爱，挚爱宝贝

天津市小燕子卫生用品有限公司
Tianjin Xiaoyanzi Hygiene Products Co., Ltd.
地址(Add)：天津市北辰区新宜白大道普发里万达新城4号楼2门201
邮编(P.C.)：300402
电话(Tel)：022－26998316
传真(Fax)：022－26910678
E-mail：bubulu@yahoo.cn
总经理(General Manager)：华鼎升
联系人(Contact Person)：华鼎升
产品(Products)：妇女卫生巾，卫生护垫，婴儿纸尿裤，成人纸尿裤，护理垫
品牌(Brand)：小燕子，曲美

天津市英华妇幼用品有限公司
Tianjin Yinghua Women & Children Products Co., Ltd.
地址(Add)：天津市东丽区金钟公路大毕庄镇南孙庄
邮编(P.C.)：300240
电话(Tel)：022－26791415
传真(Fax)：022－26795158
E-mail：sfj@yinghuatj.com
Http://www.yinghuatj.com
法人代表(Chairman)：孙富举
总经理(General Manager)：孙富举
联系人(Contact Person)：孙永跃
产品(Products)：妇女卫生巾，卫生护垫，婴儿纸尿裤/片，护理垫，宠物垫
品牌(Brand)：心宝，心思，假日之恋，厚生堂

天津市美商卫生用品厂
Tianjin Meishang Hygiene Products Factory
地址(Add)：天津市东丽区新立镇新兴工业区
邮编(P.C.)：300300
电话(Tel)：022－24998376
传真(Fax)：022－24982381
Http://www.tjyuqing.cn
总经理(General Manager)：王德军
联系人(Contact Person)：李文娟
产品(Products)：妇女卫生巾，卫生护垫，婴儿纸尿片，成人纸尿片，护理垫
品牌(Brand)：雨晴

天津市恒新纸业有限公司
Tianjin Permanent New Paper Co., Ltd.
地址(Add)：天津市津南经济技术开发区(双港)上海街10号
邮编(P.C.)：300350
电话(Tel)：022－28571061
传真(Fax)：022－88828679
E-mail：hengxin－zhiye@sohu.com
法人代表(Chairman)：李宝金
总经理(General Manager)：李宝金
联系人(Contact Person)：宁书金
产品(Products)：妇女卫生巾，卫生护垫，婴儿纸尿片，成人纸尿片，护理垫，纸鞋垫
品牌(Brand)：假日欣，好丽友，炫彩，邦宜生，包护理，好护理

天津德发妇幼保健用品厂
Tianjin Defa Woman & Child Healthcare Articles Factory
地址(Add)：天津市南开区临潼西里9号楼1门4号
邮编(P.C.)：300112
电话(Tel)：022－27365899
传真(Fax)：022－87982636
法人代表(Chairman)：訾秀琴
总经理(General Manager)：訾秀琴
联系人(Contact Person)：訾秀琴
产品(Products)：成人纸尿裤，尿垫，护理垫，婴儿纸尿片
品牌(Brand)：得贝爱婴

天津海华卫生制品有限公司
Tianjin Haihua Hygiene Products Co., Ltd.
地址(Add)：天津市宁河县芦台镇沿河路8号(联星机械厂院内)
邮编(P.C.)：301500
电话(Tel)：022－69585660
传真(Fax)：022－69570059
E-mail：tjhaihua@163.com
Http://www.tjhengda.cn.alibaba.com
法人代表(Chairman)：王树海

总经理(General Manager)：王建华
联系人(Contact Person)：王建华
产品(Products)：妇女卫生巾，卫生护垫，婴儿纸尿裤/片，母婴两用巾，护理垫，宠物垫
品牌(Brand)：舒妮，小豆丁，金童玉女，华逸爽

天津宝洁工业有限公司
P&G Manufacturing (Tianjin) Co., Ltd.
地址(Add)：天津市西青经济开发区兴华七支路12号
邮编(P.C.)：300385
电话(Tel)：022-23978828
传真(Fax)：022-23975154
E-mail：fang.pa@pg.com
联系人(Contact Person)：方和平
产品(Products)：妇女卫生巾，卫生护垫，婴儿纸尿裤
品牌(Brand)：护舒宝，帮宝适

恒安(天津)卫生用品有限公司
Hengan (Tianjin) Hygiene Products Co., Ltd.
地址(Add)：天津市西青经济开发区兴华一支路6号
邮编(P.C.)：300381
电话(Tel)：022-23973688
传真(Fax)：022-23973688
法人代表(Chairman)：施文博
联系人(Contact Person)：高珊
产品(Products)：妇女卫生巾，纸尿裤
品牌(Brand)：安乐，安尔乐，安儿乐，安而康

天津市逸飞卫生用品有限公司
Tianjin Yifei Hygiene Products Co., Ltd.
地址(Add)：天津市西青区津淄公路王稳庄工业园
邮编(P.C.)：300383
电话(Tel)：022-83964215
传真(Fax)：022-83968228
E-mail：yifei_hygiene@yahoo.com.cn
Http://www.tjyifei.com.cn
总经理(General Manager)：赵平
联系人(Contact Person)：王伯韬
产品(Products)：婴儿纸尿裤/片，成人纸尿裤/片，护理垫，湿巾，宠物垫
品牌(Brand)：太阳雨，邦一把，久久安康

天津市依依卫生用品有限公司
Tianjin Yiyi Hygiene Products Co., Ltd.
地址(Add)：天津市西青区张家窝工业园
邮编(P.C.)：300380
电话(Tel)：022-87988888
传真(Fax)：022-87987888
E-mail：gaobin7705@163.com
法人代表(Chairman)：卢俊美
总经理(General Manager)：卢俊美
联系人(Contact Person)：张健
产品(Products)：妇女卫生巾，卫生护垫，婴儿纸尿片，护理垫，宠物垫，卫生卷纸，纸巾纸，湿巾
品牌(Brand)：依依

天津市三维纸业有限公司
Tianjin Sanwei Paper Products Co., Ltd.
地址(Add)：天津市西青区张家窝镇高家村
邮编(P.C.)：300381
电话(Tel)：022-87988458
传真(Fax)：022-87988458
法人代表(Chairman)：杨建国
总经理(General Manager)：杨建国
联系人(Contact Person)：韩秀林
产品(Products)：妇女卫生巾，卫生护垫，婴儿纸尿裤，湿巾，卫生卷纸，手帕纸，面巾纸
品牌(Brand)：三维，金美雅

天津市兰景工贸有限公司
Tianjin Lanjing Industry & Trade Co., Ltd.
地址(Add)：天津市西青区中北镇汪庄南铁道旁3号
邮编(P.C.)：300112
电话(Tel)：022-27390537
传真(Fax)：022-27390532
法人代表(Chairman)：吕小带
总经理(General Manager)：樊永行
产品(Products)：妇女卫生巾，卫生护垫，纸尿裤，手帕纸，面巾纸，擦手纸，卫生卷纸，湿巾
品牌(Brand)：茹梦

禾丰(天津)卫生用品有限公司
Harvest (Tianjin) Sanitary Products Co., Ltd.
地址(Add)：天津市新技术产业园区武清开发区泉旺路南财源道5号
邮编(P.C.)：301726
电话(Tel)：022-82122296-98
传真(Fax)：022-82122289
E-mail：hefeng@vip.sina.com
Http://www.hefeng1998.cn
总经理(General Manager)：王立民
联系人(Contact Person)：贾克光
产品(Products)：妇女卫生巾，卫生护垫，成人纸尿裤，婴儿尿不湿及伴侣
品牌(Brand)：青春旗，伊娇儿

天津市洁尔卫生用品有限公司
Tianjin Jieer Hygiene Products Co., Ltd.
地址(Add)：天津市中北工业园阜盛道曦霞路26号
邮编(P.C.)：300112
电话(Tel)：022-27948772
传真(Fax)：022-27980168
法人代表(Chairman)：张志宏
总经理(General Manager)：胡秀荣
联系人(Contact Person)：胡秀荣
产品(Products)：妇女卫生巾，卫生护垫，婴儿纸尿裤/片，成人纸尿裤，护理垫，湿巾
品牌(Brand)：尚好佳，冬虫草

■ 河北 Hebei

霸州市校办康乐卫生巾厂
Kangle Sanitary Napkins Factory
地址(Add)：河北省霸州市经济技术开发区兴港园区
邮编(P.C.)：065700
电话(Tel)：0316-7554029
传真(Fax)：0316-7552798
E-mail：hfxhhz@163.com
法人代表(Chairman)：何敏悦
总经理(General Manager)：何敏悦
联系人(Contact Person)：何福祥
产品(Products)：妇女卫生巾，卫生护垫，婴儿纸尿片，

护理垫
品牌(Brand)：佩曼

保定市金能卫生用品有限公司＊
Baoding Jinneng Hygiene Products Co., Ltd.
地址(Add)：河北省保定市朝阳南大街北沟头工业区
邮编(P. C.)：071000
电话(Tel)：0312－2151998
传真(Fax)：0312－2152998
E-mail：sales@ bdking. cn
Http://www. bdking. cn
总经理(General Manager)：石大虎
联系人(Contact Person)：池中
产品(Products)：手帕纸，面巾纸，擦手纸，餐巾纸，原纸，妇女卫生巾，纸尿裤
品牌(Brand)：雅尚，虎宝宝，翔云，么么熊，金雅尚

和信纸品有限公司
Hexin Paper Products Co., Ltd.
地址(Add)：河北省保定市满城县大册营工业区
邮编(P. C.)：072150
电话(Tel)：0312－7026198
传真(Fax)：0312－7026896
E-mail：thb@ hisunpaper. com
Http://www. hisunpaper. com
总经理(General Manager)：韩三旺
联系人(Contact Person)：谭浩波
产品(Products)：妇女卫生巾，纸尿裤，面巾纸，卫生卷纸，手帕纸
品牌(Brand)：美之莲，真好，妙恋，乐朵

保定雨森卫生用品有限公司＊
Baoding Yusen Hygiene Products Co., Ltd.
地址(Add)：河北省保定市满城县大册营造纸工业区
邮编(P. C.)：072150
电话(Tel)：0312－5578100
传真(Fax)：0312－5572100
Http://www. yusenpaper. com
法人代表(Chairman)：苏马力
总经理(General Manager)：苏马力
联系人(Contact Person)：吴长念
产品(Products)：卫生纸，手帕纸，面巾纸，原纸，妇女卫生巾，卫生护垫，婴儿纸尿裤，成人纸尿裤，湿巾
品牌(Brand)：雨森，康柔，百丽

徐水县名人卫生巾厂
Xushui Mingren Sanitary Napkins Factory
地址(Add)：河北省保定市徐水县遂城开发区
邮编(P. C.)：072550
电话(Tel)：0312－8968379
传真(Fax)：0312－8968379
总经理(General Manager)：赵长福
联系人(Contact Person)：赵长福
产品(Products)：妇女卫生巾，卫生护垫，婴儿纸尿裤
品牌(Brand)：健康人生，名人

保定洁宝卫生纸品厂
Baoding Jiebao Tissue Products Factory
地址(Add)：河北省保定市阳光北大街1573号
邮编(P. C.)：071051
电话(Tel)：0312－3110601
传真(Fax)：0312－3110372
Http://www. jb-paper. com
联系人(Contact Person)：高金安
产品(Products)：卫生纸，婴儿卫生用品，成人卫生用品
品牌(Brand)：好帅儿

沧州市德发妇幼卫生用品有限责任公司
Cangzhou Defa Women & Children Articles Co., Ltd.
地址(Add)：河北省沧州市泊头西工业园
邮编(P. C.)：062157
电话(Tel)：0317－8346272
传真(Fax)：0317－8346272
总经理(General Manager)：于玉才
联系人(Contact Person)：于玉才
产品(Products)：婴儿纸尿裤/片，成人纸尿裤/片，护理垫，宠物垫，隔尿巾
品牌(Brand)：得贝，紫福蓉

石家庄宝洁卫生用品有限公司
Shijiazhuang Baojie Hygiene Products Co., Ltd.
地址(Add)：河北省藁城市梨元庄工贸小区
邮编(P. C.)：052160
电话(Tel)：0311－88156418
传真(Fax)：0311－88121570
法人代表(Chairman)：刘会杰
总经理(General Manager)：刘会杰
联系人(Contact Person)：刘会杰
产品(Products)：妇女卫生巾，婴儿纸尿片
品牌(Brand)：夏维怡，浪漫青春，宝适洁

河北宠乐婴儿用品厂
Hebei Chongle Baby Articles Factory
地址(Add)：河北省故城县宏声路19号
邮编(P. C.)：253800
电话(Tel)：0318－5613555
传真(Fax)：0318－5611685
E-mail：ysht670419@ 126. cn
Http://www. chongle. com. cn
总经理(General Manager)：李连生
联系人(Contact Person)：李亮
产品(Products)：成人纸尿裤/片，护理垫，婴儿纸尿片
品牌(Brand)：宠乐，老来福

邯郸市雨洁卫生用品有限公司
Handan Yujie Sanitary Products Co., Ltd.
地址(Add)：河北省邯郸市磁县铁西恒泰路6号
邮编(P. C.)：056500
电话(Tel)：0310－2339988
传真(Fax)：0310－2331066
法人代表(Chairman)：任万成
总经理(General Manager)：王清松
联系人(Contact Person)：王庆国
产品(Products)：妇女卫生巾，卫生护垫，纸尿裤
品牌(Brand)：雨萌

邯郸市泰和纸业有限公司
Handan Taihe Paper Co., Ltd.
地址(Add)：河北省邯郸市高新技术开发区华荣街6号
邮编(P. C.)：056004
电话(Tel)：0310－5508999

传真(Fax)：0310－7053222
法人代表(Chairman)：叶聪明
总经理(General Manager)：曹同海
联系人(Contact Person)：张诗杰
产品(Products)：妇女卫生巾，卫生护垫，婴儿纸尿裤/片，成人纸尿裤/片，面巾纸，餐巾纸，卫生纸
品牌(Brand)：月来香，珍妃，泰和康

河北邯郸天宇卫生用品厂
Hebei Handan Tianyu Hygiene Products Factory
地址(Add)：河北省邯郸市中华北大街中段北仓库路甲2号
邮编(P. C.)：056004
电话(Tel)：0310－7025542
传真(Fax)：0310－7026141
法人代表(Chairman)：金保军
总经理(General Manager)：王存瑞
联系人(Contact Person)：郭继森
产品(Products)：妇女卫生巾，卫生护垫，婴儿纸尿裤/片，成人纸尿片
品牌(Brand)：爱蕊尔

廊坊市宝胜妇幼用品有限公司
Langfang Baosheng Women & Children Articles Co., Ltd.
地址(Add)：河北省廊坊市广阳区宏泰花园4B－1单元401
邮编(P. C.)：065000
电话(Tel)：0316－6860170
传真(Fax)：0316－2182117
E-mail：pretty0521@ sina. com. cn
法人代表(Chairman)：王宝胜
总经理(General Manager)：王宝胜
联系人(Contact Person)：郝晨熙
产品(Products)：妇女卫生巾，卫生护垫，卫生卷纸，婴儿纸尿裤
品牌(Brand)：水晶之恋，雪竹，紫竹

河北黛玉纸业发展有限公司
Hebei Daiyu Paper Industry Development Co., Ltd.
地址(Add)：河北省隆尧县东方食品城
邮编(P. C.)：055350
电话(Tel)：0319－6592098
传真(Fax)：0319－6599616
总经理(General Manager)：范录洲
产品(Products)：妇女卫生巾，卫生护垫，婴儿纸尿裤，隔尿垫巾，面巾纸，卫生纸
品牌(Brand)：黛玉，护佳，梦爱

亿鑫卫生用品厂
Yixin Hygiene Products Factory
地址(Add)：河北省任丘市明珠新村碧莲里6号楼2单元403室
邮编(P. C.)：062550
电话(Tel)：0317－2302008
传真(Fax)：0317－2369876
E-mail：tian92958@ sohu. com
总经理(General Manager)：田湛
联系人(Contact Person)：田湛
产品(Products)：成人纸尿裤，护理垫，婴儿纸尿片，隔尿巾
品牌(Brand)：久久福，康尔乐，阳光贝贝，世纪宝宝，爱婴，贝贝爽

石家庄市鑫盛卫生用品厂
Shijiazhuang Xinsheng Hygiene Products Factory
地址(Add)：河北省石家庄市育新路6号(鼎新管业院内)
邮编(P. C.)：050091
电话(Tel)：0311－83803654
总经理(General Manager)：张肃亭
联系人(Contact Person)：赵志忠
产品(Products)：婴儿纸尿片，检查垫

唐山市丰南区西泊卫生用品有限公司
Tangshan Fengnan Xipo Hygiene Products Co., Ltd.
地址(Add)：河北省唐山市丰南黄各庄西杨家泊村
邮编(P. C.)：063300
电话(Tel)：0315－8528039
传真(Fax)：0315－8528339
E-mail：liulei7702@ sohu. com
法人代表(Chairman)：刘宝平
总经理(General Manager)：刘宝平
产品(Products)：妇女卫生巾，卫生护垫，婴儿纸尿裤，隔尿巾
品牌(Brand)：舒女，负氧离子

■ 辽宁 Liaoning

恒安(抚顺)生活用品有限公司
Hengan (Fushun) Household Products Co., Ltd.
地址(Add)：辽宁省抚顺经济开发区科技城
邮编(P. C.)：113122
电话(Tel)：0413－3856666
传真(Fax)：0413－3856668
E-mail：yudl@ mail. hengan. com. cn
联系人(Contact Person)：余大论
产品(Products)：妇女卫生巾，卫生护垫，婴儿纸尿裤，成人纸尿裤，卫生纸
品牌(Brand)：安乐，安尔乐，安儿乐，安而康，心相印

辽宁省葫芦岛市渤海卫生制品厂
Huludao Bohai Hygiene Products Factory
地址(Add)：辽宁省葫芦岛市连山区虹螺岘虹螺工业区
邮编(P. C.)：125017
电话(Tel)：0429－4208159
传真(Fax)：0429－4208159
法人代表(Chairman)：谭柏祥
总经理(General Manager)：王冰
产品(Products)：妇女卫生巾，卫生护垫，婴儿纸尿片，成人纸尿片
品牌(Brand)：柏丽雅

锦州市维珍护理用品有限公司
Jinzhou Weizhen Health Care Products Co., Ltd.
地址(Add)：辽宁省锦州市太和区锦朝街42－6号
邮编(P. C.)：121015
电话(Tel)：0416－4567526
传真(Fax)：0416－4565488
Http://www. jzlgr. cn
联系人(Contact Person)：刘光然
产品(Products)：妇女卫生巾，卫生护垫，护理垫，婴儿纸尿片，宠物垫

品牌(Brand)：维真，宝莉丝

济南鑫成日用品有限公司沈阳办事处
Jinan Xincheng Commodity Co., Ltd. Shenyang Office
地址(Add)：辽宁省沈阳市大东区黎明东馨园A座1503室
邮编(P.C.)：110042
电话(Tel)：024-88154546
传真(Fax)：024-88154546
联系人(Contact Person)：安红波
产品(Products)：成人纸尿裤/片，护理垫，婴儿纸尿裤/片，垫巾
品牌(Brand)：帮大人，日康，安爽，唯妮宝贝，九磅儿，小使者

沈阳市奇美卫生用品有限公司
Shenyang Qimei Hygiene Products Co., Ltd.
地址(Add)：辽宁省沈阳市辽中中心街1-9信箱
邮编(P.C.)：110200
电话(Tel)：024-62302158
传真(Fax)：024-87825959
E-mail：qimei9988@163.com
Http://www.qimeisy.com
法人代表(Chairman)：武爽
总经理(General Manager)：裴多恰
联系人(Contact Person)：裴多恰
产品(Products)：婴儿纸尿裤，隔尿巾，护理垫，湿巾，手帕纸
品牌(Brand)：俏儿乐，乐点，清氧，Vinca

绥中县宏发卫生用品厂
Suizhong Hongfa Hygiene Products Factory
地址(Add)：辽宁省绥中县三台子102国道365公里处
邮编(P.C.)：125200
电话(Tel)：0429-6215868
传真(Fax)：0429-6562111
法人代表(Chairman)：王红
总经理(General Manager)：王红
产品(Products)：妇女卫生巾，纸尿片
品牌(Brand)：手拉手，红发

■ 黑龙江 Heilongjiang

哈尔滨市康安纸业有限公司
Harbin Kangan Paper Co., Ltd.
地址(Add)：黑龙江省哈尔滨市哈同公路66公里处
邮编(P.C.)：150400
电话(Tel)：0451-57988724
传真(Fax)：0451-88317199
E-mail：kanganzhijin@126.com
法人代表(Chairman)：王成
联系人(Contact Person)：王成
产品(Products)：湿巾，婴儿纸尿片，卫生护垫，卫生卷纸，面巾纸，手帕纸
品牌(Brand)：绿珠，旭竹，欧逸

哈药集团制药总厂制剂厂
Harbin Pharmaceutical Group Pharmacy Main Workshop Preparation Factory
地址(Add)：黑龙江省哈尔滨市南岗区保健路226号
邮编(P.C.)：150086
电话(Tel)：0451-86648056
传真(Fax)：0451-86699233
Http://www.hayaozhiji.com
法人代表(Chairman)：高德喜
总经理(General Manager)：赵日红
联系人(Contact Person)：季茂星
产品(Products)：湿巾，纸尿裤，卫生护垫
品牌(Brand)：哈药

哈尔滨市高德卫生用品有限公司
Harbin Gaode Hygiene Products Co., Ltd.
地址(Add)：黑龙江省哈尔滨市香坊区煤管街1号
邮编(P.C.)：150038
电话(Tel)：0451-55644666
传真(Fax)：0451-55103229
E-mail：hrbgdd@163.com
法人代表(Chairman)：鲍洪涛
总经理(General Manager)：鲍洪涛
联系人(Contact Person)：谭晓梅
产品(Products)：婴儿纸尿裤/片，成人纸尿裤/片，湿巾，护理垫
品牌(Brand)：小博士，抗洪，沃得，干爹干娘，意相合，舒乐

黑龙江森苇纸业有限公司
Heilongjiang Sunwing Paper Co., Ltd.
地址(Add)：黑龙江省青冈县工业园区
邮编(P.C.)：151600
电话(Tel)：0455-3323888
E-mail：sunv@cnsunv.com
Http://www.cnsunv.com
联系人(Contact Person)：付德坤
产品(Products)：婴儿纸尿裤/片，成人纸尿裤/片，隔尿垫巾
品牌(Brand)：得昕，佳氏

■ 上海 Shanghai

美国美联实业有限公司上海代表处
Medline Industries Inc. Shanghai Office
地址(Add)：上海市成都北路500号峻岭广场2905-2907室
邮编(P.C.)：200003
电话(Tel)：021-63273666-108
传真(Fax)：021-63279992
E-mail：cyu@medline.com
联系人(Contact Person)：余骅
产品(Products)：纸尿裤，湿巾

上海洪章卫生用品有限公司
Shanghai Hongzhang Hygiene Products Co., Ltd.
地址(Add)：上海市奉贤区奉城镇洪庙洪朱路南首
邮编(P.C.)：201411
电话(Tel)：021-57131873
总经理(General Manager)：周洪章
产品(Products)：成人纸尿裤/片，护理垫，婴儿纸尿裤

金佰利(中国)有限公司
Kimberly-Clark (China) Co., Ltd.
地址(Add)：上海市福州路666号金陵海欣大厦10楼
邮编(P.C.)：200001

电话(Tel)：010－87110016
传真(Fax)：010－67856096
E-mail：jessica. cai@ kcc. com
Http://www. kimberly-clark. com. cn
法人代表(Chairman)：Errol William Plowman
总经理(General Manager)：邵青锋
联系人(Contact Person)：蔡敏
产品(Products)：妇女卫生巾，卫生护垫，婴儿纸尿裤/片，成人纸尿裤/片，护理垫，湿巾，纸巾纸，卫生卷纸
品牌(Brand)：高洁丝 Kotex，舒而美 C&B，好奇 Huggies，舒洁 Kleenex，得伴 Depend

康贝(上海)有限公司
Combi (Shanghai) Co., Ltd.
地址(Add)：上海市淮海中路200号淮海金融大厦23楼
邮编(P. C.)：200021
电话(Tel)：021－63852688
传真(Fax)：021－63858885
Http://www. combi. com. cn
法人代表(Chairman)：刘冠宏
联系人(Contact Person)：潘海红
产品(Products)：婴儿纸尿裤
品牌(Brand)：康贝爱

百润(中国)有限公司
Bairun (China) Co., Ltd.
地址(Add)：上海市黄浦区中山南路1228号华普科技大厦3F
邮编(P. C.)：200011
电话(Tel)：021－51798888
传真(Fax)：021－51790120
E-mail：beishule@ 163. com
总经理(General Manager)：陈大鹏
联系人(Contact Person)：李伟青
产品(Products)：婴儿纸尿裤/片，湿巾
品牌(Brand)：贝舒乐，百润

上海秋欣实业有限公司
Shanghai Qiuxin Industry Co., Ltd.
地址(Add)：上海市嘉定区嘉唐公路220号
邮编(P. C.)：201800
电话(Tel)：021－59924166
传真(Fax)：021－59927140
E-mail：baifu. fitting@ sohu. com
Http://www. copperfitting. com. cn
法人代表(Chairman)：曹云秋
总经理(General Manager)：瞿童梁
联系人(Contact Person)：施海鸣
产品(Products)：成人纸尿裤/片，护理垫，婴儿纸尿裤
品牌(Brand)：秋欣，好护理，好舒畅，囡囡

上海欣然妇幼用品有限公司
Shanghai Xinran Women & Children Products Co., Ltd.
地址(Add)：上海市嘉定区徐行工业区永新路1108号
邮编(P. C.)：201808
电话(Tel)：021－59555151
传真(Fax)：021－59557171
E-mail：weidejixie@ sohu. com
法人代表(Chairman)：胡忠义
联系人(Contact Person)：郜太兴
产品(Products)：妇女卫生巾，卫生护垫，婴儿纸尿裤
品牌(Brand)：丹蒂，欧米月，安宝适

上海美德卫生用品有限公司
Shanghai Meide Hygiene Products Co., Ltd.
地址(Add)：上海市金山工业区3091号
邮编(P. C.)：201505
电话(Tel)：021－57275876
传真(Fax)：021－57275876
E-mail：nanbudao168@ yahoo. cn
总经理(General Manager)：柳富元
产品(Products)：成人纸尿裤/片，婴儿纸尿裤/片，护理垫

上海东冠集团*
Shanghai Orient Champion Group
地址(Add)：上海市金山区亭林镇林慧路1000号
邮编(P. C.)：201505
电话(Tel)：021－57276565
传真(Fax)：021－57277171
E-mail：zhangbo@ socp. com. cn
Http://www. jieyun. cn
法人代表(Chairman)：李慈雄
总经理(General Manager)：孙海瑜
联系人(Contact Person)：章波
产品(Products)：原纸，卫生纸，面巾纸，餐巾纸，手帕纸，擦手纸，厨房用纸，婴儿纸尿裤，湿巾
品牌(Brand)：洁云，丝柔，贝贝爽

上海唯爱纸业有限公司
Shanghai Weiai Paper Co., Ltd.
地址(Add)：上海市南汇区宣桥镇三灶工业园宣秋路446号A楼
邮编(P. C.)：201300
电话(Tel)：021－51961298
传真(Fax)：021－51961278
E-mail：weiaiaiwei@ sina. com
Http://www. shevery. com
法人代表(Chairman)：程学保
总经理(General Manager)：程学保
联系人(Contact Person)：沈治文
产品(Products)：湿巾，餐巾纸，面巾纸，厨房用纸，擦手纸，婴儿纸尿裤/片
品牌(Brand)：爱唯，康乐

上海舒而爽卫生用品有限公司
Shanghai Shuershuang Hygiene Products Co., Ltd.
地址(Add)：上海市浦东新区川沙镇学北路3号
邮编(P. C.)：201200
电话(Tel)：021－58923022
传真(Fax)：021－58924316
法人代表(Chairman)：张林华
总经理(General Manager)：张林华
联系人(Contact Person)：张林华
产品(Products)：婴儿纸尿裤，成人纸尿裤，护理垫
品牌(Brand)：舒而爽

联兴卫生用品有限公司
Lianxing Hygiene Products Co., Ltd.
地址(Add)：上海市浦东新区秀沿路867弄30号1201室
邮编(P. C.)：201315

电话(Tel)：021－59398412
传真(Fax)：021－59398413
法人代表(Chairman)：陆素俊
总经理(General Manager)：陆素俊
联系人(Contact Person)：杨志平
产品(Products)：妇女卫生巾，卫生护垫，纸尿片，拖把，擦拭巾，卫生卷纸，餐巾纸
品牌(Brand)：紫菱，佳蕙

上海护理佳实业有限公司
Shanghai Foliage Industry Co., Ltd.
地址(Add)：上海市青浦区白鹤镇白石公路2288号
邮编(P. C.)：201711
电话(Tel)：021－59213666
传真(Fax)：021－59213316
E-mail：xgj8981@126.com
Http://www.hulijia.com
法人代表(Chairman)：夏双印
总经理(General Manager)：夏双印
联系人(Contact Person)：许国军
产品(Products)：妇女卫生巾，卫生护垫，婴儿纸尿裤/片，成人纸尿裤，乳垫
品牌(Brand)：护理佳，妙仔，PP爽，贴身福

上海百依卫生用品有限公司
Shanghai Baiyi Hygiene Products Co., Ltd.
地址(Add)：上海市青浦区富甲开发区
邮编(P. C.)：201716
电话(Tel)：021－29568090
传真(Fax)：021－29568090
总经理(General Manager)：张仕民
联系人(Contact Person)：周爱华
产品(Products)：妇女卫生巾，婴儿纸尿裤/片
品牌(Brand)：千倍爽，妈咪福娃

上海唯尔福(集团)有限公司＊
Shanghai Welfare Group Co., Ltd.
地址(Add)：上海市青浦区华新镇徐华公路3029弄88号
邮编(P. C.)：201705
电话(Tel)：021－39873177
传真(Fax)：021－39873188
E-mail：wef2008@163.com
Http://www.wef2008.com
法人代表(Chairman)：李胜章
总经理(General Manager)：何幼成
联系人(Contact Person)：张迎春
产品(Products)：妇女卫生巾，卫生护垫，婴儿纸尿裤/片，成人纸尿片，宠物垫，护理垫，原纸，卫生纸，面巾纸，手帕纸，餐巾纸，厨房用纸，擦手纸，湿巾
品牌(Brand)：唯尔福，美丽约会，唯儿福，纸音

上海亚日工贸有限公司
Shanghai Yari Industry & Trading Co., Ltd.
地址(Add)：上海市青浦区青东农场果园路588号
邮编(P. C.)：201701
电话(Tel)：021－69219588
传真(Fax)：021－69219058
法人代表(Chairman)：骆定龙
总经理(General Manager)：骆定龙
联系人(Contact Person)：杨继武
产品(Products)：妇女卫生巾，卫生护垫，婴儿纸尿裤/片，湿巾
品牌(Brand)：顺妮，亚妮，宝宝舒

上海益母妇女用品有限公司
Shanghai Yimoo Women Necessities Co., Ltd.
地址(Add)：上海市松江工业区佘山分区陶干路745号
邮编(P. C.)：201602
电话(Tel)：021－57792226
传真(Fax)：021－57796070
E-mail：yimoo@yimoo.cn
Http://www.yimoo.com
法人代表(Chairman)：赵玉山
联系人(Contact Person)：胡世福
产品(Products)：妇女卫生巾，卫生护垫，婴儿纸尿裤
品牌(Brand)：益母草，益母，益贝

上海恒晟卫生用品有限公司
Shanghai Hengsheng Hygiene Products Co., Ltd.
地址(Add)：上海市松江区高科技园昆港路999号
邮编(P. C.)：201614
电话(Tel)：021－57855018
传真(Fax)：021－57855266
E-mail：sales@sh－hs.cn
Http://www.sh-hs.cn
法人代表(Chairman)：许文嵘
总经理(General Manager)：许文评
联系人(Contact Person)：许文评
产品(Products)：婴儿纸尿裤/片，成人纸尿片，妇婴两用垫，湿巾，卫生纸
品牌(Brand)：舒贝，舒尔乐

上海舒晓实业有限公司
Shanghai Shuxiao Industry Co., Ltd.
地址(Add)：上海市松江区泖港黄桥工业园9栋(叶新公路5066号)
邮编(P. C.)：201607
电话(Tel)：021－57866368
传真(Fax)：021－57866368
E-mail：zhangxiaorong1016@163.com
联系人(Contact Person)：张晓荣
产品(Products)：妇女卫生巾，婴儿纸尿裤

上海亿维实业有限公司
Shanghai Yiwei Industry Co., Ltd.
地址(Add)：上海市松江区佘山天马经济开发区新宅路658号
邮编(P. C.)：201603
电话(Tel)：021－57665218
传真(Fax)：021－57663218
E-mail：021cx@163.com
Http://www.cnyiwei.com
法人代表(Chairman)：祁超训
联系人(Contact Person)：祁超训
产品(Products)：妇女卫生巾，卫生护垫，婴儿纸尿裤
品牌(Brand)：护蕾，888

上海美馨卫生用品有限公司
Shanghai American Hygienics Co., Ltd.
地址(Add)：上海市松江区佘山镇沈砖公路3129弄5－6号楼
邮编(P. C.)：201602

电话(Tel)：021－57669436
传真(Fax)：021－59763989
E-mail：salescn@amhygienics.com
Http://www.amhygienics.com
法人代表(Chairman)：余有志
总经理(General Manager)：余有志
联系人(Contact Person)：吴亮
产品(Products)：湿巾，婴儿纸尿裤，妇女卫生巾
品牌(Brand)：凯德馨

上海白玉兰卫生洁品有限公司
Shanghai Whiteyulan Clean Things Co., Ltd.
地址(Add)：上海市松江区欣玉路188号
邮编(P.C.)：201600
电话(Tel)：021－57736805
传真(Fax)：021－57736968
E-mail：shbaiyulan@126.com
总经理(General Manager)：南莉莉
联系人(Contact Person)：曹玉洁
产品(Products)：妇女卫生巾，卫生护垫，婴儿纸尿裤/片
品牌(Brand)：白玉兰，逗逗仔

全日美实业(上海)有限公司
Everbeauty Industry (Shanghai) Co., Ltd.
地址(Add)：上海市松江区新桥镇工业区民益路5号
邮编(P.C.)：201612
电话(Tel)：021－57686968
传真(Fax)：021－57686967
Http://www.evb.com.cn
法人代表(Chairman)：邱顶阳
总经理(General Manager)：蔡坤芳
联系人(Contact Person)：金春梅
产品(Products)：婴儿纸尿裤/片，成人纸尿裤/片，护理垫，湿巾
品牌(Brand)：嘘嘘乐，小淘气，爱乐芬，包大人，妈妈乐

尤妮佳生活用品(中国)有限公司
Uni－Charm Consumer Products (China) Co., Ltd.
地址(Add)：上海市延安东路618号东海商业中心22楼
邮编(P.C.)：200001
电话(Tel)：021－53854166
传真(Fax)：021－53854799
E-mail：chunlei－yuan@unicharm.com
Http://www.unicharm-china.com
法人代表(Chairman)：中野健之亮
总经理(General Manager)：中野健之亮
联系人(Contact Person)：袁春雷
产品(Products)：妇女卫生巾，卫生护垫，婴儿纸尿裤
品牌(Brand)：苏菲，佳慕，妈咪宝贝

上海东冠华洁纸业有限公司
Shanghai Orient Champion Paper Co., Ltd.
地址(Add)：上海市中山南一路893号斯米克广场西楼二楼
邮编(P.C.)：200023
电话(Tel)：021－53026727
传真(Fax)：021－53019590
E-mail：xuexm@socp.com.cn
Http://www.jieyun.cn
法人代表(Chairman)：李慈雄
总经理(General Manager)：孙海瑜
联系人(Contact Person)：薛小敏
产品(Products)：卫生卷纸，面巾纸，餐巾纸，手帕纸，擦手纸，厨房用纸，婴儿纸尿裤，湿巾
品牌(Brand)：洁云，丝柔，洁伴，贝贝爽

■ 江苏 Jiangsu

盐城市俏安卫生保健用品有限公司
Yancheng Qiaoan Hygiene Health Care Products Co., Ltd.
地址(Add)：江苏省滨海县经济技术开发区港区支路
邮编(P.C.)：224500
电话(Tel)：0515－84193188
传真(Fax)：0515－84101865
E-mail：knb7008@sina.com
Http://www.qiaoan.cn
法人代表(Chairman)：蒯本立
总经理(General Manager)：蒯乃彬
联系人(Contact Person)：蒯乃彬
产品(Products)：妇女卫生巾，卫生护垫，卫生纸，纸尿裤/片，湿巾
品牌(Brand)：俏安

常州康贝护理卫生用品有限公司
Changzhou Kombi Nursing Healthy Supplies Co., Ltd.
地址(Add)：江苏省常州市天宁区青龙街道虹阳路2号
邮编(P.C.)：213149
电话(Tel)：0519－85503603
传真(Fax)：0519－85503604
E-mail：yzh@czkombi.com
Http://www.czkombi.com
联系人(Contact Person)：叶正华
产品(Products)：婴儿纸尿裤，成人纸尿裤，护理垫，乳垫
品牌(Brand)：宝爱

常州市梦爽卫生用品有限公司
Changzhou Mengshuang Hygiene Products Co., Ltd.
地址(Add)：江苏省常州市武进区礼嘉镇
邮编(P.C.)：213176
电话(Tel)：0519－86232951
传真(Fax)：0519－86238008
Http://www.czmengshuang.cn
总经理(General Manager)：陆元清
联系人(Contact Person)：陆元清
产品(Products)：妇女卫生巾，卫生护垫，婴儿纸尿裤，成人纸尿裤，护理垫，宠物垫，乳垫
品牌(Brand)：靓爽

常州市武进亚星卫生用品有限公司
Changzhou Wujin Yaxing Hygiene Products Co., Ltd.
地址(Add)：江苏省常州市武进区礼嘉镇王言桥
邮编(P.C.)：213176
电话(Tel)：0519－86232358
传真(Fax)：0519－86235865
E-mail：yxgs_358@vip.163.com
法人代表(Chairman)：陈锡和
总经理(General Manager)：陈丽松
联系人(Contact Person)：陈丽松

产品(Products)：妇女卫生巾，卫生护垫，婴儿纸尿裤，成人纸尿裤，卫生纸，宠物垫，失禁垫
品牌(Brand)：女士欢

常州华纳非织造布有限公司
Changzhou Warner Nonwovens Co., Ltd.
地址(Add)：江苏省常州市遥观镇西街 8 号
邮编(P. C.)：213102
电话(Tel)：0519 - 88710361
传真(Fax)：0519 - 88710362
E-mail：c2126126@126. com
Http://www. alibabatool. cn
法人代表(Chairman)：庄海洋
总经理(General Manager)：王红华
联系人(Contact Person)：庄海洋
产品(Products)：卫生卷纸，面巾纸，手帕纸，餐巾纸，厨房用纸，擦手纸，婴儿纸尿裤/片，成人纸尿裤/片，湿巾
品牌(Brand)：水润活，菲秀儿

盐城市喜洋洋卫生用品有限公司
Yancheng Xiyangyang Hygiene Products Co., Ltd.
地址(Add)：江苏省阜宁经济开发区板湖园区 8 号
邮编(P. C.)：224412
电话(Tel)：0515 - 87591778
传真(Fax)：0515 - 87591555
E-mail：ycxyy@163. com
Http://www. ycxyy. com
法人代表(Chairman)：戚应彪
总经理(General Manager)：戚应彪
联系人(Contact Person)：左佳萍
产品(Products)：妇女卫生巾，卫生护垫，婴儿纸尿裤/片，成人纸尿裤/片
品牌(Brand)：喜妞

扬州市月思恋妇幼保健卫生用品有限公司
Yangzhou Yuesilian Women & Children Hygiene Products Co., Ltd.
地址(Add)：江苏省高邮市省级经济开发区屏淮北路
邮编(P. C.)：225600
电话(Tel)：0514 - 84436118
传真(Fax)：0514 - 84436506
E-mail：guxuane@163. com
Http://www. lingli2003. cn. alibaba. com
法人代表(Chairman)：魏玲丽
总经理(General Manager)：魏尔刚
联系人(Contact Person)：魏玲丽
产品(Products)：妇女卫生巾，卫生护垫，婴儿纸尿裤/片
品牌(Brand)：月思恋，超女之恋，妈妈抱抱

淮安金华卫生用品有限公司
Huaian Jinhua Hygiene Products Co., Ltd.
地址(Add)：江苏省金湖县船塘路 288 号
邮编(P. C.)：211600
电话(Tel)：0517 - 86991621
传真(Fax)：0517 - 86881621
E-mail：leilei4451@sina. com
总经理(General Manager)：雷磊
联系人(Contact Person)：雷浩
产品(Products)：妇女卫生巾，卫生护垫，婴儿纸尿裤/片，成人纸尿片，产妇垫
品牌(Brand)：金雪莲，小龙女

江苏宝姿实业有限公司
Jiangsu Baozi Industry Co., Ltd.
地址(Add)：江苏省金湖县金湖西路 131 号
邮编(P. C.)：211600
电话(Tel)：0517 - 86899999
传真(Fax)：0517 - 86980777
E-mail：jwc3188@hotmail. com
Http://www. sinojwc. com
法人代表(Chairman)：陈斌
总经理(General Manager)：陈斌
产品(Products)：妇女卫生巾，卫生护垫，婴儿纸尿裤/片，成人纸尿裤/片，护理垫，产妇垫，宠物垫，口罩，乳垫，抹地巾
品牌(Brand)：金卫灿

好孩子百瑞康卫生用品有限公司
Goodbaby Bairuikang Hygienic Products Co., Ltd.
地址(Add)：江苏省昆山市陆家镇富荣路 1 号
邮编(P. C.)：215331
电话(Tel)：0512 - 57871399
传真(Fax)：0512 - 57679343
E-mail：pqshen@goodbabygroup. com
Http://www. goodbaby. com
法人代表(Chairman)：宋郑还
总经理(General Manager)：辛树林
联系人(Contact Person)：沈平强
产品(Products)：婴儿纸尿裤，宠物纸尿裤
品牌(Brand)：好孩子，奇妙鸭

江苏凯通卫生用品有限公司
Jiangsu Kaitong Sanitary Products Co., Ltd.
地址(Add)：江苏省连云港市通灌路兆龙新村 A5 - 4 - 202
邮编(P. C.)：222042
电话(Tel)：0518 - 82238318
传真(Fax)：0518 - 82238318
E-mail：woshity1982@yahoo. com. cn
联系人(Contact Person)：汪新然
产品(Products)：成人纸尿裤，婴儿纸尿裤

南通市中德卫生用品有限公司
Nantong Zhongde Hygiene Products Co., Ltd.
地址(Add)：江苏省南通市开发区小海镇
邮编(P. C.)：226015
电话(Tel)：0513 - 85905250
传真(Fax)：0513 - 85905250
Http://www. ntzhongde. com. alibaba. cn
总经理(General Manager)：周忠新
产品(Products)：妇女卫生巾，卫生护垫，纸尿裤
品牌(Brand)：诗影

南通市月佳卫生用品有限公司
Nantong Yuejia Hygiene Products Co., Ltd.
地址(Add)：江苏省南通市开发区小海镇工业区
邮编(P. C.)：226015
电话(Tel)：0513 - 85905101
传真(Fax)：0513 - 85905101
总经理(General Manager)：樊冲明

联系人(Contact Person)：吴建忠
产品(Products)：妇女卫生巾，纸尿裤/片，护理垫
品牌(Brand)：可云

徐州洁爽妇幼用品有限公司徐州卫生巾厂
Xuzhou Jieshuang Women & Children Articles Co., Ltd. Xuzhou Sanitary Napkins Factory
地址(Add)：江苏省沛县龙固工业区
邮编(P. C.)：221613
电话(Tel)：0516－89929771
传真(Fax)：0516－89923601
E-mail：xuzhoumiaoshuang@126. com
总经理(General Manager)：张涛
联系人(Contact Person)：刘士彬
产品(Products)：妇女卫生巾，卫生护垫，纸尿裤
品牌(Brand)：妙爽，护莉雅

宿迁市天德纸品有限公司
Suqian Tiande Paper Products Co., Ltd.
地址(Add)：江苏省泗阳县西工业园区昆山路8号
邮编(P. C.)：223700
电话(Tel)：0527－85297828
传真(Fax)：0527－88509588
联系人(Contact Person)：赵丛
产品(Products)：妇女卫生巾，卫生护垫，纸尿裤/片，湿巾，手帕纸，面巾纸

苏州金天宇卫生用品有限公司
Suzhou Golden－Sky Health Commodities Co., Ltd.
地址(Add)：江苏省苏州工业园区津梁街133号
邮编(P. C.)：215123
电话(Tel)：0512－69177680
传真(Fax)：0512－62960786
E-mail：fhm1008@126. com
总经理(General Manager)：傅红明
产品(Products)：卫生纸，手帕纸，擦手纸，纸尿裤/片
品牌(Brand)：金天宇

无锡市佳月卫生用品有限公司
Wuxi Jiayue Hygiene Thing Co., Ltd.
地址(Add)：江苏省无锡市东亭镇云林西区43号201室
邮编(P. C.)：214101
电话(Tel)：0510－88206181
传真(Fax)：0510－88206181
联系人(Contact Person)：张小兵
产品(Products)：妇女卫生巾，婴儿纸尿裤
品牌(Brand)：佳月

无锡嘉诚卫生用品有限公司
Wuxi Jiacheng Sanitary Products Co., Ltd.
地址(Add)：江苏省无锡市锡山区安镇镇(厚桥)谢埭荡东三头
邮编(P. C.)：214106
电话(Tel)：0510－88721961
传真(Fax)：0510－88721732
E-mail：gwgg633@163. com
Http://www. 纸尿裤 . com
法人代表(Chairman)：陈炳兴
总经理(General Manager)：顾伟国
联系人(Contact Person)：潘景
产品(Products)：婴儿纸尿裤/片，成人纸尿片
品牌(Brand)：婴来宝

新沂市春冠卫生用品有限公司
Xinyi Chunguan Sanitation Supplies Co., Ltd.
地址(Add)：江苏省新沂市经济开发区天津路
邮编(P. C.)：221400
电话(Tel)：0516－88610028
传真(Fax)：0516－88985778
Http://www. jschunguan. com
总经理(General Manager)：蒋其龙
产品(Products)：妇女卫生巾，卫生护垫，婴儿纸尿裤/片，卫生纸
品牌(Brand)：春冠

泰州远东纸业有限公司
Taizhou Far East Paper Co., Ltd.
地址(Add)：江苏省兴化市戴窑工业区
邮编(P. C.)：225741
电话(Tel)：0523－83848883
传真(Fax)：0523－83841888
E-mail：anjieer@anjieer. com
Http://www. anjieer. com
法人代表(Chairman)：冯元松
总经理(General Manager)：冯元松
联系人(Contact Person)：王广春
产品(Products)：妇女卫生巾，卫生护垫，婴儿纸尿裤/片，护理垫，宠物垫
品牌(Brand)：安洁尔，安洁儿，安洁康

徐州护尔爽卫生用品有限公司
Xuzhou Huershuang Hygiene Products Co., Ltd.
地址(Add)：江苏省徐州市华山经济开发区
邮编(P. C.)：221744
电话(Tel)：0516－89398688
总经理(General Manager)：胡世峰
产品(Products)：妇女卫生巾，卫生护垫，纸尿裤/片，卫生纸
品牌(Brand)：美尔惠

江苏三笑集团有限公司
Jiangsu Sanxiao Group Co., Ltd.
地址(Add)：江苏省扬州市邗江区杭集镇三笑大道1号
邮编(P. C.)：225111
电话(Tel)：0514－87278498
传真(Fax)：0514－87271389
E-mail：yzwbq@pub. yz. jsinfo. net
Http://www. sanxiaogroup. com. cn
法人代表(Chairman)：韩国平
总经理(General Manager)：韩国发
联系人(Contact Person)：王永明
产品(Products)：妇女卫生巾，卫生护垫，婴儿纸尿裤/片
品牌(Brand)：笑爽，笑得爽

张家港市宏亿纸业有限公司
Zhangjiagang Hongyi Paper Co., Ltd.
地址(Add)：江苏省张家港市三兴西界港(204国道861公里处)
邮编(P. C.)：215624
电话(Tel)：0512－58531528

传真(Fax)：0512－58531568
E-mail：service@jshyzy.com
Http://www.jshyzy.com
总经理(General Manager)：黄松祥
产品(Products)：妇女卫生巾，卫生护垫，婴儿纸尿裤，成人纸尿片

张家港市宝乐卫生用品厂
Zhangjiagang Baole Hygiene Products Factory
地址(Add)：江苏省张家港市三兴沿江开发区
邮编(P.C.)：215600
电话(Tel)：0512－58533839
传真(Fax)：0512－58533839
总经理(General Manager)：朱雪平
联系人(Contact Person)：朱小磊
产品(Products)：妇女卫生巾，卫生护垫，婴儿纸尿裤，成人纸尿裤
品牌(Brand)：安娜

■ 浙江 Zhejiang

杭州珍琦卫生用品有限公司
Hangzhou Zhenqi Sanitary Products Co., Ltd.
地址(Add)：浙江省富阳市大源工业园区
邮编(P.C.)：311413
电话(Tel)：0571－63590518
传真(Fax)：0571－63590528
E-mail：tina@hzzhenqi.com
Http://www.hzzhenqi.com
法人代表(Chairman)：俞钟平
总经理(General Manager)：俞飞英
联系人(Contact Person)：何晓刚
产品(Products)：妇女卫生巾，成人纸尿裤/片，护理垫，婴儿纸尿裤，湿巾，宠物纸尿裤，宠物垫
品牌(Brand)：珍琦

浙江华顺涤纶工业有限公司
Zhejiang Huashun P. F. I. Co., Ltd.
地址(Add)：浙江省杭州市临安玲珑工业区华兴工业城7号楼
邮编(P.C.)：311300
电话(Tel)：0571－63925908
传真(Fax)：0571－63925929
E-mail：huashun908@163.com
Http://www.huaxing.org
法人代表(Chairman)：俞华平
总经理(General Manager)：俞华平
联系人(Contact Person)：俞华平
产品(Products)：婴儿纸尿裤/片，成人纸尿裤/片，护理垫，湿巾
品牌(Brand)：康舒特，安瑞洁

杭州侨资纸业有限公司
Hangzhou Qiaozi Paper Industry Co., Ltd.
地址(Add)：浙江省杭州市临安市横溪开发区
邮编(P.C.)：311300
电话(Tel)：0571－63701827
传真(Fax)：0571－63702588
E-mail：qzzy@qiaozi.com
Http://www.qiaozi.com
法人代表(Chairman)：金利伟
总经理(General Manager)：金利伟
联系人(Contact Person)：胡中春
产品(Products)：婴儿纸尿裤/片，成人纸尿裤/片，护理垫，宠物纸尿裤，宠物垫
品牌(Brand)：酷特适，可靠，QQ乐

杭州豪悦实业有限公司
Hangzhou Haoyue Industrial Co., Ltd.
地址(Add)：浙江省杭州市瓶窑镇凤都工业区凤凰大道(羊城大道交叉口)
邮编(P.C.)：311115
电话(Tel)：0571－26291808
传真(Fax)：0571－26291802
E-mail：wxg591030@yahoo.cn
Http://www.hz-haoyue.com
联系人(Contact Person)：王新国
产品(Products)：妇女卫生巾，成人纸尿裤，婴儿纸尿裤，湿巾
品牌(Brand)：诗蕙，Comfrey，Hope，SunnyGirl

杭州舒泰卫生用品有限公司
Hangzhou Shutai Sanitary Products Co., Ltd.
地址(Add)：浙江省杭州市桐庐青山工业区下城路18号
邮编(P.C.)：311500
电话(Tel)：0571－64245999
传真(Fax)：0571－64241555
E-mail：shutai888@163.com
Http://www.fyshutai.com
法人代表(Chairman)：马飞跃
总经理(General Manager)：黄伟
联系人(Contact Person)：李丹
产品(Products)：婴儿纸尿裤/片，成人纸尿裤/片，护理垫
品牌(Brand)：千芝雅，千年舟，康医生，吉祥

杭州钧儒卫生用品有限公司
Hangzhou Junru Hygiene Products Co., Ltd.
地址(Add)：浙江省杭州市五里塘苑11－1－401
邮编(P.C.)：316021
电话(Tel)：0571－81352458
传真(Fax)：0571－85087867
联系人(Contact Person)：陆小兵
产品(Products)：妇女卫生巾，卫生护垫，纸尿裤
品牌(Brand)：洁安康

杭州辉煌卫生用品有限公司
Hangzhou Brilliant Sanitary Products Co., Ltd.
地址(Add)：浙江省杭州市萧山戴村尖山下1号
邮编(P.C.)：311261
电话(Tel)：0571－82251008
传真(Fax)：0571－82251788
法人代表(Chairman)：邵伟荣
总经理(General Manager)：邵伟荣
产品(Products)：婴儿纸尿裤，宠物纸尿裤，宠物垫，护理垫

杭州乐贝特实业有限公司
Hangzhou Lebeite Industry Co., Ltd.
地址(Add)：浙江省杭州市萧山区新塘工业区
邮编(P.C.)：311201
电话(Tel)：0571－82779018

传真(Fax)：0571－82779028
法人代表(Chairman)：项建明
总经理(General Manager)：项建明
产品(Products)：妇女卫生巾，卫生护垫，婴儿纸尿片
品牌(Brand)：乐贝特，乐舒特

杭州新翔工贸有限公司
Hangzhou Xinxiang Industry & Trading Co., Ltd.
地址(Add)：浙江省杭州市余杭区南苑街道高地工业园区
邮编(P. C.)：311400
电话(Tel)：0571－86151718
传真(Fax)：0571－86157188
E-mail：cyz@hzxxgm. com
Http://www. hzxxgm. com
总经理(General Manager)：陈月忠
联系人(Contact Person)：金海燕
产品(Products)：妇女卫生巾，卫生护垫，婴儿纸尿裤，宠物垫，乳垫
品牌(Brand)：希尔美，贴心宝贝

杭州亿姿堂卫生用品有限公司
Hangzhou Easycare Sanitary Products Co., Ltd.
地址(Add)：浙江省杭州市余杭区瓶窑镇长命
邮编(P. C.)：311115
电话(Tel)：0571－88549989
传真(Fax)：0571－88549979
E-mail：hzeasycare@gmail. com
Http://www. easycare. net. cn
法人代表(Chairman)：黄伟
总经理(General Manager)：黄伟
产品(Products)：妇女卫生巾，卫生护垫，婴儿纸尿裤，成人纸尿裤，护理垫，宠物垫

杭州滕野生物科技有限公司
Hangzhou Tengye Biology Science & Technology Co., Ltd.
地址(Add)：浙江省杭州市余杭区余杭镇禹航路640号宝塔工业区
邮编(P. C.)：311121
电话(Tel)：0571－89051699
传真(Fax)：0571－88662603
Http://www. hz-xt. com
法人代表(Chairman)：程志新
总经理(General Manager)：程志新
产品(Products)：妇女卫生巾，卫生护垫，婴儿纸尿片
品牌(Brand)：如意，如意宝宝

湖州康尔达卫生用品有限公司
Huzhou Kangerda Sanitary Products Co., Ltd.
地址(Add)：浙江省湖州市含山中兴路1号
邮编(P. C.)：313014
电话(Tel)：0572－3670845
传真(Fax)：0572－3670135
E-mail：kangerda@163. com
Http://www. kangerda. cn
法人代表(Chairman)：史瑞林
总经理(General Manager)：史瑞林
联系人(Contact Person)：方忠让
产品(Products)：妇女卫生巾，婴儿纸尿裤，餐巾纸
品牌(Brand)：蚕花

临安市雄鹰妇幼卫生用品有限公司
Linan Eagle Women & Children Sanitary Articles Co., Ltd.
地址(Add)：浙江省临安市於潜镇方元工业区
邮编(P. C.)：311311
电话(Tel)：0571－63872758
传真(Fax)：0571－63872735
E-mail：xy－zjm@126. com
Http://www. hz-yf. com. cn
法人代表(Chairman)：周雄鹰
总经理(General Manager)：项宗信
联系人(Contact Person)：赵建梅
产品(Products)：妇女卫生巾，卫生护垫，婴儿纸尿裤，湿巾
品牌(Brand)：永芳，酷儿

衢州恒业卫生用品有限公司
Quzhou Hengye Hygiene Products Co., Ltd.
地址(Add)：浙江省衢州市常山新都工业区
邮编(P. C.)：324200
电话(Tel)：0570－5110566
传真(Fax)：0570－5110111
E-mail：quzhouhengye8899@126. com
Http://www. zj-hengye. com
总经理(General Manager)：徐东风
联系人(Contact Person)：徐东风
产品(Products)：妇女卫生巾，卫生护垫，婴儿纸尿裤/片，成人纸尿裤/片，卫生纸
品牌(Brand)：动感女孩

瑞安市宏心妇幼用品有限公司
Ruian Hongxin Women & Children Articles Co., Ltd.
地址(Add)：浙江省瑞安市碧山镇渡头路56号
邮编(P. C.)：325215
电话(Tel)：0577－65427687
传真(Fax)：0577－65420399
Http://www. cn-hongxin. com
总经理(General Manager)：卢克孟
产品(Products)：妇女卫生巾，卫生护垫，婴儿纸尿裤/片，纸巾纸
品牌(Brand)：俏姐，保健草，宏心，伴宝氏，直柔

浙江绍兴唯尔福妇幼用品有限公司
Shaoxing Welfare Articles for Women & Children Co., Ltd.
地址(Add)：浙江省绍兴市袍江工业区南区D21号
邮编(P. C.)：312001
电话(Tel)：0575－88241205
传真(Fax)：0575－88242915
E-mail：wef2008@163. com
Http://www. wef2008. com
法人代表(Chairman)：李胜章
总经理(General Manager)：何幼成
产品(Products)：妇女卫生巾，卫生护垫，婴儿纸尿裤/片
品牌(Brand)：唯尔福

台州市娅洁舒卫生用品有限公司
Taizhou Yajieshu Hygiene Products Co., Ltd.
地址(Add)：浙江省台州市温岭新河镇向西莫工业区6号
邮编(P. C.)：317502

电话(Tel)：0576 - 86576169
传真(Fax)：0576 - 86576030
E-mail：sales@ yajieshu. com
Http://www. yajieshu. com
法人代表(Chairman)：莫海滨
总经理(General Manager)：莫海滨
联系人(Contact Person)：沈华东
产品(Products)：妇女卫生巾，卫生护垫，婴儿纸尿片
品牌(Brand)：娅洁舒，倍佳，蝶爽，小贝乐

温州市芳柔卫生用品有限公司
Wenzhou Fangrou Hygiene Articles Co., Ltd.
地址(Add)：浙江省温州市瞿溪后屿街857号
邮编(P. C.)：325035
电话(Tel)：0577 - 86686665
传真(Fax)：0577 - 86686669
E-mail：fangrou@ fangrou. com
Http://www. fangrou. com
法人代表(Chairman)：张武
总经理(General Manager)：张武
产品(Products)：妇女卫生巾，卫生护垫，婴儿纸尿片
品牌(Brand)：汝爽，汝儿爽

温州市宝蝶妇幼用品有限公司
Wenzhou Baodie Women & Children Articles Co., Ltd.
地址(Add)：浙江省温州市三垟黄屿工业区黄屿路110号东首第四幢
邮编(P. C.)：325014
电话(Tel)：0577 - 86775311
传真(Fax)：0577 - 86770085
E-mail：wzbd1@ 163. com
Http://www. baodie. com
法人代表(Chairman)：程成桂
总经理(General Manager)：郑国生
联系人(Contact Person)：张敏
产品(Products)：妇女卫生巾，卫生护垫，婴儿纸尿裤/片，护理垫，卫生纸
品牌(Brand)：宝蝶，尤宝，优妮，宝蝶贝贝，佳佳洁

温州市鹿城天使卫生用品有限公司
Wenzhou Lucheng Tianshi Health Appliance Co., Ltd.
地址(Add)：浙江省温州市温巨东路729号
邮编(P. C.)：325000
电话(Tel)：0577 - 86678700
传真(Fax)：0577 - 86678701
联系人(Contact Person)：陈肇汝
产品(Products)：妇女卫生巾，卫生护垫，婴儿纸尿片
品牌(Brand)：百美

杭州可悦卫生用品有限公司
Hangzhou Credible Sanitary Products Co., Ltd.
地址(Add)：浙江省萧山经济技术开发区杭州江东工业园区江东三路
邮编(P. C.)：311222
电话(Tel)：0571 - 82985566
传真(Fax)：0571 - 82985599
E-mail：qjl. 2007@ yahoo. com. cn
Http://www. hzcredible. com
法人代表(Chairman)：黄国权
总经理(General Manager)：黄国权
联系人(Contact Person)：裘军利
产品(Products)：妇女卫生巾，卫生护垫，婴儿纸尿裤/片
品牌(Brand)：可月，月满好，雅妮娜，宝宝好梦，婴倍适

义乌市佳丽卫生用品厂
Yiwu Jiali Hygiene Products Factory
地址(Add)：浙江省义乌市佛堂义南工业区葛仙路99号
邮编(P. C.)：322002
电话(Tel)：0579 - 85785585
传真(Fax)：0579 - 85785585
E-mail：webmaster@ chinahuile. com
Http://www. chinahuile. com
总经理(General Manager)：余植军
产品(Products)：妇女卫生巾，卫生护垫，纸尿片，纸鞋垫
品牌(Brand)：惠乐，七彩空间，惠乐宝

雅舒曼卫生用品有限公司
Yashuman Hygiene Products Co., Ltd.
地址(Add)：浙江省义乌市佛堂镇江滨工业区
邮编(P. C.)：322002
电话(Tel)：0579 - 85715932
传真(Fax)：0579 - 85728270
E-mail：aqjianke@ vip. 163. com
Http://www. huaji520. com
总经理(General Manager)：王光海
联系人(Contact Person)：朱晓丽
产品(Products)：妇女卫生巾，卫生护垫，婴儿纸尿裤，湿巾
品牌(Brand)：花季，安然

玉洁卫生用品有限公司
Yujie Hygiene Products Co., Ltd.
地址(Add)：浙江省义乌市国际商贸城三期四区13街36315店面(南大门)
邮编(P. C.)：322000
电话(Tel)：0579 - 85376349
E-mail：yujieshijin@ yahoo. cn
总经理(General Manager)：杨永明
产品(Products)：妇女卫生巾，卫生护垫，婴儿纸尿裤，训练裤，宠物裤，成人纸尿裤，湿巾

华美卫生用品有限公司
Huamei Sanitary Products Co., Ltd.
地址(Add)：浙江省义乌市荷叶塘镇经济开发区华美路2号
邮编(P. C.)：322009
电话(Tel)：0579 - 85953513
传真(Fax)：0579 - 85951577
E-mail：huamei5598@ yahoo. com. cn
法人代表(Chairman)：方浩勤
总经理(General Manager)：方浩勤
联系人(Contact Person)：方磊
产品(Products)：妇女卫生巾，纸尿裤/片
品牌(Brand)：华美

可儿卫生用品有限公司
Keer Sanitary Products Co., Ltd.
地址(Add)：浙江省义乌市后宅工业区遗安北路

邮编(P. C.): 322008
电话(Tel): 0579 – 85689611
传真(Fax): 0579 – 85689611
E-mail: fwjt333@163. com
法人代表(Chairman): 王超
总经理(General Manager): 王超
联系人(Contact Person): 王超
产品(Products): 婴儿纸尿裤/片, 成人纸尿裤, 卫生护垫, 宠物垫
品牌(Brand): 可儿

义乌市嘉华日化有限公司
Yiwu Jiahua Chemicals for Daily Use Co., Ltd.
地址(Add): 浙江省义乌市经发大道 236 号
邮编(P. C.): 322000
电话(Tel): 0579 – 85320691
传真(Fax): 0579 – 85314341
E-mail: sale1@ywjiahua. com
Http://www. ywjiahua. com
法人代表(Chairman): 李志彪
联系人(Contact Person): 虞进洪
产品(Products): 妇女卫生巾, 卫生护垫, 婴儿纸尿裤/片, 成人纸尿裤, 失禁护理垫, 宠物垫
品牌(Brand): 诗蕙, 汇泉, 阳光小子

义乌市安娜卫生用品有限公司
Yiwu Anna Hygiene Products Co., Ltd.
地址(Add): 浙江省义乌市义福田三期二楼九街 35864 店面
邮编(P. C.): 322000
电话(Tel): 0579 – 85373880
传真(Fax): 0579 – 83898725
总经理(General Manager): 冯刚
联系人(Contact Person): 熊淑娟
产品(Products): 妇女卫生巾, 卫生护垫, 婴儿纸尿裤
品牌(Brand): 芬莉, 阳光宝宝

义乌市比爱卫生用品有限公司
Yiwu Biai Health Products Co., Ltd.
地址(Add): 浙江省义乌市义亭工业区
邮编(P. C.): 322005
电话(Tel): 0579 – 85558500
传真(Fax): 0579 – 85542638
E-mail: sales@biaichina. com
Http://www. biaichina. com
法人代表(Chairman): 王爱加
总经理(General Manager): 周喜飞
联系人(Contact Person): 傅淑芬
产品(Products): 妇女卫生巾, 卫生护垫, 婴儿纸尿裤, 湿巾宠物垫, 宠物纸尿裤
品牌(Brand): 比爱

义乌市安柔卫生用品有限公司
Yiwu Anrou Hygiene Products Co., Ltd.
地址(Add): 浙江省义乌市义亭工业区稠义路 1 号
邮编(P. C.): 322005
电话(Tel): 0579 – 85818068
传真(Fax): 0579 – 85817688
E-mail: master@anrou. net
Http://www. anrou. cn
法人代表(Chairman): 李光军
总经理(General Manager): 李光军
产品(Products): 妇女卫生巾, 卫生护垫, 婴儿纸尿裤/片, 成人纸尿裤, 护理垫, 湿巾
品牌(Brand): 安柔, 奥贝思, 澳利康, 子女心, 奥利康

义乌市奥顿纸业有限公司
Yiwu Arton Paper Co., Ltd.
地址(Add): 浙江省义乌市义亭镇工业园区
邮编(P. C.): 322005
电话(Tel): 0579 – 85819888
传真(Fax): 0579 – 85813668
E-mail: cnaodun@126. com
Http://www. ywaodun. com
法人代表(Chairman): 鲍志坚
总经理(General Manager): 鲍志坚
产品(Products): 妇女卫生巾, 婴儿纸尿裤/片, 餐巾纸, 面巾纸, 卫生卷纸
品牌(Brand): 诗雨, 迷奇儿, 鸥娜诗

■ 安徽 Anhui

安徽金林工贸有限公司
Anhui Jinlin Industry & Trading Co., Ltd.
地址(Add): 安徽省巢湖市东方景苑菜场
邮编(P. C.): 238000
电话(Tel): 0565 – 2627575
传真(Fax): 0565 – 2819562
E-mail: webmaster@ahjlgm. cn
Http://www. ahjlgm. cn
总经理(General Manager): 戴文忠
联系人(Contact Person): 徐金华
产品(Products): 妇女卫生巾, 卫生护垫, 婴儿/成人纸尿裤, 面巾纸
品牌(Brand): 金伶爽

滁州俣之昊工贸有限公司
Chuzhou Yuzhihao Industry & Trade Co., Ltd.
地址(Add): 安徽省滁州市滁全路 180 号
邮编(P. C.): 239000
电话(Tel): 0550 – 3219258
传真(Fax): 0550 – 3219138
E-mail: yuzhihao3219258@yahoo. com. cn
Http://www. lnsap. cn. alibaba. com
总经理(General Manager): 吴仁强
产品(Products): 卫生护垫, 纸尿片, 宠物垫
品牌(Brand): 滁卫

安徽鸿汇无纺布制品有限公司
Anhui Honghui Nonwovers Products Co., Ltd.
地址(Add): 安徽省合肥市肥东县撮镇镇龙塘工业园
邮编(P. C.): 231603
电话(Tel): 0551 – 7315808
传真(Fax): 0551 – 7313258
E-mail: hhyx2006@sina. com
总经理(General Manager): 宣以祥
产品(Products): 护理垫, 宠物垫, 婴儿纸尿裤

安徽侬侬妇幼用品有限公司
Anhui Nongnong Women & Children Articles Co., Ltd.
地址(Add)：安徽省合肥市龙岗工业区牡丹路与站前路交叉口
邮编(P. C.)：231633
电话(Tel)：0551-4327323
传真(Fax)：0551-4327699
E-mail：wpm168@163. com
Http://www. ahhcjt. com
联系人(Contact Person)：王培明
产品(Products)：妇女卫生巾，卫生护垫，婴儿纸尿裤
品牌(Brand)：水晶花，丝云

安徽汇诚妇幼用品有限公司
Anhui Huicheng Women & Children Articles Co., Ltd.
地址(Add)：安徽省合肥市龙岗开发区牡丹路与站前路交叉口
邮编(P. C.)：231633
电话(Tel)：0551-4327333
传真(Fax)：0551-4328222
E-mail：ahhcjt@ahhcjt. com
Http://www. ahhcjt. com
法人代表(Chairman)：蔡世忠
总经理(General Manager)：蔡世忠
联系人(Contact Person)：蔡培春
产品(Products)：妇女卫生巾，卫生护垫，婴儿纸尿裤，成人纸尿裤/片，面巾纸，手帕纸，餐巾纸，擦手纸
品牌(Brand)：洁柔，水晶花

恒安(合肥)生活用品有限公司
Hengan (Hefei) Daily Products Co., Ltd.
地址(Add)：安徽省合肥市瑶海工业园区郎溪路与纬B路交叉口
邮编(P. C.)：230011
电话(Tel)：0551-2113889
E-mail：wujb@mail. hengan. com. cn
法人代表(Chairman)：施文博
总经理(General Manager)：吴金钹
联系人(Contact Person)：吴金钹
产品(Products)：妇女卫生巾，卫生护垫，婴儿纸尿裤，卫生纸
品牌(Brand)：安乐，安尔乐，安儿乐，心相印

桐城市妇幼用品有限责任公司
Tongcheng Woman & Child Articles Co., Ltd.
地址(Add)：安徽省桐城市挂车河镇
邮编(P. C.)：231400
电话(Tel)：0556-6040398
传真(Fax)：0556-6040488
法人代表(Chairman)：宋传庆
总经理(General Manager)：宋传庆
联系人(Contact Person)：宋传庆
产品(Products)：妇女卫生巾，卫生护垫，婴儿纸尿裤/片
品牌(Brand)：月尔美

■ 福建 Fujian

泉州市三商卫生用品有限公司
Quanzhou Sanshang Hygiene Products Co., Ltd.
地址(Add)：福建省安溪县蓬莱镇联中工业区
邮编(P. C.)：362402
电话(Tel)：0595-23358333
传真(Fax)：0595-23358222
E-mail：sanshang@fjfair. com
Http://www. sanshang168. com. cn
法人代表(Chairman)：林清艺
总经理(General Manager)：林清艺
联系人(Contact Person)：饶仁平
产品(Products)：妇女卫生巾，卫生护垫，婴儿纸尿裤/片，湿巾
品牌(Brand)：娇点，蕾洁，护悠

天乐卫生用品有限公司
Tianle Hygiene Products Co., Ltd.
地址(Add)：福建省长汀县腾飞工业开发区
邮编(P. C.)：366300
电话(Tel)：0597-6800888
传真(Fax)：0597-6823888
E-mail：tianle-fj@163. com
Http://www. tianle888. com
总经理(General Manager)：林建明
联系人(Contact Person)：林建亮
产品(Products)：妇女卫生巾，婴儿纸尿裤/片，成人纸尿裤
品牌(Brand)：天乐，实爽

福清市益兴堂卫生制品有限公司
Fuqing Yixingtang Hygiene Products Co., Ltd.
地址(Add)：福建省福清市江阴工业区B5厂房
邮编(P. C.)：350309
电话(Tel)：0591-85966766
传真(Fax)：0591-85966789
E-mail：lindaoxing@263. net
Http://www. yixingtang. cn
法人代表(Chairman)：林道兴
总经理(General Manager)：林道兴
联系人(Contact Person)：黄福兴
产品(Products)：妇女卫生巾，婴儿纸尿裤/片
品牌(Brand)：亲情树，酷爽，亲情宝宝

福清恩达卫生用品有限公司
Fuqing Enda Hygiene Products Co., Ltd.
地址(Add)：福建省福清市融侨经济开发区
邮编(P. C.)：350301
电话(Tel)：0591-85389898
传真(Fax)：0591-85366988
法人代表(Chairman)：王菊英
总经理(General Manager)：王菊英
联系人(Contact Person)：陈松
产品(Products)：妇女卫生巾，婴儿纸尿裤/片
品牌(Brand)：天姿娇，天使恋情，美赞臣，君乐宝

福州天使日用品有限公司
Fuzhou Angel Commodity Co., Ltd.
地址(Add)：福建省福清市融侨经济开发区金印
邮编(P. C.)：350301
电话(Tel)：0591-85368198
传真(Fax)：0591-85368158
E-mail：daddybaby@fz-angels. com
Http://www. fzangels. com

法人代表(Chairman)：林斌
总经理(General Manager)：林勇
联系人(Contact Person)：张金亮
产品(Products)：婴儿纸尿裤/片，妇女卫生巾，湿巾
品牌(Brand)：爹地宝贝 Daddybaby，比雅蒂

舒尔洁(福州)纸业有限公司
Shuerjie (Fuzhou) Paper Co., Ltd.
地址(Add)：福建省福州市前屿路179号
邮编(P. C.)：350000
电话(Tel)：0591－87625139
传真(Fax)：0591－87621179
E-mail：fjshuerjie@163.com
联系人(Contact Person)：杨长建
产品(Products)：妇女卫生巾，卫生护垫，纸尿裤/片，卫生卷纸，手帕纸，面巾纸
品牌(Brand)：乐宝氏

恒安集团(晋江)生活用品有限公司
Hengan Group (Jinjiang) Household Products Co., Ltd.
地址(Add)：福建省晋江市安海恒安工业城
邮编(P. C.)：362261
电话(Tel)：0595－85708312
传真(Fax)：0595－85708666
法人代表(Chairman)：施文博
联系人(Contact Person)：林一速
产品(Products)：婴儿纸尿裤，成人纸尿裤
品牌(Brand)：安儿乐，安而康

恒安集团(晋江)卫生用品有限公司
Hengan Holding (Jinjiang) Hygiene Supplies Co., Ltd.
地址(Add)：福建省晋江市安海恒安工业城
邮编(P. C.)：362261
电话(Tel)：0595－85708312
传真(Fax)：0595－85708666
法人代表(Chairman)：施文博
联系人(Contact Person)：林一速
产品(Products)：婴儿纸尿裤/片
品牌(Brand)：安儿乐

福建恒安集团有限公司
Fujian Hengan Holding Co., Ltd.
地址(Add)：福建省晋江市安海恒安工业城
邮编(P. C.)：362261
电话(Tel)：0595－85708888
传真(Fax)：0595－85708666
E-mail：hengan@hengan.com
Http://www.hengan.com.cn
法人代表(Chairman)：施文博
总经理(General Manager)：许连捷
联系人(Contact Person)：陈涛
产品(Products)：妇女卫生巾，卫生护垫，婴儿纸尿裤，成人纸尿裤，湿巾
品牌(Brand)：安尔乐，安乐，安儿乐，安而康，心相印

晋江市安信妇幼用品有限公司
Jinjiang Anxin Women & Children Articles Co., Ltd.
地址(Add)：福建省晋江市安海镇后林工业区
邮编(P. C.)：362261
电话(Tel)：0595－85784911
传真(Fax)：0595－85724183
总经理(General Manager)：颜子崖
联系人(Contact Person)：颜子崖
产品(Products)：妇女卫生巾，卫生护垫，婴儿纸尿裤
品牌(Brand)：优贝佳，温情港湾，名舒

泉州顺安妇幼用品有限公司
Quanzhou Shunan Women & Children Articles Co., Ltd.
地址(Add)：福建省晋江市安海镇瑶前工业区
邮编(P. C.)：362261
电话(Tel)：0595－85538997
传真(Fax)：0595－85538997
E-mail：1030865554@qq.com
Http://www.fjshunan.com
联系人(Contact Person)：姚文展
产品(Products)：妇女卫生巾，卫生护垫，纸尿裤
品牌(Brand)：茉莉花香

晋江市恒质纸品有限公司
Jinjiang Hengzhi Paper Products Co., Ltd.
地址(Add)：福建省晋江市安海镇庄头恒质纸品工业大厦
邮编(P. C.)：362261
电话(Tel)：0595－85709988
传真(Fax)：0595－85768887
E-mail：hengzhi510@163.com
Http://www.cnhengzhi.com
法人代表(Chairman)：陈文质
产品(Products)：妇女卫生巾，卫生护垫，婴儿纸尿裤/片，成人纸尿裤，湿巾，纸巾纸
品牌(Brand)：嫚妮斯，健尔

晋江市雅诗兰妇幼用品有限公司
Jinjiang Aishilan Women & Children Articles Co., Ltd.
地址(Add)：福建省晋江市陈埭岸刀南工业区
邮编(P. C.)：362211
电话(Tel)：0595－85170266
传真(Fax)：0595－85170366
法人代表(Chairman)：丁煌灿
总经理(General Manager)：丁煌灿
联系人(Contact Person)：丁煌灿
产品(Products)：妇女卫生巾，卫生护垫，婴儿纸尿片
品牌(Brand)：星期六

福建省晋江市舒乐妇幼用品有限公司
Fujian Jinjiang Shule Women & Children Articles Co., Ltd.
地址(Add)：福建省晋江市陈埭镇鹏头工业区(鹏青大道)
邮编(P. C.)：362211
电话(Tel)：0595－85189888
传真(Fax)：0595－85189777
E-mail：shuleco@pub2.qz.fj.cn
Http://www.baihushi.com
法人代表(Chairman)：丁朝阳
产品(Products)：妇女卫生巾，婴儿纸尿裤，生活用纸
品牌(Brand)：白护士

晋江舒月妇幼卫生用品有限公司
Jinjiang Shuyue Women & Children Products Co., Ltd.
地址(Add)：福建省晋江市池店镇屿崆工业区
邮编(P. C.)：362212

电话(Tel)：0595－85995958
传真(Fax)：0595－85995659
E-mail：info@fjsure.com
Http://www.fjsure.com
法人代表(Chairman)：谢丽楚
联系人(Contact Person)：谢国联
产品(Products)：妇女卫生巾，卫生护垫，婴儿纸尿裤/片
品牌(Brand)：青春少女，优秀女生，九九空间，心梦宝贝

福建省晋江市恒意卫生用品有限公司
Fujian Jinjiang Hengyi Hygiene Products Co., Ltd.
地址(Add)：福建省晋江市池店镇屿崆工业区(靠福厦路紫帽镇)
邮编(P.C.)：362200
电话(Tel)：0595－85988898
传真(Fax)：0595－85988818
总经理(General Manager)：谢宝水
联系人(Contact Person)：谢美丽
产品(Products)：妇女卫生巾，卫生护垫，婴儿纸尿裤/片
品牌(Brand)：情深深，美丽宝贝

晋江荣安生活用品有限公司
Jinjiang Rongan Household Articles Co., Ltd.
地址(Add)：福建省晋江市池店镇屿崆工业区荣安楼
邮编(P.C.)：362200
电话(Tel)：0595－85985892
传真(Fax)：0595－85993892
E-mail：penny88928@hotmail.com
Http://www.rachina.com
法人代表(Chairman)：倪清荣
总经理(General Manager)：倪辉煌
联系人(Contact Person)：倪辉煌
产品(Products)：妇女卫生巾，卫生护垫，婴儿纸尿裤/片，成人纸尿裤/片
品牌(Brand)：惜香婷，薰衣草，季洁，孩子气，洁护师，芭芭布，夕阳参

福建恒益妇幼用品有限公司
Fujian Hengyi Women & Children Articles Co., Ltd.
地址(Add)：福建省晋江市磁灶溪头工业区
邮编(P.C.)：362214
电话(Tel)：0595－85883211
传真(Fax)：0595－85883144
法人代表(Chairman)：周金九
总经理(General Manager)：周金九
产品(Products)：妇女卫生巾，卫生护垫，婴儿纸尿片
品牌(Brand)：好情意，娅思婷，护柔，舒儿宝

泉州市金源妇幼用品有限公司
Quanzhou Jinyuan Woman & Child Articles Co., Ltd.
地址(Add)：福建省晋江市磁灶镇坝头工业区
邮编(P.C.)：362200
电话(Tel)：0595－85896558
传真(Fax)：0595－85896557
法人代表(Chairman)：曾金福
总经理(General Manager)：曾水源
产品(Products)：妇女卫生巾，卫生护垫，婴儿纸尿裤/片
品牌(Brand)：缘定一生，小朵

晋江市女友卫生用品有限公司
Jinjiang Nüyou Hygiene Products Co., Ltd.
地址(Add)：福建省晋江市磁灶镇大公山工业区
邮编(P.C.)：362214
电话(Tel)：0595－85882992
传真(Fax)：0595－85898992
E-mail：jjnvyou@yahoo.com.cn
Http://www.nvyou.hk
总经理(General Manager)：吴海丰
联系人(Contact Person)：张珂
产品(Products)：妇女卫生巾，卫生护垫，婴儿纸尿裤/片
品牌(Brand)：芳欣，辣妹子，唯好

晋江市益源卫生用品有限公司
Jinjiang Yiyuan Hygiene Products Co., Ltd.
地址(Add)：福建省晋江市磁灶镇洋美工业区
邮编(P.C.)：362000
电话(Tel)：0595－85835236
传真(Fax)：0595－85889236
E-mail：yiyuan@fjyiyuan.com
Http://www.fjyiyuan.com
联系人(Contact Person)：谢家源
产品(Products)：妇女卫生巾，卫生护垫，婴儿纸尿裤/片，成人纸尿片，面巾纸
品牌(Brand)：好浪漫

福建省晋江市圣洁卫生用品有限公司
Fujian Jinjiang Shengjie Hygiene Products Co., Ltd.
地址(Add)：福建省晋江市磁灶镇张林儒东工业区
邮编(P.C.)：362214
电话(Tel)：0595－85835188
传真(Fax)：0595－85835199
总经理(General Manager)：张友谊
联系人(Contact Person)：张祝恩
产品(Products)：妇女卫生巾，卫生护垫，婴儿纸尿裤/片

晋江沧源纸品厂
Jinjiang Cangyuan Paper Products Factory
地址(Add)：福建省晋江市东石镇张厝工业区
邮编(P.C.)：362272
电话(Tel)：0595－5585357
联系人(Contact Person)：王明确
产品(Products)：妇女卫生巾，婴儿纸尿裤，隔尿巾

姗拉娜卫生用品有限公司
Shanlana Hygiene Products Co., Ltd.
地址(Add)：福建省晋江市高科技开发区银水商厦
邮编(P.C.)：362200
电话(Tel)：0595－85661312
传真(Fax)：0595－85622980
法人代表(Chairman)：许火车
总经理(General Manager)：庄景生
产品(Products)：妇女卫生巾，婴儿纸尿片
品牌(Brand)：梦姗娜，梦幻天使，倍自在

晋江市怡佳卫生用品有限公司
Jinjiang Yijia Sanitary Appliances Co., Ltd.
地址(Add)：福建省晋江市罗山街道办事处社店工业区
邮编(P. C.)：362216
电话(Tel)：0595－88172976
传真(Fax)：0595－88173976
E-mail：fjyijiaqy@163. com
Http://www. fjyijiaqy. com
法人代表(Chairman)：陈德安
总经理(General Manager)：陈德安
联系人(Contact Person)：顾建英
产品(Products)：妇女卫生巾，卫生护垫，婴儿纸尿裤/片，成人纸尿裤/片
品牌(Brand)：樱柔，婴柔，英柔

晋江市荣鑫妇幼用品有限公司
Jinjiang Rongxin Women & Children Products Co., Ltd.
地址(Add)：福建省晋江市梅岭街道许厝工业区
邮编(P. C.)：362200
电话(Tel)：0595－85667558
传真(Fax)：0595－85673558
E-mail：rongxin@rongxin. com
Http://www. rongxin. com
总经理(General Manager)：许荣华
联系人(Contact Person)：许振锟
产品(Products)：妇女卫生巾，卫生护垫，婴儿纸尿裤/片
品牌(Brand)：婷而好，羽茜，雪妮，波波乐

晋江市金安纸业用品有限公司
Jinjiang Jinan Paper Products Co., Ltd.
地址(Add)：福建省晋江市梅岭双沟下坂工业区北路7号
邮编(P. C.)：362211
电话(Tel)：0595－85653158
传真(Fax)：0595－85610078
E-mail：bookboy@booksir. com
Http://www. jjyiheng. com
联系人(Contact Person)：林金典
产品(Products)：妇女卫生巾，卫生护垫，婴儿纸尿裤
品牌(Brand)：心爽，心爽宝贝

福建晋江白绵纸品厂
Fujian Jinjiang Baimian Paper Products Factory
地址(Add)：福建省晋江市内坑镇吕厝蓬莱工业区
邮编(P. C.)：362268
电话(Tel)：0595－86882025
传真(Fax)：0595－88326629
Http://www. baimian. net
总经理(General Manager)：洪阿小
产品(Products)：妇女卫生巾，婴儿纸尿片，卫生纸，餐巾纸，面巾纸，
品牌(Brand)：优贝佳，好亲密，橄榄树

晋江市华亿妇幼用品有限公司
Jinjiang Huayi Women & Children Products Co., Ltd.
地址(Add)：福建省晋江市青阳高霞工业区
邮编(P. C.)：362200
电话(Tel)：0595－82008699
传真(Fax)：0595－82008700
E-mail：hy－company@163. com
Http://www. fjhy. com
法人代表(Chairman)：庄建设
总经理(General Manager)：庄少聪
联系人(Contact Person)：姜亚林
产品(Products)：妇女卫生巾，卫生护垫，婴儿纸尿裤/片，成人纸尿片
品牌(Brand)：黛菲，花之雨，金博士，香奈儿

恒安(中国)卫生用品有限公司
Hengan (China) Hygiene Products Co., Ltd.
地址(Add)：福建省晋江市五里工业园区
邮编(P. C.)：362261
电话(Tel)：0595－85708312
传真(Fax)：0595－85708666
E-mail：linys@mail. hengan. com. cn
联系人(Contact Person)：林一速
产品(Products)：婴儿纸尿裤，成人纸尿裤，卫生纸
品牌(Brand)：安儿乐，安而康，心相印

福建晋江凤竹纸品实业有限公司
Fujian Jinjiang Fengzhu Paper Products Industry Co., Ltd.
地址(Add)：福建省晋江市五里科技工业园区
邮编(P. C.)：362200
电话(Tel)：0595－85758888
传真(Fax)：0595－85752222
E-mail：fengzhu5678890@163. com
Http://www. fjfzzy. com
总经理(General Manager)：李栋梁
联系人(Contact Person)：麦义坤
产品(Products)：餐巾纸，面巾纸，手帕纸，卫生纸，妇女卫生巾，卫生护垫，婴儿纸尿裤
品牌(Brand)：洁菲，凤竹，洁儿菲

泉州市白天鹅卫生用品有限公司
Quanzhou White Swan Sanitary Appliances Co., Ltd.
地址(Add)：福建省晋江市西园官前工业区
邮编(P. C.)：362200
电话(Tel)：0595－85858528
传真(Fax)：0595－85858628
E-mail：whiteswan@qzwhiteswan. com
Http://www. qzwhiteswan. com
总经理(General Manager)：张清辉
产品(Products)：妇女卫生巾，婴儿纸尿裤
品牌(Brand)：纯雅，舒利婷，婴儿爽，快乐叮当

晋江市清安卫生用品有限公司
Jinjiang Qingan Hygiene Products Co., Ltd.
地址(Add)：福建省晋江市西园街道汽车制造基地旁
邮编(P. C.)：362000
电话(Tel)：0595－85890185
总经理(General Manager)：陈玉聪
产品(Products)：妇女卫生巾，卫生护垫，婴儿纸尿片
品牌(Brand)：佳芳，水晶花园，富贝乐

晋江市金晖卫生用品有限公司
Jinjiang Jinhui Sanitary Products Co., Ltd.
地址(Add)：福建省晋江市西园街道仕头工业区
邮编(P. C.)：362200

电话(Tel)：0595－85654888
传真(Fax)：0595－85658959
E-mail：jh1924@sina.com
法人代表(Chairman)：洪耿谋
联系人(Contact Person)：洪小兵
产品(Products)：妇女卫生巾，卫生护垫，婴儿纸尿裤/片
品牌(Brand)：快乐时光，月期，十足女人，蝶妮，舒蜜空间，快乐宝宝，小晶豆，助儿爽

圣安娜妇幼用品有限公司
Shenganna Women & Children Articals Co., Ltd.
地址(Add)：福建省晋江市西园街道仕头工业区
邮编(P.C.)：362200
电话(Tel)：0595－85078350
传真(Fax)：0595－85659756
总经理(General Manager)：洪文振
联系人(Contact Person)：洪炳辉
产品(Products)：婴儿纸尿裤/片，妇女卫生巾，卫生护垫
品牌(Brand)：漂亮宝宝

晋江恒乐妇幼用品有限公司
Jinjiang Hengle Women and Children Articles Co., Ltd.
地址(Add)：福建省晋江市西园街道仕头工业区
邮编(P.C.)：362200
电话(Tel)：0595－85611402
传真(Fax)：0595－85696402
联系人(Contact Person)：赖素英
产品(Products)：妇女卫生巾，卫生护垫，婴儿纸尿裤，面巾纸

美特妇幼用品有限公司
Meite Women & Children Products Co., Ltd.
地址(Add)：福建省晋江市西园街道王厝工业区
邮编(P.C.)：362200
电话(Tel)：0595－85656826
传真(Fax)：0595－85658402
E-mail：meite@meitecn.com
Http://www.meitecn.com
法人代表(Chairman)：洪景芳
联系人(Contact Person)：洪诗滢
产品(Products)：妇女卫生巾，卫生护垫，婴儿纸尿裤，成人纸尿裤
品牌(Brand)：雅梦思，婷诗莉，米奇宝贝，完美宝贝，帮宝舒，小甜甜，美特

福建晋江安婷妇幼用品有限公司
Fujian Jinjiang Anting Women & Children Products Co., Ltd.
地址(Add)：福建省晋江市西园赖厝工业东区7号
邮编(P.C.)：362200
电话(Tel)：0595－85653868
传真(Fax)：0595－85652868
E-mail：anting@public.qz.fj.cn
Http://www.an-ting.com
法人代表(Chairman)：赖永星
总经理(General Manager)：赖永星
联系人(Contact Person)：赖永清
产品(Products)：妇女卫生巾，卫生护垫，婴儿纸尿裤/片，湿巾
品牌(Brand)：阳光天使，安婷，舒美婷，快乐公主，舒儿婷

福建省晋江市吸引力妇幼纸品有限公司
Fujian Jinjiang Xiyinli Women & Children Paper Products Co., Ltd.
地址(Add)：福建省晋江市西园赖厝工业园区
邮编(P.C.)：362600
电话(Tel)：0595－85656333
传真(Fax)：0595－82855444
E-mail：xyl－yueding@163.com
Http://www.yueding.cc
法人代表(Chairman)：赖志群
总经理(General Manager)：赖志群
联系人(Contact Person)：赖志群
产品(Products)：卫生纸，妇女卫生巾，卫生护垫，婴儿纸尿裤/片
品牌(Brand)：约定，心约定，爱约定

晋江市清丽卫生用品有限公司
Jinjiang Qingli Hygiene Products Co., Ltd.
地址(Add)：福建省晋江市西园霞梧工业区
邮编(P.C.)：362200
电话(Tel)：0595－85687149
传真(Fax)：0595－85678149
E-mail：qingli－149@hotmail.com
Http://www.qingli888.com
法人代表(Chairman)：吴万里
总经理(General Manager)：吴万里
联系人(Contact Person)：吴万里
产品(Products)：妇女卫生巾，婴儿纸尿裤/片
品牌(Brand)：流星雨，舒尔选，舒选，舒儿选

晋江市源泰鑫卫生用品有限公司
Jinjiang Yuantaixin Hygiene Products Co., Ltd.
地址(Add)：福建省晋江市西园霞梧经济开发区
邮编(P.C.)：362200
电话(Tel)：0595－85659899
传真(Fax)：0595－85676512
E-mail：ytx@yuantaixin.com
Http://www.yuantaixin.com
联系人(Contact Person)：吴呵木
产品(Products)：妇女卫生巾，卫生护垫，婴儿纸尿裤/片
品牌(Brand)：雅特诗蕾，唯妮，新思缘，冰纯，帮宝乐，鸿馨儿，小调皮

晋江市大华妇幼卫生用品有限公司
Jinjiang Dahua Women & Children Hygiene Products Co., Ltd.
地址(Add)：福建省晋江市英林镇港塔工业区
邮编(P.C.)：362256
电话(Tel)：0595－85496081
传真(Fax)：0595－85496091
总经理(General Manager)：林欣欣
联系人(Contact Person)：林兴华
产品(Products)：婴儿纸尿片

晋江市安雅卫生用品有限公司
Jinjiang Anya Hygiene Products Co., Ltd.
地址(Add)：福建省晋江市紫帽镇洋店工业区

邮编(P. C.)：362200
电话(Tel)：0595－85952958
传真(Fax)：0595－85953958
总经理(General Manager)：卓东来
产品(Products)：妇女卫生巾，卫生护垫，纸尿裤/片
品牌(Brand)：星期六，安雅

龙海市妙雅卫生用品有限公司
Longhai Miaoya Sanitary Products Co., Ltd.
地址(Add)：福建省龙海市榜山镇北溪头工业区
邮编(P. C.)：363100
电话(Tel)：0596－6598705
传真(Fax)：0596－6596798
E-mail：miaoya@ miaoya. com
Http://www. china-miaoya. com
法人代表(Chairman)：黄展顺
总经理(General Manager)：黄展顺
联系人(Contact Person)：黄艳娟
产品(Products)：妇女卫生巾，卫生护垫，婴儿纸尿裤/片，湿巾
品牌(Brand)：妙雅，思无邪，娃儿乐，长相依

福建省龙岩市柯佳茶业有限公司
Longyan Kejia Tea Industry Co., Ltd.
地址(Add)：福建省龙岩市工业西路68号(龙州工业园)
邮编(P. C.)：364000
电话(Tel)：0597－2206788
传真(Fax)：0597－2217688
E-mail：khsh2033@ yahoo. com. cn
Http://www. kjckj. com
法人代表(Chairman)：柯海水
联系人(Contact Person)：曾海荣
产品(Products)：婴儿纸尿裤/片
品牌(Brand)：亲茶园，绿乐

龙岩市铭丰纸业有限公司
Longyan Mingfeng Paper Co., Ltd.
地址(Add)：福建省龙岩市经济技术开发区
邮编(P. C.)：364012
电话(Tel)：0597－2790869
传真(Fax)：0597－2790869
法人代表(Chairman)：连国强
总经理(General Manager)：蔡锦发
联系人(Contact Person)：陈丽清
产品(Products)：妇女卫生巾，卫生护垫，婴儿纸尿裤/片
品牌(Brand)：优婷，优爽，优儿爽，优爽宝宝

福建省龙岩市祥泰造纸包装有限公司
Fujian Longyan Xiangtai Paper & Package Co., Ltd.
地址(Add)：福建省龙岩市铁山开发区
邮编(P. C.)：364001
电话(Tel)：0597－2348234
传真(Fax)：0597－2348432
总经理(General Manager)：张万祥
产品(Products)：卫生纸，婴儿纸尿裤
品牌(Brand)：好心人

福建省南安市明大卫生用品厂
Fujian Nanan Mingda Hygiene Products Factory
地址(Add)：福建省南安市抚茂岭开发区
邮编(P. C.)：362308
电话(Tel)：0595－86233777
传真(Fax)：0595－86255999
E-mail：md@ mingda－cn. com
Http://www. fjmingda. com
法人代表(Chairman)：尤建扬
总经理(General Manager)：尤建扬
联系人(Contact Person)：蔡如后
产品(Products)：妇女卫生巾，卫生护垫，婴儿纸尿裤/片，成人纸尿裤/片，护理垫，湿巾
品牌(Brand)：清芬，倍儿舒，净呼吸，护大人

南安市恒源妇幼用品有限公司
Nanan Hengyuan Women & Children Articles Co., Ltd.
地址(Add)：福建省南安市洪濑西林工业区
邮编(P. C.)：362331
电话(Tel)：0595－86682876
传真(Fax)：0595－86688433
E-mail：tiexin@ pub2. qz. fj. cn
Http://www. fjhyfy. com
法人代表(Chairman)：黄源水
总经理(General Manager)：黄源水
联系人(Contact Person)：黄文锋
产品(Products)：妇女卫生巾，卫生护垫，婴儿纸尿裤/片，成人纸尿裤
品牌(Brand)：贴欣，贴欣宝宝

福建南安鑫隆妇幼用品有限公司
Fujian Nanan Xinlong Women & Children Articles Co., Ltd.
地址(Add)：福建省南安市洪濑镇东大路
邮编(P. C.)：362331
电话(Tel)：0595－86673118
传真(Fax)：0595－86673118
E-mail：hlxinlong@ vip. sina. com
法人代表(Chairman)：林志煌
总经理(General Manager)：林志煌
产品(Products)：妇女卫生巾，卫生护垫，婴儿纸尿裤
品牌(Brand)：美丽祝福，生活空间，丹菲诗，舒尔宝

福建中天妇幼用品有限公司
Fujian AAB Hygiene Products Co., Ltd.
地址(Add)：福建省南安市洪濑镇东溪工业区
邮编(P. C.)：362331
电话(Tel)：0595－86693688
传真(Fax)：0595－86693488
E-mail：buy@ aabchina. com
Http://www. aabchina. com
法人代表(Chairman)：黄家齐
总经理(General Manager)：代国元
联系人(Contact Person)：庄碧原
产品(Products)：妇女卫生巾，卫生护垫，婴儿纸尿裤
品牌(Brand)：丝婷，舒丝婷，青春女孩，可爱宝贝

福建省南安市天和妇幼日用品有限公司
Fujian Tianhe Women & Children Goods for Daily Use Co., Ltd.
地址(Add)：福建省南安市洪濑镇东溪开发区天和工业大厦

邮编(P. C.): 362331
电话(Tel): 0595 - 86689278
传真(Fax): 0595 - 86689607
E-mail: fjtianhe@ fjtianhe. com
Http://www. fjtianhe. com
法人代表(Chairman): 黄志民
总经理(General Manager): 黄志民
联系人(Contact Person): 叶茂松
产品(Products): 妇女卫生巾, 卫生护垫, 婴儿纸尿裤/片, 湿巾
品牌(Brand): 新欣, 阳光之秀, 怡儿爽, 手中宝

福建省南安市天天纸业有限公司
Fujian Nanan Tiantian Paper Industry Co., Ltd.
地址(Add): 福建省南安市洪濑镇三梅工业区
邮编(P. C.): 362330
电话(Tel): 0595 - 86600555
传真(Fax): 0595 - 86687222
E-mail: fcy3555@ 163. com
总经理(General Manager): 范重阳
联系人(Contact Person): 范重阳
产品(Products): 妇女卫生巾, 卫生护垫, 婴儿纸尿裤/片, 生活用纸
品牌(Brand): 无菌康, T&T, 妙洁

泉州市现代卫生用品有限公司
Quanzhou Xiandai Sanitary Products Co., Ltd.
地址(Add): 福建省南安市梅亭开发区
邮编(P. C.): 362300
电话(Tel): 0595 - 86279886
传真(Fax): 0595 - 86279881
E-mail: wuruinong2005@ 21cn. com
Http://www. qzxiandai. com
法人代表(Chairman): 黄仕洲
总经理(General Manager): 黄仕东
联系人(Contact Person): 邬瑞农
产品(Products): 妇女卫生巾, 卫生护垫, 婴儿纸尿裤/片
品牌(Brand): 薇薇佳, 少女时代, 水晶梦, 婴护, 适儿爽

南安市德盛纸品有限公司
Nanan Desheng Paper Products Co., Ltd.
地址(Add): 福建省南安市美林玉叶工业区
邮编(P. C.): 362300
电话(Tel): 0595 - 86295568
传真(Fax): 0595 - 86295569
E-mail: kangdequan888@ 163. com
联系人(Contact Person): 康德全
产品(Products): 妇女卫生巾, 婴儿纸尿裤
品牌(Brand): 心彩研, 泡泡贝比

泉州市爱乐卫生用品有限公司
Quanzhou Aile Hygiene Products Co., Ltd.
地址(Add): 福建省南安市美林镇梅亭工业区
邮编(P. C.): 362300
电话(Tel): 0595 - 86276298
传真(Fax): 0595 - 86278298
E-mail: aile@ qzaile. com
Http://www. qzaile. com
联系人(Contact Person): 吴朝明
产品(Products): 妇女卫生巾, 卫生护垫, 婴儿纸尿裤/片
品牌(Brand): 芳佳宜, 爱乐, 亮爽, 爱乐·爱儿乐, 爱乐·嘀哒嘀, 爱乐·金博士

福建恒利集团有限公司
Fujian Hengli Group Co., Ltd.
地址(Add): 福建省南安市省新镇恒利工业区
邮编(P. C.): 362300
电话(Tel): 0595 - 86252666
传真(Fax): 0595 - 86252099
E-mail: qingbo57@ pub1. qz. fj. cn
Http://www. fjhl. com. cn
法人代表(Chairman): 吴家荣
总经理(General Manager): 吴家荣
联系人(Contact Person): 刘芳美
产品(Products): 妇女卫生巾, 卫生护垫, 婴儿纸尿裤/片, 生活用纸
品牌(Brand): 好舒爽, 舒爽, 爽儿宝, 好吉利

南安市洁婷卫生用品有限公司
Nanan Jieting Hygiene Products Co., Ltd.
地址(Add): 福建省南安市水头镇蟠龙开发区香港花园1515号
邮编(P. C.): 362342
电话(Tel): 0595 - 86909358
传真(Fax): 0595 - 86909238
E-mail: info@ jieting. net
Http://www. jieting. net
总经理(General Manager): 吕连虎
联系人(Contact Person): 吕小红
产品(Products): 妇女卫生巾, 卫生护垫, 婴儿纸尿裤/片
品牌(Brand): 清柔, 柔菲, 乐期, 舒心妈咪

福建省南安恒昌纸品有限公司
Fujian Nanan Hengchang Paper Products Co., Ltd.
地址(Add): 福建省南安市溪美镇山工业区
邮编(P. C.): 362300
电话(Tel): 0595 - 26561888
传真(Fax): 0595 - 26561999
E-mail: hcgs688@ 163. com
Http://www. fjhc688. com
法人代表(Chairman): 吴家灿
总经理(General Manager): 张长福
联系人(Contact Person): 张长福
产品(Products): 妇女卫生巾, 卫生护垫, 婴儿纸尿裤/片
品牌(Brand): 欣舒宝, 护儿宝

泉州市娇娇乐卫生用品有限公司
Quanzhou Jojo Sanitary Products Co., Ltd.
地址(Add): 福建省南安市院下工业区
邮编(P. C.): 362343
电话(Tel): 0595 - 86091998
传真(Fax): 0595 - 86090998
E-mail: jojole@ 126. com
Http://www. oudi-paper. com
法人代表(Chairman): 李秀娇
总经理(General Manager): 李秀娇

联系人(Contact Person)：曾秋波
产品(Products)：妇女卫生巾，卫生护垫，婴儿纸尿裤/片，卫生纸，成人纸尿裤
品牌(Brand)：恋之娇，女生有缘，娇媚，娇媚宝贝，Saude，Comfort

南平方圆卫生用品有限公司
Nanping Fangyuan Hygiene Products Co., Ltd.
地址(Add)：福建省南平市延平区炉下工业园区
邮编(P. C.)：353000
电话(Tel)：0599－8457766
传真(Fax)：0599－8455566
E-mail：fangyuan.869@163.com
法人代表(Chairman)：方雅芬
总经理(General Manager)：魏其长
产品(Products)：妇女卫生巾，卫生护垫，婴儿纸尿裤/片，成人纸尿裤/片
品牌(Brand)：雅芬

福建省莆田市荔城纸业有限公司
Fujian Putian Licheng Paper Co., Ltd.
地址(Add)：福建省莆田市城厢区华亭镇郊溪工业区
邮编(P. C.)：351139
电话(Tel)：0594－2029839
传真(Fax)：0594－2029539
E-mail：lichengzhiye@126.com
Http://www.fjlicheng.com
法人代表(Chairman)：黄丽梅
总经理(General Manager)：林元剑
联系人(Contact Person)：林元剑
产品(Products)：妇女卫生巾，卫生护垫，婴儿纸尿裤/片，成人纸尿裤/片，护理垫，餐巾纸，面巾纸，卫生卷纸
品牌(Brand)：佳爽，佳婷，荔城，丝月，BB宝，新宠儿

亿发纸业(福建)有限公司*
Yifa Paper (Fujian) Co., Ltd.
地址(Add)：福建省莆田市涵江区苍林工业区
邮编(P. C.)：351111
电话(Tel)：0594－3569098
传真(Fax)：0594－3566998
E-mail：xiuwang918@yahoo.com.cn
Http://www.yifagroup.com
法人代表(Chairman)：杨黎敏
总经理(General Manager)：梅中
联系人(Contact Person)：陈秀王
产品(Products)：婴儿纸尿裤，妇女卫生巾，卫生护垫，卫生卷纸，面巾纸，餐巾纸，擦手纸，厨房用纸，原纸
品牌(Brand)：美弗儿，亲尔，手心缘

福建省莆田市恒盛卫生用品有限公司
Putian Hengsheng Hygiene Products Co., Ltd.
地址(Add)：福建省莆田市涵江区三江民营企业城
邮编(P. C.)：351111
电话(Tel)：0594－3584777
传真(Fax)：0594－3366863
E-mail：fmd@zghengsheng.com
Http://www.zghengsheng.com
法人代表(Chairman)：方明栋
产品(Products)：妇女卫生巾，卫生护垫，纸尿裤
品牌(Brand)：小佳人，雅丝莉，睡得香，佳人，舒逸情，小行家

莆田市丰悦纸业有限公司
Putian Fengyue Paper Co., Ltd.
地址(Add)：福建省莆田市涵江区梧塘镇后东工业区
邮编(P. C.)：351119
电话(Tel)：0594－3991152
传真(Fax)：0594－3991462
总经理(General Manager)：陈广悦
产品(Products)：妇女卫生巾，卫生纸，婴儿纸尿片
品牌(Brand)：丰悦，雅朵儿

福建莆田佳通纸制品有限公司
G. T. Paper (Fujian Putian) Co., Ltd.
地址(Add)：福建省莆田市江口镇海星街
邮编(P. C.)：351115
电话(Tel)：0594－3697690
传真(Fax)：0594－3697692
Http://www.gtpaper.com
法人代表(Chairman)：林美凤
总经理(General Manager)：李玉坤
联系人(Contact Person)：许文
产品(Products)：妇女卫生巾，卫生护垫，婴儿纸尿裤，湿巾
品牌(Brand)：柔爱，雪薇，佳馨

福建泉州露芳妇幼纸品有限公司
Fujian Quanzhou Lufang Women & Children Paper Products Co., Ltd.
地址(Add)：福建省泉州市东海滨城工业区
邮编(P. C.)：362000
电话(Tel)：0595－22589491
传真(Fax)：0595－22586978
E-mail：qzlufang@sina.com
法人代表(Chairman)：吴琼
总经理(General Manager)：伍国跃
产品(Products)：妇女卫生巾，卫生护垫，婴儿纸尿裤
品牌(Brand)：露芳，迷爽，婴洁

泉州市菲莉纸业用品有限公司
Quanzhou Feili Paper Products Co., Ltd.
地址(Add)：福建省泉州市东海滨城工业区东滨路
邮编(P. C.)：362000
电话(Tel)：0595－22907299
传真(Fax)：0595－22907399
E-mail：feilizhiye@alibaba.com.cn
Http://www.felipaper.com
总经理(General Manager)：黄瑞莲
联系人(Contact Person)：黄瑞莲
产品(Products)：妇女卫生巾，卫生护垫，婴儿纸尿裤，成人纸尿裤
品牌(Brand)：QQ女孩，Oral，乐百惠

泉州市玖安卫生用品有限公司
Quanzhou Jiuan Hygiene Products Co., Ltd.
地址(Add)：福建省泉州市东海滨城工业区东滨路新兴工业楼
邮编(P. C.)：362000
电话(Tel)：0595－22915829
传真(Fax)：0595－22915993

总经理(General Manager)：赖宗伟
联系人(Contact Person)：赖宗伟
产品(Products)：妇女卫生巾，卫生护垫，婴儿纸尿裤
品牌(Brand)：护伊宝，自然舒，新姿，帮妮安

泉州喜乐乐婴幼用品有限公司
Quanzhou Xilele Baby Articles Co., Ltd.
地址(Add)：福建省泉州市丰泽区宝洲路宝洲花园 B 区 79 号
邮编(P. C.)：362000
电话(Tel)：0595－22270719
传真(Fax)：0595－22270719
Http://www.xilele.com.cn
联系人(Contact Person)：陈惠周
产品(Products)：婴儿纸尿裤，湿巾，成人纸尿裤/片，卫生纸
品牌(Brand)：呵护宝，花节

泉州市新世纪卫生用品有限公司
Quanzhou Xinshiji Hygiene Products Co., Ltd.
地址(Add)：福建省泉州市丰泽区北峰普贤路群峰工业区
邮编(P. C.)：362000
电话(Tel)：0595－22761386
传真(Fax)：0595－22761396
Http://www.qzxsj.com
联系人(Contact Person)：黄金水
产品(Products)：妇女卫生巾，卫生护垫，婴儿纸尿裤/片
品牌(Brand)：时尚少女

泉州市天成妇幼用品有限公司
Quanzhou Tiancheng Women & Children Articles Co., Ltd.
地址(Add)：福建省泉州市丰泽区北峰群山工业区
邮编(P. C.)：362000
电话(Tel)：0595－22761809
传真(Fax)：0595－28233135
总经理(General Manager)：邓天成
联系人(Contact Person)：赖建全
产品(Products)：妇女卫生巾，卫生护垫，婴儿纸尿裤/片
品牌(Brand)：期待，妇幼情，妙婷

泉州蓝蜻蜓卫生用品有限公司
Quanzhou Blue Dragonfly Hygiene Products Co., Ltd.
地址(Add)：福建省泉州市丰泽区北峰霞美工业园蓝蜻蜓大厦
邮编(P. C.)：362000
电话(Tel)：0595－22116266
传真(Fax)：0595－22116466
E-mail：qtmmm@163.com
Http://www.66me.com
法人代表(Chairman)：朱慧瑜
总经理(General Manager)：薛明和
联系人(Contact Person)：范秀丽
产品(Products)：妇女卫生巾，卫生护垫，婴儿纸尿裤，宠物纸尿裤
品牌(Brand)：蓝蜻蜓，安妮芙，爱心 QQ，心相思，SHE，婴皇，海绵宝宝，福建贝贝，梦之羽，月韵

泉州市利洁妇幼用品有限公司
Quanzhou Lijie Woman & Child Articles Co., Ltd.
地址(Add)：福建省泉州市丰泽区拒洪工业区 1 号
邮编(P. C.)：362000
电话(Tel)：0595－22778828
传真(Fax)：0595－22899928
Http://www.ljfy.cn
法人代表(Chairman)：董莉莉
总经理(General Manager)：董莉莉
联系人(Contact Person)：董小玲
产品(Products)：妇女卫生巾，卫生护垫，婴儿纸尿裤/片，面巾纸，成人纸尿裤，护理垫，妇婴两用巾
品牌(Brand)：贵族女人，骄傲女人，香尔洁，佐丹奴，贵族宝宝

汇丰妇幼用品有限公司
Huifeng Women & Children Articles Co., Ltd.
地址(Add)：福建省泉州市丰泽区普贤路口
邮编(P. C.)：362000
电话(Tel)：0595－22773855
传真(Fax)：0595－22773955
Http://www.huifeng-cn.com
总经理(General Manager)：赖南生
产品(Products)：妇女卫生巾，卫生护垫，婴儿纸尿裤/片
品牌(Brand)：妙缘，雅逸

盛鸿达卫生用品有限公司
Shenghongda Hygiene Products Co., Ltd.
地址(Add)：福建省泉州市丰泽区普贤路田边路口
邮编(P. C.)：362000
电话(Tel)：0595－22767198
传真(Fax)：0595－22767298
E-mail：shd0595@163.com
Http://www.cn-shd.com
法人代表(Chairman)：赖建国
总经理(General Manager)：黄福来
联系人(Contact Person)：黄福来
产品(Products)：妇女卫生巾，卫生护垫，婴儿纸尿裤/片
品牌(Brand)：妍韵，倍儿健

福建五星(泉州)卫生用品有限公司
Fujian Wuxing (Quanzhou) Hygiene Products Co., Ltd.
地址(Add)：福建省泉州市丰州桃源工业区
邮编(P. C.)：362333
电话(Tel)：0595－86787555
传真(Fax)：0595－86788333
法人代表(Chairman)：傅炳煌
总经理(General Manager)：许焕洲
产品(Products)：妇女卫生巾，婴儿纸尿裤/片，成人纸尿片
品牌(Brand)：梦婷，惠诺

福建惠安县和成日用品有限公司
Fujian Huian Hecheng Household Products Co., Ltd.
地址(Add)：福建省泉州市惠安东园新沙工业区
邮编(P. C.)：362122
电话(Tel)：0595－87586756
传真(Fax)：0595－87586758
E-mail：xt658@163.com

Http://www.hengcan-cn.com
法人代表(Chairman)：黄晏来
总经理(General Manager)：王业运
联系人(Contact Person)：黄灿彬
产品(Products)：妇女卫生巾，卫生护垫，婴儿纸尿裤/片，成人纸尿裤/片，护理垫，面巾纸
品牌(Brand)：相约，皇氏，绿尔爽

婴氏(福建)纸业有限公司
Yingshi(Fuwjian) Paper Co., Ltd.
地址(Add)：福建省泉州市惠安惠南工业区精品园15号
邮编(P.C.)：362100
电话(Tel)：0595-27308312
传真(Fax)：0595-85958666
E-mail：yingshi_huai@yingshijj.com
Http://www.yingshijj.com
总经理(General Manager)：陈国怀
联系人(Contact Person)：何惠芬
产品(Products)：婴儿纸尿裤/片，湿巾
品牌(Brand)：婴氏

泉州市创利卫生用品有限公司
Quanzhou Chuangli Hygiene Thing Co., Ltd.
地址(Add)：福建省泉州市惠安县东园镇锦厝工业区
邮编(P.C.)：362100
电话(Tel)：0595-87590123
传真(Fax)：0595-87599123
E-mail：qzchuangli@sina.com
Http://www.qzchuangli.com
总经理(General Manager)：郭秋玲
联系人(Contact Person)：郭秋玲
产品(Products)：妇女卫生巾，卫生护垫，婴儿纸尿裤/片
品牌(Brand)：美丽人生，才女，ASE，嘘嘘宝贝，贝佳

雀氏(中国)日用品有限公司
Chiaus (China) Daily Necessities Co., Ltd.
地址(Add)：福建省泉州市惠安县惠东工业区通港路6号
邮编(P.C.)：362133
电话(Tel)：0595-87201083
传真(Fax)：0595-87201080
E-mail：chiausqihua@163.com
Http://www.chiaus.cn
法人代表(Chairman)：陈建义
总经理(General Manager)：陈建义
联系人(Contact Person)：傅辉
产品(Products)：婴儿纸尿裤/片，湿巾
品牌(Brand)：雀氏

福建泉州环宇妇幼用品有限公司
Fujian Quanzhou Huanyu Women & Children Articles Co., Ltd.
地址(Add)：福建省泉州市经济技术开发区紫帽园坂
邮编(P.C.)：362005
电话(Tel)：0595-85955433
传真(Fax)：0595-85957433
法人代表(Chairman)：郑景生
总经理(General Manager)：郑景生
联系人(Contact Person)：王永良
产品(Products)：妇女卫生巾，卫生护垫，纸尿裤/片
品牌(Brand)：邻家女孩，妙恋，舒适空间，金孩儿

泉州市怡洁纸业有限公司
Quanzhou Yijie Paper Co., Ltd.
地址(Add)：福建省泉州市鲤城火炬工业区常兴路建兴大厦2楼
邮编(P.C.)：362005
电话(Tel)：0595-22497777
传真(Fax)：0595-22499989
法人代表(Chairman)：谢长炎
总经理(General Manager)：谢长远
联系人(Contact Person)：谢家声
产品(Products)：妇女卫生巾，卫生护垫，婴儿纸尿裤/片，护理垫
品牌(Brand)：洁尔丝，洁儿需，宜而乐，宜而雅

泉州市明芳卫生用品有限公司/泉州市乐宝氏卫生用品有限公司
Quanzhou Mingfang Hygiene Products Co., Ltd.
地址(Add)：福建省泉州市鲤城区浮桥办黄石工业区
邮编(P.C.)：362000
电话(Tel)：0595-22426280
传真(Fax)：0595-22425280
E-mail：lbshappy2007@163.com
法人代表(Chairman)：吴志坚
总经理(General Manager)：吴志坚
联系人(Contact Person)：吴国杰
产品(Products)：婴儿纸尿裤/片，成人纸尿裤/片，湿巾
品牌(Brand)：乐宝氏，舒心宝贝，舒伴，康大人

泉州市华芳卫生用品有限公司
Quanzhou Huafang Hygiene Appliance Co., Ltd.
地址(Add)：福建省泉州市洛江科技园2号路
邮编(P.C.)：362011
电话(Tel)：0595-22657599
传真(Fax)：0595-22659978
Http://www.qzhuafang.com
总经理(General Manager)：黄源成
联系人(Contact Person)：黄源成
产品(Products)：妇女卫生巾，卫生护垫，婴儿纸尿裤
品牌(Brand)：华芳

泉州市嘉华卫生用品有限公司
Quanzhou Jiahua Sanitary Articles Co., Ltd.
地址(Add)：福建省泉州市洛江区河市镇浮桥村河市工业区
邮编(P.C.)：362013
电话(Tel)：0595-28022988
传真(Fax)：0595-28022998
E-mail：jiahua@qzde.com
Http://www.qzde.com
法人代表(Chairman)：尤华山
总经理(General Manager)：尤华山
联系人(Contact Person)：尤华山
产品(Products)：妇女卫生巾，婴儿纸尿裤
品牌(Brand)：安妮娜，宜婴

泉州市恒雪卫生用品有限公司
Quanzhou Hengxue Hygiene Products Co., Ltd.
地址(Add)：福建省泉州市洛江区河市镇河市工业区
邮编(P.C.)：362000
电话(Tel)：0595-22037210
传真(Fax)：0595-22036095
总经理(General Manager)：陈国辉

联系人(Contact Person)：黄雪珍
产品(Products)：妇女卫生巾，纸尿片
品牌(Brand)：背影女孩

泉州洛江新华卫生用品有限公司
Quanzhou Luojiang Xinhua Hygiene Products Co., Ltd.
地址(Add)：福建省泉州市洛江区马甲镇杏川工业区
邮编(P. C.)：362014
电话(Tel)：0595－22097693
传真(Fax)：0595－22097692
E-mail：rqqc@qzbuy.com
Http://www.rqqc.com
法人代表(Chairman)：杜龙泉
联系人(Contact Person)：谢呈祥
产品(Products)：妇女卫生巾，卫生护垫，婴儿纸尿片
品牌(Brand)：楚楚佳人，QQ宝贝，丽梦佳

泉州市洛江新时代妇幼卫生用品有限公司
Quanzhou Luojiang Newera Women & Children Products Co., Ltd.
地址(Add)：福建省泉州市洛江区南山工业区
邮编(P. C.)：362012
电话(Tel)：0595－22068000
传真(Fax)：0595－22067266
Http://www.qzxsd.com
联系人(Contact Person)：王孙根
产品(Products)：妇女卫生巾，卫生护垫，婴儿纸尿裤/片
品牌(Brand)：贤惠女孩，舒佳美，玲珑宝贝，曼妙，开心女孩，婴适宝

泉州市天娇妇幼卫生用品有限公司
Quanzhou Tianjiao Women & Babies Sanitary Supplies Co., Ltd.
地址(Add)：福建省泉州市洛江区双阳华侨工业区
邮编(P. C.)：362000
电话(Tel)：0595－22779509
传真(Fax)：0595－22787703
E-mail：tianjiao988@yahoo.com
Http://qztianjiao.cn.gongchang.com/
总经理(General Manager)：俞晓强
联系人(Contact Person)：朱局东
产品(Products)：婴儿纸尿裤/片，妇女卫生巾
品牌(Brand)：利娃，时时护，清悦香氛

泉州市恒毅卫生用品有限公司
Quanzhou Hengyi Hygiene Products Co., Ltd.
地址(Add)：福建省泉州市洛江区双阳镇南山居委会阳江路边
邮编(P. C.)：362000
电话(Tel)：0595－22067788
传真(Fax)：0595－22067799
Http://www.chinahengyi.com
法人代表(Chairman)：黄小宏
总经理(General Manager)：黄晓云
产品(Products)：妇女卫生巾，婴儿纸尿裤
品牌(Brand)：恒毅，好搭档

福建泉州创佳妇幼纸品有限公司
Quanzhou Chuangjia Women & Children Articles Co., Ltd.
地址(Add)：福建省泉州市洛江区塘西工业园二期
邮编(P. C.)：362000
电话(Tel)：0595－22792262
传真(Fax)：0595－22792263
总经理(General Manager)：蓝桂芳
联系人(Contact Person)：蓝桂芳
产品(Products)：妇女卫生巾，卫生护垫，婴儿纸尿裤
品牌(Brand)：乐爽新空间，五月花

福建省泉州恒康妇幼卫生用品有限公司
Fujian Quanzhou Hengkang Women & Children Article Co., Ltd.
地址(Add)：福建省泉州市洛江区万安科技园1号路
邮编(P. C.)：362012
电话(Tel)：0595－22658266
传真(Fax)：0595－22658366
法人代表(Chairman)：杜成剑
联系人(Contact Person)：杜成艺
产品(Products)：妇女卫生巾，卫生护垫，纸尿裤/片
品牌(Brand)：梦18，欧梦洁，雪贝儿，梦蕾

泉州市爱丽诗卫生用品有限公司
Quanzhou Ailishi Hygiene Products Co., Ltd.
地址(Add)：福建省泉州市洛江万安科技园区1号路
邮编(P. C.)：362000
电话(Tel)：0595－22655788
传真(Fax)：0595－22655799
Http://www.qzailishi.com
法人代表(Chairman)：黄诗贤
总经理(General Manager)：黄宝腾
联系人(Contact Person)：黄宝腾
产品(Products)：妇女卫生巾，卫生护垫，婴儿纸尿片
品牌(Brand)：美期

福建省南安市远大生活用品厂
Fujian Nanan Yuanda Hygiene Products Factory
地址(Add)：福建省泉州市南安梅山新兰工业区
邮编(P. C.)：362321
电话(Tel)：0595－86579668
传真(Fax)：0595－86579678
E-mail：info@chinayuanda.com.cn
Http://www.chinayuanda.com.cn
法人代表(Chairman)：陈燕治
总经理(General Manager)：郑友奎
联系人(Contact Person)：郑友奎
产品(Products)：妇女卫生巾，卫生护垫，婴儿纸尿裤/片，成人纸尿裤/片，护理垫
品牌(Brand)：丰采，康乐星，瑞亨，好省新

泉州恒菲卫生用品有限公司
Quanzhou Hengfei Hygiene Products Co., Ltd.
地址(Add)：福建省泉州市普贤路群石工业区
邮编(P. C.)：362000
电话(Tel)：0595－22768526
传真(Fax)：0595－22768529
E-mail：hf@hengfei－cn.com
法人代表(Chairman)：黄世甫
联系人(Contact Person)：黄源兴
产品(Products)：妇女卫生巾，卫生护垫，婴儿纸尿片
品牌(Brand)：欣菲，花季少女，娇安娜，雅芙妮，溢尔爽，月舒情，溢儿爽

泉州市佳洁妇幼用品有限公司
Quanzhou Jiajie Women & Children Products Co., Ltd.
地址(Add)：福建省泉州市万安工业区杏宅工业楼A幢
邮编(P. C.)：362012
电话(Tel)：0595－22657788
传真(Fax)：0595－22657799
E-mail：qzjjabc@126. com
Http://www. qzjiajie. com
总经理(General Manager)：黄培生
产品(Products)：妇女卫生巾，卫生护垫，婴儿纸尿裤/片，纸鞋垫
品牌(Brand)：一代佳人，舒心，小丫，舒心宝贝，洁丫

泉州来亚丝卫生用品有限公司
Quanzhou Laiyasi Hygiene Products Co., Ltd.
地址(Add)：福建省泉州市永春县横口双恒工业园
邮编(P. C.)：362619
电话(Tel)：0595－23971288
传真(Fax)：0595－23971918
E-mail：sh@vip. winmail. cn
Http://www. laiyasi. cn
法人代表(Chairman)：张栋梁
联系人(Contact Person)：余金枝
产品(Products)：妇女卫生巾，卫生护垫，婴儿纸尿裤/片，面巾纸，卫生卷纸
品牌(Brand)：来亚丝，奥莉丝，天嬉娃娃

三明市康尔佳卫生用品有限公司
Sanming Kangerjia Sanitary Products Co., Ltd.
地址(Add)：福建省三明市高新技术产业开发区金沙园六三路
邮编(P. C.)：365500
电话(Tel)：0598－5057798
传真(Fax)：0598－5057796
E-mail：web@sx6h. com
Http://www. kangerjia. com
法人代表(Chairman)：陈夏清
总经理(General Manager)：连辉俱
联系人(Contact Person)：连辉俱
产品(Products)：妇女卫生巾，卫生护垫，婴儿纸尿裤/片，面巾纸
品牌(Brand)：蓓乐爽

福建三明明友卫生用品有限公司
Fujian Sanming Mingyou Hygiene Products Co., Ltd.
地址(Add)：福建省三明市绿岩新村198幢
邮编(P. C.)：365000
电话(Tel)：0598－8273536
传真(Fax)：0598－8273536
E-mail：elva－huangyuxin@163. com
联系人(Contact Person)：王富兴
产品(Products)：妇女卫生巾，卫生护垫，婴儿纸尿裤/片，餐巾纸，卫生卷纸，面巾纸
品牌(Brand)：丝蒂尔，片片心，笑宝宝

福建省三明市宏源卫生用品有限公司
Fujian Sanming Hongyuan Hygiene Products Co., Ltd.
地址(Add)：福建省三明市三元区荆东开发区
邮编(P. C.)：365001
电话(Tel)：0598－8399998
传真(Fax)：0598－8399966
E-mail：zx19720527@126. com
Http://www. hywsyp. cn
法人代表(Chairman)：叶秋水
总经理(General Manager)：叶秋水
联系人(Contact Person)：叶强水
产品(Products)：妇女卫生巾，卫生护垫，卫生卷纸，餐巾纸，手帕纸，面巾纸，婴儿纸尿裤/片
品牌(Brand)：女友，女尔友，小神童宝宝

美佳爽(福建)卫生用品有限公司
Mega Soft (Fujian) Hygiene Products Co., Ltd.
地址(Add)：福建省石狮市南环城路钞坑风炉山怡和工业大厦
邮编(P. C.)：362700
电话(Tel)：0595－83002722
传真(Fax)：0595－83002922
E-mail：sales@cnmegasoft. com
Http://www. cnmegasoft. com
法人代表(Chairman)：陈汉河
总经理(General Manager)：陈汉河
联系人(Contact Person)：高山
产品(Products)：妇女卫生巾，卫生护垫，婴儿纸尿裤/片
品牌(Brand)：先施，邦特莉，美帮儿

石狮市绿色空间卫生用品有限公司
Shishi Green Space Hygiene Utensil Co., Ltd.
地址(Add)：福建省石狮市石湖工业园区滨海一路
邮编(P. C.)：362700
电话(Tel)：0595－88682088
传真(Fax)：0595－88682099
E-mail：lskj@mail. booksir. com
Http://www. lskj. cn
总经理(General Manager)：郑荣钦
产品(Products)：妇女卫生巾，卫生护垫，婴儿纸尿裤，湿巾
品牌(Brand)：绿色空间，超级贝贝

福建省媖洁日用品有限公司
Fujian Yingjie Commodity Co., Ltd.
地址(Add)：福建省武平县青云山工业园区6号
邮编(P. C.)：364300
电话(Tel)：0597－4866888
传真(Fax)：0597－4866333
E-mail：yingjie_wuping@163. com
Http://www. yingjie. com. cn
法人代表(Chairman)：邹家兴
总经理(General Manager)：邹家兴
联系人(Contact Person)：王冠玉
产品(Products)：妇女卫生巾，卫生护垫，婴儿纸尿裤
品牌(Brand)：媖洁，健怡宝贝

鸣宝生活用品(厦门)有限公司
Minbow (Xiamen) Corporation
地址(Add)：福建省厦门市海沧区厦门出口加工区海景南二路45号
邮编(P. C.)：361026
电话(Tel)：0592－6538088
传真(Fax)：0592－6896212
E-mail：lee@minbow. com
Http://www. minbow. com

法人代表(Chairman)：李昌昇
总经理(General Manager)：李昌昇
联系人(Contact Person)：黄锡福
产品(Products)：婴儿纸尿裤/片，成人纸尿裤/片

利安娜(厦门)日用品有限公司
Reliance (Xiamen) Commodity Co., Ltd.
地址(Add)：福建省厦门市同安区莲花镇莲美三路99号
邮编(P. C.)：361100
电话(Tel)：0592－7106969
传真(Fax)：0592－7109955
E-mail：xmliance@163. com
Http://www. liannai888. com
联系人(Contact Person)：林丽英
产品(Products)：妇女卫生巾，婴儿纸尿裤/片，成人纸尿裤/片
品牌(Brand)：柔贝爽

莎琪(厦门)科技有限公司
Saqi (Xiamen) Technology Co., Ltd.
地址(Add)：福建省厦门市翔安产业区翔岳路23号北栋2层
邮编(P. C.)：361100
电话(Tel)：0592－7828588
传真(Fax)：0592－7802638
E-mail：xmsq_ 2006@163. com
Http://www. xmsq2006. wtianx. com
法人代表(Chairman)：施秀端
总经理(General Manager)：施秀端
联系人(Contact Person)：李小明
产品(Products)：妇女卫生巾，婴儿纸尿裤，面巾纸
品牌(Brand)：莎琪

厦门源福祥卫生用品有限公司
Xiamen Yuanfuxiang Hygiene Products Co., Ltd.
地址(Add)：福建省厦门市翔安舫阳开发区B、C幢
邮编(P. C.)：361101
电话(Tel)：0592－7069567
传真(Fax)：0592－7161789
E-mail：xmyfxzp@163. com
Http://www. yfxzp. com
法人代表(Chairman)：陈锦延
总经理(General Manager)：陈锦延
联系人(Contact Person)：汪玉芳
产品(Products)：妇女卫生巾，卫生护垫，卫生纸，面巾纸，手帕纸，餐巾纸，婴儿纸尿裤/片，成人纸尿裤，护理垫，湿巾
品牌(Brand)：丹诗奴，好舒适，花之秀，淘乐氏，羽飘，康护理

香港雅芬集团国际投资有限公司厦门雅芬品牌推广中心
Xiamen Yafen Brand Promotion Center
地址(Add)：福建省厦门市象屿保税区银盛大厦15F
邮编(P. C.)：361006
电话(Tel)：0592－3108966
传真(Fax)：0592－3108955
E-mail：cjhfj1979@163. com
联系人(Contact Person)：陈锦辉
产品(Products)：妇女卫生巾，卫生护垫，婴儿纸尿裤/片，成人纸尿裤/片，湿巾，卫生纸
品牌(Brand)：雅芬，雅芬爱儿

福建诚信纸品有限公司
Fujian Chengxin Paper Products Co., Ltd.
地址(Add)：福建省漳州市长泰兴泰工业区
邮编(P. C.)：363900
电话(Tel)：0596－8330888
传真(Fax)：0596－8330999
E-mail：cxgs567@163. com
Http://www. fjcxgs. com
法人代表(Chairman)：蔡金花
总经理(General Manager)：林敦旭
联系人(Contact Person)：林敦利
产品(Products)：妇女卫生巾，卫生护垫，婴儿纸尿裤，湿巾
品牌(Brand)：蕾迪丝，精奇，日清

福建省漳州市智光纸业有限公司
Fujian Zhangzhou Zhiguang Paper Co., Ltd.
地址(Add)：福建省漳州市蓝田工业区横二路西段
邮编(P. C.)：363005
电话(Tel)：0596－2103599
传真(Fax)：0596－2109196
E-mail：zhiguang. paper@winmail. cn
Http://www. fjzgzy. cn. alibaba. com
法人代表(Chairman)：邓湘闽
总经理(General Manager)：陈智镛
联系人(Contact Person)：黄志杰
产品(Products)：妇女卫生巾，卫生护垫，成人纸尿裤/片，婴儿纸尿裤/片，护理垫，卫生卷纸，面巾纸
品牌(Brand)：好爽月，智光，笑嘻嘻，花香世界

漳州市芗城晓莉卫生用品有限公司
Zhangzhou Xiangcheng Xiaoli Hygiene Products Co., Ltd.
地址(Add)：福建省漳洲市芗城区石亭镇丰乐工业区
邮编(P. C.)：363000
电话(Tel)：0596－2552936
传真(Fax)：0596－2552205
E-mail：anyue@an－yue. com. cn
Http://www. an-yue. com. cn
法人代表(Chairman)：林莉
总经理(General Manager)：林莉
联系人(Contact Person)：林晓渝
产品(Products)：妇女卫生巾，卫生护垫，婴儿纸尿裤/片
品牌(Brand)：安月

■ 江西 Jiangxi

恒安(江西)家庭用品有限公司
Hengan (Jiangxi) Household Products Co., Ltd.
地址(Add)：江西省东乡县圩上桥镇
邮编(P. C.)：331801
电话(Tel)：0794－4381172
传真(Fax)：0794－4382392
E-mail：chentz@mail. hengan. com. cn
联系人(Contact Person)：陈铁照
产品(Products)：妇女卫生巾，婴儿纸尿裤，成人纸尿裤，卫生纸
品牌(Brand)：安乐，安尔乐，安儿乐，安而康，心相印，柔影

赣州华龙实业有限公司
Ganzhou Hualong Industrial Co., Ltd.
地址(Add)：江西省赣州市经济技术开发区金坪工业大道9号
邮编(P. C.)：341000
电话(Tel)：0797－8370881
传真(Fax)：0797－8370811
法人代表(Chairman)：林国忠
总经理(General Manager)：林国忠
产品(Products)：妇女卫生巾，卫生护垫，婴儿纸尿片
品牌(Brand)：天爽，安心

南昌爱乐卫生用品有限公司
Nanchang Aile Hygiene Products Co., Ltd.
地址(Add)：江西省南昌市昌北经济开发区农大校内
邮编(P. C.)：330045
电话(Tel)：0791－3846187
传真(Fax)：0791－3846187
联系人(Contact Person)：付中诚
产品(Products)：婴儿纸尿片
品牌(Brand)：绮玉宝贝，庐山神童，福贝

南昌牡丹实业有限公司
Nanchang Mudan Industrial Co., Ltd.
地址(Add)：江西省南昌市进贤县长山晏乡
邮编(P. C.)：331724
电话(Tel)：0791－5602525
传真(Fax)：0791－5602525
总经理(General Manager)：晁财龙
产品(Products)：婴儿纸尿片
品牌(Brand)：牡丹

江西帮洁卫生用品有限公司
Jiangxi Bangjie Sanitary Products Co., Ltd.
地址(Add)：江西省万载县工业园区B1区
邮编(P. C.)：336100
电话(Tel)：0795－8913666
传真(Fax)：0795－8913777
总经理(General Manager)：张才达
产品(Products)：妇女卫生巾，卫生护垫，婴儿纸尿片
品牌(Brand)：帮柔，娇惠，贝舒乐

赣州港都卫生制品有限公司
Ganzhou Gangdu Hygienic Products Co., Ltd.
地址(Add)：江西省于都县楂林工业园
邮编(P. C.)：342300
电话(Tel)：0797－6329889
传真(Fax)：0797－6329618
E-mail：gangdu1997@163.com
Http://www.gzgangdu.com
法人代表(Chairman)：丁金连
总经理(General Manager)：丁金连
联系人(Contact Person)：谢来福
产品(Products)：妇女卫生巾，卫生护垫，婴儿纸尿裤/片
品牌(Brand)：爽期，好爽期，一片乐，爽期宝宝

■ 山东 Shandong

山东东明康迪妇幼用品有限公司
Dongming Kangdi Women & Children Articles Co., Ltd.
地址(Add)：山东省东明县工业园黄河路南段
邮编(P. C.)：274500
电话(Tel)：0530－7295058
传真(Fax)：0530－7295182
法人代表(Chairman)：袁洪伟
总经理(General Manager)：袁洪伟
联系人(Contact Person)：王防臣
产品(Products)：妇女卫生巾，卫生护垫，婴儿纸尿裤/片，成人纸尿裤/片，卫生卷纸
品牌(Brand)：康迪，舒丽雅，卡芬，卡芬宝贝

济南月舒宝纸业有限责任公司
Jinan Yueshubao Paper Making Co., Ltd.
地址(Add)：山东省济南市市中区王冠东工业园1号院
邮编(P. C.)：250022
电话(Tel)：0531－87964438
传真(Fax)：0531－87964437
E-mail：sdjn-ysb@163.com
法人代表(Chairman)：姚永伟
总经理(General Manager)：张振成
联系人(Contact Person)：刘小平
产品(Products)：妇女卫生巾，婴儿纸尿片
品牌(Brand)：泉城新舒宝

菏泽日康卫生用品有限公司
Heze Rikang Hygiene Products Co., Ltd.
地址(Add)：山东省济南市无影山中路50号2－1－802
邮编(P. C.)：250100
电话(Tel)：0531－85666110
传真(Fax)：0531－85826110
E-mail：jnanshuang@163.com
Http://www.bangdaren.cn
联系人(Contact Person)：高东旭
产品(Products)：成人纸尿裤/片，婴儿纸尿裤/片，护理垫
品牌(Brand)：帮大人，安爽，日康，唯妮宝贝

恒发卫生用品有限公司
Hengfa Hygiene Products Co., Ltd.
地址(Add)：山东省临清市金贺庄乡卫生巾厂
邮编(P. C.)：252600
电话(Tel)：0635－2772132
总经理(General Manager)：刘现运
产品(Products)：妇女卫生巾，卫生护垫，婴儿隔尿垫巾，婴儿纸尿裤/片，成人纸尿裤/片，卫生卷纸，护理垫
品牌(Brand)：安可新

山东欣洁月舒宝纸品有限公司
Shandong Xinjieyueshubao Paper Products Co., Ltd.
地址(Add)：山东省临沂市马头经济开发区金马街8号
邮编(P. C.)：276126
电话(Tel)：0539－7151977
传真(Fax)：0539－6897777
E-mail：ftljk@126.com
Http://www.xjysb.com
联系人(Contact Person)：陈景岩
产品(Products)：妇女卫生巾，卫生护垫，纸尿裤/片
品牌(Brand)：欣洁，月舒宝仔仔宝贝

山东百福爱佳卫生用品有限公司
Shandong Baifuaijia Hygiene Products Co., Ltd.
地址(Add)：山东省临沂市胜利工业园区
邮编(P. C.)：276000

电话(Tel)：0539－6731189
传真(Fax)：0539－6221812
E-mail：sdbfaj@126.com
联系人(Contact Person)：颜景波
产品(Products)：妇女卫生巾，卫生护垫，婴儿纸尿裤
品牌(Brand)：羽菲，千倍爽

山东临沂新旺卫生用品有限公司
Shandong Linyi Xinwang Hygiene Products Co., Ltd.
地址(Add)：山东省临沂市郯城高册工业区
邮编(P.C.)：276125
电话(Tel)：0539－6591817
传真(Fax)：0539－6591817
E-mail：liyuchen3@126.com
总经理(General Manager)：李禹辰
联系人(Contact Person)：李禹辰
产品(Products)：妇女卫生巾，卫生护垫，婴儿纸尿裤，手帕纸，面巾纸
品牌(Brand)：含芳

山东林菲卫生用品有限公司
Shandong Linfei Hygiene Products Co., Ltd.
地址(Add)：山东省临沂市郯城经济开发区
邮编(P.C.)：276126
电话(Tel)：0539－6896629
传真(Fax)：0539－6896629
联系人(Contact Person)：刘凯
产品(Products)：卫生纸，卫生护垫，婴儿纸尿裤

山东临邑三维纸业有限公司
Shandong Linyi Sanwei Paper Co., Ltd.
地址(Add)：山东省临邑县恒源工业园C区10号
邮编(P.C.)：251500
电话(Tel)：0534－4237918
传真(Fax)：0534－4238078
E-mail：swdyzy@163.com
Http://www.duoya.com.cn
法人代表(Chairman)：张师春
总经理(General Manager)：许杰
联系人(Contact Person)：赵建国
产品(Products)：妇女卫生巾，卫生护垫，纸尿裤，餐巾纸，面巾纸，手帕纸，卫生纸
品牌(Brand)：朵雅

青岛美西南科技发展有限公司
Qingdao Meixinan Technology Development Co., Ltd.
地址(Add)：山东省青岛市临港开发区上海路北端
邮编(P.C.)：266400
电话(Tel)：0532－89925969
传真(Fax)：0532－85135322
E-mail：qdmxn2007@163.com
Http://www.qdmxn.cn
联系人(Contact Person)：徐芳
产品(Products)：湿巾，面巾纸，妇女卫生巾，婴儿纸尿片，护理垫
品牌(Brand)：喜佳福

青岛德顺工贸有限公司
Qingdao Deshun Industry & Trade Co., Ltd.
地址(Add)：山东省青岛市四方区都昌路7号乙
邮编(P.C.)：266032
电话(Tel)：0532－84899826
传真(Fax)：0532－84899826
总经理(General Manager)：杨新法
联系人(Contact Person)：杨新法
产品(Products)：婴儿纸尿片
品牌(Brand)：妇儿乐

山东兴博卫生用品有限公司
Shandong Xingbo Hygiene Products Co., Ltd.
地址(Add)：山东省郯城郯马经济开发区金马工业园20号
邮编(P.C.)：276126
电话(Tel)：0539－6771322
传真(Fax)：0539－6777322
E-mail：aibeier2008@yahoo.com.cn
总经理(General Manager)：徐敏强
联系人(Contact Person)：徐祇浩
产品(Products)：妇女卫生巾，卫生护垫，婴儿纸尿裤/片
品牌(Brand)：诗梦，爱贝儿

郯城县金得利卫生用品有限公司
Tancheng Jindeli Hygiene Products Co., Ltd.
地址(Add)：山东省郯城县高册工业园
邮编(P.C.)：276100
电话(Tel)：0539－6591688
传真(Fax)：0539－6593888
法人代表(Chairman)：胡征文
总经理(General Manager)：胡征文
联系人(Contact Person)：胡文龙
产品(Products)：妇女卫生巾，卫生护垫，婴儿纸尿裤/片，成人纸尿裤/片，护理垫，干擦拭巾
品牌(Brand)：丽源，新帮宝

山东佳亿鑫卫生用品有限公司
Shandong Jiayixin Hygiene Products Co., Ltd.
地址(Add)：山东省郯城县经济开发区安泰路9号
邮编(P.C.)：276188
电话(Tel)：0539－6776199
传真(Fax)：0539－6777199
E-mail：weba@jiayixin.com
Http://www.jiayixin.net.cn
法人代表(Chairman)：禚保军
联系人(Contact Person)：吕帅佐
产品(Products)：妇女卫生巾，卫生护垫，成人纸尿裤/片，婴儿纸尿裤/片
品牌(Brand)：名兰，巧护理，华人，健牌

郯城恒康卫生用品厂
Tancheng Hengkang Hygiene Products Factory
地址(Add)：山东省郯城县马头开发区(派出所东邻)
邮编(P.C.)：276126
电话(Tel)：0539－6776810
联系人(Contact Person)：刘德祥
产品(Products)：妇女卫生巾，卫生护垫，成人纸尿裤，婴儿纸尿裤/片，卫生纸
品牌(Brand)：妙恋佳人

郯城县庆源卫生用品厂
Tancheng Qingyuan Hygiene Products Factory
地址(Add)：山东省郯城县马头镇金马商业街

邮编(P. C.)：276126
电话(Tel)：0539－6772369
联系人(Contact Person)：田兆庆
产品(Products)：妇女卫生巾，卫生护垫，卫生纸，纸尿片

山东顺霸化妆品有限公司
Shandong Shunba Cosmatic Co., Ltd.
地址(Add)：山东省郯城县马头镇南新庄
邮编(P. C.)：276126
电话(Tel)：0539－6770777
传真(Fax)：0539－6777077
Http://www.sdshunba.cn
总经理(General Manager)：徐西连
联系人(Contact Person)：张涛
产品(Products)：妇女卫生巾，卫生护垫，婴儿纸尿裤
品牌(Brand)：新婷，月约相伴，兰贝儿，顺霸，梅莉丝

鲁南康之恋妇幼用品有限公司
Lunan Kangzhilian Women & Children Products Co., Ltd.
地址(Add)：山东省郯城县马头镇批发市场内
邮编(P. C.)：276126
电话(Tel)：0539－6772458
传真(Fax)：0539－6772458
E-mail：lnkzhl@163.com
Http://www.lnkzhl.com
法人代表(Chairman)：郭德才
联系人(Contact Person)：房万云
产品(Products)：妇女卫生巾，婴儿纸尿裤
品牌(Brand)：康之恋

郯城康乐纸品有限公司
Tancheng Kangle Paper Products Co., Ltd.
地址(Add)：山东省郯城县郯马经济开发区
邮编(P. C.)：276126
电话(Tel)：0539－6776870
传真(Fax)：0539－6770069
总经理(General Manager)：赵兴法
联系人(Contact Person)：赵宝坤
产品(Products)：妇女卫生巾，卫生护垫，纸尿片
品牌(Brand)：益佳

山东羽希卫生用品有限公司
Shandong Yuxi Hygiene Products Co., Ltd.
地址(Add)：山东省郯城县西关三街
邮编(P. C.)：276100
电话(Tel)：0539－6135081
传真(Fax)：0539－6135081
总经理(General Manager)：徐勤武
联系人(Contact Person)：周文
产品(Products)：妇女卫生巾，卫生护垫，婴儿纸尿裤，卫生纸，湿巾
品牌(Brand)：羽希

山东省滕州市华宝卫生制品有限公司
Shandong Tengzhou Huabao Hygiene Products Co., Ltd.
地址(Add)：山东省滕州市经济园区腾飞路809号
邮编(P. C.)：277500
电话(Tel)：0632－5667466
传真(Fax)：0632－5667456
E-mail：tzhuabao@163.com
Http://www.tzhuabao.com.cn
法人代表(Chairman)：孙士华
联系人(Contact Person)：王念伟
产品(Products)：妇女卫生巾，卫生护垫，婴儿纸尿裤
品牌(Brand)：全周宝，易菲

威海威高医用材料有限公司
Weigao Hygienic Material Products Co., Ltd.
地址(Add)：山东省威海市高技术产业开发区大连路68号
邮编(P. C.)：264209
电话(Tel)：0631－5665906
传真(Fax)：0631－5665909
E-mail：weigao37108@126.com
法人代表(Chairman)：吴传明
总经理(General Manager)：吴传明
联系人(Contact Person)：王炳兴
产品(Products)：婴儿纸尿裤，护理垫，成人纸尿裤
品牌(Brand)：威乐，百士洁

威海鸿宇医疗器械有限公司
Weihai Hongyu Medical Devices Co., Ltd.
地址(Add)：山东省威海市经济技术开发区深圳路86号
邮编(P. C.)：264205
电话(Tel)：0631－3636913
传真(Fax)：0631－3636910
E-mail：sales@hongyumed.com
Http://www.hongyumed.com
总经理(General Manager)：曹建泽
联系人(Contact Person)：张树林
产品(Products)：手术包，产包，手术衣，手术单，口罩，帽子，护理垫，婴儿纸尿片

潍坊福山纸业有限公司
Weifang Fushan Paper Products Co., Ltd.
地址(Add)：山东省潍坊市坊子区东王工业区
邮编(P. C.)：261200
电话(Tel)：0536－7637289
传真(Fax)：0536－7637288
法人代表(Chairman)：蔡金针
总经理(General Manager)：蔡标芳
联系人(Contact Person)：许永源
产品(Products)：卫生纸，面巾纸，餐巾纸，手帕纸，湿巾，婴儿纸尿片，手术衣帽
品牌(Brand)：喜相随，好儿女，左右手，随康

山东含羞草卫生科技股份有限公司
Shandong Mimosa Health Technology Co., Ltd.
地址(Add)：山东省潍坊市潍城区胜利西街1509号
邮编(P. C.)：261061
电话(Tel)：0536－6280017
传真(Fax)：0536－6285187
E-mail：ling0620@163.com
Http://www.wfhxc.com
法人代表(Chairman)：冯希波
总经理(General Manager)：冯希波
联系人(Contact Person)：刘爱玲
产品(Products)：妇女卫生巾，卫生护垫，婴儿纸尿裤/片，成人纸尿裤/片，护理垫，手帕纸
品牌(Brand)：含羞草，娇感，清尔新

淄博美尔娜卫生用品有限公司
Zibo Meierna Sanitary Products Co., Ltd.
地址(Add)：山东省淄博市高新区卫固付山工业园
邮编(P. C.)：255084
电话(Tel)：0533－3783783
传真(Fax)：0533－3785650
E-mail：meierna123@163. com
Http://www. meierna. com
法人代表(Chairman)：张涛
总经理(General Manager)：张涛
产品(Products)：妇女卫生巾，卫生护垫，婴儿纸尿片
品牌(Brand)：美尔娜

山东益母妇女用品有限公司
Shandong Yimoo Women Necessities Co., Ltd.
地址(Add)：山东省淄博市沂源县城沂蒙路9号
邮编(P. C.)：256100
电话(Tel)：0533－3241148
传真(Fax)：0533－3241148
E-mail：yimoo@yimoo. cn
Http://www. yimoo. cn
法人代表(Chairman)：赵玉山
总经理(General Manager)：徐德文
联系人(Contact Person)：郑霞
产品(Products)：妇女卫生巾，卫生护垫，婴儿纸尿裤，湿巾
品牌(Brand)：益母，益母草，益贝，调皮蛋

艾丝妮乐卫生用品有限公司
Aisinile Hygiene Products Co., Ltd.
地址(Add)：山东省邹平县西工业园区
邮编(P. C.)：256217
电话(Tel)：0543－2107666
传真(Fax)：0543－2108722
Http://www. aisinile. com
法人代表(Chairman)：刘学良
联系人(Contact Person)：刘学良
产品(Products)：妇女卫生巾，卫生护垫，纸尿裤
品牌(Brand)：艾丝妮乐

■ 河南 Henan

安阳市汇丰卫生用品有限责任公司
Anyang Huifeng Hygiene Products Co., Ltd.
地址(Add)：河南省安阳市高新开发区平原路南段路东
邮编(P. C.)：462000
电话(Tel)：0372－3686986
传真(Fax)：0372－2526558
Http://www. ayhfzj. com
法人代表(Chairman)：郭小平
总经理(General Manager)：袁玉清
联系人(Contact Person)：袁廷顺
产品(Products)：妇女卫生巾，卫生护垫，婴儿纸尿裤，成人纸尿裤，卫生纸，护理垫
品牌(Brand)：梦娜，梦儿宝，老来乐

滑县安尔洁卫生用品厂
Huaxian Anerjie Hygiene Products Factory
地址(Add)：河南省滑县留固镇西王庄经济开发区
邮编(P. C.)：456464
电话(Tel)：0372－8676388
传真(Fax)：0372－8676388
E-mail：hnhxaej@126. com
Http://www. hnhxaej. cn
联系人(Contact Person)：向斌
产品(Products)：妇女卫生巾，卫生护垫，婴儿纸尿裤/片，成人产品
品牌(Brand)：春意

焦作市潇康卫生用品有限公司
Jiaozuo Xiaokang Hygiene Products Co., Ltd.
地址(Add)：河南省焦作市丰收中路党校东里
邮编(P. C.)：454002
电话(Tel)：0391－5890888
传真(Fax)：0391－3596669
法人代表(Chairman)：原小新
总经理(General Manager)：原小新
联系人(Contact Person)：原小新
产品(Products)：妇女卫生巾，纸尿裤，卫生卷纸
品牌(Brand)：香馨依人，潇康

开封瑞帮卫生材料有限公司
Kaifeng Ruibang Hygiene Materials Co., Ltd.
地址(Add)：河南省开封市兰考县红庙工业园8－88
邮编(P. C.)：475314
电话(Tel)：0378－6112688
传真(Fax)：0378－6110688
E-mail：ruibang88@yahoo. com
Http://www. wipeschina. com
总经理(General Manager)：毛吉会
联系人(Contact Person)：何启兴
产品(Products)：妇女卫生巾，卫生护垫，婴儿纸尿裤/片，成人纸尿裤/片，湿巾，护理垫
品牌(Brand)：舒馨，茵子

河南漯河临颍恒祥卫生用品有限公司
Henan Linying Hengxiang Hygiene Products Co., Ltd.
地址(Add)：河南省漯河市临颍黄龙工业区一环路东段
邮编(P. C.)：462600
电话(Tel)：0395－8662227
传真(Fax)：0395－8662227
法人代表(Chairman)：仝志辉
总经理(General Manager)：仝志辉
产品(Products)：妇女卫生巾，卫生护垫，婴儿纸尿裤/片，卫生纸
品牌(Brand)：云姝，葆健，妙姿葆

鸿翔卫生用品有限公司
Hongxiang Hygiene Proudcts Co., Ltd.
地址(Add)：河南省漯河市郾城县孟南工业区中原路86号
邮编(P. C.)：462300
电话(Tel)：0395－6926666
传真(Fax)：0395－6935096
Http://www. zghxzy. com
法人代表(Chairman)：王晓东
总经理(General Manager)：王晓东
产品(Products)：妇女卫生巾，卫生护垫，婴儿纸尿裤/片
品牌(Brand)：四季舒，凤求凰，一代天骄

濮阳市团洁卫生用品有限公司
Puyang Tuanjie Hygiene Products Co., Ltd.
地址(Add):河南省濮阳县海通团罡工业园区
邮编(P. C.):457000
电话(Tel):0393-3502666
传真(Fax):0393-4818854
E-mail:lbs. 71@163. com
联系人(Contact Person):李保顺
产品(Products):妇女卫生巾,卫生护垫,卫生纸,产妇垫,纸尿裤
品牌(Brand):顺芳

河南省太康康宝卫生巾厂
Henan Taikang Kangbao Sanitary Napkins Factory
地址(Add):河南省太康县城南经济开发区
邮编(P. C.):464000
电话(Tel):0394-6910318
传真(Fax):0394-6910318
总经理(General Manager):郭洪超
产品(Products):妇女卫生巾,卫生护垫,纸尿裤,卫生纸
品牌(Brand):情花一族

河南卫辉苏菲卫生用品厂
Henan Weihui Sufei Hygiene Products Factory
地址(Add):河南省卫辉市太公泉工业园
邮编(P. C.):453100
电话(Tel):0373-4168666
传真(Fax):0373-4169888
E-mail:hndsnr@163. com
法人代表(Chairman):王新江
总经理(General Manager):王新江
联系人(Contact Person):王新江
产品(Products):妇女卫生巾,纸尿裤,湿巾
品牌(Brand):绝妙,绝妙宝贝

许昌洁达纸品有限公司 *
Xuchang Jieda Paper Products Co., Ltd.
地址(Add):河南省许昌市东城区工业开发区
邮编(P. C.):461000
电话(Tel):0374-4363888
传真(Fax):0374-4397688
Http://www. jiedazp. com
总经理(General Manager):章高招
联系人(Contact Person):吴秋霞
产品(Products):婴儿纸尿裤/片,手帕纸,面巾纸,卫生卷纸,原纸,湿巾
品牌(Brand):丽妃,章程,绿之舟,梦妃

河南省永城市好理想卫生用品有限公司
Yongcheng Haolixiang Hygiene Products Co., Ltd.
地址(Add):河南省永城市欧亚路西段北
邮编(P. C.):476600
电话(Tel):0370-5152222
传真(Fax):0370-5131795
Http://www. sqhaolixiang. cn
法人代表(Chairman):王桂华
总经理(General Manager):张玉英
产品(Products):妇女卫生巾,婴儿纸尿片,成人纸尿裤,护理垫,宠物垫
品牌(Brand):好理想

河南省百蓓佳卫生用品有限公司
Henan Baibeijia Hygiene Products Co., Ltd.
地址(Add):河南省正阳县正明路
邮编(P. C.):463600
电话(Tel):0396-8926989
传真(Fax):0396-8926236
E-mail:shbbjwjh@sohu. com
总经理(General Manager):王军华
联系人(Contact Person):王玉金
产品(Products):妇女卫生巾,婴儿纸尿裤
品牌(Brand):百蓓佳

千倍爽卫生用品有限公司
Qianbeishuang Hygiene Products Co., Ltd.
地址(Add):河南省郑州市官渡经济技术开发区
邮编(P. C.):451462
电话(Tel):0371-62235555
传真(Fax):0371-62233666
E-mail:916198862@qq. com
总经理(General Manager):岳魁
产品(Products):妇女卫生巾,卫生护垫,婴儿纸尿裤/片

河南养生时代健康产业有限公司
Henan Yangsheng Shidai Healthcare Products Co., Ltd.
地址(Add):河南省郑州市黄河路129号天一大厦A座2011室
邮编(P. C.):450012
电话(Tel):0371-69172568
传真(Fax):0371-69172052
Http://www. 51yssd. com
联系人(Contact Person):陶琳
产品(Products):妇女卫生巾,卫生护垫,纸尿裤

■ 湖北 Hubei

疏朗朗卫生用品有限公司
Shulanglang Hygiene Products Co., Ltd.
地址(Add):湖北省武穴市精华公寓4栋2楼
邮编(P. C.):435400
电话(Tel):0713-62627428
传真(Fax):0713-62627428
法人代表(Chairman):吴迎胜
总经理(General Manager):吴迎胜
联系人(Contact Person):吴迎胜
产品(Products):妇女卫生巾,卫生护垫,婴儿纸尿裤/片,卫生纸
品牌(Brand):疏朗朗

湖北省武穴市恒美实业有限公司
Hubei Wuxue Hengmei Industry Co., Ltd.
地址(Add):湖北省武穴市余川经济开发区
邮编(P. C.):435416
电话(Tel):0713-6883688
传真(Fax):0713-6887339
E-mail:mlfmaster@sina. com
Http://www. hbhmpaper. com
总经理(General Manager):张劲松
联系人(Contact Person):张劲松
产品(Products):妇女卫生巾,卫生护垫,婴儿纸尿裤/片,成人纸尿裤/片

品牌(Brand)：康依

襄樊市盈乐卫生用品有限公司
Xiangfan Yingle Hygiene Products Co., Ltd.
地址(Add)：湖北省襄樊市襄阳区卧龙东路1号
邮编(P. C.)：441104
电话(Tel)：0710－2817333
传真(Fax)：0710－2817000
E-mail：yingle－hb@163. com
Http://www. xfyingle. cn
法人代表(Chairman)：林云光
总经理(General Manager)：林建秋
联系人(Contact Person)：林建秋
产品(Products)：妇女卫生巾，卫生护垫，婴儿纸尿裤/片，成人纸尿裤/片
品牌(Brand)：难忘，好难忘，难忘宝宝

恒安(孝感)家庭用品有限公司
Hengan (Xiaogan) Household Products Co., Ltd.
地址(Add)：湖北省孝感市孝南区南大经济开发区316复线立交桥南侧
邮编(P. C.)：432100
电话(Tel)：0712－2516319
传真(Fax)：0712－2516299
E-mail：hupq@mail. hengan. com. cn
法人代表(Chairman)：施文博
总经理(General Manager)：聂连清
联系人(Contact Person)：胡平清
产品(Products)：妇女卫生巾，卫生护垫，婴儿纸尿裤
品牌(Brand)：安乐，安尔乐，安儿乐

宜昌舒云卫生用品有限公司
Yichang Shuyun Hygiene Products Co., Ltd.
地址(Add)：湖北省宜昌三峡民营科技园(伍家岗区前坪街29号)
邮编(P. C.)：443007
电话(Tel)：0717－6552516
传真(Fax)：0717－6552658
Http://www. shuyun. com
总经理(General Manager)：汪寒涛
产品(Products)：纸巾纸，卫生纸，妇女卫生巾，卫生护垫，婴儿纸尿裤/片
品牌(Brand)：舒云，娇娇宝贝

■ 湖南 Hunan

长沙舒尔利卫生用品有限公司
Changsha Shuerli Hygiene Products Co., Ltd.
地址(Add)：湖南省长沙市高桥大市场纸品城16幢38号
邮编(P. C.)：410014
电话(Tel)：0731－85515615
传真(Fax)：0731－85515615
E-mail：cnxql@gaoqiao. com
法人代表(Chairman)：谢启良
总经理(General Manager)：谢启良
联系人(Contact Person)：谢启良
产品(Products)：纸尿裤/片，妇婴两用巾，垫巾，三角尿巾，隔尿巾，卫生纸
品牌(Brand)：舒尔利，威威

湖南省倍康卫生用品有限公司
Hunan Beikang Hygiene Products Co., Ltd.
地址(Add)：湖南省长沙市旅游区华泰工业园
邮编(P. C.)：410003
电话(Tel)：0731－5686888
传真(Fax)：0731－5682888
E-mail：baken@21cn. com
Http://www. baken. cn
总经理(General Manager)：覃叙钧
产品(Products)：婴儿纸尿裤/片，妇婴两用巾，湿巾
品牌(Brand)：倍康

长沙恒健卫生用品有限公司
Changsha Hengjian Hygiene Products Co., Ltd.
地址(Add)：湖南省长沙市宁乡夏驿铺工业园
邮编(P. C.)：410604
电话(Tel)：0731－87952653
传真(Fax)：0731－87952653
E-mail：songzhimin2004@yahoo. com. cn
总经理(General Manager)：宋志敏
产品(Products)：妇女卫生巾，纸尿片
品牌(Brand)：忘不了，放得心

长沙市康尔馨卫生用品厂
Changsha Kangerxin Hygiene Products Factory
地址(Add)：湖南省长沙市宁乡县宁黄路28号
邮编(P. C.)：410600
电话(Tel)：0731－82373555
传真(Fax)：0731－87828852
法人代表(Chairman)：张霞明
联系人(Contact Person)：张宁
产品(Products)：婴儿纸尿裤/片

湖南三友纸业有限公司
Hunan Sanyou Paper Industry Co., Ltd.
地址(Add)：湖南省长沙市雨花区黎托乡花桥工业园
邮编(P. C.)：410129
电话(Tel)：0731－85951508
传真(Fax)：0731－85952308
E-mail：953894676@qq. com
法人代表(Chairman)：贺顺新
总经理(General Manager)：贺顺新
联系人(Contact Person)：贺顺新
产品(Products)：妇女卫生巾，卫生护垫，婴儿纸尿裤/片，卫生纸，面巾纸，手帕纸
品牌(Brand)：天美，花妍

湖南省安仁县卫生用品二厂
Hunan Anren Hygiene Products No. 2 Factory
地址(Add)：湖南省郴州市安仁县株泉北路84号
邮编(P. C.)：423600
电话(Tel)：0735－5223446
传真(Fax)：0735－5222259
总经理(General Manager)：刘小平
联系人(Contact Person)：刘小平
产品(Products)：妇女卫生巾，婴儿纸尿裤/片
品牌(Brand)：安意，好安意

郴州市北湖区佳美卫生用品厂
Chenzhou Beihu Jiamei Hygiene Products Factory
地址(Add)：湖南省郴州市北湖区石盖塘工业区

邮编(P.C.)：423000
电话(Tel)：0735-2791058
联系人(Contact Person)：黄利人
产品(Products)：妇女卫生巾，纸尿裤

湖南省浏阳市爱妻卫生纸用品厂
Hunan Liuyang Aiqi Hygiene Products Factory
地址(Add)：湖南省浏阳市荷花经济开发区
邮编(P.C.)：410300
电话(Tel)：0731-83670662
传真(Fax)：0731-83670662
总经理(General Manager)：黄隆标
产品(Products)：妇女卫生巾，卫生护垫，婴儿纸尿裤/片，两用巾
品牌(Brand)：爱儿宝

湖南一朵生活用品有限公司
Hunan Yido Necessaries of Life Co., Ltd.
地址(Add)：湖南省浏阳市荷花浏大公路东侧188号
邮编(P.C.)：410300
电话(Tel)：0731-3603548
传真(Fax)：0731-3372666
E-mail：594291236@qq.com
Http://www.yidojt.com.cn
联系人(Contact Person)：孙博
产品(Products)：妇女卫生巾，卫生护垫，婴儿纸尿裤/片

湖南省恒昌卫生用品有限公司
Hunan Hengchang Hygiene Products Co., Ltd.
地址(Add)：湖南省邵阳市宝庆东路1476号
邮编(P.C.)：422001
电话(Tel)：0739-5250218
传真(Fax)：0739-5250218
法人代表(Chairman)：李学军
总经理(General Manager)：李学华
联系人(Contact Person)：李学华
产品(Products)：妇女卫生巾，卫生护垫，纸尿裤/片
品牌(Brand)：花月仙，舒洁妹，纤巧百合，贝蒂

湖南省康乐纸业有限公司
Hunan Kangle Paper Co., Ltd.
地址(Add)：湖南省石门县东城区
邮编(P.C.)：415304
电话(Tel)：0736-5012000
传真(Fax)：0736-5012345
E-mail：dyj.001@msn.com
Http://www.klzydyj.cn
法人代表(Chairman)：丁原钧
总经理(General Manager)：丁原钧
产品(Products)：妇女卫生巾，婴儿纸尿片
品牌(Brand)：赛洁思

■ 广东 Guangdong

广东省潮州市格丽雅卫生用品有限公司
Guangdong Chaozhou Geliya Hygiene Products Co., Ltd.
地址(Add)：广东省潮州市枫溪开发区古板头
邮编(P.C.)：521000
电话(Tel)：0768-2989078
传真(Fax)：0768-2981151
E-mail：yj@gdyajie.com
Http://www.gdyajie.com
总经理(General Manager)：孙振辉
产品(Products)：妇女卫生巾，卫生护垫，婴儿纸尿裤
品牌(Brand)：格丽雅，莎丽雅

东莞嘉米敦婴儿护理用品有限公司
Dongguan Carmelton Baby Products Manufacturing Co., Ltd.
地址(Add)：广东省东莞市茶山镇京山村
邮编(P.C.)：523399
电话(Tel)：0769-86869925
传真(Fax)：0769-86869923
E-mail：lancyw@163.com
Http://www.carmelton.cn
法人代表(Chairman)：李国明
总经理(General Manager)：李国明
联系人(Contact Person)：黄惠兰
产品(Products)：婴儿纸尿裤/片，成人纸尿裤/片，护理垫
品牌(Brand)：帮贝爽，百寿康

广东百顺纸品有限公司
Guangdong Baishun Paper Products Co., Ltd.
地址(Add)：广东省东莞市茶山镇南社工业区
邮编(P.C.)：523391
电话(Tel)：0769-81833801
传真(Fax)：0769-81833806
E-mail：bs-yinyin@163.net
Http://www.dgbaishun.com
法人代表(Chairman)：谢锡佳
总经理(General Manager)：谢锡佳
联系人(Contact Person)：臧铁跃
产品(Products)：婴儿纸尿裤/片，成人纸尿裤/片
品牌(Brand)：茵茵 YINYIN

东莞市麻涌新辉纸品厂
Dongguan Mayong Xinhui Paper Products Plant
地址(Add)：广东省东莞市麻涌镇南洲工业区
邮编(P.C.)：523136
电话(Tel)：0769-88223990
传真(Fax)：0769-88228219
Http://www.xinhuizy.home.72ec.com
法人代表(Chairman)：吴柱威
总经理(General Manager)：吴柱威
产品(Products)：妇女卫生巾，卫生护垫，婴儿纸尿裤/片
品牌(Brand)：雪怡，祺安

宝盈妇幼用品有限公司
Baoying Women & Children Articles Co., Ltd.
地址(Add)：广东省东莞市清溪九乡金竹工业区
邮编(P.C.)：523646
电话(Tel)：0769-87292586
传真(Fax)：0769-87382867
E-mail：dgbaoying@163.com
Http://www.dgbaoying.com
法人代表(Chairman)：赖新财
联系人(Contact Person)：赖新财
产品(Products)：妇女卫生巾，卫生护垫，纸尿裤/片
品牌(Brand)：我心安，龙妹，伊妮思，圣女思，清爽女孩

东莞市瑞麒婴儿用品有限公司
Dongguan AALL & ZYLEMAN Baby Goods Ltd.
地址(Add)：广东省东莞市石龙镇西湖管理区2路2号
邮编(P. C.)：523325
电话(Tel)：0769 - 86113293
传真(Fax)：0769 - 86112740
E-mail：sales@ ihellobaby. com
Http://www. ihellobaby. com
法人代表(Chairman)：叶建源
总经理(General Manager)：叶建源
产品(Products)：婴儿纸尿裤，成人纸尿裤/片，护理垫
品牌(Brand)：哈啰宝贝，哈啰天使，BB熊，心儿，瑞麒，RelyOn

东莞市常兴纸业有限公司
Dongguan Changxing Paper Co., Ltd.
地址(Add)：广东省东莞市石排镇横山村委会钟屋工业区
邮编(P. C.)：523330
电话(Tel)：0769 - 86559888
传真(Fax)：0769 - 86559933
E-mail：changxingpaper@ 163. com
Http://www. changxingdg. com
法人代表(Chairman)：王树杨
总经理(General Manager)：王树杨
联系人(Contact Person)：王树杨
产品(Products)：婴儿纸尿裤/片，成人纸尿裤/片
品牌(Brand)：一片爽，片片爽，公子帮，雅康健，护理爽

东莞市白天鹅纸业有限公司 *
Dongguan White Swan Paper Products Co., Ltd.
地址(Add)：广东省东莞市万江区谷涌工业区
邮编(P. C.)：523047
电话(Tel)：0769 - 22172118
传真(Fax)：0769 - 22181226
E-mail：dgbte@ 163. com
Http://www. whiteswanpaper. com
法人代表(Chairman)：卢锦洪
总经理(General Manager)：李刚
联系人(Contact Person)：李刚
产品(Products)：原纸，卫生纸，面巾纸，手帕纸，餐巾纸，擦手纸，婴儿纸尿裤/片
品牌(Brand)：贝柔

东莞利安日用制品厂
Dongguan Lian Commodity Factory
地址(Add)：广东省东莞市万江区简沙洲工业开发区
邮编(P. C.)：523062
电话(Tel)：0769 - 22788848
传真(Fax)：0769 - 23175355
E-mail：laryzp@ 163. com
总经理(General Manager)：宋飞
联系人(Contact Person)：温绍锋
产品(Products)：妇女卫生巾，纸尿片/垫
品牌(Brand)：安宜，慧儿爽

东莞市华兴纸业实业有限公司 *
Dongguan Huaxing Paper Industrial Co., Ltd.
地址(Add)：广东省东莞市万江区滘联工业区
邮编(P. C.)：523046
电话(Tel)：0769 - 22279169
传真(Fax)：0769 - 22275919
E-mail：hxzy@ huaxing - dg. com
Http://www. huaxing-dg. com
法人代表(Chairman)：欧锦庆
产品(Products)：面巾纸，手帕纸，卫生纸，原纸，婴儿纸尿裤
品牌(Brand)：花心，益达，伊健，爱心宝贝

佛山市倍安爽卫生用品有限公司
Foshan Beianshuang Hygiene Products Co., Ltd.
地址(Add)：广东省佛山市禅城区江湾一路10号鸥宝大厦801室
邮编(P. C.)：528000
电话(Tel)：0757 - 82278093
传真(Fax)：0757 - 82278093
Http://www. bas8. com
法人代表(Chairman)：周文良
总经理(General Manager)：周文良
联系人(Contact Person)：朱志斌
产品(Products)：妇女卫生巾，卫生护垫，纸尿片
品牌(Brand)：水中花，雪中花

佛山市超爽纸品有限公司
Foshan Super Comfort Paper Products Co., Ltd.
地址(Add)：广东省佛山市禅城区南庄吉利工业园新源三路18号
邮编(P. C.)：528061
电话(Tel)：0757 - 85392882
传真(Fax)：0757 - 85392663
E-mail：mail@ chaoshuang. com. cn
Http://www. chaoshuang. com. cn
法人代表(Chairman)：梁锦锐
总经理(General Manager)：梁锦锐
联系人(Contact Person)：李奕鸿
产品(Products)：婴儿纸尿裤/片，成人纸尿裤/片，护理垫
品牌(Brand)：超爽，爽爽，康佳，乐轻盈

佛山市美适卫生用品有限公司
Foshan Meishi Sanitary Products Co., Ltd.
地址(Add)：广东省佛山市佛山大道北143号
邮编(P. C.)：528000
电话(Tel)：0757 - 82211518
传真(Fax)：0757 - 82206622
法人代表(Chairman)：关锦添
总经理(General Manager)：关锦添
联系人(Contact Person)：叶锦棠
产品(Products)：妇女卫生巾，卫生护垫，婴儿纸尿裤/片
品牌(Brand)：诗丹莉，小妮，美适

佛山市佰佰利卫生用品有限公司
Foshan Baibaili Hygiene Products Co., Ltd.
地址(Add)：广东省佛山市高明区独岗工业区
邮编(P. C.)：528513
电话(Tel)：0757 - 88800028
传真(Fax)：0757 - 88800028
Http://www. nobelbaby2008. com. cn
法人代表(Chairman)：黄永贤

总经理(General Manager)：全利华
联系人(Contact Person)：麦庆枚
产品(Products)：婴儿纸尿裤/片
品牌(Brand)：初生贵族，惠儿宝，帝儿宝

佛山市盈丰卫生纸类制品厂
Foshan Yingfeng Tissue Products Factory
地址(Add)：广东省佛山市江湾三路12号
邮编(P. C.)：528000
电话(Tel)：0757 - 82262431
联系人(Contact Person)：何标
产品(Products)：婴儿纸尿裤/片

佛山市南海吉爽卫生用品有限公司
Nanhai Jishuang Sanitary Products Co., Ltd.
地址(Add)：广东省佛山市南海里水镇里官路大朗工业区
邮编(P. C.)：528200
电话(Tel)：0757 - 85662828
传真(Fax)：0757 - 85616762
E-mail：nhjishuang@ sina. com
法人代表(Chairman)：何喜永
总经理(General Manager)：何喜永
联系人(Contact Person)：彭彩莲
产品(Products)：婴儿纸尿裤/片，成人纸尿片，护理垫
品牌(Brand)：吉之爽，好康宝

佛山市南海区百诺卫生用品有限公司
Foshan Nanhai Bainuo Hygiene Products Co., Ltd.
地址(Add)：广东省佛山市南海区丹灶镇金沙罗行杜家高田开发区
邮编(P. C.)：528216
电话(Tel)：0757 - 85419985
传真(Fax)：0757 - 85419981
E-mail：bainuo2007@ 126. com
Http://www. bainuo2009. com
法人代表(Chairman)：李俊
总经理(General Manager)：李俊
联系人(Contact Person)：王勇平
产品(Products)：妇女卫生巾，卫生护垫，婴儿纸尿裤/片

佛山市南海百洁卫生用品有限公司
Foshan Nanhai Baijie Hygiene Products Co., Ltd.
地址(Add)：广东省佛山市南海区桂丹路小塘路段新境开发区
邮编(P. C.)：528222
电话(Tel)：0757 - 86636868
传真(Fax)：0757 - 86639638
E-mail：baijie13@ 126. com
联系人(Contact Person)：曾展平
产品(Products)：妇女卫生巾，卫生护垫，婴儿纸尿裤/片，两用巾，成人纸尿片
品牌(Brand)：兜兜爽，绿美施

佛山市佩安婷卫生用品实业有限公司
Foshan Peianting Sanitary Products Industrial Co., Ltd.
地址(Add)：广东省佛山市南海区海三路豪贤花园1座2楼
邮编(P. C.)：528000
电话(Tel)：0757 - 82800208
传真(Fax)：0757 - 82800202
E-mail：master@ peianting. com
Http://www. peianting. com
法人代表(Chairman)：陈惠华
总经理(General Manager)：方润华
联系人(Contact Person)：梁修辉
产品(Products)：妇女卫生巾，卫生护垫，婴儿纸尿裤/片，成人纸尿片
品牌(Brand)：佩安婷，佩菲菲，佩贝贝

佛山市南海康索卫生用品有限公司
Foshan Nanhai Kimsof Sanitary Products Co., Ltd.
地址(Add)：广东省佛山市南海区罗村罗北新涌尾
邮编(P. C.)：528226
电话(Tel)：0757 - 86412262
传真(Fax)：0757 - 86412261
E-mail：service@ kimsof. com
Http://www. kimsof. com
法人代表(Chairman)：何炯明
总经理(General Manager)：朱金炎
联系人(Contact Person)：邓慧
产品(Products)：妇女卫生巾，婴儿纸尿裤/片，成人纸尿片
品牌(Brand)：康索，金锁

佛山市南海区倩而宝卫生用品有限公司
Foshan Nanhai Qianerbao Sanitary Products Co., Ltd.
地址(Add)：广东省佛山市南海区罗村镇上柏工业区
邮编(P. C.)：528226
电话(Tel)：0757 - 86433838
传真(Fax)：0757 - 86410838
E-mail：qianerbao@ 163. com
Http://www. cnqeb. com. cn
法人代表(Chairman)：卢焕娣
联系人(Contact Person)：吕均祥
产品(Products)：妇女卫生巾，卫生护垫，纸尿裤/片，妇婴两用巾
品牌(Brand)：倩而宝，金倩宝，愉快假期，自然乐

广东妇健企业有限公司
Guangdong Fujian Enterprise Co., Ltd.
地址(Add)：广东省佛山市南海区平洲夏南一工业区
邮编(P. C.)：528251
电话(Tel)：0757 - 86774737
传真(Fax)：0757 - 86771573
E-mail：fujian@ gd - fujian. com
Http://www. gd-fujian. com
法人代表(Chairman)：彭乃强
总经理(General Manager)：苏铭贤
产品(Products)：妇女卫生巾，卫生护垫，婴儿纸尿裤/片，湿巾
品牌(Brand)：妇健，护儿健

佛山市南海区昱升卫生用品有限公司
Foshan Nanhai Yusheng Hygiene Products Co., Ltd.
地址(Add)：广东省佛山市南海区狮山镇穆院管理区
邮编(P. C.)：528231
电话(Tel)：0757 - 86658661
传真(Fax)：0757 - 85595801
E-mail：ys@ dressbaobao. com
Http://www. dressbaobao. com
联系人(Contact Person)：苏艺强

产品(Products)：婴儿纸尿裤，成人纸尿裤，护理垫
品牌(Brand)：吉氏

佛山市顺德区乐从护康卫生用品厂
Foshan Shunde Lecong Hukang Hygiene Products Factory
地址(Add)：广东省佛山市顺德区乐从劳村工业区
邮编(P. C.)：528315
电话(Tel)：0757－28836785
传真(Fax)：0757－28859236
联系人(Contact Person)：徐华
产品(Products)：婴儿纸尿裤/片，成人纸尿裤/片，妇女卫生巾，卫生护垫
品牌(Brand)：澳德保，娇怡，梦依丽，舒贝爽，非凡感受

广东省佛山市顺德区爽乐卫生巾厂
Guangdong Foshan Shunde Shuangle Sanitary Napkins Plant
地址(Add)：广东省佛山市顺德区乐从镇大墩工业区
邮编(P. C.)：528315
电话(Tel)：0757－28853778
传真(Fax)：0757－28837358
法人代表(Chairman)：劳培其
总经理(General Manager)：余路明
产品(Products)：妇女卫生巾，婴儿纸尿裤
品牌(Brand)：爽乐

佛山市顺德区美洁卫生用品有限公司
Foshan Shunde Meijie Hygiene Products Co., Ltd.
地址(Add)：广东省佛山市顺德区乐从镇道教工业区中路西6号
邮编(P. C.)：528315
电话(Tel)：0757－28331325
传真(Fax)：0757－28331312
E-mail：gdmeijie@163.com
Http://www.gdmeijie.com
法人代表(Chairman)：黎力冲
联系人(Contact Person)：林平
产品(Products)：妇女卫生巾，卫生护垫，婴儿纸尿裤/片，成人纸尿裤/片
品牌(Brand)：美洁，美洁宝宝，美宜洁

顺德市康怡卫生用品厂
Shunde Kangyi Hygiene Products Plant
地址(Add)：广东省佛山市顺德区乐从镇劳村工业区
邮编(P. C.)：528315
电话(Tel)：0757－28869292
传真(Fax)：0757－28831789
E-mail：kyhonour88@yahoo.com.cn
Http://www.kangyiqiye.com
法人代表(Chairman)：劳光发
总经理(General Manager)：劳旗
联系人(Contact Person)：刘思伟
产品(Products)：妇女卫生巾，卫生护垫，婴儿纸尿裤，成人纸尿裤/片，妇婴两用巾，护理垫
品牌(Brand)：康怡，康怡乐，康怡宝宝，康怡安

佛山市顺德佳洁实业有限公司
Foshan Shunde Cooljie Industrial Co., Ltd.
地址(Add)：广东省佛山市顺德区乐从镇良教工业区
邮编(P. C.)：528315
电话(Tel)：0757－28830234
传真(Fax)：0757－28833777
E-mail：cooljie99@21cn.com
Http://www.cooljie.com
法人代表(Chairman)：劳柱能
总经理(General Manager)：劳柱能
联系人(Contact Person)：左家祥
产品(Products)：妇女卫生巾，卫生护垫，婴儿纸尿裤/片
品牌(Brand)：蝴蝶结，风之语，佳洁宝宝

广东省佛山市顺德区乐从镇其乐卫生用品有限公司
Foshan Qile Hygiene Products Co., Ltd.
地址(Add)：广东省佛山市顺德区乐从镇三乐路劳村工业开发区
邮编(P. C.)：528315
电话(Tel)：0757－28854680
传真(Fax)：0757－28830867
法人代表(Chairman)：黎力干
总经理(General Manager)：劳翠欢
联系人(Contact Person)：黎力干
产品(Products)：妇女卫生巾，卫生护垫，婴儿纸尿裤/片
品牌(Brand)：思乐

新感觉卫生用品有限公司
New Sensation Sanitary Products Co., Ltd.
地址(Add)：广东省佛山市顺德区乐从镇细海工业区
邮编(P. C.)：528315
电话(Tel)：0757－28332551
传真(Fax)：0757－28332561
E-mail：contact@nssp.biz
Http://www.nssp.biz
法人代表(Chairman)：黎汉中
总经理(General Manager)：黎汉凡
联系人(Contact Person)：黎汉石
产品(Products)：妇女卫生巾，卫生护垫，婴儿纸尿裤/片，成人纸尿片，面巾纸，手帕纸，卫生卷纸
品牌(Brand)：新感觉，没烦恼，飘，动感元素

佛山市顺德区舒乐卫生用品有限公司
Foshan Shule Sanitary Products Co., Ltd.
地址(Add)：广东省佛山市顺德区勒流镇扶闾工业区
邮编(P. C.)：528322
电话(Tel)：0757－25332618
传真(Fax)：0757－25564179
E-mail：shule@shu-le.com
Http://www.shu-le.com
法人代表(Chairman)：廖顺明
联系人(Contact Person)：廖志雄
产品(Products)：妇女卫生巾，婴儿纸尿裤
品牌(Brand)：女儿宝，健儿宝，俏精灵

广州粤丰飞跃实业有限公司
Guangzhou Yuefeng Feiyue Industrial Co., Ltd.
地址(Add)：广东省广州市白云区太和镇第一工业区兴和二路1号
邮编(P. C.)：510540
电话(Tel)：020－87424308
传真(Fax)：020－62674088

Http://www.gzfeiyue.home.72ec.com
法人代表(Chairman)：黄景城
总经理(General Manager)：黄景城
产品(Products)：妇女卫生巾，卫生护垫，纸尿片
品牌(Brand)：护尔爽

广州艾俪诗日用品有限公司
Guangzhou Ailishi Daily Necessities Co., Ltd.
地址(Add)：广东省广州市海珠区广州大道南448号财智大厦2210号
邮编(P.C.)：510300
电话(Tel)：020-89885053
传真(Fax)：020-84269919
E-mail：vickyliang_al@yahoo.com
Http://www.alicelee-international.com
联系人(Contact Person)：梁美荣
产品(Products)：婴儿纸尿裤，湿巾，妇女卫生巾，护理垫，成人纸尿裤
品牌(Brand)：CHERISH

广州市士美日用品有限公司*
Guangzhou Smile Daily Necessities Co., Ltd.
地址(Add)：广东省广州市天河区广园东路2191号时代新世界中心(南塔)2303号
邮编(P.C.)：510500
电话(Tel)：020-22822130
传真(Fax)：020-22822198
Http://www.smile-gz.com
法人代表(Chairman)：许小尖
总经理(General Manager)：许小尖
联系人(Contact Person)：卢远歌
产品(Products)：原纸，卫生纸，面巾纸，手帕纸，婴儿纸尿裤
品牌(Brand)：好家风，贝之选

宝洁(中国)有限公司
Procter & Gamble (China) Ltd.
地址(Add)：广东省广州市天河区林和西路161号中泰国际广场30楼
邮编(P.C.)：510620
电话(Tel)：020-85186688
传真(Fax)：020-85186131
E-mail：wan.an@pg.com
Http://www.pg.com.cn
法人代表(Chairman)：李佳怡
总经理(General Manager)：李佳怡
联系人(Contact Person)：万向红
产品(Products)：妇女卫生巾，卫生护垫，婴儿纸尿裤，湿巾
品牌(Brand)：护舒宝，帮宝适

深圳市月朗科技有限公司
Shenzhen Yuelang Science & Technology Co., Ltd.
地址(Add)：广东省广州市沿江东路463号珠岛宾馆商务楼1641房
邮编(P.C.)：510100
电话(Tel)：020-87750079
传真(Fax)：020-87766965
联系人(Contact Person)：赵璐璐
产品(Products)：妇女卫生巾，婴儿纸尿裤
品牌(Brand)：月月爱，月朗宝宝

惠州市宝尔洁卫生用品有限公司
Huizhou Baoerjie Hygiene Products Co., Ltd.
地址(Add)：广东省惠州市博罗县城博义路2号工业区
邮编(P.C.)：516121
电话(Tel)：0752-6626286
传真(Fax)：0752-6634454
Http://www.baoerjie.com
总经理(General Manager)：黄振辉
产品(Products)：婴儿纸尿裤/片，成人纸尿裤/片，妇女卫生巾，妇婴两用巾，护理垫
品牌(Brand)：宝尔洁

惠州市汇德宝护理用品有限公司
Huizhou Huidebao Health Care Products Co., Ltd.
地址(Add)：广东省惠州市惠阳区淡水河背鸭仔滩46号
邮编(P.C.)：516211
电话(Tel)：0752-3341288
传真(Fax)：0752-3351258
E-mail：gdwsyp@126.com
法人代表(Chairman)：吴权昌
产品(Products)：妇女卫生巾，卫生护垫，纸尿片
品牌(Brand)：清爽，乐乎乐

广东省惠阳市浩德实业有限公司华光纸品厂
Guangdong Huiyang Haode Industry Co., Ltd. Huaguang Paper Products Factory
地址(Add)：广东省惠州市惠阳区淡水镇排坊工业区翠竹路5号
邮编(P.C.)：516211
电话(Tel)：0752-3340318
传真(Fax)：0752-3340683
法人代表(Chairman)：吴益昌
总经理(General Manager)：吴益昌
产品(Products)：卫生纸，面巾纸，婴儿纸尿片
品牌(Brand)：三和

江门市江海区天之娇纸品有限公司
Jiangmen Angie Paper Products Co., Ltd.
地址(Add)：广东省江门市江海区江海三路永安围
邮编(P.C.)：529040
电话(Tel)：0750-3851301
传真(Fax)：0750-3893038
E-mail：gdangie@21cn.com
Http://www.angie.e8d.net
法人代表(Chairman)：龙海涛
总经理(General Manager)：龙海涛
联系人(Contact Person)：龙华章
产品(Products)：妇女卫生巾，卫生护垫，婴儿纸尿裤/片
品牌(Brand)：天之娇，海灵草，丝娇，天之娇宝宝

江门市江海区信盈纸业保洁用品厂
Jiangmen Xinying Paper Products Factory
地址(Add)：广东省江门市江海区礼东向民工业区1号
邮编(P.C.)：529060
电话(Tel)：0750-3832008
传真(Fax)：0750-3893008
Http://www.xinyingzy.cn
联系人(Contact Person)：区耀明
产品(Products)：妇女卫生巾，婴儿纸尿裤/片
品牌(Brand)：花开时节，娇婷健，自柔易，盈彩，俏蜜

儿，舒心 BB

江门市互信纸业有限公司
Jiangmen Huxin Paper Co., Ltd.
地址(Add)：广东省江门市蓬江区杜阮镇龙榜工业区环镇路 10－11 号
邮编(P. C.)：529075
电话(Tel)：0750－3816183
传真(Fax)：0750－3816138
E-mail：huxinpaper@hotmail. com
Http://www. huxinpaper. com. cn
法人代表(Chairman)：冯强初
总经理(General Manager)：冯强初
联系人(Contact Person)：泺雪凤
产品(Products)：妇女卫生巾，卫生护垫，婴儿纸尿裤/片
品牌(Brand)：多依期，伊莱雅，小猫咪

江门市江海区雅洁纸品厂
Jiangmen Jianghai Yajie Paper Products Factory
地址(Add)：广东省江门市外海镇前进路 51 号
邮编(P. C.)：529080
电话(Tel)：0750－3785235
传真(Fax)：0750－3793188
总经理(General Manager)：方民威
产品(Products)：妇女卫生巾，卫生护垫，纸尿裤/片，妈咪两用巾
品牌(Brand)：江南丽人，仟依梦，雅维洁，妇丽佳，新一代薰衣草

江门新会加美卫生用品厂
Jiangmen Xinhui Jiamei Hygiene Products Factory
地址(Add)：广东省江门市新会区北坑工业区
邮编(P. C.)：529100
电话(Tel)：0750－6176218
传真(Fax)：0750－6160352
E-mail：catking－love@21cn. com
Http://www. jiameist. com
联系人(Contact Person)：谭凤爱
产品(Products)：妇女卫生巾，卫生护垫，纸尿裤
品牌(Brand)：加美

江门市新会区凯乐纸品有限公司
Jiangmen Xinhui Kaile Paper Products Co., Ltd.
地址(Add)：广东省江门市新会区睦洲新沙工业园
邮编(P. C.)：529152
电话(Tel)：0750－6228980
传真(Fax)：0750－6228330
总经理(General Manager)：容健荣
联系人(Contact Person)：容健荣
产品(Products)：妇女卫生巾，卫生护垫，婴儿纸尿裤
品牌(Brand)：凯乐

娇美保洁卫生用品厂
Jiaomei Sanitary Products Factory
地址(Add)：广东省江门市新会区睦洲影剧院侧
邮编(P. C.)：529143
电话(Tel)：0750－6228828
传真(Fax)：0750－6228818
E-mail：jiaomei666@126. com
Http://www. jiao_ mei. com. cn
法人代表(Chairman)：谭桂雄
总经理(General Manager)：谭桂雄
联系人(Contact Person)：梁添和
产品(Products)：妇女卫生巾，卫生护垫，婴儿纸尿裤/片
品牌(Brand)：美宜乐，乐怡美，QQ 一族

广东爱尔保洁用品有限公司
Aier Sanitary Products Co., Ltd.
地址(Add)：广东省江门市新会区睦洲镇河滨中路 6 号
邮编(P. C.)：529143
电话(Tel)：0750－6222813
传真(Fax)：0750－6226801
E-mail：limaoquan12345@163. com
Http://www. gdaier. com
法人代表(Chairman)：林德
总经理(General Manager)：林德
联系人(Contact Person)：李茂权
产品(Products)：妇女卫生巾，卫生护垫，妇婴巾，婴儿纸尿裤/片
品牌(Brand)：爱尔，蝴蝶缘

江门市新会区信发卫生用品厂
Jiangmen Xinhui Xinfa Hygiene Products Factory
地址(Add)：广东省江门市新会区睦洲镇江睦公路 38 号
邮编(P. C.)：529143
电话(Tel)：0750－6227998
传真(Fax)：0750－6227938
E-mail：info@jmxinfa. com
Http://www. jmxinfa. com
总经理(General Manager)：周健良
联系人(Contact Person)：周健良
产品(Products)：妇女卫生巾，卫生护垫，婴儿纸尿裤/片，妈咪两用巾
品牌(Brand)：心中情，淑雅丝，爱莉，春柔，绿韵柔情

江门市新会区完美生活用品有限公司
Jiangmen Perfect Commodities Co., Ltd.
地址(Add)：广东省江门市新会区睦洲镇新沙工业区
邮编(P. C.)：529143
电话(Tel)：0750－6221525
传真(Fax)：0750－6535825
E-mail：jmperfect@126. com
Http://jmperfect. cn. alibaba. com
总经理(General Manager)：吴锡荣
联系人(Contact Person)：吴锡荣
产品(Products)：妇女卫生巾，卫生护垫，妇婴两用巾，纸尿片
品牌(Brand)：完美

江门新会群达纸业有限公司
Jiangmen Xinhui Qunda Paper Industry Co., Ltd.
地址(Add)：广东省江门市新会区三江镇洋美工业区
邮编(P. C.)：529142
电话(Tel)：0750－6203595
传真(Fax)：0750－6202821
法人代表(Chairman)：林耀辉
联系人(Contact Person)：郑成江
产品(Products)：妇女卫生巾，婴儿纸尿裤/片
品牌(Brand)：丹韵

开平新宝卫生用品有限公司
Kaiping Sunbo Sanitary Products Co., Ltd.
地址(Add)：广东省开平市沙冈新美工业城美华路15号B-9幢
邮编(P. C.)：529300
电话(Tel)：0750-2200102
传真(Fax)：0750-2200103
E-mail：sunbokp@sunbokp. com
Http://www. sunbokp. com
法人代表(Chairman)：谢强
总经理(General Manager)：方荣舜
联系人(Contact Person)：马瑞珍
产品(Products)：妇女卫生巾，卫生护垫，婴儿纸尿片，成人纸尿片
品牌(Brand)：芳婷，贝思乐，康护

鸿洁纸业有限公司
Hongjie Paper Industry Co., Ltd.
地址(Add)：广东省普宁市麒麟镇南坡工业区488号
邮编(P. C.)：515352
电话(Tel)：0663-2531318
传真(Fax)：0663-2531318
总经理(General Manager)：黄俊鸿
联系人(Contact Person)：黄俊鸿
产品(Products)：婴儿纸尿裤/片
品牌(Brand)：鸿洁，爱心天使

佛山市志达实业有限公司
Foshan Zhida Industry Co., Ltd.
地址(Add)：广东省三水市大塘工业园三角洲路18-3号
邮编(P. C.)：528000
电话(Tel)：0757-87278103
传真(Fax)：0757-82128444
总经理(General Manager)：李少开
联系人(Contact Person)：梁碧莹
产品(Products)：妇女卫生巾，纸尿裤
品牌(Brand)：乐の惠

汕头市通达保健用品厂
Shantou Tongda Health Care Products Plant
地址(Add)：广东省汕头市潮南区司马浦东晖东路北四巷6号
邮编(P. C.)：515149
电话(Tel)：0754-87739626
传真(Fax)：0754-87723626
E-mail：113160620@qq. com
法人代表(Chairman)：吴赛慈
总经理(General Manager)：廖帝雄
联系人(Contact Person)：廖帝雄
产品(Products)：妇女卫生巾，卫生护垫，婴儿纸尿片
品牌(Brand)：健雅，非一般，健雅宝

汕头市佳润日用品有限公司
Shantou Jiarun Commodity Co., Ltd.
地址(Add)：广东省汕头市潮阳区和平镇下厝佳润工业区
邮编(P. C.)：515154
电话(Tel)：0754-82603308
传真(Fax)：0754-82603306
法人代表(Chairman)：吴镇晓
总经理(General Manager)：吴镇晓
联系人(Contact Person)：吴镇晓
产品(Products)：妇女卫生巾，婴儿纸尿裤

汕头市集诚妇幼用品厂有限公司
Shantou Jicheng Women & Children Articles Co., Ltd.
地址(Add)：广东省汕头市金平区潮汕路西侧金园工业区华特尔玩具实业有限公司A座厂房
邮编(P. C.)：515021
电话(Tel)：0754-88119188
传真(Fax)：0754-88105531
E-mail：sale@eleaine. com. cn
Http://www. eleaine. com. cn
法人代表(Chairman)：张朝侠
总经理(General Manager)：张少莹
联系人(Contact Person)：陈晓丽
产品(Products)：婴儿纸尿裤/片
品牌(Brand)：爱护

汕头市嘉龙卫生日用品有限公司
Shantou Jialong Hygiene Products Co., Ltd.
地址(Add)：广东省汕头市升平工业区升业大厦
邮编(P. C.)：515021
电话(Tel)：0754-2511394
联系人(Contact Person)：蔡楚鸿
产品(Products)：妇女卫生巾，婴儿纸尿裤
品牌(Brand)：贝尔

汕尾市娜菲纸业有限公司
Shanwei Nafei Paper Industry Co., Ltd.
地址(Add)：广东省汕尾市海丰老区工业园内
邮编(P. C.)：516400
电话(Tel)：0660-6410088
传真(Fax)：0660-6413928
E-mail：zhoucanjie444@126. com
Http://www. gdnafei. cn
联系人(Contact Person)：周灿杰
产品(Products)：妇女卫生巾，婴儿纸尿裤/片，两用巾
品牌(Brand)：舒动感，娜菲，倩心，流星假期，乐肤爽

深圳市花好月圆卫生用品有限公司
Shenzhen Huahaoyueyuan Hygiene Products Co., Ltd.
地址(Add)：广东省深圳市宝安区25区华丰商务大厦B座630室
邮编(P. C.)：518101
电话(Tel)：0755-27821671
传真(Fax)：0755-27821670
E-mail：szhhyy@126. com
Http://www. szhhyy. ccm
联系人(Contact Person)：潘国兵
产品(Products)：妇女卫生巾，卫生护垫，湿巾，婴儿纸尿裤/片，手帕纸，面巾纸
品牌(Brand)：花好月圆，康雅舒

深圳市瑞康宝卫生用品有限公司
Shenzhen Ruikangbao Sanitary Products Co., Ltd.
地址(Add)：广东省深圳市宝安区公明镇甲子塘第二工业区第5栋
邮编(P. C.)：518106
电话(Tel)：0755-27173981
传真(Fax)：0755-27173982
Http://www. ruikangbao. com. cn
总经理(General Manager)：罗美武

联系人(Contact Person)：黄启慧
产品(Products)：妇女卫生巾，卫生护垫，婴儿纸尿裤
品牌(Brand)：瑞康宝，RCB，绿色菁凉，锦迪宝宝

深圳市金顺来实业有限公司
Shenzhen Jinshunlai Industry Co., Ltd.
地址(Add)：广东省深圳市龙岗区坪地镇坪西村顺景路10号
邮编(P. C.)：518111
电话(Tel)：0755－61227772
传真(Fax)：0755－61227628
E-mail：jieshunyeh@ yahoo. com. cn
Http://www. jsl-china. com
总经理(General Manager)：蔡明莎
联系人(Contact Person)：叶先生
产品(Products)：妇女卫生巾，卫生护垫，婴儿纸尿裤/片
品牌(Brand)：蝶儿美

爱得利(广州)婴儿用品有限公司
Aideli (Guangzhou) Baby Goods Co., Ltd.
地址(Add)：广东省增城市新塘镇太平洋工业区南安区塘岗
邮编(P. C.)：511340
电话(Tel)：020－82703651
传真(Fax)：020－82703653
法人代表(Chairman)：郭延梓
联系人(Contact Person)：林伟松
产品(Products)：婴儿纸尿裤
品牌(Brand)：爱得利

广州永泰保健品有限公司
Guangzhou Yongtai Health Care Products Co., Ltd.
地址(Add)：广东省增城市新塘镇夏埔开发区
邮编(P. C.)：511348
电话(Tel)：020－82703308
传真(Fax)：020－82703308
E-mail：jinwei@ jinweigz. com
Http://www. jinweigz. com
总经理(General Manager)：陈惠良
产品(Products)：卫生纸，手帕纸，面巾纸，婴儿纸尿裤
品牌(Brand)：金威

中山市川田卫生用品有限公司
Kawada (Zhongshan) Sanitary Products Co., Ltd.
地址(Add)：广东省中山市火炬开发区陵岗(嘉明电厂宿舍对面)
邮编(P. C.)：528437
电话(Tel)：0760－88203336
传真(Fax)：0760－88203276
E-mail：kawada@ 163. com
Http://www. kawada. com. cn
法人代表(Chairman)：孙潞德
总经理(General Manager)：李忠勉
产品(Products)：妇女卫生巾，卫生护垫，婴儿纸尿裤/片，宠物纸尿裤，宠物垫
品牌(Brand)：非凡魅力，拍拍爽

中山市宜姿卫生制品有限公司
Zhongshan Yizi Hygiene Products Co., Ltd.
地址(Add)：广东省中山市南朗镇第六工业园(即大车工业园)
邮编(P. C.)：528451
电话(Tel)：0760－85219362
传真(Fax)：0760－85219296
E-mail：yiziyibao@ 163. com
Http://www. zsyizi. com. cn
法人代表(Chairman)：黄杰培
总经理(General Manager)：董炳怀
产品(Products)：妇女卫生巾，卫生护垫，婴儿纸尿裤，成人纸尿裤，护理垫，宠物垫，两用巾
品牌(Brand)：宜姿，全日护，索菲尔，宜老，E－索

中山市星华纸业发展有限公司
Zhongshan Xinghua Paper Industry Development Co., Ltd.
地址(Add)：广东省中山市三乡白石第二工业区文华东路10号
邮编(P. C.)：528463
电话(Tel)：0760－86321599
传真(Fax)：0760－86332992
E-mail：long7610565@ 163. com
Http://www. zsxinghua. b2b. cn. com
法人代表(Chairman)：王民星
总经理(General Manager)：王民星
联系人(Contact Person)：汤波
产品(Products)：妇女卫生巾，卫生护垫，婴儿纸尿片
品牌(Brand)：康护舒，舒丽丝，伊丽雅，8度灵感，安芯天使

中山康怡然卫生用品有限公司
Zhongshan Kangyiran Sanitary Products Co., Ltd.
地址(Add)：广东省中山市三乡镇前陇工业区
邮编(P. C.)：528463
电话(Tel)：0760－86568132
传真(Fax)：0760－86336167
E-mail：china－jianni@ 163. com
Http://www. china-jianni. com
法人代表(Chairman)：吴金水
总经理(General Manager)：李进来
联系人(Contact Person)：潘荣忠
产品(Products)：妇女卫生巾，卫生护垫，婴儿纸尿裤，成人纸尿裤/片，宠物纸尿裤，宠物垫
品牌(Brand)：健妮，健朗，可采宝贝，健妮娃

中山市龙发卫生用品有限公司
Zhongshan Longfa Sanitary Products Co., Ltd.
地址(Add)：广东省中山市坦洲镇第三工业区前进二路10号
邮编(P. C.)：528467
电话(Tel)：0760－86653689
传真(Fax)：0760－86212618
法人代表(Chairman)：温德泉
联系人(Contact Person)：温锦安
产品(Products)：妇女卫生巾，卫生护垫，婴儿纸尿裤/片
品牌(Brand)：蝶羽丝

中山瑞德卫生纸品有限公司
Disposable Soft Goods (Zhongshan) Ltd.
地址(Add)：广东省中山市西区沙朗第三工业区金昌工业路

邮编(P. C.)：528411
电话(Tel)：0760－88559866
传真(Fax)：0760－88558794
E-mail：dsgadmin@pub.zhongshan.gd
Http://www.fitti.com
法人代表(Chairman)：崔守礼
总经理(General Manager)：关兆华
联系人(Contact Person)：林志明
产品(Products)：婴儿纸尿裤/片
品牌(Brand)：菲比 Fitti，宝宝 Petpet，爱婴 Babylove

盈家(珠海保税区)卫生用品有限公司
Home Sweet Home (Zhuhai Free Trade Zone) Sanitary Products Co., Ltd.
地址(Add)：广东省珠海市保税区天科路41号地段第五幢厂房
邮编(P. C.)：519030
电话(Tel)：0756－8686970
传真(Fax)：0756－8686971
E-mail：xiaohong85336960@126.com
法人代表(Chairman)：夏家聪
总经理(General Manager)：夏谷贻
联系人(Contact Person)：黄小红
产品(Products)：婴儿纸尿裤/片
品牌(Brand)：甜儿，安宝，BBQ

珠海市健朗生活用品有限公司
Zhuhai Jianlang Consumer Products Co., Ltd.
地址(Add)：广东省珠海市金湾区上冲西街
邮编(P. C.)：519000
电话(Tel)：0756－3803888
传真(Fax)：0756－3801888
Http://www.cn-jianlang.com.cn
法人代表(Chairman)：李焕南
总经理(General Manager)：李焕南
联系人(Contact Person)：云麟
产品(Products)：妇女卫生巾，婴儿纸尿裤，成人纸尿裤/片
品牌(Brand)：樱子，可采，健妮，健妮娃

珠海市金能纸品有限公司
Zhuhai Jinneng Paper Co., Ltd.
地址(Add)：广东省珠海市梅华西路香洲科技工业园L8栋
邮编(P. C.)：519070
电话(Tel)：0756－8503838
传真(Fax)：0756－8503388
法人代表(Chairman)：许龙
总经理(General Manager)：许龙
联系人(Contact Person)：邓小焕
产品(Products)：妇女卫生巾，卫生护垫，婴儿纸尿裤/片
品牌(Brand)：秋花，惠爱，QH，快乐假期

■ 广西 Guangxi

桂林市独秀纸品有限公司
Guilin Duxiu Paper Products Co., Ltd.
地址(Add)：广西桂林市芳华路12号
邮编(P. C.)：541001
电话(Tel)：0773－2609552
传真(Fax)：0773－2602471
E-mail：snhai0814@163.com
Http://www.snpaper.com
法人代表(Chairman)：潘铕至
总经理(General Manager)：潘海龙
联系人(Contact Person)：周小连
产品(Products)：妇女卫生巾，卫生护垫，婴儿纸尿裤/片
品牌(Brand)：淑女，安睡宝宝

桂林洁伶工业有限公司
Guilin Jieling Industrial Co., Ltd.
地址(Add)：广西桂林市高新技术开发区7号小区毛塘西路3号
邮编(P. C.)：541004
电话(Tel)：0773－5826396
传真(Fax)：0773－5855580
E-mail：jielinggongsi@vip.sina.com
Http://www.jieling.net
法人代表(Chairman)：陈百城
总经理(General Manager)：陈百城
联系人(Contact Person)：郑江春
产品(Products)：妇女卫生巾，卫生护垫，婴儿纸尿裤，卫生卷纸
品牌(Brand)：洁伶

柳州惠好卫生用品有限公司
Liuzhou Huihao Hygiene Products Co., Ltd.
地址(Add)：广西柳州市东环路282号
邮编(P. C.)：545006
电话(Tel)：0772－2068186
传真(Fax)：0772－2068182
E-mail：liangxiaoyi2003@163.com
Http://www.lmz.com.cn
法人代表(Chairman)：马朝梅
总经理(General Manager)：黄荣斌
联系人(Contact Person)：梁孝易
产品(Products)：妇女卫生巾，卫生护垫，婴儿纸尿裤，卫生卷纸，餐巾纸，面巾纸，手帕纸
品牌(Brand)：惠好，惪妙，酷宝

南宁市爱新卫生用品厂
Nanning Aixin Hygiene Products Plant
地址(Add)：广西南宁市大学西路161－6号
邮编(P. C.)：530007
电话(Tel)：0771－3250291
传真(Fax)：0771－3250727
E-mail：kangbeier888@yahoo.com.cn
法人代表(Chairman)：刘爱新
总经理(General Manager)：刘广恩
联系人(Contact Person)：刘碧翠
产品(Products)：妇女卫生巾，卫生护垫，婴儿纸尿裤/片
品牌(Brand)：芳怡，康贝尔

广西舒雅护理用品有限公司
Guangxi Shuya Health Care Products Co., Ltd.
地址(Add)：广西南宁市华侨投资区侨凤路3号
邮编(P. C.)：530105
电话(Tel)：0771－6301370
传真(Fax)：0771－6301309

E-mail：shuya@ shuya－china. com
Http：//www. shuya-china. com
法人代表（Chairman）：肖凌
总经理（General Manager）：周新华
联系人（Contact Person）：曾昀
产品（Products）：妇女卫生巾，卫生护垫，婴儿纸尿裤/片
品牌（Brand）：舒雅，舒儿乐，舒雅宝宝

广西源安堂医疗器械有限公司
Guangxi Yuanantang Medical Apparatus Co., Ltd.
地址（Add）：广西南宁市金湖南路26－1号东方国际商务港B座8楼806
邮编（P. C.）：530022
电话（Tel）：0771－5333401
传真（Fax）：0771－5735526
Http：//www. gxyat. com
联系人（Contact Person）：莫燕菁
产品（Products）：妇女卫生巾，婴儿纸尿裤
品牌（Brand）：月亮船，好心情，动力宝贝

广西南宁市玉云纸制品有限公司
Guangxi Nanning Yuyun Paper Products Co., Ltd.
地址（Add）：广西南宁市鲁班路1号
邮编（P. C.）：530003
电话（Tel）：0771－3820988
传真（Fax）：0771－3836404
E-mail：yuyunshuangfei@ 263. net
Http：//www. lvch. com. cn
法人代表（Chairman）：江中云
联系人（Contact Person）：江中舟
产品（Products）：卫生纸，餐巾纸，手帕纸，面巾纸，妇女卫生巾，卫生护垫，婴儿纸尿裤/片，湿巾
品牌（Brand）：爽妃

南宁洁伶卫生用品有限公司
Nanning Jieling Hygiene Products Co., Ltd.
地址（Add）：广西南宁市友谊路21－7号
邮编（P. C.）：530031
电话（Tel）：0771－6703330
传真（Fax）：0771－6703316
法人代表（Chairman）：陈宝城
总经理（General Manager）：陈宝城
联系人（Contact Person）：陈良锋
产品（Products）：妇女卫生巾，卫生护垫，婴儿纸尿片
品牌（Brand）：蝶菲，香屁屁

■ 重庆 Chongqing

重庆丝爽卫生用品有限公司
Chongqing Sishuang Sanitary Products Co., Ltd.
地址（Add）：重庆市高新区科园四路149号3－3号
邮编（P. C.）：400041
电话（Tel）：023－86125700
传真（Fax）：023－89088905
E-mail：market@ sishuang. com
Http：//www. sishuang. com
法人代表（Chairman）：冯永林
总经理（General Manager）：冯永林
联系人（Contact Person）：陈颖波
产品（Products）：妇女卫生巾，卫生护垫，湿巾，婴儿纸尿裤/片
品牌（Brand）：妮爽，自由点，丹宁，妮贝贝，好之

重庆草清坊日用品有限责任公司
Chongqing Caoqingfang Daily Supplies Co., Ltd.
地址（Add）：重庆市渝北区金岛花园E－House27楼18号
邮编（P. C.）：401147
电话（Tel）：023－67902297
传真（Fax）：023－67902297
法人代表（Chairman）：江武
总经理（General Manager）：江武
联系人（Contact Person）：陶己年
产品（Products）：妇女卫生巾，卫生护垫，婴儿纸尿片
品牌（Brand）：伊佳洁，草清，小兔乖乖

■ 四川 Sichuan

恒安（四川）卫生用品有限公司
Hengan (Sichuan) Hygiene Products Co., Ltd.
地址（Add）：四川省成都市高新区新加坡工业园新园大道11号
邮编（P. C.）：610041
电话（Tel）：028－82991081
传真（Fax）：028－82991089
E-mail：wangyi@ mail. hengan. com. cn
法人代表（Chairman）：施文博
总经理（General Manager）：王清生
联系人（Contact Person）：王毅
产品（Products）：妇女卫生巾，卫生护垫，婴儿纸尿裤
品牌（Brand）：安乐，安尔乐，安儿乐

恒安（四川）家庭用品有限公司
Hengan (Sichuan) Household Goods Co., Ltd.
地址（Add）：四川省成都市高新区新加坡工业园新园大道11号
邮编（P. C.）：610041
电话（Tel）：028－82991081
传真（Fax）：028－82991089
E-mail：wangyi@ mail. hengan. com. cn
法人代表（Chairman）：施文博
总经理（General Manager）：王清生
联系人（Contact Person）：王毅
产品（Products）：婴儿纸尿裤，成人纸尿裤，妇女卫生巾
品牌（Brand）：安儿乐，安而康，安尔乐

成都市芳舒乐卫生纸品有限公司
Chengdu Fangshule Tissue Paper Products Co., Ltd.
地址（Add）：四川省成都市武侯区簇桥乡沈家桥村三组
邮编（P. C.）：610043
电话（Tel）：028－85034488
传真（Fax）：028－85034816
E-mail：commonsava@ hotmail. com
产品（Products）：妇女卫生巾，婴儿纸尿裤
品牌（Brand）：芳舒乐

成都安舒实业有限公司
Chengdu Anshu Industrial Co., Ltd.
地址（Add）：四川省成都市新都区斑竹园镇福田寺
邮编（P. C.）：610506
电话（Tel）：028－85152843
传真（Fax）：028－85153061

E-mail：sales@ cdanshu. com
Http://www. cdanshu. com
法人代表(Chairman)：肖文祥
总经理(General Manager)：肖文祥
联系人(Contact Person)：许小华
产品(Products)：妇女卫生巾，卫生护垫，婴儿纸尿裤/片，卫生卷纸，手帕纸
品牌(Brand)：安舒曼，平安儿，规律，天然

成都市红娇妇幼卫生用品有限公司
Chengdu Hongjiao Women & Children Hygiene Products Co., Ltd.
地址(Add)：四川省成都市新都区大丰镇太平村三村
邮编(P. C.)：610504
电话(Tel)：028 -83918168
传真(Fax)：028 -83918168
法人代表(Chairman)：樊文明
总经理(General Manager)：樊文明
联系人(Contact Person)：樊文明
产品(Products)：妇女卫生巾，卫生护垫，纸尿裤
品牌(Brand)：红娇，百纷

四川德阳蓝海妇幼用品有限公司
Sichuan Deyang Bluesea Women & Children Products Co., Ltd.
地址(Add)：四川省德阳市八角工业园区
邮编(P. C.)：618003
电话(Tel)：0838 -2601234
传真(Fax)：0838 -2601333
E-mail：scdylhgs@ 163. com
Http://www. bluesealanhai. com
总经理(General Manager)：王世全
联系人(Contact Person)：何西萍
产品(Products)：妇女卫生巾，卫生护垫，婴儿纸尿裤
品牌(Brand)：婷婷丽丝 Nivex，婷婷丽丝 Nivex - 小乖乖

峨眉山市妍馨卫生用品有限公司
Emeishan Yanxin Hygiene Products Factory
地址(Add)：四川省峨眉山市符溪工业集中区
邮编(P. C.)：614216
电话(Tel)：0833 -5381161
传真(Fax)：0833 -5380132
E-mail：xiasibi@ 163. com
法人代表(Chairman)：黄永才
总经理(General Manager)：夏仕碧
产品(Products)：妇女卫生巾，卫生护垫，婴儿纸尿裤/片
品牌(Brand)：妍馨，虞美人，藏红花

■ 贵州 Guizhou

贵阳鑫恒丰纸业有限公司
Guiyang Xinhengfeng Paper Industry Co., Ltd.
地址(Add)：贵州省贵阳市车水路 157 号
邮编(P. C.)：550003
电话(Tel)：0851 -5100886
传真(Fax)：0851 -5110389
E-mail：wangshiyong888@ vip. 163. com
Http://www. xhfzy. com. cn
法人代表(Chairman)：王仕勇
总经理(General Manager)：王仕勇
产品(Products)：婴儿纸尿片，卫生卷纸
品牌(Brand)：贵子，贵宝

■ 云南 Yunnan

昆明市港舒卫生用品厂
Kunming Gangshu Hygiere Products Factory
地址(Add)：云南省昆明市滇池路中段陆家营
邮编(P. C.)：650228
电话(Tel)：0871 -4575888
传真(Fax)：0871 -4585988
E-mail：business@ gangshu. net
法人代表(Chairman)：蔡燕珠
总经理(General Manager)：杨剑锋
联系人(Contact Person)：蔡青山
产品(Products)：妇女卫生巾，卫生护垫，面巾纸，卫生卷纸，纸尿裤/片
品牌(Brand)：诗尔爽，诗爽，诗柏

云南省昆明华安美洁卫生用品有限公司
Yunnan Kunming Huaan Meijie Hygiene Articles Co., Ltd.
地址(Add)：云南省昆明市官渡区官南大道(叶家村段)
邮编(P. C.)：650051
电话(Tel)：0871 -7321357
传真(Fax)：0871 -7321355
Http://www. kmhamj. com
法人代表(Chairman)：李珊
联系人(Contact Person)：陈正东
产品(Products)：卫生纸，手帕纸，妇女卫生巾，婴儿纸尿片，成人纸尿片
品牌(Brand)：美洁贝贝

昆明市大手纸厂
Kunming Dashou Paper Mill
地址(Add)：云南省昆明市西山区马街镇海源庄四社
邮编(P. C.)：650034
电话(Tel)：0871 -7333623
传真(Fax)：0871 -7352801
联系人(Contact Person)：田堇瑾
产品(Products)：卫生纸，妇女卫生巾，纸尿片
品牌(Brand)：滇之美，洁期，小宝当佳

■ 陕西 Shaanxi

西安可心日用制品有限公司
Xian Kexin Articles for Daily Use Co., Ltd.
地址(Add)：陕西省西安市高陵县城东方红路 157 号
邮编(P. C.)：710200
电话(Tel)：029 -86910911
传真(Fax)：029 -86913541
E-mail：office@ xakexin. com
Http://www. xakexin. com
法人代表(Chairman)：陈敬仁
总经理(General Manager)：陈敬仁
联系人(Contact Person)：王平
产品(Products)：妇女卫生巾，卫生护垫，婴儿纸尿裤/片，餐巾纸
品牌(Brand)：可心，新可心，可心宝儿

陕西魔妮卫生用品有限责任公司
Shaanxi Moni Sanitary Products Co., Ltd.
地址(Add)：陕西省西安市雁塔区鱼化工业园(雁环北路西段)
邮编(P. C.)：710077
电话(Tel)：029-84365652
传真(Fax)：029-84365657
E-mail：shanximoni@163.com
Http://www.sxmoni.com
法人代表(Chairman)：张均安
总经理(General Manager)：姚教育
联系人(Contact Person)：崔梦瑶
产品(Products)：妇女卫生巾，卫生护垫，婴儿纸尿裤/片
品牌(Brand)：魔妮

■ 新疆 Xinjiang

欣悦日用品有限公司
Xinyue Daily Necessities Co., Ltd.
地址(Add)：新疆乌鲁木齐市长江路92号东方花园3号楼D-207
邮编(P. C.)：830000
电话(Tel)：0991-6138365
传真(Fax)：0991-5585602
总经理(General Manager)：卓良发
联系人(Contact Person)：赵珊
产品(Products)：妇女卫生巾，婴儿纸尿裤，卫生纸
品牌(Brand)：欣悦

成人失禁用品生产企业
按产品和地区细分统计
（2009年，统计总数158家）

序号	行政区 Region	企业数	起始页	序号	行政区 Region	企业数	起始页
1	北京 Beijing	5	418	13	福建 Fujian	27	428
2	天津 Tianjin	12	419	14	江西 Jiangxi	1	431
3	河北 Hebei	8	420	15	山东 Shandong	10	431
6	辽宁 Liaoning	9	421	16	河南 Henan	5	432
7	吉林 Jilin	1	422	17	湖北 Hubei	2	432
8	黑龙江 Heilongjiang	2	422	19	广东 Guangdong	24	433
9	上海 Shanghai	13	422	20	广西 Guangxi	1	436
10	江苏 Jiangsu	21	424	23	四川 Sichuan	1	436
11	浙江 Zhejiang	12	426	25	云南 Yunnan	1	436
12	安徽 Anhui	2	427	27	陕西 Shaanxi	1	436

注：4 山西、5 内蒙古、18 湖南、21 海南、22 重庆、24 贵州、26 西藏、28 甘肃、29 青海、30 宁夏和 31 新疆为缺项。

成人失禁用品
Adult incontinent products

主要生产企业
Major manufacturers

福建恒安集团有限公司	Fujian Hengan Holding Co., Ltd.
天津杏林白十字医疗卫生材料用品有限公司	Tianjin Hakujuji Medical Health Material and Necessities Co., Ltd.
新感觉卫生用品有限公司	New Sensation Sanitary Products Co., Ltd.
佛山市南海稳德福无纺布有限公司	Foshan Nanhai Wonderful Nonwoven Co., Ltd.
全日美实业(上海)有限公司	Everbeauty Industry (Shanghai) Co., Ltd.
金佰利(中国)有限公司	Kimberly – Clark (China) Co., Ltd.
义乌市安柔卫生用品有限公司	Yiwu Anrou Hygiene Products Co., Ltd.
广东百顺纸品有限公司	Guangdong Baishun Paper Products Co., Ltd.
天津小护士实业发展有限公司	Tianjin Little Nurse Industry & Commerce Development Co., Ltd.
天津市依依卫生用品有限公司	Tianjin Yiyi Hygiene Products Co., Ltd.
北京倍舒特妇幼用品有限公司	Beijing Beishute Maternity & Child Articles Co., Ltd.
泰州远东纸业有限公司	Taizhou Far East Paper Co., Ltd.
上海唯尔福(集团)有限公司	Shanghai Welfare (Group) Co., Ltd.
广西梧州市宝莱卫生用品实业有限公司	Guangxi Wuzhou Baolai Health Industry Co., Ltd.
上海必有福生活用品有限公司	Shanghai Biyoufu Commodity Co., Ltd.
杭州侨资纸业有限公司	Hangzhou Qiaozi Paper Industry Co., Ltd.
东莞市常兴纸业有限公司	Dongguan Changxing Paper Co., Ltd.

■ 北京 Beijing

北京九兴工贸有限公司
Beijing Everprosper Industry Co., Ltd.
地址(Add): 北京市大兴区瀛海路南三条5号
邮编(P. C.): 100076
电话(Tel): 010 – 69279282
传真(Fax): 010 – 69279585
E-mail: jiuxing@ vip. sina. com
Http://www. jiu-xing. com. cn
法人代表(Chairman): 溪东来
总经理(General Manager): 赵振国
产品(Products): 湿巾, 护理垫, 卫生卷纸, 成人纸尿裤/片
品牌(Brand): 九佳兴

北京特日欣卫生用品有限公司
Beijing Terixin Hygiene Products Co., Ltd.
地址(Add): 北京市丰台区花乡新房子57号(花乡育苗场院内)
邮编(P. C.): 100071
电话(Tel): 010 – 83609569
传真(Fax): 010 – 83609589
E-mail: master@ terixin. com
Http://www. terixin. com
法人代表(Chairman): 冯跃
总经理(General Manager): 冯跃
联系人(Contact Person): 高金龙
产品(Products): 妇女卫生巾, 卫生护垫, 婴儿纸尿裤/片, 成人纸尿裤/片, 湿巾, 卫生纸
品牌(Brand): 特日欣

北京金佰利个人卫生用品有限公司
Kimberly – Clark Beijing Plant
地址(Add): 北京市经济技术开发区建安街2号
邮编(P. C.): 100176
电话(Tel): 010 – 67881358 – 1111
传真(Fax): 010 – 67856059
E-mail: jinmei. shi@ kcc. com
Http://www. kimberly-clark. com. cn
法人代表(Chairman): 邵青锋
总经理(General Manager): 刘从晖
联系人(Contact Person): 史金梅
产品(Products): 妇女卫生巾, 卫生护垫, 成人失禁用品
品牌(Brand): 高洁丝 Kotex, 得伴 Depend

北京市通州区利康卫生材料制品厂
Beijing Tongzhou Likang Hygienic Material Products Factory
地址(Add)：北京市通州区通胡大街武夷花园紫荆雅园3－18
邮编(P. C.)：101100
电话(Tel)：010－89521236
传真(Fax)：010－89522558
总经理(General Manager)：顾久利
联系人(Contact Person)：顾亮
产品(Products)：成人纸尿裤，护理垫，手术衣，口罩，帽子
品牌(Brand)：潞康，康大夫

飞扬丽德(北京)科技发展有限公司
Feiyanglide (Beijing) Science & Technology Development Co., Ltd.
地址(Add)：北京市中关村南大街56号
邮编(P. C.)：100044
电话(Tel)：010－88026226
传真(Fax)：010－88850339
E-mail：huohanbing－8888@163. com
联系人(Contact Person)：李保来
产品(Products)：成人护理用品，卫生纸

■ 天津 Tianjin

天津市恒洁卫生用品有限公司
Tianjin Hengjie Hygiene Products Co., Ltd.
地址(Add)：天津市宝坻区九园公路13公里
邮编(P. C.)：301805
电话(Tel)：022－82590555
传真(Fax)：022－82591555
E-mail：xls@xilishuang. com
Http://www. xilishuang. com
法人代表(Chairman)：宁学杰
总经理(General Manager)：宁学杰
联系人(Contact Person)：康永萍
产品(Products)：妇女卫生巾，卫生护垫，婴儿纸尿裤/片，成人纸尿裤/片，护理垫
品牌(Brand)：茜丽爽，护理康，幸福宝贝，贝贝爽

天津小护士实业发展股份有限公司
Tianjin Little Nurse Industry & Commerce Development Co., Ltd.
地址(Add)：天津市北辰高科技产业园区辰星工业园淮河道6号
邮编(P. C.)：300410
电话(Tel)：022－26309200
传真(Fax)：022－26301235
E-mail：fengying_702@126. com
Http://www. chinanapkin. com. cn
法人代表(Chairman)：杨印海
总经理(General Manager)：杨印海
联系人(Contact Person)：冯颖
产品(Products)：妇女卫生巾，卫生护垫，婴儿纸尿裤，成人纸尿裤，护理垫，卫生卷纸，面巾纸，手帕纸
品牌(Brand)：小护士

天津市韩东纸业有限公司
Tianjin Handong Paper Products Co., Ltd.
地址(Add)：天津市北辰区铁东路勤俭工业区
邮编(P. C.)：300402
电话(Tel)：022－26735867
传真(Fax)：022－26735940
E-mail：zhaoaisen@yahoo. com. cn
法人代表(Chairman)：刘嘉
总经理(General Manager)：赵亚东
产品(Products)：妇女卫生巾，卫生护垫，婴儿纸尿片，成人纸尿裤，护理垫
品牌(Brand)：美千草，挚爱，挚爱宝贝

天津市小燕子卫生用品有限公司
Tianjin Xiaoyanzi Hygiene Products Co., Ltd.
地址(Add)：天津市北辰区新宜白大道普发里万达新城4号楼2门201
邮编(P. C.)：300402
电话(Tel)：022－26998316
传真(Fax)：022－26910678
E-mail：bubulu@yahoo. cn
总经理(General Manager)：华鼎升
联系人(Contact Person)：华鼎升
产品(Products)：妇女卫生巾，卫生护垫，婴儿纸尿裤，成人纸尿裤，护理垫
品牌(Brand)：小燕子，由美

天津市美商卫生用品厂
Tianjin Meishang Hygiene Products Factory
地址(Add)：天津市东丽区新立镇新兴工业区
邮编(P. C.)：300300
电话(Tel)：022－24998376
传真(Fax)：022－24982381
Http://www. tjyuqing. cn
总经理(General Manager)：王德军
联系人(Contact Person)：李文娟
产品(Products)：妇女卫生巾，卫生护垫，婴儿纸尿片，成人纸尿片，护理垫
品牌(Brand)：雨晴

天津市恒新纸业有限公司
Tianjin Permanent New Paper Co., Ltd.
地址(Add)：天津市津南经济技术开发区(双港)上海街10号
邮编(P. C.)：300350
电话(Tel)：022－28571061
传真(Fax)：022－88828679
E-mail：hengxin－zhiye@sohu. com
法人代表(Chairman)：李宝金
总经理(General Manager)：李宝金
联系人(Contact Person)：宁书金
产品(Products)：妇女卫生巾，卫生护垫，婴儿纸尿片，成人纸尿片，护理垫，纸鞋垫
品牌(Brand)：假日欣，好丽友，炫彩，邦宜生，包护理，好护理

天津市仕诚科技研发中心
Tianjin Shicheng Science & Technology R&D Center
地址(Add)：天津市南开区鞍山西道花港里8－3－102
邮编(P. C.)：300192
电话(Tel)：022－23051734
传真(Fax)：022－58598902
E-mail：tjshicheng2005@hotmail. com
联系人(Contact Person)：韩雪

产品(Products)：护理垫，成人纸尿裤
品牌(Brand)：笑顺

天津德发妇幼保健用品厂
Tianjin Defa Woman & Child Healthcare Articles Factory
地址(Add)：天津市南开区临潼西里9号楼1门4号
邮编(P. C.)：300112
电话(Tel)：022－27365899
传真(Fax)：022－87982636
法人代表(Chairman)：訾秀琴
总经理(General Manager)：訾秀琴
联系人(Contact Person)：訾秀琴
产品(Products)：成人纸尿裤，尿垫，护理垫，婴儿纸尿片
品牌(Brand)：得贝爱婴

天津市逸飞卫生用品有限公司
Tianjin Yifei Hygiene Products Co., Ltd.
地址(Add)：天津市西青区津淄公路王稳庄工业园
邮编(P. C.)：300383
电话(Tel)：022－83964215
传真(Fax)：022－83968228
E-mail：yifei_ hygiene@ yahoo. com. cn
Http://www. tjyifei. com. cn
总经理(General Manager)：赵平
联系人(Contact Person)：王伯韬
产品(Products)：婴儿纸尿裤/片，成人纸尿裤/片，护理垫，湿巾，宠物垫
品牌(Brand)：太阳雨，邦一把，久久安康

天津杏林白十字医疗卫生材料用品有限公司
Tianjin Hakujuji Medical Health Material and Necessities Co., Ltd.
地址(Add)：天津市西青区经济开发区业盛道3号
邮编(P. C.)：300385
电话(Tel)：022－23972036
传真(Fax)：022－23972012
E-mail：jiarui@ hakujuji. com. cn
Http://www. hakujuji. com. cn
法人代表(Chairman)：石学敏
总经理(General Manager)：王良
联系人(Contact Person)：贾锐
产品(Products)：成人纸尿裤/片，护理垫
品牌(Brand)：洒露把

禾丰(天津)卫生用品有限公司
Harvest (Tianjin) Sanitary Products Co., Ltd.
地址(Add)：天津市新技术产业园区武清开发区泉旺路南财源道5号
邮编(P. C.)：301726
电话(Tel)：022－82122296－98
传真(Fax)：022－82122289
E-mail：hefeng@ vip. sina. com
Http://www. hefeng1998. cn
总经理(General Manager)：王立民
联系人(Contact Person)：贾克光
产品(Products)：妇女卫生巾，卫生护垫，成人纸尿裤，婴儿尿不湿及伴侣
品牌(Brand)：青春旗，伊娇儿

天津市洁尔卫生用品有限公司
Tianjin Jieer Hygiene Products Co., Ltd.
地址(Add)：天津市中北工业园阜盛道曦霞路26号
邮编(P. C.)：300112
电话(Tel)：022－27948772
传真(Fax)：022－27980168
法人代表(Chairman)：张志宏
总经理(General Manager)：胡秀荣
联系人(Contact Person)：胡秀荣
产品(Products)：妇女卫生巾，卫生护垫，婴儿纸尿裤/片，成人纸尿裤，护理垫，湿巾
品牌(Brand)：尚好佳，冬虫草

■ 河北 Hebei

保定雨森卫生用品有限公司＊
Baoding Yusen Hygiene Products Co., Ltd.
地址(Add)：河北省保定市满城县大册营造纸工业区
邮编(P. C.)：072150
电话(Tel)：0312－5578100
传真(Fax)：0312－5572100
Http://www. yusenpaper. com
法人代表(Chairman)：苏马力
总经理(General Manager)：苏马力
联系人(Contact Person)：吴长念
产品(Products)：卫生纸，手帕纸，面巾纸，原纸，妇女卫生巾，卫生护垫，婴儿纸尿裤，成人纸尿裤，湿巾
品牌(Brand)：雨森，康柔，百丽

保定洁宝卫生纸品厂
Baoding Jiebao Tissue Products Factory
地址(Add)：河北省保定市阳光北大街1573号
邮编(P. C.)：071051
电话(Tel)：0312－3110601
传真(Fax)：0312－3110372
Http://www. jb-paper. com
联系人(Contact Person)：高金安
产品(Products)：卫生纸，婴儿卫生用品，成人卫生用品
品牌(Brand)：好帅儿

沧州市德发妇幼卫生用品有限责任公司
Cangzhou Defa Women & Children Articles Co., Ltd.
地址(Add)：河北省沧州市泊头西工业园
邮编(P. C.)：062157
电话(Tel)：0317－8346272
传真(Fax)：0317－8346272
总经理(General Manager)：于玉才
联系人(Contact Person)：于玉才
产品(Products)：婴儿纸尿裤/片，成人纸尿裤/片，护理垫，宠物垫，隔尿巾
品牌(Brand)：得贝，紫福蓉

河北宠乐婴儿用品厂
Hebei Chongle Baby Articles Factory
地址(Add)：河北省故城县宏声路19号
邮编(P. C.)：253800
电话(Tel)：0318－5613555
传真(Fax)：0318－5611685
E-mail：ysht670419@ 126. cn
Http://www. chongle. com. cn

总经理(General Manager)：李连生
联系人(Contact Person)：李亮
产品(Products)：成人纸尿裤/片，护理垫，婴儿纸尿片
品牌(Brand)：宠乐，老来福

邯郸市泰和纸业有限公司
Handan Taihe Paper Co., Ltd.
地址(Add)：河北省邯郸市高新技术开发区华荣街6号
邮编(P.C.)：056004
电话(Tel)：0310-5508999
传真(Fax)：0310-7053222
法人代表(Chairman)：叶聪明
总经理(General Manager)：曹同海
联系人(Contact Person)：张诗杰
产品(Products)：妇女卫生巾，卫生护垫，婴儿纸尿裤/片，成人纸尿裤/片，面巾纸，餐巾纸，卫生纸
品牌(Brand)：月来香，珍妃，泰和康

河北邯郸天宇卫生用品厂
Hebei Handan Tianyu Hygiene Products Factory
地址(Add)：河北省邯郸市中华北大街中段北仓库路甲2号
邮编(P.C.)：056004
电话(Tel)：0310-7025542
传真(Fax)：0310-7026141
法人代表(Chairman)：金保军
总经理(General Manager)：王存瑞
联系人(Contact Person)：郭继森
产品(Products)：妇女卫生巾，卫生护垫，婴儿纸尿裤/片，成人纸尿片
品牌(Brand)：爱蕊尔

亿鑫卫生用品厂
Yixin Hygiene Products Factory
地址(Add)：河北省任丘市明珠新村碧莲里6号楼2单元403室
邮编(P.C.)：062550
电话(Tel)：0317-2302008
传真(Fax)：0317-2369876
E-mail：tian92958@sohu.com
总经理(General Manager)：田湛
联系人(Contact Person)：田湛
产品(Products)：成人纸尿裤，护理垫，婴儿纸尿片，隔尿巾
品牌(Brand)：久久福，康尔乐，阳光贝贝，世纪宝宝，爱婴，贝贝爽

金雷卫生用品厂
Jinlei Hygiene Products Factory
地址(Add)：河北省正定县文昌街副42号(太平街)
邮编(P.C.)：050800
电话(Tel)：0311-88019705
传真(Fax)：0311-88019705
E-mail：88019705@163.com
Http://88019705.blog.163.com
总经理(General Manager)：李春雷
联系人(Contact Person)：李春雷
产品(Products)：妇女卫生巾，成人纸尿裤，护理垫，隔尿巾，卫生纸，宠物垫
品牌(Brand)：康必备

■ 辽宁 Liaoning

大连雄伟保健品有限公司
Dalian Xiongwei Health Care Products Co., Ltd.
地址(Add)：辽宁省大连市西岗区长春路315-2号
邮编(P.C.)：116013
电话(Tel)：0411-82493962
传真(Fax)：0411-82486429
Http://www.xiongweihealth.com
法人代表(Chairman)：孙冬云
联系人(Contact Person)：王富强
产品(Products)：湿巾，成人纸尿裤/片，护理垫
品牌(Brand)：雄伟，枫吕

恒安(抚顺)生活用品有限公司
Hengan (Fushun) Household Products Co., Ltd.
地址(Add)：辽宁省抚顺经济开发区科技城
邮编(P.C.)：113122
电话(Tel)：0413-3856666
传真(Fax)：0413-3856668
E-mail：yudl@mail.hengan.com.cn
联系人(Contact Person)：余大论
产品(Products)：妇女卫生巾，卫生护垫，婴儿纸尿裤，成人纸尿裤，卫生纸
品牌(Brand)：安乐，安尔乐，安儿乐，安而康，心相印

抚顺市东洲菲爽卫生用品厂
Fushun Dongzhou Feishuang Hygiene Products Factory
地址(Add)：辽宁省抚顺市东洲区平山四街23号
邮编(P.C.)：113015
电话(Tel)：0413-8273687
总经理(General Manager)：赵艳玲
产品(Products)：手术包，产包，妇女卫生巾，妇幼两用巾，成人纸尿裤/片，护理垫

辽宁省葫芦岛市渤海卫生制品厂
Huludao Bohai Hygiene Products Factory
地址(Add)：辽宁省葫芦岛市连山区虹螺岘虹螺工业区
邮编(P.C.)：125017
电话(Tel)：0429-4208159
传真(Fax)：0429-4203159
法人代表(Chairman)：谭柏祥
总经理(General Manager)：王冰
产品(Products)：妇女卫生巾，卫生护垫，婴儿纸尿片，成人纸尿片
品牌(Brand)：柏丽雅

济南鑫成日用品有限公司沈阳办事处
Jinan Xincheng Commodity Co., Ltd. Shenyang Office
地址(Add)：辽宁省沈阳市大东区黎明东馨园A座1503室
邮编(P.C.)：110042
电话(Tel)：024-88154546
传真(Fax)：024-88154546
联系人(Contact Person)：安红波
产品(Products)：成人纸尿裤/片，护理垫，婴儿纸尿裤/片，垫巾
品牌(Brand)：帮大人，日康，安爽，唯妮宝贝，九磅儿，小使者

沈阳鑫美月卫生用品有限公司
Shenyang Xinmeiyue Hygiene Products Co., Ltd.
地址(Add)：辽宁省沈阳市东陵区深井子镇李枫村
邮编(P. C.)：110171
电话(Tel)：024－24775688
传真(Fax)：024－24775699
法人代表(Chairman)：孙启刚
联系人(Contact Person)：孙启刚
产品(Products)：妇女卫生巾，成人纸尿裤/片
品牌(Brand)：欣月，美月

沈阳金利达卫生制品厂
Shenyang Jinlida Hygiene Products Factory
地址(Add)：辽宁省沈阳市和平区十一纬路云集东巷31号
邮编(P. C.)：110003
电话(Tel)：024－24357956
传真(Fax)：024－24357956
E-mail：da－quan@126. com
联系人(Contact Person)：吴汉权
产品(Products)：成人纸尿裤/片，护理垫

沈阳般舟纸制品包装有限公司
Shenyang Banzhou Paper Products Co., Ltd.
地址(Add)：辽宁省沈阳市铁西区爱工北街32号
邮编(P. C.)：110023
电话(Tel)：024－62385858
传真(Fax)：024－25897878
E-mail：bzceo@vip. sina. com
Http://www. zxdhome. com/bz/index. htm
总经理(General Manager)：张晓放
联系人(Contact Person)：宣洪宝
产品(Products)：成人失禁用品
品牌(Brand)：护家

沈阳虎跃卫生用品纸制品厂
Shenyang Huyue Hygiene Products Co., Ltd.
地址(Add)：辽宁省沈阳市新北开发区
邮编(P. C.)：110041
电话(Tel)：024－89648318
传真(Fax)：024－88550684
总经理(General Manager)：杜华
产品(Products)：成人卫生用品
品牌(Brand)：康复欣

■ 吉林 Jilin

吉林省爱尔康达卫生用品有限公司
Jilin Aierkangda Hygiene Products Co., Ltd.
地址(Add)：吉林省吉林市船营区西安路337号
邮编(P. C.)：132000
电话(Tel)：0432－67838678
传真(Fax)：0432－64881768
法人代表(Chairman)：郭群
总经理(General Manager)：郭群
联系人(Contact Person)：李美玲
产品(Products)：湿巾，成人纸尿裤/片，护理垫，卫生纸，手帕纸
品牌(Brand)：爱尔，小俏孩，小妇人，双双

■ 黑龙江 Heilongjiang

哈尔滨市高德卫生用品有限公司
Harbin Gaode Hygiene Products Co., Ltd.
地址(Add)：黑龙江省哈尔滨市香坊区煤管街1号
邮编(P. C.)：150038
电话(Tel)：0451－55644666
传真(Fax)：0451－55103229
E-mail：hrbgdd@163. com
法人代表(Chairman)：鲍洪涛
总经理(General Manager)：鲍洪涛
联系人(Contact Person)：谭晓梅
产品(Products)：婴儿纸尿裤/片，成人纸尿裤/片，湿巾，护理垫
品牌(Brand)：小博士，抗洪，沃得，干爹干娘，意相合，舒乐

黑龙江森苇纸业有限公司
Heilongjiang Sunwing Paper Co., Ltd.
地址(Add)：黑龙江省青冈县工业园区
邮编(P. C.)：151600
电话(Tel)：0455－3323888
E-mail：sunv@cnsunv. com
Http://www. cnsunv. com
联系人(Contact Person)：付德坤
产品(Products)：婴儿纸尿裤/片，成人纸尿裤/片，隔尿垫巾
品牌(Brand)：得昕，佳氏

■ 上海 Shanghai

上海雅珥逊医疗器械有限公司
Shanghai Yaerxun Medical Apparatus & Instruments Co., Ltd.
地址(Add)：上海市北京西路605弄57弄B幢102室
邮编(P. C.)：200041
电话(Tel)：021－62172519
传真(Fax)：021－32105556
E-mail：siqiya@126. com
总经理(General Manager)：徐国芳
产品(Products)：成人纸尿裤，护理垫
品牌(Brand)：雅珥逊

上海洪章卫生用品有限公司
Shanghai Hongzhang Hygiene Products Co., Ltd.
地址(Add)：上海市奉贤区奉城镇洪庙洪朱路南首
邮编(P. C.)：201411
电话(Tel)：021－57131873
总经理(General Manager)：周洪章
产品(Products)：成人纸尿裤/片，护理垫，婴儿纸尿裤

上海奉影医用卫生用品厂
Shanghai Fengying Medical Hygiene Products Co., Ltd.
地址(Add)：上海市奉贤区奉城镇经济开发区奉国路165号
邮编(P. C.)：201411
电话(Tel)：021－57522608
传真(Fax)：021－57511810
E-mail：fyyp－ni@21cn. com
Http://www. shfyyp. com
总经理(General Manager)：廖玉仙
产品(Products)：妇女卫生巾，卫生护垫，成人纸尿裤，帽子，口罩，手术衣

金佰利(中国)有限公司
Kimberly－Clark (China) Co., Ltd.
地址(Add)：上海市福州路666号金陵海欣大厦10楼

邮编(P. C.)：200001
电话(Tel)：010－87110016
传真(Fax)：010－67856096
E-mail：jessica. cai@ kcc. com
Http://www. kimberly-clark. com. cn
法人代表(Chairman)：Errol William Plowman
总经理(General Manager)：邵青锋
联系人(Contact Person)：蔡敏
产品(Products)：妇女卫生巾，卫生护垫，婴儿纸尿裤/片，成人纸尿裤/片，护理垫，湿巾，纸巾纸，卫生卷纸
品牌(Brand)：高洁丝 Kotex，舒而美 C&B，好奇 Huggies，舒洁 Kleenex，得伴 Depend

保赫曼(上海)贸易有限公司
Paul Hartmann (Shanghai) Trade Co., Ltd.
地址(Add)：上海市复兴中路1号申能国际大厦702室
邮编(P. C.)：200021
电话(Tel)：021－33070222－115
传真(Fax)：021－63900782
E-mail：nathan. wang@ hartmann. info
Http://www. hartmann. info
联系人(Contact Person)：王涛
产品(Products)：成人纸尿裤

上海秋欣实业有限公司
Shanghai Qiuxin Industry Co., Ltd.
地址(Add)：上海市嘉定区嘉唐公路220号
邮编(P. C.)：201800
电话(Tel)：021－59924166
传真(Fax)：021－59927140
E-mail：baifu. fitting@ sohu. com
Http://www. copperfitting. com. cn
法人代表(Chairman)：曹云秋
总经理(General Manager)：瞿童梁
联系人(Contact Person)：施海鸣
产品(Products)：成人纸尿裤/片，护理垫，婴儿纸尿裤
品牌(Brand)：秋欣，好护理，好舒畅，囡囡

上海美德卫生用品有限公司
Shanghai Meide Hygiene Products Co., Ltd.
地址(Add)：上海市金山工业区3091号
邮编(P. C.)：201505
电话(Tel)：021－57275876
传真(Fax)：021－57275876
E-mail：nanbudao168@ yahoo. cn
总经理(General Manager)：柳富元
产品(Products)：成人纸尿裤/片，婴儿纸尿裤/片，护理垫

上海舒而爽卫生用品有限公司
Shanghai Shuershuang Hygiene Products Co., Ltd.
地址(Add)：上海市浦东新区川沙镇学北路3号
邮编(P. C.)：201200
电话(Tel)：021－58923022
传真(Fax)：021－58924316
法人代表(Chairman)：张林华
总经理(General Manager)：张林华
联系人(Contact Person)：张林华
产品(Products)：婴儿纸尿裤，成人纸尿裤，护理垫
品牌(Brand)：舒而爽

上海必有福生活用品有限公司
Shanghai Biyoufu Commodity Co., Ltd.
地址(Add)：上海市浦东新区南六公路民义村888号B6
邮编(P. C.)：201322
电话(Tel)：021－50654397
传真(Fax)：021－50654367
E-mail：biyoufu@ 126. com
法人代表(Chairman)：侯荣灿
总经理(General Manager)：侯荣灿
联系人(Contact Person)：李燕
产品(Products)：成人纸尿裤/片，护理垫
品牌(Brand)：必有福，孝心

上海护理佳实业有限公司
Shanghai Foliage Industry Co., Ltd.
地址(Add)：上海市青浦区白鹤镇白石公路2288号
邮编(P. C.)：201711
电话(Tel)：021－59213666
传真(Fax)：021－59213316
E-mail：xgj8981@ 126. com
Http://www. hulijia. com
法人代表(Chairman)：夏双印
总经理(General Manager)：夏双印
联系人(Contact Person)：许国军
产品(Products)：妇女卫生巾，卫生护垫，婴儿纸尿裤/片，成人纸尿裤，乳垫
品牌(Brand)：护理佳，妙仔，PP爽，贴身福

上海唯尔福(集团)有限公司＊
Shanghai Welfare Group Co., Ltd.
地址(Add)：上海市青浦区华新镇徐华公路3029弄88号
邮编(P. C.)：201705
电话(Tel)：021－39873177
传真(Fax)：021－39873188
E-mail：wef2008@ 163. com
Http://www. wef2008. com
法人代表(Chairman)：李胜章
总经理(General Manager)：何幼成
联系人(Contact Person)：张迎春
产品(Products)：妇女卫生巾，卫生护垫，婴儿纸尿裤/片，成人纸尿片，宠物垫，护理垫，原纸，卫生纸，面巾纸，手帕纸，餐巾纸，厨房用纸，擦手纸，湿巾
品牌(Brand)：唯尔福，美丽约会，唯儿福，纸音

上海恒晟卫生用品有限公司
Shanghai Hengsheng Hygiene Products Co., Ltd.
地址(Add)：上海市松江区高科技园昆港路999号
邮编(P. C.)：201614
电话(Tel)：021－57855018
传真(Fax)：021－57855266
E-mail：sales@ sh－hs. cn
Http://www. sh-hs. cn
法人代表(Chairman)：许文嵘
总经理(General Manager)：许文评
联系人(Contact Person)：许文评
产品(Products)：婴儿纸尿裤/片，成人纸尿片，妇婴两

用垫，湿巾，卫生纸
品牌(Brand)：舒贝，舒尔乐

全日美实业(上海)有限公司
Everbeauty Industry (Shanghai) Co., Ltd.
地址(Add)：上海市松江区新桥镇工业区民益路5号
邮编(P. C.)：201612
电话(Tel)：021－57686968
传真(Fax)：021－57686967
Http://www.evb.com.cn
法人代表(Chairman)：邱顶阳
总经理(General Manager)：蔡坤芳
联系人(Contact Person)：金春梅
产品(Products)：婴儿纸尿裤/片，成人纸尿裤/片，护理垫，湿巾
品牌(Brand)：嘘嘘乐，小淘气，爱乐芬，包大人，妈妈乐

■ 江苏 Jiangsu

常州康贝护理卫生用品有限公司
Changzhou Kombi Nursing Healthy Supplies Co., Ltd.
地址(Add)：江苏省常州市天宁区青龙街道虹阳路2号
邮编(P. C.)：213149
电话(Tel)：0519－85503603
传真(Fax)：0519－85503604
E-mail：yzh@czkombi.com
Http://www.czkombi.com
联系人(Contact Person)：叶正华
产品(Products)：婴儿纸尿裤，成人纸尿裤，护理垫，乳垫
品牌(Brand)：宝爱

常州柯恒卫生用品有限公司
Changzhou Keheng Sanitary Product Co., Ltd.
地址(Add)：江苏省常州市武进区礼嘉工业园区
邮编(P. C.)：213176
电话(Tel)：0519－88312118
传真(Fax)：0519－86230525
E-mail：ke.heng@yahoo.com.cn
联系人(Contact Person)：李新民
产品(Products)：妇女卫生巾，卫生护垫，成人纸尿裤/片，护理垫，手术垫

常州市梦爽卫生用品有限公司
Changzhou Mengshuang Hygiene Products Co., Ltd.
地址(Add)：江苏省常州市武进区礼嘉镇
邮编(P. C.)：213176
电话(Tel)：0519－86232951
传真(Fax)：0519－86238008
Http://www.czmengshuang.cn
总经理(General Manager)：陆元清
联系人(Contact Person)：陆元清
产品(Products)：妇女卫生巾，卫生护垫，婴儿纸尿裤，成人纸尿裤，护理垫，宠物垫，乳垫
品牌(Brand)：靓爽

常州市武进亚星卫生用品有限公司
Changzhou Wujin Yaxing Hygiene Products Co., Ltd.
地址(Add)：江苏省常州市武进区礼嘉镇王言桥
邮编(P. C.)：213176
电话(Tel)：0519－86232358
传真(Fax)：0519－86235865
E-mail：yxgs_358@vip.163.com
法人代表(Chairman)：陈锡和
总经理(General Manager)：陈丽松
联系人(Contact Person)：陈丽松
产品(Products)：妇女卫生巾，卫生护垫，婴儿纸尿裤，成人纸尿裤，卫生纸，宠物垫，失禁垫
品牌(Brand)：女士欢

常州华纳非织造布有限公司
Changzhou Warner Nonwovens Co., Ltd.
地址(Add)：江苏省常州市遥观镇西街8号
邮编(P. C.)：213102
电话(Tel)：0519－88710361
传真(Fax)：0519－88710362
E-mail：c2126126@126.com
Http://www.alibabatool.cn
法人代表(Chairman)：庄海洋
总经理(General Manager)：王红华
联系人(Contact Person)：庄海洋
产品(Products)：卫生卷纸，面巾纸，手帕纸，餐巾纸，厨房用纸，擦手纸，婴儿纸尿裤/片，成人纸尿裤/片，湿巾
品牌(Brand)：水润活，菲秀儿

盐城市喜洋洋卫生用品有限公司
Yancheng Xiyangyang Hygiene Products Co., Ltd.
地址(Add)：江苏省阜宁经济开发区板湖园区8号
邮编(P. C.)：224412
电话(Tel)：0515－87591778
传真(Fax)：0515－87591555
E-mail：ycxyy@163.com
Http://www.ycxyy.com
法人代表(Chairman)：戚应彪
总经理(General Manager)：戚应彪
联系人(Contact Person)：左佳萍
产品(Products)：妇女卫生巾，卫生护垫，婴儿纸尿裤/片，成人纸尿裤/片
品牌(Brand)：喜妞

扬州环宇妇幼保健卫生用品有限公司
Yangzhou Huanyu Women & Children Health Care Products Co., Ltd.
地址(Add)：江苏省高邮市界首产业园
邮编(P. C.)：225611
电话(Tel)：0514－84380899
传真(Fax)：0514－84376187
E-mail：sunjiesong5050@163.com
总经理(General Manager)：孙杰松
产品(Products)：妇女卫生巾，卫生护垫，成人纸尿裤，纸巾纸

淮安金华卫生用品有限公司
Huaian Jinhua Hygiene Products Co., Ltd.
地址(Add)：江苏省金湖县船塘路288号
邮编(P. C.)：211600
电话(Tel)：0517－86991621

传真(Fax): 0517-86881621
E-mail: leilei4451@sina.com
总经理(General Manager): 雷磊
联系人(Contact Person): 雷浩
产品(Products): 妇女卫生巾, 卫生护垫, 婴儿纸尿裤/片, 成人纸尿片, 产妇垫
品牌(Brand): 金雪莲, 小龙女

江苏宝姿实业有限公司
Jiangsu Baozi Industry Co., Ltd.
地址(Add): 江苏省金湖县金湖西路131号
邮编(P.C.): 211600
电话(Tel): 0517-86899999
传真(Fax): 0517-86980777
E-mail: jwc3188@hotmail.com
Http://www.sinojwc.com
法人代表(Chairman): 陈斌
总经理(General Manager): 陈斌
产品(Products): 妇女卫生巾, 卫生护垫, 婴儿纸尿裤/片, 成人纸尿裤/片, 护理垫, 产妇垫, 宠物垫, 口罩, 乳垫, 抹地巾
品牌(Brand): 金卫灿

江苏凯通卫生用品有限公司
Jiangsu Kaitong Sanitary Products Co., Ltd.
地址(Add): 江苏省连云港市通灌路兆龙新村A5-4-202
邮编(P.C.): 222042
电话(Tel): 0518-82238318
传真(Fax): 0518-82238318
E-mail: woshity1982@yahoo.com.cn
联系人(Contact Person): 汪新然
产品(Products): 成人纸尿裤, 婴儿纸尿裤

南通市小海女爱纸业用品厂
Nantong Xiaohai Nüai Paper Products Factory
地址(Add): 江苏省南通市小海镇
邮编(P.C.): 226010
电话(Tel): 0513-85909557
联系人(Contact Person): 陶春华
产品(Products): 妇女卫生巾, 成人纸尿裤, 卫生纸
品牌(Brand): 女爱

江苏省启东市梦特舒卫生用品有限公司
Jiangsu Qidong Mengteshu Hygiene Products Co., Ltd.
地址(Add): 江苏省启东市城东工业园区
邮编(P.C.): 226200
电话(Tel): 0513-83664111
传真(Fax): 0513-83664111
法人代表(Chairman): 朱联新
总经理(General Manager): 朱联新
联系人(Contact Person): 朱联新
产品(Products): 妇女卫生巾, 卫生护垫, 成人纸尿裤
品牌(Brand): 梦特舒

启东市花仙子卫生用品有限公司
Qidong Flower Faery Hygiene Products Co., Ltd.
地址(Add): 江苏省启东市南阳工业园区三分社
邮编(P.C.): 226200
电话(Tel): 0513-83336318
传真(Fax): 0513-83330222
E-mail: zhoukailu@163.com
总经理(General Manager): 赵惕成
产品(Products): 妇女卫生巾, 卫生护垫, 成人纸尿裤
品牌(Brand): 花仙子, 舒爽伊人

启东市天成日用品有限公司
Qidong Tiancheng Daily Necessities Co., Ltd.
地址(Add): 江苏省启东市圩角工业开发区
邮编(P.C.): 226200
电话(Tel): 0513-83841168
传真(Fax): 0513-83847988
Http://www.niaoku.com
总经理(General Manager): 赵汉新
联系人(Contact Person): 张卫忠
产品(Products): 成人纸尿裤, 妇女卫生巾
品牌(Brand): 常青树, 康福寿

苏州富堡纸制品有限公司
Suzhou Fubao Paper Products Co., Ltd.
地址(Add): 江苏省苏州市吴中区甪直镇凌港开发区东升路
邮编(P.C.): 215127
电话(Tel): 0512-66190097
传真(Fax): 0512-66190067
Http://www.fuberg.com
法人代表(Chairman): 杯纹如
联系人(Contact Person): 戴灵芝
产品(Products): 护理垫, 成人纸尿裤
品牌(Brand): 安安

太仓市宝儿乐卫生用品厂
Taicang Baoerle Hygiene Products Factory
地址(Add): 江苏省太仓市金浪镇崖山路65号
邮编(P.C.): 215400
电话(Tel): 0512-53523671
传真(Fax): 0512-53518477
法人代表(Chairman): 李彬
总经理(General Manager): 李彬
产品(Products): 成人纸尿裤/片, 护理垫
品牌(Brand): 小毛头

无锡嘉诚卫生用品有限公司
Wuxi Jiacheng Sanitary Products Co., Ltd.
地址(Add): 江苏省无锡市锡山区安镇镇(厚桥)谢埭荡东三头
邮编(P.C.): 214106
电话(Tel): 0510-88721961
传真(Fax): 0510-88721732
E-mail: gwgg633@163.com
Http://www.纸尿裤.com
法人代表(Chairman): 陈炳兴
总经理(General Manager): 顾伟国
联系人(Contact Person): 潘景
产品(Products): 婴儿纸尿裤/片, 成人纸尿片
品牌(Brand): 婴来宝

盐城市恒利卫生用品有限公司
Yancheng Hengli Hygiene Products Co., Ltd.
地址(Add): 江苏省盐城市经济技术开发区聚亨路9号

邮编(P. C.)：224007
电话(Tel)：0515－88281988
传真(Fax)：0515－88117919
E-mail：sun008009@126.com
法人代表(Chairman)：凌景斌
总经理(General Manager)：吴晓兵
联系人(Contact Person)：孙琪亚
产品(Products)：妇女卫生巾，卫生护垫，成人纸尿裤/片，妈咪两用巾
品牌(Brand)：好洁

扬中九妹日用品有限公司
Yangzhong Jiumei Products for Daily Use Co., Ltd.
地址(Add)：江苏省扬中市区花园路149号
邮编(P. C.)：212200
电话(Tel)：0511－88324279
传真(Fax)：0511－85151169
E-mail：huangbub@yahoo.com.cn
法人代表(Chairman)：范进
总经理(General Manager)：范进
联系人(Contact Person)：范开阳
产品(Products)：妇女卫生巾，卫生护垫，成人纸尿裤/片，护理垫
品牌(Brand)：九妹，伊舒莱，华达老人，健康百岁

张家港市宏亿纸业有限公司
Zhangjiagang Hongyi Paper Co., Ltd.
地址(Add)：江苏省张家港市三兴西界港(204国道861公里处)
邮编(P. C.)：215624
电话(Tel)：0512－58531528
传真(Fax)：0512－58531568
E-mail：service@jshyzy.com
Http://www.jshyzy.com
总经理(General Manager)：黄松祥
产品(Products)：妇女卫生巾，卫生护垫，婴儿纸尿裤，成人纸尿片

张家港市宝乐卫生用品厂
Zhangjiagang Baole Hygiene Products Factory
地址(Add)：江苏省张家港市三兴沿江开发区
邮编(P. C.)：215600
电话(Tel)：0512－58533839
传真(Fax)：0512－58533839
总经理(General Manager)：朱雪平
联系人(Contact Person)：朱小磊
产品(Products)：妇女卫生巾，卫生护垫，婴儿纸尿裤，成人纸尿裤
品牌(Brand)：安娜

■ 浙江 Zhejiang

杭州珍琦卫生用品有限公司
Hangzhou Zhenqi Sanitary Products Co., Ltd.
地址(Add)：浙江省富阳市大源工业园区
邮编(P. C.)：311413
电话(Tel)：0571－63590518
传真(Fax)：0571－63590528
E-mail：tina@hzzhenqi.com
Http://www.hzzhenqi.com
法人代表(Chairman)：俞钟平
总经理(General Manager)：俞飞英
联系人(Contact Person)：何晓刚
产品(Products)：妇女卫生巾，成人纸尿裤/片，护理垫，婴儿纸尿裤，湿巾，宠物纸尿裤，宠物垫
品牌(Brand)：珍琦

浙江华顺涤纶工业有限公司
Zhejiang Huashun P. F. I. Co., Ltd.
地址(Add)：浙江省杭州市临安玲珑工业区华兴工业城7号楼
邮编(P. C.)：311300
电话(Tel)：0571－63925908
传真(Fax)：0571－63925929
E-mail：huashun908@163.com
Http://www.huaxing.org
法人代表(Chairman)：俞华平
总经理(General Manager)：俞华平
联系人(Contact Person)：俞华平
产品(Products)：婴儿纸尿裤/片，成人纸尿裤/片，护理垫，湿巾
品牌(Brand)：康舒特，安瑞洁

杭州侨资纸业有限公司
Hangzhou Qiaozi Paper Industry Co., Ltd.
地址(Add)：浙江省杭州市临安市横溪开发区
邮编(P. C.)：311300
电话(Tel)：0571－63701827
传真(Fax)：0571－63702588
E-mail：qzzy@qiaozi.com
Http://www.qiaozi.com
法人代表(Chairman)：金利伟
总经理(General Manager)：金利伟
联系人(Contact Person)：胡中春
产品(Products)：婴儿纸尿裤/片，成人纸尿裤/片，护理垫，宠物纸尿裤，宠物垫
品牌(Brand)：酷特适，可靠，QQ乐

杭州余宏卫生用品有限公司
Hangzhou Yuhong Sanitary Products Co., Ltd.
地址(Add)：浙江省杭州市瓶窑
邮编(P. C.)：311115
电话(Tel)：0571－88546818
传真(Fax)：0571－88543233
E-mail：yuhongsales@163.com
Http://www.anqisp.com
法人代表(Chairman)：李新华
总经理(General Manager)：李新华
联系人(Contact Person)：李丹
产品(Products)：妇女卫生巾，卫生护垫，成人纸尿裤，护理垫
品牌(Brand)：安琦，大孝子

杭州豪悦实业有限公司
Hangzhou Haoyue Industrial Co., Ltd.
地址(Add)：浙江省杭州市瓶窑镇凤都工业区凤凰大道(羊城大道交叉口)
邮编(P. C.)：311115
电话(Tel)：0571－26291808
传真(Fax)：0571－26291802

E-mail：wxg591030@ yahoo. cn
Http://www. hz-haoyue. com
联系人(Contact Person)：王新国
产品(Products)：妇女卫生巾，成人纸尿裤，婴儿纸尿裤，湿巾
品牌(Brand)：诗蕙，Comfrey，Hope，SunnyGirl

杭州舒泰卫生用品有限公司
Hangzhou Shutai Sanitary Products Co., Ltd.
地址(Add)：浙江省杭州市桐庐青山工业区下城路18号
邮编(P. C.)：311500
电话(Tel)：0571 - 64245999
传真(Fax)：0571 - 64241555
E-mail：shutai888@ 163. com
Http://www. fyshutai. com
法人代表(Chairman)：马飞跃
总经理(General Manager)：黄伟
联系人(Contact Person)：李丹
产品(Products)：婴儿纸尿裤/片，成人纸尿裤/片，护理垫
品牌(Brand)：千芝雅，千年舟，康医生，吉祥

杭州亿姿堂卫生用品有限公司
Hangzhou Easycare Sanitary Products Co., Ltd.
地址(Add)：浙江省杭州市余杭区瓶窑镇长命
邮编(P. C.)：311115
电话(Tel)：0571 - 88549989
传真(Fax)：0571 - 88549979
E-mail：hzeasycare@ gmail. com
Http://www. easycare. net. cn
法人代表(Chairman)：黄伟
总经理(General Manager)：黄伟
产品(Products)：妇女卫生巾，卫生护垫，婴儿纸尿裤，成人纸尿裤，护理垫，宠物垫

衢州恒业卫生用品有限公司
Quzhou Hengye Hygiene Products Co., Ltd.
地址(Add)：浙江省衢州市常山新都工业区
邮编(P. C.)：324200
电话(Tel)：0570 - 5110566
传真(Fax)：0570 - 5110111
E-mail：quzhouhengye8899@ 126. com
Http://www. zj-hengye. com
总经理(General Manager)：徐东风
联系人(Contact Person)：徐东风
产品(Products)：妇女卫生巾，卫生护垫，婴儿纸尿裤/片，成人纸尿裤/片，卫生纸
品牌(Brand)：动感女孩

玉洁卫生用品有限公司
Yujie Hygiene Products Co., Ltd.
地址(Add)：浙江省义乌市国际商贸城三期四区13街36315店面(南大门)
邮编(P. C.)：322000
电话(Tel)：0579 - 85376349
E-mail：yujieshijin@ yahoo. cn
总经理(General Manager)：杨永明
产品(Products)：妇女卫生巾，卫生护垫，婴儿纸尿裤，训练裤，宠物裤，成人纸尿裤，湿巾

可儿卫生用品有限公司
Keer Sanitary Products Co., Ltd.
地址(Add)：浙江省义乌市后宅工业区遗安北路
邮编(P. C.)：322008
电话(Tel)：0579 - 85689611
传真(Fax)：0579 - 85689611
E-mail：fwjt333@ 163. com
法人代表(Chairman)：王超
总经理(General Manager)：王超
联系人(Contact Person)：王超
产品(Products)：婴儿纸尿裤/片，成人纸尿裤，卫生护垫，宠物垫
品牌(Brand)：可儿

义乌市嘉华日化有限公司
Yiwu Jiahua Chemicals for Daily Use Co., Ltd.
地址(Add)：浙江省义乌市经发大道236号
邮编(P. C.)：322000
电话(Tel)：0579 - 85320691
传真(Fax)：0579 - 85314341
E-mail：sale1@ ywjiahua. com
Http://www. ywjiahua. com
法人代表(Chairman)：李志彪
联系人(Contact Person)：虞进洪
产品(Products)：妇女卫生巾，卫生护垫，婴儿纸尿裤/片，成人纸尿裤，失禁护理垫，宠物垫
品牌(Brand)：诗蕙，汇泉，阳光小子

义乌市安柔卫生用品有限公司
Yiwu Anrou Hygiene Products Co., Ltd.
地址(Add)：浙江省义乌市义亭工业区稠义路1号
邮编(P. C.)：322005
电话(Tel)：0579 - 85818068
传真(Fax)：0579 - 85817688
E-mail：master@ anrou. net
Http://www. anrou. cn
法人代表(Chairman)：李光军
总经理(General Manager)：李光军
产品(Products)：妇女卫生巾，卫生护垫，婴儿纸尿裤/片，成人纸尿裤，护理垫，湿巾
品牌(Brand)：安柔，奥贝思，澳利康，子女心，奥利康

■ 安徽 Anhui

安徽金林工贸有限公司
Anhui Jinlin Industry & Trading Co., Ltd.
地址(Add)：安徽省巢湖市东方景苑菜场
邮编(P. C.)：238000
电话(Tel)：0565 - 2627575
传真(Fax)：0565 - 2819562
E-mail：webmaster@ ahjlgm. cn
Http://www. ahjlgm. cn
总经理(General Manager)：戴文忠
联系人(Contact Person)：徐金华
产品(Products)：妇女卫生巾，卫生护垫，婴儿/成人纸尿裤，面巾纸
品牌(Brand)：金伶爽

安徽汇诚妇幼用品有限公司
Anhui Huicheng Women & Children Articles Co., Ltd.
地址(Add)：安徽省合肥市龙岗开发区牡丹路与站前路交叉口

邮编(P.C.)：231633
电话(Tel)：0551－4327333
传真(Fax)：0551－4328222
E-mail：ahhcjt@ahhcjt.com
Http://www.ahhcjt.com
法人代表(Chairman)：蔡世忠
总经理(General Manager)：蔡世忠
联系人(Contact Person)：蔡培春
产品(Products)：妇女卫生巾，卫生护垫，婴儿纸尿裤，成人纸尿裤/片，面巾纸，手帕纸，餐巾纸，擦手纸
品牌(Brand)：洁柔，水晶花

■ 福建 Fujian

天乐卫生用品有限公司
Tianle Hygiene Products Co., Ltd.
地址(Add)：福建省长汀县腾飞工业开发区
邮编(P.C.)：366300
电话(Tel)：0597－6800888
传真(Fax)：0597－6823888
E-mail：tianle－fj@163.com
Http://www.tianle888.com
总经理(General Manager)：林建明
联系人(Contact Person)：林建亮
产品(Products)：妇女卫生巾，婴儿纸尿裤/片，成人纸尿裤
品牌(Brand)：天乐，实爽

恒安集团(晋江)生活用品有限公司
Hengan Group (Jinjiang) Household Products Co., Ltd.
地址(Add)：福建省晋江市安海恒安工业城
邮编(P.C.)：362261
电话(Tel)：0595－85708312
传真(Fax)：0595－85708666
法人代表(Chairman)：施文博
联系人(Contact Person)：林一速
产品(Products)：婴儿纸尿裤，成人纸尿裤
品牌(Brand)：安儿乐，安而康

福建恒安集团有限公司
Fujian Hengan Holding Co., Ltd.
地址(Add)：福建省晋江市安海恒安工业城
邮编(P.C.)：362261
电话(Tel)：0595－85708888
传真(Fax)：0595－85708666
E-mail：hengan@hengan.com
Http://www.hengan.com.cn
法人代表(Chairman)：施文博
总经理(General Manager)：许连捷
联系人(Contact Person)：陈涛
产品(Products)：妇女卫生巾，卫生护垫，婴儿纸尿裤，成人纸尿裤，湿巾
品牌(Brand)：安尔乐，安乐，安儿乐，安而康，心相印

晋江市恒质纸品有限公司
Jinjiang Hengzhi Paper Products Co., Ltd.
地址(Add)：福建省晋江市安海镇庄头恒质纸品工业大厦
邮编(P.C.)：362261
电话(Tel)：0595－85709988
传真(Fax)：0595－85768887
E-mail：hengzhi510@163.com
Http://www.cnhengzhi.com
法人代表(Chairman)：陈文质
产品(Products)：妇女卫生巾，卫生护垫，婴儿纸尿裤/片，成人纸尿裤，湿巾，纸巾纸
品牌(Brand)：嫚妮斯，健尔

晋江荣安生活用品有限公司
Jinjiang Rongan Household Articles Co., Ltd.
地址(Add)：福建省晋江市池店镇屿崆工业区荣安楼
邮编(P.C.)：362200
电话(Tel)：0595－85985892
传真(Fax)：0595－85993892
E-mail：penny88928@hotmail.com
Http://www.rachina.com
法人代表(Chairman)：倪清荣
总经理(General Manager)：倪辉煌
联系人(Contact Person)：倪辉煌
产品(Products)：妇女卫生巾，卫生护垫，婴儿纸尿裤/片，成人纸尿裤/片
品牌(Brand)：惜香婷，薰衣草，季洁，孩子气，洁护师，芭芭布，夕阳参

晋江市益源卫生用品有限公司
Jinjiang Yiyuan Hygiene Products Co., Ltd.
地址(Add)：福建省晋江市磁灶镇洋美工业区
邮编(P.C.)：362000
电话(Tel)：0595－85835236
传真(Fax)：0595－85889236
E-mail：yiyuan@fjyiyuan.com
Http://www.fjyiyuan.com
联系人(Contact Person)：谢家源
产品(Products)：妇女卫生巾，卫生护垫，婴儿纸尿裤/片，成人纸尿片，面巾纸
品牌(Brand)：好浪漫

晋江市怡佳卫生用品有限公司
Jinjiang Yijia Sanitary Appliances Co., Ltd.
地址(Add)：福建省晋江市罗山街道办事处社店工业区
邮编(P.C.)：362216
电话(Tel)：0595－88172976
传真(Fax)：0595－88173976
E-mail：fjyijiaqy@163.com
Http://www.fjyijiaqy.com
法人代表(Chairman)：陈德安
总经理(General Manager)：陈德安
联系人(Contact Person)：顾建英
产品(Products)：妇女卫生巾，卫生护垫，婴儿纸尿裤/片，成人纸尿裤/片
品牌(Brand)：樱柔，婴柔，英柔

晋江市华亿妇幼用品有限公司
Jinjiang Huayi Women & Children Products Co., Ltd.
地址(Add)：福建省晋江市青阳高霞工业区
邮编(P.C.)：362200
电话(Tel)：0595－82008699
传真(Fax)：0595－82008700
E-mail：hy－company@163.com
Http://www.fjhy.com
法人代表(Chairman)：庄建设
总经理(General Manager)：庄少聪
联系人(Contact Person)：姜亚林

产品(Products)：妇女卫生巾，卫生护垫，婴儿纸尿裤/片，成人纸尿片
品牌(Brand)：黛菲，花之雨，金博士，香奈儿

恒安(中国)卫生用品有限公司
Hengan (China) Hygiene Products Co., Ltd.
地址(Add)：福建省晋江市五里工业园区
邮编(P. C.)：362261
电话(Tel)：0595－85708312
传真(Fax)：0595－85708666
E-mail：linys@ mail. hengan. com. cn
联系人(Contact Person)：林一速
产品(Products)：婴儿纸尿裤，成人纸尿裤，卫生纸
品牌(Brand)：安儿乐，安而康，心相印

美特妇幼用品有限公司
Meite Women & Children Products Co., Ltd.
地址(Add)：福建省晋江市西园街道王厝工业区
邮编(P. C.)：362200
电话(Tel)：0595－85656826
传真(Fax)：0595－85658402
E-mail：meite@ meitecn. com
Http://www. meitecn. com
法人代表(Chairman)：洪景芳
联系人(Contact Person)：洪诗滢
产品(Products)：妇女卫生巾，卫生护垫，婴儿纸尿裤，成人纸尿裤
品牌(Brand)：雅梦思，婷诗莉，米奇宝贝，完美宝贝，帮宝舒，小甜甜，美特

福建省南安市明大卫生用品厂
Fujian Nanan Mingda Hygiene Products Factory
地址(Add)：福建省南安市抚茂岭开发区
邮编(P. C.)：362308
电话(Tel)：0595－86233777
传真(Fax)：0595－86255999
E-mail：md@ mingda－cn. com
Http://www. fjmingda. com
法人代表(Chairman)：尤建扬
总经理(General Manager)：尤建扬
联系人(Contact Person)：蔡如后
产品(Products)：妇女卫生巾，卫生护垫，婴儿纸尿裤/片，成人纸尿裤/片，护理垫，湿巾
品牌(Brand)：清芬，倍儿舒，净呼吸，护大人

南安市恒源妇幼用品有限公司
Nanan Hengyuan Women & Children Articles Co., Ltd.
地址(Add)：福建省南安市洪濑西林工业区
邮编(P. C.)：362331
电话(Tel)：0595－86682876
传真(Fax)：0595－86688433
E-mail：tiexin@ pub2. qz. fj. cn
Http://www. fjhyfy. com
法人代表(Chairman)：黄源水
总经理(General Manager)：黄源水
联系人(Contact Person)：黄文锋
产品(Products)：妇女卫生巾，卫生护垫，婴儿纸尿裤/片，成人纸尿裤
品牌(Brand)：贴欣，贴欣宝宝

泉州市娇娇乐卫生用品有限公司
Quanzhou Jojo Sanitary Products Co., Ltd.
地址(Add)：福建省南安市院下工业区
邮编(P. C.)：362343
电话(Tel)：0595－86091998
传真(Fax)：0595－86090998
E-mail：jojole@ 126. com
Http://www. oudi-paper. com
法人代表(Chairman)：李秀娇
总经理(General Manager)：李秀娇
联系人(Contact Person)：曾秋波
产品(Products)：妇女卫生巾，卫生护垫，婴儿纸尿裤/片，卫生纸，成人纸尿裤
品牌(Brand)：恋之娇，女生有缘，娇媚，娇媚宝贝，Saude，Comfort

南平方圆卫生用品有限公司
Nanping Fangyuan Hygiene Products Co., Ltd.
地址(Add)：福建省南平市延平区炉下工业园区
邮编(P. C.)：353000
电话(Tel)：0599－8457766
传真(Fax)：0599－8455566
E-mail：fangyuan. 869@ 163. com
法人代表(Chairman)：方雅芬
总经理(General Manager)：魏其长
产品(Products)：妇女卫生巾，卫生护垫，婴儿纸尿裤/片，成人纸尿裤/片
品牌(Brand)：雅芬

福建省莆田市荔城纸业有限公司
Fujian Putian Licheng Paper Co., Ltd.
地址(Add)：福建省莆田市城厢区华亭镇郊溪工业区
邮编(P. C.)：351139
电话(Tel)：0594－2029839
传真(Fax)：0594－2029539
E-mail：lichengzhiye@ 126. com
Http://www. fjlicheng. com
法人代表(Chairman)：黄丽梅
总经理(General Manager)：林元剑
联系人(Contact Person)：林元剑
产品(Products)：妇女卫生巾，卫生护垫，婴儿纸尿裤/片，成人纸尿裤/片，护理垫，餐巾纸，面巾纸，卫生卷纸
品牌(Brand)：佳爽，佳婷，荔城，丝月，BB 宝，新宠儿

泉州市菲莉纸业用品有限公司
Quanzhou Feili Paper Products Co., Ltd.
地址(Add)：福建省泉州市东海滨城工业区东滨路
邮编(P. C.)：362000
电话(Tel)：0595－22907299
传真(Fax)：0595－22907399
E-mail：feilizhiye@ alibaba. com. cn
Http://www. felipaper. com
总经理(General Manager)：黄瑞莲
联系人(Contact Person)：黄瑞莲
产品(Products)：妇女卫生巾，卫生护垫，婴儿纸尿裤，成人纸尿裤
品牌(Brand)：QQ 女孩，Oral，乐百惠

泉州喜乐乐婴幼用品有限公司
Quanzhou Xilele Baby Articles Co., Ltd.
地址(Add)：福建省泉州市丰泽区宝洲路宝洲花园 B 区

79 号
邮编(P. C.)：362000
电话(Tel)：0595－22270719
传真(Fax)：0595－22270719
Http://www. xilele. com. cn
联系人(Contact Person)：陈惠周
产品(Products)：婴儿纸尿裤，湿巾，成人纸尿裤/片，卫生纸
品牌(Brand)：呵护宝，花节

泉州市利洁妇幼用品有限公司
Quanzhou Lijie Woman & Child Articles Co., Ltd.
地址(Add)：福建省泉州市丰泽区拒洪工业区1号
邮编(P. C.)：362000
电话(Tel)：0595－22778828
传真(Fax)：0595－22899928
Http://www. ljfy. cn
法人代表(Chairman)：董莉莉
总经理(General Manager)：董莉莉
联系人(Contact Person)：董小玲
产品(Products)：妇女卫生巾，卫生护垫，婴儿纸尿裤/片，面巾纸，成人纸尿裤，护理垫，妇婴两用巾
品牌(Brand)：贵族女人，骄傲女人，香尔洁，佐丹奴，贵族宝宝

福建五星(泉州)卫生用品有限公司
Fujian Wuxing (Quanzhou) Hygiene Products Co., Ltd.
地址(Add)：福建省泉州市丰州桃源工业区
邮编(P. C.)：362333
电话(Tel)：0595－86787555
传真(Fax)：0595－86788333
法人代表(Chairman)：傅炳煌
总经理(General Manager)：许焕洲
产品(Products)：妇女卫生巾，婴儿纸尿裤/片，成人纸尿片
品牌(Brand)：梦婷，惠诺

福建惠安县和成日用品有限公司
Fujian Huian Hecheng Household Products Co., Ltd.
地址(Add)：福建省泉州市惠安东园新沙工业区
邮编(P. C.)：362122
电话(Tel)：0595－87586756
传真(Fax)：0595－87586758
E-mail：xt658@163. com
Http://www. hengcan-cn. com
法人代表(Chairman)：黄晏来
总经理(General Manager)：王业运
联系人(Contact Person)：黄灿彬
产品(Products)：妇女卫生巾，卫生护垫，婴儿纸尿裤/片，成人纸尿裤/片，护理垫，面巾纸
品牌(Brand)：相约，皇氏，绿尔爽

泉州市明芳卫生用品有限公司/泉州市乐宝氏卫生用品有限公司
Quanzhou Mingfang Hygiene Products Co., Ltd.
地址(Add)：福建省泉州市鲤城区浮桥办黄石工业区
邮编(P. C.)：362000
电话(Tel)：0595－22426280
传真(Fax)：0595－22425280
E-mail：lbshappy2007@163. com
法人代表(Chairman)：吴志坚
总经理(General Manager)：吴志坚
联系人(Contact Person)：吴国杰
产品(Products)：婴儿纸尿裤/片，成人纸尿裤/片，湿巾
品牌(Brand)：乐宝氏，舒心宝贝，舒伴，康大人

福建省南安市远大生活用品厂
Fujian Nanan Yuanda Hygiene Products Factory
地址(Add)：福建省泉州市南安梅山新兰工业区
邮编(P. C.)：362321
电话(Tel)：0595－86579668
传真(Fax)：0595－86579678
E-mail：info@chinayuanda. com. cn
Http://www. chinayuanda. com. cn
法人代表(Chairman)：陈燕治
总经理(General Manager)：郑友奎
联系人(Contact Person)：郑友奎
产品(Products)：妇女卫生巾，卫生护垫，婴儿纸尿裤/片，成人纸尿裤/片，护理垫
品牌(Brand)：丰采，康乐星，瑞亨，好省新

鸣宝生活用品(厦门)有限公司
Minbow (Xiamen) Corporation
地址(Add)：福建省厦门市海沧区厦门出口加工区海景南二路45号
邮编(P. C.)：361026
电话(Tel)：0592－6538088
传真(Fax)：0592－6896212
E-mail：lee@minbow. com
Http://www. minbow. com
法人代表(Chairman)：李昌昇
总经理(General Manager)：李昌昇
联系人(Contact Person)：黄锡福
产品(Products)：婴儿纸尿裤/片，成人纸尿裤/片

利安娜(厦门)日用品有限公司
Reliance (Xiamen) Commodity Co., Ltd.
地址(Add)：福建省厦门市同安区莲花镇莲美三路99号
邮编(P. C.)：361100
电话(Tel)：0592－7106969
传真(Fax)：0592－7109955
E-mail：xmliance@163. com
Http://www. liannai888. com
联系人(Contact Person)：林丽英
产品(Products)：妇女卫生巾，婴儿纸尿裤/片，成人纸尿裤/片
品牌(Brand)：柔贝爽

厦门源福祥卫生用品有限公司
Xiamen Yuanfuxiang Hygiene Products Co., Ltd.
地址(Add)：福建省厦门市翔安舫阳开发区B、C幢
邮编(P. C.)：361101
电话(Tel)：0592－7069567
传真(Fax)：0592－7161789
E-mail：xmyfxzp@163. com
Http://www. yfxzp. com
法人代表(Chairman)：陈锦延
总经理(General Manager)：陈锦延
联系人(Contact Person)：汪玉芳
产品(Products)：妇女卫生巾，卫生护垫，卫生纸，面巾纸，手帕纸，餐巾纸，婴儿纸尿裤/片，成人纸尿裤，护理垫，湿巾

品牌(Brand)：丹诗奴，好舒适，花之秀，淘乐氏，羽飘，康护理

香港雅芬集团国际投资有限公司厦门雅芬品牌推广中心
Xiamen Yafen Brand Promotion Center
地址(Add)：福建省厦门市象屿保税区银盛大厦15F
邮编(P. C.)：361006
电话(Tel)：0592－3108966
传真(Fax)：0592－3108955
E-mail：cjhfj1979@163. com
联系人(Contact Person)：陈锦辉
产品(Products)：妇女卫生巾，卫生护垫，婴儿纸尿裤/片，成人纸尿裤/片，湿巾，卫生纸
品牌(Brand)：雅芬，雅芬爱儿

福建省漳州市智光纸业有限公司
Fujian Zhangzhou Zhiguang Paper Co., Ltd.
地址(Add)：福建省漳州市蓝田工业区横二路西段
邮编(P. C.)：363005
电话(Tel)：0596－2103599
传真(Fax)：0596－2109196
E-mail：zhiguang. paper@winmail. cn
Http://www. fjzgzy. cn. alibaba. com
法人代表(Chairman)：邓湘闽
总经理(General Manager)：陈智镛
联系人(Contact Person)：黄志杰
产品(Products)：妇女卫生巾，卫生护垫，成人纸尿裤/片，婴儿纸尿裤/片，护理垫，卫生卷纸，面巾纸
品牌(Brand)：好爽月，智光，笑嘻嘻，花香世界

■ 江西 Jiangxi

恒安(江西)家庭用品有限公司
Hengan (Jiangxi) Household Products Co., Ltd.
地址(Add)：江西省东乡县圩上桥镇
邮编(P. C.)：331801
电话(Tel)：0794－4381172
传真(Fax)：0794－4382392
E-mail：chentz@mail. hengan. com. cn
联系人(Contact Person)：陈铁照
产品(Products)：妇女卫生巾，婴儿纸尿裤，成人纸尿裤，卫生纸
品牌(Brand)：安乐，安尔乐，安儿乐，安而康，心相印，柔影

■ 山东 Shandong

山东东明康迪妇幼用品有限公司
Dongming Kangdi Women & Children Articles Co., Ltd.
地址(Add)：山东省东明县工业园黄河路南段
邮编(P. C.)：274500
电话(Tel)：0530－7295058
传真(Fax)：0530－7295182
法人代表(Chairman)：袁洪伟
总经理(General Manager)：袁洪伟
联系人(Contact Person)：王防臣
产品(Products)：妇女卫生巾，卫生护垫，婴儿纸尿裤/片，成人纸尿裤/片，卫生卷纸
品牌(Brand)：康迪，舒丽雅，卡芬，卡芬宝贝

济南亿肤佳卫生用品有限公司
Jinan Yifujia Hygiene Products Co., Ltd.
地址(Add)：山东省济南市商河县济盐路16号(宏业集团北墙对门第二安装公司院内)
邮编(P. C.)：250000
电话(Tel)：0531－82326303
传真(Fax)：0531－82336303
E-mail：lizhaosen1@163. com
联系人(Contact Person)：李召森
产品(Products)：妇女卫生巾，卫生护垫，成人纸尿裤/片，护理垫
品牌(Brand)：亿福佳，梦之恋

菏泽日康卫生用品有限公司
Heze Rikang Hygiene Products Co., Ltd.
地址(Add)：山东省济南市无影山中路50号2－1－802
邮编(P. C.)：250100
电话(Tel)：0531－85666110
传真(Fax)：0531－85826110
E-mail：jnanshuang@163. com
Http://www. bangdaren. cn
联系人(Contact Person)：高东旭
产品(Products)：成人纸尿裤/片，婴儿纸尿裤/片，护理垫
品牌(Brand)：帮大人，安爽，日康，唯妮宝贝

恒发卫生用品有限公司
Hengfa Hygiene Products Co., Ltd.
地址(Add)：山东省临清市金贺庄乡卫生巾厂
邮编(P. C.)：252600
电话(Tel)：0635－2772132
总经理(General Manager)：刘现运
产品(Products)：妇女卫生巾，卫生护垫，婴儿隔尿垫巾，婴儿纸尿裤/片，成人纸尿裤/片，卫生卷纸，护理垫
品牌(Brand)：安可新

郯城县金得利卫生用品有限公司
Tancheng Jindeli Hygiene Products Co., Ltd.
地址(Add)：山东省郯城县高册工业园
邮编(P. C.)：276100
电话(Tel)：0539－6591688
传真(Fax)：0539－6593888
法人代表(Chairman)：胡征文
总经理(General Manager)：胡征文
联系人(Contact Person)：胡文龙
产品(Products)：妇女卫生巾，卫生护垫，婴儿纸尿裤/片，成人纸尿裤/片，护理垫，干擦拭巾
品牌(Brand)：丽源，新帮宝

郯城县永利卫生用品厂
Tancheng Yongli Hygiene Products Factory
地址(Add)：山东省郯城县花园经济开发区
邮编(P. C.)：276126
电话(Tel)：0539－6613888
传真(Fax)：0539－6613888
总经理(General Manager)：胡征光
产品(Products)：妇女卫生巾，卫生护垫，成人纸尿裤/片，护理垫，婴儿隔尿巾
品牌(Brand)：金扆，相伴

山东佳亿鑫卫生用品有限公司
Shandong Jiayixin Hygiene Products Co., Ltd.
地址(Add)：山东省郯城县经济开发区安泰路9号
邮编(P. C.)：276188
电话(Tel)：0539－6776199
传真(Fax)：0539－6777199
E-mail：weba@jiayixin.com
Http://www.jiayixin.net.cn
法人代表(Chairman)：禚保军
联系人(Contact Person)：吕帅佐
产品(Products)：妇女卫生巾，卫生护垫，成人纸尿裤/片，婴儿纸尿裤/片
品牌(Brand)：名兰，巧护理，华人，健牌

郯城恒康卫生用品厂
Tancheng Hengkang Hygiene Products Factory
地址(Add)：山东省郯城县马头开发区(派出所东邻)
邮编(P. C.)：276126
电话(Tel)：0539－6776810
联系人(Contact Person)：刘德祥
产品(Products)：妇女卫生巾，卫生护垫，成人纸尿裤，婴儿纸尿裤/片，卫生纸
品牌(Brand)：妙恋佳人

威海威高医用材料有限公司
Weigao Hygienic Material Products Co., Ltd.
地址(Add)：山东省威海市高技术产业开发区大连路68号
邮编(P. C.)：264209
电话(Tel)：0631－5665906
传真(Fax)：0631－5665909
E-mail：weigao37108@126.com
法人代表(Chairman)：吴传明
总经理(General Manager)：吴传明
联系人(Contact Person)：王炳兴
产品(Products)：婴儿纸尿裤，护理垫，成人纸尿裤
品牌(Brand)：威乐，百仕洁

山东含羞草卫生科技股份有限公司
Shandong Mimosa Health Technology Co., Ltd.
地址(Add)：山东省潍坊市潍城区胜利西街1509号
邮编(P. C.)：261061
电话(Tel)：0536－6280017
传真(Fax)：0536－6286187
E-mail：ling0620@163.com
Http://www.wfhxc.com
法人代表(Chairman)：冯希波
总经理(General Manager)：冯希波
联系人(Contact Person)：刘爱玲
产品(Products)：妇女卫生巾，卫生护垫，婴儿纸尿裤/片，成人纸尿裤/片，护理垫，手帕纸
品牌(Brand)：含羞草，娇感，清尔新

■ 河南 Henan

安阳市汇丰卫生用品有限责任公司
Anyang Huifeng Hygiene Products Co., Ltd.
地址(Add)：河南省安阳市高新开发区平原路南段路东
邮编(P. C.)：462000
电话(Tel)：0372－3686986
传真(Fax)：0372－2526558
Http://www.ayhfzj.com
法人代表(Chairman)：郭小平
总经理(General Manager)：袁玉清
联系人(Contact Person)：袁廷顺
产品(Products)：妇女卫生巾，卫生护垫，婴儿纸尿裤，成人纸尿裤，卫生纸，护理垫
品牌(Brand)：梦娜，梦儿宝，老来乐

滑县安尔洁卫生用品厂
Huaxian Anerjie Hygiene Products Factory
地址(Add)：河南省滑县留固镇西王庄经济开发区
邮编(P. C.)：456464
电话(Tel)：0372－8676388
传真(Fax)：0372－8676388
E-mail：hnhxaej@126.com
Http://www.hnhxaej.cn
联系人(Contact Person)：向斌
产品(Products)：妇女卫生巾，卫生护垫，婴儿纸尿裤/片，成人产品
品牌(Brand)：春意

开封瑞帮卫生材料有限公司
Kaifeng Ruibang Hygiene Materials Co., Ltd.
地址(Add)：河南省开封市兰考县红庙工业园8－88
邮编(P. C.)：475314
电话(Tel)：0378－6112688
传真(Fax)：0378－6110688
E-mail：ruibang88@yahoo.com
Http://www.wipeschina.com
总经理(General Manager)：毛吉会
联系人(Contact Person)：何启兴
产品(Products)：妇女卫生巾，卫生护垫，婴儿纸尿裤/片，成人纸尿裤/片，湿巾，护理垫
品牌(Brand)：舒馨，茵子

河南省永城市好理想卫生用品有限公司
Yongcheng Haolixiang Hygiene Products Co., Ltd.
地址(Add)：河南省永城市欧亚路西段北
邮编(P. C.)：476600
电话(Tel)：0370－5152222
传真(Fax)：0370－5131795
Http://www.sqhaolixiang.cn
法人代表(Chairman)：王桂华
总经理(General Manager)：张玉英
产品(Products)：妇女卫生巾，婴儿纸尿片，成人纸尿裤，护理垫，宠物垫
品牌(Brand)：好理想

郑州鼎峰卫生用品有限公司
Zhengzhou Dingfeng Hygiene Products Co., Ltd.
地址(Add)：河南省郑州市南四环荆胡工业园88号
邮编(P. C.)：450000
电话(Tel)：0371－67016381
联系人(Contact Person)：何首霖
产品(Products)：护理垫，成人纸尿裤，妇女卫生巾
品牌(Brand)：艾德丽，月月爽

■ 湖北 Hubei

湖北省武穴市恒美实业有限公司
Hubei Wuxue Hengmei Industry Co., Ltd.
地址(Add)：湖北省武穴市余川经济开发区

邮编(P. C.)：435416
电话(Tel)：0713－6883688
传真(Fax)：0713－6887339
E-mail：mlfmaster@sina.com
Http://www.hbhmpaper.com
总经理(General Manager)：张劲松
联系人(Contact Person)：张劲松
产品(Products)：妇女卫生巾，卫生护垫，婴儿纸尿裤/片，成人纸尿裤/片
品牌(Brand)：康依

襄樊市盈乐卫生用品有限公司
Xiangfan Yingle Hygiene Products Co., Ltd.
地址(Add)：湖北省襄樊市襄阳区卧龙东路1号
邮编(P. C.)：441104
电话(Tel)：0710－2817333
传真(Fax)：0710－2817000
E-mail：yingle－hb@163.com
Http://www.xfyingle.cn
法人代表(Chairman)：林云光
总经理(General Manager)：林建秋
联系人(Contact Person)：林建秋
产品(Products)：妇女卫生巾，卫生护垫，婴儿纸尿裤/片，成人纸尿裤/片
品牌(Brand)：难忘，好难忘，难忘宝宝

■ 广东 Guangdong

东莞嘉米敦婴儿护理用品有限公司
Dongguan Carmelton Baby Products Manufacturing Co., Ltd.
地址(Add)：广东省东莞市茶山镇京山村
邮编(P. C.)：523399
电话(Tel)：0769－86869925
传真(Fax)：0769－86869923
E-mail：lancyw@163.com
Http://www.carmelton.cn
法人代表(Chairman)：李国明
总经理(General Manager)：李国明
联系人(Contact Person)：黄惠兰
产品(Products)：婴儿纸尿裤/片，成人纸尿裤/片，护理垫
品牌(Brand)：帮贝爽，百寿康

广东百顺纸品有限公司
Guangdong Baishun Paper Products Co., Ltd.
地址(Add)：广东省东莞市茶山镇南社工业区
邮编(P. C.)：523391
电话(Tel)：0769－81833801
传真(Fax)：0769－81833806
E-mail：bs－yinyin@163.net
Http://www.dgbaishun.com
法人代表(Chairman)：谢锡佳
总经理(General Manager)：谢锡佳
联系人(Contact Person)：臧铁跃
产品(Products)：婴儿纸尿裤/片，成人纸尿裤/片
品牌(Brand)：茵茵 YINYIN

东莞市瑞麒婴儿用品有限公司
Dongguan AALL & ZYLEMAN Baby Goods Ltd.
地址(Add)：广东省东莞市石龙镇西湖管理区2路2号
邮编(P. C.)：523325
电话(Tel)：0769－86113293
传真(Fax)：0769－86112740
E-mail：sales@ihellobaby.com
Http://www.ihellobaby.com
法人代表(Chairman)：叶建源
总经理(General Manager)：叶建源
产品(Products)：婴儿纸尿裤，成人纸尿裤/片，护理垫
品牌(Brand)：哈啰宝贝，哈啰天使，BB熊，心儿，瑞麒，RelyOn

东莞市常兴纸业有限公司
Dongguan Changxing Paper Co., Ltd.
地址(Add)：广东省东莞市石排镇横山村委会钟屋工业区
邮编(P. C.)：523330
电话(Tel)：0769－86559888
传真(Fax)：0769－86559933
E-mail：changxingpaper@163.com
Http://www.changxingdg.com
法人代表(Chairman)：王树杨
总经理(General Manager)：王树杨
联系人(Contact Person)：王树杨
产品(Products)：婴儿纸尿裤/片，成人纸尿裤/片
品牌(Brand)：一片爽，片片爽，公子帮，雅康健，护理爽

佛山市超爽纸品有限公司
Foshan Super Comfort Paper Products Co., Ltd.
地址(Add)：广东省佛山市禅城区南庄吉利工业园新源三路18号
邮编(P. C.)：528061
电话(Tel)：0757－85392882
传真(Fax)：0757－85392663
E-mail：mail@chaoshuang.com.cn
Http://www.chaoshuang.com.cn
法人代表(Chairman)：梁锦锐
总经理(General Manager)：梁锦锐
联系人(Contact Person)：李奕鸿
产品(Products)：婴儿纸尿裤/片，成人纸尿裤/片，护理垫
品牌(Brand)：超爽，爽爽，康佳，乐轻盈

佛山市南海吉爽卫生用品有限公司
Nanhai Jishuang Sanitary Products Co., Ltd.
地址(Add)：广东省佛山市南海里水镇里官路大朗工业区
邮编(P. C.)：528200
电话(Tel)：0757－85662828
传真(Fax)：0757－85616762
E-mail：nhjishuang@sina.com
法人代表(Chairman)：何喜永
总经理(General Manager)：何喜永
联系人(Contact Person)：彭彩莲
产品(Products)：婴儿纸尿裤/片，成人纸尿片，护理垫
品牌(Brand)：吉之爽，好康宝

佛山市南海百洁卫生用品有限公司
Foshan Nanhai Baijie Hygiene Products Co., Ltd.
地址(Add)：广东省佛山市南海区桂丹路小塘路段新境开发区
邮编(P. C.)：528222
电话(Tel)：0757－86636868
传真(Fax)：0757－86639638

E-mail：baijie13@126.com
联系人(Contact Person)：曾展平
产品(Products)：妇女卫生巾，卫生护垫，婴儿纸尿裤/片，两用巾，成人纸尿片
品牌(Brand)：兜兜爽，绿美施

佛山市佩安婷卫生用品实业有限公司
Foshan Peianting Sanitary Products Industrial Co., Ltd.
地址(Add)：广东省佛山市南海区海三路豪贤花园1座2楼
邮编(P. C.)：528000
电话(Tel)：0757-82800208
传真(Fax)：0757-82800202
E-mail：master@peianting.com
Http://www.peianting.com
法人代表(Chairman)：陈惠华
总经理(General Manager)：方润华
联系人(Contact Person)：梁修辉
产品(Products)：妇女卫生巾，卫生护垫，婴儿纸尿裤/片，成人纸尿片
品牌(Brand)：佩安婷，佩菲菲，佩贝贝

佛山市南海稳德福无纺布有限公司
Foshan Nanhai Wonderful Nonwoven Co., Ltd.
地址(Add)：广东省佛山市南海区九江沙头镇石江工业区
邮编(P. C.)：528208
电话(Tel)：0757-86910199
传真(Fax)：0757-86916230
E-mail：deng@chinawoven.com
Http://www.chinawoven.com
法人代表(Chairman)：黄业滔
总经理(General Manager)：邓伟添
联系人(Contact Person)：赖锡寿
产品(Products)：成人纸尿裤/片，手术衣，床单，口罩，护理垫
品牌(Brand)：稳德福，老夫子

佛山市南海康索卫生用品有限公司
Foshan Nanhai Kimsof Sanitary Products Co., Ltd.
地址(Add)：广东省佛山市南海区罗村罗北新涌尾
邮编(P. C.)：528226
电话(Tel)：0757-86412262
传真(Fax)：0757-86412261
E-mail：service@kimsof.com
Http://www.kimsof.com
法人代表(Chairman)：何炯明
总经理(General Manager)：朱金炎
联系人(Contact Person)：邓慧
产品(Products)：妇女卫生巾，婴儿纸尿裤/片，成人纸尿片
品牌(Brand)：康索，金锁

佛山市南海区昱升卫生用品有限公司
Foshan Nanhai Yusheng Hygiene Products Co., Ltd.
地址(Add)：广东省佛山市南海区狮山镇穆院管理区
邮编(P. C.)：528231
电话(Tel)：0757-86658661
传真(Fax)：0757-85595801
E-mail：ys@dressbaobao.com
Http://www.dressbaobao.com
联系人(Contact Person)：苏艺强
产品(Products)：婴儿纸尿裤，成人纸尿裤，护理垫
品牌(Brand)：吉氏

佛山市顺德区乐从护康卫生用品厂
Foshan Shunde Lecong Hukang Hygiene Products Factory
地址(Add)：广东省佛山市顺德区乐从劳村工业区
邮编(P. C.)：528315
电话(Tel)：0757-28836785
传真(Fax)：0757-28859236
联系人(Contact Person)：徐华
产品(Products)：婴儿纸尿裤/片，成人纸尿裤/片，妇女卫生巾，卫生护垫
品牌(Brand)：澳德保，娇怡，梦依丽，舒贝爽，非凡感受

佛山市顺德区美洁卫生用品有限公司
Foshan Shunde Meijie Hygiene Products Co., Ltd.
地址(Add)：广东省佛山市顺德区乐从镇道教工业区中路西6号
邮编(P. C.)：528315
电话(Tel)：0757-28331325
传真(Fax)：0757-28331312
E-mail：gdmeijie@163.com
Http://www.gdmeijie.com
法人代表(Chairman)：黎力冲
联系人(Contact Person)：林平
产品(Products)：妇女卫生巾，卫生护垫，婴儿纸尿裤/片，成人纸尿裤/片
品牌(Brand)：美洁，美洁宝宝，美宜洁

顺德市康怡卫生用品厂
Shunde Kangyi Hygiene Products Plant
地址(Add)：广东省佛山市顺德区乐从镇劳村工业区
邮编(P. C.)：528315
电话(Tel)：0757-28869292
传真(Fax)：0757-28831789
E-mail：kyhonour88@yahoo.com.cn
Http://www.kangyiqiye.com
法人代表(Chairman)：劳光发
总经理(General Manager)：劳旗
联系人(Contact Person)：刘思伟
产品(Products)：妇女卫生巾，卫生护垫，婴儿纸尿裤，成人纸尿裤/片，妇婴两用巾，护理垫
品牌(Brand)：康怡，康怡乐，康怡宝宝，康怡安

新感觉卫生用品有限公司
New Sensation Sanitary Products Co., Ltd.
地址(Add)：广东省佛山市顺德区乐从镇细海工业区
邮编(P. C.)：528315
电话(Tel)：0757-28332551
传真(Fax)：0757-28332561
E-mail：contact@nssp.biz
Http://www.nssp.biz
法人代表(Chairman)：黎汉中
总经理(General Manager)：黎汉凡
联系人(Contact Person)：黎汉石
产品(Products)：妇女卫生巾，卫生护垫，婴儿纸尿裤/片，成人纸尿片，面巾纸，手帕纸，卫生卷纸
品牌(Brand)：新感觉，没烦恼，飘，动感元素

广州艾俪诗日用品有限公司
Guangzhou Ailishi Daily Necessities Co., Ltd.
地址(Add)：广东省广州市海珠区广州大道南448号财智大厦2210号
邮编(P.C.)：510300
电话(Tel)：020－89885053
传真(Fax)：020－84269919
E-mail：vickyliang_al@yahoo.com
Http://www.alicelee-international.com
联系人(Contact Person)：梁美荣
产品(Products)：婴儿纸尿裤，湿巾，妇女卫生巾，护理垫，成人纸尿裤
品牌(Brand)：CHERISH

惠东县长荣实业有限公司
Huidong Changrong Industry Co., Ltd.
地址(Add)：广东省惠东县白花镇白花工业区
邮编(P.C.)：516300
电话(Tel)：0752－8868208
传真(Fax)：0752－8861661
法人代表(Chairman)：吴扬勇
总经理(General Manager)：林太平
产品(Products)：妇女卫生巾，卫生护垫，成人纸尿片，宠物垫，妇婴两用巾，产妇巾，护理垫
品牌(Brand)：护理伴，惠见康

惠州市宝尔洁卫生用品有限公司
Huizhou Baoerjie Hygiene Products Co., Ltd.
地址(Add)：广东省惠州市博罗县城博义路2号工业区
邮编(P.C.)：516121
电话(Tel)：0752－6626286
传真(Fax)：0752－6634454
Http://www.baoerjie.com
总经理(General Manager)：黄振辉
产品(Products)：婴儿纸尿裤/片，成人纸尿裤/片，妇女卫生巾，妇婴两用巾，护理垫
品牌(Brand)：宝尔洁

开平新宝卫生用品有限公司
Kaiping Sunbo Sanitary Products Co., Ltd.
地址(Add)：广东省开平市沙冈新美工业城美华路15号B－9幢
邮编(P.C.)：529300
电话(Tel)：0750－2200102
传真(Fax)：0750－2200103
E-mail：sunbokp@sunbokp.com
Http://www.sunbokp.com
法人代表(Chairman)：谢强
总经理(General Manager)：方荣舜
联系人(Contact Person)：马瑞珍
产品(Products)：妇女卫生巾，卫生护垫，成人纸尿片，婴儿纸尿片
品牌(Brand)：芳婷，贝思乐，康护

心丽卫生用品(深圳)有限公司
Sunlight Hygiene Products (Shenzhen) Co., Ltd.
地址(Add)：广东省深圳市龙岗区坪地六联鹤鸣西路7－1号心丽工业园
邮编(P.C.)：518116
电话(Tel)：0755－84888373
传真(Fax)：0755－84888375
E-mail：info@sunlightpaper.com.cn
法人代表(Chairman)：朱新田
总经理(General Manager)：林庆年
联系人(Contact Person)：林梅光
产品(Products)：卫生纸，面巾纸，手帕纸，餐巾纸，厨房用纸，擦手纸，成人纸尿裤/片，护理垫，手术衣帽，医用检查垫，医用敷料，擦拭巾，湿巾
品牌(Brand)：Sunlight，心丽

深圳市全立好实业有限公司
Shenzhen Quanlihao Industrial Co., Ltd.
地址(Add)：广东省深圳市罗湖区宝岗路5号402号南二层
邮编(P.C.)：518023
电话(Tel)：0755－82261426
传真(Fax)：0755－82441567
Http://www.qlh369.cn
总经理(General Manager)：方方
产品(Products)：妇女卫生巾，成人纸尿片，护理垫
品牌(Brand)：诺美，完美，立好

中山市宜姿卫生制品有限公司
Zhongshan Yizi Hygiene Products Co., Ltd.
地址(Add)：广东省中山市南朗镇第六工业园(即大车工业园)
邮编(P.C.)：528451
电话(Tel)：0760－85219362
传真(Fax)：0760－85219296
E-mail：yiziyibao@163.com
Http://www.zsyizi.com.cn
法人代表(Chairman)：黄杰培
总经理(General Manager)：董炳怀
产品(Products)：妇女卫生巾，卫生护垫，婴儿纸尿裤，成人纸尿裤，护理垫，宠物垫，两用巾
品牌(Brand)：宜姿，全日护，索菲尔，宜老，E－索

中山康怡然卫生用品有限公司
Zhongshan Kangyiran Sanitary Products Co., Ltd.
地址(Add)：广东省中山市三乡镇前陇工业区
邮编(P.C.)：528463
电话(Tel)：0760－86568132
传真(Fax)：0760－86336167
E-mail：china－jianni@163.com
Http://www.china-jianni.com
法人代表(Chairman)：吴金水
总经理(General Manager)：李进来
联系人(Contact Person)：潘荣忠
产品(Products)：妇女卫生巾，卫生护垫，婴儿纸尿裤，成人纸尿裤/片，宠物纸尿裤，宠物垫
品牌(Brand)：健妮，健朗，可采宝贝，健妮娃

珠海市健朗生活用品有限公司
Zhuhai Jianlang Consumer Products Co., Ltd.
地址(Add)：广东省珠海市金湾区上冲西街
邮编(P.C.)：519000
电话(Tel)：0756－3803888
传真(Fax)：0756－3801888
Http://www.cn-jianlang.com.cn
法人代表(Chairman)：李焕南
总经理(General Manager)：李焕南
联系人(Contact Person)：云麟

产品(Products):妇女卫生巾,婴儿纸尿裤,成人纸尿裤/片
品牌(Brand):樱子,可采,健妮,健妮娃

■ 广西 Guangxi

广西梧州市宝莱卫生用品实业有限公司
Guangxi Wuzhou Baolai Health Industry Co., Ltd.
地址(Add):广西梧州市塘源路36号
邮编(P. C.):543000
电话(Tel):0774-2062222
传真(Fax):0774-2062228
E-mail:baolai06@163. com
Http://www. gxbaolai. cn
法人代表(Chairman):张穗生
总经理(General Manager):张穗生
联系人(Contact Person):曾兆广
产品(Products):成人纸尿裤/片,护理垫
品牌(Brand):莱护士

■ 四川 Sichuan

恒安(四川)家庭用品有限公司
Hengan (Sichuan) Household Goods Co., Ltd.
地址(Add):四川省成都市高新区新加坡工业园新园大道11号
邮编(P. C.):610041
电话(Tel):028-82991081
传真(Fax):028-82991089
E-mail:wangyi@mail. hengan. com. cn
法人代表(Chairman):施文博
总经理(General Manager):王清生
联系人(Contact Person):王毅
产品(Products):婴儿纸尿裤,成人纸尿裤,妇女卫生巾
品牌(Brand):安儿乐,安而康,安尔乐

■ 云南 Yunnan

云南省昆明华安美洁卫生用品有限公司
Yunnan Kunming Huaan Meijie Hygiene Articles Co., Ltd.
地址(Add):云南省昆明市官渡区官南大道(叶家村段)
邮编(P. C.):650051
电话(Tel):0871-7321357
传真(Fax):0871-7321355
Http://www. kmhamj. com
法人代表(Chairman):李珊
联系人(Contact Person):陈正东
产品(Products):卫生纸,手帕纸,妇女卫生巾,婴儿纸尿片,成人纸尿片
品牌(Brand):美洁贝贝

■ 陕西 Shaanxi

西安市西耀纸业商贸有限公司
Xian Xiyao Paper Trade Co., Ltd.
地址(Add):陕西省西安市三桥阿房一路中段168号
邮编(P. C.):710086
电话(Tel):029-84510829
传真(Fax):029-84520261
E-mail:xi_an_xiyao@vip. 163. com
Http://xaxyznk. cn. alibaba. com
联系人(Contact Person):李西耀
产品(Products):成人纸尿裤/片,床垫,面巾纸
品牌(Brand):莫菲儿,阿房情,泰迪

干湿擦拭巾生产企业
按产品和地区细分统计
（2009 年，统计总数 392 家）

序号	行政区 Region	企业数	起始页	序号	行政区 Region	企业数	起始页
1	北京 Beijing	19	438	16	河南 Henan	8	469
2	天津 Tianjin	13	440	17	湖北 Hubei	8	470
3	河北 Hebei	13	442	18	湖南 Hunan	5	471
4	山西 Shanxi	1	443	19	广东 Guangdong	42	471
5	内蒙古 Inner Mongolia	2	443	20	广西 Guangxi	4	476
6	辽宁 Liaoning	21	443	21	海南 Hainan	1	476
7	吉林 Jilin	10	446	22	重庆 Chongqing	7	476
8	黑龙江 Heilongjiang	8	447	23	四川 Sichuan	5	477
9	上海 Shanghai	43	447	24	贵州 Guizhou	1	478
10	江苏 Jiangsu	37	452	25	云南 Yunnan	2	478
11	浙江 Zhejiang	55	456	26	西藏 Tibet	1	478
12	安徽 Anhui	9	461	27	陕西 Shaanxi	5	478
13	福建 Fujian	28	462	31	新疆 Xinjiang	2	479
14	江西 Jiangxi	10	465		香港 Hongkong	1	479
15	山东 Shandong	27	466		台湾 Taiwan	4	479

注：28 甘肃、29 青海、30 宁夏为缺项。

干湿擦拭巾
Dry and wet wipes

主要生产企业
Major manufacturers

福建恒安集团有限公司	Fujian Hengan Holding Co., Ltd.
铜陵洁雅生物科技股份有限公司	Jyair Bio - Tech Co., Ltd.
康那香企业(上海)有限公司	Kang Na Hsiung Enterprise (Shanghai) Co., Ltd.
深圳市康雅实业有限公司	Shenzhen Kangya Industrial Co., Ltd.
江苏通江科技股份有限公司	Jiangsu Tongjiang Science & Technology Co., Ltd.
上海美馨卫生用品有限公司	Shanghai American Hygienics Co., Ltd.
沈阳纳尔实业有限责任公司	Shenyang Naer Industry Co., Ltd.
天津艳胜工贸有限公司	Tianjin Yansheng Industry & Trade Co., Ltd.
哈尔滨康夷宝卫生保健用品有限公司	Harbin Kangyibao Health - Protecting Articles Co., Ltd.
济南卡尼尔科技有限公司	Jinan Kanier Science & Technology Co., Ltd.
义乌市安柔卫生用品有限公司	Yiwu Anrou Hygiene Products Co., Ltd.
天津爱龙洁肤品有限公司	Tianjin Ailong Cleaning Products Co., Ltd.
汕头市龙湖区骏宝有限公司	Shantou Junbao Co., Ltd.
江西生成卫生用品有限公司	Jiangxi Shengcheng Hygiene Products Co., Ltd.
晋江百合堂生活用品有限公司	Jinjiang Baihetang Household Products Co., Ltd.
大连大鑫卫生护理用品有限公司	Dalian Daxin Health Nursing Products Co., Ltd.
扬州倍加洁日化有限公司	Yangzhou Perfect Daily Chemicals Co., Ltd.
佛山市南海区桂城景兴商务拓展有限公司	Kingdom Marketing Service Co., Ltd.
金旭环保制品(深圳)有限公司	Golden Starry Environmental Products Co., Ltd.
北京一帆清洁用品有限公司	Beijing Marvel Cleansing Supplies Co., Ltd.
奈森克林(苏州)日用品有限公司	Naisenkelin Daily - Use Articles (Suzhou) Co., Ltd.

■北京 Beijing

多尼克(北京)化学有限公司
Donica (Beijing) Chemicals Ltd.
地址(Add):北京市昌平区北七家镇鲁疃工业园3号
邮编(P. C.):102209
电话(Tel):010 - 69756692
传真(Fax):010 - 69756697
E-mail:donica@donica.com.cn
Http://www.donica.com.cn
联系人(Contact Person):李国凤
产品(Products):湿巾
品牌(Brand):阿香,蒂姆 & 萨莉

北京派尼尔纸业有限公司
Beijing Pioneer Paper Co., Ltd.
地址(Add):北京市昌平区回龙观镇回龙观村北
邮编(P. C.):102208
电话(Tel):010 - 80793832
传真(Fax):010 - 80793862
Http://www.bjpioneer.com.cn
法人代表(Chairman):王长江
总经理(General Manager):赵玉红
联系人(Contact Person):段永忠
产品(Products):餐巾纸,面巾纸,卫生卷纸,擦手纸,湿巾
品牌(Brand):派尼尔

北京洁洁香纸制品有限公司
Beijing Jiejiexiang Paper Products Co., Ltd.
地址(Add):北京市昌平区沙河镇白各庄工业区100号
邮编(P. C.):102206
电话(Tel):010 - 80729255
传真(Fax):010 - 80729515

E-mail：bj－jjx@126. com
Http：//www. bj-jjx. com
联系人（Contact Person）：贺铁宏
产品（Products）：湿巾，纸巾纸

北京鹏达雅洁卫生用品有限公司
Beijing Pengda Yajie Sanitary Products Co., Ltd.
地址（Add）：北京市昌平区阳坊工业开发区东区1号
邮编（P. C. ）：102205
电话（Tel）：010－69764376
传真（Fax）：010－69764617
E-mail：pdyj@pdyj. cn
Http：//www. pdyj. cn
法人代表（Chairman）：彭德远
总经理（General Manager）：马金梅
产品（Products）：湿巾
品牌（Brand）：天天洁

北京光德正鑫工贸有限公司
Beijing Guangde Zhengxin Industry & Trading Co., Ltd.
地址（Add）：北京市朝阳区十里河村
邮编（P. C. ）：100021
电话（Tel）：010－87366872
传真（Fax）：010－87366872
法人代表（Chairman）：门艳斌
总经理（General Manager）：门艳斌
产品（Products）：擦手纸，卫生纸，餐巾纸，面巾纸，湿巾
品牌（Brand）：绿风铃

北京北方开来纸品有限公司
Beifang Kailai Paper Products Co., Ltd.
地址（Add）：北京市朝阳区西大望路甲12号东三楼219室
邮编（P. C. ）：100025
电话（Tel）：010－65046568
传真（Fax）：010－87705729
E-mail：bfkl@163. com
Http：//www. bj-bfkl. com
法人代表（Chairman）：程宪辉
总经理（General Manager）：程宪辉
产品（Products）：餐巾纸，面巾纸，卫生纸，湿巾，纸杯
品牌（Brand）：开来

北京清源无纺布制品厂
Beijing Qingyuan Nonwoven Products Co., Ltd.
地址（Add）：北京市大兴区黄村镇西芦物流工业园
邮编（P. C. ）：110115
电话（Tel）：010－61233987
传真（Fax）：010－61233987
E-mail：bangerwufang@126. com
Http：//www. bjqywfb. cn. alibaba. com
联系人（Contact Person）：王法春
产品（Products）：湿巾，纸巾纸，无纺布制品

北京赛劳德技术开发研究所
Beijing Sailaode Technology Development Institute
地址（Add）：北京市大兴区旧宫清乐园小区3号楼711室
邮编（P. C. ）：100076
电话（Tel）：010－67981242
传真（Fax）：010－67981235
联系人（Contact Person）：刘倩
产品（Products）：湿巾，马桶垫
品牌（Brand）：莫愁女

北京蓝天碧水纸制品有限责任公司
Beijing Blue Sky & Green Water Paper Products Co., Ltd.
地址（Add）：北京市大兴区西红门镇大白楼工业区金安路乙25号
邮编（P. C. ）：100040
电话（Tel）：010－61282805
传真（Fax）：010－61282415
E-mail：ltbs2000@126. com
Http：//www. ltbspaperproducts. com
法人代表（Chairman）：李晓敏
总经理（General Manager）：李晓敏
联系人（Contact Person）：冯锐
产品（Products）：湿巾，面巾纸，餐巾纸
品牌（Brand）：濠牌

北京力信诚餐具有限公司
Beijing Lixincheng Tableware Co., Ltd.
地址（Add）：北京市大兴区兴丰大街三段7号
邮编（P. C. ）：102600
电话（Tel）：010－69258561
传真（Fax）：010－69240498
E-mail：lxccj518@sina. com
Http：//www. lxcsw. com
联系人（Contact Person）：袁艳玲
产品（Products）：湿巾
品牌（Brand）：宝著

北京九兴工贸有限公司
Beijing Everprosper Industry Co., Ltd.
地址（Add）：北京市大兴区瀛海路南三条5号
邮编（P. C. ）：100076
电话（Tel）：010－69279282
传真（Fax）：010－69279585
E-mail：jiuxing@vip. sina. com
Http：//www. jiu-xing. com. cn
法人代表（Chairman）：溪东来
总经理（General Manager）：赵振国
产品（Products）：湿巾，护理垫，卫生卷纸，成人纸尿裤/片
品牌（Brand）：九佳兴

北京宝润通科技开发有限责任公司
Beijing Baoruntong Science & Technology Development Co., Ltd.
地址（Add）：北京市丰台区莱户营58号财富西环大厦514室
邮编（P. C. ）：100075
电话（Tel）：010－63385105
传真（Fax）：010－63385105
E-mail：ys51668@163. com
Http：//www. bjbrt. com
法人代表（Chairman）：张晶
总经理（General Manager）：张晶
联系人（Contact Person）：常岩松
产品（Products）：湿巾，餐巾纸，面巾纸
品牌（Brand）：三仕达

北京欣龙五洲科技有限公司
Beijing Xinlong Wuzhou Science & Technology Co., Ltd.
地址(Add)：北京市丰台区丰北路庄维花园8号楼2402室
邮编(P. C.)：100071
电话(Tel)：010－83835244
传真(Fax)：010－83835264
E-mail：sale@beijing－xinlong. com
Http://www. beijing-xinlong. com
联系人(Contact Person)：陈伟
产品(Products)：湿巾，手术服，擦拭巾
品牌(Brand)：洁之梦

北京特日欣卫生用品有限公司
Beijing Terixin Hygiene Products Co., Ltd.
地址(Add)：北京市丰台区花乡新房子57号(花乡育苗场院内)
邮编(P. C.)：100071
电话(Tel)：010－83609569
传真(Fax)：010－83609589
E-mail：master@terixin. com
Http://www. terixin. com
法人代表(Chairman)：冯跃
总经理(General Manager)：冯跃
联系人(Contact Person)：高金龙
产品(Products)：妇女卫生巾，卫生护垫，婴儿纸尿裤/片，成人纸尿裤/片，湿巾，卫生纸
品牌(Brand)：特日欣

北京爱佳卫生保健品厂
Beijing Aijia Hygiene & Health Care Products Factory
地址(Add)：北京市丰台区南四环星河苑1号院12号1－101室
邮编(P. C.)：100068
电话(Tel)：010－67537477
传真(Fax)：010－67589972
E-mail：wgc@bj-aijia. com
Http://www. bj-aijia. com
总经理(General Manager)：吴国财
产品(Products)：餐巾纸，面巾纸，手帕纸，擦手纸，卫生纸，湿巾，马桶垫，纸杯，纸碗，妇女卫生巾，卫生护垫，婴儿纸尿裤，护理垫
品牌(Brand)：爱佳

北京爱华中兴纸业有限公司
Beijing Aihua Zhongxing Paper Co., Ltd.
地址(Add)：北京市海淀区西三旗建材城东路8号西侧
邮编(P. C.)：100096
电话(Tel)：010－82912386
传真(Fax)：010－82927452
E-mail：sale@yipianyun. com
Http://www. yipianyun. com
法人代表(Chairman)：王家华
总经理(General Manager)：谢大伟
联系人(Contact Person)：何平妹
产品(Products)：餐巾纸，面巾纸，卫生卷纸，厨房用纸，手帕纸，擦手纸，妇女卫生巾，卫生护垫，湿巾，纸杯
品牌(Brand)：一片云，逸云，小点点

北京一帆清洁用品有限公司
Beijing Marvel Cleansing Supplies Co., Ltd.
地址(Add)：北京市怀柔区雁栖工业开发区永乐大街
邮编(P. C.)：101407
电话(Tel)：010－61665356
传真(Fax)：010－61665656
E-mail：ly118888@yahoo. com. cn
Http://www. usmarvel. com
法人代表(Chairman)：杨杰
总经理(General Manager)：廖永亮
联系人(Contact Person)：张允昆
产品(Products)：湿巾
品牌(Brand)：一帆，贝丽姿

北京倍舒特妇幼用品有限公司
Beijing Beishute Maternity & Child Articles Co., Ltd.
地址(Add)：北京市密云县工业开发区远光街1号
邮编(P. C.)：101500
电话(Tel)：010－69061748
传真(Fax)：010－69061747
E-mail：bjbest@public. bta. net. cn
Http://www. bjbest. com. cn
法人代表(Chairman)：李秋红
总经理(General Manager)：李秋红
联系人(Contact Person)：刘红艳
产品(Products)：妇女卫生巾，卫生护垫，婴儿纸尿片，护理垫，湿巾
品牌(Brand)：倍舒特，健康宝宝

北京鼎鑫航空用品有限公司
Beijing Dingxin Aviation Articles Co. Ltd.
地址(Add)：北京市顺义区高丽营镇顺沙路37号
邮编(P. C.)：100303
电话(Tel)：010－69457873
传真(Fax)：010－69457598
E-mail：dingxin1995@163. com
Http://www. bjdingxin. com. cn
总经理(General Manager)：赵连忠
联系人(Contact Person)：赵连忠
产品(Products)：湿巾，面巾纸，餐巾纸，卫生卷纸
品牌(Brand)：鼎鑫

■ 天津 Tianjin

天津骏发森达卫生用品有限公司
Tianjin Junfasenda Hygiene Products Co., Ltd.
地址(Add)：天津市宝坻区经济开发区宝旺路
邮编(P. C.)：301800
电话(Tel)：022－82626888
传真(Fax)：022－82666999
E-mail：yagewangxiaojun@sina. com
Http://www. tjyage. com
法人代表(Chairman)：王贵森
总经理(General Manager)：王晓俊
联系人(Contact Person)：王晓俊
产品(Products)：妇女卫生巾，卫生护垫，湿巾，护理垫，婴儿纸尿裤/片，医用检查垫
品牌(Brand)：雅格

天津艳胜工贸有限公司
Tianjin Yansheng Industry & Trade Co., Ltd.
地址(Add)：天津市河北区万科城市花园C1202

邮编(P. C.)：300150
电话(Tel)：022-86321216
传真(Fax)：022-26433255
E-mail：tj-ys@163. com
Http://www. tjwipes. com
法人代表(Chairman)：张雪艳
总经理(General Manager)：段家广
联系人(Contact Person)：段立辉
产品(Products)：湿巾
品牌(Brand)：科灵

先思(天津)清洁用品有限公司
Concept (Tianjin) Cleaning Products Ltd.
地址(Add)：天津市津南区八里台镇双闸工业园
邮编(P. C.)：300353
电话(Tel)：022-88527903
传真(Fax)：022-88527901
E-mail：johncare@163. com
总经理(General Manager)：赵强
联系人(Contact Person)：张蒿
产品(Products)：湿巾

天津朗源纸业有限公司
Tianjin Langyuan Paper Co., Ltd.
地址(Add)：天津市津南双港工业园区达港南路10号
邮编(P. C.)：300350
电话(Tel)：022-28592877
传真(Fax)：022-28592875
Http://www. tjlyzy. cn
法人代表(Chairman)：林明宪
联系人(Contact Person)：陈泰伦
产品(Products)：湿巾，面巾纸
品牌(Brand)：朗源

天津木兰巾纸制品有限公司
Tianjin Mulan Paper Products Co., Ltd.
地址(Add)：天津市静海县城西静文路南侧(成人中专对面)
邮编(P. C.)：301603
电话(Tel)：022-28942252
传真(Fax)：022-28942252
E-mail：tjmly@yahoo. com
法人代表(Chairman)：冀加申
总经理(General Manager)：冀加申
联系人(Contact Person)：张胜松
产品(Products)：湿巾
品牌(Brand)：依兰娜

天津市天洁纸业有限公司
Tianjin Tianjie Paper Co., Ltd.
地址(Add)：天津市塘沽区胡家园海龙储运中心(津塘路5035号)
邮编(P. C.)：300454
电话(Tel)：022-25352718
传真(Fax)：022-25354488
总经理(General Manager)：王天轩
联系人(Contact Person)：王天峰
产品(Products)：卫生纸，面巾纸，手帕纸，擦手纸，厨房用纸，湿巾

天津爱龙洁肤品有限公司
Tianjin Ailong Cleaning Products Co., Ltd.
地址(Add)：天津市西青开发区兴华三支路赛达工业园12栋A座
邮编(P. C.)：300385
电话(Tel)：022-83983877
传真(Fax)：022-83983887
E-mail：ailongtj@public. tpt. tj. cn
Http://www. chinawipes. com
法人代表(Chairman)：吴瑞曼苏
总经理(General Manager)：陈伟昌
联系人(Contact Person)：陈伟昌
产品(Products)：湿巾
品牌(Brand)：柔普馨

天津市逸飞卫生用品有限公司
Tianjin Yifei Hygiene Products Co., Ltd.
地址(Add)：天津市西青区津淄公路王稳庄工业园
邮编(P. C.)：300383
电话(Tel)：022-83964215
传真(Fax)：022-83968228
E-mail：yifei_hygiene@yahoo. com. cn
Http://www. tjyifei. com. cn
总经理(General Manager)：赵平
联系人(Contact Person)：王伯韬
产品(Products)：婴儿纸尿裤/片，成人纸尿裤/片，护理垫，湿巾，宠物垫
品牌(Brand)：太阳雨，邦一把，久久安康

天津市地文高科技发展有限公司
Tianjin Divine Science & Technology Development Co., Ltd.
地址(Add)：天津市西青区西营门街道玉门路理工学校内
邮编(P. C.)：300112
电话(Tel)：022-27681877
传真(Fax)：022-27365981
E-mail：zhzdivine@163. com
Http://www. zhzdivine. com. cn
法人代表(Chairman)：张连珍
总经理(General Manager)：朱禾中
联系人(Contact Person)：朱禾中
产品(Products)：卫生卷纸，纸巾纸，湿巾
品牌(Brand)：猫王，百适，一净

天津市依依卫生用品有限公司
Tianjin Yiyi Hygiene Products Co., Ltd.
地址(Add)：天津市西青区张家窝工业园
邮编(P. C.)：300380
电话(Tel)：022-87988888
传真(Fax)：022-87987888
E-mail：gaobin7705@163. com
法人代表(Chairman)：卢俊美
总经理(General Manager)：卢俊美
联系人(Contact Person)：张健
产品(Products)：妇女卫生巾，卫生护垫，婴儿纸尿片，护理垫，宠物垫，卫生卷纸，纸巾纸，湿巾
品牌(Brand)：依依

天津市三维纸业有限公司
Tianjin Sanwei Paper Products Co., Ltd.
地址(Add)：天津市西青区张家窝镇高家村
邮编(P. C.)：300381

电话(Tel)：022-87988458
传真(Fax)：022-87988458
法人代表(Chairman)：杨建国
总经理(General Manager)：杨建国
联系人(Contact Person)：韩秀林
产品(Products)：妇女卫生巾，卫生护垫，婴儿纸尿裤，湿巾，卫生卷纸，手帕纸，面巾纸
品牌(Brand)：三维，金美雅

天津市兰景工贸有限公司
Tianjin Lanjing Industry & Trade Co., Ltd.
地址(Add)：天津市西青区中北镇汪庄南铁道旁3号
邮编(P. C.)：300112
电话(Tel)：022-27390537
传真(Fax)：022-27390532
法人代表(Chairman)：吕小带
总经理(General Manager)：樊永行
产品(Products)：妇女卫生巾，卫生护垫，纸尿裤，手帕纸，面巾纸，擦手纸，卫生卷纸，湿巾
品牌(Brand)：茹梦

天津市洁尔卫生用品有限公司
Tianjin Jieer Hygiene Products Co., Ltd.
地址(Add)：天津市中北工业园阜盛道曦霞路26号
邮编(P. C.)：300112
电话(Tel)：022-27948772
传真(Fax)：022-27980168
法人代表(Chairman)：张志宏
总经理(General Manager)：胡秀荣
联系人(Contact Person)：胡秀荣
产品(Products)：妇女卫生巾，卫生护垫，婴儿纸尿裤/片，成人纸尿裤，护理垫，湿巾
品牌(Brand)：尚好佳，冬虫草

■ 河北 Hebei

保定市义厚成纸业有限公司
Baoding Yihoucheng Paper Co., Ltd.
地址(Add)：河北省保定市国家高新技术产业开发区云杉路131号
邮编(P. C.)：071051
电话(Tel)：0312-7921333
传真(Fax)：0312-3327610
E-mail：yhc@ladystar.com.cn
Http://www.ladystar.com.cn
法人代表(Chairman)：白红敏
总经理(General Manager)：田立炜
联系人(Contact Person)：王岩
产品(Products)：妇女卫生巾，卫生护垫，湿巾，护理垫，隔尿垫巾
品牌(Brand)：女主角，喜儿，妮好，喜尔健

河北小人国纸业有限公司*
Hebei Xiaorenguo Paper Co., Ltd.
地址(Add)：河北省保定市建国路地道桥西968号
邮编(P. C.)：071000
电话(Tel)：0312-2177998
传真(Fax)：0312-2173636
法人代表(Chairman)：邵国义
产品(Products)：卫生纸，原纸，湿巾
品牌(Brand)：小人国

河北中信纸业有限公司*
Hebei Zhongxin Paper Co., Ltd.
地址(Add)：河北省保定市满城县大册营工业区
邮编(P. C.)：072150
电话(Tel)：0312-7021807
传真(Fax)：0312-7022988
E-mail：zx@zhongxinpaper.com
Http://www.zhongxinpaper.com
法人代表(Chairman)：赵建忠
总经理(General Manager)：赵建忠
联系人(Contact Person)：范宏亮
产品(Products)：原纸，卫生纸，手帕纸，面巾纸，餐巾纸，盘纸，湿巾
品牌(Brand)：望舒，凯依，悠雅

保定雨森卫生用品有限公司*
Baoding Yusen Hygiene Products Co., Ltd.
地址(Add)：河北省保定市满城县大册营造纸工业区
邮编(P. C.)：072150
电话(Tel)：0312-5578100
传真(Fax)：0312-5572100
Http://www.yusenpaper.com
法人代表(Chairman)：苏马力
总经理(General Manager)：苏马力
联系人(Contact Person)：吴长念
产品(Products)：卫生纸，手帕纸，面巾纸，原纸，妇女卫生巾，卫生护垫，婴儿纸尿裤，成人纸尿裤，湿巾
品牌(Brand)：雨森，康柔，百丽

满城县安安卫生用品有限公司
Mancheng Anan Hygiene Products Co., Ltd.
地址(Add)：河北省保定市满城县大册营造纸工业区
邮编(P. C.)：072150
电话(Tel)：0312-7020200
总经理(General Manager)：张佳良
联系人(Contact Person)：孟明
产品(Products)：手帕纸，卫生卷纸，湿巾

保定市东升卫生用品有限公司*
Baoding Dongsheng Hygiene Products Co., Ltd.
地址(Add)：河北省保定市满城县造纸工业园区
邮编(P. C.)：072150
电话(Tel)：0312-5578887
传真(Fax)：0312-5572790
E-mail：mail@dshpaper.com.cn
Http://www.dshpaper.com.cn
法人代表(Chairman)：张志武
总经理(General Manager)：张杰
联系人(Contact Person)：李娜
产品(Products)：原纸，卫生纸，餐巾纸，面巾纸，湿巾
品牌(Brand)：小宝贝，可佳，洁婷

邯郸市凯琳卫生用品有限公司
Handan Kailin Hygiene Products Co., Ltd.
地址(Add)：河北省邯郸市肥乡交通街9号
邮编(P. C.)：057550
电话(Tel)：0310-8568862
传真(Fax)：0310-8568862
法人代表(Chairman)：张富保
总经理(General Manager)：张富保

联系人(Contact Person)：张少华
产品(Products)：湿巾
品牌(Brand)：凯琳

河北省武强县迈特卫生用品有限公司
Hebei Wuqiang Maite Hygiene Products Co., Ltd.
地址(Add)：河北省衡水市武强县北西辛工业区
邮编(P. C.)：053300
电话(Tel)：0318－3899669
传真(Fax)：0318－3782087
E-mail：sales@ mtpaper. cn
Http://www. mtpaper. cn
法人代表(Chairman)：李国英
联系人(Contact Person)：贾迎博
产品(Products)：湿巾
品牌(Brand)：鑫缘

东纶科技实业有限公司
Eastex Science & Technology Industrial Co., Ltd.
地址(Add)：河北省廊坊经济技术开发区汇源道8号
邮编(P. C.)：065001
电话(Tel)：0316－6087699
传真(Fax)：0316－6088171
E-mail：mh@ eastex-china. com
Http://www. eastex-china. com
法人代表(Chairman)：刘瑞彪
总经理(General Manager)：马咏梅
联系人(Contact Person)：孟红
产品(Products)：湿巾，美容用品，医用纱布敷料
品牌(Brand)：润佳

青县玫瑰缘卫生用品厂
Qingxian Meiguiyuan Hygiene Products Factory
地址(Add)：河北省青县迎宾路58号
邮编(P. C.)：062650
电话(Tel)：0317－4328328
传真(Fax)：0317－4328328
E-mail：info@ meiguiyuan. cn
Http://www. meiguiyuan. cn
总经理(General Manager)：杨巨智
产品(Products)：湿巾
品牌(Brand)：玫瑰缘

河北氏氏美卫生用品有限责任公司
Hebei CICIM Sanitary Products Co., Ltd.
地址(Add)：河北省石家庄市高新区湘江道天山科技工业园
邮编(P. C.)：050000
电话(Tel)：0311－86218382
传真(Fax)：0311－86061900
E-mail：4007075999@ 163. com
Http://www. shishimei. com
法人代表(Chairman)：乔泓程
联系人(Contact Person)：刘伦
产品(Products)：湿巾，湿卫生纸
品牌(Brand)：氏氏美

衡水向海卫生制品有限公司
Hengshui Xianghai Hygiene Products Co., Ltd.
地址(Add)：河北省武邑县西关外大街西1号
邮编(P. C.)：053400
电话(Tel)：0318－5716810
Http://www. xianghai. net
法人代表(Chairman)：何向海
联系人(Contact Person)：何向海
产品(Products)：湿巾
品牌(Brand)：溶溶

河北绿洁纸业有限公司
Hebei Lüjie Paper Industry Co., Ltd.
地址(Add)：河北省邢台市柏乡县石家庄工业区
邮编(P. C.)：055450
电话(Tel)：0319－7763698
传真(Fax)：0319－7763699
总经理(General Manager)：郭振宇
联系人(Contact Person)：李亚涛
产品(Products)：妇女卫生巾，卫生护垫，湿巾
品牌(Brand)：绿洁

■ 山西 Shanxi

山西省晋城市华瑞昌纸业有限公司＊
Shanxi Jincheng Huaruichang Paper Co., Ltd.
地址(Add)：山西省晋城市大车渠工业区
邮编(P. C.)：048007
电话(Tel)：0356－2109563
E-mail：gxftw@ foxmail. com
法人代表(Chairman)：牛文瑞
总经理(General Manager)：王卫伟
联系人(Contact Person)：王卫伟
产品(Products)：卫生纸，餐巾纸，面巾纸，原纸，湿巾
品牌(Brand)：芳芳，晋雪，好宝贝

■ 内蒙古 Inner Mongolia

呼和浩特市三鑫纸品厂
Huhehaote Sanxin Paper Products Factory
地址(Add)：内蒙古呼和浩特市玉泉区辛辛板
邮编(P. C.)：010030
电话(Tel)：0471－5901087
E-mail：hhhtsanxingzy5888@ 126. com
Http://www. nmsx. cn
联系人(Contact Person)：刘宇
产品(Products)：手帕纸，餐巾纸，湿巾

利顺纸巾厂
Lishun Napkin Factory
地址(Add)：内蒙古呼市新城区代洲营
邮编(P. C.)：010051
电话(Tel)：0471－6858767
传真(Fax)：0471－3304122
联系人(Contact Person)：马云龙
产品(Products)：餐巾纸，湿巾
品牌(Brand)：利顺

■ 辽宁 Liaoning

大连桑拓生物新技术有限公司
Dalian Sangtuo New Bio－Technology Co., Ltd.
地址(Add)：辽宁省大连甘井子区营城子镇境港工业区
邮编(P. C.)：116036
电话(Tel)：0411－84754000
传真(Fax)：0411－84794777

E-mail：sangtuozdq@126. com
Http://www. sangtuo. com
法人代表(Chairman)：侯劲生
联系人(Contact Person)：赵德强
产品(Products)：湿巾
品牌(Brand)：妮爽，小大夫，沐琪尔

大连阳光良品制药有限公司
Dalian Yangguang Liangpin Medicine Co., Ltd.
地址(Add)：辽宁省大连经济技术开发区锦州街8号
邮编(P. C.)：116600
电话(Tel)：0411－39201708
传真(Fax)：0411－39213333
Http://www. daliansun. com
联系人(Contact Person)：张玉庭
产品(Products)：湿巾
品牌(Brand)：如果爱，阳光良品

大连维多利尔科技有限公司
Dalian Weiduolier Science & Technology Co., Ltd.
地址(Add)：辽宁省大连市甘井子区泡崖四区19号2－1－1
邮编(P. C.)：116033
电话(Tel)：0411－86103882
传真(Fax)：0411－86488511
E-mail：dlwdle@126. com
Http://www. dlwdle. com
联系人(Contact Person)：杨广志
产品(Products)：湿巾
品牌(Brand)：禾采

宇和特纸有限公司
Dalian Yuhe Special Paper Co., Ltd.
地址(Add)：辽宁省大连市金州区大魏家镇金龙村
邮编(P. C.)：116110
电话(Tel)：0411－87795111
传真(Fax)：0411－87795222
法人代表(Chairman)：石川俊英
联系人(Contact Person)：王芳
产品(Products)：湿巾

大连太阳综合生活用品有限公司
Dalian Sun Daily Supplies Co., Ltd.
地址(Add)：辽宁省大连市金州区十三里工业新区
邮编(P. C.)：116600
电话(Tel)：0411－39325988
传真(Fax)：0411－39325978
E-mail：sun－dalian@163. com
法人代表(Chairman)：星川曙男
总经理(General Manager)：孙贺松
产品(Products)：湿巾

大连欧派科技有限公司
Dalian Oupai Technological Co., Ltd.
地址(Add)：辽宁省大连市金州区站前街道龙泉路21号
邮编(P. C.)：116100
电话(Tel)：0411－39317855
传真(Fax)：0411－39317886
E-mail：dalianoupai@126. com
Http://www. dloupai. cn
法人代表(Chairman)：王信东
总经理(General Manager)：王信东
联系人(Contact Person)：贾辉
产品(Products)：湿巾，妇女卫生巾，卫生棉条
品牌(Brand)：欧派

大连大鑫卫生护理用品有限公司
Dalian Daxin Health Nursing Products Co., Ltd.
地址(Add)：辽宁省大连市开发区董家沟街道英歌石工业园区116号
邮编(P. C.)：116107
电话(Tel)：0411－87348881
传真(Fax)：0411－87348882
E-mail：guoxin820@163. com
Http://www. dl－dx. com
法人代表(Chairman)：郭鑫
总经理(General Manager)：郭鑫
联系人(Contact Person)：侯云竹
产品(Products)：湿巾
品牌(Brand)：娇点，阿积士，冰爽

大连雄伟保健品有限公司
Dalian Xiongwei Health Care Products Co., Ltd.
地址(Add)：辽宁省大连市西岗区长春路315－2号
邮编(P. C.)：116013
电话(Tel)：0411－82493962
传真(Fax)：0411－82486449
Http://www. xiongweihealth. com
法人代表(Chairman)：孙冬云
联系人(Contact Person)：王富强
产品(Products)：湿巾，成人纸尿裤/片，护理垫
品牌(Brand)：雄伟，枫吕

丹东康齿灵保洁用品有限公司
Dandong Kangchiling Hygiene Products Co., Ltd.
地址(Add)：辽宁省丹东市振兴区浪头顺天
邮编(P. C.)：118009
电话(Tel)：0415－6152128
传真(Fax)：0415－6151528
Http://www. kclbj. com
总经理(General Manager)：徐海波
联系人(Contact Person)：徐海波
产品(Products)：湿巾
品牌(Brand)：康恋

辽宁省抚顺市海鹰卫生用品有限公司
Fushun Haiying Hygiene Products Co., Ltd.
地址(Add)：辽宁省抚顺市新民街
邮编(P. C.)：113000
电话(Tel)：0413－6455118
传真(Fax)：0413－6418432
E-mail：99hihi2@163. com
Http://seaeagles. home. 72ec. com
法人代表(Chairman)：王海英
联系人(Contact Person)：王海英
产品(Products)：湿巾，面巾纸
品牌(Brand)：聚进

葫芦岛茹达卫生制品有限公司
Huludao Ruda Sanitary Products Co., Ltd.
地址(Add)：辽宁省葫芦岛市连山区虹螺岘工业区
邮编(P. C.)：125017

电话(Tel)：0429－4205277
传真(Fax)：0429－4205277
E-mail：ruda88@126.com
Http://www.lnruda.com
法人代表(Chairman)：宋春茹
总经理(General Manager)：宋子学
联系人(Contact Person)：宋子学
产品(Products)：妇女卫生巾，卫生护垫，湿巾
品牌(Brand)：洁斯爽，芭娜娜，恋雨

锦州东方卫生用品有限公司
Jinzhou Dongfang Sanitary Products Co., Ltd.
地址(Add)：辽宁省锦州市太和区汤北里98号
邮编(P.C.)：121005
电话(Tel)：0416－5139999
传真(Fax)：0416－5139888
E-mail：jzdf@lnjzdf.com
Http://www.lnjzdf.com
法人代表(Chairman)：左文挺
总经理(General Manager)：左文挺
产品(Products)：妇女卫生巾，卫生护垫，湿巾
品牌(Brand)：羽丝，一滴不漏

锦州燕兴卫生用品有限公司
Jinzhou Yanxing Hygiene Products Co., Ltd.
地址(Add)：辽宁省锦州市太和区烟霞街41－37号
邮编(P.C.)：121000
电话(Tel)：0416－2698858
传真(Fax)：0416－3882876
Http://www.jzyxfjs.com
法人代表(Chairman)：王增艳
总经理(General Manager)：王增艳
联系人(Contact Person)：张洪英
产品(Products)：湿巾
品牌(Brand)：肤洁适

沈阳航新卫生保健品厂
Shenyang Hangxin Hygiene & Health Care Products Factory
地址(Add)：辽宁省沈阳市大东区南卡门路69号
邮编(P.C.)：110044
电话(Tel)：024－88319956
传真(Fax)：024－88319956
总经理(General Manager)：赵秀芝
产品(Products)：湿巾

沈阳诺洁卫生用品有限公司
Shenyang Nuojie Cleansing Supplies Co., Ltd.
地址(Add)：辽宁省沈阳市东陵区英达工业园
邮编(P.C.)：110161
电话(Tel)：024－88474099
传真(Fax)：024－88471030
E-mail：nuojie024@163.com
总经理(General Manager)：郭伟
联系人(Contact Person)：刘巍
产品(Products)：湿巾
品牌(Brand)：姿莲

沈阳纳尔实业有限责任公司
Shenyang Naer Industry Co., Ltd.
地址(Add)：辽宁省沈阳市高新区辉山大街123－21号国际科技合作产业园
邮编(P.C.)：110164
电话(Tel)：024－88616128
传真(Fax)：024－88081269
E-mail：naer@vip.163.com
Http://www.synaer.com
法人代表(Chairman)：侯梅丽
总经理(General Manager)：侯梅丽
联系人(Contact Person)：冯丽
产品(Products)：湿巾
品牌(Brand)：丝柏

沈阳市润德生物科技有限责任公司
Shenyang Runde Biotech Co., Ltd.
地址(Add)：辽宁省沈阳市光伸工业园白沙街6－5号
邮编(P.C.)：110003
电话(Tel)：024－23526277
传真(Fax)：024－89365278
联系人(Contact Person)：陈杰
产品(Products)：湿巾
品牌(Brand)：润美，佳洁爽

沈阳市奇美卫生用品有限公司
Shenyang Qimei Hygiene Products Co., Ltd.
地址(Add)：辽宁省沈阳市辽中中心街1－9信箱
邮编(P.C.)：110200
电话(Tel)：024－62302158
传真(Fax)：024－87825959
E-mail：qimei9988@163.com
Http://www.qimeisy.com
法人代表(Chairman)：武爽
总经理(General Manager)：裴多怡
联系人(Contact Person)：裴多怡
产品(Products)：婴儿纸尿裤，隔尿巾，护理垫，湿巾，手帕纸
品牌(Brand)：俏儿乐，乐点，清氧，Vinca

沈阳和润轻工实业有限公司
Shenyang Herun Light Industry Co., Ltd.
地址(Add)：辽宁省沈阳市农业高新区辉山街126号
邮编(P.C.)：110164
电话(Tel)：024－88081086
传真(Fax)：024－88081088
E-mail：heruncn@163.com
Http://www.he－run.com
联系人(Contact Person)：郑瑜
产品(Products)：湿巾，面巾纸，手帕纸
品牌(Brand)：卫而健

凌海市爽尔佳保健品有限公司
Linghai Shuangerjia Health Care Products Co., Ltd.
地址(Add)：辽宁省沈阳市铁西区建设东路78号东环国际大厦A座22层3门
邮编(P.C.)：116013
电话(Tel)：024－25935330
传真(Fax)：024－25935360
总经理(General Manager)：齐长慧
联系人(Contact Person)：齐长慧
产品(Products)：湿巾
品牌(Brand)：爽尔佳

铁岭市清河区港兴纸业有限公司 *
Tieling Qinghe Gangxing Paper Co., Ltd.
地址(Add): 辽宁省铁岭市清河区工业园
邮编(P. C.): 112003
电话(Tel): 0410 - 2184600
传真(Fax): 0410 - 2181300
法人代表(Chairman): 武景燕
联系人(Contact Person): 任柏吉
产品(Products): 手帕纸，面巾纸，卫生纸，餐巾纸，湿巾，原纸
品牌(Brand): 安妮宝贝，小可爱

■ 吉林 Jilin

吉林省口乐尔纸制品厂
Jilin Kouleer Paper Products Factory
地址(Add): 吉林省长春市朝阳区长春堡镇现代工业园
邮编(P. C.): 130011
电话(Tel): 0431 - 87793600
传真(Fax): 0431 - 87690875
E-mail: zhy313_78@163.com
联系人(Contact Person): 崔文英
产品(Products): 湿巾
品牌(Brand): 芊朵

长春市达驰物资经贸有限公司
Changchun Dachi Supply Trade Co., Ltd.
地址(Add): 吉林省长春市高新区硅谷大街 1198 号
邮编(P. C.): 130012
电话(Tel): 0431 - 85085878
传真(Fax): 0431 - 85085877
Http://www.jierun888.com.cn
总经理(General Manager): 张振久
产品(Products): 湿巾
品牌(Brand): 洁润

长春市心相缘商贸有限公司
Changchun Xinxiangyuan Trade Co., Ltd.
地址(Add): 吉林省长春市净月开发区新立城
邮编(P. C.): 130117
电话(Tel): 0431 - 88868666
传真(Fax): 0431 - 84555525
联系人(Contact Person): 寇文成
产品(Products): 湿巾
品牌(Brand): 心相缘

长春市龙洋日用品有限责任公司
Changchun Longyang Commodity Co., Ltd.
地址(Add): 吉林省长春市绿园区普阳街 1455 号 606
邮编(P. C.): 130062
电话(Tel): 0431 - 87623717
传真(Fax): 0431 - 87656117
Http://www.longyangshijin.cn
法人代表(Chairman): 鞠艳秋
产品(Products): 湿巾
品牌(Brand): e 清

长春市天丽洁一次性卫生用品有限公司
Changchun Tianlijie Hygiene Products Co., Ltd.
地址(Add): 吉林省长春市绿园区青龙路
邮编(P. C.): 130062
电话(Tel): 0431 - 88841972
传真(Fax): 0431 - 87875332
法人代表(Chairman): 富丽萍
产品(Products): 纸巾纸，湿巾

长春福康医疗保健品有限责任公司
Changchun Fukang Medicine Healthcare Co., Ltd.
地址(Add): 吉林省长春市南湖大路 56 号
邮编(P. C.): 130012
电话(Tel): 0431 - 85534375
传真(Fax): 0431 - 85531765
E-mail: yytsh369@sina.com
Http://www.yiyits.com
联系人(Contact Person): 杨春
产品(Products): 湿巾
品牌(Brand): 依依天使

长春华清清洁用品有限责任公司
Changchun Huaqing Cleaning Articles Co., Ltd.
地址(Add): 吉林省长春市青龙路 4 号
邮编(P. C.): 130062
电话(Tel): 0431 - 87811986
传真(Fax): 0431 - 87815805
E-mail: ccqqwipes@163.com
Http://www.qingqingwipes.com
联系人(Contact Person): 刘兴民
产品(Products): 湿巾
品牌(Brand): 清清

吉林市蕙洁宣卫生用品厂
Jilin Huijiexuan Hygiene Products Factory
地址(Add): 吉林省吉林市昌邑区崇文小区 23 号楼
邮编(P. C.): 132011
电话(Tel): 0432 - 62777222
传真(Fax): 0432 - 66521524
联系人(Contact Person): 李东阳
产品(Products): 湿巾
品牌(Brand): 蕙洁宣

吉林省爱尔康达卫生用品有限公司
Jilin Aierkangda Hygiene Products Co., Ltd.
地址(Add): 吉林省吉林市船营区西安路 337 号
邮编(P. C.): 132000
电话(Tel): 0432 - 67838678
传真(Fax): 0432 - 64881768
法人代表(Chairman): 郭群
总经理(General Manager): 郭群
联系人(Contact Person): 李美玲
产品(Products): 湿巾，成人纸尿裤/片，护理垫，卫生纸，手帕纸
品牌(Brand): 爱尔，小俏孩，小妇人，双双

通化华谊卫生用品有限公司
Tonghua Huayi Hygiene Products Co., Ltd.
地址(Add): 吉林省通化市通化开发区 8 号
邮编(P. C.): 135300
电话(Tel): 0435 - 7678555
传真(Fax): 0435 - 7275400
Http://www.thhuayi.cn.alibaba.com
联系人(Contact Person): 赵刚
产品(Products): 湿巾

品牌(Brand)：华谊

■ 黑龙江 Heilongjiang

哈尔滨鑫禾纸业有限责任公司
Harbin Xinhe Paper Co., Ltd.
地址(Add)：黑龙江省哈尔滨市阿城区西城工业区
邮编(P. C.)：150300
电话(Tel)：0451 – 53776587
传真(Fax)：0451 – 53776587
总经理(General Manager)：刘永政
产品(Products)：卫生纸，湿巾
品牌(Brand)：鑫禾

哈尔滨康夷宝卫生保健用品有限公司
Harbin Kangyibao Health – Protecting Articles Co., Ltd.
地址(Add)：黑龙江省哈尔滨市道里区爱建新城上海街8号428室
邮编(P. C.)：150010
电话(Tel)：0451 – 86046690
传真(Fax)：0451 – 86046691
E-mail：ljy@kangyibao. com
Http://www. kangyibao. com
法人代表(Chairman)：陆家源
总经理(General Manager)：陆家源
联系人(Contact Person)：曹心怡
产品(Products)：湿巾
品牌(Brand)：康夷宝，冠洁，洁荫宝

哈尔滨金北方旅游用品有限公司
Harbin Jinbeifang Tourism Articles Co., Ltd.
地址(Add)：黑龙江省哈尔滨市道里区群力工业园区
邮编(P. C.)：150000
电话(Tel)：0451 – 87610488
传真(Fax)：0451 – 87610488
总经理(General Manager)：刘平
产品(Products)：面巾纸，卫生纸，擦手纸，湿巾

哈尔滨市康安纸业有限公司
Harbin Kangan Paper Co., Ltd.
地址(Add)：黑龙江省哈尔滨市哈同公路66公里处
邮编(P. C.)：150400
电话(Tel)：0451 – 57988724
传真(Fax)：0451 – 88317199
E-mail：kanganzhijin@126. com
法人代表(Chairman)：王成
联系人(Contact Person)：王成
产品(Products)：湿巾，婴儿纸尿片，卫生护垫，卫生卷纸，面巾纸，手帕纸
品牌(Brand)：绿珠，旭竹，欧逸

哈药集团制药总厂制剂厂
Harbin Pharmaceutical Group Pharmacy Main Workshop Preparation Factory
地址(Add)：黑龙江省哈尔滨市南岗区保健路226号
邮编(P. C.)：150086
电话(Tel)：0451 – 86648056
传真(Fax)：0451 – 86699233
Http://www. hayaozhiji. com
法人代表(Chairman)：高德喜
总经理(General Manager)：赵日红
联系人(Contact Person)：季茂星
产品(Products)：湿巾，纸尿裤，卫生护垫
品牌(Brand)：哈药

哈尔滨金宵医疗卫生用品厂
Harbin Jinxiao Medicine Sanitary Products Factory
地址(Add)：黑龙江省哈尔滨市昔坊区老阿城公路5.5公里处
邮编(P. C.)：150046
电话(Tel)：0451 – 82910978
传真(Fax)：0451 – 82932898
E-mail：hjx88988597@163. com
Http://www. chinashuangjiao. com
法人代表(Chairman)：李美娟
总经理(General Manager)：李美娟
联系人(Contact Person)：李丽梅
产品(Products)：湿巾
品牌(Brand)：双骄

哈尔滨市高德卫生用品有限公司
Harbin Gaode Hygiene Products Co., Ltd.
地址(Add)：黑龙江省哈尔滨市香坊区煤管街1号
邮编(P. C.)：150038
电话(Tel)：0451 – 55644666
传真(Fax)：0451 – 55103229
E-mail：hrbgdd@163. com
法人代表(Chairman)：鲍洪涛
总经理(General Manager)：鲍洪涛
联系人(Contact Person)：谭晓梅
产品(Products)：婴儿纸尿裤/片，成人纸尿裤/片，湿巾，护理垫
品牌(Brand)：小博士，抗洪，沃得，干爹干娘，意相合，舒乐

黑龙江省康嘉纸业有限公司
Heilongjiang Kangjia Paper Co., Ltd.
地址(Add)：黑龙江省肇东市安阳路79号
邮编(P. C.)：151100
电话(Tel)：0455 – 7997877
传真(Fax)：0455 – 5937890
法人代表(Chairman)：杨春艳
总经理(General Manager)：许伟
联系人(Contact Person)：许伟
产品(Products)：面巾纸，湿巾，妇女卫生巾
品牌(Brand)：相思雨

■ 上海 Shanghai

上海洁洁旅游用品有限公司
Shanghai Jiejie Tourism Articles Co., Ltd.
地址(Add)：上海市宝山区刘场路441号
邮编(P. C.)：200443
电话(Tel)：021 – 63263304
传真(Fax)：021 – 63253304
产品(Products)：湿巾
品牌(Brand)：花好月圆

上海海拉斯实业有限公司
Shanghai Haras Industrial Co., Ltd.
地址(Add)：上海市宝山区罗泾镇潘川路501号
邮编(P. C.)：200949

电话(Tel)：021－56874660
传真(Fax)：021－56874670
E-mail：haras@163.com
Http://www.haras.com.cn
联系人(Contact Person)：杜根娣
产品(Products)：湿巾，护理垫，宠物垫
品牌(Brand)：海拉斯

王子奇能纸业(上海)有限公司
Oji Kinocloth (Shanghai) Co., Ltd.
地址(Add)：上海市长宁区遵义路107号安泰大楼402室
邮编(P.C.)：200051
电话(Tel)：021－62375200
传真(Fax)：021－62375600
E-mail：q.wang@kinocloth.cn
Http://www.kinocloth.cn
法人代表(Chairman)：北村欣勇
总经理(General Manager)：丰岛节夫
联系人(Contact Person)：王启军
产品(Products)：湿巾，厨房烹调专用纸，食品垫
品牌(Brand)：丽的

上海喜泊丽工贸有限公司
Shanghai Xiboli Industry & Trade Co., Ltd.
地址(Add)：上海市常和路288号兴润园2号厂房2楼
邮编(P.C.)：200331
电话(Tel)：021－62844615
传真(Fax)：021－62844614
E-mail：xby@wettowel－fine.com
Http://www.wettowel-fine.com
总经理(General Manager)：徐斌熠
联系人(Contact Person)：石小轮
产品(Products)：湿巾

上海灿之贸易有限公司
Shanghai Canzhi Trading Co., Ltd.
地址(Add)：上海市场中路2268弄2号201室
邮编(P.C.)：200435
电话(Tel)：021－66247837
传真(Fax)：021－56412291
E-mail：cashizhi@canzhi.com
Http://www.canzhi.com
法人代表(Chairman)：王怀友
联系人(Contact Person)：李强
产品(Products)：工业用擦拭纸，擦拭布，吸油棉，过滤纸
品牌(Brand)：洁来利

美国美联实业有限公司上海代表处
Medline Industries Inc. Shanghai Office
地址(Add)：上海市成都北路500号峻岭广场2905－2907室
邮编(P.C.)：200003
电话(Tel)：021－63273666－108
传真(Fax)：021－63279992
E-mail：cyu@medline.com
联系人(Contact Person)：余骅
产品(Products)：纸尿裤，湿巾

上海亚聚纸业有限公司
Shanghai Asialinx PM Enterprise Inc.
地址(Add)：上海市奉贤区航塘公路1491号15－16幢
邮编(P.C.)：201405
电话(Tel)：021－50456801
传真(Fax)：021－50456802
E-mail：apmsha@gmail.com
Http://www.shyjzy.cn
总经理(General Manager)：张荆鹏
联系人(Contact Person)：张在克
产品(Products)：工业擦拭纸，抹布

金佰利(中国)有限公司
Kimberly－Clark (China) Co., Ltd.
地址(Add)：上海市福州路666号金陵海欣大厦10楼
邮编(P.C.)：200001
电话(Tel)：010－87110016
传真(Fax)：010－67856096
E-mail：jessica.cai@kcc.com
Http://www.kimberly-clark.com.cn
法人代表(Chairman)：Errol William Plowman
总经理(General Manager)：邵青锋
联系人(Contact Person)：蔡敏
产品(Products)：妇女卫生巾，卫生护垫，婴儿纸尿裤/片，成人纸尿裤/片，护理垫，湿巾，纸巾纸，卫生卷纸
品牌(Brand)：高洁丝 Kotex，舒而美 C&B，好奇 Huggies，舒洁 Kleenex，得伴 Depend

香港马乐博有限公司上海代表处
Rainbow Fame Industrial Ltd. Shanghai Representative Office
地址(Add)：上海市沪青平公路1360号东方明珠花园商务中心八楼818室
邮编(P.C.)：201702
电话(Tel)：021－59881660－103
传真(Fax)：021－59881483
E-mail：sales@rainbowfame.cn
Http://www.rainbowfame.cn
联系人(Contact Person)：董鑫
产品(Products)：湿巾

上海爱唯美日用品有限公司
Shanghai Aiweimei Commodity Co., Ltd.
地址(Add)：上海市黄埔区制造局路833弄26#103
邮编(P.C.)：200011
电话(Tel)：021－63166185
传真(Fax)：021－63166185
Http://shawmryp.cn.china.cn
法人代表(Chairman)：关凤梅
联系人(Contact Person)：林书华
产品(Products)：消毒湿巾，婴儿湿巾，厨房湿巾，汽车防雾湿巾，电脑擦布抹布

百润(中国)有限公司
Bairun (China) Co., Ltd.
地址(Add)：上海市黄浦区中山南路1228号华普科技大厦3F
邮编(P.C.)：200011
电话(Tel)：021－51798888
传真(Fax)：021－51790120
E-mail：beishule@163.com
总经理(General Manager)：陈大鹏
联系人(Contact Person)：李伟青

产品(Products)：婴儿纸尿裤/片，湿巾
品牌(Brand)：贝舒乐，百润

上海独一实业有限公司
Shanghai Duyi Industry Co., Ltd.
地址(Add)：上海市嘉定区江桥华江路726弄95号
邮编(P. C.)：201803
电话(Tel)：021－59148828
传真(Fax)：021－59119733
E-mail：sales@shduyi.com
Http://www.shduyi.com
法人代表(Chairman)：戴裕强
总经理(General Manager)：邹梗甲
产品(Products)：湿巾

永腾(上海)纸制品有限公司
Yongteng (Shanghai) Paper Products Co., Ltd.
地址(Add)：上海市嘉定区马陆镇博学路1088号
邮编(P. C.)：201818
电话(Tel)：021－69156580
传真(Fax)：021－69156590
总经理(General Manager)：张忠良
联系人(Contact Person)：张忠良
产品(Products)：湿巾
品牌(Brand)：依好

上海东冠集团＊
Shanghai Orient Champion Group
地址(Add)：上海市金山区亭林镇林慧路1000号
邮编(P. C.)：201505
电话(Tel)：021－57276565
传真(Fax)：021－57277171
E-mail：zhangbo@socp.com.cn
Http://www.jieyun.cn
法人代表(Chairman)：李慈雄
总经理(General Manager)：孙海瑜
联系人(Contact Person)：章波
产品(Products)：原纸，卫生纸，面巾纸，餐巾纸，手帕纸，擦手纸，厨房用纸，婴儿纸尿裤，湿巾
品牌(Brand)：洁云，丝柔，贝贝爽

强生(中国)有限公司
Johnson & Johnson (China) Ltd.
地址(Add)：上海市闵行区东川路3285号
邮编(P. C.)：200245
电话(Tel)：021－64302010
传真(Fax)：021－64302645
E-mail：yhu10@jnj.com
Http://www.jnj.com.cn
法人代表(Chairman)：王梅影
总经理(General Manager)：王梅影
联系人(Contact Person)：胡崖音
产品(Products)：妇女卫生巾，卫生护垫，卫生棉条，湿巾
品牌(Brand)：娇爽，强生，ob

上海戴春商贸有限公司
Shanghai Daichun Trade Co., Ltd.
地址(Add)：上海市闵行区古美路377弄17号902室
邮编(P. C.)：201102
电话(Tel)：021－34130611
传真(Fax)：021－34130611
法人代表(Chairman)：傅新芳
联系人(Contact Person)：王春
产品(Products)：湿巾

上海爱妮梦纸业有限公司
Shanghai Anemone Tissue Co., Ltd.
地址(Add)：上海市闵行区沪闵路3158号(瓶北路130号)
邮编(P. C.)：201109
电话(Tel)：021－64909090
传真(Fax)：021－54570005
E-mail：shhcfd@hotmail.com
法人代表(Chairman)：胡宣化
总经理(General Manager)：胡朝福
联系人(Contact Person)：胡朝福
产品(Products)：面巾纸，餐巾纸，卫生纸，湿巾，马桶座垫
品牌(Brand)：爱妮梦，舒芙，白霞

上海优生婴儿用品有限公司
US Baby (Shanghai) Co., Ltd.
地址(Add)：上海市闵行区金都路1199号
邮编(P. C.)：201108
电话(Tel)：021－64976497－2138
传真(Fax)：021－54400123
E-mail：baby_820909@yahoo.com.cn
Http://www.usbaby.com.cn
联系人(Contact Person)：后丽萍
产品(Products)：防溢乳垫，湿巾
品牌(Brand)：优生，喜多

上海唯爱纸业有限公司
Shanghai Weiai Paper Co., Ltd.
地址(Add)：上海市南汇区宣桥镇三灶工业园宣秋路446号A楼
邮编(P. C.)：201300
电话(Tel)：021－51961298
传真(Fax)：021－51961278
E-mail：weiaiaiwei@sina.com
Http://www.shevery.com
法人代表(Chairman)：程学保
总经理(General Manager)：程学保
联系人(Contact Person)：沈治文
产品(Products)：湿巾，餐巾纸，面巾纸，厨房用纸，擦手纸，婴儿纸尿裤/片
品牌(Brand)：爱唯，康乐

上海乐抽纸制品有限公司
Shanghai Lechou Paper Products Co., Ltd.
地址(Add)：上海市浦东区龙阳路1880弄万邦都市花园53号802室
邮编(P. C.)：201204
电话(Tel)：021－50610505
传真(Fax)：021－68940309
E-mail：shanghailechou@qq.com
Http://www.shanghailechou.com
总经理(General Manager)：罗源
产品(Products)：面巾纸，湿巾，厨用抹布
品牌(Brand)：乐抽

上海若云纸业有限公司
Shanghai Ruoyun Paper Co., Ltd.
地址(Add)：上海市浦东新区东川路星升路189号
邮编(P.C.)：201201
电话(Tel)：021-68900545
传真(Fax)：021-68907191
E-mail：dingdemei-ry@yahoo.com.cn
法人代表(Chairman)：杨建南
总经理(General Manager)：丁德妹
产品(Products)：卫生纸，餐巾纸，面巾纸，湿巾
品牌(Brand)：若云，爱迪梦

上海雅臣纸业有限公司
Shanghai Yachen Paper Co., Ltd.
地址(Add)：上海市浦东新区三林路235号
邮编(P.C.)：200124
电话(Tel)：021-68308606
传真(Fax)：021-68308607
E-mail：yachen3120@yahoo.com.cn
Http://ycpaper.b2b.hc360.com
总经理(General Manager)：孙根成
联系人(Contact Person)：孙根成
产品(Products)：湿巾，面巾纸
品牌(Brand)：雅臣

联兴卫生用品有限公司
Lianxing Hygiene Products Co., Ltd.
地址(Add)：上海市浦东新区秀沿路867弄30号1201室
邮编(P.C.)：201315
电话(Tel)：021-59398412
传真(Fax)：021-59398413
法人代表(Chairman)：陆素俊
总经理(General Manager)：陆素俊
联系人(Contact Person)：杨志平
产品(Products)：妇女卫生巾，卫生护垫，纸尿片，拖把，擦拭巾，卫生卷纸，餐巾纸
品牌(Brand)：紫菱，佳蕙

芬雅纸品(上海)发展有限公司
Fenya Paper Products (Shanghai) Development Co., Ltd.
地址(Add)：上海市浦东新区张杨路1254号307室
邮编(P.C.)：200122
电话(Tel)：021-58205346
传真(Fax)：021-58207649
法人代表(Chairman)：陈秋玲
产品(Products)：面巾纸，纸巾纸，餐巾纸，卫生纸，纸杯，湿巾
品牌(Brand)：芬雅

上海唯尔福(集团)有限公司*
Shanghai Welfare Group Co., Ltd.
地址(Add)：上海市青浦区华新镇徐华公路3029弄88号
邮编(P.C.)：201705
电话(Tel)：021-39873177
传真(Fax)：021-39873188
E-mail：wef2008@163.com
Http://www.wef2008.com
法人代表(Chairman)：李胜章
总经理(General Manager)：何幼成
联系人(Contact Person)：张迎春
产品(Products)：妇女卫生巾，卫生护垫，婴儿纸尿裤/片，成人纸尿片，宠物垫，护理垫，原纸，卫生纸，面巾纸，手帕纸，餐巾纸，厨房用纸，擦手纸，湿巾
品牌(Brand)：唯尔福，美丽约会，唯儿福，纸音

上海亚日工贸有限公司
Shanghai Yari Industry & Trading Co., Ltd.
地址(Add)：上海市青浦区青东农场果园路588号
邮编(P.C.)：201701
电话(Tel)：021-69219588
传真(Fax)：021-69219058
法人代表(Chairman)：骆定龙
总经理(General Manager)：骆定龙
联系人(Contact Person)：杨继武
产品(Products)：妇女卫生巾，卫生护垫，婴儿纸尿裤/片，湿巾
品牌(Brand)：顺妮，亚妮，宝宝舒

康那香企业(上海)有限公司
Kang Na Hsiung Enterprise (Shanghai) Co., Ltd.
地址(Add)：上海市青浦区外青松公路5619号
邮编(P.C.)：201707
电话(Tel)：021-69211200
传真(Fax)：021-69211362
E-mail：webmaster@knh.com.cn
Http://www.knh.com.cn
法人代表(Chairman)：戴华钟
总经理(General Manager)：何国祯
联系人(Contact Person)：黄响坛
产品(Products)：妇女卫生巾，卫生护垫，湿巾，纸毛巾
品牌(Brand)：康乃馨

上海三君生活用品有限公司
Shanghai Sanjun General Merchadise Co., Ltd.
地址(Add)：上海市四川北路2071号三楼
邮编(P.C.)：201081
电话(Tel)：021-65407001
传真(Fax)：021-65403901
E-mail：yxf@sj-gm.com.cn
Http://www.sj-gm.com.cn
法人代表(Chairman)：殷贤富
总经理(General Manager)：殷贤富
联系人(Contact Person)：殷贤富
产品(Products)：湿巾

上海艾顿卫生用品有限公司
Shanghai Aidun Health Thing Co., Ltd.
地址(Add)：上海市松江区北杨路58号-2厂房
邮编(P.C.)：201600
电话(Tel)：021-57733368
传真(Fax)：021-57733360
E-mail：aidun_sh@163.com
Http://www.shaidun.com.cn
总经理(General Manager)：周礼照
产品(Products)：湿巾
品牌(Brand)：艾顿，洁阴舒，洁芙妮，洁阴爽

上海曜颖餐饮用品有限公司
Shanghai International Fresh Mate Co., Ltd.
地址(Add)：上海市松江区车敦镇香亭路459号
邮编(P.C.)：201611

电话(Tel)：021－57774301
传真(Fax)：021－57774739
E-mail：caipingc@ hotmail. com
法人代表(Chairman)：石川忠彦
总经理(General Manager)：王升曜
联系人(Contact Person)：孙彩萍
产品(Products)：湿巾，餐巾纸，厨房用纸
品牌(Brand)：飞舒美德

上海恒晟卫生用品有限公司
Shanghai Hengsheng Hygiene Products Co., Ltd.
地址(Add)：上海市松江区高科技园昆港路999号
邮编(P. C.)：201614
电话(Tel)：021－57855018
传真(Fax)：021－57855266
E-mail：sales@ sh－hs. cn
Http://www. sh－hs. cn
法人代表(Chairman)：许文嵘
总经理(General Manager)：许文评
联系人(Contact Person)：许文评
产品(Products)：婴儿纸尿裤/片，成人纸尿片，妇婴两用垫，湿巾，卫生纸
品牌(Brand)：舒贝，舒尔乐

香诗伊卫生用品有限公司
Xiangshiyi Hygiene Products Co., Ltd.
地址(Add)：上海市松江区九亭镇九新公路456号
邮编(P. C.)：201615
电话(Tel)：021－57639136
传真(Fax)：021－57639136
Http://xiangshiyi888. cn. alibaba. com
法人代表(Chairman)：钱光明
总经理(General Manager)：钱光明
产品(Products)：湿巾
品牌(Brand)：香诗伊

上海市梦远无纺布有限公司
Shanghai Mengyuan Nonwoven Co., Ltd.
地址(Add)：上海市松江区九亭镇涞亭南路888弄307号102室
邮编(P. C.)：201615
电话(Tel)：021－33731470
传真(Fax)：021－33731470
联系人(Contact Person)：袁明贵
产品(Products)：擦拭巾，湿巾，擦手纸

上海月月舒妇女用品有限公司
Shanghai Yueyueshu Women Products Co., Ltd.
地址(Add)：上海市松江区佘山镇北部工业区佘北公路1815号
邮编(P. C.)：201602
电话(Tel)：021－57792865
传真(Fax)：021－57792606
E-mail：yys@ yueyueshu. com
Http://www. yueyueshu. com
法人代表(Chairman)：孙耀志
总经理(General Manager)：孙杰
联系人(Contact Person)：周荣超
产品(Products)：妇女卫生巾，卫生护垫，湿巾
品牌(Brand)：月月舒，花帜

上海诗美生物科技有限公司
Shanghai Shimei Biology Science & Technology Co., Ltd.
地址(Add)：上海市松江区佘山镇工业区78号
邮编(P. C.)：201602
电话(Tel)：021－57792129
传真(Fax)：021－57794240
联系人(Contact Person)：孙爱华
产品(Products)：湿巾

上海美馨卫生用品有限公司
Shanghai American Hygienics Co., Ltd.
地址(Add)：上海市松江区佘山镇沈砖公路3129弄5－6号楼
邮编(P. C.)：201602
电话(Tel)：021－57669436
传真(Fax)：021－59763989
E-mail：salescn@ amhygienics. com
Http://www. amhygienics. com
法人代表(Chairman)：余有志
总经理(General Manager)：余有志
联系人(Contact Person)：吴亮
产品(Products)：湿巾，婴儿纸尿裤，妇女卫生巾
品牌(Brand)：凯德馨

美迪康医用材料(上海)有限公司
A. R. Medicom Inc. (Shanghai) Ltd.
地址(Add)：上海市松江区香车路290号
邮编(P. C.)：201611
电话(Tel)：021－57774732
传真(Fax)：021－57775908
E-mail：medicom5@ mail. sh163. net
Http://www. medicom-china. com
联系人(Contact Person)：黄士杰
产品(Products)：手术衣，口罩，湿巾

全日美实业(上海)有限公司
Everbeauty Industry (Shanghai) Co., Ltd.
地址(Add)：上海市松江区新桥镇工业区民益路5号
邮编(P. C.)：201612
电话(Tel)：021－57686968
传真(Fax)：021－57686967
Http://www. evb. com. cn
法人代表(Chairman)：邱顶阳
总经理(General Manager)：蔡坤芳
联系人(Contact Person)：金春梅
产品(Products)：婴儿纸尿裤/片，成人纸尿裤/片，护理垫，湿巾
品牌(Brand)：嘘嘘乐，小淘气，爱乐芬，包大人，妈妈乐

上海同高实业有限公司
Shanghai Tonggao Industrial Co., Ltd.
地址(Add)：上海市仙霞路888弄3号601室
邮编(P. C.)：200336
电话(Tel)：021－62423474
传真(Fax)：021－62426554
E-mail：chxy139@ hotmail. com
Http://www. shtonggao. com
联系人(Contact Person)：陈向阳
产品(Products)：湿巾，抹布

上海荷风环保科技有限公司
Shanghai Lotusmia Environmental Technology Co., Ltd.
地址(Add)：上海市徐汇区东安路50弄3号楼2705室
邮编(P. C.)：200032
电话(Tel)：021-64047079
传真(Fax)：021-64047079
E-mail：yang_qh@msn.com
Http://www.chinaafh.com
法人代表(Chairman)：杨庆华
总经理(General Manager)：杨庆华
联系人(Contact Person)：杨庆华
产品(Products)：擦手纸，卫生纸，面巾纸，厨房用纸，餐巾纸，湿巾，工业擦拭纸
品牌(Brand)：荷韵

上海康奇实业有限公司
Shanghai Kangqi Industry Co., Ltd.
地址(Add)：上海市中山北一路1200号新光一号楼518室
邮编(P. C.)：200437
电话(Tel)：021-65171068
传真(Fax)：021-65170012-603
E-mail：kq@kq-wipe.com
Http://www.kq-wipe.com
总经理(General Manager)：顾建军
产品(Products)：工业擦拭巾，湿巾
品牌(Brand)：康奇

上海东冠华洁纸业有限公司
Shanghai Orient Champion Paper Co., Ltd.
地址(Add)：上海市中山南一路893号斯米克广场西楼二楼
邮编(P. C.)：200023
电话(Tel)：021-53026727
传真(Fax)：021-53019590
E-mail：xuexm@socp.com.cn
Http://www.jieyun.cn
法人代表(Chairman)：李慈雄
总经理(General Manager)：孙海瑜
联系人(Contact Person)：薛小敏
产品(Products)：卫生卷纸，面巾纸，餐巾纸，手帕纸，擦手纸，厨房用纸，婴儿纸尿裤，湿巾
品牌(Brand)：洁云，丝柔，洁伴，贝贝爽

上海航利实业有限公司
Shanghai Hangli Industry Co., Ltd.
地址(Add)：上海市中山西路2368号华鼎大厦32楼
邮编(P. C.)：200235
电话(Tel)：021-64280398
传真(Fax)：021-64398851
E-mail：tyfan@hangli.com.cn
Http://www.hangli.com.cn
联系人(Contact Person)：樊天岳
产品(Products)：防护服，擦拭布

■ 江苏 Jiangsu

盐城市俏安卫生保健用品有限公司
Yancheng Qiaoan Hygiene Health Care Products Co., Ltd.
地址(Add)：江苏省滨海县经济技术开发区港区支路
邮编(P. C.)：224500
电话(Tel)：0515-84193188
传真(Fax)：0515-84101865
E-mail：knb7008@sina.com
Http://www.qiaoan.cn
法人代表(Chairman)：蒯本立
总经理(General Manager)：蒯乃彬
联系人(Contact Person)：蒯乃彬
产品(Products)：妇女卫生巾，卫生护垫，卫生纸，纸尿裤/片，湿巾
品牌(Brand)：俏安

常熟市圣利达水刺无纺有限公司
Changshu Shenglida Spunlace Nonwovens Co., Ltd.
地址(Add)：江苏省常熟市沙家浜镇(唐市)常昆工业园区复兴路10号
邮编(P. C.)：215542
电话(Tel)：0512-52579990
传真(Fax)：0512-52579991
E-mail：sld@shenglida.com
Http://www.shenglida.com
法人代表(Chairman)：王自业
总经理(General Manager)：王自业
联系人(Contact Person)：谢文豪
产品(Products)：湿巾，一次性浴衣

常州泉港纸业制品厂
Changzhou Quangang Paper Products Factory
地址(Add)：江苏省常州市常焦路亚新五里头88号长江轴承厂内
邮编(P. C.)：213021
电话(Tel)：0519-85552526
传真(Fax)：0519-85076688
E-mail：office@czqgzy.cn
Http://www.czqgzy.cn
联系人(Contact Person)：连培清
产品(Products)：湿巾，卫生卷纸，面巾纸，擦手纸，手帕纸
品牌(Brand)：清露

常州尚易生活用品有限公司
Changzhou Shangyi Daily Supplies Co., Ltd.
地址(Add)：江苏省常州市横林镇杨岐段61号
邮编(P. C.)：213011
电话(Tel)：0519-88781392
传真(Fax)：0519-88782401
E-mail：rl1208@126.com
法人代表(Chairman)：陈国平
联系人(Contact Person)：陈国平
产品(Products)：湿巾

常州市新安服装辅料有限公司
Changzhou Xinan Costume Accessories Co., Ltd.
地址(Add)：江苏省常州市横山桥镇新安开发区(新安小学旁)
邮编(P. C.)：213117
电话(Tel)：0519-88664284
传真(Fax)：0519-88664988
E-mail：xin-an@vip.sina.com
Http://czxinan.cn.gongchang.com
总经理(General Manager)：张鹤鸣

联系人(Contact Person)：汤永鸿
产品(Products)：湿巾

江苏东方洁妮尔水刺无纺布有限公司
Jiangsu East Genial Spunlaced Nonwovens Co., Ltd.
地址(Add)：江苏省常州市湖塘镇马杭金家塘100号
邮编(P. C.)：213102
电话(Tel)：0519－86323168
传真(Fax)：0519－86705277
E-mail：genial@alibaba.com.cn
Http://www.eastgenial.com
联系人(Contact Person)：黄福金
产品(Products)：湿巾，柔巾卷，美容巾，压缩毛巾
品牌(Brand)：洁妮尔

常州华纳非织造布有限公司
Changzhou Warner Nonwovens Co., Ltd.
地址(Add)：江苏省常州市遥观镇西街8号
邮编(P. C.)：213102
电话(Tel)：0519－88710361
传真(Fax)：0519－88710362
E-mail：c2126126@126.com
Http://www.alibabatool.cn
法人代表(Chairman)：庄海洋
总经理(General Manager)：王红华
联系人(Contact Person)：庄海洋
产品(Products)：卫生卷纸，面巾纸，手帕纸，餐巾纸，厨房用纸，擦手纸，婴儿纸尿裤/片，成人纸尿裤/片，湿巾
品牌(Brand)：水润活，菲秀儿

江阴金凤特种纺织品有限公司
Jiangyin Golden Phoenix Textile Co., Ltd.
地址(Add)：江苏省江阴市华士镇陆华路2号
邮编(P. C.)：214425
电话(Tel)：0510－86370513
传真(Fax)：0510－86371659
E-mail：jf.jy@public1.wx.js.cn
Http://www.jf-nonwoven.com.cn
联系人(Contact Person)：陆生平
产品(Products)：擦拭巾，医疗用品

江苏宝姿实业有限公司
Jiangsu Baozi Industry Co., Ltd.
地址(Add)：江苏省金湖县金湖西路131号
邮编(P. C.)：211600
电话(Tel)：0517－86899999
传真(Fax)：0517－86980777
E-mail：jwc3188@hotmail.com
Http://www.sinojwc.com
法人代表(Chairman)：陈斌
总经理(General Manager)：陈斌
产品(Products)：妇女卫生巾，卫生护垫，婴儿纸尿裤/片，成人纸尿裤/片，护理垫，产妇垫，宠物垫，口罩，乳垫，抹地巾
品牌(Brand)：金卫灿

江苏金坛市恒昌酒店用品有限公司
Jiangsu Jintan Hengchang Hotel Articles Co., Ltd.
地址(Add)：江苏省金坛市金坛大酒店13楼
邮编(P. C.)：213200
电话(Tel)：0519－82220137
传真(Fax)：0519－82835036
总经理(General Manager)：朱瑞根
产品(Products)：湿巾
品牌(Brand)：恒昌

句容东发生活用品有限公司
Jurong Dongfa General Merchandise Co., Ltd.
地址(Add)：江苏省句容市白兔镇西
邮编(P. C.)：212402
电话(Tel)：0511－87671219
传真(Fax)：0511－87673356
E-mail：sales@dfcsbz.com
Http://www.dfcsbz.com
法人代表(Chairman)：纪冬发
联系人(Contact Person)：房惠庆
产品(Products)：湿巾

永丰余家品(昆山)有限公司＊
Yuen Foong Yu Family Care (Kunshan) Co., Ltd.
地址(Add)：江苏省昆山市玉山镇永丰余路999号
邮编(P. C.)：215316
电话(Tel)：0512－57792888
传真(Fax)：0512－57792168
E-mail：wjj@bceba.yfy.com
Http://www.yfy.com.cn
法人代表(Chairman)：何奕达
总经理(General Manager)：曾博湘
联系人(Contact Person)：王建军
产品(Products)：原纸，卫生纸，餐巾纸，面巾纸，手帕纸，厨房用纸，擦手纸，湿巾
品牌(Brand)：五月花

南京特纳斯生物技术开发有限公司
Nanjing Tenasi Biotech Development Co., Ltd.
地址(Add)：江苏省南京市鼓楼区龙仓巷天福园60号19幢1401
邮编(P. C.)：210009
电话(Tel)：025－83309383
传真(Fax)：025－83301939
总经理(General Manager)：周巧国
产品(Products)：湿巾
品牌(Brand)：蓝族

南通市瑞丰卫生用品有限公司
Nantong Ruifeng Hygiene Products Co., Ltd.
地址(Add)：江苏省南通市崇川区秦灶乡桥东村一组
邮编(P. C.)：226011
电话(Tel)：0513－83514868
传真(Fax)：0513－83514868
Http://www.admire62.com.cn
联系人(Contact Person)：方先生
产品(Products)：湿巾
品牌(Brand)：满金楼，瑞丰

江苏通江科技股份有限公司
Jiangsu Tongjiang Science & Technology Co., Ltd.
地址(Add)：江苏省南通市如皋皋南工业园8号
邮编(P. C.)：226553

电话(Tel)：0513－87779666
传真(Fax)：0513－87772599
E-mail：tj@ tjtex. com
Http://www. tjtex. com
法人代表(Chairman)：沈季疆
总经理(General Manager)：沈季疆
联系人(Contact Person)：陈宽义
产品(Products)：湿巾
品牌(Brand)：纤手

南通市万利纸业有限公司
Nantong Wanli Paper Industry Co., Ltd.
地址(Add)：江苏省南通市外环北路108－18号
邮编(P. C.)：226011
电话(Tel)：0513－85668688
传真(Fax)：0513－85676768
E-mail：wlzp@ ntwlzpc. cn
Http://www. ntwlzpc. cn
联系人(Contact Person)：郑国太
产品(Products)：面巾纸，手帕纸，餐巾纸，卫生纸，湿巾
品牌(Brand)：祝福，益众

南通康盛无纺布有限公司
Nantong Kangsheng Nonwoven Co., Ltd.
地址(Add)：江苏省如皋市袁桥镇狮垛村
邮编(P. C.)：226575
电话(Tel)：0513－88519155
传真(Fax)：0513－87815159
E-mail：chengh169@ 163. com
Http://www. ntkswf. cn. alibaba. com
总经理(General Manager)：陈国红
产品(Products)：工业抹布，电子擦拭巾

泗洪县康洁卫生用品有限公司
Sihong Kangjie Hygiene Products Co., Ltd.
地址(Add)：江苏省泗洪县双沟集团工业园区3号厂房
邮编(P. C.)：223911
电话(Tel)：0527－86717995
传真(Fax)：0527－86717808
Http://kjsanitary. b2b. hc360. com
法人代表(Chairman)：郑步军
总经理(General Manager)：徐飞
产品(Products)：湿巾，面巾纸
品牌(Brand)：康洁，双沟

宿迁市天德纸品有限公司
Suqian Tiande Paper Products Co., Ltd.
地址(Add)：江苏省泗阳县西工业园区昆山路8号
邮编(P. C.)：223700
电话(Tel)：0527－85297828
传真(Fax)：0527－88509588
联系人(Contact Person)：赵丛
产品(Products)：妇女卫生巾，卫生护垫，纸尿裤/片，湿巾，手帕纸，面巾纸

南昌市宏康纸品苏州办事处
Nanchang Hongkang Paper Products Suzhou office
地址(Add)：江苏省苏州高新区许关镇新许花园134幢404号
邮编(P. C.)：215151
电话(Tel)：0512－61835333
传真(Fax)：0512－66321522
联系人(Contact Person)：刘义军
产品(Products)：湿巾
品牌(Brand)：水天堂

苏州市好护理医疗用品有限公司
Suzhou Caremax Co., Ltd.
地址(Add)：江苏省苏州工业园区蔚亭大道双泾街43号
邮编(P. C.)：215121
电话(Tel)：0512－62852999－129
传真(Fax)：0512－62852998
E-mail：cxliu@ caremax. com. cn
Http://www. caremax. com. cn
联系人(Contact Person)：刘承新
产品(Products)：湿巾，擦拭巾
品牌(Brand)：好护理

苏州逸云卫生用品有限公司
Suzhou Yiyun Hygiene Products Co., Ltd.
地址(Add)：江苏省苏州市虎丘路503号昌华集团内
邮编(P. C.)：215121
电话(Tel)：0512－65565913
传真(Fax)：0512－65565913
E-mail：shichangyu1230@ 163. com
Http://www. yiyunsz. com
联系人(Contact Person)：石峰
产品(Products)：湿巾
品牌(Brand)：逸云

苏州市奥健医卫用品有限公司
Suzhou Aojian Medical Hygiene Products Co., Ltd.
地址(Add)：江苏省苏州市三香路979号中翔经贸大楼7F
邮编(P. C.)：215004
电话(Tel)：0512－68293172
传真(Fax)：0512－68296276
E-mail：suzhoudekang@ 163. com
Http://www. szdekangmedical. com. cn
法人代表(Chairman)：朱元国
总经理(General Manager)：朱元国
联系人(Contact Person)：孙萍
产品(Products)：手术垫单(褥垫)，口罩，帽子，手术衣，护理垫，宠物垫，干擦拭巾
品牌(Brand)：奇吉

苏州宝丽洁日化有限公司
Suzhou Baolijie Daily Chemicals Co., Ltd.
地址(Add)：江苏省苏州市吴中区东山镇科技工业园39号
邮编(P. C.)：215107
电话(Tel)：0512－66280008
传真(Fax)：0512－66288868
E-mail：zhai@ borage. com. cn
Http://www. borage. com. cn
法人代表(Chairman)：邱华
总经理(General Manager)：翟勤勇
联系人(Contact Person)：武宗矗

产品(Products)：妇女卫生巾，卫生护垫，湿巾

苏州成斯无尘科技有限公司
Suzhou Chengsi Dustfree Science Technology Co., Ltd.
地址(Add)：江苏省苏州市吴中区郭巷姜庄路438号
邮编(P. C.)：215124
电话(Tel)：0512-65969598
传真(Fax)：0512-65969590
E-mail：tangweiguo@chengsi-clean.com
Http://www.chengsi-clean.com
总经理(General Manager)：唐维国
产品(Products)：擦拭巾

苏州新进卫生用品有限公司
Suzhou Xinjin Hygiene Products Co., Ltd.
地址(Add)：江苏省苏州市吴中区木渎镇木东公路金桥开发南区31幢
邮编(P. C.)：215101
电话(Tel)：0512-66363247
传真(Fax)：0512-66363741
E-mail：dhpsz@pub.sz.jsinfo.net
法人代表(Chairman)：梁智棋
联系人(Contact Person)：李碧珊
产品(Products)：湿巾

苏州欧德无尘材料有限公司
Suzhou Order Cleanroom Material Co., Ltd.
地址(Add)：江苏省苏州市吴中区新家工业园新石路10号
邮编(P. C.)：215128
电话(Tel)：0512-65859785
传真(Fax)：0512-65859925
E-mail：shizhu2005.6.19@163.com
Http://www.order-cleanroom.com
总经理(General Manager)：何伟诚
联系人(Contact Person)：石林
产品(Products)：擦拭巾

王子制纸妮飘(苏州)有限公司 *
Oji Paper Nepia (Suzhou) Co., Ltd.
地址(Add)：江苏省苏州市新区金山路98号
邮编(P. C.)：215129
电话(Tel)：0512-68258526
传真(Fax)：0512-68258516
E-mail：wenjuan@nepia.com.cn
Http://www.nepia.com.cn
法人代表(Chairman)：杉本哲郎
总经理(General Manager)：中须贺朗
联系人(Contact Person)：吴茵子
产品(Products)：原纸，卫生纸，面巾纸，手帕纸，湿巾
品牌(Brand)：妮飘

利安旅游用品厂
Lian Tourist Articles Factory
地址(Add)：江苏省太仓市归庄长富私营经济开发区
邮编(P. C.)：215425
电话(Tel)：0512-53296966
传真(Fax)：0512-53296966
E-mail：lianlvyou@sina.com
Http://szslianlvhyou.bip.ur.d.cn
总经理(General Manager)：李德彬
联系人(Contact Person)：李德彬
产品(Products)：湿巾

苏州铃兰卫生用品有限公司
Suzuran Sanitary Goods Co., Ltd.
地址(Add)：江苏省太仓市浏河镇浏茜路东侧
邮编(P. C.)：215431
电话(Tel)：0512-53610067
传真(Fax)：0512-53612459
Http://www.suzuran.cn
联系人(Contact Person)：姚文标
产品(Products)：湿巾
品牌(Brand)：丽丽贝尔

奈森克林(苏州)日用品有限公司
Naisenkelin Daily-Use Articles (Suzhou) Co., Ltd.
地址(Add)：江苏省太仓市陆渡镇康福路551号
邮编(P. C.)：215412
电话(Tel)：0512-53451991
传真(Fax)：0512-53451990
E-mail：naisenkelinsj@263.net.cn
Http://www.wettissue.cn
法人代表(Chairman)：曾大池
总经理(General Manager)：曾大池
联系人(Contact Person)：唐明星
产品(Products)：湿巾
品牌(Brand)：奈森克林

太仓海樱卫生用品有限公司
Taicang Kaio Co., Ltd.
地址(Add)：江苏省太仓市陆渡镇中市西路瑞德工业园
邮编(P. C.)：215412
电话(Tel)：0512-53454338
传真(Fax)：0512-53454328
Http://www.tckaio.cn
联系人(Contact Person)：郑宏春
产品(Products)：口罩，湿巾，抹布

创艺卫生用品(苏州)有限公司
Haso Sanitary Material (Suzhou) Co., Ltd.
地址(Add)：江苏省太仓市沙溪镇岳王区岳新路
邮编(P. C.)：215437
电话(Tel)：0512-53306277
传真(Fax)：0512-53306299
E-mail：haso@gol.com
Http://www.hasoltd.com
联系人(Contact Person)：叶海龙
产品(Products)：湿巾

江苏康隆工贸有限公司
Jiangsu Kanglong Industry Business Co., Ltd.
地址(Add)：江苏省泰州市泰九路18-1号
邮编(P. C.)：225300
电话(Tel)：0523-86564531
传真(Fax)：0523-86566011
E-mail：kanglong@med-kanglong.com
Http://www.med-kanglong.com
法人代表(Chairman)：卞学根
联系人(Contact Person)：卞学根
产品(Products)：医用敷料，口罩，湿巾

品牌(Brand)：康隆

无锡市凯源家庭用品有限公司
Wuxi Keyone Houseware Co., Ltd.
地址(Add)：江苏省无锡市东亭镇私营工业园B区12号
邮编(P. C.)：214100
电话(Tel)：0510－82245602
传真(Fax)：0510－88263479
Http://www. keyone. net. cn
法人代表(Chairman)：钱培忠
总经理(General Manager)：辛涛
产品(Products)：湿巾
品牌(Brand)：金龙，凯源

扬州明星牙刷有限公司
Yangzhou Star Toothbrush Co., Ltd.
地址(Add)：江苏省扬州市杭集工业园
邮编(P. C.)：225111
电话(Tel)：0514－87491999
传真(Fax)：0514－87276903
产品(Products)：湿巾

扬州倍加洁日化有限公司
Yangzhou Perfect Daily Chemicals Co., Ltd.
地址(Add)：江苏省扬州市杭集工业园
邮编(P. C.)：225111
电话(Tel)：0514－87491888
传真(Fax)：0514－87276903
E-mail：sales@ wettissue. com. cn
Http://www. wettissue. com. cn
法人代表(Chairman)：孔宪波
总经理(General Manager)：张文生
联系人(Contact Person)：杨秀殿
产品(Products)：湿巾
品牌(Brand)：倍加洁

■ 浙江 Zhejiang

奉化市海威日用品制造有限公司
Fenghua Haiwei Commodity Co., Ltd.
地址(Add)：浙江省奉化市西坞镇南路20号
邮编(P. C.)：315505
电话(Tel)：0574－88534766
传真(Fax)：0574－88537885
E-mail：fhhaiwei@ 163. com
Http://www. fhhaiwei. cn. alibaba. com
总经理(General Manager)：袁立勇
产品(Products)：湿巾

杭州珍琦卫生用品有限公司
Hangzhou Zhenqi Sanitary Products Co., Ltd.
地址(Add)：浙江省富阳市大源工业园区
邮编(P. C.)：311413
电话(Tel)：0571－63590518
传真(Fax)：0571－63590528
E-mail：tina@ hzzhenqi. com
Http://www. hzzhenqi. com
法人代表(Chairman)：俞钟平
总经理(General Manager)：俞飞英
联系人(Contact Person)：何晓刚
产品(Products)：妇女卫生巾，成人纸尿裤/片，护理垫，婴儿纸尿裤，湿巾，宠物纸尿裤，宠物垫
品牌(Brand)：珍琦

杭州金百合非织造布有限公司
Hangzhou Golden Lily Nonwoven Cloth Co., Ltd.
地址(Add)：浙江省富阳市新登镇过河滩
邮编(P. C.)：311404
电话(Tel)：0571－23226086
传真(Fax)：0571－63259876
E-mail：hzgoldenlily@ yahoo. com. cn
Http://www. hzgoldenlily. com
总经理(General Manager)：孙武平
产品(Products)：擦拭布

海宁市百合洁品有限公司
Haining Baihe Cleaning Articles Co., Ltd.
地址(Add)：浙江省海宁市长田社区白公堰1号
邮编(P. C.)：314400
电话(Tel)：0573－7082388
传真(Fax)：0573－7082488
E-mail：baihejiepin@ vip. sino. com
Http://www. hnbaihe. com
联系人(Contact Person)：朱清
产品(Products)：湿巾
品牌(Brand)：纤千羽

浙江荣鑫纤维有限公司
Zhejiang Rongxin Fibre Co., Ltd.
地址(Add)：浙江省海宁市经济开发区双园路1号
邮编(P. C.)：314400
电话(Tel)：0573－87262222
传真(Fax)：0573－87263333
E-mail：sales@ rxfibre. com
Http://www. rxfibre. com
联系人(Contact Person)：汪立冬
产品(Products)：湿巾，抹布

浙江绿飞诗日用品有限公司
Zhejiang Green Face Housewares Co., Ltd.
地址(Add)：浙江省杭州市富阳市东洲工业区3号路32号
邮编(P. C.)：311401
电话(Tel)：0571－87191299
传真(Fax)：0571－87191298
E-mail：monica@ greenface. com. cn
Http://www. greenface. com. cn
联系人(Contact Person)：吴晓燕
产品(Products)：湿巾

浙江华顺涤纶工业有限公司
Zhejiang Huashun P. F. I. Co., Ltd.
地址(Add)：浙江省杭州市临安玲珑工业区华兴工业城7号楼
邮编(P. C.)：311300
电话(Tel)：0571－63925908
传真(Fax)：0571－63925929
E-mail：huashun908@ 163. com
Http://www. huaxing. org
法人代表(Chairman)：俞华平
总经理(General Manager)：俞华平
联系人(Contact Person)：俞华平
产品(Products)：婴儿纸尿裤/片，成人纸尿裤/片，护理

垫，湿巾
品牌(Brand)：康舒特，安瑞洁

杭州锦腾织造有限公司
Hangzhou Jinteng Nonwovens Co., Ltd.
地址(Add)：浙江省杭州市临安苕溪南路16号(锦城镇锦江工业园)
邮编(P. C.)：311300
电话(Tel)：0571-63757013
传真(Fax)：0571-63756930
法人代表(Chairman)：钭正贤
总经理(General Manager)：俞楚云
产品(Products)：手术衣、帽，擦拭巾

杭州天力水刺无纺布有限公司
Hangzhou Tianli Spunlaced Nonwovens Co., Ltd.
地址(Add)：浙江省杭州市临安苕溪南路16号(锦城镇锦江工业园)
邮编(P. C.)：311300
电话(Tel)：0571-63757013
传真(Fax)：0571-63752067
E-mail：wxz@hz-tl.cn
Http://www.hz-tl.cn
联系人(Contact Person)：黄孝忠
产品(Products)：湿巾，手术衣、帽

杭州诺邦无纺股份有限公司
Hangzhou Nbond Nonwovens Co., Ltd.
地址(Add)：浙江省杭州市临平宏达路16号
邮编(P. C.)：311102
电话(Tel)：0571-89176207
传真(Fax)：0571-89170009
E-mail：nbond@nbond.cn
Http://www.nbond.cn
法人代表(Chairman)：任建华
联系人(Contact Person)：刘维国
产品(Products)：湿巾，擦拭巾

杭州好特路卫生制品有限公司
Hangzhou Hotaru Sanitary Product Co., Ltd.
地址(Add)：浙江省杭州市莫干山路868号
邮编(P. C.)：310011
电话(Tel)：0571-88177057
传真(Fax)：0571-88173193
E-mail：fusin08@yahoo.com.cn
Http://www.hotaru-cn.com
总经理(General Manager)：吕大羽
产品(Products)：柔巾卷

杭州豪悦实业有限公司
Hangzhou Haoyue Industrial Co., Ltd.
地址(Add)：浙江省杭州市瓶窑镇凤都工业区凤凰大道(羊城大道交叉口)
邮编(P. C.)：311115
电话(Tel)：0571-26291808
传真(Fax)：0571-26291802
E-mail：wxg591030@yahoo.cn
Http://www.hz-haoyue.com
联系人(Contact Person)：王新国
产品(Products)：妇女卫生巾，成人纸尿裤，婴儿纸尿裤，湿巾

品牌(Brand)：诗蕙，Comfrey，Hope，SunnyGirl

杭州雅洁旅游卫生用品厂
Hangzhou Yajie Tourism Hygiene Products Factory
地址(Add)：浙江省杭州市千岛湖镇新安西路9号
邮编(P. C.)：311700
电话(Tel)：0571-64838048
传真(Fax)：0571-64838048
总经理(General Manager)：徐干华
产品(Products)：湿巾，面巾纸，卫生卷纸

杭州宝德非织造布有限公司
Power Tex Nonwovens Co., Ltd.
地址(Add)：浙江省杭州市清江路138号四季星座1804室
邮编(P. C.)：310016
电话(Tel)：0571-87244248
传真(Fax)：0571-87244255
E-mail：powertex@mail.hz.zj.cn
法人代表(Chairman)：虞夫潮
产品(Products)：擦布，湿巾，手术衣，口罩，护理垫

杭州蓓洁日用品有限公司
Hangzhou Beja Commodity Co., Ltd.
地址(Add)：浙江省杭州市下沙经济技术开发区6号大街3号街口中策3号楼3楼
邮编(P. C.)：310018
电话(Tel)：0571-86911851
传真(Fax)：0571-86912985
E-mail：july@beja.cn
Http://www.beja.cn
联系人(Contact Person)：高小金
产品(Products)：湿巾，医疗用品，美容用品

杭州瑞邦医疗用品有限公司
Hangzhou Ruibang Medical Articles Co., Ltd.
地址(Add)：浙江省杭州市萧山区市心北路197号绿都百瑞广场2-1-601
邮编(P. C.)：311202
电话(Tel)：0571-82228333
传真(Fax)：0571-82227871
E-mail：rbang@163.com
Http://www.wipeschina.cn
总经理(General Manager)：陈然良
联系人(Contact Person)：程军芬
产品(Products)：擦拭巾，湿巾

杭州妙洁旅游用品厂
Hangzhou Miaojie Tour Articles Factory
地址(Add)：浙江省杭州市萧山区闻堰镇工业园区
邮编(P. C.)：311258
电话(Tel)：0571-56126009
传真(Fax)：0571-82314220
总经理(General Manager)：林成华
联系人(Contact Person)：林成华
产品(Products)：湿巾

杭州科达非织造布有限公司
Hangzhou Keda Nonwoven Co., Ltd.
地址(Add)：浙江省杭州市萧山镇靖江工业园区
邮编(P. C.)：311223

电话(Tel)：0571－82193138
传真(Fax)：0571－82193098
E-mail：zhujiajia151@hotmail.com
Http://www.hzxn－kd.com
法人代表(Chairman)：王剑亮
总经理(General Manager)：王剑亮
联系人(Contact Person)：汪敏辉
产品(Products)：手术衣帽，口罩，抹布，擦拭布，湿巾

杭州国光旅游用品有限公司
Hangzhou Guoguang Touring Commodity Co., Ltd.
地址(Add)：浙江省杭州市余杭区径山镇工业区
邮编(P.C.)：311116
电话(Tel)：0571－88587813
传真(Fax)：0571－86957067
E-mail：wwy@hz-guoguang.com
Http://www.hz-guoguang.com
法人代表(Chairman)：傅启才
总经理(General Manager)：傅启才
联系人(Contact Person)：王文英
产品(Products)：湿巾
品牌(Brand)：国光

杭州奇美无纺布用品有限公司
Hangzhou Qimei Nonwoven Co., Ltd.
地址(Add)：浙江省杭州市余杭区兴旺工业城平宁路58号
邮编(P.C.)：311101
电话(Tel)：0571－89193158
传真(Fax)：0571－86186670
E-mail：qmwfbgs@yahoo.com.cn
Http://www.wipes.net.cn
法人代表(Chairman)：王金炎
总经理(General Manager)：王金炎
联系人(Contact Person)：史贝妮
产品(Products)：湿巾
品牌(Brand)：启美

杭州思进无纺布有限公司
Hangzhou Sijin Nonwovens Co., Ltd.
地址(Add)：浙江省杭州市余杭区运河镇博陆育士路1号
邮编(P.C.)：311103
电话(Tel)：0571－86282888
传真(Fax)：0571－86282618
E-mail：sijin@sj-nonwoven.com
Http://www.sj-nonwoven.com
法人代表(Chairman)：胡炳年
总经理(General Manager)：胡炳年
联系人(Contact Person)：李有根
产品(Products)：一次性毛巾，一次性毛巾卷，湿巾
品牌(Brand)：思进

杭州邦怡日用品科技有限公司
Hangzhou Bonyee Daily Necessity Technology Co., Ltd.
地址(Add)：浙江省杭州市余杭区运河镇兴旺工业城
邮编(P.C.)：311102
电话(Tel)：0571－89170007
传真(Fax)：0571－89170009
E-mail：weng6066@163.com
Http://www.bonyee.com
联系人(Contact Person)：翁烈
产品(Products)：湿巾，擦拭巾
品牌(Brand)：邦怡

湖州欧宝卫生用品有限公司
Huzhou Aupower Sanitary Commodity Co., Ltd.
地址(Add)：浙江省湖州市长兴县经济开发区经三路
邮编(P.C.)：313100
电话(Tel)：0572－6129066
传真(Fax)：0572－6128222
E-mail：sales@auboo.cn
Http://www.auboo.cn
联系人(Contact Person)：王新华
产品(Products)：湿巾

嘉兴市绎新日用品有限公司
Jiaxing Yixin Daily Necessities Co., Ltd.
地址(Add)：浙江省嘉兴市新丰镇镇北
邮编(P.C.)：314005
电话(Tel)：0573－83128078
传真(Fax)：0573－83128077
E-mail：yixinyh@163.com
Http://www.cnyixin.cn
总经理(General Manager)：朱毅
产品(Products)：湿巾，擦拭巾，口罩

浙江弘扬无纺新材料有限公司
Zhejiang Spread Nonwoven Material Co., Ltd.
地址(Add)：浙江省嘉兴市秀洲工业区新塍分区新塍大道101号
邮编(P.C.)：314015
电话(Tel)：0573－85545899
传真(Fax)：0573－83528138
E-mail：wangdiansheng@hotmail.com
联系人(Contact Person)：王殿生
产品(Products)：医疗卫生材料，湿巾

义乌市长弓无纺布有限公司
Yiwu Chnco Nonwovens Co., Ltd.
地址(Add)：浙江省金华市金东区付村镇工业区1号
邮编(P.C.)：322001
电话(Tel)：0579－82910858
传真(Fax)：0579－82910388
E-mail：bingchen8900@hotmail.com
Http://www.china-cleaning.com
法人代表(Chairman)：张金陆
联系人(Contact Person)：陈志斌
产品(Products)：湿巾

浙江宏源无纺布有限公司
Zhejiang Hongyuan Nonwoven Co., Ltd.
地址(Add)：浙江省丽水市水阁工业区绿谷大道295号
邮编(P.C.)：323000
电话(Tel)：0578－2953185
传真(Fax)：0578－2952686
E-mail：wzyuconhu@163.com
Http://www.zjhywfb.com
联系人(Contact Person)：余崇虎
产品(Products)：湿巾

临安威亚无纺布制品厂
Linan Weiya Nonwoven Products Factory
地址(Add)：浙江省临安市锦城街道新溪107号

邮编(P. C.)：311300
电话(Tel)：0571－63702861
传真(Fax)：0571－63702862
E-mail：lxy7887@163. com
Http://wywfb. cn. alibaba. com
联系人(Contact Person)：楼学英
产品(Products)：抹布

临安盈丰清洁用品有限公司
Linan Yingfeng Cleaning Products Co., Ltd.
地址(Add)：浙江省临安市锦城街道新溪村
邮编(P. C.)：311300
电话(Tel)：0571－63704058
传真(Fax)：0571－63704078
E-mail：icy1108@163. com
Http://www. icy1108. com
联系人(Contact Person)：马文渊
产品(Products)：擦拭巾

浙江华晟水刺无纺布有限公司
Zhejiang Huasheng Spunlace Fabric Co., Ltd.
地址(Add)：浙江省临安市玲珑工业区华兴工业城7号楼
邮编(P. C.)：311300
电话(Tel)：0571－63925908
传真(Fax)：0571－63925929
E-mail：huashun908@163. com
Http://www. adco. cn
联系人(Contact Person)：俞华平
产品(Products)：湿巾

临安诚信无纺布制品厂
Linan Chengxin Nonwovens Products Factory
地址(Add)：浙江省临安市玲珑街道化岭脚村
邮编(P. C.)：311301
电话(Tel)：0571－63787877
传真(Fax)：0571－63801718
E-mail：yangxh@la. hz. zj. cn
Http://www. multi-duster. com
联系人(Contact Person)：杨晓华
产品(Products)：湿巾，抹布

临安大拇指清洁用品有限公司
Linan Damuzhi Cleaning Articles Co., Ltd.
地址(Add)：浙江省临安市玲珑街道米积村
邮编(P. C.)：311301
电话(Tel)：0571－63787878
传真(Fax)：0571－63787118
联系人(Contact Person)：张光西
产品(Products)：湿巾，尘掸，抹布

杭州临安海元无纺制品有限公司
Hangzhou Linan Haiyuan Nonwoven Products Co., Ltd.
地址(Add)：浙江省临安市玲珑夏禹桥
邮编(P. C.)：311301
电话(Tel)：0571－63761328
传真(Fax)：0571－63763670
E-mail：jmkc008@163. com
Http://linanhy. cn. gongchang. com
联系人(Contact Person)：金媛
产品(Products)：压缩毛巾，抹布

临安市雄鹰妇幼卫生用品有限公司
Linan Eagle Women & Children Sanitary Articles Co., Ltd.
地址(Add)：浙江省临安市於潜镇方元工业区
邮编(P. C.)：311311
电话(Tel)：0571－63872758
传真(Fax)：0571－63872735
E-mail：xy－zjm@126. com
Http://www. hz-yf. com. cn
法人代表(Chairman)：周雄鹰
总经理(General Manager)：项宗信
联系人(Contact Person)：赵建梅
产品(Products)：妇女卫生巾，卫生护垫，婴儿纸尿裤，湿巾
品牌(Brand)：永芳，酷儿

宁波市鄞州五乡光华卫生材料厂
Ningbo Guanghua Sanitary Materials Factory
地址(Add)：浙江省宁波市鄞州区五乡镇李家洋
邮编(P. C.)：315111
电话(Tel)：0574－88332008
传真(Fax)：0574－88485989
法人代表(Chairman)：徐建云
总经理(General Manager)：徐建云
产品(Products)：湿巾，餐巾纸
品牌(Brand)：雪莲

南六企业(平湖)有限公司
Nan Liu Enterprise (Pinghu) Co., Ltd.
地址(Add)：浙江省平湖市经济开发区新凯路2188号
邮编(P. C.)：314200
电话(Tel)：0573－85136616
传真(Fax)：0573－85221666
E-mail：brian@nanliu. com
Http://www. e-nonwoven. com. tw
联系人(Contact Person)：黄湘冲
产品(Products)：手术衣，面膜，湿巾
品牌(Brand)：妮塔莉雅

舒尔洁日用品厂
Shuerjie Commodity Factory
地址(Add)：浙江省浦江县黄宅镇中山一区
邮编(P. C.)：322204
电话(Tel)：0579－84255290
传真(Fax)：0579－84256296
法人代表(Chairman)：吴丽萍
联系人(Contact Person)：龚棉娣
产品(Products)：湿巾

浦江县同泰日用品厂
Pujiang Tongtai Articles for Daily Use Factory
地址(Add)：浙江省浦江县经济开发区亚太大道607－609号义乌国际商贸城三区东60号门H三楼
邮编(P. C.)：322100
电话(Tel)：0579－84201396
传真(Fax)：0579－84201397
Http://fangweijian. cn. gongchang. com
总经理(General Manager)：方伟建

产品(Products)：湿巾

浙江绍兴民康消毒用品有限公司
Shaoxing Minkang Disinfect Products Co., Ltd.
地址(Add)：浙江省上虞市大三角开发区
邮编(P. C.)：312352
电话(Tel)：0575－82163835
传真(Fax)：0575－82151732
联系人(Contact Person)：梁英康
产品(Products)：湿巾
品牌(Brand)：民康

绍兴市恒盛新材料技术发展有限公司
Shaoxing Hengsheng New Material Technology Development Co., Ltd.
地址(Add)：浙江省绍兴市东浦工业园区下大桥
邮编(P. C.)：312069
电话(Tel)：0575－88937838
传真(Fax)：0575－85393891
E-mail：sale@hs-nonwoven.com
Http://www.hs-nonwoven.com
总经理(General Manager)：黄锐镇
联系人(Contact Person)：俞秀娟
产品(Products)：擦拭巾，医用敷料

台州市雅黛日用品有限公司
Taizhou Yadai Daily Necessities Co., Ltd.
地址(Add)：浙江省台州市黄岩北城开发区康强路 36 号
邮编(P. C.)：318020
电话(Tel)：0576－84292190
传真(Fax)：0576－84026992
E-mail：sales@china4u.cn
Http://www.taizhouyadai.cn
总经理(General Manager)：潘金军
联系人(Contact Person)：陈海波
产品(Products)：湿巾

新亚控股集团
Xinya Group
地址(Add)：浙江省台州市黄岩西工业园区北院大道 18 号
邮编(P. C.)：318020
电话(Tel)：0576－84715688
传真(Fax)：0576－84738552
E-mail：61007@163.com
Http://www.cn-xinya.com
联系人(Contact Person)：杨敏
产品(Products)：湿巾
品牌(Brand)：蓝梦保洁

温州鑫美湿巾有限公司
Wenzhou Xinmei Wet Wipes Co., Ltd.
地址(Add)：浙江省温州市娄桥镇洪河路 50－3 号
邮编(P. C.)：325000
电话(Tel)：0577－86295779
传真(Fax)：0577－86295250
E-mail：yaozongyan@126.com
Http://www.cnxinmei.com.cn
联系人(Contact Person)：姚宗艳
产品(Products)：湿巾

浙江省新昌县东方非织造有限公司
Zhejiang Xinchang Dongfang Nonwoven Co., Ltd.
地址(Add)：浙江省新昌县新昌大道中路 205 号
邮编(P. C.)：312500
电话(Tel)：0575－86035163
传真(Fax)：0575－86047810
E-mail：wangms695@sohu.com
联系人(Contact Person)：黄美松
产品(Products)：湿巾，抹布，压缩毛巾

义乌市天帛纸业有限公司
Yiwu Tianbo Paper Co., Ltd.
地址(Add)：浙江省义乌市车站路 1 号
邮编(P. C.)：322000
电话(Tel)：0579－85585288
传真(Fax)：0579－85549842
E-mail：sales@tianbopaper.com
Http://tianbopaper.com
总经理(General Manager)：余建东
产品(Products)：纸巾纸，面巾纸，餐巾纸，湿巾

雅舒曼卫生用品有限公司
Yashuman Hygiene Products Co., Ltd.
地址(Add)：浙江省义乌市佛堂镇江滨工业区
邮编(P. C.)：322002
电话(Tel)：0579－85715932
传真(Fax)：0579－85728270
E-mail：aqjianke@vip.163.com
Http://www.huaji520.com
总经理(General Manager)：王光海
联系人(Contact Person)：朱晓丽
产品(Products)：妇女卫生巾，卫生护垫，婴儿纸尿裤，湿巾
品牌(Brand)：花季，安然

义乌妙洁日用品厂
Yiwu Miaojie Commodity Factory
地址(Add)：浙江省义乌市国际商贸城三期 2F35316
邮编(P. C.)：322100
电话(Tel)：0579－85376698
E-mail：mj@ywmiaojie.com
Http://www.ywmiaojie.cn
联系人(Contact Person)：陈凯
产品(Products)：湿巾
品牌(Brand)：妙洁

玉洁卫生用品有限公司
Yujie Hygiene Products Co., Ltd.
地址(Add)：浙江省义乌市国际商贸城三期四区 13 街 36315 店面(南大门)
邮编(P. C.)：322000
电话(Tel)：0579－85376349
E-mail：yujieshijin@yahoo.cn
总经理(General Manager)：杨永明
产品(Products)：妇女卫生巾，卫生护垫，婴儿纸尿裤，训练裤，宠物裤，成人纸尿裤，湿巾

义乌市圣洁日用品厂
Yiwu Shengjie Daily－Use Goods Factory
地址(Add)：浙江省义乌市沪江路 8 弄 35 号

邮编(P. C.): 322000
电话(Tel): 0579 - 85527756
传真(Fax): 0579 - 85413744
法人代表(Chairman): 陈玲玉
产品(Products): 湿巾, 清洁抹布, 宠物垫
品牌(Brand): 倍爱

义乌市润洁日用品有限公司
Yiwu Runjie Daily Necessities Co., Ltd.
地址(Add): 浙江省义乌市义南工业园区丹桂路19号
邮编(P. C.): 322000
电话(Tel): 0579 - 85781078
传真(Fax): 0579 - 85780622
E-mail: chenjie128@126. com
Http://www. china-wet-wipe. com
联系人(Contact Person): 楼胜利
产品(Products): 湿巾

义乌市比爱卫生用品有限公司
Yiwu Biai Health Products Co., Ltd.
地址(Add): 浙江省义乌市义亭工业区
邮编(P. C.): 322005
电话(Tel): 0579 - 85558500
传真(Fax): 0579 - 85542638
E-mail: sales@biaichina. com
Http://www. biaichina. com
法人代表(Chairman): 王爱加
总经理(General Manager): 周喜飞
联系人(Contact Person): 傅淑芬
产品(Products): 妇女卫生巾, 卫生护垫, 婴儿纸尿裤, 湿巾宠物垫, 宠物纸尿裤
品牌(Brand): 比爱

义乌市安柔卫生用品有限公司
Yiwu Anrou Hygiene Products Co., Ltd.
地址(Add): 浙江省义乌市义亭工业区稠义路1号
邮编(P. C.): 322005
电话(Tel): 0579 - 85818068
传真(Fax): 0579 - 85817688
E-mail: master@anrou. net
Http://www. anrou. cn
法人代表(Chairman): 李光军
总经理(General Manager): 李光军
产品(Products): 妇女卫生巾, 卫生护垫, 婴儿纸尿裤/片, 成人纸尿裤, 护理垫, 湿巾
品牌(Brand): 安柔, 奥贝思, 澳利康, 子女心, 奥利康

义乌市经纬无纺布有限公司
Yiwu Jingwei Nonwoven Co., Ltd.
地址(Add): 浙江省义乌市义亭工业区振兴路5号
邮编(P. C.): 322000
电话(Tel): 0579 - 85818500
传真(Fax): 0579 - 85817500
E-mail: 500@ywjw. com
Http://www. ywjw. com
联系人(Contact Person): 陈小良
产品(Products): 清洁布, 平拖配布

玉环婕尔柔卫生用品有限公司
Yuhuan Jieerrou Hygiene Articles Co., Ltd.
地址(Add): 浙江省玉环县珠港镇岭脚村工业区
邮编(P. C.): 325401
电话(Tel): 0577 - 63635360
传真(Fax): 0577 - 63626920
Http://www. jieerrou. com
法人代表(Chairman): 范敏洁
产品(Products): 手帕纸, 卫生纸, 擦手纸, 餐巾纸, 湿巾
品牌(Brand): 婕尔柔

浙江省诸暨造纸厂*
Zhejiang Zhuji Paper Mill
地址(Add): 浙江省诸暨市暨阳工业园区(江龙)
邮编(P. C.): 311800
电话(Tel): 0575 - 87320088
传真(Fax): 0575 - 87320068
E-mail: hejihua105@163. net
法人代表(Chairman): 何吉华
总经理(General Manager): 何吉华
联系人(Contact Person): 何吉华
产品(Products): 湿强原纸, 卫生纸原纸, 湿巾, 干擦拭巾
品牌(Brand): 爱护

■ 安徽 Anhui

安徽省合肥战联卫生用品有限公司
Anhui Hefei Zhanlian Hygiene Products Co., Ltd.
地址(Add): 安徽省合肥市东郊新城工业区燎原大道
邮编(P. C.): 231600
电话(Tel): 0551 - 7707666
传真(Fax): 0551 - 7705868
E-mail: zhanlian8888@yahoo. com. cn
Http://www. zhlian8888. cn
总经理(General Manager): 李建军
产品(Products): 湿巾, 手帕纸, 面巾纸, 卫生卷纸, 无纺布制品
品牌(Brand): 洁帕

合肥特丽洁卫生材料有限公司
Hefei Telijie Hygiene Material Co., Ltd.
地址(Add): 安徽省合肥市肥东合浦路特丽洁工业园
邮编(P. C.): 231600
电话(Tel): 0551 - 7662999
传真(Fax): 0551 - 7662978
E-mail: telijie@telijie. com
Http://www. telijie. com
法人代表(Chairman): 王国琴
总经理(General Manager): 张光明
产品(Products): 湿巾, 美容巾, 仪器擦拭巾, 医用擦手纸, 医用围兜, 餐巾纸
品牌(Brand): 特丽洁

合肥华为无纺科技有限公司
Hefei Huawei Nonwoven Science & Technology Co., Ltd.
地址(Add): 安徽省合肥市肥东新城开发区燎原路东侧
邮编(P. C.): 231600
电话(Tel): 0551 - 7702517

传真(Fax)：0551－7702527
E-mail：sale_dong@yahoo.com.cn
联系人(Contact Person)：董庆华
产品(Products)：擦拭巾

合肥威玛清洁用品有限公司
Hefei Winmax Cleaning Products Co., Ltd.
地址(Add)：安徽省合肥市经济开发区芙蓉路268号
邮编(P.C.)：230601
电话(Tel)：0551－3847813
传真(Fax)：0551－3847484
联系人(Contact Person)：夏明如
产品(Products)：湿巾，抹布，无纺布制品

合肥爱唯无纺制品有限公司
Hefei Ivy Nonwoven Products Co., Ltd.
地址(Add)：安徽省合肥市临泉路中环国际大厦A座1103室
邮编(P.C.)：230031
电话(Tel)：0551－4260870
传真(Fax)：0551－4260873
E-mail：kanjialik@163.com
Http://www.ivychina.net.cn
联系人(Contact Person)：阚家利
产品(Products)：湿巾，抹布

合肥双成非织造布有限公司
Hefei Shuangcheng Nonwovens Co., Ltd.
地址(Add)：安徽省合肥市双凤工业开发区金贵路
邮编(P.C.)：230056
电话(Tel)：0551－6396918
传真(Fax)：0551－6396908
E-mail：web@scfzzb.com
Http://www.scfzzb.com
联系人(Contact Person)：施徽聆
产品(Products)：抹布，柔巾卷，擦布，擦手纸，护理垫，吸血垫，床单靠垫

安徽鑫露达医疗用品有限公司
Anhui Xinluda Medicine and Mecical Articles Co., Ltd.
地址(Add)：安徽省太和县经济开发区A区
邮编(P.C.)：236600
电话(Tel)：0558－8218086
传真(Fax)：0558－8216189
E-mail：ahthxld@163.com
Http://www.ahxld.com.cn
联系人(Contact Person)：张坤
产品(Products)：湿巾
品牌(Brand)：鑫露达

铜陵洁雅生物科技股份有限公司
Jyair Bio－Tech Co., Ltd.
地址(Add)：安徽省铜陵市铜都大道北段296号
邮编(P.C.)：244000
电话(Tel)：0562－6820555
传真(Fax)：0562－6820777
E-mail：sales@babywipes.com.cn
Http://www.babywipes.com.cn
法人代表(Chairman)：蔡英传
总经理(General Manager)：蔡曙光
联系人(Contact Person)：崔文祥
产品(Products)：湿巾，擦拭巾
品牌(Brand)：艾妮，喜擦擦，哈哈

芜湖市东发纸巾有限公司
Wuhu Dongfa Paper Products Co., Ltd.
地址(Add)：安徽省芜湖市高新技术开发区滨江南路14号
邮编(P.C.)：241000
电话(Tel)：0553－3023377
E-mail：whdfzj@126.com
Http://www.whdfzj.com.cn
总经理(General Manager)：章晓东
产品(Products)：湿巾，餐巾纸，擦手纸，盘纸

■ 福建 Fujian

泉州市三商卫生用品有限公司
Quanzhou Sanshang Hygiene Products Co., Ltd.
地址(Add)：福建省安溪县蓬莱镇联中工业区
邮编(P.C.)：362402
电话(Tel)：0595－23358333
传真(Fax)：0595－23358222
E-mail：sanshang@fjfair.com
Http://www.sanshang168.com.cn
法人代表(Chairman)：林清艺
总经理(General Manager)：林清艺
联系人(Contact Person)：饶仁平
产品(Products)：妇女卫生巾，卫生护垫，婴儿纸尿裤/片，湿巾
品牌(Brand)：娇点，蕾洁，护悠

福州天使日用品有限公司
Fuzhou Angel Commodity Co., Ltd.
地址(Add)：福建省福清市融侨经济开发区金印
邮编(P.C.)：350301
电话(Tel)：0591－85368198
传真(Fax)：0591－85368158
E-mail：daddybaby@fz－angels.com
Http://www.fzangels.com
法人代表(Chairman)：林斌
总经理(General Manager)：林勇
联系人(Contact Person)：张金亮
产品(Products)：婴儿纸尿裤/片，妇女卫生巾，湿巾
品牌(Brand)：爹地宝贝 Daddybaby，比雅蒂

福州晋安金鸽卫生用品厂
Fuzhou Jinan Jinge Hygiene Products Factory
地址(Add)：福建省福州市火车站后山门前新村12栋53号
邮编(P.C.)：350013
电话(Tel)：0591－87902548
传真(Fax)：0591－87902548
联系人(Contact Person)：徐明学
产品(Products)：湿巾，餐巾纸
品牌(Brand)：吉鸽

福州黄氏药业有限公司
Fuzhou Huangshi Medical Industry Co., Ltd.
地址(Add)：福建省福州市闽侯县荆溪镇光明村
邮编(P.C.)：350101
电话(Tel)：0591－22620166

传真(Fax)：0591－22620366
Http://www.wongs.com.cn
联系人(Contact Person)：谢秦
产品(Products)：湿巾

福建恒安集团有限公司
Fujian Hengan Holding Co., Ltd.
地址(Add)：福建省晋江市安海恒安工业城
邮编(P.C.)：362261
电话(Tel)：0595－85708888
传真(Fax)：0595－85708666
E-mail：hengan@hengan.com
Http://www.hengan.com.cn
法人代表(Chairman)：施文博
总经理(General Manager)：许连捷
联系人(Contact Person)：陈涛
产品(Products)：妇女卫生巾，卫生护垫，婴儿纸尿裤，成人纸尿裤，湿巾
品牌(Brand)：安尔乐，安乐，安儿乐，安而康，心相印

晋江百合堂生活用品有限公司
Jinjiang Baihetang Household Products Co., Ltd.
地址(Add)：福建省晋江市安海镇梧埭工业区
邮编(P.C.)：362261
电话(Tel)：0595－85750000
传真(Fax)：0595－85710000
E-mail：marketing@baihetang.com
Http://www.baihetang.com
法人代表(Chairman)：吴安全
总经理(General Manager)：吴安全
联系人(Contact Person)：吴清楚
产品(Products)：湿巾
品牌(Brand)：菲柔

晋江市恒质纸品有限公司
Jinjiang Hengzhi Paper Products Co., Ltd.
地址(Add)：福建省晋江市安海镇庄头恒质纸品工业大厦
邮编(P.C.)：362261
电话(Tel)：0595－85709988
传真(Fax)：0595－85768887
E-mail：hengzhi510@163.com
Http://www.cnhengzhi.com
法人代表(Chairman)：陈文质
产品(Products)：妇女卫生巾，卫生护垫，婴儿纸尿裤/片，成人纸尿裤，湿巾，纸巾纸
品牌(Brand)：嫚妮斯，健尔

晋江市绿之乡纸业有限公司
Jinjiang Lüzhixiang Paper Co., Ltd.
地址(Add)：福建省晋江市东石金瓯工业南区
邮编(P.C.)：362271
电话(Tel)：0595－85976866
传真(Fax)：0595－85594866
Http://www.lzxzy.com.cn
法人代表(Chairman)：王连升
总经理(General Manager)：王专专
联系人(Contact Person)：王专专
产品(Products)：卫生纸，面巾纸，餐巾纸，手帕纸，湿巾
品牌(Brand)：金鹰卡通，绿之乡

晋江市老君日化有限责任公司
Jinjiang Laojun Daily Chemical Co., Ltd.
地址(Add)：福建省晋江市五里高科技工业园区
邮编(P.C.)：362216
电话(Tel)：0595－82967777
传真(Fax)：0595－88056666
E-mail：laojun@fjlaojun.com
Http://www.fjlaojun.com
法人代表(Chairman)：何振昌
总经理(General Manager)：何春城
联系人(Contact Person)：何德佳
产品(Products)：湿巾
品牌(Brand)：贝贝熊

晋江恒安家庭生活用纸有限公司
Jinjiang Hengan Household Tissue Products Co., Ltd.
地址(Add)：福建省晋江市五里工业园区
邮编(P.C.)：362261
电话(Tel)：0595－85736875
传真(Fax)：0595－85736876
E-mail：yanzy@hengan.com
法人代表(Chairman)：许连捷
总经理(General Manager)：颜志勇
联系人(Contact Person)：田月萍
产品(Products)：湿巾
品牌(Brand)：心相印

福建晋江安婷妇幼用品有限公司
Fujian Jinjiang Anting Women & Children Products Co., Ltd.
地址(Add)：福建省晋江市西园赖厝工业东区7号
邮编(P.C.)：362200
电话(Tel)：0595－85653868
传真(Fax)：0595－85652868
E-mail：anting@public.qz.fj.cn
Http://www.an-ting.com
法人代表(Chairman)：赖永星
总经理(General Manager)：赖永星
联系人(Contact Person)：赖永清
产品(Products)：妇女卫生巾，卫生护垫，婴儿纸尿裤/片，湿巾
品牌(Brand)：阳光天使，安婷，舒美婷，快乐公主，舒儿婷

晋江市台洋卫生用品有限公司
Jinjiang Taiyang Hygiene Products Co., Ltd.
地址(Add)：福建省晋江市新塘街道办事处后洋工业小区
邮编(P.C.)：362261
电话(Tel)：0595－88159699
传真(Fax)：0595－85625161
E-mail：taiyang@pub2.qz.fj.cn
Http://www.tyhygienics.com
联系人(Contact Person)：杨思怀
产品(Products)：湿巾

龙海市妙雅卫生用品有限公司
Longhai Miaoya Sanitary Products Co., Ltd.
地址(Add)：福建省龙海市榜山镇北溪头工业区
邮编(P.C.)：363100
电话(Tel)：0596－6598705
传真(Fax)：0596－6596798

E-mail：miaoya@ miaoya. com
Http://www. china-miaoya. com
法人代表(Chairman)：黄展顺
总经理(General Manager)：黄展顺
联系人(Contact Person)：黄艳娟
产品(Products)：妇女卫生巾，卫生护垫，婴儿纸尿裤/片，湿巾
品牌(Brand)：妙雅，思无邪，娃儿乐，长相依

福建省南安市明大卫生用品厂
Fujian Nanan Mingda Hygiene Products Factory
地址(Add)：福建省南安市抚茂岭开发区
邮编(P. C.)：362308
电话(Tel)：0595－86233777
传真(Fax)：0595－86255999
E-mail：md@ mingda-cn. com
Http://www. fjmingda. com
法人代表(Chairman)：尤建扬
总经理(General Manager)：尤建扬
联系人(Contact Person)：蔡如后
产品(Products)：妇女卫生巾，卫生护垫，婴儿纸尿裤/片，成人纸尿裤/片，护理垫，湿巾
品牌(Brand)：清芬，倍儿舒，净呼吸，护大人

福建省南安市天和妇幼日用品有限公司
Fujian Tianhe Women & Children Goods for Daily Use Co., Ltd.
地址(Add)：福建省南安市洪濑镇东溪开发区天和工业大厦
邮编(P. C.)：362331
电话(Tel)：0595－86689278
传真(Fax)：0595－86689607
E-mail：fjtianhe@ fjtianhe. com
Http://www. fjtianhe. com
法人代表(Chairman)：黄志民
总经理(General Manager)：黄志民
联系人(Contact Person)：叶茂松
产品(Products)：妇女卫生巾，卫生护垫，婴儿纸尿裤/片，湿巾
品牌(Brand)：新欣，阳光之秀，怡儿爽，手中宝

福建南安市杰宝纸业有限公司
Fujian Nanan Jabou Paper Co., Ltd.
地址(Add)：福建省南安市梅山镇新兰工业区
邮编(P. C.)：362321
电话(Tel)：0595－86596778
传真(Fax)：0595－86596779
E-mail：jiebao778@ 163. com
Http://www. jabou. cn
法人代表(Chairman)：傅子良
总经理(General Manager)：傅子良
产品(Products)：湿厕纸
品牌(Brand)：方片

福建莆田佳通纸制品有限公司
G. T. Paper (Fujian Putian) Co., Ltd.
地址(Add)：福建省莆田市江口镇海星街
邮编(P. C.)：351115
电话(Tel)：0594－3697690
传真(Fax)：0594－3697692
Http://www. gtpaper. com
法人代表(Chairman)：林美凤
总经理(General Manager)：李玉坤
联系人(Contact Person)：许文
产品(Products)：妇女卫生巾，卫生护垫，婴儿纸尿裤，湿巾
品牌(Brand)：柔爱，雪薇，佳馨

泉州喜乐乐婴幼用品有限公司
Quanzhou Xilele Baby Articles Co., Ltd.
地址(Add)：福建省泉州市丰泽区宝洲路宝洲花园B区79号
邮编(P. C.)：362000
电话(Tel)：0595－22270719
传真(Fax)：0595－22270719
Http://www. xilele. com. cn
联系人(Contact Person)：陈惠周
产品(Products)：婴儿纸尿裤，湿巾，成人纸尿裤/片，卫生纸
品牌(Brand)：呵护宝，花节

泉州顺顺纸巾厂
Quanzhou Shunshun Paper Factory
地址(Add)：福建省泉州市丰泽区津淮街三水湾1202室
邮编(P. C.)：362000
电话(Tel)：0595－22194488
传真(Fax)：0595－28063899
法人代表(Chairman)：陈旭明
总经理(General Manager)：陈旭明
联系人(Contact Person)：陈荣民
产品(Products)：湿巾，面巾纸
品牌(Brand)：火星部落

婴氏(福建)纸业有限公司
Yingshi(Fujian) Paper Co., Ltd.
地址(Add)：福建省泉州市惠安惠南工业区精品园15号
邮编(P. C.)：362100
电话(Tel)：0595－27308312
传真(Fax)：0595－85958666
E-mail：yingshi _ huai@ yingshijj. com
Http://www. yingshijj. com
总经理(General Manager)：陈国怀
联系人(Contact Person)：何惠芬
产品(Products)：婴儿纸尿裤/片，湿巾
品牌(Brand)：婴氏

雀氏(中国)日用品有限公司
Chiaus (China) Daily Necessities Co., Ltd.
地址(Add)：福建省泉州市惠安县惠东工业区通港路6号
邮编(P. C.)：362133
电话(Tel)：0595－87201083
传真(Fax)：0595－87201080
E-mail：chiausqihua@ 163. com
Http://www. chiaus. cn
法人代表(Chairman)：陈建义
总经理(General Manager)：陈建义
联系人(Contact Person)：傅辉
产品(Products)：婴儿纸尿裤/片，湿巾
品牌(Brand)：雀氏

泉州市明芳卫生用品有限公司/泉州市乐宝氏卫生用品有限公司
Quanzhou Mingfang Hygiene Products Co., Ltd.
地址(Add)：福建省泉州市鲤城区浮桥办黄石工业区

邮编(P. C.)：362000
电话(Tel)：0595 - 22426280
传真(Fax)：0595 - 22425280
E-mail：lbshappy2007@163.com
法人代表(Chairman)：吴志坚
总经理(General Manager)：吴志坚
联系人(Contact Person)：吴国杰
产品(Products)：婴儿纸尿裤/片，成人纸尿裤/片，湿巾
品牌(Brand)：乐宝氏，舒心宝贝，舒伴，康大人

福建伊风纸业有限公司
Fujian Yifeng Paper Co., Ltd.
地址(Add)：福建省石狮市石蚶路113号
邮编(P. C.)：362700
电话(Tel)：0595 - 88813182
传真(Fax)：0595 - 88155182
联系人(Contact Person)：黄清波
产品(Products)：卫生卷纸，擦手纸，面巾纸，餐巾纸，湿巾
品牌(Brand)：伊风

石狮市绿色空间卫生用品有限公司
Shishi Green Space Hygiene Utensil Co., Ltd.
地址(Add)：福建省石狮市石湖工业园区滨海一路
邮编(P. C.)：362700
电话(Tel)：0595 - 88682088
传真(Fax)：0595 - 88682099
E-mail：lskj@mail.booksir.com
Http://www.lskj.cn
总经理(General Manager)：郑荣钦
产品(Products)：妇女卫生巾，卫生护垫，婴儿纸尿裤，湿巾
品牌(Brand)：绿色空间，超级贝贝

厦门开润工贸有限公司
Xiamen Kairun Trade Co., Ltd.
地址(Add)：福建省厦门市湖滨东路11号邮电广通大厦1909单元
邮编(P. C.)：361004
电话(Tel)：0592 - 5884885
传真(Fax)：0592 - 5884883
E-mail：rogywang@kairun.com.cn
Http://www.kairun.com.cn
总经理(General Manager)：王凌宇
产品(Products)：湿巾

厦门源福祥卫生用品有限公司
Xiamen Yuanfuxiang Hygiene Products Co., Ltd.
地址(Add)：福建省厦门市翔安舫阳开发区B、C幢
邮编(P. C.)：361101
电话(Tel)：0592 - 7069567
传真(Fax)：0592 - 7161789
E-mail：xmyfxzp@163.com
Http://www.yfxzp.com
法人代表(Chairman)：陈锦延
总经理(General Manager)：陈锦延
联系人(Contact Person)：汪玉芳
产品(Products)：妇女卫生巾，卫生护垫，卫生纸，面巾纸，手帕纸，餐巾纸，婴儿纸尿裤/片，成人纸尿裤，护理垫，湿巾
品牌(Brand)：丹诗奴，好舒适，花之秀，淘乐氏，羽飘，康护理

香港雅芬集团国际投资有限公司厦门雅芬品牌推广中心
Xiamen Yafen Brand Promotion Center
地址(Add)：福建省厦门市象屿保税区银盛大厦15F
邮编(P. C.)：361006
电话(Tel)：0592 - 3108956
传真(Fax)：0592 - 3108955
E-mail：cjhfj1979@163.com
联系人(Contact Person)：陈锦辉
产品(Products)：妇女卫生巾，卫生护垫，婴儿纸尿裤/片，成人纸尿裤/片，湿巾，卫生纸
品牌(Brand)：雅芬，雅芬爱儿

福建诚信纸品有限公司
Fujian Chengxin Paper Products Co., Ltd.
地址(Add)：福建省漳州市长泰兴泰工业区
邮编(P. C.)：363900
电话(Tel)：0596 - 8330888
传真(Fax)：0596 - 8330999
E-mail：cxgs567@163.com
Http://www.fjcxgs.com
法人代表(Chairman)：蔡金花
总经理(General Manager)：林敦旭
联系人(Contact Person)：林敦利
产品(Products)：妇女卫生巾，卫生护垫，婴儿纸尿裤，湿巾
品牌(Brand)：蕾迪丝，精奇，日清

■ 江西 Jiangxi

南昌爱宝多实业有限公司
Nanchang Aibaoduo Industrial Co., Ltd.
地址(Add)：江西省南昌市昌北经济开发区清华科技园
邮编(P. C.)：330013
电话(Tel)：0791 - 3802008
传真(Fax)：0791 - 3802006
E-mail：aibaoduo@163.com
Http://www.aibaoduo.com
法人代表(Chairman)：马小华
总经理(General Manager)：马小华
联系人(Contact Person)：马小华
产品(Products)：婴儿止汗湿巾，汗不湿
品牌(Brand)：爱宝多

南昌科奇高新技术产品实业有限公司
Nanchang Keqi Advanced Technical Industry Co., Ltd.
地址(Add)：江西省南昌市昌北经济开发区双港路134号残联庇护工厂内
邮编(P. C.)：330029
电话(Tel)：0791 - 8350017
传真(Fax)：0791 - 8309627
E-mail：nanchangwu@yahoo.com.cn
联系人(Contact Person)：熊华
产品(Products)：湿巾
品牌(Brand)：沐阳

南昌市鑫隆达卫生纸品有限公司
Nanchang Xinlongda Hygiene Paper Products Co., Ltd.
地址(Add)：江西省南昌市高新开发区
邮编(P. C.)：330039

电话(Tel)：0791－8383218
传真(Fax)：0791－8383308
E-mail：nanchangxinlongda@163.com
法人代表(Chairman)：胡明亮
产品(Products)：面巾纸，餐巾纸，湿巾

南昌万家洁卫生制品有限公司
Nanchang Wanjiajie Hygiene Products Co., Ltd.
地址(Add)：江西省南昌市小兰工业园区(墨山立交桥旁)
邮编(P.C.)：330006
电话(Tel)：0791－8789619
传真(Fax)：0791－5818261
联系人(Contact Person)：林德志
产品(Products)：面巾纸，餐巾纸，擦手纸，厨房用纸，湿巾

南昌美佳纸业有限公司
Nanchang Meijia Paper Co., Ltd.
地址(Add)：江西省南昌市小兰经济开发区工业一路南段
邮编(P.C.)：330200
电话(Tel)：0791－5761266
传真(Fax)：0791－5761266
E-mail：hxzy5761266@yahoo.com.cn
Http://www.0791zy.com.cn
联系人(Contact Person)：胡国忠
产品(Products)：面巾纸，餐巾纸，卫生卷纸，湿巾
品牌(Brand)：美加惠

南昌市誉龙纸业有限公司
Nanchang Yulong Paper Co., Ltd.
地址(Add)：江西省南昌市新建长征西路238号
邮编(P.C.)：330100
电话(Tel)：0791－3756123
传真(Fax)：0791－3756123
联系人(Contact Person)：邓兴伟
产品(Products)：餐巾纸，手帕纸，卫生卷纸，面巾纸，湿巾
品牌(Brand)：誉龙，多好，金兔，超越梦想

江西省康美洁卫生用品有限公司
Jiangxi Kangmeijie Sanitary Products Co., Ltd.
地址(Add)：江西省南昌市新建县经济开发区
邮编(P.C.)：330100
电话(Tel)：0791－3681666
传真(Fax)：0791－3681666
E-mail：kangmeijie@hotsales.net
Http://www.kangmeijie.cn.alibaba.com
总经理(General Manager)：胡国林
联系人(Contact Person)：胡国林
产品(Products)：湿巾，美容巾，一次性毛巾，餐巾纸，面巾纸，卫生卷纸，擦手纸
品牌(Brand)：康美洁

鄱阳湖纸业公司
Poyanghu Paper Co., Ltd.
地址(Add)：江西省鄱阳县城麻厂路(原县玩具厂内)
邮编(P.C.)：333100
电话(Tel)：0793－6261322
联系人(Contact Person)：胡贵和
产品(Products)：卫生卷纸，餐巾纸，手帕纸，湿巾

上饶市玉丰纸业有限公司
Shangrao Yufeng Paper Co., Ltd.
地址(Add)：江西省上饶市陵园路3号
邮编(P.C.)：334000
电话(Tel)：0793－8157032
传真(Fax)：0793－8157032
总经理(General Manager)：陈思宏
产品(Products)：卫生纸，面巾纸，餐巾纸，湿巾

江西生成卫生用品有限公司
Jiangxi Shengcheng Hygiene Products Co., Ltd.
地址(Add)：江西省武宁县万福经济技术开发区
邮编(P.C.)：332300
电话(Tel)：0792－2837461
传真(Fax)：0792－2839355
E-mail：jxsc@public1.jj.jx.cn
Http://www.cnshengcheng.com
法人代表(Chairman)：余陈
总经理(General Manager)：余陈
联系人(Contact Person)：艾萍
产品(Products)：湿巾，马桶垫纸，宠物垫
品牌(Brand)：生成，乐知知，SC

■ 山东 Shandong

滨州康洁纸业有限公司
Binzhou Kangjie Paper Co., Ltd.
地址(Add)：山东省滨州市黄河一路
邮编(P.C.)：256600
电话(Tel)：0543－3272777
联系人(Contact Person)：姜涛
产品(Products)：餐巾纸，面巾纸，手帕纸，湿巾

山东信成纸业有限公司
Shandong Xincheng Paper Co., Ltd.
地址(Add)：山东省茌平县西外环高新技术工业园区
邮编(P.C.)：252100
电话(Tel)：0635－4285466
传真(Fax)：0635－4287566
E-mail：xcpaper2008@yahoo.com.cn
Http://www.xcgroup.com.cn
法人代表(Chairman)：曹晓云
总经理(General Manager)：牛洪华
联系人(Contact Person)：胡守泉
产品(Products)：厨房用纸，美容纸，马桶座垫，湿巾
品牌(Brand)：圣荷

济南卡尼尔科技有限公司
Jinan Kanier Science & Technology Co., Ltd.
地址(Add)：山东省济南市槐荫工业园区新沙北路9号办公楼一层101室
邮编(P.C.)：250023
电话(Tel)：0531－85982788
传真(Fax)：0531－85982273
E-mail：kanier@163.com
Http://www.kanier.net.cn

法人代表(Chairman)：胡菁芳
总经理(General Manager)：胡清刚
联系人(Contact Person)：胡菁芳
产品(Products)：湿巾，化妆棉
品牌(Brand)：卡尼尔，子诺

山东省润荷卫生材料有限公司
Shandong Runhe Health Materials Co., Ltd.
地址(Add)：山东省济南市明水经济开发区
邮编(P. C.)：250200
电话(Tel)：0531－83328212
传真(Fax)：0531－83328212
E-mail：weifangyinyingqing@163. com
联系人(Contact Person)：殷英青
产品(Products)：湿巾

青岛明宇卫生制品有限公司
Qingdao Mingyu Hygiene Products Co., Ltd.
地址(Add)：山东省胶州市郑州东路236号甲
邮编(P. C.)：266300
电话(Tel)：0532－87209029
传真(Fax)：0532－87233929
法人代表(Chairman)：王世国
总经理(General Manager)：王世国
产品(Products)：湿巾
品牌(Brand)：明宇

莒南县雅云卫生用品有限公司
Junan Yayun Hygiene Products Co., Ltd.
地址(Add)：山东省莒南县相邸工业园
邮编(P. C.)：276626
电话(Tel)：0539－7519999
传真(Fax)：0539－7519339
E-mail：yayun@sdyayun. com
Http://www. sdyayun. com
联系人(Contact Person)：薄怀举
产品(Products)：湿巾，纸巾纸，餐巾纸
品牌(Brand)：雅润

山东莱芜市永胜随心印纸业有限公司
Shandong Laiwu Yongsheng Suixinyin Paper Co., Ltd.
地址(Add)：山东省莱芜市经济开发区东风街108号
邮编(P. C.)：271100
电话(Tel)：0634－6180888
传真(Fax)：0634－6180135
E-mail：yongshengsuixinyin@126. com
Http://www. suixinyin. com
联系人(Contact Person)：何允生
产品(Products)：卫生纸，湿巾

临朐县云豪纸制品有限公司
Linqu Yunhao Paper Products Co., Ltd.
地址(Add)：山东省临朐县朐山路西首(转盘向西1公里路南)
邮编(P. C.)：276000
电话(Tel)：0536－3458882
传真(Fax)：0536－3187962
总经理(General Manager)：张金富
产品(Products)：手帕纸，面巾纸，擦手纸，餐巾纸，湿巾
品牌(Brand)：云豪，柔柔佳人

青岛洁尔康卫生用品厂
Qingdao Jieerkang Hygiene Products Factory
地址(Add)：山东省青岛市308国道235号
邮编(P. C.)：266000
电话(Tel)：0532－88721715
传真(Fax)：0532－88721015
E-mail：qdkangjie@qdkangjie. com
Http://www. qdkangjie. com
联系人(Contact Person)：范玉梅
产品(Products)：湿巾，面巾纸，手帕纸
品牌(Brand)：康日洁

青岛克大克生化科技有限公司
Qingdao Kedake Biochemical Technology Co., Ltd.
地址(Add)：山东省青岛市城阳区夏庄街道李家沙沟工业园
邮编(P. C.)：266107
电话(Tel)：0532－87780887
传真(Fax)：0532－87780886
Http://www. qdkedake. com
总经理(General Manager)：于锋
联系人(Contact Person)：于锋
产品(Products)：湿巾
品牌(Brand)：醉花阴，含露蜜

青岛美西南科技发展有限公司
Qingdao Meixinan Technology Development Co., Ltd.
地址(Add)：山东省青岛市临港开发区上海路北端
邮编(P. C.)：266400
电话(Tel)：0532－89925969
传真(Fax)：0532－85135322
E-mail：qdmxn2007@163. com
Http://www. qdmxn. cn
联系人(Contact Person)：徐芳
产品(Products)：湿巾，面巾纸，妇女卫生巾，婴儿纸尿片，护理垫
品牌(Brand)：喜佳福

日照三奇医疗卫生用品有限公司
Rizhao Sanqi Medical & Health Articles Co., Ltd.
地址(Add)：山东省日照市昭阳路15－3号
邮编(P. C.)：276800
电话(Tel)：0633－8541508
传真(Fax)：0633－8541214
E-mail：wcs6928@163. com
总经理(General Manager)：毕坤传
联系人(Contact Person)：王常申
产品(Products)：医疗用品，护理垫，纸巾纸，湿巾

寿光市东健纸巾有限公司
Shouguang Dongjian Paper Products Co., Ltd.
地址(Add)：山东省寿光市开发区北海路
邮编(P. C.)：261300
电话(Tel)：0536－5101113
传真(Fax)：0536－5106363
E-mail：dongjianzhijin@163. com

Http://www. dongjianzhijin. com
联系人(Contact Person)：董彦坤
产品(Products)：湿巾
品牌(Brand)：依诺

寿光市百合康健品公司
Shouguang Baihe Healthcare Products Co., Ltd.
地址(Add)：山东省寿光市寿尧路中段
邮编(P. C.)：262700
电话(Tel)：0536－5293038
E-mail：sgbaihe@126. com
Http://www. sgbaihe. cn
联系人(Contact Person)：刘向民
产品(Products)：湿巾

寿光惟施卫生用品厂
Shouguang Weishi Hygiene Products Factory
地址(Add)：山东省寿光市银海路中国银行东侧
邮编(P. C.)：262700
电话(Tel)：0536－5251066
传真(Fax)：0536－5251066
Http://www. sdzhijin. com
总经理(General Manager)：王建卫
产品(Products)：餐巾纸，面巾纸，手帕纸，卫生纸，湿巾

郯城县金得利卫生用品有限公司
Tancheng Jindeli Hygiene Products Co., Ltd.
地址(Add)：山东省郯城县高册工业园
邮编(P. C.)：276100
电话(Tel)：0539－6591688
传真(Fax)：0539－6593888
法人代表(Chairman)：胡征文
总经理(General Manager)：胡征文
联系人(Contact Person)：胡文龙
产品(Products)：妇女卫生巾，卫生护垫，婴儿纸尿裤/片，成人纸尿裤/片，护理垫，干擦拭巾
品牌(Brand)：丽源，新帮宝

临沂利华纸业有限公司＊
Linyi Lihua Paper Co., Ltd.
地址(Add)：山东省郯城县胜利乡驻地
邮编(P. C.)：276013
电话(Tel)：0539－6731688
总经理(General Manager)：徐立华
产品(Products)：卫生纸，原纸，盘纸，手帕纸，餐巾纸，湿巾
品牌(Brand)：森派

山东羽希卫生用品有限公司
Shandong Yuxi Hygiene Products Co., Ltd.
地址(Add)：山东省郯城县西关三街
邮编(P. C.)：276100
电话(Tel)：0539－6135081
传真(Fax)：0539－6135081
总经理(General Manager)：徐勤武
联系人(Contact Person)：周文
产品(Products)：妇女卫生巾，卫生护垫，婴儿纸尿裤，卫生纸，湿巾
品牌(Brand)：羽希

威海亿露飞卫生用品有限公司
Weihai Yilufei Hygiene Products Co., Ltd.
地址(Add)：山东省威海市高新技术产业开发区火炬路高发大厦8楼
邮编(P. C.)：264209
电话(Tel)：0631－5629111
传真(Fax)：0631－5629222
Http://www. weihaiyilufei. com
总经理(General Manager)：郑飞
联系人(Contact Person)：李培丽
产品(Products)：湿巾
品牌(Brand)：亿露飞

洁缘卫生用品有限公司
Jieyuan Hygiene Products Co., Ltd.
地址(Add)：山东省潍坊市昌乐县鄌郚工业园赵家岭路1号
邮编(P. C.)：262409
电话(Tel)：0536－6615588
传真(Fax)：0536－6615588
E-mail：jieyuanyongpin@163. com
总经理(General Manager)：刘俊杰
联系人(Contact Person)：刘俊杰
产品(Products)：湿巾
品牌(Brand)：洁缘

潍坊福山纸业有限公司
Weifang Fushan Paper Products Co., Ltd.
地址(Add)：山东省潍坊市坊子区东王工业区
邮编(P. C.)：261200
电话(Tel)：0536－7637289
传真(Fax)：0536－7637288
法人代表(Chairman)：蔡金针
总经理(General Manager)：蔡标芳
联系人(Contact Person)：许永源
产品(Products)：卫生纸，面巾纸，餐巾纸，手帕纸，湿巾，婴儿纸尿片，手术衣帽
品牌(Brand)：喜相随，好儿女，左右手，随康

潍坊恒联美林生活用纸有限公司＊
Weifang Lancel Hygiene Products Co., Ltd.
地址(Add)：山东省潍坊市寒亭区海龙路609号
邮编(P. C.)：261100
电话(Tel)：0536－7283229
传真(Fax)：0536－7283228
E-mail：lsl115848@126. com
Http://www. lancelhp. com
法人代表(Chairman)：李瑞丰
总经理(General Manager)：张利
联系人(Contact Person)：刘世龙
产品(Products)：原纸，卫生纸，餐巾纸，面巾纸，手帕纸，擦手纸，吸水纸，厨房用纸，湿巾
品牌(Brand)：玉，风筝，格外丽

潍坊马利尔清洁用品有限公司
Weifang Malier Cleaning Products Co., Ltd.
地址(Add)：山东省潍坊市奎文区宏伟南路13号
邮编(P. C.)：261051
电话(Tel)：0536－8807826
传真(Fax)：0536－8806253

E-mail：keli@ keli-chem. com
Http://www. keli-chem. com
法人代表(Chairman)：马吉义
总经理(General Manager)：马吉义
联系人(Contact Person)：贾佃涛
产品(Products)：卫生纸，餐巾纸，擦手纸，小盘纸，面巾纸，手帕纸，湿巾
品牌(Brand)：雅蝶

山东省永信非织造材料有限公司
Shandong Winson Nonwoven Materials Co., Ltd.

地址(Add)：山东省章丘市明水经济开发区
邮编(P. C.)：250200
电话(Tel)：0531 – 83328207
传真(Fax)：0531 – 83328117
E-mail：sdyongxin@ 163. com
Http://www. sdwinson. com
法人代表(Chairman)：史成玉
总经理(General Manager)：史成玉
联系人(Contact Person)：夏伦全
产品(Products)：湿巾

山东益母妇女用品有限公司
Shandong Yimoo Women Necessities Co., Ltd.

地址(Add)：山东省淄博市沂源县城沂蒙路 9 号
邮编(P. C.)：256100
电话(Tel)：0533 – 3241148
传真(Fax)：0533 – 3241148
E-mail：yimoo@ yimoo. cn
Http://www. yimoo. cn
法人代表(Chairman)：赵玉山
总经理(General Manager)：徐德文
联系人(Contact Person)：郑霞
产品(Products)：妇女卫生巾，卫生护垫，婴儿纸尿裤，湿巾
品牌(Brand)：益母，益母草，益贝，调皮蛋

淄博旭日纸业有限公司
Zibo Xuri Paper Co., Ltd.

地址(Add)：山东省淄博市周村区北郊镇班里村
邮编(P. C.)：255314
电话(Tel)：0533 – 6582989
联系人(Contact Person)：郑青
产品(Products)：餐巾纸，手帕纸，湿巾
品牌(Brand)：景雅

淄博市淄川日洁消毒用品厂
Zibo Zichuan Rijie Disinfect Articles Factory

地址(Add)：山东省淄博市淄川区寨星镇南沈村
邮编(P. C.)：255150
电话(Tel)：0533 – 5616771
传真(Fax)：0533 – 5616771
总经理(General Manager)：宋家奎
联系人(Contact Person)：王剑
产品(Products)：湿巾
品牌(Brand)：日洁

■ 河南 Henan

开封瑞帮卫生材料有限公司
Kaifeng Ruibang Hygiene Materials Co., Ltd.

地址(Add)：河南省开封市兰考县红庙工业园 8 – 88
邮编(P. C.)：475314
电话(Tel)：0378 – 6112688
传真(Fax)：0378 – 6110688
E-mail：ruibang88@ yahoo. com
Http://www. wipeschina. ccm
总经理(General Manager)：毛吉会
联系人(Contact Person)：何启兴
产品(Products)：妇女卫生巾，卫生护垫，婴儿纸尿裤/片，成人纸尿裤/片，湿巾，护理垫
品牌(Brand)：舒馨，茵子

濮阳市润洁生活用品有限公司
Puyang Runjie Hygiene Products Co., Ltd.

地址(Add)：河南省濮阳市黄河路西段
邮编(P. C.)：457000
电话(Tel)：0393 – 4613056
传真(Fax)：0393 – 4613056
E-mail：pzw1690@ sina. com
联系人(Contact Person)：庞占伟
产品(Products)：湿巾
品牌(Brand)：舒润洁

三门峡雅洁卫生制品厂
Sanmenxia Yajie Hygiene Products Factory

地址(Add)：河南省三门峡市大岭路北 49 号
邮编(P. C.)：472000
电话(Tel)：0398 – 2898352
传真(Fax)：0398 – 2898352
法人代表(Chairman)：乔亚娟
产品(Products)：餐巾纸，湿巾

河南卫辉苏菲卫生用品厂
Henan Weihui Sufei Hygiene Products Factory

地址(Add)：河南省卫辉市太公泉工业园
邮编(P. C.)：453100
电话(Tel)：0373 – 4168666
传真(Fax)：0373 – 4169888
E-mail：hndsnr@ 163. com
法人代表(Chairman)：王新江
总经理(General Manager)：王新江
联系人(Contact Person)：王新江
产品(Products)：妇女卫生巾，纸尿裤，湿巾
品牌(Brand)：绝妙，绝妙宝贝

许昌洁达纸品有限公司 *
Xuchang Jieda Paper Products Co., Ltd.

地址(Add)：河南省许昌市东城区工业开发区
邮编(P. C.)：461000
电话(Tel)：0374 – 4363888
传真(Fax)：0374 – 4397688
Http://www. jiedazp. com
总经理(General Manager)：章高招
联系人(Contact Person)：吴秋霞
产品(Products)：婴儿纸尿裤/片，手帕纸，面巾纸，卫生卷纸，原纸，湿巾
品牌(Brand)：丽妃，章程，绿之舟，梦妃

郑州枫林无纺科技有限公司
Zhengzhou Fenglin Nonwovens Science & Tech. Co., Ltd.

地址(Add)：河南省郑州巩义市小关镇

邮编(P. C.): 451272
电话(Tel): 0371 - 64442966
传真(Fax): 0371 - 64441166
E-mail: zzflwf@163. com
Http://www. flwf. com
法人代表(Chairman): 卫强
联系人(Contact Person): 张元顺
产品(Products): 压缩毛巾, 湿巾, 卸妆棉, 洁面巾

郑州铭泰非织造材料有限公司
Zhengzhou Mingtai Nonwovens Co., Ltd.
地址(Add): 河南省郑州市高新技术开发区合欢街 10 号
邮编(P. C.): 450001
电话(Tel): 0371 - 67986380
传真(Fax): 0371 - 67986380
E-mail: kouzhenhua@163. com
Http://www. zzmingtai. com
总经理(General Manager): 寇振华
联系人(Contact Person): 寇振华
产品(Products): 湿巾

郑州万戈免洗用品工贸有限公司
Zhengzhou Wange Wash-Free Articles Industry & Trade Co., Ltd.
地址(Add): 河南省郑州市紫荆山路 60 号金成国贸大厦 2614 室
邮编(P. C.): 450000
电话(Tel): 0371 - 66616160
传真(Fax): 0371 - 65338249
E-mail: zzwange@163. com
Http://www. zzwange. com
法人代表(Chairman): 常明
总经理(General Manager): 常利成
产品(Products): 擦手纸, 面巾纸, 餐巾纸, 卫生卷纸, 湿巾
品牌(Brand): 万戈

■ 湖北 Hubei

尚美一次性生活用品厂
Shangmei Articles for Daily Use Factory
地址(Add): 湖北省武汉市汉阳区倒口南村 238 号
邮编(P. C.): 430050
电话(Tel): 027 - 82319651
传真(Fax): 027 - 82319651
总经理(General Manager): 杨继国
产品(Products): 湿巾, 餐巾纸
品牌(Brand): 尚美

武汉怡和亚太工贸有限公司
Amicus Asia Pacific (Wuhan) Pte Ltd.
地址(Add): 湖北省武汉市汉阳区永丰乡彭家岭万通工业园 3 号楼 2 楼
邮编(P. C.): 430000
电话(Tel): 027 - 59338688
传真(Fax): 027 - 59338686
E-mail: belove8001@163. com
总经理(General Manager): 张娅玲
产品(Products): 湿巾
品牌(Brand): 芳洁

湖北丝宝股份有限公司
Hubei C - BONS Co., Ltd.
地址(Add): 湖北省武汉市黄浦大街 260 号丝宝国际大厦
邮编(P. C.): 430019
电话(Tel): 027 - 82920888
传真(Fax): 027 - 82922001
E-mail: ladycare@c - bons. com. cn
Http://www. ladycare. com. cn
法人代表(Chairman): 梁亮胜
总经理(General Manager): 陈莺
联系人(Contact Person): 马海燕
产品(Products): 妇女卫生巾, 卫生护垫, 湿巾
品牌(Brand): 洁婷, 洁婷蓓柔

武汉市百康纸业加工厂
Wuhan Baikang Paper Products Factory
地址(Add): 湖北省武汉市江岸区经济开发区石桥一路西一栋
邮编(P. C.): 430000
电话(Tel): 027 - 65654510
传真(Fax): 027 - 65654510
法人代表(Chairman): 张汉生
总经理(General Manager): 张汉生
联系人(Contact Person): 马自来
产品(Products): 餐巾纸, 面巾纸, 湿巾
品牌(Brand): 百康

武汉市清晨纸业有限公司
Wuhan Qingchen Paper Co., Ltd.
地址(Add): 湖北省武汉市江岸区余华岭特 1 号宏游工业园
邮编(P. C.): 430071
电话(Tel): 027 - 65609009
传真(Fax): 027 - 59507911
E-mail: bohai98@126. com
Http://www. whbohai. com
总经理(General Manager): 罗德波
产品(Products): 手帕纸, 面巾纸, 卫生纸, 湿巾

武汉黎世免洗用品有限责任公司
Lishi Washfree Products Co., Ltd.
地址(Add): 湖北省武汉市江汉区天门墩 25 号
邮编(P. C.): 430015
电话(Tel): 027 - 85801337
传真(Fax): 027 - 85801377
E-mail: lishizy@126. com
Http://www. lishi. com. cn
总经理(General Manager): 吴世龙
产品(Products): 卫生纸, 餐巾纸, 面巾纸, 湿巾
品牌(Brand): 黎世, 月季园

武汉市硚口区布莱特纸品厂
Wuhan Qiaokou Bright Paper Factory
地址(Add): 湖北省武汉市硚口区汉西路 150 号
邮编(P. C.): 430034
电话(Tel): 027 - 83647306
传真(Fax): 027 - 59314787
E-mail: bright _ mail@263. net
联系人(Contact Person): 阮祥华
产品(Products): 餐巾纸, 面巾纸, 湿巾

武汉贝思特纸业有限公司
Wuhan Best Paper Co., Ltd.
地址(Add): 湖北省武汉市硚口区解放大道21号汉正街都市工业区机电园A104
邮编(P. C.): 430034
电话(Tel): 027-83413065
传真(Fax): 027-83413069
E-mail: cs@bestpaper.com.cn
Http://www.bestpaper.com.cn
法人代表(Chairman): 徐声星
联系人(Contact Person): 周青
产品(Products): 湿巾

■ 湖南 Hunan

湖南省倍康卫生用品有限公司
Hunan Beikang Hygiene Products Co., Ltd.
地址(Add): 湖南省长沙市旅游区华泰工业园
邮编(P. C.): 410003
电话(Tel): 0731-5686888
传真(Fax): 0731-5682888
E-mail: baken@21cn.com
Http://www.baken.cn
总经理(General Manager): 覃叙钧
产品(Products): 婴儿纸尿裤/片, 妇婴两用巾, 湿巾
品牌(Brand): 倍康

湖南恒安纸业有限公司 *
Hunan Hengan Paper Co., Ltd.
地址(Add): 湖南省常德市德山开发区桃林路
邮编(P. C.): 415001
电话(Tel): 0736-7300008
传真(Fax): 0736-7300332
Http://www.hengan.com
法人代表(Chairman): 许连捷
总经理(General Manager): 李新久
联系人(Contact Person): 吴祥华
产品(Products): 卫生纸, 原纸, 手帕纸, 面巾纸, 餐巾纸, 湿巾
品牌(Brand): 心相印, 柔影

大祥纸业公司
Daxiang Paper Co.
地址(Add): 湖南省洞口县城雪峰东路
邮编(P. C.): 422300
电话(Tel): 0739-7150288
传真(Fax): 0739-7150288
总经理(General Manager): 李大祥
产品(Products): 餐巾纸, 湿巾

湘潭金诚纸业有限公司
Xiangtan Jincheng Paper Co., Ltd.
地址(Add): 湖南省湘潭市高新区国家火炬创新创业园
邮编(P. C.): 411101
电话(Tel): 0732-52816326
传真(Fax): 0732-52816355
E-mail: jincheng@jczhiye.com
Http://www.jczhiye.com
法人代表(Chairman): 刘建国
总经理(General Manager): 刘建国
联系人(Contact Person): 吴爽
产品(Products): 湿巾
品牌(Brand): 纤雨度

益阳市朝阳绿丹蓝纸业用品有限公司
Yiyang Chaoyang Lüdanlan Paper Products Factory
地址(Add): 湖南省益阳市赫山区罗溪北路
邮编(P. C.): 413000
电话(Tel): 0737-4443558
传真(Fax): 0737-2621658
E-mail: biyunfeng-paper@163.com
Http://www.ldlzy.com
总经理(General Manager): 王志强
产品(Products): 手帕纸, 餐巾纸, 湿巾

■ 广东 Guangdong

广东省潮州市航空用品实业有限公司
Chaozhou Aviation Articles Industry Co., Ltd.
地址(Add): 广东省潮州市厦园潮航路
邮编(P. C.): 515634
电话(Tel): 0768-5420251
传真(Fax): 0768-5421655
E-mail: info@czair.com
Http://www.czair.com
联系人(Contact Person): 陈兴邦
产品(Products): 湿巾

东莞市东昌纸品厂
Dongguan Dongchang Paper Products Factory
地址(Add): 广东省东莞市大朗镇圣堂村东苑208号
邮编(P. C.): 523000
电话(Tel): 0769-83198622
传真(Fax): 0769-83130870
E-mail: dgdongchang@dgdongchang.com
Http://www.dgdongchang.com
联系人(Contact Person): 廖作灵
产品(Products): 面巾纸, 餐巾纸, 擦手纸, 湿巾
品牌(Brand): 鸿昌

美亚无纺布纺织产业用布科技(东莞)有限公司
U. S. Pacific Nonwovens & Technical Textile Technology (Dongguan) Co., Ltd.
地址(Add): 广东省东莞市东城区鳌峙塘工业区东堤路2号
邮编(P. C.): 523116
电话(Tel): 0769-22635240
传真(Fax): 0769-22635245
E-mail: usp@us-pacific.com.hk
Http://www.us-pacific.com.hk
法人代表(Chairman): 黄祖基
产品(Products): 抹布, 手术衣, 口罩, 帽子等非织造布制品

东莞市舒洁(鑫源)纸制品公司
Dongguan Shujie (Xinyuan) Paper Products Co., Ltd.
地址(Add): 广东省东莞市厚街镇厚街村兴元路
邮编(P. C.): 523953
电话(Tel): 0769-85992469
传真(Fax): 0769-85834058
联系人(Contact Person): 李嘉新

产品(Products)：卫生卷纸，面巾纸，擦手纸，手帕纸，湿巾

广东省南海康洁香巾厂
Guangdong Nanhai Kangjie Towel Factory
地址(Add)：广东省佛山市季华七路大弯南工业区 B 座 3 楼
邮编(P. C.)：528000
电话(Tel)：0757-86360727
传真(Fax)：0757-86361584
E-mail：master@kangjie-wettowel.com
Http://www.kangjie-wettowel.com
总经理(General Manager)：周柱兴
产品(Products)：湿巾，婴儿隔尿垫巾，手帕纸
品牌(Brand)：康洁，舒爽

佛山市南海区桂城德恒餐饮用品厂
Foshan Deheng Dining Things Factory
地址(Add)：广东省佛山市南海区桂城叠北工业区 14 号
邮编(P. C.)：528253
电话(Tel)：0757-86311287
传真(Fax)：0757-86300087
E-mail：office@nh-deheng.com
总经理(General Manager)：张景炽
联系人(Contact Person)：张德鉴
产品(Products)：湿巾
品牌(Brand)：晨宝

佛山市南海区桂城景兴商务拓展有限公司
Kingdom Marketing Service Co., Ltd.
地址(Add)：广东省佛山市南海区桂城南海大道北 50 号联达金融大厦 8 楼
邮编(P. C.)：528200
电话(Tel)：0757-86238822
传真(Fax)：0757-86238670
E-mail：kingdom@abckms.com
Http://www.abckms.com
法人代表(Chairman)：邓锦明
总经理(General Manager)：邓锦明
联系人(Contact Person)：邓锦明
产品(Products)：妇女卫生巾，卫生护垫，湿巾
品牌(Brand)：ABC，Free，EC，快乐小妹，易洁

佛山市兴肤洁卫生用品厂
Foshan Xingfujie Hygiene Products Factory
地址(Add)：广东省佛山市南海区金沙上安中坊开发区李祥开木楼 2 层
邮编(P. C.)：528223
电话(Tel)：0757-86433038
传真(Fax)：0757-86433786
E-mail：kdx@126.com
Http://www.kdx8848.com
法人代表(Chairman)：杨福祥
联系人(Contact Person)：杨福祥
产品(Products)：湿巾，餐巾纸
品牌(Brand)：康德信

佛山市南海区平洲夏东伟业纸品厂
Foshan Weiye Paper Products Factory
地址(Add)：广东省佛山市南海区平洲夏东村五房沙
邮编(P. C.)：528251
电话(Tel)：0757-86799467
传真(Fax)：0757-86799467
法人代表(Chairman)：叶健松
产品(Products)：湿巾，纸巾纸
品牌(Brand)：馨业

广东妇健企业有限公司
Guangdong Fujian Enterprise Co., Ltd.
地址(Add)：广东省佛山市南海区平洲夏南一工业区
邮编(P. C.)：528251
电话(Tel)：0757-86774737
传真(Fax)：0757-86771573
E-mail：fujian@gd-fujian.com
Http://www.gd-fujian.com
法人代表(Chairman)：彭乃强
总经理(General Manager)：苏铭贤
产品(Products)：妇女卫生巾，卫生护垫，婴儿纸尿裤/片，湿巾
品牌(Brand)：妇健，护儿健

佛山市南海区平洲夏西雅佳酒店用品厂
Foshan Yajia Hotel Articles Factory
地址(Add)：广东省佛山市南海区平洲夏西良溪工业区
邮编(P. C.)：528251
电话(Tel)：0757-86774070
传真(Fax)：0757-86284555
E-mail：v6774070@21cn.com
Http://www.yajia123.com
法人代表(Chairman)：李尤燐
产品(Products)：湿巾，纸巾纸
品牌(Brand)：雅派一族

佛山市顺德区崇大湿纸巾有限公司
Foshan Shunde Soshio Wet Tissue Co., Ltd.
地址(Add)：广东省佛山市顺德区北滘镇工业大道 6 号
邮编(P. C.)：528311
电话(Tel)：0757-26634163
传真(Fax)：0757-26632314
E-mail：dannychoi@soshio.com
法人代表(Chairman)：苏振中
总经理(General Manager)：谢耿平
联系人(Contact Person)：蔡志伟
产品(Products)：湿巾

佛山市顺德区大良富利日用品厂
Foshan Shunde Daliang Fuli Articles for Daily Use Factory
地址(Add)：广东省佛山市顺德区大良新松工业区
邮编(P. C.)：528300
电话(Tel)：0757-22221725
传真(Fax)：0757-22221725
E-mail：rurun@fu-run.cn
Http://fu-run.pinsou.com
联系人(Contact Person)：欧阳辉
产品(Products)：湿巾
品牌(Brand)：富润

广州大荣日用化工制品有限公司
Guangzhou Darong Daily Chemicals Co., Ltd.
地址(Add)：广东省广州市白云区人和镇人和工业区华业路 12 号
邮编(P. C.)：510425

电话(Tel)：020－86457920
传真(Fax)：020－86451183
E-mail：service@changshang.com
Http://dai-wa.pinsou.com
联系人(Contact Person)：龙亚媚
产品(Products)：湿巾
品牌(Brand)：大荣

广州艾俪诗日用品有限公司
Guangzhou Ailishi Daily Necessities Co., Ltd.
地址(Add)：广东省广州市海珠区广州大道南448号财智大厦2210号
邮编(P.C.)：510300
电话(Tel)：020－89885053
传真(Fax)：020－84269919
E-mail：vickyliang_al@yahoo.com
Http://www.alicelee-international.com
联系人(Contact Person)：梁美荣
产品(Products)：婴儿纸尿裤，湿巾，妇女卫生巾，护理垫，成人纸尿裤
品牌(Brand)：CHERISH

广州市海珠区花洁旅游日用品厂
Guangzhou Haizhu Huajie Tourism Articles Co., Ltd.
地址(Add)：广东省广州市海珠区琶州仁瑞大街27号
邮编(P.C.)：510310
电话(Tel)：020－34767965
传真(Fax)：020－34311736
E-mail：huajiezhiye@163.com
法人代表(Chairman)：杨铁雷
总经理(General Manager)：杨铁雷
联系人(Contact Person)：郭樱
产品(Products)：湿巾，面巾纸，擦手纸，厨房用纸
品牌(Brand)：名扬，花洁

广州市立新日用品厂
Guangzhou Lixin Commodity Factory
地址(Add)：广东省广州市海珠区燕子岗路燕子岗街一号海幢工业区七楼
邮编(P.C.)：510280
电话(Tel)：020－61136074
传真(Fax)：020－89008086
E-mail：abc61177074@yahoo.com.cn
Http://www.tissue.com.cn
联系人(Contact Person)：Charle 张
产品(Products)：湿巾

广州市白桦日用品有限公司
Guangzhou Baihua Commodity Co., Ltd.
地址(Add)：广东省广州市黄埔区中山大道茅岗路口轻工厂房四楼
邮编(P.C.)：510700
电话(Tel)：020－82294885
传真(Fax)：020－82294882
E-mail：jpwaddy@126.com
Http://www.waddy.cn
联系人(Contact Person)：陈军平
产品(Products)：湿巾
品牌(Brand)：桦迪，e之爽

广州市天河高登保健制品厂
Guangzhou Tianhe Gaodeng Healthcare Products Factory
地址(Add)：广东省广州市天河车陂新涌口西83号大围工业区
邮编(P.C.)：510080
电话(Tel)：020－82170282
传真(Fax)：020－82170181
E-mail：cngolden@126.com
Http://www.cngolden.com
法人代表(Chairman)：林志坚
联系人(Contact Person)：林峰
产品(Products)：湿巾

宝洁(中国)有限公司
Procter & Gamble (China) Ltd.
地址(Add)：广东省广州市天河区林和西路161号中泰国际广场30楼
邮编(P.C.)：510620
电话(Tel)：020－85186688
传真(Fax)：020－85186131
E-mail：wan.an@pg.com
Http://www.pg.com.cn
法人代表(Chairman)：李佳怡
总经理(General Manager)：李佳怡
联系人(Contact Person)：万向红
产品(Products)：妇女卫生巾，卫生护垫，婴儿纸尿裤，湿巾
品牌(Brand)：护舒宝，帮宝适

广州博润生物科技有限公司
Guangzhou Borun Biotech. Co., Ltd.
地址(Add)：广东省广州市新港西路135号海珠中大科技园
邮编(P.C.)：510275
电话(Tel)：020－84111252
传真(Fax)：020－84111253
E-mail：boeringlee@126.com
Http://www.boering.com.cn
联系人(Contact Person)：杨超
产品(Products)：湿巾
品牌(Brand)：SNOOPY

广州创展无纺布制品厂
Guangzhou Chuangzhan Nonwovens Products Factory
地址(Add)：广东省广州市中山大道东圃一横路13号聚华楼306室
邮编(P.C.)：510660
电话(Tel)：020－82318922
传真(Fax)：020－82316286
E-mail：chuangzhan@vip.163.com
Http://www.gdchuangzhan.com
联系人(Contact Person)：杨耀钧
产品(Products)：包装袋，防尘罩，拖鞋，枕套，手术衣，口罩，鞋套，湿巾

江门市晨采纸业有限公司
Jiangmen Chencai Paper Co., Ltd.
地址(Add)：广东省江门市发展大道29号白石工业区K座
邮编(P.C.)：529000
电话(Tel)：0750－3390201

传真(Fax)：0750－3396031
E-mail：gm@sanchoicepaper.com
Http://www.sanchoicepaper.com
法人代表(Chairman)：吕维康
总经理(General Manager)：黄文彪
产品(Products)：面巾纸，卫生纸，擦手纸，厨房用纸，餐巾纸，湿巾
品牌(Brand)：晨彩

老蜂农化妆品(汕头)有限公司
Laofengnong Cosmetic (Shantou) Co., Ltd.
地址(Add)：广东省汕头市潮南区峡山六片 398－1 号
邮编(P.C.)：515144
电话(Tel)：0754－7788701
传真(Fax)：0754－7764552
E-mail：l.f.n@163.com
联系人(Contact Person)：陈振民
产品(Products)：湿巾
品牌(Brand)：美仙子

汕头市龙湖区骏宝有限公司
Shantou Junbao Co., Ltd.
地址(Add)：广东省汕头市龙湖工业区 14A 街区龙新西二街 6 号
邮编(P.C.)：515041
电话(Tel)：0754－88812452
传真(Fax)：0754－88812450
E-mail：junbao@jun-bao.com
Http://www.jun-bao.com
法人代表(Chairman)：陈英武
总经理(General Manager)：陈大弟
联系人(Contact Person)：庄国强
产品(Products)：湿巾
品牌(Brand)：花节，优之元素

深圳市花好月圆卫生用品有限公司
Shenzhen Huahaoyueyuan Hygiene Products Co., Ltd.
地址(Add)：广东省深圳市宝安区 25 区华丰商务大厦 B 座 630 室
邮编(P.C.)：518101
电话(Tel)：0755－27821671
传真(Fax)：0755－27821670
E-mail：szhhyy@126.com
Http://www.szhhyy.com
联系人(Contact Person)：潘国兵
产品(Products)：妇女卫生巾，卫生护垫，湿巾，婴儿纸尿裤/片，手帕纸，面巾纸
品牌(Brand)：花好月圆，康雅舒

深圳市维尼健康用品有限公司
Shenzhen Vinner Health Products Co., Ltd.
地址(Add)：广东省深圳市宝安区龙华街道金盈新村华艺工业园 D 区 A 栋四楼
邮编(P.C.)：518109
电话(Tel)：0755－33255309
传真(Fax)：0755－33255376
E-mail：vinner1@sina.com
Http://www.vinner1.com
法人代表(Chairman)：侯亚林
总经理(General Manager)：侯亚林
联系人(Contact Person)：侯亚林
产品(Products)：湿巾
品牌(Brand)：维尼

深圳市康雅实业有限公司
Shenzhen Kangya Industrial Co., Ltd.
地址(Add)：广东省深圳市宝安区沙井镇沙一长兴工业园 19 栋
邮编(P.C.)：518104
电话(Tel)：0755－81773760
传真(Fax)：0755－81773763
E-mail：topone@szonline.net
Http://www.toponeonline.com.cn
法人代表(Chairman)：郑伟群
总经理(General Manager)：郑伟群
联系人(Contact Person)：李锋
产品(Products)：湿巾
品牌(Brand)：Wetclean，Softclean

金旭环保制品(深圳)有限公司
Golden Starry Environmental Products Co., Ltd.
地址(Add)：广东省深圳市宝安区石岩镇龙马科技工业区
邮编(P.C.)：518108
电话(Tel)：0755－29826228
传真(Fax)：0755－27629067
E-mail：equal@public.szptt.net.cn
Http://www.gordian.com.hk
法人代表(Chairman)：余毅
总经理(General Manager)：洪波
联系人(Contact Person)：洪波
产品(Products)：湿巾，家居抹布
品牌(Brand)：同高，金迪

同高纺织化纤(深圳)有限公司
Equal Good Textile Chemical Fibre Products (Shenzhen) Co., Ltd.
地址(Add)：广东省深圳市宝安区石岩镇三联工业区第 1－9 栋
邮编(P.C.)：518108
电话(Tel)：0755－27629063－329
传真(Fax)：0755－27629062
E-mail：sales@nonwoven-eg.com
Http://www.nonwoven-eg.com
法人代表(Chairman)：余敏
联系人(Contact Person)：郭人贵
产品(Products)：湿巾，抹布，口罩，医用防护服，成人失禁垫

鸿源实业(深圳)有限公司
Hongyuan Industrial (Shenzhen) Co., Ltd.
地址(Add)：广东省深圳市布吉镇上水径恒通工业城 6 栋
邮编(P.C.)：518112
电话(Tel)：0755－28522648
传真(Fax)：0755－28522748
E-mail：hongyuan@hongyuanpaper.com
Http://www.hongyuanpaper.com
法人代表(Chairman)：魏楚芳
总经理(General Manager)：朱坤雄
联系人(Contact Person)：郑杰锋
产品(Products)：妇女卫生巾，卫生护垫，湿巾
品牌(Brand)：馨丽，富贵猫，声艺

深圳市施尔洁生物工程有限公司
Shenzhen Shierjie Biotech Co., Ltd.
地址(Add)：广东省深圳市福田路福庆街鸿图大厦三楼
邮编(P. C.)：518033
电话(Tel)：0755－82885482
传真(Fax)：0755－82501932
E-mail：szsej@vip.163.com
Http://www.szshierjie.com
法人代表(Chairman)：何向东
总经理(General Manager)：何向东
联系人(Contact Person)：周敏
产品(Products)：湿巾
品牌(Brand)：施尔洁

心丽卫生用品(深圳)有限公司
Sunlight Hygiene Products (Shenzhen) Co., Ltd.
地址(Add)：广东省深圳市龙岗区坪地六联鹤鸣西路7－1号心丽工业园
邮编(P. C.)：518116
电话(Tel)：0755－84888373
传真(Fax)：0755－84888375
E-mail：info@sunlightpaper.com.cn
法人代表(Chairman)：朱新田
总经理(General Manager)：林庆年
联系人(Contact Person)：林梅光
产品(Products)：卫生纸，面巾纸，手帕纸，餐巾纸，厨房用纸，擦手纸，成人纸尿裤/片，护理垫，手术衣帽，医用检查垫，医用敷料，擦拭巾，湿巾
品牌(Brand)：Sunlight，心丽

万益纸巾(深圳)有限公司
Useful Tissue (Shenzhen) Co., Ltd.
地址(Add)：广东省深圳市龙岗区坪地镇六联新围村求水岭工业区2号
邮编(P. C.)：518116
电话(Tel)：0755－84071909
传真(Fax)：0755－89625283
法人代表(Chairman)：庄灿煜
联系人(Contact Person)：庄国强
产品(Products)：面巾纸，卫生纸，湿巾
品牌(Brand)：万益

深圳申佰鑫医疗卫生用品有限公司
Shenzhen Shenbaixin Health Protecting Articles Co., Ltd.
地址(Add)：广东省深圳市龙岗区同乐吓坑第二工业区C1栋5楼
邮编(P. C.)：518116
电话(Tel)：0755－89640789
传真(Fax)：0755－89640789
联系人(Contact Person)：黄钢
产品(Products)：婴儿用卫生纸，湿巾

深圳市御品坊日用品有限公司
Shenzhen Yupinfang Commodities Co., Ltd.
地址(Add)：广东省深圳市龙华上横朗白云山新村
邮编(P. C.)：518109
电话(Tel)：0755－81781552
传真(Fax)：0755－81781551
E-mail：yupinfang@yupinfang.com
Http://www.yupinfang.net.com
总经理(General Manager)：许锐坤
联系人(Contact Person)：郑燕纯
产品(Products)：湿巾，卫生卷纸，餐巾纸
品牌(Brand)：御品坊

稳健实业(深圳)有限公司
Winner Industry (Shenzhen) Co., Ltd.
地址(Add)：广东省深圳市龙华镇油松布龙公路段1号稳健工业园
邮编(P. C.)：518109
电话(Tel)：0755－28138888
传真(Fax)：0755－28134588
E-mail：junx.zeng@winnermedical.com
Http://www.winnermedical.com
法人代表(Chairman)：李建全
联系人(Contact Person)：曾军雄
产品(Products)：擦拭巾，手术衣帽，口罩，手术垫单，医用敷料
品牌(Brand)：稳健 Winner

诗乐氏实业(深圳)有限公司
Swashes (Shenzhen) Co., Ltd.
地址(Add)：广东省深圳市罗湖区南湖路国贸商业大厦13楼A－D室
邮编(P. C.)：518014
电话(Tel)：0755－25194070
传真(Fax)：0755－25194162
E-mail：shenzhen@swashes.com.cn
Http://www.swashes.com.cn
法人代表(Chairman)：李自强
联系人(Contact Person)：李伟
产品(Products)：湿巾，厕用湿巾，抗菌纸内裤，卫生护垫，马桶座垫巾，压缩毛巾
品牌(Brand)：诗乐氏

深圳市新纶科技股份有限公司
Shenzhen Selen Science & Technology Co., Ltd.
地址(Add)：广东省深圳市南山区高新技术科技园曙光大厦九层
邮编(P. C.)：518057
电话(Tel)：0755－26993699
传真(Fax)：0755－26993088
E-mail：sean@selen.ws
Http://www.szselen.com
联系人(Contact Person)：肖应斌
产品(Products)：无尘衣，无尘手套，擦拭纸，口罩，帽子，鞋套

诺斯贝尔(中山)无纺日化有限公司
Nox Bellcow (Zhongshan) Nonwoven Chemical Co., Ltd.
地址(Add)：广东省中山市南头镇升辉北工业区
邮编(P. C.)：528427
电话(Tel)：0760－23126008
传真(Fax)：0760－23126018
E-mail：kelly@hknbc.com
Http://www.hknbc.com
联系人(Contact Person)：黄琴
产品(Products)：湿巾，擦拭巾

中山市新洁日用品有限公司
Zhongshan Xinjie Commodity Co., Ltd.
地址(Add)：广东省中山市南头镇升辉北工业区
邮编(P. C.)：528427
电话(Tel)：0760－23126898
传真(Fax)：0760－23128230
E-mail：zhongshanxinjie@163.com
Http://www.zsxjb.com
法人代表(Chairman)：欧瑞昌
联系人(Contact Person)：岑曼霞
产品(Products)：湿巾，压缩毛巾
品牌(Brand)：新洁

中山市宏俊无纺布厂有限公司
Hongjun Nonwoven Factory Ltd.
地址(Add)：广东省中山市石岐海景路3号
邮编(P. C.)：528402
电话(Tel)：0760－88703774
传真(Fax)：0760－88711071
E-mail：hongjun@z-nonwoven.com
Http://www.z-nonwoven.com
法人代表(Chairman)：吕志宏
联系人(Contact Person)：梁斌
产品(Products)：擦拭布

■ 广西 Guangxi

桂林市实为添卫生用品有限责任公司
Guilin Shiweitian Hygiene Products Co., Ltd.
地址(Add)：广西桂林市春江苑D27栋602
邮编(P. C.)：541001
电话(Tel)：0773－2624855
传真(Fax)：0773－2636900
E-mail：shiweitian@vip.163.com
Http://www.swtian.com
法人代表(Chairman)：孙素芬
总经理(General Manager)：孙悦
产品(Products)：湿巾
品牌(Brand)：空谷幽兰

南宁市乖仔工贸有限责任公司*
Nanning Guaizai Industry & Trade Co., Ltd.
地址(Add)：广西南宁市福建路15－1号
邮编(P. C.)：530031
电话(Tel)：0771－4885918
传真(Fax)：0771－4885968
法人代表(Chairman)：莫崇文
总经理(General Manager)：莫崇文
联系人(Contact Person)：黄应革
产品(Products)：手帕纸，餐巾纸，面巾纸，卫生卷纸，擦手纸，原纸，湿巾
品牌(Brand)：乖仔

广西南宁市玉云纸制品有限公司
Guangxi Nanning Yuyun Paper Products Co., Ltd.
地址(Add)：广西南宁市鲁班路1号
邮编(P. C.)：530003
电话(Tel)：0771－3820988
传真(Fax)：0771－3836404
E-mail：yuyunshuangfei@263.net
Http://www.lvch.com.cn
法人代表(Chairman)：江中云
联系人(Contact Person)：江中舟
产品(Products)：卫生纸，餐巾纸，手帕纸，面巾纸，妇女卫生巾，卫生护垫，婴儿纸尿裤/片，湿巾
品牌(Brand)：爽妃

广西奥奇丽股份有限公司
Guangxi Aoqili Co., Ltd.
地址(Add)：广西梧州市外向型工业园区一路1号
邮编(P. C.)：543008
电话(Tel)：0774－5819658
传真(Fax)：0774－3863770
总经理(General Manager)：仲昭强
联系人(Contact Person)：黎广萍
产品(Products)：湿巾
品牌(Brand)：娜拉

■ 海南 Hainan

海南欣龙水刺材料有限公司
Hainan Xinlong Spunlace Materials Co., Ltd.
地址(Add)：海南省海口市龙昆北路2号珠江广场帝豪大厦17层
邮编(P. C.)：570125
电话(Tel)：0898－67488850
传真(Fax)：0898－67488850
Http://www.xinlong-holding.com
总经理(General Manager)：逄建竹
联系人(Contact Person)：郝钢毅
产品(Products)：手术服，擦拭巾，湿巾

■ 重庆 Chongqing

重庆兴之安日用品有限责任公司
Chongqing Xingzhian Commodity Co., Ltd.
地址(Add)：重庆市高新技术开发区二郎高科创业园C－7
邮编(P. C.)：400039
电话(Tel)：023－68465030
传真(Fax)：023－68465431
E-mail：xbhcoltd@public.cta.cq.cn
Http://www.cqxbh.com
联系人(Contact Person)：唐翔
产品(Products)：吸油纸，面膜纸，洗脸巾，柔湿巾

重庆丝爽卫生用品有限公司
Chongqing Sishuang Sanitary Products Co., Ltd.
地址(Add)：重庆市高新区科园四路149号3－3号
邮编(P. C.)：400041
电话(Tel)：023－86125700
传真(Fax)：023－89088905
E-mail：market@sishuang.com
Http://www.sishuang.com
法人代表(Chairman)：冯永林
总经理(General Manager)：冯永林
联系人(Contact Person)：陈颖波
产品(Products)：妇女卫生巾，卫生护垫，湿巾，婴儿纸尿裤/片
品牌(Brand)：妮爽，自由点，丹宁，妮贝贝，好之

重庆华联卫生用品有限责任公司
National Hua Health Co., Ltd.
地址(Add):重庆市江津双福工业园区双福大道6号
邮编(P.C.):402247
电话(Tel):023-47261875
传真(Fax):023-47261234
Http://www.cqnh.com
联系人(Contact Person):燕忠
产品(Products):湿巾
品牌(Brand):珍爱

重庆市海洁消毒卫生用品有限责任公司
Chongqing Haijie Sanitation Products Co., Ltd.
地址(Add):重庆市南岸区南坪南城大道25号
邮编(P.C.):400060
电话(Tel):023-62812128
传真(Fax):023-62822129
E-mail:cqyarun@163.com
Http://www.cqyarun.com
法人代表(Chairman):鲁海涛
总经理(General Manager):鲁海涛
联系人(Contact Person):程旭
产品(Products):湿巾,卫生卷纸,餐巾纸
品牌(Brand):雨香,紫香,红袖添香,雅沁,雅润

重庆三友必洁卫生用品厂
Chongqing Sanyou Bijie Hygiene Products Factory
地址(Add):重庆市南岸区四公里团山堡工业区77号
邮编(P.C.):400060
电话(Tel):023-62925491
传真(Fax):023-62300043
E-mail:a62306272@163.com
Http://www.sbeej.cn
联系人(Contact Person):蒋渝
产品(Products):湿巾
品牌(Brand):仕必洁,兰托安

重庆东实纸业有限责任公司
Chongqing Tongshi Paper Co., Ltd.
地址(Add):重庆市渝北区紫园路399号(红旗空压厂4楼)
邮编(P.C.):401147
电话(Tel):023-67081597
传真(Fax):023-67085482
法人代表(Chairman):李勐
总经理(General Manager):王勇
联系人(Contact Person):王勇
产品(Products):卫生纸,餐巾纸,面巾纸,擦手纸,厨房用纸,湿巾
品牌(Brand):百宜安,蔚蓝云腾,蓝锐

重庆玉红纸制品有限公司
Chongqing Yuhong Paper Products Co., Ltd.
地址(Add):重庆市渝中区李子坝正街61号
邮编(P.C.):400015
电话(Tel):023-63600712
传真(Fax):023-63870762
联系人(Contact Person):喻光平
产品(Products):卫生纸,手帕纸,湿巾

■ 四川 Sichuan

成都市豪盛华达纸业有限公司
Chengdu Haoshenghuada Paper Co., Ltd.
地址(Add):四川省成都市郫县现代工业港南区通港路108号
邮编(P.C.):611730
电话(Tel):028-87804139
传真(Fax):028-87804059
E-mail:info@hshda.com
Http://www.hshda.com
法人代表(Chairman):苏德生
总经理(General Manager):苏德生
联系人(Contact Person):苏友福
产品(Products):湿巾,卫生卷纸,手帕纸,餐巾纸,面巾纸,擦手纸,厨房用纸
品牌(Brand):家必备,美娜兰,娇洁

成都凯茜生物制品有限公司
Chengdu Kisi Biological Products Co., Ltd.
地址(Add):四川省成都市双楠路5号置信花园4单元10楼1号
邮编(P.C.):610015
电话(Tel):028-86278153
传真(Fax):028-82649063
E-mail:sckisi@sina.com
Http://www.cdkisi.com
法人代表(Chairman):龚静
总经理(General Manager):龚静
联系人(Contact Person):龚静
产品(Products):湿巾
品牌(Brand):凯斯

成都彼特福纸品工艺有限公司
Chengdu Beautiful Paper Craft Co., Ltd.
地址(Add):四川省成都市新都区石板滩镇石木公路1号桥
邮编(P.C.):610511
电话(Tel):028-83045678
传真(Fax):028-83049025
E-mail:zengds@scbtf.com
Http://www.scbtf.com
总经理(General Manager):曾德松
联系人(Contact Person):曾德松
产品(Products):卫生卷纸,面巾纸,手帕纸,餐巾纸,湿巾
品牌(Brand):彼特福,顶洁,怡飘

四川友邦纸业有限公司
Sichuan Eupon Paper Co., Ltd.
地址(Add):四川省广汉市向阳镇张华村
邮编(P.C.):618300
电话(Tel):0838-5400686-802
传真(Fax):0838-5400158
E-mail:sale@eupon.com
Http://www.eupon.com
法人代表(Chairman):高尚荣
总经理(General Manager):高尚荣
联系人(Contact Person):高尚朴
产品(Products):面巾纸,手帕纸,卫生纸,成人护理

垫，手术衣帽，湿巾
品牌(Brand)：蓓安适，顶好面子，友邦，可洁可

**眉山贝艾佳纸业有限责任公司*
Meishan Beiaijia Paper Co., Ltd.**
地址(Add)：四川省眉水市洪雅县洪川镇
邮编(P. C.)：610000
电话(Tel)：0833-7490990
传真(Fax)：0833-7490991
法人代表(Chairman)：董学珍
总经理(General Manager)：张润民
产品(Products)：卫生纸，面巾纸，原纸，湿巾
品牌(Brand)：贝艾佳，比爽，星星小淘气，简爱

■ 贵州 Guizhou

**贵阳阳光生活用纸厂
Guiyang Sunshine Household Paper Mill**
地址(Add)：贵州省贵阳市车水路168号
邮编(P. C.)：550001
电话(Tel)：0851-5106447
传真(Fax)：0851-5106355
法人代表(Chairman)：徐艾晓曈
产品(Products)：卫生卷纸，餐巾纸，湿巾
品牌(Brand)：雪里红，雪狐，万紫千红

■ 云南 Yunnan

**昆明兴亮工贸有限公司
Kunming Xingliang Industry & Trade Co., Ltd.**
地址(Add)：云南省昆明市五华区海源寺140号
邮编(P. C.)：650000
电话(Tel)：0871-8100008
传真(Fax)：0871-8306566
E-mail：xlsu@kmxl.com.cn
Http://www.kmxlgm.com
总经理(General Manager)：苏星亮
产品(Products)：餐巾纸，面巾纸，卫生卷纸，湿巾

**昆明市威宝纸制品厂*
Kunming Weibao Paper Products Factory**
地址(Add)：云南省昆明市西丽园小区15栋1单元102号
邮编(P. C.)：650031
电话(Tel)：0871-8217831
传真(Fax)：0871-8103986
Http://www.kmwbzy.cn
联系人(Contact Person)：莫伟
产品(Products)：卫生卷纸，手帕纸，餐巾纸，原纸，湿巾
品牌(Brand)：雅蓓洁

■ 西藏 Tibet

**拉萨坎巴嘎布卫生用品有限公司
Lasa Kanbagabu Hygiene Products Co., Ltd.**
地址(Add)：西藏拉萨曲水县聂当工业园区
邮编(P. C.)：850000
电话(Tel)：0891-6864777
传真(Fax)：0891-6943206
法人代表(Chairman)：杜运建
总经理(General Manager)：杜运建
联系人(Contact Person)：牛兵喜
产品(Products)：湿巾
品牌(Brand)：坎巴嘎布

■ 陕西 Shaanxi

**西安鹏翔复合材料有限公司
Xian Pengxiang Composite Materials Co., Ltd.**
地址(Add)：陕西省西安市灞桥区穆蒋王村一组178号
邮编(P. C.)：710038
电话(Tel)：029-88952065
传真(Fax)：029-83497792
E-mail：pengxiang@cnpengxiang.com
Http://www.cnpengxiang.com
总经理(General Manager)：贺海鹏
联系人(Contact Person)：贺红元
产品(Products)：一次性床单，马桶坐垫，婴儿围兜，围裙，湿巾

**西安华源纸业卫生保健用品有限公司
Xian Huayuan Paper Hygiene Healthcare Co., Ltd.**
地址(Add)：陕西省西安市灞桥区新兴工业园8号
邮编(P. C.)：710025
电话(Tel)：029-83351611
传真(Fax)：029-83351600
E-mail：xahyzy2009@163.com
Http://www.xahyzy.com.cn
总经理(General Manager)：寇权铭
产品(Products)：餐巾纸，擦手纸，面纸巾纸，手帕纸，湿巾

**陕西爱洁日用品有限公司
Shaanxi Aijie Commodity Co., Ltd.**
地址(Add)：陕西省西安市金花南路1号
邮编(P. C.)：710048
电话(Tel)：029-82611079
传真(Fax)：029-82611079
E-mail：aijiezhiye@163.com
联系人(Contact Person)：杨晓峰
产品(Products)：餐巾纸，面巾纸，湿巾，擦手纸

**西安秦兴纸业有限责任公司*
Xian Qinxing Paper Co., Ltd.**
地址(Add)：陕西省西安市临潼相桥镇湾刘纸业基地
邮编(P. C.)：710600
电话(Tel)：029-83968046
传真(Fax)：029-83968758
联系人(Contact Person)：齐英俊
产品(Products)：卫生纸，面巾纸，手帕纸，原纸，湿巾

**西安福瑞德纸业有限责任公司
Xian Furuide Paper Co., Ltd.**
地址(Add)：陕西省西安市未央区汉城乡丰产路席王工业园1号
邮编(P. C.)：710000
电话(Tel)：029-86609556
传真(Fax)：029-86609556
E-mail：furuide@126.com
法人代表(Chairman)：姜晓燕
总经理(General Manager)：许先军
产品(Products)：餐巾纸，湿巾
品牌(Brand)：福瑞德

■ 新疆 Xinjiang

乌鲁木齐市环峰纸业
Wulumuqi Huanfeng Paper Co.
地址(Add)：新疆乌鲁木齐市大湾北路欧景名苑26号楼2单元1101号
邮编(P.C.)：830002
电话(Tel)：0991－2562353
传真(Fax)：0991－2509008
联系人(Contact Person)：曹会霞
产品(Products)：餐巾纸，卫生卷纸，湿巾
品牌(Brand)：洁净空间

乌鲁木齐市百洁湿巾厂
Wulumuqi Baijie Wet Wipes Factory
地址(Add)：新疆乌鲁木齐市西环中路811号
邮编(P.C.)：830000
电话(Tel)：0991－8786717
传真(Fax)：0991－8786717
法人代表(Chairman)：王翠荣
总经理(General Manager)：王翠荣
联系人(Contact Person)：王翠荣
产品(Products)：湿巾
品牌(Brand)：百洁

■ 香港 Hong Kong

宏兴旅游制品公司
Hongxing Tour Articles Co.
地址(Add)：香港九龙观塘成业街19－21号成业工业大厦6楼23室
电话(Tel)：852－24098687
传真(Fax)：852－27903108
Http://wunghinghk.diytrade.com
联系人(Contact Person)：曹芷菁
产品(Products)：湿巾

■ 台湾 Taiwan

敏成股份有限公司
Mytrex Industries Inc.
地址(Add)：327台湾桃园县新屋乡赤栏村8邻75号
电话(Tel)：886－3－4861317
传真(Fax)：886－3－4861318
E-mail：mytrex.bob@msa.hinet.net
Http://www.mytrex.com.tw
产品(Products)：擦拭布，医疗耗材

昆旸实业股份有限公司
Fortune Spunlace Industrial Corp.
地址(Add)：356台湾苗栗县后龙镇东明里8邻下浮尾119－1号
电话(Tel)：886－37－730526
传真(Fax)：886－37－730529
E-mail：ab－sales@umail.hinet.net
Http://www.spunfsic.com
法人代表(Chairman)：魏德龙
总经理(General Manager)：田美秀
产品(Products)：湿巾，清洁布，手术衣，美容用布，医用布

鑫余贸易有限公司
Xinyu Trade Co., Ltd.
地址(Add)：814台湾省高雄县仁武乡凤仁路4－68号
电话(Tel)：886－6－2615888
传真(Fax)：886－6－2618973
E-mail：shine.xin@msa.hinet.net
产品(Products)：湿巾，干擦拭巾

南六企业股份有限公司
Nan Liu Enterprise Co., Ltd.
地址(Add)：台湾省高雄县桥头乡笔秀路88号
电话(Tel)：886－7－6116616
传真(Fax)：886－7－6110231
E-mail：nanliu@nanliu.com.tw
Http://www.e-nonwoven com.tw
法人代表(Chairman)：黄清山
联系人(Contact Person)：徐念萱
产品(Products)：手术衣，面膜，湿巾

一次性医用、宠物用、清洁卫生用品生产企业按产品和地区细分统计

（2009年，统计总数316家）

序号	行政区 Region	企业数	起始页	序号	行政区 Region	企业数	起始页
1	北京 Beijing	20	481	15	山东 Shandong	24	504
2	天津 Tianjin	21	483	16	河南 Henan	11	506
3	河北 Hebei	22	485	17	湖北 Hubei	11	507
6	辽宁 Liaoning	11	487	18	湖南 Hunan	1	508
7	吉林 Jilin	1	488	19	广东 Guangdong	34	508
8	黑龙江 Heilongjiang	2	488	20	广西 Guangxi	1	512
9	上海 Shanghai	33	489	21	海南 Hainan	1	512
10	江苏 Jiangsu	44	492	22	重庆 Chongqing	2	512
11	浙江 Zhejiang	40	496	23	四川 Sichuan	1	512
12	安徽 Anhui	12	500	25	云南 Yunnan	1	512
13	福建 Fujian	13	502	27	陕西 Shaanxi	2	513
14	江西 Jiangxi	4	503		台湾 Taiwan	4	513

注：4 山西、5 内蒙古、24 贵州、26 西藏、28 甘肃、29 青海、30 宁夏和 31 新疆为缺项。

一次性医用、宠物用、清洁用卫生用品
Disposable hygiene medical, pet-use and cleansing products

■ 北京 Beijing

北京中晟仁和医疗用品有限公司
Beijing Zhongsheng Renhe Medical Goods Co., Ltd.
地址(Add)：北京市朝阳区金盏乡长店北路甲1号
邮编(P. C.)：100018
电话(Tel)：010－84335998
传真(Fax)：010－84335995
E-mail：mxd521@263. com
Http://bjzsrhyl. cn. china. cn
总经理(General Manager)：马晓丹
产品(Products)：护理垫

北京康宇建医疗器械有限公司
Beijing Kangyujian Medical Apparatus & Instruments Co., Ltd.
地址(Add)：北京市朝阳区楼梓庄乡皮村北巷甲2号
邮编(P. C.)：100018
电话(Tel)：010－51883051
传真(Fax)：010－51883052
Http://wanzhifu. cn. b2b168. com
联系人(Contact Person)：万志富
产品(Products)：护理垫

北京艾雪伟业科技有限公司
Beijing Aixueweiye Science & Technology Co., Ltd.
地址(Add)：北京市朝阳区平房乡石各庄村34号
邮编(P. C.)：100024
电话(Tel)：010－86955619
传真(Fax)：010－85510906
E-mail：ls009@msn. com
总经理(General Manager)：牛国滨
联系人(Contact Person)：李丽
产品(Products)：产妇卫生巾，婴儿纸尿片，护理垫
品牌(Brand)：爱雪，艾雪

乐邦鼎盛(北京)科技有限公司
Lebangdingsheng (Beijing) Science & Technology Co., Ltd.
地址(Add)：北京市朝阳区西大望路28号珠江帝景8号楼1605室
邮编(P. C.)：100022
电话(Tel)：010－58634026
传真(Fax)：010－58634027
E-mail：lbds2006@yahoo. com
联系人(Contact Person)：孙国祥
产品(Products)：卫生厕垫，杯垫
品牌(Brand)：洁P，一片洁

北京清源无纺布制品厂
Beijing Qingyuan Nonwoven Products Co., Ltd.
地址(Add)：北京市大兴区黄村镇西芦物流工业园
邮编(P. C.)：110115
电话(Tel)：010－61233987
传真(Fax)：010－61233987
E-mail：bangerwufang@126. com
Http://www. bjqywfb. cn. alibaba. com
联系人(Contact Person)：王法春
产品(Products)：湿巾，纸巾纸，无纺布制品

北京赛劳德技术开发研究所
Beijing Sailaode Technology Development Institute
地址(Add)：北京市大兴区旧宫清乐园小区3号楼711室
邮编(P. C.)：100076
电话(Tel)：010－67981242
传真(Fax)：010－67981235
联系人(Contact Person)：刘倩
产品(Products)：湿巾，马桶垫
品牌(Brand)：莫愁女

北京九兴工贸有限公司
Beijing Everprosper Industry Co., Ltd.
地址(Add)：北京市大兴区瀛海路南三条5号
邮编(P. C.)：100076
电话(Tel)：010－69279282
传真(Fax)：010－69279585
E-mail：jiuxing@vip. sina. com
Http://www. jiu-xing. com. cn
法人代表(Chairman)：溪东来
总经理(General Manager)：赵振国
产品(Products)：湿巾，护理垫，卫生卷纸，成人纸尿裤/片
品牌(Brand)：九佳兴

北京鑫远黎明医疗器械有限公司
Beijing Xinyuan Liming Medical Appararus Co., Ltd.
地址(Add)：北京市房山区窦店镇交道三街村
邮编(P. C.)：102434
电话(Tel)：010－80316911
传真(Fax)：010－80317604
E-mail：sales@xinyuanliming. com
Http://www. xinyuanliming. com
总经理(General Manager)：张会来
联系人(Contact Person)：张会来
产品(Products)：失禁垫

北京市房山区龙南塑料编织制品厂
Beijing Longnan Plastic Knitting Articles Factory
地址(Add)：北京市房山区周口店地区南韩继村西
邮编(P. C.)：102453
电话(Tel)：010－61390433
总经理(General Manager)：金玉清
联系人(Contact Person)：金玉清
产品(Products)：护理垫

北京欣龙五洲科技有限公司
Beijing Xinlong Wuzhou Science & Technology Co., Ltd.
地址(Add)：北京市丰台区丰北路庄维花园8号楼

2402 室
邮编(P. C.)：100071
电话(Tel)：010－83835244
传真(Fax)：010－83835264
E-mail：sale@ beijing-xinlong. com
Http://www. beijing-xinlong. com
联系人(Contact Person)：陈伟
产品(Products)：湿巾，手术服，擦拭巾
品牌(Brand)：洁之梦

北京爱佳卫生保健品厂
Beijing Aijia Hygiene & Health Care Products Factory
地址(Add)：北京市丰台区南四环星河苑1号院12号1－101室
邮编(P. C.)：100068
电话(Tel)：010－67537477
传真(Fax)：010－67589972
E-mail：wgc@ bj-aijia. com
Http://www. bj-aijia. com
总经理(General Manager)：吴国财
产品(Products)：餐巾纸，面巾纸，手帕纸，擦手纸，卫生纸，湿巾，马桶垫，纸杯，纸碗，妇女卫生巾，卫生护垫，婴儿纸尿裤，护理垫
品牌(Brand)：爱佳

圣路律通(北京)科技有限公司
Saintom (Beijing) Science & Technology Co., Ltd.
地址(Add)：北京市丰台区西四环南路46号国润商务大厦1508室
邮编(P. C.)：100073
电话(Tel)：010－83650237
传真(Fax)：010－83650239
E-mail：bjluisliu@ yahoo. com. cn
联系人(Contact Person)：刘理
产品(Products)：妇女卫生巾，护理垫

北京安宜卫生用品有限公司
Beijing Anyi Life Co., Ltd.
地址(Add)：北京市海淀区知春路太月园小区8号楼C102室
邮编(P. C.)：100088
电话(Tel)：010－82058131
传真(Fax)：010－82057367
E-mail：anyi@ anyilife. com
Http://www. anyilife. com
法人代表(Chairman)：王敏
总经理(General Manager)：王敏
产品(Products)：护理垫，马桶垫，乳垫，产后巾，婴儿纸尿片

北京速美德科技发展有限公司
Beijing Shopmedic Science & Technology Development Co., Ltd.
地址(Add)：北京市经济技术开发区天华园20号楼330室(大雄公寓)
邮编(P. C.)：100176
电话(Tel)：010－67863521
传真(Fax)：010－67869289
E-mail：jinshoujun88@ yahoo. com. cn
总经理(General Manager)：靳守军
产品(Products)：手术衣，帽子，口罩

北京大源－茂猛无纺布制品有限公司
Beijing Dayuan－Maomeng Nonwoven Products Co., Ltd.
地址(Add)：北京市门头沟区石龙工业区雅安路11号
邮编(P. C.)：102308
电话(Tel)：010－69800140
传真(Fax)：010－69801424
E-mail：yyan－momo@ hotmail. com
Http://www. bjdayuan. com
联系人(Contact Person)：于燕
产品(Products)：口罩

北京倍舒特妇幼用品有限公司
Beijing Beishute Maternity & Child Articles Co., Ltd.
地址(Add)：北京市密云县工业开发区远光街1号
邮编(P. C.)：101500
电话(Tel)：010－69061748
传真(Fax)：010－69061747
E-mail：bjbest@ public. bta. net. cn
Http://www. bjbest. com. cn
法人代表(Chairman)：李秋红
总经理(General Manager)：李秋红
联系人(Contact Person)：刘红艳
产品(Products)：妇女卫生巾，卫生护垫，婴儿纸尿片，护理垫，湿巾
品牌(Brand)：倍舒特，健康宝宝

北京益康卫生材料厂
Beijing Yikang Hygiene Material Factory
地址(Add)：北京市密云县密东广场19－10－1303
邮编(P. C.)：101509
电话(Tel)：010－61019567
传真(Fax)：010－69045821
Http://www. bjhsh. com
法人代表(Chairman)：吴亚珍
总经理(General Manager)：张长江
联系人(Contact Person)：刘阳
产品(Products)：手术服，护理垫，口罩，手术包
品牌(Brand)：凤卵

北京吉力妇幼卫生用品有限公司
Beijing Jili MCH Co., Ltd.
地址(Add)：北京市通州区漷县工业开发区漷兴四街16号
邮编(P. C.)：101109
电话(Tel)：010－80587777
传真(Fax)：010－80585555
法人代表(Chairman)：李贵珍
总经理(General Manager)：李贵珍
联系人(Contact Person)：王江涛
产品(Products)：妇女卫生巾，卫生护垫，婴儿纸尿裤，护理垫
品牌(Brand)：假日情

北京市通州区利康卫生材料制品厂
Beijing Tongzhou Likang Hygienic Material Products Factory
地址(Add)：北京市通州区通胡大街武夷花园紫荆雅园3－18
邮编(P. C.)：101100
电话(Tel)：010－89521236

传真(Fax)：010－89522558
总经理(General Manager)：顾久利
联系人(Contact Person)：顾亮
产品(Products)：成人纸尿裤，护理垫，手术衣，口罩，帽子
品牌(Brand)：潞康，康大夫

北京通州鑫宝卫生材料厂
Beijing Xinbao Hygiene Materials Factory
地址(Add)：北京市通州区于家务乡南仪阁
邮编(P. C.)：101105
电话(Tel)：010－80531761
传真(Fax)：010－80533600
E-mail：zhaojiangtao1225@sohu. com
Http://xinbao. cn. china. cn
总经理(General Manager)：管炳元
联系人(Contact Person)：管德岭
产品(Products)：手术衣，口罩，帽子
品牌(Brand)：鑫宝

■ 天津 Tianjin

天津骏发森达卫生用品有限公司
Tianjin Junfasenda Hygiene Products Co., Ltd.
地址(Add)：天津市宝坻区经济开发区宝旺路
邮编(P. C.)：301800
电话(Tel)：022－82626888
传真(Fax)：022－82666999
E-mail：yagewangxiaojun@sina. com
Http://www. tjyage. com
法人代表(Chairman)：王贵森
总经理(General Manager)：王晓俊
联系人(Contact Person)：王晓俊
产品(Products)：妇女卫生巾，卫生护垫，湿巾，护理垫，婴儿纸尿裤/片，医用检查垫
品牌(Brand)：雅格

天津市恒洁卫生用品有限公司
Tianjin Hengjie Hygiene Products Co., Ltd.
地址(Add)：天津市宝坻区九园公路13公里
邮编(P. C.)：301805
电话(Tel)：022－82590555
传真(Fax)：022－82591555
E-mail：xls@xilishuang. com
Http://www. xilishuang. com
法人代表(Chairman)：宁学杰
总经理(General Manager)：宁学杰
联系人(Contact Person)：康永萍
产品(Products)：妇女卫生巾，卫生护垫，婴儿纸尿裤/片，成人纸尿裤/片，护理垫
品牌(Brand)：茜丽爽，护理康，幸福宝贝，贝贝爽

天津洁雅妇女卫生保健制品有限公司
Tianjin Jieya Women Health Care Products Co., Ltd.
地址(Add)：天津市宝坻区天宝工业园
邮编(P. C.)：301800
电话(Tel)：022－82660162
传真(Fax)：022－82659578
E-mail：info@tjjieya. com
Http://www. tjjieya. com
法人代表(Chairman)：徐文河
总经理(General Manager)：徐文河
联系人(Contact Person)：刘永国
产品(Products)：妇女卫生巾，卫生护垫，婴儿纸尿裤，护理垫
品牌(Brand)：芬柔，芳柔，雨夜晴爽

天津小护士实业发展股份有限公司
Tianjin Little Nurse Industry & Commerce Development Co., Ltd.
地址(Add)：天津市北辰高科技产业园区辰星工业园淮河道6号
邮编(P. C.)：300410
电话(Tel)：022－26309200
传真(Fax)：022－26301235
E-mail：fengying_702@126. com
Http://www. chinanapkin. com. cn
法人代表(Chairman)：杨印海
总经理(General Manager)：杨印海
联系人(Contact Person)：冯颖
产品(Products)：妇女卫生巾，卫生护垫，婴儿纸尿裤，成人纸尿裤，护理垫，卫生卷纸，面巾纸，手帕纸
品牌(Brand)：小护士

天津爱之骄卫生用品有限公司
Tianjin Aizhijiao Hygiene Proudcts Co., Ltd.
地址(Add)：天津市北辰区天穆都市工业园天盈道4支路9号
邮编(P. C.)：300089
电话(Tel)：022－89790119
传真(Fax)：022－86877708
总经理(General Manager)：吕庆林
产品(Products)：护理垫，宠物垫

天津市韩东纸业有限公司
Tianjin Handong Paper Products Co., Ltd.
地址(Add)：天津市北辰区铁东路勤俭工业区
邮编(P. C.)：300402
电话(Tel)：022－26735867
传真(Fax)：022－26735940
E-mail：zhaoaisen@yahoo. com. cn
法人代表(Chairman)：刘嘉
总经理(General Manager)：赵亚东
产品(Products)：妇女卫生巾，卫生护垫，婴儿纸尿片，成人纸尿裤，护理垫
品牌(Brand)：美千草，挚爱，挚爱宝贝

天津市小燕子卫生用品有限公司
Tianjin Xiaoyanzi Hygiene Products Co., Ltd.
地址(Add)：天津市北辰区新宜白大道普发里万达新城4号楼2门201
邮编(P. C.)：300402
电话(Tel)：022－26998316
传真(Fax)：022－26910678
E-mail：bubulu@yahoo. cn
总经理(General Manager)：华鼎升
联系人(Contact Person)：华鼎升
产品(Products)：妇女卫生巾，卫生护垫，婴儿纸尿裤，成人纸尿裤，护理垫
品牌(Brand)：小燕子，曲美

天津市英华妇幼用品有限公司
Tianjin Yinghua Women & Children Products Co., Ltd.
地址(Add):天津市东丽区金钟公路大毕庄镇南孙庄
邮编(P. C.):300240
电话(Tel):022-26791415
传真(Fax):022-26795158
E-mail:sfj@yinghuatj.com
Http://www.yinghuatj.com
法人代表(Chairman):孙富举
总经理(General Manager):孙富举
联系人(Contact Person):孙永跃
产品(Products):妇女卫生巾,卫生护垫,婴儿纸尿裤/片,护理垫,宠物垫
品牌(Brand):心宝,心思,假日之恋,厚生堂

天津市河东区振东复合材料厂
Tianjin Zhendong Composite Material Factory
地址(Add):天津市东丽区小王庄宏亮工业园一号路9号
邮编(P. C.):300163
电话(Tel):022-24733180
传真(Fax):022-24715888
E-mail:zhendong@tj-zhendong.cn
法人代表(Chairman):朱家凤
产品(Products):手术洞巾,医用围巾,口罩,帽子
品牌(Brand):振东

天津市美商卫生用品厂
Tianjin Meishang Hygiene Products Factory
地址(Add):天津市东丽区新立镇新兴工业区
邮编(P. C.):300300
电话(Tel):022-24998376
传真(Fax):022-24982381
Http://www.tjyuqing.cn
总经理(General Manager):王德军
联系人(Contact Person):李文娟
产品(Products):妇女卫生巾,卫生护垫,婴儿纸尿片,成人纸尿片,护理垫
品牌(Brand):雨晴

天津市恒新纸业有限公司
Tianjin Permanent New Paper Co., Ltd.
地址(Add):天津市津南经济技术开发区(双港)上海街10号
邮编(P. C.):300350
电话(Tel):022-28571061
传真(Fax):022-88828679
E-mail:hengxin-zhiye@sohu.com
法人代表(Chairman):李宝金
总经理(General Manager):李宝金
联系人(Contact Person):宁书金
产品(Products):妇女卫生巾,卫生护垫,婴儿纸尿片,成人纸尿片,护理垫,纸鞋垫
品牌(Brand):假日欣,好丽友,炫彩,邦宜生,包护理,好护理

瑞安森(天津)医疗器械有限公司
Raysen (Tianjin) Healthcare Products Co., Ltd.
地址(Add):天津市静海县天宇科技园环宇西路3号
邮编(P. C.):301609
电话(Tel):022-59525252
传真(Fax):022-59525253
E-mail:info@raysen.com.cn
Http://www.raysen.com.cn
总经理(General Manager):孙江坤
产品(Products):手术衣,帽,口罩,防护服,妇检垫,鞋套
品牌(Brand):瑞安森

天津市仕诚科技研发中心
Tianjin Shicheng Science & Technology R&D Center
地址(Add):天津市南开区鞍山西道花港里8-3-102
邮编(P. C.):300192
电话(Tel):022-23051734
传真(Fax):022-58598902
E-mail:tjshicheng2005@hotmail.com
联系人(Contact Person):韩雪
产品(Products):护理垫,成人纸尿裤
品牌(Brand):笑顺

天津德发妇幼保健用品厂
Tianjin Defa Woman & Child Healthcare Articles Factory
地址(Add):天津市南开区临潼西里9号楼1门4号
邮编(P. C.):300112
电话(Tel):022-27365899
传真(Fax):022-87982636
法人代表(Chairman):訾秀琴
总经理(General Manager):訾秀琴
联系人(Contact Person):訾秀琴
产品(Products):成人纸尿裤,尿垫,护理垫,婴儿纸尿片
品牌(Brand):得贝爱婴

天津海华卫生制品有限公司
Tianjin Haihua Hygiene Products Co., Ltd.
地址(Add):天津市宁河县芦台镇沿河路8号(联星机械厂院内)
邮编(P. C.):301500
电话(Tel):022-69585660
传真(Fax):022-69570059
E-mail:tjhaihua@163.com
Http://www.tjhengda.cn.alibaba.com
法人代表(Chairman):王树海
总经理(General Manager):王建华
联系人(Contact Person):王建华
产品(Products):妇女卫生巾,卫生护垫,婴儿纸尿裤/片,母婴两用巾,护理垫,宠物垫
品牌(Brand):舒妮,小豆丁,金童玉女,华逸爽

天津舒尔卫生用品有限公司
Tianjin Sure Health Products Co., Ltd.
地址(Add):天津市武清区汉沽港经济园
邮编(P. C.):301721
电话(Tel):022-29494873
传真(Fax):022-29497397
E-mail:sewsyp@126.com
法人代表(Chairman):黄楚璧
总经理(General Manager):蔡澄
联系人(Contact Person):张玉玲
产品(Products):妇女卫生巾,卫生护垫,护理垫
品牌(Brand):舒而怡

天津市虹怡纸业有限公司
Tianjin Hongyi Paper Industry Co., Ltd.
地址(Add)：天津市武清区石各庄镇梁各庄村
邮编(P. C.)：301718
电话(Tel)：022－22156866
法人代表(Chairman)：刘景杰
产品(Products)：妇女卫生巾，卫生护垫，护理垫
品牌(Brand)：汲爽

天津市逸飞卫生用品有限公司
Tianjin Yifei Hygiene Products Co., Ltd.
地址(Add)：天津市西青区津淄公路王稳庄工业园
邮编(P. C.)：300383
电话(Tel)：022－83964215
传真(Fax)：022－83968228
E-mail：yifei_hygiene@yahoo.com.cn
Http://www.tjyifei.com.cn
总经理(General Manager)：赵平
联系人(Contact Person)：王伯韬
产品(Products)：婴儿纸尿裤/片，成人纸尿裤/片，护理垫，湿巾，宠物垫
品牌(Brand)：太阳雨，邦一把，久久安康

天津杏林白十字医疗卫生材料用品有限公司
Tianjin Hakujuji Medical Health Material and Necessities Co., Ltd.
地址(Add)：天津市西青区经济开发区业盛道3号
邮编(P. C.)：300385
电话(Tel)：022－23972036
传真(Fax)：022－23972012
E-mail：jiarui@hakujuji.com.cn
Http://www.hakujuji.com.cn
法人代表(Chairman)：石学敏
总经理(General Manager)：王良
联系人(Contact Person)：贾锐
产品(Products)：成人纸尿片，护理垫
品牌(Brand)：洒露把

天津市依依卫生用品有限公司
Tianjin Yiyi Hygiene Products Co., Ltd.
地址(Add)：天津市西青区张家窝工业园
邮编(P. C.)：300380
电话(Tel)：022－87988888
传真(Fax)：022－87987888
E-mail：gaobin7705@163.com
法人代表(Chairman)：卢俊美
总经理(General Manager)：卢俊美
联系人(Contact Person)：张健
产品(Products)：妇女卫生巾，卫生护垫，婴儿纸尿片，护理垫，宠物垫，卫生卷纸，纸巾纸，湿巾
品牌(Brand)：依依

天津市洁尔卫生用品有限公司
Tianjin Jieer Hygiene Products Co., Ltd.
地址(Add)：天津市中北工业园阜盛道曦霞路26号
邮编(P. C.)：300112
电话(Tel)：022－27948772
传真(Fax)：022－27980168
法人代表(Chairman)：张志宏
总经理(General Manager)：胡秀荣
联系人(Contact Person)：胡秀荣
产品(Products)：妇女卫生巾，卫生护垫，婴儿纸尿裤/片，成人纸尿裤，护理垫，湿巾
品牌(Brand)：尚好佳，冬虫草

■ 河北 Hebei

霸州市校办康乐卫生巾厂
Kangle Sanitary Napkins Factory
地址(Add)：河北省霸州市经济技术开发区兴港园区
邮编(P. C.)：065700
电话(Tel)：0316－7554029
传真(Fax)：0316－7552798
E-mail：hfxhhz@163.com
法人代表(Chairman)：何敏悦
总经理(General Manager)：何敏悦
联系人(Contact Person)：何福祥
产品(Products)：妇女卫生巾，卫生护垫，婴儿纸尿片，护理垫
品牌(Brand)：佩曼

保定市恒信纸业有限公司
Baoding Hengxin Paper Co., Ltd.
地址(Add)：河北省保定市北市区市府后街140号
邮编(P. C.)：071000
电话(Tel)：0312－2065895
传真(Fax)：0312－2065106
E-mail：mail@m-mbr.com
Http://www.m-mbr.com
联系人(Contact Person)：李彦辉
产品(Products)：婴儿隔尿垫巾，护理垫
品牌(Brand)：麦麦贝尔

保定市义厚成纸业有限公司
Baoding Yihoucheng Paper Co., Ltd.
地址(Add)：河北省保定市国家高新技术产业开发区云杉路131号
邮编(P. C.)：071051
电话(Tel)：0312－7921333
传真(Fax)：0312－3327610
E-mail：yhc@ladystar.com.cn
Http://www.ladystar.com.cn
法人代表(Chairman)：白红敏
总经理(General Manager)：田立炜
联系人(Contact Person)：王岩
产品(Products)：妇女卫生巾，卫生护垫，湿巾，护理垫，隔尿垫巾
品牌(Brand)：女主角，喜儿，妮好，喜尔健

沧州市德发妇幼卫生用品有限责任公司
Cangzhou Defa Women & Children Articles Co., Ltd.
地址(Add)：河北省沧州市泊头西工业园
邮编(P. C.)：062157
电话(Tel)：0317－8346272
传真(Fax)：0317－8346272
总经理(General Manager)：于玉才
联系人(Contact Person)：于玉才
产品(Products)：婴儿纸尿裤/片，成人纸尿裤/片，护理垫，宠物垫，隔尿巾
品牌(Brand)：得贝，紫福蓉

河北沧州市五环无纺布厂
Cangzhou Wuhuan Nonwoven Factory
地址(Add)：河北省沧州市新华区津德北路2号
邮编(P. C.)：061000
电话(Tel)：0317－3563462
传真(Fax)：0317－3563439
总经理(General Manager)：于连进
联系人(Contact Person)：于连进
产品(Products)：隔尿垫巾

河北宠乐婴儿用品厂
Hebei Chongle Baby Articles Factory
地址(Add)：河北省故城县宏声路19号
邮编(P. C.)：253800
电话(Tel)：0318－5613555
传真(Fax)：0318－5611685
E-mail：ysht670419@126.cn
Http://www.chongle.com.cn
总经理(General Manager)：李连生
联系人(Contact Person)：李亮
产品(Products)：成人纸尿裤/片，护理垫，婴儿纸尿片
品牌(Brand)：宠乐，老来福

石家庄市宏大卫生用品厂
Shijiazhuang Hongda Hygiene Products Factory
地址(Add)：河北省晋州市东宿开发区晋深路石黄高速出口东行两公里
邮编(P. C.)：052260
电话(Tel)：0311－84330297
传真(Fax)：0311－84330937
总经理(General Manager)：宿振宗
联系人(Contact Person)：魏成栓
产品(Products)：妇女卫生巾，卫生护垫，隔尿垫巾，护理垫
品牌(Brand)：邦尔舒

石家庄市嘉赐福卫生用品有限公司
Shijiazhuang Jiacifu Hygiene Products Co., Ltd.
地址(Add)：河北省晋州市晋深路东宿开发区
邮编(P. C.)：052260
电话(Tel)：0311－84331118
传真(Fax)：0311－84331198
法人代表(Chairman)：宿振宗
产品(Products)：妇女卫生巾，卫生护垫，护理垫
品牌(Brand)：魅力瑜珈，瑜珈护理

石家庄市康安医疗器械有限公司
Shijiazhuang Kangan Medical Apparatus Co., Ltd.
地址(Add)：河北省晋州市晋元路元头开发区
邮编(P. C.)：052260
电话(Tel)：0311－84480718
传真(Fax)：0311－84481018
E-mail：sjzka@163.com
Http://www.sjzka.com
总经理(General Manager)：高永来
联系人(Contact Person)：高永来
产品(Products)：手术衣，护理垫，帽子，口罩
品牌(Brand)：奔康

东纶科技实业有限公司
Eastex Science & Technology Industrial Co., Ltd.
地址(Add)：河北省廊坊经济技术开发区汇源道8号
邮编(P. C.)：065001
电话(Tel)：0316－6087699
传真(Fax)：0316－6088171
E-mail：mh@eastex－china.com
Http://www.eastex－china.com
法人代表(Chairman)：刘瑞彪
总经理(General Manager)：马咏梅
联系人(Contact Person)：孟红
产品(Products)：湿巾，美容用品，医用纱布敷料
品牌(Brand)：润佳

河北黛玉纸业发展有限公司
Hebei Daiyu Paper Industry Development Co., Ltd.
地址(Add)：河北省隆尧县东方食品城
邮编(P. C.)：055350
电话(Tel)：0319－6592098
传真(Fax)：0319－6599616
总经理(General Manager)：范录洲
产品(Products)：妇女卫生巾，卫生护垫，婴儿纸尿裤，隔尿垫巾，面巾纸，卫生纸
品牌(Brand)：黛玉，护佳，梦爱

清苑县洁康卫生用品厂
Qingyuan Jiekang Hygiene Products Factory
地址(Add)：河北省清苑县大庄镇蒲洼村
邮编(P. C.)：071100
电话(Tel)：0312－8055431
法人代表(Chairman)：张小启
联系人(Contact Person)：张小启
产品(Products)：妇女卫生巾，卫生护垫，护理垫
品牌(Brand)：妇炎洁，大保健，威而美

亿鑫卫生用品厂
Yixin Hygiene Products Factory
地址(Add)：河北省任丘市明珠新村碧莲里6号楼2单元403室
邮编(P. C.)：062550
电话(Tel)：0317－2302008
传真(Fax)：0317－2369876
E-mail：tian92958@sohu.com
总经理(General Manager)：田湛
联系人(Contact Person)：田湛
产品(Products)：成人纸尿裤，护理垫，婴儿纸尿片，隔尿巾
品牌(Brand)：久久福，康尔乐，阳光贝贝，世纪宝宝，爱婴，贝贝爽

容城县海桥纺织有限公司
Rongcheng Haiqiao Textile Co., Ltd.
地址(Add)：河北省容城县小里镇王村
邮编(P. C.)：071700
电话(Tel)：0312－5582191
传真(Fax)：0312－5582191
法人代表(Chairman)：支汉江
总经理(General Manager)：支汉江
产品(Products)：口罩，帽子，手术衣，防护服

石家庄美洁卫生用品有限公司
Shijiazhuang Meijie Hygiene Products Co., Ltd.
地址(Add)：河北省石家庄市藁城市系井工业区
邮编(P. C.)：052160

电话(Tel): 0311-86590271
传真(Fax): 0311-86590271
E-mail: sjzmj8@126.com
Http://www.sjzmj8.com
总经理(General Manager): 田俊卿
联系人(Contact Person): 刘皂拴
产品(Products): 妇女卫生巾, 卫生护垫, 护理垫
品牌(Brand): 好青青

石家庄三合利卫生用品有限公司
Shijiazhuang Sanheli Hygiene Products Co., Ltd.
地址(Add): 河北省石家庄市晋东工业区
邮编(P.C.): 052260
电话(Tel): 0311-84367168
传真(Fax): 0311-84367168
联系人(Contact Person): 尹良友
产品(Products): 妇女卫生巾, 卫生护垫, 婴儿隔尿垫巾
品牌(Brand): 雪芙爽, 伊尔爽

石家庄市鑫盛卫生用品厂
Shijiazhuang Xinsheng Hygiene Products Factory
地址(Add): 河北省石家庄市育新路6号(鼎新管业院内)
邮编(P.C.): 050091
电话(Tel): 0311-83803654
总经理(General Manager): 张肃亭
联系人(Contact Person): 赵志忠
产品(Products): 婴儿纸尿片, 检查垫

唐山市丰南区西泊卫生用品有限公司
Tangshan Fengnan Xipo Hygiene Products Co., Ltd.
地址(Add): 河北省唐山市丰南黄各庄西杨家泊村
邮编(P.C.): 063300
电话(Tel): 0315-8528039
传真(Fax): 0315-8528839
E-mail: liulei7702@sohu.com
法人代表(Chairman): 刘宝平
总经理(General Manager): 刘宝平
产品(Products): 妇女卫生巾, 卫生护垫, 婴儿纸尿裤, 隔尿巾
品牌(Brand): 舒女, 负氧离子

唐山市阳光卫生材料制品有限公司
Tangshan Yangguang Hygiene Materials Co., Ltd.
地址(Add): 河北省唐山市南新道双新里52楼45-8号
邮编(P.C.): 063004
电话(Tel): 0315-2838219
传真(Fax): 0315-2241948
法人代表(Chairman): 王铁夫
产品(Products): 非织造布美容巾

河北省雄县洁康旅游用品有限公司
Hebei Xiongxian Jiekang Tourism Articles Co., Ltd.
地址(Add): 河北省雄县张庄工业区
邮编(P.C.): 071800
电话(Tel): 0312-5780666
传真(Fax): 0312-5783938
E-mail: jklyyp@alibaba.com.cn
Http://www.jklyyp.cn.alibaba.com
法人代表(Chairman): 周宝强
联系人(Contact Person): 周宝强
产品(Products): 纸内裤, 纸围裙、套袖、床单
品牌(Brand): 洁康

世纪龙卫生用品有限公司
Shijilong Hygiene Products Co., Ltd.
地址(Add): 河北省徐水县遂城开发区
邮编(P.C.): 072557
电话(Tel): 0312-8968888
传真(Fax): 0312-8968777
法人代表(Chairman): 赵淑玲
联系人(Contact Person): 赵海波
产品(Products): 妇女卫生巾, 卫生护垫, 隔尿巾
品牌(Brand): 绮日爽

金雷卫生用品厂
Jinlei Hygiene Products Factory
地址(Add): 河北省正定县文昌街副42号(太平街)
邮编(P.C.): 050800
电话(Tel): 0311-88019705
传真(Fax): 0311-88019705
E-mail: 88019705@163.com
Http://88019705.blog.163.com
总经理(General Manager): 李春雷
联系人(Contact Person): 李春雷
产品(Products): 妇女卫生巾, 成人纸尿裤, 护理垫, 隔尿巾, 卫生纸, 宠物垫
品牌(Brand): 康必备

■ 辽宁 Liaoning

大连爱丽思生活用品有限公司
Dalian Iris Commodity Co., Ltd.
地址(Add): 辽宁省大连出口加工区IIB-45
邮编(P.C.): 116600
电话(Tel): 0411-87572999-8777
传真(Fax): 0411-87572899
E-mail: quxh@irisohyama.co.jp
联系人(Contact Person): 于海滨
产品(Products): 宠物垫

大连瑞光非织造布集团有限公司
Dalian Ruiguang Nonwoven Group Co., Ltd.
地址(Add): 辽宁省大连市金州区西门外134号
邮编(P.C.): 116100
电话(Tel): 0411-87808730
传真(Fax): 0411-87804251
E-mail: ruiguang@rgj.com
Http://www.ruiguangnonwoven.com
法人代表(Chairman): 谷源明
联系人(Contact Person): 王志勇
产品(Products): 纺粘, 水刺非织造布制品

大连雄伟保健品有限公司
Dalian Xiongwei Health Care Products Co., Ltd.
地址(Add): 辽宁省大连市西岗区长春路315-2号
邮编(P.C.): 116013
电话(Tel): 0411-82493962
传真(Fax): 0411-82486449
Http://www.xiongweihealth.com
法人代表(Chairman): 孙冬云
联系人(Contact Person): 王富强

产品(Products)：湿巾，成人纸尿裤/片，护理垫
品牌(Brand)：雄伟，枫吕

丹东昊天纸业有限公司
Dandong Haotian Paper Co., Ltd.
地址(Add)：辽宁省丹东市蛤蟆塘经济开发区
邮编(P. C.)：118003
电话(Tel)：0415－4155999
传真(Fax)：0415－4155999
总经理(General Manager)：贺涛
产品(Products)：马桶垫，口罩

丹东北方卫生用品有限公司
Dandong Beifang Hygiene Products Co., Ltd.
地址(Add)：辽宁省丹东市振兴区胜利街793号
邮编(P. C.)：118008
电话(Tel)：0415－6222346
传真(Fax)：0415－6224025
E-mail：bfjx@bfjx.com
Http://www.bfjx.com
法人代表(Chairman)：曹贵杰
联系人(Contact Person)：沈冬梅
产品(Products)：妇女卫生巾，卫生护垫，护理垫，纸鞋垫
品牌(Brand)：花心芳菲

抚顺市东洲菲爽卫生用品厂
Fushun Dongzhou Feishuang Hygiene Products Factory
地址(Add)：辽宁省抚顺市东洲区平山四街23号
邮编(P. C.)：113015
电话(Tel)：0413－8273687
总经理(General Manager)：赵艳玲
产品(Products)：手术包，产包，妇女卫生巾，妇幼两用巾，成人纸尿裤/片，护理垫

辽宁抚顺赛福特卫生用品有限公司
Liaoning Fushun Saifute Hygiene Products Co., Ltd.
地址(Add)：辽宁省抚顺市新抚区粮栈路2号
邮编(P. C.)：113008
电话(Tel)：0413－2629136
传真(Fax)：0413－2673386
法人代表(Chairman)：杨荣
总经理(General Manager)：杨霄
联系人(Contact Person)：杨霄
产品(Products)：妇女卫生巾，护理垫，宠物垫
品牌(Brand)：曼丝丽

锦州市维珍护理用品有限公司
Jinzhou Weizhen Health Care Products Co., Ltd.
地址(Add)：辽宁省锦州市太和区锦朝街42－6号
邮编(P. C.)：121015
电话(Tel)：0416－4567526
传真(Fax)：0416－4565488
Http://www.jzlgr.cn
联系人(Contact Person)：刘光然
产品(Products)：妇女卫生巾，卫生护垫，护理垫，婴儿纸尿片，宠物垫
品牌(Brand)：维真，宝莉丝

济南鑫成日用品有限公司沈阳办事处
Jinan Xincheng Commodity Co., Ltd. Shenyang Office
地址(Add)：辽宁省沈阳市大东区黎明东馨园A座1503室
邮编(P. C.)：110042
电话(Tel)：024－88154546
传真(Fax)：024－88154546
联系人(Contact Person)：安红波
产品(Products)：成人纸尿裤/片，护理垫，婴儿纸尿裤/片，垫巾
品牌(Brand)：帮大人，日康，安爽，唯妮宝贝，九磅儿，小使者

沈阳金利达卫生制品厂
Shenyang Jinlida Hygiene Products Factory
地址(Add)：辽宁省沈阳市和平区十一纬路云集东巷31号
邮编(P. C.)：110003
电话(Tel)：024－24357956
传真(Fax)：024－24357956
E-mail：da－quan@126.com
联系人(Contact Person)：吴汉权
产品(Products)：成人纸尿裤/片，护理垫

沈阳市奇美卫生用品有限公司
Shenyang Qimei Hygiene Products Co., Ltd.
地址(Add)：辽宁省沈阳市辽中中心街1－9信箱
邮编(P. C.)：110200
电话(Tel)：024－62302158
传真(Fax)：024－87825959
E-mail：qimei9988@163.com
Http://www.qimeisy.com
法人代表(Chairman)：武爽
总经理(General Manager)：裴多恰
联系人(Contact Person)：裴多恰
产品(Products)：婴儿纸尿裤，隔尿巾，护理垫，湿巾，手帕纸
品牌(Brand)：俏儿乐，乐点，清氧，Vinca

■ 吉林 Jilin

吉林省爱尔康达卫生用品有限公司
Jilin Aierkangda Hygiene Products Co., Ltd.
地址(Add)：吉林省吉林市船营区西安路337号
邮编(P. C.)：132000
电话(Tel)：0432－67838678
传真(Fax)：0432－64881768
法人代表(Chairman)：郭群
总经理(General Manager)：郭群
联系人(Contact Person)：李美玲
产品(Products)：湿巾，成人纸尿裤/片，护理垫，卫生纸，手帕纸
品牌(Brand)：爱尔，小俏孩，小妇人，双双

■ 黑龙江 Heilingjiang

哈尔滨市高德卫生用品有限公司
Harbin Gaode Hygiene Products Co., Ltd.
地址(Add)：黑龙江省哈尔滨市香坊区煤管街1号
邮编(P. C.)：150038
电话(Tel)：0451－55644666
传真(Fax)：0451－55103229
E-mail：hrbgdd@163.com
法人代表(Chairman)：鲍洪涛

总经理(General Manager)：鲍洪涛
联系人(Contact Person)：谭晓梅
产品(Products)：婴儿纸尿裤/片，成人纸尿裤/片，湿巾，护理垫
品牌(Brand)：小博士，抗洪，沃得，千爹千娘，意相合，舒乐

黑龙江森苇纸业有限公司
Heilongjiang Sunwing Paper Co., Ltd.
地址(Add)：黑龙江省青冈县工业园区
邮编(P. C.)：151600
电话(Tel)：0455 - 3323888
E-mail：sunv@ cnsunv. com
Http://www. cnsunv. com
联系人(Contact Person)：付德坤
产品(Products)：婴儿纸尿裤/片，成人纸尿裤/片，隔尿垫巾
品牌(Brand)：得昕，佳氏

■ 上海 Shanghai

上海百信卫生用品有限公司
Shanghai Baixin Sanitary Articles Co., Ltd.
地址(Add)：上海市宝山区定安公路333号
邮编(P. C.)：201906
电话(Tel)：021 - 36041888
传真(Fax)：021 - 36040088
E-mail：zha12008@ 126. com
Http://www. baixinsh. com. cn
联系人(Contact Person)：张磊
产品(Products)：妇女卫生巾，卫生护垫，乳垫，面巾纸
品牌(Brand)：百氏

上海海拉斯实业有限公司
Shanghai Haras Industrial Co., Ltd.
地址(Add)：上海市宝山区罗泾镇潘川路501号
邮编(P. C.)：200949
电话(Tel)：021 - 56874660
传真(Fax)：021 - 56874670
E-mail：haras@ 163. com
Http://www. haras. com. cn
联系人(Contact Person)：杜根娣
产品(Products)：湿巾，护理垫，宠物垫
品牌(Brand)：海拉斯

上海雅珥逊医疗器械有限公司
Shanghai Yaerxun Medical Apparatus & Instruments Co., Ltd.
地址(Add)：上海市北京西路605弄57弄B幢102室
邮编(P. C.)：200041
电话(Tel)：021 - 62172519
传真(Fax)：021 - 32105556
E-mail：siqiya@ 126. com
总经理(General Manager)：徐国芳
产品(Products)：成人纸尿裤，护理垫
品牌(Brand)：雅珥逊

上海天茂国际贸易有限公司
Shanghai Tianmao International Trade Co., Ltd.
地址(Add)：上海市北京西路758弄17号901室
邮编(P. C.)：200041
电话(Tel)：021 - 62872918
传真(Fax)：021 - 62872918
E-mail：hansson1967@ yahoo. com. cn
总经理(General Manager)：韩则鸣
联系人(Contact Person)：韩则鸣
产品(Products)：护理垫，手术服，口罩

王子奇能纸业(上海)有限公司
Oji Kinocloth (Shanghai) Co., Ltd.
地址(Add)：上海市长宁区遵义路107号安泰大楼402室
邮编(P. C.)：200051
电话(Tel)：021 - 62375200
传真(Fax)：021 - 62375600
E-mail：q. wang@ kinocloth. cn
Http://www. kinocloth. cn
法人代表(Chairman)：北村欣勇
总经理(General Manager)：丰岛节夫
联系人(Contact Person)：王启军
产品(Products)：湿巾，厨房烹调专用纸，食品垫
品牌(Brand)：丽的

上海枫围无纺布厂有限公司
Fengwei Non - Fabric Factory Co., Ltd.
地址(Add)：上海市枫泾工业园区亭枫公路8255号
邮编(P. C.)：201501
电话(Tel)：021 - 57351468
传真(Fax)：021 - 57351927
E-mail：sale@ fw-wf. com
Http://www. fw-wf. com
产品(Products)：防护服等非织造布制品

上海洪章卫生用品有限公司
Shanghai Hongzhang Hygiene Products Co., Ltd.
地址(Add)：上海市奉贤区奉城镇洪庙洪朱路南首
邮编(P. C.)：201411
电话(Tel)：021 - 57131873
总经理(General Manager)：周洪章
产品(Products)：成人纸尿裤/片，护理垫，婴儿纸尿裤

上海奉影医用卫生用品厂
Shanghai Fengying Medical Hygiene Products Co., Ltd.
地址(Add)：上海市奉贤区奉城镇经济开发区奉国路165号
邮编(P. C.)：201411
电话(Tel)：021 - 57522608
传真(Fax)：021 - 57521810
E-mail：fyyp - ni@ 21cn. com
Http://www. shfyyp. com
总经理(General Manager)：廖玉仙
产品(Products)：妇女卫生巾，卫生护垫，成人纸尿裤，帽子，口罩，手术衣

金佰利(中国)有限公司
Kimberly - Clark (China) Co., Ltd.
地址(Add)：上海市福州路666号金陵海欣大厦10楼
邮编(P. C.)：200001
电话(Tel)：010 - 87110016
传真(Fax)：010 - 67856096
E-mail：jessica. cai@ kcc. com
Http://www. kimberly-clark. com. cn
法人代表(Chairman)：Errol William Plowman

总经理(General Manager)：邵青锋
联系人(Contact Person)：蔡敏
产品(Products)：妇女卫生巾，卫生护垫，婴儿纸尿裤/片，成人纸尿裤/片，护理垫，湿巾，纸巾纸，卫生卷纸
品牌(Brand)：高洁丝 Kotex，舒而美 C&B，好奇 Huggies，舒洁 Kleenex，得伴 Depend

美国爱克欣医疗工业公司上海代表处
Medical Action Industries Inc. Shanghai Office
地址(Add)：上海市虹桥开发区兴义路8号万都中心1905室
邮编(P. C.)：200336
电话(Tel)：021－52082618－208
传真(Fax)：021－52082628
E-mail：ivys@ medical－action. com
总经理(General Manager)：唐玥
联系人(Contact Person)：孙晓妍
产品(Products)：宠物垫，擦手纸

上海集升实业有限公司
Shanghai Jisheng Industry Co., Ltd.
地址(Add)：上海市嘉定区宝安公路4918号
邮编(P. C.)：201814
电话(Tel)：021－59503361－132
传真(Fax)：021－59508779
E-mail：jwj@ jszh. com
Http://www. jszh. com
联系人(Contact Person)：姜伟杰
产品(Products)：护理垫，宠物垫

上海秋欣实业有限公司
Shanghai Qiuxin Industry Co., Ltd.
地址(Add)：上海市嘉定区嘉唐公路220号
邮编(P. C.)：201800
电话(Tel)：021－59924166
传真(Fax)：021－59927140
E-mail：baifu. fitting@ sohu. com
Http://www. copperfitting. com. cn
法人代表(Chairman)：曹云秋
总经理(General Manager)：瞿童梁
联系人(Contact Person)：施海鸣
产品(Products)：成人纸尿裤/片，护理垫，婴儿纸尿裤
品牌(Brand)：秋欣，好护理，好舒畅，囡囡

上海麦世科无纺布集团
Shanghai Mascot International Nonwoven Group
地址(Add)：上海市嘉定区马陆镇宝安公路2785号
邮编(P. C.)：201801
电话(Tel)：021－39908327
传真(Fax)：021－39908325
E-mail：ab－sales@ umail. hinet. net
产品(Products)：非织造布美容卫生产品，医疗用制品，清洁布及家庭用品，工业用途制品

江晖无纺布用品(上海)有限公司
Kong Fai Nonwoven Articles (Shanghai) Co., Ltd.
地址(Add)：上海市嘉定区勤丰路265号二楼
邮编(P. C.)：201803
电话(Tel)：021－52822490
传真(Fax)：021－52822493
E-mail：kongfai@ nonwoven. com. cn
Http://www. nonwoven. com. cn
产品(Products)：口罩，帽子，手术衣，鞋套，袖套

上海美德卫生用品有限公司
Shanghai Meide Hygiene Products Co., Ltd.
地址(Add)：上海市金山工业区3091号
邮编(P. C.)：201505
电话(Tel)：021－57275876
传真(Fax)：021－57275876
E-mail：nanbudao168@ yahoo. cn
总经理(General Manager)：柳富元
产品(Products)：成人纸尿裤/片，婴儿纸尿裤/片，护理垫

上海洁安实业有限公司
Shanghai Jiean Industry Co., Ltd.
地址(Add)：上海市金山区亭枫公路2965号
邮编(P. C.)：201503
电话(Tel)：021－57342034
传真(Fax)：021－66600945
E-mail：heaven2703@ hotmail. com
联系人(Contact Person)：胡然希
产品(Products)：手术衣，口罩，帽子

上海优生婴儿用品有限公司
US Baby (Shanghai) Co., Ltd.
地址(Add)：上海市闵行区金都路1199号
邮编(P. C.)：201108
电话(Tel)：021－64976497－2138
传真(Fax)：021－54400123
E-mail：baby_820909@ yahoo. com. cn
Http://www. usbaby. com. cn
联系人(Contact Person)：后丽萍
产品(Products)：防溢乳垫，湿巾
品牌(Brand)：优生，喜多

上海健龙卫生护理用品有限公司
Shanghai Jianlong Health Care Products Co., Ltd.
地址(Add)：上海市闵行区鲁陈路1885号
邮编(P. C.)：201112
电话(Tel)：021－54311070
传真(Fax)：021－54311070
总经理(General Manager)：杨刚
联系人(Contact Person)：杨刚
产品(Products)：一次性护创棉垫，医用胸腹助咳带，口腔护理清洁纸等
品牌(Brand)：健柔

英科工业有限公司
Intco Industries Co., Ltd.
地址(Add)：上海市浦东南路1036号1703室
邮编(P. C.)：200120
电话(Tel)：021－58883887
传真(Fax)：021－58771140
E-mail：info@ intco@ intco. com. cn
Http://www. intco. com. cn

联系人(Contact Person)：邵萍
产品(Products)：口罩，手术衣，帽子，防护服

上海乐抽纸制品有限公司
Shanghai Lechou Paper Products Co., Ltd.
地址(Add)：上海市浦东区龙阳路1880弄万邦都市花园53号802室
邮编(P. C.)：201204
电话(Tel)：021-50610505
传真(Fax)：021-68940309
E-mail：shanghailechou@qq.com
Http://www.shanghailechou.com
总经理(General Manager)：罗源
产品(Products)：面巾纸，湿巾，厨用抹布
品牌(Brand)：乐抽

上海舒而爽卫生用品有限公司
Shanghai Shuershuang Hygiene Products Co., Ltd.
地址(Add)：上海市浦东新区川沙镇学北路3号
邮编(P. C.)：201200
电话(Tel)：021-58923022
传真(Fax)：021-58924316
法人代表(Chairman)：张林华
总经理(General Manager)：张林华
联系人(Contact Person)：张林华
产品(Products)：婴儿纸尿裤，成人纸尿裤，护理垫
品牌(Brand)：舒而爽

上海亚澳医用保健品有限公司
Shanghai Iso Medical Products Co., Ltd.
地址(Add)：上海市浦东新区六陈路999号
邮编(P. C.)：201202
电话(Tel)：021-58592057
传真(Fax)：021-58593716
E-mail：bzcai@iso-medical.com.cn
Http://www.iso-medical.com.cn
联系人(Contact Person)：蔡帮智
产品(Products)：医用敷料

上海百府康卫生材料有限公司
Shanghai Baifukang Sanitary Material Co., Ltd.
地址(Add)：上海市浦东新区明月路199弄16号401室
邮编(P. C.)：200120
电话(Tel)：021-50309160
传真(Fax)：021-50302286
E-mail：seklily@yahoo.com.cn
Http://www.shbfk.com.cn
法人代表(Chairman)：张一萍
联系人(Contact Person)：张一萍
产品(Products)：医用敷料，医用吸水垫
品牌(Brand)：百府康

上海必有福生活用品有限公司
Shanghai Biyoufu Commodity Co., Ltd.
地址(Add)：上海市浦东新区南六公路民义村888号B6
邮编(P. C.)：201322
电话(Tel)：021-50654397
传真(Fax)：021-50654367
E-mail：biyoufu@126.com
法人代表(Chairman)：侯荣灿
总经理(General Manager)：侯荣灿
联系人(Contact Person)：李燕
产品(Products)：成人纸尿裤/片，护理垫
品牌(Brand)：必有福，孝心

联兴卫生用品有限公司
Lianxing Hygiene Products Co., Ltd.
地址(Add)：上海市浦东新区秀沿路867弄30号1201室
邮编(P. C.)：201315
电话(Tel)：021-59398412
传真(Fax)：021-59398413
法人代表(Chairman)：陆素俊
总经理(General Manager)：陆素俊
联系人(Contact Person)：杨志平
产品(Products)：妇女卫生巾，卫生护垫，纸尿片，拖把，擦拭巾，卫生卷纸，餐巾纸
品牌(Brand)：紫菱，佳蕙

上海通贝吸水材料有限公司
Shanghai Tongbei Absorbent Material Co., Ltd.
地址(Add)：上海市浦东张江高科技园区凌白路
邮编(P. C.)：210201
电话(Tel)：021-58972939
传真(Fax)：021-58975196
E-mail：shtongbei@126.com
Http://www.shtongbei.cn.alibaba.com
法人代表(Chairman)：奚永飞
总经理(General Manager)：奚永飞
联系人(Contact Person)：钱玉华
产品(Products)：美容纸

约柏滤材工业(上海)有限公司
Aeropro Filter Ind. (Shanghai) Co., Ltd.
地址(Add)：上海市青浦工业园香大路248号
邮编(P. C.)：201712
电话(Tel)：021-59221966
传真(Fax)：021-59220808
E-mail：aeropro@hotmail.com.tw
Http://www.aeropro.com.tw
联系人(Contact Person)：陈敏平
产品(Products)：口罩，头套，鞋套

上海护理佳实业有限公司
Shanghai Foliage Industry Co., Ltd.
地址(Add)：上海市青浦区白鹤镇白石公路2288号
邮编(P. C.)：201711
电话(Tel)：021-59213666
传真(Fax)：021-59213316
E-mail：xgj8981@126.com
Http://www.hulijia.com
法人代表(Chairman)：夏双印
总经理(General Manager)：夏双印
联系人(Contact Person)：许国军
产品(Products)：妇女卫生巾，卫生护垫，婴儿纸尿裤/片，成人纸尿裤，乳垫
品牌(Brand)：护理佳，妙仔，PP爽，贴身福

上海唯尔福(集团)有限公司**
Shanghai Welfare Group Co., Ltd.
地址(Add):上海市青浦区华新镇徐华公路3029弄88号
邮编(P. C.):201705
电话(Tel):021-39873177
传真(Fax):021-39873188
E-mail:wef2008@163.com
Http://www.wef2008.com
法人代表(Chairman):李胜章
总经理(General Manager):何幼成
联系人(Contact Person):张迎春
产品(Products):妇女卫生巾,卫生护垫,婴儿纸尿裤/片,成人纸尿片,宠物垫,护理垫,原纸,卫生纸,面巾纸,手帕纸,餐巾纸,厨房用纸,擦手纸,湿巾
品牌(Brand):唯尔福,美丽约会,唯儿福,纸音

美迪康医用材料(上海)有限公司
A. R. Medicom Inc. (Shanghai) Ltd.
地址(Add):上海市松江区香车路290号
邮编(P. C.):201611
电话(Tel):021-57774732
传真(Fax):021-57775908
E-mail:medicom5@mail.sh163.net
Http://www.medicom-china.com
联系人(Contact Person):黄士杰
产品(Products):手术衣,口罩,湿巾

全日美实业(上海)有限公司
Everbeauty Industry (Shanghai) Co., Ltd.
地址(Add):上海市松江区新桥镇工业区民益路5号
邮编(P. C.):201612
电话(Tel):021-57686968
传真(Fax):021-57686967
Http://www.evb.com.cn
法人代表(Chairman):邱顶阳
总经理(General Manager):蔡坤芳
联系人(Contact Person):金春梅
产品(Products):婴儿纸尿裤/片,成人纸尿裤/片,护理垫,湿巾
品牌(Brand):嘘嘘乐,小淘气,爱乐芬,包大人,妈妈乐

上海航利实业有限公司
Shanghai Hangli Industry Co., Ltd.
地址(Add):上海市中山西路2368号华鼎大厦32楼
邮编(P. C.):200235
电话(Tel):021-64280398
传真(Fax):021-64398851
E-mail:tyfan@hangli.com.cn
Http://www.hangli.com.cn
联系人(Contact Person):樊天岳
产品(Products):防护服,擦拭布

■ 江苏 Jiangsu

常熟市圣利达水刺无纺有限公司
Changshu Shenglida Spunlace Nonwovens Co., Ltd.
地址(Add):江苏省常熟市沙家浜镇(唐市)常昆工业园区复兴路10号
邮编(P. C.):215542
电话(Tel):0512-52579990
传真(Fax):0512-52579991
E-mail:sld@shenglida.com
Http://www.shenglida.com
法人代表(Chairman):王自业
总经理(General Manager):王自业
联系人(Contact Person):谢文豪
产品(Products):湿巾,一次性浴衣

常熟市爱舍伦医疗用品有限公司
Changshu Excellent Medicine Articles Co., Ltd.
地址(Add):江苏省常熟市辛庄镇杨园工业园
邮编(P. C.):215562
电话(Tel):0512-52478885
传真(Fax):0512-52478887
E-mail:excellent8@hgjd.com
法人代表(Chairman):祁月芳
总经理(General Manager):张勇
联系人(Contact Person):张勇
产品(Products):医疗敷料,护理垫

常州市戴溪医疗用品厂
Changzhou Daixi Medical Articles Factory
地址(Add):江苏省常州市戴溪虎臣工业园区
邮编(P. C.):213105
电话(Tel):0519-88554075
传真(Fax):0519-88551412
E-mail:cza8554075@pub.cz.jsinfo.net
Http://www.qrchina.com
总经理(General Manager):陆元中
联系人(Contact Person):陆振宇
产品(Products):口罩,帽子,手术用品,防护用品

常州市德思勤化纤有限公司
Changzhou Desiqin Chemicalfiber Co., Ltd.
地址(Add):江苏省常州市湖塘镇马杭长虹工业园
邮编(P. C.):213162
电话(Tel):0519-88231155
传真(Fax):0519-88231133
Http://czsdsqhx.cn.china.cn
联系人(Contact Person):张永芳
产品(Products):非织造布包袋,防护衣,鞋帽套

常州市宏泰纸膜有限公司
Changzhou Hongtai Paper Film Co., Ltd.
地址(Add):江苏省常州市戚墅堰东前杨工业区前杨村委旁
邮编(P. C.):213011
电话(Tel):0519-88773069
传真(Fax):0519-88772898
E-mail:info@cnhtzm.com
Http://www.cnhtzm.com
联系人(Contact Person):徐波
产品(Products):护理垫,宠物垫,手术单

常州康贝护理卫生用品有限公司
Changzhou Kombi Nursing Healthy Supplies Co., Ltd.
地址(Add):江苏省常州市天宁区青龙街道虹阳路2号
邮编(P. C.):213149
电话(Tel):0519-85503603
传真(Fax):0519-85503604
E-mail:yzh@czkombi.com

Http://www.czkombi.com
联系人(Contact Person)：叶正华
产品(Products)：婴儿纸尿裤，成人纸尿裤，护理垫，乳垫
品牌(Brand)：宝爱

常州柯恒卫生用品有限公司
Changzhou Keheng Sanitary Product Co., Ltd.
地址(Add)：江苏省常州市武进区礼嘉工业园区
邮编(P.C.)：213176
电话(Tel)：0519-88312118
传真(Fax)：0519-86230525
E-mail：ke.heng@yahoo.com.cn
联系人(Contact Person)：李新民
产品(Products)：妇女卫生巾，卫生护垫，成人纸尿裤/片，护理垫，手术垫

常州市梦爽卫生用品有限公司
Changzhou Mengshuang Hygiene Products Co., Ltd.
地址(Add)：江苏省常州市武进区礼嘉镇
邮编(P.C.)：213176
电话(Tel)：0519-86232951
传真(Fax)：0519-86238008
Http://www.czmengshuang.cn
总经理(General Manager)：陆元清
联系人(Contact Person)：陆元清
产品(Products)：妇女卫生巾，卫生护垫，婴儿纸尿裤，成人纸尿裤，护理垫，宠物垫，乳垫
品牌(Brand)：靓爽

常州市武进亚星卫生用品有限公司
Changzhou Wujin Yaxing Hygiene Products Co., Ltd.
地址(Add)：江苏省常州市武进区礼嘉镇王言桥
邮编(P.C.)：213176
电话(Tel)：0519-86232358
传真(Fax)：0519-86235865
E-mail：yxgs_358@vip.163.com
法人代表(Chairman)：陈锡和
总经理(General Manager)：陈丽松
联系人(Contact Person)：陈丽松
产品(Products)：妇女卫生巾，卫生护垫，婴儿纸尿裤，成人纸尿裤，卫生纸，宠物垫，失禁垫
品牌(Brand)：女士欢

常州好妈妈纸业有限公司
Changzhou Haomama Paper Co., Ltd.
地址(Add)：江苏省常州市武进区武宜南路188号
邮编(P.C.)：213164
电话(Tel)：0519-86524330
传真(Fax)：0519-86531435
E-mail：xuwenyuan@czaibao.com
Http://www.czaibao.com
总经理(General Manager)：徐文元
产品(Products)：乳垫
品牌(Brand)：妈妈宝

常州市莱洁卫生材料有限公司
Changzhou Laijie Hygiene Materials Co., Ltd.
地址(Add)：江苏省常州市西郊嘉泽镇工业园区
邮编(P.C.)：213153
电话(Tel)：0519-83801927
传真(Fax)：0519-83801927
联系人(Contact Person)：许华兴
产品(Products)：护理垫单，口罩，帽子
品牌(Brand)：畅洁

华联保健敷料有限公司
Hualian Healthcare Dressing Co., Ltd.
地址(Add)：江苏省常州市西郊邹区镇岳津路55号
邮编(P.C.)：213144
电话(Tel)：0519-83638561
传真(Fax)：0519-83631033
E-mail：sales@hualiandressing.com
Http://www.hualiandressing.com
联系人(Contact Person)：岳健敏
产品(Products)：医用敷料

宝利医疗用品有限公司
Baoli Medicine Articles Co., Ltd.
地址(Add)：江苏省常州市新北区黄河西路206号
邮编(P.C.)：213125
电话(Tel)：0519-88222111-878
传真(Fax)：0519-88220828
总经理(General Manager)：吴黎南
产品(Products)：手术衣，罩巾，防护服

常州美康纸塑制品有限公司
B. H Medical Products Co., Ltd.
地址(Add)：江苏省常州市宣盛路8号
邮编(P.C.)：213016
电话(Tel)：0519-83978709
传真(Fax)：0519-83978717
E-mail：materials@bhmedical.com.cn
Http://www.healthysmile.com.cn
联系人(Contact Person)：刘华
产品(Products)：口罩，围兜，洞巾

江阴金凤特种纺织品有限公司
Jiangyin Golden Phoenix Textile Co., Ltd.
地址(Add)：江苏省江阴市华士镇陆华路2号
邮编(P.C.)：214425
电话(Tel)：0510-86370513
传真(Fax)：0510-86371659
E-mail：jf.jy@public1.wx.js.cn
Http://www.jf-nonwoven.com.cn
联系人(Contact Person)：陆生平
产品(Products)：擦拭巾，医疗用品

淮安金华卫生用品有限公司
Huaian Jinhua Hygiene Products Co., Ltd.
地址(Add)：江苏省金湖县船塘路288号
邮编(P.C.)：211600
电话(Tel)：0517-86991621
传真(Fax)：0517-86881621
E-mail：leilei4451@sina.com
总经理(General Manager)：雷磊
联系人(Contact Person)：雷浩
产品(Products)：妇女卫生巾，卫生护垫，婴儿纸尿裤/片，成人纸尿片，产妇垫
品牌(Brand)：金雪莲，小龙女

金湖中卫无纺布制品有限公司
Jinhu Zhongwei Nonwoven Products Co., Ltd.
地址(Add)：江苏省金湖县戴楼工业集中区2号
邮编(P. C.)：211600
电话(Tel)：0517－86816789
传真(Fax)：0517－86816789
E-mail：zwc@sina.com
总经理(General Manager)：仲从波
产品(Products)：产妇垫，护理垫，宠物垫

江苏宝姿实业有限公司
Jiangsu Baozi Industry Co., Ltd.
地址(Add)：江苏省金湖县金湖西路131号
邮编(P. C.)：211600
电话(Tel)：0517－86899999
传真(Fax)：0517－86980777
E-mail：jwc3188@hotmail.com
Http://www.sinojwc.com
法人代表(Chairman)：陈斌
总经理(General Manager)：陈斌
产品(Products)：妇女卫生巾，卫生护垫，婴儿纸尿裤/片，成人纸尿裤/片，护理垫，产妇垫，宠物垫，口罩，乳垫，抹地巾
品牌(Brand)：金卫灿

好孩子百瑞康卫生用品有限公司
Goodbaby Bairuikang Hygienic Products Co., Ltd.
地址(Add)：江苏省昆山市陆家镇富荣路1号
邮编(P. C.)：215331
电话(Tel)：0512－57871399
传真(Fax)：0512－57679343
E-mail：pqshen@goodbabygroup.com
Http://www.goodbaby.com
法人代表(Chairman)：宋郑还
总经理(General Manager)：辛树林
联系人(Contact Person)：沈平强
产品(Products)：婴儿纸尿裤，宠物纸尿裤
品牌(Brand)：好孩子，奇妙鸭

南京洁瑞医疗器械有限公司
Nanjing Jierui Medical Appliances Co., Ltd.
地址(Add)：江苏省南京市下关区小街27－5号
邮编(P. C.)：210015
电话(Tel)：025－58832597
传真(Fax)：025－58832531
总经理(General Manager)：张留成
联系人(Contact Person)：张留成
产品(Products)：护理垫，医用床垫

锦程护理垫有限公司
Jincheng Pad Co., Ltd.
地址(Add)：江苏省南通市城港路278号
邮编(P. C.)：226003
电话(Tel)：0513－85560168
传真(Fax)：0513－85560168
E-mail：nantqiyue@126.com
法人代表(Chairman)：韩锦云
总经理(General Manager)：石红光
产品(Products)：护理垫
品牌(Brand)：可莲

南通中纸纸浆有限公司
Nantong Zhongzhi Paper & Pulp Co., Ltd.
地址(Add)：江苏省南通市港闸区兴盛路19号
邮编(P. C.)：226001
电话(Tel)：0513－85765078
传真(Fax)：0513－85204976
E-mail：zz@zzpaper.com
Http://www.zzpaper.com
总经理(General Manager)：王松明
联系人(Contact Person)：王松明
产品(Products)：纸鞋垫

南通市月佳卫生用品有限公司
Nantong Yuejia Hygiene Products Co., Ltd.
地址(Add)：江苏省南通市开发区小海镇工业区
邮编(P. C.)：226015
电话(Tel)：0513－85905101
传真(Fax)：0513－85905101
总经理(General Manager)：樊冲明
联系人(Contact Person)：吴建忠
产品(Products)：妇女卫生巾，纸尿裤/片，护理垫
品牌(Brand)：可云

苏州工业园区惠康护理用品有限公司
Suzhou Welcomed Co., Ltd.
地址(Add)：江苏省苏州工业园区跨塘分区至和东路18号
邮编(P. C.)：215122
电话(Tel)：0512－62747838
传真(Fax)：0512－62748078
E-mail：sz.shp@163.com
总经理(General Manager)：山惠平
产品(Products)：护理垫，宠物垫

苏州宏盛床垫有限公司
Suzhou Hongsheng Mattress Co., Ltd.
地址(Add)：江苏省苏州市光福镇邓尉北路82号
邮编(P. C.)：215000
电话(Tel)：0512－66952186
传真(Fax)：0512－66952189
联系人(Contact Person)：沈新
产品(Products)：护理垫，宠物垫

苏州市奥健医卫用品有限公司
Suzhou Aojian Medical Hygiene Products Co., Ltd.
地址(Add)：江苏省苏州市三香路979号中翔经贸大楼7F
邮编(P. C.)：215004
电话(Tel)：0512－68293172
传真(Fax)：0512－68296276
E-mail：suzhoudekang@163.com
Http://www.szdekangmedical.com.cn
法人代表(Chairman)：朱元国
总经理(General Manager)：朱元国
联系人(Contact Person)：孙萍
产品(Products)：手术垫单(褥垫)，口罩，帽子，手术衣，护理垫，宠物垫，干擦拭巾
品牌(Brand)：奇吉

强生(苏州)医疗器材有限公司
Johnson & Johnson (Suzhou) Medical Appliance Co., Ltd.
地址(Add)：江苏省苏州市苏州工业园区长阳街299号

邮编(P. C.)：215126
电话(Tel)：0512－67888289
传真(Fax)：0512－67888611
E-mail：mchang18@its. jnj. com
联系人(Contact Person)：张俊贤
产品(Products)：医疗器材

苏州市苏宁床垫有限公司
Suzhou Suning Underpad Co., Ltd.
地址(Add)：江苏省苏州市苏州新区浒关工业园永安路70号
邮编(P. C.)：215151
电话(Tel)：0512－66165887
传真(Fax)：0512－66167719
E-mail：szszjx@163. com
总经理(General Manager)：张俊武
联系人(Contact Person)：聂卫颖
产品(Products)：护理垫

苏州市格瑞美医用材料有限公司
Suzhou Glorimed Medical Products Co., Ltd.
地址(Add)：江苏省苏州市吴中区郭巷街道斜港路179号
邮编(P. C.)：215124
电话(Tel)：0512－65690818
传真(Fax)：0512－65690828
E-mail：grm2009@126. com
总经理(General Manager)：李国荣
产品(Products)：洞巾，床单材料

苏州富堡纸制品有限公司
Suzhou Fubao Paper Products Co., Ltd.
地址(Add)：江苏省苏州市吴中区角直镇凌港开发区东升路
邮编(P. C.)：215127
电话(Tel)：0512－66190097
传真(Fax)：0512－66190067
Http://www. fuberg. com
法人代表(Chairman)：林纹如
联系人(Contact Person)：戴灵芝
产品(Products)：护理垫，成人纸尿裤
品牌(Brand)：安安

苏州市泰升床垫有限公司
Suzhou Taisheng Underpad Co., Ltd.
地址(Add)：江苏省苏州市相城区望亭镇迎湖工业园万丰路8号
邮编(P. C.)：215155
电话(Tel)：0512－66705322
传真(Fax)：0512－66705322
E-mail：suzhou. taisheng@163. com
总经理(General Manager)：沈新
产品(Products)：护理垫，吸水垫

苏州新区金桥工贸公司
Suzhou Xinqu Jinqiao Industry & Trade Co., Ltd.
地址(Add)：江苏省苏州市新区枫桥大街54号
邮编(P. C.)：215011
电话(Tel)：0512－66673767
传真(Fax)：0512－66673757
E-mail：sales@szjinqiao. com. cn
Http://www. szjinqiao. com. cn
总经理(General Manager)：张建兴
联系人(Contact Person)：孙志明
产品(Products)：护理垫，产妇垫，手术衣

太仓市宝儿乐卫生用品厂
Taicang Baoerle Hygiene Products Factory
地址(Add)：江苏省太仓市金浪镇崖山路65号
邮编(P. C.)：215400
电话(Tel)：0512－53523671
传真(Fax)：0512－53518477
法人代表(Chairman)：李彬
总经理(General Manager)：李彬
产品(Products)：成人纸尿裤/片，护理垫
品牌(Brand)：小毛头

太仓海樱卫生用品有限公司
Taicang Kaio Co., Ltd.
地址(Add)：江苏省太仓市陆渡镇中市西路瑞德工业园
邮编(P. C.)：215412
电话(Tel)：0512－53454338
传真(Fax)：0512－53454328
Http://www. tckaio. cn
联系人(Contact Person)：郑宏春
产品(Products)：无纺布口罩，湿巾，抹布

江苏康隆工贸有限公司
Jiangsu Kanglong Industry Business Co., Ltd.
地址(Add)：江苏省泰州市泰九路18－1号
邮编(P. C.)：225300
电话(Tel)：0523－86564531
传真(Fax)：0523－86566011
E-mail：kanglong@med-kanglong. com
Http://www. med-kanglong. com
法人代表(Chairman)：卞学根
联系人(Contact Person)：卞学根
产品(Products)：医用敷料，口罩，湿巾
品牌(Brand)：康隆

无锡市恒通医药卫生用品有限公司
Wuxi Hengtong Medical Drug Sundries Co., Ltd.
地址(Add)：江苏省无锡市新区硕放工业园
邮编(P. C.)：214142
电话(Tel)：0510－85306862
传真(Fax)：0510－85306862
E-mail：huanbin45@sina. com
Http://www. wxhtyy. com. cn
联系人(Contact Person)：黄焕斌
产品(Products)：导尿包，手术包，产包，口罩，帽子，手术衣

吴江市亿成医疗器械有限公司
Wujiang Yicheng Medical Appararus Co., Ltd.
地址(Add)：江苏省吴江市北厍镇大义开发区
邮编(P. C.)：215214
电话(Tel)：0512－63242326
传真(Fax)：0512－63240159
E-mail：szyc@suzhouyc. com. cn
Http://www. suzhouyc2008. cn
总经理(General Manager)：许国平
联系人(Contact Person)：顾春锋
产品(Products)：护理垫，宠物垫，口罩，帽子

泰州远东纸业有限公司
Taizhou Far East Paper Co., Ltd.
地址(Add)：江苏省兴化市戴窑工业区
邮编(P. C.)：225741
电话(Tel)：0523－83848888
传真(Fax)：0523－83841888
E-mail：anjieer@anjieer.com
Http://www.anjieer.com
法人代表(Chairman)：冯元松
总经理(General Manager)：冯元松
联系人(Contact Person)：王广春
产品(Products)：妇女卫生巾，卫生护垫，婴儿纸尿裤/片，护理垫，宠物垫
品牌(Brand)：安洁尔，安洁儿，安洁康

江苏中恒宠物用品有限公司
Jiangsu Zhongheng Pets Articles Co., Ltd.
地址(Add)：江苏省盐城市盐都新区开创路
邮编(P. C.)：224055
电话(Tel)：0515－88465666
传真(Fax)：0515－88463555
E-mail：zhongheng@jszhongheng.com
Http://www.jszhongheng.com
联系人(Contact Person)：仇勇
产品(Products)：宠物垫

扬中九妹日用品有限公司
Yangzhong Jiumei Products for Daily Use Co., Ltd.
地址(Add)：江苏省扬中市区花园路149号
邮编(P. C.)：212200
电话(Tel)：0511－88324279
传真(Fax)：0511－85151169
E-mail：huangbub@yahoo.com.cn
法人代表(Chairman)：范进
总经理(General Manager)：范进
联系人(Contact Person)：范开阳
产品(Products)：妇女卫生巾，卫生护垫，成人纸尿裤/片，护理垫
品牌(Brand)：九妹，伊舒莱，华达老人，健康百岁

扬州市邗江日顺行旅游用品厂
Rishunhang Tour Products Factory
地址(Add)：江苏省扬州市杭集工业园三星路13号杭集政府向西300米
邮编(P. C.)：225111
电话(Tel)：0514－87497188
传真(Fax)：0514－87492388
E-mail：webmaster@yzrsh.com
Http://www.yzrsh.com
总经理(General Manager)：刘太顺
产品(Products)：无纺布拖鞋，杯垫

扬州市杭集飞达旅游用品厂
Yangzhou Hangji Feida Tourism Products Factory
地址(Add)：江苏省扬州市杭集工业园曙光花园102号
邮编(P. C.)：225111
电话(Tel)：0514－87271710
传真(Fax)：0514－87497646
E-mail：514575835@qq.com
Http://www.yzfsly.cn.alibaba.com
联系人(Contact Person)：王士祥
产品(Products)：医用床垫

张家港市东创无纺布制品厂
Zhangjiagang Dongchuang Nonwovens Products Factory
地址(Add)：江苏省张家港市泗港镇五新工业区
邮编(P. C.)：215638
电话(Tel)：0512－56765230
联系人(Contact Person)：张文
产品(Products)：口罩，鞋套，帽子

张家港志益卫生用品有限公司
Zhangjiagang Zhiyi Sanitary Products Co., Ltd.
地址(Add)：江苏省张家港市兆丰常丰社区内
邮编(P. C.)：215600
电话(Tel)：0512－58576998
传真(Fax)：0512－58527815
E-mail：info@lwjx.com
Http://www.lwjx.com
总经理(General Manager)：任志华
产品(Products)：护理垫，手术孔巾，口罩、帽子、儿童围巾

■ 浙江 Zhejiang

宁波市奇兴无纺布有限公司
Ningbo Qixing Nonwovens Co., Ltd.
地址(Add)：浙江省慈溪市掌起工业开发区
邮编(P. C.)：315313
电话(Tel)：0574－63751618
传真(Fax)：0574－63740408
E-mail：qxgx@public.cx.nbptt.zj.cn
Http://www.airlaids.com
法人代表(Chairman)：谢道训
总经理(General Manager)：谢道训
联系人(Contact Person)：魏立群
产品(Products)：口罩

杭州珍琦卫生用品有限公司
Hangzhou Zhenqi Sanitary Products Co., Ltd.
地址(Add)：浙江省富阳市大源工业园区
邮编(P. C.)：311413
电话(Tel)：0571－63590518
传真(Fax)：0571－63590528
E-mail：tina@hzzhenqi.com
Http://www.hzzhenqi.com
法人代表(Chairman)：俞钟平
总经理(General Manager)：俞飞英
联系人(Contact Person)：何晓刚
产品(Products)：妇女卫生巾，成人纸尿裤/片，护理垫，婴儿纸尿裤，湿巾，宠物纸尿裤，宠物垫
品牌(Brand)：珍琦

浙江协盛纺织有限公司
Zhejiang Xiesheng Textile Co., Ltd.
地址(Add)：浙江省海宁市斜桥工业区镇中路8号
邮编(P. C.)：314406
电话(Tel)：0573－87718520
传真(Fax)：0573－87718111
E-mail：sales@xieshengtextile.com
Http://www.xieshengtextile.com
总经理(General Manager)：朱梁兴

联系人(Contact Person)：曾辉
产品(Products)：医用复合材料

浙江华顺涤纶工业有限公司
Zhejiang Huashun P. F. I. Co., Ltd.
地址(Add)：浙江省杭州市临安玲珑工业区华兴工业城7号楼
邮编(P. C.)：311300
电话(Tel)：0571-63925908
传真(Fax)：0571-63925929
E-mail：huashun908@163.com
Http://www.huaxing.org
法人代表(Chairman)：俞华平
总经理(General Manager)：俞华平
联系人(Contact Person)：俞华平
产品(Products)：婴儿纸尿裤/片，成人纸尿裤/片，护理垫，湿巾
品牌(Brand)：康舒特，安瑞洁

杭州锦腾织造有限公司
Hangzhou Jinteng Nonwovens Co., Ltd.
地址(Add)：浙江省杭州市临安苕溪南路16号(锦城镇锦江工业园)
邮编(P. C.)：311300
电话(Tel)：0571-63757013
传真(Fax)：0571-63756930
法人代表(Chairman)：钭正贤
总经理(General Manager)：俞楚云
产品(Products)：手术衣、帽，擦拭巾

杭州天力水刺无纺布有限公司
Hangzhou Tianli Spunlaced Nonwovens Co., Ltd.
地址(Add)：浙江省杭州市临安苕溪南路16号(锦城镇锦江工业园)
邮编(P. C.)：311300
电话(Tel)：0571-63757013
传真(Fax)：0571-63752067
E-mail：wxz@hz-tl.cn
Http://www.hz-tl.cn
联系人(Contact Person)：黄孝忠
产品(Products)：湿巾，手术衣、帽

杭州侨资纸业有限公司
Hangzhou Qiaozi Paper Industry Co., Ltd.
地址(Add)：浙江省杭州市临安市横溪开发区
邮编(P. C.)：311300
电话(Tel)：0571-63701827
传真(Fax)：0571-63702588
E-mail：qzzy@qiaozi.com
Http://www.qiaozi.com
法人代表(Chairman)：金利伟
总经理(General Manager)：金利伟
联系人(Contact Person)：胡中春
产品(Products)：婴儿纸尿裤/片，成人纸尿裤/片，护理垫，宠物纸尿裤，宠物垫
品牌(Brand)：酷特适，可靠，QQ乐

杭州余宏卫生用品有限公司
Hangzhou Yuhong Sanitary Products Co., Ltd.
地址(Add)：浙江省杭州市瓶窑
邮编(P. C.)：311115
电话(Tel)：0571-88546818
传真(Fax)：0571-88543233
E-mail：yuhongsales@163.com
Http://www.anqisp.com
法人代表(Chairman)：李新华
总经理(General Manager)：李新华
联系人(Contact Person)：李丹
产品(Products)：妇女卫生巾，卫生护垫，成人纸尿裤，护理垫
品牌(Brand)：安琦，大孝子

杭州宝德非织造布有限公司
Power Tex Nonwovens Co., Ltd.
地址(Add)：浙江省杭州市清江路138号四季星座1804室
邮编(P. C.)：310016
电话(Tel)：0571-87244248
传真(Fax)：0571-87244255
E-mail：powertex@mail.hz.zj.cn
法人代表(Chairman)：虞夫潮
产品(Products)：擦布，湿巾，手术衣，口罩，护理垫

杭州舒泰卫生用品有限公司
Hangzhou Shutai Sanitary Products Co., Ltd.
地址(Add)：浙江省杭州市桐庐青山工业区下城路18号
邮编(P. C.)：311500
电话(Tel)：0571-64245999
传真(Fax)：0571-64241555
E-mail：shutai888@163.com
Http://www.fyshutai.com
法人代表(Chairman)：马飞跃
总经理(General Manager)：黄伟
联系人(Contact Person)：李丹
产品(Products)：婴儿纸尿裤/片，成人纸尿裤/片，护理垫
品牌(Brand)：千芝雅，千年舟，康医生，吉祥

杭州蓓洁日用品有限公司
Hangzhou Beja Commodity Co., Ltd.
地址(Add)：浙江省杭州市下沙经济技术开发区6号大街3号街口中策3号楼3楼
邮编(P. C.)：310018
电话(Tel)：0571-86911851
传真(Fax)：0571-86912985
E-mail：july@beja.cn
Http://www.beja.cn
联系人(Contact Person)：高小金
产品(Products)：湿巾，医疗用品，美容用品

杭州集成复合材料有限公司
Hangzhou Jicheng Complex Material Co., Ltd.
地址(Add)：浙江省杭州市萧山北干工业园区88号
邮编(P. C.)：311200
电话(Tel)：0571-82863678
传真(Fax)：0571-82863858
E-mail：hz801@jclamination.com
Http://www.jclamination.com
总经理(General Manager)：陈志良
联系人(Contact Person)：陈志良
产品(Products)：手术衣，护理垫，防护服，宠物垫

杭州辉煌卫生用品有限公司
Hangzhou Brilliant Sanitary Products Co., Ltd.
地址(Add)：浙江省杭州市萧山戴村尖山下1号
邮编(P. C.)：311261
电话(Tel)：0571－82251008
传真(Fax)：0571－82251788
法人代表(Chairman)：邵伟荣
总经理(General Manager)：邵伟荣
产品(Products)：婴儿纸尿裤，宠物纸尿裤，宠物垫，护理垫

浙江省普瑞科技有限公司(浙江省造纸研究所)
Zhejiang Prime Technology Co., Ltd. (Zhejiang Paper Making Research Institute)
地址(Add)：浙江省杭州市萧山经济技术开发区鸿兴路181号
邮编(P. C.)：311215
电话(Tel)：0571－88170636
传真(Fax)：0571－88173641
E-mail：zjprime@263. net
Http://www. zjprime. com
法人代表(Chairman)：程永华
总经理(General Manager)：吴金龙
联系人(Contact Person)：汤人望
产品(Products)：防病毒口罩纸，电池隔膜纸，过滤纸，高低温隔热纸，绝缘纸
品牌(Brand)：普瑞

杭州南峰非织造布有限公司
Hangzhou Nanfeng Nonwoven Fabric Co., Ltd.
地址(Add)：浙江省杭州市萧山区义蓬工业园区
邮编(P. C.)：311225
电话(Tel)：0571－82183058
传真(Fax)：0571－82622728
E-mail：export@naster. cn
Http://www. hznanfeng. en. alibaba. com
联系人(Contact Person)：傅玉明
产品(Products)：手术衣，手术包

杭州科达非织造布有限公司
Hangzhou Keda Nonwoven Co., Ltd.
地址(Add)：浙江省杭州市萧山镇靖江工业园区
邮编(P. C.)：311223
电话(Tel)：0571－82193138
传真(Fax)：0571－82193098
E-mail：zhujiajia151@hotmail. com
Http://www. hzxn-kd. com
法人代表(Chairman)：王剑亮
总经理(General Manager)：王剑亮
联系人(Contact Person)：汪敏辉
产品(Products)：手术衣帽，口罩，抹布，擦拭布，湿巾

杭州新翔工贸有限公司
Hangzhou Xinxiang Industry & Trading Co., Ltd.
地址(Add)：浙江省杭州市余杭区南苑街道高地工业园区
邮编(P. C.)：311400
电话(Tel)：0571－86151718
传真(Fax)：0571－86157188
E-mail：cyz@hzxxgm. com
Http://www. hzxxgm. com
总经理(General Manager)：陈月忠
联系人(Contact Person)：金海燕
产品(Products)：妇女卫生巾，卫生护垫，婴儿纸尿裤，宠物垫，乳垫
品牌(Brand)：希尔美，贴心宝贝

杭州亿姿堂卫生用品有限公司
Hangzhou Easycare Sanitary Products Co., Ltd.
地址(Add)：浙江省杭州市余杭区瓶窑镇长命
邮编(P. C.)：311115
电话(Tel)：0571－88549989
传真(Fax)：0571－88549979
E-mail：hzeasycare@gmail. com
Http://www. easycare. net. cn
法人代表(Chairman)：黄伟
总经理(General Manager)：黄伟
产品(Products)：妇女卫生巾，卫生护垫，婴儿纸尿裤，成人纸尿裤，护理垫，宠物垫

杭州津诚医用纺织有限公司
Hangzhou Jincheng Medical Supplies & Manufacture Co., Ltd.
地址(Add)：浙江省杭州市余杭区仁和镇獐山路202号
邮编(P. C.)：311107
电话(Tel)：0571－86396888－8505
传真(Fax)：0571－86397600
E-mail：shaoyp@jincheng. biz
Http://www. medtecs. com
联系人(Contact Person)：邵岳平
产品(Products)：手术衣，口罩，防护服，帽子

浙江嘉鸿非织造布有限公司
Zhejiang Jiahong Nonwovens Co., Ltd.
地址(Add)：浙江省嘉善市姚庄镇工业园区万泰路88号
邮编(P. C.)：314117
电话(Tel)：0573－84773268
传真(Fax)：0573－84773266
E-mail：jsjh6666@163. com
Http://www. jhfzzb. cn
总经理(General Manager)：倪炳耀
联系人(Contact Person)：高晨
产品(Products)：防护服，手术衣，口罩，帽子，鞋套，床单

浙江华泰非织造布有限公司
Zhejiang Huatai Nonwovens Co., Ltd.
地址(Add)：浙江省嘉善县姚庄工业区万泰路118号
邮编(P. C.)：314117
电话(Tel)：0573－84773888
传真(Fax)：0573－84773668
E-mail：ppnonwoven@gmail. com
Http://www. htnonwoven. com
联系人(Contact Person)：林先生
产品(Products)：非织造布制品

嘉兴市绎新日用品有限公司
Jiaxing Yixin Daily Necessities Co., Ltd.
地址(Add)：浙江省嘉兴市新丰镇镇北
邮编(P. C.)：314005
电话(Tel)：0573－83128078
传真(Fax)：0573－83128077
E-mail：yixinyh@163. com

Http://www.cnyixin.cn
总经理(General Manager)：朱毅
产品(Products)：湿巾，擦拭巾，口罩

世源科技(嘉兴)医疗电子有限公司
GRI Medical & Electronic Technology Co., Ltd.
地址(Add)：浙江省嘉兴市秀洲工业区洪高路1805号
邮编(P.C.)：314031
电话(Tel)：0573-83916501-295
传真(Fax)：0573-83916520
E-mail：lyang@gri-china.com
Http://www.gri-china.com
联系人(Contact Person)：杨启安
产品(Products)：无纺布医疗用品

浙江弘扬无纺新材料有限公司
Zhejiang Spread Nonwoven Material Co., Ltd.
地址(Add)：浙江省嘉兴市秀洲工业区新塍分区新塍大道101号
邮编(P.C.)：314015
电话(Tel)：0573-85545899
传真(Fax)：0573-83528138
E-mail：wangdiansheng@hotmail.com
联系人(Contact Person)：王殿生
产品(Products)：医疗卫生材料，湿巾

杭州临安天福无纺布制品厂
Hangzhou Linan Tianfu Nonwoven Products Factory
地址(Add)：浙江省临安市青山湖街道牧家桥
邮编(P.C.)：311300
电话(Tel)：0571-63810082
传真(Fax)：0571-63810083
E-mail：chenzl@zjtianfu.com
Http://www.zjtianfu.com
法人代表(Chairman)：陈正龙
总经理(General Manager)：陈正龙
联系人(Contact Person)：陈正龙
产品(Products)：非织造布制品(清洁类，毛巾类等)

南六企业(平湖)有限公司
Nan Liu Enterprise (Pinghu) Co., Ltd.
地址(Add)：浙江省平湖市经济开发区新凯路2188号
邮编(P.C.)：314200
电话(Tel)：0573-85136616
传真(Fax)：0573-85221666
E-mail：brian@nanliu.com
Http://www.e-nonwoven.com.tw
联系人(Contact Person)：黄湘冲
产品(Products)：手术衣，面膜，湿巾
品牌(Brand)：妮塔莉雅

瑞安川洋妇婴用品有限公司
Ruian Chuanyang Women & Children Articles Co., Ltd.
地址(Add)：浙江省瑞安市塘下镇鲍田前桥西大街239-41号
邮编(P.C.)：325204
电话(Tel)：0577-65207309
传真(Fax)：0577-65207356
Http://www.zjchuanyang.cn
联系人(Contact Person)：池星红
产品(Products)：妇女卫生巾，卫生护垫，护理垫
品牌(Brand)：贝莱康

绍兴振德医用敷料有限公司
Shaoxing Zhende Medicine Dressing Co., Ltd.
地址(Add)：浙江省绍兴市皋北经济开发区
邮编(P.C.)：312035
电话(Tel)：0575-88081991
传真(Fax)：0575-88081936
E-mail：stevenshen@zhende.com
Http://www.zhende.com
联系人(Contact Person)：沈振东
产品(Products)：护理垫，手术包，手术衣

绍兴福清卫生用品有限公司
Shaoxing Fuqing Hygiene Products Co., Ltd.
地址(Add)：浙江省绍兴市兰江路7号
邮编(P.C.)：312000
电话(Tel)：0575-88364096
传真(Fax)：0575-88322889
E-mail：fuqing@sxfuqing.com.cn
Http://www.sxfuqing.com.cn
总经理(General Manager)：刘伯福
产品(Products)：口罩，手术衣，防护服，医用敷料

绍兴易邦医用品有限公司
Shaoxing Yibon Medical Co., Ltd.
地址(Add)：浙江省绍兴市袍江工业区越王路
邮编(P.C.)：312000
电话(Tel)：0575-88172701
传真(Fax)：0575-88172700
E-mail：yibon@yibon-medical.com
Http://www.yibon-medical.com
总经理(General Manager)：屠建江
产品(Products)：医用敷料，手术衣

绍兴县和中合纤有限公司
Shaoxing Hezhong Fibre Co., Ltd.
地址(Add)：浙江省绍兴县夏履镇工业园区
邮编(P.C.)：312026
电话(Tel)：0575-84066555
传真(Fax)：0575-84066566
E-mail：xsm8668@163.com
Http://www.newzt.com
总经理(General Manager)：徐寿明
联系人(Contact Person)：季红燕
产品(Products)：医疗卫生材料

温州市毅力包装有限公司
Wenzhou Yili Packing Co., Ltd.
地址(Add)：浙江省温州市江滨西路南亚花园2栋407室
邮编(P.C.)：325000
电话(Tel)：0577-88855967
传真(Fax)：0577-88855967
E-mail：yili@mail.wzptt.zj.cn
法人代表(Chairman)：伍联成
总经理(General Manager)：潘路耀
联系人(Contact Person)：潘路耀
产品(Products)：手术服

温州市宝蝶妇幼用品有限公司
Wenzhou Baodie Women & Children Articles Co., Ltd.
地址(Add)：浙江省温州市三垟黄屿工业区黄屿路110号

东首第四幢
邮编(P. C.)：325014
电话(Tel)：0577－86775311
传真(Fax)：0577－86770085
E-mail：wzbd1@163.com
Http://www.baodie.com
法人代表(Chairman)：程成桂
总经理(General Manager)：郑国生
联系人(Contact Person)：张敏
产品(Products)：妇女卫生巾，卫生护垫，婴儿纸尿裤/片，护理垫，卫生纸
品牌(Brand)：宝蝶，尤宝，优妮，宝蝶贝贝，佳佳洁

义乌市佳丽卫生用品厂
Yiwu Jiali Hygiene Products Factory
地址(Add)：浙江省义乌市佛堂义南工业区葛仙路99号
邮编(P. C.)：322002
电话(Tel)：0579－85785585
传真(Fax)：0579－85785585
E-mail：webmaster@chinahuile.com
Http://www.chinahuile.com
总经理(General Manager)：余植军
产品(Products)：妇女卫生巾，卫生护垫，纸尿片，纸鞋垫
品牌(Brand)：惠乐，七彩空间，惠乐宝

玉洁卫生用品有限公司
Yujie Hygiene Products Co., Ltd.
地址(Add)：浙江省义乌市国际商贸城三期四区13街36315店面(南大门)
邮编(P. C.)：322000
电话(Tel)：0579－85376349
E-mail：yujieshijin@yahoo.cn
总经理(General Manager)：杨永明
产品(Products)：妇女卫生巾，卫生护垫，婴儿纸尿裤，训练裤，宠物裤，成人纸尿裤，湿巾

可儿卫生用品有限公司
Keer Sanitary Products Co., Ltd.
地址(Add)：浙江省义乌市后宅工业区遗安北路
邮编(P. C.)：322008
电话(Tel)：0579－85689611
传真(Fax)：0579－85689611
E-mail：fwjt333@163.com
法人代表(Chairman)：王超
总经理(General Manager)：王超
联系人(Contact Person)：王超
产品(Products)：婴儿纸尿裤/片，成人纸尿裤，卫生护垫，宠物垫
品牌(Brand)：可儿

义乌市圣洁日用品厂
Yiwu Shengjie Daily－Use Goods Factory
地址(Add)：浙江省义乌市沪江路8弄35号
邮编(P. C.)：322000
电话(Tel)：0579－85527756
传真(Fax)：0579－85413744
法人代表(Chairman)：陈玲玉
产品(Products)：湿巾，清洁抹布，宠物垫
品牌(Brand)：倍爱

义乌市嘉华日化有限公司
Yiwu Jiahua Chemicals for Daily Use Co., Ltd.
地址(Add)：浙江省义乌市经发大道236号
邮编(P. C.)：322000
电话(Tel)：0579－85320691
传真(Fax)：0579－85314341
E-mail：sale1@ywjiahua.com
Http://www.ywjiahua.com
法人代表(Chairman)：李志彪
联系人(Contact Person)：虞进洪
产品(Products)：妇女卫生巾，卫生护垫，婴儿纸尿裤/片，成人纸尿裤，失禁护理垫，宠物垫
品牌(Brand)：诗蕙，汇泉，阳光小子

义乌市比爱卫生用品有限公司
Yiwu Biai Health Products Co., Ltd.
地址(Add)：浙江省义乌市义亭工业区
邮编(P. C.)：322005
电话(Tel)：0579－85558500
传真(Fax)：0579－85542638
E-mail：sales@biaichina.com
Http://www.biaichina.com
法人代表(Chairman)：王爱加
总经理(General Manager)：周喜飞
联系人(Contact Person)：傅淑芬
产品(Products)：妇女卫生巾，卫生护垫，婴儿纸尿裤，湿巾宠物垫，宠物纸尿裤
品牌(Brand)：比爱

义乌市安柔卫生用品有限公司
Yiwu Anrou Hygiene Products Co., Ltd.
地址(Add)：浙江省义乌市义亭工业区稠义路1号
邮编(P. C.)：322005
电话(Tel)：0579－85818068
传真(Fax)：0579－85817688
E-mail：master@anrou.net
Http://www.anrou.cn
法人代表(Chairman)：李光军
总经理(General Manager)：李光军
产品(Products)：妇女卫生巾，卫生护垫，婴儿纸尿裤/片，成人纸尿裤，护理垫，湿巾
品牌(Brand)：安柔，奥贝思，澳利康，子女心，奥利康

■ 安徽 Anhui

滁州俣之昊工贸有限公司
Chuzhou Yuzhihao Industry & Trade Co., Ltd.
地址(Add)：安徽省滁州市滁全路180号
邮编(P. C.)：239000
电话(Tel)：0550－3219258
传真(Fax)：0550－3219138
E-mail：yuzhihao3219258@yahoo.com.cn
Http://www.lnsap.cn.alibaba.com
总经理(General Manager)：吴仁强
产品(Products)：卫生护垫，纸尿片，宠物垫
品牌(Brand)：滁卫

安徽省合肥战联卫生用品有限公司
Anhui Hefei Zhanlian Hygiene Products Co., Ltd.
地址(Add)：安徽省合肥市东郊新城工业区燎原大道
邮编(P. C.)：231600

电话(Tel)：0551－7707666
传真(Fax)：0551－7705868
E-mail：zhanlian8888@yahoo.com.cn
Http://www.zhlian8888.cn
总经理(General Manager)：李建军
产品(Products)：湿巾，手帕纸，面巾纸，卫生卷纸，无纺布制品
品牌(Brand)：洁帕

合肥特丽洁卫生材料有限公司
Hefei Telijie Hygiene Material Co., Ltd.
地址(Add)：安徽省合肥市肥东合浦路特丽洁工业园
邮编(P.C.)：231600
电话(Tel)：0551－7662999
传真(Fax)：0551－7662978
E-mail：telijie@telijie.com
Http://www.telijie.com
法人代表(Chairman)：王国琴
总经理(General Manager)：张光明
产品(Products)：湿巾，美容巾，仪器擦拭巾，医用擦手纸，医用围兜，餐巾纸
品牌(Brand)：特丽洁

安徽鸿汇无纺布制品有限公司
Anhui Honghui Nonwovens Products Co., Ltd.
地址(Add)：安徽省合肥市肥东县撮镇镇龙塘工业园
邮编(P.C.)：231603
电话(Tel)：0551－7315808
传真(Fax)：0551－7313258
E-mail：hhyx2006@sina.com
总经理(General Manager)：宣以祥
产品(Products)：护理垫，宠物垫，婴儿纸尿裤

合肥飘安非织造布制品厂
Hefei Piaoan Nonwoven Products Factory
地址(Add)：安徽省合肥市肥东新城开发区燎源南路34号
邮编(P.C.)：230016
电话(Tel)：0551－7745861
传真(Fax)：0551－7745863
E-mail：web@piaoan.com
总经理(General Manager)：侯昌斌
联系人(Contact Person)：侯昌斌
产品(Products)：非织造布纱布片，擦布，口罩，柔巾卷，面膜

合肥威玛清洁用品有限公司
Hefei Winmax Cleaning Products Co., Ltd.
地址(Add)：安徽省合肥市经济开发区芙蓉路268号
邮编(P.C.)：230601
电话(Tel)：0551－3847813
传真(Fax)：0551－3847484
联系人(Contact Person)：夏明如
产品(Products)：湿巾，抹布，无纺布制品

合肥市华润非织造布制品有限公司
Hefei Huarun Nonwoven Products Co., Ltd.
地址(Add)：安徽省合肥市青年路边172号
邮编(P.C.)：230054
电话(Tel)：0551－3410466
传真(Fax)：0551－3414066
E-mail：ahhuarun@163.com
Http://www.ahhuarun.cn.alibaba.com
法人代表(Chairman)：程本华
产品(Products)：口罩，帽子，鞋子，手术衣，防护服

合肥双成非织造布有限公司
Hefei Shuangcheng Nonwovens Co., Ltd.
地址(Add)：安徽省合肥市双凤工业开发区金贵路
邮编(P.C.)：230056
电话(Tel)：0551－6396918
传真(Fax)：0551－6396908
E-mail：web@scfzzb.com
Http://www.scfzzb.com
联系人(Contact Person)：施徽聆
产品(Products)：抹布，柔巾卷，擦布，擦手纸，护理垫，吸血垫，床单靠垫

合肥美迪普医疗卫生用品有限公司
Hefei Med Pro Health Care Co., Ltd.
地址(Add)：安徽省合肥市新站区新站工业园星火路8号
邮编(P.C.)：230022
电话(Tel)：0551－4317045
传真(Fax)：0551－4317370
E-mail：medpro_999@163.com
Http://www.medpro.cn
总经理(General Manager)：吴俊
联系人(Contact Person)：朱菊
产品(Products)：口罩，帽，手术衣，隔离服

合肥普尔德医疗用品有限公司
Sino Protection (Hefei) Medical Products Co., Ltd.
地址(Add)：安徽省合肥市新站综合试验区普尔德工业园
邮编(P.C.)：230011
电话(Tel)：0551－4455780
传真(Fax)：0551－4456986
E-mail：spi@spihf.com
Http://www.spihf.com
总经理(General Manager)：严德正
联系人(Contact Person)：严德正
产品(Products)：手术衣、帽，口罩，隔离服，防护服

天长市康辉防护用品工贸有限公司
Tianchang Kanghui Products Industry & Trading Co., Ltd.
地址(Add)：安徽省天长市石梁镇街道18号
邮编(P.C.)：239322
电话(Tel)：0550－7715388
传真(Fax)：0550－7715428
E-mail：wtg1188@163.com
Http://www.kanghuichina.com
总经理(General Manager)：王庭国
联系人(Contact Person)：王忠英
产品(Products)：围兜，乳垫，手术衣，口罩，帽子，纸鞋垫等非织造布制品
品牌(Brand)：菲特美

芜湖悠派生活用品有限公司
Wuhu Youpai Household Articles Co., Ltd.
地址(Add)：安徽省芜湖市芜湖县六郎殷港工业园
邮编(P.C.)：241000

电话(Tel)：0553 - 8516796
传真(Fax)：0553 - 8516799
E-mail：up@ u - play. net. cn
Http://www. jc0553. com/ypsh
法人代表(Chairman)：程岗
总经理(General Manager)：程岗
联系人(Contact Person)：韩霖
产品(Products)：宠物垫，护理垫

■ 福建 Fujian

晋江沧源纸品厂
Jinjiang Cangyuan Paper Products Factory
地址(Add)：福建省晋江市东石镇张厝工业区
邮编(P. C.)：362272
电话(Tel)：0595 - 5585357
联系人(Contact Person)：王明确
产品(Products)：妇女卫生巾，婴儿纸尿裤，隔尿巾

福建省南安市明大卫生用品厂
Fujian Nanan Mingda Hygiene Products Factory
地址(Add)：福建省南安市抚茂岭开发区
邮编(P. C.)：362308
电话(Tel)：0595 - 86233777
传真(Fax)：0595 - 86255999
E-mail：md@ mingda - cn. com
Http://www. fjmingda. com
法人代表(Chairman)：尤建扬
总经理(General Manager)：尤建扬
联系人(Contact Person)：蔡如后
产品(Products)：妇女卫生巾，卫生护垫，婴儿纸尿裤/片，成人纸尿裤/片，护理垫，湿巾
品牌(Brand)：清芬，倍儿舒，净呼吸，护大人

福建省莆田市荔城纸业有限公司
Fujian Putian Licheng Paper Co., Ltd.
地址(Add)：福建省莆田市城厢区华亭镇郊溪工业区
邮编(P. C.)：351139
电话(Tel)：0594 - 2029839
传真(Fax)：0594 - 2029539
E-mail：lichengzhiye@ 126. com
Http://www. fjlicheng. com
法人代表(Chairman)：黄丽梅
总经理(General Manager)：林元剑
联系人(Contact Person)：林元剑
产品(Products)：妇女卫生巾，卫生护垫，婴儿纸尿裤/片，成人纸尿裤/片，护理垫，餐巾纸，面巾纸，卫生卷纸
品牌(Brand)：佳爽，佳婷，荔城，丝月，BB宝，新宠儿

泉州蓝蜻蜓卫生用品有限公司
Quanzhou Blue Dragonfly Hygiene Products Co., Ltd.
地址(Add)：福建省泉州市丰泽区北峰霞美工业园蓝蜻蜓大厦
邮编(P. C.)：362000
电话(Tel)：0595 - 22116266
传真(Fax)：0595 - 22116466
E-mail：qtmmm@ 163. com
Http://www. 66me. com
法人代表(Chairman)：朱慧瑜
总经理(General Manager)：薛明和
联系人(Contact Person)：范秀丽
产品(Products)：妇女卫生巾，卫生护垫，婴儿纸尿裤，宠物纸尿裤
品牌(Brand)：蓝蜻蜓，安妮芙，爱心QQ，心相思，SHE，婴皇，海绵宝宝，福建贝贝，梦之羽，月韵

泉州市利洁妇幼用品有限公司
Quanzhou Lijie Woman & Child Articles Co., Ltd.
地址(Add)：福建省泉州市丰泽区拒洪工业区1号
邮编(P. C.)：362000
电话(Tel)：0595 - 22778828
传真(Fax)：0595 - 22899928
Http://www. ljfy. cn
法人代表(Chairman)：董莉莉
总经理(General Manager)：董莉莉
联系人(Contact Person)：董小玲
产品(Products)：妇女卫生巾，卫生护垫，婴儿纸尿裤/片，面巾纸，成人纸尿裤，护理垫，妇婴两用巾
品牌(Brand)：贵族女人，骄傲女人，香尔洁，佐丹奴，贵族宝宝

福建惠安县和成日用品有限公司
Fujian Huian Hecheng Household Products Co., Ltd.
地址(Add)：福建省泉州市惠安东园新沙工业区
邮编(P. C.)：362122
电话(Tel)：0595 - 87586756
传真(Fax)：0595 - 87586758
E-mail：xt658@ 163. com
Http://www. hengcan-cn. com
法人代表(Chairman)：黄晏来
总经理(General Manager)：王业运
联系人(Contact Person)：黄灿彬
产品(Products)：妇女卫生巾，卫生护垫，婴儿纸尿裤/片，成人纸尿裤/片，护理垫，面巾纸
品牌(Brand)：相约，皇氏，绿尔爽

泉州市怡洁纸业有限公司
Quanzhou Yijie Paper Co., Ltd.
地址(Add)：福建省泉州市鲤城火炬工业区常兴路建兴大厦2楼
邮编(P. C.)：362005
电话(Tel)：0595 - 22497777
传真(Fax)：0595 - 22499989
法人代表(Chairman)：谢长炎
总经理(General Manager)：谢长远
联系人(Contact Person)：谢家声
产品(Products)：妇女卫生巾，卫生护垫，婴儿纸尿裤/片，护理垫
品牌(Brand)：洁尔丝，洁儿需，宜而乐，宜而雅

福建省南安市远大生活用品厂
Fujian Nanan Yuanda Hygiene Products Factory
地址(Add)：福建省泉州市南安梅山新兰工业区
邮编(P. C.)：362321
电话(Tel)：0595 - 86579668
传真(Fax)：0595 - 86579678
E-mail：info@ chinayuanda. com. cn
Http://www. chinayuanda. com. cn
法人代表(Chairman)：陈燕治
总经理(General Manager)：郑友奎
联系人(Contact Person)：郑友奎

产品(Products)：妇女卫生巾，卫生护垫，婴儿纸尿裤/片，成人纸尿裤/片，护理垫
品牌(Brand)：丰采，康乐星，瑞亨，好省新

泉州市佳洁妇幼用品有限公司
Quanzhou Jiajie Women & Children Products Co., Ltd.
地址(Add)：福建省泉州市万安工业区杏宅工业楼A幢
邮编(P. C.)：362012
电话(Tel)：0595－22657788
传真(Fax)：0595－22657799
E-mail：qzjjabc@126.com
Http://www.qzjiajie.com
总经理(General Manager)：黄培生
产品(Products)：妇女卫生巾，卫生护垫，婴儿纸尿裤/片，纸鞋垫
品牌(Brand)：一代佳人，舒心，小丫，舒心宝贝，洁丫

厦门飘安医疗器械有限公司
Xiamen Piaoan Medical Appliances Co., Ltd.
地址(Add)：福建省厦门市思明区东坪二里336号(自然家园)
邮编(P. C.)：361004
电话(Tel)：0592－5817576
传真(Fax)：0592－5811655
E-mail：pagroup@piaoan.com
Http://www.piaoan.com
总经理(General Manager)：王广军
产品(Products)：水刺非织造布制品

厦门富力行工贸有限公司
Xiamen Freego Industial Co. Ltd
地址(Add)：福建省厦门市同安工业集中区同安园121号
邮编(P. C.)：361100
电话(Tel)：0592－7137118
传真(Fax)：0592－7137119
E-mail：sales@xm-freego.com.cn
Http://www.xm-freego.com.cn
法人代表(Chairman)：林坚
总经理(General Manager)：林坚
产品(Products)：纸内裤，美容巾，化妆棉，手术衣
品牌(Brand)：Freego

厦门源福祥卫生用品有限公司
Xiamen Yuanfuxiang Hygiene Products Co., Ltd.
地址(Add)：福建省厦门市翔安舫阳开发区B、C幢
邮编(P. C.)：361101
电话(Tel)：0592－7069567
传真(Fax)：0592－7161789
E-mail：xmyfxzp@163.com
Http://www.yfxzp.com
法人代表(Chairman)：陈锦延
总经理(General Manager)：陈锦延
联系人(Contact Person)：汪玉芳
产品(Products)：妇女卫生巾，卫生护垫，卫生纸，面巾纸，手帕纸，餐巾纸，婴儿纸尿裤/片，成人纸尿裤，护理垫，湿巾
品牌(Brand)：丹诗奴，好舒适，花之秀，淘乐氏，羽飘，康护理

福建省漳州市智光纸业有限公司
Fujian Zhangzhou Zhiguang Paper Co., Ltd.
地址(Add)：福建省漳州市蓝田工业区横二路西段
邮编(P. C.)：363005
电话(Tel)：0596－2103599
传真(Fax)：0596－2109196
E-mail：zhiguang.paper@winmail.cn
Http://www.fjzgzy.cn.alibaba.com
法人代表(Chairman)：邓湘闽
总经理(General Manager)：陈智镛
联系人(Contact Person)：黄志杰
产品(Products)：妇女卫生巾，卫生护垫，成人纸尿裤/片，婴儿纸尿裤/片、护理垫，卫生卷纸，面巾纸
品牌(Brand)：好爽月，智光，笑嘻嘻，花香世界

■ 江西 Jiangxi

月兔卫生用品有限公司
Yuetu Hygiene Products Co., Ltd.
地址(Add)：江西省广丰县芦林工业区
邮编(P. C.)：334600
电话(Tel)：0793－2625515
传真(Fax)：0793－2651900
E-mail：sales@yuetu.com
Http://www.yuetu.org
法人代表(Chairman)：蒋国山
联系人(Contact Person)：蒋雄山
产品(Products)：妇女卫生巾，面巾纸，餐巾纸，卫生卷纸，尿不湿
品牌(Brand)：月兔，黛安娜

3L医用制品有限公司
3L Medicine Products Co., Ltd.
地址(Add)：江西省南昌市高新区火炬大街599号
邮编(P. C.)：330029
电话(Tel)：0791－8101088
传真(Fax)：0791－8109652
E-mail：sevice@3L.com.cn
Http://www.3L.com.cn
联系人(Contact Person)：萧跃生
产品(Products)：手术衣、口罩

江西省康美洁卫生用品有限公司
Jiangxi Kangmeijie Sanitary Products Co., Ltd.
地址(Add)：江西省南昌市新建县经济开发区
邮编(P. C.)：330100
电话(Tel)：0791－3681666
传真(Fax)：0791－3681666
E-mail：kangmeijie@hotsales.net
Http://www.kangmeijie.cn.alibaba.com
总经理(General Manager)：胡国林
联系人(Contact Person)：胡国林
产品(Products)：湿巾，美容巾，一次性毛巾，餐巾纸，面巾纸，卫生卷纸，擦手纸
品牌(Brand)：康美洁

江西生成卫生用品有限公司
Jiangxi Shengcheng Hygiene Products Co., Ltd.
地址(Add)：江西省武宁县万福经济技术开发区
邮编(P. C.)：332300
电话(Tel)：0792－2837461
传真(Fax)：0792－2839355
E-mail：jxsc@public1.jj.jx.cn
Http://www.cnshengcheng.com

法人代表(Chairman)：余陈
总经理(General Manager)：余陈
联系人(Contact Person)：艾萍
产品(Products)：湿巾，马桶垫纸，宠物垫
品牌(Brand)：生成，乐知知，SC

■ 山东 Shandong

山东信成纸业有限公司
Shandong Xincheng Paper Co., Ltd.
地址(Add)：山东省茌平县西外环高新技术工业园区
邮编(P. C.)：252100
电话(Tel)：0635－4285466
传真(Fax)：0635－4287566
E-mail：xcpaper2008@yahoo.com.cn
Http://www.xcgroup.com.cn
法人代表(Chairman)：曹晓云
总经理(General Manager)：牛洪华
联系人(Contact Person)：胡守泉
产品(Products)：厨房用纸，美容纸，马桶座垫，湿巾
品牌(Brand)：圣荷

济南华鲁实业有限责任公司
Jinan Hualu Industrial Co., Ltd.
地址(Add)：山东省济南市工业南路26号
邮编(P. C.)：250101
电话(Tel)：0531－8820176
传真(Fax)：0531－88834225
E-mail：fzb@jnhl.com
Http://www.jnhl.com
联系人(Contact Person)：张焕祎
产品(Products)：非织造布制品

济南卡尼尔科技有限公司
Jinan Kanier Science & Technology Co., Ltd.
地址(Add)：山东省济南市槐荫工业园区新沙北路9号办公楼一层101室
邮编(P. C.)：250023
电话(Tel)：0531－85982788
传真(Fax)：0531－85982273
E-mail：kanier@163.com
Http://www.kanier.net.cn
法人代表(Chairman)：胡菁芳
总经理(General Manager)：胡清刚
联系人(Contact Person)：胡菁芳
产品(Products)：湿巾，化妆棉
品牌(Brand)：卡尼尔，子诺

济南鑫露艺科贸有限公司
Jinan Xinluyi Science & Trading Co., Ltd.
地址(Add)：山东省济南市历下区历山东路64号
邮编(P. C.)：250013
电话(Tel)：0531－86976209
传真(Fax)：0531－86976209
Http://www.zuocezhi.cn
联系人(Contact Person)：王建华
产品(Products)：马桶垫

济南亿肤佳卫生用品有限公司
Jinan Yifujia Hygiene Products Co., Ltd.
地址(Add)：山东省济南市商河县济盐路16号(宏业集团北墙对门第二安装公司院内)
邮编(P. C.)：250000
电话(Tel)：0531－82326303
传真(Fax)：0531－82336303
E-mail：lizhaosen1@163.com
联系人(Contact Person)：李召森
产品(Products)：妇女卫生巾，卫生护垫，成人纸尿裤/片，护理垫
品牌(Brand)：亿福佳，梦之恋

菏泽日康卫生用品有限公司
Heze Rikang Hygiene Products Co., Ltd.
地址(Add)：山东省济南市无影山中路50号2－1－802
邮编(P. C.)：250100
电话(Tel)：0531－85666110
传真(Fax)：0531－85826110
E-mail：jnanshuang@163.com
Http://www.bangdaren.cn
联系人(Contact Person)：高东旭
产品(Products)：成人纸尿裤/片，婴儿纸尿裤/片，护理垫
品牌(Brand)：帮大人，安爽，日康，唯妮宝贝

济宁市紫金环保纸制品有限公司
Jining Zijin Paper Products Co., Ltd.
地址(Add)：山东省济宁市任城区经济技术开发区
邮编(P. C.)：272117
电话(Tel)：0537－2633098
传真(Fax)：0537－2633358
E-mail：sdjnzdt@163.com
法人代表(Chairman)：郭继强
联系人(Contact Person)：赵东涛
产品(Products)：鞋套，包装袋，马桶垫

恒发卫生用品有限公司
Hengfa Hygiene Products Co., Ltd.
地址(Add)：山东省临清市金贺庄乡卫生巾厂
邮编(P. C.)：252600
电话(Tel)：0635－2772132
总经理(General Manager)：刘现运
产品(Products)：妇女卫生巾，卫生护垫，婴儿隔尿垫巾，婴儿纸尿裤/片，成人纸尿裤/片，卫生卷纸，护理垫
品牌(Brand)：安可新

临沂宝宝乐妇婴用品厂
Linyi Baobaole Women & Children Articles Factory
地址(Add)：山东省临沂市河东区相公经济开发区
邮编(P. C.)：276025
电话(Tel)：0539－8195208
联系人(Contact Person)：孟庆思
产品(Products)：护理垫，婴儿隔尿垫巾
品牌(Brand)：比乐，恒诺

金泰通用医疗器材(青岛)有限公司
Jintai Medicals Appliances (Qingdao) Co., Ltd.
地址(Add)：山东省青岛市胶南铁山西路13号
邮编(P. C.)：266400
电话(Tel)：0532－88151282
传真(Fax)：0532－88151193
联系人(Contact Person)：李涛

产品(Products)：手术衣，护理垫

青岛美西南科技发展有限公司
Qingdao Meixinan Technology Development Co., Ltd.
地址(Add)：山东省青岛市临港开发区上海路北端
邮编(P. C.)：266400
电话(Tel)：0532-89925969
传真(Fax)：0532-85135322
E-mail：qdmxn2007@163.com
Http://www.qdmxn.cn
联系人(Contact Person)：徐芳
产品(Products)：湿巾，面巾纸，妇女卫生巾，婴儿纸尿片，护理垫
品牌(Brand)：喜佳福

山东省五莲富源制衣有限公司
Shandong Wulian Fuyuan Clothes Making Co., Ltd.
地址(Add)：山东省日照市五莲县罗山路6号
邮编(P. C.)：276800
电话(Tel)：0633-5221630
传真(Fax)：0633-5221630
法人代表(Chairman)：刘顺富
总经理(General Manager)：刘顺富
产品(Products)：手术衣，帽，口罩，防护服

日照三奇医疗卫生用品有限公司
Rizhao Sanqi Medical & Health Articles Co., Ltd.
地址(Add)：山东省日照市昭阳路15-3号
邮编(P. C.)：276800
电话(Tel)：0633-8541508
传真(Fax)：0633-8541214
E-mail：wcs6928@163.com
总经理(General Manager)：毕坤传
联系人(Contact Person)：王常申
产品(Products)：医疗用品，护理垫，纸巾纸，湿巾

郯城县金得利卫生用品有限公司
Tancheng Jindeli Hygiene Products Co., Ltd.
地址(Add)：山东省郯城县高册工业园
邮编(P. C.)：276100
电话(Tel)：0539-6591688
传真(Fax)：0539-6593888
法人代表(Chairman)：胡征文
总经理(General Manager)：胡征文
联系人(Contact Person)：胡文龙
产品(Products)：妇女卫生巾，卫生护垫，婴儿纸尿裤/片，成人纸尿裤/片，护理垫，干擦拭巾
品牌(Brand)：丽源，新帮宝

郯城县永利卫生用品厂
Tancheng Yongli Hygiene Products Factory
地址(Add)：山东省郯城县花园经济开发区
邮编(P. C.)：276126
电话(Tel)：0539-6613888
传真(Fax)：0539-6613888
总经理(General Manager)：胡征光
产品(Products)：妇女卫生巾，卫生护垫，成人纸尿裤/片，护理垫，婴儿隔尿巾
品牌(Brand)：金惠，相伴

威海派德卫生用品有限公司
Weihai Pade Sanitary Products Co., Ltd.
地址(Add)：山东省威海经济技术开发区皂埠工业园6号楼
邮编(P. C.)：264200
电话(Tel)：0631-5384878
传真(Fax)：0631-5384868
E-mail：info@cnkingway.com
Http://www.whpade.com.cn
联系人(Contact Person)：吴越
产品(Products)：宠物垫，手术垫
品牌(Brand)：派德

威海威高医用材料有限公司
Weigao Hygienic Material Products Co., Ltd.
地址(Add)：山东省威海市高技术产业开发区大连路68号
邮编(P. C.)：264209
电话(Tel)：0631-5665906
传真(Fax)：0631-5665909
E-mail：weigao37108@126.com
法人代表(Chairman)：吴传明
总经理(General Manager)：吴传明
联系人(Contact Person)：王炳兴
产品(Products)：婴儿纸尿裤，护理垫，成人纸尿裤
品牌(Brand)：威乐，百仕洁

威海鸿宇医疗器械有限公司
Weihai Hongyu Medical Devices Co., Ltd.
地址(Add)：山东省威海市经济技术开发区深圳路86号
邮编(P. C.)：264205
电话(Tel)：0631-3636913
传真(Fax)：0631-3636910
E-mail：sales@hongyumed.com
Http://www.hongyumed.com
总经理(General Manager)：曹建泽
联系人(Contact Person)：张树林
产品(Products)：手术包，产包，手术衣，手术单，口罩，帽子，护理垫，婴儿纸尿片

潍坊福山纸业有限公司
Weifang Fushan Paper Products Co., Ltd.
地址(Add)：山东省潍坊市坊子区东王工业区
邮编(P. C.)：261200
电话(Tel)：0536-7637289
传真(Fax)：0536-7637288
法人代表(Chairman)：蔡金针
总经理(General Manager)：蔡标芳
联系人(Contact Person)：许永源
产品(Products)：卫生纸，面巾纸，餐巾纸，手帕纸，湿巾，婴儿纸尿片，手术衣帽
品牌(Brand)：喜相随，好儿女，左右手，随康

山东海龙康富特非织造材料有限公司
Shandong Helon Comfortable Nonwoven Co., Ltd
地址(Add)：山东省潍坊市寒亭区央子镇新北海路以南
邮编(P. C.)：261108
电话(Tel)：0536-7576829
传真(Fax)：0536-7576286
E-mail：xiabosen959@163.com
Http://www.sdcomfortable.cn

联系人(Contact Person)：王东
产品(Products)：手术衣帽，面膜，擦布

山东含羞草卫生科技股份有限公司
Shandong Mimosa Health Technology Co., Ltd.
地址(Add)：山东省潍坊市潍城区胜利西街1509号
邮编(P. C.)：261061
电话(Tel)：0536-6280017
传真(Fax)：0536-6286187
E-mail：ling0620@163.com
Http://www.wfhxc.com
法人代表(Chairman)：冯希波
总经理(General Manager)：冯希波
联系人(Contact Person)：刘爱玲
产品(Products)：妇女卫生巾，卫生护垫，婴儿纸尿裤/片，成人纸尿裤/片，护理垫，手帕纸
品牌(Brand)：含羞草，娇感，清尔新

沁源卫生用品有限公司
Qinyuan Hygiene Products Co., Ltd.
地址(Add)：山东省文登市侯家镇龙山路14号
邮编(P. C.)：264405
电话(Tel)：0631-8727033
传真(Fax)：0631-8725388
E-mail：info@cnkingway.com
Http://www.cnkingway.com
法人代表(Chairman)：吴树广
联系人(Contact Person)：侯增泽
产品(Products)：宠物垫，失禁垫，手术垫

招远市温泉无纺布制品厂
Zhaoyuan Adhesive -bonded Fabric Cloth Factory
地址(Add)：山东省招远市天府路555号
邮编(P. C.)：265400
电话(Tel)：0535-8138911
传真(Fax)：0535-8135552
E-mail：yt0098@sina.com
法人代表(Chairman)：徐明福
总经理(General Manager)：徐明福
产品(Products)：手术衣，帽，口罩，护理垫

山东淄博光大医疗用品有限公司
Zibo Guangda Medical Treatment Things Co., Ltd.
地址(Add)：山东省淄博市张店区良乡工业园东区1路19号
邮编(P. C.)：255071
电话(Tel)：0533-2091051
传真(Fax)：0533-2091051
总经理(General Manager)：李在贞
联系人(Contact Person)：李骁
产品(Products)：口罩，帽子，护理垫，防护服

■ 河南 Henan

安阳市汇丰卫生用品有限责任公司
Anyang Huifeng Hygiene Products Co., Ltd.
地址(Add)：河南省安阳市高新开发区平原路南段路东
邮编(P. C.)：462000
电话(Tel)：0372-3686986
传真(Fax)：0372-2526558
Http://www.ayhfzj.com
法人代表(Chairman)：郭小平
总经理(General Manager)：袁玉清
联系人(Contact Person)：袁廷顺
产品(Products)：妇女卫生巾，卫生护垫，婴儿纸尿裤，成人纸尿裤，卫生纸，护理垫
品牌(Brand)：梦娜，梦儿宝，老来乐

新乡市好媚卫生用品有限公司
Xinxiang Haomei Hygiene Products Co., Ltd.
地址(Add)：河南省长垣县丁栾工业区
邮编(P. C.)：453412
电话(Tel)：0373-8968881
传真(Fax)：0373-8968776
E-mail：haomei5888@yahoo.com.cn
Http://www.haomeiwc.cn
总经理(General Manager)：崔怀鹤
产品(Products)：口罩，帽，手术衣，护理垫，宠物垫

新乡市华西卫材有限公司
Xinxiang Huaxi Medical Sanitary Materials Co., Ltd.
地址(Add)：河南省长垣县华西卫材工业园区
邮编(P. C.)：453400
电话(Tel)：0373-8962093
传真(Fax)：0373-8966904
E-mail：weian@weian.com.cn
Http://www.weian.com.cn
联系人(Contact Person)：崔增贤
产品(Products)：护理垫，口罩，手术衣，帽子

河南飘安高科股份有限公司
Henan Piaoan High-tech Co., Ltd.
地址(Add)：河南省长垣县飘安工业园
邮编(P. C.)：453400
电话(Tel)：0373-8702222
传真(Fax)：0373-8702111
E-mail：zx.2002@hotmail.com
Http://www.piaoan.com
法人代表(Chairman)：王继勇
总经理(General Manager)：王继勇
联系人(Contact Person)：张欣
产品(Products)：手术衣，口罩，帽子，隔离服
品牌(Brand)：飘安

开封瑞帮卫生材料有限公司
Kaifeng Ruibang Hygiene Materials Co., Ltd.
地址(Add)：河南省开封市兰考县红庙工业园8-88
邮编(P. C.)：475314
电话(Tel)：0378-6112688
传真(Fax)：0378-6110688
E-mail：ruibang88@yahoo.com
Http://www.wipeschina.com
总经理(General Manager)：毛吉会
联系人(Contact Person)：何启兴
产品(Products)：妇女卫生巾，卫生护垫，婴儿纸尿裤/片，成人纸尿裤/片，湿巾，护理垫
品牌(Brand)：舒馨，茵子

濮阳市团洁卫生用品有限公司
Puyang Tuanjie Hygiene Products Co., Ltd.
地址(Add)：河南省濮阳县海通团罡工业园区
邮编(P. C.)：457000

电话(Tel)：0393 - 3502666
传真(Fax)：0393 - 4818854
E-mail：lbs. 71@ 163. com
联系人(Contact Person)：李保顺
产品(Products)：妇女卫生巾，卫生护垫，卫生纸，产妇垫，纸尿裤
品牌(Brand)：顺芳

新乡市宇安医用卫材有限公司
Yuan Medical Hygienic Material Co., Ltd.
地址(Add)：河南省新乡市长垣张三寨工业区 168 号
邮编(P. C.)：453400
电话(Tel)：0373 - 8702394
E-mail：c126c@ 163. com
联系人(Contact Person)：王运昌
产品(Products)：口罩，帽子，手术衣，床单

河南省永城市好理想卫生用品有限公司
Yongcheng Haolixiang Hygiene Products Co., Ltd.
地址(Add)：河南省永城市欧亚路西段北
邮编(P. C.)：476600
电话(Tel)：0370 - 5152222
传真(Fax)：0370 - 5131795
Http://www. sqhaolixiang. cn
法人代表(Chairman)：王桂华
总经理(General Manager)：张玉英
产品(Products)：妇女卫生巾，婴儿纸尿片，成人纸尿裤，护理垫，宠物垫
品牌(Brand)：好理想

郑州枫林无纺科技有限公司
Zhengzhou Fenglin Nonwovens Science & Tech. Co., Ltd.
地址(Add)：河南省郑州巩义市小关镇
邮编(P. C.)：451272
电话(Tel)：0371 - 64442966
传真(Fax)：0371 - 64441166
E-mail：zzflwf@ 163. com
Http://www. flwf. com
法人代表(Chairman)：卫强
联系人(Contact Person)：张元顺
产品(Products)：压缩毛巾，湿巾，卸妆棉，洁面巾

郑州鼎峰卫生用品有限公司
Zhengzhou Dingfeng Hygiene Products Co., Ltd.
地址(Add)：河南省郑州市南四环荆胡工业园 88 号
邮编(P. C.)：450000
电话(Tel)：0371 - 67016381
联系人(Contact Person)：何首霖
产品(Products)：护理垫，成人纸尿裤，妇女卫生巾
品牌(Brand)：艾德丽，月月爽

周口市胜美利卫生巾厂
Zhoukou Shengmeili Sanitary Napkins Factory
地址(Add)：河南省周口市太康县交通路西段 91 号
邮编(P. C.)：465400
电话(Tel)：0394 - 6822892
传真(Fax)：0394 - 6822892
法人代表(Chairman)：李东峰
总经理(General Manager)：李东峰
联系人(Contact Person)：李东峰
产品(Products)：妇女卫生巾，卫生护垫，护理垫
品牌(Brand)：胜美利

■ 湖北 Hubei

赛吉特无纺制品(武汉)有限公司
Segetex Non - woven Product (Wuhan) Co., Ltd.
地址(Add)：湖北省武汉市汉口青年路 153 号嘉鑫大厦 A1601 室
邮编(P. C.)：430022
电话(Tel)：027 - 83619426
传真(Fax)：027 - 83613992
E-mail：yanhua. jay@ segetex. com
Http://www. segetex. com
联系人(Contact Person)：揭燕华
产品(Products)：手术衣，帽，口罩

仙桃市隽雅防护用品有限公司
Xiantao Junya Safety Articles Co., Ltd.
地址(Add)：湖北省仙桃市解放东路
邮编(P. C.)：433000
电话(Tel)：0728 - 8205129
传真(Fax)：0728 - 3256124
E-mail：juenya@ 126. com
Http://www. juenya. com
总经理(General Manager)：彭隽
联系人(Contact Person)：金伟
产品(Products)：帽，口罩，手术衣

瑞宏森防护用品有限责任公司
Raysen Healthcare Products Co., Ltd.
地址(Add)：湖北省仙桃市毛嘴江汉建机路南侧
邮编(P. C.)：433008
电话(Tel)：0728 - 2884168
传真(Fax)：0728 - 2885969
E-mail：info@ raysen. com. cn
Http://www. raysen. com. cn
总经理(General Manager)：孙江坤
产品(Products)：手术衣，帽，口罩，妇检垫，鞋套，防护服
品牌(Brand)：瑞安森

湖北华业塑胶有限公司
Huaye Plastic Co., Ltd.
地址(Add)：湖北省仙桃市沔阳大道 146 号
邮编(P. C.)：433000
电话(Tel)：0728 - 3257592
传真(Fax)：0728 - 3257586
E-mail：hbxtfjh@ yahoo. com
Http://hbhyfzh. cn. alibaba. com
总经理(General Manager)：冯家海
产品(Products)：手术衣，口罩，尿垫

仙桃市富实防护用品有限公司
Xiantao Fushi Protective Products Co., Ltd.
地址(Add)：湖北省仙桃市彭场大道 89 号
邮编(P. C.)：433018
电话(Tel)：027 - 87896667
传真(Fax)：027 - 87849877
E-mail：info@ hb-nonwoven. com
Http://www. hb-nonwoven. com

产品(Products)：口罩，帽子，实验服，防护服，袖套，鞋套，手术衣

仙桃瑞鑫防护用品有限公司
Xiantao Rayxin Medical Products Co., Ltd.
地址(Add)：湖北省仙桃市彭场大道中端258号
邮编(P. C.)：433018
电话(Tel)：0728-2617598
传真(Fax)：0728-2617777
E-mail：lichao@rayxin.com
Http://www.rayxin.com
联系人(Contact Person)：李启超
产品(Products)：口罩，手术衣，帽子，防护衣

仙桃市新卓无纺布制品有限公司
Xiantao Xinzhuo Nonwovens Products Co., Ltd.
地址(Add)：湖北省仙桃市新里仁口仙洪路188号
邮编(P. C.)：433011
电话(Tel)：0728-2713448
传真(Fax)：0728-2713071
总经理(General Manager)：肖攀
联系人(Contact Person)：肖攀
产品(Products)：手术衣，口罩

湖北省仙桃市佳泰工贸有限公司
Hubei Xiantao Jiatai Trade Co., Ltd.
地址(Add)：湖北省仙桃市新里仁口新华路特8号
邮编(P. C.)：433011
电话(Tel)：0728-2712319
传真(Fax)：0728-2712319
E-mail：lidongbing1213@163.com
Http://www.hbxtjt.com
总经理(General Manager)：李冬冰
联系人(Contact Person)：李超
产品(Products)：防护服，圆帽，口罩，鞋套，纸尿片套

湖北省仙桃市和意线带有限公司
Hubei Xiantao Heyi Thread & Strip Co., Ltd.
地址(Add)：湖北省仙桃市沿河大道29号
邮编(P. C.)：433000
电话(Tel)：0728-3272662
传真(Fax)：0728-3249401
联系人(Contact Person)：邓远明
产品(Products)：手术衣，帽，口罩

湖北省仙桃市天红卫生用品有限公司
Hubei Xiantao Tianhong Hygiene Products Co., Ltd.
地址(Add)：湖北省仙桃市沿河大道北坝路特1号
邮编(P. C.)：433000
电话(Tel)：0728-3249188
传真(Fax)：0728-3240898
E-mail：hbxttianhong@163.com
Http://hbtianhongcn.cnalibaba.com
联系人(Contact Person)：易永祥
产品(Products)：纸尿片套，护理垫，鞋套，手术衣，口罩

枝江奥美医疗用品有限公司
Zhijiang Allmed Medical Products Co., Ltd.
地址(Add)：湖北省枝江市马家店镇公园路西
邮编(P. C.)：443200
电话(Tel)：0717-4228386
传真(Fax)：0717-4225499
E-mail：p-xiyun@allmed.cn
Http://www.allmed-china.com
联系人(Contact Person)：彭习云
产品(Products)：医用敷料

■ 湖南 Hunan

长沙舒尔利卫生用品有限公司
Changsha Shuerli Hygiene Products Co., Ltd.
地址(Add)：湖南省长沙市高桥大市场纸品城16幢38号
邮编(P. C.)：410014
电话(Tel)：0731-85515615
传真(Fax)：0731-85515615
E-mail：cnxql@gaoqiao.com
法人代表(Chairman)：谢启良
总经理(General Manager)：谢启良
联系人(Contact Person)：谢启良
产品(Products)：纸尿裤/片，妇婴两用巾，垫巾，三角尿巾，隔尿巾，卫生纸
品牌(Brand)：舒尔利，威威

■ 广东 Guangdong

东莞嘉米敦婴儿护理用品有限公司
Dongguan Carmelton Baby Products Manufacturing Co., Ltd.
地址(Add)：广东省东莞市茶山镇京山村
邮编(P. C.)：523399
电话(Tel)：0769-86869925
传真(Fax)：0769-86869923
E-mail：lancyw@163.com
Http://www.carmelton.cn
法人代表(Chairman)：李国明
总经理(General Manager)：李国明
联系人(Contact Person)：黄惠兰
产品(Products)：婴儿纸尿裤/片，成人纸尿裤/片，护理垫
品牌(Brand)：帮贝爽，百寿康

美亚无纺布纺织产业用布科技(东莞)有限公司
U. S. Pacific Nonwovens & Technical Textile Technology (Dongguan) Co., Ltd.
地址(Add)：广东省东莞市东城区鳌峙塘工业区东堤路2号
邮编(P. C.)：523116
电话(Tel)：0769-22635240
传真(Fax)：0769-22635245
E-mail：usp@us-pacific.com.hk
Http://www.us-pacific.com.hk
法人代表(Chairman)：黄祖基
产品(Products)：抹布，手术衣，口罩，帽子等非织造布制品

东莞市瑞麒婴儿用品有限公司
Dongguan AALL & ZYLEMAN Baby Goods Ltd.
地址(Add)：广东省东莞市石龙镇西湖管理区2路2号
邮编(P. C.)：523325
电话(Tel)：0769-86113293
传真(Fax)：0769-86112740

E-mail：sales@ ihellobaby. com
Http://www. ihellobaby. com
法人代表(Chairman)：叶建源
总经理(General Manager)：叶建源
产品(Products)：婴儿纸尿裤，成人纸尿裤/片，护理垫
品牌(Brand)：哈啰宝贝，哈啰天使，BB 熊，心儿，瑞麒，RelyOn

东莞市特利丰无纺布有限公司
Dongguan Telifeng Nonwoven Fabric Co., Ltd.
地址(Add)：广东省东莞市樟木头镇石新村和兴路 2 号
邮编(P. C.)：523631
电话(Tel)：0769 - 82058322
传真(Fax)：0769 - 82058319
E-mail：telifeng@ mgfilter. com
Http://www. mgfilter. com
联系人(Contact Person)：陈少华
产品(Products)：防护服，衣帽，面膜布

佛山市超爽纸品有限公司
Foshan Super Comfort Paper Products Co., Ltd.
地址(Add)：广东省佛山市禅城区南庄吉利工业园新源三路 18 号
邮编(P. C.)：528061
电话(Tel)：0757 - 85392882
传真(Fax)：0757 - 85392663
E-mail：mail@ chaoshuang. com. cn
Http://www. chaoshuang. com. cn
法人代表(Chairman)：梁锦锐
总经理(General Manager)：梁锦锐
联系人(Contact Person)：李奕鸿
产品(Products)：婴儿纸尿裤/片，成人纸尿裤/片，护理垫
品牌(Brand)：超爽，爽爽，康佳，乐轻盈

广东省南海康洁香巾厂
Guangdong Nanhai Kangjie Towel Factory
地址(Add)：广东省佛山市季华七路大弯南工业区 B 座 3 楼
邮编(P. C.)：528000
电话(Tel)：0757 - 86360727
传真(Fax)：0757 - 86361584
E-mail：master@ kangjie-wettowel. com
Http://www. kangjie-wettowel. com
总经理(General Manager)：周柱兴
产品(Products)：湿巾，婴儿隔尿垫巾，手帕纸
品牌(Brand)：康洁，舒爽

佛山市南海吉爽卫生用品有限公司
Nanhai Jishuang Sanitary Products Co., Ltd.
地址(Add)：广东省佛山市南海里水镇里官路大朗工业区
邮编(P. C.)：528200
电话(Tel)：0757 - 85662828
传真(Fax)：0757 - 85616762
E-mail：nhjishuang@ sina. com
法人代表(Chairman)：何喜永
总经理(General Manager)：何喜永
联系人(Contact Person)：彭彩莲
产品(Products)：婴儿纸尿裤/片，成人纸尿片，护理垫
品牌(Brand)：吉之爽，好康宝

佛山市南海稳德福无纺布有限公司
Foshan Nanhai Wonderful Nonwoven Co., Ltd.
地址(Add)：广东省佛山市南海区九江沙头镇石江工业区
邮编(P. C.)：528208
电话(Tel)：0757 - 86910199
传真(Fax)：0757 - 86916230
E-mail：deng@ chinawoven. com
Http://www. chinawoven. com
法人代表(Chairman)：黄业滔
总经理(General Manager)：邓伟添
联系人(Contact Person)：赖锡寿
产品(Products)：成人纸尿裤/片，手术衣，床单，口罩，护理垫
品牌(Brand)：稳德福，老夫子

佛山市南海区昱升卫生用品有限公司
Foshan Nanhai Yusheng Hygiene Products Co., Ltd.
地址(Add)：广东省佛山市南海区狮山镇穆院管理区
邮编(P. C.)：528231
电话(Tel)：0757 - 86658661
传真(Fax)：0757 - 85595801
E-mail：ys@ dressbaobao. com
Http://www. dressbaobao. com
联系人(Contact Person)：苏艺强
产品(Products)：婴儿纸尿裤，成人纸尿裤，护理垫
品牌(Brand)：吉氏

顺德市康怡卫生用品厂
Shunde Kangyi Hygiene Products Plant
地址(Add)：广东省佛山市顺德区乐从镇劳村工业区
邮编(P. C.)：528315
电话(Tel)：0757 - 28869292
传真(Fax)：0757 - 28831789
E-mail：kyhonour88@ yahoo. com. cn
Http://www. kangyiqiye. com
法人代表(Chairman)：劳光发
总经理(General Manager)：劳旗
联系人(Contact Person)：刘思伟
产品(Products)：妇女卫生巾，卫生护垫，婴儿纸尿裤，成人纸尿裤/片，妇婴两用巾，护理垫
品牌(Brand)：康怡，康怡乐，康怡宝宝，康怡安

广州市绿芳洲新材料有限公司
Guangzhou Lüfangzhou New Material Co., Ltd.
地址(Add)：广东省广州市白云区人和鹤亭工业区科学试验中心内
邮编(P. C.)：510000
电话(Tel)：020 - 35648628
传真(Fax)：020 - 35648628
E-mail：lvfangzhougongsi@ sina. com
Http://www. lvfangzhougongsi. qiy168. com
联系人(Contact Person)：沈志华
产品(Products)：非织造布制品

广州康尔美理容用品厂
Guangzhou Kangermei Toiletry Factory
地址(Add)：广东省广州市白云区新市均禾工业区新科上村 07 号
邮编(P. C.)：510410
电话(Tel)：020 - 86098762
传真(Fax)：020 - 86098428

E-mail：gzkrm@ gzkrm. com
Http：//www. gzkrm. net. cn
总经理(General Manager)：陈伟
联系人(Contact Person)：刘杰
产品(Products)：包头巾、洁面巾、柔巾卷、口罩
品牌(Brand)：康尔美

广州奥奇无纺布有限公司
Guangzhou Aoqi Nonwovens Co., Ltd.
地址(Add)：广东省广州市从化温泉105国道旁
邮编(P. C.)：510970
电话(Tel)：020－87835668
传真(Fax)：020－87835168
E-mail：dgwf@ 21cn. com
总经理(General Manager)：王伟东
产品(Products)：口罩，购物袋

广州市金浪星非织造布有限公司
Guangzhou Environstar Enterprise Ltd.
地址(Add)：广东省广州市从化温泉镇云星村105国道旁
邮编(P. C.)：510970
电话(Tel)：020－87832349
传真(Fax)：020－87832726
E-mail：fan@ environstar. com. cn
Http：//www. nonwovencn. cn
联系人(Contact Person)：范先生
产品(Products)：纺粘非织造布制品

广州市洪威医疗器械有限公司
Guangzhou Hongwei Medical Appliances Co., Ltd.
地址(Add)：广东省广州市番禺区大石镇大山工业区2栋
邮编(P. C.)：511431
电话(Tel)：020－34521196
传真(Fax)：020－34789941
法人代表(Chairman)：梅银水
联系人(Contact Person)：梅恩
产品(Products)：护理垫，妇检垫，口罩，帽子，手术衣

广州艾俪诗日用品有限公司
Guangzhou Ailishi Daily Necessities Co., Ltd.
地址(Add)：广东省广州市海珠区广州大道南448号财智大厦2210号
邮编(P. C.)：510300
电话(Tel)：020－89885053
传真(Fax)：020－84269919
E-mail：vickyliang _ al@ yahoo. com
Http：//www. alicelee-international. com
联系人(Contact Person)：梁美荣
产品(Products)：婴儿纸尿裤，湿巾，妇女卫生巾，护理垫，成人纸尿裤
品牌(Brand)：CHERISH

广州宏鑫无纺布有限公司
Enhance Nonwovens Co., Ltd.
地址(Add)：广东省广州市花都区新华街大华工业园
邮编(P. C.)：510800
电话(Tel)：020－61820171
传真(Fax)：020－61820170
E-mail：foresight@ cn-nonwoven. com
Http：//www. cn-nonwoven. com
产品(Products)：口罩，帽子，压缩毛巾

爱柔美容用品厂
Airou Hairdressing Articles Factory
地址(Add)：广东省广州市机场路138号怡发广场2楼D12
邮编(P. C.)：510405
电话(Tel)：020－88546584
联系人(Contact Person)：张广海
产品(Products)：美容面巾，口罩，床单，桑拿服

广州市科纶实业有限公司
Guangzhou Kelun Industrial Co., Ltd.
地址(Add)：广东省广州市江南大道中232号华海大厦B座28楼
邮编(P. C.)：510440
电话(Tel)：020－84449607
传真(Fax)：020－84446847
E-mail：xin9982@ hotmail. com
Http：//www. kelun82. com
联系人(Contact Person)：黄先生
产品(Products)：非织造布抹布

广州创展无纺布制品厂
Guangzhou Chuangzhan Nonwovens Products Factory
地址(Add)：广东省广州市中山大道东圃一横路13号聚华楼306室
邮编(P. C.)：510660
电话(Tel)：020－82318922
传真(Fax)：020－82316286
E-mail：chuangzhan@ vip. 163. com
Http：//www. gdchuangzhan. com
联系人(Contact Person)：杨耀钧
产品(Products)：包装袋，防尘罩，拖鞋，枕套，手术衣，口罩，鞋套，湿巾

广州开丽医用科技有限公司
Guangzhou Kaili Medical Science & Technology Co., Ltd.
地址(Add)：广东省广州市中山二路74号中大北校区微生物楼一楼
邮编(P. C.)：510440
电话(Tel)：020－33338769
传真(Fax)：020－61187957
E-mail：gzklzjh@ 126. com
Http：//www. gzkaili. com
法人代表(Chairman)：谢富康
联系人(Contact Person)：郑建辉
产品(Products)：产妇垫，护脐带，一次性使用垫单
品牌(Brand)：开丽

惠东县长荣实业有限公司
Huidong Changrong Industry Co., Ltd.
地址(Add)：广东省惠东县白花镇白花工业区
邮编(P. C.)：516300
电话(Tel)：0752－8868208
传真(Fax)：0752－8861661
法人代表(Chairman)：吴扬勇
总经理(General Manager)：林太平
产品(Products)：妇女卫生巾，卫生护垫，成人纸尿片，宠物垫，妇婴两用巾，产妇巾，护理垫
品牌(Brand)：护理伴，惠见康

惠州市宝尔洁卫生用品有限公司
Huizhou Baoerjie Hygiene Products Co., Ltd.
地址(Add)：广东省惠州市博罗县城博义路2号工业区
邮编(P.C.)：516121
电话(Tel)：0752-6626286
传真(Fax)：0752-6634454
Http://www.baoerjie.com
总经理(General Manager)：黄振辉
产品(Products)：婴儿纸尿裤/片，成人纸尿裤/片，妇女卫生巾，妇婴两用巾，护理垫
品牌(Brand)：宝尔洁

汕头市润物护垫制品有限公司
Shantou Nurse Mate Underpads Co., Ltd.
地址(Add)：广东省汕头市龙湖工业区凤凰山路10号恒晖大楼
邮编(P.C.)：515041
电话(Tel)：0754-8179956
传真(Fax)：0754-8179960
E-mail：nm_underpads@163.com
Http://www.umunderpad.com
联系人(Contact Person)：张克雄
产品(Products)：护理垫，检查垫，宠物垫

同高纺织化纤(深圳)有限公司
Equal Good Textile Chemical Fibre Products (Shenzhen) Co., Ltd.
地址(Add)：广东省深圳市宝安区石岩镇三联工业区第1-9栋
邮编(P.C.)：518108
电话(Tel)：0755-27629063-329
传真(Fax)：0755-27629062
E-mail：sales@nonwoven-eg.com
Http://www.nonwoven-eg.com
法人代表(Chairman)：余敏
联系人(Contact Person)：郭人贵
产品(Products)：湿巾，抹布，口罩，医用防护服，成人失禁垫

心丽卫生用品(深圳)有限公司
Sunlight Hygiene Products (Shenzhen) Co., Ltd.
地址(Add)：广东省深圳市龙岗区坪地六联鹤鸣西路7-1号心丽工业园
邮编(P.C.)：518116
电话(Tel)：0755-84888373
传真(Fax)：0755-84888375
E-mail：info@sunlightpaper.com.cn
法人代表(Chairman)：朱新田
总经理(General Manager)：林庆年
联系人(Contact Person)：林梅光
产品(Products)：卫生纸，面巾纸，手帕纸，餐巾纸，厨房用纸，擦手纸，成人纸尿裤/片，护理垫，手术衣帽，医用检查垫，医用敷料，擦拭巾，湿巾
品牌(Brand)：Sunlight，心丽

深圳天意快高婴儿用品有限公司
Shenzhen Tianyi Kuaigao Baby Articles Co., Ltd.
地址(Add)：广东省深圳市龙岗镇龙东沙背沥村盈科利工业园B栋4楼
邮编(P.C.)：518116
电话(Tel)：0755-33832212
传真(Fax)：0755-33832213
E-mail：sz-tianyi@163.com
总经理(General Manager)：李伟光
联系人(Contact Person)：刘爱姬
产品(Products)：牙医围巾，卫生台布，护理垫，宠物垫

稳健实业(深圳)有限公司
Winner Industry (Shenzhen) Co., Ltd.
地址(Add)：广东省深圳市龙华镇油松布龙公路段1号稳健工业园
邮编(P.C.)：518109
电话(Tel)：0755-28138888
传真(Fax)：0755-28134588
E-mail：junx.zeng@winnermedical.com
Http://www.winnermedical.com
法人代表(Chairman)：李建全
联系人(Contact Person)：曾军雄
产品(Products)：擦拭巾，手术衣帽，口罩，手术垫单，医用敷料
品牌(Brand)：稳健 Winner

深圳市全立好实业有限公司
Shenzhen Quanlihao Industrial Co., Ltd.
地址(Add)：广东省深圳市罗湖区宝岗路5号402号南二层
邮编(P.C.)：518023
电话(Tel)：0755-82261426
传真(Fax)：0755-82441567
Http://www.qlh369.cn
总经理(General Manager)：方方
产品(Products)：妇女卫生巾，成人纸尿片，护理垫
品牌(Brand)：诺美，完美，立好

诗乐氏实业(深圳)有限公司
Swashes (Shenzhen) Co., Ltd.
地址(Add)：广东省深圳市罗湖区南湖路国贸商业大厦13楼A-D室
邮编(P.C.)：518014
电话(Tel)：0755-25194070
传真(Fax)：0755-25194162
E-mail：shenzhen@swashes.com.cn
Http://www.swashes.com.cn
法人代表(Chairman)：李自强
联系人(Contact Person)：李伟
产品(Products)：湿巾，厕用湿巾，抗菌纸内裤，卫生护垫，马桶座垫巾，压缩毛巾
品牌(Brand)：诗乐氏

深圳市新纶科技股份有限公司
Shenzhen Selen Science & Technology Co., Ltd.
地址(Add)：广东省深圳市南山区高新技术科技园曙光大厦九层
邮编(P.C.)：518057
电话(Tel)：0755-26993699
传真(Fax)：0755-26993088
E-mail：sean@selen.ws
Http://www.szselen.com
联系人(Contact Person)：肖应斌
产品(Products)：无尘衣，无尘手套，擦拭纸，口罩，帽子，鞋套

中山市川田卫生用品有限公司
Kawada (Zhongshan) Sanitary Products Co., Ltd.
地址(Add)：广东省中山市火炬开发区陵岗(嘉明电厂宿舍对面)
邮编(P.C.)：528437
电话(Tel)：0760-88203336
传真(Fax)：0760-88203276
E-mail：kawada@163.com
Http://www.kawada.com.cn
法人代表(Chairman)：孙潞德
总经理(General Manager)：李忠勉
产品(Products)：妇女卫生巾，卫生护垫，婴儿纸尿裤/片，宠物纸尿裤，宠物垫
品牌(Brand)：非凡魅力，拍拍爽

中山市宜姿卫生制品有限公司
Zhongshan Yizi Hygiene Products Co., Ltd.
地址(Add)：广东省中山市南朗镇第六工业园(即大车工业园)
邮编(P.C.)：528451
电话(Tel)：0760-85219362
传真(Fax)：0760-85219296
E-mail：yiziyibao@163.com
Http://www.zsyizi.com.cn
法人代表(Chairman)：黄杰培
总经理(General Manager)：董炳怀
产品(Products)：妇女卫生巾，卫生护垫，婴儿纸尿裤，成人纸尿裤，护理垫，宠物垫，两用巾
品牌(Brand)：宜姿，全日护，索菲尔，宜老，E-索

中山康怡然卫生用品有限公司
Zhongshan Kangyiran Sanitary Products Co., Ltd.
地址(Add)：广东省中山市三乡镇前陇工业区
邮编(P.C.)：528463
电话(Tel)：0760-86568132
传真(Fax)：0760-86336167
E-mail：china-jianni@163.com
Http://www.china-jianni.com
法人代表(Chairman)：吴金水
总经理(General Manager)：李进来
联系人(Contact Person)：潘荣忠
产品(Products)：妇女卫生巾，卫生护垫，婴儿纸尿裤，成人纸尿裤/片，宠物纸尿裤，宠物垫
品牌(Brand)：健妮，健朗，可采宝贝，健妮娃

■ 广西 Guangxi

广西梧州市宝莱卫生用品实业有限公司
Guangxi Wuzhou Baolai Health Industry Co., Ltd.
地址(Add)：广西梧州市塘源路36号
邮编(P.C.)：543000
电话(Tel)：0774-2062222
传真(Fax)：0774-2062228
E-mail：baolai06@163.com
Http://www.gxbaolai.cn
法人代表(Chairman)：张穗生
总经理(General Manager)：张穗生
联系人(Contact Person)：曾兆广
产品(Products)：成人纸尿裤/片，护理垫
品牌(Brand)：莱护士

■ 海南 Hainan

海南欣龙水刺材料有限公司
Hainan Xinlong Spunlace Materials Co., Ltd.
地址(Add)：海南省海口市龙昆北路2号珠江广场帝豪大厦17层
邮编(P.C.)：570125
电话(Tel)：0898-67488850
传真(Fax)：0898-67488850
Http://www.xinlong-holding.com
总经理(General Manager)：逄建竹
联系人(Contact Person)：郝钢毅
产品(Products)：手术服，擦拭巾，湿巾

■ 重庆 Chongqing

重庆康美无纺布有限公司
Chongqing Kangmei Nonwovens Co., Ltd.
地址(Add)：重庆市长寿区关口长化厂内
邮编(P.C.)：401220
电话(Tel)：023-40262006
传真(Fax)：023-40262413
E-mail：gzkrm@gzkrm.com
Http://www.gzkrm.com
联系人(Contact Person)：唐懿
产品(Products)：美容面巾，柔巾卷，沐足巾

重庆兴之安日用品有限责任公司
Chongqing Xingzhian Commodity Co., Ltd.
地址(Add)：重庆市高新技术开发区二郎高科创业园C-7
邮编(P.C.)：400039
电话(Tel)：023-68465030
传真(Fax)：023-68465431
E-mail：xbhcoltd@public.cta.cq.cn
Http://www.cqxbh.com
联系人(Contact Person)：唐翔
产品(Products)：吸油纸，面膜纸，洗脸巾，柔湿巾

■ 四川 Sichuan

四川友邦纸业有限公司
Sichuan Eupon Paper Co., Ltd.
地址(Add)：四川省广汉市向阳镇张华村
邮编(P.C.)：618300
电话(Tel)：0838-5400686-802
传真(Fax)：0838-5400158
E-mail：sale@eupon.com
Http://www.eupon.com
法人代表(Chairman)：高尚荣
总经理(General Manager)：高尚荣
联系人(Contact Person)：高尚朴
产品(Products)：面巾纸，手帕纸，卫生纸，成人护理垫，手术衣帽，湿巾
品牌(Brand)：蓓安适，顶好面子，友邦，可洁可

■ 云南 Yunnan

昆明海福特医疗用品工贸有限公司
Kunming Haifute Medical Supplies Industrial Trade Co., Ltd.
地址(Add)：云南省昆明市滇池路福海乡周家村新堆上组158号
邮编(P.C.)：650228

电话(Tel)：0871－4618990
传真(Fax)：0871－4618912
E-mail：hft@haifute.cn
Http://www.haifute.cn
法人代表(Chairman)：何明星
总经理(General Manager)：王菊兰
联系人(Contact Person)：张琴方
产品(Products)：医用床垫，口罩，手术衣，宠物垫
品牌(Brand)：海福特

■ 陕西 Shaanxi

西安鹏翔复合材料有限公司
Xian Pengxiang Composite Materials Co., Ltd.

地址(Add)：陕西省西安市灞桥区穆蒋王村一组178号
邮编(P.C.)：710038
电话(Tel)：029－88952065
传真(Fax)：029－83497792
E-mail：pengxiang@cnpengxiang.com
Http://www.cnpengxiang.com
总经理(General Manager)：贺海鹏
联系人(Contact Person)：贺红元
产品(Products)：一次性床单，马桶坐垫，婴儿围兜，围裙，湿巾

西安市西耀纸业商贸有限公司
Xian Xiyao Paper Trade Co., Ltd.

地址(Add)：陕西省西安市三桥阿房一路中段168号
邮编(P.C.)：710086
电话(Tel)：029－84510829
传真(Fax)：029－84520261
E-mail：xi_an_xiyao@vip.163.com
Http://xaxyznk.cn.alibaba.com
联系人(Contact Person)：李西耀
产品(Products)：成人纸尿裤/片，床垫，面巾纸
品牌(Brand)：莫菲儿，阿房情，泰迪

■台湾 Taiwan

凯棉工业股份有限公司
K－Shin Leather Indu., Co., Ltd.

地址(Add)：326台湾桃园县杨梅镇上湖里上四湖7－6号
电话(Tel)：886－3－4751889
传真(Fax)：886－3－4782225
E-mail：kskin.com@msa.hinet.net
联系人(Contact Person)：黄正次
产品(Products)：口罩

敏成股份有限公司
Mytrex Industries Inc.

地址(Add)：327台湾桃园县新屋乡赤栏村8邻75号
电话(Tel)：886－3－4861317
传真(Fax)：886－3－4861318
E-mail：mytrex.bob@msa.hinet.net
Http://www.mytrex.com.tw
产品(Products)：擦拭布，医疗耗材

昆旸实业股份有限公司
Fortune Spunlace Industrial Corp.

地址(Add)：356台湾苗栗县后龙镇东明里8邻下浮尾119－1号
电话(Tel)：886－37－730526
传真(Fax)：886－37－730529
E-mail：ab-sales@umail.hinet.net
Http://www.spunfsic.com
法人代表(Chairman)：魏德龙
总经理(General Manager)：田美秀
产品(Products)：湿巾，清洁布，手术衣，美容用布，医用布

南六企业股份有限公司
Nan Liu Enterprise Co., Ltd.

地址(Add)：台湾省高雄县桥头乡笔秀路88号
电话(Tel)：886－7－6116616
传真(Fax)：886－7－6110231
E-mail：nanliu@nanliu.com.tw
Http://www.e-nonwoven.com.tw
法人代表(Chairman)：黄清山
联系人(Contact Person)：徐念萱
产品(Products)：手术衣，面膜，湿巾

生活用纸相关企业名录

（原辅材料及设备器材采购指南）

（按种类和产品分列）

DIRECTORY OF SUPPLIERS RELATED TO TISSUE PAPER & DISPOSABLE PRODUCTS INDUSTRY

（The purchasing guide of equipments and raw/auxiliary materials for tissue paper & disposable products industry）

（sorted by category and product）

[5]

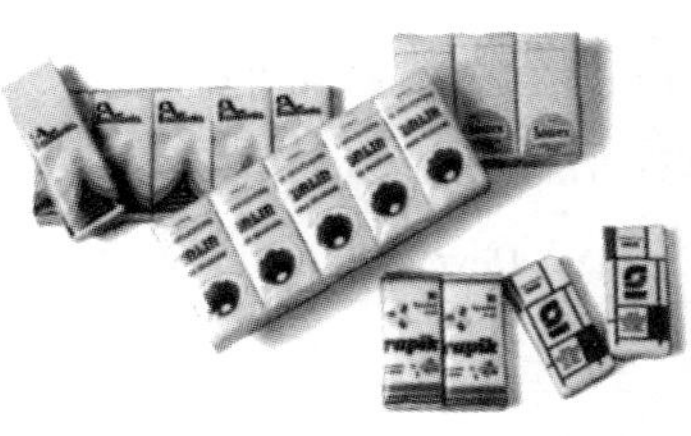

原辅材料主要企业一览表

List of major manufacturers and suppliers of raw/auxiliary materials

纸浆 Pulp

加拿大中加浆纸有限公司	Sinocan Pulp and Paper Ltd.
天柏国际公司	Tembec International Sales Co.
加拿大加升公司	Can-sun Canada Enterprises Ltd.
中国纸张纸浆进出口公司	China National Pulp & Paper Corporation
中国国旅贸易有限责任公司	China International Tourism & Trade Co., Ltd.
北京中基明星纸业有限公司	Beijing Chinabase Star Paper Co., Ltd.
中轻物产股份有限公司浆纸事业部	China Light Industry Materials Co., Ltd. Pulp & Paper Dept.
瑞典艾克曼中国公司北京联络处	Ekman & Co China Ltd.
天津市卓越商贸有限公司	Tianjin Zhuoyue Trade Co., Ltd.
金风车(天津)国际贸易有限公司	Golden Windmill (Tianjin) International Trade Co., Ltd.
天津市中澳纸业有限公司	Tianjin Zhongao Paper Co., Ltd.
天津港保税区曼特国际贸易有限公司	Tianjin Port Free Trade Zone Mante International Co., Ltd.
黑龙江省鼎石贸易有限责任公司	Heilongjiang Dingshi Trade Co., Ltd.
上海凯琳进出口有限公司	Shanghai Kailin Import & Export Co., Ltd.
江苏开元股份有限公司上海分公司	Jiangsu Skyrun Corporation (Shanghai Branch)
浙江万邦浆纸集团有限公司	Zhejiang Welbon Pulp & Paper Group Corp.
邵武中竹纸业有限公司	Shaowu Zhongzhu Paper Co., Ltd.
厦门建发股份有限公司	Xiamen C & D Inc.
中轻物产股份有限公司青岛分公司	China Light Industrial Materials Co., Ltd. Qingdao Branch
山东金纸源国际贸易有限公司	Shandong Jinzhiyuan International Trade Co., Ltd.
山东加林国际贸易发展有限公司	Shandong Jialin International Business Development Co., Ltd.
山东巴普贝博浆纸系统股份有限公司	Shandong Pulp & Paper System Co., Ltd.
兴业集团有限公司广州办事处	Xingye Group Co., Ltd. Guangzhou Office
广西贺达纸业有限责任公司	Guangxi Houda Pulp & Paper Co., Ltd.
广西南宁糖业股份有限公司制糖造纸厂	Guangxi Nanning Tangye Co., Ltd. Sugar & Paper Mill
广西南宁凤凰纸业有限公司	Guangxi Nanning Phoenix Pulp & Paper Co., Ltd.
海南金海浆纸业有限公司	APP Jinhai Pulp & Paper Co., Ltd.
云南云景林纸股份有限公司	Yunnan Yunjing Forestry & Pulp Co., Ltd.
新疆博湖苇业股份有限公司	Xinjiang Bohu Reed Co., Ltd.

绒毛浆 Fluff pulp

惠好(亚洲)有限公司	Weyerhaeuser (Asia) Limited
GP 纤维亚洲香港有限公司上海代表处	GP Cellulose Asia Marketing (Hongkong) Ltd. Shanghai Office
英特奈国际纸业贸易(上海)有限公司	International Paper Distribution (Shanghai) Co., Ltd.
美国瑞安公司	Rayonier Inc.
斯道拉恩索中国销售部	Stora Enso

续表

博发浆纸亚洲公司	Bon Fibre Asia Co.
瑞典赛尔玛有限公司上海代表处	CellMark AB, Shanghai Office
灯塔亚洲有限公司	Comta Corporation
瑞典艾克曼中国公司北京联络处	Ekman & Co China Ltd.
福建腾荣达制浆有限公司	Fujian Tengrongda Pulp Co., Ltd.

非织造布—热轧、热风、纺粘 Nonwovens—hot calendaring, hot air, spunbonded

北京京兰非织造布有限公司	Beijing Jinglan Nonwoven Fabrics Co., Ltd.
北京大源非织造有限公司	Beijing Dayuan Nonwoven Fabric Co., Ltd.
石家庄金正无纺布有限公司	Shijiazhuang Jinzheng Nonwovens Co., Ltd.
大连瑞光非织造布集团有限公司	Dalian Ruiguang Nonwoven Group Co., Ltd.
上海丰格无纺布有限公司	Shanghai Fengge Nonwoven Co., Ltd.
潘苏德贸易(上海)有限公司	Pantex (Shanghai) Co., Ltd.
上海堪孚尔不织布有限公司	Shanghai Comfort Nonwoven Co., Ltd.
上海美坚无纺布有限公司	Meijian Nonwoven (Shanghai) Co., Ltd.
上海腾龙无纺布有限公司	Shanghai Phoenix Nonwovens Co., Ltd.
常州市正杨非织造布有限公司	Changzhou Zhengyang Nonwovens Co., Ltd.
常州新安无纺布有限公司	Changzhou Xin'an Nonwovens Co., Ltd.
常州亨利无纺布有限公司	Changzhou Hengli Non-woven Co., Ltd.
江阴开源非织造布制品有限公司	Jiangyin Kaiyuan Nonwoven Fabrics Co., Ltd.
江阴金凤特种纺织品有限公司	Jiangyin Jinfeng Special Textile Co., Ltd.
南京和兴不织布制品有限公司	Nanjing Hexing Nonwoven Fabric Products Co., Ltd.
东丽高新聚化(南通)有限公司	Toray Polytech (Nantong) Co., Ltd.
普杰无纺布(中国)有限公司	PGI Nonwovens (China) Co., Ltd.
维顺(中国)无纺制品有限公司	FiberVisions (China) Textile Products Ltd.
盐城市盛绒无纺布有限公司	Yancheng Sun Long Nonwoven Co., Ltd.
盐城市纺织进出口有限公司	TCTEX Imp & Exp Co., Ltd
江苏华龙无纺布有限公司	Jiangsu Hualong Nonwoven Co., Ltd.
苏州京佰利无纺材料有限公司	Kimbondly (Suzhou) Nonwovens Fabric Co., Ltd.
江苏恒神纤维材料有限公司	Hengsheng Fibre Material Co., Ltd.
常州市富邦无纺布有限公司	Changzhou Fubang Nonwoven Co., Ltd.
江苏江南化纤集团有限公司	Jiangnan Chemical Fibre Group Co., Ltd.
浙江长兴亿伦纺织有限公司	Zhejiang Changxing Yilun Textile Co., Ltd.
宁波市奇兴无纺布有限公司	Ningbo Qixing Nonwovens Co., Ltd.
浙江东阳市三星实业有限公司	Zhejiang Dongyang Sanxing Industrial Co., Ltd.
浙江华银非织造布有限公司	Zhejiang Huayin Nonwoven Co., Ltd.
嘉兴市晟龙无纺布有限公司	Jiaxing Shenglong Nonwovens Co., Ltd.
嘉兴市申新无纺布厂	Jiaxing Shenxin Non-woven Fabric Factory
温州市瓯海昌隆化纤制品厂	Wenzhou Ouhai C. L. Chemical Fiber Fabric Factory

续表

晋江市恒安卫生材料有限公司	Jinjiang Hengan Hygiene Material Co., Ltd.
晋江市兴泰无纺制品有限公司	Jinjiang Xingtai Nonwoven Products Co., Ltd.
泉州市鸿华化纤制品有限公司	Quanzhou Honghua Chemical Fibre Products Co., Ltd.
山东俊富无纺布有限公司	Shandong Jofo Nonwovens Co., Ltd.
山东俊富非织造材料有限公司	Jofo (Weifang) Nonwovens Co., Ltd.
山东康洁非织造布有限公司	Shandong Kangjie Nonwovens Co., Ltd.
日照三银纺织有限公司无纺布厂	Rizhao Sanyin Nonwovens Factory
临沂市兰山区社会福利工艺厂	Linyi Community Welfare Craft Factory
郯城县金得利卫生用品有限公司	Tancheng Jindeli Hygiene Products Co., Ltd.
湖北金龙非织造布有限公司	Hubei Gold Dragon Nonwoven Co., Ltd.
湖北省仙桃市佳泰工贸有限公司	Hubei Xiantao Jiatai Trade Co., Ltd.
佛山市昌伟非织造材料有限公司	Foshan Changwei Nonwoven Co., Ltd.
南海南新无纺布有限公司	Nanhai Nanxin Non-woven Co., Ltd.
佛山市南海稳德福无纺布有限公司	Foshan Nanhai Wonderful Nonwoven Co., Ltd.
广州艺爱丝纤维有限公司	Guangzhou ES Fiber Co., Ltd.
国桥实业深圳有限公司	National Bridge Industrial (S. Z.) Co., Ltd.
同高纺织化纤(深圳)有限公司	Equal Good Textile Chemical Fibre Products (Shenzhen) Co., Ltd.
广州市一洲无纺布有限公司	Guangzhou Yizhou Nonwoven Co., Ltd.
深圳市宜丽环保科技有限公司	Shenzhen Eli Environment Protection Co., Ltd.
深圳市洋仟材料应用技术有限责任公司	Shenzhen High Technology Fibers Co., Ltd.
科龙达无纺布厂	Kelongda Nonwoven Factory

非织造布—水刺 Nonwovens—spunlaced

杜邦－大源非织造布有限公司	Dupont-Dayuan Nonwoven Fabric Co., Ltd.
东纶科技实业有限公司	Eastex Science & Technology Industrial Co., Ltd.
江苏东方洁妮尔水刺无纺布有限公司	Jiangsu East Genial Spunlaced Nonwovens Co., Ltd.
常熟市圣利达水刺无纺有限公司	Changshu Shenglida Spunlace Nonwovens Co., Ltd.
江苏通江科技股份有限公司	Jiangsu Tongjiang Science & Technology Co., Ltd.
杭州路先非织造股份有限公司	Hangzhou Advanced Nonwoven Co., Ltd.
杭州新福华无纺布厂	Hangzhou New Fuhua Nonwovens Factory
杭州萧山航民非织造布有限公司	Hangzhou Xiaoshan Hangmin Nonwovens Co., Ltd.
杭州科达非织造布有限公司	Hangzhou Keda Nonwoven Co., Ltd.
杭州诺邦无纺股份有限公司	Hangzhou Nbond Nonwovens Co., Ltd.
杭州思进无纺布有限公司	Hangzhou Sijin Nonwovens Co., Ltd.
湖州欧丽卫生材料有限公司	Huzhou Auline Sanitary Material Co., Ltd.
浙江科得邦非织造布有限公司	Zhejiang Kedebang Nonwoven Fabric Co., Ltd.
嘉兴市富瑞森水刺无纺布有限公司	Jiaxing Furuisen Spunlaced Nonwovens Co., Ltd.
浙江亨泰纺织科技有限公司	Hentu Textile & Technology Co., Ltd.
绍兴市恒盛新材料技术发展有限公司	Shaoxing Hengsheng New Material Technology Development Co., Ltd.

续表

绍兴县和中合纤有限公司	Shaoxing Hezhong Fibre Co., Ltd.
绍兴县庄洁无纺材料有限公司	Shaoxing Zhuangjie Nonwovens Material Co., Ltd.
福建南纺股份有限公司	Fujian Nanfang Co., Ltd.
合肥飘安非织造布制品厂	Hefei Piaoan Nonwoven Products Factory
合肥普尔德医疗用品有限公司	Sino Protection (Hefei) Medical Products Co., Ltd.
山东省永信非织造材料有限公司	Shandong Winson Nonwoven Materials Co., Ltd.
郑州铭泰非织造材料有限公司	Zhengzhou Mingtai Nonwovens Co., Ltd.
海南欣龙水刺材料有限公司	Hainan Xinlong Spunlace Materials Co., Ltd.

非织造布—干法纸 Nonwovens—airlaid

美国博凯技术公司	Buckeye Technologies Inc.
博爱(中国)膨化芯材有限公司	Fiberweb (China) Airlaid Co., Ltd.
天津德安纸业有限公司	Tianjin Dean Paper Industry Co., Ltd.
廊坊市玉龙纸业有限公司	Langfang Yulong Paper Co., Ltd.
丹东市天和纸制品有限公司	Dandong Tianhe Paper Products Co., Ltd.
丹东北方卫生用品有限公司	Dandong Beifang Hygiene Products Co., Ltd.
王子奇能纸业(上海)有限公司	Oji Kinocloth (Shanghai) Co., Ltd.
亿利德纸业(上海)有限公司	Elite Paper (Shanghai) Co., Ltd.
上海森绒纸业有限公司	Shanghai Senrong Paper Co., Ltd.
南京陶雨工贸实业有限公司	Nanjing Taoyu Trading Co., Ltd.
南京市三华纸业有限公司	Nanjing Sanhua Paper Co., Ltd.
张家港志益卫生用品有限公司	Zhangjiagang Zhiyi Sanitary Products Co., Ltd.
南通中纸纸浆有限公司	Nantong Zhongzhi Paper & Pulp Co., Ltd.
晋江市安海德安纸业有限公司	Jinjiang Anhai Dean Paper Co., Ltd.
福建晋江市安海博源膨化芯材有限公司	Jinjiang Anhai Boyuan Airlaid Co., Ltd.
福建省晋江佳宝丽卫生用品有限公司	Fujian Jinjiang Jiabaoli Hygiene Products Co., Ltd.
山东信成纸业有限公司	Shandong Xincheng Paper Co., Ltd.
广东省东莞市惠康纸业有限公司	Dongguan Huikang Paper Industry Co., Ltd.
佛山市高明(宁德)神州纸业有限公司	Shenzhou Paper Co., Ltd. Of Gaoming (Ningde) Foshan
揭阳市洁新纸业股份有限公司	Jieyang Jiexin Paper Incorporated Corperation
南宁侨虹新材料有限责任公司	Nanning Qiaohong New Materials Co., Ltd.
成都蜀航实业有限公司	Chengdu Shuhang Industry Co., Ltd.

打孔膜及打孔非织造布 Apertured film and apertured nonwovens

卓德嘉薄膜有限公司	Tredegar Film Products
江阴市联盛卫生材料有限公司	Jiangyin Zenith Hygienic Material Co., Ltd.
姐妹卫生制品(苏州)有限公司	Jeje Hygienic Products (Suzhou) Co., Ltd.
吴江金正膜业有限公司	Wujiang Jinzheng Film Co., Ltd.
杭州唯可卫生材料有限公司	Hangzhou Wecan Hygienic Material Co., Ltd.

续表

晋江兴顺卫生材料用品有限公司	Xingshun Hygiene Material Co., Ltd.
晋江市凤山卫生用品有限公司	Jinjiang Fengshan Hygiene Products Co., Ltd.
南安市欢益塑胶有限公司	Nanan Huanyi Plastic Proudcts Co., Ltd.
泉州市露泉卫生用品有限公司	Quanzhou Luquan Hygiene Products Co., Ltd.
厦门延江工贸有限公司	Xiamen Yanjian Industry Co., Ltd.
福建省晋江市圣洁卫生用品有限公司	Fujian Jinjiang Shengjie Hygiene Products Co., Ltd.
山东郯城宏达流延膜厂	Tancheng Hongda Film Factory
山东省天马塑膜制品有限公司	Shandong Tianma Plastic Film Co., Ltd.
淄博广龙塑料工贸有限公司	Zibo Guanglong Plastics Industry & Trading Co., Ltd.
佛山市南海康利(佳德力)卫生材料有限公司	Foshan Kangli Hygiene Material Co., Ltd.
佛山市诺赛卫生材料有限公司	Foshan Nuosai Hygienic Materials Co., Ltd.
佛山市顺德区北滘森丰源纸品厂	Foshan Senfengyuan Paper Products Factory
佛山市强的无纺布材料有限公司	Foshan Qiangdi Nonwoven Technology Co., Ltd.
广东柏年塑料制品有限公司	Guangdong Bainian Plastic Products Co., Ltd.
深圳市正丰源卫生材料有限公司	Shenzhen Zhengfengyuan Sanitary Material Co., Ltd.
中山市德伦包装材料有限公司	Zhongshan Delun Packing Material Co., Ltd.
重庆怡洁科技发展有限公司	Chongqing Yijie Technology Development Co., Ltd.
重庆和泰塑胶有限公司	Chongqing Hetai Plastic Co., Ltd.

流延膜 PE film

台湾塑胶工业股份有限公司	Formosa Plastics Corporation
天津富兴塑料制品有限公司	Tianjin Fuxing Plastic Products Co., Ltd.
新乐华宝塑料薄膜有限公司	Xinle Huabao Plastic Film Co., Ltd.
上海紫华企业有限公司	Shanghai Zihua Enterprise Co., Ltd.
上海德山塑料有限公司	Shanghai Tokuyama Plastic Co., Ltd.
德国诺坦尼亚国际股份公司上海代表处	Nordenia International AG Shanghai Representative Office
常州市欧诺塑业有限公司	Changzhou Ounuo Plastics Co., Ltd.
常州唯尔福卫生用品有限公司	Changzhou Welfare Hygiene Products Co., Ltd.
顺昶塑胶(昆山)有限公司	Swanson Plastics (Kunshan) Co., Ltd.
无锡市鸿昌塑制品厂	Wuxi Hongchang Plastic Products Plant
盐城恒源卫生材料有限公司	Yancheng Hengyuan Hygiene Material Co., Ltd.
常州市双成塑母料有限公司	Changzhou Shuangcheng Plastic Masterbatch Co., Ltd.
杭州辉煌卫生用品有限公司	Hangzhou Huihuang Hygiene Products Co., Ltd.
杭州全兴塑业有限公司	Hangzhou Quanxing Plastic Co., Ltd.
浙江越韩科技透气材料有限公司	Zhejiang Yuehan Technology Breathable Material Co., Ltd.
台州市明大卫生材料有限公司	Taizhou Mingda Hygiene Material Co., Ltd.
浙江义乌星火塑料制品有限公司	Zhejiang Yiwu Xinghuo Plastic Products Co., Ltd.
泉州市三维塑胶发展有限公司	Quanzhou Sanwei Plastic Development Co., Ltd.
恒昕隆复合材料(福建)分公司	Hengxinlong Composite Materials Fujian Branch

续表

晋江市有利塑胶制品有限公司	Jinjiang Youli Plastic Products Co., Ltd.
南安市玉和塑胶制品有限公司	Nanan Yuhe Plastics Co., Ltd.
福建省福鼎市环球薄膜厂	Fujian Fuding Huanqiu Film Factory
南安长利塑胶有限公司	Nanan Changli Plastic Co., Ltd.
福建省泉州环球流延膜有限公司	Fujian Quanzhou Huanqiu Film Co., Ltd.
舒华制膜有限公司	Shuhua Film Co., Ltd.
泉州恒峰卫生材料科技有限公司	Quanzhou Hengfeng Hygiene Materials Co., Ltd.
金利源卫生材料有限公司	Jinliyuan Sanitory Material Co., Ltd.
山东郯城县昌隆塑料制品厂	Tancheng Changlong Plastic Factory
山东省郯城县恒盛塑膜有限公司	Tancheng Hengsheng Plastic Co., Ltd.
湖北华业塑胶有限公司	Huaye Plastic Co., Ltd.
佛山市怡昌塑胶有限公司	Foshan Yichang Plastic Co., Ltd.
佛山市创力塑料有限公司	Foshan Marly Advanced Plastics Co., Ltd.
广东省佛山富兴塑料薄膜材料厂	Foshan Fuxing Plastic Film Factory
佛山市万田塑料有限公司	Foshan Wantian Plastic Co., Ltd.
佛山市腾华塑胶有限公司	Foshan Tenghua Plastic & Adhesive Co., Ltd.
佛山市万嘉塑胶有限公司	Foshan Wanjia Plastic Co., Ltd.
佛山华韩卫生材料有限公司	Foshan Huahan Sanitary Material Co., Ltd.
佛山市顺德区勒流镇建诚包装材料有限公司	Foshan Shunde Leliu Jiancheng Facking Material Co., Ltd.
广州开瑞化工有限公司	Avoteck (Guangzhou) Co., Ltd.
广州市金威龙实业股份有限公司	Jinweilong Industrial Co., Ltd.
鹤山市花坪薄膜有限公司	Heshan Huaping Film Co., Ltd.
佛山市南海广浩塑料有限公司	Foshan Nanhai Guanghao Plastic Co., Ltd.
佛山市兰笛胶粘材料有限公司	Foshan Landi Adhesive Co., Ltd.
重庆壮大包装材料有限公司	Chongqing Zhuangda Packing Material Co., Ltd.
重庆众辉塑胶有限公司	Chongqing Zhonghui Plastic Co., Ltd.
成都益华塑料包装有限公司	Chengdu Yihua Plastic Packaging Co., Ltd.

高吸收性树脂 Super absorbable polymer

住友精化株式会社/上海伊藤忠商事有限公司	Sumitomo Seika Chemicals Co., Ltd. /ITOCHU Shanghai Ltd.
三大雅精细化学品有限公司	San-Dia Polymers, Ltd.
株式会社日本触媒	NIPPON SHOKUBAI CO., LTD.
斯托侯森公司	Stockhausen, Inc.
巴斯夫(中国)有限公司	BASF (China) Company Limited
英国 Technical Absorbents Ltd	Technical Absorbents Ltd.
乐金化学(中国)投资有限公司	LG Chem
唐山博亚树脂有限公司	Tangshan Boya Absorbent Co., Ltd.
台塑吸水树脂(宁波)有限公司	FPC Super Absorbent Polymer (Ningbo) Co., Ltd.
浙江威龙高分子材料有限公司	Zhejiang Weilong Polymer Material Co., Ltd.

续表

安徽华晶新材料有限公司	Anhui Huajing New Material Co., Ltd.
晋江汇森工贸有限公司	Jinjiang Huisen Trading Co., Ltd.
泉州邦丽达科技实业有限公司	Quanzhou Banglida Science & Technology Industrial Co., Ltd.
福建天昱新型材料有限公司	Fujian Tianyu Newfashioned Material Co., Ltd.
济南昊月吸水材料有限公司	Jinan Haoyue Absorbent Co., Ltd.

吸水复合纸 Laminated absorbable paper

天津万马高分子吸水材料有限公司	Tianjin Wanma Absorbant Material Co., Ltd.
上海通贝吸水材料有限公司	Shanghai Tongbei Absorbent Material Co., Ltd.
上海美芬娜卫生用品有限公司	Shanghai Mayflower Sanitary Articles Co., Ltd.
扬州达润纸制品有限公司	Yangzhou Darun Paper Products Co., Ltd.
浙江省临安市振宇吸水材料有限公司	Zhejiang Lin'an Zhenyu Absorbent Material Co., Ltd.
福建乔东卫生制品有限公司	Fujian Qiaodong Hygiene Products Co., Ltd.
克东(福建)纸业有限公司	Kedong (Fujian) Paper Co., Ltd.
泉州鲤城耳东纸制品厂	Licheng Erdong Paper Products Factory
漳州市芗城新木木卫生材料有限公司	Zhangzhou Xiangcheng Xinmumu Hygiene Material Co., Ltd.
漯河舒尔莱纸品有限公司	Luohe Shuerlai Paper Co., Ltd.
加宝复合材料(武汉)有限公司	Canbao Industrial (Wuhan) Co., Ltd.
佛山市顺德区勒流镇龙盈纸类制品厂	Foshan Shunde Longying Paper Manufacture Co.

离型纸、离型膜 Release paper and release film

艾利(昆山)有限公司	Avery Dennison Kunshan Co., Ltd.
天津宁河雨花纸业有限公司	Tianjin Ninghe Yuhua Paper Co., Ltd.
上海大昭和纸加工有限公司	Shanghai Daishowa Paper Processing Co., Ltd.
顺安涂布科技(昆山)有限公司	API Swanson (Kunshan) Co., Ltd.
南京森和纸业有限公司	Nanjing Senhe Paper Co., Ltd.
南京斯克尔卫生制品有限公司	Nanjing Skier Hygiene Products Co., Ltd.
南京顺天纸业有限公司	Nanjing Shuntian Paper Co., Ltd.
江苏陶氏纸业有限公司	Jiangsu Taoshi Paper Co., Ltd.
南京华松纸业有限公司	Nanjing Huasong Paper Co., Ltd.
无锡市张泾文化卫生用品有限公司	Wuxi Cultural Hygiene Products Plant
江苏省无锡市泾达纸品厂	Jiangsu Wuxi Jingda Paper Factory
浙江温州市新丰复合材料公司	Zhejiang Wenzhou Xinfeng Composite Material Co.
杭州市临安鸿兴纸业有限公司	Hangzhou Hongxing Paper Co., Ltd.
杭州华盛复合材料有限公司	Hangzhou Huasheng Composite Material Co., Ltd.
嘉兴市民和工贸有限公司	Jiaxing Minhe Industry & Trade Co., Ltd.
晋江市顺丰纸品有限公司	Jinjiang Shunfeng Paper Products Co., Ltd.
厦门长天企业有限公司	Xiamen Changtian Enterprise Co., Ltd.
山东兴文纸业有限公司	Shandong Xingwen Paper Co., Ltd.
寿光市金正纸业有限公司	Shouguang Jinzheng Paper Co., Ltd.

续表

佛山市新飞卫生材料有限公司	Foshan Xinfei Sanitary Material Co., Ltd.
顺德市圣兰纸制品有限公司	Shunde Shenglan Paper Products Co., Ltd.
耐恒(广州)纸品有限公司	Loparex (Guangzhou) Paper Products Ltd.
中山市圣强纸业有限公司	Zhongshan Shengqiang Paper Co., Ltd.
泸州陶氏纸业有限公司	Luzhou Taoshi Paper Industrial Co., Ltd.

热熔胶 Hot melt adhesive

汉高股份有限公司	Henkel (China) Company Ltd.
埃克森美孚香港有限公司	Exxon Mobil Hongkong Co., Ltd.
上海嘉好胶粘制品有限公司	Shanghai Jaour Adhesive Products Co., Ltd.
上海复欣制胶厂	Shanghai Fuxin Hot Melt Adhesives Factory
上海瑞鑫热熔胶有限公司	Shanghai Ruixin Hot Melt Adhesives Co., Ltd.
上海汉高向华粘合剂有限公司	Shanghai Henkel Xianghua Adhesives Co., Ltd.
福尔波粘合剂(上海)有限公司	Forbo Adhesives (Shanghai) Co., Ltd.
上海荣歆热熔胶有限公司	Shanghai Rongxin Hot Melt Adhesives Co., Ltd.
科腾聚合物贸易(上海)有限公司	Kraton Polymers Trading (Shanghai) Co., Ltd.
南京扬子伊士曼化工有限公司	Nanjing Yangzi Eastman Chemical Ltd.
无锡德松科技有限公司	Wuxi More Tex Technology Co., Ltd.
无锡市万力粘合材料有限公司	Wuxi Wanli Adhesives Co., Ltd.
扬中九妹日用品有限公司	Yangzhong Jiumei Products for Daily Use Co., Ltd.
浙江精华科技有限公司	Zhejiang Fine Chemical Technology Co., Ltd.
衢州市柯城富星制胶厂	Quzhou Kecheng Fuxing Adhesives Factory
浙江省瑞安市联大热熔胶厂	Zhejiang Ruian Lianda Hot Melt Adhesives Factory
泉州昌德化工有限公司	Quanzhou Chandor Chemicals Co., Ltd.
泉州鲤城宝佳热熔胶厂	Quanzhou Licheng Baojia Hot Melt Adhesive Factory
汉摩(中国)厦门祺星塑胶科技有限责任公司	Hanmo (China) Xiamen Qixing Plastics Technology Co., Ltd.
山东力高科技有限公司	Lecho Technology (Shandong) Co., Ltd.
东莞市成铭胶粘剂有限公司	Dongguan Co-Mo Hot Melt Adhesives Co., Ltd.
佛山市南海荣嘉化工有限公司	Nanhai Roger Chemical Co., Ltd.
广东省佛山市富民科技公司	Foshan Fumin Science Co.
富乐(中国)粘合剂有限公司	H. B. Fuller (China) Adhesives Ltd.
波士胶芬得利(中国)粘合剂有限公司	Bostik Findley China Co., Ltd.
中山诚泰化工科技有限公司	Cherng Tay Technology Co., Ltd.
佛山南宝树脂有限公司	Foshan NanPao Resins Co., Ltd.
成都腾龙特种胶粘材料厂	Chengdu Tenglong Specialty Adhesives Factory

胶带、胶贴、魔术贴、标签 Adhesive tape, adhesive label, magic tape, label

美国3M公司	3M
上海正扬实业有限公司	Shanghai Zhengyang Industrial Co., Ltd.
上海沛龙特种胶粘材料有限公司	Shanghai Peilong Special Adhesive Materials Co., Ltd.

续表

上海华舟压敏胶制品有限公司	Shanghai Huazhou PSA Products Co., Ltd.
上海马可胶粘制品有限公司	Shanghai Marco Adhesive Products Co., Ltd.
上海明利包装印刷有限公司	Shanghai Mingli Packaging & Printing Co., Ltd.
南京格润标签印刷有限公司	Nanjing Green Label Printing Co., Ltd.
浙江省苍南县春园彩印厂	Zhejiang Cangnan Chunyuan Colour Printing Factory
杭州富阳黎明实业有限公司	Hangzhou Fuyang Liming Industrial Co., Ltd.
温州市特康弹力科技有限公司	Wenzhou Tekang Elasticity Technology Co., Ltd.
杭州同创实业有限公司	Hangzhou Tongchuang Industry Co., Ltd.
温州信鸽印业有限公司	Wenzhou Xinge Printing Co., Ltd.
厦门大予工贸有限公司	Dai Wood (Xiamen) Industry Trade Co., Ltd.
厦门安德立科技有限公司	Xiamen Andway Technology Co., Ltd.
建亚保达(厦门)卫生器材有限公司/科思达(厦门)卫生制品有限公司	Ko-Asia (Xiamen) Sanitary Material Co., Ltd./Ko-East (Xiamen) Hygiene Products Co., Ltd.
厦门世洁塑料制品有限公司	Xiamen Shijie Plastic Co., Ltd.
厦门恒达佳工贸有限公司	H & J (Xiamen) Industry & Trade Co., Ltd.
厦门翋科商贸有限公司	Lark Industries Co., Ltd.
佛山市创科塑胶魔术贴制品厂	Foshan Chuangke Plastic Products Factory
江门新时代胶粘科技有限公司	New Era Adhesives Technology Co., Ltd.
宝利时(深圳)胶粘制品有限公司	Bolesx (Shenzhen) Adhesive Products Co., Ltd.
宏佳塑胶制品有限公司	Hongka Plastic Products Co., Ltd.
中山绿云化工有限公司	Zhongshan Greenclouds Chemistry Co., Ltd.

弹性非织造布材料、松紧带 Elastic nonwovens, elastic band

全程兴业股份有限公司	Golden Phoenix Fiberwebs, Inc.
福力士(新加坡)有限公司	Fulflex Singapore Pte Ltd.
江阴昶森无纺科技有限公司	Jiangyin Changsen Nonwoven Science & Technology Co., Ltd.
苏州坚创贸易有限公司	Kingstrong Trade Co., Ltd.
杭州特力韩都进出口有限公司	Hangzhou Tension Handle I & E Co., Ltd.
晓星国际贸易(嘉兴)有限公司	Hyosung International Trade (Jiaxing) Co., Ltd.
厦门兰海贸易有限公司	Xiamen Lanhai Trade Co., Ltd.

造纸化学品 Paper chemical

日本明成化学工业株式会社	MEISEI CHEMICAL WORKS, LTD.
巴克曼实验室(亚洲)私人有限公司	Buckman Laboratories
日本池上交易株式会社	IKEGAMI KOEKI CO., Ltd.
瑞士科莱恩国际有限公司	Clariant International Ltd.
泰伦特化学有限公司	Tianjin Talent Chemistry Co., Ltd.
廊坊市盛源化工有限责任公司	Langfang Shengyuan Chemical Co., Ltd.

续表

石家庄诚信中轻机械设备有限公司	Shijiazhuang Chengxin Light Industry Machinery Co., Ltd.
石家庄市乔多造纸化工助剂有限公司	Shijiazhuang Qiaoduo Paper Chemicals Co., Ltd.
营口市康如化工有限公司	Yingkou Kangru Chemical Co., Ltd.
延吉新东亚化学有限公司	New East Asia Chemical Co., Ltd.
汽巴精细化工(上海)有限公司	Ciba Fine Chemical(Shanghai) Co., Ltd.
上海吉臣化工有限公司	Shanghai J. C. Chemical Co., Ltd.
上海联胜化工有限公司	Shanghai Liansheng Chemical Co., Ltd.
赫克力士贸易(上海)有限公司	Hercules Trading (Shanghai) Co., Ltd.
上海臣卢贸易有限公司	Shanghai Chenlu Trading Co., Ltd.
三井化学(上海)有限公司	Mitsui Chemicals (Shanghai) Co., Ltd.
三菱商事(上海)有限公司	Mitsubishi Corporation (Shanghai) Ltd.
道康宁(上海)有限公司	Dow Corning (Shanghai) Co., Ltd.
上海湛和实业有限公司	Shanghai Zhanhe Industrial Co., Ltd.
瓦克化学贸易(上海)有限公司	Wacker Chemical Trading (Shanghai) Co., Ltd.
亚什兰管理(上海)有限公司	Ashland Management (Shanghai) Co., Ltd.
常州市武进运波化工有限公司	Changzhou Wujin Yunbo Chemical Co., Ltd.
南京东正化轻有限公司	Nanjing Dongzheng Chemical & Light Industry Materials Co., Ltd.
苏州市恒康造纸助剂技术有限公司	Suzhou HK Actives Technology Co., Ltd.
天禾化学品(苏州)有限公司	Tianhe Chemicals (Suzhou) Ltd.
杭州市化工研究院有限公司	Hangzhou Research Institute of Chemical Technology Co., Ltd.
杭州绿色助剂研究所/杭州绿兴环保材料有限公司	Hangzhou Green Additives Research Institute
浙江池禾化工有限公司	Zhejiang Chihe Chemical Co., Ltd.
杭州传化华洋化工有限公司	Hangzhou Transfar Whyyon Chemical Co., Ltd.
泰安市鑫泉造纸助剂厂	Taian Xinquan Paper Actives Factory
泰安市东岳助剂厂	Taian Dongyue Additives Factory
苏柯汉(潍坊)生物工程有限公司	Sukahan (Weifang) Bio-Technology Co., Ltd.
安阳市金盛化工有限责任公司	Anyang Jinsheng Chemical Co., Ltd.
河南省道纯化工技术有限公司	Henan Titaning Chemical Technical Co., Ltd.
湖北省嘉鱼县中天化工有限责任公司	Hubei Jiayu Zhongtian Chemical Co., Ltd.
湖北嘉韵化工科技有限公司	Hubei Jiayun Chemical Technology Co., Ltd.
东莞市粤星纸业助染有限公司	Dongguan Yuexing Chemical Actives Co., Ltd.
广州精细化学工业公司	Guangzhou Fine Chemicals Corp.
广东省造纸研究所	Guangdong Paper Research Institute
广东金天擎化工科技有限公司	Guangdong King Tech Chemical Industry Technical Co., Ltd.
江门市大中科技企业发展有限公司	Bigchina Technique Enterprise Development Ltd.
深圳市永联丰化工科技有限公司	Shenzhen Uniform Chemical Technology Co., Ltd.
绵阳市助友化工工业有限责任公司	Mianyang Zhuyou Chemical Industry Co.

香精、表面处理剂及添加剂 Balm, agent, additive

亚马逊化工有限公司	Amazon Papyrus Chemicals Limited
国际特品(香港)有限公司	International Specialty Products (Hong Kong) Co., Ltd.

续表

北京神舟晟华技贸有限公司	Shenzhou Shenghua Technology & Trade Co., Ltd.
北京海博利兹科技有限公司	Beijing Haibio-Unit Technology Co., Ltd.
北京桑普生物化学技术有限公司	Beijing Sunpu Biochem. Tech. Co., Ltd.
天津美真泰克化工有限公司	Tianjin Well-Real Chemical Technology Co., Ltd.
天津双马香精香料新技术有限公司	Tianjin Double Horse Flavour & Fragrance Co., Ltd.
禾大中国上海分公司	Croda China Shanghai Trade Co., Ltd.
上海高聚实业有限公司	Shanghai Hipoly Industry Co., Ltd.
上海奇华顿有限公司	Shanghai Givaudan Ltd.
昆山市华新日用化学品有限公司	Kunshan Huaxin Daily Chemicals Co., Ltd.
南京欧亚香精香料有限公司	Nanjing Eurasie Flavor & Fragranoe Int, Limited
南通博大生化有限公司	Nantong Boda Biochemistry Co., Ltd.
昆山市双友日用化工有限公司	Kunshan Shuangyou Daily Chemicals Co., Ltd.
杭州希安达抗菌用品有限公司	Hangzhou Xianda Antibiotic Product Co., Ltd.
福州圣德莉信息技术有限公司	Peace & Cues Co., Ltd.
晋江市恒安抗菌科技开发有限公司	Jinjiang Hengan Antibacterial Science & Technology Development Co., Ltd.
福建省泉州市金泉油墨有限公司	Quanzhou Jinquan Ink Co., Ltd.
厦门金泰香化科技有限公司	Golden Fragrance Chemical Co., Ltd.
广州市香化科技有限公司	Guangzhou Flavor Chemical Science & Technology Co., Ltd.
广州市荔湾区三溢日化经营部	Guangzhou Sanyi Commodity Chemical
中山大学药物开发中心	Drug Development Center of Sun Yet-sen University
广州枫灵抗菌技术有限公司	GZ Fengling Antimicrobial Technology Co., Ltd.

包装及印刷材料 Package and printing

台湾联宾塑胶印刷股份有限公司	Lianbin Plastic & Printing Co., Ltd.
天津保富胶袋有限公司	Tianjin Baofu Plasticbag Co., Ltd.
天塑科技集团包装材料分公司	Tianjin Plastics Group Co., Ltd. Packing Materials Branch
石家庄华纳塑料包装有限公司	Shijiazhuang Huana Plastic Packing Co., Ltd.
河北省雄县孟氏制版有限公司	Hebei Xiongxian Mengshi Plate Making Co., Ltd.
河北雄县鹏程彩印有限公司	Hebei Xiongxian Pengcheng Colour Print Co., Ltd.
大连大诺印刷包装有限公司	Dalian DaNor Printed Packing Co., Ltd.
上海华悦包装制品有限公司	Shanghai Huayue Packaging Products Co., Ltd.
上海福助工业有限公司	Shanghai Fukusuke Industries Co., Ltd.
泰格包装(上海)有限公司	Tiger Pack (Shanghai) Co., Ltd.
上海胜繁包装有限公司	Shanghai Shengfan Packaging Co., Ltd.
上海缘源印刷有限公司	Shanghai Yuanyuan Packing & Printing Co., Ltd.
江苏众和包装有限公司	Jiangsu Zhonghe Packing Co., Ltd.
苏州志成印刷包装有限公司	Suzhou Zhicheng Print & Pack Co., Ltd.
杭州哲涛印刷有限公司	Hangzhou Zhetao Print Co., Ltd.

续表

杭州骏龙包装有限公司	Hangzhou Junlong Package Co., Ltd.
台州市佳迪软包装彩印有限公司	Taizhou Jiadi Color Printing Co., Ltd.
义乌市恒星塑料制品有限公司	Yiwu Hengxing Plastic Products Co., Ltd.
义乌市鼎新彩印厂	Yiwu Dingxin Colour Print Factory
浙江义乌神星塑料制品有限公司	Zhejiang Yiwu Shenxing Plastic Products Co., Ltd.
浙江华夏包装有限公司	Zhejiang Huaxia Packing Co., Ltd.
晋江市新合发塑胶印刷有限公司	Jinjiang Innova Packaging Plastic Printing Co., Ltd.
泉塑包装印刷有限公司	Quan Su Packing & Printing Co., Ltd.
龙海明发塑料制品有限公司	Longhai Mingfa Plastic Products Co., Ltd.
南安市南盛塑料彩印有限公司	Nanan Nansheng Plastic Color Printing Co., Ltd.
南安市满山红塑料有限公司	Nanan Manshanhong Plastics Co., Ltd.
南安市南洋纸塑彩印有限公司	Nanan Nanyang Paper Plastic Colour Printing Co., Ltd.
福建省南安市满山红纸塑彩印有限公司	Nanan Manshanhong Paper and Plastic Color Printing Co., Ltd.
金光塑料制品有限公司	Jinguang Plastic Products Co., Ltd.
厦门顺峰包装材料有限公司	Xiamen Shunfeng Package Materials Co., Ltd.
青岛红金星包装印刷有限公司	Qingdao Hongjinxing Package Print Co., Ltd.
安阳嘉华塑业有限公司	Anyang Jiahua Plastic Co., Ltd.
东莞市致利包装印刷有限公司	Dongguan Zhili Packaging Printing Co., Ltd.
顺德市金粤盛塑胶彩印有限公司	Shunde Jinyuesheng Plastic Colour Print Co., Ltd.
惠州宝柏新材料有限公司	Propack Huizhou New Materials Limited
江门市广威胶袋印制企业有限公司	Jiangmen Guangwei Plastic Bag Print Enterprise Co., Ltd.
深圳豪艺塑料有限公司	Shenzhen Delux Arts Plastics Co., Ltd.
深圳市迪莱特实业有限公司	Shenzhen Delight Industrial Co., Ltd.
珠海市嘉德强包装有限公司	Zhuhai Jiadeqiang Packing Co., Ltd.
东莞市虎门联友包装印刷有限公司	Dongguan Lianyou Package Print Co., Ltd.
成都郫县永盛印务有限公司	Chengdu Pixian Yongsheng Print Co., Ltd.
宁夏银川同泰印务有限公司	Ningxia Yinchuan Tongtai Print Co., Ltd.

原辅材料生产或供应
Manufacturers and suppliers of raw/auxiliary materials

● 纸浆 Pulp

Sinocan Pulp and Paper Ltd.
加拿大中加浆纸有限公司
地址(Add)：207 - 1425 Marine Drive West Vancouver, B. C., Canada V7T 1B9
电话(Tel)：1 - 604 - 9228798
传真(Fax)：1 - 604 - 9228136
北京代表处
地址(Add)：北京市朝阳区东三环中路7号北京财富中心A座919室
邮编(P. C.)：100020
电话(Tel)：010 - 65308581 - 801
传真(Fax)：010 - 65308583
E-mail：sinocandavid@ shaw. ca
总经理(General Manager)：孙大为
联系人(Contact Person)：孙大为
产品业务(Business)：经销木浆

Tembec International Sales Co.
天柏国际公司
地址(Add)：70 York St, Suite 1120 Toronto, Ontario M5J IS9
电话(Tel)：1 - 416 - 8640217
传真(Fax)：1 - 416 - 8641979
联系人(Contact Person)：Jason Coss
产品业务(Business)：天雪牌卫生纸、纸餐具等用浆(板浆、块浆)，加拿大天河牌漂白针叶木浆
北京代表处
地址(Add)：北京市朝阳区新源南路6号京城大厦2008室
邮编(P. C.)：100004
电话(Tel)：010 - 84863711
传真(Fax)：010 - 84865008
E-mail：flora. li@ tembecbj. com
Http://www. tembec. ca
法人代表(Chairman)：黄铁安
联系人(Contact Person)：李芳

Can-sun Canada Enterprises Ltd.
加拿大加升公司
地址(Add)：759 Montroyal Blud. North Vancouver B. C V7R 2G4 Canada
电话(Tel)：1 - 604 - 9888682
传真(Fax)：1 - 604 - 9888602
E-mail：Bob _ wu@ telus. net
联系人(Contact Person)：Bob Wu
产品业务(Business)：造纸原料代理：加美漂白长纤浆、中长纤浆、漂白化学热磨机械浆、本色浆、废纸
加升国际贸易(上海)有限公司
地址(Add)：上海市东方路899号906室(上海浦东假日酒店)
邮编(P. C.)：200122
电话(Tel)：021 - 50368888
传真(Fax)：021 - 50367777
E-mail：cansun@ cansunsh. com
联系人(Contact Person)：何锋

灯塔亚洲有限公司
Domtar Corporation
(详见绒毛浆)

惠好(亚洲)有限公司
Weyerhaeuser (Asia) Limited
(详见绒毛浆)

北京嘉阳创业经贸有限公司
Beijing J&Y International Trade Co., Ltd.
地址(Add)：北京市朝阳区东三环中路39号建外SOHO15号楼2002室
邮编(P. C.)：100022
电话(Tel)：010 - 58691008
传真(Fax)：010 - 58690048
E-mail：daniel _ wei8@ 126. com
联系人(Contact Person)：魏汉林
产品业务(Business)：经销纸浆

中国纸张纸浆进出口公司
China National Pulp & Paper Corporation
地址(Add)：北京市朝阳区劲松九区910号(中国轻工业品进出口总公司大楼10层)
邮编(P. C.)：100021
电话(Tel)：010 - 67780374
传真(Fax)：010 - 67747294
法人代表(Chairman)：王小京
总经理(General Manager)：董巍
联系人(Contact Person)：颜妍
产品业务(Business)：纸浆贸易

北京杰众国际贸易有限公司
The Universal Potential (Peking) Co., Ltd.
地址(Add)：北京市朝阳区霄云路66号远洋新干线A座1802室
邮编(P. C.)：100027
电话(Tel)：010 - 84466017
传真(Fax)：010 - 84466018
E-mail：packing@ public3. bta. net. cn
总经理(General Manager)：苗伟平
产品业务(Business)：经销纸浆，绒毛浆，纸及纸板

中国国旅贸易有限责任公司
China International Tourism & Trade Co., Ltd.
地址(Add)：北京市朝阳区永安东里通用国际中心A座19层
邮编(P. C.)：100020
电话(Tel)：010 - 58793322
传真(Fax)：010 - 58793093
E-mail：cittc@ mx. cei. gov. cn
Http://www. cittc. com. cn

法人代表(Chairman)：蓝海
联系人(Contact Person)：甄荔
产品业务(Business)：主营俄罗斯纸浆、纸张，北美等国木浆，包括生活用纸用木浆

北京和而旺工业原料有限公司
Beijing Heerwang Industry Raw Material Co., Ltd.
地址(Add)：北京市朝阳区永安东里通用国际中心 A 座 19 层
邮编(P. C.)：100020
电话(Tel)：010－58793322
传真(Fax)：010－58793093
E-mail：heewang@263. net
联系人(Contact Person)：陈劲
产品业务(Business)：经销纸浆

北京中基明星纸业有限公司
Beijing Chinabase Star Paper Co., Ltd.
地址(Add)：北京市崇文区龙潭路甲三号翔龙大厦 D10 室
邮编(P. C.)：100061
电话(Tel)：010－83914488
传真(Fax)：010－83914466
E-mail：wenger. wu@cbid. com. cn
Http://www. cbid. com. cn
法人代表(Chairman)：刘新
联系人(Contact Person)：吴英革
产品业务(Business)：经销木浆、纸张、废纸，代理进出口。主营木浆品牌：印尼产：小叶、鹰、人丝，智利产：银星、金星、明星，新西兰产：南极星

中轻物产股份有限公司浆纸事业部
China Light Industry Materials Co., Ltd. Pulp & Paper Dept.
地址(Add)：北京市东城区新中西街 2 号新中大厦
邮编(P. C.)：100027
电话(Tel)：010－65005923
传真(Fax)：010－65019455
E-mail：pulp@climc. com
Http://www. climc. com
联系人(Contact Person)：张志刚
产品业务(Business)：经销纸浆

中普科贸有限责任公司
Zhongpu Science & Trade Company Ltd.
地址(Add)：北京市西站地区莲花池东路 102 号天莲大厦 813 室
邮编(P. C.)：100055
电话(Tel)：010－63345347
传真(Fax)：010－63345348
联系人(Contact Person)：王晓琦
产品业务(Business)：经销进口纸浆

瑞典艾克曼中国公司北京联络处
Ekman & Co China Ltd.
地址(Add)：北京市宣武门外大街 6 号庄胜广场北办公楼 1310 室
邮编(P. C.)：100052
电话(Tel)：010－63109751
传真(Fax)：010－63109761
E-mail：normanwong@163. com
Http://www. ekmanonline. com
法人代表(Chairman)：王新桥
联系人(Contact Person)：阳恒
产品业务(Business)：木浆、纸张及造纸行业相关国际贸易

天津市卓越商贸有限公司
Tianjin Zhuoyue Trade Co., Ltd.
地址(Add)：天津市和平区解放北路 188 号信达广场 1712 室
邮编(P. C.)：300042
电话(Tel)：022－23117679
传真(Fax)：022－23117697
E-mail：zhuoyue_16888@sina. com
联系人(Contact Person)：郭影
产品业务(Business)：经销进口木浆，绒毛浆

天津市中澳纸业有限公司
Tianjin Zhongao Paper Co., Ltd.
地址(Add)：天津市河东区大王庄三省里 2 号楼 5 门 202
邮编(P. C.)：300012
电话(Tel)：022－24215702
传真(Fax)：022－58993180
E-mail：zapaper@yahoo. cn
联系人(Contact Person)：钟磊
产品业务(Business)：经销进口绒毛浆，纸浆，高吸收性树脂

金风车(天津)国际贸易有限公司
Golden Windmill (Tianjin) International Trade Co., Ltd.
地址(Add)：天津市河西区南京路 35 号亚太大厦 2002 室
邮编(P. C.)：300200
电话(Tel)：022－23161050
传真(Fax)：022－27118217
E-mail：gw_sales@aimreclaim. com
Http://www. aimreclaim. com
联系人(Contact Person)：刘宏兰
产品业务(Business)：经销废纸、乱码纸、卫生纸
广州办事处
地址(Add)：广东省广州市环市东路 371－375 号世界贸易中心北塔 1302 室
邮编(P. C.)：510095
电话(Tel)：020－87783038
传真(Fax)：020－87771678
联系人(Contact Person)：赵艳莲
产品业务(Business)：经销绒毛浆
上海办事处
地址(Add)：上海市仙霞路 317 号远东国际广场 B1115
邮编(P. C.)：200051
电话(Tel)：021－52574313
传真(Fax)：021－62351589
E-mail：louis@aimreclaim. com
法人代表(Chairman)：泰斯
联系人(Contact Person)：胡林林
产品业务(Business)：经销进口绒毛浆和离型纸，欧废，美废
北京办事处
地址(Add)：北京市朝阳区麦子店西路 3 号新恒基国际大厦 517/519 房间
邮编(P. C.)：100016
电话(Tel)：010－64619090
传真(Fax)：010－64672123

联系人(Contact Person)：李维汉

天津天立华纸业有限公司
Tianjin Tianlihua Paper Co., Ltd.
地址(Add)：天津市河西区围堤道146号华盛广场A座17F
邮编(P.C.)：300201
电话(Tel)：022－88238492
传真(Fax)：022－88238490
E-mail：tlhkgm@public.tpt.tj.cn
Http://www.tjtlh.com
法人代表(Chairman)：张宝伟
联系人(Contact Person)：富强
产品业务(Business)：经销进口纸浆、绒毛浆、废纸

天津港保税区曼特国际贸易有限公司
Tianjin Port Free Trade Zone Mante International Co., Ltd.
地址(Add)：天津市南开区红旗南路588号濠景国际C座905－906室
邮编(P.C.)：300381
电话(Tel)：022－58399539
传真(Fax)：022－58399537
E-mail：mantegongsi@163.com
法人代表(Chairman)：马丽曼
总经理(General Manager)：肖鸿达
产品业务(Business)：经销纸浆、绒毛浆

内蒙古金星浆纸业有限公司
Inner Mongolia Jinxing Pulp & Paper Co., Ltd.
地址(Add)：内蒙古乌拉特前旗西山咀镇
邮编(P.C.)：014400
电话(Tel)：0478－3211917
传真(Fax)：0478－3215178
法人代表(Chairman)：黄志源
总经理(General Manager)：黄亦方
产品业务(Business)：漂白苇浆

营口洁海资源有限责任公司
Yingkou Jiehai Resources Co., Ltd.
地址(Add)：辽宁省营口市站前区河湾北街1号
邮编(P.C.)：115001
电话(Tel)：0417－2135860
传真(Fax)：0417－3631195
法人代表(Chairman)：赵国庆
总经理(General Manager)：赵国庆
联系人(Contact Person)：王庆
产品业务(Business)：苇浆

绥芬河市三都纸业有限责任公司驻哈办
Suifenhe Sandu Paper Co., Ltd.
地址(Add)：黑龙江省哈尔滨市高新技术开发区衡山路18号远东大厦B座11层
邮编(P.C.)：150036
电话(Tel)：0451－82295612
传真(Fax)：0451－82295610
E-mail：sandugs@vip.sina.com
法人代表(Chairman)：刘勇
总经理(General Manager)：徐秀敏
联系人(Contact Person)：王志君
产品业务(Business)：俄罗斯纸浆纸张、智利纸浆进口贸易

黑龙江省鼎石贸易有限责任公司
Heilongjiang Dingshi Trade Co., Ltd.
地址(Add)：黑龙江省哈尔滨市经济开发区红旗大街289号龙珅花园C座704
邮编(P.C.)：150090
电话(Tel)：0451－87000022
传真(Fax)：0451－87000011
E-mail：dingshigs@vip.sina.com
法人代表(Chairman)：佟晓明
总经理(General Manager)：佟晓明
联系人(Contact Person)：王江宁
产品业务(Business)：经销俄罗斯木浆，国产竹浆

上海凯琳进出口有限公司
Shanghai Kailin Import & Export Co., Ltd.
(详见绒毛浆)

上海御卓贸易有限公司
Onewaste International Limited
地址(Add)：上海市东方路1369号16B
邮编(P.C.)：200127
电话(Tel)：021－51870969
传真(Fax)：021－51861213
E-mail：owen@onewaste.cn
Http://www.onewast.cn
联系人(Contact Person)：张文灯
产品业务(Business)：经销废纸

上海凯昌国际贸易有限公司
Shanghai Kaichang Int'l Trading Co., Ltd.
(详见绒毛浆)

中基亚太上海办事处
Chinabase Asia-Pacific Shanghai Branch
地址(Add)：上海市虹口区四平路188号上海商贸大厦2109室
邮编(P.C.)：200086
电话(Tel)：021－65077361
传真(Fax)：021－65078010
E-mail：wangguocai@cbid.com.cn
Http://www.cbid.com.cn
联系人(Contact Person)：王国才
产品业务(Business)：经销纸浆

英特奈国际纸业贸易(上海)有限公司
International Paper Distribution (Shanghai) Co., Ltd.
(详见绒毛浆)

上海玉山商贸有限公司
Yushan Trade Co., Ltd.
地址(Add)：上海市控江路广远新村35号401室
邮编(P.C.)：200093
电话(Tel)：021－65694226
传真(Fax)：021－65694226
E-mail：toyoronda@sh163.net
法人代表(Chairman)：杭振贤
产品业务(Business)：经销纸浆，干法纸

上海中轻纸业有限公司
Shanghai Chinalight Paper Ltd.
地址(Add)：上海市零陵路635号爱博大厦15楼F座

邮编(P. C.): 200030
电话(Tel): 021 - 54255762
传真(Fax): 021 - 54255783
E-mail: luweidong6814@ vip. sina. com
Http://www. zhongqingzhiye. com. cn
总经理(General Manager): 陆卫东
产品业务(Business): 经销废纸

瑞典赛尔玛有限公司上海代表处
CellMark AB, Shanghai Office
(详见绒毛浆)

金鱼木浆 - 亚洲区
Suzano Pulp and Paper Asia
地址(Add): 上海市南京西路1468号中欣大厦3201室
邮编(P. C.): 200040
电话(Tel): 021 - 62895506 - 207
传真(Fax): 021 - 62892817
E-mail: kelvenjiang@ suzanoasia. com
联系人(Contact Person): 蒋莹
产品业务(Business): 经销纸浆

上海安帝化工有限公司
Shanghai Andy Chemical Co., Ltd.
(详见造纸化学品)

上海万邦浆纸有限公司
Shanghai Welbon Pulp & Paper Corp.
地址(Add): 上海市浦东桃林路18号环球广场A座14层
邮编(P. C.): 200135
电话(Tel): 021 - 58216600
传真(Fax): 021 - 58215500
E-mail: chenggangsheng@ vip. sina. com
联系人(Contact Person): 程纲生
产品业务(Business): 经销进口纸浆

丸红(上海)有限公司
Marubeni (Shanghai) Co., Ltd.
地址(Add): 上海市浦东新区陆家嘴环路1000号汇丰大厦43楼
邮编(P. C.): 200120
电话(Tel): 021 - 68411932 - 372
传真(Fax): 021 - 68412380
E-mail: li-sl@ marubeni. com
联系人(Contact Person): 李士凌
产品业务(Business): 经销进口纸浆, 废纸, 绒毛浆

上海明阳佳木国际贸易有限公司
Tricell (Canada) Forest Products Co., Ltd. Shanghai Office
地址(Add): 上海市浦东新区新金桥路255号501室
邮编(P. C.): 200129
电话(Tel): 021 - 51352575
传真(Fax): 021 - 50455907
E-mail: liduying@ yahoo. com. cn
Http://www. shmyjm. com. cn
总经理(General Manager): 李笃莹
联系人(Contact Person): 杨东威
产品业务(Business): 经销纸浆

艾森纸业有限公司
Ascend Pulp & Paper Co., Ltd.
地址(Add): 上海市浦东新区张杨路620号23层中融国际广场东塔
邮编(P. C.): 200120
电话(Tel): 021 - 38616916
传真(Fax): 021 - 38616902
E-mail: frank _ xuan@ ascend-china. com. cn
联系人(Contact Person): 宣伟光
产品业务(Business): 纸浆进口

上海建发实业有限公司
C&D Shanghai
地址(Add): 上海市浦东新区张杨路620号中融恒瑞国际大厦11楼
邮编(P. C.): 200122
电话(Tel): 021 - 61635085
传真(Fax): 021 - 61635077
E-mail: bihui@ chinacdc. com
总经理(General Manager): 陈以峰
联系人(Contact Person): 毕慧
产品业务(Business): 经销纸浆, 绒毛浆, 卫生纸原纸

上海森意茂进出口有限公司
Shanghai Senyimao Imports & Exports Co., Ltd.
地址(Add): 上海市浦东浙桥路289号建银大厦B座1203
邮编(P. C.): 201206
电话(Tel): 021 - 58542058
传真(Fax): 021 - 58541242
E-mail: ztom@ yahoo. cn
联系人(Contact Person): 郑通
产品业务(Business): 经销纸浆, 废纸

上海呈泽贸易有限公司
Shanghai Chengze Trade Co., Ltd.
地址(Add): 上海市杨浦区大学路125号创智坊302室
邮编(P. C.): 200434
电话(Tel): 021 - 55669509
传真(Fax): 021 - 55663373
E-mail: chengzemaoyi@ 163. com
联系人(Contact Person): 陈卫
产品业务(Business): 经销纸浆

江苏开元股份有限公司上海分公司
Jiangsu Skyrun Corporation (Shanghai Branch)
地址(Add): 上海市闸北区共和新路1988号10幢502 - 503室
邮编(P. C.): 200072
电话(Tel): 021 - 33870418
传真(Fax): 021 - 33870408
E-mail: liuyang@ jstex. com
Http://www. jstex. com
总经理(General Manager): 刘洋
产品业务(Business): 进口纸浆

江苏中元浆纸有限公司
Jiangsu Zhongyuan Pulp & Paper Co., Ltd.
地址(Add): 江苏省南京市珠江路东大影壁16号218, 220室
邮编(P. C.): 210018
电话(Tel): 025 - 83683379
传真(Fax): 025 - 83683565

联系人(Contact Person)：阮小峰
产品业务(Business)：浆纸贸易

浙江省再生资源有限公司
Zhejiang Recycle Resource Co., Ltd.
地址(Add)：浙江省杭州市滨江区江南大道288号
邮编(P. C.)：310051
电话(Tel)：0571－87825708
联系人(Contact Person)：余跃根
产品业务(Business)：废纸

杭州山基贸易有限公司
Hangzhou 3G Trade Co., Ltd.
地址(Add)：浙江省杭州市凤起东路42号广茵大厦1301，1303室
邮编(P. C.)：310016
电话(Tel)：0571－86028100
传真(Fax)：0571－86026708
E-mail：zhoucanxio@163.com
联系人(Contact Person)：周灿雄
产品业务(Business)：经销进口木浆

浙江东方纸业有限公司
Zhejiang East Paper Co., Ltd.
地址(Add)：浙江省杭州市艮山西路182号
邮编(P. C.)：310004
电话(Tel)：0571－86096056
传真(Fax)：0571－86944972
E-mail：zhanglong@mail.hz.zj.cn
联系人(Contact Person)：张龙
产品业务(Business)：经销纸浆

浙江万邦浆纸集团有限公司
Zhejiang Welbon Pulp & Paper Group Corp.
地址(Add)：浙江省杭州市庆春路11号凯旋门商业中心21楼G
邮编(P. C.)：310009
电话(Tel)：0571－87218800
传真(Fax)：0571－87218822
联系人(Contact Person)：何卫中
产品业务(Business)：经销纸浆

义乌市顺天纸浆有限公司
Yiwu Shuntian Pulp Co., Ltd.
地址(Add)：浙江省义乌经济开发区金马路63－65号
邮编(P. C.)：322000
电话(Tel)：0579－85314499
传真(Fax)：0579－85311550
联系人(Contact Person)：鲍忠桂
产品业务(Business)：经销纸浆

安徽安联浆纸有限公司
Anhui Allied Pulp & Paper Co., Ltd.
地址(Add)：安徽省合肥市高新开发区科学大道107号
邮编(P. C.)：230088
电话(Tel)：0551－5338812
传真(Fax)：0551－5338728
E-mail：yhc@aniec.com
Http://www.aniec.com
联系人(Contact Person)：严寒初
产品业务(Business)：纸浆经销

安徽华文国际经贸股份有限公司
Anhui Whywin International Co., Ltd.
地址(Add)：安徽省合肥市政务文化新区圣泉路1118号出版传媒广场
邮编(P. C.)：230071
电话(Tel)：0551－3533939
传真(Fax)：0551－3533988
E-mail：liulinolia@yahoo.com.cn
Http://www.whywin.cn
联系人(Contact Person)：刘丽
产品业务(Business)：纸浆、纸张经销

邵武中竹纸业有限公司
Shaowu Zhongzhu Paper Co., Ltd.
地址(Add)：福建省邵武市下王塘灵杰东路98号
邮编(P. C.)：354000
电话(Tel)：0599－6541168
传真(Fax)：0599－6541090
法人代表(Chairman)：倪日涛
总经理(General Manager)：叶厥桂
联系人(Contact Person)：叶厥桂
产品业务(Business)：生产纸浆

厦门荣安贸易有限公司
Rongan (Xiamen) Co., Ltd.
(详见绒毛浆)

厦门建发股份有限公司
Xiamen C & D Inc.
地址(Add)：福建省厦门市鹭江道52号海滨大厦12楼
邮编(P. C.)：361001
电话(Tel)：0592－2263064
传真(Fax)：0592－2135808
E-mail：ben@chinacdc.com
Http://www.chinacnd.com
总经理(General Manager)：郑永达
联系人(Contact Person)：叶鹏凌
产品业务(Business)：经销纸浆，绒毛浆，卫生纸原纸

南昌福得实业有限公司纸张纸浆部
Nanchang Fude Industry Co., Ltd. Paper & Pulp Dept.
地址(Add)：江西省南昌市八一大道197号长运大厦A栋1503室
邮编(P. C.)：330003
电话(Tel)：0791－6280445
传真(Fax)：0791－6271442
总经理(General Manager)：程玉兵
联系人(Contact Person)：裘烽
产品业务(Business)：经销云南云景纸浆

山东巴普贝博浆纸系统股份有限公司
Shandong Pulp & Paper System Co., Ltd.
地址(Add)：山东省济南市北园大街548号家汇环球广场B座916室
邮编(P. C.)：250031
电话(Tel)：0531－55593698
传真(Fax)：0531－82637277
E-mail：zhang.jin1008@163.com
总经理(General Manager)：张金
联系人(Contact Person)：张春
产品业务(Business)：经销进口纸浆，木片，废纸

上海威登纸业有限公司山东办事处
Shanghai Woodland Paper Co., Ltd. Shandong Branch
地址(Add)：山东省济南市二环东路3966号东环国际广场B座1201-1号
邮编(P. C.)：250100
电话(Tel)：0531-83530811
传真(Fax)：0531-83530812
E-mail：yuongjiexu@ wifco. com
联系人(Contact Person)：徐永洁
产品业务(Business)：经销木浆，废纸

山东加林国际贸易发展有限公司
Shandong Jialin International Business Development Co., Ltd.
地址(Add)：山东省济南市二环东路3966号东环国际广场D座10层
邮编(P. C.)：250014
电话(Tel)：0531-83531987
传真(Fax)：0531-83531986
联系人(Contact Person)：王中刚
产品业务(Business)：经销进口纸浆，废纸

山东金纸源国际贸易有限公司
Shandong Jinzhiyuan International Trade Co., Ltd.
地址(Add)：山东省济南市经四路288号恒昌大厦18层
邮编(P. C.)：250031
电话(Tel)：0531-87026036
传真(Fax)：0531-87026060
联系人(Contact Person)：苏新
产品业务(Business)：经销进口木浆和废纸

青岛中易纸业有限公司
Qingdao Zhongyi Paper Co., Ltd.
地址(Add)：山东省青岛市保税区天智大厦8楼
邮编(P. C.)：266555
电话(Tel)：0532-86760696
传真(Fax)：0532-86768603
E-mail：liufengliuyi@ hotmail. com
联系人(Contact Person)：刘锋
产品业务(Business)：经销进口纸浆

青岛盛达浆纸有限公司
Qingdao Shengda Pulp & Paper Co., Ltd.
地址(Add)：山东省青岛市金都花园A座19层D室
邮编(P. C.)：266071
电话(Tel)：0532-85774500
传真(Fax)：0532-85756012
联系人(Contact Person)：张俊岑
产品业务(Business)：经销纸浆

青岛宏业林浆纸有限公司
Qingdao Hongyelin Pulp & Paper Co., Ltd.
地址(Add)：山东省青岛市辽阳东路16号海尔东城国际20号楼2单元2503室
邮编(P. C.)：266061
电话(Tel)：0532-82685988
传真(Fax)：0532-83932513
联系人(Contact Person)：张平
产品业务(Business)：经销纸浆

青岛加林物资有限公司
Qingdao Canadawood Materials Co., Ltd.
地址(Add)：山东省青岛市浦口路8号绿都公寓902室
邮编(P. C.)：266021
电话(Tel)：0532-83026659
传真(Fax)：0532-83025738
法人代表(Chairman)：王又青
总经理(General Manager)：王又青
联系人(Contact Person)：丛卫红
产品业务(Business)：经销国产、进口纸浆

中轻物产股份有限公司青岛分公司
China Light Industrial Materials Co., Ltd. Qingdao Branch
地址(Add)：山东省青岛市香港中路100号中商大厦1207室
邮编(P. C.)：266071
电话(Tel)：0532-85968136
传真(Fax)：0532-85921883
Http://www. climc. com
联系人(Contact Person)：张作升
产品业务(Business)：经销纸浆

青岛东兴纸业有限公司
Qingdao Dongxing Paper Co., Ltd.
地址(Add)：山东省青岛市芝泉路9号D栋503室
邮编(P. C.)：266071
电话(Tel)：0532-85820196
传真(Fax)：0532-85819311
联系人(Contact Person)：李长华
产品业务(Business)：经销木浆

山东海韵生态纸业有限公司
Shandong Haiyun Eco-Paper Making Co., Ltd.
地址(Add)：山东省沾化市思源湖工业园
邮编(P. C.)：256800
电话(Tel)：0543-7359100
传真(Fax)：0543-7350596
E-mail：df_zhao6633@ 163. com
Http://www. haiyunshengtai. com
法人代表(Chairman)：赵东方
联系人(Contact Person)：刘国峰
产品业务(Business)：草浆，化学品

郑州青云商贸有限公司
Zhengzhou Qingyun Trade Co., Ltd.
地址(Add)：河南省郑州市黄河路129号天一大厦2412室
邮编(P. C.)：450008
电话(Tel)：0371-60151202
传真(Fax)：0371-60135852
E-mail：godspeed. wang@ 163. com
联系人(Contact Person)：王晓
产品业务(Business)：经销纸浆

河南森祺浆纸有限公司
Henan Senqi Pulp & Paper Co., Ltd.
地址(Add)：河南省郑州市金水路299号浦发国际金融中心9层911号
邮编(P. C.)：450003
电话(Tel)：0371-60170159

传真(Fax)：0371－60170155
E-mail：gcs0371@126.com
联系人(Contact Person)：郭苍山
产品业务(Business)：经销纸浆

河南省兆裕纸业有限公司
Henan Zhaoyu Paper Co., Ltd.
地址(Add)：河南省郑州市南阳路226号富田丽景花园18号楼38号
邮编(P.C.)：450053
电话(Tel)：0371－63672370
传真(Fax)：0371－63729775
E-mail：zhaoyu_paper@163.com
联系人(Contact Person)：杨郑利
产品业务(Business)：经销纸浆

河南天维纸业有限公司
Henan Tianwei Paper Co., Ltd.
地址(Add)：河南省郑州市农业路60号(2号楼11门)
邮编(P.C.)：450053
电话(Tel)：0371－65311548
传真(Fax)：0371－63925275
联系人(Contact Person)：张朝阳
产品业务(Business)：经销纸浆

河南云新进出口贸易有限公司
Henan Yunxin Imp. & Exp. Trade Co., Ltd.
地址(Add)：河南省郑州市未来大道55号广发花园4栋3单元201室
邮编(P.C.)：450003
电话(Tel)：0371－68269666
传真(Fax)：0371－68269667
总经理(General Manager)：陈勇军
产品业务(Business)：经销国产、进口纸浆

东莞市金岛经贸有限公司
Dongguan Newera Trading Ltd.
地址(Add)：广东省东莞市完美路华凯广场B1613室
邮编(P.C.)：523071
电话(Tel)：0769－88776381
传真(Fax)：0769－88776380
法人代表(Chairman)：利斌
总经理(General Manager)：利斌
产品业务(Business)：进口木浆、绒毛浆、木浆纸(复合纸)、高分子

东莞市天高纸业有限公司
Dongguan Tiangao Paper Co., Ltd.
地址(Add)：广东省东莞市莞城区东综大道138号710
邮编(P.C.)：523000
电话(Tel)：0769－22321355
传真(Fax)：0769－22321355
联系人(Contact Person)：李荣告
产品业务(Business)：经销纸浆
中山办事处
地址(Add)：广东省中山市西区沙朗
邮编(P.C.)：528411
电话(Tel)：0760－88556051
传真(Fax)：0760－88556250

广州凯宏贸易有限公司
Guangzhou Kaihong Trade Co., Ltd.
地址(Add)：广东省广州市白云大道南695号金钟大厦602室
邮编(P.C.)：510405
电话(Tel)：020－86183181
传真(Fax)：020－86183161
联系人(Contact Person)：蓝源
产品业务(Business)：经销国产纸浆，造纸化学品

广州市桂翔纸业有限公司
Guangzhou Guixiang Paper Co., Ltd.
地址(Add)：广东省广州市广州大道南桃花街159号经典居1510室
邮编(P.C.)：510600
电话(Tel)：020－61267077
传真(Fax)：020－61267277
联系人(Contact Person)：邹洪广
产品业务(Business)：经销国产木浆

广州隽永发展有限公司
Guangzhou Sinovision Commodities Ltd.
地址(Add)：广东省广州市建设六马路33号宜安广场712室
邮编(P.C.)：510060
电话(Tel)：020－86003072－807
传真(Fax)：020－83633491
E-mail：allanwong@sinovision.com.hk
Http://www.sinovision.com.hk
总经理(General Manager)：黄颖灏
联系人(Contact Person)：叶德坚
产品业务(Business)：经销进口废纸

兴业集团有限公司广州办事处
Xingye Group Co., Ltd. Guangzhou Office
地址(Add)：广东省广州市龙口东路342号天诚广场A座801室
邮编(P.C.)：510630
电话(Tel)：020－87531846
传真(Fax)：020－85265505
E-mail：gz87567036@21cn.cc
联系人(Contact Person)：梁毅
产品业务(Business)：经销纸浆、绒毛浆

建发贸易有限公司广州分公司
C&D Guangzhou Branch
地址(Add)：广东省广州市天河区体育东路138号金利来数码网络大厦2106－2109室
邮编(P.C.)：510620
电话(Tel)：020－38780389
传真(Fax)：020－38780719
联系人(Contact Person)：罗力明
产品业务(Business)：经销纸浆，绒毛浆，卫生纸原纸

厦门象屿集团有限公司
Xiamen Xiangyu Group Co., Ltd.
地址(Add)：广东省广州市天河区体育东路160号平安大厦21楼西座
邮编(P.C.)：510620
电话(Tel)：020－28857808
传真(Fax)：020－28857799

E-mail：lqh3388@ hotmail. com
Http：//www. xiangyu-group. com
联系人(Contact Person)：李强华
产品业务(Business)：经销进口纸浆

广西贵糖(集团)股份有限公司生活用纸厂
Guangxi Guitang Group Household Paper Mill
地址(Add)：广西贵港市幸福路 100 号
邮编(P. C.)：537102
电话(Tel)：0775 – 4201333
传真(Fax)：0775 – 4261328
Http：//www. guitang. com
总经理(General Manager)：陈健
联系人(Contact Person)：潘军
产品业务(Business)：生产蔗渣浆

广西合山市恒源纸业有限公司
Guangxi Heshan Hengyuan Paper Co., Ltd.
地址(Add)：广西合山市河里乡榴河岩柱
邮编(P. C.)：546505
电话(Tel)：0772 – 81917111
联系人(Contact Person)：梁华富
产品业务(Business)：漂白纸板

广西贺达纸业有限责任公司
Guangxi Houda Pulp & Paper Co., Ltd.
地址(Add)：广西贺州市八达东路
邮编(P. C.)：542800
电话(Tel)：0774 – 5100183
传真(Fax)：0774 – 5100136
E-mail：gxheda@ 163. com
联系人(Contact Person)：何自汇
产品业务(Business)：生产漂白针叶、阔叶木浆

广西来宾东糖纸业有限责任公司
Guangxi Laibin Dongtang Paper Co., Ltd.
地址(Add)：广西来宾市工业区河西工业园
邮编(P. C.)：546100
电话(Tel)：0772 – 4066888
传真(Fax)：0772 – 4066889
Http：//www. dongtanggroup. com
产品业务(Business)：蔗渣浆

柳州两面针纸业有限公司
Liuzhou Liangmianzhen Paper Co., Ltd.
地址(Add)：广西柳州市洛埠镇
邮编(P. C.)：545011
电话(Tel)：0772 – 2750107
传真(Fax)：0772 – 2750784
E-mail：liujiang@ yin-ou. com
产品业务(Business)：生产漂白化学竹浆板，桉木浆板，绒毛浆

广西高富龙达商贸有限公司
Guangxi Gaofu Longda Trade Co., Ltd.
地址(Add)：广西柳州市跃进路 19 号天元金都 2 单元 6 – 1 号
邮编(P. C.)：545001
电话(Tel)：0772 – 2839066
传真(Fax)：0772 – 2873066
联系人(Contact Person)：郑巍立
产品业务(Business)：竹浆，蔗渣浆，木浆

广西南宁糖业股份有限公司制糖造纸厂
Guangxi Nanning Tangye Co., Ltd. Sugar & Paper Mill
地址(Add)：广西南宁市江南区亭洪路 48 号
邮编(P. C.)：530031
电话(Tel)：0771 – 4912292
传真(Fax)：0771 – 4918861
法人代表(Chairman)：李俊贵
总经理(General Manager)：梁贷锦
联系人(Contact Person)：余其东
产品业务(Business)：蔗渣浆

广西南宁凤凰纸业有限公司
Guangxi Nanning Phoenix Pulp & Paper Co., Ltd.
地址(Add)：广西南宁市星光大道 158 号
邮编(P. C.)：530031
电话(Tel)：0771 – 4590183
传真(Fax)：0771 – 4590182
E-mail：ys@ nppc. cn
Http：//www. nppc. cn
法人代表(Chairman)：段小敏
总经理(General Manager)：黄德珊
联系人(Contact Person)：文克非
产品业务(Business)：生产漂白硫酸盐木浆

海南金海浆纸业有限公司
APP Jinhai Pulp & Paper Co., Ltd.
地址(Add)：海南省洋浦经济开发区 D12 区
邮编(P. C.)：578101
电话(Tel)：0898 – 28822288
传真(Fax)：0898 – 28821260
Http：//www. appjh. com. cn
产品业务(Business)：木浆

四川省汇利达国际贸易有限公司
Sichuan Huilida International Trade Co., Ltd.
地址(Add)：四川省成都市大石西路 12 号 4 楼
邮编(P. C.)：610072
电话(Tel)：028 – 87019615
传真(Fax)：028 – 87023563
联系人(Contact Person)：张航
产品业务(Business)：纸浆贸易

四川省西龙纸业有限公司
Sichuan Xilong Paper Co., Ltd.
地址(Add)：四川省成都市清江东路 312 号蓝谷商务楼 6 楼
邮编(P. C.)：610072
电话(Tel)：028 – 87339169
传真(Fax)：028 – 87339169
法人代表(Chairman)：沈根莲
产品业务(Business)：纸浆

四川省眉山市鸿源纸业有限公司
Sichuan Meishan Hongyuan Paper Co., Ltd.
地址(Add)：四川省眉山市南门眉糖路
邮编(P. C.)：612160
电话(Tel)：0833 – 8223496
传真(Fax)：0833 – 8221298
总经理(General Manager)：蹇满容
产品业务(Business)：漂白竹浆

昆明睡美人纸业有限公司
Kunming Shuimeiren Paper Co., Ltd.
地址(Add)：云南省昆明市官渡区六甲工业区
邮编(P. C.)：650228
电话(Tel)：0871－7323068
传真(Fax)：0871－7323368
E-mail：zhlxfg6603@163. com
总经理(General Manager)：陈继良
联系人(Contact Person)：陈良华
产品业务(Business)：经销木浆

云南云景林纸股份有限公司
Yunnan Yunjing Forestry & Pulp Co., Ltd.
地址(Add)：云南省普洱市景谷县城郊
邮编(P. C.)：666400
电话(Tel)：0879－5410198
传真(Fax)：0879－5410193
E-mail：wendesu@vip. sina. com
Http://www. xjlzh. com
联系人(Contact Person)：苏文德
产品业务(Business)：生产木浆，绒毛浆

新疆博湖苇业股份有限公司
Xinjiang Bohu Reed Co., Ltd.
地址(Add)：新疆库尔勒市新城区楼兰路
邮编(P. C.)：841001
电话(Tel)：0996－2160000
传真(Fax)：0996－2152533
E-mail：bohureed@163. com
Http://www. bohureed. com
法人代表(Chairman)：雷洪
总经理(General Manager)：宋建新
联系人(Contact Person)：牧秀英
产品业务(Business)：生产漂白苇浆，棉浆

● 绒毛浆 Fluff pulp

Tembec International Sales Co.
天柏国际公司
(详见纸浆)

Itochu Singapore Pte Ltd.
伊藤忠新加坡私人有限公司
(详见高吸收性树脂)

Rayonier Inc.
美国瑞安公司
地址(Add)：P. O. Box 2070 4470 Savannah Highway Jesup, GA31598 U. S. A.
电话(Tel)：1－912－4275570
传真(Fax)：1－912－4275587
Http://www. rayonier. com
产品业务(Business)："白玉"牌绒毛浆
瑞安中国有限公司
地址(Add)：上海市延安西路65号国际贵都大饭店办公楼304室
邮编(P. C.)：200040
电话(Tel)：021－62482510
传真(Fax)：021－62488929
E-mail：yaodong. wu@rayonier. com
法人代表(Chairman)：吴耀东
联系人(Contact Person)：刘敏

灯塔亚洲有限公司
Domtar Corporation
地址(Add)：香港九龙观塘道388号创纪之城一座
电话(Tel)：852－37176818
E-mail：david. liang@domtar. com
Http://www. domtar. com
联系人(Contact Person)：梁国胜
产品业务(Business)：销售Domtar绒毛浆，商品木浆

惠好(亚洲)有限公司
Weyerhaeuser (Asia) Limited
地址(Add)：香港湾仔港湾道23号鹰君中心2501－2室(香港邮政信箱3818号)
电话(Tel)：852－28620530
传真(Fax)：852－28657652
E-mail：shirley. kong@weyerhaeuser. com
Http://www. weyerhaeuser. com
联系人(Contact Person)：邝小娟
产品业务(Business)："惠好"牌绒毛浆，造纸浆，特种浆

北京杰众国际贸易有限公司
The Universal Potential (Peking) Co., Ltd.
(详见纸浆)

天津市卓越商贸有限公司
Tianjin Zhuoyue Trade Co., Ltd.
(详见纸浆)

天津市海纳精细化工有限公司
Tianjin Haina Fine Chemicals Co., Ltd.
地址(Add)：天津市河东区津塘路42号吉华大厦315－316
邮编(P. C.)：300170
电话(Tel)：022－24158079
传真(Fax)：022－24310680
E-mail：haina48@yahoo. com. cn
联系人(Contact Person)：胡跃生
产品业务(Business)：经销绒毛浆，干法纸

大江(天津)国际贸易有限公司
Dajiang (Tianjin) International Trade Co., Ltd.
地址(Add)：天津市河东区六纬路126号神州花园18号楼2门1102室
邮编(P. C.)：300171
电话(Tel)：022－24138597
传真(Fax)：022－24310860
E-mail：zhleon@hotmail. com
Http://www. spaces. msn. com/zhleon
总经理(General Manager)：张文江
联系人(Contact Person)：张磊
产品业务(Business)：经销进口绒毛浆、高吸收性树脂、离型纸等

天津天立华纸业有限公司
Tianjin Tianlihua Paper Co., Ltd.
(详见纸浆)

天津佰纳安源纸业有限公司
Tianjin Baina Anyuan Paper Co., Ltd.
(详见非织造布-干法纸)

天津港保税区曼特国际贸易有限公司
Tianjin Port Free Trade Zone Mante International Co., Ltd.
(详见纸浆)

上海凯琳进出口有限公司
Shanghai Kailin Import & Export Co., Ltd.
地址(Add):上海市宝山区杨行工业园区杨南路167号
邮编(P.C.):201901
电话(Tel):021-56391668
传真(Fax):021-56391257
E-mail:vp035@kailin.com.cn
Http://www.kailin.com.cn
法人代表(Chairman):林梅
总经理(General Manager):徐刚
联系人(Contact Person):郑会平
产品业务(Business):经销绒毛浆,纸浆,高吸收性树脂

博发浆纸亚洲公司
Bon Fibre Asia Co.
地址(Add):上海市长寿路999弄28号15B
邮编(P.C.):200042
电话(Tel):021-62327625
传真(Fax):021-62327625
E-mail:weiping.zhang@bonfibreasia.com
总经理(General Manager):张卫平
产品业务(Business):代理宝水绒毛浆

上海凯昌国际贸易有限公司
Shanghai Kaichang Int'l Trading Co., Ltd.
地址(Add):上海市恒丰路600号1145室
邮编(P.C.):200070
电话(Tel):021-63178036
传真(Fax):021-63178036
E-mail:whxkaichang@163.com
Http://www.kccn.cc
总经理(General Manager):吴红星
联系人(Contact Person):吴红星
产品业务(Business):经销绒毛浆,木浆,高吸收性树脂,干法纸

GP纤维亚洲香港有限公司上海代表处
GP Cellulose Asia Marketing (Hongkong) Ltd. Shanghai Office
地址(Add):上海市虹桥路3号港汇中心二座28楼10室
邮编(P.C.):200030
电话(Tel):021-64482380
传真(Fax):021-64480638
E-mail:howard.mo@gapac.com
法人代表(Chairman):毛浩刚
产品业务(Business):"金岛"牌绒毛浆

英特奈国际纸业贸易(上海)有限公司
International Paper Distribution (Shanghai) Co., Ltd.
地址(Add):上海市淮海中路1010号嘉华中心45楼
邮编(P.C.):200031
电话(Tel):021-61133200
传真(Fax):021-61139800
E-mail:henry.lan@ipaper.com
Http://www.ipaper.com
总经理(General Manager):Chris Chan
联系人(Contact Person):蓝天
产品业务(Business):"超柔"牌绒毛浆行销
广州代表处
地址(Add):广东省广州市环市东路362-366号好世界广场3105-3107室
邮编(P.C.):510060
电话(Tel):020-22373688
传真(Fax):020-22373658
E-mail:tracy.hong@ipaper.com
联系人(Contact Person):洪珠

斯道拉恩索中国销售总部
Stora Enso
地址(Add):上海市淮海中路300号香港新世界大厦2201室
邮编(P.C.):200021
电话(Tel):021-63353500-102
传真(Fax):021-63353511
E-mail:christine.lu@storaenso.cn
总经理(General Manager):王翔
联系人(Contact Person):陆译
香港办事处
地址(Add):36F. 88 Hing Fat Street, Causeway Bay, Hongkong, China
电话(Tel):852-21265013
传真(Fax):852-25761480
E-mail:martin.hung@storaenso.com
Http://www.storaenso.com
联系人(Contact Person):洪贵骁
产品业务(Business):生产漂白绒毛浆"女神"
北京办事处
地址(Add):北京市朝阳区建国路118号招商局大厦19层190C室
邮编(P.C.):100022
电话(Tel):010-65686699
传真(Fax):010-65672921
Http://www.storaenso.com
总经理(General Manager):王志刚
联系人(Contact Person):王小雨

瑞典赛尔玛有限公司上海代表处
CellMark AB, Shanghai Office
地址(Add):上海市茂名南路205号瑞金大厦2007室
邮编(P.C.):200020
电话(Tel):021-64730266
传真(Fax):021-64730030
E-mail:cellmarksh@21cn.net
联系人(Contact Person):曹阳
产品业务(Business):代理美国宝爱公司绒毛浆,代理各种适用于制造卫生纸的针叶、阔叶、桉木浆,废纸

上海集润贸易有限公司
Shanghai Jirun Trade Co., Ltd.
地址(Add):上海市浦东浦建路47号106室
邮编(P.C.):200127
电话(Tel):021-58816191
传真(Fax):021-58810870
法人代表(Chairman):庄惠敏
联系人(Contact Person):蔡和平

产品业务(Business)：经销美国宝水绒毛浆

丸红(上海)有限公司
Marubeni (Shanghai) Co., Ltd.
(详见纸浆)

上海建发实业有限公司
C&D Shanghai
(详见纸浆)

江苏凯通卫生用品有限公司
Jiangsu Kaitong Sanitary Product Co., Ltd.
地址(Add)：江苏省连云港市通灌路兆龙新村A5－4－202
邮编(P. C.)：222042
电话(Tel)：0518－82238318
传真(Fax)：0518－82238318
E-mail：woshity1982@yahoo.com.cn
联系人(Contact Person)：汪新然
产品业务(Business)：绒毛浆

江苏兴化市恒洁卫生用品厂
Jiangsu Xinghua Hengjie Hygiene Products Factory
(详见高吸收性树脂)

杭州至正纸业有限公司
Hangzhou Zhizheng Paper Co., Ltd.
地址(Add)：浙江省杭州市大学路4号大学苑二单元801室
邮编(P. C.)：310003
电话(Tel)：0571－88172482
传真(Fax)：0571－87853165
E-mail：whq@163.com
Http://www.zhizheng.com
法人代表(Chairman)：李叶风
总经理(General Manager)：李叶风
联系人(Contact Person)：李叶风
产品业务(Business)：经销各类进口绒毛浆

杭州经安进出口有限公司
Hangzhou Jingan Import & Export Co., Ltd.
地址(Add)：浙江省杭州市环城北路63号财富中心902室
邮编(P. C.)：310004
电话(Tel)：0571－28028588－810
传真(Fax)：0571－85095326
E-mail：hangzhoujingan@126.com
法人代表(Chairman)：庄海波
总经理(General Manager)：王亚东
联系人(Contact Person)：王亚东
产品业务(Business)：经销惠好绒毛浆

浙江中包浆纸进出口有限公司
Zhejiang Chinapack Pulp & Paper I/E Ltd.
地址(Add)：浙江省杭州市解放路85号伟星世纪大厦9楼
邮编(P. C.)：310009
电话(Tel)：0571－87169852
传真(Fax)：0571－87169589
E-mail：guliya@chinapack.net.cn
总经理(General Manager)：顾丽雅
联系人(Contact Person)：马骅
产品业务(Business)：经销金岛牌绒毛浆

杭州晶岛进出口有限公司
Hangzhou B. I. Imp. & Exp. Co., Ltd.
地址(Add)：浙江省杭州市西湖区古翠路76号怡泰科技大厦1208室
邮编(P. C.)：310012
电话(Tel)：0571－87027532
传真(Fax)：0571－87076295
E-mail：wenny@ehealth-care.com
Http://www.ehealth-care.com
总经理(General Manager)：周闻
联系人(Contact Person)：华红
产品业务(Business)：经销进口绒毛浆

福建腾荣达制浆有限公司
Fujian Tengrongda Pulp Co., Ltd.
地址(Add)：福建省将乐县古镛镇龟山北路216号
邮编(P. C.)：353300
电话(Tel)：0598－2332400
传真(Fax)：0598－2339566
Http://www.taison.cn
联系人(Contact Person)：陈银景
产品业务(Business)：生产杉木绒毛浆

长天(卫材)贸易有限公司
Changtian (Sanitary Material) Trade Co., Ltd.
地址(Add)：福建省晋江市安海宝龙豪苑18幢401室
邮编(P. C.)：362261
电话(Tel)：0595－85754555
传真(Fax)：0595－85726910
E-mail：lam419@tom.com
Http://www.bai-ling.cn
联系人(Contact Person)：许朝阳
产品业务(Business)：卫生巾、纸尿裤辅料

恒信纸品卫生材料经销部
Hengxin Paper Products Material Distributor
地址(Add)：福建省晋江市安海镇田坑紫金东路113号
邮编(P. C.)：362261
电话(Tel)：0595－85705555
传真(Fax)：0595－85705555
联系人(Contact Person)：黄聪明
产品业务(Business)：经销绒毛浆，热熔胶，干法纸，流延膜，打孔膜，离型纸，高吸收性树脂

福建省晋江木浆经营部
Jinjiang Pulp Trade Dept.
地址(Add)：福建省晋江市福埔村东南区16号
邮编(P. C.)：362216
电话(Tel)：0595－88186383
传真(Fax)：0595－88176598
联系人(Contact Person)：陈金星
产品业务(Business)：经销绒毛浆等卫生用品原材料

益成纸塑制品
Yicheng Paper & Plastic Products Co.
(详见打孔膜及打孔非织造布)

厦门荣安贸易有限公司
Rongan (Xiamen) Co., Ltd.
地址(Add)：福建省厦门市湖滨北路72号中闽大厦14楼
邮编(P. C.)：361012
电话(Tel)：0592－5318890
传真(Fax)：0592－5318893

E-mail：wh@ china-rongan. com
Http://www. china-rongan. com
法人代表(Chairman)：刘志忠
联系人(Contact Person)：王宏
产品业务(Business)：经销进口绒毛浆及纸浆，进口高吸收性树脂及其他卫生用品辅料

厦门维舒达贸易有限公司
Xiamen Weishuda Trade Co., Ltd.
地址(Add)：福建省厦门市湖滨北路中信惠扬大厦公寓楼22D
邮编(P. C.)：361012
电话(Tel)：0592－5037121
传真(Fax)：0592－5037131
E-mail：xmweisuda@ 163. com
总经理(General Manager)：叶瑞珍
联系人(Contact Person)：叶瑞珍
产品业务(Business)：经销绒毛浆及SAP

厦门建发股份有限公司
Xiamen C & D Inc.
(详见纸浆)

青岛北瑞贸易有限公司
Megall Industries (Qingdao) Ltd.
地址(Add)：山东省青岛市东海西路37号金都花园C－28H
邮编(P. C.)：266071
电话(Tel)：0532－85971785
传真(Fax)：0532－85971786
E-mail：liukun@ megall. com. cn
Http://www. megall. com. cn
总经理(General Manager)：马艳东
联系人(Contact Person)：刘堃
产品业务(Business)：进口绒毛浆，出口生活用纸产品

青岛星桥实业有限公司
Star Bridge Qingdao Co., Ltd.
地址(Add)：山东省青岛市香港中路40号数码港旗舰大厦707室
邮编(P. C.)：266071
电话(Tel)：0532－85718588－118
传真(Fax)：0532－85977166－118
E-mail：john. song@ starbridge. com. cn
法人代表(Chairman)：宋军
联系人(Contact Person)：张作升
产品业务(Business)：经销绒毛浆，滤纸专用浆

青岛三木森浆纸有限公司驻鲁南办事处
Qingdao Sanmuseng Pulp & Paper Co., Ltd. Lunan Office
地址(Add)：山东省郯城县马头开发区京沪高速公路马头出口向东2公里
邮编(P. C.)：276126
电话(Tel)：13953965602
联系人(Contact Person)：林江龙
产品业务(Business)：经销纸浆、绒毛浆及其他妇女卫生巾原材料

临沂市金门卫生巾原材料有限公司
Linyi Jinmen Hygiene Material Co., Ltd.
地址(Add)：山东省郯城县马头镇经济开发区
邮编(P. C.)：276126
电话(Tel)：0539－6776618
E-mail：wenge3674@ 163. com
联系人(Contact Person)：闻俊民
产品业务(Business)：经销绒毛浆等卫生巾原材料

东莞市金岛经贸有限公司
Guangguan Newera Trading Ltd.
(详见纸浆)

兴业集团有限公司广州办事处
Xingye Group Co., Ltd. Guangzhou Office
(详见纸浆)

广东长粤贸易有限公司
Guangdong New Era Trading Co., Ltd.
地址(Add)：广东省广州市天河龙口东路342号天诚广场A座801房
邮编(P. C.)：510630
电话(Tel)：020－87531846
传真(Fax)：020－87541600
E-mail：gzlyly@ 139. com
法人代表(Chairman)：梁毅
总经理(General Manager)：梁毅
产品业务(Business)：经销绒毛浆、高吸收性树脂、干法纸、复合纸

建发贸易有限公司广州分公司
C&D Guangzhou Branch
(详见纸浆)

中山市德伦包装材料有限公司
Zhongshan Delun Packing Material Co., Ltd.
(详见打孔膜及打孔非织造布)

广西贺达纸业有限责任公司
Guangxi Houda Pulp & Paper Co., Ltd.
(详见纸浆)

柳州两面针纸业有限公司
Liuzhou Liangmianzhen Paper Co., Ltd.
(详见纸浆)

云南云景林纸股份有限公司
Yunnan Yunjing Forestry & Pulp Co., Ltd.
(详见纸浆)

● 非织造布 Nonwovens

——热轧、热风、纺粘
hot calendering, hot air, spunbonded

Asahi Kasei Fibers Corporation
旭化成纺织株式会社
地址(Add)：2－6 Dojimahama 1－chome, Kita-ku, 530 8205 Osaka, Japan
电话(Tel)：81－6－63473388
传真(Fax)：81－6－63473387
E-mail：okubo. nb@ om. asahi-kasei. co. jp
Http://www. asahi-kasei. co. jp
产品业务(Business)：纺粘非织造布

上海公司
地址(Add)：上海市淮海中路381号中环广场2321室
邮编(P. C.)：200020
电话(Tel)：021-63916111
传真(Fax)：021-63916686

旭化成纺织株式会社纤维公司
地址(Add)：上海市延安西路2201号上海国际贸易中心2305室
邮编(P. C.)：200336
电话(Tel)：021-62955353

凯棉工业股份有限公司
K-Shin Leather Indu., Co., Ltd.
地址(Add)：326台湾桃园县杨梅镇上湖里上四湖7-6号
电话(Tel)：886-3-4751889
传真(Fax)：886-3-4782225
E-mail：kskin. com@ msa. hinet. net
联系人(Contact Person)：黄正次
产品业务(Business)：针刺、热轧非织造布

敏成股份有限公司
Mytrex Industries Inc.
地址(Add)：327台湾桃园县新屋乡赤栏村8邻75号
电话(Tel)：886-3-4861317
传真(Fax)：886-3-4861318
E-mail：mytrex. bob@ msa. hinet. net
Http://www. mytrex. com. tw
产品业务(Business)：热熔非织造布，复合非织造布

上登实业有限公司
Shanp Deng Enterprise Co., Ltd.
地址(Add)：330台湾桃源市富国路90巷333号
电话(Tel)：886-3-3025530-3
传真(Fax)：886-3-3025529
E-mail：shanp. deng@ msa. hinet. net
Http://www. shanpdeng. com
产品业务(Business)：热风、热轧非织造布

昆旸实业股份有限公司
Fortune Spunlace Industrial Corp.
地址(Add)：356台湾苗栗县后龙镇东明里8邻下浮尾119-1号
电话(Tel)：886-37-730526
传真(Fax)：886-37-730529
E-mail：ab-sales@ umail. hinet. net
Http://www. spunfsic. com
法人代表(Chairman)：魏德龙
总经理(General Manager)：田美秀
产品业务(Business)：纺粘、热熔非织造布

Unitika Ltd.
尤尼吉可
地址(Add)：4-1-3 Kyutaro-Machi, Chuo-ku, Osaka, 541-8566, Japan
电话(Tel)：81-6-62815360
传真(Fax)：81-6-62815750
E-mail：masaru-tusgawa@ unitika. co. jp
Http://www. unitika. co. jp
产品业务(Business)：非织造布

尤尼吉可(上海)贸易有限公司
地址(Add)：上海市长宁区娄山关路83号新虹桥中心大厦3301室
邮编(P. C.)：200336
电话(Tel)：021-61268585
传真(Fax)：021-61268989
E-mail：rh-zhang@ unitika. co. jp
Http://www. unitika. co. jp

Lenzing Fibers
兰精纤维
地址(Add)：A-4860 Lenzing, Austria
电话(Tel)：43-7672-7013342
传真(Fax)：43-7672-9183342
E-mail：m. pesendorfer@ lenzing. com
Http://www. lenzing. com
产品业务(Business)：纤维素纤维

Lenzing Fibers (Hong Kong) Ltd.
地址(Add)：香港湾仔港湾道26号华润大厦2302室
E-mail：a. wong@ lenzing. com

Fibertex Nonwovens Sdn Bhd
地址(Add)：Jalan Mekanikall Nilai 3 Industrial Park, k P. O Box63, Malaysia
电话(Tel)：06-7982400
传真(Fax)：06-7982455
总经理(General Manager)：Ouah Soh Teah
联系人(Contact Person)：NG. Kim MENG
产品业务(Business)：非织造布

卫普实业股份有限公司
Web-Pro Corporation
地址(Add)：台湾省828高雄县永安乡永工三路4号
电话(Tel)：886-2-27710727
传真(Fax)：886-2-27710602
E-mail：norman@ web-pro. com. tw
Http://www. web-pro. com. tw
总经理(General Manager)：邱正中
联系人(Contact Person)：周育全
产品业务(Business)：生产非织造布、水刺非织造布、PE透气膜

南六企业股份有限公司
Nan Liu Enterprise Co., Ltd.
地址(Add)：台湾省高雄县桥头乡笔秀路88号
电话(Tel)：886-7-6116616
传真(Fax)：886-7-6110231
E-mail：nanliu@ nanliu. com. tw
Http://www. e-nonwoven. com. tw
法人代表(Chairman)：黄清山
联系人(Contact Person)：徐念萱
产品业务(Business)：热轧、热风、水刺非织造布

南六企业(平湖)有限公司
Nan Liu Enterprise (Pinghu) Co., Ltd.
地址(Add)：浙江省平湖市经济开发区新凯路2188号
邮编(P. C.)：314200
电话(Tel)：0573-85136616
传真(Fax)：0573-85221666
E-mail：brian@ nanliu. com
Http://www. e-nonwoven. com. tw
联系人(Contact Person)：黄湘冲

康那香企业股份有限公司
KNH Enterprise Co., Ltd.
地址(Add)：台湾省台北市信义路4段456号27楼

电话(Tel)：886－2－23459909
传真(Fax)：886－2－23456299
E-mail：ricky@knh.com.tw
联系人(Contact Person)：谢明璋
产品业务(Business)：非织造布，妇女卫生巾，卫生护垫，湿巾，化妆棉

康那香企业(上海)有限公司
Kang Na Hsiung Enterprise (Shanghai) Co., Ltd.
地址(Add)：上海市青浦区外青松公路5619号
邮编(P.C.)：201707
电话(Tel)：021－69211200
传真(Fax)：021－69211362
E-mail：webmaster@knh.com.cn
Http://www.knh.com.cn
法人代表(Chairman)：戴华钟
总经理(General Manager)：何国祯
联系人(Contact Person)：黄响坛

Fiberweb 亚太无纺布
Fiberweb Asia Pacific Limited
地址(Add)：香港北角英皇道338号华懋交易广场II期21楼2106－9室
电话(Tel)：852－26205677
传真(Fax)：852－26205662
E-mail：wleung@fiberweb.com
Http://www.fiberweb.com
联系人(Contact Person)：梁颖生
产品业务(Business)：非织造布，干法纸
上海分公司
地址(Add)：上海市徐汇区肇嘉浜路1065号甲飞雕国际大厦1502室
邮编(P.C.)：200030
电话(Tel)：021－33680031
联系人(Contact Person)：竺佳筠

艺爱丝维顺香港有限公司
ES Fibervisions
地址(Add)：香港九龙佐敦弥敦道204－206号远东发展大厦1002室
电话(Tel)：852－29705555
传真(Fax)：852－29705678
E-mail：ko@esfibervisions.com.hk
联系人(Contact Person)：高强
产品业务(Business)：纤维，非织造布

北京京兰非织造布有限公司
Beijing Jinglan Nonwoven Fabrics Co., Ltd.
地址(Add)：北京市朝阳区太平庄142号
邮编(P.C.)：100025
电话(Tel)：010－85772003
传真(Fax)：010－85774902
E-mail：jingkai@163bj.com
法人代表(Chairman)：白庆
联系人(Contact Person)：刁落京
产品业务(Business)：热轧、热风及复合非织造布

北京大源非织造有限公司
Beijing Dayuan Nonwoven Fabric Co., Ltd.
地址(Add)：北京市门头沟区石龙工业区桥园路
邮编(P.C.)：102308
电话(Tel)：010－69806364
传真(Fax)：010－69804772
E-mail：bjdy@bjdayuan.com
Http://www.bjdayuan.com
法人代表(Chairman)：魏北凌
总经理(General Manager)：傅敏
联系人(Contact Person)：汪元
产品业务(Business)：热风非织造布

北京大源－茂猛无纺布制品有限公司
Beijing Dayuan-Maomeng Nonwoven Products Co., Ltd.
地址(Add)：北京市门头沟区石龙工业区雅安路11号
邮编(P.C.)：102308
电话(Tel)：010－69800140
传真(Fax)：010－69801424
E-mail：yyan-momo@hotmail.com
Http://www.bjdayuan.com
联系人(Contact Person)：于燕
产品业务(Business)：热风、热轧、水刺非织造布

天津市泰和无纺布有限公司
Tianjin Taihe Nonwovens Co., Ltd.
地址(Add)：天津市东丽区小东庄镇十三倾村北
邮编(P.C.)：300300
电话(Tel)：022－24981118
传真(Fax)：022－24981616
E-mail：lichangzhong2001@yahoo.com.cn
法人代表(Chairman)：李常忠
总经理(General Manager)：李常忠
联系人(Contact Person)：庞强
产品业务(Business)：热轧、热风非织造布

天津市德利塑料制品有限公司
Tianjin Deli Plastic Products Co., Ltd.
(详见流延膜及塑料母粒)

河北沧县旧州华达无纺布厂
Hebei Huada Nonwovens Plant
地址(Add)：河北省沧县旧州镇
邮编(P.C.)：061023
电话(Tel)：0317－4743118
传真(Fax)：0317－4743168
联系人(Contact Person)：张国利
产品业务(Business)：非织造布，流延膜

沧州市三和无纺布厂
Cangzhou Sanhe Nonwoven Factory
地址(Add)：河北省沧州市浮阳北道韩场路2号
邮编(P.C.)：061001
电话(Tel)：0317－2065498
传真(Fax)：0317－2066338
总经理(General Manager)：李建伟
联系人(Contact Person)：裴亮
产品业务(Business)：热风、热轧非织造布，流延膜

河北沧州市五环无纺布厂
Cangzhou Wuhuan Nonwoven Factory
地址(Add)：河北省沧州市新华区津德北路2号
邮编(P.C.)：061000
电话(Tel)：0317－3563462
传真(Fax)：0317－3563439
总经理(General Manager)：于连进

联系人(Contact Person)：于连进
产品业务(Business)：热风非织造布

河北世纪恒塑胶有限公司
Hebei Shijiheng Plastic Co., Ltd.
(详见流延膜及塑料母粒)

河北正奇无纺布有限公司
Hebei Zhengqi Nonwovens Co., Ltd.
地址(Add)：河北省高阳县南圈头工业区
邮编(P. C.)：071500
电话(Tel)：0312－6638810
传真(Fax)：0312－6638810
联系人(Contact Person)：王喜俊
产品业务(Business)：纺粘非织造布

秦皇岛华阳非织造布有限公司
Qinhuangdao Huayang Nonwovens Co., Ltd.
地址(Add)：河北省秦皇岛市山海关217信箱
邮编(P. C.)：066200
电话(Tel)：0335－5051070
传真(Fax)：0335－5052720
联系人(Contact Person)：衡东霞
产品业务(Business)：非织造布

亿鑫卫生用品厂
Yixin Hygiene Products Factory
地址(Add)：河北省任丘市明珠新村碧莲里6号楼2单元403室
邮编(P. C.)：062550
电话(Tel)：0317－2302008
传真(Fax)：0317－2369876
E-mail：tian92958@sohu.com
总经理(General Manager)：田湛
联系人(Contact Person)：田湛
产品业务(Business)：非织造布

邢台华邦非织造布有限公司
Xingtai Huabang Nonwovens Co., Ltd.
地址(Add)：河北省沙河市京广路北段西侧
邮编(P. C.)：054100
电话(Tel)：0319－8821500
传真(Fax)：0319－8829360
E-mail：web@huabanggroup.com
Http://www.xthuabang.com
联系人(Contact Person)：李现军
产品业务(Business)：纺粘、针刺非织造布

石家庄金正无纺布有限公司
Shijiazhuang Jinzheng Nonwovens Co., Ltd.
地址(Add)：河北省石家庄市开发区307国道副线北庄村北
邮编(P. C.)：050035
电话(Tel)：0311－85099598
传真(Fax)：0311－88746636
E-mail：nsix@sohu.com
法人代表(Chairman)：李根
联系人(Contact Person)：李根
产品业务(Business)：热风、热轧非织造布，复合三片式膜

石家庄金棉高档无纺布有限公司
Shijiazhuang Jinmian High-Grade Nonwovens Co., Ltd.
地址(Add)：河北省石家庄市中段红滨路5号
邮编(P. C.)：050091
电话(Tel)：0311－83827070
传真(Fax)：0311－83827070
联系人(Contact Person)：李建月
产品业务(Business)：热轧非织造布

香河华鑫非织造布有限公司
Xianghe Huaxin Nonwoven Co., Ltd.
地址(Add)：河北省香河县秀水街
邮编(P. C.)：065400
电话(Tel)：0316－8338226
传真(Fax)：0316－8338861
E-mail：xieman77@163.com
Http://www.xh-huaxin.com
联系人(Contact Person)：谢曼
产品业务(Business)：纺粘非织造布

大连金州鑫林工贸有限公司
Dalian Jinzhou Xinlin Project Co., Ltd.
(详见流延膜及塑料母粒)

大连瑞光非织造布集团有限公司
Dalian Ruiguang Nonwoven Group Co., Ltd.
地址(Add)：辽宁省大连市金州区西门外134号
邮编(P. C.)：116100
电话(Tel)：0411－87808730
传真(Fax)：0411－87804251
E-mail：ruiguang@rgjt.com
Http://www.ruiguangnonwoven.com
法人代表(Chairman)：谷源明
联系人(Contact Person)：王志勇
产品业务(Business)：纺粘、水刺非织造布

辽宁省纺织科学研究院
Liaoning Textile Science Institute
地址(Add)：辽宁省沈阳市南塔街124号
邮编(P. C.)：110015
电话(Tel)：024－23893815
传真(Fax)：024－23894580
法人代表(Chairman)：孙天柱
联系人(Contact Person)：孙天柱
产品业务(Business)：纺粘非织造布，用于手术衣帽及家具、箱包衬

辽源得亨公司得利纤维制造有限公司
Liaoyuan Deheng Co. Deli Fibre Co., Ltd.
地址(Add)：吉林省辽源市齐宁路113号
邮编(P. C.)：136200
电话(Tel)：0437－3224933
传真(Fax)：0437－3187979
总经理(General Manager)：杨高明
产品业务(Business)：PP复合，PP棉型，热轧型，干法纸用，PET复合，功能型短纤维

欧诺法功能化学品(上海)有限公司
Omnova Performance Chemicals (Shanghai) Co., Ltd.
地址(Add)：上海市北京西路1701号静安中华大厦25楼09座

邮编(P. C.)：200040
电话(Tel)：021－62884602－101
传真(Fax)：021－62884601
E-mail：roger. tu@ omnova. com
Http：//www. omnova. com
联系人(Contact Person)：屠晓冬
产品业务(Business)：非织造布

苏州玺安无纺布科技有限公司上海代表处
Suzhou Seer Nonwovens Tech Co. Ltd. Shanghai Office
地址(Add)：上海市长宁区虹桥路1115弄57号201室
邮编(P. C.)：200336
电话(Tel)：021－62080773
传真(Fax)：021－62080773
E-mail：nonwovens-cn@ 163. com
联系人(Contact Person)：黄允如
产品业务(Business)：复合非织造布，浸渍非织造布

长安贸易株式会社上海代表处
Nagayasu Trading Co., Ltd. Shanghai Office
地址(Add)：上海市长顺路11号虹桥荣广大厦105A室
邮编(P. C.)：200051
电话(Tel)：021－62096815
传真(Fax)：021－62093033
E-mail：ngysso@ 126. com
联系人(Contact Person)：钱中
产品业务(Business)：用于干法纸生产的粘合短纤维

上海枫围无纺布厂有限公司
Fengwei Non-Fabric Factory Co., Ltd.
地址(Add)：上海市枫泾工业园区亭枫公路8255号
邮编(P. C.)：201501
电话(Tel)：021－57351468
传真(Fax)：021－57351927
E-mail：sale@ fw-wf. com
Http：//www. fw-wf. com
产品业务(Business)：非织造布，卫生材料

上海亚聚纸业有限公司
Shanghai Asialinx PM Enterprise Inc.
地址(Add)：上海市奉贤区航塘公路1491号15－16幢
邮编(P. C.)：201405
电话(Tel)：021－50456801
传真(Fax)：021－50456802
E-mail：apmsha@ gmail. com
Http：//www. shyjzy. cn
总经理(General Manager)：张荆鹏
联系人(Contact Person)：张在克
产品业务(Business)：卫生纸，非织造布进出口

智索国际贸易(上海)有限公司
Chisso China Co., Ltd.
地址(Add)：上海市淮海中路300号香港新世界大厦4402室
邮编(P. C.)：200021
电话(Tel)：021－63858899
传真(Fax)：021－63859666
E-mail：ko@ chisso. com. cn
Http：//www. chisso. com. cn
联系人(Contact Person)：高强
产品业务(Business)：经销非织造布

上海丰格无纺布有限公司
Shanghai Fengge Nonwoven Co., Ltd.
地址(Add)：上海市嘉定区嘉行公路1308号
邮编(P. C.)：201808
电话(Tel)：021－39198766
传真(Fax)：021－39198796
E-mail：fengge _ nonwoven@ yeah. net
法人代表(Chairman)：姜謙
总经理(General Manager)：魏星
联系人(Contact Person)：潘静
产品业务(Business)：非织造布面料，导流层

上海麦世科无纺布集团
Shanghai Mascot International Nonwoven Group
地址(Add)：上海市嘉定区马陆镇宝安公路2785号
邮编(P. C.)：201801
电话(Tel)：021－39908327
传真(Fax)：021－39908325
E-mail：ab-sales@ umail. hinet. net
产品业务(Business)：非织造布

上海百骏无纺布有限公司
Shanghai Be-Giant Nonwovens Co., Ltd.
地址(Add)：上海市柳州路600弄2号503室
邮编(P. C.)：200233
电话(Tel)：021－64856509
传真(Fax)：021－64856509
E-mail：yanglql@ hotmail. com
联系人(Contact Person)：陆庆林
产品业务(Business)：非织造布

塞拉尼斯(中国)投资有限公司
Celanese (China) Holding Co., Ltd.
地址(Add)：上海市陆家嘴东路166号中国保险大厦24楼
邮编(P. C.)：200120
电话(Tel)：021－38601570
传真(Fax)：021－68876035
E-mail：yi. zheng@ celanese. com. cn
Http：//www. celanese. com
联系人(Contact Person)：郑毅
产品业务(Business)：非织造布

上海戴春商贸有限公司
Shanghai Daichun Trade Co., Ltd.
地址(Add)：上海市闵行区古美路377弄17号902室
邮编(P. C.)：201102
电话(Tel)：021－34130611
传真(Fax)：021－34130611
法人代表(Chairman)：傅新芳
联系人(Contact Person)：王春
产品业务(Business)：非织造布

上海爱妮梦纸业有限公司
Shanghai Anemone Tissue Co., Ltd.
(详见非织造布－干法纸)

潘苏德贸易(上海)有限公司
Pantex (Shanghai) Co., Ltd.
地址(Add)：上海市浦东张杨路188号汤臣中心A栋2307室

邮编(P. C.)：200120
电话(Tel)：021－58403823
传真(Fax)：021－58403873
E-mail：rosetu@ pantexglobal. com
Http://www. pantex. it
联系人(Contact Person)：杨艨
产品业务(Business)：非织造布，打孔膜，打孔复合表面层

上海意东无纺布制造有限公司
Shanghai Yidong Nonwoven Co., Ltd.
地址(Add)：上海市浦东张杨路 188 号汤臣中心 B 栋 1005 室
邮编(P. C.)：200122
电话(Tel)：021－58784215
传真(Fax)：021－58873973
E-mail：yidong@ china5f. com
Http://www. china5f. com
产品业务(Business)：非织造布

泽太化纤(上海)有限公司
Z&T Chemical Fiber (Shanghai) Co., Ltd.
地址(Add)：上海市青浦区大盈香大路 1258 号
邮编(P. C.)：201712
电话(Tel)：021－59223738
传真(Fax)：021－59220617
总经理(General Manager)：高飞
产品业务(Business)：化纤

上海堪孚尔不织布有限公司
Shanghai Comfort Nonwoven Co., Ltd.
地址(Add)：上海市青浦区华徐路 3049 弄火星村 432 号
邮编(P. C.)：201705
电话(Tel)：021－39873038
传真(Fax)：021－39873718
法人代表(Chairman)：张家祥
总经理(General Manager)：孙江远
联系人(Contact Person)：杨春平
产品业务(Business)：热轧非织造布

上海清雅无纺布有限公司
Shanghai Qingya Nonwoven Co., Ltd.
地址(Add)：上海市青浦区天一路 461 号
邮编(P. C.)：201702
电话(Tel)：021－59228923
E-mail：qywfb@ sina. com
联系人(Contact Person)：李百顺
产品业务(Business)：热轧、热风非织造布

上海美坚无纺布有限公司
Meijian Nonwoven (Shanghai) Co., Ltd.
地址(Add)：上海市青浦区西岑镇莲西路 4432 号
邮编(P. C.)：201721
电话(Tel)：021－59295088
传真(Fax)：021－59295556
E-mail：hongyong@ sh163. net
法人代表(Chairman)：刘正顺
总经理(General Manager)：许啸鸿
联系人(Contact Person)：许啸鸿
产品业务(Business)：热风非织造布

上海腾龙无纺布有限公司
Shanghai Phoenix Nonwovens Co., Ltd.
地址(Add)：上海市青浦区迎港东路 1 号
邮编(P. C.)：201700
电话(Tel)：021－59205511
传真(Fax)：021－59205533
E-mail：timtmchu@ yahoo. com. cn
法人代表(Chairman)：朱定万
联系人(Contact Person)：吴建苏
产品业务(Business)：非织造布

日奔纸张纸浆商贸(上海)有限公司
Japan Pulp & Paper (Shanghai) Co., Ltd.
地址(Add)：上海市延安西路 2201 号上海国际贸易中心 1116 室
邮编(P. C.)：200336
电话(Tel)：021－62702325－118
传真(Fax)：021－62702327
E-mail：yang-lu@ jppcn. com
Http://www. kamipa. co. jp
联系人(Contact Person)：杨璐
产品业务(Business)：经销非织造布，经销卫生纸，卫生巾

蝶理(中国)商业有限公司
Chori (China) Co., Ltd.
地址(Add)：上海市延安西路 2201 号上海国际贸易中心 1201 室
邮编(P. C.)：200336
电话(Tel)：021－62702111
传真(Fax)：021－62780616
E-mail：liu-yuachori. com. cn
联系人(Contact Person)：高香兰
产品业务(Business)：经销非织造布

常熟市立新无纺布织造有限公司
Changshu Lixin Nonwoven Co., Ltd.
地址(Add)：江苏省常熟市支塘镇(任阳)盛泾村 1 号
邮编(P. C.)：215539
电话(Tel)：0512－52581988
传真(Fax)：0512－52584648
E-mail：1127358146@ qq. com
Http://www. lixinwufangbu. cn
总经理(General Manager)：周祥元
产品业务(Business)：非织造布

常熟市常春无纺布有限公司
Changshu Changchun Nonwoven Co., Ltd.
地址(Add)：江苏省常熟市支塘镇任阳常盛工业园
邮编(P. C.)：215539
电话(Tel)：0512－52587488
传真(Fax)：0512－52584556
E-mail：info@ csccwf. com
Http://www. csccwf. com
法人代表(Chairman)：徐惠钦
总经理(General Manager)：徐惠钦
产品业务(Business)：泡沫浸渍非织造布

常州市新安服装辅料有限公司
Changzhou Xinan Costume Accessories Co., Ltd.
地址(Add)：江苏省常州市横山桥镇新安开发区(新安小

学旁)
邮编(P.C.):213117
电话(Tel):0519-88664284
传真(Fax):0519-88664988
E-mail:xin-an@vip.sina.com
Http://czxinan.cn.gongchang.com
总经理(General Manager):张鹤鸣
联系人(Contact Person):汤永鸿
产品业务(Business):热风、热轧非织造布

常州市德思勤化纤有限公司
Changzhou Desiqin Chemicalfiber Co., Ltd.
地址(Add):江苏省常州市湖塘镇马杭长虹工业园
邮编(P.C.):213162
电话(Tel):0519-88231155
传真(Fax):0519-88231133
Http://czsdsqhx.cn.china.cn
联系人(Contact Person):张永芳
产品业务(Business):纺粘非织造布

常州市锦益机械有限公司
Changzhou Jinyi Machinery Co., Ltd.
(详见非织造布设备)

常州市同和塑料制品有限公司
Changzhou Tonghe Plastic Products Co., Ltd.
(详见流延膜及塑料母粒)

常州市富邦无纺布有限公司
Changzhou Fubang Nonwoven Co., Ltd.
地址(Add):江苏省常州市戚墅堰东九号桥前杨工业区56-2
邮编(P.C.):213011
电话(Tel):0519-88372655
传真(Fax):0519-88370272
E-mail:sales@czfubang.cn
Http://www.czfubang.cn
总经理(General Manager):杨天宇
联系人(Contact Person):杨岳坤
产品业务(Business):非织造布

常州市汇利卫生材料有限公司
Changzhou Huili Hygiene Material Co., Ltd.
地址(Add):江苏省常州市戚墅堰东前杨工业区32号
邮编(P.C.):213011
电话(Tel):0519-88773824
传真(Fax):0519-88773359
法人代表(Chairman):陈夏平
联系人(Contact Person):吴国平
产品业务(Business):热轧非织造布

常州市友恒无纺布有限公司
Changzhou Youheng Nonwovens Co., Ltd.
地址(Add):江苏省常州市戚墅堰经济开发区政大路
邮编(P.C.):213013
电话(Tel):0519-88401808
传真(Fax):0519-88410212
Http://czyouheng.tnc.com.cn
联系人(Contact Person):姚金良
产品业务(Business):热轧、热风非织造布

常州市正杨非织造布有限公司
Changzhou Zhengyang Nonwovens Co., Ltd.
地址(Add):江苏省常州市区戚墅堰前杨工业区
邮编(P.C.):213011
电话(Tel):0519-88373222
传真(Fax):0519-88372722
总经理(General Manager):杨岳坤
联系人(Contact Person):杨岳坤
产品业务(Business):热风非织造布

常州新安无纺布有限公司
Changzhou Xinan Nonwovens Co., Ltd.
地址(Add):江苏省常州市武进横山桥镇新安鸡笼山
邮编(P.C.):213117
电话(Tel):0519-88662462
传真(Fax):0519-88662055
E-mail:admin@xawfb.com
Http://www.xawfb.com
法人代表(Chairman):唐正勤
联系人(Contact Person):唐正勤
产品业务(Business):热风、热轧非织造布

江苏西纳化纤有限公司
Jiangsu Xina Chemical Fibre Co., Ltd.
地址(Add):江苏省常州市武进经济开发区荷香路17号
邮编(P.C.):213149
电话(Tel):0519-86363128
传真(Fax):0519-86363126
E-mail:wdf@cnxina.com
Http://www.cnxina.com
总经理(General Manager):王德峰
联系人(Contact Person):王德峰
产品业务(Business):复合纤维

常州市武进无纺机械设备有限公司
Changzhou Wujin Nonwoven Machinery Co., Ltd.
(详见非织造布设备)

常州市武进新兴无纺布厂
Changzhou Wujin Xinxing Nonwoven Factory
地址(Add):江苏省常州市武进区湖塘镇东新
邮编(P.C.):213162
电话(Tel):0519-86329211
传真(Fax):0519-86705991
E-mail:ycf888@gmail.com
Http://www.wjnonwoven.com.cn
总经理(General Manager):杨春凤
产品业务(Business):热轧、热风、纺粘非织造布

常州亨利无纺布有限公司
Changzhou Hengli Non-woven Co., Ltd.
地址(Add):江苏省常州市武进遥观钱家工业园
邮编(P.C.):213011
电话(Tel):0519-88771439
传真(Fax):0519-88778413
法人代表(Chairman):刘志坚
联系人(Contact Person):张明
产品业务(Business):热风、热轧、水刺非织造布

常州美康纸塑制品有限公司
Changzhou Meikang Co., Ltd.
地址(Add):江苏省常州市宣盛路8号

邮编(P. C.)：213016
电话(Tel)：0519－83978709
传真(Fax)：0519－83978717
E-mail：materials@ bhmedical. com. cn
联系人(Contact Person)：刘华
产品业务(Business)：非织造布

常州市洁润无纺布厂
Changzhou Jierun Nonwovens Factory
地址(Add)：江苏省常州市遥观前杨工业区63号
邮编(P. C.)：213011
电话(Tel)：0519－88785799
传真(Fax)：0519－88785799
E-mail：market@ cnjierun. com
总经理(General Manager)：吴国平
联系人(Contact Person)：吴志刚
产品业务(Business)：非织造布，热熔胶

常州市佳美薄膜制品有限公司
Changzhou Jiamei Film Co., Ltd.
(详见打孔膜及打孔非织造布)

江苏恒神纤维材料有限公司
Hengsheng Fibre Material Co., Ltd.
地址(Add)：江苏省丹阳开发区通港路777号
邮编(P. C.)：212314
电话(Tel)：0511－86523998
传真(Fax)：0511－86525382
E-mail：jshengshen@ 163. com
Http://www. jshengshen. cn
法人代表(Chairman)：钱京
联系人(Contact Person)：杨俊辉
产品业务(Business)：丙纶短纤维，低熔点复合短纤维，功能型纤维，热轧非织造布，干法造纸专用纤维

江苏华龙无纺布有限公司
Jiangsu Hualong Nonwoven Co., Ltd.
地址(Add)：江苏省洪泽县工业园区东三街东二道12号
邮编(P. C.)：223100
电话(Tel)：0517－7203900
传真(Fax)：0517－7203903
E-mail：master@ htwfb. com
Http://www. htwfb. com
法人代表(Chairman)：张义平
总经理(General Manager)：张义平
联系人(Contact Person)：程顺军
产品业务(Business)：热轧、热风非织造布

扬州石油化工厂化纤分厂
Yangzhou Petrochemical Works Chemical Fibre Branch
地址(Add)：江苏省江都市江淮路156号
邮编(P. C.)：225200
电话(Tel)：0514－6850415
传真(Fax)：0514－6850479
联系人(Contact Person)：吴峰
产品业务(Business)：化学纤维

江阴开源非织造布制品有限公司
Jiangyin Kaiyuan Nonwoven Fabrics Co., Ltd.
地址(Add)：江苏省江阴市华士镇华陆路3号
邮编(P. C.)：214425
电话(Tel)：0510－86371002
传真(Fax)：0510－86379033
E-mail：chen. yuxin@ 163. com
Http://www. ky-nonwoven. com. cn
总经理(General Manager)：陈宇新
联系人(Contact Person)：陈宇新
产品业务(Business)：纺粘、热轧非织造布，透气膜

江阴金凤特种纺织品有限公司
Jiangyin Golden Phoenix Textile Co., Ltd.
地址(Add)：江苏省江阴市华士镇陆华路2号
邮编(P. C.)：214425
电话(Tel)：0510－86370513
传真(Fax)：0510－86371659
E-mail：jf. jy@ public1. wx. js. cn
Http://www. jf-nonwoven. com. cn
联系人(Contact Person)：陆生平
产品业务(Business)：熔喷非织造布

江阴市美可无纺布材料有限公司
Jiangyin Meike Nonwoven Material Co., Ltd.
地址(Add)：江苏省江阴市华士镇陆桥陆长路
邮编(P. C.)：214425
电话(Tel)：0510－86972658
传真(Fax)：0510－85972655
E-mail：luaihong1970@ sina. com
联系人(Contact Person)：鲁爱红
产品业务(Business)：非织造布

江阴市双源非织造布有限公司
Jiangyin Shuangyuan Nonwoven Co., Ltd.
地址(Add)：江苏省江阴市周庄镇门楼下工业区
邮编(P. C.)：214423
电话(Tel)：0510－86900812
传真(Fax)：0510－86901998
联系人(Contact Person)：周会元
产品业务(Business)：非织造布

昆山纬异无纺布科技有限公司
Kunshan Weiyi Nonwoven Technology Co., Ltd.
地址(Add)：江苏省昆山市紫竹路富贵花园7幢4号
邮编(P. C.)：215316
电话(Tel)：0512－57179409
传真(Fax)：0512－57735102
E-mail：kshbgzs@ 163. com
联系人(Contact Person)：胡先生
产品业务(Business)：非织造布

南京和兴不织布制品有限公司
Nanjing Hexing Nonwoven Fabric Products Co., Ltd.
地址(Add)：江苏省南京市溧水县经济开发区珍珠北路13号
邮编(P. C.)：211200
电话(Tel)：025－57422368
传真(Fax)：025－57422368
E-mail：hxbzb@ jlonline. com
法人代表(Chairman)：张尚发
联系人(Contact Person)：孙开文
产品业务(Business)：热风、热轧非织造布

南京雨倩卫生用品有限公司
Nanjing Yuqian Hygiene Products Co., Ltd.
(详见离型纸、离型膜)

南通新绿叶非织造布有限公司
Nantong Xinlvye Nonwoven Co., Ltd.
地址(Add):江苏省南通市崇川区观音山镇通甲路828号
邮编(P. C.):226014
电话(Tel):0513-83578006
传真(Fax):0513-85265487
E-mail: why@ntxly. com
Http://www. ntxly. com
法人代表(Chairman):王洪云
总经理(General Manager):王洪云
联系人(Contact Person):王洪云
产品业务(Business):非织造布

东丽高新聚化(南通)有限公司
Toray Polytech (Nantong) Co., Ltd.
地址(Add):江苏省南通市经济技术开发区新开南路56号
邮编(P. C.):226010
电话(Tel):0513-85922091
传真(Fax):0513-80100280
E-mail: xingchao@toray-tpn. cn
Http://www. toraysaehan. com
法人代表(Chairman):李泳官
总经理(General Manager):金镇年
联系人(Contact Person):邢超
产品业务(Business):非织造布

南通康盛无纺布有限公司
Nantong Kangsheng Nonwoven Co., Ltd.
(详见非织造布-水刺)

泗洪县腾达非织造材料有限公司
Sihong Tengda Nonwovens Co., Ltd.
地址(Add):江苏省泗洪县经济开发区香江路北侧
邮编(P. C.):223900
电话(Tel):0527-86205806
传真(Fax):0527-86205985
E-mail: tengdayy@126. com
Http://www. tdnonwoven. com
联系人(Contact Person):杨先生
产品业务(Business):熔喷法非织造布

普杰无纺布(中国)有限公司
PGI Nonwovens (China) Co., Ltd.
地址(Add):江苏省苏州工业园区苏虹东路21号
邮编(P. C.):215126
电话(Tel):0512-88855848
传真(Fax):0512-87183001
E-mail: guor@pginw. com
Http://www. pginw. com
联系人(Contact Person):郭丹艳
产品业务(Business):丙纶纺粘法非织造布

苏州坚创贸易有限公司
Kingstrong Trade Co., Ltd.
(详见弹性非织造布材料松紧带)

苏州京佰利无纺材料有限公司
Kimbondly (Suzhou) Norwovens Fabric Co., Ltd.
地址(Add):江苏省苏州市任阳镇晋阳西街125号
邮编(P. C.):215539
电话(Tel):0512-52588390
传真(Fax):0512-52588392
E-mail: jhisz@163. com
Http://www. kimbondly. com
法人代表(Chairman):韩雪龙
总经理(General Manager):张根明
联系人(Contact Person):张根明
产品业务(Business):热轧非织造布

江苏江南化纤集团有限公司
Jiangnan Chemical Fibre Group Co., Ltd.
地址(Add):江苏省苏州市相城区黄埭镇
邮编(P. C.):215143
电话(Tel):0512-62099688
传真(Fax):0512-65712178
E-mail: jiangnanhuaqian@sohu. com
Http://www. jnhx. cn
联系人(Contact Person):唐金峰
产品业务(Business):双组分复合纤维

维顺(中国)无纺制品有限公司
FiberVisions (China) Textile Products Ltd.
地址(Add):江苏省苏州市新区横山路29号
邮编(P. C.):215009
电话(Tel):0512-68231099-2011
传真(Fax):0512-68230021
E-mail: feng. xie@fibervisions. com. cn
Http://www. fibervisions. biz
法人代表(Chairman):Stephen Wood
总经理(General Manager):邓福元
联系人(Contact Person):陈福志
产品业务(Business):丙纶短纤,热轧非织造布

太仓弘谊无纺布制造有限公司
Taicang Hongyi Nonwoven Co., Ltd.
地址(Add):江苏省太仓市直塘区直任路99号
邮编(P. C.):215417
电话(Tel):0512-53259898
传真(Fax):0512-53259897
E-mail: webmaster@hongyicn. com
Http://www. 13901745605. cn. alibaba. com
总经理(General Manager):孙友志
联系人(Contact Person):陈伟泉
产品业务(Business):非织造布

盐城市华泰高分子材料厂
Yancheng Huatai Polymer Factory
地址(Add):江苏省盐城市便仓镇仓中路118号
邮编(P. C.):224044
电话(Tel):0515-88832116
传真(Fax):0515-88831871
Http://www. ychuatai. com
总经理(General Manager):杨广华
产品业务(Business):纺粘丙纶纤维母粒

盐城市纺织进出口有限公司
TCTEX Imp & Exp Co., Ltd
地址(Add):江苏省盐城市解放南路娱乐花园11楼

402 室
邮编(P. C.)：224001
电话(Tel)：0515－88391150
传真(Fax)：0515－88153360
E-mail：dtxuan@ public. yc. js. cn
Http://www. bl-yctex. com
法人代表(Chairman)：宣志强
总经理(General Manager)：宣志强
联系人(Contact Person)：刘燕
产品业务(Business)：复合短纤维，进口吸水纸、化纤纺丝油剂，擦拭纸

盐城市盛绒无纺布有限公司
Yancheng Sun Long Nonwoven Co., Ltd.
地址(Add)：江苏省盐城市亭湖区南洋开发区南机场路东支路
邮编(P. C.)：224051
电话(Tel)：0515－88187077
传真(Fax)：0515－88187067
E-mail：ycsunlong@ 126. com
总经理(General Manager)：胡锦堂
联系人(Contact Person)：王亮月
产品业务(Business)：热风、热轧非织造布，亲水、疏水非织造布

盐城市中联复合纤维有限公司
Yancheng Zhonglian Bico Fiber Co., Ltd.
地址(Add)：江苏省盐城市盐都新区工业园
邮编(P. C.)：224005
电话(Tel)：0515－88431552
传真(Fax)：0515－88431553
总经理(General Manager)：单正进
产品业务(Business)：纤维

张家港骏马无纺布有限公司
Zhangjiagang Junma Nonwovens Co., Ltd.
地址(Add)：江苏省张家港市杨舍镇蒋桥骏马工业园
邮编(P. C.)：215617
电话(Tel)：0512－58140683
传真(Fax)：0512－58140980
法人代表(Chairman)：蔡顺生
产品业务(Business)：非织造布

长兴润兴无纺布厂
Changxing Runxing Nonwoven Factory
地址(Add)：浙江省长兴县李家巷工业园区
邮编(P. C.)：313102
电话(Tel)：0572－6603828
传真(Fax)：0572－6603798
联系人(Contact Person)：刘平
产品业务(Business)：热轧、热风、纺粘非织造布，打孔非织造布，ADL

长兴天川非织造布有限公司
Changxing Tianchuan Nonwoven Co., Ltd.
地址(Add)：浙江省长兴县水口龙山工业园区
邮编(P. C.)：313108
电话(Tel)：0572－6296669
传真(Fax)：0572－6296669
E-mail：tianchuan. zzg@ 163. com
联系人(Contact Person)：周志刚
产品业务(Business)：纺粘、亲水非织造布

浙江长兴亿伦纺织有限公司
Zhejiang Changxing Yilun Textile Co., Ltd.
地址(Add)：浙江省长兴县水口龙山经济开发区
邮编(P. C.)：313108
电话(Tel)：0572－6501088
传真(Fax)：0572－6501299
E-mail：lanyuerok@ gmail. com
Http://cxylfz. cn. alibaba. com
总经理(General Manager)：周海华
联系人(Contact Person)：沈奇峰
产品业务(Business)：拒水、亲水纺粘非织造布

浙江恒月无纺布有限公司
Zhejiang Hengyue Fabric Co., Ltd.
地址(Add)：浙江省长兴县新世纪工业园区
邮编(P. C.)：313102
电话(Tel)：0572－6016011
传真(Fax)：0572－6015011
E-mail：lzf2008fnb@ yahoo. cn
联系人(Contact Person)：李志锋
产品业务(Business)：热轧、水刺非织造布

慈溪金轮复合纤维有限公司
Cixi Jinlun Composite Fibre Co., Ltd.
地址(Add)：浙江省慈溪市潮塘工业区
邮编(P. C.)：315301
电话(Tel)：0574－63222000
传真(Fax)：0574－63215988
总经理(General Manager)：施永孟
产品业务(Business)：Es 复合短纤维

慈溪市丰源化纤有限公司
Cixi Fengyuan Chemical Fiber Co., Ltd.
地址(Add)：浙江省慈溪市崇寿工业园区
邮编(P. C.)：315334
电话(Tel)：0574－63296778
传真(Fax)：0574－63296788
联系人(Contact Person)：陆阳
产品业务(Business)：低熔点复合短纤维

宁波大发化纤有限公司
Ningbo Dafa Chemical Fiber Co., Ltd.
地址(Add)：浙江省慈溪市胜山工业区
邮编(P. C.)：315323
电话(Tel)：0574－63528300
传真(Fax)：0574－63528180
E-mail：pet258@ yahoo. cn
Http://www. nbdafa. com
联系人(Contact Person)：冯玉停
产品业务(Business)：再生中空涤纶短纤维

宁波市奇兴无纺布有限公司
Ningbo Qixing Nonwovens Co., Ltd.
地址(Add)：浙江省慈溪市掌起工业开发区
邮编(P. C.)：315313
电话(Tel)：0574－63751618
传真(Fax)：0574－63740408
E-mail：qxgx@ public. cx. nbptt. zj. cn
Http://www. airlaids. com

法人代表(Chairman)：谢道训
总经理(General Manager)：谢道训
联系人(Contact Person)：魏立群
产品业务(Business)：非织造布，干法纸

宁波天诚化纤有限公司
Ningbo Tiancheng Chemical Fibre Co., Ltd.
地址(Add)：浙江省慈溪宗汉金轮开发区
邮编(P. C.)：315301
电话(Tel)：0574－63219001
传真(Fax)：0574－63219008
E-mail：tc@tianchengfiber. com
Http://www. tianchengfiber. com
总经理(General Manager)：陆铁辉
联系人(Contact Person)：方孝宝
产品业务(Business)：复合纤维

浙江东阳市三星实业有限公司
Zhejiang Dongyang Sanxing Industrial Co., Ltd.
地址(Add)：浙江省东阳市六石街道黄雾西路47号
邮编(P. C.)：322104
电话(Tel)：0579－86770367
传真(Fax)：0579－86775067
E-mail：dycsh@public. dy. jhptt. zj. cn
Http://www. sanxingshiye. com
总经理(General Manager)：张瑞明
联系人(Contact Person)：贾旭东
产品业务(Business)：热风、热轧非织造布

杭州易东纸制品有限公司
Hangzhou Yidong Paper Products Co., Ltd.
地址(Add)：浙江省富阳市春江街道民主村
邮编(P. C.)：311421
电话(Tel)：0571－23237318
传真(Fax)：0571－23237366
E-mail：hzyd2010@126. com
联系人(Contact Person)：刘金明
产品业务(Business)：纺粘非织造布，流延膜

杭州金百合非织造布有限公司
Hangzhou Golden Lily Nonwoven Cloth Co., Ltd.
地址(Add)：浙江省富阳市新登镇过河滩
邮编(P. C.)：311404
电话(Tel)：0571－23226086
传真(Fax)：0571－63259876
E-mail：hzgoldenlily@yahoo. com. cn
Http://www. hzgoldenlily. com
总经理(General Manager)：孙武平
产品业务(Business)：热轧非织造布

海宁新能纺织有限公司
Fibers & Non-wovens Limited
地址(Add)：浙江省海宁市袁花镇新袁路53号
邮编(P. C.)：314416
电话(Tel)：0573－87872738
传真(Fax)：0573－87870990
E-mail：lingzhi. kong@hxnfibers-cn. com
联系人(Contact Person)：孔令芝
产品业务(Business)：功能化纤维

浙江华银非织造布有限公司
Zhejiang Huayin Nonwoven Co., Ltd.
地址(Add)：浙江省杭州市经济技术开发区(下沙)3号大街18号
邮编(P. C.)：310018
电话(Tel)：0571－86911946
传真(Fax)：0571－86911945
E-mail：hywbm@vip. sina. com
Http://www. huayin-nonwovens. com
总经理(General Manager)：吴柏明
联系人(Contact Person)：章国强
产品业务(Business)：纺粘非织造布

德沃尔无纺布(杭州)有限公司
TWE Nonwoven (Hangzhou) Co., Ltd.
地址(Add)：浙江省杭州市经济开发区3号路17号3楼西A座
邮编(P. C.)：310018
电话(Tel)：0571－28057553
传真(Fax)：0571－28034987
E-mail：tangzhiyuan@twe-nonwoven. com
Http://www. twe-nonwoven. com
总经理(General Manager)：沃夫冈－雷迪格
联系人(Contact Person)：汤知源
产品业务(Business)：非织造布

杭州中迅实业有限公司
Hangzhou Zhongxun Industry Co., Ltd.
地址(Add)：浙江省杭州市临安经济开发区中五路5号
邮编(P. C.)：311305
电话(Tel)：0571－63819058
传真(Fax)：0571－63819060
E-mail：hzguowp@163. com
Http://www. hzzxsy. com
法人代表(Chairman)：郭文平
产品业务(Business)：非织造布

杭州临安锦达无纺布制造有限公司
Hangzhou Lin'an Jinda Nonwovens Co., Ltd.
(详见非织造布－水刺)

杭州创蓝无纺布有限公司
Hangzhou Chuanglan Nonwoven Co., Ltd.
地址(Add)：浙江省杭州市莫干山路789号美都广场D－314
邮编(P. C.)：310005
电话(Tel)：0571－87352265
传真(Fax)：0571－87352265
E-mail：hezhong5998@163. com
总经理(General Manager)：何忠
联系人(Contact Person)：李文凯
产品业务(Business)：非织造布

杭州宝德非织造布有限公司
Power Tex Nonwovens Co., Ltd.
地址(Add)：浙江省杭州市清江路138号四季星座1804室
邮编(P. C.)：310016
电话(Tel)：0571－87244248
传真(Fax)：0571－87244255
E-mail：powertex@mail. hz. zj. cn

法人代表(Chairman)：虞夫潮
产品业务(Business)：针刺，水刺非织造布

杭州萧山航民非织造布有限公司
Hangzhou Xiaoshan Hangmin Nonwovens Co., Ltd.
(详见非织造布 - 水刺)

杭州南峰非织造布有限公司
Hangzhou Nanfeng Nonwoven Fabric Co., Ltd.
(详见非织造布 - 水刺)

杭州新福华无纺布厂
Hangzhou New Fuhua Nonwovens Factory
(详见非织造布 - 水刺)

杭州金富非织造布有限公司
Hangzhou Jinfu Nonwovens Co., Ltd.
地址(Add)：浙江省杭州市余杭仁和镇大运河工业园区
邮编(P. C.)：311107
电话(Tel)：0571 - 26265288
传真(Fax)：0571 - 26265289
E-mail：web@ jfwf. com
Http://www. jfwf. com
总经理(General Manager)：顾戴明
联系人(Contact Person)：金宝红
产品业务(Business)：非织造布

浙江科得邦非织造布有限公司
Zhejiang Kedebang Nonwoven Fabric Co., Ltd.
(详见非织造布 - 水刺)

浙江嘉鸿非织造布有限公司
Zhejiang Jiahong Nonwovens Co., Ltd.
地址(Add)：浙江省嘉善市姚庄镇工业园区万泰路 88 号
邮编(P. C.)：314117
电话(Tel)：0573 - 84773268
传真(Fax)：0573 - 84773266
E-mail：jsjh6666@ 163. com
Http://www. jhfzzb. cn
总经理(General Manager)：倪炳耀
联系人(Contact Person)：高晨
产品业务(Business)：纺粘非织造布

浙江华泰非织造布有限公司
Zhejiang Huatai Nonwovens Co., Ltd.
地址(Add)：浙江省嘉善县姚庄工业区万泰路 118 号
邮编(P. C.)：314117
电话(Tel)：0573 - 84773888
传真(Fax)：0573 - 84773668
E-mail：ppnonwoven@ gmail. com
Http://www. htnonwoven. com
联系人(Contact Person)：林友快
产品业务(Business)：纺粘非织造布

嘉兴市晟龙无纺布有限公司
Jiaxing Shenglong Nonwovens Co., Ltd.
地址(Add)：浙江省嘉兴市南湖区新丰工业园区 07 省道北侧
邮编(P. C.)：314005
电话(Tel)：0573 - 83129185
传真(Fax)：0573 - 83129851
法人代表(Chairman)：李留根
总经理(General Manager)：李留根
产品业务(Business)：热风、热轧、拒水、有色抗菌非织造布

嘉兴市华能无纺布有限公司
Jiaxing Huaneng Nonwovens Co., Ltd.
地址(Add)：浙江省嘉兴市南湖区新丰镇民丰村王家头
邮编(P. C.)：314005
电话(Tel)：0573 - 83020286
传真(Fax)：0573 - 83020289
总经理(General Manager)：姚荣华
联系人(Contact Person)：伍慧华
产品业务(Business)：热风非织造布，干法纸

嘉兴市申新无纺布厂
Jiaxing Shenxin Non-woven Fabric Factory
地址(Add)：浙江省嘉兴市南湖区新丰镇万丰路口 1 号
邮编(P. C.)：314005
电话(Tel)：0573 - 83022353
传真(Fax)：0573 - 83022857
E-mail：sxsf@ zj165. com
Http://www. zjjxcjf. cn
法人代表(Chairman)：曹志祥
总经理(General Manager)：曹华峰
联系人(Contact Person)：金志华
产品业务(Business)：热风、热轧、拒水、抗菌非织造布，干法纸

嘉兴市富星无纺布厂
Jiaxing Fuxing Nonwovens Plant
地址(Add)：浙江省嘉兴市南湖区新丰镇盐丰路口
邮编(P. C.)：314005
电话(Tel)：0573 - 83022304
传真(Fax)：0573 - 83021955
法人代表(Chairman)：蔡炳星
联系人(Contact Person)：蔡炳星
产品业务(Business)：热风、抗菌非织造布，中空喷胶棉

嘉兴市新丰特种纤维厂
Jiaxing Xinfeng Special Fiber Factory
地址(Add)：浙江省嘉兴市新丰镇富林大道 128 号
邮编(P. C.)：314005
电话(Tel)：0573 - 83022593
传真(Fax)：0573 - 83024505
Http://www. jxfibre. com
法人代表(Chairman)：郑海其
总经理(General Manager)：杨燕方
联系人(Contact Person)：朱甫明
产品业务(Business)：ES 低熔点复合短纤维、超短纤维

嘉兴市中超无纺布有限公司
Jiaxing Zhongchao Nonwovens Co., Ltd.
地址(Add)：浙江省嘉兴市新丰镇新丰工业园区
邮编(P. C.)：314005
电话(Tel)：0573 - 83128899
传真(Fax)：0573 - 83128855
法人代表(Chairman)：沈明荣
联系人(Contact Person)：沈建军
产品业务(Business)：热风、拒水、过滤、水刺、抗菌非织造布

绍兴市耀龙纺粘科技有限公司
Yaolong Spunbonded Nonwoven Technology Co., Ltd.
地址(Add)：浙江省绍兴市马山镇启圣路与海南路交叉口
邮编(P. C.)：312085
电话(Tel)：0575－88919193
传真(Fax)：0575－88919588
E-mail：jihong2000101@sina.com
Http://www.yaolongtex.cn
联系人(Contact Person)：季洪
产品业务(Business)：双组分纺粘非织造布

温州市诚亿化纤有限公司
Wenzhou Chengyi Chemical Fiber Co., Ltd.
地址(Add)：浙江省温州市苍南县云岩乡鲸头村鲸山路8－1号
邮编(P. C.)：325803
电话(Tel)：0577－64307999
传真(Fax)：0577－64305777
E-mail：cynonwoven@foxmail.com
Http://www.cynonwoven.com
联系人(Contact Person)：汪家辉
产品业务(Business)：熔喷、纺粘非织造布

温州非织布有限公司
Wenzhou Nonwoven Co., Ltd.
地址(Add)：浙江省温州市工业园庐山路222号
邮编(P. C.)：325013
电话(Tel)：0577－86638188
传真(Fax)：0577－86637878
联系人(Contact Person)：郭瑞玉
产品业务(Business)：纺粘、水刺非织造布

温州市瓯海昌隆化纤制品厂
Wenzhou Ouhai C. L. Chemical Fiber Fabric Factory
地址(Add)：浙江省温州市瓯海大道301号
邮编(P. C.)：325014
电话(Tel)：0577－86763780
传真(Fax)：0577－86764899
E-mail：cl@clnonwoven.com
Http://www.clnonwoven.com
法人代表(Chairman)：陈立东
总经理(General Manager)：陈立东
联系人(Contact Person)：邱丽杰
产品业务(Business)：PP纺粘非织造布，SMS复合非织造布

温州市诚博非织造布有限公司
Wenzhou Chengbo Nonwovens Co., Ltd.
地址(Add)：浙江省温州市三垟大道三茶路396号
邮编(P. C.)：325014
电话(Tel)：0577－86773757
传真(Fax)：0577－86773767
E-mail：info@cnchengbo.com
Http://www.cnchengbo.com
法人代表(Chairman)：周国权
产品业务(Business)：热轧非织造布

义乌市经纬无纺布有限公司
Yiwu Jingwei Nonwoven Co., Ltd.
地址(Add)：浙江省义乌市义亭工业区振兴路5号
邮编(P. C.)：322000
电话(Tel)：0579－85818500
传真(Fax)：0579－85817500
E-mail：500@ywjw.com
Http://www.ywjw.com
联系人(Contact Person)：陈小良
产品业务(Business)：非织造布

宁波市宁扬国际贸易有限公司
Ningbo Ningyang International Trade Co., Ltd.
地址(Add)：浙江省余姚市金型路118号3楼
邮编(P. C.)：315400
电话(Tel)：0574－62632198
传真(Fax)：0574－62632198
联系人(Contact Person)：张宁立
产品业务(Business)：聚丙烯

合肥精诚非织造布制品有限公司
Hefei Jingcheng Nonwoven Products Co., Ltd.
地址(Add)：安徽省合肥市肥东新城开发区金阳路6号
邮编(P. C.)：231131
电话(Tel)：0551－5205668
传真(Fax)：0551－5205655
E-mail：lzw@jcfzzb.com
Http://www.jcfzzb.com
总经理(General Manager)：刘正文
产品业务(Business)：纺粘非织造布包装材料

合肥市华润非织造布制品有限公司
Hefei Huarun Nonwoven Products Co., Ltd.
地址(Add)：安徽省合肥市青年路边172号
邮编(P. C.)：230054
电话(Tel)：0551－3410466
传真(Fax)：0551－3414066
E-mail：ahhuarun@163.com
Http://www.ahhuarun.cn.alibaba.com
法人代表(Chairman)：程本华
产品业务(Business)：非织造布

合肥双成非织造布有限公司
Hefei Shuangcheng Nonwovens Co., Ltd.
(详见非织造布－水刺)

晋江市恒安卫生材料有限公司
Jinjiang Hengan Hygiene Material Co., Ltd.
地址(Add)：福建省晋江市安海恒安工业城
邮编(P. C.)：362261
电话(Tel)：0595－85708888
传真(Fax)：0595－85708666
联系人(Contact Person)：姚建军
产品业务(Business)：非织造布，打孔膜，流延膜

晋江市兴泰无纺制品有限公司
Jinjiang Xingtai Nonwoven Products Co., Ltd.
地址(Add)：福建省晋江市五里工业园区
邮编(P. C.)：362263
电话(Tel)：0595－85736985
传真(Fax)：0595－85736996
E-mail：xingtai999@hotmail.com
Http://www.jjxingtai.cn
法人代表(Chairman)：王火烟
联系人(Contact Person)：刘新毛

产品业务(Business)：纺粘、水刺非织造布

泉州祥裕塑胶有限公司
Quanzhou Xiangyu Plastic Co., Ltd.
地址(Add)：福建省泉州经济技术开发区智泰路128号
邮编(P.C.)：362005
电话(Tel)：0595-22490238
传真(Fax)：0595-22490228
E-mail：info@hualinonwoven.com.cn
联系人(Contact Person)：李先生
产品业务(Business)：纺粘非织造布

泉州华利塑胶有限公司
Quanzhou Huali Plastic Co., Ltd.
地址(Add)：福建省泉州市经济技术开发区(清濛园区)智泰路128号
邮编(P.C.)：362005
电话(Tel)：0595-22490238
传真(Fax)：0595-22490228
总经理(General Manager)：张传家
联系人(Contact Person)：林建国
产品业务(Business)：纺粘非织造布，母粒

泉州市鸿华化纤制品有限公司
Quanzhou Honghua Chemical Fibre Products Co., Ltd.
地址(Add)：福建省泉州市龙湖新街开发区鸿华工业园
邮编(P.C.)：362700
电话(Tel)：0595-85308150
传真(Fax)：0595-88878598
法人代表(Chairman)：庄雅哲
总经理(General Manager)：庄雅哲
联系人(Contact Person)：肖候钟
产品业务(Business)：非织造布系列产品，过滤材料

泉州东华化纤织造有限公司
Quanzhou Donghua Chemical Fibre Weaving Co., Ltd.
地址(Add)：福建省泉州市清濛科技工业区2-12E
邮编(P.C.)：362005
电话(Tel)：0595-22487811
传真(Fax)：0595-22487810
E-mail：dongyuan@public.qz.fj.cn
联系人(Contact Person)：林朝聘
产品业务(Business)：非织造布

翔鹭涤纶纺织(厦门)有限公司
Xianglu Fibers (Xiamen) Co., Ltd.
地址(Add)：福建省厦门海沧投资区(芦坑)
邮编(P.C.)：361026
电话(Tel)：0592-6882312
传真(Fax)：0592-6882312
E-mail：webmaster@xmxl.com
Http://www.xmxl.com
联系人(Contact Person)：黎经理
产品业务(Business)：涤纶纱(用于服装)

山东俊富无纺布有限公司
Shandong Jofo Nonwovens Co., Ltd.
地址(Add)：山东省东营市南一路1278号
邮编(P.C.)：257091
电话(Tel)：0546-8301415
传真(Fax)：0546-8301258
E-mail：jofo@jofo.com.cn
Http://www.jofo.com.cn
联系人(Contact Person)：裴铭江
产品业务(Business)：非织造布

济南华鲁实业有限责任公司
Jinan Hualu Industrial Co., Ltd.
地址(Add)：山东省济南市工业南路26号
邮编(P.C.)：250101
电话(Tel)：0531-88820176
传真(Fax)：0531-88834225
E-mail：fzb@jnhl.com
Http://www.jnhl.com
联系人(Contact Person)：张焕祎
产品业务(Business)：非织造布

山东康洁非织造布有限公司
Shandong Kangjie Nonwovens Co., Ltd.
地址(Add)：山东省济南市工业南路26号
邮编(P.C.)：250101
电话(Tel)：0531-88800027
传真(Fax)：0531-88822704
E-mail：market@kj-nonwovens.com
Http://www.kj-nonwovens.com
法人代表(Chairman)：彭海粟
总经理(General Manager)：马敬华
联系人(Contact Person)：李亚磊
产品业务(Business)：纺粘、亲水、抗静电非织造布

临沂市兰山区社会福利工艺厂
Linyi Community Welfare Craft Factory
地址(Add)：山东省临沂市通达路32-27号
邮编(P.C.)：276005
电话(Tel)：0539-8290508
传真(Fax)：0539-8290508
E-mail：chuhongna@163.com
法人代表(Chairman)：贾学森
总经理(General Manager)：贾学森
联系人(Contact Person)：张志兴
产品业务(Business)：热轧、热风非织造布，流延膜

青岛信义元塑料板无纺布有限公司
Qingdao Xinyiyuan Plastic & Nonwovens Co., Ltd.
地址(Add)：山东省青岛胶南市长春路临港工业园
邮编(P.C.)：266431
电话(Tel)：0532-83191712
传真(Fax)：0532-83191712
E-mail：huyanjuan1225@163.com
Http://www.sinyichina.com
产品业务(Business)：纺粘非织造布

青岛盛盈新纺织品有限公司
Qingdao L&A Orient Nonwoven Manufacture Co., Ltd.
地址(Add)：山东省青岛市福州南路99号鲁通大厦203室
邮编(P.C.)：266071
电话(Tel)：0532-88651597
传真(Fax)：0532-85714147
E-mail：kinnyzhou@hotmail.com
Http://www.la-orientnonwoven.com
联系人(Contact Person)：周家昌

产品业务(Business)：非织造布

日照三银纺织有限公司无纺布厂
Rizhao Sanyin Nonwovens Factory
地址(Add)：山东省日照市秦皇岛路109号
邮编(P. C.)：276826
电话(Tel)：0633－8392858
传真(Fax)：0633－8331635
E-mail：herrylee05@yahoo.com.cn
Http://www.sanyintex.com
法人代表(Chairman)：厉洪波
联系人(Contact Person)：厉洪波
产品业务(Business)：热风非织造布

郯城县金得利卫生用品有限公司
Tancheng Jindeli Hygiene Products Co., Ltd.
地址(Add)：山东省郯城县高册工业园
邮编(P. C.)：276100
电话(Tel)：0539－6591688
传真(Fax)：0539－6593888
法人代表(Chairman)：胡征文
总经理(General Manager)：胡征文
联系人(Contact Person)：胡文龙
产品业务(Business)：非织造布

山东俊富非织造材料有限公司
Jofo (Weifang) Nonwovens Co., Ltd.
地址(Add)：山东省潍坊市宝通街6446号
邮编(P. C.)：261205
电话(Tel)：0536－2225188
传真(Fax)：0536－2225187
E-mail：lishenglin@jofo.com.cn
Http://www.jofo.com.cn
法人代表(Chairman)：赵民忠
总经理(General Manager)：李胜林
联系人(Contact Person)：李胜林
产品业务(Business)：拒水、亲水及功能性SS、SMMS非织造布

山东海龙康富特非织造材料有限公司
Shandong Helon Comfortable Nonwoven Co., Ltd
地址(Add)：山东省潍坊市寒亭区央子镇新北海路以南
邮编(P. C.)：261108
电话(Tel)：0536－7576829
传真(Fax)：0536－7576286
E-mail：xiabosen959@163.com
Http://www.sdcomfortable.cn
联系人(Contact Person)：王东
产品业务(Business)：纺粘、水刺非织造布

河南飘安高科股份有限公司
Henan Piaoan High-tech Co., Ltd.
(详见非织造布－水刺)

平顶山市恒润化纤有限公司
Pingdingshan Hengrun Chemical Fibre Co., Ltd.
地址(Add)：河南省平顶山市高新技术开发区开发路1号
邮编(P. C.)：467021
电话(Tel)：0375－3985668
传真(Fax)：0375－3986659
E-mail：lmaijun@126.com
总经理(General Manager)：刘麦军
联系人(Contact Person)：陈兰芳
产品业务(Business)：热轧非织造布

湖北金龙非织造布有限公司
Hubei Gold Dragon Nonwoven Co., Ltd.
地址(Add)：湖北省荆门市高新技术产业开发区兴隆大道236号
邮编(P. C.)：448000
电话(Tel)：0724－2498990
传真(Fax)：0724－2498619
E-mail：wwdgold@163.com
总经理(General Manager)：革以新
联系人(Contact Person)：汪卫东
产品业务(Business)：SMS熔纺复合非织造布

湖北博韬合纤有限公司
Hubei Botao Synthetic Fiber Co., Ltd.
地址(Add)：湖北省荆门市杨湾路23号
邮编(P. C.)：448002
电话(Tel)：0724－2222622
传真(Fax)：0724－2210705
E-mail：xzdyf135@163.com
Http://www.hubeibotao.cn
联系人(Contact Person)：邓允峰
产品业务(Business)：丙纶短纤维，非织造布

仙桃瑞鑫防护用品有限公司
Xiantao Rayxin Medical Products Co., Ltd.
地址(Add)：湖北省仙桃市彭场大道中端258号
邮编(P. C.)：433018
电话(Tel)：0728－2617598
传真(Fax)：0728－2617777
E-mail：lichao@rayxin.com
Http://www.rayxin.com
联系人(Contact Person)：李启超
产品业务(Business)：非织造布

湖北省仙桃市佳泰工贸有限公司
Hubei Xiantao Jiatai Trade Co., Ltd.
地址(Add)：湖北省仙桃市新里仁口新华路特8号
邮编(P. C.)：433011
电话(Tel)：0728－2712319
传真(Fax)：0728－2712319
E-mail：lidongbing1213@163.com
Http://www.hbxtjt.com
总经理(General Manager)：李冬冰
联系人(Contact Person)：李超
产品业务(Business)：非织造布，弹性纤维
广州办
地址(Add)：广东省佛山市顺德区乐从镇湖畔湾湖景阁3－501
邮编(P. C.)：528315
电话(Tel)：0757－28786774
传真(Fax)：0757－28786774
产品业务(Business)：非织造布，弹性纤维

佛山市昌伟非织造材料有限公司
Foshan Changwei Nonwoven Co., Ltd.
地址(Add)：广东省佛山市南海区大沥镇钟边工业区(广佛公路旁)

邮编(P. C.): 528231
电话(Tel): 0757 – 85550966
传真(Fax): 0757 – 85562329
法人代表(Chairman): 钟泰
联系人(Contact Person): 赖家坤
产品业务(Business): 热轧、热风非织造布

南海南新无纺布有限公司
Nanhai Nanxin Non-woven Co., Ltd.
地址(Add): 广东省佛山市南海区桂城海八路
邮编(P. C.): 528200
电话(Tel): 0757 – 86251715
传真(Fax): 0757 – 86265180
E-mail: tianr@ pginw. com
Http://www. pginw. com
法人代表(Chairman): Jerry Zucker
联系人(Contact Person): 田雨
产品业务(Business): 丙纶纺粘法非织造布

佛山市南海稳德福无纺布有限公司
Foshan Nanhai Wonderful Nonwoven Co., Ltd.
地址(Add): 广东省佛山市南海区九江沙头镇石江工业区
邮编(P. C.): 528208
电话(Tel): 0757 – 86910199
传真(Fax): 0757 – 86916230
E-mail: deng@ chinawoven. com
Http://www. chinawoven. com
法人代表(Chairman): 黄业滔
总经理(General Manager): 邓伟添
联系人(Contact Person): 赖锡寿
产品业务(Business): 非织造布

佛山市瑞信无纺布有限公司
Foshan Rayson Nonwoven Co., Ltd.
地址(Add): 广东省佛山市南海区狮山镇官窑小榄红星村瑞信工业园
邮编(P. C.): 528237
电话(Tel): 0757 – 85896199
传真(Fax): 0757 – 81192378
E-mail: deng@ mattresscomponents. com. cn
Http://www. raysonchina. com
法人代表(Chairman): 黄协华
联系人(Contact Person): 陈惠平
产品业务(Business): 纺粘非织造布

佛山市凯旭无纺布科技有限公司
Foshan Kaixu Nonwoven Technology Co., Ltd.
地址(Add): 广东省佛山市狮山黄洞工业区(一环边)
邮编(P. C.): 528000
电话(Tel): 0757 – 81206398
传真(Fax): 0757 – 81208282
E-mail: hzh8721@ 163. com
联系人(Contact Person): 黄志华
产品业务(Business): 亲水非织造布, 打孔专用非织造布

广东佛山市鸿发无纺布制造有限公司
Guangdong Foshan Hongfa Nonwoven Fabrics Manufacture Co., Ltd.
地址(Add): 广东省佛山市顺德区龙江镇华西保涌工业区良槎桥边
邮编(P. C.): 528319
电话(Tel): 0757 – 23889770
传真(Fax): 0757 – 23889766
E-mail: starting2008@ hotmail. com
Http://www. sdhongfa. en. alibaba. com
联系人(Contact Person): Terry Mei
产品业务(Business): 纺粘非织造布

广州市绿芳洲新材料有限公司
Guangzhou Lüfangzhou New Material Co., Ltd.
(详见非织造布 – 水刺)

广州市金浪星非织造布有限公司
Guangzhou Environstar Enterprise Ltd.
地址(Add): 广东省广州市从化温泉镇云星村 105 国道旁
邮编(P. C.): 510970
电话(Tel): 020 – 87832349
传真(Fax): 020 – 87832726
E-mail: fan@ environstar. com. cn
Http://www. nonwovencn. cn
联系人(Contact Person): 范先生
产品业务(Business): 纺粘非织造布, 复合非织造布

广州森景织造有限公司
Guangzhou Senjing Textile Co., Ltd.
地址(Add): 广东省广州市花都区建设北路 168 号(公益村第二工业园)
邮编(P. C.): 510800
电话(Tel): 020 – 36995838
传真(Fax): 020 – 86898110
产品业务(Business): 非织造布

广州市伟耀无纺布制品有限公司
Guangzhou Testino Technofiber Nonwoven Ltd.
地址(Add): 广东省广州市花都区狮岭镇山前大道 65 号
邮编(P. C.): 510850
电话(Tel): 020 – 86917088
传真(Fax): 020 – 86917099
E-mail: kathy@ testino. cn
联系人(Contact Person): 毕敏桃
产品业务(Business): 热轧非织造布

广州宏鑫无纺布有限公司
Enhance Nonwovens Co., Ltd.
地址(Add): 广东省广州市花都区新华街大华工业园
邮编(P. C.): 510800
电话(Tel): 020 – 61820171
传真(Fax): 020 – 61820170
E-mail: foresight@ cn-nonwoven. com
Http://www. cn-nonwoven. com
产品业务(Business): 非织造布

广州海鑫无纺布实业有限公司
Guangzhou Hasen Nonwoven Cloth Industry Co., Ltd.
地址(Add): 广东省广州市花都区新华街九潭村毕村北路 10 号
邮编(P. C.): 510800
电话(Tel): 020 – 36870800
传真(Fax): 020 – 36870804
E-mail: gohasen@ gohasen. com
Http://www. gohasen. com
总经理(General Manager): 朱红军

产品业务(Business)：非织造布

广州市一洲无纺布有限公司
Guangzhou Yizhou Nonwoven Co., Ltd.
地址(Add)：广东省广州市花都区新华镇莲塘工业区
邮编(P. C.)：510800
电话(Tel)：020－36856298
传真(Fax)：020－36856398
E-mail：robin1886@ sina. com. cn
Http://www. yznonwoven. com
法人代表(Chairman)：林小燕
总经理(General Manager)：林俊雄
联系人(Contact Person)：屈辰云
产品业务(Business)：纺粘、亲水、打孔非织造布

广州市科纶实业有限公司
Guangzhou Kelun Industrial Co., Ltd.
地址(Add)：广东省广州市江南大道中232号华海大厦B座28楼
邮编(P. C.)：510440
电话(Tel)：020－84449607
传真(Fax)：020－84446847
E-mail：xin9982@ hotmail. com
Http://www. kelun82. com
联系人(Contact Person)：黄先生
产品业务(Business)：非织造布

广州全永不织布有限公司
Guangzhou Quanyong Nonwovens Co., Ltd.
地址(Add)：广东省广州市经济技术开发区东区沧联四社工业区
邮编(P. C.)：510760
电话(Tel)：020－82261067
传真(Fax)：020－82261558
联系人(Contact Person)：赖先生
产品业务(Business)：非织造布

广州艺爱丝纤维有限公司
Guangzhou ES Fiber Co., Ltd.
地址(Add)：广东省广州市经济技术开发区金碧路金华三街1号
邮编(P. C.)：510730
电话(Tel)：020－82220021
传真(Fax)：020－82220020
E-mail：lijingfeng@ gzes. com
Http://www. gzes. com
法人代表(Chairman)：村山正
总经理(General Manager)：木庭竜一
联系人(Contact Person)：钟延生
产品业务(Business)：热风非织造布，聚烯烃系热粘合复合纤维(ES纤维)

广东俊富实业有限公司
Guangdong Jofo Industry Co., Ltd.
地址(Add)：广东省广州市天河北路233号中信广场7203室
邮编(P. C.)：510643
电话(Tel)：020－38770825
传真(Fax)：020－87521213
联系人(Contact Person)：赵民忠
产品业务(Business)：非织造布

SAAF无纺布公司广州代表处
SAAF Advanced Fabrics, Guangzhou Office
地址(Add)：广东省广州市先烈中路69号东山广场1903室
邮编(P. C.)：510095
电话(Tel)：020－87327972
传真(Fax)：020－87327451
E-mail：mchen@ saafnw. com
Http://www. saafnw. com
联系人(Contact Person)：陈文芳
产品业务(Business)：非织造布

广州市东州无纺布有限公司
Guangzhou Dongzhou Nonwoven Co., Ltd.
地址(Add)：广东省广州市增城新塘镇永和塔岗工业区
邮编(P. C.)：511356
电话(Tel)：020－32981603
传真(Fax)：020－32981602
联系人(Contact Person)：邱丽瑄
产品业务(Business)：非织造布

开平市开德利实业有限公司
Kaiping Kindly Industry Co., Ltd.
地址(Add)：广东省开平市曙光东路138号
邮编(P. C.)：529300
电话(Tel)：0750－2283899
传真(Fax)：0750－2218180
E-mail：ctu91@ 21cn. com
Http://www. kp-webstar. com. cn
联系人(Contact Person)：胡灿光
产品业务(Business)：纺粘非织造布

和盛塑料加工厂
Hesheng Plastic Factory
(详见流延膜及塑料母粒)

科龙达无纺布厂
Kelongda Nonwoven Factory
地址(Add)：广东省汕头市潮阳区棉北广汕公路五三路段
邮编(P. C.)：515100
电话(Tel)：0754－88722588
传真(Fax)：0754－83734333
Http://kelongwfb. wsypw. com
联系人(Contact Person)：肖晓缤
产品业务(Business)：热熔、热轧非织造布

国桥实业深圳有限公司
National Bridge Industrial (S. Z.) Co., Ltd.
地址(Add)：广东省深圳市宝安区观澜镇观光路国桥工业园
邮编(P. C.)：518110
电话(Tel)：0755－29046869
传真(Fax)：0755－29046686
E-mail：nbi@ nbi. com. cn
Http://www. nbi. com. cn
法人代表(Chairman)：杨自然
总经理(General Manager)：杨自然
联系人(Contact Person)：陈建婷
产品业务(Business)：纺粘非织造布

同高纺织化纤(深圳)有限公司
Equal Good Textile Chemical Fibre Products (Shenzhen) Co., Ltd.
地址(Add): 广东省深圳市宝安区石岩镇三联工业区第1-9栋
邮编(P.C.): 518108
电话(Tel): 0755-27629063-329
传真(Fax): 0755-27629062
E-mail: sales@nonwoven-eg.com
Http://www.nonwoven-eg.com
法人代表(Chairman): 余敏
联系人(Contact Person): 郭人贵
产品业务(Business): 非织造布

深圳市宜丽环保科技有限公司
Shenzhen Eli Environment Protection Co., Ltd.
地址(Add): 广东省深圳市龙岗区坂田五和大道北元征科技园7号楼1楼
邮编(P.C.): 518129
电话(Tel): 0755-82971388
传真(Fax): 0755-82971898
E-mail: szeli-sc@szeli.cn
Http://www.szeli.cn
法人代表(Chairman): 吴少勇
总经理(General Manager): 吴少勇
联系人(Contact Person): 俞大青
产品业务(Business): 抗菌非织造布, 抗菌芯片, 功能卫生用品配件

深圳市洋仟材料应用技术有限责任公司
Shenzhen High Technology Fibers Co., Ltd.
地址(Add): 广东省深圳市龙岗区深圳市留学生(龙岗)创业园一园南区314室
邮编(P.C.): 518000
电话(Tel): 0755-82964949
传真(Fax): 0755-28938095
E-mail: yangqian@f-fiber.com
Http://www.f-fiber.com
总经理(General Manager): 龚文忠
联系人(Contact Person): 徐立中
产品业务(Business): 功能性纤维, 功能性非织造布

中山市宏俊无纺布厂有限公司
Hongjun Nonwoven Factory Ltd.
地址(Add): 广东省中山市石岐海景路3号
邮编(P.C.): 528402
电话(Tel): 0760-88703774
传真(Fax): 0760-88711071
E-mail: hongjun@z-nonwoven.com
Http://www.z-nonwoven.com
法人代表(Chairman): 吕志宏
联系人(Contact Person): 梁斌
产品业务(Business): 纺粘非织造布

海南欣龙水刺材料有限公司
Hainan Xinlong Spunlace Materials Co., Ltd.
(详见非织造布-水刺)

——水刺
spunlaced

Ihsan Sons (PVT) Ltd.
地址(Add): 801-A City Towers Main Boulevard Gulberg II Lahore, 54660 Pakistan
电话(Tel): 92-42-5770411
传真(Fax): 92-42-5770408
E-mail: bleach@ihsanpakistan.com
Http://www.ihsanpakistan.com
产品业务(Business): 水刺非织造布

卫普实业股份有限公司
Web-Pro Corporation
(详见非织造布-热轧、热风、纺粘)

南六企业股份有限公司
Nan Liu Enterprise Co., Ltd.
(详见非织造布-热轧、热风、纺粘)

新丽企业股份有限公司
Shinih Enterprise Co., Ltd.
地址(Add): 台湾桃园县龟山乡大同路365号
电话(Tel): 886-3-3205303
传真(Fax): 886-3-3209502
Http://www.shinih.com.tw
产品业务(Business): 水刺非织造布

台新纤维制品(苏州)有限公司
Taixin Fiber Products (Suzhou)
地址(Add): 江苏省太仓市洛阳东路57号
邮编(P.C.): 215400
电话(Tel): 0512-53564741
传真(Fax): 0512-53564775
产品业务(Business): 水刺非织造布

北京洁洁香纸制品有限公司
Beijing Jiejiexiang Paper Products Co., Ltd.
地址(Add): 北京市昌平区沙河镇白各庄工业区100号
邮编(P.C.): 102206
电话(Tel): 010-80729255
传真(Fax): 010-80729515
E-mail: bj-jjx@126.com
Http://www.bj-jjx.com
联系人(Contact Person): 贺铁宏
产品业务(Business): 水刺非织造布

北京大源-茂猛无纺布制品有限公司
Beijing Dayuan-Maomeng Nonwoven Products Co., Ltd.
(详见非织造布-热轧、热风、纺粘)

杜邦-大源非织造布有限公司
Dupont-Dayuan Nonwoven Fabric Co., Ltd.
地址(Add): 北京市门头沟石龙工业区龙园路6号
邮编(P.C.): 102308
电话(Tel): 010-69804175
传真(Fax): 010-69802774
E-mail: angela.wang@dupont-dayuan.com
Http://www.ddnchina.com
联系人(Contact Person): 王素贞
产品业务(Business): 生产水刺非织造布

东纶科技实业有限公司
Eastex Science & Technology Industrial Co., Ltd.
地址(Add): 河北省廊坊经济技术开发区汇源道8号
邮编(P.C.): 065001

电话(Tel)：0316－6087699
传真(Fax)：0316－6088171
E-mail：mh@eastex-china.com
Http://www.eastex-china.com
法人代表(Chairman)：刘瑞彪
总经理(General Manager)：马咏梅
联系人(Contact Person)：孟红
产品业务(Business)：水刺非织造布，功能性复合材料

香河隆福非织造材料有限公司
Longfu Nonwoven Materials Co., Ltd.
地址(Add)：河北省香河经济技术开发区安泰南路
邮编(P. C.)：065402
电话(Tel)：0316－8219349
传真(Fax)：0316－8219294
E-mail：weiqifang2006@yahoo.com.cn
Http://www.xhlongfu.com.cn
总经理(General Manager)：周森
联系人(Contact Person)：李长征
产品业务(Business)：水刺非织造布

大连瑞光非织造布集团有限公司
Dalian Ruiguang Nonwoven Group Co., Ltd.
(详见非织造布－热轧、热风、纺粘)

上海宏科无纺布有限公司
Shanghai Hongke Nonwoven Co., Ltd.
地址(Add)：上海市共和新路4719弄167号212室
邮编(P. C.)：200435
电话(Tel)：021－56835046
传真(Fax)：021－56835046
E-mail：zhj1613@163.com
联系人(Contact Person)：张峻
产品业务(Business)：水刺非织造布

上海锐孚商贸有限公司
Shanghai Ruifu Business & Trade Co., Ltd.
(详见胶带、胶贴、魔术贴、标签)

常熟市圣利达水刺无纺有限公司
Changshu Shenglida Spunlace Nonwovens Co., Ltd.
地址(Add)：江苏省常熟市沙家浜镇(唐市)常昆工业园区复兴路10号
邮编(P. C.)：215542
电话(Tel)：0512－52579990
传真(Fax)：0512－52579991
E-mail：sld@shenglida.com
Http://www.shenglida.com
法人代表(Chairman)：王自业
总经理(General Manager)：王自业
联系人(Contact Person)：谢文豪
产品业务(Business)：水刺非织造布

苏州常盛水刺无纺布有限公司
Suzhou Changsheng Spunlaced Nonwoven Co., Ltd.
地址(Add)：江苏省常熟市支塘镇(任阳)常盛工业园
邮编(P. C.)：215539
电话(Tel)：0512－52582000
传真(Fax)：0512－52586000
E-mail：ligx22@163.com
Http://www.sz-cs.com
法人代表(Chairman)：李国新
联系人(Contact Person)：刘奎生
产品业务(Business)：水刺非织造布

江苏东方洁妮尔水刺无纺布有限公司
Jiangsu East Genial Spunlaced Nonwovens Co., Ltd.
地址(Add)：江苏省常州市湖塘镇马杭金家塘100号
邮编(P. C.)：213102
电话(Tel)：0519－86323168
传真(Fax)：0519－86705277
E-mail：genial@alibaba.com.cn
Http://www.eastgenial.com
联系人(Contact Person)：黄福金
产品业务(Business)：水刺非织造布

常州亨利无纺布有限公司
Changzhou Hengli Non-woven Co., Ltd.
(详见非织造布－热轧、热风、纺粘)

常州华纳非织造布有限公司
Changzhou Warner Nonwovens Co., Ltd.
地址(Add)：江苏省常州市遥观镇西街8号
邮编(P. C.)：213102
电话(Tel)：0519－88710361
传真(Fax)：0519－88710362
E-mail：c2126126@126.com
Http://www.alibabatool.cn
法人代表(Chairman)：庄海洋
总经理(General Manager)：王红华
联系人(Contact Person)：庄海洋
产品业务(Business)：水刺非织造布

江苏通江科技股份有限公司
Jiangsu Tongjiang Science & Technology Co., Ltd.
地址(Add)：江苏省南通市如皋皋南工业园8号
邮编(P. C.)：226553
电话(Tel)：0513－87779666
传真(Fax)：0513－87772599
E-mail：tj@tjtex.com
Http://www.tjtex.com
法人代表(Chairman)：沈季疆
总经理(General Manager)：沈季疆
联系人(Contact Person)：陈宽义
产品业务(Business)：水刺非织造布

南通康盛无纺布有限公司
Nantong Kangsheng Nonwoven Co., Ltd.
地址(Add)：江苏省如皋市袁桥镇狮垛村
邮编(P. C.)：226575
电话(Tel)：0513－88519155
传真(Fax)：0513－87815159
E-mail：chengh169@163.com
Http://www.ntkswf.cn.alibaba.com
总经理(General Manager)：陈国红
产品业务(Business)：水刺，纺粘非织造布

浙江恒月无纺布有限公司
Zhejiang Hengyue Fabric Co., Ltd.
(详见非织造布－热轧、热风、纺粘)

浙江荣鑫纤维有限公司非织造布分公司
Zhejiang Rongxin Fibre Co., Ltd. Nonwoven Branch Company
地址(Add): 浙江省海宁市经济开发区双园路1号
邮编(P. C.): 314400
电话(Tel): 0573-87262222
传真(Fax): 0573-87263333
E-mail: sales@rxfibre.com
Http://www.rxfibre.com
联系人(Contact Person): 王继光
产品业务(Business): 水刺非织造布

浙江华顺涤纶工业有限公司
Zhejiang Huashun P. F. I. Co., Ltd.
地址(Add): 浙江省杭州市临安玲珑工业区华兴工业城7号楼
邮编(P. C.): 311300
电话(Tel): 0571-63925908
传真(Fax): 0571-63925929
E-mail: huashun908@163.com
Http://www.huaxing.org
法人代表(Chairman): 俞华平
总经理(General Manager): 俞华平
联系人(Contact Person): 俞华平
产品业务(Business): 水刺非织造布

杭州临安锦达无纺布制造有限公司
Hangzhou Lin'an Jinda Nonwovens Co., Ltd.
地址(Add): 浙江省杭州市临安青山湖街道37号
邮编(P. C.): 311305
电话(Tel): 0571-63781985
传真(Fax): 0571-63781985
E-mail: zhoujinqiang@hzjdwufangbu.cn
法人代表(Chairman): 兰桂芳
总经理(General Manager): 周锦强
联系人(Contact Person): 周锦强
产品业务(Business): 热轧非织造布

杭州锦腾织造有限公司
Hangzhou Jinteng Nonwovens Co., Ltd.
地址(Add): 浙江省杭州市临安苕溪南路16号(锦城镇锦江工业园)
邮编(P. C.): 311300
电话(Tel): 0571-63757013
传真(Fax): 0571-63756930
法人代表(Chairman): 钭正贤
总经理(General Manager): 俞楚云
产品业务(Business): 水刺非织造布

杭州天力水刺无纺布有限公司
Hangzhou Tianli Spunlaced Nonwovens Co., Ltd.
地址(Add): 浙江省杭州市临安苕溪南路16号(锦城镇锦江工业园)
邮编(P. C.): 311300
电话(Tel): 0571-63757013
传真(Fax): 0571-63752067
E-mail: wxz@hz-tl.cn
Http://www.hz-tl.cn
联系人(Contact Person): 黄孝忠
产品业务(Business): 水刺非织造布

杭州诺邦无纺股份有限公司
Hangzhou Nbond Nonwovens Co., Ltd.
地址(Add): 浙江省杭州市临平宏达路16号
邮编(P. C.): 311102
电话(Tel): 0571-89176207
传真(Fax): 0571-89170009
E-mail: nbond@nbond.cn
Http://www.nbond.cn
法人代表(Chairman): 任建华
联系人(Contact Person): 刘维国
产品业务(Business): 水刺非织造布

杭州路先非织造股份有限公司
Hangzhou Advanced Nonwoven Co., Ltd.
地址(Add): 浙江省杭州市莫干山路868号
邮编(P. C.): 310011
电话(Tel): 0571-88172177
传真(Fax): 0571-88171791
E-mail: zhangyundu@163.com
Http://www.advanced-nonwoven.cn
法人代表(Chairman): 李群
总经理(General Manager): 张芸
联系人(Contact Person): 裘红
产品业务(Business): 水刺非织造布

杭州宝德非织造布有限公司
Power Tex Nonwovens Co., Ltd.
(详见非织造布-热轧、热风、纺粘)

杭州萧山航民非织造布有限公司
Hangzhou Xiaoshan Hangmin Nonwovens Co., Ltd.
地址(Add): 浙江省杭州市萧山瓜沥航民工业区
邮编(P. C.): 311241
电话(Tel): 0571-82565758
传真(Fax): 0571-82563368
E-mail: shen-guo-jun@163.com
Http://www.zj-hangmin.com
联系人(Contact Person): 沈国军
产品业务(Business): 水刺、针刺非织造布

杭州南峰非织造布有限公司
Hangzhou Nanfeng Nonwoven Fabric Co., Ltd.
地址(Add): 浙江省杭州市萧山区义蓬工业园区
邮编(P. C.): 311225
电话(Tel): 0571-82183058
传真(Fax): 0571-82622728
E-mail: export@naster.cn
Http://www.hznanfeng.en.alibaba.com
联系人(Contact Person): 傅玉明
产品业务(Business): 水刺、针刺非织造布

杭州恒翔纺织有限公司
Hangzhou Hengxiang Textile Co., Ltd.
地址(Add): 浙江省杭州市萧山新街镇工业园区
邮编(P. C.): 311217
电话(Tel): 0571-82856777
传真(Fax): 0571-82853877
E-mail: hx-tex@hotmail.com
Http://www.hx-textiles.cn
产品业务(Business): 水刺非织造布

杭州科达非织造布有限公司
Hangzhou Keda Nonwoven Co., Ltd.
地址(Add)：浙江省杭州市萧山镇靖江工业园区
邮编(P. C.)：311223
电话(Tel)：0571－82193138
传真(Fax)：0571－82193098
E-mail：zhujiajia151@hotmail.com
Http://www.hzxn-kd.com
法人代表(Chairman)：王剑亮
总经理(General Manager)：王剑亮
联系人(Contact Person)：汪敏辉
产品业务(Business)：水刺非织造布

杭州新福华无纺布厂
Hangzhou New Fuhua Nonwovens Factory
地址(Add)：浙江省杭州市余杭区兴旺工业城华宁路58号
邮编(P. C.)：311102
电话(Tel)：0571－89176598
传真(Fax)：0571－89176366
总经理(General Manager)：郑海峰
产品业务(Business)：水刺，针刺非织造布

杭州思进无纺布有限公司
Hangzhou Sijin Nonwovens Co., Ltd.
地址(Add)：浙江省杭州市余杭区运河镇博陆育士路1号
邮编(P. C.)：311103
电话(Tel)：0571－86282888
传真(Fax)：0571－86282618
E-mail：sijin@sj-nonwoven.com
Http://www.sj-nonwoven.com
法人代表(Chairman)：胡炳年
总经理(General Manager)：胡炳年
联系人(Contact Person)：李有根
产品业务(Business)：水刺非织造布

湖州欧宝卫生用品有限公司
Huzhou Aupower Sanitary Commodity Co., Ltd.
地址(Add)：浙江省湖州市长兴县经济开发区经三路
邮编(P. C.)：313100
电话(Tel)：0572－6129066
传真(Fax)：0572－6128222
E-mail：sales@auboo.cn
Http://www.auboo.cn
联系人(Contact Person)：王新华
产品业务(Business)：水刺非织造布

湖州欧丽卫生材料有限公司
Huzhou Auline Sanitary Material Co., Ltd.
地址(Add)：浙江省湖州市长兴县经济开发区县前街东延伸段
邮编(P. C.)：313100
电话(Tel)：0572－2955666
传真(Fax)：0572－6128222
E-mail：qiujiamin888@hotmail.com
联系人(Contact Person)：邱佳民
产品业务(Business)：水刺非织造布

浙江科得邦非织造布有限公司
Zhejiang Kedebang Nonwoven Fabric Co., Ltd.
地址(Add)：浙江省湖州市长兴县李家巷镇新世纪工业园区
邮编(P. C.)：313100
电话(Tel)：0572－6603808
传真(Fax)：0572－6636777
E-mail：jsf@kingsaf.com
Http://www.kingsaf.com
法人代表(Chairman)：严华荣
总经理(General Manager)：张德章
联系人(Contact Person)：严志军
产品业务(Business)：水刺、热轧、纺粘非织造布

嘉兴市中超无纺布有限公司
Jiaxing Zhongchao Nonwovens Co., Ltd.
(详见非织造布－热轧、热风、纺粘)

嘉兴市富瑞森水刺无纺布有限公司
Jiaxing Furuisen Spunlaced Nonwovens Co., Ltd.
地址(Add)：浙江省嘉兴市秀城区新丰工业园区竹林路口
邮编(P. C.)：314005
电话(Tel)：0573－83129828
传真(Fax)：0573－83128518
E-mail：frs@furuisen.com
Http://www.furuisen.com
法人代表(Chairman)：赵雪明
总经理(General Manager)：赵雪明
联系人(Contact Person)：赵雪明
产品业务(Business)：水刺非织造布，负离子功能性水刺非织造布

浙江弘扬无纺新材料有限公司
Zhejiang Spread Nonwoven Material Co., Ltd.
地址(Add)：浙江省嘉兴市秀洲工业区新塍分区新塍大道101号
邮编(P. C.)：314015
电话(Tel)：0573－85545899
传真(Fax)：0573－83528138
E-mail：wangdiansheng@hotmail.com
联系人(Contact Person)：王殿生
产品业务(Business)：水刺非织造布

义乌市长弓无纺布有限公司
Yiwu Chnco Nonwovens Co., Ltd.
地址(Add)：浙江省金华市金东区付村镇工业区1号
邮编(P. C.)：322001
电话(Tel)：0579－82910858
传真(Fax)：0579－82910388
E-mail：bingchen8900@hotmail.com
Http://www.china-cleaning.com
法人代表(Chairman)：张金陆
联系人(Contact Person)：陈志斌
产品业务(Business)：水刺非织造布

浙江宏源无纺布有限公司
Zhejiang Hongyuan Nonwoven Co., Ltd.
地址(Add)：浙江省丽水市水阁工业区绿谷大道295号
邮编(P. C.)：323000
电话(Tel)：0578－2953185
传真(Fax)：0578－2952686
E-mail：wzyuconhu@163.com
Http://www.zjhywfb.com
联系人(Contact Person)：余崇虎

产品业务(Business)：水刺非织造布

浙江华晟水刺无纺布有限公司
Zhejiang Huasheng Spunlace Fabric Co., Ltd.
地址(Add)：浙江省临安市玲珑工业区华兴工业城7号楼
邮编(P. C.)：311300
电话(Tel)：0571－63925908
传真(Fax)：0571－63925929
E-mail：huashun908@163.com
联系人(Contact Person)：俞华平
产品业务(Business)：水刺非织造布

浙江前方复合材料有限公司
Zhejiang Front Composite Materials Co., Ltd.
地址(Add)：浙江省浦江县浦南街道冯潘路
邮编(P. C.)：322200
电话(Tel)：0579－84240788
传真(Fax)：0579－84240055
E-mail：arlengrass@163.com
Http://www.86front.com
联系人(Contact Person)：吴亚娟
产品业务(Business)：木浆复合水刺非织造布

浙江亨泰纺织科技有限公司
Hentu Textile & Technology Co., Ltd.
地址(Add)：浙江省瑞安市潮基工业区
邮编(P. C.)：325200
电话(Tel)：0577－65471999
传真(Fax)：0577－65471222
E-mail：hentu@hentu.com
Http://www.hentu.com
法人代表(Chairman)：王建敏
联系人(Contact Person)：潘旭明
产品业务(Business)：水刺非织造布
温州办事处
地址(Add)：浙江省温州市鹿城路广汇商厦207
邮编(P. C.)：325000
电话(Tel)：0577－88728378
传真(Fax)：0577－88728368
联系人(Contact Person)：潘旭明

绍兴市恒盛新材料技术发展有限公司
Shaoxing Hengsheng New Material Technology Development Co., Ltd.
地址(Add)：浙江省绍兴市东浦工业园区下大桥
邮编(P. C.)：312069
电话(Tel)：0575－88937838
传真(Fax)：0575－85393891
E-mail：sale@hs-nonwoven.com
Http://www.hs-nonwoven.com
总经理(General Manager)：黄锐镇
联系人(Contact Person)：俞秀娟
产品业务(Business)：水刺非织造布

绍兴县艺佳纺织品有限公司
Shaoxing Yijia Textiles Co., Ltd.
地址(Add)：浙江省绍兴县钱清镇外商投资园区
邮编(P. C.)：312025
电话(Tel)：0575－84223311
传真(Fax)：0571－82797749
E-mail：spunlace@126.com
Http://www.yijiawf.cn
法人代表(Chairman)：张长命
总经理(General Manager)：张越峰
产品业务(Business)：水刺非织造布

绍兴县和中合纤有限公司
Shaoxing Hezhong Fibre Co., Ltd.
地址(Add)：浙江省绍兴县夏履镇工业园区
邮编(P. C.)：312026
电话(Tel)：0575－84066555
传真(Fax)：0575－84066566
E-mail：xsm8668@163.com
Http://www.newzt.com
总经理(General Manager)：徐寿明
联系人(Contact Person)：季红燕
产品业务(Business)：水刺非织造布

绍兴县庄洁无纺材料有限公司
Shaoxing Zhuangjie Nonwovens Material Co., Ltd.
地址(Add)：浙江省绍兴县夏履镇工业园区
邮编(P. C.)：312026
电话(Tel)：0575－85515887
传真(Fax)：0575－84060253
Http://www.sxzjwf.com
总经理(General Manager)：徐熊耀
联系人(Contact Person)：陆昌松
产品业务(Business)：水刺非织造布

温州非织布有限公司
Wenzhou Nonwoven Co., Ltd.
(详见非织造布－热轧、热风、纺粘)

浙江本源水刺布有限公司
Zhejiang Benyuan Spunlaced Nonwoven Co., Ltd.
地址(Add)：浙江省温州市龙湾蓝田工业区
邮编(P. C.)：325024
电话(Tel)：0577－86895168
传真(Fax)：0577－86891558
联系人(Contact Person)：王勤儒
产品业务(Business)：水刺非织造布

温州新宇无纺布有限公司
Wenzhou Xinyu Nonwoven Fabric Co., Ltd.
地址(Add)：浙江省温州市温金公路42号
邮编(P. C.)：325005
电话(Tel)：0577－88786902
传真(Fax)：0577－88779257
E-mail：xyf@wzxinyu.com
Http://www.wzxinyu.com
联系人(Contact Person)：陈校峰
产品业务(Business)：水刺非织造布

浙江省新昌县东方非织造有限公司
Zhejiang Xinchang Dongfang Nonwoven Co., Ltd.
地址(Add)：浙江省新昌县新昌大道中路205号
邮编(P. C.)：312500
电话(Tel)：0575－86035163
传真(Fax)：0575－86047810
E-mail：wangms695@sohu.com
联系人(Contact Person)：黄美松
产品业务(Business)：水刺非织造布

合肥飘安非织造布制品厂
Hefei Piaoan Nonwoven Products Factory
地址(Add)：安徽省合肥市肥东新城开发区燎源南路34号
邮编(P. C.)：230016
电话(Tel)：0551－7745861
传真(Fax)：0551－7745863
E-mail：web@piaoan. com
总经理(General Manager)：侯昌斌
联系人(Contact Person)：侯昌斌
产品业务(Business)：水刺非织造布

合肥双成非织造布有限公司
Hefei Shuangcheng Nonwovens Co., Ltd.
地址(Add)：安徽省合肥市双凤工业开发区金贵路
邮编(P. C.)：230056
电话(Tel)：0551－6396918
传真(Fax)：0551－6396908
E-mail：web@scfzzb. com
Http://www. scfzzb. com
联系人(Contact Person)：施徽聆
产品业务(Business)：水刺、浸渍、针刺、纺粘非织造布

合肥普尔德医疗用品有限公司
Sino Protection (Hefei) Medical Products Co., Ltd.
地址(Add)：安徽省合肥市新站综合试验区普尔德工业园
邮编(P. C.)：230011
电话(Tel)：0551－4455780
传真(Fax)：0551－4456986
E-mail：spi@spihf. com
Http://www. spihf. com
总经理(General Manager)：严德正
联系人(Contact Person)：严德正
产品业务(Business)：水刺非织造布

晋江市兴泰无纺制品有限公司
Jinjiang Xingtai Nonwoven Products Co., Ltd.
(详见非织造布－热轧、热风、纺粘)

福建南纺股份有限公司
Fujian Nanfang Co., Ltd.
地址(Add)：福建省南平市安丰桥
邮编(P. C.)：353000
电话(Tel)：0599－8639380
传真(Fax)：0599－8624358
E-mail：nfsc@fjnf. com
Http://www. fjnf. com
总经理(General Manager)：李祖安
联系人(Contact Person)：廖金旺
产品业务(Business)：水刺非织造布

南昌科奇高新技术产品实业有限公司
Nanchang Keqi Advanced Technical Industry Co., Ltd.
地址(Add)：江西省南昌市昌北经济开发区双港路134号残联庇护工厂内
邮编(P. C.)：330029
电话(Tel)：0791－8350017
传真(Fax)：0791－8309627
E-mail：nanchangwu@yahoo. com. cn
联系人(Contact Person)：熊华
产品业务(Business)：水刺非织造布

山东海龙康富特非织造材料有限公司
Shandong Helon Comfortable Nonwoven Co., Ltd.
(详见非织造布－热轧、热风、纺粘)

山东省永信非织造材料有限公司
Shandong Winson Nonwoven Materials Co., Ltd.
地址(Add)：山东省章丘市明水经济开发区
邮编(P. C.)：250200
电话(Tel)：0531－83328207
传真(Fax)：0531－83328117
E-mail：sdyongxin@163. com
Http://www. sdwinson. com
法人代表(Chairman)：史成玉
总经理(General Manager)：史成玉
联系人(Contact Person)：夏伦全
产品业务(Business)：水刺非织造布

河南飘安高科股份有限公司
Henan Piaoan High-tech Co., Ltd.
地址(Add)：河南省长垣县飘安工业园
邮编(P. C.)：453400
电话(Tel)：0373－8702222
传真(Fax)：0373－8702111
E-mail：zx. 2002@hotmail. com
Http://www. piaoan. com
法人代表(Chairman)：王继勇
总经理(General Manager)：王继勇
联系人(Contact Person)：张欣
产品业务(Business)：纯棉水刺、纺粘非织造布

河南天意无纺材料有限公司
Henan Tianyi Nonwoven Co., Ltd.
地址(Add)：河南省辉县市城西工业园区
邮编(P. C.)：453600
电话(Tel)：0373－6201689
传真(Fax)：0373－6201658
E-mail：lan. xingyun@163. com
Http://henantywfclyzgs. b2b. hc360. com
总经理(General Manager)：梁天才
联系人(Contact Person)：李琳
产品业务(Business)：平纹、网眼、印花水刺非织造布

济源市小浪底无纺布有限公司
Jiyuan Xiaolangdi Nonwovens Co., Ltd.
地址(Add)：河南省济源市坡头镇工业园区
邮编(P. C.)：454681
电话(Tel)：0391－6026241
传真(Fax)：0391－6026861
E-mail：webmaster@xldwfb. com
Http://www. xldwfb. com
总经理(General Manager)：杜志超
产品业务(Business)：水刺非织造布

郑州枫林无纺科技有限公司
Zhengzhou Fenglin Nonwovens Science & Tech. Co., Ltd.
地址(Add)：河南省郑州巩义市小关镇
邮编(P. C.)：451272
电话(Tel)：0371－64442966
传真(Fax)：0371－64441166
E-mail：zzflwf@163. com
Http://www. flwf. com

法人代表(Chairman)：卫强
联系人(Contact Person)：张元顺
产品业务(Business)：水刺非织造布

郑州铭泰非织造材料有限公司
Zhengzhou Mingtai Nonwovens Co., Ltd.
地址(Add)：河南省郑州市高新技术开发区合欢街10号
邮编(P. C.)：450001
电话(Tel)：0371－67986380
传真(Fax)：0371－67986380
E-mail：kouzhenhua@163.com
Http://www.zzmingtai.com
总经理(General Manager)：寇振华
联系人(Contact Person)：寇振华
产品业务(Business)：水刺非织造布

广州市绿芳洲新材料有限公司
Guangzhou Lüfangzhou New Material Co., Ltd.
地址(Add)：广东省广州市白云区人和鹤亭工业区科学试验中心内
邮编(P. C.)：510000
电话(Tel)：13751890389
传真(Fax)：020－35648628
E-mail：lvfangzhougongsi@sina.com
Http://www.lvfangzhougongsi.qiy168.com
联系人(Contact Person)：沈志华
产品业务(Business)：水刺非织造布，纺粘非织造布

广州荣力无纺布有限公司
Guangzhou Winlake Co., Ltd.
地址(Add)：广东省广州市从化江埔镇105国道边环市东路206号
邮编(P. C.)：510925
电话(Tel)：020－87980682
传真(Fax)：020－87987252
E-mail：chylfb@public.guangzhou.gd.cn
Http://www.winlake.net
联系人(Contact Person)：江裕辉
产品业务(Business)：水刺非织造布

广州市一洲无纺布有限公司
Guangzhou Yizhou Nonwoven Co., Ltd.
(详见非织造布－热轧、热风、纺粘)

海南欣龙水刺材料有限公司
Hainan Xinlong Spunlace Materials Co., Ltd.
地址(Add)：海南省海口市龙昆北路2号珠江广场帝豪大厦17层
邮编(P. C.)：570125
电话(Tel)：0898－67488850
传真(Fax)：0898－67488850
Http://www.xinlong-holding.com
总经理(General Manager)：逄建竹
联系人(Contact Person)：郝钢毅
产品业务(Business)：水刺、热轧、纺粘法非织造布

——干法纸
airlaid

Buckeye Technologies Inc.
美国博凯技术公司
地址(Add)：1001 Tillman St. Po Box 80407 Memphis TN 38108－0407 USA
电话(Tel)：1－901－3208100
传真(Fax)：1－901－3208385
产品业务(Business)：干法纸

Buckeye Technologies Inc. Asia Sales Rep. Office
美国博凯技术公司新加坡亚洲区销售代办处
地址(Add)：2 Loyang Lane #04－03 Loyang Industrial Estate Singapore 508913
电话(Tel)：65－65422100
传真(Fax)：65－65422149
E-mail：hk.tan@bkitech.com.sg
联系人(Contact Person)：陈福谦

北京代表处
地址(Add)：北京市朝阳区建外大街甲24号东海中心503室
邮编(P. C.)：100004
电话(Tel)：010－65155809
传真(Fax)：010－65155919
E-mail：jean_ma@bkitech.com
联系人(Contact Person)：马先超

Fiberweb 亚太无纺布
Fiberweb Asia Pacific Limited
(详见非织造布－热轧、热风、纺粘)

圣路律通(北京)科技有限公司
Saintom (Beijing) Science & Technology Co., Ltd.
地址(Add)：北京市丰台区西四环南路46号国润商务大厦1508室
邮编(P. C.)：100073
电话(Tel)：010－83650237
传真(Fax)：010－83650239
E-mail：bjluisliu@yahoo.com.cn
联系人(Contact Person)：刘理
产品业务(Business)：经销干法纸、离型纸

北京瑞森纸业有限公司
Beijing Ruisen Paper Industrial Co., Ltd.
地址(Add)：北京市丰台区右安门外中顶村454号
邮编(P. C.)：100069
电话(Tel)：010－63580784
传真(Fax)：010－63560169
E-mail：lixiao3636@sohu.com.cn
Http://www.bjrszygs.cn.alibaba.com
法人代表(Chairman)：刘化全
联系人(Contact Person)：李潇
产品业务(Business)：经销热合干法纸，胶合干法纸，复膜干法纸

天津市海纳精细化工有限公司
Tianjin Haina Fine Chemicals Co., Ltd.
(详见绒毛浆)

天津佰纳安源纸业有限公司
Tianjin Baina Anyuan Paper Co., Ltd.
地址(Add)：天津市津南区北闸口镇义和庄工业区
邮编(P. C.)：300353
电话(Tel)：022－60303337
传真(Fax)：022－88632638
E-mail：liyan_bena@yahoo.com.cn
联系人(Contact Person)：李彦

产品业务(Business)：干法纸，SAP，绒毛浆

博爱(中国)膨化芯材有限公司
Fiberweb (China) Airlaid Co., Ltd.
地址(Add)：天津市经济技术开发区第七大街49号
邮编(P. C.)：300457
电话(Tel)：022-59889323
传真(Fax)：022-59889329
E-mail：sales@fiberweb.com
Http://www.fiberweb-china.com
法人代表(Chairman)：Daniel Dayan
总经理(General Manager)：Michael Jett
联系人(Contact Person)：王欣
产品业务(Business)：生产干法纸

天津市双杰纸制品有限公司
Tianjin Shuangjie Paper Products Co., Ltd.
地址(Add)：天津市宁河县芦台镇车站街明玉里一排78号
邮编(P. C.)：301500
电话(Tel)：022-69117566
传真(Fax)：022-69162585
联系人(Contact Person)：康学庆
产品业务(Business)：生产干法纸及经销妇女卫生巾原料

天津德安纸业有限公司
Tianjin Dean Paper Industry Co., Ltd.
地址(Add)：天津市宁河县贸易开发区同兴道27号
邮编(P. C.)：301500
电话(Tel)：022-69119034
传真(Fax)：022-69191594
法人代表(Chairman)：余志田
联系人(Contact Person)：杨连柱
产品业务(Business)：生产干法纸

廊坊市玉龙纸业有限公司
Langfang Yulong Paper Co., Ltd.
地址(Add)：河北省廊坊市光明西道268号
邮编(P. C.)：065000
电话(Tel)：0316-2650518
传真(Fax)：0316-2655399
总经理(General Manager)：马玉龙
联系人(Contact Person)：郭剑鸿
产品业务(Business)：生产干法纸

河北绿环无纺制品有限公司
Hebei Lühuan Nonwovens Co., Ltd.
地址(Add)：河北省石家庄市石栾路南段(华闻小区对过)
邮编(P. C.)：050021
电话(Tel)：0311-86573814
传真(Fax)：0311-86573842
E-mail：hblvhuan@yahoo.com.cn
Http://www.hblvh.com
总经理(General Manager)：尹新通
产品业务(Business)：经销进口干法纸，非织造布

丹东市天和纸制品有限公司
Dandong Tianhe Paper Products Co., Ltd.
地址(Add)：辽宁省丹东市四道沟瓦房
邮编(P. C.)：118008
电话(Tel)：0415-6158890
传真(Fax)：0415-6157666
E-mail：dd-fengyun@dd-fengyun.com
Http://www.dd-fengyun.com
法人代表(Chairman)：曲丰蕴
总经理(General Manager)：曲丰蕴
联系人(Contact Person)：熊德凤
产品业务(Business)：生产干法纸，高吸收性树脂复合纸

丹东北方卫生用品有限公司
Dandong Beifang Hygiene Products Co., Ltd.
地址(Add)：辽宁省丹东市振兴区胜利街793号
邮编(P. C.)：118008
电话(Tel)：0415-6222346
传真(Fax)：0415-6224025
E-mail：bfjx@bfjx.com
Http://www.bfjx.com
法人代表(Chairman)：曹贵杰
联系人(Contact Person)：沈冬梅
产品业务(Business)：生产干法纸及吸水纸

上海协润贸易有限公司
Shanghai Xierun Trade Co., Ltd.
地址(Add)：上海市宝山区蕴川路1498弄66号铺(天馨花园)
邮编(P. C.)：201901
电话(Tel)：021-66763443
传真(Fax)：021-66763354
E-mail：xierun_trade@126.com
联系人(Contact Person)：张琳娴
产品业务(Business)：经销干法纸、吸水复合纸、高吸收性树脂

王子奇能纸业(上海)有限公司
Oji Kinocloth (Shanghai) Co., Ltd.
地址(Add)：上海市长宁区遵义路107号安泰大楼402室
邮编(P. C.)：200051
电话(Tel)：021-62375200
传真(Fax)：021-62375600
E-mail：q.wang@kinocloth.cn
Http://www.kinocloth.cn
法人代表(Chairman)：北村欣勇
总经理(General Manager)：丰岛节夫
联系人(Contact Person)：王启军
产品业务(Business)：干法纸，吸水复合纸

上海凯昌国际贸易有限公司
Shanghai Kaichang Int'l Trading Co., Ltd.
(详见绒毛浆)

上海玉山商贸有限公司
Yushan Trade Co., Ltd.
(详见纸浆)

上海爱妮梦纸业有限公司
Shanghai Anemone Tissue Co., Ltd.
地址(Add)：上海市闵行区沪闵路3158号(瓶北路130号)
邮编(P. C.)：201109
电话(Tel)：021-64909090
传真(Fax)：021-54570005

E-mail：shhcfd@ hotmail. com
法人代表(Chairman)：胡宣化
总经理(General Manager)：胡朝福
联系人(Contact Person)：胡朝福
产品业务(Business)：经销进口干法纸、非织造布

上海利玛尚纸制品有限公司
Shanghai LMS Paper Products Co., Ltd.
地址(Add)：上海市闵行区浦江镇丰南路568号3幢
邮编(P. C.)：201100
电话(Tel)：021－51393238
传真(Fax)：021－54846681
E-mail：lms-paper@ hotmail. com
Http://www. shlms. com
联系人(Contact Person)：黄则盛
产品业务(Business)：干法纸

亿利德纸业(上海)有限公司
Elite Paper (Shanghai) Co., Ltd.
地址(Add)：上海市松江区中山街道文翔路398号
邮编(P. C.)：201613
电话(Tel)：021－57781100－216
传真(Fax)：021－57782477
E-mail：elitepaper@ 126. com
Http://www. elitepaper. com. cn
法人代表(Chairman)：张云龙
总经理(General Manager)：李名千
联系人(Contact Person)：黄陈忠
产品业务(Business)：生产干法纸

上海森绒纸业有限公司
Shanghai Senrong Paper Co., Ltd.
地址(Add)：上海市松江佘山工业区明业路525号
邮编(P. C.)：201602
电话(Tel)：021－57793568
传真(Fax)：021－57793567
E-mail：drk_19860222@ 163. com
Http://www. seerong. com. cn
法人代表(Chairman)：董超云
总经理(General Manager)：董超云
联系人(Contact Person)：赵维亮
产品业务(Business)：生产干法纸，含高吸收性树脂复合干法纸

常州市豪峰纸业有限公司
Changzhou Haofeng Paper Co., Ltd.
地址(Add)：江苏省常州市横林镇江村工业集中区23号
邮编(P. C.)：213101
电话(Tel)：0519－88490585
传真(Fax)：0519－88490853
总经理(General Manager)：方文杰
产品业务(Business)：生产干法纸、打孔膜

扬州达润纸制品有限公司
Yangzhou Darun Paper Products Co., Ltd.
(详见湿强纸和复合吸水纸)

南京陶雨工贸实业有限公司
Nanjing Taoyu Trading Co., Ltd.
地址(Add)：江苏省南京市六合区雄州镇北外街
邮编(P. C.)：211500
电话(Tel)：025－57758440
传真(Fax)：025－57756228
E-mail：3h@ nj3h. com
Http://www. nj3h. com
法人代表(Chairman)：孔霞
总经理(General Manager)：孙卫东
联系人(Contact Person)：陶洪
产品业务(Business)：干法纸，离型纸，热熔胶及干法纸设备

南京市三华纸业有限公司
Nanjing Sanhua Paper Co., Ltd.
地址(Add)：江苏省南京市小丹阳工业集中区
邮编(P. C.)：243141
电话(Tel)：025－86152855
传真(Fax)：025－86152298
法人代表(Chairman)：孔霞
总经理(General Manager)：孙卫东
联系人(Contact Person)：孔霞
产品业务(Business)：干法纸，流延膜

南通中纸纸浆有限公司
Nantong Zhongzhi Paper & Pulp Co., Ltd.
地址(Add)：江苏省南通市港闸区兴盛路19号
邮编(P. C.)：226001
电话(Tel)：0513－85765078
传真(Fax)：0513－85204976
E-mail：zz@ zzpaper. com
Http://www. zzpaper. com
总经理(General Manager)：王松明
联系人(Contact Person)：王松明
产品业务(Business)：生产干法纸，过滤纸

张家港市科达吸水材料厂
Zhangjiagang Keda Absorbent Factory
(详见湿强纸和复合吸水纸)

张家港志益卫生用品有限公司
Zhangjiagang Zhiyi Sanitary Products Co., Ltd.
地址(Add)：江苏省张家港市兆丰常丰社区内
邮编(P. C.)：215600
电话(Tel)：0512－58576998
传真(Fax)：0512－58527815
E-mail：info@ lwjx. com
Http://www. lwjx. com
总经理(General Manager)：任志华
产品业务(Business)：热合、胶合干法纸

浙江香缘过滤材料有限公司
Zhejiang Xiangyuan Filtrate Material Co., Ltd.
地址(Add)：浙江省安吉县天子湖现代工业园良朋园区
邮编(P. C.)：313309
电话(Tel)：0572－5101256
传真(Fax)：0572－5101566
Http://www. chinazjxy. cn
联系人(Contact Person)：梅建华
产品业务(Business)：生产干法纸

宁波市奇兴无纺布有限公司
Ningbo Qixing Nonwovens Co., Ltd.
(详见非织造布－热轧、热风、纺粘)

嘉兴市华能无纺布有限公司
Jiaxing Huaneng Nonwovens Co., Ltd.
（详见非织造布－热轧、热风、纺粘）

嘉兴市申新无纺布厂
Jiaxing Shenxin Non-woven Fabric Factory
（详见非织造布－热轧、热风、纺粘）

临安恒大纸业有限公司
Linan Hengda Paper Co., Ltd.
地址(Add)：浙江省临安市於潜镇方元工业区
邮编(P. C.)：311311
电话(Tel)：0571－63872572
传真(Fax)：0571－63872559
法人代表(Chairman)：张桂俊
联系人(Contact Person)：童湘穆
产品业务(Business)：干法纸，吸水纸

义乌市鼎新彩印厂
Yiwu Dingxin Colour Print Factory
（详见包装及印刷）

晋江市安海德安纸业有限公司
Jinjiang Anhai Dean Paper Co., Ltd.
地址(Add)：福建省晋江市安海前埔工业区
邮编(P. C.)：362261
电话(Tel)：0595－88390651
传真(Fax)：0595－88390653
总经理(General Manager)：陈永灿
产品业务(Business)：生产干法纸

福建晋江市安海博源膨化芯材有限公司
Jinjiang Anhai Boyuan Airlaid Co., Ltd.
地址(Add)：福建省晋江市安海镇坝头恒源路 19 号
邮编(P. C.)：362261
电话(Tel)：0595－85756838
传真(Fax)：0595－85756938
法人代表(Chairman)：黄如木
总经理(General Manager)：黄如木
联系人(Contact Person)：黄兰艳
产品业务(Business)：干法纸，干法纸生产设备

恒信纸品卫生材料经销部
Hengxin Paper Products Material Distributor
（详见绒毛浆）

晋江市康利卫生用品有限公司
Jinjiang Kangli Hygiene Products Co., Ltd.
地址(Add)：福建省晋江市西园街道办霞浯南片工业区
邮编(P. C.)：362200
电话(Tel)：0595－85653658
传真(Fax)：0595－85653958
联系人(Contact Person)：吴铭旋
产品业务(Business)：干法纸，吸水纸，流延膜

福建省晋江佳宝丽卫生用品有限公司
Fujian Jinjiang Jiabaoli Hygiene Products Co., Ltd.
地址(Add)：福建省晋江市西园街道霞浯工业区
邮编(P. C.)：362200
电话(Tel)：0595－85652762
传真(Fax)：0595－85687149
联系人(Contact Person)：吴金钟
产品业务(Business)：生产干法纸

南安市万成纸业公司
Nanan Wancheng Paper Co.
地址(Add)：福建省南安市扶茂工业开发区
邮编(P. C.)：362300
电话(Tel)：0595－86258066
传真(Fax)：0595－86275878
联系人(Contact Person)：汤承书
产品业务(Business)：干法纸

山东省博兴县艾普森吸水芯材有限公司
Binzhou Aipusen Absorbent Co., Ltd.
地址(Add)：山东省滨州市博兴县陈户工业园
邮编(P. C.)：256504
电话(Tel)：0543－2519708
传真(Fax)：0543－2519708
Http://www.bxyyt.cn.alibaba.com
总经理(General Manager)：孙长海
联系人(Contact Person)：杨耀同
产品业务(Business)：干法纸

山东信成纸业有限公司
Shandong Xincheng Paper Co., Ltd.
地址(Add)：山东省茌平县西外环高新技术工业园区
邮编(P. C.)：252100
电话(Tel)：0635－4285466
传真(Fax)：0635－4287566
E-mail：xcpaper2008@yahoo.com.cn
Http://www.xcgroup.com.cn
法人代表(Chairman)：曹晓云
总经理(General Manager)：牛洪华
联系人(Contact Person)：胡守泉
产品业务(Business)：生产干法纸

山东省郯城宏博卫生用品厂
Tancheng Hongbo Sanitary Factory
地址(Add)：山东省郯城高册驻地
邮编(P. C.)：276125
电话(Tel)：0539－6591789
传真(Fax)：0539－6591789
联系人(Contact Person)：益学亮
产品业务(Business)：生产干法纸，吸水纸，压花鞋垫纸

郯城银河吸水材料有限公司
Tancheng Yinhe Absorbent Material Co., Ltd.
地址(Add)：山东省郯城县马头镇高册驻地
邮编(P. C.)：276125
电话(Tel)：0539－6591458
传真(Fax)：0539－6591458
联系人(Contact Person)：叶朋武
产品业务(Business)：干法纸，吸水纸

平顶山市大宏纤维制品有限公司
Pingdingshan Dahong Fibrous Products Co., Ltd.
地址(Add)：河南省平顶山市建设路东段(高新技术创业服务中心内)
邮编(P. C.)：467013
电话(Tel)：0375－3985200
传真(Fax)：0375－3985202

E-mail：pdszl-007@163. com
Http://www. pdsdh. com
法人代表(Chairman)：牛苏阳
总经理(General Manager)：张力
联系人(Contact Person)：常建国
产品业务(Business)：生产干法纸及干法纸成套设备

湖南新邵县龙腾纸业有限公司
Hunan Xinshao Longteng Paper Co., Ltd.
地址(Add)：湖南省新邵县大坪工业园
邮编(P. C.)：422921
电话(Tel)：0739－3663628
传真(Fax)：0739－3608919
总经理(General Manager)：朱志祥
联系人(Contact Person)：朱志祥
产品业务(Business)：干法纸

广东省东莞市惠康纸业有限公司
Dongguan Huikang Paper Industry Co., Ltd.
地址(Add)：广东省东莞市胜利管理区
邮编(P. C.)：523000
电话(Tel)：0769－22178188
传真(Fax)：0769－22178188
法人代表(Chairman)：詹沛林
联系人(Contact Person)：詹沛林
产品业务(Business)：干法纸，复合纸

佛山市高明(宁德)神州纸业有限公司
Shenzhou Paper Co., Ltd. Of Gaoming (Ningde) Foshan
地址(Add)：广东省佛山市高明区三洲明华路8号
邮编(P. C.)：528511
电话(Tel)：0757－88513308
传真(Fax)：0757－88628978
E-mail：ningdeshenzhou@yahoo. com
Http://www. shenzhouzy. com
法人代表(Chairman)：余祥宏
总经理(General Manager)：汤建生
产品业务(Business)：生产干法纸

广东长粤贸易有限公司
Guangdong New Era Trading Co., Ltd.
(详见绒毛浆)

揭阳市洁新纸业股份有限公司
Jieyang Jiexin Paper Incorporated Corperation
地址(Add)：广东省揭阳市新亨镇经济开发区东3－2下格
邮编(P. C.)：515548
电话(Tel)：0663－3434888
传真(Fax)：0663－3434999
E-mail：jiexin999@163. com
Http://www. jiexin. com. cn
法人代表(Chairman)：陈建辉
总经理(General Manager)：曾坚全
联系人(Contact Person)：陈潮芬
产品业务(Business)：生产干法纸，干法纸机

南宁侨虹新材料有限责任公司
Nanning Qiaohong New Materials Co., Ltd.
地址(Add)：广西南宁华侨投资区
邮编(P. C.)：530105
电话(Tel)：0771－6305648
传真(Fax)：0771－6305649
E-mail：salesdep@qiaohong-airlaid. com
Http://www. qiaohong-airlaid. com
法人代表(Chairman)：赖晓杨
总经理(General Manager)：黄登明
联系人(Contact Person)：卢清宜
产品业务(Business)：热合类、综合类及复合型干法纸

成都蜀航实业有限公司
Chengdu Shuhang Industry Co., Ltd.
地址(Add)：四川省成都市武侯区机投镇花龙门工业园区
邮编(P. C.)：610045
电话(Tel)：028－87482368
传真(Fax)：028－87483011
总经理(General Manager)：路建平
产品业务(Business)：干法纸，干法纸设备

泸州陶氏纸业有限公司
Luzhou Taoshi Paper Industrial Co., Ltd.
(详见离型纸、离型膜)

● 打孔膜及打孔非织造布 Apertured film and apertured nonwovens

Tredegar Film Products
卓德嘉薄膜有限公司
地址(Add)：1100 Boulders Parkway, Richmond, Virginia 23225 U. S. A.
电话(Tel)：1－804－3301000
传真(Fax)：1－804－3301777
Http://www. tredegarfilm. com
广州卓德嘉薄膜有限公司
Guangzhou Tredegar Film Co., Ltd.
地址(Add)：广东省广州市保税区广保大道西侧
邮编(P. C.)：510730
电话(Tel)：020－82209998
传真(Fax)：020－62957505
E-mail：jli@tredegar. com
法人代表(Chairman)：Tom Cochran
总经理(General Manager)：张武凌
联系人(Contact Person)：李胜林
产品业务(Business)：打孔膜和复合膜，弹性薄膜、薄膜/非织造布复合产品，卫生用品的透气性阻隔膜和复合膜，包装薄膜，打孔非织造布
卓德嘉薄膜(上海)有限公司
Tredegar Film (Shanghai) Co., Ltd.
地址(Add)：上海市松江工业区荣乐东路281号
邮编(P. C.)：201613
电话(Tel)：021－57745588
传真(Fax)：021－57744438
E-mail：txin@tredegar. com
法人代表(Chairman)：张武凌
联系人(Contact Person)：忻王协

保定市安新县翔宇塑料制品有限公司
Baoding Anxin Xiangyu Plastic Products Co., Ltd.
地址(Add)：河北省安新县刘李庄镇南冯村

邮编(P. C.)：071605
电话(Tel)：0312－5263099
传真(Fax)：0312－5261988
联系人(Contact Person)：张杰飞
产品业务(Business)：流延膜，打孔膜

河北省磁县鑫正塑料打孔膜厂
Cixian Xinzheng Plastic Apertured Film Factory
地址(Add)：河北省磁县东武仕水电站东侧
邮编(P. C.)：056500
电话(Tel)：0310－7865539
总经理(General Manager)：刘书臣
产品业务(Business)：打孔膜

石家庄发利来塑料制品有限公司
Shijiazhuang Falilai Plastic Products Co., Ltd.
(详见流延膜及塑料母粒)

艾科勒梅森(唐山)塑料制品有限公司
AKL (Tangshan) Plastic Products Co., Ltd.
地址(Add)：河北省玉田县林南仓镇丁官村
邮编(P. C.)：064106
电话(Tel)：0315－8602712
传真(Fax)：0315－6588387
联系人(Contact Person)：张广文
产品业务(Business)：打孔膜

阜新市小保姆卫生用品有限责任公司
Fuxin Xiaobaomu Hygiene Products Co., Ltd.
地址(Add)：辽宁省阜新市经济开发区四合镇碱巴拉荒村
邮编(P. C.)：123000
电话(Tel)：0418－6610448
传真(Fax)：0418－2983878
E-mail：zhangjia1026@hotmail.com
法人代表(Chairman)：张甲
联系人(Contact Person)：张甲
产品业务(Business)：打孔膜

潘苏德贸易(上海)有限公司
Pantex (Shanghai) Co., Ltd.
(详见非织造布－热轧、热风、纺粘)

常州市中阳塑料制品厂
Changzhou Zhongyang Plastic Products Factory
地址(Add)：江苏省常州市东门外遥观镇建农
邮编(P. C.)：213102
电话(Tel)：0519－88701717
传真(Fax)：0519－88707922
总经理(General Manager)：潘焕忠
产品业务(Business)：打孔膜，流延膜，打孔膜设备

常州市美蝶薄膜有限公司
Changzhou Meidie Film Co., Ltd.
地址(Add)：江苏省常州市芙蓉西柳工业区
邮编(P. C.)：213117
电话(Tel)：0519－88666170
传真(Fax)：0519－88666170
联系人(Contact Person)：刘建军
产品业务(Business)：打孔膜，流延膜，吸水纸

常州市豪峰纸业有限公司
Changzhou Haofeng Paper Co., Ltd.
(详见非织造布－干法纸)

常州市天王塑业有限公司
Changzhou Tianwang Plastic Co., Ltd.
地址(Add)：江苏省常州市武进区邹区镇
邮编(P. C.)：213144
电话(Tel)：0519－83639759
传真(Fax)：0519－83831228
Http://www.lmxs2s.cn.alibaba.com
联系人(Contact Person)：庄东海
产品业务(Business)：PE膜，塑料母粒

常州市佳美薄膜制品有限公司
Changzhou Jiamei Film Co., Ltd.
地址(Add)：江苏省常州市遥观镇前杨工业区
邮编(P. C.)：213011
电话(Tel)：0519－88775933
传真(Fax)：0519－88380788
Http://www.cz-jm.com
总经理(General Manager)：杨小平
产品业务(Business)：打孔膜机，打孔膜，热轧、热风非织造布，PE膜，流延膜

江阴开源非织造布制品有限公司
Jiangyin Kaiyuan Nonwoven Fabrics Co., Ltd.
(详见非织造布－热轧、热风、纺粘)

江阴市联盛卫生材料有限公司
Jiangyin Zenith Hygienic Material Co., Ltd.
地址(Add)：江苏省江阴市云亭镇松文头路22号兴业工业园3号楼3楼
邮编(P. C.)：214422
电话(Tel)：0510－81625589
传真(Fax)：0510－81625580
E-mail：liansheng@liansheng-cn.com
Http://www.liansheng-cn.com
总经理(General Manager)：蔡春妮
联系人(Contact Person)：陈沛峰
产品业务(Business)：打孔非织造布

南通市开发区佳丽塑料制品厂
Nantong Jiali Plastic Products Plant
地址(Add)：江苏省南通市南通农场黄河路168号
邮编(P. C.)：226017
电话(Tel)：13962773152
联系人(Contact Person)：王达
产品业务(Business)：打孔膜

姐妹卫生制品(苏州)有限公司
Jeje Hygienic Products (Suzhou) Co., Ltd.
地址(Add)：江苏省苏州市工业园区扬清路17号
邮编(P. C.)：215021
电话(Tel)：0512－62571767
传真(Fax)：0512－67418535
E-mail：jeje18@pub.sz.jsinfo.net
法人代表(Chairman)：余孝永
总经理(General Manager)：蔡子辛
联系人(Contact Person)：沈琴珠
产品业务(Business)：打孔膜

吴江金正膜业有限公司
Wujiang Jinzheng Film Co., Ltd.
地址(Add)：江苏省苏州市吴江汾湖经济开发区芦莘公路芦北街
邮编(P. C.)：215211
电话(Tel)：0512－63274005
传真(Fax)：0512－63274790
法人代表(Chairman)：杨瑞兴
联系人(Contact Person)：杨瑞兴
产品业务(Business)：打孔膜，打孔膜生产线

长兴润兴无纺布厂
Changxing Runxing Nonwoven Factory
(详见非织造布－热轧、热风、纺粘)

杭州唯可卫生材料有限公司
Hangzhou Wecan Hygienic Material Co., Ltd.
地址(Add)：浙江省杭州市余杭经济技术开发区振兴东路5号
邮编(P. C.)：311100
电话(Tel)：0571－88549728
传真(Fax)：0571－88549768
E-mail：zwd@hzwecan.cn
Http://www.hzwecan.com.cn
法人代表(Chairman)：詹卫东
总经理(General Manager)：詹卫东
联系人(Contact Person)：倪红业
产品业务(Business)：非织造布打孔面料，吸水纸，复合膜

温州市瓯海合利塑纸厂
Wenzhou Ouhai Heli Plastics & Paper Factory
地址(Add)：浙江省温州市瓯海区三垟街道牡丹路39号
邮编(P. C.)：325014
电话(Tel)：0577－86773123
传真(Fax)：0577－86775623
E-mail：helisuzhi.cn.alibaba.com
法人代表(Chairman)：方云飞
联系人(Contact Person)：方云飞
产品业务(Business)：打孔膜，快易贴，流延膜

浙江义乌市康大卫生用品有限公司
Zhejiang Yiwu Kangda Hygiene Products Co., Ltd.
地址(Add)：浙江省义乌市江滨西路318号B栋一楼
邮编(P. C.)：322000
电话(Tel)：0579－85316505
传真(Fax)：0579－85315648
法人代表(Chairman)：陈履南
总经理(General Manager)：陈履南
联系人(Contact Person)：何冬仙
产品业务(Business)：经销打孔膜等原辅材料

天马塑膜有限公司
Tianma Plastic Film Co., Ltd.
地址(Add)：安徽省淮北市经济开发区
邮编(P. C.)：235000
电话(Tel)：0561－7885686
联系人(Contact Person)：秦忠华
产品业务(Business)：打孔膜，流延膜

晋江市恒安卫生材料有限公司
Jinjiang Hengan Hygiene Material Co., Ltd.
(详见非织造布－热轧、热风、纺粘)

晋江兴顺卫生材料用品有限公司
Xingshun Hygiene Material Co., Ltd.
地址(Add)：福建省晋江市安海镇上垵工业区
邮编(P. C.)：362261
电话(Tel)：0595－85761666
传真(Fax)：0595－85763666
总经理(General Manager)：许欢迎
联系人(Contact Person)：陈尚柏
产品业务(Business)：生产PE打孔膜，经销卫生用品原材料

恒信纸品卫生材料经销部
Hengxin Paper Products Material Distributor
(详见绒毛浆)

福建省晋江市圣洁卫生用品有限公司
Fujian Jinjiang Shengjie Hygiene Products Co., Ltd.
地址(Add)：福建省晋江市磁灶镇张林儒东工业区
邮编(P. C.)：362214
电话(Tel)：0595－85835188
传真(Fax)：0595－85835199
总经理(General Manager)：张友谊
联系人(Contact Person)：张祝恩
产品业务(Business)：PE打孔膜，流延膜

福建省晋江市群益塑胶开发有限公司
Fujian Qunyi Plastics Development Co., Ltd.
地址(Add)：福建省晋江市青阳青华工业区
邮编(P. C.)：362200
电话(Tel)：0595－85698405
传真(Fax)：0595－85661208
E-mail：qysj168@126.com
Http://www.qysj.cn
联系人(Contact Person)：王坤
产品业务(Business)：打孔膜，热熔胶

晋江市凤山卫生用品有限公司
Jinjiang Fengshan Hygiene Products Co., Ltd.
地址(Add)：福建省晋江市西园街道赖厝工业区
邮编(P. C.)：362200
电话(Tel)：0595－85654988
传真(Fax)：0595－85604988
E-mail：lk528@sohu.com
法人代表(Chairman)：赖泽坤
总经理(General Manager)：赖泽坤
联系人(Contact Person)：赖泽坤
产品业务(Business)：打孔PE膜

益成纸塑制品
Yicheng Paper & Plastic Products Co.
地址(Add)：福建省晋江市西园街道仕头
邮编(P. C.)：362211
电话(Tel)：0595－85664485
传真(Fax)：0595－85683485
联系人(Contact Person)：洪明星
产品业务(Business)：经销打孔膜，绒毛浆

舒尔佳塑胶制品有限公司
Shuerjia Plastic Products Co., Ltd.
地址(Add)：福建省晋江市西园街道王厝村
邮编(P. C.)：362200
电话(Tel)：0595-85656666
传真(Fax)：0595-85656777
联系人(Contact Person)：洪一新
产品业务(Business)：打孔膜，流延膜

恒昕隆复合材料(福建)分公司
Hengxinlong Composite Materials Fujian Branch
(详见流延膜及塑料母粒)

南安市欢益塑胶有限公司
Nanan Huanyi Plastic Proudcts Co., Ltd.
地址(Add)：福建省南安市雪峰华侨经济开发区
邮编(P. C.)：362332
电话(Tel)：0595-86688333
传真(Fax)：0595-86673628
E-mail：fjhuanyi@126.com
法人代表(Chairman)：林团益
总经理(General Manager)：林团益
联系人(Contact Person)：林团益
产品业务(Business)：打孔膜

泉州市慧利卫生材料有限公司
Quanzhou Huili Health Material Co., Ltd.
地址(Add)：福建省泉州市丰泽区前日坂新村西区20栋604
邮编(P. C.)：362000
电话(Tel)：0595-22761200
传真(Fax)：0595-22764200
总经理(General Manager)：陈秀春
联系人(Contact Person)：陈秀春
产品业务(Business)：打孔膜，流延膜

泉州鲤城耳东纸制品厂
Licheng Erdong Paper Products Factory
(详见湿强纸和复合吸水纸)

泉州市露泉卫生用品有限公司
Quanzhou Luquan Hygiene Products Co., Ltd.
地址(Add)：福建省泉州市洛江双阳华侨技术开发区
邮编(P. C.)：362000
电话(Tel)：0595-22558772
传真(Fax)：0595-22558773
E-mail：yfix@qzyufeng.com
Http://www.qzluquan.cn
法人代表(Chairman)：吴育峰
总经理(General Manager)：吴育峰
联系人(Contact Person)：黄扬萍
产品业务(Business)：打孔膜，流延膜

石狮市坚创塑胶制品有限公司
Shishi Jianchuang Plastic Products Co., Ltd.
地址(Add)：福建省石狮市蚶江镇石壁村玉山工业区
邮编(P. C.)：362700
电话(Tel)：0595-85883218
传真(Fax)：0595-85883718
E-mail：zhuangchaohui1968@163.com
联系人(Contact Person)：庄朝晖
产品业务(Business)：打孔膜，流延膜

厦门延江工贸有限公司
Xiamen Yanjian Industry Co., Ltd.
地址(Add)：福建省厦门市同安工业集中区湖里园87-88号
邮编(P. C.)：361100
电话(Tel)：0592-5229830
传真(Fax)：0592-5229833
E-mail：xiejiquan@yanjian.com
Http://www.yanjan.com
法人代表(Chairman)：谢继华
总经理(General Manager)：谢继权
联系人(Contact Person)：谢继权
产品业务(Business)：打孔膜，打孔非织造布

山东临沂宏运卫生材料有限公司
Shandong Linyi Hongyun Sanitary Material Co., Ltd.
地址(Add)：山东省临沂市兰山区半程工业园
邮编(P. C.)：276005
电话(Tel)：0539-8692503
总经理(General Manager)：王册宽
产品业务(Business)：打孔膜，流延膜

山东宝利卫生用品厂
Shandong Baoli Hygiene Products Plant
地址(Add)：山东省临沂市罗庄区大莱园工业园
邮编(P. C.)：276000
电话(Tel)：0539-6771122
联系人(Contact Person)：林刚
产品业务(Business)：打孔膜，流延膜，离型纸

金利源卫生材料有限公司
Jinliyuan Sanitary Material Co., Ltd.
(详见流延膜及塑料母粒)

临沂市金马卫生材料有限公司
Jinma Sanitary Material Co., Ltd.
地址(Add)：山东省郯城县金马商业街
邮编(P. C.)：276126
电话(Tel)：0539-6777106
传真(Fax)：0539-6771109
总经理(General Manager)：马平
联系人(Contact Person)：马宝玉
产品业务(Business)：打孔膜，流延膜，热熔胶，离型纸，吸水纸，干法纸

山东郯城健妇膜业卫生用品有限公司
Tancheng Jianfu Film Hygiene Products Co., Ltd.
(详见流延膜及塑料母粒)

恒信卫生材料有限公司
Hengxin Hygiene Material Co., Ltd.
地址(Add)：山东省郯城县京沪高速郯城县马头出口向东500米
邮编(P. C.)：276100
电话(Tel)：0539-6773198
联系人(Contact Person)：付友明
产品业务(Business)：打孔膜，流延膜

鲁南康美打孔膜厂
Lunan Kangmei Apertured Film Factory
地址(Add)：山东省郯城县马头工业园
邮编(P. C.)：276126
电话(Tel)：0539－6771818
传真(Fax)：0539－6779066
总经理(General Manager)：罗振伟
产品业务(Business)：打孔膜，流延膜

山东省临沂市康得佳卫生用品有限公司
Shandong Linyi Kangdejia Hygiene Products Co., Ltd.
地址(Add)：山东省郯城县马头经济开发区
邮编(P. C.)：276126
电话(Tel)：0539－6772982
传真(Fax)：0539－6772982
E-mail：xyc@kangdejia.com
Http://www.kangdejia.com
联系人(Contact Person)：许永春
产品业务(Business)：打孔膜，流延膜

山东郯城宏达流延膜厂
Tancheng Hongda Film Factory
地址(Add)：山东省郯城县马头经济开发区东端
邮编(P. C.)：276126
电话(Tel)：0539－6771839
传真(Fax)：0539－6771839
E-mail：zdm@lyhongda.com
Http://www.lyhongda.com
联系人(Contact Person)：周德明
产品业务(Business)：打孔膜，流延膜

山东郯城维康卫生材料有限公司
Tancheng Weikang Hygiene Material Co., Ltd.
(详见流延膜及塑料母粒)

山东省天马塑膜制品有限公司
Shandong Tianma Plastic Film Co., Ltd.
地址(Add)：山东省郯城县马头镇经济开发区
邮编(P. C.)：276126
电话(Tel)：0539－7060756
传真(Fax)：0539－6771098
法人代表(Chairman)：管恩柱
联系人(Contact Person)：周连友
产品业务(Business)：打孔膜，流延膜，基材膜

山东郯城马头益康打孔膜厂
Shandong Tancheng Yikang Apertured Film Factory
地址(Add)：山东省郯城县马头镇开发区金马商业街576号
邮编(P. C.)：276125
电话(Tel)：0539－6773337
总经理(General Manager)：李步生
产品业务(Business)：打孔膜，流延膜

山东省郯城县爱洁卫生用品厂
Shandong Tancheng Aijie Hygiene Products Factory
地址(Add)：山东省郯城县郯马经济开发区南元街506号
邮编(P. C.)：276126
电话(Tel)：0539－6771223
联系人(Contact Person)：郭德友
产品业务(Business)：打孔膜，流延膜

淄博广龙塑料工贸有限公司
Zibo Guanglong Plastics Industry & Trading Co., Ltd.
地址(Add)：山东省淄博市桓台索镇张北路64号
邮编(P. C.)：256400
电话(Tel)：0533－8187693
传真(Fax)：0533－8187693
联系人(Contact Person)：牛瑞云
产品业务(Business)：打孔膜，流延膜，热收缩膜，拉伸缠绕膜，纸管及各种规格塑料包装袋等产品

佛山市南海康利(佳德力)卫生材料有限公司
Foshan Kangli Hygiene Material Co., Ltd.
地址(Add)：广东省佛山市南海大沥镇太平管理区石管理区步刘工业区
邮编(P. C.)：528231
电话(Tel)：0757－85586032
传真(Fax)：0757－81181576
E-mail：fsnhkl@163.com
联系人(Contact Person)：招汉
产品业务(Business)：打孔非织造布

佛山市诺赛卫生材料有限公司
Foshan Nuosai Hygienic Materials Co., Ltd.
地址(Add)：广东省佛山市南海区罗村联合工业东区13路7号
邮编(P. C.)：528226
电话(Tel)：0757－88582198
传真(Fax)：0757－88582178
E-mail：nuosai2008@163.com
法人代表(Chairman)：柯绍交
总经理(General Manager)：柯绍交
联系人(Contact Person)：柯绍交
产品业务(Business)：打孔非织造布

佛山市顺德区北滘森丰源纸品厂
Foshan Senfengyuan Paper Products Factory
地址(Add)：广东省佛山市顺德区北滘镇碧江工业区二路7号
邮编(P. C.)：528300
电话(Tel)：0757－26674997
传真(Fax)：0757－22264162
法人代表(Chairman)：苏炳志
联系人(Contact Person)：梁焕
产品业务(Business)：打孔非织造布，热熔胶代理

佛山市强的无纺布材料有限公司
Foshan Qiangdi Nonwoven Technology Co., Ltd.
地址(Add)：广东省佛山市谢边第一工业区
邮编(P. C.)：528000
电话(Tel)：0757－85551808
传真(Fax)：0757－85550308
E-mail：qdmfb07@126.com
Http://www.fsqiandi.net.cn
法人代表(Chairman)：陈福坚
总经理(General Manager)：陈福坚
联系人(Contact Person)：李小明
产品业务(Business)：打孔非织造布、PE复合非织造布

广州市一洲无纺布有限公司
Guangzhou Yizhou Nonwoven Co., Ltd.
(详见非织造布－热轧、热风、纺粘)

广州诺胜无纺制品有限公司
Norsen Nonwoven Products (Guangzhou) Co., Ltd.
地址(Add): 广东省广州市环市东路376号北方大厦0904－0906室
邮编(P. C.): 510060
电话(Tel): 020－83710518
传真(Fax): 020－83710528
E-mail: norsen@ns21.cn
Http://www.ns21.cn
总经理(General Manager): 赵凌
产品业务(Business): 非织造布

鹤山市花坪薄膜有限公司
Heshan Huaping Film Co., Ltd.
(详见流延膜及塑料母粒)

江门万友塑胶制品有限公司
Jiangmen Wanyou Plastic Products Co., Ltd.
地址(Add): 广东省江门市杜阮镇工业区
邮编(P. C.): 529075
电话(Tel): 13318631719
E-mail: ljt811@163.com
联系人(Contact Person): 张伟成
产品业务(Business): 打孔膜

广东柏年塑料制品有限公司
Guangdong Bainian Plastic Products Co., Ltd.
地址(Add): 广东省江门市新会区睦洲镇牛古田村大围工业区
邮编(P. C.): 529143
电话(Tel): 0750－6533228
传真(Fax): 0750－6533229
E-mail: bainian@bnsl.cn
Http://www.bnsl.cn
总经理(General Manager): 王文龙
联系人(Contact Person): 王文龙
产品业务(Business): 打孔膜，打孔非织造布

深圳市正丰源卫生材料有限公司
Shenzhen Zhengfengyuan Sanitary Material Co., Ltd.
地址(Add): 广东省深圳市宝安26区创业二路61号艾默生大楼A栋5楼
邮编(P. C.): 518101
电话(Tel): 0755－27847739
传真(Fax): 0755－27847726
E-mail: youyuan2518@21cn.com
法人代表(Chairman): 崔丹华
总经理(General Manager): 许大鹏
联系人(Contact Person): 崔云华
产品业务(Business): 非织造布打孔面料

深圳市恒升网面材料有限公司
Shenzhen Hengsheng Perforated Film Co., Ltd.
地址(Add): 广东省深圳市宝安区观澜镇横坑社区311号
邮编(P. C.): 518110
电话(Tel): 0755－28052798
传真(Fax): 0755－28053146
总经理(General Manager): 阎净
产品业务(Business): 打孔非织造布

深圳市金顺来实业有限公司
Shenzhen Jinshunlai Industry Co., Ltd.
(详见流延膜及塑料母粒)

中山市利宏包装印刷有限公司
Zhongshan Lihong Packaging & Printing Co., Ltd.
(详见胶带、胶贴、魔术贴、标签)

中山市德伦包装材料有限公司
Zhongshan Delun Packing Material Co., Ltd.
地址(Add): 广东省中山市小榄镇菊城工业大道108号
邮编(P. C.): 528415
电话(Tel): 0760－2121524
传真(Fax): 0760－2127367
联系人(Contact Person): 罗新
产品业务(Business): 经销打孔膜，绒毛浆，透气膜，高吸收性树脂，流延膜

舒雅(越南)卫生材料联营公司
Shuya (Vietnam) Sanitary Material Affiliated Co.
地址(Add): 广西凭祥市南大路交通局宿舍1栋402
邮编(P. C.): 532600
电话(Tel): 0771－8533699
E-mail: shuyalzy@yahoo.com.cn
总经理(General Manager): 刘战勇
产品业务(Business): 卫生巾原材料

重庆怡洁科技发展有限公司
Chongqing Yijie Technology Development Co., Ltd.
地址(Add): 重庆市巴南区南泉镇
邮编(P. C.): 400056
电话(Tel): 023－66955709
传真(Fax): 023－66760315
E-mail: yongyi707@126.com
法人代表(Chairman): 李秋平
联系人(Contact Person): 尚林剑
产品业务(Business): PLT、PN桥式网孔面料，PPS、PMS桥式网孔面料，打孔非织造布

重庆和泰塑胶有限公司
Chongqing Hetai Plastic Co., Ltd.
地址(Add): 重庆市南岸区茶园新区牡丹路10号
邮编(P. C.): 400037
电话(Tel): 023－62483335
传真(Fax): 023－62489611
E-mail: cqzhonghui@126.com
Http://www.cqhetai.com
总经理(General Manager): 岳宇
联系人(Contact Person): 袁茂林
产品业务(Business): 打孔膜，流延膜

重庆壮大包装材料有限公司
Chongqing Zhuangda Packing Material Co., Ltd.
(详见流延膜及塑料母粒)

成都益华塑料包装有限公司
Chengdu Yihua Plastic Packaging Co., Ltd.
(详见流延膜及塑料母粒)

●流延膜及塑料母粒
PE film and parent plastic granules

Tredegar Film Products
卓德嘉薄膜有限公司
(详见打孔膜及打孔非织造布)

卫普实业股份有限公司
Web-Pro Corporation
(详见非织造布－热轧、热风、纺粘)

台湾塑胶工业股份有限公司
Formosa Plastics Corporation
地址(Add):台湾台北市10591敦化北路201号台塑大楼4楼175室
电话(Tel):886－2－27122211
传真(Fax):886－2－27193262
E-mail: tapro@fpc.com.tw
Http://www.fpc.com.tw
联系人(Contact Person):林灿国
产品业务(Business):"台舒爽"透气膜,高吸收性树脂

创力国际有限公司
Marly International Co., Ltd.
地址(Add):香港九龙新蒲岗双喜街17号富德工业大厦23字楼B室
电话(Tel):852－23973345
传真(Fax):852－23540701
E-mail: waifung@sh163b.sta.net.cn
联系人(Contact Person):冯伟强

创力塑料有限公司上海部
Marly Plastic Co., Ltd.
地址(Add):上海市吴中路889弄2号楼7楼C座
邮编(P.C.):201103
电话(Tel):021－64699500
传真(Fax):021－64468956
E-mail: hebao21@hotmail.com
联系人(Contact Person):杨成发
产品业务(Business):经销进口流延膜、透气膜

天津富兴塑料制品有限公司
Tianjin Fuxing Plastic Products Co., Ltd.
地址(Add):天津市蓟县下仓镇仓北工业区
邮编(P.C.):301905
电话(Tel):022－29878192
传真(Fax):022－29870166
总经理(General Manager):李兴
产品业务(Business):流延膜,打孔膜基材

中化物产股份有限公司
China Chem Co., Ltd.
地址(Add):天津市南开区水上北路7号
邮编(P.C.):300074
电话(Tel):022－23011989
传真(Fax):022－23011976
E-mail: xw-tj@chinachem.com.cn
联系人(Contact Person):谢炜
产品业务(Business):流延膜

天津市德利塑料制品有限公司
Tianjin Deli Plastic Products Co., Ltd.
地址(Add):天津市宁河经济开发区12纬路
邮编(P.C.):301500
电话(Tel):022－69568800
传真(Fax):022－69588127
法人代表(Chairman):杨廷生
联系人(Contact Person):王焕明
产品业务(Business):流延膜,热轧非织造布,彩印包装袋

保定市安新县翔宇塑料制品有限公司
Baoding Anxin Xiangyu Plastic Products Co., Ltd.
(详见打孔膜及打孔非织造布)

河北沧县旧州华达无纺布厂
Hebei Huada Nonwovens Plant
(详见非织造布－热轧、热风、纺粘)

沧州市亚泰塑胶有限公司
Cangzhou Yatai Plastic Co., Ltd.
地址(Add):河北省沧县汪家铺乡瓦仓东
邮编(P.C.):061025
电话(Tel):0317－4759318
传真(Fax):0317－4757222
Http://www.czsytsj.cn
总经理(General Manager):陈建华
产品业务(Business):流延膜,尿显膜

沧州市三和无纺布厂
Cangzhou Sanhe Nonwoven Factory
(详见非织造布－热轧、热风、纺粘)

沧州市泰昌流延膜有限责任公司
Cangzhou Taichang Film Co., Ltd.
地址(Add):河北省沧州市新华区津德路北二环收费站北
邮编(P.C.):061001
电话(Tel):0317－3563485
传真(Fax):0317－3563485
联系人(Contact Person):张国华
产品业务(Business):流延膜

河北世纪恒塑胶有限公司
Hebei Shijiheng Plastic Co., Ltd.
地址(Add):河北省沧州市运河区军民路1号
邮编(P.C.):061001
电话(Tel):0317－2066398
传真(Fax):0317－2070458
总经理(General Manager):陈建华
联系人(Contact Person):潘自林
产品业务(Business):流延膜,非织造布

河北东光县佳禾塑料厂
Dongguang Jiahe Plastic Plant
地址(Add):河北省东光县马堂开发区
邮编(P.C.):061600
电话(Tel):0317－7746777
传真(Fax):0317－7745888
总经理(General Manager):马国良
联系人(Contact Person):马国良
产品业务(Business):流延膜,彩色包装袋

邯郸瑞凯塑料制品有限公司
Handan Ruikai Plastic Products Co., Ltd.
地址(Add):河北省邯郸市新兴大街87号
邮编(P.C.):056004
电话(Tel):0310－7025202
传真(Fax):0310－7032329
法人代表(Chairman):王存瑞
联系人(Contact Person):金运江
产品业务(Business):流延压纹膜,衬膜,透气膜

沧州临港宏盛塑料制品有限公司
Cangzhou Lingang Hongsheng Plastic Products Co., Ltd.
地址(Add)：河北省黄骅市中捷化工园区
邮编(P. C.)：061108
电话(Tel)：0317－5484000
传真(Fax)：0317－5484000
E-mail：guohuibin88@163. com
总经理(General Manager)：郭会彬
产品业务(Business)：色母粒

石家庄发利来塑料制品有限公司
Shijiazhuang Falilai Plastic Products Co., Ltd.
地址(Add)：河北省石家庄市中华北大街田庄桥北
邮编(P. C.)：050061
电话(Tel)：13803372982
联系人(Contact Person)：焦俊良
产品业务(Business)：流延膜，吸水纸，打孔膜

新乐市世纪鑫瑞无纺制品有限公司
Xinle Shiji Xinrui Nonwoven Co., Ltd.
地址(Add)：河北省新乐市承安镇三里铺工业区
邮编(P. C.)：050700
电话(Tel)：0311－88565559
E-mail：shijixinrui@sina. com
Http://www. shijixinrui. com
联系人(Contact Person)：雷小卫
产品业务(Business)：卫生巾底膜，透气膜

新乐华宝塑料薄膜有限公司
Xinle Huabao Plastic Film Co., Ltd.
地址(Add)：河北省新乐市南环路186号
邮编(P. C.)：050700
电话(Tel)：0311－88650777
传真(Fax)：0311－88582558
E-mail：bomo@huabaosuliao. com
Http://www. huabaosuliao. com
法人代表(Chairman)：刘根全
总经理(General Manager)：刘军旗
联系人(Contact Person)：张军强
产品业务(Business)：透气膜，多层共挤打孔膜基材，压纹流延膜，离型膜

雄县鑫广源包装材料有限公司
Xiongxian Xinguangyuan Package Material Co., Ltd.
(详见香精、表面处理剂及添加剂)

河北省雄县东升塑业有限公司
Xiongxian Dongsheng Plastic Co., Ltd.
地址(Add)：河北省雄县雄州路668号
邮编(P. C.)：071800
电话(Tel)：0312－5566997
传真(Fax)：0312－5868935
E-mail：dongsheng@dongshengsy. com
Http://www. dongshengsy. com
联系人(Contact Person)：赵贺奇
产品业务(Business)：塑料填充母料及色母料，包装膜

玉田县远宏塑胶有限公司
Yutian Yuanhong Plastic Co., Ltd.
地址(Add)：河北省玉田县城东八里铺
邮编(P. C.)：064100
电话(Tel)：0315－6193688
总经理(General Manager)：杨乃泽
产品业务(Business)：塑料母粒

大连金州鑫林工贸有限公司
Dalian Jinzhou Xinlin Project Co., Ltd.
地址(Add)：辽宁省大连市金州区七顶山镇七顶山村
邮编(P. C.)：116100
电话(Tel)：0411－87880377
传真(Fax)：0411－87880128
E-mail：xianchunzhi@hotmail. com
总经理(General Manager)：林诚雨
联系人(Contact Person)：安立峰
产品业务(Business)：流延膜，非织造布

沈阳荣成卫生材料有限公司
Shenyang Rongcheng Sanitary Material Co., Ltd.
地址(Add)：辽宁省沈阳市东陵区深井子镇李相村
邮编(P. C.)：110172
电话(Tel)：024－24773598
传真(Fax)：024－24213567
总经理(General Manager)：孙启刚
联系人(Contact Person)：孙国荣
产品业务(Business)：流延膜，打孔膜

德国诺坦尼亚国际股份公司上海代表处
Nordenia International AG Shanghai Representative Office
地址(Add)：上海市长宁区仙霞路319号远东国际广场A栋334室
邮编(P. C.)：200051
电话(Tel)：021－62702222－2343
传真(Fax)：021－62705555
E-mail：yong. li@nordenia. com
总经理(General Manager)：李勇
产品业务(Business)：各种薄膜

上海鲁聚聚合物技术有限公司
Shanghai Lanpoly Polymer Tech Co., Ltd.
地址(Add)：上海市奉贤区西渡巨龙台湾城72号501
邮编(P. C.)：201401
电话(Tel)：021－57155150
传真(Fax)：021－57155120
E-mail：jacobzhi@126. com
Http://www. lanpoly. com
联系人(Contact Person)：智锋
产品业务(Business)：塑料加工助剂

上海麟亚国际贸易有限公司
Shanghai Linya International Trade Co., Ltd.
地址(Add)：上海市胶州路728号1105室
邮编(P. C.)：200040
电话(Tel)：021－62270248
传真(Fax)：021－62270248
E-mail：shao_hongya@hotmail. com
总经理(General Manager)：邵红娅
产品业务(Business)：经销台塑的塑胶原料

上海金住色母料有限公司
Shanghai Jinzhu Color Co., Ltd.
地址(Add)：上海市金山区石化穿心路100号

邮编(P. C.)：201512
电话(Tel)：021－57260089
传真(Fax)：021－57950501
E-mail：chenmiaowei@ jinzhucolor. com
联系人(Contact Person)：陈妙伟
产品业务(Business)：色母料

上海沛龙特种胶粘材料有限公司
Shanghai Peilong Special Adhesive Materials Co., Ltd.
(详见胶带、胶贴、魔术贴、标签)

上海豪倍经贸发展有限公司
Shanghai Haobei Commerce Develop Co., Ltd.
地址(Add)：上海市卢湾区瞿溪路694号汇典商务楼504室
邮编(P. C.)：200023
电话(Tel)：021－63121801
传真(Fax)：021－63121969
E-mail：lupine126@ 126. com
总经理(General Manager)：陆萍娥
联系人(Contact Person)：余立群
产品业务(Business)：塑料薄膜

上海紫华企业有限公司
Shanghai Zihua Enterprise Co., Ltd.
地址(Add)：上海市闵行区北松路999号
邮编(P. C.)：201111
电话(Tel)：021－64093456
传真(Fax)：021－64090612
E-mail：lilp@ zidongfilm. com
Http://www. pefilm. cn
法人代表(Chairman)：郭峰
总经理(General Manager)：徐志强
联系人(Contact Person)：李丽萍
产品业务(Business)：压纹流延膜，透气膜，缠绕膜

上海德山塑料有限公司
Shanghai Tokuyama Plastic Co., Ltd.
地址(Add)：上海市青浦工业园区新涛路138号
邮编(P. C.)：201707
电话(Tel)：021－59705669－892
传真(Fax)：021－59703756
E-mail：h-shen@ tokuyama. com. cn
Http://www. tokuyama. com. cn
法人代表(Chairman)：土屋敏昭
总经理(General Manager)：河原信一
联系人(Contact Person)：沈慧
产品业务(Business)：卫生用品用透气膜

上海慕涵工贸有限公司
Shanghai Muhan Trade Co., Ltd.
地址(Add)：上海市青浦区浦仓路648弄76号102室
邮编(P. C.)：201700
电话(Tel)：021－59202622
传真(Fax)：021－59202622
E-mail：muhangongmao@ 126. com
联系人(Contact Person)：顾永俭
产品业务(Business)：PE薄膜

上海金发科技发展有限公司
Shanghai Kingfa Sci. & Tech. Co., Ltd.
地址(Add)：上海市青浦区朱家角工业园康园路88号
邮编(P. C.)：201714
电话(Tel)：021－69835907
传真(Fax)：021－69835667
E-mail：kingfachengzhixiong@ gmail. com
Http://www. kingfa. com. cn
联系人(Contact Person)：程志雄
产品业务(Business)：塑料色母粒

上海三呈高分子材料科技有限公司
Shanghai Sancheng Polymer Science & Technology Co., Ltd.
地址(Add)：上海市松江佘山天马经济区新宅路668号
邮编(P. C.)：201603
电话(Tel)：021－57664671
传真(Fax)：021－57664571
E-mail：sancheng@ sancheng. com. cn
总经理(General Manager)：熊小勇
联系人(Contact Person)：沈雁
产品业务(Business)：塑料母粒

常州市中阳塑料制品厂
Changzhou Zhongyang Plastic Products Factory
(详见打孔膜及打孔非织造布)

常州市美蝶薄膜有限公司
Changzhou Meidie Film Co., Ltd.
(详见打孔膜及打孔非织造布)

常州市润舒塑料制品有限公司
Changzhou Runshu Plastic Products Co., Ltd.
地址(Add)：江苏省常州市湖塘镇东升村
邮编(P. C.)：213102
电话(Tel)：0519－88710985
传真(Fax)：0519－88708679
总经理(General Manager)：殷玲梅
联系人(Contact Person)：殷玲梅
产品业务(Business)：流延膜

常州市欧诺塑业有限公司
Changzhou Ounuo Plastics Co., Ltd.
地址(Add)：江苏省常州市洛阳工业园区北环路3号
邮编(P. C.)：213104
电话(Tel)：0519－88526777
传真(Fax)：0519－88522258
E-mail：czounuo@ 163. com
Http://www. czouno. com
联系人(Contact Person)：周维刚
产品业务(Business)：流延膜

常州市富康创新塑胶有限公司
Changzhou Fukang Chuangxin Plastic Co., Ltd.
地址(Add)：江苏省常州市戚区前杨工业区99号
邮编(P. C.)：213011
电话(Tel)：0519－88389856
传真(Fax)：0519－88372990
E-mail：jie8389@ vip. 163. com
总经理(General Manager)：孔军
联系人(Contact Person)：唐捷
产品业务(Business)：流延膜

常州市同和塑料制品有限公司
Changzhou Tonghe Plastic Products Co., Ltd.
地址(Add)：江苏省常州市戚墅堰地道北剑横桥南339号
邮编(P. C.)：213011
电话(Tel)：0519－88362877
传真(Fax)：0519－88355877
联系人(Contact Person)：杨鸣
产品业务(Business)：流延膜，非织造布

常州市戚墅堰宏发五金塑料厂
Changzhou Hongfa Hardware & Plastic Factory
地址(Add)：江苏省常州市戚墅堰东前杨工业区37号
邮编(P. C.)：213011
电话(Tel)：0519－88772898
传真(Fax)：0519－88385897
联系人(Contact Person)：徐国生
产品业务(Business)：流延膜

常州市中天塑母粒有限公司
Changzhou Zhongtian Plastic Masterbatch Co., Ltd.
地址(Add)：江苏省常州市戚墅堰东前杨工业区48号
邮编(P. C.)：213011
电话(Tel)：0519－88372575
传真(Fax)：0519－88373853
E-mail：czzt1515@sohu.com
联系人(Contact Person)：袁军
产品业务(Business)：高浓度色母粒

常州金宏纸塑有限公司
Changzhou Jinhong Paper & Plastic Co., Ltd.
地址(Add)：江苏省常州市戚墅堰戚横路5号
邮编(P. C.)：213011
电话(Tel)：0519－88370596
联系人(Contact Person)：朱剑锋
产品业务(Business)：流延膜，塑料母料

常州唯尔福卫生用品有限公司
Changzhou Welfare Hygiene Products Co., Ltd.
地址(Add)：江苏省常州市戚月线南岸桥堍
邮编(P. C.)：213011
电话(Tel)：0519－88353588
传真(Fax)：0519－88380800
E-mail：czwlf6688@sina.com
Http://www.czwlf.com
法人代表(Chairman)：张金华
总经理(General Manager)：张宏辉
联系人(Contact Person)：章倩
产品业务(Business)：生产流延膜，压纹膜，印花膜，打孔膜基材等

常州市万美植绒饰品有限公司
Changzhou Wanmei Flocking Products Co., Ltd.
地址(Add)：江苏省常州市前黄工业集中区(常漕公路前黄收费站新兴大厦内)
邮编(P. C.)：213172
电话(Tel)：0519－88319918
传真(Fax)：0519－86578555
E-mail：8272999@live.cn
Http://www.wanmeizhirong.cn
联系人(Contact Person)：许剑锋
产品业务(Business)：流延膜

常州市双成塑母料有限公司
Changzhou Shuangcheng Plastic Masterbatch Co., Ltd.
地址(Add)：江苏省常州市前黄镇胜西路154号
邮编(P. C.)：213172
电话(Tel)：0519－86511303
传真(Fax)：0519－86511661
E-mail：byc@cscsy.net
Http://www.cscsy.net
总经理(General Manager)：卞有成
联系人(Contact Person)：卞有成
产品业务(Business)：聚烯烃改性母粒

美孚生(常州)贸易有限公司
Meifusheng (Changzhou) Trade Co., Ltd.
地址(Add)：江苏省常州市通江中路600长江塑化城7－8号
邮编(P. C.)：213022
电话(Tel)：0519－85939732
传真(Fax)：0519－85325719
E-mail：yu-911@czhengbao.com
联系人(Contact Person)：严斌
产品业务(Business)：塑料母粒

常州圣雅塑母粒有限公司
Changzhou Shengya Masterbatch Co., Ltd.
地址(Add)：江苏省常州市武进区前黄镇丁舍村
邮编(P. C.)：213172
电话(Tel)：0519－86519353
传真(Fax)：0519－86518353
总经理(General Manager)：卞小芬
产品业务(Business)：塑料色母料

常州市彩丽塑料色母料有限公司
Changzhou Caili Plastic Masterbatch Co., Ltd.
地址(Add)：江苏省常州市西林乡朱夏墅沿河村58号
邮编(P. C.)：213003
电话(Tel)：0519－83886683
传真(Fax)：0519－83886683
联系人(Contact Person)：任玉亭
产品业务(Business)：塑料色母料

常州市恒惠公司流延膜厂
Changzhou Henghui Film Factory
地址(Add)：江苏省常州市新安镇工业园新民街141号
邮编(P. C.)：213117
电话(Tel)：0519－88662028
传真(Fax)：0519－88662028
E-mail：czhenghui@sohu.com
法人代表(Chairman)：顾惠泉
联系人(Contact Person)：顾科峰
产品业务(Business)：生产流延膜，兼营高吸收性树脂

常州市佳美薄膜制品有限公司
Changzhou Jiamei Film Co., Ltd.
(详见打孔膜及打孔非织造布)

丹阳市金达流延膜厂
Danyang Jinda PE Film Factory
地址(Add)：江苏省丹阳市经济开发区新世纪工业园(热电厂内)

邮编(P. C.): 212300
电话(Tel): 0511 - 86961869
传真(Fax): 0511 - 86928369
联系人(Contact Person): 陈晓华
产品业务(Business): 流延膜

江阴市凯凯纸塑制品有限公司
Jiangyin Kaikai Paper & Plastic Products Co., Ltd.
地址(Add): 江苏省江阴市顾山镇锡张路196号
邮编(P. C.): 214414
电话(Tel): 0510 - 86329578
传真(Fax): 0510 - 86320560
E-mail: sales@kkzs.cn
Http://www.kkzs.cn
总经理(General Manager): 李锦凯
产品业务(Business): 流延膜

昆山康美化工有限公司
Kunshan Comey Chemical Co., Ltd.
地址(Add): 江苏省昆山市玉山镇高新科技园区岚清路406弄8201号
邮编(P. C.): 215127
电话(Tel): 0512 - 61920369
传真(Fax): 0512 - 66011160
E-mail: lps0824@163.com
联系人(Contact Person): 刘朋生
产品业务(Business): PC薄膜, 油墨

顺昶塑胶(昆山)有限公司
Swanson Plastics (Kunshan) Co., Ltd.
地址(Add): 江苏省昆山市周市镇青阳北路289号
邮编(P. C.): 215300
电话(Tel): 0512 - 57663456
传真(Fax): 0512 - 57666008
E-mail: robert@swanson.com.cn
Http://www.swanson.com.tw
法人代表(Chairman): 应保罗
总经理(General Manager): 应保罗
联系人(Contact Person): 郑博仁
产品业务(Business): 流延膜, 透气膜, 离型膜, 缠绕膜, 复合膜

南京锦天塑胶有限公司
Nanjing Jintian Plastics Co., Ltd.
地址(Add): 江苏省南京市山西路68号颐和商厦16楼E座
邮编(P. C.): 210009
电话(Tel): 025 - 83247594
传真(Fax): 025 - 83249401
Http://www.nj-jintian.com
联系人(Contact Person): 张有国
产品业务(Business): 功能母料, 热塑性弹性体

南京市三华纸业有限公司
Nanjing Sanhua Paper Co., Ltd.
(详见非织造布-干法纸)

南京雨倩卫生用品有限公司
Nanjing Yuqian Hygiene Products Co., Ltd.
(详见离型纸、离型膜)

南通市恒靓流延膜厂
Nantong Hengliang PE Film Factory
地址(Add): 江苏省通州市姜灶镇工业园西区
邮编(P. C.): 226315
电话(Tel): 0513 - 86336222
传真(Fax): 0513 - 86336222
联系人(Contact Person): 徐光明
产品业务(Business): 流延膜

无锡市宏博塑料有限公司
Wuxi Hongbo Plastic Co., Ltd.
地址(Add): 江苏省无锡市广丰马古桥工业园26-27号
邮编(P. C.): 214016
电话(Tel): 0510 - 82023665
传真(Fax): 0510 - 82022837
E-mail: myfriend258@yahoo.com.cn
联系人(Contact Person): 李涛
产品业务(Business): 塑料母粒

无锡市鸿昌塑制品厂
Wuxi Hongchang Plastic Products Plant
地址(Add): 江苏省无锡市惠山区堰桥镇工业园区堰锦路8号
邮编(P. C.): 214176
电话(Tel): 0510 - 83743807
传真(Fax): 0510 - 83741013
法人代表(Chairman): 任友兴
联系人(Contact Person): 任小兴
产品业务(Business): 流延膜, 包装膜

无锡翊凯商贸有限公司
Wuxi Yikai Trade Co., Ltd.
地址(Add): 江苏省无锡市锡山区八士芙蓉桥堍
邮编(P. C.): 214061
电话(Tel): 0510 - 85100296
传真(Fax): 0510 - 85100296
E-mail: gjx1958@hotmail.com
总经理(General Manager): 郭建兴
联系人(Contact Person): 王巧兰
产品业务(Business): 塑料色母粒

无锡市张泾文化卫生用品有限公司
Wuxi Cultural Hygiene Products Plant
(详见离型纸、离型膜)

江苏省无锡市泾达纸品厂
Jiangsu Wuxi Jingda Paper Factory
(详见离型纸、离型膜)

盐城悦兴塑料制品厂
Yancheng Yuexing Plastic Products Plant
地址(Add): 江苏省盐城市便仓工业区大仓路99号
邮编(P. C.): 224044
电话(Tel): 0515 - 88839219
传真(Fax): 0515 - 88839219
联系人(Contact Person): 陈桂华
产品业务(Business): 塑料填充母料

盐城恒源卫生材料有限公司
Yancheng Hengyuan Hygiene Material Co., Ltd.
地址(Add): 江苏省盐城市便仓工业园区2号

邮编(P. C.)：224044
电话(Tel)：0515 - 88837688
传真(Fax)：0515 - 88837699
法人代表(Chairman)：卞国才
总经理(General Manager)：王红群
产品业务(Business)：流延膜，复合膜，流延膜母料

盐城昌源塑料制品有限公司
Yancheng Changyuan Plastic Products Co., Ltd.
地址(Add)：江苏省盐城市亭湖区便仓大仓路6号
邮编(P. C.)：224044
电话(Tel)：0515 - 88830177
传真(Fax)：0515 - 88833209
E-mail：bgc@cncysl.com
Http://www.cncysl.com
总经理(General Manager)：卞国才
联系人(Contact Person)：陈桂友
产品业务(Business)：PEP填充母料

扬州群益改性塑料有限公司
Yangzhou Qunyi Modified Plastics Co., Ltd.
地址(Add)：江苏省扬州市运河南路33号
邮编(P. C.)：225003
电话(Tel)：0514 - 87200412
传真(Fax)：0514 - 87205874
E-mail：zhimingdeng@126.com
总经理(General Manager)：王永宽
联系人(Contact Person)：邓志明
产品业务(Business)：碳酸钙，填充母料

张家港市九洲塑料母粒制造有限公司
Zhangjiagang Jiuzhou Plastic Masterbatch Co., Ltd.
地址(Add)：江苏省张家港市欧洲工业园(塘市)
邮编(P. C.)：215618
电话(Tel)：0512 - 58591899
传真(Fax)：0512 - 58599565
总经理(General Manager)：吴金才
联系人(Contact Person)：吴钱军
产品业务(Business)：塑料色母粒

温州苍羽塑料加工厂
Wenzhou Cangyu Plastic Factory
地址(Add)：浙江省苍南县金乡镇迎旭路222号
邮编(P. C.)：325805
电话(Tel)：0577 - 59965812
联系人(Contact Person)：黄光羽
产品业务(Business)：PE再生颗粒

浙江省苍南县环球薄膜厂
Cangnan Huanqiu Film Factory
地址(Add)：浙江省苍南县钱库镇环城路商业街60号
邮编(P. C.)：325804
电话(Tel)：0577 - 64487855
联系人(Contact Person)：王建炜
产品业务(Business)：流延膜

杭州易东纸制品有限公司
Hangzhou Yidong Paper Products Co., Ltd.
(详见非织造布 - 热轧、热风、纺粘)

富阳天纬塑胶有限公司
Fuyang Tianwei Plastic Co., Ltd.
地址(Add)：浙江省富阳市大源镇虹赤
邮编(P. C.)：311416
电话(Tel)：0571 - 63544099
传真(Fax)：0571 - 63545599
E-mail：tianwei95@126.com
联系人(Contact Person)：朱生伟
产品业务(Business)：流延膜

杭州集成复合材料有限公司
Hangzhou Jicheng Complex Material Co., Ltd.
地址(Add)：浙江省杭州市萧山北干工业园区88号
邮编(P. C.)：311200
电话(Tel)：0571 - 82863678
传真(Fax)：0571 - 82863858
E-mail：hz801@jclamination.com
Http://www.jclamination.com
总经理(General Manager)：陈志良
联系人(Contact Person)：陈志良
产品业务(Business)：纸尿裤用复合底膜

杭州辉煌卫生用品有限公司
Hangzhou Huihuang Hygiene Products Co., Ltd.
地址(Add)：浙江省杭州市萧山区戴村镇尖山下1号
邮编(P. C.)：311261
电话(Tel)：0571 - 82251008
传真(Fax)：0571 - 82251788
E-mail：siwenok@126.com
法人代表(Chairman)：邵伟荣
总经理(General Manager)：邵伟荣
联系人(Contact Person)：朱爱兰
产品业务(Business)：流延膜

杭州全兴塑业有限公司
Hangzhou Quanxing Plastic Co., Ltd.
地址(Add)：浙江省杭州市余杭工业区
邮编(P. C.)：311121
电话(Tel)：0571 - 88648158
传真(Fax)：0571 - 88648482
E-mail：xixuc@qxplastic.com
Http://www.qxplastic.com
联系人(Contact Person)：陈熙许
产品业务(Business)：流延膜

浙江越韩科技透气材料有限公司
Zhejiang Yuehan Technology Breathable Material Co., Ltd.
地址(Add)：浙江省绍兴市袍江工业区越王路北首
邮编(P. C.)：312075
电话(Tel)：0575 - 88669888
传真(Fax)：0575 - 88669777
E-mail：ldcjm@163.com
Http://www.yuehan.com.cn
法人代表(Chairman)：何伟
联系人(Contact Person)：陈建明
产品业务(Business)：透气膜，非织造布透气复合材料等

台州市明大卫生材料有限公司
Taizhou Mingda Hygiene Material Co., Ltd.
地址(Add)：浙江省台州市葭沚街道东山南洋工业区

邮编(P. C.): 317500
电话(Tel): 0576 - 88663399
传真(Fax): 0576 - 88663499
E-mail: xjlld2911@163. com
总经理(General Manager): 李冬林
产品业务(Business): 流延膜, 尿显膜

温州市瓯海合利塑纸厂
Wenzhou Ouhai Heli Plastics & Paper Factory
(详见打孔膜及打孔非织造布)

义乌市华源塑料薄膜有限公司
Yiwu Huayuan Plastic Film Co., Ltd.
地址(Add): 浙江省义乌市荷叶塘小商品基地 2 号
邮编(P. C.): 322000
电话(Tel): 0579 - 85950011
传真(Fax): 0579 - 85950022
E-mail: ywhuayuan@ yahoo. cn
联系人(Contact Person): 赵飞
产品业务(Business): 流延膜

浙江义乌星火塑料制品有限公司
Zhejiang Yiwu Xinghuo Plastic Products Co., Ltd.
地址(Add): 浙江省义乌市前洪开发区
邮编(P. C.): 322000
电话(Tel): 0579 - 85431108
传真(Fax): 0579 - 85431101
联系人(Contact Person): 季伟功
产品业务(Business): 流延膜

天马塑膜有限公司
Tianma Plastic Film Co., Ltd.
(详见打孔膜及打孔非织造布)

万佛湖阳光制膜有限责任公司
Wanfohu Yangguang Film Co., Ltd.
地址(Add): 安徽省舒城县万佛湖羊山大道 108 号
邮编(P. C.): 231300
电话(Tel): 0564 - 8538688
传真(Fax): 0564 - 8538766
总经理(General Manager): 李邦涛
产品业务(Business): 流延膜

福建省福鼎市环球薄膜厂
Fujian Fuding Huanqiu Film Factory
地址(Add): 福建省福鼎市贯岭工业区
邮编(P. C.): 355201
电话(Tel): 0593 - 7655909
传真(Fax): 0593 - 7877909
联系人(Contact Person): 王建炜
产品业务(Business): 流延膜

晋江市恒安卫生材料有限公司
Jinjiang Hengan Hygiene Material Co., Ltd.
(详见非织造布 - 热轧、热风、纺粘)

恒信纸品卫生材料经销部
Hengxin Paper Products Material Distributor
(详见绒毛浆)

泉州恒峰卫生材料科技有限公司
Quanzhou Hengfeng Hygiene Materials Co., Ltd.
地址(Add): 福建省泉州市惠安县东岭镇惠东工业区华光北路
邮编(P. C.): 362141
电话(Tel): 0595 - 87876300
传真(Fex): 0595 - 87877300
E-mail: zhou800p16@126. com
Http://www. hengfengkeji. com
联系人(Contact Person): 周黎明
产品业务(Business): 透气膜

泉州市星达鞋服材料有限公司
Quanzhou Xingda Shoes & Tog Material Co., Ltd.
地址(Add): 福建省晋江市陈埭四境七一路口
邮编(P. C.): 362211
电话(Tel): 0595 - 85180106
传真(Fax): 0595 - 85196506
E-mail: fujianxingda@ yahoo. com. cn
Http://www. fjxingda. com
联系人(Contact Person): 丁景星
产品业务(Business): 薄膜产品

恒威塑料制品厂
Hengwei Plastics Products Factory
地址(Add): 福建省晋江市陈埭镇四境西湖工业区(变电站边)
邮编(P. C.): 362218
电话(Tel): 0595 - 85185373
传真(Fax): 0595 - 85163373
联系人(Contact Person): 丁硕颖
产品业务(Business): 流延膜

晋江市鸿盛塑料厂
Jinjiang Hongsheng Plastics Factory
地址(Add): 福建省晋江市磁灶镇下灶加油站旁
邮编(P. C.): 362214
电话(Tel): 0595 - 85859705
联系人(Contact Person): 王德品
产品业务(Business): PE 料粒

福建省晋江市圣洁卫生用品有限公司
Fujian Jinjiang Shengjie Hygiene Products Co., Ltd.
(详见打孔膜及打孔非织造布)

晋江市共赢工贸有限公司
Goooing Corporation
地址(Add): 福建省晋江市建设银行大厦 17 层 1702 - 1705 室
邮编(P. C.): 362200
电话(Tel): 0595 - 85600689
传真(Fax): 0595 - 85616566
E-mail: susan@ goooing. com
Http://www. goooing. com
联系人(Contact Person): 由雪斌
产品业务(Business): 流延膜, 打孔膜, 透气膜

泉州市三维塑胶发展有限公司
Quanzhou Sanwei Plastic Development Co., Ltd.
地址(Add): 福建省晋江市龙湖镇梧坑开发区南路
邮编(P. C.): 362241

电话(Tel)：0595 -85237708
传真(Fax)：0595 -85237700
E-mail：sanwei@fjsanwei.com
Http://www.sanwei-co.com
联系人(Contact Person)：张建南
产品业务(Business)：流延膜

质信 TPU 复合厂
Zhixin TPU Composite Factory
地址(Add)：福建省晋江市梅岭街道后崎 170 号
邮编(P.C.)：362200
电话(Tel)：0595 -82008353
传真(Fax)：0595 -82008353
Http://www.jjzhixin.com
联系人(Contact Person)：庄少辉
产品业务(Business)：透气膜

晋江市康利卫生用品有限公司
Jinjiang Kangli Hygiene Products Co., Ltd.
(详见非织造布 - 干法纸)

舒尔佳塑胶制品有限公司
Shuerjia Plastic Products Co., Ltd.
(详见打孔膜及打孔非织造布)

舒华制膜有限公司
Shuhua Film Co., Ltd.
地址(Add)：福建省晋江市西园赖厝新村工业区
邮编(P.C.)：362200
电话(Tel)：0595 -85694766
传真(Fax)：0595 -85674977
联系人(Contact Person)：赖晋中
产品业务(Business)：流延膜

恒昕隆复合材料(福建)分公司
Hengxinlong Composite Materials Fujian Branch
地址(Add)：福建省晋江市西园王厝南区 31 号
邮编(P.C.)：362211
电话(Tel)：0595 -85608837
传真(Fax)：0595 -85605527
E-mail：22166118@163.com
联系人(Contact Person)：洪金泽
产品业务(Business)：透气复合膜，打孔非织造布

晋江万源制膜有限公司
Jinjiang Wanyuan Film Co., Ltd.
地址(Add)：福建省晋江市新店厝头北路 128 号
邮编(P.C.)：362200
电话(Tel)：0595 -85989226
传真(Fax)：0595 -85989226
联系人(Contact Person)：李文曲
产品业务(Business)：流延膜

晋江市有利塑胶制品有限公司
Jinjiang Youli Plastic Products Co., Ltd.
地址(Add)：福建省晋江市英林西埔工业区
邮编(P.C.)：362200
电话(Tel)：0595 -85477333
传真(Fax)：0595 -85477866
联系人(Contact Person)：林少明
产品业务(Business)：流延膜，透气膜

南安市玉和塑胶制品有限公司
Nanan Yuhe Plastics Co., Ltd.
地址(Add)：福建省南安市洪濑镇谯琉工业区
邮编(P.C.)：362331
电话(Tel)：0595 -86600055
传真(Fax)：0595 -86600066
总经理(General Manager)：卜易生
联系人(Contact Person)：戴少荣
产品业务(Business)：流延膜

泉州彩虹塑胶有限公司
Quanzhou Rainbow Plastic Co., Ltd.
地址(Add)：福建省南安市省新工业区 556 号
邮编(P.C.)：362300
电话(Tel)：0595 -86235566
传真(Fax)：0595 -86231166
E-mail：cch5599@hotmail.com
总经理(General Manager)：崔镇弘
联系人(Contact Person)：金炳哲
产品业务(Business)：透气膜塑料母粒

南安长利塑胶有限公司
Nanan Changli Plastic Co., Ltd.
地址(Add)：福建省南安市水头镇邦吟工业区
邮编(P.C.)：362342
电话(Tel)：0595 -86939889
传真(Fax)：0595 -86934889
E-mail：changli@clfj.com
Http://www.clfj.com
法人代表(Chairman)：郑叙炎
总经理(General Manager)：郑书炯
联系人(Contact Person)：李冬阳
产品业务(Business)：透气膜、色母粒、透气膜专用料

福建省泉州环球流延膜有限公司
Fujian Quanzhou Huanqiu Film Co., Ltd.
地址(Add)：福建省泉州南安市美林洋美工业区
邮编(P.C.)：362300
电话(Tel)：0595 -86962000
传真(Fax)：0595 -86962000
E-mail：jh_f1898@126.com
总经理(General Manager)：郑家向
联系人(Contact Person)：费江华
产品业务(Business)：流延膜，离型膜基材

泉州市慧利卫生材料有限公司
Quanzhou Huili Health Material Co., Ltd.
(详见打孔膜及打孔非织造布)

东韩(福建)工贸有限公司
Donghan (Fujian) Industry & Trade Co., Ltd.
地址(Add)：福建省泉州市惠安县惠东工业区 1 号
邮编(P.C.)：362141
电话(Tel)：0595 -28166555
传真(Fax)：0595 -87871918
E-mail：sales@fjdonghan.cn
Http://www.fjdonghan.com.cn
产品业务(Business)：透气膜，透气膜母粒

泉州华利塑胶有限公司
Quanzhou Huali Plastic Co., Ltd.
(详见非织造布 - 热轧、热风、纺粘)

泉州市露泉卫生用品有限公司
Quanzhou Luquan Hygiene Products Co., Ltd.
(详见打孔膜及打孔非织造布)

泉州市丰泽区顺盛塑料制膜厂
Quanzhou Shunsheng Plastic Products Factory
地址(Add):福建省泉州市市面粉厂西大门内
邮编(P.C.):362000
电话(Tel):0595-22211698
传真(Fax):0595-22819189
联系人(Contact Person):吴建兴
产品业务(Business):流延膜

晋江恒新纸业有限公司
Jinjiang Hengxin Paper Co., Ltd.
地址(Add):福建省泉州市特种汽车制造基地对面
邮编(P.C.):362200
电话(Tel):0595-85850822
传真(Fax):0595-85850122
总经理(General Manager):曾国胜
联系人(Contact Person):王清白
产品业务(Business):卫生巾尿裤底膜

石狮市坚创塑胶制品有限公司
Shishi Jianchuang Plastic Products Co., Ltd.
(详见打孔膜及打孔非织造布)

吉航国际集团厦门办事处
Gehun International Group Xiamen Office
地址(Add):福建省厦门市东渡路151号505室
邮编(P.C.):361000
电话(Tel):0592-5672253
传真(Fax):0592-5672253
联系人(Contact Person):张屹
产品业务(Business):塑料填充料

汉纳聚合物有限公司厦门办事处
Hunan Polymer Co., Ltd.
地址(Add):福建省厦门市湖里区南山路禹洲新村405号5E
邮编(P.C.):361006
电话(Tel):0592-6016432
传真(Fax):0592-6016432
E-mail:ronxin_zhan@sohu.com
联系人(Contact Person):詹荣兴
产品业务(Business):色母粒

厦门塑化贸易有限公司
Xiamen Plastic Trade Co., Ltd.
地址(Add):福建省厦门市湖里区乌石浦二里172号(古龙花园)
邮编(P.C.):361009
电话(Tel):0592-8860158
传真(Fax):0592-5861799
E-mail:cjy-sl@163.com
Http://www.chemplas.com
联系人(Contact Person):陈建源
产品业务(Business):经营HDPE, LDPE, PP

厦门市馥荣塑料制品有限公司
Xiamen Furong Plastic Products Co., Ltd.
地址(Add):福建省厦门市火炬高新区(翔安)产业区翔虹路7号兴致大厦2层
邮编(P.C.):361006
电话(Tel):0592-7085239
传真(Fax):0592-7085138
联系人(Contact Person):王仲枢
产品业务(Business):流延膜

厦门市丞竣贸易有限公司
Xiamen Chengjun Trade Co., Ltd.
地址(Add):福建省厦门市思明区嘉禾路295号侨旺大厦25E
邮编(P.C.):361006
电话(Tel):0592-5501075
传真(Fax):0592-5501079
E-mail:morrislin@21cn.com
Http://www.spring-ink.cn
总经理(General Manager):蔡思利
联系人(Contact Person):林国良
产品业务(Business):塑料添加剂,水性油墨

厦门市荣鑫行化工有限公司
Xiamen Rousing Trading Co., Ltd.
地址(Add):福建省厦门市厦禾路873号南洋大厦写字楼301室
邮编(P.C.):361004
电话(Tel):0592-5891206
传真(Fax):0595-2290460
E-mail:ly72_88@hotmail.com
联系人(Contact Person):李志刚
产品业务(Business):塑料母粒

福建永安市三源丰水溶膜有限公司
Fujian Yongan Sanyuanfeng Film Co., Ltd.
地址(Add):福建省永安市新桥路1507号
邮编(P.C.):366000
电话(Tel):0598-3639030
传真(Fax):0598-3650860
E-mail:sm3628021@163.com
Http://www.pva-film.com
联系人(Contact Person):苏世明
产品业务(Business):水溶性透气膜,流延膜

山东临沂宏运卫生材料有限公司
Shandong Linyi Hongyun Sanitary Material Co., Ltd.
(详见打孔膜及打孔非织造布)

山东宝利卫生用品厂
Shandong Baoli Hygiene Products Plant
(详见打孔膜及打孔非织造布)

金利源卫生材料有限公司
Jinliyuan Sanitary Material Co., Ltd.
地址(Add):山东省临沂市郯马经济开发区南园街455号
邮编(P.C.):276100
电话(Tel):0539-6770111
传真(Fax):0539-6770111
联系人(Contact Person):蒋诚
产品业务(Business):PE流延膜,打孔膜

临沂市兰山区社会福利工艺厂
Linyi Community Welfare Craft Factory
(详见非织造布-热轧、热风、纺粘)

山东鲁燕色母粒有限公司
Shandong Luyan Masterbatch Co., Ltd.
地址(Add)：山东省泰安市青春创业开发区振兴街
邮编(P. C.)：271000
电话(Tel)：0538-8569277
总经理(General Manager)：陈卫国
联系人(Contact Person)：庄众
产品业务(Business)：色母粒

郯城县鸿发贸易有限公司
Tancheng Hongfa Trade Co., Ltd.
地址(Add)：山东省郯城县昌盛路北首
邮编(P. C.)：276100
电话(Tel)：0539-6125158
联系人(Contact Person)：高磊
产品业务(Business)：PE 填充料，色母粒

山东郯城县昌隆塑料制品厂
Tancheng Changlong Plastic Factory
地址(Add)：山东省郯城县高册乡开发区
邮编(P. C.)：276125
电话(Tel)：0539-6591868
传真(Fax)：0539-6591868
联系人(Contact Person)：洪斌
产品业务(Business)：流延膜

临沂市金马卫生材料有限公司
Jinma Sanitary Material Co., Ltd.
(详见打孔膜及打孔非织造布)

山东郯城健妇膜业卫生用品有限公司
Tancheng Jianfu Film Hygiene Products Co., Ltd.
地址(Add)：山东省郯城县金马商业街 102 号
邮编(P. C.)：276125
电话(Tel)：0539-6771536
传真(Fax)：0539-2109728
联系人(Contact Person)：郭德华
产品业务(Business)：流延膜，打孔膜

恒信卫生材料有限公司
Hengxin Hygiene Material Co., Ltd.
(详见打孔膜及打孔非织造布)

鲁南康美打孔膜厂
Lunan Kangmei Apertured Film Factory
(详见打孔膜及打孔非织造布)

山东省临沂市康得佳卫生用品有限公司
Shandong Linyi Kangdejia Hygiene Products Co., Ltd.
(详见打孔膜及打孔非织造布)

山东郯城宏达流延膜厂
Tancheng Hongda Film Factory
(详见打孔膜及打孔非织造布)

山东郯城维康卫生材料有限公司
Tancheng Weikang Hygiene Material Co., Ltd.
地址(Add)：山东省郯城县马头镇初级中学西 100 米
邮编(P. C.)：276126
电话(Tel)：0539-6773898
传真(Fax)：0539-6773898
联系人(Contact Person)：姜德才
产品业务(Business)：流延膜，打孔膜

山东省天马塑膜制品有限公司
Shandong Tianma Plastic Film Co., Ltd.
(详见打孔膜及打孔非织造布)

山东郯城马头益康打孔膜厂
Shandong Tancheng Yikang Apertured Film Factory
(详见打孔膜及打孔非织造布)

山东省郯城县恒盛塑膜有限公司
Tancheng Hengsheng Plastic Co., Ltd.
地址(Add)：山东省郯城县马头镇中高册经济开发区
邮编(P. C.)：276100
电话(Tel)：0539-6593118
联系人(Contact Person)：周莲友
产品业务(Business)：流延膜，透气膜

山东省郯城县爱洁卫生用品厂
Shandong Tancheng Aijie Hygiene Products Factory
(详见打孔膜及打孔非织造布)

微山县联众包装材料有限公司
Weishan Lianzhong Package Material Co., Ltd.
地址(Add)：山东省微山县新河北街
邮编(P. C.)：277600
电话(Tel)：0537-8225188
传真(Fax)：0537-8268155
E-mail：sdlianzhong_zhou@163.com
Http://www.lzpof.com
联系人(Contact Person)：周东升
产品业务(Business)：热收缩包装膜，印刷标签

沂源合利塑料有限公司
Yiyuan Heli Plastic Co., Ltd.
地址(Add)：山东省沂源县城鲁阳路 40 号
邮编(P. C.)：256100
电话(Tel)：0533-3281593
传真(Fax)：0533-3281593
总经理(General Manager)：李雷
联系人(Contact Person)：唐敬国
产品业务(Business)：流延膜

淄博广龙塑料工贸有限公司
Zibo Guanglong Plastics Industry & Trading Co., Ltd.
(详见打孔膜及打孔非织造布)

许昌市金光塑料吹膜彩印包装厂
Xuchang Jinguang Plastic Film & Colour Printing Factory
地址(Add)：河南省许昌市小南海南海宾馆对面
邮编(P. C.)：461000
电话(Tel)：0374-4361117
总经理(General Manager)：金平安
产品业务(Business)：流延膜及包装袋

武汉鑫鸣塑料制品有限公司
Wuhan Xinming Plastic Products Co., Ltd.
地址(Add)：湖北省武汉市汉南区纱帽街育才路 178 号
邮编(P. C.)：430090
电话(Tel)：027-84856888

传真(Fax)：027－84854586
总经理(General Manager)：周德杨
联系人(Contact Person)：周德杨
产品业务(Business)：流延膜

湖北华业塑胶有限公司
Huaye Plastic Co., Ltd.
地址(Add)：湖北省仙桃市沔阳大道146号
邮编(P. C.)：433000
电话(Tel)：0728－3257592
传真(Fax)：0728－3257586
E-mail：hbxtfjh@yahoo.com
Http://hbhyfzh.cn.alibaba.com
总经理(General Manager)：冯家海
产品业务(Business)：流延膜

湖北慧狮塑业有限责任公司
Hubei Huishi Plastics Co., Ltd.
地址(Add)：湖北省仙桃市青鱼湖路28号
邮编(P. C.)：433000
电话(Tel)：0728－8201848
传真(Fax)：0728－3270998
联系人(Contact Person)：范朝晖
产品业务(Business)：流延膜

东莞市同舟化工有限公司
Topship Chemicals Co., Ltd.
(详见高吸收性树脂)

佛山市怡昌塑胶有限公司
Foshan Yichang Plastic Co., Ltd.
地址(Add)：广东省佛山市禅城区江湾一路弼塘西二街6号5楼
邮编(P. C.)：528000
电话(Tel)：0757－87218298
传真(Fax)：0757－82277526
E-mail：yichpl@126.com
总经理(General Manager)：苏振宇
联系人(Contact Person)：吴国逵
产品业务(Business)：流延膜，透气膜

佛山市雍晟商贸有限公司
Foshan Youngsun Trading Co., Ltd.
(详见高吸收性树脂)

佛山市安喆娜贸易有限公司
Foshan Angel Trade Co., Ltd.
地址(Add)：广东省佛山市汾江南路131号1区4座首层P6
邮编(P. C.)：510240
电话(Tel)：0757－83203762
传真(Fax)：0757－83203762
E-mail：anna760525@yahoo.com.cn
联系人(Contact Person)：徐姜娜
产品业务(Business)：经销透气膜，纸尿裤左右侧贴

佛山市创力塑料有限公司
Foshan Marly Advanced Plastics Co., Ltd.
地址(Add)：广东省佛山市高明区更合镇合瑶路沧江工业园西园
邮编(P. C.)：528524
电话(Tel)：0757－88876688
传真(Fax)：0757－88876699
E-mail：wkfang@marly-intl.com
法人代表(Chairman)：何健良
联系人(Contact Person)：黄丽珠
产品业务(Business)：专营防水透气薄膜

广东省佛山富兴塑料薄膜材料厂
Foshan Fuxing Plastic Film Factory
地址(Add)：广东省佛山市江边高田工业区南排19－21号
邮编(P. C.)：528000
电话(Tel)：0757－82827380
传真(Fax)：0757－82827192
E-mail：fuxingfs@126.com
联系人(Contact Person)：陈树强
产品业务(Business)：流延膜，尿湿显示印刷膜

佛山市安乐利包装材料有限公司
Foshan Anleli Packing Material Co., Ltd.
地址(Add)：广东省佛山市魁奇路高技术开发区
邮编(P. C.)：528000
电话(Tel)：0757－83825286
传真(Fax)：0757－83833768
联系人(Contact Person)：梁灿
产品业务(Business)：流延膜

佛山市万田塑料有限公司
Foshan Wantian Plastic Co., Ltd.
地址(Add)：广东省佛山市南海桂丹路罗村街边上联工业区
邮编(P. C.)：528000
电话(Tel)：0757－83661299
传真(Fax)：0757－83633636
法人代表(Chairman)：杨察初
联系人(Contact Person)：陈明
产品业务(Business)：流延膜，流延膜设备

佛山市南海广浩塑料有限公司
Foshan Nanhai Guanghao Plastic Co., Ltd.
地址(Add)：广东省佛山市南海区罗村城北芦塘工业园11号
邮编(P. C.)：528226
电话(Tel)：0757－81801298
传真(Fax)：0757－81801296
E-mail：guanghaogongshi@163.com
法人代表(Chairman)：余志勤
联系人(Contact Person)：吴宗强
产品业务(Business)：流延膜，PE膜，复合膜，离型膜

佛山市腾华塑胶有限公司
Foshan Tenghua Plastic & Adhesive Co., Ltd.
地址(Add)：广东省佛山市南海区平洲夏教工业区健豪工业大楼
邮编(P. C.)：528000
电话(Tel)：0757－81282381
传真(Fax)：0757－81282383
E-mail：hzh8721@163.com
总经理(General Manager)：沈金才
联系人(Contact Person)：黄志华
产品业务(Business)：流延膜，打孔膜基材，流延透气

膜，复合透气膜，尿湿显示膜

多邦卫生材料
Duobang Sanitary Material Co.
地址(Add)：广东省佛山市南海区平洲夏西一坊铺2楼
邮编(P. C.)：528000
电话(Tel)：0757-81281203
传真(Fax)：0757-81281203
联系人(Contact Person)：黎家财
产品业务(Business)：流延膜，包装袋

佛山市万嘉塑胶有限公司
Foshan Wanjia Plastic Co., Ltd.
地址(Add)：广东省佛山市南海区狮山工业区A区科旺路3号
邮编(P. C.)：528225
电话(Tel)：0757-86697363
传真(Fax)：0757-81203689
E-mail：a1001989@126.com
法人代表(Chairman)：梁永江
联系人(Contact Person)：叶耀荣
产品业务(Business)：流延膜，尿湿显示膜，打孔膜基材，透气膜，缠绕膜及流延膜设备

佛山市兰笛胶粘材料有限公司
Foshan Landi Adhesive Co., Ltd.
地址(Add)：广东省佛山市南海区狮山工业园A区旺达路
邮编(P. C.)：528225
电话(Tel)：0757-88735580
传真(Fax)：0757-88735592
E-mail：yyyyl5272@163.com
总经理(General Manager)：江南
联系人(Contact Person)：陈勇
产品业务(Business)：流延膜，复合膜

佛山市新飞卫生材料有限公司
Foshan Xinfei Sanitary Material Co., Ltd.
(详见离型纸、离型膜)

宏发废旧塑料加工场
Hongfa Waste Plastic Factory
地址(Add)：广东省佛山市南海区西樵镇百西村
邮编(P. C.)：528211
电话(Tel)：13686574470
联系人(Contact Person)：首德富
产品业务(Business)：再生塑料母粒

佛山华韩卫生材料有限公司
Foshan Huahan Sanitary Material Co., Ltd.
地址(Add)：广东省佛山市轻工三路7号
邮编(P. C.)：528000
电话(Tel)：0757-82214727
传真(Fax)：0757-82217295
E-mail：eastfoshan@21cn.com
法人代表(Chairman)：庞有国
总经理(General Manager)：蔡耀钧
联系人(Contact Person)：刘森发
产品业务(Business)：流延膜，衬膜，透气膜，复合膜，包装袋

广信塑料吹膜制品有限公司
Guangxin Plastic Packaging Co., Ltd.
(详见包装及印刷)

佛山市顺德区基联五金塑料厂
Foshan Jilian Hardware Plastic Factory
地址(Add)：广东省佛山市顺德区乐从镇良教工业区
邮编(P. C.)：528315
电话(Tel)：0757-28867623
传真(Fax)：0757-28838296
总经理(General Manager)：劳启卓
产品业务(Business)：流延膜，尿显膜

佛山市顺德区勒流镇建诚包装材料有限公司
Foshan Shunde Leliu Jiancheng Packing Material Co., Ltd.
地址(Add)：广东省佛山市顺德区勒流镇连杜大道工业区25-5号
邮编(P. C.)：528322
电话(Tel)：0757-25631200
传真(Fax)：0757-25632260
法人代表(Chairman)：欧浩波
产品业务(Business)：流延膜，透气膜

广州开瑞化工有限公司
Avoteck (Guangzhou) Co., Ltd.
地址(Add)：广东省广州市从化太平经济技术开发区福从路公共保税仓1号仓
邮编(P. C.)：510990
电话(Tel)：020-87815940
传真(Fax)：020-87815936
E-mail：cjhe@avoteck.com
Http://www.avoteck.com.cn
法人代表(Chairman)：甘卓燊
联系人(Contact Person)：何常江
产品业务(Business)：流延膜，透气膜

广州市金威龙实业股份有限公司
Jinweilong Industrial Co., Ltd.
地址(Add)：广东省广州市海珠区南石路12号
邮编(P. C.)：510285
电话(Tel)：020-84263833
传真(Fax)：020-84329947
法人代表(Chairman)：陈清流
联系人(Contact Person)：苏经理
产品业务(Business)：流延膜

鹤山市花坪薄膜有限公司
Heshan Huaping Film Co., Ltd.
地址(Add)：广东省鹤山市宅梧镇宅新路61号
邮编(P. C.)：529733
电话(Tel)：0750-8633386
传真(Fax)：0750-8632130
E-mail：huaping@21cn.net
Http://www.gdhuaping.com
法人代表(Chairman)：周万享
总经理(General Manager)：周万享
联系人(Contact Person)：周树祥
产品业务(Business)：流延膜，打孔膜，衬膜

和盛塑料加工厂
Hesheng Plastic Factory
地址(Add)：广东省普宁市南径镇振兴路
邮编(P. C.)：515354
电话(Tel)：0663 - 2566384
传真(Fax)：0663 - 2566384
联系人(Contact Person)：罗汉周
产品业务(Business)：PP 料，非织造布

深圳市金顺来实业有限公司
Shenzhen Jinshunlai Industry Co., Ltd.
地址(Add)：广东省深圳市龙岗区坪地镇坪西村顺景路10 号
邮编(P. C.)：518111
电话(Tel)：0755 - 61227772
传真(Fax)：0755 - 61227628
E-mail：jieshunyeh@ yahoo. com. cn
Http://www. jsl-china. com
总经理(General Manager)：蔡明莎
联系人(Contact Person)：叶先生
产品业务(Business)：流延膜，打孔膜

重庆和泰塑胶有限公司
Chongqing Hetai Plastic Co., Ltd.
(详见打孔膜及打孔非织造布)

重庆壮大包装材料有限公司
Chongqing Zhuangda Packing Material Co., Ltd.
地址(Add)：重庆市南岸区鸡冠石镇石龙豆土湾
邮编(P. C.)：400061
电话(Tel)：023 - 62504721
传真(Fax)：023 - 62951404
E-mail：nhluoma@ 163. com
法人代表(Chairman)：王志琼
总经理(General Manager)：王文
联系人(Contact Person)：王文
产品业务(Business)：流延膜，打孔膜，彩色印刷膜

重庆众辉塑胶有限公司
Chongqing Zhonghui Plastic Co., Ltd.
地址(Add)：重庆市新桥工业园区皮匠社 53 号
邮编(P. C.)：400037
电话(Tel)：023 - 65203546
传真(Fax)：023 - 65205541
E-mail：cqyueyu@ yahoo. com. cn
法人代表(Chairman)：蒋天华
总经理(General Manager)：岳宇
联系人(Contact Person)：黄晓宇
产品业务(Business)：妇女卫生巾底膜，纸尿裤膜，打孔膜基材，缠绕膜，保护膜等

成都益华塑料包装有限公司
Chengdu Yihua Plastic Packaging Co., Ltd.
地址(Add)：四川省成都双流彭镇东方红水电站对面
邮编(P. C.)：610203
电话(Tel)：028 - 85848438
传真(Fax)：028 - 85849288
E-mail：liuzeping@ 21cn. com
Http://www. cdyihua. cn
总经理(General Manager)：刘泽平
产品业务(Business)：流延膜，打孔膜

贵阳东恒化工有限公司
Guiyang Dongheng Chemical Co., Ltd.
地址(Add)：贵州省贵阳市解放路 334 号
邮编(P. C.)：550002
电话(Tel)：0851 - 5505256
传真(Fax)：0851 - 5505256
联系人(Contact Person)：肖勇
产品业务(Business)：塑料母粒，化工材料

贵阳三友塑胶有限公司
Guiyang Sanyou Plastic Co., Ltd.
邮编(P. C.)：550001
电话(Tel)：0851 - 5752603
联系人(Contact Person)：肖勇
产品业务(Business)：塑料母粒

昆明纳威龙塑料制品有限公司
Kunming Naweilong Plastic Products Co., Ltd.
地址(Add)：云南省昆明市官渡区六甲叶家村工业园 1 号
邮编(P. C.)：650228
电话(Tel)：0871 - 7323268
传真(Fax)：0871 - 7323752
联系人(Contact Person)：张小明
产品业务(Business)：PE 流延膜，医用护理垫底膜，塑料复合软包装

● 高吸收性树脂 Super absorbable polymer

Sumitomo Seika Chemicals Co., Ltd.
住友精化株式会社
地址(Add)：4 - 5 - 33 Kitahama, Chuo-ku, Osaka 541 - 0041, Japan
电话(Tel)：81 - 06 - 62208532
传真(Fax)：81 - 06 - 62208578
E-mail：will-ge@ sumitomoseika. co. jp
联系人(Contact Person)：葛亮
产品业务(Business)：高吸收性树脂

San-Dia Polymers, Ltd.
三大雅精细化学品有限公司
地址(Add)：5 - 6 Honcho 1 - chome, Nihonbashi Chuo-ku Tokyo 103 - 0023, Japan
电话(Tel)：81 - 3 - 52001214
传真(Fax)：81 - 3 - 52003318
E-mail：i. kato@ san-dia. com
联系人(Contact Person)：Ichiro Kato
三大雅精细化学品(南通)有限公司
San-Dia Polymers (Nantong) Co., Ltd.
地址(Add)：江苏省南通市经济技术开发区新开南路 5 号
邮编(P. C.)：226009
电话(Tel)：0513 - 85981251 - 2103
传真(Fax)：0513 - 85983001
E-mail：yc. do@ san-dia. cn
法人代表(Chairman)：黑田昭
联系人(Contact Person)：笪永春
产品业务(Business)：生产高吸收性树脂

Itochu Singapore Pte Ltd.
伊藤忠新加坡私人有限公司
地址(Add)：9 Raffles Place #41 – 01, Republic Plaza Singapore 048619
电话(Tel)：65 – 62300 – 479
传真(Fax)：65 – 62300 – 475
Http://www. itochu-sha. com. cn
联系人(Contact Person)：Sherry Peh
产品业务(Business)：经销住友精化高吸收性树脂，IP 绒毛浆
伊藤忠纸浆纸张和卫材中国办事处
地址(Add)：江苏省苏州市人民路 458 号瑞富广场 A6029
邮编(P. C.)：215006
电话(Tel)：0512 – 89170738
传真(Fax)：0512 – 89170738
E-mail：liao. jun@ itochu. com. sg
联系人(Contact Person)：廖军

NIPPON SHOKUBAI CO., Ltd.
株式会社日本触媒
地址(Add)：Kogin Bldg, 4 – 1 – 1 Koraibashi, Chuo – ku Osaka 541 – 0043, Japan
电话(Tel)：81 – 6 – 62238906
传真(Fax)：81 – 6 – 62239177
E-mail：kazuhiro _ noda@ shokubai. co. jp
联系人(Contact Person)：Kazuhiro Noda
产品业务(Business)：生产高吸收性树脂
日触化工(张家港)有限公司
Nisshoku Chemical Industry (Zhangjiagang) Co., Ltd.
地址(Add)：江苏省张家港市江苏扬子江国际化学工业园长江东路 19 号
邮编(P. C.)：215635
电话(Tel)：0512 – 58937910 – 8124
传真(Fax)：0512 – 58937913
E-mail：takao _ ohashi@ shokubai. cn
Http://www. shokubai. co. jp
法人代表(Chairman)：南田章滋
总经理(General Manager)：丸尾泰三
联系人(Contact Person)：大桥俊夫

Technical Absorbents Ltd
地址(Add)：PO Box 24, Great Coates, Grimsby, North East Lincolnshire, United Kingdom DN31 2SS
电话(Tel)：44 – 1472 – 244052/3
传真(Fax)：44 – 1472 – 244266
E-mail：sales@ techabsorbents. com
Http://www. techabsorbents. com
产品业务(Business)：超吸水纤维(SAF)

Stockhausen, Inc.
斯托侯森公司
地址(Add)：Postfach 570 D – 47705 Krefeld Baekerpfad 25 Germany
电话(Tel)：49 – 2151381880
传真(Fax)：49 – 2151381292
Degussa Superabsorbent
德固赛吸水树脂公司
地址(Add)：2401 Doyle Street, Greensboro, NC 27406 U. S. A.
电话(Tel)：1 – 336 – 3337540
传真(Fax)：1 – 336 – 3337570
E-mail：hsuw@ stockhausen-inc. com
Http://www. stockhausen. com
联系人(Contact Person)：Whei-Neen Hsu
产品业务(Business)：高吸收性树脂
德固赛(中国)投资有限公司上海分公司
Degussa (China) Co., Ltd. Shanghai Branch
地址(Add)：上海市莘庄工业区春东路 55 号
邮编(P. C.)：201108
电话(Tel)：021 – 61191000 – 1592
传真(Fax)：021 – 61191415
E-mail：michael. sun@ evonik, com
Http://www. evonik. com
联系人(Contact Person)：孙觉明

台湾塑胶工业股份有限公司
Formosa Plastics Corporation
(详见流延膜及塑料母粒)

BASF East Asia Regional Headquarters Ltd.
巴斯夫东亚地区总部有限公司
地址(Add)：香港中环康乐广场 1 号怡和大厦 45 楼
电话(Tel)：852 – 27313736
传真(Fax)：852 – 27315633
E-mail：frank. l. zhao@ basf. com
联系人(Contact Person)：赵亮
产品业务(Business)：高吸收性树脂
巴斯夫(中国)有限公司
BASF (China) Company Limited
地址(Add)：上海市浦东江心沙路 300 号行政楼 5 楼
邮编(P. C.)：200137
电话(Tel)：021 – 38655366
传真(Fax)：021 – 38655400
E-mail：yanfei-tony. tang@ basf. com
Http://www. greater-china. basf. com
法人代表(Chairman)：施友诚
联系人(Contact Person)：汤彦斐
产品业务(Business)：销售 BASF 公司高吸收性树脂
广州分公司
地址(Add)：广东省广州市先烈中路 69 号东山广场 2801 – 2806 室
邮编(P. C.)：510095
电话(Tel)：020 – 87136077
传真(Fax)：020 – 87321262
E-mail：jenny. zeng@ basf. com
联系人(Contact Person)：曾静茹

乐金化学(中国)投资有限公司
LG Chem
地址(Add)：北京市朝阳区建国门外大街 12 号双子座大厦西塔 22 层
邮编(P. C.)：100022
电话(Tel)：010 – 65632125
传真(Fax)：010 – 65632121
联系人(Contact Person)：熊家悦
产品业务(Business)：销售韩国产高吸收性树脂

中石化北京燕山分公司树脂应用研究所
China Petroleum & Chemical Corporation
地址(Add)：北京市房山区燕东路 8 号
邮编(P. C.)：102500
电话(Tel)：010 – 69345905

传真(Fax)：010－69342192
E-mail：wangsy. yssh@ sinopec. com
联系人(Contact Person)：王素玉
产品业务(Business)：树脂

三井物产(中国)贸易有限公司
Mitsui & Co. (China) Trading Ltd.
地址(Add)：北京市建国门外大街1号国贸大厦34层
邮编(P. C.)：100004
电话(Tel)：010－65054702
传真(Fax)：010－65055193
E-mail：q. yin@ mitsui. com
联系人(Contact Person)：尹芊
产品业务(Business)：代理日本东亚合成株式会社高吸收性树脂

北京化学工业集团有限责任公司东方化工厂
Beijing Eastern Chemical Works
地址(Add)：北京市通州区滨河路143号
邮编(P. C.)：101149
电话(Tel)：010－61564901－8142
传真(Fax)：010－61564372
E-mail：bec@ bechem. com. cn
Http://www. bechem. com. cn
总经理(General Manager)：宋春波
联系人(Contact Person)：郑承旺
产品业务(Business)：乙烯，丙烯酸

天津市中澳纸业有限公司
Tianjin Zhongao Paper Co., Ltd.
(详见纸浆)

大江(天津)国际贸易有限公司
Dajiang (Tianjin) International Trade Co., Ltd.
(详见绒毛浆)

天津佰纳安源纸业有限公司
Tianjin Baina Anyuan Paper Co., Ltd.
(详见非织造布－干法纸)

丰田通商(天津)有限公司
Toyota Tsusho (Tianjin) Co., Ltd.
地址(Add)：天津市南京路189号津汇广场2座32F
邮编(P. C.)：300050
电话(Tel)：022－23317430
传真(Fax)：022－23314628
E-mail：applewang@ tjcn. toyotsu. net
联系人(Contact Person)：王萍
产品业务(Business)：代理日本三大雅 San-Dia 高吸收性树脂，兼营日本普利司通公司的 PU 泡膜、日本 SHEE-DOM 的 PU 膜，日本富士纺的弹性纤维

丰田通商(上海)有限公司
Toyota Tsusho (Shanghai) Co., Ltd.
地址(Add)：上海市徐汇区淮海中路1010号嘉华中心12楼
邮编(P. C.)：200031
电话(Tel)：021－54042222－356
传真(Fax)：021－54046552
E-mail：wangxiaorong@ toyotsu. sh. cn
Http://www. toyota-tsusho. com. cn
联系人(Contact Person)：王小蓉

丰田通商(广州)有限公司
Toyota Tsusho (Guangzhou) Co., Ltd.
地址(Add)：广东省广州市天河北路233号中信广场办公楼5503室
邮编(P. C.)：510015
电话(Tel)：020－86663948－161
传真(Fax)：020－86677726
E-mail：fu _ zhiwei@ gzcn. toyotsu. net
联系人(Contact Person)：符之玮

丰田通商(广州)有限公司重庆办事处
地址(Add)：重庆市渝中区中山三路131号庆隆希尔顿商务中心801室
邮编(P. C.)：400060
电话(Tel)：023－89061911
传真(Fax)：023－89061914
E-mail：zhouen@ toyotsu. sh. cn

香港丰田通商有限公司
地址(Add)：香港金钟夏悫道18号海富中心1期27楼2702室
电话(Tel)：852－36671081
传真(Fax)：852－36671203
联系人(Contact Person)：RICKY CHAN

河北海明生态科技有限公司
Hebei Haiming Ecology Science and Technology Co., Ltd.
地址(Add)：河北省保定市朝阳南大街105号
邮编(P. C.)：071051
电话(Tel)：0312－3067880
传真(Fax)：0312－3068558
E-mail：haiming@ haimingshengtai. com
Http://www. haimingshengtai. com
联系人(Contact Person)：关颖宏
产品业务(Business)：生产高吸收性树脂

唐山博亚树脂有限公司
Tangshan Boya Absorbent Co., Ltd.
地址(Add)：河北省唐山市唐钱路
邮编(P. C.)：063001
电话(Tel)：0315－2980045
传真(Fax)：0315－2980048
E-mail：ts _ licheng@ 163. com
Http://www. boya. com. cn
法人代表(Chairman)：孙长珍
总经理(General Manager)：马天利
联系人(Contact Person)：李成
产品业务(Business)：高吸收性树脂

上海凯琳进出口有限公司
Shanghai Kailin Import & Export Co., Ltd.
(详见绒毛浆)

上海协润贸易有限公司
Shanghai Xierun Trade Co., Ltd.
(详见非织造布－干法纸)

上海赛福化工发展有限公司
Shanghai Saifu Chemical Development Co., Ltd.
地址(Add)：上海市漕河泾开发区钦州北路1199号87号楼5层
邮编(P. C.)：200233

电话(Tel)：021－51508011
传真(Fax)：021－51508009
E-mail：qinjianbing@ saifu. cn
Http://www. saifu. cn
联系人(Contact Person)：秦建兵
产品业务(Business)：销售 SAP

上海欣颢贸易有限公司
Shanghai Xinhao Trading Co., Ltd.
地址(Add)：上海市共和新路 2750 号锦荣商务楼 2 号楼 702 室
邮编(P. C.)：200072
电话(Tel)：021－51171936
传真(Fax)：021－54252582
E-mail：xinhaoshi@ 163. com
联系人(Contact Person)：沙峰
产品业务(Business)：经销高吸收性树脂

上海凯昌国际贸易有限公司
Shanghai Kaichang Int'l Trading Co., Ltd.
(详见绒毛浆)

上海伊藤忠商事有限公司
ITOCHU Shanghai Ltd.
地址(Add)：上海市浦东新区世纪大道 88 号金茂大厦 1201 室
邮编(P. C.)：200121
电话(Tel)：021－50477788
传真(Fax)：021－50474897
E-mail：zheng. jiaqi@ sha. itochu. com. cn
Http://www. itochu-sha. com. cn
法人代表(Chairman)：左左木聪吉
总经理(General Manager)：石冈彻
联系人(Contact Person)：郑嘉琪
产品业务(Business)：代理销售日本住友精化高吸收性树脂

伊藤忠(中国)集团有限公司
地址(Add)：北京市朝阳区建国路 79 号华贸中心 2 号写字楼 5 层 501 室
邮编(P. C.)：100025
电话(Tel)：010－65997123
传真(Fax)：010－65997110
E-mail：zhao. chao@ pek. itochu. com. cn
Http://www. itochu. com. cn
联系人(Contact Person)：赵超

广州伊藤忠商事有限公司
ITOCHU Guangzhou Limited
地址(Add)：广东省广州市天河区体育东路 138 号金利来数码网络大厦 1006－1007 室
邮编(P. C.)：510620
电话(Tel)：020－86680888
传真(Fax)：020－38780165
E-mail：amy. gao@ kcn. itochu. com. cn
联系人(Contact Person)：高美宜

伊藤忠纤维贸易(中国)有限公司
Itochu Textile (China) Co., Ltd.
地址(Add)：上海市延安西路 2201 号国际贸易中心 1409 室
邮编(P. C.)：200336
电话(Tel)：021－62091843－905
传真(Fax)：021－62751821
E-mail：chai. liang@ shaits. itochu. com. cn
联系人(Contact Person)：柴亮

常州市恒惠公司流延膜厂
Changzhou Henghui Film Factory
(详见流延膜及塑料母粒)

南京赛普高分子材料有限公司
Nanjing Sap Polymers Co., Ltd.
地址(Add)：江苏省南京市建邺区黄山路 128 号嘉业阳光城
邮编(P. C.)：210019
电话(Tel)：025－52337142
传真(Fax)：025－52337140
E-mail：spgfz@ yahoo. com. cn
Http://www. spgfz. cn
法人代表(Chairman)：金东晨
总经理(General Manager)：金东晨
联系人(Contact Person)：蔡德林
产品业务(Business)：经销高吸收性树脂

南京东正化轻有限公司
Nanjing Dongzheng Chemical & Light Industry Materials Co., Ltd.
(详见造纸化学品)

江苏兴化市恒洁卫生用品厂
Jiangsu Xinghua Hengjie Hygiene Products Factory
地址(Add)：江苏省兴化市大垛镇吴家
邮编(P. C.)：225731
电话(Tel)：0523－83663466
传真(Fax)：0523－83668466
E-mail：ddwsz@ 163. com
法人代表(Chairman)：王圣中
总经理(General Manager)：王圣中
联系人(Contact Person)：王圣中
产品业务(Business)：经销高吸收性树脂，绒毛浆

台塑吸水树脂(宁波)有限公司
FPC Super Absorbent Polymer (Ningbo) Co., Ltd.
地址(Add)：浙江省宁波市北仑霞浦镇台塑工业园区
邮编(P. C.)：315807
电话(Tel)：0574－86902999－3320
传真(Fax)：0574－86902987
E-mail：cbyang@ fpc. com. tw
Http://www. fpc. com. tw
法人代表(Chairman)：李志村
总经理(General Manager)：黄金龙
联系人(Contact Person)：杨淳博
产品业务(Business)：卫生用品用高吸收性树脂

浙江威龙高分子材料有限公司
Zhejiang Weilong Polymer Material Co., Ltd.
地址(Add)：浙江省衢州市廿里工业园区
邮编(P. C.)：324012
电话(Tel)：0570－2962532
传真(Fax)：0570－2962649
E-mail：sales@ weilongchemical. com
Http://www. weilongchemical. com
法人代表(Chairman)：叶明生
总经理(General Manager)：叶明生

联系人(Contact Person)：郑岩芳
产品业务(Business)：高吸收性树脂

安徽华晶新材料有限公司
Anhui Huajing New Material Co., Ltd.
地址(Add)：安徽省六安市舒城县杭埠工业区
邮编(P. C.)：231323
电话(Tel)：0564－8036988
传真(Fax)：0564－8035222
E-mail：hekj9899@163. com
Http://www. hjsap. com. cn
法人代表(Chairman)：赵峥
总经理(General Manager)：赵峥
联系人(Contact Person)：何开军
产品业务(Business)：高吸收性树脂

恒信纸品卫生材料经销部
Hengxin Paper Products Material Distributor
(详见绒毛浆)

晋江汇森工贸有限公司
Jinjiang Huisen Trading Co., Ltd.
地址(Add)：福建省晋江市福埔工业区
邮编(P. C.)：362216
电话(Tel)：0595－88178739
传真(Fax)：0595－88179739
法人代表(Chairman)：陈嘉祥
总经理(General Manager)：陈嘉祥
联系人(Contact Person)：陈永星
产品业务(Business)：生产高吸收性树脂

泉州邦丽达科技实业有限公司
Quanzhou Banglida Science & Technology Industrial Co., Ltd.
地址(Add)：福建省泉州市水头镇324国道复线工业园区
邮编(P. C.)：362000
电话(Tel)：0595－86999718
传真(Fax)：0595－86999797
E-mail：banglida@163. com
Http://www. banglida. com
法人代表(Chairman)：许有卯
联系人(Contact Person)：林承锋
产品业务(Business)：生产高吸收性树脂

厦门荣安贸易有限公司
Rongan (Xiamen) Co., Ltd.
(详见绒毛浆)

厦门维舒达贸易有限公司
Xiamen Weishuda Trade Co., Ltd.
(详见绒毛浆)

福建天昱新型材料有限公司
Fujian Tianyu Newfashioned Material Co., Ltd.
地址(Add)：福建省漳州市芗城区新华北路54号
邮编(P. C.)：363000
电话(Tel)：0596－2935288
传真(Fax)：0595－2936788
E-mail：vip@fjtianyu. com. cn
Http://www. fjtianyu. com. cn
总经理(General Manager)：许勇

联系人(Contact Person)：史学明
产品业务(Business)：高吸收性树脂

济南昊月吸水材料有限公司
Jinan Haoyue Absorbent Co., Ltd.
地址(Add)：山东省章丘市309国道姚庄立交桥南邻
邮编(P. C.)：250215
电话(Tel)：0531－83713180
传真(Fax)：0531－83711094
E-mail：jinanhaoyue@126. com
法人代表(Chairman)：杨志亮
总经理(General Manager)：杨志亮
联系人(Contact Person)：马波
产品业务(Business)：高吸收性树脂

永源卫生材料
Yongyuan Sanitary Materials Co.
(详见离型纸、离型膜)

东莞市同舟化工有限公司
Topship Chemicals Co., Ltd.
地址(Add)：广东省东莞市旗峰路288号新世纪大厦8楼
邮编(P. C.)：523123
电话(Tel)：0769－22365555
传真(Fax)：0769－22365457
E-mail：tianjianjun88@163. com
Http://www. topshipchem. com
法人代表(Chairman)：谢文勇
总经理(General Manager)：谢文勇
联系人(Contact Person)：田建军
产品业务(Business)：经营高吸收性树脂及透气膜，PE膜，复合膜，卫生纸

东莞市金岛经贸有限公司
Dongguan Newera Trading Ltd.
(详见纸浆)

佛山市雍晟商贸有限公司
Foshan Youngsun Trading Co., Ltd.
地址(Add)：广东省佛山市禅城区普澜二路33号新荣大厦D座505房
邮编(P. C.)：528000
电话(Tel)：0757－83657123
传真(Fax)：0757－83657123
Http://www. fsyc. net. cn
联系人(Contact Person)：沈苏东
产品业务(Business)：经销高吸收性树脂，透气膜

广州市塑智化工有限公司
Guangzhou Suzhi Chemical Co., Ltd.
地址(Add)：广东省广州市荔湾区东风西路132号流花广场园景中心1611
邮编(P. C.)：510170
电话(Tel)：020－81366403
传真(Fax)：020－81368993
Http://www. evaresin. com
联系人(Contact Person)：关惠婷
产品业务(Business)：经营高吸收性树脂

广东长粤贸易有限公司
Guangdong New Era Trading Co., Ltd.
(详见绒毛浆)

中山市德伦包装材料有限公司
Zhongshan Delun Packing Material Co., Ltd.
(详见打孔膜及打孔非织造布)

● 湿强纸和复合吸水纸 Wet strength paper and laminated absorbable paper

天津万马高分子吸水材料有限公司
Tianjin Wanma Absorbant Material Co., Ltd.
地址(Add):天津市东丽区华明镇范庄工业区
邮编(P.C.):300162
电话(Tel):022-84829069
传真(Fax):022-84829069
总经理(General Manager):褚先曙
联系人(Contact Person):苏海蔚
产品业务(Business):高分子吸水纸

石家庄发利来塑料制品有限公司
Shijiazhuang Falilai Plastic Products Co., Ltd.
(详见流延膜及塑料母粒)

丹东市天和纸制品有限公司
Dandong Tianhe Paper Products Co., Ltd.
(详见非织造布-干法纸)

丹东北方卫生用品有限公司
Dandong Beifang Hygiene Products Co., Ltd.
(详见非织造布-干法纸)

抚顺市恒兴纤棉材料厂
Fushun Hengxing Fiber Cotton Materials Plant
地址(Add):辽宁省抚顺市顺城区会元乡马金村下沟屯1-148号
邮编(P.C.):113000
电话(Tel):0413-4177888
传真(Fax):0413-4177999
E-mail:chinahengxing@126.com
总经理(General Manager):郑燕芳
联系人(Contact Person):李成长
产品业务(Business):高分子吸水纸

锦州女儿河纸业有限责任公司
Jinzhou Nüerhe Paper Co., Ltd.
地址(Add):辽宁省锦州市太和区新兴里69号
邮编(P.C.):121005
电话(Tel):0416-5139211
传真(Fax):0416-2660620
E-mail:neh@nehzy.com
Http://www.nehzy.com
法人代表(Chairman):刘延华
总经理(General Manager):刘延民
联系人(Contact Person):陈建林
产品业务(Business):湿强纸

上海协润贸易有限公司
Shanghai Xierun Trade Co., Ltd.
(详见非织造布-干法纸)

王子奇能纸业(上海)有限公司
Oji Kinocloth (Shanghai) Co., Ltd.
(详见非织造布-干法纸)

上海正扬实业有限公司
Shanghai Zhengyang Industrial Co., Ltd.
(详见胶带、胶贴、魔术贴、标签)

上海百府康卫生材料有限公司
Shanghai Baifukang Sanitary Material Co., Ltd.
地址(Add):上海市浦东新区明月路199弄16号401室
邮编(P.C.):200120
电话(Tel):021-50309160
传真(Fax):021-50302286
E-mail:seklily@yahoo.com.cn
Http://www.shbfk.com.cn
法人代表(Chairman):张一萍
联系人(Contact Person):张一萍
产品业务(Business):复合吸水纸

上海通贝吸水材料有限公司
Shanghai Tongbei Absorbent Material Co., Ltd.
地址(Add):上海市浦东张江高科技园区凌白路
邮编(P.C.):210201
电话(Tel):021-58972939
传真(Fax):021-58975196
E-mail:shtongbei@126.com
Http://www.shtongbei.cn.alibaba.com
法人代表(Chairman):奚永飞
总经理(General Manager):奚永飞
联系人(Contact Person):钱玉华
产品业务(Business):高吸水复合纸,中草药复合吸水纸

上海特林吸水纸有限公司
Shanghai Te Lin Zhi Produce Co., Ltd.
地址(Add):上海市浦东张杨北路555弄8号802室
邮编(P.C.):200129
电话(Tel):021-50701974
传真(Fax):021-50701974
联系人(Contact Person):刘海平
产品业务(Business):吸水纸

上海美芬娜卫生用品有限公司
Shanghai Mayflower Sanitary Articles Co., Ltd.
地址(Add):上海市青浦区金泽镇西岑莲西公路4411号
邮编(P.C.):201721
电话(Tel):021-59295758
传真(Fax):021-59294167
E-mail:sh-mfn@citiz.net
法人代表(Chairman):康志东
总经理(General Manager):康志东
联系人(Contact Person):蒋丽华
产品业务(Business):高分子复合吸水材料

上海森绒纸业有限公司
Shanghai Senrong Paper Co., Ltd.
(详见非织造布-干法纸)

常州市美蝶薄膜有限公司
Changzhou Meidie Film Co., Ltd.
(详见打孔膜及打孔非织造布)

扬州达润纸制品有限公司
Yangzhou Darun Paper Products Co., Ltd.
地址(Add)：江苏省江都市郭村工业园区纬一路
邮编(P. C.)：225238
电话(Tel)：0514－86306456
传真(Fax)：0514－86302456
E-mail：zackylam@online. sh. cn
Http://www. darunyz. cn
总经理(General Manager)：林浩然
联系人(Contact Person)：彭展
产品业务(Business)：经销吸水纸，干法纸，高吸收性树脂

盐城市纺织进出口有限公司
TCTEX Imp & Exp Co., Ltd.
(详见非织造布－热轧、热风、纺粘)

张家港市科达吸水材料厂
Zhangjiagang Keda Absorbent Factory
地址(Add)：江苏省张家港市金港镇晨港路
邮编(P. C.)：215600
电话(Tel)：0512－58730395
传真(Fax)：0512－58739565
总经理(General Manager)：李成龙
产品业务(Business)：热合干法纸，吸水干法纸，医用吸水纸

杭州相宜纸业有限公司
Hangzhou Xiangyi Paper Co., Ltd.
地址(Add)：浙江省杭州市西湖区龙坞镇许家埭工业区4号
邮编(P. C.)：310024
电话(Tel)：0571－87420331
传真(Fax)：0571－87420343
联系人(Contact Person)：张军
产品业务(Business)：湿强纸，吸水纸

杭州同创实业有限公司
Hangzhou Tongchuang Industry Co., Ltd.
(详见胶带、胶贴、魔术贴、标签)

杭州唯可卫生材料有限公司
Hangzhou Wecan Hygienic Material Co., Ltd.
(详见打孔膜及打孔非织造布)

杭州润佳吸水材料有限公司
Hangzhou Runjia Absorbant Material Co., Ltd.
地址(Add)：浙江省杭州市余杭区崇贤镇
邮编(P. C.)：311108
电话(Tel)：0571－86274118
传真(Fax)：0571－86274008
总经理(General Manager)：金建忠
产品业务(Business)：吸水复合纸

浙江金通纸业有限公司
Zhejiang Jintong Paper Co., Ltd.
地址(Add)：浙江省金华市罗埠镇后张金通工业小区
邮编(P. C.)：321081
电话(Tel)：0579－82610639
传真(Fax)：0579－82610539
E-mail：xt838@sina. com
法人代表(Chairman)：叶志春
联系人(Contact Person)：程怡群
产品业务(Business)：妇女卫生巾/纸尿裤衬纸，湿强原纸

临安恒大纸业有限公司
Linan Hengda Paper Co., Ltd.
(详见非织造布－干法纸)

浙江省临安市振宇吸水材料有限公司
Zhejiang Linan Zhenyu Absorbent Material Co., Ltd.
地址(Add)：浙江省临安市於潜镇人民路165号
邮编(P. C.)：311311
电话(Tel)：0571－63882509
传真(Fax)：0571－63885865
法人代表(Chairman)：王伟成
联系人(Contact Person)：王伟成
产品业务(Business)：高吸水复合纸

克东(福建)纸业有限公司
Kedong (Fujian) Paper Co., Ltd.
地址(Add)：福建省晋江市青阳烧厝工业区
邮编(P. C.)：362200
电话(Tel)：0595－85626332
传真(Fax)：0595－85675795
E-mail：l599899@163. com
总经理(General Manager)：赖克文
产品业务(Business)：吸水复合纸

晋江市康利卫生用品有限公司
Jinjiang Kangli Hygiene Products Co., Ltd.
(详见非织造布－干法纸)

泉州鲤城耳东纸制品厂
Licheng Erdong Paper Products Factory
地址(Add)：福建省泉州市浮桥镇岐山工业区2幢
邮编(P. C.)：362000
电话(Tel)：0595－22459701
传真(Fax)：0595－22459702
E-mail：erdong@erdongqz. com
Http://www. erdongqz. com
法人代表(Chairman)：陈相照
联系人(Contact Person)：刘开森
产品业务(Business)：高吸水复合纸，打孔膜，打孔非织造布

福建乔东卫生制品有限公司
Fujian Qiaodong Hygiene Products Co., Ltd.
地址(Add)：福建省泉州市洪梅镇三梅开发区
邮编(P. C.)：362331
电话(Tel)：0595－86691350
传真(Fax)：0595－86691851
E-mail：fjqiaodong@163. com
法人代表(Chairman)：黄贞尝
联系人(Contact Person)：丁棋
产品业务(Business)：妇女卫生巾吸水纸，封口快易胶带

漳州市芗城新木木卫生材料有限公司
Zhangzhou Xiangcheng Xinmumu Hygiene Material Co., Ltd.
地址(Add)：福建省漳州市芗城区漳华路小坑头下路

60号
邮编(P. C.): 363000
电话(Tel): 0596-2677299
传真(Fax): 0596-2676266
E-mail: zzxinmumu@163.com
法人代表(Chairman): 林顺利
总经理(General Manager): 林聪勇
产品业务(Business): 高吸水复合纸

广丰县元泉纸业有限公司
Guangfeng Yuaquan Paper Co., Ltd.
地址(Add): 江西省广丰县芦林工业区内
邮编(P. C.): 334600
电话(Tel): 0793-2678618
传真(Fax): 0793-2678626
总经理(General Manager): 吴香菊
联系人(Contact Person): 刘兴国
产品业务(Business): 吸水纸

山东省郯城宏博卫生用品厂
Tancheng Hongbo Sanitary Factory
(详见非织造布-干法纸)

郯城银河吸水材料有限公司
Tancheng Yinhe Absorbent Material Co., Ltd.
(详见非织造布-干法纸)

漯河舒尔莱纸品有限公司
Luohe Shuerlai Paper Co., Ltd.
地址(Add): 河南省漯河市燕山路南段民营工业园
邮编(P. C.): 462000
电话(Tel): 0395-2186196
传真(Fax): 0395-2186196
E-mail: shuerlai@qq.com
法人代表(Chairman): 曹萍
总经理(General Manager): 潘守山
联系人(Contact Person): 潘守山
产品业务(Business): 吸水复合纸, 卫生巾、纸尿裤用衬纸

加宝复合材料(武汉)有限公司
Canbao Industrial (Wuhan) Co., Ltd.
地址(Add): 湖北省武汉市经济技术开发区沌口小区枫树一路
邮编(P. C.): 430058
电话(Tel): 027-84254758
传真(Fax): 027-84254778
E-mail: synnylingo@126.com
法人代表(Chairman): 宁宇
总经理(General Manager): 贺丽娜
联系人(Contact Person): 李玲
产品业务(Business): 高吸收性树脂复合吸水纸

广东省东莞市惠康纸业有限公司
Dongguan Huikang Paper Industry Co., Ltd.
(详见非织造布-干法纸)

佛山市三邦纸制品有限公司
Foshan Sanbang Paper Products Co., Ltd.
地址(Add): 广东省佛山市顺德区北滘镇莘村西工业区
邮编(P. C.): 528315
电话(Tel): 0757-28850857
传真(Fax): 0757-28853613
法人代表(Chairman): 范成庆
总经理(General Manager): 范成庆
产品业务(Business): 吸水纸

佛山市顺德区勒流镇龙盈纸类制品厂
Foshan Shunde Longying Paper Manufacture Co.
地址(Add): 广东省佛山市顺德区勒流镇上涌工业区昌平路56号
邮编(P. C.): 528322
电话(Tel): 0757-25667163
传真(Fax): 0757-25668288
E-mail: ly25668288@21cn.com
Http://longying123456.cn.alibaba.com
法人代表(Chairman): 潘松胜
总经理(General Manager): 林喜凤
联系人(Contact Person): 林耀群
产品业务(Business): 吸水复合材料

江门市金士达复合材料有限公司
Jiangmen Kingstar Composite Material Co., Ltd.
地址(Add): 广东省江门市新会区大泽创利来工业区
邮编(P. C.): 529162
电话(Tel): 0750-6806398
传真(Fax): 0750-6806393
E-mail: jtanxh@163.com
联系人(Contact Person): 谭晓航
产品业务(Business): 卫生用品用纸塑复合材料

● 导流层材料 Acquired diffuse layer

上海丰格无纺布有限公司
Shanghai Fengge Nonwoven Co., Ltd.
(详见非织造布-热轧、热风、纺粘)

上海沛龙特种胶粘材料有限公司
Shanghai Peilong Special Adhesive Materials Co., Ltd.
(详见胶带、胶贴、魔术贴、标签)

长兴润兴无纺布厂
Changxing Runxing Nonwoven Factory
(详见非织造布-热轧、热风、纺粘)

● 离型纸、离型膜 Release paper and release film

Avery Dennison (Ltd.)
美国艾利公司
地址(Add): 250 Chester Street Painsville Chio 44077 U.S.A.
产品业务(Business): 胶带
艾利丹尼森(香港)有限公司
Avery Dennison Hong Kong Ltd.
地址(Add): 香港新界沙田火炭山尾街18-24号沙田商

业中心9字楼908-912A室
电话(Tel)：852-25559446
传真(Fax)：852-22606503
E-mail：barry. wong@ ap. averydennison. com
联系人(Contact Person)：黄富谦

艾利(昆山)有限公司
Avery Dennison Kunshan Co., Ltd.
地址(Add)：江苏省昆山市经济技术开发区南河路618号
邮编(P. C.)：215335
电话(Tel)：0512-57155021
传真(Fax)：0512-57155059
E-mail：peter. wang@ ap. averydennison. com
联系人(Contact Person)：王浩

艾利(广州)有限公司
Avery Dennison (Guangzhou) Ltd.
地址(Add)：广东省广州市中山大道西华港花园华港南街18号首层
邮编(P. C.)：510630
电话(Tel)：020-38767696
传真(Fax)：020-38767328
E-mail：paul. liu@ ap. averydennison. com
联系人(Contact Person)：刘庆波

Huhtamaki Forchheim
普乐公司工业膜欧洲区
地址(Add)：Zweibrueckenstrasse 15-25, 91301 Forchheim, Germany
电话(Tel)：49-919181-0
传真(Fax)：49-919181-212
E-mail：manfred. walker@ de. huhtamaki. com
Http://www. huhtamaki. com
产品业务(Business)：离型膜，离型纸

圣路律通(北京)科技有限公司
Saintom (Beijing) Science & Technology Co., Ltd.
(详见非织造布-干法纸)

大江(天津)国际贸易有限公司
Dajiang (Tianjin) International Trade Co., Ltd.
(详见绒毛浆)

天津宁河雨花纸业有限公司
Tianjin Ninghe Yuhua Paper Co., Ltd.
地址(Add)：天津市宁河经济开发区十三纬路17号
邮编(P. C.)：301500
电话(Tel)：022-69173133
传真(Fax)：022-69162731
联系人(Contact Person)：常志刚
产品业务(Business)：离型纸，离型膜，离型布

保定市卫生用品厂
Baoding Hygiene Products Factory
地址(Add)：河北省蠡县城隍庙街45号
邮编(P. C.)：071400
电话(Tel)：0312-6211969
传真(Fax)：0312-6211969
法人代表(Chairman)：张小铁
总经理(General Manager)：张小铁
联系人(Contact Person)：张新会
产品业务(Business)：离型纸，热熔胶，衬膜

新乐华宝塑料薄膜有限公司
Xinle Huabao Plastic Film Co., Ltd.
(详见流延膜及塑料母粒)

上海橡胶制品研究所特种胶带厂
Shanghai Institute of Rubber Product-Special Tape Factory
地址(Add)：上海市番禺路381号
邮编(P. C.)：200052
电话(Tel)：021-62811028
传真(Fax)：021-62816790
E-mail：shinrupr@ public2. sta. net. cn
Http://www. china-sirp. com
法人代表(Chairman)：江红贵
联系人(Contact Person)：邵世英
产品业务(Business)：离型纸，妇女卫生巾双面胶带

上海上邦实业有限公司
Shanghai Sanpont Co., Ltd.
地址(Add)：上海市南汇区川周公路3251弄5号楼3楼
邮编(P. C.)：201318
电话(Tel)：021-58137520
传真(Fax)：021-58137521
E-mail：yubin@ sanpontgroup. com
Http://www. sanpontgroup. com
联系人(Contact Person)：于斌
产品业务(Business)：硅胶

上海马可胶粘制品有限公司
Shanghai Marco Adhesive Products Co., Ltd.
(详见胶带、胶贴、魔术贴、标签)

上海大昭和纸加工有限公司
Shanghai Daishowa Paper Processing Co., Ltd.
地址(Add)：上海市青浦赵巷镇沪青平公路3581弄36幢
邮编(P. C.)：201703
电话(Tel)：021-59753648
传真(Fax)：021-59752814
E-mail：ganchengqiang@ shanghaidaishowa. com
Http://www. shanghaidaishowa. com
联系人(Contact Person)：甘承强
产品业务(Business)：离型纸

上海吉光工贸有限公司
Shanghai Jiguang Industry & Trade Co., Ltd.
地址(Add)：上海市宜山路520号中华门大厦18楼/D座
邮编(P. C.)：200233
电话(Tel)：021-64410661
传真(Fax)：021-64410662
法人代表(Chairman)：於险峰
联系人(Contact Person)：於劲松
产品业务(Business)：离型纸

上海卡登精细化工有限公司
Shanghai Kadun Fun Chemical Industry Co., Ltd.
地址(Add)：上海市遵义路797弄4号506室
邮编(P. C.)：200003
电话(Tel)：021-62905885-20
传真(Fax)：021-62912559
联系人(Contact Person)：陈惠芬
产品业务(Business)：代理美国DOWCORNING离型纸及

胶带工业产品

昆山市中大天宝纸制品有限公司
Kunshan Zhongda Tianbao Paper Products Co., Ltd.
地址(Add)：江苏省昆山市锦溪镇
邮编(P. C.)：215324
电话(Tel)：0512 -57224500
传真(Fax)：0512 -50306181
E-mail：zct _ cool@126. com
Http://www. kszdtb. cn
联系人(Contact Person)：郑畅腾
产品业务(Business)：离型纸，离型膜，不干胶

顺安涂布科技(昆山)有限公司
API Swanson (Kunshan) Co., Ltd.
地址(Add)：江苏省昆山市青阳北路289号
邮编(P. C.)：215300
电话(Tel)：0512 -57663456 -6988
传真(Fax)：0512 -57665860
E-mail：woo@ask-cf. com. cn
总经理(General Manager)：黄屏生
联系人(Contact Person)：胡展鸿
产品业务(Business)：离型膜

顺昶塑胶(昆山)有限公司
Swanson Plastics (Kunshan) Co., Ltd.
(详见流延膜及塑料母粒)

南京华隆纸业有限公司
Nanjing Hualong Paper Co., Ltd.
地址(Add)：江苏省南京市鼓楼区凤凰西街271号508室
邮编(P. C.)：210036
电话(Tel)：025 -86606671
传真(Fax)：025 -86606671
总经理(General Manager)：孙慧青
产品业务(Business)：离型原纸

南京四诺精细化学品有限公司
Nanjing Snow Fine Chemicals Co., Ltd.
地址(Add)：江苏省南京市江东北路91号典雅居大厦1506室
邮编(P. C.)：210036
电话(Tel)：025 -86472370
传真(Fax)：025 -86473843 -806
E-mail：work9988@163. com
Http://www. snowfc. cn
联系人(Contact Person)：王敬礼
产品业务(Business)：离型纸，离型膜

南京亚登工贸实业有限公司
Nanjing Arton Industry Co., Ltd.
地址(Add)：江苏省南京市江宁开发区陶吴镇
邮编(P. C.)：211151
电话(Tel)：025 -52735133
传真(Fax)：025 -52735033
E-mail：arton9333@yahoo. com. cn
总经理(General Manager)：濮亮
产品业务(Business)：离型纸

南京森和纸业有限公司
Nanjing Senhe Paper Co., Ltd.
地址(Add)：江苏省南京市江宁区滨江经济开发区飞鹰路69号
邮编(P. C.)：211178
电话(Tel)：025 -58877102
传真(Fax)：025 -58877292
E-mail：zhzy@siliconpaper. cn
Http://www. siliconpaper. cn
法人代表(Chairman)：张旭飞
联系人(Contact Person)：邵莉
产品业务(Business)：离型纸，热熔胶

南京斯克尔卫生制品有限公司
Nanjing Skier Hygiene Products Co., Ltd.
地址(Add)：江苏省南京市江宁区东善桥乡水阁工业园
邮编(P. C.)：211153
电话(Tel)：025 -52741603
传真(Fax)：025 -52741604
E-mail：office@njsiker. com
Http://www. njsiker. com
法人代表(Chairman)：赵家国
联系人(Contact Person)：孔克祥
产品业务(Business)：离型纸

南京宝龙纸业有限公司
Nanjing Baolong Paper Co., Ltd.
地址(Add)：江苏省南京市江宁区横溪街道麒麟路12号
邮编(P. C.)：211155
电话(Tel)：025 -86165880
传真(Fax)：025 -86165882
E-mail：njbaolongzy@126. com
Http://www. baolongzy. com. cn
联系人(Contact Person)：虞建兵
产品业务(Business)：离型纸

南京朗克纸业有限公司
Nanjing Longluck Paper Co., Ltd.
地址(Add)：江苏省南京市江宁区横溪镇工业园吴楚东路9号
邮编(P. C.)：211155
电话(Tel)：025 -86165299
传真(Fax)：025 -86165399
总经理(General Manager)：鲁长旺
产品业务(Business)：离型纸

南京顺天纸业有限公司
Nanjing Shuntian Paper Co., Ltd.
地址(Add)：江苏省南京市江宁区横溪镇吴楚东路11号
邮编(P. C.)：211155
电话(Tel)：025 -52735001
传真(Fax)：025 -52736644
E-mail：njst2004@163. com
Http://www. njstpaper. cn
法人代表(Chairman)：李鸿
联系人(Contact Person)：李鸿
产品业务(Business)：离型纸

江苏陶氏纸业有限公司
Jiangsu Taoshi Paper Co., Ltd.
地址(Add)：江苏省南京市江宁区科学园科健路198号
邮编(P. C.)：211100
电话(Tel)：025 -66772680
传真(Fax)：025 -52165951

E-mail：nicktao@ taoshipaper. com
Http：//www. taoshipaper. cn
法人代表(Chairman)：陶波
总经理(General Manager)：陶裕伟
联系人(Contact Person)：陶平
产品业务(Business)：离型纸，离型膜，包胶纸

南京舒雅乐纸制品有限公司
Nanjing Shuyale Paper Products Co., Ltd.
地址(Add)：江苏省南京市江宁区胜太路77号12幢404室
邮编(P. C.)：211151
电话(Tel)：025－52101081
传真(Fax)：025－52105404
E-mail：13809687596@ 139. com
法人代表(Chairman)：邢佑东
总经理(General Manager)：邢佑东
联系人(Contact Person)：陶月琴
产品业务(Business)：离型纸，离型膜，打孔膜

中山市圣强纸业有限公司
Zhongshan Shengqiang Paper Co., Ltd.
地址(Add)：广东省中山市三角镇沙栏路工业街13号
邮编(P. C.)：528445
电话(Tel)：0760－85405692
传真(Fax)：0760－85406375
E-mail：sylxt701212@ 126. com
法人代表(Chairman)：邢佑东
总经理(General Manager)：邢佑东
联系人(Contact Person)：陶月琴

南京华松纸业有限公司
Nanjing Huasong Paper Co., Ltd.
地址(Add)：江苏省南京市江宁区陶吴王山路2号
邮编(P. C.)：211151
电话(Tel)：025－58866667
传真(Fax)：025－58852440
E-mail：lhzz88@ 163. com
Http：//www. lhzz88. com
法人代表(Chairman)：张旭敏
联系人(Contact Person)：程杰
产品业务(Business)：离型纸

南京圣强卫生材料有限公司
Nanjing Shengqiang Hygiene Material Co., Ltd.
地址(Add)：江苏省南京市江宁区陶吴兴杭社区杨巷4号
邮编(P. C.)：211151
电话(Tel)：13913349283
联系人(Contact Person)：张家昌
产品业务(Business)：离型纸，离型膜

南京源顺纸业有限公司
Nanjing Yuanshun Paper Co., Ltd.
地址(Add)：江苏省南京市江宁区陶吴镇
邮编(P. C.)：211151
电话(Tel)：025－52736654
传真(Fax)：025－52735035
联系人(Contact Person)：陶孝正
产品业务(Business)：离型纸

南京陶雨工贸实业有限公司
Nanjing Taoyu Trading Co., Ltd.
(详见非织造布－干法纸)

南京雨倩卫生用品有限公司
Nanjing Yuqian Hygiene Products Co., Ltd.
地址(Add)：江苏省南京市雨花台区双龙街宁南工业园18号
邮编(P. C.)：210012
电话(Tel)：025－52644296
传真(Fax)：025－52644322
E-mail：kangerjie@ kangerjie. com
Http：//www. kangerjie. com
法人代表(Chairman)：葛语哲
总经理(General Manager)：葛语哲
联系人(Contact Person)：金立新
产品业务(Business)：离型纸，流延膜，热熔胶，非织造布

泰州劲松纸业有限公司
Taizhou Jinsong Paper Co., Ltd.
地址(Add)：江苏省泰州市海阳路52号
邮编(P. C.)：225300
电话(Tel)：0523－82848110
传真(Fax)：0523－82848108
E-mail：zwq2368@ 126. com
联系人(Contact Person)：翟玉民
产品业务(Business)：离型纸

无锡市张泾文化卫生用品有限公司
Wuxi Cultural Hygiene Products Plant
地址(Add)：江苏省无锡市锡山区锡北镇石村
邮编(P. C.)：214194
电话(Tel)：0510－83791429
传真(Fax)：0510－83791429
总经理(General Manager)：浦叙锋
联系人(Contact Person)：浦叙锋
产品业务(Business)：离型纸，流延膜

江苏省无锡市泾达纸品厂
Jiangsu Wuxi Jingda Paper Factory
地址(Add)：江苏省无锡市张泾镇泾东村游泳馆南
邮编(P. C.)：214194
电话(Tel)：0510－83798031
传真(Fax)：0510－83798031
总经理(General Manager)：王世荣
联系人(Contact Person)：徐菊英
产品业务(Business)：离型纸，衬膜

浙江温州市新丰复合材料公司
Zhejiang Wenzhou Xinfeng Composite Material Co.
地址(Add)：浙江省苍南县金乡镇龙金大道第三工业园区
邮编(P. C.)：325805
电话(Tel)：0577－64593213
传真(Fax)：0577－64593822
联系人(Contact Person)：陈加福
产品业务(Business)：离型纸

杭州市临安鸿兴纸业有限公司
Hangzhou Hongxing Paper Co., Ltd.
地址(Add)：浙江省杭州市临安於潜镇东门巷72号
邮编(P. C.)：311311
电话(Tel)：0571－63882160
传真(Fax)：0571－63881618
总经理(General Manager)：吴永富

联系人(Contact Person)：吴永强
产品业务(Business)：离型纸

杭州华盛复合材料有限公司
Hangzhou Huasheng Composite Material Co., Ltd.
地址(Add)：浙江省杭州市余杭区仓前镇海曙路7号
邮编(P.C.)：311121
电话(Tel)：0571-88613668
传真(Fax)：0571-88611858
联系人(Contact Person)：王家如
产品业务(Business)：妇女卫生巾用离型纸，耐高温进口白色牛皮包胶纸，国产牛皮包胶纸

嘉兴市民和工贸有限公司
Jiaxing Minhe Industry & Trade Co., Ltd.
地址(Add)：浙江省嘉兴市华云路5号
邮编(P.C.)：314033
电话(Tel)：0573-82223666
传真(Fax)：0573-82215411
E-mail：trwz@mail.jxptt.zj.cn
法人代表(Chairman)：张凤祥
总经理(General Manager)：张标
联系人(Contact Person)：唐胜荣
产品业务(Business)：高档超压离型原纸，格拉辛原纸

嘉兴市丰莱桑达贝纸业有限公司
Jiaxing Fenglai Sangdabei Paper Co., Ltd.
地址(Add)：浙江省嘉兴市角里街吴泾桥堍
邮编(P.C.)：314000
电话(Tel)：0573-82820459
传真(Fax)：0573-82820134
E-mail：fenglai@mail.jxptt.zj.cn
Http://www.jxfenglai.com.cn
法人代表(Chairman)：袁明观
总经理(General Manager)：韦伟
联系人(Contact Person)：吴霞明
产品业务(Business)：离型原纸

浙江凯丰纸业有限公司
Zhejiang Kaifeng Paper Co., Ltd.
地址(Add)：浙江省龙游县经济开发区(城北)
邮编(P.C.)：324400
电话(Tel)：0570-7055878
传真(Fax)：0570-7055796
Http://www.kaifengpaper.com
联系人(Contact Person)：王大望
产品业务(Business)：离型原纸

浙江荣昌纸业有限公司
Zhejiang Rongchang Paper Co., Ltd.
地址(Add)：浙江省龙游县龙兰路151号
邮编(P.C.)：324400
电话(Tel)：0570-7090081
传真(Fax)：0570-7090098
联系人(Contact Person)：何新良
产品业务(Business)：离型原纸

温州市泰昌胶粘制品有限公司
Taichang Adherent Products Co., Ltd.
地址(Add)：浙江省温州市苍南县金乡镇湖兴北路1号
邮编(P.C.)：325805
电话(Tel)：0577-68100811
传真(Fax)：0577-64571055
E-mail：taichang@chinataichang.com
Http://www.chinataichang.com
联系人(Contact Person)：林正贤
产品业务(Business)：涂塑纸，防粘纸

源兴离型纸品厂
Yuanxing Release Paper Factory
地址(Add)：福建省晋江市安海后蔡工业区
邮编(P.C.)：362261
电话(Tel)：0595-85782322
传真(Fax)：0595-85785322
联系人(Contact Person)：颜清渠
产品业务(Business)：离型纸

佰发离型纸品厂
Baifa Release Paper Factory
地址(Add)：福建省晋江市安海后蔡工业区88-89号
邮编(P.C.)：362261
电话(Tel)：0595-85790299
联系人(Contact Person)：颜良亚
产品业务(Business)：离型纸

协和兴离型纸品有限公司
Xiehexing Release Paper Co., Ltd.
地址(Add)：福建省晋江市安海镇后蔡工业区(盼盼食品厂后面)
邮编(P.C.)：362261
电话(Tel)：0595-85708558
传真(Fax)：0595-85702833
联系人(Contact Person)：颜荫治
产品业务(Business)：离型纸

恒信纸品卫生材料经销部
Hengxin Paper Products Material Distributor
(详见绒毛浆)

晋江市顺丰纸品有限公司
Jinjiang Shunfeng Paper Products Co., Ltd.
地址(Add)：福建省晋江市内坑镇后山龙泉开发区
邮编(P.C.)：362268
电话(Tel)：0595-85728155
传真(Fax)：0595-85727155
E-mail：yanxbo2007@163.com
Http://www.shunfengzhipin.cn
总经理(General Manager)：颜厥俭
联系人(Contact Person)：颜厥俭
产品业务(Business)：离型纸

福建三维利纸业有限公司
Fujian Sanweili Paper Co., Ltd.
地址(Add)：福建省松溪县郑墩镇旺达工业区
邮编(P.C.)：323203
电话(Tel)：0599-2265777
传真(Fax)：0599-2265333
E-mail：nwxian@hotmail.com
联系人(Contact Person)：倪伟先
产品业务(Business)：离型纸原纸

厦门长天企业有限公司
Xiamen Changtian Enterprise Co., Ltd.
地址(Add)：福建省厦门市海沧新阳工业区新盛路18号
邮编(P. C.)：361026
电话(Tel)：0592-6517000-881
传真(Fax)：0592-6807019
E-mail：bluelan968@chang-tian.com.cn
Http://www.chang-tian.com.cn
联系人(Contact Person)：兰火基
产品业务(Business)：离型纸

厦门大予工贸有限公司
Dai Wood (Xiamen) Industry Trade Co., Ltd.
(详见胶带、胶贴、魔术贴、标签)

建亚保达(厦门)卫生器材有限公司/科思达(厦门)卫生制品有限公司
Ko-Asia (Xiamen) Sanitary Material Co., Ltd./Ko-East (Xiamen) Hygiene Products Co., Ltd.
(详见胶带、胶贴、魔术贴、标签)

山东兴文纸业有限公司
Shandong Xingwen Paper Co., Ltd.
地址(Add)：山东省高唐县工业园人和路西首路南
邮编(P. C.)：252800
电话(Tel)：0635-2138898
传真(Fax)：0635-2138776
联系人(Contact Person)：王立杰
产品业务(Business)：离型纸，离型膜

山东宝利卫生用品厂
Shandong Baoli Hygiene Products Plant
(详见打孔膜及打孔非织造布)

青州市板纸厂
Qingzhou Paper Board Mill
地址(Add)：山东省青州市青州南路东一街5号
邮编(P. C.)：262500
电话(Tel)：0536-3200541
传真(Fax)：0536-3203802
总经理(General Manager)：徐全堂
产品业务(Business)：离型原纸，防粘原纸

寿光市金正纸业有限公司
Shouguang Jinzheng Paper Co., Ltd.
地址(Add)：山东省寿光市台头镇工业园区
邮编(P. C.)：262735
电话(Tel)：0536-5518777
传真(Fax)：0536-5518777
总经理(General Manager)：郑恒仁
联系人(Contact Person)：郑宝强
产品业务(Business)：离型纸原纸

鲁南益兴纸业有限公司
Lunan Yixing Paper Co., Ltd.
地址(Add)：山东省郯城县马头镇金马商业街
邮编(P. C.)：276126
电话(Tel)：0539-6771758
传真(Fax)：0539-6771758
联系人(Contact Person)：阚曙晓
产品业务(Business)：离型纸，热熔胶

山东郯城新凯电子材料有限公司
Tancheng Xinkai Electron Material Co., Ltd.
地址(Add)：山东省郯城县人民路297号
邮编(P. C.)：276100
电话(Tel)：0539-6130746
传真(Fax)：0539-6130746
E-mail：tanchenglimengfei@126.com
联系人(Contact Person)：李传国
产品业务(Business)：离型纸

山东郯城县鑫灏纸业公司
Shandong Tancheng Xinhao Paper Co.
地址(Add)：山东省郯城县郯马经济开发区
邮编(P. C.)：276126
电话(Tel)：0539-6777358
总经理(General Manager)：李建明
产品业务(Business)：离型纸

烟台大华纸业有限公司
Yantai Dahua Paper Co., Ltd.
地址(Add)：山东省烟台市牟平区城东
邮编(P. C.)：264117
电话(Tel)：0535-4652031
传真(Fax)：0535-4652032
总经理(General Manager)：乔学洲
联系人(Contact Person)：鲁召才
产品业务(Business)：离型纸原纸

山东恒盛纸业有限公司
Shandong Hengsheng Paper Co., Ltd.
地址(Add)：山东省沂源县城健康路38号
邮编(P. C.)：256100
电话(Tel)：0533-3253630
传真(Fax)：0533-3241534
总经理(General Manager)：齐顺山
联系人(Contact Person)：赵兴坤
产品业务(Business)：离型纸原纸

章丘华饰纸业有限公司
Zhangqiu Huashi Paper Making Industry Co., Ltd.
地址(Add)：山东省章丘市明水荷花路19号
邮编(P. C.)：250200
电话(Tel)：0531-83252203
传真(Fax)：0531-83252203
E-mail：sdhuashi@126.com
联系人(Contact Person)：延振东
产品业务(Business)：离型原纸

永源卫生材料
Yongyuan Sanitary Materials Co.
地址(Add)：广东省东莞市寮步镇横坑三星工业区
邮编(P. C.)：523325
电话(Tel)：0769-89876188
传真(Fax)：0769-82217755
联系人(Contact Person)：王观寿
产品业务(Business)：经销离型纸，高吸收性树脂，非织造布

佛山市南海广浩塑料有限公司
Foshan Nanhai Guanghao Plastic Co., Ltd.
(详见流延膜及塑料母粒)

佛山市新飞卫生材料有限公司
Foshan Xinfei Sanitary Material Co., Ltd.
地址(Add): 广东省佛山市南海区狮山科技工业园A区兴旺路3号
邮编(P. C.): 528225
电话(Tel): 0757－86691053
传真(Fax): 0757－86693628
E-mail: fsxinfei@hotmail.com
Http://www.fsxinfei.com
法人代表(Chairman): 穆范飞
总经理(General Manager): 穆范飞
联系人(Contact Person): 穆春香
产品业务(Business): 离型纸，离型膜，离型布，流延膜

北京世纪新飞卫生材料有限公司
Beijing Shiji Xinfei Sanitary Material Co., Ltd.
地址(Add): 北京市通州区漷县开发区漷兴四街16号
邮编(P. C.): 101109
电话(Tel): 010－80582431
传真(Fax): 010－80582430
法人代表(Chairman): 穆范飞
总经理(General Manager): 穆范飞
联系人(Contact Person): 柏胤雷

泉州市新飞卫生材料有限公司
Quanzhou Xinfei Sanitary Material Co., Ltd.
地址(Add): 福建省泉州市浮桥镇兴贤路后坑工业区后坑路8号
邮编(P. C.): 362000
电话(Tel): 0595－22428991
传真(Fax): 0595－22428993
联系人(Contact Person): 穆范炳

顺德市圣兰纸制品有限公司
Shunde Shenglan Paper Products Co., Ltd.
地址(Add): 广东省佛山市顺德区北滘工业区兴业路4号
邮编(P. C.): 528311
电话(Tel): 0757－26666262
传真(Fax): 0757－26336958
E-mail: s.j.l@163.net
法人代表(Chairman): 张荣芳
总经理(General Manager): 邢其圣
产品业务(Business): 离型纸

耐恒(广州)纸品有限公司
Loparex (Guangzhou) Paper Products Ltd.
地址(Add): 广东省广州经济开发区东区北片莲潭路7号
邮编(P. C.): 510530
电话(Tel): 020－82264288
传真(Fax): 020－82267289
E-mail: chanxing.wu@loparex.com
Http://www.loparex.com.cn
法人代表(Chairman): 何绍荣
联系人(Contact Person): 黎俊文
产品业务(Business): 离型纸，胶带

泸州陶氏纸业有限公司
Luzhou Taoshi Paper Industrial Co., Ltd.
地址(Add): 四川省泸州市江阳区蓝田镇蓝安西路特林桥(泸州果蔬市场旁)
邮编(P. C.): 646000
电话(Tel): 0830－3999914
传真(Fax): 0830－3999924
总经理(General Manager): 张俊
联系人(Contact Person): 张俊
产品业务(Business): 离型纸，干法纸

● 热熔胶 Hot melt adhesive

Henkel Adhesives (hongkong) Co., Ltd.
汉高胶粘剂(香港)有限公司
地址(Add): Rm. 513－514, 5/F, Tower 1, Cheung Sha Wan Plaza, 833 Cheung Sha Wan Rd., Kowloon, Hong Kong
电话(Tel): 852－27457799
传真(Fax): 852－27457063
Http://www.henkel.com
产品业务(Business): 低温结构胶，定位胶，弹性线胶

汉高胶粘剂技术(广东)有限公司
地址(Add): 广东省东莞市虎门镇南栅第五工业区
邮编(P. C.): 523932
电话(Tel): 0769－85563700
传真(Fax): 0769－85563703
联系人(Contact Person): 何尾胜

广州办事处
地址(Add): 广东省广州市高新技术产业开发区广州科学城南云2路9号
邮编(P. C.): 510663
电话(Tel): 020－32122800
传真(Fax): 020－32122808
联系人(Contact Person): 吴少明

汉高胶份(上海)有限公司
地址(Add): 上海市松江工业区江田东路137号
邮编(P. C.): 201600
电话(Tel): 021－57745700
传真(Fax): 021－57746736
总经理(General Manager): Steve Ringstore
联系人(Contact Person): Robin Tang

北京分公司
地址(Add): 北京市朝阳区东三环中路39号建外SOHO小区B座807
邮编(P. C.): 100022
电话(Tel): 010－58694166
传真(Fax): 010－58694130
联系人(Contact Person): 卢冰

台湾日邦树脂股份有限公司
Taiwan First Li-Bond Co., Ltd.
地址(Add): 台湾省台北县三重市三重新路五段609巷12号8楼之5(汤城园区2B栋)
电话(Tel): 8862－29995770
传真(Fax): 8862－29995641
E-mail: denny@libond.com.tw
法人代表(Chairman): 张世华
联系人(Contact Person): 陈建安

日邦树脂(无锡)有限公司
Li-Bond Resin (Wuxi) Co., Ltd.
地址(Add): 江苏省无锡市锡山经济开发区春蕾路6号
邮编(P. C.): 214101
电话(Tel): 0510－88265511
传真(Fax): 0510－88265522
E-mail: chao@libond.com.tw

Http://www. wlb. com. cn
联系人(Contact Person)：赵恩泽
产品业务(Business)：热熔胶

埃克森美孚香港有限公司
Exxon Mobil Hongkong Co., Ltd.
地址(Add)：香港湾仔港湾道18号中环广场22楼
电话(Tel)：852－31978528
传真(Fax)：852－31978344
E-mail：peter. jl. lok@ exxonmobil. com
Http://www. exxonmobilchemical. com. cn
联系人(Contact Person)：乐嘉龙
产品业务(Business)：石油树脂等

埃克森美孚化工商务(上海)有限公司
Exxon Mobil Chemical Services (Shanghai) Co., Ltd.
地址(Add)：上海市外高桥保税区马吉路88号18号楼
邮编(P. C.)：200131
电话(Tel)：021－38966880
传真(Fax)：021－38966708
E-mail：johnny. j. gong@ exxonmobil. com
联系人(Contact Person)：龚健

埃克森美孚(中国)投资有限公司广州分公司
地址(Add)：广东省广州市珠江新城华夏路8号国际金融广场13楼
邮编(P. C.)：510620
电话(Tel)：020－38153623
传真(Fax)：020－38153852
E-mail：xiaojing. tang@ exxonmobil. com
联系人(Contact Person)：唐晓京

北京光辉世纪工贸有限公司
Beijing Guanghuishiji Industrail Trade Co., Ltd.
地址(Add)：北京市大兴工业园区西红门镇金新庄
邮编(P. C.)：100126
电话(Tel)：010－61283111
传真(Fax)：010－61280955
E-mail：guocheng@ 163. com
Http://www. ghsjbj. com
联系人(Contact Person)：司国成
产品业务(Business)：热熔压敏胶

天津市茂林热熔胶有限公司
Tianjin Maolin Hot Melt Adhesive Co., Ltd.
地址(Add)：天津市宝坻区石桥工业园区
邮编(P. C.)：301800
电话(Tel)：022－29243036
传真(Fax)：022－29245036
总经理(General Manager)：李文林
产品业务(Business)：热熔胶

保定市卫生用品厂
Baoding Hygiene Products Factory
(详见离型纸、离型膜)

上海久庆实业有限公司
Shanghai Jiuqing Industrial Co., Ltd.
地址(Add)：上海市宝山区丰翔路388弄丰收工业区1区2号
邮编(P. C.)：201900
电话(Tel)：021－66121169
传真(Fax)：021－66120259
联系人(Contact Person)：瞿平
产品业务(Business)：热熔胶

上海日合贸易有限公司
Shanghai Rihe Trade Co., Ltd.
地址(Add)：上海市华山路1765弄海斯大厦1号楼8A
邮编(P. C.)：200031
电话(Tel)：021－62838150
传真(Fax)：021－62838160
法人代表(Chairman)：秦浓
联系人(Contact Person)：钱勇
产品业务(Business)：胶粘剂，石油树脂，环烷基橡胶

上海嘉好胶粘制品有限公司
Shanghai Jaour Adhesive Products Co., Ltd.
地址(Add)：上海市嘉定区浏翔公路3077号
邮编(P. C.)：201818
电话(Tel)：021－69171550
传真(Fax)：021－59511519
E-mail：jaour8@ 163. com
Http://www. jaour. com
法人代表(Chairman)：侯思静
联系人(Contact Person)：尚雨珊
产品业务(Business)：热熔胶

上海高尔热熔胶有限公司
Shanghai Gol Hotmelt Adhesives Co., Ltd.
地址(Add)：上海市嘉定区南翔镇惠平路505号
邮编(P. C.)：201802
电话(Tel)：021－69123396
传真(Fax)：021－69123396
E-mail：xy-8012@ 163. com
联系人(Contact Person)：许燕
产品业务(Business)：热熔胶

上海宏腾热熔胶有限公司
Shanghai Hongteng Hot Melt Adhesive Co., Ltd.
地址(Add)：上海市嘉定区南翔镇嘉美路2015号
邮编(P. C.)：201802
电话(Tel)：021－39508404
传真(Fax)：021－39508404
E-mail：chenjianglin@ sogou. com
联系人(Contact Person)：陈江林
产品业务(Business)：热熔胶

上海艾寰森化工科技有限公司
Envirscience (Shanghai) Chemical Technology Co., Ltd.
地址(Add)：上海市闵行区华漕镇朱建路136号二楼
邮编(P. C.)：201107
电话(Tel)：021－37636007
传真(Fax)：021－64599460
E-mail：yb5050@ 163. com
联系人(Contact Person)：杨斌
产品业务(Business)：PU树脂，接着剂

科腾聚合物贸易(上海)有限公司
Kraton Polymers Trading (Shanghai) Co., Ltd.
地址(Add)：上海市南京西路1468号中欣大厦3604室
邮编(P. C.)：200040
电话(Tel)：021－62896161－113
传真(Fax)：021－62895091

E-mail：clark. yan@ kraton. com
Http：//www. kraton. com
联系人(Contact Person)：闫戈
产品业务(Business)：胶粘剂

上海复欣制胶厂
Shanghai Fuxin Hot Melt Adhesives Factory
地址(Add)：上海市浦东康桥开发区川周公路2653号
邮编(P. C.)：201319
电话(Tel)：021 - 68139088
传真(Fax)：021 - 68139088
法人代表(Chairman)：顾银华
联系人(Contact Person)：顾银华
产品业务(Business)：热熔胶，包括背胶、软结构胶、硬结构胶、两用背胶等

上海盛茗热熔胶有限公司
Shanghai Shengming Hot Melt Adhesive Co., Ltd.
地址(Add)：上海市浦东康桥镇秀沿路2601栋37号702
邮编(P. C.)：201120
电话(Tel)：021 - 58575807
传真(Fax)：021 - 58578378
E-mail：shrxrrj@ yahoo. com. cn
联系人(Contact Person)：周冰峰
产品业务(Business)：热熔胶

上海北方化工有限公司
Shanghai North Chemical Co., Ltd.
地址(Add)：上海市浦东南路2240号永业商务大楼807室
邮编(P. C.)：200127
电话(Tel)：021 - 50909236
传真(Fax)：021 - 50909235
E-mail：yinzn@ 133sh. com
Http：//www. bfhgw. net
联系人(Contact Person)：高森
产品业务(Business)：EV，石油树脂

上海三木胶粘树脂有限公司
Shanghai Sanmu Gummyresin Co., Ltd.
地址(Add)：上海市浦东新区金海路179号
邮编(P. C.)：201206
电话(Tel)：021 - 26909139
传真(Fax)：021 - 26909136
E-mail：sanmu021@ 163. com
联系人(Contact Person)：侯典锋
产品业务(Business)：热熔胶

上海瑞鑫热熔胶有限公司
Shanghai Ruixin Hot Melt Adhesives Co., Ltd.
地址(Add)：上海市浦东新区张江高科技园区沔北路15号
邮编(P. C.)：201203
电话(Tel)：021 - 58575807
传真(Fax)：021 - 58578378
E-mail：postmaster@ zbf. com. cn
Http：//www. zbf. com. cn
联系人(Contact Person)：周冰峰
产品业务(Business)：卫生用品用热熔胶

上海佳卫热熔胶有限公司
Shanghai Jiawei Hot melt Adhesives Co., Ltd.
地址(Add)：上海市浦东新区张江镇孙桥路238弄6号402室
邮编(P. C.)：201210
电话(Tel)：021 - 58578275
传真(Fax)：021 - 58573161
E-mail：jwrri@ yahoo. cn
总经理(General Manager)：诸国华
联系人(Contact Person)：郭文忠
产品业务(Business)：卫生巾用热熔胶

汉高股份有限公司
Henkel (China) Company Ltd.
地址(Add)：上海市浦东张江高科技园区张衡路928号2楼
邮编(P. C.)：201203
电话(Tel)：021 - 28918820
传真(Fax)：021 - 28918952
E-mail：bruce. zhu@ cn. henkel. com
Http：//www. henkel. com
联系人(Contact Person)：祝斌伟
产品业务(Business)：胶粘剂

上海汉高向华粘合剂有限公司
Shanghai Henkel Xianghua Adhesives Co., Ltd.
地址(Add)：上海市浦东新区张江镇殷军路115号
邮编(P. C.)：201203
电话(Tel)：021 - 58573857
传真(Fax)：021 - 58574308
Http：//www. henkel. com
法人代表(Chairman)：邹荣棋
总经理(General Manager)：邹荣棋
联系人(Contact Person)：庄弟
产品业务(Business)：热熔胶，热熔压敏胶

上海沂庆贸易有限公司
Shanghai Achemical Trading Co., Ltd.
地址(Add)：上海市青浦工业园新丹路123号
邮编(P. C.)：201706
电话(Tel)：021 - 39787514
传真(Fax)：021 - 39787501
E-mail：haochunfang@ achemc. com. cn
Http：//www. achemc. com. cn
联系人(Contact Person)：郝春芳
产品业务(Business)：热熔胶原料

福尔波粘合剂(上海)有限公司
Forbo Adhesives (Shanghai) Co., Ltd.
地址(Add)：上海市松江工业区华加路99号13、14栋
邮编(P. C.)：201613
电话(Tel)：021 - 67748080
传真(Fax)：021 - 67748181
E-mail：famizan. fan@ forbo. com
Http：//www. forbo. com
联系人(Contact Person)：范富良
产品业务(Business)：卫生用品用热熔胶

道康宁(上海)有限公司
Dow Corning (Shanghai) Co., Ltd.
(详见造纸化学品)

上海荣歆热熔胶有限公司
Shanghai Rongxin Hot Melt Adhesives Co., Ltd.
地址(Add)：上海市松江区洞泾镇塘桥村
邮编(P. C.)：201619
电话(Tel)：021－57622061
传真(Fax)：021－57622351
法人代表(Chairman)：张祖荣
联系人(Contact Person)：奚伟国
产品业务(Business)：热熔胶

罗门哈斯(中国)投资有限公司
Rohm and Haas (China) Holding Co., Ltd.
地址(Add)：上海市张江高科技园区张衡路1077号
邮编(P. C.)：201203
电话(Tel)：021－38628428
传真(Fax)：021－38628434
E-mail：ggeng@rohmhaas.com
联系人(Contact Person)：耿中良
产品业务(Business)：干法纸用粘合剂

常州市洁润无纺布厂
Changzhou Jierun Nonwovens Factory
(详见非织造布－热轧、热风、纺粘)

南京扬子伊士曼化工有限公司
Nanjing Yangzi Eastman Chemical Ltd.
地址(Add)：江苏省南京市高新技术产业开发区商务中心三楼
邮编(P. C.)：210032
电话(Tel)：025－66609266
传真(Fax)：025－66609296
E-mail：sales@njyec.com
Http://www.njyec.com
总经理(General Manager)：季伟青
联系人(Contact Person)：周文
产品业务(Business)：热熔胶增粘树脂

伊士曼化工有限公司上海代表处
Eastman Chemical Co., Ltd. Shanghai Office
地址(Add)：上海市南京西路1168号中信泰富广场1206室
邮编(P. C.)：200041
电话(Tel)：021－61208757
传真(Fax)：021－52984553
E-mail：liangwu@eastman.com
Http://www.eastman.com.cn
联系人(Contact Person)：吴亮

南京森和纸业有限公司
Nanjing Senhe Paper Co., Ltd.
(详见离型纸、离型膜)

南京陶雨工贸实业有限公司
Nanjing Taoyu Trading Co., Ltd.
(详见非织造布－干法纸)

南京雨倩卫生用品有限公司
Nanjing Yuqian Hygiene Products Co., Ltd.
(详见离型纸、离型膜)

苏州百得宝塑胶有限公司
Suzhou Baidebao Plastic Co., Ltd.
地址(Add)：江苏省苏州市相城区黄桥占上工业区永青路21号
邮编(P. C.)：215132
电话(Tel)：0512－65461788
传真(Fax)：0512－65468435
E-mail：hqqdcxyq@pub.sz.jsinfo.net
联系人(Contact Person)：金水元
产品业务(Business)：热熔胶

无锡德松科技有限公司
Wuxi More Tex Technology Co., Ltd.
地址(Add)：江苏省无锡市长江路28号
邮编(P. C.)：214028
电话(Tel)：0510－85226252－30
传真(Fax)：0510－85225745
E-mail：wangsong@moretex.com.cn
联系人(Contact Person)：王松
产品业务(Business)：热熔胶系列产品

无锡市万力粘合材料有限公司
Wuxi Wanli Adhesives Co., Ltd.
地址(Add)：江苏省无锡市新区长江南路17号－17
邮编(P. C.)：214028
电话(Tel)：0510－85347825
传真(Fax)：0510－85343126
E-mail：wxjili@jiliresin.com
Http://www.jiliresin.com
法人代表(Chairman)：周其平
联系人(Contact Person)：夏强
产品业务(Business)：热熔胶

江苏盐城腾达胶粘剂有限公司
Jiangsu Yancheng Tengda Adhesives Co., Ltd.
地址(Add)：江苏省盐城市经济开发区通榆南路329号
邮编(P. C.)：224007
电话(Tel)：0515－88275058
传真(Fax)：0515－88275059
E-mail：web@tdjnyc.com
Http://www.tdizi.com
法人代表(Chairman)：倪锦才
总经理(General Manager)：倪锦才
联系人(Contact Person)：李建华
产品业务(Business)：热熔胶

盐城天顺胶粘剂有限公司
Yancheng Tianshun Adhesive Co., Ltd.
地址(Add)：江苏省盐城市射阳特庸工业区
邮编(P. C.)：224300
电话(Tel)：0515－82788989
传真(Fax)：0515－82780199
总经理(General Manager)：孙万东
产品业务(Business)：热熔胶，胶带，标签

扬中九妹日用品有限公司
Yangzhong Jiumei Products for Daily Use Co., Ltd.
地址(Add)：江苏省扬中市区花园路149号
邮编(P. C.)：212200
电话(Tel)：0511－88324279
传真(Fax)：0511－85151169
E-mail：huangbub@yahoo.com.cn
法人代表(Chairman)：范进
总经理(General Manager)：范进
联系人(Contact Person)：范开阳

产品业务(Business)：热熔胶

浙江精华科技有限公司
Zhejiang Fine Chemical Technology Co., Ltd.
地址(Add)：浙江省杭州市莫干山路569号
邮编(P. C.)：310005
电话(Tel)：0571－88067297
传真(Fax)：0571－88067314
E-mail：sales@fang-kai.com
Http://www.fang-kai.com
总经理(General Manager)：张弘
联系人(Contact Person)：何义
产品业务(Business)：卫生用品用热熔胶，包装、装潢用热熔压敏胶及胶带，医用热熔压敏胶，皮革、鞋类、电脑信封、医用产品包装用热熔胶

杭州天创化学技术有限公司
Hangzhou Tianchuang Chemical Technology Co., Ltd.
地址(Add)：浙江省杭州市余杭区仓前工业区
邮编(P. C.)：311121
电话(Tel)：0571－88620837
传真(Fax)：0571－88620836
E-mail：lsc@tchx.com
Http://www.tchx.com
联系人(Contact Person)：李胜城
产品业务(Business)：热熔胶

杭州仁和热熔胶有限公司
Hangzhou Renhe Hotmelt Adhesive Co., Ltd.
地址(Add)：浙江省杭州市余杭星桥工业区星桥大道星一路东
邮编(P. C.)：311100
电话(Tel)：0571－86260900－8007
传真(Fax)：0571－86260895
E-mail：renghe@hm-adhesive.com
Http://www.hm-adhesive.com
联系人(Contact Person)：戴晓瑛
产品业务(Business)：热熔胶

衢州市柯城富星制胶厂
Quzhou Kecheng Fuxing Adhesives Factory
地址(Add)：浙江省衢州市双港开发区出口产品加工园区万盛路1号
邮编(P. C.)：324000
电话(Tel)：0570－3886178
传真(Fax)：0570－3886278
法人代表(Chairman)：余定国
总经理(General Manager)：余定国
产品业务(Business)：热熔胶

浙江省瑞安市联大热熔胶厂
Zhejiang Ruian Lianda Hot Melt Adhesives Factory
地址(Add)：浙江省瑞安市汀田镇寨下工业区公园西路118号后首
邮编(P. C.)：325206
电话(Tel)：0577－65506788
传真(Fax)：0577－65508678
法人代表(Chairman)：林绍弟
联系人(Contact Person)：林晓峰
产品业务(Business)：热熔胶

恒信纸品卫生材料经销部
Hengxin Paper Products Material Distributor
(详见绒毛浆)

信力化工股份有限公司
Xinli Chemical Co., Ltd.
地址(Add)：福建省晋江市陈埭溪边北环路42号
邮编(P. C.)：362211
电话(Tel)：0595－85180410
传真(Fax)：0595－88202085
联系人(Contact Person)：丁鸿龙
产品业务(Business)：热熔胶

联邦化工股份有限公司
Union Chemical Co., Ltd.
地址(Add)：福建省晋江市陈埭中国鞋都A3－50
邮编(P. C.)：362200
电话(Tel)：0595－85181100
传真(Fax)：0595－85091100
E-mail：lb@cnunb.com.cn
Http://www.cnunb.com.cn
联系人(Contact Person)：林振希
产品业务(Business)：热熔胶

福建省晋江市群益塑胶开发有限公司
Fujian Qunyi Plastics Development Co., Ltd.
(详见打孔膜及打孔非织造布)

晋江聚邦胶粘剂发展有限公司
Jinjiang Jubang Adhesive Co., Ltd.
地址(Add)：福建省晋江市西园街道赖厝工业区
邮编(P. C.)：362214
电话(Tel)：0595－85613366
传真(Fax)：0595－85613366
联系人(Contact Person)：施育献
产品业务(Business)：热熔胶

泉州昌德化工有限公司
Quanzhou Chandor Chemicals Co., Ltd.
地址(Add)：福建省泉州市鲤城区浮桥高山工业区
邮编(P. C.)：362000
电话(Tel)：0595－22471889
传真(Fax)：0595－22478889
E-mail：changde@chang-de.com
Http://www.chang-de.com
法人代表(Chairman)：吴培煌
总经理(General Manager)：吴培煌
联系人(Contact Person)：詹婷婷
产品业务(Business)：热熔胶

泉州鲤城宝佳热熔胶厂
Quanzhou Licheng Baojia Hot Melt Adhesive Factory
地址(Add)：福建省泉州市鲤城少林路甘庶头名家商务公寓(丰泽党校边)
邮编(P. C.)：362002
电话(Tel)：0595－28129777
传真(Fax)：0595－28169955
E-mail：qzsj1818@163.com
Http://www.cn-baojia.com
总经理(General Manager)：邓海波
产品业务(Business)：热熔胶

汉摩(中国)厦门祺星塑胶科技有限责任公司
Hanmo (China) Xiamen Qixing Plastics Technology Co., Ltd.
地址(Add):福建省厦门市嘉禾路388号永同昌大厦9楼F1
邮编(P. C.):361006
电话(Tel):0592-5139846
传真(Fax):0592-5559346
E-mail:qixingsujiao@163.com
Http://www.qx-hotmelt.com
法人代表(Chairman):黄员雄
总经理(General Manager):黄员雄
联系人(Contact Person):林述和
产品业务(Business):热熔胶

厦门市宏德兴化工有限公司
Xiamen Hongdexing Chemical Co., Ltd.
地址(Add):福建省厦门市江头北区圆山南路209-211号
邮编(P. C.):361000
电话(Tel):0592-5510818
传真(Fax):0592-5519017
E-mail:xhdx818@yahoo.com.cn
Http://www.hdxjy.com
联系人(Contact Person):萧亚良
产品业务(Business):热熔胶

江西福达香料化工有限公司
Jiangxi Fuda Perfume Chemical Co., Ltd.
地址(Add):江西省吉安市吉水文峰工业城
邮编(P. C.):331600
电话(Tel):0796-3511555
传真(Fax):0796-3511556
E-mail:eastfuda@sina.com
Http://www.eastfuda.com
联系人(Contact Person):刘衣左
产品业务(Business):用于热熔胶生产的超合成增粘树脂

山东力高科技有限公司
Lecho Technology (Shandong) Co., Ltd.
地址(Add):山东省滨州市博兴县湖滨工业园
邮编(P. C.):256512
电话(Tel):0543-2129156
传真(Fax):0543-2129929
E-mail:lechosales@163.com
联系人(Contact Person):王建林
产品业务(Business):热熔胶

山东正德胶粘科技有限公司
Shandong Zhengde Adhesive Technology Co., Ltd.
地址(Add):山东省济南市历城区工业北路大辛庄工业园88号
邮编(P. C.):250002
电话(Tel):0531-88607358
传真(Fax):0531-88607514
联系人(Contact Person):侯典芹
产品业务(Business):热熔胶

鲁南益兴纸业有限公司
Lunan Yixing Paper Co., Ltd.
(详见离型纸、离型膜)

东莞市成铭胶粘剂有限公司
Dongguan Co-Mo Hot Melt Adhesives Co., Ltd.
地址(Add):广东省东莞市石碣镇西南管理区
邮编(P. C.):523300
电话(Tel):0769-86300710
传真(Fax):0769-86320242
E-mail:manager@cheng-ming.com
Http://www.cheng-ming.com
总经理(General Manager):陈铭
联系人(Contact Person):王浩生
产品业务(Business):热熔胶

佛山市凯林精细化工有限公司
Foshan Quickly Fine Chemicals Co., Ltd.
地址(Add):广东省佛山市南海区和顺镇和桂工业园
邮编(P. C.):528241
电话(Tel):0757-85117211
传真(Fax):0757-85117373
E-mail:webmaster@cnqcc.com
Http://www.cnqcc.com
产品业务(Business):热熔胶

佛山市南海荣嘉化工有限公司
Nanhai Roger Chemical Co., Ltd.
地址(Add):广东省佛山市南海区黄岐泌冲工业区
邮编(P. C.):528248
电话(Tel):0757-85915601
传真(Fax):0757-85915615
E-mail:zhaoergou@gmail.com
Http://www.rongjiagd.com
法人代表(Chairman):万维克
总经理(General Manager):万维克
联系人(Contact Person):王新
产品业务(Business):热熔胶,水性粘合剂,金属表面前处理剂

佛山南宝树脂有限公司
Foshan NanPao Resins Co., Ltd.
地址(Add):广东省佛山市三水区科勒大道三水工业园
邮编(P. C.):528000
电话(Tel):0757-87393000
传真(Fax):0757-87380695
E-mail:yizhongwen@126.com
Http://www.nanpao.com
联系人(Contact Person):易重文
产品业务(Business):热熔胶

佛山市顺德区北滘森丰源纸品厂
Foshan Senfengyuan Paper Products Factory
(详见打孔膜及打孔非织造布)

广东省佛山市富民科技公司
Foshan Fumin Science Co.
地址(Add):广东省佛山市祖庙路51号
邮编(P. C.):528000
电话(Tel):0757-83211267
传真(Fax):0757-83211267
联系人(Contact Person):成粘辉
产品业务(Business):水基胶粘剂

富乐(中国)粘合剂有限公司
H. B. Fuller (China) Adhesives Ltd.
地址(Add):广东省广州经济技术开发区锦绣南路碧华街10号
邮编(P. C.):510730
电话(Tel):020-82214333
传真(Fax):020-82214818
E-mail:michael. chen@ hbfuller. com
Http://www. hbfuller. com
法人代表(Chairman):杨以琨
产品业务(Business):背胶、结构胶和两用胶,橡筋胶,纸盒专用胶,卫生纸品专用胶

福尔波粘合剂(广州)有限公司
Forbo Adhesives (Guangzhou) Co., Ltd.
地址(Add):广东省广州经济技术开发区永和开发区禾丰路东
邮编(P. C.):510730
电话(Tel):020-82223979
传真(Fax):020-82223972
E-mail:info. guangzhou@ forbo. com
Http://www. forbo. com
法人代表(Chairman):刘榕
总经理(General Manager):刘榕
产品业务(Business):热熔胶,水胶等

波士胶芬得利(中国)粘合剂有限公司
Bostik Findley China Co., Ltd.
地址(Add):广东省广州市经济技术开发区永和区新庄二路75号
邮编(P. C.):511356
电话(Tel):020-32226245
传真(Fax):020-32226172
E-mail:diasy. chen@ bostik. com. cn
Http://www. bostik. com
法人代表(Chairman):Wasyl Boledziuk
总经理(General Manager):陈曙光
联系人(Contact Person):陈启红
产品业务(Business):热熔胶,水基胶,溶剂胶,PU胶

中山诚泰化工科技有限公司
Cherng Tay Technology Co., Ltd.
地址(Add):广东省中山市三角镇金三大道东12号
邮编(P. C.):528445
电话(Tel):0760-85541516
传真(Fax):0760-85541515
E-mail:cschetay@ mail. chetay. com. cn
Http://www. chetay. com. tw
法人代表(Chairman):王胜义
总经理(General Manager):赖清渠
联系人(Contact Person):伍光隆
产品业务(Business):热熔胶

成都腾龙特种胶粘材料厂
Chengdu Tenglong Specialty Adhesives Factory
地址(Add):四川省成都市(犀浦)国家高新技术开发西区
邮编(P. C.):611731
电话(Tel):028-87843321
传真(Fax):028-87846668
联系人(Contact Person):张小姐
产品业务(Business):热熔胶

● 胶带、胶贴、魔术贴、标签 Adhesive tape, adhesive label, magic tape, label

邦泰远东股份有限公司
Bondtec Pacific Co., Ltd.
地址(Add):22180台湾省台北县汐止市大湖科学园区康宁街169巷31号10F之1
电话(Tel):886-2-26921478
传真(Fax):886-2-26921399
E-mail:nancyl@ bondtec-tape. com
Http://www. bondtec-tape. com
联系人(Contact Person):林婺洁
产品业务(Business):纸尿裤用胶带

3M
美国3M公司
Personal Care & Related Products Division
地址(Add):3M Center, Bldg. 220-9W-08 St. Paul, MN 55144-1000 U. S. A.
Http://www. mmm. com
产品业务(Business):纸尿裤胶带,魔术扣,弹性腰围,妇女卫生巾封口胶带
3M中国有限公司
3M China Ltd.
地址(Add):上海市虹桥开发区兴义路8号万都大厦38楼
邮编(P. C.):200336
电话(Tel):021-62753535-2430
传真(Fax):021-62096100-22796
法人代表(Chairman):余俊雄
总经理(General Manager):余俊雄
联系人(Contact Person):涂倩
广州办事处
地址(Add):广东省广州市天河路228之一广顺大楼25楼
邮编(P. C.):510643
电话(Tel):020-38331238
传真(Fax):020-38331234
联系人(Contact Person):罗冠雄

Koester Asia Pacific Co., Ltd.
凯斯特
地址(Add):Industriestrasse 2, D-96146 Altendorf, Germany
电话(Tel):49-954548-0
传真(Fax):49-954548-111
E-mail:info@ koester. de
Http://www. koester. de
产品业务(Business):尿裤腰贴
凯斯特(天津)胶粘材料有限公司
Koester Asia Pacific Co., Ltd.
地址(Add):天津市经济技术开发区睦宁路231号
邮编(P. C.):300457
电话(Tel):022-25328808
传真(Fax):022-66237135
E-mail:dongliang. sun@ koester-asia. com. cn

Http://www.koester.de
联系人(Contact Person): 孙东亮
产品业务(Business): 胶带, 腰贴

六和化工股份有限公司
Union Chemical Ind. Co., Ltd.
地址(Add): 台湾省104台北市中山区德惠街9号6楼
电话(Tel): 886-2-25954321
传真(Fax): 886-2-25959698
E-mail: uci57442@ms9.hinet.net
Http://www.unionchemical.com.tw
法人代表(Chairman): 李世文
总经理(General Manager): 李得义
产品业务(Business): 快易胶带, 纸尿裤胶带, 左右侧贴

天津爱德威胶粘纸业有限公司
Tianjin Aidewei Sticky Paper Co., Ltd.
地址(Add): 天津市北辰区铁东路勤俭工业区3号路8号
邮编(P.C.): 300402
电话(Tel): 022-26306155
传真(Fax): 022-26303715
总经理(General Manager): 孙黎欣
联系人(Contact Person): 于良兴
产品业务(Business): 快易贴

天津安德印刷有限公司
Tianjin Ande Printing Co., Ltd.
地址(Add): 天津市程林庄路宏亮工业园10号
邮编(P.C.): 300160
电话(Tel): 022-60569228
传真(Fax): 022-60569222
E-mail: adjiadong@yahoo.com.cn
联系人(Contact Person): 贾冬
产品业务(Business): 湿巾封口标签

新亚不干胶印刷有限公司
Xinya Sticker Printing Co., Ltd.
地址(Add): 河北省保定市竞秀小区1号楼4单元402
邮编(P.C.): 071000
电话(Tel): 0312-8917268
联系人(Contact Person): 黄致锋
产品业务(Business): 不干胶

上海明利包装印刷有限公司
Shanghai Mingli Packaging & Printing Co., Ltd.
地址(Add): 上海市宝山区刘场路335弄88号6栋
邮编(P.C.): 200443
电话(Tel): 021-56487982
传真(Fax): 021-56487987
E-mail: mingli1388@163.com
Http://www.shmingli.com.cn
总经理(General Manager): 钱雪彬
联系人(Contact Person): 陈伟
产品业务(Business): 不干胶商标印刷, 卫生用品商标印刷

上海橡胶制品研究所特种胶带厂
Shanghai Institute of Rubber Product-Special Tape Factory
(详见离型纸、离型膜)

上海正扬实业有限公司
Shanghai Zhengyang Industrial Co., Ltd.
地址(Add): 上海市共康路721号
邮编(P.C.): 200443
电话(Tel): 021-66244627
传真(Fax): 021-56401567
E-mail: hqzcc@sohu.com
Http://www.hqzcc.cn.alibaba.com
法人代表(Chairman): 陈悬弦
联系人(Contact Person): 韦艳
产品业务(Business): 双面胶带, 快易胶带, 含高吸收性树脂吸水纸, 含高吸收性树脂干法纸

上海任翔实业发展有限公司
Shanghai Renxiang Industry Development Co., Ltd.
地址(Add): 上海市虹梅南路3135弄51号厂房5号房
邮编(P.C.): 201108
电话(Tel): 021-54149166-233
传真(Fax): 021-54149099
E-mail: mike@shrx.com
Http://www.shrx.com
联系人(Contact Person): 李敏志
产品业务(Business): 经销3M胶带, K-C擦拭用品

上海沛龙特种胶粘材料有限公司
Shanghai Peilong Special Adhesive Materials Co., Ltd.
地址(Add): 上海市静安区愚园路168号环球世界大厦B座1101室
邮编(P.C.): 200040
电话(Tel): 021-62480757
传真(Fax): 021-62480840
E-mail: peilong@263.net
法人代表(Chairman): 魏星
联系人(Contact Person): 花开贵
产品业务(Business): 快易封口胶带, 热熔胶包装膜, 传导层(ADL), 接料胶带

上海华舟压敏胶制品有限公司
Shanghai Huazhou PSA Products Co., Ltd.
地址(Add): 上海市浦东新区华洲路2858号
邮编(P.C.): 201202
电话(Tel): 021-58933064
传真(Fax): 021-38930086
E-mail: hzpsa@hzpsa.com
Http://www.hzpsa.com
法人代表(Chairman): 崔汉生
总经理(General Manager): 崔汉生
联系人(Contact Person): 姜晟靓
产品业务(Business): 医用胶带, 医用创口贴, 医用敷料贴, 输液贴

上海马可胶粘制品有限公司
Shanghai Marco Adhesive Products Co., Ltd.
地址(Add): 上海市青浦区赵巷镇沈泾塘68号
邮编(P.C.): 201703
电话(Tel): 021-69753264
传真(Fax): 021-69753224
E-mail: max@jadeco.com.cn
Http://www.jadeco.com.cn
法人代表(Chairman): 徐学卿
总经理(General Manager): 徐学卿
联系人(Contact Person): 宋根林

产品业务(Business)：妇女卫生巾用双面胶带、快易封口胶带，单双面离型纸

上海欣航实业有限公司
Shanghai Xinhang Industry Co., Ltd.
(详见弹性非织造布材料松紧带)

上海同欣生物科技有限公司
Shanghai T-shine Bio-Tech Co., Ltd.
(详见弹性非织造布材料松紧带)

上海裕闵国际贸易有限公司
Rich International Co., Ltd.
地址(Add)：上海市莘庄碧泉路36弄金宵大厦1003室
邮编(P. C.)：201100
电话(Tel)：021-64127007-807
传真(Fax)：021-54135676-806
E-mail：keithayo@hotmail.com
联系人(Contact Person)：黄堂勇
产品业务(Business)：经销进口胶带

上海锐孚商贸有限公司
Shanghai Ruifu Business & Trade Co., Ltd.
地址(Add)：上海市杨浦区中原路12号2楼
邮编(P. C.)：200433
电话(Tel)：021-55231080
传真(Fax)：021-55231083
E-mail：rfsm@rfsm.com.cn
联系人(Contact Person)：赵雪莲
产品业务(Business)：经销胶带，腰贴，水刺纯棉非织造布等

上海依瑞胶带制品有限公司
Shanghai Easytapes Co., Ltd.
地址(Add)：上海市殷家浜路200弄126号(近华夏中路)
邮编(P. C.)：201203
电话(Tel)：021-50726192
传真(Fax)：021-50726098
E-mail：info@easytapes.com
Http://www.easytapes.com
联系人(Contact Person)：项铁
产品业务(Business)：电子行业用胶带

上海卡登精细化工有限公司
Shanghai Kadun Fun Chemical Industry Co., Ltd.
(详见离型纸、离型膜)

昆山市中大天宝纸制品有限公司
Kunshan Zhongda Tianbao Paper Products Co., Ltd.
(详见离型纸、离型膜)

南京格润标签印刷有限公司
Nanjing Green Label Printing Co., Ltd.
地址(Add)：江苏省南京市江宁开发区清水亭西路9号
邮编(P. C.)：210000
电话(Tel)：025-52729058
传真(Fax)：025-52729052
E-mail：greenlabel@126.com
总经理(General Manager)：杨兴跃
产品业务(Business)：湿巾封口用可移除标签

盐城天顺胶粘剂有限公司
Yancheng Tianshun Adhesive Co., Ltd.
(详见热熔胶)

苍南县万泰印业有限公司
Cangnan Wantai Printing Co., Ltd.
(详见包装及印刷)

浙江省苍南县春园彩印厂
Zhejiang Cangnan Chunyuan Colour Printing Factory
地址(Add)：浙江省苍南县钱库工业园区朝华路34号
邮编(P. C.)：325804
电话(Tel)：0577-64495888
传真(Fax)：0577-64499588
总经理(General Manager)：金理锋
联系人(Contact Person)：陈德魁
产品业务(Business)：手帕纸、湿巾开口标贴

温州市华东印业有限公司
Wenzhou Huadong Print Co., Ltd.
(详见包装及印刷)

杭州富阳黎明实业有限公司
Hangzhou Fuyang Liming Industrial Co., Ltd.
地址(Add)：浙江省杭州富阳市东洲工业功能区2号路
邮编(P. C.)：311401
电话(Tel)：0571-63469666
传真(Fax)：0571-63408688
E-mail：yuanjibing@sina.com
Http://fylmsy.cn.alibaba.com
法人代表(Chairman)：忻黎明
总经理(General Manager)：忻黎明
联系人(Contact Person)：袁纪兵
产品业务(Business)：胶带

温州市特康弹力科技有限公司
Wenzhou Tekang Elasticity Technology Co., Ltd.
地址(Add)：浙江省杭州市莫干山路789号美都广场C幢1418室
邮编(P. C.)：310011
电话(Tel)：0571-86982803
传真(Fax)：0571-86983387
E-mail：tekang@alibaba.com.cn
总经理(General Manager)：杨毅
联系人(Contact Person)：汤其华
产品业务(Business)：弹性腰围，尿裤侧腰贴
杭州办
地址(Add)：浙江省杭州市余杭区瓶窑镇华兴路552-10号102室
邮编(P. C.)：311115
电话(Tel)：0571-86797533
传真(Fax)：0571-86797677
联系人(Contact Person)：汤其华

杭州同创实业有限公司
Hangzhou Tongchuang Industry Co., Ltd.
地址(Add)：浙江省杭州市萧山区戴村镇永富工业区
邮编(P. C.)：311262
电话(Tel)：0571-82271572
传真(Fax)：0571-82215701
联系人(Contact Person)：楼金文

产品业务(Business)：快易封口胶带，吸水复合纸

宁波保税区明和特种印刷有限公司
Ningbo Free Trade Zone Minghe Special Printing Co., Ltd.
地址(Add)：浙江省宁波市保税区兴业二路9号
邮编(P. C.)：315800
电话(Tel)：0574－86820054
传真(Fax)：0574－86820299
E-mail：minehe2008@163. com
Http://www. 明和印刷 . cn
联系人(Contact Person)：张立武
产品业务(Business)：不干胶标签

浙江凯恩特种材料股份有限公司
Zhejiang KAN Specialties Material Co., Ltd.
地址(Add)：浙江省遂昌市凯恩路108号
邮编(P. C.)：323300
电话(Tel)：0578－8123029
传真(Fax)：0578－8124400
E-mail：postmaster@zjkan. com
Http://www. zjkan. com
法人代表(Chairman)：王白浪
总经理(General Manager)：朱春树
联系人(Contact Person)：雷荣
产品业务(Business)：双面胶带原纸，长纤维滤纸

苍南县振华彩印包装厂
Cangnan Zhenhua Color Printing Package Factory
地址(Add)：浙江省温州龙港小包装工业园13幢2号
邮编(P. C.)：325802
电话(Tel)：0577－64309922
传真(Fax)：0577－64309911
E-mail：cnzhenhua@163. com
联系人(Contact Person)：金仁醒
产品业务(Business)：不干胶标签

温州海霸印业有限公司
Wenzhou Haiba Print Co., Ltd.
地址(Add)：浙江省温州市苍南县龙港镇民安路36号
邮编(P. C.)：325802
电话(Tel)：0577－82825939
传真(Fax)：0577－64181263
E-mail：zhulin2003@vip. 163. com
联系人(Contact Person)：朱德智
产品业务(Business)：湿巾(袋装，盒装，桶装)标贴，袋装妇女卫生巾标贴，封口标贴

温州信鸽印业有限公司
Wenzhou Xinge Printing Co., Ltd.
地址(Add)：浙江省温州市龙港包装印刷工业园区11幢8号
邮编(P. C.)：325802
电话(Tel)：0577－64181158
传真(Fax)：0577－64181159
E-mail：xingeyinye@163. com
总经理(General Manager)：王道晓
联系人(Contact Person)：王启源
产品业务(Business)：不干胶标签，生活用纸封口标签

温州华南印业有限公司
Wenzhou Huanan Printing Co., Ltd.
地址(Add)：浙江省温州市龙港金田工业区3幢
邮编(P. C.)：325802
电话(Tel)：0577－59977771
传真(Fax)：0577－59977779
E-mail：wzhnyy@126. com
总经理(General Manager)：林思锐
产品业务(Business)：湿巾、卫生巾带标贴包装袋

浙江天霸印业有限公司
Zhejiang Tianba Printing Co., Ltd.
地址(Add)：浙江省温州市龙港镇西城路15－21号
邮编(P. C.)：325000
电话(Tel)：0577－64221111
传真(Fax)：0577－64222618
总经理(General Manager)：朱银浦
产品业务(Business)：不干胶签

温州市瓯海合利塑纸厂
Wenzhou Ouhai Heli Plastics & Paper Factory
(详见打孔膜及打孔非织造布)

义乌市后宅恒泰胶带厂
Yiwu Hengtai Adhesive Tape Factory
地址(Add)：浙江省义乌市后宅新凉亭工业园区
邮编(P. C.)：322008
电话(Tel)：0579－81536231
联系人(Contact Person)：王洪全
产品业务(Business)：胶带

恒信胶粘制品有限公司
Hengxin Adhesive Products Co., Ltd.
地址(Add)：福建省晋江市新店顶街北路152号
邮编(P. C.)：362212
电话(Tel)：0595－85994678
传真(Fax)：0595－85990229
E-mail：jjhengda@gmail. com
Http://www. jjhengda. com
联系人(Contact Person)：李永通
产品业务(Business)：卫生巾用快易贴，纸尿裤左右贴

福建乔东卫生制品有限公司
Fujian Qiaodong Hygiene Products Co., Ltd.
(详见湿强纸和复合吸水纸)

厦门美日贸易有限公司
Xiamen Meiri Trading Co., Ltd.
地址(Add)：福建省厦门市东渡路252号金龙大厦B座11－A室
邮编(P. C.)：361012
电话(Tel)：0592－6016123
传真(Fax)：0592－5671491
E-mail：xmmr123@163. com
Http://www. xmmeiri. com
总经理(General Manager)：许有辉
联系人(Contact Person)：熊彩辉
产品业务(Business)：经营前腰贴，左右贴，魔术贴，魔术扣，弹性腰围(弹性薄膜)

厦门远雄商贸有限公司
Xiamen Great Commerce Co., Ltd.
地址(Add)：福建省厦门市湖里区祥店里9号之1-301室
邮编(P. C.)：361009
电话(Tel)：0592-8092626
传真(Fax)：0592-5526227
E-mail：axmail@163.com
联系人(Contact Person)：陈秀春
产品业务(Business)：胶带

厦门大予工贸有限公司
Dai Wood (Xiamen) Industry Trade Co., Ltd.
地址(Add)：福建省厦门市同安工业集中区思明园198-199号3楼
邮编(P. C.)：361006
电话(Tel)：0592-7236111
传真(Fax)：0592-7236113
E-mail：sales@daiwood.com
Http://www.daiwood.com
法人代表(Chairman)：阙秋金
总经理(General Manager)：李冬阳
联系人(Contact Person)：沈春红
产品业务(Business)：前胶贴，魔术贴，离型纸

厦门翀科商贸有限公司
Lark Industries Co., Ltd.
地址(Add)：福建省厦门市湖里区南山路364号402
邮编(P. C.)：361006
电话(Tel)：0592-6015697
传真(Fax)：0592-6015697
联系人(Contact Person)：张宝刚
产品业务(Business)：纸尿裤用魔术贴、魔术扣、导流层

建亚保达(厦门)卫生器材有限公司/科思达(厦门)卫生制品有限公司
Ko-Asia (Xiamen) Sanitary Material Co., Ltd./Ko-East (Xiamen) Hygiene Products Co., Ltd.
地址(Add)：福建省厦门市同安工业集中区思明园8号
邮编(P. C.)：361100
电话(Tel)：0592-6775609
传真(Fax)：0592-6771797
E-mail：sl-a@k-asia.com
Http://www.k-asia.com
法人代表(Chairman)：江成贤
总经理(General Manager)：曹剑峰
联系人(Contact Person)：夏洋波
产品业务(Business)：前胶贴，左右贴，魔术扣，魔术贴，离型纸，离型膜/布

厦门安德立科技有限公司
Xiamen Andway Technology Co., Ltd.
地址(Add)：福建省厦门市同安工业集中区同安园137号二楼
邮编(P. C.)：361000
电话(Tel)：0592-7890758
传真(Fax)：0592-7890752
E-mail：sales@andway.com.cn
Http://www.andway.com.cn
法人代表(Chairman)：周哲
总经理(General Manager)：戴飞鹏
联系人(Contact Person)：周吉玫
产品业务(Business)：前胶贴，柔性魔术贴

厦门世洁塑料制品有限公司
Xiamen Shijie Plastic Co., Ltd.
地址(Add)：福建省厦门市同安区五显镇布塘村
邮编(P. C.)：361000
电话(Tel)：0592-3709450
传真(Fax)：0592-3706450
E-mail：13599506450@sohu.com
Http://www.xmshijie.com
法人代表(Chairman)：李忠文
总经理(General Manager)：李忠文
联系人(Contact Person)：李忠文
产品业务(Business)：前胶贴，魔术贴，左右贴

厦门恒达佳工贸有限公司
H & J (Xiamen) Industry & Trade Co., Ltd.
地址(Add)：福建省厦门市同安区五显镇布塘工业区
邮编(P. C.)：361100
电话(Tel)：0592-7200576
传真(Fax)：0592-7202929
E-mail：13599506450@sohu.com
法人代表(Chairman)：易祖福
总经理(General Manager)：李忠文
联系人(Contact Person)：李忠文
产品业务(Business)：前胶贴，魔术贴，左右贴

临沂顺源胶粘制品厂
Linyi Shunyuan Adhesive Products Co., Ltd.
地址(Add)：山东省郯城县经济开发区双泰路中段
邮编(P. C.)：276188
电话(Tel)：0539-6591118
E-mail：shunyuantape@163.com
联系人(Contact Person)：赵开飞
产品业务(Business)：腰贴，魔术贴，左右贴

佛山市创科塑胶魔术贴制品厂
Foshan Chuangke Plastic Products Factory
地址(Add)：广东省佛山市禅城区下朗工业大道53号
邮编(P. C.)：528051
电话(Tel)：0757-82102733
传真(Fax)：0757-82102733
E-mail：fs-chk@126.com
Http://www.fschk.com.cn
联系人(Contact Person)：江炳登
产品业务(Business)：魔术左右贴，前腰贴

宏佳塑胶制品有限公司
Hongka Plastic Products Co., Ltd.
地址(Add)：广东省佛山市禅城区张槎下朗工业区三路8号
邮编(P. C.)：528000
电话(Tel)：0757-82130941
传真(Fax)：0757-82306423
法人代表(Chairman)：刘惠霞
联系人(Contact Person)：招国昌
产品业务(Business)：纸尿裤左右贴，前胶贴

佛山市安喆娜贸易有限公司
Foshan Angel Trade Co., Ltd.
(详见流延膜及塑料母粒)

佛山市科派克印刷有限公司
Foshan Kepaike Packing Co., Ltd.
地址(Add):广东省佛山市张槎玉带路开发区
邮编(P.C.):528041
电话(Tel):0757-82510048
传真(Fax):0757-82510248
联系人(Contact Person):王庆
产品业务(Business):不干胶标签

耐恒(广州)纸品有限公司
Loparex (Guangzhou) Paper Products Ltd.
(详见离型纸、离型膜)

江门新时代胶粘科技有限公司
New Era Adhesives Technology Co., Ltd.
地址(Add):广东省江门市滘头五星管理区
邮编(P.C.):529000
电话(Tel):0750-3829636
传真(Fax):0750-3829619
E-mail:ljie@kenai-tape.com
Http://www.kenai-tape.com
法人代表(Chairman):穆晓敏
总经理(General Manager):穆晓敏
联系人(Contact Person):李杰
产品业务(Business):纸尿裤弹性腰围,前腰贴,左右贴,魔术贴等

宝利时(深圳)胶粘制品有限公司
Bolesx (Shenzhen) Adhesive Products Co., Ltd.
地址(Add):广东省深圳市宝安区沙井镇大王山村第三工业区A栋
邮编(P.C.):518104
电话(Tel):0755-27224465
传真(Fax):0755-27224465
Http://www.bolextape.com
联系人(Contact Person):陈永兵
产品业务(Business):纸尿裤胶贴

中山绿云化工有限公司
Zhongshan Greenclouds Chemistry Co., Ltd.
地址(Add):广东省中山市小榄工业区工业大道中28号
邮编(P.C.):528415
电话(Tel):0760-2110681
传真(Fax):0760-2110682
E-mail:mannyzhao@163.com
Http://www.6mia.com.cn
总经理(General Manager):陈正平
联系人(Contact Person):赵曼妮
产品业务(Business):纸尿裤腰贴

中山市利宏包装印刷有限公司
Zhongshan Lihong Packaging & Printing Co., Ltd.
地址(Add):广东省中山市小榄镇工业基地美围西路10号
邮编(P.C.):528416
电话(Tel):0760-22243842
传真(Fax):0760-22288911
E-mail:zsyihua2005@163.com
法人代表(Chairman):章铨开
产品业务(Business):缠绕膜,干(湿巾)易拉贴,不干胶标签

● 弹性非织造布材料、松紧带 Elastic nonwovens, elastic band

Tredegar Film Products
卓德嘉薄膜有限公司
(详见打孔膜及打孔非织造布)

全程兴业股份有限公司
Golden Phoenix Fiberwebs, Inc.
地址(Add):11493台湾省台北市内湖路一段120巷13号6楼
电话(Tel):886-2-26275200
传真(Fax):886-2-26570268
E-mail:sifer@gpfiberweb.com
Http://www.gpfiberweb.com
法人代表(Chairman):郑元隆
联系人(Contact Person):林崇宇
产品业务(Business):弹性非织造布

Fulflex Singapore Pte Ltd.
福力士(新加坡)有限公司
地址(Add):36 Tuas Avenue 8, Jurong, Singapore 639250
电话(Tel):65-68624901
传真(Fax):65-68625040
E-mail:fspl@pacific.net.sg
Http://www.fulflex.com
法人代表(Chairman):黎的赐
联系人(Contact Person):汪旺华
产品业务(Business):纸尿裤松紧带,净化室衣用橡胶带,泳衣、内衣用橡胶带

3M
美国3M公司
Personal Care & Related Products Division
(详见胶带、胶贴、魔术贴、标签)

北京德盛昌贸易有限公司
Beijing Deets Sire Limited
地址(Add):北京市海淀区五棵松路20号海博写字楼B-203室
邮编(P.C.):100097
电话(Tel):010-88430684
传真(Fax):010-88430737
E-mail:deetsirebj@yahoo.com.cn
法人代表(Chairman):熊健山
联系人(Contact Person):段亚丽
产品业务(Business):代理日本井上公司INOAC泡膜海绵

丰田通商(天津)有限公司
Toyota Tsusho (Tianjin) Co., Ltd.
(详见高吸收性树脂)

上海欣航实业有限公司
Shanghai Xinhang Industry Co., Ltd.
地址(Add):上海市田林路487号20号楼808-809室
邮编(P.C.):200233
电话(Tel):021-33675558
传真(Fax):021-33675559
E-mail:hl@cnshxh.com

联系人(Contact Person)：沈继杰
产品业务(Business)：经销3M弹性腰围，魔术贴，复合胶带

上海同欣生物科技有限公司
Shanghai T-shine Bio-Tech Co., Ltd.
地址(Add)：上海市田林路487号20号楼809室
邮编(P. C.)：200233
电话(Tel)：021-33675562
传真(Fax)：021-33675559
E-mail：ty@cnshxh.com
Http://www.cnshxh.com
联系人(Contact Person)：滕湧
产品业务(Business)：经销3M弹性产品，魔术搭扣贴合系统

江阴昶森无纺科技有限公司
Jiangyin Changsen Nonwoven Science & Technology Co., Ltd.
地址(Add)：江苏省江阴市新园路1-1号神宇通信公司内
邮编(P. C.)：214434
电话(Tel)：0510-83169773
传真(Fax)：0510-86887349
E-mail：heyonglin633@alibaba.com.cn
总经理(General Manager)：何永林
产品业务(Business)：用于纸尿裤的弹性非织造布

苏州坚创贸易有限公司
Kingstrong Trade Co., Ltd.
地址(Add)：江苏省苏州市人民路458号瑞富广场A6029
邮编(P. C.)：215006
电话(Tel)：0512-89170738
传真(Fax)：0512-89170738
E-mail：silent_lou@126.com
联系人(Contact Person)：娄宏
产品业务(Business)：弹性非织造布材料，松紧带

杭州康迪欣化学纤维公司
Hangzhou Condition Chemical Fibre Co., Ltd.
地址(Add)：浙江省杭州市滨江高新区泰安路199号农资大厦15层
邮编(P. C.)：310052
电话(Tel)：0571-87702632
传真(Fax)：0571-87702631
E-mail：yuyongjianhz@163.com
联系人(Contact Person)：俞永坚
产品业务(Business)：松紧带

温州市特康弹力科技有限公司
Wenzhou Tekang Elasticity Technology Co., Ltd.
(详见胶带、胶贴、魔术贴、标签)

杭州特力韩都进出口有限公司
Hangzhou Tension Handle I & E Co., Ltd.
地址(Add)：浙江省杭州市余杭区瓶窑镇华兴路552-10号102室
邮编(P. C.)：311115
电话(Tel)：0571-88538506
传真(Fax)：0571-88549700
E-mail：tahwanwxx@hotmail.com

联系人(Contact Person)：汤其华
产品业务(Business)：弹性腰围

晓星国际贸易(嘉兴)有限公司
Hyosung International Trade (Jiaxing) Co., Ltd.
地址(Add)：浙江省嘉兴市嘉兴经济开发区东方路
邮编(P. C.)：314000
电话(Tel)：0573-82228213
传真(Fax)：0573-82228220
E-mail：jwalee@hyosung.com
Http://www.creora.com
法人代表(Chairman)：赵显泽
联系人(Contact Person)：李宰宇
产品业务(Business)：纸尿裤、卫生巾用氨纶丝

泉州市创美贸易公司
Quanzhou Chuangmei Trade Co.
地址(Add)：福建省泉州市鲤城区浮桥联泰第一城
邮编(P. C.)：362005
电话(Tel)：0595-22470369
传真(Fax)：0595-22470369
联系人(Contact Person)：林丽君
产品业务(Business)：经销氨纶丝

福建石狮市东丽纺织贸易有限公司
Shishi Dongli Textile Trade Co., Ltd.
地址(Add)：福建省石狮市西环路东丽大厦
邮编(P. C.)：362700
电话(Tel)：0595-88552277
传真(Fax)：0595-88552266
总经理(General Manager)：黄桂平
联系人(Contact Person)：付维芳
产品业务(Business)：经销"拜尔"氨纶丝

厦门丽茂兴贸易有限公司
Reamou China Co., Ltd.
地址(Add)：福建省厦门湖滨北路201号宏业大厦5楼501室
邮编(P. C.)：361012
电话(Tel)：0592-5080845
传真(Fax)：0592-5055673
E-mail：kevin.wang@reamou.com.tw
联系人(Contact Person)：汪俊太
产品业务(Business)：经销莱卡弹性纤维

厦门美日贸易有限公司
Xiamen Meiri Trading Co., Ltd.
(详见胶带、胶贴、魔术贴、标签)

厦门笋语工贸有限公司
Xiamen Sunyu Trade Co., Ltd.
地址(Add)：福建省厦门市湖里区蔡塘工业区
邮编(P. C.)：361009
电话(Tel)：0592-5977278
传真(Fax)：0592-5971878
总经理(General Manager)：何卫东
产品业务(Business)：松紧带

厦门兰海贸易有限公司
Xiamen Lanhai Trade Co., Ltd.
地址(Add)：福建省厦门市思明区莲花广场32号26A

邮编(P. C.)：361008
电话(Tel)：0592－5182908
传真(Fax)：0592－5183338
E-mail：lanhai@xmlanhai.com
Http://www.xmlanhai.com
联系人(Contact Person)：兰木灿
产品业务(Business)：经销进口氨纶丝，橡筋

湖北省仙桃市佳泰工贸有限公司
Hubei Xiantao Jiatai Trade Co., Ltd.
(详见非织造布－热轧、热风、纺粘)

广东普惠纺织有限公司
Puhui Textile Co. Ltd.
地址(Add)：广东省佛山市南海区盐步华丽布匹市场南区五横路H11号
邮编(P. C.)：528247
电话(Tel)：0757－81132331
传真(Fax)：0757－88594186
E-mail：anlunsi@139.com
Http://www.anlunsi.com
联系人(Contact Person)：王胜
产品业务(Business)：氨纶丝
泉州办
地址(Add)：福建省泉州市宝洲路鑫亿大厦A343室
电话(Tel)：15905095288
传真(Fax)：0595－22615288

英威达纤维有限公司
Invista Fibers Co., Ltd.
地址(Add)：广东省广州市东风西路191号国际银行中心1526室
邮编(P. C.)：510180
电话(Tel)：020－81351486－30
传真(Fax)：020－81351490
E-mail：jude.lin@invista.com
Http://www.invista.com
法人代表(Chairman)：王小奉
联系人(Contact Person)：林广瑞
产品业务(Business)：莱卡®氨纶丝，尼龙丝，化纤

狮特龙橡胶企业集团有限公司
Strong Rubber Enterprise Group Co., Ltd.
地址(Add)：广东省鹤山市港口路308号
邮编(P. C.)：529700
电话(Tel)：0750－8829388
传真(Fax)：0750－8829399
E-mail：strong-group@strongrubber.net
Http://www.strongrubber.net
产品业务(Business)：橡胶带，松紧带

江门新时代胶粘科技有限公司
New Era Adhesives Technology Co., Ltd.
(详见胶带、胶贴、魔术贴、标签)

● 造纸化学品 Paper chemical

MEISEI CHEMICAL WORKS, LTD.
日本明成化学工业株式会社
地址(Add)：1 NAKAZAWACHO, NISHIKYOGOKU, UKYOKU, KYOTO 615－8666, JAPAN
电话(Tel)：81－75－3128105
传真(Fax)：81－75－3141150
联系人(Contact Person)：Masayoshi Murakami
上海代表处
地址(Add)：上海市淮海中路918号久事复兴大厦9楼E－2座
邮编(P. C.)：200020
电话(Tel)：021－64150833
传真(Fax)：021－64150633
E-mail：shanghai@yahoo.co.jp
法人代表(Chairman)：五十岚仪顺
联系人(Contact Person)：薛梅
产品业务(Business)：PEO型和PAM型分散剂、脱墨剂、剥离剂、柔软剂、消泡剂、干强剂、粘缸起皱剂、毛毯清洗剂、消粘剂、纸餐具用防水防油剂

陶氏化学太平洋(新加坡)私人有限公司
Dow Chemical Pacific (Singapore) Pte Ltd.
地址(Add)：260乌节路，#18－01麒麟大厦新加坡邮政编号238855
电话(Tel)：65－68304626
传真(Fax)：65－68340319
E-mail：shalim@dow.com
Http://www.dow.com
联系人(Contact Person)：林瑞盛
产品业务(Business)：化学品
陶氏化学(中国)投资有限公司上海分公司
地址(Add)：上海市张江高科技园区张衡路936号
邮编(P. C.)：201203
电话(Tel)：021－38512273
传真(Fax)：021－58954593
E-mail：hmli@dow.com
Http://www.dow.com/greaterchina/ch/
联系人(Contact Person)：李宏茂
产品业务(Business)：化学品

巴克曼实验室(亚洲)私人有限公司
Buckman Laboratories
地址(Add)：33号大士南第1街，新加坡628038邮区
电话(Tel)：65－68634100
传真(Fax)：65－68634122
E-mail：jhliao@buckman.com
巴克曼实验室化工(上海)有限公司
地址(Add)：上海市青浦工业园区新区路550号
邮编(P. C.)：201700
电话(Tel)：021－69210188
传真(Fax)：021－69210500
总经理(General Manager)：陈满葵
联系人(Contact Person)：廖金华
产品业务(Business)：生物制浆酶

IKEGAMI KOEKI CO., Ltd.
日本池上交易株式会社
地址(Add)：7－22 MATSUGAECHO, KITA－KU, OSAKA, JAPAN
电话(Tel)：81－6－63580846
传真(Fax)：81－6－63580856
产品业务(Business)：代理日本住友精化、MT奥科高分子之分散剂，造纸助剂，絮凝剂等。Filcon公司不锈

钢网

浪速包装(上海)有限公司
地址(Add)：上海市黄浦区宁海东路200号申鑫大厦1809室
邮编(P. C.)：200021
电话(Tel)：021 - 51035209
传真(Fax)：021 - 63747978
E-mail：wang. bei. ni@ naniwapack. com
Http://www. ikegamikoeki. com. cn
法人代表(Chairman)：池上宽
联系人(Contact Person)：王蓓妮
北京事务所
地址(Add)：北京市朝阳区朝外延静西里2号华商大厦611室
邮编(P. C.)：100025
电话(Tel)：010 - 65854050
传真(Fax)：010 - 65850664
E-mail：ikegamib@ public. bta. net. cn
联系人(Contact Person)：张欣

Clariant International Ltd.
瑞士科莱恩国际有限公司
Clariant UK Ltd. Business Unit Paper
地址(Add)：Calverley Lane Leeds LS 18 4RP United Kingdom
电话(Tel)：44 - 113 - 2584646
传真(Fax)：44 - 113 - 2398381
Http://www. paper. clariant. com
科莱恩化工(中国)有限公司造纸化学品部
地址(Add)：上海市漕河泾开发区桂箐路69号25幢1 - 3楼
邮编(P. C.)：200233
电话(Tel)：021 - 64851000 - 472
传真(Fax)：021 - 64853000
E-mail：robert. liu@ clariant. com
Http://www. clariant. cn
联系人(Contact Person)：刘敬萍
产品业务(Business)：卫生纸用染料，柔软剂，剥离剂，起皱剂，粘缸剂，荧光增白剂及荧光增白剂的消除剂
科莱恩颜料及添加剂部
地址(Add)：广东省广州市流花路中国大酒店商业大厦704 - 707室
邮编(P. C.)：510015
电话(Tel)：020 - 86684334
传真(Fax)：020 - 86674105
E-mail：vivian. xu@ clariant. com
联系人(Contact Person)：徐蓉
产品业务(Business)：造纸化学品，颜料和添加剂，色母粒，功能性化工用品

亚马逊化工有限公司
Amazon Papyrus Chemicals Limited
(详见香精、表面处理剂及添加剂)

多尼克(北京)化学有限公司
Donica (Beijing) Chemicals Ltd.
地址(Add)：北京市昌平区北七家镇鲁疃工业园3号
邮编(P. C.)：102209
电话(Tel)：010 - 69756692
传真(Fax)：010 - 69756697
E-mail：donica@ donica. com. cn
Http://www. donica. com. cn
联系人(Contact Person)：李国凤
产品业务(Business)：化学品

德国希纶赛勒赫公司北京代表处
Schill Seilacher
地址(Add)：北京市朝阳区静安里45号康菲特酒店3302房间
邮编(P. C.)：100028
电话(Tel)：010 - 64686995
传真(Fax)：010 - 64686997
E-mail：schillpek@ 263. net
联系人(Contact Person)：李红文
产品业务(Business)：助剂

北京天擎化工有限公司
Beijing Tianqing Chemical Co., Ltd.
地址(Add)：北京市平谷区新平南路126号
邮编(P. C.)：101200
电话(Tel)：010 - 89983180
传真(Fax)：010 - 89989252
E-mail：stephen@ tianqing. com. cn
Http://www. tianqing. com. cn
法人代表(Chairman)：靳跃春
产品业务(Business)：杀菌剂，纸浆防腐剂，网毯保洁剂

上海和氏璧化工有限公司北京办事处
NCM Hersbit Chemical Co., Ltd.
地址(Add)：北京市西城区北三环中路乙6号伦洋大厦402室
邮编(P. C.)：100011
电话(Tel)：010 - 82028383 - 4013
传真(Fax)：010 - 62386201
E-mail：zhyong@ ncmchem. com
Http://www. ncmchem. com
联系人(Contact Person)：智勇
产品业务(Business)：化学助剂

北京翰京毓华商贸有限公司
Beijing Hanjing Yuhua Trade Co., Ltd.
地址(Add)：北京市宣武区南菜园街2号国泰大厦4层
邮编(P. C.)：100062
电话(Tel)：010 - 83359018
联系人(Contact Person)：李华
产品业务(Business)：分散剂，柔软剂，助留剂，絮凝剂

泰伦特化学有限公司
Tianjin Talent Chemistry Co., Ltd.
地址(Add)：天津市北辰经济开发区双辰中路3号
邮编(P. C.)：300400
电话(Tel)：022 - 26982888
传真(Fax)：022 - 26974998
E-mail：talent9999@ 163. com
Http://www. tj-talent. com
天津泰伦特化学有限公司苏州分公司
Tianjin Talent Chemistry Co., Ltd.
地址(Add)：江苏省苏州市吴中区木渎镇棕榈湾25幢404
邮编(P. C.)：215101
电话(Tel)：0512 - 69211219

传真(Fax)：0512-69211219
E-mail：gjbhao@163.com
Http://www.tj-talent.com
联系人(Contact Person)：郭金宝
产品业务(Business)：水处理剂絮凝剂

天津市汇泉精细化工有限公司
Tianjin Huiquan Fine Chemical Co., Ltd.
地址(Add)：天津市东丽区赤土工业区
邮编(P.C.)：300300
电话(Tel)：022-24921213
传真(Fax)：022-24921213
Http://www.tjhuiquan.com
总经理(General Manager)：张家勇
联系人(Contact Person)：陈静江
产品业务(Business)：造纸增白剂

天津一萍商贸有限公司
Tianjin Yiping Trading Co., Ltd.
地址(Add)：天津市河北区金纬路金兆园2号楼8门102室
邮编(P.C.)：300143
电话(Tel)：022-26283538
传真(Fax)：022-26283538
法人代表(Chairman)：刘萍
总经理(General Manager)：刘萍
联系人(Contact Person)：刘萍
产品业务(Business)：分散剂

天津市维科瑞化工有限公司
Tianjin Weikerui Chemical Co., Ltd.
地址(Add)：天津市河东区北长路26号
邮编(P.C.)：300012
电话(Tel)：022-24220596
传真(Fax)：022-24220596
E-mail：adjiadong@126.com
联系人(Contact Person)：王萍
产品业务(Business)：日本明成造纸化学品销售

天津市英赛特商贸有限公司
Tianjin Yinsaite Trade Co., Ltd.
地址(Add)：天津市河东区七纬路36号
邮编(P.C.)：300012
电话(Tel)：022-24126350
传真(Fax)：022-24132008
法人代表(Chairman)：张小奇
联系人(Contact Person)：张小奇
产品业务(Business)：经销进口造纸助剂

天津市合成材料工业研究所
Tianjin Synthetic Material Industry Research Institute
地址(Add)：天津市河西区洞庭路29号
邮编(P.C.)：300220
电话(Tel)：022-28341651
传真(Fax)：022-28340113
E-mail：tsmri@vip.163.com
总经理(General Manager)：王永红
联系人(Contact Person)：王永红
产品业务(Business)：中性施胶剂，湿强剂

保定市阳光精细化工有限公司
Baoding Yangguang Fine Chemicals Co., Ltd.
地址(Add)：河北省保定漕河41号信箱
邮编(P.C.)：072556
电话(Tel)：0312-8502325
传真(Fax)：0312-8505606
法人代表(Chairman)：张志国
联系人(Contact Person)：王源
产品业务(Business)：纸浆防腐杀菌剂

廊坊市盛源化工有限责任公司
Langfang Shengyuan Chemical Co., Ltd.
地址(Add)：河北省廊坊市经济技术开发区鸿润道20号
邮编(P.C.)：065000
电话(Tel)：0316-6070319
传真(Fax)：0316-6060808
E-mail：service@lfsychem.com
Http://www.lfsychem.com
法人代表(Chairman)：张永亮
产品业务(Business)：分散剂，增强剂，助留助滤剂等

河北省任丘市三特化工厂
Hebei Renqiu Sante Chemical Plant
地址(Add)：河北省任丘市南丁务工业区
邮编(P.C.)：062555
电话(Tel)：0317-5593106
传真(Fax)：0317-2217388
联系人(Contact Person)：刘文贤
产品业务(Business)：造纸分散剂，水处理用絮凝剂

石家庄诚信中轻机械设备有限公司
Shijiazhuang Chengxin Light Industry Machinery Co., Ltd.
地址(Add)：河北省石家庄市高新区东区珠江大道49号天山花园7-4-101室
邮编(P.C.)：050035
电话(Tel)：0311-85901995
传真(Fax)：0311-85901995
E-mail：cxpaper@yahoo.cn
Http://www.cxpapermaking.com
法人代表(Chairman)：程信
联系人(Contact Person)：杨丽红
产品业务(Business)：造纸化学助剂

石家庄市通力化学品有限公司
Shijiazhuang Tongli Chemical Co., Ltd.
地址(Add)：河北省石家庄市红旗大街南头
邮编(P.C.)：050000
电话(Tel)：0311-83823893
传真(Fax)：0311-83823893
E-mail：tonglichem@yahoo.com
法人代表(Chairman)：崔宝霞
总经理(General Manager)：葛钰金
联系人(Contact Person)：郭建奎
产品业务(Business)：湿强剂，剥离剂，中性胶，蜡乳液

石家庄市乔多造纸化工助剂有限公司
Shijiazhuang Qiaoduo Paper Chemicals Co., Ltd.
地址(Add)：河北省石家庄市新华区联盟东路12号美丽星城1-2-208室
邮编(P.C.)：050061

电话(Tel)：0311－87721245
传真(Fax)：0311－87709314
Http://www.qiaoduo.com
总经理(General Manager)：张斌
联系人(Contact Person)：马春秀
产品业务(Business)：造纸化学助剂

山西风陵渡经济开发区风中化学制品厂
Shanxi Fenglingdu Fengzhong Chemical Products Factory
地址(Add)：山西省芮城县风陵渡镇西大街实验中学
邮编(P.C.)：044602
电话(Tel)：0359－3350044
传真(Fax)：0359－3350044
法人代表(Chairman)：刘世荣
联系人(Contact Person)：刘世荣
产品业务(Business)：造纸多功能助剂

运城市瑞迪化学品有限公司
Yuncheng Ruidi Chemical Co., Ltd.
地址(Add)：山西省运城市河东西街488号
邮编(P.C.)：044000
电话(Tel)：0359－2094016
总经理(General Manager)：王文斌
产品业务(Business)：造纸化学品

营口市康如化工有限公司
Yingkou Kangru Chemical Co., Ltd.
地址(Add)：辽宁省营口市六三路韩家学坊
邮编(P.C.)：115001
电话(Tel)：0417－3801063
传真(Fax)：0417－3801062
E-mail：kangru@kangru.com
Http://www.kangru.com
法人代表(Chairman)：赵兴利
联系人(Contact Person)：张森
产品业务(Business)：脱墨剂，湿强剂，毛毯洗涤剂

长春市大地精细化工厂
Changchun Dadi Fine Chemicals Factory
地址(Add)：吉林省长春市二道区三道镇
邮编(P.C.)：130123
电话(Tel)：0431－84840674
传真(Fax)：0431－84840674
E-mail：dadi@dadichem.com
Http://www.dadichem.com
法人代表(Chairman)：周伟平
联系人(Contact Person)：周伟平
产品业务(Business)：造纸分散剂，脱墨剂，增强剂

延吉新东亚化学有限公司
New East Asia Chemical Co., Ltd.
地址(Add)：吉林省延吉市延南街长洁胡同9号
邮编(P.C.)：133001
电话(Tel)：0433－2854111
传真(Fax)：0433－2824416
E-mail：neac@neac.com.cn
Http://www.neac.com.cn
法人代表(Chairman)：赵松竹
联系人(Contact Person)：金永福
产品业务(Business)：造纸分散剂，湿强剂，烘缸剥离剂，毛毯清洗剂，消泡剂，脱墨剂

上海赫达富实业有限公司
Shanghai Hedafu Industry Co., Ltd.
地址(Add)：上海市曹安公路4512弄28号
邮编(P.C.)：201804
电话(Tel)：021－69591886
传真(Fax)：021－69597666
联系人(Contact Person)：胡钢
产品业务(Business)：造纸化学品

汽巴精细化工(上海)有限公司
Ciba Fine Chemical (Shanghai) Co., Ltd.
地址(Add)：上海市漕河泾开发区田州路99号新安大楼18楼
邮编(P.C.)：200233
电话(Tel)：021－24032000
传真(Fax)：021－24032002
E-mail：corporate.regionchina@cibasc.com
Http://www.cibasc.com
联系人(Contact Person)：李德军
产品业务(Business)：造纸增白剂

上海凯霖国际贸易有限公司
Shanghai Kailin International Trade Co., Ltd.
地址(Add)：上海市长宁区玉屏南路697号512室
邮编(P.C.)：200051
电话(Tel)：021－62708399
传真(Fax)：021－62350231
联系人(Contact Person)：陈植奇
产品业务(Business)：经销造纸化学品

纳尔科工业服务(苏州)有限公司
Nalco Industrial Services (Suzhou) Co., Ltd.
地址(Add)：上海市大渡河路168弄18号
邮编(P.C.)：200003
电话(Tel)：021－63588282
传真(Fax)：021－63588989
E-mail：hhbzha@nalco.com
Http://www.nalco.com
联系人(Contact Person)：查海滨
产品业务(Business)：造纸化学品

上海望界贸易有限公司
Shanghai Rehoboth Trading Co., Ltd.
地址(Add)：上海市华茂路100弄32号301室
邮编(P.C.)：201101
电话(Tel)：021－64593536
传真(Fax)：021－54862582
E-mail：sunrh@sohu.com
联系人(Contact Person)：孙仁华
产品业务(Business)：氧漂稳定剂

三博生化科技(上海)有限公司
3D BIO－CHEM Co., Ltd.
(详见香精、表面处理剂及添加剂)

上海吉臣化工有限公司
Shanghai J.C. Chemical Co., Ltd.
地址(Add)：上海市金豫路100号2号楼613室
邮编(P.C.)：201206

电话(Tel)：021－58341051
传真(Fax)：021－58341052
E-mail：jichen@jichenchem.com
Http://www.jichenchem.com
联系人(Contact Person)：黄敏
产品业务(Business)：PEO及造纸化学助剂

旭硝子化工贸易(上海)有限公司
AGC Chemicals Trading (Shanghai) Co., Ltd.
地址(Add)：上海市娄山关路555号长房国际广场2701－2705室
邮编(P.C.)：200051
电话(Tel)：021－63862211－218
传真(Fax)：021－63865377
E-mail：acsan@agcchemsh.com
Http://www.agcchemsh.com
联系人(Contact Person)：安伟东
产品业务(Business)：防水防油剂

赫克力士贸易(上海)有限公司
Hercules Trading (Shanghai) Co., Ltd.
地址(Add)：上海市卢湾区淮海中路300号香港新世界大厦3301室
邮编(P.C.)：200021
电话(Tel)：021－53068855
传真(Fax)：021－63907387
E-mail：rdong@herc.com
Http://www.herc.com
联系人(Contact Person)：董英勇
产品业务(Business)：化学品

上海汇友精密化学品有限公司
Shanghai Waysmos Fine Chemical Co., Ltd.
地址(Add)：上海市闵行区普尔路88弄30号502室
邮编(P.C.)：201100
电话(Tel)：021－64601267
传真(Fax)：021－64604927
产品业务(Business)：卫生纸用染料

上海德润宝特种润滑剂有限公司
Petrofer Shanghai Special Lubricating Agent Co., Ltd.
地址(Add)：上海市南京西路580号南证大厦1005－1006室
邮编(P.C.)：200041
电话(Tel)：021－52341131
传真(Fax)：021－32170138
E-mail：limingliang@petrofer.com.cn
总经理(General Manager)：李名良
产品业务(Business)：润滑剂，烘缸涂料，剥离剂

上海臣卢贸易有限公司
Shanghai Chenlu Trading Co., Ltd.
地址(Add)：上海市浦东德州路382弄4号302室
邮编(P.C.)：200126
电话(Tel)：021－50873832
传真(Fax)：021－50873832
E-mail：knowpaper@sina.com
法人代表(Chairman)：娄华林
总经理(General Manager)：史晓巍
联系人(Contact Person)：史晓巍
产品业务(Business)：经销分散剂、柔软剂、剥离剂、增强剂、脱墨剂等进口化学品

上海聚源造纸技术有限公司
Shanghai Juyuan Paper Technology Co., Ltd.
地址(Add)：上海市浦东东方路8号良丰大厦29E座
邮编(P.C.)：200120
电话(Tel)：021－58778995
传真(Fax)：021－58778996
E-mail：xj.zhao@263.net
联系人(Contact Person)：赵修金
产品业务(Business)：粘缸剂，脱缸剂，毛毯保洁剂

上海安帝化工有限公司
Shanghai Andy Chemical Co., Ltd.
地址(Add)：上海市浦东金桥路1389号金桥大厦8层809－811室
邮编(P.C.)：201206
电话(Tel)：021－58542881
传真(Fax)：021－58542938
E-mail：andy8188@hotmail.com
联系人(Contact Person)：徐飞
产品业务(Business)：生产造纸化学品，经销进口纸浆

上海联胜化工有限公司
Shanghai Liansheng Chemical Co., Ltd.
地址(Add)：上海市浦东新区曹路镇华东路1069号
邮编(P.C.)：201209
电话(Tel)：021－68680248
传真(Fax)：021－68681497
E-mail：liansheng@liansheng-chemical.com
Http://www.liansheng-chemical.com
法人代表(Chairman)：徐大刚
总经理(General Manager)：储根初
联系人(Contact Person)：陆跃
产品业务(Business)：生产经销聚氧化乙烯，兼营造纸化学品、水处理助剂

三井化学(上海)有限公司
Mitsui Chemicals (Shanghai) Co., Ltd.
地址(Add)：上海市浦东新区银城中路200号中银大厦2309室
邮编(P.C.)：200120
电话(Tel)：021－58886336
传真(Fax)：021－58886337
E-mail：kinkai.oh@mcishanghai.com
联系人(Contact Person)：王金凯
产品业务(Business)：卫生纸用分散剂

三菱商事(上海)有限公司
Mitsubishi Corporation (Shanghai) Ltd.
地址(Add)：上海市浦东新区迎春路96号三菱商事办公楼
邮编(P.C.)：200127
电话(Tel)：021－68543030
传真(Fax)：021－68541801
E-mail：akihiko.satomi@mitsubishicorp.com
Http://www.mitsubishicorp-cn.com
总经理(General Manager)：里见明彦
联系人(Contact Person)：苏海碧
产品业务(Business)：化学品

星悦精细化工商贸(上海)有限公司
Seiko PMC (Shanghai) Commerce & Trading Co.
地址(Add):上海市青海路118号云海苑29楼
邮编(P. C.):200041
电话(Tel):021-52283211
传真(Fax):021-62187200
E-mail:zhang-qin@seikopmc.co.jp
Http://www.seikopmc.co.jp
联系人(Contact Person):顾文忠
产品业务(Business):造纸化学品(干湿强剂)

道康宁(上海)有限公司
Dow Corning (Shanghai) Co., Ltd.
地址(Add):上海市松江工业区荣乐东路448号
邮编(P. C.):201613
电话(Tel):021-37741328
传真(Fax):021-67742401
E-mail:shawn.wu@dowcorning.com
Http://www.dowcorning.com.cn
联系人(Contact Person):吴新华
产品业务(Business):造纸化学助剂(消泡剂),压敏胶

上海嘉卓化工有限公司
Brilliant Chemicals (Shanghai) Co., Ltd.
地址(Add):上海市田州路99号新茂大楼801室
邮编(P. C.):200233
电话(Tel):021-54450588
传真(Fax):021-54450988
联系人(Contact Person):史伟
产品业务(Business):经销进口染料

上海天坛助剂有限公司
Shanghai Tiantan Auxiliaries Co., Ltd.
地址(Add):上海市星火开发区浦星公路9500号
邮编(P. C.):201419
电话(Tel):021-57502198
传真(Fax):021-57505979
E-mail:tjx@chinasam.com
Http://www.chinasam.com
法人代表(Chairman):杜志才
联系人(Contact Person):刘松林
产品业务(Business):湿强剂,柔软剂,消泡剂,脱墨剂,增白剂等

上海湛和实业有限公司
Shanghai Zhanhe Industrial Co., Ltd.
地址(Add):上海市徐汇区南丹东路188号久隆大厦2101室
邮编(P. C.):200030
电话(Tel):021-64873737
传真(Fax):021-64873700
E-mail:sh_niu@zhanhegroup.com
Http://www.zhanhegroup.com
法人代表(Chairman):牛守华
总经理(General Manager):牛守华
联系人(Contact Person):李煜宜
产品业务(Business):代理日本明成化学造纸助剂,包括PEO型和PAM型分散剂、柔软剂、剥离剂、干强剂、粘缸起皱剂、脱墨剂、毛毯清洗剂、纸质改进剂及其他进口造纸化学品

远拓化工国际贸易(上海)有限公司
Yuantuo Chemical Trade (Shanghai) Co., Ltd.
地址(Add):上海市宜山路2016号(合川大厦)7B
邮编(P. C.):201103
电话(Tel):021-61280488
传真(Fax):021-61280490
E-mail:anna.hlh@163.com
总经理(General Manager):邓春红
产品业务(Business):造纸化学品

上海华杰精细化工有限公司
Shanghai Huajie Fine Chemical Co., Ltd.
地址(Add):上海市永嘉路35号茂名大厦17楼北
邮编(P. C.):200020
电话(Tel):021-64718661
传真(Fax):021-64730364
E-mail:cshjc@sh163.net
联系人(Contact Person):张柏林
产品业务(Business):纸浆防霉杀菌剂

瓦克化学贸易(上海)有限公司
Wacker Chemical Trading (Shanghai) Co., Ltd.
地址(Add):上海市张江高科技园区郭守敬路351号明泰楼甲单元
邮编(P. C.):201203
电话(Tel):021-61003400
传真(Fax):021-50801718
E-mail:info.china@wacker.com
Http://www.wacker.com
联系人(Contact Person):Gary Wang
产品业务(Business):柔软剂,消泡剂

亚什兰管理(上海)有限公司
Ashland Management (Shanghai) Co., Ltd.
地址(Add):上海市中山南二路1089号徐汇苑大厦18楼
邮编(P. C.):200030
电话(Tel):021-24024881
传真(Fax):021-24024850
E-mail:wei_xiao@ashland.com
Http://www.ashland.com
联系人(Contact Person):肖玮
产品业务(Business):造纸化学品

常州市武进运波化工有限公司
Changzhou Wujin Yunbo Chemical Co., Ltd.
地址(Add):江苏省常州市武进区南门外运村
邮编(P. C.):213175
电话(Tel):0519-86131034
传真(Fax):0519-86134317
E-mail:info@yunbochem.cn
Http://www.yunbochem.cn
总经理(General Manager):唐洪奎
联系人(Contact Person):唐洪奎
产品业务(Business):湿强剂,分散剂,抗水剂,润滑剂

贝克吉利尼江阴工业园
BK Giulini Jiangyin Industrial Park
地址(Add):江苏省江阴市新城东开发区东盛路58号
邮编(P. C.):214437
电话(Tel):0510-86996866
传真(Fax):0510-85996199

E-mail：apm _ morgan@ bk-giulini-jy. com
Http://www. bk-giulini-jy. com
联系人(Contact Person)：吴燕
产品业务(Business)：造纸化学助剂

昆山石梅精细化工有限公司
Kunshan Shimei Chemical Co., Ltd.
地址(Add)：江苏省昆山市千灯镇秦峰北路192号
邮编(P. C.)：215341
电话(Tel)：0512-57469151
传真(Fax)：0512-57469155
E-mail：xfad2001@ sohu. com
联系人(Contact Person)：殷磊
产品业务(Business)：丙烯酸树脂

南京东正化轻有限公司
Nanjing Dongzheng Chemical & Light Industry Materials Co., Ltd.
地址(Add)：江苏省南京市中央路417号先锋广场916室
邮编(P. C.)：210037
电话(Tel)：025-85634308
传真(Fax)：025-85619676
E-mail：yang@ njdz. com. cn
Http://www. njdz. com. cn
法人代表(Chairman)：杨东
总经理(General Manager)：杨东
联系人(Contact Person)：杨东
产品业务(Business)：高分子絮凝剂，分散剂，消泡剂，高吸收性树脂

天禾化学品(苏州)有限公司
Tianhe Chemicals (Suzhou) Ltd.
地址(Add)：江苏省苏州市木渎花苑东路199号
邮编(P. C.)：215101
电话(Tel)：0512-68240980-8016
传真(Fax)：0512-68240792
E-mail：yong-2046@ 163. com
Http://www. tianmapharma. com
联系人(Contact Person)：俞晓华
产品业务(Business)：造纸化学品

苏州市恒康造纸助剂技术有限公司
Suzhou HK Actives Technology Co., Ltd.
地址(Add)：江苏省苏州市桐泾北路26-6恒峰大厦361-362
邮编(P. C.)：215001
电话(Tel)：0512-67209673
传真(Fax)：0512-67202673
E-mail：rainbow _ 2525@ 163. com
Http://www. hkzj. cn
联系人(Contact Person)：邓强
产品业务(Business)：生产卫生纸用造纸助剂

苏州市永安微生物控制有限公司
Suzhou Yongan Microbe Control Co., Ltd.
地址(Add)：江苏省苏州市相城区黄桥镇方浜工业区(水厂东)
邮编(P. C.)：215132
电话(Tel)：0512-65469387
传真(Fax)：0512-66187397
E-mail：info@ yashajunji. com
Http://www. yashajunji. com
总经理(General Manager)：赵彩平
联系人(Contact Person)：顾大洲
产品业务(Business)：造纸系统防腐杀菌剂

苏州工业园区沃普科技有限公司
Suzhou Industrial Park WoPro Technology Co., Ltd.
地址(Add)：江苏省苏州市玉山路38号保利雅苑3-303室
邮编(P. C.)：215011
电话(Tel)：0512-67508176
传真(Fax)：0512-67508135
E-mail：wopro@ wopro. com. cn
Http://www. wopro. com. cn
联系人(Contact Person)：嵇锦勇
产品业务(Business)：水处理材料，造纸化学品

海宁市格林化工有限公司
Haining Green Chemical Co., Ltd.
地址(Add)：浙江省海宁市海洲街道伊桥天马路168号
邮编(P. C.)：314400
电话(Tel)：0573-87362267
传真(Fax)：0573-87210358
E-mail：sxh _ 2000@ hotmail. com
Http://www. gelinchem. com
联系人(Contact Person)：邵琪峰
产品业务(Business)：经销化学助剂

杭州市化工研究院有限公司
Hangzhou Research Institute of Chemical Technology Co., Ltd.
地址(Add)：浙江省杭州市湖墅区长板巷石灰坝7号
邮编(P. C.)：310014
电话(Tel)：0571-88314437
传真(Fax)：0571-88314437
E-mail：hhskyb@ mail. hz. zj. cn
Http://www. hhs. cn
法人代表(Chairman)：姚献平
总经理(General Manager)：姚献平
联系人(Contact Person)：陆伟
产品业务(Business)：造纸专用变性淀粉，纸张湿强剂，卫生纸用系列助剂，纸用施胶剂，废纸脱墨剂

杭州绿色助剂研究所/杭州绿兴环保材料有限公司
Hangzhou Green Additives Research Institute
地址(Add)：浙江省杭州市石桥路永华街127号
邮编(P. C.)：310022
电话(Tel)：0571-85818983
传真(Fax)：0571-85818953
E-mail：green@ mail. hz. zj. cn
Http://www. greenadditive. com
法人代表(Chairman)：钱华
总经理(General Manager)：童虎
联系人(Contact Person)：许炯
产品业务(Business)：柔软剂，剥离剂，固色剂，消泡剂，丙烯酸乳液等

杭州恒升化工有限公司
Hangzhou Sunshine Chemicals Co., Ltd.
地址(Add)：浙江省杭州市余杭区彭公
邮编(P. C.)：311115

电话(Tel)：0571－88523711
传真(Fax)：0571－88524618
E-mail：eric@aciddyes.com
Http://www.aciddyes.com
联系人(Contact Person)：赵磊
产品业务(Business)：染料

浙江池禾化工有限公司
Zhejiang Chihe Chemical Co., Ltd.

地址(Add)：浙江省遂昌县妙高镇梅溪路90号
邮编(P.C.)：323300
电话(Tel)：0578－8170374
传真(Fax)：0578－8170685
E-mail：scch@mail.lsptt.zj.cn
Http://www.chihechem.com
法人代表(Chairman)：赵成浩
联系人(Contact Person)：金勇晖
产品业务(Business)：造纸化学助剂

杭州传化华洋化工有限公司
Hangzhou Transfar Whyyon Chemical Co., Ltd.

地址(Add)：浙江省萧山市经济技术开发区鸿达路125号
邮编(P.C.)：311231
电话(Tel)：0571－82696688－6203
传真(Fax)：0571－82696488
E-mail：whyyon@etransfar.com
Http://www.transfarwhyyon.com
联系人(Contact Person)：许夕峰
产品业务(Business)：造纸增白剂，脱墨剂

福州灵丰造纸开发有限公司
Fuzhou Lingfeng Paper Development Co., Ltd.

地址(Add)：福建省福州市西洋路163号西洋公寓103室
邮编(P.C.)：350005
电话(Tel)：0591－83304465
传真(Fax)：0591－83319455
联系人(Contact Person)：林峰
产品业务(Business)：经销造纸化学助剂，毛毯等

厦门纬鸿贸易有限公司
Xiamen Weihong Trade Co., Ltd.

地址(Add)：福建省厦门市湖里区长乐路1号海发大厦B509室
邮编(P.C.)：361006
电话(Tel)：0592－5665321
传真(Fax)：0592－5665210
E-mail：hjy19831220@163.com
联系人(Contact Person)：许建家
产品业务(Business)：造纸染料，化学品

济南市中信达造纸助剂厂
Jinan Zhongxinda Paper Additives Factory

地址(Add)：山东省济南市英雄山路南首
邮编(P.C.)：250002
电话(Tel)：0531－82780866
传真(Fax)：0531－82780866
联系人(Contact Person)：张涛
产品业务(Business)：造纸化学助剂

济南顺康助剂有限公司
Jinan Shunkang Actives Co., Ltd.

地址(Add)：山东省济南市英雄山路南首
邮编(P.C.)：250002
电话(Tel)：0531－82772228
传真(Fax)：0531－82776966
联系人(Contact Person)：张峰
产品业务(Business)：分散剂，脱墨剂等造纸化学助剂

泰安市鑫泉造纸助剂厂
Taian Xinquan Paper Actives Factory

地址(Add)：山东省泰安市北集坡开发区赵庄村
邮编(P.C.)：271000
电话(Tel)：0538－8920388
传真(Fax)：0538－8920388
法人代表(Chairman)：刘学会
联系人(Contact Person)：李德才
产品业务(Business)：泡柔膨化剂(固、液、乳)，纸浆分散剂，荧光增白剂，脱墨剂，助留增强剂，增光剥离剂，蒸煮助剂，纸品显白剂，漂白剂

泰安市东岳助剂厂
Taian Dongyue Additives Factory

地址(Add)：山东省泰安市泰汶路199号
邮编(P.C.)：271000
电话(Tel)：0538－6611988
传真(Fax)：0538－6610809
E-mail：dylh-paper@tom.cn
联系人(Contact Person)：孙兆华
产品业务(Business)：造纸化学助剂

潍坊中瑞化工科技有限公司
Weifang Zhongrui Chemical Co., Ltd.

地址(Add)：山东省潍坊市高新区北宫东街4327号SOHO新E城
邮编(P.C.)：261031
电话(Tel)：0536－8993027
传真(Fax)：0536－8793359
联系人(Contact Person)：吕顺全
产品业务(Business)：防腐杀菌剂，脱墨剂，分散剂等

苏柯汉(潍坊)生物工程有限公司
Sukahan (Weifang) Bio－Technology Co., Ltd.

地址(Add)：山东省潍坊市高新区卧龙东街1689号
邮编(P.C.)：261041
电话(Tel)：0536－2227277
传真(Fax)：0536－2227077
E-mail：sukahansw@163.com
Http://www.sukahan.com.cn
联系人(Contact Person)：李振兴
产品业务(Business)：生活用纸专用酶

山东海韵生态纸业有限公司
Shandong Haiyun Eco－Paper Making Co., Ltd.

(详见纸浆)

诸城市双胜乳泉技术有限公司
Zhucheng Shuangsheng Ruquan Co., Ltd.

地址(Add)：山东省诸城市龙都街道办事处韩戈庄
邮编(P.C.)：262200
电话(Tel)：0536－6120118
传真(Fax)：0536－6120118
E-mail：xurufeng19780821@yahoo.com
联系人(Contact Person)：徐汝锋

产品业务(Business)：脱墨剂，压力筛，磨浆机，脱墨机，污水处理设备

安阳市金盛化工有限责任公司
Anyang Jinsheng Chemical Co., Ltd.
地址(Add)：河南省安阳市铁西路北段电力设计院
邮编(P. C.)：455000
电话(Tel)：0372－5918593
传真(Fax)：0372－2582788
E-mail：ys2791@163. com
联系人(Contact Person)：袁莎
产品业务(Business)：造纸化学助剂

许昌市豫龙精细化工有限公司
Xuchang Yulong Fine Chemicals Co., Ltd.
地址(Add)：河南省许昌市八一路115号
邮编(P. C.)：461000
电话(Tel)：0374－4392386
传真(Fax)：0374－4361880
E-mail：gyjun@alibaba. com. cn
Http://gyjun. cn. alibaba. com
总经理(General Manager)：郭永军
产品业务(Business)：经销造纸化学助剂

许昌市远征化工有限公司
Xuchang Yuanzheng Chemical Co., Ltd.
地址(Add)：河南省许昌市北郊菅庄村(市区107国道北段小南海加油站南200米路西)
邮编(P. C.)：461000
电话(Tel)：0374－4391909
传真(Fax)：0374－4391909
E-mail：xcyuanzheng@alibaba. com. cn
Http://xcyuanzheng. cn. alibaba. com
法人代表(Chairman)：王富英
产品业务(Business)：经销造纸化学助剂

郑州中吉精细化工有限公司
Zhengzhou Zhongji Fine Chemicals Co., Ltd.
地址(Add)：河南省郑州市民航路19号企业一号614
邮编(P. C.)：450008
电话(Tel)：0371－66560787
传真(Fax)：0371－63284918
E-mail：info@zjpp. com
Http://www. zjpp. com
联系人(Contact Person)：宋令芳
产品业务(Business)：造纸化学助剂

河南省道纯化工技术有限公司
Henan Titaning Chemical Technical Co., Ltd.
地址(Add)：河南省郑州市文化路128号航天大厦15楼A8
邮编(P. C.)：450002
电话(Tel)：0371－63563761
传真(Fax)：0371－63563936
E-mail：dchgyx@tom. com
Http://www. dchg. com. cn
法人代表(Chairman)：王丽华
总经理(General Manager)：王丽华
联系人(Contact Person)：刘霞
产品业务(Business)：柔软剂，脱墨剂，显白剂

湖北省嘉鱼县中天化工有限责任公司
Hubei Jiayu Zhongtian Chemical Co., Ltd.
地址(Add)：湖北省嘉鱼县鱼岳镇徐家庄93号
邮编(P. C.)：437200
电话(Tel)：0715－6321909
传真(Fax)：0715－6329868
E-mail：13807247197@vip. 163. com
Http://www. laopeng. com
法人代表(Chairman)：彭国启
联系人(Contact Person)：彭国启
产品业务(Business)：增白剂，脱墨剂，漂白剂

湖北嘉韵化工科技有限公司
Hubei Jiayun Chemical Technology Co., Ltd.
地址(Add)：湖北省仙桃市刘口工业园
邮编(P. C.)：433000
电话(Tel)：0728－3255688
传真(Fax)：0728－3255601
E-mail：666@jiayunchem. com
Http://www. jiayunchem. com
法人代表(Chairman)：胡新仿
总经理(General Manager)：胡新仿
联系人(Contact Person)：梁红利
产品业务(Business)：湿强剂，干强剂，柔软剂

东莞市东美食品有限公司
Dongguan Dongmei Food Co., Ltd.
地址(Add)：广东省东莞市高埗镇护安围北王公路
邮编(P. C.)：523279
电话(Tel)：0769－88731228
传真(Fax)：0769－88874888
E-mail：dongmei@dongmei-starch. com
Http://www. dongmei-starch. com
法人代表(Chairman)：罗洪伟
产品业务(Business)：生活用纸增强淀粉

东莞市粤星纸业助染有限公司
Dongguan Yuexing Chemical Actives Co., Ltd.
地址(Add)：广东省东莞市万江石美管理区商住楼地下8－9铺
邮编(P. C.)：523040
电话(Tel)：0769－22279289
传真(Fax)：0769－22172089
E-mail：yuexingkk@163. net
法人代表(Chairman)：林泉
联系人(Contact Person)：林丽明
产品业务(Business)：絮凝剂，纸业染料，分散剂

广东天耀进出口集团有限公司
Guangdong Sky Bright Group Co., Ltd.
地址(Add)：广东省佛山市季华五路29号广发大厦13楼
邮编(P. C.)：528000
电话(Tel)：0757－83633785
传真(Fax)：0757－83633773
E-mail：lxzhao12@skybright. cn
Http://www. skybright-group. com
联系人(Contact Person)：招丽贤
产品业务(Business)：化工原料，助剂

佛山市国农淀粉有限公司
Foshan Guonong Starch Co., Ltd.
地址(Add)：广东省佛山市南海小塘工业开发区

邮编(P. C.)：528222
电话(Tel)：0757－83211267
传真(Fax)：0757－83305581
联系人(Contact Person)：邓绍雄
产品业务(Business)：造纸化学品

广州凯宏贸易有限公司
Guangzhou Kaihong Trade Co., Ltd.
(详见纸浆)

广州迪阳水处理科技有限公司
Guangzhou Diyang Water Treatment Technology Co., Ltd.
地址(Add)：广东省广州市海珠区宝岗大道268号中新大厦12楼12－13B
邮编(P. C.)：510240
电话(Tel)：020－34371818
传真(Fax)：020－34141884
E-mail：diyangwater@163. com
Http://www. diyangwater. com
联系人(Contact Person)：朱金辉
产品业务(Business)：聚丙烯酰胺

广州精细化学工业公司
Guangzhou Fine Chemicals Corp.
地址(Add)：广东省广州市海珠区工业大道中石岗路11号
邮编(P. C.)：510288
电话(Tel)：020－84320321
传真(Fax)：020－84357272
E-mail：jxhg@jxhg. com. cn
Http://www. jxhg. com. cn
法人代表(Chairman)：何深润
联系人(Contact Person)：陈淼星
产品业务(Business)：聚丙烯酰胺，干强剂，分散剂，助滤剂

广东省造纸研究所
Guangdong Paper Research Institute
地址(Add)：广东省广州市海珠区新港西路154号
邮编(P. C.)：510300
电话(Tel)：020－34301776
传真(Fax)：020－34301776
E-mail：gdpiri@sti. gd. cn
法人代表(Chairman)：伍泽荣
联系人(Contact Person)：陈小燕
产品业务(Business)：湿强剂，干强剂，柔软剂，胶带原纸

广东富邦化工有限公司
T&Y Chemicals Co., Ltd.
地址(Add)：广东省广州市黄埔大道西76号富力盈隆广场610－616室
邮编(P. C.)：510623
电话(Tel)：020－38390865
传真(Fax)：020－38390866
E-mail：zsy@tnychem. com
联系人(Contact Person)：朱士元
产品业务(Business)：代理国外化学品

广东金天擎化工科技有限公司
Guangdong King Tech Chemical Industry Technical Co., Ltd.
地址(Add)：广东省广州市天河区中山大道中路282号703部位
邮编(P. C.)：510660
电话(Tel)：020－82582206
传真(Fax)：020－82582730
E-mail：gd@kingtianqing. com
Http://www. kingtianqing. com
法人代表(Chairman)：秦保国
产品业务(Business)：造纸化学品

广州市栢源贸易有限公司
Guangzhou Baiyuan Trade Co., Ltd.
地址(Add)：广东省广州市中山八路新虹街38号804室
邮编(P. C.)：510630
电话(Tel)：020－36254433
传真(Fax)：020－36254433
联系人(Contact Person)：李蒙霞
产品业务(Business)：分散剂

江门市汇金化工有限公司广州办事处
Jiangmen Huijin Chemical Industry Co., Ltd.
地址(Add)：广东省广州市珠江新城临江大道405号海滨花园富泽居1103室
邮编(P. C.)：510623
电话(Tel)：020－33899186
传真(Fax)：020－38218827
E-mail：rmtlee@21cn. com
Http://www. rmt-cn. diytrade. com
联系人(Contact Person)：李令军
产品业务(Business)：造纸助剂

江门市蓬江区溢远助剂科技有限公司
Jiangmen Pengjiang Yiyuan Additives Technology Co., Ltd.
地址(Add)：广东省江门市杜阮镇子绵工业区
邮编(P. C.)：529075
电话(Tel)：0769－3659306
传真(Fax)：0769－3650007
联系人(Contact Person)：刘娜
产品业务(Business)：造纸助剂

江门市大中科技企业发展有限公司
Bigchina Technique Enterprise Development Ltd.
地址(Add)：广东省江门市礼乐文昌花园99座201－204
邮编(P. C.)：529060
电话(Tel)：0750－3610763
传真(Fax)：0750－3612762
E-mail：dz@bigchinatech. com
Http://www. bigchinatech. com
法人代表(Chairman)：钟其甫
总经理(General Manager)：钟其甫
产品业务(Business)：脱墨剂，螯合剂，漂白增效剂，脱色剂

苏州峰达精细化工有限公司广东销售部
Suzhou Fengda Fine Chemical Co., Ltd. Guangdong Branch
地址(Add)：广东省江门市新会区新桥路3号206室
邮编(P. C.)：529100

电话(Tel)：0750－6329257
传真(Fax)：0750－6329603
E-mail：fdjxhg@163.com
Http://www.fdhg.cn
联系人(Contact Person)：支为民
产品业务(Business)：分散剂，防霉杀菌剂，增强剂

深圳市三力星实业有限公司
Shenzhen Sanlixing Industry Co., Ltd.
地址(Add)：广东省深圳市福田区新闻路1号中电信息大厦东座23楼
邮编(P.C.)：518034
电话(Tel)：0755－83733558
传真(Fax)：0755－83733596
E-mail：info@sanlixing.com
Http://www.sanlixing.com
联系人(Contact Person)：汤衡军
产品业务(Business)：分散剂，助留、助滤剂

深圳市永联丰化工科技有限公司
Shenzhen Uniform Chemical Technology Co., Ltd.
地址(Add)：广东省深圳市蛇口招商路招商大厦402－403室
邮编(P.C.)：518067
电话(Tel)：0755－26823495
传真(Fax)：0755－26866007
E-mail：dbwin@sohu.com
联系人(Contact Person)：黄启林
产品业务(Business)：分散剂，增白剂，干湿强剂

广西宾阳宏远化工有限公司
Guangxi Binyang Hongyuan Chemicals Co., Ltd.
(详见检测仪器)

广西南宁市春城助剂厂
Guangxi Nanning Actives Factory
地址(Add)：广西南宁市五一西路61号
邮编(P.C.)：530031
电话(Tel)：0771－4861026
传真(Fax)：0771－4861026
E-mail：syl_13@peoplemil.com.cn
联系人(Contact Person)：苏鸿
产品业务(Business)：有机硅消泡剂

成都鑫蓝卡贸易有限公司
Chengdu Xinlanka Trade Co., Ltd.
地址(Add)：四川省成都市静康路399号
邮编(P.C.)：610066
电话(Tel)：028－84593737
传真(Fax)：028－84593737
联系人(Contact Person)：吴炜
产品业务(Business)：造纸分散剂

成都申鑫实业有限责任公司
Chengdu Shenxin Industrial Co., Ltd.
地址(Add)：四川省成都市天仙桥南路1号成都国际商务大厦C座713室
邮编(P.C.)：610021
电话(Tel)：028－86672115
传真(Fax)：028－86675383
联系人(Contact Person)：牛守礼
产品业务(Business)：助剂

德阳市孝泉双江塑料厂
Deyang Xiaoquan Shuangjiang Plastics Factory
地址(Add)：四川省德阳市孝泉镇阳安大道中段政府路6号
邮编(P.C.)：618005
电话(Tel)：0838－3601299
传真(Fax)：0838－3601829
E-mail：xqxj@163.net
Http://www.zaozhizj.com
法人代表(Chairman)：江泽富
产品业务(Business)：经销造纸刀具、造纸化学助剂等
成都办事处
地址(Add)：四川省成都市二环路北三段136号荷花池公寓12栋B2－2
邮编(P.C.)：610081
电话(Tel)：028－83353817
联系人(Contact Person)：江鲸

绵阳市助友化工工业有限责任公司
Mianyang Zhuyou Chemical Industry Co.
地址(Add)：四川省三台县北泉路北塔
邮编(P.C.)：621100
电话(Tel)：0816－5345170
传真(Fax)：0816－5345170
法人代表(Chairman)：赖金凤
联系人(Contact Person)：赖金凤
产品业务(Business)：柔软剂，湿强剂，绒毛浆解键剂

贵阳东恒化工有限公司
Guiyang Dongheng Chemical Co., Ltd.
(详见流延膜及塑料母粒)

● 香精、表面处理剂及添加剂 Balm, agent, additive

亚马逊化工有限公司
Amazon Papyrus Chemicals Limited
地址(Add)：香港九龙观塘鸿图道83号东瀛游广场21楼A及B室
电话(Tel)：852－25056802
传真(Fax)：852－25059392
E-mail：jauyeung@amazon-papyrus.com
Http://www.amazon-papyrus.com
联系人(Contact Person)：欧阳振超
产品业务(Business)：造纸化学品，香精，香料
上海办事处
地址(Add)：上海市长宁区古北路666号嘉麒大厦1101B室
邮编(P.C.)：200336
电话(Tel)：021－62090079
传真(Fax)：021－62089005
E-mail：fhuang@amazon－papyrus.com
联系人(Contact Person)：黄飞

国际特品(香港)有限公司
International Specialty Products (Hong Kong) Co., Ltd.
地址(Add)：香港铜锣湾新宁道8号民安广场第一期1102室

电话(Tel)：852－28816108
传真(Fax)：852－28951250
联系人(Contact Person)：刘英才
产品业务(Business)：湿巾防腐剂

上海办事处
地址(Add)：上海市乌鲁木齐北路457号朝代商务中心702室
邮编(P.C.)：200040
电话(Tel)：021－61327888
传真(Fax)：021－62493908
E-mail：mling@ispcorp.com
联系人(Contact Person)：凌峰

北京办事处
地址(Add)：北京市建国门外大街24号京泰大厦809室
邮编(P.C.)：100022
电话(Tel)：010－65156265
传真(Fax)：010－65156267
E-mail：lliu@ispcorp.com
联系人(Contact Person)：刘莉莉

成都办事处
地址(Add)：四川省成都市外商楠大华街10号3193室
邮编(P.C.)：610041
电话(Tel)：028－87062050
传真(Fax)：028－87062050
联系人(Contact Person)：彭焕超

广州办事处
地址(Add)：广东省广州市环市东路403号广州国际电子大厦1808室
邮编(P.C.)：510095
电话(Tel)：020－37589970
传真(Fax)：020－37589907
E-mail：ltang@ispcorp.com
联系人(Contact Person)：唐莉

鼎吉星生物科技(北京)有限公司
Digin Biological Science Technologies (Beijing) Co., Ltd.
地址(Add)：北京市昌平区科技园区白浮泉路10号
邮编(P.C.)：102200
电话(Tel)：010－86266386
传真(Fax)：010－89705801
E-mail：rwjwan@sina.com
联系人(Contact Person)：杨一帆
产品业务(Business)：湿巾消毒液

曼氏(天津)香精香料有限公司
MANE (Tianjin) Frarances and Flavours Co., Ltd.
地址(Add)：北京市朝阳区光华路7号汉威大厦西区28层B2
邮编(P.C.)：100020
电话(Tel)：010－65610441－832
传真(Fax)：010－65610439
联系人(Contact Person)：王福美
产品业务(Business)：香精

威来惠南集团(中国)有限公司北京办事处
Welex S. A. Holdings (China) Ltd. Beijing Office
地址(Add)：北京市崇文区幸福大街甲39号德惠大厦A317室
邮编(P.C.)：100061
电话(Tel)：010－67165509
传真(Fax)：010－67157218
E-mail：robert.hu@welexchina.com
联系人(Contact Person)：胡雪冬
产品业务(Business)：湿巾杀菌剂

北京神舟晟华技贸有限公司
Shenzhou Shenghua Technology & Trade Co., Ltd.
地址(Add)：北京市海淀区苏家坨镇前沙涧北二区
邮编(P.C.)：100194
电话(Tel)：010－62409781
传真(Fax)：010－62409782
E-mail：shenzhoushenghua@126.com
Http://www.bjszsh.com
联系人(Contact Person)：王爱玲
产品业务(Business)：湿巾消毒剂，防腐杀菌剂

北京海博利兹科技有限公司
Beijing Haibio－Unit Technology Co., Ltd.
地址(Add)：北京市海淀区中关村南大街2号数码大厦A座28层
邮编(P.C.)：100086
电话(Tel)：010－51656088
传真(Fax)：010－62119756
E-mail：haibio@sina.com
Http://www.haibio.com
总经理(General Manager)：杨再君
联系人(Contact Person)：魏苍龙
产品业务(Business)：湿巾抗菌剂，抑菌剂

北京日光精细(集团)公司
Sun Shine Fine Chemical Group
地址(Add)：北京市亦庄经济技术开发区西区旧宫旧头路12号
邮编(P.C.)：100176
电话(Tel)：010－87915193
传真(Fax)：010－87918078
E-mail：webmaster@sunshinejp.com
Http://www.sunshinejp.com
联系人(Contact Person)：郭永泉
产品业务(Business)：香精香料，防腐剂

北京桑普生物化学技术有限公司
Beijing Sunpu Biochem. Tech. Co., Ltd.
地址(Add)：北京市右安门外东滨河路4号
邮编(P.C.)：100069
电话(Tel)：010－83556812
传真(Fax)：010－63539564
E-mail：sunpurh@sunpubc.com
Http://www.sunpubc.com
法人代表(Chairman)：刘洪生
总经理(General Manager)：万希全
联系人(Contact Person)：赵华
产品业务(Business)：湿巾专用防腐剂

广州办事处
地址(Add)：广东省广州市白云区黄石路祥景花园E区E栋
邮编(P.C.)：510420
电话(Tel)：020－86462205
传真(Fax)：020－86462460

上海办事处
地址(Add)：上海市闵行区宝城路158弄61号

邮编(P. C.)：201100
电话(Tel)：021－64605912
传真(Fax)：021－64606915
厦门办事处
地址(Add)：福建省厦门市嘉禾路339号四川大厦
邮编(P. C.)：361000
电话(Tel)：0592－5155121
传真(Fax)：0592－5155131
成都办事处
地址(Add)：四川省成都市火车南站西路25号上锦雅筑五栋二单元
邮编(P. C.)：610041
电话(Tel)：028－86032432
传真(Fax)：028－86032432

北京洁尔爽高科技有限公司
Beijing Jlsun High－tech Co., Ltd.
地址(Add)：北京市中关村东路18号财智国际大厦A座
邮编(P. C.)：100083
电话(Tel)：010－82600899－1006
传真(Fax)：010－82601210
E-mail：sales@jlsun.com
Http://www.jlsun.com
总经理(General Manager)：商成杰
产品业务(Business)：抗菌整理剂

天津市加奈尔科工贸有限公司
Tianjin Jianaier Science & Industry & Trade Co., Ltd.
地址(Add)：天津市东丽区徐庄子村工业区二煤七厂路
邮编(P. C.)：300300
电话(Tel)：022－26752667
传真(Fax)：022－26752667
联系人(Contact Person)：金贵臣
产品业务(Business)：香精

天津一商化工贸易有限公司高砂鉴臣香精分公司
Tianjin Yishang Chemical Trade Co., Ltd.
地址(Add)：天津市河北区东三经路乾华园3号楼底商
邮编(P. C.)：300140
电话(Tel)：022－24460062
传真(Fax)：022－24467924
联系人(Contact Person)：王妤茜
产品业务(Business)：香精

天津美真泰克化工有限公司
Tianjin Well－Real Chemical Technology Co., Ltd.
地址(Add)：天津市华苑新技术产业园区榕苑路16号鑫茂科技园A座H单元2层
邮编(P. C.)：300384
电话(Tel)：022－24671512
传真(Fax)：022－24379609
Http://www.well-real.com.cn
总经理(General Manager)：韩海星
联系人(Contact Person)：韩海星
产品业务(Business)：抗菌剂
上海办事处
地址(Add)：上海市浦东区北艾路1500弄10号102室
邮编(P. C.)：200125
电话(Tel)：021－50863058
传真(Fax)：021－50863078
E-mail：liwei@well-real.com
Http://www.well-real.com
联系人(Contact Person)：李伟
产品业务(Business)：卫生用品功能制剂

天津双马香精香料新技术有限公司
Tianjin Double Horse Flavour & Fragrance Co., Ltd.
地址(Add)：天津市津南经济开发区(西区)赤龙街6号
邮编(P. C.)：300350
电话(Tel)：022－28571778
传真(Fax)：022－28571722
E-mail：smfzj@public.tpt.tj.cn
Http://www.dhffsm.com
法人代表(Chairman)：冯志洁
总经理(General Manager)：冯志洁
联系人(Contact Person)：宣二鹏
产品业务(Business)：纸品用香精

石家庄市恒日化工有限公司
Shijiazhuang Hengri Chemical Co., Ltd.
地址(Add)：河北省石家庄市高新技术产业开发区西仰陵
邮编(P. C.)：050035
电话(Tel)：0311－85322971
传真(Fax)：0311－85322951
E-mail：xxd@hengri.net
Http://www.hengri.net
产品业务(Business)：油墨

雄县鑫广源包装材料有限公司
Xiongxian Xinguangyuan Package Material Co., Ltd.
地址(Add)：河北省雄县双侯大街西段
邮编(P. C.)：071051
电话(Tel)：0312－5862008
传真(Fax)：0312－6387555
E-mail：zszsbz@yahoo.com
Http://www.xszsbz.com
总经理(General Manager)：韩克俭
联系人(Contact Person)：韩克强
产品业务(Business)：经销油墨，流延膜

林帕香料(上海)有限公司
Lab Fragrances & Flavors (Shanghai) Co., Ltd.
地址(Add)：上海市丰翔路128弄801号
邮编(P. C.)：200444
电话(Tel)：021－56134923
传真(Fax)：021－56131834
E-mail：liuyongli0712@163.com
联系人(Contact Person)：刘永利
产品业务(Business)：香精香料

上海黛龙生物工程科技有限公司
Shanghai Delon Hi－tech Co., Ltd.
地址(Add)：上海市奉贤区泰青路4085号
邮编(P. C.)：201414
电话(Tel)：021－57568958
传真(Fax)：021－57566811
E-mail：sales@delon.com.cn
Http://www.delon.com.cn
联系人(Contact Person)：盛宝弟
产品业务(Business)：湿巾消毒液

禾大中国上海分公司
Croda China Shanghai Trade Co., Ltd.
地址(Add):上海市虹桥路808号加华商务中心D5栋531室
邮编(P. C.):200030
电话(Tel):021-64479516-23
传真(Fax):021-64480322
E-mail:david. wang@ croda. com. cn
联系人(Contact Person):宋建华
产品业务(Business):生产化妆品原料和纸巾乳霜型柔软剂

德之馨(上海)有限公司
Symrise (Shanghai) Ltd.
地址(Add):上海市淮海西路570号红坊D楼110-111室
邮编(P. C.):200052
电话(Tel):021-23253056
传真(Fax):021-23253122
E-mail:danny. ge@ symrise. com
Http://www. symrise. com
联系人(Contact Person):葛宝龙
产品业务(Business):香精香料

三博生化科技(上海)有限公司
3D BIO-CHEM Co., Ltd.
地址(Add):上海市嘉定区马陆镇丰登路615弄7号楼
邮编(P. C.):201818
电话(Tel):021-51696080
传真(Fax):021-59907390
E-mail:info@ 3dbio-chem. com
Http://www. 3dbio-chem. com
联系人(Contact Person):甫云鹏
产品业务(Business):湿巾防腐防霉剂,造纸循环水杀菌剂

上海坤晟贸易有限公司
Shanghai Kunsheng Trade Co., Ltd.
地址(Add):上海市嘉定区南翔镇胜辛南路905号
邮编(P. C.):201802
电话(Tel):021-59142548
传真(Fax):021-59142468
E-mail:kdlin@ kunchen. sh. cn
总经理(General Manager):林坤都
联系人(Contact Person):程明洁
产品业务(Business):油墨,粘合剂

上海高聚实业有限公司
Shanghai Hipoly Industry Co., Ltd.
地址(Add):上海市闵行区莘建东路58号绿地蓝海大厦A座1007室
邮编(P. C.):201100
电话(Tel):021-64602155
传真(Fax):021-64606798
E-mail:info@ hipoly. cn
Http://www. hipoly. cn
法人代表(Chairman):余刚
总经理(General Manager):余刚
联系人(Contact Person):余刚
产品业务(Business):湿巾、卫生巾等抗菌剂

上海奇华顿有限公司
Shanghai Givaudan Ltd.
地址(Add):上海市浦东张江高科技园李时珍路298号
邮编(P. C.):201203
电话(Tel):021-28931252
传真(Fax):021-50801572
Http://www. givaudan. com
法人代表(Chairman):NICHOLAS J. T. WONG
总经理(General Manager):NICHOLAS J. T. WONG
产品业务(Business):日用香精,食用香精及香原料

奥麒化工(中国)有限公司
Arch Chemicals (China) Co., Ltd.
地址(Add):上海市延安西路728号华敏翰尊国际7楼E室
邮编(P. C.):200050
电话(Tel):021-52370833
传真(Fax):021-52370822
E-mail:nli@ archchemical. com
Http://www. archchemicals. com
总经理(General Manager):Boon Tong Koh
联系人(Contact Person):李秋莹
产品业务(Business):杀菌防腐剂

南通博大生化有限公司
Nantong Boda Biochemistry Co., Ltd.
地址(Add):江苏省海安县江海支路12号
邮编(P. C.):226600
电话(Tel):0513-88913325
传真(Fax):0513-88960636
E-mail:jsxinke@ hotmail. com
Http://www. jsxinke. com
联系人(Contact Person):张志芸
产品业务(Business):防腐剂

靖江康爱特化工制造有限公司
Connect Chemicals Co., Ltd.
地址(Add):江苏省靖江市江平路446号
邮编(P. C.):214501
电话(Tel):0523-84506864
传真(Fax):0523-84506952
E-mail:foreverlovemilan@ yeah. net
Http://www. lyxdy. com
联系人(Contact Person):徐炼
产品业务(Business):湿巾消毒液

昆山万通油墨有限公司
Kunshan Wantong Ink Co., Ltd.
地址(Add):江苏省昆山市千灯镇圣祥东路172号(机场路)奇美橡塑东侧
邮编(P. C.):215333
电话(Tel):0512-57611834
传真(Fax):0512-57611833
联系人(Contact Person):敖洪军
产品业务(Business):油墨

昆山市双友日用化工有限公司
Kunshan Shuangyou Daily Chemicals Co., Ltd.
地址(Add):江苏省昆山市千灯镇萧墅路615号
邮编(P. C.):215341
电话(Tel):0512-57786356

传真(Fax)：0512－86188658
E-mail：sales@ sy-dailychem. com
Http://www. sy-dailychem. com
联系人(Contact Person)：薛井虎
产品业务(Business)：湿巾防腐剂

昆山市华新日用化学品有限公司
Kunshan Huaxin Daily Chemicals Co., Ltd.
地址(Add)：江苏省昆山市前进西路 1028 号星海大厦 B 幢 8F
邮编(P. C.)：215300
电话(Tel)：0512－57995966
传真(Fax)：0512－57995955
E-mail：sales@ huaxinrh. com
Http://www. huaxinrh. com
联系人(Contact Person)：沈叶
产品业务(Business)：湿巾专用防腐剂

昆山康美化工有限公司
Kunshan Comey Chemical Co., Ltd.
(详见流延膜及塑料母粒)

南京欧亚香精香料有限公司
Nanjing Eurasie Flavor & Fragranoe Int, Limited
地址(Add)：江苏省南京市安德门大街 36 号
邮编(P. C.)：210012
电话(Tel)：025－52409966
传真(Fax)：025－52422952
E-mail：sales@ oya. cn
Http://www. oya. cn
法人代表(Chairman)：周信钢
联系人(Contact Person)：牟进美
产品业务(Business)：香精，香料

镇江科力生物技术有限公司
Zhenjiang Koly Bio Co., Ltd.
地址(Add)：江苏省镇江市丁卯桥 160 号
邮编(P. C.)：212003
电话(Tel)：0511－88888991
传真(Fax)：0511－88888891
Http://www. koly. cn
总经理(General Manager)：席国芳
产品业务(Business)：杀菌剂

苏州锦英香精香料公司
Suzhou Jinying Flavour & Fragrance Co., Ltd.
电话(Tel)：0512－65027813
传真(Fax)：0512－65026823
联系人(Contact Person)：江树波
产品业务(Business)：香精

杭州希安达抗菌用品有限公司
Hangzhou Xianda Antibiotic Product Co., Ltd.
地址(Add)：浙江省杭州市西湖科技园区西园振华路 206 号
邮编(P. C.)：310030
电话(Tel)：0571－85091016
传真(Fax)：0571－85092270
E-mail：xadab@ hotmail. com
Http://www. xadab. com
联系人(Contact Person)：章国强
产品业务(Business)：造纸抗菌助剂，纤维抗菌助剂，非织造布抗菌助剂，塑料抗菌助剂，湿巾消毒液，抗菌制品

浙江明伟油墨有限公司
Zhejiang Mingwei Ink Co., Ltd.
地址(Add)：浙江省台州市路桥区卷桥工业园区
邮编(P. C.)：318050
电话(Tel)：13858616988
联系人(Contact Person)：黄伟
产品业务(Business)：油墨

义乌市圣普日化有限公司
Yiwu Shengpu Daily Chemicals Co., Ltd.
地址(Add)：浙江省义乌市义东路 91 号
邮编(P. C.)：322000
电话(Tel)：0579－85523631
传真(Fax)：0579－85532006
联系人(Contact Person)：张春霞
产品业务(Business)：经销杀菌剂

福州圣德莉信息技术有限公司
Peace & Cues Co., Ltd.
地址(Add)：福建省福州市工业路 568 号福建留学人员创业园 2 号 305
邮编(P. C.)：350002
电话(Tel)：0591－83756459
传真(Fax)：0591－83725104
E-mail：caishenglin@ hotmail. com
Http://www. japan-asap. com
总经理(General Manager)：林才生
联系人(Contact Person)：林才生
产品业务(Business)：卫生巾、湿巾抗菌剂

晋江市恒安抗菌科技开发有限公司
Jinjiang Hengan Antibacterial Science & Technology Development Co., Ltd.
地址(Add)：福建省晋江市安海恒安工业城
邮编(P. C.)：362261
电话(Tel)：0595－85708888
传真(Fax)：0595－85708666
法人代表(Chairman)：施文博
联系人(Contact Person)：程勇
产品业务(Business)：抗菌日化产品

南安市嘉盛香精香料有限公司
Nanan Jiasheng Essence Co., Ltd.
地址(Add)：福建省南安市洪濑红宫山工业区嘉盛写字楼
邮编(P. C.)：362331
电话(Tel)：0595－86697368
传真(Fax)：0595－86608510
E-mail：office@ finethrive. com
Http://www. finethrive. com
联系人(Contact Person)：陈德聪
产品业务(Business)：香精，抗菌剂

泉州市辉祥科技开发有限公司
Quanzhou Huixiang Science & Technology Development Co., Ltd.
地址(Add)：福建省泉州市(清濛)经济技术开发区高科技孵化基地创业楼

邮编(P. C.): 362000
电话(Tel): 0595 - 22496229
传真(Fax): 0595 - 22495339
总经理(General Manager): 林建煇
产品业务(Business): 卫生巾、纸尿裤专用药水

福建省泉州市金泉油墨有限公司
Quanzhou Jinquan Ink Co., Ltd.
地址(Add): 福建省泉州市丰泽区东门仁公岭立交桥边
邮编(P. C.): 362000
电话(Tel): 0595 - 22112483
传真(Fax): 0595 - 22114998
E-mail: qzjinquan@21cn.com
Http://www.jinquanink.com
法人代表(Chairman): 江建金
联系人(Contact Person): 江俊强
产品业务(Business): 生活用纸印刷用水墨、油墨

泉州盈朵化工贸易公司
Quanzhou Yingduo Chemical Trade Co., Ltd.
地址(Add): 福建省泉州市晋江安海镇宝益花园B1栋301室
邮编(P. C.): 362261
电话(Tel): 0595 - 36203899
传真(Fax): 0595 - 36203899
联系人(Contact Person): 尤惠兰
产品业务(Business): 香精香料

厦门金泰香化科技有限公司
Golden Fragrance Chemical Co., Ltd.
地址(Add): 福建省厦门市湖里大道同吉大厦四楼B座
邮编(P. C.): 361006
电话(Tel): 0592 - 6026899
传真(Fax): 0592 - 2613933
E-mail: wtcl8899@sohu.com
法人代表(Chairman): 邱峰松
联系人(Contact Person): 邱羡珠
产品业务(Business): 生活用纸用香精香料

厦门欧化实业有限公司
Xiamen Ouhua Industry Co., Ltd.
地址(Add): 福建省厦门市嘉禾路166号嘉莲大厦A栋1001室
邮编(P. C.): 361012
电话(Tel): 0592 - 5562929
传真(Fax): 0592 - 5562727
E-mail: oha@ouhuaink.com
Http://www.ouhuaink.com
联系人(Contact Person): 陈云生
产品业务(Business): 油墨

厦门市丞竣贸易有限公司
Xiamen Chengjun Trade Co., Ltd.
(详见流延膜及塑料母粒)

厦门琥珀香料有限公司
Xiamen Amber Fragrances Co., Ltd.
地址(Add): 福建省厦门市体育路43号华夏工业中心6D
邮编(P. C.): 361012
电话(Tel): 0592 - 5032571
传真(Fax): 0592 - 5032210
E-mail: dehupo@163.com
Http://www.dehupo.com
法人代表(Chairman): 黄金德
联系人(Contact Person): 郑秀清
产品业务(Business): 香精

广州千益化工科技有限公司
Guangzhou Qianyi Chemical Technology Co., Ltd.
地址(Add): 广东省广州市白云区机场路1312号406
电话(Tel): 020 - 36218401
传真(Fax): 020 - 36218391
E-mail: qyhg@tom.com
联系人(Contact Person): 王德胜

广州枫灵抗菌技术有限公司
GZ Fengling Antimicrobial Technology Co., Ltd.
地址(Add): 广东省广州市番禺区大石洛溪新城洛溪村工业区
邮编(P. C.): 511431
电话(Tel): 020 - 34501771
传真(Fax): 020 - 34501771
E-mail: serowa-1@163.com
联系人(Contact Person): 程胜中
产品业务(Business): 一次性卫生用品添加剂

广州市香化科技有限公司
Guangzhou Flavor Chemical Science & Technology Co., Ltd.
地址(Add): 广东省广州市海珠区新港东路琶洲村口商铺14号(国际会展中心东侧)
邮编(P. C.): 510000
电话(Tel): 020 - 34311965
传真(Fax): 020 - 34312170
Http://www.zgxhkj.com
联系人(Contact Person): 梁玉玲
产品业务(Business): 生活用纸香精

广州正禾生物技术有限公司
Guangzhou Zhenghe Biotechnology Co., Ltd.
地址(Add): 广东省广州市经济技术开发区创业路10-16号
邮编(P. C.): 510663
电话(Tel): 020 - 88218437
传真(Fax): 020 - 32571092
E-mail: gzzhsw@126.com
Http://www.gzzhsw.com
联系人(Contact Person): 杨晋斌
产品业务(Business): 卫生巾用复合清凉剂(清凉、抑菌、芳香)

广州市荔湾区三溢日化经营部
Guangzhou Sanyi Commodity Chemical
地址(Add): 广东省广州市荔湾北路151号首层C32房
邮编(P. C.): 510140
电话(Tel): 020 - 81930917
传真(Fax): 020 - 85929704
E-mail: guangzhousanyi@126.com
Http://www.gzsyrh.com
法人代表(Chairman): 罗庆祥
总经理(General Manager): 罗庆祥
联系人(Contact Person): 罗庆祥

产品业务(Business)：卫生巾清凉护理液，湿巾清洁液，纸尿裤润肤油

中山大学药物开发中心
Drug Development Center of Sun Yet－sen University
地址(Add)：广东省广州市中山二路74号中山大学北校区
邮编(P. C.)：510080
电话(Tel)：020－87331585
传真(Fax)：020－87333026
E-mail：zddrug@ zddrug. com
Http://www. zddrug. com
总经理(General Manager)：曹维
联系人(Contact Person)：俞励平
产品业务(Business)：卫生巾护理液

深圳市科朗科技有限公司
Shenzhen Kelang Science Co., Ltd.
地址(Add)：广东省深圳市宝安区龙华镇大浪石凹工业区
邮编(P. C.)：518110
电话(Tel)：0755－28076028
传真(Fax)：0755－28076188
法人代表(Chairman)：范培忠
总经理(General Manager)：黄子俊
联系人(Contact Person)：黄子俊
产品业务(Business)：妇女卫生巾、卫生护垫抗菌剂

希友达油墨涂料有限公司
Xiyouda Inks & Paints Co., Ltd.
地址(Add)：广东省珠海市南屏高科技工业园
邮编(P. C.)：519060
电话(Tel)：0756－8681999
传真(Fax)：0756－8681888
Http://www. xiyouda. com
联系人(Contact Person)：曾国军
产品业务(Business)：油墨
上海办事处
地址(Add)：上海市松江区涞亭北路99弄64号301室
邮编(P. C.)：201615
电话(Tel)：021－67628613
传真(Fax)：021－67628613
Http://www. xiyouda. com
联系人(Contact Person)：曾国军
产品业务(Business)：油墨

广西宾阳宏远化工有限公司
Guangxi Binyang Hongyuan Chemicals Co., Ltd.
(详见检测仪器)

西安康旺抗菌科技股份有限公司
Xi'an Conval Antibacterial Scien－Tech Co., Ltd.
地址(Add)：陕西省西安市长安区硕士路6号
邮编(P. C.)：710118
电话(Tel)：029－83282302
传真(Fax)：029－85692121
E-mail：webmaster@ xa-conval. com
Http://www. xa-conval. com
联系人(Contact Person)：孙伟
产品业务(Business)：湿巾抗菌剂

西安吉利电子化工有限公司
Xi'an Lucky Electronical & Chemical Co., Ltd.
地址(Add)：陕西省西安市高新技术产业开发区高新路3号
邮编(P. C.)：710075
电话(Tel)：029－88272803
传真(Fax)：029－88231475
E-mail：jili@ xajili. com
Http://www. xajili. com
法人代表(Chairman)：聂新宇
联系人(Contact Person)：李胜利
产品业务(Business)：防腐剂

● 包装及印刷材料 Package and printing

台湾联宾塑胶印刷股份有限公司
Lianbin Plastic & Printing Co., Ltd.
地址(Add)：台湾省台北县树林镇树潭街6号
电话(Tel)：886－2－26873456
传真(Fax)：886－2－26821061
E-mail：maggiesong@ lianbin. com
北京联宾塑胶印刷有限公司
Beijing Lianbin Plastics & Printing Co., Ltd.
地址(Add)：北京市大兴区青云店镇工业区内
邮编(P. C.)：102605
电话(Tel)：010－80281666
传真(Fax)：010－80282345
E-mail：lianbin@ lianbin. com
Http://www. lianbin. com
总经理(General Manager)：廖天赐
联系人(Contact Person)：张金华
上海联宾塑胶工业有限公司
Shanghai Lianbin Plastics Industry Co., Ltd.
地址(Add)：上海市闵行区虹桥镇环镇南路128号A座
邮编(P. C.)：201103
电话(Tel)：010－64011139
传真(Fax)：010－64010220
E-mail：sales@ lianbin-sh. com
Http://www. lianbin-sh. com
法人代表(Chairman)：陆根龙
联系人(Contact Person)：孙静
产品业务(Business)：高低密度PE袋，卫生用品包装袋、夹链袋

天津市德利塑料制品有限公司
Tianjin Deli Plastic Products Co., Ltd.
(详见流延膜及塑料母粒)

天津保富胶袋有限公司
Tianjin Baofu Plasticbag Co., Ltd.
地址(Add)：天津市武清区汊沽港镇西一街
邮编(P. C.)：301721
电话(Tel)：022－29494190
传真(Fax)：022－29491490
法人代表(Chairman)：李刚
总经理(General Manager)：李刚
联系人(Contact Person)：李刚
产品业务(Business)：卫生用品包装袋

天塑科技集团包装材料分公司
Tianjin Plastics Group Co., Ltd. Packing Materials Branch
地址(Add)：天津市西青区梨园头津淄公路8号
邮编(P. C.)：300381
电话(Tel)：022－23975448
传真(Fax)：022－23975257
Http://www. tjbopp. com
联系人(Contact Person)：高永和

恒光彩印厂
Hengguang Colour Print Factory
地址(Add)：河北省保定满城县大册营工业区
邮编(P. C.)：072150
电话(Tel)：0312－5572321
传真(Fax)：0312－7023526
联系人(Contact Person)：韩占磊
产品业务(Business)：塑料包装袋

保定市东华制版
Baoding Donghua Plate Making Co., Ltd.
地址(Add)：河北省保定市北市区西苑小区6号楼
邮编(P. C.)：071051
电话(Tel)：0312－3335352
联系人(Contact Person)：宁志明
产品业务(Business)：制版

金诚塑印制品
Jincheng Plastic Print Co.
地址(Add)：河北省保定市满城县大册营工业区
邮编(P. C.)：072150
电话(Tel)：0312－5572899
传真(Fax)：0312－5572899
E-mail：jianxin688@tom. com
总经理(General Manager)：张建新
产品业务(Business)：生活用纸包装袋

河北省保定市满城龙翔彩印厂
Baoding Mancheng Longxiang Colour Print Plant
地址(Add)：河北省保定市满城县大册营工业园区
邮编(P. C.)：072150
电话(Tel)：0312－7195188
传真(Fax)：0312－7195377
总经理(General Manager)：黄继恩
联系人(Contact Person)：黄继恩
产品业务(Business)：卫生用品塑料包装袋

保定市恒远彩印厂
Baoding Hengyuan Colour Print Factory
地址(Add)：河北省保定市满城县大册营造纸工业区
邮编(P. C.)：072150
电话(Tel)：0312－7021535
联系人(Contact Person)：杨国生
产品业务(Business)：塑料包装袋

保定满城永辉彩印
Baoding Yonghui Print Factory
地址(Add)：河北省保定市满城县大册营造纸工业区
邮编(P. C.)：072150
电话(Tel)：0312－7021859
传真(Fax)：0312－7021859
联系人(Contact Person)：赵满征
产品业务(Business)：包装袋

保定万军彩印厂
Baoding Wanjun Print Factory
地址(Add)：河北省保定市满城县大册营造纸工业区
邮编(P. C.)：072150
电话(Tel)：0312－7025816
传真(Fax)：0312－7025816
联系人(Contact Person)：苟万军
产品业务(Business)：包装袋

保定市蓝图彩印包装有限公司
Baoding Lantu Print & Package Co., Ltd.
地址(Add)：河北省保定市满城县大册营镇造纸工业区
邮编(P. C.)：072150
电话(Tel)：0312－5572577
联系人(Contact Person)：李根良
产品业务(Business)：包装袋

保定众立塑胶有限公司
Baoding Zhongli Plastic Co., Ltd.
地址(Add)：河北省保定市满城县玉川东路1088号
邮编(P. C.)：072150
电话(Tel)：0312－7071300
传真(Fax)：0312－7078800
E-mail：baodingzhongli@yahoo. com. cn
联系人(Contact Person)：王彬
产品业务(Business)：包装袋

保定市朝阳印刷厂
Baoding Chaoyang Print Factory
地址(Add)：河北省保定市五四西路水碾头村
邮编(P. C.)：071051
电话(Tel)：15081265785
总经理(General Manager)：王锁柱
产品业务(Business)：包装袋

河北省东光县前生塑料制品厂
Dongguang Qiansheng Plastic Proudcts Factory
地址(Add)：河北省东光县城东前生
邮编(P. C.)：061600
电话(Tel)：0317－7811627
联系人(Contact Person)：马希岗
产品业务(Business)：塑料包装袋

河北东光县佳禾塑料厂
Dongguang Jiahe Plastic Plant
(详见流延膜及塑料母粒)

保定恒祥塑料包装制品有限公司
Baoding Hengxiang Plastic Packing Products Co., Ltd.
地址(Add)：河北省满城县大册营工业区
邮编(P. C.)：072150
电话(Tel)：0312－7022005
传真(Fax)：0312－5578008
E-mail：libin7022005@126. com
总经理(General Manager)：李宾
产品业务(Business)：塑料包装袋

石家庄华纳塑料包装有限公司
Shijiazhuang Huana Plastic Packing Co., Ltd.
地址(Add)：河北省石家庄晋州市通达路安家庄开发区

邮编(P. C.)：052260
电话(Tel)：0311-84396958
传真(Fax)：0311-84396779
E-mail：huana001@163.com
Http://www.052260.com
法人代表(Chairman)：吕建辉
总经理(General Manager)：吕建辉
联系人(Contact Person)：张卫兵
产品业务(Business)：生活用纸包装袋印制

邢台豫兴印刷厂
Xingtai Yuxing Print Factory
地址(Add)：河北省邢台市二院南行50米路西
邮编(P. C.)：055750
电话(Tel)：0319-7315822
传真(Fax)：0319-7315822
联系人(Contact Person)：王成林
产品业务(Business)：包装袋

邢台长虹彩印厂
Xingtai Changhong Colour Print Factory
地址(Add)：河北省邢台市开发区蔡家屯
邮编(P. C.)：054000
电话(Tel)：0319-8202628
联系人(Contact Person)：穆振英
产品业务(Business)：塑料包装袋

雄县旺达塑料包装制品有限公司
Xiongxian Wangda Plastic Products Co., Ltd.
地址(Add)：河北省雄县城关镇崔村
邮编(P. C.)：071800
电话(Tel)：0312-5869020
传真(Fax)：0312-5869021
联系人(Contact Person)：宋吉深
产品业务(Business)：包装袋

河北志腾彩印有限公司
Hebei Zhiteng Colour Print Co., Ltd.
地址(Add)：河北省雄县城内旅游路东头路南
邮编(P. C.)：071800
电话(Tel)：0312-5869148
传真(Fax)：0312-5867649
E-mail：ztcy@zhitengcy.com
Http://www.zhitengcy.com
联系人(Contact Person)：刘素精
产品业务(Business)：塑料包装袋

河北同益包装制品有限公司
Hebei Tongyi Packaging Products Co., Ltd.
地址(Add)：河北省雄县高速引线开发区西侧646号
邮编(P. C.)：071800
电话(Tel)：0312-5868777
传真(Fax)：0312-5867988
联系人(Contact Person)：彭俊亭
产品业务(Business)：卫生纸，妇女卫生巾用包装

河北省雄县华飞塑料制品厂
Xiongxian Huafei Plastic Products Factory
地址(Add)：河北省雄县黄湾工业小区
邮编(P. C.)：071800
电话(Tel)：0312-5565656
传真(Fax)：0312-6386588
联系人(Contact Person)：赵立华
产品业务(Business)：塑料包装袋

河北省雄县新亚包装材料有限公司
Xiongxian Xinya Package Material Co., Ltd.
地址(Add)：河北省雄县旅游路(铃铛阁大街618号)
邮编(P. C.)：071800
电话(Tel)：0312-5827333
传真(Fax)：0312-5827222
联系人(Contact Person)：高飞
产品业务(Business)：包装袋

河北永生塑料制品有限公司
Hebei Yongsheng Plastic Products Co., Ltd.
地址(Add)：河北省雄县米北经济技术开发区
邮编(P. C.)：071800
电话(Tel)：0312-5732788
传真(Fax)：0312-5732266
总经理(General Manager)：杨万学
联系人(Contact Person)：杨巍
产品业务(Business)：卫生纸产品包装印刷

河北雄县华旭纸塑包装制品有限公司
Xiongxian Huaxu Paper & Plastic Package Co., Ltd.
地址(Add)：河北省雄县双侯大街西段
邮编(P. C.)：071800
电话(Tel)：0312-5566500
传真(Fax)：0312-5865600
总经理(General Manager)：王运生
产品业务(Business)：包装袋

河北省雄县孟氏制版有限公司
Hebei Xiongxian Mengshi Plate Making Co., Ltd.
地址(Add)：河北省雄县雄州路685号
邮编(P. C.)：071800
电话(Tel)：0312-5868001
传真(Fax)：0312-5868508
E-mail：dongbansheii@126.com
法人代表(Chairman)：李广生
总经理(General Manager)：柳会强
联系人(Contact Person)：吕建辉
产品业务(Business)：印刷

河北雄县鹏程彩印有限公司
Hebei Xiongxian Pengcheng Colour Print Co., Ltd.
地址(Add)：河北省雄县雄州路包装城
邮编(P. C.)：071800
电话(Tel)：0312-5860122
传真(Fax)：0312-5861755
E-mail：xxpccy@163.com
Http://www.pengchengprinting.com
总经理(General Manager)：刘耀军
联系人(Contact Person)：刘耀军
产品业务(Business)：塑料彩印包装袋

河北省雄县利峰塑业有限公司
Xiongxian Lifeng Plastic Co., Ltd.
地址(Add)：河北省雄县一腐南工业区
邮编(P. C.)：071800
电话(Tel)：0312-5815988

传真(Fax)：0312－5822398
法人代表(Chairman)：李会民
总经理(General Manager)：李会民
产品业务(Business)：卫生用品包装袋

安新县兴隆纸塑包装有限公司
Anxin Xinglong Paper & Packing Co., Ltd.
地址(Add)：湖北省安新县光淀工业区
邮编(P. C.)：071600
电话(Tel)：0312－5798288
传真(Fax)：0312－5798788
联系人(Contact Person)：王全良
产品业务(Business)：塑料包装袋

晋中市源丽印刷物资有限公司
Jinzhong Yuanli Print Material Co., Ltd.
地址(Add)：山西省晋中市榆次榆太路65号
邮编(P. C.)：030600
电话(Tel)：0354－2422043
传真(Fax)：0354－2431085
联系人(Contact Person)：马丽芝
产品业务(Business)：油墨

大连大诺印刷包装有限公司
Dalian DaNor Printed Packing Co., Ltd.
地址(Add)：辽宁省大连市甘井子区华北路431号
邮编(P. C.)：116037
电话(Tel)：0411－86510687
传真(Fax)：0411－86508808
E-mail：wuxd@danor.cn
Http://www.danor.cn
联系人(Contact Person)：李淑珍
产品业务(Business)：包装袋

大连黑马塑料彩印包装有限公司
Dalian Heima Plastic Printing & Packaging Co., Ltd.
地址(Add)：辽宁省大连市金州区站前街道龙泉路21号
邮编(P. C.)：116100
电话(Tel)：0411－39317966
传真(Fax)：0411－39317911
E-mail：xudan@dlheima.com
Http://www.dlheima.com
总经理(General Manager)：徐丹
联系人(Contact Person)：林越正
产品业务(Business)：包装袋

上海华悦包装制品有限公司
Shanghai Huayue Packaging Products Co., Ltd.
地址(Add)：上海市奉贤柘林镇新申工业区宅兴路228号
邮编(P. C.)：201416
电话(Tel)：012－57492888
传真(Fax)：021－57494622
E-mail：yaoshiyu.2003@163.com
Http://www.huayuepack.com
联系人(Contact Person)：姚一鸣
产品业务(Business)：包装袋

上海缘源印刷有限公司
Shanghai Yuanyuan Packing & Printing Co., Ltd.
地址(Add)：上海市闵行区双柏路955号
邮编(P. C.)：201108
电话(Tel)：021－54633778
传真(Fax)：021－64974039
E-mail：yuan1913@126.com
Http://www.sh-yuanyuan.com
总经理(General Manager)：陈新
联系人(Contact Person)：陈新
产品业务(Business)：印刷包装

上海点墨塑料包装有限公司
Shanghai Dianmo Plastic Packing Co., Ltd.
地址(Add)：上海市沪闵路3518号瓶北路130号
邮编(P. C.)：201109
电话(Tel)：021－64907218
传真(Fax)：021－64907218
E-mail：dianmo.2007@163.com
Http://www.dianmo.net.cn
联系人(Contact Person)：汪浩
产品业务(Business)：包装袋

洁红纸品包装服务部
Jiehong Paper Package Dept.
地址(Add)：上海市华徐公路68－2号
邮编(P. C.)：201705
电话(Tel)：13918571808
传真(Fax)：021－67624506
联系人(Contact Person)：杨正建
产品业务(Business)：包装袋

上海济丰包装纸业股份有限公司
Shanghai Pacific Millennium Packaging & Paper Ind. Co., Ltd.
地址(Add)：上海市嘉定区南翔镇宝翔路8号
邮编(P. C.)：201802
电话(Tel)：021－59126622
传真(Fax)：021－59123344
E-mail：lilian_zou@pm-hc.com
Http://www.pacific-millennium.com
联系人(Contact Person)：邹晓莉
产品业务(Business)：包装纸箱

上海英杰塑胶制品有限公司
Shanghai Yingjie Plastic Packing Co., Ltd.
地址(Add)：上海市嘉定区霜竹路1215弄5号
邮编(P. C.)：201800
电话(Tel)：021－59950001－801
传真(Fax)：021－59950002
E-mail：yjsj_t@sina.com
Http://www.shyjsj.com
总经理(General Manager)：唐玉其
联系人(Contact Person)：周成文
产品业务(Business)：包装袋

上海福助工业有限公司
Shanghai Fukusuke Industries Co., Ltd.
地址(Add)：上海市金山工业区亭卫公路3181号
邮编(P. C.)：201508
电话(Tel)：021－67277389
传真(Fax)：021－67277676
E-mail：zhangjh@sh-fukusuke-kogyo.com
Http://www.fukusuke.com.cn

法人代表(Chairman)：井上次郎
总经理(General Manager)：笹野茂幸
联系人(Contact Person)：章俊华
产品业务(Business)：卫生用品包装袋

意大利皮埃莱迪造纸股份有限公司
Industria Cartaria Pieretti S. p. A.
地址(Add)：上海市绿科路 271 号 A 座 301 - 303 室
邮编(P. C.)：201204
电话(Tel)：021 - 68920456
传真(Fax)：021 - 68920415
E-mail：ne. ve@ hotmail. com
联系人(Contact Person)：顾乃雯
产品业务(Business)：纸芯用纸板

上海台鑫包装材料有限公司
Shanghai Taixin Package Material Co., Ltd.
地址(Add)：上海市闵行区浦江镇先新路 278 弄 1 号
邮编(P. C.)：201112
电话(Tel)：021 - 68142347
传真(Fax)：021 - 68142347
E-mail：baozhuang123@ yahoo. com. cn
Http://www. sstaixin. cn. alibaba. com
联系人(Contact Person)：姚世章
产品业务(Business)：包装材料

上海紫泉标签有限公司
Shanghai Ziquan Label Co., Ltd.
地址(Add)：上海市闵行区颛兴路 1288 号
邮编(P. C.)：201108
电话(Tel)：021 - 64425099
传真(Fax)：021 - 64893697
E-mail：zq@ ziquanlable. com
Http://www. ziquanlable. com
联系人(Contact Person)：吴庆麟
产品业务(Business)：包装材料

泰格包装(上海)有限公司
Tiger Pack (Shanghai) Co., Ltd.
地址(Add)：上海市松江工业区宝胜路 10 号
邮编(P. C.)：201600
电话(Tel)：021 - 57741151
传真(Fax)：021 - 57741152
E-mail：jacob@ tigerpack. com. cn
Http://www. tigerpack. com. cn
联系人(Contact Person)：王伟康
产品业务(Business)：印刷包装材料

上海以琳印务有限公司
Shanghai Yilin Printing Co., Ltd.
地址(Add)：上海市松江九亭九新公路 28 弄 15 号 1101 室
邮编(P. C.)：201615
电话(Tel)：021 - 37632677
传真(Fax)：021 - 37633639
联系人(Contact Person)：苏尚静
产品业务(Business)：包装袋

上海胜繁包装有限公司
Shanghai Shengfan Packaging Co., Ltd.
地址(Add)：上海市松江区高新技术园区大江路 129 弄 1 号
邮编(P. C.)：201600
电话(Tel)：021 - 57736751
传真(Fax)：021 - 57736750
E-mail：sales@ shengtu. cn
Http://www. shengtu. cn
法人代表(Chairman)：杨乃峰
总经理(General Manager)：杨乃峰
联系人(Contact Person)：杨明明
产品业务(Business)：生活用品外包装印刷

江苏众和包装有限公司
Jiangsu Zhonghe Packing Co., Ltd.
地址(Add)：江苏省常熟市虞山镇莫城管理区言里段
邮编(P. C.)：215556
电话(Tel)：0512 - 52492818
传真(Fax)：0512 - 52492820
E-mail：info@ zhonghe-china. com
Http://www. zhonghe-china. com
法人代表(Chairman)：金伟建
总经理(General Manager)：方赛花
联系人(Contact Person)：涂必胜
产品业务(Business)：塑料袋，PE 袋，复合袋，铝箔袋及卷膜

阜宁县双欣卫生用品包装厂
Funing Shuangxin Hygiene Products Package Factory
地址(Add)：江苏省阜宁县城胜利路环卫所内
邮编(P. C.)：224400
电话(Tel)：0515 - 87211317
联系人(Contact Person)：戚保领
产品业务(Business)：包装袋

传浩塑料彩印包装总汇
Chuanhao Plastic Print & Package Converge
地址(Add)：江苏省南通市钟秀路中原市场 11 排 4 号
邮编(P. C.)：226007
电话(Tel)：0513 - 85292773
E-mail：yisilin1@ sina. com
总经理(General Manager)：裔传浩
产品业务(Business)：包装袋

苏州市光耀塑胶制品有限公司
Suzhou Guangyao Plastic Products Co., Ltd.
地址(Add)：江苏省苏州市高新区浒墅关吴公村
邮编(P. C.)：215151
电话(Tel)：0512 - 68110720
传真(Fax)：0512 - 68110720
总经理(General Manager)：张党生
联系人(Contact Person)：张党生
产品业务(Business)：包装袋

苏州志成印刷包装有限公司
Suzhou Zhicheng Print & Pack Co., Ltd.
地址(Add)：江苏省苏州市相城区渭塘镇玉盘路盛湖工业区
邮编(P. C.)：215134
电话(Tel)：0512 - 67522706
传真(Fax)：0512 - 67511945
E-mail：zcys@ szzc. cn
Http://www. szzc. cn

总经理(General Manager)：陈志刚
联系人(Contact Person)：张荷芬
产品业务(Business)：印刷包装

苏州宏昌包装材料有限公司
Suzhou Hongchang Packing Material Co., Ltd.
地址(Add)：江苏省苏州市相城区元和科技园钰航路28号
邮编(P.C.)：215133
电话(Tel)：0512-65768156-9
传真(Fax)：0512-65768160
E-mail：hc.vivien@163.com
Http://www.hcpacking.net.cn
总经理(General Manager)：周隆裕
联系人(Contact Person)：邓新锋
产品业务(Business)：包装袋

兴化市金宇彩印包装有限公司
Xinghua Jinyu Colour Packing Co., Ltd.
地址(Add)：江苏省兴化市昌荣镇镇兴路188号
邮编(P.C.)：225734
电话(Tel)：0523-83653818
传真(Fax)：0523-83651365
E-mail：quhongjin@263.com
法人代表(Chairman)：瞿洪金
产品业务(Business)：塑料包装袋

扬州市华裕包装有限公司
Yangzhou Huayu Package Co., Ltd.
地址(Add)：江苏省扬州市邗江区杨寿工业园
邮编(P.C.)：225124
电话(Tel)：0514-87732677
传真(Fax)：0514-87732917
E-mail：yzhybz@126.com
联系人(Contact Person)：王存岭
产品业务(Business)：包装袋

苍南县万泰印业有限公司
Cangnan Wantai Printing Co., Ltd.
地址(Add)：浙江省苍南县龙港镇小包装工业园区20幢10号
邮编(P.C.)：325802
电话(Tel)：0577-64181596
传真(Fax)：0577-64181263
E-mail：zhu.dezhi@163.com
联系人(Contact Person)：朱德智
产品业务(Business)：卫生用品包装袋，易拉贴标签

温州市华东印业有限公司
Wenzhou Huadong Print Co., Ltd.
地址(Add)：浙江省苍南县钱库开源路3号
邮编(P.C.)：325804
联系人(Contact Person)：金孟枝
产品业务(Business)：餐巾纸包装，手提袋，不干胶封口标签

浙江长海包装企业集团
Zhejiang Changhai Package Group
地址(Add)：浙江省海宁市解放桥6号
邮编(P.C.)：314400
电话(Tel)：0573-87290912
传真(Fax)：0573-87021356
E-mail：appleshaw05@163.com
联系人(Contact Person)：邵利民
产品业务(Business)：包装袋

杭州嵩阳印刷实业有限公司
Hangzhou Songyang Print Industry Co., Ltd.
地址(Add)：浙江省杭州市萧山河上镇大桥开发区
邮编(P.C.)：311265
电话(Tel)：0571-82260650
传真(Fax)：0571-82267886
E-mail：yumingyaxia@yahoo.com.cn
总经理(General Manager)：瞿启平
联系人(Contact Person)：俞英
产品业务(Business)：包装袋

杭州东盈艺品有限公司
Hangzhou Dongying Crafts Co., Ltd.
地址(Add)：浙江省杭州市萧山经济技术开发区欣美路8号
邮编(P.C.)：311215
电话(Tel)：0571-82832763
传真(Fax)：0571-82831723
E-mail：hzdycyf7@126.com
联系人(Contact Person)：陈玉帆
产品业务(Business)：PE、OPP、CPP及复合袋、膜

杭州哲涛印刷有限公司
Hangzhou Zhetao Print Co., Ltd.
地址(Add)：浙江省杭州市萧山区所前镇东潘路62号
邮编(P.C.)：311254
电话(Tel)：0571-82450888
传真(Fax)：0571-82450899
E-mail：hzzhetao@126.com
Http://zhetaoys.cn.alibaba.com
总经理(General Manager)：李建华
联系人(Contact Person)：刘积利
产品业务(Business)：塑料包装袋

杭州典浩彩印包装有限公司
Hangzhou Dianhao Print & Package Co., Ltd.
地址(Add)：浙江省杭州市萧山区义蓬乐园桥北
邮编(P.C.)：311225
电话(Tel)：0571-82131698
传真(Fax)：0571-82131300
E-mail：dianhaopacking@163.com
Http://www.dianhaopacking.com
联系人(Contact Person)：史佰运
产品业务(Business)：包装袋

杭州瓶窑制版有限公司
Hangzhou Pingyao Plate Making Co., Ltd.
地址(Add)：浙江省杭州市余杭区瓶窑镇
邮编(P.C.)：311115
电话(Tel)：0571-88547388
传真(Fax)：0571-88545388
E-mail：hzpyzb@public.yh.hz.zj.cn
联系人(Contact Person)：王志祥
产品业务(Business)：印刷

杭州骏龙包装有限公司
Hangzhou Junlong Package Co., Ltd.
地址(Add): 浙江省杭州市余杭闲林工业城二区
邮编(P. C.): 311122
电话(Tel): 0571-88687666
传真(Fax): 0571-88687680
E-mail: hzjl@ jolon. com. cn
Http://www. jolon. com. cn
法人代表(Chairman): 王静
联系人(Contact Person): 王静

成都骏龙塑料包装有限公司
Chengdu Junlong Plastic Package Co., Ltd.
地址(Add): 四川省成都市武侯区簇桥文昌工业区文昌南路40号
邮编(P. C.): 610043
电话(Tel): 028-85037070
传真(Fax): 028-85033115
E-mail: cdjl@ jolon. com. cn
法人代表(Chairman): 王永尧
联系人(Contact Person): 王巍
产品业务(Business): 生活用纸包装袋

嘉兴市欣禾印刷有限公司
Jiaxing Xinhe Printing Co., Ltd.
地址(Add): 浙江省嘉兴市南湖区禾兴北路758号
邮编(P. C.): 314000
电话(Tel): 0573-82201291
传真(Fax): 0573-82201271
总经理(General Manager): 叶建庭
产品业务(Business): 印刷

嘉兴市旺盛印业有限公司
Jiaxing Wangsheng Print Co., Ltd.
地址(Add): 浙江省嘉兴市十八里桥工业园区
邮编(P. C.): 314006
电话(Tel): 0573-83285600
传真(Fax): 0573-83285589
总经理(General Manager): 傅刚用
产品业务(Business): 包装袋

金华忠信塑胶印刷有限公司
Jinhua Zhongxin Plastic Printing Co., Ltd.
地址(Add): 浙江省金华市金星南街163号
邮编(P. C.): 321016
电话(Tel): 0579-82238858
传真(Fax): 0579-82238818
E-mail: zhongxin82238858@ 163. com
总经理(General Manager): 周胜
产品业务(Business): 包装袋

杭州临安美文彩印包装有限公司
Hangzhou Meiwen Print & Package Co., Ltd.
地址(Add): 浙江省临安市锦城街道后浪
邮编(P. C.): 311300
电话(Tel): 0571-63704668
传真(Fax): 0571-63704789
E-mail: hlmwk@ hotmail. com
Http://www. meiwenpacking. com
总经理(General Manager): 沈峰
产品业务(Business): 包装袋

浙江新天力包装制品有限公司
Zhejiang Xintianli Package Products Co., Ltd.
地址(Add): 浙江省台州市经济开发区滨海工业园区海丰路2728号
邮编(P. C.): 318014
电话(Tel): 0576-88669188
传真(Fax): 0576-88669288
E-mail: info@ otor. cn
Http://www. otor. cn
联系人(Contact Person): 刘豪杰
产品业务(Business): 包装袋

台州市佳迪软包装彩印有限公司
Taizhou Jiadi Color Printing Co., Ltd.
地址(Add): 浙江省台州市路桥区横街镇院前路153号
邮编(P. C.): 318056
电话(Tel): 0576-82651888
传真(Fax): 0576-82651777
E-mail: info@ jiadi. cn
Http://www. jiadi. cn
总经理(General Manager): 罗李敏
联系人(Contact Person): 林丽
产品业务(Business): 卫生用品外包装袋

台州市路桥富达彩印包装厂
Taizhou Fuda Colour Printing & Packing Factory
地址(Add): 浙江省台州市路桥区新桥镇镇中路24号
邮编(P. C.): 318055
电话(Tel): 0576-82665678
传真(Fax): 0576-82667766
E-mail: zhou. min@ 126. com
Http://tzfdyw. cn. alibaba. com
联系人(Contact Person): 林生勇
产品业务(Business): 印刷包装

台州市威克特彩印厂
Taizhou Victor Print Factory
地址(Add): 浙江省台州市玉环县城关鳝鱼头工业区
邮编(P. C.): 317600
电话(Tel): 0576-87225470
传真(Fax): 0576-87225472
Http://www. victorpr. com
联系人(Contact Person): 陈晓倩
产品业务(Business): 包装袋

平阳县纸塑彩印厂
Pingyang Paper & Plastic Printing Factory
地址(Add): 浙江省温州平阳县昆阳镇临区工业区
邮编(P. C.): 325400
电话(Tel): 0577-23825656
传真(Fax): 0577-63751222
E-mail: hanzu5656@ 163. com
法人代表(Chairman): 傅品卯
联系人(Contact Person): 傅刚汉
产品业务(Business): 塑料包装

浙江金石包装有限公司
Zhejiang Goldstone Packaging Co., Ltd.
地址(Add): 浙江省温州市北白象(白塔王)技术开发区
邮编(P. C.): 325603
电话(Tel): 0577-62985999

传真(Fax)：0577－62997706
E-mail：gspack@163.com
Http://www.goldstonepack.com
联系人(Contact Person)：叶国灿
产品业务(Business)：塑料包装袋

温州华南印业有限公司
Wenzhou Huanan Printing Co., Ltd.
(详见胶带、胶贴、魔术贴、标签)

恒毅印业
Hengyi Print Co.
地址(Add)：浙江省温州市龙港龙美路152号
邮编(P.C.)：325802
电话(Tel)：0577－26827776
传真(Fax)：0577－26828988
E-mail：fcs81318@126.com
联系人(Contact Person)：傅广桨
产品业务(Business)：包装袋

温州市鹿城双屿塑料薄膜制品厂
Wenzhou Lucheng Shuangyu Plastic Film Products Factory
地址(Add)：浙江省温州市双屿西呑路92号
邮编(P.C.)：325007
电话(Tel)：0577－88781736
传真(Fax)：0577－88777708
联系人(Contact Person)：梁晃
产品业务(Business)：塑料包装

义乌市虎跃包装材料有限公司
Yiwu Huyue Packing Material Co., Ltd.
地址(Add)：浙江省义乌市北苑工业区夏荷路82号
邮编(P.C.)：322000
电话(Tel)：0579－85261088
传真(Fax)：0579－85099107
E-mail：ywguotai@163.com
Http://www.huyuepacking.com
联系人(Contact Person)：徐荣成
产品业务(Business)：包装袋

义乌市恒星塑料制品有限公司
Yiwu Hengxing Plastic Products Co., Ltd.
地址(Add)：浙江省义乌市北苑工业园江海路9号
邮编(P.C.)：322000
电话(Tel)：0579－85431308
传真(Fax)：0579－85431886
E-mail：hxsuliao@163.com
Http://www.hxsuliao.com
法人代表(Chairman)：胡衍通
总经理(General Manager)：季锦玲
联系人(Contact Person)：季锦玲
产品业务(Business)：妇女卫生巾、纸尿裤、卫生纸彩色包装袋

义乌市鼎新彩印厂
Yiwu Dingxin Colour Print Factory
地址(Add)：浙江省义乌市佛堂镇工业区后力山新村
邮编(P.C.)：322002
电话(Tel)：0579－85737330
传真(Fax)：0579－85738578
法人代表(Chairman)：王景华
联系人(Contact Person)：王俊
产品业务(Business)：塑料彩印包装材料，干法纸

浙江百思得彩印包装有限公司
Zhejiang Best Color Printing Pack Co., Ltd.
地址(Add)：浙江省义乌市经济开发区(稠州西路281号)
邮编(P.C.)：322000
电话(Tel)：0579－85216881
传真(Fax)：0579－85216878
E-mail：ywbest@live.cn
Http://www.chbestpacking.com
联系人(Contact Person)：骆晓花
产品业务(Business)：包装袋

浙江义乌神星塑料制品有限公司
Zhejiang Yiwu Shenxing Plastic Products Co., Ltd.
地址(Add)：浙江省义乌市前洪开发区
邮编(P.C.)：322000
电话(Tel)：0579－85431208
传真(Fax)：0579－85431208
法人代表(Chairman)：李肃清
联系人(Contact Person)：李肃清
产品业务(Business)：包装材料

浙江华夏包装有限公司
Zhejiang Huaxia Packing Co., Ltd.
地址(Add)：浙江省诸暨市经济开发区(三都工业园区)
邮编(P.C.)：311800
电话(Tel)：0575－87305200
传真(Fax)：0575－87305178
E-mail：hxsj888@sohu.com
Http://www.chinahuaxia.cn
法人代表(Chairman)：郭永才
总经理(General Manager)：冯海晏
产品业务(Business)：印刷包装袋，妇女卫生巾袋，纸尿裤袋

义乌市莉静彩印有限公司
Yiwu Lijing Colour Print Co., Ltd.
地址(Add)：浙江义乌市义亭镇
邮编(P.C.)：322005
电话(Tel)：0579－85815476
联系人(Contact Person)：陈伏棋
产品业务(Business)：包装袋

合肥华海包装制品厂
Hefei Huahai Packing Products Plant
地址(Add)：安徽省合肥市长江东路226号
邮编(P.C.)：230011
电话(Tel)：0551－4311809
传真(Fax)：0551－4311809
E-mail：huahai88@125.com
总经理(General Manager)：夏克海
产品业务(Business)：餐巾纸、面巾纸包装用纸盒

合肥唐桥彩印厂
Hefei Tangqiao Printing Co., Ltd.
地址(Add)：安徽省合肥市城东乡唐桥路8号
邮编(P.C.)：230000
电话(Tel)：0551－4317535

传真(Fax)：0551－4317535
联系人(Contact Person)：唐礼荣
产品业务(Business)：包装袋

合肥永恒包装材料有限公司
Hefei Yongheng Package Material Co., Ltd.
地址(Add)：安徽省合肥市瑶海工业园新海大道
邮编(P.C.)：230011
电话(Tel)：0551－2113867
传真(Fax)：0551－4395266
E-mail：xyh2380@sina.com
联系人(Contact Person)：许有和
产品业务(Business)：包装袋

安徽宿州市三维彩印包装有限公司
Suzhou Sanwei Colour Printing Packing Co., Ltd.
地址(Add)：安徽省宿州市经济技术开发区金海大道26号
邮编(P.C.)：234000
电话(Tel)：0557－2192881
传真(Fax)：0557－2192881
E-mail：yab1881@yahoo.com.cn
法人代表(Chairman)：王亚伯
产品业务(Business)：包装袋

安徽桐城天鹏塑胶有限公司
Anhui Tongcheng Tianpeng Plastic Co., Ltd.
地址(Add)：安徽省桐城市新渡镇桃园路
邮编(P.C.)：231470
电话(Tel)：0556－6811669
传真(Fax)：0556－6811099
E-mail：yaoxiangm@126.com
联系人(Contact Person)：姚向明
产品业务(Business)：纸品包装袋，不干胶

芜湖市惠强包装有限公司
Wuhu Huiqiang Packing Co., Ltd.
地址(Add)：安徽省芜湖市三山绿色食品经济开发区
邮编(P.C.)：241200
电话(Tel)：0553－3916031
传真(Fax)：0553－3916030
E-mail：pxp@whhuiqiang.com
Http://www.whhuiqiang.com
总经理(General Manager)：傅丁为
联系人(Contact Person)：胡才春
产品业务(Business)：软包装，复合包装

福州汇旺达塑料制品有限公司
Fuzhou Huiwangda Plastic Co., Ltd.
地址(Add)：福建省福州市金山浦上工业区洪湾路
邮编(P.C.)：350008
电话(Tel)：0591－83588054
传真(Fax)：0591－83586487
联系人(Contact Person)：谢宇
产品业务(Business)：包装袋

晋江市新合发塑胶印刷有限公司
Jinjiang Innova Packaging Plastic Printing Co., Ltd.
地址(Add)：福建省晋江市安海第二工业区B区1号
邮编(P.C.)：362261
电话(Tel)：0595－85789889
传真(Fax)：0595－85795689
E-mail：china2342@sina.com
Http://www.innovapack.com.cn
法人代表(Chairman)：陈思红
总经理(General Manager)：罗斌
联系人(Contact Person)：罗斌
产品业务(Business)：包装膜，包装袋

恒信塑料彩印有限公司
Hengxin Plastics Colour Print Co., Ltd.
地址(Add)：福建省晋江市陈埭苏厝工业区
邮编(P.C.)：362218
电话(Tel)：0595－85667287
传真(Fax)：0595－85665287
联系人(Contact Person)：曾文新
产品业务(Business)：包装袋

泉塑包装印刷有限公司
Quan Su Packing & Printing Co., Ltd.
地址(Add)：福建省晋江市陈埭溪边工业区
邮编(P.C.)：362211
电话(Tel)：0595－82981111
传真(Fax)：0595－85199419
E-mail：quansubag@yahoo.cn
Http://www.quansubag.cn
法人代表(Chairman)：丁世坤
总经理(General Manager)：丁永河
联系人(Contact Person)：丁永河
产品业务(Business)：包装袋

晋江豪兴彩印有限公司
Jinjiang Haoxing Color Printing Co., Ltd.
地址(Add)：福建省晋江市磁灶镇张林工业区
邮编(P.C.)：362214
电话(Tel)：0595－85858539
传真(Fax)：0595－85853539
E-mail：jinjianghaoxing@126.com
联系人(Contact Person)：张国刚
产品业务(Business)：包装袋

新建发塑胶无纺布制品有限公司
Xinjianfa Plastic & Nonwoven Co., Ltd.
地址(Add)：福建省晋江市罗山街道社店社区东南区120号
邮编(P.C.)：362216
电话(Tel)：0595－36359886
传真(Fax)：0595－88184105
联系人(Contact Person)：陈建发
产品业务(Business)：包装袋

宏冠纸塑印刷有限公司
Hongguan Paper & Plastic Printing Co., Ltd.
地址(Add)：福建省晋江市西园王厝工业区
邮编(P.C.)：362200
电话(Tel)：0595－85618678
传真(Fax)：0595－85617678
联系人(Contact Person)：洪景雄
产品业务(Business)：塑料包装

龙海明发塑料制品有限公司
Longhai Mingfa Plastic Products Co., Ltd.
地址(Add)：福建省龙海市浮宫镇山塘工业区

邮编(P. C.)：363104
电话(Tel)：0596 – 6835323
传真(Fax)：0596 – 6835003
E-mail：mingfa-gd@163. com
Http://www. fj-mf. com
总经理(General Manager)：杨海金
联系人(Contact Person)：林卫川
产品业务(Business)：生活用纸包装袋

南安市南盛塑料彩印有限公司
Nanan Nansheng Plastic Color Printing Co., Ltd.
地址(Add)：福建省南安市成功开发区
邮编(P. C.)：362300
电话(Tel)：0595 – 86360177
传真(Fax)：0595 – 86358177
E-mail：info@chinesepacking. cn
Http://www. chinesepacking. net
联系人(Contact Person)：廖学才
产品业务(Business)：塑料包装袋

南安市满山红塑料有限公司
Nanan Manshanhong Plastics Co., Ltd.
地址(Add)：福建省南安市满山红工业区
邮编(P. C.)：362308
电话(Tel)：0595 – 86251618
传真(Fax)：0595 – 86258618
E-mail：china@fjmsh. com
Http://www. fjmsh. com
总经理(General Manager)：黄奕群
联系人(Contact Person)：陈炳生
产品业务(Business)：外包装袋

南安市南洋纸塑彩印有限公司
Nanan Nanyang Paper Plastic Colour Printing Co., Ltd.
地址(Add)：福建省南安市满山红工业区
邮编(P. C.)：362300
电话(Tel)：0595 – 86251117
传真(Fax)：0595 – 86256668
总经理(General Manager)：尤宗命
产品业务(Business)：塑料彩印包装袋

南安市嘉鹏纸塑包装厂
Nanan Jiapeng Paper Plastic Package Factory
地址(Add)：福建省南安市南金开发区
邮编(P. C.)：362300
电话(Tel)：0595 – 86258989
E-mail：jiapeng8878@163. com
联系人(Contact Person)：尤春明
产品业务(Business)：包装袋

福建南安天利包装
Fujian Nanan Tianli Package Co., Ltd.
地址(Add)：福建省南安市省新工业区
邮编(P. C.)：362300
电话(Tel)：0595 – 86121578
传真(Fax)：0595 – 86252517
联系人(Contact Person)：方江全
产品业务(Business)：包装袋

福建省南安市满山红纸塑彩印有限公司
Nanan Manshanhong Paper and Plastic Color Printing Co., Ltd.
地址(Add)：福建省南安市省新镇满山红工业区 8 号
邮编(P. C.)：362308
电话(Tel)：0595 – 86252299
传真(Fax)：0595 – 86252298
E-mail：xailor@zicn. com
总经理(General Manager)：黄则清
联系人(Contact Person)：林淑美
产品业务(Business)：塑料彩印包装袋

南安市霞美镇仙海纸塑彩印厂
Nanan Xianhai Paper & Plastic Colour Printing Factory
地址(Add)：福建省南安市霞美镇杏埔工业区
邮编(P. C.)：362302
电话(Tel)：0595 – 86750999
传真(Fax)：0595 – 86767485
联系人(Contact Person)：洪远海
产品业务(Business)：包装袋

泉州市中信电脑彩印薄膜制袋厂
Quanzhou Zhongxin Print & Package Co., Ltd.
地址(Add)：福建省泉州市洛江区河市南华工业区
邮编(P. C.)：362013
电话(Tel)：0595 – 22636177
传真(Fax)：0595 – 22635177
联系人(Contact Person)：黄阳中
产品业务(Business)：包装袋

金光塑料制品有限公司
Jinguang Plastic Products Co., Ltd.
地址(Add)：福建省泉州市洛江区罗溪镇街罗溪街金光大厦
邮编(P. C.)：362015
电话(Tel)：0595 – 22053866
传真(Fax)：0595 – 22053855
E-mail：huanglishui889@126. com
Http://www. huaolishui. cn
法人代表(Chairman)：黄利水
联系人(Contact Person)：邓茂军
产品业务(Business)：卫生用品包装袋

厦门顺峰包装材料有限公司
Xiamen Shunfeng Package Materials Co., Ltd.
地址(Add)：福建省厦门市海沧新阳工业区新康路 18 号
邮编(P. C.)：361022
电话(Tel)：0592 – 6511199
传真(Fax)：0592 – 6511122
E-mail：sunfin@xmsfbz. com
总经理(General Manager)：罗宇峰
联系人(Contact Person)：蓝添寿
产品业务(Business)：卫生用品包装袋

厦门市佳能工贸有限公司
Xiamen Jianeng Trade Co., Ltd.
地址(Add)：福建省厦门市湖里区尚忠社 307 厂房
邮编(P. C.)：361009
电话(Tel)：0592 – 5793928
传真(Fax)：0592 – 5780838
E-mail：xm_xjd@163. com

联系人(Contact Person)：何国林
产品业务(Business)：包装袋

厦门聚富塑胶制品有限公司
Xiamen Jufu Plastics Products Co., Ltd.
地址(Add)：福建省厦门市集美区杏林北二路28号
邮编(P. C.)：361022
电话(Tel)：0592－6211412
传真(Fax)：0592－6216188
E-mail：marketing@chinajufu.com
Http://www.chinajufu.com
产品业务(Business)：收缩膜，拉伸膜

厦门申达塑料彩印包装有限公司
Xiamen Shenda Plastics Package Co., Ltd.
地址(Add)：福建省厦门市同安工业集中区同安园180号
邮编(P. C.)：361100
电话(Tel)：0592－7108687
传真(Fax)：0592－7251752
联系人(Contact Person)：吴荣忠
产品业务(Business)：包装袋

江西南昌市辉达塑料彩印厂
Nanchang Huida Plastic Colour Print Factory
地址(Add)：江西省南昌市上海路新家庵许村
邮编(P. C.)：330029
电话(Tel)：0791－8174200
传真(Fax)：0791－8174200
总经理(General Manager)：徐印根
产品业务(Business)：彩印包装袋

南昌诚鑫包装有限公司
Nanchang Chengxin Package Co., Ltd.
地址(Add)：江西省南昌市顺外村外村3号
邮编(P. C.)：330029
电话(Tel)：0791－8182790
传真(Fax)：0791－8302531
E-mail：ghh2981@163.com
联系人(Contact Person)：雷冬苟
产品业务(Business)：包装袋

安丘市翔宇包装彩印有限公司
Anqiu Xiangyu Packing Colour Print Co., Ltd.
地址(Add)：山东省安丘市景芝镇驻地
邮编(P. C.)：262119
电话(Tel)：0536－4909888
传真(Fax)：0536－4909777
E-mail：xiangyucaiyin@163.com
总经理(General Manager)：李传智
产品业务(Business)：塑料包装袋

山东省博兴县维艺包装技术有限公司
Boxing Weiyi Packaging Technology Co., Ltd.
地址(Add)：山东省博兴县东关工业园
邮编(P. C.)：256500
电话(Tel)：0543－2383308
传真(Fax)：0543－2383308
联系人(Contact Person)：李百全
产品业务(Business)：塑料软包装

高唐彤彩包装有限公司
Gaotang Tongcai Packing Material Co., Ltd.
地址(Add)：山东省高唐县东环路郭五里(职业中专东邻)
邮编(P. C.)：252800
电话(Tel)：0635－3910828
E-mail：gttcbz@126.com
联系人(Contact Person)：赵彬
产品业务(Business)：包装袋

青岛红金星包装印刷有限公司
Qingdao Hongjinxing Package Print Co., Ltd.
地址(Add)：山东省即墨市北安街道办事处工业园
邮编(P. C.)：266200
电话(Tel)：0532－87501629
传真(Fax)：0532－87505755
E-mail：hongjinxing@qingdaonews.com
Http://www.hongjinxing.com
总经理(General Manager)：于向阳
产品业务(Business)：生活用纸包装袋

山东新世纪包装制品有限公司
Shandong Xinshiji Packing Products Co., Ltd.
地址(Add)：山东省济宁市任城区长沟镇梁庄村
邮编(P. C.)：272057
电话(Tel)：0537－2588888
传真(Fax)：0537－2580288
E-mail：xsjysc@xsj-packing.com
Http://www.xsj-packing.com
总经理(General Manager)：范广新
产品业务(Business)：包装袋

青岛政通包装有限公司
Qingdao Zhengtong Package Co., Ltd.
地址(Add)：山东省莱西市望城办事处芝罘路34号
邮编(P. C.)：266601
电话(Tel)：0532－88411610
传真(Fax)：0532－88411238
E-mail：wcbz3300@sina.com
总经理(General Manager)：林政
联系人(Contact Person)：李珊珊
产品业务(Business)：包装袋

山东铭达包装制品有限公司
Shandong Mingda Packing & Technology Co., Ltd.
地址(Add)：山东省青州市青州北路经济开发区997号
邮编(P. C.)：262500
电话(Tel)：0536－3208599
传真(Fax)：0536－3295139
E-mail：wangxue8006@sina.com
Http://www.mfpacking.com
总经理(General Manager)：王雪
联系人(Contact Person)：李永杰
产品业务(Business)：医用敷料包装袋

山东郯城欣欣印刷厂
Shandong Tancheng Xinxin Print Factory
地址(Add)：山东省郯城县金马商业街
邮编(P. C.)：276126
电话(Tel)：0539－6771366
总经理(General Manager)：张寿丛
产品业务(Business)：卫生巾包装袋

山东郯城鹏程印务有限公司
Tancheng Pengcheng Printing Co., Ltd.
地址(Add)：山东省郯城县马头镇迎宾大道西首
邮编(P. C.)：276126
电话(Tel)：0539-6771448
传真(Fax)：0539-6776578
E-mail：pengchengyinwu@163.com
联系人(Contact Person)：程其鹏
产品业务(Business)：包装袋

潍坊市锦程塑料彩印厂
Weifang Jincheng Plastic Printing Plant
地址(Add)：山东省潍坊市潍城区怡园路后羊工业园(玄武西街路南)
邮编(P. C.)：261000
电话(Tel)：0536-8352239
E-mail：jccy2008@163.com
联系人(Contact Person)：徐明珍
产品业务(Business)：包装袋

山东禹城盛达塑料厂
Yucheng Shengda Plastic Factory
地址(Add)：山东省禹城市明珠大酒店南20米路东职工高中院内
邮编(P. C.)：251200
电话(Tel)：0534-7228918
传真(Fax)：0534-7189911
总经理(General Manager)：董玲
产品业务(Business)：包装袋

山东郓城县华源塑业有限公司
Yuncheng Huayuan Plastic Co., Ltd.
地址(Add)：山东省郓城县郓城镇工业园区
邮编(P. C.)：274700
电话(Tel)：0530-6986577
传真(Fax)：0530-6529046
E-mail：hysl@chinahysl.com
Http://www.chinahysl.com
联系人(Contact Person)：李凡涛
产品业务(Business)：包装袋

淄博广龙塑料工贸有限公司
Zibo Guanglong Plastics Industry & Trading Co., Ltd.
(详见打孔膜及打孔非织造布)

安阳嘉华塑业有限公司
Anyang Jiahua Plastic Co., Ltd.
地址(Add)：河南省安阳市文昌大道西段包装材料工业园
邮编(P. C.)：455000
电话(Tel)：0372-3159959
传真(Fax)：0372-3159633
E-mail：gulinrong@126.com
联系人(Contact Person)：申林
产品业务(Business)：塑料包装袋

许昌家兴软包装彩印厂
Xuchang Jiaxing Package Print Factory
地址(Add)：河南省许昌北10公里处
邮编(P. C.)：461000
电话(Tel)：0374-5659293
联系人(Contact Person)：武红艺
产品业务(Business)：包装袋

许昌永生塑料包装材料厂
Xuchang Yongsheng Plastic Package Factory
地址(Add)：河南省许昌市北郊小南海张庄一组
邮编(P. C.)：461000
电话(Tel)：0374-4361063
传真(Fax)：0374-4361132
总经理(General Manager)：金永安
产品业务(Business)：包装袋

许昌慧强塑料包装厂
Xuchang Huiqiang Plastic Package Factory
地址(Add)：河南省许昌市小南海广播电台北10米路西
邮编(P. C.)：461000
电话(Tel)：0374-4363937
联系人(Contact Person)：王书强
产品业务(Business)：包装袋

许昌市金光塑料吹膜彩印包装厂
Xuchang Jinguang Plastic Film & Colour Printing Factory
(详见流延膜及塑料母粒)

郑州利水贸易有限公司
Zhengzhou Lishui Commerce Co., Ltd.
地址(Add)：河南省郑州市管城区南三环花都港湾1号楼10层
邮编(P. C.)：450061
电话(Tel)：0371-68755601
传真(Fax)：0371-69381577
E-mail：huanglishui889@126.com
Http://www.haolishui.cn
总经理(General Manager)：黄利水
联系人(Contact Person)：黄利水
产品业务(Business)：卫生用品包装袋

河南畅翔印刷包装有限公司
Henan Changxiang Print & Package Co., Ltd.
地址(Add)：河南省郑州市花园路21世纪居易国际广场1号楼1008
邮编(P. C.)：450003
电话(Tel)：13203716613
E-mail：zzaiweilai@163.com
联系人(Contact Person)：闫飞
产品业务(Business)：包装袋

郑州博信塑料包装有限公司
Zhengzhou Boxin Plastic Package Co., Ltd.
地址(Add)：河南省郑州市郑花路65号恒华大厦820
邮编(P. C.)：450047
电话(Tel)：0371-65553963
传真(Fax)：0371-65553983
E-mail：boxinzz@163.com
Http://www.globalprintingsl.com
法人代表(Chairman)：张金玲
产品业务(Business)：包装袋

富新彩印有限公司
Fuxin Print Co., Ltd.
地址(Add)：湖北省武汉市汉口青年路264号
邮编(P. C.)：430032

电话(Tel)：027－85785532
联系人(Contact Person)：洪庆铜
产品业务(Business)：不干胶，塑料包装

东莞市虎门联友包装印刷有限公司
Dongguan Lianyou Package Print Co., Ltd.
地址(Add)：广东省东莞市虎门镇怀德大坑工业区
邮编(P.C.)：523926
电话(Tel)：0769－85556361
传真(Fax)：0769－85708112
E-mail：lianyou1000@163.com
联系人(Contact Person)：邓志超
产品业务(Business)：包装袋

东莞市致利包装印刷有限公司
Dongguan Zhili Packaging Printing Co., Ltd.
地址(Add)：广东省东莞市虎门镇宴岗工业区
邮编(P.C.)：523933
电话(Tel)：0769－85266808
传真(Fax)：0769－85266788
E-mail：tw1312@163.com
Http://www.0769zhili.cn
法人代表(Chairman)：谭笑英
总经理(General Manager)：谭伟权
联系人(Contact Person)：谭伟权
产品业务(Business)：生活用纸包装袋

东莞市德宝彩印有限公司
Dongguan Debao Print Co., Ltd.
地址(Add)：广东省东莞市万江简沙洲
邮编(P.C.)：523062
电话(Tel)：0769－22188068
传真(Fax)：0767－22188078
E-mail：debaochina@sohu.com
联系人(Contact Person)：胡建锋
产品业务(Business)：高精度微膜，包装袋

东莞市双龙塑胶制品有限公司
Dongguan Shuanglong Plastic Co., Ltd.
地址(Add)：广东省东莞市万江新村江村工业区
邮编(P.C.)：511717
电话(Tel)：0769－22288338
传真(Fax)：0769－22188668
联系人(Contact Person)：陈仔
产品业务(Business)：塑料包装袋

东莞市万江拓洋塑料制品厂
Dongguan Wanjiang Tuoyang Plastic Products Factory
地址(Add)：广东省东莞市万江镇新村卢屋工业区
邮编(P.C.)：523061
电话(Tel)：0769－22274453
传真(Fax)：0769－22273462
联系人(Contact Person)：袁嘉辉
产品业务(Business)：胶袋印刷

佛山市南海区星格彩印包装有限公司
Foshan Nanhai Xingge Print Package Co., Ltd.
地址(Add)：广东省佛山市南海区桂城东部工业园B区
邮编(P.C.)：528200
电话(Tel)：0757－86226666
传真(Fax)：0757－86237693
E-mail：200648848@qq.com
Http://www.fsxingge.com
联系人(Contact Person)：陈荣
产品业务(Business)：包装袋

多邦卫生材料
Duobang Sanitary Material Co.
(详见流延膜及塑料母粒)

佛山华韩卫生材料有限公司
Foshan Huahan Sanitary Material Co., Ltd.
(详见流延膜及塑料母粒)

顺德市金粤盛塑胶彩印有限公司
Shunde Jinyuesheng Plastic Colour Print Co., Ltd.
地址(Add)：广东省佛山市顺德区北滘镇黄涌工业区南路17号
邮编(P.C.)：528311
电话(Tel)：0757－26325190
传真(Fax)：0757－26325192
法人代表(Chairman)：宋白羽
总经理(General Manager)：孙东书
联系人(Contact Person)：李先臣
产品业务(Business)：卫生用品外包装袋(吹膜、印刷、制袋、复合)

广信塑料吹膜制品有限公司
Guangxin Plastic Packaging Co., Ltd.
地址(Add)：广东省佛山市顺德区大良新滘工业区工业路10号
邮编(P.C.)：528300
电话(Tel)：0757－22216493
传真(Fax)：0757－22221573
E-mail：gx2216493@yahoo.com.cn
Http://www.gx2216493.cn.alibaba.com
联系人(Contact Person)：何淑冰
产品业务(Business)：包装袋，流延膜

广州市粤盛工贸有限公司
Guangzhou Yuesheng Industry & Trade Co., Ltd.
地址(Add)：广东省广州市黄埔区大沙镇丰乐北路168号莲塘村对面
邮编(P.C.)：510700
电话(Tel)：020－82382521
传真(Fax)：020－82382492
法人代表(Chairman)：孙焕杰
联系人(Contact Person)：孙星威
产品业务(Business)：胶袋彩印，包括妇女卫生巾、纸尿片外包装袋

洪发胶袋彩印有限公司
Hongfa Plastic Color Printing Co., Ltd.
地址(Add)：广东省惠州市秋长镇白石秋宝路
邮编(P.C.)：516211
电话(Tel)：0752－3561615
传真(Fax)：0752－3561611
E-mail：sotodesign@163.com
Http://www.gd-hongfa.com
联系人(Contact Person)：麦伟创
产品业务(Business)：生活用纸塑料包装袋

惠州宝柏新材料有限公司
Propack Huizhou New Materials Limited
地址(Add)：广东省惠州市仲恺大道马过渡华宝工业区
邮编(P. C.)：516006
电话(Tel)：0752－2608150
传真(Fax)：0752－2600820
E-mail：printing@ propackchina. com
Http://www. propackchina. com
法人代表(Chairman)：张瑞霖
总经理(General Manager)：向志军
联系人(Contact Person)：饶春福
产品业务(Business)：复合膜，包装膜，包装袋

江阴宝柏包装有限公司
Jiangyin Propack Packaging Co., Ltd.
地址(Add)：江苏省江阴市南外环路858号
邮编(P. C.)：214433
电话(Tel)：0510－86105075
传真(Fax)：0510－86105138
E-mail：feng_lin@ propackchina. com
Http://www. propackchina. com
总经理(General Manager)：罗斌
联系人(Contact Person)：林峰
产品业务(Business)：卫生用品包装材料

江门市新会区精美彩塑料包装厂
Jiangmen Xinhui Jingmei Colour Plastic Packing Plant
地址(Add)：广东省江门市睦洲镇江睦公路加油站往江门方向60米
邮编(P. C.)：529143
电话(Tel)：0750－6228077
传真(Fax)：0750－6228078
E-mail：weter2616@ sohu. com
总经理(General Manager)：梁健荣
联系人(Contact Person)：梁健荣
产品业务(Business)：生活用纸包装袋

江门市广威胶袋印制企业有限公司
Jiangmen Guangwei Plastic Bag Print Enterprise Co., Ltd.
地址(Add)：广东省江门市新会区会城城郊工业区北32号
邮编(P. C.)：529100
电话(Tel)：0750－6363696
传真(Fax)：0750－6363699
总经理(General Manager)：余锦璋
联系人(Contact Person)：余锦璋
产品业务(Business)：塑料彩印包装袋

萃彩田塑料包装有限公司
Cuicaitian Plastic Packing Co., Ltd.
地址(Add)：广东省梅州市梅县松口镇石盘粮所
邮编(P. C.)：514755
电话(Tel)：0753－2769293
传真(Fax)：0753－2769299
联系人(Contact Person)：李鑫盛
产品业务(Business)：包装袋

汕头市银海印务有限公司
Shantou Yinhai Printing Co., Ltd.
地址(Add)：广东省汕头市金园工业区嘉发厂房
邮编(P. C.)：515000
电话(Tel)：0754－88111717
传真(Fax)：0754－88100203
E-mail：styhyw@ 163. com
总经理(General Manager)：陈楷武
产品业务(Business)：包装膜袋印刷

深圳豪艺塑料有限公司
Shenzhen Delux Arts Plastics Co., Ltd.
地址(Add)：广东省深圳市宝安区公明街道田寮工业区田湾路57号
邮编(P. C.)：518132
电话(Tel)：0755－27196300
传真(Fax)：0755－27190040
E-mail：andy. lue@ sdcl. cn
Http://www. deluxartspack. com
法人代表(Chairman)：刘绍然
联系人(Contact Person)：吕德冉
产品业务(Business)：纸尿裤袋

深圳市中龙包装制品有限公司
Shenzhen Zhonglong Packing Products Co., Ltd.
地址(Add)：广东省深圳市观澜镇樟坑径牛角龙工业区A7栋
邮编(P. C.)：518110
电话(Tel)：0755－28033245
传真(Fax)：0755－28019852
E-mail：szzlong668@ 126. com
Http://www. szzlong. cn
总经理(General Manager)：赵章备
联系人(Contact Person)：段兴权
产品业务(Business)：包装

深圳市迪莱特实业有限公司
Shenzhen Delight Industrial Co., Ltd.
地址(Add)：广东省深圳市光明新区公明办事处将石社区石围坪岗工业区35号迪莱特工业园
邮编(P. C.)：518109
电话(Tel)：0755－29935655
传真(Fax)：0755－29935654
E-mail：szdlt2007@ 163. com
Http://www. chinadelight. com. cn
联系人(Contact Person)：钟保生
产品业务(Business)：易拉贴袋，不干胶印刷

珠海市嘉德强包装有限公司
Zhuhai Jiadeqiang Packing Co., Ltd.
地址(Add)：广东省珠海市界涌工业区C区G栋(工东一街13号)
邮编(P. C.)：519070
电话(Tel)：0756－8510332
传真(Fax)：0756－8510331
E-mail：zhjdq00@ 126. com
联系人(Contact Person)：黄铁强
产品业务(Business)：塑料彩印包装袋

重庆华安包装装潢印务有限公司
Chongqing Huaan Packing Co., Ltd.
地址(Add)：重庆市璧山县狮子镇88号
邮编(P. C.)：402762
电话(Tel)：023－41919996
联系人(Contact Person)：胡永安
产品业务(Business)：卫生纸包装袋

重庆四平塑料包装有限公司
Chongqing Siping Plastic Pack Co., Ltd.
地址(Add)：重庆市沙坪坝区陈家桥镇陈青路165号
邮编(P.C.)：401331
电话(Tel)：023－65633033
传真(Fax)：023－65633163
总经理(General Manager)：桑志强
产品业务(Business)：包装袋

成都清洋宝柏包装有限公司
Alcan Propack Chengdu Limited
地址(Add)：四川省成都市郫县红光镇红高路199号
邮编(P.C.)：611743
电话(Tel)：028－87725699
传真(Fax)：028－87725566
E-mail：cdpack@propackchina.com
Http://www.propackchina.com
法人代表(Chairman)：黄子毅
联系人(Contact Person)：唐中文
产品业务(Business)：卫生用品包装袋

成都市联凯塑料包装技术有限公司
Chengdu Liankai Plastic Packing Co., Ltd.
地址(Add)：四川省成都市双流县九江镇金岛社区
邮编(P.C.)：610200
电话(Tel)：028－85790910
传真(Fax)：028－85790910
联系人(Contact Person)：徐红
产品业务(Business)：塑料包装袋

成都郫县永盛印务有限公司
Chengdu Pixian Yongsheng Print Co., Ltd.
地址(Add)：四川省郫县郫简镇天台工业区
邮编(P.C.)：611730
电话(Tel)：028－87885405
传真(Fax)：028－87885406
E-mail：ys790117@126.com
Http://www.cdysbz.com
总经理(General Manager)：刘其勇
联系人(Contact Person)：陈丽萍
产品业务(Business)：卫生用品包装袋

昆明纳威龙塑料制品有限公司
Kunming Naweilong Plastic Products Co., Ltd.
(详见流延膜及塑料母粒)

宁夏银川同泰印务有限公司
Ningxia Yinchuan Tongtai Print Co., Ltd.
地址(Add)：宁夏银川市德胜工业园区德翔东路26号
邮编(P.C.)：750200
电话(Tel)：0951－8080917
传真(Fax)：0951－8080907
E-mail：kongyan0953@sina.com
Http://www.nxysbz.com
联系人(Contact Person)：孔岩
产品业务(Business)：塑料包装

宁夏腾飞塑料包装有限公司
Ningxia Tengfei Plastic Package Co., Ltd.
地址(Add)：宁夏银川市永宁县望远工业园区旺牛路西
邮编(P.C.)：750101
电话(Tel)：0951－4066458
联系人(Contact Person)：滕征辉
产品业务(Business)：包装袋，手提袋

设备器材主要企业一览表
List of major manufacturers and suppliers of equipments

卫生纸机 Tissue machine

奥地利安德里茨股份公司	Andritz AG
美卓造纸机械(中国)有限公司	Metso Paper (China) Co., Ltd.
意大利亚赛利纸业设备有限公司	A. Celli Paper SpA
川之江造机株式会社	Kawanoe Zoki Co., Ltd.
意大利特斯克公司	TOSCOTEC SPA
波兰 PMP 集团	PMP Group
意大利欧弗公司	Over Meccanica S. p. A.
意大利 Recard 公司	Recard S. p. A.
天津天轻造纸机械有限公司	Tianjin Tianqing Paper Machinery Co., Ltd.
保定市晨光造纸机械有限公司	Baoding Chenguang Paper Machinery Co., Ltd.
辽阳慧丰造纸技术研究所	Liaoyang Allideas Papertech Co., Ltd.
上海轻良实业有限公司	Shanghai Qingliang Industry Co., Ltd.
杭州大路实业有限公司	Hangzhou Dalu Industry Co., Ltd.
山东银光机械制造有限公司	Shandong Yinguang Machinery Co., Ltd.
聊城市福和机械制造有限公司	Liaocheng Fuhe Machinery Manufacturing Co., Ltd.
山东华林机械有限公司	Shandong Hualin Machinery Co., Ltd.
聊城信和广友机电有限公司	Liaocheng Co – Credit Machinery & Electric Co., Ltd.
诸城市金隆机械制造有限责任公司	Zhucheng Jinlong Machinery Manufacturing Co., Ltd.
诸城市明大机械有限公司	Zhucheng Mingda Machinery Co., Ltd.
诸城市金日东造纸机械有限公司	Zhucheng Jinridong Paper Machinery Co., Ltd.
诸城天工造纸机械有限公司	Zhucheng Tiangong Paper Machinery Co., Ltd.
山东汉通奥特(造纸)机械有限公司	Shandong Hantong Aote Paper Machinery Co., Ltd.
诸城市大正机械有限公司	Zhucheng Dazheng Machinery Co., Ltd.
淄博全通机械有限公司	Zibo Quantong Machinery Co., Ltd.
诸城市增益造纸设备有限公司	Zhucheng Zengyi Paper Machinery Co., Ltd.
焦作市崇义轻工机械有限公司	Jiaozuo Chongyi Light Industry Machinery Co., Ltd.
东莞市佳鸣造纸机械研究所	Dongguan Jumping Paper Machinery Research Institute
宝拓造纸设备有限公司	Baotuo Paper Machinery Engineering Co., Ltd.
乐山维佳机械有限公司	Leshan Weijia Machinery Co., Ltd.
贵州恒瑞辰机械设备有限公司	Guizhou Hengruichen Machinery Factory

卫生纸加工设备 Converting machinery for tissue paper

美国纸产品加工机器公司(PCMC)	Paper Converting Machine Company
美国贝廷公司	C. G. Bretting Manufacturing Co., Inc.
意大利百利怡公司	Fabio Perini SpA
柯尔柏纸联包装公司(意大利卡马迪公司)	KPL Packaging SpA (Casmatic S. p. A.)
意大利欧米特有限公司	OMET S. r. l.

续表

意大利 C. M. G 机械制造公司	CMG Costruzioni Meccaniche Gambini SpA
Futura 卷纸后加工设备股份有限公司	Futura S. p. A
特艺佳国际有限公司	Tech. Vantage International Ltd.
德国森宁包装机械公司	Christian Senning Verpackungsmaschinen GmbH & Co. KG
德国 SERVOTEC 公司	Serv－o－tec GmbH
全利机械股份有限公司	Chan Li Machinery Co., Ltd.
泰舜工业有限公司	Tai Sun Machinery Co., Ltd.
台湾青华企业有限公司	China Engineering & Mercantile Co., Ltd.
韩国东洋机械公司	Dongyang Machinery Co.
信敏有限公司	Samiton Limited
北京兴民辉科技发展有限公司	Beijing Xingminhui Science & Technology Development Co., Ltd.
满城县诚信造纸机械有限公司	Mancheng Chengxin Paper Machinery Co., Ltd.
保定市新市区阳光纸品机械厂	Baoding Sunlight Paper Machinery Factory
柯尔柏机械设备(上海)有限公司	Körber Engineering (Shanghai) Co., Ltd.
连云港市向阳机械有限公司	Lianyungang Xiangyang Machinery Co., Ltd.
广州台能机械制造有限公司	Guangzhou Talent Machinery Manufacture Co., Ltd.
东莞市佳鸣机械制造有限公司	Dongguan Jumping Machinery Manufacture Co., Ltd.
佛山市南海置恩机械制造有限公司	Foshan Nanhai Zhien Machinery Manufacture Co., Ltd.
佛山市南海区德昌誉机械制造有限公司	Foshan Nanhai Dechangyu Paper Machinery Manufacture Co., Ltd.
宝索机械制造有限公司	Baosuo Paper Machinery Manufacture Co., Ltd.
佛山市南海区新力机械制造有限公司	Foshan Nanhai Xinli Paper Machinery Manufacture Co., Ltd.
佛山市南海科友机械有限公司	Foshan Nanhai Keyo Paper Machinery Co., Ltd.
柳州市精柔印刷包装机械有限公司	Liuzhou Jingrou Printing & Packing Machinery Co., Ltd.
南宁鼎舜机械制造有限公司	Nanning Elite Tissue Converting Machinery Manufacture Co., Ltd.
西安黑牛机械有限公司	Xi'an Blackbull Machinery Co., Ltd.

一次性卫生用品设备 Machinery for disposable hygiene products

日本株式会社瑞光	Zuiko Corporation
意大利 GDM 公司	GDM S. P. A
意大利发明家设备公司	Fameccanica Data S. p. A.
意大利迪雅特公司	Diatec
屋信机械有限公司	Healthy Machinery Co., Ltd.
德国威刻勒机器设备 W＋D 公司	Winkler & Dünnebier Aktiengesellschaft
台湾智琦机械工业股份有限公司	Astute Machine Industry Co., Ltd.
保定格润建材有限公司	Baoding Gerun Co., Ltd.
上海智联精工机械有限公司	Shanghai Zhilian Precision Machinery Co., Ltd.
昆仑自动化设备有限公司	Kunlun Automation Equipment Co., Ltd.
南京三木国际贸易集团	Nanjing Threewood International Trading Group
常州市东风卫生机械设备制造厂	Changzhou Dongfeng Sanitary Machinery Equipment Manufacture Factory

续表

金湖县宏达卫生用品设备有限公司	Jinhu Hongda Hygiene Products Equipment Co., Ltd.
江苏金卫机械设备有限公司	Jiangsu JWC Machinery Co., Ltd.
金湖县宏大卫生巾设备有限公司	Jinhu Hongda Sanitary Napkin Equipment Co., Ltd.
苏州市苏正机械有限公司	Suzhou Suzheng Machinery Co., Ltd.
张家港市世奇机械制造有限公司	Zhangjiagang Shiqi Machinery Co., Ltd.
张家港市久屹机械制造有限公司	Zhangjiagang Jiuyi Machinery Co., Ltd.
杭州珂瑞特机械制造有限公司	Hangzhou Creator Machinery Manufacture Co., Ltd.
杭州新余宏机械有限公司	Hangzhou New Yuhong Machinery Co., Ltd.
瑞安市瑞乐卫生巾设备有限公司	Ruian Ruile Sanitary Napkin Equipment Co., Ltd.
浙江省瑞安市瑞丰机械厂	Zhejiang Ruian Ruifeng Machinery Factory
义乌市宏星机械设备厂	Yiwu Hongxing Machinery Factory
安庆市恒昌机械制造有限责任公司	Anqing Heng Chang Machinery Co., Ltd.
泉州市华清机械制造有限公司	Quanzhou Huaqing Machinery Manufacture Co., Ltd.
晋江市顺昌机械制造有限公司	Jinjiang Shunchang Machine Manufacturing Co., Ltd.
晋江市东南机械制造有限公司	Jinjiang Southeast Machinery Manufacturing Co., Ltd.
泉州市汉威机械制造有限公司	Hanwei (Quanzhou) Machinery Manufacturing Co., Ltd.
福建泉州明辉轻工机械有限公司	Fujian Quanzhou Minghui Light Industry Machinery Co., Ltd.
福建培新机械制造实业有限公司	Fujian Peixin Machinery Manufacture Industrial Co., Ltd.
泉州市鲤城华信机械有限公司	Quanzhou Licheng Huaxin Machinery Industrial Co., Ltd.
泉州嘉福机械制造有限公司	Quanzhou Jiafu Machinery Manufacture Co., Ltd.
广州市兴世机械制造有限公司	Xingshi Equipments Co., Ltd.

热熔胶机 Hot melt adhesive machine

瑞士乐百得公司	Robatech AG
美国诺信有限公司	Nordson Corporation
玳纳特(香港)有限公司	ITW Dynatec (H. K.) Ltd.
金湖县赫尔顿热熔胶设备有限公司	Jinhu Heerdun Hotmelt Adhesives Equipment Co., Ltd.
常州永盛包装有限公司	Changzhou Yongsheng Packing Co., Ltd.
金湖县精工热熔胶设备厂	Jinhu Jinggong Holt Melt Adhesive Machine Factory
杭州朗奇科技有限公司	Hangzhou Lucky Key Science & Technology Co., Ltd.
浙江华安机械有限公司	Zhejiang Huaan Machinery Co., Ltd.
浙江瑞泰喷涂系统制造工业公司	Zhejiang Ruitai Spray Coating System Fabricating Co., Ltd.
瑞安市浩正热熔胶设备有限公司	Ruian Haozheng Hot Melt Adhesives Machinery Co., Ltd.
福州市安捷机电技术有限公司	Fuzhou Anjie Mechanical & Electrical Technology Co., Ltd.
泉州市精泰机械科技有限公司	Quanzhou Jingtai Machinery Technology Co., Ltd.
泉州东正喷涂系统制造工业有限公司	Dongzheng Spray Coating System Fabricating Co., Ltd.
泉州市贝特机械制造有限公司	Quanzhou Better Machinery Co., Ltd.
泉州新日成热熔胶设备有限公司	Quanzhou N. D. C Spray Coating System Fabricating Co., Ltd.
泉州市永泰机械设备有限公司	Quanzhou Yongtai Machinery Co., Ltd.

续表

深圳市轩泰机械设备有限公司	Shenzhen Suntech Machinery Co., Ltd.
深圳市冠臣机电有限公司	Shenzhen Guanchen Machinery Co., Ltd.
亿赫热熔胶机制造工业有限公司	Yih Heh Hot Melt Application Industrial Co., Ltd.
久骥化工机械有限公司	Jiuji Machinery Co., Ltd.
江门市跨海工贸有限公司	Wahrheit Int'l Trading Co., Ltd.
深圳市嘉美斯机电科技有限公司	Shenzhen Kamis Electricity Technology Co., Ltd.
台湾皇尚企业股份有限公司/皇尚科技开发(深圳)有限公司	Hwangsun Enterprise Co., Ltd.
深圳市腾科系统技术有限公司	Tech Adhesion Systems Ltd.
深圳市金皇尚精密机械有限公司	Shenzhen Gold Hwangshang Precision Machine Co., Ltd.
深圳市伊诺威机械设备有限公司	Innovation Machinery Co., Ltd.
深圳市晶诚机电科技有限公司	Shenzhen Jingcheng Mechanical and Electric Science & Technology Co., Ltd.

配套刀具 Blade

瑞典山特维克硬质材料集团	AB Sandvik Hard Materials Group
日本钨株式会社	Nippon Tungsten Co., Ltd.
抚顺三环机械总厂工具分厂	Fushun Tri – Circle Machinery General Factory Blade Affiliated Factory
乐嘉文高合金钢技术(上海)有限公司	Rieckermann Steel Tech (Shanghai) Ltd.
上海迁川制版模具有限公司	Shanghai Tsujikawa Engraving Co., Ltd.
坂崎雕刻模具(昆山)有限公司	Sakazaki Engraving (Kunshan) Co., Ltd.
杭州信合精工模具有限公司	Hangzhou Xinhe Precision Die Co., Ltd.
杭州市博家五金机械有限公司	Hangzhou Bojia Metals Engine Co., Ltd.
马鞍山市天元机械刀具有限公司	Maanshan Tianyuan Blade Co., Ltd.
安徽海德机械制造有限公司	Anhui Hiward Machine Co., Ltd.
三明市福工机械有限公司	Sanming Fugong Machinery Co., Ltd.
晋江特锐模具有限公司	Jinjiang Terui Mould Co., Ltd.
福建省南安市海明机械有限公司	Fujian Nanan Haiming Machinery Co., Ltd.
泉州市东兴机械制造有限公司	Quanzhou Dongxing Machinery Making Co., Ltd.
南安市龙山轻工机械有限公司	Nanan Longshan Light Industry Machinery Co., Ltd.
三明市普诺维机械有限公司	Sanming PNV Machinery Co., Ltd.
福建省三明市宏立机械制造有限公司	Fujian Sanming Hongli Machinery Manufacture Co., Ltd.
三明市恒瑞机械制造厂	Sanming Hengrui Machinery Factory
武汉五岳科技发展有限公司	Wuhan Wuyue Science Technology Development Co., Ltd.
四川新特模具机械有限公司	Sichuan Xinte Jig Machinery Co., Ltd

湿巾设备 Wet wipes machine

美国爱思诺机械制造有限公司	Elsner Engineering Works, Inc.
意大利英曼包装公司	Iman Pack S. p. A
九亿兴业有限公司	Joiepack Industrial Co., Ltd.

续表

瑞士 ILAPAK 公司	ILAPAK International S. A.
上海松川远亿机械设备有限公司	Shanghai Soontrue Machinery Equipment Co., Ltd.
浙江瑞安市大伟机械有限公司	Zhejiang Ruian Dawei Machinery Co., Ltd.
瑞安市三鑫包装机械有限公司	Ruian Sanxin Packing Machinery Co., Ltd.
瑞安市三环机械有限公司	Ruian Sanhuan Machinery Co., Ltd.
瑞安市海创机械有限公司	Ruian Haichina Machinery Co., Ltd.
泉州市东湖轻工机械厂	Quanzhou Donghu Light Industry Machinery Factory
泉州大昌纸品机械制造有限公司	Dachang Paper Machine Manufacture Co., Ltd.
泉州市创达机械制造有限公司	Quanzhou Chuangda Machinery Co., Ltd.
陆丰机械(郑州)有限公司	Ru Fong Machinery (Zhengzhou) Co., Ltd.

设备器材生产或供应
Manufacturers and suppliers of equipment

● 卫生纸机 Tissue machine

Andritz AG
奥地利安德里茨股份公司
地址(Add): Stattegger Strasse 18, A-8045 Graz, Austria
电话(Tel): 43-3166902-2591
传真(Fax): 43-3166902-410
E-mail: tissue@andritz.com
Http://www.andritz.com
联系人(Contact Person): Johann Schmidt
产品业务(Business): 卫生纸生产线，卫生纸浆料制备设备，卫生纸用浆废纸脱墨系统
北京代表处
地址(Add): 北京市朝阳区光华路17号汉威大厦西区18层8-10室
邮编(P.C.): 100004
电话(Tel): 010-65613388-110
传真(Fax): 010-65006413
E-mail: hongyu.li@andritz.com.cn
联系人(Contact Person): 李宏宇
佛山安德里茨技术有限公司
Andritz Technologies Ltd.
地址(Add): 广东省佛山市禅城区城西工业区天宝路9号
邮编(P.C.): 528000
电话(Tel): 0757-82100918
传真(Fax): 0757-82023536
E-mail: bingchen.bai@andritz.com
总经理(General Manager): 马丁
联系人(Contact Person): 白炳晨
产品业务(Business): 卫生纸机

美卓造纸机械(中国)有限公司
Metso Paper (China) Co., Ltd.
地址(Add): 北京市朝阳区建国路乙118号京汇大厦19层
邮编(P.C.): 100022
电话(Tel): 010-65666600
传真(Fax): 010-65662567
E-mail: wei.tang@metso.com
Http://www.metsopaper.com/cn
法人代表(Chairman): 亚力哈玛雷
总经理(General Manager): 范泽
联系人(Contact Person): 汤伟
产品业务(Business): 卫生纸机，制浆设备等

A. Celli Paper SpA
意大利亚赛利纸业设备有限公司
地址(Add): Via del Rogio 17, 55012 Tassignano - Capannori, Lucca, Italy
电话(Tel): 39-0583-984436
传真(Fax): 39-0583-984431
E-mail: i.olibano@acelli.it
Http://www.acellipaper.com
联系人(Contact Person): Lucia Maffei
产品业务(Business): 卫生纸机，分切复卷机，备浆系统，控制系统，干法纸成形器等
上海代表处
地址(Add): 上海市徐汇区凯旋路3500号华苑大厦1号楼8D
邮编(P.C.): 200030
电话(Tel): 021-64870654
传真(Fax): 021-64872928
E-mail: acelli-shanghai@263.net
Http://www.acellipaper.com
总经理(General Manager): 刘长春
联系人(Contact Person): 王聿芳

Kawanoe Zoki Co., Ltd.
川之江造机株式会社
地址(Add): 日本爱媛县四国中央市川之江町1514番地
电话(Tel): 81-896-58-0112
传真(Fax): 81-896-58-2864
E-mail: kawanoe@kawanoe.co.jp
Http://www.kawanoe.co.jp
法人代表(Chairman): 筱原正能
联系人(Contact Person): 岳启建
产品业务(Business): 真空圆网卫生纸机及后加工设备，制浆机械
川之江造纸机械(嘉兴)有限公司
地址(Add): 浙江省嘉兴市禾兴北路485号中行2F
邮编(P.C.): 314033
电话(Tel): 0573-82217800
传真(Fax): 0573-82217801

TOSCOTEC SPA
意大利特斯克公司
地址(Add): 317/F Viale Europa, 55014 Marlia, Lucca, Italy
电话(Tel): 39-0583-40871
传真(Fax): 39-0583-4087800
E-mail: sales.dep@toscotec.com
Http://www.toscotec.com
法人代表(Chairman): Alessandro Mennucci
总经理(General Manager): Alessandro Mennucci
联系人(Contact Person): Luca Mignani
产品业务(Business): 新月型成形卫生纸机，热风穿透干燥卫生纸机，复卷机
皇瀚实业有限公司
Huang Han Industrial Corporation
地址(Add): 台湾台中市北屯区平德路62巷10弄8号
电话(Tel): 04-22925083
传真(Fax): 04-22990846
E-mail: toma0820@yahoo.com
联系人(Contact Person): 郑明宏
产品业务(Business): 特斯克中国代理
和耀企业有限公司
地址(Add): 广东省深圳市宝安区松岗镇松新北二巷七号
邮编(P.C.): 518105
电话(Tel): 0755-29932703

传真(Fax)：0755-29932702
E-mail：toma0820@yahoo.com
Http://www.royview.com
联系人(Contact Person)：郑明宏
产品业务(Business)：特斯克中国代理

PMP Group
波兰 PMP 集团
地址(Add)：58-560 Jelenia Góra-Cieplice，ul. Fabryczna 1，Poland
电话(Tel)：48-75-7551061
传真(Fax)：48-75-7551060
E-mail：dragon-pmpoland@yahoo.com.cn
Http://www.pmpgroup.com
联系人(Contact Person)：计小龙
产品业务(Business)：卫生纸机，浆料制备设备
艾博(常州)机械科技有限公司
PMP IB (Changzhou) Machinery & Technology Co., Ltd.
地址(Add)：江苏省常州市武进高新区龙翔路7号
邮编(P.C.)：213164
电话(Tel)：0519-86225355
传真(Fax)：0519-86225320
联系人(Contact Person)：计小龙

Over Meccanica S.p.A.
意大利欧弗公司
地址(Add)：Via Torricelli，25 1-37136 Verona Italy
电话(Tel)：39-045-8281111
传真(Fax)：39-045-8281231
E-mail：over@over.it
产品业务(Business)：卫生纸机

德国捷高机械工程有限公司
CICO Engineering Co., Ltd.
北京办事处
地址(Add)：北京市朝阳区麦子店街37号盛福大厦1760室
邮编(P.C.)：100026
电话(Tel)：010-85276377
传真(Fax)：010-85276378
E-mail：beijing@illies.de
产品业务(Business)：代理意大利欧弗 Over 公司卫生纸机

Recard S.p.A.
意大利 Recard 公司
地址(Add)：Localita' Biecina 1-55019 Villa Basilica (LU) Italy
电话(Tel)：39-05-7243067
传真(Fax)：39-05-7243011
E-mail：info@recard.it
Http://www.recard.it
产品业务(Business)：卫生纸机，卫生纸分切复卷机
亚洲办事处
地址(Add)：台湾省台北市爱国东路七十一号四楼之二(邮编87-464)
电话(Tel)：886-2-23223348
传真(Fax)：886-2-23935535
E-mail：maxwell.fu@recard.it
联系人(Contact Person)：傅衡昌

Kyoung Yong Machinery Co., Ltd.
京龙机械株式会社
地址(Add)：646-5 Sunggok-Dong，Danwon-Gu Ansan-City，Kyungki-Do，Korea
电话(Tel)：82-31-492-3721
传真(Fax)：82-31-492-3717
E-mail：kymc@kymc.co.kr
总经理(General Manager)：黄汉成
产品业务(Business)：卫生纸机，制浆及造纸设备

Vaahto Ltd.
芬兰沃赫托公司
地址(Add)：PO Box 1000 Vanha Messilantie 6 FIN-15861 Hollola Finland
电话(Tel)：358-20-1880-511
传真(Fax)：358-20-1880-293
E-mail：krisse.teuri@vaahtogroup.fi
Http://www.vaahtogroup.fi
联系人(Contact Person)：Krisse Teuri
产品业务(Business)：卫生纸机
沃赫托造纸设备贸易(上海)有限公司
Vaahto Pulp & Paper Machinery Distribution (Shanghai) Co., Ltd.
地址(Add)：上海市长宁区仙霞路369号现代广场1号楼1703
邮编(P.C.)：200336
电话(Tel)：021-51559151
传真(Fax)：021-51559153
E-mail：aileen.wang@vaahtogroup.fi
Http://www.vaahtogroup.fi
法人代表(Chairman)：Antti Vaahto
联系人(Contact Person)：王慧
产品业务(Business)：造纸机械设备

Hinnli Co., Ltd.
地址(Add)：3C17，No. 5，Section 5 Hsin Yi Road，#110 Taipei Taiwan
电话(Tel)：886-2-27220261
传真(Fax)：886-2-27233602
E-mail：hinnrich@ms72.hinet.net
Http://www.hinnli.com
联系人(Contact Person)：Ibrahim El-Hinn
产品业务(Business)：卫生纸机，面巾纸、擦手纸、卫生卷纸、厨用卷纸加工机，餐巾纸和配给器加工机，盒装纸巾纸包装机，卫生卷纸中包机

清来机械有限公司
Ching Lai Machinery Co., Ltd.
地址(Add)：台湾省台北市延平北路七段106巷218号
电话(Tel)：886-2-28103385~7
传真(Fax)：886-2-28105617
E-mail：ching418@ms33.hinet.net
Http://www.chinglai.com.tw
产品业务(Business)：卫生纸机，卫生纸复卷机
南京办事处
地址(Add)：江苏省南京市雨花区宁南大道19号翠岛花城水芙苑F4栋1501
邮编(P.C.)：210012
电话(Tel)：025-66603405
传真(Fax)：025-66603412
E-mail：chinglaitw@vip.163.com

联系人(Contact Person)：黄加有

天津天轻造纸机械有限公司
Tianjin Tianqing Paper Machinery Co., Ltd.
地址(Add)：天津市津南区北闸口镇三道沟工业园区津晋高速辅路1号
邮编(P. C.)：300193
电话(Tel)：022－27382839
传真(Fax)：022－27380702
法人代表(Chairman)：王新芝
总经理(General Manager)：王新芝
产品业务(Business)：卫生纸机

保定市晨光造纸机械有限公司
Baoding Chenguang Paper Machinery Co., Ltd.
地址(Add)：河北省保定市保满路169号
邮编(P. C.)：071051
电话(Tel)：0312－3173685
传真(Fax)：0312－3172452
E-mail：chgjx@heinfo.net
Http://www.chgjx.com.cn
法人代表(Chairman)：侯金明
总经理(General Manager)：侯金忠
联系人(Contact Person)：侯金忠
产品业务(Business)：卫生纸机，文化纸机，纸板机，复卷打孔机，压光机，切纸机，污水处理设备，制浆设备

满城县恒通造纸机械有限公司
Mancheng Hengtong Paper Machinery Co., Ltd.
地址(Add)：河北省保定市满城县北外环路口
邮编(P. C.)：072150
电话(Tel)：0312－7010148
传真(Fax)：0312－7078930
E-mail：htzzjx@163.com
Http://www.hengtongzaozhijixie.com
联系人(Contact Person)：苏红千
产品业务(Business)：卫生纸机

河北保定创新造纸机械有限公司
Hebei Baoding Chuangxin Paper Machinery Co., Ltd.
地址(Add)：河北省保定市满城县东外环
邮编(P. C.)：071000
电话(Tel)：0312－7168885
传真(Fax)：0312－7168999
E-mail：office@cxjx.cn
Http://www.cxzzjx.cn
总经理(General Manager)：侯保锋
产品业务(Business)：卫生纸机，制浆设备，餐巾纸压花折叠机，面巾纸机

石家庄诚信中轻机械设备有限公司
Shijiazhuang Chengxin Light Industry Machinery Co., Ltd.
(详见检测仪器)

本溪富华轻工机械制造有限公司
Benxi Fuhua Light Industry Machinery Co., Ltd.
地址(Add)：辽宁省本溪市溪湖区彩虹街
邮编(P. C.)：117019
电话(Tel)：0414－5892689
传真(Fax)：0414－5893074
E-mail：bxfhma@163.com
Http://www.fuhuajx.com
联系人(Contact Person)：马凤强
产品业务(Business)：造纸机，压光机，烘缸，复卷机

丹东正益机械制造有限公司
Dandong Zhengyi Machinery Co., Ltd.
地址(Add)：辽宁省丹东市同兴镇变电村1102号
邮编(P. C.)：118011
电话(Tel)：0415－6223547
传真(Fax)：0415－6222067
E-mail：ddzhengyi@163.com
Http://www.ddzhengyi.com
法人代表(Chairman)：马连英
联系人(Contact Person)：周海波
产品业务(Business)：卫生纸机，压光辊

丹东市江城轻工机械有限公司
Dandong Jiangcheng Light Industry Machinery Co., Ltd.
地址(Add)：辽宁省丹东市振兴区安民街3号
邮编(P. C.)：118000
电话(Tel)：0415－7609291
传真(Fax)：0415－7608629
E-mail：jcjx@ddjcm.com
Http://www.ddjcm.com
联系人(Contact Person)：邹良锋
产品业务(Business)：造纸机，涂布机，卷纸机，复卷机，制浆设备

丹东新宇造纸机械有限公司
Dandong Xinyu Paper Machinery Co., Ltd.
地址(Add)：辽宁省东港市长山工业园A区
邮编(P. C.)：118304
电话(Tel)：0415－7871888
传真(Fax)：0415－7870456
E-mail：mail@xy1985.com
Http://www.xy1985.com
法人代表(Chairman)：刘爱新
总经理(General Manager)：刘爱新
产品业务(Business)：卫生纸机

辽阳慧丰造纸技术研究所
Liaoyang Allideas Papertech Co., Ltd.
地址(Add)：辽宁省辽阳市庆阳工业园安康路3号
邮编(P. C.)：111000
电话(Tel)：0419－3174624
传真(Fax)：0419－3174629
E-mail：allideas@vip.163.com
Http://www.aalideas.cn
联系人(Contact Person)：关伟
产品业务(Business)：真空圆网和新月型成形器卫生纸机

辽阳造纸机械股份有限公司
Liaoyang Paper Machinery Co., Ltd.
地址(Add)：辽宁省辽阳市铁西路76号
邮编(P. C.)：111004
电话(Tel)：0419－3132329
传真(Fax)：0419－3132877
E-mail：lyzj@lyzj.com

法人代表(Chairman)：李生
联系人(Contact Person)：张瑞昆
产品业务(Business)：造纸机械成套设备

沈阳春光造纸机械有限公司
Shenyang Chunguang Paper Machinery Co., Ltd.
地址(Add)：辽宁省沈阳市于洪开发区西和平
邮编(P. C.)：110141
电话(Tel)：024 – 85400088
传真(Fax)：024 – 89361535
Http://www. syzzjxc. cn
联系人(Contact Person)：毕全武
产品业务(Business)：卫生纸机，制浆设备，真空泵，压力筛，除渣器

白城福佳机械制造有限公司
Baicheng Fujia Machinery Manufacture Co., Ltd.
地址(Add)：吉林省白城市西青龙路20号
邮编(P. C.)：137000
电话(Tel)：0436 – 3298000
传真(Fax)：0436 – 3298000
E-mail：666_s@163. com
总经理(General Manager)：彭寒宇
联系人(Contact Person)：史金城
产品业务(Business)：卫生纸机，制浆设备

上海轻良实业有限公司
Shanghai Qingliang Industry Co., Ltd.
地址(Add)：上海市青浦区鹤祥路68号
邮编(P. C.)：201709
电话(Tel)：021 – 59745501
传真(Fax)：021 – 59741437
E-mail：shqlsy@shqlsy. com
Http://www. shqlsy. com
法人代表(Chairman)：陈小康
联系人(Contact Person)：邬继耀
产品业务(Business)：卫生纸机，制浆设备

太仓市宏祥造纸机械厂
Taicang Hongxiang Paper Machinery Factory
地址(Add)：江苏省太仓市璜泾镇王秀
邮编(P. C.)：215426
电话(Tel)：0512 – 53858503
传真(Fax)：0512 – 53855180
E-mail：service@shenqichina. com
总经理(General Manager)：袁锦元
产品业务(Business)：造纸机，圆网笼，圆网浓缩机，卷纸机，复卷机，压光机

太仓市兴良造纸制浆成套设备有限公司
Taicang Xingliang Paper & Pulp Machinery Co., Ltd.
地址(Add)：江苏省太仓市沙溪镇民营科技园区
邮编(P. C.)：215421
电话(Tel)：0512 – 53221744
传真(Fax)：0512 – 53221758
E-mail：webmaster@xlpaper. com
Http://www. xlpaper. com
总经理(General Manager)：陈雪江
联系人(Contact Person)：高正良
产品业务(Business)：卫生纸机，碎浆机，压力筛

无锡寰亚机械有限公司
Wuxi Huanya Machinery Co., Ltd.
地址(Add)：江苏省无锡市新区鸿山镇鸿声马桥村工业集中区
邮编(P. C.)：214115
电话(Tel)：0510 – 88588350
传真(Fax)：0510 – 83296603
E-mail：info@wxhuanya. com
Http://www. wxhuanya. com
联系人(Contact Person)：方志远
产品业务(Business)：造纸机，复卷机，刮刀

无锡市秋明造纸机械有限公司
Wuxi Qiuming Paper Machinery Co., Ltd.
(详见卫生纸机和加工设备的其他相关器材配件)

徐州市东杰造纸机械有限公司
Xuzhou Dongjie Paper Machinery Co., Ltd.
地址(Add)：江苏省徐州市铜山县柳新镇李庄村(徐州市九里区庞庄煤矿工人村)
邮编(P. C.)：221142
电话(Tel)：0516 – 85872813
传真(Fax)：0516 – 85871669
E-mail：xzdjljc@126. com
Http://www. xzdjzj. com
总经理(General Manager)：陈杰
产品业务(Business)：卫生纸机，复卷机

盐城市佳诚机械有限公司
Yancheng Jiacheng Machinery Co., Ltd.
地址(Add)：江苏省盐城市城区秦南工业园区1号
邮编(P. C.)：224015
电话(Tel)：0515 – 88690666
传真(Fax)：0515 – 88699333
E-mail：jiaxin@jxmachine. com
Http://www. jxmachine. com
法人代表(Chairman)：杭加信
总经理(General Manager)：杭加信
产品业务(Business)：卫生纸机，气罩，流浆箱

金顺重机(江苏)有限公司
Gold Sun Machinery (Jiangsu) Co., Ltd.
地址(Add)：江苏省镇江市大港兴港东路18号
邮编(P. C.)：212132
电话(Tel)：0511 – 83998035
传真(Fax)：0511 – 88998077
E-mail：zhouzhengdi@goldeastpaper. com. cn
联系人(Contact Person)：周正弟
产品业务(Business)：卫生纸机

杭州大路实业有限公司
Hangzhou Dalu Industry Co., Ltd.
地址(Add)：浙江省杭州市萧山区红山农场
邮编(P. C.)：311234
电话(Tel)：0571 – 83699368
传真(Fax)：0571 – 82699410
E-mail：huangdong. xun@163. com
Http://www. chinadalutong. com
总经理(General Manager)：屠锦秀
联系人(Contact Person)：屠可可
产品业务(Business)：卫生纸机，离心纸浆泵，上浆泵，

浆池搅拌器，磨浆机

山东银光机械制造有限公司
Shandong Yinguang Machinery Co., Ltd.
地址(Add)：山东省费县城胜利街28号
邮编(P. C.)：273400
电话(Tel)：0539－5221136
传真(Fax)：0539－5020063
E-mail：wangbin-700@163. com
Http://www. yichunstock. com
法人代表(Chairman)：孙伯文
总经理(General Manager)：郭朝贵
联系人(Contact Person)：陈贞奇
产品业务(Business)：卫生纸机，卫生纸加工设备

济南金拓亨机械制造有限公司
Jinan Jintuoheng Machinery Co., Ltd.
地址(Add)：山东省济南市经济开发区南园国道路6001号
邮编(P. C.)：250300
电话(Tel)：0531－87229688
传真(Fax)：0531－87229188
E-mail：7229688@jintuoheng. com
总经理(General Manager)：孙焕龄
联系人(Contact Person)：李季
产品业务(Business)：卫生纸机，压力筛，碎浆机，提取机等

聊城市福和机械制造有限公司
Liaocheng Fuhe Machinery Manufacturing Co., Ltd.
地址(Add)：山东省聊城市东昌区嘉明经济技术开发区
邮编(P. C.)：252000
电话(Tel)：0635－6196119
传真(Fax)：0635－8723295
E-mail：pingan5566@163. com
Http://www. lcfhjx. cn. bosslink. com
法人代表(Chairman)：冯关文
总经理(General Manager)：冯关文
联系人(Contact Person)：冯关文
产品业务(Business)：卫生纸机真空圆网成形器，不锈钢辊，流浆箱

山东华林机械有限公司
Shandong Hualin Machinery Co., Ltd.
地址(Add)：山东省聊城市凤凰工业园纬一路8号
邮编(P. C.)：252000
电话(Tel)：0635－2126001
传真(Fax)：0635－2126006
E-mail：hmc6008@163. com
Http://www. cnchanghua. com
总经理(General Manager)：秦维浮
联系人(Contact Person)：李钦铎
产品业务(Business)：卫生纸机，擦手纸原纸纸机

聊城信和广友机电有限公司
Liaocheng Co－Credit Machinery & Electric Co., Ltd.
地址(Add)：山东省聊城市经济开发区黄河路26号
邮编(P. C.)：252000
电话(Tel)：0635－2933333
传真(Fax)：0635－2938333
E-mail：lcxinhe@126. com
Http://www. lcxhgy. com
联系人(Contact Person)：张磊
产品业务(Business)：卫生纸机，造纸工程安装、调试

山东鲁台造纸机械集团有限公司
Shandong Lutai Paper Machinery Group Co., Ltd.
地址(Add)：山东省枣庄市台儿庄工业园区北首
邮编(P. C.)：277400
电话(Tel)：0632－6681888
传真(Fax)：0632－6611569
E-mail：shangwt@sohu. com
Http://www. lutaijt. com
法人代表(Chairman)：李振忠
联系人(Contact Person)：李振忠
产品业务(Business)：卫生纸机，钢制焊接烘缸

诸城市金隆机械制造有限责任公司
Zhucheng Jinlong Machinery Manufacturing Co., Ltd.
地址(Add)：山东省诸城市得利斯大道中段
邮编(P. C.)：262216
电话(Tel)：0536－6116888
传真(Fax)：0536－6081808
E-mail：jl@cnjinlongjixie. com
Http://www. cnjinlongjixie. com
法人代表(Chairman)：隋炳礼
总经理(General Manager)：隋炳礼
联系人(Contact Person)：王春亮
产品业务(Business)：卫生纸机，压力筛，碎浆机，浮选脱墨机，气浮式污水处理设备

诸城市明大机械有限公司
Zhucheng Mingda Machinery Co., Ltd.
地址(Add)：山东省诸城市皇华工业园
邮编(P. C.)：262229
电话(Tel)：0536－6342866
传真(Fax)：0536－6587669
Http://www. mdjixie. com
联系人(Contact Person)：冯强
产品业务(Business)：卫生纸机，浮选脱墨机，碎浆机，除渣机，网笼

诸城市金日东造纸机械有限公司
Zhucheng Jinridong Paper Machinery Co., Ltd.
地址(Add)：山东省诸城市经济技术开发区历山路18号
邮编(P. C.)：262200
电话(Tel)：0536－6213740
传真(Fax)：0536－6213221
E-mail：mail@ridong. com
Http://www. ridong. com
法人代表(Chairman)：王海峰
总经理(General Manager)：王海峰
联系人(Contact Person)：李永宝
产品业务(Business)：卫生纸机，废纸脱墨设备，制浆设备，污水处理设备

诸城天工造纸机械有限公司
Zhucheng Tiangong Paper Machinery Co., Ltd.
地址(Add)：山东省诸城市开发区舜都路263号
邮编(P. C.)：262233
电话(Tel)：0536－6805088
传真(Fax)：0536－6805000

E-mail：tiangong@ tiangongmachinery. com
Http://www. tiangongmachinery. com
联系人(Contact Person)：秦玉辉
产品业务(Business)：卫生纸机，磨浆机，碎浆机，圆网浓缩机，搅拌器

山东汉通奥特(造纸)机械有限公司
Shandong Hantong Aote Paper Machinery Co., Ltd.
地址(Add)：山东省诸城市龙都工业园(206 国道 375 公里处)
邮编(P. C.)：262200
电话(Tel)：0536 – 6121275
传真(Fax)：0536 – 6113828
E-mail：htaote@ 163. com
Http://www. chinahantong. com
法人代表(Chairman)：王希刚
总经理(General Manager)：王希刚
联系人(Contact Person)：徐国
产品业务(Business)：卫生纸机，复卷分切机

诸城市大正机械有限公司
Zhucheng Dazheng Machinery Co., Ltd.
地址(Add)：山东省诸城市南外环路东段
邮编(P. C.)：262200
电话(Tel)：0536 – 6054688
传真(Fax)：0536 – 6056488
E-mail：dzco@ 163. com
Http://www. dzco. net. cn
总经理(General Manager)：董海军
联系人(Contact Person)：董海军
产品业务(Business)：卫生纸机，擦手纸原纸纸机，制浆设备，浮选脱墨设备，制浆设备配件

诸城市永利达机械有限公司
Zhucheng Yonglida Machinery Co., Ltd.
地址(Add)：山东省诸城市舜王工业园
邮编(P. C.)：262233
电话(Tel)：0536 – 6013588
传真(Fax)：0536 – 6432688
E-mail：wps@ yonglidajixie. com
Http://www. yonglidajixie. com
法人代表(Chairman)：吴培生
总经理(General Manager)：吴培生
产品业务(Business)：卫生纸机，碎浆机，浮选脱墨机，卫生纸打孔复卷机

诸城新日东造纸机械厂
Zhucheng Xinridong Paper Machinery Factory
地址(Add)：山东省诸城市桃北路皇华工业园
邮编(P. C.)：262200
电话(Tel)：0536 – 6887459
传真(Fax)：0536 – 6096295
Http://www. xydzzjx. cn
联系人(Contact Person)：王卫华
产品业务(Business)：卫生纸机，制浆设备，水处理设备，浮选脱墨设备

诸城市增益造纸设备有限公司
Zhucheng Zengyi Paper Machinery Co., Ltd.
地址(Add)：山东省诸城市外贸街 9 号
邮编(P. C.)：262200
电话(Tel)：0536 – 6066260
传真(Fax)：0536 – 6065719
E-mail：hby@ zengyishebei. com
Http://www. zengyi. cn
法人代表(Chairman)：何炳义
联系人(Contact Person)：王汝东
产品业务(Business)：卫生纸机，废纸脱墨生产线

青州永正造纸机械有限公司
Qingzhou Yongzheng Paper Machinery Co., Ltd.
地址(Add)：山东省青州市东坝工业园
邮编(P. C)：262500
电话(Tel)：0536 – 3531011
传真(Fax)：0536 – 3531011
总经理(General Manager)：付明新
联系人(Contact Person)：付明新
产品业务(Business)：卫生纸机

淄博全通机械有限公司
Zibo Quantong Machinery Co., Ltd.
地址(Add)：山东省淄博市周村区王村镇兴华路南首
邮编(P. C.)：255311
电话(Tel)：0533 – 6680247
传真(Fax)：0533 – 6680249
E-mail：cnquantong@ sina. com
Http://www. cnquantong. com
法人代表(Chairman)：闫先进
联系人(Contact Person)：邓永刚
产品业务(Business)：卫生纸机，造纸机，制浆设备

邹平县北方造纸机械厂
Zouping Beifang Paper Machinery Factory
地址(Add)：山东省邹平县临池镇古城村
邮编(P. C.)：256220
电话(Tel)：0533 – 6809678
传真(Fax)：0533 – 6819678
E-mail：beifang@ bfzj. com
Http://www. bfzj. com
联系人(Contact Person)：刘敬水
产品业务(Business)：卫生纸机

焦作市崇义轻工机械有限公司
Jiaozuo Chongyi Light Industry Machinery Co., Ltd.
地址(Add)：河南省沁阳市建设南路 10 号
邮编(P. C.)：454550
电话(Tel)：0391 – 5611697
传真(Fax)：0391 – 5622697
E-mail：gaidongliang@ 163. com
Http://www. cyqg. com
法人代表(Chairman)：宋晓
联系人(Contact Person)：盖栋梁
产品业务(Business)：卫生纸机，复卷机，合金铸铁烘缸

沁阳市新华机械厂
Qinyang Xinhua Machinery Plant
地址(Add)：河南省沁阳市里村工业区
邮编(P. C.)：454550
电话(Tel)：0391 – 5693655
传真(Fax)：0391 – 5698999
总经理(General Manager)：王秀荣

产品业务(Business)：卫生纸机，复卷打孔机

沁阳市金德机械制造有限公司
Qinyang Jinde Machinery Manufacturing Co., Ltd.
地址(Add)：河南省沁阳市紫陵镇工业区
邮编(P. C.)：454550
电话(Tel)：0391-5091599
联系人(Contact Person)：靳小敏
产品业务(Business)：卫生纸机

东莞市佳鸣造纸机械研究所
Dongguan Jumping Paper Machinery Research Institute
地址(Add)：广东省东莞市沙田镇民田泗沙路路口直入150米右转(明珠学校后门)
邮编(P. C.)：523991
电话(Tel)：0769-88663103
传真(Fax)：0769-88667173
法人代表(Chairman)：曾一鸣
联系人(Contact Person)：曾一鸣
产品业务(Business)：卫生纸机

东莞市中盛造纸机械有限公司
Dongguan Zhongsheng Paper Machinery Co., Ltd.
地址(Add)：广东省东莞市望牛墩镇五福路
邮编(P. C.)：523200
电话(Tel)：0769-88855859
传真(Fax)：0769-88512908
Http://dgzhongsheng.wnet.com.cn
联系人(Contact Person)：赵冬
产品业务(Business)：卫生纸机

宝拓造纸设备有限公司
Baotuo Paper Machinery Engineering Co., Ltd.
地址(Add)：广东省佛山市南海区平洲夏南一工业区
邮编(P. C.)：528252
电话(Tel)：0757-81273377
传真(Fax)：0757-81273399
E-mail：master@baotuo.com.cn
Http://www.baotuo.com.cn
总经理(General Manager)：彭锦潮
联系人(Contact Person)：梁盛广
产品业务(Business)：卫生纸机

广州市番禺区金晖造纸机械设备厂
Guangzhou Panyu Jinhui Paper Machinery Factory
地址(Add)：广东省广州市番禺区沙湾镇西村工业区沙湾变电站对面
邮编(P. C.)：511483
电话(Tel)：020-84731116
传真(Fax)：020-84731116
E-mail：pyjinhui@163.com
Http://www.gz-jinhui.net
联系人(Contact Person)：何锦辉
产品业务(Business)：卫生纸机，制浆设备，脱墨设备

广东省江门市新会区睦洲机械有限公司
Guangdong Jiangmen Xinhui Muzhou Machinery Co., Ltd.
地址(Add)：广东省江门市新会区睦洲镇河滨西路1号
邮编(P. C.)：529143
电话(Tel)：0750-6222592
传真(Fax)：0750-6221205
法人代表(Chairman)：李忠灵
联系人(Contact Person)：李忠灵
产品业务(Business)：卫生纸机，双盘磨，两相流浆泵，铜质圆网笼，胶辊

南宁市唯美造纸设备有限公司
Nanning Wemet Paper Equipment Co., Ltd.
地址(Add)：广西南宁市金湖路59号地王国际商会中心30层A-F
邮编(P. C.)：530003
电话(Tel)：0771-4801108
传真(Fax)：0771-4802563
E-mail：info@wemetpaper.com
Http://www.wemetpaper.com
法人代表(Chairman)：李文志
总经理(General Manager)：李文志
联系人(Contact Person)：严芝娜
产品业务(Business)：经销卫生纸机，后加工设备，制浆设备

乐山维佳机械有限公司
Leshan Weijia Machinery Co., Ltd.
地址(Add)：四川省乐山市市中区嘉定北路409号
邮编(P. C.)：614000
电话(Tel)：0833-3181388
传真(Fax)：0833-3181388
E-mail：yufang@vip.163.com
法人代表(Chairman)：余放
产品业务(Business)：卫生纸机，制浆造纸设备

宜宾造纸机械厂
Yibin Paper Machinery Factory
地址(Add)：四川省宜宾市育才路4号
邮编(P. C.)：644007
电话(Tel)：0831-7817158
传真(Fax)：0831-7817159
法人代表(Chairman)：邹信云
联系人(Contact Person)：王松
产品业务(Business)：卫生纸机，纸板机，烘缸

贵州恒瑞辰机械设备有限公司
Guizhou Hengruichen Machinery Factory
地址(Add)：贵州省贵阳市小河黄河路487号翡翠大厦8楼3号
邮编(P. C.)：550009
电话(Tel)：0851-3841062
传真(Fax)：0851-3841061
E-mail：wyf913@vip.sina.com
Http://www.gzhrc.com
法人代表(Chairman)：王玉勇
总经理(General Manager)：王云飞
联系人(Contact Person)：王云飞
产品业务(Business)：卫生纸机，刮刀专用磨床

陕西商洛恒泰机械有限责任公司
Shaanxi Shangluo Hengtai Machinery Co., Ltd.
地址(Add)：陕西省商洛市商州区东郊吉村
邮编(P. C.)：726000
电话(Tel)：0914-2382104
传真(Fax)：0914-2382104

法人代表(Chairman)：周炳文
联系人(Contact Person)：周炳文
产品业务(Business)：卫生纸机，纸板机，洗浆机

● 废纸脱墨设备 Deinking machine

Andritz AG
奥地利安德里茨股份公司
(详见卫生纸机)

凯登百利可乐生公司
Kadant Black Clawson China
(详见卫生纸机和加工设备的其他相关器材配件)

杭州华源自动化设备技术公司
Hangzhou Huayuan Automatic Equipments Technology Co.
地址(Add)：浙江省杭州市体育场路71号
邮编(P.C.)：310004
电话(Tel)：0571-85187837
传真(Fax)：0571-85187837
联系人(Contact Person)：王占彬
产品业务(Business)：废纸脱墨技术与设备

福建省轻工机械设备有限公司
Fujian Light Industry Machinery & Equipment Co., Ltd.
地址(Add)：福建省福州市闽侯铁岭工业集中区
邮编(P.C.)：350100
电话(Tel)：0591-22628228
传真(Fax)：0591-22079777
E-mail：ellen.li@fjqj.com
Http://www.fjqj.com
联系人(Contact Person)：李艳
产品业务(Business)：废纸脱墨设备，打浆设备

安丘科扬机械有限公司
Anqiu Keyang Machinery Co., Ltd.
地址(Add)：山东省安丘市东城工业园
邮编(P.C.)：262100
电话(Tel)：0536-4261398
传真(Fax)：0536-4252598
E-mail：keyang108@163.com
Http://www.aqky.com.cn
总经理(General Manager)：王才友
产品业务(Business)：浮选脱墨机，高速洗浆机，碎浆机

潍坊科创浆纸工程有限公司
Weifang Kechuang Pulp & Paper Engineering Co., Ltd.
地址(Add)：山东省安丘市经济技术开发区
邮编(P.C.)：262123
电话(Tel)：0536-2269600
传真(Fax)：0536-4732507
E-mail：cppe21th@126.com
Http://www.chinacppe.com
总经理(General Manager)：孙文峰
联系人(Contact Person)：孙文峰
产品业务(Business)：废纸脱墨设备，除渣器，挤浆机

泰安市普瑞特机械制造有限公司
Taian Prettech Machinery Co., Ltd.
(详见卫生纸机和加工设备的其他相关器材配件)

诸城市金隆机械制造有限责任公司
Zhucheng Jinlong Machinery Manufacturing Co., Ltd.
(详见卫生纸机)

诸城市明大机械有限公司
Zhucheng Mingda Machinery Co., Ltd.
(详见卫生纸机)

诸城市金日东造纸机械有限公司
Zhucheng Jinridong Paper Machinery Co., Ltd.
(详见卫生纸机)

山东诸城市华瑞造纸机械厂
Shandong Zhucheng Huarui Paper Machinery Plant
地址(Add)：山东省诸城市龙都工业园
邮编(P.C.)：262200
电话(Tel)：0536-6387798
传真(Fax)：0536-6350105
总经理(General Manager)：夏金伟
联系人(Contact Person)：夏金伟
产品业务(Business)：废纸脱墨成套制浆设备

诸城市大正机械有限公司
Zhucheng Dazheng Machinery Co., Ltd.
(详见卫生纸机)

诸城市永利达机械有限公司
Zhucheng Yonglida Machinery Co., Ltd.
(详见卫生纸机)

诸城新日东造纸机械厂
Zhucheng Xinridong Paper Machinery Factory
(详见卫生纸机)

诸城市增益造纸设备有限公司
Zhucheng Zengyi Paper Machinery Co., Ltd.
(详见卫生纸机)

诸城市博瑞德造纸机械厂
Zhucheng Boruide Paper Machinery Factory
地址(Add)：山东省诸城市西土墙工业园
邮编(P.C.)：262200
电话(Tel)：0536-6560123
传真(Fax)：0536-6560123
Http://www.boruide.cn
联系人(Contact Person)：徐冰
产品业务(Business)：浮选脱墨设备，制浆设备

诸城市专利造纸机械有限责任公司
Zhucheng Patent Paper Machinery Co., Ltd.
地址(Add)：山东省诸城市西外环路北首
邮编(P.C.)：262200
电话(Tel)：0536-6011600
传真(Fax)：0536-5011700
总经理(General Manager)：李凤宁
联系人(Contact Person)：李凤宁
产品业务(Business)：废纸脱墨设备，制浆和污水处理设备

山东诸城轻机机械有限公司
Shandong Zhucheng Light Industry Machinery Co., Ltd.
地址(Add)：山东省诸城市薛馆路栗行工业园

邮编(P. C.): 262200
电话(Tel): 0536-6557999
传真(Fax): 0536-6557996
E-mail: zcqjwhf@126.com
Http://www.zcqj.com
总经理(General Manager): 王焕方
联系人(Contact Person): 王焕方
产品业务(Business): 脱墨设备、废水及白水处理设备

运达造纸设备有限公司
Yunda Paper Machinery Co., Ltd.
(详见卫生纸机和加工设备的其他相关器材配件)

广州市番禺区金晖造纸机械设备厂
Guangzhou Panyu Jinhui Paper Machinery Factory
(详见卫生纸机)

江门晶华轻工机械有限公司
Jiangmen Jinghua Light Industry Machinery Co., Ltd.
地址(Add): 广东省江门市高新区东升路138号
邮编(P. C.): 529000
电话(Tel): 0750-3979999
传真(Fax): 0750-3065002
E-mail: info@jm-jinghua.com
Http://www.jm-jinghua.com
法人代表(Chairman): 冯式忠
总经理(General Manager): 冯式忠
联系人(Contact Person): 毛德刚
产品业务(Business): 废纸脱墨设备，制浆设备

● 造纸烘缸、网笼 Cylinder and wire mould

元帅金属企业行
King Hardware Trading Co.
(详见卫生纸机和加工设备的其他相关器材配件)

保定市金福机械有限公司
Baoding Jinfu Machinery Co., Ltd.
(详见卫生纸加工设备)

丹东和鑫烘缸制造有限公司
Dandong Hexin Paper Machinery Co., Ltd.
地址(Add): 辽宁省丹东市浪头镇中和街
邮编(P. C.): 118009
电话(Tel): 0415-6155283
传真(Fax): 0415-6155283
联系人(Contact Person): 杨春山
产品业务(Business): 合金铸铁烘缸

丹东烘缸制造厂
Dandong Cylinder Manufacturer Factory
地址(Add): 辽宁省丹东市前阳镇振阳大街1号
邮编(P. C.): 118301
电话(Tel): 0415-7162062
传真(Fax): 0415-7162062
总经理(General Manager): 张绪意
联系人(Contact Person): 张绪意
产品业务(Business): 造纸烘缸，冷硬铸铁合金辊，造纸机配件

辽阳造纸机械集团公司丹东烘缸厂
Liaoyang Paper Machinery Group Co. Dandong Dryer Factory
地址(Add): 辽宁省东港市十字街镇
邮编(P. C.): 118322
电话(Tel): 0415-7998247
传真(Fax): 0415-7998247
E-mail: ddsgc@126.com
Http://www.ddsgc.cn
联系人(Contact Person): 王强
产品业务(Business): 烘缸，石辊，压榨胶辊

江苏华东造纸机械有限公司
Jiangsu Huadong Paper Machinery Co., Ltd.
地址(Add): 江苏省昆山市玉山镇古城中路588号
邮编(P. C.): 215300
电话(Tel): 0512-57800000
传真(Fax): 0512-57800001
E-mail: jshdsyg@vip.163.com
Http://www.kszlzz.com
总经理(General Manager): 孙友根
产品业务(Business): 烘缸，气罩

太仓市宏祥造纸机械厂
Taicang Hongxiang Paper Machinery Factory
(详见卫生纸机)

太仓市宇航造纸机械厂
Taicang Yuhang Paper Machinery Co., Ltd.
地址(Add): 江苏省太仓市璜泾镇王秀管理区
邮编(P. C.): 215426
电话(Tel): 0512-53857323
传真(Fax): 0512-53857320
联系人(Contact Person): 徐慧明
产品业务(Business): 网笼

太仓沪太嫦娥造纸设备有限公司
Taicang Hutai Chang E Paper Equipment Co., Ltd.
地址(Add): 江苏省太仓市沙溪镇新北西路130号
邮编(P. C.): 215421
电话(Tel): 0512-53221907
传真(Fax): 0512-53212993
Http://www.tchtce.cn
法人代表(Chairman): 王耀明
联系人(Contact Person): 王鹰
产品业务(Business): 网笼、烘缸

山东鲁台造纸机械集团有限公司
Shandong Lutai Paper Machinery Group Co., Ltd.
(详见卫生纸机)

诸城市汇川造纸机械厂
Zhucheng Huichuan Paper Machinery Factory
(详见卫生纸机和加工设备的其他相关器材配件)

焦作市崇义轻工机械有限公司
Jiaozuo Chongyi Light Industry Machinery Co., Ltd.
(详见卫生纸机)

广东兄弟机械有限公司
Guangdong Brother Machinery Co., Ltd.
地址(Add): 广东省东莞市中堂镇一村西新路22号

邮编(P. C.): 523000
电话(Tel): 0769－88115863
传真(Fax): 0769－88128545
E-mail: wuzhongtaoyd@163. com
Http://www. dgbrother. cn
联系人(Contact Person): 武钟涛
产品业务(Business): 不锈钢网笼

广东省江门市新会区睦洲机械有限公司
Guangdong Jiangmen Xinhui Muzhou Machinery Co., Ltd.
(详见卫生纸机)

乐山市成发造纸机械有限责任公司
Leshan Chengfa Paper Machinery Co., Ltd.
地址(Add): 四川省乐山市中区乐夹路11号
邮编(P. C.): 614008
电话(Tel): 0833－2600955
传真(Fax): 0833－2600188
E-mail: chengfa@lscf. cn
Http://www. lscf. cn
法人代表(Chairman): 彭葵生
联系人(Contact Person): 陈明
产品业务(Business): 烘缸

宜宾造纸机械厂
Yibin Paper Machinery Factory
(详见卫生纸机)

● 造纸工业用呢、造纸网 Felt and wire cloth

天津市华星工业用呢新技术开发有限公司
Tianjin Huaxing Industrial Fabrics New Technology Development Co., Ltd.
地址(Add): 天津市南开区岳湖道18号
邮编(P. C.): 300193
电话(Tel): 022－27379962
传真(Fax): 022－27495645
总经理(General Manager): 段文端
产品业务(Business): 造纸毛毯

天津环球高新造纸网业有限公司
Tianjin Huanqiu High New Paper Machine Clothing Co., Ltd.
地址(Add): 天津市西青区杨庄子大堤外玉门路
邮编(P. C.): 300112
电话(Tel): 022－27795246
传真(Fax): 022－27796246
联系人(Contact Person): 李宝山
产品业务(Business): 聚酯成形网，聚酯干网，多层网

天津亚奇科技开发有限公司
Tianjin Yaqi Science & Technology Development Co., Ltd.
地址(Add): 天津市西青区杨庄子大堤外玉门路造纸网厂内
邮编(P. C.): 300112
电话(Tel): 022－27798233
传真(Fax): 022－27798233
总经理(General Manager): 李宝山
联系人(Contact Person): 李宝山
产品业务(Business): 造纸工业用网，输送网带

唐山龙海工业用呢有限公司
Tangshan Longhai Industrial Felt Co., Ltd.
地址(Add): 河北省唐海县城关迎宾路55号
邮编(P. C.): 063200
电话(Tel): 0315－8711659
传真(Fax): 0315－8711669
联系人(Contact Person): 赵瑞国
产品业务(Business): 毛毯

佳木斯金瑞制网有限公司
Jiamusi Jinrui Net System Co., Ltd.
地址(Add): 黑龙江省佳木斯市光复路302号
邮编(P. C.): 154005
电话(Tel): 0454－8375399
传真(Fax): 0454－8332018
E-mail: jmssu@163. com
Http://www. jrzwc. cn
法人代表(Chairman): 陈建龙
总经理(General Manager): 舒卫刚
联系人(Contact Person): 舒卫刚
产品业务(Business): 铜网，聚酯网

上海金熊造纸网毯有限公司
Shanghai Jinxiong Fabrics Co., Ltd.
地址(Add): 上海市金山区枫泾镇兴塔建安路78号
邮编(P. C.): 201502
电话(Tel): 021－67361070
传真(Fax): 021－67361071
E-mail: donglicheng@shjinxiong. com
Http://www. shjinxiong. com
联系人(Contact Person): 董利成
产品业务(Business): 造纸毛毯

常熟市工业毛毯厂
Changshu Industrial Felt Plant
地址(Add): 江苏省常熟市练塘镇(沪宜公路旁)
邮编(P. C.): 215551
电话(Tel): 0512－52441137
传真(Fax): 0512－52441465
法人代表(Chairman): 孙炳华
联系人(Contact Person): 孙炳华
产品业务(Business): 造纸毛毯

海门市工业用呢厂
Haimen Industrial Fabrics Factory
地址(Add): 江苏省海门市麒麟镇通海路129号
邮编(P. C.): 226125
电话(Tel): 0513－82707738
传真(Fax): 0513－82615001
E-mail: info@hmgyyn. cn
Http://www. hmgyyn. cn
总经理(General Manager): 顾元萍
联系人(Contact Person): 顾春娟
产品业务(Business): 造纸毛毯

江苏金呢集团股份有限公司海门市造纸毛毯厂
Jiangsu Jinni Group Co., Ltd. Haimen Woolen Blanket In Paper Mill Acting
地址(Add): 江苏省海门市悦来镇三条桥工业园区55号

邮编(P. C.): 226132
电话(Tel): 0513 – 82662800
传真(Fax): 0513 – 82663668
E-mail: jinnigroup86@ sohu. com
Http://www. jsjinni. cn
法人代表(Chairman): 陆平
联系人(Contact Person): 陆景华
产品业务(Business): 造纸毛毯

江都新风造纸网业有限公司
Jiangdu Xinfeng Paper Web Co., Ltd.
地址(Add): 江苏省江都市真武镇真武路 59 号
邮编(P. C.): 225265
电话(Tel): 0514 – 86274767
传真(Fax): 0514 – 86271080
法人代表(Chairman): 沈克龙
总经理(General Manager): 沈克龙
联系人(Contact Person): 陆斗良
产品业务(Business): 造纸工业用网

福伊特造纸织物中国有限公司
Voith Paper Fabrics China Co., Ltd.
地址(Add): 江苏省昆山市紫竹路 683 号
邮编(P. C.): 215316
电话(Tel): 0512 – 57792874
传真(Fax): 0512 – 57792875
E-mail: john. jiang@ voith. com
总经理(General Manager): Bob Burke
联系人(Contact Person): 江毅
产品业务(Business): 造纸机干网, 成形网, 毛毯

太仓嫦娥工业用呢有限公司
Taicang Chang E Industrial Woolen Cloth Co., Ltd.
地址(Add): 江苏省太仓市面上沙溪镇新北西路 132 号
邮编(P. C.): 215421
电话(Tel): 0512 – 53212049
传真(Fax): 0512 – 53214871
法人代表(Chairman): 龚文元
总经理(General Manager): 朱友胜
联系人(Contact Person): 吕向阳
产品业务(Business): 造纸毛毯

吴江凯富纺织工业有限公司
Wujiang Kaifu Weave Industrial Co., Ltd.
地址(Add): 江苏省吴江市平望镇联农开发区
邮编(P. C.): 215221
电话(Tel): 0512 – 63661058
传真(Fax): 0512 – 63661801
总经理(General Manager): 张凤泉
联系人(Contact Person): 张凤泉
产品业务(Business): 卫生纸机专用 BOM 毛毯

徐州工业用呢厂
Xuzhou Industrial Fabrics Factory
地址(Add): 江苏省徐州市湖北路 30 号
邮编(P. C.): 221006
电话(Tel): 0516 – 85795900
传真(Fax): 0516 – 85796891
E-mail: fuling@ xzgyync. com
Http://www. xzgyync. com
法人代表(Chairman): 陈国荣
联系人(Contact Person): 彭爱军
产品业务(Business): 造纸毛毯

安徽芜湖华盛网业有限责任公司
Anhui Wuhu Huasheng Wire Co., Ltd.
地址(Add): 安徽省马鞍山市当涂县年陡工业园
电话(Tel): 13305536700
联系人(Contact Person): 蒋辉
产品业务(Business): 造纸网

江西双环造纸网毯实业有限公司
Jiangxi Shuanghuan Wire Co., Ltd.
地址(Add): 江西省高安市新世纪工业园
邮编(P. C.): 330800
电话(Tel): 0795 – 5293012
联系人(Contact Person): 刘苏凤
产品业务(Business): 造纸网毯

聊城华裕工业用呢有限公司
Liaocheng Huayu Industrial Fabrics Factory
地址(Add): 山东省聊城市农校路 6 号
邮编(P. C.): 252000
电话(Tel): 0635 – 8530911
传真(Fax): 0635 – 8531020
联系人(Contact Person): 于法民
产品业务(Business): 造纸毛毯

振兴天马工业用呢有限公司
Zhenxing Tianma Industrial Fabrics Co., Ltd.
地址(Add): 山东省潍坊市奎文区鸢飞路 978 号
邮编(P. C.): 261031
电话(Tel): 0536 – 8665322
传真(Fax): 0536 – 8667096
E-mail: wfzhenxing@ zhenxingtianma. cn
Http://www. zhenxingtianma. cn
法人代表(Chairman): 高海建
总经理(General Manager): 高海建
联系人(Contact Person): 秦维克
产品业务(Business): 造纸毛毯

河南省御槐工业用呢有限公司
Henan Yuhuai Industrial Fabrics Co., Ltd.
地址(Add): 河南省封丘县城北干道西段
邮编(P. C.): 453300
电话(Tel): 0373 – 8296566
传真(Fax): 0373 – 8283578
联系人(Contact Person): 阎铁民
产品业务(Business): 造纸毛毯, 聚酯网

河南沈丘县汇丰网业有限公司
Henan Shenqiu Huifeng Wire Co., Ltd.
地址(Add): 河南省沈丘县城丘溪街东头
邮编(P. C.): 466300
电话(Tel): 0394 – 5213176
传真(Fax): 0394 – 5213176
Http://www. hnsqhf. cn. alibaba. com
联系人(Contact Person): 董营云
产品业务(Business): 聚酯网系列, 压花网, 成形网

河南省华丰网业有限公司
Huafeng Net Industrial Co., Ltd.
地址(Add): 河南省沈丘县工业园区

邮编(P. C.)：466300
电话(Tel)：0394－5225668
传真(Fax)：0394－5636132
总经理(General Manager)：董华伟
联系人(Contact Person)：董占云
产品业务(Business)：卫生纸机、干法纸机用网，妇女卫生巾机、纸尿裤机用网带

河南坤诚发展有限公司
Henan Kuncheng Development Co., Ltd.
地址(Add)：河南省沈丘县新城工业园区
邮编(P. C.)：466000
电话(Tel)：0394－5103584
传真(Fax)：0394－5102099
E-mail：kunchengfazhan@sina.com
联系人(Contact Person)：董瑞坤
产品业务(Business)：聚酯成形网

河南省沈丘县第二造纸网厂
Shenqiu No. 2 Paper Wire Factory
地址(Add)：河南省沈丘县闸南路40号
邮编(P. C.)：466300
电话(Tel)：0394－5224104
传真(Fax)：0394－5224104
E-mail：sqdezzwc@sohu.com
Http://www.sqwc.com
法人代表(Chairman)：董振伟
联系人(Contact Person)：董振伟
产品业务(Business)：聚酯成形网、聚酯螺旋干网

平安造纸网毯有限公司
Ping An Paper Felt Co., Ltd.
地址(Add)：广东省澄海市莲上永新工业区
邮编(P. C.)：515833
电话(Tel)：0754－85742222
传真(Fax)：0754－85743613
法人代表(Chairman)：余斯群
总经理(General Manager)：余斯群
联系人(Contact Person)：余斯群
产品业务(Business)：造纸毛毯

东莞市业兴网毯有限公司
Dongguan Yexing Paper Felt & Wire Co., Ltd.
地址(Add)：广东省东莞市高埗镇护安围
邮编(P. C.)：523279
电话(Tel)：0769－88731749
传真(Fax)：0769－88737340
E-mail：yxwf@pub.dgnet.gd.cn
Http://www.dgyexing.com
总经理(General Manager)：莫河清
产品业务(Business)：造纸毛毯，聚酯干网，聚酯成形网

揭阳市揭东县荣立工业用呢厂
Jiedong Rongli Industrial Felt Plant
地址(Add)：广东省揭东县城西二路圩埔工业区
邮编(P. C.)：515500
电话(Tel)：0663－3262228
传真(Fax)：0663－3272228
E-mail：rl@rongli.net
Http://www.rongli.net
联系人(Contact Person)：胡泓山
产品业务(Business)：卫生纸机用毛毯

广西宾阳宏远化工有限公司
Guangxi Binyang Hongyuan Chemicals Co., Ltd.
(详见检测仪器)

成都环龙工业用呢集团有限公司
Chengdu Vanov Paper Machine Felt Group Co., Ltd.
地址(Add)：四川省成都市青羊区文家乡张家碾工业园
邮编(P. C.)：610091
电话(Tel)：028－87074323
传真(Fax)：028－87075347
E-mail：hljt@vanov.cn
Http://www.vanov.cn
法人代表(Chairman)：沈根莲
总经理(General Manager)：周骏
产品业务(Business)：造纸毛毯，聚酯螺旋网

凯德(西安)造纸机械织物有限公司
Candid (Xian) Paper Machine Clothing Co., Ltd.
地址(Add)：陕西省西安市长安区马王镇
邮编(P. C.)：710115
电话(Tel)：029－85851478
传真(Fax)：029－85851477
联系人(Contact Person)：柳青平
产品业务(Business)：造纸用铜网，成形网，洗浆网

西安兴晟造纸不锈钢网有限公司
Xian Xingsheng Paper Making Stainless Steel Wire Co., Ltd.
地址(Add)：陕西省西安市三桥新街双拥路4号
邮编(P. C.)：710086
电话(Tel)：029－84526600
E-mail：xingshengzaozhi@163.com
Http://www.xs－zz.com
联系人(Contact Person)：武钟淇
产品业务(Business)：造纸不锈钢网

● 卫生纸加工设备 Converting machinery for tissue paper

Paper Converting Machine Company
美国纸产品加工机器公司(PCMC)
地址(Add)：2300 South Ashland Avenue P. O. Box 19005 Green Bay WI 54307－9005 U. S. A
电话(Tel)：1－920－4945601
传真(Fax)：1－920－4948865
Http://www.pcmc.com
北京办事处
地址(Add)：北京市朝阳区光华路12号格瑞大厦A座501室
邮编(P. C.)：100020
电话(Tel)：010－65818398
传真(Fax)：010－65812966
E-mail：jamesyang@pcmc.com.cn
Http://www.pcmc.com
法人代表(Chairman)：杨华
联系人(Contact Person)：杨华
产品业务(Business)：居家用生活用纸－卫生卷纸/厨房卷纸复卷机器以及包装机器，居家外用生活用纸－卫生卷纸复卷机器以及包装机器，盒装面巾纸、手

帕纸、餐巾纸、擦拭巾折叠机器。婴儿纸尿裤、成人纸尿裤加工机器，湿巾折叠设备及上述三种产品的包装机器

OMET S. r. l.
意大利欧米特有限公司
地址(Add)：22 Via Caduti a Fossoli, P. O. Box 225, I-23900 Lecco, Italy
电话(Tel)：39-0341-367513
传真(Fax)：39-0341-284466
E-mail：comm@omet.it
Http://www.omet.it
联系人(Contact Person)：Marco Calcagni
产品业务(Business)：餐巾纸分切折叠机
上海代表处
地址(Add)：上海市浦东新区高行工业园区衡安路668号5号楼1层
邮编(P. C.)：200137
电话(Tel)：021-50676880
传真(Fax)：021-50676695
E-mail：marketing@omet.cn
Http://www.omet.cn
法人代表(Chairman)：周冬岩
联系人(Contact Person)：李国强

C. G. Bretting Manufacturing Co., Inc.
美国贝廷公司
地址(Add)：3401 Lake Park Road, Ashland Wisconsin 54806 USA
电话(Tel)：1-715-6825231
传真(Fax)：1-715-6824138
E-mail：sales@bretting.com
Http://www.bretting.com
产品业务(Business)：卫生卷纸分切复卷设备，餐巾纸、面巾纸、擦手纸折叠设备，铝箔折叠设备

Serv-o-tec GmbH
德国SERVOTEC公司
地址(Add)：Heinrich-von-Stephan-Strasse 2, Langenfeld D-40764 Germany
电话(Tel)：49-0-217339486-0
传真(Fax)：49-0-217339486-81
E-mail：sales@servotec.de
Http://www.servotec.de
产品业务(Business)：餐巾纸、面巾纸、手帕纸、擦手纸折叠机，卫生卷纸、厨房卷纸复卷加工机

Christian Senning Verpackungsmaschinen GmbH & Co. KG
德国森宁包装机械公司
地址(Add)：Kalmsweg 10 D-28239 Bremen, Germany
电话(Tel)：49-421-694620
传真(Fax)：49-421-640965
E-mail：info@senning.de
Http://www.senning.de
法人代表(Chairman)：Michael Galla
产品业务(Business)：餐巾纸、面巾纸、手帕纸、擦手纸全自动包装机

Fabio Perini SpA
意大利百利怡公司
地址(Add)：PIP Mugnano Sud, 55100 Lucca, Italy
电话(Tel)：39-0583-4601
传真(Fax)：39-0583-435543
E-mail：fabioperinispa@fp.kpl.net
Http://www.fp.kpl.net
产品业务(Business)：卫生卷纸，厨房卷纸，工业用卷纸分切复卷、压花、印花、胶合加工生产线，餐巾纸折叠机

KPL Packaging SpA (Casmatic S. p. A.)
柯尔柏纸联包装公司(意大利卡马迪公司)
地址(Add)：Via San Vitalino, 7, 40012 Calderara Di Reno (Bologna), Italy
电话(Tel)：39-051-3174111
传真(Fax)：39-051-3174181
E-mail：sales@kplpack.kpl.net
Http://www.kplpack.kpl.net
产品业务(Business)：卫生卷纸、厨房卷纸、餐巾纸、擦手纸、工业卷纸等生活用纸包装机

柯尔柏机械设备(上海)有限公司
Körber Engineering (Shanghai) Co., Ltd.
地址(Add)：上海市外高桥保税区华京路418号41#楼C部位
邮编(P. C.)：200131
电话(Tel)：021-50462933
传真(Fax)：021-50462303
E-mail：sales@shcn.fp.kpl.net
Http://www.kes.kpl.net
法人代表(Chairman)：Alessandro Bulfon
总经理(General Manager)：邢小平
联系人(Contact Person)：赵阳
产品业务(Business)：向生活用纸后加工行业提供全球化解决方案，是意大利百利怡、柯尔柏纸联包装公司在中国销售服务中心

CMG Costruzioni Meccaniche Gambini SpA
意大利C. M. G机械制造公司
地址(Add)：Variante Via Romana 9 1-55010 Badia Pozzeveri - Lucca Italy
电话(Tel)：39-0583-277611
传真(Fax)：39-0583-277676
E-mail：info@cmggroup.it
Http://www.cmggroup.it
联系人(Contact Person)：Maurizio Baraglia
产品业务(Business)：卫生卷纸、厨房卷纸、工业用卷纸分切、复卷、压花、印刷、胶合加工设备

Focus Srl
地址(Add)：Via di Sottopoggio 1/X 55060 Guamo, Lucca Italy
电话(Tel)：39-0583-94911
传真(Fax)：39-0583-9491323
E-mail：info@futuraconverting.com
产品业务(Business)：卷取机，复卷机，分切机，退纸架，芯轴处理系统

Futura S. p. A
Futura卷纸后加工设备股份有限公司
地址(Add)：Via di Sottopoggio, 1/x-55060 Guamo, Lucca Italy
电话(Tel)：39-0583-94911

传真(Fax)：39 – 0583 – 9491323
E-mail：wangk@ futuraconverting. com
Http://www. futuraconverting. com
联系人(Contact Person)：王克明
产品业务(Business)：卫生卷纸、厨房用纸等后加工设备

TAU Machines
地址(Add)：Via Garibaldi 5 I – 51010 Massa e Cozzile (PT) Italy
电话(Tel)：39 – 0572 – 911721
传真(Fax)：39 – 0572 – 911874
E-mail：info@ taumachines. it
Http://www. taumachines. it
联系人(Contact Person)：Cinzia Pieraccioli
产品业务(Business)：手帕纸设备

Tissuewell Srl
帝威尔纸巾机械制造有限责任公司
地址(Add)：Via Trav. Del Marginone, 14 I – 55015 Montecarlo (LU) Italy
电话(Tel)：39 – 0583 – 277721
传真(Fax)：39 – 0583 – 277722
E-mail：simona. ricci@ tissuewell. com
Http://www. tissuewell. com
联系人(Contact Person)：Simona Ricci
产品业务(Business)：卫生纸加工机械

OMT Srl
地址(Add)：Via Vangile 116 – 118 I – 51010 Massa e Cozzile (Pistoia) Italy
电话(Tel)：39 – 0572 – 767967
传真(Fax)：39 – 0572 – 772134
E-mail：info@ omttommasi. com
Http://www. omttommasi. com
联系人(Contact Person)：Samantha Tommasi
产品业务(Business)：餐巾纸加工设备

O. M. T. s. r. l.
地址(Add)：via. Vangile 116/118 1 – 51010 Massa e Cozzile Pistoia, Italy
电话(Tel)：39(0)572767967
传真(Fax)：39(0)572772134
E-mail：info@ omttommasi. com
Http://www. omttommasi. com
联系人(Contact Person)：Samantha Tommasi
产品业务(Business)：餐巾纸折叠机，餐巾纸包装机

Dongyang Machinery Co.
韩国东洋机械公司
地址(Add)：韩国始兴市果林洞 776 – 1
电话(Tel)：822 – 26111952
传真(Fax)：822 – 26111954
联系人(Contact Person)：李起泰
产品业务(Business)：卫生纸、餐巾纸、手帕纸等后加工设备

Nippon Sharyo, Ltd. Industrial Machinery Department
日本车辆制造株式会社
地址(Add)：12th F1. Marunouchi Central Bldg. 1 – 9 Marunouchi 1 – Chome. Chiyoda – ku, Tokyo 100 – 0005 Japan
电话(Tel)：81 – 3 – 66886803
传真(Fax)：81 – 3 – 66886813
E-mail：togura@ cm. n-sharyo. co. jp
Http://www. n-sharyo. co. jp
产品业务(Business)：卫生纸复卷机，纸巾纸折叠机，一次性卫生用品设备

Kawanoe Zoki Co., Ltd.
川之江造机株式会社
(详见卫生纸机)

侨邦机械有限公司
Chyau Ban Machinery Co., Ltd.
地址(Add)：台湾省 238 台北县树林市三龙街 53 号
电话(Tel)：886 – 2 – 26885971
传真(Fax)：886 – 2 – 26898355
E-mail：chyau. ban@ msa. hinet. net
Http://www. chyau-ban. com
联系人(Contact Person)：陈圆淇
产品业务(Business)：面巾纸折叠机

Hinnli Co., Ltd.
(详见卫生纸机)

Winkler & Dünnebier Aktiengesellschaft
德国威刻勒机器设备 W + D 公司
(详见一次性卫生用品生产设备)

威刻勒机器设备(上海)有限公司
(详见一次性卫生用品生产设备)

台湾青华企业有限公司
China Engineering & Mercantile Co., Ltd.
地址(Add)：台湾省台北市中山区南京东路一段 92 号 9 楼，10454
电话(Tel)：886 – 2 – 2541 – 5935
传真(Fax)：886 – 2 – 2561 – 2954
E-mail：elchina@ sh163. net
Http://www. cemcl. com. tw
法人代表(Chairman)：李建雄
产品业务(Business)：卫生纸后加工设备，自动包装生产线，代理意大利英曼包装公司湿巾包装机
北京代表处
地址(Add)：北京市海淀区五棵松路 20 号美丽园公寓 26 座 3401
邮编(P. C.)：100089
电话(Tel)：010 – 88593710
传真(Fax)：010 – 88593711
E-mail：cem _ bj@ vip. 163. com
联系人(Contact Person)：陈学新

泰舜工业有限公司
Tai Sun Machinery Co., Ltd.
地址(Add)：台湾省台北县五股乡五权二路 33 号(五股工业区)(邮编 24890)
电话(Tel)：886 – 2 – 22993666
传真(Fax)：886 – 2 – 22993668
E-mail：thai. shuenn@ msa. hinet. net
Http://www. thaishuenn. com. tw
联系人(Contact Person)：王永树
产品业务(Business)：卫生纸后加工机械及包装机

百弘机械有限公司/蚊兴机械股份有限公司
Bae Horng Machinery Co., Ltd. / Galclen Formosa Co., Ltd.
地址(Add)：台湾省台北县新庄市建国一路31巷10号
电话(Tel)：886-2-29010000
传真(Fax)：886-2-29031697
E-mail：galclen. formosa@ msa. hinet. net
联系人(Contact Person)：蚁胜泰
产品业务(Business)：卫生纸加工机械

全利机械股份有限公司
Chan Li Machinery Co., Ltd.
地址(Add)：台湾省桃园县龟山乡顶湖路17号林口工四工业区
电话(Tel)：886-3-3288198
传真(Fax)：886-3-3286198
E-mail：sales@ chanli. com
Http://www. chanli. com
联系人(Contact Person)：吴坤泰
产品业务(Business)：面巾纸、擦手纸折叠机

台湾智琦机械工业股份有限公司
Astute Machine Industry Co., Ltd.
(详见一次性卫生用品生产设备)

特艺佳国际有限公司
Tech. Vantage International Ltd.
地址(Add)：香港铜锣湾礼顿道101号善乐施大厦十四楼
电话(Tel)：852-28909218
传真(Fax)：852-28909920
E-mail：charles. yip@ tech-vantage. net
法人代表(Chairman)：叶秋葵
联系人(Contact Person)：叶秋葵
产品业务(Business)：代理进口纸加工及卫生用品设备，包括：美国Bretting公司，德国Serv-o-tec公司，美国爱思诺Elsner公司，德国Optima公司，德国Senning包装机械厂，意大利CMG公司
特艺佳机械贸易(上海)有限公司
地址(Add)：上海市嘉定区申霞路314号厂房
邮编(P. C.)：201818
电话(Tel)：021-59900622
传真(Fax)：021-59900639
联系人(Contact Person)：叶秋葵

信敏有限公司
Samiton Limited
地址(Add)：香港新界火炭坳背湾街34-36号丰盛工业中心B座7楼1-3室
电话(Tel)：852-24816828
传真(Fax)：852-24257666
总经理(General Manager)：李起泰
联系人(Contact Person)：容惠民
产品业务(Business)：代理韩国东洋机械公司卫生纸、餐巾纸、手帕纸等后加工设备；韩国京龙机械株式会社卫生纸机、制浆及造纸设备

北京兴民辉科技发展有限公司
Beijing Xingminhui Science & Technology Development Co., Ltd.
地址(Add)：北京市丰台区南四环星河苑1号院12号楼1-101室
邮编(P. C.)：100067
电话(Tel)：010-67537477
传真(Fax)：010-67539972
E-mail：wuguocai@ zhipinjx. com
Http://www. zhipinjx. com
总经理(General Manager)：吴国财
产品业务(Business)：卫生纸后加工设备

保定市晨光造纸机械有限公司
Baoding Chenguang Paper Machinery Co., Ltd.
(详见卫生纸机)

保定市华光机械有限公司
Baoding Huaguang Machinery Co., Ltd.
地址(Add)：河北省保定市北三环周庄村东
邮编(P. C.)：071051
电话(Tel)：0312-3174298
传真(Fax)：0312-3174481
E-mail：bdhuaguang@ 126. com
Http://www. bdhuaguang. com
总经理(General Manager)：尹国贤
联系人(Contact Person)：尹国贤
产品业务(Business)：餐巾纸压花折叠机，面巾纸、擦手纸机，湿巾机，复卷机

满城县鑫光造纸机械厂
Mancheng Xinguang Paper Machinery Factory
地址(Add)：河北省保定市满城县大册营造纸工业区信用社对面
邮编(P. C.)：072150
电话(Tel)：0312-7021643
联系人(Contact Person)：赵振国
产品业务(Business)：复卷压花机，分切机，方巾纸机，切纸机，碎浆机，离心筛，浆泵

满城县诚信造纸机械有限公司
Mancheng Chengxin Paper Machinery Co., Ltd.
地址(Add)：河北省保定市满城县大册营镇方上造纸工业园区
邮编(P. C.)：072150
电话(Tel)：0312-7027999
传真(Fax)：0312-7020123
E-mail：chengxin@ chengxinpaper. com
Http://www. chengxinpaper. com
总经理(General Manager)：韩宝江
联系人(Contact Person)：李军
产品业务(Business)：复卷机，擦手纸机，小盘纸分切机

河北保定创新造纸机械有限公司
Hebei Baoding Chuangxin Paper Machinery Co., Ltd.
(详见卫生纸机)

木林森纸品机械厂
Mulinsen Paper Machinery Factory
地址(Add)：河北省保定市满城县方上造纸工业区
邮编(P. C.)：072150
电话(Tel)：0312-5572567
联系人(Contact Person)：李威
产品业务(Business)：复卷机，切纸机，压卷机，分切机，方巾纸机，面巾纸机，碎浆机

保定市新市区阳光纸品机械厂
Baoding Sunlight Paper Machinery Factory
地址(Add)：河北省保定市新市区盛兴西路1153号
邮编(P. C.)：071000
电话(Tel)：0312－3154485
传真(Fax)：0312－3154483
E-mail：ygzpjx@163. com
Http://www. bd-yangguang. com. cn
总经理(General Manager)：葛秀全
联系人(Contact Person)：葛秀全
产品业务(Business)：餐巾纸机，盒装面巾纸机，擦手纸机，复卷打孔机，手帕纸机，盘纸分切机，钢花辊，羊毛辊，非织造布分切机

保定市金福机械有限公司
Baoding Jinfu Machinery Co., Ltd.
地址(Add)：河北省满城县大册营造纸工业区
邮编(P. C.)：072150
电话(Tel)：0312－7021115
传真(Fax)：0312－7021938
Http://www. bdjinfu. com
总经理(General Manager)：李祥
联系人(Contact Person)：李祥
产品业务(Business)：复卷机，切纸机，面巾纸机，网笼

丹东市江城轻工机械有限公司
Dandong Jiangcheng Light Industry Machinery Co., Ltd.
(详见卫生纸机)

上海阿尔发机电科技有限公司
Shanghai Alpha Machinery & Electronics Technology Co., Ltd.
(详见一次性卫生用品生产设备)

上海松川远亿机械设备有限公司
Shanghai Soontrue Machinery Equipment Co., Ltd.
(详见湿巾设备)

常州市同熙机械有限公司
Changzhou Tongxi Machinery Co., Ltd.
地址(Add)：江苏省常州市武进区遥观镇郑村工业区190号
邮编(P. C.)：213011
电话(Tel)：0519－86599729
传真(Fax)：0519－86599729
E-mail：cztongxi@163. com
Http://www. cztongxi. com
联系人(Contact Person)：赵益
产品业务(Business)：分切机，包装机，复卷机

连云港赣榆县恒宇纸品机械厂
Lianyungang Ganyu Hengyu Paper Products Machinery Plant
地址(Add)：江苏省赣榆县经济开发区
邮编(P. C.)：222100
电话(Tel)：0518－86356623
传真(Fax)：0518－86356509
E-mail：hyjx@lyghyjx. com
Http://www. lyghyjx. com
总经理(General Manager)：相恒宇
产品业务(Business)：餐巾纸、面巾纸、擦手纸机，非织造布分切机，修边复卷机

金湖中卫无纺布制品有限公司
Jinhu ZW Nonwoven Products Co., Ltd.
(详见一次性卫生用品生产设备)

江苏连云港市盛洁无纺布设备厂
Jiangsu Lianyungang Shengjie Nonwoven Machinery Factory
(详见湿巾设备)

连云港华露无纺布机械设备厂
Lianyungang Hualu Nonwoven Machinery Factory
地址(Add)：江苏省连云港市新浦区警校路1号
邮编(P. C.)：222001
电话(Tel)：0518－85113870
传真(Fax)：0518－85404337
E-mail：hljx@wfbjx. com
Http://www. wfbjx. com
总经理(General Manager)：唐明路
联系人(Contact Person)：唐明路
产品业务(Business)：非织造布折叠复卷机，湿巾机，餐巾纸机

连云港市新星纸品加工设备厂
Lianyungang Xinxing Paper Converting Machinery Factory
地址(Add)：江苏省连云港市新浦区南城镇
邮编(P. C.)：222062
电话(Tel)：0518－85911138
总经理(General Manager)：李士桂
产品业务(Business)：盒装面巾纸机，餐巾纸压花机，压花面巾纸机，压花迷你纸巾机，擦手纸机，复卷打孔机，医用非织造布折叠机

连云港市恒信无纺布湿巾机械厂
Lianyungang Hengxin Nonwovens Wet Wipe Machinery Factory
(详见湿巾设备)

连云港市向阳机械有限公司
Lianyungang Xiangyang Machinery Co., Ltd.
地址(Add)：江苏省连云港市新浦区人民路198号院内
邮编(P. C.)：222003
电话(Tel)：0518－85606251
传真(Fax)：0518－85606600
Http://www. lygxy. com
法人代表(Chairman)：姜静荣
联系人(Contact Person)：姜静荣
产品业务(Business)：纸巾压花折叠机，柔巾卷机，餐巾纸压花、印花(单色、多色)折叠机，非织造布折叠机、切片机，复卷打孔机，盘纸分切机

江苏省连云港纸品机械厂
Jiangsu Lianyungang Paper Products Machinery Factory
地址(Add)：江苏省连云港市新浦区通灌路车管所南
邮编(P. C.)：222003
电话(Tel)：0518－85486532
传真(Fax)：0518－85193708
E-mail：nihanping@sina. com
Http://www. zpjx. com. cn

总经理(General Manager)：倪汉平
联系人(Contact Person)：张克霞
产品业务(Business)：卫生纸压花复卷打孔机，彩色印花餐巾纸折叠机，卫生纸盘纸分切机，非织造布折叠机，湿巾包装机

金格(苏州工业园区)自动化设备有限公司
GoldGoal (Suzhou Industrial Park) Automatic Equipment Co., Ltd.
地址(Add)：江苏省苏州工业园区胜浦分区金胜路1号
邮编(P. C.)：215126
电话(Tel)：0512 - 62832408
传真(Fax)：0512 - 62837500
E-mail：yuanbaocun@ghy. com. cn
联系人(Contact Person)：袁保存
产品业务(Business)：复卷机，面巾纸、餐巾纸折叠机

太仓市君泰造纸机械有限公司
Taicang Juntai Paper Machinery Co., Ltd.
地址(Add)：江苏省太仓市民营科技园区沙溪镇周泾路2号
邮编(P. C.)：215421
电话(Tel)：0512 - 53227228
传真(Fax)：0512 - 53225688
总经理(General Manager)：赵建君
产品业务(Business)：复卷机

无锡寰亚机械有限公司
Wuxi Huanya Machinery Co., Ltd.
(详见卫生纸机)

嘉兴市经开奇星机械制造厂
Jiaxing Jingkai Qixing Machinery Factory
地址(Add)：浙江省嘉兴市南湖工业园二区丰源路120号
邮编(P. C.)：314001
电话(Tel)：0573 - 82697558
传真(Fax)：0573 - 83958656
E-mail：wqx@jxqx. com. cn
Http://www. jxqx. com. cn
法人代表(Chairman)：王其星
总经理(General Manager)：王根林
联系人(Contact Person)：王根林
产品业务(Business)：餐巾纸折叠机，面巾纸机，湿巾包装机，非织造布后加工设备

泉州市汉辉纸品机械厂
Quanzhou Hanhui Paper Products Machinery Factory
地址(Add)：福建省泉州市浮桥工业区(华荣宾馆对面)
邮编(P. C.)：362000
电话(Tel)：0595 - 22839952
传真(Fax)：0595 - 22469952
总经理(General Manager)：陈民强
产品业务(Business)：卫生纸后加工设备，妇女卫生巾设备

泉州市东湖轻工机械厂
Quanzhou Donghu Light Industry Machinery Factory
(详见湿巾设备)

泉州市鲤城华信机械有限公司
Quanzhou Licheng Huaxin Machinery Industrial Co., Ltd.
(详见一次性卫生用品生产设备)

泉州恒兴纸制品机械厂
Quanzhou Hengxing Paper Products Machinery Factory
地址(Add)：福建省泉州市鲤城区常泰街道华星工业区
邮编(P. C.)：362000
电话(Tel)：0595 - 22483608
传真(Fax)：0595 - 22458875
E-mail：qzhxjx1@alibaba. com
Http://www. qzhxjx. com
联系人(Contact Person)：傅文新
产品业务(Business)：盒装面巾纸机，复卷打孔卫生纸机，擦手纸机，盘纸分切机

福建泉州明辉轻工机械有限公司
Fujian Quanzhou Minghui Light Industry Machinery Co., Ltd.
(详见一次性卫生用品生产设备)

福建培新机械制造实业有限公司
Fujian Peixin Machinery Manufacture Industrial Co., Ltd.
(详见一次性卫生用品生产设备)

山东银光机械制造有限公司
Shandong Yinguang Machinery Co., Ltd.
(详见卫生纸机)

山东华林机械有限公司
Shandong Hualin Machinery Co., Ltd.
(详见卫生纸机)

潍坊鸿展机械有限公司
Weifang Hongzhan Machinery Co., Ltd.
地址(Add)：山东省潍坊经济技术开发区
邮编(P. C.)：261021
电话(Tel)：13793600202
传真(Fax)：0536 - 2939200
联系人(Contact Person)：王建立
产品业务(Business)：复卷机，折叠机

潍坊市坊子区升阳机械厂
Weifang Fangzi Shengyang Machinery Factory
地址(Add)：山东省潍坊市坊子区坊城2061国道15公里处
邮编(P. C.)：261206
电话(Tel)：0536 - 7659610
传真(Fax)：0536 - 7659160
Http://www. shengyangjixie. com. cn
总经理(General Manager)：张升阳
产品业务(Business)：卫生纸复卷机，餐巾纸折叠机，面巾纸机

潍坊九洲卫生用品有限公司
Weifang Jiuzhou Hygiene Products Co., Ltd.
地址(Add)：山东省潍坊市奎文区虞河路南首樱南工业园
邮编(P. C.)：261041
电话(Tel)：0536 - 8806852
传真(Fax)：0536 - 8806852
E-mail：jz8806852@163. com
Http://www. wfjz. cn
总经理(General Manager)：曹新义
产品业务(Business)：餐巾纸机，面巾纸机，复卷机，擦手纸机

山东汉通奥特(造纸)机械有限公司
Shandong Hantong Aote Paper Machinery Co., Ltd.
(详见卫生纸机)

山东德润纸品机械厂
Shandong Derun Paper Products Machinery Factory
地址(Add):山东省诸城市相州镇曹家泊
邮编(P. C.):262212
电话(Tel):0536-6573218
传真(Fax):0536-6573218
E-mail:derunjixie@163.com
Http://www.sdderun.com
联系人(Contact Person):陆树德
产品业务(Business):餐巾纸压花、折叠机,复卷打孔机,面巾纸机,方巾纸机,医用非织造布压花、折叠机,分切机

沁阳市新华机械厂
Qinyang Xinhua Machinery Plant
(详见卫生纸机)

许昌魏都兄弟造纸机械配件厂
Xuchang Weidu Xiongdi Paper Machinery Fittings Factory
地址(Add):河南省许昌市北郊小南海八龙路
邮编(P. C.):461100
电话(Tel):0374-4366258
联系人(Contact Person):菅二平
产品业务(Business):复卷机,餐巾纸折叠机,压花辊,羊毛辊

许昌市长风纸品机械厂
Xuchang Changfeng Paper Machinery Factory
地址(Add):河南省许昌市小南海农村信用社对面
邮编(P. C.):461100
电话(Tel):0374-4365946
传真(Fax):0374-4395201
E-mail:cfjx888@yahoo.com.cn
Http://www.cfjxc.com
总经理(General Manager):聂建军
产品业务(Business):复卷机,纸管机,分盘机,面巾纸机,餐巾纸机,带锯

陆丰机械(郑州)有限公司
Ru Fong Machinery (Zhengzhou) Co., Ltd.
(详见湿巾设备)

常德同成机械有限公司
Changde Tongcheng Machinery Co., Ltd.
地址(Add):湖南省常德市东江乡新坡村
邮编(P. C.):415000
电话(Tel):0736-7151010
传真(Fax):0736-7151010
E-mail:chenkang200388@163.com
法人代表(Chairman):陈康
总经理(General Manager):陈康
联系人(Contact Person):方力奎
产品业务(Business):卫生卷纸分切机,手帕纸包装机,打孔刀

东莞志鸿机械制造有限公司
Dongguan Zhihong Machinery Manufacturing Co., Ltd.
地址(Add):广东省东莞市沙田镇大坭管理区祥盛组
邮编(P. C.):523000
电话(Tel):0769-88869429
传真(Fax):0769-88661259
联系人(Contact Person):王国栋
产品业务(Business):复卷打孔机,餐巾纸压花机,盘纸分切机,盒装面巾纸机,擦手纸机,卷芯机

东莞市佳鸣机械制造有限公司
Dongguan Jumping Machinery Manufacture Co., Ltd.
地址(Add):广东省东莞市沙田镇民田工业区
邮编(P. C.):523991
电话(Tel):0769-88862099
传真(Fax):0769-88862066
E-mail:jumping@jumping.com.cn
Http://www.jumping.com.cn
法人代表(Chairman):万雪峰
总经理(General Manager):万雪峰
联系人(Contact Person):权忠明
产品业务(Business):卫生卷纸加工机,面巾纸机,手帕纸机,餐巾纸机,擦手纸机,盘纸分切机

佛山市南海置恩机械制造有限公司
Foshan Nanhai Zhien Machinery Manufacture Co., Ltd.
地址(Add):广东省佛山市南海区桂城桂澜路良溪工业区
邮编(P. C.):528200
电话(Tel):0757-86235488
传真(Fax):0757-86229446
E-mail:master@zhien.com
Http://www.zhien.com
法人代表(Chairman):杨恩
联系人(Contact Person):杨恩
产品业务(Business):卫生卷纸包装机,餐巾纸折叠包装机,打孔复卷机,盒装面巾纸机等

佛山市南海科友机械有限公司
Foshan Nanhai Keyo Paper Machinery Co., Ltd.
地址(Add):广东省佛山市南海区桂城镇平洲工业园A区胜利西路
邮编(P. C.):528251
电话(Tel):0757-81816199
传真(Fax):0757-81816198
E-mail:keyo@keyomachine.com
Http://www.keyomachine.com
法人代表(Chairman):郭超驱
总经理(General Manager):郭超驱
联系人(Contact Person):郭超毅
产品业务(Business):面巾纸折叠机,封口包装机

佛山世纪通纸业机械制造有限公司
Foshan Century-tone Tissue Machinery Manufacture Co., Ltd.
地址(Add):广东省佛山市南海区罗村务庄荣星工业区
邮编(P. C.):528226
电话(Tel):0757-51809923
传真(Fax):0757-86400899
E-mail:info@century-tone.com
Http://www.century-tone.com
总经理(General Manager):许柏祥

联系人(Contact Person)：许旭升
产品业务(Business)：复卷机，盒装机

佛山市南海区德昌誉机械制造有限公司
Foshan Nanhai Dechangyu Paper Machinery Manufacture Co., Ltd.
地址(Add)：广东省佛山市南海区罗村镇岐岗工业区
邮编(P. C.)：528227
电话(Tel)：0757-86435166
传真(Fax)：0757-86435199
E-mail：master@dechangyu.com
Http://www.dechangyu.com
法人代表(Chairman)：陆德昌
总经理(General Manager)：张荣
联系人(Contact Person)：张荣
产品业务(Business)：卷纸/厨房用纸生产线，盒装面巾纸机，纸巾纸折叠机，餐巾纸机，复卷机，非织造布加工设备

宝索机械制造有限公司
Baosuo Paper Machinery Manufacture Co., Ltd.
地址(Add)：广东省佛山市南海区平洲夏南一工业区
邮编(P. C.)：528252
电话(Tel)：0757-86777529
传真(Fax)：0757-86785529
E-mail：master@baosuo.com
Http://www.baosuo.com
法人代表(Chairman)：彭锦铜
总经理(General Manager)：彭锦铜
联系人(Contact Person)：赵飞旗
产品业务(Business)：面巾纸机，餐巾纸机，擦手纸机，压纹机，分切机，卷芯机，自动包装机，复卷机

佛山市南海区新力机械制造有限公司
Foshan Nanhai Xinli Paper Machinery Manufacture Co., Ltd.
地址(Add)：广东省佛山市南海区狮山科技工业园C区恒兴北路7号
邮编(P. C.)：528226
电话(Tel)：0757-86688182
传真(Fax)：0757-86688186
E-mail：master@nhxinli.com
Http://www.nhxinli.com
法人代表(Chairman)：吴兆广
总经理(General Manager)：郭初
联系人(Contact Person)：郭初
产品业务(Business)：卫生纸复卷机，厨房多用擦拭巾机，餐巾纸机，盘纸分切机，压花纸巾纸机，盒装面巾纸机，擦手纸机

广州台能机械制造有限公司
Guangzhou Talent Machinery Manufacture Co., Ltd.
地址(Add)：广东省广州市白云区人和镇蚌湖工业区建南村庙企路68号
邮编(P. C.)：510470
电话(Tel)：020-86038984
传真(Fax)：020-36023281
E-mail：talentmachine@126.com
Http://www.talent-m.com
总经理(General Manager)：吴阳
联系人(Contact Person)：吴阳
产品业务(Business)：抽取式卫生纸包装机，分切复卷机，餐巾纸折叠机等

汕头市威利机械制造有限公司
Shantou Weili Machinery Manufacturing Co., Ltd.
地址(Add)：广东省汕头市金平区鮀普镇鮀东长荣路59号
邮编(P. C.)：515061
电话(Tel)：0754-82537538
传真(Fax)：0754-82533686
E-mail：stwljx@stwljx.cn
Http://www.stwljx.cn
总经理(General Manager)：唐永威
产品业务(Business)：盒装面巾纸机，餐巾纸机，擦手纸机

广西南宁前程机械厂
Guangxi Nanning Qiancheng Machinery Factory
地址(Add)：广西宾阳县新桥镇
邮编(P. C.)：530405
电话(Tel)：0771-8263484
传真(Fax)：0771-8251484
联系人(Contact Person)：程一飞
产品业务(Business)：卫生卷纸压花机，卷芯机

柳州市精柔印刷包装机械有限公司
Liuzhou Jingrou Printing & Packing Machinery Co., Ltd.
地址(Add)：广西柳州市西江路27号民泰东园12栋9号
邮编(P. C.)：545005
电话(Tel)：0772-3820477
传真(Fax)：0772-3161019
E-mail：jrnapkin@vip.163.com
Http://www.jrnapkin.en.alibaba.com
法人代表(Chairman)：曹杨
总经理(General Manager)：曹杨
联系人(Contact Person)：曹杨
产品业务(Business)：彩色餐巾纸印刷机械

南宁市唯美造纸设备有限公司
Nanning Wemet Paper Equipment Co., Ltd.
(详见卫生纸机)

南宁鼎舜机械制造有限公司
Nanning Elite Tissue Converting Machinery Manufacture Co., Ltd.
地址(Add)：广西南宁市中尧路48号
邮编(P. C.)：530003
电话(Tel)：0771-3181566
传真(Fax)：0771-3182599
E-mail：sales@tissuemach.com
Http://www.tissuemach.com
总经理(General Manager)：王卫
联系人(Contact Person)：王卫
产品业务(Business)：手帕纸包装机，餐巾纸包装机，盒装面巾纸机等

西安黑牛机械有限公司
Xi'an Blackbull Machinery Co., Ltd.
地址(Add)：陕西省西安市户县草堂路438号
邮编(P. C.)：710300
电话(Tel)：029-84812790

传真(Fax)：029－84826585
E-mail：zhao78wei@126.com
Http://www.blackbullpack.com
总经理(General Manager)：李晌
联系人(Contact Person)：王养周
产品业务(Business)：餐巾纸包装印刷机械

● 卫生纸机和加工设备的其他相关器材配件 Other related apparatus and fittings of tissue machine and converting machinery

Enerquin Air Inc.
地址(Add)：5730 Place Turcot Montreal，QC H4C 1V8 Canada
电话(Tel)：1－514－9314794
传真(Fax)：1－514－9313584
E-mail：dominiquet@enerquin.com
Http://www.enerquin.com
联系人(Contact Person)：Dominque Thifault
产品业务(Business)：扬克烘缸热风罩和热风系统

WEKO Biel AG
德国威可公司
地址(Add)：Friedrich－List－Strasse 20－24 DE 70771 L.－Echterdingen，Germany
电话(Tel)：49－0711/7988－0
传真(Fax)：49－0711/7988－114
Http://www.weko.net
产品业务(Business)：施加乳霜给液系统

Saueressig GmbH + Co. KG
地址(Add)：Gutenbergstrasse 1－3 D－48691 Vreden Germany
电话(Tel)：49－2564－120
传真(Fax)：49－2564－12420
E-mail：mail@saueressig.de
Http://www.saueressig.de
联系人(Contact Person)：Matthias Picker
产品业务(Business)：压花辊

IKS Klingelnberg GmbH
德国爱凯思·克林贝格集团
地址(Add)：In der Fleute 18 D－42894 Remscheid Germany
电话(Tel)：49－2191－969－317
传真(Fax)：49－2191－969－116
E-mail：tkister@interknife.com
Http://www.interknife.com
联系人(Contact Person)：Tomas Kister
产品业务(Business)：卫生纸大圆刀，分切圆刀
上海爱凯思机械刀片有限公司
Shanghai IKS Mechanical Blade Co., Ltd.
地址(Add)：上海市青浦工业园区崧泽大道7477号
邮编(P.C.)：201707
电话(Tel)：021－59869055
传真(Fax)：021－59868220
E-mail：young.yang@iks-sh.com
Http://www.interknife.com
联系人(Contact Person)：马凯
产品业务(Business)：卫生纸大圆刀，分切圆刀
德旁亭(上海)贸易有限公司
Shanghai TKM Trading Co., Ltd.
地址(Add)：上海市淮海中路918号久事复兴大厦14F1座
邮编(P.C.)：200020
电话(Tel)：021－64156771
传真(Fax)：021－64159765
E-mail：ychen@tkmchina.com
Http://www.tkmchina.com
法人代表(Chairman)：Thomas Meyer
总经理(General Manager)：潘云喜
产品业务(Business)：爱凯思售后服务

Ungricht Roller & Engraving Technology
德国恩格利殊厂
地址(Add)：Karstrasse 90. D－41068 Mönchengladbach Germany
电话(Tel)：49－2161－359136
传真(Fax)：49－2161－3594136
E-mail：koslowski@ungricht.de
Http://www.ungricht.de
联系人(Contact Person)：Artur Koslowski
产品业务(Business)：餐巾纸、面巾纸压花辊

Jebson & Co. Ltd./China Trade Division
地址(Add)：28 Floor Caroline Center Causeway Bay Hong Kong
电话(Tel)：852－29238765
传真(Fax)：852－28822017
E-mail：raymondchiu@jebson.com
联系人(Contact Person)：Raymond Chiu
产品业务(Business)：恩格利殊厂中国代理

Cellwood Machinery AB
瑞典西尔伍德机械公司
地址(Add)：Storgatan 53，SE－571 32 Nässjö，Sweden
电话(Tel)：46－380－76000
传真(Fax)：46－380－14123
E-mail：rolf.kurtz@cellwood.se
Http://www.cellwood.se
联系人(Contact Person)：Rolf W. Kurtz
产品业务(Business)：碎浆机，疏解机，浆泵，高浓洗浆机，热分散系统
西尔伍德机械贸易(上海)有限公司
Cellwood Machinery AB
地址(Add)：上海市鲁嘉浜路777号青松城619室
邮编(P.C.)：200032
电话(Tel)：021－54961756－808
传真(Fax)：021－54960279
E-mail：frank.jiang@cellwood.se
Http://www.cellwood.se
法人代表(Chairman)：Henrik Lefvert
总经理(General Manager)：Henrik Lefvert
联系人(Contact Person)：蒋涛
产品业务(Business)：碎浆机，热分散系统

ST Macchine SpA
地址(Add)：Via Calcara，1 Industrial Area 1－36030 Monte di Malo (VI) Italy

电话(Tel)：39－0445－602688
传真(Fax)：39－0445－605452
E-mail：info@stmacchine.it
Http://www.stmacchine.it
联系人(Contact Person)：Anna Bertoldo
产品业务(Business)：流浆箱

Jamer Enterprise Co.
地址(Add)：4F－2 71 Ai Kuo E. Road Taipei，Taiwan
电话(Tel)：886－2－23223348
传真(Fax)：886－2－23935535
E-mail：jamermax@ms31.hinet.net
联系人(Contact Person)：Maxwell Fu
产品业务(Business)：ST Macchine 公司中国代理

Novimpianti SrL
地址(Add)：Via del Fanucchi 17 1－55014 Praz. Marlia，Capannori（LU）Italy
电话(Tel)：39－0583－30219
传真(Fax)：39－0583－307566
E-mail：samanta@novimpianti.com
Http://www.novimpianti.com
联系人(Contact Person)：Samanta Ciabattari
产品业务(Business)：扬克式烘缸气罩，蒸汽和冷凝系统

Svecom－P. E.
地址(Add)：Via della Tecnica，4 I－36075 Montecchio Maggiore（Vicenza）Italy
电话(Tel)：39－0444－746211
传真(Fax)：39－0444－498098
E-mail：f.marin@svecom.com
Http://www.svecom.com
联系人(Contact Person)：Flavio Marin
产品业务(Business)：复卷机和退纸机气胀轴、夹头，卷纸轴，纸轴抽出机和升降台

Fomat Aerothermic Srl
地址(Add)：Via di Tempagnano 180/a 55100 Lucca Italy
电话(Tel)：39－0583－496040
传真(Fax)：39－0583－496721
E-mail：info@gruppofomat.com
Http://www.gruppofomat.com
联系人(Contact Person)：Mauro Della Santa
产品业务(Business)：气罩

Milltech Srl
弥尔科技公司
地址(Add)：Via E. Mattei － Loc. Mugnano I－55100 Lucca Italy
电话(Tel)：39－0583－432311
传真(Fax)：39－0583－432331
E-mail：info@milltechsrl.com
Http://www.milltechsrl.com
产品业务(Business)：扬克烘缸热风罩

Aikawa Iron Works Co.，Ltd.
相川铁工株式会社
地址(Add)：日本国静冈县藤枝市冈部町村良4－6
电话(Tel)：81－54－6480601
传真(Fax)：81－54－6480605
Http://www.aikawa-iron.co.jp
产品业务(Business)：水力碎浆机，各种孔筛、缝筛，热分散系统

嘉兴相川机械有限公司
Jiaxing Aikawa Machinery Co.，Ltd.
地址(Add)：浙江省嘉兴市昌鸣路嘉兴经济开发区东北标准厂房10号厂房
邮编(P. C.)：314001
电话(Tel)：0573－83913268
传真(Fax)：0573－83913298
E-mail：ding@aikawa-sh.com
联系人(Contact Person)：丁森传

元帅金属企业行
King Hardware Trading Co.
地址(Add)：台湾省高雄市鼓山区文忠路76之5号4F之1
电话(Tel)：886－7－5530316
传真(Fax)：886－7－5523474
E-mail：eabcd@ms25.hinet.net
Http://www.kinghardware.com.tw
联系人(Contact Person)：陈尚政
产品业务(Business)：压光辊，轧辊，造纸烘缸

源利制刀工业股份有限公司
Yuan Lih Knife Company
地址(Add)：台湾省台中县潭子乡中山路三段305巷61号
电话(Tel)：886－4－25322827
传真(Fax)：886－4－25339351
E-mail：yuan02@ms6.hinet.net
Http://www.cutter.com.tw
联系人(Contact Person)：林荣生
产品业务(Business)：切纸刀，圆刀

中国农业机械化科学研究院北京康元泵业
China Agricultural Mechanization Science Research Institute Beijing Kangyuan Pump
地址(Add)：北京市朝阳区北沙滩1号82号信箱
邮编(P. C.)：100083
电话(Tel)：010－64882133
传真(Fax)：010－64882133
E-mail：tra263@263.net
Http://www.kangyuanoil.com.cn/pump
联系人(Contact Person)：李宏军
产品业务(Business)：旋喷泵

凯登百利可乐生公司
Kadant Black Clawson China
北京代表处
地址(Add)：北京市朝阳区光华路12号科伦大厦A座901－908室
邮编(P. C.)：100020
电话(Tel)：010－65813011
传真(Fax)：010－65812268
E-mail：peterma@kadantbc.com.cn
Http://www.kadant.com
总经理(General Manager)：颜铭强
联系人(Contact Person)：马作毅
产品业务(Business)：碎浆机，筛浆系统，除渣器，浮选槽，洗浆机，脱墨系统

北京高中压阀门有限责任公司
Beijing Gaozhongya Valve Co., Ltd.
地址(Add)：北京市东城区东直门外大街40号楼1102室
邮编(P. C.)：100027
电话(Tel)：010－69258687
传真(Fax)：010－69223484
Http://www.bvc.cc
总经理(General Manager)：严云魁
产品业务(Business)：烘缸专用疏水阀，旋转接头，刀型闸阀

河北洁源环保设备制造有限公司
Hebei Jieyuan Environmental Protection Machinery Co., Ltd.
地址(Add)：河北省保定市满城县大册营镇方上造纸工业园区
邮编(P. C.)：072150
电话(Tel)：0312－7027999
传真(Fax)：0312－7020123
Http://www.chengxinpaper.com
联系人(Contact Person)：李军
产品业务(Business)：气浮净水器，生活用纸加工设备，造纸、制浆设备及配件

保定市新市区三兴制辊厂
Baoding Xinshi Sanxing Roller Factory
地址(Add)：河北省保定市西外环(107国道)西保满收费站南2公里
邮编(P. C.)：071000
电话(Tel)：0312－3196576
传真(Fax)：0312－3196576
E-mail：sxzg@sxzg.cn
Http://www.sxzg.cn
法人代表(Chairman)：张玉忠
联系人(Contact Person)：张玉忠
产品业务(Business)：压花辊，羊毛辊

河北保定光大造纸机械厂
Hebei Baoding Guangda Paper Machinery Factory
地址(Add)：河北省保定市新市区建设北路石化路口
邮编(P. C.)：071051
电话(Tel)：0312－3111788
传真(Fax)：0312－3111788
总经理(General Manager)：苏春玖
产品业务(Business)：磨浆机，碎浆机，除渣器

保定市新市区阳光纸品机械厂
Baoding Sunlight Paper Machinery Factory
(详见卫生纸加工设备)

沧州市通用造纸机械有限责任公司
Cangzhou General Paper Machinery Co., Ltd.
地址(Add)：河北省沧州市经济技术开发区东海路33号
邮编(P. C.)：061000
电话(Tel)：0317－3098909
传真(Fax)：0317－3098909
E-mail：ty@cztyzzjx.com
Http://www.cztyzzjx.com
法人代表(Chairman)：张思轩
总经理(General Manager)：张思轩
联系人(Contact Person)：张俊锋
产品业务(Business)：磨浆机等制浆设备

唐山天兴环保机械有限公司
Tangshan Tianxing Environmental Protection Machinery Co., Ltd.
地址(Add)：河北省唐山市高新技术开发区立交桥北口西行200米
邮编(P. C.)：064012
电话(Tel)：0315－3853525
传真(Fax)：0315－3178322
E-mail：csy@txtech.cn
Http://www.txtech.cn
联系人(Contact Person)：程绍原
产品业务(Business)：污水处理成套设备

河北亚圣实业有限公司
Hebei Asian Sage Industry Co., Ltd.
地址(Add)：河北省枣强县富强北路
邮编(P. C.)：053100
电话(Tel)：0318－8228718
传真(Fax)：0318－8222297
E-mail：sale@hbyasheng.com
Http://www.hbyasheng.com
法人代表(Chairman)：孟祥峰
联系人(Contact Person)：孟令健
产品业务(Business)：起皱刮刀

沈阳春光造纸机械有限公司
Shenyang Chunguang Paper Machinery Co., Ltd.
(详见卫生纸机)

上海晓国刀片有限公司
Shanghai Xiaoguo Blade Co., Ltd.
地址(Add)：上海市宝山区场北路192号－9
邮编(P. C.)：200443
电话(Tel)：021－56815618
传真(Fax)：021－66247578
E-mail：guoming888@shxgdp.cn
Http://www.shxgdp.com
总经理(General Manager)：石晓国
产品业务(Business)：刀片

上海蓉瑞机电设备有限公司
Shanghai Rongrui Chanicaland Electrical Installation Co., Ltd.
地址(Add)：上海市漕宝路3158弄4号楼1103室
邮编(P. C.)：201101
电话(Tel)：021－64191825
传真(Fax)：021－64197517
E-mail：daniel_zs@163.com
联系人(Contact Person)：周顺
产品业务(Business)：平皮带，片基带，同步带，输送带，打孔带

上海瑞治贸易有限公司
Shanghai Mario Cotta Co., Ltd.
地址(Add)：上海市长宁区天山路789号2号楼2003室
邮编(P. C.)：200335
电话(Tel)：021－62592075
传真(Fax)：021－62592162
E-mail：smsh@switchmeans.com

总经理(General Manager)：胡博雄
联系人(Contact Person)：张建军
产品业务(Business)：纸类裁切设备，刀片，气胀轴，张力控制器

上海欧舟工业皮带有限公司
Shanghai Ouzhou Ind. Belting Co., Ltd.
地址(Add)：上海市场中路685弄37号
邮编(P. C.)：200434
电话(Tel)：021－66833878
传真(Fax)：021－65267671
E-mail：head@ouzhou-eib. com
Http://www. ouzhou-eib. com
联系人(Contact Person)：刘信
产品业务(Business)：橡胶输送带

杜布林亚太有限公司上海代表处
Deublin Asia Pacific Pte Ltd. Shanghai Rep. Office
地址(Add)：上海市成都北路333号招商局广场东楼1204室
邮编(P. C.)：200041
电话(Tel)：021－52980791
传真(Fax)：021－52980790
E-mail：myqy@citiz. net
联系人(Contact Person)：王栋
产品业务(Business)：旋转接头，蒸汽接头，冷凝水系统

上海大晃泵业有限公司
Shanghai Dahuang Pump Co., Ltd.
地址(Add)：上海市奉贤区南桥镇斩行工业区128号
邮编(P. C.)：201400
电话(Tel)：021－57196294
传真(Fax)：021－57196294－18
总经理(General Manager)：赵金波
产品业务(Business)：纸浆泵

哈柏司工业传动设备(上海)有限公司
Habasit (Shanghai) Co., Ltd.
地址(Add)：上海市顾戴路3355弄1号
邮编(P. C.)：201100
电话(Tel)：021－54881228
传真(Fax)：021－54881258
E-mail：hcn_kad@habasit. com. cn
Http://www. habasit. com. hk
联系人(Contact Person)：董玉华
产品业务(Business)：传动带，输送带

上海荣平印刷机械有限公司
Shanghai Rongping Printing Machinery Co., Ltd.
地址(Add)：上海市嘉定区高石路2415号
邮编(P. C.)：201811
电话(Tel)：021－39900382
传真(Fax)：021－39900386
E-mail：shrongping@163. com
总经理(General Manager)：汪如明
产品业务(Business)：陶瓷网纹辊

上海冬慧辊筒机械有限公司
Shanghai Donghui Roller Machinery Co., Ltd.
地址(Add)：上海市嘉定区江桥工业园星华公路1948号
邮编(P. C.)：201803
电话(Tel)：021－39115399
传真(Fax)：021－39115399
E-mail：gsq27@sina. com
法人代表(Chairman)：翟西庆
总经理(General Manager)：翟西庆
联系人(Contact Person)：郭淑琴
产品业务(Business)：压花辊，热轧辊，烫金辊，镜面辊

上海天竺机械刀片有限公司
Shanghai Tianzhu Machinery Blades Co., Ltd.
地址(Add)：上海市嘉定区马陆镇思信路7号
邮编(P. C.)：201801
电话(Tel)：021－66740038
传真(Fax)：021－56133087
E-mail：cxtianzhu@yahoo. com. cn
Http://www. tzdp. com. cn
总经理(General Manager)：陈兴
联系人(Contact Person)：陈兴
产品业务(Business)：造纸专用刀片

上海亦杰传动机械有限公司
Shanghai Yijie Mechanical Transmission Co., Ltd.
地址(Add)：上海市闵行区富都路111弄7号1602B座
邮编(P. C.)：201100
电话(Tel)：021－64609899
传真(Fax)：021－64609909
E-mail：yjgy021@163. com
Http://www. shyjgy. com
联系人(Contact Person)：张日升
产品业务(Business)：同步带轮

上海国昱贸易有限公司
Shanghai Welkin Chem Co., Ltd.
地址(Add)：上海市蒲汇塘路50号五兰花苑1号楼1606室
邮编(P. C.)：200030
电话(Tel)：021－64393490
传真(Fax)：021－64393496
E-mail：andyguo@welkinchem. com. cn
Http://www. welkinchem. com. cn
总经理(General Manager)：郭晓东
产品业务(Business)：卫生纸起皱刮刀

上海上泵(集团)有限公司
Shanghai Shangbeng (Group) Co., Ltd.
地址(Add)：上海市浦东沪南路4699号
邮编(P. C.)：201317
电话(Tel)：021－58143333
传真(Fax)：021－58145701
Http://www. shangbeng. com. cn
联系人(Contact Person)：高湧
产品业务(Business)：离心泵，混流泵

上海亚澳医用保健品有限公司
Shanghai Iso Medical Products Co., Ltd.
地址(Add)：上海市浦东新区六陈路999号
邮编(P. C.)：201202
电话(Tel)：021－58592057
传真(Fax)：021－58593716
E-mail：bzcai@iso-medical. com. cn
Http://www. iso-medical. com. cn
联系人(Contact Person)：蔡帮智

上海诺川泵业有限公司
Shanghai Nuochuan Pump Co., Ltd.
地址(Add)：上海市普陀区白兰路137弄A栋2108
邮编(P. C.)：200063
电话(Tel)：021－52712120
传真(Fax)：021－52712122
E-mail：yewu. tan@ nuochuan-pump. com
Http://www. nuochuan-pump. com
联系人(Contact Person)：谭业武
产品业务(Business)：压缩机，真空泵

上海力林造纸真空机械有限公司
Shanghai Lilin Paper Vaccum Machinery Co., Ltd.
地址(Add)：上海市青浦区白鹤工业园区鹤祥路9号
邮编(P. C.)：201709
电话(Tel)：021－59742575
传真(Fax)：021－59742572
法人代表(Chairman)：王林元
联系人(Contact Person)：李良
产品业务(Business)：盘磨，疏解机，浆泵

上海宽达纺织工业有限公司
Shanghai Kuantex Textile Industry Co., Ltd.
地址(Add)：上海市青浦区徐泾镇华徐路569号
邮编(P. C.)：201702
电话(Tel)：021－59763661
传真(Fax)：021－59763660
E-mail：shanghai@ kuantex. com. cn
总经理(General Manager)：蔡锦清
联系人(Contact Person)：施介平
产品业务(Business)：Mahlo公司中国代理商；德国威可公司中国代理商

展东国际贸易(上海)有限公司
Wacon International (Shanghai) Co., Ltd.
地址(Add)：上海市中山西路1800号兆丰环球大厦15楼H座
邮编(P. C.)：200233
电话(Tel)：021－64394342
传真(Fax)：021－64401797
E-mail：sales@ wacon. cn
Http://www. wacon. cn
联系人(Contact Person)：吴羽桓
产品业务(Business)：意大利FIS公司中国代理商

江苏尚宝罗泵业有限公司
Jiangsu SBL Pump Co., Ltd.
地址(Add)：江苏省宝应县城西(二桥)工业集中区尚宝罗路1号
邮编(P. C.)：225800
电话(Tel)：0514－88209222
传真(Fax)：0514－88224929
E-mail：sblpump@ 163. com
Http://www. sblpump. com
联系人(Contact Person)：方波
产品业务(Business)：纸浆泵，离心泵

常州市坚力橡胶有限公司
Changzhou Jianli Rubber Co., Ltd.
地址(Add)：江苏省常州市东门外郑陆镇工业园区
邮编(P. C.)：213111
电话(Tel)：0519－88731103
传真(Fax)：0519－88736268
E-mail：manager@ jlrubber. com
Http://www. jlrubber. com
联系人(Contact Person)：刘晓春
产品业务(Business)：胶辊，造纸辊，印花辊，印刷辊

常州克力摩自动化控制设备厂
Changzhou Cream Autocontrol Plant
地址(Add)：江苏省常州市潞城富民工业园
邮编(P. C.)：213025
电话(Tel)：0519－88405637
传真(Fax)：0519－88405371
联系人(Contact Person)：卓利平
产品业务(Business)：气胀辊，舒展辊，防粘辊

常州市科艺钢印花辊厂
Changzhou Keyi Embossing Roller Manufacture Factory
地址(Add)：江苏省常州市马杭大路工业园
邮编(P. C.)：213162
电话(Tel)：0519－86700665
传真(Fax)：0519－86700757
E-mail：kyhg@ kyhg. com
Http://www. kyhg. com
总经理(General Manager)：吴华江
联系人(Contact Person)：吴华江
产品业务(Business)：压花辊，消光辊，镜面辊，钢对钢凹凸对压辊

常州市武进广宇花辊有限公司
Changzhou Wujin Guangyu Embossing Roller Machinery Co., Ltd.
地址(Add)：江苏省常州市武进湖塘镇杭街广电路10号
邮编(P. C.)：213162
电话(Tel)：0519－86701036
传真(Fax)：0519－86702056
法人代表(Chairman)：余克
联系人(Contact Person)：余克
产品业务(Business)：压花辊，橡胶辊，热轧辊，网纹辊

常州市鼎盛刀锯厂
Changzhou Dingsheng Blade Factory
地址(Add)：江苏省常州市武进区礼嘉工业集中区东陆庄村24号
邮编(P. C.)：213100
电话(Tel)：0519－86238190
传真(Fax)：0519－85238190
联系人(Contact Person)：黄俊
产品业务(Business)：切纸带刀，刮刀

海门市刀片有限公司
Haimen Blade Co., Ltd.
地址(Add)：江苏省海门市三厂镇中华东路361号
邮编(P. C.)：226121
电话(Tel)：0513－82601601
传真(Fax)：0513－82602005
E-mail：lb@ hmdpc. com
Http://www. hmdpc. com
总经理(General Manager)：陆斌
联系人(Contact Person)：陆斌
产品业务(Business)：圆刀，卫生纸打孔刀

海门市海南带刀厂
Haimen Hainan Blade Factory
地址(Add)：江苏省海门市三和镇工业区
邮编(P. C.)：226113
电话(Tel)：0513－82238869
传真(Fax)：0513－82238869
E-mail：zjs@ hmhndd. com
Http://www. hmhndd. com
总经理(General Manager)：张健生
产品业务(Business)：带刀，纸刀

江阴博路威机械有限公司
Jiangyin Broadenwin Machinery Co., Ltd.
地址(Add)：江苏省江阴市璜土镇澄常开发区贤庄路6号
邮编(P. C.)：214445
电话(Tel)：0510－86657338
传真(Fax)：0510－86659338
E-mail：info@ broadenwin. com
Http://www. broadenwin. com
总经理(General Manager)：沈宏伟
产品业务(Business)：镜面辊，压花辊

江阴市利伟轧辊印染机械有限公司
Jiangyin Liwei Roller Dying & Printing Machinery Co., Ltd.
地址(Add)：江苏省江阴市利港镇陈墅村新街38号
邮编(P. C.)：214444
电话(Tel)：0510－86631469
传真(Fax)：0510－86092290
E-mail：info@ lixinmachine. com
Http://www. lixinmachine. com
法人代表(Chairman)：缪建伟
联系人(Contact Person)：周青锋
产品业务(Business)：压纹辊、羊毛辊、轧光机、轧花机、钢花辊及纺织印染设备

江阴市利港羊毛辊有限公司
Jiangyin Ligang Woolen Paper Rolls Co., Ltd.
地址(Add)：江苏省江阴市利港镇黄丹街
邮编(P. C.)：214444
电话(Tel)：0510－86631152
传真(Fax)：0510－86631152
法人代表(Chairman)：杨环武
联系人(Contact Person)：徐顺华
产品业务(Business)：羊毛纸、羊毛布轧光机，压花机

靖江市金利马造纸机械厂
Jingjiang Jinlima Paper Machinery Factory
地址(Add)：江苏省靖江市东兴镇环镇南路
邮编(P. C.)：214533
电话(Tel)：0523－84686988
传真(Fax)：0523－84686988
E-mail：info@ jjjlim. com
Http://www. jjjlm. com
联系人(Contact Person)：袁江
产品业务(Business)：盘磨，磨浆机，浆泵，疏磨机，碎浆机

江苏飞跃机泵制造有限公司
Jiangsu Feiyue Pump Manufacturing Co., Ltd.
地址(Add)：江苏省靖江市新桥工业园区飞跃路96号
邮编(P. C.)：214537
电话(Tel)：0523－84321998
传真(Fax)：0523－84322463
E-mail：info@ fy-pump. com
Http://www. fy-pump. com
联系人(Contact Person)：王涛
产品业务(Business)：黑液循环泵，上浆泵

苏州力华米泰克斯胶辊制造有限公司
Suzhou Lihua Mitex Elastomer Roller Manufacture Co., Ltd.
地址(Add)：江苏省昆山市花桥镇姚南路280号
邮编(P. C.)：215332
电话(Tel)：0512－57697907
传真(Fax)：0512－57696637
E-mail：kslihua@ 163. com
联系人(Contact Person)：刘磊
产品业务(Business)：造纸胶辊，真空压榨辊

连云港市新浦区压花钢辊厂
Lianyungang Xinpu Engraved Roll Plant
地址(Add)：江苏省连云港市新浦区振兴公寓F楼2单元101室
邮编(P. C.)：222006
电话(Tel)：0518－85803394
传真(Fax)：0518－85803394
总经理(General Manager)：徐小明
产品业务(Business)：压花辊，网纹辊

南京松林国际刮刀锯有限公司
Nanjing Songlin International Knife Manufacturer Co., Ltd.
总部
地址(Add)：江苏省南京市鼓楼区中山北路281号虹桥新城市广场A幢1815室
邮编(P. C.)：210003
电话(Tel)：025－83171310
传真(Fax)：025－58812039
E-mail：njsonglin@ njsonglin. cn
Http://www. njsonglin. cn
总经理(General Manager)：夏松林
产品业务(Business)：卫生纸起皱刀及磨刀机，卷筒卫生纸裁断圆盘刀、餐巾纸和面巾纸断刀、打孔刀、分切刀、涂布刮刀、圆刀磨床、刮刀专用磨床
柳州公司
地址(Add)：广西柳州市西江路27号民泰东园12栋9号
邮编(P. C.)：545005
电话(Tel)：0772－3820477
传真(Fax)：0772－3161019
E-mail：ssl@ paperblade-ssl. com
Http://www. nj-knife. cn
法人代表(Chairman)：夏松林
联系人(Contact Person)：韦小姐
东莞公司
地址(Add)：广东省东莞市万江区楼牌基管理区(汽车总站旁)
邮编(P. C.)：523068
电话(Tel)：0769－22712710
传真(Fax)：0769－22789665
联系人(Contact Person)：夏文龙

苏州工业园区福柏化工机电有限公司
ForBy Chem - Mech (Suzhou Industrial Park) Co., Ltd.
地址(Add)：江苏省苏州工业园区至和西路35号
邮编(P.C.)：215000
电话(Tel)：0512-62816198
传真(Fax)：0512-62820598
E-mail：xuzhandong1@163.com
联系人(Contact Person)：徐占东
产品业务(Business)：流体控制系统，阀门，泵

江苏美达天竺机械刀片(中国)有限公司
Jiangsu Metalisha Tianzhu Machinery Blades (China) Co., Ltd.
地址(Add)：江苏省泰兴市大生镇334省道688号
邮编(P.C.)：225441
电话(Tel)：0523-87594688
传真(Fax)：0523-87597878
E-mail：chengtao1001@sina.com
Http://www.tzdp.com.cn
总经理(General Manager)：竺小国
联系人(Contact Person)：崔业男
产品业务(Business)：打孔刀，刮刀，复卷机上下刀，分切刀

泰州市高港区民全机械厂
Taizhou Gaogang Minquan Machinery Plant
地址(Add)：江苏省泰州市高港区口岸镇王莹村7组
邮编(P.C.)：225321
电话(Tel)：0523-86968256
传真(Fax)：0523-86968256
总经理(General Manager)：陆建国
产品业务(Business)：复卷机钢辊，切纸机，压花辊

无锡沪东麦斯特环境工程有限公司
Wuxi Hudong Mascot Environmental Engineering Co., Ltd.
地址(Add)：江苏省无锡市国家高新技术开发区硕放园
邮编(P.C.)：214142
电话(Tel)：0510-85300777
传真(Fax)：0510-85300878
E-mail：hz.hudong@263.net
Http://www.chinahudong.com
法人代表(Chairman)：陆吉明
联系人(Contact Person)：许风云
产品业务(Business)：气浮净水器

无锡寰亚机械有限公司
Wuxi Huanya Machinery Co., Ltd.
(详见卫生纸机)

无锡鸿华造纸机械有限公司
Wuxi Honghua Paper Machinery Co., Ltd.
地址(Add)：江苏省无锡新区鸿山镇(鸿声)锡鸿路66号
邮编(P.C.)：214115
电话(Tel)：0510-88580588
传真(Fax)：0510-88580210
E-mail：hhjx0001@163.com
Http://www.wxzzjx.com
总经理(General Manager)：朱洪根
联系人(Contact Person)：朱建华
产品业务(Business)：真空伏辊，压榨辊

无锡市秋明造纸机械有限公司
Wuxi Qiuming Paper Machinery Co., Ltd.
地址(Add)：江苏省无锡新区硕放镇红光工业园
邮编(P.C.)：214142
电话(Tel)：0510-85323272
传真(Fax)：0510-85323727
E-mail：sales@qmzzjx.com
联系人(Contact Person)：沈坤明
产品业务(Business)：真空伏辊，压榨辊，造纸机

徐州市世安制辊模具厂
Xuzhou Shian Roller Manufacturing Model Plant
地址(Add)：江苏省徐州市城南开发区潘塘塘坊118号
邮编(P.C.)：221111
电话(Tel)：0516-83297111
传真(Fax)：0516-83290042
E-mail：shianzg@126.com
Http://www.sazg.com
法人代表(Chairman)：李凌曦
总经理(General Manager)：赵明明
联系人(Contact Person)：李凌云
产品业务(Business)：压花辊，网纹辊，餐巾纸压花辊，镜面辊，流延膜压花辊

徐州亚特花辊制造有限公司
Xuzhou Art Embossing Roller Manufacturing Co., Ltd.
地址(Add)：江苏省徐州市东三环路经济开发区淮海工业园-6号558信箱
邮编(P.C.)：221007
电话(Tel)：0516-87778992
传真(Fax)：0516-87770515
E-mail：info@yathg.com
Http://www.yathg.com
法人代表(Chairman)：张宪生
总经理(General Manager)：吴同胜
联系人(Contact Person)：魏学正
产品业务(Business)：压花辊，热轧辊，冷却辊，网纹辊，镜面辊，压纹流延膜机组，压纹薄膜打孔膜机，流延压纹透气膜机组

徐州三象(制辊)机械有限公司
Xuzhou Sanxiang (Roller) Machinery Co., Ltd.
地址(Add)：江苏省徐州市轻工路(原缝纫机厂内)
邮编(P.C.)：221007
电话(Tel)：0516-87766388
传真(Fax)：0516-87766399
E-mail：xzsanxiang@sina.com
联系人(Contact Person)：刘继明
产品业务(Business)：镜面辊，压花辊

盐城市佳诚机械有限公司
Yancheng Jiacheng Machinery Co., Ltd.
(详见卫生纸机)

扬州市鑫达刀具有限公司
Yangzhou Xinda Cutting Tools Co., Ltd.
地址(Add)：江苏省扬州市杭集工业园熙园路2号
邮编(P.C.)：225111
电话(Tel)：0514-87493669
传真(Fax)：0514-87493469
E-mail：xdsaw@xdsaw.com

Http://www. xdsaw. com
法人代表(Chairman):张云华
总经理(General Manager):张云华
联系人(Contact Person):邓仁卫
产品业务(Business):环形带刀，切纸带刀，刮刀，底刀

江苏省镇江市润州双龙花辊厂
Jiangsu Zhenjiang Runzhou Shuanglong Engraved Roll Plant
地址(Add):江苏省镇江市高资镇
邮编(P. C.):212000
电话(Tel):0511－85514924
传真(Fax):0511－85514924
总经理(General Manager):郭德华
产品业务(Business):钢花辊，羊毛辊，钢对钢花辊

海宁於氏龙激光制辊有限公司
Haining Yushilong Laser Roller Engraving Co., Ltd.
地址(Add):浙江省海宁市联合路266号
邮编(P. C.):314400
电话(Tel):0573－87222638
传真(Fax):0573－87226001
E-mail:hnysl0573@ vip. 163. com
总经理(General Manager):於沈
联系人(Contact Person):祝艺心
产品业务(Business):卫生纸压花辊，陶瓷网纹辊

杭州纸邦仪器有限公司
Hangzhou Zhibang Instruments Co., Ltd.
地址(Add):浙江省杭州市滨江区信庭路9号
邮编(P. C.):310052
电话(Tel):0571－81603239
传真(Fax):0571－81603239
E-mail:master@ hzzhibang. com
Http://www. hzzhibang. com
法人代表(Chairman):吕俊来
联系人(Contact Person):吕俊来
产品业务(Business):白度色度仪，白度仪，纸张拉力仪，色度仪，纸张平滑度仪

杭州美辰纸业技术有限公司
Hangzhou Paper Mech Technology Co., Ltd.
地址(Add):浙江省杭州市建国北路586号嘉联华铭座1601室
邮编(P. C.):310000
电话(Tel):0571－85096526
传真(Fax):0571－85096527
E-mail:headbox@ sohu. com
Http://www. papermech. com
联系人(Contact Person):任云忠
产品业务(Business):流浆箱

杭州华加流浆箱技术有限公司
Hangzhou Huajia Headbox Technology Co., Ltd.
地址(Add):浙江省杭州市文晖路大塘新村20号
邮编(P. C.):310005
电话(Tel):0571－88801313
传真(Fax):0571－88801222
Http://www. hzhuajia. com
联系人(Contact Person):叶权科
产品业务(Business):流浆箱

杭州大路实业有限公司
Hangzhou Dalu Industry Co., Ltd.
(详见卫生纸机)

嘉兴市辰邦造纸机械设备有限公司
Jiaxing Chenbang Paper Machinery Co., Ltd.
地址(Add):浙江省嘉兴市经济开发区名人国际花园1－1703
邮编(P. C.):314000
电话(Tel):0573－82115558
传真(Fax):0573－82119281
总经理(General Manager):褚国林
产品业务(Business):浆池搅拌器，流浆箱，除砂器

宁波征途同步带有限公司
Ninbo Zhengtu Synchronous Belt Co., Ltd.
地址(Add):浙江省宁波市慈溪市慈东开发区
邮编(P. C.):315300
电话(Tel):0574－63788548
传真(Fax):0574－63788648
E-mail:admin@ nbzhengtu. com
Http://www. nbzhengtu. com
联系人(Contact Person):黄小伦
产品业务(Business):同步带，变速带，平带

宁波恒翔传动带有限公司
Ningbo Hengxiang Timing Belt Co., Ltd.
地址(Add):浙江省宁海市科技工业园区
邮编(P. C.):315615
电话(Tel):0574－65296518
传真(Fax):0574－65294035
E-mail:youxiaofei@ hengxiang. com
Http://www. hengxiang. com
联系人(Contact Person):尤孝飞
产品业务(Business):传动带

浙江力诺阀门有限公司
Zhejiang Linuo Valve Co., Ltd.
地址(Add):浙江省瑞安市安阳镇潘岱办事处芦浦力诺工业园
邮编(P. C.):325216
电话(Tel):0577－65218999
传真(Fax):0577－65386988
E-mail:zjlinuo@ vip. 163. com
Http://www. cn-linuo. com
总经理(General Manager):陈晓宇
联系人(Contact Person):冯辉彬
产品业务(Business):造纸用控制阀

浙江瑞萌自动化设备有限公司
Zhejiang Ruimeng Automation Equipment Co., Ltd.
地址(Add):浙江省瑞安市汀田镇东新路211号
邮编(P. C.):325206
电话(Tel):0577－65102626
传真(Fax):0577－65505510
E-mail:chenwen7376@ 163. com
Http://www. rmvalve. com
总经理(General Manager):陈文
产品业务(Business):控制阀

浙江同普自控设备有限公司
Zhejiang Tongpu Automation Control Equipment Co., Ltd.
地址(Add)：浙江省温州市牛山北路炬光园中路125号
邮编(P. C.)：325029
电话(Tel)：0577－88608601
传真(Fax)：0577－88608602
E-mail：wzlipu@163. com
Http://www. wzlipu. com
法人代表(Chairman)：李琯新
联系人(Contact Person)：李钟武
产品业务(Business)：球阀，控制阀，调节阀，纸浆浓度取样阀

温州市天铭印刷机械有限公司
Wenzhou Tianming Printing Machinery Co., Ltd.
地址(Add)：浙江省温州市梧田慈湖南村平安路138号
邮编(P. C.)：325014
电话(Tel)：0577－88611948
传真(Fax)：0577－85696082
E-mail：tianming@tian-ming. com
Http://www. tian-ming. com
总经理(General Manager)：吴立中
联系人(Contact Person)：吴立中
产品业务(Business)：磨刀机，切纸机

浙江省诸暨市中太造纸机械有限公司
Zhejiang Zhuji Zhongtai Paper Machinery Co., Ltd.
地址(Add)：浙江省诸暨市牌头镇工业区
邮编(P. C.)：311825
电话(Tel)：0575－87052818
传真(Fax)：0575－87057716
E-mail：zjztzz@163. com
法人代表(Chairman)：周柏太
总经理(General Manager)：周敏之
产品业务(Business)：流浆箱

马鞍山市恒利达机械刀片有限公司
Maanshan Henglida Machinery Cutting Tools Co., Ltd.
地址(Add)：安徽省马鞍山市博望工贸区胡家山40号
邮编(P. C.)：243131
电话(Tel)：0555－6762039
传真(Fax)：0555－6761259
法人代表(Chairman)：张增明
联系人(Contact Person)：刘御非
产品业务(Business)：分切上下刀，碟形刀，平圆刀，刀圈，多刃刀圈，甩刀，刮刀，打孔刀，餐面巾纸刀，圆盘刀等造纸机械刀片及各种纸箱机械刀片

安徽华菱西厨装备股份有限公司
Anhui Hualing Kitchen Equipment Co., Ltd.
地址(Add)：安徽省马鞍山市博望工业开发区
邮编(P. C.)：243131
电话(Tel)：0555－6763433
传真(Fax)：0555－6761433
E-mail：info@fenglihua. com
Http://www. fenglihua. com
联系人(Contact Person)：陈道水
产品业务(Business)：圆刀，分纸单刀，分切上刀

马鞍山市飞华机械模具刀片有限公司
Maanshan Feihua Blade Co., Ltd.
地址(Add)：安徽省马鞍山市博望开发区石家工业园
邮编(P. C.)：243131
电话(Tel)：0555－6768056
传真(Fax)：0555－6768056
法人代表(Chairman)：刘允飞
总经理(General Manager)：杭世莲
联系人(Contact Person)：刘炽娣
产品业务(Business)：刀片，分切圆刀

福建省晋江斌龙工贸辊业有限公司
Fujian Jinjiang Binlong Trade Roll Co., Ltd.
地址(Add)：福建省晋江市池店镇新店村古坑20号
邮编(P. C.)：362212
电话(Tel)：0595－85988887
传真(Fax)：0595－85998887
E-mail：bljg@fjbinlong. com
Http://www. fjbinlong. com
联系人(Contact Person)：吕慷慨
产品业务(Business)：造纸胶辊

亿民机械配件中心
Yimin Machinery Fitting Center
地址(Add)：福建省闽清县城台山中路137号
邮编(P. C.)：350800
电话(Tel)：13850191358
传真(Fax)：0591－22336398
联系人(Contact Person)：黄温声
产品业务(Business)：带锯刀，复卷打孔刀，餐巾折叠刀，纸巾包装机

金涛压花特辊厂
Jintao Embosser Factory
地址(Add)：福建省泉州市北峰招丰社区石坑225号
邮编(P. C.)：362000
电话(Tel)：0595－22381468
传真(Fax)：0595－22386115
E-mail：wjx2381468@163. com
联系人(Contact Person)：伍建秀
产品业务(Business)：压花辊

泉州柏森工业皮带有限公司
Quanzhou Bosen Belt Co., Ltd.
地址(Add)：福建省泉州市鲤城区港仔乾盐业宿舍西301
邮编(P. C.)：362000
电话(Tel)：0595－22207448
总经理(General Manager)：王明显
产品业务(Business)：同步带轮

江西昌大三机科技有限公司
Jiangxi Changda Sanji Science & Technology Co., Ltd.
地址(Add)：江西省上高县人民路32号
邮编(P. C.)：336400
电话(Tel)：0795－2511882
传真(Fax)：0795－2511888
联系人(Contact Person)：胡绍华
产品业务(Business)：磨刀机

汶瑞机械(山东)有限公司
Wenrui Machinery (Shandong) Co., Ltd.
地址(Add)：山东省安丘市潍徐南路287号

邮编(P. C.): 262100
电话(Tel): 0536 - 4392206
传真(Fax): 0536 - 4362807
E-mail: info@ wenrui. com. cn
Http://www. wenrui. com. cn
总经理(General Manager): 陈永林
联系人(Contact Person): 于燕
产品业务(Business): 真空洗浆机, 白泥预挂过滤机, 多盘过滤机

济南市长清区中联造纸机械厂
Jinan Changqing Zhonglian Paper Machinery Factory
地址(Add): 山东省长清城南工业园220国道西
邮编(P. C.): 250300
电话(Tel): 0531 - 87263422
传真(Fax): 0531 - 87263907
联系人(Contact Person): 王友生
产品业务(Business): 浓缩机, 碎浆机

山东宇恒造纸机械有限公司
Shandong Yuheng Paper Machinery Co., Ltd.
地址(Add): 山东省费县城蒙台路西侧
邮编(P. C.): 273400
电话(Tel): 0539 - 7170519
联系人(Contact Person): 宋久成
产品业务(Business): 真空泵, 浆泵

济南汇科机械制造有限公司
Jinan Huike Paper Machinery Co., Ltd.
地址(Add): 山东省济南市天桥区东宇大街以西
邮编(P. C.): 250032
电话(Tel): 0531 - 85719751
传真(Fax): 0531 - 85704203
E-mail: jnhuazhang@ 163. com
Http://www. jinanhuike. com
总经理(General Manager): 王曙钟
联系人(Contact Person): 丁强
产品业务(Business): 网毯洗涤器, 刮刀, 喷嘴

聊城市福和机械制造有限公司
Liaocheng Fuhe Machinery Manufacturing Co., Ltd.
(详见卫生纸机)

青州市鑫龙污水设备制造有限公司
Qingzhou Xinlong Water Treatment Equipment Co., Ltd.
地址(Add): 山东省青州市东夏镇王岗开发区
邮编(P. C.): 262400
电话(Tel): 0536 - 3506983
传真(Fax): 0536 - 3506983
E-mail: qzxinlong2006@ 163. com
Http://www. qzxinlong. cn
总经理(General Manager): 鞠进亮
产品业务(Business): 污水处理设备

山东四海水处理设备有限公司
Shandong Sihai Water Treatment Equipment Co., Ltd.
地址(Add): 山东省青州市工业路1567号
邮编(P. C.): 262500
电话(Tel): 0536 - 3290366
传真(Fax): 0536 - 3290799
E-mail: qzsihai@ 163. com
Http://www. qzsihai. com. cn
总经理(General Manager): 郭健
联系人(Contact Person): 何建军
产品业务(Business): 盘式过滤器、超滤设备

泰安市普瑞特机械制造有限公司
Taian Prettech Machinery Co., Ltd.
地址(Add): 山东省泰安市南关路16号
邮编(P. C.): 271000
电话(Tel): 0538 - 6239699
传真(Fax): 0538 - 6239900
E-mail: market@ prettech. com
Http://www. prettech. com
联系人(Contact Person): 吴斌
产品业务(Business): 蒸球, 浮选脱墨槽

山东省郯城新亚轻工机械有限公司
Shandong Tancheng Xinya Light Industry Machinery Co., Ltd.
地址(Add): 山东省郯城县团结路81号
邮编(P. C.): 276100
电话(Tel): 0539 - 6221432
传真(Fax): 0539 - 6121123
Http://www. aa-kk. com
联系人(Contact Person): 李子龙
产品业务(Business): 真空泵, 流浆泵, 离心筛, 长刀和圆刀磨床

滕州市建兴环保机械厂
Tengzhou Jianxing Environmental Protection Machinery Factory
地址(Add): 山东省滕州市经济开发区祥源北路316号
邮编(P. C.): 277523
电话(Tel): 0632 - 5696729
传真(Fax): 0632 - 5697627
E-mail: tzjxhb@ 126. com
Http://www. jxhbjx. com
联系人(Contact Person): 朱兆健
产品业务(Business): 黑液提取机, 浓缩机, 纤维回收机, 洗浆机

滕州力华米泰克斯胶辊有限公司
Tengzhou Lihua Mitex Elastomer Roller Co., Ltd.
地址(Add): 山东省滕州市平行南路76号
邮编(P. C.): 277500
电话(Tel): 0632 - 5699450
传真(Fax): 0632 - 5699275
E-mail: sdlihua@ vip. 163. com
Http://www. sdlihua. com
法人代表(Chairman): 朱应力
联系人(Contact Person): 朱应力
产品业务(Business): 造纸胶辊, 真空压榨辊

诸城市金隆机械制造有限责任公司
Zhucheng Jinlong Machinery Manufacturing Co., Ltd.
(详见卫生纸机)

诸城市明大机械有限公司
Zhucheng Mingda Machinery Co., Ltd.
(详见卫生纸机)

诸城市汇川造纸机械厂
Zhucheng Huichuan Paper Machinery Factory
地址(Add)：山东省诸城市皇华镇
邮编(P. C.)：262226
电话(Tel)：0536 -6591383
传真(Fax)：0536 -6591855
E-mail：shj6699@163. com
Http://www. jienengshebei. com
总经理(General Manager)：石洪军
联系人(Contact Person)：石洪军
产品业务(Business)：气动刮刀，污水处理设备，网笼，网槽

诸城天工造纸机械有限公司
Zhucheng Tiangong Paper Machinery Co., Ltd.
(详见卫生纸机)

诸城市双胜乳泉技术有限公司
Zhucheng Shuangsheng Ruquan Co., Ltd.
(详见造纸化学品)

诸城市永利达机械有限公司
Zhucheng Yonglida Machinery Co., Ltd.
(详见卫生纸机)

诸城新日东造纸机械厂
Zhucheng Xinridong Paper Machinery Factory
(详见卫生纸机)

诸城市博瑞德造纸机械厂
Zhucheng Boruide Paper Machinery Factory
(详见废纸脱墨设备)

淄博市博山开发区真空设备厂
Zibo Boshan Development Zone Vaccum Equipment Factory
地址(Add)：山东省淄博市博山经济开发区
邮编(P. C.)：255213
电话(Tel)：0533 -4650430
传真(Fax)：0533 -4652666
E-mail：yitaizkb2006@163. com
Http://www. wscfb. com
联系人(Contact Person)：王坤
产品业务(Business)：水环式真空泵，渣浆泵

山东富安集团真空科技有限公司
Shandong Fuan Group Vaccum Technology Co., Ltd.
地址(Add)：山东省淄博市博山区富安工业园
邮编(P. C.)：255200
电话(Tel)：0533 -4208888
传真(Fax)：0533 -4208999
E-mail：shandongfuan@sina. com
Http://www. shandongfuan. com
联系人(Contact Person)：陶海鹰
产品业务(Business)：真空泵

淄博水环真空泵厂有限公司
Zibo Water Ring Vaccum Pump Factory Co., Ltd.
地址(Add)：山东省淄博市博山区西过境路299号
邮编(P. C.)：255200
电话(Tel)：0533 -4175945
传真(Fax)：0533 -4179957
E-mail：shzkb@shzkb. com
Http://www. shzkb. com
法人代表(Chairman)：陈维茂
联系人(Contact Person)：唐恩西
产品业务(Business)：水环式真空泵

博山精工泵业有限公司
Boshan Jinggong Pumps Co., Ltd.
地址(Add)：山东省淄博市博山英雄西路11号
邮编(P. C.)：255200
电话(Tel)：0533 -4293089
传真(Fax)：0533 -4292609
E-mail：ziper@vip. sina. com
Http://www. jgby. com
联系人(Contact Person)：贾生树
产品业务(Business)：水环式真空泵

淄博国信轻工机械有限公司
Zibo Guoxin Light Industry Machinery Co., Ltd.
地址(Add)：山东省淄博市桓台县新城
邮编(P. C.)：256403
电话(Tel)：0533 -8880446
传真(Fax)：0533 -8880440
E-mail：gxqj@gxqj. net
Http://www. gxqj. net
总经理(General Manager)：王秉华
联系人(Contact Person)：王秉峰
产品业务(Business)：制浆机械

山东长星集团有限公司
Shandong Changxing Group Co., Ltd.
地址(Add)：山东省邹平县长山城东三里河
邮编(P. C.)：256206
电话(Tel)：0543 -4851225
传真(Fax)：0543 -4819115
法人代表(Chairman)：朱玉国
总经理(General Manager)：朱玉国
产品业务(Business)：真空伏辊，真空压榨辊

山东杰锋机械制造有限公司
Shandong Jiefeng Machinery Manufacturing Co., Ltd.
地址(Add)：山东省邹平县长山镇开发区
邮编(P. C.)：256206
电话(Tel)：0543 -4851388
传真(Fax)：0543 -4851918
E-mail：jishaichang@163. com
Http://www. sdjiefeng. com
法人代表(Chairman)：张吉祥
联系人(Contact Person)：段正坤
产品业务(Business)：压力筛

焦作市美新机械制造有限公司
Jiaozuo Meixin Paper Machinery Co., Ltd.
地址(Add)：河南省沁阳市孟庄工业区
邮编(P. C.)：454550
电话(Tel)：0391 -5670598
传真(Fax)：0391 -5670598
E-mail：yfs-youyou@163. com
Http://www. jzmx. net
联系人(Contact Person)：杨丰收

产品业务(Business)：流浆箱

新乡市蓝海环保机械有限公司
Xinxiang Lanhai Environmental Equipment Co., Ltd.
地址(Add)：河南省新乡市古固寨工业集中区玉源路
邮编(P. C.)：453007
电话(Tel)：0373-5759999
传真(Fax)：0373-5759916
E-mail：lichangbao8886.163@163.com
Http://www.lhhbjx.com
法人代表(Chairman)：潘丙洲
总经理(General Manager)：李长宝
联系人(Contact Person)：李长宝
产品业务(Business)：挤浆机，污泥脱水机，污水处理设备及工程设计

许昌魏都兄弟造纸机械配件厂
Xuchang Weidu Xiongdi Paper Machinery Fittings Factory
(详见卫生纸加工设备)

运达造纸设备有限公司
Yunda Paper Machinery Co., Ltd.
地址(Add)：河南省郑州市国际机场薛店工业园世纪大道168号
邮编(P. C.)：450000
电话(Tel)：0371-62586186
传真(Fax)：0371-62587979
E-mail：hongyunda001@163.com
Http://www.hongyunda.com
总经理(General Manager)：许超峰
产品业务(Business)：水力碎浆机，纤维分离机，除渣器，压力筛，浮选脱墨机

湖北省天门市鲁班锯业有限责任公司
Tianmen Luban Saw Manufacture Co., Ltd.
地址(Add)：湖北省天门市马湾镇工业大道
邮编(P. C.)：431715
电话(Tel)：0728-4563319
传真(Fax)：0728-4561069
法人代表(Chairman)：刘剑
总经理(General Manager)：刘炎兵
联系人(Contact Person)：胡炳佑
产品业务(Business)：刮刀，打孔刀，切纸刀等造纸机械刀片

武汉市生威自动化工程有限公司
Wuhan Shengwei Automatic Engineering Co., Ltd.
地址(Add)：湖北省武汉市汉口解放公园路34号1-2
邮编(P. C.)：430010
电话(Tel)：027-82932923
传真(Fax)：027-82932923
E-mail：whsw_lhy@sohu.com
法人代表(Chairman)：林华勇
总经理(General Manager)：林华勇
产品业务(Business)：纸浆浓度变送器，浆料取样阀，纸浆浓度调节控制系统，定量阀

湖南正大轻科机械有限公司
Hunan Zhengda Hi-tech Mechanical Light Industry Co., Ltd.
地址(Add)：湖南省长沙市洞井湖南环保科技产业园
邮编(P. C.)：410116
电话(Tel)：0731-82883816
传真(Fax)：0731-82883812
E-mail：cszdjrqc@vip.sina.com
Http://www.zdqk.com
法人代表(Chairman)：周文
总经理(General Manager)：陈伟强
联系人(Contact Person)：孙祥东
产品业务(Business)：气罩，热回收系统，送风及排风系统

潮州市海博机械有限公司
Chaozhou Haibo Machinery Co., Ltd.
地址(Add)：广东省潮州市湘桥区黄金塘三十亩片区
邮编(P. C.)：521041
电话(Tel)：0768-2502525
传真(Fax)：0768-2272939
E-mail：chaozlsq@hotmail.com
Http://www.habojx.com
联系人(Contact Person)：刘森权
产品业务(Business)：磨浆机

东莞市沙田利丰造纸技术服务部
Dongguan Shatian Lefon Paper Making Technology Service
地址(Add)：广东省东莞市东城大道中金泽花园玉兰阁1303号
邮编(P. C.)：523129
电话(Tel)：0769-22342800
传真(Fax)：0769-22081070
E-mail：lfjx168@yahoo.com.cn
法人代表(Chairman)：李在照
总经理(General Manager)：李在照
联系人(Contact Person)：李连峰
产品业务(Business)：喷浆式压力流浆箱，阶梯扩散式流浆箱，自动磨刀机及提供设计、技术服务

东莞市沙田鸿创造纸机械配件加工厂
Dongguan Shatian Hongchuang Paper Machinery Factory
地址(Add)：广东省东莞市沙田镇(虎门港)福禄沙工业区福海东路8号
邮编(P. C.)：523991
电话(Tel)：0769-88689139
传真(Fax)：0769-88664788
总经理(General Manager)：李明龙
联系人(Contact Person)：李明龙
产品业务(Business)：流浆箱，卫生纸机配件

东莞市三峰刀具有限公司
Dongguan Sanfeng Cutting Tool Co., Ltd.
地址(Add)：广东省东莞市万江区牌楼基管理区(育华小学对面)
邮编(P. C.)：523050
电话(Tel)：0769-21661750
传真(Fax)：0769-88125817
E-mail：peak200808@163.com
Http://www.dgsfdj.com
联系人(Contact Person)：王大才
产品业务(Business)：卫生纸加工刀具

东莞市长盛刀锯有限公司
Dongguan Changsheng Cutter & Saws Co., Ltd.
地址(Add)：广东省东莞市万江区小享建设路

邮编(P. C.): 523048
电话(Tel): 0769 - 22719860
传真(Fax): 0769 - 22274999
E-mail: changsheng@ cs-daoju. com
Http://www. cs-daoju. com
法人代表(Chairman): 张德华
总经理(General Manager): 张德华
联系人(Contact Person): 李胜
产品业务(Business): 造纸机刮刀, 切纸刀, 复卷机打孔刀

东莞市萨浦刀锯有限公司
Dongguan Sharp Cutting Tools Co., Ltd.
地址(Add): 广东省东莞市中堂镇蕉利村沉塘工业区(望牛墩汽车站后面)
邮编(P. C.): 523000
电话(Tel): 0769 - 88416688
传真(Fax): 0769 - 88416088
E-mail: sharpdaoju@ 163. com
Http://www. sapudaoju. cn. alibaba. com
法人代表(Chairman): 周芳明
总经理(General Manager): 周芳明
联系人(Contact Person): 周芳军
产品业务(Business): 起皱刮刀, 环形皮带刀, 带锯刀

佛山市南海区键铧风机有限公司
Foshan Nanhai Jianhua Blower Fan Co., Ltd.
地址(Add): 广东省佛山市南海区罗村镇罗务路十八亩工业区
邮编(P. C.): 528226
电话(Tel): 0757 - 81801563
传真(Fax): 0757 - 86441489
E-mail: info@ fsjianhua. com
总经理(General Manager): 黄泽潮
联系人(Contact Person): 黄泽升
产品业务(Business): 罗茨真空泵, 为擦手纸机、面巾纸机配套真空系统

华南理工大学造纸与污染控制国家工程研究中心
South China University of Technology National Engineering Research Center of Papermaking & Pollution Control
地址(Add): 广东省广州市天河区五山路 381 号华南理工大学造纸工程大楼
邮编(P. C.): 510640
电话(Tel): 020 - 87112614
传真(Fax): 020 - 87113840
E-mail: pperc@ scut. edu. cn
联系人(Contact Person): 曹国平
产品业务(Business): 中浓液压盘磨机, 造纸机顶网, 流浆箱, 稳浆箱, 纸浆中浓、高浓混合器

创源水处理科技有限公司
Chuangyuan Water Treatment S&T Co., Ltd.
地址(Add): 广东省江门市滘北瑞华苑 4 号 101
邮编(P. C.): 529040
电话(Tel): 0750 - 3819051
传真(Fax): 0750 - 3820359
E-mail: chywt@ chywt. cn
Http://www. chywt. cn
法人代表(Chairman): 臧立新
总经理(General Manager): 臧立新
联系人(Contact Person): 王双武
产品业务(Business): 浅层气浮机, 盘式过滤器

江门市新会区园达工具有限公司
Jiangmen Xinhui Yuanda Machine & Tool Co., Ltd.
地址(Add): 广东省江门市新会区黄克竞大桥北岸东侧
邮编(P. C.): 529100
电话(Tel): 0750 - 6318496
传真(Fax): 0750 - 6318669
E-mail: jm148863-jmb@ 21cn. net
Http://www. xhwuhuan. com
法人代表(Chairman): 马加樵
总经理(General Manager): 马加樵
联系人(Contact Person): 叶金萍
产品业务(Business): 切纸圆刀

柳州恒亚机械设备有限公司
Liuzhou Hengya Machinery Co., Ltd.
地址(Add): 广西柳州市柳东新区雒容工业园西区
邮编(P. C.): 545002
电话(Tel): 0772 - 3968282
传真(Fax): 0772 - 3968281
E-mail: 628hxch@ sohu. com
联系人(Contact Person): 黄修纯
产品业务(Business): 制浆设备, 除砂器, 网槽, 起皱刮刀

四川绵阳星恒节能环保有限公司
Sichuan Mianyang Xingheng Energy Saving Environmental Protection Co., Ltd.
地址(Add): 四川省梓潼县城外北街 92 号
邮编(P. C.): 621000
电话(Tel): 0816 - 8212197
传真(Fax): 0816 - 8212219
E-mail: xh@ myxingheng. com
Http://www. myxingheng. com
法人代表(Chairman): 吴平
联系人(Contact Person): 吴平
产品业务(Business): 蒸汽回收机

贵州恒瑞辰机械设备有限公司
Guizhou Hengruichen Machinery Factory
(详见卫生纸机)

贝诺西贝胶辊有限公司
Beloit Xibe Roll Covering Co., Ltd.
地址(Add): 陕西省西安市西郊阿房四路 2 号
邮编(P. C.): 710086
电话(Tel): 029 - 84623445
传真(Fax): 029 - 84624421
E-mail: david _ zheng@ xi-be. com
Http://www. xi-be. com
法人代表(Chairman): 孙思儒
联系人(Contact Person): 郑大伟
产品业务(Business): 造纸用胶辊

陕西欧润造纸机械有限公司
Shaanxi All - Run Paper Machinery Co., Ltd.
地址(Add): 陕西省西安市雁塔区鱼化寨二府庄工业园区
邮编(P. C.): 710077
电话(Tel): 029 - 84686114

传真(Fax)：029－84686084
E-mail：xiaoping. chen@ all-run. com
Http://www. all-run. com
联系人(Contact Person)：陈小平
产品业务(Business)：脱水元件，张紧器，校正器，刮刀

● 一次性卫生用品生产设备 Machinery for disposable hygiene products

Nippon Sharyo，Ltd. Industrial Machinery Department
日本车辆制造株式会社
（详见卫生纸加工设备）

Zuiko Corporation
日本株式会社瑞光
地址(Add)：15－21，Minamibefu Settsu Osaka 566－0045 Japan
电话(Tel)：81－6－6340－7117
传真(Fax)：81－6－6340－4182
E-mail：inquiry@ zuiko. co. jp
Http://www. zuiko. co. jp
法人代表(Chairman)：和田隆男
产品业务(Business)：妇女卫生巾机，纸尿裤机，护理垫机
瑞光上海电气设备有限公司
Zuiko Shanghai Corporation
地址(Add)：上海市嘉定区工业北区兴邦路328号
邮编(P. C.)：201815
电话(Tel)：021－69169492
传真(Fax)：021－69169493
E-mail：t-hirata@ zuiko. co. jp
法人代表(Chairman)：和田隆男
总经理(General Manager)：和田昇
联系人(Contact Person)：平田更夫
产品业务(Business)：妇女卫生巾机，纸尿裤机，护理垫机

Paper Converting Machine Company
美国纸产品加工机器公司(PCMC)
（详见卫生纸加工设备）

BIKOMA AKTIENGESELLSCHAFT SPEZIALMASCHINEN
德国毕克马公司
地址(Add)：Am Layerhof 5 D－56727 Mayen Germany
电话(Tel)：49－2651－8001－0
传真(Fax)：49－2651－8001－40
E-mail：sales@ bikoma. de
Http://www. bikoma. de
产品业务(Business)：妇女卫生巾/卫生护垫设备，纸尿裤设备，医用床垫设备，母乳垫设备

Winkler & Dünnebier Aktiengesellschaft
德国威刻勒机器设备W＋D公司
地址(Add)：Sohler Weg 65. 56564 Neuwied Germany
电话(Tel)：49－2631－84－0
传真(Fax)：49－2631－84577
E-mail：sales. services@ w-d. de
Http://www. w-d. de
产品业务(Business)：妇女卫生巾机，纸尿裤机及卫生纸、餐巾纸、面巾纸、手帕纸后加工设备
威刻勒机器设备(上海)有限公司
地址(Add)：上海市外高桥保税区华京路418号41号楼C部位
邮编(P. C.)：200131
电话(Tel)：021－50461851
传真(Fax)：021－50461873
E-mail：carsten. jaekel@ w-d. de
联系人(Contact Person)：严仲德

Diatec
意大利迪雅特公司
地址(Add)：Strada Statale n. 151 Km. 13 65010 Collecorvino (Pescara)，Italy
电话(Tel)：39－085－82060－1
传真(Fax)：39－085－82060－22
E-mail：staff@ diatec. it
Http://www. diatec. it
产品业务(Business)：妇女卫生巾机，纸尿裤机，护理垫机，成人纸尿裤机

Fameccanica Data S. p. A.
意大利发明家设备公司
地址(Add)：Via Aterno，136－66020 Sambuceto di S. Giovanni Teatino (Chieti) － Italy
电话(Tel)：39－085－45531
传真(Fax)：39－085－4460998
E-mail：staff@ fameccanica. com
Http://www. fameccanica. com
产品业务(Business)：婴儿纸尿裤机，妇女卫生巾机，成人失禁用品生产线，成人拉拉裤机，床垫生产线，婴儿训练裤机
法麦凯尼柯机械(上海)有限公司
Fameccanica Machinery (Shanghai) Co.，Ltd.
地址(Add)：上海市闵行区莘庄工业区元山路88弄10号
邮编(P. C.)：201108
电话(Tel)：021－64422977
传真(Fax)：021－64422981
E-mail：china@ fameccanica. com
总经理(General Manager)：Giampiero De Angelis
联系人(Contact Person)：陈维勇

GDM S. P. A
意大利GDM公司
地址(Add)：Via Circonvallazione Sud 26010 Offanengo (CR) Italy
电话(Tel)：39－373247011
传真(Fax)：39－373247102
E-mail：infogdm@ gdm-spa. it
Http://www. gdm-spa. com
联系人(Contact Person)：Alberto Perego
产品业务(Business)：妇女卫生巾、纸尿裤、失禁垫设备
中国客户咨询处
地址(Add)：广东省东莞市石龙黄州华毅花园34号
电话(Tel)：13288886323
传真(Fax)：0769－87795309
E-mail：yiudon@ gmail. com
联系人(Contact Person)：姚党荣

厔信机械有限公司
Healthy Machinery Co., Ltd.
地址(Add)：台湾省台北县土城市永丰路195巷7弄19号
电话(Tel)：886-2-22621228
传真(Fax)：886-2-22650669
E-mail：chris@healthyco.com.tw
Http://www.healthyco.com.tw
联系人(Contact Person)：陈洪和
产品业务(Business)：口罩机，鞋套机，手术衣机

台湾智琦机械工业股份有限公司
Astute Machine Industry Co., Ltd.
地址(Add)：台湾新竹市延平路一段317巷5弄41号30024
电话(Tel)：886-35-254197
传真(Fax)：886-35-253846
E-mail：astute@ms26.hinet.net
总经理(General Manager)：陈松锡
联系人(Contact Person)：陈松锡
产品业务(Business)：妇女卫生巾机，纸尿裤机，湿巾机，卫生纸后加工设备

特艺佳国际有限公司
Tech. Vantage International Ltd.
(详见卫生纸加工设备)

保定格润建材有限公司
Baoding Gerun Co., Ltd.
地址(Add)：河北省保定北三环杨村路口北行小刘庄
邮编(P. C.)：072556
电话(Tel)：0312-8509818
传真(Fax)：0312-8509816
E-mail：zhihualiu2005@yahoo.com.cn
总经理(General Manager)：刘志华
联系人(Contact Person)：刘洪海
产品业务(Business)：妇女卫生巾、卫生护垫、婴儿纸尿裤设备

丹东北方机械有限公司
Dandong Beifang Machinery Co., Ltd.
(详见干法纸设备)

上海逸杰机械设备有限公司
Shanghai Sunkit Engineering & Machinery Co., Ltd.
地址(Add)：上海市丰华公路1030号
邮编(P. C.)：201803
电话(Tel)：021-69112085
传真(Fax)：021-69112086
E-mail：sunkit@sh-sunkit.com
Http://www.sh-sunkit.com
总经理(General Manager)：黄枫
产品业务(Business)：口罩机，鞋套机，头套机

上海阿尔发机电科技有限公司
Shanghai Alpha Machinery & Electronics Technology Co., Ltd.
地址(Add)：上海市浦东新区世纪大道1500号东方大厦1128室
邮编(P. C.)：200122
电话(Tel)：021-68418888
传真(Fax)：021-50588887
E-mail：alphab@online.sh.cn
Http://www.alphaltd.com.cn
法人代表(Chairman)：谢厚良
总经理(General Manager)：谢厚良
产品业务(Business)：纸尿裤、卫生巾设备，生活用纸加工设备

昆山市建新锻压有限公司机械分厂开发部上海办事处
Kunshan Jianxin Forging & Pressing Co., Ltd. Machinery Branch
地址(Add)：上海市普陀区曹杨三村310号605室
邮编(P. C.)：200062
电话(Tel)：021-32240480
传真(Fax)：021-32240430
E-mail：chanadqian@vip.citiz.cet
法人代表(Chairman)：马健新
总经理(General Manager)：马健新
联系人(Contact Person)：陈大铨
产品业务(Business)：卫生护垫生产线

上海智联精工机械有限公司
Shanghai Zhilian Precision Machinery Co., Ltd.
地址(Add)：上海市青浦区白鹤镇赵屯赵江路485号
邮编(P. C.)：201711
电话(Tel)：021-59213878
传真(Fax)：021-59213838
E-mail：zl@zhilianpm.com
Http://www.zhilianpm.com
法人代表(Chairman)：傅炯
总经理(General Manager)：傅炯
联系人(Contact Person)：朱金才
产品业务(Business)：妇女卫生巾、纸尿裤机，床垫机

常州市中创机电设备有限公司
Changzhou Zhongchuang Mechatronic Co., Ltd.
地址(Add)：江苏省常州市劳动西路323号(常州技术质量监督局内)
邮编(P. C.)：213001
电话(Tel)：0519-86695910
传真(Fax)：0519-86907831
E-mail：czzczyp2008@163.com
Http://www.czzc.com.cn
联系人(Contact Person)：章亚平
产品业务(Business)：手术衣、口罩、尿垫等超声波专用设备

常州市东风卫生机械设备制造厂
Changzhou Dongfeng Sanitary Machinery Equipment Manufacture Factory
地址(Add)：江苏省常州市青龙街道东风民营工业园10号
邮编(P. C.)：213017
电话(Tel)：0519-85572590
传真(Fax)：0519-85311801
E-mail：info@czdongfeng.cn
Http://www.czdongfeng.cn
法人代表(Chairman)：朱有贵
总经理(General Manager)：朱有贵
联系人(Contact Person)：恽自安
产品业务(Business)：妇女卫生巾机，卫生护垫机，纸尿

片机，多功能板浆粉碎系统，成人床垫机，口罩机，圆帽机，母乳垫机，打孔膜机，流延膜机

常州市法斯特诺(科技)有限公司
Changzhou Fastener Co., Ltd.
地址(Add)：江苏省常州市新北区黄河东路88号1幢115号
邮编(P. C.)：213022
电话(Tel)：0519－85131325
传真(Fax)：0519－85132518
E-mail：gemzqp@126. com
Http://www. czfstnwj. cn
联系人(Contact Person)：张全平
产品业务(Business)：卫生用品设备

金湖中卫无纺布制品有限公司
Jinhu ZW Nonwoven Products Co., Ltd.
地址(Add)：江苏省淮安市金湖县戴楼工业集中区
邮编(P. C.)：211600
电话(Tel)：0517－86955859
传真(Fax)：0517－86996228
E-mail：donaldfu@yahoo. com. cn
总经理(General Manager)：仲从波
联系人(Contact Person)：傅士飞
产品业务(Business)：卫生巾/护垫、婴儿/成人纸尿裤、产妇垫、宠物垫、手术垫、湿巾、餐巾纸设备

金湖县宏达卫生用品设备有限公司
Jinhu Hongda Hygiene Products Equipment Co., Ltd.
地址(Add)：江苏省金湖县工业园区金湖西路179－181号
邮编(P. C.)：211600
电话(Tel)：0517－86986698
传真(Fax)：0517－86981066
E-mail：jpk@hdqg. com
Http://www. hdqg. com
法人代表(Chairman)：季平奎
联系人(Contact Person)：凌珍珠
产品业务(Business)：妇女卫生巾机、卫生护垫机及包装机

昆仑自动化设备有限公司
Kunlun Automation Equipment Co., Ltd.
地址(Add)：江苏省金湖县工业园区十良创业园
邮编(P. C.)：211600
电话(Tel)：0517－86802665
传真(Fax)：0517－86897815
法人代表(Chairman)：徐卫东
联系人(Contact Person)：徐卫东
产品业务(Business)：妇女卫生巾机，护垫机，婴儿纸尿裤机

江苏金卫机械设备有限公司
Jiangsu JWC Machinery Co., Ltd.
地址(Add)：江苏省金湖县金湖西路131号
邮编(P. C.)：211600
电话(Tel)：0517－86899999
传真(Fax)：0517－86980777
E-mail：sinojwc@yahoo. com. cn
Http://www. sinojwc. com
法人代表(Chairman)：陈斌
总经理(General Manager)：陈斌
联系人(Contact Person)：陈林
产品业务(Business)：妇女卫生巾、卫生护垫、婴儿纸尿裤、产妇垫、口罩、口杯、打孔膜生产线，多功能粉碎系统

金湖县宏大卫生巾设备有限公司
Jinhu Hongda Sanitary Napkin Equipment Co., Ltd.
地址(Add)：江苏省金湖县金湖西路179－181号
邮编(P. C.)：211600
电话(Tel)：0517－86987956
传真(Fax)：0517－86981066
E-mail：lingzz956@sina. com
Http://www. hdwsj. net
法人代表(Chairman)：季兵奎
总经理(General Manager)：季兵奎
联系人(Contact Person)：凌珍珠
产品业务(Business)：妇女卫生巾成套设备，卫生护垫生产线，多功能板浆粉碎系统

连云港市新星纸品加工设备厂
Lianyungang Xinxing Paper Converting Machinery Factory
(详见卫生纸加工设备)

南京三木国际贸易集团
Nanjing Threewood International Trading Group
地址(Add)：江苏省南京市中山南路49号商茂世纪广场17A5座
邮编(P. C.)：210005
电话(Tel)：025－86893340
传真(Fax)：025－86893349
E-mail：threewood. machinery4@yahoo. com. cn
Http://www. smugj. com
法人代表(Chairman)：李义宝
总经理(General Manager)：李义宝
联系人(Contact Person)：邱金标
产品业务(Business)：纸尿裤、卫生巾设备

苏州市苏正机械有限公司
Suzhou Suzheng Machinery Co., Ltd.
地址(Add)：江苏省苏州市高新区浒关工业园永安路70号
邮编(P. C.)：215000
电话(Tel)：0512－66653331
传真(Fax)：0512－66651066
E-mail：lizheng-64@163. com
总经理(General Manager)：李正
产品业务(Business)：医用床垫、宠物垫生产线

张家港市世奇机械制造有限公司
Zhangjiagang Shiqi Machinery Co., Ltd.
地址(Add)：江苏省张家港市乐余镇
邮编(P. C.)：215621
电话(Tel)：0512－58600318
传真(Fax)：0512－58600868
E-mail：zjgsqjx@163. com
Http://www. chinasqjx. com
法人代表(Chairman)：刘斌
总经理(General Manager)：刘斌
联系人(Contact Person)：刘斌

产品业务(Business)：医用床垫机，口罩机，帽子机，PE手套机，制袋机及非织造布后加工机械

张家港市阿莱特机械有限公司
Zhangjiagang Alaite Machinery Co., Ltd.
地址(Add)：江苏省张家港市鹿苑牛桥工业园
邮编(P. C.)：215616
电话(Tel)：0512-58356801
传真(Fax)：0512-58356802
Http://www.alaite.com
联系人(Contact Person)：彭春晖
产品业务(Business)：口罩机，制袋机，帽机，鞋套机，纸围兜机

张家港市久屹机械制造有限公司
Zhangjiagang Jiuyi Machinery Co., Ltd.
地址(Add)：江苏省张家港市南丰镇新德工业区
邮编(P. C.)：215628
电话(Tel)：0512-58618162
传真(Fax)：0512-58611865
E-mail：jyjixie999@163.com
Http://www.jiu-yi.net
总经理(General Manager)：李剑波
联系人(Contact Person)：李剑波
产品业务(Business)：床垫机，口罩机，复卷打孔机，纸围兜机，切纸圆刀

张家港市力威机械制造有限公司
Zhangjiagang Liwei Machinery Co., Ltd.
地址(Add)：江苏省张家港市三兴镇白熊路36号
邮编(P. C.)：215624
电话(Tel)：0512-58539886
传真(Fax)：0512-58536585
E-mail：lw@liweijx.com
Http://www.liweijx.com
法人代表(Chairman)：姚恒忠
总经理(General Manager)：姚恒忠
产品业务(Business)：护理垫、口罩、帽子、鞋套等生产设备

杭州珂瑞特机械制造有限公司
Hangzhou Creator Machinery Manufacture Co., Ltd.
地址(Add)：浙江省杭州市瓶窑
邮编(P. C.)：311115
电话(Tel)：0571-88548358
传真(Fax)：0571-88548379
E-mail：crt@createmachine.com.cn
Http://www.createmachine.com.cn
法人代表(Chairman)：李世锦
总经理(General Manager)：许蔚
联系人(Contact Person)：徐海燕
产品业务(Business)：纸尿裤机，妇女卫生巾机，卫生护垫机，床垫机

杭州新余宏机械有限公司
Hangzhou New Yuhong Machinery Co., Ltd.
地址(Add)：浙江省杭州市瓶窑凤都工业园区
邮编(P. C.)：311115
电话(Tel)：0571-88541156
传真(Fax)：0571-88543365
E-mail：sales@yhjg.com
Http://www.yhjg.com
法人代表(Chairman)：季儒茂
总经理(General Manager)：孙小宏
联系人(Contact Person)：曹小云
产品业务(Business)：成人纸尿裤/纸尿片、婴儿纸尿裤/纸尿片、婴儿训练裤、妇女卫生巾、卫生护垫生产线，母乳垫、护理垫、宠物垫、医用敷料、材料复合、擦拭巾生产线，包装机

意大利卡尔迪罗莱公司国内联络处
Caldiroli SPL
地址(Add)：浙江省杭州市清泰街507号富春大厦12-C
邮编(P. C.)：310009
电话(Tel)：0571-87098567
传真(Fax)：0571-87813530
E-mail：shouhg@mail.hz.zj.cn
联系人(Contact Person)：寿泓
产品业务(Business)：婴儿纸尿裤机，成人纸尿裤机，妇女卫生巾机，卫生护垫机等

杭州博奕机电机械有限公司
Hangzhou Boyi Machinery Co., Ltd.
地址(Add)：浙江省杭州市瓶窑镇东兴路156号
邮编(P. C.)：311115
电话(Tel)：0571-88547170
传真(Fax)：0571-88547170
E-mail：chen.ping1122@163.com
联系人(Contact Person)：江承平
产品业务(Business)：吸收性卫生用品设备改造，封口机，包装机

瑞安市瑞乐卫生巾设备有限公司
Ruian Ruile Sanitary Napkin Equipment Co., Ltd.
地址(Add)：浙江省瑞安市华表振兴西路
邮编(P. C.)：325206
电话(Tel)：0577-65170649
传真(Fax)：0577-65521649
E-mail：cnruile@163.com
Http://www.cnruile.net
法人代表(Chairman)：蔡之鸿
总经理(General Manager)：蔡之增
联系人(Contact Person)：蔡以水
产品业务(Business)：妇女卫生巾、卫生护垫、纸尿裤等生产线，护理垫、宠物垫、鞋垫设备

浙江省瑞安市瑞丰机械厂
Zhejiang Ruian Ruifeng Machinery Factory
地址(Add)：浙江省瑞安市塘下镇市北工业园区1号路
邮编(P. C.)：325206
电话(Tel)：0577-65321068
传真(Fax)：0577-65321058
E-mail：master@ruifeng.cn
Http://www.ruifeng.cn
法人代表(Chairman)：蔡志昭
总经理(General Manager)：蔡晓鸿
产品业务(Business)：妇女卫生巾、卫生护垫设备，纸尿裤设备

义乌市宏星机械设备厂
Yiwu Hongxing Machinery Factory
地址(Add)：浙江省义乌市佛堂镇渡王宅工业区1号

邮编(P. C.)：322000
电话(Tel)：0579－85726953
传真(Fax)：0579－85726163
联系人(Contact Person)：曾还星
产品业务(Business)：妇女卫生巾、卫生护垫、纸尿片生产线，设备改造

安庆市恒昌机械制造有限责任公司
Anqing Heng Chang Machinery Co., Ltd.
地址(Add)：安徽省安庆市开发区小孤山路
邮编(P. C.)：246005
电话(Tel)：0556－5357442
传真(Fax)：0556－5357893
E-mail：aqhch@aqhch.com.cn
Http://www.aqhch.com.cn
法人代表(Chairman)：吕兆荣
总经理(General Manager)：吕兆荣
联系人(Contact Person)：孙晓君
产品业务(Business)：妇女卫生巾机，卫生护垫机，纸尿裤机

晋江市顺昌机械制造有限公司
Jinjiang Shunchang Machine Manufacturing Co., Ltd.
地址(Add)：福建省晋江市安海镇梧山工业区
邮编(P. C.)：362261
电话(Tel)：0595－85757852
传真(Fax)：0595－85757850
E-mail：shunchangjx@hotmail.com
Http://www.jjsc.com
总经理(General Manager)：王坚持
联系人(Contact Person)：何子平
产品业务(Business)：婴儿纸尿裤/纸尿片、成人纸尿裤/片、妇女卫生巾、卫生护垫生产线

晋江市东南机械制造有限公司
Jinjiang Southeast Machinery Manufacturing Co., Ltd.
地址(Add)：福建省晋江市东石镇第二工业区
邮编(P. C.)：362271
电话(Tel)：0595－85588128
传真(Fax)：0595－85582128
E-mail：dongnan@dnjx.com
Http://www.dnjx.com
法人代表(Chairman)：杨士连
总经理(General Manager)：杨志荣
联系人(Contact Person)：杨志攀
产品业务(Business)：妇女卫生巾机，卫生护垫机，纸尿裤、纸尿片机

泉州嘉福机械制造有限公司
Quanzhou Jiafu Machinery Manufacture Co., Ltd.
地址(Add)：福建省泉州市城西路沃尔玛后
邮编(P. C.)：362000
电话(Tel)：0595－22930330
传真(Fax)：0595－22378185
E-mail：jiafu-machine@126.com
Http://www.hygienemanufacturing.com.cn
法人代表(Chairman)：许月志
总经理(General Manager)：许月志
联系人(Contact Person)：林妙凤
产品业务(Business)：妇女卫生巾、婴儿纸尿裤、成人纸尿裤设备

泉州市汉辉纸品机械厂
Quanzhou Hanhui Paper Products Machinery Factory
(详见卫生纸加工设备)

泉州市汉威机械制造有限公司
Hanwei (Quanzhou) Machinery Manufacturing Co., Ltd.
地址(Add)：福建省泉州市浮桥镇石崎工业区
邮编(P. C.)：362000
电话(Tel)：0595－22488588
传真(Fax)：0595－22487588
E-mail：hanwei@public.qz.fj.cn
Http://www.han-wei.com
法人代表(Chairman)：林秉正
总经理(General Manager)：林秉正
联系人(Contact Person)：叶婷真
产品业务(Business)：妇女卫生巾机，婴儿纸尿裤机，卫生护垫机

泉州市鲤城华信机械有限公司
Quanzhou Licheng Huaxin Machinery Industrial Co., Ltd.
地址(Add)：福建省泉州市技术信息区四区东西路北侧
邮编(P. C.)：362000
电话(Tel)：0595－22472588
传真(Fax)：0595－22477680
总经理(General Manager)：谢清楚
联系人(Contact Person)：谢清楚
产品业务(Business)：卫生用品生产设备，餐巾纸、面巾纸折叠机

泉州市众佳机械有限公司
Quanzhou Zhongjia Machinery Co., Ltd.
地址(Add)：福建省泉州市鲤城浮桥金埔工业区大昌工业园E幢
邮编(P. C.)：362000
电话(Tel)：13805995342
传真(Fax)：0595－22353799
总经理(General Manager)：黄建皇
产品业务(Business)：卫生巾、护垫、纸尿片/裤生产线

福建泉州明辉轻工机械有限公司
Fujian Quanzhou Minghui Light Industry Machinery Co., Ltd.
地址(Add)：福建省泉州市鲤城区浮桥黄石工业区
邮编(P. C.)：362000
电话(Tel)：0595－22455948
传真(Fax)：0595－22456948
E-mail：mh@mhmachinery.com
Http://www.mhmachinery.com
法人代表(Chairman)：吴育明
联系人(Contact Person)：吴静
产品业务(Business)：成人/婴儿纸尿裤机，妇女卫生巾机，卫生护垫机，卫生床垫设备，湿巾机，卫生纸复卷打孔机，面巾纸机，手帕纸机等

泉州市华清机械制造有限公司
Quanzhou Huaqing Machinery Manufacture Co., Ltd.
地址(Add)：福建省泉州市鲤城区江南高新技术区4期一路北侧
邮编(P. C.)：362000
电话(Tel)：0595－23380018
传真(Fax)：0595－22359108

E-mail：xzhangs@ vip. sina. com
Http://www. 5888. cc
法人代表(Chairman)：谢章生
总经理(General Manager)：谢章生
联系人(Contact Person)：张烨
产品业务(Business)：纸尿裤、卫生巾设备

福建培新机械制造实业有限公司
Fujian Peixin Machinery Manufacture Industrial Co., Ltd.
地址(Add)：福建省泉州市洛江双阳华侨经济开发区
邮编(P. C.)：362012
电话(Tel)：0595 – 22458888
传真(Fax)：0595 – 22456781
E-mail：peixin@ pub1. qz. fj. cn
Http://www. peixin. com
法人代表(Chairman)：谢秋林
联系人(Contact Person)：谢须阳
产品业务(Business)：妇女卫生巾、卫生护垫、纸尿裤设备，成人护理垫、宠物垫设备，面巾纸、卫生纸、餐巾纸设备，湿巾机

河南省邦思机械制造有限公司
Henan Bangsi Machinery Manufacturing Co., Ltd.
地址(Add)：河南省长垣县满村工业区
邮编(P. C.)：453400
电话(Tel)：0373 – 8988258
传真(Fax)：0373 – 8998930
Http://www. hnbangen. com
总经理(General Manager)：石新富
产品业务(Business)：口罩机，床垫机

东莞市新盛机械设备有限公司
PNL Nonwoven Converting Machinery Co., Ltd.
地址(Add)：广东省东莞市万江区上甲工业区 181 号
邮编(P. C.)：523055
电话(Tel)：0769 – 22275375
传真(Fax)：0769 – 22774851
E-mail：pnl-machinery@ 163. com
Http://www. pnl-machinery. com
联系人(Contact Person)：曾金华
产品业务(Business)：口罩机，手术帽/手术衣机，鞋套机，拖把机

广州市兴世机械制造有限公司
Xingshi Equipments Co., Ltd.
地址(Add)：广东省广州市天河区员村四横东路
邮编(P. C.)：510655
电话(Tel)：020 – 85545223
传真(Fax)：020 – 85577961
E-mail：xingshi@ xingshi. com. cn
Http://www. xingshi. com. cn
法人代表(Chairman)：林颖宗
联系人(Contact Person)：刘丽琼
产品业务(Business)：工业自动化控制系统，自动化妇女卫生巾设备和婴儿纸尿裤机、包装机

深圳市晶诚机电科技有限公司
Shenzhen Jingcheng Mechanical and Electric Science & Technology Co., Ltd.
(详见热熔胶机)

增城市科盛机械有限公司
Zengcheng Kesheng Machinery Co., Ltd.
地址(Add)：广东省增城市荔城镇富鹏区华农批发市场 B 座北面首层 6 号
邮编(P. C.)：511300
电话(Tel)：020 – 82634305
传真(Fax)：020 – 82634305
E-mail：zckos@ 163. com
Http://www. zckos. com
总经理(General Manager)：沈扬
联系人(Contact Person)：沈扬
产品业务(Business)：妇女卫生巾、卫生护垫、纸尿裤生产线，护理垫生产线

● 热熔胶机 Hot melt adhesive machine

Nordson Corporation
美国诺信有限公司
地址(Add)：28601 Clemens Road Westlake, OH 44145 – 1119 USA
电话(Tel)：1 – 440 – 892 – 1580
传真(Fax)：1 – 440 – 892 – 9507
Http://www. nordson. com
产品业务(Business)：销售本公司热熔胶喷涂系统，中药/香水喷洒系统，热熔胶涂布系统等，并提供技术服务
诺信有限公司(香港)
Nordson Co.
电话(Tel)：852 – 26872828
传真(Fax)：852 – 26874748
E-mail：hongkong@ nordson. com
诺信(中国)有限公司
Nordson (China) Co., Ltd.
地址(Add)：上海市浦东新区张江高科技园区郭守敬路 137 号
邮编(P. C.)：201203
电话(Tel)：021 – 38669129
传真(Fax)：021 – 38669199
E-mail：shanghai@ nordson. com
Http://www. nordson. com. cn
广州分公司
电话(Tel)：020 – 85540092
传真(Fax)：020 – 85520707
E-mail：guangzhou@ nordson. com
北京办事处
电话(Tel)：010 – 84536388
传真(Fax)：010 – 84536399
E-mail：beijing@ nordson. com

Robatech AG
瑞士乐百得公司
地址(Add)：Pilatusring 10 CH – 5630 Muri/Switzerland
电话(Tel)：41 – 56 – 675 – 7700
传真(Fax)：41 – 56 – 675 – 7701
E-mail：info@ robatech. ch
产品业务(Business)：热熔胶喷涂系统，热熔胶宽面喷涂/滚涂系统，冷胶喷涂系统
乐百得(中国)有限公司
Robatech (China) Ltd.
地址(Add)：香港新界葵涌永贤街 9 号崇利中心五楼

507 室
电话(Tel)：852 - 24287344
传真(Fax)：852 - 24275988
E-mail：china@ robatech. com. hk
Http://www. robatech. cn
总经理(General Manager)：欧阳文伟
联系人(Contact Person)：欧阳文伟
广州总公司
地址(Add)：广东省广州市番禺区迎宾路 730 号天安科技园产业大厦 1 - 204 室
邮编(P. C.)：511400
电话(Tel)：020 - 39211716
传真(Fax)：020 - 39211715
E-mail：gz@ robatech. cn
联系人(Contact Person)：赵勇
上海分公司
地址(Add)：上海市中山西路 2025 号永升大厦 2404 室
邮编(P. C.)：200050
电话(Tel)：021 - 62105576
传真(Fax)：021 - 62105542
联系人(Contact Person)：董翌峰
北京分公司
地址(Add)：北京市丰台区宋家庄苇子坑 149 号麒麟金阁商务楼 8668 室
邮编(P. C.)：100078
电话(Tel)：010 - 67102106
传真(Fax)：010 - 67152316
联系人(Contact Person)：霍凤娟

东兴电子仪器有限公司
Tung Hing Instruments Co., Ltd.
地址(Add)：香港九龙湾临兴街 21 号美罗中心二期 17 楼 1720 - 23 室
电话(Tel)：852 - 27565118
传真(Fax)：852 - 27953638
E-mail：gabriel _ l@ tunghinghk. com
总经理(General Manager)：黎钜尧
联系人(Contact Person)：林步东
产品业务(Business)：热熔胶枪

玳纳特(香港)有限公司
ITW Dynatec (H. K.) Ltd.
地址(Add)：香港荃湾横窝仔街 28 号利兴强中心 11 楼 A - B室
电话(Tel)：852 - 24089256
传真(Fax)：852 - 24062532
E-mail：itwhkg@ itwdynatec. com. hk
Http://www. itwdynatec. com
法人代表(Chairman)：苏志权
总经理(General Manager)：苏志权
产品业务(Business)：热熔胶喷胶及涂布设备
江门工程部
地址(Add)：广东省江门市港口一路晓港苑三号之五
邮编(P. C.)：529000
电话(Tel)：0750 - 3386208
传真(Fax)：0750 - 3386508
E-mail：itwjim@ itwdynatec. com. hk
广州代表处
地址(Add)：广东省广州市新港中路 375 号七所社区 25 栋 B 座 205
邮编(P. C.)：510310
电话(Tel)：020 - 84213428
传真(Fax)：020 - 84213487
E-mail：itwgzu@ itwdynatec. com. hk
上海代表处
地址(Add)：上海市镇宁路 200 号欣安大厦西峰 4 楼 A 座
邮编(P. C.)：200040
电话(Tel)：021 - 62792570
传真(Fax)：021 - 62792657
E-mail：itwsha@ itwdynatec. com. hk
联系人(Contact Person)：焦勇
北京代表处
地址(Add)：北京市朝阳区和平街十区(和平家园 21 号楼 4 单元 301 室)
邮编(P. C.)：100013
电话(Tel)：010 - 64279297
传真(Fax)：010 - 64279297
E-mail：itwbej@ itwdynatec. com. hk
泉州代表处
地址(Add)：福建省泉州市宝州路南松新城海棠院 2 座 7B 室
邮编(P. C.)：362000
电话(Tel)：0595 - 22506781
传真(Fax)：0595 - 22536781
E-mail：itwqzu@ itwdynatec. com. hk
深圳代表处
地址(Add)：广东省深圳市福田区彩田路中深花园 B 座 2611 房
邮编(P. C.)：518033
电话(Tel)：0755 - 82995303
传真(Fax)：0755 - 82995264
E-mail：itwshz@ itwdynatec. com. hk

北京三土伟业科技发展有限公司
Beijing CYGT Technology Co., Ltd.
地址(Add)：北京市朝阳区小关东里 10 号院润宇大厦 7 层
邮编(P. C.)：100029
电话(Tel)：010 - 64414483
传真(Fax)：010 - 64412243
E-mail：info@ cygt. com. cn
Http://www. cygt. com. cn
总经理(General Manager)：沙建华
联系人(Contact Person)：沙建华
产品业务(Business)：热熔胶喷涂系统，特种喷胶设备

北京市信义惠达机电设备有限公司
Beijing Faith Reach Co., Ltd.
地址(Add)：北京市房山区良乡佳世苑 10 号楼 302 室
邮编(P. C.)：102413
电话(Tel)：010 - 51654819
传真(Fax)：010 - 51660403
E-mail：xinyihuida@ 163. com
Http://www. xinyihuida. com. cn
总经理(General Manager)：林伟华
联系人(Contact Person)：林伟华
产品业务(Business)：热熔胶机

上海华迪机械有限公司
Shanghai Huadi Machinery Co., Ltd.
地址(Add)：上海市松江区佘山工业区强业路 358 号
邮编(P. C.)：201602

电话(Tel)：021－57794228
传真(Fax)：021－57794222
E-mail：huadi@huadi.us
Http://www.shhuadi.com
联系人(Contact Person)：袭志波
产品业务(Business)：热熔胶机

浙江华安机械有限公司
Zhejiang Huaan Machinery Co., Ltd.
地址(Add)：浙江省瑞安市经济开发区金源路1155号
邮编(P.C.)：325200
电话(Tel)：0577－65659776
传真(Fax)：0577－65659775
E-mail：huaan@huaan.us
Http://www.china-huaan.com
法人代表(Chairman)：张华安
总经理(General Manager)：张华安
联系人(Contact Person)：周加强
产品业务(Business)：热熔胶机

上海雍太机电设备有限公司
Shanghai Yongtai Mechanical and Electrical Equipment Co., Ltd.
地址(Add)：上海市闸北区恒丰北路100号
邮编(P.C.)：200070
电话(Tel)：021－26454108
传真(Fax)：021－66280861
E-mail：sdy88888@sina.com
总经理(General Manager)：孙达余
联系人(Contact Person)：吉文来
产品业务(Business)：热熔胶机

常州永盛包装有限公司
Changzhou Yongsheng Packing Co., Ltd.
地址(Add)：江苏省常州市潞城镇富民工业园
邮编(P.C.)：213025
电话(Tel)：0519－88403939
传真(Fax)：0519－88403636
E-mail：sales@yongsheng-packing.com
Http://www.yongsheng-packing.com
法人代表(Chairman)：蔡国强
联系人(Contact Person)：周开茹
产品业务(Business)：热熔胶机，离型材料涂布机，薄膜分切机

金湖县赫尔顿热熔胶设备有限公司
Jinhu Heerdun Hotmelt Adhesives Equipment Co., Ltd.
地址(Add)：江苏省金湖县戴楼工业集中区
邮编(P.C.)：211600
电话(Tel)：0517－86984418
传真(Fax)：0517－86984458
E-mail：jslhs@163.com
联系人(Contact Person)：李华仁
产品业务(Business)：热熔胶机

金湖县精工热熔胶设备厂
Jinhu Jinggong Holt Melt Adhesive Machine Factory
地址(Add)：江苏省金湖县戴楼镇工业集中区
邮编(P.C.)：211600
电话(Tel)：0517－86984418
传真(Fax)：0517－86984458
E-mail：jslhs@163.com
总经理(General Manager)：李华仁
产品业务(Business)：热熔胶机

苏州欧仕达热熔胶机械设备有限公司
Suzhou Oushida Hot Melt Adhesive Machine Co., Ltd.
地址(Add)：江苏省苏州市相城区陆慕大富豪3街34号
邮编(P.C.)：215000
电话(Tel)：0512－61976008
传真(Fax)：0512－65564669
E-mail：yukangmao365@163.com
Http://www.szrerongjiaoji.cn
联系人(Contact Person)：童礼兵
产品业务(Business)：热熔胶机

杭州朗奇科技有限公司
Hangzhou Lucky Key Science & Technology Co., Ltd.
地址(Add)：浙江省杭州市江干区丁桥镇广发路12号
邮编(P.C.)：310009
电话(Tel)：0571－86457558
传真(Fax)：0571－86460990
E-mail：lk@luckykey.com.cn
Http://www.luckykey.com.cn
总经理(General Manager)：张崇霖
产品业务(Business)：热熔胶机

浙江瑞泰喷涂系统制造工业公司
Zhejiang Ruitai Spray Coating System Fabricating Co., Ltd.
地址(Add)：浙江省瑞安市莘塍镇华表振兴西路69号
邮编(P.C.)：325206
电话(Tel)：0577－65101101
传真(Fax)：0577－65100687
联系人(Contact Person)：李军
产品业务(Business)：热熔胶机

福州市安捷机电技术有限公司
Fuzhou Anjie Mechanical & Electrical Technology Co., Ltd.
地址(Add)：福建省福州市台江区光明路榕信东苑3座306室
邮编(P.C.)：350000
电话(Tel)：0591－83800982
传真(Fax)：0591－83651652
法人代表(Chairman)：兰春
总经理(General Manager)：徐金浩
联系人(Contact Person)：徐金浩
产品业务(Business)：热熔胶喷涂设备

新辉卫生机械设备有限公司
New Splendor Health Mechanical Device Co., Ltd.
地址(Add)：福建省泉州市丰泽区新沿三大门左侧
邮编(P.C.)：362000
电话(Tel)：13959911731
传真(Fax)：lyghappy2001@yahoo.com.cn
联系人(Contact Person)：罗有桂
产品业务(Business)：热熔胶机，湿巾、卫生巾、护垫、床垫、纸尿裤设备销售维修

泉州市永泰机械设备有限公司
Quanzhou Yongtai Machinery Co., Ltd.
地址(Add)：福建省泉州市浮桥东边工业区

邮编(P. C.)：362005
电话(Tel)：0595－22421816
传真(Fax)：0595－22426525
E-mail：wupz@ qzyongtai. com
Http://www. qzyongtai. com
联系人(Contact Person)：吴永裕
产品业务(Business)：热熔胶机

泉州市精泰机械科技有限公司
Quanzhou Jingtai Machinery Technology Co., Ltd.
地址(Add)：福建省泉州市浮桥高山工业区
邮编(P. C.)：362000
电话(Tel)：0595－22476889
传真(Fax)：0595－22473889
E-mail：jingtai@ jingtai. cn
Http://www. jingtai. cn
法人代表(Chairman)：吴培煌
总经理(General Manager)：林顺生
联系人(Contact Person)：吴景霞
产品业务(Business)：热熔胶机

泉州东正喷涂系统制造工业有限公司
Dongzheng Spray Coating System Fabricating Co., Ltd.
地址(Add)：福建省泉州市浮桥后坑工业区
邮编(P. C.)：362000
电话(Tel)：0595－22424588
传真(Fax)：0595－22424788
E-mail：dongzheng@ cndoz. com
Http://www. cndoz. com
法人代表(Chairman)：吴志伟
总经理(General Manager)：吴志伟
联系人(Contact Person)：穆克华
产品业务(Business)：热熔胶机

泉州恒益机械有限公司
Quanzhou Hengyi Machinery Co., Ltd.
地址(Add)：福建省泉州市浮桥街仙景工业区
邮编(P. C.)：362000
电话(Tel)：0595－22464848
传真(Fax)：0595－22475768
E-mail：lmq@ qzhengyi. cn
Http://www. hymqz. com
总经理(General Manager)：李明强
联系人(Contact Person)：李明强
产品业务(Business)：热熔胶机

泉州新日成热熔胶设备有限公司
Quanzhou N. D. C Spray Coating System Fabricating Co., Ltd.
地址(Add)：福建省泉州市江南高新技术工业园区南环路田洋段
邮编(P. C.)：362000
电话(Tel)：0595－22462489
传真(Fax)：0595－22467788
E-mail：ndc@ ndccn. com
Http://www. ndccn. com
法人代表(Chairman)：黄向明
总经理(General Manager)：黄向明
联系人(Contact Person)：杨晖
产品业务(Business)：热熔胶喷涂设备，热熔胶涂布复合设备及一次性医用敷料生产线

泉州市贝特机械制造有限公司
Quanzhou Better Machinery Co., Ltd.
地址(Add)：福建省泉州市鲤城区浮桥镇黄石工业区
邮编(P. C.)：362000
电话(Tel)：0595－22423108
传真(Fax)：0595－22426115
E-mail：qzbetter@ 163. com
Http://www. qzbetter. com
总经理(General Manager)：冯添发
联系人(Contact Person)：马昌杰
产品业务(Business)：热熔胶/冷胶喷涂设备

泉州昌华热熔胶设备有限公司
地址(Add)：福建省泉州市鲤城区西环路北门社区工业楼
邮编(P. C.)：362001
电话(Tel)：0595－22398631
传真(Fax)：0595－22398632
总经理(General Manager)：林荣
产品业务(Business)：热熔胶设备

亿赫热熔胶机制造工业有限公司
Yih Heh Hot Melt Application Industrial Co., Ltd.
地址(Add)：广东省东莞市东城区牛山余庆里二巷8号
邮编(P. C.)：523000
电话(Tel)：0769－22605671
传真(Fax)：0769－22685590
Http://www. yih. com. cn
法人代表(Chairman)：李相谈
联系人(Contact Person)：马安军
产品业务(Business)：热熔胶机

久骥化工机械有限公司
Jiuji Machinery Co., Ltd.
地址(Add)：广东省东莞市东城区中信东泰花园裕华苑1栋110室
邮编(P. C.)：523100
电话(Tel)：0769－22314537
传真(Fax)：0769－22492004
联系人(Contact Person)：林璧堂
产品业务(Business)：热熔胶机

东莞市诺达商贸有限公司
Nor Da Co., Ltd.
地址(Add)：广东省东莞市东城中路辉煌大厦4FC9
邮编(P. C.)：523129
电话(Tel)：0769－22508769
传真(Fax)：0769－22389407
E-mail：general-china@ norda. com. tw
Http://www. norda. com. tw
联系人(Contact Person)：林凡捷
产品业务(Business)：代理 Nordson 热熔胶机

台湾皇尚企业股份有限公司/皇尚科技开发(深圳)有限公司
Hwangsun Enterprise Co., Ltd.
地址(Add)：广东省东莞市厚街镇寮厦村S256省道旁(寮厦大道寮厦路36号斜对面)
邮编(P. C.)：523960
电话(Tel)：0769－81636099
传真(Fax)：0769－81636399
E-mail：hes. ltd@ 163. net

Http://www. hes. com. tw
法人代表(Chairman)：黄峻哲
联系人(Contact Person)：董艳兵
产品业务(Business)：热熔胶机

广州市美涂机械有限公司
Guangzhou Pro Coat Machinery Co., Ltd.
地址(Add)：广东省广州市番禺区蚬涌中心街4号
邮编(P. C.)：511486
电话(Tel)：020－34560409
传真(Fax)：020－61930157
E-mail：info@ gzprocoat. com
Http://www. gzprocoat. com
联系人(Contact Person)：姚仲贤
产品业务(Business)：热熔胶涂布复合机

江门市跨海工贸有限公司
Wahrheit Int'l Trading Co., Ltd.
地址(Add)：广东省江门市光德里1号之一电子大楼首层
邮编(P. C.)：529000
电话(Tel)：0750－3387222
传真(Fax)：0750－3389222
E-mail：wahrheit@ yeah. net
Http://www. wahrheit. com. cn
法人代表(Chairman)：陈健雄
总经理(General Manager)：徐式一
联系人(Contact Person)：温春阳
产品业务(Business)：热熔胶机

深圳市嘉美斯机电科技有限公司
Shenzhen Kamis Electricity Technology Co., Ltd.
地址(Add)：广东省深圳市宝安28区新安三路118号建达工业区1栋1楼
邮编(P. C.)：518133
电话(Tel)：0755－27589223
传真(Fax)：0755－27589281
E-mail：kamis@ 163. com
Http://www. szkamis. com
法人代表(Chairman)：刘访中
总经理(General Manager)：刘访中
联系人(Contact Person)：陈凯
产品业务(Business)：热熔胶喷涂设备

深圳市腾科系统技术有限公司
Tech Adhesion Systems Ltd.
地址(Add)：广东省深圳市宝安33区大宝路83号东方明工业城三栋五楼
邮编(P. C.)：518133
电话(Tel)：0755－27823573
传真(Fax)：0755－27823240
E-mail：sales@ techadhesion. com
Http://www. techadhesion. com
法人代表(Chairman)：周殿敏
总经理(General Manager)：周殿敏
联系人(Contact Person)：周殿敏
产品业务(Business)：热熔胶机，TAF/TMF纤维喷枪，橡筋喷枪，刮枪

深圳市晶诚机电科技有限公司
Shenzhen Jingcheng Mechanical and Electric Science & Technology Co., Ltd.
地址(Add)：广东省深圳市光明新区马山头第七工业区世峰科技园126栋2楼
邮编(P. C.)：518000
电话(Tel)：0755－84825365
传真(Fax)：0755－29886758
E-mail：siant@ 163. com
Http://www. szjcjd. com
联系人(Contact Person)：李俊川
产品业务(Business)：热熔胶机，一次性妇幼用品机械改造，模具

深圳市金皇尚精密机械有限公司
Shenzhen Gold Hwangshang Precision Machine Co., Ltd.
地址(Add)：广东省深圳市龙岗区坑梓镇老坑工业区K栋
邮编(P. C.)：518122
电话(Tel)：0755－89710633
传真(Fax)：0755－89710548
E-mail：huang. sang@ 263. net
Http://www. huangsang. com. cn
法人代表(Chairman)：王辉
联系人(Contact Person)：苟春来
产品业务(Business)：热熔胶机，热熔胶枪

深圳市伊诺威机械设备有限公司
Innovation Machinery Co., Ltd.
地址(Add)：广东省深圳市龙岗区龙东沙背沥盈科利工业园E栋四楼
邮编(P. C.)：518116
电话(Tel)：0755－33832077
传真(Fax)：0755－33832086
Http://www. szinv. com
法人代表(Chairman)：杨长磬
联系人(Contact Person)：杨长磬
产品业务(Business)：热熔胶机

深圳市轩泰机械设备有限公司
Shenzhen Suntech Machinery Co., Ltd.
地址(Add)：广东省深圳市龙岗区龙岗街道南联第四工业区12栋601
邮编(P. C.)：518116
电话(Tel)：0755－84817513
传真(Fax)：0755－84817512
E-mail：sz_suntech@ yahoo. cn
Http://www. cnsuntech. en. alibaba. com
联系人(Contact Person)：颜奕辉
产品业务(Business)：热熔胶机

深圳市冠臣机电有限公司
Shenzhen Guanchen Machinery Co., Ltd.
地址(Add)：广东省深圳市龙岗区南约联和工业区A区6栋
邮编(P. C.)：518116
电话(Tel)：0755－84864785
传真(Fax)：0755－84815580
E-mail：szguanchen@ 163. com
Http://www. cnszgc. com
总经理(General Manager)：彭俊
产品业务(Business)：热熔胶机

西安市未央区宝利达热熔胶机厂
Xi'an Baolida Hot Melt Adhesive Machine Factory
地址(Add)：陕西省西安市邓6路西马寨汉陵园16号

邮编(P. C.): 710077
电话(Tel): 029-84690105
传真(Fax): 029-84690105
法人代表(Chairman): 刘华松
联系人(Contact Person): 顾秋环
产品业务(Business): 热熔胶喷涂设备

● 配套刀具 Blade

Nippon Tungsten Co., Ltd.
日本钨株式会社
地址(Add): 2-8 Minoshima, 1-Chome Hakata-Ku Fukuoka 812-8538 Japan
电话(Tel): 81-942-50-0052
传真(Fax): 81-942-50-0054
E-mail: sale@nittan.co.jp
Http://www.nittan.co.jp
法人代表(Chairman): Shozo Yoshida
联系人(Contact Person): Shinji Gotoh
产品业务(Business): 硬质合金刀辊, 底辊, 刀架及相关产品
恩悌(上海)商贸有限公司
Nippon Tungsten (Shanghai) Commerce Co., Ltd.
地址(Add): 上海市南京西路1600号上海机场城市航站楼307室
邮编(P. C.): 200040
电话(Tel): 021-62491558
传真(Fax): 021-62491665
E-mail: mannen@nittansh.com.cn
法人代表(Chairman): Shozo Yoshida
总经理(General Manager): Kazuo Tateishi
联系人(Contact Person): 万年道一
产品业务(Business): 日本钨株式会社代理商
上海三义精密模具有限公司
Shanghai ISS Precision Tooling Co., Ltd.
地址(Add): 上海市闵行区朱建路333弄优乐加工业区二号厂房
邮编(P. C.): 201107
电话(Tel): 021-64017576
传真(Fax): 021-64017584
E-mail: y-endo@shanghai-iss.com
联系人(Contact Person): 远藤佳高
产品业务(Business): 日本钨株式会社中国工厂

AB Sandvik Hard Materials Group
瑞典山特维克硬质材料集团
地址(Add): Lerkrogsvägen 19 126 80 Stockholm (Västberga) Sweden
电话(Tel): 46-8-7266300
传真(Fax): 46-8-183930
Http://www.hardmaterials.sandvik.com
山特维克硬质材料法国有限公司
地址(Add): Quartier la Gare 26210 Epinouze France
电话(Tel): 33-4-75313800
传真(Fax): 33-4-75316216
山特维克国际贸易(上海)有限公司
地址(Add): 上海市闵行区莘庄工业园区银都路4555号
邮编(P. C.): 201108
电话(Tel): 021-54426866
传真(Fax): 010-65908616
E-mail: seven.zhang@sandvik.com
Http://www.hardmaterials.sandvik.com
联系人(Contact Person): 张晓笠
产品业务(Business): 硬质合金旋转模切刀

北京运城印刷机械制造有限公司
Beijing Yuncheng Printing Machinery Co., Ltd.
地址(Add): 北京市大兴区榆垡镇工业开发区通和街南段
邮编(P. C.): 102602
电话(Tel): 010-89291811
传真(Fax): 010-89220039
E-mail: support@ycdiecut.com
Http://www.ycdiecut.com
联系人(Contact Person): 王及
产品业务(Business): 卫生巾刀模

抚顺三环机械总厂工具分厂
Fushun Tri-Circle Machinery General Factory Blade Affiliated Factory
地址(Add): 辽宁省抚顺市新抚区永济路13号
邮编(P. C.): 113015
电话(Tel): 0413-2366692
传真(Fax): 0413-2366692
法人代表(Chairman): 张所浩
总经理(General Manager): 张所浩
联系人(Contact Person): 张所浩
产品业务(Business): 妇女卫生巾切刀模/压花模

上海迁川制版模具有限公司
Shanghai Tsujikawa Engraving Co., Ltd.
地址(Add): 上海市嘉定区马陆镇丰饶路123号
邮编(P. C.): 201818
电话(Tel): 021-69156215
传真(Fax): 021-69156227
E-mail: ming-wang@tsujikawa.com.cn
Http://www.tsujikawa.com.cn
法人代表(Chairman): 迁川豊
总经理(General Manager): 雪本顺一
产品业务(Business): 模切辊, 压花辊, 镜面辊, 凹凸印刷辊

乐嘉文高合金钢技术(上海)有限公司
Rieckermann Steel Tech (Shanghai) Ltd.
地址(Add): 上海市莘庄工业园区春东路288号1号厂房
邮编(P. C.): 201108
电话(Tel): 021-54428989
传真(Fax): 021-54428278
E-mail: office@sha.rieckermann-steeltech.com.cn
Http://www.rieckermann.com
法人代表(Chairman): Stephen R. Renshall
总经理(General Manager): Stephen R. Renshall
联系人(Contact Person): 尹志锁
产品业务(Business): 卫生巾刀模用钢材

坂崎雕刻模具(昆山)有限公司
Sakazaki Engraving (Kunshan) Co., Ltd.
地址(Add): 江苏省昆山市北门路2896号
邮编(P. C.): 215316
电话(Tel): 0512-57770166
传真(Fax): 0512-57770169
E-mail: china@sakazaki.cn

Http://www. sakazaki. cn
联系人(Contact Person): 王政
产品业务(Business): 卫生巾成型刀模

杭州信合精工模具有限公司
Hangzhou Xinhe Precision Die Co., Ltd.
地址(Add): 浙江省杭州市瓶窑镇大桥北路 244 号
邮编(P. C.): 311115
电话(Tel): 0571 – 88552331
传真(Fax): 0571 – 88537178
E-mail: xh@ hzxhjg. com
Http://www. hzxhjg. com
法人代表(Chairman): 叶峰
联系人(Contact Person): 叶峰
产品业务(Business): 旋转式切刀模、压花模、周封模、模架

杭州市博家五金机械有限公司
Hangzhou Bojia Metals Engine Co., Ltd.
地址(Add): 浙江省杭州市萧山戴村镇永富工业区
邮编(P. C.): 311262
电话(Tel): 0571 – 82271572
传真(Fax): 0571 – 82215701
法人代表(Chairman): 楼金文
联系人(Contact Person): 洪波
产品业务(Business): 妇女卫生巾刀模, 滚切刀, 滚压模

义乌市华锋刀具公司
Yiwu Huafeng Blade Co.
地址(Add): 浙江省义乌市下骆宅紫金北路 2 号
邮编(P. C.): 322000
电话(Tel): 0579 – 85083970
传真(Fax): 0579 – 85083970
总经理(General Manager): 刘平华
产品业务(Business): 卫生巾、纸尿裤、生活用纸刀具

安徽海德机械制造有限公司
Anhui Hiward Machine Co., Ltd.
地址(Add): 安徽省巢湖市经济技术开发区花山工业园
邮编(P. C.): 238191
电话(Tel): 0565 – 4922518
传真(Fax): 0565 – 4922566
E-mail: shfmq@ sina. com
Http://www. hiward. com. cn
联系人(Contact Person): 谢兆琪
产品业务(Business): 卫生巾、纸尿裤设备配套刀具

马鞍山市天元机械刀具有限公司
Maanshan Tianyuan Blade Co., Ltd.
地址(Add): 安徽省马鞍山市博望经济开发区
邮编(P. C.): 243131
电话(Tel): 13605559301
传真(Fax): 0555 – 6916408
E-mail: helianbaofa@ 163. com
联系人(Contact Person): 何连宝
产品业务(Business): 卫生巾刀片, 非织造布分切圆刀

晋江特锐模具有限公司
Jinjiang Terui Mould Co., Ltd.
地址(Add): 福建省晋江市安海北环工业区
邮编(P. C.): 362261
电话(Tel): 0595 – 85700536
传真(Fax): 0595 – 85706536
E-mail: fjhldjc@ public. qz. fj. cn
联系人(Contact Person): 蔡金泽
产品业务(Business): 妇女卫生巾、护垫刀模

福建省南安市海明机械有限公司
Fujian Nanan Haiming Machinery Co., Ltd.
地址(Add): 福建省晋江市安海镇桐林工业区
邮编(P. C.): 362261
电话(Tel): 0595 – 85756819
传真(Fax): 0595 – 85755819
E-mail: haimingjixie@ 126. com
法人代表(Chairman): 张家贵
联系人(Contact Person): 张传文
产品业务(Business): 刀具, 刀架总成, 未处理浆高速粉碎机

泉州市东兴机械制造有限公司
Quanzhou Dongxing Machinery Making Co., Ltd.
地址(Add): 福建省泉州市丰泽区普贤路霞美工业区
邮编(P. C.): 362000
电话(Tel): 0595 – 22798111
传真(Fax): 0595 – 22892428
Http://www. dxmac. com
法人代表(Chairman): 张捍东
总经理(General Manager): 张捍东
联系人(Contact Person): 谢秋永
产品业务(Business): 妇女卫生巾旋切刀辊, 纸尿裤刀, 护垫刀, 滚压辊

南安市龙山轻工机械有限公司
Nanan Longshan Light Industry Machinery Co., Ltd.
地址(Add): 福建省泉州市南安霞美镇霞美村凤庵
邮编(P. C.): 362300
电话(Tel): 0595 – 86768298
传真(Fax): 0595 – 86768398
联系人(Contact Person): 曾明
产品业务(Business): 卫生用品设备配置模压辊、模切刀及模切刀复磨

三明市普诺维机械有限公司
Sanming PNV Machinery Co., Ltd.
地址(Add): 福建省三明市梅列区陈大镇高源开发区 6 号
邮编(P. C.): 365009
电话(Tel): 0598 – 8365199
传真(Fax): 0598 – 8365689
E-mail: smdavid@ 163. com
Http://www. cnpnv. com
法人代表(Chairman): 郭尚接
总经理(General Manager): 郭尚接
联系人(Contact Person): 陈阳升
产品业务(Business): 妇幼卫生用品机械及纸类机械旋切刀辊及压花辊、机械刀模, 绒毛浆粉碎机, 旋切刀辊刀架

三明市福工机械有限公司
Sanming Fugong Machinery Co., Ltd.
地址(Add): 福建省三明市梅列区陈大镇瑞溪新村
邮编(P. C.): 365009
电话(Tel): 0598 – 8365501

传真(Fax)：0598－8365723
E-mail：fjgmjc@163.com
Http://www.fjgmjc.com
法人代表(Chairman)：朱闽苏
总经理(General Manager)：朱闽苏
联系人(Contact Person)：颜太荣
产品业务(Business)：刀架，刀辊，粉碎机

福建省三明市宏立机械制造有限公司
Fujian Sanming Hongli Machinery Manufacture Co., Ltd.
地址(Add)：福建省三明市三元区白沙北山工业区2号
邮编(P.C.)：365001
电话(Tel)：0598－8313208
传真(Fax)：0598－8325367
E-mail：smhljx@sina.com
Http://www.smhljx.com
总经理(General Manager)：陈千国
联系人(Contact Person)：陈千国
产品业务(Business)：妇女卫生巾刀辊，压花辊，纸尿裤刀具

三明市恒瑞机械制造厂
Sanming Hengrui Machinery Factory
地址(Add)：福建省三明市三元区永兴路5号
邮编(P.C.)：365001
电话(Tel)：0598－8307522
传真(Fax)：0598－8307532
联系人(Contact Person)：余荣锌
产品业务(Business)：妇女卫生巾刀辊、刀架

江北卫生设备模具中心
Jiangbei Hygiene Products Machinery Mould Center
地址(Add)：山东省临沂市郯城县马头镇
邮编(P.C.)：276100
电话(Tel)：0539－6773840
传真(Fax)：0539－6773840
总经理(General Manager)：丁春明
产品业务(Business)：卫生巾/护垫、纸尿裤成形、周封、导流、棉芯等模具

天马机械厂
Tianma Machinery Factory
地址(Add)：山东省临沂市郯城县马头镇
邮编(P.C.)：276125
电话(Tel)：0539－6772097
联系人(Contact Person)：李艳坤
产品业务(Business)：卫生巾刀具

武汉五岳科技发展有限公司
Wuhan Wuyue Science Technology Development Co., Ltd.
地址(Add)：湖北省武汉市武昌区中北路154号凤凰工业园区
邮编(P.C.)：430077
电话(Tel)：027－86775395
传真(Fax)：4008127127－19196
E-mail：wysince@public.wh.hb.cn
法人代表(Chairman)：张建东
总经理(General Manager)：刘涛
联系人(Contact Person)：刘凯
产品业务(Business)：妇女卫生巾辊切刀具及生产线上的辅助刀具
北京办事处
地址(Add)：北京市朝阳区左家庄12号81号楼201室
邮编(P.C.)：100028
电话(Tel)：010－64622982
E-mail：ckb@vip.sina.com
联系人(Contact Person)：陈可兵

四川新特模具机械有限公司
Sichuan Xinte Jig Machinery Co., Ltd.
地址(Add)：四川省成都市机投镇花龙门工业园
邮编(P.C.)：610045
电话(Tel)：028－66544775
传真(Fax)：028－87489991
E-mail：scxtdj@163.com
法人代表(Chairman)：张立言
总经理(General Manager)：张晓
联系人(Contact Person)：张晓
产品业务(Business)：轮转式切刀，妇女卫生巾设备的中央凹道、周封压花辊，绒毛浆压实花辊

● 一次性卫生用品生产设备的其他配件 Other fittings of machinery for disposable hygiene products

奥地利SML兰精机械有限公司北京代表处
SML Lenzing Austria
地址(Add)：北京市朝阳区东三环北路8号亮马大厦I座1410室
邮编(P.C.)：100004
电话(Tel)：010－65900946
传真(Fax)：010－65900949
E-mail：sml@sml.bj.cn
Http://www.sml.at
联系人(Contact Person)：王毅军
产品业务(Business)：流延膜机

天津亚奇科技开发有限公司
Tianjin Yaqi Science & Technology Development Co., Ltd.
(详见造纸工业用呢、造纸网)

新乐华宝塑料机械有限公司
Xinle Huabao Plastic Machinery Co., Ltd.
地址(Add)：河北省新乐市承安铺火车站东侧
邮编(P.C.)：050701
电话(Tel)：0311－88561290
传真(Fax)：0311－88561844
法人代表(Chairman)：马国良
联系人(Contact Person)：张军星
产品业务(Business)：流延膜机

丹东市丰蕴机械厂
Dandong Fengyun Machinery Factory
(详见干法纸设备)

上海旭昕机电有限公司
Shanghai Xuxin Mechanical & Electrical Co., Ltd.
地址(Add)：上海市中山南二路932弄6号1101室
邮编(P.C.)：200030

电话(Tel)：021-64643222
传真(Fax)：021-64688276
E-mail：sh-xuxin@163.com
Http://www.sh-xuxin.com
联系人(Contact Person)：张晓志
产品业务(Business)：传动带，输送带

汉唐(上海)传动设备有限公司
Highten (Shanghai) Co., Ltd.
地址(Add)：上海市长宁区天山路30号甲1210室
邮编(P.C.)：200051
电话(Tel)：021-31262880
传真(Fax)：021-62412232
E-mail：suili@highten.net
Http://www.highten.net
联系人(Contact Person)：税力
产品业务(Business)：工业皮带

罗爱德(上海)贸易有限公司
Light Dengyo (Shanghai) Trading Co., Ltd.
地址(Add)：上海市长宁区天山西路568号B201、B202室
邮编(P.C.)：200335
电话(Tel)：021-62380055
传真(Fax)：021-62389530
E-mail：gao@light-sh.com
Http://www.e-light.ne.jp
联系人(Contact Person)：高鹏
产品业务(Business)：卫生巾、纸尿裤设备配件；纸尿裤在线检测仪器

本源兴(上海)包装机械材料有限公司
Benison (Shanghai) Co., Ltd.
地址(Add)：上海市奉贤区陈桥路1588号
邮编(P.C.)：201401
电话(Tel)：021-67100256
传真(Fax)：021-67100093
E-mail：levinsonliao@tom.com
Http://www.benison.com.tw
联系人(Contact Person)：廖宜兴
产品业务(Business)：包装机

上海腾英贸易有限公司
Shanghai Tengying Trading Co., Ltd.
地址(Add)：上海市虹口区逸仙路50号3号楼2层
邮编(P.C.)：200434
电话(Tel)：021-65311712
传真(Fax)：021-65311711
联系人(Contact Person)：张良晏
产品业务(Business)：输送带，传动带，同步带

上海晓全机械自动化有限公司
Shanghai Xiaoquan Automation Machine Co., Ltd.
地址(Add)：上海市沪青平公路6011号4号地块
邮编(P.C.)：201702
电话(Tel)：021-64781236
传真(Fax)：021-54866216
E-mail：auto_xiaoquan@163.com
联系人(Contact Person)：王明荣
产品业务(Business)：进口输送带，传动带

上鹤自动化仪器设备(上海)有限公司
Accom Automatic Instrument & Equipment (Shanghai) Co., Ltd.
地址(Add)：上海市嘉定区福海路1055号2号楼底层东
邮编(P.C.)：201821
电话(Tel)：021-69524081
传真(Fax)：021-69523759
E-mail：sales@accom.com.cn
Http://www.accom.com.tw
联系人(Contact Person)：梁旭
产品业务(Business)：输送系统

上海富永精质机械有限公司
Shanghai Tominaga Precision Industries Co., Ltd.
地址(Add)：上海市青浦工业园区崧华路1368号
邮编(P.C.)：201702
电话(Tel)：021-59886416
传真(Fax)：021-59886455
E-mail：tominaga-sh@gmail.com
Http://www.sh-tominaga.com
法人代表(Chairman)：张美华
联系人(Contact Person)：秦拥军
产品业务(Business)：妇女卫生巾、卫生护垫、纸尿裤自动封口机，卫生护垫自动理片数片机

上海达机皮带有限公司
Shanghai Tuckgiant Belting Co., Ltd.
地址(Add)：上海市松江区车墩镇莘莘学子创业园北闵路23号
邮编(P.C.)：201611
电话(Tel)：021-57603997
传真(Fax)：021-57605243
E-mail：huhui88@21cn.com
Http://www.tuck.com.cn
总经理(General Manager)：游炎山
联系人(Contact Person)：胡辉
产品业务(Business)：传动皮带、输送带、齿型带

上海魏特机械有限公司
Wirth Machinery Co., Ltd.
地址(Add)：上海市松江区九亭镇久富经济开发区盛高路258号
邮编(P.C.)：201615
电话(Tel)：021-67627802
传真(Fax)：021-67627802
E-mail：wuhefu168@sohu.com
联系人(Contact Person)：伍和福
产品业务(Business)：纸尿裤设备配件，输送带

上海爱西奥工业皮带有限公司
Shanghai Asiao Industry Belt Co., Ltd.
地址(Add)：上海市绥宁路889号万力工业园区
邮编(P.C.)：201106
电话(Tel)：021-51086099-810
传真(Fax)：021-52183034
E-mail：sales@asiao.com.cn
Http://www.asiao.com.cn
联系人(Contact Person)：申高阳
产品业务(Business)：输送皮带，传动皮带

科达器材(中国)有限公司
Fordata (China) Ltd.
地址(Add):上海市万源路2759弄虹霞工业园E座
邮编(P. C.):201103
电话(Tel):021-64463303
传真(Fax):0021-64060250
E-mail: shfd@fordatachina.com
Http://www.fordatachina.com
总经理(General Manager):余维建
联系人(Contact Person):戴月华
产品业务(Business):工业皮带,输送带,传动带

霓达精密传动(常州)有限公司上海分公司
Nitta Precision Driving (Changzhou) Co., Ltd. Shanghai Rep. Office
地址(Add):上海市仙霞路137号盛高国际2705室
邮编(P. C.):200051
电话(Tel):021-62351188
传真(Fax):021-62351747
E-mail: xh_yuan@nitta.com.cn
Http://www.nitta.com.cn
法人代表(Chairman):松田茂树
总经理(General Manager):松田茂树
联系人(Contact Person):袁孝海
产品业务(Business):传动输送皮带

上海科力传动机械有限公司
Shanghai Keli Transmission Parts Machinery Co., Ltd.
地址(Add):上海市延安西路1448弄1号华融国际大厦5楼C座
邮编(P. C.):200052
电话(Tel):021-32260336
传真(Fax):021-52581300
E-mail: market@transmission-parts.com
Http://www.transmission-parts.com
联系人(Contact Person):黄绘
产品业务(Business):同步带轮,轴套,链轮,胀紧套

上海采恩机械科技有限公司
Shanghai Caien Machinery & Science Co., Ltd.
地址(Add):上海市中山北路158号甲301室
邮编(P. C.):200071
电话(Tel):021-66601732
传真(Fax):021-66606731
E-mail: caien@caien.com.cn
Http://www.caien.com.cn
联系人(Contact Person):张靖
产品业务(Business):输送带,网带

常州市万事达电器制造有限公司
Changzhou Wanshida Electric Manufacture Co., Ltd.
地址(Add):江苏省常州市常锡路东11号
邮编(P. C.):213004
电话(Tel):0519-88823192
传真(Fax):0519-88836816
联系人(Contact Person):宗国平
产品业务(Business):超声波分切机

常州永盛包装有限公司
Changzhou Yongsheng Packing Co., Ltd.
(详见热熔胶机)

常州市志文塑料机械有限公司
Changzhou Zhiwen Plastic Machinery Co., Ltd.
地址(Add):江苏省常州市新北区汤庄工业园区旺财路
邮编(P. C.):213000
电话(Tel):0519-88824175
传真(Fax):0519-88824175
法人代表(Chairman):裴盘荣
总经理(General Manager):裴盘荣
产品业务(Business):流延机,多层共挤流延膜生产线,胶辊,花纹辊

常州市达力塑料机械有限公司
Changzhou Dali Plastics Machinery Co., Ltd.
地址(Add):江苏省常州市延陵中路8号
邮编(P. C.):213013
电话(Tel):0519-88812082
传真(Fax):0519-88257527
E-mail: info@cz-jf.com
Http://www.cz-jf.com
法人代表(Chairman):许国平
总经理(General Manager):许国平
产品业务(Business):流延膜机,压花辊,聚丙烯纺粘非织造布生产线

江阴市南闸特种胶带有限公司
Jiangyin Nanzha Specialty Belt Co., Ltd.
地址(Add):江苏省江阴市南闸镇蔡泾村
邮编(P. C.):214405
电话(Tel):0510-86181860
传真(Fax):0510-86171288
总经理(General Manager):沈明玉
产品业务(Business):输送带,同步带,胶辊

江阴天祥塑化制带有限公司
Jiangyin Tianxiang Plastic Belt Co., Ltd.
地址(Add):江苏省江阴市西横街63号
邮编(P. C.):214400
电话(Tel):0510-86891707
传真(Fax):0510-86893178
E-mail: sales@shusongdai.net
Http://www.shusongdai.net
联系人(Contact Person):易国平
产品业务(Business):轻型输送带、高强度平面传动带、切弦带

连云港圆周率机械制造有限公司
Lianyungang Yuanzhoulv Machinery Manufacturing Co., Ltd.
地址(Add):江苏省连云港市新浦开发区东海路10号
邮编(P. C.):222000
电话(Tel):0518-85287921
传真(Fax):0518-85287778
E-mail: china0518@yzljx.com
Http://www.yzljx.com
联系人(Contact Person):王强
产品业务(Business):塑料粉碎机

南京安顺自动化装备有限公司
Nanjing Ascent Automatic Equipment Co., Ltd.
地址(Add):江苏省南京市马群科技园黄马路
邮编(P. C.):210028

电话(Tel)：025－85391307
传真(Fax)：025－85391300
E-mail：chinaascent@yahoo.com.cn
Http://www.ascent.net.cn
联系人(Contact Person)：周强
产品业务(Business)：薄膜分切机

苏州品毅精密机械有限公司
Ram Lbis Co., Ltd.
地址(Add)：江苏省苏州市吴中区角直镇凌港开发区东升路
邮编(P.C.)：215127
电话(Tel)：0512－66021993
传真(Fax)：0512－66021995
E-mail：edward@mailpeterson.com.tw
总经理(General Manager)：林焕强
联系人(Contact Person)：林焕强
产品业务(Business)：SAP供应器，粉尘集尘设备，纸尿裤、卫生巾包装机，粉碎机

泰州市华港带业有限公司
Taizhou Huagang Belt Co., Ltd.
地址(Add)：江苏省泰州市滨江工业园区
邮编(P.C.)：225300
电话(Tel)：13961012613
传真(Fax)：0523－86982841
Http://www.hungangty.cn.alibaba.com
联系人(Contact Person)：张斌
产品业务(Business)：同步齿形带，传送带

江苏省泰州市高港区金海吊具制造厂
Taizhou Gaogang Jinhai Crane Plant
地址(Add)：江苏省泰州市滨江工业园区合乐东七
邮编(P.C.)：225321
电话(Tel)：0523－85685694
传真(Fax)：0523－86987181
联系人(Contact Person)：朱其彪
产品业务(Business)：同步带，输送带

泰州市垚玥带业有限公司
Taizhou Yaoyue Driving Belt Plant
地址(Add)：江苏省泰州市刁铺圩岸南庄55号
邮编(P.C.)：225323
电话(Tel)：0523－86163526
传真(Fax)：0523－82986826
联系人(Contact Person)：吴祥
产品业务(Business)：同步带，输送带

泰州市泰丰胶带有限公司
Taizhou Taifeng Gluebelt Co., Ltd.
地址(Add)：江苏省泰州市刁铺镇许河路4号
邮编(P.C.)：225323
电话(Tel)：0523－86160178
传真(Fax)：0523－86160178
联系人(Contact Person)：李文模
产品业务(Business)：同步齿形带，运输带，同步带，妇女卫生巾网带

江苏省泰州市兴泰传动带厂
Jiangsu Taizhou Xingtai Driving Belt Factory
地址(Add)：江苏省泰州市高港区刁铺镇府东路48号
邮编(P.C.)：225321
电话(Tel)：0523－86165855
传真(Fax)：0523－86165855
法人代表(Chairman)：潘龙雨
总经理(General Manager)：蔡云斌
联系人(Contact Person)：蔡云斌
产品业务(Business)：同步带，尼龙平胶带，集绒机专用同步带，聚酯螺旋网带，PVC输送带

奥特传动带(泰州)有限公司
Aote Transmission Belt Taizhou Co., Ltd.
地址(Add)：江苏省泰州市高港区通港路53号
邮编(P.C.)：225323
电话(Tel)：0523－86167239
传真(Fax)：0523－86166588
E-mail：wlg588@sina.com
联系人(Contact Person)：吴来贵
产品业务(Business)：同步带，尼龙片基带，输送网带，无极变速带，特种双面齿同步带

泰州市高港区韩氏带业有限公司
Taizhou Gaogang Hanshi Belt Co., Ltd.
地址(Add)：江苏省泰州市口岸镇柴墟东路2号
邮编(P.C.)：225321
电话(Tel)：0523－86914089
传真(Fax)：0523－86914189
联系人(Contact Person)：韩继荣
产品业务(Business)：同步带，输送带

济南天齐特种平带有限公司无锡分公司
Tianqi Nybelt Co., Ltd.
地址(Add)：江苏省无锡市长江路12号1－406
邮编(P.C.)：214028
电话(Tel)：0510－81020692
传真(Fax)：0510－81020691
联系人(Contact Person)：郑宝华
产品业务(Business)：传动带，打孔带，输送带，平带，齿型带，同步带

无锡新欣真空设备有限公司
Wuxi Xinxin Vacuum Equipment Co., Ltd.
地址(Add)：江苏省无锡市惠山区钱桥镇藕塘
邮编(P.C.)：214153
电话(Tel)：0510－83291149
传真(Fax)：0510－83291257
E-mail：zksb@xxzksb.com
Http://www.xxzksb.com
联系人(Contact Person)：浦伯良
产品业务(Business)：用于妇女卫生巾设备、纸尿裤设备、纸加工设备等的气泵

无锡市金城应用电子仪器厂
Wuxi Jincheng Appliance Electronic Instrument Factory
地址(Add)：江苏省无锡市扬名工业园C区38号
邮编(P.C.)：214024
电话(Tel)：0510－85407018
传真(Fax)：0510－85407028
联系人(Contact Person)：冯兴坤
产品业务(Business)：静电消除器

徐州亚特花辊制造有限公司
Xuzhou Art Embossing Roller Manufacturing Co., Ltd.
（详见卫生纸机和加工设备的其他相关器材配件）

宁波伏龙同步带有限公司
Ningbo Fulong Synchronous Belt Co., Ltd.
地址(Add)：浙江省慈溪市龙山镇
邮编(P. C.)：315311
电话(Tel)：0574-63781827
传真(Fax)：0574-63780109
E-mail：fl@timingbelt.cn
Http://www.timingbelt.cn
法人代表(Chairman)：林胤
联系人(Contact Person)：林胤
产品业务(Business)：同步带，多楔带，同步带轮

上海伏龙同步带有限公司
Shanghai Fulong Synchronous Belt Co., Ltd.
地址(Add)：上海市陕西北路1283弄9号玉城大厦7层
邮编(P. C.)：200060
电话(Tel)：021-62668555
传真(Fax)：021-62988111
E-mail：service@fulong-belt.com
Http://www.fulong-belt.com
联系人(Contact Person)：黄焰
产品业务(Business)：宁波伏龙销售中心

慈溪市广合同步带轮有限公司
Cixi Guanghe Synchronous Belt Wheel Co., Ltd.
地址(Add)：浙江省慈溪市三北镇田央工业开发区
邮编(P. C.)：315331
电话(Tel)：0574-63738808
传真(Fax)：0574-63738809
E-mail：gh200406@sohu.com
Http://www.gh-pulley.com
联系人(Contact Person)：陈伟达
产品业务(Business)：同步带，同步带轮，多楔带

杭州合利机械设备有限公司
United Machinery Co., Ltd.
地址(Add)：浙江省杭州市中河北路108号港航大厦1609-1610
邮编(P. C.)：310014
电话(Tel)：0571-85460657
传真(Fax)：0571-85460653
联系人(Contact Person)：王健强
产品业务(Business)：经销传动皮带

宁波贝递同步带有限公司
Ningbo Beidi Synchronous Belt Wheel Co., Ltd.
地址(Add)：浙江省宁波市慈溪市龙山镇
邮编(P. C.)：315311
电话(Tel)：0574-63781777
传真(Fax)：0574-63783838
总经理(General Manager)：陆国平
联系人(Contact Person)：厉晓明
产品业务(Business)：氯丁橡胶同步带，同步带轮，多楔带

浙江三维橡胶制品有限公司
Zhejiang Sanwei Rubber Products Co., Ltd.
地址(Add)：浙江省三门沙田洋开发区
邮编(P. C.)：317100
电话(Tel)：0576-83371778
传真(Fax)：0576-83371060
联系人(Contact Person)：吴善林
产品业务(Business)：输送带

浙江春光胶带有限公司
Zhejiang Chunguang Belt Co., Ltd.
地址(Add)：浙江省三门县高枧
邮编(P. C.)：317102
电话(Tel)：0576-83118280
传真(Fax)：0576-83117071
法人代表(Chairman)：叶继挺
联系人(Contact Person)：郑汉
产品业务(Business)：同步带，平皮带

浙江天台县夸父聚酯网带厂
Tiantai Kuafu Polyester Belt Factory
地址(Add)：浙江省天台县平桥镇工业区2号
邮编(P. C.)：317203
电话(Tel)：0576-83829006
传真(Fax)：0576-83889544
联系人(Contact Person)：余桂芳
产品业务(Business)：输送网带

浙江省天台县益达工业用网厂
Zhejiang Tiantai Yida Industry Belt Factory
地址(Add)：浙江省天台县平桥镇始丰中路12-50号
邮编(P. C.)：317203
电话(Tel)：0576-83662062
传真(Fax)：0576-83668811
E-mail：meshes@126.com
Http://www.meshes.cn
法人代表(Chairman)：俞方平
联系人(Contact Person)：俞方平
产品业务(Business)：聚酯轻型输送网带

余姚市宏欣同步带轮有限公司
Yuyao Hongxin Synchronous Belt Wheel Co., Ltd.
地址(Add)：浙江省余姚市牟山镇富民工业园区
邮编(P. C.)：315456
电话(Tel)：0574-62498377
传真(Fax)：0574-62498518
E-mail：kaijia@dailun.com
Http://www.dailun.com
法人代表(Chairman)：李华东
总经理(General Manager)：李华东
联系人(Contact Person)：李华东
产品业务(Business)：带轮，同步带，五金件，齿轮，链轮，模具

三明市普诺维机械有限公司
Sanming PNV Machinery Co., Ltd.
（详见配套刀具）

厦门希贝克工贸有限公司
Xiamen Xinbex Co., Ltd.
地址(Add)：福建省厦门市湖里区悦华路159号龙舟北二楼
邮编(P. C.)：361000
电话(Tel)：0592-2656327

传真(Fax)：0592－5144207
E-mail：xinbex@hotmail.com
Http://www.xinbex.com
联系人(Contact Person)：熊娟
产品业务(Business)：工业皮带

武汉科盛工业器材有限公司
Wuhan Kesheng Industrial Equipment Co., Ltd.
地址(Add)：湖北省武汉市古田2路丰企业总部3号楼A座6层
邮编(P.C.)：430035
电话(Tel)：027－83560612
传真(Fax)：027－83560619
E-mail：whfd@fordatachina.com
联系人(Contact Person)：蔡云笑
产品业务(Business)：代理进口工业皮带

广达特种平带厂
Guangda Specialty Belt Factory
地址(Add)：广东省东莞市香港街东保眼镜店旁
邮编(P.C.)：523000
电话(Tel)：0769－22470116
传真(Fax)：0769－22320509
联系人(Contact Person)：王其良
产品业务(Business)：尼龙片基带

利思达工业皮带有限公司
Lisida Industrial Belt Co., Ltd.
地址(Add)：广东省佛山市佛山大道北华南五金电器城D区18路15－21号铺
邮编(P.C.)：528000
电话(Tel)：0757－82800680
传真(Fax)：0757－82800690
E-mail：lhqt－bag@163.com
Http://www.sidano.cn
联系人(Contact Person)：黎海泉
产品业务(Business)：片基带、传动皮带

佛山市万田塑料有限公司
Foshan Wantian Plastic Co., Ltd.
(详见流延膜及塑料母粒)

佛山市万嘉塑胶有限公司
Foshan Wanjia Plastic Co., Ltd.
(详见流延膜及塑料母粒)

佛山市俊嘉机械制造有限公司
Foshan Junjia Machine Manufacture Co., Ltd.
地址(Add)：广东省佛山市南海区狮山科技工业园A区科旺路3号
邮编(P.C.)：528225
电话(Tel)：0757－86697231
传真(Fax)：0757－86697232
E-mail：yjliang@jj-a.com
Http://www.jj-a.com
总经理(General Manager)：梁永江
产品业务(Business)：流延薄膜机械

广州盛鹏达印染设备有限公司
Guangzhou Sipad Printing & Dyeing Equipment Co., Ltd.
地址(Add)：广东省广州市番禺区沙溪镇大涌口村第三工业区2，3号厂房
邮编(P.C.)：511483
电话(Tel)：020－34876872
传真(Fax)：020－34876821
E-mail：info@sipda.cn
Http://www.sipda.cn
产品业务(Business)：流延复合机，纺粘熔喷SMS非织造布处理系统

广州市番禺中南科达机械有限公司
Fordata Engineering Co., Ltd.
地址(Add)：广东省广州市番禺区市桥东环路120号
邮编(P.C.)：511400
电话(Tel)：020－84894125
传真(Fax)：020－84873239
E-mail：gzsales@fordatachina.com
Http://www.fordatachina.com
法人代表(Chairman)：佘维建
总经理(General Manager)：佘维建
联系人(Contact Person)：关志勇
产品业务(Business)：代理进口工业皮带，输送平皮带，同步带，三角带

广州晟方机电设备有限公司
Guangzhou Shengfang Electrical Machinery Co., Ltd.
地址(Add)：广东省广州市广园中路282号
邮编(P.C.)：510000
电话(Tel)：020－36503338
传真(Fax)：020－36503601
E-mail：gzshengfang@163.com
Http://www.gzshengfang.cn
总经理(General Manager)：周剑勋
联系人(Contact Person)：梁海燕
产品业务(Business)：传动带，刀具

广州亿信达工业配件有限公司
Guangzhou YXD Industrial Components Ltd.
地址(Add)：广东省广州市天河区黄埔大道中153号502室
邮编(P.C.)：510630
电话(Tel)：020－85675612
传真(Fax)：020－85677586－800
法人代表(Chairman)：黄砺
总经理(General Manager)：黄砺
产品业务(Business)：代理进口工业同步带，平皮带

● 包装设备、裹包设备及配件 Wrapping and packaging equipment & supplies

Automatic Handling International, Inc.
美国自动搬运和包装设备国际有限公司
地址(Add)：360 Lavoy Road Erie, MI 48133 USA
电话(Tel)：1－734－8470633
传真(Fax)：1－734－8471823
E-mail：sales@automatichandling.com
Http://www.automatichandling.com
联系人(Contact Person)：David M. Pienta
产品业务(Business)：卫生纸大卷纸搬运、包装及纸轴和纸芯自动装卸系统设备

Hinnli Co., Ltd.
（详见卫生纸机）

FIS Impianti SrL
意大利 FIS 公司
地址(Add)：5 Via L. Da Vinci 20060 Cassina De' pecchi (MI) Italy
电话(Tel)：39－02－9544991
传真(Fax)：39－02－95344428
E-mail：info@fisimpianti.it
Http://www.fisimpianti.it
联系人(Contact Person)：Eng. Fabio Malnati
产品业务(Business)：纸卷、货盘包装与装卸设备

Tissuenet Gmbh
地址(Add)：Kaldenkirchener Strasse 5 D-41379 Brüggen Germany
电话(Tel)：49－2157－909911
传真(Fax)：49－2157－909913
E-mail：wolfgang.tillmann@tissuenet.de
Http://www.tissuenet.de
联系人(Contact Person)：Wolfgang Tillmann
产品业务(Business)：卫生纸包装设备代理

Tissue Machinery Company S.p.A.
意大利 TMC 包装机械厂
地址(Add)：Via di Cadriano, 19 40057 Granarolo Dell'Emilia Loc. Cadriano (Bologna) Italy
电话(Tel)：39－051－6003641
传真(Fax)：39－051－6003667
E-mail：rsquarzoni@tissue.it
Http://www.tissuemachinerycompany.com
联系人(Contact Person)：Squarzoni Ruggero
产品业务(Business)：卫生卷纸包装机，捆包机

OPTIMA Filling & Packaging Machines GmbH
地址(Add)：Steinbeisweg 20, D74523 Schwäbisch Hall, Germany
电话(Tel)：49－791－5061278
传真(Fax)：49－791－5069000
E-mail：info@optima-ger.com
Http://www.optima-ger.com
法人代表(Chairman)：Michael Gritzbach
产品业务(Business)：纸尿裤、妇女卫生巾及卫生护垫、成人失禁用品等的包装设备
奥普蒂玛包装机械(上海)有限公司
Optima Packaging Machines (Shanghai) Co., Ltd.
地址(Add)：上海市嘉定区马陆镇申霞路314号
邮编(P.C.)：201818
电话(Tel)：021－59903608
传真(Fax)：021－59907399
联系人(Contact Person)：Michael Gritzbach
产品业务(Business)：纸尿裤、妇女卫生巾及卫生护垫、成人失禁用品等的包装设备

北京金诺时代科技发展有限公司
Beijing Jinnuo Times Science and Technology Development Co., Ltd.
地址(Add)：北京市海淀区厢红旗5号院南楼一层东侧
邮编(P.C.)：100091
电话(Tel)：010－62866102－8008
传真(Fax)：010－62882364
E-mail：jinnuo2009bj@163.com
联系人(Contact Person)：刘海燕
产品业务(Business)：喷码机

科诺华麦修斯电子技术(北京)有限公司
Kenuohua Matthews Electronic Technology (Beijing) Co., Ltd.
地址(Add)：北京市石景山高科技园区西井路19号3号楼
邮编(P.C.)：100041
电话(Tel)：010－88796560－8839
传真(Fax)：010－88796536－8839
E-mail：cheng_liu@kenuohua.com
Http://www.kenuohua.com
联系人(Contact Person)：刘成
产品业务(Business)：喷码机

北京中科汇百标识技术有限公司
Beijing Hi-Pack Coding Ltd.
地址(Add)：北京市石景山区古城大街1号领秀大厦B座319
邮编(P.C.)：100043
电话(Tel)：010－68879206
传真(Fax)：010－68860919
E-mail：marketing@zkhpjet.com
Http://www.zkhpjet.com
联系人(Contact Person)：程中磊
产品业务(Business)：喷码机

天津市钲铖包装机械有限公司
Tianjin Zhengcheng Packing Machinery Co., Ltd.
地址(Add)：天津市北辰区青光镇
邮编(P.C.)：300061
电话(Tel)：022－28139109
传真(Fax)：022－28451832
联系人(Contact Person)：赵刚
产品业务(Business)：手帕纸中包机

天津天辉机械有限公司
Tianjin Tianhui Machinery Co., Ltd.
地址(Add)：天津市东丽区军粮城产业园区
邮编(P.C.)：300400
电话(Tel)：022－26815187
传真(Fax)：022－26815187
E-mail：tianhuijixie@126.com
法人代表(Chairman)：杨峰
总经理(General Manager)：杨峰
联系人(Contact Person)：杨华
产品业务(Business)：手帕纸中包机

天津华一有限责任公司
Tianjin Huayi Co., Ltd.
地址(Add)：天津市红桥区丁字沽三号路8号
邮编(P.C.)：300131
电话(Tel)：022－26370341
传真(Fax)：022－26378264
E-mail：changban@tjhuayi.com
Http://www.tjhuayi.com
法人代表(Chairman)：张国维
总经理(General Manager)：张国维

联系人(Contact Person)：石丽娜
产品业务(Business)：手帕纸中包机

天津市正觉工贸有限公司
Tianjin Zhengjue Industry & Trade Co., Ltd.
地址(Add)：天津市西青区西营门泰和工业区北莱园小区
邮编(P. C.)：300112
电话(Tel)：022－87718067
传真(Fax)：022－87718067
E-mail：zhjit@126. com
Http://www. zhengjue. cn
联系人(Contact Person)：正觉
产品业务(Business)：透明纸中包机

浙江方邦机械有限公司石家庄办事处
Zhejiang Fangbang Printing & Packaging Equipment Co., Ltd. Shijiazhuang Branch Office
地址(Add)：河北省石家庄市桥西区中华南大街中星路6号国客大酒店路东50米
邮编(P. C.)：050000
电话(Tel)：0311－83861428
传真(Fax)：0311－83861428
Http://www. jian-she. cn
联系人(Contact Person)：秦笃强
产品业务(Business)：制袋机，分切机

大连佳林设备制造有限公司
Dalian Jialin Machinery Manufacture Co., Ltd.
地址(Add)：辽宁省大连市金州区国防路138号
邮编(P. C.)：116100
电话(Tel)：0411－87677491
传真(Fax)：0411－87683017
E-mail：ybl@ jiatian. net. cn
Http://www. jiatian. net. cn
总经理(General Manager)：尹柏林
产品业务(Business)：装箱机，码垛机，捆包机，纸箱成形封底机，自动贴标机，枕式包装机

上海宝谊包装机械有限公司
Shanghai Baoyi Technology of Packing Machine Co., Ltd.
地址(Add)：上海市曹安路3798弄58号
邮编(P. C.)：201812
电话(Tel)：021－39116073
传真(Fax)：021－39116072
E-mail：baoyisong@ yahoo. com. cn
Http://baoyichina. com
总经理(General Manager)：宋伟荣
联系人(Contact Person)：周荣清
产品业务(Business)：制袋机，分切机

依玛士(上海)标码有限公司
Markem-Imaje Shanghai Co.
地址(Add)：上海市奉贤区吴塘路298号
邮编(P. C.)：201401
电话(Tel)：021－61635858
传真(Fax)：021－67109008
E-mail：nzhao@ markem-imaje. com
Http://www. markem-imaje. com
联系人(Contact Person)：赵晓南
产品业务(Business)：喷码机，激光打码机，贴标机

多米诺标识科技有限公司
Domino China Limited
地址(Add)：上海市浦东金桥出口加工区云桥路1150号
邮编(P. C.)：201206
电话(Tel)：021－50509999
传真(Fax)：021－50329906
E-mail：mingliang. zhou@ domino. com. cn
联系人(Contact Person)：周明亮
产品业务(Business)：喷码机

上海翌良电子机械有限公司
Shanghai Yiliang Electronic Machine Co., Ltd.
地址(Add)：上海市浦东金桥经济园区乐园路199号
邮编(P. C.)：201206
电话(Tel)：021－58347721
传真(Fax)：021－58993515
E-mail：sh _ yiliang@ yahoo. com. cn
联系人(Contact Person)：郭文涛
产品业务(Business)：喷码机

麦格关系企业
Megawin Bestow Group
地址(Add)：上海市浦东新区灵山路958号5F
邮编(P. C.)：200135
电话(Tel)：021－51343788
传真(Fax)：021－51343737
E-mail：infoservice@ megawin. cn
Http://www. megawin. cn
联系人(Contact Person)：陈云飞
产品业务(Business)：喷码机

伟迪捷(上海)喷码机有限公司
Videojet Technologies (Shanghai) Co., Ltd.
地址(Add)：上海市钦州北路1089号51号楼5楼
邮编(P. C.)：200233
电话(Tel)：021－54263654
传真(Fax)：021－54262414
Http://www. videojet. com. cn
联系人(Contact Person)：吴庆
产品业务(Business)：喷墨式喷码机及耗材、配件

上海御流包装机械有限公司
Shanghai Yuliu Packaging Machinery Co., Ltd.
地址(Add)：上海市青浦区华新镇北青公路5548弄62号
邮编(P. C.)：201517
电话(Tel)：021－59775657
传真(Fax)：021－39372111
E-mail：yuliu. wuw@ 163. com
Http://www. sh-yuliu. com
法人代表(Chairman)：吴伟
总经理(General Manager)：吴伟
联系人(Contact Person)：吴伟
产品业务(Business)：卫生巾、护垫、纸尿裤封口机，理片机

上海三精包装机械有限公司
Shanghai Sanjing Packaging Machinery Co., Ltd.
地址(Add)：上海市青浦区华新镇纪鹤公路3388号
邮编(P. C.)：201700

电话(Tel)：021-59792047
传真(Fax)：021-59792047
联系人(Contact Person)：刘彬
产品业务(Business)：贴标设备

达和机械(昆山)有限公司上海分公司
Dahe Machine (Kunshan) Co., Ltd. Shanghai Branch
地址(Add)：上海市水城南路55-59号明珠大厦1902室
邮编(P. C.)：201103
电话(Tel)：021-62701889
传真(Fax)：021-62194334
E-mail：topak12@online.sh.cn
联系人(Contact Person)：王晓斌
产品业务(Business)：方巾纸包装机

上海平镇包装机械有限公司
Pingzhen & Lebal Packaging Machinery (Shanghai) Co., Ltd.
地址(Add)：上海市松江高科技园区寅西路399号B-C栋
邮编(P. C.)：201615
电话(Tel)：021-37775111-200
传真(Fax)：021-37775100
E-mail：yanxiaoli_0527@163.com
联系人(Contact Person)：严小丽
产品业务(Business)：贴标机，在线检测系统

纪州喷码技术(上海)有限公司
Jizhou Printing Technology (Shanghai) Co., Ltd.
地址(Add)：上海市松江工业区宝胜路3号
邮编(P. C.)：201613
电话(Tel)：021-64708804
传真(Fax)：021-64708563
E-mail：kgkgj@jizhou.com.cn
Http://www.jizhou.com.cn
总经理(General Manager)：赵西秦
联系人(Contact Person)：高军
产品业务(Business)：喷码机

上海惠克自动机械制造有限公司
Shanghai Huike Automation Machine Co., Ltd.
地址(Add)：上海市松江区九亭镇亭中路1000号
邮编(P. C.)：201615
电话(Tel)：021-57631837
传真(Fax)：021-57632665
E-mail：huike_sh@126.com
Http://www.huike-sh.com
联系人(Contact Person)：王春雷
产品业务(Business)：卫生巾包装机械

包利思特机械(上海)有限公司
Polystar Co., Ltd.
地址(Add)：上海市松江区新桥镇新泾工业区闵申路688弄6号
邮编(P. C.)：201612
电话(Tel)：021-57684298-136
传真(Fax)：021-57684282
E-mail：chen_1973@163.net
Http://www.polystarsh.com
联系人(Contact Person)：陈驰
产品业务(Business)：湿巾、纸尿裤包装设备

奥利安机械工业(常熟)有限公司
Orion Machinery (Changshu) Co., Ltd.
地址(Add)：江苏省常熟经济开发区工业区马桥路马桥工业坊4-A号
邮编(P. C.)：215536
电话(Tel)：0512-52293533
传真(Fax)：0512-52297360
联系人(Contact Person)：盛鹏飞
产品业务(Business)：卫生巾、纸尿裤包装机

江阴市双融机械有限公司
Jiangyin Shuangrong Machinery Co., Ltd.
地址(Add)：江苏省江阴市顾山镇锡张路169号
邮编(P. C.)：214414
电话(Tel)：0510-86327448
传真(Fax)：0510-86925568
E-mail：zhou.1969@yahoo.com.cn
Http://www.shuangrongjx.com
联系人(Contact Person)：程浩
产品业务(Business)：制袋机

南京成灿科技有限公司/南京成顺和喷码机技术有限公司
Nanjing Transic Technology Co., Ltd.
地址(Add)：江苏省南京市江宁经济技术开发区飞高湖路9号
邮编(P. C.)：211100
电话(Tel)：025-57928280
传真(Fax)：025-57928278
E-mail：transic@163.com
Http://www.transic.com.cn
联系人(Contact Person)：张婷
产品业务(Business)：喷码机，贴标机

江苏成邦一达系统集成有限公司
Jiangsu Chengbangyida System Integration Co., Ltd.
地址(Add)：江苏省南京市江宁区上坊镇陈陵路188号
邮编(P. C.)：211103
电话(Tel)：025-52700286
传真(Fax)：025-52700819
E-mail：cb-yd@163.com
Http://www.chengbangyida.com
总经理(General Manager)：汪健
联系人(Contact Person)：赵陆
产品业务(Business)：手帕纸、卫生卷纸、软抽纸包装机，自动装箱机

苏州市盛百威包装设备有限公司
Suzhou Shengbaiwei Packaging Technical Co., Ltd.
地址(Add)：江苏省苏州市高新技术开发区浒关工业园浒杨路26号
邮编(P. C.)：215000
电话(Tel)：0512-66166671
传真(Fax)：0512-66166673
E-mail：sbwpack@126.com
Http://www.sbwpack.com
联系人(Contact Person)：徐进生
产品业务(Business)：收缩包装机，缠绕包装机，打包机，封箱机

苏州品毅精密机械有限公司
Ram Lbis Co., Ltd.
(详见一次性卫生用品生产设备的其他配件)

无锡市佳通包装机械厂
Wuxi Jiatong Packing Machinery Factory
地址(Add): 江苏省无锡市西漳工业园区
邮编(P. C.): 214717
电话(Tel): 0510 - 83502277
传真(Fax): 0510 - 83502278
E-mail: sales@wuxijiatong. com
Http://www. wuxijiatong. com
总经理(General Manager): 姜子法
联系人(Contact Person): 吴坚
产品业务(Business): 三边封、中封制袋机

无锡市邦信电工设备有限公司
Wuxi Bangxin Electrical Equipment Co., Ltd.
地址(Add): 江苏省无锡市锡沪西路康桥丽景 16 号 936 - 937
邮编(P. C.): 214041
电话(Tel): 0510 - 82393133
传真(Fax): 0510 - 82393199
E-mail: wuxi-bangxin@163. com
Http://www. bangxin. com. cn
联系人(Contact Person): 陆卫兵
产品业务(Business): 喷码机

张家港市世奇机械制造有限公司
Zhangjiagang Shiqi Machinery Co., Ltd.
(详见一次性卫生用品生产设备)

张家港市飞江塑料包装机械有限公司
Zhangjiagang Feijiang Plastic Packing Machinery Co., Ltd.
地址(Add): 江苏省张家港市塘市镇黄旗桥南桥堍下
邮编(P. C.): 215618
电话(Tel): 0512 - 58592811
传真(Fax): 0512 - 58593908
E-mail: sales@feijiangpack. com
Http://www. feijiangpack. cn
总经理(General Manager): 相云标
产品业务(Business): 制袋机, 卫生巾包装袋边封机, 分切机, 复卷机, 制动器, 离合器, 张力控制装置

杭州威克达机电设备有限公司
Hangzhou Victory Mechanic & Electric Facilities Co., Ltd.
地址(Add): 浙江省杭州市教工路 531 号保亭工业园区 A 号楼第一层东
邮编(P. C.): 310012
电话(Tel): 0571 - 88843800
传真(Fax): 0571 - 88831399
E-mail: penmaji. happy@163. com
Http://www. hzwdj. com
联系人(Contact Person): 赵留明
产品业务(Business): 喷码机, 贴标设备

杭州杰特电子科技有限公司
Hangzhou Jiete Electrical Science and Technology Co., Ltd.
地址(Add): 浙江省杭州市教工路 531 号保亭工业园区 A 号楼第一层东
邮编(P. C.): 310012
电话(Tel): 0571 - 87671577
传真(Fax): 0571 - 88839699
E-mail: hz _ wkd@163. com
Http://www. gtjet. com
总经理(General Manager): 贺陈俊
联系人(Contact Person): 林剑英
产品业务(Business): 喷码机

瑞安市博大包装设备厂
Ruian Boda Packaging Equipment Factory
地址(Add): 浙江省瑞安市碧山镇碧山工业区
邮编(P. C.): 325200
电话(Tel): 0577 - 65428805
传真(Fax): 0577 - 65423802
联系人(Contact Person): 胡建一
产品业务(Business): 妇女卫生巾包装制袋机, 纸塑复合设备

瑞安市正东包装机械有限公司
Ruian Zhengdong Packaging Machinery Co., Ltd.
地址(Add): 浙江省瑞安市飞云镇林泗垟工业区
邮编(P. C.): 325200
电话(Tel): 0577 - 65669901
传真(Fax): 0577 - 65669903
E-mail: zf@zhengdongcn. com
Http://www. zhengdongcn. com
法人代表(Chairman): 张锋
产品业务(Business): 制袋机

瑞安市利宏机械有限公司
Ruian Lihong Machinery Co., Ltd.
地址(Add): 浙江省瑞安市飞云镇孙桥工业区
邮编(P. C.): 325207
电话(Tel): 0577 - 65577982
传真(Fax): 0577 - 65576166
E-mail: sales@lihongcn. com
Http://www. lihongcn. com
联系人(Contact Person): 杨威
产品业务(Business): 包装机, 输送设备

瑞安市海创机械有限公司
Ruian Haichina Machinery Co., Ltd.
(详见湿巾设备)

瑞安市三联包装机械厂
Ruian Sanlian Packing Machine Factory
地址(Add): 浙江省瑞安市上望林西林雅路 209 号
邮编(P. C.): 325200
电话(Tel): 0577 - 65517261
传真(Fax): 0577 - 65139777
E-mail: sl@sanlianchina. com
Http://www. sanlianchina. com
总经理(General Manager): 林光青
产品业务(Business): 妇女卫生巾包装制袋机

瑞安市长城印刷包装机械有限公司
Changcheng Printing & Packaging Machinery Co., Ltd.
地址(Add): 浙江省瑞安市沿江西路 140 号
邮编(P. C.): 325200

电话(Tel)：0577－65664869
传真(Fax)：0577－65663953
E-mail：ccjx88@mail.wzptt.zj.cn
Http://www.china-changcheng.com
法人代表(Chairman)：钱齐鸣
联系人(Contact Person)：钱齐鸣
产品业务(Business)：妇女卫生巾立体袋插边机，制袋机

绍兴华华包装机械有限公司
Shaoxing Huahua Packing Machinery Co., Ltd.
地址(Add)：浙江省绍兴市亭山工业园区
邮编(P.C.)：312016
电话(Tel)：0575－88052979
传真(Fax)：0575－88317525
E-mail：manager@zshuahua.com
Http://www.zshuahua.com
总经理(General Manager)：沈校军
产品业务(Business)：卫生巾、纸尿裤制袋机

温州市新达包装机械厂
Wenzhou Xinda Packing Machinery Factory
地址(Add)：浙江省温州市瞿溪东片工业区兴革路50号
邮编(P.C.)：325016
电话(Tel)：0577－86277666
传真(Fax)：0577－86275559
Http://ohpacking.cn.alibaba.com
联系人(Contact Person)：陈艺
产品业务(Business)：包装机

温州市鼎业包装机械制造有限公司
Wenzhou Dingye Packing Machinery Co., Ltd.
地址(Add)：浙江省温州市瓯海经济开发区翠柏路1号
邮编(P.C.)：325000
电话(Tel)：0577－86723568
传真(Fax)：0577－86726002
E-mail：liyulai2010@yahoo.com.cn
Http://www.ding-ye.com
法人代表(Chairman)：厉勇
总经理(General Manager)：厉勇
联系人(Contact Person)：李玉来
产品业务(Business)：手帕纸中包机，方包机，封箱机

温州市胜龙包装机械有限公司
Wenzhou Shenglong Packing Machine Co., Ltd.
地址(Add)：浙江省温州市蒲州工业区二期19号
邮编(P.C.)：325011
电话(Tel)：0577－86500588
传真(Fax)：0577－86500689
E-mail：jinjin88-8@163.com
Http://www.damajicn.com
联系人(Contact Person)：金晓晨
产品业务(Business)：打码机

厦门市冠德机械有限公司
Xiamen Grand Machinery Co., Ltd.
地址(Add)：福建省厦门市湖里区兴隆路信达大厦3号楼A座603室
邮编(P.C.)：361006
电话(Tel)：0592－6025685
传真(Fax)：0592－5651761
E-mail：xmguande@yahoo.com.cn
联系人(Contact Person)：肖猷龙
产品业务(Business)：经销多米诺喷码机

厦门市天一精密机械有限公司
Xiamen Tianyi Precision Machinery Co., Ltd.
地址(Add)：福建省厦门市火炬高科技园创新2路46号
邮编(P.C.)：361006
电话(Tel)：0592－5701010
传真(Fax)：0592－5702020
总经理(General Manager)：任培坚
联系人(Contact Person)：任培坚
产品业务(Business)：热打码机

厦门优思喷印技术有限公司
Xiamen Ueshia Ink Jet Printing Technology Co., Ltd.
地址(Add)：福建省厦门市莲花南路莲花广场33号20－D
邮编(P.C.)：361004
电话(Tel)：0592－5121390
传真(Fax)：0592－5121391
E-mail：w.wanglin@163.com
联系人(Contact Person)：王旺林
产品业务(Business)：喷码机

厦门胜阳电子有限公司
Xiamen Shengyang Electronic Co., Ltd.
地址(Add)：福建省厦门市思明区七星路208号金星大厦501室
邮编(P.C.)：361012
电话(Tel)：0592－5081846
传真(Fax)：0592－5081846－808
E-mail：shengyangxm@163.com
法人代表(Chairman)：付毅华
联系人(Contact Person)：阙新海
产品业务(Business)：喷码机

漳州市南云包装设备有限公司
Zhangzhou Nanyun Packing Machine Equipments Co., Ltd.
地址(Add)：福建省漳州市云霄县北园新村149号
邮编(P.C.)：363300
电话(Tel)：0596－8587868
传真(Fax)：0596－8587966
E-mail：zznyp@163.com
Http://www.zznyp.com
联系人(Contact Person)：张溪
产品业务(Business)：打码机，贴标机，喷码机

青岛佳捷包装标识设备有限公司
Qingdao Jiajie Package Label Machinery Co., Ltd.
地址(Add)：山东省青岛市市南区泉州路3号1906室
邮编(P.C.)：266071
电话(Tel)：0532－85883519
传真(Fax)：0532－85933240
联系人(Contact Person)：刘耀星
产品业务(Business)：喷码机，贴标机

青岛瑞利达机械制造有限公司
Qingdao Raylidar Machinery Manufacture Co., Ltd.
地址(Add)：山东省青岛市四方区瑞安支路1号美青工业园内33号

邮编(P. C.)：266031
电话(Tel)：0532－84991833
传真(Fax)：0532－84991967
E-mail：info@ qdrld. com
Http://www. qdrld. com
联系人(Contact Person)：纪彤
产品业务(Business)：卫生卷纸包装机

青岛华德立机械有限公司
Qingdao Huadeli Machinery Co., Ltd.
(详见湿巾设备)

中烟机械集团常德烟草机械有限责任公司
China Tobacco Machinery Group Changde Tobacco Machinery Co., Ltd.
地址(Add)：湖南省常德市武陵区长庚路中段
邮编(P. C.)：415000
电话(Tel)：0736－7178865
传真(Fax)：0736－7152666
E-mail：zhouht@ ccdtm. com
Http://www. ccdtm. com
总经理(General Manager)：周诗伟
联系人(Contact Person)：周海涛
产品业务(Business)：手帕纸包装机

东莞市英利莱包装机械有限公司
Dongguan Yinglilai Packing Machinery Co., Ltd.
地址(Add)：广东省东莞市茶山镇超朗工业区
邮编(P. C.)：523000
电话(Tel)：0769－81855557
传真(Fax)：0769－81855577
联系人(Contact Person)：杨芳泰
产品业务(Business)：软抽纸巾包装机，卫生卷纸包装机

佛山市南海威森(纸业)包装机械厂
Foshan Nanhai Weisen (Paper) Packing Machine Co., Ltd.
地址(Add)：广东省佛山市南海平洲夏北永胜工业区
邮编(P. C.)：528247
电话(Tel)：0757－81109036
传真(Fax)：0757－81109036
总经理(General Manager)：官炜
联系人(Contact Person)：官炜
产品业务(Business)：擦手纸装袋机，手帕纸包装机，方包纸、软抽纸、餐巾纸装袋机及封包机

鑫星机械制造有限公司
Xinxing Machine Manufacturing Co., Ltd.
地址(Add)：广东省佛山市南海区桂城平洲夏东三洲石洛沙工业区
邮编(P. C.)：528251
电话(Tel)：0757－86397982
传真(Fax)：0757－86397982
E-mail：xinxing-company@ 163. com
Http://gdfxx1010. cn. alibaba. com
法人代表(Chairman)：温浩泉
总经理(General Manager)：温浩泉
联系人(Contact Person)：林威兰
产品业务(Business)：纸巾纸封口机，纸球封切机，热收缩机，软抽方巾纸包装机

佛山市南海德利劲包装机械制造有限公司
Foshan Nanhai Delijin Packing Machinery Manufacturing Co., Ltd.
地址(Add)：广东省佛山市南海区桂城平洲夏西简池六亩豆开发区7号
邮编(P. C.)：528200
电话(Tel)：0757－81815482
传真(Fax)：0757－89950459
E-mail：tk790206@ 126. com
联系人(Contact Person)：刘竹轩
产品业务(Business)：抽取式面巾纸、餐巾纸、手帕纸、卫生卷纸包装机

佛山市精拓机械设备有限公司
Foshan Jingtuo Machinery Co., Ltd.
地址(Add)：广东省佛山市顺德区陈村镇广隆工业区兴业3路2号
邮编(P. C.)：528313
电话(Tel)：0757－23317771
传真(Fax)：0757－23301128
总经理(General Manager)：黄顺强
联系人(Contact Person)：黄顺强
产品业务(Business)：卫生卷纸包装机，手帕纸包装机

佛山市南海区台顺机械厂
Foshan Nanhai Taishun Machinery Factory
地址(Add)：广东省佛山市镇安猫岭工业区
邮编(P. C.)：528200
电话(Tel)：0757－83275766
传真(Fax)：0757－89917966
E-mail：tk790206@ 126. com
Http://www. gdtaishun. com
联系人(Contact Person)：唐逵
产品业务(Business)：卫生卷纸包装机，手帕纸/餐巾纸包装机，抽纸/面巾纸包装机

贵阳璨峰机械有限责任公司
Guiyang Canfeng Machinery Co., Ltd.
地址(Add)：贵州省贵阳市瑞金南路28号久远大厦11楼
邮编(P. C.)：550002
电话(Tel)：0851－5855685
传真(Fax)：0851－5865757
E-mail：bosdmw@ 163. com
联系人(Contact Person)：毛建超
产品业务(Business)：卫生纸品薄膜中包机

贵阳博仕达机电设备有限公司
Bosd Machinery & Electric Equipment Co., Ltd.
地址(Add)：贵州省贵阳市瑞金南路28号久远大厦11楼7号
邮编(P. C.)：550002
电话(Tel)：0851－5865685
传真(Fax)：0851－5865757
E-mail：bosdmw@ 163. com
联系人(Contact Person)：潘进平
产品业务(Business)：卫生卷纸薄膜中包机

● 湿巾设备 Wet wipes machine

Paper Converting Machine Company
美国纸产品加工机器公司(PCMC)
(详见卫生纸加工设备)

Elsner Engineering Works, Inc.
美国爱思诺机械制造有限公司
地址(Add): 475 Fame Avenue, PO Box 66, Hanover, Pennsylvania 17331 USA
电话(Tel): 1-717-6375991
传真(Fax): 1-717-6337100
E-mail: eew@elsnereng.com
Http://www.elsnereng.com
法人代表(Chairman): F. Rusty Elsner
产品业务(Business): 干/湿巾折叠、复卷机，及桶式、盒式湿巾等包装机

ILAPAK International S. A.
瑞士 ILAPAK 公司
地址(Add): P. O. box 756 Ch-6916 Grancia (Lugano) Switzerland
电话(Tel): 41-91-9605900
传真(Fax): 41-91-9605992
E-mail: fbabolin@ilapak.com
Http://www.ilapak.com
产品业务(Business): 湿巾包装机

Iman Pack S. p. A
意大利英曼包装公司
地址(Add): via Lago di Bolsena, 19-36015 Schio (VI), Italy
电话(Tel): 39-0445-578811
传真(Fax): 39-0445-575111
E-mail: info@imanpack.it
Http://www.imanpack.it
产品业务(Business): 湿巾包装机

台湾智琦机械工业股份有限公司
Astute Machine Industry Co., Ltd.
(详见一次性卫生用品生产设备)

九亿兴业有限公司
Joiepack Industrial Co., Ltd.
地址(Add): 台湾彰化县北斗镇四海路一段81号
电话(Tel): 886-4-8884671
传真(Fax): 886-4-8889721
E-mail: sales@joiepack.com
Http://www.joiepack.com
法人代表(Chairman): 王慧君
产品业务(Business): 湿巾包装机，卷筒型单片湿巾全自动包装机，扁平型湿巾全自动制造包装机

特艺佳国际有限公司
Tech. Vantage International Ltd.
(详见卫生纸加工设备)

保定市华光机械有限公司
Baoding Huaguang Machinery Co., Ltd.
(详见卫生纸加工设备)

上海松川远亿机械设备有限公司
Shanghai Soontrue Machinery Equipment Co., Ltd.
地址(Add): 上海市青浦工业园区崧泽大道9881号
邮编(P. C.): 201700
电话(Tel): 021-69213288
传真(Fax): 021-69213157
E-mail: tq6909@163.com
Http://www.soontrue.com
法人代表(Chairman): 黄松
联系人(Contact Person): 汤庆
产品业务(Business): 湿毛巾、湿巾、纸手帕产品的自动包装机，卫生卷纸包装机

江苏连云港市盛洁无纺布设备厂
Jiangsu Lianyungang Shengjie Nonwoven Machinery Factory
地址(Add): 江苏省连云港市海连西路17号
邮编(P. C.): 222003
电话(Tel): 0518-85504421
传真(Fax): 0518-85504431
联系人(Contact Person): 王占平
产品业务(Business): 湿巾折叠机，非织造布分切机，复卷打孔机，盒装面巾纸机，擦手纸机

连云港华露无纺布机械设备厂
Lianyungang Hualu Nonwoven Machinery Factory
(详见卫生纸加工设备)

连云港市恒信无纺布湿巾机械厂
Lianyungang Hengxin Nonwovens Wet Wipe Machinery Factory
地址(Add): 江苏省连云港市新浦区浦南开发区东海北路东侧
邮编(P. C.): 222003
电话(Tel): 0518-85287065
传真(Fax): 0518-85287066
E-mail: 82879019@163.com
Http://www.90518.com
总经理(General Manager): 许彦斌
联系人(Contact Person): 王树峰
产品业务(Business): 湿巾机，湿巾折叠机，湿巾包装机，面巾纸折叠机，分切复卷打孔机

江苏省连云港纸品机械厂
Jiangsu Lianyungang Paper Products Machinery Factory
(详见卫生纸加工设备)

嘉兴市经开奇星机械制造厂
Jiaxing Jingkai Qixing Machinery Factory
(详见卫生纸加工设备)

瑞安市三环机械有限公司
Ruian Sanhuan Machinery Co., Ltd.
地址(Add): 浙江省瑞安市飞云新区纬十一路
邮编(P. C.): 325207
电话(Tel): 0577-65565157
传真(Fax): 0577-65565541

E-mail：ygs@ cn-sanhuan. com
Http://www. cn-sanhuan. com
法人代表(Chairman)：袁国森
总经理(General Manager)：袁国森
联系人(Contact Person)：陈建国
产品业务(Business)：湿巾折叠包装机，纸餐具设备

瑞安市海创机械有限公司
Ruian Haichina Machinery Co., Ltd.
地址(Add)：浙江省瑞安市飞云镇中洲工业区
邮编(P. C.)：325207
电话(Tel)：0577－65569188
传真(Fax)：0577－65569199
E-mail：hc@ haichina. cn
Http://www. haichina. cn
法人代表(Chairman)：王建村
总经理(General Manager)：王建村
联系人(Contact Person)：王建村
产品业务(Business)：湿巾折叠包装机，面巾纸、手帕纸自动包装机

浙江瑞安市大伟机械有限公司
Zhejiang Ruian Dawei Machinery Co., Ltd.
地址(Add)：浙江省瑞安市飞云镇中洲工业区
邮编(P. C.)：325207
电话(Tel)：0577－65028883
传真(Fax)：0577－65578567
E-mail：viroo@ machine. cc
Http://www. viroo. cn
法人代表(Chairman)：柯建孟
总经理(General Manager)：柯雄伟
联系人(Contact Person)：陈祖员
产品业务(Business)：湿巾包装机

瑞安市三鑫包装机械有限公司
Ruian Sanxin Packing Machinery Co., Ltd.
地址(Add)：浙江省瑞安市江南工业区陈家垟中路 28 号
邮编(P. C.)：325207
电话(Tel)：0577－65010588
传真(Fax)：0577－65012006
E-mail：sx@ rasanxin. com
Http://www. rasanxin. com
法人代表(Chairman)：范茂哉
总经理(General Manager)：陈炉斌
联系人(Contact Person)：范茂哉
产品业务(Business)：湿巾机

泉州市东湖轻工机械厂
Quanzhou Donghu Light Industry Machinery Factory
地址(Add)：福建省泉州市惠安县涂寨镇灵山工业区
邮编(P. C.)：362100
电话(Tel)：0595－22784179
传真(Fax)：0595－22787311
E-mail：machine@ public. qz. fj. cn
Http://www. donggong. com
法人代表(Chairman)：纪佳兴
联系人(Contact Person)：纪佳兴
产品业务(Business)：湿巾机，复卷机，面巾纸机，纸巾纸机，非织造布加工机

泉州市汉田机械制造有限公司
Quanzhou Hantian Machinery Co., Ltd.
地址(Add)：福建省泉州市江南高科技园区
邮编(P. C.)：362000
电话(Tel)：0595－22465662
传真(Fax)：0595－22465663
联系人(Contact Person)：吴振昌
产品业务(Business)：湿巾机

泉州市创达机械制造有限公司
Quanzhou Chuangda Machinery Co., Ltd.
地址(Add)：福建省泉州市江南高新电子园区南北六路边
邮编(P. C.)：362005
电话(Tel)：0595－22461518
传真(Fax)：0595－22461918
E-mail：cd@ chuangdamachine. com
Http://www. chuangdamachine. com
法人代表(Chairman)：傅冰阳
总经理(General Manager)：傅冰阳
联系人(Contact Person)：郑翠娱
产品业务(Business)：全自动单片式/多片式湿巾机，湿巾包装机，湿巾折叠机

泉州大昌纸品机械制造有限公司
Dachang Paper Machine Manufacture Co., Ltd.
地址(Add)：福建省泉州市江南高新科技园区
邮编(P. C.)：362000
电话(Tel)：0595－22465662
传真(Fax)：0595－22465663
E-mail：dachang@ qzdachang. cn
Http://www. qzdachang. cn
法人代表(Chairman)：吴振昌
联系人(Contact Person)：吴振昌
产品业务(Business)：湿巾机

福建泉州明辉轻工机械有限公司
Fujian Quanzhou Minghui Light Industry Machinery Co., Ltd.
(详见一次性卫生用品生产设备)

福建培新机械制造实业有限公司
Fujian Peixin Machinery Manufacture Industrial Co., Ltd.
(详见一次性卫生用品生产设备)

青岛三安国际贸易有限公司
San (Qingdao) International Trade Co., Ltd.
地址(Add)：山东省青岛市香港中路 6 号世贸中心 A 座 1513
邮编(P. C.)：266071
电话(Tel)：0532－85910176
传真(Fax)：0532－85918332
E-mail：info@ sanmachinery. com
Http://www. sanmachinery. com
联系人(Contact Person)：David Wei
产品业务(Business)：湿巾设备出口

青岛华德立机械有限公司
Qingdao Huadeli Machinery Co., Ltd.
地址(Add)：山东省青岛市重庆南路 118 号

邮编(P. C.): 266000
电话(Tel): 0532 - 82298599
传真(Fax): 0532 - 82291590
E-mail: lizhenhua@163. com
联系人(Contact Person): 乔坤
产品业务(Business): 湿巾包装机，妇女卫生巾包装机

陆丰机械(郑州)有限公司
Ru Fong Machinery (Zhengzhou) Co., Ltd.
地址(Add): 河南省郑州市新郑双湖开发区中山路中段
邮编(P. C.): 451191
电话(Tel): 0371 - 62567158
传真(Fax): 0371 - 62567189
E-mail: rf@rufong. com
Http://www. rufong. com
法人代表(Chairman): 刘螺
联系人(Contact Person): 龚春阳
产品业务(Business): 湿巾生产线，卫生卷纸、面巾纸包装机

● 干法纸设备 Airlaid machine

Dan-Webforming Int. A/S
丹麦 Dan-Web 公司
地址(Add): Bryggervej 21, DK-8240 Risskov, Aarhus Denmark
电话(Tel): 45 - 87439500
传真(Fax): 45 - 87439595
E-mail: dwi@dan-web. dk
Http://www. dan-web. com
产品业务(Business): 干法纸设备

Fleissner GmbH
德国福来司拿公司
地址(Add): D-63328 Egelsbach, Germany
电话(Tel): 49 - 6103 - 401195
传真(Fax): 49 - 6103 - 401440
E-mail: weinhardt@fleissner. de
Http://www. fleissner. de
联系人(Contact Person): Rüdiger Weinhardt
产品业务(Business): 热风穿透干燥系统，TAD 烘缸
北京代表处
地址(Add): 北京市朝阳区亮马桥路 50 号燕莎中心写字楼 C310A
邮编(P. C.): 100016
电话(Tel): 010 - 64651040
传真(Fax): 010 - 64651042
E-mail: fbj01@263. net
联系人(Contact Person): 鄢桂芳

Anpap Oy
地址(Add): Kirjaskatu 1 FI-37600 Valkeakoski, Finland
电话(Tel): 358 - 207 - 559111
传真(Fax): 358 - 207 - 559119
E-mail: pentti. pirinen@anpap. fi
总经理(General Manager): Pentti Pirinen
产品业务(Business): 干法纸设备

芬兰康克公司上海代表处
Kaukomarkkinat Oy
地址(Add): 上海市遵义路 100 号上海城 B 座 2806 - 2807 室
邮编(P. C.): 200051
电话(Tel): 021 - 62700640
传真(Fax): 021 - 62700872
E-mail: zhuzl@kauko-china. com. cn
联系人(Contact Person): 朱中良
产品业务(Business): Anpap Oy 公司中国总代理

丹东北方机械有限公司
Dandong Beifang Machinery Co., Ltd.
地址(Add): 辽宁省丹东市振兴区胜利街 793 号
邮编(P. C.): 118008
电话(Tel): 0415 - 6222688
传真(Fax): 0415 - 6224025
法人代表(Chairman): 曹贵杰
总经理(General Manager): 曹阳
联系人(Contact Person): 沈冬辉
产品业务(Business): 干法纸、膨化纸生产线，复合吸水生产线，卫生巾生产线，木浆粉碎机组，给料积纤机

丹东市丰蕴机械厂
Dandong Fengyun Machinery Factory
地址(Add): 辽宁省丹东市振兴区四道沟瓦房街
邮编(P. C.): 118008
电话(Tel): 0415 - 6152568
传真(Fax): 0415 - 6157666
E-mail: dd-fengyun@dd-fengyun. com
Http://www. dd-fengyun. com
法人代表(Chairman): 曲丰蕴
总经理(General Manager): 曲丰蕴
联系人(Contact Person): 熊德凤
产品业务(Business): 干法纸生产线，高性能粉碎机组，SAP 复合纸生产线

上海嘉翰轻工机械有限公司
Shanghai Expansion Light Industry Machinery Co., Ltd.
地址(Add): 上海市浦东南路 1101 号远东大厦 805 室
邮编(P. C.): 200120
电话(Tel): 021 - 51098118
传真(Fax): 021 - 58362955
E-mail: oshan@jiahan. com. cn
Http://www. eps-airlaid. com
法人代表(Chairman): 李建飞
总经理(General Manager): 偶姗
产品业务(Business): 干法纸机

南京陶雨工贸实业有限公司
Nanjing Taoyu Trading Co., Ltd.
(详见非织造布 - 干法纸)

福建晋江市安海博源膨化芯材有限公司
Jinjiang Anhai Boyuan Airlaid Co., Ltd.
(详见非织造布 - 干法纸)

平顶山市大宏纤维制品有限公司
Pingdingshan Dahong Fibrous Products Co., Ltd.
(详见非织造布 - 干法纸)

洁新干法造纸机械厂
Jiexin Airlaid Products Machinery Factory
地址(Add)：广东省揭东县新亨镇埔东工业区
邮编(P. C.)：515548
电话(Tel)：0663－3434888
传真(Fax)：0663－3431999
E-mail：jiexin999@163. com
Http://www. jiexin. com. cn
法人代表(Chairman)：陈建辉
联系人(Contact Person)：陈建辉
产品业务(Business)：干法造纸机械成套设备，干法纸分切机

成都蜀航实业有限公司
Chengdu Shuhang Industry Co., Ltd.
(详见非织造布－干法纸)

● 非织造布设备 Nonwovens machine

Asselin-Thibeau
阿斯兰－蒂博
地址(Add)：191 Rue des Cinq-Voies, POB 363, F-59336 Tourcoing, Cedex, France
电话(Tel)：33－320－116464
传真(Fax)：33－320－241933
E-mail：cristina. soares@thibeau. fr
Http://www. nsc. fr
产品业务(Business)：水刺、热轧、热风穿透非织造布生产线

恩·斯伦伯格公司上海代表处
N. Schlumberger Shanghai Representative Office
地址(Add)：上海市中山西路1800号兆丰环球大厦22层2座
邮编(P. C.)：200235
电话(Tel)：021－64401411
传真(Fax)：021－64401409
E-mail：nscascnb@vip. 163. com
产品业务(Business)：阿斯兰－蒂博代理

Oerlikon Neumag / Saurer
德国纽马格公司
地址(Add)：Christianstrasse 168-170 D-24536 Neumünster Germany
电话(Tel)：49－43213050
传真(Fax)：49－4321305212
E-mail：sales. neumag@oerlikon. com
Http://www. neumag. oerlikontextile. com
产品业务(Business)：纺粘非织造布生产线。下属丹麦M&J公司、KORTEC公司等
上海代表处
地址(Add)：上海市娄山关路83号新虹桥中心大厦1310室
邮编(P. C.)：200336
电话(Tel)：021－52573235
传真(Fax)：021－62369326
Http://www. neumag. saurer. com
联系人(Contact Person)：韩建鸣

Bastian Wickeltechnik GmbH
德国巴斯帝安公司
地址(Add)：Fosse Bredde 16, Industriegebiet Augustdorfer Strasse, D-33758 Schloss Holte-Stukenbrock, Germany
电话(Tel)：49－52078902－0
传真(Fax)：49－52075893
E-mail：info@bastian-co. de
Http://www. bastian-co. de
产品业务(Business)：非织造布卷绕分切设备

Comerio Ercole S. p. A.
意大利科梅里奥机械公司
地址(Add)：Via Castellanza, 100-P. O. Box 144-Busto Arsizio 21052, Italy
电话(Tel)：39－0331－488411
传真(Fax)：39－0331－488421
E-mail：info@comercole. it
Http://www. comercole. it
产品业务(Business)：热粘非织造布生产线

日惟不织布机械股份有限公司
Shyng Wei Machinery Co., Ltd.
地址(Add)：台湾省桃园县芦竹乡中福村6邻72－2号
电话(Tel)：886－3－3235461
传真(Fax)：886－3－3235228
E-mail：wei10000@ms16. hinet. net
Http://www. shyngwei. com. tw
产品业务(Business)：非织造布制造机

中国纺机集团宏大研究院有限公司
CTMC Hongda Research Institute Co., Ltd.
地址(Add)：北京市经济技术开发区永昌南路19号
邮编(P. C.)：100176
电话(Tel)：010－67855990
传真(Fax)：010－67856906
E-mail：yxzx@hdyjy. com
Http://www. hdyjy. com
产品业务(Business)：纺粘、熔喷非织造布生产线，电气控制系统

沈阳航发科技实业总公司
Sedriscience & Technology Industrial Corporation
地址(Add)：辽宁省沈阳市沈河区万莲路一号
邮编(P. C.)：110015
电话(Tel)：024－24281306
传真(Fax)：024－24281777
E-mail：office@606r-d. com. cn
Http://www. 606r-d. com. cn
联系人(Contact Person)：何志国
产品业务(Business)：纺粘、热轧非织造布生产设备

江苏迎阳无纺机械有限公司
Jiangsu Yingyang Nonwoven Machinery Co., Ltd.
地址(Add)：江苏省常熟市任阳工业园区
邮编(P. C.)：215539
电话(Tel)：0512－52581526
传真(Fax)：0512－52583880
E-mail：webmaster@yingyang. cn
Http://www. yingyang. cn
总经理(General Manager)：范立元
联系人(Contact Person)：范立根

产品业务(Business)：水刺、热轧、热风、纺粘非织造布生产设备

常熟市天力无纺设备有限公司
Changshu Tianli Nonwovens Equipment Co., Ltd.
地址(Add)：江苏省常熟市任阳镇环镇北路
邮编(P. C.)：215539
电话(Tel)：0512－52585818
传真(Fax)：0512－52585898
E-mail：tianlitex@texindex.com
Http://www.tianlitex.com
总经理(General Manager)：杜望德
产品业务(Business)：热轧非织造布生产线

常熟市飞龙机械有限公司
Changshu Feilong Machinery Co., Ltd.
地址(Add)：江苏省常熟市任阳镇环镇北路1号
邮编(P. C.)：215539
电话(Tel)：0512－52581467
传真(Fax)：0512－52583888
E-mail：info@feilong.cn
Http://www.feilong.cn
法人代表(Chairman)：韩雪龙
联系人(Contact Person)：韩雪龙
产品业务(Business)：水刺、热轧、热风非织造布生产线

常熟市伟成非织造成套设备有限公司
Changshu Weicheng Nonwoven Equipment Co., Ltd.
地址(Add)：江苏省常熟市支塘任阳镇迎阳大道
邮编(P. C.)：215539
电话(Tel)：0512－52581266
传真(Fax)：0512－52581232
E-mail：chinaweicheng@163.com
Http://www.chinaweicheng.cn
产品业务(Business)：热粘合、水刺非织造布生产线

常熟市晨阳无纺设备有限公司
Changshu Chenyang Nonwoven Equipment Co., Ltd.
地址(Add)：江苏省常熟市支塘镇任阳工业园
邮编(P. C.)：215531
电话(Tel)：0512－52550366
传真(Fax)：0512－52558366
E-mail：chenyang@cs-chenyang.com
Http://www.cs-chenyang.com
法人代表(Chairman)：郁正伟
联系人(Contact Person)：郁正伟
产品业务(Business)：热轧非织造布生产设备

常州市常新无纺制品设备有限公司
Changzhou Changxin Nonwovens Equipments Co., Ltd.
地址(Add)：江苏省常州市丽华南路298号
邮编(P. C.)：213014
电话(Tel)：0519－88812999
传真(Fax)：0519－88870277
联系人(Contact Person)：李森荣
产品业务(Business)：热轧非织造布设备

常州市锦益机械有限公司
Changzhou Jinyi Machinery Co., Ltd.
地址(Add)：江苏省常州市潘家镇
邮编(P. C.)：213179
电话(Tel)：0519－86543565
传真(Fax)：0519－86543082
法人代表(Chairman)：高中林
联系人(Contact Person)：翁春平
产品业务(Business)：热风、热轧、水刺非织造布生产线，热风非织造布

常州惠明精密机械有限公司
Changzhou Huiming Precision Machinery Co., Ltd.
地址(Add)：江苏省常州市武进高新技术产业开发区凤翔路8号
邮编(P. C.)：213164
电话(Tel)：0519－86321630
传真(Fax)：0519－86708780
E-mail：tangqiaoyuan@126.com
Http://www.nickel-screen.com
总经理(General Manager)：唐巧元
联系人(Contact Person)：朱峰云
产品业务(Business)：纺粘非织造布设备，热轧辊，镜面辊，非织造布热轧机，收卷机，分切机

常州市武进无纺机械设备有限公司
Changzhou Wujin Nonwoven Machinery Co., Ltd.
地址(Add)：江苏省常州市武进区湖塘镇东新
邮编(P. C.)：213162
电话(Tel)：0519－86701220
传真(Fax)：0519－86705991
E-mail：info@wjnonwoven.com.cn
Http://www.wjnonwoven.com.cn
联系人(Contact Person)：徐颖
产品业务(Business)：水刺、热轧非织造布设备，非织造布

常州市达力塑料机械有限公司
Changzhou Dali Plastics Machinery Co., Ltd.
(详见一次性卫生用品生产设备的其他配件)

昆山市国兴技术工程有限公司
Kunshan Guoxing Technical Engineering Co., Ltd.
地址(Add)：江苏省昆山市蓬朗镇蓬溪南路88号
邮编(P. C.)：215300
电话(Tel)：0512－57812211
传真(Fax)：0512－57812212
E-mail：sales@ks-guoxing.com.cn
Http://www.ks-guoxing.com.cn
联系人(Contact Person)：丁国钢
产品业务(Business)：水刺、热轧、热风非织造布生产线

江苏省仪征市海润纺织机械有限公司
Jiangsu Yizheng Hairun Textile Machinery Co., Ltd.
地址(Add)：江苏省仪征市渡江路92号
邮编(P. C.)：211400
电话(Tel)：0514－83451741
传真(Fax)：0514－83451747
E-mail：hrdex@vip.163.com
Http://www.hrtexm.com
联系人(Contact Person)：刘永坤
产品业务(Business)：热轧、纺粘非织造布设备

山东远闻非织布技术公司
Shangdong Yuanwen Nonwoven Co., Ltd.
地址(Add)：山东省日照市岚山区国泰南路

邮编(P. C.)：276807
电话(Tel)：13563337426
E-mail：wufangbu123@ yahoo. cn
联系人(Contact Person)：宣康远
产品业务(Business)：热轧，热风，纺粘复合非织造布，流延膜，打孔膜设备设计改造

中国纺机集团郑州纺织机械股份有限公司
CTMC Zhengzhou Textile Machinery Co., Ltd.
地址(Add)：河南省郑州市南阳路290号
邮编(P. C.)：450053
电话(Tel)：0371 - 63585788
传真(Fax)：0371 - 63935814
E-mail：zzfj@ zzfj. com
Http://www. zzfj. com
联系人(Contact Person)：杜发祥
产品业务(Business)：水刺、热轧非织造布生产线

东莞市爱克斯曼机械有限公司
Dongguan Xmountain Machinery Co., Ltd.
地址(Add)：广东省东莞市万江区小亭社区建南二路5号
邮编(P. C.)：523062
电话(Tel)：0769 - 23620086
传真(Fax)：0769 - 23620081
E-mail：cindy. lf@ 263. net
Http://www. xmountain. cn
联系人(Contact Person)：吕志伟
产品业务(Business)：水刺非织造布设备

信维机械(广州)有限公司
Xinwei Machinery (Guangzhou) Co., Ltd.
地址(Add)：广东省广州市经济技术开发区东区北片建业二路6号
邮编(P. C.)：510530
电话(Tel)：020 - 82266788
传真(Fax)：020 - 82266798
总经理(General Manager)：姚清金
产品业务(Business)：水刺非织造布设备

● 打孔膜机 Apertured film machine

上海顺朝卫生材料有限公司
Shanghai Shunchao Hygienic Material Co., Ltd.
地址(Add)：上海市凉城路中虹花园375弄8号1102室
邮编(P. C.)：200434
电话(Tel)：021 - 65929925
传真(Fax)：021 - 65923790
E-mail：yuminmin@ hotmail. com
法人代表(Chairman)：虞敏敏
总经理(General Manager)：虞敏敏
产品业务(Business)：代理荷兰 STORK 公司打孔 PE 膜网笼

上海市亿维实业有限公司
Shanghai Yiwei Industry Co., Ltd.
地址(Add)：上海市松江区佘山镇天马经济开发区新宅路558号
邮编(P. C.)：201603
电话(Tel)：021 - 57665218
传真(Fax)：021 - 57663218
法人代表(Chairman)：祁超训
总经理(General Manager)：祁超训
联系人(Contact Person)：祁超训
产品业务(Business)：打孔膜生产线

常州市太阳花科技有限公司
Changzhou Sunflower Technologies Co., Ltd.
地址(Add)：江苏省常州市荷花池公寓1 - 丙 - 802
邮编(P. C.)：213003
电话(Tel)：0519 - 86635723
传真(Fax)：0519 - 86623526
E-mail：sunflowertechnologies@ yahoo. com. cn
Http://www. sunflower-technology. cn
总经理(General Manager)：徐晓东
联系人(Contact Person)：徐晓东
产品业务(Business)：一次成型打孔膜设备，一次成型打孔膜与非织造布复合设备，流延、打孔一机两用生产线，两次成型打孔膜设备

常州市东风卫生机械设备制造厂
Changzhou Dongfeng Sanitary Machinery Equipment Manufacture Factory
(详见一次性卫生用品生产设备)

常州新仁黎纺织器材有限公司
Changzhou New Renli Textiles Equipment Co., Ltd.
地址(Add)：江苏省常州市武进区横林镇杨歧段61号
邮编(P. C.)：213101
电话(Tel)：0519 - 88781392
传真(Fax)：0519 - 88782401
总经理(General Manager)：陈国平
产品业务(Business)：打孔膜网笼

常州科宇塑料机械有限公司
Changzhou Keyu Plastic Machinery Co., Ltd.
地址(Add)：江苏省常州市武进邹区工业园
邮编(P. C.)：213144
电话(Tel)：0519 - 83279815
传真(Fax)：0519 - 83381569
联系人(Contact Person)：巢建平
产品业务(Business)：流延膜机，打孔膜机

江苏金卫机械设备有限公司
Jiangsu JWC Machinery Co., Ltd.
(详见一次性卫生用品生产设备)

南通三信塑胶装备科技有限公司
Nantong Sanxin Plastics Equipment Technology Co., Ltd.
地址(Add)：江苏省启东市台角工业园区
邮编(P. C.)：226200
电话(Tel)：0513 - 83251988
传真(Fax)：0513 - 83214152
E-mail：bpliuhao@ 126. com
Http://www. ntsanxin. com
联系人(Contact Person)：刘浩
产品业务(Business)：流延膜、打孔膜、透气膜生产线，造粒机，静电消除器

吴江金正膜业有限公司
Wujiang Jinzheng Film Co., Ltd.
(详见打孔膜及打孔非织造布)

宜兴市昌达机械有限公司
Yixing Changda Machinery Co., Ltd.
地址(Add):江苏省宜兴市下邾街儒林路2号
邮编(P.C.):214263
电话(Tel):0510-87578590
传真(Fax):0510-87578590
联系人(Contact Person):凌国强
产品业务(Business):打孔网笼,水刺网笼

泉州市东方机械有限公司
Quanzhou Dongfang Machinery Co., Ltd.
地址(Add):福建省泉州市丰泽区东海镇东滨工业区
邮编(P.C.):362000
电话(Tel):0595-22903857
传真(Fax):0595-22901232
E-mail: dfjx@orient-jx.com
Http://www.orient-jx.com
联系人(Contact Person):杨国芳
产品业务(Business):一次成形PE打孔膜机,PE透气膜机组,非织造布(薄膜)打孔机组,单层(多层共挤)流延压花薄膜机组

泉州市露泉卫生用品有限公司
Quanzhou Luquan Sanitation Supplies Co., Ltd.
地址(Add):福建省泉州市洛江双阳华侨技术开发区
邮编(P.C.):362000
电话(Tel):0595-22558772
传真(Fax):0595-22558773
E-mail: qzluquan@qzluquan.cn
Http://www.qzluquan.cn
总经理(General Manager):吴育峰
联系人(Contact Person):黄扬萍
产品业务(Business):打孔膜机组,流延膜机组,透气膜机组

山东远闻非织布技术公司
Shangdong Yuanwen Nonwoven Co., Ltd.
(详见非织造布设备)

佛山市洪峰机械有限公司
Foshan Hongfeng Machinery Co., Ltd.
地址(Add):广东省佛山市南海区罗村佛罗路寨边段6号宏兴置业厂房1座6号
邮编(P.C.):528226
电话(Tel):0757-81802807
传真(Fax):0757-81802800
E-mail: sales@fs-hf.com
Http://www.fs-hf.com
总经理(General Manager):许晓峰
产品业务(Business):薄膜造粒机,分切机

● 自动化及控制系统 Automation and control system

香港维尔京电子科技实业有限公司
H.K. Virgin Electron Tech. Industry Limited
地址(Add):香港金钟道89号力宝中心第一座11楼1105室
电话(Tel):852-31758678
传真(Fax):852-31758679
联系人(Contact Person):兰水尧
产品业务(Business):纠偏器
厦门办事处
地址(Add):福建省厦门市思明区香莲里32号26A(莲花广场)
邮编(P.C.):361000
电话(Tel):0592-5182908
传真(Fax):0592-5183338
产品业务(Business):纠偏器

汇业印刷器材有限公司
Wealthy Printing Equipment Co., Ltd.
香港总办事处
地址(Add):香港九龙观塘开源道55号开联工业中心A座11字楼13至14室
电话(Tel):852-23450107
传真(Fax):852-23438799
产品业务(Business):代理销售美国FIFE纠偏系统
北京办事处
地址(Add):北京市崇文区广渠门南小街领行国际1-1-504
邮编(P.C.):100061
电话(Tel):010-67139485
传真(Fax):010-67139486
联系人(Contact Person):赵云光
无锡汇业印刷机械有限公司
Wuxi Wealthy Printing Machinery Co., Ltd.
地址(Add):江苏省锡山市坊前镇鑫明路28号
邮编(P.C.):214111
电话(Tel):0510-8270510
传真(Fax):0510-8270501

ABB(中国)有限公司
ABB (China) Limited
地址(Add):北京市朝阳区酒仙桥路10号恒通广厦
邮编(P.C.):100016
电话(Tel):010-84566688
传真(Fax):010-84567626
E-mail: betty-xue.zhang@cn.abb.com
Http://www.abbpaper.com
总经理(General Manager):林曙明
联系人(Contact Person):张雪
产品业务(Business):传动控制系统,质量控制系统,开放式控制系统,化学品制备系统,电气系统,纸病检测系统

钛玛科(北京)工业科技有限公司
Techmach (Beijing) Industry Science & Technology Co., Ltd.
地址(Add):北京市朝阳区万红路5号蓝涛中心B103
邮编(P.C.):100015
电话(Tel):010-64380505-216
传真(Fax):010-64385400
E-mail: liweineng@techmach.com.cn
Http://www.techmach.com.cn
法人代表(Chairman):魏平
联系人(Contact Person):李维能
产品业务(Business):纠偏控制系统,精密板条式气胀

轴，张力控制系统

北京伟伯康科技发展有限公司
Beijing Webcon Science & Technology Development Co., Ltd.
地址(Add)：北京市海淀区曙光花园中路9号北京农林科学院畜牧研究所院内
邮编(P.C.)：100097
电话(Tel)：010－51503883
传真(Fax)：010－51503796
E-mail：sales@webcon-tech.com
Http://www.webcon-tech.com
法人代表(Chairman)：王宇
总经理(General Manager)：王宇
联系人(Contact Person)：高卫良
产品业务(Business)：代理纠偏控制系统、张力控制系统，除尘、高速切刀等
上海办事处
地址(Add)：上海市徐汇区龙漕路51弄4号现代商务中心220室
邮编(P.C.)：200235
电话(Tel)：021－54640078
传真(Fax)：021－64512926
E-mail：gaoweiliang@webcon-tech.com
Http://www.webcon-tech.com
联系人(Contact Person)：高卫良

北京高威科电气技术有限公司
Beijing Go-well Electrical Technology Co., Ltd.
地址(Add)：北京市海淀区五道口华清嘉园7号楼(华清商务会馆1001室)
邮编(P.C.)：100083
电话(Tel)：010－82867930－809
传真(Fax)：010－82867927
E-mail：guoxc@go-well.com.cn
Http://www.go-well.com.cn
联系人(Contact Person)：郭小成
产品业务(Business)：代理日本三菱电机工厂自动化产品

天津罗升企业有限公司
Tianjin ACE PILLAR Co., Ltd.
地址(Add)：天津市空港物流加工区西十道3号
邮编(P.C.)：300308
电话(Tel)：02224891992
传真(Fax)：021－24895350
E-mail：gao.zhenxing@acepillar.com.cn
Http://www.acepillar.com
联系人(Contact Person)：高振兴
产品业务(Business)：传动控制

保定入微能源科技有限责任公司
Baoding Ruv Energy Tech Co., Ltd.
地址(Add)：河北省满城县中山东路1083号
邮编(P.C.)：072150
电话(Tel)：0312－7130888
传真(Fax)：0312－7168898
E-mail：yxj@ciemb.com
Http://www.ciemb.com
总经理(General Manager)：杨小进
产品业务(Business)：卫生巾、造纸设备自控设备

丹东山河技术有限公司
Dandong Shanhe Technology Co., Ltd.
地址(Add)：辽宁省丹东市汤池工业园区35号
邮编(P.C.)：118303
电话(Tel)：0415－6256966
传真(Fax)：0415－6256956
E-mail：mail@sunhightech.com
Http://www.sunhightech.com
联系人(Contact Person)：葛济民
产品业务(Business)：纸浆浓度传感器与控制系统，纸张水分传感器，定量稳定调节系统

上海德昭工业装备技术有限公司
Shanghai Dezo Industrial Equipment Technology Co., Ltd.
地址(Add)：上海市北二业园区江场三路173号6楼
邮编(P.C.)：200436
电话(Tel)：021－66300101－834
传真(Fax)：021－50802962
E-mail：yuxiaoming@go-well.com.cn
Http://www.dezo-auto.com
联系人(Contact Person)：于晓明
产品业务(Business)：代理电机集成系统

罗克韦尔自动化(上海)有限公司
Rockwell Automation (Shanghai) Co., Ltd.
地址(Add)：上海市漕河泾开发区虹梅路1801号西区
邮编(P.C.)：200233
电话(Tel)：021－61288888
传真(Fax)：021－61288899
E-mail：czhou@ra.rockwell.com
联系人(Contact Person)：周超
产品业务(Business)：自动化控制系统

三桥制作所上海联络所
Mitsuhashi Corporation
地址(Add)：上海市东安路50弄12号303室
电话(Tel)：021－64035066
传真(Fax)：021－64035066
E-mail：shenweisj1960@vip.sina.com
Http://www.mitsuhashi-corp.co.jp
联系人(Contact Person)：沈伟
产品业务(Business)：纠偏器

上海伟易机电设备有限公司
Shanghai Weiyi M&E Equipment Co., Ltd.
地址(Add)：上海市桂平路680号创业中心大厦519/521室
邮编(P.C.)：200233
电话(Tel)：021－64857275
传真(Fax)：021－64857077
E-mail：xinsizhi@vip.163.com
总经理(General Manager)：付金超
联系人(Contact Person)：刘国洋
产品业务(Business)：卫生用品设备自动化控制系统

上海博世力士乐液压及自动化有限公司
Shanghai Bosch Rexroth Hydraulics & Automation Ltd.
地址(Add)：上海市浦东大道1号船舶大厦4楼
邮编(P.C.)：200120
电话(Tel)：021－38666000
传真(Fax)：021－38666111

E-mail：kz. fu@ boschrexroth. com. cn
Http://www. boschrexroth. com. cn
联系人(Contact Person)：傅克众
产品业务(Business)：无轴传动与控制系统

路斯特传动系统(上海)有限公司
Lti Drive Systems (Shanghai) Co., Ltd.
地址(Add)：上海市浦东新区高行工业开发区莱阳路2927弄49号
邮编(P. C.)：200137
电话(Tel)：021－50400088－679
传真(Fax)：021－50416332
E-mail：y. ding@ lt-i. com. cn
Http://www. lt-i. com. cn
联系人(Contact Person)：丁一
产品业务(Business)：传动系统

西门子(中国)有限公司
Siemens (China) Co., Ltd.
地址(Add)：上海市浦东新区浦东大道138号中国永华大厦4楼
邮编(P. C.)：200120
电话(Tel)：021－38893961
传真(Fax)：021－38893297
E-mail：haifeng. niu@ siemens. com
Http://www. ad. siemens. com. cn
联系人(Contact Person)：牛海峰
产品业务(Business)：过程控制系统，变频与传动装置，仪器仪表

瑞史博(上海)贸易有限公司
Re (Shanghai) Trading Co., Ltd.
地址(Add)：上海市四平路188号商贸大厦1709室
邮编(P. C.)：200086
电话(Tel)：021－65759945
传真(Fax)：021－65759947
E-mail：sales@ re-china. com. cn
Http://www. re-spa. com
总经理(General Manager)：孙斌
联系人(Contact Person)：姚冬妹
产品业务(Business)：旋转接头，纸幅引导、监视系统

贝加莱工业自动化(上海)有限公司
Bernecker + Rainer Industrial Automation (Shanghai) Co., Ltd.
地址(Add)：上海市田林路487号宝石园21号楼
邮编(P. C.)：200233
电话(Tel)：021－54644800
传真(Fax)：021－33675666
E-mail：huazhen. song@ br-automation. com
Http://www. br-automation. com
联系人(Contact Person)：宋华振
产品业务(Business)：自动化控制设备

上海天览机电科技有限公司
Shanghai Talent Machine & Technology Co., Ltd.
地址(Add)：上海市杨浦区平凉路1180号(眉州路381号)华谊星城大厦1505室
邮编(P. C.)：200090
电话(Tel)：021－65210986
传真(Fax)：021－65213612
Http://www. talent-sha. cn
联系人(Contact Person)：王燕秋
产品业务(Business)：经销自控设备，自动纠偏系统，气胀轴，安全夹头

上海茂智自动化设备贸易有限公司
Unity Shanghai Co., Ltd.
地址(Add)：上海市真南路1111号上海国际包装印刷城主楼三楼303室
邮编(P. C.)：200331
电话(Tel)：021－66080336
传真(Fax)：021－66080329
E-mail：sh@ unity. net. cn
联系人(Contact Person)：王建
产品业务(Business)：代理纠偏装置，控制系统

上海博源自动化控制系统有限公司
Shanghai Boyuan Automation Control System Co., Ltd.
地址(Add)：上海市中春路7319号莎海商务大厦5楼F座
邮编(P. C.)：201101
电话(Tel)：021－54854835
传真(Fax)：021－54854837
E-mail：boyuan@ shboxi. com
联系人(Contact Person)：杨华
产品业务(Business)：自动化控制系统

常州云峰信达机械有限公司
Changzhou Yunfeng Xinda Machinery Co., Ltd.
地址(Add)：江苏省常州市丁堰东方西路19号
邮编(P. C.)：213000
电话(Tel)：0519－88250091
传真(Fax)：0519－88252810
E-mail：jsczwqp@ sina. com
法人代表(Chairman)：王其平
联系人(Contact Person)：杨立新
产品业务(Business)：气胀轴，纠偏系统

常州市凌普工业自动化有限公司
Changzhou Lingpu Automation Co., Ltd.
地址(Add)：江苏省常州市新北区通江大道391号星北发展大厦A座601室
邮编(P. C.)：213022
电话(Tel)：0519－5010555
传真(Fax)：0519－5010556
联系人(Contact Person)：袁盛和
产品业务(Business)：变频器，交流伺服

昆山达嘉传动设备有限公司
Kunshan Farthest Transmission Equipment Co., Ltd.
地址(Add)：江苏省昆山市周市镇青杨北路278号
邮编(P. C.)：215300
电话(Tel)：0512－57938805
传真(Fax)：0512－57938806
E-mail：ks. dajia@ 163. com
联系人(Contact Person)：侯万剑
产品业务(Business)：线性传动设备

苏州鑫川自动化设备有限公司
Suzhou Xinchuan Automatic Equipment Co., Ltd.
地址(Add)：江苏省苏州工业园区大湖城邦36幢506室

邮编(P. C.): 215000
电话(Tel): 0512-65185216
传真(Fax): 0512-62957116
E-mail: szxc88@ sina. com
联系人(Contact Person): 欧李祥
产品业务(Business): 经销三菱、西门子等变频器

西门子(中国)有限公司
Siemens Ltd., China
苏州办事处
地址(Add): 江苏省苏州工业园区苏华路2号国际大厦11楼1117-1119室
邮编(P. C.): 215021
电话(Tel): 0512-62888191-8312
传真(Fax): 0512-66614898
E-mail: shen. li@ siemens. com
Http://www. siemens. com. cn
联系人(Contact Person): 沈荔
产品业务(Business): 自动化与驱动

美闻达传动设备(苏州)有限公司
Moventas Driving Equipment (Suzhou) Co., ltd.
地址(Add): 江苏省苏州工业园区唯亭镇金陵东路88号金陵工业园7号厂房
邮编(P. C.): 215021
电话(Tel): 0512-62998851
传真(Fax): 0512-62998853
E-mail: xuefeng. zhang@ moventas. com
Http://www. moventas. com
联系人(Contact Person): 刘保英
产品业务(Business): 减速机

盖茨优霓塔传动系统(苏州)有限公司
Gates Unitta Power Transmission (Suzhou) Limited
地址(Add): 江苏省苏州工业园区钟园路128号
邮编(P. C.): 215126
电话(Tel): 0512-62836886-780
传真(Fax): 0512-62836996
E-mail: gwang@ gates. com
Http://www. gates. com
联系人(Contact Person): 王刚
产品业务(Business): 传动系统

苏州骏玛特自动化设备有限公司
Suzhou Jmart Automation Equipment Co., Ltd.
地址(Add): 江苏省苏州市间胥路123号建瑞广场B1604
邮编(P. C.): 215004
电话(Tel): 0512-65096205
传真(Fax): 0512-65090485
E-mail: caotingwu2003@ yahoo. com. cn
Http://www. jmartauto. cn
联系人(Contact Person): 曹廷武
产品业务(Business): 变频器, 触摸屏, 伺服系统

苏州乐为自动化科技有限公司
Suzhou Loyal Automation Technology Co., Ltd.
地址(Add): 江苏省苏州市城北西路1599号D1-133
邮编(P. C.): 215008
电话(Tel): 0512-65688898
传真(Fax): 0512-65657949
E-mail: loyalsz@ vip. sina. com
Http://www. loyalsz. com
总经理(General Manager): 邱海波
联系人(Contact Person): 华广香
产品业务(Business): 线性马达, 传动定位系统

苏州超群塑胶机械设备有限公司
Suzhou Chaoqun Rubber & Plastic Machinery Co., Ltd.
地址(Add): 江苏省苏州市高新区滨河路588号2B13
邮编(P. C.): 215000
电话(Tel): 0512-65981689
传真(Fax): 0512-65649321
E-mail: chaoqunsuji@ 163. com
Http://www. chaoqunsuji. com
联系人(Contact Person): 夏金良
产品业务(Business): 油压缓冲器, 稳速器, 气动元件

苏州通锦精密工业有限公司
Suzhou Tongjin Precision Industry Co., Ltd.
地址(Add): 江苏省苏州市高新区嵩山路185号枫桥工业园24号厂房
邮编(P. C.): 215129
电话(Tel): 0512-68416781
传真(Fax): 0512-68416978
E-mail: yaowenkui@ sztongjin. com
Http://www. sztongjin. com
联系人(Contact Person): 姚文魁
产品业务(Business): 伺服马达, 直线导轨, 步进马达, 减速箱, 弹性联轴器

上海慧桥电气自动化有限公司苏州办事处
Shanghai WitJoint Automation Co., Ltd. Suzhou Office
地址(Add): 江苏省苏州市工业园区苏华路8号中银惠龙大厦705室
邮编(P. C.): 215021
电话(Tel): 0512-88168116-116
传真(Fax): 0512-88168118
E-mail: cjia@ witjoint. com
Http://www. witjoint. com
联系人(Contact Person): 常佳
产品业务(Business): 自动化控制系统

信捷科技电子有限公司
Thinget Electronic Co., Ltd.
地址(Add): 江苏省无锡市蠡园开发区创意产业园7号楼四楼
邮编(P. C.): 214072
电话(Tel): 0510-85134136
传真(Fax): 0510-85111290
联系人(Contact Person): 刘勇
产品业务(Business): 变频器

杭州华章电气工程有限公司
Hangzhou Huazhang Electric Engineering Co., Ltd.
地址(Add): 浙江省杭州市文三路252号伟星大厦12楼
邮编(P. C.): 310012
电话(Tel): 0571-88866555
传真(Fax): 0571-88856077
E-mail: wuzupeng@ hzeg. com
法人代表(Chairman): 朱根荣
联系人(Contact Person): 吴祖鹏
产品业务(Business): 纸机电气传动控制

杭州鸿信智能工程有限公司
Hangzhou Hongxin Intelligent Project Co., Ltd.
地址(Add)：浙江省杭州市文一西路75号益乐工业园1号楼3楼
邮编(P. C.)：310000
电话(Tel)：0571－88912443
传真(Fax)：0571－88867871
E-mail：lgc-123@126. com
联系人(Contact Person)：林贵椿
产品业务(Business)：纠偏系统，变频器

莱默尔(杭州)机电设备有限公司
Erhardt + Leimer (Hangzhou) Co., Ltd.
地址(Add)：浙江省杭州市萧山经济技术开发区桥南区鸿兴路185号
邮编(P. C.)：311231
电话(Tel)：0571－82697668
传真(Fax)：0571－82697678
E-mail：elchina@sh163. net
Http://www. erhardt-leimer. cn
联系人(Contact Person)：蒲继光
产品业务(Business)：纠偏控制系统

宁波市北郊机械变速器厂
Ningbo Beijiao Machinery Gearbox Manufacturer Factory
地址(Add)：浙江省宁波市庄市双桥村(宁波大学西侧)
邮编(P. C.)：315201
电话(Tel)：0574－87608606
传真(Fax)：0574－87608078
E-mail：nbtiaosu@nbtiaosu. com
Http://www. nbtiaosu. com
法人代表(Chairman)：陈连胜
总经理(General Manager)：陈连胜
产品业务(Business)：变速器，减速器

康迪泰克捷豹传动系统有限公司
Conti Tech Jiebao Driving System Co., Ltd.
地址(Add)：浙江省宁海市科技工业园区科三路
邮编(P. C.)：315615
电话(Tel)：0574－65552349
传真(Fax)：0574－65552364
E-mail：sales@contitech. com. cn
Http://www. contitech. cn
联系人(Contact Person)：徐伟锋
产品业务(Business)：传动系统

台州市三凯机电有限公司
Taizhou Sankai Electricity Co., Ltd.
地址(Add)：浙江省温岭市箬横镇盘马工业区
邮编(P. C.)：317507
电话(Tel)：0576－86826998
传真(Fax)：0576－86826996
E-mail：sk@chinasankai. com
Http://www. chinasankai. com
联系人(Contact Person)：江建斌
产品业务(Business)：减速机，变速器，电动机

宏宇电子科技有限公司
Hongyu Electrical Science & Technology Co., Ltd.
地址(Add)：安徽省凤阳县板桥镇板黄路
邮编(P. C.)：233123
电话(Tel)：0550－6543118
传真(Fax)：0550－6543168
E-mail：microtest-m@163. com
联系人(Contact Person)：马跃宝
产品业务(Business)：变频器

泉州市海川机电有限公司
Quanzhou Haichuan Mechanical & Electrical Co., Ltd.
地址(Add)：福建省泉州市泉秀路聚豪特区1304
邮编(P. C.)：362000
电话(Tel)：0595－22513151
传真(Fax)：0595－22513152
E-mail：fjhcjd@hc360. com
联系人(Contact Person)：蔡强
产品业务(Business)：变频器，可编程控制器

厦门市立克传动科技有限公司
Xiamen Like Drive Technology Co., Ltd.
地址(Add)：福建省厦门市后埭溪路28号皇达大厦15楼N单元
邮编(P. C.)：361004
电话(Tel)：0592－5185498
传真(Fax)：0592－5187883
E-mail：like@likedrive. com
Http://www. likedrive. com
法人代表(Chairman)：江绍伟
联系人(Contact Person)：江绍伟
产品业务(Business)：纠偏控制系统

厦门新路嘉工业自动化有限公司
Xiamen New Luke Industry Automation Co., Ltd.
地址(Add)：福建省厦门市湖里大道52号4楼
邮编(P. C.)：361004
电话(Tel)：0592－5186292
传真(Fax)：0592－3911706
E-mail：support@newluke. com
Http://www. newluke. com
总经理(General Manager)：蔡再嘉
联系人(Contact Person)：刘森文
产品业务(Business)：变频器

江西科宇机电有限公司
Jiangxi Keyu Mechanical & Electrical Co., Ltd.
地址(Add)：江西省余江县工业园
邮编(P. C.)：335200
电话(Tel)：0701－7062100
传真(Fax)：0701－7016755
联系人(Contact Person)：艾样平
产品业务(Business)：纠偏器

湖北行星传动设备有限公司
Hubei Planetary Gearboxes Co., Ltd.
地址(Add)：湖北省武汉市武昌区街道口路珈山大厦A2507室
邮编(P. C.)：430000
电话(Tel)：027－82666066
传真(Fax)：027－59706390
E-mail：ceo@gearmotor. cn
Http://www. gearmotor. cn
产品业务(Business)：齿轮减速机

广州分公司
Hubei Planetary Gearboxes Co., Ltd. Guangzhou Branch
地址(Add):广东省广州市海珠区怡乐路47号大院怡海堂315室
邮编(P. C.):510300
电话(Tel):020-89104528
传真(Fax):020-89104529
E-mail:office@ gearmotor. cn
法人代表(Chairman):吴俊峰
总经理(General Manager):吴俊峰
联系人(Contact Person):陈名宣
产品业务(Business):齿轮减速机

东莞信浓马达有限公司
Dongguan Shinano Motor Co., Ltd.
地址(Add):广东省东莞市凤岗镇雁田村祥新西路
邮编(P. C.):523701
电话(Tel):0769-86805998
传真(Fax):0769-87772383
E-mail:xinbo _ li@ skcj. co. jp
Http://www. shinanomotor. com
联系人(Contact Person):黎新波
产品业务(Business):电机

东莞市永达自动化控制有限公司
Dongguan Yongda Automation Control Co., Ltd.
地址(Add):广东省东莞市南城三元里未来大厦
邮编(P. C.):523000
电话(Tel):0769-22718757
传真(Fax):0769-22788297
E-mail:yjh61612345@ sina. com
联系人(Contact Person):王海燕
产品业务(Business):自动化控制系统

东莞市东然电气技术有限公司
Dongguan Dongran Electricity Technology Co., Ltd.
地址(Add):广东省东莞市万江区金泰下亭村新街二巷98号
邮编(P. C.):511717
电话(Tel):0769-23151215
传真(Fax):0769-23151216
E-mail:qiuping. ye@ dongranelc. com
Http://www. dongranelc. com
联系人(Contact Person):叶秋萍
产品业务(Business):ABB造纸传动系统

广州三铭光电科技有限公司
Guangzhou Sanming Technology Co., Ltd.
地址(Add):广东省广州市芳村区裕海路147号
邮编(P. C.):510000
电话(Tel):020-81510766
传真(Fax):020-81510723
E-mail:sm. gz@ 163. com
Http://www. sming. com. cn
联系人(Contact Person):刘祖泽
产品业务(Business):纠偏系统

广州市海珠区中南机电设备供应部
Guangzhou Haizhu Zhongnan Electricity Equipment Dept.
地址(Add):广东省广州市海珠区广州大道南1629号北区之8第10-11号铺
邮编(P. C.):510290
电话(Tel):020-89800554
传真(Fax):020-89803210
联系人(Contact Person):赵汝辉
产品业务(Business):无级变速器,减速机,离合器,变频器

广州贝晓德传动配套有限公司
Guangzhou Beixiaode Industrial Supply Co., Ltd.
地址(Add):广东省广州市萝岗区科学城南翔三路52号
邮编(P. C.):510663
电话(Tel):020-62800181
传真(Fax):020-62800180
E-mail:bst@ bstchina. com
Http://www. bstchina. com
法人代表(Chairman):黄葆钧
总经理(General Manager):黄葆钧
联系人(Contact Person):陈颖敏
产品业务(Business):代理纠偏器,传感器,集电环

广州伊珈尔通用设备有限公司
Guangzhou Yijiaer Currency Equipment Co., Ltd.
地址(Add):广东省广州市天河区桃园中路323号403室
邮编(P. C.):510660
电话(Tel):020-32061201
传真(Fax):020-32061203
E-mail:elchina@ elchina. cn
Http://www. elchina. cn
法人代表(Chairman):王浩
总经理(General Manager):王浩
联系人(Contact Person):郑东平
产品业务(Business):代理德国E+L纠偏器,张力检测控制系统,卫生巾、纸尿裤质量检验系统

广州澎湃通用设备科技有限公司
Guangzhou Pengpai Universal Equipment Science & Technology Co., Ltd.
地址(Add):广东省广州市越秀区水荫路2号华信大厦东座907房
邮编(P. C.):510075
电话(Tel):020-37608600
传真(Fax):020-37608908
E-mail:gary@ perpetualchina. com
Http://www. perpetualchina. com
联系人(Contact Person):詹俊坚
产品业务(Business):纠偏控制系统

广州市施克传感器有限公司
Guangzhou Sick Sensor Co., Ltd.
地址(Add):广东省广州市越秀区天河路45号之二天伦大厦24楼01单元
邮编(P. C.):510075
电话(Tel):020-38303155
传真(Fax):020-38303350
E-mail:yankee. yang@ sick. net. cn
Http://www. sick. net. cn
联系人(Contact Person):杨泳志
产品业务(Business):传感器

兴东机电设备(深圳)有限公司
Xingdong Electric Equipment (Shenzhen) Co., Ltd.
地址(Add):广东省深圳市福田区车公庙大庆大厦27楼
邮编(P. C.):518040
电话(Tel):0755-82984474
传真(Fax):0755-82984880
E-mail:zhu_changqun@tom.com
Http://www.szxingdong.com
总经理(General Manager):涂德猛
联系人(Contact Person):朱昌群
产品业务(Business):代理三菱工控系统、生活用纸机械、一次性卫生用品机械自动化系统

深圳市同辰智能控制系统有限公司
Shenzhen Toncen Intelle Domination System Co., Ltd.
地址(Add):广东省深圳市南山区南海大道新保辉大厦25G、F、E
邮编(P. C.):528200
电话(Tel):0755-26456028
传真(Fax):0755-26456233
E-mail:dengzhihui@toncen.com.cn
Http://www.toncen.com.cn
联系人(Contact Person):郭绍光
产品业务(Business):控制系统

美塞斯(珠海保税区)工业自动化设备有限公司
Maxcess (Zhuhai) Industrial Automation Equipment Co., Ltd.
地址(Add):广东省珠海保税区恒利工业园7号厂房2楼
邮编(P. C.):519030
电话(Tel):0756-8918776
传真(Fax):0756-8819393
联系人(Contact Person):秦建军
产品业务(Business):自动化设备

● 检测仪器 Detecting instruments

Isra Surface Vision GmbH
伊斯拉表面视像系统公司
地址(Add):Alber-Einstein-Allee 36-40, 45699 Herten, Germany
电话(Tel):49-23669300-0
传真(Fax):49-23669300-230
E-mail:info@isravision.com
Http://www.isravision.com
产品业务(Business):在线光学表面质量检测
伊斯拉视像设备制造(上海)有限公司
地址(Add):上海市浦东新区东胜路38号A区4栋底楼
邮编(P. C.):201201
电话(Tel):021-68916286-0
传真(Fax):021-68916286-888
联系人(Contact Person):桂晓霏

Mahlo GmbH & Co KG
德国玛诺公司
地址(Add):Donaustrasse 12 D-93342 Saal/Donau Germany
电话(Tel):49-94416010
传真(Fax):49-9441601102
E-mail:christian.wagner@mahlo.com
Http://www.mahlo.com
联系人(Contact Person):Christian Wagner
产品业务(Business):品质检测及自动控制系统

Emtec Electronic Gmbh
地址(Add):Gorkistrasse 31 D-04347 Leipzig Germany
电话(Tel):49-341-2457090
传真(Fax):49-341-2457099
E-mail:info@emtec-papertest.de
Http://www.emtec-papertest.com
联系人(Contact Person):Daniel Ohndorf
产品业务(Business):柔软度测试仪,电荷侦测分析仪,电位测试仪

台湾源浩科技(影像检测)股份有限公司
Winstar Technology Co., Ltd.
地址(Add):台湾省台北县汐止市康宁街169巷21号13楼(大湖科学园区),22180
电话(Tel):886-2-26959291
传真(Fax):886-2-26955498
E-mail:winstar@ms12.hinet.net
Http://www.winstartek.com.tw
法人代表(Chairman):廖本博
联系人(Contact Person):廖学政
产品业务(Business):纸病检测系统,断纸监控系统,纸尿裤瑕疵检测及排除

北京丹贝尔仪器有限公司
Danbell Equipment Co., Ltd.
地址(Add):北京市朝阳区北辰西路69号峻峰华亭C座515室
邮编(P. C.):100029
电话(Tel):010-58772500
传真(Fax):010-58772504
E-mail:info@danbell.com
联系人(Contact Person):李贝
产品业务(Business):吸收性测试仪

石家庄诚信中轻机械设备有限公司
Shijiazhuang Chengxin Light Industry Machinery Co., Ltd.
地址(Add):河北省石家庄市高新区东区珠江大道49号天山花园7-4-101室
邮编(P. C.):050035
电话(Tel):0311-85901995
传真(Fax):0311-85901995
E-mail:cxpaper@yahoo.cn
Http://www.cxpapermaking.com
法人代表(Chairman):程信
联系人(Contact Person):杨丽红
产品业务(Business):纸张检测仪器,造纸机械及配件

上海崇岫机电设备有限公司
Shanghai Chongxiu M&E Equipment Co., Ltd.
地址(Add):上海市宝山区淞宝路50号2栋418
邮编(P. C.):200940
电话(Tel):021-56563767
传真(Fax):021-56163371
Http://www.chongxiu.com
联系人(Contact Person):刘颖
产品业务(Business):代理检测系统、纠偏系统、气压分

切刀

罗爱德(上海)贸易有限公司
Light Dengyo (Shanghai) Trading Co., Ltd.
(详见一次性卫生用品生产设备的其他配件)

上海巨贸科学仪器有限公司
Shanghai Jumao Scientific Instrument Co., Ltd.
地址(Add):上海市凯旋路2200号3510室
邮编(P. C.):200030
电话(Tel):021-64483377
传真(Fax):021-64482277
总经理(General Manager):刘轩宏
产品业务(Business):代理测试仪

上海平镇包装机械有限公司
Pingzhen & Lebal Packaging Machinery (Shanghai) Co., Ltd.
(详见包装设备、裹包设备及配件)

上海中大光学仪器有限公司
Shanghai Zhongda Optical Instrument Co., Ltd.
地址(Add):上海市徐汇区云锦路185弄10号
邮编(P. C.):200030
电话(Tel):021-64574044
传真(Fax):021-64574044
E-mail:zdsy9188@sina.com
Http://www.zdsy9188.com
联系人(Contact Person):张可心
产品业务(Business):卫生纸在线检测仪器

上海高晶金属探测设备有限公司
Shanghai Gaojing Metal Detector Equipments Co., Ltd.
地址(Add):上海市杨浦区翔殷路128号1号楼A座1楼(上海理工大学国家大学科技园内)
邮编(P. C.):200090
电话(Tel):021-65688831
传真(Fax):021-65685250
E-mail:jhitech@vip.sina.com
Http://www.gaojing.com.cn
总经理(General Manager):吴家荣
产品业务(Business):餐巾纸等产品及造纸原料的金属检测

盛泰光电科技股份有限公司
Wintriss Inspection Solutions Ltd.
地址(Add):江苏省苏州工业园区翠园路181号商旅大厦1209
邮编(P. C.):215000
电话(Tel):0512-62952280
传真(Fax):0512-62952095
E-mail:julia@linpovision.com.tw
Http://www.winspection.com
联系人(Contact Person):董淑玲
产品业务(Business):表面缺陷检查系统

苏州柏兆科学仪器有限公司
Suzhou Broad Scientific Instrument Co., Ltd.
地址(Add):江苏省苏州工业园区新湖街218号生物纳米园A2-106
邮编(P. C.):215021
电话(Tel):0512-62851820-605
传真(Fax):0512-62851822
E-mail:hopeteam@163.com
Http://www.szbroad.cn
联系人(Contact Person):管荣亮
产品业务(Business):检测仪器

洁思仪器(苏州)有限公司
Suzhou Jiesi Equipment Co., Ltd.
地址(Add):江苏省苏州市吴江市城南花苑2541号
邮编(P. C.):215200
电话(Tel):0512-36209567
传真(Fax):0512-63035459
E-mail:alan_peng168@126.com
联系人(Contact Person):彭志强
产品业务(Business):纸品包装检测仪器

浙江双元科技开发有限公司
Zhejiang Shuangyuan Science & Technology Development Co., Ltd.
地址(Add):浙江省杭州市莫干山路1418号双元科技大厦
邮编(P. C.):310027
电话(Tel):0571-88867823
传真(Fax):0571-88910049
E-mail:zjxy3@126.com
Http://www.zjusy.com
联系人(Contact Person):由守文
产品业务(Business):工业过程自动检测控制系统

杭州品享科技有限公司
Hangzhou Pnshar Technology Co., Ltd.
地址(Add):浙江省杭州市下城区北石桥路357号汽轮集团北门
邮编(P. C.):310022
电话(Tel):0571-88351253
传真(Fax):0571-88351263
E-mail:phshar@pnshar.com
Http://www.pnshar.com
法人代表(Chairman):魏少锋
总经理(General Manager):苏红波
联系人(Contact Person):苏红波
产品业务(Business):造纸检测仪器

杭州轻通博科自动化技术有限公司
Hangzhou Qingtong Boke Automation Technology Co., Ltd.
地址(Add):浙江省杭州市舟山东路66号
邮编(P. C.):310015
电话(Tel):0571-88293902
传真(Fax):0571-88290716
E-mail:hzqtbk@qtboke.com
Http://www.qtboke.com
总经理(General Manager):梅鸿
联系人(Contact Person):梅鸿
产品业务(Business):造纸检测仪器

嘉兴市和意自动化控制有限公司
Happyway Automation Co., Ltd.
地址(Add):浙江省嘉兴市城南路1369号科创中心
邮编(P. C.):314001
电话(Tel):0573-82611488
传真(Fax):0573-82619191

E-mail：info@ happyway. com. cn
Http://www. happyway. com. cn
联系人(Contact Person)：靳龙
产品业务(Business)：在线质量检测控制系统

济南德瑞克仪器有限公司
Jinan Drick Instruments Co., Ltd.
地址(Add)：山东省济南市天桥工业园锦洋西路8号
邮编(P. C.)：250032
电话(Tel)：0531 –85868997
传真(Fax)：0531 –85860395
E-mail：drk@ drktest. com
Http://www. drktest. com
联系人(Contact Person)：周静
产品业务(Business)：电子拉力机，白度仪、水分仪等测试仪器

佛山英斯派克自动化工程有限公司
Foshan Inspect Automation Co., Ltd.
地址(Add)：广东省佛山市轻工三路南方消防电力大厦四楼
电话(Tel)：0757 –82510586
传真(Fax)：0757 –82510589
E-mail：wengd@ 163. net
Http://www. china-inspect. com
联系人(Contact Person)：章敬文
产品业务(Business)：纸病、SMS 非织造布在线检测系统

广州伊珈尔通用设备有限公司
Guangzhou Yijiaer Currency Equipment Co., Ltd.
(详见自动化和控制系统)

广西宾阳宏远化工有限公司
Guangxi Binyang Hongyuan Chemicals Co., Ltd.
地址(Add)：广西宾阳县新桥镇经济开发区
邮编(P. C.)：530405
电话(Tel)：0771 –8482545
传真(Fax)：0771 –8482828
E-mail：hyhuagong@ sina. com
总经理(General Manager)：詹海云
产品业务(Business)：在线检测设备，污水处理设备，化学助剂，香精，造纸毛毯

● 其他相关设备 Other related equipment

Algas Fluid Technology System AS
地址(Add)：Strandgt. 13 – 15, PO Box 534 N-1503 Moss Norway
电话(Tel)：47 –69 –254034
传真(Fax)：47 –69 –250293
E-mail：trude. fellkjaer@ algas. no
Http://www. algas. no
联系人(Contact Person)：Trude Fellkjaer
产品业务(Business)：徽滤机

G. Elli Riduttori Seites Spa
地址(Add)：Via Meraviglia 21/23 I-20020 Barbaiana di Lainate Italy
电话(Tel)：39 –02 –9396821
传真(Fax)：39 –02 –93256274
E-mail：sales@ elli. it
Http://www. elli. it
联系人(Contact Person)：Silvio Ferrari
产品业务(Business)：碎浆机、扬克烘缸用齿轮箱

保定市高新区瑞源环保设备厂
Baoding Gaoxin Ruiyuan Environmental Protection Machinery Factory
地址(Add)：河北省保定市高新区创业中心 D 座 404
邮编(P. C.)：071000
电话(Tel)：0312 –3116379
E-mail：ruiyuanhuanbao@ 163. com
联系人(Contact Person)：黄东溟
产品业务(Business)：中水回用处理

上海吉控传动系统有限公司
Shanghai J&K Transmission System Co., Ltd.
地址(Add)：上海市松江区久富开发区龙高路198号
邮编(P. C.)：201615
电话(Tel)：021 –67690749 –8020
传真(Fax)：021 –67691043
E-mail：jikong88@ 163. com
Http://www. jikong. com. cn
联系人(Contact Person)：王光悦
产品业务(Business)：自动化仓储系统

上海勤美自动化设备有限公司
Shanghai Qinmei Automation Co., Ltd.
地址(Add)：上海市天目西路547号A栋1107室
邮编(P. C.)：200070
电话(Tel)：021 –63538447
传真(Fax)：021 –63538448
E-mail：chime@ online. sh. cn
总经理(General Manager)：廖荣华
产品业务(Business)：自动售纸机

上海必洁卫生洁具有限公司
Big-J Hygiene Corporation
地址(Add)：上海市徐汇区钦州路785弄4号1楼
邮编(P. C.)：200233
电话(Tel)：021 –54972785
传真(Fax)：021 –54972787
E-mail：bigjhygiene@ yahoo. com. cn
Http://www. big-j. com. cn
联系人(Contact Person)：黄林浥
产品业务(Business)：卫生纸架，擦手纸架

富泰净化科技(昆山)有限公司
Futai Clean Tech (Kunshan) Co., Ltd.
地址(Add)：江苏省昆山市陆家镇金阳东路68号
邮编(P. C.)：215300
电话(Tel)：0512 –57877895
传真(Fax)：0512 –57877899
E-mail：sales01@ futai. net. cn
Http://www. apice. cn
联系人(Contact Person)：葛兆明
产品业务(Business)：风机过滤网机组，制程设备，净化设备

爱美克空气过滤器(苏州)有限公司
AAF (Suzhou) Co., Ltd.
地址(Add): 江苏省苏州市工业园区长阳街116号
邮编(P. C.): 215126
电话(Tel): 0512-62818288
传真(Fax): 0512-62819567
E-mail: litb@aafchina.com
Http://www.aafchina.com
联系人(Contact Person): 李铁斌
产品业务(Business): 空气过滤器

苏州力辉净化过滤设备有限公司
Shzhou Lihui Filter Co., Ltd.
地址(Add): 江苏省苏州市吴中经济开发区越湖路164号
邮编(P. C.): 215021
电话(Tel): 0512-65681872
传真(Fax): 0512-65648741
E-mail: suzhoulyq@126.com
联系人(Contact Person): 李云勤
产品业务(Business): 纯水滤芯, 空气过滤器

无锡华达电机有限公司
Wuxi Huada Motors Co., Ltd.
地址(Add): 江苏省无锡市经济开发区军民路251号
邮编(P. C.): 214131
电话(Tel): 0510-85615265
传真(Fax): 0510-85613523
E-mail: wuzhiyong@huadamotors.com
Http://www.hwadamotors.com
联系人(Contact Person): 吴志勇
产品业务(Business): 电动机

瑞安市三环机械有限公司
Ruian Sanhuan Machinery Co., Ltd.
(详见湿巾设备)

瑞安市绿保机械有限公司
Ruian Lübao Machinery Co., Ltd.
地址(Add): 浙江省瑞安市潘岱下湾工业区
邮编(P. C.): 325200
电话(Tel): 0577-65606388
传真(Fax): 0577-65606288
E-mail: lubao@pack.net.cn
Http://www.cn-lubao.com
法人代表(Chairman): 瞿建光
总经理(General Manager): 瞿建光
产品业务(Business): 纸杯机, 纸碗、纸餐盒成型机

浙江省嵊州市鸿达机械有限公司
Zhejiang Shengzhou Hongda Machinery Co., Ltd.
地址(Add): 浙江省嵊州市三江工业园区仙湖路1378号
邮编(P. C.): 312400
电话(Tel): 0575-83359098
传真(Fax): 0575-83359097
E-mail: hongda@pack.net.cn
Http://www.zj-hdjx.com
联系人(Contact Person): 高立洪
产品业务(Business): 纸杯机, 纸碗机

福兴塑胶机械制造厂
Fuxing Plastic Machinery Manufacture Factory
地址(Add): 福建省南安市帽山工业区
邮编(P. C.): 362300
电话(Tel): 0595-86357152
传真(Fax): 0595-86357252
E-mail: info@fuxing-fj.com
Http://www.fuxing-fj.com
联系人(Contact Person): 杨怀举
产品业务(Business): 粉碎机

长沙鼎联热能技术有限公司
Changsha Develoina Heat Energy Technology Co., Ltd.
地址(Add): 湖南省长沙市环保科技产业园兴业路88号
电话(Tel): 0731-5596901
传真(Fax): 0731-5591322
E-mail: lzy798@sohu.com
Http://www.develoina.com
联系人(Contact Person): 陈文学
产品业务(Business): 通风系统, 扬克气罩

东莞市科能保温技术有限公司
Dongguan Keneng Heat Preservation Technology Co., Ltd.
地址(Add): 广东省东莞市万江区小享工业区B栋1号
电话(Tel): 0769-22788297
传真(Fax): 0769-22718757
联系人(Contact Person): 龙义平
产品业务(Business): 烘缸端盖保温

广州白云科茂印务设备厂
Guangzhou Baiyun Kemao Printing Machinery Factory
地址(Add): 广东省广州市花都迎宾大道东(机场高速花都出口1500米处右侧)
邮编(P. C.): 510000
电话(Tel): 020-36901338
传真(Fax): 020-36901388
E-mail: by@kemao.net
Http://www.kemao.net
联系人(Contact Person): 朱国发
产品业务(Business): 柔性制版机, 液体版制版机

生活用纸经销商
Distributors of tissue paper and disposable hygiene products

◆ 北京 Beijing

北京兆红利商贸有限公司
地址(Add)：北京市昌平区回龙观博苑1区1号楼107
邮编(P. C.)：100096
电话(Tel)：010－62716080
传真(Fax)：010－62716080
E-mail：zhl6080@126. com
联系人(Contact Person)：冯兆修

北京兴隆和美商贸有限公司
地址(Add)：北京市朝阳区东坝乡东岗子村北甲1号
邮编(P. C.)：100018
电话(Tel)：010－84314099
传真(Fax)：010－84317199
联系人(Contact Person)：刘志东

北京三友义经贸发展公司
地址(Add)：北京市朝阳区金盏乡东村东路金集仓储院内
邮编(P. C.)：100018
电话(Tel)：010－84340671
传真(Fax)：010－84340171
E-mail：san_you_yi@yahoo. com. cn
总经理(General Manager)：刘明

北京广晨辉商贸有限公司
地址(Add)：北京市朝阳区金盏乡东路金集杰仓储院内
邮编(P. C.)：100013
电话(Tel)：010－84340672
传真(Fax)：010－84340171
E-mail：winnie_tsang0601@yahoo. com. cn
联系人(Contact Person)：尹春华

北京邦洁纸业有限公司
地址(Add)：北京市朝阳区金盏乡马各庄南工业区C区22号
邮编(P. C.)：100023
电话(Tel)：010－65425367
传真(Fax)：010－65425367
联系人(Contact Person)：李红

北京丽人惠商贸有限公司
地址(Add)：北京市朝阳区双桥东路定辛庄工业区3号
邮编(P. C.)：100024
电话(Tel)：010－85371943
传真(Fax)：010－85371947
E-mail：lrhfan@163. com
总经理(General Manager)：范惠淞

北京中侨华茂商贸有限公司
地址(Add)：北京市朝阳区松榆北路7号院11号楼四层407房间
邮编(P. C.)：100021
电话(Tel)：010－67323026
传真(Fax)：010－64298426
法人代表(Chairman)：袁玉生
总经理(General Manager)：袁玉生
联系人(Contact Person)：孟祥明

北京宽度文化发展有限公司
地址(Add)：北京市崇文区龙潭湖甲3号翔龙大厦D17室
邮编(P. C.)：100061
电话(Tel)：010－67152501
传真(Fax)：010－67110554
E-mail：ken@cbid. com. cn
联系人(Contact Person)：王宽

北京鸿源惠发商贸有限公司
地址(Add)：北京市大兴区旧宫镇旧头路西35号
邮编(P. C.)：100076
电话(Tel)：010－87966991
传真(Fax)：010－87916515
联系人(Contact Person)：明玉勇

北京众诚天通商贸有限公司
地址(Add)：北京市大兴区团河建新庄金星鸭厂内
邮编(P. C.)：102614
电话(Tel)：010－61282686
传真(Fax)：010－61282676
总经理(General Manager)：王志刚
联系人(Contact Person)：刘龙启

北京市强盛丰源商贸中心
地址(Add)：北京市大兴区西红门镇寿宝庄工业区金光大街15号
邮编(P. C.)：100076
电话(Tel)：010－61281400
联系人(Contact Person)：王占强

北京京龙福星商贸有限公司
地址(Add)：北京市大兴区瀛海工业区
邮编(P. C.)：100076
电话(Tel)：010－69270338
传真(Fax)：010－69270328
联系人(Contact Person)：阎磊

北京维美德纸制品有限公司
地址(Add)：北京市丰台区丰北路庄维花园丰花苑7号107室
邮编(P. C.)：100071
电话(Tel)：010－83335355
传真(Fax)：010－83835352
E-mail：weimeide@weimeide. com
Http://www. weimeide. com
法人代表(Chairman)：侯金明
联系人(Contact Person)：沈芳

丹顶鹤商贸有限公司
地址(Add)：北京市丰台区花乡东白盆窑208库2－211
邮编(P. C.)：101300
电话(Tel)：010－83791877
传真(Fax)：010－83792577

总经理(General Manager)：关秀臣

五永发(北京)有限公司
地址(Add)：北京市丰台区卢沟桥天鸿域 18 号
邮编(P. C.)：100071
电话(Tel)：010－88278744
传真(Fax)：010－88278550
法人代表(Chairman)：张从伟
总经理(General Manager)：张从伟
联系人(Contact Person)：张恒

北京恒基万通商贸有限公司
地址(Add)：北京市丰台区南苑机场东二道街 31 号
邮编(P. C.)：100076
电话(Tel)：010－67968474
联系人(Contact Person)：吕兆鑫

北京汉方贸易有限公司
地址(Add)：北京市丰台区蒲黄榆路 17 号院金容苑小区 2 号楼 2 单元 301 号
邮编(P. C.)：100075
电话(Tel)：010－87675234
传真(Fax)：010－87675234
E-mail：uhhbh@ sohu. com
Http://www. chinahl. com. hk
法人代表(Chairman)：刘炎冰
联系人(Contact Person)：何炳华

北京金洪源纸业有限公司
地址(Add)：北京市通州区潞城镇七级工业区
邮编(P. C.)：101117
电话(Tel)：010－89523155
传真(Fax)：010－89523155
联系人(Contact Person)：赵宏立

北京鹤逸慈康复护理用品有限公司
地址(Add)：北京市西城区西直门南小街国英园 7 号 7－2
邮编(P. C.)：100013
电话(Tel)：010－66511090
传真(Fax)：010－66157314
E-mail：zhaoqiang2005@ hotmail. com
Http://www. heyici. com
法人代表(Chairman)：赵强

北京市温哥华纸业有限公司
地址(Add)：北京市新发地中央批发市场 D 厅东 1145 号
邮编(P. C.)：100076
电话(Tel)：010－81910537
传真(Fax)：010－81910537
联系人(Contact Person)：郭孟华

北京世纪乐杰百货经营部
地址(Add)：北京市新发地中央市场 A 厅 1714 号
邮编(P. C.)：100070
电话(Tel)：010－83720579
传真(Fax)：010－83723071
总经理(General Manager)：施宝芳
联系人(Contact Person)：王玉梅

北京航天爱特科技有限公司
地址(Add)：北京市宣武区陶然路 53 号市总工会职工大学 045 室
邮编(P. C.)：100054
电话(Tel)：010－63512787
传真(Fax)：010－63512787
联系人(Contact Person)：张云凤

北京市佳而美商贸有限公司
地址(Add)：北京市宣武区宣武门外大街 6 号庄胜广场北办公楼 1310 室
邮编(P. C.)：100052
电话(Tel)：010－63109751
传真(Fax)：010－63109761
E-mail：cindyling@ 126. com
法人代表(Chairman)：王新桥
总经理(General Manager)：王新桥
联系人(Contact Person)：刘永香

◆ 天津 Tianjin

天津信德
地址(Add)：天津市东丽区赵沽里工贸园
邮编(P. C.)：300251
电话(Tel)：022－26771605
总经理(General Manager)：张文德

天津琦华商贸有限公司
地址(Add)：天津市河东区临营中里 2 号楼 2 门 101
邮编(P. C.)：300171
电话(Tel)：022－84591585
传真(Fax)：022－84591386
E-mail：awtjfgs@ yahoo. com. cn
联系人(Contact Person)：王凯

天津市青山纸业有限公司
地址(Add)：天津市河东区民族园 2008 室
邮编(P. C.)：300163
电话(Tel)：022－84297980
联系人(Contact Person)：李小超

天津市紫丰堂商贸有限公司
地址(Add)：天津市河西区尖山路 104 号河北汽贸写字楼 208 室
邮编(P. C.)：300204
电话(Tel)：022－28331059
传真(Fax)：022－28331059－90
E-mail：tjzft@ sina. com
联系人(Contact Person)：段文平

天津市白雪纸业发展有限公司
地址(Add)：天津市河西区体院北道 5 号
邮编(P. C.)：300060
电话(Tel)：022－23383665
传真(Fax)：022－23940264
联系人(Contact Person)：白雪

天津广仕国际贸易有限公司
地址(Add)：天津市河西区友谊北路罗马花园戊座 1 栋 1101 室
邮编(P. C.)：300204
电话(Tel)：022－23283382
传真(Fax)：022－23244092

E-mail：jennifer@ widecareer. com
Http://www. widecareer. com
联系人(Contact Person)：邓杰

◆ 河北 Hebei

鑫鑫卫生纸业用品销售部
地址(Add)：河北省霸州市胜芳星光商城丙区 27 号
邮编(P. C.)：065701
电话(Tel)：0316 –7611872
传真(Fax)：0316 –7612525
联系人(Contact Person)：齐树民

鸿升商贸
地址(Add)：河北省保定市北三胡同 83 号(建华大棚东门南行 50 米路东)
邮编(P. C.)：071000
电话(Tel)：0312 –2223064
联系人(Contact Person)：郭振良

保定市双赢商贸行
地址(Add)：河北省保定市利民路天马小区 9 号楼 1 单元 402
邮编(P. C.)：071000
电话(Tel)：0312 –2164778
传真(Fax)：0312 –2164778
E-mail：bdshuangying@ 263. net
联系人(Contact Person)：于秋兰

保定市荟华经贸有限公司
地址(Add)：河北省保定市天鹅东路秀兰城市花园东侧
邮编(P. C.)：071000
电话(Tel)：0312 –5011278
传真(Fax)：0312 –5011278
E-mail：xiaolong663@ 163. com
总经理(General Manager)：国鸿春

泊头永新商贸
地址(Add)：河北省泊头市红旗副食批发广场北侧一棚 174 号
邮编(P. C.)：062150
电话(Tel)：0317 –8223705
传真(Fax)：0317 –8223705
联系人(Contact Person)：王欣茹

河北省泊头市红旗商店
地址(Add)：河北省泊头市红旗路百货市场中间大道南门外 6 棚 380 号
邮编(P. C.)：062150
电话(Tel)：0317 –8260425
联系人(Contact Person)：张瑞杰

河北省泊头市永华纸业
地址(Add)：河北省泊头市红旗市场中心楼 263 –264 号
邮编(P. C.)：062150
电话(Tel)：0317 –8261377
传真(Fax)：0317 –8261377
联系人(Contact Person)：王永华

沧州市寅诚鑫源商贸公司
地址(Add)：河北省沧州市东环小区 24 号楼 1 –101
邮编(P. C.)：061000
电话(Tel)：0317 –6025321
传真(Fax)：0317 –3507852
联系人(Contact Person)：王建

沧州市天福纸业有限公司
地址(Add)：河北省沧州市化工路(交通局公路材料处院内)
邮编(P. C.)：061000
电话(Tel)：0317 –3149548
传真(Fax)：0317 –3146160
总经理(General Manager)：张福涛

沧州市远洋纸业有限公司
地址(Add)：河北省沧州市黄河西路大赵庄
邮编(P. C.)：061001
电话(Tel)：13785745657
传真(Fax)：0317 –7618860
联系人(Contact Person)：赵松棣

河北省黄骅信誉楼商贸有限公司
地址(Add)：河北省沧州市黄骅市信誉楼大街 96 号
邮编(P. C.)：061100
电话(Tel)：0317 –5335255
传真(Fax)：0317 –5336307
Http://www. xinyulou. cn
联系人(Contact Person)：崔文娜

河北沧州市诚信纸业有限公司
地址(Add)：河北省沧州市交通南大街交东路 2 号(糖酒仓库院内)
邮编(P. C.)：061000
电话(Tel)：0317 –3023499
传真(Fax)：0317 –3023499
联系人(Contact Person)：王大永

沧州市隆元日化有限公司纸品经营部
地址(Add)：河北省沧州市新华区孙庄子万聚仓库
邮编(P. C.)：061001
传真(Fax)：0317 –5502737
联系人(Contact Person)：韩福君

承德家乐家超市有限公司
地址(Add)：河北省承德市平泉中心广场
邮编(P. C.)：067500
电话(Tel)：0314 –7545555 –808
传真(Fax)：0314 –6028888 –888
联系人(Contact Person)：谢丽华

承德市衡诚商贸有限公司
地址(Add)：河北省承德市西大街阳光小区 2 号楼 6 单元 403
邮编(P. C.)：067000
电话(Tel)：0314 –2183830
传真(Fax)：0314 –2183830
总经理(General Manager)：衡翠芝

永兴纸业批发
地址(Add)：河北省高碑店市新兴市场内大厅北门东行路南
邮编(P. C.)：074000

电话(Tel)：0312－2785221
联系人(Contact Person)：胡士桂

邯郸市众鑫商贸有限公司
地址(Add)：河北省邯郸市丛台区家和B区22号2－2
邮编(P. C.)：056002
电话(Tel)：0310－8081662
传真(Fax)：0310－7505333
E-mail：hdzhongxin@yeah. net
Http://www. hdzhongxin. cn
总经理(General Manager)：文世强
联系人(Contact Person)：孙健

河北邯郸双峰纸业经营处
地址(Add)：河北省邯郸市峰峰矿区鼓山中街10号峰华铝品东院
邮编(P. C.)：056201
电话(Tel)：0310－5057089
传真(Fax)：0310－5030303
联系人(Contact Person)：王晓峰

天天爽妇幼用品商行
地址(Add)：河北省邯郸市复兴商贸城14号仓库
邮编(P. C.)：056002
电话(Tel)：0310－3230369
联系人(Contact Person)：赵立云

秦海纸品
地址(Add)：河北省邯郸市邯山街南头路西B区18－20号
邮编(P. C.)：056001
电话(Tel)：0310－3036277
联系人(Contact Person)：秦海平

邯郸市百福康纸业
地址(Add)：河北省邯郸市邯山南街58号
邮编(P. C.)：056001
电话(Tel)：0310－3223663
联系人(Contact Person)：王静敏

庞大姐纸制品商贸中心
地址(Add)：河北省邯郸市邯山区劳动路军分区西行100米路南
邮编(P. C.)：056001
电话(Tel)：0310－3230139
传真(Fax)：0310－3230139
联系人(Contact Person)：郭润增

玉华纸业
地址(Add)：河北省邯郸市黄粱梦建行对面
邮编(P. C.)：056000
电话(Tel)：0310－7162884
传真(Fax)：0310－7139599
联系人(Contact Person)：许再成

付好纸业批发部
地址(Add)：河北省邯郸市陵园路与邯山南大街交叉口南行50米路东
邮编(P. C.)：056001
电话(Tel)：0310－3220206
联系人(Contact Person)：付素芬

邯郸市启晨商贸有限公司
地址(Add)：河北省邯郸市农林路2号
邮编(P. C.)：056001
电话(Tel)：0310－3280616
传真(Fax)：0310－3280585
联系人(Contact Person)：冯海涛

邯郸市阳光超市有限公司
地址(Add)：河北省邯郸市中华北大街29号
邮编(P. C.)：056002
电话(Tel)：0310－3139285
传真(Fax)：0310－3139285
E-mail：hdyg1951@163. com
Http://www. hdyg. com
联系人(Contact Person)：郭金焕

合美日用品商行
地址(Add)：河北省衡水市景县连镇乡赵集村
邮编(P. C.)：053500
电话(Tel)：0318－4508108
联系人(Contact Person)：刘福强

衡水安安商贸有限公司
地址(Add)：河北省衡水市商贸中心A座12－13号
邮编(P. C.)：053000
电话(Tel)：0318－5220808
传真(Fax)：0318－2030808
E-mail：lihui1263@sina. com
Http://www. ananbb. com
总经理(General Manager)：李月芹

廊坊市金奥商贸有限公司
地址(Add)：河北省廊坊市光明西道新月小区114号
邮编(P. C.)：065000
电话(Tel)：0316－2695020
传真(Fax)：0316－2695020
联系人(Contact Person)：解用洪

春发百货经销部
地址(Add)：河北省廊坊市银河南路兴安市场2栋23号
邮编(P. C.)：065000
电话(Tel)：0316－2686672
联系人(Contact Person)：李晓红

夏日集团夏日综合超市连锁店
地址(Add)：河北省乐亭县中心十字街百货大楼
邮编(P. C.)：063600
电话(Tel)：13582589148
传真(Fax)：0315－4867566
联系人(Contact Person)：姚丽红

秦皇岛裕联丰商贸有限公司
地址(Add)：河北省秦皇岛市海港区河涧里33栋3单元4号
邮编(P. C.)：066000
电话(Tel)：0335－3223610
传真(Fax)：0335－3250575
联系人(Contact Person)：祁立保

秦皇岛市金盟商贸有限公司
地址(Add)：河北省秦皇岛市海港区世纪星园小区

邮编(P. C.): 066002
电话(Tel): 0335-3153151
总经理(General Manager): 白秀花

秦皇岛友情商贸有限公司
地址(Add): 河北省秦皇岛市海港区燕北小区
邮编(P. C.): 066000
电话(Tel): 0335-3620394
传真(Fax): 0335-3620394
总经理(General Manager): 赵颖

秦皇岛市家惠商贸有限公司日化部
地址(Add): 河北省秦皇岛市海港区燕山大街30号
邮编(P. C.): 066000
电话(Tel): 0335-3660667
传真(Fax): 0335-3660653
总经理(General Manager): 于骞宏

秦皇岛市顺乾商贸有限公司
地址(Add): 河北省秦皇岛市海港区友谊路11号
邮编(P. C.): 066000
电话(Tel): 0335-3414118
传真(Fax): 0335-3411858
联系人(Contact Person): 汪兆波

秦皇岛众盈商贸有限公司
地址(Add): 河北省秦皇岛市河北大街河涧里33-3-4
邮编(P. C.): 066000
电话(Tel): 0335-3223610
传真(Fax): 0335-3250575
联系人(Contact Person): 祁立保

秦皇岛市永乐经贸有限公司
地址(Add): 河北省秦皇岛市建国路35号
邮编(P. C.): 066000
电话(Tel): 0335-3041667
联系人(Contact Person): 赵明利

秦皇岛市集佳经贸有限公司
地址(Add): 河北省秦皇岛市耀兴里7栋6单元1号
邮编(P. C.): 066000
电话(Tel): 0335-8801636
传真(Fax): 0335-3423999
联系人(Contact Person): 李红梅

鑫祥泰百货综合批发商店
地址(Add): 河北省青县津南盘古市场副食品大街47号
邮编(P. C.): 062650
电话(Tel): 0317-4021843
联系人(Contact Person): 张承栋

鸿浩商贸
地址(Add): 河北省任丘市西环路糖酒商贸城
邮编(P. C.): 062550
电话(Tel): 0317-2216001
传真(Fax): 0317-2763836
联系人(Contact Person): 邢洪坡

互惠卫生用品
地址(Add): 河北省石家庄市华闽市场6区38号
邮编(P. C.): 050000
电话(Tel): 0311-85939325
联系人(Contact Person): 杨士卫

石家庄市好运达商贸井陉纸业经销处
地址(Add): 河北省石家庄市井陉县城中心市场一楼东侧
邮编(P. C.): 050300
电话(Tel): 0311-2027498
传真(Fax): 0311-2027498
联系人(Contact Person): 高立学

石家庄市贻成卫生用品有限公司
地址(Add): 河北省石家庄市闽南市场
邮编(P. C.): 050021
电话(Tel): 0311-84360169
联系人(Contact Person): 赵彦凯

石家庄紫金花纸品经销部
地址(Add): 河北省石家庄市南环大桥仓兴街36号
邮编(P. C.): 050025
电话(Tel): 0311-89697339
传真(Fax): 0311-89697339
总经理(General Manager): 高磊

金百合商行
地址(Add): 河北省石家庄市南三条太和日化城东外围首层A区13号
邮编(P. C.): 050000
电话(Tel): 0311-86038310
传真(Fax): 0311-86987324
总经理(General Manager): 张志安

河北石家庄爱家日化有限公司
地址(Add): 河北省石家庄市桥西区淮安路与友谊大街交口西行400米德庆里8号
邮编(P. C.): 050000
电话(Tel): 0311-83035565
传真(Fax): 0311-83035565
总经理(General Manager): 王彦春

石家庄市依春工贸有限公司
地址(Add): 河北省石家庄市小谈村
邮编(P. C.): 050091
电话(Tel): 0311-83608813
总经理(General Manager): 毛瑞萍

唐山市金海方舟商贸有限公司
地址(Add): 河北省唐山市路北区龙泽南路48号
邮编(P. C.): 063000
电话(Tel): 0315-2825681
传真(Fax): 0315-2825681
联系人(Contact Person): 张长学

唐山市萍萍纸巾经销处
地址(Add): 河北省唐山市路南区荷花坑市场
邮编(P. C.): 063000
电话(Tel): 0315-2874990
传真(Fax): 0315-5932613
联系人(Contact Person): 刘东萍

唐山久兴卫生用品经销处
地址(Add): 河北省唐山市路南区女织寨乡王禾庄

邮编(P. C.): 063000
电话(Tel): 0315 - 2518126
传真(Fax): 0315 - 2518126
联系人(Contact Person): 周丽

唐山市中威商贸有限公司
地址(Add): 河北省唐山市路南区石庄余庆里大街 16 号(石庄棉麻仓库)
邮编(P. C.): 063000
电话(Tel): 0315 - 2986677
传真(Fax): 0315 - 2981100
联系人(Contact Person): 韩晓巍

唐山市宏阔商贸有限公司
地址(Add): 河北省唐山市唐津高速南出口东行 20 米
邮编(P. C.): 063001
电话(Tel): 15033943588
传真(Fax): 0315 - 2970347
E-mail: hongcaishangmao@ 126. com
联系人(Contact Person): 安美宏

唐山市金环卫生用品经销处
地址(Add): 河北省唐山市西电路甲 16 号
邮编(P. C.): 063000
电话(Tel): 0315 - 2857020
联系人(Contact Person): 李秀霞

河北武安彦青纸业批发部
地址(Add): 河北省武安市杜庄商贸中心三区 4 排 13 号
邮编(P. C.): 056300
电话(Tel): 0310 - 5693065
联系人(Contact Person): 李彦青

邢台向阳妇幼用品经营部
地址(Add): 河北省邢台市顺义街 1 号
邮编(P. C.): 054000
电话(Tel): 0319 - 2028184
传真(Fax): 0319 - 2028184
总经理(General Manager): 徐清河

邢台三翰商贸有限公司
地址(Add): 河北省邢台市团结路综合巷 3 号
邮编(P. C.): 054000
电话(Tel): 0319 - 8318666
传真(Fax): 0319 - 8318666
E-mail: xtshsm@ 163. com
Http://www. xtshsm. com
联系人(Contact Person): 赵军强

邢台华康纸业
地址(Add): 河北省邢台市义乌市场 A 区 80 号
邮编(P. C.): 054001
电话(Tel): 0319 - 5210362
传真(Fax): 0319 - 5210362
总经理(General Manager): 白召安

邢台市宏玉纸品行
地址(Add): 河北省邢台市豫西市场校西路 2 排 16 号
邮编(P. C.): 054001
电话(Tel): 0319 - 3224392
联系人(Contact Person): 董建民

邢台佳洁卫生用品经营公司
地址(Add): 河北省邢台市豫西市场一排 26 号
邮编(P. C.): 054001
电话(Tel): 0319 - 7728086
联系人(Contact Person): 陈兵锋

新丽纸业
地址(Add): 河北省邢台市中兴东大街 139 号平
邮编(P. C.): 054001
电话(Tel): 0319 - 3325207
传真(Fax): 0319 - 3865078
联系人(Contact Person): 赵利刚

宏伟卫生用品批发
地址(Add): 河北省玉田县鸦鸿桥批发市场文化路中段
邮编(P. C.): 064103
电话(Tel): 0315 - 7670011
总经理(General Manager): 王宏伟

张家口恒阳百货经销部
地址(Add): 河北省张家口市桥东区帝广南区洗涤化妆一条街 9126
邮编(P. C.): 075000
电话(Tel): 0313 - 8889826
传真(Fax): 0313 - 2126025
联系人(Contact Person): 李峰

张家口市东立纸巾用品经销部
地址(Add): 河北省张家口市桥西区西沙河大街 71 号
邮编(P. C.): 075100
电话(Tel): 0313 - 8905938
传真(Fax): 0313 - 8027267
总经理(General Manager): 李忠东

◆ 山西 Shanxi

长治市华钰商贸有限公司
地址(Add): 山西省长治市北郊庄里村西大街 4 号
邮编(P. C.): 046011
电话(Tel): 0355 - 2093885
总经理(General Manager): 郭庆斌

长治市顺达纸业
地址(Add): 山西省长治市长安路物资大库
邮编(P. C.): 046013
电话(Tel): 0355 - 3120363
传真(Fax): 0355 - 3120363
联系人(Contact Person): 陈满喜

云竹百货
地址(Add): 山西省长治市长北铁三局 21 号
邮编(P. C.): 046021
电话(Tel): 13096669969
传真(Fax): 0355 - 5030798
联系人(Contact Person): 毕爱国

山西省长治市小耕纸业
地址(Add): 山西省长治市东大街(师范对面二楼)
邮编(P. C.): 046000
电话(Tel): 0355 - 3010775
总经理(General Manager): 申小耕

山西省长治市黎明百货日用经销部
地址(Add)：山西省长治市府后街9号
邮编(P. C.)：046000
电话(Tel)：0355－3010862
总经理(General Manager)：李东兴

长治市杰凯商贸有限公司
地址(Add)：山西省长治市西南关开发区南零巷19号
邮编(P. C.)：046000
电话(Tel)：0355－3036239
传真(Fax)：0355－3011779
联系人(Contact Person)：陈杰

长治市城区恒利日杂用品批发部
地址(Add)：山西省长治市英雄中路百货市场内66号
邮编(P. C.)：046000
电话(Tel)：0355－2180506
联系人(Contact Person)：张彦军

大同市金利纸业
地址(Add)：山西省大同市城区黄花街8号院
邮编(P. C.)：037005
电话(Tel)：0352－2803282
传真(Fax)：0352－7134265
联系人(Contact Person)：曹贵

山西大同四正纸业大同市四正卫生用品经销部
地址(Add)：山西省大同市烟酒街68号
邮编(P. C.)：037004
电话(Tel)：0352－7120900
传真(Fax)：0352－7120900
联系人(Contact Person)：陆兰杰

大同市北辰商贸有限责任公司
地址(Add)：山西省大同市御馨花都16号楼7单元20号
邮编(P. C.)：037043
电话(Tel)：0352－6138230
传真(Fax)：0352－5389670
联系人(Contact Person)：汤艳

福来卫生保健用品采供站
地址(Add)：山西省大同市云中商城烟酒街6号
邮编(P. C.)：037004
电话(Tel)：0352－6021600
传真(Fax)：0352－7773818
联系人(Contact Person)：冯军

山西侯马卫生用品公司
地址(Add)：山西省侯马市副食批发市场6－5号
邮编(P. C.)：043001
电话(Tel)：0357－4293792
传真(Fax)：0357－4293792
总经理(General Manager)：李建平

山西省侯马市新一佳商贸公司
地址(Add)：山西省侯马市海军路68号
邮编(P. C.)：043000
电话(Tel)：0357－4161189
传真(Fax)：0357－4161916
总经理(General Manager)：杨洪沃

晋城市云翔科贸有限公司
地址(Add)：山西省晋城市西环路3059号
邮编(P. C.)：048100
电话(Tel)：0356－3069988
传真(Fax)：0356－3087589
联系人(Contact Person)：李建团

临汾市乐育彤商贸有限责任公司
地址(Add)：山西省临汾市南机场陆翔花园
邮编(P. C.)：041000
电话(Tel)：0357－2312402
传真(Fax)：0357－2312402
联系人(Contact Person)：李文萍

灵光纸业有限公司
地址(Add)：山西省临汾市襄汾县邓庄镇席村加油站北50米
邮编(P. C.)：031000
电话(Tel)：0357－3697209
传真(Fax)：0357－3697209
联系人(Contact Person)：张宏亮

山西省平遥县三庆纸业
地址(Add)：山西省平遥县古陶镇干坑胜利街2号
邮编(P. C.)：031100
电话(Tel)：0354－5658375
联系人(Contact Person)：白明辉

太原碧玉纸业有限公司
地址(Add)：山西省太原市敦化南路67号
邮编(P. C.)：030013
电话(Tel)：0351－4426768
传真(Fax)：0351－4422118
联系人(Contact Person)：郭宏伟

太原圣尼亚尔科贸有限公司
地址(Add)：山西省太原市高新技术开发区产业路36号703室
邮编(P. C.)：030006
电话(Tel)：0351－7025879
传真(Fax)：0351－7026765
联系人(Contact Person)：武建业

太原龙军电子科技有限公司
地址(Add)：山西省太原市和平南路沙沟小区东8号楼2单元201
邮编(P. C.)：030027
电话(Tel)：0351－6117031
传真(Fax)：0351－6117131
联系人(Contact Person)：赵海龙

太原市盛隆源商贸有限公司
地址(Add)：山西省太原市汇隆花园B6－201室
邮编(P. C.)：030013
电话(Tel)：0351－4376633
传真(Fax)：0351－4376644
E-mail：slyhpf@sina.com
总经理(General Manager)：郝鹏飞

太原市三毛百货经销部
地址(Add)：山西省太原市尖草坪北方商贸城文百43号

邮编(P. C.)：030003
电话(Tel)：0351－3139565
联系人(Contact Person)：王缨

尖草坪经营部
地址(Add)：山西省太原市尖草坪南方日化城509－1
邮编(P. C.)：030027
电话(Tel)：0351－2761379
传真(Fax)：0351－2761879
联系人(Contact Person)：杜山河

清徐县日增综合批发部
地址(Add)：山西省太原市清徐县凤仪街陈庄路口往南100米
邮编(P. C.)：030400
电话(Tel)：0351－5725746
联系人(Contact Person)：张海维

驼鸟纸业
地址(Add)：山西省太原市万柏林区西华苑小区7楼1单元102室
邮编(P. C.)：030051
电话(Tel)：0351－6136188
传真(Fax)：0351－6136188
联系人(Contact Person)：贾晋平

太原市朋昌明公司
地址(Add)：山西省太原市杏花岭区沙河堡6号
邮编(P. C.)：030009
电话(Tel)：0351－3080879
传真(Fax)：0351－3089990
联系人(Contact Person)：郭艳丽

山西帆翔卫生用品有限公司
地址(Add)：山西省太原市玉河东街9号智诚天和园A座1006室
邮编(P. C.)：030024
电话(Tel)：0351－6691029
传真(Fax)：0351－6691030
法人代表(Chairman)：霍志勇

团民纸业
地址(Add)：山西省文水县城内新西街11排243号
邮编(P. C.)：032100
电话(Tel)：0358－3012687
总经理(General Manager)：赵团民

晋阳龙飞商贸有限公司
地址(Add)：山西省阳泉市经济开发区
邮编(P. C.)：045000
电话(Tel)：0353－2113266
传真(Fax)：0353－2111822
总经理(General Manager)：刘双民

◆ 内蒙古 Inner Mongolia

内蒙古靖昊卫生用品批发部
地址(Add)：内蒙古巴彦淖尔市临河区西大批发市场
邮编(P. C.)：015000
电话(Tel)：0478－8273737
传真(Fax)：0478－8281814
联系人(Contact Person)：贾永多

包头麻氏商贸有限公司
地址(Add)：内蒙古包头市东河区九洲商城B区22－23号
邮编(P. C.)：014040
电话(Tel)：0472－4134663
总经理(General Manager)：麻先云

包头市欣兴纸业
地址(Add)：内蒙古包头市东河区太平寺AN30号
邮编(P. C.)：014040
电话(Tel)：0472－4181125
传真(Fax)：0472－6931213
联系人(Contact Person)：赵重生

包头市鸣祥物贸有限责任公司
地址(Add)：内蒙古包头市昆区广汇商城A区9排北一号
邮编(P. C.)：014010
电话(Tel)：0472－2159768
传真(Fax)：0472－2159768
总经理(General Manager)：何祥

包头市平运卫生用品有限公司
地址(Add)：内蒙古包头市青山区青云小区商业楼3号
邮编(P. C.)：014030
电话(Tel)：0472－5117281
传真(Fax)：0472－5113358
总经理(General Manager)：冯秀梅

赤峰小宝贝纸业配送中心
地址(Add)：内蒙古赤峰市红山区
邮编(P. C.)：024000
电话(Tel)：0476－8807618
传真(Fax)：0476－2203000
E-mail：chifengyingjia@163.com
联系人(Contact Person)：陈树泉

昌鑫纸业
地址(Add)：内蒙古赤峰市红山区火花路农林局一楼大厅
邮编(P. C.)：024000
电话(Tel)：0476－8225470
传真(Fax)：0476－8225470
联系人(Contact Person)：殷艳青

小秋林纸业
地址(Add)：内蒙古赤峰市红山区火花路中段
邮编(P. C.)：024000
电话(Tel)：0476－8241144
E-mail：xiaoqiulin@eyou.com
联系人(Contact Person)：王绍龙

赤峰会宝纸业批发中心
地址(Add)：内蒙古赤峰市火花路清真南大寺对面
邮编(P. C.)：024000
电话(Tel)：0476－8240377
传真(Fax)：0476－8240377
联系人(Contact Person)：李占军

海拉尔龙源纸品商店
地址(Add)：内蒙古海拉尔西头道街粮贸大厦外门12号

邮编(P. C.): 021000
电话(Tel): 0470 - 8337471
传真(Fax): 0470 - 8337471
联系人(Contact Person): 刘忠臣

内蒙古顶新纸业有限责任公司
地址(Add): 内蒙古呼和浩特市金海小区
邮编(P. C.): 010010
电话(Tel): 0471 - 3673255
传真(Fax): 0471 - 3673266
联系人(Contact Person): 张雷

呼和浩特市北方明珠贸易有限公司
地址(Add): 内蒙古呼和浩特市新城区大学西路 110 号农机宿舍楼 1 - 2 - 9
邮编(P. C.): 010010
电话(Tel): 0471 - 6962656
传真(Fax): 0471 - 6962656
联系人(Contact Person): 王卫平

呼和浩特市紫金花卫生用品经销部
地址(Add): 内蒙古呼和浩特市玉泉区金峰批发市场 E 区 8 号
邮编(P. C.): 010051
电话(Tel): 0471 - 5985622
联系人(Contact Person): 朱国忠

奈曼旗恒顺纸业有限责任公司
地址(Add): 内蒙古通辽市奈曼旗大镇振兴街
邮编(P. C.): 028300
电话(Tel): 0475 - 4215092
法人代表(Chairman): 曹洪义

通辽市羽丝纸行
地址(Add): 内蒙古通辽市团结路 1 号楼四通道 106 号
邮编(P. C.): 028000
电话(Tel): 0475 - 8210165
联系人(Contact Person): 王悦

通辽市团结路金三角纸业
地址(Add): 内蒙古通辽市团结路东三区 1 号楼 4 通道 152 号
邮编(P. C.): 028000
电话(Tel): 0475 - 8275970
传真(Fax): 0475 - 8275970
总经理(General Manager): 田艳

内蒙古通辽市大有纸业
地址(Add): 内蒙古通辽市团结路东三区三号楼 69 号
邮编(P. C.): 028000
电话(Tel): 0475 - 8257275
传真(Fax): 0475 - 8210875
联系人(Contact Person): 苏有

通辽市科尔沁区金达来纸业
地址(Add): 内蒙古通辽市团结路西三区 1 号楼 12 号
邮编(P. C.): 028000
电话(Tel): 0475 - 2290945
联系人(Contact Person): 金达来

乌兰浩特市康新佳纸业商行
地址(Add): 内蒙古乌兰浩特市盟公署对面兴安市场东门南侧
邮编(P. C.): 137400
电话(Tel): 0482 - 8245771
传真(Fax): 0482 - 8245771
总经理(General Manager): 李东光

◆ 辽宁 Liaoning

鞍山市仁和服务中心
地址(Add): 辽宁省鞍山市铁东区平安街 4 甲 52 号
邮编(P. C.): 114001
电话(Tel): 0412 - 2661956
传真(Fax): 0412 - 2661956
联系人(Contact Person): 闫梅

辽宁省鞍山市治军化妆品商行
地址(Add): 辽宁省鞍山市铁西区九道街 208 - 11
邮编(P. C.): 114013
电话(Tel): 0412 - 2327158
传真(Fax): 0412 - 2327158
总经理(General Manager): 王治军

邦济纸业
地址(Add): 辽宁省鞍山市铁西区民生路千龙户 3 期 4 号楼
邮编(P. C.): 114011
电话(Tel): 0412 - 8535888
传真(Fax): 0412 - 8515387
联系人(Contact Person): 王晓光

鞍山市泰隆(兰海)生活用品公司
地址(Add): 辽宁省鞍山市铁西区三道街 161 号
邮编(P. C.): 114013
电话(Tel): 0412 - 6588800
传真(Fax): 0412 - 6588801
总经理(General Manager): 袁文魁
联系人(Contact Person): 张丽雪

鞍山市凤鸣洗化商行
地址(Add): 辽宁省鞍山市铁西区永乐街 38 栋 37 号
邮编(P. C.): 114011
电话(Tel): 0412 - 8820875
传真(Fax): 0412 - 6589768
联系人(Contact Person): 王彬

恒利百货
地址(Add): 辽宁省朝阳市豪德贸易广场东区 4 栋 10 号
邮编(P. C.): 122000
电话(Tel): 0421 - 2809595
传真(Fax): 0421 - 2809595
总经理(General Manager): 王绍军

朝阳华兴商贸中心
地址(Add): 辽宁省朝阳市豪德贸易广场西区 9 栋 14 号
邮编(P. C.): 122000
电话(Tel): 0421 - 2800553
传真(Fax): 0421 - 2800553
联系人(Contact Person): 曾大炜

朝阳友谊商贸
地址(Add)：辽宁省朝阳市黄河路四段25－1号
邮编(P. C.)：122000
电话(Tel)：0421－3904138
传真(Fax)：0421－3904138
E-mail：cyyy8888@163.com
总经理(General Manager)：金冶明

辽宁省朝阳市东方纸业商贸中心
地址(Add)：辽宁省朝阳市龙城路三段23－6
邮编(P. C.)：122000
电话(Tel)：0421－2815242
传真(Fax)：0421－2815242
联系人(Contact Person)：杨翠贤

朝阳市胜吉商行
地址(Add)：辽宁省朝阳市龙城区文化路4段120－6号
邮编(P. C.)：122000
电话(Tel)：0421－3901578
传真(Fax)：0421－7166021
总经理(General Manager)：谭彦海

朝阳同利百货日用品商行
地址(Add)：辽宁省朝阳市双塔区光明街7－43号
邮编(P. C.)：122000
电话(Tel)：0421－2812574
传真(Fax)：0421－7210621
联系人(Contact Person)：胡杰

升隆纸业批发
地址(Add)：辽宁省大连市甘井子区秀水路21号2－4－1
邮编(P. C.)：116031
电话(Tel)：0411－86602355
E-mail：823897641@qq.com
联系人(Contact Person)：代洪元

大连市金州旺帝卫生用品商行
地址(Add)：辽宁省大连市金州区盛滨市场20号
邮编(P. C.)：116100
电话(Tel)：0411－85910397
联系人(Contact Person)：曲红军

大连太阳综合生活用品有限公司
地址(Add)：辽宁省大连市金州区十三里工业新区
邮编(P. C.)：116600
电话(Tel)：0411－39325988
传真(Fax)：0411－39325978
E-mail：sun-dalian@163.com
法人代表(Chairman)：星川曙男
总经理(General Manager)：孙贺松

大连市宏昇纸品商行
地址(Add)：辽宁省大连市金州区兴民41号
邮编(P. C.)：116100
电话(Tel)：0411－87801133
传真(Fax)：0411－87873936
联系人(Contact Person)：姚大庆

大连汇昕贸易有限公司
地址(Add)：辽宁省大连市开发区铁山西路17－2－A
邮编(P. C.)：116400
电话(Tel)：0411－87188009
传真(Fax)：0411－87188009
联系人(Contact Person)：张世锋

大连美多商贸有限公司
地址(Add)：辽宁省大连市刘家桥石门街58号楼1－1－1
邮编(P. C.)：116033
电话(Tel)：0411－86739397
传真(Fax)：0411－86737994
联系人(Contact Person)：吴勇

普兰店汇林卫生用品商行
地址(Add)：辽宁省大连市普兰店市果品批发市场院内
邮编(P. C.)：116200
电话(Tel)：0411－66307616
传真(Fax)：0411－83118749
联系人(Contact Person)：高学庆

大连嘉荣商贸有限公司
地址(Add)：辽宁省大连市沙河口区高尔基路554A和平现代城C座5楼8号
邮编(P. C.)：116021
电话(Tel)：0411－84335085
传真(Fax)：0411－84335086－801
E-mail：dalianjiarong@yahoo.com.cn
总经理(General Manager)：王琳

大连鸿轩行生活用品有限公司
地址(Add)：辽宁省大连市西岗区纪念街38号金领公寓A座1－1－1
邮编(P. C.)：116011
电话(Tel)：0411－83645962
传真(Fax)：0411－83642152
法人代表(Chairman)：高存洁
联系人(Contact Person)：刘庆友

大连浩博贸易有限公司
地址(Add)：辽宁省大连市西岗区纪念街38号金领公寓B座2－102室
邮编(P. C.)：116011
电话(Tel)：0411－83706799
传真(Fax)：0411－83706755
E-mail：susan6605@sina.com
总经理(General Manager)：赵姝

永惠妇婴用品
地址(Add)：辽宁省大连市庄河博金步行街
邮编(P. C.)：116000
电话(Tel)：0411－81558799
传真(Fax)：0411－89879961
联系人(Contact Person)：张连花

大石桥市兴旺卫生用品批发部
地址(Add)：辽宁省大石桥市军民路城中城内
邮编(P. C.)：115100
电话(Tel)：0417－5860928
联系人(Contact Person)：李强

兴盛纸业
地址(Add)：辽宁省大石桥市军民路繁荣小区4号楼
邮编(P. C.)：115100

电话(Tel): 15041750298
传真(Fax): 0417-5916805
联系人(Contact Person): 辛忠辉

营口大德商贸有限公司
地址(Add): 辽宁省大石桥市五勘东200米
邮编(P. C.): 115100
电话(Tel): 0417-5881136
联系人(Contact Person): 刘兴隆

丹东市元宝区双兴日用百货站
地址(Add): 辽宁省丹东市金海宝山批发城一楼161号
邮编(P. C.): 118000
电话(Tel): 0415-3983798
传真(Fax): 0415-3983798
联系人(Contact Person): 王金成

丹东市林凤卫生用品有限公司
地址(Add): 辽宁省丹东市新柳商业城A区221号
邮编(P. C.): 118000
电话(Tel): 0415-2871450
总经理(General Manager): 纪长林

辽宁丹东清峰进出口贸易有限公司
地址(Add): 辽宁省丹东市沿江开发区厂区62号楼106室
邮编(P. C.): 118000
电话(Tel): 0415-2309188
传真(Fax): 0415-3123076
总经理(General Manager): 于连德
联系人(Contact Person): 林清风

丹东枫明纸业有限公司
地址(Add): 辽宁省丹东市元宝区八道街214号
邮编(P. C.): 118000
电话(Tel): 0415-2831361
传真(Fax): 0415-2831361
联系人(Contact Person): 董琦

丹东晶峰糖业有限公司
地址(Add): 辽宁省丹东市元宝区九江街2号楼101号
邮编(P. C.): 118001
电话(Tel): 0415-2837721
传真(Fax): 0415-2831199
联系人(Contact Person): 江树业

万丰商贸有限公司
地址(Add): 辽宁省丹东市元宝区九江街62-2号
邮编(P. C.): 118000
电话(Tel): 0415-2827387
传真(Fax): 0415-2827387
联系人(Contact Person): 邓玉君

抚顺市富兴纸业有限公司
地址(Add): 辽宁省抚顺县兰山乡关家村
邮编(P. C.): 113021
电话(Tel): 0413-4046839
总经理(General Manager): 张富国

阜新东信发展商行
地址(Add): 辽宁省阜新市红树批发市场
邮编(P. C.): 123000
电话(Tel): 0418-6659644
传真(Fax): 0418-2463063
联系人(Contact Person): 董贺东

阜新市金星纸业
地址(Add): 辽宁省阜新市西花园小区22号楼202室
邮编(P. C.): 123000
电话(Tel): 0418-2815676
传真(Fax): 0418-2815676
联系人(Contact Person): 于永江

露芳日用百货商店
地址(Add): 辽宁省海城市铁西开发区
邮编(P. C.): 114200
电话(Tel): 13904205284
传真(Fax): 0412-3393919
联系人(Contact Person): 汪坤

宝泉商行
地址(Add): 辽宁省葫芦岛市老区油库站点(川骄火锅城对面)
邮编(P. C.): 125000
电话(Tel): 0429-3907905
总经理(General Manager): 程宝泉

辽宁葫芦岛宜斌批发部
地址(Add): 辽宁省葫芦岛市连山区福盛路小食品批发市场
邮编(P. C.): 125017
电话(Tel): 0429-2137623
联系人(Contact Person): 任宜斌

刘军商贸
地址(Add): 辽宁省葫芦岛市兴工大街42号葫芦岛开关厂
邮编(P. C.): 125001
电话(Tel): 0429-2950092
传真(Fax): 0429-2950092
联系人(Contact Person): 刘铁军

葫芦岛欧派商贸有限公司
地址(Add): 辽宁省葫芦岛市兴盛小区1号楼(六中北侧)
邮编(P. C.): 125000
电话(Tel): 0429-3352879
传真(Fax): 0429-3879118
联系人(Contact Person): 闫世杰

玉皇商城忠发批发部
地址(Add): 辽宁省葫芦岛市玉皇商城小商品城二区246号
邮编(P. C.): 125003
电话(Tel): 0429-3310426
联系人(Contact Person): 王艳君

锦州市君海纸品行
地址(Add): 辽宁省锦州市北宁市廖屯镇东珠村
邮编(P. C.): 121305
电话(Tel): 0416-6857729
联系人(Contact Person): 陈国海

锦州市金乔商贸
地址(Add)：辽宁省锦州市凌河区正大里5号(单洞北口路北)
邮编(P. C.)：121000
电话(Tel)：0416－2996477
联系人(Contact Person)：路玉刚

锦州兴隆纸品经销处
地址(Add)：辽宁省锦州市凌河区中央北街四段4－82号
邮编(P. C.)：121000
电话(Tel)：0416－3805106
传真(Fax)：0416－3805106
总经理(General Manager)：刘国玉

长城纸业批发
地址(Add)：辽宁省开原市新食品一条街
邮编(P. C.)：112000
电话(Tel)：0410－4353183
传真(Fax)：0410－3833980
联系人(Contact Person)：张文治

开原市正丰纸业商行
地址(Add)：辽宁省开原市新食品一条街
邮编(P. C.)：112300
电话(Tel)：0410－4352600
传真(Fax)：0410－4352600
E-mail：xinda42351688@163.com
总经理(General Manager)：姚军

开原市顺达批发部
地址(Add)：辽宁省开原市新食品一条街
邮编(P. C.)：112300
电话(Tel)：0410－3823195
联系人(Contact Person)：李永奎

辽阳昌盛纸业有限公司
地址(Add)：辽宁省辽阳市文圣区襄平街70－12号
邮编(P. C.)：111000
电话(Tel)：0419－3224031
传真(Fax)：0419－3231545
联系人(Contact Person)：李庆良

东方纸张批发部
地址(Add)：辽宁省凌源市小食品批发市场光明路175栋8号
邮编(P. C.)：122500
电话(Tel)：0421－6836582
传真(Fax)：0421－6836582
联系人(Contact Person)：杨洪广

盘锦冬艳洗化
地址(Add)：辽宁省盘锦市双台子区批发一条街114号
邮编(P. C.)：124010
电话(Tel)：0427－6616821
传真(Fax)：0427－3826839
联系人(Contact Person)：刘明阳

盘锦众鑫卫生用品大全
地址(Add)：辽宁省盘锦市双台子区食品街
邮编(P. C.)：124000
电话(Tel)：0427－3812670
传真(Fax)：0427－6604270
联系人(Contact Person)：张翠平

盘锦市万发商贸有限公司
地址(Add)：辽宁省盘锦市双台子区食品批发一条街(兴农街62号)
邮编(P. C.)：124000
电话(Tel)：0427－3837069
总经理(General Manager)：郭长发

辽宁盘锦双益百货有限公司批发部
地址(Add)：辽宁省盘锦市双台子区兴农街
邮编(P. C.)：124000
电话(Tel)：0427－3831614
联系人(Contact Person)：王小丽

盘锦市昕洁日用品有限公司
地址(Add)：辽宁省盘锦市兴隆台区金盛路60号
邮编(P. C.)：124010
电话(Tel)：0427－6652083
传真(Fax)：0427－6652083
联系人(Contact Person)：杨玉友

大连峰华纸业有限公司
地址(Add)：辽宁省普兰店市果品批发市场
邮编(P. C.)：116200
电话(Tel)：0411－66307626
联系人(Contact Person)：曹海峰

大连好优多日用品商贸有限公司
地址(Add)：辽宁省普兰店市三十九中学东
邮编(P. C.)：116200
电话(Tel)：0411－83139112
传真(Fax)：0411－83172212
联系人(Contact Person)：邹永久

沈阳品诚商贸有限公司
地址(Add)：辽宁省沈阳市大东区津桥路4号沈波大厦401房间
邮编(P. C.)：110041
电话(Tel)：024－88732388
传真(Fax)：024－88557738
总经理(General Manager)：王昕波
联系人(Contact Person)：隋云巍

沈阳大地纸业有限公司
地址(Add)：辽宁省沈阳市大东区中学堂路16－6号
邮编(P. C.)：110041
电话(Tel)：024－88712493
传真(Fax)：024－88712472
E-mail：chengguoqing81@126.com
总经理(General Manager)：程国庆

沈阳北方金信商贸有限公司
地址(Add)：辽宁省沈阳市和平区桂林街3号2－1－1
邮编(P. C.)：110003
电话(Tel)：024－22872100
传真(Fax)：024－22872100
联系人(Contact Person)：王文柱

沈阳九天商贸有限公司
地址(Add)：辽宁省沈阳市和平区十一纬路云集东巷36号
邮编(P. C.)：110003
电话(Tel)：024－23235291
传真(Fax)：024－23235291
总经理(General Manager)：曲海鹰

辽宁百洋实业有限公司
地址(Add)：辽宁省沈阳市和平区伊宁路10号
邮编(P. C.)：110001
电话(Tel)：024－22701670
传真(Fax)：024－22890649
总经理(General Manager)：任相国
联系人(Contact Person)：任向佳

沈阳小人国经贸有限公司
地址(Add)：辽宁省沈阳市皇姑区汶水街19号14门
邮编(P. C.)：110035
电话(Tel)：024－86738348
传真(Fax)：024－62228867
联系人(Contact Person)：刚明

沈阳市新恒昌纸业有限公司
地址(Add)：辽宁省沈阳市沈河区八纬路78号－1
邮编(P. C.)：110014
电话(Tel)：024－22831317
传真(Fax)：024－22872336
联系人(Contact Person)：吴明军

沈阳莱蒽商贸有限公司
地址(Add)：辽宁省沈阳市沈河区广昌路40－1号211室
邮编(P. C.)：110014
电话(Tel)：024－22936513
传真(Fax)：024－82901477
总经理(General Manager)：陶莉

辽宁嘉力经贸有限公司
地址(Add)：辽宁省沈阳市沈河区市府大路290号魔根凯利2－21－5
邮编(P. C.)：110013
电话(Tel)：024－88521406
传真(Fax)：024－88527496
总经理(General Manager)：张大勇

嘉博商贸有限公司
地址(Add)：辽宁省沈阳市沈河区万寿寺街76－5号
邮编(P. C.)：110014
电话(Tel)：024－22944288
传真(Fax)：024－22949435
总经理(General Manager)：陈立夫

铁岭日商卫生用品批发商行
地址(Add)：辽宁省铁岭市枫情水岸小区
邮编(P. C.)：112000
电话(Tel)：13591611465
传真(Fax)：0410－2828260
联系人(Contact Person)：赵峰

◆ 吉林 Jilin

钱雨纸业
地址(Add)：吉林省长春市光复路118栋东5门
邮编(P. C.)：130041
电话(Tel)：0431－82870133
总经理(General Manager)：王铎

吉林省琦鑫卫生用品有限公司
地址(Add)：吉林省长春市光复路303栋
邮编(P. C.)：133000
电话(Tel)：0431－82843967
传真(Fax)：0431－82866687
总经理(General Manager)：张佳波

长春市顺丰纸业商行
地址(Add)：吉林省长春市光复路南309栋9门
邮编(P. C.)：130051
电话(Tel)：0431－82863828
联系人(Contact Person)：王文江

吉林省吉岩妇幼用品有限责任公司
地址(Add)：吉林省长春市宽城区光复路北309栋14号
邮编(P. C.)：130031
电话(Tel)：0431－84828778
传真(Fax)：0431－84828779
E-mail：jiyanjituan@ vip. 163. com
法人代表(Chairman)：杨岩
总经理(General Manager)：杨岩

长春市鑫萍纸业有限公司
地址(Add)：吉林省长春市宽城区汉口大街金街1号楼312室
邮编(P. C.)：130051
电话(Tel)：13843012988
传真(Fax)：0431－82767811
联系人(Contact Person)：姜兆萍

长春庆业贸易有限公司
地址(Add)：吉林省长春市南关区大经路2号4栋302室
邮编(P. C.)：130041
电话(Tel)：0431－82942186
传真(Fax)：0431－86016067
联系人(Contact Person)：耿辉

长春千锤纸业有限公司
地址(Add)：吉林省长春市南关区亚泰大街万龙花园19栋2门503－504
邮编(P. C.)：130041
电话(Tel)：0431－86186666
传真(Fax)：0431－86185377
E-mail：qianchui@ vip. sina. com
总经理(General Manager)：张锤

长春市光复路恒信纸业
地址(Add)：吉林省长春市陕西路B座4号
邮编(P. C.)：130041
电话(Tel)：0431－82863583
总经理(General Manager)：段淑萍

长春市光复路神狼纸业
地址(Add)：吉林省长春市铁道街20栋112号
邮编(P. C.)：130041
电话(Tel)：0431－88876117

联系人(Contact Person)：赵秀菊

吉林省珲春汇鑫工贸有限公司
地址(Add)：吉林省珲春市英安镇
邮编(P. C.)：133300
电话(Tel)：0433－7806645
传真(Fax)：0433－7806645
联系人(Contact Person)：梁维秋

吉林梨树春喜纸业
地址(Add)：吉林省梨树县梨树镇西买卖大街
邮编(P. C.)：136500
电话(Tel)：0434－5225319
传真(Fax)：0434－3314031
联系人(Contact Person)：居洪恩

梅河口市众成纸巾孕婴批发商店
地址(Add)：吉林省梅河口市食品街中段
邮编(P. C.)：135000
电话(Tel)：0435－4240080
传真(Fax)：0435－6961867
E-mail：876457871@qq.com
联系人(Contact Person)：冯春范

百帮纸业
地址(Add)：吉林省四平市铁东区南二纬二三马路中间
邮编(P. C.)：136000
电话(Tel)：0434－3369515
总经理(General Manager)：居玉霞

吉林省四平市金光纸业
地址(Add)：吉林省四平市铁东区南二纬路批发一条街(二马路二纬交汇处)
邮编(P. C.)：136001
电话(Tel)：0434－6189241
传真(Fax)：0434－3382864
联系人(Contact Person)：居洪德

四平市刚刚批发商行
地址(Add)：吉林省四平市铁西区人民剧场西100米
邮编(P. C.)：136000
电话(Tel)：0434－6110674
联系人(Contact Person)：高志刚

延边汇发经贸有限公司
地址(Add)：吉林省延吉市海兰路进学街144－4号
邮编(P. C.)：133000
电话(Tel)：0433－2558291
传真(Fax)：0433－2558291
总经理(General Manager)：王允进

◆ 黑龙江 Heilongjiang

黑龙江省北安市宝洁日用品商店
地址(Add)：黑龙江省北安市中二道街
邮编(P. C.)：164000
电话(Tel)：0456－6698626
传真(Fax)：0456－6698626
联系人(Contact Person)：张正宏

欣宇纸业
地址(Add)：黑龙江省勃利县如意街28号
邮编(P. C.)：154500
电话(Tel)：0464－8524163
联系人(Contact Person)：杨立新

黑龙江义厚天成商贸有限公司
地址(Add)：黑龙江省哈尔滨市阿城区北燕集团
邮编(P. C.)：150300
电话(Tel)：0451－88506600
传真(Fax)：0451－53763738
E-mail：achdzy8850@163.com
总经理(General Manager)：樊荣

哈尔滨博楠经贸有限公司
地址(Add)：黑龙江省哈尔滨市道里区公园街附11－1号
邮编(P. C.)：150010
电话(Tel)：0451－84679837
传真(Fax)：0451－84679837
联系人(Contact Person)：王松涛

哈尔滨市鸿运纸品公司
地址(Add)：黑龙江省哈尔滨市道里区光华街38号
邮编(P. C.)：150000
电话(Tel)：0451－84506363
传真(Fax)：0451－84548833
法人代表(Chairman)：洪玮
总经理(General Manager)：王春英

哈尔滨正顺纸业有限公司
地址(Add)：黑龙江省哈尔滨市道里区康安路22号
邮编(P. C.)：150001
电话(Tel)：0451－84320778
传真(Fax)：0451－84300929
总经理(General Manager)：宋胜滨

哈尔滨中顺商贸科技发展有限公司
地址(Add)：黑龙江省哈尔滨市道里区康安路22号
邮编(P. C.)：150070
电话(Tel)：0451－84356373
传真(Fax)：0451－84305409
联系人(Contact Person)：王玉明

国宏纸业
地址(Add)：黑龙江省哈尔滨市道里区康安路22号大发市场恒兰小区
邮编(P. C.)：150070
电话(Tel)：0451－84336807
联系人(Contact Person)：关振国

哈尔滨天杰商贸
地址(Add)：黑龙江省哈尔滨市道外区北十七道街7号
邮编(P. C.)：150026
电话(Tel)：0451－89649986
传真(Fax)：0451－88975338
联系人(Contact Person)：兰崇峰

哈尔滨腾翔商贸有限公司
地址(Add)：黑龙江省哈尔滨市道外区滨江街100号6栋302
邮编(P. C.)：150020

电话(Tel)：0451－88317099
传真(Fax)：0451－88317099
总经理(General Manager)：腾春涛

哈尔滨市鑫乐日用杂品经销部
地址(Add)：黑龙江省哈尔滨市道外区大方里小区229栋楼、家用电器厂2楼
邮编(P. C.)：150020
电话(Tel)：0451－86920806
传真(Fax)：0451－87812666
联系人(Contact Person)：丁尔杰

哈尔滨宝洁经贸有限公司
地址(Add)：黑龙江省哈尔滨市道外区靖宇十九道街
邮编(P. C.)：150001
电话(Tel)：0451－88349311
传真(Fax)：0451－88306464
总经理(General Manager)：赵永海

龙宇纸业发展有限公司
地址(Add)：黑龙江省哈尔滨市道外区内史胡同副25号
邮编(P. C.)：150020
电话(Tel)：0451－88337612
传真(Fax)：0451－88330998
总经理(General Manager)：刘景龙
联系人(Contact Person)：赵玉江

华艺妇婴用品有限公司
地址(Add)：黑龙江省哈尔滨市道外区南八道街111号3单元2楼1号
邮编(P. C.)：150010
电话(Tel)：0451－89530587
传真(Fax)：0451－88996793
联系人(Contact Person)：刘凤文

哈尔滨市阿凌百货经销部
地址(Add)：黑龙江省哈尔滨市道外区南坎头道街20号
邮编(P. C.)：150026
电话(Tel)：0451－53923325
传真(Fax)：0451－88372296
联系人(Contact Person)：阿忠武

哈尔滨金三江商贸有限公司
地址(Add)：黑龙江省哈尔滨市道外区南坎头道街28号
邮编(P. C.)：150020
电话(Tel)：0451－88340737
传真(Fax)：0451－88322846
联系人(Contact Person)：宋文科

三和纸业经销商行
地址(Add)：黑龙江省哈尔滨市道外区南十四道街80号
邮编(P. C.)：150020
电话(Tel)：0451－88002297
传真(Fax)：0451－88900787
联系人(Contact Person)：张虹玉

哈尔滨傻丫头纸行配套产品经销
地址(Add)：黑龙江省哈尔滨市道外区南勋街388号2楼20号
邮编(P. C.)：150080
电话(Tel)：0451－87803368
传真(Fax)：0451－87803368
联系人(Contact Person)：于桂华

海蓝纸业有限公司
地址(Add)：黑龙江省哈尔滨市道外区南直路328号
邮编(P. C.)：150090
电话(Tel)：0451－86850173
联系人(Contact Person)：秦秘海

哈尔滨阳瑞商贸有限公司
地址(Add)：黑龙江省哈尔滨市动力区哈平路4道街4号
邮编(P. C.)：150040
电话(Tel)：0451－82117078
传真(Fax)：0451－82117378
联系人(Contact Person)：杨鸿志

松洁纸业
地址(Add)：黑龙江省哈尔滨市呼兰区亿兴28号
邮编(P. C.)：150500
电话(Tel)：0451－55956585
传真(Fax)：0451－57302463
总经理(General Manager)：于松媛

哈尔滨市怡洁纸业
地址(Add)：黑龙江省哈尔滨市利民开发区南京路梧桐园5号楼B单元301室
邮编(P. C.)：150025
电话(Tel)：13895703138
传真(Fax)：0451－57354719
联系人(Contact Person)：王秀芹

哈尔滨欣隆祥商贸有限公司
地址(Add)：黑龙江省哈尔滨市南岗区阳光绿色家园梧桐苑
邮编(P. C.)：150076
电话(Tel)：0451－88565050
传真(Fax)：0451－82440990
联系人(Contact Person)：王福涛

盛隆百货批发
地址(Add)：黑龙江省哈尔滨市清真寺街56号
邮编(P. C.)：150020
电话(Tel)：0451－88340587
联系人(Contact Person)：于淑荣

哈尔滨三辰商贸有限公司
地址(Add)：黑龙江省哈尔滨市香坊区通乡街4号
邮编(P. C.)：150046
电话(Tel)：0451－82467050
传真(Fax)：0451－82415600
E-mail：jwx0451@126.com
总经理(General Manager)：姜文新
联系人(Contact Person)：刘国荣

黑龙江鹤岗市天天纸业有限公司
地址(Add)：黑龙江省鹤岗市南山区铁东路
邮编(P. C.)：154100
电话(Tel)：0468－3309043
传真(Fax)：0468－3309043
联系人(Contact Person)：李达

黑龙江省鸡西市东升纸业行
地址(Add)：黑龙江省鸡西市鸡冠区西郊乡政府后侧
邮编(P. C.)：158100
电话(Tel)：0467－2684222
传真(Fax)：0467－2662223
联系人(Contact Person)：孙占全

黑龙江省桦南龙塔纸业
地址(Add)：黑龙江省佳木斯市桦南县新华市场西10米道南
邮编(P. C.)：154016
电话(Tel)：0454－6262757
联系人(Contact Person)：张洪波

佳木斯市阳光商贸有限公司
地址(Add)：黑龙江省佳木斯市金三角忠信小区6号楼
邮编(P. C.)：154002
电话(Tel)：0454－8654835
传真(Fax)：0454－8632644
总经理(General Manager)：郭勇

瑞丰纸业
地址(Add)：黑龙江省佳木斯市忠信街金三角歌舞楼对门
邮编(P. C.)：154002
电话(Tel)：0454－8229484
总经理(General Manager)：古晓明

密山市宏大纸业
地址(Add)：黑龙江省密山市长明街
邮编(P. C.)：158100
电话(Tel)：0467－5234676
联系人(Contact Person)：吕京民

牡丹江晟唐纸业贸易有限公司
地址(Add)：黑龙江省牡丹江市东六条路福民街
邮编(P. C.)：157005
电话(Tel)：0453－6695268
传真(Fax)：0453－6675651
E-mail：dt-1997@163.com
总经理(General Manager)：赵宏伟

牡丹江润丰纸业有限公司
地址(Add)：黑龙江省牡丹江市东新安街118号
邮编(P. C.)：157011
电话(Tel)：0453－6913186
传真(Fax)：0453－6913186
法人代表(Chairman)：王彩霞
总经理(General Manager)：王彩霞
联系人(Contact Person)：关世印

小燕子纸业
地址(Add)：黑龙江省讷河市南市场西走50米路北
邮编(P. C.)：161300
电话(Tel)：0452－3381768
联系人(Contact Person)：马春艳

齐齐哈尔市隆丰纸业
地址(Add)：黑龙江省齐齐哈尔市二马路石油公司对面(飞彩印刷)
邮编(P. C.)：161005
电话(Tel)：0452－8982552
传真(Fax)：0452－2906896
E-mail：z29525627@126.com
总经理(General Manager)：孙风光
联系人(Contact Person)：王永刚

文齐文化百货批发部
地址(Add)：黑龙江省齐齐哈尔市建华区建东8号楼
邮编(P. C.)：161000
电话(Tel)：0452－2116596
联系人(Contact Person)：郭立荣

齐齐哈尔天然商贸有限公司
地址(Add)：黑龙江省齐齐哈尔市建华区石牌北小区2号楼1－2号
邮编(P. C.)：161000
电话(Tel)：0452－8061005
传真(Fax)：0452－8061005
联系人(Contact Person)：姜宝国

朝阳纸业
地址(Add)：黑龙江省齐齐哈尔市建华区王子花苑6号楼1单元101
邮编(P. C.)：161000
电话(Tel)：0452－2469242
传真(Fax)：0452－2469242
联系人(Contact Person)：谢文彬

联华日用品商店
地址(Add)：黑龙江省齐齐哈尔市建设大街驻军楼26号－1
邮编(P. C.)：161000
电话(Tel)：0452－2130858
联系人(Contact Person)：冯英奎

齐齐哈尔齐岩云纸品商店
地址(Add)：黑龙江省齐齐哈尔市建设路建东小区7号楼(203医院斜对面)
邮编(P. C.)：161000
电话(Tel)：0452－8548236
传真(Fax)：0452－8095866
联系人(Contact Person)：王岩

齐齐哈尔市昊天日用百货商店
地址(Add)：黑龙江省齐齐哈尔市运建小区19号楼101室
邮编(P. C.)：161000
电话(Tel)：0452－2691610
传真(Fax)：0452－2691610
总经理(General Manager)：姜伟

庆安县王氏纸业
地址(Add)：黑龙江省庆安县同源花园
邮编(P. C.)：152400
电话(Tel)：0455－6300088
传真(Fax)：0455－4331795
E-mail：648444156@qq.com
总经理(General Manager)：王志爽

黑龙江省双城鑫丰纸业
地址(Add)：黑龙江省双城市北二道街广播局对过
邮编(P. C.)：150100

电话(Tel)：0451－55728873
联系人(Contact Person)：张雪峰

绥化市花香纸业经销部
地址(Add)：黑龙江省绥化市南二西路(百货公司楼下)
邮编(P. C.)：152000
电话(Tel)：0455－8269759
传真(Fax)：0455－8269759
联系人(Contact Person)：刘香

五常市鼎鑫纸业
地址(Add)：黑龙江省五常市一商店后院龙跃市场院内
邮编(P. C.)：150200
电话(Tel)：0451－53542898
联系人(Contact Person)：孟凡涛

◆ 上海 Shanghai

上海村山商贸有限公司
地址(Add)：上海市长宁区清池路92号
邮编(P. C.)：200335
电话(Tel)：021－62394118
传真(Fax)：021－62394118
E-mail：zdw1985go@163.com
法人代表(Chairman)：王懋清
总经理(General Manager)：赵云妹
联系人(Contact Person)：王懋清

上海海法贸易公司
地址(Add)：上海市高科西路3158弄陆家宅79号
邮编(P. C.)：201204
电话(Tel)：021－58436037
传真(Fax)：021－68922470
总经理(General Manager)：刘刚

上海雷宝贸易有限公司
地址(Add)：上海市沪青平公路1360号东方明珠花园商务中心八楼818室
邮编(P. C.)：201702
电话(Tel)：021－59881660
传真(Fax)：021－59881483
总经理(General Manager)：余有国

上海婧依商贸有限公司
地址(Add)：上海市嘉定区南翔镇翔乐路106号
邮编(P. C.)：201802
电话(Tel)：021－59120208
传真(Fax)：021－39926200
总经理(General Manager)：赖伟杰

上海新彦纸业有限公司
地址(Add)：上海市林浦路848弄125号－1
邮编(P. C.)：200124
电话(Tel)：021－58492163
联系人(Contact Person)：樊红云

上海郡之杰商贸有限公司
地址(Add)：上海市陆家浜路521弄7号601
邮编(P. C.)：200011
电话(Tel)：021－63665283
传真(Fax)：021－63686259
E-mail：judge-good@tom.com
联系人(Contact Person)：骆君敏

上海百德家庭用品有限公司
地址(Add)：上海市浦东昌里东路71弄14幢103
邮编(P. C.)：200126
电话(Tel)：021－50563777
传真(Fax)：021－58741745
E-mail：zdk1998@21cn.com
总经理(General Manager)：郑大科

上海建发实业有限公司
(详见纸浆)

上海润厚商贸发展有限公司
地址(Add)：上海市三源路41弄21号楼502室
邮编(P. C.)：200333
电话(Tel)：021－62438345
联系人(Contact Person)：张景涛

上海晶都纸业有限公司
地址(Add)：上海市松花江路251号白玉兰环保广场1号楼1001室
邮编(P. C.)：200093
电话(Tel)：021－55232865
传真(Fax)：021－65636741
总经理(General Manager)：胡宝甫

上海美臣化妆品有限公司
地址(Add)：上海市松江区民益路35号
邮编(P. C.)：201612
电话(Tel)：021－57687080
传真(Fax)：021－57686992
E-mail：fashion@mecen.com.cn
Http://www.mecen.com.cn
联系人(Contact Person)：滕跃

上海冠乐商贸有限公司
地址(Add)：上海市小石桥街73号
邮编(P. C.)：200010
电话(Tel)：021－63138182
传真(Fax)：021－63162597
联系人(Contact Person)：邵立明

上海朋广贸易有限公司
地址(Add)：上海市徐汇区漕宝路1243号3楼110室
邮编(P. C.)：200233
电话(Tel)：021－51707808
传真(Fax)：021－51707809
法人代表(Chairman)：秦秀芳
联系人(Contact Person)：孙晓伟

日奔纸张纸浆商贸(上海)有限公司
(详见非织造布－热轧、热风、纺粘)

上海韵洁贸易有限公司
地址(Add)：上海市中山南一路893号斯米克广场西楼3楼
邮编(P. C.)：200023
电话(Tel)：021－53206601
传真(Fax)：021－53026782

E-mail：fuwg@ socp. com. cn
Http://www. jieyun. cn
联系人(Contact Person)：傅伟国

◆ 江苏 Jiangsu

扬州宝应圣宝纸业
地址(Add)：江苏省宝应县黄埔溪河路 72－3 号
邮编(P. C.)：225800
电话(Tel)：0514－88362367
联系人(Contact Person)：侯圣田

园园纸品
地址(Add)：江苏省滨海县东坎中路 187 号
邮编(P. C.)：224500
电话(Tel)：0515－84102377
联系人(Contact Person)：李功爱

金秋百货
地址(Add)：江苏省常熟市第三停车场 103 号
邮编(P. C.)：215500
电话(Tel)：0512－52238467
传真(Fax)：0512－52238004
联系人(Contact Person)：王严年

常熟市双惠日用品经营部
地址(Add)：江苏省常熟市华东食品城 B06－103
邮编(P. C.)：215531
电话(Tel)：0512－52161022
传真(Fax)：0512－52555836
E-mail：sm666888@ 163. com
联系人(Contact Person)：沈猛

常熟银鹰百货
地址(Add)：江苏省常熟市华东食品城 B11 幢 130－133 号
邮编(P. C.)：215531
电话(Tel)：0512－52512078
传真(Fax)：0512－52555817
联系人(Contact Person)：顾金星

银龙百货供配中心
地址(Add)：江苏省常熟市商务中心 1110 号
邮编(P. C.)：215500
电话(Tel)：0512－52763787
总经理(General Manager)：陈银龙

常熟市涌润贸易有限公司
地址(Add)：江苏省常熟市嵩山路 18 号
邮编(P. C.)：215500
电话(Tel)：13776200158
传真(Fax)：0512－51539636
联系人(Contact Person)：孙玉明

常州康佰利百货有限公司
地址(Add)：江苏省常州市怀德南路香江华廷 22－丙－502
邮编(P. C.)：213001
电话(Tel)：0519－88127130
传真(Fax)：0519－86185079
联系人(Contact Person)：许金雄

武进金一百贸易有限公司
地址(Add)：江苏省常州市礼嘉镇中心小学旁
邮编(P. C.)：213176
电话(Tel)：0519－8315797
联系人(Contact Person)：叶翠珠

常州笑脸生活用品有限公司
地址(Add)：江苏省常州市戚墅堰经济开发区
邮编(P. C.)：213011
电话(Tel)：0519－5201505
传真(Fax)：0519－5201505
联系人(Contact Person)：韩亚庆

常州天名快销
地址(Add)：江苏省常州市武进区人民西路双堂桥
邮编(P. C.)：213161
电话(Tel)：0519－86593567
传真(Fax)：0519－86588660
联系人(Contact Person)：许永祥

常州市三笑百货有限公司
地址(Add)：江苏省常州市新民苑 5 幢 103 室
邮编(P. C.)：213000
电话(Tel)：0519－88167010
传真(Fax)：0519－88167010
E-mail：sanxiaobaihuo@ 163. com
总经理(General Manager)：王诚忠

常州市温馨纸巾超市配送
地址(Add)：江苏省常州市瑶观镇观景苑 138 号
邮编(P. C.)：213102
电话(Tel)：0519－88708532
传真(Fax)：0519－88708532
E-mail：youyaobin1@ 126. com
联系人(Contact Person)：尤跃斌

常州市城翔百货有限公司
地址(Add)：江苏省常州市钟楼区五星街道新新村委徐家塘 168 号
邮编(P. C.)：213002
电话(Tel)：0519－86750556
传真(Fax)：0519－86750339
E-mail：czgs@ sshaoxiang. com
联系人(Contact Person)：李芬

常州黄凡纸业
地址(Add)：江苏省常州市邹区镇东大街 12 号
邮编(P. C.)：213144
电话(Tel)：0519－85905906
E-mail：huanggang0901@ 163. com
联系人(Contact Person)：黄刚

盐城群智贸易有限公司
地址(Add)：江苏省大丰市白驹镇大白路 38 号
邮编(P. C.)：224113
电话(Tel)：0515－83962333
传真(Fax)：0515－83508088
联系人(Contact Person)：陈爱云

大丰志刚百货
地址(Add)：江苏省大丰市百润发超市内

邮编(P. C.): 224100
电话(Tel): 0515 - 3517711
传真(Fax): 0515 - 3517711
联系人(Contact Person): 钱志刚

东方纸品
地址(Add): 江苏省东海县副食品批发市场海陵东路110号
邮编(P. C.): 222300
电话(Tel): 0518 - 87283518
联系人(Contact Person): 刘从广

东海县佳美商贸有限公司
地址(Add): 江苏省东海县海陵东路199号9 - 108号
邮编(P. C.): 222300
电话(Tel): 0518 - 87288006
传真(Fax): 0518 - 87288066
总经理(General Manager): 王自强

陈进纸业
地址(Add): 江苏省阜宁市古河镇洋桥
邮编(P. C.): 224427
电话(Tel): 0515 - 87631010
总经理(General Manager): 陈进

华芳纸品
地址(Add): 江苏省阜宁县城河路小商品市场
邮编(P. C.): 224400
电话(Tel): 0515 - 87221750
传真(Fax): 0515 - 87221750
联系人(Contact Person): 王芳

阜宁满好纸品
地址(Add): 江苏省阜宁县招商场城河路148号
邮编(P. C.): 224400
电话(Tel): 0515 - 87986526
联系人(Contact Person): 林海洋

江苏连云港赣榆县顺发纸品总公司
地址(Add): 江苏省赣榆县农副交易市场
邮编(P. C.): 222100
电话(Tel): 0518 - 87109188
总经理(General Manager): 董作仁

江苏云海卫生用品营销中心
地址(Add): 江苏省赣榆县石桥镇芦阳路
邮编(P. C.): 222114
电话(Tel): 0518 - 86819699
传真(Fax): 0518 - 86822899
联系人(Contact Person): 姜崇高

高邮市三欣商贸有限公司
地址(Add): 江苏省高邮市泰山桥北河边35号(文游台东400米原汽修厂)
邮编(P. C.): 225600
电话(Tel): 0514 - 84622700
传真(Fax): 0514 - 84622740
联系人(Contact Person): 仇军

华泰卫生用品营销中心
地址(Add): 江苏省海安县资丰市场8排4号
邮编(P. C.): 226600
电话(Tel): 0513 - 88096591
联系人(Contact Person): 冯建

淮安市万福纸业
地址(Add): 江苏省淮安市爱民路1 - 18号(食品城南大门向东60米)
邮编(P. C.): 223001
电话(Tel): 0517 - 87011069
总经理(General Manager): 吕万福

淮安市创新纸业有限公司
地址(Add): 江苏省淮安市爱民路1 - 19号
邮编(P. C.): 223200
电话(Tel): 0517 - 85924188
传真(Fax): 0517 - 85924188
总经理(General Manager): 陶开成

瑞洁纸业
地址(Add): 江苏省淮安市爱民路1 - 6号(食品城南大门对面)
邮编(P. C.): 223001
电话(Tel): 0517 - 87133127
联系人(Contact Person): 刘海梅

淮安明星纸业
地址(Add): 江苏省淮安市爱民路6号
邮编(P. C.): 223001
电话(Tel): 0517 - 87075089
传真(Fax): 0517 - 83991207
联系人(Contact Person): 刘守宝

江苏淮安市唐达纸业
地址(Add): 江苏省淮安市爱民路6号(食品城南门东侧)
邮编(P. C.): 223001
电话(Tel): 0517 - 83931043
联系人(Contact Person): 唐达

江苏省淮安市正大纸业
地址(Add): 江苏省淮安市爱民路8号(食品城大门东首)
邮编(P. C.): 223001
电话(Tel): 0517 - 83932366
传真(Fax): 0517 - 87135188
联系人(Contact Person): 王巍

恒丰纸业
地址(Add): 江苏省淮安市爱民路食品城南大门东侧
邮编(P. C.): 223001
电话(Tel): 0517 - 83933382
联系人(Contact Person): 王振

淮安市女爱纸业总汇
地址(Add): 江苏省淮安市楚州区东长街34号(楚州小学斜对面)
邮编(P. C.): 223232
电话(Tel): 0517 - 85986726
联系人(Contact Person): 王汉德

淮安市一品梅日化
地址(Add): 江苏省淮安市楚州区南门大街646号
邮编(P. C.): 223200

电话(Tel)：0517－5993285
联系人(Contact Person)：李平

东风纸业
地址(Add)：江苏省淮安市东方花园 A7－06
邮编(P. C.)：223002
电话(Tel)：0517－83960562
联系人(Contact Person)：宋秀波

洪泽县海华纸业
地址(Add)：江苏省淮安市洪泽县大庆中路 34 号
邮编(P. C.)：223100
电话(Tel)：0517－87221087
传真(Fax)：0517－87221087
总经理(General Manager)：王兆海

淮安市恒和商贸有限公司
地址(Add)：江苏省淮安市淮阴区苏北市场六区 501 号
邮编(P. C.)：223300
电话(Tel)：13905239223
传真(Fax)：0517－84911866
联系人(Contact Person)：朱桂芹

淮安市天顺纸业有限公司
地址(Add)：江苏省淮安市淮阴区五里工业区
邮编(P. C.)：223323
电话(Tel)：0517－83464288
总经理(General Manager)：唐业宏

淮安市银宝商贸有限公司
地址(Add)：江苏省淮安市健康东路 73 号 2 栋 402 号
邮编(P. C.)：223100
电话(Tel)：13852386116
传真(Fax)：0517－83330457
联系人(Contact Person)：丁森

淮安涟水卫生纸品批发部
地址(Add)：江苏省淮安市涟水县
邮编(P. C.)：223400
电话(Tel)：0517－82327309
联系人(Contact Person)：陈立芹

淮安市丽缘日化
地址(Add)：江苏省淮安市清河区通四泉巷 41 号
邮编(P. C.)：223001
电话(Tel)：0517－83282033
联系人(Contact Person)：赵丽

江阴市东盛纸业
地址(Add)：江苏省江阴市江南批发市场副食区 335 号
邮编(P. C.)：214400
电话(Tel)：0510－82901805
传真(Fax)：0510－86109820
联系人(Contact Person)：周粉美

江阴市利益纸品厂
地址(Add)：江苏省江阴市农副产品批发市场 224 号
邮编(P. C.)：214400
电话(Tel)：0510－86106192
传真(Fax)：0510－88611779
总经理(General Manager)：李一华

金坛市亚太纸业有限公司
地址(Add)：江苏省金坛市西环二路 88 号
邮编(P. C.)：213200
电话(Tel)：0519－82793333
传真(Fax)：0519－82793889
总经理(General Manager)：符小建
联系人(Contact Person)：曹月平

句容富裕百货公司
地址(Add)：江苏省句容市华阳南路 13 幢 1－3 号门面
邮编(P. C.)：212400
电话(Tel)：0511－87239960
传真(Fax)：0511－87239293
总经理(General Manager)：徐志

昆山市小进百货超市配货中心
地址(Add)：江苏省昆山市超华商贸城 C 区 4 幢 15－18 号
邮编(P. C.)：215300
电话(Tel)：0512－86187098
传真(Fax)：0512－57570817
联系人(Contact Person)：郑米进

昆山荣星百货配销中心
地址(Add)：江苏省昆山市超华商贸城 D 区 18 幢 2 号
邮编(P. C.)：215300
电话(Tel)：0512－57532059
传真(Fax)：0512－57563303
E-mail：59281686@163.com
联系人(Contact Person)：徐福斌

昆山百利星商贸有限公司
地址(Add)：江苏省昆山市二里桥超华商贸城 C 区 5 幢 2，3 号
邮编(P. C.)：215300
电话(Tel)：0512－57262987
传真(Fax)：0512－57597952
E-mail：mq9996@126.com
联系人(Contact Person)：陈茂勤

昆山市友善贸易有限公司
地址(Add)：江苏省昆山市水秀路 748 号
邮编(P. C.)：215316
电话(Tel)：13962636456
传真(Fax)：0512－57178739
E-mail：ksys@chinaksys.com
Http://www.chinaksys.com
联系人(Contact Person)：梁秀美

昆山市环亚物资贸易有限公司
地址(Add)：江苏省昆山市月城街 132 号
邮编(P. C.)：215300
电话(Tel)：0512－57333889
传真(Fax)：0512－57333886
联系人(Contact Person)：王飞

昆山市天添贸易有限公司
地址(Add)：江苏省昆山市正仪镇振兴西路 6 号
邮编(P. C.)：215347
电话(Tel)：0512－51275126
传真(Fax)：0512－57734606

联系人(Contact Person)：徐同春

连云港市海州学华纸业批发部
地址(Add)：江苏省连云港市海州批发市场12－18号
邮编(P. C.)：222000
电话(Tel)：0518－82559845
传真(Fax)：0518－85212737
总经理(General Manager)：刘学华

连云港市程爱纸品批发部
地址(Add)：江苏省连云港市海州市场12区2排11号
邮编(P. C.)：222023
电话(Tel)：0518－85217251
联系人(Contact Person)：程军

连云港市天发商贸有限公司
地址(Add)：江苏省连云港市海州小商品批发市场六区一排15号
邮编(P. C.)：222000
电话(Tel)：0518－85215120
传真(Fax)：0518－85215936
联系人(Contact Person)：周启娟

浩普斯国际贸易有限公司
地址(Add)：江苏省连云港市连云区经八路16号
邮编(P. C.)：222043
电话(Tel)：0518－82802965
E-mail：ljc60930@ sohu. com
联系人(Contact Person)：刘京财

连云港汇得贸易有限公司
地址(Add)：江苏省连云港市新浦区苍梧路中房鑫城A楼702室
邮编(P. C.)：222006
电话(Tel)：0518－85801698
传真(Fax)：0519－85830695
E-mail：yanlonn@ hotmail. com
总经理(General Manager)：王海龙

连云港市悦美商贸有限公司
地址(Add)：江苏省连云港市新浦区玉带新村桂苑5号楼2单元601室
邮编(P. C.)：212000
电话(Tel)：0518－82990129
传真(Fax)：0518－85191682
联系人(Contact Person)：龙春桃

南京供销纸业有限责任公司
地址(Add)：江苏省南京市汉中门凤凰街84号院内
邮编(P. C.)：210029
电话(Tel)：025－86600465
传真(Fax)：025－86600465
总经理(General Manager)：童南南

南京翱翔贸易有限公司
地址(Add)：江苏省南京市建邺区莫愁湖东路10－9号
邮编(P. C.)：210029
电话(Tel)：025－86656750
传真(Fax)：025－86508389
联系人(Contact Person)：刘希

南京市同仁洗涤化妆品经营部
地址(Add)：江苏省南京市江东北路121号辰龙广场4幢2606室
邮编(P. C.)：210036
电话(Tel)：025－83904821
联系人(Contact Person)：卞文

南京名道酒店用品有限公司
地址(Add)：江苏省南京市漓江路21－1号文涛公寓1幢2号201
邮编(P. C.)：210013
电话(Tel)：025－83722796
传真(Fax)：025－83722796
联系人(Contact Person)：王铮

南京天音经贸有限公司
地址(Add)：江苏省南京市禄口镇华商路2号
邮编(P. C.)：211113
电话(Tel)：025－52777535
传真(Fax)：025－52777532
E-mail：linhl@ aota. cn
联系人(Contact Person)：林惠玲

南京龙景投资管理实业有限公司
地址(Add)：江苏省南京市应天西路怡康新寓5幢903室
邮编(P. C.)：210017
电话(Tel)：025－52315556
传真(Fax)：025－52315556
联系人(Contact Person)：晏宁

南京正觉商贸有限公司
地址(Add)：江苏省南京市湛江路88号苏城南苑6号2单元901
邮编(P. C.)：210000
电话(Tel)：025－86370015
传真(Fax)：025－86370013
总经理(General Manager)：林通

江苏省南通中设经贸发展有限公司
地址(Add)：江苏省南通市长江东路262号
邮编(P. C.)：226004
电话(Tel)：0513－85707720
传真(Fax)：0513－85225160
法人代表(Chairman)：罗宝洪
总经理(General Manager)：罗宝洪

南通三朋经贸有限公司
地址(Add)：江苏省南通市港闸区唐闸街道新园村七组
邮编(P. C.)：226002
电话(Tel)：0513－85433016
传真(Fax)：0513－88100822
总经理(General Manager)：朱海建

南通天嘉纸业有限公司
地址(Add)：江苏省南通市工农路111号华辰大厦A座2201室
邮编(P. C.)：226001
电话(Tel)：0513－80109799
传真(Fax)：0513－85050276
E-mail：z33. 3@ 163. com
联系人(Contact Person)：赵越

旭东卫生用品营销中心
地址(Add)：江苏省南通市海安县资丰市场东区1排5号
邮编(P. C.)：226600
电话(Tel)：0513－88166983
联系人(Contact Person)：吴俊

华泰卫生用品营销中心
地址(Add)：江苏省南通市海安县资丰市场东区8排4号
邮编(P. C.)：226600
电话(Tel)：0513－88096591
联系人(Contact Person)：冯建

南通天嘉纸业有限公司
地址(Add)：江苏省南通市华辰大厦A座2201
邮编(P. C.)：226001
电话(Tel)：0513－80109799
传真(Fax)：0513－85050276
联系人(Contact Person)：葛守峰

南通市伟旺经贸有限公司
地址(Add)：江苏省南通市万象路18号
邮编(P. C.)：226000
电话(Tel)：0513－85536362
传真(Fax)：0513－88100091
联系人(Contact Person)：朱伟林

南通今生之伴纸品厂
地址(Add)：江苏省南通市易家桥新村
邮编(P. C.)：226007
电话(Tel)：13218272608
传真(Fax)：0513－85230448
总经理(General Manager)：周建

南通开发区福泰经贸有限公司
地址(Add)：江苏省南通市跃龙南路红星路太阳鑫城3座428室
邮编(P. C.)：226000
电话(Tel)：0513－89010619
传真(Fax)：0513－89010589
E-mail：hxnt@163. com
联系人(Contact Person)：何翔

江苏沛县星海副食品有限公司分公司
地址(Add)：江苏省沛县城镇新庄路中段金星小区7号楼对面
邮编(P. C.)：221600
电话(Tel)：0516－89638716
传真(Fax)：0516－89615180
联系人(Contact Person)：周裕民

宝贝时代专卖店
地址(Add)：江苏省沛县大毛煤电公司十一村
邮编(P. C.)：221600
电话(Tel)：15962425498
传真(Fax)：komofe@sina. com
总经理(General Manager)：张伟

徐州市琪瑞商贸有限公司
地址(Add)：江苏省邳州市文化路14－10号
邮编(P. C.)：221000
电话(Tel)：0516－86224132
传真(Fax)：0516－86243250
总经理(General Manager)：朱琳

如东天顺贸易商行
地址(Add)：江苏省如东市丰利镇
邮编(P. C.)：226408
电话(Tel)：0513－85230448
联系人(Contact Person)：周建

南通市薛佳纸品加工厂
地址(Add)：江苏省如皋市经济开发区
邮编(P. C.)：226500
传真(Fax)：13235217777
联系人(Contact Person)：薛建海

如皋薛佳纸业批发商行
地址(Add)：江苏省如皋市天平市场12120
邮编(P. C.)：226500
电话(Tel)：0513－87618209
联系人(Contact Person)：薛海建

江苏如皋捷佳纸业
地址(Add)：江苏省如皋市天平市场12136号
邮编(P. C.)：226500
电话(Tel)：0513－82918816
联系人(Contact Person)：吉爱全

如皋市嘉健卫生用品经营部
地址(Add)：江苏省如皋市天平市场14315号(南大门对面向西第4家)
邮编(P. C.)：226500
电话(Tel)：0513－82918842
联系人(Contact Person)：周嘉建

沭阳县钱四纸品行
地址(Add)：江苏省沭阳县东方广场东方路3号
邮编(P. C.)：223600
电话(Tel)：0527－83563201
传真(Fax)：0527－88701299
E-mail：13805241749@139. com
联系人(Contact Person)：钱中权

江苏沭阳蓝天纸业
地址(Add)：江苏省沭阳县东方明珠城10幢4单元307室
邮编(P. C.)：223600
电话(Tel)：0527－89981375
传真(Fax)：0527－89981375
联系人(Contact Person)：葛春虎

淮安市特别特纸品经营部
地址(Add)：江苏省沭阳县金城花园3号楼1单元101室
邮编(P. C.)：223600
电话(Tel)：0527－83937967
传真(Fax)：0527－83939967
总经理(General Manager)：周森林

海宾纸业
地址(Add)：江苏省沭阳县商贸批发中心33－109号(喜来登酒楼对面)
邮编(P. C.)：223600

电话(Tel)：0527－88022548
联系人(Contact Person)：徐海宾

苏州市永嘉纸品贸易有限公司
地址(Add)：江苏省苏州工业园区胜浦镇胜浦大桥南30米
邮编(P. C.)：215126
电话(Tel)：0512－66026277
E-mail：hand117693086@tom. com
联系人(Contact Person)：姬强

苏州市秋硕商贸有限公司
地址(Add)：江苏省苏州市宝南路89号宏伟物流2－5号
邮编(P. C.)：215007
电话(Tel)：0512－65636309
传真(Fax)：0512－65637609
E-mail：wuyiqui1@sina. com
联系人(Contact Person)：李耶灵

苏州市依达工贸有限公司
地址(Add)：江苏省苏州市东大街231号
邮编(P. C.)：215007
电话(Tel)：0512－65269185
传真(Fax)：0512－65266185
联系人(Contact Person)：翁介林

苏州维美德纸品有限公司
地址(Add)：江苏省苏州市东方大道1688号
邮编(P. C.)：215236
电话(Tel)：0512－67086255
联系人(Contact Person)：张作亚

苏州工业园区千百利经贸有限公司
地址(Add)：江苏省苏州市东中市264号
邮编(P. C.)：215003
电话(Tel)：0512－67273338
传真(Fax)：0512－67272866
E-mail：szqbl2008@163. com
联系人(Contact Person)：张政

苏州市万昌贸易有限公司
地址(Add)：江苏省苏州市高新区华山路158－38号
邮编(P. C.)：215011
电话(Tel)：0512－66617773
传真(Fax)：0215－66658283
E-mail：ytanhua@sina. com
总经理(General Manager)：徐月兰

苏州市辰凯贸易有限公司
地址(Add)：江苏省苏州市广济路236号
邮编(P. C.)：215008
电话(Tel)：0512－65518457
传真(Fax)：0512－65318581
E-mail：sz_ck_66@163. com
总经理(General Manager)：季小林

苏州王大名百货快销服务有限公司
地址(Add)：江苏省苏州市广济南路170号
邮编(P. C.)：215008
电话(Tel)：0512－65524944
传真(Fax)：0512－65523416
E-mail：dmkx. cgb@163. com
联系人(Contact Person)：俞文宾

苏州裕丰百货
地址(Add)：江苏省苏州市木渎商城梅林路35号
邮编(P. C.)：215101
电话(Tel)：0512－66576393
传真(Fax)：0512－66576393
联系人(Contact Person)：王桂兵

苏州宏发百货
地址(Add)：江苏省苏州市木渎镇香溪东路98－4号
邮编(P. C.)：215101
电话(Tel)：0512－88873008
传真(Fax)：0512－88873018
联系人(Contact Person)：邢捷

东方红塑料批发
地址(Add)：江苏省苏州市南环桥市场13号门面
邮编(P. C.)：215007
电话(Tel)：0512－61892755
联系人(Contact Person)：李红

福友一次性日用品经营部
地址(Add)：江苏省苏州市盘胥路188号(苏福路大润发对面)德合小商品商城二区135号
邮编(P. C.)：215007
电话(Tel)：0512－68553637
传真(Fax)：0512－68553637
联系人(Contact Person)：杜将

苏州市方中商贸有限公司
地址(Add)：江苏省苏州市人民路158号(美地广场8号楼303)
邮编(P. C.)：215002
电话(Tel)：0512－65094963
联系人(Contact Person)：林碧生

苏州瑞锦贸易有限公司
地址(Add)：江苏省苏州市通园路699号内
邮编(P. C.)：215006
电话(Tel)：0512－69170219
传真(Fax)：0512－69170225
总经理(General Manager)：曹剑刚

苏州方圆同心贸易有限公司
地址(Add)：江苏省苏州市桐泾北路26－6号
邮编(P. C.)：215004
电话(Tel)：0512－61288808
传真(Fax)：0512－69136920
E-mail：fytx_yangs@126. com
联系人(Contact Person)：杨峰

苏州维安商贸有限公司
地址(Add)：江苏省苏州市唯亭青苑园二区15－2－103室
邮编(P. C.)：215000
电话(Tel)：0512－62814609
传真(Fax)：0512－62814609
联系人(Contact Person)：朱于相

苏州韩亚贸易有限公司
地址(Add)：江苏省苏州市乌鹊桥路28号
邮编(P.C.)：215006
电话(Tel)：0512-67549899
传真(Fax)：0512-67510968
联系人(Contact Person)：屠晓刚

苏州益祺贸易有限公司
地址(Add)：江苏省苏州市吴中区宝南路89号
邮编(P.C.)：215128
电话(Tel)：0512-65853702
传真(Fax)：0512-65853703
联系人(Contact Person)：林锦金

苏州市夏龙百货批发配送中心
地址(Add)：江苏省苏州市吴中区藏书镇石码头陈恒织造有限公司内转
邮编(P.C.)：215156
电话(Tel)：0512-67181851
传真(Fax)：0512-65303055
总经理(General Manager)：陈庆龙

苏州市东超纸业有限公司
地址(Add)：江苏省苏州市吴中区临湖镇浦庄和安路
邮编(P.C.)：215105
电话(Tel)：0512-66308697
传真(Fax)：0512-66308367
总经理(General Manager)：李东平

苏州雅兴日用百货配送中心
地址(Add)：江苏省苏州市吴中区石湖西路小商品市场
邮编(P.C.)：215128
电话(Tel)：0512-81662380
联系人(Contact Person)：林雅

苏州世龙
地址(Add)：江苏省苏州市吴中区越溪镇溪东新村一区
邮编(P.C.)：215104
电话(Tel)：0512-61278510
传真(Fax)：0512-66039795
联系人(Contact Person)：戴华

天和纸品有限公司
地址(Add)：江苏省苏州市相城经济开发区
邮编(P.C.)：215000
电话(Tel)：0512-69686628
联系人(Contact Person)：李庆阳

苏州普瑞纳贸易有限公司
地址(Add)：江苏省苏州市相城区澄阳路60号脱颖科技创业园3幢213
邮编(P.C.)：215131
电话(Tel)：0512-66156452
传真(Fax)：0512-66156453
总经理(General Manager)：张晨鹤

苏州华海百货商行
地址(Add)：江苏省苏州市新塘工业区新星路80号
邮编(P.C.)：215008
电话(Tel)：0512-67552209
传真(Fax)：0512-67552209
联系人(Contact Person)：吴在海

苏州正隆贸易有限公司
地址(Add)：江苏省苏州市运河路18号外贸保税仓库
邮编(P.C.)：215011
电话(Tel)：0512-89186195
传真(Fax)：0512-89186200
联系人(Contact Person)：顾云鹏

苏州市放心卫生用品配送
地址(Add)：江苏省苏州市中翔小商品批发市场1407号
邮编(P.C.)：215000
电话(Tel)：15950093584
传真(Fax)：0512-87658485
联系人(Contact Person)：张素红

苏州新区元野经贸有限公司
地址(Add)：江苏省苏州新区玉山路1号万立大厦408号
邮编(P.C.)：215011
电话(Tel)：0512-67177330
传真(Fax)：0512-68248346
联系人(Contact Person)：仇豫霞

宿迁市新瑞达贸易公司
地址(Add)：江苏省宿迁市河滨四组103号
邮编(P.C.)：223800
电话(Tel)：0527-84350228
传真(Fax)：0527-84350228
E-mail：studiowin@yahoo.com.cn
总经理(General Manager)：张举

宿迁千百回百货商行
地址(Add)：江苏省宿迁市义乌国际商贸城三街10210号
邮编(P.C.)：223800
电话(Tel)：0527-88120381
传真(Fax)：0527-84360852
联系人(Contact Person)：刘志强

无锡市亮丽商业贸易有限公司
地址(Add)：江苏省无锡市长绛路46号棉麻公司A座102室
邮编(P.C.)：214007
电话(Tel)：0510-82418379
传真(Fax)：0510-82442022
E-mail：wuxiliangli@163.com
联系人(Contact Person)：周敏

无锡市广源纸品经营部
地址(Add)：江苏省无锡市风光里典古桥2号
邮编(P.C.)：214026
电话(Tel)：0510-82845499
传真(Fax)：0510-82845848
总经理(General Manager)：胡荣让

无锡嘉年百货商行
地址(Add)：江苏省无锡市广益副食品商城二楼C703
邮编(P.C.)：214013
电话(Tel)：0510-82117143
传真(Fax)：0510-82117143
联系人(Contact Person)：惠敏维

全迎纸业有限公司
地址(Add)：江苏省无锡市唐南招商城2号楼2楼29号
邮编(P. C.)：214073
电话(Tel)：0510－85059697
传真(Fax)：0510－85037989
总经理(General Manager)：黄少平

无锡市英君日用百货商行
地址(Add)：江苏省无锡市塘南招商城C区二楼320－321店面
邮编(P. C.)：214026
电话(Tel)：0510－85053293
传真(Fax)：0510－80218336
联系人(Contact Person)：王勇水

无锡市天之利商贸有限公司
地址(Add)：江苏省无锡市许巷7号
邮编(P. C.)：214037
电话(Tel)：0510－85290963
传真(Fax)：0510－85290963
联系人(Contact Person)：张红平

欧特福生活购物中心
地址(Add)：江苏省吴江市汾湖经济开发区芦莘大道100号
邮编(P. C.)：215211
电话(Tel)：0512－63277115
传真(Fax)：0512－63277789
总经理(General Manager)：滕海云

吴江建平纸品商行
地址(Add)：江苏省吴江市平望商贸城7幢19号
邮编(P. C.)：215221
电话(Tel)：0512－60662655
传真(Fax)：0512－63665655
联系人(Contact Person)：尹中庆

吴江市建平批发部
地址(Add)：江苏省吴江市平望镇副食品市场四区10号
邮编(P. C.)：215221
电话(Tel)：0512－61635335
联系人(Contact Person)：张文荣

吴江市平望雪麟百货商行
地址(Add)：江苏省吴江市平望镇商贸城
邮编(P. C.)：215221
电话(Tel)：0512－63646798
传真(Fax)：0512－63646798
联系人(Contact Person)：李兴旺

新沂市互惠商贸有限公司
地址(Add)：江苏省新沂市经济开发区(达骏汽贸院内)
邮编(P. C.)：221400
电话(Tel)：0516－88056602
传真(Fax)：0516－88056600
联系人(Contact Person)：杜获

新沂市新润商贸有限公司
地址(Add)：江苏省新沂市钟吾商场573号
邮编(P. C.)：221400
电话(Tel)：13236030583
传真(Fax)：0516－88992959
联系人(Contact Person)：张军

钟吾纸业
地址(Add)：江苏省新沂市钟吾商场580号
邮编(P. C.)：221400
电话(Tel)：0516－88926343
联系人(Contact Person)：杜敬成

阳光纸业
地址(Add)：江苏省徐州市朝阳市场百货区东精品屋35号
邮编(P. C.)：221354
电话(Tel)：0516－87629189
联系人(Contact Person)：范远航

徐州市朝阳佳家乐卫生用品经营部
地址(Add)：江苏省徐州市朝阳市场东精3号
邮编(P. C.)：221000
电话(Tel)：0516－83610069
传真(Fax)：0516－83738983
联系人(Contact Person)：陈瑞兰

徐州市好又多百货有限公司
地址(Add)：江苏省徐州市复兴北路(建北小学院内)
邮编(P. C.)：221000
电话(Tel)：0516－80204543
传真(Fax)：0516－83733172
联系人(Contact Person)：张正洲

徐州金华欣纸制品商行
地址(Add)：江苏省徐州市复兴北路112号
邮编(P. C.)：221005
电话(Tel)：0516－87826028
传真(Fax)：0516－87826028
联系人(Contact Person)：杜峰

徐州市诚裕贸易公司
地址(Add)：江苏省徐州市鼓楼区沈场95号
邮编(P. C.)：221006
电话(Tel)：0516－85214717
传真(Fax)：0516－82377568
总经理(General Manager)：蒋成明

徐州市联诚经贸有限公司
地址(Add)：江苏省徐州市和平路64号帝都大厦2901室
邮编(P. C.)：221000
电话(Tel)：0516－83810578
传真(Fax)：0516－83827559
E-mail：zlei169@public. xz. js. cn
总经理(General Manager)：周雷

宇祥商贸
地址(Add)：江苏省徐州市淮海食品城华东市场002号
邮编(P. C.)：221009
电话(Tel)：0516－83200178
传真(Fax)：0516－83200178
联系人(Contact Person)：张士峰

徐州君悦商贸有限公司
地址(Add)：江苏省徐州市淮海食品城冷库市场11号

邮编(P. C.)：221005
电话(Tel)：0516 - 83877403
传真(Fax)：0516 - 83877403
总经理(General Manager)：宋文华

翔羽商贸
地址(Add)：江苏省徐州市淮海食品城良茂市场24号
邮编(P. C.)：221000
电话(Tel)：0516 - 82186078
联系人(Contact Person)：张文君

徐州市金朋洋商贸公司
地址(Add)：江苏省徐州市淮海食品城粮茂33号
邮编(P. C.)：221008
电话(Tel)：0516 - 82319970
传真(Fax)：0516 - 83872758
联系人(Contact Person)：刘辉

徐州雅兔纸制品商贸行
地址(Add)：江苏省徐州市淮海食品城盛裕市场F - 1号
邮编(P. C.)：221008
电话(Tel)：0516 - 83872143
总经理(General Manager)：徐云峰

徐州淮海食品城恒发纸业
地址(Add)：江苏省徐州市淮海食品城天龙市场南门268号门面
邮编(P. C.)：221005
电话(Tel)：0516 - 87326798
联系人(Contact Person)：周艳

徐州鑫兴纸业
地址(Add)：江苏省徐州市淮海食品城同发市场2区1号
邮编(P. C.)：221000
电话(Tel)：0516 - 83873008
总经理(General Manager)：魏路

徐州憋祥意商贸有限公司
地址(Add)：江苏省徐州市民富园48号3 - 701
邮编(P. C.)：221004
电话(Tel)：0516 - 82105385
传真(Fax)：0516 - 83764778
联系人(Contact Person)：刘彪

宏利妇幼用品批发中心
地址(Add)：江苏省徐州市沛县香港街中段路西
邮编(P. C.)：221600
电话(Tel)：0516 - 89696801
联系人(Contact Person)：魏先超

恒利妇幼用品批发中心
地址(Add)：江苏省徐州市沛县新庄路中段路西
邮编(P. C.)：221600
电话(Tel)：0516 - 89669836
传真(Fax)：0516 - 89833299
联系人(Contact Person)：龙涛

金羽纸品
地址(Add)：江苏省徐州市食品城良茂市场28号
邮编(P. C.)：221008
电话(Tel)：0516 - 87328516
传真(Fax)：0516 - 87627162
联系人(Contact Person)：徐长雨

徐州市丽缇商贸有限公司
地址(Add)：江苏省徐州市食品城同发市场二楼(铜山信用社楼上)
邮编(P. C.)：221000
电话(Tel)：0516 - 83870788
传真(Fax)：0516 - 83566266
总经理(General Manager)：胡文革

徐州市金牌纸业
地址(Add)：江苏省徐州市西苑春雨7号
邮编(P. C.)：221000
电话(Tel)：0516 - 82209220
联系人(Contact Person)：宋梅

徐州市荣杰商贸有限公司
地址(Add)：江苏省徐州市下淀路10巷5号
邮编(P. C.)：221003
电话(Tel)：0516 - 83738069
传真(Fax)：0516 - 83738069
联系人(Contact Person)：仇晓东

徐州天地和工贸有限公司
地址(Add)：江苏省徐州市新沂经济技术开发区万德福配送中心
邮编(P. C.)：221400
电话(Tel)：13395272558
传真(Fax)：0516 - 88986116
联系人(Contact Person)：刘建军

徐州市智斌商贸有限公司
地址(Add)：江苏省徐州市杏山子工业园区
邮编(P. C.)：221148
电话(Tel)：0516 - 85712316
联系人(Contact Person)：张宜武

东方纸品贸易
地址(Add)：江苏省盐城市滨海县城北路49号
邮编(P. C.)：224500
电话(Tel)：0515 - 4131186
传真(Fax)：0515 - 4131186
总经理(General Manager)：左昇

海东纸业
地址(Add)：江苏省盐城市滨海县玉龙路西21幢33号
邮编(P. C.)：224500
电话(Tel)：0515 - 84106806
传真(Fax)：0515 - 84106806
总经理(General Manager)：黄海东

盐城市姗姗商贸有限公司
地址(Add)：江苏省盐城市黄海东路23号
邮编(P. C.)：224002
电话(Tel)：0515 - 88339608
总经理(General Manager)：庞玉荣

盐城市百惠商贸有限公司
地址(Add)：江苏省盐城市黄海东路大洋工业园
邮编(P. C.)：224003

电话(Tel)：13814315088
传真(Fax)：0515－88255682
联系人(Contact Person)：蔡长海

盐城市文洁商贸有限公司
地址(Add)：江苏省盐城市开发区新河新村一区177号
邮编(P. C.)：212002
电话(Tel)：0515－88286297
传真(Fax)：0515－88286297
联系人(Contact Person)：单秀炳

盐城佳百利商贸有限公司
地址(Add)：江苏省盐城市人民南路34号111幢308室
邮编(P. C.)：224001
电话(Tel)：0515－88370983
传真(Fax)：0515－88370983
总经理(General Manager)：冯明

梅子纸品
地址(Add)：江苏省盐城市射阳县双拥路159号
邮编(P. C.)：224300
电话(Tel)：0515－2020111
联系人(Contact Person)：孙乃武

盐城市心连心商贸有限公司
地址(Add)：江苏省盐城市太极大厦1－11号
邮编(P. C.)：224001
电话(Tel)：0515－88377681
传真(Fax)：0515－88396975
总经理(General Manager)：葛群

盐城金邦商贸有限公司
地址(Add)：江苏省盐城市通榆北村2区11幢101
邮编(P. C.)：224001
电话(Tel)：0515－88999225
传真(Fax)：0515－88209982
E-mail：yc7799@163. com
联系人(Contact Person)：张春荣

盐城市明明纸业有限公司
地址(Add)：江苏省盐城市盐都新区
邮编(P. C.)：224005
电话(Tel)：0515－88469566
E-mail：462808081@qq. com
总经理(General Manager)：蔡晓明

盐城永洁纸业
地址(Add)：江苏省盐城市悦达纺织园南侧
邮编(P. C.)：224005
电话(Tel)：0515－88469497
联系人(Contact Person)：吴士军

正兵纸塑贸易商行
地址(Add)：江苏省盐城市招商场外围41036门市
邮编(P. C.)：224002
电话(Tel)：0515－88219981
总经理(General Manager)：严正兵

盐城市安尔乐纸品批发部
地址(Add)：江苏省盐城市招商场外围41068号
邮编(P. C.)：224002
电话(Tel)：0515－88065433
联系人(Contact Person)：许晓明

守连商行
地址(Add)：江苏省盐城市招商场外围41073门市
邮编(P. C.)：224000
电话(Tel)：0515－88213889
联系人(Contact Person)：蒋守廉

东方红纸业
地址(Add)：江苏省盐都新区仲马东小区1号
邮编(P. C.)：224000
电话(Tel)：0515－88418897
联系人(Contact Person)：仇道宏

扬中市新盛百货有限公司
地址(Add)：江苏省扬中市绿扬路59号
邮编(P. C.)：212200
电话(Tel)：0511－82680835
传真(Fax)：0511－88300835
总经理(General Manager)：顾文忠

扬州市凯达贸易有限公司
地址(Add)：江苏省扬州市大桥东副食品城南大门外
邮编(P. C.)：225006
电话(Tel)：0514－85201566
传真(Fax)：0514－82689366
E-mail：zhuguofei@sina. com
联系人(Contact Person)：翁秀芳

红树林纸品批发
地址(Add)：江苏省扬州市副食品城综合楼19号
邮编(P. C.)：225006
电话(Tel)：0514－85201997
联系人(Contact Person)：张红梅

扬州市宝蝶纸品配送中心
地址(Add)：江苏省扬州市副食品城综合楼26号
邮编(P. C.)：225006
电话(Tel)：0514－7295519
传真(Fax)：0514－7459919
联系人(Contact Person)：陶善亮

扬州自然之选纸业(贸易)有限公司
地址(Add)：江苏省扬州市解放南路55号凯运天地3幢105室
邮编(P. C.)：225005
电话(Tel)：0514－87240795
传真(Fax)：0514－87240795
E-mail：yzxxfgs@163. com
总经理(General Manager)：陈金平

石桥吉祥商行
地址(Add)：江苏省仪征市真州路24号(石桥农贸市场外第一家)
邮编(P. C.)：211400
电话(Tel)：0514－83422195
传真(Fax)：0514－83433464
E-mail：jf@126. com
联系人(Contact Person)：许家琴

宜兴市金洁百货商行
地址(Add)：江苏省宜兴市南河路8号
邮编(P.C.)：214000
电话(Tel)：0510-88567366
传真(Fax)：0510-88567366
联系人(Contact Person)：王伟宏

无锡市好店家百货有限公司
地址(Add)：江苏省宜兴市兴和花园749号
邮编(P.C.)：214200
电话(Tel)：0510-87928330
传真(Fax)：0510-87902818
联系人(Contact Person)：孔继英

张家港信誉纸行
地址(Add)：江苏省张家港市近青草巷批发市场
邮编(P.C.)：215600
电话(Tel)：0512-56907256
传真(Fax)：0512-56907256
联系人(Contact Person)：朱永江

张家港市联华百货有限公司
地址(Add)：江苏省张家港市朱港巷5号
邮编(P.C.)：215600
电话(Tel)：0512-58282912
传真(Fax)：0512-58215567
联系人(Contact Person)：朱建荣

镇江市双陆百货有限公司
地址(Add)：江苏省镇江市禹山北路1号1619
邮编(P.C.)：210008
电话(Tel)：0511-88813777
传真(Fax)：0511-88838809
法人代表(Chairman)：陆军
总经理(General Manager)：陆军

镇江金印纸品有限公司
地址(Add)：江苏省镇江市中山东路188号紫金大厦A座7楼
邮编(P.C.)：212001
电话(Tel)：13952858988
传真(Fax)：0511-5029977
联系人(Contact Person)：王睿旻

◆ 浙江 Zhejiang

苍南县家佳日用品经营部
地址(Add)：浙江省苍南县(老)副食品批发市场123号
邮编(P.C.)：325800
电话(Tel)：0577-68710760
传真(Fax)：0577-64765776
联系人(Contact Person)：林乃助

苍南继完日用品经营部
地址(Add)：浙江省苍南县城建兴西路208号
邮编(P.C.)：325800
电话(Tel)：0577-64762624
传真(Fax)：0577-64766048
总经理(General Manager)：杨继完

苍南县新星日杂批发部
地址(Add)：浙江省苍南县副食品批发市场西区194-196号
邮编(P.C.)：325800
电话(Tel)：0577-26884816
传真(Fax)：0577-64762798
联系人(Contact Person)：王加勤

苍南县林华百货有限公司
地址(Add)：浙江省苍南县副食品市场228号
邮编(P.C.)：325800
电话(Tel)：0577-64750034
传真(Fax)：0577-68705701
联系人(Contact Person)：洪党鸿

慈溪奇杰商贸有限公司
地址(Add)：浙江省慈溪市担山北路590号
邮编(P.C.)：315300
电话(Tel)：0574-63026550
传真(Fax)：0574-63026137
联系人(Contact Person)：张军民

浙江省东阳市个人卫生用品商行
地址(Add)：浙江省东阳市商城南路21号3楼
邮编(P.C.)：322100
电话(Tel)：0579-86670500
传真(Fax)：0579-86670500
联系人(Contact Person)：郭强

东阳市增红日用百货商行
地址(Add)：浙江省东阳市商城四周62号
邮编(P.C.)：322100
电话(Tel)：0579-86670114
总经理(General Manager)：俞增红

东阳市日相伴纸业
地址(Add)：浙江省东阳市商城西路90-1号
邮编(P.C.)：322100
电话(Tel)：0579-86857677
联系人(Contact Person)：吴东寅

杭州永丽妇婴用品批发商行
地址(Add)：浙江省海宁市盐仓连杭开发区
邮编(P.C.)：314422
电话(Tel)：13968111730
传真(Fax)：0573-87969309
联系人(Contact Person)：魏纪东

杭州白雪商贸有限公司
地址(Add)：浙江省杭州市江干区机场路一巷25号武警支队院内
邮编(P.C.)：310004
电话(Tel)：0571-86467884
传真(Fax)：0571-86460006
联系人(Contact Person)：王军

杭州普龙彩虹贸易有限公司
地址(Add)：浙江省杭州市景坛路三新家园西区24幢3单元1004室
邮编(P.C.)：310016
电话(Tel)：0571-86578092

传真(Fax)：0571－86578092
总经理(General Manager)：汪越峰

杭州新杰贸易有限公司
地址(Add)：浙江省杭州市莫干山路1137号
邮编(P. C.)：310005
电话(Tel)：0571－88191685
传真(Fax)：0571－88185352
总经理(General Manager)：陈建明

杭州嘉腾贸易有限公司
地址(Add)：浙江省杭州市秋涛北路100号武警干休所4楼402室
邮编(P. C.)：310020
电话(Tel)：0571－86434380
传真(Fax)：0571－86575237
E-mail：jt. zjhz@ yahoo. com. cn
联系人(Contact Person)：许炯锐

杭州钱康贸易有限公司
地址(Add)：浙江省杭州市秋涛北路52号
邮编(P. C.)：310020
电话(Tel)：0571－86043356
传真(Fax)：0571－86015143
总经理(General Manager)：钱启青
联系人(Contact Person)：黄斌

杭州百合源贸易有限公司
地址(Add)：浙江省杭州市体育场路仓河下36号
邮编(P. C.)：310004
电话(Tel)：0571－56856877
传真(Fax)：0571－56855770
联系人(Contact Person)：张旭波

桐庐发林百货批发配送中心
地址(Add)：浙江省杭州市桐庐县滨江路497号
邮编(P. C.)：311500
电话(Tel)：0571－64628901
总经理(General Manager)：奚发林

杭州宏泰百货有限公司
地址(Add)：浙江省杭州市萧山区萧绍路城东小学东200米
邮编(P. C.)：311200
电话(Tel)：0571－82758681
传真(Fax)：0571－82717455
E-mail：htbh2009@ 163. com
联系人(Contact Person)：施金祥

杭州萧山惠丽纸业有限公司
地址(Add)：浙江省杭州市萧山商业城江南百货二楼北二区42－43号
邮编(P. C.)：311251
电话(Tel)：0571－82705515
传真(Fax)：0571－82732768
总经理(General Manager)：章高序

湖州拓耕有限公司
地址(Add)：浙江省湖州市红丰小区54幢105室
邮编(P. C.)：313000
电话(Tel)：0572－2960018
传真(Fax)：0572－2960018
联系人(Contact Person)：陈力平

嘉善康盛副食品经营部
地址(Add)：浙江省嘉善市商城东大门轻纺2－3号
邮编(P. C.)：314100
电话(Tel)：0573－84183556
联系人(Contact Person)：邵康

嘉善新中日用品配送中心
地址(Add)：浙江省嘉善市商城饮食街32号
邮编(P. C.)：314100
电话(Tel)：0573－84184625
传真(Fax)：0573－84184909
联系人(Contact Person)：徐新忠

嘉兴市昊丰贸易有限公司
地址(Add)：浙江省嘉兴市城东路375号
邮编(P. C.)：314000
电话(Tel)：0573－82227775
传真(Fax)：0573－82226930
联系人(Contact Person)：钱淳豪

嘉兴市翔云百货经营部
地址(Add)：浙江省嘉兴市塘汇永政南路(商业银行边)
邮编(P. C.)：314003
电话(Tel)：13175586628
传真(Fax)：0573－82300010
联系人(Contact Person)：陈晓翔

蒋婷婷纸品经营部
地址(Add)：浙江省嘉兴市秀洲区高桥花园金穗宛9幢205室
邮编(P. C.)：314031
电话(Tel)：0573－83914330
总经理(General Manager)：蒋婷婷

程文虎副食品批发部
地址(Add)：浙江省嘉兴市秀洲区新义小区
邮编(P. C.)：314031
电话(Tel)：0573－83914330
总经理(General Manager)：程文虎

金华市红远百货商行
地址(Add)：浙江省金华市长宁路39号五里牌农贸市场
邮编(P. C.)：321017
电话(Tel)：0579－82380205
联系人(Contact Person)：钱卫红

浙江金华市大江商贸有限公司
地址(Add)：浙江省金华市明月街495号4楼
邮编(P. C.)：321000
电话(Tel)：0579－82394438
传真(Fax)：0579－82064438
联系人(Contact Person)：柳岳禄

丽水市环球纸业有限公司
地址(Add)：浙江省丽水市粮油批发市场508号
邮编(P. C.)：323000
电话(Tel)：0578－2158786
总经理(General Manager)：方伟勇

宁波市恒凯商贸有限公司
地址(Add)：浙江省宁波市江北区梅堰路231－3
邮编(P. C.)：315040
电话(Tel)：0574－87633293
传真(Fax)：0574－87921314
E-mail：heng_kai_ok@126.com
联系人(Contact Person)：徐剑民

宁波市江东甬佳贸易有限公司
地址(Add)：浙江省宁波市江东北路350弄6号
邮编(P. C.)：315040
电话(Tel)：0574－87788516
传真(Fax)：0574－56113889
联系人(Contact Person)：张利斌

宁波奇恺百货
地址(Add)：浙江省宁波市江东区二号桥市场西楼866－867号
邮编(P. C.)：315014
电话(Tel)：0574－66868188
传真(Fax)：0574－83035138
E-mail：ningboqihui@126.com
联系人(Contact Person)：吴晓辉

宁波市江东嘉敏贸易有限公司
地址(Add)：浙江省宁波市江东区宁穿路271号
邮编(P. C.)：315040
电话(Tel)：0574－87330596
传真(Fax)：0574－87333608
总经理(General Manager)：柯海燕

宁波鄞州红杉树商贸有限公司
地址(Add)：浙江省宁波市江东宋诏桥路25号内
邮编(P. C.)：315100
电话(Tel)：0574－87890968
联系人(Contact Person)：袁健育

鄞州恋亦菲卫生用品有限公司
地址(Add)：浙江省宁波市鄞州区东吴镇生姜村192号
邮编(P. C.)：315113
电话(Tel)：0574－88489189
总经理(General Manager)：章明钱

衢州市盈利纸行
地址(Add)：浙江省衢州市副食品市场内
邮编(P. C.)：324000
电话(Tel)：0570－2630168
传真(Fax)：0570－2935185
联系人(Contact Person)：杨素仙

衢州市东和百货有限公司
地址(Add)：浙江省衢州市柯城区黄家街新铺村杨梅山自然村光明路1号
邮编(P. C.)：324000
电话(Tel)：0570－3867909
传真(Fax)：0570－3867128
联系人(Contact Person)：吴建东

上虞虞泽贸易有限公司
地址(Add)：浙江省上虞市百官镇曹娥街道渡江路8号
邮编(P. C.)：312300
电话(Tel)：0575－82022327
传真(Fax)：0575－82208291
联系人(Contact Person)：冯庆元

台州万联日用有限公司
地址(Add)：浙江省台州市椒江区东大汽贸城旁
邮编(P. C.)：318001
电话(Tel)：0576－88675656
传真(Fax)：0576－88675658
联系人(Contact Person)：张小友

浙江台州市路桥天启日用品商行
地址(Add)：浙江省台州市路桥区东南副食品批发市场东大门4号
邮编(P. C.)：318056
电话(Tel)：0576－82434988
传真(Fax)：0576－82920818
联系人(Contact Person)：方先良

台州卫平日用品商行
地址(Add)：浙江省台州市路桥区峰江街道篁里王村3区69号
邮编(P. C.)：317523
电话(Tel)：0576－82681969
联系人(Contact Person)：丁际君

台州相约日用品商行
地址(Add)：浙江省台州市路桥区南洋路64号
邮编(P. C.)：318050
电话(Tel)：0576－82237456
联系人(Contact Person)：蔡佳国

台州市洁达百货
地址(Add)：浙江省台州市路桥区上保工业区
邮编(P. C.)：318050
电话(Tel)：0576－82352226
传真(Fax)：0576－82352136
E-mail：52343339@qq.com
总经理(General Manager)：陈上美

台州市江海日用品有限公司
地址(Add)：浙江省台州市路桥区新路工业区6号
邮编(P. C.)：318050
电话(Tel)：0576－82454528
传真(Fax)：0576－82454518
总经理(General Manager)：朱江滨

桐乡市雅洁纸业
地址(Add)：浙江省桐乡市复兴小区88号2楼(求是中学对面)
邮编(P. C.)：314500
电话(Tel)：0573－88081852
传真(Fax)：0573－88081852
总经理(General Manager)：李伟

长虹纸业有限公司
地址(Add)：浙江省桐乡市副食品批发市场128号
邮编(P. C.)：314500
电话(Tel)：0573－88113942
联系人(Contact Person)：姚有松

桐乡市美好纸业有限公司
地址(Add)：浙江省桐乡市副食品批发市场五区501－502号
邮编(P. C.)：314500
电话(Tel)：0573－88182959
传真(Fax)：0573－88182939
E-mail：txmeihaozy@163. com
联系人(Contact Person)：杨建刚

温州市佰盛日用品有限公司
地址(Add)：浙江省温州市车站大道金城大厦B－25
邮编(P. C.)：325088
电话(Tel)：0577－88980018
传真(Fax)：0577－88980058
联系人(Contact Person)：陈芝洪

广泰百货
地址(Add)：浙江省温州市景山云源花苑6幢103号
邮编(P. C.)：325000
电话(Tel)：0577－88554778
E-mail：hxf2990@126. com
联系人(Contact Person)：胡秀芬

温州市鸿源日用百货
地址(Add)：浙江省温州市南白象镇塔下路33号
邮编(P. C.)：325015
电话(Tel)：0577－86692698
传真(Fax)：0577－86697969
联系人(Contact Person)：傅相平

苍南县龙泰月历有限公司
地址(Add)：浙江省温州市钱库镇春园北街39－45号
邮编(P. C.)：325804
电话(Tel)：0577－64497352
传真(Fax)：0577－64472378
联系人(Contact Person)：夏丽华

温州市旺盛日用百货有限公司
地址(Add)：浙江省温州市温金大道鹿城仓储三幢三层
邮编(P. C.)：325000
电话(Tel)：0577－88618188
传真(Fax)：0577－88615799
Http://www. wszsh. com
联系人(Contact Person)：朱醒冬

温州市施非贸易有限公司
地址(Add)：浙江省温州市西山东路226弄3号
邮编(P. C.)：325206
电话(Tel)：0577－88522986
传真(Fax)：0577－88550285
总经理(General Manager)：赵培华

温州乌牛新兴日用百货公司
地址(Add)：浙江省温州市永嘉县乌牛镇新兴街56号(镇政府后)
邮编(P. C.)：325103
电话(Tel)：0577－67391372
传真(Fax)：0577－67398732
总经理(General Manager)：马贤洪

温州市鹿虹日用品有限公司
地址(Add)：浙江省温州市浙南农副产品中心市场五区21号
邮编(P. C.)：325000
电话(Tel)：0577－88502110
传真(Fax)：0577－88532107
总经理(General Manager)：陈新友

温州市洁达百货
地址(Add)：浙江省温州市浙南农贸市场1区97号
邮编(P. C.)：325000
电话(Tel)：0577－88502176
传真(Fax)：0577－86119399
总经理(General Manager)：章高奎

义乌市杨杨纸业有限公司
地址(Add)：浙江省义乌市副食品市场一楼三街0359－0361店面
邮编(P. C.)：322000
电话(Tel)：0579－85544215
传真(Fax)：0579－85551750
E-mail：yyang1988@126. com
总经理(General Manager)：杨兴团

义乌市鑫发妇幼用品批发商行
地址(Add)：浙江省义乌市经济开发区童店新村
邮编(P. C.)：322000
电话(Tel)：15868938396
传真(Fax)：0579－85211819
联系人(Contact Person)：周文

蝶蔻日用品
地址(Add)：浙江省义乌市廿三里武溪街8号
邮编(P. C.)：322000
电话(Tel)：0579－81535834
传真(Fax)：0579－81535834
联系人(Contact Person)：骆晓花

时来日用百货贸易有限公司
地址(Add)：浙江省义乌市农贸市场180号
邮编(P. C.)：322000
电话(Tel)：0579－85543066
总经理(General Manager)：吴樟花

浙江新兴百货公司
地址(Add)：浙江省永嘉县乌牛镇新兴街56号
邮编(P. C.)：325103
电话(Tel)：0577－67391372
传真(Fax)：0577－67398732
总经理(General Manager)：马贤洪

永康市佳洁丽百货商行
地址(Add)：浙江省永康市城东路621号
邮编(P. C.)：321314
电话(Tel)：0579－87571662
传真(Fax)：0579－87500356
联系人(Contact Person)：施结

永康市百佳纸巾日化经营部
地址(Add)：浙江省永康市永富路17号市物价局楼下
邮编(P. C.)：321300

电话(Tel)：0579－87136813
联系人(Contact Person)：王苏珍

永康市信达百货经营部
地址(Add)：浙江省永康市永富南路14幢2号
邮编(P. C.)：321300
电话(Tel)：0579－87356162
传真(Fax)：0579－83842552
联系人(Contact Person)：陈敏松

宁波市鸿达纸业贸易有限公司
地址(Add)：浙江省余姚市西郊开发区罗渡836号
邮编(P. C.)：315400
电话(Tel)：0574－62800068
传真(Fax)：0574－62800371
总经理(General Manager)：许九娟

台州市华玉百货经营部
地址(Add)：浙江省玉环县大麦屿开发区(普南)
邮编(P. C.)：317604
电话(Tel)：13336780568
传真(Fax)：0576－87370966
联系人(Contact Person)：陈林忠

诸暨雄磊百货公司
地址(Add)：浙江省诸暨市城关艮塔路66号小商品市场旁
邮编(P. C.)：311800
电话(Tel)：0575－87113757
传真(Fax)：0575－87113757
总经理(General Manager)：郭国新

诸暨市苗苗卫生用品经营部
地址(Add)：浙江省诸暨市人民北路3－1号
邮编(P. C.)：311800
电话(Tel)：0575－87118645
传真(Fax)：0575－87119878
联系人(Contact Person)：张旦阳

◆ 安徽 Anhui

安庆市回祥纸业
地址(Add)：安徽省安庆市光彩大市场E2－22
邮编(P. C.)：246000
电话(Tel)：0556－5363455
联系人(Contact Person)：钱亚明

晟翔百货
地址(Add)：安徽省安庆市光彩大市场北7栋33号
邮编(P. C.)：246000
电话(Tel)：0556－5186760
传真(Fax)：0556－5186760
联系人(Contact Person)：白徐飞

安庆同盛商贸有限责任公司
地址(Add)：安徽省安庆市光彩大市场一期C3－1号
邮编(P. C.)：246000
电话(Tel)：0556－8773280
传真(Fax)：0556－5207817
联系人(Contact Person)：朱正东

安庆市金德利商贸有限责任公司
地址(Add)：安徽省安庆市开发区迎湖工业园
邮编(P. C.)：246001
电话(Tel)：0556－5311659
传真(Fax)：0556－5311577
总经理(General Manager)：陈南征

庆幸百货
地址(Add)：安徽省安庆市商城西路21号
邮编(P. C.)：246000
电话(Tel)：0556－6206313
联系人(Contact Person)：叶正奎

太湖县舒洁纸业
地址(Add)：安徽省安庆市太湖县新城人民路(工会旁)
邮编(P. C.)：246401
电话(Tel)：0556－4181406
联系人(Contact Person)：韩张雷

蚌埠市鑫源纸业
地址(Add)：安徽省蚌埠市光彩大市场六区7栋36号
邮编(P. C.)：246000
电话(Tel)：0552－4116586
传真(Fax)：0552－2057995
联系人(Contact Person)：金国强

蚌埠市雅佳丽百货有限责任公司
地址(Add)：安徽省蚌埠市淮河路1111号时代
邮编(P. C.)：233000
电话(Tel)：0552－2051297
传真(Fax)：0552－7125046
E-mail：yajali@163.com
联系人(Contact Person)：温玉海

蚌埠市南山纸业
地址(Add)：安徽省蚌埠市吉安里小区8号楼1号门面
邮编(P. C.)：233000
电话(Tel)：0552－2060544
传真(Fax)：0552－3965251
联系人(Contact Person)：潘维治

蚌埠市清新百货清洁用品商行
地址(Add)：安徽省蚌埠市南山路380号
邮编(P. C.)：233000
电话(Tel)：0552－2055077
传真(Fax)：0552－7111039
联系人(Contact Person)：尹美

蚌埠市美辰商贸有限公司
地址(Add)：安徽省蚌埠市上海栈院内
邮编(P. C.)：233000
电话(Tel)：0552－7132277
传真(Fax)：0552－7132121
联系人(Contact Person)：潘维玲

蚌埠市南山生活用纸总汇
地址(Add)：安徽省蚌埠市太平街批发市场
邮编(P. C.)：233000
电话(Tel)：0552－2060544
传真(Fax)：0552－3965251
联系人(Contact Person)：潘维治

蚌埠市雨楠纸业
地址(Add)：安徽省蚌埠市禹会区张公山市场20号
邮编(P.C.)：233010
电话(Tel)：0552－3979522
传真(Fax)：0552－4084446
联系人(Contact Person)：姚树臣

亳州朝阳商贸有限公司
地址(Add)：安徽省亳州市北市区汤陵北路
邮编(P.C.)：230041
电话(Tel)：0558－8553088
传真(Fax)：0558－8553088
总经理(General Manager)：戴朝阳

红芳纸业商行
地址(Add)：安徽省亳州市人民中路工业品批发大市场门西侧
邮编(P.C.)：236800
电话(Tel)：0558－5531958
传真(Fax)：0558－5531958
联系人(Contact Person)：张天然

巢湖市小韩纸业有限公司
地址(Add)：安徽省巢湖市官圩路西坝口258号
邮编(P.C.)：238000
电话(Tel)：0565－2372619
总经理(General Manager)：韩群
联系人(Contact Person)：丁祥莲

滁州永广商贸有限公司
地址(Add)：安徽省滁州市丰乐路230号
邮编(P.C.)：239000
电话(Tel)：0550－3025951
传真(Fax)：0550－3025951
E-mail：kkiiaa8888@etang.com
联系人(Contact Person)：黄长芳

滁州市欧阳商贸有限公司
地址(Add)：安徽省滁州市来安路7号
邮编(P.C.)：239000
电话(Tel)：0550－3063961
总经理(General Manager)：欧庶红

滁州市家豪商贸有限责任公司
地址(Add)：安徽省滁州市明光路579号
邮编(P.C.)：239400
电话(Tel)：0550－3029838
总经理(General Manager)：张凡军

英姿商贸
地址(Add)：安徽省枞阳县汽车南站出口对面(枞川商贸城北侧)
邮编(P.C.)：246701
电话(Tel)：0556－2817890
传真(Fax)：0556－2817890
总经理(General Manager)：吴志来

诚信纸业
地址(Add)：安徽省砀山县砀城香港商城501号
邮编(P.C.)：235300
电话(Tel)：0557－8022252
联系人(Contact Person)：郜社教

阜南县生态纸品配送中心
地址(Add)：安徽省阜南县金凤酒楼西冷寨
邮编(P.C.)：236300
电话(Tel)：0558－6713111
联系人(Contact Person)：赵学辉

安徽阜阳市中利百货有限责任公司
地址(Add)：安徽省阜阳市北京西路皖西北商贸城鞋区西侧面
邮编(P.C.)：236008
电话(Tel)：0558－2616779
传真(Fax)：0558－2616243
联系人(Contact Person)：郝建付

张岳纸品物流
地址(Add)：安徽省阜阳市阜南县富陂商城1区40号
邮编(P.C.)：236000
电话(Tel)：0558－2893180
联系人(Contact Person)：张久锋

阜阳市晨洁纸业
地址(Add)：安徽省阜阳市阜涡北路
邮编(P.C.)：236025
电话(Tel)：13965579222
传真(Fax)：0558－2231161
联系人(Contact Person)：徐建

阜阳市常远商贸纸业有限公司
地址(Add)：安徽省阜阳市河滨路方圆商城21号
邮编(P.C.)：236000
电话(Tel)：0558－2276698
联系人(Contact Person)：常桂珍

阜阳市临泉县继森洗化公司
地址(Add)：安徽省阜阳市临泉县泉河商城
邮编(P.C.)：236400
电话(Tel)：0558－6523335
联系人(Contact Person)：刘超

聚源纸业有限公司
地址(Add)：安徽省阜阳市青年路235号
邮编(P.C.)：236013
电话(Tel)：0558－2737236
联系人(Contact Person)：苏忠

阜阳市恒盛百货有限公司
地址(Add)：安徽省阜阳市青年路238号
邮编(P.C.)：236013
电话(Tel)：0558－2252380
传真(Fax)：0558－2566306
联系人(Contact Person)：魏侠

阜阳宏达百货
地址(Add)：安徽省阜阳市青年路241号
邮编(P.C.)：236013
电话(Tel)：0558－2737176
联系人(Contact Person)：杨士国

阜阳市力天纸业
地址(Add)：安徽省阜阳市天筑逸景小区22栋2单元504室
邮编(P. C.)：236010
电话(Tel)：0558－2187908
传真(Fax)：0558－2187908
联系人(Contact Person)：周平

阜阳市林敏纸业公司
地址(Add)：安徽省阜阳市皖西北商贸城D区1幢5号
邮编(P. C.)：236009
电话(Tel)：0558－2565550
联系人(Contact Person)：肖喜林

温馨纸业
地址(Add)：安徽省阜阳市皖西北商贸城高井路42号
邮编(P. C.)：236065
电话(Tel)：0558－3569380
联系人(Contact Person)：张辉

阜阳市华兴商贸有限公司
地址(Add)：安徽省阜阳市颍州区河滨路外滩花园1号楼3单元105室
邮编(P. C.)：236048
电话(Tel)：0558－2750098
传真(Fax)：0558－2750098
总经理(General Manager)：钟永红

固镇凯信卫生用品配送中心
地址(Add)：安徽省固镇县城关黄桥北路中段
邮编(P. C.)：237000
电话(Tel)：0552－6019350
传真(Fax)：0552－6022857
联系人(Contact Person)：张凯

恒发商贸
地址(Add)：安徽省合肥市安徽大市场日用名品城G幢69号
邮编(P. C.)：230011
电话(Tel)：0551－5279077
传真(Fax)：0551－5250059
总经理(General Manager)：胡开兵

合肥市荣荣纸品有限公司
地址(Add)：安徽省合肥市白龙路兴业瑞锦苑101－1号
邮编(P. C.)：230011
电话(Tel)：0551－4225246
传真(Fax)：0551－4228535
联系人(Contact Person)：李明宽

合肥圆点商贸有限公司
地址(Add)：安徽省合肥市长江东路180号恒通批发市场
邮编(P. C.)：230011
电话(Tel)：0551－2187944
传真(Fax)：0551－4412937
联系人(Contact Person)：路明

合肥春禾商贸有限公司
地址(Add)：安徽省合肥市长江东路180号恒通批发市场西37号
邮编(P. C.)：230011
电话(Tel)：0551－2187880
传真(Fax)：0551－4410522
E-mail：hfchsm@hotmail.com
总经理(General Manager)：李建伟

迎枝纸业
地址(Add)：安徽省合肥市长江批发市场T546
邮编(P. C.)：231633
电话(Tel)：0551－5259546
传真(Fax)：0551－2390010
联系人(Contact Person)：丁敬迎

金鑫商行
地址(Add)：安徽省合肥市长江批发市场铝塑城S215号
邮编(P. C.)：231633
电话(Tel)：0551－7699863
总经理(General Manager)：胡春雷

合肥市奇飞商贸公司
地址(Add)：安徽省合肥市长江批发市场三期T4006号
邮编(P. C.)：231633
电话(Tel)：0551－7117258
传真(Fax)：0551－2390139
联系人(Contact Person)：桓宗青

合肥祥瑞百货有限公司
地址(Add)：安徽省合肥市长江批发市场三期T5040号
邮编(P. C.)：231633
电话(Tel)：0551－7698111
传真(Fax)：0551－7689000
联系人(Contact Person)：管景星

合肥凯凯纸业
地址(Add)：安徽省合肥市长江批发市场塑铝城S218－S220
邮编(P. C.)：231633
电话(Tel)：0551－2390721
传真(Fax)：0551－2390731
联系人(Contact Person)：张涛

合肥碧莲商贸有限公司
地址(Add)：安徽省合肥市当涂路东璟泰赢家广场5栋1501室
邮编(P. C.)：230011
电话(Tel)：0551－2390733
联系人(Contact Person)：赖文行

合肥立新纸业
地址(Add)：安徽省合肥市肥东县店埠镇
邮编(P. C.)：230011
电话(Tel)：0551－7702539
总经理(General Manager)：朱立新

合肥佳佳洁商贸有限公司
地址(Add)：安徽省合肥市华山路21号
邮编(P. C.)：230001
电话(Tel)：0551－4666911
联系人(Contact Person)：杨桂菊

合肥民洲商贸有限公司
地址(Add)：安徽省合肥市濉溪路254南国花园13幢

110 号
邮编(P. C.): 230041
电话(Tel): 0551 - 5523871
传真(Fax): 0551 - 5523871
总经理(General Manager): 杜长青

安徽月月舒营销有限公司
地址(Add): 安徽省合肥市万绿园 D - 3 - 1003 室
邮编(P. C.): 230011
电话(Tel): 0551 - 4243820
传真(Fax): 0551 - 4254290
联系人(Contact Person): 洪菊芳

淮北纸品总汇
地址(Add): 安徽省淮北市濉溪县三堤口
邮编(P. C.): 235000
电话(Tel): 0561 - 6825802
联系人(Contact Person): 丁配东

万佳妇幼卫生用品商行
地址(Add): 安徽省淮北市濉溪县三堤口批发市场西门北 30 米
邮编(P. C.): 235100
电话(Tel): 0561 - 2217092
联系人(Contact Person): 滑奎

淮南市利发卫生用品有限公司
地址(Add): 安徽省淮南市六里站斯瑞明珠城 15 号楼 103
邮编(P. C.): 232007
电话(Tel): 0554 - 2661856
传真(Fax): 0554 - 2661856
联系人(Contact Person): 符秀刚

芳洁百货经营部
地址(Add): 安徽省淮南市姚家湾木器厂
邮编(P. C.): 232001
电话(Tel): 0554 - 3643446
联系人(Contact Person): 周晓梅

黄山市百乐纸业批发商店
地址(Add): 安徽省黄山市阜上路 11 号(区防疫站对面)
邮编(P. C.): 245000
电话(Tel): 0559 - 2354502
传真(Fax): 0559 - 2121421
联系人(Contact Person): 张小发

姐妹商行
地址(Add): 安徽省黄山市屯溪新安南路 15 号
邮编(P. C.): 245000
电话(Tel): 0559 - 2115551
传真(Fax): 0559 - 2115488
联系人(Contact Person): 王秀英

霍山张纪工贸有限公司
地址(Add): 安徽省霍山县衡山镇淠河路 6 楼 29 号
邮编(P. C.): 237200
电话(Tel): 0564 - 5025096
传真(Fax): 0564 - 5035770
联系人(Contact Person): 张纪

泾县荣盛工贸有限责任公司
地址(Add): 安徽省泾县泾川镇滨江花园 5 幢 3 号
邮编(P. C.): 242500
电话(Tel): 0563 - 5035759
传真(Fax): 0563 - 5024965
联系人(Contact Person): 郎大溶

临泉县阳华纸业
地址(Add): 安徽省临泉县阜临路
邮编(P. C.): 236400
电话(Tel): 0558 - 6586566
E-mail: gzh7166@163. com
总经理(General Manager): 郭中华

临泉三星纸行
地址(Add): 安徽省临泉县流鞍南路 168 号
邮编(P. C.): 236400
电话(Tel): 0558 - 6515601
联系人(Contact Person): 常艳红

六安佳隆工贸有限公司
地址(Add): 安徽省六安市经济开发区苏埠路
邮编(P. C.): 237000
电话(Tel): 0564 - 3288158
传真(Fax): 0564 - 3288077
E-mail: xjl@lajl. cn
联系人(Contact Person): 徐家龙

六安市如意经营部
地址(Add): 安徽省六安市汽车南站华好大市场
邮编(P. C.): 237000
电话(Tel): 13965464359
传真(Fax): 0564 - 3613862
联系人(Contact Person): 李性宝

庐江菁晗商贸有限公司
地址(Add): 安徽省庐江县庐城镇越城南路康居苑 31 号
邮编(P. C.): 231500
电话(Tel): 0565 - 7319190
传真(Fax): 0565 - 7319190
联系人(Contact Person): 丁朝辉

华杰纸品商贸
地址(Add): 安徽省蒙城县北蒙路华夏酒楼北 20 米
邮编(P. C.): 233500
电话(Tel): 13966524186
传真(Fax): 0558 - 7620272
联系人(Contact Person): 吕杰

三举纸品商超配送中心
地址(Add): 安徽省蒙城县城关镇
邮编(P. C.): 233500
电话(Tel): 0558 - 7631846
总经理(General Manager): 曹云

明光市长江商贸有限公司
地址(Add): 安徽省明光市女山路 49 号
邮编(P. C.): 239400
电话(Tel): 0550 - 2277882
传真(Fax): 0550 - 2277882
总经理(General Manager): 黄国江

寿县信达商行
地址(Add)：安徽省寿县农资公司仓库
邮编(P. C.)：232200
电话(Tel)：0564－4226902
传真(Fax)：0564－4221723
联系人(Contact Person)：王佩龙

宿州盛大纸业有限公司
地址(Add)：安徽省宿州市道东大街65号(安徽轻工机械厂院内)
邮编(P. C.)：234000
电话(Tel)：0557－3318699
传真(Fax)：0557－3318699
总经理(General Manager)：李杰

宿州市峻豪商贸有限公司
地址(Add)：安徽省宿州市淮海南路黄河怡心苑二栋104
邮编(P. C.)：234000
电话(Tel)：0557－3901122
传真(Fax)：0557－3910032
E-mail：jhsm3901122@126.com
联系人(Contact Person)：苗恩诚

宿州市达庆纸品有限责任公司
地址(Add)：安徽省宿州市环城南路107号
邮编(P. C.)：234000
电话(Tel)：0557－3903795
传真(Fax)：0557－3930395
联系人(Contact Person)：李丽

宿州市李娟日化有限公司
地址(Add)：安徽省宿州市灵璧县西关老桥东100米处
邮编(P. C.)：234200
电话(Tel)：13956888043
传真(Fax)：0557－6181385
总经理(General Manager)：李娟

宿州市新媛卫生用品经营部
地址(Add)：安徽省宿州市西昌南路
邮编(P. C.)：234000
电话(Tel)：0557－3915396
联系人(Contact Person)：王桂新

宿州市美惠多超市有限责任公司
地址(Add)：安徽省宿州市中心广场东侧
邮编(P. C.)：234000
电话(Tel)：0557－3022776
联系人(Contact Person)：邢家春

淮北天洁纸品
地址(Add)：安徽省濉溪经济开发区紫薇路22号
邮编(P. C.)：235100
电话(Tel)：0561－6061919
传真(Fax)：0561－6061919
总经理(General Manager)：杨林
联系人(Contact Person)：丁金亮

濉溪县安恒商贸有限责任公司
地址(Add)：安徽省濉溪县淮海路289号(三堤口批发市场)
邮编(P. C.)：235100
电话(Tel)：0561－6071739
传真(Fax)：0561－6078967
联系人(Contact Person)：赵建秋

濉溪东信商贸
地址(Add)：安徽省濉溪县三堤口红绿灯东路南
邮编(P. C.)：235100
电话(Tel)：0561－6081042
传真(Fax)：0561－2217988
联系人(Contact Person)：蔡占玖

太和县恒福纸品有限责任公司
地址(Add)：安徽省太和县北关开发区胜利路2号
邮编(P. C.)：236652
电话(Tel)：0558－8638377
传真(Fax)：0558－8638377
联系人(Contact Person)：王云

太和信达纸行
地址(Add)：安徽省太和县太和商城大棚西50米路南
邮编(P. C.)：236600
电话(Tel)：0558－8619219
传真(Fax)：0558－8619219
联系人(Contact Person)：李峰

铜陵鸿兴商贸有限责任公司
地址(Add)：安徽省铜陵市工人新村四号网点
邮编(P. C.)：244000
电话(Tel)：0562－2110180
传真(Fax)：0562－2117333
联系人(Contact Person)：张爱勐

铜陵金山纸业
地址(Add)：安徽省铜陵市梦碧山庄35号
邮编(P. C.)：244000
电话(Tel)：0562－7115559
传真(Fax)：0562－3862690
联系人(Contact Person)：吴华澍

铜陵百兴纸业
地址(Add)：安徽省铜陵市五环国际22栋108室
邮编(P. C.)：244000
电话(Tel)：0562－2600408
联系人(Contact Person)：许向民

创业生活用纸有限公司
地址(Add)：安徽省涡阳县北环路
邮编(P. C.)：233600
电话(Tel)：0558－7225336
联系人(Contact Person)：王峰

诚信纸业
地址(Add)：安徽省涡阳县中医院西100米
邮编(P. C.)：233600
电话(Tel)：0558－7228275
传真(Fax)：0558－5376161
联系人(Contact Person)：武艺

安徽省芜湖市百龙土产日杂经营部
地址(Add)：安徽省芜湖市沿河路防洪墙155号长江市场园A7－1046

邮编(P. C.): 241001
电话(Tel): 0553 - 3852462
联系人(Contact Person): 杨友新

安徽省芜湖市旺达纸业
地址(Add): 安徽省芜湖市沿河路防洪墙 240 号
邮编(P. C.): 241000
电话(Tel): 0553 - 3855270
联系人(Contact Person): 耿震铭

芜湖市中意商贸有限公司
地址(Add): 安徽省芜湖市沿河路华盛小区门面房 18 栋 3 号
邮编(P. C.): 241000
电话(Tel): 0553 - 3870010
传真(Fax): 0553 - 3870010
联系人(Contact Person): 陶文忠

五河县新兴纸品商行
地址(Add): 安徽省五河县大桥路人武部对面
邮编(P. C.): 233300
电话(Tel): 0552 - 5022374
联系人(Contact Person): 王守斌

萧县天河百货商行
地址(Add): 安徽省萧县汽车站东 20 米
邮编(P. C.): 230041
电话(Tel): 0557 - 5024584
联系人(Contact Person): 吴名

宣城市双吉商贸有限公司
地址(Add): 安徽省宣城市九洲市场 B 区内围 29 号
邮编(P. C.): 242000
电话(Tel): 0563 - 2823661
传真(Fax): 0563 - 2823661
联系人(Contact Person): 童正和

宣城市星辉纸业
地址(Add): 安徽省宣城市九洲市场 D 区 018 号
邮编(P. C.): 242000
电话(Tel): 0563 - 2825830
传真(Fax): 0563 - 2825830
联系人(Contact Person): 洪连喜

◆ 福建 Fujian

福安市国源贸易有限公司
地址(Add): 福建省福安市京都商业城农贸市场 E 座 29 号
邮编(P. C.): 350000
电话(Tel): 0593 - 6338015
传真(Fax): 0593 - 6395815
联系人(Contact Person): 章少国

福州安诺贸易有限公司
地址(Add): 福建省福州市六一北路 558 号金三桥大厦 15 层
邮编(P. C.): 350011
电话(Tel): 0591 - 87431158
传真(Fax): 0591 - 87431166
法人代表(Chairman): 周世梅
总经理(General Manager): 谢斌
联系人(Contact Person): 刘伟

家家纸业
地址(Add): 福建省龙岩市闽西交易城财富旺角阳明楼 408 号
邮编(P. C.): 364000
电话(Tel): 0597 - 2526396
联系人(Contact Person): 许文勇

闽侯榕星纸品厂
地址(Add): 福建省闽侯县祥谦镇琯前
邮编(P. C.): 350112
电话(Tel): 0591 - 22158012
联系人(Contact Person): 郭清棋

泉州美丽岛生活用纸有限公司
地址(Add): 福建省南安市雪峰开发区环亚海绵厂办公楼 3 楼
邮编(P. C.): 362000
电话(Tel): 0595 - 22888880
传真(Fax): 0595 - 22681999
联系人(Contact Person): 苏景飞

莆田市东南纸业工贸有限公司
地址(Add): 福建省莆田市城厢天妃路 278 号
邮编(P. C.): 351100
电话(Tel): 0594 - 2291389
传真(Fax): 0594 - 2381389
E-mail: gmanager@ ptdnzy. com
Http://www. ptdnzy. ccm
总经理(General Manager): 谢凤池

泉州新发纸业
地址(Add): 福建省泉州市浮桥食杂城
邮编(P. C.): 362005
电话(Tel): 0595 - 22463855
传真(Fax): 0595 - 22473855
联系人(Contact Person): 陈建新

三明市黄氏纸品
地址(Add): 福建省三明市城关凤岗里 1 幢 11 号店
邮编(P. C.): 365200
电话(Tel): 0598 - 8335568
联系人(Contact Person): 黄胜煌

厦门国贸集团股份有限公司
地址(Add): 福建省厦门市湖滨南路国贸大厦 14 层
邮编(P. C.): 361004
电话(Tel): 0592 - 5898786
传真(Fax): 0592 - 5898789
E-mail: yxm@ itg. com. cn
联系人(Contact Person): 游向明

厦门市博瑞工贸有限公司
地址(Add): 福建省厦门市湖里区南山路 50 号
邮编(P. C.): 361009
电话(Tel): 0592 - 5165999
传真(Fax): 0592 - 5667773
联系人(Contact Person): 王传淦

厦门市德保加贸易有限公司
地址(Add)：福建省厦门市湖里区宜宾北路东方商贸大厦东座五楼
邮编(P. C.)：361006
电话(Tel)：0592－5650538
传真(Fax)：0592－5650537
总经理(General Manager)：陈容

厦门建发股份有限公司
(详见纸浆)

◆ 江西 Jiangxi

袁氏纸业
地址(Add)：江西省东乡县赣东贸易中心21号
邮编(P. C.)：331800
电话(Tel)：13870407018
传真(Fax)：0794－4238810
联系人(Contact Person)：袁旭敏

江西丰城洁美纸业
地址(Add)：江西省丰城市东门开发区
邮编(P. C.)：331100
电话(Tel)：0795－6919259
联系人(Contact Person)：张巧容

曾氏纸业
地址(Add)：江西省丰城市河洲街道98号
邮编(P. C.)：331100
电话(Tel)：0795－6203580
联系人(Contact Person)：曾章超

丰城市发展商行
地址(Add)：江西省丰城市剑邑大道丁家亭子前46号
邮编(P. C.)：331100
电话(Tel)：0795－6415092
传真(Fax)：0795－6415092
联系人(Contact Person)：黄志坚

江西富宏纸业有限公司
地址(Add)：江西省奉新县冯田开发区奉宋公路交界处
邮编(P. C.)：330700
电话(Tel)：0795－4634999
总经理(General Manager)：陈喜生

赣州市鹏浩百货有限公司
地址(Add)：江西省赣州市赣南贸易广场中心街50号
邮编(P. C.)：341000
电话(Tel)：0797－7027032
传真(Fax)：0797－8111920
联系人(Contact Person)：张常忠

赣州华鑫卫生用品有限公司
地址(Add)：江西省赣州市赣南贸易广场中心商厦3－4号
邮编(P. C.)：341000
电话(Tel)：0797－8188968
传真(Fax)：0797－8188959
总经理(General Manager)：谢小平

江西横峰金盛纸品商行
地址(Add)：江西省横峰县新建路302号
邮编(P. C.)：334300
电话(Tel)：0793－5788210
总经理(General Manager)：徐斌

吉安市灵旺商贸有限公司
地址(Add)：江西省吉安市吉州吉长岗北路12号
邮编(P. C.)：343000
电话(Tel)：13707969435
传真(Fax)：0796－7050869
总经理(General Manager)：杜星浩

吉安隆兴纸业
地址(Add)：江西省吉安市贸易广场九街23号
邮编(P. C.)：343009
电话(Tel)：0796－8186896
联系人(Contact Person)：黎洪光

吉安江英纸业百货贸易商行
地址(Add)：江西省吉安市青原区和济春天13栋18号
邮编(P. C.)：343009
电话(Tel)：0796－8203829
传真(Fax)：0796－8203820
总经理(General Manager)：娄金根

九江新长江贸易有限公司
地址(Add)：江西省九江市京九副食批发大市场D栋63号
邮编(P. C.)：332000
电话(Tel)：0792－8565673
传真(Fax)：0792－7021332
总经理(General Manager)：洪余佑

江西南昌永兴纸业
地址(Add)：江西省南昌市抚生路60号
邮编(P. C.)：330009
电话(Tel)：0791－7083098
传真(Fax)：0791－6589946
总经理(General Manager)：张小平

南昌市方大纸业有限公司
地址(Add)：江西省南昌市洪城大市场B区10栋33－35－37号
邮编(P. C.)：330009
电话(Tel)：0791－6511745
传真(Fax)：0791－6511745
联系人(Contact Person)：方贤贵

南昌市隆达纸业批发部
地址(Add)：江西省南昌市洪城大市场B区9栋36号
邮编(P. C.)：330009
电话(Tel)：0791－6500954
传真(Fax)：0791－6500954
联系人(Contact Person)：胡斌

南昌市豪泰贸易有限公司
地址(Add)：江西省南昌市洪城大市场D区10栋4号
邮编(P. C.)：330009
电话(Tel)：0791－6501877
传真(Fax)：0791－7096001

总经理(General Manager)：黎学龙

天一纸业
地址(Add)：江西省南昌市洪城大市场D区1栋3号、10号、12号
邮编(P. C.)：330009
电话(Tel)：0791－6513117
联系人(Contact Person)：戴青山

真豪纸品批发部
地址(Add)：江西省南昌市洪城大市场D区25栋27号
邮编(P. C.)：330025
电话(Tel)：0791－6529376
联系人(Contact Person)：傅新儿

南昌市得群贸易有限公司
地址(Add)：江西省南昌市洪城大市场D区25栋30号
邮编(P. C.)：330000
电话(Tel)：0791－6522076
传真(Fax)：0791－6589509
总经理(General Manager)：刘方福

南昌市慧民纸行
地址(Add)：江西省南昌市洪城大市场D区25栋32号
邮编(P. C.)：330000
电话(Tel)：0791－6524664
联系人(Contact Person)：曲爱民

来利纸品批发部
地址(Add)：江西省南昌市洪城大市场D区30栋27号
邮编(P. C.)：330009
电话(Tel)：0791－6521774
联系人(Contact Person)：李坤香

南昌市秦朝纸品经营部
地址(Add)：江西省南昌市洪城大市场D区33栋11号
邮编(P. C.)：330009
电话(Tel)：0791－6526692
联系人(Contact Person)：秦朝

南昌市伟豪贸易有限公司
地址(Add)：江西省南昌市洪城大市场D区34号
邮编(P. C.)：330009
电话(Tel)：0791－6569000
传真(Fax)：0791－6569111－12
联系人(Contact Person)：金龙

南昌市洪城大市场曙光贸易有限公司
地址(Add)：江西省南昌市洪城大市场内D区26栋27号
邮编(P. C.)：330009
电话(Tel)：0791－6505591
传真(Fax)：0791－6505591
联系人(Contact Person)：罗贝珍

宏顺纸品
地址(Add)：江西省南昌市经济开发区志敏大道58号
邮编(P. C.)：330044
电话(Tel)：0791－6621507
传真(Fax)：0791－6621507
联系人(Contact Person)：刘亚军

南昌元亨贸易有限公司
地址(Add)：江西省南昌市省府大院东四路龙式大厦西座207室
邮编(P. C.)：330046
电话(Tel)：0791－6300761
传真(Fax)：0791－6300761
联系人(Contact Person)：熊云

南昌市佳裕有限公司
地址(Add)：江西省南昌市子安路89号银田大厦1106室
邮编(P. C.)：330025
电话(Tel)：0791－6704340
传真(Fax)：0791－6705680
总经理(General Manager)：王飘弘
联系人(Contact Person)：龚绍珍

江西赣西美洁纸品销售有限公司
地址(Add)：江西省萍乡市城南市场A区16号
邮编(P. C.)：337055
电话(Tel)：0799－7036968
传真(Fax)：0799－6861289
联系人(Contact Person)：钟瑞萍

恒发商行
地址(Add)：江西省瑞金市中山北路小太阳宾馆后面
邮编(P. C.)：342500
电话(Tel)：13979729976
传真(Fax)：0797－2315858
联系人(Contact Person)：钟丽荣

泰和恒鑫纸品总汇
地址(Add)：江西省泰和县农贸市场
邮编(P. C.)：343700
电话(Tel)：0796－5323059
联系人(Contact Person)：龙华贵

龙腾纸品
地址(Add)：江西省万载县名优特大市场一栋27号
邮编(P. C.)：360922
电话(Tel)：0795－8913728
联系人(Contact Person)：朱小红

新余市鸿利达纸品贸易行
地址(Add)：江西省新余市通济路桥下小康村40栋
邮编(P. C.)：338025
电话(Tel)：0790－6693218
传真(Fax)：0790－6200957
E-mail：lihongda1818@126. com
联系人(Contact Person)：刘芳

兴国县福信纸品商行
地址(Add)：江西省兴国县贸易广场中心街21号
邮编(P. C.)：342400
电话(Tel)：0797－5318660
传真(Fax)：0797－5318660
联系人(Contact Person)：韩福生

宜春市群海实业有限公司森工纸品经营部
地址(Add)：江西省宜春市贸易广场三街23号
邮编(P. C.)：336000
电话(Tel)：0795－3262442

E-mail：sht.888@163.com
联系人(Contact Person)：张菁

宜春恒辉纸品贸易有限公司
地址(Add)：江西省宜春市贸易广场三期六街 101－107 号
邮编(P.C.)：331200
电话(Tel)：0795－7028588
传真(Fax)：0795－3265138
总经理(General Manager)：谢辉

鹰潭利群纸行
地址(Add)：江西省鹰潭市干鲜果批发市场 245 号
邮编(P.C.)：335000
电话(Tel)：0701－6461096
传真(Fax)：0701－6461096
联系人(Contact Person)：艾文亮

江西鹰潭市金胜福利纸业
地址(Add)：江西省鹰潭市上桂
邮编(P.C.)：335000
电话(Tel)：0701－6465873
总经理(General Manager)：梅金胜

◆ 山东 Shandong

安丘市汇丰纸业
地址(Add)：山东省安丘市南苑商贸城小商品区 126 号
邮编(P.C.)：262100
电话(Tel)：0536－4363461
联系人(Contact Person)：刘桂芳

滨州市金城纸业
地址(Add)：山东省滨州市姜家市场 163－164 号
邮编(P.C.)：256600
电话(Tel)：0543－3887159
联系人(Contact Person)：张金豹

阳信玲玲纸业
地址(Add)：山东省滨州市阳信县园亭商场
邮编(P.C.)：251800
电话(Tel)：0543－8214226
联系人(Contact Person)：王金志

昌乐县同丰纸业
地址(Add)：山东省昌乐县城南开发区
邮编(P.C.)：262400
电话(Tel)：0536－6232487
联系人(Contact Person)：薛培军

昌乐县同丰纸品批发部
地址(Add)：山东省昌乐县城南开发区
邮编(P.C.)：262400
电话(Tel)：0536－6232487
联系人(Contact Person)：薛培军

山东潍坊顺达批发部
地址(Add)：山东省昌邑市石埠镇商业街 10 号
邮编(P.C.)：261315
电话(Tel)：0536－7706128
联系人(Contact Person)：翟伟霞

茌平县兴达洗化
地址(Add)：山东省茌平县商业街(周楼十字路南 50 米路东)
邮编(P.C.)：252100
电话(Tel)：0635－4230045
联系人(Contact Person)：贾明刚

金仓商贸
地址(Add)：山东省德州市陵西路红星机械厂院内
邮编(P.C.)：253000
电话(Tel)：0534－2326689
传真(Fax)：0534－2326689
总经理(General Manager)：田春国

家瑞纸业
地址(Add)：山东省德州市迎宾大市场 7 排 15 号
邮编(P.C.)：253000
电话(Tel)：0534－2104968
联系人(Contact Person)：崔树林

德州家瑞纸业有限公司
地址(Add)：山东省德州市迎宾大市场 7 排 15 号(北门)
邮编(P.C.)：253000
电话(Tel)：0534－2104968
联系人(Contact Person)：崔树林

德州东建商贸有限公司
地址(Add)：山东省德州市运达物流园 A8 区－18 号
邮编(P.C.)：253000
电话(Tel)：0534－2683863
传真(Fax)：0534－2229690
总经理(General Manager)：李东晓
联系人(Contact Person)：胡艳桃

山东东阿康洁纸业
地址(Add)：山东省东阿县光明街金豹公司门口
邮编(P.C.)：252201
电话(Tel)：0635－3281878
传真(Fax)：0635－6920018
总经理(General Manager)：朗衍伟

东营以勒信诺商贸有限责任公司
地址(Add)：山东省东营市东营区刘家批发市场东 80 号
邮编(P.C.)：257000
电话(Tel)：0546－7652977
传真(Fax)：0546－2960022
联系人(Contact Person)：刘东方

山东省广饶县丽明百纺批发部
地址(Add)：山东省东营市广饶县兵圣路 193 号
邮编(P.C.)：257300
电话(Tel)：0546－6447258
联系人(Contact Person)：牟新利

东营市双成日化批发中心
地址(Add)：山东省东营市刘家批发市场 22 号楼
邮编(P.C.)：257000
电话(Tel)：0546－7780388
传真(Fax)：0546－8714159
联系人(Contact Person)：田广富

东营富兴纸品有限责任公司
地址(Add)：山东省东营市淄博路西首
邮编(P. C.)：257000
电话(Tel)：0546－8980760
联系人(Contact Person)：黄景生

菏泽隆昌妇幼用品配送中心
地址(Add)：山东省菏泽市220国道新花都百货大市场B区21号
邮编(P. C.)：274000
电话(Tel)：0530－5532528
传真(Fax)：0530－5532528
联系人(Contact Person)：王成文

菏泽市顺柔日用品经营部
地址(Add)：山东省菏泽市丹阳路235号
邮编(P. C.)：274000
电话(Tel)：0530－3968336
E-mail：hzshunrou@163. com
联系人(Contact Person)：汪凌涛

菏泽远景商贸纸业
地址(Add)：山东省菏泽市东城仓房(仓房小学南60米路东)
邮编(P. C.)：274000
电话(Tel)：0530－5162886
传真(Fax)：0530－5162886
联系人(Contact Person)：王丽

菏泽市惠好商贸有限公司
地址(Add)：山东省菏泽市花都百货大市场B区46A
邮编(P. C.)：274000
电话(Tel)：0530－5615621
联系人(Contact Person)：路淑环

丰硕纸品
地址(Add)：山东省菏泽市恒盛大市场A16－29号
邮编(P. C.)：274000
电话(Tel)：13176212155
联系人(Contact Person)：杨成宪

菏泽吉祥妇幼用品配送中心
地址(Add)：山东省菏泽市吉祥商城40号(二完小南)
邮编(P. C.)：274400
电话(Tel)：0530－5619026
联系人(Contact Person)：张卫东

菏泽海滨妇幼卫生用品商贸中心
地址(Add)：山东省菏泽市南华商贸城7－A－5
邮编(P. C.)：274000
电话(Tel)：0530－5608199
E-mail：8199ghb@163. com
联系人(Contact Person)：耿海滨

舒莱成威纸业有限公司
地址(Add)：山东省菏泽市胜利路19号
邮编(P. C.)：274000
电话(Tel)：0530－5510883
总经理(General Manager)：成继军
联系人(Contact Person)：成继军

菏泽市海天纸业
地址(Add)：山东省菏泽市胜利路19号
邮编(P. C.)：274000
电话(Tel)：0530－3967580
传真(Fax)：0530－3967580
联系人(Contact Person)：张海力

华康纸业
地址(Add)：山东省菏泽市胜利路西头路南
邮编(P. C.)：274000
电话(Tel)：0530－5516599
传真(Fax)：0530－5516599
E-mail：hkzp6666@126. com
Http://www. hkzp6666. cn
联系人(Contact Person)：李振杰

良缘纸业
地址(Add)：山东省菏泽市胜利路中段(原纸厂大门东侧)
邮编(P. C.)：274000
电话(Tel)：0530－5620359
联系人(Contact Person)：王良军

刘军洗化妇婴用品批发商行
地址(Add)：山东省菏泽市新花都百货大市场B区56号
邮编(P. C.)：274000
电话(Tel)：0530－5618583
总经理(General Manager)：刘军

即墨市源和裕贸易公司
地址(Add)：山东省即墨市西部开发区(大信镇)
邮编(P. C.)：266229
电话(Tel)：0532－82538455
传真(Fax)：0532－82538455
联系人(Contact Person)：金照善

鑫悦佳卫生用品经营部
地址(Add)：山东省即墨市小商品城厂家直销区5号门1号西门
邮编(P. C.)：266200
电话(Tel)：0532－88586521
传真(Fax)：0532－88586521
联系人(Contact Person)：徐维进

山东济南市金玉祥商贸有限公司
地址(Add)：山东省济南市段店集贸市场东6厅47－49号
邮编(P. C.)：250022
电话(Tel)：0531－82878046
传真(Fax)：0531－87517596
总经理(General Manager)：孔织楠
联系人(Contact Person)：孔织楠

济南芳蕊纸业经营部
地址(Add)：山东省济南市槐荫段店经六路延长线390号
邮编(P. C.)：250001
电话(Tel)：0531－87568721
传真(Fax)：0531－87560136
联系人(Contact Person)：朱振伟

济南梦雅实业有限公司
地址(Add)：山东省济南市经二路523号槐荫房产大厦7楼702室
邮编(P. C.)：250021
电话(Tel)：0531－87069366
传真(Fax)：0531－87060058
联系人(Contact Person)：杨娇

济南金嘉有限责任公司
地址(Add)：山东省济南市经六路362号
邮编(P. C.)：250021
电话(Tel)：0531－87926717
传真(Fax)：0531－87936476
联系人(Contact Person)：张金芝

济南惠洁生活用品有限公司
地址(Add)：山东省济南市经三路312号2单元301室
邮编(P. C.)：250021
电话(Tel)：0531－87929726
传真(Fax)：0531－87942164
联系人(Contact Person)：张萍

济南华联超市有限公司
地址(Add)：山东省济南市经十路431号
邮编(P. C.)：250021
电话(Tel)：0531－87192176
传真(Fax)：0531－87192178
联系人(Contact Person)：王子宝

济南鑫福纸业
地址(Add)：山东省济南市经十路段店市场7厅28号
邮编(P. C.)：250022
电话(Tel)：0531－87501191
联系人(Contact Person)：丁庆涛

济南玉纱春商贸有限公司
地址(Add)：山东省济南市朗茂山路29号卧龙花园1区龙泰苑7号楼2单元402室
邮编(P. C.)：250021
电话(Tel)：0531－82988959
传真(Fax)：0531－82988959
联系人(Contact Person)：王福美

济南康泺源商贸有限公司
地址(Add)：山东省济南市天桥区成丰街25号(火车站东天桥医院北50米往西100米院内)
邮编(P. C.)：250031
电话(Tel)：0531－85820208
传真(Fax)：0531－85820208
总经理(General Manager)：周克世

济南金大顺商业有限公司
地址(Add)：山东省济南市天桥区水屯北路1号办公室2－2室
邮编(P. C.)：250033
电话(Tel)：0531－80667918
联系人(Contact Person)：韩杰

万通纸业销售有限公司
地址(Add)：山东省济南市小清河北路中段李庄工业园万通涂料城
邮编(P. C.)：250001
电话(Tel)：0531－82630227
传真(Fax)：0531－85810662
联系人(Contact Person)：魏垂宽

济南春美商贸有限公司
地址(Add)：山东省济南市张庄机场西路78号
邮编(P. C.)：250023
电话(Tel)：0531－85550012
传真(Fax)：0531－85550012
总经理(General Manager)：李春梅

济南展业商贸有限公司
地址(Add)：山东省济南市张庄路44号
邮编(P. C.)：250023
电话(Tel)：0531－85990558
传真(Fax)：0531－85960641
总经理(General Manager)：吴帆

济南梅笛卫生用品有限公司
地址(Add)：山东省济南市章丘明水绣源路中段
邮编(P. C.)：250200
电话(Tel)：0531－83262441
联系人(Contact Person)：赵红

山东济宁良奥妇幼用品商贸
地址(Add)：山东省济宁市草桥口批发市场316号
邮编(P. C.)：272000
电话(Tel)：0537－2880503
传真(Fax)：0537－2556611
联系人(Contact Person)：李存良

济宁长瑞卫生用品商贸
地址(Add)：山东省济宁市草桥口批发市场南区77号
邮编(P. C.)：273500
电话(Tel)：0537－2897836
传真(Fax)：0537－2205291
联系人(Contact Person)：李全洪

济宁市鑫磊工贸有限公司
地址(Add)：山东省济宁市济邹路东五里营1号路南农资仓库院内
邮编(P. C.)：272000
电话(Tel)：0537－2861232
传真(Fax)：0537－2601867
联系人(Contact Person)：路新立

济宁奎文商贸有限公司
地址(Add)：山东省济宁市文胜街(草桥口)批发市场105号
邮编(P. C.)：272000
电话(Tel)：0537－2215479
传真(Fax)：0537－2215479
联系人(Contact Person)：侯祥同

胶州开开商贸有限公司
地址(Add)：山东省胶州市胶州东路
邮编(P. C.)：266300
电话(Tel)：0532－82236771
传真(Fax)：0532－82236771
联系人(Contact Person)：黄永红

莱芜市长梅纸业卫生用品配送中心
地址(Add)：山东省莱芜市鄂庄经济开发区
邮编(P. C.)：271122
电话(Tel)：0634－6113621
传真(Fax)：0634－6113621
总经理(General Manager)：周长梅

青岛福顺兴商贸有限公司
地址(Add)：山东省莱西市沽河街道办事处
邮编(P. C.)：266700
电话(Tel)：0532－87451788
联系人(Contact Person)：张伟革

青岛滨德商贸有限公司
地址(Add)：山东省莱西市新兴街29号
邮编(P. C.)：266600
电话(Tel)：0532－88461826
联系人(Contact Person)：赵洪涛

莱阳建法纸品经营处
地址(Add)：山东省莱阳市郝格庄
邮编(P. C.)：265200
电话(Tel)：0535－7220227
法人代表(Chairman)：于建发

莱阳市和平批发部
地址(Add)：山东省莱阳市小商品批发市场
邮编(P. C.)：265200
电话(Tel)：0535－7218834
传真(Fax)：0535－7210537
联系人(Contact Person)：张爱君

莱州小护士纸业
地址(Add)：山东省莱州市府前东街138号(军休所对面)
邮编(P. C.)：261400
电话(Tel)：0535－2283717
传真(Fax)：0535－2226305
联系人(Contact Person)：邵兴松

昕鹏卫生用品批发
地址(Add)：山东省聊城市冠县振兴西路29号(建行西邻)
邮编(P. C.)：252500
电话(Tel)：0635－5236469
传真(Fax)：0635－5236469
联系人(Contact Person)：王玉河

聊威纸业经营部
地址(Add)：山东省聊城市花园南路明星房产东临街楼
邮编(P. C.)：252000
电话(Tel)：0635－8218864
联系人(Contact Person)：吕保夫

山东省聊城市久久纸业
地址(Add)：山东省聊城市鲁化路社会福利院路口东500米八里庙70号
邮编(P. C.)：252000
电话(Tel)：0635－8352785
传真(Fax)：0635－2120518
联系人(Contact Person)：郝艳芹

聊城市广源洗化
地址(Add)：山东省聊域市香江大市场金海东四街84号
邮编(P. C.)：252000
电话(Tel)：0635－8689907
联系人(Contact Person)：聂传福

聊城丽源纸业
地址(Add)：山东省聊城市香江光彩大市场金海东四街84号
邮编(P. C.)：252000
电话(Tel)：0635－8686907
联系人(Contact Person)：聂传荣

聊城水城卫生用品批发中心
地址(Add)：山东省聊城市香江光彩大市场金海东五街88号
邮编(P. C.)：252000
电话(Tel)：0635－8688593
联系人(Contact Person)：卢焕国

聊城妇婴用品批发商行
地址(Add)：山东省聊城市香江金海东五街20号
邮编(P. C.)：252000
电话(Tel)：0635－8688917
联系人(Contact Person)：符振昌

香江万友纸业总汇
地址(Add)：山东省聊城市香江一期金海东四街86号
邮编(P. C.)：252000
电话(Tel)：0635－8689362
联系人(Contact Person)：姜万友

莘县王建百货
地址(Add)：山东省聊城市莘县莘亭路148号
邮编(P. C.)：252400
电话(Tel)：0635－7326564
传真(Fax)：0635－7350318
总经理(General Manager)：王建

山东临朐红唇洗化配货中心
地址(Add)：山东省临朐县一中大门向南150米路东(城南街)
邮编(P. C.)：262600
电话(Tel)：0536－3186655
联系人(Contact Person)：徐京双

山东浓情集团孙雷商贸有限公司
地址(Add)：山东省临沂马头商场东街北首2号
邮编(P. C.)：276126
电话(Tel)：0539－6776868
总经理(General Manager)：孙雷

临沂飞宇商贸
地址(Add)：山东省临沂市华丰商业街15号
邮编(P. C.)：276002
电话(Tel)：0539－8373323
联系人(Contact Person)：于文波

临沂宝林商贸公司
地址(Add)：山东省临沂市华丰商业街45号
邮编(P. C.)：276000

电话(Tel)：0539－8011775
联系人(Contact Person)：刘宝

临沂青苹果纸业
地址(Add)：山东省临沂市华丰商业街49号
邮编(P.C.)：276000
电话(Tel)：0539－2808085
传真(Fax)：0539－2808085
联系人(Contact Person)：李峰

金鹰华美
地址(Add)：山东省临沂市解放路109号金润大厦17A05
邮编(P.C.)：276000
电话(Tel)：0539－8206758
传真(Fax)：0536－8206759
联系人(Contact Person)：姜怀民

临沂九州超市
地址(Add)：山东省临沂市解放路189号
邮编(P.C.)：276000
电话(Tel)：0539－3901777
联系人(Contact Person)：全波

临沂市金鹰土产杂品有限公司
地址(Add)：山东省临沂市解放路222号
邮编(P.C.)：276000
电话(Tel)：0539－8226314
联系人(Contact Person)：李学贺

临沂兴鹏纸品
地址(Add)：山东省临沂市金雀山二路中段
邮编(P.C.)：276000
电话(Tel)：0539－8161627
联系人(Contact Person)：赵兰悌

临沂天润卫生用品营销有限公司
地址(Add)：山东省临沂市金雀山路168号
邮编(P.C.)：276000
电话(Tel)：0539－8150988
传真(Fax)：0539－8172188
联系人(Contact Person)：冯培收

临沂嘉誉纸品
地址(Add)：山东省临沂市聚才路小商品城一楼化妆品区1060号
邮编(P.C.)：276000
电话(Tel)：0539－8536807
传真(Fax)：0539－7011807
联系人(Contact Person)：卢义军

临沂市洁思柔卫生用品公司
地址(Add)：山东省临沂市兰山区
邮编(P.C.)：276000
电话(Tel)：0539－8335692
传真(Fax)：0539－2980719
联系人(Contact Person)：韩永四

临沂郎氏商贸有限公司
地址(Add)：山东省临沂市兰山区临西9路南道工业园
邮编(P.C.)：276000
电话(Tel)：0539－7011579
传真(Fax)：0539－7011575
总经理(General Manager)：郎德建
联系人(Contact Person)：王燕

山东临沂东泰纸业
地址(Add)：山东省临沂市临西二路与水田路交汇处路北
邮编(P.C.)：276000
电话(Tel)：0539－8061819
联系人(Contact Person)：张建凯

临沂英华纸品有限公司
地址(Add)：山东省临沂市批发城青年路10号
邮编(P.C.)：276002
电话(Tel)：0539－8221824
联系人(Contact Person)：韩凤华

山东鲁洁卫生用品有限公司
地址(Add)：山东省临沂市青年路与临西二路交汇处20号
邮编(P.C.)：276002
电话(Tel)：0539－8213493
传真(Fax)：0539－8236252
联系人(Contact Person)：葛朝进

山东天天纸业有限公司
地址(Add)：山东省临沂市水安路顺和花园2号楼201室
邮编(P.C.)：276000
电话(Tel)：0539－7337970
联系人(Contact Person)：司马涛

远大妇婴用品超市配送中心
地址(Add)：山东省临沂市水田工业园
邮编(P.C.)：276002
电话(Tel)：0539－8211761
传真(Fax)：0539－8211761
联系人(Contact Person)：鲍金丽

临沂广源纸业
地址(Add)：山东省临沂市水田路纺织品市场北门73号
邮编(P.C.)：276000
电话(Tel)：0539－8072395
传真(Fax)：0539－3103992
联系人(Contact Person)：谢浩

顺成卫生用品批发总汇
地址(Add)：山东省临沂市水田路纺织品市场北门对过
邮编(P.C.)：276000
电话(Tel)：0539－8681835
传真(Fax)：0539－8365551
联系人(Contact Person)：郑永武

临沂坤裕纸品
地址(Add)：山东省临沂市水田路与临西二路交汇处西10米路北
邮编(P.C.)：276002
电话(Tel)：0539－8238230
传真(Fax)：0539－8238230
联系人(Contact Person)：张伟

青苹果纸制品商行
地址(Add)：山东省临沂市小商品城38栋036

邮编(P. C.)：276000
电话(Tel)：0539－6771349
联系人(Contact Person)：李建德

润芳妇婴用品销售中心
地址(Add)：山东省临沂市小商品城9号楼0215房间
邮编(P. C.)：276000
电话(Tel)：0539－8067302
联系人(Contact Person)：刘秀芳

临沂相约纸业
地址(Add)：山东省临沂市小商品城东门对过618号
邮编(P. C.)：276000
电话(Tel)：0539－8061146
传真(Fax)：0539－2986000
联系人(Contact Person)：刘士方

佳好纸品
地址(Add)：山东省临沂市小商品城日化区5号楼0093号
邮编(P. C.)：276002
电话(Tel)：0539－8220738
联系人(Contact Person)：赵忠梅

临沂永利纸品
地址(Add)：山东省临沂市小商品城日化市场2号楼0021号
邮编(P. C.)：276000
电话(Tel)：0539－8211108
传真(Fax)：0539－8066769
联系人(Contact Person)：张夏

临沂相约纸业
地址(Add)：山东省临沂市新小商品城东门对过618号
邮编(P. C.)：276000
电话(Tel)：0539－8061146
传真(Fax)：0539－2986000
联系人(Contact Person)：刘士方

临沂荣江商贸有限公司
地址(Add)：山东省临沂市银雀山路与临西八路交汇处向西
邮编(P. C.)：276000
电话(Tel)：0539－8377886
传真(Fax)：0539－8377886
联系人(Contact Person)：林青山

龙口市丰达纸业
地址(Add)：山东省龙口市东莱街辛店街6号
邮编(P. C.)：265701
电话(Tel)：0535－8508489
联系人(Contact Person)：蔡丰双

平度市红旗百货洗化经营部
地址(Add)：山东省平度市红旗路百货商场一楼半(红旗中路100号)
邮编(P. C.)：266700
电话(Tel)：0532－88331158
传真(Fax)：0532－88331158
联系人(Contact Person)：冷滨

山东齐河龙兴有限公司
地址(Add)：山东省齐河县齐宴大街西首395号
邮编(P. C.)：251100
电话(Tel)：0534－5323446
联系人(Contact Person)：谯佃华

青岛恒福鑫日用品有限公司
地址(Add)：山东省青岛莱西市蓬莱路405号滨县路
邮编(P. C.)：266600
电话(Tel)：0532－88488849
传真(Fax)：0532－88488849
总经理(General Manager)：李福修

青岛国货江海丽达购物中心
地址(Add)：山东省青岛市城阳区崇阳路491号
邮编(P. C.)：266109
电话(Tel)：0532－87753613
传真(Fax)：0532－87763521
联系人(Contact Person)：汲文静

青岛市勇琪商贸公司
地址(Add)：山东省青岛市城阳区夏庄镇东黄埠
邮编(P. C.)：266107
电话(Tel)：0532－87796488
传真(Fax)：0532－87796488
联系人(Contact Person)：卢潮洲

青岛恒昌商贸有限公司
地址(Add)：山东省青岛市城阳区赵红路18号
邮编(P. C.)：266100
电话(Tel)：13061339771
传真(Fax)：0532－86458486
E-mail：mickey-qd@153. com
联系人(Contact Person)：赵加乾

青岛鑫茂源商贸有限公司
地址(Add)：山东省青岛市大港纬四路1号乙
邮编(P. C.)：266021
电话(Tel)：0532－83833235
传真(Fax)：0532－83835139
联系人(Contact Person)：徐传建

青岛北瑞贸易有限公司
(详见绒毛浆)

青岛港宝清洁用品有限公司
地址(Add)：山东省青岛市东海中路4号
邮编(P. C.)：266071
电话(Tel)：0532－85066268
传真(Fax)：0532－85066269
Http://www. kongpo. com
联系人(Contact Person)：许嘉伟

青岛欧曼工贸有限公司
地址(Add)：山东省青岛市杭州支路8号码头
邮编(P. C.)：266021
电话(Tel)：13156369186
传真(Fax)：0532－82671691
联系人(Contact Person)：朱启友

即墨阳光辉源百货商店
地址(Add)：山东省青岛市即墨副食品批发市场一区三号楼27号
邮编(P.C.)：266200
电话(Tel)：0532－87555670
传真(Fax)：0532－87555670
联系人(Contact Person)：杨慧业

即墨市恒新妇幼卫生品经营部
地址(Add)：山东省青岛市即墨经济开发区泰山二路207号
邮编(P.C.)：266000
电话(Tel)：0532－87550368
联系人(Contact Person)：乔棣先

纸巾总汇
地址(Add)：山东省青岛市胶南市人民路东段406号
邮编(P.C.)：266400
电话(Tel)：0532－86131801
联系人(Contact Person)：殷照忠

青岛茂鑫商贸有限公司
地址(Add)：山东省青岛市胶州市福州北路79号
邮编(P.C.)：266300
电话(Tel)：0532－87235662
传真(Fax)：0532－87288961
E-mail：hanjiejun88388@126.com
联系人(Contact Person)：韩杰俊

青岛喜润商贸有限公司
地址(Add)：山东省青岛市莱西市潭家院西幸福小区11号楼东二户
邮编(P.C.)：266600
电话(Tel)：0532－88491965
传真(Fax)：0532－88491965
联系人(Contact Person)：潘克佐

青岛帛林商贸有限公司
地址(Add)：山东省青岛市市北区安宁路5－1福岭小区A4号1单元101室
邮编(P.C.)：266034
电话(Tel)：0532－85988616
传真(Fax)：0532－85988790
E-mail：boilingbiz@yahoo.com.cn
联系人(Contact Person)：钟海燕

青岛荣升源商贸有限公司
地址(Add)：山东省青岛市市北区标山路99号2单元403室
邮编(P.C.)：266034
电话(Tel)：0532－85981705
传真(Fax)：0532－82732895
联系人(Contact Person)：孙连升

青岛生荣贸易有限公司
地址(Add)：山东省青岛市市北区浮山后4小区12号楼1单元102室
邮编(P.C.)：266051
电话(Tel)：0532－88755530
传真(Fax)：0532－88757708
总经理(General Manager)：张守斌

青岛鑫千钧商贸有限公司
地址(Add)：山东省青岛市市北区利津路25号
邮编(P.C.)：266021
电话(Tel)：0532－88769202
传真(Fax)：0532－83847895
联系人(Contact Person)：秦绪九

青岛市生活帅日用品配送
地址(Add)：山东省青岛市市北区利津路文具用品街B区－1号(昌邑路)
邮编(P.C.)：266021
电话(Tel)：0532－84602270
传真(Fax)：0532－83636415
联系人(Contact Person)：王帅

青岛亿生堂工贸有限公司
地址(Add)：山东省青岛市市北区顺兴路110号
邮编(P.C.)：266023
电话(Tel)：0532－83835921
传真(Fax)：0532－83835921
联系人(Contact Person)：杨卫东

青岛元迪贸易有限公司
地址(Add)：山东省青岛市市北区台湛路41号丙
邮编(P.C.)：266022
电话(Tel)：0532－83634666
传真(Fax)：0532－83671009
联系人(Contact Person)：高莉

青岛爱护洁卫生护理用品配送
地址(Add)：山东省青岛市市北区文具街(昌邑路B区－16号)
邮编(P.C.)：266000
电话(Tel)：0532－86542525
联系人(Contact Person)：刘宁

青岛冠志工贸有限公司
地址(Add)：山东省青岛市市北区营口路32号
邮编(P.C.)：266021
电话(Tel)：0532－83835927
传真(Fax)：0532－83835927
联系人(Contact Person)：徐华东

青岛泰昌恒商贸有限公司
地址(Add)：山东省青岛市四方区广昌路1号
邮编(P.C.)：266000
电话(Tel)：0532－84861653
传真(Fax)：0532－84861653
联系人(Contact Person)：高翔

海娃贝贝孕婴用品配送有限公司
地址(Add)：山东省青岛市四方区杭州路167号3号楼－8
邮编(P.C.)：266021
电话(Tel)：0532－83749697
传真(Fax)：0532－83749697
E-mail：haiwa70218@sohu.com
联系人(Contact Person)：王国全

青岛市康达利百货有限公司
地址(Add)：山东省青岛市四方区南昌路8号

邮编(P. C.): 266032
电话(Tel): 0532 - 84967111
传真(Fax): 0532 - 84879168
E-mail: kdl@163169. net
法人代表(Chairman): 解云龙
总经理(General Manager): 朱国全

青岛巨元千兆商贸有限公司
地址(Add): 山东省青岛市四方区周口路314号
邮编(P. C.): 266045
电话(Tel): 0532 - 84012716
传真(Fax): 0532 - 84012725
E-mail: juyuanqianzhao@126. com
联系人(Contact Person): 姜元强

青岛关爱一生卫生用品批发站
地址(Add): 山东省青岛市台东三路步行街延安三路头(小绍兴酒店对面)
邮编(P. C.): 266071
电话(Tel): 0532 - 88684858
传真(Fax): 0532 - 83671141
联系人(Contact Person): 刘彩荼

光明卫生用品
地址(Add): 山东省青州市副食批发城3号(尧王路东首882号)
邮编(P. C.): 262500
电话(Tel): 0536 - 3229979
联系人(Contact Person): 张来泉

青州市蓝鸿纸业有限公司
地址(Add): 山东省青州市玲珑山北路1238号
邮编(P. C.): 262500
电话(Tel): 0536 - 3297790
传真(Fax): 0536 - 3297795
总经理(General Manager): 王放

青州市浩阳经贸有限公司
地址(Add): 山东省青州市驼山南路4608号
邮编(P. C.): 262500
电话(Tel): 0536 - 3881138
传真(Fax): 0536 - 3881138
联系人(Contact Person): 王玉琦

全福元配送
地址(Add): 山东省寿光市北环路与幸福路交叉路口
邮编(P. C.): 262700
电话(Tel): 0536 - 5292596
传真(Fax): 0536 - 5195815
E-mail: q. f. y888@163. com
Http://www. quanfuyuan. com
联系人(Contact Person): 齐桂秀

泰安市佳瑞商贸有限公司
地址(Add): 山东省泰安市岱宗大街424号
邮编(P. C.): 271000
电话(Tel): 0538 - 8265288
传真(Fax): 0538 - 8265288
联系人(Contact Person): 乔晓晶

郯城福源超市
地址(Add): 山东省郯城县高峰头中心路
邮编(P. C.): 276100
电话(Tel): 0539 - 6552009
总经理(General Manager): 马光银

鲁南恒顺卫生用品有限公司
地址(Add): 山东省郯城县马头镇经济开发区
邮编(P. C.): 276126
电话(Tel): 0539 - 6772778
传真(Fax): 0539 - 6770518
总经理(General Manager): 陈景亮

青岛诗丽洁卫生用品有限公司
地址(Add): 山东省郯城县郯城经济开发区
邮编(P. C.): 276100
电话(Tel): 0539 - 6777518
传真(Fax): 0539 - 2055658
联系人(Contact Person): 张伯军

滕州市百信纸品有限公司
地址(Add): 山东省滕州市金道市场6区18号
邮编(P. C.): 277500
电话(Tel): 0632 - 5598676
传真(Fax): 0632 - 5598676
联系人(Contact Person): 陈蕊

大海纸业
地址(Add): 山东省威海市高区田村西河北9 - 4号
邮编(P. C.): 264200
电话(Tel): 13754635649
传真(Fax): 0631 - 5296276
联系人(Contact Person): 姜海波

威海恒润贸易有限公司
地址(Add): 山东省威海市经区滨海龙城14号楼802室
邮编(P. C.): 264200
电话(Tel): 0631 - 5993419
传真(Fax): 0631 - 5570335
联系人(Contact Person): 王晓红

山东潍坊百货集团股份有限公司
地址(Add): 山东省潍坊市高新技术区胜利东街甲1号
邮编(P. C.): 261041
电话(Tel): 0536 - 8580069
传真(Fax): 0536 - 8580068
联系人(Contact Person): 范颖

潍坊润泽纸业有限公司
地址(Add): 山东省潍坊市开发区新华路39号经协大厦406室
邮编(P. C.): 261061
电话(Tel): 0536 - 8238782
传真(Fax): 0536 - 2958292
Http://www. wfsgrc. cn. alibaba. com
联系人(Contact Person): 田清

潍坊市合兴纸业
地址(Add): 山东省潍坊市奎文区四平路南首
邮编(P. C.): 261041
电话(Tel): 0536 - 2109580

联系人(Contact Person)：张奎

宏利纸业批发
地址(Add)：山东省文登市义乌批发市场E区7022号
邮编(P. C.)：264400
电话(Tel)：0631－8481736
联系人(Contact Person)：陈绍利

烟台开发区宏宝卫生用品有限公司
地址(Add)：山东省烟台市开发区福莱商城701号
邮编(P. C.)：264000
电话(Tel)：0535－6386403
传真(Fax)：0535－6374397
联系人(Contact Person)：姜宝宏

烟台市大山批发部
地址(Add)：山东省烟台市开发区胶东福莱商城1506号
邮编(P. C.)：264006
电话(Tel)：0535－6387991
总经理(General Manager)：山世迎

烟台盛兴综合批发
地址(Add)：山东省烟台市前进路8号－1－39号
邮编(P. C.)：264000
电话(Tel)：0535－6685726
传真(Fax)：0535－6685726
联系人(Contact Person)：王其福

烟台正宇经贸有限责任公司
地址(Add)：山东省烟台市前进路9号三站西三角XS02号
邮编(P. C.)：264000
电话(Tel)：0535－6652731
联系人(Contact Person)：杨阳

海星纸业
地址(Add)：山东省烟台市三站批发市场87153房(龙顺电梯南侧)
邮编(P. C.)：264000
电话(Tel)：0535－6648423
联系人(Contact Person)：范运才

烟台市港城纸业
地址(Add)：山东省烟台市芝罘区金晖花园70－3号
邮编(P. C.)：264000
电话(Tel)：0535－7052002
联系人(Contact Person)：孙海琴

烟台双和工贸有限公司
地址(Add)：山东省烟台市芝罘区前进路9－8000号
邮编(P. C.)：264000
电话(Tel)：0535－2972690
传真(Fax)：0535－6641398
法人代表(Chairman)：苗志强

烟台恒创商贸有限公司
地址(Add)：山东省烟台市芝罘区世回尧下曲
邮编(P. C.)：264000
电话(Tel)：0535－6075704
传真(Fax)：0535－6075704
总经理(General Manager)：刘道华

烟台美利商贸有限公司
地址(Add)：山东省烟台市芝罘区西山路61－8号
邮编(P. C.)：264000
电话(Tel)：0535－2997599
传真(Fax)：0535－6802879
总经理(General Manager)：曲广耀

烟台亿仁卫生用品科技有限公司
地址(Add)：山东省烟台市芝罘区新世界花园107幢134－6
邮编(P. C.)：264006
电话(Tel)：0535－2113077
传真(Fax)：0535－2153377
总经理(General Manager)：郑培军

兖州华强贸易有限公司
地址(Add)：山东省兖州市北站九州商城
邮编(P. C.)：272100
电话(Tel)：0537－3497737
传真(Fax)：0537－3497737
联系人(Contact Person)：李欣

枣庄双宝纸业
地址(Add)：山东省枣庄市龙头百货
邮编(P. C.)：277101
电话(Tel)：0632－3250158
总经理(General Manager)：张习

枣庄市汇源纸业有限公司
地址(Add)：山东省枣庄市市中区华山北路
邮编(P. C.)：277100
电话(Tel)：0632－3058818
联系人(Contact Person)：王涛

枣庄市兴成贸易有限公司
地址(Add)：山东省枣庄市市中区胜利路惠工二区1－3－5号
邮编(P. C.)：277101
电话(Tel)：0632－3206558
E-mail：lud663@163.com
联系人(Contact Person)：吴敬伟

枣庄市鑫源纸业
地址(Add)：山东省枣庄市香港街5号楼12－13号
邮编(P. C.)：277101
电话(Tel)：0632－3982720
联系人(Contact Person)：高翔

唯妮佳纸品配送中心
地址(Add)：山东省枣庄市香港街5号楼18号
邮编(P. C.)：277100
电话(Tel)：0632－3252699
传真(Fax)：0632－3063598
E-mail：baozhang888@yahoo.com.cn

联系人(Contact Person)：贾宝章

薛城安特纸业
地址(Add)：山东省枣庄市薛城北城批发市场
邮编(P. C.)：277000
电话(Tel)：0632－4425113
联系人(Contact Person)：朱斌一

枣庄博文食品有限公司
地址(Add)：山东省枣庄市薛城永兴路323号(供电局东80米)
邮编(P. C.)：277000
电话(Tel)：0632－4491117
传真(Fax)：0632－4418715
E-mail：zzbw0632@ sina. com
联系人(Contact Person)：瞿建民

枣庄华辰发展有限公司
地址(Add)：山东省枣庄市中区薛庄南里30号(兴安街中段)
邮编(P. C.)：277100
电话(Tel)：0632－3210000
传真(Fax)：0632－3205606
联系人(Contact Person)：刘静

章丘市海天纸业
地址(Add)：山东省章丘市明水汇泉路东首路北
邮编(P. C.)：250200
电话(Tel)：0531－83896686
联系人(Contact Person)：刘元进

丽华百货
地址(Add)：山东省章丘市明水镇绣水大街(镇政府向北100米路西)
邮编(P. C.)：250200
电话(Tel)：0531－83213060
联系人(Contact Person)：王令永

招远市金都百货有限公司
地址(Add)：山东省招远市罗峰路159号
邮编(P. C.)：265400
电话(Tel)：0535－8246731
传真(Fax)：0535－8246731
联系人(Contact Person)：姜海燕

博山心连心纸制品配送中心
地址(Add)：山东省淄博市博山掩北路88号
邮编(P. C.)：255200
电话(Tel)：0533－8601168
联系人(Contact Person)：李永

桓台县联华超市有限公司
地址(Add)：山东省淄博市桓台县张北路19号
邮编(P. C.)：256400
电话(Tel)：13475578585
传真(Fax)：0533－8218888
E-mail：dahaicyuqing@ 163. com
联系人(Contact Person)：宋玉青

淄博千益经贸有限公司
地址(Add)：山东省淄博市临淄区稷下街道闫家村东
邮编(P. C.)：255400
电话(Tel)：0533－7584366
传真(Fax)：0533－7584366
E-mail：qitao3715@ sina. com
联系人(Contact Person)：祁涛

淄博金宝利纸业有限公司
地址(Add)：山东省淄博市义乌商品城东六街20号
邮编(P. C.)：255000
电话(Tel)：0533－2769080
E-mail：zbjinbaolizy@ 126. com
联系人(Contact Person)：李宝运

淄博葱奇经贸有限公司
地址(Add)：山东省淄博市张店区华光路39号
邮编(P. C.)：255000
电话(Tel)：0533－3180158
传真(Fax)：0533－3180158
总经理(General Manager)：李光源
联系人(Contact Person)：肖子玲

淄博步路商贸有限公司
地址(Add)：山东省淄博市张店区贾庄华泰南街80号
邮编(P. C.)：256100
电话(Tel)：0533－2882718
传真(Fax)：0533－2882718
E-mail：fanglidong@ yimoo. com
联系人(Contact Person)：房立东

盛凯纸业
地址(Add)：山东省淄博市张店区健康街南段路东
邮编(P. C.)：255000
电话(Tel)：0533－2882006
传真(Fax)：0533－2882006
联系人(Contact Person)：曹振

山东淄博周村大成百货商贸有限公司
地址(Add)：山东省淄博市周村区丝市街487号
邮编(P. C.)：255300
电话(Tel)：0533－6420006
传真(Fax)：0533－6420006
总经理(General Manager)：王顺成

淄博天都商贸有限公司
地址(Add)：山东省淄博张店区中心路172号
邮编(P. C.)：255000
电话(Tel)：0533－8299217
传真(Fax)：0533－3185591
联系人(Contact Person)：李继娥

山东省济宁邹城市泰龙商贸有限公司
地址(Add)：山东省邹城市东方圣都1177号
邮编(P. C.)：273500
电话(Tel)：0537－5345642
传真(Fax)：0537－5345642
E-mail：tailong666888@ 163. com
总经理(General Manager)：郑冲

◆ 河南 Henan

安阳智强纸品商行
地址(Add)：河南省安阳市开发区文昌大道中段前张村

（电石厂院内）
邮编(P. C.)：455000
电话(Tel)：0372－2965215
总经理(General Manager)：卢智强

安阳市众心纸行
地址(Add)：河南省安阳县水冶镇南关村同丰街7号
邮编(P. C.)：455000
电话(Tel)：0372－5894222
联系人(Contact Person)：李五

长葛市保健纸行
地址(Add)：河南省长葛市机场路天英宾馆南300米路西
邮编(P. C.)：461500
电话(Tel)：0374－6215077
联系人(Contact Person)：张晓红

长葛市惠好纸业
地址(Add)：河南省长葛市视察路检察院东邻
邮编(P. C.)：461500
电话(Tel)：0374－6138309
传真(Fax)：0374－6138309
联系人(Contact Person)：高跟路

登封市豫园商贸有限公司
地址(Add)：河南省登封市少林大道共安小区3号楼中栋202室
邮编(P. C.)：452470
电话(Tel)：0371－60162118
传真(Fax)：0371－60162118
总经理(General Manager)：冯俊涛

河南获嘉县月月舒纸业批发配送中心
地址(Add)：河南省获嘉县新华街中段
邮编(P. C.)：453800
电话(Tel)：0373－4583161
总经理(General Manager)：孙晓伟

山阳商城卫生纸卫生巾批发部
地址(Add)：河南省焦作市塔南路山阳商城常熟街28号
邮编(P. C.)：454000
电话(Tel)：0391－3555656
总经理(General Manager)：史继辉

开封泉林纸业商行
地址(Add)：河南省开封市滨河路东段18号
邮编(P. C.)：475002
电话(Tel)：0378－2926608
联系人(Contact Person)：朱璇

开封市华美纸业
地址(Add)：河南省开封市曹门关中街14号
邮编(P. C.)：475000
电话(Tel)：0378－2869335
联系人(Contact Person)：周成军

开封市恒鑫纸业
地址(Add)：河南省开封市丁角街88号
邮编(P. C.)：475000
电话(Tel)：0378－3158569
总经理(General Manager)：张建军
联系人(Contact Person)：谭清元

天健纸业
地址(Add)：河南省开封市劳动路北端(江南人家大门北侧)
邮编(P. C.)：475200
电话(Tel)：0378－2588886
传真(Fax)：0378－2588886
总经理(General Manager)：杜汴开

嘉诚纸行
地址(Add)：河南省开封市新门关街3号楼路西(小南门外500米路西)
邮编(P. C.)：475003
电话(Tel)：0391－5870756
联系人(Contact Person)：金波

开封佳禾纸品配送中心
地址(Add)：河南省开封县文化路北头向东30米路北
邮编(P. C.)：475100
电话(Tel)：0378－3218199
传真(Fax)：0378－6665656
联系人(Contact Person)：张志强

洛阳市老城欣欣纸业经营部
地址(Add)：河南省洛阳市定鼎北路5号院43号
邮编(P. C.)：471000
电话(Tel)：0379－63994427
传真(Fax)：0379－63994427
总经理(General Manager)：范崇欣

洛阳五分利纸品商行
地址(Add)：河南省洛阳市定鼎北路5号院中排9号
邮编(P. C.)：471000
电话(Tel)：0379－63560129
传真(Fax)：0379－63971181
联系人(Contact Person)：吴安民

洛阳喜加喜商贸有限公司
地址(Add)：河南省洛阳市洛龙区关林镇二郎庙新村仓库
邮编(P. C.)：471023
电话(Tel)：0379－63631962
联系人(Contact Person)：陶建忠

洛阳瑞适纸业
地址(Add)：河南省洛阳市西工区棉麻路14号院
邮编(P. C.)：471000
电话(Tel)：0379－63179981
传真(Fax)：0379－63179022
E-mail：cocoo0419@163.com
联系人(Contact Person)：郑浩

蓝天日化
地址(Add)：河南省洛阳市西工区纱厂北路食品城3排5－6号
邮编(P. C.)：471000
电话(Tel)：0379－62837369
传真(Fax)：0379－64580228
联系人(Contact Person)：张晓慧

漯河市白雪商贸有限公司
地址(Add):河南省漯河市光明路土产院北30号
邮编(P.C.):462003
电话(Tel):0395-2633339
传真(Fax):0395-2633824
联系人(Contact Person):谢新军

民权春梅纸业
地址(Add):河南省民权县庄周商贸城停车场
邮编(P.C.):476800
电话(Tel):0370-8535080
联系人(Contact Person):宋兴全

南阳兄弟缘物流有限公司
地址(Add):河南省南阳市光武东路626号
邮编(P.C.):473005
电话(Tel):0377-63501270
传真(Fax):0377-65018939
Http://www.xiongdiyuan.cn
联系人(Contact Person):张成俊

南阳爱家纸业
地址(Add):河南省南阳市南新路口南600米
邮编(P.C.):473004
电话(Tel):0377-63119828
联系人(Contact Person):马玉川

南阳蓝天纸业
地址(Add):河南省南阳市食品商贸城纬6路6号
邮编(P.C.):473000
电话(Tel):0377-63582015
联系人(Contact Person):常保

南阳三发纸业有限公司
地址(Add):河南省南阳市食品商贸城纬八路12号
邮编(P.C.):473003
电话(Tel):0377-63506985
传真(Fax):0377-63583000
联系人(Contact Person):丰三

南阳红涛纸业
地址(Add):河南省南阳市食品商贸城纬六路15号
邮编(P.C.):473005
电话(Tel):0377-63585221
总经理(General Manager):李红涛

南阳新洁纸业
地址(Add):河南省南阳市食品商贸城纬五路36号
邮编(P.C.):473005
电话(Tel):0377-63585565
联系人(Contact Person):郭永勋

南阳市恒信纸业公司
地址(Add):河南省南阳市仲景路仲景商城东区7排10号
邮编(P.C.):473003
电话(Tel):0377-63495108
E-mail:zhaoyy0377@sina.com
联系人(Contact Person):赵玉宇

南阳旭东纸业
地址(Add):河南省南阳中国名酒食品城A区33号
邮编(P.C.):473000
电话(Tel):0377-63482929
传真(Fax):0377-65028185
E-mail:xudzye@eyou.com
联系人(Contact Person):张旭东

平顶山市骄阳纸业
地址(Add):河南省平顶山市繁荣街C区5号
邮编(P.C.):467000
电话(Tel):0375-2965168
传真(Fax):0375-3271066
联系人(Contact Person):韩建炜

平顶山市竹叶青纸行
地址(Add):河南省平顶山市繁荣街D-21号
邮编(P.C.):467000
电话(Tel):0375-2988189
联系人(Contact Person):宋晓辉

鑫旺纸业
地址(Add):河南省平顶山市繁荣街北段D17号
邮编(P.C.):467000
电话(Tel):0375-2967166
联系人(Contact Person):刘志浩

平顶山市兰洁贸易有限公司
地址(Add):河南省平顶山市开源路中段鹰城大厦B座1604室
邮编(P.C.):467000
电话(Tel):0375-2988156
传真(Fax):0375-3900378
联系人(Contact Person):马占山

河南省平顶山市金花纸行
地址(Add):河南省平顶山市卫东区繁荣街D21号
邮编(P.C.):467021
电话(Tel):0375-2988189
联系人(Contact Person):宋晓辉

濮阳万新妇幼卫生用品经销处
地址(Add):河南省濮阳市国庆路中段北街口西80米路南
邮编(P.C.):457100
电话(Tel):0393-3211619
联系人(Contact Person):张利峰

洁诚商贸
地址(Add):河南省濮阳市建设路盟北建委家属院西单三楼西户
邮编(P.C.):457000
电话(Tel):0393-8136988
联系人(Contact Person):陈永

河南省濮阳市誉丰纸品经营部
地址(Add):河南省濮阳市建设中房锦绣花园
邮编(P.C.):457000
电话(Tel):0393-6631966
传真(Fax):0393-6631966
联系人(Contact Person):安希安

濮阳市众鑫纸品行
地址(Add)：河南省濮阳市胜利路东段金宇市场209－210号
邮编(P. C.)：457001
电话(Tel)：0393－8151917
传真(Fax)：0393－8662392
E-mail：519036337@qq.com
联系人(Contact Person)：赵焕景

三门峡市欣瑞商贸有限公司
地址(Add)：河南省三门峡市黄河路东段宏远市场48号
邮编(P. C.)：472000
电话(Tel)：0398－2888502
传真(Fax)：0398－2281118
联系人(Contact Person)：张胜民

商都商贸有限公司
地址(Add)：河南省商丘市白银路中段
邮编(P. C.)：476000
电话(Tel)：0370－2531318
传真(Fax)：0370－3067381
总经理(General Manager)：彭刚元

河南省商丘市温氏纸业批发商行
地址(Add)：河南省商丘市白云副食城5区745号
邮编(P. C.)：476000
电话(Tel)：0370－2991009
联系人(Contact Person)：温学讲

商丘市军玲纸业商行
地址(Add)：河南省商丘市白云副食批发城四区588号
邮编(P. C.)：476000
电话(Tel)：0370－2521856
总经理(General Manager)：黄军玲

商丘练丽纸业
地址(Add)：河南省商丘市白云市场品牌一条街甲区21号
邮编(P. C.)：476000
电话(Tel)：0370－3097179
总经理(General Manager)：练丽

商丘市艳杰纸行
地址(Add)：河南省商丘市胜利路7号楼265号
邮编(P. C.)：476000
电话(Tel)：0370－2793116
传真(Fax)：0370－2818171
联系人(Contact Person)：张增彬

河南省商丘市绿缘纸业
地址(Add)：河南省商丘市中州路副食品牌甲区034号
邮编(P. C.)：476000
电话(Tel)：0370－2826777
传真(Fax)：0370－3095298
联系人(Contact Person)：李德庆

宏兴纸业商行
地址(Add)：河南省商州市东商贸北四路13号
邮编(P. C.)：461000
电话(Tel)：0374－8118518
联系人(Contact Person)：杨庆宏

潘安纸行
地址(Add)：河南省通许县城北开发区商业街西端路北
邮编(P. C.)：475400
电话(Tel)：0378－4990030
传真(Fax)：0378－4990030
总经理(General Manager)：谷伟

河南省卫辉市韩五纸行
地址(Add)：河南省卫辉市纱厂芦花北村向东10米路北
邮编(P. C.)：453100
电话(Tel)：0373－4432878
联系人(Contact Person)：韩智亮

西平县兴中纸业
地址(Add)：河南省西平县107国道小田庄路口
邮编(P. C.)：463900
电话(Tel)：0396－6211639
传真(Fax)：0396－6210627
联系人(Contact Person)：田中起

淅川县奉献纸业营销中心
地址(Add)：河南省淅川县城灌河路东方红旅社楼下
邮编(P. C.)：474450
电话(Tel)：0377－69228353
总经理(General Manager)：侯奉献

夏邑冉氏纸行
地址(Add)：河南省夏邑县步行街中段路西
邮编(P. C.)：476400
电话(Tel)：0370－6226493
联系人(Contact Person)：冉现义

河南新乡志达商贸有限公司
地址(Add)：河南省新乡市解放大道159号
邮编(P. C.)：453000
电话(Tel)：0373－5822922
传真(Fax)：0373－5822922
总经理(General Manager)：张大志

新力纸巾有限公司
地址(Add)：河南省新乡市中原东路256号
邮编(P. C.)：453002
电话(Tel)：0373－3033030
传真(Fax)：0373－3070656
联系人(Contact Person)：焦明

新郑纸品行
地址(Add)：河南省新郑市洧水路菜场东口
邮编(P. C.)：451150
电话(Tel)：0371－62684030
联系人(Contact Person)：田三林

信阳市西西商业有限公司
地址(Add)：河南省信阳市东方红大道东方京城B座
邮编(P. C.)：464000
电话(Tel)：0376－6192865
传真(Fax)：0376－6267333
E-mail：6589liwei@163.com
联系人(Contact Person)：李伟

信阳市顺荣纸业商行
地址(Add)：河南省信阳市二道牌盐业百货批发市场
邮编(P. C.)：464000
电话(Tel)：0376－6565209
总经理(General Manager)：冯顺荣

河南信阳天亿纸业
地址(Add)：河南省信阳市荣基广场南三栋125号
邮编(P. C.)：464000
电话(Tel)：0376－6288595
联系人(Contact Person)：郭云忠

明港定远纸品营销公司
地址(Add)：河南省信阳县明港丰收路(107西)200米
邮编(P. C.)：464194
电话(Tel)：0376－8664443
联系人(Contact Person)：卜照明

许昌优杰纸制品销售部
地址(Add)：河南省许昌高新技术开发区昌盛路
邮编(P. C.)：461111
电话(Tel)：0374－5654623
传真(Fax)：0374－5654623
E-mail：xcyoujie@163.com
联系人(Contact Person)：王利杰

许昌市林风纸业有限公司
地址(Add)：河南省许昌市八龙路203
邮编(P. C.)：461000
电话(Tel)：0374－4395626
传真(Fax)：0374－4395626
总经理(General Manager)：金春霞

许昌小南海纸厂
地址(Add)：河南省许昌市八一路86号
邮编(P. C.)：462600
电话(Tel)：0374－8626366
联系人(Contact Person)：袁海军

永城市金云纸行
地址(Add)：河南省永城市解放北路沱河宾馆楼下
邮编(P. C.)：476600
电话(Tel)：0370－5230341
传真(Fax)：0370－5230341
联系人(Contact Person)：高思敬

郑州鹏洁商贸有限公司
地址(Add)：河南省郑州市北环路茵悦之声1号楼501室
邮编(P. C.)：450040
电话(Tel)：0371－69339281
传真(Fax)：0371－69339281
E-mail：pengjiesm@126.com
联系人(Contact Person)：朱岭坤

郑州市大浩妇幼用品有限公司
地址(Add)：河南省郑州市车管所北300米路东
邮编(P. C.)：450006
电话(Tel)：0371－66850069
传真(Fax)：0371－60127786
联系人(Contact Person)：梁志安

郑州裕恒纸业有限公司
地址(Add)：河南省郑州市车管所南200米超汇路
邮编(P. C.)：450006
电话(Tel)：0371－65030922
传真(Fax)：0371－68723748
联系人(Contact Person)：陆小莹

郑州康迪实业有限公司
地址(Add)：河南省郑州市大学路100号金海大厦601室
邮编(P. C.)：450052
电话(Tel)：0371－69387604
联系人(Contact Person)：袁洪志

郑州市金水区馨悦纸业
地址(Add)：河南省郑州市东三街北段1号附2号
邮编(P. C.)：450053
电话(Tel)：0371－66189508
传真(Fax)：0371－63827940
联系人(Contact Person)：郭紫阳

郑州市安雅商贸有限公司
地址(Add)：河南省郑州市二七区荆胡西街135号
邮编(P. C.)：450000
电话(Tel)：0371－68790001
传真(Fax)：0371－69387026
联系人(Contact Person)：曾伟达

郑州市祥发商贸有限公司
地址(Add)：河南省郑州市丰产路71号妇幼市场南2楼
邮编(P. C.)：450000
电话(Tel)：0371－60831030
传真(Fax)：0371－60831029
联系人(Contact Person)：张明生

好友多商贸
地址(Add)：河南省郑州市国基路四月天5号102
邮编(P. C.)：450045
电话(Tel)：0371－63798197
联系人(Contact Person)：李鹏宇

河南永和工贸有限公司
地址(Add)：河南省郑州市黄河路25号经津大厦11F78号
邮编(P. C.)：450014
电话(Tel)：0371－68265889
传真(Fax)：0371－63613507
联系人(Contact Person)：罗利华

洁绿综合商行
地址(Add)：河南省郑州市江山路调味食品城2区2557－2558号
邮编(P. C.)：450000
电话(Tel)：0371－63507826
联系人(Contact Person)：王明杰

长兴纸品商行
地址(Add)：河南省郑州市洁云路万客来北院北楼19号
邮编(P. C.)：450015
电话(Tel)：0371－68765819
传真(Fax)：0371－68765819
联系人(Contact Person)：路建民

脱普企业集团郑州分公司
地址(Add)：河南省郑州市金水区经七路50号海通大厦7F705室
邮编(P. C.)：450014
电话(Tel)：0371－65346658
传真(Fax)：0371－65346657
Http://www. top-china. com
联系人(Contact Person)：席广源

郑州奥辉商贸有限公司
地址(Add)：河南省郑州市金水区纬五路与经六路交叉处亚龙大厦710室
邮编(P. C.)：450000
电话(Tel)：0371－68765887
传真(Fax)：0371－68750764
总经理(General Manager)：尚文章

博豪纸业
地址(Add)：河南省郑州市京广南路中陆洗化城A区12排4号
邮编(P. C.)：450015
电话(Tel)：0371－68725862
联系人(Contact Person)：付凯

郑州市荣军洗化商行
地址(Add)：河南省郑州市京广南路中陆洗化城南楼外7号
邮编(P. C.)：450015
电话(Tel)：0371－68749436
传真(Fax)：0371－63285081
联系人(Contact Person)：侯大命

郑州市华畅珍宝纸业有限公司
地址(Add)：河南省郑州市经八路11号院17号楼46号
邮编(P. C.)：450000
电话(Tel)：0371－63388925
E-mail：liujianwen. 2006@163. com
联系人(Contact Person)：刘建文

郑州金光纸业有限公司
地址(Add)：河南省郑州市万客来北院北楼20号
邮编(P. C.)：450003
电话(Tel)：0371－68765785
传真(Fax)：0371－68731902
联系人(Contact Person)：郭胜利

融鑫妇幼用品公司
地址(Add)：河南省郑州市万客来北院北楼22号
邮编(P. C.)：450000
电话(Tel)：0371－68765670
总经理(General Manager)：常治国

郑州博大纸业
地址(Add)：河南省郑州市万客来北院一排23－25号
邮编(P. C.)：450015
电话(Tel)：0371－68765838
联系人(Contact Person)：王尧杰

一生缘纸业
地址(Add)：河南省郑州市万客来食品城北院1排35号
邮编(P. C.)：450000
电话(Tel)：0371－67016326
传真(Fax)：0371－67016326
联系人(Contact Person)：王庆志

兴隆纸业
地址(Add)：河南省郑州市万客来食品城北院北楼15号
邮编(P. C.)：450000
电话(Tel)：0371－68721987
联系人(Contact Person)：周仕伟

郑州市二七区发展纸业商行
地址(Add)：河南省郑州市万客来食品城北院一排21号
邮编(P. C.)：450061
电话(Tel)：0371－68744110
传真(Fax)：0371－67820434
联系人(Contact Person)：杜拥民

郑州市富恒纸业
地址(Add)：河南省郑州市万客来食品城南院2排17号
邮编(P. C.)：450000
电话(Tel)：0371－87070226
联系人(Contact Person)：申龙刚

郑州市金辉货运有限公司奔奔物流
地址(Add)：河南省郑州市新107国道与郑尉路交叉口
邮编(P. C.)：450062
电话(Tel)：0371－60836916
总经理(General Manager)：徐锋

郑州市百川纸业
地址(Add)：河南省郑州市郑上路大厨房市场东门6号
邮编(P. C.)：450013
电话(Tel)：0371－66068441
联系人(Contact Person)：丁玲

周口蓝天纸业
地址(Add)：河南省周口市荷花市场四期3－136房
邮编(P. C.)：466000
电话(Tel)：0394－6192579
联系人(Contact Person)：田勇敢

周口雪洁纸行
地址(Add)：河南省周口市荷花市场四区1－106房
邮编(P. C.)：466000
电话(Tel)：0394－8285679
传真(Fax)：0394－6192850
总经理(General Manager)：谷秀玲

太康纸品
地址(Add)：河南省周口市太康县毛庄06号
邮编(P. C.)：461400
电话(Tel)：0394－6669170
联系人(Contact Person)：赵桂丽

河南省驻马店市西平鑫鑫纸业
地址(Add)：河南省驻马店市西平县王店工业园区
邮编(P. C.)：463900
电话(Tel)：0396－6206383
传真(Fax)：0396－6206228
联系人(Contact Person)：裴铁汉

◆ 湖北 Hubei

宋氏纸业
地址(Add)：湖北省赤壁市莼川大道178号
邮编(P.C.)：437331
电话(Tel)：0715-5234628
传真(Fax)：0715-5236628
联系人(Contact Person)：宋安华

鄂州市兴发商行
地址(Add)：湖北省鄂州市南浦北路八卦石一楼5号门
邮编(P.C.)：436000
电话(Tel)：0711-3892648
传真(Fax)：0711-3892648
联系人(Contact Person)：陈幺发

恩施博雅国际贸易有限公司
地址(Add)：湖北省恩施市东风大道467号(沿江路原农机公司院内)
邮编(P.C.)：445000
电话(Tel)：0718-8237486
传真(Fax)：0718-8237485
Http://www.bygj.com.cn
法人代表(Chairman)：杨勇

黄石艾平纸业
地址(Add)：湖北省黄石市财富广场C区96号
邮编(P.C.)：435000
电话(Tel)：0714-6331215
联系人(Contact Person)：王艾平

黄石市安泰纸业公司
地址(Add)：湖北省黄石市新建路5号
邮编(P.C.)：435000
电话(Tel)：0714-6245884
传真(Fax)：0714-6248019
联系人(Contact Person)：程琦

黄石华颐婴幼儿用品商行
地址(Add)：湖北省黄石市一扩山庄11栋3单元302室
邮编(P.C.)：435000
电话(Tel)：0714-6357562
传真(Fax)：0714-6357562
E-mail：wugaohua888@163.com
联系人(Contact Person)：吴高华

荆州市泰康纸品经营部
地址(Add)：湖北省荆州市沙市区临江路四码头
邮编(P.C.)：434000
电话(Tel)：0716-8322526
传真(Fax)：0716-8322526
联系人(Contact Person)：朱传斌

荆州市兴盛纸业商贸公司
地址(Add)：湖北省荆州市沙市区沿江路5号码头(天主教堂对面)胜利街204号
邮编(P.C.)：434000
电话(Tel)：0716-4315361
传真(Fax)：0716-8117745
联系人(Contact Person)：聂永清

育红纸品批发部
地址(Add)：湖北省荆州市沙市四码头
邮编(P.C.)：434000
电话(Tel)：0716-8224008
联系人(Contact Person)：赵骏

荆州环城商贸
地址(Add)：湖北省荆州市郢城镇
邮编(P.C.)：434020
电话(Tel)：0716-8083576
传真(Fax)：0716-8083785
联系人(Contact Person)：向顺华

十堰市代理西安市纸品总经销
地址(Add)：湖北省十堰市三堰韩国小商品城31号
邮编(P.C.)：442000
电话(Tel)：0719-8895004
总经理(General Manager)：曹建林

十堰市天美工贸有限公司
地址(Add)：湖北省十堰市重庆路福安小区
邮编(P.C.)：442012
电话(Tel)：0719-8769305
传真(Fax)：0719-8769305
E-mail：thinkmeng@163.com
联系人(Contact Person)：孟耀进

武汉市美雅卫生用品有限公司
地址(Add)：湖北省武汉市汉阳区黄金口特1号
邮编(P.C.)：430052
电话(Tel)：027-84616100
传真(Fax)：027-84616423
联系人(Contact Person)：张火生

武汉市洁美景远商贸有限公司
地址(Add)：湖北省武汉市汉阳区山北湾602号
邮编(P.C.)：430051
电话(Tel)：027-84626672
传真(Fax)：027-84631287
联系人(Contact Person)：余绍锋

武汉金中经济发展有限公司
地址(Add)：湖北省武汉市硚口区武胜路丽景苑B座1910室
邮编(P.C.)：430031
电话(Tel)：027-85379591
传真(Fax)：027-85379855
联系人(Contact Person)：钟海兵

中侨纸业公司
地址(Add)：湖北省武汉市武昌友谊大道铁机路铁机工业园
邮编(P.C.)：430083
电话(Tel)：027-86339678
传真(Fax)：027-86339678
联系人(Contact Person)：陈赛

武汉市国桥贸易有限责任公司
地址(Add)：湖北省武汉市武胜路2号附10号
邮编(P.C.)：430050
电话(Tel)：027-85685021

传真(Fax): 027 - 85685021
联系人(Contact Person): 徐汉桥

湖北佳联贸易有限公司
地址(Add): 湖北省武汉市徐东路7号欧洲花园6A - 903
邮编(P. C.): 430062
电话(Tel): 027 - 88613405
传真(Fax): 027 - 88613410
联系人(Contact Person): 房磊

仙桃郑记纸业
地址(Add): 湖北省仙桃大洪批发市场9 - 1号
邮编(P. C.): 433000
电话(Tel): 0728 - 3227089
联系人(Contact Person): 郑先揆

仙桃市荣成纸业
地址(Add): 湖北省仙桃市副食品批发市场10号42号
邮编(P. C.): 433000
电话(Tel): 0728 - 3318070
联系人(Contact Person): 卞文辉

襄樊云浩百货有限公司
地址(Add): 湖北省襄樊市长虹食品城西区106 - 107号
邮编(P. C.): 441003
电话(Tel): 0710 - 3708376
传真(Fax): 0710 - 3708376
法人代表(Chairman): 沈福贵

襄樊市红生卫生用品有限公司
地址(Add): 湖北省襄樊市樊城区解放路日杂市场85 - 86号
邮编(P. C.): 441000
电话(Tel): 0710 - 3019119
总经理(General Manager): 龙海生

襄樊恒和日用百货有限公司
地址(Add): 湖北省襄樊市解放路326号
邮编(P. C.): 441000
电话(Tel): 0710 - 3488868
传真(Fax): 0710 - 3446019
联系人(Contact Person): 章和平

志敏纸业
地址(Add): 湖北省襄樊市解放路328号
邮编(P. C.): 441000
电话(Tel): 0710 - 3058265
联系人(Contact Person): 邵江波

襄樊市裕兴百货有限公司
地址(Add): 湖北省襄樊市解放路329号
邮编(P. C.): 441000
电话(Tel): 0710 - 3058268
传真(Fax): 0710 - 3443228
联系人(Contact Person): 李海永

襄樊威力纸业经营部
地址(Add): 湖北省襄樊市解放路日用品批发市场75 - 76号
邮编(P. C.): 441000
电话(Tel): 0710 - 3461894
传真(Fax): 0710 - 3461894
总经理(General Manager): 潘莉

孝感市中顺洁柔商贸有限公司
地址(Add): 湖北省孝感市107国道八一桥旁
邮编(P. C.): 432112
电话(Tel): 0712 - 2515558
传真(Fax): 0712 - 2515508
法人代表(Chairman): 郑锐文
总经理(General Manager): 郑锐文
联系人(Contact Person): 郑锐文

宜昌昌顺商行
地址(Add): 湖北省宜昌市金东山5栋128 - 129
邮编(P. C.): 443000
电话(Tel): 0717 - 4765029
联系人(Contact Person): 刘俊

嘉文商行
地址(Add): 湖北省宜昌市金东山大市场156号
邮编(P. C.): 443001
电话(Tel): 0717 - 6258156
联系人(Contact Person): 刘红记

吉利纸品
地址(Add): 湖北省宜昌市金东山大市场1栋16号(港窑路56号)
邮编(P. C.): 443000
电话(Tel): 0717 - 6258016
传真(Fax): 0717 - 8611114
E-mail: jilizhipin@163.com
联系人(Contact Person): 谭继龙

◆ 湖南 Hunan

长沙中桥纸业有限公司
地址(Add): 湖南省长沙市芙蓉区湘湖路167号幸福人家1006室
邮编(P. C.): 410000
电话(Tel): 0731 - 82188666
联系人(Contact Person): 蔡胜宗

湖南省长沙市佳丽纸品贸易商行
地址(Add): 湖南省长沙市高桥大桥2号小区14栋4门2楼
邮编(P. C.): 410000
电话(Tel): 0731 - 5380956
传真(Fax): 0731 - 5380399
联系人(Contact Person): 曾明长

长沙市昌顺纸品商行
地址(Add): 湖南省长沙市高桥大市场展厅16栋25号
邮编(P. C.): 410001
电话(Tel): 0731 - 85717246
联系人(Contact Person): 刘水

湖南高桥大市场三元纸业批发公司
地址(Add): 湖南省长沙市高桥大市场展厅纸品城16栋北向24号
邮编(P. C.): 410014
电话(Tel): 0731 - 85711702

传真(Fax)：0731－85711702
联系人(Contact Person)：刘三元

湖南富华卫生用品配送中心
地址(Add)：湖南省长沙市高桥大市场纸品城十六栋29号
邮编(P. C.)：410000
电话(Tel)：0731－5719605
联系人(Contact Person)：张爱华

志成卫生用品有限公司
地址(Add)：湖南省长沙市浏阳工业品市场18座10号
邮编(P. C.)：410000
电话(Tel)：0731－3650408
传真(Fax)：0731－3650409
E-mail：zhicheng5888@163. com
总经理(General Manager)：魏祥新

鹏辉纸业
地址(Add)：湖南省长沙县星沙纸业大市场1区2栋17号
邮编(P. C.)：410100
电话(Tel)：0731－84010239
传真(Fax)：0731－84010239
联系人(Contact Person)：罗俊文

常德市惠源卫生纸品有限责任公司
地址(Add)：湖南省常德市沅安东路(大桥下面)
邮编(P. C.)：415000
电话(Tel)：0736－7225579
传真(Fax)：0736－7225579
总经理(General Manager)：唐木珍

恒升纸业批发部
地址(Add)：湖南省衡阳市五一大市场11栋20－21号
邮编(P. C.)：421005
电话(Tel)：0734－8525561
联系人(Contact Person)：胡小毛

永久纸品有限公司
地址(Add)：湖南省怀化市河西宝庆商贸城16幢3－4号
邮编(P. C.)：418000
电话(Tel)：0745－2312167
传真(Fax)：0745－2310058
总经理(General Manager)：车永久

雅洁纸业
地址(Add)：湖南省怀化市河西商贸城10栋A面26号
邮编(P. C.)：418000
电话(Tel)：0745－2311379
传真(Fax)：0745－2125910
联系人(Contact Person)：王庆

吉首鸿发纸业
地址(Add)：湖南省吉首市红旗门批发市场115－116号
邮编(P. C.)：416000
电话(Tel)：0743－8712687
传真(Fax)：0743－8712687
联系人(Contact Person)：金石怀

吉首市丰瑞商贸有限公司
地址(Add)：湖南省吉首市文艺路州幼儿园左侧6号
邮编(P. C.)：416000
电话(Tel)：0743－8227299
传真(Fax)：0743－8554013
E-mail：fengruishangmao@163. com
总经理(General Manager)：王炜

金金商行
地址(Add)：湖南省吉首市雅溪民营小区C1－4号
邮编(P. C.)：416000
电话(Tel)：0743－8567324
联系人(Contact Person)：贺启兵

冯记纸业
地址(Add)：湖南省临湘市福桥路2号
邮编(P. C.)：414300
电话(Tel)：0730－3805577
传真(Fax)：0730－3800258
联系人(Contact Person)：冯四龙

娄底市万客来百货经营部
地址(Add)：湖南省娄底市乐平中街
邮编(P. C.)：417000
电话(Tel)：0738－8518118
传真(Fax)：0738－8518118
联系人(Contact Person)：张裕斌

倩文日化纸业配送中心
地址(Add)：湖南省宁乡县白马大道
邮编(P. C.)：410600
电话(Tel)：0731－87827031
传真(Fax)：0731－87833188
总经理(General Manager)：谭文

邵阳市南方纸业
地址(Add)：湖南省邵阳市工业街粮食储备库2楼
邮编(P. C.)：422000
电话(Tel)：0739－2367369
传真(Fax)：0739－2367862
总经理(General Manager)：张兰芳

邵阳三利商贸有限公司
地址(Add)：湖南省邵阳市双坡南路雍翠豪苑雍华亭A座604
邮编(P. C.)：422000
电话(Tel)：0739－5229051
传真(Fax)：0739－5171298
联系人(Contact Person)：郭海春

邵阳市华兴商行
地址(Add)：湖南省邵阳市湘运市场11栋5号
邮编(P. C.)：422000
电话(Tel)：0739－5258770
传真(Fax)：0739－5292076
联系人(Contact Person)：颜文联

邵阳佳和商贸有限公司
地址(Add)：湖南省邵阳市湘运市场40栋6号
邮编(P. C.)：422000
电话(Tel)：0739－5293622

传真(Fax)：0739－5290628
E-mail：yqd80846176@ yahoo. com. cn
法人代表(Chairman)：肖配城
总经理(General Manager)：肖祖庆

湘潭沁园春商贸有限公司
地址(Add)：湖南省湘潭市横塘路18号
邮编(P. C.)：411100
电话(Tel)：13973227481
传真(Fax)：0732－8377358
E-mail：liuyang000080@ 163. com
总经理(General Manager)：刘艳

新化众乐纸业
地址(Add)：湖南省新化县城西大市场内
邮编(P. C.)：417600
电话(Tel)：0738－3519211
传真(Fax)：0738－3519211
E-mail：lw3519211@ 163. com
联系人(Contact Person)：刘栋豪

好润发超市
地址(Add)：湖南省益阳市赫山区龙洲路6号
邮编(P. C.)：413001
电话(Tel)：0737－4315008
传真(Fax)：0737－4315008
联系人(Contact Person)：王向有

益阳恒源百货公司
地址(Add)：湖南省益阳市资阳区五一西路68号
邮编(P. C.)：413000
电话(Tel)：0737－6865666
传真(Fax)：0737－3101952
总经理(General Manager)：陈爱国

湖南株洲建兴日杂
地址(Add)：湖南省株洲芦淞区建宁街21－3号
邮编(P. C.)：412000
电话(Tel)：0731－22213560
联系人(Contact Person)：凌建兴

◆ 广东 Guangdong

潮州市标发百货有限公司
地址(Add)：广东省潮州市新春市场103－104号
邮编(P. C.)：521000
电话(Tel)：0768－2207333
传真(Fax)：0768－2208333
总经理(General Manager)：卢岳标

广州市首汇贸易有限公司
地址(Add)：广东省东莞市长安镇上沙中富街
邮编(P. C.)：523867
电话(Tel)：0769－85336284
传真(Fax)：0769－85336284
E-mail：yifa. tang@ gmail. com
联系人(Contact Person)：唐泽民

东莞市同舟化工有限公司
(详见高吸收性树脂)

佛山市南海景博贸易有限公司
地址(Add)：广东省佛山市禅城区文沙路德宝花苑12号内铺
邮编(P. C.)：528000
电话(Tel)：0757－82837456
传真(Fax)：0757－82824613
E-mail：fion2605@ hotmail. com
联系人(Contact Person)：胡书宪

佛山百康妇婴用品店
地址(Add)：广东省佛山市南海区西岸开发区金正大厦
邮编(P. C.)：528211
电话(Tel)：0757－86867073
传真(Fax)：0757－86867078
联系人(Contact Person)：区健锋

珠江贸易发展有限公司
地址(Add)：广东省广州市海珠区南泰路168号南泰百货批发中心2号楼503室
邮编(P. C.)：510000
电话(Tel)：020－84302328
传真(Fax)：020－84263000
联系人(Contact Person)：方耀联

广东南浦纸业有限公司
地址(Add)：广东省广州市荔湾区东漖镇海北西浦村西约坊286号
邮编(P. C.)：510378
电话(Tel)：020－81419868
传真(Fax)：020－81409122
总经理(General Manager)：林继任

建发贸易有限公司广州分公司
(详见纸浆)

广州市宝兴贸易有限公司
地址(Add)：广东省广州市增槎路东旺批发市场中七排36－38号
邮编(P. C.)：510140
电话(Tel)：020－81998495
传真(Fax)：020－81998904
联系人(Contact Person)：何新永

嘉叶商行
地址(Add)：广东省陆丰市东海镇金驿综合市场三排3幢A3－6号
邮编(P. C.)：516500
电话(Tel)：0660－8835189
传真(Fax)：0660－8834689
联系人(Contact Person)：叶炎旋

普宁丰方纸业
地址(Add)：广东省普宁市占陇车站对面东侧(长发楼)
邮编(P. C.)：515321
电话(Tel)：0663－2348303
传真(Fax)：0663－2346686
联系人(Contact Person)：陈林素

汕头市升平区锦汇贸易有限公司
地址(Add)：广东省汕头市安平路102号之11(原144号)

邮编(P. C.)：515011
电话(Tel)：0754－8290398
传真(Fax)：0754－8280655
联系人(Contact Person)：何锦源

深圳市博都实业发展有限公司
地址(Add)：广东省深圳市福田区上步南路锦峰大厦15F
邮编(P. C.)：518031
电话(Tel)：0755－83625934
传真(Fax)：0755－83656116
E-mail：bodusz@126. com
法人代表(Chairman)：陈爱民
总经理(General Manager)：陈爱民

深圳市德泰祥进出口有限公司
地址(Add)：广东省深圳市国贸大厦3302室
邮编(P. C.)：518000
电话(Tel)：0755－82212592
传真(Fax)：0755－82213186
E-mail：lily@offshoreintl. com
联系人(Contact Person)：刘芳利

深圳市坤泽城实业有限公司
地址(Add)：广东省深圳市罗湖区贝丽南路59号合正星园D栋25A
邮编(P. C.)：518020
电话(Tel)：0755－25015513
传真(Fax)：0755－25015562
E-mail：szkzc2597@tom. com
总经理(General Manager)：吴继国

深圳市新钜实业有限公司
地址(Add)：广东省深圳市罗湖区布心路3004号
邮编(P. C.)：518019
电话(Tel)：0755－25127712
传真(Fax)：0755－25127712
总经理(General Manager)：江伟国

深圳市永恒安贸易有限公司
地址(Add)：广东省深圳市罗湖区凤凰路凤凰街58号1栋205室
邮编(P. C.)：518003
电话(Tel)：0755－25400330
传真(Fax)：0755－25525509
联系人(Contact Person)：周瑞华

深圳市一好工贸有限公司
地址(Add)：广东省深圳市深南东路文华大厦东座20楼C室
邮编(P. C.)：518002
电话(Tel)：0755－25102211
传真(Fax)：0755－25103813
E-mail：topone@szonline. net
总经理(General Manager)：郑伟群

中山市江玲纸业有限公司
地址(Add)：广东省中山市东区沙岗村沙岗正街西六巷10号之1，2，3
邮编(P. C.)：528400
电话(Tel)：0760－88316588
传真(Fax)：0760－88265165
E-mail：zzhzy168@126. com
联系人(Contact Person)：濮长龙

◆ 广西 Guangxi

桂林市欣萍贸易有限公司
地址(Add)：广西桂林市六狮洲3号(虞山桥东侧约150米木器厂内)
邮编(P. C.)：541000
电话(Tel)：0773－2610008
传真(Fax)：0773－2625858
总经理(General Manager)：戴欣萍
联系人(Contact Person)：邱海洋

桂林市利祥源日用品经营部
地址(Add)：广西桂林市象山食品批发城F2号
邮编(P. C.)：541002
电话(Tel)：0773－3848552
传真(Fax)：0773－3843559
联系人(Contact Person)：黎秀文

桂林市利祥源生活用纸营销中心
地址(Add)：广西桂林市虞山食品批发城羽绒厂大门口2号
邮编(P. C.)：541001
电话(Tel)：0773－2615949
传真(Fax)：0773－2615949
联系人(Contact Person)：代利平

红梅百货商行
地址(Add)：广西柳州市柳邕路顺达通市场C区10栋28号
邮编(P. C.)：545005
电话(Tel)：0772－3216976
传真(Fax)：0772－2919668
联系人(Contact Person)：李勇

南宁润在商贸有限公司
地址(Add)：广西南宁市民主路12号广西展览馆西门写字楼
邮编(P. C.)：530023
电话(Tel)：0771－5511989
传真(Fax)：0771－5621311
E-mail：nnrunzai@163. com
法人代表(Chairman)：李艺林

南宁方盛达经贸有限公司
地址(Add)：广西南宁市民族大道38－2号泰安大厦银座8层C1
邮编(P. C.)：530022
电话(Tel)：0771－5876039
传真(Fax)：0771－5854967
E-mail：fangshengda@hotmail. com
总经理(General Manager)：肖东丽
联系人(Contact Person)：冼玲

◆ 海南 Hainan

海口龙华为大商行
地址(Add)：海南省海口市博爱南路27号
邮编(P. C.)：570102

电话(Tel)：0898－66222960
传真(Fax)：0898－66221848
联系人(Contact Person)：王琏

海南凯胜贸易有限公司
地址(Add)：海南省海口市大同路36号华能大厦B－15－B8
邮编(P. C.)：570125
电话(Tel)：0898－66787983
传真(Fax)：0898－66787981
总经理(General Manager)：陈伟文

◆ 重庆 Chongqing

重庆市望海纸业
地址(Add)：重庆市巴南区人才市场
邮编(P. C.)：462220
电话(Tel)：023－66213588
总经理(General Manager)：顾华伟

忠明纸业
地址(Add)：重庆市江北区观音桥盘溪农贸市场2－7号
邮编(P. C.)：400020
电话(Tel)：023－89130167
总经理(General Manager)：何忠明

重庆涵寻商贸有限公司
地址(Add)：重庆市江北区塔坪蔚蓝世纪公寓B栋17－2室
邮编(P. C.)：400020
电话(Tel)：023－67726430
联系人(Contact Person)：沈伟

重庆日出纸制品经营部
地址(Add)：重庆市沙坪坝区南友村16幢1－2号
邮编(P. C.)：400030
电话(Tel)：023－65421272
传真(Fax)：023－65353838
法人代表(Chairman)：张勤
联系人(Contact Person)：杨海勇

◆ 四川 Sichuan

成都市永惠商贸经营部
地址(Add)：四川省成都市北站市场西二路36号附11号
邮编(P. C.)：610081
电话(Tel)：028－83112292
联系人(Contact Person)：鲁国辉

成都蓉光商贸中心
地址(Add)：四川省成都市二环路南一段13号B座407－408
邮编(P. C.)：610021
电话(Tel)：028－85222522
传真(Fax)：028－85222522
联系人(Contact Person)：浦迎光

成都永琴纸业
地址(Add)：四川省成都市二环路南一段华丰食品城10幢20号
邮编(P. C.)：610021
电话(Tel)：028－85250098
传真(Fax)：028－85220298
联系人(Contact Person)：浦迎光

成都伊藤洋华堂有限公司
地址(Add)：四川省成都市二环路西一段逸都路6号
邮编(P. C.)：610041
电话(Tel)：028－87020490
传真(Fax)：028－87020447
Http://www. iy-cd. com
联系人(Contact Person)：贾蓉

成都鑫正商贸有限责任公司
地址(Add)：四川省成都市高升桥南街2号1幢3单元2楼201－204室
邮编(P. C.)：610041
电话(Tel)：028－85051480
传真(Fax)：028－85051491
法人代表(Chairman)：杜为民
联系人(Contact Person)：杜为民

成都市莱峰贸易有限公司
地址(Add)：四川省成都市科华北路153号棕榈花园瑞景阁15F
邮编(P. C.)：610021
电话(Tel)：028－85238483
传真(Fax)：028－85238483
总经理(General Manager)：王颂森

成都鑫诚乐贸易有限公司
地址(Add)：四川省成都市庆云北街21号
邮编(P. C.)：610017
电话(Tel)：028－66429676
传真(Fax)：028－86910065
联系人(Contact Person)：罗光文

成都市康洁酒店用品厂
地址(Add)：四川省成都市武侯区簇桥文昌中路479号
邮编(P. C.)：610043
电话(Tel)：028－85016688
传真(Fax)：028－85016688
联系人(Contact Person)：邓勇

成都市中汇商务有限公司
地址(Add)：四川省成都市永新巷2号乘风大厦508室
邮编(P. C.)：610016
电话(Tel)：028－86758650
传真(Fax)：028－86758652
联系人(Contact Person)：张小四

四川眉山福春纸品配送中心
地址(Add)：四川省眉山市嘉钢公寓桃园西街128号
邮编(P. C.)：620000
电话(Tel)：0833－8317902
传真(Fax)：0833－8291100
总经理(General Manager)：李福春

四川省绵阳市恒源工贸有限公司
地址(Add)：四川省绵阳市剑南西段玉泉路47号
邮编(P. C.)：621000
电话(Tel)：0816－2312134

总经理(General Manager)：张维兵

馨爱商贸平昌经营部
地址(Add)：四川省平昌县新平街东段轴承厂内
邮编(P. C.)：636400
电话(Tel)：0827 –6230027
传真(Fax)：0827 –6233323
E-mail：xinai _ ccy@ 126. com
联系人(Contact Person)：程朝勇

渠县天天纸品批发部
地址(Add)：四川省渠县渠江镇营渠路457 号
邮编(P. C.)：635200
电话(Tel)：0818 –7200337
传真(Fax)：0818 –7200337
联系人(Contact Person)：任剑峰

丁红纸业
地址(Add)：四川省威远县中心街120 –121 号
邮编(P. C.)：642450
电话(Tel)：0832 –8229297
总经理(General Manager)：丁红

宏发纸品配送中心
地址(Add)：四川省宜宾市高庄桥
邮编(P. C.)：644000
电话(Tel)：0831 –8271788
联系人(Contact Person)：黄作武

宜宾红火日杂
地址(Add)：四川省宜宾市西郊批发市场后大门2 号
邮编(P. C.)：644000
电话(Tel)：0831 –5178798
传真(Fax)：0831 –8359819
联系人(Contact Person)：连启刚

宜宾市桦林日化美容用品公司
地址(Add)：四川省宜宾市下江北白沙湾综合市场32 号
邮编(P. C.)：644000
电话(Tel)：0831 –3583173
联系人(Contact Person)：曾平

◆ 贵州 Guizhou

贵州安顺金丰商贸有限公司
地址(Add)：贵州省安顺市弘扬路
邮编(P. C.)：561000
电话(Tel)：0853 –3231850
传真(Fax)：0853 –3231850
法人代表(Chairman)：曾宪娥

贵阳康乐商贸公司
地址(Add)：贵州省贵阳市海马冲宏福景苑20 栋单元103 室
邮编(P. C.)：550004
电话(Tel)：0851 –8105815
联系人(Contact Person)：胡勇

贵阳千合纸业有限公司
地址(Add)：贵州省贵阳市三桥中坝路49 号(三桥下五里土产公司仓库内)
邮编(P. C.)：561000
电话(Tel)：0851 –4850976
传真(Fax)：0851 –4855366
E-mail：qianhepaper@ hotmail. com
总经理(General Manager)：邱述梅

贵阳洪秀纸品批发部
地址(Add)：贵州省贵阳市三桥综合批发市场972 号
邮编(P. C.)：550008
电话(Tel)：0851 –4823653
联系人(Contact Person)：杨波

贵阳云岩惠尔清纸业有限公司
地址(Add)：贵州省贵阳市云岩区三桥后坝
邮编(P. C.)：550008
电话(Tel)：0851 –4734266
传真(Fax)：0851 –4734166
联系人(Contact Person)：刘清源

黔西南州金都商贸有限公司
地址(Add)：贵州省兴义市柯沙商场内
邮编(P. C.)：562400
电话(Tel)：0859 –3229722
总经理(General Manager)：王红

小邓配送中心
地址(Add)：贵州省兴义市米厂路
邮编(P. C.)：562400
电话(Tel)：0859 –3819291
总经理(General Manager)：邓正辉

◆ 云南 Yunnan

健康纸品日化商行
地址(Add)：云南省保山市隆阳区永昌商贸园3 –5 号
邮编(P. C.)：678000
电话(Tel)：0875 –6233332
联系人(Contact Person)：李建康

大理市好生活纸业有限责任公司
地址(Add)：云南省大理市龙山灯具建材城4 幢8 号
邮编(P. C.)：671000
电话(Tel)：0872 –2184847
传真(Fax)：0872 –2134847
总经理(General Manager)：唐国苗

云南东恒集团昆明经贸有限公司
地址(Add)：云南省昆明市北京路花苑三幢602
邮编(P. C.)：650051
电话(Tel)：0871 –5645658
传真(Fax)：0871 –5645685
E-mail：fanzhongwei1204@ 163. com
联系人(Contact Person)：范忠伟

云南恒盛纸业有限责任公司
地址(Add)：云南省昆明市滇池路福海乡高朱村73 号
邮编(P. C.)：650228
电话(Tel)：0871 –4575398
传真(Fax)：0871 –4579492
联系人(Contact Person)：张玲

昆明瑞麟凯商贸有限公司
地址(Add)：云南省昆明市房家地30号B栋10号
邮编(P. C.)：600028
电话(Tel)：0871－4577372
传真(Fax)：0871－4638162
E-mail：jiazurh@ yahoo. com. cn
联系人(Contact Person)：吴晓滨

文雅纸巾配送中心
地址(Add)：云南省昆明市凤翥街35号
邮编(P. C.)：650030
电话(Tel)：0871－5379178
传真(Fax)：0871－5399260
联系人(Contact Person)：文雅鑫

昆明美惠纸巾配送中心
地址(Add)：云南省昆明市官渡区滇池路
邮编(P. C.)：650238
传真(Fax)：0871－4646466
联系人(Contact Person)：叶联杰

昆明市爱新商贸营销中心
地址(Add)：云南省昆明市广福路七甲工业区
邮编(P. C.)：650000
电话(Tel)：0871－7323936
传真(Fax)：0871－7323936
联系人(Contact Person)：童勇

昆明惠成商贸有限公司
地址(Add)：云南省昆明市海埂路308号
邮编(P. C.)：650228
电话(Tel)：0871－4614938
传真(Fax)：0871－4573479
总经理(General Manager)：段丽萍

昆明凯圣佳商贸有限公司
地址(Add)：云南省昆明市金实小区华秋园太阳城311幢803室
邮编(P. C.)：650224
电话(Tel)：0871－5738848
传真(Fax)：0871－5738848
联系人(Contact Person)：罗凯

昆明市西山区云宝纸业经营部
地址(Add)：云南省昆明市前卫大型批发市场丰成商场6－46号
邮编(P. C.)：650228
电话(Tel)：0871－4595051
传真(Fax)：0871－4595051
法人代表(Chairman)：黄鹏华

云南佳乐商行
地址(Add)：云南省昆明市前兴路官庄下村156号
邮编(P. C.)：650238
电话(Tel)：0871－4596866
传真(Fax)：0871－4596866
联系人(Contact Person)：陈国营

云南家慧商贸有限公司
地址(Add)：云南省昆明市前兴路时代风华二期小高层二幢三单元301
邮编(P. C.)：650228
电话(Tel)：0871－4669812
传真(Fax)：0871－4669812
联系人(Contact Person)：鲁志伟

鸿运纸品批发部
地址(Add)：云南省昆明市西山区华丰2－6－22
邮编(P. C.)：650000
电话(Tel)：0871－4589542
传真(Fax)：0871－8893110
联系人(Contact Person)：吕志雄

昆明护理佳贸易有限公司
地址(Add)：云南省昆明市西山区前卫西路丰盛日用品批发市场8栋10号
邮编(P. C.)：650228
电话(Tel)：0871－4581826
传真(Fax)：0871－4583926
联系人(Contact Person)：周旸

昆明市官渡区满天星日用百货经营部
地址(Add)：云南省昆明市西山区前卫镇老海梗路望城坡水钢驻昆办事处4－202室
邮编(P. C.)：650228
电话(Tel)：0871－4575207
联系人(Contact Person)：杨大川

天杰经贸有限公司
地址(Add)：云南省昆明市西山区前卫镇兴科路永胜批发市场7栋16号
邮编(P. C.)：650228
电话(Tel)：0871－4589963
传真(Fax)：0871－4596042
联系人(Contact Person)：郑楚烈

昆明大裔贸易有限公司
地址(Add)：云南省昆明市永中路金刚村66号
邮编(P. C.)：650011
电话(Tel)：0871－4595011
传真(Fax)：0871－5420333
总经理(General Manager)：吴大裔

丽江南丰营销配送中心
地址(Add)：云南省丽江市林祥苑7号
邮编(P. C.)：674100
电话(Tel)：0888－5158475
总经理(General Manager)：和少荣

临沧博澜经营部
地址(Add)：云南省临沧市双水井巷65号
邮编(P. C.)：677000
电话(Tel)：0883－2135128
联系人(Contact Person)：黄海波

曲靖市三元纸业公司
地址(Add)：云南省曲靖市东星小区欢灯村50号
邮编(P. C.)：655000
传真(Fax)：0874－6162038
E-mail：huqhxyz@ sina. com
联系人(Contact Person)：呼庆红

曲靖好通达商行
地址(Add)：云南省曲靖市金牛食品批发城47号
邮编(P.C.)：655000
电话(Tel)：0874－3215171
联系人(Contact Person)：肖成方

云南瑞丽亮丽百货
地址(Add)：云南省瑞丽市闽瑞商场140号
邮编(P.C.)：678600
电话(Tel)：0692－4128765
传真(Fax)：0692－8890630
联系人(Contact Person)：张阿鹏

玉溪锦恒纸巾配送
地址(Add)：云南省玉溪市彩虹小区虹桥路47号2楼
邮编(P.C.)：653100
电话(Tel)：0877－2012650
传真(Fax)：0877－2012650
总经理(General Manager)：张锦恒

◆ 陕西 Shaanxi

安康市意繁有限公司
地址(Add)：陕西省安康市城西客运站(原化工厂院内)
邮编(P.C.)：725700
电话(Tel)：0915－3269138
总经理(General Manager)：熊意繁

陕西安康市鸿雁纸品有限责任公司
地址(Add)：陕西省安康市南环路29号
邮编(P.C.)：725000
电话(Tel)：0915－3287268
传真(Fax)：0915－3287268
法人代表(Chairman)：侯启莉
总经理(General Manager)：王祖奎
联系人(Contact Person)：王祖奎

陕西汉中聚贤日化产品商贸有限公司
地址(Add)：陕西省汉中市西环南路民航路口(机场口向南20米)
邮编(P.C.)：723000
电话(Tel)：0916－2237171
传真(Fax)：0916－2237171
法人代表(Chairman)：陈罗银
总经理(General Manager)：田怡俊
联系人(Contact Person)：陈勇

陕西福润阁商贸有限公司
地址(Add)：陕西省西安市白鹭湾小区宏府408号8楼8号
邮编(P.C.)：710002
电话(Tel)：029－81939671
传真(Fax)：029－87618202
E-mail：lyc1028@163.com
总经理(General Manager)：王奇

陕西思铭商贸有限公司
地址(Add)：陕西省西安市碑林区柿园路永宁庄3－1606号
邮编(P.C.)：710048
电话(Tel)：029－82480874
传真(Fax)：029－82496077
E-mail：shanxi-siming@vip.163.com
联系人(Contact Person)：张要武

西安市洁雅日用品厂
地址(Add)：陕西省西安市长缨西路金旭市场付24号
邮编(P.C.)：710032
电话(Tel)：029－82530027
传真(Fax)：029－82520622
联系人(Contact Person)：吕新民

西安恒盛营销有限公司
地址(Add)：陕西省西安市大兴西路国亨批发城B区10排11－12号
邮编(P.C.)：710077
电话(Tel)：029－83185327
传真(Fax)：029－83185327
联系人(Contact Person)：燕军安

西安兆祥商贸有限公司
地址(Add)：陕西省西安市丰登南路10号
邮编(P.C.)：710077
电话(Tel)：029－84264407
传真(Fax)：029－84264407
联系人(Contact Person)：师磊

精英纸品有限责任公司
地址(Add)：陕西省西安市丰禾路41号
邮编(P.C.)：710043
电话(Tel)：029－88585610
传真(Fax)：029－88589202
总经理(General Manager)：司红星

陕西华兴纸品有限公司
地址(Add)：陕西省西安市丰庆路建新商业街口付1号
邮编(P.C.)：710068
电话(Tel)：029－83083126
总经理(General Manager)：陈玉杰
联系人(Contact Person)：孙红梅

西安市众友纸品批发部
地址(Add)：陕西省西安市丰庆路解家村汽车站8号
邮编(P.C.)：710000
电话(Tel)：029－62896123
传真(Fax)：029－62896123
联系人(Contact Person)：杨长均

崎峰纸业有限公司
地址(Add)：陕西省西安市国亨批发市场A区8排26号
邮编(P.C.)：710077
电话(Tel)：029－83185692
联系人(Contact Person)：史明亮

宝利通纸品经营部
地址(Add)：陕西省西安市金康路小食品市场南排九号
邮编(P.C.)：710000
电话(Tel)：029－81975988
联系人(Contact Person)：吴述荣

西安芭蕾商贸有限公司
地址(Add)：陕西省西安市劳动南路草阳村小区2号楼东

单元 14－10
邮编(P. C.)：710082
电话(Tel)：029－84685201
传真(Fax)：029－84685201
E-mail：xab12008@163. com
总经理(General Manager)：杨长均

西安英祥商贸有限公司
地址(Add)：陕西省西安市莲湖路 18 号莲湖公园内
邮编(P. C.)：710003
电话(Tel)：029－83788146
传真(Fax)：029－87344851
联系人(Contact Person)：耿全升

陕西川田商贸有限责任公司
地址(Add)：陕西省西安市莲湖区大兴东路 23 号桐芳巷 17 栋 1 层 10101
邮编(P. C.)：710016
电话(Tel)：029－86311151
传真(Fax)：029－86310141
E-mail：lbl621107@sina. com
总经理(General Manager)：刘保良

西安兴盛纸品服务中心
地址(Add)：陕西省西安市莲湖区大兴西路国亨市场 C 区 13 排 1－3 号
邮编(P. C.)：710077
电话(Tel)：029－84414572
传真(Fax)：029－82199026
联系人(Contact Person)：吴警

鑫鑫纸品专业超市配货中心
地址(Add)：陕西省西安市莲湖区国亨市场 1 区 2 排 5 号
邮编(P. C.)：710000
电话(Tel)：029－84267105
E-mail：arche. 535800@126. com
联系人(Contact Person)：史鹏刚

陕西恒馨纸业有限公司
地址(Add)：陕西省西安市曲江新区荣和
邮编(P. C.)：712100
电话(Tel)：029－85539321
总经理(General Manager)：张锋

西安协力配送
地址(Add)：陕西省西安市雁塔区丈八东路中段
邮编(P. C.)：710065
电话(Tel)：029－88292901
传真(Fax)：029－88292901
联系人(Contact Person)：张洪涛

陕西启源商贸有限责任公司
地址(Add)：陕西省西安市友谊西路 127 号西工大院内
邮编(P. C.)：710072
电话(Tel)：15802915805
传真(Fax)：029－88495115
E-mail：shaojie1996@126. com
联系人(Contact Person)：杨志尧

咸阳市德福纸品商行
地址(Add)：陕西省咸阳市文林路文林小区 12 栋 10 号
邮编(P. C.)：712000
电话(Tel)：029－36847956
传真(Fax)：029－35771480
联系人(Contact Person)：葛华

陕西雪妮商贸有限公司
地址(Add)：陕西省兴平市丰仪工业园区
邮编(P. C.)：713100
电话(Tel)：029－38277789
传真(Fax)：029－38277789
Http://www. sxxueni. com
总经理(General Manager)：闫喜合

陕西榆林市大拇指商贸有限公司
地址(Add)：陕西省榆林市红山艳阳巷 6 排 6 号
邮编(P. C.)：719000
电话(Tel)：0912－3822695
联系人(Contact Person)：高博

◆ 甘肃 Gansu

嘉峪关市黄河商行
地址(Add)：甘肃省嘉峪关市新华中路 50 号(一得乐楼下)
邮编(P. C.)：735100
电话(Tel)：0937－6280175
联系人(Contact Person)：何金凤

兰州日康纸业有限公司
地址(Add)：甘肃省兰州市城关区滩尖子 315 号
邮编(P. C.)：730000
电话(Tel)：0931－3313530
传真(Fax)：0931－2150258
联系人(Contact Person)：汪朝才

兰州市华宜纸业
地址(Add)：甘肃省兰州市金港糖酒市场大院 13 号
邮编(P. C.)：730050
电话(Tel)：0931－2152185
传真(Fax)：0931－2152185
联系人(Contact Person)：祁斌

兰州洁瑞商贸有限公司
地址(Add)：甘肃省兰州市七里河区宝丰西湖公馆 B 塔 803 室
邮编(P. C.)：730050
电话(Tel)：13919002156
传真(Fax)：0931－2685316
E-mail：lwp0316@163. com
联系人(Contact Person)：胡桂萍

兰州群英卫生用品有限责任公司
地址(Add)：甘肃省兰州市七里河区龚家湾 365 号
邮编(P. C.)：730050
电话(Tel)：0931－2862388
传真(Fax)：0931－2830885
总经理(General Manager)：王胜利
联系人(Contact Person)：胡美丽

兰州吉时达商贸有限公司
地址(Add)：甘肃省兰州市七里河区西津西路上河苑

10531 室
邮编(P. C.): 730050
电话(Tel): 0931 - 2333923
传真(Fax): 0931 - 2335789
联系人(Contact Person): 韩永

兰州优兰纸业有限公司
地址(Add): 甘肃省兰州市瑞德大道万国湾 B 座 17 楼 1705 室(兰新超市对面)
邮编(P. C.): 730020
电话(Tel): 0931 - 8652885
传真(Fax): 0931 - 8652887
总经理(General Manager): 苏哲

兰州金佰商贸有限公司
地址(Add): 甘肃省兰州市十里河区小西湖东街 3 号 701 室
邮编(P. C.): 730050
电话(Tel): 0931 - 2610125
传真(Fax): 0931 - 2610125
联系人(Contact Person): 张明才

兰州明伟纸业
地址(Add): 甘肃省兰州市鱼池口段家滩 2221 号
邮编(P. C.): 730030
电话(Tel): 0931 - 4683899
传真(Fax): 0931 - 3989599
联系人(Contact Person): 林明山

庆阳市健辉商贸有限公司
地址(Add): 甘肃省庆阳市西峰区九龙南路 31 号
邮编(P. C.): 745000
电话(Tel): 0934 - 8213642
传真(Fax): 0934 - 8223658
联系人(Contact Person): 李建设

◆ 青海 Qinghai

青海格尔木伟业商贸有限责任公司
地址(Add): 青海省格尔木市铁路源峰市场 87 号
邮编(P. C.): 816000
电话(Tel): 0979 - 8452690
联系人(Contact Person): 路景福

青海省青百综合贸易有限责任公司家园纸品事业部
地址(Add): 青海省西宁市朝阳库房区南 32 - 33 号
邮编(P. C.): 811000
电话(Tel): 0971 - 3646999
传真(Fax): 0971 - 5501408
E-mail: jiazhenbin@126.com
联系人(Contact Person): 贾振斌

西宁佳颖商贸公司
地址(Add): 青海省西宁市小桥大街 46 号
邮编(P. C.): 810001
电话(Tel): 0971 - 5510963
传真(Fax): 0971 - 5504393
联系人(Contact Person): 邹印成

◆ 宁夏 Ningxia

腾源纸业
地址(Add): 宁夏银川市西夏区军区对面兰岳小区
邮编(P. C.): 750021
电话(Tel): 13723308780
传真(Fax): 0951 - 6085400
联系人(Contact Person): 李建筑

银川泽利达商贸有限公司
地址(Add): 宁夏银川市兴庆区唐徕小区 57 - 5 - 501
邮编(P. C.): 750001
电话(Tel): 0951 - 5058804
传真(Fax): 0951 - 5041025
联系人(Contact Person): 刘庆

◆ 新疆 Xingjiang

昌吉市佳奇纸制品厂
地址(Add): 新疆昌吉市建国西路亚中变电站旁边
邮编(P. C.): 831100
电话(Tel): 0994 - 2506291
联系人(Contact Person): 王水顿

玄武工贸公司
地址(Add): 新疆乌鲁木齐市长江路 92 号东方酒店用品城 3F - 91 号
邮编(P. C.): 830000
电话(Tel): 0991 - 5836280
传真(Fax): 0991 - 6107352
E-mail: lideyongxuanwu@263.net
联系人(Contact Person): 李王淬砺

乌鲁木齐百瑞祥酒店用品公司
地址(Add): 新疆乌鲁木齐市华凌贸易城一楼酒店用品区 F - 72
邮编(P. C.): 830001
电话(Tel): 13579818172
传真(Fax): 0991 - 5189172
联系人(Contact Person): 林松

乌鲁木齐市热哈提百货商行
地址(Add): 新疆乌鲁木齐市金源贸易城 A 区 99 号
邮编(P. C.): 830000
电话(Tel): 0991 - 5887799
传真(Fax): 0991 - 5120315
联系人(Contact Person): 马辉

彩云生活日用品批发中心
地址(Add): 新疆乌鲁木齐市炉院街 104 号新时代贸易广场 2 - 29 号
邮编(P. C.): 830000
电话(Tel): 0991 - 5814008
传真(Fax): 0991 - 5814008
联系人(Contact Person): 王彩云

秦龙集团采购广场
地址(Add): 新疆乌鲁木齐市炉院街 333 号地王大厦
邮编(P. C.): 830094
电话(Tel): 0991 - 5571020
联系人(Contact Person): 王燕

西部国明商贸有限公司
地址(Add): 新疆乌鲁木齐市七道湾工业园

邮编(P. C.)：830027
电话(Tel)：0991－4606400
传真(Fax)：0991－4601185
联系人(Contact Person)：徐国明

乌市天瑜商贸公司
地址(Add)：新疆乌鲁木齐市月明楼批发市场
邮编(P. C.)：830002
电话(Tel)：0991－5507778
总经理(General Manager)：赵华忠

新疆金利杰商贸有限公司
地址(Add)：新疆乌鲁木齐市月明楼市场 9－1－1
邮编(P. C.)：830006
电话(Tel)：0991－5826260
传真(Fax)：0991－5868161
总经理(General Manager)：任怀杰

● 其他 Others

Japan Hygiene Products Industry Association
日本卫生材料工业连合会
地址(Add)：DAI－ICHI DAIMON Bldg 7F, 2－10－1 SHIBA DAIMON MINATOKU Tokyo, Japan 105－0012
电话(Tel)：81－3－64035351
传真(Fax)：81－3－64035350
E-mail：fujita@ jhpia. or. jp
Http://www. jhpia. or. jp
联系人(Contact Person)：藤田直哉
产品业务(Business)：卫生材料协会

中国中轻国际工程有限公司
China BCEL International Engineering Co., Ltd.
地址(Add)：北京市朝阳区白家庄东里 42 号
邮编(P. C.)：100026
电话(Tel)：010－65826022
传真(Fax)：010－65826018
E-mail：bcel@ bcel-cn. com
Http://www. bcel-cn. com
联系人(Contact Person)：彭华
产品业务(Business)：卫生纸项目设计

中国制浆造纸研究院
China National Pulp and Paper Research Institute
地址(Add)：北京市朝阳区光华路 12 号
邮编(P. C.)：100020
电话(Tel)：010－65877000
传真(Fax)：010－65815677
E-mail：bgs@ cnppri. com
Http://www. cnppri. com. cn
法人代表(Chairman)：曹春昱
产品业务(Business)：制浆造纸技术研究，造纸工业标准及检测

上海威胜包装材料有限公司
Wisepac Active Packaging Components Co., Ltd.
地址(Add)：上海市闵行区北松公路 3589 号
邮编(P. C.)：201111
电话(Tel)：021－64093057
传真(Fax)：021－54296506
E-mail：qc@ wisepac. com
Http://www. wisepac. com
联系人(Contact Person)：石志鹏
产品业务(Business)：袋装干燥剂

中国海诚工程科技股份有限公司制浆造纸事业部
China Haisum Engineering Co., Ltd.
地址(Add)：上海市青浦区徐泾镇泗沙路 165 号
邮编(P. C.)：200031
电话(Tel)：021－59883918
传真(Fax)：021－59884930
E-mail：yangjianbo@ haisum. com
Http://www. haisum. com
联系人(Contact Person)：杨剑波
产品业务(Business)：工程设计

上海钧能机电有限公司
Shanghai Eng－Plus E&M Ltd.
地址(Add)：上海市松江区九亭沪松公路 1648 号
邮编(P. C.)：201615
电话(Tel)：021－57637030
传真(Fax)：021－57637038
E-mail：eng_plus@ 163. com
联系人(Contact Person)：何平
产品业务(Business)：阀，泵，蒸汽系统咨询服务

上海科创设备防腐防漏技术有限公司
地址(Add)：上海市松江区新五工业开发区
邮编(P. C.)：201606
电话(Tel)：021－57874310
传真(Fax)：021－57877400
总经理(General Manager)：刘杰
产品业务(Business)：烘缸堵漏，缸面喷涂

杭州原创广告设计有限公司
Hangzhou Original Creation Advertising & Design Co., Ltd.
地址(Add)：浙江省杭州市凤起路 361 号国都商务大厦 701 室
邮编(P. C.)：310003
电话(Tel)：0571－87797881－871
传真(Fax)：0571－87797123
E-mail：hzycad@ 163. com
Http://www. hzycad. com
法人代表(Chairman)：蒲忠苗
总经理(General Manager)：蒲忠苗
联系人(Contact Person)：蒲忠苗
产品业务(Business)：企业营销策划及广告设计

杭州远见广告设计有限公司
Hangzhou Yuanjian Drawing & Writing Design Co.
地址(Add)：浙江省杭州市文二路 328 号富丽科技大厦 B 区 2332 座
邮编(P. C.)：310012
电话(Tel)：0571－85808819
传真(Fax)：0571－85808819
E-mail：qlw19@ sina. com
联系人(Contact Person)：裘丽雯
产品业务(Business)：广告设计

杭州金的进出口有限公司
Hangzhou Golden Idea Import & Export Co., Ltd.
地址(Add)：浙江省杭州市余杭区瓶窑镇华兴公寓16栋
邮编(P. C.)：311115
电话(Tel)：0571－88549700
传真(Fax)：0571－88549700
E-mail：shouhg@mail.hz.zj.cn
Http://www.golden-idea.cn
联系人(Contact Person)：寿泓
产品业务(Business)：各种材料进出口业务

聊城信和广友机电有限公司
Liaocheng Co－Credit Machinery & Electric Co., Ltd.
(详见卫生纸机)

中国轻工业长沙工程有限公司
China CEC Engineering Corporation
地址(Add)：湖南省长沙市中意一路67号
邮编(P. C.)：410004
电话(Tel)：0731－85770333
传真(Fax)：0731－85584415
联系人(Contact Person)：樊燕
产品业务(Business)：卫生纸项目咨询，设计

揭阳市制版有限公司
Jieyang Plate Making Co., Ltd.
地址(Add)：广东省东莞市万江区胜利管理区
邮编(P. C.)：523063
电话(Tel)：0769－22222901
传真(Fax)：0769－22222901
E-mail：zhiyisheji@163.com
联系人(Contact Person)：朱海仁
产品业务(Business)：包装设计

中国轻工业成都设计工程有限公司
China Light Industry Chengdu Engineering Co., Ltd.
地址(Add)：四川省成都市青羊区少城路9号
邮编(P. C.)：610015
电话(Tel)：028－86632505
传真(Fax)：028－86643706
E-mail：qrsj@qrsj.com
Http://www.qrsj.com
联系人(Contact Person)：陈亚红
产品业务(Business)：卫生纸项目设计

主要设备引进情况（2000—2009年）

IMPORTED MAJOR EQUIPMENTS IN CHINA TISSUE PAPER & DISPOSABLE PRODUCTS INDUSTRY（2000—2009）

[6]

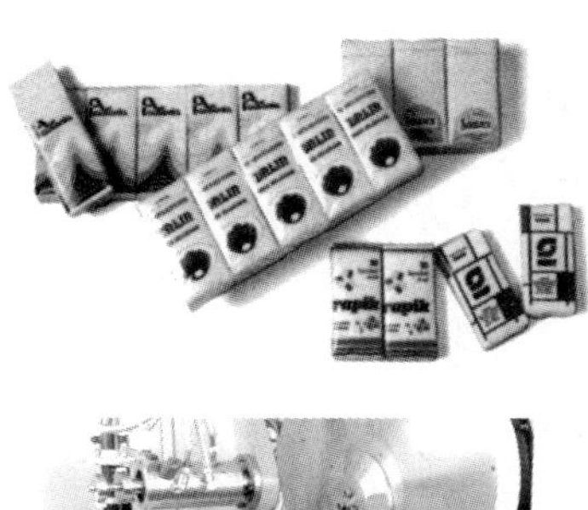

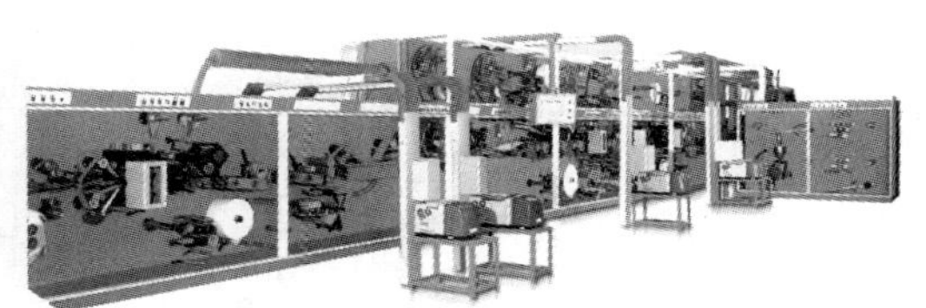

主要设备引进情况(2000—2009年)

Imported major equipments in China tissue paper & disposable products industry(2000—2009)

一、卫生纸机

1. BF型卫生纸机

企业名称	引进内容	数量	时间	引进国(地区)及公司
维达北方纸业(北京)有限公司	BF－10	1台	2003	日本川之江
	BF－10	1台	2006	
	BF－10	1台	2007	
维达纸业(湖北)有限公司	BF－10	1台	2003	
	BF－10	1台	2004	
	BF－10	1台	2005	
	BF－10	2台	2006	
	BF－12	2台	2008	
维达纸业(江门)有限公司	BF－12	1台	2005	
	BF－12	1台	2006	
	BF－12	2台	2007	
	BF－12	2台	2008	
维达纸业(四川)有限公司	BF－10	1台	2005	
	BF－10	1台	2007	
维达纸业(浙江)有限公司	BF－12	2台	2008	
维达纸业(辽宁)有限公司	BF－10EX	2台	2010年投产	
维达集团	BF－10EX	2台	2010年投产	
广东中顺纸业集团有限公司	BF－10	1台	2004	
江门中顺纸业有限公司	BF－10	1台	2006	
	BF－10α	2台	2008	
湖北中顺鸿昌纸业有限公司	BF－10	1台	2005	
	BF－10EX	1台	2009	
浙江中顺纸业有限公司	BF－10	1台	2007	
	BF－10EX	1台	2009	
中顺集团成都天天纸业有限公司	BF－10	1台	2005	
	BF－10	1台	2006	
	BF－12	1台	2006	
上海东冠集团	BF－10	3台	2006	
	BF－10	1台	2007	
	BF－12EX	1台	2009	
山东中顺集团有限公司	BF－10	1台	2005	
	BF－10α	1台	2008	
	BF－10EX	1台	2009	
	BF－10EX	1台	2010(投产)	
	BF－10EX	2台	2009年11月签约	
广西南宁凤凰纸业有限公司	BF－10	1台	2006	
	BF－12	1台	2008	
江门仁科绿洲纸业有限公司	BF－12	1台	2007	
浙江唯尔福纸业有限公司	BF－10EX	2台	2009年签定，2010年交货	
荆州市知音纸业有限公司	BF－10EX	1台	2009年6月签约	

续表

企业名称	引进内容	数量	时间	引进国(地区)及公司
重庆龙璟纸业有限公司	BF-10EX	2台	2009年10月签约	日本川之江
重庆维尔美纸业有限公司	BF-12	1台	2009年11月签约	
东莞永昶纸业有限公司	BF-12	1台	未投产	
高明市日畅纸业有限公司	BF-12	1台	2007	日本川之江(二手机)
	BF-12	1台	2008	

2. 新月型卫生纸机

企业名称	引进内容	数量	时间	引进国(地区)及公司
湖南恒安纸业有限公司	3万吨/年新月型卫生纸机	1台	2001	奥地利 Andritz
	6万吨/年新月型卫生纸机	1台	2009年1月投产	
	DCT200 新月型卫生纸机	1台	2009年12月投产	美卓(Metso)
山东恒安纸业有限公司	5.55米新月型卫生纸机	1台	2005	奥地利 Andritz
	新月型卫生纸机	1台	2007	
	DCT200 新月型卫生纸机	1台	2010年底投产	美卓(Metso)
恒安(中国)纸业有限公司	新月型 DCT200 卫生纸机	1台	2006-03 安装完成	美卓(Metso)
	新月型 DCT200 卫生纸机	1台	2008年初投产	
	DCT200 新月型卫生纸机	1台	2010年投产	意大利 A. Celli
潜利工业有限公司	新月型卫生纸机	1套	2005	意大利 A. Celli
永丰余家品(昆山)有限公司	新月型卫生纸机	1台	2005	意大利 Recard
永丰余家纸(北京)有限公司	Intelli-Tissue™1500 新月型卫生纸机	1台	2008年11月投产	波兰 PMPoland S. A.
福建恒利集团有限公司	DCT100 新月型卫生纸机	1台	2005	美卓(Mesto)
APP GROUP(海南厂)	新月型卫生纸机	6套	2006	意大利 A. Celli
APP GROUP(苏州)	8万吨		2011年	福伊特
APP GROUP(雅安)	8万吨		2011年	福伊特
APP GROUP(孝感)	8万吨		2011年	福伊特
APP GROUP(辽宁新民)	6万吨		2011年投产	意大利 A. Celli
安徽比伦生活用纸有限公司	Intelli-Tissue™900 新月型卫生纸机	1台	2009年5月投产	波兰 PMPoland S. A.
		1台	2011年投产	
潍坊恒联美林生活用纸有限公司	卫生纸机(PM2、PM3)	2台	2003-6.	芬兰 Valmet(SCA的二手机)
山东晨鸣纸业集团有限公司(寿光美伦)	新月型卫生纸机	1台	2009年8月签订合同	奥地利 Andritz
漯河银鸽生活纸产有限公司	1.5万吨/年卫生纸机	1台	2007	韩国三养重型机械
广东中顺纸业集团有限公司	新月型卫生纸机	1台	2005	韩国京龙机械(KYOUNG-YONG)
江门中顺纸业有限公司	新月型 AHEAD1.5 卫生纸机	1台	2010年投产	意大利 Toscotec
惠州福和纸业有限公司	新月型 DCT60 卫生纸机	1台	2009年5月投产	美卓(Metso)
	新月型 DCT60 卫生纸机	1台	2010年1月投产	
广西贵糖(集团)股份有限公司	新月型卫生纸机	2台	2002	奥地利 Andritz
厦门新阳纸业有限公司(南平合资企业)	6万吨	2台		

二、生活用纸后加工设备

企业名称	引进内容	数量	时间	引进国(地区)及公司
维达北方纸业(北京)有限公司	盒装面巾纸自动装填上胶封盒机	2台	2005	台湾省泰舜
	大卷筒复卷打孔机(先分切后复卷打孔)	1台	2005	
	高速手帕纸制造及小包包装机，中包机	1台	2005	

续表

企业名称	引进内容	数量	时间	引进国(地区)及公司
维达北方纸业(北京)有限公司	X概念机——X3后加工生产线	1台	2006	意大利柯尔柏
	X概念机——X3后加工生产线	1台	2007	
恒安纸业抚顺公司	袖珍包面巾纸/手帕纸制造机	2台	2004	台湾省泰舜
	小油压卷管机	1台	2004	
	CMW30EV卫生卷纸包装机	1台	2006	意大利 Casmatic
上海金佰利纸业有限公司	卫生卷纸复卷、分切、包装机		2004—2005	意大利柯尔柏
上海东冠集团	卫生纸复卷分切机	1台	2005	台湾省泰舜
潜利工业有限公司	AC861复卷机	1台	2005	意大利 A. Celli
	卫生卷纸复卷、分切、包装机		2004—2005	意大利柯尔柏
	抽取式卫生纸包装机		2006	台湾宏亦公司
	手帕纸折叠包装机		2006	台湾全利机械
	X概念机——X5后加工生产线	1台	2006	巴西百利怡
上海若云纸业有限公司	卫生纸后加工设备			日本、意大利
王子制纸妮飘(苏州)有限公司	盒装面巾纸加工机	1台	2003-7	日本川之江
	卷纸加工设备	1台	2003-8	台湾省全利机械
	手帕纸加工包装机	3台	2003-9	韩国东洋机械
金红叶纸业(苏州工业园区)有限公司	餐巾纸生产线	1台	2002-9	台湾省辰荣
	擦手纸生产线	1台	2002-10	
	自动套装机	6台	2003-5	
	X概念机——X3后加工生产线		2005—2006	意大利柯尔柏
	钱包纸巾生产线	1台	2008	韩国东洋机械
浙江中顺纸业有限公司	手帕纸自动折叠包装机	1台	2007	
恒安浙江纸业有限公司	X概念机——X3后加工生产线	1台	2006	意大利柯尔柏
	CMW30EV卫生卷纸包装机	1台	2006	意大利 Casmatic
恒安纸业合肥公司	袖珍包面巾纸/手帕纸制造机	2台	2004	台湾省泰舜
安徽比伦生活用纸有限公司	全自动手帕纸折叠包装机	1台	2009	韩国东洋机械
晋江恒安心相印纸制品有限公司	袖珍包面巾纸/手帕纸制造机	2台	2004	台湾省泰舜
	小油压卷管机	1台	2004	
	抽取式盒装面巾纸/擦手纸制造机	1台	2005	
	盒装面巾纸自动装纸上胶封盒机	2台	2005	
	卫生卷纸复卷、分切、包装机		2004—2005	意大利柯尔柏
	X概念机——X3后加工生产线	1台	2006	
	CMW30EV卫生卷纸包装机	1台	2006	意大利 Casmatic
恒安(中国)纸业有限公司	抽取式盒装面巾纸/擦拭纸制造机	10台	2005	台湾省泰舜
	盒装面巾纸自动上胶封盒机	7台	2005	
	可换机头立式餐巾纸机	2台	2005	
	配套5.55米卫生纸机用复卷分切机	1台	2006-03 安装完成	巴西 Voith(原德国亚根堡)
	盒装面巾纸包装机		2006	意大利英曼包装公司
	全自动手帕纸折叠包装机	16台	2008	韩国东洋机械
	钱包纸巾生产线	7台	2008	
	卫生卷纸单卷包装机	10台	2008	台湾
	全自动手帕纸折叠包装机	4台	2009	韩国东洋机械
	钱包纸巾生产线	8台	2009	
	卫生卷纸单卷包装机	2台	2009	

续表

企业名称	引进内容	数量	时间	引进国(地区)及公司
福建恒利集团有限公司	纸巾纸折叠机	1台	2005	德国 W+D
	手帕纸包装机	1台	2005	德国 Senning
	卫生卷纸复卷、分切、包装机		2005	意大利柯尔柏
	卫生纸复卷机	1台	2005	意大利 Toscotec 公司
	CMW111 单卷包装机	4台	2006	巴西百利怡
	新概 4.5	1台	2006	
福建亿发纸品有限公司	盒装面巾纸机			台湾省泰舜
潍坊恒联美林生活用纸有限公司	X 概念机——X3 后加工生产线	1台	2006	意大利柯尔柏
	全自动手帕纸折叠包装机	1台	2008	韩国东洋机械
山东恒安纸业有限公司	复卷分切机	1台	2005	巴西 Voith(原德国亚根堡)
	复卷分切机	1台	2005	意大利 A. Celli
	钱包式手帕纸制造机	3台	2005	台湾省泰舜
	小油压卷管机	1台	2005	
	手帕纸自动生产线	1套	2005	德国 W+D，德国 Senning
	X 概念机——X3 后加工生产线	1台	2006	意大利柯尔柏
	CMW30EV 卫生卷纸包装机	1台	2006	意大利 Casmatic
山东中顺集团有限公司	全自动手帕纸折叠包装机		2005	韩国东洋机械
	PM-1D 分切复卷机	1台	2005	日本川之江
	全自动手帕纸折叠包装机	4台	2009	韩国东洋机械
维达纸业(湖北)有限公司	盒装面巾纸自动装纸上胶封盒机	2台	2004	台湾省泰舜
	摇摆式 H 型封口包装机	1台	2004	
	抽取式面巾纸及餐巾纸四方型包装机	1台	2005	
	抽取式盒装面巾纸/清洁用纸制造机	1台	2005	
	高速手帕纸制造及小包包装机，中包机	1套	2005	
	小油压卷管机	1台	2005	
	X 概念机——X8 后加工生产线	1台	2005	意大利百利怡
	X 概念机——X3 后加工生产线	1台	2005	意大利柯尔柏
	X 概念机——X3 后加工生产线	1台	2006	
	X 概念机——X8 后加工生产线	2台	2007	意大利百利怡
	X 概念机——XP5 卫生卷纸和厨房用纸包装机	6台	2007	意大利柯尔柏
湖北中顺鸿昌纸业有限公司	全自动手帕纸折叠包装机		2003—2005	韩国东洋机械
	PM-1D 分切复卷机	1台	2005	日本川之江
恒安(湖北)心相印纸制品有限公司	X 概念机——X3 后加工生产线	1台	2006	意大利柯尔柏
	CMW30EV 卫生卷纸包装机	1台	2006	意大利 Casmatic
湖南恒安纸业有限公司	钱包式纸巾折叠机	8台	2000	台湾省
	复卷机	2台	2001	德国亚根堡
	全自动手帕纸折叠包装机		2003—2005	韩国东洋机械
	X 概念机——X3 后加工生产线	1台	2006	意大利柯尔柏
	CMW30EV 卫生卷纸包装机	1台	2006	意大利 Casmatic
湖南德惠纸业有限公司	全自动手帕纸折叠包装机	1台	2005	韩国东洋机械
广州金佰利纸业有限公司	102E 分切机	1台	2006	意大利百利怡
惠阳市浩德实业有限公司华光纸品厂	盒式包装机	2台	2000	韩国东洋机械
	袖珍压花机	1台	2000	日本吉永铁工
维达纸业(广东)有限公司	半自动卫卷机	2台	2000	台湾省泰舜
	全自动分切复卷机	1台	2000	

续表

企业名称	引进内容	数量	时间	引进国(地区)及公司
维达纸业(广东)有限公司	油压式卷管机	2台	2000	台湾省泰舜
	全自动纸巾生产线	2台	2000	德国 W + D
	Z型擦手纸机	1台	2001	台湾省泰舜
	餐巾纸折叠机	6台	2001	
	分切复卷机	2台	2002—2003	
	盒装面巾纸机	1台	2002—2003	
	卫卷机	1台	2003	
	可换机头立式餐巾纸机	1台	2004	
	可换机头立式餐巾纸机	2台	2005	
	餐巾纸折叠机(L型)(1排出纸)	2台	2005	
	Z折连续抽取式擦手纸制造机	1台	2005	
	摇摆式封口包装机	1台	2005	
	高速手帕纸制造及小包包装机,中包机	2套	2005	
	全自动卷筒卫生纸反卷打孔机	2台	2005	
	抽取式面巾纸及餐巾纸四方型包装机	1台	2005	
	卫生卷纸复卷、分切、包装机		2003—2005	意大利柯尔柏
	CMW111单卷包装机	4台	2006	意大利 Casmatic
	X概念机——X8后加工生产线	1台	2006	意大利百利怡
	卫生卷纸/厨房用纸包装机——T100多包机,CMB202捆包机	2台	2006	意大利 Casmatic
	CMW111单卷包装机	5台	2007	
	X概念机——X8后加工生产线	2台	2007	意大利百利怡
	X概念机——XP5卫生卷纸和厨房用纸包装机	6台	2007	意大利柯尔柏
中顺洁柔纸业股份有限公司	迷你手帕纸机,包装机	1台	2003	韩国东洋机械
	卫生卷纸复卷、分切、包装机		2003—2005	意大利柯尔柏
	Mile7.1卫生卷纸生产线	1套	2009年11月签约	意大利百利怡
	全自动手帕纸折叠包装机	3台	2009年	韩国东洋机械
江门中顺纸业有限公司	PM-1D分切复卷机	1台	2006	日本川之江
	CMW111单卷包装机	1台	2006	意大利 Casmatic
中山市三角纸品制造有限公司	手帕纸包装机	1台	2003-1	香港冠兴机械设备制造厂
中山市宝丽纸业有限公司	卫生卷纸单卷包装机	2台	2008	韩国
万益纸巾(深圳)有限公司	盒装面巾纸机	1台		台湾省
	迷你手帕纸机	3台		
	折叠包装机	4台		
惠州福和纸业有限公司	X_3(2800)自动复卷生产线	2套	2005	意大利柯尔柏
	卫生卷纸自动包装机	1套	2005	意大利 TMC
	卫生纸后加工设备		2007	美国 Bretting 公司
东莞市白天鹅纸业有限公司	X_3(2800)自动复卷生产线	1套	2005	意大利柯尔柏
东莞盈泰纸品厂	X概念机——XPH1手帕纸包装机	2台	2006	
江门仁科绿洲纸业有限公司	卫生纸后加工设备			台湾省
	包装机			意大利柯尔柏
	全自动手帕纸折叠包装机	1台	2008	韩国东洋机械
	3400mm复卷分切机	1台	2008	台湾省
	3400卫生纸复卷打孔机	1台	2008	
	卫生卷纸单卷包装机	4台	2008	

续表

企业名称	引进内容	数量	时间	引进国(地区)及公司
广西洁宝纸业投资股份有限公司	面巾纸折叠包装机	1台	2000	韩国
	复卷分切机	1台	2001	台湾省蚁兴
	迷你纸巾纸包装机	1台	2002－1	韩国东洋机械
	全自动复卷机	1台	2002－1	
广西贵糖(集团)股份有限公司	自动复卷打孔机	2条	2002	意大利百利怡
	QCS系统，DCS系统，传动控制系统	各2套	2002	瑞典ABB
	高速复卷分切机	1台	2003	意大利A. Celli
	卫生纸复卷分切机	1台	2004	台湾省泰舜
	开卷机	2台	2007	意大利百利怡
	卫生卷纸单卷包装机	2台	2009	意大利柯尔柏
	软包装面巾纸折叠包装机	2台	2009	台湾省侨邦
广西南宁凤凰纸业有限公司	PM－1D分切复卷机	1台	2008	日本川之江
维达纸业(四川)有限公司	可换机头立式餐巾纸机	4台	2005	台湾省泰舜
	抽取式盒装面巾纸/清洁用纸制造机	2台	2005	
	盒装面巾纸自动装填上胶封盒机	2台	2005	
	抽取式面巾纸及餐巾纸四方型包装机	1台	2005	
	大卷筒复卷打孔机(先分切后复卷打孔)	1台	2005	
	高速手帕纸制造及小包包装机，中包机	1套	2005	
	小油压纸管卷管机	1台	2005	
	X概念机——X3后加工生产线	1台	2005	意大利柯尔柏
中顺集团成都天天纸业有限公司	全自动手帕纸折叠包装机		2003—2005	韩国东洋机械
	PM－1D分切复卷机	1台	2006	日本川之江
成都彼特福纸品工艺有限公司	抽取式面巾纸机	1台		台湾省泰舜
恒安(重庆)纸制品有限公司	X概念机——X3后加工生产线	1台	2006	意大利柯尔柏
	CMW30EV卫生卷纸包装机	1台	2006	意大利Casmatic

三、湿巾设备

企业名称	引进内容	数量	时间	引进国(地区)及公司
北京全泰昌科贸有限公司	湿巾机	1台	2002	台湾省友协
北京一帆清洁用品有限公司	湿巾生产设备			以色列，意大利
北京爱华中兴纸业有限公司	湿巾生产设备	1台		台湾省
保定市义厚成纸业有限公司	湿巾折叠机	1台	2003－12	美国PCMC
	湿巾自动包装机	2台	2003－12	意大利Imanpack
长春思特保健品有限责任公司	大森湿巾包装机	1台	2000	日本
	湿巾包装机	1台	2001	台湾省
	博萨包装机	1台	2003	西班牙
康那香企业(上海)有限公司	湿巾机	1台	2003	台湾省康那香
	盒装、袖珍湿巾机	2台	2003	日本东亚机工
上海市苏逸妇幼用品有限公司	湿巾机	2台		日本
上海美馨卫生用品有限公司	湿巾生产设备			美国，德国，意大利
奈森克林(苏州)日用品有限公司	湿巾生产设备			台湾
晋江恒安心相印纸制品有限公司	湿巾包装机	1台	2004	瑞士Ilapak
	平型湿巾制造机	1台	2004	台湾省泰舜
晋江恒安家庭生活用纸有限公司	湿巾生产设备	15台		美国，日本，台湾
三明诚信纸品有限公司	湿巾机	3台	2002	香港
中山市新洁日用制品有限公司	湿巾包装机	1台	2002	台湾省
	湿巾包装机(半自动)	1台	2002	
	湿巾包装机(全自动)	1台	2002	巴西

续表

企业名称	引进内容	数量	时间	引进国(地区)及公司
汕头市龙湖区骏宝有限公司	湿巾机	1台	2002-12	台湾省
金旭环保制品(深圳)有限公司	湿巾机	5台	2003-8	日本，台湾省
广西舒雅护理用品有限公司	湿巾折叠机	2台	2003	美国 PCMC
	湿巾包装机	2台	2003	意大利 Imanpack
	湿巾包装机	1台	2003	瑞士 Ilapak
海南欣安生物工程制药有限公司	湿巾生产设备	4台		

四、卫生用品设备

企业名称	引进内容	数量	时间	引进国(地区)及公司
沈阳东联日用品有限公司	妇女卫生巾设备	1台	2000	日本东亚机工
	卫生护垫设备	1台	2000	
康那香企业(上海)有限公司	卫生护垫设备	4台	2002	台湾省康那香
	妇女卫生巾设备	4台	2002年底	台湾省康那香，日本东亚机工
全日美实业(上海)有限公司	婴儿纸尿裤设备	1台	2000	意大利 Fameccanica
	婴儿纸尿裤设备	1台	2002-10	
	婴儿纸尿裤设备	1台	2003-10	
	婴儿纸尿片设备	1台		
	成人纸尿布设备	1台		
上海花王有限公司	护翼型妇女卫生巾设备	1台	2002-5	日本瑞光
上海尤妮佳有限公司	婴儿纸尿裤设备	1台	2001	日本
	妇女卫生巾设备	8台		
	卫生护垫设备	3台		
尤妮佳生活用品(中国)有限公司	婴儿纸尿裤设备	2台		
常州康贝纸业有限公司	婴儿纸尿裤设备	1台	2004	美国 Curtg Joa(二手机)
	婴儿纸尿裤设备	1台	2006	日本(二手机)
福建恒安集团有限公司	成人纸尿裤设备	1台	2000	意大利 GDM
	卫生护垫设备	2台	2000	日本瑞光
	婴儿纸尿裤设备	2台	2001	意大利
	婴儿纸尿裤设备	1台	2001	日本瑞光
	婴儿纸尿裤设备	1台	2004	
福建恒利集团有限公司	婴儿纸尿裤设备	1台	2001	意大利 Fameccanica
福建中天妇幼用品有限公司	妇女卫生巾设备	1台		日本瑞光
宝洁(中国)有限公司	婴儿纸尿裤设备	1台	2002	美国，法国
	婴儿纸尿裤设备	6台		德国
汕头市集诚妇幼用品厂有限公司(原汕头市爱护洁护理用品厂有限公司)	婴儿纸尿裤设备	1台	2004-2	意大利 GDM
鸿源实业(深圳)有限公司	妇女卫生巾机	2台	2001	台湾省
南海市稳德福无纺布有限公司	成人纸尿裤设备	1台	2002	日本纸工机(二手机)
新感觉卫生用品有限公司	妇女卫生巾设备			台湾省
	婴儿纸尿裤设备	2台		意大利 CCE
	成人纸尿片设备	1台		
广西舒雅护理用品有限公司	婴儿纸尿裤机	1台	2002	意大利 Diatec
	婴儿纸尿裤设备	1台	2003	
四川德阳蓝海妇幼用品有限公司	婴儿纸尿裤设备	1台	2002-10	意大利

五、干法纸及有关设备

企业名称	引进内容	数量	时间	引进国(地区)及公司
博爱(中国)膨化芯材有限公司	干法纸设备	1台	2000	丹麦 M&J
亿利德纸业(上海)有限公司	干法纸设备	1台	2002	
南宁侨虹新材料有限责任公司	干法纸设备	1台	2001	丹麦 Dan-Web
	干法纸分切箱式包装机	1台	2005	德国 Kortec

产品标准和其他相关标准

THE CHINESE STANDARDS OF TISSUE PAPER & DISPOSABLE PRODUCTS AND OTHER RELATED STANDARDS

[7]

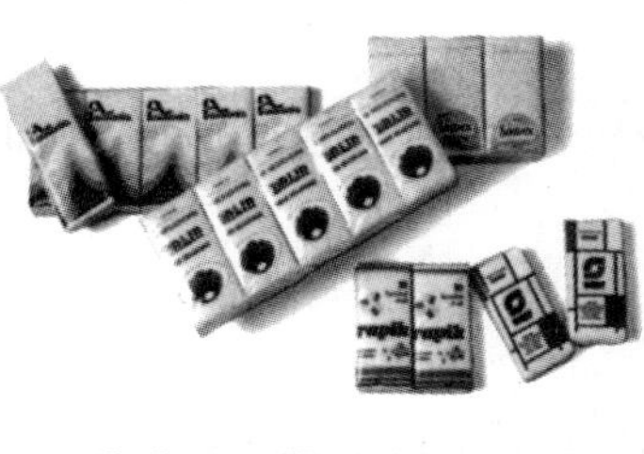

卫生纸(含卫生纸原纸)(GB 20810—2006)

2007-06-01 实施

1 范围

本标准规定了卫生纸的分类、要求、抽样、试验方法及标志、包装、运输和贮存等。

本标准主要适用于人们日常生活用的厕用卫生纸，不包括擦手纸、厨房用纸等擦拭纸。

本标准还适用于对外销售的用于加工卫生纸的卫生纸原纸。

本标准的4.2和4.7为强制性条款，其余为推荐性条款。

本标准的附录A为规范性附录。

2 规范性引用文件

下列文件中的条款通过本标准的引用而成为本标准的条款。凡是注明日期的引用文件，其随后所有的修改单(不包括勘误的内容)或修订版均不适用本标准，然而，鼓励根据本标准达成协议的各方研究是否可使用这些文件的最新版本。凡是不注明日期的引用文件，其最新版本适用于本标准。

GB/T 450　纸和纸板试样的采取(GB/T 450—2002，eqv ISO 186:1994)

GB/T 451.1　纸和纸板尺寸及偏斜度的测定

GB/T 451.2　纸和纸板定量的测定(GB/T 451.2—2002，eqv ISO 536:1995)

GB/T 453　纸和纸板抗张强度的测定(恒速加荷法)(GB/T 453—2002，ISO 1924-1：1992，IDT)

GB/T 461.1　纸和纸板毛细吸收高度的测定(克列姆法)(GB/T 461.1—2002，eqv ISO 8787：1989)

GB/T 462　纸和纸板水分的测定(GB/T 462—2003，ISO 287：1991 MOD)

GB/T 1541　纸和纸板尘埃度的测定法(GB/T 1541—1989，neq TAPPI T 437om-85)

GB/T 2828.1　计数抽样检验程序　第1部分：按接收质量限(AQL)检索的逐批检验抽样计划(GB/T 2828.1—2003，ISO 2859-1：1999，IDT)

GB/T 7974　纸、纸板和纸浆亮度(白度)的测定　漫射/垂直法 GB/T 7974—2002，neq ISO 2470：1999)

GB/T 8940.1　纸和纸板白度测定法(45/0 定向反射法)

GB/T 8942　纸柔软度的测定

GB/T 10739　纸、纸板和纸浆试样处理和试验的标准大气条件(GB/T 10739—2002，eqv ISO 187：1990)

GB/T 12914　纸和纸板抗张强度的测定法(恒速拉伸法)(GB/T 12914—1991，eqv ISO 1924-2：1985)

《一次性生活用纸生产加工企业监督整治规定》(国质检执[2003]289号)

3 分类

3.1　卫生纸分为卷纸、盘纸、平切纸和抽取式卫生纸等，卫生纸原纸为卷筒纸。

3.2　卫生纸和卫生纸原纸按质量分为优等品、一等品、合格品三个等级。

3.3　卫生纸和卫生纸原纸可分为单层、双层、三层等多种形式。

3.4　卫生纸和卫生纸原纸可分为压花、印花、不压花、不印花等类型。

4 要求

4.1　卫生纸技术指标应符合表1要求，卫生纸原纸技术指标应符合表2要求，或符合合同要求。

4.2　卫生纸和卫生纸原纸微生物指标应符合表3要求。

4.3　卷纸和盘纸的宽度、卷重(或节数)，平切纸的长、宽、包装质量(或张数)，抽取式卫生纸的规格尺寸、抽数应按合同要求生产。卷纸和盘纸的宽度、节距尺寸偏差应不超过 ±2mm，偏斜度应不超过 2mm；卷重(或节数)负偏差应不大于 4.5%。平切纸和抽取式的规格尺寸偏差应不超过 ±3mm，偏斜度应不超过 3mm；平切纸的包装质量(或张数)和抽取式的抽数负偏差应不大于 4.5%。卷纸、盘纸的卷重，平切纸的包装质量均为去皮、去芯后净重。

表 1　卫生纸技术指标

指标名称		单位	规定		
			优等品	一等品	合格品
定量		g/m^2	12.0±1.0　14.0±1.0　16.0±1.0　18.0±1.0 20.0±1.0　22.0±1.0　24.0±2.0　28.0±2.0 33.0±3.0　39.0±3.0　45.0±3.0　52.0±4.0		
亮度(白度)	≥	%	83.0	75.0	60.0
横向吸液高度(成品层)	≥	mm/100s	40	30	20
抗张指数(纵横平均)	≥	N·m/g	3.5	3.0	2.0
柔软度(成品层纵横平均)	≤	mN	180	250	450
洞眼 ≤	总数	个/m^2	6	20	40
	2mm～5mm		6	20	40
	>5mm～8mm		2	2	4
	>8mm		不应有		
尘埃度 ≤	总数	个/m^2	20	50	200
	$0.2mm^2$～$1.0mm^2$		20	50	200
	>$1.0mm^2$～$2.0mm^2$		4	10	20
	>$2.0mm^2$		不应有		2
交货水分	≤	%	10.0		

注：印花纸和色纸不测亮度(白度)。

表 2　卫生纸原纸技术指标

指标名称		单位	规定		
			优等品	一等品	合格品
定量		g/m^2	12.0±1.0　14.0±1.0　16.0±1.0　18.0±1.0 20.0±1.0　22.0±1.0　24.0±2.0　28.0±2.0 33.0±3.0　39.0±3.0　45.0±3.0　52.0±4.0		
亮度(白度)	≥	%	83.0	75.0	60.0
横向吸液高度(成品层)	≥	mm/100s	40	30	20
抗张指数(纵横平均)	≥	N·m/g	4.0	3.5	2.5
柔软度(成品层纵横平均)	≤	mN	150	220	420
洞眼 ≤	总数	个/m^2	6	20	40
	2mm～5mm		6	20	40
	>5mm～8mm		2	2	4
	>8mm		不应有		
尘埃度 ≤	总数	个/m^2	20	50	200
	$0.2mm^2$～$1.0mm^2$		20	50	200
	>$1.0mm^2$～$2.0mm^2$		4	10	20
	>$2.0mm^2$		不应有		2
交货水分	≤	%	10.0		

表3 卫生纸和卫生纸原纸微生物指标

指标名称		单位	规定	
			卫生纸	卫生纸原纸
微生物	细菌菌落总数≤	CFU/g	600	500
	大肠菌群	—	不应检出	
	金黄色葡萄球菌	—	不应检出	
	溶血性链球菌	—	不应检出	

4.4 可生产各种颜色的卫生纸，同批产品色泽应基本一致。

4.5 纸张起皱后皱纹应均匀，优等品和一等品纸幅内纵向不应有条形粗纹。

4.6 纸面应洁净，不应有明显的死褶、残缺、破损、硬质块、生草筋、浆团等纸病和杂质，不应有明显的掉粉、掉毛现象。

4.7 原料按《一次性生活用纸生产加工企业监督整治规定》(国质检执[2003]289 号)监督执行。

5 抽样

5.1 生产企业应保证所生产的卫生纸或卫生纸原纸符合本标准的要求，以一次交货数量为一批，每批产品应附有产品合格证明。

5.2 批卫生纸或卫生纸原纸的微生物指标或原料不合格，则判定该批是不可接收的。

5.3 计数抽样检验程序按 GB/T 2828.1 规定进行。卫生纸样本单位为件，卫生纸原纸样本单位为卷。接收质量限(AQL)：横向吸液高度、抗张指数、柔软度 AQL=4.0，定量、亮度(白度)、洞眼、尘埃度、交货水分、偏差、外观质量 AQL=6.5。抽样方案采用正常检验二次抽样方案，检查水平为特殊检查水平 S-3。见表4。

表4 抽 样 方 案

批量/件或卷	正常检验二次抽样方案 特殊检查水平 S-3				
	样本量	AQL=4.0		AQL=6.5	
		Ac	Re	Ac	Re
≤50	3	0	1	0	1
51~150	3	0	1	—	—
	5	—	—	0	2
	5(10)	—	—	1	2
151~3 200	8	0	2	0	3
	8(16)	1	2	3	4
3 201~35 000	13	0	3	1	3
	13(26)	3	4	4	5

5.4 可接收性的确定：第一次检验的样品数量应等于该方案给出的第一样本量。如果第一样本中发现的不合格品数小于或等于第一接收数，应认为该批是可接收的；如果第一样本中发现的不合格品数大于或等于第一拒收数，应认为该批是不可接收的。如果第一样本中发现的不合格品数介于第一接收数与第一拒收数之间，应检验由方案给出样本量的第二样本并累计在第一样本和第二样本中发现的不合格品数。如果不合格品累计数小于或等于第二接收数，则判定该批是可接收的；如果不合格品累计数大于或等于第二拒收数，则判定该批是不可接收的。

5.5 需方若对产品质量持有异议，可在到货后三个月内通知供方共同复验或委托共同商定的检验部门进行复验。复验结果若不符合本标准的规定，则判定为批不可接收的，由供方负责处理；若符合本标准的规定，则判定为批可接收的，由需方负责处理。

6 试验方法

制备吸液高度、抗张指数、柔软度三个指标的试样时，为避免损坏试样，裁样时可在样品之间夹上一张薄纸。测试时如果与标准规定的方法有偏差，应在试验报告中注明。

6.1 试样的采取按 GB/T 450 进行，试样的大气处理按 GB/T 10739 规定进行。

6.2 定量按 GB/T 451.2 测定，按成品层数取样，根据成品层数的不同，取样总数至少应在 10 层 ~ 12 层，并以单层平均值表示测试结果。

6.3 亮度(白度)按 GB/T 7974 或 GB/T 8940.1 测定，仲裁时按 GB/T 7974 测定。

6.4 横向吸液高度按 GB/T 461.1 测定。定量 $>18.0g/m^2$ 的单层卫生纸原纸按单层进行测定，定量 $\leq 18.0g/m^2$ 的单层卫生纸原纸按双层进行测定，其他均按成品层进行测定。

6.5 抗张指数按 GB/T 453 或 GB/T 12914 测定，仲裁时按 GB/T 12914 测定。按成品层数测试，采用 50mm 试验夹距。以单层纵横向平均值换算为抗张指数报出测试结果。

6.6 柔软度按 GB/T 8942 测定。夹缝宽度为 5mm，试样尺寸为 100mm × 100mm，如果试样尺寸未达到 100mm，应换算成 100mm 报出结果。根据成品层数测定柔软度。对于压花和折叠的卫生纸，取样和测试时应尽量避开压花或已折叠部位，并且凹凸花纹各 3 张朝上进行测试，分别以纵横向平均值报出测试结果。

6.7 洞眼的测定：取上下表层纸样分别迎光观测，从大于 2mm 的洞眼开始计数，小于 4mm 的半透明洞眼(洞眼间有纤维连接)不予计数，上下表层试样的试验面积合计应不少于 $0.5m^2$(测试大洞眼时试验面积合计应不少于 $1m^2$)，测试结果取整数，如果个位数后有数字，均应进 1。

6.8 尘埃度的测定按 GB/T 1541 进行，双层或多层的只测上下表层朝外的一面，每个样品的测试面积应不少于 $0.5m^2$。

6.9 交货水分按 GB/T 462 测定。

6.10 微生物指标按附录 A 测定。

6.11 偏斜度按 GB/T 451.1 测定。

6.12 尺寸偏差、卷宽、张数、抽数的计算：每个样品取 3 个试样测定，并按式(1)计算，结果修约至 1%。

$$偏差 = \frac{平均值 - 标称值}{标称值} \times 100\% \quad (1)$$

7 标志、包装、运输和贮存

7.1 卫生纸产品的销售包装标志，应包括：

——产品名称、商标；

——产品的执行标准编号；

——生产日期或批号；

——失效(或有效)日期及保质期或生产批号及限用日期；

——产品的规格：卷筒纸和盘纸应标注宽度和节距，平切纸和抽取式卫生纸应标注长和宽、层数等；

——产品的数量：卷筒纸和盘纸应标注卷重或节数，平切纸应标注包装质量或张数，抽取式卫生纸应标注抽数等；

——产品质量等级；

——生产企业(或代理商)名称、企业地址等；

——其他需要标注的事项。

7.2 卫生纸产品的运输包装标志，应包括：

——产品名称、商标；

——生产企业(或代理商)名称、地址等；

——内包装数量；
——包装储运图形标志；
——其他标志。

7.3 卫生纸和卫生纸原纸的运输应采用洁净的运输工具，防止产品污染，搬运时不应将纸件从高处扔下，以避免损坏外包装。

7.4 卫生纸和卫生纸原纸应存放在干燥、通风、洁净的地方并妥善保管，防止雨、雪及潮气浸入产品，影响质量。

7.5 卫生纸和卫生纸原纸因运输、保管不妥善造成产品损坏或变质的，应由造成损失的一方赔偿损失，变质的卫生纸和卫生纸原纸不应出售。

附录A
（规范性附录）
微生物指标的测定

A1 培养基与试剂的制备

A1.1 营养琼脂培养基

制法：称取33g营养琼脂，溶于1L蒸馏水中，加热煮沸至完全溶解，分装，经过121℃高压灭菌15min后备用。

A1.2 乳糖胆盐发酵管

制法：称取35g乳糖胆盐发酵培养基，溶于1L蒸馏水中，待完全溶解后分装每管50mL，并放入一个倒管，115℃高压灭菌15min即得。

注：制双料乳糖胆盐发酵管时，除蒸馏水外，其他成分加倍。

A1.3 伊红美蓝琼脂培养基

制法：称取36g伊红美蓝琼脂培养基，溶于1L蒸馏水中，浸泡15min，加热煮至完全溶解后，经115℃高压灭菌15min，冷却至50℃～60℃，振摇培养基倾注灭菌平皿备用。

A1.4 乳糖发酵管

制法：称取25.3g乳糖发酵培养基，溶于1L蒸馏水中，浸泡5min，加热至完全溶解后，分装于有倒管的试管内，115℃高压灭菌15min即得。

A1.5 血琼脂培养基

制法：将灭菌后的营养琼脂加热溶化，待凉至约50℃，即在无菌操作下按营养琼脂：脱纤维血为10:1的比例加入脱纤维血，摇匀，倒入灭菌平皿，置冰箱备用。

A1.6 兔血浆

制法：取灭菌3.8%柠檬酸钠1份，加兔全血4份摇匀静置，3000r/min离心5min，取上清液，弃血球。

A1.7 革兰氏染色液

结晶紫染色液：

结晶紫	1g
95%酒精	20mL
1%革酸胺水溶液	80mL

将结晶紫溶解于酒精中，然后与革酸胺溶液混合。

革兰氏碘液：

碘	1g
碘化钾	2g
蒸馏水	300mL

将碘与碘化钾混合，加入蒸馏水少许充分振摇，待完全溶解后再加蒸馏水至 300 mL。

沙黄复染液：

沙黄	0.25g
95%酒精	10mL
蒸馏水	90mL

将沙黄溶解于酒精之中，然后用蒸馏水稀释。

A1.8　甘露醇发酵培养基

制法：称取 30g 甘露醇发酵培养基溶于 1L 蒸馏水中，加热煮沸至完全溶解，分装，115℃高压灭菌 20min 备用。

A1.9　7.5%氯化钠肉汤培养基

制法：称取 88g7.5%氯化钠肉汤培养基溶于 1L 蒸馏水中，加热煮沸至完全溶解，分装后于 121℃高压灭菌 15min 备用。

A1.10　营养肉汤培养基

制法：称取 76g 营养肉汤培养基溶于 1L 蒸馏水中，加热煮沸至完全溶解，分装后于 115℃高压灭菌 20min 备用。

A1.11　革酸钾血浆

制法：在 5mL 兔血浆中加入 0.01g 革酸钾，充分混合摇匀，经离心沉淀，吸取上清液，即得。

注：以上各培养基均为成品，采用量可依据产品的说明书而定。

A2　产品采集与样品处理

于同一批号的三个大包装中至少随机抽取 12 个最小销售包装样品。三分之一样品用于测试，三分之一样品留样，另外三分之一样品(可就地封存)必要时用于复检。样品最小销售包装不得有破损，检测前不得开启。

在超静工作台上用无菌方法至少开启 4 个小包装，从中称量样品 10g ±1g，剪碎后加入到 200mL 灭菌生理盐水中，充分混匀，得到一个生理盐水样液。

A3　细菌菌落总数的检测

A3.1　操作步骤

待上述样液自然沉降后取上清液做菌落计数。共接种 5 个平皿，每个平皿中加入 1mL 样液，然后用冷却至 45℃左右熔化的营养琼脂 15mL ~ 20mL，倒入平皿内，充分混匀。待琼脂凝固后翻转平皿，置 35℃ ±2℃培养 48h，然后计算平板上的细菌数(当平板上菌落数超过 200 时应稀释后再计数)。

A3.2　结果报告

菌落呈片状生长的平板不宜采用，计数符合要求的平板上的菌落，按式(A.1)计算结果：

$$X = A \times K/5 \qquad (A.1)$$

式中　X——细菌菌落总数，单位为菌落形成单位每克(CFU/g)；

A——5 块营养琼脂培养基平板上的细菌菌落总数，单位为菌落形成单位每克(CFU/g)；

K——稀释度。

当菌落数在 100 以内时，按实有数报告；大于 100 时，采用两位有效数字。

如果样品菌落总数超过标准规定的 10%，按 A.3.3 进行复检和结果报告。

A3.3　复检

将保存的复检样品依前法复测两次，两次结果平均值都达到标准的规定，则判定被检样品合格，其中有任何一次结果平均值超过标准规定，则判被检样品不合格。

A4 大肠菌群的检测

A4.1 操作步骤

取样液5mL接种于50mL乳糖胆盐发酵管，置35℃ ±2℃培养24h，如不产酸也不产气，则报告为大肠菌落阴性。

如果产酸产气，则划线接种伊红美蓝琼脂平板，置35℃ ±2℃培养18h~24h，观察平板上菌落形态典型的大肠菌落为黑紫色或红紫色，圆形，边缘整齐，表面光滑湿润，常具有金属光泽，也有的呈紫黑色，不带或略带金属光泽，或粉红色，中心较深的菌落。

挑取疑似菌落1个~2个作为革兰氏染色镜检，同时接种乳糖发酵管，置35℃ ±2℃培养24h，观察产气情况。

A4.2 结果报告

凡乳糖胆盐发酵管产酸产气，乳糖发酵管产气，在伊红美蓝平板上有典型大肠菌落，革兰氏染色为阴性无芽胞杆菌，可报告被检样品检出大肠杆菌。

A5 金黄色葡萄球菌的检测

A5.1 操作步骤

取样液5mL加入到50mL 7.5%氯化钠肉汤培养液中，充分混匀，35℃ ±2℃培养24h。

自上述增菌液中取1~2接种环，划线接种在血琼脂培养基上35℃ ±2℃培养24h~48h。在血琼脂平板上该菌落呈金黄色，大而突起，圆形，表面光滑，周围有溶血圈。

挑取典型菌落，涂片作革兰氏染色镜检，如见排列成葡萄状，无芽胞与荚膜，应进行下列试验：

A5.1.1 甘露醇发酵管试验

取上述菌落接种到甘露醇培养基中，置35℃ ±2℃培养24h，发酵甘露醇产酸者为阳性。

A5.1.2 血浆凝固酶试验

玻片法：取清洁干燥载玻片→于两端分别滴加1滴生理盐水、1滴兔血浆→挑取菌落分别与两者混合5min。

如两者均无凝固则为阴性；如血浆内出现团块或颗粒状凝固，而生理盐水仍呈均匀浑浊无凝固，则为阳性。凡两者均有凝固现象，再进行试管凝固酶试验。

试管法：吸取1:4新鲜血浆0.5mL，置灭菌小试管中→加入等量待检菌24h，肉汤培养物0.5mL，混匀→置35℃ ±2℃温箱或水浴中→每0.5h观察一次→24h之内呈现凝块即为阳性。

同时以已知血浆凝固酶阳性和阴性菌株肉汤培养物各0.5mL作阳性和阴性对照。

A5.2 结果报告

凡在琼脂平板上有可疑菌落生长，镜检为革兰氏阳性葡萄球菌，并能发酵甘露醇产酸、血浆凝固酶阳性者，可报告被检样品检出金黄色葡萄球菌。

A6 溶血性链球菌的检测

A6.1 操作步骤

取样液5mL加入到50mL营养肉汤中，35℃ ±2℃培养24h。

将培养物划线接种血琼脂平板，置35℃ ±2℃中培养24h，观察菌落特征。溶血性链球菌在血平板上为灰白色，半透明或不透明，针尖状突起，表面光滑，边缘整齐，周围有无色透明溶血圈。

取典型菌落作涂片革兰氏染色镜检，应为革兰氏阳性，呈链状排列的球菌。镜检符合上述情况，应进行下列试验：

A6.1.1 链激酶试验

吸取草酸钾血浆0.2mL→加入0.8mL灭菌生理盐水混匀→加入待检菌24h肉汤培养物0.5mL和0.25%氯化钙溶液0.25mL混匀→置35℃ ±2℃水浴中，2 min查看一次(一般10 min内可凝固)→待血浆凝固后继续观察并记录溶化时间→如 2 h 内不溶化，继续放置 24h，观察。如果凝块全部溶化为阳性，24h 仍不溶化为阴性。

A6.1.2 杆菌肽敏感试验

将被检菌菌液涂于血平板上→用灭菌镊子取每片含 0.04 单位杆菌肽的纸片放在平板上，同时以已知阳性菌株作对照→置 35℃ ±2℃ 下放置 18h ~ 24h→有抑菌带者为阳性。

A6.2 结果报告

镜检革兰氏阳性链状排列球菌，血平板上呈现溶血圈，链激酶和杆菌肽试验阳性，可报告被检样品检出溶血性链球菌。

纸巾纸(含湿巾)(GB/T 20808—2006)

2007-06-01 实施

1 范围

本标准规定了纸巾纸的要求、抽样、试验方法、分类、标志和包装、运输和贮存等。

本标准适用于人们日常生活所用的各种纸面巾、纸餐巾、纸手帕、纸香巾、湿巾等，不包括擦手纸、厨房用纸等擦拭纸。

2 规范性引用文件

下列文件中的条款通过本标准的引用而成为本标准的条款。凡是注日期的引用文件，其随后所有的修改单(不包括勘误的内容)或修订版均不适用于本标准，然而，鼓励根据本标准达成协议的各方研究是否可使用这些文件的最新版本。凡是不注日期的引用文件，其最新版本适用于本标准。

GB/T 450 纸和纸板试样的采取(GB/T 450—2002，eqv ISO 186：1994)

GB/T 451.1 纸和纸板尺寸及偏斜度的测定

GB/T 451.2 纸和纸板定量的测定(GB/T 451.2—2002，eqvISO 536：1995)

GB/T 453 纸和纸板抗张强度的测定(恒速加荷法)(GB/T 453—2002，ISO 1924-1：1992，IDT)

GB/T 461.1 纸和纸板毛细吸液高度的测定(克列姆法)(GB/T 461.1—2002，eqv ISO 8787：1989)

GB/T 462 纸和纸板水分的测定(GB/T 462—2003，ISO 287：1985，MOD)

GB/T 465.2 纸和纸板按规定时间浸水后抗张强度的测定法(GB/T 465.2—1989，eqv ISO 3781：1988)

GB/T 1541 纸和纸板尘埃度的测定法(GB/T 1541—1989，neq TAPPI T437om-85)

GB/T 2828.1 计数抽样检验程序 第1部分：按接收质量限(AQL)检索的逐批检验抽样计划(GB/T 2828.1—2003，ISO 2859-1：1999，IDT)

GB/T 4688 纸、纸板和纸浆纤维组成的分析(GB/T 4688—2002，eqvISO 9184：1990)

GB/T 7974 纸、纸板和纸浆亮度(白度)测定(漫射/垂直法)(GB/T 7974—2002，neq ISO 2470：1999)

GB/T 8940.1 纸和纸板白度测定法(45/0 定向反射法)

GB/T 8942 纸柔软度的测定

GB/T 10739 纸、纸板和纸浆试样处理和试验的标准大气条件(GB/T 10739—2002，eqv ISO 187：1990)

GB/T 12914 纸和纸板抗张强度的测定法(恒速拉伸法)(GB/T 12914—1991，eqv ISO 1924-2：1985)

GB 15979 一次性使用卫生用品卫生标准

QB/T 2598　造纸纤维帚化率的测定

《一次性生活用纸生产加工企业监督整治规定》(国质检执[2003]289号)

3　要求

3.1　纸面巾、纸餐巾、纸手帕、纸香巾等技术指标应符合表1或合同要求。

表1　纸面巾、纸餐巾、纸手帕、纸香巾等技术指标

指标名称		单位	规定			
			优等品		一等品	合格品
			超柔型	普通型		
定量		g/m²	10.0±1.0　12.0±1.0　14.0±1.0　16.0±1.0 18.0±1.0　20.0±1.0　23.0±2.0　27.0±2.0			
亮度(白度)		%	80.0~90.0			
横向吸液高度(成品层)　≥		mm/100s	40			30
横向抗张指数　≥		N·m/g	1.50	2.30	2.00	1.70
纵向湿抗张强度　≥	<18.0 g/m²	N/m	14.0		12.0	10.0
	≥18.0 g/m²		20.0		16.0	12.0
柔软度纵横向平均　≤		mN	40/双层	85/双层	160/双层	300/双层
洞眼	总数　不多于	个/m²	6		20	40
	2mm~5mm　不多于		6		20	40
	大于5mm~8mm　不多于		不应有		1	2
	大于8mm		不应有			
尘埃度	总数　不多于	个/m²	20		50	200
	0.2mm²~1.0 mm²　不多于		20		50	200
	大于1.0mm²~2.0mm²　不多于		1		2	4
	大于2.0mm²		不应有			
交货水分　≤		%	9.0			
内装量偏差　≥		%	-2.0			

注：纸餐巾不考核柔软度技术指标。

3.2　湿巾技术指标应符合表2或合同要求。

表2　湿巾技术指标

指标名称		单位	规定
偏差	长度	%	±10
	宽度		±10
	质量		±10
含液量		倍	1.6~5.0
横向湿抗张强度　≥		N/m	30
尘埃度	总数　不多于	个/m²	50
	0.2mm²~1.0mm²　不多于		50
	大于1.0mm²~2.0mm²　不多于		2
	大于2.0mm²		不应有
内装量偏差　≥		%	-2.0

3.3　纸巾纸一般为平板或平切折叠。其规格应按合同要求生产，规格尺寸偏差应不超过±5mm，偏斜度应不超过3mm，或符合合同要求。其中湿巾不考核偏斜度，湿巾规格尺寸偏差见表2。

3.4　按合同要求可生产各种颜色的纸巾纸。

3.5　纸面起皱，皱纹应均匀细腻。

3.6　纸面应洁净，不应有明显的死褶、残缺、破损、沙子、硬质块、生浆团等纸病。

3.7 纸面不应有掉粉、掉毛现象，彩色纸巾纸浸水后不应有掉色现象。

3.8 原料按《一次性生活用纸生产加工企业监督整治规定》(国质检执〔2003〕289号)监督执行。

3.9 纸巾纸微生物指标应符合GB 15979的规定。

4 抽样

4.1 生产厂应保证所生产的产品符合本标准的要求，以一次交货数量为一批，每批产品应附产品合格证。

4.2 纸巾纸原料不合格，则判定该批是不可接收的。

4.3 纸巾纸微生物指标不合格，则判定该批是不可接收的。

4.4 计数抽样检验程序按GB/T 2828.1规定进行。纸巾纸样本单位为箱。接收质量限(AQL)：横向吸液高度、横向抗张指数、纵向湿抗张强度、柔软度、横向湿抗张强度AQL=4.0，定量、亮度(白度)、洞眼、尘埃度、交货水分、内装量偏差、湿巾偏差、含液量、尺寸及偏斜度、外观质量AQL=6.5。抽样方案采用正常检验二次抽样方案，检查水平为特殊检查水平S-3。见表3。

表3 抽样方案

批量/件或卷	抽样方案				
	正常检验二次抽样方案　特殊检查水平S-3				
	样本量	AQL=4.0		AQL=6.5	
		Ac	Re	Ac	Re
≤50	3	0	1	0	1
51~150	3	0	1	—	—
	5	—	—	0	2
	5(10)	—	—	1	2
151~3 200	8	0	2	0	3
	8(16)	1	2	3	4
3 201~35 000	13	0	3	1	3
	13(26)	3	4	4	5

4.5 可接收性的确定：第一次检验的样品数量应等于该方案给出的第一样本量。如果第一样本中发现的不合格品数小于或等于第一接收数，应认为该批是可接收的；如果第一样本中发现的不合格品数大于或等于第一拒收数，应认为该批是不可接收的。如果第一样本中发现的不合格品数介于第一接收数与第一拒收数之间，应检验由方案给出样本量的第二样本并累计在第一样本和第二样本中发现的不合格品数。如果不合格品累计数小于或等于第二接收数，则判定批是可接收的；如果不合格品累计数大于或等于第二拒收数，则判定该批是不可接收的。

4.6 需方若对产品质量持有异议，应在到货后三个月内通知供方共同复验，或委托共同商定的检验部门进行复验。复验结果若不符合本标准的规定，则判为该批不可接收，由供方负责处理；若符合本标准的规定，则判为该批可接收，由需方负责处理。

5 试验方法

纸巾纸的技术要求应检验加工包装后的最终产品。

5.1 试样的采取和处理

试样的采取和处理按GB/T 450进行，试样的大气处理按GB/T 10739进行。

5.2 定量

定量按GB/T 451.2测定，以单层表示结果。

5.3 亮度(白度)

亮度(白度)按GB/T 7974或GB/T 8940.1测定，仲裁时按GB/T 7974测定。

5.4 横向吸液高度

横向吸液高度按 GB/T 461.1 测定，单层、双层或多层试样，按成品层数测定。

5.5 横向抗张指数

横向抗张指数按 GB/T 453 或 GB/T 12914 测定，仲裁时按 GB/T 12914 测定。夹距为 100mm，单层、双层或多层试样，按成品层数测定，然后换算成单层的测定值。

5.6 湿抗张强度

5.6.1 纸面巾、纸餐巾、纸手帕、纸香巾纵向湿抗张强度

纵向湿抗张强度按 GB/T 453 和 GB/T 465.2 或 GB/T 12914 和 GB/T 465.2 测定，仲裁时按 GB/T 12914 和 GB/T 465.2 测定。夹距为 100mm，单层、双层或多层试样，按成品层数测定。测试时，按纵向切样，试样测试前先放在(80 ±1)℃烘箱中烘 30min，用双手持经热处理后的试样两端，只使试样中间测试部分浸水，润湿后立即取出，并用滤纸吸除表面多余水，迅速进行测试，以实测值换算成单层的测定值，取 10 个有效测定值，以纵向湿抗张强度的平均值表示结果。

5.6.2 湿巾横向湿抗张强度

湿巾横向湿抗张强度按 GB/T 453 和 GB/T 465.2 或 GB/T 12914 和 GB/T 465.2 测定，仲裁时按 GB/T 12914 和 GB/T 465.2 测定。夹距为 50mm，测试湿巾的湿强度，切样时应切取未受切刀压过的试样部分，切好试样后立刻进行测试，取 10 个有效测定值，以横向湿抗张强度的平均值表示结果。

5.7 柔软度

柔软度按 GB/T 8942 测定，狭缝宽 5mm，试样裁切成 100mm ×100mm，无论是压花或未压花的试样，都应揭开分层后再重叠为两层进行测试，多层试样取上下表面层进行测试，并以双层测试值表示结果。对于压花或折叠的纸巾纸，切样及测试时应尽量避开压花或已折叠部位。

5.8 洞眼

将单层试样用双手钳住其两角于眼前迎光观测，数取标准规定范围内的洞眼个数。单层、双层或多层试样每层均测，每份试样测试面积不少于 0.5m^2，然后换算成每平方米的洞眼数，出现大于 5mm 的洞眼时应至少测试 1m^2 的试样。

5.9 尘埃度

尘埃度按 GB/T 1541 测定，只测上下表面层朝外的一面。

5.10 交货水分

交货水分按 GB/T 462 测定。

5.11 内装量偏差

取 1 个完整包装样品，数其内装实际数量，以内装实际数量与包装标志的数量之差占包装标志的数量的百分比表示。同规格样品分别测量 3 个完整包装，以其最大偏差值表示结果，精确至 0.1%，计算方法见式(1)。

$$\text{内装量偏差} = \frac{\text{实际数量} - \text{包装标志的数量}}{\text{包装标志的数量}} \times 100\% \quad \cdots\cdots (1)$$

5.12 湿巾的长度、宽度、质量偏差

5.12.1 长度偏差

将湿巾外包装从端口剪开，去除外包装，在无变形状态下连续取出湿巾，自然平放在玻璃板上，用直尺量取试样的长度，每种同规格的样品量 6 片，量准至 1mm，分别计算 6 片试样中长度的最大值、最小值与 6 片的平均值之差与其平均值的百分比，即为该种样品长度偏差的测定结果，精确至 1%。

5.12.2 宽度偏差

将湿巾外包装从端口剪开，去除外包装，在无变形状态下连续取出湿巾，自然平放在玻璃板上，用直尺量取试样的宽度，每种同规格的样品量 6 片，量准至 1mm，分别计算 6 片试样中宽度的最大值、最小值与 6 片的平均值之差与其平均值的百分比，即为该种样品宽度偏差的测定结果，精确至 1%。

5.12.3 质量偏差

以感量 0.01g 的天平分别称量同规格的样品 6 包(不打开包装)，精确至 0.1g，分别计算 6 包质量

的最大值、最小值与6包的平均值之差与其平均值的百分比，即为该种样品质量偏差的测定结果，精确至1%。

5.12.4 湿巾的长度、宽度、质量偏差的计算

湿巾的长度、宽度、片质量偏差的计算按式(2)和式(3)：

$$上偏差 = + \frac{最大值 - 平均值}{平均值} \times 100\% \quad \cdots\cdots (2)$$

$$下偏差 = - \frac{平均值 - 最小值}{平均值} \times 100\% \quad \cdots\cdots (3)$$

5.13 含液量

用镊子从完整湿巾包装中取6片试样(内装量超过6片的样品，应连续取6片试样)，立即以感量0.01g的天平称量，精确至0.1g，计算平均值。再将6片试样用蒸馏水或去离子水冲洗至无泡沫后，将其置于85℃的烘箱内(烘试样时，不应使试样接触烘箱四壁)，烘4h取出，再次进行称量，并计算平均值，两次平均值之差除以烘后质量的平均值，即为该样品的含液量，以倍表示，计算方法按式(4)，结果修约保留至一位小数。

$$含液量(倍) = \frac{烘前质量的平均值(g) - 烘后质量的平均值(g)}{烘后质量的平均值(g)} \quad \cdots\cdots (4)$$

5.14 尺寸及偏斜度

尺寸及偏斜度按GB/T 451.1。

5.15 外观质量

用目测。

5.16 原料

原料按GB/T 4688和QB/T 2598测定。当纤维组成复杂，且纤维的帚化程度达到3级时，则可判定原料中含有回收纤维物质。

5.17 微生物指标

微生物指标按GB 15979进行。

6 分类

6.1 纸巾纸分为纸面巾、纸餐巾、纸手帕、纸香巾、湿巾等，不包括擦手纸、厨房用纸等擦拭纸。

6.2 纸面巾、纸餐巾、纸手帕、纸香巾等，按质量分为优等品、一等品、合格品三个等级。

6.3 湿巾不分等级，只规定合格品的要求。

6.4 纸巾纸可分为超柔型、普通型。

6.5 纸巾纸可为单层、双层、三层、四层等。

6.6 纸巾纸可压花、印花等。

7 标识和包装

7.1 产品销售包装标识

产品标识至少应包括以下内容：

——产品名称、商标；

——产品标准编号；

——生产日期和保质期，或生产批号和限用日期；

——超柔型产品应标明产品类型，普通型产品可不标明类型；

——产品的规格；

——产品数量(片数或组数或抽数)；

——产品质量等级和产品合格标识；

——生产企业（或产品责任单位）名称、详细地址等。

7.2 产品运输包装标识

运输包装标识至少应包括以下内容：

——产品名称、商标；

——生产企业（或产品责任单位）名称、地址等；

——产品数量；

——包装储运图形标志。

7.3 包装

直接与产品接触的包装材料必须无毒、无害、清洁。产品包装应完好，包装材料必须具有足够的牢固性以达到保证产品在正常的运输与贮存条件下不受污染的目的。

8 运输和贮存

8.1 纸巾纸运输时应采用洁净的运输工具，防止成品污染。

8.2 纸巾纸应存放于干燥、通风、洁净的地方并妥善保管，防止雨、雪及潮气侵入产品，影响质量。

8.3 搬运时要注意包装完整，不应将纸件从高处扔下，以防损坏外包装。

8.4 凡出厂的产品因运输、保管不善造成产品损坏或变质的，应由造成损失的一方赔偿损失，变质的纸巾纸不应出售。

卫生巾（含卫生护垫）（GB/T 8939—2008）

2008-09-01 实施

1 范围

本标准规定了卫生巾（含卫生护垫）的技术要求、试验方法、检验规则及标志、包装、运输、贮存等要求。

本标准适用于由面层、内吸收层、防渗底膜等组成，经专用机械成型供妇女经期（卫生巾）、非经期（卫生护垫）使用的外用生理卫生用品。

2 规范性引用文件

下列文件中的条款通过本标准的引用而成为本标准的条款。凡是注日期的引用文件，其随后所有的修改单（不包括勘误的内容）或修订版均不适用于本标准，然而，鼓励根据本标准达成协议的各方研究是否可使用这些文件的最新版本。凡是不注日期的引用文件，其最新版本适用于本标准。

GB/T 462 纸和纸板 水分的测定（GB/T 462—2003，ISO 287：1985，MOD）

GB/T 10739 纸、纸板和纸浆试样处理和试验的标准大气条件（GB/T 10739—2002，eqvISO 187：1990）

GB 15979 一次性使用卫生用品卫生标准

3 产品分类

3.1 按产品面层材料分为棉柔、干爽网面和纯棉三类。棉柔类指面层采用各类非织造布材料制成的产品；干爽网面类指面层采用各种打孔膜为原料制成的产品；纯棉类指面层采用纯棉材料制成的产品。

3.2 按产品功能分为普通型和功能型。普通型指除卫生巾本身的功能外，没有其他功能的产品。功能型指为了达到某种功能，在产品中加入对人体健康有益成分的产品。

3.3 按产品性能分为卫生巾、卫生护垫等。

4 技术要求

4.1 卫生巾技术指标应符合表1要求，或按订货合同的规定。

表1

<table>
<tr><th colspan="3">指 标 名 称</th><th>规 定</th></tr>
<tr><td rowspan="3">偏差/%</td><td colspan="2">全 长</td><td>±5</td></tr>
<tr><td colspan="2">全 宽</td><td>±8</td></tr>
<tr><td colspan="2">条质量</td><td>±12</td></tr>
<tr><td colspan="3">吸水倍率/倍 ≥</td><td>7.0</td></tr>
<tr><td>渗入量/g ≥</td><td colspan="3">1.8</td></tr>
<tr><td>pH</td><td colspan="3">4.0~9.0</td></tr>
<tr><td>水分/% ≤</td><td colspan="3">10.0</td></tr>
<tr><td>背胶粘合强度[a]/s ≥</td><td colspan="3">8</td></tr>
<tr><td colspan="4">a 背胶粘合强度为参考数据，不作为合格与否的判定依据。</td></tr>
</table>

4.2 卫生护垫技术指标应符合表2要求，或按订货合同的规定。

表2

<table>
<tr><th colspan="2">指 标 名 称</th><th>规 定</th></tr>
<tr><td rowspan="2">偏差/%</td><td>全 长</td><td>±5</td></tr>
<tr><td>全 宽</td><td>±8</td></tr>
<tr><td colspan="2">吸水倍率/倍 ≥</td><td>2.0</td></tr>
<tr><td colspan="2">pH</td><td>4.0~9.0</td></tr>
<tr><td colspan="2">水分/% ≤</td><td>10.0</td></tr>
</table>

4.3 卫生巾(含卫生护垫)卫生要求执行 GB 15979 的规定。

4.4 卫生巾(含卫生护垫)不应使用废弃回用的原材料，产品应洁净、无污物、无破损。

4.5 卫生巾(不含卫生护垫)应采用每片独立包装。

4.6 卫生巾(含卫生护垫)两端封口应牢固，在吸水倍率试验时不应破裂。

4.7 卫生巾(含卫生护垫)产品在常规使用时应不产生位移，与内衣剥离时不应损伤衣物，且不应有明显残留。防粘纸不应自行脱落，并能自然完整撕下。

5 试验方法

5.1 预处理

试验前试样的预处理按 GB/T 10739 规定进行。

5.2 全长、全宽、条质量偏差

5.2.1 偏差的测定

5.2.1.1 全长

用直尺测量试样的全长(从试样最长处量取)，量准至1mm，每种同规格样品测量10条试样。取10条试样中测量的最大值、最小值和平均值，按式(1)、式(2)计算全长偏差，结果精确至1%。

5.2.1.2 全宽

用直尺测量试样的全宽(从试样最窄处量取)，量准至1mm，每种同规格样品测量10条试样。取10条试样中测量的最大值、最小值和平均值，按式(1)、式(2)计算全宽偏差，结果精确至1%。

5.2.1.3 条质量

用感量0.01g天平分别称量同规格10条试样的净重(含离型纸)，取10条试样中测量的最大值、最小值和平均值，按式(1)、式(2)计算条质量偏差，结果精确至1%。

5.2.2 偏差的计算

$$上偏差=\frac{最大值-平均值}{平均值}\times 100\% \quad\cdots\cdots\cdots\cdots\cdots\cdots\cdots\cdots\cdots\cdots\quad (1)$$

$$下偏差=\frac{最小值-平均值}{平均值}\times 100\% \quad\cdots\cdots\cdots\cdots\cdots\cdots\cdots\cdots\cdots\cdots\quad (2)$$

5.3 吸水倍率

取一条试样，撕去离型纸，适当剪去护翼，用感量0.01g天平称其质量(吸前质量)。用夹子夹住样品的一端封口，并使夹子夹口与试样纵向处于垂直状态，不应夹住内置吸收层。将试样连同夹子浸入约10cm深的(23±1)℃蒸馏水中，试样的使用面朝上。轻轻压住试样，使其完全浸没60s，然后提起夹子，使试样完全离开水面，垂直悬挂90s后，称其质量(吸后质量)，之后按式(3)计算吸水倍率。按同样方法测试5条试样，取5条试样的平均值作为测定结果，精确至一位小数。

$$吸水倍率=\frac{吸后质量-吸前质量}{吸前质量}\cdots\cdots\cdots\cdots\cdots\cdots\cdots\cdots\cdots\cdots\quad (3)$$

5.4 渗入量测定

按附录A的规定进行。

5.5 pH测定

按附录C的规定进行。

5.6 水分测定

按GB/T 462的规定进行。

取样方法：同种样品取2条，分别来自2个包装，每条取样量为2g(不应含有背胶及离型纸部分)，将样品剪成块状，并充分混匀，取两组试样做平行试验，两次测定值间的绝对误差应不超过1.0%，取其算术平均值表示测定结果。应尽量缩短取样时间，一般应不超过2min。

5.7 卫生指标的测定

按GB 15979的规定进行。

5.8 背胶粘合强度的测定

按附录D的规定进行。

6 检验规则

6.1 检验批的规定

以一次交货为一批，检验样本单位为箱，每批不超过5000箱。

6.2 抽样方法

从一批产品中，随机抽取3箱产品。从每箱中抽取5包样品，其中3包用于微生物检验，6包用于微生物检验复查，3包用于存样，3包(按每包10片计)用于其他性能检验。

6.3 判定规则

当偏差、吸水倍率、渗入量、pH、水分及微生物指标全部合格时，则判为批合格；当这些检验项目中任一项出现不合格时，则判为批不合格。

6.4 质量保证

生产厂应保证产品质量符合本标准的要求，产品经检验合格并附质量合格标识方可出厂。

7 标志、包装、运输、贮存

7.1 产品销售标志及包装

7.1.1 产品销售包装上应标明以下内容：

a）产品名称、执行标准编号、商标；

b）企业名称、地址、联系方式；

c）品种规格、内装数量；

d）生产日期和保质期或生产批号和限期使用日期；

e）主要生产原料；

f）消毒级产品应标明消毒方法与有效期限，并在包装主视面上标注"消毒级"字样。

7.1.2 产品的销售包装应能保证产品不受污染，销售包装上的各种标识信息应清晰且不易褪去。

7.2 产品运输和贮存

7.2.1 已有销售包装的成品放置于包装箱中。包装箱上应标明产品名称、企业（或经销商）名称和地址、内装数量等。包装箱上应标明运输及贮存条件。

7.2.2 产品在运输过程中应使用具有防护措施的洁净的工具，防止重压、尖物碰撞及日晒雨淋。

7.2.3 成品应保存在干燥通风，不受阳光直接照射的室内，防止雨雪淋袭和地面湿气的影响，不应与有污染或有毒化学品共存。

7.2.4 超过保质期的产品，经重新检验合格后方可限期使用。

附录A

（规范性附录）

渗入量的测定

A.1 仪器与测试溶液

A.1.1 仪器

a）天平，最大量程200g，感量0.01g；

b）卫生巾渗透性能测试仪（以下简称测试仪，见图A.1）；

c）60mL放液漏斗（以下简称漏斗）；

d）10mL刻度移液管；

e）烧杯；

f）钢板直尺。

A.1.2 测试溶液

测试溶液是渗透性能测试专用的标准合成试液，配方见附录B，测试时测试溶液的温度应保持在（23±1）℃。仲裁检验时应在标准大气条件，即（23±1）℃、（50±2）%相对湿度下处理试样及进行测试。

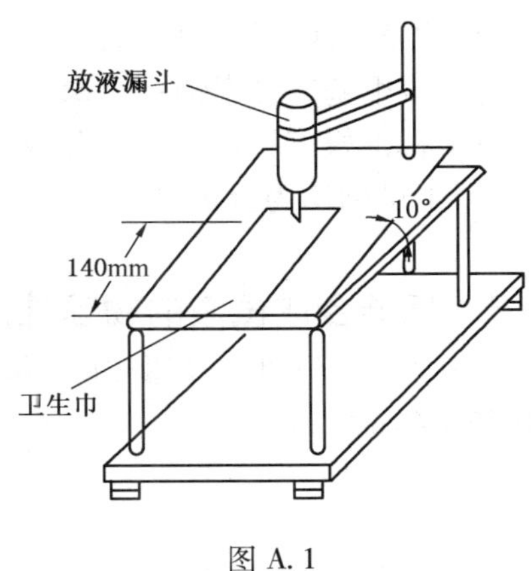

图A.1

A.2 试验程序

A.2.1 先将测试仪放于水平位置，调节上面板与下面板之间的角度约为10°，再调节漏斗的下口，使其中心点的投影距测试仪斜面板的下边缘为（140±2）mm；漏斗下口开口面向操作者。将适量的测试溶液倒入漏斗中，使漏斗润湿，并用该溶液洗漏斗两遍，然后放掉漏斗中的溶液。

A.2.2 取待测试样一条，称其质量（g），揭去其背后的离型纸放在一旁。将试样平整地轻粘于斜面板上，使试样的有效长度（透过卫生巾吸收表面所见的内置吸收层如绒毛浆等的长度）的下边缘与斜面板的下边缘对齐，并将长出的边缘向斜面板的底部折回。调节漏斗高度，使其下口的最下端距试样表面5mm～10mm，然后在测试仪斜面板的下方放一个烧杯，接经试样渗透后流下的溶液。

A.2.3 用移液管准确移取测试溶液5mL于调节好的漏斗中，然后迅速打开漏斗节门至最大，使溶液自由地流到试样的表面上，并沿着斜面往下流动；溶液流完后，将漏斗节门关闭，然后将试样取下，将离型纸贴回，再次放在天平上称量。若试液从试样侧面流走，则该试样作废，另取一条重新测试。若同种样品的2个以上试样有此现象时，其结果可以保留，但应在报告中注明。

A.3 试验结果的计算

卫生巾的渗入量以吸收测试溶液的质量(g)来表示，每个样品测8条，分别按式(A.1)计算每条卫生巾的渗入量。

$$渗入量(g)=卫生巾吸收后的质量(g)-该条卫生巾吸收前的质量(g) \quad\cdots\cdots\cdots\cdots (A.1)$$

去掉8条测试结果中的最大值和最小值，取其余6条的算术平均值作为其最终测试结果，精确至0.1g。如果5mL的测试溶液全部渗入所测试样中，则不必再称量，可直接记为5.1g。

附录B

（规范性附录）

卫生巾渗透性能测试用标准合成试液的配方

B.1 原理

该标准合成试液系根据动物血(猪血)的主要物理性能配制，具有与其相似的流动性及吸收特性。

B.2 配方

a）蒸馏水或去离子水：860mL；
b）氯化钠：10.00g；
c）碳酸钠：40.00g；
d）丙三醇(甘油)：140mL；
e）苯甲酸钠：1.00g；
f）颜色(食用色素)：适量；
g）羧甲基纤维素钠：约5g；
h）标准媒剂：1%(体积分数)。

以上试剂均为分析纯。

B.3 标准合成试液的物理性能

在(23±1)℃时，密度为(1.05±0.05)g/cm^3，粘度为(11.9±0.7)s(用4号涂料杯测)，表面张力为(36±4)mN/m。

附录C

（规范性附录）

pH的测定

C.1 仪器和试剂

C.1.1 仪器

a）带复合电极的pH计；
b）天平，最大量程500g，感量0.1g；
c）精确度为±0.1℃的水银温度计；
d）容量为100mL的烧杯；
e）容量为100mL和50mL的量筒；
f）1000mL容量瓶；
g）不锈钢剪刀。

C.1.2 试剂

C.1.2.1 蒸馏水或去离子水，pH 为 6.5～7.2；

C.1.2.2 标准缓冲溶液：25℃时 pH 为 6.86 的缓冲溶液（磷酸二氢钾和磷酸氢二钠混合液）。所用试剂应为分析纯，缓冲溶液至少一个月重新配制一次。

配制方法：称取磷酸二氢钾（KH_2PO_4）3.39g 和磷酸氢二钠（Na_2HPO_4）3.54g，置于 1000mL 容量瓶中，用蒸馏水溶解并稀释至刻度，摇匀即可。

C.2 试验步骤

在常温下，抽取一片试样，剪去不干胶条后从其中部称取 1g 试样，置于一个 100mL 烧杯内，加入去离子水（或蒸馏水）（卫生巾加入 100mL，卫生护垫加入 50mL），用玻璃棒搅拌，10min 后将复合电极放入烧杯中读取 pH 数值。

C.3 试验结果的计算

每种样品测试两份试样（取自两个包装），取其算术平均值作为测定结果，准确至 0.lpH 单位。

C.4 注意事项

每次使用 pH 计前均应使用标准缓冲溶液对仪器进行校准，详见仪器使用说明书。每个试样测试完毕后，应立即用去离子水（或蒸馏水）洗净电极。

附录 D

（规范性附录）

背胶粘合强度的测定方法（180°剥离强度）

D.1 原理

用 180°剥离方法施加一定的应力，使试样背胶与纯棉汗布粘接处剥离，通过计时剥离一定长度所需的时间，反映其粘接强度。

D.2 装置与工具

a）试验夹：上夹应能悬挂于任一支架上，并保证其夹挂的试样能与水平垂直，夹缝平齐；下夹配重砝码应使其总质量达到 40g，夹缝平齐。

b）配重砣：面积 62mm×80mm，质量为 500g（可使用相同面积的玻璃配以平衡重量代替）。

c）秒表。

d）恒温箱：可保持温度（37±2）℃。

e）剪刀、直尺、平盘（也可用玻璃代替）。

f）标准汗布：未漂染色精纺 32 支纱，无后处理 $120g/m^2$，标准品牌，尺寸为 65mm×80mm。

D.3 操作

D.3.1 取卫生巾一条，使其尽量平整。将正面向下放在平面上，垂直于长度方向相隔 40mm 画两条直线 B 和 C，一侧直线外相隔 10mm 再画一条直线 A，如图 D.1；

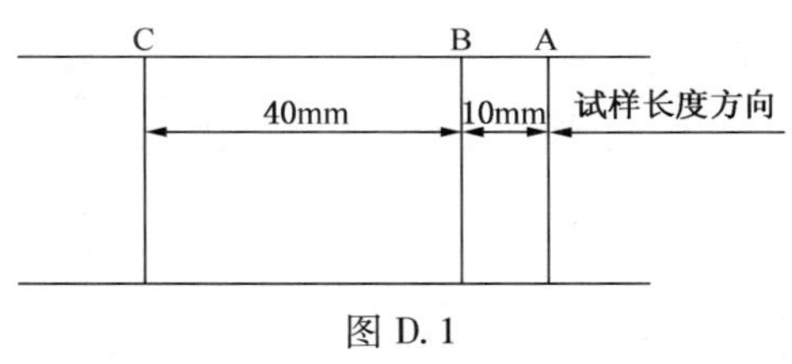

图 D.1

D.3.2 将上述备好的试样放于平盘内，撕去离型纸，将标准汗布对准试样正面向上（即反面对胶）轻轻放置于试样上，不得用手压，然后将配重砣平压于汗布上。

D.3.3　立即将平盘移入恒温箱开始计时，箱内温度(37±2)℃，1h 后取出于(23±1)℃下放置 20min。

D.4　测试

取 D.3.3 放置后的试样，将汗布与试样底层轻轻剥离一定距离至线 A 处，用试样夹的上夹沿线 A 夹齐，挂起，使试样的长度方向与水平面垂直；下夹平行于上夹夹住汗布，放手，使汗布在下夹的重力下呈与胶面 180°剥离的状态，待剥离点至线 B 处开始计时，剥至线 C 处停止计时，即得到该样品的剥离时间。

D.5　测试结果

测试结果取 5 个试样测试值的算术平均值，时间数据大于 1h 的精确到分，1min 以内精确到秒。

纸尿裤(含纸尿片/垫)(QB/T 2493—2000)

2001-04-01 实施

范围

本标准规定了婴儿及成人用的纸尿裤和纸尿片/垫的产品分类、技术要求、试验方法、检验规则及标志、包装、运输、贮存等要求。

本标准适用于具有专门设计的结构，即由外包覆材料、内置吸收层、防漏底膜等组成，通过专用包装机成型的纸尿裤、纸尿片/垫及非专用包装机成型的纸尿片/垫。

产品分类

1　本标准按产品结构分为婴儿纸尿裤、成人纸尿裤、婴儿纸尿片/垫、成人纸尿片/垫；按其规格可分为小号(S 型)、中号(M 型)、大号(L 型)等不同型号。

2　纸尿裤及纸尿片/垫分为优等品、一等品、合格品三个等级。

技术要求

1　婴儿纸尿裤、婴儿纸尿片/垫的技术指标应符合表 1 要求，成人纸尿裤、成人纸尿片/垫的技术指标应符合表 2 要求。或按订货合同规定。

2　纸尿裤及纸尿片/垫应洁净，防漏底膜完好，无破损，无硬质块等，手感柔软，结构合理；封口应牢固。松紧带粘合均匀，固定贴位置符合使用要求。

3　纸尿裤、纸尿片/垫的卫生要求执行 GB 15979 的规定。

表 1

指标名称		单位	规定					
			婴儿纸尿裤			婴儿纸尿片/垫		
			优等品	一等品	合格品	优等品	一等品	合格品
偏差	全长	%	±6	±10		±6	±10	
	全宽	%	±8	±10		±8	±10	
	条质量	%	±10	±15	±20	±10	±15	±20
渗透性能	滑渗量　≤	mL	8	18	25	12	25	35
	回渗量　≤	g	5.0	7.0	10.0	—	—	—
	渗漏量　≤	g	0.8			—		
pH		—	5.5~8.0					
交货水分　≤		%	10.0					

表 2

指标名称		单位	规定					
			成人纸尿裤			成人纸尿片/垫		
			优等品	一等品	合格品	优等品	一等品	合格品
偏差	全长	%	±6	±10		±6	±10	
	全宽	%	±8	±10		±8	±10	
	条质量	%	±10	±15	±20	±10	±15	±20
渗透性能	滑渗量 ≤	mL	15	20	30	25	35	50
	回渗量 ≤	g	20.0	25.0	30.0	—	—	—
	渗漏量 ≤	g	1.0			—		
pH		—	5.5~8.0					
交货水分 ≤		%	10.0					

试验方法

1 试样试验前恒温处理按 GB/T 10739 进行。

2 全长、全宽、条质量偏差

2.1 全长偏差

用直尺量试样原长的全长(从试样最长处量取)，每种同规格样品量 6 条，量准至 1mm，分别计算 6 条中长度的最大值、最小值与 6 条的平均值之差与其平均值的百分比作为该种样品全长偏差的测定结果，精确至 1%。

2.2 全宽偏差

用直尺量试样原宽的全宽(从试样最窄处量取)，每种同规格样品量 6 条，量准至 1mm，分别计算 6 条中宽度的最大值、最小值与 6 条的平均值之差与其平均值的百分比作为该种样品全宽偏差的测定结果，精确至 1%。

注：对于带有松紧带的试样，应先用夹板或胶带等固定试样纵向(或横向)的一端，稍用力将试样拉至原长(或原宽)后再用直尺量。

2.3 条质量偏差

以精确度 0.01g 天平分别称量同规格样品 6 条的净重(称准至 0.1g)，分别计算 6 条条质量的最大值、最小值与 6 条的平均值之差与其平均值的百分比作为该种样品条质量偏差的测定结果，精确至 1%。

2.4 全长、全宽、条质量偏差的计算

$$上偏差(\%) = +\frac{最大值 - 平均值}{平均值} \times 100 \quad \cdots\cdots (1)$$

$$下偏差(\%) = -\frac{平均值 - 最小值}{平均值} \times 100 \quad \cdots\cdots (2)$$

3 渗透性能按附录 A(标准的附录)进行测定。

4 pH 按附录 B(标准的附录)进行测定。

5 交货水分按 GB/T 2677.2 进行测定。取样方法应为：每种同规格样品任取 2 条试样，剪去试样的边部松紧带，再从每条上任取 2g(称准至 0.01g)进行测试，取其算术平均值作为测试结果(注意事项：试样放入容器时，不应将防漏底膜贴近容器壁，以防遇高温后粘连)。

检验规则

1 交收检验

1.1 同类产品以一次交货为一批，交收检验样本单位为箱，从样本箱内随机抽取足够数量的样本作为该箱的样本。

1.2 生产厂应保证产品质量符合本标准的要求，产品经检验合格并附质量合格标识方可出厂。

1.3 产品交收抽样检验按 GB/T 2828 进行，抽样方案、检查水平、合格质量水平(AQL)按表 3 规定。

表 3

抽样方案 / 批量(箱)	正常检查二次抽样方案，检查水平 S-3					不合格分类	
	样本大小	B 类不合格品 AQL=4.0		C 类不合格品 AQL=6.5		B 类	C 类
		Ac	*Re*	*Ac*	*Re*	不合格	不合格
≤150	3	0	1	—	—	渗透性能	全长偏差、全宽偏差、条质量偏差、pH、交货水分、外观质量
	5	—	—	0	2		
	5(10)	—	—	1	2		
151~3 200	8	0	2	0	3		
	8(16)	1	2	3	4		
>3 200	13	0	3	1	3		
	13(26)	3	4	4	5		

1.4 判定规则

若同时出现 B 类和 C 类不合格品时，在符合 B 类不合格品的 *Ac*、*Re* 合格判定要求的前提下，同时只有在 B 类与 C 类不合格品之和小于或等于 C 类不合格品的 *Ac* 值时，则判为批合格；若大于 C 类不合格品的 *Re* 值，则判为批不合格；若小于 *Re* 且大于 *Ac*，则进行第二样本的测试和判定，判定方法同前。

1.5 需方如对该批产品质量提出异议，应在到货后三个月内通知供方，对该批产品进行复验。如符合本标准或订货合同的规定，则判为批合格，由需方负责处理；如不符合本标准或订货合同的规定，由供方负责处理。

2 型式检验

有下列情形之一者应进行型式检验，检验项目为本标准的全部技术要求。

a) 新老产品转厂生产的试制定型鉴定；

b) 生产中，改变生产工艺或使用新原料生产、有可能影响产品性能时；

c) 正常生产，每季度进行一次；

d) 产品停产超过二个月后，恢复生产时；

e) 出厂检验结果与上次型式检验有较大差异时。

标志、包装、运输、贮存

1 产品的销售标志及包装

1.1 产品的销售包装上应标明以下内容：

a) 产品名称、采用标准号、执行卫生标准号、卫生许可证号、商标；

b) 生产企业名称、地址；

c) 产品品种、内装数量、产品等级；

d) 产品的生产日期或批号；

e) 消毒产品还应标明消毒方法与有效期限，并在包装主视面上标注“消毒级”字样。

1.2 产品的销售包装应能保证产品不受污染。应选用防潮、防渗、隔离性能好、且能密封的材料，如聚乙烯膜等，保证能将标志信息清晰印出且不易褪去。

2 产品的运输及贮存

2.1 已有销售包装的成品放于包装箱中，每一包装箱应附有产品合格标识。

2.2 包装箱上应标明产品名称、生产企业(或经销商)名称和地址、内装数量、生产日期(或批号)及保质期(或限期使用日期)、卫生许可证号，消毒产品还应标明消毒单位及地址、消毒方法、消毒日期(或批号)、有效期限和消毒标记。包装箱上还应标明运输及贮存条件(标志)。

2.3 产品在运输过程中应使用具有防护措施的洁净工具，防止重压、坚物碰撞及日晒雨淋。

2.4 成品应保存在干燥通风、不受阳光直接照射的室内，防止雨、雪淋袭和地面湿气的影响，不得与有污染或有毒化学品共贮。

附录A

(标准的附录)

渗透性能的测定

A1 仪器与测试溶液

A1.1 仪器

A1.1.1 天平：精确度为0.01g，1台；

A1.1.2 卫生巾渗透性能测试仪(以下简称“测试仪”，示意图见图A1)1台；

A1.1.3 标准放液漏斗(以下简称漏斗)

——婴儿纸尿裤、纸尿片/垫专用标准放液漏斗：80mL，1支；

——成人纸尿裤、纸尿片/垫专用标准放液漏斗：150mL，1支；

A1.1.4 量筒：250mL，1支；

A1.1.5 量筒：10mL，1支；

A1.1.6 不锈钢夹：夹头宽约65mm，4个；

A1.1.7 烧杯：500mL，1个；

A1.1.8 中速化学定性分析滤纸(GB/T 1914)若干张，以下简称“滤纸”；

A1.1.9 标准压块，ϕ100mm，重量为(1.2 ±0.002)kg(能够产生1.5kPa的压力)；

A1.1.10 秒表：精确度0.01s，1块。

A1.2 测试溶液

每1000mL蒸馏水加入氯化钠9g配制成的溶液替代尿液。仲裁检验时应在标准大气条件下，即(23 ±1)℃，(50 ±2)%r.h条件下处理试样及进行测试。

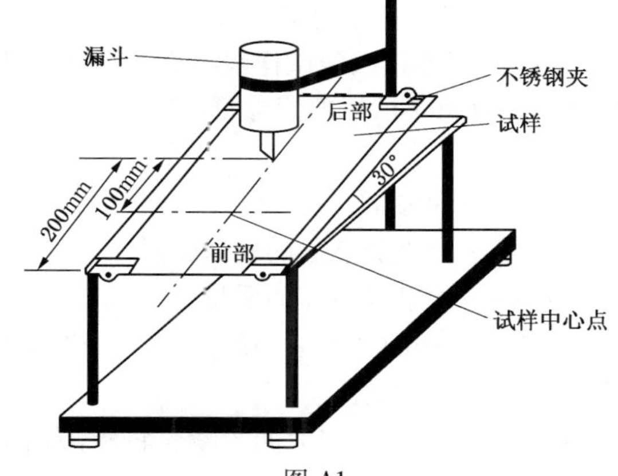

图A1

A2 滑渗量的测定

A2.1 试验程序

A2.1.1 先放好测试仪于水平位置，调节上面板与下面板之间的角度为(30 ±2)°，再调节漏斗的下口，使其中心点的投影距测试仪斜面板下边缘为(200 ±2)mm，漏斗下口的开口面向操作者。将适量的测试溶液倒入漏斗中，使漏斗润湿，并用测试溶液洗漏斗两遍后放掉待用。

A2.1.2 取待测试样一条，将其两边的松紧带(包括立体护边)剪去后，再平整地将试样放在测试仪的斜面板上，使用面朝上，试样后部在斜面板上方，分别距试样内置吸收层的中心点两边各量取100mm作为测试面，将长出的部分分别向斜面板的上部和底部折回，再用四个不锈钢夹固定试样，钢夹不得妨碍溶液的流动，见图A1。调节漏斗高度，使其下口的最下端距试样表面5mm～10mm，然后在测试仪的下方放一个烧杯，收集经试样渗透后流下的溶液。

A2.1.3 用量筒准确量取测试溶液，婴儿纸尿片/垫取50mL，婴儿纸尿裤取60mL，倒入调节好的婴儿纸尿裤、纸尿片/垫专用标准放液漏斗中；成人纸尿裤、纸尿片/垫取150mL，倒入调节好的成人纸尿裤、纸尿片/垫专用标准放液漏斗中。然后迅速打开漏斗节门至最大，使溶液自由地流到试样的表面上，并沿斜面往下流动到烧杯中。待溶液流完后，将漏斗节门关闭，并擦拭漏斗下口，使之没有溶液。用量筒量取烧杯中的溶液(量准至 1mL)，作为测试结果。若测试溶液从试样侧面流走，则该试样作废，另取一条重新测试。

A2.2　滑渗量测试结果的计算

滑渗量以试样未吸收测试溶液的容量(mL)来表示，每个样品测 7 条，去掉 7 条测试结果中的最大值和最小值，取其余 5 条的算术平均值作为其最终测试结果，精确至 1mL。

注：若 7 条试样中有 2 条以上(不含 2 条)发生侧流，其结果可以保留，但应在测试报告中注明。

A3　回渗量及渗漏量的测定

A3.1　回渗量的测定

A3.1.1　试验程序

将适量的测试溶液倒入漏斗中，使漏斗润湿，并用该溶液洗漏斗两遍，放掉漏斗中的溶液，固定在支架上待用，漏斗下口开口面向操作者。

取待测试样一条，将其展开呈自然状态下放于一张足够大的已知质量的滤纸上并置于漏斗的下方，使漏斗下口中心点的投影距试样内置吸收层中心点的垂直距离为 5mm ~ 10mm。

用量筒准确量取测试溶液，婴儿纸尿裤 S 以下型(含 S 型)量取 40mL，M 型量取 60mL，L 以上型(含 L 型)量取 80mL，倒入调节好的婴儿纸尿裤、纸尿片/垫专用标准放液漏斗中；成人纸尿裤量取 150mL，倒入调节好的成人纸尿裤、纸尿片/垫专用标准放液漏斗中。然后迅速打开漏斗节门至最大，使溶液自由地流到试样的表面上，并同时开始计时，待 5min 时，再次用上述漏斗注入测试溶液，液量同前，待 10min 时，迅速将 ϕ110mm 已知质量的若干层滤纸(以最上层滤纸无吸液为止)放到试样吸液的表面上，同时将条 ϕ100mm，1.20kg 的标准压块压于滤纸上，重新开始计时，加压 1min 时将标准压块移去，用天平称量滤纸的质量。将测试后的漏斗节门关闭，并擦去漏斗下口遗留的溶液。

A3.1.2　试验结果的计算

试样的回渗量以经试样吸收后回渗到滤纸上的液体的量(g)来表示，每个样品测 5 条试样，分别按式(A1)计算每条试样的回渗量(G)。

$$G = G_1 - G_2 \qquad \text{(A1)}$$

式中　G——回渗量，g；

G_1——滤纸吸液后的质量，g；

G_2——滤纸吸液前的质量，g。

取 5 条试样的算术平均值作为其最终测试结果，精确至 0.1g。

A3.2　渗漏量的测定

如上所述，待测定完回渗量，将吸液后的试样移去，迅速称量放于试样底部的已知质量的滤纸。以该张滤纸的质量差表示渗漏量的大小，以 5 条试样的平均值表示最终测试结果，精确至 0.1g。

附录 B

(标准的附录)

pH 的测定

B1　仪器和试剂

B1.1　仪器

B1.1.1　酸度计：1 台；

B1.1.2　水银温度计：1 支，100℃；

B1.1.3　烧杯：400mL，2个；

B1.1.4　不锈钢剪刀1把；

B1.1.5　容量瓶：1000mL，1个。

B1.2　试剂

B1.2.1　蒸馏水或去离子水，pH为6.5～7.2。

B1.2.2　标准缓冲溶液：25℃时pH 6.86的缓冲溶液(磷酸二氢钾和磷酸氢二钠混合液)。配制缓冲溶液所用试剂应为pH基准试剂，至少每月重新配制一次。配制方法：称取磷酸二氢钾(KH_2PO_4)3.39g(分析纯)和磷酸氢二钠(Na_2HPO_4)3.54g(分析纯)，置于1000mL容量瓶中，先用少量蒸馏水溶解后再稀释至刻度，摇匀即可。

B2　试验程序

同规格产品任取2条样品，剪去边部松紧带，各从每条样品任取1g(称准至0.001g)试样放入400mL烧杯中，加入100mL蒸馏水(B1.2.1)用玻璃棒用力搅拌。若未见游离水，应再适当多加水，直至出现游离水为止，此时开始计时并适当搅拌试样，10min时放入电极测试其pH。

B3　试验结果的计算

取2个试样测试值的算术平均值作为测定结果，精确至0.1pH单位。

B4　注意事项

每次使用酸度计前均应使用标准缓冲溶液对仪器进行校准，详见仪器使用说明书。每个试样测试完毕后应立即用蒸馏水(或去离子水)冲洗电极，并用滤纸将电极上去离子水吸干后备测试下一试样用。

一次性使用卫生用品卫生标准(GB 15979—2002)

2002-09-01实施

范围

本标准规定了一次性使用卫生用品的产品和生产环境卫生标准、消毒效果生物监测评价标准和相应检验方法，以及原材料与产品生产、消毒、贮存、运输过程卫生要求和产品标识要求。

在本标准中，一次性使用卫生用品是指：

本标准适用于国内从事一次性使用卫生用品的生产与销售的部门、单位或个人，也适用于经销进口一次性使用卫生用品的部门、单位或个人。

引用标准

下列标准所包含的条文，通过在本标准中引用而构成为本标准的条文。本标准出版时，所示版本均为有效。所有标准都会被修订，使用本标准的各方应探讨使用下列标准最新版本的可能性。

GB 15981—1995 消毒与灭菌效果的评价方法与标准

定义

本标准采用下列定义：

一次性使用卫生用品

使用一次后即丢弃的、与人体直接或间接接触的、并为达到人体生理卫生或卫生保健(抗菌或抑菌)目的而使用的各种日常生活用品，产品性状可以是固体也可以是液体。例如，一次性使用手套或指套(不包括医用手套或指套)、纸巾、湿巾、卫生湿巾、电话膜、帽子、口罩、内裤、妇女经期卫生用品(包括卫生护垫)、尿布等排泄物卫生用品(不包括皱纹卫生纸等厕所用纸)、避孕套等，在本标准中统称为"卫生用品"。

产品卫生指标

1　外观必须整洁，符合该卫生用品固有性状，不得有异常气味与异物。

2　不得对皮肤与粘膜产生不良刺激与过敏反应及其他损害作用。

3　产品须符合表1中微生物学指标。

表1

产品种类	微生物指标				
	初始污染菌[1)] cfu/g	细菌菌落总数 cfu/g 或 cfu/mL	大肠菌群	致病性化脓菌[2)]	真菌菌落总数 cfu/g 或 cfu/mL
手套或指套、纸巾、湿巾、帽子、内裤、电话膜		≤200	不得检出	不得检出	≤100
抗菌(或抑菌)液体产品		≤200	不得检出	不得检出	≤100
卫生湿巾		≤20	不得检出	不得检出	不得检出
口罩					
普通级		≤200	不得检出	不得检出	≤100
消毒级	≤10 000	≤20	不得检出	不得检出	不得检出
妇女经期卫生用品					
普通级		≤200	不得检出	不得检出	≤100
消毒级	≤10 000	≤20	不得检出	不得检出	不得检出
尿布等排泄物卫生用品					
普通级		≤200	不得检出	不得检出	≤100
消毒级	≤10 000	≤20	不得检出	不得检出	不得检出
避孕套		≤20	不得检出	不得检出	不得检出

1）如初始污染菌超过表内数值，应相应提高杀灭指数，使达到本标准规定的细菌与真菌限值。

2）致病性化脓菌指绿脓杆菌、金黄色葡萄球菌与溶血性链球菌。

4　卫生湿巾除必须达到表1中的微生物学标准外，对大肠杆菌和金黄色葡萄球菌的杀灭率须≥90%，如需标明对真菌的作用，还须对白色念珠菌的杀灭率≥90%，其杀菌作用在室温下至少须保持1年。

5　抗菌(或抑菌)产品除必须达到表1中的同类同级产品微生物学标准外，对大肠杆菌和金黄色葡萄球菌的抑菌率须≥50%(溶出性)或>26%(非溶出性)，如需标明对真菌的作用，还须白色念珠菌的抑菌率≥50%(溶出性)或>26%(非溶出性)，其抑菌作用在室温下至少须保持1年。

6　任何经环氧乙烷消毒的卫生用品出厂时，环氧乙烷残留量必须≤250μg/g。

生产环境卫生指标

1　装配与包装车间空气中细菌菌落总数应≤2 500 cfu/m^3。

2　工作台表面细菌菌落总数应≤20 cfu/cm^2。

3　工人手表面细菌菌落总数应≤300 cfu/只手，并不得检出致病菌。

消毒效果生物监测评价

1　环氧乙烷消毒：对枯草杆菌黑色变种芽胞(ATCC 9372)的杀灭指数应≥10^3。

2　电离辐射消毒：对短小杆菌芽胞 E6d(ATCC 27142)的杀灭指数应≥10^3。

3　压力蒸汽消毒：对嗜热脂肪杆菌芽胞(ATCC 7953)的杀灭指数应≥10^3。

测试方法

1　产品测试方法

1.1　产品外观：目测，应符合本标准 3.1 的规定。

1.2　产品毒理学测试方法：见附录 A。

1.3　产品微生物检测方法：见附录 B。

1.4　产品杀菌性能、抑菌性能与稳定性测试方法：见附录 C。

1.5　产品环氧乙烷残留量测试方法：见附录 D。

2　生产环境采样与测试方法：见附录 E。

3　消毒效果生物监测评价方法：见附录 F。

原材料卫生要求

1　原材料应无毒、无害、无污染；原材料包装应清洁，清楚标明内含物的名称、生产单位、生产日期或生产批号；影响卫生质量的原材料应不裸露；有特殊要求的原材料应标明保存条件和保质期。

2　对影响产品卫生质量的原材料应有相应检验报告或证明材料，必要时需进行微生物监控和采取相应措施。

3　禁止使用废弃的卫生用品作原材料或半成品。

生产环境与过程卫生要求

1　生产区周围环境应整洁，无垃圾，无蚊、蝇等害虫孳生地。

2　生产区应有足够空间满足生产需要，布局必须符合生产工艺要求，分隔合理，人、物分流，产品流程中无逆向与交叉。原料进入与成品出去应有防污染措施和严格的操作规程，减少生产环境微生物污染。

3　生产区内应配置有效的防尘、防虫、防鼠设施，地面、墙面、工作台面应平整、光滑、不起尘、便于除尘与清洗消毒，有充足的照明与空气消毒或净化措施，以保证生产环境满足本标准第 5 章的规定。

4　配置必需的生产和质检设备，有完整的生产和质检记录，切实保证产品卫生质量。

5　生产过程中使用易燃、易爆物品或产生有害物质的，必须具备相应安全防护措施，符合国家有关标准或规定。

6　原材料和成品应分开堆放，待检、合格、不合格原材料和成品应严格分开堆放并设明显标志。仓库内应干燥、清洁、通风，设防虫、防鼠设施与垫仓板，符合产品保存条件。

7　进入生产区要换工作衣和工作鞋，戴工作帽，直接接触裸装产品的人员需戴口罩，清洗和消毒双手或戴手套；生产区前应相应设有更衣室、洗手池、消毒池与缓冲区。

8　从事卫生用品生产的人员应保持个人卫生，不得留指甲，工作时不得戴手饰，长发应卷在工作帽内。痢疾、伤寒、病毒性肝炎、活动性肺结核、尖锐湿疣、淋病及化脓性或渗出性皮肤病患者或病原携带者不得参与直接与产品接触的生产活动。

9　从事卫生用品生产的人员应在上岗前及定期(每年一次)进行健康检查与卫生知识(包括生产卫生、个人卫生、有关标准与规范)培训，合格者方可上岗。

消毒过程要求

1　消毒级产品最终消毒必须采用环氧乙烷、电离辐射或压力蒸汽等有效消毒方法。所用消毒设备必须符合有关卫生标准。

2　根据产品卫生标准、初始污染菌与消毒效果生物监测评价标准制定消毒程序、技术参数、工作制度，经验证后严格按照既定的消毒工艺操作。该消毒程序、技术参数或影响消毒效果的原材料或生产工艺发生变化后应重新验证确定消毒工艺。

3　每次消毒过程必须进行相应的工艺(物理)和化学指示剂监测，每月用相应的生物指示剂监测，只有当工艺监测、化学监测、生物监测达到规定要求时，被消毒物品才能出厂。

4　产品经消毒处理后，外观与性能应与消毒处理前无明显可见的差异。

包装、运输与贮存要求

1　执行卫生用品运输或贮存的单位或个人，应严格按照生产者提供的运输与贮存要求进行运输或贮存。

2　直接与产品接触的包装材料必须无毒、无害、清洁，产品的所有包装材料必须具有足够的密封性和牢固性以达到保证产品在正常的运输与贮存条件下不受污染的目的。

产品标识要求

1　产品标识应符合《中华人民共和国产品质量法》的规定，并在产品包装上标明执行的卫生标准号以及生产日期和保质期(有效期)或生产批号和限定使用日期。

2　消毒级产品还应在销售包装上注明“消毒级”字样以及消毒日期和有效期或消毒批号和限定使用日期，在运输包装上标明“消毒级”字样以及消毒单位与地址、消毒方法、消毒日期和有效期或消毒批号和限定使用日期。

附录 A

(标准的附录)

产品毒理学测试方法

A1　各类产品毒理学测试指标

当原材料、生产工艺等发生变化可能影响产品毒性时，应按表 A1 根据不同产品种类提供有效的(经政府认定的第三方)成品毒理学测试报告。

表 A1

产 品 种 类	皮肤刺激试验	阴道粘膜刺激试验	皮肤变态反应试验
手套或指套、内裤	√		√
抗菌(或抑菌)液体产品	√	根据用途选择1)	√
湿巾、卫生湿巾	√	根据用途选择1)	根据材料选择
口　罩	√		
妇女经期卫生用品		√	√
尿布等排泄物卫生用品	√		√
避孕套		√	√

1）用于阴道粘膜的产品须做阴道粘膜刺激试验，但无须做皮肤刺激试验。

A2　试验方法

皮肤刺激试验、阴道粘膜刺激试验和皮肤变态反应试验方法按卫生部《消毒技术规范》(第三版)第一分册《实验技术规范》(1999)中的“消毒剂毒理学实验技术”中相应的试验方法进行。

固体产品的样品制备方法按照 A3 进行。

注

1 用于皮肤刺激试验中的空白对照应为：生理盐水和斑贴纸。

2 在皮肤变态反应中，致敏处理和激发处理所用的剂量保持一致。

A3 样品制备

A3.1 皮肤刺激试验和皮肤变态反应试验

以横断方式剪一块斑贴大小的产品。对于干的产品，如尿布、妇女经期卫生用品，用生理盐水润湿后贴到皮肤上，再用斑贴纸覆盖。湿的产品，如湿巾，则可以按要求裁剪合适的面积，直接贴到皮肤上，再用斑贴纸覆盖。

A3.2 阴道粘膜刺激试验

A3.2.1 干的产品(如妇女经期卫生用品)

以横断方式剪取足够量的产品，按1g/10mL的比例加入灭菌生理盐水，密封于萃取容器中搅拌后置于37℃ ±1℃下放置24h。冷却到室温，搅拌后析取样液备检。

A3.2.2 湿的产品(如卫生湿巾)

在进行阴道粘膜刺激试验的当天，挤出湿巾里的添加液作为试样。

A4 判定标准

以卫生部《消毒技术规范》(第三版)第一分册《实验技术规范》(1999)中“毒理学试验结果的最终判定”的相应部分作为试验结果判定原则。

附录B

(标准的附录)

产品微生物检测方法

B1 产品采集与样品处理

于同一批号的三个运输包装中至少抽取12个最小销售包装样品，1/4样品用于检测，1/4样品用于留样，另1/2样品(可就地封存)必要时用于复检。抽样的最小销售包装不应有破裂，检验前不得启开。

在100级净化条件下用无菌方法打开用于检测的至少3个包装，从每个包装中取样，准确称取10g ±1g样品，剪碎后加入到200mL灭菌生理盐水中，充分混匀，得到一个生理盐水样液。液体产品用原液直接做样液。

如被检样品含有大量吸水树脂材料而导致不能吸出足够样液时，稀释液量可按每次50mL递增，直至能吸出足够测试用样液。在计算细菌菌落总数与真菌菌落总数时应调整稀释度。

B2 细菌菌落总数与初始污染菌检测方法

本方法适用于产品初始污染菌与细菌菌落总数(以下统称为细菌菌落总数)检测。

B2.1 操作步骤

待上述生理盐水样液自然沉降后取上清液作菌落计数。共接种5个平皿，每个平皿中加入1mL样液，然后用冷却至45℃左右的熔化的营养琼脂培养基15~20mL倒入每个平皿内混合均匀。待琼脂凝固后翻转平皿置35℃ ±2℃ 培养48h后，计算平板上的菌落数。

B2.2 结果报告

菌落呈片状生长的平板不宜采用；计数符合要求的平板上的菌落，按式(B1)计算结果：

$$X_1 = A \times \frac{K}{5} \quad \cdots\cdots (B1)$$

式中 X_1——细菌菌落总数，cfu/g 或 cfu/mL；

A——5 块营养琼脂培养基平板上的细菌菌落总数；

K——稀释度。

当菌落数在 100 以内，按实有数报告，大于 100 时采用二位有效数字。

如果样品菌落总数超过本标准的规定，按 B2.3 进行复检和结果报告。

B2.3 复检方法

将留存的复检样品依前法复测 2 次，2 次结果平均值都达到本标准的规定，则判定被检样品合格；其中有任何 1 次结果平均值超过本标准规定，则判定被检样品不合格。

B3 大肠菌群检测方法

B3.1 操作步骤

取样液 5mL 接种 50mL 乳糖胆盐发酵管，置 35℃ ±2℃ 培养 24h，如不产酸也不产气，则报告为大肠菌群阴性。

如产酸产气，则划线接种伊红美蓝琼脂平板，置 35℃ ±2℃培养 18 ~24h，观察平板上菌落形态。典型的大肠菌落为黑紫色或红紫色，圆形，边缘整齐，表面光滑湿润，常具有金属光泽，也有的呈紫黑色，不带或略带金属光泽，或粉红色，中心较深的菌落。

取疑似菌落 1 ~2 个作革兰氏染色镜检，同时接种乳糖发酵管，置 35℃ ±2℃培养 24h，观察产气情况。

B3.2 结果报告

凡乳糖胆盐发酵管产酸产气，乳糖发酵管产酸产气，在伊红美蓝平板上有典型大肠菌落，革兰氏染色为阴性无芽胞杆菌，可报告被检样品检出大肠杆菌。

B4 绿脓杆菌检测方法

B4.1 操作步骤

取样液 5mL，加入到 50mL SCDLP 培养液中，充分混匀，置 35℃ ±2℃培养 18 ~24h。如有绿脓杆菌生长，培养液表面呈现一层薄菌膜，培养液常呈黄绿色或蓝绿色。从培养液的薄菌膜处挑取培养物，划线接种十六烷三甲基溴化铵琼脂平板，置 35℃ ±2℃培养 18 ~24h，观察菌落特征。绿脓杆菌在此培养基上生长良好，菌落扁平，边缘不整，菌落周围培养基略带粉红色，其他菌不长。

取可疑菌落涂片作革兰氏染色，镜检为革兰氏阴性菌者应进行下列试验：

氧化酶试验：取一小块洁净的白色滤纸片放在灭菌平皿内，用无菌玻棒挑取可疑菌落涂在滤纸片上，然后在其上滴加一滴新配制的 1% 二甲基对苯二胺试液，30s 内出现粉红色或紫红色，为氧化酶试验阳性，不变色者为阴性。

绿脓菌素试验：取 2 ~3 个可疑菌落，分别接种在绿脓菌素测定用培养基斜面，35℃ ±2℃培养 24h，加入三氯甲烷 3 ~5mL，充分振荡使培养物中可能存在的绿脓菌素溶解，待三氯甲烷呈蓝色时，用吸管移到另一试管中并加入 1mol/L 的盐酸 1mL，振荡后静置片刻。如上层出现粉红色或紫红色即为阳性，表示有绿脓菌素存在。

硝酸盐还原产气试验：挑取被检菌落纯培养物接种在硝酸盐胨水培养基中，置 35℃ ±2℃培养 24h，培养基小倒管中有气者即为阳性。

明胶液化试验：取可疑菌落纯培养物，穿刺接种在明胶培养基内，置 35℃ ±2℃培养 24h，取出放于 4 ~10℃，如仍呈液态为阳性，凝固者为阴性。

42℃生长试验：取可疑培养物，接种在普通琼脂斜面培养基上，置 42℃培养 24 ~48h，有绿脓杆菌生长为阳性。

B4.2 结果报告

被检样品经增菌分离培养后，证实为革兰氏阴性杆菌，氧化酶及绿脓杆菌试验均为阳性者，即可报告被检样品中检出绿脓杆菌。如绿脓菌素试验阴性而液化明胶、硝酸盐还原产气和42℃生长试验三者皆为阳性时，仍可报告被检样品中检出绿脓杆菌。

B5 金黄色葡萄球菌检测方法

B5.1 操作步骤

取样液5mL，加入到50mL SCDLP培养液中，充分混匀，置35℃ ±2℃培养24h。

自上述增菌液中取1~2接种环，划线接种在血琼脂培养基上，置35℃ ±2℃培养24~48h。在血琼脂平板上该菌菌落呈金黄色，大而突起，圆形，不透明，表面光滑，周围有溶血圈。

挑取典型菌落，涂片作革兰氏染色镜检，金黄色葡萄球菌为革兰氏阳性球菌，排列成葡萄状，无芽胞与荚膜。镜检符合上述情况，应进行下列试验：

甘露醇发酵试验：取上述菌落接种甘露醇培养液，置35℃ ±2℃培养24h，发酵甘露醇产酸者为阳性。

血浆凝固酶试验：玻片法：取清洁干燥载玻片，一端滴加一滴生理盐水，另一端滴加一滴兔血浆，挑取菌落分别与生理盐水和血浆混合，5min如血浆内出现团块或颗粒状凝块，而盐水滴仍呈均匀混浊无凝固则为阳性，如两者均无凝固则为阴性。凡盐水滴与血浆滴均有凝固现象，再进行试管凝固酶试验；试管法：吸取1:4新鲜血浆0.5mL，放灭菌小试管中，加入等量待检菌24h肉汤培养物0.5mL。混匀，放35℃ ±2℃温箱或水浴中，每半小时观察一次，24h之内呈现凝块即为阳性。同时以已知血浆凝固酶阳性和阴性菌株肉汤培养物各0.5mL作阳性与阴性对照。

B5.2 结果报告

凡在琼脂平板上有可疑菌落生长，镜检为革兰氏阳性葡萄球菌，并能发酵甘露醇产酸，血浆凝固酶试验阳性者，可报告被检样品检出金黄色葡萄球菌。

B6 溶血性链球菌检测方法

B6.1 操作步骤

取样液5mL加入到50mL葡萄糖肉汤，35℃ ±2℃培养24h。

将培养物划线接种血琼脂平板，35℃ ±2℃培养24h观察菌落特征。溶血性链球菌在血平板上为灰白色，半透明或不透明，针尖状突起，表面光滑，边缘整齐，周围有无色透明溶血圈。

挑取典型菌落作涂片革兰氏染色镜检，应为革兰氏阳性，呈链状排列的球菌。镜检符合上述情况，应进行下列试验：

链激酶试验：吸取草酸钾血浆0.2mL(0.01g草酸钾加5mL兔血浆混匀，经离心沉淀，吸取上清液)，加入0.8mL灭菌生理盐水，混匀后再加入待检菌24h肉汤培养物0.5mL和0.25%氯化钙0.25mL,混匀，放35℃ ±2℃水浴中，2min观察一次(一般10min内可凝固)，待血浆凝固后继续观察并记录溶化时间。如2h内不溶化，继续放置24h观察，如凝块全部溶化为阳性，24h仍不溶化为阴性。

杆菌肽敏感试验：将被检菌菌液涂于血平板上，用灭菌镊子取每片含0.04单位杆菌肽的纸片放在平板表面上，同时以已知阳性菌株作对照，在35℃ ±2℃下放置18~24h，有抑菌带者为阳性。

B6.2 结果报告

镜检革兰氏阳性链状排列球菌，血平板上呈现溶血圈，链激酶和杆菌肽试验阳性，可报告被检样品检出溶血性链球菌。

B7 真菌菌落总数检测方法

B7.1 操作步骤

待上述生理盐水样液自然沉降后取上清液作真菌计数，共接种5个平皿，每一个平皿中加入1mL

样液，然后用冷却至45℃左右的熔化的沙氏琼脂培养基15～25mL倒入每个平皿内混合均匀，琼脂凝固后翻转平皿置25℃±2℃培养7天，分别于3、5、7天观察，计算平板上的菌落数，如果发现菌落蔓延，以前一次的菌落计数为准。

B7.2 结果报告

菌落呈片状生长的平板不宜采用；计数符合要求的平板上的菌落，按式(B2)计算结果：

$$X_2 = B \times \frac{K}{5} \quad \text{(B2)}$$

式中 X_2——真菌菌落总数，cfu/g或cfu/mL；

B——5块沙氏琼脂培养基平板上的真菌菌落总数；

K——稀释度。

当菌落数在100以内，按实有数报告，大于100时采用二位有效数字。

如果样品菌落总数超过本标准的规定，按B7.3进行复检和结果报告。

B7.3 复检方法

将留存的复检样品依前法复测2次，2次结果都达到本标准的规定，则判定被检样品合格，其中有任何1次结果超过本标准规定，则判定被检样品不合格。

B8 真菌定性检测方法

B8.1 操作步骤

取样液5mL加入到50mL沙氏培养基中，25℃±2℃培养7天，逐日观察有无真菌生长。

B8.2 结果报告

培养管混浊应转种沙氏琼脂培养基，证实有真菌生长，可报告被检样品检出真菌。

附录C

(标准的附录)

产品杀菌性能、抑菌性能与稳定性测试方法

C1 样品采集

为使样品具有良好的代表性，应于同一批号三个运输包装中至少随机抽取20件最小销售包装样品，其中5件留样，5件做抑菌或杀菌性能测试，10件做稳定性测试。

C2 试验菌与菌液制备

C2.1 试验菌

C2.1.1 细菌：金黄色葡萄球菌(ATCC 6538)，大肠杆菌(8099或ATCC 25922)。

C2.1.2 酵母菌：白色念珠菌(ATCC 10231)。

菌液制备：取菌株第3～14代的营养琼脂培养基斜面新鲜培养物(18～24h)，用5mL 0.03mol/L磷酸盐缓冲液(以下简称PBS)洗下菌苔，使菌悬浮均匀后用上述PBS稀释至所需浓度。

C3 杀菌性能试验方法

该试验取样部位，根据被试产品生产者的说明而确定。

C3.1 中和剂鉴定试验

进行杀菌性能测试必须通过以下中和剂鉴定试验。

C3.1.1 试验分组

1）染菌样片+5mL PBS。

2）染菌样片 +5mL 中和剂。

3）染菌对照片 +5mL 中和剂。

4）样片 +5mL 中和剂 + 染菌对照片。

5）染菌对照片 +5mL PBS。

6）同批次 PBS。

7）同批次中和剂。

8）同批次培养基。

C3.1.2 评价规定

1）第 1 组无试验菌，或仅有极少数试验菌菌落生长。

2）第 2 组有较第 1 组为多，但较第 3、4、5 组为少的试验菌落生长，并符合要求。

3）第 3、4、5 组有相似量试验菌生长，并在 $1 \times 10^4 \sim 9 \times 10^4$ cfu/片之间，其组间菌落数误差率应不超过 15%。

4）第 6~8 组无菌生长。

5）连续 3 次试验取得合格评价。

C3.2 杀菌试验

C3.2.1 操作步骤

将试验菌 24h 斜面培养物用 PBS 洗下，制成菌悬液（要求的浓度为：用 100μL 滴于对照样片上，回收菌数为 $1 \times 10^4 \sim 9 \times 10^4$ cfu/片）。

取被试样片（2.0cm×3.0cm）和对照样片（与试样同质材料，同等大小，但不含抗菌材料，且经灭菌处理）各 4 片，分成 4 组置于 4 个灭菌平皿内。

取上述菌悬液，分别在每个被试样片和对照样片上滴加 100μL，均匀涂布，开始计时，作用 2、5、10、20min，用无菌镊分别将样片投入含 5mL 相应中和剂的试管内，充分混匀，作适当稀释，然后取其中 2~3 个稀释度，分别吸取 0.5mL，置于两个平皿，用凉至 40~45℃ 的营养琼脂培养基（细菌）或沙氏琼脂培养基（酵母菌）15mL 作倾注，转动平皿，使其充分均匀，琼脂凝固后翻转平板，35℃ ±2℃ 培养 48h（细菌）或 72h（酵母菌），作活菌菌落计数。

试验重复 3 次，按式（C1）计算杀菌率：

$$X_3 = (A - B)/A \times 100\% \qquad \text{(C1)}$$

式中 X_3——杀菌率，%；

A——对照样品平均菌落数；

B——被试样品平均菌落数。

C3.2.2 评价标准

杀菌率≥90%，产品有杀菌作用。

C4 溶出性抗（抑）菌产品抑菌性能试验方法

C4.1 操作步骤

将试验菌 24h 斜面培养物用 PBS 洗下，制成菌悬液（要求的浓度为：用 100μL 滴于对照样片上或 5mL 样液内，回收菌数为 $1 \times 10^4 \sim 9 \times 10^4$ cfu/片或 mL）。

取被试样片（2.0cm×3.0cm）或样液（5mL）和对照样片或样液（与试样同质材料，同等大小，但不含抗菌材料，且经灭菌处理）各 4 片（置于灭菌平皿内）或 4 管。

取上述菌悬液，分别在每个被试样片或样液和对照样片或样液上或内滴加 100μL，均匀涂布/混合，开始计时，作用 2、5、10、20min，用无菌镊分别将样片或样液（0.5mL）投入含 5mL PBS 的试管内，充分混匀，作适当稀释，然后取其中 2~3 个稀释度，分别吸取 0.5mL，置于两个平皿，用凉至

40～45℃的营养琼脂培养基(细菌)或沙氏琼脂培养基(酵母菌)15mL作倾注，转动平皿，使其充分均匀，琼脂凝固后翻转平板，35℃±2℃培养48h(细菌)或72h(酵母菌)，作活菌菌落计数。

试验重复3次，按式(C2)计算抑菌率：

$$X_4 = (A - B)/A \times 100\% \quad \cdots\cdots (C2)$$

式中 X_4——抑菌率,%；

A——对照样品平均菌落数；

B——被试样品平均菌落数。

C4.2 评价标准

抑菌率≥50%～90%，产品有抑菌作用，抑菌率≥90%，产品有较强抑菌作用。

C5 非溶出性抗(抑)菌产品抑菌性能试验方法

C5.1 操作步骤

称取被试样片(剪成1.0cm×1.0cm大小)0.75g分装包好。

将0.75g重样片放入一个250mL的三角烧瓶中，分别加入70mL PBS和5mL菌悬液，使菌悬液在PBS中的浓度为$1\times10^4 \sim 9\times10^4$cfu/mL。

将三角烧瓶固定于振荡摇床上，以300r/min振摇1h。

取0.5mL振摇后的样液，或用PBS做适当稀释后的样液，以琼脂倾注法接种平皿，进行菌落计数。

同时设对照样片组和不加样片组，对照样片组的对照样片与被试样片同样大小，但不含抗菌成分，其他操作程序均与被试样片组相同，不加样片组分别取5mL菌悬液和70mL PBS加入一个250mL三角烧瓶中，混匀，分别于0时间和振荡1h后，各取0.5mL菌悬液与PBS的混合液做适当稀释，然后进行菌落计数。

试验重复3次，按式(C3)计算抑菌率：

$$X_5 = (A - B)/A \times 100\% \quad \cdots\cdots (C3)$$

式中 X_5——抑菌率,%；

A——被试样品振荡前平均菌落数；

B——被试样品振荡后平均菌落数。

C5.2 评价标准

不加样片组的菌落数在$1\times10^4 \sim 9\times10^4$cfu/mL之间，且样品振荡前后平均菌落数差值在10%以内，试验有效；被试样片组抑菌率与对照样片组抑菌率的差值>26%，产品具有抗菌作用。

C6 稳定性测试方法

C6.1 测试条件

C6.1.1 自然留样：将原包装样品置室温下至少1年，每半年进行抑菌或杀菌性能测试。

C6.1.2 加速试验：将原包装样品置54～57℃恒温箱内14天或37～40℃恒温箱内3个月，保持相对湿度>75%，进行抑菌或杀菌性能测试。

C6.2 评价标准

产品经自然留样，其杀菌率或抑菌率达到附录C3或附录C4、附录C5中规定的标准值，产品的杀菌或抑菌作用在室温下的保持时间即为自然留样时间。

产品经54℃加速试验，其杀菌率或抑菌率达到附录C3或附录C4、附录C5中规定的标准值，产品的杀菌或抑菌作用在室温下至少保持一年。

产品经37℃加速试验，其杀菌率或抑菌率达到附录C3或附录C4、附录C5中规定的标准值，产品的杀菌或抑菌作用在室温下至少保持二年。

附录D
（标准的附录）
产品环氧乙烷残留量测试方法

D1 测试目的

确定产品消毒后启用时间，当新产品或原材料、消毒工艺改变可能影响产品理化性能时应予测试。

D2 样品采集

环氧乙烷消毒后，立即从同一消毒批号的三个大包装中随机抽取一定量小包装样品，采样量至少应满足规定所需测定次数的量（留一定量在必要时进行复测用）。

分别于环氧乙烷消毒后24h及以后每隔数天进行残留量测定，直至残留量降至本标准4.6所规定的标准值以下。

D3 仪器与操作条件

仪器：气相色谱仪，氢焰检测器（FID）。

柱：Chromosorb 101 HP60～80目；玻璃柱长2m，ϕ3mm。柱温：120℃。

检测器：150℃。

气化器：150℃。

载气量：氮气：35mL/min。
　　　　氢气：35mL/min。
　　　　空气：350mL/min。

柱前压约为108kPa。

D4 操作步骤

D4.1 标准配制

用100mL玻璃针筒从纯环氧乙烷小钢瓶中抽取环氧乙烷标准气（重复放空二次，以排除原有空气），塞上橡皮头，用10mL针筒抽取上述100mL针筒中纯环氧乙烷标准气10mL，用氮气稀释到100mL（可将10mL标准气注入到已有90mL氮气的带橡皮塞头的针筒中来完成）。用同样的方法根据需要再逐级稀释2～3次（稀释1000～10000倍），作三个浓度的标准气体。按环氧乙烷小钢瓶中环氧乙烷的纯度、稀释倍数和室温计算出最后标准气中的环氧乙烷浓度。

计算公式如下：

$$c=\frac{44\times10^{6}}{22.4\times10^{3}\times k}\times\frac{273}{273+t} \quad \cdots\cdots (D1)$$

式中 c——标准气体浓度，μg/mL；
　　k——稀释倍数；
　　t——室温，℃。

D4.2 样品处理

至少取2个最小包装产品，将其剪碎，随机精确称取2g，放入萃取容器中，加入5mL去离子水，充分摇匀，放置4h或振荡30min待用。如被检样品为吸水树脂材料产品，可适当增加去离子水量，以确保至少可吸出2mL样液。

D4.3 分析

待仪器稳定后，在同样条件下，环氧乙烷标准气体各进样1.0mL，待分析样品（水溶液）各进样2μL，每一样液平行作2次测定。

根据保留时间定性，根据峰面积（或峰高）进行定量计算，取平均值。

D4.4 计算

以所进环氧乙烷标准气的微克(μg)数对所得峰面积(或峰高)作环氧乙烷工作曲线。

以样品中环氧乙烷所对应的峰面积(或峰高)在工作曲线上求得环氧乙烷的量A(μg)，并以式(D2)求得产品中环氧乙烷的残留量。

$$X = \frac{A}{\frac{m}{V_{(萃)}} \times V_{(进)}} \quad \cdots\cdots (D2)$$

式中 X——产品中环氧乙烷残留量，μg/g；

A——从工作曲线中所查得环氧乙烷量，μg；

m——所取样品量，g；

$V_{(萃)}$——萃取液体积，mL；

$V_{(进)}$——进样量，mL。

附录E

(标准的附录)

生产环境采样与测试方法

E1 空气采样与测试方法

E1.1 样品采集

在动态下进行。

室内面积不超过30m²，在对角线上设里、中、外三点，里、外点位置距墙1m；室内面积超过30m²，设东、西、南、北、中5点，周围4点距墙1m。

采样时，将含营养琼脂培养基的平板(直径9cm)置采样点(约桌面高度)，打开平皿盖，使平板在空气中暴露5min。

E1.2 细菌培养

在采样前将准备好的营养琼脂培养基置35℃±2℃培养24h，取出检查有无污染，将污染培养基剔除。

将已采集的培养基在6h内送实验室，于35℃±2℃培养48h观察结果，计数平板上细菌菌落数。

E1.3 菌落计算

$$y_1 = \frac{A \times 50000}{S_1 \times t} \quad \cdots\cdots (E1)$$

式中 y_1——空气中细菌菌落总数，cfu/m³；

A——平板上平均细菌菌落数；

S_1——平板面积，cm²；

t——暴露时间，min。

E2 工作台表面与工人手表面采样与测试方法

E2.1 样品采集

工作台：将经灭菌的内径为5cm×5cm的灭菌规格板放在被检物体表面，用一浸有灭菌生理盐水的棉签在其内涂抹10次，然后剪去手接触部分棉棒，将棉签放入含10mL灭菌生理盐水的采样管内送检。

工人手：被检人五指并拢，用一浸湿生理盐水的棉签在右手指曲面，从指尖到指端来回涂擦10

次，然后剪去手接触部分棉棒，将棉签放入含 10mL 灭菌生理盐水的采样管内送检。

E2.2 细菌菌落总数检测

将已采集的样品在 6h 内送实验室，每支采样管充分混匀后取 1mL 样液，放入灭菌平皿内，倾注营养琼脂培养基，每个样品平行接种两块平皿，置 35℃ ±2℃培养 48h，计数平板上细菌菌落数。

$$y_2 = \frac{A}{S_2} \times 10 \quad \text{(E2)}$$

$$y_3 = A \times 10 \quad \text{(E3)}$$

式中 y_2——工作台表面细菌菌落总数，cfu/cm²；

A——平板上平均细菌菌落数；

S_2——采样面积，cm²；

y_3——工人手表面细菌菌落总数，cfu/只手。

E2.3 致病菌检测

按本标准附录 B 进行。

附录 F

（标准的附录）

消毒效果生物监测评价方法

F1 环氧乙烷消毒

F1.1 环氧乙烷消毒效果评价用生物指示菌为枯草杆菌黑色变种芽胞（ATCC 9372）。在菌量为 $5\times10^5 \sim 5\times10^6$cfu/片，环氧乙烷浓度为 600mg/L ±30mg/L，作用温度为 54℃ ±2℃，相对湿度为 60% ±10% 条件下，其杀灭 90% 微生物所需时间 D 值应为 2.5 ~5.8min，存活时间≥7.5min，杀灭时间≤58min。

F1.2 每次测试至少布放 10 片生物指示剂，放于最难杀灭处。消毒完毕，取出指示菌片接种营养肉汤培养液作定性检测或接种营养琼脂培养基作定量检测，将未处理阳性对照菌片作相同接种，两者均置35℃ ±2℃培养。阳性对照应在 24h 内有菌生长。定性培养样品如连续观察 7 天全部无菌生长，可报告生物指示剂培养阴性，消毒合格。定量培养样品与阳性对照相比灭活指数达到 10^3 也可报告消毒合格。

F2 电离辐射消毒

F2.1 电离辐射消毒效果评价用生物指示菌为短小杆菌芽胞 E601（ATCC 27142），在菌量为 $5\times10^5 \sim 5\times10^6$cfu/片时，其杀灭 90% 微生物所需剂量 D_{10}值应为 1.7kGy。

F2.2 每次测试至少选 5 箱，每箱产品布放 3 片生物指示剂，置最小剂量处。消毒完毕，取出指示菌片接种营养肉汤培养液作定性检测或接种营养琼脂培养基作定量检测，将未处理阳性对照菌片作相同接种，两者均置 35℃ ±2℃培养。阳性对照应在 24h 内有菌生长。定性培养样品如连续观察 7 天全部无菌生长，可报告生物指示剂培养阴性，消毒合格。定量培养样品与阳性对照相比灭活指数达到 10^3 也可报告消毒合格。

F3 压力蒸汽消毒

参照 GB15981—1995 规定执行。

附录G

（标准的附录）

培养基与试剂制备

G1 营养琼脂培养基

成分：

蛋白胨	10g
牛肉膏	3g
氯化钠	5g
琼脂	15～20g
蒸馏水	1000mL

制法：除琼脂外其他成分溶解于蒸馏水中，调pH至7.2～7.4，加入琼脂，加热溶解，分装试管，121℃灭菌15min后备用。

G2 乳糖胆盐发酵管

成分：

蛋白胨	20g
猪胆盐(或牛、羊胆盐)	5g
乳糖	10g
0.04%溴甲酚紫水溶液	25mL
蒸馏水	加至1000mL

制法：将蛋白胨、胆盐及乳糖溶于水中，校正pH至7.4，加入指示剂，分装每管50mL，并放入一个小倒管，115℃灭菌15min，即得。

G3 乳糖发酵管

成分：

蛋白胨	20g
乳糖	10g
0.04%溴甲酚紫水溶液	25mL
蒸馏水	加至1000mL

制法：将蛋白胨及乳糖溶于水中，校正pH至7.4，加入指示剂，分装每管10mL，并放入一个小倒管，115℃灭菌15min，即得。

G4 伊红美蓝琼脂(EMB)

成分：

蛋白胨	10g
乳糖	10g
磷酸氢二钾	2g
琼脂	17g
2%伊红Y溶液	20mL
0.65%美蓝溶液	10mL
蒸馏水	加至1000mL

制法：将蛋白胨、磷酸盐和琼脂溶解于蒸馏水中，校正pH至7.1，分装于烧瓶内，121℃灭菌15min备用，临用时加入乳糖并加热溶化琼脂，冷至55℃，加入伊红和美蓝溶液摇匀，倾注平板。

G5 SCDLP 液体培养基

成分：

酪蛋白胨	17g
大豆蛋白胨	3g
氯化钠	5g
磷酸氢二钾	2.5g
葡萄糖	2.5g
卵磷脂	1g
吐温 80	7g
蒸馏水	1000mL

制法：将各种成分混合(如无酪蛋白胨和大豆蛋白胨可用日本多价胨代替)，加热溶解，调 pH 至 7.2～7.3，分装，121℃灭菌 20min，摇匀，避免吐温 80 沉于底部，冷至 25℃后使用。

G6 十六烷三甲基溴化铵培养液

成分：

牛肉膏	3g
蛋白胨	10g
氯化钠	5g
十六烷三甲基溴铵	0.3g
琼脂	20g
蒸馏水	1000mL

制法：除琼脂外，上述各成分混合加热溶解，调 pH 至 7.4～7.6，然后加入琼脂，115℃灭菌 20min，冷至 55℃左右，倾注平皿。

G7 绿脓菌素测定用培养基斜面

成分：

蛋白胨	20g
氯化镁	1.4g
硫酸钾	10g
琼脂	18g
甘油(化学纯)	10g
蒸馏水	加至 1000mL

制法：将蛋白胨、氯化镁和硫酸钾加到蒸馏水中，加热溶解，调 pH 至 7.4，加入琼脂和甘油，加热溶解，分装试管，115℃灭菌 20min，制成斜面备用。

G8 明胶培养基

成分：

牛肉膏	3g
蛋白胨	5g
明胶	120g
蒸馏水	1000mL

制法：各成分加入蒸馏水中浸泡 20min，加热搅拌溶解，调 pH 至 7.4，5mL 分装于试管中，115℃灭菌 20min，直立制成高层备用。

G9 硝酸盐蛋白胨水培养基

成分：

蛋白胨	10g
酵母浸膏	3g
硝酸钾	2g
亚硝酸钠	0.5g
蒸馏水	1000mL

制法：将蛋白胨与酵母浸膏加到蒸馏水中，加热溶解，调 pH 至 7.2，煮沸过滤后补足液量，加入硝酸钾和亚硝酸钠溶解均匀，分装到加有小倒管的试管中，115℃灭菌 20min 备用。

G10 血琼脂培养基

成分：

营养琼脂	100mL
脱纤维羊血(或兔血)	10mL

制法：将灭菌后的营养琼脂加热溶化，凉至 55℃左右，用无菌方法将 10mL 脱纤维血加入后摇匀，倾注平皿置冰箱备用。

G11 甘露醇发酵培养基

成分：

蛋白胨	10g
牛肉膏	5g
氯化钠	5g
甘露醇	10g
0.2% 溴麝香草酚蓝溶液	12mL
蒸馏水	1000mL

制法：将蛋白胨、氯化钠、牛肉膏加到蒸馏水中，加热溶解，调 pH 至 7.4，加入甘露醇和溴麝香草酚蓝混匀后，分装试管，115℃灭菌 20min 备用。

G12 葡萄糖肉汤

成分：

蛋白胨	10g
牛肉膏	5g
氯化钠	5g
葡萄糖	10g
蒸馏水	1000mL

制法：上述成分溶于蒸馏水中，调 pH 至 7.2～7.4，加热溶解，分装试管，121℃灭菌 15min 后备用。

G13 兔血浆

制法：取灭菌 3.8% 柠檬酸钠 1 份，兔全血 4 份，混匀静置，3000r/min 离心 5min，取上清，弃血球。

G14 沙氏琼脂培养基

蛋白胨	10g
葡萄糖	40g
琼脂	20g
蒸馏水	1000mL

用700mL蒸馏水将琼脂溶解，300mL蒸馏水将葡萄糖与蛋白胨溶解，混合上述两部分，摇匀后分装，115℃灭菌15min，即得。使用前，用过滤除菌方法加入0.1g/L的氯霉素或者0.03g/L的链霉素。

定性试验采用沙氏培养液，除不加琼脂外其他成分与制法同上。

G15 营养肉汤培养液

蛋白胨	10g
氯化钠	5g
牛肉膏	3g
蒸馏水	1000mL

调节pH使灭菌后为7.2~7.4，分装，115℃灭菌30min，即得。

G16 溴甲酚紫葡萄糖蛋白胨水培养基

蛋白胨	10g
葡萄糖	5g
蒸馏水	1000mL

调节pH至7.0~7.2，加2%溴甲酚紫酒精溶液0.6mL，115℃灭菌30min，即得。

G17 革兰氏染色液

结晶紫染色液：

结晶紫	1g
95%乙醇	20mL
1%草酸铵水溶液	80mL

将结晶紫溶解于乙醇中，然后与草酸铵溶液混合。

革兰氏碘液：

碘	1g
碘化钾	2g
蒸馏水	300mL

脱色剂

95%乙醇

复染液：

(1) 沙黄复染液：

沙黄	0.25g
95%乙醇	10mL
蒸馏水	90mL

将沙黄溶解于乙醇中，然后用蒸馏水稀释。

(2) 稀石炭酸复红液：

称取碱性复红10g，研细，加95%乙醇100mL，放置过夜，滤纸过滤。取该液10mL，加5%石炭酸水溶液90mL混合，即为石炭酸复红液。再取此液10mL，加水90mL，即为稀石炭酸复红液。

G18 0.03mol/L 磷酸盐缓冲液(PBS，pH 7.2)

成分：

磷酸氢二钠	2.83g
磷酸二氢钾	1.36g
蒸馏水	1000mL

绒毛浆(GB/T 21331—2008)

2008-09-01 实施

1 范围

本标准规定了绒毛浆的产品分类、技术要求、试验方法、检验规则及标志、包装、运输、贮存。

本标准适用于生产一次性卫生用品的原料绒毛浆。

2 规范性引用文件

下列文件中的条款通过本标准的引用而成为本标准的条款。凡是注日期的引用文件，其随后所有的修改单(不包括勘误的内容)或修订版均不适用于本标准，然而，鼓励根据本标准达成协议的各方研究是否可使用这些文件的最新版本。凡是不注日期的引用文件，其最新版本适用于本标准。

GB/T 451.2 纸和纸板定量的测定(GB/T 451.2—2002，eqv ISO 536：1995)

GB/T 451.3 纸和纸板厚度的测定(GB/T 451.3—2002，idt ISO 534：1988)

GB/T 462 纸和纸板 水分的测定(GB/T 462—2003，ISO 287：1985，MOD)

GB/T 740 纸浆 试样的采取(GB/T 740—2003，ISO 7213：1991，IDT)

GB/T 1539 纸板耐破度的测定(GB/T 1539—2007，ISO 2759：1983，EQV)

GB/T 2828.1 计数抽样检验程序 第1部分：按接收质量限(AQL)检索的逐批检验抽样计划(GB/T 2828.1—2003，ISO 2859-1：1999，IDT)

GB/T 7974 纸、纸板和纸浆亮度(白度)的测定 漫射/垂直法(GB/T 7974—2002，neq ISO 2470：1999)

GB/T 7979 纸浆二氯甲烷抽出物的测定

GB/T 10739 纸、纸板和纸浆试样处理和试验的标准大气条件(GB/T 10739—2002，eqv ISO 187：1990)

GB/T 10740—2002 纸浆尘埃和纤维束的测定(GB/T 10740—2002，eqv ISO 5350：1998)

GB 15979 一次性使用卫生用品卫生标准

3 术语和定义

下列术语和定义适用于本标准。

3.1

全处理浆

经过较强物理或化学处理使浆板的蓬松性显著改善的绒毛浆。

3.2

半处理浆

经过弱的物理或化学处理使浆板的蓬松性有一定改善的绒毛浆。

3.3

未处理浆

未经过改善浆板蓬松性处理的绒毛浆。

4 产品分类和分等

4.1 绒毛浆一般为卷筒浆板。

4.2 绒毛浆产品分为全处理浆、半处理浆和未处理浆。

4.3 绒毛浆按质量分为优等品和合格品。

5 技术要求

5.1 绒毛浆的技术指标应符合表1的要求，或按订货合同的规定。

表1

指标名称		单位	规定					
			全处理浆		半处理浆		未处理浆	
			优等品	合格品	优等品	合格品	优等品	合格品
定量偏差		%	±5		±5		±5	
紧度	≤	g/cm^3	0.60		0.60		0.60	
耐破指数	≤	$kPa \cdot m^2/g$	0.85		1.10		1.50	
亮度	≥	%	83.0	80.0	83.0	80.0	83.0	80.0
二氯甲烷抽出物	≤	%	0.20	0.30	0.12	0.18	0.02	0.08
干蓬松度	≥	cm^3/g	19.0	17.0	20.0	18.0	22.0	20.0
吸水时间	≤	s	6.0	9.5	5.0	7.5	3.0	4.0
吸水量	≥	g/g	9.0	6.0	10.0	7.0	11.0	8.0
尘埃度		$mm^2/500g$						
$0.3mm^2 \sim 1.0mm^2$ 尘埃	≤		25					
$1.0mm^2 \sim 5.0mm^2$ 尘埃	≤		10					
大于 $5.0mm^2$ 尘埃			不应有					
交货水分		%	6~10					

5.2 绒毛浆的卫生要求执行 GB 15979。

5.3 绒毛浆板不应有肉眼可见的金属杂质、沙粒等异物，无明显的纤维束和尘埃。

6 试验方法

6.1 试样的采取：按 GB/T 740 取样，试样处理和试验的标准大气按 GB/T 10739 进行。

6.2 定量偏差按 GB/T 451.2 测定。

6.3 紧度按 GB/T 451.3 测定，应测得厚度后再换算成紧度。

6.4 耐破指数按 GB/T 1539 测定。

6.5 亮度按 GB/T 7974 测定。

6.6 二氯甲烷抽出物按 GB/T 7979 测定。

6.7 尘埃度按 GB/T 10740—2002 测定，其中有一种方法测定结果合格则判为合格。

6.8 干蓬松度按附录 B 测定。

6.9 吸水时间和吸水量按附录 B 测定。

6.10 交货水分按 GB/T 462 测定。

6.11 卫生指标按 GB 15979 测定。

6.12 外观质量采用目测检验。

7 检验规则

7.1 生产厂应保证所生产的绒毛浆符合本标准或定货合同的规定，每卷绒毛浆交货时应附有一份产品合格证。

7.2　以一次交货数量为一批，产品交收检验抽样应按 GB/T 2828.1 的规定进行，样本单位为卷筒(件)。接收质量限(AQL)：干蓬松度、吸水时间、吸水量为4.0；定量偏差、紧度、二氯甲烷抽出物、尘埃度、耐破指数、交货水分、亮度、外观质量为6.5。采用方案、检验水平为特殊检验水平 S-2 的正常检验二次抽样，其抽样方案见表2。

表2

批量 卷筒(件)	检查水平 S-2 的正常检查二次抽样方案				
	样本 大小	B类不合格品 AQL=4.0		C类不合格品 AQL=6.5	
		Ac	Re	Ac	Re
≤50	3	0	1	0	1
51~150	3	0	1	—	—
	5 5(10)	— —	— —	0 1	2 2
151~3200	8 8(16)	0 1	2 2	0 3	3 4

7.3　在抽样时，应先检查样本外部包装情况，然后从中采取试样进行检验。

7.4　可接收性的确定：第一次检验的样品数量应等于该方案给出的第一样本量。如果第一样本中发现的不合格品数量小于或等于第一接收数，应认为该批是可接收的；如果第一样本中发现的不合格品数大于或等于第一拒收数，应认为该批是不可接收的。如果第一样本中发现的不合格品数介于第一接收数与第一拒收数之间，应检验由方案给出的样本量的第二样本并累计在第一样本和第二样本中发现的不合格品数。如果不合格品数累计数小于或等于第二接收数，则判定该批是可接收的；如果不合格品累计数大于或等于第二拒收数，则判定该批是不可接收的。

7.5　卫生指标 GB 15979 进行测定，经检测若卫生指标有一项不符合规定，则判为批不合格。

7.6　需方若对产品质量有异议，应将该批产品封存并在到货后三个月内(或按合同规定)通知供方，由供需双方共同对该批产品进行抽样检验。如不符合本标准规定，则判批不合格，由供方负责处理；如符合本标准规定，则判为批合格，由需方负责处理。

8　标志、包装、运输、贮存

8.1　每卷绒毛浆应标明产品名称、产品标准编号、商标、生产企业名称、地址、规格、批号或卷号、定量、风干重、等级、生产日期，并贴上产品合格证。

8.2　每卷产品应用塑料膜包紧。

8.3　产品运输时，应使用具有防护措施的洁净的运输工具，不应和有污染性的物质共同运输。

8.4　产品在搬运过程中，应注意轻放，防雨、防潮，不应抛扔。

8.5　产品应妥善贮存于干燥、清洁、无毒、无异味、无污染的仓库内。

附 录 A
(规范性附录)
绒毛浆浆板的分散方法

A1　仪器

a）切纸刀；

b）实验室绒毛浆板钉型分散器。

设备结构示意图如图 A.1 所示，钉型分散器的中心是一个直径为 150mm 外表镶有约 500 只钉子的金属鼓，由 6000r/min ~ 8000r/min 的电动马达驱动。鼓的外部由机壳保护，机壳上有纸浆喂料器（速度可在 1cm/s ~ 10cm/s 范围内恒速）和绒毛浆收集装置。

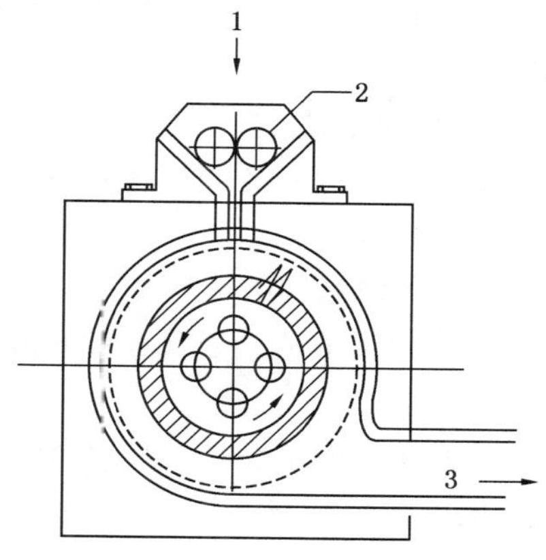

1—绒毛浆板；2—喂料辊；
3—绒毛浆。

图 A.1　绒毛浆分散器原理图

A.2　取样方法

除去绒毛浆表层的 2 层浆板后进行取样，用切纸刀裁成 30mm 宽的纸浆试样。

A.3　分散方法

启动分散器和喂料辊电源，待电机达到额定转数后，将 30mm 宽的纸浆条从两个喂料辊之间进料，分散后的绒毛浆用负压从收集口收集。

附 录 B
（规范性附录）
绒毛浆干蓬松度、吸水时间和吸水量的测定

B.1　仪器

B.1.1　试样成型器

试样成型器是将分散的绒毛浆制备成 3g 直径为 50mm 的圆柱状试样，以供测定吸水性能和蓬松度之用，试样中的纤维应分布均匀一致，其结构示意图如图 B.1 所示。分散后的绒毛浆从入口被吸入，在锥型分散管以内螺旋形分散下降，纸浆可通过试样成型器被收集在一个直径为 50mm 的塑料管中，制成用于测定的试样。在成型管内形成一个浆垫试样用于试验。

B.1.2　干蓬松度及吸水性能测定仪

本仪器主要测定绒毛浆试样的干蓬松高度、蓬松度、吸水速度和吸水量，其结构示意图如图 B.2 所示。

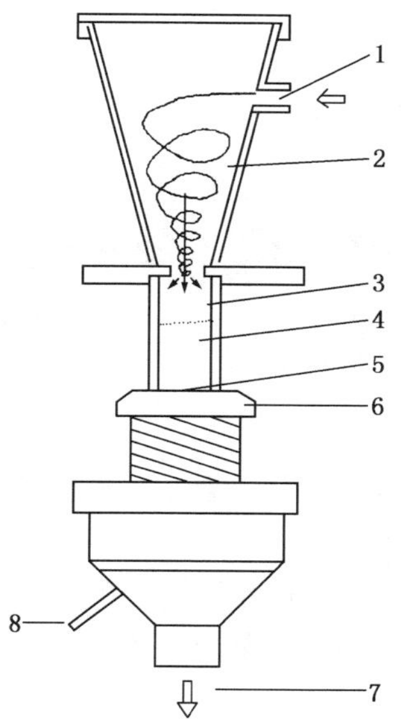

1—绒毛浆进口；2—锥型分散管道；3—成型管；
4—试样；5—金属网；6—成型管件；
7—接真空系统；8—压力计出口。

图 B.1　试样成型器原理示意图

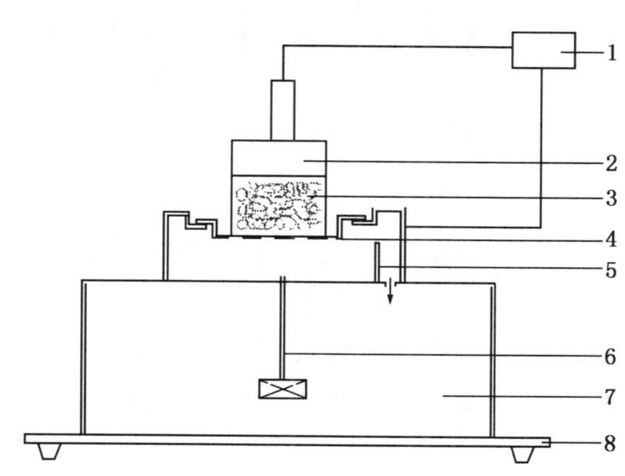

1—自动计时器；2—负荷；3—试样；4—带孔试样盘；
5—溢流板；6—水泵；7—储水箱；8—底座。

图 B.2　干蓬松度及吸水性能测定仪结构示意图

由试样成型管制成的试样被放置于底部带孔的盘上，加上500g的负荷，可测出其蓬松高度，从而计算出干蓬松性。水从底部带孔的盘被试样吸收，用计时器记录试样的吸水时间，当试样完全吸水后，测出吸水量。

B.2　试验样品的处理

试验用绒毛浆样品应当在GB/T 10739规定的标准大气中处理平衡。

B.3　试验步骤

B.3.1　分散样品至绒毛状

用切纸刀将绒毛浆板裁成约30mm宽的样品条，启动绒毛浆分散器，从喂料辊加入样品条，分散为绒毛状样品。

B.3.2　绒毛浆干蓬松度、吸水时间和吸水量的测定

取3g分散后的绒毛浆，在放入绒毛浆试样成型管中成型。试样保留在成型管中，每种样品至少准备5块试样。将试样成型管放置未注水的绒毛浆蓬松度吸水性能测定仪上，轻轻地在绒毛浆上加500g负荷。去掉试样成型管，30s后记录试样高度，即为绒毛浆的蓬松高度，单位为毫米。开动水泵，将23℃的水注入绒毛浆蓬松度吸水性能测定仪中，启动计时器，当水浸透试样后，记录吸水时间，取两位有效数字。试样吸水应至少30s以上，然后降低水位。湿样排水30s后，移开负荷，称重湿试样。

至少做三次平行试验，检查每件样品所得结果，舍去极大值，分别计算出干蓬松度、吸水时间及吸水量的平均值。

B.4　结果计算

B.4.1　绒毛浆干蓬松度X(cm^3/g)按式(B.1)进行计算，精确至0.5cm^3/g。

$$X = S \cdot h / 10m_1 = 0.655h \qquad \text{(B.1)}$$

式中：

S——试样的底面积，单位为平方厘米(cm^2)(底面直径50mm的S为19.64cm^2)；

h——压缩后试样高度，单位为毫米(mm)；

m_1——标准大气条件下试样的质量，单位为克(g)(此处为3.0g)。

B.4.2　绒毛浆吸水量Y(g/g)按式(B.2)进行计算，取小数点后第一位。

$$Y = (m_2 - m_1)/m_1 \qquad \text{(B.2)}$$

式中：

m_2——吸水后试样的质量，单位为克(g)；

m_1——标准大气条件下试样的质量，单位为克(g)(此处为3.0g)。

卫生用品用无尘纸(GB/T 24292—2009)

2010-03-01 实施

1　范围

本标准规定了卫生用品用无尘纸(以下简称“无尘纸”)的分类、技术要求、试验方法、检验规则及标志、包装、运输和贮存的要求。

本标准适用于加工一次性使用卫生用品的无尘纸，包括含有高吸收性树脂的合成无尘纸和不含高吸收性树脂的普通无尘纸，不包括由无纺布、PE膜等材料复合而成的复合无尘纸。

2　规范性引用文件

下列文件中的条款通过本标准的引用而成为本标准的条款。凡是注日期的引用文件，其随后所有的修改单(不包括勘误的内容)或修订版均不适用于本标准，然而，鼓励根据本标准达成协议的各方研究是否可使用这些文件的最新版本。凡是不注明日期的引用文件，其最新版本适用于本标准。

GB/T 450　纸和纸板　试样的采取及试样纵横向、正反面的测定(GB/T 450—2008，ISO 186：2002，MOD)

GB/T 451.2　纸和纸板定量的测定(GB/T 451.2—2002，eqv ISO 536：1995)

GB/T 462　纸、纸板和纸浆　分析试样水分的测定(GB/T 462—2008；ISO 287：1985，MOD；ISO 638：1978，MOD)

GB/T 1541　纸和纸板尘埃度的测定

GB/T 7974　纸、纸板和纸浆亮度(白度)的测定　漫射/垂直法(GB/T 7974—2002，neq ISO 2470：1999)

GB/T 10739　纸、纸板和纸浆试样处理和试验的标准大气条件(GB/T 10739—2002，eqv ISO 187：1990)

GB/T 12914　纸和纸板　抗张强度的测定(GB/T 12914—2008；ISO 1924－1：1992，MOD；ISO 1924－2:1994，MOD)

GB 15979—2002　一次性使用卫生用品卫生标准

3　分类

3.1　无尘纸按规格分为盘纸、方包纸(平切纸)。

3.2　无尘纸按品种分为普通无尘纸和合成无尘纸。

4　技术要求

4.1　无尘纸技术指标应符合表1或合同的规定。

表1　无尘纸技术指标

指标名称			单位	规定
定量偏差			%	±10
宽度偏差			mm	±3
厚度偏差			mm	±0.4
纵向抗张指数		≥	N·m/g	1.5
亮度(白度)			%	75.0～90.0
吸水倍率		≥	倍	2.0
pH			—	4.0～9.0
交货水分		≤	%	10
尘埃度	总数	≤	个/m^2	20
	0.2mm^2～1.0mm^2	≤		20
	1.0mm^2～2.0mm^2	≤		1
	大于2.0mm^2			不应有
直径允许偏差			mm	+50 －100
接头 ≤	盘纸		个/盘	2
	方包纸(平切纸)		个/包	14

注：含高分子吸收树脂的合成无尘纸不考核吸水倍率。
方包纸(平切纸)不考核直径偏差。

4.2　按合同要求可生产各种规格的无尘纸。

4.3　无尘纸的卫生指标应符合GB15979—2002中的妇女经期卫生用品要求。

4.4 无尘纸分切端面应平整，不应有明显死折、残缺、破损、透明点、污染物、硬质块、浆团等纸病和杂质。

4.5 无尘纸应无任何异味、无毒、无害。

4.6 无尘纸盘纸单盘水平提起轴芯时，端面变形应不大于3mm。

4.7 无尘纸盘纸的纸芯应无破损、无变形。

4.8 无尘纸的纸面接头应使用与纸面宽度相同、有明显标记、便于识别的胶带进行有效连接。

4.9 废弃的卫生用品不应作为无尘纸的原材料或其半成品。

5 试验方法

5.1 试样的采取和处理

试样的采取按 GB/T 450 进行，试样的处理和测定按 GB/T 10739 进行。

5.2 定量偏差

定量按 GB/T 451.2 测定，定量偏差按式(1)计算，结果修约至1%。

$$\text{定量偏差} = \frac{\text{实际定量} - \text{标称定量}}{\text{标称定量}} \times 100\% \quad \cdots\cdots (1)$$

5.3 宽度偏差

测量实际宽度，根据标称宽度计算宽度偏差，准确至整数。计算方法见式(2)。

$$\text{宽度偏差} = \text{实际宽度} - \text{标称宽度} \quad \cdots\cdots (2)$$

5.4 厚度偏差

厚度偏差按附录 A 测定，计算方法见式(3)。

$$\text{厚度偏差} = \text{实际厚度} - \text{标称厚度} \quad \cdots\cdots (3)$$

5.5 纵向抗张指数

纵向抗张指数按 GB/T 12914 测定，仲裁时按 GB/T 12914 中恒速拉伸法测定。结果保留至三位有效数字。

5.6 亮度(白度)

亮度(白度)按 GB/T 7974 测定。

5.7 吸水倍率

取一条试样，称其质量约5g(吸前质量)。用夹子垂直夹住试样的一端(≤2mm)。将试样连同夹子完全浸入约10cm深的(23±1)℃蒸馏水中，轻轻压住试样，使其完全浸没60s，然后提起夹子，使试样完全离开水面。垂直悬挂90s后，称其质量(吸后质量)，按式(4)计算吸水倍率。按同样方法测定5个试样，取5个试样的平均值作为测定结果，准确至一位小数。

$$\text{吸水倍率} = \frac{\text{吸后质量} - \text{吸前质量}}{\text{吸前质量}} \quad \cdots\cdots (4)$$

5.8 pH

pH 按附录 B 测定。

5.9 交货水分

交货水分按 GB/T 462 测定。

5.10 尘埃度

尘埃度按 GB/T 1541 测定。

5.11 直径允许偏差

测量实际盘纸直径，计算方法见式(5)。

$$\text{直径允许偏差} = \text{实际直径} - \text{标称直径} \quad \cdots\cdots (5)$$

5.12 卫生指标

卫生指标按 GB 15979—2002 中的7.1.3 测定。

6 检验规则

6.1 生产企业应保证所生产的无尘纸符合本标准或合同的规定，以一次交货数量为一批，每批产品应附有产品合格证。

6.2 如果无尘纸的微生物指标不合格，则判定该批是不可接收的。

6.3 计数抽样检验程序按 GB/T 2828.1 规定进行。无尘纸样本单位为卷或件。接收质量限(AQL)：厚度偏差、抗张指数、pH、吸水倍率 AQL 为 4.0，定量偏差、宽度偏差、亮度、交货水分、尘埃度、直径允许偏差、接头、端面变形、外观 AQL 为 6.5。采用正常检验二次抽样，检验水平为特殊检验水平 S-3。其抽样方案见表 2。

表2 抽 样 方 案

批量/卷(件)	正常检验二次抽样方案 特殊检验水平 S-3				
	样本量	AQL 值为 4.0		AQL 值为 6.5	
		Ac	Re	Ac	Re
2~50	2	—	—	0	1
	3	0	1	—	—
51~150	3	0	1	—	—
	5	—	—	0	2
	5(10)	—	—	1	2
151~500	5	—	—	0	2
	5(10)	—	—	1	2
	8	0	2	—	—
	8(16)	1	2	—	—
501~3200	8	0	2	0	3
	8(16)	1	2	3	4

6.4 可接收性的确定：第一次检验的样品数量应等于该方案给出的第一样本量。如果第一样本中发现的不合格品数小于或等于第一接收数，应认为该批是可接收的；如果第一样本中发现的不合格品数大于或等于第一拒收数，应认为该批是不可接收的。如果第一样本中发现的不合格品数介于第一接收数与第一拒收数之间，应检验由方案给出样本量的第二样本并累计在第一样本和第二样本中发现的不合格品数。如果不合格品累计数小于或等于第二接收数，则判定该批是可接收的；如果不合格品累计数大于或等于第二拒收数，则判定该批是不可接收的。

6.5 需方若对产品质量持有异议，可在到货后三个月内通知供方共同复验或委托共同商定的检验部门进行复验。复验结果若不符合本标准或合同的规定，则判定为批不可接收，由供方负责处理；若符合本标准的规定，则判定为批可接收，由需方负责处理。

7 标志、包装、运输和贮存

7.1 产品标志及包装

7.1.1 产品包装上应标明以下内容：

a）产品名称；

b）企业名称、地址、联系方式；

c）定量、规格、数量、净重；

d）生产日期和保质期或生产批号和限期使用日期。

7.1.2 与无尘纸直接接触的包装材料应清洁、无毒、无害。无尘纸不应裸露，以保证产品不受污染。

7.1.3 每批无尘纸应附产品质量检验报告和合格证。

7.2 产品运输及贮存

7.2.1 包装上应标明运输及贮存条件。

7.2.2 无尘纸在运输过程中应使用具有防护措施的工具，防止重压、尖物碰撞及日晒雨淋。

7.2.3 无尘纸应保存在干燥通风、不受阳光直接照射的室内，防止雨雪淋袭和地面湿气的影响，不应与有污染或有毒化学品一起贮存。

7.2.4 超过保质期的无尘纸，经重新检验合格后方可限期使用。

附 录 A

（规范性附录）

厚度偏差的测定

A.1 厚度仪器

仪器的技术参数如下：

a）测量范围：0~9mm；

b）显示分辨率：0.01mm；

c）测量准确度：0.01mm；

d）测量头下降速度：<3mm/s；

e）接触压力：0.25kPa~0.50kPa；

f）接触面积：(20±0.2) cm^2；

g）测量面平面度误差：≤0.005mm；

h）两测量面间平行度误差：≤0.01mm。

A.2 试验步骤

将测量块置于测量头下方的中间位置，使测量头的触点位于测量块的中心点上，将厚度仪回零。将试样放在测量块下方的居中位置，并将试样和测量块置于测量头下方，使测量头触点位于测量块的中心点上，待3s后立即读数。

A.3 测定

测量实际厚度，每条试样测定三点数据，取其算术平均值作为测定结果。根据标称厚度计算厚度偏差，精确至0.01mm。

附 录 B

（规范性附录）

pH 的测定

B.1 仪器和试剂

B.1.1 仪器

B.1.1.1 带复合电极的pH计。

B.1.1.2 天平，最大量程500g，感量0.1g。

B.1.1.3 温度计，精确度为±0.1℃。

B.1.1.4 烧杯，100mL。

B.1.1.5 量筒，100mL和50mL。

B.1.1.6　容量瓶，1000mL。

B.1.1.7　不锈钢剪刀。

B.1.2　**试剂**

B.1.2.1　蒸馏水或去离子水，pH 为 6.5 ~ 7.2。

B.1.2.2　标准缓冲溶液：25℃时 pH 为 6.86 的缓冲溶液（磷酸二氢钾和磷酸氢二钠混合液）。所用试剂应为分析纯，缓冲溶液至少一个月重新配制一次。

配制方法：称取磷酸二氢钾（KH_2PO_4）3.39g 和磷酸氢二钠（Na_2HPO_4）3.54g，置于 1000mL 容量瓶中，用蒸馏水（或去离子水）刻度，摇匀备用。

B.2　试验步骤

在常温下，称取 1g 试样，置于 100mL 烧杯内。加入蒸馏水（或去离子水）50mL，用玻璃棒搅拌，10min 后将复合电极放入烧杯中读取 pH 数值。

B.3　试验结果的计算

每种样品测定两个试样，取其算术平均值作为测定结果，准确至 0.1pH 单位。

B.4　注意事项

每次使用 pH 计前应用标准缓冲溶液（B.1.2.2）进行校准，校准方法详见仪器使用说明书。每个试样测定完毕后，应立即用蒸馏水（或去离子水）洗净电极。

卫生巾高吸收性树脂（GB/T 22875—2008）

2009-09-01 实施

1　范围

本标准规定了卫生巾（含卫生护垫）聚丙烯酸盐类高吸收性树脂的要求、试验方法、检验规则及标志、包装、运输和贮存。

本标准适用于各类妇女卫生巾（含卫生护垫）用聚丙烯酸盐类高吸收性树脂。

2　要求

2.1　卫生巾高吸收性树脂的技术指标应符合表 1 或合同的规定。

表 1

指标名称			单位	要求
残留单体（丙烯酸）		≤	mg/kg	1800
挥发物含量		≤	%	10.0
pH			—	4.0 ~ 8.0
粒度分布	<106μm	≤	%	10.0
	<45μm	≤		1.0
密度			g/cm^3	0.3 ~ 0.9
吸收速度		≤	s	200
吸收量		≥	g/g	20.0

2.2 产品外观应色泽均一。

3 试验方法

3.1 残留单体（丙烯酸）按附录A测定。
3.2 挥发物含量按附录B测定。
3.3 pH按附录C测定。
3.4 粒度分布按附录D测定。
3.5 密度按附录E测定。
3.6 外观：将试样置于正常光线下目测检验。
3.7 吸收速度：用电子天平称取1.0g待测试样，准确至0.001g，然后倒入100mL的烧杯中。晃动烧杯使试样均匀分散在烧杯底部。用量筒量取23℃的标准合成试液（按附录G配制）5mL，倒入盛有试样的烧杯中，同时开始计时。待稍微倾斜烧杯时杯内液体流动性消失，记录所用时间。吸收速度用秒表示，同时进行两次测定。用两次测定的算术平均值，并修约至整数报告结果。
3.8 吸收量按附录F测定。

4 检验规则

4.1 以一次生产批为一批。
4.2 从同一批且不少于3个包装袋中均匀取样，取样量应为1kg。
4.3 产品出厂前应按本标准或合同规定进行项目检验，若经检验有不合格项，则应加倍抽样对不合格项进行复检，复检结果作为最终检验结果。
4.4 供货单位（以下简称供方）应保证产品质量符合本标准或合同规定，交货时应附产品质量合格证。
4.5 购货单位（以下简称需方）有权按本标准或合同规定检验产品，如对产品质量有异议，应在到货一个月内（或按合同规定）通知供方，供方应及时处理，必要时可由供需双方共同抽样复检。如果复检结果不符合本标准或合同规定，则判为批不合格，由供方负责处理；如果复检结果符合本标准或合同规定，则判为批合格，由需方负责处理。双方对复检结果如仍有争议，应提请双方认可的上一级检测机构进行仲裁，仲裁结果作为最后裁决依据。

5 标志、包装、运输、贮存

5.1 产品的标志、包装应按5.2或合同规定进行。
5.2 产品应使用带有内衬塑料薄膜的包装袋进行包装，包装袋应具有足够的强度，保证使用时不会发生断裂、脱落等现象。每批产品应附一份质量合格证，合格证上应注明生产单位名称、产品名称、商标、生产日期、包装量、检验结果和采用标准编号。
5.3 产品运输时应使用防雨、防潮、洁净的运输工具，不应与有污染的物品共同运输。
5.4 产品在搬运过程中不应从高处扔下或就地翻滚移动。
5.5 产品应贮存于阴凉、通风、干燥的仓库内，严防雨、雪和地面湿气的影响。

附录A
（规范性附录）
残留单体（丙烯酸）的测定

A.1 仪器和试剂

A.1.1 烧杯（带盖），容量300mL左右。
A.1.2 磁力搅拌器及搅拌磁子。

A. 1. 3　漏斗及滤纸。

A. 1. 4　高效液相色谱。

A. 1. 5　UV 检出器。

A. 1. 6　色谱柱，应选用程序升温时间在 5. 5min 以上的色谱柱。

A. 1. 7　100μL 微量注射器。

A. 1. 8　滤膜过滤器，孔径规格 0. 45μm，水系用。

A. 1. 9　电子天平，感量为 0. 001g。

A. 1. 10　生理盐水，浓度 0. 9%。

A. 1. 11　丙烯酸，优级纯。

A. 1. 12　磷酸（H_3PO_4），优级纯。

A. 2　测定步骤

A. 2. 1　残存单体（丙烯酸）的抽出

称取 1g 试样，准确至 0. 001g，倒入烧杯中。然后加入 200mL 浓度 0. 9% 的生理盐水（A. 1. 10），放入回转子（A. 1. 2）后加盖，用磁力搅拌器（A. 1. 2）搅拌 1h。用滤纸（A. 1. 3）过滤，将滤液作为测试溶液。

A. 2. 2　标准曲线

测定已知浓度的丙烯酸溶液的峰面积，以丙烯酸浓度为横坐标，以峰面积为纵坐标，绘制标准曲线。

A. 2. 3　试样的测定

将测试溶液用微量注射器（A. 1. 7）通过滤膜过滤器（A. 1. 8）注入到高效液相色谱（A. 1. 4）中，按以下条件进行测定，并计算出峰面积。

测定条件：

a）流动相：0. 1% H_3PO_4 水溶液；

b）流量：1. 0mL/min ~ 2. 0mL/min；

c）注入量：20μL ~ 100μL；

d）UV 检出器（A. 1. 5）：检测波长 210nm。

A. 3　结果的表示

根据测试溶液的峰面积及标准曲线，按式（A. 1）计算试样中残留单体（丙烯酸）的含量，并准确至小数点后第一位。

$$c = \frac{A}{m} \times 200 \qquad (A.1)$$

式中：

c——残留单体（丙烯酸）的含量，单位为毫克每千克（mg/kg）；

A——由标准曲线得出的丙烯酸浓度，单位为毫克每升（mg/L）；

m——称取试样的质量，单位为克（g）；

200——加入生理盐水的体积，单位为毫升（mL）。

附 录 B

（规范性附录）

挥发物含量的测定

B. 1　仪器和试剂

B. 1. 1　烘箱，能使温度保持在 105℃ ±2℃。

B.1.2　干燥器。

B.1.3　电子天平，感量为0.001g。

B.1.4　试样容器，用于试样的转移和称量。该容器由能防水蒸气，且在试验条件下不易发生变化的轻质材料制成。

B.2　测定步骤

B.2.1　称取5g试样，准确至0.001g，装入已恒重的容器（B.1.4）中。将装有试样的容器放入温度为（105±2)℃的烘箱（B.1.1)，烘干4h。并将称量容器的盖子打开一起烘干。当烘干结束时，应在烘箱内盖上容器的盖子，然后移入干燥器（B.1.2）内冷却，30min后称取容器及试样的质量。

B.2.2　将该称量容器再次移入烘箱中重复上述步骤，两次连续称量间的干燥时间应不少于1h。当两次连续称量间的差值不大于试样原质量的0.2%时，即可确定试样达到恒重。

B.3　结果的表示

B.3.1　挥发物含量的计算

挥发物的含量可按式（B.1）计算：

$$w = \frac{m_1 - m_2}{m_1} \times 100\% \quad \cdots\cdots (B.1)$$

式中：

w——挥发物的含量,%；

m_1——烘干前试样的质量，单位为克（g)；

m_2——烘干后试样的质量，单位为克（g)。

B.3.2　结果的表示

同时进行两次测定，取其算术平均值作为测定结果，并修约至整数位。两次测定结果间的误差，应不超过0.2%（绝对值)。

附 录 C

（规范性附录）

pH 的 测 定

C.1　仪器和试剂

C.1.1　电子天平，0.001g。

C.1.2　量筒，感量为100mL。

C.1.3　磁力搅拌器。

C.1.4　pH计。

C.1.5　生理盐水，浓度0.9%。

C.2　测定步骤

C.2.1　用量筒（C.1.2）准确量取生理盐水（C.1.5）100mL，倒入150mL烧杯中。并置于磁力搅拌器（C.1.3）上适度搅拌，在搅拌过程中应避免溶液中产生气泡。

C.2.2　用电子天平（C.1.1）称取0.5g试样，准确至0.001g，将称好的试样缓缓加入烧杯中。适度搅拌10min后，将烧杯从磁力搅拌器上移开并停止搅拌，静置8min以使悬浮的树脂沉淀。

C.2.3　根据仪器说明，使用缓冲溶液调整pH计（C.1.4)。然后将pH复合电极慢慢插入沉淀的试样上方的溶液中，2min后读取pH计的数值。为了防止污染电极，电极不应接触到试样。读取示值后，将电极移开并用去离子水彻底清洗，然后浸入电极保护缓冲溶液中。

C.3 测定结果的表示

测定结果直接从 pH 计上读出，同时进行两次测定，取两次测定的平均值作为测定结果。结果修约至小数点后一位。

附录 D
（规范性附录）
粒度分布的测定

D.1 仪器和试剂

D.1.1 电子天平，感量为 0.01g。

D.1.2 筛网振动器，振幅 1mm，频率 1400r/min。

D.1.3 筛网，使用网孔为 45μm 和 106μm 的标准筛。

D.1.4 接收底盘及盖子。

D.1.5 刷子。

D.2 测定步骤

D.2.1 每次使用前应先清洁筛网（D.1.3），在光源下检查筛网的整个表面，检查每个筛网的损坏情况。如果发现任何破裂或破洞，则丢弃该破损筛网并用新筛网代替。如果筛网不干净，则需清洗。

D.2.2 将筛网叠放在筛网振动器（D.1.2）上，底部放置接收底盘（D.1.4），将筛子按 106μm 至 45μm 的顺序自上而下叠放。用 250mL 的玻璃烧杯称取 100g 试样，准确至 0.01g。将试样轻轻倒入顶部的筛子，加盖（D.1.4）并开动筛网振动器振动 10min。然后将筛网小心地取出，分别称量 45μm 筛网及接收底盘上试样的质量。测定过程中应避免通风气流。用刷子（D.1.5）将筛下部分收集到废物皿中，并清洁筛网。

D.3 测定结果的表示

粒度分布可按式（D.1）和式（D.2）计算：

$$w_1 = \frac{m_2 + m_3}{m_1} \times 100\% \quad \text{(D.1)}$$

$$w_2 = \frac{m_3}{m_1} \times 100\% \quad \text{(D.2)}$$

式中：

w_1——粒度为 106μm 以下的含量，%；

w_2——粒度为 45μm 以下的含量，%；

m_1——试样的总质量，单位为克（g）；

m_2——残留在 45μm 筛网上试样的质量，单位为克（g）；

m_3——残留在接收底盘上试样的质量，单位为克（g）。

同时进行两次测定，取其算术平均值作为测定结果，结果修约至小数点后一位。

附 录 E
（规范性附录）
密度的测定

E.1 仪器和试剂

E.1.1 密度仪

E.1.2 漏斗，容量大于120mL，且带有孔式节流阻尼或挡板，孔口内径10.00mm±0.01mm。

E.1.3 密度杯，杯筒容量$100cm^3 \pm 0.5\ cm^3$。

E.1.4 电子天平，感量为0.01g。

E.2 测定步骤

E.2.1 将密度仪（E.1.1）放在平台上，调节三个脚上的螺钉，使其保持水平状。将洗净烘干的漏斗（E.1.2）垂直放在密度杯（E.1.3）中心上方40mm±1mm高度处，确保漏斗水平。称取空密度杯的质量m_1，准确至0.01g。然后将已称量的空密度杯放在漏斗的正下方。

E.2.2 称取约120g的试样轻轻加入漏斗中，漏斗下方的孔式节流阻尼或挡板处于关闭状态。快速打开漏斗下方的孔式节流阻尼或挡板，让漏斗内的试样自然落下。用玻璃棒刮掉密度杯顶部多余的试样，不应拍打或震动密度杯。称取装有试样的密度杯的质量m_2，准确至0.01g。

E.3 测定结果的表示

试样的密度可按式（E.1）计算：

$$\rho = \frac{m_2 - m_1}{V} \qquad \text{(E.1)}$$

式中：

ρ——试样的密度，单位为克每立方厘米（g/cm^3）；

m_1——空密度杯的质量，单位为克（g）；

m_2——装有试样的密度杯质量，单位为克（g）；

V——密度杯的体积，单位为立方厘米（cm^3）。

同时进行两次测定，并取其算术平均值作为测定结果，结果修约至小数点后一位。

附 录 F
（规范性附录）
吸收量的测定

F.1 仪器和试剂

F.1.1 电子天平，感量为0.001g。

F.1.2 纸质茶袋，尺寸为60mm×85mm，透气性（230±50）L/（min·$100cm^2$）（压差124Pa）。

F.1.3 夹子，固定茶袋用。

F.1.4 标准合成试液（见附录G）。

F.2 测定步骤

F.2.1 称取0.2g试样，准确至0.001g，并将该质量记作m。将试样全部倒入茶袋（F.1.2）底部，附着在茶袋内侧的试样也应全部倒入茶袋底部。

F.2.2 将茶袋封口，浸泡至装有足够量的标准合成试液（F.1.4）的烧杯中，浸泡时间为30min。

F.2.3 轻轻地将装有试样的茶袋拎出，用夹子（F.1.3）悬挂起来，静止状态下滴液10min。多个茶袋同时悬挂时，注意茶袋之间应不互相接触。

F.2.4 10min后，称量装有试样茶袋的质量 m_1。

F.2.5 使用没有试样的茶袋同时进行空白值测定，称取空白试验茶袋的质量，并将该质量记作 m_2。

F.3 测定结果的表示

试样的吸收量可按式（F.1）计算：

$$w = \frac{m_1 - m_2}{m} \qquad (F.1)$$

式中：

w——试样的吸收量，单位为克每克（g/g）；

m_1——装有试样茶袋的质量，单位为克（g）；

m_2——空白试验茶袋的质量，单位为克（g）；

m——称取试样的质量，单位为克（g）。

同时进行两次测定，并取其算术平均值作为测定结果，结果修约至小数点后一位。

附录G
（规范性附录）
标准合成试液

G.1 原理

该标准合成试液系根据动物血（猪血）的主要物理性能配制，具有与其相似的流动及吸收特性，可以很好地模拟人体经血性能。

G.2 配方

以下试剂均为化学纯。

a）蒸馏水或去离子水：860mL；

b）氯化钠：10.00g；

c）碳酸钠：40.00g；

d）丙三醇（甘油）：140mL；

e）苯甲酸钠：1.00g；

f）食用色素：适量；

g）羧甲基纤维素钠：5.00g；

h）标准媒剂：1%（体积分数）。

G.3 标准合成试液的物理性能

在（23±1）℃时，标准合成试液的物理性能如下：

a）密度：（1.05±0.05）g/cm^3；

b）黏度：（11.9±0.7）s（用4号涂料杯测）；

c）表面张力：（36±4）mN/m。

纸尿裤高吸收性树脂（GB/T 22905—2008）

2009-09-01 实施

1 范围

本标准规定了纸尿裤聚丙烯酸盐类高吸收性树脂的要求、试验方法、检验规则及标志、包装、运输、贮存。

本标准适用于各类婴儿纸尿裤（片）、成人失禁用品用聚丙烯酸盐类高吸收性树脂。

2 要求

2.1 纸尿裤高吸收性树脂的技术指标应符合表1或合同的规定。

表 1

指标名称			单位	要求
残留单体（丙烯酸）		≤	mg/kg	1800
挥发物含量		≤	%	10.0
pH			—	4.0~8.0
粒度分布	<106μm	≤	%	10.0
	其中<45μm	≤		1.0
密度			g/cm^3	0.3~0.9
吸收量		≥	g/g	40.0
保水量		≥	g/g	20.0
加压吸收量		≥	g/g	10.0

2.2 产品外观应色泽均一。

3 试验方法

3.1 残留单体（丙烯酸）按附录 A 测定。

3.2 挥发物含量按附录 B 测定。

3.3 pH 按附录 C 测定。

3.4 粒度分布按附录 D 测定。

3.5 密度按附录 E 测定。

3.6 外观：将试样置于正常光线下目测检验。

3.7 吸收量、保水量按附录 F 测定。

3.8 加压吸收量按附录 G 测定。

4 检验规则

4.1 以一次生产批为一批。

4.2 从同一批且不少于 3 个包装袋中均匀取样，取样量应为 1kg。

4.3 产品出厂前应按本标准或合同规定进行项目检验，若经检验有不合格项，则应加倍抽样对不合格项进行复检，复检结果作为最终检验结果。

4.4 供货单位（以下简称供方）应保证产品质量符合本标准或合同规定，交货时应附产品质量合格证。

4.5 购货单位（以下简称需方）有权按本标准或合同规定检验产品，如对产品质量有异议，应在到货一个月内（或按合同规定）通知供方，供方应及时处理，必要时可由供需双方共同抽样复检。如果复检结果不符合本标准或合同规定，则判为批不合格，由供方负责处理；如果复检结果符合本标准或合同规定，则判为批合格，由需方负责处理。双方对复检结果如仍有争议，应提请双方认可的上一级检测机构进行仲裁，仲裁结果作为最后裁决依据。

5 标志、包装、运输、贮存

5.1 产品的标志、包装应按5.2或合同规定进行。

5.2 产品应使用带有内衬塑料薄膜的包装袋进行包装，包装袋应具有足够的强度，保证使用时不会发生断裂、脱落等现象。每批产品应附一份质量合格证，合格证上应注明生产单位名称、产品名称、商标、生产日期、包装量、检验结果和采用标准编号。

5.3 产品运输时应使用防雨、防潮、洁净的运输工具，不应与有污染的物品共同运输。

5.4 产品在搬运过程中不应从高处扔下或就地翻滚移动。

5.5 产品应贮存于阴凉、通风、干燥的仓库内，严防雨、雪和地面湿气的影响。

附录A
（规范性附录）
残留单体（丙烯酸）的测定

A.1 仪器和试剂

A.1.1 烧杯（带盖），容量300mL左右。

A.1.2 磁力搅拌器及搅拌磁子。

A.1.3 漏斗及滤纸。

A.1.4 高效液相色谱仪。

A.1.5 UV检出器。

A.1.6 色谱柱，应选用程序升温时间在5.5min以上的色谱柱。

A.1.7 100μL微量注射器。

A.1.8 滤膜过滤器，孔径规格0.45μm，水系用。

A.1.9 电子天平，感量为0.001g。

A.1.10 生理盐水，浓度0.9%。

A.1.11 丙烯酸，优级纯。

A.1.12 磷酸（H_3PO_4），优级纯。

A.2 测定步骤

A.2.1 残留单体（丙烯酸）的抽出

称取1g试样，准确至0.001g，倒入烧杯中。然后加入200mL浓度0.9%的生理盐水（A.1.10），放入回转子后加盖，用磁力搅拌器（A.1.2）搅拌1h。用滤纸（A.1.3）过滤，将滤液作为测试溶液。

A.2.2 标准曲线

测定已知浓度的丙烯酸溶液的峰面积，以丙烯酸浓度为横坐标，以峰面积为纵坐标，绘制标准曲线。

A.2.3 试样的测定

将测试溶液用微量注射器（A.1.7）通过滤膜过滤器（A.1.8）注入到高效液相色谱仪（A.1.4）

中，按以下条件进行测定，并计算出峰面积。

测定条件：

流动相：0.1% H_3PO_4 水溶液；

流量：1.0mL/min ~ 2.0mL/min；

注入量：20μL ~ 100μL；

UV 检出器（A.1.5）：检测波长 210nm。

A.3 结果的表示

根据测试溶液的峰面积及标准曲线，按式（A.1）计算试样中残留单体（丙烯酸）含量，并准确至小数点后第一位。

$$X = \frac{c}{m} \times 200 \qquad \text{(A.1)}$$

式中：

X——残留单体（丙烯酸）含量，单位为毫克每千克（mg/kg）；

c——由标准曲线得出的丙烯酸浓度，单位为毫克每升（mg/L）；

m——称取试样的质量，单位为克（g）。

附 录 B

（规范性附录）

挥发物含量的测定

B.1 仪器和试剂

B.1.1 烘箱，能使温度保持在 105℃ ±2℃。

B.1.2 干燥器。

B.1.3 电子天平，感量为 0.001g。

B.1.4 试样容器，用于试样的转移和称量。该容器由能防水蒸气，且在试验条件下不易发生变化的轻质材料制成。

B.2 测定步骤

B.2.1 称取 5g 试样，准确至 0.001g，装入已恒重的容器（B.1.4）中。将装有试样的容器放入温度为（105 ±2）℃的烘箱（B.1.1），烘干 4h。并将称量容器的盖子打开一起烘干。当烘干结束时，应在烘箱内盖上容器的盖子，然后移入干燥器（B.1.2）内冷却，30min 后称取容器及试样的质量。

B.2.2 将该称量容器再次移入烘箱中重复上述步骤，两次连续称量间的干燥时间应不少于 1h。当两次连续称量间的差值不大于试样原质量的 0.2% 时，即可确定试样达到恒重。

B.3 结果的表示

B.3.1 挥发物含量的计算

挥发物含量可按式（B.1）计算：

$$X = \frac{m_1 - m_2}{m_1} \times 200 \qquad \text{(B.1)}$$

式中：

X——挥发物含量，%；

m_1——烘干前试样的质量，单位为克（g）；

m_2——烘干后试样的质量，单位为克（g）。

B.3.2 结果的表示

同时进行两次测定，取其算术平均值作为测定结果，并修约至整数位。两次测定结果间的误差，应不超过0.2%（绝对值）。

附录C
（规范性附录）
pH 的 测 定

C.1 仪器和试剂

C.1.1 电子天平，0.001g。

C.1.2 量筒，感量为100mL。

C.1.3 磁力搅拌器。

C.1.4 pH计。

C.1.5 生理盐水，浓度0.9%。

C.2 测定步骤

C.2.1 用量筒（C.1.2）准确量取生理盐水（C.1.5）100mL，倒入150mL烧杯中，并置于磁力搅拌器（C.1.3）上适度搅拌，在搅拌过程中应避免溶液中产生气泡。

C.2.2 用电子天平（C.1.1）称取0.5g试样，准确至0.001g，将称好的试样缓缓加入烧杯中。适度搅拌10min后，将烧杯从磁力搅拌器上移开并停止搅拌，静置8min以使悬浮的树脂沉淀。

C.2.3 根据仪器说明，使用缓冲溶液调整pH计（C.1.4）。然后将pH复合电极慢慢插入沉淀的试样上方的溶液中，2min后读取pH计的数值。为了防止污染电极，电极不应接触到试样。读取示值后，将电极移开并用去离子水彻底清洗，然后浸入电极保护缓冲溶液中。

C.3 测定结果的表示

测定结果直接从pH计上读出，同时进行两次测定，取两次测定的平均值作为测定结果。结果修约至小数点后一位。

附录D
（规范性附录）
粒度分布的测定

D.1 仪器和试剂

D.1.1 电子天平，感量为0.01g。

D.1.2 筛网振动器，振幅1mm，频率1400r/min。

D.1.3 筛网，使用网孔为45μm和106μm的标准筛。

D.1.4 接收底盘及盖子。

D.1.5 刷子。

D.2 测定步骤

D.2.1 每次使用前应先清洁筛网（D.1.3），在光源下检查筛网的整个表面，检查每个筛网的损坏情况。如果发现任何破裂或破洞，则丢弃该破损筛网并用新筛网代替。如果筛网不干净，则需清洗。

D.2.2 将筛网叠放在筛网振动器（D.1.2）上，底部放置接收底盘（D.1.4），将筛子按 106μm 至 45μm 的顺序自上而下叠放。用 250mL 的玻璃烧杯称取 100g 试样，准确至 0.01g。将试样轻轻倒入顶部的筛子，加盖（D.1.4）并开动筛网振动器振动 10min。然后将筛网小心地取出，分别称量 45μm 筛网及接收底盘上试样的质量。测定过程中应避免通风气流。用刷子（D.1.5）将筛下部分收集到废物皿中，并清洁筛网。

D.3 测定结果的表示

粒度分布可按式（D.1）和式（D.2）计算：

$$X_1 = \frac{m_2 + m_3}{m_1} \times 100\% \quad \cdots\cdots (D.1)$$

$$X_2 = \frac{m_3}{m_1} \times 100\% \quad \cdots\cdots (D.2)$$

式中：

X_1——106μm 以下含量,%；

X_2——45μm 以下含量,%；

m_1——试样的总质量，单位为克（g）；

m_2——残留在 45μm 筛网上试样的质量，单位为克（g）；

m_3——残留在接收底盘上试样的质量，单位为克（g）。

同时进行两次测定，取其算术平均值作为测定结果，结果修约至小数点后一位。

附录 E
（规范性附录）
密度的测定

E.1 仪器和试剂

E.1.1 密度仪。

E.1.2 漏斗，容量大于 120mL，且带有孔式节流阻尼或挡板，孔口内径 10.00mm ±0.01mm。

E.1.3 密度杯，杯筒容量 $100cm^3 \pm 0.5cm^3$。

E.1.4 电子天平，感量为 0.01g。

E.2 测定步骤

E.2.1 将密度仪（E.1.1）放在平台上，调节三个脚上的螺丝，使其保持水平状。将洗净烘干的漏斗（E.1.2）垂直放在密度杯（E.1.3）中心上方 40mm ±1mm 高度处，确保漏斗水平。称取空密度杯的质量 m_1，准确至 0.01g。然后将已称量的空密度杯放在漏斗的正下方。

E.2.2 称取约 120g 的试样轻轻加入漏斗中，漏斗下方的孔式节流阻尼或挡板处于关闭状态。快速打开漏斗下方的孔式节流阻尼或挡板，让漏斗内的试样自然落下。用玻璃棒刮掉密度杯顶部多余的试样，不应拍打或震动密度杯。称取装有试样的密度杯的质量 m_2，准确至 0.01g。

E.3 测定结果的表示

密度可按式（E.1）计算：

$$\rho = \frac{m_2 - m_1}{V} \quad \cdots\cdots (E.1)$$

式中：

ρ——密度，单位为克每立方厘米（g/cm³）；

m_1——空密度杯的质量，单位为克（g）；

m_2——装有试样的密度杯质量，单位为克（g）；

V——密度杯的体积，单位为立方厘米（cm³）。

同时进行两次测定，并取其算术平均值作为测定结果，结果修约至小数点后一位。

附录 F

（规范性附录）

吸收量和保水量的测定

F.1 仪器和试剂

F.1.1 电子天平，感量为0.001g。

F.1.2 纸质茶袋，尺寸为60mm×85mm，透气性（230±50）L/（min·100cm²）（压差124Pa）。

F.1.3 夹子，固定茶袋用。

F.1.4 离心脱水机，直径200mm，转速1500r/min（可产生约250g的离心力）。

F.1.5 生理盐水，浓度0.9%。

F.2 测定步骤

F.2.1 吸收量测定

F.2.1.1 称取0.2g试样，准确至0.001g，并将该质量记作m，将该试样全部倒入茶袋（F.1.2）底部，附着在茶袋内侧的试样也应全部倒入茶袋底部。

F.2.1.2 将茶袋封口，浸泡至装有足够量0.9%生理盐水（F.1.5）的烧杯中，浸泡时间为30min。

F.2.1.3 轻轻地将装有试样的茶袋拎出，用夹子（F.1.3）悬挂起来，静止状态下滴水10min。多个茶袋同时悬挂时，注意茶袋之间应不互相接触。

F.2.1.4 10min后，称量装有试样茶袋的质量m_1。

F.2.1.5 使用没有试样的茶袋同时进行空白值测定，称取空白试验茶袋的质量，并将该质量记作m_2。

F.2.2 保水量测定

F.2.2.1 将测定完吸收量的装有试样的茶袋在250g离心力（见F.1.4）条件下离心脱水3min。

F.2.2.2 3min脱水结束后，称量装有试样的茶袋质量，并将该质量记作m_3。

F.2.2.3 使用没有试样的茶袋同时进行空白值测定，称取空白试验茶袋的质量并将该质量记作m_4。

F.3 测定结果的表示

吸收量和保水量可按式（F.1）和式（F.2）计算：

$$c_1 = \frac{m_1 - m_2}{m} \quad \text{(F.1)}$$

$$c_2 = \frac{m_3 - m_4}{m} \quad \text{(F.2)}$$

式中：

c_1——吸收量，单位为克每克（g/g）；

c_2——保水量，单位为克每克（g/g）；

m——称取试样的质量，单位为克（g）；

m_1——装有试样茶袋的质量，单位为克（g）；
m_2——空白试验茶袋的质量，单位为克（g）；
m_3——脱水后装有试样茶袋的质量，单位为克（g）；
m_4——脱水后空白试验茶袋的质量，单位为克（g）。
同时进行两次测定，并取其算术平均值作为测定结果，结果修约至小数点后一位。

附录 G
（规范性附录）
加压吸收量的测定

G.1 仪器和试剂

G.1.1 塑料圆桶，内径为25mm、外径为31mm、高为32mm，且底面粘有50μm尼龙网。
G.1.2 粘好砝码的塑料活塞（2068Pa），圆桶型，外径25mm，能与塑料圆桶（G.1.1）紧密连接，且能上下自如活动。
G.1.3 电子天平，感量为0.001g。
G.1.4 浅底盘，内径为85mm，高为20mm，且粘有直径为2mm的金属线，如图G.1所示。

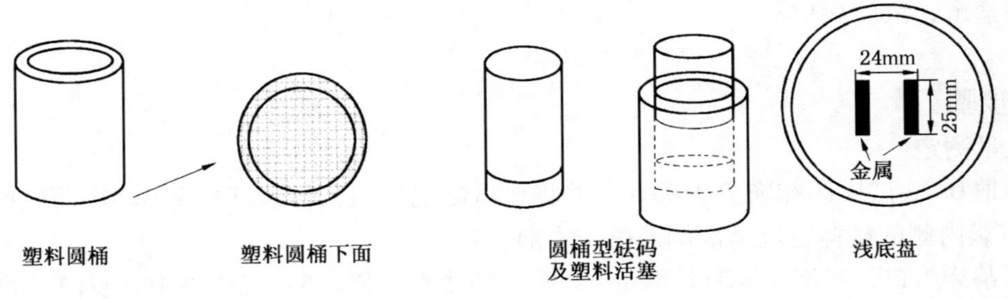

图 G.1

G.1.5 生理盐水，浓度0.9%。

G.2 测定步骤

G.2.1 测定应在（23±2）℃的环境下进行。
G.2.2 将温度（23±2）℃的标准生理盐水25g加入到浅底盘（G.1.4）中，将此盘放在平台上。
G.2.3 称取0.160g试样 m_1，准确至0.001g，装入塑料圆桶（G.1.1）中。
G.2.4 将粘好砝码的塑料活塞（G.1.2）装入已经装好测试试样的塑料圆桶（G.1.1）中，称其质量 m_2。
G.2.5 将装入试样的塑料圆桶置于浅底盘的中央。
G.2.6 60min后，将塑料圆桶从浅底盘中提出，称量该圆桶的质量 m_3。

G.3 测定结果的表示

加压吸收量可按式（G.1）计算：

$$c = \frac{m_3 - m_2}{m_1} \qquad \text{(G.1)}$$

式中：
c——加压吸收量，单位为克每克（g/g）；
m_1——称取试样的质量，单位为克（g）；

m_2——塑料活塞和塑料圆筒的质量，单位为克（g）；

m_3——加压吸收后塑料圆筒、塑料活塞和试样的质量，单位为克（g）。

同时进行两次测定，并取其算术平均值作为测定结果，结果修约至小数点后一位。

消毒产品标签说明书管理规范

（卫监督发［2005］426号附件）

第一条 为加强消毒产品标签和说明书的监督管理，根据《中华人民共和国传染病防治法》和《消毒管理办法》的有关规定，特制定本规范。

第二条 本规范适用于在中国境内生产、经营或使用的进口和国产消毒产品标签和说明书。

第三条 消毒产品标签、说明书标注的有关内容应当真实，不得有虚假夸大、明示或暗示对疾病的治疗作用和效果的内容，并符合下列要求：

（一）应采用中文标识，如有外文标识的，其展示内容必须符合国家有关法规和标准的规定。

（二）产品名称应当符合《卫生部健康相关产品命名规定》，应包括商标名（或品牌名）、通用名、属性名；有多种消毒或抗（抑）菌用途或含多种有效杀菌成分的消毒产品，命名时可以只标注商标名（或品牌名）和属性名。

（三）消毒剂、消毒器械的名称、剂型、型号、批准文号、有效成分含量、使用范围、使用方法、有效期/使用寿命等应与省级以上卫生行政部门卫生许可或备案时的一致；卫生用品主要有效成分含量应当符合产品执行标准规定的范围。

（四）产品标注的执行标准应当符合国家标准、行业标准、地方标准和有关规范规定。国产产品标注的企业标准应依法备案。

（五）杀灭微生物类别应按照卫生部《消毒技术规范》的有关规定进行表述；经卫生部审批的消毒产品杀灭微生物类别应与卫生部卫生许可时批准的一致；不经卫生部审批的消毒产品，其杀灭微生物类别应与省级以上卫生行政部门认定的消毒产品检验机构出具的检验报告一致。

（六）消毒产品对储存、运输条件安全性等有特殊要求的，应在产品标识中明确注明。

（七）在标注生产企业信息时，应同时标注产品责任单位和产品实际生产加工企业的信息（两者相同时，不必重复标注）。

（八）所标注生产企业卫生许可证号应为实际生产企业卫生许可证号。

第四条 未列入消毒产品分类目录的产品不得标注任何与消毒产品管理有关的卫生许可证明编号。

第五条 消毒产品的最小销售包装应当印有或贴有标签，应清晰、牢固、不得涂改。

消毒剂、消毒器械、抗（抑）菌剂、隐形眼镜护理用品应附有说明书，其中产品标签内容已包括说明书内容的，可不另附说明书。

第六条 消毒剂包装（最小销售包装除外）标签应当标注以下内容：

（一）产品名称；

（二）产品卫生许可批件号；

（三）生产企业（名称、地址）；

（四）生产企业卫生许可证号（进口产品除外）；

（五）原产国或地区名称（国产产品除外）；

（六）生产日期和有效期/生产批号和限期使用日期。

第七条 消毒剂最小销售包装标签应标注以下内容：

（一）产品名称；

（二）产品卫生许可批件号；

（三）生产企业（名称、地址）；
（四）生产企业卫生许可证号（进口产品除外）；
（五）原产国或地区名称（国产产品除外）；
（六）主要有效成分及其含量；
（七）生产日期和有效期/生产批号和限期使用日期；
（八）用于黏膜的消毒剂还应标注“仅限医疗卫生机构诊疗用”内容。

第八条 消毒剂说明书应标注以下内容：
（一）产品名称；
（二）产品卫生许可批件号；
（三）剂型、规格；
（四）主要有效成分及其含量；
（五）杀灭微生物类别；
（六）使用范围和使用方法；
（七）注意事项；
（八）执行标准；
（九）生产企业（名称、地址、联系电话、邮政编码）；
（十）生产企业卫生许可证号（进口产品除外）；
（十一）原产国或地区名称（国产产品除外）；
（十二）有效期；
（十三）用于黏膜的消毒剂还应标注“仅限医疗卫生机构诊疗用”内容。

第九条 消毒器械包装（最小销售包装除外）标签应标注以下内容：
（一）产品名称和型号；
（二）产品卫生许可批件号；
（三）生产企业（名称、地址）；
（四）生产企业卫生许可证号（进口产品除外）；
（五）原产国或地区名称（国产产品除外）；
（六）生产日期；
（七）有效期（限于生物指示物、化学指示物和灭菌包装物等）；
（八）运输存储条件；
（九）注意事项。

第十条 消毒器械最小销售包装标签或铭牌应标注以下内容：
（一）产品名称；
（二）产品卫生许可批件号；
（三）生产企业（名称、地址）；
（四）生产企业卫生许可证号（进口产品除外）；
（五）原产国或地区名称（国产产品除外）；
（六）生产日期；
（七）有效期（限生物指示剂、化学指示剂和灭菌包装物）；
（八）注意事项。

第十一条 消毒器械说明书应标注以下内容：
（一）产品名称；
（二）产品卫生许可批件号；
（三）型号规格；

（四）主要杀菌因子及其强度、杀菌原理和杀灭微生物类别；
（五）使用范围和使用方法；
（六）使用寿命（或主要元器件寿命）；
（七）注意事项；
（八）执行标准；
（九）生产企业（名称、地址、联系电话、邮政编码）；
（十）生产企业卫生许可证号（进口产品除外）；
（十一）原产国或地区名称（国产产品除外）；
（十二）有效期（限于生物指示物、化学指示物和灭菌包装物等）。

第十二条 卫生用品包装（最小销售包装除外）标签应标注以下内容：
（一）产品名称；
（二）生产企业（名称、地址）；
（三）生产企业卫生许可证号（进口产品除外）；
（四）原产国或地区名称（国产产品除外）；
（五）符合产品特性的储存条件；
（六）生产日期和保质期/生产批号和限期使用日期；
（七）消毒级的卫生用品应标注“消毒级”字样、消毒方法、消毒批号/消毒日期、有效期/限定使用日期。

第十三条 卫生用品最小销售包装标签应标注以下内容：
（一）产品名称；
（二）主要原料名称；
（三）生产企业（名称、地址、联系电话、邮政编码）；
（四）生产企业卫生许可证号（进口产品除外）；
（五）原产国或地区名称（国产产品除外）；
（六）生产日期和有效期（保质期）/生产批号和限期使用日期；
（七）消毒级产品应标注“消毒级”字样；
（八）卫生湿巾还应标注杀菌有效成分及其含量、使用方法、使用范围和注意事项。

第十四条 抗（抑）菌剂最小销售包装标签除要标注本规范第十三条规定的内容外，还应标注产品主要原料的有效成分及其含量；含植物成分的抗（抑）菌剂，还应标注主要植物拉丁文名称；对指示菌的杀灭率大于等于90%的，可标注“有杀菌作用”；对指示菌的抑菌率达到50%或抑菌环直径大于7mm的，可标注“有抑菌作用”；抑菌率大于等于90%的，可标注“有较强抑菌作用”。

用于阴部黏膜的抗（抑）菌产品应当标注“不得用于性生活中对性病的预防”。

第十五条 抗（抑）菌剂的说明书应标注下列内容：
（一）产品名称；
（二）规格、剂型；
（三）主要有效成分及含量，植物成分的抗（抑）菌剂应标注主要植物拉丁文名称；
（四）抑制或杀灭微生物类别；
（五）生产企业（名称、地址、联系电话、邮政编码）；
（六）生产企业卫生许可证号（进口产品除外）；
（七）原产国或地区名称（国产产品除外）；
（八）使用范围和使用方法；
（九）注意事项；
（十）执行标准；

（十一）生产日期和保质期/生产批号和限期使用日期。

第十六条 隐形眼镜护理用品的说明书应标注下列内容：

（一）产品名称；

（二）规格、剂型；

（三）生产企业（名称、地址、联系电话、邮政编码）；

（四）生产企业卫生许可证号（进口产品除外）；

（五）原产国或地区名称（国产产品除外）；

（六）使用范围和使用方法；

（七）注意事项；

（八）执行标准；

（九）生产日期和保质期/生产批号和限期使用日期。

有消毒作用的隐形眼镜护理用品还应注明主要有效成分及含量，杀灭微生物类别。

第十七条 同一个消毒产品标签和说明书上禁止使用两个及其以上产品名称。卫生湿巾和湿巾名称还不得使用抗（抑）菌字样。

第十八条 消毒产品标签及说明书禁止标注以下内容：

（一）卫生巾（纸）等产品禁止标注消毒、灭菌、杀菌、除菌、药物、保健、除湿、润燥、止痒、抗炎、消炎、杀精子、避孕，以及无检验依据的抗（抑）菌作用等内容。

（二）卫生湿巾、湿巾等产品禁止标注消毒、灭菌、除菌、药物、高效、无毒、预防性病、治疗疾病、减轻或缓解疾病症状、抗炎、消炎、无检验依据的使用对象和保质期等内容。卫生湿巾还应禁止标注无检验依据的抑/杀微生物类别和无检验依据的抗（抑）菌作用。湿巾还应禁止标注抗/抑菌、杀菌作用。

（三）抗（抑）菌剂产品禁止标注高效、无毒、消毒、灭菌、除菌、抗炎、消炎、治疗疾病、减轻或缓解疾病症状、预防性病、杀精子、避孕，及抗生素、激素等禁用成分的内容；禁止标注无检验依据的使用剂量及对象、无检验依据的抑/杀微生物类别、无检验依据的有效期以及无检验依据的抗（抑）菌作用；禁止标注用于人体足部、眼睛、指甲、腋部、头皮、头发、鼻黏膜、肛肠等特定部位；抗（抑）菌产品禁止标注适用于破损皮肤、黏膜、伤口等内容。

（四）隐形眼镜护理用品禁止标注全功能、高效、无毒、灭菌或除菌等字样，禁止标注无检验依据的消毒、抗（抑）菌作用，以及无检验依据的使用剂量和保质期。

（五）消毒剂禁止标注广谱、速效、无毒、抗炎、消炎、治疗疾病、减轻或缓解疾病症状、预防性病、杀精子、避孕，及抗生素、激素等禁用成分内容；禁止标注无检验依据的使用范围、剂量及方法，无检验依据的杀灭微生物类别和有效期；禁止标注用于人体足部、眼睛、指甲、腋部、头皮、头发、鼻黏膜、肛肠等特定部位等内容。

（六）消毒产品的标签和使用说明书中均禁止标注无效批准文号或许可证号以及疾病症状和疾病名称（疾病名称作为微生物名称一部分时除外，如“脊髓灰质炎病毒”等）。

第十九条 标签和说明书中所标注的内容应符合本规范附件“消毒产品标签、说明书各项内容书写要求”的规定。

第二十条 本规范下列用语的含义：

消毒产品：包括消毒剂、消毒器械（含生物指示物、化学指示物及灭菌物品包装物）和卫生用品。

标签：指产品最小销售包装和其他包装上的所有标识。

说明书：指附在产品销售包装内的相关文字、音像、图案等所有资料。

灭菌（sterilization）：杀灭或清除传播媒介上一切微生物的处理。

消毒（disinfection）：杀灭或清除传播媒介上病原微生物，使其达到无害化的处理。

抗菌（antibacterial）：采用化学或物理方法杀灭细菌或妨碍细菌生长繁殖及其活性的过程。

抑菌（bacteriostasis）：采用化学或物理方法抑制或妨碍细菌生长繁殖及其活性的过程。

隐形眼镜护理用品：是指专用于隐形眼镜护理的，具有清洁、杀菌、冲洗或保存镜片，中和清洁剂或消毒剂，物理缓解（或润滑）隐形眼镜引起的眼部不适等功能的溶液或可配制成溶液使用的可溶性固态制剂。

卫生湿巾：特指符合《一次性使用卫生用品卫生标准》（GB 15979）的有杀菌效果的湿巾。对大肠杆菌和金黄色葡萄球菌的杀灭率 ≥90%，如标注对真菌有作用的，应对白色念珠菌的杀灭率≥90%，其杀菌作用在室温下至少保持 1 年。

消毒级卫生用品：经环氧乙烷、电离辐射或压力蒸气等有效消毒方法处理过并达到《一次性使用卫生用品卫生标准》（GB 15979）规定消毒级要求的卫生用品。

产品责任单位：是指依法承担因产品缺陷而致他人人身伤害或财产损失的赔偿责任的法人单位。委托生产加工时，特指委托方。

第二十一条 本规范自 2006 年 5 月 1 日起施行。由卫生部负责解释。

附：

消毒产品标签、说明书各项内容书写要求

[产品名称]

1. 产品商标已注册者标注“##®”，产品商标申请注册者标注“##™”，其余产品标注“##牌”。

消毒剂的产品名称如：“##® 皮肤黏膜消毒液”、“##™戊二醛消毒液”、“##牌三氯异氰尿酸消毒片”。

消毒器械的产品名称如：“##® RTP－50 型食具消毒柜”、“##™YKX－2000 医院被服消毒机”、“##牌 CPF－100 二氧化氯发生器”。

卫生用品产品的名称如：“##® 隐形眼镜护理液”、“##™妇女用抗菌洗液”、“##牌妇女用抑菌洗液”等。

多用途或多种有效杀菌成分的消毒产品名称如：“##®（牌）消毒液（粉、片）”或“##®（牌）YKX－2000 消毒机（器）”表示。

2. 不得标注本规范禁止的内容，如下列名称均不符合本规定：“××药物卫生巾”、“××消毒湿巾”、“××抗菌卫生湿巾”、“湿疣外用消毒杀菌剂”、“××白斑净”、“××灰甲灵”、“××鼻康宁”、“××除菌洗手液”、“全能多功能护理液”、“××全功能保养液”和“××速效杀菌全护理液”、“××滴眼露”、“××眼部护理液”等等。

[剂型、型号]

消毒剂、抗（抑）菌剂的剂型如：“液体”、“片剂”、“粉剂”等等；禁止标注栓剂、皂剂。

消毒器械的型号如“RTP－50（型）”等。

[主要有效成分及含量]

1. 消毒剂、抗（抑）菌剂应标注主要有效成分及含量；有效成分的表示方法应使用化学名；含量应标注产品执行标准规定的范围，如戊二醛消毒剂应标注“戊二醛，2.0%～2.2%（w/w）”；三氯异氰尿酸消毒片“三氯异氰尿酸，含有效氯 45.0%～50.0%”（w/w）；也可用 g/L 表示。

2. 具有消毒作用的隐形眼镜护理用品应标注主要有效成分及含量。有效成分的表示方法应使用化学名；含量应按产品执行标准规定的范围进行标注。

3. 对于植物或其他无法标注主要有效成分的产品，应标注主要原料名称（植物类应标注拉丁文名称）及其在单位体积中原料的加入量。

4. 消毒产品禁止标注抗生素、激素等禁用成分，如“甲硝唑”、“肾上腺皮质激素”等等。

[批准文号]

系指产品及其生产企业经省级以上卫生行政部门批准的文号。

生产企业卫生许可证号："（省、自治区、直辖市简称）卫消证字（发证年份）第 XXXX 号"，产品卫生许可批件号："卫消字（年份）第 XXXX 号"、"卫消进字（年份）第 XXXX 号"。

不得标注无效批准文号，如：（1996）×卫消准字第 XXXX 号。

[执行标准]

产品执行标准应为现行有效的标准，以标准的编号表示，如"GB 15979"、"Q/HJK001"等，可不标注标准的年代号。企业标准应符合国家相关法规、标准和规范的要求。

[杀灭微生物类别]

1. 应按照卫生部《消毒技术规范》的有关规定进行表述。对指示微生物具有抑制、杀灭作用的，应在产品说明书中标注对其代表的微生物种类有抑制、杀灭作用。例如对金黄色葡萄球菌杀灭率≥99.999%，可标注"对化脓菌有杀灭作用"；对脊髓灰质炎病毒有灭活作用，可标注"对病毒有灭活作用"；

2. 禁止标注各种疾病名称和疾病症状，如"牛皮癣"、"神经性皮炎"、"脂溢性皮炎"等。

3. 禁止标注无检验依据的抑/杀微生物类别，如"尖锐湿疣病毒"、"非典病毒"等。

[使用范围和使用方法]

1. 应明确、详细列出产品使用方法。使用方法二种以上的，建议用表格表示。

2. 消毒剂、抗（抑）菌剂、隐形眼镜护理用品应标注作用对象，作用浓度（用有效成分含量表示）和配制方法、作用时间（以抑菌环试验为检验方法的可不标注时间）、作用方式、消毒或灭菌后的处理方法。用于黏膜的消毒剂应标注"仅限医疗卫生机构诊疗用"内容。

例如：戊二醛消毒液的使用范围"适用于医疗器械的消毒、灭菌"；使用方法"①使用前加入本品附带的 A 剂（碳酸氢钠），充分搅匀溶解；再加入附带的 B 剂（亚硝酸钠）溶解混匀。②消毒方法：用原液擦拭、浸泡消毒物品 20min～45min。③灭菌方法：用原液浸泡待灭菌物品 10h。④消毒、灭菌的医疗器械必须用无菌水冲洗干净后方可使用"。

3. 消毒器械应标注作用对象，杀菌因子强度、作用时间、作用方式、消毒或灭菌后的处理方法。如食具消毒柜的使用范围"餐（饮）具的消毒、保洁"；使用方法"将洗净沥干的食具有序地放在层架上；按电源和消毒键，指示灯同时启亮；作用一个周期后，消毒指示灯灭，表示消毒结束。"

4. 使用方法中禁止标注无检验依据的使用对象、与药品类似用语、无检验依据的使用剂量及对象，如"每日 X 次"，"XX 天为一疗程，或遵医嘱"等等。

[注意事项]

本项内容包括产品保存条件、使用防护和使用禁忌。对于使用中可能危及人体健康和人身、财产安全的产品，应当有警示标志或者中文警示说明。

[生产日期、有效期或保质期]

生产日期应按"年、月、日"或"20050903"方式表示。

保质期、有效期应按"X 年或 XX 个月"方式表示。

[生产批号和限期使用日期]

生产批号形式由企业自定。限期使用日期应按"请在 XXXX 年 XX 月前使用"或"有效期至 XXXX 年 XX 月"等方式表示。

[主要元器件使用寿命]

本项内容应标注消毒器械产生杀菌因子的元器件的使用寿命或更换时间。使用寿命应按"X 年或 XXXX 小时"等方式表示。

[生产企业及其卫生许可证号]

生产企业名称、地址应与其消毒产品生产企业卫生许可证一致。

委托生产加工的，需同时标注产品责任单位(委托方)名称、地址和实际生产加工企业(被委托方)的名称及卫生许可证号。

虽不属于委托生产加工，但产品责任单位与实际生产加工企业信息不同时，也应分别标注产品责任单位信息和实际生产加工企业信息。例如责任单位为总公司，实际生产加工企业为其下属某个企业。

干法造纸机(QB/T 2523—2001)

2002-05-01 实施

范围

本标准规定了干法造纸机的产品分类、技术要求、试验方法、检验规则和标志、包装、运输、贮存。

本标准适用于胶合无尘纸机、热合无尘纸机、复合无尘纸机(以下简称“干法纸机”)。

产品分类与基本参数

1 干法纸机分类

1.1 按纸张生产工艺不同分为：胶合无尘纸机、热合无尘纸机、复合无尘纸机。

1.2 按传动装置的布置分为：左手机(以 Z 表示)、右手机(以 Y 表示)。面对出纸端，传动装置位于左边的称为左手机，反之称为右手机。

2 干法纸机型号说明

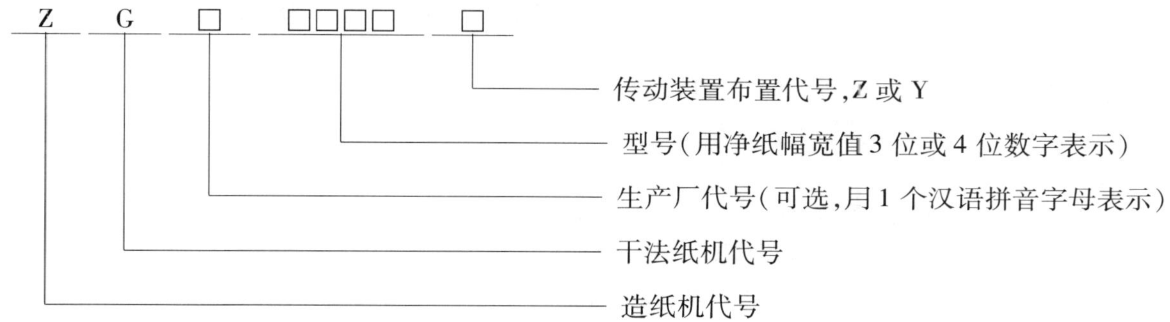

3 干法纸机的幅宽系列应符合表 1 的规定。

表 1 干法纸机幅宽系列

mm

系列	Ⅰ		Ⅱ		Ⅲ		Ⅳ	
净纸幅宽	800	1200	1600	2000	2400	2800	3200	3600
轨距	1400	1900	2400	2850	3300	3700	4100	4500

4 干法纸机的主要技术参数应符合表 2 的规定。

表 2 干法纸机主要技术参数

型号	ZG□800			ZG□1200			ZG□1600			ZG□2400		
主要产品	胶合无尘纸	热合无尘纸	复合无尘纸	胶合无尘纸	热合无尘纸	复合无尘纸	胶合无尘纸	热合无尘纸	复合无尘纸	胶合无尘纸	热合无尘纸	复合无尘纸
净纸幅宽/mm	800			1200			1600			2400		
年产量/t	800~1000			1200~1500			3500~4000			6000~6500		
定量/(g/m²)	45~120						45~240					

续表

型号	ZG□800			ZG□1200			ZG□1600			ZG□2400		
成形方式	垂直轴心旋转头箱平网成形技术或水平圆网干法成形技术											
施胶量（固含量）	12%～14%	—	4%～5%	12%～14%	—	4%～5%	12%～14%	—	4%～5%	12%～14%	—	4%～5%
热熔纤维含量	—	12%～40%	10%～30%	—	12%～40%	10%～30%	—	12%～40%	10%～30%	—	12%～40%	10%～30%
干燥方式	热风穿透式干燥											
车速/（m/min）	20～80			20～80			45～125			45～150		
装机容量/kW	200			220			1000			1600		
控制方式	全数字交流变频分部传动						造纸机 PMIS 系统					

注：型号表示中“□”为生产厂代号（可选，由生产厂自定，一般为生产厂名称第一个汉字的汉语拼音首字母，大写）。

技术要求

干法纸机的制造应符合 GB/T 14253 的规定。

1　一般要求

干法纸机应符合本标准的规定，并按经规定程序批准的图样和技术文件制造。

2　产品性能要求

2.1　干法纸机基本性能应符合表 2 的规定。

2.2　胶合、复合无尘纸机施胶应均匀，施胶量应便于控制，胶液流量误差应控制在 ±5g/min 以内，胶料穿透效果好。

2.3　热合、复合无尘纸机热熔纤维与绒毛浆应按规定的比例混合均匀，比例应便于控制，其含量误差应不大于 ±5g。

2.4　热辊温度应显示准确，控制方便，温度误差应不大于 ±4℃。

2.5　烘箱温度应显示准确，控制方便，温度误差应不大于 ±4℃。

3　制造要求

3.1　干法纸机焊接件的制造应符合 QB/T 1588.1 的规定。

3.2　干法纸机切削加工件的制造应符合 QB/T 1588.2 的规定。

3.3　干法纸机辊筒的尺寸应符合 QB/T 1339 的规定。

3.4　干法纸机辊筒的制造应符合 QB/T 1422.5 的规定。

3.5　干法纸机辊筒的动平衡应符合 QB/T 3917 的规定。

3.6　干法纸机成形网、干网应符合 QB/T 3664 的规定。

4　安装要求

4.1　干法纸机的装配应符合 QB/T 1588.3 的规定。分部装配应在铸铁平台或安装底轨上进行。

4.2　干法纸机的试安装应符合 QBJ 1 的规定。机架部分的试安装在底轨上进行。

4.3　成真空箱的安装水平为 0.10/1000。

4.4　施胶部真空箱安装水平为 0.15/1000。

4.5　主动辊、回头辊、热压胶辊安装水平为 0.06/1000。

4.6　导网辊安装水平为 0.20/1000。

5　电气安全要求

5.1　干法纸机的电气系统应符合 GB/T 5226.1 的规定。

5.2　干法纸机动力电路导线和保护接地电路间的绝缘电阻应不小于 1MΩ。

5.3　干法纸机所有电路导线和保护接地电路之间应经受耐压试验。

6　空运转要求

6.1 在最高工作车速时，其噪声（声压级）应不大于 85dB（A）。

6.2 轴承温度应不超过下列规定。

a）正常工作时滑动轴承温升不超过 25℃，最高工作温度不超过 65℃。

b）正常工作时滚动轴承温升不超过 35℃，最高工作温度不超过 75℃。

7 外观要求

7.1 外露加工面不应有锈蚀、碰伤、毛刺等缺陷。

7.2 零部件装配结合面边缘应平整，不应有明显错位。

7.3 涂漆质量应符合 QB/T 1588.4 的规定。

试验方法

1 无尘纸的质量按 GB/T 451.2，GB/T 451.3，GB/T 453，GB/T 461.1，GB/T 465.2 的规定检验。

2 动平衡试验应在动平衡机上进行，其试验结果应符合 3.5 的规定。

3 空运转试验

a）干法纸机空运转应平稳，无不正常杂音，空运转时间应不少于 4h。空运转试验车速从低、中、高速逐级进行，其中中速（70% 最高车速）运行时间应不小于 2h，最高工作车速运行时间应不小于 1h；

b）试验中全部气缸、气胎应动作 3 次 ~5 次。

4 轴承温升测定，采用点温计在各轴承座外表面测试，其试验结果应符合 6.2 的规定。

5 噪声测定

在干法纸机四周用精密声级计测量。声级计测高离地面 1.5m，距离纸机最大外廓 1m，并置于其中心轴线上测量 4 点，取其最大值。其测量结果应符合 6.1 的规定。

6 电气安全试验按 GB/T 5226.1—1996 中 20.2，20.3，20.4 规定进行。测量结果应符合 5.1，5.2 和 5.3 的规定。

检验规则

1 每台产品应经制造厂质量检验部门检查合格，并附有产品质量合格证书（写明采用标准号）方可出厂。

2 纸机检验分出厂检验和型式检验。

2.1 出厂检验

出厂检验项目为本标准技术要求中的 3 ~7 条款。

2.2 型式检验

当有下列情况之一时，应进行型式检验。

a）新产品试制定型时；

b）正式生产后如结构、材料、工艺有较大改变，可能影响产品性能时；

c）国家质量监督机构提出进行型式检验的要求时。

2.3 型式检验项目为本标准规定的全部技术要求内容。

2.4 型式检验的样品应从用户使用不足一年的产品中随机抽取一台，在用户厂中进行。

标志、包装、运输、贮存

1 在干法纸机上适当部位产品固定商标、标牌，其型式、尺寸和内容应符合 GB/T 13306 的规定，内容如下。

a）制造厂名；

b）注册商标；

c）产品名称；

d）产品型号；
e）净纸宽度；
f）定量范围；
g）工作车速；
h）轨距；
i）设备重量；
j）制造日期；
k）出厂编号。

2 干法纸机上应有指示润滑、操作、运输、安全等标志，其型式、内容应符合 GB/T 2894 的规定。

3 随机文件包括。

a）产品合格证书（按 GB/T 14436 规定编写）；
b）产品使用说明书（按 GB 9969.1 规定编写）；
c）装箱单。

4 干法纸机的包装应符合 QB/T 1588.5 的有关规定。

5 干法纸机的包装、储运图示标志应符合 GB 191 的规定。

6 干法纸机的运输、包装、收发货标志应符合 GB/T 6388 的规定。

7 贮存

产品应贮存在干燥通风、防雨的场地，每存放 6 个月应进行一次开箱检查，并进行必要的防锈处理。

制浆造纸工业水污染物排放标准（GB 3544—2008）

2008-08-01 实施

1 适用范围

本标准规定了制浆造纸企业或生产设施水污染物排放限值。

本标准适用于现有制浆造纸企业或生产设施的水污染物排放管理。

本标准适用于对制浆造纸工业建设项目的环境影响评价、环境保护设施设计、竣工环境保护验收及其投产后的水污染物排放管理。

本标准适用于法律允许的污染物排放行为。新设立污染源的选址和特殊保护区域内现有污染源的管理，按照《中华人民共和国大气污染防治法》、《中华人民共和国水污染防治法》、《中华人民共和国海洋环境保护法》、《中华人民共和国固体废物污染环境防治法》、《中华人民共和国放射性污染防治法》、《中华人民共和国环境影响评价法》等法律、法规、规章的相关规定执行。

本标准规定的水污染物排放控制要求适用于企业向环境水体的排放行为。

企业向设置污水处理厂的城镇排水系统排放废水时，有毒污染物可吸附有机卤素（AOX）、二噁英在本标准规定的监控位置执行相应的排放限值；其他污染物的排放控制要求由企业与城镇污水处理厂根据其污水处理能力商定或执行相关标准，并报当地环境保护主管部门备案；城镇污水处理厂应保证排放污染物达到相关排放标准要求。

建设项目拟向设置污水处理厂的城镇排水系统排放废水时，由建设单位和城镇污水处理厂按前款的规定执行。

2 规范性引用文件

本标准内容引用了下列文件或其中的条款。

GB/T 6920—1986 水质 pH 值的测定 玻璃电极法
GB/T 7478—1987 水质 铵的测定 蒸馏和滴定法
GB/T 7479—1987 水质 铵的测定 纳氏试剂比色法
GB/T 7481—1987 水质 铵的测定 水杨酸分光光度法
GB/T 7488—1987 水质 五日生化需氧量（BOD_5）的测定 稀释与接种法
GB/T 11893—1989 水质 总磷的测定 钼酸铵分光光度法
GB/T 11894—1989 水质 总氮的测定 碱性过硫酸钾消解紫外分光光度法
GB/T 11901—1989 水质 悬浮物的测定 重量法
GB/T 11903—1989 水质 色度的测定 稀释倍数法
GB/T 11914—1989 水质 化学需氧量的测定 重铬酸盐法
GB/T 15959—1995 水质 可吸附有机卤素（AOX）的测定 微库仑法
HJ/T 77—2001 水质 多氯代二苯并二噁英和多氯代二苯并呋喃的测定 同位素稀释高分辨毛细管气相色谱/高分辨质谱法
HJ/T 83—2001 水质 可吸附有机卤素（AOX）的测定 离子色谱法
HJ/T 195—2005 水质 氨氮的测定 气相分子吸收光谱法
HJ/T 199—2005 水质 总氮的测定 气相分子吸收光谱法
《污染源自动监控管理办法》（国家环境保护总局令第 28 号）
《环境监测管理办法》（国家环境保护总局令第 39 号）

3 术语和定义

下列术语和定义适用于本标准。

3.1 制浆造纸企业

指以植物（木材、其他植物）或废纸等为原料生产纸浆，及（或）以纸浆为原料生产纸张、纸板等产品的企业或生产设施。

3.2 现有企业

指本标准实施之日前已建成投产或环境影响评价文件已通过审批的制浆造纸企业。

3.3 新建企业

指本标准实施之日起环境影响文件通过审批的新建、改建和扩建制浆造纸建设项目。

3.4 制浆企业

指单纯进行制浆生产的企业，以及纸浆产量大于纸张产量，且销售纸浆量占总制浆量 80% 及以上的制浆造纸企业。

3.5 造纸企业

指单纯进行造纸生产的企业，以及自产纸浆量占纸浆总用量 20% 及以下的制浆造纸企业。

3.6 制浆和造纸联合生产企业

指除制浆企业和造纸企业以外、同时进行制浆和造纸生产的制浆造纸企业。

3.7 废纸制浆和造纸企业

指自产废纸浆量占纸浆总用量 80% 及以上的制浆造纸企业。

3.8 排水量

指生产设施或企业向企业法定边界以外排放的废水的量，包括与生产有直接或间接关系的各种外排废水（如厂区生活污水、冷却废水、厂区锅炉和电站排水等）。

3.9 单位产品基准排水量

指用于核定水污染物排放浓度而规定的生产单位纸浆、纸张（板）产品的废水排放量上限值。

4 水污染物排放控制要求

4.1 自2009年5月1日起至2011年6月30日现有制浆造纸企业执行表1规定的水污染物排放限值。

表1 现有企业水污染物排放限值

企业生产类型			制浆企业	制浆和造纸联合生产企业		造纸企业	污染物排放监控位置
				废纸制浆和造纸企业	其他制浆和造纸企业		
排放限值	1	pH值	6~9	6~9	6~9	6~9	企业废水总排放口
	2	色度（稀释倍数）	80	50	50	50	企业废水总排放口
	3	悬浮物（mg/L）	70	50	50	50	企业废水总排放口
	4	五日生化需氧量（BOD_5，mg/L）	50	30	30	30	企业废水总排放口
	5	化学需氧量（COD_{Cr}，mg/L）	200	120	150	100	企业废水总排放口
	6	氨氮（mg/L）	15	10	10	10	企业废水总排放口
	7	总氮（mg/L）	18	15	15	15	企业废水总排放口
	8	总磷（mg/L）	1.0	1.0	1.0	1.0	企业废水总排放口
	9	可吸附有机卤素（AOX，mg/L）	15	15	15	15	车间或生产设施废水排放口
单位产品基准排水量，吨/吨（浆）			80	20	60	20	排水量计量位置与污染物排放监控位置一致

说明：

1. 可吸附有机卤素（AOX）指标适用于采用含氯漂白工艺的情况。
2. 纸浆量以绝干浆计。
3. 核定制浆和造纸联合生产企业单位产品实际排水量，以企业纸浆产量与外购商品浆数量的总和为依据。
4. 企业漂白非木浆产量占企业纸浆总用量的比重大于60%的，单位产品基准排水量为80吨/吨（浆）。

4.2 自2011年7月1日起，现有制浆造纸企业执行表2规定的水污染物排放限值。

4.3 自2008年8月1日起，新建制浆造纸企业执行表2规定的水污染物排放限值。

表2 新建企业水污染物排放限值

企业生产类型			制浆企业	制浆和造纸联合生产企业	造纸企业	污染物排放监控位置
排放限值	1	pH值	6~9	6~9	6~9	企业废水总排放口
	2	色度（稀释倍数）	50	50	50	企业废水总排放口
	3	悬浮物（mg/L）	50	30	30	企业废水总排放口
	4	五日生化需氧量（BOD_5，mg/L）	20	20	20	企业废水总排放口
	5	化学需氧量（COD_{Cr}，mg/L）	100	90	80	企业废水总排放口
	6	氨氮（mg/L）	12	8	8	企业废水总排放口
	7	总氮（mg/L）	15	12	12	企业废水总排放口
	8	总磷（mg/L）	0.8	0.8	0.8	企业废水总排放口
	9	可吸附有机卤素（AOX，mg/L）	12	12	12	车间或生产设施废水排放口
	10	二噁英（pgTEQ/L）	30	30	30	车间或生产设施废水排放口
单位产品基准排水量，吨/吨（浆）			50	40	20	排水量计量位置与污染物排放监控位置一致

说明：

1. 可吸附有机卤素（AOX）和二噁英指标适用于采用含氯漂白工艺的情况。
2. 纸浆量以绝干浆计。
3. 核定制浆和造纸联合生产企业单位产品实际排水量，以企业纸浆产量与外购商品浆数量的总和为依据。
4. 企业自产废纸浆量占企业纸浆总用量的比重大于80%的，单位产品基准排水量为20吨/吨（浆）。
5. 企业漂白非木浆产量占企业纸浆总用量的比重大于60%的，单位产品基准排水量为60吨/吨（浆）。

4.4 根据环境保护工作的要求，在国土开发密度较高、环境承载能力开始减弱，或水环境容量较小、生态环境脆弱，容易发生严重水环境污染问题而需要采取特别保护措施的地区，应严格控制企业的污染物排放行为，在上述地区的企业执行表3规定的水污染物特别排放限值。

执行水污染物特别排放限值的地域范围、时间，由国务院环境保护行政主管部门或省级人民政府规定。

表3 水污染物特别排放限值

企业生产类型			制浆企业	制浆和造纸联合生产企业	造纸企业	污染物排放监控位置
排放限值	1	pH值	6~9	6~9	6~9	企业废水总排放口
	2	色度（稀释倍数）	50	50	50	企业废水总排放口
	3	悬浮物（mg/L）	20	10	10	企业废水总排放口
	4	五日生化需氧量（BOD_5，mg/L）	10	10	10	企业废水总排放口
	5	化学需氧量（COD_{Cr}，mg/L）	80	60	50	企业废水总排放口
	6	氨氮（mg/L）	5	5	5	企业废水总排放口
	7	总氮（mg/L）	10	10	10	企业废水总排放口
	8	总磷（mg/L）	0.5	0.5	0.5	企业废水总排放口
	9	可吸附有机卤素（AOX，mg/L）	8	8	8	车间或生产设施废水排放口
	10	二噁英（pgTEQ/L）	30	30	30	车间或生产设施废水排放口
单位产品基准排水量，吨/吨（浆）			30	25	10	排水量计量位置与污染物排放监控位置一致

说明：

1. 可吸附有机卤素（AOX）和二噁英指标适用于采用含氯漂白工艺的情况。
2. 纸浆量以绝干浆计。
3. 核定制浆和造纸联合生产企业单位产品实际排水量，以企业纸浆产量与外购商品浆数量的总和为依据。
4. 企业自产废纸浆量占企业纸浆总用量的比重大于80%的，单位产品基准排水量为15吨/吨（浆）。

4.5 水污染物排放浓度限值适用于单位产品实际排水量不高于单位产品基准排水量的情况。若单位产品实际排水量超过单位产品基准排水量，须按公式（1）将实测水污染物浓度换算为水污染物基准水量排放浓度，并以水污染物基准水量排放浓度作为判定排放是否达标的依据。产品产量和排水量统计周期为一个工作日。

在企业的生产设施同时生产两种以上产品、可适用不同排放控制要求或不同行业国家污染物排放标准，且生产设施产生的污水混合处理排放的情况下，应执行排放标准中规定的最严格的浓度限值，并按公式（1）换算水污染物基准水量排放浓度：

$$C_{基} = \frac{Q_{总}}{\Sigma Y_i Q_{i基}} \times C_{实} \quad \cdots\cdots (1)$$

式中：

$C_{基}$——水污染物基准水量排放浓度，mg/L；

$Q_{总}$——排水总量，吨；

Y_i——第i种产品产量，吨；

$Q_{i基}$——第i种产品的单位产品基准排水量，吨/吨；

$C_{实}$——实测水污染物浓度，mg/L。

若$Q_{总}$与$\Sigma Y_i Q_{i基}$的比值小于1，则以水污染物实测浓度作为判定排放是否达标的依据。

5 水污染物监测要求

5.1 对企业排放废水采样应根据监测污染物的种类，在规定的污染物排放监控位置进行，有废水处理设施的，应在该设施后监控。在污染物排放监控位置须设置永久性排污口标志。

5.2 新建企业应按照《污染源自动监控管理办法》的规定，安装污染物排放自动监控设备，并与环境保护主管部门的监控设备联网，并保证设备正常运行。各地现有企业安装污染物排放自动监控设备的要求由省级环境保护行政主管部门规定。

5.3 对企业污染物排放情况进行监测的频次、采样时间等要求，按国家有关污染源监测技术规范的规定执行。

二噁英指标每年监测一次。

5.4 企业产品产量的核定，以法定报表为依据。

5.5 对企业排放水污染物浓度的测定采用表4所列的方法标准。

表4 水污染物浓度测定方法标准

序号	污染物项目	方法标准名称	方法标准编号
1	pH 值	水质 pH 值的测定 玻璃电极法	GB/T 6920—1986
2	色度	水质 色度的测定 稀释倍数法	GB/T 11903—1989
3	悬浮物	水质 悬浮物的测定 重量法	GB/T 11901—1989
4	五日生化需氧量	水质 五日生化需氧量（BOD_5）的测定 稀释与接种法	GB/T 7488—1987
5	化学需氧量	水质 化学需氧量的测定 重铬酸盐法	GB/T 11914—1989
6	氨氮	水质 铵的测定 蒸馏和滴定法	GB/T 7478—1987
		水质 铵的测定 纳氏试剂比色法	GB/T 7479—1987
		水质 铵的测定 水杨酸分光光度法	GB/T 7481—1987
		水质 氨氮的测定 气相分子吸收光谱法	HJ/T 195—2005
7	总氮	水质 总氮的测定 碱性过硫酸钾消解紫外分光光度法	GB/T 11894—1989
		水质 总氮的测定 气相分子吸收光谱法	HJ/T 199—2005
8	总磷	水质 总磷的测定 钼酸铵分光光度法	GB/T 11893—1989
9	可吸附有机卤素（AOX）	水质 可吸附有机卤素（AOX）的测定 微库仑法	GB/T 15959—1995
		水质 可吸附有机卤素（AOX）的测定 离子色谱法	HJ/T 83—2001
10	二噁英	水质 多氯代二苯并二噁英和多氯代二苯并呋喃的测定 同位素稀释高分辨毛细管气相色谱/高分辨质谱法	HJ/T 77—2001

5.6 企业须按照有关法律和《环境监测管理办法》的规定，对排污状况进行监测，并保存原始监测记录。

6 实施与监督

6.1 本标准由县级以上人民政府环境保护行政主管部门负责监督实施。

6.2 在任何情况下，企业均应遵守本标准的水污染物排放控制要求，采取必要措施保证污染防治设施正常运行。各级环保部门在对企业进行监督性检查时，可以现场即时采样或监测的结果，作为判定排污行为是否符合排放标准以及实施相关环境保护管理措施的依据。在发现企业耗水或排水量有异常变化的情况下，应核定企业的实际产品产量和排水量，按本标准的规定，换算水污染物基准水量排放浓度。

造纸产品取水定额（GB/T 18916.5—2002）

2005-01-01 实施

取水量定额指标　　单位：m^3/t

标准分级		A级	B级
纸浆	漂白化学木（竹）浆	90	150
	本色化学木（竹）浆	60	110
	漂白化学非木（麦草、芦苇、甘蔗渣）浆	130	210
	脱墨废纸浆	30	45
	未脱墨废纸浆	20	30
	机械木浆	30	40
纸	新闻纸	20	50
	印刷书写纸	35	60
	生活用纸	30	50
	包装用纸	25	50
纸板	白纸板	30	50
	箱纸板	25	40
	瓦楞原纸	25	40

注：1. 1998年1月1日起新、扩、改建成投产的企业或生产线，其取水定额执行A级指标。
1998年1月1日前建成或投产的企业或生产线，其取水定额执行B级指标。
幅宽小于4 m的纸机、纸板机及其配套的制浆生产线，其取水定额执行B级指标。
2. 高得率半化学本色木浆及草浆按本色化学木浆执行。
3. 纸浆产品为液体浆，当生产商品浆时，允许在本定额的基础上增加10 m^3/t。
4. 纸浆的计量单位为吨风干浆｛水分10%｝。

进出口一次性使用纸制卫生用品检验规程（SN/T 2148—2008）

2009-03-16 实施

1 范围

本标准规定了进出口一次性使用纸制卫生用品的抽样要求，卫生和毒理学试验要求，包装和产品标识的要求，产品试验方法及检验结果的判定。

本标准适用于一次性使用纸制卫生用品的进出口检验。

2 规范性引用文件

下列文件中的条款通过本标准的引用而成为本标准的条款。凡是注日期的引用文件，其随后所有的修改单（不包括勘误的内容）或修订版均不适用于本标准，然而，鼓励根据本标准达成协议的各方研究是否可使用这些文件的最新版本。凡是不注日期的引用文件，其最新版本适用于本标准。

GB/T 5009.78　食品包装用原纸卫生标准的分析方法

GB 15979—2002　一次性使用卫生用品卫生标准

GB 20810—2006　卫生纸（含卫生纸原纸）

3 术语和定义

下列术语和定义适用于本标准。

3.1

一次性使用纸制卫生用品 disposable sanitary paper products

使用一次后即丢弃的、与人体直接或间接接触的，并为达到人体生理卫生或卫生保健（抗菌或抑菌）目的而使用的各种日常生活用纸制品。例如：纸面巾、纸餐巾、纸手帕、纸湿巾和卫生湿巾、纸台布、纸卫生巾（卫生护垫）、纸尿布（裤）、卫生纸、卫生纸原纸、纸制的衣服和衣着用品、纸制的床单、口罩及其他家庭、卫生和医院用品等。

3.2

检验批 inspection lot

检验检疫报检单所列同一种商品为一检验批。

4 抽样和要求

从同一检验批的三个运输包装中至少抽取12个最小销售包装样品，四分之一样品用于检测，四分之一样品用于留样，另两分之一样品封存留在抽样部门必要时用于复验。抽样的最小销售包装不应有破裂，检验前不得开启。

对于无销售包装的产品抽样，从同一检验批的三个运输包装中至少抽取12份样品，每份样品量应不少于150g，四分之一样品用于检测，四分之一样品用于留样，另两分之一样品封存留在抽样部门必要时用于复验。抽样工具和存样容器应预先进行灭菌处理，应保证抽样过程不会对样品造成污染。

5 产品的卫生检验和要求

5.1 产品外观应整洁，符合该卫生用品固有性状，不得有异常气味与异物。

5.2 产品的微生物学指标应符合表1。

表1 产品的微生物学指标

产品种类	微生物指标				
	初始污染菌[a]/（CFU/g）	细菌菌落总数/（CFU/g或CFU/mL）	大肠菌群	致病性化脓菌[b]	真菌菌落总数/（CFU/g或CFU/mL）
纸面巾、纸餐巾、纸手帕、纸湿巾、纸台布、纸制的床单、纸制的衣服和衣着用品、其他家庭、卫生和医院用品	—	≤200	不得检出	不得检出	≤100
卫生湿巾	—	≤20	不得检出	不得检出	不得检出
口罩					
普通级	—	≤200	不得检出	不得检出	≤100
消毒级	≤10000	≤20	不得检出	不得检出	不得检出
纸卫生巾（卫生护垫）					
普通级	—	≤200	不得检出	不得检出	≤100
消毒级	≤10000	≤20	不得检出	不得检出	不得检出
纸尿布（纸尿裤）					
普通级	—	≤200	不得检出	不得检出	≤100
消毒级	≤10000	≤20	不得检出	不得检出	不得检出
卫生纸	—	≤600	不得检出	不得检出[c]	—
卫生纸原纸	—	≤500			

a 如初始污染菌超过表内数值，应相应提高杀灭指数，使达到本标准规定的细菌与真菌限值。

b 致病性化脓菌指绿脓杆菌、金黄色葡萄球菌与溶血性链球菌。

c 卫生纸和卫生原纸的致病性化脓菌指金黄色葡萄球菌与溶血性链球菌。

5.3 纸面巾、纸餐巾、纸手帕、纸湿巾等产品应当进行荧光检查，任何一份 $100cm^2$ 样品荧光面积不得大于 $5cm^2$。

6 产品的毒理学试验要求

6.1 对于初次检验的进出口一次性使用纸制卫生用品，应按表2的要求提供有法律效力的产品毒理学测试报告，产品毒理学测试报告应包括测试样品的品名、品牌、规格、测试结果有效期等内容。试验项目按表2进行。

表2 产品毒理学试验项目

产品种类	皮肤刺激试验	阴道黏膜刺激试验	皮肤变态反应试验
纸制的内衣、内裤	✓		✓
纸湿巾、卫生湿巾	✓		
口罩	✓		
纸卫生巾（卫生护垫）		✓	✓
纸尿布（纸尿裤）	✓	✓[a]	✓

a 产品如标有男用标识可不进行该试验。

6.2 未列入表2的进出口一次性使用纸制卫生用品可不进行产品毒理学试验。

7 半成品或原材料的卫生要求

7.1 一次性使用纸制卫生用品的半成品应按照本标准对于成品的要求进行微生物项目检验和毒理学试验。

7.2 生产一次性使用纸制卫生用品的原材料应无毒、无害、无污染，重要的原材料应进行微生物检测，检测的项目应与产品需检测的微生物项目相同。

7.3 禁止将使用过的卫生用品作原材料或半成品。

8 产品包装和产品标识的要求

8.1 直接与产品接触的包装材料应无毒、无害、清洁，产品的所有包装材料应具有足够的密封性和牢固性，以保证产品在正常的运输与储存条件下不受污染。

8.2 产品包装应标明产品名称、生产单位、生产日期、生产批号和保质期（使用有效期）等内容。

9 产品试验方法

9.1 产品外观：在抽取样品时进行目视检验，应符合5.1的规定。

9.2 产品（不包括卫生纸和卫生原纸）微生物指标按GB 15979—2002中的附录B进行测定。

9.3 卫生纸和卫生原纸微生物指标按GB 20810—2006中的附录A进行测定。

9.4 产品毒理学试验按GB 15979—2002中的附录A进行测定。

9.5 荧光检查按GB/T 5009.78规定方法进行测定。

10 检验结果的判定

以上各检验项目均为合格时，该检验批为合格，有一项不合格则判该检验批不合格。

11 不合格的处置

对不合格检验批，进口产品不许销售使用，出口产品不许出口。

生活用纸和吸收性卫生用品的市场(《生活用纸》2001—2009 年有关论文索引)

MARKET OF TISSUE PAPER & DISPOSABLE PRODUCTS(INDEX OF PAPERS IN *TISSUE PAPER & DISPOSABLE PRODUCTS* 2001—2009)

[8]

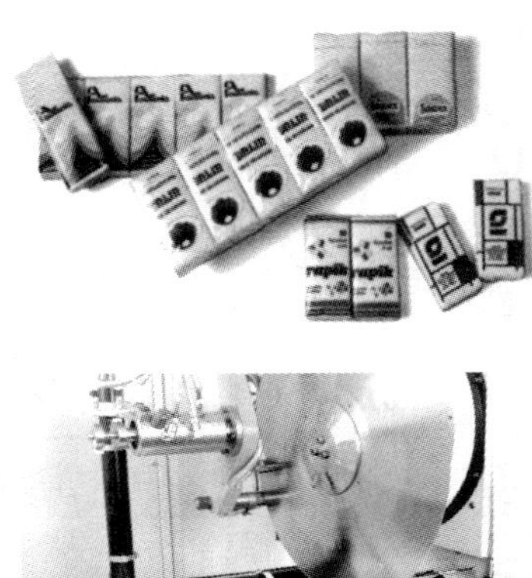

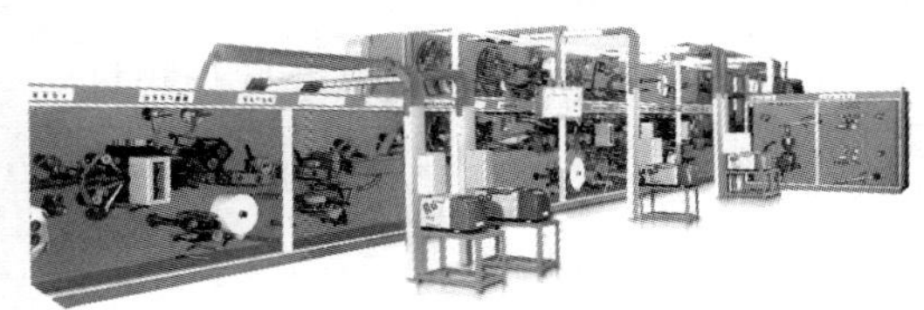

生活用纸和吸收性卫生用品的市场

(《生活用纸》2001—2009年有关论文索引)

序号	论文题目	年份	期号	总期号	页码	备注
卫生纸						
1	中国生活用纸生产和市场发展前景(上)	2001	1	1	5-18	
2	台湾家用纸市场仍有发展前景，厨房纸巾最具成长空间	2001	1	1	22-23	
3	中国生活用纸生产和市场发展前景(下)	2001	2	2	5-14	
4	北非与中东国家的卫生纸市场规模及其潜力	2001	4	4	11	译文
5	未来两年北美纸巾生产能力依然强劲	2001	4	4	11	译文
6	新千年的卫生纸	2001	5	5	18-22	译文
7	欧洲市场生活用纸发展简述	2001	6	6	8-9	译文
8	世界卫生纸的最新发展概况及趋势	2001	7	7	8-12	译文
9	生气勃勃的欧洲卫生纸市场的最新发展	2001	8	8	10-14	译文
10	生活用纸的发展——关注健康和环保方面的问题	2001	9	9	22-25	
11	欧洲卫生纸市场的未来，质量是关键	2001	10	10	11-14	译文
12	瑞典SCA公司总裁兼首席执行官谈世界卫生纸	2001	11	11	10-12	译文
13	世界知名卫生纸公司2000—2002年的卫生纸扩产计划	2001	11	11	15-16	译文
14	世界与中国卫生纸工业的发展趋势	2001	12	12	9-14	
15	台湾专家学者研讨卫生纸品与荧光增白剂问题	2002	1	13	8-9	
16	发展中的中东卫生纸市场	2002	1	13	37-41	译文
17	2001年世界三大卫生纸市场的现状及其存在问题	2002	4	16	14-18	译文
18	卫生纸行业的现状及其全球化趋势	2002	6	18	8-10	译文
19	2001年中国生活用纸市场概况——异军突起、消费强劲、竞争激烈	2002	8	20	7-12	
20	日趋成熟的定牌加工品牌产品市场	2002	8	20	12-15	译文
21	2001年中国卫生纸品的生产和市场概况	2002	9	21	9-14	
22	卫生纸产品全球消费量的预测	2003	1	25	14	译文
23	世界卫生纸行业2010年的展望	2003	2	26	11-12	译文
24	北美洲的卫生纸产品消费量预测	2003	2	26	16-17	译文
25	全球卫生纸市场概况	2003	3	27	10-14	译文
26	欧洲定牌加工品牌卫生纸产品的发展概况	2003	4	28	11-13	译文

续表

序号	论文题目	年份	期号	总期号	页码	备注
27	意大利卫生纸生产商迈出国门	2003	4	28	14 转 10	译文
28	德国与东欧卫生纸市场概况	2003	5	29	9－12	译文
29	澳大利亚卫生纸市场概况	2003	5	29	13 转 48	译文
30	折叠卫生纸市场的现状	2003	6	30	11－13	译文
31	北美卫生纸行业的发展现状	2003	6	30	13－14	译文
32	朝着新市场发展和采用新技术的卫生纸行业	2003	9	33	8－9	译文
33	北美洲卫生纸市场的变化速度加快	2003	9	33	10－14	译文
34	国内擦手纸现状及发展前景	2003	9	33	14 转 24	
35	中国卫生纸的最新发展概况	2003	10	34	8－11	
36	近年来全球卫生纸行业的经济形势及其生产概况	2003	10	34	12－14	译文
37	美国及世界卫生纸市场的最新概况及展望	2003	11	35	13－16	译文
38	拉丁美洲卫生纸需求呈波浪式增长	2003	12	36	9－10	译文
39	2002—2004 年全球有 26 台年产 3 万 t 以上的卫生纸机投产	2003	12	36	22	译文
40	1997—2004 年世界卫生纸需求量	2003	12	36	23	译文
41	世界生活用纸折叠产品的发展	2003	14	38	8－12	
42	外国人眼里的中国和中国的生活用纸市场	2003	14	38	15－18	译文
43	拥有 10 亿人口的印度卫生纸市场分析	2003	17	41	11－12	译文
44	拉丁美洲经济疲软，卫生纸市场竞争激烈	2003	19	43	10－11	译文
45	从卫生纸经济看欧洲卫生纸的发展	2003	21	45	10－11	译文
46	处于激烈竞争中的日本卫生纸市场	2003	22	46	12－14	译文
47	美国卫生纸经济概况	2004	5	53	17－20	译文
48	日本 Crecia 公司开发差异化卫生纸新产品以应对竞争	2004	5	53	20－22	译文
49	北美洲卫生纸市场近期发展情况	2004	9	57	25－26	译文
50	2003 年生活用纸行业概况	2004	9	57	27－36	
51	全球主要的两家蔗渣浆卫生纸公司的生产和销售概况	2004	13	61	23－24	译文
52	西欧卫生纸产品走优质和廉价相平行的发展之路	2004	14	62	18－19	译文
53	2003 年全球卫生纸行业的新变化	2004	15	63	19－21	译文
54	加入欧盟前夕的 2003 年东欧卫生纸市场的变化	2004	16	64	22－24	译文
55	SCA 公司 CEO 谈在生活用纸方面的发展策略	2004	18	66	19－20	译文

续表

序号	论文题目	年份	期号	总期号	页码	备注
56	零售商品牌卫生纸产品的光明前景——PLMA 主席答记者问	2004	20	68	21 – 23	译文
57	日本王子制纸(妮飘)公司以产品和工艺创新应对竞争激烈的市场	2004	21	69	23 – 24	译文
58	全球卫生纸市场发展最新概况	2004	22	70	40 – 41	
59	中国卫生纸行业的最新发展概况	2004	22	70	41 – 46	
60	全世界利用回收纤维生产卫生纸的现状——卫生纸生产商的机会	2004	22	70	46 – 63	译文
61	全球卫生纸市场巡礼	2004	23	71	4 – 7	译文
62	欧洲卫生纸市场的发展情况	2004	24	72	8 – 12	译文
63	非洲卫生纸市场悄悄地变化	2004	24	72	12 转 23	译文
64	聚焦 2003 年欧洲卫生纸行业	2005	2	74	8 – 11	译文
65	来自零售商品牌产品生产商协会(PLMA)2004 年会的最新报道	2005	2	74	15 – 16	译文
66	美国卫生纸价格在上涨	2005	2	74	17 – 18	译文
67	美洲卫生纸市场的发展概况	2005	4	76	7 – 11	译文
68	拉丁美洲卫生纸市场的发展概况	2005	4	76	11 – 12	译文
69	Metsä Tissue 公司总裁兼首席执行官谈该公司的发展	2005	4	76	15 – 16	译文
70	2004 年世界卫生纸市场回顾及 2005 年展望	2005	10	82	13 – 14	译文
71	厨房用纸——一个处于发展中的产品市场	2005	11	83	14 – 16	译文
72	中国生活用纸行业 2004 年度报告	2005	14	86	1 – 9	
73	阿拉伯世界的卫生纸市场概况	2005	16	88	9 – 11	译文
74	强风暴以后的世界卫生纸市场	2005	17	89	10 – 11	译文
75	中东地区对卫生纸的市场需求	2005	17	89	11 – 14	译文
76	创新与提价推动全球卫生纸行业的发展	2005	18	90	13 – 14	译文
77	全球卫生纸生产商纷纷进入印度市场	2005	20	92	8 – 9	译文
78	SCA 公司新的 Tork 品牌平台的创建历程	2005	21	93	11 – 13	译文
79	俄罗斯卫生纸市场概况	2005	22	94	15 – 17	译文
80	欧洲零售商品牌卫生纸产品正在赢得更多的市场份额	2005	23	95	14 – 15	译文
81	拉丁美洲卫生纸市场大有前途	2006	1	97	9 – 10	译文

续表

序号	论文题目	年份	期号	总期号	页码	备注
82	欧洲生活用纸市场中的零售商品牌产品与生产商自有品牌产品	2006	3	99	9－11	译文
83	全球卫生纸市场	2006	5	101	12－13	译文
84	2006 年亚洲卫生纸市场的需求增长将趋缓	2006	6	102	11－12	译文
85	面巾纸是生活必需品还是奢侈品?	2006	6	102	13－15	译文
86	消费量居全球首位的北美卫生纸市场	2006	9	105	9－10	译文
87	金佰利公司新的发展目标——对 Alberto Cappellini 总裁的访谈录	2006	9	105	10－12	译文
88	从 2005 年法国尼斯世界卫生纸大会看卫生纸市场的未来	2006	10	106	17－18	译文
89	美国 Cellynne 公司的独特发展之路	2006	11	107	6－7	译文
90	快速发展的亚洲卫生纸市场	2006	12	108	10－12	译文
91	关注中国和东欧的卫生纸市场	2006	13	109	15－16	译文
92	从 2005 年世界零售商品牌产品年会看价格和品牌的博弈	2006	13	109	16－19	译文
93	如何使欧洲卫生纸市场更健康地发展	2006	15	111	14－15	译文
94	乌克兰卫生纸市场现状	2006	16	112	15－19	译文
95	生活用纸的市场和发展趋势	2006	18	114	3－10	
96	高端产品推动北美卫生纸市场复苏	2006	18	114	20－22	译文
97	墨西哥的卫生纸市场	2006	19	115	20－21	译文
98	大规模零售贸易在卫生纸行业中的作用	2006	21	117	15－16	译文
99	零售商品牌卫生纸产品的现状、发展与挑战	2006	22	118	15－16	译文
100	澳大利亚 ABC 卫生纸公司的成功之道	2007	1	121	12－14	译文
101	Nuqul 正以惊人的速度前进	2007	2	122	19－21	译文
102	中国与俄罗斯成为生活用纸行业的增长促动力	2007	2	122	27－29	译文
103	Winner Paper：崛起于泰国市场	2007	2	122	30－31	译文
104	PLMA 2006	2007	2	122	32－35	译文
105	巴西 Melhoramentos 公司的发展理念	2007	3	123	16－17	译文
106	Carind 公司推出居家外用 Daily Gold 系列产品	2007	4	124	20－21	译文
107	俄罗斯 Syktyvkar 卫生纸集团实现持续增长	2007	4	124	27－29	译文
108	俄罗斯第二大卫生纸生产商——Syassky 制浆造纸厂	2007	4	124	30－31	译文

续表

序号	论文题目	年份	期号	总期号	页码	备注
109	欧洲卫生纸市场通过创新仍有发展机会	2007	5	125	7-9	译文
110	世界卫生纸供求形势分析：过剩还是短缺？	2007	7	127	18-19	译文
111	德国 Fripa 公司紧跟市场的经营之道	2007	8	128	17-19	译文
112	美国卫生纸市场挑战与发展并存	2007	12	132	20-22	译文
113	卫生纸行业对传媒的应对之策	2007	12	132	23-24	译文
114	零售商品牌在西欧的成功迫使生活用纸制造商向东欧寻求增长	2007	14	134	15-17	译文
115	厕用卫生纸：创新成为获得产品附加值的途径	2007	14	134	18-21	译文
116	南美 CMPC Tissue 公司稳步发展	2007	16	136	15-17	译文
117	中东卫生纸生产能力持续增加	2007	17	137	16-17	译文
118	生活用纸行业的可持续发展及森林产品 FSC 认证	2007	19	139	44-48	
119	发展中的土耳其卫生纸市场	2007	20	140	19-21	译文
120	卫生纸加工设备的投资回报	2007	20	140	49-50	译文
121	美国卫生纸加工商从 AFH 产品中获益	2007	21	141	9-11	译文
122	中国生活用纸市场分析与预测	2007	22	142	16-18	
123	竞争激烈，发展迅速的亚洲和大洋洲卫生纸市场	2007	23	143	6-8	译文
124	欧洲腹地斯洛文尼亚和克罗地亚两国的卫生纸市场	2007	24	144	9-12	译文
125	欧洲卫生纸市场展望	2008	1	145	7-10	译文
126	北美和欧洲卫生纸生产商情况的差异	2008	3	147	9-10 转 33	译文
127	全球卫生纸行业经营模式的变化	2008	4	148	12-19	译文
128	2006 年北美卫生纸市场的特点	2008	7	151	11-13	译文
129	东欧卫生纸产品市场述评	2008	9	153	12-20	译文
130	SCA 加快进入世界各地市场	2008	14	158	10-12	译文
131	中东卫生纸行业未来的发展	2008	15	159	7-11	译文
132	卫生纸行业与全球气候变暖	2008	16	160	8-9	译文
133	欧洲卫生纸论坛主席谈卫生纸市场及其前景	2008	17	161	17-19	译文
134	卫生纸行业需要市场和技术方面的创新	2008	17	161	47-48	译文
135	卫生纸行业管理供应链的新方法	2008	18-19	162-163	32-33 转 28	译文
136	美国林肯公司瞄准卫生纸原纸市场	2008	21	165	15-16	译文
137	2007 年西方卫生纸市场发展缓慢	2008	22	166	18-21 转 29	译文

续表

序号	论文题目	年份	期号	总期号	页码	备注
138	拉丁美洲：发展中的卫生纸市场	2008	23	167	14－16	译文
139	中国卫生纸市场的趋势和展望	2008	24	168	1－3	
140	北美和拉美的卫生纸市场	2009	1	169	22－25	译文
141	非洲和中东地区卫生纸产品市场概况	2009	2	170	17－19	译文
142	中东地区卫生纸研讨会的热点话题	2009	3	171	19－20	译文
143	巴西 Mili 纸厂推出 60 米长卷纸创造的效益	2009	4	172	17－18	译文
144	恒安：纸巾里长出的中国宝洁梦	2009	5	173	16－17	
145	Spirit Paper 公司：一个以残疾人为主的小型卫生纸公司	2009	6	174	20－22	译文
146	经济衰退会削减卫生纸消费量的增长吗？	2009	8	176	9－10	译文
147	日本王子妮飘公司在形势严峻的卫生纸市场中寻找增长机会	2009	8	176	15－17	译文
148	世界经济危机笼罩下的全球纸浆、废纸和卫生纸行业	2009	9	177	10－11	译文
149	亚太地区卫生纸产品市场概况	2009	9	177	12－13	译文
150	SCA：挑战、变革和创新	2009	10	178	14－17	译文
151	竞争的王牌——PPI 记者对许连捷先生的专访	2009	12	180	28－29	
152	福和纸业：中国绿色卫生纸集团	2009	12	180	29－30	译文
153	2009 年，卫生纸行业何去何从？	2009	14	182	32	译文
154	Fapsa 公司在墨西哥市场上茁壮成长	2009	15	183	16－17	译文
155	欧洲卫生纸产品市场发展概况	2009	16	184	10－12	译文
156	卫生纸行业对纸浆供应商的吸引力	2009	17	185	9－11	译文
157	全球生活用纸市场展望	2009	18	186	11－18	译文
158	新中国生活用纸的变迁与进步	2009	19	187	5－16	
159	经济衰退对澳大利亚卫生纸市场的冲击	2009	19	187	17－18	译文
160	经济危机下俄罗斯及独联体国家卫生纸市场的发展	2009	19	187	19－20	译文
161	巴西主要的卫生纸生产商致力于提高产品附加值	2009	20	188	17－18	译文
162	卫生纸生产：谁是老大？	2009	21	189	15－16	译文
163	折叠产品市场趋势	2009	21	189	48－50	
164	亚洲卫生纸厂的成本竞争力	2009	22	190	19－20	译文
165	折扣店在德国卫生纸零售上的重要地位	2009	22	190	42－44	译文
166	约旦河两岸卫生纸市场的发展	2009	23	191	21－24	译文

续表

序号	论 文 题 目	年份	期号	总期号	页码	备注
167	美国双松纸业：小型卫生纸加工商的大计划	2009	23	191	25	译文

卫生用品

序号	论 文 题 目	年份	期号	总期号	页码	备注
1	1999年世界各国及地区生活用纸每人每年平均消费量统计表(不含纸尿裤)	2001	1	1	21 – 22	译文
2	日本纸尿布、护理垫生产数量	2001	3	3	10	译文
3	亚洲一次性纸品回顾与展望	2001	4	4	8 – 11	译文
4	婴儿尿布与训练裤市场述评	2001	4	4	14 – 16	
5	失禁的调查结果	2001	5	5	41 – 45	译文
6	价值链分析：用于卫生吸收产品的原材料发展前景	2001	7	7	53 – 57	译文
7	浅析离型纸市场前景	2001	8	8	9 – 10	
8	一次性卫生用品行业的发展探讨	2001	9	9	17 – 19	
9	中国卫生巾市场的三大变化	2001	9	9	26 – 27	
10	妇女卫生巾市场的竞争、发展带来的哲学思考	2001	10	10	9 – 10	
11	台湾纸尿裤、卫生巾市场消费普及竞争激烈	2001	11	11	19 – 21	
12	综观妇女卫生用品	2002	1	13	28 – 30	译文
13	经济实用的预成形吸收芯材	2002	1	13	42 – 45	译文
14	经期卫生用品与妇女健康	2002	3	15	9 – 12	
15	经期卫生用品与妇女健康专家论坛——2002年成都会议	2002	4	16	12 – 14	
16	美国零售额列前五位的卫生用品品牌	2002	4	16	20 – 21	译文
17	纸尿裤与育儿健康专题研讨会——2002年北京会议	2002	6	18	12 – 13	
18	吸收性产品所用原材料的全球发展趋势	2002	7	19	10 – 14	译文
19	全球卫生用品行业和主要原材料行业的业态变化	2002	7	19	14 – 18	译文
20	2001年中国妇女卫生用品的市场概况	2002	10	22	9 – 11	
21	2001年美国前5位品牌吸液用品销售统计	2002	10	22	23 – 24	译文
22	2001年中国婴儿纸尿裤与成人失禁用品市场概况	2002	11	23	11 – 15	
23	美国零售额列前五位的卫生用品品牌	2003	1	25	15	译文
24	美国卫生巾销售统计	2003	2	26	18	译文
25	美国零售额列前五位的卫生用品品牌	2003	5	29	19	译文
26	世界婴儿纸尿裤市场的最新概况	2003	10	34	15 – 16	译文
27	西欧婴儿纸尿裤和擦拭巾市场的竞争及其应对措施	2003	11	35	49 – 50 转25	译文

续表

序号	论文题目	年份	期号	总期号	页码	备注
28	卫生用品生产设备的最新市场概况	2003	14	38	13－14	译文
29	美国卫生产品前五位的品牌销售状况	2003	16	40	17	译文
30	对卫生巾设备发展方向的看法	2003	18	42	11－12	
31	纸尿裤市场竞争激烈	2003	19	43	11－12	译文
32	回顾2003年全球妇女卫生用品市场中的几件大事	2004	3	51	16－17	译文
33	中国一次性卫生用品的概况和展望	2004	6	54	13－21	
34	全球卫生用品市场综述	2004	9	57	18－25	译文
35	一次性成人纸尿裤的市场投资及前景	2004	10	58	19－20	
36	有关2004年卫生用品市场前景的调查	2004	12	60	15－16	译文
37	成人失禁用品市场前景光明	2004	14	62	16－17	译文
38	以发展中国家为主要目标开发未来的婴儿纸尿裤市场	2004	15	63	22－25	译文
39	拉丁美洲卫生用品市场概况	2004	20	68	24转45	译文
40	全球成人失禁用品的发展	2005	1	73	5	译文
41	婴儿纸尿裤市场展望	2005	1	73	6	译文
42	2004年中国最具竞争力的妇女卫生用品品牌	2005	4	76	13－14	
43	将向中国卫生用品市场扩张的SCA公司的发展概况	2005	8	80	3－6	译文
44	日本老龄社会的扩大和成人用纸尿布市场	2005	9	81	12－13	译文
45	包括原材料在内的卫生用品市场所面临的挑战	2005	11	83	16－19	译文
46	纸尿裤生产设备市场的竞争加剧	2005	12	84	15－18	译文
47	绒毛浆——2005年的卖方市场	2005	12	84	18－19转51	译文
48	中国一次性卫生用品行业2004年度报告	2005	14	86	9－18	
49	零售商品牌卫生用品普遍受到欢迎	2005	14	86	26－28	译文
50	中国婴儿纸尿裤市场透析	2005	15	87	6－10	
51	世界婴儿纸尿裤市场概况	2005	16	88	12－15	译文
52	成人失禁用品市场在快速增长	2005	19	91	11－14	译文
53	一个新兴的婴儿纸尿布市场	2005	20	92	9－11	译文
54	一次性卫生用品行业面临的问题与对策	2006	2	98	15－17	
55	2005年日本一次性卫生用品的有关统计数据	2006	12	108	5－6	译文
56	失禁药物和用即弃成人失禁用品市场	2006	12	108	33－37	译文

续表

序号	论文题目	年份	期号	总期号	页码	备注
57	纸尿裤行业今后25年的发展预测	2006	17	113	12－20	译文
58	一次性卫生用品的市场和发展趋势	2006	19	115	3－11	
59	婴儿纸尿裤市场	2007	6	126	20－24	译文
60	零售商品牌：做市场的领导者还是尾随者	2007	11	131	15－17	译文
61	全球纸尿裤市场的积极因素和负面影响	2007	18	138	13－15	译文
62	应对零售商品牌产品更明智的方法	2007	18	138	15－16 转22	译文
63	全球绒毛浆市场的过去、现在和未来	2007	21	141	12－15 转11	译文
64	推动全球个人卫生用品行业未来发展的主要因素	2007	21	141	34－36	译文
65	成人失禁用品发展趋势	2007	23	143	16－19	译文
66	全球妇女卫生用品市场情况	2008	3	147	11－12	译文
67	2008年卫生巾生产企业面临的七道坎	2008	8	152	13－14	
68	发展中国家市场——卫生用品行业的发展机遇	2008	9	153	8－11	译文
69	印度：吸收性卫生用品的市场情况及其潜力	2008	12	156	19－23	译文
70	亚太地区一次性卫生用品行业的趋势和展望	2008	13	157	19－20	译文
71	卫生用品生产商重视新兴市场和产品创新	2008	14	158	39－42	译文
72	零售商品牌纸尿裤市场	2008	20	164	12－14	译文
73	生活方式的改变促进了成人失禁用品市场的发展	2008	22	166	40－42	译文
74	欧洲卫生用品行业致力于可持续发展：策略与主要里程碑	2009	2	170	12－16	译文
75	成人失禁用品的可持续发展	2009	3	171	15－18	译文
76	经济低迷下快消品市场依然坚挺	2009	14	182	18－21	
77	亚太地区吸收性卫生用品行业的趋势和展望	2009	14	182	28－31	
78	满足现代老年人需要的成人失禁用品	2009	18	186	44－45	译文
79	欧洲、中东和非洲的卫生用品	2009	21	189	16－18	译文
80	个人护理用品巨头SCA公司	2009	23	191	43－44	译文
擦拭巾、湿巾、干法纸						
1	你总想知道的有关无尘纸的一切——2000年的飞跃	2001	1	1	48－51	译文
2	新千年的无尘纸产品(气流成网产品)	2001	1	1	52－56	译文
3	气流成网干法纸在餐饮业中的发展	2002	9	21	14－17	译文

续表

序号	论文题目	年份	期号	总期号	页码	备注
4	国内卫生湿巾的生产和市场发展迅速	2002	11	23	15－16	
5	国际市场揩布需求健康发展	2002	12	24	17－18	
6	浆粕气流成网干法纸动态	2003	5	29	20－21	
7	国内卫生湿巾概况	2003	13	37	9－10	
8	气流成网干法纸的市场展望——干法纸产品的几种新用途	2003	13	37	10－13	
9	干法纸(气流成网非织造布)及其发展概况	2003	15	39	10－12	译文
10	处于调整中的擦拭巾产品	2003	15	39	44－46	译文
11	干法纸产能增长过快，市场不容乐观	2003	20	44	15－17	译文
12	中国干法纸和湿巾的发展概况	2004	1	49	17－18	
13	国内浆粕气流成网干法纸目前的生产能力及产量估计	2004	5	53	24－25	
14	个人消费擦拭巾将持续增长	2004	10	58	16－19	译文
15	擦拭巾生产的发展趋势	2004	20	68	53－54	译文
16	美国产业用擦拭巾行业面临一场抗争	2005	3	75	7－9	译文
17	气流成网干法造纸概论(一)	2005	3	75	39－44	译文
18	湿纸巾的发展概况	2005	4	76	35－38	
19	气流成网干法造纸概论(二)	2005	4	76	39－46	译文
20	可冲散型擦拭巾的过去、现在和未来	2005	7	79	43－47	译文
21	Concert 公司新任首席执行官 Raoul Heredia 先生谈干法纸及其未来	2005	8	80	6－8	译文
22	非织造布擦拭巾的发展概况及其未来走向	2005	9	81	14－16	译文
23	家庭清洁用擦拭巾	2005	12	84	41－45	译文
24	个人护理用擦拭巾不断从快速增长中赢得更多的利润	2005	23	95	15－19	译文
25	医用擦拭巾的发展趋势	2006	3	99	13－15	译文
26	浅谈用于擦拭巾的干法纸和水刺非织造布	2006	4	100	16－18	
27	干法纸卫生用品在逆境中发展	2006	11	107	38－41	译文
28	零售商品牌促进了擦拭巾市场的发展	2006	15	111	11－13	译文
29	回顾 2005 年的干法纸市场	2006	19	115	22－24	译文
30	湿擦拭巾的发展——过去、现在和未来	2006	20	116	14－21	译文
31	用即弃擦拭巾的市场和新产品的开发	2006	23	119	13－16	译文

续表

序号	论文题目	年份	期号	总期号	页码	备注
32	PIRA 举办的擦拭巾研讨会	2007	7	127	20－23	译文
33	工业用和公共机构用擦拭巾市场继续增长	2008	1	145	46－48	译文
34	北美家庭清洁用擦拭巾的市场情况	2008	2	146	16－19	译文
35	食品垫：干法纸的重要市场	2008	5	149	39－41	译文
36	家用擦拭巾市场后劲不足	2008	6	150	14－16 转 42	译文
37	个人用擦拭巾市场的回顾和未来的发展机会	2008	8	152	15－17	译文
38	干法纸会东山再起吗?	2008	10	154	12－16	译文
39	具有更多使用价值的工业用擦拭巾	2008	18－19	162－163	9－11	译文
40	家用擦拭巾市场为争取新客户而努力	2008	24	168	16－18	译文
41	擦出新天地——非织造布擦拭巾的用途	2009	5	173	18－20	
42	婴儿湿巾与个人护理用湿巾市场	2009	8	176	10－15	译文
43	干法纸行业目前的形势	2009	16	184	13－14	译文
44	经济衰退下个人护理用擦拭巾仍有发展潜力	2009	18	186	19－20	译文
45	产业用擦拭巾的发展概况	2009	20	188	13－16	译文
非织造布						
1	世界范围内浆粕气流成网发展迅速	2001	2	2	17－18	
2	2000 年世界最大的 40 家非织造布生产公司	2001	3	3	11－12	
3	日本非织造布的现状和预测	2001	5	5	22－25	译文
4	国外家用非织造布的发展	2001	6	6	35－38	
5	水刺非织造布的现状与未来	2001	6	6	38－45	
6	日本非织造布市场现状及发展趋势	2001	11	11	17－18	
7	卫生和医疗用的非织造布	2002	4	16	41－42	译文
8	世界非织造工业的现状与前景	2002	6	18	10－12	
9	世界非织造布及其主要原材料市场概况及展望	2002	10	22	24－26	
10	2001 年中国一次性卫生用品用非织造布的生产及市场概况	2002	12	24	9－11	
11	全球卫生产品用非织造布的需求量及其利润的增长前景	2002	12	24	12－14	译文
12	水刺非织造布的现状和发展前景	2003	2	26	13－15 转 9	
13	2002 年世界最大的 40 家非织造布生产公司	2003	2	26	16	译文

续表

序号	论文题目	年份	期号	总期号	页码	备注
14	日本非织造布生产趋势	2003	2	26	21	
15	2010 年世界产业用纺织品市场的预测	2003	9	33	17－18	
16	应用于卫生用品的非织造布发展趋势	2003	9	33	18	
17	近年来我国新增水刺布生产能力情况	2003	10	34	23	
18	用于吸收性卫生用品的非织造布——它的过去、现在和将来	2003	11	35	16－19 转 12	译文
19	卫生用品非织造布生产近况	2003	11	35	23－24	
20	2002 年全国纺粘法非织造布生产统计公报	2003	12	36	26－27	
21	2002 年我国非织造布进出口前十位省市	2003	16	40	18	
22	非织造布在卫生用品中的应用	2003	20	44	12－14	译文
23	困扰着非织造布行业进一步取得成功的 2 个问题——行业协会的改革和预成形芯材的使用	2003	21	45	11－12	译文
24	新概念提升非织造布发展	2003	22	46	15	
25	非织造布的外延产品开发与应用	2003	24	48	13－14	
26	2002 年非织造布企业排序情况	2003	24	48	18	
27	2003 年世界非织造布卷材生产商前 40 强排名	2003	24	48	19	译文
28	欧洲非织造布产业趋势与技术标准化	2004	4	52	16－20	译文
29	北美非织造工业现状及未来的趋势	2004	4	52	21－23	译文
30	亚洲非织造布现状及展望	2004	4	52	24 转 20	
31	2003 年世界最大的 40 家非织造布生产公司	2004	5	53	25	译文
32	非织造复合材料日益显现优势	2004	18	66	20－22	译文
33	纺粘法非织造布的前景在于市场开发	2004	18	66	23－25	
34	2003 年全球非织造布卫生用品市场综述	2004	19	67	22－25	译文
35	高速发展的中国纺粘法非织造布工业	2004	21	69	24－26	
36	东欧非织造布产品市场	2004	23	71	7－9	译文
37	土耳其和中东地区的非织造布生产迅速发展	2005	1	73	6－7 转 26	译文
38	2004—2009 年全球非织造生产预瞻	2005	7	79	13－14 转 36	译文
39	2004 年中国非织造布工业发展情况	2005	13	85	7－9	
40	未来 10 年非织造布产品的创新和原材料供应前景	2005	13	85	10－13	译文
41	探索我国水刺非织造布材料工业的发展之路	2005	24	96	8－10	
42	中国与亚洲非织造材料工业未来的发展	2006	1	97	10－13	
43	适用于非织造布生产的纤维市场形势	2006	1	97	13－15	译文

续表

序号	论文题目	年份	期号	总期号	页码	备注
44	中国非织造工业增势依然，增幅趋缓	2006	3	99	11－13	
45	拉美非织造布生产增速超过全球	2006	12	108	6－7	译文
46	2005 年中国非织造布工业的发展情况	2006	14	110	15－17	
47	欧洲非织造布卫生用品的发展趋势	2006	16	112	19－20	译文
48	医疗卫生市场需求与熔纺法能力扩展	2006	17	113	20－23	
49	浅析我国水刺法非织造布材料工业发展	2006	21	117	17－19	
50	纺熔市场：一个新的投资热点	2006	24	120	12－14	译文
51	用于生产卫生用品的非织造布市场持续增长	2007	15	135	13－15	译文
52	干法纸和水刺法非织造布在擦拭巾市场中的竞争（上）	2007	17	137	40－49	译文
53	干法纸和水刺法非织造布在擦拭巾市场中的竞争（下）	2007	18	138	44－50	译文
54	展望 2015 年的非织造布工业	2008	1	145	11－12	译文
55	调整中稳步前进——2008 年非织造行业展望	2008	4	148	20－22	
56	2005—2010 年西欧对比中国及中东的聚酯和聚丙烯的形势	2008	5	149	15－17 转 6	译文
57	2006 年中国产业用纺织品行业发展报告	2008	8	152	46－47	
58	到 2010 年聚丙烯纺粘法/纺熔法非织造布市场全球展望	2008	15	159	11－12	译文
59	2007 年世界非织造布生产商 40 强	2008	16	160	10－14	译文
60	2007/2008 年全球非织造布用品生产情况	2008	21	165	17－18 转 24	译文
61	产业升级 共御风暴——2009 年非织造行业展望	2009	6	174	17－20	
62	美国非织造布市场规模预测	2009	10	178	17－18 转 51	
63	当“春天”来临，中小型非织造布企业如何发展	2009	17	185	11－12	
64	非织造布加工商如何应对困难时期	2009	19	187	21－22	译文
65	非织造布：擦拭巾中的“洗唰唰”	2009	21	189	53－55	
66	60 年：非织造布产业科技创新能力显著提升	2009	23	191	19－20	
67	医用非织造布概述	2009	23	191	53－57	
高吸收性树脂						
1	吸收性卫生产品用高吸水树脂的国内外发展趋势	2002	11	23	16－17	
2	目前高吸水树脂短缺危机的由来及其后果	2005	20	92	11－13	译文
3	有关高分子吸收树脂市场形势最新资料	2006	12	108	13－15	译文

生活用纸和吸收性卫生用品的技术进展(《生活用纸》2001—2009年有关论文索引)

TECHNOLOGY ADVANCES OF TISSUE PAPER & DISPOSABLE PRODUCTS (INDEX OF PAPERS IN *TISSUE PAPER & DISPOSABLE PRODUCTS* 2001—2009)

[9]

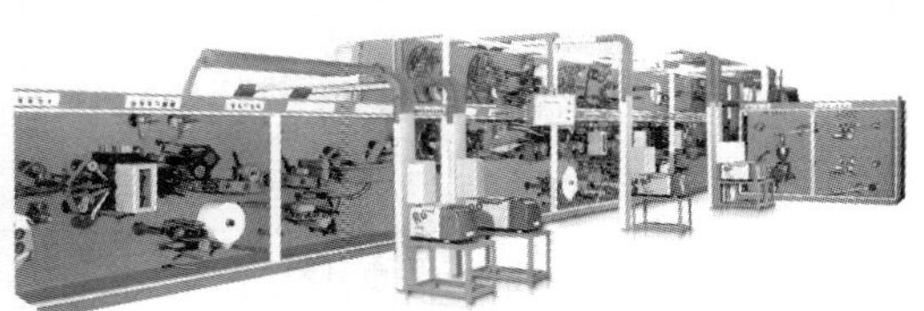

生活用纸和吸收性卫生用品的技术进展

(《生活用纸》2001—2009 年有关论文索引)

序号	论文题目	年份	期号	总期号	页码	备注
卫生纸						
1	浅谈造纸湿强剂的应用	2001	1	1	45-46	
2	纸用柔软剂的最新进展	2001	2	2	41-44	
3	PEO——造纸用分散剂的应用研究	2001	2	2	44-46	
4	新月形卫生纸机抄造生活用纸的生产工艺	2001	4	4	34-40	
5	新安装国产卫生纸机应注意的几个问题	2001	4	4	40-41	
6	湿强剂在纸巾纸中的应用	2001	4	4	42-43	
7	定量控制对卫生纸质量的影响	2001	5	5	28	
8	卫生纸技术的“软”市场	2001	6	6	28-29	译文
9	用于生产卫生纸的 TissueFlex 技术在美洲首次应用成功	2001	6	6	29-30	译文
10	书簿纸脱墨生产生活用纸	2001	6	6	45-47	译文
11	TAD 卫生纸生产系统	2001	7	7	42-45	
12	混合废纸常温脱墨生产高档卫生纸	2001	7	7	49	
13	意大利 OVER 公司卫生纸机介绍	2001	8	8	34-39	译文
14	安德里茨公司的卫生纸机家族	2001	8	8	40-41	译文
15	卫生纸机室内环境控制	2001	8	8	42-43	
16	怎样在工艺控制过程中减少卫生纸原纸纸尘的产生	2001	8	8	44	
17	卫生纸纸机的成形网和压榨毛毯	2001	8	8	46-52	译文
18	我对进口卫生纸机选择和适应的认识	2001	9	9	30-31	
19	国产卫生纸机的技术管理和质量保证	2001	9	9	31-32	
20	更新改造提高国产卫生纸机的竞争力	2001	9	9	32-34	
21	影响圆网纸机铜网使用寿命的几个因素	2001	9	9	34	
22	适时改造纸机——提高产品的品质和效益	2001	10	10	33-36	译文
23	生活用纸厂造纸白水的特性及其化学混凝处理	2001	10	10	36-39	
24	浅谈卫生纸粘缸的原因及解决办法	2001	10	10	39-40	
25	彩印餐巾纸及其生产设备的选购	2001	10	10	40-41	
26	热风穿透干燥(TAD)技术	2001	10	10	42-44	译文
27	有助于松厚度提高的压榨研究	2001	10	10	44-47	译文
28	AKD 在生活用纸中的应用研究	2001	12	12	29-32	

续表

序号	论文题目	年份	期号	总期号	页码	备注
29	阳离子有机硅纸张柔软剂的合成与应用研究	2002	2	14	41-42	
30	卫生纸中阳离子柔软剂/解键剂的检测和显像	2002	2	14	44-47	译文
31	有效控制废纸浆中的胶粘物 提高卫生纸的生产效率	2002	2	14	47-51	译文
32	影响皱纹卫生纸质量的因素及其皱折度的表示法	2002	2	14	57-58	
33	Φ350mm 中浓盘磨机在废纸脱墨卫生纸生产流程中的应用	2002	3	15	36-37	
34	提高卫生纸生产效率和改善其手感柔软度的最优化起皱控制技术	2002	3	15	41-44	译文
35	皱纹纸起皱的方法及其特点和烘缸与刮刀对皱纹纸质量的影响	2002	3	15	53	
36	湿强剂聚酰胺环氧树脂及其应用	2002	4	16	34-35	
37	擦手纸原纸生产和纸加工技术浅谈	2002	6	18	46-48	
38	卫生纸加工中的最新增值设备	2002	6	18	50-51	译文
39	皱纹卫生纸起皱刮刀的使用方法	2002	7	19	40-41	
40	在印刷过程中卫生用纸与水性胶印油墨的相互作用	2002	7	19	45-49	译文
41	用废纸浆在圆网纸机上抄造生活用纸	2002	8	20	42-43	
42	抄造生活用纸的湿部化学	2002	8	20	44-51	译文
43	卫生纸浆料系统的电荷控制及其产生的效益	2002	9	21	45-51	译文
44	高级卫生纸产品所要求的纤维性能	2002	10	22	43-44	译文
45	高质量卫生纸专用的针叶木浆	2002	10	22	45-47	译文
46	提高生活用纸柔软度的新技术	2002	11	23	44-46	
47	能提高卫生纸松厚度和吸收性的漂白 CTMP	2002	11	23	47-49	译文
48	几种进口浆板在生活用纸中的应用	2002	12	24	35-37	
49	Oji 纸业公司用高速新月形纸机高效生产优质面巾纸的实践经验	2002	12	24	39-42	译文
50	低成本生产卫生纸	2003	1	25	29-33	译文
51	供卫生纸生产商采用的再生纸浆的先进制浆技术	2003	1	25	35-39	译文
52	柔软度——卫生纸的重要性能	2003	2	26	34	译文
53	Chinke 法应用于卫生纸膨松柔软度的测定	2003	2	26	35-36	译文
54	提高卫生纸质量，节约生产成本的新方法	2003	2	26	43-45	译文
55	彩色餐巾纸的生产技术与实践	2003	3	27	36-38	

续表

序号	论 文 题 目	年份	期号	总期号	页码	备注
56	Advantage(Air)Cap 热风罩：一种新技术平台	2003	4	28	42－46	译文
57	采用仪器测试法评价柔软卫生纸产品的表面摩擦性能	2003	5	29	35－37	译文
58	热风穿透干燥(TAD)技术面临的挑战和机遇	2003	6	30	47－52 转21	译文
59	压花手抄纸松厚度的测定	2003	9	33	30－32	译文
60	卫生纸用涂布柔软剂—Crodasoft TS	2003	9	33	32－33	译文
61	新型 CBC™起皱刮刀装置	2003	9	33	33－34	
62	涉及提高面巾纸、厕用卫生纸和纸巾纸产品质量的后整理技术	2003	9	33	35－36	译文
63	自动控制流浆箱的浆流喷射，提高卫生纸质量	2003	10	34	43－44	译文
64	亚硫酸钠—蒽醌在烧碱法稻草浆中的应用研究	2003	11	35	40－41	
65	彩色皱纹纸的加工工艺与设备	2003	11	35	44－45	
66	采用自动化换卷系统，提高卫生纸机干部的效率	2003	11	35	46－49	
67	美卓公司提供给日本王子世界上最快的卫生纸机	2003	12	36	38－39	
68	安德里兹公司的卫生纸机技术——常德恒安 2 号机的开工验收	2003	12	36	39 转 8	
69	选择双网卫生纸机成形网的“工程设计方法”	2003	12	36	40－45	译文
70	影响卫生纸柔软度的因素及其控制	2003	13	37	38	
71	卫生纸机压榨技术的发展	2003	13	37	39－41	译文
72	适宜于卫生纸机网、毯清洗用的高压旋转喷头式喷水器	2003	13	37	42－43	译文
73	表面活性剂在生活用纸工业中的应用	2003	14	38	36－39	
74	浅析涂料在高速卫生纸机上的应用	2003	14	38	39－40	
75	一种实用、有效的纸浆评价方法——兼论适用于卫生纸和纸巾纸产品纸浆的性能差异	2003	14	38	43－47	译文
76	起皱工艺中的温度测量	2003	15	39	42－44	译文
77	如何在加工工艺中保持卫生纸的质量	2003	16	40	10－14	译文
78	如何提高高档生活用纸的柔软度	2003	16	40	32	
79	扬克式烘缸脱缸剂对起皱条件和平衡的影响	2003	16	40	33－34	译文
80	卫生纸生产中的胶粘物控制新技术及其应用	2003	16	40	37－39	译文
81	在整饰工艺中，运用整饰曲线提高卫生纸质量	2003	17	41	39－43	译文

续表

序号	论文题目	年份	期号	总期号	页码	备注
82	重视解决卫生纸厂的纸毛问题	2003	17	41	43－44	译文
83	卫生纸的成形：单层与多层成形网之比较	2003	18	42	42－43	译文
84	采用自动化的纸卷碎纸机简化卫生纸厂中破损纸卷的处理	2003	19	43	40－41	译文
85	一种碎浆过程自动控制设计	2003	20	44	31－34	
86	在普通纸机上生产更柔软、更松厚的卫生纸	2003	20	44	39－41	译文
87	中浓磨浆技术在卫生纸生产中应用	2003	21	45	30－31	
88	能够提高纸巾强度和控制造纸系统电荷的新型阴离子促进剂	2003	21	45	33－36	译文
89	新月形高速卫生纸机的安装	2003	22	46	36－38	
90	卫生纸的紧凑型浆料制备系统	2003	22	46	41－45	译文
91	卫生纸用蛋白质调湿剂——Coltide Peptides	2003	22	46	45－46	译文
92	提高卫生纸加工效率和投资盈利率(ROI)的新途径	2003	23	47	13－14	译文
93	浅述提高面巾纸原纸质量	2003	23	47	34－35	
94	桉木纸浆在卫生纸产品中的重要作用	2003	23	47	39－40	译文
95	Lady Regio—Copamex 公司的卫生纸在墨西哥市场赢得赞誉	2003	24	48	29－30	译文
96	卫生纸的水针切边和纵切	2003	24	48	31－33	译文
97	单一材种制浆：世界上最受欢迎的商品纸浆	2003	24	48	33－35	译文
98	高速卫生纸机起皱工艺的控制	2004	1	49	37－39	
99	卫生纸卷的高周期率生产：长时间的连续复卷生产线	2004	1	49	44－45	译文
100	在卫生纸生产中，采用聚丙烯酰胺共聚物控制废纸浆中难处理的胶粘物	2004	1	49	45－46 转32	译文
101	二次纤维的打浆度对卫生纸质量的影响	2004	2	50	39－40	
102	优化扬克式烘缸起皱的喷涂系统模型	2004	2	50	42－45	译文
103	提高高速卫生纸机换卷成功率的做法	2004	3	51	34－35	
104	卫生纸用柔软剂和增强剂——Coltide Q 系列产品	2004	3	51	37－38	译文
105	剥离剂和粘合剂在高速卫生纸机中的应用	2004	4	52	45－46	
106	使卫生纸更清洁更安全	2004	4	52	49－50	译文
107	选择合适的卫生纸纤维原料配比	2004	5	53	39	译文
108	日本 Oji－Nepia 公司的全球最快卫生纸机	2004	5	53	46－47	译文

续表

序号	论文题目	年份	期号	总期号	页码	备注
109	新月型高速卫生纸机主要系统及设备简介	2004	6	54	40-41	
110	用于卫生纸的3条脱墨生产线的改造设计和结果比较	2004	6	54	44-47	译文
111	Lady Regio 厕用卫生纸赢得墨西哥消费者青睐	2004	9	57	55-56	译文
112	浅谈扬克缸的干燥效率和干燥不均	2004	10	58	39-45	
113	湿强剂 SCG	2004	10	58	45转51	
114	大卷筒卫生纸生产中应注意的几个问题	2004	10	58	46-47	译文
115	卫生纸的染色	2004	10	58	47-49	译文
116	纸张柔软剂的概况及应用	2004	11	59	44-47	
117	改进卫生纸起皱均匀性的新技术	2004	12	60	43-45	译文
118	卫生纸机造纸过程控制	2004	12	60	45-48	
119	能很好控制纸页运行性能和减少纸毛污染的卫生纸机干燥部新技术	2004	12	60	54-56	译文
120	全麦草化学浆卫生纸厂工艺设计的改进	2004	13	61	48-50	
121	卫生纸印刷用特种油墨及其独特效果	2004	13	61	51-54	译文
122	柔软剂的应用和卫生纸柔软度的测定	2004	14	62	35-37	译文
123	浆料的制备：纸页成形前的重要工艺	2004	14	62	37-38	译文
124	纤维的性质对纸张性能的影响	2004	14	62	59-60	
125	卫生纸柔软度的测定	2004	15	63	44-45	译文
126	最先进的卫生纸压榨技术——TissueFlex™靴形压榨	2004	15	63	50-52	译文
127	一种适用于卫生纸厂的高效新型纸毛控制系统	2004	15	63	53-54	译文
128	川之江的 BF 型扬克抄纸机	2004	16	64	52-54	
129	适用于卫生纸生产中腐浆控制的绿色杀菌剂及其效果	2004	17	65	51-53	译文
130	卫生纸产品生产中使用的粘合剂：最新进展及对废纸回用的影响	2004	17	65	58-61	译文
131	ANDRITZ 公司的理想配置 PrimeLine™卫生纸机	2004	18	66	43-46	译文
132	卫生纸机的操作对产品性能的影响	2004	18	66	49-50	译文
133	起皱陶瓷刮刀和扬克式烘缸表面的金属喷镀	2004	18	66	50-55	译文
134	纸巾的柔版印刷	2004	18	66	56-57	
135	光触媒及其在生活用纸中的应用	2004	19	67	44-45	

续表

序号	论文题目	年份	期号	总期号	页码	备注
136	用再生纤维生产高白度卫生纸	2004	19	67	45－48	译文
137	棉短绒制浆新工艺研制报告	2004	19	67	48－50	
138	用彩色压花系统革新卫生卷纸	2004	19	67	51－52	译文
139	应对TAD烘缸废气排放的挑战	2004	19	67	52－56 转37	译文
140	再生卫生纸脱墨剂的复配和应用实践	2004	20	68	46－48	
141	影响高速卫生纸机原纸皱纹的因素	2004	21	69	44－46	
142	洗网剂、洗毯剂的使用	2004	21	69	46	
143	X概念机：一个系统供应商的细分市场	2004	21	69	47－48	
144	一种能保持松厚度不变，提高卫生纸柔软度的方法——湿部化学柔软法	2004	22	70	18－22	译文
145	美卓卫生纸机最新技术方案	2004	22	70	23－30	译文
146	有机硅柔软剂在卫生纸中的应用	2004	22	70	30－34	译文
147	生产高质量卫生纸的抄纸机及后加工设备	2004	22	70	34－40	译文
148	扬克式烘缸粘缸剂和剥离剂的新发展	2004	22	70	63－66	译文
149	再生卫生纸脱墨技术概述	2004	23	71	34－36	
150	一次成功的TAD纸机开车	2004	23	71	42	译文
151	扬克式烘缸轴承的改造	2004	23	71	45－46	
152	TM15毛布的洗涤理论和实践	2004	24	72	28－33	
153	现代卫生纸机湿部的发展趋势	2004	24	72	34－36	译文
154	卫生纸生产质量控制	2005	1	73	34－37	
155	高速卫生纸机电气传动系统的分析	2005	1	73	38－39	
156	可提高卫生纸柔软性和松厚性的聚硅氧烷	2005	1	73	41－42	译文
157	可使纸巾强度达到最大值，并控制造纸系统电荷的阴离子促进剂	2005	2	74	39－43	译文
158	WEPA公司的Giershagen卫生纸厂从旧纸机的更新改造中受益	2005	2	74	44	译文
159	介绍一台高速卫生纸机的白水回收系统情况	2005	3	75	34－35	
160	用棉短绒烧碱绿氧法抄造卫生纸的研究	2005	4	76	33－35	
161	抗菌剂在生活用纸中的应用	2005	7	79	39－40	
162	柔软剂和乳霜的正确涂布方法及其所适用的设备	2005	7	79	41－42	译文
163	起皱工艺的科学原理	2005	8	80	28－31	译文

续表

序号	论文题目	年份	期号	总期号	页码	备注
164	提高卫生纸柔软度的必经之路——在纸机干燥部的柔软化技术	2005	8	80	39 - 41	译文
165	废纸浆生产擦手纸的研究	2005	9	81	35 - 38	
166	单烘缸高速卫生纸机蒸汽系统的改造	2005	9	81	38 - 40	
167	废纸酶法脱墨生产卫生纸/擦手纸	2005	9	81	43 - 46	译文
168	以蔗渣浆为主要原料抄造高柔软度卫生纸的生产实践	2005	10	82	31 - 32	
169	适用于提高卫生纸生产效率的湿部控制技术	2005	10	82	36 - 40	译文
170	化学品在生活用纸中的应用的探讨	2005	11	83	30 - 33	
171	废纸脱墨浆除胶剂的研制与应用	2005	11	83	33 - 34	
172	用于卫生纸加工生产中的高效粘合剂	2005	11	83	39 - 41	译文
173	TAD 卫生纸机成功投产的经验总结	2005	11	83	41 - 43	译文
174	一种可提高卫生纸生产效率的新型起皱刮刀架	2005	12	84	37 - 38	译文
175	保持资产最优化	2005	12	84	45 - 46	译文
176	卫生纸的最新包装技术及其发展趋势	2005	12	84	47 - 48	译文
177	一种吸水剂的制备及其吸水性能的研究	2005	13	85	32 - 34	
178	改性剂对粘缸剂薄膜性质的影响——有关改善扬克式烘缸涂层性质的研究结果	2005	13	85	38 - 42	译文
179	超柔卫生纸的复卷	2005	13	85	42 - 43	译文
180	卫生纸生产用草浆简易三段漂的特点	2005	14	86	38 转 43	
181	卫生纸的柔软度	2005	14	86	39 - 41	译文
182	能够提高生产效率的卫生纸技术	2005	14	86	42 - 43	译文
183	采用新技术，满足卫生纸市场的需求	2005	15	87	11 - 14	译文
184	改进圆网槽结构 提高餐巾纸质量	2005	15	87	37 转 24	
185	有关卫生纸柔软度测定方法的文献综述	2005	15	87	38 - 45	译文
186	包装材料创新突现卫生纸生产商的个性	2005	15	87	45	译文
187	生活用纸增强技术的新进展	2005	16	88	38 - 42	译文
188	国产与进口纸巾纸的质量比较	2005	17	89	32 - 33	
189	用自粘胶带做圆网笼边布效果好	2005	17	89	33 - 34	
190	碳素纤维复合工程材料应用于高速卫生纸机及加工设备的辊筒	2005	18	90	41 - 44	译文
191	卫生纸加工对新产品开发的重要性	2005	19	91	9 - 11	译文

续表

序号	论文题目	年份	期号	总期号	页码	备注
192	提高卫生纸复卷生产线的生产效率	2005	19	91	38-39	
193	TAD 技术应用于中等产量规模的 THRU-AIR® 100 新纸机	2005	20	92	36-37	译文
194	在卫生纸生产加工中采用工艺模拟技术提高投资盈利率	2005	20	92	37-40 转 43	译文
195	CMC 在擦手纸中的应用初探	2005	21	93	35-37	
196	采用 TAD 热风罩热风横向分布控制技术，改善纸页的横向水分分布	2005	21	93	41-44	译文
197	热风穿透干燥技术(TAD)为何对卫生纸生产商有吸引力？——热风穿透干燥技术简介	2005	21	93	51-52 转 50	译文
198	纤维素酶——适用于卫生纸生产的下一代生物化学品	2005	22	94	41-45	译文
199	超柔软度与热风穿透干燥	2005	22	94	45-46 转 4	译文
200	适用于提高卫生纸运行稳定性和降低纸毛量的技术与设备	2005	23	95	41-43	译文
201	可降低能耗的热风穿透干燥用新型毛毯	2005	23	95	43-46	译文
202	中碱性施胶剂在擦手纸上的应用	2005	24	96	24-25	
203	在流浆箱中控制卫生纸的定量	2005	24	96	32-35	译文
204	染料在卫生纸生产中的应用	2006	1	97	29-30	译文
205	卫生纸靴形压榨用的靴套开发	2006	1	97	33-37	译文
206	适用于卫生纸生产的脱墨纸浆生产系统	2006	1	97	38-41	译文
207	对废纸脱墨浆生产高档卫生纸的认识	2006	2	98	36-37	
208	卫生纸用新型湿强树脂	2006	2	98	44-46	译文
209	高速卫生纸机纸页孔洞产生的几种原因及处理方法	2006	3	99	32	
210	常用纸制品有毒有害物质测试结果及分析	2006	3	99	33-35	
211	卫生纸柔软度的全盘解决方法	2006	3	99	38-40	译文
212	浅谈全稻草生产 B 级卫生纸的制浆工艺控制	2006	4	100	33-34	
213	热风穿透干燥(TAD)技术的纸机配置	2006	4	100	39-42	译文
214	功能性助剂的使用已成为卫生纸生产的商业秘密	2006	4	100	42-44	译文
215	原纸对纸巾纸性能的影响	2006	5	101	32-34	
216	如何加强包装纸盒的进货质量控制	2006	5	101	34-35	

续表

序号	论 文 题 目	年份	期号	总期号	页码	备注
217	采用起皱粘缸改性剂，提高卫生纸纸机的运行性能和产品质量	2006	5	101	39－42	译文
218	大烘缸及其水压试验	2006	6	102	33－35	
219	一种咪唑啉季胺盐型纸张柔软剂的合成与应用	2006	9	105	28－30	
220	卫生纸用废纸脱墨浆的碎浆新工艺	2006	9	105	33－38	译文
221	美卓公司开发出卫生纸机新型压榨装置	2006	10	106	41－42	译文
222	压花增加卫生纸产品价值	2006	10	106	42－45	译文
223	新型功能纸巾纸初探	2006	11	107	30－32 转 41	
224	纸页的网纹结构对卫生纸性质的影响	2006	11	107	33－38	译文
225	卫生纸生产中紧凑型脱墨浆生产线的现场使用效果	2006	12	108	37－42	译文
226	TAD 纸机能源成本的优化研究	2006	14	110	41－43	译文
227	擦手纸比热风干手器更卫生	2006	14	110	44－46	译文
228	皱纹原纸的生产及其质量要求	2006	15	111	34－36	
229	美卓公司开发的卫生纸机新型 ViscoNip 压榨装置	2006	15	111	38－40	译文
230	热风穿透干燥工艺	2006	16	112	41－42	译文
231	进口卫生纸机的蒸汽冷凝水热回收技术	2006	17	113	36－38	
232	卫生纸用阳离子柔软剂——Crodasoft CFI 90 分散体	2006	17	113	45	译文
233	卫生纸的节约型生产实例	2006	18	114	33－35	
234	再谈高品质擦手纸原纸的生产与加工	2006	19	115	33－35	
235	浅析废纸抄造卫生纸的相关问题	2006	20	116	35－37	
236	创造最佳起皱条件	2006	20	116	40－44	译文
237	钢结构扬克烘缸	2006	20	116	44－45	译文
238	卫生纸后加工中胶水和化学品应用技术	2006	21	117	37－38	
239	PEO 在面巾纸生产中的应用	2006	21	117	39－40	
240	废纸质量变化带来的难题	2006	21	117	43－44	译文
241	卫生纸浆料制备系统的创新技术	2006	21	117	44－46	译文
242	高速切纸机的结构及性能特点	2006	22	118	36－38	
243	造纸白水处理与回用工艺浅析	2006	22	118	39－40	
244	安德里茨公司悄然打造全套卫生纸生产线	2006	22	118	41－43	译文
245	Atmos 技术是对 TAD 的真正考验吗?	2006	23	119	39－40	译文
246	卫生纸机供浆系统的技术改造	2006	24	120	25－26	

续表

序号	论文题目	年份	期号	总期号	页码	备注
247	对卫生纸中硅酮加入量测定方法的评价	2006	24	120	28 – 31	译文
248	纸张横向水分控制系统的原理及其应用	2007	1	121	33 – 34	
249	一张“创新地图”：助你市场自由行的完美指南针！	2007	2	122	12 – 15	译文
250	全麦草浆抄造柔软卫生纸的生产实践	2007	3	123	35 – 36	
251	卫生纸用高效双金属起皱刮刀	2007	3	123	37 – 40	译文
252	浅析生活用纸包装设计的发展现状与设计趋势	2007	3	123	41 – 43	
253	新型卡马迪 T100 卷纸包装机	2007	4	124	18 – 19	译文
254	与众不同的餐巾纸	2007	4	124	22 – 23	译文
255	能源成本带来的挑战	2007	4	124	24 – 25	译文
256	谈谈擦手原纸的生产工艺	2007	5	125	24 – 26	
257	微胶囊制备技术及其在造纸工业中的应用	2007	5	125	27 – 29	
258	卫生纸产品中使用乳液的趋势	2007	5	125	41 – 42	译文
259	造纸机流浆箱的功能及其最新进展	2007	6	126	33 – 35	
260	卫生纸厂的安全事项	2007	6	126	36 – 40	译文
261	美卓公司的扬克式烘缸和 Advantage AirCap 气罩	2007	7	127	33 – 37	译文
262	影响皱纹卫生纸质量的几个因素	2007	8	128	33 – 34	
263	生物酶用于卫生纸的浆料制备	2007	8	128	35 – 36	译文
264	增柔膨化剂用量对卫生纸的影响	2007	11	131	36 – 37	
265	卫生纸厂的火灾防范	2007	12	132	40 – 41	译文
266	浅述起皱刮刀对卫生纸品质的影响	2007	14	134	37 – 38	
267	卫生纸抄造技术开发的新动态	2007	15	135	32 – 35	译文
268	纸毛将不再是卫生纸生产中的问题	2007	15	135	36 – 38	译文
269	影响打浆度测定准确性的因素	2007	16	136	37 – 38	
270	国产圆网卫生纸机的改造	2007	16	136	39 – 40	
271	卷纸加工技术和设备的创新	2007	16	136	41 – 43	译文
272	从新标准出台看卫生纸产品的功能回归	2007	17	137	22 – 24 转 27	
273	选择适用的扬克式烘缸涂层	2007	17	137	28 – 33	译文
274	可延长使用寿命和提高干燥效率的新型干毯	2007	18	138	34 – 35	译文
275	节约生产成本的新型化学助剂	2007	19	139	35	译文
276	百利怡公司的 Time 700 型卫生纸加工生产线	2007	19	139	36 – 37	译文
277	高效浅层气浮系统处理卫生纸抄造白水	2007	20	140	33 – 35	

续表

序号	论文题目	年份	期号	总期号	页码	备注
278	百利怡的最新技术	2007	20	140	38－41	译文
279	降低压榨毛毯的压力负荷 提高卫生纸的松厚度	2007	21	141	27－28	
280	可提高卫生纸产品附加值的化学品	2007	22	142	32－34	译文
281	浅谈再生卫生纸品生产、储存过程的抗菌防霉技术	2007	23	143	30－31 转34	
282	如何才能降低纸机干燥能源成本	2007	23	143	35－36	译文
283	脱墨工艺设计：高密度胶粘物的去除	2007	23	143	37－43	
284	浅谈高速卫生纸机毛毯的工艺管理	2007	24	144	30	
285	浅谈双层阶梯扩散式稀释水的流浆箱	2008	1	145	34－35	
286	卫生纸浆料制备生产线及其自动化设计	2008	2	146	32－34	
287	开发新型热风穿透干燥设备——对设计者的挑战	2008	2	146	37－41	译文
288	采用数字化记录技术减少卫生纸断头	2008	3	147	30－33	译文
289	如何改善卫生纸的柔软度	2008	3	147	42－45	
290	几种助剂在卫生纸生产中的应用	2008	4	148	32－34	
291	TAD 技术面临 ADT 技术的最新挑战	2008	4	148	35－36	译文
292	引起消费者新兴趣的折叠技术	2008	4	148	41－43	译文
293	正确选择能耗最低的卫生纸机配置	2008	5	149	37－38	译文
294	ATMOS 技术和 TAD 技术的比较	2008	6	150	28－29	译文
295	关于卫生卷纸的卷重控制	2008	7	151	30－33	
296	湿部用助留剂对扬克式烘缸涂层的影响	2008	7	151	36－43	译文
297	卫生纸厂如何通过节约能源使利润提高 50%	2008	8	152	28－30	译文
298	Hercules 公司推动湿强树脂的研发和应用	2008	8	152	31－33	译文
299	卫生纸复卷和卷芯方面的创新	2008	9	153	34 转 36	译文
300	特斯科技公司的不锈钢烘缸等卫生纸机技术	2008	9	153	35－36	译文
301	适用于彩色图案压花工艺的层合胶	2008	9	153	37－42	译文
302	纸巾纸中荧光增白剂迁移性快速检测方法的研究	2008	10	154	32－34	
303	一种适用于草浆黑液提取的转鼓式洗浆机	2008	10	154	35－36	
304	卫生纸用脱墨浆生产工艺和设备的创新	2008	10	154	37－43	译文
305	TAD 卫生纸的物理性质和手感特性	2008	12	156	38－43	译文
306	专家谈卫生纸创新	2008	13	157	17－18	译文
307	卫生纸柔软度测量结果的不确定度评定	2008	13	157	32－34	
308	卫生纸后加工商日益重要的购买因素：生产效率	2008	14	158	31－32	

续表

序号	论文题目	年份	期号	总期号	页码	备注
309	适用于卫生纸机改造的新型压榨技术——托垫压榨	2008	14	158	37-38	译文
310	适用于生产高档卫生纸的 STT 技术	2008	15	159	31-32	译文
311	卫生纸厂物料的智能搬运系统	2008	15	159	36-38	译文
312	浅谈生活用纸用暂时性湿强剂	2008	16	160	32-35	
313	IntensaPulper 节能碎浆机	2008	17	161	33-34	译文
314	用 Z 向超声波仪测定卫生纸的柔软度	2008	17	161	38-39	译文
315	双金属刮刀和陶瓷刮刀的特性	2008	18-19	162-163	27-28	译文
316	欧洲卫生纸的产品安全法规综述	2008	18-19	162-163	29-31	译文
317	百利怡的 Fusion Art Embossing 压花机	2008	18-19	162-163	36-38	译文
318	在智利投入使用的 ATMOS 技术	2008	20	164	29-32	译文
319	卫生纸行业的创新	2008	20	164	38-40	译文
320	百利怡的 CoreLess®加工生产线使 AFH 卫生纸的质量升级	2008	21	165	35-36 转 38	译文
321	适用于卫生纸的真空压榨和新一代的靴式压榨	2008	21	165	37-38	译文
322	Dalle Hygiène 公司的自动化托盘码垛搬运系统	2008	21	165	41-42	译文
323	赫克力士公司的新型化学品增加卫生纸的附加值	2008	22	166	28-29	译文
324	降低干燥成本	2008	22	166	30-31	译文
325	亚赛利造纸机械公司发展概况	2008	22	166	36-39	译文
326	汉高公司的 Adhesin® FiberPlus 柔软剂	2008	23	167	33 转 36	译文
327	纤维素改性酶在卫生纸生产中的应用实例	2008	24	168	23-26	译文
328	新型聚合物干强技术在卫生纸上的应用	2008	24	168	27-29	译文
329	BF-12 型卫生纸机运行实例	2009	1	169	39-42	
330	NTT 卫生纸机以较低能耗生产高端塑纹卫生纸——访美卓公司	2009	2	170	32-34	
331	"印"出精彩——访欧米特有限公司	2009	2	170	34-35	
332	先进的卫生纸乳液添加系统	2009	2	170	35-36	
333	能有效清洁卫生纸幅和去除粉尘的新装置	2009	2	170	40-42	译文
334	新的柔软度测定方法	2009	3	171	35-37 转 39	译文
335	沙特造纸公司的模块化脱墨设备	2009	3	171	38-39	译文
336	为降低卫生纸机能耗而开发的新型造纸织物	2009	3	171	40-43	译文
337	卫生纸生产过程中能量的有效利用	2009	4	172	31-34	

续表

序号	论文题目	年份	期号	总期号	页码	备注
338	BF 卫生纸机原纸生产工艺及技术指标综述	2009	5	173	32－36	
339	钢制扬克烘缸	2009	5	173	37－39 转 36	译文
340	巴克曼的最新生物酶技术及其应用	2009	5	173	45－48	
341	CMG 公司创新卫生纸加工设备满足中国市场需求	2009	6	174	36－38	
342	扬克缸涂层用增塑剥离剂的优点	2009	6	174	38－39	
343	提高扬克缸干燥效率	2009	7	175	42－44	
344	减少浪费和提高效率——当今卫生纸加工行业的两大主题	2009	8	176	32－34	
345	SCA 的 Lilla Edet 纸厂：一家发展中的大型卫生纸厂	2009	8	176	38－40	
346	Intertissue 纸厂的 Advantage DCT200TS 型卫生纸机——首台装有 Advantage ViscoNip 压榨的卫生纸机	2009	8	176	41－42	译文
347	优化扬克气罩的性能	2009	9	177	31－33	译文
348	助留剂——为卫生纸生产商提供的多用途化学品	2009	9	177	38－43	
349	美卓 ViscoNip 新型压榨装置在恒安 PM6 纸机上的运行实例	2009	10	178	36－37	
350	如何降低 TAD 的干燥能量	2009	10	178	41－45	译文
351	PMP Intelli－Tissue™ 900：针对中国市场的起步级卫生纸机	2009	12	180	31－34	
352	强度、柔软和成本的“自然平衡”	2009	12	180	35－38	
353	浅谈擦手纸的生产工艺	2009	13	181	41－42	
354	Wepa 公司使用的高温热风罩	2009	13	181	43－45	译文
355	浅谈卫生纸用湿强剂	2009	13	181	53－54	
356	X 概念机的发展	2009	14	182	40－41	
357	卫生纸柔软度研究的进展：从柔韧性和手感到模拟触觉	2009	14	182	42－45	译文
358	ADT 卫生纸机技术及其速度控制系统	2009	15	183	32－34	
359	远东市场卫生纸包装产品的发展与机遇	2009	15	183	35－36	
360	卫生纸机节能新模式	2009	16	184	33－38	
361	迅速发展的 Sopanusa 公司	2009	16	184	39－40	译文
362	优化干燥参数	2009	16	184	41	译文

续表

序号	论文题目	年份	期号	总期号	页码	备注
363	利用稻草浆代替麦草浆生产卫生纸	2009	17	185	31－32	
364	卫生纸行业关注节能新技术	2009	17	185	36－37	译文
365	适用于卫生纸生产的专用化学品	2009	17	185	38－39	译文
366	卫生纸包装未来的挑战	2009	18	186	35－36	
367	特斯克的创新产品——TT－SYD 钢制扬克式烘缸	2009	18	186	39－41	译文
368	优化卫生纸生产的智能决策	2009	19	187	36－38	
369	打浆(精磨)对卫生纸性质的影响	2009	19	187	39－42	
370	ATMOS 或 NTT 小型标准化纸机将成为小型卫生纸生产商的首选	2009	19	187	43－45	译文
371	BF12 卫生纸机剥离剂和黏合剂的应用	2009	20	188	36－38	
372	可生产各种质量等级卫生纸的 ATMOS 技术	2009	20	188	41－42	译文
373	适用于卫生纸生产及加工的最新化学品	2009	20	188	43－45	译文
374	川之江 BF 卫生纸机的发展	2009	21	189	40－41	译文
375	纤维改性酶在卫生纸生产中的应用	2009	21	189	42－44	
376	提高柔软度的起皱，是科学还是技艺?	2009	21	189	45－47	译文
377	卫生纸机：极具成本效益的质量管理	2009	22	190	31－35	
378	采用环保的化学品来提高卫生纸的柔软度	2009	22	190	40－41	译文
379	提高生产效率和安全性的机器人	2009	23	191	41－42 转 31	译文
380	卫生纸生产的能源系统	2009	23	191	45－48	译文
381	BF－12 卫生纸机的白水处理系统	2009	24	192	27－29	
382	生产低能耗高品质产品的 Advantage™ NTT™ 卫生纸机	2009	24	192	31－35	译文
卫生用品						
1	用即弃尿布的设计和发展趋势	2001	1	1	36－39	译文
2	超薄卫生巾、卫生护垫专用高吸水原纸的研制	2001	2	2	51－52	
3	纸尿布影响男性生育能力的研究结果缺乏依据	2001	3	3	10－11	译文
4	用即弃婴儿尿布的开发	2001	4	4	41－42	
5	婴儿纸尿裤对非织造布行业的新挑战	2001	5	5	31－34	
6	一次性卫生用品生产线喷胶设备功能及配置探讨	2001	6	6	30－32	
7	中国市场妇女卫生巾和婴儿尿裤产品的测定分析	2001	7	7	22－37	
8	用高质量的绒毛浆来提高吸液产品性能	2001	7	7	38－41	
9	用于新型吸收芯层的胶乳粘合剂	2001	7	7	46－48	译文
10	纸尿裤防漏性和舒适性的科学解决方案(一)	2001	8	8	45	

续表

序号	论文题目	年份	期号	总期号	页码	备注
11	薄型吸收产品的全新设计	2001	8	8	52－54	
12	卫生纸和卫生巾的检测	2001	9	9	14－17	
13	卫生巾的生产管理和质量保证	2001	9	9	45－46	
14	卫生巾、纸尿裤设备结构原理及关键技术	2001	9	9	46－51	
15	一次性卫生用品自动化生产的发展趋势	2001	9	9	52－53	
16	妇女卫生巾、护垫、尿裤生产线喷胶设备功能及配置探讨	2001	9	9	54－56	
17	纤维喷胶介绍	2001	9	9	57	
18	如何合理使用胶粘带和离型材料	2001	9	9	58－59	
19	打孔膜的特性与如何正确选择高品质的打孔膜	2001	9	9	59－61	
20	纸尿裤防漏性和舒适性的科学解决方案(二)	2001	9	9	73	
21	纸尿裤防漏性和舒适性的科学解决方案(三)	2001	10	10	41	
22	纸尿裤防漏性和舒适性的科学解决方案(四)	2001	11	11	48－49	
23	新型可生物降解婴儿尿裤的发展	2001	11	11	51－54	译文
24	化学热磨机械绒毛浆质量评定	2002	2	14	43－44	
25	绒毛浆在吸液产品中的应用	2002	3	15	29－30	
26	关于热熔胶	2002	3	15	54	
27	绒毛浆真正价值之所在	2002	6	18	41－46	译文
28	极具竞争优势的新一代模块化设计	2002	9	21	40－41	
29	在3000片/分速度下，用气流成网干法纸芯材生产纸尿裤的新工艺	2003	6	30	37－40	译文
30	针对欧洲市场需求的吸收性卫生用品的创新	2003	6	30	44－46	译文
31	成人失禁用品中控制异味的新方法	2003	9	33	37－40	译文
32	气流成网复合材料的最新进展	2003	12	36	11－17	译文
33	纸尿裤结构与分析	2003	13	37	32－37	
34	德国BST纠偏器(系统)介绍	2003	14	38	41－42	
35	适用于纸尿裤的柔软弹性材料	2003	16	40	14－16	译文
36	卫生巾生产线压纹齿辊加工工艺分析	2003	17	41	36－37	
37	绒毛浆的性能及制浆方法	2003	17	41	38转22	
38	纸尿裤的功能性材料	2003	18	42	36－39	
39	多股弹性材料在纸尿裤功能中所起的重要作用	2003	18	42	43－46	译文
40	测定吸收速率和吸收能力的新技术	2003	19	43	32－34	译文
41	活锤式粉碎机关键部件的设计	2003	22	46	34－36	
42	杉木绒毛浆的生产实践	2003	24	48	26－29	

续表

序号	论文题目	年份	期号	总期号	页码	备注
43	弹性化结构：非织造布一次性卫生用品中胶粘工艺的进展	2004	5	53	40－45	译文
44	功能纤维用于非织造布尿片的设计	2004	6	54	41－43 转 30	
45	市场竞争促使卫生用品设备供应商开发新设备和使设备改造升级	2004	9	57	56－58	译文
46	纸尿裤生产商正积极开发新产品	2004	10	58	26－28	译文
47	绒毛浆原料选择问题的探讨	2004	11	59	47－48	
48	解剖学、生理学与妇女卫生用品	2004	11	59	49－52	译文
49	20 世纪婴儿尿裤的创新历程及 21 世纪的展望	2004	12	60	17－19	译文
50	纸尿裤用的轻量和超轻量气流成网干法纸芯材	2004	12	60	49－54	译文
51	世界知名品牌卫生用品中原材料的发展趋势	2004	13	61	19－22	译文
52	110 种纸尿裤芯层的组成和性能——全球抽样调查结果	2004	13	61	24－29	译文
53	一次性卫生制品用热熔胶的检测方法和发展趋势	2004	13	61	50	
54	卫生用品行业中原材料供应商之间的竞争加剧	2004	14	62	46－49	译文
55	卫生用品包装生产工艺特点	2004	15	63	49 转 25	
56	对卫生产品吸收芯层的分析	2004	18	66	46－48	
57	新一代卫生巾表面包覆材料——“纯棉网面”	2004	24	72	33 转 41	
58	卫生巾(护垫)生产线加液态药(香)装置设计	2005	1	73	33－34	
59	棉短绒绒毛浆板耐破度及绒毛浆弹性的研究	2005	8	80	31－34	
60	纸尿裤用预成形芯材所取得的进展	2005	17	89	14－16 转 39	译文
61	纸尿裤防渗底膜的一体化直接挤塑工艺	2005	18	90	44－45	译文
62	用组合纤维的方法设计纸尿布	2005	23	95	34－36	译文
63	浅谈绒毛浆生产	2006	9	105	27－28	
64	纸尿裤和擦拭巾与皮肤护理	2006	9	105	38－40	译文
65	成人失禁用吸收性产品的机遇与挑战	2006	10	106	22－23	
66	透气和不透气纸尿布的舒适性评价	2006	13	109	44－46	译文
67	卫生用品原材料的不断创新	2006	14	110	17－20 转 31	译文
68	电导法测定纸尿裤表面回渗湿度	2006	14	110	32－35	
69	采用增强的纤维素纤维作为新型导流层材料	2006	14	110	38－41	译文

续表

序号	论文题目	年份	期号	总期号	页码	备注
70	导流层在纸尿裤中的应用	2006	18	114	35－37	
71	与SAP配合使用的活性填料在纸尿裤生产中的应用	2006	18	114	38－43	译文
72	浅谈离型原纸质量特性值对加工的影响	2006	22	118	35－36	
73	热熔胶技术发展趋势	2006	24	120	32－33 转35	
74	卫生巾的质量特性和控制方法	2007	1	121	35－36	
75	SMS与SS纺粘法非织造布用于纸尿裤防侧漏性能的研究	2007	5	125	30－32	
76	聚乙烯微孔透气膜的制造原理与性能特点	2007	11	131	38－40	
77	用即弃产品的可冲散性、可分散性和生物降解性的测定	2007	11	131	41－44	译文
78	顺应市场需求，开发新型设备	2007	14	134	39－41	译文
79	热熔胶应用于一次性卫生用品的技术发展趋势	2007	17	137	25－27	
80	卫生用品材料供应商应对创新与价格两方面的压力	2007	19	139	14－17	译文
81	关注一次性卫生用品胶粘剂	2007	19	139	34转37	
82	以技术创新应对纸尿裤市场的竞争	2007	20	140	42－43	译文
83	纸尿裤生产线的过程控制和光学检测系统	2007	22	142	35－38	译文
84	维系肌肤微生态平衡的抗菌技术	2008	5	149	33－35	
85	卫生巾和卫生护垫定位用热熔胶国家标准(HG/T 3948—2007)发布及简介	2008	13	157	35－39	
86	如何开发安全健康的妇女卫生巾	2008	14	158	13－16	
87	让卫生用品变得更薄	2008	15	159	29－30	译文
88	优化吸收芯材以控制异味和pH值	2008	16	160	27－31	译文
89	纸尿裤、高附加值与环境因素的考虑	2008	22	166	32－35	译文
90	卫生用品原材料供应商面临的挑战及其应对办法	2008	23	167	16－18	译文
91	卫生用品设备制造商力求提供满足成本效率需求的设备	2009	1	169	43－44	译文
92	纸尿裤用新型弹性非织造布和绿色环保材料	2009	1	169	45－46 转42	译文
93	卫生用品最新技术和产品集锦	2009	2	170	46－47	译文
94	优化纸尿裤吸收能力的途径	2009	4	172	37－44	译文
95	热熔胶新应用——尿显胶	2009	7	175	35－37	
96	卫生用品最新技术和产品集锦	2009	7	175	46－47	译文

续表

序号	论文题目	年份	期号	总期号	页码	备注
97	降解性卫生巾底层材料的试验研究	2009	8	176	35 – 37	
98	卫生用品生产设备制造商在当前经济危机中以创新求生存	2009	12	180	39 – 41	译文
99	导流层在纸尿裤中的应用及其性能测试	2009	12	180	47 – 49 转 41	
100	未来的纸尿裤将使用更多的绿色天然材料	2009	13	181	18 – 19	译文
101	以减少原材料的方式设计新型纸尿裤	2009	15	183	37 – 40	译文
102	光固化有机硅在卫生用品行业的应用	2009	16	184	30 – 32	
103	卫生用品组成材料的创新	2009	22	190	14 – 18	译文
104	卫生用品行业的过去、现在和未来	2009	24	192	8 – 14	译文
擦拭巾、湿巾、干法纸						
1	一次性面巾的应用和发展	2001	3	3	31 – 33	
2	水刺擦拭巾概述	2001	2	2	46 – 48	
3	薄型无尘纸芯层的节省金额和效益	2001	2	2	53 – 55	译文
4	无尘纸芯材所采用的高吸收技术	2001	3	3	41 – 45	译文
5	用于婴儿尿裤生产的无尘纸 Supersite 设计构想	2001	3	3	45 – 52	译文
6	浆粕气流成网技术的发展情况	2001	4	4	44 – 45	
7	棉纤维在无尘纸结构中的应用	2001	4	4	46 – 50	译文
8	热风技术在干法造纸和非织造布行业中的应用	2001	5	5	28 – 29	
9	特种绒毛浆在无尘纸中的应用	2001	5	5	38 – 41	译文
10	多功能纤维在无尘纸中的应用	2001	6	6	47 – 51	译文
11	干法造纸进入成熟期	2001	7	7	51 – 53	译文
12	国产无尘纸设备和产品	2001	9	9	42 – 45	
13	工业无尘擦布的研究开发	2001	11	11	44 – 45	
14	干法成形技术及应用	2001	12	12	32 – 36	
15	无尘纸(气流成网非织造布)切边及其废料的再利用	2001	12	12	40 – 47	译文
16	湿揩布的新材料——气流成网与水刺复合(AL/SL)	2002	2	14	40	
17	探讨干法造纸静电的消除方法	2002	4	16	40 – 41	
18	用于气流成网干法纸的猎杀型杀菌剂	2002	4	16	43 – 46	译文
19	干法纸定量偏差的调整	2002	6	18	49 – 50	
20	用于气流成网干法纸的高性能粘合剂	2002	6	18	52 – 53	译文
21	粘合剂在气流成网干法纸生产中的应用	2002	7	19	42 – 43	
22	提高气流滚筒成网的生产能力	2002	7	19	49 – 53	译文
23	气流成网湿擦拭巾	2002	8	20	51 – 55	译文

续表

序号	论文题目	年份	期号	总期号	页码	备注
24	关于超薄气流成网复合吸收芯材新技术的访谈录	2003	1	25	39－42	译文
25	长纤维气流成网技术	2003	4	28	40－41	译文
26	一种纵切和复卷气流成网干法纸的更好方法	2003	5	29	38－41	译文
27	干法纸生产中空气湿度的影响	2003	6	30	43	
28	干法纸生产中静电的综合治理	2003	10	34	42	
29	用于气流成网干法纸生产的正交无空气喷涂技术	2003	12	36	46－48	译文
30	干法纸常见质量问题及解决办法	2003	19	43	34－37	
31	适用于擦拭巾的三维真空打孔层合材料	2003	20	44	41－43	译文
32	气流成网干法纸热风穿透干燥面临的许多重要挑战	2003	21	45	36－41	译文
33	适用于气流成网干法纸的超高强粘合剂	2003	23	47	40－44	译文
34	适用于气流成网干法纸产品的绒毛浆纤维形态学特征	2004	6	54	48－51	译文
35	湿巾的防腐	2004	9	57	51－52	译文
36	干法纸废料回用及设备	2004	9	57	52－54	
37	气流成网干法纸所使用的新型编织成形网	2004	11	59	53－58	译文
38	气流成网干法纸机所使用的压光机设计及其结构	2004	15	63	46－48	
39	水刺固结100%绒毛浆气流成网干法纸	2004	16	64	56－59 转24	译文
40	对干法制造吸水纸的一些研究	2004	23	71	36－41	
41	市场预警：气流成网干法纸市场正在寻求解决供大于求的途径	2004	23	71	43－45	译文
42	氢键固结干法纸复合材料结构的改善	2005	1	73	42－44	译文
43	干法造纸机中的风量平衡	2005	2	74	34－35	
44	热粘合法可优化用于擦拭巾的干法纸基材的性能	2005	8	80	41－44	译文
45	气流成网干法纸发展近况	2005	9	81	7－8	
46	干法纸芯材用于纸尿裤的研究范例	2005	9	81	46－49	译文
47	具有特殊用途的湿擦拭巾产品的开发	2005	10	82	41－44	译文
48	干法纸粉尘控制	2005	11	83	35－38	
49	采用窄幅干法纸机生产的几种最新产品	2005	18	90	15－19	译文
50	从Index05看干法纸和擦拭布技术的发展	2005	20	92	32－35	
51	市场需求推动新型湿擦拭巾生产线的发展	2005	24	96	35－37	译文
52	采用聚酯纤维，提高干法纸芯材的性能	2006	2	98	46－52	译文
53	多层擦拭布	2006	2	98	53	译文
54	亚赛利公司新型干法纸成形器技术的初步成果	2006	3	99	41－43	译文
55	适用于未来产品的一体化干法复合材料	2006	5	101	42－44	译文

续表

序号	论文题目	年份	期号	总期号	页码	备注
56	适用于生产高定量干法纸产品的多种纤维气流成网系统	2006	6	102	41－44	译文
57	湿纸巾应用羧甲基壳聚糖的抗菌效果	2006	10	106	39－40	
58	适用于改善擦拭巾功能的乳液聚合物	2006	17	113	40－44	译文
59	降低擦拭巾和医卫产品成本的机遇	2007	5	125	38－40	译文
60	香味剂和功能性添加剂增加湿巾价值	2007	7	127	38－41	译文
61	擦拭巾包装的创新——重要的市场营销手段	2007	14	134	42－43 转32	
62	个人护理用湿擦拭巾：配方、趋势和理念	2007	18	138	36－38	译文
63	棉纤维在擦拭巾市场中的应用	2007	20	140	21－24	译文
64	优化用于干法纸的双组分纤维	2007	21	141	31－33	译文
65	能够降低擦拭巾成本的水刺/气流成网复合材料	2008	1	145	36－39	译文
66	在热粘合干法纸中引入氢键键合的可能性	2008	4	148	37－40	译文
67	干法纸技术的历史回顾及创新	2008	6	150	34－38	译文
68	军用擦拭巾：从研发到商品化之路	2008	8	152	39－41	译文
69	用于擦拭巾的可冲散和可生物降解的新型纤维	2008	16	160	36－39	译文
70	擦拭巾用材料和添加剂的安全性测定	2008	20	164	36－37	译文
71	厕用湿巾的可冲散性	2009	1	169	48－49	译文
72	干法纸在新一代吸收芯材中的地位	2009	5	173	40－44	译文
73	原料配比变化对湿巾用水刺布性能影响的研究	2009	7	175	38－41	
74	加工技术的创新推动着擦拭巾的增长	2009	10	178	46－47	译文
75	几种不同用途的新型擦拭巾	2009	19	187	47－49	译文
非织造布						
1	进入新世纪的纺粘法非织造布工业	2001	1	1	41－43	
2	ANEX2000 推出的新型非织造布原料	2001	1	1	43－45	
3	新型抗菌剂共混改性 ES 复合纤维的研究	2001	2	2	48－51	
4	抗菌水刺非织造布的开发与应用	2001	3	3	33－35	
5	医疗卫生用水溶性无纺布的性能特点及应用	2001	5	5	30－31	
6	医疗、卫生用射流成网(水刺)布及其复合产品	2001	6	6	51－55	译文
7	宠物用非织造布产品	2001	7	7	58	译文
8	干法造纸非织造布——一个正在中国兴起的市场	2001	11	11	40－44	译文
9	非织造布工业用抗菌剂的比较	2001	11	11	46－48	译文
10	防护性和亲水性的聚合物热熔添加剂	2001	11	11	54－57	译文
11	短纤维复合材料的水刺粘合	2002	3	15	44－47	译文

续表

序号	论文题目	年份	期号	总期号	页码	备注
12	改善气流成网均匀度的途径	2002	8	20	43 – 44	
13	气流成形机的高速度和高纤维通过能力	2002	9	21	51 – 54	译文
14	适用于湿法无纺布和特种纸生产的斜网成形器	2002	12	24	37 – 38	
15	适用于亚麻和大麻纤维的新一代气流成网技术	2002	12	24	42 – 44	译文
16	非织造手术衣的性能及应用探讨	2003	2	26	37 – 38	
17	透气性复合材料的发展	2003	2	26	39 – 43	译文
18	生产抗菌非织造布的方法	2003	3	27	41 – 44	译文
19	含有被固定高吸水树脂颗粒的非织造布	2003	10	34	44 – 48	译文
20	熔喷法非织造布	2004	2	50	41	
21	热风穿透粘合技术	2004	2	50	45 – 47	译文
22	为聚烯烃非织造材料提供永久亲水性的新型内部添加剂	2004	4	52	46 – 48	译文
23	天然纤维在非织造布中的应用	2004	11	59	61 转 58	
24	一种先进的分子键合法抗菌技术	2004	13	61	55 – 58 转 62	译文
25	适用于卫生用品的水刺处理热轧纺粘布	2004	17	65	55 – 57	译文
26	高效熔喷技术的进展	2004	20	68	49 – 52	译文
27	具有均匀三维结构的非织造布吸液性能的预测	2004	21	69	50 – 54	译文
28	非织造布在家庭用品中的重要作用	2004	24	72	36	译文
29	新型自粘水刺非织造材料的研究与开发	2005	1	73	39 – 40 转 44	
30	新型纤维原料及其在非织造布中的应用	2005	2	74	35 – 38 转 23	
31	粘合非织造布	2005	4	76	38	
32	浅论功能性复合非织造布的开发途径	2005	7	79	37 – 39	
33	影响水刺非织造布产品质量的因素	2005	8	80	34 – 36	
34	气流成网水刺固结复合产品的研究	2005	10	82	32 – 35 转 53	
35	湿法非织造布的工艺技术	2005	12	84	38 – 40	
36	非织造布生产中的静电现象及其防治探讨	2005	13	85	34 – 36	
37	抗菌无纺布的研究进展	2005	16	88	33 – 34	
38	纺粘 – 水刺复合技术	2005	17	89	34 – 35 转 26	

续表

序号	论文题目	年份	期号	总期号	页码	备注
39	SMS 复合非织造布的发展	2005	18	90	37－40	
40	漂白棉水刺非织造布的开发与应用	2005	19	91	32－35 转 41	
41	浅论水刺固结技术的广泛应用	2005	21	93	33－35	
42	精密控制定量/水分	2005	23	95	36－38	
43	干法纸水刺复合非织造布工艺与性能研究	2005	23	95	38－40	
44	卫生用热风非织造布的质量探讨	2005	24	96	26－29	
45	水刺复合技术的研究与应用	2006	1	97	30－32	
46	气浮技术及其在水刺法生产中的应用	2006	2	98	41－43	
47	湿法无纺布的工艺技术	2006	3	99	35－37	
48	浅谈非织造材料的化学柔软性整理	2006	12	108	28－31	
49	高性能新型水刺非织造布的研制	2006	15	111	32－33	
50	非织造布基材的超吸收材料	2006	15	111	40－42	
51	液体在非织造布复杂结构中的流动	2006	16	112	43 转 48	译文
52	可生物降解、可热成形的纺粘布	2006	17	113	46	译文
53	医用领域的非织造布产品	2006	18	114	44－45	
54	非织造布生产中使用超声粘结工艺替代粘合剂	2006	19	115	39－43	译文
55	高透气性高吸水性高抗菌性新型水刺法非织造布的研制	2006	21	117	40－42	
56	使用水刺技术的气流成网复合非织造布生产线	2006	23	119	40－42	译文
57	新颖双组分纤维	2007	1	121	37－40	译文
58	地板清洁用非织造布产品的使用性能	2007	8	128	37－41	译文
59	纤维素纤维熔喷工艺——一种新工艺	2007	12	132	42	译文
60	非织造布用纤维素纤维吸液性的改进	2007	15	135	28－31	
61	抗菌非织造布抗菌性能的简易测定方法	2007	22	142	30－31	
62	具有防护性和舒适性的医用非织造布	2007	24	144	31－33	译文
63	高品质熔喷成网技术	2008	2	146	35－36	
64	高技术非织造布复合材料	2008	3	147	34－35	译文
65	新型聚烯烃纤维的开发及应用	2008	6	150	30－33	译文
66	用于擦拭巾和医用产品的 Fleissner 木浆复合产品水刺非织造布生产线	2008	14	158	36 转 32	译文
67	你的非织造布是什么材料?	2008	15	159	33－35	译文

续表

序号	论 文 题 目	年份	期号	总期号	页码	备注
68	涂层和复合技术推动非织造布向前发展	2008	17	161	35－37 转16	
69	非织造布的功能性整理	2008	20	164	33－35	
70	非织造布生产和设计的最新进展	2008	21	165	39－40	
71	非织造布及制品具有环境友好性质的重要性	2008	23	167	37－39	
72	玉米聚乳酸纤维水刺非织造布的研究与开发	2009	17	185	32－35	
73	可降解水刺非织造布的研制	2009	18	186	36－38	
74	高吸收性纤维非织造布成型工艺研究	2009	22	190	36－39	
75	谈非织造布的复合	2009	22	190	51－52	
高吸收性树脂/纤维						
1	高吸水性树脂的合成研究	2001	1	1	39－40	
2	高吸水性树脂最新进展	2002	3	15	33－36	
3	高吸水纤维的合成与应用	2002	10	22	41－42	
4	以聚丙烯腈为原料的新型高吸水树脂	2002	11	23	49－51	译文
5	高吸水树脂的新用途：灭火和防火	2003	3	27	44－46	译文
6	高分子吸水树脂的性能及作用	2003	4	28	35－36	
7	聚丙烯酸系超强吸水剂的制备及其进展	2003	6	30	41－43	
8	高吸水树脂吸水速率的控制	2003	16	40	39－42	译文
9	用作俘液层的高吸水树脂复合材料	2003	19	43	41－43	译文
10	改善高吸水性树脂性能的方法	2003	23	47	36－38	
11	高吸水性树脂的研究进展	2004	1	49	40－42	
12	高吸水树脂在肉类包装中的新用途	2004	3	51	38－41	译文
13	为尿裤选择合适的高吸水树脂	2005	3	75	36－38	
14	资源紧缺条件下高分子吸收树脂的替代物	2006	19	115	43－45	
15	卫生巾专用SAP的探讨	2006	20	116	37－39	
16	高吸收性纤维技术发展及应用	2007	23	143	32－34	
17	棉短绒纤维制备高吸收性树脂的研究	2009	9	177	34－37	

附录
APPENDIX

[10]

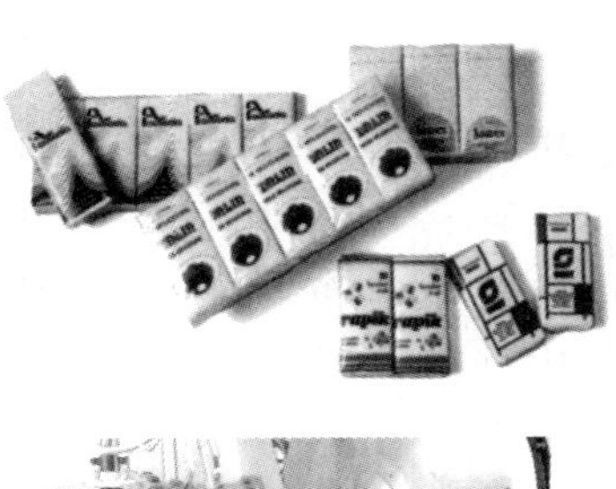

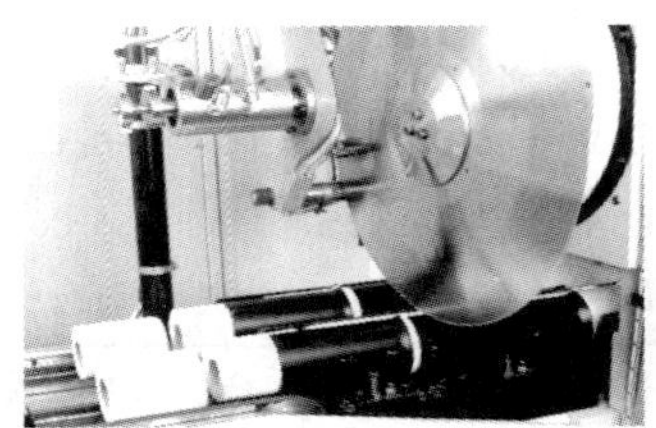

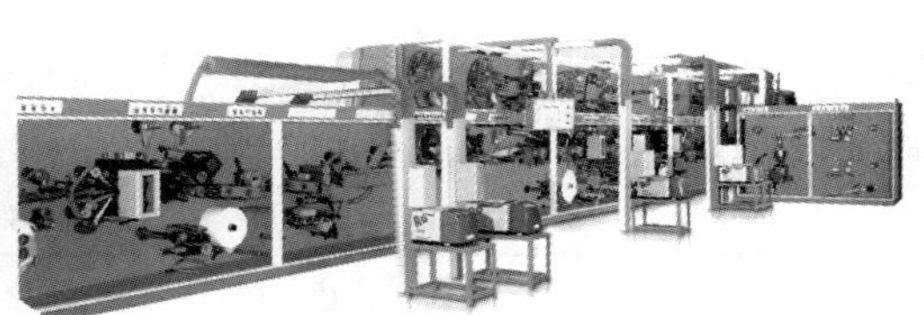

人口数及构成
Population and its composition

本表各年人口未包括香港、澳门特别行政区和台湾省的人口数据。

Data in this table not include the population of Hong Kong SAR, Macao SAR and Taiwan Province.

单位:万人 (10 000 persons)

年 份 Year	总人口（年末） Total Population (year-end)	按性别分 By Sex				按城乡分 By Residence			
		男 Male		女 Female		城镇 Urban		乡村 Rural	
		人口数 Population	比重(%) Proportion	人口数 Population	比重(%) Proportion	人口数 Population	比重(%) Proportion	人口数 Population	比重(%) Proportion
1978	96259	49567	51.49	46692	48.51	17245	17.92	79014	82.08
1980	98705	50785	51.45	47920	48.55	19140	19.39	79565	80.61
1985	105851	54725	51.70	51126	48.30	25094	23.71	80757	76.29
1990	114333	58904	51.52	55429	48.48	30195	26.41	84138	73.59
1991	115823	59466	51.34	56357	48.66	31203	26.94	84620	73.06
1992	117171	59811	51.05	57360	48.95	32175	27.46	84996	72.54
1993	118517	60472	51.02	58045	48.98	33173	27.99	85344	72.01
1994	119850	61246	51.10	58604	48.90	34169	28.51	85681	71.49
1995	121121	61808	51.03	59313	48.97	35174	29.04	85947	70.96
1996	122389	62200	50.82	60189	49.18	37304	30.48	85085	69.52
1997	123626	63131	51.07	60495	48.93	39449	31.91	84177	68.09
1998	124761	63940	51.25	60821	48.75	41608	33.35	83153	66.65
1999	125786	64692	51.43	61094	48.57	43748	34.78	82038	65.22
2000	126743	65437	51.63	61306	48.37	45906	36.22	80837	63.78
2001	127627	65672	51.46	61955	48.54	48064	37.66	79563	62.34
2002	128453	66115	51.47	62338	48.53	50212	39.09	78241	60.91
2003	129227	66556	51.50	62671	48.50	52376	40.53	76851	59.47
2004	129988	66976	51.52	63012	48.48	54283	41.76	75705	58.24
2005	130756	67375	51.53	63381	48.47	56212	42.99	74544	57.01
2006	131448	67728	51.52	63720	48.48	57706	43.90	73742	56.10
2007	132129	68048	51.50	64081	48.50	59379	44.94	72750	55.06
2008	132802	68357	51.47	64445	48.53	60667	45.68	72135	54.32

注：1. 1982 年以前数据为户籍统计数；1982—1989 年数据根据 1990 年人口普查数据进行了调整；1990—2000 年数据根据 2000 年人口普查数据进行了调整；2001—2004 年、2006—2008 年数据为人口变动情况抽样调查推算数；2005 年数据根据全国 1% 人口抽样调查数据推算。

2. 总人口和按性别分人口中包括中国人民解放军现役军人，按城乡分人口中现役军人计入城镇人口。

a) Data before 1982 were taken from the statistics of household registration. Data in 1982—1989 were adjusted on the basis of the 1990 National Population Census. Data in 1990—2000 were adjusted on the basis of the 2000 National Population Census. Data in 2001—2004, 2006—2008 have been estimated on the basis of the annual national sample surveys on population changes. Data in 2005 are estimated on the National 1% Population Sample Survey.

b) Total population and population by sex include the military personnel of the Chinese People's Liberation Army, the military personnel are classified as urban population in the item of population by residence.

《中国统计年鉴—2009》

人口出生率、死亡率和自然增长率
Birth rate, death rate and natural growth rate of population

单位:‰

年 份 Year	出生率 Birth Rate	死亡率 Death Rate	自然增长率 Natural Growth Rate
1978	18. 25	6. 25	12. 00
1980	18. 21	6. 34	11. 87
1981	20. 91	6. 36	14. 55
1982	22. 28	6. 60	15. 68
1983	20. 19	6. 90	13. 29
1984	19. 90	6. 82	13. 08
1985	21. 04	6. 78	14. 26
1986	22. 43	6. 86	15. 57
1987	23. 33	6. 72	16. 61
1988	22. 37	6. 64	15. 73
1989	21. 58	6. 54	15. 04
1990	21. 06	6. 67	14. 39
1991	19. 68	6. 70	12. 98
1992	18. 24	6. 64	11. 60
1993	18. 09	6. 64	11. 45
1994	17. 70	6. 49	11. 21
1995	17. 12	6. 57	10. 55
1996	16. 98	6. 56	10. 42
1997	16. 57	6. 51	10. 06
1998	15. 64	6. 50	9. 14
1999	14. 64	6. 46	8. 18
2000	14. 03	6. 45	7. 58
2001	13. 38	6. 43	6. 95
2002	12. 86	6. 41	6. 45
2003	12. 41	6. 40	6. 01
2004	12. 29	6. 42	5. 87
2005	12. 40	6. 51	5. 89
2006	12. 09	6. 81	5. 28
2007	12. 10	6. 93	5. 17
2008	12. 14	7. 06	5. 08

注：1. 1982 年以前数据为户籍统计数；1982—1989 年数据根据 1990 年人口普查数据进行了调整；1990—2000 年数据根据 2000 年人口普查数据进行了调整；2001—2004 年、2006—2008 年数据为人口变动情况抽样调查推算数；2005 年数据根据全国 1% 人口抽样调查数据推算。

2. 总人口和按性别分人口中包括中国人民解放军现役军人，按城乡分人口中现役军人计入城镇人口。

a) Data before 1982 were taken from the statistics of household registration. Data in 1982—1989 were adjusted on the basis of the 1990 National Population Census. Data in 1990—2000 were adjusted on the basis of the 2000 National Population Census. Data in 2001—2004, 2006—2008 have been estimated on the basis of the annual national sample surveys on population changes. Data in 2005 are estimated on the National 1% Population Sample Survey.

b) Total population and population by sex include the military personnel of the Chinese People's Liberation Army, the military personnel are classified as urban population in the item of population by residence.

《中国统计年鉴—2009》

五次全国人口普查人口基本情况

Basic statistics on national population census in 1953, 1964, 1982, 1990 and 2000

本表未包括香港、澳门特别行政区及台湾省数据。

Data in this table do not include the population of Hong Kong SAR, Macao SAR and Taiwan Province.

指 标	Item	1953	1964	1982	1990	2000
总人口（万人）	**Total Population (10 000 persons)**	59435	69458	100818	113368	126583
男	Male	30799	35652	51944	58495	65355
女	Female	28636	33806	48874	54873	61228
性别比（以女性为100）	Sex Ratio (female = 100)	107.56	105.46	106.30	106.60	106.74
家庭户规模（人/户）	**Average Family Household Size (person/household)**	4.33	4.43	4.41	3.96	3.44
各年龄组人口（%）	**Population by Age Group(%)**					
0－14岁	Aged 0－14	36.28	40.69	33.59	27.69	22.89
15－64岁	Aged 15－64	59.31	55.75	61.50	66.74	70.15
65岁及以上	Aged 65 and Over	4.41	3.56	4.91	5.57	6.96
民族人口	**Population by Ethnicity**					
汉族（万人）	Han (10 000 persons)	54728	65456	94088	104248	115940
占总人口比重(%)	Percentage to Total Population(%)	93.94	94.24	93.32	91.96	91.59
少数民族（万人）	Ethnic Minorities (10 000 persons)	3532	4002	6730	9120	10643
占总人口比重(%)	Percentage to Total Population (%)	6.06	5.76	6.68	8.04	8.41
每十万人拥有的各种受教育程度人口(人)	**Population with Various Education Attainments Per 100 000 Persons(person)**					
大专及以上	Junior College and Above		416	615	1422	3611
高中和中专	Senior Secondary School and Technical Secondary School		1319	6779	8039	11146
初中	Junior Secondary School		4680	17892	23344	33961
小学	Primary School		28330	35237	37057	35701
文盲人口及文盲率	**Illiterate Population and Illiterate Rate**					
文盲人口(万人)	Illiterate Population (10 000 persons)		23327	22996	18003	8507
文盲率（%）	Illiterate Rate(%)		33.58	22.81	15.88	6.72
城乡人口(万人)	**Population by Residence(10 000 persons)**					
城镇人口	Urban Population	7726	12710	21082	29971	45844
乡村人口	Rural Population	50534	56748	79736	83397	80739
平均预期寿命(岁)	**Life Expectancy (year old)**			67.77 *	68.55	71.40
男	Male			66.28 *	66.84	69.63
女	Female			69.27 *	70.47	73.33

注：1. 历次普查总人口数据中包括了中国人民解放军现役军人。在城乡人口中，中国人民解放军现役军人列为城镇人口统计。

2. 1953年总人口数据中包括了间接调查人口，而民族人口、城乡人口中未包括。

3. 1964年文盲人口为13岁及13岁以上不识字人口，1982、1990、2000年文盲人口为15岁及15岁以上不识字或识字很少人口。

4. 表中“*”号表示为1981年数据。

a) Total population from the five national population censuses includes the military personnel. Military personnel is listed as urban population in population by residence.

b) Total population of 1953 National Population Census includes the population from indirect survey, but this is not included in the ethnic minority population and the urban/rural population.

c) Illiterate population of 1964 National Population Census referred to the population aged 13 and over who are unable to read. Illiterate population of 1982, 1990 and 2000 National Population Censuses referred to the population aged 15 and over who are unable or have difficulty to read.

d) Data with "“*"in this table are of 1981.

《中国统计年鉴—2009》

各地区人口数、性别比(2008 年)
Population, sex ratio by region (2008)

本表是 2008 年全国人口变动情况抽样调查样本数据，抽样比为 0. 887‰。

Data in this table are obtained from the 2008 National Sample Survey on Population Changes. The sampling fraction is 0. 887‰.

地 区	Region	人口数(人) Population (person)	男 Male	女 Female	性别比 (女=100) Sex Ratio (Female=100)
全 国	National Total	1178521	598339	580182	103. 13
北 京	Beijing	14813	7530	7284	103. 38
天 津	Tianjin	10114	4986	5129	97. 21
河 北	Hebei	62981	32103	30879	103. 96
山 西	Shanxi	30779	15611	15167	102. 93
内蒙古	Inner Mongolia	21816	11185	10631	105. 21
辽 宁	Liaoning	38988	19583	19405	100. 92
吉 林	Jilin	24764	12527	12237	102. 37
黑龙江	Heilongjiang	34688	17540	17149	102. 28
上 海	Shanghai	16854	8435	8420	100. 18
江 苏	Jiangsu	69168	33709	35459	95. 07
浙 江	Zhejiang	45900	23358	22543	103. 62
安 徽	Anhui	55498	28469	27029	105. 33
福 建	Fujian	32484	16342	16142	101. 24
江 西	Jiangxi	39623	20253	19370	104. 56
山 东	Shandong	84970	42513	42457	100. 13
河 南	Henan	84906	42929	41978	102. 27
湖 北	Hubei	51697	26215	25482	102. 88
湖 南	Hunan	57648	29812	27835	107. 10
广 东	Guangdong	85714	43920	41794	105. 09
广 西	Guangxi	43252	22578	20674	109. 21
海 南	Hainan	7665	4012	3653	109. 81
重 庆	Chongqing	25545	12878	12667	101. 67
四 川	Sichuan	73722	37341	36381	102. 64
贵 州	Guizhou	34126	17736	16390	108. 21
云 南	Yunnan	40947	21290	19658	108. 30
西 藏	Tibet	2576	1253	1323	94. 65
陕 西	Shaanxi	33999	17233	16766	102. 79
甘 肃	Gansu	23739	12010	11730	102. 39
青 海	Qinghai	5007	2524	2484	101. 61
宁 夏	Ningxia	5533	2817	2716	103. 71
新 疆	Xinjiang	19004	9649	9355	103. 14

《中国统计年鉴—2009》

各地区人口年龄构成（2008 年）

Age composition of population by region（2008）

本表是 2008 年全国人口变动情况抽样调查样本数据，抽样比为 0. 887‰。

Data in this table are obtained from the 2008 National Sample Survey on Population Changes. The sampling fraction is 0. 887‰.

地　区	Region	人口数(人) Population (person)	0 – 14 岁 Aged 0 – 14	15 – 64 岁 Aged 15 – 64	65 岁及以上 Aged 65 and Over
全　国	National Total	1178521	204088	862020	112413
北　京	Beijing	14813	1438	11852	1524
天　津	Tianjin	10114	1087	7785	1242
河　北	Hebei	62981	10115	47362	5504
山　西	Shanxi	30779	5602	22752	2424
内蒙古	Inner Mongolia	21816	3251	16795	1769
辽　宁	Liaoning	38988	4729	29840	4419
吉　林	Jilin	24764	3029	19475	2260
黑龙江	Heilongjiang	34688	4408	27116	3163
上　海	Shanghai	16854	1332	13324	2198
江　苏	Jiangsu	69168	9515	51535	8118
浙　江	Zhejiang	45900	6435	34576	4889
安　徽	Anhui	55498	11163	38372	5963
福　建	Fujian	32484	5764	23473	3247
江　西	Jiangxi	39623	8995	27306	3322
山　东	Shandong	84970	13245	63440	8285
河　南	Henan	84906	16848	61415	6643
湖　北	Hubei	51697	7591	38869	5237
湖　南	Hunan	57648	9611	41978	6059
广　东	Guangdong	85714	15835	63402	6477
广　西	Guangxi	43252	9453	29753	4045
海　南	Hainan	7665	1650	5329	686
重　庆	Chongqing	25545	4857	17633	3055
四　川	Sichuan	73722	12794	52488	8440
贵　州	Guizhou	34126	8888	22460	2778
云　南	Yunnan	40947	9063	28659	3225
西　藏	Tibet	2576	566	1839	172
陕　西	Shaanxi	33999	5592	25147	3260
甘　肃	Gansu	23739	4899	16902	1939
青　海	Qinghai	5007	1088	3576	343
宁　夏	Ningxia	5533	1266	3909	358
新　疆	Xinjiang	19004	3978	13660	1366

《中国统计年鉴—2009》

各地区人口的城乡构成（2008 年）

Total population by urban and rural residence by region（2008）

全国数据未包括香港、澳门特别行政区和台湾省的人口数据。

The national total population does not include the population of Hong Kong SAR, Macao SAR and Taiwan Province.

地 区	Region	总人口(年末)(万人) Total Population (year-end) (10 000 persons)	城镇人口 Urban Population		乡村人口 Rural Population	
			人口数 Population	比重（%） Proportion	人口数 Population	比重（%） Proportion
全 国	National Total	132802	60667	45.68	72135	54.32
北 京	Beijing	1695	1439	84.90	256	15.10
天 津	Tianjin	1176	908	77.23	268	22.77
河 北	Hebei	6989	2928	41.90	4061	58.10
山 西	Shanxi	3411	1539	45.11	1872	54.89
内蒙古	Inner Mongolia	2414	1248	51.71	1166	48.29
辽 宁	Liaoning	4315	2591	60.05	1724	39.95
吉 林	Jilin	2734	1455	53.21	1279	46.79
黑龙江	Heilongjiang	3825	2119	55.40	1706	44.60
上 海	Shanghai	1888	1673	88.60	215	11.40
江 苏	Jiangsu	7677	4169	54.30	3509	45.70
浙 江	Zhejiang	5120	2949	57.60	2171	42.40
安 徽	Anhui	6135	2485	40.50	3650	59.50
福 建	Fujian	3604	1798	49.90	1806	50.10
江 西	Jiangxi	4400	1820	41.36	2580	58.64
山 东	Shandong	9417	4483	47.60	4935	52.40
河 南	Henan	9429	3397	36.03	6032	63.97
湖 北	Hubei	5711	2581	45.20	3130	54.80
湖 南	Hunan	6380	2689	42.15	3691	57.85
广 东	Guangdong	9544	6048	63.37	3496	36.63
广 西	Guangxi	4816	1838	38.16	2978	61.84
海 南	Hainan	854	410	48.00	444	52.00
重 庆	Chongqing	2839	1419	49.99	1420	50.01
四 川	Sichuan	8138	3044	37.40	5094	62.60
贵 州	Guizhou	3793	1104	29.11	2689	70.89
云 南	Yunnan	4543	1499	33.00	3044	67.00
西 藏	Tibet	287	65	22.61	222	77.39
陕 西	Shaanxi	3762	1584	42.10	2178	57.90
甘 肃	Gansu	2628	845	32.15	1783	67.85
青 海	Qinghai	554	227	40.86	327	59.14
宁 夏	Ningxia	618	278	44.98	340	55.02
新 疆	Xinjiang	2131	845	39.64	1286	60.36

注：1. 本表数据根据 2008 年人口变动情况抽样调查数据推算。全国总人口根据抽样误差和调查误差进行了修正，分地区人口未作修正。

2. 全国总人口包括现役军人数，分地区数字中未包括。

a) Data in the table are estimates from the 2008 National Sample Survey on Population Changes. The national total population was adjusted on the basis of sampling errors and survey errors. Similar adjustments were not made to regional figures.

b) The military personnel were included in the national total population, but were not included in the population by region.

《中国统计年鉴—2009》

国民经济和社会发展总量与速度指标
Principal aggregate indicators on national economic and social development and growth rates

指标	Item	总量指标 Aggregate Data					速度指标(%) Indices and Growth Rates(%)						
							指数(2008 为以下各年) Index (2008 as Percentage of the Following Years)				平均增长速度 Average Annual Growth Rate		
		1978	1990	2000	2007	2008	1978	1990	2000	2007	1979—2008	1991—2008	2001—2008
人口与就业	Population and Employment												
人口(万人)	Population(10 000 persons)												
总人口(年末)	Population at Year-end	96259	114333	126743	132129	132802	138.0	116.2	104.8	100.5	1.1	0.8	0.6
男性人口	Male	49567	58904	65437	68048	68357	137.9	116.0	104.5	100.5	1.1	0.8	0.5
女性人口	Female	46692	55429	61306	64081	64445	138.0	116.3	105.1	100.6	1.1	0.8	0.6
城镇人口	Urban	17245	30195	45906	59379	60667	351.8	200.9	132.2	102.2	4.3	4.0	3.5
乡村人口	Rural	79014	84138	80837	72750	72135	91.3	85.7	89.2	99.2	-0.3	-0.9	-1.4
就业(万人)	Employment(10 000 persons)												
就业人员数	Employment	40152	64749	72085	76990	77480	193.0	119.7	107.5	100.6	2.2	1.0	0.9
#职工人数	Staff and Workers	9499	14059	11259	11427	11515	121.2	81.9	102.3	100.8	0.6	-1.1	0.3
城镇登记失业人数	Registered Unemployment in Urban Areas	530	383	595	830	886	167.2	231.3	148.9	106.7	1.7	4.8	5.1
宏观经济	Macro Economy												
国民经济核算(亿元)	National Accounting(100 million yuan)												
国民总收入	Gross National Income	3645.2	18718.3	98000.5	259258.9	302853.4	1663.1	588.8	221.6	108.9	9.8	10.4	10.5
国内生产总值	Gross Domestic Product	3645.2	18667.8	99214.6	257305.6	300670.0	1651.2	586.1	217.3	109.0	9.8	10.3	10.2
第一产业	Primary Industry	1027.5	5062.0	14944.7	28627.0	34000.0	386.1	202.5	139.4	105.5	4.6	4.0	4.2
第二产业	Secondary Industry	1745.2	7717.4	45555.9	124799.0	146183.4	2549.5	838.3	235.7	109.3	11.4	12.5	11.3
第三产业	Tertiary Industry	872.5	5888.4	38714.0	103879.6	120486.6	2164.7	597.8	226.4	109.5	10.8	10.4	10.8
支出法国内生产总值	Gross Domestic Product by Expenditure Approach	3605.6	19347.8	98749.0	263093.8	306859.8							
最终消费支出	Final Consumption Expenditure	2239.1	12090.5	61516.0	128793.8	149112.6							
居民消费	Household Consumption Expenditure	1759.1	9450.9	45854.6	93602.9	108392.2							
政府消费	Government Consumption Expenditure	480.0	2639.6	15661.4	35190.9	40720.4							
资本形成总额	Gross Capital Formation	1377.9	6747.0	34842.8	110919.4	133612.3							
固定资本形成总额	Gross Fixed Capital Formation	1073.9	4827.8	33844.4	105435.9	126209.5							
存货增加	Changes in Inventories	304.0	1919.2	998.4	5483.6	7402.9							

续表

指标	Item	总量指标 Aggregate Data					速度指标(%) Indices and Growth Rates(%)						
							指数（2008 为以下各年）Index（2008 as Percentage of the Following Years）				平均增长速度 Average Annual Growth Rate		
		1978	1990	2000	2007	2008	1978	1990	2000	2007	1979—2008	1991—2008	2001—2008
货物和服务净出口	Net Export of Goods and Services	-11.4	510.3	2390.2	23380.6	24134.9							
固定资产投资(亿元)	**Investment in Fixed Assets (100 million yuan)**												
全社会固定资产投资总额	Total Investment in Fixed Assets		4517.0	32917.7	137323.9	172828.4		3826.2	525.0	125.9		22.4	22.1
城镇	Urban		3274.4	26221.8	117464.5	148738.3		4542.5	567.2	126.6		23.6	23.4
#房地产开发	Real Estate Development		253.3	4984.1	25288.8	31203.2		12321.1	626.1	123.4		32.2	26.0
农村	Rural		1242.6	6695.9	19859.5	24090.1		1938.7	359.8	121.3		18.1	16.0
全社会施工房屋建筑面积(万平方米)	Floor Space of Buildings under Construction (10 000 sq. m)		137171	265294	548542	632261		460.9	238.3	115.3		8.9	11.5
全社会竣工房屋建筑面积(万平方米)	Floor Space of Buildings Completed (10 000 sq. m)		107952	181974	238425	260307		241.1	143.0	109.2		5.0	4.6
财政(亿元)	**Government Finance (100 million yuan)**												
国家财政收入	Government Revenue	1132.3	2937.1	13395.2	51321.8	61330.4	5416.6	2088.1	457.9	119.5	14.2	18.4	20.9
中央	Central Government	175.8	992.4	6989.2	27749.2	32680.6	18592.8	3293.0	467.6	117.8	19.0	21.4	21.3
地方	Local Governments	956.5	1944.7	6406.1	23572.6	28649.8	2995.3	1473.2	447.2	121.5	12.0	16.1	20.6
国家财政支出	Government Expenditure	1122.1	3083.6	15886.5	49781.4	62592.7	5578.2	2029.9	394.0	125.7	14.3	18.2	18.7
中央	Central Government	532.1	1004.5	5519.9	11442.1	13344.2	2507.7	1328.5	241.7	116.6	11.3	15.5	11.7
地方	Local Governments	590.0	2079.1	10366.7	38339.3	49248.5	8347.6	2368.7	475.1	128.5	15.9	19.2	21.5
物价总指数(上年=100)	**Price Indices (preceding year=100)**												
居民消费价格指数	Consumer Price Index	100.7	103.1	100.4	104.8	105.9							
商品零售价格指数	Retail Price Index	100.7	102.1	98.5	103.8	105.9							
工业品出厂价格指数	Producer Price Indices for Manufactured Goods	100.1	104.1	102.8	103.1	106.9							
原材料、燃料、动力购进价格指数	Purchasing Price Indices of Raw Material, Fuel and Power		105.6	105.1	104.4	110.5							
固定资产投资价格指数	Investment in Fixed Assets Price Indices			101.1	103.9	108.9							

续表

指标	Item	总量指标 Aggregate Data					速度指标(%) Indices and Growth Rates(%)						
							指数（2008 为以下各年）Index（2008 as Percentage of the Following Years）				平均增长速度 Average Annual Growth Rate		
		1978	1990	2000	2007	2008	1978	1990	2000	2007	1979—2008	1991—2008	2001—2008
能源生产与消费(万吨标准煤)	Production and Consumption of Energy（10 000 tons of SCE）												
能源生产总量	Total Energy Production	62770	103922	128978	235415	260000	394.5	238.3	192.0	105.2	4.7	4.9	8.5
能源消费总量	Total Energy Consumption	57144	98703	138553	265583	285000	483.4	279.8	199.4	104.0	5.4	5.9	9.0
产　　业	**Industry**												
农业	**Agriculture**												
农林牧渔业总产值（亿元）	Gross Output Value of Agriculture, Forestry, Animal Husbandry and Fishery（100 million yuan）	1397.0	7662.1	24915.8	48893.0	58002.2	586.2	287.4	149.6	105.7	6.1	6.0	5.2
主要农产品产量(万吨)	Output of Major Farm Products（10 000 tons）												
粮　食	Grain	30476.5	44624.3	46217.5	50160.3	52870.9	173.5	118.5	114.4	105.4	1.9	0.9	1.7
棉　花	Cotton	216.7	450.8	441.7	762.4	749.2	345.7	166.2	169.6	98.3	4.2	2.9	6.8
油　料	Oil - bearing Crops	521.8	1613.2	2954.8	2568.7	2952.8	565.9	183.0	99.9	115.0	5.9	3.4	
甘　蔗	Sugar Cane	2111.6	5762.0	6828.0	11295.1	12415.2	587.9	215.5	181.8	109.9	6.1	4.4	7.8
甜　菜	Beet Roots	270.2	1452.5	807.3	893.1	1004.4	371.7	69.2	124.4	112.5	4.5	-2.0	2.8
茶　叶	Tea	26.8	54.0	68.3	116.5	125.8	469.3	232.9	184.0	107.9	5.3	4.8	7.9
水　果	Fruits	657.0	1874.4	6225.1	18136.3	19220.2	2925.6	1025.4	308.8	106.0	11.9	13.8	15.1
肉　类	Meat			6013.9	6865.7	7278.7			121.0	106.0			2.4
奶　类	Milk			919.1	3633.4	3781.5			411.4	104.1			19.3
水产品	Aquatic Products	465.4	1237.0	3706.2	4747.5	4895.6	1052.0	395.8	132.1	103.1	8.2	7.9	3.5
工业	**Industry**												
主要工业产品产量	Output of Major Industrial Products												
布(亿米)	Cloth（100 million m）	110	189	277	675	710	643.7	376.1	256.3	105.1	6.4	7.6	12.5

续表

指标	Item	总量指标 Aggregate Data					速度指标(%) Indices and Growth Rates(%)						
							指数(2008为以下各年) Index (2008 as Percentage of the Following Years)				平均增长速度 Average Annual Growth Rate		
		1978	1990	2000	2007	2008	1978	1990	2000	2007	1979—2008	1991—2008	2001—2008
成品糖(万吨)	Refined Sugar(10 000 tons)	227	582	700	1271	1449	638.5	249.1	207.1	114.0	6.4	5.2	9.5
家用电冰箱(万台)	Household Refrigerators (10 000 units)	2.8	463	1279	4397	4757	169889.3	1027.3	371.9	108.2	28.1	13.8	17.8
房间空气调节器(万台)	Air Conditioners (10 000 units)	0.02	24	1827	8014	8231	41154650.0	34195.8	450.6	102.7	53.9	38.3	20.7
家用洗衣机(万台)	Household Washing Machines (10 000 units)	0.04	663	1443	4005	4231	10577900.0	638.5	293.2	105.6	47.1	10.8	14.4
彩色电视机(万台)	Colour Television Sets (10 000 units)	0.38	1033	3936	8478	9033	2377126.3	874.4	229.5	106.5	39.9	12.8	10.9
原煤(亿吨)	Coal(100 million tons)	6.18	10.80	12.99	25.26	27.88	451.1	258.1	214.6	110.4	5.2	5.4	10.0
原油(万吨)	Crude Oil (10 000 tons)	10405	13831	16300	18632	19001	182.6	137.4	116.6	102.0	2.0	1.8	1.9
天然气(亿立方米)	Natural Gas (100 million cu. m)	137.3	153.0	272.0	692.4	789.3	574.9	516.0	290.2	114.0	6.0	9.5	14.2
发电量(亿千瓦小时)	Electricity (100 million kwh)	2566	6212	13556	32816	34669	1351.1	558.1	255.7	105.6	9.1	10.0	12.5
粗钢(万吨)	Crude Steel (10 000 tons)	3178	6635	12850	48929	50092	1576.2	755.0	389.8	102.4	9.6	11.9	18.5
钢材(万吨)	Rolled Steel(10 000 tons)	2208	5153	13146	56561	58488	2648.9	1135.0	444.9	103.4	11.5	14.4	20.5
水泥(万吨)	Cement (10 000 tons)	6524	20971	59700	136117	140000	2145.9	667.6	234.5	102.9	10.8	11.1	11.2
规模以上工业企业	Principal Indicators of Industrial Enterprises above Designated Size												
主要指标(亿元)	(100 million yuan)												
工业总产值	Gross Industrial Output Value			85674	405177	507448			592.3	125.2			24.9
资产总计	Original Value of Fixed Assets			126211	353037	431306			341.7	122.2			16.6
主营业务收入	Revenue from Principal Business			84152	399717	500020			594.2	125.1			25.0
利润总额	Total Profits			4393	27155	30562			695.6	112.5			27.4
建筑业	**Construction**												
建筑业企业从业人员(万人)	Number of Employed Persons(10 000 persons)		1011	1994	3134	3315		328.0	166.2	105.8		6.8	6.6
建筑业总产值(亿元)	Gross Output Value (100 million yuan)		1345	12498	51044	62037		4612.4	496.4	121.5		23.7	22.2
交通运输业	**Transportation**												
客运量(万人)	Passenger Traffic(10 000 persons)	253993	772682	1478573	2227761	2867892	1129.1	371.2	194.0	128.7	8.4	7.6	8.6
铁 路	Railways	81491	95712	105073	135670	146193	179.4	152.7	139.1	107.8	2.0	2.4	4.2
公 路	Highways	149229	648085	1347392	2050680	2682114	1797.3	413.9	199.1	130.8	10.1	8.2	9.0

续表

指标	Item	总量指标 Aggregate Data					速度指标(%) Indices and Growth Rates(%)						
							指数（2008为以下各年）Index (2008 as Percentage of the Following Years)				平均增长速度 Average Annual Growth Rate		
		1978	1990	2000	2007	2008	1978	1990	2000	2007	1979—2008	1991—2008	2001—2008
水　运	Waterways	23042	27225	19386	22835	20334	88.2	74.7	104.9	89.0	-0.4	-1.6	0.6
民　航	Civil Aviation	231	1660	6722	18576	19251	8333.8	1159.7	286.4	103.6	15.9	14.6	14.1
货运量(万吨)	Freight Traffic (10 000 tons)	248946	970602	1358682	2275822	2587413	1039.3	266.6	190.4	113.7	8.1	5.6	8.4
铁　路	Railways	110119	150681	178581	314237	330354	300.0	219.2	185.0	105.1	3.7	4.5	8.0
公　路	Highways	85182	724040	1038813	1639432	1916759	2250.2	264.7	184.5	116.9	10.9	5.6	8.0
水　运	Waterways	43292	80094	122391	281199	294510	680.3	367.7	240.6	104.7	6.6	7.5	11.6
民　航	Civil Aviation	6	37	197	402	408	6369.3	1101.7	207.2	101.4	14.9	14.3	9.5
管　道	Pipelines	10347	15750	18700	40552	45382	438.6	288.1	242.7	111.9	5.1	6.1	11.7
沿海规模以上港口货物吞吐量(万吨)	Volume of Freight Handled at Coastal Ports above Designated Size (10 000 tons)	19834	48321	125603	388200	429599	2166.0	889.1	342.0	110.7	10.8	12.9	16.6
邮电通信业	**Postal and Telecommunication Services**												
邮电业务总量（亿元）	Business Volume of Postal and Telecommunication Services (100 million yuan)	34.1	155.5	4792.7	19805.1	23649.5	93110.4	20406.1	662.3	119.4	25.6	34.4	26.7
函件(亿件)	Number of Letters Delivered (100 million pieces)	28.4	54.9	77.7	69.5	73.0	257.4	133.0	93.9	105.0	3.2	1.6	-0.8
报刊期发数（万份）	Number of Newspapers and Magazines Distributed (10 000 copies)	11250	20078	20090	13031	15658	139.2	78.0	77.9	120.2	1.1	-1.4	-3.1
移动电话年末用户（万户）	Number of Mobile Telephone Subscribers at Year-end (10 000 subscribers)		1.8	8453.3	54730.6	64124.5		3504071.0	758.6	117.2		78.8	28.8
固定电话年末用户（万户）	Number of Fixed Telephone Subscribers at Year-end (10 000 subscribers)	192.5	685.0	14482.9	36563.7	34035.9	17676.9	4968.5	235.0	93.1	18.8	24.2	11.3
城　市	Urban Telephone Subscribers	119.2	538.4	9311.6	24859.8	23155.9	19434.2	4300.5	248.7	93.1	19.2	23.2	12.1
农　村	Rural Telephone Subscribers	73.4	146.6	5171.3	11704.0	10880.0	14824.1	7422.5	210.4	93.0	18.1	27.0	9.7
公用电话（万户）	Public Telephone (10 000 subscribers)	1.2	4.6	352.0	2991.9	2771.5	238121.8	60189.8	787.4	92.6	29.6	42.7	29.4

续表

指标	Item	总量指标 Aggregate Data					速度指标(%) Indices and Growth Rates(%)						
							指数（2008 为以下各年）Index (2008 as Percentage of the Following Years)				平均增长速度 Average Annual Growth Rate		
		1978	1990	2000	2007	2008	1978	1990	2000	2007	1979—2008	1991—2008	2001—2008
局用交换机容量(万门)	Capacity of Local Telephone Exchanges (10 000 lines)	405.9	1231.8	17825.6	51034.6	50863.2	12531.6	4129.1	285.3	99.7	17.5	23.0	14.0
国内商业	Domestic Trade												
社会消费品零售总额(亿元)	Total Retail Sales of Consumer Goods (100 million yuan)	1559	8300	39106	89210	108488	6960.6	1307.1	277.4	121.6	15.2	15.3	13.6
对外贸易	Foreign Trade												
货物进出口总额(亿美元)	Total Value of Exports and Imports (USD 100 million)	206.4	1154.4	4742.9	21737.3	25632.6	12418.9	2220.4	540.4	117.9	17.4	18.8	23.5
出口额	Exports	97.5	620.9	2492.0	12177.8	14306.9	14673.7	2304.2	574.1	117.5	18.1	19.0	24.4
进口额	Imports	108.9	533.5	2250.9	9559.5	11325.6	10400.0	2122.9	503.2	118.5	16.7	18.5	22.4
实际利用外资	Actually Utilization of Foreign Capital												
外商直接投资(亿美元)	Foreign Direct Investments (USD 100 million)		34.9	407.2	747.7	924.0		2649.7	226.9	123.6		20.0	10.8
外商其他投资(亿美元)	Other Foreign Investments (USD 100 million)		2.7	86.4	35.7	28.6		1066.4	33.1	80.0		14.1	-12.9
国际旅游	International Tourism												
入境旅游过夜者人数(万人次)	Number of Tourists (Overnight Visitors) (10 000 person - times)	71.6	1048.4	3122.9	5472.0	5304.9	7409.1	506.0	169.9	96.9	15.4	9.4	6.8
国际旅游外汇收入(亿美元)	Foreign Exchange Earnings from International Tourism (USD 100 million)	2.6	22.2	162.2	419.2	408.4	15529.7	1841.4	251.8	97.4	18.3	17.6	12.2
金融业	Financial Intermediation												
金融机构人民币各项存款余额(亿元)	Deposits of National Banking System (100 million yuan)	1155	13943	123804	389371	466203	40363.9	3343.7	376.6	119.7	22.1	21.5	18.0
金融机构人民币各项贷款余额(亿元)	Loans of National Banking System (100 million yuan)	1890	17511	99371	261691	303395	16052.6	1732.6	305.3	115.9	18.4	17.2	15.0

续表

指标	Item	总量指标 Aggregate Data					速度指标(%) Indices and Growth Rates(%)						
							指数(2008为以下各年) Index (2008 as Percentage of the Following Years)				平均增长速度 Average Annual Growth Rate		
		1978	1990	2000	2007	2008	1978	1990	2000	2007	1979—2008	1991—2008	2001—2008
股票筹资额(亿元)	Raised Capital of Listed Companies (100 million yuan)			2103	8680	3852			183.2	44.4			7.9
保险公司保费金额(亿元)	Insurance Premium of Insurance Companies (100 million yuan)			1598	7036	9784			612.3	139.1			25.4
保险公司赔款及给付金额(亿元)	Indemnity Expenditure and Payment of Insurance Companies (100 million yuan)			526	2265	2971			564.9	131.2			24.2
教育、科技、文化	**Education, Science and Technology and Culture**												
教育	**Education**												
专任教师数(万人)	Full-time Teachers (10 000 persons)												
#普通高等学校	Regular Institutions of Higher Education	20.6	39.5	46.3	116.8	123.7	600.7	313.3	267.4	105.9	6.2	6.5	13.1
普通中学	Regular Secondary Schools	318.2	303.3	400.5	490.7	494.4	155.4	163.0	123.5	100.8	1.5	2.8	2.7
普通小学	Regular Primary Schools	522.6	558.2	586.0	561.3	562.2	107.6	100.7	95.9	100.2	0.2	0.0	-0.5
在校学生数(万人)	Students Enrollment (10 000 persons)												
#普通高等学校	Regular Institutions of Higher Education	85.6	206.3	556.1	1884.9	2021.0	2361.0	979.7	363.4	107.2	11.1	13.5	17.5
普通中学	Regular Secondary Schools	6548.3	4586.0	7368.9	8243.3	8050.5	122.9	175.5	109.2	97.7	0.7	3.2	1.1
普通小学	Regular Primary Schools	14624.0	12241.4	13013.3	10564.0	10331.5	70.6	84.4	79.4	97.8	-1.2	-0.9	-2.8
教育经费支出(亿元)	Government Expenditures on Education (100 million yuan)			3849.1	12148.1								
科技	**Science and Technology**												
科学家和工程师数(万人)	Number of Scientists and Engineers (10 000 persons)			204.6	312.9	343.5			167.9	109.8			6.7
研究与试验发展经费支出(亿元)	Expenditures on Research and Development (100 million yuan)			895.7	3710.2	4616.0			515.3	124.4			22.7

续表

指　　标	Item	总量指标 Aggregate Data					速度指标(%) Indices and Growth Rates(%)						
							指数（2008 为以下各年）Index (2008 as Percentage of the Following Years)				平均增长速度 Average Annual Growth Rate		
		1978	1990	2000	2007	2008	1978	1990	2000	2007	1979—2008	1991—2008	2001—2008
技术市场成交额(亿元)	Volume of Transaction in Technical Markets(100 million yuan)		75.1	650.8	2226.5	2665.2		3548.9	409.6	119.7		21.9	19.3
文化	Culture												
图书出版数量（亿册）	Number of Books Published (100 million copies)	37.7	56.4	62.7	62.9	69.4	184.0	123.0	110.6	110.2	2.1	1.2	1.3
故事片产量(部)	Production of Feature Films(film)	46	134	91	402	406	882.6	303.0	446.2	101.0	7.5	6.4	20.6
电视节目制作时间(万小时)	Time for TV Programs Production (10 000 hours)		9.2	58.5	255.3	264.2		2884.2	451.6	103.5		20.5	20.7
家庭、生活、环境	Family, People's Living Conditions and Environment												
家庭	Family												
城镇居民平均每户家庭人口(人)	Average Household Size in Urban Areas(person)		3.50	3.13	2.91	2.91		83.1	93.0	100.0		-1.0	-0.9
农村居民平均每户常住人口(人)	Average Household Size in Rural Areas (person)		4.80	4.20	4.03	4.01		83.6	95.6	99.6		-1.0	-0.6
婚姻	Marriages and Divorces												
结婚登记总数（万对）	Registered Number of Marriages (10 000 couples)	597.8	951.1	848.5	991.4	1098.3	183.7	115.5	129.4	110.8	2.0	0.8	3.3
离婚数（万对）	Number of Divorces(10 000 couples)	28.5	80.0	121.3	209.8	226.9	796.1	283.6	187.1	108.2	7.2	6.0	8.1
居住	Housing												
城市人均住宅建筑面积(平方米)	Per Capita Gross Living Space in Cities(sq. m)	6.7	13.7	20.3									
农村居民人均住房面积(平方米)	Per Capita Net Floor Space of Rural Residents (sq. m)	8.1	17.8	24.8	31.6	32.4	400.2	182.1	130.7	102.5	4.7	3.4	3.4
生活	People's Living Conditions												
城镇居民人均可支配收入(元)	Per Capita Annual Disposable Income of Urban Households (yuan)	343	1510	6280	13786	15781	815.7	411.8	212.6	108.4	7.2	8.2	9.9

续表

指标	Item	总量指标 Aggregate Data					速度指标(%) Indices and Growth Rates(%)						
							指数(2008 为以下各年) Index (2008 as Percentage of the Following Years)				平均增长速度 Average Annual Growth Rate		
		1978	1990	2000	2007	2008	1978	1990	2000	2007	1979—2008	1991—2008	2001—2008
农村居民人均纯收入(元)	Per Capita Net Income of Rural Residents (yuan)	134	686	2253	4140	4761	793.2	254.9	164.1	108.0	7.1	5.3	6.4
城乡人民币储蓄存款余额(亿元)	Outstanding Amount of Saving Deposits in Urban and Rural Areas(100 million yuan)	211	7120	64332	172534	217885	103459.2	3060.3	338.7	126.3	26.0	20.9	16.5
工资和社会保险	**Wages of Welfare and Social Insurance**												
工资总额(亿元)	Total Wages(100 million yuan)	569	2951	10656	28244	33714	5926.1	1142.4	316.4	119.4	14.6	14.5	15.5
职工平均工资(元)	Average Wage of Staff and Workers(yuan)	615	2140	9371	24932	29229	4752.7	1365.8	311.9	117.2	13.7	15.6	15.3
社会保险基金收入(亿元)	Revenue of Social Insurance Fund (100 million yuan)		187	2645	10812	13696		7332.3	517.9	126.7		26.9	22.8
卫生	**Health Care**												
医院、卫生院(个)	Number of Hospitals and Health Centers (unit)	64311	62126	66095	60531	59572	92.6	95.9	90.1	98.4	-0.3	-0.2	-1.3
执业(助理)医师(万人)	Number of Licensed (Assistant) Doctors (10 000 persons)	103.3	176.3	207.6	201.3	208.2	201.6	118.1	100.3	103.4	2.4	0.9	0.0
医院、卫生院床位数(万张)	Number of Beds of Hospitals and Health Centers (10 000 units)	184.7	259.2	290.8	343.8	374.8	202.9	144.6	128.9	109.0	2.4	2.1	3.2
城市市政建设	**Municipal Works**												
年供水总量(亿吨)	Annual Supply of Tap Water(100 million tons)	78.8	382.3	469.0	501.9	500.1	634.6	130.8	106.6	99.6	6.4	1.5	0.8
人工煤气供气量(亿立方米)	Volume of Coal Gas Supply (100 million cu. m)		174.7	152.4	322.4	355.8		203.7	233.5	110.4		4.0	11.2
天然气供气量(亿立方米)	Volume of Natural Gas Supply (100 million cu. m)		64.2	82.1	308.6	368.0		573.3	448.3	119.3		10.2	20.6
年末实有道路长度(万公里)	Length of Paved Roads at Year - end (10 000 km)	2.7	9.5	16.0	24.6	26.0	963.2	273.4	162.3	105.6	7.8	5.7	6.2
排水管道长度(万公里)	Length of Sewer Pipelines(10 000 km)	2.0	5.8	14.2	29.2	31.5	1611.9	543.5	222.0	108.0	9.7	9.9	10.5
年末公共交通运营数(万辆)	Number of Public Vehicles in Operation at Year - end (10 000 units)	2.6	6.2	22.6	34.8	37.2	1439.0	599.7	164.5	106.8	9.3	10.5	6.4
园林绿地面积(万公顷)	Areas of Green Land (10 000 hectare)	8.2	47.5	86.5	170.9	174.7	2138.0	367.9	202.0	102.3	10.7	7.5	9.2

续表

指　标	Item	总量指标 Aggregate Data					速度指标(%) Indices and Growth Rates(%)						
							指数（2008 为以下各年）Index（2008 as Percentage of the Following Years）				平均增长速度 Average Annual Growth Rate		
		1978	1990	2000	2007	2008	1978	1990	2000	2007	1979—2008	1991—2008	2001—2008
环境、灾害	**Environment and Disaster**												
化学需氧量排放量（万吨）	Volume of COD Discharge（10 000 tons）			1445	1382	1321			91.4	95.6			-1.1
二氧化硫排放量(万吨)	Volume of Sulphur Dioxide Emission（10 000 tons）			1995	2468	2321			116.3	94.0			1.9
环境污染治理投资总额（亿元）	Actual Investment in Implementation of Projects for Pollution Treatment in the Year（100 million yuan）			1015	3387	4490			442.4	132.6			20.4
交通事故发生数(起)	Number of Traffic Accidents（unit）		250244	616971	327209	265204		106.0	43.0	81.1		0.3	-10.0
交通事故损失折款(万元)	Loss of Traffic Accidents（10 000 yuan）		35362	263290	119878	100972		285.5	38.4	84.2		6.0	-11.3
火灾发生数（起）	Number of Fire Disasters（unit）		57302	189185	163521	136835		238.8	72.3	83.7		5.0	-4.0
火灾损失折款（万元）	Fire Loss（10 000 yuan）		51182	152217	112516	182203		356.0	119.7	161.9		7.3	2.3

注：1. 邮电业务总量2000年及以前按1990年不变价格计算，以后按2000年不变价格计算；其他价值指标按当年价格计算。

2. 本表速度指标中，国民总收入、国内生产总值及三次产业增加值、农林牧渔业总产值、邮电业务总量、城乡居民收入和平均工资指标均按可比价格计算。固定资产投资平均增长速度按累计法计算。

3. 职工人数1997年及以前为全部职工人数，以后为在岗职工人数。

4. 2000年及以后保险业务包括外资公司。

5. 能源生产总量和消费总量速度指标按可比口径计算。

a) The business volume of postal and telecommunication services is calculated at 1990 constant prices before 2000 and at 2000 constant prices since 2000. Other figures in value terms in this table are calculated at current prices.

b) The indices and growth rates of the follow indicators are calculated at constant prices: gross national income, gross domestic product, value - added of the three strata of industry, gross output value of agriculture, forestry, animal husbandry and fishery, business volume of postal and telecommunication services, per capita income of urban and rural residents, average wages. The average annual growth rate of total investment in fixed assets is calculated at the accumulate method.

c) Figures before 1997 on workers and staff refer to all workers and staff, while figures since 1997 refer to fully employed workers and staff.

d) Insurance business includes foreign insurance companies since 2000.

e) Increase rate of energy production and consumption is calculated at comparable coverage.

《中国统计年鉴—2009》

地区生产总值和指数

Gross regional product and indices

本表绝对数按当年价格计算，指数按可比价格计算。

Level date in this table are calculated at current prices while indices at constant prices.

地 区	Region	地区生产总值（亿元） Gross Regional Product（100 million yuan）					指 数（上年=100） Indices（preceding year=100）				
		2004	2005	2006	2007	2008	2004	2005	2006	2007	2008
北 京	Beijing	6060. 28	6886. 31	7861. 04	9353. 32	10488. 03	114. 1	111. 8	112. 8	113. 3	109. 0
天 津	Tianjin	3110. 97	3697. 62	4344. 27	5050. 40	6354. 38	115. 8	114. 7	114. 5	115. 2	116. 5
河 北	Hebei	8477. 63	10096. 11	11515. 76	13709. 50	16188. 61	112. 9	113. 4	113. 4	112. 8	110. 1
山 西	Shanxi	3571. 37	4179. 52	4714. 99	5733. 35	6938. 73	115. 2	112. 6	111. 8	114. 4	108. 3
内蒙古	Inner Mongolia	3041. 07	3895. 55	4841. 82	6091. 12	7761. 80	120. 9	123. 8	119. 0	119. 1	117. 2
辽 宁	Liaoning	6672. 00	8009. 01	9214. 21	11023. 49	13461. 57	112. 8	112. 3	113. 8	114. 5	113. 1
吉 林	Jilin	3122. 01	3620. 27	4275. 12	5284. 69	6424. 06	112. 2	112. 1	115. 0	116. 1	116. 0
黑龙江	Heilongjiang	4750. 60	5511. 50	6201. 45	7065. 00	8310. 00	111. 7	111. 6	112. 1	112. 0	111. 8
上 海	Shanghai	8072. 83	9154. 18	10366. 37	12188. 85	13698. 15	114. 2	111. 1	112. 0	114. 3	109. 7
江 苏	Jiangsu	15003. 60	18305. 66	21645. 08	25741. 15	30312. 61	114. 8	114. 5	114. 9	114. 9	112. 3
浙 江	Zhejiang	11648. 70	13437. 85	15742. 51	18780. 44	21486. 92	114. 5	112. 8	113. 9	114. 7	110. 1
安 徽	Anhui	4759. 32	5375. 12	6131. 10	7364. 18	8874. 17	113. 3	111. 6	112. 8	113. 9	112. 7
福 建	Fujian	5763. 35	6568. 93	7584. 36	9249. 13	10823. 11	111. 8	111. 6	114. 8	115. 2	113. 0
江 西	Jiangxi	3456. 70	4056. 76	4670. 53	5500. 25	6480. 33	113. 2	112. 8	112. 3	113. 0	112. 6
山 东	Shandong	15021. 84	18516. 87	22077. 36	25965. 91	31072. 06	115. 4	115. 2	114. 8	114. 3	112. 1
河 南	Henan	8553. 79	10587. 42	12362. 79	15012. 46	18407. 78	113. 7	114. 2	114. 4	114. 6	112. 1
湖 北	Hubei	5633. 24	6520. 14	7581. 32	9230. 68	11330. 38	111. 2	112. 1	113. 2	114. 5	113. 4
湖 南	Hunan	5641. 94	6511. 34	7508. 87	9200. 00	11156. 64	112. 1	111. 6	112. 2	114. 5	112. 8
广 东	Guangdong	18864. 62	22366. 54	26159. 52	31084. 40	35696. 46	114. 8	113. 8	114. 6	114. 7	110. 1
广 西	Guangxi	3433. 50	4075. 75	4828. 51	5955. 65	7171. 58	111. 8	113. 2	113. 6	115. 1	112. 8
海 南	Hainan	798. 90	894. 57	1031. 85	1223. 28	1459. 23	110. 7	110. 2	112. 5	114. 8	109. 8
重 庆	Chongqing	2692. 81	3070. 49	3452. 14	4122. 51	5096. 66	112. 2	111. 5	112. 2	115. 6	114. 3
四 川	Sichuan	6379. 63	7385. 11	8637. 81	10505. 30	12506. 25	112. 7	112. 6	113. 3	114. 2	109. 5
贵 州	Guizhou	1677. 80	1979. 06	2270. 89	2741. 90	3333. 40	111. 4	111. 6	111. 6	113. 7	110. 2
云 南	Yunnan	3081. 91	3472. 89	3981. 31	4741. 31	5700. 10	111. 3	109. 0	111. 9	112. 5	111. 0
西 藏	Tibet	220. 34	251. 21	291. 01	342. 19	395. 91	112. 1	112. 1	113. 3	114. 0	110. 1
陕 西	Shaanxi	3175. 58	3675. 66	4520. 07	5465. 79	6851. 32	112. 9	112. 6	112. 8	114. 6	115. 6
甘 肃	Gansu	1688. 49	1933. 98	2276. 70	2702. 40	3176. 11	111. 5	111. 8	111. 5	112. 3	110. 1
青 海	Qinghai	466. 10	543. 32	639. 50	783. 61	961. 53	112. 3	112. 2	112. 2	112. 5	112. 7
宁 夏	Ningxia	537. 16	606. 10	710. 76	889. 20	1098. 51	111. 2	110. 9	112. 7	112. 7	112. 2
新 疆	Xinjiang	2209. 09	2604. 19	3045. 26	3523. 16	4203. 41	111. 4	110. 9	111. 0	112. 2	111. 0

《中国统计年鉴—2009 年》

居 民 消 费 水 平

Household consumption expenditure

本表绝对数按当年价格计算，指数按可比价格计算。

Level in this table are calculated at current prices, while indices are calculated at constant prices.

年 份 Year	绝对数(元) Level (yuan)			城乡消费水平对比（农村居民＝1） Urban/Rural Consumption Ratio(Rural Households＝1)	指数（上年＝100） Index (Preceding Year＝100)			指数（1978＝100） Index (1978＝100)		
	全体居民 All households	农村居民 Rural Household	城镇居民 Urban Household		全体居民 All Households	农村居民 Rural Household	城镇居民 Urban Household	全体居民 All Households	农村居民 Rural Household	城镇居民 Urban Household
1978	184	138	405	2.9	104.1	104.3	103.3	100.0	100.0	100.0
1979	208	159	425	2.7	106.9	106.5	102.8	106.9	106.5	102.8
1980	238	178	489	2.7	109.0	108.4	107.2	116.5	115.4	110.2
1981	264	201	521	2.6	108.3	109.8	104.0	126.2	126.8	114.6
1982	288	223	536	2.4	106.8	109.1	100.7	134.8	138.3	115.4
1983	316	250	558	2.2	108.1	110.6	102.1	145.8	153.1	117.9
1984	361	287	618	2.2	112.0	112.9	107.9	163.2	172.8	127.2
1985	446	349	765	2.2	113.5	113.3	111.1	185.2	195.7	141.3
1986	497	378	872	2.3	104.7	102.3	106.7	194.0	200.3	150.8
1987	565	421	998	2.4	106.0	104.9	105.6	205.5	210.0	159.3
1988	714	509	1311	2.6	107.8	105.2	109.7	221.5	221.0	174.7
1989	788	549	1466	2.7	99.8	98.3	100.7	221.0	217.2	176.0
1990	833	560	1596	2.9	103.7	99.2	108.5	229.2	215.4	190.9
1991	932	602	1840	3.1	108.6	105.4	110.7	249.0	227.1	211.4
1992	1116	688	2262	3.3	113.3	108.5	116.1	282.0	246.5	245.3
1993	1393	805	2924	3.6	108.4	104.3	110.4	305.8	257.1	270.8
1994	1833	1038	3852	3.7	104.6	103.1	104.4	320.0	265.0	282.8
1995	2355	1313	4931	3.8	107.8	106.8	107.2	345.1	282.9	303.2
1996	2789	1626	5532	3.4	109.4	114.5	103.4	377.6	323.8	313.6
1997	3002	1722	5823	3.4	104.5	103.1	102.2	394.6	334.0	320.4
1998	3159	1730	6109	3.5	105.9	101.2	105.9	417.8	338.1	339.2
1999	3346	1766	6405	3.6	108.3	105.1	107.0	452.3	355.3	363.0
2000	3632	1860	6850	3.7	108.6	104.5	107.8	491.0	371.3	391.1
2001	3869	1969	7113	3.6	105.7	104.5	103.2	518.8	388.0	403.6
2002	4106	2062	7387	3.6	106.5	105.2	104.2	552.5	408.1	420.5
2003	4411	2103	7901	3.8	106.5	100.3	106.3	588.5	409.5	447.2
2004	4925	2301	8679	3.8	107.4	103.4	106.4	632.3	423.5	475.7
2005	5463	2560	9410	3.7	107.9	107.6	105.7	682.3	455.7	502.8
2006	6138	2847	10423	3.6	109.6	108.4	108.1	747.8	494.0	543.5
2007	7103	3265	11904	3.6	110.2	108.0	109.2	824.1	533.5	593.5
2008	8183	3756	13526	3.6	109.0	107.3	108.0	898.3	572.5	641.0

注：1. 城乡消费水平对比，没有剔除城乡价格不可比的因素。

2. 居民消费水平指按常住人口平均计算的居民消费支出。

a) The effect of price differentials between urban and rural areas has not been removed in the calculation of the urban/rural consumption ratio.

b) Household consumption level refers to per capita household consumption on the basis of usual resicents.

《中国统计年鉴—2009》

各地区居民消费水平（2008 年）

Household consumption expenditure by region（2008）

本表绝对数按当年价格计算，指数按不变价格计算。

Level in this table are calculated at current prices, while indices are calculated at constant prices.

地 区	Region	绝对数(元) Level (yuan)			城乡消费水平对比（农村居民=1）Urban/Rural Consumption Ratio(Rural Household=1)	指数（上年=100）Index (Preceding Year=100)		
		全体居民 All Households	农村居民 Rural Household	城镇居民 Urban Household		全体居民 All Households	农村居民 Rural Household	城镇居民 Urban Household
北 京	Beijing	20346	10043	22207	2.2	107.7	109.5	107.4
天 津	Tianjin	14000	6389	16301	2.6	111.3	112.8	109.7
河 北	Hebei	6570	3553	10955	3.1	109.8	108.4	104.7
山 西	Shanxi	6187	3274	9810	3.0	104.5	106.1	102.1
内蒙古	Inner Mongolia	8108	3668	12386	3.4	108.7	104.5	107.5
辽 宁	Liaoning	9625	4321	13216	3.1	119.2	115.3	119.4
吉 林	Jilin	7591	3854	10878	2.8	108.2	108.6	107.8
黑龙江	Heilongjiang	7039	3781	9743	2.6	111.9	116.3	109.3
上 海	Shanghai	27343	12202	29250	2.4	108.2	103.4	108.4
江 苏	Jiangsu	11013	6461	14930	2.3	109.8	109.3	108.7
浙 江	Zhejiang	13893	7665	18515	2.4	106.1	102.5	104.0
安 徽	Anhui	6377	3454	10835	3.1	113.8	112.0	111.3
福 建	Fujian	10361	5633	15223	2.7	112.9	111.2	112.2
江 西	Jiangxi	5753	4533	6586	1.5	117.5	170.6	62.3
山 东	Shandong	9573	4859	14851	3.1	113.2	111.0	112.9
河 南	Henan	5877	3208	10797	3.4	105.7	101.3	104.3
湖 北	Hubei	7406	3864	11780	3.0	107.3	108.8	105.5
湖 南	Hunan	7145	3926	11716	3.0	108.1	106.5	105.8
广 东	Guangdong	14390	5176	19743	3.8	108.0	108.2	107.8
广 西	Guangxi	6103	3070	11221	3.7	112.8	100.2	115.3
海 南	Hainan	6550	3593	10163	2.8	110.9	106.3	107.2
重 庆	Chongqing	9835	4049	15817	3.9	142.4	135.9	140.5
四 川	Sichuan	6072	3362	10608	3.2	107.2	106.1	102.9
贵 州	Guizhou	4426	2142	10106	4.7	103.5	101.9	101.9
云 南	Yunnan	4553	2547	9010	3.5	104.9	110.9	98.9
西 藏	Tibet	3504	2149	8324	3.9	105.5	106.1	102.6
陕 西	Shaanxi	6290	2993	10965	3.7	114.1	110.3	112.7
甘 肃	Gansu	4869	2480	9975	4.0	105.2	111.4	100.9
青 海	Qinghai	5830	3121	9816	3.1	106.6	112.6	102.7
宁 夏	Ningxia	7193	3142	12245	3.9	116.2	105.0	118.0
新 疆	Xinjiang	5542	2661	9975	3.7	105.0	103.5	103.9

注：1. 城乡消费水平对比，没有剔除城乡价格不可比的因素。

2. 居民消费水平指按常住人口平均计算的居民消费支出。

a) The effect of price differentials between urban and rural areas has not been removed in the calculation of the urban/rural consumption ratio.

b) Household consumption level refers to per capita household consumption on the basis of usual residents.

《中国统计年鉴—2009》

各地区最终消费支出及构成（2008 年）

Final consumption expenditure and its composition by region (2008)

本表按当年价格计算。

Data in value terms in this table are calculated at current prices.

地区	Region	最终消费支出（亿元）Final Consumption Expenditures (100 million yuan)					最终消费支出 = 100 Final Consumption Expenditures = 100		居民消费支出 = 100 Household Consumption Expenditures = 100	
			居民消费支出 Household Consumption	农村居民 Rual Household	城镇居民 Urban Household	政府消费支出 Government Consumption	居民消费支出 Household Consumption	政府消费支出 Government Consumption	农村居民 Rural Household	城镇居民 Urban Household
北　京	Beijing	6033.93	3385.60	255.59	3130.01	2648.33	56.1	43.9	7.5	92.5
天　津	Tianjin	2516.77	1603.68	169.92	1433.76	913.09	63.7	36.3	10.6	89.4
河　北	Hebei	6769.00	4576.73	1466.47	3110.26	2192.27	67.6	32.4	32.0	68.0
山　西	Shanxi	3002.67	2104.67	617.24	1487.43	898.00	70.1	29.9	29.3	70.7
内蒙古	Inner Mongolia	3196.80	1953.64	433.62	1520.02	1243.16	61.1	38.9	22.2	77.8
辽　宁	Liaoning	5529.37	4144.89	751.34	3393.55	1384.48	75.0	25.0	18.1	81.9
吉　林	Jilin	3049.19	2075.65	493.10	1582.55	973.54	68.1	31.9	23.8	76.2
黑龙江	Heilongjiang	4260.96	2692.15	655.76	2036.39	1568.81	63.2	36.8	24.4	75.6
上　海	Shanghai	7004.32	5122.05	255.71	4866.34	1882.27	73.1	26.9	5.0	95.0
江　苏	Jiangsu	12751.90	8425.61	2285.87	6139.74	4326.29	66.1	33.9	27.1	72.9
浙　江	Zhejiang	9614.22	7071.58	1662.06	5409.52	2542.64	73.6	26.4	23.5	76.5
安　徽	Anhui	4831.68	3906.57	1277.89	2628.68	925.11	80.9	19.1	32.7	67.3
福　建	Fujian	5053.95	3722.10	1026.10	2696.00	1331.85	73.6	26.4	27.6	72.4
江　西	Jiangxi	3279.89	2522.19	806.58	1715.61	757.70	76.9	23.1	32.0	68.0
山　东	Shandong	13477.13	8991.11	2410.79	6580.32	4486.02	66.7	33.3	26.8	73.2
河　南	Henan	7759.33	5521.46	1953.80	3567.66	2237.87	71.2	28.8	35.4	64.6
湖　北	Hubei	5892.03	4225.38	1217.95	3007.43	1666.65	71.7	28.3	28.8	71.2
湖　南	Hunan	6180.04	4549.86	1466.70	3083.16	1630.18	73.6	26.4	32.2	67.8
广　东	Guangdong	17637.61	13665.86	1806.14	11859.72	3971.75	77.5	22.5	13.2	86.8
广　西	Guangxi	3856.73	2924.38	923.81	2000.57	932.35	75.8	24.2	31.6	68.4
海　南	Hainan	782.77	556.46	167.91	388.55	226.31	71.1	28.9	30.2	69.8
重　庆	Chongqing	3598.84	2780.82	581.91	2198.91	818.02	77.3	22.7	20.9	79.1
四　川	Sichuan	6540.17	4937.87	1711.33	3226.54	1602.30	75.5	24.5	34.7	65.3
贵　州	Guizhou	2260.76	1672.03	577.25	1094.78	588.73	74.0	26.0	34.5	65.5
云　南	Yunnan	2908.08	2048.36	789.86	1258.50	859.72	70.4	29.6	38.6	61.4
西　藏	Tibet	264.35	100.54	45.72	54.82	163.81	38.0	62.0	45.5	54.5
陕　西	Shaanxi	3022.60	2361.89	659.06	1702.83	660.71	78.1	21.9	27.9	72.1
甘　肃	Gansu	1949.83	1276.99	443.21	833.78	672.84	65.5	34.5	34.7	65.3
青　海	Qinghai	593.51	322.40	102.75	219.65	271.11	54.3	45.7	31.9	68.1
宁　夏	Ningxia	635.66	441.66	107.06	334.60	194.00	69.5	30.5	24.2	75.8
新　疆	Xinjiang	2246.09	1171.05	340.69	830.36	1075.04	52.1	47.9	29.1	70.9

《中国统计年鉴—2009》

城乡居民家庭人均收入及恩格尔系数
Per capita annual income and engel's coefficient of urban and rural households

年 份 Year	城镇居民家庭人均可支配收入 Per Capita Annual Disposable Income of Urban Households		农村居民家庭人均纯收入 Per Capita Annual Net Income of Rural Households		城镇居民家庭恩格尔系数(%) Engel's Coefficient of Urban Households (%)	农村居民家庭恩格尔系数(%) Engel's Coefficient of Rural Households (%)
	绝对数(元) Value (yuan)	指数(1978=100) Index	绝对数(元) Value (yuan)	指数(1978=100) Index		
1978	343.4	100.0	133.6	100.0	57.5	67.7
1980	477.6	127.0	191.3	139.0	56.9	61.8
1985	739.1	160.4	397.6	268.9	53.3	57.8
1990	1510.2	198.1	686.3	311.2	54.2	58.8
1991	1700.6	212.4	708.6	317.4	53.8	57.6
1992	2026.6	232.9	784.0	336.2	53.0	57.6
1993	2577.4	255.1	921.6	346.9	50.3	58.1
1994	3496.2	276.8	1221.0	364.3	50.0	58.9
1995	4283.0	290.3	1577.7	383.6	50.1	58.6
1996	4838.9	301.6	1926.1	418.1	48.8	56.3
1997	5160.3	311.9	2090.1	437.3	46.6	55.1
1998	5425.1	329.9	2162.0	456.1	44.7	53.4
1999	5854.0	360.6	2210.3	473.5	42.1	52.6
2000	6280.0	383.7	2253.4	483.4	39.4	49.1
2001	6859.6	416.3	2366.4	503.7	38.2	47.7
2002	7702.8	472.1	2475.6	527.9	37.7	46.2
2003	8472.2	514.6	2622.2	550.6	37.1	45.6
2004	9421.6	554.2	2936.4	588.0	37.7	47.2
2005	10493.0	607.4	3254.9	624.5	36.7	45.5
2006	11759.5	670.7	3587.0	670.7	35.8	43.0
2007	13785.8	752.5	4140.4	734.4	36.3	43.1
2008	15780.8	815.7	4760.6	793.2	37.9	43.7

《中国统计年鉴—2009》

城镇居民家庭基本情况
Basic conditions of urban households

项 目	Item	1990	1995	2000	2007	2008
调查户数 (户)	**Number of Households Surveyed (household)**	**35660**	**35520**	**42220**	**59305**	**64675**
平均每户家庭人口 (人)	Average Household Size (person)	3.50	3.23	3.13	2.91	2.91
平均每户就业人口 (人)	Average Number of Employed Persons Per Household (person)	1.98	1.87	1.68	1.54	1.48
平均每户就业面 (%)	Proportion of Employment per Household (%)	56.57	57.89	53.67	52.92	50.86
平均每一就业者负担人数（包括就业者本人）(人)	Number of Dependents per Employee (including the employee himself or herself) (person)	1.77	1.73	1.86	1.89	1.97
平均每人全部年收入 (元)	**Per Capita Annual Income (yuan)**	**1516.21**	**4279.02**	**6295.91**	**14908.61**	**17067.78**
工薪收入	Income from Wages and Salaries	1149.70	3390.21	4480.50	10234.76	11298.96
经营净收入	Net Business Income	22.50	72.62	246.24	940.72	1453.57
财产性收入	Income from Properties	15.60	90.43	128.38	348.53	387.02
转移性收入	Income from Transfer	328.41	725.76	1440.78	3384.6	3928.23
#可支配收入	Disposable Income	1510.16	4282.95	6279.98	13785.81	15780.76
平均每人消费性支出 (元)	**Per Capita Annual Consumption Expenditure (yuan)**	**1278.89**	**3537.57**	**4998.00**	**9997.47**	**11242.85**
食 品	Food	693.77	1771.99	1971.32	3628.03	4259.81
衣 着	Clothing	170.90	479.20	500.46	1042.00	1165.91
居 住	Residence	60.86	283.76	565.29	982.28	1145.41
家庭设备用品及服务	Household Facilities, Articles and Services	108.45	263.36	374.49	601.80	691.83
医疗保健	Health Care and Medical Services	25.67	110.11	318.07	699.09	786.20
交通通信	Transport and Communication	40.51	183.22	426.95	1357.41	1417.12
教育文化娱乐服务	Education, Cultural and Recreation Services	112.26	331.01	669.58	1329.16	1358.26
杂项商品与服务	Miscellaneous Goods and Services	66.57	114.92	171.83	357.70	418.31
平均每人消费性支出构成（人均消费性支出=100）	**Composition of Per Capita Annual Consumption Expenditure (%)**					
食 品	Food	54.25	50.09	39.44	36.29	37.89
衣 着	Clothing	13.36	13.55	10.01	10.42	10.37
居 住	Residence	6.98	8.02	11.31	9.83	10.19
家庭设备用品及服务	Household Facilities, Articles and Services	10.14	7.44	7.49	6.02	6.15
医疗保健	Health Care and Medical Services	2.01	3.11	6.36	6.99	6.99
交通通信	Transport and Communication	1.20	5.18	8.54	13.58	12.60
教育文化娱乐服务	Education, Cultural and Recreation Services	11.12	9.36	13.40	13.29	12.08
杂项商品与服务	Miscellaneous Goods and Services	0.94	3.25	3.44	3.58	3.72

注：1. 本表为城镇住户抽样调查资料。

2. 从2002年起，城镇住户调查对象由原来的非农业人口改为城市市区和县城关镇住户，本篇章相关资料均按新口径计算，历史数据作了相应调整。

a) Data are obtained from the sample survey on urban households.

b) Since 2002, the objects of urban households survey are changed from non-farm households to households in the district areas of all city and county towns. The relative data in the chapter are calculated according to the new standard, and historical data have been adjusted accordingly.

《中国统计年鉴—2009》

城镇居民家庭平均每人全年消费性支出（2008 年）
Per capita annual living expenditure of urban households（2008）

项 目	Item	总平均 Average	最低收入户（10%） Lowest Income Households（first decile group）	#困难户（5%） Poor Households（first five percent group）	低收入户（10%） Low Income Households（second decile group）	中等偏下户（20%） Lower Middle Income Households（second quintile group）	中等收入户（20%） Middle Income Households（third quintile group）	中等偏上户（20%） Upper Middle Income Households（fourth quintile group）	高收入户（10%） High Income Households（ninth decile group）	最高收入户（10%） Highest Income Households（tenth decile group）
消费性支出　（元）	Total Consumption Expenditures（yuan）	11242.85	4532.88	3862.72	6195.32	7993.67	10344.70	13316.63	17888.18	26982.13
食品	Food	4259.81	2182.29	1889.87	2846.26	3428.85	4181.25	5043.63	6087.25	7874.14
#粮食	Grain	328.26	259.95	244.41	286.61	305.37	335.58	355.87	384.74	403.34
肉禽及其制品	Meat, Poultry and Processed Products	896.87	534.63	451.74	699.03	806.49	930.11	1039.71	1160.64	1237.89
蛋类	Eggs	91.68	64.63	58.44	78.00	85.96	95.93	102.51	108.37	111.23
水产品	Aquatic Products	280.28	115.24	93.39	164.78	211.68	270.97	349.18	444.47	551.39
奶及奶制品	Milk and Processed Products	189.84	86.68	74.21	120.75	155.21	191.18	234.00	278.16	327.43
衣着	Clothing	1165.91	398.03	309.97	598.65	843.20	1136.46	1432.93	1857.49	2643.01
#服装	Garments	839.07	268.67	205.78	409.92	588.68	808.08	1031.23	1363.95	2001.14
居住	Residence	1145.41	556.19	489.27	688.39	841.30	1060.58	1265.94	1795.45	2681.92
#住房	Housing	345.06	74.70	63.34	107.93	164.72	269.50	350.82	687.74	1355.75
家庭设备用品及服务	Household Facilities, Articles and Services	691.83	190.78	146.62	309.58	437.18	616.31	837.63	1209.95	1925.62
#耐用消费品	Durable Consumer Goods	309.31	57.06	35.74	110.23	174.82	268.58	379.07	564.73	977.71
医疗保健	Health Care and Medical Services	786.20	323.93	293.11	457.21	587.61	748.68	977.89	1257.64	1589.70
交通通信	Transport and Communications	1417.12	345.31	265.44	532.52	764.13	1078.83	1633.57	2632.91	4985.66
教育文化娱乐服务	Education, Culture and Recreation Services	1358.26	424.20	378.33	594.68	851.83	1171.44	1630.13	2297.17	3959.34
#文娱用品	Consumer Goods for Recreational Use	354.82	69.36	50.61	122.20	198.22	301.81	438.25	669.93	1112.90
杂项商品与服务	Miscellaneous Goods and Services	418.31	112.16	90.11	168.04	239.59	351.14	494.91	750.33	1322.74
消费性支出构成（%）	Total Consumption Expenditures（%）									
食品	Food	37.89	48.14	48.93	45.94	42.89	40.42	37.87	34.03	29.18
衣着	Clothing	10.37	8.78	8.02	9.66	10.55	10.99	10.76	10.38	9.80
居住	Residence	10.19	12.27	12.67	11.11	10.52	10.25	9.51	10.04	9.94
家庭设备用品及服务	Household Facilities, Articles and Services	6.15	4.21	3.80	5.00	5.47	5.96	6.29	6.76	7.14
医疗保健	Health Care and Medical Services	6.99	7.15	7.59	7.38	7.35	7.24	7.34	7.03	5.89
交通通信	Transport and Communications	12.60	7.62	6.87	8.60	9.56	10.43	12.27	14.72	18.48
教育文化娱乐服务	Education, Cultural and Recreation Services	12.08	9.36	9.79	9.60	10.66	11.32	12.24	12.84	14.67
杂项商品与服务	Miscellaneous Goods and Services	3.72	2.47	2.33	2.71	3.00	3.39	3.72	4.19	4.90

《中国统计年鉴—2009》

各地区城镇居民平均每人全年家庭收入来源（2008 年）
Per capita annual income of urban households by sources and region（2008）

单位：元 （yuan）

地 区	Region	可支配收入 Disposable Income	总收入 Total Income	工薪收入 Income from Wages and Salaries	经营净收入 Net Business Income	财产性收入 Income from Properties	转移性收入 Income from Transfers
全 国	National Average	15780. 76	17067. 78	11298. 96	1453. 57	387. 02	3928. 23
北 京	Beijing	24724. 89	27677. 94	18738. 96	778. 36	452. 75	7707. 87
天 津	Tianjin	19422. 53	21174. 04	12849. 73	863. 52	256. 87	7203. 93
河 北	Hebei	13441. 09	14141. 41	8891. 50	1078. 67	224. 86	3946. 39
山 西	Shanxi	13119. 05	13858. 98	9019. 35	983. 21	202. 31	3654. 11
内蒙古	Inner Mongolia	14432. 55	15195. 44	10284. 43	1555. 31	324. 64	3031. 05
辽 宁	Liaoning	14392. 69	15836. 25	9494. 59	1483. 30	248. 04	4610. 32
吉 林	Jilin	12829. 45	13606. 03	8677. 27	1154. 14	97. 74	3676. 88
黑龙江	Heilongjiang	11581. 28	12264. 06	7393. 39	1241. 37	122. 83	3506. 48
上 海	Shanghai	26674. 90	29759. 13	21791. 11	1399. 14	369. 12	6199. 77
江 苏	Jiangsu	18679. 52	20175. 57	12319. 86	1999. 61	307. 31	5548. 78
浙 江	Zhejiang	22726. 66	24980. 78	15538. 83	3161. 87	1324. 94	4955. 14
安 徽	Anhui	12990. 35	14159. 46	9302. 38	959. 43	293. 92	3603. 72
福 建	Fujian	17961. 45	19686. 15	12668. 82	2185. 13	952. 91	3879. 29
江 西	Jiangxi	12866. 44	13463. 58	9105. 96	1106. 31	265. 35	2985. 96
山 东	Shandong	16305. 41	17548. 97	12940. 62	1194. 40	346. 90	3067. 05
河 南	Henan	13231. 11	13907. 80	9043. 52	1161. 96	156. 46	3545. 86
湖 北	Hubei	13152. 86	14174. 27	9474. 81	1114. 68	244. 13	3340. 65
湖 南	Hunan	13821. 16	14577. 27	9070. 97	1575. 08	316. 48	3614. 74
广 东	Guangdong	19732. 86	21678. 51	15188. 39	2405. 92	701. 25	3382. 95
广 西	Guangxi	14146. 04	15393. 18	10321. 20	1314. 40	441. 15	3316. 44
海 南	Hainan	12607. 84	13598. 60	8999. 75	1311. 38	396. 89	2890. 59
重 庆	Chongqing	14367. 55	15217. 73	10957. 62	788. 26	205. 94	3265. 92
四 川	Sichuan	12633. 38	13685. 10	9117. 00	1040. 14	262. 90	3265. 06
贵 州	Guizhou	11758. 76	12185. 62	7811. 16	770. 86	110. 90	3492. 70
云 南	Yunnan	13250. 22	14118. 03	8596. 88	1165. 96	849. 45	3505. 74
西 藏	Tibet	12481. 51	13647. 53	12314. 69	303. 34	138. 08	891. 42
陕 西	Shaanxi	12857. 89	13847. 12	9794. 82	544. 00	151. 46	3356. 85
甘 肃	Gansu	10969. 41	11669. 33	8354. 63	638. 76	65. 33	2610. 61
青 海	Qinghai	11640. 43	12867. 33	8595. 48	763. 07	50. 17	3458. 63
宁 夏	Ningxia	12931. 53	14118. 64	8793. 54	1856. 94	182. 67	3285. 49
新 疆	Xinjiang	11432. 10	12478. 61	9422. 22	938. 15	141. 75	1976. 49

《中国统计年鉴—2009》